U0188462

ZHONGGUO
MIANHUA
ZAIPEIXUE

中国棉花栽培学

中国农业科学院棉花研究所　主编

上 海 科 学 技 术 出 版 社

图书在版编目(CIP)数据

中国棉花栽培学 / 中国农业科学院棉花研究所主编.
—上海:上海科学技术出版社,2019.11
ISBN 978-7-5478-4582-0

Ⅰ.①中… Ⅱ.①中… Ⅲ.①棉花—栽培技术—中国
Ⅳ.①S562

中国版本图书馆 CIP 数据核字(2019)第 222301 号

审图号：GS(2019)5083 号
本书出版由上海市促进文化创意产业发展财政扶持资金资助

中国棉花栽培学
中国农业科学院棉花研究所　主编

上海世纪出版(集团)有限公司
上 海 科 学 技 术 出 版 社 出版、发行
(上海钦州南路 71 号　邮政编码 200235　www.sstp.cn)
上海中华商务联合印刷有限公司印刷
开本 787×1092　1/16　印张 88.75　插页16
字数：2200 千字
2019 年 11 月第 1 版　2019 年 11 月第 1 次印刷
ISBN 978-7-5478-4582-0/S·181
定价：300.00 元

内 容 提 要

全书共分13篇52章，系统地论述了中国棉花生产发展，中国棉区气候资源和棉花种植区域划分，棉区土壤及改良和培肥，中国棉区耕作制度和种植模式，棉属分类与商品品种的利用，棉花栽培的生物学基础，中国棉花调控的理论和技术途径，棉花生产管理决策支持和长势监测，棉花高产规范化栽培技术，棉花育苗移栽、地膜覆盖和化学调控，棉花营养和施肥，棉花水分和灌溉排渍，棉花的灾害及其预防和救治措施，棉花生产机械化，棉花轧花、检验与副产品综合利用。

与本书第三版相比，新版增加了有关棉花栽培的轻简化、绿色化、机械化和品质中高端等方面的新思想、新技术和新措施的研究成果。

本书内容全面、丰富、资料翔实，理论与实际紧密结合，可供广大棉花科技工作者，以及从事棉花种植、加工、经营、管理人员和相关大专院校师生阅读、参考。

《中国棉花栽培学》编撰委员会

总 顾 问： 喻树迅　李付广

编委会主任/主编： 毛树春

编委会副主任/副主编： 李亚兵　董合忠　别　墅　林永增　董合林　田立文　陈德华

编委会委员/主要撰稿成员（按姓氏笔画为序）：

马奇祥　马小艳　马　艳　王子胜　王西和
王坤波　王国平　王学农　王树林　毛树春
石跃进　田立文　田晓莉　冯自力　吕　新
朱永歌　朱建强　朱荷琴　刘向新　刘　骅
闫洪山　孙景生　杜明伟　杜雄明　李亚兵
李存东　李社增　李维江　李景龙　李鹏程
杨付新　杨伟华　杨苏龙　杨铁钢　肖留斌
吴云康　别　墅　余　渝　汪若海　张立祯
张存信　张旺锋　陆宴辉　陈　发　陈金湘
陈冠文　陈德华　范志杰　林永增　林　起
周亚立　郑曙峰　孟兆江　胡育昌　柯兴盛
姚　举　聂安全　徐立华　徐守东　郭香墨
唐淑荣　谈春松　崔金杰　崔读昌　彭　军
董合林　董合忠　韩迎春　简桂良　谭砚文
熊宗伟　潘学标　薛慧云

主　　审（按姓氏笔画为序）：

马奇祥　毛树春　毛留喜　王学农　田立文
朱永歌　孙景生　李亚兵　杨伟华　吴孔明
别　墅　汪若海　张存信　张旺锋　陈　发
陈奇恩　陈金湘　陈冠文　陈德华　林永增
周亚立　胡育昌　徐立华　崔金杰　董合林
董合忠　蒋国柱　潘学标

统稿、定稿：毛树春　李亚兵　董合忠　别　墅　林永增
董合林　田立文　陈德华　王学农　张旺锋
马　艳

编　　务：朱巧玲

序

值此中华人民共和国诞生70周年之际,我国棉花科学领域的一项重大基础性工程,由中国农业科学院棉花研究所组织主持、毛树春研究员任主编、全国棉花栽培领域的专家学者们共同编撰的《中国棉花栽培学》(第四版),正式出版了,值得祝贺!

《中国棉花栽培学》(第四版)贯彻"生命共同体理念""农业绿色发展理念"及"质量兴农战略"和"乡村振兴战略",坚持可持续发展观,立足棉花的高质量发展,总结并凝练出了品质中高端、轻简化、绿色化、机械化技术和组织化、社会化服务措施,对棉花由增产导向转向提质导向,对棉花品质上台阶和高质量发展,以及提升国产棉花竞争力具有较强的理论价值和实践指导作用。

我国有2 000多年的植棉历史,是全球植棉历史悠久的国家之一,业已成为全球棉花科技大国、生产大国和消费大国,为全球棉花生产与科学技术的发展做出了巨大贡献。

回顾中华人民共和国成立70年以来棉花生产取得的辉煌成就,有几个划时代事件:一是以1983年全国皮棉单产跃上750 kg/hm^2 为标志,实现了毛泽东同志等老一辈革命家的夙愿,从此我国跻身世界先进产棉大国的行列,取消了布票管制,结束了长达33年的棉花短缺史和29年的棉纺织品短缺史,从而步入了"丰衣足食"的新时代;二是21世纪头十年,我国棉花生产快速发展,皮棉总产跃上700万t级的高台阶,居民过上了丰衣足食的小康生活,如今衣着多彩靓丽,温暖全中国;还"衣被天下",温暖全世界;三是农业进入了高质量发展的新时代,棉花高质量发展将是新时代国民经济社会发展对农业的总要求,现代植棉技术正向着品质中高端和"快乐植棉"迈进。70年的实践证明,我国走出了一条适合国情、具有中国特色的棉花发展道路、发展模式和发展理论。

经过改革开放40年的试验研究和生产实践应用,我国业已形成适合国情、先进实用、特色鲜明的棉花高产栽培技术体系,其中育苗移栽、地膜覆盖和化学调控技术位居世界领先水平，是我国现代精耕细作的典型代表。全国棉田复种指数最高时曾达到156%，应用两熟取得了粮棉面积的双扩大和产量的双增加，成效极其显著。绿洲棉花的"密矮早"高产模式、膜下滴灌和机械化采收的先进技术，植棉机械化、信息化和智能化程度大幅度提高，盐碱旱地采用避盐、耐盐、抗旱节水植棉技术取得了显著成就，种植转基因抗虫棉和杂种优势利用进一步提高了单产水平。

我国棉花栽培生理、生化和生态学研究也取得长足进步。在高产棉花全苗建成、促进早发早熟和轻简栽培的调控理论、高光效群体构建和形成的理论与方法、麦棉复合群体光热水资源综合利用生理生态等方面的研究最具中国特色；在棉花栽培生理生化、生长发育和代谢调控，营养和水分的吸收分配利用、生殖器官建成和纤维发育机制，抗旱耐盐碱和信息化管理决策支持等栽培理论方面也取得了丰硕成果，必将对指导科学植棉发挥积极作用，并进一步丰富和发展栽培学。

本著作第四版由毛树春领衔，组织一批长期在棉花科研和生产一线的骨干、资深专家编撰，他们始终坚持理论联系实际，立足提升具有中国特色的植棉技术与吸收国外先进技术的有机结合，因而第四版的结构更加完整，内容更加丰富，理论与实际结合更加紧密，相信对大家都有所裨益。

中国工程院院士

2019年6月30日

前　言

衣食住行衣为首，穿衣问题是人民日常生活的头等大事。因此，党和国家高度重视棉花生产发展，中华人民共和国成立70年以来我国棉花生产取得了长足进步，成就辉煌。70年的实践证明，我国走出了一条适合国情、具有中国特色的棉花发展道路、发展模式和发展理论。在党的领导、政策支持、投入增加、科技发展和棉农精耕细作等多要素综合作用下，全国棉花产能和品质都呈显著的上升趋势。2018年全国棉花单产1 818 kg/hm^2，比1949年增长了10.4倍；2018年全国棉花总产609.6万t，比1949年增长了12.7倍；这70年全国棉花播种面积平均491.4万hm^2(约7 371万亩)。我国棉花的国际地位不断提升，种植面积位居全球第二，单产也位居全球产棉大国的首位；全球第一产棉大国位置自1983年起到2015年保持了33年。然而，我国商品棉花的综合品质仍处于世界中等水平。

棉花生产的发展为保障棉花原料有效供给，满足纺织工业需求，在不断改善人民衣被和提高人民生活水平方面做出了巨大贡献。我国于1983年取消了布票，终结了纺织品短缺史，居民纺织品表观消费量从1980年的4.1 kg/(人・年)增长到2014年的17.5 kg/(人・年)，目前居民纺织品表观消费量20 kg/(人・年)上下，达到了中等发达国家的消费水平，居民纺织品消费步入了丰富、靓丽的新时代。我国“衣被天下”，棉制品及棉制服装“十分天下占其三”。

为了论述方便，以1978年12月中国共产党第十一届三中全会开启的改革开放新航程为标志，将中华人民共和国成立后近70年时间棉花发展大致划分为改革开放前和改革开放后两大阶段，而改革开放后又可划分若干重要阶段进行论述。

1950～1979年，是我国棉花短缺的30年。全国平均总产，20世纪50年代135.3万t；60年代167.0万t，比50年代提高了23.4%；70年代222.2万t，比60年代增长33.1%。在这30年棉花作为“战略物资”，受到国家前所未有的高度重视，国家对棉花生产实行最严格的计划管理，对棉花资源实行统一收购、统一加工、统一分配。为了解决居民温饱问题,自 1954 年起对纺织品消费实行“票证管理”制度。

1980～1989 年,是我国棉花生产发展较快的第一个 10 年。1982 年中央出台首个农村工作“一号文件”,明确指出“家庭联产承包责任制”“包产到户、包干到户”都是社会主义集体经济的生产责任制。由于政策极大调动了农民植棉积极性,棉花的经济属性得以充分发挥,“要发家,种棉花”“粮棉一起抓,重点抓棉花”就是最好的诠释。全国棉花生产首次出现快速增长,80 年代平均年总产达到 400.4 万 t,比 70 年代增长 80.2%。其中,1983 年全国棉花单产提高到 762 kg/hm^2,成为我国跻入世界先进植棉大国行列的标志;1984 年播种面积首次突破 1 亿亩(667 万 hm^2),达到1.26 亿亩(840 万 hm^2)创历史新高,全国棉花总产首次突破 600 万 t,达到 625.8 万 t。棉花生产的发展有效解决了纺织原料短缺问题,从 1983 开始我国结束了棉花短缺的历史。

1990～1999 年,是我国棉花生产先快后慢的 10 年。这 10 年平均年总产 446.7 万 t,比 80 年代增长 11.6%。1991 年总产也创造了第二个新高,达到 567.5 万 t,1992 年面积创历史第二新高达到 683 万 hm^2。但是,由于 1992 年、1993 年棉铃虫和黄萎病大暴发,以及 1997 年开始的棉纺织工业“限产压锭、东锭西移”和“亚洲金融危机”暴发,导致棉纺织品消费减少,棉花生产减缩,出现较长时间的供大于求。

2000～2009 年,是我国棉花发展较快的第二个 10 年。2001 年 11 月我国加入世界贸易组织是一个划时代事件,特别是自 2005 年全球纺织品配额取消之后,棉花生产潜力得到充分释放,这 10 年平均年总产 601.5 万 t,比 90 年代增长 34.7%,其中 2006 年、2007 年和 2008 年分别达到 753.3 万 t、759.7 万 t 和 723.2 万 t 的历史纪录。棉纺织工业潜能因“人口红利”优势得到充分发挥,纺织加工用棉量自 2006 年持续 4 年突破千万吨,成为全球最大棉花生产和棉纱线加工国家。

2010～2018 年,是我国棉花高度国际化、消费减少和生产进入深度的结构调整期。这 9 年平均总产 605.3 万 t,与前 10 年相比处于持平状态。主要原因在于:一是原棉大量进口。2011～2013 年合计进口达 1 264 万 t,同期因“临时高价收储政策”和国内外较大“价差”,国产棉入库 1 200 多万 t,形成所谓“洋货入市、国货入库”的被动局面。二是棉纺用棉量不断减少。受“国内外价差”和“全球金融危机”等影响,棉纺织消费量从 2010 年的 1 200 万 t 不断减少至 2017 年的 800

万 t 上下。三是棉花产能不断减少。受国内巨大库存和棉纺织品消费减少等影响，自 2013 年开始我国棉花播种面积和总产量不断减少，到 2017 年播种面积减少到 319.5 万 hm^2，总产减少到 565.3 万 t。在全国三大棉区中，长江流域和黄河流域棉区产能减缩加快。

2014 年，我国经济社会发展进入新常态，国民经济由高速增长转入中高速增长。2015 年，中央经济工作会议提出"供给侧结构性改革"，棉花也列入"三去(去产能、去库存、去杠杆)一降(降成本)一补(补短板)"的品种之中。2017 年，党的第十九次全国代表大会做出了中国特色社会主义进入新时代的重大科学判断，中华民族迎来了从富起来到强起来的新时代，党中央提出"质量第一，绿色发展"的基本方略，实施乡村振兴战略，推动形成质量兴农和绿色兴农的新模式。当前我国棉花正处于"转型升级、提质增效、中高端品质"的结构调整期，推进中高端品质生产将是棉花高质量发展和转型升级的落脚点。

结构决定功能。根据光、温、水资源和生态生产条件，全国划分为华南、长江流域、黄河流域、辽河流域和西北内陆等 5 个棉区。1949 年以来，全国棉区进行了两次大的结构性调整和布局转移，棉花生产中心也随之转移并形成不同时代的生产重心。20 世纪 50～70 年代，全国棉花生产的重心在南方，长江流域棉区面积占全国的 40%，总产量占全国的 60%，这一时期棉区布局呈现"南六北四"结构。80 年代开启了棉区从南向北的第一次转移，黄河流域成为新的生产重心，这时黄河流域棉区的面积占全国的 56%，总产占全国 50%，全国棉区布局呈现"南五北五"并举的结构。90 年代中期开启了棉区从南、从北向西的第二次转移，西北内陆新疆成为全国棉花生产的重心，全国棉花总产比例为"南二北三西五"。到 21 世纪第一个 10 年，全国棉区布局形成"三足鼎立"的优化结构。经过近 20 年特别是近 8 年的"临时收储、目标价格"等非均衡政策的持续支持，全国棉区布局调整不断加深，结构更加倾斜，迄今南北之和的总产占全国的比例已下降到四分之一，而西北内陆棉区新疆总产则占全国的七成多，可见当前棉花呈现"一花独放"格局。

栽培科学技术进步为棉花生产发展提供了重要技术支撑和保障。一是育苗移栽、地膜覆盖和化学调控最具中国特色，增产潜力高达 50%左右。这几项技术能够充分挖掘优良品种和杂种优势的增产潜力；有效解决棉麦(油菜)两熟、棉田间作套栽多熟种植生长期短的矛盾，中温带棉区热量不足和生长季节短，以及间套种保苗难问题;有效解决盐碱地、红黄壤棉田土壤障碍和旱区棉田干旱缺水导致播种难、保苗难和弱苗迟发的低产问题。二是棉田膜下滴灌和棉花机械化采收最具现代植棉水平。大面积膜下滴灌从自动化到智能化的水肥一体化技术,有效提高了绿洲棉花的水肥利用效率和管理水平;棉花采收从人工到机械化,有效减轻劳动强度和减少劳动力投入,大幅度提高棉花生产效率。三是棉花栽培体系、种植模式和管理工序正在发生深刻变革。从依靠人力的劳动密集型不断向轻简化、机械化、工厂化的技术和装备密集型转移,农艺农机的融合日益加深,其中从轻简化育苗到工厂化育苗,从人工移栽到机械化移栽实现了传统精耕细作技术的升级换代,为现代植棉提供新的技术支撑。四是栽培学研究不断阐明中国特色的棉花高产栽培理论基础和精耕细作技术理论。研究论述棉花个体生长发育,营养体和生殖体的发育和调控,高光效群体的建成和调控,光合产物生成、分配和利用,养分、水分吸收和利用,病虫草害综合防治,灾害预防和救治,以及生理生化生态学理论等。这些研究成果支持着中国特色的棉花高产优质栽培理论。

展望未来,作为负责任的人口大国和棉花纺织工业大国,满足人民日益增长的美好生活需要,国产棉花的短缺将是长期存在的,保障棉花有效供给是国民经济的长期根本任务,推动棉花高质量发展则由新时代的供需关系所决定。为了保障棉花有效供给、满足人民美好生活的新需求,2017 年国务院出台了《国务院关于建立粮食生产功能区和重要农产品生产保护区的指导意见》,划定全国棉花生产保护区面积 233.3 万 hm^2(约 3 500 万亩),提出走可持续生产之路,用现代科技和现代农业装备支持棉花轻简化、绿色化、机械化和组织化生产;以“品质中高端”为主攻方向,走准“以质保量、保规模”路子,创新形成棉花绿色高质量可持续的生产方式,向着植棉业强国迈进。

《中国棉花栽培学》(第四版)以党的第十九次全国代表大会提出的“绿色发展理念”和“乡村振兴战略”为指导思想,按照农业部于 2015 年提出农业面源污染控制“一控两减三基本”措施,吸收了提高品质、高产和优质、轻简化、绿色化、机械化等最新科学研究成果,对 2013 年出版的《中国棉花栽培学》(第三版)52 章、约 180 万字中的 30 多章内容进行了集中改写,修订文字 150 多万,另外新增文字 30 万,增补了系统性的新资料。本次修订内容重点论述棉花生产轻简化、绿色化、机械化的新理论和新技术;吸收了化肥、农药和灌溉水“零增长”技术和残膜综合治理措施;总结提出了主产棉区的推荐施肥方案和肥水耦合技术,全程机械化和提高机采棉品质的技术内容;增加了长江流域棉区轻简化栽培模式、黄河流域棉区盐碱旱地轻简化和抗性植棉,西北内陆棉区全程机械化、肥水调一体化和残膜治理等新理论、新技术、新成果和新经验。特别是总结提出了以早熟性为主线推进棉麦(油菜、小麦、大麦)两熟栽培模式的轻简化和机械化栽培;以早熟性为重点推进全面改善和提升机械化采收棉花品质的技术思想、途径和措施。相信新修订内容将对质量兴棉和绿色兴棉具有指导意义。

参加第四版撰写的作者共有70多位,感谢各位专家在百忙之中挤出时间撰稿和不厌其烦地反复修改提炼,有关品种资料整理得到了新疆农业科学院经济作物研究所徐海江副研究员和山东棉花研究中心张军研究员的帮助,新疆铃病资料收集和分析得到了新疆生产建设兵团第一师农业科学研究所练文明研究员和武刚副研究员等的帮助。湖北省农业科学院经济作物研究所夏松波副研究员对《中国棉花栽培学》(第三版)中存在的问题提出了建设性的修改建议。为了提高编撰水平,本书编撰委员会于2017年10月、11月和12月分别在河南安阳、新疆乌鲁木齐和湖北武汉召开了3次编撰会议,新疆农业科学院经济作物研究所和湖北省农业科学院经济作物研究所等提供会务支持和帮助。在此,作为主编对大家的辛勤劳动,表示深深的感谢!

值此中华人民共和国成立70周年华诞之际,谨以本著作献给伟大祖国母亲!献给长期从事棉花事(产)业的科研人员、大专院校师生、政府公务员、社会组织机构和广大棉农!

主编 毛树春

2019年7月30日

目　　录

第一篇　中国的棉花生产

第二篇　棉花栽培的生物学基础

第三篇 棉属分类与棉花栽培品种的商品利用

第四篇 棉区土壤及改良和培肥

第五篇　中国棉区的种植制度

第六篇　中国棉花高产优质栽培的理论基础

第七篇　棉花生产管理决策支持和长势监测

第九篇　棉花高产规范化栽培技术

第十篇 棉花病虫草害及其防治

第十一篇 棉花的灾害及其预防和救治

第十二篇　棉花生产机械化

中国棉花种植区域划分图

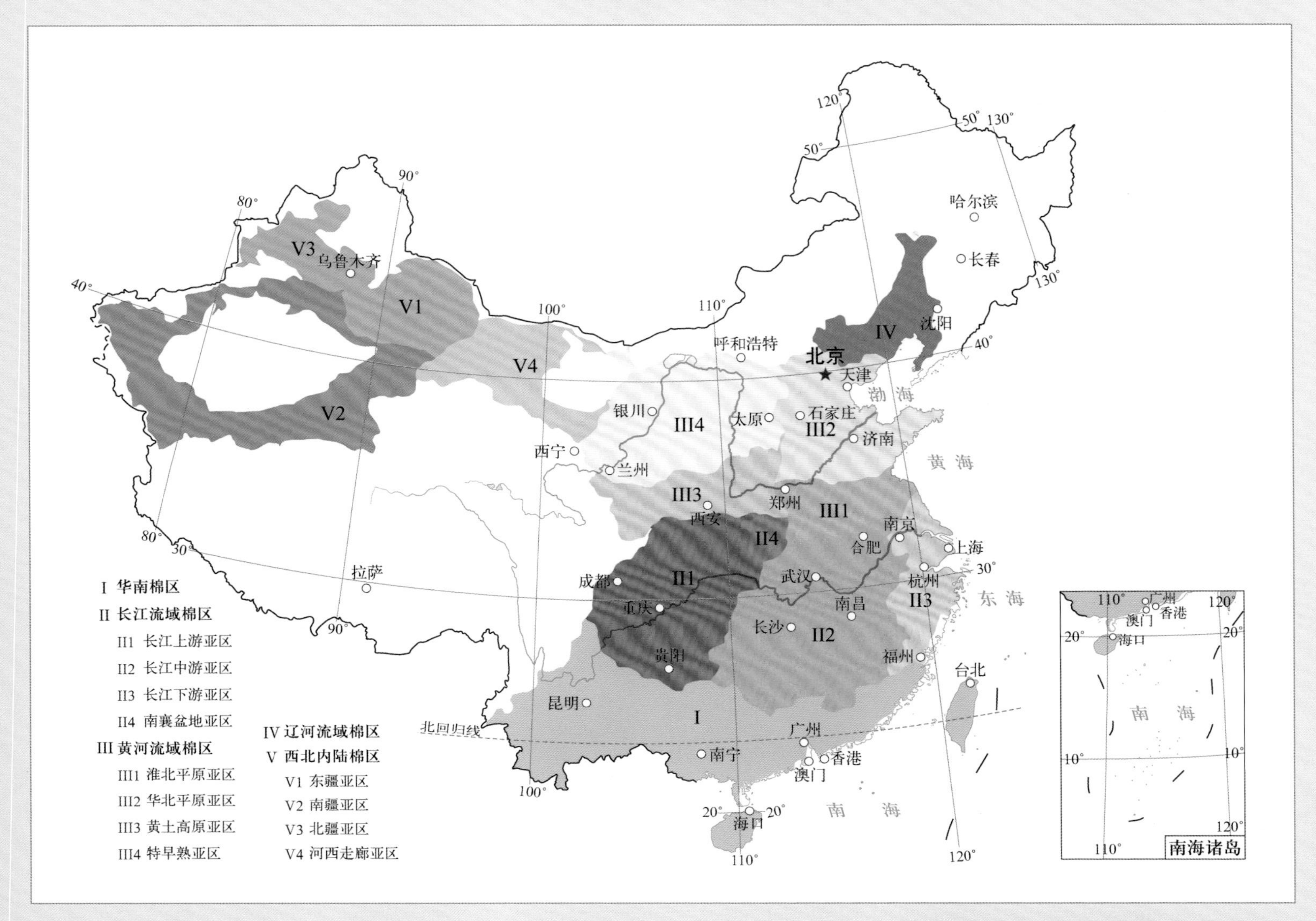

（专题资料由中国农业科学院棉花研究所李亚兵提供）

1993 年 7 月 27 日时任农业部副部长吴亦侠（右三）考察总理基金项目进展情况，时任中棉所所长汪若海（右一）、扶沟县委书记白敬亚（右二）和驻点专家杨汝献（右四）等陪同

1991 年总理基金项目总结汇报会议

2008 年 5 月 25 日部分编委合影

2017 年 11 月 26 日在新疆乌鲁木齐召开修订版编委会成员会议

营养缺素症

缺氮与正常棉株

缺氮与正常棉株

缺钾与正常棉株

缺硼全株

缺硼与正常棉株

缺硼与正常棉株叶柄差异

棉花熟相

早衰

正常成熟

贪青晚熟

育苗移栽

营养钵

人工移栽

轻简育苗——基质育苗

轻简育苗——穴盘育苗

轻简育苗——水浮育苗

基质裸苗

裸苗

棉花机栽

棉花机械化移栽

麦茬棉花机械化移栽

地膜覆盖

长江流域移栽地膜棉

黄河一熟棉田地膜覆盖

西北内陆宽膜覆盖和膜下滴灌

化控

对照单株

缩节胺化控单株

对照和化控群体对比

长江流域和黄河流域棉、麦和棉、油菜间套种

长江流域小麦套栽棉花

长江流域油菜套栽棉花

黄河流域小麦套种棉花

黄河流域麦套棉田小麦机械化收获

盐碱地植棉

20 世纪 70 年代内陆盐碱地状况

20 世纪 80 年代、内陆盐碱地采用育苗移栽、地膜覆盖、增施磷肥和有机肥，取得良好的保苗效果

图版 6

内陆盐碱地夺高产

内陆盐碱地从棉田一熟制到棉、麦两熟

滨海盐碱地景象

山东滨海盐碱地沟畦种植基本全苗

河北缺水盐碱地一播全苗

江苏滨海盐碱地覆盖麦秸植棉

7 月上旬黄河三角洲盐碱地棉花长势

棉田管理轻简化、机械化

黄河流域棉区机播和覆膜

旱地植棉采取“水种包包”措施

新疆棉柴机械化粉碎

西北机采棉种植模式

高培土有利排水、灌溉和防倒伏

江苏湖网棉田分次培土和高培土，有利排渍、防倒伏

典型长势

长江流域盛蕾初花期长势

长江流域花铃期长势

黄河流域初花期长势

黄河流域高产株型

西北内陆吐絮期长势

西北内陆高产株型

西北内陆初花期长势

西北内陆丰收景象

辽河流域苗期长势

辽河流域铃期棉花长势

采收

脱叶后棉花吐絮情景

籽棉人工采收

钵施然 4MZ-3A 自走式棉花收获机

约翰迪尔 9970 型自走式摘棉机

约翰迪尔 CP690 自走式打包摘棉机

病虫害

棉铃虫成虫

棉铃虫黑色型幼虫

棉铃虫幼虫危害铃

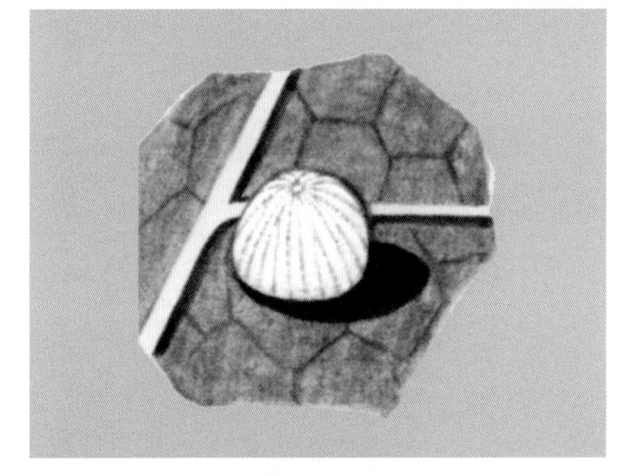

棉铃虫卵

棉铃虫蛹

红铃虫成虫

红铃虫卵

红铃虫蛹

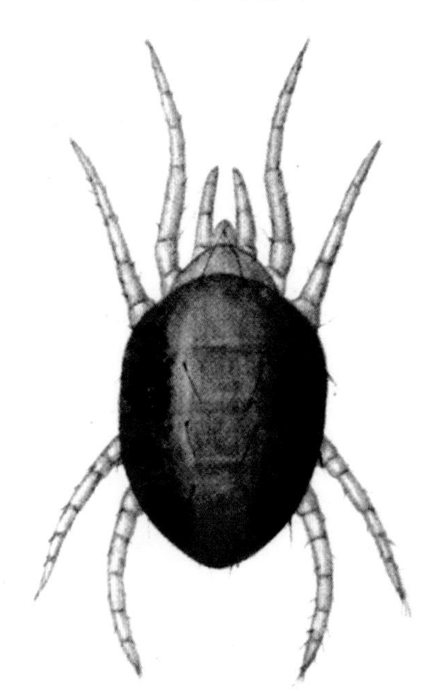

棉叶螨雌成螨

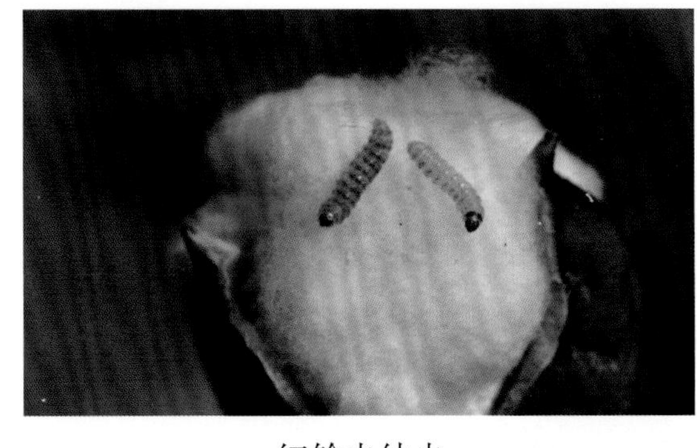

红铃虫幼虫

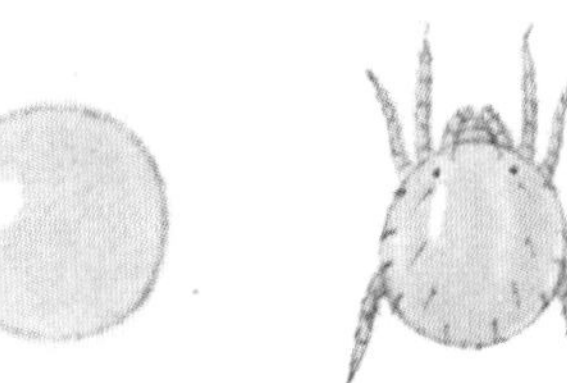

棉叶螨卵

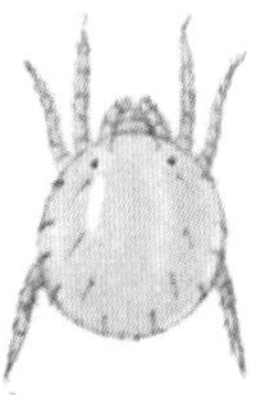

棉叶螨幼螨

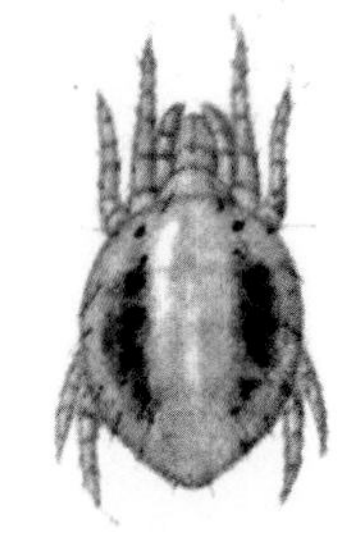

棉叶螨若螨

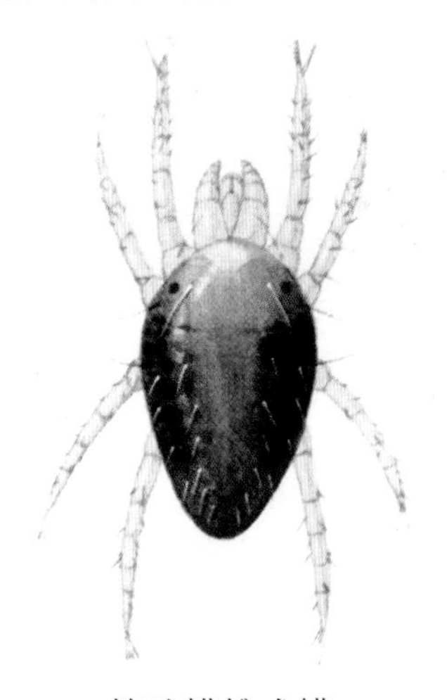

棉叶螨雄成螨

棉叶螨危害叶

图 12

棉蚜的无翅成蚜和若虫

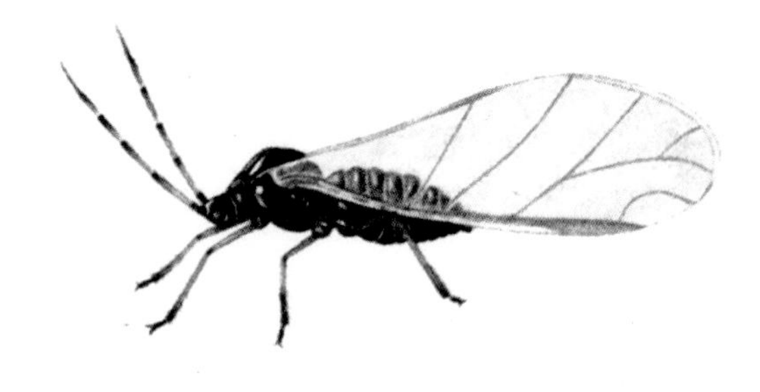

棉蚜的有翅胎生蚜

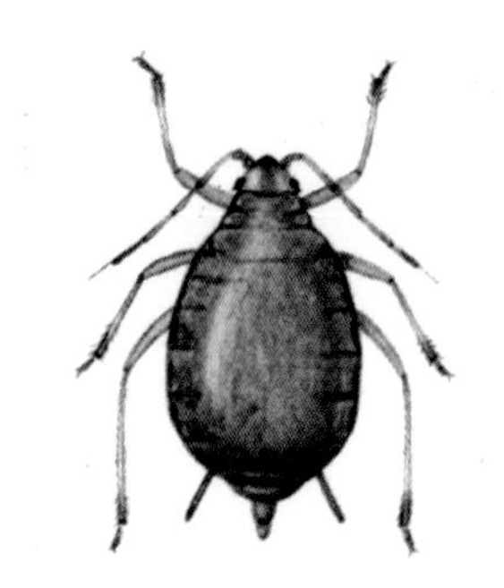

棉蚜的无翅雄蚜

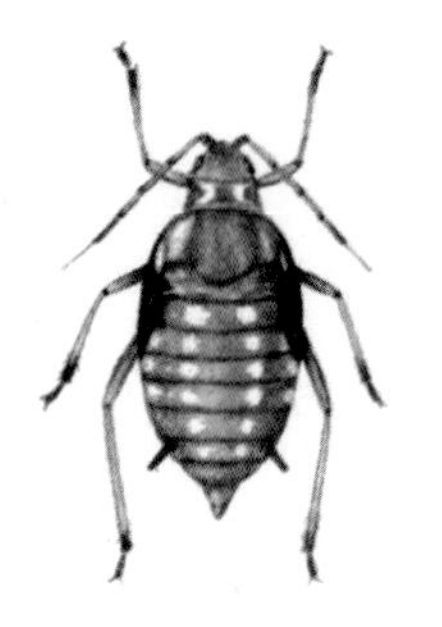

棉蚜的有翅若蚜

小地老虎成虫

黄地老虎成虫

小地老虎幼虫及危害

绿盲蝽

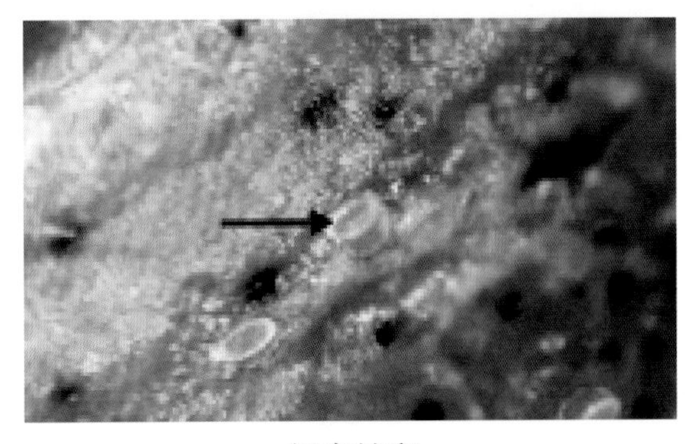

绿盲蝽卵

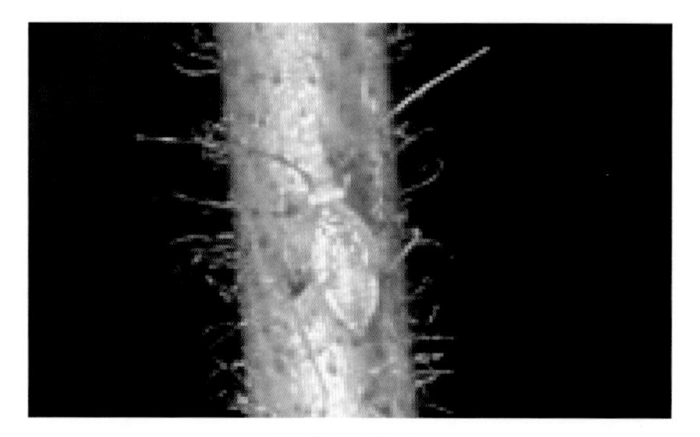

绿盲蝽若虫

棉苗受棉盲椿象危害状

粉虱成虫和若虫

斜纹夜蛾蛹

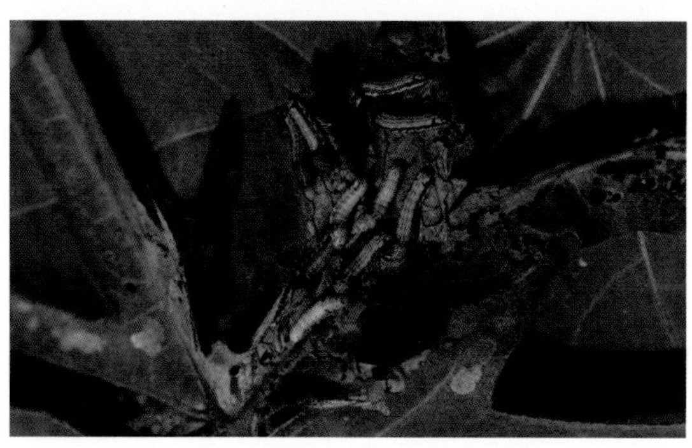

斜纹夜蛾幼虫聚集危害

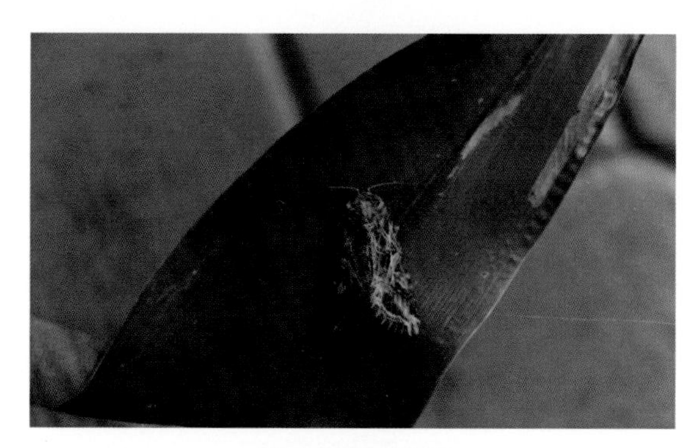

斜纹夜蛾成虫

棉花枯萎病紫红型

棉花枯萎病皱缩型

（转图版 15）

棉花害虫天敌

异色瓢虫成虫

异色瓢虫幼虫

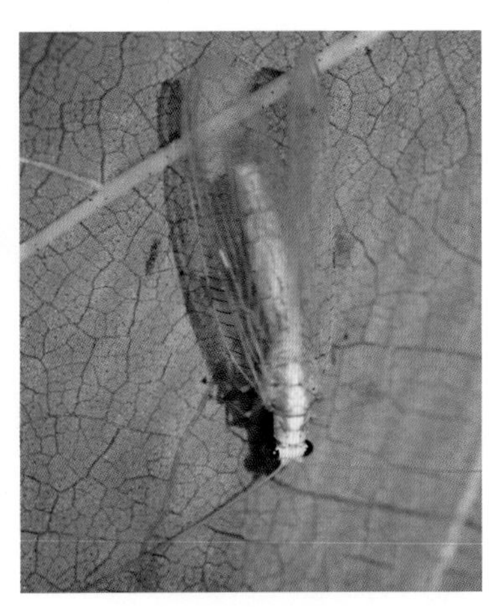

大草蛉成虫

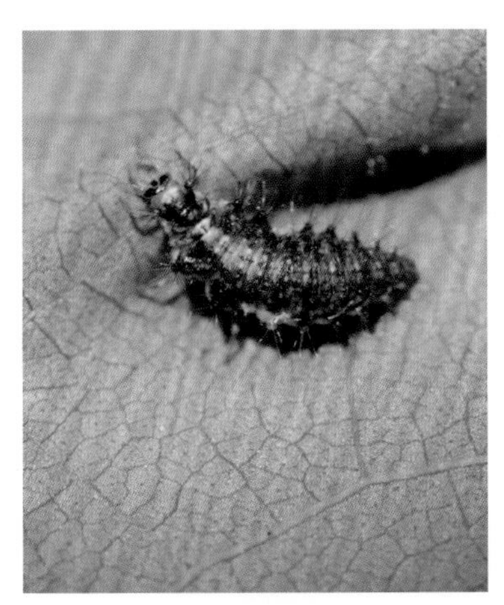

大草蛉幼虫

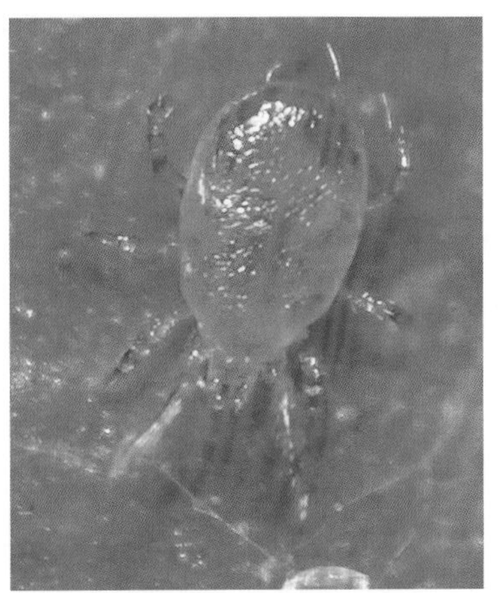

双尾新小绥螨雌成螨

双尾新小绥螨捕食土耳其斯坦叶螨

红颈常室茧蜂成虫

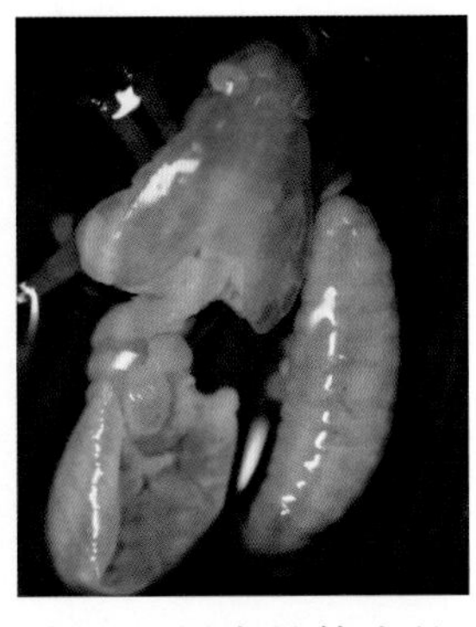

寄生在绿盲蝽体内的红颈常室茧蜂幼虫

暗黑赤眼蜂成虫

暗黑赤眼蜂人工饲养

（接图版 13）

棉花枯萎病黄色网纹型

棉花枯萎病皱缩型与紫红混生型

棉花黄萎病早期落叶型

棉花黄萎西瓜皮病症状

棉花黄萎病早期落叶型

棉花黄萎病成株期叶片不同症状

棉花黄萎病吐絮期症状

棉花黄萎病严重病田

疫病引起的烂铃

抢剥抢晒烂铃

棉田草害

马唐群体

马唐花序

牛筋草幼苗

牛筋草成株

狗尾草成株

图 17

狗尾草幼苗　旱稗花序

龙葵果实　千金子单株　狗牙根幼苗

反枝苋幼苗　反枝苋花序

藜群体　藜幼苗

图 18

凹头苋幼苗

鳢肠群体

小蓟幼苗

鳢肠花序

鳢肠单株

铁苋菜单株

铁苋菜幼苗

苘麻花、果

图 19

苘麻幼苗　苘麻果实

马齿苋成株

繁缕成株　香附子幼苗

香附子花序　香附子成株

第一篇

中国的棉花生产

第一章　中国棉花生产70年

中华人民共和国成立70年以来，我国棉花生产取得了长足进步，成就辉煌。在这70年的时间里，全国棉花产能呈现全面增长态势。2018年全国棉花总产609.6万t，比1949年增长了12.7倍；2018年全国棉花单产1 818 kg/hm^2，比1949年提高了10.4倍；2018年全国棉花播种面积335.2万hm^2，比1949年增长了21.0%。这70年全国棉花播种面积平均491.4万hm^2(7 371万亩)。同时，我国棉花的遗传品质、生产品质和初级加工品质也得到了全面改进提高。在国际上，1983～2015年我国棉花保持全球第一大国的位置持续了33年。

中华人民共和国成立70年来，我国居民人均原棉占有量不断增长，从1949年人均0.8 kg提高到2018年的4.4 kg，增长了4.5倍；居民纺织品服装表观消费量从1949年的年均2.3 kg/人增长到2018年的20.0 kg/人以上，目前已达到中等发达国家的消费水平。居民纺织品服装消费从短缺到温暖再到丰富靓丽的新时代，还“衣被天下”温暖全球，棉织品及棉制服装出口占整个纺织品服装的比例为“十分天下占其三”。棉花生产发展为改善和提高人民的生活水平、为国家富强起来做出了巨大贡献。

取得这样的巨大成就，得益于棉花在国民经济中拥有举足轻重的地位。棉花生产发展经历了从“战略物资”到典型大田经济作物，再到“市场在资源配置中起决定性作用”的历程，国家始终把保障棉花有效供给作为国民经济的主要目标和重大任务。

总结中华人民共和国成立70年来我国棉花生产发展的成功经验，总体归纳为“依靠党的领导、依靠增加投入、依靠科学植棉、依靠人民的勤劳”和“发展现代农业、发展绿色可持续植棉业”的“四依靠”和“两发展”。这是中国特色社会主义棉花发展的成功道路、成功模式和成功理论。

展望未来，作为负责任的人口大国和棉花纺织加工大国，国产棉花不能满足需要的状况将是长期存在的，保障棉花有效供给是生产发展的长期根本任务。为此，按照中央深化“农业供给侧结构性改革”要求，国家加强棉花生产基地建设，2017 年划定全国棉花生产保护区面积 233.3 万 hm^2(3 500 万亩)，提出走可持续生产之路，用现代科技和现代农业装备支持棉花轻简化、绿色化、机械化和组织化生产，要锐意进取，大力发展棉花科技，不断创新，形成绿色高质量的可持续生产方式，向着棉花强国迈进。

第一节 中国棉花生产发展 70 年

总结过去 70 年来我国棉花生产发展的主要特点，一是总产不断增长；二是植棉面积大，生产的波动也大；三是单产水平不断提升，位居全球产棉大国首位。

为了论述方便，习惯上以“十年”为标准对时间进行分段，并以 1978 年 12 月中国共产党第十一届三中全会开启的改革开放新航程为标志，对中华人民共和国成立 70 年以来的棉花发展大致划分为改革开放前和改革开放后两个大的阶段；在改革开放后的 40 年又可划分若干重要时期——“两个黄金期”和“两个调整期”进行论述。

一、总产倍数增加

2018 年全国棉花总产 609.6 万 t，比 1949 年增长了 12.7 倍，比 1978 年增长了 1.8 倍，比 1980 年增长了 1.3 倍(表 1 - 1，图 1 - 1、图 1 - 2)。

1949～2018 年的 70 年时间里，全国棉花总产年均增长 9.0 万 t，年均增长率 3.87%；1978～2018 年，年均增长 8.7 万 t，年均增长率 2.69%；1980～2018 年，年均增长 7.8 万 t，年均增长率 2.16%。

70 年来全国棉花总产不断增长的特点，可划分为三个时期(表 1 - 1，图 1 - 1、图 1 - 2)：

第一个时期 30 年，从 20 世纪 50 年代到 70 年代，全国棉花总产从第一个 10 年的135.3 万 t增长到第三个 10 年的 222.2 万 t，增长了 64.2%。但是，产与需处于供不应求状态，3 个10 年平均总产 178.0 万 t，合计净进口 335.0 万 t，为进口大国，靠进口保持国内的供需平衡，花费了大量外汇。这一时期全国棉田主要分布在长江流域棉区，棉区布局呈现“南七北三”格局。

第二个时期 20 年，我国棉花总量增长较快和供需大致平衡时期。这 20 年平均总产 423.7万 t，比前 30 年增长 138.0%。其中：

20 世纪 80 年代是我国棉花生产的第一个黄金期。这 10 年平均总产 400.4 万 t，比 70 年代大幅增长 80.2%。其中 1984 年总产创历史第一个新高，达到 625.8 万 t，占当年全球总产的 1/3。

20 世纪 90 年代是我国棉花生产的第一个调整期。这 10 年平均总产 446.7 万 t，比 80 年代仅增长 11.6%。其中 1991 年创历史次高产纪录，达到 567.5 万 t。但是由于 1992～1993 年黄河流域棉铃虫和黄萎病的大暴发造成危害，导致棉花大幅减产，加上自 1997 年开始的棉纺织工业“限产压锭、东锭西移”政策的实施和“亚洲经济危机”的暴发，导致棉花消费减少，是生物灾害和加工能力的减少导致生产的调整和减缩。

这 20 年我国棉花成为全球既进口又出口的贸易调节国，80 年代丰收之后的几年出口大幅增长，90 年代既进口又出口，平衡后这 20 年净进口 315.5 万 t。其中 1994～1998 年的

5 年间,进口原棉 285.0 万 t,而国内库存和农民滞销原棉达 205.0 万 t。

这一时期全国棉田面积从长江流域棉区向黄河流域转移,棉区布局呈现“南四北六”格局。

第三个时期 21 世纪头 18 年,我国棉花总产和需求从高速增长到需求减少和总产“相对过剩”时期。这一时期大致可分为两个阶段。

第一阶段,2000～2009 年,是全国棉花生产的第二个黄金期,也是棉纺织工业用棉的“黄金 10 年”,消费促进了生产的快速发展。2001 年 11 月我国加入世界贸易组织是一个划时代事件,特别是自 2005 年全球纺织品配额取消之后,棉花产量潜力得到充分释放,这 10 年平均总产 601.5 万 t,比 20 世纪 90 年代增长 34.7%。其中,2006 年、2007 年和 2008 年连续 3 年总产突破 700 万 t,分别达到 753.5 万 t、759.7 万 t 和 723.2 万 t 的历史新高。棉纺织工业潜能因“人口红利”的优势得到充分发挥,纺织加工用棉量自 2006 年突破“千万吨级”之后持续了 4 年,我国因此成为全球最大的棉花生产和棉纱线加工国家。但是,由于供不应求,这 10 年还净进口原棉 1 470.1 万 t,占同期全球棉花进口量的 1/4,一跃成为全球最大的棉花进口国。

表 1-1　1949～2018 年全国每 10 年棉花面积、总产和单产变化

(毛树春,1991,2010,2013,2016,2018)

年　代	播种面积(万 hm^2)	面积稳定性(%)	总产(万 t)	总产稳定性(%)	单产(kg/hm^2)
1949 年	277.0	—	44.4	—	165
20 世纪 50 年代(1950～1959)平均	543.6	11.8	135.3	27.7	249
20 世纪 60 年代(1960～1969)平均	467.8	12.2	167.0	39.5	357
20 世纪 70 年代(1970～1979)平均	488.3	32.2	222.2	8.8	455
20 世纪 80 年代(1980～1989)平均	539.6	13.6	400.4	24.6	742
20 世纪 90 年代(1990～1999)平均	523.9	18.0	446.7	12.2	870
21 世纪头 10 年(2000～2009)平均	496.8	12.0	601.5	19.0	1 190
2000 年	404.1		441.7		1 093
2001 年	480.9		532.4		1 107
2002 年	418.4		491.6		1 175
2003 年	511.1		486.0		951
2004 年	569.3		632.4		1 111
2005 年	506.2		571.4		1 129
2006 年	581.6		753.3		1 295
2007 年	519.9		759.7		1 461
2008 年	527.8		723.2		1 370
2009 年	448.5		623.6		1 390
21 世纪第二个 10 年(2010～2018)9 年平均	390.1	14.0	605.3	7.0	1 515
2010 年	436.6		577.0		1 322
2011 年	452.4		651.9		1 441
2012 年	436.0		660.8		1 516
2013 年	416.2		628.2		1 509
2014 年	417.6		629.9		1 508
2015 年	377.5		590.7		1 565
2016 年	319.8		534.3		1 671

(续表)

年 代	播种面积(万 hm²)	面积稳定性(%)	总产(万 t)	总产稳定性(%)	单产(kg/hm²)
2017 年	319.5		565.3		1 769
2018 年	335.2		609.6		1 818

[注] 1. 表 1-1 数据来自国家统计局,尾数因四舍五入有差异。
2. 按照国家统计局《2018 年中国统计年鉴》对 2007～2016 年数据进行了调整,本表为调整后数据。其中:调增 2014 年到 2017 年全国棉花总产 60.78 万 t,调减 2011 年到 2013 年总产 31.6 万 t,还对全国棉花播种面积进行了调减。
3. 对表 1-1 的重要说明:①21 世纪第一个 10 年棉花平均播种面积 496.8 万 hm^2,实际上这 10 年平均播种面积在 533 万 hm^2 以上,比 20 世纪 90 年代是增加的。这样,在 6 个 10 年面积的比较中,1 个 10 年最大、2 个 10 年减少和 3 个 10 年增加。因此,评价棉田面积的结论应是"这 70 年全国棉花播种面积在波动中有所扩大,但是近 9 年的面积的确在明显减少"。②2009 年国家统计局调整后棉花总产 623.6 万 t,国内市场认为全国总产 750.0 万 t,国际棉花咨询委员会认为中国棉花总产 802.5 万 t。③2016 年中国棉花公证检验新疆总产 394.1 万 t(至 2017 年 2 月 28 日),比国家统计局产量 359.4 万 t 多 34.7 万 t,多 9.7%。④2017 年中国棉花公证检验新疆总产 494.8 万 t(至 2018 年 3 月 17 日,http://www.ccqsc.gov.cn/),比调整后的 456.6 万 t 还多 38.2 万 t。市场认为 2017 年新疆产量达 520.0 万 t 水平。⑤市场估计,2011～2017 年新疆棉花实际播种面积和产量比统计数据约高 10%,这是因为大量"帮忙田"的面积和产量未计入统计所致。

这一时期全国棉田面积布局均衡,结构优化,形成长江流域、黄河流域和西北内陆"三足鼎立"的最佳布局。

第二阶段是我国棉花生产的第二个调整期。从 2010～2018 年,全国棉花总产从 2011 年的 651.9 万 t 减少到 2018 年的 609.6 万 t,减幅 6.9%,总产持续减少源自播种面积连续 6 年减少。据分析,引起播种面积减少的主要原因有以下几点:

一是大量进口棉花的冲击。从 2011～2014 年,我国进口原棉数量高涨,进口量分别为 336 万 t、513 万 t、415 万 t 和 224 万 t,这 4 年合计进口总量 1 574.0 万 t,国内棉花价格高于国际市场价格,形成了推动进口的原动力。这几年进口棉到港报价国内高于国际,即"价差"极大,2011 年 1 857 元/t、2012 年 5 972 元/t、2013 年 6 403 元/t 和 2014 年 5 541 元/t。国内的高棉价又源自临时收储政策,2011 年为 19 800 元/t、2012 年为 20 400 元/t、2013 年为 20 400 元/t(见第一章第二节)。

二是棉纺织消费原棉的减少与进口棉纱线的增长。受国际金融危机影响,全球经济复

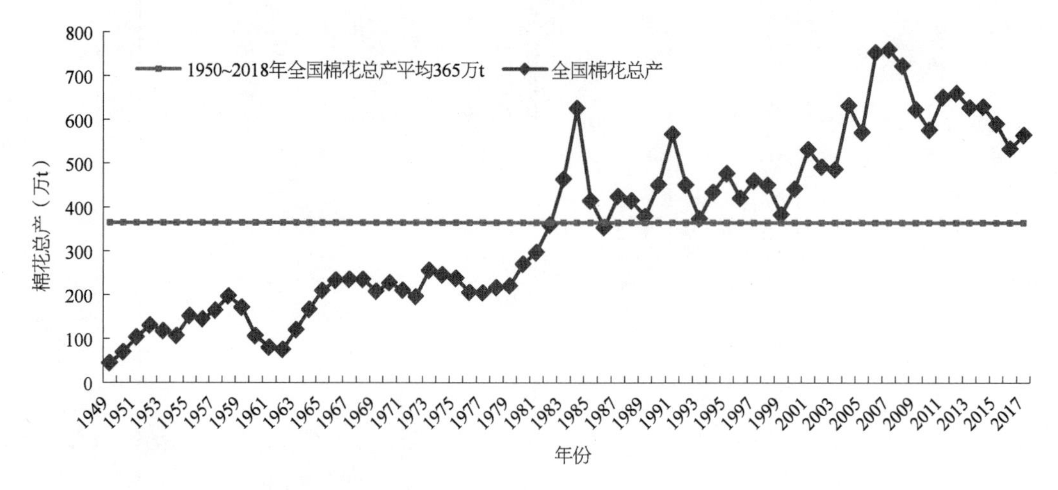

图 1-1 1949 年以来全国棉花总产变化(一)

(毛树春,1991,2010,2013,2016,2018)

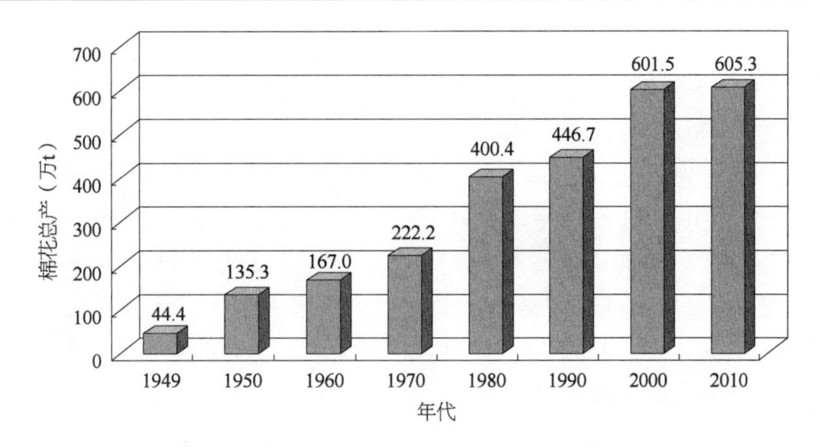

图 1－2　1949 年以来全国棉花总产变化(二)

(毛树春,1991,2010,2013,2016,2019)

(注:2011～2018 年实际总产比统计数据高 10%上下。2010 指 2010～2018 年平均值)

苏缓慢,国内纺织原棉消费量也从 2010 年的 1 280 万 t 减少到 2016 年的约 800 万 t,减幅达 37.5%。因国内棉纱线价格高于国际市场,棉纱线进口量从 2011 年的 90.5 万 t 增长到 2014 年的 201.0 万 t,并持续至 2016 年,增加的进口棉纱线替代了原棉的消费。

以上几个因素的叠加,到 2014 年底,国产棉库存量高达 1 281 万 t,形成“洋货入市、国货入库”结局,棉花市场出现从“三量齐增”(生产量、进口量和库存量)转向“三量齐减”(生产量、进口量和消费量)局面。这一时期全国棉田面积不断向西北内陆新疆转移,棉区布局呈现“西七南北三”,或“一花独放”格局。

根据国民经济发展的新情况、新问题,2014 年中央作出我国国民经济从高速增长转入中高速增长的科学判断,2015 年中央提出“供给侧结构性改革”,主要是提高供给质量的新要求,国民经济主要任务是“三去一降一补”(去产能、去库存、去杠杆、降成本和补短板)。2016 年中央提出深入推进农业供给侧结构性改革,棉花也不例外。从此,棉花步入“调结构、转方式、提品质和去库存”的调整期。当前,“转型升级,提质增效”“质量兴农、绿色发展”的改革正在不断深入推进中。

二、播种面积大,波动也大

1949～2018 年,全国棉花播种面积平均值为 491.4 万 hm^2(7 371.0 万亩,1950～2018 年为 494.5 km^2),在这 70 年时间里,面积变化可划分为三个时期(表 1－1、图 1－3、图 1－4):

第一个时期 30 年,为播种面积相对较少时期。20 世纪 50～70 年代的 3 个 10 年平均植棉面积 500.1 万 hm^2,以 50 年代面积最大,达到 543.6 万 hm^2;60 年代最小,为 467.8 万 hm^2。1961～1963 年遭遇三年困难时期,1962 年全国植棉面积缩减至 350.0 万 hm^2,是 70 年中较少的年份之一。

第二个时期 20 年,为播种面积扩大时期。20 世纪 80～90 年代的 2 个 10 年平均植棉面积 531.4 万 hm^2,比前 3 个 10 年增 6.3%。其中 1984 年 692.3 万 hm^2,为 70 年中面积最大的年份;1991 年和 1992 年分别达到 654.0 万 hm^2 和 683.5 万 hm^2,为 70 年中仅次于 1984

年的较大面积年份。

第三个时期近18年，为播种面积持平到减少时期。大致分两个阶段：

第一个阶段，2000～2009年，平均播种面积496.8万hm^2，比20世纪80～90年代减少5.2%。其中2006年为581.6万hm^2，为这70年中第六大播种面积的年份。

第二个阶段，2010～2018年，平均播种面积390.1万hm^2，是7个10年之中最少的年份，其中2016年、2017年、2018年分别为319.8万hm^2、319.5万hm^2和335.2万hm^2。减少原因如上所述，主因是受进口冲击和消费减少等因素影响。需要说明的是，2011～2013年实际播种面积比统计面积大10%左右，西北内陆新疆非统计的植棉面积很大，而长江流域和黄河流域棉花播种面积的确在减少。

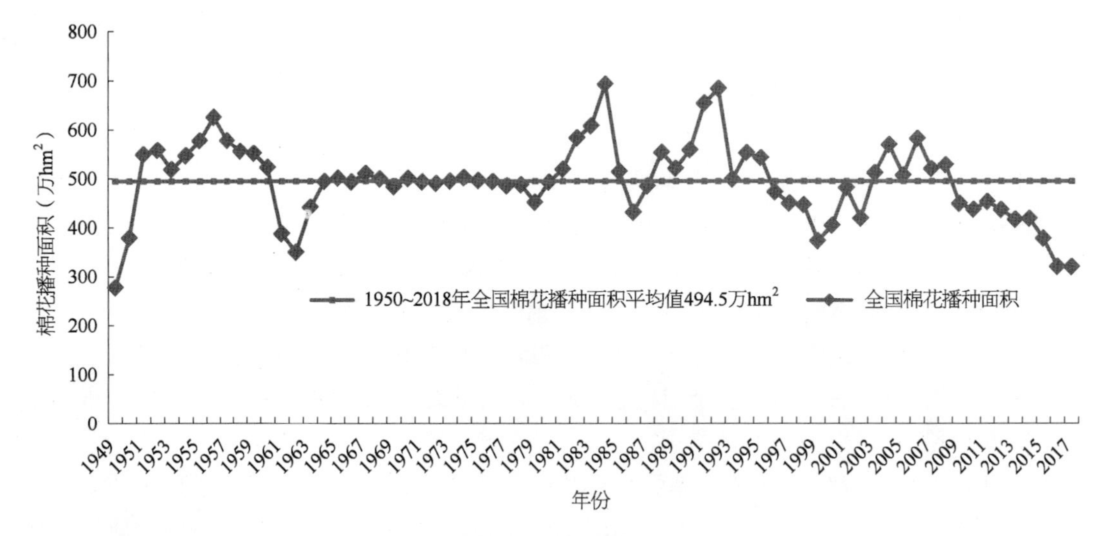

图1-3 1949年以来全国棉花播种面积变化(一)

(毛树春,1991,2010,2013,2016,2019)

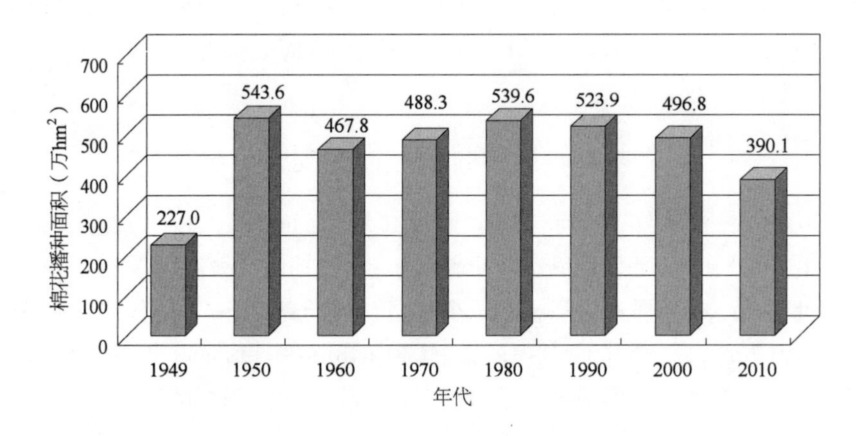

图1-4 1949年以来全国棉花播种面积变化(二)

(毛树春,1991,2010,2013,2016,2019)

(注:2011～2018年实际面积比统计数据高10%左右;2010指2010～2018年平均值)

三、单产大幅度提高

全国棉花单产从1949年的161 kg/hm^2 提高到2018年的1 818 kg/hm^2，增长了10.4倍，年均增产21.69 kg/hm^2，年均增长率为3.58%；1978～2018年，年均增产29.20 kg/hm^2，年均增长率3.67%；1980～2018年，年均增产29.06 kg/hm^2，年均增长率3.20%。

总结这70年棉花单产增长，分为三个时期(表1-1，图1-5、图1-6)：

第一个时期30年，为单产缓慢增长期。20世纪50～70年代3个10年平均单产350 kg/hm^2，单产水平每隔10年约增100 kg/hm^2，年均增长10 kg/hm^2。

第二个时期20年，为单产快速增长期。20世纪80～90年代的20年平均单产801 kg/hm^2，比前30年增长128.9%。这20年全国单产水平增长加快，80年代比70年代增长287 kg/hm^2，年均增长28.7 kg/hm^2；90年代比80年代增长128 kg/hm^2，年均增长12.8 kg/hm^2。其中1983年全国单产达到762 kg/hm^2(即当时的百斤目标)，实现了老一辈党和国家领导人的夙愿，是我国跻身全球先进植棉国家行列的标志性事件，也是这一年全国取消了自1954年开始实行的布匹票证管制，历史意义极其深远。

第三个时期近18年，为单产高速增长持续期。

2000～2009年，全国平均单产达到1 208 kg/hm^2，比前10年增长38.9%。

2010～2018年，棉花单产仍保持较快增长，全国平均1 569 kg/hm^2，比前10年增长29.9%。进入21世纪，全国棉花单产大幅增长与棉区西移、新疆权重大紧密相关。由于面积在总量很大的基础上有所减少，单产的提高对总产增长的贡献率为100%。

我国棉花单产的不断提高得益于增加物质投入、科技进步、科技兴棉和机械化水平的不断提高(见本章第二节)。

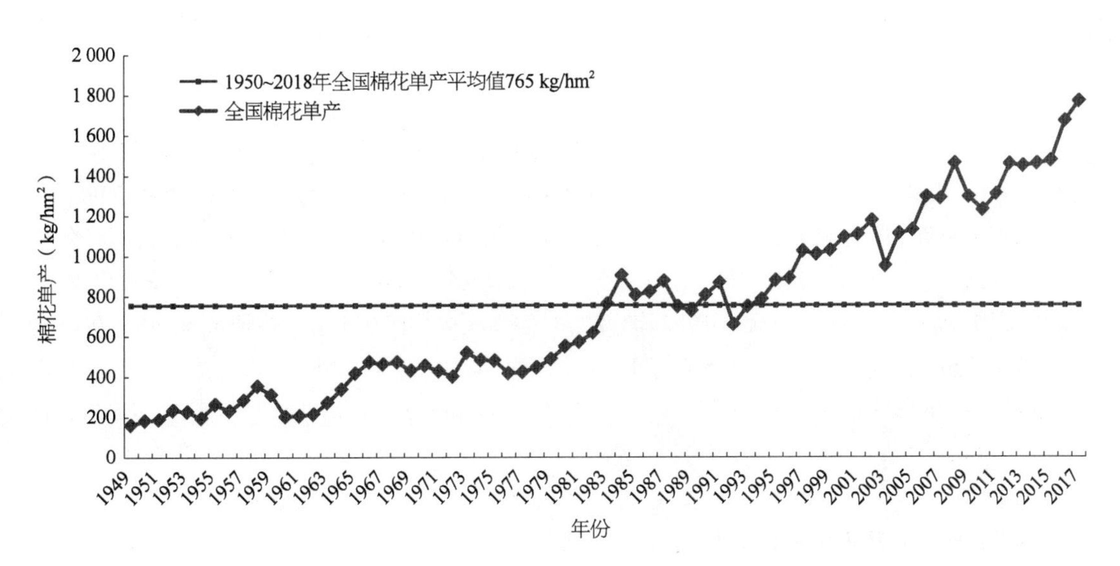

图1-5　1949年以来全国棉花单产逐年变化(一)

(毛树春，1991，2010，2013，2016，2019)

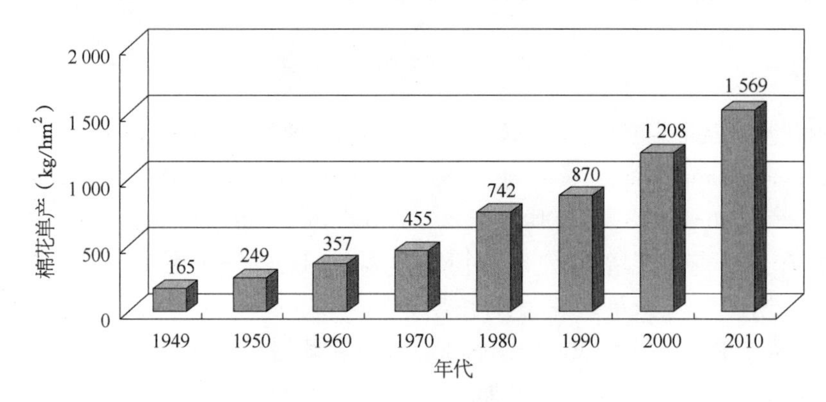

图 1-6　1949 年以来全国棉花单产变化(二)

(毛树春,1991,2010,2013,2016,2019)

(注:2010 指 2010～2018 年平均值)

在提高单产的同时,全国棉花的遗传品质、生产品质和初级加工(轧花)品质也得到全面改进和提高,以不断满足纺织工业的新需求(见本章第二节)。

四、棉花生产发展的特点

(一) 主要特点

特点之一,增加总产依靠扩大面积和提高单产水平,但各个阶段的依赖程度不同。前 30 年(1950～1979)主要以扩大面积实现增产,后 39 年(1980～2018)主要以提高单产与扩大面积并重以增加总产。

特点之二,棉花生产年际间的波动幅度大,面积波动幅度高达 66.7 万 hm^2(1 000 万亩),总产波动幅度高达 50 万 t,虽然单产整体呈增长态势,但由于棉花播种面积年际间的波动幅度较大,由此导致棉花总产量的波动。因此,稳定播种面积是减小总产量剧烈波动的主要途径之一。

特点之三,棉花生产波动呈现高峰和低谷特征。在这 69 年时间里,高峰播种面积 600 万 hm^2 及以上的高峰年份有 5 年,分别是 1956 年、1983 年、1984 年、1991 年和 1992 年,其中 1984 年面积最大,达到 692.3 万 hm^2;播种面积 500.0 万～599.9 万 hm^2 的次高峰年份有 28 年,分别是 1951～1955 年、1957～1960 年、1965 年、1967 年、1974 年、1981～1982 年、1985 年、1988～1990 年、1994～1995 年、2003～2008 年和 2011 年;播种面积 400.0 万～499.9 万 hm^2 的年份有 28 年,分别是 1963～1964 年、1966 年、1968～1973 年、1975～1980 年、1986～1987 年、1996～1998 年、2000～2002 年、2009～2010 年和 2012～2014 年;播种面积小于 400.0 万 hm^2 的年份有 7 年,分别是 1950 年、1961～1962 年、1999 年和 2015～2018 年,其中 2016 年 319.8 万 hm^2 和 2017 年 319.5 万 hm^2 为历史最小统计面积。

(二) 棉花生产波动原因简析

1. 粮棉矛盾及其协调要素　总体看,中华人民共和国成立以来,全国粮棉争地矛盾逐步得到解决。面对人多地少的国情,棉花与粮食生产经历了激烈的争地到缓和、协调和双丰收的发展历程。20 世纪 60 年代遭遇三年困难时期,导致粮食严重短缺,粮棉争地矛盾极其尖锐。20 世纪 70 年代还存在粮棉生产争劳力和争肥料等问题。80 年代农村实行联产承包责任制之后，一方面粮棉单产水平不断提高，另一方面通过两熟和多熟种植实现粮棉双增产，粮棉争地矛盾逐步得到解决。进入 21 世纪还取得粮棉双高产、双丰收的新成就，其经验十分难能可贵。然而，粮棉争地问题缓解之后，如今又面临着粮经和棉经、粮果和棉果争地的新矛盾，而且这些矛盾和问题有愈演愈烈之势。近几年，粮棉经作物竞争的焦点集中在生产管理轻简化、机械化和社会化服务方面，用工少、劳动强度轻具有较强的竞争优势。

2. 政策和调控要素　在改革开放之前的计划经济时期，为了发展棉花生产，国家出台了一系列以粮保棉的政策。20 世纪 70 年代以前的政策有预购、统购统销、合同定购、奖售、口粮和奖励等，80 年代实行收购定基数和超基数加价等政策。90 年代后期，棉花政策出现明显的过渡期特点。这些政策在中华人民共和国成立初期对于控制面积、产量、收购和流通各个环节起到了一定作用，政策目标旨在调动农民的植棉积极性，妥善解决农民口粮和收益问题。但随着社会主义市场经济的发展，对棉花生产和流通实行指令性计划生产和垄断性经营体制已越来越不符合市场经济发展的规律。自 2001 年起，棉花生产从计划走向市场，市场需求和价格成为影响棉花播种面积和总产量波动的主要因素。2011～2014 年大量进口国际市场低价原棉对国内棉花生产造成极大冲击，自 2012 年开始全国棉花播种面积一减再减。

3. 市场和价格要素　供需决定价格，而价格进一步影响种植面积。1997 年遭遇亚洲金融危机，由于国际纺织市场需求量萎缩，导致棉花消费疲软，1997～1999 年棉花价格一直处于低位。2008 年秋季华尔街次贷危机暴发，秋收农产品“卖难”，价格一路下滑。为此，国家出台棉花临时收储价格 12 600 元/t，收购皮棉近 200 万 t，缓解了“卖棉难”，但由于“棉贱伤农”，2009 年植棉面积大幅缩减 14.0%。自 2008 年之后的几年，国家出台了一系列“救市”措施，总投资达到 4 万亿[①]，到 2010 年秋季农产品价格一路高涨，最高籽棉销售价格达到 10 元/kg，皮棉达到 30 000 元/t 的历史新高，加上 2011～2013 年度国家出台临时收储政策，保持了连续 4 个年度 600 万 t 高产量，以及 2014～2019 年度针对新疆开展的目标价格改革试点和实行目标价格，较好地保护了新疆产区的植棉者收益，新疆棉花产能得到不断释放，最高产量达到 500 多万 t。

4. 丰歉与灾害、天气要素　除了市场和价格以外，另一个影响棉花生产的因素是生物灾害和异常气候灾害。1992～1993 年黄河流域棉铃虫大暴发，致使后几年播种面积和总产大幅减少 17%。生物灾害一方面会直接导致产量损失，另一方面会使得棉农产生恐慌，缩减面积，进一步降低产量。因此，有效防治病虫等生物灾害，是稳定发展棉花生产的关键路径之一。1984 年全国棉花大丰收，使当年出现棉花供大于求的局面，价格下跌，进而导致 1985 年面积同比大幅缩减 25.7%。2004 年全国棉花再次大丰收，又使得 2005 年的棉花面积同比大幅缩减 11.0%。2003 年，长江流域、黄河流域和西北地区三大产区同时遭遇异常气候

---

① 2008 年秋季华尔街暴发次贷危机，进而诱发后几年的全球金融危机，我国加大基本建设投入的救市对策，几年时间投入铁路、公路和机场等建设的金额高达 4 万亿；到 2010 年，农产品包括籽棉、皮棉和棉籽价格全面高涨。

的不利影响致使棉花大幅减产三成,导致棉花价格大幅上涨三成多,从而使得2004年棉花播种面积增长了11.4%。

进入21世纪,全球气温升高,异常气候变化加剧。极端异常高温、盛夏阳光炙烤与旱涝交替对长江中下游棉花不利影响加大;黄河流域棉区因雨季北移,连续多年秋雨连绵,田间湿度大,烂铃面积大、程度重,产量和品质损失大,农民积极性遭受打击深重。这是导致长江流域和黄河流域棉花播种面积不断减少的天气原因。西北内陆特别是新疆的南疆遭遇极端异常高温危害加重,同时降雨增加、湿度加大还诱发铃病的发生和危害;整体上,气候变化对新疆的北疆的利好相对较多,生育期延长,天气平稳,气温高,昼夜温差大,有利于提高单产和改善品质。

五、棉花生产发展的贡献

棉花生产的发展对于我国这一人口大国的直接贡献是人均原棉占有量和纺织品消费总量的增长,人民生活水平日益提升,国际地位不断提高,对全球的贡献越来越大。

(一)跻身世界先进植棉大国的行列,结束了棉花的短缺史

1983年是全国棉花生产历史性的一年。这一年全国皮棉单产达到762 kg/hm^2,总产创历史新高达到463.7万t,比丰收的1982年增产103.8万t,增幅高达28.9%,我国自此跻身全球先进植棉大国行列,次年(1984)全国取消了自1954年开始实行的布票票证管制,从此结束了长达35年(1949~1983)的纺织品短缺史,步入了丰衣足食的新时代;也是这一年,我国还由棉花进口国一跃成为出口国。

(二)节省了耕地,实现了粮棉双丰收

高产目标对我国棉花生产具有重要意义。由于单产水平高,我国不仅成功解决了13亿多人的穿衣问题,衣着靓丽,"衣被天下",而且还节省了2个百分点的耕地面积,相当于每年节省耕地面积267万hm^2(约4 000万亩,按大田作物播种面积15亿亩估算)。同期,全球棉花播种面积占全球大田作物播种面积为5%,而我国只占3%。按同期全球平均单产水平测算,我国用533.3万hm^2(约8 000万亩)棉田生产出933.3万hm^2(约1.4亿亩)的总产量,相当于每年节省耕地400万hm^2(约6 000万亩)。正是因为棉花的高产,我国才得以战胜国际低成本原棉的冲击,战胜棉花自身不断上涨的成本压力,战胜粮、经、菜等作物的挤占和打压,稳定了棉田面积。

(三)不断提升棉花生产的国际地位

1. 关于总产 总产反映一个国家棉花的产能大小,是一个国家国际地位的基本指标。我国于1966年首次跃上全球总产第一大国位置,但直到1982年的16年时间里,其优势地位并不明显。1983年我国再次成为全球总产第一大国,这一绝对优势地位一直保持到2015年,共33年,2016年才被印度超过。其中1990~2014年这25年的优势地位明显,最高总产达到800.0万t,是迄今全球棉花总产最高纪录的国家。

2. 关于面积 面积是产能的基础。1984年我国棉花面积占全球的19.6%,1992年占全球的21.2%,2000~2009年全国平均棉花播种515.6万hm^2,占全球的15.7%,仅次于印度,位居全球第二。

3. 关于单产　单产水平反映一个国家棉花的现实综合生产力。2000～2009年我国棉花平均单产1 160 kg/hm^2,较全球平均水平高65.8%;2017年全国平均单产1 769 kg/hm^2,高于全球平均水平一倍多,位居全球产棉大国(印度、美国、巴基斯坦、巴西和乌兹别克斯坦)之首,但比澳大利亚低20.0%。

(四)不断提高我国人均原棉占有量、居民纺织品消费量和出口水平

不断满足人民日益增长的纺织品需求是棉花生产发展的根本。从人均原棉占有量、居民纺织品消费量和纺织品服装出口额的增长来看,成效极其显著,主要表现为以下四点。

一是全国居民人均原棉占有量增长。人均棉花占有量,从1949年的0.8 kg提高到1979年的2.8 kg;1984年为5.9 kg,2001年下降到4.2 kg,2008年达到5.8 kg的最高水平,此后多年保持在人均5.5 kg上下,但不稳定。

二是棉纺织品从短缺到极其丰富。从消费量来看,我国居民纺织品服装表观消费量从1949年的2.3 m^2/(人·年)[约合0.8 kg/(人·年)]增加到1978年的11.4 m^2/(人·年)[约合2.88 kg/(人·年)],但是仅为全球平均水平6.57 kg/(人·年)的43.8%。2000年提高至8.30 kg /(人·年),与全球平均消费水平持平。2013年提高到17.50 kg/(人·年),超过全球平均水平51.8%。据行业专家估计,目前我国居民纺织品表观消费量为20 kg/(人·年)上下,已达到中等发达国家的消费水平。

三是我国居民纺织品消费发生翻天覆地的变化。从纺织品消费周期来看,我国居民衣着更新周期发生了重大变化,服装消费周期由20世纪70年代之前的9年"贫困型"、80年代的6年"温饱型"向90年代的年年更换的"小康型"过渡。穿着经过了"新三年,旧三年,缝缝补补又三年",过渡到年年更新的富裕期。进入21世纪,更是进入了季季更新的"充裕型",穿着时髦、舒适、华丽和高贵。纺织品也由服装用向家庭用和产业用转变。然而,勤俭节约依然是中华民族的优良传统。

四是我国"衣被天下"温暖全世界,棉制品及棉制服装出口"十分天下占其三"。纺织品服装出口额从2000年的522.0亿美元增长到2017年的2 669.5亿美元,增长了4.1倍,年均增长率达到10.08%。其中2014年纺织品服装出口额创2 984.9亿美元的新纪录。2002～2017年,在整个纺织品服装出口额中,棉制品及棉制服装所占比例在28.9%～41.0%之间,平均35.0%。其中2014年出口额首次突破千亿美元,达到1 015亿美元,也创新高。

第二节　中国棉花生产发展的基本经验

总结70年以来我国棉花生产发展的经验,可归纳为"四依靠"和"两发展"。四依靠:一靠党的领导,政府重视,加强组织领导,制定和出台了一系列政策,促进生产发展;二靠增加棉花生产的物质和劳动力投入;三靠科技进步,提高科学水平;四靠劳动人民的勤劳。两发展:一是发展精耕细作农业,实现粮棉双高产和双丰收,较好地解决了人口大国的粮棉生产问题;二是发展现代植棉业,科学植棉,集约化、规模化和机械化种植,努力实现棉花生产的可持续发展。70年的实践证明,我国走出了一条适合人多地少这一适合中国国情的棉花发展道路,创新了具有中国特色的高产、优质、高效的棉花发展模式。

一、依靠党的领导,政府重视,政策支持

中华人民共和国成立以来,党和国家始终把棉花当作战略物资予以高度重视,把穿衣与吃饭放在同等重要的地位。70 年来,国家制定和出台了一系列的政策,采取了一系列措施以发展生产、保障供给;同时,不断改革棉花流通体制、加工和质量检验的管理机制。

(一) 建立棉花领导和组织机构,加强棉花生产和流通的组织领导

中华人民共和国成立以后,在党中央和国务院的领导下,国家设立了棉花专门管理机构,由国家计划部门、农业部门、商业部门和全国供销合作总社,以及质量管理和监督机构等组成。这些机构负责制订棉花政策和管理措施;编制需求量和计划种植面积,制订收购标准和价格,落实计划分配与监督执行,负责收购、调拨、销售和进出口等工作。在主产区,成立了棉花领导小组,由主管农业省长任组长。

(二) 制订一系列政策,鼓励发展棉花生产,稳定市场,保障供给

国家制订和出台了一系列鼓励和支持棉花生产的政策(表 1-2、表 1-3),主要政策内容:一是制订合理的收购价格,保证棉农的经济收入;二是安排好主产棉区农民的粮食供应,保证有粮吃;三是提供生产资金,优惠供应化肥、农药等生产资料;四是积极探索建设有中国特色并与国际接轨的市场经济体制。这些政策内容包括:

1. 预购政策、统购统销政策和合同定购政策　这些政策旨在计划管理棉花的生产、收购和调拨。

2. 棉农口粮政策　我国人多地少,粮棉生产争地矛盾突出。20 世纪 60~80 年代,主产棉区棉农吃粮是一个至关重要的问题。国务院〔1978〕54 号文件指出:“中央历来明确规定,要保证棉农口粮标准不低于邻近产粮区。”按国务院规定,实行粮棉五定,即定面积,定产量,定交售任务,定自产粮,定口粮标准,保证棉农有粮吃,标准不低于邻近产粮区,实行“多售棉多吃粮”。

3. 奖售政策　奖售政策始于 20 世纪 60 年代初期。为了鼓励棉农种足种好棉花,多产棉、多卖棉、多为国家做贡献,国家出台棉花奖售政策,拿出一部分紧俏物资进行奖励,如奖励化肥、粮食、布票、化肥和柴油等,优先供应给种棉售棉村组或农户。

表 1-2　我国棉花的主要政策

政策名称	执行起止年份	主要内容
预购政策	1951~1985	国家对产区计划交售棉花任务的村组农户,按规定“一次安排,分批发放”预购定金以扶持生产,预购定金发放按合同定购总额的 15%拨款,当年发放,当年收回,专款专用,任何单位和个人不准扣留、抽调和挪用
统购统销政策	1954~1984	政策规定,从这一年新棉上市起,棉花由国家指导部门统一收购,统一经营,其他任何单位和个人均不得插手收购、经营,也不准上市。1958 年,国务院发布了《关于农副产品、食品、畜产品、丝绸等商品分级管理的规定》,将棉花商品划为中央集中管理的最重要的第一类商品,棉花收购、销售、调拨、进口、出口等指标,完全由商业部集中管理。1961 年党中央再次明确棉花实行统购统销和购留政策。即对产棉村组,除国家规定一定标准的自留棉外,其余应全部卖给国家

（续表）

政策名称	执行起止年份	主要内容
合同定购政策	1985～1994	1982年起，全国棉花第一次实现产销平衡，自给有余。1983年由棉花进口国转变为出口国。1984年3月，国务院决定，等外棉退出统购范围，实行自由购销。同年11月国务院又决定，从1985年起，国家计划收购以外的棉花，实行自由买卖，价格随行就市。1984年全国棉花创历史上第一个高产年，总产达到625万t，商品收购量550万t。在资源供大于求的条件下，1985年[国发]一号文件决定，取消棉花统购政策，改为合同定购。合同定购数量由国务院确定，由各级政府逐级下达到棉花商品生产单位或棉花商品生产户。国家对合同收购棉花，由棉花商品企业单位按国家规定的价格收购，并给予按比例加价和奖售化肥； 1995年以后，由于全国供大于求，棉花进入市场，由产需双方自由选购，合同定购计划结束了历史使命
棉农口粮政策	1964～1992	1964年，实行“售棉多吃粮多”政策。超售皮棉1 kg，奖原粮（下同）2 kg，少售皮棉1 kg，减少供应粮2 kg；没有完成交售任务，人均口粮最低不少于210 kg；完成任务人均年吃粮240 kg；超额完成任务平均每人口粮最多不超过270 kg。高产棉区，666.7 m^2 产皮棉40 kg以上或每人售棉50 kg以上的，人均口粮最低为240 kg，最多不超过270 kg； 1966年，规定没有完成任务，人均年口粮指标225～240 kg，完成任务人均口粮250 kg，超额完成任务666.7 m^2 产皮棉50 kg或每人出售皮棉50 kg，每人口粮270 kg； 1971年，规定完成定产任务，666.7 m^2 产皮棉60 kg或人均售皮棉50 kg，人均口粮250 kg；666.7 m^2 产皮棉65 kg，人均售皮棉55 kg，人均口粮260 kg；666.7 m^2 产皮棉70 kg，每人售皮棉60 kg，人均口粮270 kg； 1976～1979年，参考棉农产粮棉的多少，以不低于邻近产粮区的口粮水平供应，粮棉定购双增的，人均年口粮为240～270 kg。粮棉“一增一减”型，人均口粮225～240 kg；粮棉“双减”型，人均口粮210～225 kg； 1979～1980年，棉花实行定购基数，规定粮棉挂钩基数，每超过挂钩基数皮棉1 kg，奖贸易粮1 kg。1980年国家调拨粮食480万t补充缺粮区农民口粮，1981年起实行粮棉挂钩奖售，以1980年为基数，超基数部分每售1 kg奖粮食2 kg，至1984年改为1.5 kg，1981～1984年共奖粮2 500万t，对鼓励缺粮地区发展棉花生产起到了重要作用； 1985年，取消棉花奖售粮。棉农口粮供应由国家统销价改为购销同价。1988年后，对省际调拨实行吨粮吨棉奖励，即按国家计划调出的棉花，每吨粮食由中央财政补贴差价款128元，用作调出棉花县发展粮棉生产； 1989～1991年，国家实行“斤棉斤粮”政策，凡棉农交售25 kg皮棉补贴20元，1990年补贴40元，1991年补贴25元； 1992年以后，国家连续提高收购价格，将棉农吃粮因素计入价格之中，因而取消了吃粮补贴
奖售政策	1961～1995	1961～1962年，每售100 kg皮棉，奖布票10～20（1962年）尺*，化肥50 kg，粮食35 kg； 1963年，每售100 kg皮棉，奖布票20尺，化肥85 kg，食糖1.5 kg，香烟12盒。超售棉花1 kg，奖粮食2 kg；少卖1 kg，减粮供应2 kg； 1964年，每售100 kg皮棉，奖布票10尺，化肥70 kg，香烟12盒，食糖1.5 kg； 1965～1966年，每售皮棉100 kg，奖布票6尺，化肥70 kg； 1967年，每售100 kg皮棉奖化肥70 kg； 1970年，每售100 kg皮棉奖化肥70 kg； 1973～1977年，凭票购肥； 1978年，每交售皮辊棉100 kg，奖售化肥80 kg（以碳酸氢铵为标准肥，下同），每交售锯齿棉100 kg，奖售化肥84 kg，奖售化肥采取预拨办法； 1979年，改为按上年实际棉花交售量，不再按计划面积预拨； 1981～1994年，每100 kg皮棉奖售化肥70 kg。在国家政策基础上，各地还出台了一些奖励政策，如奖励柴油和贸易粮； 1995年，每100 kg奖售化肥50 kg，同时补贴化肥与柴油差价28元
收购价格政策	1949～1977	1949～1978年，全国统一收购价格，每100 kg皮棉的人民币价：1949～1950年156元，1951年168元，1952年164元，1953年154元，1954～1962年160元，1963～1971年178元，1972～1977年207元

［注］本表由毛树春（1991）、雷圣祥等（1999）、史建伟等（2004）整理；*1米＝3尺。

4. 收购价格政策　价格政策是调节棉花生产的重要政策,提高棉价并实行超计划收购另加价政策是 20 世纪 80～90 年代棉花生产发展的主要原因。1995 年以前,棉价政策坚持执行计划第一,价格第二,等价交换,稳定市场,稳定物价的原则。棉花商品价格由中央统一编制,统一管理。自 1995 年开始,国家对棉价政策进行了改革,以 1995 年为标志,我国棉花管理从计划经济体制向市场经济体制转轨。

1978 年,党的十一届三中全会出台提高粮、棉、油、肉、蛋、水产品等农产品的收购价格政策,其中棉花提价 15%,超计划收购另加价 30%,北方低产区另加价 5%。

1979～1983 年,国家对棉花实行定基数,超基数加价的政策。加价基数按 1976～1978 年三年平均收购量为依据,1978 年超过基数部分加价 30%(表 1-2)。1983 年加价由基数改为"正四六",即 60%按牌价(订购任务)和 40%加价组成标准价。1984～1988 年调整牌价和加价比例。1987 年加价比例由"正四六"改为"倒三七",即 30%按牌价,70%超购价。1988 年向用棉单位征收生产扶持费和生产资料补助费,每 100 kg 标准价为 420 元。

1989～1995 年,国家 5 次调高收购价。其中 1989 年调高 12.5%,每 100 kg 为 472.84 元(含加价 61.24 元,下同);1990 年调高 26.9%,每 100 kg 为 600 元;1993 年调高 10%,每 100 kg 为 660 元;1994 年标准价 1 088 元(含财政补贴 60 元,化肥、柴油差价补贴 28 元)。1995～1998 年再次调高,每 100 kg 为 1 400 元,同时取消了财政补贴和化肥、柴油差价补贴。

1995 年改革棉价政策,国家出台国家指导价并允许浮动。1995～1998 年价格浮动率为 4%～6%(表 1-3),允许新疆下浮 10%。1998 年价格下调 7.1%,下限价格每 100 kg 为 1 235元,允许新疆自定浮动率。1999 年指导价每 100 kg 为 1 100 元,实际价格每 100 kg 为 792 元,2000 年由全国供销合作总社出台商业指导价每 100 kg 为 860 元,实际价格每 100 kg 为 1 038 元。

2000 年以后棉花价格由市场形成,基本与国际接轨(表 1-3)。

表 1-3　棉花收购价格和超购加价政策的变化

(毛树春,1991,2010)(327 级标准级皮棉,单位:元/100 kg)

年度	全　国			北方棉区			南方棉区		
	定购价格	价格补贴	实际价格	定购价 占比(%)	加价 占比(%)	实际价格	定购价 占比(%)	加价 占比(%)	实际价格
1978	230		230	统一价格			统一价格		
1979	265	29	294	超基数加价			超基数加价		
1980	292	50	342	超基数加价			超基数加价		
1981	292	53	345	超基数加价		369	超基数加价		321
1982	292	66	358	超基数加价		376	超基数加价		329
1983	292	73	365	超基数加价		376	超基数加价		337
1984	292	58	350	20	80	362	60	40	327
1985	292	50	342	30	70	353	60	40	323
1986	292	44	336	40	60	344	60	40	322
1987	292	61	353	30	70	353	30	70	353

（续表）

年度	全　国			北方棉区			南方棉区		
	定购价格	价格补贴	实际价格	定购价	加价	实际价格	定购价	加价	实际价格
				占比(%)			占比(%)		
1988	292	61	353	30	70	353	30	70	353
1989	412	61	473						
1990	539	61	600						
1991	539	61	600						
1992	539	61	600						
1993	539	61	660						
1994			1 088						
1995			1 400	新疆收购价 1 280					
1996			1 400	价格可上下浮动 4%,新疆收购价 1 280					
1997			1 400	价格可上下浮动 6%,新疆收购价 1 280					
1998			1 300	价格可上下浮动 5%,收购价格下限 1 235;新疆收购价 1 200					
1999			1 100	国家指导价					

中国棉花价格指数(CC Index 328 或 CC Index 31288)　元/t

年度	价格	说明
1998/1999 年度	11 000	市场形成 [注] ①实际价格中含定购价格,超购加价和北方棉区 5%的价格补贴。②由于锯齿棉有 4%的衣分亏损,国家对锯齿棉实行价格补贴,每 100 kg 加价标准:1967～1977 年 8 元,1978 年 9.2 元,1979 年 10.6 元,1980～1988 年 17.6 元,1989 年 16.4 元,1990～1992 年 21.6 元,1993 年 24 元,1994 年 40 元,1995～1996 年 56 元。1999/2000 年度起为中国棉花价格指数
1999/2000 年度	11 901	
2000/2001 年度	11 733	
2001/2002 年度	8 676	
2002/2003 年度	11 934	
2003/2004 年度	16 080	
2004/2005 年度	12 413	
2005/2006 年度	14 077	
2006/2007 年度	13 284	
2007/2008 年度	13 675	
2008/2009 年度	12 085	出台临时救市价格 12 600 元/t,解决“卖棉难”
2009/2010 年度	15 731	价格由市场形成
2010/2011 年度	26 956	价格由市场形成
2011/2012 年度	19 800	临时收储政策
2012/2013 年度	20 400	临时收储政策
2013/2014 年度	20 400	临时收储政策
2014/2015 年度	19 800	针对新疆产地的棉花目标价格改革试点
2015/2016 年度	19 100	针对新疆产地的棉花目标价格改革试点
2016/2017 年度	18 600	针对新疆产地的棉花目标价格改革试点
2017/2018 年度	18 600	针对新疆产地的棉花价格改革
2018/2019 年度	18 600	针对新疆产地的棉花价格改革
2019/2020 年度	18 600	针对新疆产地的棉花价格改革

[注] 我国棉花年度从当年 9 月 1 日到次年 8 月 30 日为 1 个年度。

2011 年,国家实行积极的财政政策和稳健的货币政策,以“稳物价、保增长”为发展经济总目标,针对全球金融危机蔓延,为了保护植棉者积极性,2011～2013 年度实行临时收储政策,设计临时收储价格 19 800～20 400 元/t(表 1-3),这 3 个年度合计收储 1 606 万 t,约占同时年景产量的 80%。实践证明,临时收储政策具有“双刃剑”功效:一是新棉市场运行和价格走势稳定,避免了“卖棉难”问题,符合政策设计的初衷。二是提价幅度大,临时收储价比 2008 年度提高了 61.9%,切实起到了保护棉农利益功能。三是因国内外棉花价格严重“倒挂”,这 3 年棉纺织业对国产高价棉的用量大幅减少,同时诱发大量进口国际市场的低价原棉,内外交织导致国产原棉库存量高达 1 000 多万 t,形成所谓“洋货入市、国货入库”和“进口量增、生产量增和库存量增”这一被动局面。

2014 年开始开展棉花价格改革试点,试点地区为新疆棉花产地,2014 年度试点价格 19 800元/t,2015 年度下调至 19 100 元/t,2016 年度进一步下调到 18 600 元/t(表 1-3)。通过改革试点探索出一条农产品价格由市场供求形成、价格与政府补贴脱钩、国内外价格接轨的新路子。试点改革极大地调动了新疆棉花生产的积极性,棉花播种面积和总产大幅增长。但由于收储仅针对产量,也导致了棉花品质下降的新问题。

2017 年度起对新疆实行深化棉花目标价格改革,设定 2017～2019 年度的价格 18 600 元/t(表 1-3)。这次改革调整优化了补贴方法,对享受目标价格补贴的棉花数量进行上限管理,超出上限的不予补贴。补贴数量上限为基期(2012～2014 年)全国棉花平均产量的 85%。按照深入推进农业供给侧结构性改革要求重视提升质量,品质得到重视,也有较大改进。

2014～2017 年,国家对湖南、湖北、江西、安徽、江苏、山东、河北、河南、甘肃等 9 省进行棉花补贴的尝试,补贴 2 000 元/t,各地补贴 1 350～2 400 元/hm^2 不等。但是,由于补贴力度小,加上地方政府积极性不高,补贴对稳定这 9 个省的植棉面积没有发挥应有作用。

5. 进口关税配额管理政策　2001 年 11 月我国加入 WTO,入世谈判约定我国对进口棉实行配额管理政策(表 1-4),设置配额和配额外追加两个关口。配额进口数量 2002 年81.5 万 t,2004 年 89.4 万 t,关税税率为 1%。这些配额棉国有贸易公司经营比例为 33%,由国家指定 4 家国有贸易公司经营;另 67%由私营公司经营,这一政策一直延续至今。

表 1-4 棉花关税及其配额

(毛树春、喻树迅,2002)

年份	关税配额(万 t)	国营贸易比例(%)	私营贸易比例(%)	配额内关税(%)	配额外追加的进口棉约束关税税率(%)
2002	81.850	33	67	1	54.4
2003	85.625	33	67	1	47.2
2004	89.400	33	67	1	40.0

[注] 本表数据根据石广生主编《中国加入世界贸易组织知识读本》(三)(人民出版社,2001)整理。

配额外追加约定的约束关税税率 2002 年为 54.4%,2004 年为 40.0%,并一直在延续。进口棉无论配额还是配额外追加,都要按国民待遇,需征收增值税。所谓关税是指一国或地区对经过其关境货物征收的税，是一种保护国内产业的重要政策工具。

关于约束关税税率的实施情况较为复杂。由于设置 40%的税率过高，不利进口，于是采用滑准税或从量税的税率予以减低弱化。2002 年配额外追加没有发生，2003 年起年年追加，2003～2005 年 4 月约束关税主动放弃。2005 年 5 月至 2006 年设置 5%～40.0%，按照一定计算公式，征税基准价 10 029 元/t。2007 年设置 5%～40.0%，征税基准价 11 397 元/t。2008 年 1 月到 2011 年 12 月，完税价格高于或等于基准价 11 397 元/t，按 0.57 元/kg 从量税计征。2008 年滑准税由 5%～40%下调至 3%，征税基准价调高至 11 914 元/t，从量税由 0.57 元/kg 调低至 0.357 元/kg。2012 年 1 月到 2013 年 12 月征税基准价调高到 14 000 元/t，2014 年 1 月到 2017 年 12 月征税基准价调高到 15 000 元/t，当进口棉完税价低于 14 000 元/t 或 15 000 元/t 时，按照一定的计算公式和征收不高于 40%的税率，从量税税率按 0.570 元/kg 计征。

加入世界贸易组织 15 年(2002～2016 年)，我国累计进口原棉(税号 52010000)3 556.8 万 t，年均 237 万 t，占全球进口量的 28.3%；累计进口额 661.8 亿美元；年均进口额 44.1 亿美元。其中 2012 年进口量最多达到 513.7 万 t，进口额超过百亿美元达到 118 亿美元，进口量占当年全球的 60%。

在这 15 年里，我国进口原棉的来源地常年 30 多个，其中 2012 年进口来源地最多达 64 个国家和地区。在所有进口来源地中，美国位居首位，印度次之，澳大利亚第三，乌兹别克斯坦第四，数量分别占来源地的 38.0%、21.8%、10.8%和 9.5%，四国合计占 80.1%。其中印度比例不断提高，美国比例不断下降。西非国家占进口总量的 10.7%，其中布基纳法索最大，占 3.0%，其次是科特迪瓦、贝宁、马里、喀麦隆；位于南美洲的巴西占比提高了 1.9%。

此外，在这 15 年里，我国还累计进口棉短绒、废棉及棉的回收纤维 205.5 万 t，进口额 11.44 亿美元。

6. 良种补贴政策　为了应对加入 WTO 以后国外低价格棉花对国内棉花生产的冲击，稳定棉花种植面积，降低棉花生产成本，提高棉农种棉的积极性，促进棉花生产，我国政府从 2007 年起实施棉花良种补贴政策。棉花良种推广补贴的补贴对象为选用棉花良种种植的棉农。2007 年中央财政拿出 5 亿元对典型棉花生产区域进行良种补贴，补贴标准为每公顷 225 元。2009～2016 年，棉花良种补贴在全国范围内实施。

7. 价格比较　决定粮棉生产发展的因素很多，其中最重要的是粮棉性价比，粮棉生产比较利益对粮棉生产有重要的调节作用，特别是在市场经济中，比较利益的调节作用更加突出。农业内部对棉花价格是否合理采用粮棉比价进行评价，农产品与工业产品价格是否合理采用棉肥比价进行评价。比较效益的高低决定棉花与其他作物的竞争力、决定农产品与工业产品的强弱。棉粮、棉肥保持一定比价有利于棉花生产的稳定发展(表 1－5)。在北方棉区，棉花与小麦比价平均保持 1∶9；在南方棉区，棉花与稻谷的比价平均保持 1∶11。棉肥比价的提高，则工农剪刀差缩小，农民从棉花生产获得较多的收益，棉花生产基本可保持稳定发展；小于或大于这个比例，棉花生产就会出现大的波动。

表 1-5　中国棉粮与棉肥比价

（毛树春，1991；贾克诚等，1996）

年份	南方棉价（元/50 kg）	籼稻价（元/50 kg）	棉稻比价	北方棉价（元/50 kg）	小麦价（元/50 kg）	棉麦比价	化肥（元/t）	棉肥比价
1950	76.73	5.19	1∶14.78	75.93	8.42	1∶9.02		
1952	84.99	5.52	1∶15.39	82.07	9.30	1∶8.82	370	1∶4.95
1957	83.34	6.04	1∶13.08	82.61	10.16	1∶8.13	320	1∶5.61
1961	83.35	8.18	1∶10.19	82.68	12.27	1∶6.74	270	1∶6.74
1966	91.05	9.54	1∶9.54	90.83	13.75	1∶6.61	240**	1∶8.50
1977	105.56	9.54	1∶11.06	104.72	13.75	1∶7.62		
1978	115.43	9.54	1∶12.10	116.00	13.75	1∶8.44	231	1∶9.86
1984	163.86	11.60	1∶14.13	182.31	16.72	1∶10.91	322	1∶10.61
1985	163.86	15.73	1∶10.41	176.42	22.80	1∶7.74	309	1∶8.71
1989	237.08	22.27	1∶10.64	236.42	25.67	1∶9.21	636	1∶7.77
1990	300.60	22.27	1∶13.50	301.49	25.67	1∶11.74	630	1∶10.07
1991	300.60	22.27	1∶13.50	301.49	25.90	1∶11.64	877	1∶7.36
1992	300.60	24.73	1∶12.16	301.49	31.93	1∶9.44	910	1∶6.72
1993	330.00	36.00	1∶9.17	330.00	37.14	1∶9.89		
1994	500.00	46.00	1∶10.87	500.00	47.00	1∶10.64		
平均	195.80	16.96	1∶11.54	197.63	20.95	1∶9.43		

［注］ * 为 1962 年；** 为 1965 年。

（三）改革流通体制，建立新型市场运行机制，参与国内外市场竞争

改革开放以前，鉴于国产棉资源紧缺，供小于需，矛盾突出，国家对棉花实行严格的计划管理，实行“不放开市场、不放开收购和不放开价格”的“三不”政策。棉花收购从 1949 年到 1995 年由全国供销社下属的中国棉麻公司垄断，实行统一收购，棉花价格全部由国家制订。直到 1995 年尝试改革棉花计划管理，出台指导价且允许浮动。从 1999 年度起，按照社会主义市场经济体制和加入 WTO 后的要求，全面改革棉花流通体制。主要内容：一是建立起在政府指导下由市场形成棉花价格的机制；二是拓宽棉花经营渠道，减少流通环节；三是培育棉花交易市场，促进棉花有序流通。2001 年国务院决定放开棉花收购，鼓励公平有序竞争，凡符合《棉花收购加工与市场管理暂行办法》规定、经省级人民政府资格认定的国内各类企业，均可从事棉花收购。主要内容：一放、二分、三加强，走产业化经营的路子。一放，即放开棉花收购，打破垄断经营，是这次改革的核心，也是鼓励有序竞争、发挥市场调节作用的根本前提；二分，即实行社企分开、储备与经营分开，实质上就是深化棉花收购、加工和流通企业改革，使其真正成为自主经营、自负盈亏、自我发展、自我约束的经济实体，是这次改革的关键；三加强，即加强国家宏观调控、加强市场管理和加强质量监督。这是放开市场之后，促进供求基本平衡，维护市场秩序，确保质量的重要保障。

2017 年 1 月 12 日，国务院常务会议决定取消棉花加工资质认定等 53 项行政许可，宣布废除轧花厂认证制度为商业登记制度。当年 3 月 30 日，国家质量监督检验检疫总局、国家发展改革委员会联合发文《关于取消棉花加工资格认定行政许可后加强棉花质量事中事后监管的通知》。今后将加强棉花质量事中事后的管理和服务，提出建立棉花质量的可追溯制度。这样，经过 19 年的漫长改革之路，我国棉花流通加工领域的改革已全部到位，棉花加工、流通将依靠市场配置资源，政府有关部门将对棉花质量开展事中事后的监督管理和服务。

（四）改革棉花质量检验体制，满足市场新需求

棉花品级检验是指商品籽棉和皮棉的检验。这是贯彻国家标准，按一定的操作规程和品级实物标准进行的分级检验，检测结果是确定棉花价格和棉纺厂合理使用原棉的依据。

棉花质量检验体制改革是我国棉花流通体制改革的重要组成部分。2003 年 12 月国家出台《棉花质量检验体制改革方案》，旨在改进原棉加工设备，提高加工工艺水平，降低流通成本，建立棉花质量检验体制。从 2003 年起，计划利用 5 年时间建立科学、统一、与国际接轨的棉花检验技术标准体系。

棉花质量检验改革的主要内容：一是在加工环节实现公证检验，由纤维检验机构在加工环节依法提供逐包检验；二是采用快速检验仪进行仪器化科学检验，改以感官检验为主为 HVI -大容量纤维检验仪器检验，试点采用《仪器化检验标准》，检测长度、细度、成熟度、强度和一致性等指标，同时，支持研制 HVI 仪器，制定新的棉花质量标准；三是采用国际通用棉包包型与包装和重量，改包重 80 kg 的小包为包重 227 kg 的大包；四是实行成包皮棉逐包编码的信息化管理；五是发展棉花专业仓储；六是改革公证检验管理体制。改革取得的主要阶段性成果：一是试点企业改造后全部采用标准加工工艺线、配备检验仪器和设备，如籽棉“三丝”清理机、籽棉烘干机、皮棉异性纤维识别装置、配置符合新体制要求的加工工艺生产线，核心设备是 400 t 的大型打包机；二是采用国际通用的棉包包型和包装方式；三是使用条码等技术，对成包皮棉逐包编码，实现信息化管理。

至 2016 年，全国建成棉花公证检验实验室 89 家，实验室总面积超过 8 万 m^2，拥有 HVI 仪器 500 多台套，检验能力达到 500 多万 t，其中新疆棉花几乎全部实行“包包”检验。长度、强度、整齐度和马克隆值各项指标的相符率也稳中有升（见第五十一章）。

二、依靠增加投入，改善生产条件

（一）适度开荒，综合治理低产田

扩大种植面积和提高单产是增加农产品总产量的主要途径。在耕地资源有限的情况下，适度开垦荒地以扩大植棉面积、综合治理低产田以提高生产力水平等成为增加总产的主要措施。结合国家大江大河治理、低产田开发和区域农业综合治理等大型项目的资金投入，开垦土地，扩大耕地资源，宜棉地区棉花生产从中受益。在开垦的同时，采用综合治理盐、碱、旱、涝、瘠薄和风沙，平整土地，治水、改土和增施肥料结合，在内陆盐碱地实行“沟播躲盐”“老沟植棉”，增施有机肥和磷肥，已将“不毛之地”的棉花低产田改良为中产田，中产田改良为高产田，并由棉田一年一熟制发展到一年两熟制。据统计，通过开垦宜农荒地，黄淮海平原 20 世纪 80 年代棉田面积扩大到 66.7 万 hm^2，90 年代新疆棉田面积扩大了 9.96 万 hm^2，2017 年扩大了 19.63 万 hm^2。

同时，兴修水利，大搞农田基本建设，南方重点建设棉田排水系统，北方重点新打机井，输水渠道改土建为水泥硬化渠道，改沟排为田间毛管排水降渍，提高了棉田灌溉和排水效能，增强了抗御自然灾害的能力。

（二）建设商品棉生产基地，调整生产布局，提高棉花生产用种水平

为了提高棉花生产能力，自 1985 年起，国家启动优质商品生产基地建设项目。到 2002

年，国家、地方和企业投入资金11.56亿元，建设优质棉生产基地县262个。自1988年起，国家决定将新疆列为国家特大优质棉基地建设，预算投资总额达到数亿元。实践证明，基地建设是我国棉花生产实现可持续发展的重大举措。

通过基地建设，加快布局转移和结构调整，改分散种植为适当集中种植。基地县棉花生产占全国的比重日趋提高，地位举足轻重。据统计(表1-6)，到1990年建成基地县95个，棉田面积占全国的39.0%，总产占全国的42.1%，单产高于全国平均的7.9%。到2000年建成基地县252个，棉田面积占全国的69.7%，总产占全国的75.1%，单产高于全国平均水平的10%，其中新疆地方和生产建设兵团面积占本地的79.1%和90.3%，总产则占83.3%和90.3%。到2002年建成基地县266个，基地县占全国植棉县的23.4%，棉田面积占全国的76.5%，总产占全国的80%，单产高于全国的5.1%。实践证明，基地建设促成棉花生产布局更加合理，形成适度规模经营。

表1-6　2002年优质棉花基地县面积和总产占全国的比重

(毛树春，2004)

项　目	植棉县		面　积		产　量		单　产 (kg/hm²)
	个	比例(%)	万hm²	比例(%)	万t	比例(%)	
基地县	266	23.4	290.2	76.5	341.8	79.9	1178
全国	1136	100	381.8	100	427.8	100	1021

[注]①到1999年全国实际建设基地县266个，在面积、产量上可以统计的县(区)只有252个。②本表数据根据《中国统计年鉴》1999年计算(中国统计出版社，2000)；当年农业部《2002中国农业发展报告》数据，总产383万t，面积372.6万hm^2(中国农业出版社，2002)。

基地建设扩大棉花种子繁殖能力，改进良种繁育体系，提高棉花生产用种水平。基地建设以种子为龙头，近30年来建设良种棉繁殖基地，改善良种繁殖田的水利；新建了一批厂房；新置大批用于良种棉的籽棉和种子加工机械、质量检测仪器；培养技术骨干。基地建设显著改善良种繁殖基地、皮棉和种子加工能力，明显提高棉花种子生产和加工技术水平(表1-7)。特别是精加工棉种的生产应用，促进棉花生产用种技术水平的大幅度提高，缩短了与先进植棉国家的差距，培育了一批具有竞争力的棉花种子品牌。

表1-7　全国棉种质量抽查合格率

年度	样品个数	总合格率(%)	纯度合格率(%)	净度合格率(%)	发芽率合格率(%)	水分合格率(%)
1993	48	56.3	60.4	58.3	77.1	89.6
1994	40	50.0	70.0	85.0	62.5	65.0
1995	38	60.5	65.8	100	71.1	78.9
1996	62	56.5	74.2	74.2	74.2	73.7
1997	38	68.4	81.6	100	84.2	100
1998	55	74.5	85.5	100	85.5	98.2
1999	56	73.2	90.9	100	80.4	100
2000	34	58.8	87.9	100	58.1	87.1
2001	47	84.6	93.3	100	87.8	100

(续表)

年度	样品个数	总合格率(%)	纯度合格率(%)	净度合格率(%)	发芽率合格率(%)	水分合格率(%)
2002	43	88.4	93.0	100	95.3	95.3
2003	39	94.7	97.4	100	97.4	100
2004	41	92.1	95.1	100	97.6	100
2005	37	91.9	91.9	100	100	100
2006	33	100	100	100	100	100
2007	34	94.1	97.1	100	97.1	100
2008	35	100	100	100	100	100
2009	32	100	100	100	100	100
2010	37	97.3	100	100	97.3	100
2011	43	97.7	97.7	100	100	100
2012	51	98.0	98.0	100	100	100
2013	48	93.8	95.8	100	97.9	100
2014	47	97.9	97.9	100	100	100
2015	46	95.7	95.7	100	100	100
2016	37	—	91.9	—	94.6	—

[注]本表数据系农业农村部棉花品质监督检验测试中心杨伟华研究员提供。2016年农业部不要求检验净度和水分合格率,故无相关数据,2017年未开展检验。

开展基地科技服务,实行基地建设硬件与软件结合,科技服务取得了显著成效。由于棉花生产技术含量高,周期长,管理难度大,在棉花基地建设的同时国家就立项和组织科研单位开展科技服务。科技服务项目以服务于基地县为目标,以品种为龙头,到2002年,在77个服务县(团)建立技术服务区和辐射区333.3万hm^2,增产15%～18%,优质棉比例提高10个百分点以上。在服务县推广新品种,研究、开发、示范新技术,显著提高单产,改善品质。根据市场经济条件下棉花生产的新需求,科技服务还积极探索并且创建棉花产前、产中和产后服务的新模式,在棉花产前信息化、产中科学化和产后市场化服务方面进行了大胆的尝试,项目组成功研究并提出中国棉花生产景气指数和中国棉花生长指数,在棉花预警监测方面取得了成效,受到国家和地方的肯定。

自1996年以来国家持续支持新疆建设特大商品棉生产基地。在国家支持新疆发展"一黑(石油)一白(棉花)"战略推动下,连续投入大量资金支持新疆建设特大优质商品棉生产基地。建设内容包括:开垦荒地扩大棉田面积,改造中低产田和建设高产棉田,提高棉花基础生产能力;大力兴修农田水利设施,兴建和加固水库,新打机井,硬化输水渠道,引进推广棉田滴灌和节水灌溉技术,提高棉花水分利用效率,节约用水;建设农业技术推广体系、植保服务体系、肥料推广体系和农机化服务体系,提升棉花生产保障和服务能力;兴建原种基地和商品种子基地,棉花种子加工厂和种子质量检验实验室等,形成了全疆棉花良种"育繁推"一体化的种子体系,提高棉花良种生产能力、供种能力和监管能力;兴建大容量棉纤维质量检验室,提升质量检验能力;兴建棉花育种中心和生物育种中心,提升棉花科技创新能力。经过连续15年建设,全疆棉花生产基础能力、科技创新能力、生产保障条件能力、生产服务体系能力、生产社会化服务体系能力和棉花质量检验检测体系能力得到全面提升。

2011～2015年,国家继续支持新疆建设特大优质商品棉生产基地,投入资金14.3亿元。

项目建设内容包括：建设种质资源创新与育种研发平台1个、品种选育和良种引进试验基地1个、良种繁殖田面积2万hm^2、良种生产线9条，新增高产稳产棉田4.1万hm^2、高标准节水灌溉棉田5.7万hm^2、机采棉面积6.2万hm^2、残膜污染治理面积5.3万hm^2、精量播种及病虫害统防统治面积2.3万hm^2；支持育繁推一体化，提升棉花创新能力，提升科技支撑能力。

（三）调整棉花生产布局，科学利用自然资源

20世纪80年代以来，全国棉花生产布局进行了两次结构性调整(详见第四章)；进入21世纪，全国棉区呈现“三足鼎立”结构，种植区域不断优化，产区之间的比重相对合理。经过20世纪80年代的第一次调整，棉花产能提高到400万t级；经过90年代到21世纪的第二次调整，全国产能提高到600万t级，并达到760万t最高产能水平，可见布局调整显著提高了棉花的生产能力。

全国棉花呈现四个集中种植带：一是长江中游集中带，包括洞庭湖、江汉平原、安徽和江西沿江两岸以及南襄盆地，且该集中带棉田继续“下湖上山”；二是沿海集中带，包括苏北、黄河三角洲、环渤海和河北黑龙岗；三是黄淮平原高效棉田带，鲁南和江苏徐淮地区因大蒜棉花两熟，棉田高效种植面积保持了相对集中；四是新疆南部环塔里木盆地集中带，这里最大播种面积超过167万hm^2；五是新疆北部沿天山北坡和准噶尔盆地南缘的集中带，这里最大播种面积超过100万hm^2。

2011年之后，随着国家非均衡棉花价格政策的持续支持，全国棉区重心不断向西北转移，据国家统计局数据，2018年新疆棉花播种面积249.3万hm^2，占全国播种面积的74.3%；总产511.1万t，占全国的83.8%。

三、依靠科学植棉，提高管理水平

科技进步为提高棉花产量、高产再高产，全方位提高品质提供重大的技术支撑，通过示范、推广应用转化成现实生产力，提高棉花生产能力。据朱希刚等(2007)测算，1998～2005年，科技进步对提高棉花单产的贡献率达到63.4%，随着新品种、新技术和机械化的推广应用，以后每年以1个百分点的速率递增。又据钱静雯等(2014)测算，1978～2012年，年均科技进步对棉花产量增长的贡献率高达73.3%，比2012年同期全国农业科技贡献率54.5%高出18.8个百分点。全国棉花单产从2000年的1 093 kg/hm^2提高到2017年的1 769 kg/hm^2，年均增长率高达4.09%，高于同期全球平均单产756 kg/hm^2的1.3倍。结果表明，我国棉花单产水平位居全球产棉大国首位，科技进步所做的贡献巨大。

（一）改革棉区耕作制度，扩大复种指数，提高土地资源利用率

根据人多地少的国情，为了解决好吃饭和穿衣同步协调发展，生产更多的粮食和棉花，需要新增作物种植面积。在适度开荒的同时，全国主要棉花产区在20世纪50年代进行耕作制度改革的基础上，继续进行研究、示范和应用，为扩大粮棉种植面积，增加大宗粮棉产量，创造和形成了一条“双扩双增”的成功之路。

总体上，全国棉区耕作制度先后进行了两次大的改革，第一次在20世纪60～70年代，第二次在80年代中后期。据估计，2000年，全国棉田两熟和多熟种植面积占总面积的2/3，复种指数达156%，按全国面积533.3万 hm^2 计算，等于扩大棉田面积298.7万 hm^2。依靠耕作制度改革和实行集约化种植来提高耕地周年全田产出，协调粮、饲、棉同步增产。这是根据人多地少的国情，形成发展棉花生产的成功经验，也是稳定和扩大棉田面积的基本生产要素条件。

南方棉区耕作制度改革，20世纪70年代以后，南方棉区基本稳定小(大)麦套种棉花的一年两熟种植制度，复种指数达到200%以上。随后由于甘蓝型杂交早熟油菜品种的育成，油菜套(复)种棉花两熟模式增加。此外，南方棉区还有蚕豆棉花一年两熟制。90年代中期由于国家调整粮食结构，淘汰长江中游小麦品种，棉区前茬小麦大幅度减少，油菜复(套)种棉花两熟制占主导地位，同时蔬菜、棉花和大豆、棉花等间套种的一年三熟制面积增多，一些地区复种指数达到了250%～300%。

北方黄河流域棉区，在20世纪80年代中后期耕作制度改革步伐加快，主要是小麦棉花套种面积不断扩大，占两熟种植的主导地位。据统计，到1992年，黄淮海平原麦棉两熟种植面积达218.8万 hm^2，占黄河流域棉田的60.5%，占河南棉田的95%，占山东棉田的55%，河北最高年份也达到45%。耕作制度改革实现了“双扩双增”(即粮棉面积的双扩大及其产量的双增产)，取得年增产小麦600万t，增产棉花200万t的良好效果。

我国棉区耕作制度改革之所以成功，其主要技术经验：一是作物品种生产力的提高，特别是作物熟性和植株高度的变化有利于间作套种，主要表现为两熟种植的品种熟性普遍缩短，生育期由中熟、晚熟转向早熟、中早熟；植株高度由高秆转向矮秆，如小麦高度普遍缩短20～30 cm，新品种熟性的缩短和高度的变矮为缓解共生期矛盾提供了可能；同时，作物品种类型多样化，适合选择的品种类型多。二是促进早发早熟技术广泛应用，采用育苗移栽和地膜覆盖技术对争取季节、赢得时间和补充热量提供了可能，结合套种能争取生长期50～60 d，争取＞0 ℃活动积温500～1 000 ℃。三是农业生产资料丰富，能满足作物生长与生产的需要。多熟种植物质投入大幅度增加，丰富的物资为多熟种植取得成功提供了物质保障。四是各地试验研究总结形成成套规程，这些规程适合本地特点的熟制类型、作物组合、配套品种和管理技术，是成功的基础。

(二) 选育新品种，提高品种生产力水平

1. 选育多类型新品种，满足高产优质抗性需求　新品种数量增多和品种更换周期缩短是棉花科技进步的重要体现。从20世纪50年代至70年代的30年间，我国以引进为主，参加区域试验计615个品种，其中向生产推荐215个，占35%；20世纪80年代，我国自育品种基本替代了引进品种，每5～6年更换一次。90年代新品种选育速度加快，每年通过国家和地方审定的品种数量达30多个，1995年又引进美国品种。到90年代末全国进行了6次品种更换。

据杜雄明和毛树春的不完全统计，“十一五”期间(2006～2010)，首次通过国审和省审棉花新品种597个，同比“十五”时期(2001～2005)增加1.34倍，更新周期从5～6年缩短至2～3年。据中国棉花生产监测预警数据，国育 *Bt* 棉完全替代美国品种，国育 *Bt* 棉累计种植面积达到1 133.3万 hm^2，约占同期棉田面积的45.0%，种植 *Bt* 棉节省农药用量的60%，且保护了环境，减少了人工管理。杂交种种植面积快速扩大。“十一五”期间，杂交种制种面积累计

3.5 万 hm^2，杂交种 F_1 代种植面积累计 720 万 hm^2，占同期播种面积的 26.3%，其中 2006 年最大，面积达到 193 万 hm^2，占播种面积的 33.2%。目前长江流域基本普及杂交种，黄河流域种植面积不断增加，新疆生产建设兵团也在积极尝试。短季棉新品种的成功选育为耕种制度改革和棉区西移提供重大技术支撑。纤维高比强、海岛棉和彩色棉等优质专用棉品种选育丰富了纤维品质，增加了纺织品的附加值。一般认为，新品种替代旧品种，单产提高 10%～15%，杂交种比常规种增产 8%～10%，且新品种的抗病性和品质也有明显改进和提高。

品种类型系列化和品质类型多样化是棉花育种科技进步的又一重要体现。按熟性分，选育出了中熟、中早熟与短季棉和超短季棉系列品种。按常规与杂交种分，杂交育种取得显著进步，在选育中棉所 28 和湘杂棉 1 号的基础上，到 20 世纪 90 年代后期又选育中棉所 29 和湘杂棉 2 号等，杂交种数量达到 20 多个，熟性上以中熟为主，还有短季棉，如淮杂 2 号；叶型以普通掌状为主，还有鸡脚叶型，如标杂 A1 和标杂 A2。按抗性分，以中棉所 12 为标志的新品种的抗病性由感病、或单抗枯萎、或单抗黄萎提高到兼抗水平。应用生物技术把外源 *Bt* 基因转化进入棉花，培育成功抗棉铃虫、兼抗红铃虫的多个系列的棉花新品种和杂交组合。按品质类型分，选育出中早熟长绒、超长绒优质新海棉系列品种，陆地棉中长绒、高强力和天然纤维彩色棉新品种。

2. 品质全面改善　棉花质量由遗传(内在)品质、栽培(生产)品质和初加工(轧花)品质组成。棉花质量与纺织工业需要和提高效益相适应是我国科技进步和生产发展的基本目标，也是科技进步和生产发展的必然要求。据毛树春根据全国棉花品种区域试验，20 世纪 80 年代参试 51 个品种(系)和 90 年代参试 126 个品种(系)的比较可见，纤维比强度年均提高达到 0.25 cN/tex，生产品质中霜后花比例至少比 20 世纪 70 年代降低 20 个百分点，轧花机械和工艺也有所改进。

总体上，我国棉花质量已有显著改善，品质指标得到全面提高。然而，棉纺织工业对原棉品质不满意的问题也是客观存在的(表 1-8)。

(1) 纤维长度：根据纺织工业需要，我国棉花(陆地棉)向环锭纺中号纱(27 mm)和细号纱(29 mm)所需的长度靠近。长江流域、黄河流域和特早熟棉区主要栽培品种，20 世纪 80 年代加权平均(下同)长度 28.3～29.2 mm，90 年代参加区域试验品种(系)平均长度 28.6～29.0 mm。西北内陆棉区早中熟陆地棉品种(系)，80 年代平均长度 29.6 mm，90 年代平均长度 28.3 mm。

(2) 纤维强度：全国棉花纤维强度改良效果明显，20 世纪 90 年代，10 年改良效率提高 2.4～20.8 gf/tex，年平均改良速度为 0.25 gf/tex，这与美国的年改良速率 0.25 gf/tex 相同。

表 1-8　近 40 年全国主产区棉花纤维品质指标比较

品种类型	纤维长度(mm)	纤维强度(cN/tex)	马克隆值	品种(系)(个)
20 世纪 80 年代长江流域棉区				
常规品种	29.6(28.5～30.6)±0.8	18.6(17.3～21.0)±1.5	4.2(4.0～4.6)±0.6	6
抗病品种	28.3(27.0～30.3)±1.2	18.0(16.6～20.0)±1.4	4.2(4.2～4.3)±0.1	5

（续表）

品种类型	纤维长度(mm)	纤维强度(cN/tex)	马克隆值	品种(系)(个)
20世纪90年代长江流域棉区				
常规品种	28.6(26.8～30.5)±0.9	29.1(27.4～30.7)±0.6	5.0(4.7～5.0)±0.2	10
抗病品种	29.2(27.4～31.5)±1.4	29.3(26.2～32.6)±1.2	4.8(4.6～5.0)±0.2	13
2002～2005年长江流域棉区				
杂交棉	29.7(27.9～31.7)±1.0	29.9(27.2～35.0)±1.5	4.9(4.4～6.7)±0.3	67
2006～2010年长江流域棉区				
杂交棉	29.8(27.8～33.4)±1.0	30.0(27.1～35.3)±1.3	5.0(4.3～5.5)±0.2	159
2011～2015年长江流域棉区				
杂交棉	30.5(28.7～33.5)±0.8	30.6(28.4～34.6)±1.2	5.0(4.4～5.6)±0.2	84
常规棉	30.2(29.2～31.3)±0.9	30.0(29.6～30.5)±0.4	4.8(4.4～5.0)±0.3	4
2016～2017年长江流域棉区				
杂交棉	30.2(28.0～32.6)±1.1	30.8(29.5～32.2)±1.1	5.0(4.3～5.6)±0.3	23
常规棉	29.3(27.6～30.9)±1.0	30.8(28.6～34.7)±1.6	5.1(4.5～5.5)±0.3	18
20世纪80年代黄河流域棉区				
常规品种	29.5(27.9～31.3)±1.0	18.2(16.9～19.5)±0.9	3.9(3.6～4.3)±0.2	17
抗病品种	28.6(27.6～31.2)±1.7	18.6(16.6～20.0)±1.2	3.8(3.6～4.3)±0.3	7
短季棉品种	28.9(27.7～31.8)±2.0	19.2(18.0～20.5)±1.2	3.6(3.3～3.7)±0.2	3
20世纪90年代黄河流域棉区				
常规品种	29.1(27.4～31.6)±1.0	29.0(25.3～33.5)±1.2	4.5(3.9～5.8)±0.4	26
抗病品种	29.1(28.2～29.8)±0.7	28.7(26.5～30.7)±1.0	4.7(4.4～5.0)±0.2	6
短季棉	28.1(27.3～29.0)±0.8	30.8(30.2～32.1)±0.6	4.3(4.1～5.1)±0.4	5
2002～2005年黄河流域棉区				
抗虫春棉	29.8(27.3～32.5)±0.9	29.1(25.7～33.4)±1.6	4.5(3.9～5.0)±0.3	67
杂交春棉	29.9(28.2～32.3)±0.9	30.4(28.4～32.8)±1.1	4.6(4.1～5.1)±0.2	19
麦套棉	29.6(27.4～31.8)±1.0	29.2(26.6～32.1)±1.2	4.6(4.1～5.3)±0.3	32
短季棉	27.9(25.6～30.4)±1.3	28.5(26.1～31.1)±1.2	4.7(3.8～5.2)±0.4	21
2006～2010年黄河流域棉区				
抗虫春棉	30.0(27.2～32.7)±0.3	29.3(27～34.2)±1.3	4.3(3.6～5.4)±0.4	118
杂交春棉	29.9(27.0～33.3)±2.0	29.6(26.9～33.2)±1.2	4.8(3.8～5.2)±0.3	100
2011～2015年黄河流域棉区				
杂交春棉	29.9(27.9～31.4)±0.6	30.2(27.9～33.0)±1.0	5.0(3.9～5.5)±1.0	55
抗虫春棉	29.3(26.2～31.8)±1.0	29.9(26.7～33.7)±1.4	5.0(3.9～5.7)±0.3	91

（续表）

品种类型	纤维长度(mm)	纤维强度(cN/tex)	马克隆值	品种(系)(个)
2016～2017 年黄河流域棉区				
杂交春棉	29.6(28.1～30.5)±0.8	30.9(33.0～29.0)±1.2	5.1(4.7～5.7)±0.3	17
抗虫春棉	29.3(28.2～30.6)±0.7	30.8(28.7～32.5)±1.2	5.2(4.8～5.7)±0.3	28
20 世纪 80 年代西北内陆棉区				
早熟陆地棉(北疆)	28.6(27.3～30.1)±2.0	19.2(19.1～19.2)±0.1	4.2(3.9～4.4)±0.4	2
中熟陆地棉(南疆)	30.3(28.5～30.0)±1.9	18.3(17.0～20.0)±1.5	3.9(3.4～4.4)±0.5	3
早熟海岛棉(南、东疆)	38.3(35.3～39.7)±2.2	26.2(24.1～29.0)±2.0	2.7(2.5～3.0)±0.2	4
20 世纪 90 年代西北内陆棉区				
早熟陆地棉	28.9(27.7～30.0)±1.1	25.3(20.3～32.6)±4.2	4.0(3.4～5.0)±0.5	21
早中熟陆地棉	30.2(28.4～34.0)±1.7	26.0(21.3～33.5)±3.9	4.1(3.5～5.0)±0.5	26
2002～2005 年西北内陆棉区				
早熟陆地棉	30.1(28.1～33.0)±1.1	29.4(24.2～36.0)±2.5	4.2(3.5～5.0)±0.3	34
早中熟陆地棉	30.4(28.5～33.0)±1.3	30.3(26.4～37.0)±2.6	4.1(3.5～5.0)±0.4	37
2006～2010 年西北内陆棉区				
早熟陆地棉	30.6(28.8～32.2)±1.7	31.5(30.1～32.7)±1.1	4.5(4.1～4.9)±0.3	42
早中熟陆地棉	30.6(28.7～35.4)±1.3	31.3(28.1～35.4)±2.4	4.4(3.5～5.1)±0.4	57
2011～2015 年西北内陆棉区				
早熟陆地棉	30.1(28.8～33.9)±1.2	30.8(28.1～32.4)±1.2	4.4(3.9～4.8)±0.2	26
早中熟陆地棉	30.0(27.2～31.9)±0.9	30.8(28.1～33.0)±1.5	4.4(4.1～4.9)±0.2	35
海岛棉	38.0(36.6～39.1)±0.8	45.5(43.9～46.7)±0.8	4.1(3.8～4.5)±0.2	18
河西走廊	29.6(28.2～30.5)±0.7	29.6(28.6～30.8)±0.5	4.4(3.9～5.1)±0.3	12
2016～2017 年西北内陆棉区				
早熟陆地棉	30.3(29.6～31.3)±0.5	31.2(29.2～32.7)±1.0	4.3(3.9～4.7)±0.3	13
早中熟陆地棉	30.7(29.7～33.1)±1.0	31.5(29.5～34.0)±1.3	4.3(4.0～4.7)±0.2	13
海岛棉	38.8(38.3～40.1)±0.6	45.1(43.1～46.2)±1.1	4.1(3.9～4.4)±0.2	8
河西走廊	28.8(28.1～29.2)±0.4	28.4(26.8～30.2)±1.1	4.2(3.9～4.6)±0.3	5
20 世纪 80 年代辽河流域棉区				
常规品种	29.3(27.4～29.2)±0.9	18.6(18.2～19.2)±0.5	3.5(3.0～4.1)±0.5	4
20 世纪 90 年代辽河流域棉区				
常规品种	28.6(27.7～29.6)±0.8	21.4(20.3～22.8)±1.0	4.3(3.9～4.5)±0.2	5
2002～2005 年辽河流域棉区				
常规品种	29.7(29～30.2)±0.6	31.3(29.6～32.3)±0.9	4.0(3.9～4.1)±0.1	3

（续表）

品种类型	纤维长度(mm)	纤维强度(cN/tex)	马克隆值	品种(系)(个)
2006～2010年辽河流域棉区				
常规品种	29.5(28.0～31.0)±0.5	30.6(29.4～32.3)±1.1	4.3(3.9～4.7)±0.3	8
2011～2015年辽河流域棉区				
常规品种	30.1(28.9～31.6)±0.9	30.5(28.6～33.5)±1.4	4.3(3.8～4.7)±0.3	9
2016～2017年辽河流域棉区				
常规品种	30.2(30.0～30.5)±0.2	31.0(29.5～31.8)±0.7	4.4(3.9～4.7)±0.3	6

［注］20世纪80年代和90年代数据来自毛树春主编《中国棉花可持续发展研究》(中国农业出版社,1999);2002～2005年数据分别来自2002～2005年国家棉花品种试验年会材料;2006～2010年品质指标来自主推品种。2011～2017年均为审定品种。“杂交棉”为习惯说法,科学名称应为“棉花杂交种”。

(3) 马克隆值:反映纤维细度和成熟度的综合指标,以3.7～4.2为最佳范围。值小,其细度越细,成熟度越差;值大,则纤维较粗,成熟越好。全国从20世纪80年代的3.5～4.2上升到90年代的4.1～4.9,其纤维变化趋势由细变粗,成熟度由差变好。

进入21世纪,我国棉花遗传品质有明显改进(表1-8)。2010～2017年全国初次审定品种623个,其中杂交种350个,占56.2%。总体看,全国纤维长度明显延长0.8～1 mm,强度明显提高2～3 cN/tex,马克隆值也明显提高了0.3～0.5。在三大棉区,长江流域纤维长度和强度提高更为明显,而马克隆值还在升高。黄河流域纤维长度有延长和强度有提高的趋势,但马克隆值升高得更多,长度呈缩短趋势。西北内陆纤维品质改善最为明显,其中长度延长1 mm,强度提高4 cN/tex,马克隆值也在升高。长江流域杂交种与西北内陆早熟、中早熟类型品种都进入了“双30”时代。近几年审定早熟类型品种在增多。这类品种生育期99～110 d,单铃重5 g,衣分率40%,长度和强度达到“双29”,适合在长江中游油菜收获后接茬播种,5月底前出齐苗,籽棉产量3 750 kg/hm^2、皮棉1 500 kg/hm^2,具有轻简栽培功能。在华北平原,适合晚春播种,具有节水和节省地膜功能。

3. 新疆棉花含糖量问题　早期研究指出,新疆纤维含糖量在0.2%～4.4%之间。大样试纺结果表明,含糖量在1.2级,对纺纱并条工艺产生不良影响;含糖量在2.9～4.0级,纺纱工艺中“三绕”(绕皮棍、绕螺栓、绕皮圈)问题严重,清梳之后进入精梳、并条、粗纱、细纱和络筒工艺流程则无法进行。这一问题曾在20世纪80年代末引起重视,研究阐明引起棉纤维含糖量的遗传、环境和生物因素,并提出了解决途径。20世纪90年代之后特别是宽膜覆盖的应用,加上全球变暖、积温增加,棉花的早熟性得到明显改善,内糖少或无;棉蚜得到有效控制,籽棉蜜露黏性物质减少,外糖少或无;加上纺纱厂室内安装的空调设备,厂房温度能够得到有效控制,对“三绕”问题的反映较少。如果棉蚜治理失控,籽棉蜜露黏性物质仍然存在。

4. 原棉清洁度和初级加工质量问题　影响棉花清洁度的外来有害杂物来自摘棉、包棉、售棉所用化学纤维编织品、人的毛发、毛线、家禽家畜鬃毛和羽绒等,对原棉纺纱织布和印染产生“疵点”的不良影响,造成纺织品着色不均匀,纱线易断、产生疵纱、疵布等,企业需人工挑拣,额外负担加重,经济效益降低。80年代全国约有30%的产棉县存在这一问题,21世纪更为普遍,迄今问题仍没有解决。

关于原棉污染,根据国际纺织生产者联合会1995年的抽查结果,在世界主要产棉国中,我国原棉污染不算最为严重,但各省(区)存在很大差异。在参检29个国家或地区中,新疆棉位列污染最为严重的第19位;黏结性和种壳污染位列参检28个国家或地区的第14位,污染样品分别为30%和20%,新疆原棉蜜露和种壳污染都比较严重。在参检省(区)中,山东棉污染最轻,排序较前。

原棉初级加工(指轧花)对原棉品质也有影响。我国陆地棉轧花加工普遍使用锯齿轧花机,海岛棉则采用皮辊轧花(见第五十章)。

(三)改进栽培技术措施,提高种植管理水平

20世纪80年代以后,育苗移栽、地膜覆盖和化学调控是我国棉花栽培中促进早发早熟的关键技术,在不同生态类型区应用,平均增产幅度达到14%~30%,稳产性显著增强,生产品质显著改善,优质棉比例比70年代至少提高20个百分点。这些技术应用范围广,应用面积大,运用持续时间长,最具中国植棉特色,处于国际领先水平。到90年代,全国主产棉区形成"不栽就盖,不盖就栽","既栽又盖"和全程化学调控的新模式。以黄河为界,黄河以南以育苗移栽为主,黄河以北和西北内陆棉区实行地膜覆盖。随后两熟棉田从棉花育苗移栽发展到移栽加地膜覆盖,即"双膜棉栽培"。

1. 育苗移栽 由于育苗移栽可避开棉花苗期低温和冻害、干旱胁迫,提高抗逆防灾能力,提早播种延长了全生育期,推迟进入大田,有效缓解共生期复种群体争光争温争水矛盾,棉花立苗容易,一般增产10%~20%(表1-9),且早熟(见第二十八章)。

表1-9 棉花促早栽培技术的增产和品质改善效应
(毛树春,2007)

技术类型	长江流域棉区		黄河流域棉区		西北内陆棉区	
	增产(%)	霜前花率提高百分点	增产(%)	霜前花率提高百分点	增产(%)	霜前花率提高百分点
育苗移栽	15~20	10个	10~15	10个	—	—
地膜覆盖	10~15	10个	15~20	10~15个	30	20个
移栽地膜	10~15	10~15个	10~15	10~15个	—	—
缩节胺	10	有	8	有	10~15	明显
种子包衣	8	有	5	有	5	

2. 地膜覆盖 地膜覆盖被称之为"白色革命",采用塑料地膜覆盖具有增温效应,促进棉花生长,提高产量(表1-9)。由于地膜覆盖土壤增温、保水和抑制返盐等改善土壤微生态效应,同时还控制杂草、减轻病害,故此技术得到了普遍的运用。在地膜覆盖技术的带动下,80年代西北内陆棉区建立了"密矮早膜"模式;90年代改窄膜覆盖为宽膜覆盖,并加入综合防治,形成"密矮早防"模式;进入21世纪加入节水灌溉,形成"密矮早防水"模式(见第二十九章)。

"双膜棉"是在育苗移栽基础上再加上覆盖地膜,因而兼有两者的优点。长江流域棉区可增产15%~20%,黄淮平原套种棉田比育苗移栽增产20%~30%,早熟性进一步提高。

我国棉花栽培强调保护性促早技术的研究、开发和应用主要有以下三个原因。

第一，是多熟种植的需要。我国人多地少，人均占有耕地仅 666.7 m^2 多。在有限的土地资源上要解决好吃饭穿衣问题，就必须充分利用耕地资源的潜力。实践表明，提高复种指数是增产大宗产品的有效途径，当前我国棉田两熟和多熟种植占总面积的60%。多熟种植又普遍采用套种的技术路线。因为套种可以争取生长季节和热量资源。以油菜、棉花和小麦、棉花两熟制为例（表1-9），当两种作物均按一熟种植时，生育期长度为440～450 d，需要>0℃活动积温7 000～7 200℃，尚缺生育期75～85 d，积温1 130～1 300℃。当采用套种可争取生育期30～50 d，争取>0℃活动积温1 500℃，弥补生长季节和气温的不足。

然而，套种棉花在长达40～50 d的共生期内，由于棉花处于劣势地位，容易受前作小麦或油菜的影响，光照不足，温度偏低，并且易遭受高湿（长江流域）和干旱（黄河流域）的胁迫，导致棉花前期迟发，后期晚熟，对提高产量和改善品质均产生不利影响。据毛树春等研究，套种棉行日总受光量为一熟棉田同期的46.3%，光照不足；近地面作物层温度平均每天低2.6～5.6℃，棉行10 cm地温平均每天低1.5～2.0℃。由于套种棉花苗期处于弱光照、低热量和间歇式干旱胁迫的小气候环境中，在共生前结束时，套种棉苗5项指标（苗高、干重、鲜重、叶龄、叶面积）仅相当于一熟棉田的43%，苗期生长滞后10～15 d。为了解决套种共生期长对棉花的不利影响，大量试验和生产应用证明，采用合适配置方式缩短共生期，并采取保护性的促早措施是十分有效的技术途径。

第二，是进一步提高产量和改善品质的需要。棉花应用促早技术的共同特点：一是提高单产，全国平均提高10%以上，西北棉区提高达50%；促早技术不仅增产而且明显增效，所以棉农讲“地膜盖一盖，公顷增3 000块（元）”；二是促进早熟，增加霜前优质棉的比例，全国平均增加10个百分点，西北内陆棉区增加达20个百分点。由于促早技术的应用，全国棉花生产品质得到了显著改善（表1-10）。

表1-10　促早技术在争取生长季节和增加积温中的作用

（毛树春，2007）

促早技术	争取生育期	增加温度（℃）	其他效应
育苗移栽	播种提早20 d以上	200以上	节省用种，减轻病害
地膜覆盖	播种提早10～20 d	200～300	1 hm^2 节水1 500 m^3，抑制返盐，控制杂草
移栽地膜	播种提早20 d上下	300	同时具备以上效应

第三，是适合于棉区多类型气候的需要。我国主产棉区位于季风和大陆性干旱气候区，在春回大地时常伴有低温、阴雨，或干旱、沙尘，或终霜推迟，棉花从播种到现蕾经历时间达50～70 d，苗期棉花抗御自然的能力弱，不利气候导致病害发生种类多，危害程度重，保全苗促早发的难度大，采用促早技术可以减轻自然灾害的侵袭，实现全苗，培育壮苗，促进早发的目标。在生育中期常遭遇干旱、洪涝、冰雹，在生育后期常遭遇低温和初霜早临等灾害性天气侵袭，惟前期早发才有可能延长生长期，有效利用棉花补偿的生物学特性，争取早熟，实现稳产。

3. 化学调控、摘除早蕾和晚蕾以及叶枝利用　棉花使用缩节胺一类植物生长调节剂的面积达到90%，平均增产8%～10%，应用从“对症”防旺发展到“系统控制”，或“全程控制”，调节生长和发育，塑造高产模式，制定了棉花系统化栽培技术规程，使用较为规范。

我国棉花栽培还曾研究人工摘除早蕾和晚蕾的农艺调节技术，据1980～1987年中国农业科学院棉花研究所组织的8个单位联合试验结果，在早发基础上，采用摘除早蕾和晚蕾方法，通过棉株自身的调节补偿能力，能使棉株开花结铃盛期调节在最佳时期，集中多结伏桃和早秋桃，对延缓早衰和促进早熟有积极作用，从而实现优质高产，增产达到4.9%～20.9%，减少烂铃30%～50%。过去认为叶枝(油条)是棉花的废器官，或保留或整枝去掉，一直存在着争议。据毛树春等联合试验，棉花留叶枝比除去叶枝平均增产57 kg/hm²，增产率3.9%；研究还表明，叶枝叶对主茎光合产物的贡献率达到30%，留叶枝对纤维品质无不良影响，且有省工节本增效的功效，不整枝已成为简化棉花栽培的主要内容之一。

4. 平衡施肥 首先，通过大量定点检测试验，对全国4个棉区棉田土壤有机质、全氮、速效磷、速效钾，以及硼、锌微量元素含量有个大致了解，确立硼、锌微量元素进入施肥显效期，其中棉花施硼效应已分区，为棉田施肥的科学决策提供了依据。这主要归功于“七五”时期中国农业科学院棉花研究所承担的全国优质棉基地科技服务项目和华中农业大学持久的科研工作。其次，施肥技术从“模糊经验”转向量化，从化肥单一元素到多元素的配合施用。长江流域和黄河流域两熟棉田以氮、磷、钾配合施用为主，黄河流域一熟棉田和西北内陆棉区棉田以氮、磷配合为主。第三，施肥从注重产量到产量与质量的结合，从肥料平衡到肥料与农艺措施的平衡，从一季平衡到两熟多年多季的平衡。棉花平衡施肥增产效果达到30%，氮磷或氮磷钾配合使用，每千克化肥有效成分增产皮棉2.78 kg；棉花硼肥施用规范化，在施硼显效和高效区增产10%上下，纤维和种子品质均有改善。

5. 需水量及棉田排灌和节水技术 早在20世纪60年代，张雄伟等历时9年研究确立了棉花不同产量水平的耗水量。当耗水量为6 000～8 250 mm/hm²，籽棉产量一般在2 250 kg/hm²以下；耗水量8 250～9 000 mm/hm²，籽棉产量2 250～3 375 kg/hm²；耗水量超过9 000 mm/hm²，籽棉产量可达3 375～4 125 kg/hm²。迄今这一指标仍在指导黄河流域棉田灌溉。

我国棉田灌溉排水系统，长江流域侧重于排水，排灌结合，防渍防旱，改土建输水渠道为水泥硬化渠道，改沟排为田间毛管排水降渍；在丘陵岗地建立集水池，推行集水工程，保证旱能灌。黄河流域侧重于灌溉，新打机井，每5～6 hm²棉田一眼井，改地面输水为地下管道输水，改大水漫灌为沟灌和隔行灌溉；两熟棉田推行垄作，垄下浇水，浇麦洇花，一水两用，省水30%。西北内陆由膜上灌发展形成膜下滴灌和肥水耦合技术(见第三十章)。

6. 盐碱地植棉 针对土壤盐碱、旱涝和贫瘠等障碍，采用以耕作栽培措施为主的策略，应用水土改良、生物改良和化学改良调控技术，摸清土壤水盐运动规律，发现土壤含盐量0.2%，耕作层水分含量16.1%，棉花出苗率达90%以上；含盐量0.25%，耕作层水分含量18.3%，保苗率低于60%；含盐量0.3%～0.4%，保苗率仅15%。研究提出灌水压碱、开沟起垄引导盐分上移、沟畦覆膜种植、半免耕、种植绿肥压青、增施磷肥和有机肥、育苗移栽避盐和地膜覆盖抑止盐碱等一系列措施，改变盐分运动，减轻盐分危害，有效解决盐碱地棉花的缺苗、晚发、迟熟和低产问题，使不毛之地由低产到中产，由中产到高产，由棉田一年一熟发展到麦棉两熟的一年两熟制，取得了显著的增产效果和经济效益。

7. 病虫害防治 每年挽回产量损失15%～30%。组建了全国主产棉区病虫害综合防控技术体系；建立了棉铃虫、红铃虫等害虫的隔代短期预测预报模型，预测正确率达100%；

确立了病虫害一系列防治指标，对指导棉花生产适时防治和合理用药起到了重要作用；提出了黄河流域棉区棉铃虫大暴发“科学治理、综合治理和统一治理”“控两头压中间”和“一代监测为主、二代保顶为主、三四代保蕾保铃为主”的治理策略原则。在抗药性监测和治理、农药新品种的开发、包衣剂和包衣种子、天敌保护利用、资源材料筛选和生物技术转 *Bt* 基因品种在生产上广泛种植，节省了农药(见第四十一章、第四十二章)。

8. 合理密植　合理密植是棉花增产的关键环节，是我国棉花增产的基本技术途径。中华人民共和国成立60多年来，全国棉花种植密度变化很大。20世纪50年代初，种植密度一般在 30×10^3 株/hm^2 左右，由于密度稀，产量很低。通过学习苏联的经验，密度有所增加。70年代，由于提高产量的需要，加上化肥投入不足，密度增加到 $(45\sim52.5)\times10^3$ 株/hm^2。80年代，随着生产条件的改善，地膜覆盖和化学调控技术的应用，密度又提高到 $(52.5\sim60)\times10^3$ 株/hm^2。90年代，随着杂交棉和叶枝利用等技术的应用，长江流域棉区密度逐步下降到 $(30\sim45)\times10^3$ 株/hm^2，黄河流域棉区密度为 $(60\sim67.5)\times10^3$ 株/hm^2。进入21世纪，据中国棉花生产监测预警数据，三大产区种植密度呈现严重的两极分化。由于杂交棉、叶枝利用、地膜覆盖、增施化肥和化学调控的广泛应用，以及农村劳动力转移等新形势，内地植棉密度越来越低，长江中游棉区已下降到 30×10^3 株/hm^2，黄淮平原棉区已下降到 45×10^3 株/hm^2 上下(图1-7)。

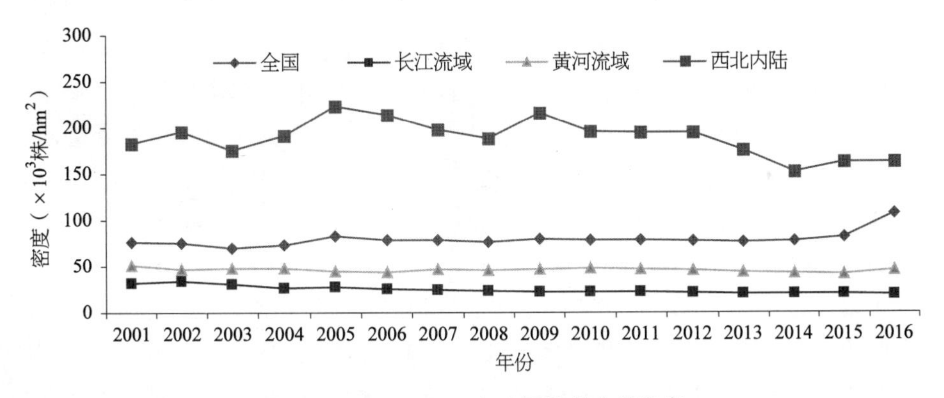

图1-7　2001～2016年全国棉花收获密度

(毛树春，2010，2016)

在地膜覆盖技术的带动下，新疆棉花种植密度越来越大。20世纪80年代，种植密度 $(120\sim150)\times10^3$ 株/hm^2，90年代密度增加到 180×10^3 株/hm^2。进入21世纪，应用宽膜覆盖，播种密度增加到 $270\sim300\times10^3$ 株/hm^2，收获密度达到 210×10^3 株/hm^2。

上述可见，棉花种植密度内地经历稀—密—稀，西北棉区经历稀—密—高密的发展过程。研究指出，高产棉田三因素应协调发展，在增加生物学产量的基础上，提高经济系数；在增加单位面积铃数的基础上，提高铃重；在最佳开花结铃期内集中多结伏桃和早秋桃，有利高产稳产。高产棉田增加单位面积成铃数要把握好当地自然生态条件、投入、品种、密度和栽培管理水平，协调好单株生产力和总铃数的关系；中低产棉田主要通过增加密度以增加铃数来提高产量。

9. 模拟模型和决策支持　棉花模拟模型已成为生产管理决策支持的好帮手。我国研究始于20世纪80年代,到90年代建成棉花生产管理模拟系统和棉花生产管理决策系统,但是,我国棉花模拟模型尚不具备实用化水平,与GOSSYM/COMAX(McKinion,1989)的差距较大。近几年国家“863计划”支持可视化的信息获取和识别技术,有利提升模拟水平,促进决策模型向实用化方向发展(见第二十五章)。

10. 生长监测预警模型　建立全国统一的长势监测指标是市场经济条件下急需解答的科学问题,毛树春等(2003)依据农艺性状与产量的关系,建立中国棉花生长指数(CCGI)模型,明确了含义。由于上年生长和产量已发生并可知,只要连续跟踪监测,形成多个CCGI,就可以评估生长产量,预测未来产量。监测获得2003～2016年各月CCGI,实践检验表明,CCGI对天气、灾害和生长具有积极的反应,与产量呈极为显著的相关关系,可表述当前生长状况,利用CCGI监测棉花长势具有及时性、预见性和预警决策支持的功能(见第二十七章)。

11. 提高生产品质　反映原棉生产品质的主要指标是霜后花和僵烂花占总量的比重。霜后花在黄河、辽河和西北内陆棉区常年占原棉总量的15%～20%。初步估算,这一指标20世纪80年代和90年代比70年代至少降低10个百分点以上,这一成果主要归功于育苗移栽和地膜覆盖两项技术措施的广泛应用。

长江流域棉区僵烂花比例常年为10%～20%;黄河流域棉区常年为5%～10%,僵烂程度轻于长江流域。僵烂花由棉铃疫病引起,发生危害与吐絮收获期气候即雨日数、降水量和棉田湿度呈极为显著的关系。若吐絮收获期雨日数持续时间长,降水量和棉田湿度大,则烂铃增多,僵烂花比重大且烂铃程度加重。烂铃使原棉丧失原有的质量和使用价值,如纤维长度下降1/4,强度下降近50%,色泽由乳白变黄色、褐色,甚至黑色。烂铃对产量的损失亦大,与健铃比较,烂铃籽棉重量减轻40%～50%,衣分率降低22.0%,减产明显。

(四) 种植模式化与管理规范化

模式化栽培是20世纪80年代之后形成的一种栽培新技术。模式化栽培是指棉花生产管理活动中的规范化形式。由于模式化技术具有可操作性强的特点,在棉花生产中综合应用可再增产10%,节省成本10%～20%,增加效益20%上下。模式化栽培的主要内容:一是棉田布局区域化,棉花生产规模化,种植业轮作制度化;二是建设高标准农田,实现棉田设施水利化;三是种植制度模式化和规范化;四是棉花优良品种和精加工优质种子商品化;五是棉花生产动态管理程序化、规范化和科学化,认真做好种(优良品种和精加工种子)、育(育苗移栽)、膜(地膜覆盖)、肥(科学施肥)、水(节水灌溉)、防(病虫害防治)、调(化学调控)、管(精细管理)和减(防、减灾技术)等工作。

四、发展现代农业,实现粮棉双丰收

(一) 人均耕地减少

改革开放以来,全国耕地面积减速加快,最多年景一年减少666.7万hm^2,到1989年末,实有耕地9 565.6万hm^2,人均耕地0.848 7 hm^2(1.27亩)。2006年实有耕地12 177.59万hm^2,人均耕地0.926 6 hm^2。党中央、国务院出台严格控制耕地占用措施,强调占补平

衡,节约用地,力保12 000万 hm^2(18亿亩)红线,耕地减少速度有所放慢。

(二)我国粮棉争地矛盾经历尖锐到缓和,再到协调和双丰收的发展历程

面对人多地少的国情,我国棉粮生产经历了争地、缓和、协调到双丰收的发展历程,特别是进入21世纪,出现了棉粮双高产、双丰收的新格局,十分难得,经验可贵,值得总结。然而,棉花也面临粮棉以外即粮经和棉经、粮果和棉果争地的新问题,且有愈演愈烈之势。

1. 粮棉的确存在争地矛盾　20世纪70年代及70年代以前,我国农业基础薄弱,农业生产条件差,靠天吃饭,农业投入少;科技含量低,生产技术落后,粮棉单产水平都很低,那时的确存在粮棉争地的尖锐矛盾,特别是20世纪60年代粮食严重短缺,粮棉争地矛盾十分尖锐,70年代还存在粮棉争劳力和争肥料的矛盾。

2. 粮棉争地矛盾逐步得到解决　20世纪80年代以来,一靠农村改革和农业政策的支持,实行家庭联产承包责任制,调动了农民积极性;二靠增加投入,不断装备农业,改善农业生产条件;三靠科技进步,大力加快耕作制度改革,培育新品种,实行科学种田,粮棉产量得到同步大幅提高,争地矛盾大幅缩小,并且逐步开发出粮棉双丰收双高产的新路子,粮棉争地核心问题逐步得到解决,矛盾相对缓和。

3. 粮棉双丰收的目标已实现　进入21世纪,在中央一系列扶持农业政策的支持下,进一步增加农业投入,进一步加快农业科技进步,进一步推广科学种田,我国粮棉双丰收双高产的问题不仅得到解决,而且解决得非常好,非常到位。

4. 事实分析　据毛树春分析,1978～2002年全国粮棉总产的相关系数为0.606,1978～2006年相关系数提升到0.646,其中1978～1990年正相关程度增强,相关系数提升到0.786。其中1983～1984年是一个典型例子,与1982～1983年相比,全国粮食分别增产9.6%和5.2%,棉花分别增产28.9%和34.9%,棉花播种面积占农作物总播种面积的4.20%和4.86%,这在近30年是最高的。

加入WTO后,我国粮棉产量同步增减的走向和格局在增强(图1-8、图1-9)。2004年全国粮食总产4.69亿t,增幅9.0%;同年全国棉花总产632万t,增幅29.9%。而2003

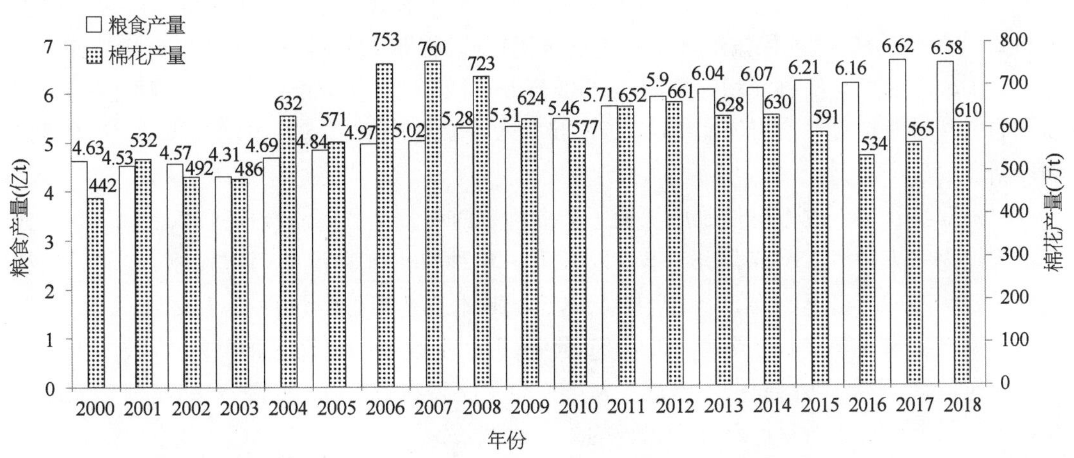

图1-8　近18年我国粮棉双丰收双高产的新格局(一)

(毛树春,2018)

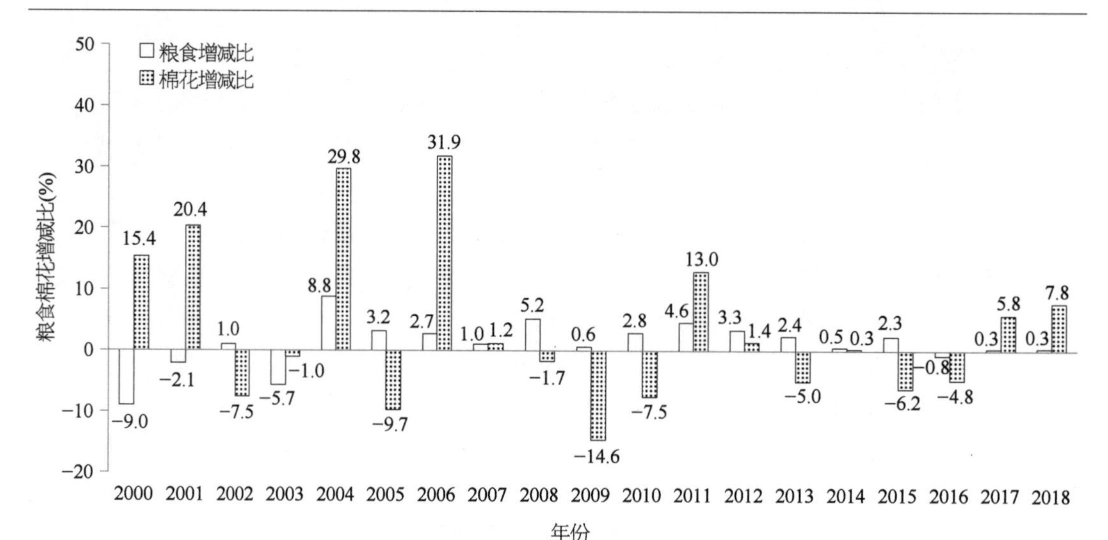

图 1-9 近 18 年我国粮棉双丰收双高产的新格局(二)

(毛树春,2018)

年全国粮棉都减产,当年粮食总产减 5.7%,棉花总产也减 1%。从 2006 年到 2008 年,全国粮食总产从 4.97 亿 t 增加到 5.29 亿 t,比 2005 年增幅高达 9.3%;同期棉花总产创750 万~753.5 万 t 的历史最高水平,比 2005 年增幅高达 33.6%。2009 年全国粮食实现“六连增”,总产 5.31 亿 t,增产 211 万 t,增 0.4%,然而秋粮减产 0.6%。这一年全国植棉面积减少 80 万 hm^2,减幅 12%,棉花总产 640 万 t,减幅 14.6%。分析指出,2009 年以玉米为主的秋粮并没有因为植棉面积的减少而增产,反而减产,主要原因是产区区位的不一致,玉米减产区主要在东北。

上述事实表明,我国粮棉争地问题对粮棉总量的影响很不明显。据毛树春(2006)研究,我国粮棉同步增产、减产原因如下。

一是播种面积比例偏低。棉花播种面积所占比例很低,其较低比例的播种面积不足以改变全国粮食生产格局。近 30 年,棉花播种面积占全国农作物播种面积均值为 3.47%,变幅为 2.38%~4.86%(如果排除非粮食主产区的新疆,棉花所占面积的比例则更低),就全国 533.3 万 hm^2 的棉花播种面积对全国 15 333 万 hm^2(23 亿多亩)的农作物总播种而言,棉花面积的增减虽对粮食总产有所影响,但远不足以改变粮食产量增减的走向和走势,更不足以动摇粮食的生产能力。

二是双扩双增。改革耕作制度扩大了粮食种植面积。在黄河流域棉区,20 世纪 80 年代之前棉田为一年种植一季棉花,80 年代以来为一年种植小麦和棉花两季作物,实现了从棉田要粮要棉的增产目标。到 90 年代中期,本流域基本普及棉粮两熟种植,技术上采取套种,取得年增产小麦 600 万 t 的成效。进入 21 世纪,进一步改革小麦棉花种植方式,技术上采用麦茬连作植棉,小麦满幅播种,增产能力从 600 万 t 提高到 800 万 t 的高水平,是耕作制度的改革才能取得粮棉双增双扩双高产这样的重大成就。

三是区位分布不一致。即棉花主产区相对粮食主产区的区域位置不一致。长江中游、黄淮海平原和东北是我国的粮食集中产区,长江中游和黄淮海平原存在粮棉重叠问题。其中，长江中游虽然重叠，但受灌溉条件和劳动力限制，旱地可植棉，且产出多，适合留守妇女和老人劳作，土地利用率至少不会降低很多；黄淮海平原实行粮棉两熟种植，可较好地协调粮棉生产。东北三省仅辽宁和吉林种植少量棉花，是全国的非棉产区。

四是低产田和刚性棉田比例大。全国约60%的棉田面积分布在盐碱旱地、红黄壤以及非灌溉地。这些都是非粮主产地，特别是盐碱旱地不能种植粮食，是刚性棉田面积，由于低产棉田比例大，植棉面积多少对粮食总产的影响又进一步减小。进一步分析，80年代棉田面积主要分布在黄河内陆盐碱地、黄泛区和风沙地；90年代主要分布在河北旱碱地、鲁西北和滨海盐碱地；20世纪，新疆扩大的植棉面积主要来自新垦荒地和盐碱地。

五是气候生产力因素。粮棉同丰同歉受制于天气。研究表明，天气对作物生产力的影响程度高达70%。棉花是秋收作物，与粮食主要品种玉米同季，而与小麦不同季，即棉花面积对粮食品种中的玉米产量产生影响，而对小麦产量基本不产生什么影响。这就是为什么1984年全国粮棉同步大幅增产，2009年全国粮棉同步减产的原因。

（三）粮经、棉经，粮果、棉果争地比粮棉争地的矛盾更加突出

粮经争地的实质是比较效益的竞争，比较效益是调整农业种植结构，推动布局转移，增减作物品种的关键因素和根本动力。早在20世纪80年代有句口号叫“要发家种棉花”，90年代“什么赚钱种什么”，这是效益优先在农业中的根本体现，在市场经济体制日益发展的今天，效益优先原则作用大，且有越演越烈之势。

在全国，由于粮棉经主产区的重叠，受比价效益的调控和结构调整的引导，粮食作物与高效经济作物、棉花与蔬菜、花卉和果园等高效作物争地的矛盾更加突出，同处比较劣势的粮棉作物争地矛盾并不明显。据统计，冀鲁豫3省蔬菜面积，从1997年的262.7万hm^2增加到2001年的408万hm^2，净增145.3万hm^2，增幅达55.3%。2002年3省蔬菜种植继续增加到437.6万hm^2，比1997年增幅达66.0%；2006年和2008年蔬菜种植面积增长到459.3万hm^2和454万hm^2，比1997年增长74.8%和72.8%。

进入21世纪，新疆大力发展高效经济作物也挤占了大量棉田。在北疆“一红”（番茄、辣椒和葡萄）发展迅速，面积达到67万hm^2，单位面积产值达到7.5万元/hm^2，高于棉花的2倍多。在南疆，红枣、杏和核桃等果林的种植面积也发展到666.7万hm^2，成熟果园产值达到27万～30万元/hm^2，其收益有“一公顷果园胜过十公顷棉花”说法，可见是比较效益加速了各地的种植业结构调整。

由于蔬菜和林果等高效经济作物种植面积的扩大，粮棉等大宗农产品的种植面积不断被挤占而缩减，大宗农产品在效益和供给方面的博弈，其劣势地位越来越突出。因此，保障粮食安全和棉花等大宗农产品的有效供给，在国家的政策层面上要给予更多的设计和倾斜，这要引起党和国家的高度重视。

五、依靠勤劳人民，建设中国棉花文化

我国有着丰富的棉花文化和人文经验，这是棉花生产长期发展的基础和前提条件。棉花文化包含栽培文化、科技文化、纺织文化、产业文化和纺织品服装消费文化。棉花文化是农耕文化的组成部分，精耕细作则是农耕文化的精华。

六、发展棉花科技，形成轻简化、绿色化和品质中高端的可持续生产方式

在经济全球化和市场国际化背景下，我国棉花生产凭借资源、成本、市场和劳动力素质诸多优势，特别是棉花自身的经济特性和巨大的市场需求，面临良好的发展机遇。但是，我国棉花生产出现许多新情况、新问题，要面对新的竞争和挑战。从可持续发展出发，依靠科学进步，处理好提高产量、改善品质和增加效益的关系，处理好生产发展与环境友好的关系。

党的十九大提出“绿色发展”战略，按照供给侧结构性改革的新要求，当前和今后我国棉花产业转型升级、提质增效要努力解决“品质中高端”和轻简化、绿色化、机械化等关键技术，以及组织化、社会化服务的保障措施，最终形成具有中国特色中高端品质的绿色可持续生产方式。

轻简化要着力解决轻简化的农艺技术和轻简化栽培品种。培育早熟性棉花新品种，适合油菜收获后棉花接茬播种，长江和黄河流域棉区籽棉产量不低于 3 750 kg/hm^2，皮棉 1 500 kg/hm^2 上下，10 月 20 日自然吐絮率不低于 80%，需要配套机械进行种管和收获，形成两熟种植连作复种的轻简化模式，当产量和品质有足够保障，经济上合算才有实用价值。

“一控、两减、三基本”是绿色化的主要目标任务。“一控”即控制农业用水总量，实行灌溉水零增长；“两减”即减少化肥和农药使用量，实施化肥、农药零增长行动；“三基本”即畜禽粪便、农作物秸秆、农膜基本资源化利用，其中到 2020 年农膜回收利用率达到 80%以上，土壤存量残膜不断减少，研发替代地膜技术，确保农田“白色污染”得到有效防控。这是农业绿色化的基础性技术指标。

机械化要提高“种、管、收”的作业水平。“种”实行机械化耕整地，精量播种、地膜覆盖和膜上打孔等一体化作业，推广工厂化育苗和机械化移栽技术。“管”包括施肥、机械化喷施农药与滴灌肥水耦合管理等。“收”实行机械化采收，需从品种、种植模式、栽培管理和肥水调控，株型调控、化学催熟脱叶实现与环境变化的统一，提高可采收性能。在“种和收”的重点环节上取得突破，用机械化破解棉花种植“四费”(费工、费时、费劳动力和费钱)问题。

组织化和社会化服务保障措施。培育植棉大户和能人发展规模化种植，用大户带动小农户科学植棉走共同致富之路；培育农机、植保、肥料等专业化合作社和公益性的专业化服务公司，通过政府购买服务形式，推进棉花播种“代耕代种”、化肥“统配统施”、采收“代收代运输”、病虫“统防统治”等，提高专业化服务能力。

良好棉花(Better Cotton)助推棉花绿色化种植。“良好棉花”2018 年 2.0 版秉持七大原则——作物保护、节约和保护水资源、土壤健康、保护自然栖息地和生物多样性、纤维品质、体面劳动以及建立运行有效的管理系统，共有 60 多项具体标准。

最大限度地减少作物保护措施的有害影响。生产良好棉花的农户要采用综合技术措施防治病虫害，健康作物的种植，预防害虫发生和数量的增长，保护与改善天敌益虫的数量，使用国家注册的合法正规农药，正确存放使用农药，不得使用禁用农药；提倡生物物理防治，全面减少化学农药的使用，回收农药包装废弃物。

提倡水资源的综合管理。包括生产良好的棉农应高效用水与有效保护水资源，充分利

用天然降水,实行节水灌溉和合理采集地下水,保护水源等。

重视土壤健康。生产良好棉花的棉农都要重视土壤健康,包括土壤培肥,减少过量化肥、农药和地膜残膜等对土壤的污染,合理耕作和采取保护耕作措施维护和提高土壤肥力,保持和优化土壤结构提高土壤肥力,通过综合措施持续改善棉田养分循环。

加强生物多样性和负责任地使用土地。生产良好棉花的棉农应保护自然栖息地,开垦耕地需获得政府允许,建设农田防护林,保护农田周围生物,实行作物轮作制度,保护农田的生物多样性。

关注和保护纤维品质。生产良好棉花的棉农关心和保护纤维品质,包括提高内在纤维品质,如长度、强度、马克隆值;减少外部污染,如减少异型纤维"三丝"。

提倡体面劳动。生产良好棉花的劳动者要遵纪守法,病虫害防治工作中应采用防护措施,不断减轻农事管理操作的劳动强度、不得雇佣童工,按劳取酬、及时支付工资等。

建立运行有效的管理系统。生产良好棉花的棉农制定并实施持续进步计划;生产者必须确保生产良好棉花的棉农和工人定期接受最佳实践培训;生产者必须建立数据管理体系等。

"良好棉花"由瑞士良好棉花发展协会(Better Cotton Initiative, BCI)于2009年在日内瓦注册,包括中国在内全球会员有1 200多家(单位),是一家非营利性的会员协会组织,致力于在全球范围内转变棉花生产方式,使良好棉花成为一种良好的全球大宗农产品。2012年进入中国,注册地在上海,已在全国60多个植棉县(市)团(场)开展良好棉花的实践活动。

第三节　全球棉花生产近70年

一、全球栽培的棉属种

棉花(*Gossypium*)纤维是天然植物纤维,具有柔软、吸湿、透气和结实等优良特性,是全球最流行的纺织纤维。

全球栽培的棉属种有4个,分别是陆地棉(*G. hirsutum* L.)、海岛棉(*G. barbadense* L.)、亚洲棉(*G. arbareum* L.)和草棉(*G. herbaceum* L.)。

陆地棉品质中上等,单产高,在全球气候温和地区均可种植,种植区域分布广泛,收获面积占全球比例94%上下。

海岛棉(*G. barbadense* L.),又称超细绒棉、长绒棉,品质优良,绒长较长,细度较细,强力较大,但是产量低于陆地棉,因对种植区域的气温要求更高,种植面积仅占全球棉花收获面积的6%上下。

亚洲棉(*G. arbareum* L.),又称中棉,品质较差,产量较低,仅零星种植。

草棉(*G. herbaceum* L.),品质较差,产量较低,抗旱能力强,仅零星种植。

此外,海陆杂交种和二倍体杂交种,品质较好,抗耐逆境能力强,生长势强,在南亚有一定种植面积。在西非国家农田和房前屋后可见多年生陆地棉。

二、全球棉花生产发展

(一) 全球棉花总产大幅增长

过去近 70 年,全球棉花总产平均值为 1 649.6 万 t,从 1950/1951 年度的 667.4 万 t 到 2017/2018 年度的 2 405.7 万 t,年均增长率为 1.93%;从 1980/1981 年度的 1 383.1 万 t 到 2017/2018 年度的 38 个年度,年均增长率 1.51%。

过去近 70 年,每 10 年的总产比上一个 10 年的增产幅度都呈两位数增长,绝对增产量达到 200 万~400 万 t,可见全球棉花总产仍处在较高增长的位置上(表 1-11,图 1-10)。

表 1-11 近 70 年全球棉花产能发展

(毛树春、朱巧玲整理,2013,2016,2018)

年代	收获面积			总产			单产		
	收获面积(1 000 hm²)	变异系数(%)	增长率(%)	总产(1 000 t)	变异系数(%)	增长(%)	单产(kg/hm²)	变异系数(%)	增长率(%)
20 世纪 50 年代(1950~1959)	33 040±2 109	6.4	34.4	8 969±963	10.7	56.4	272±28	10.4	17.2
20 世纪 60 年代(1960~1969)	32 355±945	2.9	−2.1	10 949±707	6.5	22.1	338±24	7.0	24.3
20 世纪 70 年代(1970~1979)	32 805±1 419	4.3	1.4	13 078±888	6.8	19.4	398±18	4.5	17.8
20 世纪 80 年代(1980~1989)	32 620±1 610	4.9	−0.6	16 305±1 895	11.6	24.7	500±57	11.3	25.6
20 世纪 90 年代(1990~1999)	33 240±1 586	4.8	1.9	19 158±1 166	6.1	17.5	576±16	2.8	15.2
21 世纪第一个 10 年(2000~2009)	32 623±1 956	6.0	−1.9	23 315±2 899	12.4	21.7	714±66	9.2	24.0
21 世纪第二个 8 年(2010~2017)	33 172±1 445	4.3	1.9	25 499±1 255	4.9	9.8	772±12	1.5	8.1

[注] 资料来源:国际棉花咨询委员会(ICAC),Cotton: World Statistics. Oct., 2014,2016;2010~2017 年为非最后数,图 1-10、图 1-11 和图 1-12 数据来源同表 1-11。

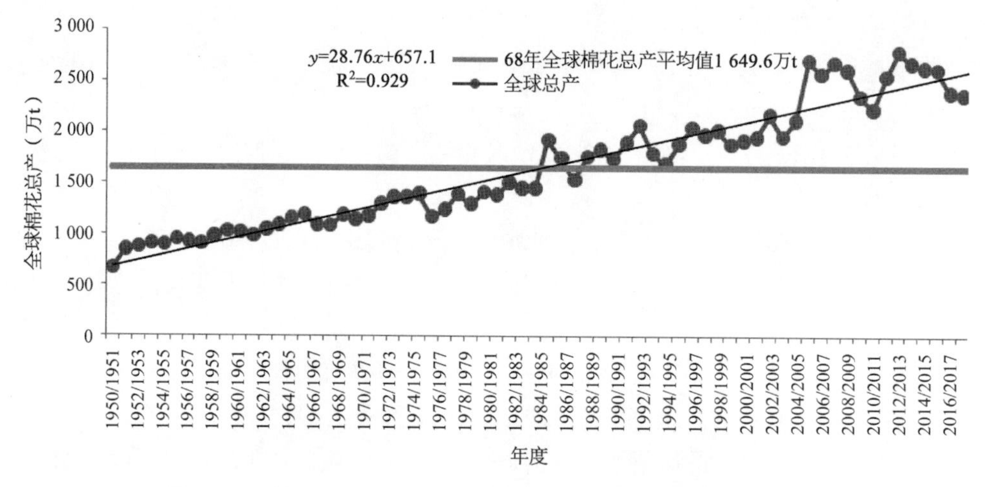

图 1-10 从 1950/1951 年度到 2017/2018 年度全球棉花总产变化

(毛树春,2013,2016,2018)

过去近70年全球棉花总产量跨上了几个高台阶:第一是20世纪60年代跨入千万吨级台阶,其中1959/1960年度总产达到1 094.9万t;第二个是20世纪90年代,全球总产跨上2 000万t级台阶,其中1991/1992年度达到2 067.8万t;第三个是21世纪前10年,跨入2 500万t级的高台阶,其中2004/2005年度创历史第一个新高达到2 699.7万t;近8年平均总产达到2 560.3万t,其中2011/2012年度创历史第二个新高达到2 784.5万t。

全球棉花增长促进全球棉花的消费增长,进入21世纪,由于全球一体化进程和纺织品配额的取消,消费增长加快进一步推动了全球产量的增长。

分析总产增长的主要贡献是单产水平的大幅度提高,并与总产的增幅完全同步,也有收获面积扩大的原因。

分析全球总产波动原因主要有:一是面积的波动引起总产的波动为最主要原因;二是单产水平的波动,而单产波动又受天气的影响;三是投入和技术要素的变化引起单产的波动进而影响总产的增减。另外,局部战争、自然灾害和异常气候变化也是重要原因。

(二) 全球棉花收获面积保持相对稳定

过去近70年全球棉花收获面积平均值3 282.7万hm^2(4.92亿亩,播种面积在5亿亩以上),每10年的平均面积变化在3 235.5万～3 324.0万hm^2(4.85亿～4.99亿亩)之间,变化幅度相对较小,平均变异系数小于5.0%。其中,1984/1985年度和1995/1996年度为历史上最大植棉面积,分别达到3 522.4万hm^2(5.243 6亿亩)和3 611.4万hm^2(5.417 1亿亩),1986/1987年度面积最小,为2 950.3万hm^2(4.4亿亩),最大与最小面积相差373.7万hm^2(5 600万亩)(表1-11,图1-11)。

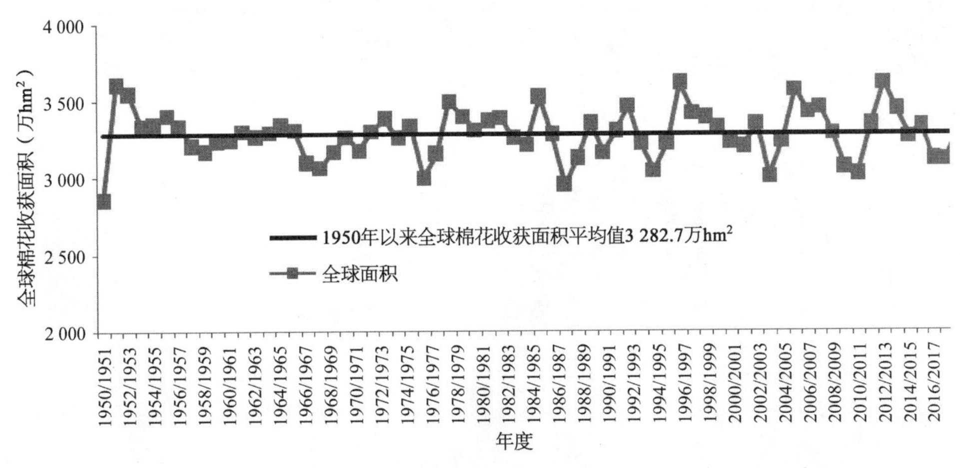

图1-11　从1950/1951年度到2017/2018年度全球棉花收获面积变化

(毛树春,2013,2016,2018)

进入21世纪,全球棉花总产量成倍增长,生产纪录不断刷新,主要归功于单产水平的大幅提高。

然而,全球棉花收获面积仍然表现波动特点,年际间收获面积增减在129万～191万hm^2之间,分析收获面积波动的主要原因有以下几点。

一是市场需求和价格。近10年全球棉价波动较大,如2003年度全球棉花价格大幅升高,2004年度面积扩大;2006年度和2007年度价格偏低,2007年度和2008年度面积大幅缩减。2008年度全球遭遇金融危机,价格一落千丈,2009年度面积大幅缩减。据世界银行1989年的调查,棉花是种植风险较大的作物,对市场价格波动的反弹系数高达1.95,在一些经济实力差的发展中国家,则高达2.02。

二是天气。丰收年景,供大于求,价格下降进而导致播种面积缩减。由于极端异常气候引起的干旱与渍涝、高温与低温,以及土壤酸化与盐碱障碍等引起的歉收年景,导致价格上涨进而推动种植面积扩大。

三是粮食。由于全球总耕地面积相对稳定或减少,人口增加对粮食需求的增加,致使植棉面积增加缓慢或缩减。20世纪60年代全球人口33亿,21世纪前十年人口增长到62.8亿之多,其中全球人口2006年66亿,2014年增长到72亿,吃饭是全球农业的首要问题。

此外,局部战争动乱、恐怖组织活动、流行性疾病和国家社会动荡等也是引起面积波动原因之一。

(三)全球棉花单产大幅增长

过去近70年,全球棉花平均单产502.4 kg/hm²。全球棉花单产水平从1950/1951年度的210 kg/hm² 提高到2017/2018年度的792 kg/hm²,增长了277%,增幅很大。年均增长率为1.77%,近38年的年均增长率为1.66%(表1-11,图1-12)。

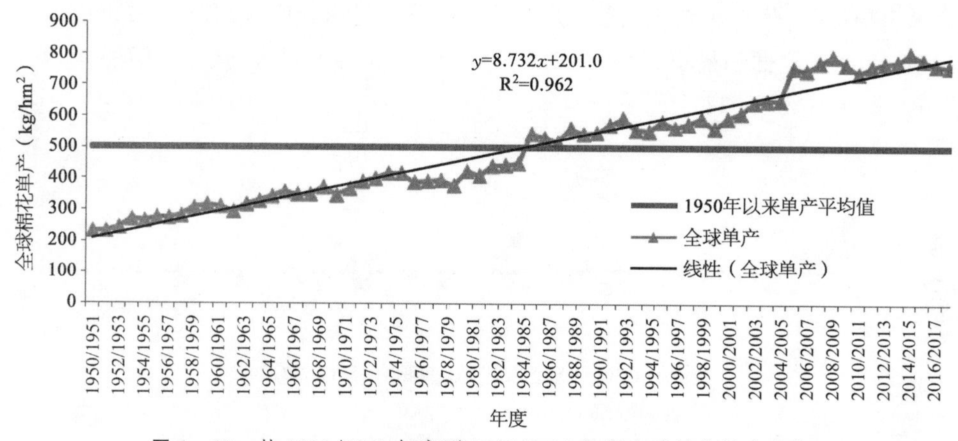

图1-12 从1950/1951年度到2017/2018年度全球棉花单产变化

(毛树春,2013,2016,2018)

过去近70年,每个10年棉花单位增长率都比前一个10年呈两位数增长。其中80年代比70年代增长25.6%,净增102 kg/hm²;21世纪前10年比前一个10年增长24.0%,净增138 kg/hm²。

最近38年,全球棉花单产进入快速增长的新阶段,分别跨上"500 kg/hm²、600 kg/hm²、700 kg/hm²"几个高产台阶。第一个台阶是20世纪80年代,其中1984/1985年度跨上500 kg/hm²,达到546 kg/hm²;第二、第三个台阶是进入21世纪前10年跨上的两个新台阶,分别是2000/2001年度,跨上600 kg/hm² 达到611 kg/hm²;2004/2005年度跨上700 kg/hm²,达到756 kg/hm²。最近8年再上新台阶,其中2013/2014年度创单产历史最高水平,达到801 kg/hm²。据分析,这些高产台阶都有很多中国因素,中国的贡献率超过

50%,其次印度单产也在增长。

三、全球棉花单产大幅增长原因

(一) 改良品种,改进栽培措施,大幅提高单产水平

依靠科技进步,过去近70年全球棉花单产水平提高2.77倍,主要来自遗传改良和栽培技术进步的贡献:一是通过新品种的培育,改良了产量、品质和抗性性状。首先是改良产量性状,其中衣分率的遗传改良效果最为显著。过去近70年全球衣分率提高了10～15个百分点。其次,改进了单铃重性状,单铃重提高了1倍以上。二是各项栽培措施通过调节改进营养生长和生殖生长,实现了营养生长与生殖生长的协同生长,成铃率至少提高了20个百分点,单位面积成铃数提高了1～1.2倍,进而实现单产倍数增长的目标(表1-12)。

表1-12　科技进步对全球棉花生产力的贡献

(刘毓湘,1995;毛树春,2016,2018)

年　代	衣分率(%)	铃　重(g/个)	蕾铃脱落率(%)	单位面积成铃数(万个/hm^2)	单产水平(kg/hm^2)
20世纪40年代	25～30	3上下	80以上	22.5上下	210～270
20世纪50～60年代	30～33	3上下	80以上	22.5～30	270～300
20世纪70年代	33～35	3.5～3.8	70上下	37.5～49.5	525～675
20世纪80～90年代	35～38	4～4.5	65	60.0～67.5	750～975
21世纪前18年	38.5～40	5～5.5	60	75.0～90.0	1 350～1 650

(二) 增加投入,提高植棉的现代化水平,提高单产水平

主要是增加化肥、农药、除草剂、地膜和柴油等石油化学品的供应能力,提高棉花生产的保障能力,从而提高棉花个体和群体的生产力,在提高生物学产量的同时显著提高经济产量。推广综合防治,减轻病虫的危害,减少产量损失。机械化和半机械化作业成为棉花种植管理的好帮手,减轻了人力劳动强度,增强棉花生产的竞争力。

(三) 减轻自然灾害的侵袭,大幅提高基础产量水平

常年全球作物受灾面积占播种面积的10%～20%,绝收面积占播种面积3%～5%。干旱是全球最大的自然灾害,由干旱还引起盐渍化危害。因此,全球农田水利建设主要是增加储水、蓄水和排灌大型基础设施,对减轻干旱和渍涝威胁十分有利。同时减少绝收面积,增加收获面积,全球棉花绝收面积每减少1个百分点即可增加收获面积33.3万hm^2。同时,开垦荒地,平整土地,开发中低产田,扩大棉田面积。兴修农田水利,改善棉田灌溉和排水条件,为提高单产水平提供水利保障条件,从而提高全球的基础产量水平。通过增加滴灌、喷灌和井灌的设备,为高产提供水分保障,从而大幅提高单产水平。

(四) 改良品质结构,不断满足纺织加工的新需求

伴随着纺织加工技术的变革,棉纺织机械向高速度、大容量、精细化、高支纱和宽幅的方向发展,新型棉纺织机械,如切换自如的清梳联成套系统装置、大容量的卷装系统装置、精密的粗细联络系统装置、高速转杯纺设备和喷气涡流设备、高效的自动络筒系统,使棉纺纱转速提速到每分钟25 000转以上,全球原棉品质结构也发生了根本变化,纤维类型多样性的进

展明显，其中绒长延长、中长绒比例大幅增加，强度提高达到 30 cN/ten、纤维整齐度提升，这几个品质指标改良的特征最为明显(表 1－13)。

表 1－13　全球原棉生产中不同类型绒长原棉所占比例
(刘毓湘，1995；毛树春，2016，2018)　　　　(单位：%)

类　型	1925～1929	1989～1990	2000～2001(估计)
短绒(＜20 mm)	32.0	3.9	1.0(很少)
中短绒(21～25 mm)	41.7	29.3	13.0
中绒(26～28 mm)	14.4	51.3	55.0
中长绒(28～33 mm)	9.3	9.0	30.0
超长绒(＞33 mm)	2.6	6.1	＜3.0

过去以生产粗短绒为主的许多亚非国家，自 20 世纪 50 年代以来，大多已改为中绒棉为主体的中长绒棉(陆地棉)和超长绒棉(海岛棉)，其中超长绒棉总产最高达 120 万 t，占全球总产的 3.0%上下。陆×陆杂交种、陆×海杂交种的播种面积扩大，棉花杂种优势利用在中亚、印度和我国新疆也都得到了较大面积的种植，占全球总产的 33%。

在绒长改进提高的同时，纤维强度、细度和整齐度改进效果也很明显，注重纤维“长、细、强”指标协调性是遗传改良的主要目标。

四、全球棉花种植分布

据国际棉花咨询委员会(ICAC)2016 年统计资料，全球有产量记录的国家和经济体有 80 多个，其中千吨级以上的国家和经济体有 60 多个。

全球棉花种植区域分布在热带、亚热带和温带的温暖地区。亚洲、非洲、美洲、大洋洲和欧洲都有棉花种植。

亚洲是全球最大的产棉洲，产量占全球的 70%以上，而且比例不断提升。中国和印度是全球最大的两个棉花生产大国，中国位居全球产量第一，中国棉花总产最高达到 807.1 万 t (2007/2008 年度)。印度棉花收获面积位居全球第一，受棉花经济利好影响，印度棉花生产规模不断扩大，最大播种面积 1 225.0 万 hm^2 (2014/2015 年度)，最高产量达到 663.4 万 t (2013/2014 年度，这时印度总产位居第一位，中国退居第二位)。亚洲棉花产量在 100 万～300 万 t及以上级别的国家有巴基斯坦和乌兹别克斯坦，在 30 万～100 万 t 之间的产棉国有土耳其、缅甸、土库曼斯坦、塔吉克斯坦和伊朗等，在 1 万～5 万 t 级之间的国家有以色列、叙利亚、吉尔吉斯斯坦、哈萨克斯坦、阿富汗、孟加拉国和阿富汗等，零星种植的千吨级以下的国家有伊拉克、泰国、菲律宾、越南、朝鲜和印度尼西亚等。

北美洲和中美洲是全球第二大产棉地区，产量占全球的比例在 15%～18%之间，且比例在下降。美国是该地区也是全球主产棉大国之一，历史上最高产量达到 520 万 t(2005/2006 年度)，墨西哥最高产量则不足 30 万 t，零星种植的有古巴、萨尔瓦多、危地马拉和尼加拉瓜等。

南美洲是全球棉花产区之一，最高产量占全球比例的 7.0%上下，巴西最高产量为 196 万 t(2010/2011 年度)，阿根廷为 23 万 t，巴拉圭为 10 万 t，其他产棉国家有哥伦比亚、秘鲁、委内瑞拉、厄瓜多尔和玻利维亚等。

非洲是全球第三大产棉洲,产量占全球的 7%上下,因单产提高缓慢或下降,产量占全球比例在不断下降。产棉国家和经济体有近 50 个,按历史最高产量数据排列,埃及排第一,产量最高 53 万 t(1980/1981 年度)。布基纳法索排第二,最高产量 30 万 t(2005/2006 年度)。马里排第三,最高产量 26 万 t(2003/2004 年度)。苏丹排第四,最高产量 22 万 t(1983/1984 年度)。科特迪瓦最高产量 18.4 万 t(2014/2015 年度)。贝宁最高产量 17.1 万 t(2004/2005 年度)。产量 5 万～10 万 t 级的有喀麦隆、坦桑尼亚和津巴布韦等。产量在 1 万～5 万 t 级别的国家有乍得、安哥拉、布隆迪、刚果(布)、乌干达、肯尼亚、埃塞俄比亚、加纳、刚果(金)、尼日利亚、赞比亚、南非、多哥、塞内加尔、中非共和国、马达加斯加等。

澳大利亚是大洋洲的主要产棉国家,最高产量 122.5 万 t(2011/2012 年度),受水资源限制,棉花播种面积和产量都不稳定,“澳棉”以高品质而闻名于世。

欧洲棉花产量仅占全球 1.5%～3.0%,产棉国家有希腊、西班牙、保加利亚、俄罗斯和阿塞拜疆等,其中希腊是欧洲最大产棉国家,最高产量 44 万 t(1995/1996 年度)。

海岛棉收获面积曾占全球的 6%上下,最高产量 120 万 t;近 10 年则下降至 60 万 t,仅占全球棉花产量的 3%上下。全球种植海岛棉国家有 20 多个,集中种植国家有 10 个,埃及是全球最大的长绒棉生产国家,其次是中国、美国和印度。另外,以色列、塔吉克斯坦、土库曼斯坦、乌兹别克斯坦、苏丹和秘鲁等也有种植。

五、全球棉花种植现状

(一) 全球棉花种植的参与度广泛

全球棉花种植的参与度广泛,且集中度极高是两个显著特点:一是参与度广泛。所谓参与度广泛是棉花产业涉及国家或经济体多。全球有 80 多个国家或经济体从事棉花生产。二是集中度高。所谓集中度是指部分国家或经济体所占比例较高。在全球 80 多个植棉国家中,印度、中国、美国、巴基斯坦和巴西等 5 个国家的收获面积占全球的比例高达 73.3%,前 20 个国家则占 92.8%;中国、印度、美国、巴西和巴基斯坦等前 5 个国家的总产占全球的比例高达 78.9%,前 20 个国家则占 96.6%(表 1-14)。

表 1-14　近几个年度全球棉花总产和收获面积前 20 位国家

全球棉花总产前 20 位国家(单位:1 000 t)						全球棉花收获面积前 20 位国家(单位:1 000 hm^2)					
国　家	2010/2011	占比(%)	国　家	2014/2015	占比(%)	国　家	2010/2011	占比(%)	国　家	2014/2015	占比(%)
中国	6 400	25.1	印度	6 507	24.9	印度	11 235	33.6	印度	12 250	36.7
印度	5 865	23.0	中国	6 480	24.8	中国	5 166	15.4	中国	4 310	12.9
美国	3 942	15.5	美国	3 655	14.0	美国	4 330	12.9	美国	3 783	11.3
巴西	1 960	7.7	巴基斯坦	2 305	8.8	巴基斯坦	2 689	8.0	巴基斯坦	2 840	8.5
巴基斯坦	1 948	7.6	巴西	1 673	6.4	巴西	1 400	4.2	乌兹别克斯坦	1 298	3.9
澳大利亚	926	3.6	乌兹别克斯坦	885	3.4	乌兹别克斯坦	1 330	4.0	巴西	1 017	3.0

（续表）

全球棉花总产前 20 位国家(单位:1 000 t)						全球棉花收获面积前 20 位国家(单位:1 000 hm^2)					
国 家	2010/2011	占比(%)	国 家	2014/2015	占比(%)	国 家	2010/2011	占比(%)	国 家	2014/2015	占比(%)
乌兹别克斯坦	910	3.6	土耳其	847	3.2	澳大利亚	590	1.8	布基纳法索	644	1.9
土耳其	611	2.4	澳大利亚	450	1.7	阿根廷	550	1.6	马里	570	1.7
土库曼斯坦	380	1.5	土库曼斯坦	330	1.3	土库曼斯坦	550	1.6	土库曼斯坦	545	1.6
阿根廷	295	1.2	希腊	274	1.0	坦桑尼亚	496	1.5	土耳其	468	1.4
缅甸	202	0.8	墨西哥	266	1.0	土耳其	481	1.4	阿根廷	456	1.4
希腊	180	0.7	布基纳法索	254	1.0	津巴布韦	390	1.2	科特迪瓦	415	1.2
叙利亚	161	0.6	阿根廷	247	0.9	布基纳法索	373	1.1	贝宁	379	1.1
墨西哥	157	0.6	马里	233	0.9	缅甸	349	1.0	坦桑尼亚	376	1.1
布基纳法索	141	0.6	缅甸	195	0.7	马里	286	0.9	赞比亚	305	0.9
埃及	137	0.5	科特迪瓦	182	0.7	赞比亚	262	0.8	缅甸	299	0.9
马里	103	0.4	埃及	126	0.5	尼日利亚	250	0.7	尼日利亚	298	0.9
津巴布韦	103	0.4	贝宁	125	0.5	希腊	250	0.7	希腊	275	0.8
塔吉克斯坦	90	0.4	喀麦隆	106	0.4	科特迪瓦	217	0.6	乍得	256	0.8
坦桑尼亚	76	0.3	塔吉克斯坦	94	0.4	塔吉克斯坦	160	0.5	喀麦隆	227	0.7
20 个国家合计	24 587	96.6	20 个国家合计	25 234	96.6	20 个国家合计	31 354	93.8	20 个国家合计	31 011	92.8
全球	25 453	100.0	全球	26 110	100.0	全球	33 442	100.0	全球	33 417	100.0

［注］资料来源:ICAC, Cotton: World Statistics. Dec., 2015; Oct., 2016。

（二）全球棉花单产水平差异悬殊

在全球 80 多个植棉国家中,高于全球棉花平均单产水平的国家有 13 个,澳大利亚单产最高,达到 2 228 kg/hm^2(2014/2015 年度),是全球平均单产水平的 1.85 倍;单产超过 1 000 kg/hm^2 的国家有 6 个,分别是以色列、巴西、中国、叙利亚、墨西哥和土耳其。单产高于全球平均水平 2.5%～30%的国家有 7 个,分别是秘鲁、希腊、南非、美国、哥伦比亚、埃及和吉尔吉斯斯坦。单产低于全球平均水平 35%以内的国家有 6 个,分别是乌兹别克斯坦、印度尼西亚、巴基斯坦、伊朗、尼加拉瓜和印度。非洲单产最低,除位于南部非洲的南非和北部非洲的埃及以外,西非国家马里、乍得、贝宁、布基纳法索、喀麦隆、科特迪瓦、塞内加尔和多哥等单产水平都很低(表 1-15)。

在中国、印度、美国、巴西和巴基斯坦等 5 个棉花总产最多的国家之中,中国单产水平最高。

表 1-15　全球前 20 位国家及其他一些国家棉花单产水平

(单位:kg/hm²)

国　家	2010/2011 年度	比全球±(%)	国　家	2014/2015 年度	比全球±(%)
以色列	1 860	144.4	澳大利亚	2 228	185.3
澳大利亚	1 569	106.2	土耳其	1 809	131.6
巴西	1 400	84.0	以色列	1 786	128.7
墨西哥	1 357	78.3	墨西哥	1 668	113.6
土耳其	1 270	66.9	巴西	1 507	93.0
中国	1 239	62.8	中国	1 503	92.4
叙利亚	1 071	40.7	南非	1 209	54.8
南非	1 050	38.0	孟加拉国	998	27.8
秘鲁	981	28.9	希腊	997	27.7
美国	910	19.6	叙利亚	981	25.6
埃及	869	14.2	美国	939	20.2
哥伦比亚	800	5.1	西班牙	918	17.5
全球平均	761	100.0	哥伦比亚	836	7.0
吉尔吉斯斯坦	750	−1.4	吉尔吉斯斯坦	822	5.2
巴基斯坦	725	−4.7	巴基斯坦	812	4.0
希腊	720	−5.4	秘鲁	792	1.4
印度尼西亚	707	−7.1	**全球平均**	781	100.0
土库曼斯坦	691	−9.2	伊朗	720	−7.8
乌兹别克斯坦	684	−10.1	埃及	714	−8.6
西班牙	676	−11.2	乌兹别克斯坦	682	−12.7
伊朗	674	−11.4	哈萨克斯坦	679	−13.1
印度	522	−31.4	印度	531	−32.0
布基纳法索	377	−50.5	科特迪瓦	466	−40.3
科特迪瓦	273	−64.1	布基纳法索	443	−43.3
乍得	162	−78.7	赞比亚	174	−77.7

[注] 资料来源:ICAC, Cotton: World Statistics. Dec., 2015; Oct., 2016。

全球棉花单产水平差异悬殊,表明全球棉花产区的适宜程度、生产条件、物质投入、科技支撑和生产管理的差异甚大。虽然时间已进入 21 世纪,但是全球农业发展进程——原始农业、传统农业、石油农业和现代农业等在棉花种植中均有体现。美国、澳大利亚等发达植棉业国家处于现代农业状态,非洲特别是西非棉花种植处于原始农业到传统农业的过渡状态,中国植棉业处于石油农业状态。当前,中国农业正在转型升级,按照党的第十九次代表大会提出"绿色发展理念"和"乡村振兴战略"的新要求,今后相当长的时间,我国农业将要走质量兴农和绿色发展的可持续发展之路,推进石油农业向"绿色农业"转变,形成绿色农业(棉花)发展方式。

六、全球产棉大国的位置变化

美国、中国、苏联、印度和巴基斯坦是全球 5 个最大的棉花生产国家(图 1-13)。据 ICAC 的可比年份资料计算,自 1919～2014 年的 96 年时间,美国保持全球棉花大国的领先地位长达 62 年。如果向前延伸,美国保持全球棉花生产第一位置有 150 年之多。之后苏联保持全球棉花领先地位 10 年,接着中国领先全球 33 年。从资料可见,自 20 世纪 60～80 年代的 30 年时间里,全球第一产棉大国的位置进入转换和交叉的变化时期。

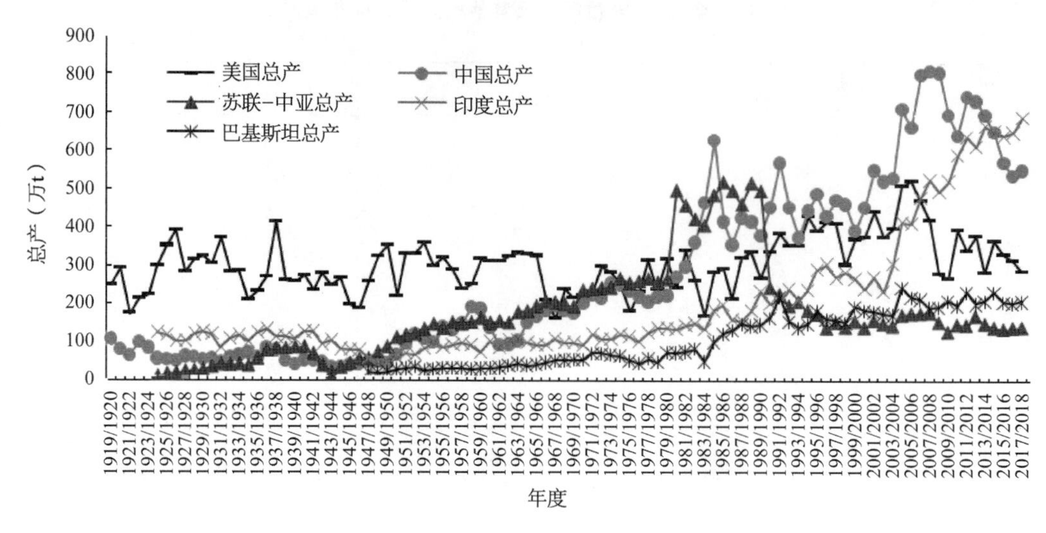

图 1－13 全球 5 大产棉国家的总产变化

资料来源：据 ICAC，Cotton：World Statistics. October，2014，2016 整理，近几年为非最后数。

（毛树春，2016，2018）

美国棉花生产领先世界长达 62 年，这时美国既是全球棉花生产大国，又是棉花科技大国。1919～1980 年度，美国保持全球总产第一的大国位置，最高总产达到 520 万 t。自 1981 年开始，则转由苏联接替。

苏联自 1981 年成为全球第一大产棉国家，最高总产达到 517 万 t，直到 1991 年 8 月解体前，位居全球棉花生产第一大国的位置保持了 10 年。这时苏联对棉花生产加大投入，机械化水平不断提高，科技支撑能力加强。但是，解体后的中亚五国因投入严重不足，整体生产水平下降，生产优势被削弱很多。在中亚五国中，乌兹别克斯坦的总产最大。

中国于 1966 年首次跨入全球棉花总产第一的国家，但直到 1982 年度的 16 年时间里优势并不明显，1983 年度再次跨上全球总产第一大国位置，一直到 2015 年保持了全球的绝对优势地位 33 年。从 20 世纪 90 年代至今的 25 年优势地位明显，最高总产达到 800 多万 t，是迄今创全球最高总产纪录的国家。

印度虽然植棉面积位居全球第一，但是长期以来因投入不足，管理粗放，单产水平低，总产量并不大，占全球的份额比较低。然而，由于科技进步特别是转基因棉花品种的引进、推广和种植，进入 21 世纪印度棉花生产加快，2007/2008 年度首次跨入总产 500 万 t 台阶，2011/2012 年度又跨上 600 万 t 的台阶，2014/2015 年度超过中国，总产达到 650 万 t，并呈快速发展势头。

巴基斯坦是全球 5 大产棉国家之一，1984/1985 年度跨上 100 万 t 级台阶达到 101 万 t，1991/1992 年度跨上 200 万 t 级达到 218 万 t；2004/2005 年度创最高总产纪录达到243 万 t，植棉面积和单产水平位居 5 国之末。

巴西也是全球产棉大国，南美洲第一大产棉国家，但是直到 21 世纪巴西棉花总产才跨上 100 万 t 级台阶，2003/2004 年度达到 131 万 t，2010/2011 年度创最高纪录达到 196 万 t，但该国棉花生产波动大，稳定性极差。

第四节　棉花纤维与化学纤维关系

一、全球纺织纤维产量和消费量都在增长

（一）棉花纤维和人造化学纤维增长

在近 55 年(1960～2014 年，下同)间(图 1－14、图 1－15)，全球棉花纤维和人造化学纤维产量增速加快。1960～2014 年，全球主要纺织纤维产能从 1 515.3 万 t 增长到 8 622.3 万 t，增

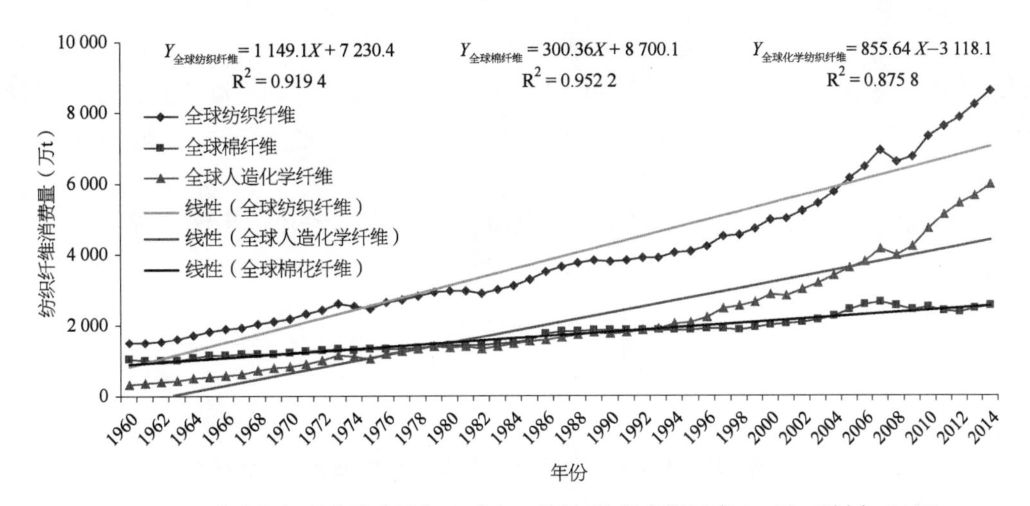

图 1－14　全球纺织纤维消费量与全球人口关系(数据来源同表 1－16；毛树春，2016)

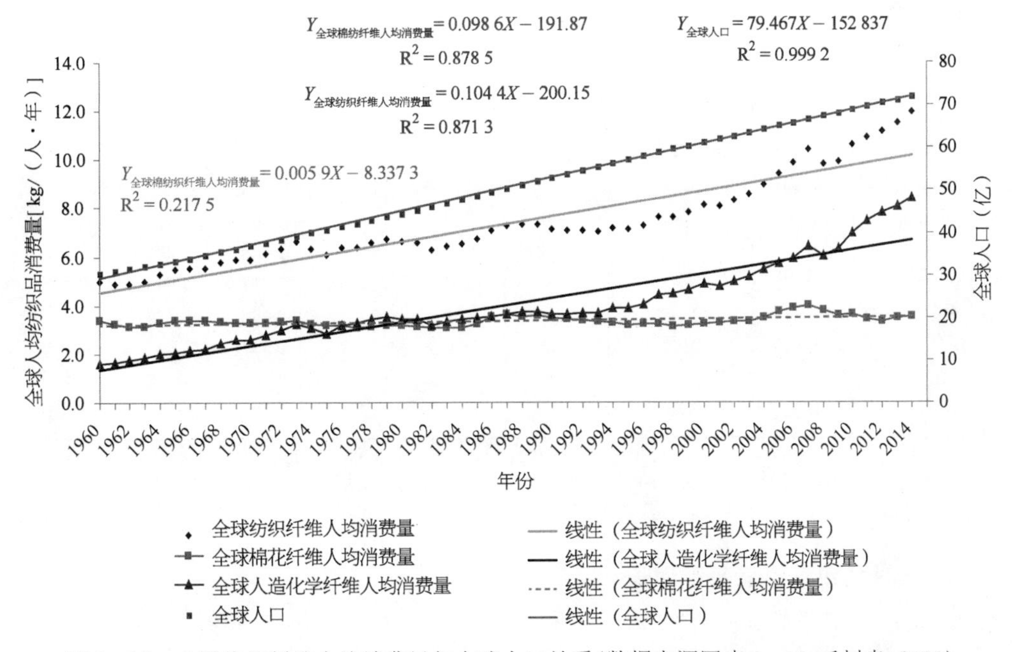

图 1－15　全球纺织纤维人均消费量与全球人口关系(数据来源同表 1－16；毛树春，2016)

长率为2.75%,年均增长114.9万t。其中,棉花纤维产能从1 036万t增长到2 549万t,年均增长率为1.42%,年均增长30万t;人造化学纤维产能从4 797万t增长到6 073万t,年均增长2.64%,年均增长85.6万吨,棉花纤维与人造化学纤维增量比例为1∶2.9。而同期全球人口从30.38亿增长到72.0亿,增长率达到3.38%,年均增长7 900万人,高于棉花纤维和人造化学纤维的增长率。可见全球人口增长是拉动纺织纤维消费的第一原因。

全球棉花产量每个10年都大幅增长(表1-16)。20世纪70年代比60年代增长231万t,增幅21.0%;80年代比70年代增长277万t,增幅20.0%;90年代比80年代增长284万t,增幅17.7%;21世纪头10年快速增长,比90年代增425万t,增幅22.5%;2010～2014年年均提高到2 452万t。

同时期,全球人造化学纤维产量也保持了大幅增长。20世纪70年代比60年代增588.4万t,增幅86.7%;80年代比70年代增432万t,增幅34.2%;90年代比80年代增589.5万t,增幅38.4%;新世纪头10年快速增长,比90年代增1 782万t,增幅42.9%;2010～2014年平均产能提高到7 926.6万t。

全球人造化学纤维在纺织纤维中的比例不断增长,而棉花纤维的比例不断下降(表1-16)。据ICAC(2001、2007、2013、2017)报告,从20世纪50年代初到2014年,棉花纤维占纺织纤维的比例从72.7%下降到29.6%,减少了43.1%,年均减少0.78%。主要原因是化学纤维的产能增长加快,同时期人造化学纤维增长了8倍,为5 401.4万t;而棉花纤维仅增长1.32倍,为1 453.7万t。

表1-16　棉花纤维在全球纤维消费和纺织工业加工纤维中的比重变化

(毛树春,2016,2018)

时　间	全球人口(亿)	棉花纤维在每10年之初和之末占纺织纤维之比(%)	棉花消费量(kg/人)	人造化学纤维消费量(kg/人)	纺织纤维消费(kg/人)	全球棉花产量(万t)	全球人造化学纤维产量(万t)	全球主要纺织纤维消费量合计(万t)
20世纪50年代		72.7→69.1						
20世纪60年代	33.083	68.3→56.1	3.31	2.01	5.32	1 095.4	671.8	1 767.3
20世纪70年代	40.391	55.7→47.2	3.23	3.11	6.34	1 326.5	1 260.2	2 564.6
20世纪80年代	48.196	48.3→48.9	3.32	3.50	6.82	1 603.8	1 692.0	3 296.0
20世纪90年代	57.209	49.1→41.1	3.32	3.97	7.29	1 888.1	2 281.5	4 149.7
21世纪头10年	64.922	40.0→36.1	3.57	5.58	9.14	2 312.8	3 690.5	5 931.9
2010～2014	70.519	34.2→27.4	3.41	7.78	11.28	2 452.1	5 474.5	7 926.6
2014	72.438	27.4	3.30	8.73	12.03	2 549.1	6 073.2	8 717.7
2015	73.495	26.8	3.27	8.95	12.22	2 405.7	11 388.7	8 983.0
2016	74.327	26.0	3.20	9.13	12.33	2 380.6	11 476.8	9 168.2

[注]①本表为刘毓湘(1995)和毛树春(2009,2013,2017)据World Textile Demand, A Report By the Secretariat of the International Cotton Advisory Committee, Oct., 2007; Nov., 2015; Oct.,2016; Washington DC. USA.整理。②主要纺织纤维包括棉花纤维、人造化学纤维和毛。

(二)全球纺织纤维消费量增长

全球纺织纤维消费量不断增加(表1-16,图1-14、图1-15),1960～2014年的55年时间里,纺织纤维每年的消费量从5.32 kg/人增长到11.23 kg/人,增长1.1倍,每年增长

0.14 kg/人;人造化学纤维消费量从 2.01 kg/人增加到 7.78 kg/人,增长 2.9 倍,每年增长 0.099 kg/人;棉花纤维消费量从 3.31 kg/人增长到 3.41 kg/人,仅增 0.27 kg/人,增8.2%,每年增长 0.005 9 kg/人。可见纺织纤维消费增长量主要来自人造化学纤维。分析主要原因是全球人口基数大,增长快,同期人口从 33 亿增加到 70.5 亿,增长了 1.13 倍,年均增长 7 900万人口需要穿衣。

二、棉花纤维与化学纤维在竞争中长期共存

尽管化学纤维发展快速,然而化学纤维与植物天然纤维的关系却是长期共存和互为补充的关系。尽管化学纤维不断更新,但天然植物纤维的诸多优点却无法比拟,且天然植物纤维的品种、品质、纺织和功能都在发生变革。

(一) 棉花纤维具有吸湿的独特唯一优势

棉花纤维具有吸湿、保暖和不带静电等天然优良特性,化学纤维却无法模仿。随着生活水平的日益提高,人们更趋向回归自然,返璞归真,对内衣、衬衣等贴身服装,床上被单和枕巾等日用家庭纺织品,特别是儿童、妇女和老人等用品,更要求全棉制品。

(二) 不断改良纤维品质,保护生态环境,创新推进生产的可持续发展

利用遗传和现代生物技术,开发优异品质的棉花品种,使纤维长度更长、强力更大、细度更细。通过远缘杂交选育不同长度的纤维品种再转化到陆地棉品种之中,使长度类型多样化;高比强度的棉花纤维从海岛棉的超长绒到陆地棉的中长绒;同时天然棉花纤维的色彩更加丰富。利用转基因技术生产天然抗虫棉、天然彩色纤维、天然高强纤维,由于无需化学印染上色,减少工厂的废水排放,有利环境保护;有机棉生产主张少用或不用石油化学品,有利保护土壤环境;国家倡导绿色农业和"良好棉花"秉持的人与生产过程的协调性,全力推进可持续生产措施落到实处。

(三) 棉花纤维预处理加工工艺的改进和应用,使其具有易管和免烫功能

高效新型棉纺织机的功能更强,对纤维的特异性和专用性能的要求大大下降,因而可纺织强力更高的棉纱。获 2009 年国家科学技术进步奖的"高效短流程嵌入式复合纺纱技术"突破了环锭纺的高支极限,所纺纱支从 177 公支(300 英支)提高到 295 公支(500 英支),对原棉长度和强度的要求并没有提高多少,甚至下脚料都可直接纺高支纱。

(四) 不断开发棉花纤维的新功能

2010 年美国康奈尔大学开发出在棉花线表面覆盖导电纳米粒子,棉线像金属一样具有"导电"功能,并制成"太阳能服装",这种服装能让棉花纤维具有吸收太阳能进而转化成电能的能力。除有提高保暖和降温的功能以外,还可随时充电,只要在制品上安装一个接口,就可为多媒体播放器(iPod)和播放器(MP4)随时充电;还可安装心电图和脑电图,为健康和保健服务。这些产品已投放市场。

(五) 不断开发化学纺织纤维的新功能

一是不断改进化学纺织纤维的产品结构,形成差别化学纺织纤维,增强柔软性和舒适性。二是不断扩大化学纺织纤维的应用领域。中国在不断提高纺织品在家庭用和产业用中的比例。服装用∶家庭用∶产业用的比例,1995 年为 80∶13∶7,2005 年为 54∶33∶13,

2013年比例变化为48∶29∶23,2017年提高到45.5∶27.6∶26.9,可见服装用的比例大幅度下降,家庭用和产业用的比例在快速提升。三是不断创造新型产品,如抗火焰纤维,异物充实纤维。四是结合颜色、花型、款式和功能的流行周期,生产周期越来越短,新产品花样越来越多,也使得化学纺织纤维在国际市场具有较强的竞争力,加上化学纺织纤维成本通常低于天然纤维的20%上下,因而市场竞争力强。然而,因石油是不可再生资源,储量有限,据认为可开采期只有数十年,也使化学纺织纤维的生产和消费蒙上了一层厚厚的阴影。

(六)棉花纤维与化学纺织纤维具有优势互补的功能

棉花纤维广泛适用于不同用途和不同产品,但是棉花纤维的长度较短,成纱毛羽无法避免,需要无毛羽的化学纤维纱弥补不足。棉花纤维具有吸湿功能,但蒸发性差、干得慢,需要化学纺织纤维弥补蒸发快和干得快的不足。棉花纤维具有柔软、弹性、保暖性,但高回潮率下强度低、湿膨胀低,特高湿下表现为黏贴、弹性差、柔软且玻璃化转变温度降到常温以下,需要化学纤维弥补纺织品保持的平展挺括。棉花纤维强度偏低、耐磨损性不高需要化学纤维弥补不足。棉花纤维易染色且色牢度深,但湿摩擦色牢度和耐日晒牢度均需要化学纤维弥补。棉花纤维呈扁平形、有转曲、反射光散漫、光泽柔和;丝光处理(浓碱或液氮)可使纤维膨胀成圆管,反射光略高;遇高温易碳化,遇明火易燃,抗酸能力低,但耐碱。

(撰稿:毛树春;主审:董合忠,谭砚文)

参考文献

[1] 毛树春.中国棉花可持续发展研究.北京:中国农业出版社,1991:3-99.
[2] 毛树春.中国棉花景气报告 2009.北京:中国农业出版社,2010:186-203,147-156,191-194,205-213.
[3] 中国农业科学院棉花研究所.中国棉花栽培学.上海:上海科学技术出版社,1983:1-10.
[4] 雷圣祥,徐木林,李德昌.天门棉花.武汉:湖北科学技术出版社,1999:210-221.
[5] 刘毓湘.当代世界棉业.北京:中国农业出版社,1995:257-280.
[6] 史建伟,杜珉.中国棉花产业报告.北京:中国农业出版社,2004:131-149.
[7] 谭砚文.中国棉花生产波动研究.北京:中国经济出版社,2005:27-42,14-26.
[8] 毛树春,喻树迅.WTO与中国棉花.北京:中国农业出版社,2002:24-28.
[9] 毛树春.加入WTO后我国棉花的可持续发展.中国农业科技导报,2002,4.
[10] 毛树春.中国棉花生产景气报告 2007.北京:中国农业出版社,2008:122-124,170-178.
[11] 贾克诚,孙哲.中国粮棉生产与比较利益.北京:中国农业出版社,1996.
[12] 毛树春.中国棉花景气报告 2010.北京:中国农业出版社,2011.
[13] 毛树春.我国棉花耕作栽培技术研究和应用.棉花学报,2007,19(5).
[14] 毛树春.我国棉花栽培技术体系研究和应用.中国农业科学,2007,40(增1).
[15] 中国农业科学院棉花研究所.中国棉花品种志(1978~2007).北京:中国农业科学技术出版社,2009:1-11.
[16] 毛树春.中国棉花生产景气报告.北京:中国农业出版社,2004:125-134.
[17] 许越先主编.发展优质农产品问题的对策.北京:中国农业科技出版社,1999:31-48.
[18] 毛树春,董合林,裴建忠.棉花栽培新技术.上海:上海科学技术出版社,2002:18-23.
[19] 中华人民共和国农业部.2002年中国农业发展报告.北京:中国农业出版社,2002.
[20] 毛树春.中国棉花生产景气报告.2006.北京:中国农业出版社,2006:140-141.

[21] 毛树春.我国棉花种植技术的现代化问题.中国棉花,2010,37(3).
[22] 毛树春.全球棉花生产60年回顾和展望.中国棉花,2010,37(8).
[23] 国家统计局.2018年中国统计年鉴.北京:中国统计出版社,2018:402-408.
[24] 朱希刚,张杜梅,赵芝俊.我国棉花生产率变动分析.农业经济问题,2007,(4).
[25] 钱静斐,李宁辉,郭静莉.我国棉花产出增长的要素投入贡献率测度与分析.中国农业科技导报.2014,16(2).
[26] 习近平.决胜全面建成小康社会,夺取新时代中国特色社会主义伟大胜利.党的十九大报告学习辅导百问.北京:党建读物出版社、学习出版社,2017:1-56.
[27] 中共中央办公厅,国务院办公厅印发《关于创新体制机制推进农业绿色发展的意见》.中华人民共和国中央人民政府网站(http://www.gov.cn/zhengce/2017-09/30/content_5228960.htm).
[28] 国家发展和改革委员会、财政部、农业部、工业和信息化部、铁道部,等八部委.《2011年度棉花临时收储预案》(http://www.gov.cn/zwgk/2011-03/31/content_1835425.htm).
[29] 国家发展改革委,财政部.关于印发棉花目标价格改革试点方案的通知(发改价格[2014]1524号),中国棉麻流通经济,2016(4).
[30] 国家发展改革委,财政部.关于深化棉花目标价格改革的通知发改价格〔2017〕516号(http://www.gov.cn/xinwen/2017-03/17/content_5178371.htm).
[31] 国家质检总局,国家发展改革委员会.关于取消棉花加工资格认定行政许可后加强棉花质量事中事后监管的通知,2017-1-12(http://www.ndrc.gov.cn/gzdt/201701/t20170122_836025.html).
[32] 国家统计局关于2017年棉花产量的公告(http://www.stats.gov.cn/tjsj/zxfb/201712/t20171218_1564142.html).
[33] 刘毓湘.当代世界棉业.北京:中国农业出版社,1995.
[35] 毛树春,李付广.当代全球棉花产业,北京:中国农业出版社,2016.
[36] 毛树春,谭砚文.WTO与中国棉花十年.北京:中国农业出版社,2013.
[37] 万保瑞.守住农业安全底线.人民日报,第16版,2015-2-26.
[38] 中国棉纺织行业协会.新疆机采棉须快马加鞭.中国纺织报,2015-4-13,第2版.
[39] 喻树迅,马峙英,熊和平,等.中国棉麻丝产业可持续发展研究.北京:中国农业出版社,2015.
[40] 毛树春.中国棉花景气报告,2011.北京:中国农业出版社,2012.
[41] 毛树春.中国棉花景气报告,2012.北京:中国农业出版社,2013.
[42] 毛树春.中国棉花景气报告,2013.北京:中国农业出版社,2014.
[43] 毛树春.中国棉花景气报告,2014.北京:中国农业出版社,2015.
[44] 毛树春,李亚兵.中国棉花景气报告,2015,北京:中国农业出版社,2017.
[45] 毛树春,李亚兵.中国棉花景气报告,2016,北京:中国农业出版社,2017.
[46] 毛树春,李亚兵,冯璐,等.新疆棉花生产发展问题研究.农业展望,2014,10(11).
[47] 毛树春、李亚兵、支晓宇,等.中国棉花栽培的科技进步.农业展望,2016,12(1).
[48] 毛树春,李亚兵,王占彪,等.我国棉花产业转型升级提质增效的途径、方法和措施Ⅱ.//用"品质中高端"引领现代棉纺织业发展,用"三化"引领现代植棉业发展.绿洲农业与工程,2016,2(4).
[49] 毛树春,李亚兵,王占彪,等.再论用"品质中高端"引领棉花产业发展.农业展望,2017,13(4).
[50] Better Cotton Standard System. https://bettercotton.org/
[51] World Textile Demand, A Report By the Secretariat of the International Cotton Advisory Committee, October 2007; November 2015; Oct.,2016; Washington DC USA.

第二章　我国棉花生产发展简史

我国是世界上植棉历史悠久的国家之一，2 000 多年以来，我国植棉业经历了从无到有、从小到大的发展历程。进入 21 世纪，我国已成为世界棉花生产的大国，其棉花总产最多，面积仅次于印度位居第二，单产位居产棉大国之首。

第一节　古代棉花生产发展

据记载，自公元前 2～3 世纪至公元 13 世纪，我国植棉区域主要在云南、广西、海南、广东及四川、贵州、福建、新疆、甘肃等地区。

公元前 2 世纪《尚书 · 禹贡》篇“扬州”一段载：“岛夷卉服，厥篚织贝”。一般认为，“岛夷”指华南沿海岛屿，“卉服”指原著民用树皮纤维做成的衣服，“织贝”两字，古人解释木棉纤维织成的吉贝(即布)，其中精良者入“篚”。一般认为距今 3 000 年前，华南一些海岛上已种棉织布了。这是我国历史上最早有关棉花的记载。

1978 年在福建省崇安县武夷山崖洞的船棺中，发现一片青灰色的棉布残片，经 C^{14} 同位素测定，距今已有 3 000 多年。由此似可证明，当时华南一些地方确已利用棉花纺纱织布了。

《后汉书 · 南蛮传》(公元 5 世纪前期范晔撰)载：“武帝末(公元前 140～87)，珠崖太守会稽孙幸调广幅布献之，蛮不堪役”。“珠崖”即今海南岛，“广幅布”是幅面较宽的棉布。太守孙幸征调棉布献给汉武帝，由于征索相当多，当地人民不堪重负。

《后汉书 · 西南夷传》载：“哀牢人……知染采文绣，罽毲(音：记多)帛叠、兰干细布，织成文章如绫锦。有梧桐木华，绩以为布，幅广五尺，洁白不受垢。”据这段文字确证，当后汉(25～220)时，云南的棉花纺织和印染业已相当发达，棉布品种很多，可印染各种花色，还能绣花，精美到类似绫锦的程度，布匹有五尺宽(相当于现在的 1.17 米)。

《蜀都赋》(公元 3 世纪后期左思撰)：“布有橦华。”刘渊林诠云：“橦华者，树名橦，其花柔，毳(音：崔)可绩为布，出永昌。”永昌今云南保山一带。

《吴录》(公元 3 世纪后期张勃撰)：“交趾定安县有木棉树，高丈。实如酒杯，口有绵，如蚕之绵。又可做布，名曰白緤，一名毛布。”交趾相当于现在广西、广东的大部分及越南北部。

《南州异物志》(3 世纪万震撰)载：“五色斑衣以(似)丝布，古贝木所作。此木熟时，状如鹅毛，中有核如珠珣，细过丝绵。”这里的“古贝”即棉花，“南州”泛指华南地区。

又据《南越志》(公元 5 世纪沈怀远撰)载：“桂州出古终藤，结实如鹅毳，核如珠珣，治出其核约如丝绵，染为斑布。”又说：“南诏诸蛮不养蚕，惟取娑罗木子中白絮，纫为丝，织为幅，名娑罗笼段。”桂州即今日广西的桂林一带，南诏即今日云南的大理一带。

综合上述记载，说明在公元前1世纪到公元4世纪，广东的海南岛，广西的桂林，云南的南部和西部一带早已种棉花、织棉布了。那时种的棉花有一年生草本棉和多年生树棉，都属于亚洲棉。

经漫长的演变，亚洲棉在华南一带逐步发展。《文昌杂录》(1085年庞元英撰)载："闽岭以南多木棉，土人竞植之，采其花为布，号曰吉贝。"《泊宅编》(12世纪中叶方勺撰)载："闽广多种木棉，树高七八尺，树如柞，结实如大麦而色青。秋深即开，露白绵茸茸丝，土人摘取出壳，以铁杖捍尽黑子，徐以小弓弹令纷起，然后纺绩为布，名曰吉贝"，描述了棉花株高、形态，以及摘花、轧花、织布等。

王维诗《送梓州李使君》(王维，699～759)中有："汉女输橦布，巴人讼芋田。"梓州即今四川省三台县，橦布指棉布。据资料表明，当时四川输送京城的布居全国之首。

从以上资料看出，自公元前2～3世纪，直到12世纪唐宋时期，我国华南和西南部都广泛种植印度原产的亚洲棉，由于冬季气温较高无霜雪，棉花可以越冬，所以多为多年生的树棉，有些地方也有一年生的棉花。对棉花的形态及初步加工有了一些描述，由于棉花的优点及较为珍稀，常用作贡品。

草棉首先传入我国的新疆。由于新疆冬季严寒，棉花只能一年生。所以新疆是我国最早栽培一年生棉的地方。《听园西疆杂诗述》(1892)载："中国之有棉花，其中始于张骞得之西域。"此话如确，则公元前2世纪就有棉花在新疆种植。《梁书·西北诸戎传》(635年，姚思廉撰)载："高昌国多草木，草实如茧，茧中丝如细纑，名为白叠子，国人多取织以为布。布甚软白，交市用焉。"高昌国即今新疆吐鲁番一带。"草实如茧"，把棉花说成是草，可见植株是矮小的草本，只能是一年生。"茧"指一瓤瓤的籽棉，"白叠子"就是棉絮。当时棉布除了穿着外，还用于交易。该书还记载"渴盘陁国，于阗西小国也。西邻滑国，南接罽宾国，北连沙勒国。……衣吉贝布，著长身小袖袍，小口袴。"渴盘陁国，应是新疆南部昆仑山的北麓，和高昌国相隔塔克拉玛干大沙漠，相距数千里。该国居民服用棉布做的袍子和裤子，反映了塔克拉玛干沙漠南边也生产棉花。可见当时新疆棉花分布已很广泛了。

近代新疆出土文物又证实了新疆古代棉业的发展。

1959年新疆民丰县北大沙漠中发掘出的东汉合葬墓里，出土两块蓝白印花布、白布裤和手帕等棉织品。1976年又在民丰县尼雅遗址的东汉墓中发掘出蜡染棉布。表明最迟在2世纪末或3世纪，新疆塔里木盆地南缘一带已经使用棉纺织品了。

1959年新疆巴楚县晚唐遗址中发现棉籽及棉布，经对棉籽鉴定属非洲棉。这是1 200多年前新疆塔里木盆地西缘种植棉花最可靠的实物证据，也是我国现存最古老的棉花种子。从上述资料可见新疆地区的植棉业和织布业历史长远。

在甘肃敦煌莫高窟中发现有关棉的记载，一件文书中写"唐僖宗中和四年(884年)，……麁绁(音：粗谢)一匹，报恩寺起幡人事用。"麁绁就是粗布，表明9世纪时棉花已进入甘肃河西走廊，此后又渐东进，传入陕西。

从6世纪到12世纪，长江流域和黄河流域虽没有大量种植棉花，但据历史记载，梁武帝(6世纪)"身衣布衣，木棉皂帐"。唐宋以来，不少著名诗人为棉花题诗作赋，如王维有"橦布作衣裳"；杜甫有"光明白叠布"；白居易有"吴棉细软桂布密，柔如狐腋白似云"；苏轼有"江东贾客木棉裘”之句。从这些高度赞扬棉织品的诗赋推断,当时在中原广大地区还把棉花视为罕见的奇物珍品,棉织品主要供上层统治阶层享用。

这一时期棉业特点是:西南边疆及福建、四川均有了棉花,是亚洲棉;新疆及甘肃也种棉花,是非洲棉。对棉花的特征、特性有所记叙。棉花棉布尚数珍贵产品,在人民衣着占有比重不大,在国计民生中尚未占重要地位。

12 世纪后期至 19 世纪中期,南方的亚洲棉逐渐跨过南岭到达长江流域,进而进入黄河流域,西部的非洲棉经甘肃而达到黄河流域的陕西等地。

据胡三省(1285)对《资治通鉴》注释记载:“木棉,江南多有之。”明确指出棉花已经到了长江流域。嗣后,植棉业推广很快。到 1313 年王祯《农书·木棉叙》一节中称:“夫木棉产自海南,诸种艺制作之法,骎骎北来,江、淮、川、蜀既获其利。”《谷谱十》一节中又称:“其种本南海诸国所产,后福建诸县皆有,近江东、陕右亦多种,滋茂繁盛,与本土无异。”在元司农司 1273 年所撰《农桑辑要》中,已经十分明确地指出植棉业已发展到黄河流域的“陕右”(今甘肃河西走廊、陇东及陕西西部一带),其文曰:“木棉……西域所产,近岁以来,……种于陕右,滋茂繁盛,与本土无异。”可见在 13 世纪时,江、淮、川、蜀、江东、陕右这么大的一片国土上都有植棉业了。《谷谱十》一节还称:“夫木棉为物,……不蚕而棉,不麻为布,又兼代毡毯之用。”表明黄河、长江流域当时棉花纺织业已相当发达,以致可以部分代替丝和麻了。

但当初黄河、长江流域的纺织技术尚未能很好解决,这个问题后来由黄道婆解决了。如明朝陶宗仪《辍耕录》(1366 年撰)载:“初无踏车,椎弓之制,率用手剖去子,线弦竹弧置案间,振掉成剂,厥功甚艰。国初时(实际上是元朝元贞年间,即 1295～1297 年)有一妪,名黄道婆,自崖州(在海南岛——编者注)来,乃教以做造捍、弹、纺、织之具。”为松江府一带棉花纺织业的迅速发展创造了条件。由此,长江下游以松江府(今属上海)为中心逐渐成为全国棉花生产重要基地和棉纺业的中心,其间黄道婆功不可没。

元明以来,历代皇帝和政府都重视棉花生产。《元史·世祖本纪》载:“至元二十六年(1289)置浙东、江东、江西、湖广、福建木棉提举司,责民岁输木棉十万匹,以都提举司总之。”每年征收棉布十万匹,可见福建、浙江、江苏、安徽(当时苏、皖两省合称江东)、江西、湖南、湖北(当时湘、鄂两省合称湖广)一带都已经种植棉花和纺织棉布了。元代究竟每年生产多少棉花还无从查考。

明朝开国皇帝朱元璋重视发展棉花,调用大量棉花布匹,并制订政策发展棉花。《明史·食货志》称:“太祖初立国即下令,凡民田五亩①至十亩者,栽桑、麻、木棉各半亩,十亩以上者倍之;麻亩征八两,木棉亩四两;栽桑以四年起科,不种桑,使出绢一匹;不种麻及木棉使出麻布、棉布各一匹。”这项发展植棉政策,对明朝(1368～1644)棉花生产的发展有重大意义。据明朝万历六年(1578)统计,当年全国各司府共征收棉布 176 万匹,棉花逾 10 万担②,这比之元朝前期每年仅实征棉布 10 万匹有显著增加。更重要的是明朝棉花的分布已北移至黄河流域的河北、河南、山东、山西、陕西五省,这五省征收棉布、棉花的数量,已超过长江流域各

① 1 亩=666.7 m^2。

② 1 担=50 kg;匹,量词,古代 4 丈为 1 匹,1 丈=10 尺,1 m=3 尺。

省,可以证明在16世纪黄河流域各省已盛产棉花,比之元朝又前进一步。

清代初期,康熙皇帝作《木棉赋》,提倡植棉。主要褒扬植棉之利,并谓其“功不在五谷之下”;以往“唯治蚕、枲(麻)”,而棉种引入后,“远近贵贱,咸资其利”。其时棉事,已胜过丝麻了。1765年,直隶总督方观承编撰《棉花图》,其以北方棉花栽培和加工为题材,绘图16幅,每图都有百字左右文字说明及七言诗一首,乾隆皇帝也对每幅图各赋七言诗一首,刻成《御题棉花图》,广为流传,借以推动植棉。其记载:“伏见冀、赵、深、定诸州(均在现河北省)农之艺棉什八、九。产既富于东南。而其织纴之精,亦遂与松、娄匹。”这说明此期不仅棉花产量多于南方,而且纺织技术也可与南方相比。到了18世纪中期李拔著《种棉说》(1848)载:“予尝北至幽燕,南抵楚粤,东游江淮,西极秦陇,足迹所经,无不衣棉之人,无不宜棉之土”。这表明当时我国植棉区域已十分广泛。1808年,嘉庆皇帝命大学士董浩等,根据乾隆《御题棉花图》编定并在内廷刻版16幅《棉花图》,又名《授衣广训》;嘉庆皇帝也对每幅图各赋七言诗一首,各图题名,内容与《御题棉花图》相同,以促进植棉发展。到了19世纪中叶,全国棉花和棉布,不仅可以自给,而且出口国外。据统计,1786～1833年的48年间,经广州出口的我国土布总数达4 000余万匹,平均每年84万匹;主要运往欧洲、美洲、东南亚等地。一个西方学者(H. B. Morse)说中国“土布供给我们祖先以衣料”。真可谓中国棉布衣被天下。1864年,我国输往欧洲的棉花达39万担(1.95万t)。

第二节 古代植棉技术

我国虽然植棉的文字记载从《尚书·禹贡》(公元前3世纪)开始,但因发展较慢,植棉技术的文字记载从元代才开始。

首先记载棉花栽培技术的古农书是:元司农司孟祺、畅师文、苗好谦等著的《农桑辑要》(1273),当时流传较广,是一部综合性的农书,其中“木棉”一节,虽然只有312个字,但却非常精辟地阐明了从棉田深耕、作畦、播种、移苗,直至晒花、轧花等各项植棉技术。元王祯所著《农书》(1313),于“谷谱”中专列“木棉”一节,400多个字,内容基本同《农桑辑要》。

明代主要有:王象晋所著《群芳谱》(1621)中有“棉谱”一篇,2 000多字。徐光启所著《农政全书》(1628)中有“木棉”一节,6 000多字。其引有“张五典种法”,较完整、系统地总结了前人植棉经验,把增产技术归纳为“精拣核、早下种、深根短杆、稀稞肥壅”;并指出减产原因为“一秕、二密、三瘠、四芜”。上述两作者及其书写成时间均为同时代,可见到17世纪,我国棉农已初步掌握了一整套棉花增产栽培措施。

清代有一些综合性的农书,如张宗法所著《三农纪》(1760)、包世臣所著《齐民四术》(1846)等书中,都有种棉花的方法,但内容多采自《农政全书》和《群芳谱》等书,其新增材料不多。从清代开始出现植棉专著,主要是:方观承的《棉花图》(1765),绘图16幅(其中栽培6幅,加工10幅)。这是一本特殊形式的棉业专著,借以提倡植棉。而18世纪末、19世纪初褚华撰的《木棉谱》和19世纪中叶撰者不详的《棉书》,都系统整理和记载了《农政全书》等书中的植棉旧说,对指导栽培技术、发展植棉事业具有一定的促进作用,但其新增材料很少。王宗坚撰的《种棉实验说》(1898)和饶敦秩撰的《植棉纂要》(1905),已到晚清,当时西洋植棉技术已传入我国。这两书中叙述了我国传统的植棉方法后,都说我国的传统方法如能悉心讲求,并不比西洋植棉方法差;尤其是《植棉纂要》一书,比较全面系统地汇总了我国古代植棉技术,比以前农书更富有条理性、科学性,反映了从17世纪到19世纪末我国植棉技术的进步。现就我国古代植棉技术经验,择其要项叙述如下。

1. 土宜 我国从元代起就认识到植棉"择两和不下湿肥地",到了明代就进一步认识到"种花之地以白沙土为上,两和土次之。喜高亢,恶下湿"。

2. 整地 一般主张耕三遍,"如秋耕二遍,正月地气透,或时雨过,再耕一遍"。以记载南方畦作的情况为多,提倡"熟作畦"。稻棉轮作田,水稻收后即秋耕,不耙,立垡过冬,经过冬冻,土块便细,"二月初(农历)又耕,须耮土极细,清明前作畦,塍欲阔,沟欲深"。

3. 施肥 "凡棉田,于清明前下壅(施肥),或粪、或灰、或豆饼、或生泥,多寡量肥瘠"。此外,还有"草壅(绿肥)"。"用黄花苕饶草底壅者,田拟种棉,秋则种草"。施肥还与植棉密度有关,"密种者,不得过十饼(豆饼)以上,粪不过十石以上,惧太肥,虚长不实,实亦生虫"。"苗间三尺(稀植),不妨一倍也"。

4. 轮作 "凡高仰田可棉可稻者,种棉二年,翻稻一年,即草根溃烂,土气肥厚,虫螟不生"。这种稻棉轮作,在长江中、下游棉区一些地方一直采用,并有发展和提高。"若人稠地狭",种两熟还"可种大麦或稞麦,……决不可种小麦"。这种做法直至中华人民共和国成立后还占支配地位。

5. 灌溉 我国古农书中,大多是讲春旱棉区垅作浇水,即在播种"先一日,将已成畦畛,连浇三次",然后播种。以后"再勿浇",待苗出齐后,"旱则浇溉"。又讲,"但戽水(浇水)后一两日,得雨复损苗,须较量阴晴,方可车戽(浇水)"。

6. 品种 在我国,棉花经长期栽培选育,到明代已选育出很多抗性强、衣分高的中棉品种,即"其类甚多"。若按棉花朵的颜色分,以"白花"最为常见,另外,还有"紫花""青花""黄花棉"等,棉种的颜色也有"青核""黑核""核白"等不同。同时,也注意到各品种衣分的高低,低衣分只有20%,即"二十而得四",高衣分可达45%,即"二十而得九"。经过不断选育提高,这些我国育成的品种组成驰名世界的中棉,已由近代学者(Meyen)定学名为:南京棉(*Gossypium arboreum* var. nanking)阔叶类。以后,又经过种植演化出以各地地名命名的大量地方优良品种。

7. 选种及留种 我国古代种棉花,对选种及留种很讲究。从元代起就总结到"所种之子,初收者未实,近霜者又不可用,惟中间时月收者为上"。从棉花的生物学特性来看很有科学道理,至今很多地方还保持着选留"中喷花"的习惯。到了明代又进一步提出"总之,陈者、秕者、油者、湿蒸者、经火培者,皆不堪作种"。这些选种、留种经验至今仍有实用价值。

8. 种子处理 我国古代植棉播种前都要进行种子处理,主要有:从元代起就总结出"用水淘过子粒,堆于湿地上,瓦盆覆一夜,次日取出,用小灰搓得伶俐",这不仅能浸种催芽,草木灰拌种使种粒分离,还便于播种;明代进一步提出:"临种时用水浥湿过半刻淘汰之,……沉者可种也,……浮者秕种也"。这是用水选种。到了清代《豳(音:宾)风广义》又有开水烫种的记载:"种时先取中熟青白好棉籽置滚水缸内,急翻转数次,即投以冷水,搅令温和"等。这些古代植棉经验,一直流传至今,在生产实践中仍然发挥着作用。

9. 播种　古农书中，大多数主张："至谷雨前后，拣好天气日下种"。但也有主张"大约在清明、谷雨间"，因"此时霜止也"。总之，"下种，种不宜蚤（早），恐春霜伤苗；又不宜晚，恐秋霜伤桃"。明代就总结出播种方法及其利弊："种法有三：漫撒者用种多，更难耘；耧耩者（条播）易锄，而用种亦多；惟穴种者用种颇少，但多费人工"，播种深度为"覆土一二指"，播后"用脚踏实"或"须用石砘砘实"。

10. 密度　古农书中一般多主张稀植，从元代就提出"每步只留两苗，稠则不结实"。明代总结出"棉花密种者有四害：苗长不作蓓蕾，花开不作子，一也；开花结子，雨后郁蒸，一时堕落，二也；行根浅近，不能风与旱，三也；结子暗蛀（易生虫），四也。"但也提出"稀不如密者，就极瘠下田言之，所谓瘠田欲稠"。到了清代就明确了密度与地力的关系，即"所谓瘠田欲稠也"，"若肥田自不得密"。

11. 中耕除草　古农书中，除草是植棉增产措施之一。从元代就提出"锄治常要洁净"。明代总结出"锄棉者，一去草秽，二令浮土附苗根，则根入地深，三令土虚浮，根苗得远行，功须极细密。锄必七遍以上，又当在夏至前"。说明棉农对早期锄草十分重视，尤其在长江中、下游梅雨季节杂草最容易滋生，所以"锄花要趁黄梅信"。

12. 摘心　植棉摘心整枝技术是我国首创。在我国古农书中，从元代就提出"苗高二尺之上，打去冲天心（即打顶），旁条长尺半，亦打去心（即旁心），叶叶不空，开花结实"。到明代进一步总结出"大约打心在伏中，三伏各打一次，不宜雨暗，恐聋灌而多空条，最宜晴明，庶旺相而生旁枝"。"摘时视苗迟早，早者大暑前后摘，迟者立秋摘，秋后势定勿摘矣，摘亦不复生枝"。这说明远在明代，我国棉农就已经明确了整枝有调节棉株内部营养物质分配、促进开花结铃的作用。

13. 副产品的综合利用　植棉的主要目的是为了获得高产、优质的棉纤维；但棉花副产品的综合利用，也同人民生活息息相关。在我国古农书中就提到了棉花副产品的综合利用。"（棉）子如珠，可打（榨）油。油之滓可以粪地（肥田）。秸甚坚，堪烧（烧柴）。叶堪（可）饲牛，其为利益甚溥（广大）"。这是第一次对植棉产品综合利用较为全面的记载。

我国植棉历史悠久，上述片断介绍已足以说明我国棉农在长期生产实践中，创造了许多植棉方法，积累了非常丰富而宝贵的经验。

第三节　近代棉产改进工作

我国近代棉产改进史主要是引种、推广美棉（陆地棉）替代中棉（亚洲棉），引进、兴办机器纺织替代手工纺织，以及引进、传播相关科技的历史。

鸦片战争后，美棉引入我国。最初很可能是传教士或商人带来的少许棉种，其时间、地点和数量等难以查考。1866 年，《天津海关年报》中，英国人 Thomds Dick 记述了当时英国商人嫌中国棉花与印度棉花一样的短绒，不适于机器纺织，因而作了如下叙述："尽管中国的棉花品种来源于印度，但中国的气候条件与印度差异较大，而和美国更为相似，中国的棉花播种季节也和美国一致，因而我们十分关注去年（即 1865 年）将美国棉籽引来上海种植的结果。"这是迄今有据可查的我国最早引入美棉的文字记录。1882 年，负责筹建上海机器织布局的郑观应，鉴于中棉纤维粗短，不及美棉更适于机器纺织，即从美国引入棉籽，发给附近农民试种。1880年梁子石还曾编译《美国种植棉花法》一书，分发上海一带棉农。

自鸦片战争后，随着机织洋布、洋纱的输入，冲击了我国棉业，对农村家庭棉纺业打击甚大。我国从输出棉花、土布等，变为输入棉花、棉纱等。如1867年，英国等国家输入我国棉花1.65万t，机纺棉纱0.15万t。到1899年，我国进口机纺棉纱增至13.7万t，33年间增82倍之多。晚清，随着洋务运动开展，有识之士逐步大量引入并推广陆地棉，以替代中棉，还创办机器织布局，尽管步履艰难，成效不大，但为近代植棉业和棉纺织业的发展奠定了基础。

经过3年筹建，李鸿章创建的中国第一家棉纺织厂——上海机器织布局，于1889年底正式开车生产，拥有纱机35 000锭，布机530台，年产布为18万匹，质量大体可与进口布相比。由此，奠定了我国现代纺织工业的第一块基石。此后，各地纷纷建立棉纺厂，这对促进我国近代棉业发展起了重要作用。

1892年，张之洞在湖北武昌设立湖北织布官局，日出纱100担，售价颇佳。并从美国选购两个美棉(陆地棉)品种34担，当年分发至湖北省15个州县试种。张之洞引种美棉，对我国植棉影响很大。各地纷纷引种美棉，其代表是，1896年，张謇在江苏南通办大生纱厂后，于1901年成立通海垦牧公司，并引种陆地棉，以供纱厂所需。他是中国近代棉花产业的先驱，有爱国热情和富民强国的宏愿。

1903年，光绪皇帝下诏："查美洲等处棉花种类精良，……是必须博求外国嘉种……着农工商部详细考察各国棉花种类，种植成法，分别采择编集图说，并制定种植章程，颁行各省，由各省督抚督率认真提倡。"可见，陆地棉的引种、种植受到清政府的高度重视。1904年，清农工商部从美国输入陆地棉分配到有关省种植。

综上所述，由于引种及兴办机器纺织，促进了我国棉业发展，1910年，我国有纱锭75万锭，成纱50万箱，需棉8.75万t。

民国期间，政局动荡，战争频繁，植棉业波动较大，进展缓慢。第一次世界大战后，植棉业一度有所发展，1936年达到顶峰；但抗战期间又遭严重挫折，全国棉花生产总量不足，难以自给，而且纤维品质差，适于机器纺织的原料量少。洋棉、洋纱、洋布大量进口，使农村手工棉纺织业纷纷破产，机器棉纺织业在困难中缓慢推进。但在引种、推广陆地棉及改良品种等方面，历届政府都较重视，取得一定成效，到1949年，改良陆地棉种植面积已达全国棉田面积的一半。

1914年，张謇出任北洋政府农商部总长，竭力提倡"棉铁政策"，并明确表示：棉铁一者，不仅"棉尤宜先"，而且首先要从发展植棉着手，才是今日救国之策。同年，农商部公布《植棉制糖牧羊奖励条例》及其《实施细则》并实施。北京中央农事试验场举行美棉品种比较试验及纯系育种。经数年试验研究，获得北京长绒等品种，并散发给附近农民种植，同时指导种植方法。

1915年，北洋政府农商部设部立棉业试验场，第一棉业试验场在直隶正定，第二棉业试验场在江苏南通，第三棉业试验场在湖北武昌。其主要业务是选育良种与推广传播，还有如播种、收获、气候、土壤、肥料等测试，病虫防除，纤维品质检查，棉花标本陈列与保管和练习生招收与指导等。在其影响下，山西、山东、湖北等省纷纷设立棉业试验场。农商部于1918

年，又在北京西直门外设立第四棉业试验场。

1916年，北洋政府农商部在河南彰德（今安阳）借袁世凯私田13.3 hm^2，设立中央政府直辖的模范植棉场，试种美棉。但这年大旱无收成，遂改为第一棉业试验场的分场。翌年袁去世，由其后裔收回，此场遂结束。但安阳已成为棉花集中产区，为适宜的棉业试验场所。河南省棉产改进所于1934年在河南太康成立后，辖太康、安阳、郑县等10个植棉指导所。以后，由于抗日战争、解放战争等连年战争，未能正常开展工作。

1917年，上海华商纱厂联合会成立。这是上海棉纺织工业最早建立的同盟组织，促进了我国棉业发展。

1918年，北洋政府农商部购进大宗美棉种子，计有脱字棉、金字棉、隆字棉等，分发给有关省试种。山东、湖北等省也纷纷成立棉业试验场，试种、推广美棉。

1919年，第一次世界大战结束不久，列强暂时无暇顾及对中国侵略，我国棉花产业迅速发展，棉田面积达200多万 hm^2，产棉52.8万t，全国有纱锭140多万锭。上海华商纱厂联合会从美国购得8个品种，分发至有关省试种，其结果认为：脱字棉适于黄河流域，爱字棉适于长江流域。由此，影响我国棉花品种种植达10余年。

1919年，农商部成立棉业整理局，不断从国外购入棉种，分发至有关省试种。在东北棉区及河北、山西等省推广金字棉，一度成为特早熟棉区的重要品种。隆字棉主要在河南、陕西陇海铁路沿线推广。

1919～1930年，我国曾育成一些中棉（亚洲棉）品种，但因整个中棉缩减，这些品种中除百万华棉在浙江推广4 000 hm^2 外，其余种植面积不大。

1931年，中华棉产改进会成立，由各省棉作试验场、中央大学、金陵大学、南通农学院、纱厂联合会、棉业公会等机关团体联合组成，为棉业界的学术团体，每年开会讨论一次。主要从事促进棉作试验、提倡棉质研究、训练植棉人才、协助植棉推广、辅助棉产统计、推进原棉运销、鼓励病虫研究、编辑棉业刊物、扶助其他棉产改进事业等工作，为棉产改进事业在以后的"政府统制棉业时期"大发展奠定了坚实的基础。

1933年，在全国经济委员会下，成立了棉业统制委员会。这是中央政府管理棉业的机构，以谋求全国棉业改进。随后，在河南等9省设立分所。随着国外农业科学研究方法和推广方式的引进、国内农业人才的培养和成长，建立了"科学、政治、经济三位一体"的棉种推广方式。良种得以大面积推广，实现了增加棉花产量、改善纤维品质的目的，开创了我国近代史上棉种推广的经典范例。这种棉种推广方式的特点是"产棉各省省政府，负提倡监督制裁之责，并授权于各省改进所，以便直接管理棉区内之农民及棉商"。

中央农业实验所于1932年成立，棉花改良工作始于1933年，隶属农艺系，1938年增设棉作系。其主要工作是与各省农业改进所合作推广棉花优良品种。如在陕西、豫西推广斯字棉，在四川推广斯字棉和德字棉，在贵州推广脱字棉，在西康（今属四川）推广德字棉等。1940年举行西南5省棉花区域试验，对棉区和棉种有进一步认识。

1934年，棉花统制委员会下设中央棉产改进所，承担各省共同需要，不但独立开展工作，还领导各省从事棉业研究推广工作。这是我国设立全国性棉花研究机构之始。其1933～1936年主持全国中美棉区域试验，选定斯字棉4号和德字棉531号分别为适宜黄河流域和长江流域棉区推广种植的美棉品种,替代脱字棉和爱字棉。此结果对以后我国10余年的棉花品种有重要影响,探索出了集“政治、经济、科学三位一体”的事权统一的棉种推广模式;协助办理产销合作;主持棉花分级检验;防治棉虫等工作。

1936年是20世纪前半叶我国棉花生产最佳年份,全国棉田面积357.1万 hm^2,皮棉总产达84.8万t,皮棉单产237 kg/hm^2,该年棉花入超仅0.4万t,我国纱厂用国产棉达92%,接近达到原棉自给。全国陆地棉种植面积占全国棉田总面积的52.4%,其余棉田仍种植中棉和极少部分草棉。

抗日战争时期,我国棉花产业受到严重影响,年平均植棉面积为155万 hm^2,平均年产量为38.7万t。

1947年,成立农林部棉产改进处,集中事权,从事棉种推广;在产棉中心设棉场19处,为繁殖良种中心,兼作若干试验;在各主要植棉指导区设动力轧花厂17处,实行集中轧花;保护良种品质,厉行分级,与各省政府合作办理产地检验;引进、推广先进的植棉技术和机械,如化肥、农药、喷雾器、中耕机、轧花机等;贷放生产贷款、研究生产成本、协办调查统计、推广合作运销、编辑出版文献等。

总之,从棉花统制委员会中央棉产改进所到农林部棉产改进处,进一步完善了“科学、政治、经济三位一体”的推广方式,使政府统制了整个棉产改进过程:从棉作育种、繁殖推广、棉种管理、集中轧花、产地检验、取缔水杂直至合作运销。由此,为整个棉业发展奠定了基础。

解放战争时期,全国棉产下降,平均年产量46.3万t。1949年,全国棉田面积277万 hm^2,皮棉总产量44.4万t。

从1919年到1949年的30年时间里,棉花种植面积长期徘徊不前,面积水平183～257万 hm^2。20年代183.4万 hm^2,比1919年减少20.6万 hm^2,减少10.0%;30年代257.8万 hm^2,比20年代增加74.4万 hm^2,增加40.6%;40年代220.7万 hm^2,比30年代减少37.1万 hm^2,减少14.4%。其间,1937年全国棉花种植面积达到405万 hm^2,是20世纪旧中国棉田面积最大的一年。

从1919年到1949年的30年时间里,棉花总产长期徘徊不前,总产水平41.6～52.8万t。20年代42.3万t,比1919年减少10.5万t,减少19.9%;30年代53.6万t,比20年代增加11.3万t,增加26.7%;40年代41.6万t,比30年代减少12.0万t,减少22.4%。其间1936年全国棉花总产达到84.8万t,是旧中国棉花总产最多的一年。此外,1934年和1937年总产达到65万t,是旧中国两个棉花产量次高年份。

从1919年到1949年的30年时间里,棉花单产持续下降,单产水平165～259 kg/hm^2。20年代231 kg/hm^2,比1919年减少28 kg/hm^2,减少10.8%;30年代209 kg/hm^2,比20年代减少22 kg/hm^2,减少9.5%;40年代189 kg/hm^2,比30年代减少20 kg/hm^2,减少9.6%。在30多年时间里,1927年是单产最高水平年份,为263 kg/hm^2;1937年和1945年为单产最低年份,只有162 kg/hm^2 和167 kg/hm^2。

总结1949年以前半个多世纪旧中国棉花面积和总产长期徘徊不前、单产下降的原因:一是国家和人民遭受帝国主义、封建主义和官僚资本主义三座大山的压迫,政治上处于水深火热之中,经济遭受掠夺,国家政治、经济和社会发展极其缓慢;二是政局不稳定,社会动荡不安，军阀混战，战乱不断，政府腐败，农业生产力遭受严重的破坏和摧残，棉花生产根本无法发展；三是农业生产条件和科技水平非常落后。自然灾害频繁，靠天吃饭，民不聊生，衣不裹体，农业生产投资极少。棉花生产属于自然农业，科技和文化水平低下，没有技术支持。如种植低产的中棉品种，依靠传统的低水平植棉经验维持生产，单产不断下降，增加总产只有靠扩大面积；四是"洋棉洋布"充斥市场，棉花生产遭受抑制。如第一次世界大战以后英、法、日等资本主义国家，大量倾销剩余产品，致使我国棉花生产发展极其缓慢。如1946年进口原棉34万t，相当于当年全国总产的94.4%，国内生产被抑制。

第四节　近代棉产科技工作

19世纪中后期，由于资本主义的发展，机器纺织工业兴起，代替了原有的手工纺织，产量较高而纤维细长，适于机械纺织的陆地棉，正适应我国生产发展的需要而逐渐引入我国并推广应用。同时，兴办新式农业院校、农事试验场、建立棉花专业机构及学术团体。到1948年，逐步形成了一支棉花教学、科研、推广队伍，对植棉科技做了一些试验研究和推广，取得了一定成绩。但由于社会制度与长期战乱等，影响工作开展。现将近代国内许多科技工作者所做的一些工作，摘要叙述如下。

一、品　　种

我国从1865年开始，不断引进的美棉(陆地棉)主要有：1892年，张之洞在湖北武昌创办机器织布局，为解决原料来源，从美国选购两个美棉品种，在湖北15个州县试种，并发布《札产棉各州县试种美国棉籽》。但因播种晚，密度大，效果差。翌年，又从美国购买棉籽，并撰写《美棉种法》(1893)，指导种植美棉。与此同时，各地纷纷引种美棉。1901年，张謇在江苏南通成立通海垦牧公司，引种陆地棉。1904年，清政府农工商部从美国进口大量陆地棉种子，分发给有关省种植，其品种为乔治斯、皮打琼、奥斯亚等。1914年，张謇出任北洋政府农商部总长，从美国进口脱字棉，从朝鲜进口金字棉，分配给各重点产棉省试种等。

但这个阶段引种无甚结果的主要原因是：引种前未作试验和选择，只是进口棉籽；引种后又未了解品种的适应性能和栽培特点等，往往按老经验种植；又是分散混种，造成迅速退化。总之，这半个多世纪中，先后12次引入近10个品种，40多t棉籽，尽管成效不大，但总是适应生产发展要求，完成了陆地棉作为一个新物种引入我国的历史性第一步，其推广面积约占全国植棉面积12%，为陆地棉发展奠定了初步基础。

鉴于以前无论是官府还是商民团体，各次引种陆地棉都无结果，收效甚微，几乎全都归于失败。其引种的美棉数年后，原有的优良特性渐次消失，成为所谓的退化"洋棉"。由此，人们开始认识到，必须用科学的方法引种，才能达到预期的效果。由于纺织业的兴起，刺激了植棉业的发展，推动了陆地棉的引种。

1919年，上海华商纱厂联合会与南京金陵大学合作，从美国农业部引入金字棉(King)、爱字棉(Acala)、脱字棉(Teice)、隆字棉(Lonestar)等8个标准品种，分别在浙江、江苏、安徽、江西、湖北、湖南、河南、直隶等省26处同时进行全国棉花品种比较试验，对表现好的品种,次年即批量引入。其中脱字棉在黄河流域推广,爱字棉在长江流域推广,隆字棉在陕西、河南陇海铁路沿线推广。这是我国首次较正规地从国外引种棉花,开始了科学引种。

1919 年从朝鲜引入金字棉系统的木浦 113－4 特早熟品种,在辽河流域及直隶、山西等省北部推广。

1933～1935 年中央农业试验所总技师、美国作物育种专家洛夫博士(H. H. Love)和冯泽芳先生,先后主持“全国中美棉品种区域试验”,从国内外征集了 31 个品种,在全国 12 处进行联合区域试验。试验表明,斯字棉 4 号(Stoneville 4)丰产、早熟优于脱字棉,适于黄河流域栽培;德字棉 531(Delfos 531)以纤维长度、丰产优于爱字棉,宜在长江流域推广。各地联合进行棉花品种区域试验,统一田间管理,记载项目标准,确定当选品种的适宜种植范围,对品种示范推广,起到了积极作用。

1936 年,又从美国引入上述两个品种种子,扩大繁殖推广。以后又引入斯字棉 3 号、德字棉 719 等。

1939 年,从美国引入珂字棉(Coker),在西南六省区域试验中其产量和品质均优于德字棉 531。随后,在西南六省推广。

在抗日战争中,棉花引种工作基本处于停顿状态。

1944～1948 年,不断引入美棉新品种,其中以岱字棉及斯字棉表现突出。尤其是岱字棉 15(Deltapine land 15),以丰产性好、衣分高、适应性广等优良性状而胜过其他品种。

这一阶段引种美棉有了比较科学的试验,金字棉在辽河流域、斯字棉在黄河流域、德字棉在长江流域均表现出良好的引种效果,使陆地棉种植面积不断扩大,到 1949 年约占全国棉田面积一半以上。但由于未采取针对性的防杂保纯措施,美棉混杂退化依然严重,而造成多次重复引种和大量引入棉种,耗费甚大而收效欠佳。另外,在引种中缺乏严格的检疫制度,造成 20 世纪 30 年代引入的美棉中,带来了枯萎病和黄萎病,以致危害至今,教训深刻。

近代,我国还自行选育并推广了几个陆地棉新品种,如鸡脚德字棉、“517”、泾斯棉等。其中尤其是针对四川棉区卷叶虫危害严重,俞启葆用鸡脚洋棉与德字棉 531 杂交后,再以德字棉 531 为轮回亲本连续回交和株选 7 年育成鸡脚德字棉,具有抗卷叶虫特性,产量和品质与德字棉 531 接近。其在四川简阳一带推广,深受广大棉农欢迎。中华人民共和国成立后,还在陕西、四川等省推广。

1919～1930 年间,我国还曾育成一些中棉品种,如百万棉、鸡脚棉、小白花、江阴白籽、孝感长绒、齐东长绒、徐州大茧花、定县 114、石系亚 1 号等。但因近代整个中棉种植面积逐渐缩减,除百万华棉曾在浙江推广过约 4 000 hm^2 外,其余品种种植面积均较少。此外,在广东、广西南部零星种有蓬蓬棉(陆地棉亚种),多年生,嫩茎紫色,茎叶光滑,花与铃均小,衣分低、纤维短,但抗虫性和抗逆性较强,受金刚钻、棉铃虫危害较轻,遇大风不易倒伏。

二、栽　　培

晚清湖广总督张之洞引入美棉后,于 1898 年朱自荣又撰《劝种洋棉说》,对种植美棉的播种期、播种方法及种植密度等,作出具体规定。1908 年农工商部奉上谕,“详细考查各国棉花种类、种植方法,分别采择,编集图说”,于 1910 年编成《棉业图说》,次年印发各省,推广植棉栽培技术。为指导当时棉花种植的重要著作。

自1921年起，孙恩麐领导前东南大学农学院在南京等地的各试验场进行陆地棉栽培试验，其结果表明陆地棉适宜一熟栽培；谷雨前后条播为宜，行距0.67 m，株距0.2～0.33 m，每公顷36 000～45 000株；还证明了棉田冬耕十分重要，而用步犁深耕比用土犁浅耕好。试验还表明，我国北方旱地改水田植棉增产显著，若施纯氮22.5～45 kg/hm^2，产量显著增加，但认为用量不宜超过60 kg/hm^2；而施用磷肥和钾肥增产不显著。还开始示范施用化肥硫酸铵，其结果认为肥效比油饼、厩肥高。

20世纪30年代初，于绍杰等曾对江苏省沿海棉区盐渍土做过调查，为发展滨海棉区创造了条件。1938年，在全国主要棉区进行土壤的初步调查，结果表明全国棉区土壤多为冲积土，一般呈中性至微碱性，pH多在6.5～8.5之间。长江流域棉田土壤较黏重，接近中性，全氮含量多在0.1%左右，红壤占一定比例。黄河流域棉区棉田多为石灰性冲积土，呈微碱性，全氮含量多在0.1%以下，还有一定面积的盐碱土。这次调查为因地制宜推广栽培技术创造了有利条件。

晚清时期，传统的积肥技术在农业生产中仍占据着统治地位。1904年，化学肥料传入我国，品种为硫酸铵。但化学肥料在我国发展很慢，一直依靠进口。直到1937年，才结束了化学肥料完全依靠进口的局面。20世纪40年代，人们普遍认识到化学肥料与有机肥料各有优缺点。由于当时化肥供给不足，又有施用有机肥料的传统，提出“有机肥与化肥相结合，以有机肥为主，以化肥为辅”的施肥原则。

三、病虫害防治

我国在晚清时期，防治虫害主要采用传统防治方法，如实施轮作、秋耕冬灌等农业措施、人工捕杀，以及应用烟草、苦参及各种油类等药物防治虫害。我国从20世纪20年代初开始，对植棉虫害进行了较全面、深入的研究。30年代中央农业实验所和中央棉产改进所对全国棉区的棉虫分布及其危害状况进行调查，发现棉虫种类达180多种，并设立田野实验室，进行防治试验；研究了地老虎、棉蚜、棉叶螨、卷叶虫、金刚钻等害虫的生活习性及防治方法。尤其是对金刚钻，在弄清生活习性的基础上，进行“拍蛾、摘头、拾落花落果”的防治方法较为有效。在药剂防治方面，开始试验使用除草菊浸出液、硫酸烟精、砒酸钙等药剂防治虫害，以黄河流域棉区为主开始应用烟草水及棉油乳剂进行大规模防治棉蚜。具体方法以人工浸沾为主，喷洒为辅，其防治面积达4.4万hm^2。这是我国对棉花害虫进行大规模防治的开端，取得了可喜的成绩。

我国一些传统的植棉技术，如合理轮作、秋耕冬灌、选种、温汤浸种等，对病害防治都起作用。1934年对秋耕棉区进行调查，发现棉花病害共19种，其中以立枯病、炭疽病、角斑病、茎枯病等较为严重。王善佺研究证实，叶跳虫为缩叶病的主因，建议用烟草水防治。当时的中央棉产改进所及其附设机构研究证明，棉盲蝽危害导致“破叶疯”，蓟马危害导致“大风叶”，若干烂铃的发生与红铃虫的蛀孔有关等，弄清了病害与虫害的关系，为棉花病虫害同时防治，提供了依据，并开始应用种子处理防治苗期病害等。总之，对防治棉花病害有了进一步认识。

1934年和1939年，先后在江苏南通和西康西昌（今四川西昌）发现枯萎病；1939年，首次在云南蒙自发现黄萎病,但未提出有效的防治措施。

四、农药研制

我国近代农药研制大致可分为:土产药剂研制、混合药剂研制及化学药剂研制三个阶段。

1. 土产药剂的研制　我国近代科技工作者总结古代经验,并经大量调查实践,确定了一些可制作土产药剂的材料,主要有闹羊花、雷公藤、苦树皮、毒鱼藤、除虫菊、石斛、蓖麻、苦参、巴豆、苦蔓藤、烟草、柚子皮、地谷、松叶、马勃、鸡粪、鲢鱼、青蛙后胫骨、汽油、蜡烛油等。这些土产材料大多价廉易得,制成药剂,农民喜用。

2. 混合药剂的研制　上述土产药剂材料,有选择地混合后,往往能提高药效,扩大防治范围。1934 年,孙云沛、吴振钟用棉油与石碱及肥皂等制成混合药剂防治棉蚜,收效很大。1938 年,孙云沛因感到棉油缺乏,肥皂、石碱价格昂贵,乃试用无患子液代替肥皂,以菜油、桐油、花生油代替棉油,不仅降低了药剂成本,而且效果甚佳。另外,广西南宁昆虫研究室、广西农事试验场及中央农业实验所等单位,也先后开展了混合药剂的研制试验,这些做法在很大程度上都提高了药效,还扩大了防治范围。

3. 化学药剂的研制　1938 年中央农业试验所孙云沛研制成功砒酸钙,用于防治棉花大卷叶虫等咀嚼式口器的昆虫,均有效果。抗战爆发后,四川省农业改进所成立了药剂制造厂,成为我国化学药剂研制的主力。1939～1949 年,研制成功多种生产上急需的化学药剂,主要有:砒酸钙,与美国产品相比,成分上无大差异,1946～1949 年生产了 4 722.8 kg;硫酸烟碱,1939～1943 年由周德龙研制成功;滴滴涕(DDT),1945～1949 年由陈方洁主持在成都研制出熔点在 104 ℃的纯 DDT 结晶;六六六,1948～1949 年由周德龙在成都研制,在 35～45 ℃的条件下,经阳光作用 26 h,可以得到纯度 80%的六六六晶体。

此外,在抗战期间,中央农业试验所迁至四川后,也积极开展化学药剂的研制。1939～1942 年,中央农业试验所研制生产了“中农砒酸钙”9 200 kg;1942 年,又利用砒酸三铅与稀硝酸制成砒酸二铅。

五、农　　具

我国在晚清时期,仍然以使用传统农具为主,并引进了少量的近代农机具,同时进行了有限的农具改良,如引进轧花机械等农产品加工工具,并进行仿制和创新。1892 年,张之洞在湖北武昌创办机器织布局后,1896 年张謇又在江苏南通创办大生纱厂等,都引进并研制了大量的棉花加工机具。如轧花、弹花、纺纱、织布等机械。民国时期,随着我国民族机器制造业的发展,不断引进、仿制和创新农业机具,使部分近代农机具得到推广使用,农具改良得到高度重视,取得了显著进展。自 1917 年起从美国、日本等国进口喷雾器、喷粉器,但试验仿造不甚成功,发展很慢;直到 1934 年中央农业试验所植物病虫害系成立后,药械的研制才有较大的发展,如研究压缩式、双管式、单管式等三种喷雾器,其中以双管式喷雾器制造最多。各地新式农垦企业的建立,不断从国外进口新农具,也促进了农机发展,如自制了单行播种器,大面积推广五齿中耕器和刀片耘锄等。

六、纤 维 研 究

1933 年，上海商品检验局陈纪藻征集国内棉样 220 余种，研究其物理性能，主要是长度、细度、扭曲度。结果表明，中棉（亚洲棉）纺纱性能不及陆地棉（美洲棉），不仅纤维短，而且纤维扭曲度太小、纤维直径太粗。这是我国对棉花纤维品质研究之始。1934 年，中央棉产改进所考查各省中棉（亚洲棉）157 种，若将绒长 1 英寸（25.4 mm）以下者定为短绒，则中棉几乎全是短绒。显然，绒长太短不符合机器纺织需要。同时，考查陆地棉（美洲棉）146 种，其中绒长 1 英寸以下者 66 种，占 45.2%。陆地棉绒长明显高于中棉，适合机器纺织需要。另外，从这次考查中看出，多种美国棉花品种输入我国后纤维长度下降了。1932 年 8 月至 1934 年 7 月两年中，上海商品检验局检验上海市场的国产原棉 2.9 万 t，结果纤维长度在 $1\frac{27}{32}$英寸以下者占 73%，而在 1 英寸以上者仅占 2.1%，这表明国产原棉纤维长度明显偏短。

七、分 级 检 验

1929 年，上海商品检验局成立，第一项工作即是棉花检验。此标志着我国棉花进出口检验进入商品检验时期。1930 年，我国从美国引进棉花分级标准后，采集了全国各地棉样，借鉴美国棉花标准，制定了我国第一套国产棉花品级实物标准，但未能在全国推行。1934 年棉业统制委员会设置棉花分级室，由叶元鼎主持；根据试验研究结果，并仿效各国做法，制定我国棉花（陆地棉和中棉）分级标准，主要是纤维类别、级别、长度、整齐度、强度等 5 项。品级标准制成 1 800 套标准样盒，发给各省参考，但未正式实行。同年，国民政府公布《取缔棉花掺水掺杂条例》，并在上海成立中央棉花掺水掺杂取缔所，执行全国棉花掺水掺杂取缔事项，使研究的水分及杂质的检验标准及检验方法在全国各检验所应用。

胡竞良研究介绍克莱格（Clegg）的有效长度与梳量长度无大差异，但手扯长度极不可靠，不可应用于考种，主张育种的高级试验，在考查纤维整齐度时，可用克莱格的长度散布率及短绒百分率，反对洛夫（Love）为我国编写的《中国棉花改良法》仅注重产量、不必注意品质的论点。

八、基础理论及其他方面研究

冯泽芳根据搜集 112 个中棉品种材料，制定中棉分类法，撰写成《中棉之形态及其分类》（1924）一文。在进行亚洲棉、美洲棉杂种的遗传学及细胞学的研究中，发现杂种叶片夜间垂直；中棉杂种幼铃无五室；发现两亲杂交不易成功并非花粉管生长缓慢；发现杂种胚珠和花粉都不能成熟；发现花粉母细胞减数分裂时不规则，13 个单价染色体有部分不分离自成小胞核，成为大小不等的不成熟的花粉；建议在杂交前将染色体的不同处解除后，才能使杂种 F_1 可育。冯肇传首先发现中棉种皮脉纹及子脊，并肯定为维管束；首次发现棉籽胚胎中子叶的折叠方式及子叶的畸形。王善佺制订棉作纯系选种，创单铃选种法，对棉花分枝习性的研究，肯定一节上二芽均有发生果枝或发生叶枝的可能；首先发现陆地棉的抗风雨新特点——垂铃。俞启葆、冯肇传以中棉为材料进行若干性状的遗传研究，结果表明，黄苗、皱缩叶、叶蜜腺、花冠色、花心色等性状，都为一对基因控制的遗传。俞启葆经过多年连续研究，证明中棉的4个花青素基因及非洲棉1个花青素基因，五者组成等级不同之多对性，谓之无心系，与有心多对性平行存在。冯泽芳等根据气候、土质、农情、棉作区域、棉种适应性的研究，将全国分为三大棉区，即黄河流域、长江流域和西南棉区，并认为发展植棉以黄河流域棉区为第一，长江流域棉区次之。胡竞良编著《中国棉产改进史》(1945)，主要就民国时期我国棉业改进之史实撰写汇编成书。吴中道编订《中国棉业文献索引》(1949)，其中共记载文献题录4 205篇，除三篇为元、明时代所著外，其余均为近代所著。

以上各位学者的研究成果，对促进我国棉花科学研究和棉花生产发展做出了积极的贡献。此外，还有些学者做了棉花的光照试验，认为10～12 h的短日照能促使某些难以开花的品种提前开花；研究了棉花形态与发育，明确了棉花的生长速度、蕾期、铃期的长短与季节和棉种的关系；对有关棉株化学组成、棉花的耐盐性等方面也做过一些研究。

（撰稿：汪若海，张存信；补充整理：刘刚，毛树春；主审：汪若海）

参 考 文 献

[1] 中国农业科学院棉花研究所. 中国棉花栽培学. 上海:上海科学技术出版社,1983:11 - 18.
[2] 章楷. 中国农学普及丛书—植棉史话. 北京:农业出版社,1984:2 - 8.
[3] 季君勉. 农业丛书—棉作(增订本). 上海:中华书局,1951:30 - 32.
[4] 汪若海,李秀兰. 中国棉史纪事. 北京:中国农业科学技术出版社,2007:26,332 - 349.
[5] (元)王祯. 农书. 皇庆二年(1313).
[6] (清)方观承. 御题棉花图. 乾隆三十年(1765).
[7] (元)胡三省注. 资治通鉴. (1285).
[8] (明)徐光启. 农政全书. 崇祯元年(1628).
[9] (清)饶敦秩. 植棉纂要. 1905.
[10] 中国农业科学院棉花研究所. 中国棉花遗传育种学. 济南:山东科学技术出版社,2003:187 - 194.
[11] 黄滋康. 中国棉花品种及其系谱(修订本). 北京:中国农业出版社,2007:29 - 38.
[12] 孙济中. 纪念张之洞引种陆地棉一百周年学术研讨会论文集. 武汉:湖北人民出版社,1994:82 - 103.
[13] 冯文娟,冯佰利,宋晓轩. 20世纪30～40年代我国棉产改进工作——棉种管理区制度与棉种推广成绩. 中国棉花,2008,35(10).
[14] 冯文娟. 20世纪30～40年代我国棉产改进工作——国家级棉产改进机构简介. 中国棉花学会2010年年会论文汇编. 安阳:中国棉花杂志社,2010:408 - 410.
[15] 张存信. 种子现代化研究文选. 北京:中国农业出版社,2006:100 - 102.
[16] 冯肇传. 中棉之遗传性质. 东大农学,1926,3(5).
[17] 冯泽芳. 中棉之形态及其分类. //农林部棉产改进处. 冯泽芳先生棉业论文选集. 南京:中国棉业出版社,1948:1 - 27.
[18] 胡竞良. 中国棉产改进史. 重庆:商务印书馆,1945.
[19] 吴中道编订. 中国棉业文献索引. 南京:中国棉业出版社,1949.
[20] (清)朱自荣. 劝种洋棉说. 光绪二十四年(1898).
[21] (清)农工商部. 棉业图说. 宣统二年(1910).

第三章　棉花在国民经济中的重要地位

棉花是一种技术密集、物质密集、资金密集和劳动密集的大田农作物，是重要的经济作物、大宗农产品和纺织工业原料。全国有 24 个省、自治区、直辖市种植棉花，有 150 多个基地县的财政收入主要来自棉花。

我国不仅是棉花生产大国，也是棉纺织大国、纺织品消费大国和出口大国。棉花种植不仅为 1 亿多的棉农提供经济收入和生活来源，而且为纺织工业的发展提供原料支持，使纺织工业在社会就业、出口创汇和国民经济发展中产生重要的影响。因此，棉花产业在国民经济中的地位举足轻重。

第一节　植棉业经济

关于棉花经济属性有许多脍炙人口的标语和评价就是真实写照。“要发家，种棉花”，是 20 世纪 80 年代山东省鼓励植棉的宣传口号和墙上标语。“棉麦一起抓，重点抓棉花”，是 20 世纪 90 年代河南省棉花生产会议的代表发言。“种棉花打了个翻身仗，团里一年小变样，两年大变样，三年奔小康”，这是 2007 年 6 月在新疆生产建设兵团第四师调查时的所见所闻。植棉之所以受到重视，这是因为棉花生产能够显著提高棉农的经济收入，在国家棉花市场和价格政策调控方面，通常按棉粮 1∶(8～12)的比价进行政策安排，足见棉花经济地位的重要性。植棉业经济的主要特点有以下几点。

一是棉花是典型的劳动密集型大田经济作物，植棉为农民提供大量的就业岗位，单位面积的用工多而单位劳动的回报率也高，符合高投入高回报的经济规律。二是棉花是高效益的经济作物，2000～2016 年棉花生产平均收益 6 133.1 元/hm^2，正常年景棉花生产收益在 7 500 元/hm^2 上下。在棉花集中产区，20 世纪 80 年代的湖北省、江苏省、安徽省和山东省等，90 年代的河南省、河北省和山东省等，21 世纪的新疆和甘肃河西走廊产区，农民收入的 50%～60%来自棉花，特别是在新疆的南疆集中产区，农民收益的 80%来自棉花。三是棉花的产值高，2009～2016 年，全国棉花播种面积从 448.47 万 hm^2 下降到 319.83 万 hm^2，年均下降 4.71%，占整个农作物播种面积的比重也从 2.88%下降到1.91%。但棉花产值总体在提高，2016 年棉花全国产值为 1 467.29 亿元，约占农业总产值的 3%。四是棉花生产的乘数效应大，棉花生产使用的化肥、农药、地膜和种子量大，对拉动农业生产资料的生产、运输和消费作用特别强大，集中产区农资商业贸易十分活跃。五是棉花是商品率极高的大田经济作物，1999～2008 年，全国棉花商品率平均达到94.0%，2009～2016 年的商品率更是高达 99%以上。因此，棉花在“农民必须富”和“美丽中国”建设中大有作为。

一、棉花种植经济

作为我国重要的经济作物，棉花的产值高，投入回报率也较高。

（一）棉花的单位面积产值高

在全国主要农作物中，棉花单位面积产值较高。与粮食、油料作物和大豆相比，棉花的单位面积产值最高。1980～1999年，棉花单位面积平均产值为粮食和油料的2倍，为大豆的3倍（表3-1）；2000～2009年，棉花产值在波动中增长，年均增长率为3.92%，其中棉花产值从2007年的14 956.39元/hm^2下降到2008年的10 752.15元/hm^2，下降幅度为28.11%，2009年恢复性增长至14 509.80元/hm^2，增长幅度为34.95%；同期，粮食、油料作物和大豆的产值快速增长，年均增长率分别为10.19%、10.25%和7.12%，远高于棉花产值的增长速度，这导致棉花与这三种作物的产值之比呈不断缩小之势。2010年以来，棉花产值进一步呈下降态势，产值从2010年的26 366.70元/hm^2下降到2015年的15 081.45元/hm^2，年均下降10.57%，2016年产值提高至20 209.35元/hm^2；与之相反，粮食和油料作物的产值在2010～2016年期间保持稳定增长。可见，近年来的棉花产值虽高，但缺乏稳定性，与粮食和油料作物相比，产值增长乏力。

表3-1　主要农作物单位面积产值比较

（谭砚文整理，2013，2018）　　（单位：元/hm^2）

年份	棉花	粮食	棉花与粮食产值之比	油料	棉花与油料产值之比	大豆	棉花与大豆产值之比
1980～1989	3 413.25	1 729.35	1.97	1 726.65	1.98	1 179.75	2.89
1990～1999	11 018.25	5 605.65	1.97	5 159.10	2.14	3 662.70	3.01
2000～2009	12 200.01	8 182.14	1.49	8 514.75	1.43	5 591.63	2.18
2010～2014	21 649.77	16 017.18	1.35	16 443.30	1.32	9 615.27	2.25
2015	15 081.45	16 643.85	0.91	16 060.80	0.94	8 394.30	1.80
2016	20 209.35	15 200.10	1.33	17 060.25	1.18	7 029.45	2.87

［注］资料来源：据历年《全国农产品成本收益资料汇编》。

（二）棉花的主产品产值高

自改革开放以来，棉花产值总体不断增长，从1978年的50亿元增长到2016年的1 455亿元，39年间增长了约28.1倍，高于同期粮食产值增长速度。自2004年以来，国家不断提升粮食最低价，粮食种植面积增加，而棉花价格尤其是在2014年4月起正式取消实行了3年的棉花临时收储政策后，价格逐步回归市场，价格指数进入下降阶段。因此，种植面积和价格的下降导致近年来棉花产值下降。

2000年以来，我国棉花产值总体可以分为两个发展阶段。2000～2010年，棉花产值在波动中上涨，从447.35亿元增长到1 255.81亿元，年均增长10.87%。其间，棉花价格指数的上涨推动了棉花产值大幅度增长，从2008年12月至2010年8月，中国棉花价格指数从10 845元/t增长到18 124元/t，月均增长2.60%；2010年9月至2011年3月，7个月的时间

表 3-2　棉花主产品产值及其占农业总产值比例

（谭砚文整理，2013，2019）

年　份	棉花主产品总产值（亿元）	农业总产值（亿元）	棉花主产品总产值占农业总产值的比重（%）
1980～1989		25 616.00	
1990～1999	4 892.03	99 088.11	4.94
2000～2009	6 781.75	199 520.50	3.40
2010～2014	5 224.47	170 038.40	3.07
2000	447.35	13 873.59	3.22
2001	425.51	14 462.79	2.94
2002	491.85	14 931.50	3.29
2003	780.99	14 870.11	5.25
2004	710.61	18 138.36	3.92
2005	742.34	19 613.37	3.78
2006	900.55	21 522.30	4.18
2007	839.98	24 444.68	3.44
2008	689.22	27 679.94	2.49
2009	753.35	29 983.81	2.51
2010	1 255.81	35 909.07	3.50
2011	1 029.19	40 339.62	2.55
2012	1 091.89	44 845.72	2.43
2013	1 028.66	48 943.94	2.10
2014	818.92	51 851.12	1.58
2015	625.61	54 205.34	1.15
2016	697.96	55 659.89	1.25

［注］数据来源：棉花主产品产值数据根据历年《全国农产品成本收益资料汇编》整理；农业总产值和棉花播种面积数据来自于国家统计局。

内，中国棉花价格指数从 18 124 元/t 增长到 30 733 元/t，平均每月上涨 1 801 元/t，月均增长率为7.84%。2011 年以来，我国棉花产值趋于下降，从 2011 年的 1 029.19 亿元下降到 2015 年的625.61 亿元的低点后，2016 年又升高至 697.96 亿元。此时，我国农业总产值不断攀升，年均增长率为 6.65%。因此，棉花产值占农业总产值的份额不断下降，从 2011 年的 2.55%下降到 2015 年的 1.15%的历史低点后，2016 年反弹至 1.25%。

（三）棉花种植收益高，投入回报率高

改革开放以来，棉花作为关系国计民生的重要经济作物具有较高的经济回报。1980～1989 年，棉花生产的平均净利润为 1 458.15 元/hm^2（表 3-3）；20 世纪 90 年代，棉花平均净利润上升至 3 860.25 元/hm^2，比 80 年代大幅上升了 2 402.1 元/hm^2，增长了 1.65 倍；进入 21 世纪，尤其是我国加入 WTO 以来，棉花生产净利润波动性加剧，2010 年棉花的净利润高达 14 759.55 元/hm^2，但从 2011 年开始净利润水平逐年降低，2013 年开始再次出现负值。与粮食相比，2008 年之前，棉花的净利润和成本利润率均较高。1980～2007 年，棉花年平均净利润超过粮食的 2 倍。但从 2008 年开始，棉花净利润出现负值，粮食净利润和成本利润率开始超过棉花。可见，棉花种植成本的提高及价格的下降对棉花净利润水平造成了极大的影响，使棉花成为了一种高投入、回报风险性大的大田经济作物。

表 3-3　棉花与粮食生产回报比较

(谭砚文整理,2013,2018)

年　份	棉　花		粮　食	
	净利润(元/hm²)	成本利润率(%)	净利润(元/hm²)	成本利润率(%)
1980～1989	1 458.15	74.58	637.80	55.82
1990～1999	3 860.25	53.93	1 511.25	38.44
2000～2009	3 762.53	31.80	1 669.86	23.78
2010～2014	930.90	9.69	2 532.15	20.45
2000	3 213.60	34.28	−48.30	−0.89
2001	773.85	8.09	591.45	11.25
2002	3 169.65	31.17	72.90	1.31
2003	6 919.20	68.09	513.15	9.07
2004	3 345.75	30.02	2 947.50	49.69
2005	4 970.40	41.86	1 838.70	28.84
2006	5 035.80	38.57	2 324.40	34.83
2007	5 818.80	40.18	2 777.70	38.49
2008	−250.65	−1.54	2 795.85	33.14
2009	4 628.85	27.27	2 885.25	32.04
2010	14 759.55	74.33	3 407.55	33.77
2011	3 037.35	12.84	3 761.40	31.70
2012	378.90	1.30	2 526.00	17.98
2013	−3 224.70	−9.87	1 094.10	7.11
2014	−10 296.60	−30.13	1 871.70	11.68
2015	−13 823.25	−40.27	293.25	1.79
2016	−7 324.50	−21.17	1 204.20	−7.34

[注] 由于统计数据方面的原因,1980～1989 年的土地成本不加以考虑。资料来源:历年《全国农产品成本收益资料汇编》。

(四) 出台棉花价格政策,保障农民植棉效益

2011～2013 年,国家出台面向全国棉区的棉花临时收储政策,设置临时目标价格 19 800～20 400 元/t,因价格政策的提早出台,农民植棉收益的预期性提高,棉花种植的稳定性也有了保障,单位面积的植棉收益增加,这对大宗农产品而言是极其重要的政策支持(见第一章)。

2014～2016 年,国家出台针对新疆棉花的目标价格改革试点,设置目标价格分别为 2014 年 19 800 元/t、2015 年 19 100 元/t 和 2016 年 18 600 元/t。2017～2019 年继续出台针对新疆的目标价格政策,设置目标价格为 18 600 元/t,这一政策让植棉者获得了较高的额外收益,为了让政策落实到户,新疆当地政府出台了一系列保障措施和方法。据中国棉花监测预警数据和相关报告,2014～2017 年,新疆植棉者获得的单位面积棉田中位数的额外收益在4 163～7 500 元/hm² 之间。

2014～2017 年,国家对山东、河北、河南、湖北、湖南、安徽、江西、江苏、甘肃等 9 省,以及天津(由天津市本地财政出资)出台棉花价格补贴政策,设置单位皮棉产量的补贴额度为 2 000 元/t,这 10 省市植棉者获得的单位面积棉田额外收益在 1 650～2 700 元/hm² 之间。

(五)棉花种植成本上涨

1. 成本构成　棉花种植总成本由物化成本、人工成本和间接成本(如固定资产折旧、地租、成本外支出)等几部分组成。物化成本指棉花生产过程中投入的化肥、农药、地膜、柴油和调节剂等石油化学品以及种子、机械作业费用等,是棉花种植过程中现金支付最多的部分。人工成本包括自用工作价和雇工实际支付费用,固定资产折旧包括各类农机具、电力设施、道路修建维护、晒场和临时住所等,因而与农场规模和专业合作社的规模相关。财务费用特别是贷款额度,以及贷款的及时性、利息与还贷时间对植棉大户和承包租地的植棉农场有至关重要的作用。

据中国棉花生产监测预警数据(表3-4,图3-1),在总成本的构成比例中,物化成本从2006年占总成本的52.9%下降到2016年的39.3%,绝对现金量却在增加,从5 961.54元/hm^2增加到8 874.60元/hm^2,增幅48.9%。人工费用所占比例从45.9%提升到49.1%,扩大3.2%,投入现金量从6 216.0元/hm^2上升到11 089.5元/hm^2,涨幅78.4%。其中雇工费用所占比例从10%上升为20%;间接费用所占比例为7%～9%;固定成本占总成本的3%～5%,植棉大户略高。

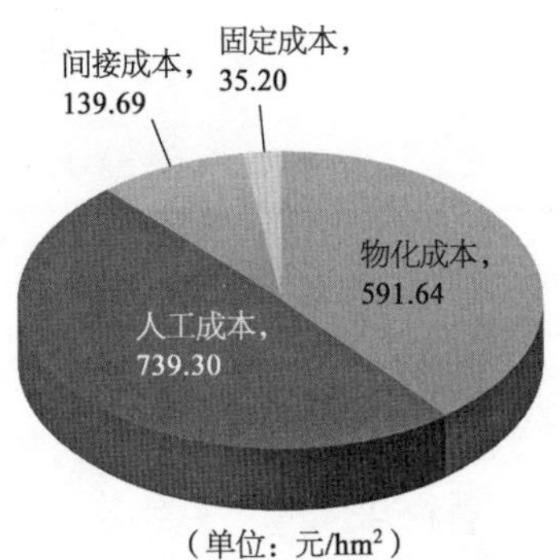

图3-1　2016年棉花种植总成本(22 587.30元/hm^2)构成

数据来源:中国棉花生产监测预警数据

2. 棉花种植成本大幅上涨　据中国棉花生产预警监测数据,进入21世纪,我国棉花种植成本上涨加快,从2000年的9 375元/hm^2上涨到2016年的22 587.3元/hm^2,17年涨幅高达140.9%,年均增长率高达5.65%。其中2002年跨上万元台阶达到10 170.0元/hm^2,9年后从万元跨上两万元;2011年达到22 554.0元/hm^2,2013年达到峰值为24 052.5元/hm^2,随后几年在缓慢减少(表3-4)。

表3-4　全国棉花产值和收益对比

(毛树春,2013,2018)

年份	平均单产(kg/hm^2)	主产品产值		总成本		物化成本		收益	
		元/hm^2	比上年增减(%)	元/hm^2	比上年增减(%)	元/hm^2	比上年增减(%)	元/hm^2	比上年增减(%)
2000	1 069.5	11 070.0	44.7	9 375.0	−1.1	3 900.0	0	5 137.5	78.5
2001	1 107.0	8 845.5	−20.1	9 570.0	2.1	3 840.0	−1.5	3 373.5	−34.3
2002	1 174.5	14 010.0	35.4	10 170.0	6.3	4 036.5	5.1	4 785.0	41.8
2003	951.0	19 770.0	41.1	10 161.0	−0.1	4 270.5	5.8	8 185.5	71.1
2004	1 111.5	15 900.0	−19.6	11 146.5	8.8	4 467.0	4.6	5 211.0	−36.3
2005	1 063.5	19 551.0	22.9	12 393.0	11.2	6 216.0	39.2	7 050.0	35.3
2006	1 431.0	19 882.5	1.7	13 273.5	7.1	7 017.0	12.9	6 615.0	−6.2
2007	1 386.0	22 477.5	12.1	15 076.5	13.6	6 787.5	−3.3	7 401.0	11.9
2008	1 362.0	17 263.5	−23.2	17 235.0	14.3	7 972.5	17.5	28.5	−99.6

（续表）

年份	平均单产(kg/hm²)	主产品产值		总成本		物化成本		收益	
		元/hm²	比上年增减(%)	元/hm²	比上年增减(%)	元/hm²	比上年增减(%)	元/hm²	比上年增减(%)
2009	1 393.5	23 757.0	37.6	15 579.0	−9.6	7 242.0	−9.2	8 178.0	543.4
2010	1 249.5	36 498.0	53.6	18 639.0	19.6	8 317.5	14.9	17 859.0	118.4
2011	1 426.5	29 872.5	−18.2	22 554.0	21.0	8 770.5	5.4	7 372.5	−58.7
2012	1 525.5	32 917.5	10.2	23 949.0	6.2	9 222.0	5.1	8 968.5	21.6
2013	1 399.5	31 282.5	−5.0	24 052.5	0.4	9 292.5	0.8	7 230.0	−19.4
2014	1 413.0	22 629.0	−27.7	23 550.0	−2.1	8 835.9	−4.9	−921.3	−112.6
2015	1 450.5	22 304.0	−1.4	22 638.9	3.9	9 342.0	5.7	−335.0	63.6
2016	1 702.5	30 710.9	37.7	22 587.3	−0.2	8 874.6	−5.0	8 123.6	2 525.3
平均	1 306.9	22 278.9	10.7	16 585.3	6.0	6 964.9	5.5	6 133.1	

［注］①总成本 2000～2004 年为国家统计局数据，2003～2016 年为中国棉花生产预警监测数据。②农业税棉田分摊 2001 年 324.0 元/hm²，2002 年 585.0 元/hm²，2003 年 601.5 元/hm²，2004 年 447.0 元/hm²，2005 年 109.5 元/hm²，2006 年开始全国取消农业税。③收益 2001～2005 年为减税后收益。④衣分率按 38%或 38.5%折算。

物化成本在上涨。从 2000 年的 3 900.0 元/hm² 上涨到 2016 年的 8 874.6 元/hm²，17 年涨幅高达 127.6%，年均增长率高达 5.27%。2012 年跨上近“九千元”台阶，其中 2015 年达到峰值为 9 342.0 元/hm²，随后几年在波动中有所减少(表 3－4)。据调查，我国棉花生产的多种农资投入费用均在持续上涨。

在物化成本的构成比例中，2016 年肥料占 47.0%，农药和除草剂占 12.0%，灌溉和排水占 11.8%，机械作业费占 11.6%，地膜占 6.9%，种子费占 6.8%，育苗移栽和化调费占4.1%。虽然这些成本所占比例在这些年中均有所变化，但是肥料和农药占 60%上下，而肥料价格又随着国际石油价格的上涨而上涨，实际上自 21 世纪以来农业生产资料就进入了高价格时代。

3. 人工费用大幅上涨　我国劳动力费用占生产成本的比例为 42.9%～59.4%，平均为 49.6%，即棉花生产投入现金的一半为劳动力费用，可见农业劳动投入的时间有了较好的收益回报，且劳动力收益的费用成本能够有效地转移到商品价格和价值之中，这是农产品价格在市场化条件下形成的新变化、新特点，也是农产品价格与国际接轨的一个重要体现(图 3－2)。

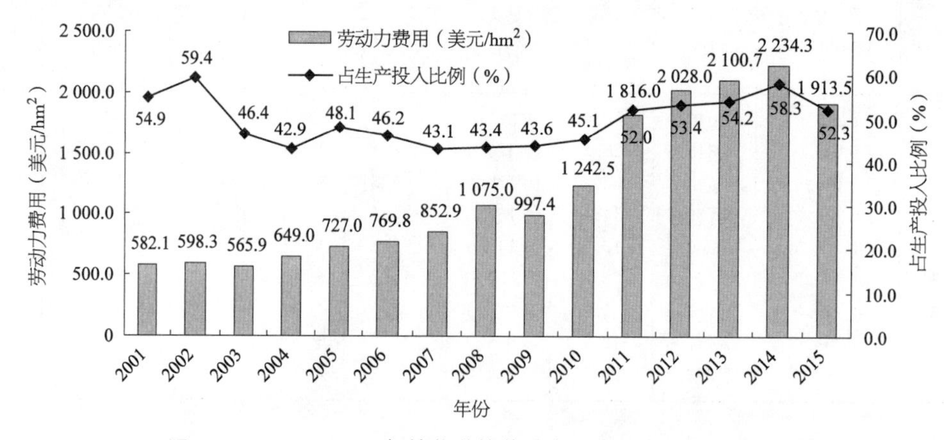

图 3－2　2001～2015 年棉花种植劳动力成本和所占比例变化

数据来源：中国棉花生产监测预警

从 2000 年到 2016 年，人工费用从 4 491.90 元/hm^2 增长到 11 089.50 元/hm^2，增幅 146.9%，年均增长率 5.81%，其中 2014 年最高达到 13 718.55 元/hm^2。

关于雇工占用工的比例问题，在 2010 年及之前约占 20%，自用工费用占 80%上下，但在 2011 年及之后发生很大变化，大致每年雇工比例增长 1 个百分点，原因是棉区向西北内陆转移，规模化植棉发生的雇工数量在急剧增长。采收费用占 80%，若以籽棉计价，2003 年雇工采收费用从 0.6 元/kg 左右上涨至 2007 年的 1.0 元/kg，2011 年以后上涨到 2.0～2.2 元/kg。比 2003 年增长了 2.3 倍。早期全国雇工单价有差异，从 2010 年开始全国棉区雇工单价基本没有差异。

监测结果指出，农民植棉用工作价从 2001 年的 1.29 美元/d 提高至 2015 年的 10.96 美元/d(图 3-3)，增长 7.50 倍，年均增长 16.51%，可见增速是很快的。植棉的劳动价值与社会进步的价值相吻合。

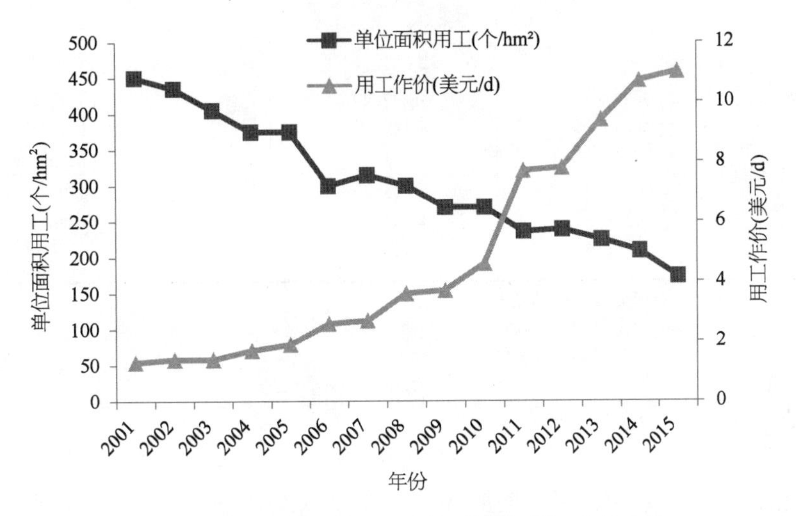

图 3-3 棉花种植单位面积用工数量与用工作价变化

数据来源：中国棉花生产监测预警

4. 土地成本上涨　棉花种植的土地成本一直处于上涨态势。从成本投入看，2000～2009 年棉花种植土地成本平均为 1 554.0 元/hm^2(表 3-5)，比 20 世纪 90 年代上升了 924 元/hm^2，年均增长率较快，达到 11.1%；2010～2016 年，植棉的土地成本更是从 2 636 元/hm^2 增加到 4 533 元/hm^2，年均增长 9.46%。从占有份额看，尽管棉花土地成本在近 40 年来占总成本的比重较低，2008 年仅占 13.84%，2009 年占 14.99%，为历年土地成本所占比重的最高值，但是，土地成本占总成本的比重一直保持在 12%左右，2014 年以来正呈现出上升趋势，土地承包费用和租赁费用正成为影响棉花种植成本的主要因素。分开看，土地成本提升对家庭承包制度而言则是收益，但对租赁而言就是资金成本，因此对发展农业规模化经营会有不利影响。

表 3-5　棉花种植的土地成本及其所占比重

(谭砚文整理,2013,2018)

年　份	总成本(元/hm²)	土地成本(元/hm²)	土地成本占总成本的比重(%)
1990～1999	7 731.90	630.00	8.15
2000～2009	12 300.44	1 554.00	12.63
2010～2014	27 891.27	3 382.47	12.13
2000	9 374.85	983.25	10.49
2001	9 570.00	956.10	9.99
2002	10 169.25	1 226.40	12.06
2003	10 161.45	1 250.25	12.30
2004	11 146.50	1 357.80	12.18
2005	11 872.50	1 478.70	12.45
2006	13 055.25	1 570.65	12.03
2007	14 483.40	1 930.05	13.33
2008	16 199.55	2 242.50	13.84
2009	16 971.60	2 544.30	14.99
2010	19 857.75	2 635.65	13.27
2011	23 661.75	2 956.65	12.50
2012	29 095.95	3 412.05	11.73
2013	32 662.50	3 784.65	11.59
2014	34 178.40	4 123.35	12.06
2015	34 326.60	4 204.35	12.25
2016	34 599.15	4 532.70	13.10

[注] 资料来源:历年《全国农产品成本收益资料汇编》。

二、棉花种业经济

种子是重要的农业生产资料。我国棉花市场化改革前的20世纪90年代,棉花种子费用在平稳中上涨,随着棉花种植面积的增加,种子价值从5.93亿元增长到11.43亿元,年均上涨6.74%(表3-6);2000年12月,《中华人民共和国种子法》正式实施,棉花种子的研发、生产和经营由市场决定,中国棉花种子产业由此进入市场化阶段,棉花种子价格也逐步由市场决定,总体呈上涨态势。2000～2016年,中国棉花种子费从282.90元/hm² 上涨到817.50元/hm²,增长幅度达1.93倍。而同期,粮食种子费从282.60元/hm² 上涨到910.85元/hm²,增长2.23倍;油料种子费从487.65元/hm² 上涨到1 463.40元/hm²,增长2倍。可见,中国棉花种子费用的增长幅度低于其他主要农产品。2012年以来,棉花种子费用的下降主要是受棉花种植面积大幅下降影响。2011～2016年,全国棉花播种面积从452万hm² 下降到320万hm²,直接导致棉花种子需求量大幅下降,棉种价值从35.13亿元下降到26.14亿元,下降幅度达30.13%。但这也对棉种质量提出了更高的要求,促进了棉花种子企业的优胜劣汰。

从全国种子市场来看,2015年,全国种子企业数量为4 660多家,比2011年减少了33.34%;种子企业销售收入达793亿元,比2011年增长50.47%①。同样,全国棉花种子企业也得到

① 资料来源于中国产业经济信息网网站(http://www.chyxx.com/industry/201712/588678.html)。

了蓬勃发展。

进入21世纪以来，我国棉花种子市场发生了根本性的变化，世纪之初棉花种子企业像雨后春笋般涌现。据不完全统计，2012年之前全国棉花种子生产加工的专营和兼营公司约1 000家，分销公司好几千家。同时，也诞生了年产销8 000～10 000 t的大型骨干棉花种子企业。2013年之后，由于内地棉花面积的大面积萎缩，种业数量特别是分销企业数量大幅度减少，全国棉花种业都涌入了新疆。

据中国棉花生产监测预警数据，2001～2016年，单位面积棉花种子用量从57.0 kg/hm^2 减少到31.50 kg/hm^2，这16年间减少44.7%，年均减幅3.78%；种子售价从5.76元/kg上升到18.90元/kg，增长了228.1%，年均增长8.24%；单位面积种子费用从317.85元/hm^2 增长到595.35元/hm^2，增长了87.3%，年均增长4.27%。

按单位面积种子费用计算，全国棉花种子市场价值从15.3亿元增长到19.2亿元①，增长了25.5%，年均增长1.53%。增幅减慢主要是棉花播种面积从2001年的481万 hm^2 减少到2016年的320万 hm^2，降幅达到33.5%，年均减少2.76%。另一重要原因是，种子精选和包衣技术，以及播种技术包括育苗移栽和精量播种技术的进步，导致了用种量的减少。

表3-6　棉花种子费用及其增长率

（谭砚文整理，2013，2018）

年份	棉种费用(百万元)	增长率(%)	年份	棉种费用(百万元)	增长率(%)
1990	592.62	15.22	2004	2 654.02	40.97
1991	742.44	25.28	2005	2 277.05	−14.2
1992	714.6	−3.75	2006	3 123.01	37.15
1993	661.81	−7.39	2007	2 939.86	−5.86
1994	963.53	45.59	2008	3 173.18	7.94
1995	1 249.14	29.64	2009	2 763.47	−12.91
1996	1 124.83	−9.95	2010	2 921.49	5.72
1997	1 168.2	3.86	2011	3 513.78	20.27
1998	1 206.72	3.3	2012	3 531.95	0.52
1999	1 066.27	−11.64	2013	3 531.79	0
2000	1 143.26	7.22	2014	3 607.84	2.15
2001	1 528.79	33.72	2015	3 120.02	−13.52
2002	1 337.48	−12.51	2016	2 614.63	−16.2
2003	1 882.72	40.77			

［注］种子费用＝种植面积(hm^2)×种子单价(元/hm^2)。资料来源：种植面积数据来源于国家统计局网站，棉籽单价数据来源于历年《全国农产品成本收益资料汇编》的种子费数据。

① 按2016年市场面积366.7万 hm^2 计算，种子市场价值约为21.8亿元。

三、棉副产品经济

棉花“浑身都是宝”，主产品为皮棉，副产品由棉籽和棉秆两大组成部分。籽棉经过轧花加工后，可分离出皮棉和棉籽。其中，皮棉作为棉花的主产品，是纺织工业的重要原料；棉籽经过不同工序的加工后，可分别获得棉短绒、棉籽壳、棉籽油、棉籽蛋白、棉籽饼粕和棉酚等副产品。在经济上，棉花主产品与副产品的产值比例约为 1∶0.5，其副产品经过加工进入精细化工行业，增值空间更大。

皮棉、棉籽和棉秆的比例约为 1∶2.63∶5(皮棉与棉籽比例按衣分率 38%计算)，即每分离出 100 万 t 皮棉的同时分别可获得 263 万 t 棉籽和 500 万 t 棉秆(包括落叶)。

若按常年 533 万 hm^2 植棉面积，籽棉产量 3 750 kg/hm^2 计，可产籽棉 2 000 万 t(按籽棉价 6 500 元/t，产值 1 300 亿元)。其中棉籽产量 1 240 万 t(按棉籽价 3 000 元/t 计，产值372 亿元)。按棉籽出短绒率 8%计，棉短绒产量 99.2 万 t，市场价 5 000 元/t，产值 49.6 亿元。按棉籽出油率 14%计，产棉籽油约 160 万 t，按市场价 5 000 元/t，产值 80 亿元；棉籽饼 980 万 t，按市场价 3 000 元/t，产值 294 亿元。对于棉秆来说，按经济系数 40%计，可产棉秆 9 375 kg/hm^2，全国可产 5 000 万 t，其中 50%为硬的棉秆，可作为生物质能源 2 500 万 t；另 50%还田。故棉秆潜在价值 300 元/t，产值 75 亿元。

在综合利用方面，棉花的副产品仅次于石油副产品(表 3－7)，其深加工和精加工利用潜力大，增值潜力大，目前利用产值达到 160 亿元。据测算，棉副产品综合利用每提高一个百分点，产值约增加 10 多亿元。其中，棉籽副产品还可进行多种精细化工加工，进入医药和食品行列，能增值 10 倍。例如，全国常年棉籽产量 1 000 多万 t，可榨棉油 160 多万 t，按粗加工原油产值 4 000 元/t 计算，年产值达到 64 亿元，经过精练棉籽油配制成色拉油，其产值进一步增加；棉籽油也是继油菜和花生之后的第三大国产食用植物油。棉短绒产量 120 万～130 万 t，按 5 000 元/t 计，产值 60～78 亿元；棉短绒可作高级纸、无烟火药和无纺布等。棉籽饼产量 500 多万 t，按 2 000 元/t 计，产值 100 亿元；棉籽饼可做反刍动物饲料，经脱棉酚处理后可做精饲料。棉籽壳(皮)200 多万 t，按 1 000 元/t 计，产值 20 多亿元；棉籽壳(皮)是培养食用菌的好原料。棉副产品能提取 100 多种化合物，可生产 1 200 种化学物质，如棉酚可做男性避孕药等。因此，要进一步提高植棉效益，就必须加大棉副产品综合利用的力度，大幅度提高棉副产品的经济价值。

表 3－7　每 100 kg 皮棉副产品的综合利用价值

产品类型	产量(kg)	综合利用价值
棉籽	160～163	按棉籽 3 元/kg 计，即每 100 kg 皮棉的棉籽产值 480～489 元，约为主产品的 40%
棉短绒	14	生产人造纤维 8.5 kg 或无纺布 60 m
棉籽油	26	相当于 130 kg 大豆的产油量
脱毒棉仁粉	64	蛋白质含量相当于 300 kg 小麦
棉籽壳	60	可培养鲜平菇或鲜猴头菇 60 kg 或干银耳 60 kg
棉根皮	10	可制棉根浸提膏 1 200 片
棉酚	0.9	可制咳宁片 3 万多片(每片含活性棉酚 30 mg)
棉秆	40～500	剥秆皮纤维 10 kg，可加工刨花板、纤维板 0.1 m^3

第二节　棉花收购加工流通经济

1985 年以前，我国的棉花流通一直处于由政府高度控制的计划管理，除留给农民少量自用外，棉花由供销社统一价格、统一收购、统一销售。国家每年根据棉花可供资源和纺纱计划进行平衡，下达调拨供应计划。这种高度计划、垄断经营的流通体制一直延续到 1984 年。

1985 年国家对棉花流通体制进行改革，但是由于 50 多年形成的供销社对棉花经营的垄断体制难以一时打破，供销社棉麻企业的改革进展缓慢，直到 2001 年 7 月国务院颁布《关于进一步深化棉花流通体制改革的意见》，棉花流通体制才真正走向市场经济体制。我国棉花流通体制实质上采取的是一种市场准入制度，即凡符合《棉花收购加工与市场管理暂行办法》规定、经省级人民政府资格认定的国内各类企业，均可从事棉花收购。2017 年 1 月，国务院常务会上决定取消棉花加工资质认定等 53 项许可，宣布废除轧厂企业认证制度，改为商业登记制度(见第一章)。

2004 年 5 月 21 日，经国务院同意，中国证监会批准郑州商品交易所上市棉花期货品种于 6 月 1 日挂牌进行棉花期货交易。其中，一级市场基准交割品规定为 328B 级国产锯齿细绒白棉(符合 GB1103—1999)替代品及其升贴水。

2011～2013 年，我国实施棉花临时收储政策，对国产棉花敞开收购。临时收储政策的实施，扭曲了棉花市场的价格，导致巨额的棉花国内外价格差，使中国棉花市场面临着巨大的进口压力和挑战。至 2013 年，中国棉花“328 级”价格指数比国外高出 7 000 元/t。2013 年中国棉花进口量下降到 414.93 万 t，但进口量依然占到了产量的 65.87%。高额的棉花价格还大幅增加了中国纺织企业的生产成本，加重了政府的财政负担。2011～2013 年，中国纺织工业亏损企业从 3 504 家增加到 4 447 家，增长 26.91%；同期，中国临时收储棉花共计 1 553.36 万 t，倘若按照各年度的收储预案价格计算(2011 年度 19 800 元/t，2012 年度和 2013 年度为 20 400 元/t)，中国政府将为棉花储备支付 3 100 多亿元的巨额财政资金。

2014 年 4 月开始，连续实施了 3 年的棉花临时收储政策取消，国储棉轮出并进入去库存阶段。2014～2016 年，国内外棉花价格差从 8 475 元/t 缩小到 1 505 元/t。棉花支持政策与市场脱钩，使棉花收购流通和棉花价格逐步回归市场，有利于大型棉花加工流通企业的发展。20 世纪 80 年代全国有省级棉麻公司 24 个，1996 年职工总数 67 万人，轧花厂 2 300 个，加工能力 600 万 t。2001 年，国务院出台深化棉花流通体制改革意见之后，鼓励公平竞争，放开棉花收购，实行社企分开，全国棉花收购加工企业剧增，2003～2009 年全国约有 8 800 家，其中原供销社系统 5 000 多家，农业、纺织和新建的 3 800 多家，加工能力达到 2 000 多万 t。此外，全国还有大规模的棉籽油加工工业，一般与轧花厂联合建设。2010～2015 年，全国大中型纺织企业数量从 3 310 家增加到 20 545 家，增加了 5.2 倍[①]。

---

① 《中国科技统计年鉴 2016》。

第三节 棉花纺织业经济

纺织工业是国民经济的重要支柱产业和民生产业，为全社会就业和出口创汇做出重大贡献。2002～2016 年，我国纺织业工业产值逐年增长，年均为 23 959.3 亿元，占全国工业总产值的 4.32%。2016 年全国纺织服装出口额为 17 338 亿元，占商品出口总额的 12.52%。纺织业是制造业中吸纳劳动力最多的一个部门，就业人数长期以来超过 1 000 万。因此，纺织工业的发展不仅对国民经济的发展带来重要的影响，而且也关系到社会就业和社会稳定的问题。近年来，虽然我国棉花消费增长放缓，但棉花消费量总体保持在 750 万 t 左右。因此，作为纺织工业的主要原料，棉花生产的稳定发展将直接影响到全国纺织工业的发展，进而影响到我国国民经济的发展。

一、纺织服装业加工能力加快发展

经过改革开放 40 年的发展，我国已建设成为全球纺织工业大国和纺织品消费、出口大国。棉纺纱锭从 2000 年的 3 352 万锭增长到 2016 年的 15 000 万锭，16 年间增长 3.5 倍，年均增长率 9.82%。纱产量从 2000 年的 660.5 万 t 增长到 2016 年的 3 732.6 万 t，16 年间增长了 4.7 倍，年均增长率 11.43%。布产量从 2000 年的 227 亿 m 增长到 2016 年的 907 亿 m，增长了 3 倍，年均增长率 9.04%(表 3－8)。

纺织行业的迅猛发展，促进了棉花的生产和棉纺织品的消费。其中，棉花产量从 2000 年的 441.7 万 t 增长到 2007 年 762.4 万 t 之后，产量随着种植面积的缩小而减少，近年来保持在 500 万 t 以上；纺织棉花消费量从 2000 年的 444.0 万 t 增长到 2016 年的 782.5 万 t，增长了 76.24%，年均增长率 3.61%，其间 2006～2010 年消费量突破了 1 000 万 t，最高达到 1 200万 t(表 3－8)。

纺织工业产值从 2000 年的 5 149 亿元增长到 2016 年的 40 287.42 亿元，16 年间增长了 6.8 倍，年均增长率 13.72%。这 17 年纺织工业产值连续跨上了四个高台阶：第一个台阶从 5 000 亿元跨上“万亿元”仅用 4 年时间，第二个台阶从“万亿元”跨上“两万亿元”仅用 4 年时间，第三个台阶从“两万亿”元跨上“三万亿元”仅用 3 年时间，第四个台阶从“三万亿元”跨上“四万亿元”用了 4 年时间(表 3－8)。

表 3－8 全国棉纺织工业发展情况

(谭砚文整理，2013，2018)

年份	棉花生产量 (万 t)	棉花纺织消费量 (万 t)	棉纺纱锭 (万锭)	纱产量 (万 t)	布产量 (1×10^8 m)	纺织业产值 (亿元)
1995	476.7	409.9	4 191	542.2	260	4 604
1996	420.3	363.7	4 171	512.1	208	4 722
1997	460.2	383.5	4 245	562.1	248	4 760
1998	450.1	355.9	3 641	542.0	241	4 376
1999	383.0	370.0	3 382	571.0	250	4 530
2000	441.7	444.0	3 352	660.5	277	5 149

（续表）

年份	棉花生产量（万 t）	棉花纺织消费量（万 t）	棉纺纱锭（万锭）	纱产量（万 t）	布产量（1×10^8 m）	纺织业产值（亿元）
2001	532.3	460.0	3 500	760.0	290	5 401
2002	491.6	561.0	4 907	850.0	322	6 222
2003	486.0	651.0	6 000	983.0	350	7 725
2004	632.0	760.0	6 700	1 120.0	482	11 655
2005	571.4	980.0	10 000	1 440.0	470	12 408
2006	753.3	1 180.0	10 000	1 740.0	550	15 013
2007	762.4	1 200.0	10 300	2 000.0	720	18 322
2008	749.2	1 200.0	10 300	2 148.7	740	20 908
2009	645.6	1 202.8	10 300	2 405.6	740	22 487
2010	596.1	1 208.0	12 000	2 717.0	800	27 973
2011	660.0	918.6	12 000	2 900.0	837	32 068
2012	685.0	849.1	12 000	2 984.0	849	31 777
2013	631.0	796.8	13 000	3 200.0	883	35 447
2014	616.1	759.5	14 000	3 379.2	894	37 704
2015	560.5	773.6	15 000	3 538.9	893	39 393
2016	534.3	782.5	15 000	3 732.6	907	40 287
2017	548.9	780.0	15 000	4 033.9	868	

［注］资料来源：纺织业产值数据来源于历年《中国工业统计年鉴》，2001～2016 年数据为纺织工业销售产值数据；其余数据来源于毛树春主编《中国棉花可持续发展研究》，北京：中国农业出版社，1999 年；《中国棉花生产景气报告 2007》，北京：中国农业出版社，2008；《中国棉花生产景气报告 2008～2016》，北京：中国农业出版社。棉纺纱锭与棉花纺织消费量为市场数据，纺织棉花消费量参考国际棉花咨询委员会（ICAC）数据。

分析纺织业快速发展原因：一是我国棉花产业结构完整，从植棉业、加工业、纺织业和服装业，以及加工和纺织机械、印染等全产业链结构十分完整；二是劳动力资源丰富；三是国内消费市场大，消费潜力大；四是受益于全球纺织品一体化进程，自 2005 年全球纺织品出口配额取消以后出口增长加快。

二、棉纺织业在全国工业中的地位

纺织业是我国传统的支柱产业，更是社会就业、出口创汇和农民致富不可替代的重要产业。2000 年以来，随着我国工业体系日益完备，工业技术日趋成熟，纺织业产值占工业总产值的比重趋于下降。1999～2016 年，规模以上纺织业产值占全国规模以上企业工业总产值的比例从 6.23％下降到 3.50％，而化学原料及制品制造业、交通运输设备制造业等工业的总产值占比在提高（表 3－9），但纺织业在工业行业中发挥的重要作用是其他行业不可替代的，在全国工业经济中占据重要的地位。

表 3－9　主要工业行业总产值占全国工业总产值的比重

（谭砚文整理，2013，2018）　（单位：％）

年份	纺织业	化学原料及制品制造业	黑金冶炼及压延加工业	交通运输设备制造业	电气机械及器材制造业	电子及通信设备制造业	电力蒸汽热水生产供应业
1999	6.23	6.77	5.64	6.41	5.53	8.02	5.50
2000	6.01	6.71	5.52	6.26	5.64	8.81	5.38
2001	5.89	6.60	5.98	6.78	5.74	9.42	5.33
2002	5.78	6.52	5.86	7.55	5.54	10.19	5.32

（续表）

年份	纺织业	化学原料及制品制造业	黑金冶炼及压延加工业	交通运输设备制造业	电气机械及器材制造业	电子及通信设备制造业	电力蒸汽热水生产供应业
2003	5.42	6.73	11.14	13.03	5.56	6.49	10.77
2004	5.24	6.31	7.79	6.54	5.41	10.16	6.70
2005	5.04	6.50	8.53	6.25	5.52	10.73	7.07
2006	4.84	6.46	8.02	6.44	5.74	10.45	6.81
2007	4.62	6.61	8.32	6.70	5.93	9.68	6.53
2008	4.22	6.69	8.81	6.58	6.00	8.65	5.92
2009	4.19	6.73	7.78	7.61	6.16	8.13	6.10
2010	4.08	6.86	7.42	7.94	6.20	7.87	5.80
2011	3.87	7.20	7.59	7.49	6.09	7.56	5.61
2012	3.49	7.30	7.49	7.27	5.96	7.64	5.64
2013	3.48	7.43	7.08	7.39	6.03	7.68	5.49
2014	3.45	7.54	6.50	7.78	6.13	7.81	5.17
2015	3.57	7.54	5.55	8.17	6.30	8.28	5.20
2016	3.50	7.53	5.24	8.74	6.44	8.55	4.84
年均值	4.61	6.89	7.24	7.50	5.88	8.67	6.07

[注] 数据为全国规模以上工业企业数据。资料来源：据历年《中国统计年鉴》整理。

三、纺织品服装居民消费和出口的经济地位

（一）居民纺织品消费经济不断增长

在国家扩大内需鼓励消费的推动下，居民服装消费仍然保持增长态势。据国家统计局公报，2011 年限额以上批发和零售服装类消费额首次突破万亿元，达到 11 069 亿元。当年居民消费价格指数上涨 5.4%，扣除衣着类价格上涨3.8%的因素，居民服装消费数量为负增长。2017 年达到 14 557.0 亿元，比 2016 年增长7.8%；全国居民衣着消费 1 238.0 元/人，比 2016 年增长 2.9%，其中城镇居民 1 758.0 元/人，增长 1.2%；农村居民消费 612.0 元/人，增长 6.7%，未来衣着消费仍有较大的增长潜力。

（二）出口经济不断增长

纺织品服装一直是全国重要的出口创汇产品(表 3－10)。在计划经济时期，纺织品服装出口为国家换回大量外汇，促进了对外贸易的发展。海关统计数据，1978 年我国纺织品服装出口 24.31 亿美元，占世界纺织品贸易额的 3.5%；1980 年我国纺织品服装出口达到 44.1 亿美元，占全球纺织品贸易额的 4.6%，在全球市场份额中排第 9 位；1988 年纺织品服装出口额首次突破 100 亿美元，达到 133 亿美元，占世界纺织品贸易额的 14.6%。2000 年增加到 520.8 亿美元，占全国货物出口总额比重的 20.9%，占世界纺织品贸易额的 14.6%。

表 3－10 全国纺织品服装出口水平

(毛树春整理，2013，2018)

年份	纺织品服装出口额(亿美元)	占全国货物出口总值的比例(%)	棉及棉制品服装出口额(亿美元)	占纺织品服装比例(%)
1949				
1965	4.85			

（续表）

年份	纺织品服装出口额(亿美元)	占全国货物出口总值的比例(%)	棉及棉制品服装出口额(亿美元)	占纺织品服装比例(%)
1975	13.8			
1978	24.1			
1980	44.1			
1988	133.0			
1995	379.7	25.5		
1996	371.0	24.6		
1997	428.9	24.9		
1998	428.9	23.3		
1999	455.5	22.1		
2000	520.8	20.9		
2001	534.0	20.1		
2002	617.7	19.0		
2003	804.0	18.3		
2004	950.9	16.4		
2005	1 175.4	15.4		
2006	1 440.0	14.9		
2007	1 756.2	13.7		
2008	1 852.2	13.0		
2009	1 670.2	13.9	626.0	37.5
2010	2 065.3	13.1	722.2	35.0
2011	2 479.6	13.1	875.6	35.3
2012	2 549.9	12.5	901.3	35.3
2013	2 840.7	12.9	1 000.1	35.2
2014	2 984.9	12.7	1 015.1	34.0
2015	2 837.8	12.9	882.0	31.1
2016	2 628.7	12.5	823.4	33.7
2017	2 686.0	11.8	820.4	31.2

［注］资料来源：毛树春主编，《中国棉花可持续发展研究》，北京：中国农业出版社，1999 年。2010～2016 年《海关统计》，棉及棉制品服装来自中国棉纺织行业协会数据。毛树春主编，《中国棉花景气报告 2010～2016》，北京：中国农业出版社。

自 2001 年加入 WTO 以来，特别是 2005 年全球纺织品服装配额取消以后，纺织行业作为我国的受益产业，出口创汇一直保持高速增长态势。纺织品服装出口额从 2001 年的 534.0亿美元增长到 2017 年的 2 686.0 亿美元，在这 17 年间增长了近 4 倍，年均增长率 10.6%。其中 2014 年创新高达到 2 984.9 亿美元，占全球市场份额的 38.6%。

在整个纺织品服装出口之中，20 世纪 50～70 年代 100%出口是棉织品及棉制服装，那时，棉织品及棉制服装不仅是温暖居民的生活必需品，而且还是国家换汇的主要工业品。20 世纪 80～90 年代化学纤维产品进入纺织品，棉及棉织品服饰出口比例不断下降。进入 21 世纪，棉及棉制品出口份额仍然“十分天下有其三”，2014 年棉及棉制品最高出口额突破千亿美元，达到 1 015.1 亿美元，占纺织品服装出口额的 34.0%。2015 年和 2016 年出口额及其比例的减少主要受国内棉价过高与国内外棉价差异过大即价格“倒挂”的不利影响（表 3 - 10）。

第四节 棉花产业经济特点

一、棉花产业的链条长,产业之间的关联度高

改革开放40年以来,我国已经建成完整的纺织工业体系,成为全球最大的纺织服装生产国、消费国和出口国。实践证明,纺织原料主要依靠国内生产,对建立和完善纺织工业体系起到至关重要的基础作用。未来我国棉花产业将向纺织强国和植棉强国迈进,并且不断改进棉花初级加工,提高加工质量,可以预见,随着我国社会主义现代化建设进程的不断推进,棉花生产以及整个棉花产业将发挥越来越重要的作用。

棉花产业具有产业链条长和产业各环节关联高的特点。棉花从生产、收购、加工、纺纱、织布、服装,直至纺织品服装消费、出口贸易和服务,各个环节之间高度关联,如棉花与相关加工业、与纺织业、与物流、营销和贸易等都存有紧密的关联度。不仅如此,棉花生产还与其他种植业,比如粮食、蔬菜等具有较大的关联。研究表明,棉粮比价在1∶(8～11)左右时,棉花和粮食才能协调发展,否则就会产生粮棉争地现象。另外,棉花生产的发展还会带来诸如采棉机械的创新和发展,带来轧棉机的不断更新换代。因此,棉花生产的发展,通过对相关产业的影响,直接和间接地推动国民经济的发展。

二、棉花产业提供大量就业岗位

棉花产业仍是典型的劳动密集型产业,因而为社会提供了大量的就业岗位和就业机会。由于棉花的产业链条很长,从业人员多,据估计,目前棉花产业为1.6亿居民提供就业岗位。

从植棉业来看,全国棉区覆盖24省区市,1 100多个县(团、场),较为集中产棉县600多个,规模集中种植基地县260多个,植棉农户2 200多万户(2001年,全国面积480万 hm^2),户均种植面积0.22 hm^2,从业农民达到1.5亿,每年固定性用工投入32亿个,季节性用工达到2 000多万个,仅新疆生产建设兵团2003年收花用工费用就达到5亿元。棉花生产用工大,吸纳劳动力多,一般每个成年劳动力承担棉花种植面积0.2～0.7 hm^2,2001年全国棉花生产用工450个/hm^2,而水稻和玉米用工150个/hm^2 和180个/hm^2,棉花用工是其2～3倍,棉花生产为农民提供了大量就业机会。据计算,每增产一吨皮棉即可吸纳3个劳动力就业,可见棉花生产对增加就业的潜力很大。

从流通和加工业来看,棉花加工和流通也提供了许多就业机会。目前,全国有棉花轧花厂约8 800家,按每家就业100人计算,提供就业88万个,如果加上大量的季节性用工,以及棉花收购经纪人,则参与棉花加工和流通的人员超过100万人。

从就业来看,棉纺织业以及服装制造业也是劳动密集型产业。1995～2008年间,规模以上纺织企业年均就业人员为504万人(表3-11),占全国就业人数的8.51%,是工业行业年均就业人数最高的行业,从业人数比第二位的煤炭开采和洗选业超出81万人。特别在2001年11月我国加入WTO之后,纺织业从业人数快速增长,从2002年的280万人上升至2003年的499万人,2008年达到626万人,比2002年增长了1.2倍。如果加上其他中小企业,全国纺织工业吸纳的从业人数1 800万～2000万,其中大多数是农家子女。所以,纺织

工业的发展不仅影响到国民经济的发展，也关系到成千上万居民的就业和社会稳定。

表 3－11　棉花纺织业的从业人员年平均人数及其所占比重

(谭砚文整理，2013，2018)　(单位：万人)

年份	纺织业从业人数	纺织业从业人数占全国的比重(%)	煤炭开采和洗选业人数	煤炭开采和洗选业从业人数占全国的比重(%)
1995	673	10.18	521	7.88
1996	634	9.83	505	7.83
1997	596	9.59	493	7.93
1998	393	8.27	405	8.52
1999	353	7.97	372	8.41
2000	327	7.97	343	8.36
2001	301	7.83	330	8.59
2002	280	7.51	326	8.74
2003	499	8.68	377	6.55
2004	519	8.51	388	6.37
2005	591	8.57	436	6.32
2006	615	8.36	464	6.30
2007	626	7.95	464	5.89
2008	652	7.38	502	5.68
2009	617			
2010	647	5.9		
2011				
2012	580	6.41		
2013				
2014				
2015				
2016				
平均	504	8.51	423	7.14

[注] 数据为全国规模以上工业企业数据。资料来源：历年《中国统计年鉴》。

近几年，煤炭开采和洗选业在“去产能、去库存”的背景下，产能减缩导致从业人数减少，纺织业因机械化和智能化每万锭所需工人数也有所减少，但纺织产业产能大，仍将是为全社会提供大量就业岗位的产业。

此外，棉花还为科研、棉种产业、物流、质检、进出口贸易以及棉花市场的中介机构、资本和虚拟经济等提供了大量的就业岗位。

(撰稿：毛树春，谭砚文；主审：董合忠)

参 考 文 献

[1] 毛树春主编. 中国棉花可持续发展研究，北京：中国农业出版社，1999：68－69.

[2] 中华人民共和国国家发展和改革委员会价格司编. 2000—2017 全国农产品成本收益资料汇编，北京：中国统计出版社.

[3] 中华人民共和国国家统计局编. 2003—2017 中国统计年鉴，北京：中国统计出版社.

[4]《中国海关》杂志社. 2010—2017 年《海关统计》.

[5] 中国农业科学院棉花研究所主编. 中国棉花栽培学. 上海:上海科学技术出版社,1983:20-32.
[6] 刘毓湘主编. 当代世界棉业,北京:中国农业出版社,1995:237-242.
[7] 毛树春,李付广. 当代全球棉花产业. 北京:中国农业出版社,2016.
[8] 谭砚文. 完善我国棉花产业补贴政策研究,北京:中国经济出版社,2008:35-39.
[9] 谭砚文,关建波. 加入 WTO 后的中国棉花生产,北京:中国农业出版社,2017.
[10] 毛树春主编. 中国棉花生产景气报告 2007,北京:中国农业出版社,2008:312-315.
[11] 毛树春主编. 中国棉花生产景气报告 2008,北京:中国农业出版社,2009:93-97.
[12] 毛树春主编. 中国棉花景气报告 2009,北京:中国农业出版社,2010:135-137,343-348.
[13] 毛树春. 中国棉花景气报告 2010,北京:中国农业出版社,2011.
[14] 毛树春. 中国棉花景气报告 2011,北京:中国农业出版社,2012.
[15] 毛树春. 中国棉花景气报告 2012,北京:中国农业出版社,2013.
[16] 毛树春. 中国棉花景气报告 2013,北京:中国农业出版社,2014.
[17] 毛树春. 中国棉花景气报告 2014,北京:中国农业出版社,2015.
[18] 毛树春,李亚兵. 中国棉花景气报告 2015,北京:中国农业出版社,2017.
[19] 毛树春,李亚兵. 中国棉花景气报告 2016,北京:中国农业出版社,2017.

第四章　我国的棉区

我国幅员广阔，地域差异大；气候类型多样，生态、生产、耕作制度和复种指数、品种熟性和保护栽培措施差异甚大。科学划分棉区，对植棉业的科学规划、结构调整和布局转移，对商品棉基地建设、资源利用、耕作制度改革和优化种植模式、品种选育和利用、规范化栽培和机械化管理、科学试验研究和技术开发都具有重要的指导作用。

第一节　全国棉花生产分布概况

一、棉花种植分布现状

我国幅员辽阔，自然资源丰富，自然环境类型多样，宜棉区域广阔。从18°N至46°34′N，73°E至125°E，东起吉林东南部和长江三角洲，西至新疆的喀什地区，南起海南岛，北至新疆玛拉斯流域。从自然资源和环境来看，全国有两大生态区，即东部季风棉区和西部内陆干旱棉区。东部季风棉区的北界大致从东北地区的吉林西南部、辽宁中西部、内蒙古中东部，经长城沿线、黄土高原中部，接青藏高原东缘，即从东北、北部至西南一线。西部内陆干旱区分布在内蒙古高原西部、河西走廊、新疆以及四川盆地。

全国除青藏高原和黑龙江受热量条件限制不能植棉以外，棉花种植遍及28个省(自治区、直辖市)，其中有产量统计的24个。据《中国农村统计年鉴》，全国棉花种植情况可按产区、经济类型、民族等分类。

按区域分，棉田面积和总产，黄淮海地区1993～1996年占50.9%和40.6%，2003～2005年占48.1%和42.8%；长江中下游地区1993～1996年占29.5%和37.3%，2003～2005年占18.8%和20.5%；黄土高原地区1993～1996年占4.3%和3.2%，2003～2005年占2.8%和7.9%。

按地势高低分，棉田面积和总产，平原地区1993～1996年占80.0%和81.1%，2003～2005年占78.1%和83.5%；丘陵及山区县1993～1996年占14.3%和13.6%，2003～2005年占6.3%和6.1%。

按经济发达程度分，棉田面积和总产，沿海开放县1993～1996年占10.4%和11.4%，2003～2005年占7.1%和7.7%；国家“八五”扶贫县1993～1996年占11.7%和9.9%，2003～2005年占11.3%和10.4%；国家商品粮基地扶持县1993～1996年占21.4%和18.9%，2003～2005年占14.2%和13.1%；少数民族地区1993～1996年占8.6%和12.1%，2003～2005年占14.5%和22.9%。

按系统分，全国农垦植棉面积和总产，1993～1996年占全国的10%和13.5%，2003～

2005年占全国的12.2%和20.4%，单产高于全国平均水平的35.5%和67.1%。在农垦内部，无论面积、总产还是单产，新疆生产建设兵团所占比重为最大最高。

按农户植棉规模分，据《中国第一次农业普查资料综合提要》，1996年0.2 hm^2 以下占4.9%，0.2～0.6 hm^2 占55.7%，0.6～1 hm^2 占24.3%，1～1.4 hm^2 占6.8%，1.4～2 hm^2 占3.4%，2～3.4 hm^2 占2.8%，3.4 hm^2 以上占1.8%。进入21世纪，农户植棉面积越来越大。

24个产棉省(自治区、直辖市)，按植棉规模大小，棉田面积在40万 hm^2 及以上7个——新疆、山东、河南、河北、湖北、安徽和江苏，是全国主产区，面积占全国的70%，总产占全国的90%，其中新疆为特大产棉区，面积和总产最大比重分别达到70%和80%；棉田面积在10万～40万 hm^2 的1个——湖南；棉田面积在6万～10万 hm^2 的5个——江西、山西、陕西、天津和甘肃；棉田面积在1万～2万 hm^2 的3个——四川、浙江和辽宁；分散产区8个——上海、广西、重庆、贵州、云南、海南、内蒙古和吉林等。

二、棉区布局和结构转移

中华人民共和国成立70年以来，全国棉花种植区域分布经历了三次结构性调整和转移；进入21世纪前10年，全国棉区分布呈现“三足鼎立”结构，种植区域分布更广，结构比较优化，比重相对合理。

在20世纪70年代以前的30年时间里，全国棉花布局呈现“四六”结构，那时，南方棉田面积和总产占全国的40%，北方棉田包括西北内陆地区在内占60%(表4-1)。全国生产能力达150万～200万t级。

表4-1　全国棉区面积和总产比重变化

(毛树春，1991，2010)

棉　区	播种面积占全国的比例(%)	总产占全国的比例(%)	单产与全国水平的比值(%)
20世纪50～70年代(1950～1979)，“南四北六”，较为长期的结构			
长江流域	33.9～43.2	33.6～57.5	99～136
黄河流域	50.6～57.8	58.1～38.3	74～100
西北内陆	2.0～3.4	2.8～5.0	79～142
辽河流域	4.8～2.2	4.1～1.3	86～57
80年代(1980～1989)，“南三北七”，调整后的结构			
长江流域	32.8	33.9	103
黄河流域	61.1	60.7	99
西北内陆	5.4	5.0	92
辽河流域	0.6	0.6	94
90年代(1990～1999)，“南三北六西一”，调整过渡期的结构			
长江流域	31.1	35.9	115
黄河流域	56.6	46.6	82

（续表）

棉　区	播种面积占全国的比例(%)	总产占全国的比例(%)	单产与全国水平的比值(%)
西北内陆	11.6	17.0	145
辽河流域	0.5	0.5	93
21世纪前10年(2000～2009),"三足鼎立",优化布局,新型结构			
长江流域	22～23	19～20	90
黄河流域	44～45	40～43	100
西北内陆	34～35	38～40	140
辽河流域	0.5	0.3	90
21世纪近8年(2010～2017),棉区进一步向西北内陆新疆转移			
长江流域	24.4(20～25)	18.9(18～20)	82.0(1 196)*
黄河流域	32.5(30～35)	23.5(22～30)	81.0(1 176)*
西北内陆	43.1(40～55)	57.6(55～65)	131.7(1 920)*
辽河流域	<0.01	<0.01	95.5(1 393)*

[注] *2010～2017年括号内数值面积和总产为变幅,单产为平均值。

第一次调整在20世纪80年代,由于棉花供不应求矛盾的尖锐,在经历了为期10年的调整之后,到80年代末,全国棉花布局呈现"南三北七"结构,那时,南方棉田面积和总产均占全国的30%,北方包括西北内陆在内棉田占70%,其中黄河流域比重提高到60%。全国生产能力提高到400万t级。

第二次调整始于20世纪90年代初至21世纪前十年,由于1992～1993年黄河流域棉铃虫的暴发危害,推进棉区向西北内陆转移,在90年代的过渡期间,由于新疆面积不断增加,全国棉田区域布局呈现"南三北六西一"过渡性结构,在经历连续10多年的开荒垦殖之后,进入21世纪,西北内陆棉区的面积和总产占全国的比重提高到了35%和40%。全国生产能力提高到600万t级。

到21世纪前十年,全国植棉区域相对集中,形成几个集中种植棉带,按面积大小,黄淮海平原最大,其次是南疆带和北疆带,第三是长江中游带。长江中游带又主要集中于洞庭湖、江汉平原、沿江两岸、鄱阳湖和沿海地区。黄河流域主要集中于华北平原和东北沿海。西北内陆集中于南疆的塔里木盆地周缘,北疆的准噶尔盆地和天山北坡一带,河西走廊也较集中。分析全国棉花生产布局结构调整的原因:一是政府的导向作用,持续30多年的商品棉生产基地建设对布局调整发挥积极的导向作用;二是发挥区域农业比较优势的需要。按照比较优势理论,"两利相衡取其重,两弊相衡取其轻",棉区调整后能够发挥区域农业特别是种植业中优势作物的比较优势,这是调整后植棉面积能够稳定的重要因素。

第三次调整为最近8年,全国棉区进一步向西北转移,新疆棉花播种面积所占比例越来越大(表4-1),长江和黄河流域所占比例不断缩小,全国棉区呈现"一家独大"的格局。按国家统计局数据,2017年长江流域棉花播种面积占全国的17.2%,总产占全国的11.2%;黄河流域棉花播种面积占全国的21.5%,总产占全国的14.4%;西北内陆棉花播种面积占全国的61.3%,总产占全国的74.4%。这次调整起源于2010年的通货膨胀诱发当年的"高价棉”,以及2011～2013年的临时收储“高价棉”,2014～2016年的“高目标价格改革补贴试点”(见第一章),2017～2019年的18 600元/t的目标价格为稳定新疆棉花奠定了基础。此外,新疆棉花单产高也是具有竞争力的重要体现,2017年单产水平高于全国的24.6%,实际上西北新疆单产水平比长江、黄河流域高得更多。进入21世纪,长江、黄河流域受不利气候变化的影响较大,也与轻简化、机械化技术和装备跟不上紧密相关。

三、集中产棉地区和产棉大县(市、区)

全国棉花产地相对集中,20世纪80年代以来棉花播种面积和总产占全国比重在1%以上的地区有:常德、荆州、九江、安庆、盐城、南通、徐州、周口、商丘、南阳、东营、滨州、德州、聊城、菏泽、济宁、邯郸、邢台、沧州、衡水、唐山、运城、昌吉回族自治州、博尔塔拉蒙古自治州、塔城地区、喀什地区和巴音郭楞蒙古自治州等,随着棉区向新疆转移,迄今阿克苏成为了全国最大的产棉地区,最高总产达到100万t(2017)。

全国产棉县(市、区、团场)1 200个,大县(市)的集中度更高。1976～2017年,产量先后达到或超过5万t的有367个(年次),分别是:华容、天门、潜江、公安、无为、大丰、射阳、启东、如东、东台、南通市(区)、扶沟、太康、唐河、曹县、巨野、莘县、陵县、夏津、成武、金乡、威县、南宫、玛纳斯、沙湾、乌苏、呼图壁、库尔勒市区、尉犁、阿克苏市(区)、阿瓦提、温宿、库车、沙雅、新和、莎车、麦盖提、巴楚和轮台等。2004年江苏省射阳县总产10万t,是长江和黄河流域棉区最大产棉县。

近几年,随着产能的不断扩大,新疆涌现出一批总产超过10万t以上的特大产棉县。据新疆统计年鉴,2012年新疆10万t产量县(市)仅6个,分别是:沙湾县13.2万t、阿瓦提县13.0万t、库尔勒市11.4万t、沙雅县11.2万t、乌苏市10.5万t和巴楚县10.0万t。2016年10万t产量的县(市)增加到13个,分别是:沙湾县23.0万t、沙雅县21.3万t、库车县19.1万t、乌苏市19.0万t、尉犁县15.9万t、库尔勒市15.8万t、伽师县13.8万t、阿瓦提县13.2万t、新和县12.5万t、精河县12.4万t、阿克苏市11.9万t、巴楚县11.3万t和轮台县10.7万t。

新疆生产建设兵团是全球最大的国有棉花产业集团,共14个师级企业都种植棉花。按新疆生产建设兵团统计年鉴,2012年兵团棉花产量141.8万t,占全疆产量的28.6%。兵团在南疆产量56.9万t,占全兵团的40.0%;在北疆产量82.8万t,占全兵团的58.4%;在东疆产量2.7万t,仅占兵团产量的1.9%。

2012年兵团各师产量分别是:第一师(阿拉尔市)31.2万t;第二师(铁门关市)9.5万t,第三师(图木舒克市)15.1万t;第四师(可克达拉市)产量2.9万t,第五师(双河市)9.8万t,第六师(五家渠市)产量15.2万t,第七师(胡杨河市)14.8万t,第八师(石河子市)39.0万t,第十师1.2万t,第十三师2.7万t。

2016年兵团各师产量分别是:第一师34.3万t;第二师9.4万t,第三师13.2万t;第四师1.1万t,第五师8.3万t,第六师13.1万t,第七师19.5万t,第八师47.0万t,第十师统计无数据,第十三师3.5万t。

关于新疆棉花面积的布局和经营主体的结构:根据2014年新疆各地实地丈量,合计面积272万hm^2，其中南疆棉花播种面积160万hm^2上下，占全疆面积的58.8%；北疆棉花播种面积100万hm^2上下，占全疆的36.8%；东疆棉花播种面积12万hm^2上下，占全疆的4.4%。按经营主体，新疆基本农户面积113.3万hm^2上下，占全疆的41.7%；新疆生产建设兵团职工面积85.3万hm^2上下，占全疆的31.4%；各类农林牧场、劳改农场和工商资本开垦的棉田面积73.3万hm^2上下，占全疆的26.9%，该面积以工商业主种植经营包括转租。

第二节　棉花生产区域的划分

一、五大棉区划分概况

20世纪40～50年代，冯泽芳等首开棉花区划的先河，将全国棉区由南到北依次划分为华南、长江流域、黄河流域、北部特早熟和西北内陆5个大区。60年代初，胡竞良等在对全国棉区自然资源系统研究基础上，曾把西北内陆的北疆与河西走廊并入特早熟，改为长城地带棉区，把西北内陆的南疆划归为黄河流域，但终因不够成熟未被科技界采纳。中国棉花学会于1980年召开全国棉花种植区划和生产基地建设学术讨论会，再次肯定全国5大棉区划分法，并就种植面积最大和发展前景看好的西北内陆棉区划分为若干区域，具有前瞻性，结合长江4个亚区，全国划分11个亚区。

随着研究的深入，刘巽浩提出“区划分类的同一性”原则，即政区、生态区和农艺区的划分要依次递进，每级区划采用同一技术指标体系进行划分，不能时而按行政区划时而又按农艺区划，一级区划地理上不相连一般不能划分为同一级。沿用至今的一级大区既有政区（华南、西北）、又有生态区（长江和黄河），还把农艺熟性性状（特早熟，生长期）混编在一起，习惯上把新疆（政区）与长江和黄河一并称谓，也违背了“同一性”原则，正确的称谓为西北内陆新疆棉区。由于华南政区版图大且商品棉所占比例不大，难以概括，故仍沿用。在继承和发展的基础上，遵照“同一性”原则，本书一级大区采用华南、长江流域、黄河流域、辽河流域和西北内陆的划分法，其中特早熟棉区恢复为辽河流域棉区，其实这一称谓早在1959年版《中国棉花栽培学》就已使用，且植保学科与农业部门都在采用。

然而，各亚区的划分仍在进行，曾祥光、王前忠等在研究品种熟性时，把淮北平原划分为黄淮平原亚区、黄土高原更名为汾、渭、洛河谷亚区。黄滋康在对品种系谱研究时曾把位于长江流域中游的丘陵、华北平原的黑龙港地区单列一个亚区，把特早熟划分为辽宁、晋中、陕北—陇东亚区。姚源松等以熟性为主线把西北内陆新疆棉区进一步划分为中熟、早中熟、早熟和特早熟4个亚区。

棉花是喜温作物，满足正常的生长发育需要较高的温度条件和较长的生长期。根据热量资源，我国不能植棉地区为青藏高原、内蒙古东部、吉林大部和黑龙江等。这些地区主要是热量条件不足，≥10 ℃积温＜3 000(℃·d)，且≥10 ℃积温的持续日数小于150 d，不能满足棉花正常生长发育的需要。

地膜覆盖技术推进棉花种植区域向西、向北扩展。在黄河、西北和辽河流域棉区，多年实践表明，加上提早的播种时间，窄膜覆盖5 cm地温生长期实际可增加150～200 ℃，宽膜覆盖 5 cm 地温实际可增加 300～400 ℃，增加的地温弥补了气温的不足，争取了热量资源。特别是播种时间提早弥补生长期的不足，争取了生长季节。据研究总结，采用窄膜覆盖，播种时间可提早 10～20 d，宽膜覆盖可提早 20～25 d，地膜覆盖所争取的生长季节弥补了无霜期短的缺陷，也赢得了热量资源，为高温季节生殖生长创造了条件。同时，品种熟性的提早也为棉区西移北扩提供了基本条件，加上合理密植、化学调控等一系列综合措施的应用，为西移北移棉花提高单产和促进早熟奠定了基础。

综合地理位置、灌溉水源水系、种植制度、品种熟性和促早栽培措施等因素，吸收前人研究成果，2010 年 4 月 6～7 日，在河南安阳由毛树春、李亚兵、董合林、董合忠、林永增、别墅、徐立华、陈冠文、朱永歌、张存信等参加的本著审定会议，与会专家赞成前述辽河流域棉区称谓，建议划分为 12 个亚区，分别为长江上游、长江中游、南襄盆地和长江下游；淮北平原、华北平原、黄土高原和特早熟；河西走廊、东疆、北疆和南疆。

黄河流域棉区亚区划分为 4 个(表 4－2)，1983 年版津京唐早熟亚区，因地膜覆盖技术的应用，且大多种植中早熟类型品种，黑龙港亚区也不被广泛应用，为此一并归为华北平原亚区。黄河流域特早熟亚区，包括 1983 年版特早熟的山西晋中、陕北、陇东和东起内蒙古阴山山脉的黄河灌区。为此，黄河流域特早熟亚区包括山西太原以西，陕西洛川、延安以西，宁夏全部、内蒙古阴山南麓，以及兰州以西。这样黄河流域划分为淮北平原、华北平原、黄土高原和特早熟 4 个亚区。从水系来看，黄河流域包括黄河的全部灌区，有河套灌区、黄土高原灌区、中原灌区和华北平原灌区，以及主要支流淮河、海河、渭河和汾河灌区等。

中国棉花种植区域划分见图 4－1。

表 4－2 全国五大棉区主要生态条件及边界划分、种植制度、复种指数、品种熟性与亚区

(中国农业科学院棉花研究所，1983)

棉区名称	华南棉区	长江流域棉区	黄河流域棉区	辽河流域棉区	西北内陆棉区
棉区范围及主要区界	云南大部，四川西昌地区，贵州及福建省南部，广东、广西、海南和台湾	戴云山、九连山、五岭、贵州中部分水岭至大凉山一线以北，黄河流域棉区以南，东起海滨，西至四川盆地西缘	秦岭、伏牛山、淮河、苏北灌溉总渠以北，辽河流域棉区以南；新增兰州以西、宁夏全部、陕西洛川、延安以西、内蒙古和宁夏引黄灌区，以及山西太原以西	河北承德以西以北，千山山脉以西，包括辽宁大部和吉林长春以南、内蒙古东中部	六盘山以西，包括新疆、甘肃河西走廊和内蒙古西端的黑河灌区
热量带	北热带至南亚热带	中亚热带至北亚热带	南温带	中温带	南温带及中温带
干湿气候区	湿润区	湿润区	半湿润区	半湿润区及半干旱区	干旱区
气温≥10 ℃持续期(d)	341 (280～365)	247 (200～294)	205 (196～230)	160 (140～190)	190 (150～212)
气温≥10 ℃活动积温(℃)	7 300 (6 000～9 400)	5 200 (4 600～6 000)	4 300 (3 800～4 900)	3 100 (2 600～4 000)	3 900 (3 000～5 400)
气温≥15 ℃活动积温(℃)	6 900 (4 500～9 400)	4 700 (3 500～5 500)	3 900 (3 500～4 500)	2 700 (1 600～3 600)	3 500 (2 500～4 900)
年平均温度(℃)	21.0 (19.6～25.8)	16.0 (13.5～17.3)	11.2 (11.8～15.3)	7.7 (5.0～9.0)	9.2 (7.4～14.4)

（续表）

棉区名称	华南棉区	长江流域棉区	黄河流域棉区	辽河流域棉区	西北内陆棉区
气温年较差(℃)	15.5 (7.2～17.4)	23.1 (21.4～26.6)	28.9 (21.3～30.0)	35.9 (34.5～39.8)	33.9 (30.8～43.4)
年降水量(mm)	1 671 (1 000～2 400)	1 200 (1 000～1 600)	600 (500～1 000)	537 (400～800)	90 (15～380)
年干燥度	<0.75	0.75～1.0	1.0～1.5	1.0～3.5	>3.5
年日照时数(h)	1 800 (1 400～2 000)	1 600 (1 200～2 500)	2 400 (1 900～2 900)	2 700 (2 200～3 000)	2 900 (2 600～3 400)
年平均日照率(%)	35～60	30～55	50～65	55～65	60～75
年太阳总辐射量(kJ/cm²)	490 (460～520)	490 (460～532)	500 (460～652)	535 (506～573)	600 (550～650)
主要土壤类型	红壤、赤红壤、砖红壤	潮土、水稻土、滨海盐土、红壤、黄棕壤	潮土、褐土、潮盐土、滨海盐土	草甸土、棕壤土	灌淤土、旱盐土、棕漠土、灰棕漠土
种植制度和复种指数	两熟、多熟区，复种指数200%以上	两熟、多熟区，复种指数200%以上	两熟、一熟区，复种指数200%以上至100%	一熟区，复种指数100%	一熟和两熟区，复种指数100%～200%
品种熟性类型	中熟陆地棉和海岛棉	中熟、中早熟陆地棉	中熟、中早熟和早熟陆地棉	早熟、特早熟陆地棉	中熟、中早熟、早熟、特早熟陆地棉，早熟和中熟海岛棉
主要病虫害发生危害特点	虫害种类多，世代重叠，发生量大，埃及金刚钻是本区所独有	枯、黄萎病暴发流行，危害加重；烂铃重。抗虫棉有效防治棉铃虫、红铃虫，棉盲蝽和烟粉虱危害加重	苗病重，枯、黄萎病混生，潜在暴发流行，危害加重。抗虫棉有效防治棉铃虫，棉盲蝽和烟粉虱危害加重	苗病重，无烂铃；枯、黄萎病扩大；棉蚜和棉盲蝽危害加重	苗病重，无烂铃；枯、黄萎病危害加重。棉蚜、棉叶螨暴发，棉铃虫亦有危害
亚区		长江上游、长江中游、南襄盆地和长江下游	淮北平原、华北平原、黄土高原和特早熟		东疆、南疆、北疆和河西走廊
棉田面积占全国比重(%)	零星种植	22～23	44～45	<1	34～35
棉花总产占全国比重(%)	零星种植	19～20	40～41	<1	38～40
棉花单产水平(kg/hm²)	750	1 057	1 174	900	1 643

［注］本表由毛树春、李亚兵、黄滋康整理(2010)。面积、总产和单产水平为2000～2009年平均值。

西北内陆棉区的亚区划分为4个(表4-2)。原南疆、东疆亚区不变。河西走廊亚区的水资源来源于祁连山，依靠黑河灌溉，无霜期140～160 d；北疆水资源来源于天山，两者水系不同。年降水量，河西走廊100～135 mm，北疆180～200 mm，降水差异较大，加上地理位置上的隔离，拟单列亚区。阿拉善盟位于内蒙古西部，依靠黑河灌溉，采用“密矮早膜”模式栽培，划归河西走廊亚区。为此，西北内陆棉区划分为河西走廊、东疆、南疆和北疆4个亚区。本流域水系起源于天山、昆仑山和阿尔泰山山脉，南疆有塔里木河、叶尔羌河、孔雀河流域，北疆有额尔齐斯河、玛纳斯河、奎屯河和伊利河等，天山中段的东疆有坎儿井灌区；还有起源于祁连山的黑河，以及疏勒河和石羊河水系灌溉的河西走廊、内蒙古西部的腾格里沙漠

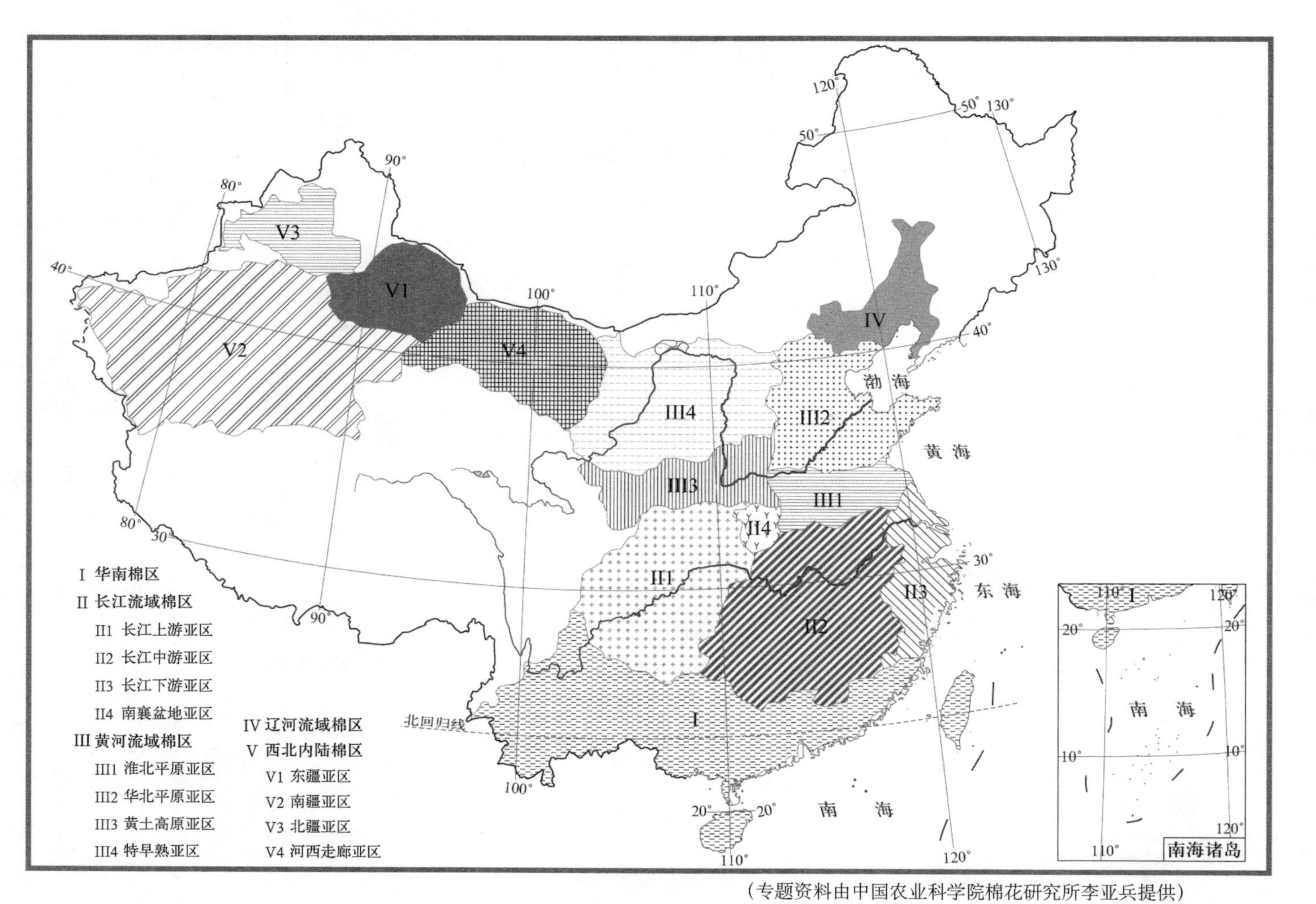

（专题资料由中国农业科学院棉花研究所李亚兵提供）

图 4－1　中国棉花种植区划

和巴丹吉林沙漠周缘的绿洲。

长江流域亚区沿用长江上游、长江中游、南襄盆地和长江下游称谓(表 4-2、图 4-1)。

二、棉区划分的依据

全国五大棉区,由北而南,分属中温带、南温带、北亚热带、中亚热带、北热带和南亚热带等六个不同气候带(表 4-2)。≥10 ℃活动积温为 3 100～9 400 ℃,≥15 ℃活动积温少则 2 500 ℃,多则超过 7 000 ℃,热量条件差异甚大。无霜期从 150 d 到 365 d 不等,而华南棉区全年无霜。自东自南向北向西,降水量从 2 000 mm 到<50 mm,渐次递减。

五大产区气候特点,全年无霜期:长江流域 227～278 d,黄河流域 180～230 d,辽河流域 150～170 d,西北内陆 170～230 d。年均温度:华南棉区 19～25 ℃,长江流域 14～17 ℃,黄河流域 12～15 ℃,辽河流域 7～10 ℃,西北内陆 7～14 ℃。4～10 月平均温度:长江流域 22.5 ℃,黄河流域 19～22 ℃,辽河流域 17～18 ℃,西北内陆 17.5～20.1 ℃。≥10 ℃活动积温:华南棉区 6 000～9 400 ℃,长江流域 4 600～6 000 ℃,黄河流域 3 800～4 900 ℃,辽河流域 2 600～4 000 ℃,西北内陆 3 000～5 400 ℃。≥15 ℃活动积温:华南棉区 4 500～9 400 ℃,长江流域3 500～5 500 ℃,黄河流域 3 500～4 500 ℃,辽河流域 1 600～3 600 ℃,西北内陆 2 500～4 900 ℃。年降水量:华南棉区 1 000～2 400 mm,长江流域 1 000～1 600 mm,黄河流域 500～1 000 mm,辽河流域 400～800 mm;西北内陆 15～380 mm,降雨稀少,气候干旱,年蒸发量 1 600～3 100 mm。全年日照:华南区日照不足,全年日照时数 1 400～2 400 h;长江流域 1 200～2 500 h;黄河流域 1 900～2 900 h,热量条件尚好;辽河流域 2 200～3 000 h;西北内陆日照充足,年日照时数 2 600～3 400 h。

为了便于查阅五大棉区自然气象条件,兹根据中央气象局编制的《1971～2000 年中国地名气候资料》,将若干代表性地点的热量、降水、日照数据分别列于本章最后的附表 1、附表 2 和附表 3。全国棉区年平均温度分布、≥10 ℃积温分布和年日照时数分布见图 4-2、图 4-3 和图 4-4。

三、棉花熟性生态区的划分

为了达到棉花丰产优质,种植品种的熟性是否适宜,是引种工作的首要考虑因素。只有品种的熟性与当地的环境条件相适应,才能发挥良种应有的增产提质作用。20 世纪 60 年代黄河流域华北平原区种植的斯字棉系统品种徐州 209 及徐州 1818,成熟早、产量高;但在部分地区,曾换种了长江流域的高衣分“中熟”品种岱字棉 15 的若干年内,霜后花增加且产量降低,这是长江流域的中熟品种引到黄河流域的中早熟区种植后,“早熟性”表现不够。90 年代初,南新疆从黄河流域引进的“中熟”品种,在 1996 年低温年份,在和田、喀什、阿克苏三地区比 1995 年减产 15%～30%;这一年,唯独巴音郭楞蒙古自治州地区仍种植军棉 1 号没有减产。这就突出了品种“早熟性”的重要性。黄滋康、崔读昌在研究棉花熟性生态区划指出,是由于南疆≥10 ℃积温比黄河流域低、无霜期短且秋季降温快的缘故。同理,这也是 60 年代长江流域的岱字棉 15 引入黄河流域部分地区种植造成晚熟、减产的原因。

棉花生态区的划分采用≥10 ℃积温为主导指标。棉花生产也受生长期长短的影响,以

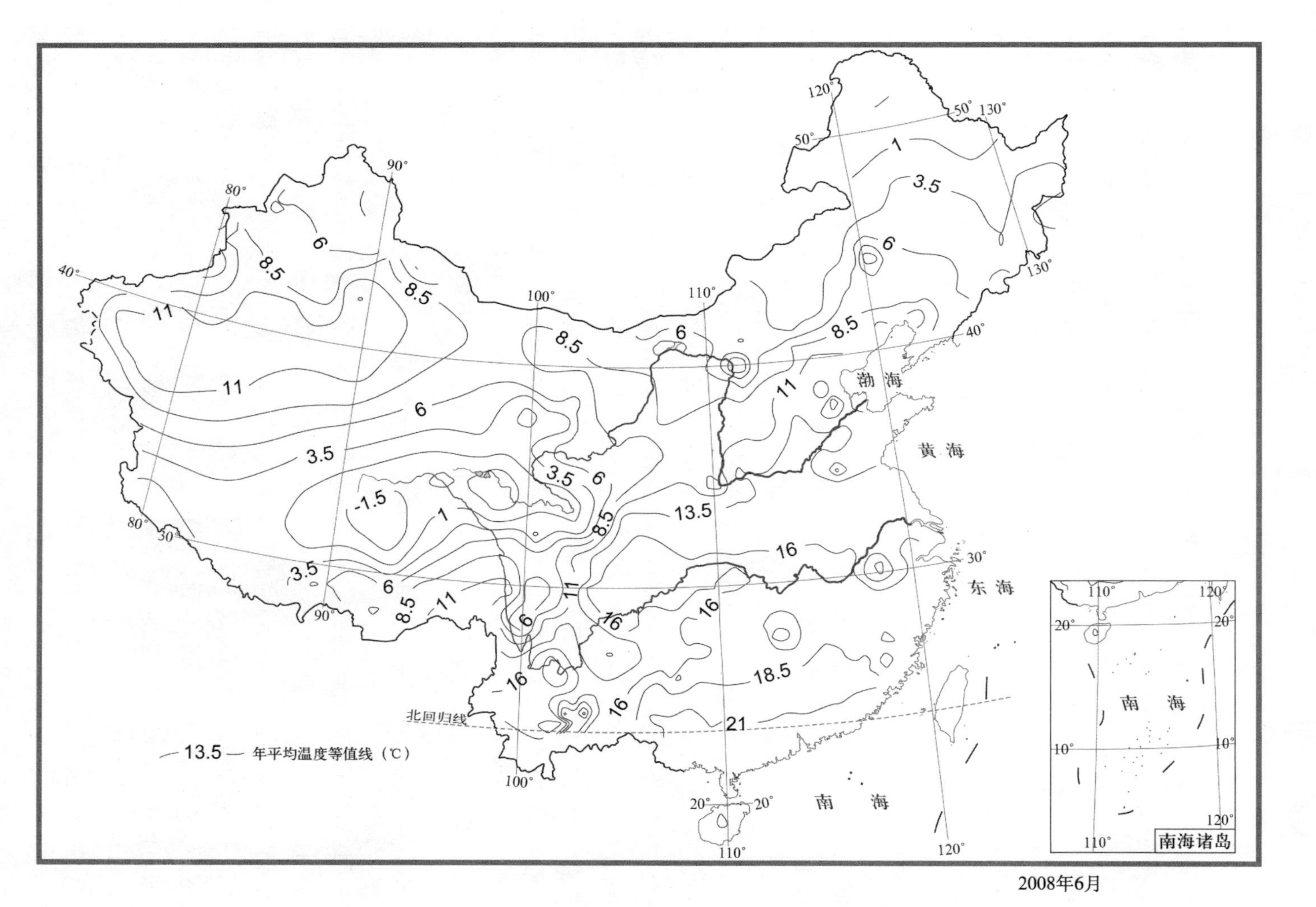

图 4-2 全国棉区年平均温度分布(℃)

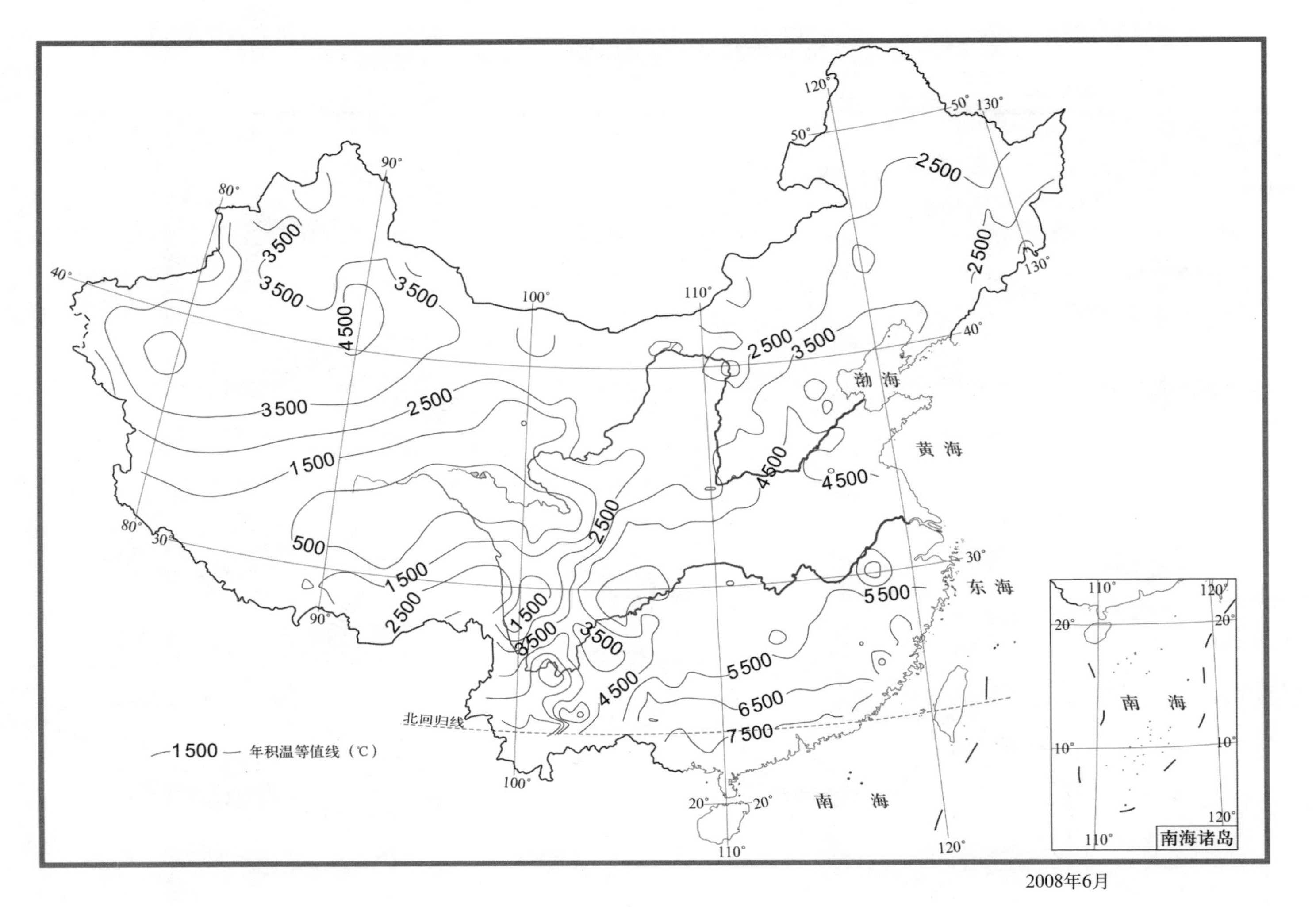

图 4-3 全国棉区≥10 ℃积温分布(℃)

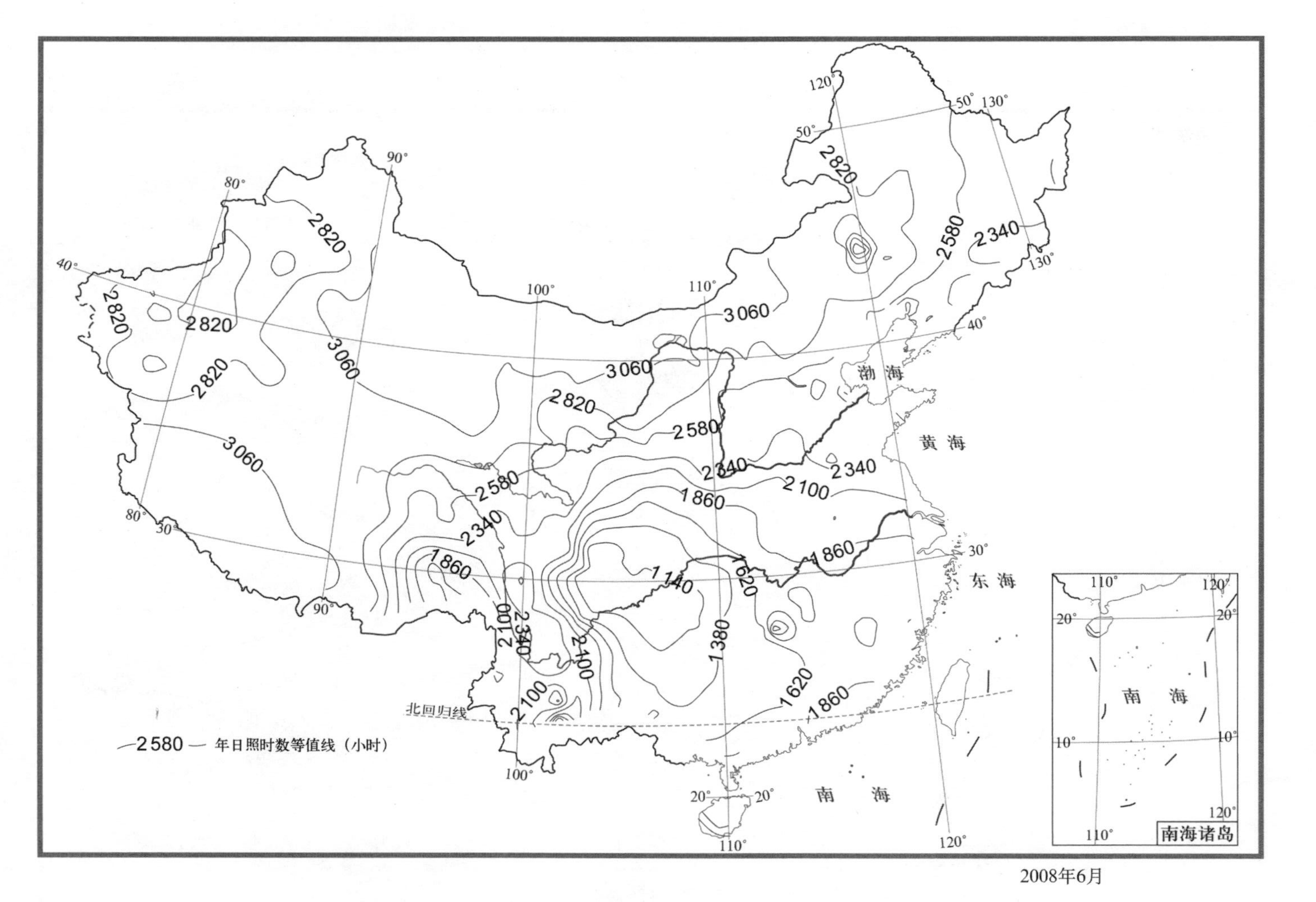

图 4-4　全国棉区年日照时数分布(h)

≥0 ℃的日数和无霜期为重要的辅助指标。这些条件充分反映棉花生态、生育和生产的区域性特点；而品种的熟性又与棉花生育和产量形成的关系最为密切，即熟性受所在区域积温的制约。因此，在不同积温条件下，应选用与之相应的不同熟性的品种类型。

四、主产棉区水资源

从水资源来看，长江流域棉区降水丰沛(表 4－3)，棉花大多为“雨养”，灌溉为辅；黄河和辽河流域水资源较紧，为半湿润半干旱缺水区，需灌溉或补充灌溉植棉；西北内陆为绿洲农业，需灌溉植棉。因此，发展现代植棉业，要高度重视棉田灌溉，节约用水，提高水分利用效率是棉花生产的重要任务之一。

表 4－3　全国主产棉区水资源

分　区	地表水		地下水		水资源总量	
	总量($\times 10^8$ m^3)	径流深(mm)	总量($\times 10^8$ m^3)	平均水深(mm)	总量($\times 10^8$ m^3)	平均水深(mm)
华南湿润丰水区	5 006	626	1 423	178	5 186	649
长江流域湿润丰水区	8 855	596	2 234	150	9 072	610
黄河流域半干旱缺水区	845	137	649	105	1 235	201
辽河流域半干旱缺水区	180	46	177	43	268	65
西北内陆干旱缺水区	396	37	287	27	430	40

[注] 本表由孙景生整理(2010)。

第三节　全国棉区分区论述

一、华 南 棉 区

华南棉区位于长江流域棉区以南，在 18～25°N 之间。北界东起福建省的戴云山，沿江西省南部的九连山向西，经两广北部的五岭、贵州省中部的分水岭、四川省南部的大凉山，直至云南省西部的雪山、高黎贡山，包括云南省大部分，四川省西昌地区，贵州和福建两省南部，广西、广东、海南和台湾四省(区)。本区土壤多为赤红壤和砖红壤，呈酸性或强酸性反应(表 4－2，图 4－1)。

本区主要位于中亚热带和南亚热带季风气候区，少部分位于热带地区。年平均气温 19～25 ℃，1 月平均气温在 10 ℃以上，≥15 ℃活动积温5 500～9 400 ℃，冬季基本无霜、雪，适于种植热带和亚热带作物。木棉科(Bombacaceae)的木棉(*Bombax malabaricum* Dc)在此分布很广，曾供海南少数民族手工纺织用。还有属于棉族桐棉属(*Thespesia*)的桐棉(*T. populnea*)、白脚桐棉(*T. lampas*)和长梗桐棉(*T. howii*)3 个种也有分布。

年降水量 1 600～2 000 mm，但局部少至 500～600 mm，分布不匀，主要集中在 5～10 月。大部分地区雨日多，日照不足，全年日照 1 867～2 377 h。东部 6～10 月间常有台风袭击，且以 7～9 月最多。由于高温多雨，且湿度大，棉花角斑病和铃病易危害。虫害种类多，往往世代重叠，发生量大。如棉铃虫一年发生5～8代，红铃虫5～7代，棉叶蝉8～14代，金刚钻9～11代。金刚钻有翠纹金刚钻、埃及金刚钻、鼎点金刚钻3种，其中埃及金刚钻是本区所独有。此外，还有两点红蝽，在北方极少发现。

本区是我国最早引种棉花的地区。种植亚洲棉有2 000多年的历史，曾是棉花主产区。1907年开始有种植海岛棉联核木棉的记载。1910年前后引种陆地棉，并逐渐代替了原来种植的亚洲棉，主要栽培在云南和广东，但单产较低。1959年云南植棉3万 hm^2，皮棉产量220 kg/hm^2。1966年广东植棉2万 hm^2，皮棉单产187 kg/hm^2。20世纪70年代之后成为零星产区。现今，广西和贵州局地仍有一定面积。

本区温度条件优越，多年生或一年生的栽培棉均能生长结实。一年生陆地棉可种两代或培育再生棉、宿根棉。海南省西南部温度高，终年无霜，短日照，雨量适中，11月至翌年4月为旱季，是天然的大温室，为全国棉花冬季南繁和南育基地；同时也是天然暗室，短日照的野生棉和半野生棉可开花结实，适于作野生棉、半野生棉种质资源的天然保存区。

二、长江流域棉区

长江流域棉区是全国三大主产区之一（表4-2，图4-1）。21世纪头10年，棉田面积占全国的20%～25%，总产占全国的18%～20%，单产1 196 kg/hm^2，随着棉区的西移，面积和总产占全国的比例在不断减少，单产也在下降。

本区位于华南棉区以北，北以秦岭、伏牛山、淮河、苏北灌溉总渠以南为界；南从戴云山、九连山、五岭、贵州中部分水岭到大凉山为界；东起浙江杭州湾；西至四川盆地西缘。包括上海、浙江、江西、湖北和湖南5省（市）的全部，江苏和安徽的淮河以南、四川盆地、河南南阳和信阳两地区；零星产区包括福建和贵州两省北部、陕西秦岭以南和汉中地区、云南东北部等。商品棉集中产区位于洞庭湖、江汉平原、鄱阳湖、沿江平原和浅丘陵，沿海、南襄盆地与四川盆地等。

长江流域棉区地处中亚热带至北亚热带的湿润区，热量充足，雨水丰沛，土壤肥力高，限制因素少，惟日照条件差（表4-2、表4-4，图4-4）。≥10 ℃活动积温持续有效天数220～300 d，≥10 ℃活动积温4 600～5 900 ℃，年日照时数1 000～2 100 h，年平均日照率30%～55%；年降水量1 000～1 600 mm，从3月开始便可受到暖湿夏季风的影响，降水增多，6～7月副热带高压与西风带气流在本区交汇，形成持续约1个月的梅雨季节，梅雨过后的一段时间受到副热带高压控制，为炎热多阳季节，秋季大部秋高气爽，日照比较丰富，惟上下游部分地区秋雨过多，对成铃和收获有一定影响。主要土壤类型有潮土、水稻土、红壤、滨海盐土，除红壤以外，均适合植棉。

本区棉田两熟和多熟种植，前作以油菜和小麦为主，也有大麦、蚕豆、大蒜和洋葱等。棉花以育苗移栽为主，也有地膜覆盖，以及育苗移栽加大田地膜覆盖。棉田两熟多熟采用套种（栽），形成油棉“双育双栽”或麦套棉的套栽模式。前作油菜或小麦田预留棉行，油菜9月育苗10月移栽进入棉田，小麦或大麦10月播种，棉花3～4月育苗，4月下旬5月初套栽油菜或麦田，5月中下旬收获油菜和小麦，复种指数200%。20世纪90年代前中期由于集约化和规范化程度不断提高，又形成麦—菜—棉，油—菜—棉和豆—菜—棉一年三熟、四熟的间套作，曾占棉田面积的30%，还形成"三育三栽"模式，复种指数300%。然而，随着经济发展、劳动力转移和市场变化，21世纪前10年，改油菜田套栽棉花为油菜后移栽棉花，逐步形成油棉两熟连作移栽或直播，改麦田套栽棉花为麦后连作移栽棉花的面积扩大，由于棉花晚熟，故产量下降，早熟性没有保证。此外，还有部分一熟制棉田。

本区棉田土壤类型有水稻土、潮土、红壤和盐土等，土壤肥力中上等。沿江、沿湖和沿海为冲积平原，土层深厚，养分丰富，保水保肥能力强，有利夺高产，但普遍缺硼和缺钾。沿江丘陵土壤耕层浅，有机质含量低，保水保肥能力差，棉花易前期早发，后期早衰，因此，要合理密植，依靠群体夺高产。滨海盐碱地普遍缺磷。本区棉田实行畦作，厢沟、腰沟、围沟和排水沟"四沟"相配套，畦或垄作抬高田面，便于排水和灌溉。

长江流域棉区棉花品种熟性为中熟类型。20世纪80～90年代种植常规种，90年代后期由常规种向杂交种过渡。本区是转外源 *Bt* 基因抗虫棉(简称 *Bt* 棉，下同)的环境释放区。1998年引进美国岱字棉BP32B和岱字棉BP410B，但推广面积少。进入21世纪，自育系列 *Bt* 棉杂交种，种植基本普及。此外，高品质棉有较大种植面积，彩色棉杂交种间有种植。

长江流域棉区是一个投入、产值和收益居中等的产区。据中国棉花生产监测预警数据，2007年和2016年棉花主产品产值分别为21 024元/hm^2和21 479元/hm^2，低于全国水平的6.0%和18.0%；生产总成本14 007元/hm^2和18 528元/hm^2，低于全国平均水平的7.1%和30.1%；纯收益7 017元/hm^2和2 951元/hm^2，低于全国平均水平的3.8%和63.7%①。

本流域棉花收获密度不断减少。据中国棉花生产预警监测数据，自2002年以来，以每年1 500株/hm^2的速率减少，收获密度从20世纪80年代的60 000株/hm^2下降到2007年的24 555株/hm^2，2009年收获密度22 125株/hm^2，典型稀植的收获密度仅15 000株/hm^2上下。由于稀植呈现"大个体、大群体"的明显特征，加上连作移栽面积扩大，是单产不断下降的主要原因之一。

本流域棉花病虫害采取以生物防治和化学防治兼顾的综合防治体系。棉花枯萎病、黄萎病大发生和大流行频率高，危害大，推广水旱轮作有明显防效，但操作困难。棉花苗期病害因采取种子包衣技术得到有效控制，但棉铃疫病危害重，常年烂铃率10%～20%；棉花害虫主要有棉铃虫、红铃虫、棉叶螨和棉蚜等。棉铃虫曾于1997～1998年暴发危害，使产量损失大。种植 *Bt* 棉之后，棉铃虫、红铃虫得到有效控制，然而，棉盲蝽和烟粉虱的发生危害呈加重趋势，要注意统防统治。

本区域经济相对发达，劳动力不足，当前和今后棉花生产的问题主要是劳动力成本高；由于管理跟不上，提高单产难度加大。科技进步上要加快发展现代植棉业，努力攻克棉麦(油菜)的双高产技术，急需解决棉花工厂化育苗、机械化移栽和机械化收获的关键技术，培育抗病、抗虫的中早熟类型高产品种，实行机械化采收。

① 2016年长江流域棉区受灾，纯收益偏低。

根据气候和生态生产条件，长江流域沿用4个亚区的划分法，主要自然条件见表4-4。

表4-4　长江流域棉区各亚区的主要自然条件

（中国农业科学院棉花研究所，1983）

亚　区	≥10 ℃活动积温持续有效天数(d)	≥10 ℃活动积温(℃)	年日照时数(h)	年降水量(mm)	主要土壤类型	主要灾害性天气
长江上游	250～300	4 900～5 900	1 000～1 400	1 000～1 500	紫色土、黄棕壤	秋旱、秋雨连绵
长江中游	240～280	5 100～5 800	1 700～1 900	1 200～1 400	潮土、水稻土、红壤	梅雨时间长，伏秋连旱，≥35 ℃极端高温
长江下游	220～250	4 600～5 400	2 000～2 400	1 000～1 200	潮土、滨海盐土	梅雨、秋雨渍涝、台风
南襄盆地	230～250	4 700～5 100	1 800～2 100	900～1 200	黄棕壤、潮土、砂姜黑土	伏秋连旱

［注］本表由毛树春、李亚兵、黄滋康整理(2010)。≥10 ℃积温持续有效天数近似于无霜期。

(一) 长江上游亚区

棉田面积和总产量占本流域的1.5%～1.8%，且保持相对稳定。本亚区东起鄂西部山区，西至四川盆地西缘。棉田主要分布于四川盆地丘陵地带，冬季较暖、春季早及夏季较长，秋早，有利于提早播种。但因多雾，日照条件较差，伏旱稍轻；秋季阴雨连绵，不利吐絮，铃疫病、炭疽病较重，一般年份僵烂铃约占10%。与长江中下游比，虽积温接近，但≥20 ℃的日数偏少10 d以上，是一个较特殊的生态型区域。土壤以紫色土为主，熟制以两熟为主，前作小麦或蚕豆，采用套种(栽)。生产上宜选用适于早播、早发、早熟、耐肥、耐阴，叶形较小的杂交种。主要病虫害有棉铃虫、红铃虫、棉盲蝽和烟粉虱，炭疽病、枯萎病、铃疫病等，采用综合措施治理。

(二) 长江中游亚区

棉田面积占长江流域的55%上下，总产占65%，并不断扩大。棉田“下湖上山”，向沿江、沿湖和丘陵转移。本亚区西起宜昌东至安徽马鞍山一带，北以荆山、大洪山为界，与南襄盆地亚区相邻。其中洞庭湖、江汉平原、鄱阳湖和沿江两岸及丘陵相对集中，优质棉基地县有华容、澧县、安乡、南县、常德市鼎城区、天门、公安、汉川、潜江、仙桃、黄梅、彭泽、九江市(区)、无为、望江、东至和宿松等。

本亚区光、热、水资源十分丰富，日照充足，年日照1 700～1 900 h。无霜期长达240 d，初霜推至10月底～11月初。降水丰沛，年降水量1 200～1 400 mm。土壤以湖积和河积的水稻土为主，物理性能好，肥力中上等，保水保肥能力强。

全生育期长，播种和移栽种植的变化相对较大，秋季降温慢，“三桃”齐结。前期早发，带桃入伏；7～8月伏期光、热、水匹配好，伏桃满腰；充分利用后期降温慢、光照充足的有利条件，秋桃盖顶，有利夺取高产和超高产，10月20日前收花量达80%以上，早熟性有保障。然而，春寒和梅雨季节时间长，不利早发；伏旱和极端高温持续时间长，不利搭好丰产架子，也易形成“中空”，纤维马克隆值大，如2003年≥35 ℃极端高温持续10 d多，导致花粉不育而结铃减少。“秋湿”烂铃增加，品级降低和产量损失。

21世纪前10年，本亚区耕作制度出现重大变化，两熟制套栽面积减少，连作移栽面积扩大，还在尝试油菜、小麦收获后的连作直播，这类棉田一般采用油菜、小麦早熟品种，棉花宜采用前期早发的中早熟类型杂交种,增加密度,合理密植,有利早熟高产。与 4 月下旬套栽相比,油菜(麦)直播棉花生长季节开始在 5 月下旬,加上原先提早育苗 30 d,生长期减少 50～60 d,棉花减产,早熟性没有保障。还有一熟制棉田,春播地膜覆盖,充分利用秋季光温条件,夺取高产再要攻克早熟和早衰,品种宜选择后劲足的中熟或中晚熟杂交种。

本亚区长江两岸丘陵棉田由于地势高,排水好,春季气温回升早,棉田前作油麦成熟早,有利于早发,伏前桃与伏桃较多。然而,伏旱不利增蕾保铃,秋旱易早熟或早衰。土壤以红、黄壤为主,肥力偏低且呈酸性,保水保肥及耕性较差,产量较低。一般选择中熟杂交种,增加密度,有利提高单产。

本亚区主要病虫害有棉铃虫、红铃虫、红蜘蛛和蚜虫,长期连作棉田“两萎病”蔓延,一年发生数次,危害加重导致大面积早衰,要注重水旱轮作。春寒年景,苗病也有加重趋势;秋湿年景,棉铃疫病加重。因此,生产上要选择抗棉铃虫,兼抗耐“两萎病”的杂交种。同时采用农业、生物和化学方法进行综合防治。种植 *Bt* 棉之后,棉盲蝽和烟粉虱的发生和危害有加重趋势,要注意统防统治。排灌系统“老化”,旱涝并存,要注重兴修水利,提高排灌能力。

(三) 长江下游亚区

棉田面积占长江流域的 22%上下,产量占 20%,棉田不断向苏北和沿海转移,上海市郊区与苏南经济发达,已退出棉花种植,浙江面积收缩很多。本亚区西起马鞍山以东的长江下游,北起苏北灌渠以南至杭州湾沿海,包括江苏大部、上海郊区和浙江全省。优质棉基地县有大丰、射阳、启东、如东、东台、南通市(区)、慈溪和余姚等。

本亚区光、热、水丰富。由于靠海,春季气温回升慢,苗期生长偏迟和苗弱。6 月常有梅雨,不易搭起丰产架子。伏期光、热、水匹配好,少极端高温,花铃期长势稳健,有利增结伏桃。秋季气温下降慢,有利于增结秋桃,但秋雨早增加烂铃。海拔低至 20 m,地下水位高,河网纵横,排水条件好。7～9 月台风造成倒伏和蕾铃脱落。当台风与涨潮相遇,海水顶托,排水不畅,内涝严重,往往诱发“两萎病”的大发生,造成死株,加重减产。棉田土壤以潮土、水稻土以及滨海盐碱土为主,土层深厚,保水力强,滨海盐碱地要注意增施磷肥。

本亚区为一年两熟,前作以小麦(大麦)为主,采用套种(栽)为主,正在发展连作移栽为辅。棉田畦作,分次培土,形成高条台田的高垄畦,有利排灌。生产上选择前发性强、抗虫、抗耐“两萎病”、主茎挺拔抗倒伏的杂交种。加强农田排水系统建设,降低渍涝危害。

(四) 南襄盆地亚区

棉田面积和总产占长江流域的 20%上下,也在不断减少。本亚区包括汉水流域的襄阳和唐白河流域的南阳两个地区。优质棉基地县有襄阳市区和枣阳市,南阳市宛城区、唐河、邓州、新野和方城等。

本亚区四周环山,光、热、水条件优越,年降雨量少于中游,但分布合理。土壤以褐土和水稻土为主,保水保肥能力强;也有一定面积的砂姜黑土,保水保肥性能差。春早,气温回升快,有利全苗早发,早结伏前桃;伏期极端高温少,有利增结伏桃;秋雨少,阳光充足,吐絮通畅。本亚区两熟以麦棉两熟为主,少量油棉两熟,也从套种转向麦茬移栽连作,选择前发性强的抗虫耐病中早熟杂交种。提高单产,增加密度,合理密植。本亚区病虫害发生和危害特点同长江中游。

三、黄河流域棉区

黄河流域棉区是全国三大主产区之一(表 4 - 1,表 4 - 2,图 4 - 1)。21 世纪头 10 年平均,棉花播种面积占全国的 30%～35%,总产占全国的 22%～30%,单产 1 176 kg/hm^2,低于全国平均水平近 20%。随着棉区的西移,面积和总产占全国的比例也在不断降低。

本区位于长江流域棉区以北,东起黄海、渤海,南至淮河和苏北灌渠总渠以北,西与内蒙古中西部、蒙古国毗邻,北至山海关。本区东低西高,海拔高度 10～1 500 m 不等。

黄河流域棉区包括山东、北京、天津和山西 4 省(直辖市),河北(除长城以北)大部,河南(除南阳、信阳两个地区)大部,安徽淮河以北,江苏苏北灌渠总渠以北,陕西(除汉中地区)大部;分散产区包括宁夏全部,甘肃河西走廊以东,内蒙古阴山山脉的河套灌区。

黄淮海平原泛指淮河、黄河和海河联成一片的广阔平原,位于 34°17′N～39°56′N,114°E～121°E 之间,北起燕山南麓,西沿太行山、伏牛山山前平原,南临淮河和苏北灌渠总渠以北,东至东海、黄海和渤海,属暖温带半湿润的季风气候区,海拔 50～100 m,无霜期 190～230 d。包括苏北、皖北、山东全省、河北大部、天津和北京以南。其中黄淮平原又泛指淮河和黄河平原。

黄河流域棉区地处南温带的半湿润季风气候区,西部高原为荒漠和半干旱气候区。主要气候特点(表 4 - 2、表 4 - 5):无霜期 180～230 d,西部 140～170 d。≥10 ℃活动积温 4 000～4 600 ℃,西部 2 600～3 300 ℃;≥15 ℃活动积温 3 500～4 100 ℃,西部 2 600 ℃上下;年降水量 500～1 000 mm,但降水分布不均,且年际间和年内的变幅大,旱涝并发;西部250～400 mm。全年日照 2 200～3 000 h,较为充足,年均日照率为 50%～65%,热量条件好;西部高原较差。

本区黄淮平原和华北平原南部为一年两熟制,东北部和滨海为一年一熟制,因此本区域为棉花一年一熟和棉麦一年两熟制并重,还是我国农业的一熟、两熟制过渡区。两熟采用套种或套栽,棉花采用育苗移栽或地膜覆盖。

本区 20 世纪 70 年代到 80 年代中期,棉田以一熟制为主。80 年代到 90 年代,随着生产条件改善,作物品种的配套和栽培技术的改进,耕作制度改革加快,形成以麦棉为主的两熟种植,到 1992 年,棉麦两熟种植面积达 218.8 万 hm^2,两熟北界北移到 38°N,即石家庄到德州一线,占本区域棉田面积的 60.5%,占河南棉田的 95%,占山东棉田的 55%,河北最高年份也达到 45%。周年小麦产量 3 000～3 750 kg/hm^2,年增产小麦 600～750 万 t,相当于扩种小麦 133.3 万 hm^2(按产量 450 kg/hm^2 计),年产原棉 150 万 t,占区域棉花资源总量的 70%,等于相应扩大棉田面积 100 万 hm^2。1991～1993 年,中国农业科学院棉花研究所承担总理棉花基金项目,在扶沟、虞城、巨野和内黄 4 县开展麦棉两熟高产试验示范,采用 4 - 2 式和 3 - 2 式配套方式,取得小麦产量 3 525～4 425 kg/hm^2 和棉花产量 1 200～1 425 kg/hm^2 的成效。到 90 年代中期,棉麦两熟已成为淮北平原和华北平原南部稳定的种植制度。由于耕作制度的改革,促进这一区域形成既是棉花主产区又是粮食主产区的新格局,实现粮棉双增产和协调发展的良好局面。然而,两熟种植,仍比一熟棉花前期迟发后期晚熟,由此还引起小麦晚播低产,这种“两晚两低”的不良循环影响生产力。

黄河流域棉区棉花品种熟性为中早熟、早熟和特早熟类型。主要品种有中棉所系列、豫棉系列、鲁棉系列和冀棉系列等。本区域是 *Bt* 棉的环境释放区。1996 年引进美国新棉 33B 和新棉 99B，1998 年种植面积 25.3 万 hm^2，占 *Bt* 棉面积的比例 95%。进入 21 世纪，国产 *Bt* 棉选育加快，到 2009 年，国产 *Bt* 棉占市场份额的 97.6%，并形成惠民、成武、铜山和鹿邑等具有较大规模的制种基地，年产杂交种子 1 万多 t，加快了 *Bt* 棉杂交种的推广。

黄河流域是一个投入、产值和收益偏低的产区。据中国棉花生产监测预警数据，2007 年和 2016 年棉花主产品产值 20 422 元/hm^2 和 27 009 元/hm^2，低于全国水平的 8.7% 和 12.9%；生产总成本 13 016 元/hm^2 和 17 845 元/hm^2，低于全国平均水平的 13.7% 和 21.0%；纯收益 7 407 元/hm^2 和 10 996 元/hm^2，高于全国平均水平的 1.5% 和 35.4%。

本区域苗期棉花易发生立枯病、炭疽病和根腐病引起死苗；2003 年、2005 年、2009 年和 2010 年因"秋湿"，烂铃严重；"两萎病"混生，老棉田暴发对棉花生产造成威胁。虫害有棉蚜、棉铃虫、蓟马、盲椿象、棉叶螨和红铃虫等。种植 *Bt* 棉之后棉铃虫、红铃虫得到有效控制。然而，棉盲蝽和烟粉虱发生危害加重，需加强虫情测报和综合防治，有效控制危害。

黄河流域"三桃"比例大体在 1∶6∶3 及 0.5∶5.5∶4 之间；地膜覆盖"三桃"比例为 3∶4∶3。

本区域同是粮食和蔬菜的主产区，棉花与粮食、蔬菜的竞争激烈，发展棉、麦两熟可提高土地的周年产出率；还有可供开发利用滨海盐碱地 100 万 hm^2。当前急需棉、麦双高产技术，滨海盐碱地的规模化、轻简化植棉技术，要加快研究解决棉花机械化收获的关键技术，突破盐碱地棉花保苗立苗的瓶颈制约，培育耐盐和适合两熟连作的早熟高产棉花新品种，加快发展机械化植棉。

黄河流域棉区划分为淮北平原、华北平原、黄土高原和特早熟 4 个亚区，其主要自然条件见表 4-5。

表 4-5 黄河流域棉区各亚区主要自然条件

(中国农业科学院棉花研究所，1983)

亚 区	≥10 ℃活动积温持续有效天数(d)	≥10 ℃活动积温(℃)	年日照时数(h)	年降水量(mm)	主要土壤类型	主要灾害性天气
淮北平原	210～230	4 600～4 900	2 100～2 200	700～1 000	潮土、潮盐土	春旱、夏涝，秋雨
华北平原	180～220	3 800～4 800	2 600～2 900	550～800	潮土、滨海盐土	春旱、春寒、夏涝、秋季低温早临和秋雨
黄土高原	180～230	3 500～4 500	2 200～2 500	500～700	潮土、褐土	春夏连旱、秋季阴雨
特早熟	140～180	2 600～3 800	2 600～3 300	300～500	灌漠土、潮盐土	春季强寒潮、初霜早临

[注] 本表由毛树春、李亚兵、黄滋康整理(2010)。≥10 ℃积温持续有效天数近似于无霜期。

(一) 淮北平原亚区

位于淮河—洪泽湖—苏北灌渠总渠以北，嵩山—平顶山—桐柏山以东，北与华北平原相接。产区包括：江苏徐淮、安徽北部、河南豫东及东南部。棉田面积曾占黄河流域的 40% 上下。受气候和粮食生产影响，近 10 年植棉面积呈缩减态势。土壤以潮土和褐土为主，少量砂姜土和潮盐土。优质棉基地县有扶沟、太康、西华、尉氏、通许、商丘市(区)、宁陵、虞城、鹿邑、铜山、丰县、阜阳和固镇等。

本区南部的黄淮平原为棉麦一年两熟制，经过20世纪70～80年代的改造和改良，由过去的古黄河内陆盐碱荒地、黄泛区沙盐地和砂浆碱地改造成棉田，并由棉花低产到高产，由棉田一年一熟发展到棉麦两熟，两熟采用套种或套栽，棉花采用地膜覆盖或育苗移栽促早栽培。

本棉区麦棉两熟采用套作，配置方式有以棉为主和以粮为主两大类型。麦田预留棉行，棉花育苗移栽或地膜覆盖。棉花在4月中下旬播种或5月初移栽大田。由于麦棉共生期40～50 d，存在争光、争温、争水矛盾，导致前期迟发，伏前桃少，后期晚熟，霜前花率下降。因此，两熟种植要以促早栽培为重点，采取粮（蒜）棉并举的规范配置方式，选择中早熟麦（蒜）棉品种，棉花育苗移栽或地膜覆盖、合理密植和化学调控综合措施，促进早发，增结伏前桃。棉花品种除熟性以外，还要求抗耐“两萎病”，小麦要求矮秆、晚播和早熟；棉花套种选择中早熟类型品种，增加密度。进入21世纪，由于套种（栽）小麦存在机收困难，改麦田套种（栽）棉花为麦后移栽连作呈发展趋势。虽然试验研究取得较好成效，还存在降低麦茬移栽成本和改良操作等问题急需研究解决。

（二）华北平原亚区

本亚区东起渤海和黄海，南以黄河花园口—微山湖—连云港一线为界，西至太行山东麓，与黄土高原亚区相接，北至燕山。包括河南的豫北地区、河北（除承德）大部、北京和天津郊区，山东全省。棉田面积占黄河流域的55%上下。进入21世纪，由于棉区不断北移至海河低平原和滨海、山东东部和西北部，形成华北东北部的集中种植带。土壤以潮土、褐土和盐碱土为主。这里集中一批规模优质棉基地县：曹县、巨野、定陶、郓城、莘县、陵县、夏津、成武、临清、高唐、武城、冠县、金乡、惠民、广饶、利津、垦利、东营市（区）等，威县、曲周、南宫、吴桥、冀州、河间、霸州、廊坊、丰润、唐山市（区）、静海、宁河和宝坻等。滨海有大片盐碱地，是未来发展棉花的重要基地。

本亚区为棉田一年两熟和一熟过渡地带。以麦棉两熟为主，蒜棉两熟种植面积较大。棉花品种为中早熟和早熟短季棉，地膜覆盖为主，也在发展育苗移栽。南部热量条件较好，春季雨水适中，夏季雨量分布均匀，秋季日照较充足，降温较慢。由于套种，前期存在争光争温矛盾，育苗移栽或地膜覆盖，灌溉植棉，选择粮棉、蒜棉并举配置方式，早育苗。生产上选择抗虫、抗耐黄萎病、中早熟的杂交种和常规种。

本亚区东北部黑龙港、海河低平原、渤海和东海，棉田一熟，地膜覆盖栽培，旱地植棉。由于光、热、水条件适合植棉，“三桃”齐结，单产提高快，还出现一批高产典型，增产潜力大。由于长期抽取地下水，局部形成大漏斗，灌溉成本极高，因供水不足往往早熟早衰。同时，本地区盐碱地比重大，需要水利和农业措施进行改造。降水少且集中于7～8月，需灌溉植棉，发展棉花生产的潜力大。春季气温回升较快，阳光充足，旱地棉田要蓄水灌溉，冬春保墒，春季“集雨”，争取一播全苗和壮苗早发。夏季温度适宜，有利增结伏桃；秋高气爽，有利秋桃成熟，吐絮通畅，品质好，易早发早熟和早衰。但春季多风，寒潮频率高，盐碱危害重，易造成缺苗断垄，要注意适时播种和保苗。夏季旱涝并存，既灌又排，秋季降温快，要注意前期早发。选择耐旱、耐盐碱的早熟、中早熟类型常规种和杂交种，注意合理密植。由于滨海气候回升慢，提倡晚春种植早熟短季棉品种，可避盐避低温危害，提高产量，促进早熟。

(三) 黄土高原亚区

本亚区位于太行山以西、岷山以东，南与长江流域交接；西与本区特早熟亚区交接。包括河南豫西、山西南部、陕西关中及甘肃河西走廊以东。棉田面积占黄河流域的5%上下。受气候影响，进入21世纪，植棉面积不稳定。棉田集中在运城盆地和渭河流域，优质棉基地县有大荔、澄城、合阳和浦城，运城市盐湖区、永济、临猗和万荣等。

本亚区棉田两熟和一熟并存，地膜覆盖和灌溉植棉。热量条件较好，无霜期200～230 d，≥10 ℃积温3 500～4 400 ℃，可满足一熟制棉花80%的霜前花率要求。春旱气温回升快，春旱需提前造墒，播种早且早发。夏季雨量集中，易旺长。秋季降水相对多，降温快，易烂铃。水肥条件较好的两熟制棉田选择抗耐"两萎病"、抗虫的中早熟类型杂交种和常规种，旱薄盐碱一熟棉田选择抗耐病的早熟短季棉品种。

(四) 特早熟亚区

本亚区位于黄河上中游，南以山西太原以西，陕西洛川、延安以西，宁夏全部，西以河西走廊以西经银川至内蒙古阴山山脉的黄河灌区，与蒙古国毗邻，是一个新型的分散产棉区，虽然棉田面积比例较小，但在一地的种植却非常集中。初终霜变化大，≥10 ℃积温2 600～3 800 ℃，降水量300～500 mm，日照充足，海拔500～1 000 m，昼夜温差大，春季风大风多，沙尘侵袭危害大；病虫少，危害轻。依靠黄河水灌溉，棉田一熟，"密矮早"模式栽培，品种选择早熟和特早熟类型，宽膜覆盖，提高种植密度，矮化株型，节水灌溉。

四、辽河流域棉区

辽河流域棉区是一个面积比重不大的棉区(表4-1，表4-2，图4-1)，位于黄河流域棉区以北，内蒙古高原以南；东起千山山脉，西抵内蒙古赤峰市。包括河北承德以西以北，辽宁千千山脉以西，包括辽宁大部和吉林长春以南、内蒙古东中部。棉区分布在辽宁和吉林局部。本区棉田面积在20世纪50年代占全国棉田面积的10%，70年代后逐渐缩减，21世纪前十年面积下降到1%上下，皮棉单产900～1 000 kg/hm^2。相对集中产区为喀左、黑山、朝阳、康平和洮南等。只要政策稳定，粮棉比价合理，技术措施得当，棉花生产可恢复和发展。

本区位于中温带半湿润半干旱季风气候区。从辽宁省康平县的43°N，到吉林省洮南市46°N。无霜期150～170 d，是全国生长期较短的棉区之一。≥10 ℃的活动积温3 100 ℃，变幅较大为2 000～4 000 ℃；持续期160 d，变幅大至130～180 d。年均温度7～10 ℃，4～10月平均温度17～18 ℃，5～9月平均温度20 ℃以上。昼夜温差大，高温期不长。春季干旱多风，气温回升快，地膜覆盖可适当早播，但寒潮频率高，强度大，易造成冻害，保苗难度大；秋季降温快，易发生低温冷害，9月下旬温度降至15 ℃以下，对纤维和种子成熟度不利。年降水量400～700 mm，7～8月占60%，因春季蒸发量大，需灌溉底墒水播种。日照充足，年日照时数2 200～3 000 h，秋高气爽，有利吐絮，纤维洁白。土壤为草甸土、棕壤土，肥力中等。

本区棉田一年一熟制，种植特早熟陆地棉品种，地膜覆盖提早播种，延长生长期，补偿生长季节和热量的不足。采用"矮密早"模式栽培，种植密度15万～18万株/hm^2，早打顶，每株留果枝6～7个，霜前花可达70%。在春旱严重地区，多采用秋灌蓄墒，早春顶凌耙地，垄作,抗旱播种等措施,以保全苗。苗病较重,枯、黄萎病迅速扩大,对棉花生产造成威胁。棉蚜一年发生12代,危害重;棉铃虫一年发生3代;红铃虫发生2代。

五、西北内陆棉区

西北内陆棉区是全国三大主产区之一(表4-1,表4-2,图4-1)。进入21世纪棉花播种面积和总产占全国的比例不断提升。21世纪头10年平均,棉花播种面积占全国的40%～55%,总产占全国的55%～65%,单产1 920 kg/hm²,高于全国平均水平的31.7%。随着目标价格改革、生产成本全保险和“生产保护区”建设(见本章第四节)等系列支持政策的倾斜,新疆棉花播种面积和总产占全国的比例还在不断提升。

本区还是全国唯一的海岛棉(长绒棉)种植区,最高年产量达到20多万t,主要分布在南疆,占全国的90%以上,东疆不足10%;在南疆,地方和新疆生产建设兵团都有种植。

本区位于西部,东起甘肃以西至内蒙古西端与蒙古国毗邻,西北与中亚细亚接壤。地处亚洲内陆腹地,被祁连山、阿尔金山、昆仑山、帕米尔高原、天山和阿尔泰山所环绕,亦即六盘山以西、昆仑山、祁连山以北,阴山以西,准噶尔盆地北部的广阔地区;宜棉区位于36°5′N～44°5′N、76°E～98°E之间,东西1 600 km,南北900 km以上。包括新疆吐鲁番盆地、塔里木盆地、准噶尔盆地西南和伊利河谷,以及甘肃河西走廊与内蒙古腾格里沙漠和巴丹吉林沙漠周缘的绿洲。

本区位于南温带及中温带的大陆性干旱气候区(表4-2,图4-1)。本区范围广阔,气候资源差异大,海拔高度相差1 500 m,无霜期170～230 d,相差60 d以上;年均温度11～12 ℃,4～10月平均温度17.5～20.1 ℃,≥10 ℃积温2 900～5 500 ℃,≥15 ℃积温2 500～5 300 ℃,年降雨量在250 mm以下;气候干旱,年均相对湿度41%～64%,年蒸发量1 600～3 100 mm;日照充足,年日照时数2 600～3 400 h;昼夜温差大,一般为12～16 ℃,最大为20 ℃;春季气温回升不稳,秋季气温陡降。

棉区大都分布在河流两岸的冲积平原、三角洲地带和沙漠周缘的绿洲,土层深厚,质地疏松,土壤普遍积盐,均有不同程度的次生盐渍化,抑制出苗和生长,严重致死。

本区棉田一熟,绿洲农业,依融雪性洪水和水库供水,水泥渠道输水、灌溉,地膜覆盖植棉,实行休闲和轮作制。轮作方式采用春(冬)小麦/苜蓿—苜蓿(2年)—棉花(3年),或玉米/苜蓿(2年)—棉花(3年)。20世纪90年代以来,因棉花面积扩大迅速,苜蓿种植面积大幅度减少,主要采用粮棉轮作制,南疆方式为冬小麦‖复播玉米—棉花(3年以上),北疆方式为春小麦‖绿肥—棉花,或冬小麦—棉花,冬小麦‖绿肥—棉花(2～3年)—玉米,或棉花(2～3年)—玉米。水源充足地区实现水旱轮作。东疆除粮棉轮作外,还实行瓜棉或菜棉套(间)作。

本区棉花生产的规模化、集约化和机械化程度都很高。条田连片,农田平整,林网纵横,防风防沙尘,交通便利。种植规模大,户均植棉地方2～3 hm²,新疆生产建设兵团5～6 hm²,大型农业团(场)棉田2万hm²。犁地、耙地、播种、中耕、病虫害防治、脱叶催熟及采收等农事作业实行机械化,本世纪又实行机械化采收。2017年棉花耕、种、收综合机械化水平新疆生产建设兵团达到94.0%,地方为84.4%。

地膜覆盖技术掀开西北植棉的新时代，是白色革命的典型代表。在地膜覆盖增温、保墒抑盐、控草、提早播种、一播全苗和壮苗早发早熟等综合效应的作用下，20 世纪 80 年代形成“密矮早”的栽培模式，采用窄行密株，提早播种，种植密度 15 万～18 万株/hm^2，加上缩节胺全程化学调控，矮化植株，株高 70～80 cm，比 70 年代露地直播增产 50%，实现了单产的第一次跨越，区域单产水平跃上 1 500 kg/hm^2 的台阶，成为全国单产最高的产区。90 年代末期至 21 世纪初，新疆植棉技术又发生一次重大变革，归纳为三改：一改窄膜覆盖为宽膜覆盖，地膜覆盖宽度 180～205 cm，一幅地膜覆盖 4 行或 6 行棉花，密度进一步提高，高密度棉田达到 30 万株/hm^2，南疆播种提早到 3 月底 4 月初，北疆提早到 4 月上旬，由于覆盖度增加，增温、保墒、抑盐效果更加显著，光能利用率可提高到 3%左右，比窄膜覆盖再增产 15%。二改地面灌溉为地下聚氯乙烯软管输水滴灌，并加入综合防治，形成“密矮早水防”和膜下滴灌的超高产栽培新模式，实现节水 70%，增产 30%以上。新模式实现了单产的第二次跨越，区域单产水平跃上 1 650 kg/hm^2 的高台阶，形成一批高产条田与连队典型。2009 年李雪源领衔在新疆生产建设兵团农一师十六团 750 hm^2 创下籽棉 12 090 kg/hm^2 的高产纪录(皮棉约 4 500 kg/hm^2，国家棉花产业技术体系验收)。三改籽棉人工收摘为机械化采收。到 2017 年，全疆拥有采棉机 3 000 台，收获面积 80 万 hm^2，节省采收费用 75%。近几年，新疆生产建设兵团用现代装备武装农业，开发形成精准农业，具有现代农业特征，比常规技术增产 15%～20%，节肥 30%～40%，灌溉水利用率提高到 70%，具有高产、超高产的潜力。

西北内陆是一个高投入、高产出和高收益的产区。据中国棉花生产监测预警数据，2007 年和 2016 年棉花主产品产值 26 775 元/hm^2 和 35 210 元/hm^2，高于全国水平的 19.7%和 14.7%；生产总成本 19 812 元/hm^2 和 26 029 元/hm^2，高于全国平均水平的 31.4%和 15%；纯收益 7 092 元/hm^2 和 9 180 元/hm^2，2007 年低于全国平均水平的 2.8%，2016 年高于全国平均水平的 13.0%。

本区域陆地棉品种为中熟、中早熟、早熟和特早熟，海岛棉为中早熟类型。品种分为本地和内地两大系列。进入 90 年代，由于新疆自育品种抗病性差，丰产潜力不足，陆续引进中棉所 12 和中棉所 17 等，实现了第六次品种更换，引进品种抗枯萎病、耐黄萎病，丰产性好，缺点是生育期偏长，纤维比强度降低。进入 21 世纪，本地品种选育加快，到 2008 年，陆地棉系列品种编号至新陆中 35，新陆早系列品种编号至新陆早 26 号；还培育形成海岛棉新海 28 号等多个品种，培育彩色棉的新彩棉系列品种，最高产量 5 万 t。同时，内地品种陆续进疆，在南疆主要有中字号、冀字号、豫字号和鲁字号系列等。在北疆，主要种植本地新陆早系列品种，另有辽棉系列品种。

“两萎病”“三虫”是西北内陆棉区的主要病虫害。据 1996 年调查，枯萎病和黄萎病扩大至全疆，老棉田发生危害较重，产量损失大；由立枯病菌和红腐病菌引发的棉苗烂根病在北疆发生危害严重，往往造成大面积补种。棉蚜是主要害虫，大面积发生危害，暴发成灾的频率高。其中，1985 年吐鲁番突发成灾，1994 年北疆 13 万多 hm^2 产量损失 30%，1995 年南疆大发生，危害面积 40 万 hm^2。棉叶螨发生分布广，重发年份减产 10%～30%，特别是 90 年代棉铃虫蔓延很快，年均发生面积 9 万多 hm^2，其中 1996 年局部暴发，产量损失大。根据绿洲农业生态脆弱性的特点，西北内陆采取以保护利用天敌自然控制和生物防治有机结合的综合防治体系,充分保护利用天敌,强化农业防治和生物防治,严禁滥用农药及大面积盲目施药,努力维护生态平衡,重点抓好田外防治和点片防治,强调加强监测和预报,科学防治,有效控制病虫害。

本棉区残膜污染问题非常严重。据新疆维吾尔自治区农业厅对 16 个县市的调查(1999),棉田平均残膜量为 52.5 kg/hm^2,最高 268.5 kg/hm^2。又据新疆各地调查,在灌头水之前揭膜的情况下,连续覆膜 5～6 年,棉田平均残膜量 60 kg/hm^2,年均残留 10～12 kg/hm^2,残留量占总覆膜量的 17.5%～21.0%;棉花收获后或是在第二年春季拾膜情况下,连续覆盖 3～8 年的棉田,残留量 103～226 kg/hm^2,年均残留 34.2～38.3 kg/hm^2,残膜量占覆膜量的 47%～57%。在 0～15 cm 土层残膜量占总残留量的 60%～90%。残膜主要危害:一是破坏土壤物理性状;二是残膜影响机械作业;三是影响种子发芽出苗和生长发育。据研究,土壤残膜 360 kg/hm^2 时,棉花减产 10%～15%。

受水资源制约、劳动力短缺和成本上涨的综合影响,西北内陆棉区棉花生产出现新问题。一是水资源紧缺。从农业生产的可持续来看,新疆农业用水、生态用水和工业、生活用水的矛盾日益加大,枯水年景该矛盾十分尖锐。二是进一步提高植棉机械化水平,缩短兵地差距。配套解决机采棉品种、种植模式。要解决机采籽棉因清花工艺致绒长变短降级、农户不愿意采收,皮棉因残膜污染纺织企业不愿意要等问题。三是受比较效益的影响,西北棉花发展也遇到与一红(北疆番茄、辣椒等)和干果(南疆红枣、杏、核桃等;东疆葡萄、哈密瓜等)的竞争问题,在南疆每公顷果园产值 30 万元,收益有"一亩果园胜过十亩棉花"说法。四是前面所述农田残膜污染严重。解决这些问题的关键技术途径:一是农艺、农技和农机的紧密结合,实现植棉全程机械化;二是科学用水和节水灌溉,这是绿洲农业的重心;三是确定主栽品种,建立良种繁育和供种体系;四是综合治理残膜污染和替代技术研发,坚持用 0.01～0.012 mm厚度的标准地膜进行覆盖,及时揭膜,揭净残膜,清除土壤残膜等。

西北内陆划分为东疆、南疆、北疆和河西走廊 4 个亚区,其主要自然条件列于表 4-6。

表 4-6　西北内陆各亚区的主要自然条件

(中国农业科学院棉花研究所,1983)

亚　区	≥10 ℃活动积温持续有效天数(d)	≥10 ℃活动积温(℃)	年日照时数(h)	年降水量(mm)	主要土壤类型	主要灾害性天气
东疆	200～210	4 000～5 400	3 000～3 300	<39	灌淤土、棕漠土	春季风沙、夏季干热风
南疆	190～210	3 800～4 400	2 600～3 100	25～98	灌淤土、旱盐土、棕漠土	春寒缺水、雨后返盐
北疆	160～180	3 100～4 100	2 600～3 000	100～280	灰棕漠土、旱盐土	春季冻害、秋季冷害
河西走廊	140～170	2 900～3 700	3 000～3 400	35～382	灌漠土、盐化潮土	春季冻害、秋季冷害

[注] 本表由毛树春、李亚兵、黄滋康整理(2010)。≥10 ℃积温持续有效天数近似于无霜期。

(一) 东疆亚区

东疆亚区棉田面积和总产占本区域的 2%上下,优质棉基地县有吐鲁番、鄯善、托克逊等,新疆生产建设兵团有红星农场和二二一团等。这里也是国家葡萄和瓜果基地,经济效益高,发展棉花生产受到限制。

东疆亚区位于天山东段的山间盆地，棉田主要集中于吐鲁番盆地和哈密山南平原，是我国海拔最低的产区。其中吐鲁番盆地海拔－154～－200 m；夏季最干热，素有“火洲”之称，日最高气温≥35 ℃的天数长达2～3月以上，极端最高温度49.6 ℃，是我国热量资源最丰富的棉区，≥10 ℃积温5 400 ℃以上，适宜种植中熟海岛棉和晚熟陆地棉品种；由于年降水量不足36 mm，极易形成干热风。土壤以灌淤土、棕漠土为主，熟化程度高，肥力中等。春季常遭遇风沙侵袭，8级以上大风对保苗很不利，夏季干热风造成蕾铃脱落，棉铃虫、棉蚜、枯萎病和叶斑病是生产上的突出问题。

哈密地区位于哈密山南平原和山北淖毛湖地区，适合种植中熟陆地棉，有坎儿井灌溉，但水源不足，耕地资源有限，当地主要发展葡萄和瓜果。

（二）南疆亚区

本亚区棉田面积和总产占本区域的50%上下，约占全新疆的60%，其中新疆生产建设兵团占40%以下。由于结构调整和基地建设，形成一批较大规模基地：库尔勒市、尉犁、阿克苏市、温宿、库车、沙雅、新和、莎车、阿瓦提、麦盖提、巴楚和轮台县（市）等，新疆生产建设兵团第一师、第二师和第三师，这些特大县市、师总产超过10万t、20万t和35万t级。其中，第一师、阿瓦提县和第二师是全国最大的长绒棉生产基地。

南疆亚区位于天山以南，塔里木盆地周缘，是我国地势最高的棉区，海拔一般为737～1 427 m，西南部最高达1 500 m。棉区主要分布于塔里木河流域、阿克苏河流域、叶尔羌和喀什噶尔河流域与和田河流域，也是长绒棉集中产区。宜棉范围大致在乌鲁木齐—喀什公路以南和以东，喀什—和田公路以东和以北，在36°45′N～41°45′N的范围内。

本亚区种植中早熟和早熟陆地棉，中早熟海岛棉。棉田一熟，间有两熟，棉花与果树间作面积大，地膜覆盖植棉，膜下滴灌发展很快。热量条件较好，无霜期186～239 d，≥10 ℃积温3 800～4 400 ℃，可满足一熟制80%的霜前花率要求。其中地处塔里木盆地边缘的西北部及西南部热量条件相对优越，这里高产典型不断涌现；而地处塔里木盆地的北部、东部和南部热量差、无霜期短的地区，种植陆地棉早熟品种。

本亚区气候特点：春旱气温回升快，春旱提前造墒，播种早，早发；5月降雨易返碱危害幼苗；夏季高温，有干热风危害；主要病虫害有：棉铃虫、棉蚜、棉叶螨等，枯萎病和黄萎病发生危害加重。土壤以灌淤土、旱盐土、棕漠土、盐土为主，均有次生盐渍化。棉花生产采用“密矮早膜”模式栽培，宽膜覆盖，软管输水，膜下滴灌，机械化播种和收获等。由于秋季降温显著，纤维强力偏低，内糖含量偏高。

（三）北疆亚区

北疆亚区棉田面积和总产占本区域的45%上下，占全新疆的40%以上，其中新疆生产建设兵团约占60%。由于结构调整和基地建设，形成一批规模基地县：玛纳斯、沙湾、乌苏、精河县、第五师、第七师、第八师总产超过10万t级、20万t级和50万t级，是特大产棉县市和师。在兵团方面，一二一团、新湖农场、芳草湖农场、一三三团和一四二团，总产超过5万t，是兵团中的最大产棉团场。

北疆亚区位于天山北坡，准噶尔盆地西南缘，古尔班通古特沙漠以南，东起芳草湖农场，西至伊犁河谷的霍尔果斯口岸，是我国最北的一个新兴棉区，也是新疆主要优质棉产区，分布于玛纳斯河流域、奎屯河流域、博尔塔拉河下游和伊犁河流域。

根据气候特点,北疆亚区分为早熟和特早熟两个类型。早熟类型分布于准噶尔盆地西南部,海拔 40 m 的山前冲积——洪积平原,最热月平均气温 25～27 ℃,无霜期 175～193 d,≥10 ℃积温 3 100～4 100 ℃,基本满足 80%的霜前花率要求,但初终霜日变化大,前期冻害和后期冷害频率高,2001 年 8 月底低温早临导致蕾铃脱落,减产一半。年日照率在 63%左右,年均降水量 185 mm,土壤为灰漠土和棕钙土。宽膜覆盖,高密度种植和化学调控,主要病虫害是枯萎病、黄萎病、棉蚜和棉叶螨。

本亚区的特早熟类型分布在准噶尔盆地的西南部,海拔 400～500 m,含精河、博乐和克拉玛依,土壤为草甸土,有机质含量高,土壤肥沃,无霜期短至 165～190 d。伊犁河谷下游棉区位于河谷海拔 750 m 以下的北岸平原,含霍城县、伊宁市、察布查尔县和第四师相关团场,土壤以灰漠土为主,肥力较高,降水量 250 mm 以上,气候湿润。最热月平均气温 23～24 ℃,无霜期短至 150～170 d,≥10 ℃积温 2 700 ℃以上,由于初终霜日变化更大,难以满足 80%的霜前花率要求。该地植棉历史短,病虫害轻。生产上,采用宽膜覆盖,选用生育期在 110 d 以内的特早熟短季棉品种,抗寒性强,种植密度更大,植株更矮化,“矮密早膜”模式栽培和膜下灌溉植棉。

(四)河西走廊亚区

本亚区包括甘肃河西走廊和内蒙古最西端,棉区位于腾格里和巴丹吉林沙漠的周缘绿洲,西端东起古浪峡和阿拉善左旗,西至敦煌,南靠祁连山,北依马鬃山到阿拉善盟大部,与蒙古国接壤。20 世纪 80 年代以来棉花生产不断发展,近 10 年扩大,棉田面积 7 万多 hm^2,总产 10 万～12 万 t,占本区域的 3%上下。优质棉基地县有金塔、敦煌、瓜州、民勤和额济纳旗等。土壤以灌棕漠土、潮盐土和风沙土为主,无霜期 140～180 d,海拔 900～1 100 m。年降水量 33～133 mm,蒸发量 2 500～4 000 mm,年日照时数 3 000～3 400 h,≥10 ℃积温 2 900～3 700 ℃,其中额济纳旗 3 700 ℃,比相邻金塔和敦煌高 400 ℃。4～5 月寒潮强度大,大风沙尘多,持续时间长,对播种出苗造成很大困难;后期降温快,晚熟、纤维含糖。近年枯、黄萎病蔓延,蚜虫危害及次生盐碱化较重。本亚区为一年一熟种植制度,生产上采取促早发控晚熟的栽培措施,种植特早熟陆地棉品种,地膜覆盖,灌溉植棉,“矮密早膜”模式栽培。

综上所述,我国植棉区域具有分布广,热量、无霜期和降水差异大的特点。今后应根据自然生态条件的宜棉程度及发展植棉业的社会经济条件,“合理布局、适当集中、因地制宜、发挥优势”,继续建设商品棉基地,推进植棉业的现代化进程,促进棉花生产的可持续发展。

第四节 建设棉花生产保护区

国家重视棉花生产基地建设,自 1985 年开始在全国陆续建设优质商品棉花生产基地,自 1988 年开始国家支持在新疆兴建特大优质棉花生产基地,全国优质棉基地县数量达到 260 多个,持续的商品棉花生产基地建设有效提升了棉花种子工程水平,提高了棉田基本建设能力、科技创新能力、生产服务体系能力和棉花质量检验检测体系能力,充分发挥了棉花产能保障能力、科技示范和科技兴棉的诸多功能,“优质商品棉花基地县”曾经是一个地方的重要农业品牌标志。

一、国家划定粮食功能区和重要农产品生产保护区

2017 年 3 月 31 日，国务院发布《国务院关于建立粮食生产功能区和重要农产品生产保护区的指导意见》重要文件，划定棉花生产保护区面积为 233.3 万 hm^2。意见提出了粮食生产功能区和重要农产品生产保护区（简称“两区”）建设的指导思想，提出统筹推进“五位一体”[①]总体布局和协调推进“四个全面”[②]战略布局，牢固树立和贯彻落实创新、协调、绿色、开放、共享的发展理念，实施藏粮于地、藏粮于技战略，以确保国家粮食安全和保障重要农产品有效供给为目标，以深入推进农业供给侧结构性改革为主线，以主体功能区规划和优势农产品布局规划为依托，以永久基本农田为基础，将“两区”细化落实到具体地块，优化区域布局和要素组合，促进农业结构调整，提升农产品质量效益和市场竞争力，为推进农业现代化建设、全面建成小康社会奠定坚实基础。

“两区”建设具有重要意义：一是深化农业供给侧结构性改革的重大举措，二是粮食安全和重要农产品有效供给的制度性安排，三是坚持守住粮食和重要农产品的用地底线。

“两区”建设的主要目标：力争用 3 年时间完成“两区”地块的划定任务，做到全部建档立卡、上图入库，实现信息化和精准化管理；力争用 5 年时间基本完成“两区”建设任务，形成布局合理、数量充足、设施完善、产能提升、管护到位、生产现代化的“两区”，国家粮食安全的基础更加稳固，重要农产品自给水平保持稳定，农业产业安全显著增强。

划定棉花生产保护区 233.3 万 hm^2。建立以西北新疆为重点，黄河流域、长江流域主产区为补充的棉花生产保护区，分配方案：新疆维吾尔自治区 120 万 hm^2、新疆生产建设兵团 40 万 hm^2，山东省 26.7 万 hm^2，河北省 20 万 hm^2，湖北省 13.3 万 hm^2，湖南省 6.7 万 hm^2，安徽 6.7 万 hm^2。可见原来的产棉大省河南省和江苏省未列入保护区，一些相对集中产区，如江西省、甘肃省和天津市则未见分配面积。

棉花生产保护区，长江中游划定在洞庭湖、江汉平原和沿江两岸，实际上江西省鄱阳湖地区也有较多棉花。黄河流域划定在黄河三角洲、河北黑龙港和黄淮平原的蒜棉两熟高效种植区，长江和黄河流域棉区面积还有扩大的潜力。西北内陆划定在南疆的塔里木盆地周缘，北疆的准噶尔盆地西南缘和天山北坡一带。

在划分方法上，长江和黄河一些省份提出成方连片，面积不少于 3 hm^2，具体操作上采取合理确定划定标准、自上而下分解任务、以县为基础推进精准落地。

国家将加大对“两区”的政策支持，增加基础设施建设投入、完善财政支持政策和创新金融支持政策等。

通过建设将建成高标准农田，达到面积集中连片、旱涝保收、稳产高产和生态友好；建成科技兴农，科学种田，科学植棉和农业扶持政策集中地；提高综合生产能力、发展适度规模经营和提高农业社会化服务水平。

---

① “五位一体”即经济建设、政治建设、文化建设、社会建设、生态文明建设为“五位一体”总体布局。

② “四个全面”即全面建成小康社会、全面深化改革、全面依法治国、全面从严治党。

国家将强化对“两区”建设的监管，依法保护“两区”，落实管护责任，加强动态监测、信息共享和强化监督考核等。

二、棉花要走“以质保量、保规模”的新路子

棉花生产走“以质保量、保规模”路子是我国国民经济发展达到中等发达国家水平之后的必然选择。无论当前棉花播种面积 333.3 万 hm^2，还是保护区面积 233.3 万 hm^2，以及今后长江、黄河流域的恢复性生产，都将难以达到过去 68 年全国平均播种面积 500 万 hm^2 的水平。这是历史的选择。因此，从植棉大国转变成为植棉强国的关键是提高品质，从品质中低端转向中高端既是提升棉花产业竞争力的需要，更是建设棉花生产强国之必需，是落实质量兴棉的具体实践行动。

(一) 棉花品质中高端

毛树春等(2016,2017)提出了品质结构的“金字塔”模型。该模型含义：塔底层为无有害异性纤维(简称“三丝”)污染，提升籽棉、皮棉的清洁度。第二层纤维品质的一致性，一地种植一个品种，主推品种种植面积的比例高，单品种应单收单轧花单包和组成批数，通过建立从种植到纱厂的可追溯体系，提升产地品牌水平。第三层为轧花加工对纤维品质的损害最小。第四层为品质检验的科学性、实用性需与内在品质和棉纺织品检验品质相对接，即解决国家棉花公证检验品质指标的通用性问题。第五层为种植高品质品种，高品质品种一般指中长绒陆地棉，品质指标为纤维长度超过30 mm 、断裂比强度超过 30 cN/tex，马克隆值和整齐度指数适宜(图 4－5)。

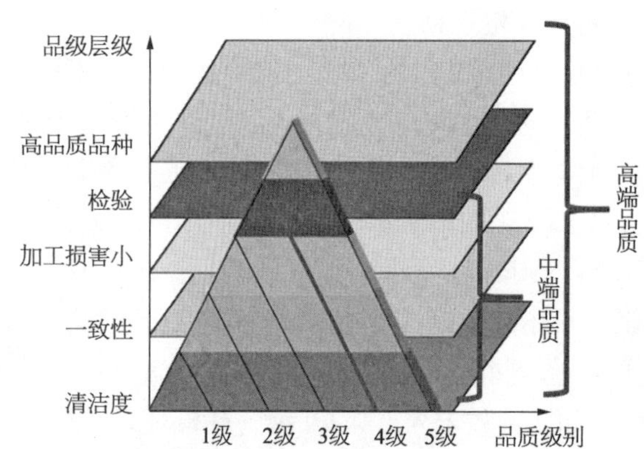

图 4－5 棉花中高端品质“金字塔”模型
(毛树春等，2016，2017)

(二) 推进品质上台阶是高成本的需要，即高成本应与高品质相对应

成本是评价棉花竞争力的关键指标之一。据国际棉花咨询委员会的调查，中国皮棉生产成本从 1997/1998 年度的 0.89 美元/kg 提高到 2012/2013 年度的 2.06 美元/kg，在这 15 年时间里增长了 1.31 倍。从 15 年前棉花生产成本低于美国、澳大利亚、印度和巴基斯坦的 30%～40%(<0.61 美元/kg)，到 15 年后与美国(1.98 美元/kg)相近，比澳大利亚(1.56 美元/kg)、印度(1.25 美元/kg)、巴基斯坦(0.81 美元/kg)和巴西(0.73 美元/kg)提高了 32% 到 1.8 倍(0.50～1.33 美元/kg)(表 4－7)。

中国单位面积生产成本增长也最快，从 1997/1998 年度到 2012/2013 年度的 15 年，中国增长了 2.79 倍，年均增长率高达 3.68%，位居全球产棉大国的首位；同时期的皮棉单产提高了 24.0%，年均增长率为 1.55%。澳大利亚是全球棉花高产国家，近 15 年澳大利亚棉花生产投入资金仅增长 9.8%，年均增长率仅 0.67%，植棉现金投入仅为我国的 57.3%。这 15 年单产水平提高了 14.3%，与我国新疆生产建设兵团的单产水平相当，成本低、单产高、

品质优诸多优势的叠加使得澳棉更具竞争力(表 4-7)。

表 4-7 全球植棉大国棉花生产成本比较

(ICAC, 1998; ICAC, 2013;毛树春等,2016,2017)

国家(年度)	籽棉成本(美元/hm²)	单位面积总成本(美元/hm²)	单位面积净成本(美元/hm²)	单位重量皮棉净成本(美元/kg)	皮棉单产(kg/hm²)
中国(1997/1998)	—	1 110.10	1 007.50	0.89	1 144.1
中国(2012/2013)	2 806.62	4 209.74	2 922.99	2.06	1 418.9
美国(1997/1998)	734.10	1 285.30	992.40	1.50	662.0
美国(2012/2013)	—	1 979.30	1 448.85	1.98	731.7
澳大利亚(1997/1998)	1 310.30	2 196.90	1 761.70	1.30	1 353.3
澳大利亚(2012/2013)	1 429.42	2 783.16	2 412.80	1.56	1 546.7
印度(1997/1998)	723.60	811.20	511.60	1.22	420.8
印度(2012/2013)	909.26	—	1 242.91	1.25	—
巴基斯坦(1997/1998)	449.10	581.80	353.80	0.68	524.5
巴基斯坦(2012/2013)	796.35	1 330.55	603.76	0.81	745.4
巴西(2012/2013)	1 322.01	1 780.27	1 108.06	0.73	1 517.9

[注] 美国、澳大利亚、印度、巴基斯坦和巴西为国家平均值。

(三) 新型棉纺织装备对棉花品质提出了新需求,即高品质应与先进装备相适应

国际上,新型棉纺织装备对原棉品质提出了新的需求:一是棉纺织效率的提高。新型棉纺织装备的纺纱效率显著提高,纺纱系统实际加捻数从每分钟数万转提高到了每分钟数十万转;纺纱输出速度提高得更多,最高达到 450 m/min。二是不同纺纱装备对纤维品质指标的要求顺序有所不同,其中长度和长度整齐度这一新指标比单纯长度更适合高效率纺纱,我国审定品种这一指标在 83%~85%之间,然而轧花之后大多在 83%上下。三是转杯纺纱、喷气纺纱和摩擦纺纱等新型装备都对棉纤维的清洁度(Cleanliness)提出了更高的要求,要求原棉干净、无有害异性纤维(即"三丝")污染(表 4-8)。

表 4-8 不同纺纱对原棉品质需求的顺序

(S. Gordon and Y-L. Hsieh, 2007;毛树春等,2016,2017)

重要性顺序	环锭纺纱	转杯纺纱	喷气纺纱	摩擦纺纱
1	长度和长度整齐度	强度	细度	强度
2	强度	细度	清洁度	细度
3	细度	长度和长度整齐度	强度	长度和长度整齐度
4	—	清洁度	长度和长度整齐度	清洁度

在国内,随着棉纺织自动化技术的不断突破,一系列先进装备包括清梳联、粗细络联、筒纱自动包装仓储系统、无梭织机、全流程信息化等技术,大幅提高了纺纱的劳动生产率,减少了用工人数。环锭细纱的用工平均水平已从 20 世纪 80 年代的 300 人/万锭减少到 2000 年的 200 人/万锭,2015 年接近 70 人/万锭。其中,一批优秀企业在全流程数字化、自动化、信息化、智能化生产线等方面进行了积极探索,特别是用机器人替代值守,最先进生产线用工保持在 15~25 人/万锭,人均生产效率显著提高。

随着棉纺织技术水平和装备的不断更新，对纱线质量水平要求大幅提高，企业对原棉质量的要求也越来越高。据2015年中国棉纺织行业协会的调查结果，我国纺织企业对棉花质量的关注排序：首先是纤维长度（大容量测试仪，下同）、马克隆值、断裂比强度、长度整齐度、异性纤维含量、短纤维含量和棉结等内在指标，其次才是颜色级和轧工质量指标。

1. 漂白纱线企业对内在质量指标的要求

(1) 对棉花内在质量的要求：一般情况下，在生产超高支纱时需要采用新疆长绒棉、美国长绒（皮马）棉或埃及长绒（吉扎）棉，生产中高支纱线主要采用2级或3级棉，生产中低支纱时主要采用4级棉，对纤维品质的具体要求见表4－9和表4－10。

表4－9　不同品质企业对原棉质量的要求

（中国棉纺织行业协会，2015）

企业类型	纤维长度(mm)	含杂率(%)	马克隆值	长度整齐度(%)	断裂比强度(cN/tex)	短绒率(%)(12.7 mm)
高品质企业要求	≥29.0	≤1.5	3.8～4.5	≥83.5	≥29.9	7.0
一般品质企业要求	≥28.5	≤2.0	3.7～4.6	≥83.0	≥28.5	10.0
较低品质企业要求	≥28.0	≤2.5	3.6～4.9	≥83.0	≥27.5	12.0

［注］数据来源：中国棉纺织行业协会2015年对纱线企业的调查。

表4－10　高品质棉纺织品对原棉质量的要求

（中国棉纺织行业协会，2015）

项目	纤维长度(mm)	含杂率(%)	马克隆值	长度整齐度指数(%)	断裂比强度(cN/tex)	12.7 mm短绒率(%)	16.5 mm短绒率(%)	棉结(粒/g)
国产细绒棉（颜色级21级及以上）	≥29.5	≤1.3	3.8～4.8	≥83.5	≥29.9	≤6.8	≤10.8	≤160.0
国产细绒棉（颜色级31级）	≥29.3	≤1.5	3.7～4.8	≥83.0	≥29.9	≤7.0	≤11.0	≤170.0
国产细绒棉（颜色级41级）	≥29.0	≤1.7	3.7～4.9	≥83.0	≥29.4	≤7.5	≤11.5	≤210.0
新疆长绒棉1级	≥37.0	≤1.9	3.6～4.2	≥87.0	≥41.7	≤4.5	≤6.5	≤130.0

［注］数据来源：中国棉纺织行业协会2015年对纱线企业的调查。21级、31级和41级分别指颜色级的“白棉一类2级”“白棉一类3级”和“白棉一类4级”。新疆长绒棉1级指级别1级长度37 mm。

(2) 对异性纤维的要求：纺漂白纱企业，对原棉的异性纤维要求更高。高档品牌纺织企业要求无“三丝”；一般企业要求含量控制在≤(0.1～0.3)g/t。生产高档漂白纱时，要求异性纤维不能超过4根/包；加工一般漂白纱要求异性纤维不能超过8根/包；常规品种不能超过20根/包（指400型打包机加工的棉包，每包重227 kg）。

2. 色纺纱纺织企业对棉花质量的要求

(1) 对内在质量指标的要求：马克隆值以4.1～4.9为宜；纤维长度28 mm以上，生产40^s（精梳纯棉，40英支）以上色纺纱还需配10%～50%长绒棉；断裂比强度28.5 cN/tex；纤维细度1.72～1.89 dtex（分特克斯，指10 000 m长纱线在公定回潮率下重量的克数，1 dtex＝1 g/10 000 m）；成熟度系数在1.6～1.8之间；16 mm以下的短纤维率控制在15%以下；棉结控制在 20 粒/g 以下；带纤维籽皮杂质控制在 50～70 粒/g。

(2) 对异性纤维的要求：染深色棉时，要求无“三丝”；其他纺织对漂白纱的要求略低些。

先进纺织机械用陆地棉可直接纺 60^S～80^S 的高支纱，无需搭配长绒棉。河南永安纺织公司紧密纺生产线全流程采用数字化控制，100%的细绒棉可生产 JCF 60^S、JCF 70^S 和 JCF 80^S 的纯棉高支纱，不需搭配长绒棉。这类棉纺织机械要求陆地棉的长度 30 mm 以上，断裂比强度 30 cN/tex，马克隆值 3.7～4.9，短绒率低于 12.0%，无有害杂物特别是“残膜”的污染，还强调杂质特别是叶屑的含量低，成熟度好，加工品质好。

3. 机织、针织纺织企业对棉花质量的要求　机织和针织纺织企业对成熟度指数要求高，需不低于 85%；纤维长度不低于 28.0 mm，≥40^S 支纱的机织企业要求纤维更长、更强、更整齐和成熟(表 4 - 11)。

表 4 - 11　机织、针织棉纺织对棉花质量的要求

(中国棉纺织行业协会，2015)

支数	织机类型	纤维长度(mm)	马克隆值	长度整齐度(%)	断裂比强度(cN/tex)	成熟度指数(%)
≥40^s	机织	≥29.0	3.5～4.2	≥83.0	≥29.0	≥85.0
	针织	≥28.5	4.0～4.5	≥82.0	≥28.5	≥88.0
<40^s	机织	≥28.5	3.5～4.9	≥82.0	≥28.0	≥85.0
	针织	≥28.0	4.0～5.0	≥81.0	≥27.5	≥88.0

[注] 数据来源：据中国棉纺织行业协会 2015 年的调查。

综上所述，高档棉纺织品对原棉内在(遗传)品质、生产品质(早熟性、清洁度、一致性)和初级加工品质(清杂、轧花、减损)提出了更高需求。遗传品质中长度、细度、强度和整齐度指数等指标需相协调，生产品质需提高早熟性、成熟度和清洁度，减少杂质含量和提高杂质清除效果，减少异性纤维含量既要求提高早熟性、植株叶片和棉铃的成熟度，又要求改进加工工艺水平。降低杂质含量、减少短绒率和棉结数等需改进初级加工工艺，减轻加工损害。可见，要满足消费者对高品质棉纺织品的新需求需要植棉业、加工业和棉纺织业的共同努力，才能实现原棉品质从中低端向中高端和高端的转型升级。

目前认为，40^S 是高支纱与低支纱的分界线，即 40^S 及以上棉纱线是中高端纺织产品(其纱线产量约占总产量的 40%，且不断增长)，对高品质原棉指标的具体要求为：纤维长度 28.5 mm及以上；纤维强度 28.5 cN/tex 及以上；马克隆值 3.7～4.6；长度 16 mm 及以下的短纤维含量纺漂白纱和纺色纱分别控制在 11.5%和 15%以内。据中国棉花协会报道，2017 年国产高品质原棉仅 99 万 t，市场需求 285 万 t，缺口率达 65.3%。

三、推进棉花早熟、轻简、绿色和中高端品质的科技进步

按照供给侧结构性改革的新要求，我国棉花科研和生产要把“两个引领”作为职责和使命。这就是“‘用中高端品质’引领现代棉花产业发展”“用‘四化’(轻简化、绿色化、机械化和组织化)引领现代植棉业发展”，抓住早熟性和中高端品质关键问题，严谨探索，扎实工作，破解新问题，取得新进展(见第一章)。

减少植棉用工也是现代植棉业的方向性问题，是评价科技进步的重要标准。2015年我国棉花生产用工数为180个/hm^2，规模化植棉用工宜控制在30～45个/hm^2。研究应用轻简化、机械化和绿色化技术，提升中高端品质原棉的产出率；研究开发肥料、农药和灌溉水"零增长"绿色生产技术、产品和装备；研究开发水、肥、药智能化管理技术和装备。培育和支持棉花代耕种、代育苗移栽、"统防统治"、代收获的专业化机构和种植合作社，加强农业科技推广，推进棉花生产的组织化水平。创新机采棉技术和装备，提升棉花耕、种、收机械化水平。研发适合我国国情的分次采收采棉机、高产和多熟机采棉综合栽培技术以及机采棉清花机和轧花新工艺，改进提升籽棉轧花工艺。同时，推进棉花生产全程机械化，减少劳动力投入，大幅度降低原棉生产成本和流通加工成本，实现产业降本增效。

参 考 文 献

[1] 毛树春.中国棉花可持续发展研究.北京:中国农业出版社,1999:3-44.
[2] 国家统计局农村社会经济调查司.1996中国农村统计年鉴.北京:中国统计出版社,1996.
[3] 国家统计局农村社会经济调查司.2006中国农村统计年鉴.北京:中国统计出版社,2006.
[4] 全国农业普查办公室.中国第一次农业普查资料综合提要.北京:中国统计出版社,1998:52-53.
[5] 新疆维吾尔自治区统计局.新疆统计年鉴2008.北京:中国统计出版社,2008.
[6] 刘巽浩.关于农作制与中国农作制区划.//中国耕作制度研究会,农业部科技发展中心.区域农业发展与农作制建设.兰州:甘肃科学技术出版社,2002:3-13.
[7] 毛树春,李亚兵,韩迎春,等.关于全国棉区种植区域划分的几个问题.//中国棉花学会主办,中国棉花学会2010年年会论文汇编,吉林延吉,2010年8月:10-12.
[8] 毛树春.中国棉花生产景气报告2009.北京:中国农业出版社,2010:195-197,185-310,243-248.
[9] 冯泽芳.中国之棉区与棉种.//冯泽芳先生棉业论文选集.1948:124-131.
[10] 中国农业科学院棉花研究所.中国棉花栽培学.上海:上海科学技术出版社,1959:21-42.
[11] 胡竟良,张文庆.1963年全国棉区划分研究初报.中国农业科学院棉花研究所科学研究报告,1964.
[12] 中国农业科学院棉花研究所.中国棉花栽培学.上海:上海科学技术出版社,1983:33-68.
[13] 马家璋,梅方权,沈仍愚,等.我国棉花种植区划及生产基地建设研究.//全国棉花种植区划和生产基地建设学术讨论会论文集,1980.
[14] 刘毓湘.当代世界棉业.北京:中国农业出版社,1995:257-280.
[15] 曾祥光,赖鸣岗,汪若海,等.我国棉花品种类型区划、合理布局于产销平衡问题研究.安阳:中国农业科学院棉花研究所,1989.
[16] 王前忠,韩湘玲,曾祥光.我国棉花品种类型区划、合理布局与产销平衡问题研究(资料),全国农业区划委员会办公室,1990.
[17] 黄滋康.中国棉花品种及其系谱.北京:中国农业出版社,1996:7-12.
[18] 黄滋康,崔读昌.中国棉花生态区划,棉花学报.2002,14(3).
[19] 姚源松.新疆棉花区划新论.中国棉花,2001,28(2).
[20] 姚源松.新疆棉花高产优质高效理论与实践.乌鲁木齐:新疆科学技术出版社,2004.
[21] 崔读昌.中国农业气候学.杭州:浙江科学技术出版,1998:1-20,44-57.
[22] 毛树春.中国棉花生产景气报告2008.北京:中国农业出版社,2009:153-234.

[23] 毛树春.我国棉花耕作栽培技术研究和应用.棉花学报,2007,19(5).
[24] 毛树春.我国棉花栽培技术体系研究和应用.中国农业科学,2007,40(增1).
[25] 毛树春.我国棉花种植技术的现代化问题.中国棉花,2010,37(3).
[26] 中国科学院新疆资源综合考察队.新疆植棉业.北京:中国农业出版社,1994.
[27] 中国农业科学院.中国农业气象学.北京:中国农业出版社,1999:144-148.
[28] 国发〔2017〕24号.国务院关于建立粮食生产功能区和重要农产品生产保护区的指导意见.http://www.gov.cn/zhengce/content/2017-04/10/content_5184613.htm.
[29] 新疆维吾尔自治区统计局编.新疆统计年鉴2013.北京:中国统计出版社,2013.
[30] 新疆维吾尔自治区统计局编.新疆统计年鉴2017.北京:中国统计出版社,2017.
[31] 新疆生产建设兵团统计局、国家统计局兵团调查总队编.新疆生产建设兵团统计年鉴2013.北京:中国统计出版社,2013.
[32] 新疆生产建设兵团统计局、国家统计局兵团调查总队编.新疆生产建设兵团统计年鉴2017.北京:中国统计出版社,2017.
[33] 毛树春.中国棉花景气报告2014.北京:中国农业出版社,2015:107-112.
[34] 毛树春,李亚兵.中国棉花景气报告2016.北京:中国农业出版社,2017:227-281.
[35] 毛树春,李亚兵,王占彪,等.我国棉花产业转型升级提质增效的途径、方法和措施(Ⅱ).//用"品质中高端"引领棉纺织业发展,用"三化"引领现代植棉业发展.绿洲农业与工程.2016,2(4).
[36] 毛树春,李亚兵,王占彪,等.再论用"品质中高端"引领棉花产业发展.农业展望.2017,13(4).
[37] A Report by the Technical Information Section of International Cotton Advisory Committee. Cost of production of raw cotton. Sept. 2013, Washington USA.
[38] Cost of production of raw cotton. A Report by the Technical information Section of the international Cotton Advisory Committee, Washington DC USA, September 1998.
[39] S. Gordon and Y-L. Hsieh. Cotton: Science and technology. UK, Woodhead Publishing, 2007,256-257.
[40] 毛树春,李付广.当代全球棉花产业.北京:中国农业出版社,2016:23-27,35-51,320-328.
[41] 韩湘玲.农业气候学.太原:山西科学技术出版社,1999.

附表 1　全国五大棉区的热量资源

地　点	东经 (°E)	北纬 (°N)	海拔高度 (m)	各月平均气温与年较差(℃)														气温稳定通过 10 ℃	
				1	2	3	4	5	6	7	8	9	10	11	12	年平均	年较差	积温 (℃)	持续期 (d)
华南棉区																			
海南　三亚	109.52	18.23	7.0	21.6	22.5	24.5	26.9	28.4	28.8	28.5	28.1	27.5	26.4	24.3	22.1	25.8	7.2	9 428	365.0
广东　阳江	111.97	21.87	22.0	15.1	15.7	18.8	22.7	25.8	27.6	28.2	27.9	26.8	24.3	20.2	16.5	22.5	13.1	8 103	363.5
广西　灵山	109.30	22.42	66.0	12.8	14.0	17.7	22.6	25.8	27.7	28.3	28.0	26.6	23.2	18.7	14.8	21.7	15.5	7 459	346.3
福建　上杭	116.42	25.05	198.9	10.4	11.9	15.6	20.4	23.6	26.2	27.9	27.4	25.6	22.0	16.7	12.0	20.0	17.4	6 605	320.8
云南　腾冲	98.50	25.02	1 648.7	8.1	9.7	12.9	15.8	18.2	19.6	19.5	19.8	19.0	16.7	12.5	9.0	15.1	11.8	4 807	295.9
云南　元谋	101.87	25.73	1 121.1	14.5	17.5	21.3	24.6	26.4	26.4	25.8	25.2	23.7	21.3	17.1	13.8	21.5	12.6	7 792	364.0
贵州　罗甸	106.77	25.43	441.5	10.2	12.0	16.3	21.0	23.8	25.8	26.8	26.5	24.2	20.4	15.9	11.9	19.6	16.6	6 557	328.8
台湾																			
长江流域棉区																			
四川　遂宁	105.58	30.50	279.5	6.5	8.6	12.7	17.9	22.0	24.8	27.1	27.2	22.6	17.8	12.9	8.0	17.3	20.7	5 533	271.1
四川　达县	107.50	31.20	344.3	6.1	8.1	12.0	17.3	21.5	24.5	27.3	27.5	22.6	17.5	12.5	7.7	17.1	21.4	5 382	258.3
贵州　思南	108.25	27.95	417.7	6.2	7.7	11.8	17.4	21.6	24.8	27.6	27.3	23.5	18.1	13.2	8.5	17.3	21.4	5 476	271.6
陕西　汉中	107.03	33.07	509.3	2.4	4.9	9.2	15.2	19.6	23.3	25.2	25.0	20.1	14.8	8.7	3.6	14.3	22.8	4 456	220.0
湖南　沅江	112.37	28.85	35.5	4.7	6.5	10.4	16.8	21.8	25.3	28.7	28.2	23.5	18.3	12.7	7.3	17.0	24.0	5 407	255.9
湖南　常德	111.68	29.05	34.6	4.7	6.4	10.4	16.9	21.8	25.3	28.6	28.0	23.3	17.9	12.3	7.2	16.9	23.9	5 360	253.2
湖南　岳阳	113.08	29.38	53.6	4.8	6.6	10.6	17.1	22.0	25.6	28.9	28.4	23.7	18.4	12.6	7.4	17.2	24.1	5 448	257.3
江西　波阳	116.68	29.00	40.8	5.2	7.0	11.0	17.2	22.2	25.6	29.2	28.9	24.6	19.3	13.1	7.6	17.6	23.9	5 601	267.8
江西　修水	114.58	29.03	147.4	4.5	6.3	10.3	16.5	21.3	24.9	27.9	27.4	23.2	17.8	11.6	6.5	16.5	23.4	5 191	247.7
安徽　安庆	117.05	30.53	19.6	4.0	5.8	9.9	16.5	21.8	25.3	28.7	28.4	23.7	18.3	12.0	6.4	16.7	24.7	5 323	249.2
安徽　巢湖	117.87	31.95	23.6	2.9	4.7	9.2	15.9	21.3	24.9	28.3	27.9	23.1	17.5	11.1	5.3	16.0	25.4	5 098	234.0
安徽　霍山	116.32	31.40	72.7	2.4	4.3	9.0	15.9	20.8	24.5	27.5	26.6	21.6	16.1	9.8	4.3	15.2	25.1	4 811	228.6
安徽　寿县	116.78	32.55	23.5	1.4	3.5	8.3	14.9	20.4	24.8	27.4	26.7	22.1	16.6	9.7	3.6	14.9	25.9	4 780	224.1
湖北　荆州	112.18	30.33	33.7	4.1	6.0	10.1	16.7	21.6	25.2	28.0	27.7	23.0	17.6	11.7	6.4	16.5	23.9	5 231	243.8
湖北　老河口	111.67	32.38	91.0	2.6	4.7	9.2	16.0	21.0	25.2	27.3	26.6	22.0	16.6	10.3	4.7	15.5	24.7	4 941	233.3
湖北　天门	113.17	30.67	35.0	3.8	5.8	10.0	16.7	21.8	25.5	28.2	27.8	23.0	17.5	11.5	6.0	16.5	24.4	5 216	240.9
湖北　麻城	115.02	31.18	59.0	3.5	5.5	9.9	16.5	21.6	25.5	28.4	27.8	23.1	17.5	11.1	5.5	16.3	24.9	5 153	235.9
湖北　枣阳	112.75	32.15	126.8	2.4	4.6	9.1	16.1	21.1	25.3	27.5	26.8	22.1	16.6	10.3	4.6	15.5	25.1	4 940	230.9
河南　南阳	112.58	33.03	130.7	1.4	3.9	8.6	15.5	20.7	25.3	26.9	26.2	21.6	15.9	9.2	3.4	14.9	25.5	4 753	222.3

（续表）

地点	东经(°E)	北纬(°N)	海拔高度(m)	各月平均气温与年较差(℃)														气温稳定通过10℃	
				1	2	3	4	5	6	7	8	9	10	11	12	年平均	年较差	积温(℃)	持续期(d)
浙江 慈溪	121.27	30.20	8.1	4.3	5.4	9.1	14.9	20.0	24.1	28.2	27.6	23.5	18.4	12.6	6.6	16.2	23.9	5 112	253.5
浙江 平湖	121.08	30.62	10.9	3.9	5.0	8.6	14.3	19.4	23.6	27.9	27.6	23.1	17.8	12.1	6.2	15.8	24.0	4 965	247.6
江苏 赣榆	119.12	34.83	9.8	−0.2	1.6	6.4	13.1	18.6	23.1	26.3	26.0	21.5	15.6	8.4	2.0	13.5	26.6	4 409	212.3
江苏 常州	119.93	31.77	5.8	3.1	4.5	8.6	14.9	20.3	24.3	28.0	27.7	23.2	17.8	11.5	5.5	15.8	25.0	5 006	234.6
江苏 南通	120.85	32.02	5.8	3.1	4.2	8.0	14.0	19.4	23.4	27.2	27.1	22.8	17.6	11.6	5.6	15.3	24.1	4 831	231.4
江苏 射阳	120.25	33.77	6.7	1.1	2.5	6.6	12.9	18.4	22.8	26.4	26.3	21.9	16.3	9.6	3.3	14.0	25.4	4 473	215.5
黄河流域棉区																			
安徽 阜阳	115.82	32.92	38.6	1.7	3.9	8.8	15.8	21.0	25.4	27.7	26.9	22.1	16.5	9.8	4.0	15.3	26.0	4 895	227.3
江苏 徐州	117.15	34.28	41.9	0.4	2.7	8.0	15.1	20.6	25.0	27.1	26.3	21.7	15.7	8.5	2.5	14.5	26.7	4 685	219.8
河南 西华	114.52	33.78	53.5	0.6	3.1	8.1	15.0	20.3	25.3	27.0	25.9	21.1	15.2	8.4	2.5	14.4	26.4	4 609	218.4
河南 商丘	115.67	34.45	51.0	−0.1	2.5	7.7	14.8	20.3	25.3	26.9	25.8	21.1	15.1	7.9	1.9	14.1	27.0	4 579	216.9
河南 开封	114.38	34.77	73.7	0.0	2.7	7.9	15.3	20.7	25.3	26.9	25.9	21.1	15.1	7.8	1.9	14.2	26.9	4 614	215.5
河南 安阳	114.37	36.12	76.4	−0.9	2.2	8.0	15.7	21.1	25.9	26.9	25.7	21.1	15.0	7.1	1.1	14.1	27.8	4 639	214.6
山东 菏泽	115.58	36.03	47.0	−2.1	1.0	7.0	14.4	19.9	25.3	26.7	25.3	20.5	14.3	6.3	0.0	13.2	28.7	4 396	206.6
山东 济南	119.98	36.68	57.8	−0.4	2.2	8.2	16.2	21.8	26.3	27.5	26.2	22.0	16.0	8.3	1.9	14.7	28.0	4 816	219.6
山东 惠民	117.53	37.50	12.2	−3.3	−0.6	5.8	13.9	19.7	24.7	26.5	25.2	20.2	13.8	5.6	−0.9	12.6	29.7	4 301	203.6
河北 邢台	114.50	37.07	78.0	−1.6	1.5	7.9	15.7	21.4	26.1	27.0	25.6	21.0	14.7	6.5	0.4	13.9	28.5	4 613	212.0
河北 黄骅	117.35	36.37	7.3	−3.8	−1.1	5.3	13.8	19.9	24.8	26.6	25.6	20.8	13.9	5.2	−1.4	12.5	30.4	4 330	202.2
河北 石家庄	114.42	38.03	81.2	−2.2	0.8	7.3	15.3	20.9	25.7	26.8	25.4	20.7	14.1	5.9	−0.1	13.4	29.0	4 516	212.4
河北 饶阳	115.73	38.23	20.0	−3.9	−0.7	6.1	14.6	20.5	25.3	26.6	25.1	20.1	13.3	4.8	−1.7	12.5	30.5	4 338	202.2
河北 唐山	118.15	39.67	28.6	−5.1	−2.0	4.6	13.1	19.0	23.4	25.7	24.7	20.0	12.8	4.0	−2.5	11.5	30.8	4 078	196.9
河北 廊坊	116.38	39.12	10.6	−4.4	−1.2	5.6	14.1	20.0	24.8	26.5	25.1	20.1	13.2	4.3	−2.2	12.2	30.9	4 279	200.9
河南 三门峡	111.20	34.80	411.8	−0.3	2.7	8.1	15.3	20.6	24.9	26.4	25.4	20.3	14.4	7.3	1.3	13.9	26.8	4 467	209.8
山西 运城	111.02	35.03	375.9	−0.9	2.6	8.3	15.4	20.9	25.8	27.4	26.3	20.9	14.5	6.7	0.5	14.0	28.3	4 587	210.2
山西 阳城	112.40	35.48	658.8	−2.6	0.2	5.8	13.4	18.8	22.9	24.5	23.2	18.3	12.4	5.3	−0.6	11.8	27.0	3 915	197.4
陕西 华山	110.08	34.48	2 064.9	−6.0	−4.5	0.1	6.7	11.4	15.3	17.5	16.6	12.0	6.8	1.1	−3.7	6.1	23.4	1 867	119.0
甘肃 武都	104.92	33.40	1 081.7	3.3	5.9	10.3	15.8	19.7	22.6	24.7	24.2	19.6	14.9	9.7	4.5	14.6	21.4	4 516	228.7
陕西 武功	108.22	34.25	449.1	−0.4	2.5	7.6	14.1	19.1	24.2	26.0	24.6	19.3	13.6	6.7	1.1	13.2	26.4	4 235	206.6
天津 天津	117.07	39.08	3.8	−3.5	−0.6	5.9	14.3	20.0	24.6	26.5	25.6	20.9	13.9	5.3	−1.1	12.6	30.0	4 377	205.1

（续表）

地点		东经 (°E)	北纬 (°N)	海拔高度 (m)	各月平均气温与年较差(℃)														气温稳定通过 10 ℃	
					1	2	3	4	5	6	7	8	9	10	11	12	年平均	年较差	积温 (℃)	持续期 (d)
山西	太原	112.55	37.78	779.5	−5.5	−2.0	4.2	12.2	18.1	21.8	23.4	21.9	16.5	10.1	2.5	−3.7	9.9	28.9	3 489	182.2
陕西	延安	109.50	36.60	958.8	−5.5	−1.8	4.5	12.2	17.6	21.4	23.1	21.6	16.3	10.0	2.8	−3.5	9.9	28.6	3 391	178.1
辽河流域棉区																				
河北	承德	117.93	40.97	374.4	−9.1	−4.9	2.6	11.9	18.3	22.6	24.4	22.7	17.2	9.9	0.4	−6.9	9.1	33.5	3 587	180.5
辽宁	沈阳	123.07	41.20	45.2	−11.0	−6.9	1.2	10.2	17.0	22.0	24.6	23.6	17.5	9.5	0.3	−7.5	8.4	35.6	3 446	171.3
辽宁	黑山	122.08	41.68	38.2	−10.0	−6.4	0.9	9.6	16.7	21.4	24.0	23.1	17.5	9.8	0.3	−7.1	8.3	34.0	3 407	173.3
辽宁	朝阳	120.45	41.55	176.0	−9.7	−5.9	1.9	11.6	18.3	22.6	24.8	23.2	17.6	10.0	0.6	−6.8	9.0	34.5	3 617	179.4
吉林	白城	122.83	45.63	156.3	−16.4	−11.6	−2.7	7.6	15.7	20.9	23.4	21.5	14.9	5.9	−5.1	−13.6	5.0	39.8	2 907	149.2
西北内陆棉区																				
新疆	石河子	86.03	44.19	442.9	−15.3	−11.6	−0.1	12.1	18.8	23.6	25.3	23.3	17.2	8.2	−1.7	−11.1	7.4	40.6	3 770	176.3
新疆	乌苏	84.67	44.43	478.3	−14.7	−11.1	−0.1	12.5	19.5	24.6	26.6	24.7	18.5	8.9	−1.4	−10.5	8.1	41.2	3 814	175.3
新疆	克拉玛依	84.85	46.28	445.6	−15.4	−11.7	0.1	13.0	20.2	25.9	27.9	26.1	19.6	9.9	−1.3	−11.0	8.6	43.3	4 059	179.4
新疆	精河	82.90	44.62	321.2	−15.2	−11.1	0.3	12.2	19.2	23.9	25.5	23.6	17.6	8.5	−1.0	−10.2	7.8	40.7	3 649	172.7
新疆	伊宁	81.33	43.95	664.3	−8.8	−6.2	2.8	12.7	17.2	20.9	23.1	22.0	17.1	9.5	2.1	−4.6	9.0	31.9	3 440	179.7
新疆	焉耆	86.57	42.08	1 057.2	−11.2	−5.5	3.5	12.4	18.4	21.8	23.2	22.1	16.9	8.9	−0.1	−8.0	8.5	34.4	3 480	178.6
新疆	阿克苏	80.23	41.17	1 105.3	−7.7	−2.2	6.3	14.7	19.2	22.1	23.8	22.5	17.8	10.3	1.8	−5.5	10.3	31.5	3 820	193.6
新疆	轮台	84.25	41.78	977.6	−7.7	−2.0	6.5	15.0	20.5	23.7	25.3	24.2	19.2	10.8	1.7	−5.8	11.0	33.0	4 080	194.2
新疆	库车	83.07	41.72	1 082.9	−7.1	−1.4	6.9	15.2	20.3	23.5	25.3	24.2	19.4	11.5	2.8	−5.0	11.3	32.4	4 134	199.4
新疆	莎车	77.27	38.43	1 232.0	−5.4	−0.5	7.7	15.8	20.0	23.7	25.3	23.6	18.8	11.6	3.4	−3.7	11.7	30.8	4 183	205.0
新疆	哈密	93.52	42.82	737.9	−10.4	−4.1	4.6	13.5	20.2	24.6	26.5	24.7	18.2	9.4	0.0	−8.0	9.9	36.8	3 926	182.9
新疆	吐鲁番	89.20	42.93	37.2	−7.6	−0.5	9.5	19.3	25.9	30.6	32.2	30.0	23.2	13.2	2.7	−5.7	14.4	39.8	5 378	212.3
新疆	和田	79.93	37.13	1 374.7	−4.4	0.4	8.6	16.6	20.9	24.0	25.5	24.4	20.0	12.5	4.4	−2.7	12.5	29.9	4 385	212.0
新疆	喀什	75.98	39.47	1 290.7	−5.3	−0.8	7.5	15.5	19.8	23.5	25.6	24.2	19.4	12.1	3.9	−3.4	11.8	30.9	4 215	207.7
新疆	库尔勒	86.13	41.75	932.7	−7.0	−1.3	7.1	15.5	21.1	24.6	26.4	25.3	19.9	11.3	2.2	−5.2	11.7	33.4	4 250	196.6
甘肃	敦煌	94.68	40.15	1 139.6	−8.3	−3.4	4.3	12.5	18.6	22.7	24.6	23.1	17.0	8.6	0.5	−6.4	9.5	32.9	3 574	177.4
甘肃	民勤	103.08	38.63	1 368.5	−8.5	−4.7	2.3	10.6	16.8	21.0	23.2	21.8	16.0	8.2	−0.1	−6.6	8.3	31.7	3 189	165.8
甘肃	安西	95.77	40.53	1 171.8	−9.5	−4.4	3.3	11.8	18.4	22.5	24.4	23.0	17.0	8.3	−0.8	−8.1	8.8	33.9	3 496	173.3
甘肃	酒泉	98.48	39.77	1 478.2	−8.9	−5.2	1.6	9.8	15.8	19.9	21.7	20.4	14.8	7.4	−0.6	−7.1	7.5	30.6	2 901	158.5
内蒙古	额济纳旗	101.07	41.95	941.3	−10.9	−5.7	1.9	11.2	19.0	24.6	26.7	24.5	17.7	8.3	−1.7	−9.1	8.9	37.5	3 678	169.7

附表 2 全国五大棉区的降水资源

地点		各月降水量(mm)												
		1	2	3	4	5	6	7	8	9	10	11	12	全年
华南棉区														
海南	三亚	8.0	12.8	19.2	43.3	142.3	197.5	192.6	221.5	251.4	234.5	58.3	10.8	1 392.2
广东	阳江	35.7	71.7	85.0	241.7	464.3	387.4	358.9	391.2	232.3	103.9	41.3	29.8	2 443.2
广西	灵山	48.5	60.2	71.1	136.8	215.7	243.4	257.4	243.9	148.8	83.2	48.2	30.2	1 587.4
福建	上杭	51.3	107.5	174.6	213.3	235.3	253.9	138.5	200.5	141.6	54.9	37.4	37.5	1 646.5
云南	腾冲	18.6	35.1	44.8	72.2	136.9	264.1	300.5	251.7	192.7	136.0	60.8	17.2	1 530.6
云南	元谋	5.2	4.0	8.0	10.1	48.8	113.8	147.4	117.8	102.0	54.4	26.1	4.7	642.3
贵州	罗甸	17.6	23.4	36.2	89.2	200.3	226.6	185.3	150.3	90.6	76.5	41.5	13.9	1 151.3
长江流域棉区														
四川	遂宁	14.7	14.8	25.0	63.7	104.0	131.5	198.1	143.3	122.8	65.7	30.1	14.8	928.5
四川	达县	16.8	17.3	44.2	95.3	153.6	168.3	220.7	156.9	155.9	109.3	48.3	22.4	1 208.9
贵州	思南	27.1	25.8	41.5	114.6	162.7	199.9	171.4	117.7	104.9	101.0	51.4	20.0	1 138.1
陕西	汉中	8.7	10.1	31.6	57.0	94.0	97.5	175.2	125.4	139.5	73.5	32.1	8.3	852.8
湖南	沅江	67.6	80.1	127.3	178.6	181.7	192.8	139.6	113.8	71.5	82.7	61.9	39.9	1 337.6
湖南	常德	60.2	67.2	114.6	169.6	162.8	208.9	152.4	129.9	73.2	81.5	64.8	39.0	1 324.2
湖南	岳阳	61.5	69.6	123.2	168.6	167.6	221.8	146.1	120.6	72.7	83.5	58.7	38.2	1 331.8
江西	波阳	77.2	113.9	185.6	237.5	235.7	288.3	162.4	131.8	71.5	68.3	57.8	42.6	1 672.5
江西	修水	70.1	93.7	148.0	223.0	215.5	299.5	177.8	116.8	84.6	79.1	63.6	42.7	1 614.3
安徽	安庆	48.3	71.4	133.4	1 64.3	191.5	280.3	195.9	129.9	88.3	81.9	57.1	32.9	1 475.1
安徽	巢湖	40.0	54.5	92.6	87.4	114.1	181.1	181.5	127.0	74.6	66.7	53.0	26.4	1 099.0
安徽	霍山	49.7	63.7	100.3	105.9	142.7	198.1	199.5	195.0	113.2	93.2	61.9	33.7	1 356.8
安徽	寿县	22.5	34.4	61.0	57.6	72.9	155.0	191.2	104.5	84.0	63.2	43.6	15.7	905.5
湖北	荆州	29.7	44.8	75.4	107.6	140.8	159.9	151.2	119.9	89.3	86.8	55.3	23.5	1 084.4
湖北	老河口	21.5	28.4	51.7	68.4	88.0	99.1	120.6	131.5	95.0	70.4	42.2	18.5	835.4
湖北	天门	32.9	47.1	77.7	119.7	161.1	181.0	152.1	113.3	88.1	86.6	52.1	23.5	1 135.2
湖北	麻城	32.0	51.9	87.4	109.8	158.3	221.3	230.1	121.1	83.3	87.9	47.1	20.9	1 251.2
湖北	枣阳	16.3	23.9	46.5	65.6	100.5	119.5	149.5	124.6	82.6	63.1	36.0	14.3	842.4
河南	南阳	13.7	16.2	34.7	48.8	73.1	123.9	177.8	114.3	76.0	58.2	29.7	11.6	778.1
浙江	慈溪	68.9	74.6	122.0	113.2	121.9	188.2	140.9	152.2	150.7	86.2	58.7	48.3	1 325.8
浙江	平湖	60.3	69.3	112.4	105.0	121.7	179.5	147.7	155.1	136.4	72.6	49.4	41.3	1 250.6

(续表)

地点		各月降水量(mm)												
		1	2	3	4	5	6	7	8	9	10	11	12	全年
江苏	赣榆	18.1	20.9	32.4	47.2	68.4	103.9	237.3	204.9	79.1	48.3	32.3	13.4	906.3
江苏	常州	44.7	53.8	89.3	81.3	102.5	189.3	171.7	116.2	92.3	68.8	52.7	29.7	1 092.1
江苏	南通	43.7	49.0	81.4	72.8	92.7	197.2	164.5	129.5	102.9	55.9	47.9	28.4	1 066.0
江苏	射阳	27.9	36.1	51.7	55.5	71.7	131.7	239.4	180.5	100.0	48.8	44.1	19.2	1 006.6
黄河流域棉区														
安徽	阜阳	26.6	32.6	56.8	56.6	81.5	161.9	189.2	95.9	89.1	63.8	40.0	17.8	911.9
江苏	徐州	17.6	20.5	36.0	47.1	65.5	106.8	241.0	132.7	72.3	51.6	26.8	14.1	832.0
河南	西华	14.8	17.6	37.7	47.2	68.8	89.0	189.1	134.2	77.6	56.1	27.2	14.3	773.6
河南	商丘	13.0	15.4	32.8	40.0	56.2	78.3	171.8	125.7	72.9	42.9	20.2	12.0	681.2
河南	开封	8.1	11.2	28.2	35.4	55.0	73.4	174.9	109.7	69.5	41.5	20.4	9.9	637.2
河南	安阳	4.8	7.7	17.8	23.1	39.8	60.7	178.7	123.3	44.8	34.2	16.3	5.8	556.9
山东	菏泽	4.7	6.8	15.9	23.2	46.1	66.8	145.9	114.6	47.8	34.7	13.7	6.2	526.2
山东	济南	5.9	8.6	15.0	26.8	47.9	81.5	194.7	170.3	56.8	39.7	16.4	7.7	671.1
山东	惠民	4.2	7.7	10.2	23.1	39.3	70.3	184.3	135.5	44.1	31.9	13.5	4.8	568.7
河北	邢台	3.6	7.0	13.0	18.2	30.8	53.3	151.9	120.2	49.5	29.6	12.2	4.1	493.4
河北	黄骅	3.6	5.1	8.6	20.3	35.2	82.2	199.2	129.0	43.3	24.0	12.9	4.5	568.1
河北	石家庄	3.9	7.4	11.3	17.8	36.9	56.7	141.1	148.3	48.1	27.3	13.2	5.1	517.1
河北	饶阳	2.7	6.2	10.0	18.3	33.1	60.3	170.7	128.6	46.3	23.5	10.4	3.9	514.0
河北	唐山	4.3	4.4	9.6	21.3	42.7	86.6	192.9	162.5	48.2	23.5	9.9	4.5	610.4
河北	廊坊	2.5	4.4	7.1	17.9	28.8	71.8	173.6	129.7	39.3	19.6	9.2	3.2	507.2
河南	三门峡	5.7	7.4	22.1	38.7	51.8	65.8	112.7	95.5	84.0	50.1	20.1	5.4	559.3
山西	运城	5.0	6.6	20.1	38.2	46.6	65.1	110.0	82.2	79.2	51.7	20.2	4.6	529.6
山西	阳城	6.2	11.4	25.4	33.3	50.5	67.3	137.7	113.3	71.1	40.3	21.1	6.5	584.0
陕西	华山	11.4	16.4	41.6	65.7	84.3	87.8	152.6	124.7	108.0	79.9	31.1	10.3	813.8
甘肃	武都	1.9	2.8	13.5	33.9	60.1	73.3	86.7	83.0	75.5	34.3	6.2	0.8	471.9
陕西	武功	5.9	10.2	26.9	44.5	62.3	60.7	87.6	90.8	96.0	59.7	22.8	4.4	572.0
天津	天津	3.3	4.0	7.7	20.9	37.7	71.1	170.6	145.7	46.1	22.8	10.6	4.2	544.5
陕西	延安	3.0	5.0	17.6	26.3	41.7	67.7	112.1	117.5	68.0	35.0	13.6	3.2	510.8
山西	太原	3.2	5.2	13.4	19.9	33.3	55.9	102.1	107.1	51.7	25.6	10.7	3.2	431.3

（续表）

地　点		各月降水量(mm)												
		1	2	3	4	5	6	7	8	9	10	11	12	全年
辽河流域棉区														
河北	承德	2.5	3.6	8.3	18.9	49.5	86.8	144.7	118.3	48.3	21.4	7.5	2.5	512.2
辽宁	沈阳	6.0	7.0	17.9	39.4	53.8	92.0	165.5	161.8	74.7	43.3	19.2	9.8	690.4
辽宁	黑山	2.6	2.3	9.6	30.5	45.5	82.8	159.4	130.1	66.0	27.7	11.6	3.2	571.5
辽宁	朝阳	1.5	1.6	6.5	20.0	42.4	81.1	153.8	101.4	44.7	18.3	6.5	2.9	480.7
吉林	白城	0.5	1.2	4.5	13.7	27.6	80.8	130.7	82.0	37.3	15.4	3.2	1.6	398.5
西北内陆棉区														
新疆	石河子	6.7	5.2	9.5	23.5	29.6	21.0	21.5	15.1	15.9	17.9	13.0	8.4	187.1
新疆	乌苏	5.6	6.1	8.4	19.6	25.7	22.9	17.8	14.1	13.7	14.8	9.5	7.6	165.8
新疆	克拉玛依	4.2	2.1	3.6	6.6	16.3	13.1	20.2	15.1	7.4	5.6	6.1	5.3	105.7
新疆	精河	4.0	4.1	5.2	10.0	15.5	13.1	11.5	11.0	9.2	7.1	4.5	7.0	102.0
新疆	伊宁	17.9	19.1	20.2	28.0	27.2	28.5	20.2	14.2	14.6	26.1	27.8	25.0	269.0
新疆	焉耆	1.7	1.2	1.9	2.7	8.5	16.6	18.4	13.0	9.1	4.4	0.7	1.7	80.0
新疆	阿克苏	1.6	2.4	3.5	2.5	8.9	14.0	16.0	14.1	6.2	2.4	0.6	2.5	74.9
新疆	轮台	1.5	1.6	2.6	3.2	8.4	16.2	13.9	13.3	7.0	2.3	0.8	1.2	72.0
新疆	库车	1.8	2.9	3.4	2.7	8.7	18.1	12.9	11.6	7.0	3.2	1.1	1.2	74.6
新疆	莎车	1.1	1.8	3.6	4.3	8.1	9.6	6.7	9.5	3.9	2.3	1.4	0.9	53.4
新疆	哈密	1.3	1.5	1.2	2.0	3.9	6.6	7.3	5.3	3.3	3.3	2.0	1.3	39.1
新疆	吐鲁番	1.1	0.5	1.2	0.5	0.9	2.9	1.9	1.8	1.6	1.7	0.6	1.0	15.6
新疆	和田	1.6	2.0	1.3	1.5	6.6	8.2	5.7	4.9	1.8	1.3	0.1	1.5	36.4
新疆	喀什	2.1	5.7	6.7	5.2	8.5	7.7	9.1	7.9	5.3	2.5	1.6	1.7	64.1
新疆	库尔勒	2.0	1.5	1.2	2.0	6.7	9.9	12.4	8.6	7.0	4.1	0.6	1.4	57.5
甘肃	敦煌	0.8	0.8	2.1	2.4	2.4	8.0	15.2	6.3	1.5	0.8	1.3	0.8	42.2
甘肃	民勤	0.5	1.0	2.8	4.7	10.0	15.9	23.8	28.1	17.2	6.9	1.6	0.5	113.1
甘肃	酒泉	1.2	1.4	4.8	3.7	7.9	14.8	20.5	19.7	8.8	2.3	1.7	1.1	87.8
甘肃	安西	0.9	0.6	3.0	3.7	3.3	10.3	13.3	11.3	2.4	2.0	1.5	1.3	53.6
内蒙古	额济纳旗	0.2	0.1	1.2	1.1	2.1	4.2	10.0	8.9	4.7	2.4	0.3	0.2	35.2

附表 3 全国五大棉区的日照条件

地点		全年日照时数(h)	平均日照时数(h)												
			1月	2月	3月	4月	5月	6月	7月	8月	9月	10月	11月	12月	全年平均
华南棉区															
海南	三亚	2 478.9	6.4	5.7	6.1	6.9	8.0	7.2	7.9	7.3	6.7	6.7	6.5	6.1	6.8
广东	阳江	1 758.7	4.2	2.6	2.2	2.7	4.3	5.3	6.7	5.8	6.1	6.4	6.0	5.4	4.8
广西	灵山	1 665.0	2.6	2.0	1.9	2.8	4.8	5.5	6.5	6.0	6.6	5.8	5.4	4.5	4.5
福建	上杭	1 802.8	4.0	3.1	2.7	3.2	3.9	4.9	7.2	6.7	6.2	6.1	5.6	5.2	4.9
云南	腾冲	2 047.5	7.9	7.2	7.2	6.6	5.5	2.9	2.2	3.3	4.1	5.7	6.9	7.9	5.6
云南	元谋	2 593.6	8.2	8.6	8.6	8.4	7.8	6.2	5.5	6.0	5.3	6.0	7.1	7.7	7.1
贵州	罗甸	1 376.0	1.9	2.2	3.1	4.1	4.3	4.2	5.4	6.0	4.8	3.6	2.9	2.7	3.8
长江流域棉区															
四川	遂宁	1 189.0	1.2	1.7	2.9	4.2	4.3	4.2	5.6	6.3	3.3	2.3	1.9	1.1	3.2
四川	达县	1 243.3	1.1	1.7	2.4	4.2	4.5	4.4	6.1	6.9	3.7	2.5	2.0	1.1	3.4
贵州	思南	1 136.5	1.0	1.2	1.7	2.9	3.5	3.8	6.1	6.1	4.2	2.9	2.1	1.5	3.1
陕西	汉中	1 553.2	2.8	3.0	3.4	5.1	5.6	5.8	6.1	6.5	4.0	3.2	2.7	2.6	4.2
湖南	沅江	1 643.3	2.6	2.4	2.6	3.9	4.9	5.1	7.6	7.2	5.3	4.5	4.1	3.6	4.5
湖南	常德	1 604.2	2.7	2.5	2.6	3.9	4.8	5.0	7.2	6.9	5.2	4.4	4.0	3.4	4.4
湖南	岳阳	1 656.4	2.7	2.7	2.7	4.0	4.8	5.2	7.4	7.1	5.4	4.5	4.1	3.8	4.5
江西	波阳	1 850.7	3.2	3.1	2.9	3.8	4.9	5.3	7.9	7.9	6.4	5.5	5.0	4.7	5.1
江西	修水	1 579.8	2.6	2.6	2.4	3.4	4.4	4.7	6.7	6.7	5.3	4.6	4.2	4.1	4.3
安徽	安庆	1 831.5	3.4	3.6	3.6	4.7	5.4	5.3	7.0	7.1	5.7	5.1	4.8	4.4	5.0
安徽	巢湖	1 968.0	4.0	4.1	4.2	5.5	6.1	5.8	6.8	7.0	5.6	5.5	5.1	4.8	5.4
安徽	霍山	1 846.6	3.9	4.0	4.0	5.3	5.7	5.7	6.3	6.2	5.0	5.0	4.9	4.6	5.0
安徽	寿县	2 135.6	4.5	4.7	4.9	6.3	6.8	6.6	7.0	7.3	5.9	5.7	5.4	4.9	5.8
湖北	荆州	1 733.5	3.0	3.1	3.4	4.7	5.2	5.4	7.0	7.1	5.4	4.6	4.2	3.6	4.7
湖北	老河口	1 765.2	3.4	3.7	4.0	5.3	5.8	6.0	6.0	6.1	4.7	4.6	4.3	4.0	4.8
湖北	天门	1 789.5	3.2	3.2	3.5	4.7	5.5	5.7	7.0	7.2	5.5	4.8	4.5	3.9	4.9
湖北	麻城	2 031.3	4.0	4.1	4.0	5.4	6.1	6.1	7.2	7.8	6.1	5.5	5.3	4.9	5.6
湖北	枣阳	1 940.6	3.9	4.1	4.3	5.6	6.1	6.2	6.7	6.9	5.5	5.1	4.7	4.4	5.3
河南	南阳	1 898.9	3.7	4.1	4.4	5.8	6.1	6.4	6.1	6.5	5.2	5.0	4.7	4.3	5.2
浙江	慈溪	1 935.4	3.7	3.9	3.9	5.2	5.8	5.3	7.7	7.6	5.6	5.2	4.9	4.6	5.3
浙江	平湖	2 035.1	4.0	4.2	4.2	5.3	6.0	5.5	7.9	7.9	6.0	5.5	5.2	5.0	5.6

(续表)

地点		全年日照时数(h)	平均日照时数(h)												
			1月	2月	3月	4月	5月	6月	7月	8月	9月	10月	11月	12月	全年平均
江苏	赣榆	2 496.5	5.7	6.1	6.6	7.6	8.2	7.6	6.7	7.5	7.3	6.8	6.0	5.8	6.8
江苏	常州	1 941.0	4.0	4.2	4.2	5.4	6.0	5.3	6.6	6.9	5.6	5.5	5.1	4.8	5.3
江苏	南通	2 022.1	4.4	4.6	4.6	5.7	6.2	5.3	6.6	7.1	5.7	5.6	5.4	5.1	5.5
江苏	射阳	2 203.3	4.8	5.3	5.6	6.7	7.2	6.4	6.3	7.0	6.2	6.1	5.5	5.3	6.0
黄河流域棉区															
安徽	阜阳	2 011.4	4.2	4.4	4.6	6.1	6.6	6.6	6.4	6.4	5.6	5.4	5.1	4.6	5.5
江苏	徐州	2 224.3	4.7	5.2	5.7	7.0	7.5	7.3	6.2	6.6	6.3	6.2	5.5	4.9	6.1
河南	西华	2 122.2	4.5	4.8	5.1	6.7	7.0	7.2	6.5	6.7	5.9	5.6	5.1	4.6	5.8
河南	商丘	2 145.0	4.6	5.1	5.4	6.7	7.3	7.1	6.2	6.2	6.1	6.0	5.2	4.6	5.9
河南	开封	2 204.1	4.5	5.0	5.4	7.0	7.5	7.7	6.6	6.7	6.2	6.0	5.2	4.6	6.0
河南	安阳	2 230.0	4.6	5.3	5.8	7.3	8.1	7.8	6.1	6.5	6.2	5.8	5.1	4.5	6.1
山东	菏泽	2 329.1	5.0	5.5	6.1	7.3	8.0	8.0	6.4	6.7	6.7	6.3	5.6	5.0	6.4
山东	济南	2 518.1	5.5	6.1	6.8	8.0	8.8	8.5	6.8	7.0	7.2	6.8	5.9	5.4	6.9
山东	惠民	2 567.3	5.7	6.1	6.9	8.0	8.7	8.5	6.8	7.2	7.7	7.1	6.0	5.6	7.0
河北	邢台	2 454.3	5.6	6.1	6.6	7.9	8.6	8.2	6.5	6.9	6.9	6.4	5.6	5.3	6.7
河北	黄骅	2 573.0	5.8	6.3	7.0	7.9	8.7	8.3	7.1	7.3	7.7	7.0	5.9	5.5	7.0
河北	石家庄	2 431.6	5.6	6.3	6.6	7.9	8.6	8.3	6.5	6.4	6.9	6.3	5.5	5.1	6.7
河北	饶阳	2 678.0	6.3	6.6	7.4	8.4	9.2	9.1	7.3	7.3	7.6	6.9	6.1	5.8	7.3
河北	唐山	2 579.9	5.9	6.6	7.2	8.3	8.8	8.3	6.5	6.9	7.9	7.0	5.9	5.4	7.1
河北	廊坊	2 631.9	6.1	6.5	7.2	8.2	9.1	8.7	7.2	7.3	7.7	7.1	5.9	5.5	7.2
河南	三门峡	2 189.9	4.8	5.0	5.2	6.6	7.4	7.5	7.1	6.9	5.8	5.4	5.2	5.0	6.0
山西	运城	2 219.2	4.8	5.2	5.4	6.7	7.5	7.6	7.4	7.2	5.9	5.4	5.1	4.9	6.1
山西	阳城	2 463.5	5.9	6.0	6.0	7.5	8.4	8.3	7.3	7.2	6.4	6.2	6.0	5.8	6.7
陕西	华山	2 505.0	6.5	6.3	6.2	7.4	7.8	7.8	7.6	7.5	6.2	6.0	6.4	6.5	6.9
甘肃	武都	1 852.6	4.9	4.5	4.4	5.6	5.8	5.5	6.0	6.1	4.3	3.9	4.8	5.2	5.1
陕西	武功	1 891.5	4.2	4.5	4.4	5.7	6.3	6.5	6.4	6.5	4.8	4.3	4.2	4.3	5.2
天津	天津	2 522.9	5.8	6.3	6.6	7.7	8.6	8.4	7.0	7.2	7.4	6.8	5.8	5.4	6.9
山西	太原	2 502.2	5.6	6.2	6.5	7.7	8.6	8.4	7.4	7.2	7.0	6.7	5.8	5.2	6.8
陕西	延安	2 451.8	6.3	6.1	6.3	7.4	8.0	8.0	7.2	6.9	6.1	6.2	6.2	6.0	6.7

（续表）

地　点		全年日照时数(h)	平均日照时数(h)												
			1月	2月	3月	4月	5月	6月	7月	8月	9月	10月	11月	12月	全年平均
辽河流域棉区															
河北	承德	2 749.1	6.3	7.2	7.8	8.6	8.9	8.8	7.4	7.6	8.0	7.6	6.5	5.7	7.5
辽宁	沈阳	2 469.4	5.2	6.3	7.2	7.9	8.3	8.0	6.7	7.1	7.6	6.8	5.4	4.7	6.8
辽宁	黑山	2 603.7	6.3	7.0	7.7	8.1	8.3	7.8	6.5	7.2	7.8	7.0	6.1	5.8	7.1
辽宁	朝阳	2 756.1	6.7	7.4	7.8	8.3	8.6	8.2	7.4	7.6	8.2	7.6	6.6	6.2	7.5
吉林	白城	2 900.8	6.7	7.8	8.6	8.8	9.0	8.7	8.3	8.6	8.4	7.7	6.7	6.0	7.9
西北内陆棉区															
新疆	乌苏	2 668.2	4.2	5.2	6.2	8.4	9.6	10.1	10.4	10.0	9.1	7.1	4.2	3.0	7.3
新疆	石河子	2 713.7	4.4	5.3	6.6	8.6	9.7	10.1	10.3	9.9	9.0	7.4	4.7	3.2	7.4
新疆	克拉玛依	2 695.0	4.5	5.7	7.1	8.6	9.4	9.9	9.8	9.6	8.9	7.1	4.6	3.2	7.4
新疆	精河	2 554.8	4.2	5.1	5.7	7.8	9.0	9.7	10.1	9.7	8.7	6.8	3.9	3.1	7.0
新疆	伊宁	2 853.7	5.2	6.0	6.9	8.4	9.4	10.0	10.6	10.2	9.2	7.5	5.6	4.7	7.8
新疆	焉耆	2 979.6	5.5	7.1	7.9	8.8	9.6	9.8	9.7	9.7	9.4	8.4	6.9	5.0	8.2
新疆	阿克苏	2 871.4	6.0	6.5	6.7	7.9	8.9	9.8	10.1	9.3	8.8	8.2	6.7	5.4	7.9
新疆	轮台	2 670.1	5.5	6.3	6.2	7.3	8.2	8.8	8.9	8.7	8.5	7.6	6.5	5.3	7.3
新疆	库车	2 718.4	5.9	6.4	6.4	7.4	8.2	8.9	9.1	8.7	8.5	7.7	6.6	5.5	7.4
新疆	莎车	2 861.4	5.9	6.5	6.6	7.7	8.5	10.1	9.6	8.7	8.6	8.4	7.4	6.0	7.8
新疆	哈密	3 285.7	6.8	7.8	8.6	9.6	10.9	11.0	10.8	10.4	9.9	8.7	7.2	6.1	9.0
新疆	吐鲁番	2 913.5	5.2	6.7	7.7	8.6	9.7	10.0	10.1	9.9	9.3	8.1	6.2	4.4	8.0
新疆	和田	2 588.8	5.4	5.8	6.0	6.9	7.6	8.5	7.8	7.5	8.0	8.4	7.4	5.8	7.1
新疆	喀什	2 727.6	5.0	5.7	6.0	7.1	8.2	10.1	10.1	9.3	8.6	7.7	6.5	5.1	7.5
新疆	库尔勒	2 855.1	5.7	6.8	7.3	8.1	8.9	9.2	9.2	9.2	9.0	8.1	6.9	5.5	7.8
甘肃	敦煌	3 259.3	7.1	7.7	8.2	9.4	10.3	10.5	10.3	10.2	9.9	9.1	7.7	6.7	8.9
甘肃	民勤	3 075.2	7.5	7.6	7.9	8.7	9.4	9.6	9.3	9.1	8.5	8.0	7.9	7.4	8.4
甘肃	安西	3 132.5	6.7	7.5	8.0	9.0	9.8	10.0	9.9	9.8	9.8	8.7	7.3	6.4	8.6
甘肃	酒泉	3 033.0	7.1	7.5	7.8	8.6	9.5	9.4	9.0	8.9	8.9	8.6	7.6	6.7	8.3
内蒙古	额济纳旗	3 406.4	7.5	8.2	8.9	10.0	11.0	11.1	10.7	10.4	10.1	9.1	7.8	7.1	9.3

第二篇

棉花栽培的生物学基础

认识棉花器官的形态结构和生理功能，了解棉花生物学习性，对掌握棉花生长发育规律、提高科学植棉水平、进一步提高产量、改善棉花品质具有重要意义。

第五章　棉花的根系建成和生理功能

第一节　棉花根系的形态结构与功能

棉花的根系入土深，属直根系，由主根、侧根、支根、毛根和根毛组成。棉花根系的功能部位分布在侧根和主根的根尖部分，其长度一般不超过 10 cm，生长区域则集中于近根端约 1 cm 的范围内，根尖以外的成长根起输导和固定作用。

一、根系的形态

由于种植方式的不同，棉花根系形态也会发生相应的变化。

（一）直播棉

棉花播种后，种子萌发时胚根向下生长形成主根。子叶平展后第三天，开始分生一级侧根，一级侧根大多呈四行排列，向四周近乎水平延伸，而后斜向下生长。一级侧根生长点后约 5 cm 处分生二级侧根（支根），条件适宜可继续分生三级、四级乃至五级侧根，侧根根尖附近大量分生毛根。一年生棉花主根长达 200 cm。侧根发达，分布广，横向扩展可达 60～100 cm；下部侧根伸展范围小，愈向下侧根愈短。直播棉花大部分根系分布在地面下 10～40 cm 的土层，构成倒圆锥形根系（图 5－1）。

（二）地膜棉

地膜覆盖直播棉花，简称地膜棉。由于地膜覆盖的增温保湿效应，地膜棉的根系主根入土不及直播棉深。侧根发生离地面较近，分布广而长，侧根数量上层多而密集，支根和小支根多而发达，形成上密下稀的伞状形根系（图 5－2）。据中国地膜覆盖栽培研究会棉花学组

图 5-1 直播棉花的根系形态

(引自吴云康,1993)

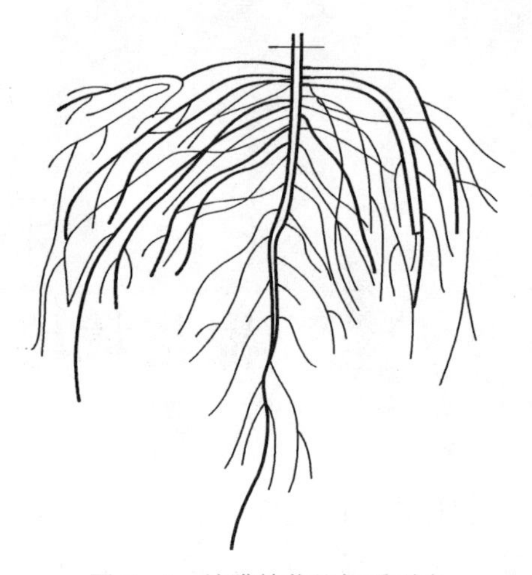

图 5-2 地膜棉花的根系形态

(引自吴云康,1993)

研究,地膜棉根系比露地棉长,苗期比露地棉增长 65%,蕾期增长 216.9%,花铃期增长 45.6%。

地膜棉花的侧根发生离地表近,根系与下胚轴之间有根茎过渡区。由于土表温度较高,有利侧根原基在中柱鞘上的发生,穿过皮层向外伸展,侧根一般离地面 2～3 cm,较直播棉花发生浅(图 5-2)。

(三) 移栽棉

移栽棉花的根系,因移栽时主根折断,故侧根发达、粗壮,伸展范围比直播棉宽,主根入土较浅,呈鸡爪形,在主根 8～10 cm 伤断处发生一小群侧根,形成近似放射状的下层根群,有的具有替代主根作用,比较粗壮,形似鸡爪根。在主根 8～10 cm 范围内的一级侧根,也由于移栽时的损伤,待恢复生机后,在一级侧根伤断处发生许多支根和小支根,形成近似放射状的上层根群。因此,移栽棉花的完整根系为上下两层根群形态(图 5-3)。

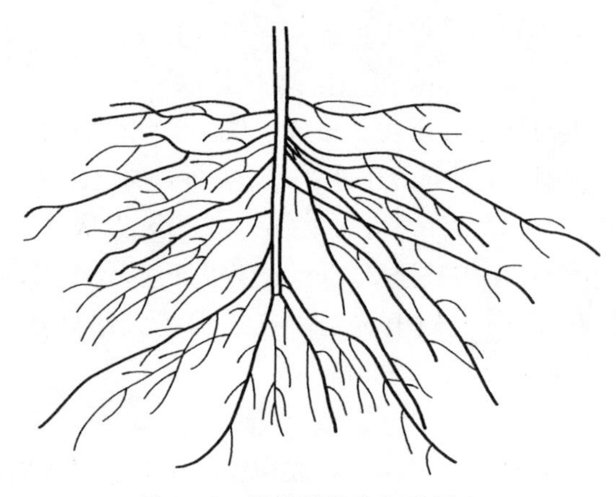

图 5-3 移栽棉花的根系形态

(引自吴云康,1993)

二、根的组织结构

棉花根系起着吸收养分、水分和输导、固定作用，同时还合成氨基酸等含氮有机化合物、激素以及其他有机养分，因此，根系也是棉株的生长代谢中心之一。棉根的这些功能与其细胞结构有密切联系。

（一）根尖的分区

从根毛出生处到根的顶端称为根尖，其长度在数厘米。根尖是棉根生理机能最活跃的部分，侧根的生长、主根的下扎、养分和水分的吸收以及相关物质的合成都集中于根尖。

棉花的根尖从根顶端向后依次可分为根冠、分生区、伸长区和根毛区四个部分。当然由于根尖处于快速生长过程，各区之间无明显的分界，从一个区至另一个区是渐进式的（图 5－4）。

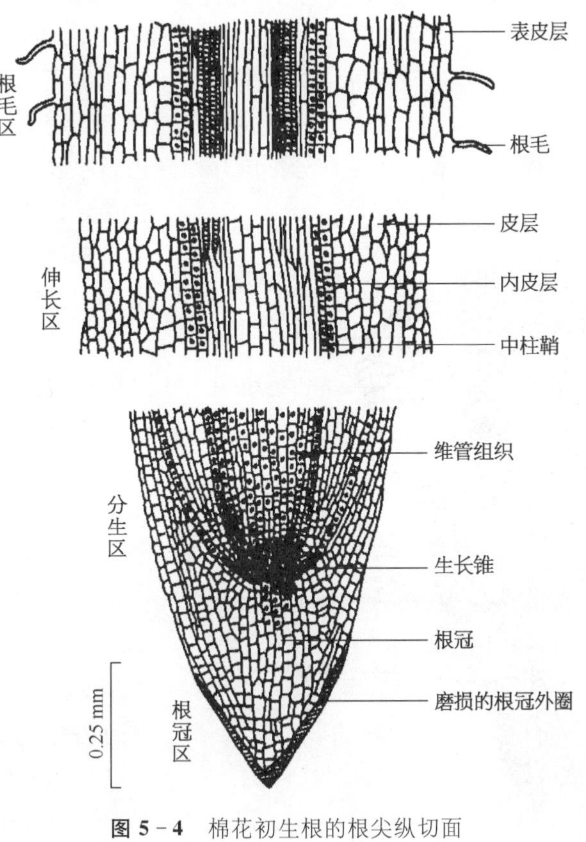

图 5－4　棉花初生根的根尖纵切面

（引自李正理，1979）

1. 根冠　在根尖的最前端，它是生长点外罩，具有保护生长锥分生组织的作用。根冠由许多薄壁细胞组成，这些薄壁细胞分泌含有多糖、果胶质的糖体，可润滑土粒表面，有助根尖的延伸。用电子显微镜观察发现，根冠细胞的下侧，排列着一种很规则的淀粉粒，称平衡体，由于平衡体的作用，使根有向地性。根冠还能形成一些抑制生长的激素，对次生根的生长和分化起调节作用。

2. 分生区　即生长点，由分生组织细胞所构成，该部分大部分被根冠包围，长 1 mm 左右。生长点的细胞形状为多面体，排列紧密，胞壁薄，胞核大，胞质浓，液胞小。这些细胞不断进行分裂，使根尖不断增加新细胞。在分生区的最顶端有三层原始细胞，由外向内，依次分化为根冠与表皮、皮层和中柱的初生分生组织。

3. 伸长区　在分生区后边的细胞，全长约数毫米，细胞分裂能力逐渐减弱至停止分裂，转向细胞体积增大，明显地表现为纵向伸长，是棉根向前伸延的主要部位；同时开始组织分化，原生木质部的导管和原生韧皮部的筛管逐渐形成。

4. 根毛区　位于伸长区之后。此区是细胞基本定型的区域，全长可达几厘米。该区组织分化已趋成熟，也称成熟区。由于部分表皮细胞形成纤细根毛，使该区密被根毛，成为根系吸收水分的主要部位。同时，根毛还能分泌有机酸，使难溶的矿物养分容易被吸收，根毛区没有长成根毛的表皮细胞同样有吸收能力，只是有根毛的吸收能力更强。根毛功能期一般为 2～3 周或更短。由于根尖的不断生长，新的根毛不断形成，使根系吸收范围不断扩大和改变位置，使主要吸收区向土壤下部和四周扩展。

(二) 根的初生结构

在幼根初生生长过程中，伸长区中的部分细胞开始分化为原表皮层，基本分生组织及原形成层等初生组织，这些初生组织至成熟区发育成表皮、皮层和中柱，即根的初生结构(图 5－5)。

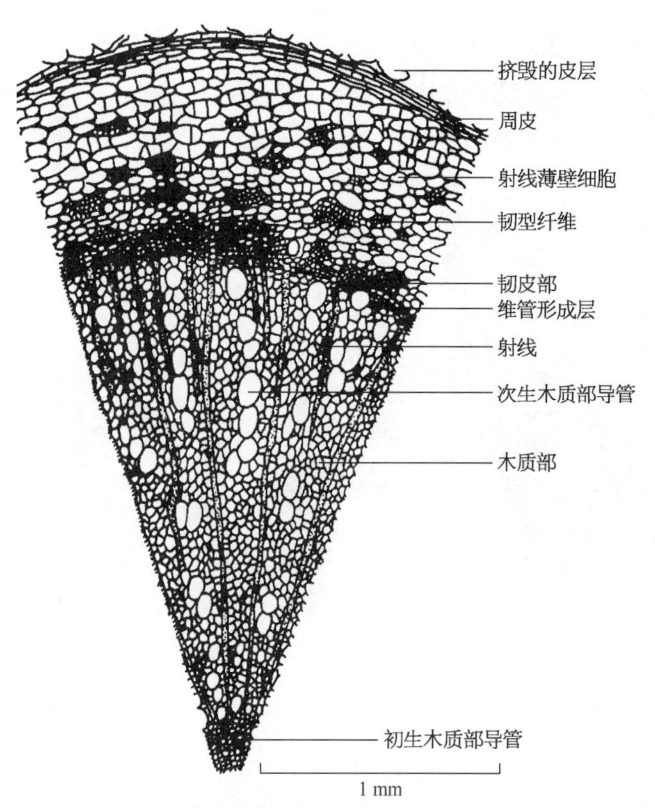

图 5－5　棉花主根中部横切面

(引自李正理，1979)

1. 表皮层　是幼根最外面排列紧密、近似长方形的细胞层。水分和溶质可以自由通过表皮层，有部分表皮细胞向外突起形成根毛，增强根的吸收功能。

2. 皮层　该层位于表皮细胞之内，是由多层较大的薄壁细胞构成。该层细胞含有棉酚和花色素苷。皮层靠外的一层或几层细胞排列较紧密，无间隙，为外皮层。当根毛和表皮细胞枯死后，外皮层细胞逐渐栓质化，形成新的保护组织。皮层最内的一层细胞排列十分紧密，其细胞径向壁和横向壁上有栓质化的凯氏带，控制通过皮层向中柱运转的溶质。随着根的老化和成熟，皮层逐渐被瓦解。当遭遇逆境如低温或酸、碱性土壤环境时，皮层会受到伤害和破裂，大量碳水化合物和氨基酸渗出，严重时造成根尖死亡。

3. 中柱 中柱是棉根的输导组织，位于内皮层以内的中轴部分。紧靠内皮层的薄壁细胞层为中柱鞘，这层细胞保留了分生能力，形成棉花的侧根、束间形成层和木栓形成层。中柱鞘向里是外始式四原型的初生木质部和初生韧皮部(少数棉株为五原型)，相应的发生四列或五列一级侧根，初生木质部和初生韧皮部相间排列。初生木质部按其分化的先后分为原生木质部和次生木质部。原生木质部处于中柱的四角，细胞较小而壁厚，后生木质部则居于中央，细胞较大、壁较薄。初生韧皮部同样也进行向心分化，早分化的分布于中柱四周，后分化的则向里分布。在盐碱、缺钙(含钙低于 0.5 mol/L)的土壤中，由于皮层受损，中柱也受到损害，木质部、韧皮部和中柱鞘的细胞壁不能增厚，常常造成根系软弱，甚至造成死苗。

(三) 根的次生结构

初生结构中仍保持分生能力的细胞，在棉根完成初生生长后，细胞分裂形成次生结构。由维管形成层产生次生木质部和次生韧皮部，由木栓形成层形成周皮。

1. 维管形成层 由初生木质部和初生韧皮部之间保持未分化状态的薄壁细胞恢复分裂能力形成的。维管形成层的活动，先在初生韧皮部内侧开始，然后向两侧初生木质部延伸，最后与中柱鞘上一部分形成层相接，从而构成波浪形有四个角(或五角)的维管形成层。该形成层的细胞不断分化生长，向内产生次生木质部，向外产生次生韧皮部。随着这些次生维管组织的不断生长，在外部形态上表现为根不断增粗。由于分生的次生木质部细胞多于次生韧皮部细胞，因而加粗的根系次生木质部占较大比例，根系也逐渐木质化，抗倒能力随之增强。木质部的导管，由许多木质化的管状死细胞纵向连接而成，是输导水分和矿质营养的主要通道。韧皮部的筛管由管状活细胞纵向连接而成，是茎叶向根部输送同化产物的主要通道。棉根的次生韧皮部分布多酚色素腺，其颜色与根皮近似，因此在外观上不易发现。棉根中棉酚的含量随生育进程不断增加。

2. 木栓形成层 棉根的次生维管组织形成后，中柱鞘细胞进行径向分裂，其外层形成木栓形成层。该形成层向外产生排列紧密的木栓层细胞，向内分化为栓内层细胞，这两层和原来的木栓形成层合称周皮。当根加粗将表皮和皮层先后挤破后，周皮代替外皮层起保护作用。

Reinhardt 和 Rost 通过对陆地棉品种 Acala SJ - 2 的根冠初生组织横切面的细胞结构观察进一步表明(图 5 - 6、图 5 - 7)，在离根尖 400～500 μm 处，单列状的表皮细胞可明显观察到，根冠层已从根尖延伸了 3 mm，皮层由 8～9 层细胞构成，中柱鞘层细胞更快地伸长，后生木质部和皮层中部很多的小液泡出现，体积变大，但数量变少(图 5 - 6B、C、D)；在离根尖 700～800 μm 处，初生韧皮部筛管出现，呈五角形，胞壁凹陷，随后完全液泡化和成熟。邻近初生韧皮部的是变大的中柱鞘细胞(图 5 - 6C)。

离根尖越远，所有组织液泡化越明显。在离根尖 1 500～2 000 μm 处，明显可见内皮层和中柱鞘中更大的液泡(图 5 - 6D)，韧皮部的细胞中甚至更大(图 5 - 6D、E)。此外，内皮层和一些木质部薄壁细胞变得密(图 5 - 6E、F)。大部分皮层细胞成熟，液泡大、胞质小。此处木质部的液泡化已达到初生四原体(图 5 - 6D)。在离根尖 1 500～2 000 μm 处，木质部细胞完全液泡化，次生胞壁增厚并木质化。在离根尖 6～9 mm 处，初生四原体细胞完全成熟(图 5 - 7A、B)，

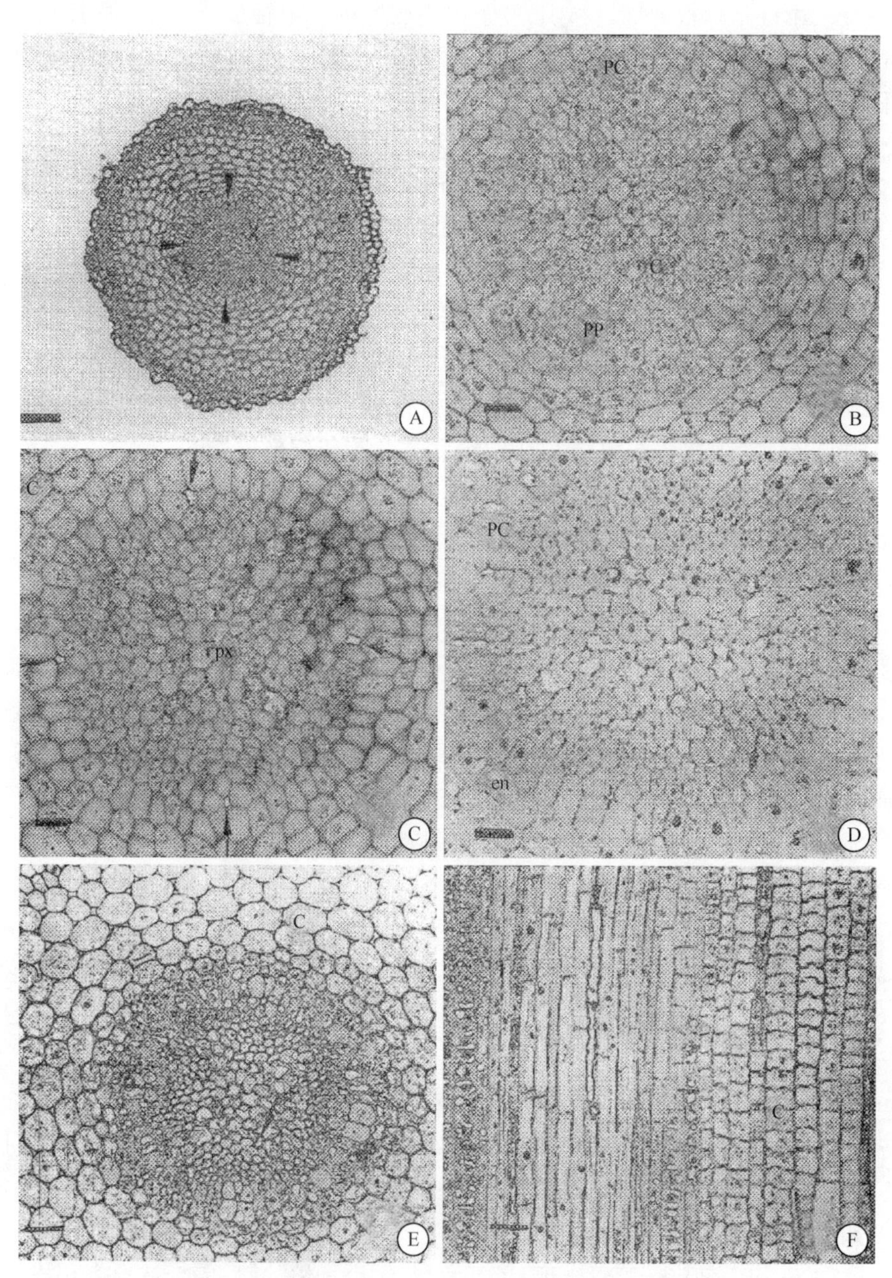

图 5-6　播种后 6 d 在根尖 2.5 mm 范围内根的解剖

A. 离根尖 400 μm 根的横断面(水平棒=29 μm)；B. 离根尖 800 μm 的中柱和内皮层横断面(水平棒=18 μm)；C. 离根尖 1 100 μm 的中柱和内皮层横断面(水平棒=18 μm)；D. 离根尖 2 000 μm 的中柱横断面(水平棒=18 μm)；E. 离根尖 2 100 μm 的内表皮细胞和木质部薄壁细胞(水平棒=39 μm)；F. 离根尖 2 500 μm 的木质化的内表皮细胞和木质部薄壁细胞(水平棒=36 μm)

(引自 Reinhardt and Rost，1995)

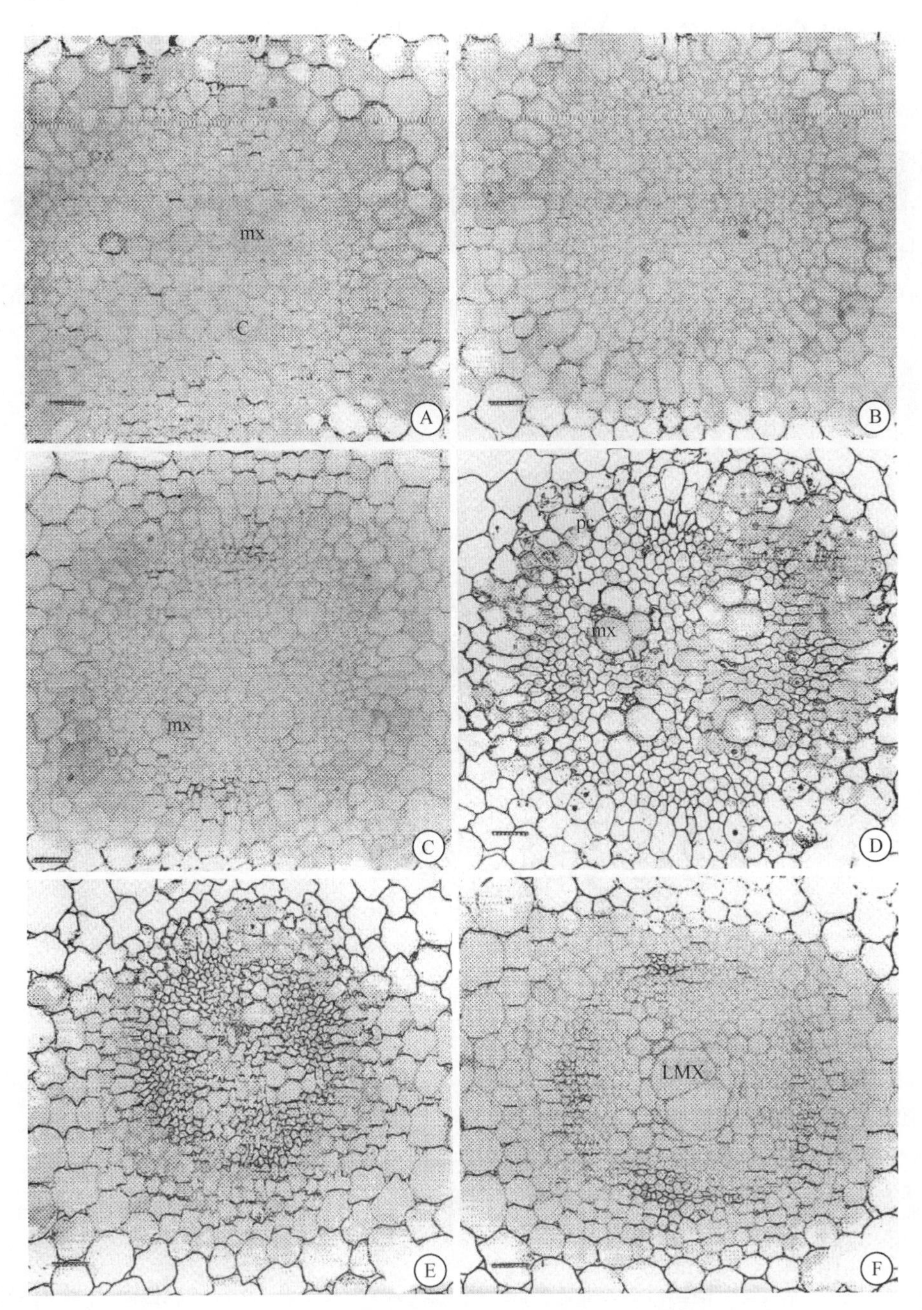

图 5-7　离根尖 6～50 mm 范围内根的解剖

A～E 为播种后 6 d 的棉苗，F 为播种后 9 d 的棉苗。A. 离根尖 6 mm 的中柱和内皮层的横断面(水平棒＝18 μm)；B. 离根尖 8 mm 的中柱和内皮层横断面(水平棒＝20 μm)；C. 离根尖 20 mm 的中柱和内皮层横断面(水平棒＝24 μm)；D. 离根尖 30 mm 的中柱和内皮层横断面(水平棒＝24 μm)；E. 离根尖 50 mm 的中柱和内皮层横断面(水平棒＝33 μm)；F. 离根尖 50 mm 的中柱和内皮层横断面(水平棒＝47 μm)
(引自 Reinhardt and Rost，1995)

已见次生木质部的纹孔状的细胞壁。离根尖 15～20 mm 处，一些次生木质部的细胞已成熟，而在次生木质部中间的细胞正在形成次生壁(图 5－7C)。在这个部位，侧根开始分化(图 5－7D)。发芽 6 d 的棉苗次生木质部导管还未形成，至 9 d 则已形成。

(四) 次生根的发生

由主根发生的各级侧根和由下胚轴基部产生的不定根均为次生根。次生根发生于根尖的成熟区。棉根原生木质部的中柱鞘细胞，先进行切向分裂成几层细胞，继而向四周分裂，形成侧根原基(图 5－8)。随侧根原基细胞的增殖，分化伸长，最后穿出母根的皮层，形成新一级侧根。在侧根原基伸长的同时，其韧皮部、木质部与母根中的韧皮部和木质部相连接。很多栽培措施如移栽、中耕、地膜覆盖均能促进次生根的形成，特别是移栽棉花，由于主根折断，刺激形成大量的次生根。

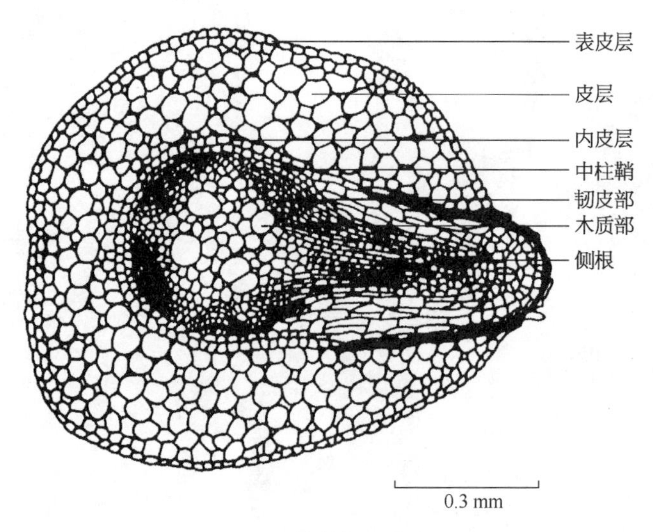

图 5－8 棉花侧根的发生

(引自李正理，1979)

(五) 根茎过渡区的结构

根茎过渡区即棉花的下胚轴，其部位为从子叶节到根部的一段。这个部位下端与根相连，上端与主茎相连。由于其所处位置是从根部向地上部茎的过渡地带，因而其细胞结构中维管束组织与根茎显著不同。

棉根的维管束呈四原型，且初生木质部形成是外始式。在棉茎内，维管束呈内外排列，初生木质部是内始式，通过下胚轴(根茎过渡区)维管的木质部发生变化，转换成茎的维管组织结构。在过渡区的维管组织变化中，初生韧皮部变化不明显，初生木质部则产生了显著的变化。在每一个初生木质部束中间裂开、下胚轴向上延伸时，分叉各向侧面左右展开，后生木质部的基部逐渐靠向韧皮部的内侧，接着两个分叉又逐渐靠拢，转向 180°，最后分叉合并，形成初生木质部在中间、后生木质部贴近韧皮部的排列方式，以及木质部和韧皮部内外排列的内始式方式(图 5－9)。在棉苗出土至形成真叶前，下胚轴的维管束已呈环状排列，并由 4

束维管束分化为 8 束，但近子叶节区域又各分化为 4 束。胚轴内的皮层组织也由小变大，但薄壁细胞逐渐变小，髓部与皮层正好相反，区域由小变大，细胞也由小变大，并在维管束间也出现了射线，分隔维管束(图 5-10)。

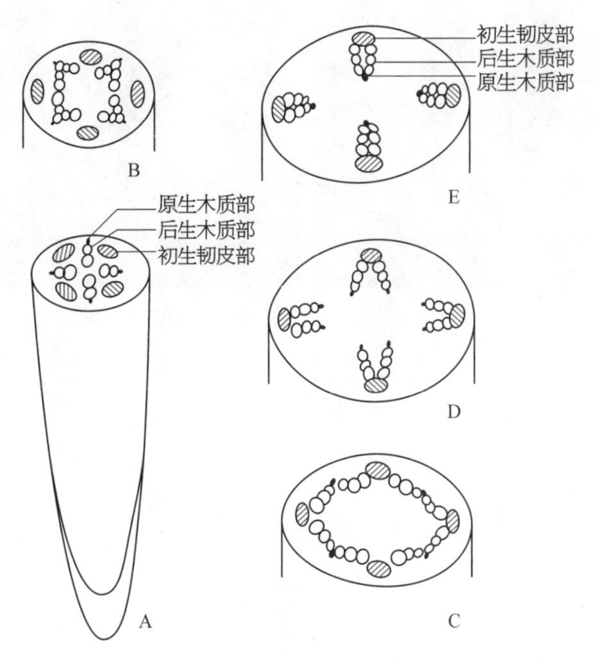

图 5-9　棉花幼苗根茎过渡区的初生维管组织系统变化示意
(引自李正理，1979)

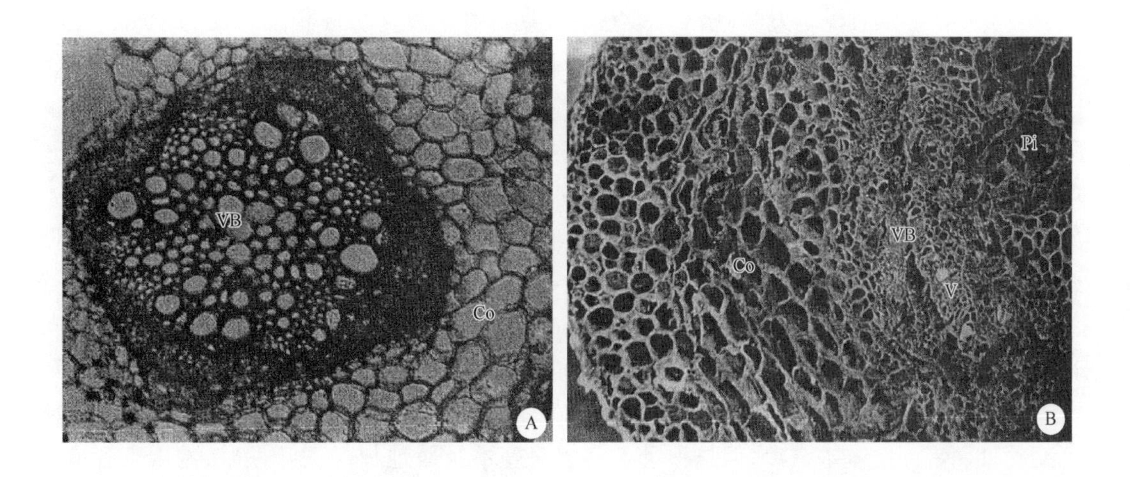

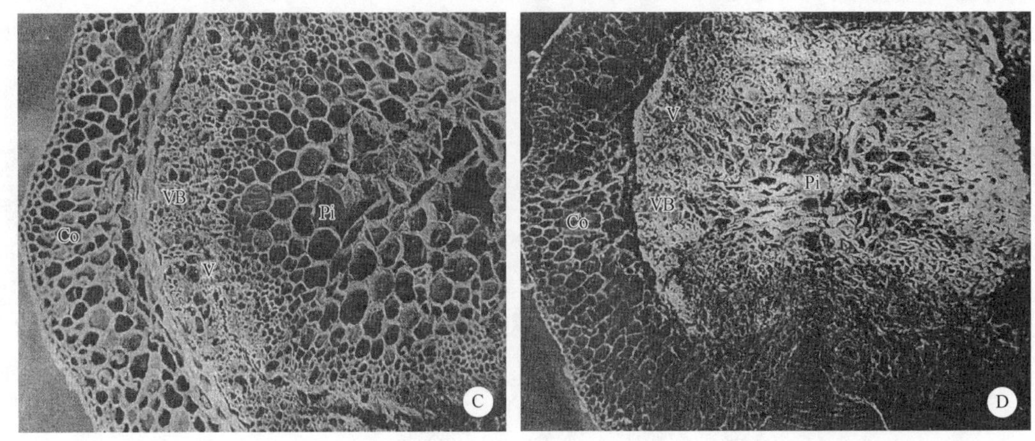

图 5-10　岱字棉 15 从根部至子叶节维管束过渡区(未出真叶之前)横切面

VB. 维管束区域;Co. 皮层;Pi. 髓部;V. 导管

A. 已有侧根的主根横切面; B. 与地面交界处的胚轴; C. 离地 4 cm 处胚轴; D. 近子叶节处胚轴

(引自石鸿熙,1988)

第二节　棉花根系的建成和生理活性

棉花根系的建成与根系吸收功能、生理活性、抗逆性能等密切相关。

一、根系建成过程

根据棉花各生育时期根系生长速度和生理机能的特点,可将根系建成过程划分为四个时期。

1. 生长期　从种子萌发到现蕾为根系发展期。种子发芽后胚根发育成为主根。主根生长很快,直播棉在苗期平均每天可入土深 2 cm。当子叶平展,开始发生第一批一级侧根;出苗后 10～15 d,第一片真叶平展前已出生第一批二级侧根;二叶期(出苗后 15～20 d)侧根明显增多,三叶期侧根数已增至 80～90 条,三至四真叶期主根增粗,现蕾时主根入土深 70～80 cm,侧根长已扩展至 40 cm 左右。

地膜棉的根系生长较直播棉快。据唐仕芳等研究,播种 20 d 后,地膜棉主根长 30.9 cm,日平均增长 1.55 cm,比露地棉增 43.7%;蕾期主根日平均增长 1.22 cm,比露地棉增 79.4%;花期主根日平均增长 1 cm,比露地棉增 17.7%。在根系分布方面,地膜棉一叶期根系横向分布于 0～10 cm 范围内,而露地棉仅在 0～5 cm 范围内;三叶期地膜棉根系延伸至 20 cm 范围内,露地棉则在 10 cm 范围内。在纵向分布上,在苗蕾期地膜棉根系入土深度大于露地棉,至花期两者深度基本一致,但总根量入土壤深度不及露地棉。三叶期时,地膜棉在 0～10 cm 土层内根量为 49.7%, 20～30 cm 土层内为 50.3%;露地棉 0～10 cm 根量为 63.6%, 20～30 cm 内为 36.4%。现蕾期地膜棉根系已深入 70 cm 土层,其中分布在 30 cm 以下的根占 42.8%,比露地棉多 23.94%。

移栽棉花移栽前的根系生长与直播棉近似，但根冠比值小，主根长度明显短。栽植大田后，在主根和侧根的伤断处，大量形成分层的侧根群，至 7～8 叶时，已形成明显的两层根系。

2. 生长盛期　从现蕾至开花为根系生长旺盛期。直播棉和地膜棉在蕾期阶段，主茎叶龄达 17 叶左右，主根和侧根生长旺盛，主根每天可伸长 2.5 cm。在主根加快生长的同时，侧根生长加快，次级侧根大量发生。至开花时，主根入土深达 100～170 cm，主要侧根分布在 10～40 cm 耕层，一级侧根扩展 50～70 cm，根系基本建成。移栽棉花的根系在此阶段主要是侧根伸长，支根数增多，并以下层根群生长占优势。

3. 吸收高峰期　从开花至花铃盛期为根系吸收高峰期。直播棉和地膜棉当主茎叶龄达 20 叶左右时，即盛花期后，主根和侧根的生长基本停止，随地上部结铃增加生殖生长逐渐占优势，根系生长开始逐渐减慢，主侧根日生长量只有 0.5～1.0 cm；活动根系主要分布在 10～40 cm 的土层。毛根和根毛大量生长，形成吸收矿物营养和水分的根系网。移栽棉的侧根数停止增加，侧根增粗，单株根重增加速度快，又称长粗增重期。此阶段是棉花产量形成的关键时期，须加强水肥的合理供给，保持根系活动机能，防止根系早衰。

4. 活动衰退期　棉株进入吐絮期，根系活动机能逐渐衰退，吸收矿物营养能力下降。在棉株结铃多的情况下，如果根系有机营养不足，易引起根系活动机能的过早衰退，造成棉铃不能正常发育，产量不高。因此，在此阶段保持根系一定的生理功能，使其不过快下降，是调节棉铃正常成熟的关键。

据唐仕芳研究，直播棉、地膜棉和移栽棉三种不同栽培方式棉株，各生育期根长的消长动态经历着“少—多—少”的过程（表 5-1），即苗期根系生长缓慢、蕾期根系生长迅速、花铃期根系平稳上升和吐絮期根系功能明显衰减。

表 5-1　棉花不同生育期根系长度

（唐仕芳等，1985）

生育期	始　蕾	始　花		始　絮		收获期	
	根长(m)	根长(m)	为始蕾根长倍数	根长(m)	为始花根长倍数	根长(m)	比始絮根长减少(%)
直播棉	34.8	143.8	4.1	386.3	2.7	247.4	35.9
地膜棉	31.6	299.2	9.5	426.8	1.4	270.8	36.5
移栽棉	21.2	233.2	11.0	337.5	1.5	197.0	41.6

李少昆报道，北疆高产棉花根系生物量的积累呈“S”形曲线，根系生长过程可分为指数增长、线性增长和平缓增长期三个阶段。指数增长期主要在棉花的苗期和始蕾期，棉苗发根和生长缓慢，根系分布浅。线性增长期从 6 月下旬至 7 月下旬（盛花阶段），是根系生长和养分积累最快的时期，较地上部线性快速增长期早 10 d。平稳减缓增长期从 7 月底的花铃期至 10 月下旬的拔秆期，此阶段棉根生长建成速度逐渐减慢。随着种植密度的加大，根系生长率下降，快速生长期提前。而且根量的 52.3%～73.3%集中在地表 20～40 cm 的范围内，80.6%集中在植株行间两侧 0～15 cm 的土壤内。

二、根系动态分布

唐仕芳等研究不同栽培方式棉株根系的分布特征后认为，以 0～25 cm 土层内的根长占总根长的百分率(%)计，直播棉、地膜棉和移栽棉三种栽培方式各生育期平均，始蕾期为 96.8%、始花期为 76.9%、始絮期为 66.3%、收获期为 54.0%，随棉株生育进展，0～25 cm 土层内根长的相对含量减少，由 96.8%降到 54.0%，而有较多的根向更深的土层中下扎。

在始蕾期以棉株两侧各 15 cm 和始花、始絮、收获期以棉株两侧各 20 cm 土柱内的根长占总根长的百分率(%)表示棉根的分布宽度，三种栽培途径各生育期平均依次为 81.1%、70.7%、61.3%和 55.1%，说明棉株各生育时期，根系的分布宽度主要在棉株两侧各 15～20 cm 土柱内，占 50%以上；但随着棉株生育进程，根长的相对量减少，由 81.1%降至 55.1%，而有较多的根逐渐向远离棉株两侧各 15～20 cm 土柱以外的范围扩展，由 18.9%增至 44.9%。

不同栽培方式棉株不同生育期的根系所占面积，即营养面积，随生育进程(从始蕾→始花→始絮)而增加。平均始蕾期为 185.0 dm^2，始花期为 553.3 dm^2 和始絮期为 845.0 dm^2，至收获期，营养面积相对减少(移栽棉除外)。

据江苏农学院研究，移栽棉 0～15 cm 土层中的根系相对量随生育期推进而逐渐减少，在 15～30 cm 土层内的根系相对量却逐渐增多。增施氮肥可增加根系生长绝对量。地膜棉根系在各土层中的分布与移栽棉较为相似，根系多数分布在 0～15 cm 土层内，占总根量的 90%以上。

直播棉的根系活动层，在棉花一生中随着根系的生长而不断扩展。苗期主要集中在 0～15 cm 土层，蕾期在 10～15 cm 土层，初花期在 15～20 cm 土层，盛花期根系活动范围扩大到 10～25 cm 土层；横向活动范围，苗期在 5～10 cm，现蕾期在 20 cm 左右，开花期行间根系已发生交叉。

根据根系生长特性，可将根系进入快速生长期的时段称为始盛期，根系达到总根量的 50%的时段称为旺盛期，之后称为盛末期。据 1990 年试验观察，移栽棉根系生长的始盛期在 7 月 5～9 日，旺盛期在 7 月 23 日至 8 月 1 日，盛末期在 8 月 17～23 日，历时 36～44 d；地膜棉根系生长的“三期”分别在 7 月 8～9 日，7 月 26～28 日，8 月 14～19 日，历时 36～40 d。了解了盛末期的具体日期，可为后期增施秋桃肥提供理论依据。

又据李永山等的比较研究，地膜棉、直播棉其主根长及根粗的生长都呈“S”形曲线增长规律，苗期生长慢，蕾期快、花铃期又慢，最后终止。盛蕾前地膜棉根长、根粗都显著大于直播棉；地膜棉根长日增最大峰值较露地棉提前，后期又慢于露地棉。根重苗期缓慢增长，蕾期呈直线增长，至开花期地膜棉、直播棉的根重分别比现蕾期增加 7.4 和 7.7 倍。花铃期根重增长减慢，尤其以地膜棉明显。吐絮后根重增长停止，此阶段地膜棉根重的累积量又显著低于直播棉。

三、根系生理活性

根系伤流量和伤流液成分、根系总吸收面积和活跃吸收面积、根系 α-NA(α-萘胺)氧化能力和TTC还原力反映等指标反映棉花根系生理活性。

1. 根系伤流量　丁静等研究棉花根系伤流量以及伤流液中的细胞分裂素浓度，发现根系伤流量有明显的昼夜节奏，昼多夜少，伤流白天以9:00～12:00最高，盛花期高于铃期。据原江苏农学院的研究，伤流量是反映根系吸收并向上输送水分和养分的能力。棉花一生中根系伤流量为单峰曲线，具有随生育进程逐渐增多趋势。至盛花期以后达到高峰期，其后就明显下降。在高峰期，6:00至16:00～18:00伤流量呈上升趋势，16:00～18:00达到高峰时段，随后平稳下降。移栽棉和地膜棉在不同的施肥条件下，伤流量具有随施氮量增加而增多的特点。

李永山等报道，直播棉、地膜棉的伤流虽随生育进程呈现低—高—低变动，在盛蕾期最高，盛花后大幅度下降。地膜棉又比直播棉苗蕾期增多，吐絮期基本接近。

2. 根系α-NA氧化活性　据吴云康等的研究，根系一生的α-NA氧化能力呈曲线变化，第一高峰期在盛蕾期(约为6月20日)；第二高峰期在盛花期后(8月5～15日)；第三高峰期在结铃终止期(9月20日)。氮肥能提高棉根的α-NA氧化能力，说明在第二高峰期增施氮肥能提高氧化能力，延缓根系机能的衰退，防止棉株地上部器官的衰弱。移栽棉根系α-NA氧化能力大多数时期是0～15 cm土层大于15～30 cm土层，地膜棉则是15～30 cm土层大于0～15 cm土层。这与根系在土层中的分布是一致的。

3. 根系吸附表面积(ABS)和根系活跃表面积(ACS)　李永山等研究，棉株根系吸收总面积及活跃表面积均随生育进程而增加，并且地膜棉均大于直播棉。根系活跃表面积占总吸收面积的百分比表现为：直播棉中期高，前、后期低；地膜棉则随生育进程而减小，其根系活力前期旺盛，后期低，这可能是棉株容易早衰的原因。吴云康等则认为，根系吸附表面积和根系活跃表面积的节律变化，具有随施氮量的增加而上升的趋势。套栽棉与地膜棉有所不同，在结铃末期，地膜棉的数值有所下降，套栽棉的数值则有所上升。

（撰稿：陈德华；主审：陈金湘、董合忠）

参考文献

[1] 中国地膜覆盖栽培研究会棉花学组. 中国棉花地膜覆盖栽培. 济南：山东科学技术出版社，1988：61-63.

[2] 吴云康. 棉花高产栽培实用新技术. 南京：江苏科学技术出版社，1993：13-14.

[3] 唐仕芳，王以录，余凤群，等. 棉花根系生长特性研究. 棉花，1985(1).

[4] 李少昆，王崇姚，汪朝阳，等. 高产棉花根系构型与动态建成的研究. 棉花学报，2000，12(2).

[5] 戴敬. 不同施肥水平的棉花根系生长及生理活性. 上海农业学报，1998，14(2).

[6] 李永山，冯利平，郭美丽，等. 棉花根系的生长特性及其与栽培措施和产量关系的研究. 棉花学报，1992，4(1).

[7] 丁静，沈镇德. 棉株根系伤流液中细胞分裂素类物质. 植物生理学报，1985，11(3).

[8] 凌启鸿. 作物群体质量. 上海：上海科学技术出版社，2000：327-331.

[9] 吴云康，戴敬，陈德华. 氮肥对棉花根系载铃量的研究. 棉花学报，1992，4(2).

[10] 石鸿熙. 棉花的生长与组织解剖. 上海：上海科学技术出版社，1987：38-44.

[11] Gerard C J, Hinojosa E. Cell wall properties of cotton roots as influenced by calcium and salinity. Agronomy Journal, 1973, 65(4).

[12] 李正理. 棉花形态学. 北京:科学出版社,1979:45 - 54.

[13] Reinhardt D H, Rost T L. Development changes of cotton root primary tissues induced by salinity. Journal of Plant Science, 1995, 156(4).

[14] Fowler J L, JMcD Stewart, eds. Cotton physiology. Cotton Foundation Reference Books series, No. 1. Cotton Foundation, Memphis,Tennessee, 1986.

[15] Smith C W, Cothren J T. Cotton: Origin, History, Technology, and Production. John and Wiley & Sons, Inc. , New York, 1999:56 - 65.

[16] Busscher W J, Bauer P J. Soil strengh, cotton root growth and lint yield in a Southeastern USA coastal loamy sand. Soil And Tillage Research, Res. 2003,74.

第六章　棉花的茎和分枝

茎和枝是棉株的骨架。主茎是由胚芽的生长点经过细胞增殖、节叶等器官分化生长逐步形成；分枝含叶枝和果枝，是由茎节上腋芽发育形成。茎枝长短、粗细、在棉株上的分布和着生状态直接影响到整株叶片、果实的长势和长相、光合效率的高低，最终影响到产量和纤维品质。因此，了解棉花茎、枝的结构与功能，对于调节棉花茎、枝的生长和发育，形成优质高产的株型具有重要意义。

第一节　棉花的主茎形态、结构和生长

棉花的主茎由顶芽分化经单轴生长而成。棉花顶芽分生组织分化形成节与节间，节间伸长使主茎增高。海岛棉植株高大，陆地棉株高中等，亚洲棉和草棉植株较为矮小。

一、主茎顶芽的分化

在棉花的休眠种子里，胚芽顶端有一个叶原基和一扁球形的分生组织，即主茎顶芽的生长点，棉株地上部的各类器官均由此发生。棉籽吸水萌动时，胚芽顶端分化出 2 个叶原基，当胚根伸出种皮发芽时，顶芽上分化出 3 个叶原基，子叶展开时顶芽上有 4 个叶原基，随着叶龄的增长，顶芽分生组织加速分化。五叶期以前，叶龄每增加 1，顶芽内部分化叶原基数以 2 递增，其后顶芽分化也有同步可循。随着棉叶的分化和形成，主茎节间也相应地分化和生长，发育成主茎。

顶芽分生组织也能产生侧生器官。腋芽原基首先在顶芽分生组织下第 3 叶位的叶腋内分化发育，棉花主茎一级腋芽通常较顶芽叶原基分化迟 2 个叶位。主茎二级腋芽开始分化于顶芽分生组织下第 5～6 叶位的叶腋里，较顶芽叶原基迟 4～5 个叶位。棉苗一叶期时，陆地棉早、中熟品种的腋芽原基一般分化为叶枝芽。二三叶期，在顶芽内第 4～5 或第 6～8 的叶位上，其腋芽分化出花芽原基，称为果枝芽，花芽随后分化、发育形成蕾、花、铃。当解剖棉苗顶芽的形态结构时，在茎尖中央有一扁球状突起，这是顶芽的生长点，此生长点会逐步分化形成许多侧生器官。在其周围有许多小突起，为叶原基和腋芽原基。随茎尖不断生长，下部叶原基逐步发育成幼叶，层层包围在茎尖之外(图 6 - 1)。

二、主茎的分化

棉花主茎的形成是由主茎顶端生长锥分化而来，顶芽分生组织分化旺盛，可不断地向上分化和生长，在子叶平展时，顶芽中已分化出了 4 个叶原基，随着棉苗的生长，已有的叶原基

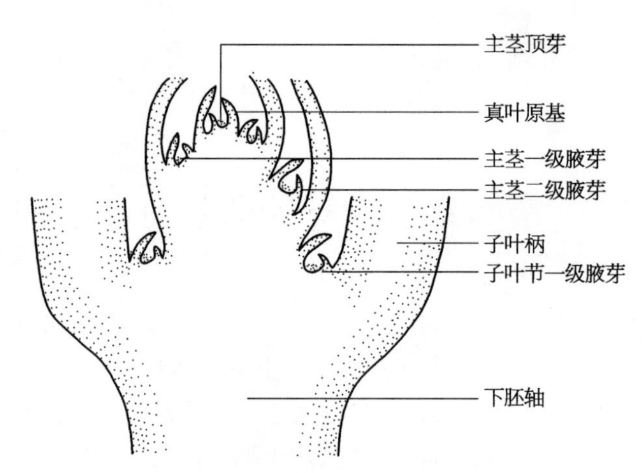

图 6－1　幼苗期主茎顶芽和腋芽分化示意

（引自《中国棉花栽培学》，1983）

也不断地分化和生长，形成棉花主茎上的真叶，并形成相应的节间。其分化顺序为，先形成一张真叶、节，然后形成一个伸长的节间，按此周期不断地向上生长，使主茎增高。棉株高度，海岛棉高大，可达 300 cm；陆地棉中熟品种一般为 100～150 cm；亚洲棉和草棉相对较矮小。主茎生长与温度、肥料和水分的关系密切。

三、主茎的形态和结构

（一）主茎的形态

棉籽出苗后，下胚轴伸长为幼茎，上胚轴伸长为主茎。棉茎一般圆形直立，下粗上细，嫩茎横断面略呈五边形。真叶着生处称为节，节与节之间称为节间，子叶着生处称子叶节，第 1 真叶着生处称第 1 节，与子叶节之间的节间称为第 1 节间，主茎节间长度以基部最短，中部的最长，顶部又较短。主茎一般有 20～25 节，平均节间长度在 4～5 cm。

幼嫩主茎体表组织内含有较多的叶绿素，常呈绿色。随着主茎的成长，表层细胞内的叶绿素含量减少，经较久的阳光照射，形成花青素，主茎由下而上转成红色，呈下红上绿。茎色的变化可作为衡量棉株长势的标志，主茎红茎比适宜，说明棉株生长健壮；红茎比过大，是肥水不足、过早衰老的表现；红茎比过小，是棉田荫蔽、肥水过多，长势偏旺的征象。

（二）主茎的结构与生理功能

棉花主茎和叶枝顶端生长区的分区、结构和生长特点是相同的，但果枝由于分化花芽，在生长方式上具有明显的差异。茎、枝顶端生长区可划分为分生区、伸长区和成熟区。分生区由分生组织构成；伸长区，包括正在伸长的几个节间，一般有 4～5 节间；成熟区，细胞分裂和伸长趋于停止，即节间长度固定的主茎节间。

1. 茎的初生结构　棉花茎的初生结构由表皮、皮层和中柱三部分组成（图 6－2）。表皮为幼茎最外面一层细胞，近长方形，细胞外壁角质化，并覆有角质膜。表皮上有气孔和茸毛，气孔可调节水分散失、二氧化碳的吸收和氧气的散发，茸毛和细胞角质化起保护作用。

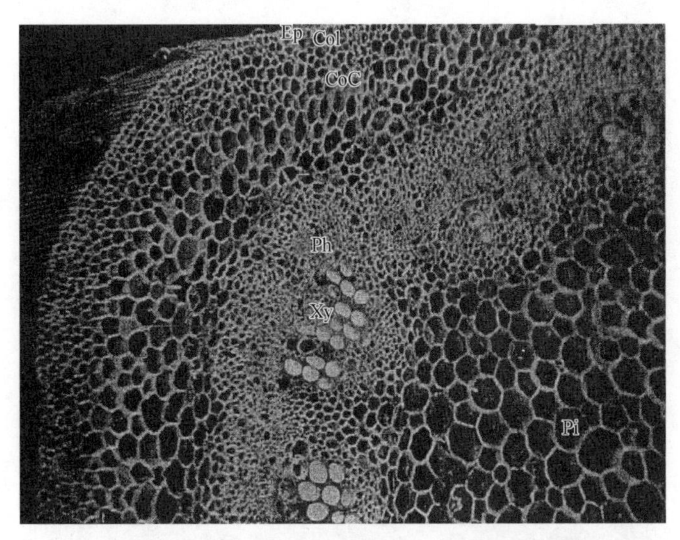

图 6-2　陆地棉岱字 15 幼茎的横切面

Ep. 表皮层;Col. 厚角组织;CoC. 皮层细胞;Ph. 韧皮部;Xy. 木质部;Pi. 髓
(引自石鸿熙,1988)

皮层靠近表皮部分为厚角细胞,靠近中柱多为薄壁细胞,由于皮层的细胞含有叶绿素,因而能进行光合作用,同时具有贮藏养分的功能。由于皮层中溶生的多酚色素腺,含有棉酚、单宁、树脂等黄色油状物,但周围细胞为红棕色或淡红色,因此外观上皮层表现为棕褐色。

中柱由维管束、髓和髓射线组成。维管束是由束状排列的内始式(由内向外分化导管、管胞等)的初生木质部和外始式(由外向内分化筛管和伴胞等)的初生韧皮部构成,在束间有髓射线相隔。在维管束的中央为髓,都是较大的薄壁细胞,髓与皮层之间由髓射线相连,其薄壁细胞具有传输代谢物质和贮藏养分的作用。

2. 茎的次生结构　茎的次生结构是由维管形成层和木栓形成层的活动而产生。由于在次生生长开始后,部分髓射线薄壁细胞恢复分生性能,与束内形成层连成一环,构成维管形成层,形成层细胞进行平周分裂,向内形成次生木质部,向外形成次生韧皮部,使棉茎增粗。电镜观察显示,维管形成层的细胞呈又扁又长的棱柱状,明显与其他分生组织不同(图 6-3)。

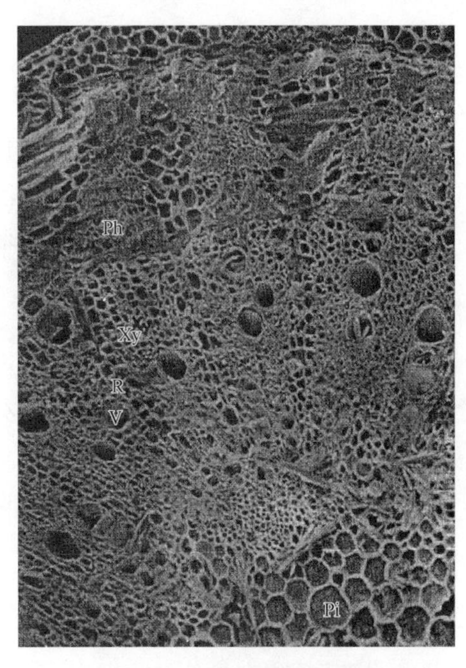

图 6-3　棉花老茎部分横切面

Ph. 韧皮部;R. 射线;V. 导管;Pi. 髓;Xy. 木质部
(引自石鸿熙,1988)

茎皮层的部分薄壁细胞恢复分生能力,向内产生栓内层,向外产生木栓层。在原来的气孔下面,形成可通气的皮孔。由于维管形成层的活动，表皮渐被撑破，周皮取代表皮成为次生保护组织。

以上叙述的是陆地棉主茎的组织细胞结构，不同的棉种在主茎的结构上也有明显不同。据上海市农业科学院研究，海岛棉茎中的维管组织较发达，尤其是次生木质部中的导管，口径大，次生壁木化增厚，呈螺旋状与环状，髓射线明显而健全，髓组织的区域也较大，细胞也大(图 6-4)。

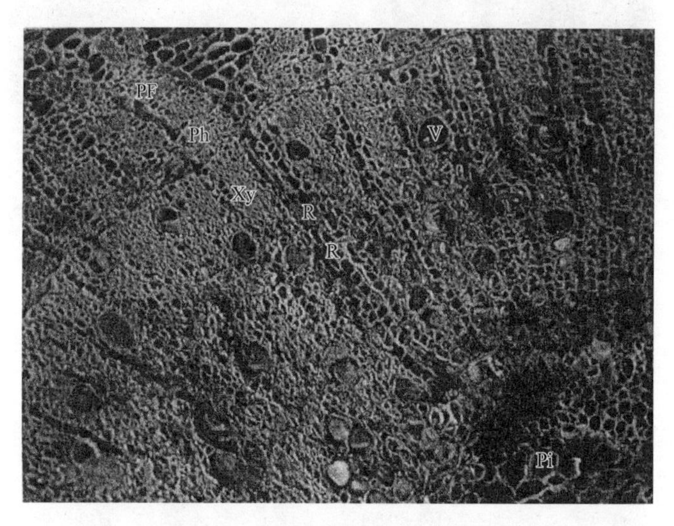

图 6-4 海岛棉 9504 老茎横切面

PF. 韧型纤维；Ph. 韧皮部；Xy. 木质部；R. 射线；V. 导管；Pi. 髓
(引自石鸿熙，1988)

亚洲棉韧皮部中韧皮纤维细胞多，次生木质部的导管小而多，属螺纹或环纹导管，髓射线的组织明显，但髓组织细胞到后期即死亡，组织破坏。因此茎下部中空的多。

非洲棉的金塔草棉次生木质部内的导管多，口径大，成对排列较多，导管的管纹以环纹或螺纹为主。髓射线通向皮层出口处的喇叭口不明显，髓组织内面积小，细胞成不规则排列。

野生棉瑟伯氏棉表现为皮层占茎横断面的比例大，髓射线组织大而明显，把维管束分隔成大束状。维管束间的射线也较其他种明显。维管束内的木质部区域较小，与韧皮部相比，几乎近于 1∶1，而且木质部的导管较多集中在髓组织周围，而其他棉种导管则分布均匀。髓组织较小，是所观察棉种中最小的(图 6-5)。

不同长势的幼苗茎结构也有显著差异，首先壮苗老茎的次生韧皮部与次生木质部比旺苗与弱苗的组织区域大，韧皮部中的厚角组织发达。其次，壮苗木质部明显比旺苗和弱苗宽广，导管分子中导管小而数量多。旺苗的木质部较狭小，导管分子中导管较大而数量较少；弱苗木质部组织更小。第三，壮苗髓组织在茎中占的比例不大；而旺苗髓组织比例较大；弱苗由于维管组织本身并不发达，因而髓组织所占比例并不小(图 6-6)。

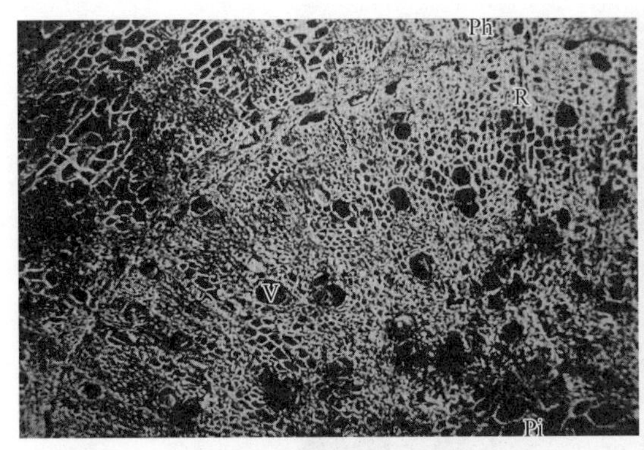

亚洲棉大蓓绿树老茎横切面

非洲棉金塔草棉横切面

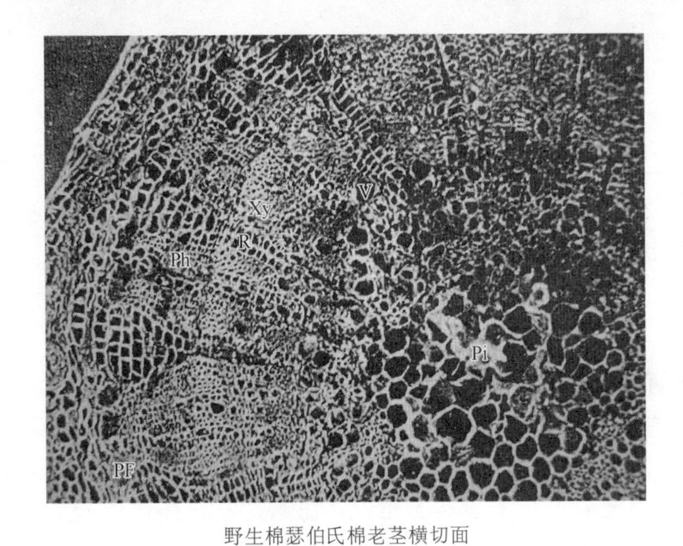

野生棉瑟伯氏棉老茎横切面

图 6-5　亚洲棉、非洲棉和野生棉老茎横切面

（引自石鸿熙，1988）

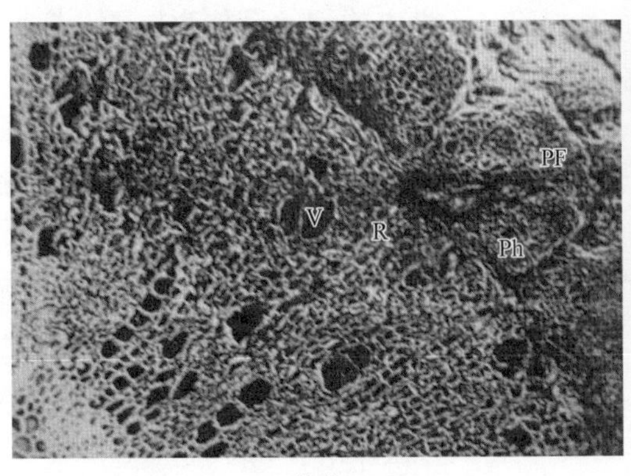

壮苗

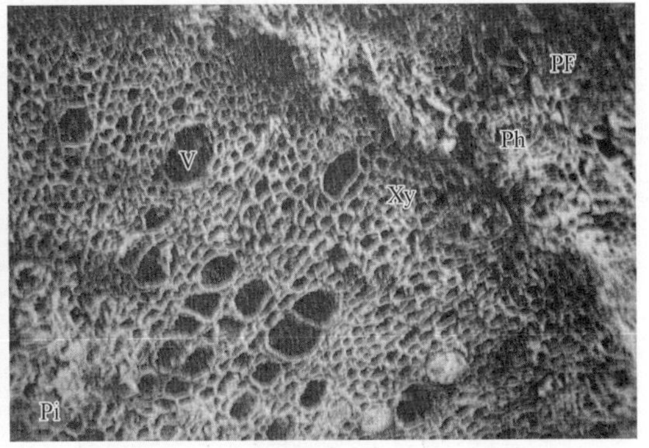

旺苗

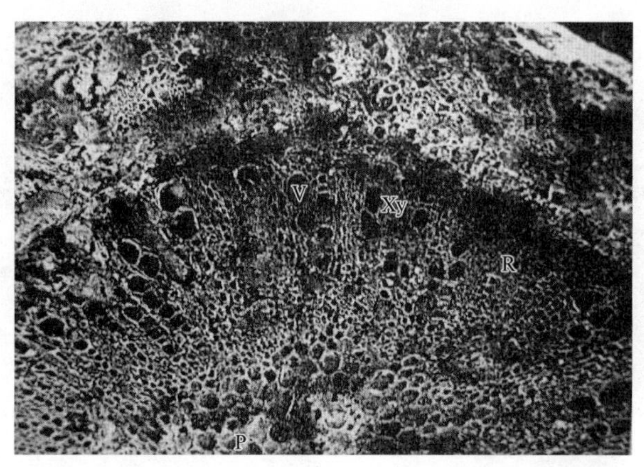

弱苗

图 6-6 不同长势棉苗的老茎横切面

(引自石鸿熙,1988)

育苗移栽采用蹲苗技术也改变了幼茎结构,蹲苗后茎维管束内木质部导管数量较多,导管分子变小;应用缩节胺(DPC)或 DPC+KH_2PO_4 播前处理种子,可使茎的厚角组织、皮层厚度、维管束发育、髓组织均高于对照。

四、主茎的生长

(一) 不同生育期主茎的生长

棉花出苗后,顶芽不断向上生长,形成主茎。一般主茎生长是苗期慢,现蕾后加速,盛蕾后明显加快,开花前后株高生长速度最快,至盛花期生长速度减慢,伸长逐渐停止,整个主茎生长呈单峰曲线。主茎的生长速度与各生育阶段节间伸长的速度有关。生育前期,下部节间伸长较慢,节间较短;生育中期,中部节间伸长快,节间也长;生育后期,节间伸长减慢,节间变短。主茎高度最终取决于主茎节数和节间的长短。

(二) 株高日增量

主茎增长速度是衡量棉苗长势的重要指标,主茎在 1 d 之内的增长量称为株高日增量。株高日增量夜间高于白天,而且昼夜增长量的变幅,晴天较大,阴雨天较小。

生产上应用棉高日增量来诊断棉苗营养生长的适宜程度。谈春松研究认为,株高日增量在生育前期,与蕾铃增长呈负相关,在中期也与蕾铃增长呈负相关,在后期又与蕾铃增长呈正相关。株高日增量的变化与群体大小有关。陈布圣研究表明,37 500 株/hm^2、52 500 株/hm^2、60 000 株/hm^2的群体,其主茎生长速度都符合“S”形生长曲线,但“S”曲线拐点出现的时间不同,群体增大,主茎的日增长高峰提前:37 500 株/hm^2 群体,主茎增长高峰在始花期;60 000 株/hm^2的群体,主茎日增量高峰在盛蕾期。因此,无论群体大或小,高产棉花的主茎生长量在生育前期需稳定增长,至高峰后,缓慢下降,保持棉花稳长,后期不早衰。

(三) 株高变化

株高是衡量棉花长势和状态的重要指标。其最终高度因基因型而异,受生态条件、密度和产量水平的影响,早熟品种株高较矮,中晚熟品种株高较高。抗虫杂交种,由于杂种优势,株高生长旺盛,在整个生长期株高日增量都比常规棉大。水分充足和施肥水平高株高也较高。产量水平与株高有一定联系,据吴云康对江苏棉区不同产量水平棉田研究表明,当密度在 33 000～60 000 株/hm^2范围内,低产水平(1 125 kg/hm^2以下)的株高都在 120 cm 以上,中高产(1 125～1 500 kg/hm^2),株高基本上在 100 cm 左右,当产量水平上升到 1 875 kg/hm^2以上时,株高也适当提高,达到 110～120 cm。

第二节 棉花的腋芽分化发育和分枝习性

腋芽分化形成叶枝与果枝。腋芽分化果枝芽的早晚直接关系到早发和叶枝及果枝的数量,影响棉铃的发育和最终产量。因此,了解腋芽的分化特征及环境的影响对于棉花育种和栽培具有重要意义。

一、腋芽的分化

20 世纪 80 年代以前,棉花界曾引用“正芽、副芽”学说,即棉花叶腋中有两个腋芽,一个为正芽,可发育叶枝;另一个为副(侧)芽,可发育成果枝。王善佺认为两个芽均可能发育成叶枝和果枝。Gore 发现先出叶,即腋芽原基最早分化出了一张先出叶。Mauney 和 Ball 阐明一级腋芽、先出叶和二级腋芽的关系,证实先出叶是一级腋芽分化的第一片退化叶,二级腋芽发生于先出叶的叶腋里,指出每个芽可潜伏、也可发育成叶枝和果枝。胡亦端等阐明棉花所有叶的叶腋中只有一个芽,正、副芽实质上一个是主茎叶叶腋中的一级腋芽,另一个则是该芽分化出的先出叶里的二级腋芽。叶芽和混合芽本是同源体,可因外界环境条件的不同处于潜伏、分化成叶枝或果枝。

棉花每片叶子的叶腋里只有一个腋芽,着生于茎、枝与叶的交界处。这一腋芽称为一级腋芽,而同一叶腋里以后生出的芽,都是由一级腋芽的叶腋内分生组织继续分化发育而成,在一级腋芽的先出叶的叶腋分化出二级腋芽,经组织解剖,表明两个等级的腋芽维管束系统是互相联接的。二级腋芽的维管束是从一级腋芽的维管束分枝而来,二级腋芽并无独立的维管束系统。

据 Mauney 等研究,每个腋芽既可以潜伏也可以活动。潜伏芽在内、外条件的影响下,通过生理激发而发生质变,转化为活动芽。活动芽可发育为叶芽,也可形成混合芽,即腋芽发育成叶芽,也能发育成混合芽,表明叶芽和混合芽本是同源体。二级腋芽也类同。

由于叶芽和混合芽是同源体,分化初期在形态上难于区分,当顶端分生组织分化后才能鉴别。当腋芽的第一片真叶的托叶原基出现时,生长锥继续分化叶原基,生长锥芽体较小,为扁圆球形,呈不透明的绿玉色,为叶芽(叶枝芽)的特征。当第一片真叶出现托叶原基后,生长锥芽体伸长,呈半透明的圆柱体状,并在芽体上分化苞叶原基,则此芽为混合芽,即果枝芽。

关于混合芽(果枝芽)的形成,除受品种遗传力和棉株分枝习性影响以外,还受生态条件和栽培措施的影响。生产上可根据果枝芽形成的要求,通过调节播期、水分和养分,促进棉苗早发。

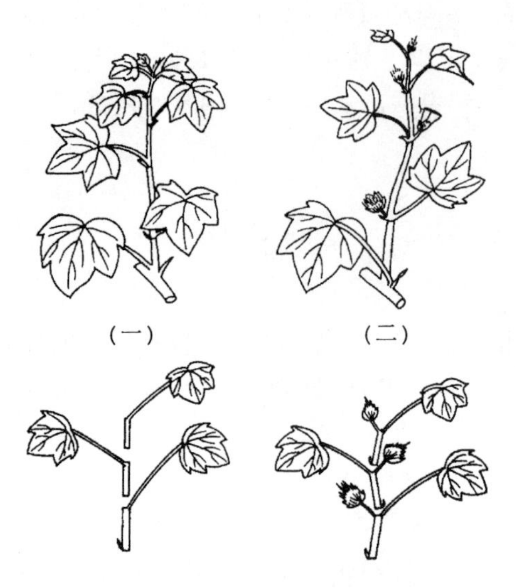

图 6-7 棉花叶枝和混合芽发育果枝的分化模式
(一) 叶枝模式 (二) 果枝模式
(引自《作物栽培学》南方本,1979)

二、腋芽的发育

叶枝芽和果枝芽分化发育的顺序,若腋芽原基首先分化缩短节间和先出叶,接着分化伸长节间和真叶原基,顶端分生组织分化花芽的苞片原基,该芽为果枝芽,并构成第1个枝轴(俗称第1个果节)。然后在枝轴的叶原基腋芽里,按上述顺序形成第2个枝轴(第2果节),循此分化形成多轴的果枝,称为多轴分枝。当腋芽分化缩短节间和先出叶后,顶端分生组织不断分化伸长节间和真叶原基,则为叶芽,以后发育形成叶枝,由于仅一个枝轴,故称单轴分枝(图6-7)。

三、主茎腋芽的分枝习性和诱导

主茎上的腋芽由于处于不同的叶位,其生理状态也不一样,因而自下而上在发育方向上表现明显的分带习性。在正常条件下,第1～3叶的腋芽呈潜伏状,无特殊刺激,一般不易活动。第3～5叶的腋芽分化发育成叶枝,第5～6叶以上则发育成果枝。果枝始节位的高低与品种和环境条件的关系密切。早熟品种果枝始节位低,中晚熟品种较高。在特殊条件下,第1～2台果枝以上的腋芽会分化1～2个叶枝,称为两层果枝现象。棉株下部二级腋芽大多潜伏。在水肥充足棉田,中上部二级腋芽形成二级叶枝,称为赘芽。光照充足,昼夜温差大,通透条件好的棉田,棉株中上部二级腋芽形成二级果枝,称为桠果枝或桠果。

1. 潜伏带腋芽、叶枝芽的诱导与应用 对于子叶节和1～3叶位处于潜伏状态的腋芽,当遭遇逆境,如冰雹、干旱、盐碱时,以及机械损伤失去主茎顶芽后,会刺激潜伏带腋芽形成叶枝,成为生产上挽救或补偿措施。20世纪50年代山西劳模吴吉昌采用早打顶,诱导潜伏带腋芽形成叶枝,培育“双杆棉”获得高产(关于叶枝发生原理和利用见第三十三章)。

2. 混合芽的诱导及其应用 混合芽发生的早晚与结铃的关系密切。果枝始节位是混合芽发生早晚的主要指标,也是棉花早发的标志。因此,降低果枝始节位,诱导混合芽及早发生具有重要的生产意义。混合芽的诱导,吴云康认为,当日均温为19～22 ℃,日照时间8～12 h,水分、养分配合适宜,棉株体内合成的糖类和蛋白质多,非蛋白质氮积累较少时,则有利腋芽发育为果枝芽,当水分养分较多,加之光照不足,合成糖类少,非蛋白氮积累较多时,腋芽易形成叶枝芽。

第三节　棉花的分枝形态和类型

一、果枝和叶枝的形态

棉花的分枝包括果枝和叶枝(营养枝)。果枝一般着生在主茎的中上部,枝条近水平方向曲折向外生长,属多轴分枝,横断面呈三角形,叶序为对生,奇数果节不伸长,偶数果节伸长,蕾铃直接着生在果枝上。果枝节间的多少、长短受遗传特性和栽培技术的影响较大。叶枝的形态特征与主茎相似。叶枝一般发生在主茎的下部,枝条斜直向上生长,属单轴分枝,横断面为五边形,叶序是螺旋互生,蕾铃着生于二级果枝。棉花果枝和叶枝的形态和区别见图6-8和表6-1。

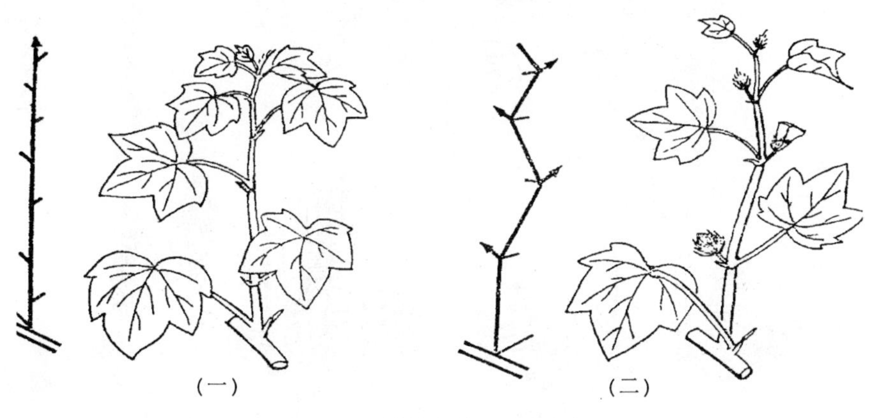

图6-8　棉花果枝和叶枝比较

(一) 叶枝　(二) 果枝

(引自《中国棉花栽培学》,1983)

表6-1　棉花叶枝和果枝的区别

枝分类	叶　枝	果　枝
分枝类型	单轴枝	多轴枝
枝条长相	斜直向上生长	近水平方向曲折向外生长
枝条横断面	略呈五边形	近似三角形
发生节位	主茎下部	主茎中上部
顶端生长锥变化	只分化叶和腋芽	分化出二片叶后,即发育成花芽
先出叶与真叶分布	第1叶为先出叶,以后各叶均为真叶	各果节第1、第2叶分别为先出叶和真叶
节间伸长特点	除第1节间不伸长外,其余各节间可伸长	奇数节间都不伸长,只偶数节间伸长
叶序	呈螺旋形互生	左右对生
蕾铃着生方式	间接着生于二级果枝	直接着生

[注] 引自《中国棉花栽培学》,1983。

二、果枝的类型与株型

果枝节数因品种不同可分为多节(台)、一节(台)和零式果枝三种。果枝只有一个节，顶端丛生几个蕾铃，称有限果枝；蕾铃直接着生在叶腋内称为无果节类型或零式果枝；果枝有数节的称为无限果枝(图 6－9)。栽培品种主要为无限果枝类型。有些品种在棉株上兼有有限果枝和无限果枝的混合类型。零式果枝品种往往植株稍高，叶片大且厚，铃较小，衣分低，纤维粗短。

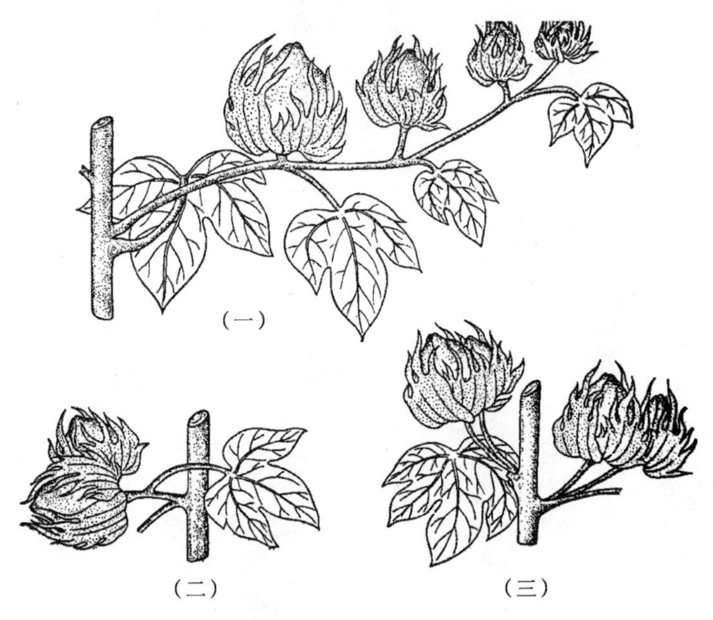

图 6－9　棉花果枝的类型

(一) 无限果枝　(二) 有限果枝　(三) 零式果枝

(引自《中国棉花栽培学》,1983)

根据果枝节间长度，无限果枝可分为四种类型：果枝节间很短，长度在 2～5 cm，称为紧凑型；果枝节间较短，长度在 5～10 cm，为较紧凑型；节间较长，一般长度在 10～15 cm，称为较松散型；节间很长，在 15 cm 以上，为松散型。目前大面积种植的品种以较紧凑型和较松散型为多。

根据主茎高矮、节间长短和茎、枝、叶着生状况构成株型。棉花株型分为四种：宝塔形，下部果枝较长，上部渐短，果节较多，株型较紧凑，群体光能利用较好，是理想的株型；筒形，上下果枝长度相近，叶枝少，株型紧凑，适于密植栽培；伞形，下部果枝较短，上部果枝最长，是由肥水过多、打顶过早造成的；丛生形，主茎较矮，下部叶枝多而粗壮。

株型是长相也是指导调控的特征指标。俞敬忠等认为，理想株型应为：叶片由宽叶水平向中叶倾直型发展，叶柄较强。茎枝由横向生长型向纵向生长型发展，结铃率与株高呈极显著正相关。果枝由无限平伸型向有限上仰型发展，理想株型的下部果枝角度大，向上逐渐缩小。朱绍琳等研究表明，果枝角度、植株纵横比值(植株纵向高度和横向宽度的比值)与结铃率均呈显著的相关，即果枝角度越小，结铃率也愈高，植株纵横比值越大，结铃率也高。果枝角度、植株纵横比与主茎节距、第一果枝着生节位以及着生高度也呈显著正相关。此外，果枝角度与单株果节数亦呈显著正相关，即果枝角度愈小，一般单株果节数也愈少。

三、分枝的生长

1. 叶枝的生长　叶枝的生长同主茎相似，因着生棉株下部，发生较早，此时主茎生长较慢，如肥水条件充足，叶枝株高日增量可能超过主茎。同一植株上，叶枝现蕾、开花、吐絮比果枝晚，但集中。

2. 果枝的生长　果枝大约每 6 d 增加一个果节，第 1 节间从伸长至停止经 18～24 d。同一果枝有 3～4 个同时伸长的节间，其中第 2 或第 3 节间伸长最快。各节间的长度因品种和生态条件不同而异。

据陈德华等研究，棉花各果枝的果节长度由内向外逐渐缩短，这一方面有利于棉株内围创造疏朗宽松的结构，改善光能条件，提高成铃率；而外围果节较短，又有利于创造一个较为紧凑的株型，使棉株推迟封行，提高群体的光能利用率。棉株由下而上各果枝的果节数逐渐减少，又使果枝长度逐渐变短，使棉株上下形成塔式株型，有利于在整个空间分布上提高群体的光合生产能力。高产棉花果枝的空间分布上必须首先符合果枝的下长上短和果节的内长外短的规律。

棉花果枝长度分布的第二个特点是各果节长度有合理的范围。各果节长度变化对产量有显著的影响(表 6-2)。偏旺类型棉株，果枝 1～6 个节间都偏长(7.6～14.3 cm)，产量较低(1 722.75 kg/hm^2)；生长不足型，各果枝节间较短(3.5～8.8 cm)，产量也不高(1 736.1 kg/hm^2)。

表 6-2　不同产量水平的棉株主茎和果节间长度分布

(陈德华，2000)

处理号	主茎(cm)	果节(cm)						皮棉产量(kg/hm^2)
		1	2	3	4	5	6	
1	5.54	10.30	6.68	6.22	5.70	4.00	3.98	2 152
2	5.70	11.58	8.52	7.12	6.28	5.30	4.42	2 185
3	5.67	11.47	9.00	8.62	8.56	7.82	6.47	2 122
4	5.48	10.40	7.68	7.23	6.50	5.23	4.96	1 983
5	5.88	13.16	10.40	10.00	9.67	9.14	7.70	1 921
6	5.18	10.40	7.47	7.16	6.69	5.43	4.93	1 868
7	5.50	12.30	10.20	8.96	7.78	7.54	2.30	1 877
8	6.67	14.25	12.14	11.54	9.65	8.46	7.64	1 723
9	4.50	8.76	6.45	5.53	4.97	4.22	3.46	1 736

[注] 品种为泗棉 3 号，密度 37 500 株/hm^2，1998。

果枝在主茎上的着生角度与群体的光能分布密切相关，果枝由下向上逐渐直立，有利于群体内部光照增强，提高光能利用率，可减少蕾铃脱落，促进成铃率的提高。有观测指出(表 6-3)，果枝着生角度对产量有影响。棉株各台果枝由下至上与主茎夹角逐渐减少，下部果枝角度分布在 65°～80°，中部 55°～65°，上部在 40°～50°，此时皮棉产量较高，为 2 139 kg/hm^2，说明选育果枝上举的品种，培植上部果枝上举的株型对于获得高光效群体具有重要的意义。

表 6－3 不同产量水平的果枝角度(与主茎夹角)分布

(陈德华，扬州，1994)

皮棉产量 (kg/hm^2)	果枝序号							
	1	2	3	4	5	6	7	8
2 139.0	76.2	80.1	76.5	70.3	67.4	63.6	62.3	60.4
1 539.0	82.1	76.1	75.3	73.2	70.3	68.5	63.4	67.2
1 267.5	80.4	76.5	74.3	72.6	74.5	70.7	68.6	68.7
皮棉产量 (kg/hm^2)	果枝序号							
	9	10	11	12	13	14	15	16
2 139.0	58.1	56.3	61.7	52.7	50.1	48.2	48.7	40.3
1 539.0	69.3	73.2	75.4	62.6	65.7	52.5	51.3	52.5
1 267.5	63.4	60.6	72.5	70.5	68.6	58.5	65.4	62.6

[注] 品种：泗棉 3 号，表中的数字系果枝角度。

节枝比是指果节数和果枝数之比，用总果节量/果枝数表示，节枝比的大小能反映棉株的纵横向生长状况。在密度相同或果枝个数相同的情况下，节枝比较低说明各果枝上果节太少，棉株细而瘦，不利于形成高产株型。当节枝比过高时，由于果枝上果节太多，横向生长过长，造成棉花严重隐蔽，产量也难以提高。在节枝比适宜时，棉株纵横向伸展比较协调，有利于群体的物质生产，获得较高的产量，故适宜的节枝比是高产棉花群体茎枝结构的一项质量指标(表 6－4)。

表 6－4 不同节枝比群体内光照强度和干物质积累

(陈德华，2000)

节枝比	果枝台数	相对光照强度			基部绝对光强 (1x)	干物质积累量 (g/株)	皮棉产量 (kg/hm^2)
		株顶向下 30 cm(%)	株顶向下 60 cm(%)	基部(%)			
4.45	13.2	72.5	65.0	25.6	12 800	85.6	1 108.8
5.16	17.9	64.0	39.6	6.80	3 400	198.8	1 932.5
5.70	15.2	43.8	18.6	1.80	900	115.4	1 206.8

[注] 品种：泗棉 3 号，密度 45 000 株/hm^2，8 月 16 日。

(撰稿：陈德华；主审：陈金湘)

参 考 文 献

[1] 杨兴洪，孙学振，陈翠容，等．缩节胺和 KH_2PO_4 对麦套棉叶片持水力和输导组织解剖结构的影响．棉花学报，1999，11(5)．

[2] 谈春松．高产棉花生长发育模式．南京农学院学报，1983(4)．

[3] 吴云康. 棉花叶龄模式栽培. 南京:江苏科学技术出版社,1987:70 - 71.
[4] 中国农业科学院棉花研究所. 中国棉花栽培学. 上海:上海科学技术出版社,1983:80 - 81.
[5] 戴敬,郑伟,杨举善. 棉花叶枝的生长及利用研究进展. 中国棉花,2003,30(6).
[6] 杜雄明,刘国强. 陆地棉零式果枝种质性状鉴定和转育. 中国棉花,1996,23(9).
[7] 俞敬忠. 棉花高产品种理想株型刍议. 中国棉花,1981(3).
[8] 朱绍琳,等. 棉花株型育种. 棉花,1980,(3).
[9] 夏文省. 转基因抗虫棉生育特征及优质高产高效栽培新技术. 北京:中国农业科学技术出版社,2006: 43 - 44.
[10] 石鸿熙. 棉花的生长与组织解剖. 上海:上海科学技术出版社,1987:35 - 37.
[11] 南京农业大学,等. 作物栽培学(南方本). 北京:农业出版社,1991:254 - 255.
[12] Kakani V G , Reddy K R, Zhao D, et al. Effects of ultraviolet-B radiation on cotton (*Gossypium hirsutum* L.) morphology and anatomy. Annals of Botany, 2003,91.
[13] Corlett J E, Stephen J, Jones H G, et al. Assessing the impact of UV - B radiation on the growth and yield of crops. In: Lumsden P J, ed. Plants and UV - B: responses to environmental change. Society for Experimental Biology, 1997.

第七章　棉花的叶和叶生理

棉株90％的光合产物来自叶片，棉叶分化、生长及其功能的发挥一直是棉花形态和栽培生理学的研究重点。了解和掌握棉叶长势、长相、分布及光合效能，对于协调棉花养分的生产和分配，提高棉花产量和品质具有重要意义。

第一节　棉叶的形态和结构

一、叶原基的分化

（一）叶原基的分化时期

棉叶从分化到展平，可分为四个时期(图7－1)。

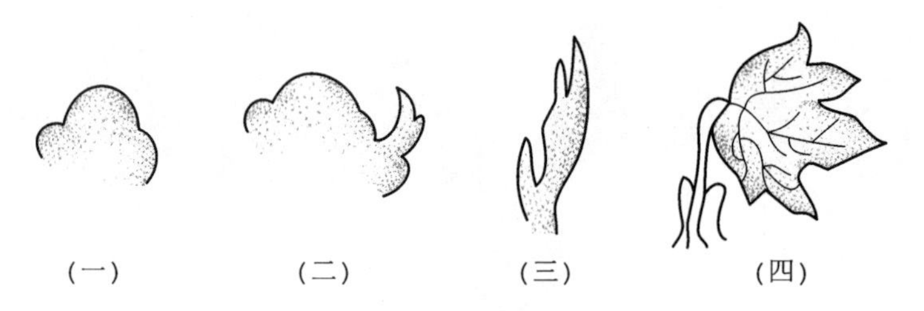

图7－1　棉花叶原基分化四个时期

（一）叶原基突起　（二）叶原基分化　（三）叶原基发育　（四）展平叶
（引自吴云康，1987）

1. 叶原基突起　在主茎生长点边缘处突起，外观无色透明，内部细胞进行旺盛分裂，一般生长点有突起2个。

2. 叶原基分化(称分化叶)　叶原基开始伸长，首先分化托叶原基，裂片开始分化，叶肉细胞大量分裂，镜检呈无色透明状，油腺不明显，茸毛稀少，主茎生长点有分化叶2～3个。

3. 叶原基发育(称成形叶)　叶原基的裂片分化完成，叶肉细胞伸长，叶原基逐渐长大，叶色呈浅绿色，油腺多而明显，茸毛密布，外形为包卷状态。棉株不同叶龄期的成形叶为1～6叶。各项栽培措施对该组叶原基的影响很大，可称为措施效应叶。

4. 展平叶　叶片细胞伸长，叶面积迅速增大，以叶基点两侧裂片平展为准。

主茎叶的叶原基分化进程一般为16～32 d，平均约25 d。一般早熟品种至生育中后期，若肥水不足，顶芽的叶原基分化速度明显减慢；反之，中晚熟品种生育中后期肥水充足，顶芽叶原基分化速度加快。温度越高，叶原基分化速度越快，如直播棉在正常播种条件下，第1

张真叶从分化至展平需近 30 d。

(二) 叶原基分化规律

1. 主茎叶与顶芽叶原基同伸 据胡亦端、吴云康研究,子叶期:主茎顶芽内有 4 个叶原基;第 1～5 真叶期:主茎每增加 1 个叶龄,叶原基总数以 1∶2 的比例递增。n′(叶原基数)=n(叶龄)+4(常数),内外总叶数(N)=n+n′。第 6～11 叶期:主茎出叶数与叶原基递增数为 1∶1,叶原基数(n′)保持 9 叶左右,总叶数 N=n+9。第 12～17 叶期:叶原基数(n′)保持 10 叶左右,总叶数 N=n+10。第 18 叶(开花后):叶原基数(n′)保持 11 叶左右,总叶数 N=n′+11。顶芽叶原基分化速度常受品种、肥水和长势等影响。这些因素甚至影响分化的总叶数。

2. 主茎叶与果枝叶同伸 果枝叶由可见果枝叶、可见果枝顶端叶原基和分化果枝上的叶原基组成。据观察(表 7-1):现蕾期,主茎叶(包括主茎叶原基)与总果枝叶之比为 1∶0.6;盛蕾期,主茎叶与总果枝叶之比为 1∶1.5;开花期,主茎叶与总果枝叶之比为 1∶2;盛花期,主茎叶与总果枝叶之比为 1∶2.5;结铃期为 1∶3。

表 7-1 棉花主茎叶龄与果枝叶的同伸关系

(江苏农学院,1984)

主茎叶龄	果枝叶*(片/株)	果枝叶原基(个/株)		总果枝叶数(片/株)	主茎枝叶数(包括主茎叶原基)(片/株)	棉株总叶数(片/株)
		分化果枝叶原基	可见果枝叶原基			
1					6	6
2		1		1	8	9
3		3		3	10	13
4		5		5	12	17
5		6		6	14	20
6	1**	6	2	9	15	24
7	2	6	4	12	16	28
8	3	6	6	15	17	32
9	5	6	8	19	18	37
10	7	6	10	23	19	42
11	9	6	12	27	20	47
12	12	8	14	34	22	56
13	15	8	16	39	23	62
14	18	8	18	44	24	68
15	22	8	20	50	25	75
16	26	8	22	56	26	82
17	30	8	24	62	27	89
18	35	10	26	71	29	100
19	40	10	28	78	30	108
20	45	10	30	85	31	116
21	51	10	32	93	32	125

[注] * 以现蕾时可见对位叶为准;** 果枝始节为 6;品种为岱字棉 15 号。

二、叶的形态

棉叶可分为子叶、先出叶和真叶三类。真叶又可分为主茎叶和分枝叶两种。棉花不同种、品种以及在不同的栽培条件、不同的环境条件下，叶片的形态、大小和叶色都会发生变化，在生产上常常作为育种和生产管理的标记。

1. 子叶的形态　子叶两片对生，有大小之分，小子叶的叶面积为大子叶的 80%左右，子叶为不完全叶。陆地棉的子叶为肾形(图 7-2)，绿色；海岛棉子叶为半圆形，深蓝色，叶基点浅绿色。子叶脱落后，遗留对生的子叶节，可作为株高的起始点。子叶是种子发芽出苗有机养料的来源。

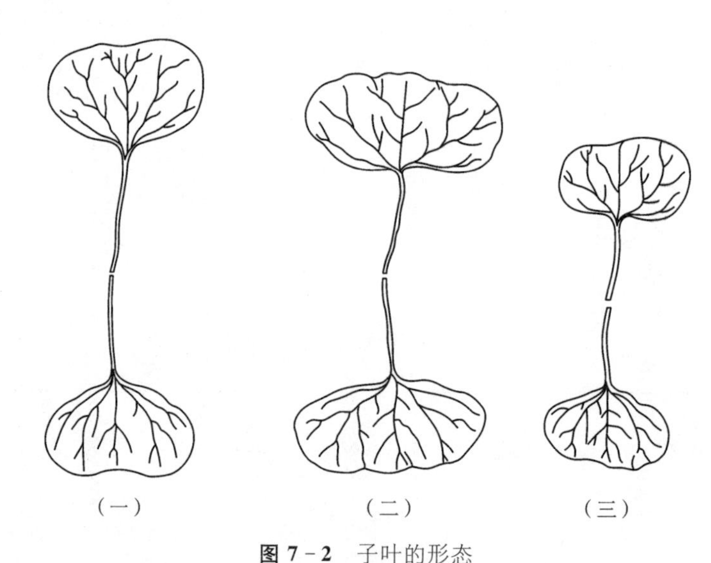

图 7-2　子叶的形态

(一) 中棉所 10 号　(二) 中棉所 7 号　(三) 鲁棉 1 号

(引自《中国棉花栽培学》，1983)

2. 先出叶的形态　又称前叶，先出叶位于分枝基部的左侧或右侧，是分枝和枝轴的第 1 片叶。叶形为变形叶，如长椭圆形、披针形、卵圆形或分叉形等(图 7-3)。先出叶极小，宽 5～6 mm。无托叶，叶柄有或无为不完全叶，易脱落，常常被误认为托叶。

图 7-3　先出叶的形态

(引自《中国棉花栽培学》，1983)

3. 真叶的形态　真叶的叶片为掌状分裂，一般有 3～5 个裂片(图 7-4)。第 1 片真叶为全缘，第 3 片真叶开始有 3 个裂片，5 片真叶后以 5 裂为主，生育后期裂片数减少。陆地棉的裂片缺刻较浅，约为叶长的 1/2；少数鸡脚型和超鸡脚型的裂片缺刻比常态叶深。海岛棉裂片缺刻超过叶长的1/2。陆地棉的叶基点呈红色,叶片上分布有网状的叶脉。棉株的叶片以主茎叶最大,叶枝的真叶次之,果枝叶最小。主茎叶和叶枝叶呈螺旋形互生,叶序为3/8,绕轴约135°,左旋或右旋,即8片真叶绕主茎或叶枝3周,第9叶与第1叶上下对应。果枝叶分左右两行交错排列。叶面有茸毛和腺毛,可作为棉花抗虫形态的标志。叶表和叶背分布有气孔。在棉叶的叶肉里有多酚色素腺,外观呈棕褐色,多酚色素腺也与棉花的抗病虫性有一定的联系。叶背中脉上离基点1/3处有一个蜜腺,能分泌蜜汁引诱昆虫,有时在两侧裂片的侧脉上也有蜜腺,减少蜜腺数量有利于降低虫口密度。

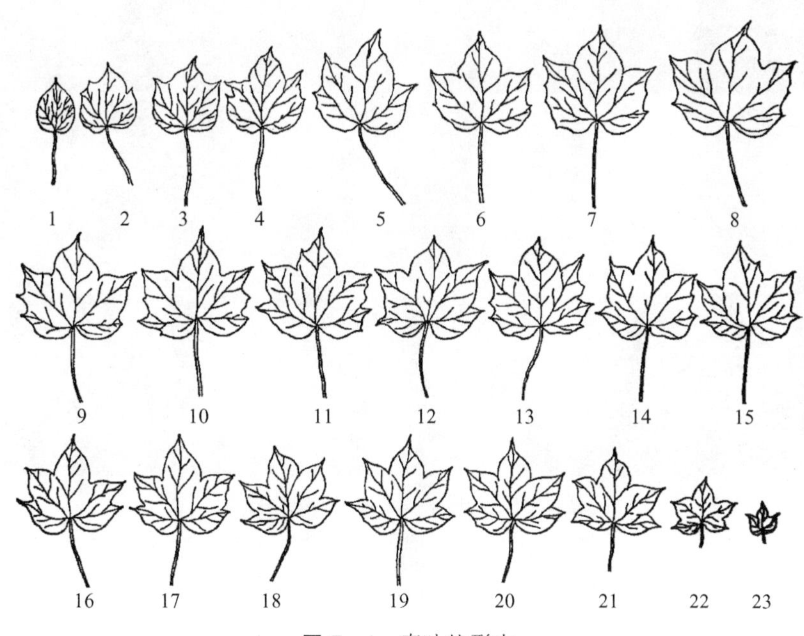

图7-4　真叶的形态

图中数字为主茎叶由下至上序号
(引自《中国棉花栽培学》,1983)

三、叶 的 结 构

棉叶的结构分表皮层、叶肉组织和维管束三大部分(图7-5)。

1. *表皮层*　真叶上、下表皮层外侧细胞壁有明显角质膜,为角质层,表面光滑,具有抗风、抗霜冻和病菌、昆虫的危害,同时减轻紫外光的灼伤以及控制叶温等作用。表皮细胞无叶绿体,但其上有表皮毛和气孔等。表皮毛也称茸毛,是表皮细胞形成的细长顶端尖锐的单细胞毛,单生或几个聚集在一起,也有表皮细胞经分裂形成的多细胞毛。茸毛的多少是品种的标志之一。

棉叶气孔存在于棉花茎、叶、蕾等器官的表皮,尤以叶片最多。据测定,叶片的气孔下表皮比上表皮多,同一真叶上表皮每平方毫米为40～170个,下表皮为80～280个。气孔有交换气体和调节水分蒸发等生理功能(图7-6)。

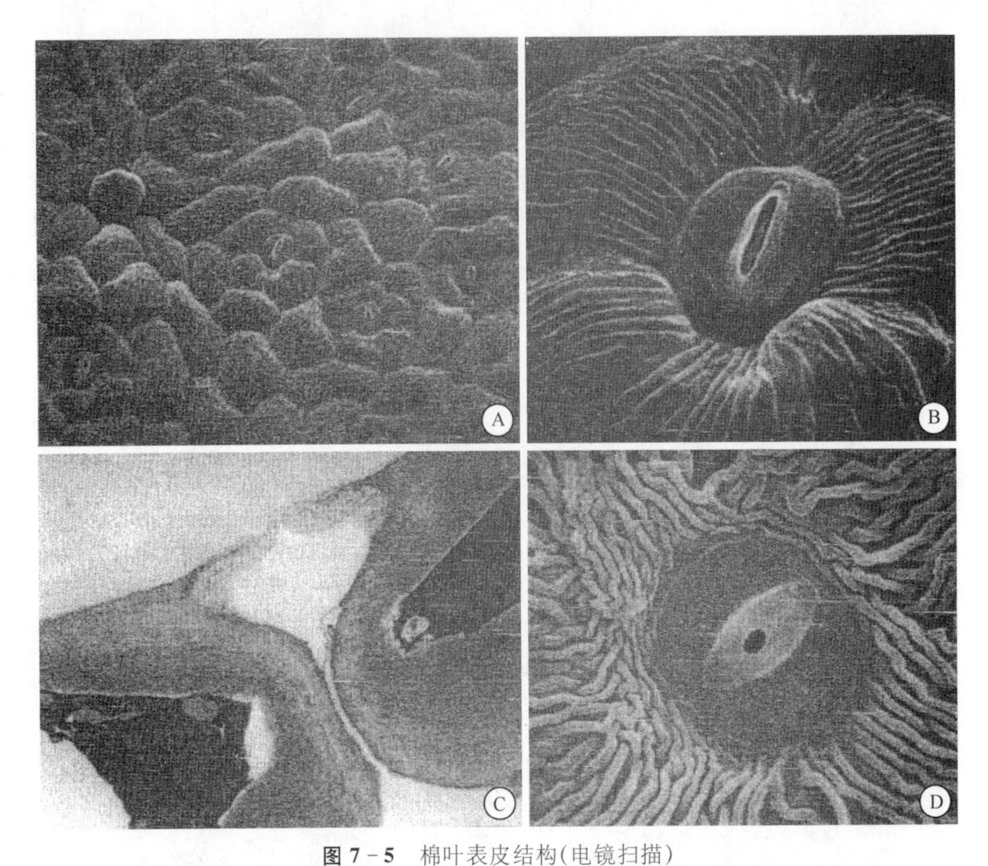

图 7-5 棉叶表皮结构(电镜扫描)

A. 果枝叶表皮(700 倍); B. 气孔及蜡质(3 000 倍);
C. 表皮和内表皮的气孔横切面(3 000 倍); D. 铃壳表皮的气孔和蜡质(3 000 倍)
(引自 Smith et al., 1999; Wise, et al., 2000)

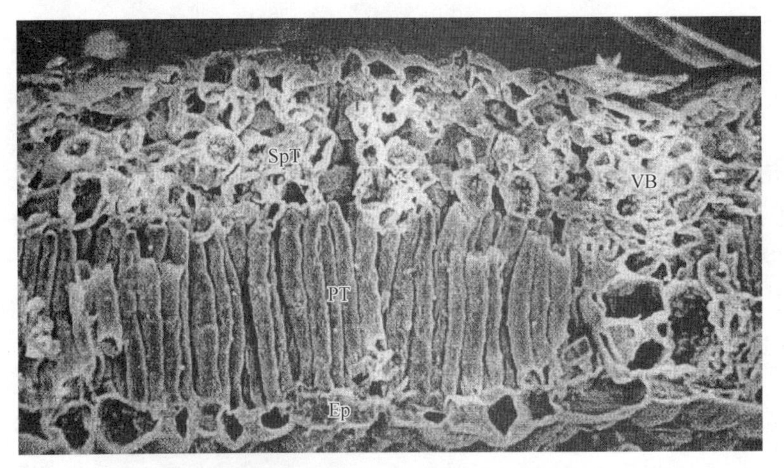

图 7-6 棉花叶片的横切面结构

(引自石鸿熙,1987)

2. 叶肉组织　陆地棉和海岛棉的叶肉组织均为背腹叶型，上表皮内由一层排列紧密、长柱形薄壁细胞组成栅栏组织，细胞里充满叶绿体，占叶片厚度的1/2左右。叶背下表皮内为海绵组织，由4～5层不规则的薄壁细胞组成。叶肉组织是光合作用的场所。徒长棉苗的叶片横切面比壮苗宽，栅栏组织不足1/2。使用生长抑制剂能促使叶片形成不完全的次生栅栏层，从而增加叶片的厚度，并使叶色变深。

3. 维管束系统　棉叶的维管束系统由中脉、侧脉和细脉组成，是网状脉序系统。在维管组织中，近叶面为木质部，近叶背为韧皮部。叶基点在弱光条件下，下半部薄壁细胞膨压降低，使叶片下垂，所以，棉叶具有向日性。

子叶结构与真叶相仿，但子叶气孔密度较高，栅栏组织和海绵组织的分化不明显，中脉维管组织的上下两面只有薄壁细胞，而无厚壁细胞。

4. 叶柄结构　叶柄为扁圆柱形，结构与幼茎相似，分为表皮、皮层和中柱三部分。表皮层细胞分化有表皮毛和腺毛、气孔。表皮层内有数层厚角组织，里面的薄壁细胞充满整个叶柄，并分布有腺体。从叶柄的横切面可看到4～5个大维管束，中间间隔着小维管束排列一圈，近叶片处维管束集中到中央，一直与主脉维管束相连，中脉与几条支脉的汇聚点称叶基点(叶枕)。叶基点的薄壁细胞可因光照强弱、水分多少使膨压发生相应的变化，并使叶片作向日性移动或下垂(图7-7)。

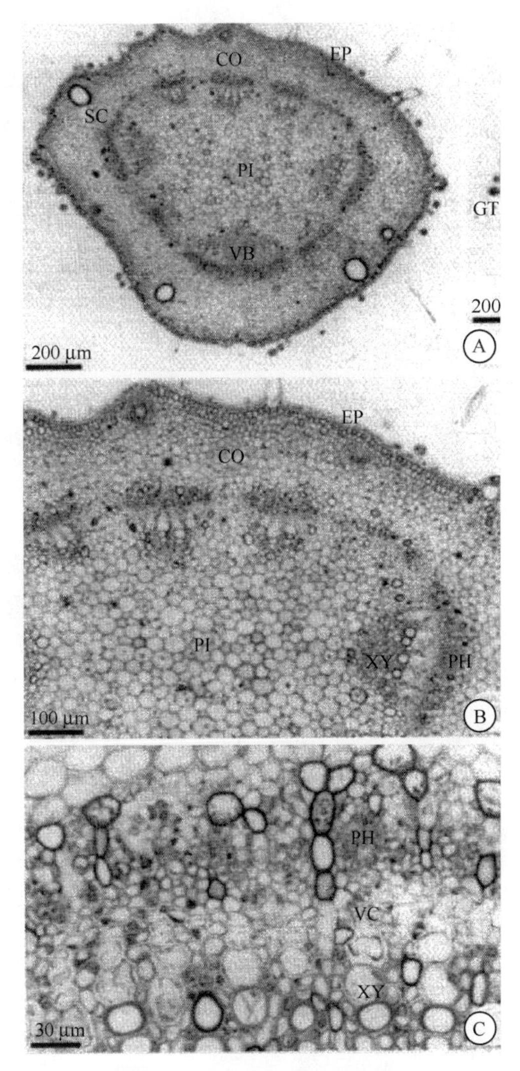

图7-7　棉花叶柄的横切面

B为A的放大图，C为A中的维管束放大图。
CO. 皮层；EP. 表皮；PH. 韧皮部；VB. 维管束；
XY. 木质部；PI. 髓；VC. 维管形成层
(引自Oliveira et al., 2006)

第二节　棉叶的生长和分组

一、叶的生长

1. 单叶的生长

(1) 子叶的生长：子叶展平后进入叶面积扩展期，一般在子叶展平后的第3～6 d为叶面积扩展期，生长 20 d 即停止增长，功能期持续 30 多 d，成活 50～60 d。

(2) 先出叶的生长：先出叶的生长与腋芽的发育有关，腋芽长势弱且处于半潜伏状态，则先出叶叶形小而颜色发红；如腋芽能形成分枝，则先出叶大而鲜绿。先出叶存活时间仅 10～30 d。

(3) 真叶的生长：棉花具有无限生长习性，在适宜的条件下，主茎顶芽能不断分化叶和节间等器官。

主茎叶的出叶数和出叶速度：在常规密度条件下，棉花从出苗到打顶，一般主茎叶有 20～25 叶。出叶速度与温度呈正相关，子叶至一叶期，需 10～18 d，二叶期和三叶期间隔 5～7 d，四至七叶期需 3～5 d，八叶期后为 3 d，盛花期后出叶速度减慢。果枝叶纵向间隔约需 3 d，横向需 5～7 d。各棉区基本相似。此外，直播棉前期出苗速度慢，移栽棉和地膜棉前期出苗速度较快。

主茎叶片的生长速度：据石鸿熙等研究，展平后的 4～7 d 为扩展高峰期，日均叶面积增约 20 cm^2，至展平后的第 11 d 起，日增量减为仅 5 cm^2 左右，因而认为顶部倒 4 叶为刚过生长高峰之棉叶，其宽度或面积可用来诊断棉株的长势。原华中农学院研究表明，叶片展平后的头 10 d 内，叶面积平均每天增长 10～15 cm^2，第二个 10 d，每天平均增长达 10～15 cm^2，第三个 10 d，每天只增长 1 cm^2 左右。展平 15 d 单叶的面积达最终面积的 80%，30 d 基本停止。

一般主茎下部叶较小，中部叶较大，顶部叶又小，在不同生态条件下，小的不足 10 cm^2，大的可达 300～400 cm^2，肥水充足条件下，叶面积较大。

根据棉叶的光合功能变化，主茎叶的一生可分为三个阶段：幼叶期(展平到 14 d)，此阶段合成同化产物较少，还需要其他叶片提供光合养分；成叶期(展平后 14～42 d)，光合强度增强，在 28 d 时，输出的同化产物达 65%，28～42 d 同化产物输出速率下降，此阶段为光合养分的主要输出期；老叶期(展平后 42～56 d)，叶片开始衰老，叶色落黄。至 75 d 左右衰老脱落。

正常叶片的寿命，中早熟品种为 65 d 左右，中熟品种为 82 d 左右，中晚熟品种为 77 d 左右，平均为 75 d。主茎叶从叶原基突起到脱落为 100 d 左右。研究表明，苗期棉苗叶片生长与纤维品质密切相关，出叶速率、子叶高度与纤维强度呈显著正相关，子叶面积与成熟系数呈显著正相关。

2. 叶面积和叶面积指数

(1) 单株叶面积变化：单株叶面积是由子叶、主茎叶和果枝叶的叶面积组成。据研究，随生育进程的推进，苗蕾期以主茎叶为主体，叶面积现蕾至初花期增长最快，盛花期主茎叶的叶面积达高峰(图 7 - 8)。果枝叶在初花期的叶面积已超过主茎叶，占单株总面积的 52%～56%，始絮期果枝叶面积达高峰。

(2) 群体叶面积与叶面积指数(LAI)：在群体条件下，叶的大小、数量及其排列对光合生产、产量具有很大的影响。因此对棉花最适 LAI 及其出现时期，叶面积的分布研究较多。

关于棉花的最适叶面积，Ludwig 等认为，LAI 为 3.0 左右时，群体光合强度达到最高，因此认为 3.0 左右比较适宜。陈布圣认为 LAI 在 3.6 以下时，随着 LAI 的增加，光能利用

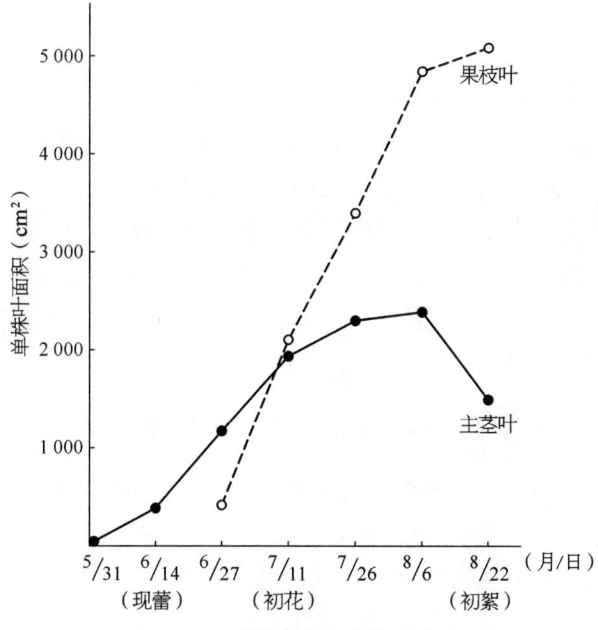

图 7-8　棉花单株叶面积的变化

（引自《中国棉花栽培学》，1983）

率提高，因而认为 3.5 左右为最适宜。山东棉花研究中心等都认为 LAI 在 3.5～4.0 之间时，总干物重增长率达到最大。总之，以前的研究结果比较一致，棉花的最适 LAI 以控制在 4.0 以下为宜。但随着品种的改良和栽培技术的改进，高产棉花的适宜 LAI 已提高到 4.0 以上。在江苏扬州栽培条件下，LAI 在 4.17 时，皮棉产量最高(表 7-2)。根据在江苏其他高产田块测定，皮棉产量在 1 875～2 250 kg/hm² 时，大部分田块最大 LAI 达到了 4.0 以上。

表 7-2　不同生育阶段 LAI 与产量关系

（陈德华，1994）

皮棉产量(kg/hm²)	最大 LAI	吐絮期 LAI(9/15)	皮棉产量(kg/hm²)	最大 LAI	吐絮期 LAI(9/15)
1 198.05	3.31	1.47	1 653.00	4.53	2.18
1 163.70	3.53	1.60	1 916.40	4.01	2.41
1 456.95	4.77	1.85	2 104.50	4.17	2.57

［注］品种：泗棉 3 号。

表 7-3　不同产量水平的 LAI 变化

（陈德华，1995）

皮棉产量(kg/hm²)	生育期(月/日)						
	6/20	7/5	7/20	8/5	8/15	8/30	9/20
1 539.00	1.23	2.68	4.05	3.90	3.76	2.15	1.92
1 146.75	1.56	3.69	4.08	4.35	4.68	4.32	4.01
1 267.50	1.01	1.96	2.52	3.13	3.96	4.13	3.28
2 139.00	1.14	2.42	3.53	4.18	4.32	3.23	2.76

［注］品种：泗棉 3 号。

关于最适最大 LAI 出现和持续的时间,高产棉田一般在盛花至盛铃期,并持续 20 d 左右。表 7-3 系在江苏扬州研究结果,4 个群体的最大 LAI 均在(4.05～4.32)适宜范围内,由于最大最适 LAI 出现时间不同,产量差异很大。第一种是 LAI 发展快,在盛花期(7 月 20 日)达最大值(4.05),但到了盛铃期(8 月 15 日),下降到 3.76,皮棉产量为 1 539.0 kg/hm²。第二种的 LAI 也在盛花期达到最适状态,为 4.08(7 月 20 日),但到了盛铃期 LAI 高达 4.68,成为过旺群体,皮棉产量只有 1 146.75 kg/hm²。第三种类型前期生长不足,到了盛铃期(8 月 15 日)LAI 仅为 3.96,至始絮期时,LAI 达最大值 4.13,属后发类型,产量仅为 1 267.5 kg/hm²。第四种是在盛铃期(8 月 15 日)正常出现最大最适 LAI,为 4.32,皮棉产量高达 2 139.0 kg/hm²。这四种 LAI 动态表明,在盛铃期达到最大最适 LAI 是高产棉花所必需的。

二、叶面积的细分及其生物学意义

为了研究方便,学术上对叶面积再细分为有效和无效,高效和低效等。目前认为叶面积在同化产物的生产和分配方面的表现有差异。这些研究有助于进一步认识叶面积。但叶片还具有养分、水分等的储存和输送功能,对这些差异还需深入研究。

1. *有效和无效叶面积* 在群体总叶面积中,有效叶面积所占的比例称为有效叶面积率。表 7-4 表明,在群体最适 LAI 基本相近的条件下(LAI 在 3.89～4.21),由于在吐絮盛期有效叶面积率不同,因而对群体的成铃率产生了影响。有效叶面积率(x)与成铃率(y)呈极显著的线性正相关,$y=1.910\,8+0.462\,6x$($r=0.987\,7^{**}$)。方程表明,有效叶面积率每提高 1 个百分点,成铃率提高 0.46 个百分点。即在有效叶面积率较高的情况下,总铃数也较高。因此,在群体适宜 LAI 的情况下,通过减少无效叶面积的生长,提高有效叶面积的比例,增加有效生物量的积累,进而提高结铃率和产量。提高有效叶面积率关键是控制盛铃期(8 月 15 日)边心和赘芽。

2. *高效和低效叶面积* 高效叶面积率是指高效叶面积在有效叶面积中所占的比例。高效叶面积率与成铃率具有直接的关系,高效叶面积率越高,成铃率越大,总铃数也越多,产量越高。表 7-4 表明,随着高效叶面积率的提高,群体总铃数增加,高效叶面积率(x)与总铃数(y)呈现极显著的线性正相关,其回归关系为 $y=73.46+4.840\,7x$($r=0.994\,5^{**}$),表明高效叶面积率每提高一个百分点,群体成铃数增加 4.84 万个/hm²。因此,提高高效叶面积是获得高产的关键所在。这就要求在控制群体适宜总果节量和减少棉花的无效叶片的基础上,进一步通过化学调控并结合施肥等措施提高成铃率。

表 7-4 不同产量水平高效叶面积率与成铃

(陈德华,1996)

最大 LAI	高效叶面积率(%)	成铃数(万个/hm²)	皮棉产量(kg/hm²)
4.12	27.8	133.80	2 139.45
4.21	26.2	115.35	1 844.40
4.08	23.1	103.05	1 782.15
3.89	20.9	91.80	1 467.90
3.13	18.7	85.05	1 363.05

[注] 品种:泗棉 3 号。

高效叶面积率的适宜指标愈大愈好，以果节量计，最大极限可达到100%。但高效叶面积率不可能达到100%，因为即使每个果节都能够成铃，由于主茎叶的存在，高效叶面积率仍低于100%。因此，提高棉花的高效叶面积率，除提高成铃率外，减少主茎叶在群体中的比例也是一个重要方面，这可以通过减少群体的种植密度（株数）来降低主茎叶比例，并通过增加单株的果枝数来增加群体的高效叶面积率。

第三节　棉叶的光合和其他生理功能

棉叶的光合作用是棉株生长所需用有机养料的主要供应源。同时棉叶还具有蒸腾水分、临时储存养料和吸收可溶性物质的生理功能。

一、光合作用

1. 光合作用的日变化　据华中农业大学研究，棉花主茎倒4叶的光合强度每天的变化呈双峰曲线（表7-5），盛花（7/26）和结铃期（8/7）基本上以每天的11:00～13:00光合作用最高，13:00～15:00最低，15:00后又明显升高。中国科学院遗传与发育生物学研究所研究显示，现蕾期黑山棉的光合日进程为双峰曲线变化，而杂交种的光合强度日变化为单峰曲线。光合强度中午降低现象称为午睡现象，可能是由于叶片光合产物积累过多，加上正午太阳辐射过强，温度过高，造成叶片失水严重，引起气孔关闭的缘故。

表7-5　不同氮肥用量棉花光合效率日变化

[单位：mg 干重/(dm^2・h)]

时　间	7月26日氮肥量			8月7日氮肥量		
	高	中	低	高	中	低
7:00～9:00	11.36	6.26	7.46	11.02	11.88	8.20
9:00～11:00	11.48	14.02	8.16	14.30	12.34	12.27
11:00～13:00	12.28	14.52	5.80	13.67	13.67	13.13
13:00～15:00	7.16	7.82	2.44	10.70	8.36	3.44
15:00～17:00	13.64	8.22	0.54	11.09	11.33	8.75

［注］引自陈布圣《棉花栽培生理》。

2. 不同生育期光合作用的变化　光合强度随生育期的变化呈一定的规律。据中国农业科学院棉花研究所、华中农业大学测定（中肥条件下），棉花光合强度最大值出现在蕾期，花期以后逐渐减弱。不同的群体，由于叶面积指数不同，其光合强度有差异。据上海市农业科学院观测，皮棉产量1 500 kg/hm^2群体不同生育期净同化率需要：苗期4.69 g/(m^2・d)，现蕾期15.32 g/(m^2・d)，盛蕾期10.79 g/(m^2・d)，初花期5.38 g/(m^2・d)，结铃期3.0 g/(m^2・d)。余渝等通过对北疆棉花研究认为，棉叶光合速率最大期出现在盛蕾至开花期，打顶前棉花主茎倒4叶光合速率最大，打顶后倒1叶和倒2叶光合速率最大。开花期前倒4叶光合速率日变化呈双峰曲线，峰值分别在12:00～14:00和16:00～

18:00,且第一高峰比第二高峰高。盛花期前主茎叶光合速率大,盛花期后果枝叶光合速率较大。

3. 不同叶龄光合强度变化 薛祯祥(1985)在海南岛、临清两地测得叶龄 0～72 d 叶片的光合速率随叶龄而变化的规律表明,叶片自平展后 10 d 左右光合速率增强,20 d 左右达高峰,10～35 d 叶光合强度维持较高水平,35 d 后缓慢下降,至 65 d 后光合速率降为最高值的 1/3 左右。另据许德威报道,棉叶展开后第 3～6 周为光合高效率期,输出效率也高,6 周后输出速率平稳下降,叶片光合功能期可维持到 9～10 周而后衰老。

董合忠等对抗虫棉新 33B 光合强度日变化研究指出,初花期不同叶龄叶片的光合日变化的趋势基本一致,皆呈双峰曲线,出现“午休”现象。但净光合速率值、“午休”持续时间长短和午休的程度,因叶片叶龄不同而存在明显的差异。25 d 龄叶片的“午休”出现在 13:00,持续 2 h 左右,而老叶和幼叶则分别在 11:00 和 12:00 出现“午休”,持续 3～4 h。与 25 d 龄的功能叶相比,老叶和幼叶“午休”出现早,持续时间长(表 7－6)。

表 7－6 不同叶龄叶片的净光合日变化

(董合忠,2000) [单位:$\mu mol\ CO_2/(m^2 \cdot s)$]

叶龄(d)	光合测定时间											
	7:00	8:00	9:00	10:00	11:00	12:00	13:00	14:00	15:00	16:00	17:00	18:00
25	10.1	20.8	22.4	22.1	23.8	23.5	21.0	19.2	18.5	21.9	21.8	10.3
50	2.6	10.7	11.6	11.2	9.8	7.5	5.6	8.1	8.0	10.4	12.6	1.7
10	7.5	14.9	17.8	20.2	20.9	18.4	15.4	12.9	9.2	10.7	14.6	3.4

陈德华认为棉花杂交种的叶片光合强度大,光合效率高,开花后,杂交种的净同化率明显高于亲本。不过董合忠等和李维江等对鲁棉研 15 号等品种及其亲本的研究后认为,杂交种单株生产和产量优势的成因并不在于单叶瞬间光合速率的高低,而与杂交棉叶面积增长快、光合午休现象较轻和光合产物分配较为合理有关。

二、透光系数与光合性能

群体条件下,当光从棉株顶部穿过叶片时,光照强度会被减弱,这种减弱的程度用消光系数来衡量;棉花群体内某一层光照强度与自然光强的比值称为透光系数(K 值)。消光系数和透光系数受叶片大小、所处位置、着生方式等的影响。

1. 透光系数日变化 棉花群体叶片的透光系数一般表现为中午透光系数大,早晚低。在适宜的 LAI 和密度下,透光系数也较高。

据王本宣研究,不同密度下,同一时间内,各层行间和株间光照强度都随密度的增大而递减。由基部 30 cm 的行间光照强度(表 7－7)可见,在密度为 37 500 株/hm^2 时,8:00 和 17:00 的光照强度分别为 2 000 lx 和 1 800 lx,在光补偿点之上。当密度为 52 500 株/hm^2 时,8:00 和 17:00 的光照强度分别为 1 200 lx 和 1 100 lx,也在光补偿点之上,而在 67 500 株/hm^2 条件下,8:00 和 17:00 的光照强度仅为 800 lx 和1 000 lx,在光补偿点之下。因此,建立群体应充分考虑其透光率,保证光强在光补偿点以上。

表 7－7　不同密度下一天中不同时间群体光照分布

(王本宣,1989)

密度(株/hm^2)	高度(cm)	光照强度(klx)					
		8:00		13:30		17:00	
		行间	株间	行间	株间	行间	株间
37 500	30	2.0	0.50	10.0	0.87	1.8	0.64
	60	14.0	0.90	22.0	1.80	15.0	0.95
	90	25.0	7.90	67.0	5.54	35.0	3.90
52 500	30	1.2	0.47	8.0	0.64	1.1	0.60
	60	12.0	0.81	20.0	1.20	13.0	0.77
	90	23.0	2.10	64.0	5.30	33.0	3.72
67 500	30	0.8	0.34	2.0	0.47	1.0	0.44
	60	10.0	0.50	15.0	0.90	12.0	0.94
	90	20.0	0.81	47.0	3.21	30.0	3.00

2. 叶层结构对透光系数影响　扬州大学农学院研究指出,棉花的叶层分布均匀并配合小叶直立的方式更有利于提高群体的光能利用(表 7－8、表 7－9)。在群体最大 LAI 同为 4.3 的不同田块间,高产棉花不同层次的叶面积分布比较均匀,以中层及中层偏上的果枝层次叶面积稍大,下层和上层较小,但总的相差不大。而后期旺长或前期旺长的田块由于上部或下部叶面积较大,妨碍群体内光照强度的改善,所以花铃期群体透光率低。盛铃期(8 月 20 日左右)群体内的相对光强不足,消光系数大,影响中下部的果枝干物质生产,从而造成棉铃脱落的大量增加,抑制了成铃率和产量的提高。

表 7－8　不同产量水平不同果枝层次的 LAI

(陈德华,1997)

类　型	皮棉产量(kg/hm^2)	果枝层序				
		1～4	5～8	9～12	13～6	最大值
稳长型	2 136.8	0.95	1.15	1.19	1.01	4.30
前旺后衰型	1 534.4	1.06	1.28	1.30	0.70	4.34
前弱后旺型	1 200.8	0.75	0.95	1.25	1.36	4.31

[注] 测定时间 8 月 16 日。品种:泗棉 3 号。

表 7－9　不同产量水平下棉花群体株顶下不同层次相对光强

(陈德华,1997)　(单位:%)

类　型	皮棉产量(kg/hm^2)	生育期(月/日)							
		7/4		7/19		8/20		9/10	
		30 cm	60 cm	30 cm	60 cm	30 cm	60 cm	30 cm	60 cm
稳长型	2 136.8	69.1	37.5	44.0	16.5	35.1	11.4	28.7	12.4
前旺后衰型	1 534.4	60.7	28.5	29.6	8.1	29.6	10.8	35.6	8.3
前弱后旺型	1 200.8	71.2	38.9	52.6	26.1	22.6	9.7	18.6	6.3

[注] 品种:泗棉 3 号。

3. 株型对透光系数影响　由于株型的不同,K 值(透光系数)也不一样,因而光分布也有差异。薛祯祥测定表明，在 LAI 为 3.4 时，株型为伞形的群体，其 K=1.22，叶面积不合理，70 cm 以上空间，叶面积占 60.5%，光照强度下降快，距地面 30 cm 处光强为 984 lx，仅为自然光强的 1.4%。而塔形 K=0.72，70 cm 以上叶面积占 37.5%，光照强度下降慢，地面 30 cm光照强度为 3 880 lx，为自然光强的 5.4%，因此 K 值不宜过大，应以基部光强在光补偿点之上为宜。

据陈德华研究，果枝在主茎上的着生角度直接与群体的光能分布密切相关，果枝由下向上逐渐直立，有利于群体内部光照增强、提高光能利用率、减少蕾铃脱落、提高成铃率。观测表明（表 7-10），高质量群体（皮棉产量 2 139 kg/hm²）的棉株各台果枝由下至上与主茎夹角逐渐减少，下部果枝角度分布在 65°～80°，中部 55°～65°，上部在 40°～50°；长势较弱的中产群体（皮棉产量 1 539 kg/hm²）果枝角度分布呈不规则变化，总的趋势虽然也是下部大，上部小，但其与主茎夹角上下各部均大于高产群体。旺长型低产群体呈现两头高中间低的形式。以上结果表明，高产群体的果枝角度分布有利于中下部通风受光，中低产群体棉株，特别是旺长型低产棉株，由于上部果枝角度偏大，造成下部光照不足而引起大量脱落。由此可见，选育果枝上举的品种，培植上部果枝上举的株型对于获得高光效群体具有重要的意义。

表 7-10　不同产量水平的果枝与主茎夹角（度）分布

（陈德华，1994）

生长类型	皮棉产量（kg/hm²）	果枝序号							
		1	2	3	4	5	6	7	8
高产型	2 139.0	76.2	80.1	76.5	70.3	67.4	63.6	62.3	60.4
不足型	1 539.0	82.1	76.1	75.3	73.2	70.3	68.5	63.4	67.2
旺长型	1 267.5	80.4	76.5	74.3	72.6	74.5	70.7	68.6	68.7

生长类型	皮棉产量（kg/hm²）	果枝序号							
		9	10	11	12	13	14	15	16
高产型	2 139.0	58.1	56.3	61.7	52.7	50.1	48.2	48.7	40.3
不足型	1 539.0	69.3	73.2	75.4	62.6	65.7	52.5	51.3	52.5
旺长型	1 267.5	63.4	60.6	72.5	70.5	68.6	58.5	65.4	62.6

［注］品种：泗棉 3 号。

果枝的角度分布直接影响到叶角的分布，一般情况下，果枝与主茎夹角越小（垂直角），则该果枝上叶片与主茎的夹角也愈小。果枝着生角度与叶角分布呈显著正相关（$r=0.967\ 8^{**}$）。棉花冠层的叶角几乎和果枝的夹角是相等的，要缩小叶角，改善群体的透光条件，主要从缩小果枝的夹角入手，高产田对群体上部果枝夹角的要求平均在 55°以下。

三、叶片的负载能力

（一）铃/叶比的表示方法

铃/叶比是反映群体条件棉叶光合效能的重要指标，表示方法：一是总铃数和总叶片数之比，用铃（个）/叶（片）比表示，即每片功能叶所负载的棉铃数，数值越大，表示群体结铃数越多；二是总铃数和最大叶面积之比，以铃（个）/叶（m²）比表示。三是群体棉铃总干重与最大叶面积之比，以铃重(g)/叶(m^2)表示。该表示方法反映了单位叶面积对经济产量的实际贡献。这包含了结铃率、叶的大小和铃的大小三个方面的因素，更为综合全面。以铃重(g)/叶(m^2)可以直接计算籽棉产量：

籽棉产量(kg/666.7 m^2)=[适宜 LAI×铃重(g)/叶(m^2)×666.7×单铃经济系数]/1 000

(二) 铃叶比的生物学意义

当单位叶面积负荷量增加时，开花后光合生产潜力得到充分发挥。一方面光合强度增大，光合产物增多；另一方面生产的光合产物较多地分配到生殖器官中去，个体或群体的干物质生产的有效性提高，即棉株本身的自动调节作用，铃/叶比增加时，库容的增大所需的养分能够对叶源的反馈得以满足，因此当棉花群体在叶面积适宜范围内时，应用棉株本身的自动调节作用去扩大库容，库对源的需求能够得到满足。

表 7-11 指出，在 LAI 相近条件下(LAI 4.30～4.40)，不同铃/叶比群体冠层叶片光合强度随着铃/叶比的增大而增大。铃/叶比提高，有利于提高结铃期冠层叶片的光合强度。

表 7-11　不同铃/叶比的棉株冠层叶片光合强度

(陈德华，1996)　[单位：μmol O_2/(dm^2·h)]

最大 LAI	铃/叶比(个/m^2)	测定日期(月/日)				
		8/21	8/27	9/3	9/10	9/17
4.40	20.66	133.34	51.50	40.92	30.08	24.18
4.30	27.33	120.33	68.80	62.35	45.91	29.06

［注］品种：泗棉 3 号。

^{14}C 标记结果表明(表 7-12)，在 LAI(4.01)相同条件下，铃/叶比由 16.38 增至 29.62 时，在盛花期功能叶(倒 5 叶)光合产物向本果枝运送的养分比例由 47.5%增至 59.7%，运往顶部比例由 46.7%降至 32.3%。单位叶面积生产的蕾铃干重由 0.095 kg/m^2 增至 0.118 7 kg/m^2。结铃期 ^{14}C 标记也表明，中部果枝(第 9 台)第一果节对位叶光合产物向对位棉铃输出速度快 16.2%，输出量多 7.9%，可见随铃/叶比提高，盛花后光合产物较多地运往生殖器官，较少运往顶部，有利于控制旺长，叶面积对经济器官的有效生产量提高。

表 7-12　铃/叶比对盛花结铃期光合产物分配的影响

(陈德华，1995)

LAI	铃(个)/叶(m^2)	盛花期本果枝(%)	主茎顶部(%)	生殖器官干重(kg/m^2)	结铃期果枝叶输出量(%)
4.01	16.38	47.55	46.7	0.095 0	20.3
4.01	29.62	59.70	32.3	0.118 7	28.2

［注］品种：泗棉 3 号。

四、叶片养分运输和分配

据原上海植物生理研究所研究，在展平 15 d 内的正在生长的叶片，其光合产物不但不输出，而且需要其他叶片提供光合养分。在展平后 15～30 d 内，叶片制造的光合产物以输出为主,当叶片在展平 50～60 d 后,进入衰老期,其光合产物既不输入,也不输出。

棉花叶片制造的光合产物的运输和分配主要表现为就近分配和同侧运输的特点,养分向上运往正处于生长中心的主茎顶端生长点以及正在发育的蕾和小铃,向下运往棉苗的根部。主茎叶制造的光合产物,含氮物比果枝叶多 50%～60%,碳水化合物较果枝叶少 1/3 左右,其光合产物运输范围更大,不但供应棉株生长点新生器官生长,还供应根系和果枝所需的营养。果枝叶的光合产物主要供应其对位的生殖器官和本果枝顶端的生长。

在棉花不同生育期,叶片光合产物运输分配方向不相同。

(1) 苗期:主茎上部叶片的光合产物,供顶端正在生长叶片及主茎生长点生长的需要。下部叶片的光合产物供应根系为主。

(2) 蕾期:主茎叶的光合产物除分配给主茎顶端生长点外,还供给正在发育的花芽和蕾,下部主茎叶光合产物仍供给根系生长。

(3) 初花期:主茎叶的光合产物分配到生长较快的幼铃,除了本果枝叶片外,邻近的主茎叶也供应相当比重的营养物质。

(4) 盛花期:下部主茎叶光合产物主要运向本节位果枝和下方果枝的幼铃。上部主茎叶光合产物主要运往本节位果枝及上部营养器官。

(5) 结铃期:棉叶的光合产物大量运往棉铃。

果枝叶光合产物的运输和分配,其局限性很大,基本上局限于本果枝内运送。现蕾后,光合产物分配在果枝顶端和幼蕾。盛花结铃期主要分配给本果枝的蕾、铃和幼叶。

棉叶的色泽与碳、氮营养密切相关,当碳/氮比高时,叶色表现绿黄色;反之,叶色表现为深绿色。在整个棉花生育过程中叶片有“三黄”和“三黑”变化。高产棉花在苗期、初花期和盛花结铃期叶片变黑,其他时期叶片落黄。叶片的黑黄变化与主茎淀粉含量、淀粉分布状态密切相关,当主茎淀粉含量高、分布广时,叶色黑;反之,叶色黄。

五、光合产物的积累和分配

棉花各生育阶段干物质积累的数量都直接影响到营养生长、生殖生长和群体的发展动态。开花前,以营养生长为主,群体干物质积累过多、过少均不利于高产;开花期由营养生长向生殖生长转变,盛花初期仍处于营养生长和生殖生长并重的重叠时期;花铃期以生殖生长为主,保持较高的干物质生产和分配,有利于夺取高产。盛花前棉花群体干物质保持在适宜的范围内,才能有利于协调各部器官的生长和源库之间的矛盾,形成适宜的群体 LAI、适宜株高、果枝数和总果节量,为高产建立合理的群体结构基础;在此基础上,保持盛花后整个结铃吐絮期有较高的干物质积累量,是群体质量指标体系中最本质的生理指标(群体光合形成的干物质积累和分配详见第二十一章)。

六、棉叶的其他生理功能

(一) 蒸腾作用

作物蒸腾作用的强弱,通常用蒸腾速率或称蒸腾强度来表示,即单位时间、单位叶面积(或单位鲜重)蒸腾的水量。农业生产常用蒸腾系数表示蒸腾作用,即作物制造 1 g 干物质所需水的克数，也称需水量。棉花蒸腾系数在 600～1 000 范围内，蒸腾强度随生育进程而递减，蕾期最高，花期次之，铃期最低。叶片平展后 20 d 蒸腾强度可达 130 g/(m^2 · h)，20 d 后蒸腾速度随着叶龄的增大而递减。棉花的蒸腾作用主要表现在三个方面：第一，可以使叶细胞保持最合理的膨压，以利于正常生长；第二，可维持矿质营养的吸收和向枝叶运输；第三，有利于带走潜热降低叶片温度，使棉株不致因夏季阳光下温度过高（可达 40 ℃）而灼伤。供水充足的棉田，叶温较气温低 3～4 ℃，缺水萎蔫的棉株其叶温比气温高 2 ℃左右。膨压正常的棉叶，蒸腾速率比萎蔫柄叶快 25 倍，叶温相应低 5～6 ℃。

李少昆等在北疆棉花研究中指出，棉叶的水分利用效率日变化呈多峰曲线，低谷出现在一天中的 15:00～17:00；生育后期，叶片水分利用效率随主茎叶自上而下降低，但上部叶片变幅小。高产棉田的水分利用效率高。王玉国等认为，大田正常供水条件下，一天内随光照和温度的增加，棉叶水势和渗透势下降。气孔导度在中午最高，蒸腾速率也相应较高，以后则表现下降。

蒸腾强度的日变化因环境条件而不同，晴天无风并有充足水分时，叶片蒸腾强度随温度增加而增强。CO_2 和 NO_3^- 浓度也影响蒸腾强度，CO_2 浓度在(100～800)×10^{-6}范围内随浓度提高，蒸腾速度下降；NO_3^- 浓度在 0.6～24 mmol 范围内，随浓度提高，蒸腾速度也相应增加。

（二）储藏作用

棉叶白天光合作用合成的碳水化合物，葡萄糖转变成淀粉，暂时储存在叶肉细胞内，夜间淀粉分解为可溶性糖运出叶外。一般在晴天条件下，从傍晚至次日早晨，棉叶干重可下降20%。棉叶中储存的碳水化合物较多，一般正在成长的叶片，可溶性糖含量可达干重的 2%～11%。J. D. Hesketh 等报道，在高浓度 CO_2(10^{-3})、中温(29 ℃)、强辐射[2 700 J/(cm^2 · d)]条件下，蕾期棉叶中淀粉可溶性糖含量甚至可达干重的 47.3%。早期棉叶中储存的光合产物较多，棉叶在衰老过程中，能将自身储存的光合产物重新调配给其他正在生长的棉铃。

（三）吸收作用

棉叶表皮层的气孔和角质层都有一定的吸收功能，且吸收速率快。在棉花生产过程中，常利用这一性能，通过喷施生长调节剂调节其生长和发育，喷施农药防治病虫害，喷施棉花保持叶片生理功能所需的矿质营养元素补充养分，弥补根系吸收功能的不足。

（撰稿：陈德华；主审：陈金湘）

参考文献

[1] 吴云康. 棉花叶龄模式栽培. 南京：江苏科学技术出版社，1987:12-33.

[2] 中国农业科学院棉花研究所. 中国棉花栽培学. 上海：上海科学技术出版社，1983:92-99.

[3] 石鸿熙. 棉花的生长与组织解剖. 上海：上海科学技术出版社，1987:47-48.

[4] Ludwig L J, Saeki T, Evans L T, et al. Photosynthesis in artificial communities of cotton plants in relation to leaf area. Australian Journal of Biological Sciences, 1965, 18.

[5] 金聿，陈布圣. 棉花栽培生理. 北京：农业出版社，1987:131.

[6] 薛祯祥.丰产棉花叶面积动态及其实践意义.中国棉花,1982(4).
[7] 凌启鸿.作物群体质量.上海:上海科学技术出版社,2000:301-310.
[8] 董合忠,李维江.转 *Bt* 基因抗虫棉及其亲本的光合能力比较.核农学报,2000,14(5).
[9] 陈德华,王兆龙.转 *Bt* 基因抗虫棉杂交种光合生产及干物质分配特点研究.棉花学报,1998,10(1).
[10] 董合忠,李维江,李振怀,等.转 *Bt* 基因抗虫杂交棉与亲本光合能力比较.核农学报,2000,14(5).
[11] 李维江,唐薇,李振怀,等.抗虫杂交棉的高产理论与栽培技术.山东农业科学,2005,(3).
[12] 王本宣,陈布圣.不同氮素水平和密度下群体光合速率的探讨.华中农业大学学报,1989,8(3).
[13] 陈奇恩,田明军,吴云康.棉花生育规律与优质高产栽培.北京:中国农业出版社,1997:191-196.
[14] 李少昆.棉花叶片水分利用效率及其影响因素的研究.棉花学报,1997,9(6).
[15] 王玉国,贺岩.棉花渗透调节和蒸腾速率的日变化关系.棉花学报,1997,9(5).
[16] Smith C W, Cothren J C. Cotton: Origin, History, Technology and Production. John and Wiley & Sons, Inc., New York, 2001.
[17] Wise R R, Sassenrath-Cole G F, Percy R G. A Comparison of Leaf Anatomy in Field-grown *Gossypium hirsutum* and *G. barbadense*. Annals of Botany, 2000,86.
[18] Oliveira R H, Milanez C R, Moraes-Dallaqua M A. Boron deficiency inhibits petiole and peduncle cell development and reduces growth of cotton. Journal of Plant Nutrition, 2006,29.
[19] Bondada B R, Oosterhuis D M. Comparative epidermal ultrastructure of cotton (*Gossypium hirsutum* L.) leaf, bract and capsule wall. Annals of Botany, 2000,86.
[20] Sassenrath-Cole G F, Guiyu L, Hodges H F, et al. Photon flux density versus leaf senescence in determining photosynthetic efficiency and capacity of *G. hirsutum* leaves. Environmental And Experimental Botany, 1996,36.

第八章　棉花生殖器官的发育

棉花的生殖器官由蕾、花和铃组成。棉苗生长到一定的苗龄开始分化花芽，进入孕蕾期；花芽逐渐发育至肉眼可见即称为现蕾。随着蕾的长大，花器官各部分发育成熟时即进入花铃期，棉铃逐渐发育成熟至吐絮。棉花生殖器官整个发育过程都与产量的形成密切相关。

第一节　蕾的分化与发育

棉花的花蕾是由果枝芽中的花芽发育而成。当棉苗生长至2～3片真叶时，在主茎顶芽生长点下方2～3个叶位的腋芽(主茎上第6～8叶位)开始分化，形成第一个一级混合芽(即果枝原基)，这是生殖生长的开始。以后，棉苗由下而上发育一台又一台果枝，每个果枝芽(混合芽)由内向外发育一个个果节，构成一台果枝。花芽经15～20 d的分化发育，长至肉眼能识别的幼蕾(3 mm大小)，称为现蕾。

一、花芽分化过程

花芽分化按花器官的结构，由外向内顺序向心分化，按苞片、花萼、花瓣、雄蕊、心皮等花器原基的分化发育顺序，可分为6个时期(图8-1)。

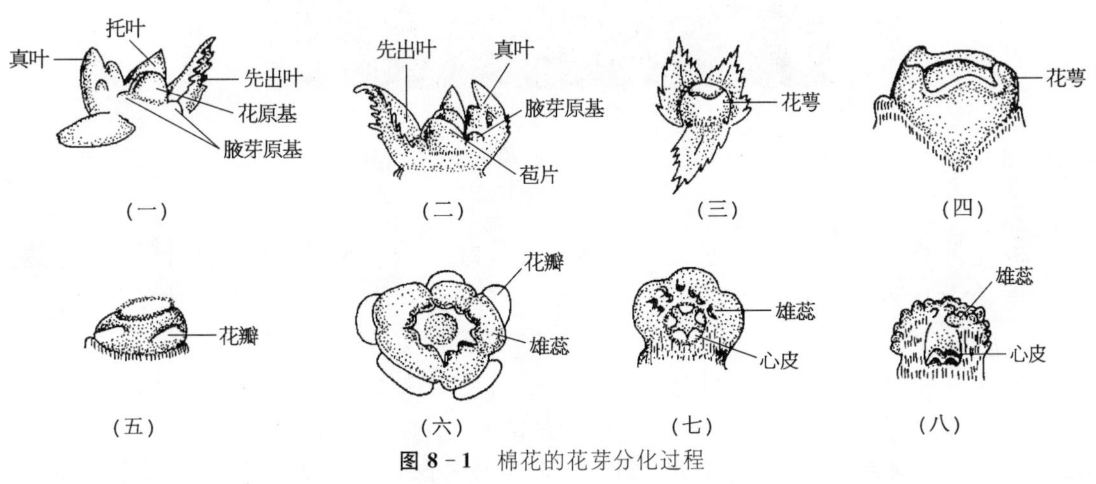

图8-1　棉花的花芽分化过程

(一) 花原基伸长期　(二) 苞叶分化期　(三) 花萼分化期　(四)(五) 花瓣分化期
(六) 雄蕊分化期　(七)(八) 心皮分化期
(引自《中国棉花栽培学》，1983)

1. 花原基伸长期 当果枝芽的叶原基分化托叶原基时，顶端分生组织开始伸长呈半透明的钝圆锥体时，为花芽分化始期(图 8－2)。

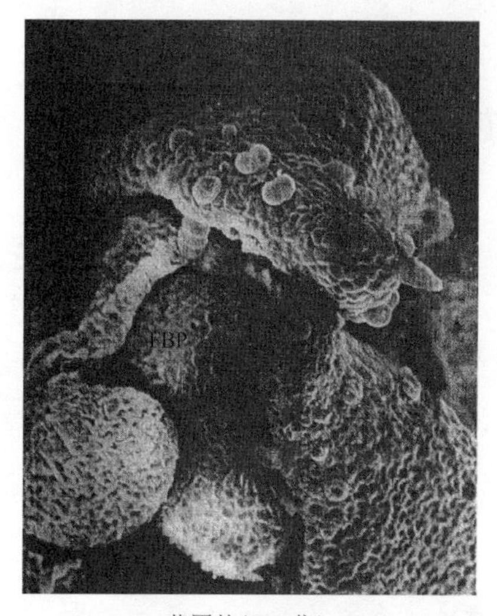

花原基(300 倍)

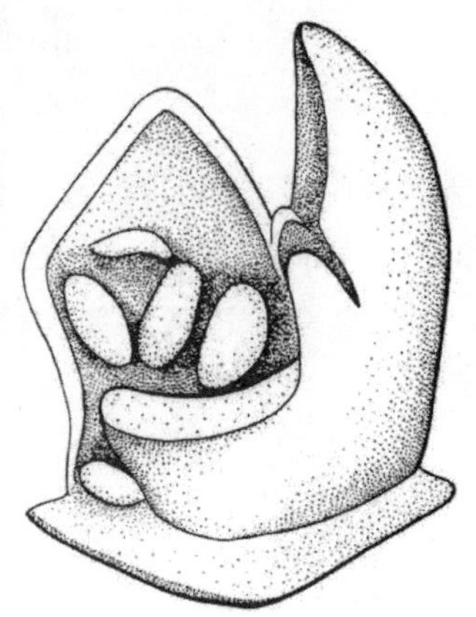

苞叶分化

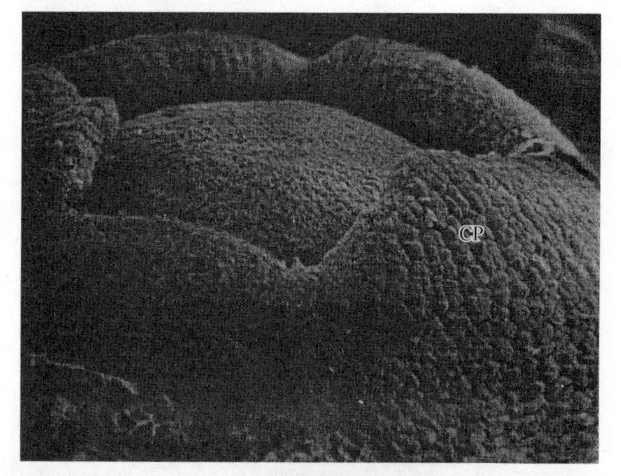

花萼原基分化(500 倍)

图 8－2 花原基、苞叶和花萼原基分化

(引自石鸿熙，1987)

2. 苞片分化期 花原基伸长后，在其真叶原基对面，伸长原基的中上部分化出一个边缘光滑、呈半椭圆形环状突起，即为第一苞原基，为苞叶分化的开始，后相继分化第二和第三张苞叶原基。苞原基开始呈全缘，以后在迅速增大的同时边缘出现苞齿。

3. 花萼分化期 当 3 片苞叶将要合拢时，在苞叶内球体四周出现环状突起，为花萼原基。以后向上迅速生长为 5 个萼片的顶端，而基部则联合。

4. 花瓣分化期 在花原基中央凹陷的下部，形成一圈环状突起，为花瓣-雄蕊管原基共同体。以后在这个共同体的外侧面形成 5 个和萼片突起交替排列的花瓣原基，此时为花瓣原基分化期(图 8－3)。

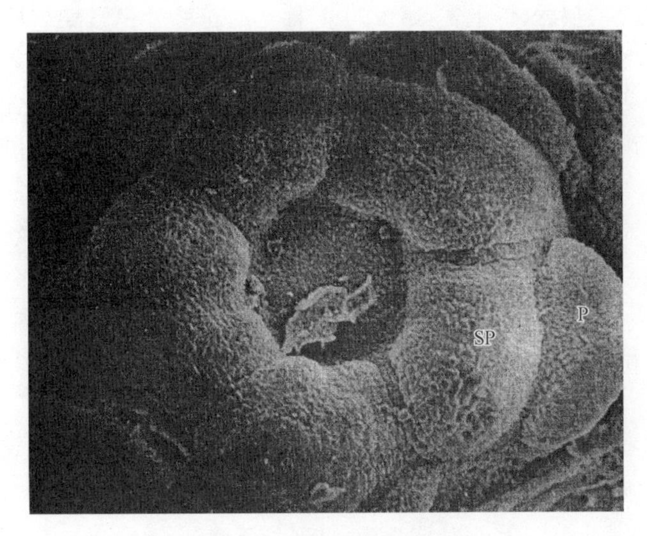

图 8-3　花瓣和雄蕊原基分化

SP. 雄蕊；P. 花瓣
（引自石鸿熙，1987）

5. 雄蕊分化期　花瓣原基突起后，在花原基环形突起的顶端，分化出 5 枚裂片状雄蕊管原基突起，然后在每个蕊管原基突起的内侧，成对发生小突起，此为雄蕊分化始期（图 8-3）。

6. 雌蕊分化期（心皮分化期）　每枚雄蕊管原基分化出 2～3 对雄蕊原基后，在雄蕊管中央基部开始分化出 4～5 枚心皮原基，正视如五角星座，此时，已达 3 mm 幼蕾的标准，称为现蕾（图 8-4）。

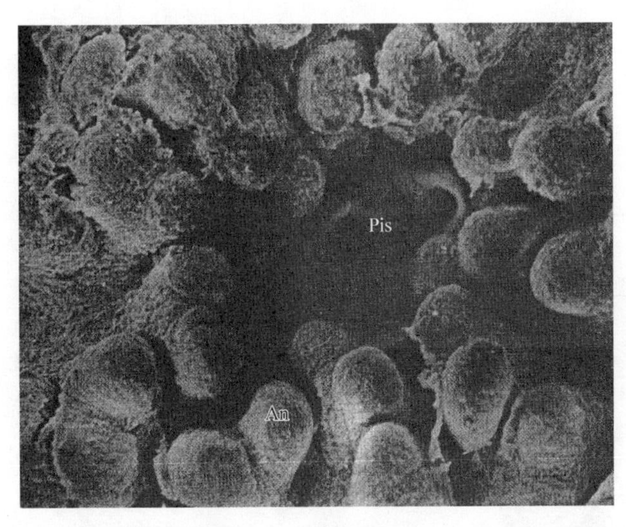

图 8-4　雌蕊分化期

Pis. 雌蕊；An. 花药
（引自石鸿熙，1987）

从花原基伸长至心皮分化期,需 15～20 d,棉花的花芽分化日期与播种期、肥水条件以及栽培体系有密切关系。据观察:同期播种,栽培体系不同,分化日期相差 3～5 d。

花芽在果枝上纵向分化顺序为,相邻两果枝,相同果节位,花芽分化进程相差 1 个分化时期;横向分化顺序为,相同果枝,相邻果节位,花芽分化进程相差 2 个时期。

二、蕾的生长发育

棉花花芽现蕾后,雄蕊原基生长,花丝伸长,花药分隔,雌蕊中胚珠突起,药隔和胚珠逐步形成,外形也增大。胚珠在临近开花前,发育成熟为倒梨形,直径不足 1 mm。雄蕊在开花前 7～10 d 形成花粉母细胞,经减数分裂成四分体,分离后的单细胞为花粉粒,经 25 d 左右发育成熟。

据石鸿熙等观察,在正常情况下,幼蕾长宽平均日增长量,现蕾后一周左右,蕾的生长量较小,体积与干重增长较慢,但在一周后体积迅速增大,以现蕾后 10～17 d 最大,17 d 后,体积增长减慢,干重直线上升。其相对增长量,以现蕾后 9 d 以内最大,其中以 5 d 为最显著。

花蕾的生长速度与棉苗长势密切相关。生长健壮棉株,花蕾生长高峰期,体积增大快,干重增长迅速。生长不足棉株,花蕾在增长高峰前生长速度慢,高峰后生长速度又陡降。而长势偏旺的棉株,花蕾生长不良,蕾体积小而易脱落。

易福华观察认为,用叶蕾比(幼蕾对位叶展平前的长度与幼蕾高度之比)可衡量棉株长势。蕾期以 2～3 为宜,初花期以 1.5～2.5 为宜,盛花后以 1～2 为宜。

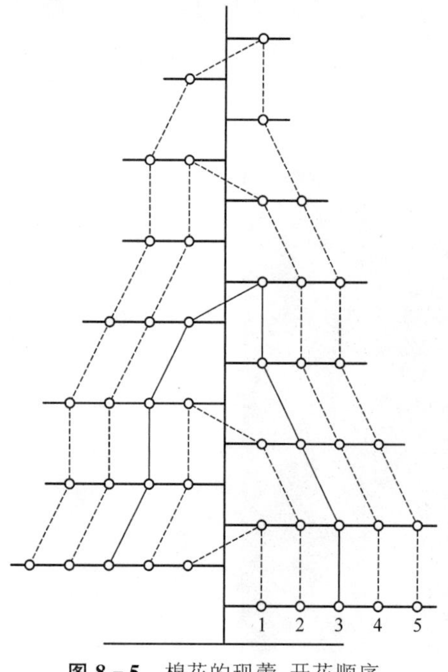

图 8-5 棉花的现蕾、开花顺序

(引自《中国棉花栽培学》,1983)

三、现蕾开花规律

1. 现蕾开花顺序　棉花从现蕾到开花需时 25～30 d,农谚“蕾见花二十八”。棉花现蕾开花的顺序是比较稳定的。以第一果枝第一果节为中心呈螺旋形由内向外,由下向上依次现蕾、开花(图 8-5)。相邻果枝同节位的花蕾,称同位花蕾,其间隔为 2～4 d,同果枝相邻果节的花蕾,称邻位花蕾,其间隔为5～7 d。越远离主茎的花蕾,间隔时间越长。我国内地棉区,一般年份 8 月中旬以前的蕾为有效蕾,经 22～28 d 的蕾期至 9 月 10～15 日为有效花期的终止期。

2. 现蕾条件　现蕾最低温度要求 19～22 ℃,大于 30 ℃则会抑制腋芽的发育,因此温度过低或过高均会推迟现蕾。一般陆地棉品种,每天要求光照时间不很严格,在自然条件下,春、夏、秋季节只要温度适宜,都可现蕾,土壤水分以最大持水量的 60%～70%为宜,低或高都会提早或延迟现蕾。

四、主茎叶与果节的同伸关系

1. 主茎叶龄与花芽分化有同伸关系　对于主茎叶龄(展叶)与花芽分化的关系，据对早熟黑山棉的花芽分化发育的观察，认为由花原基伸长到心皮分化所需时间相当 4 片展开叶的间隔期，中熟棉岱字 15 号，完成花芽分化到现蕾大体经历 5 片叶龄的间隔期。

2. 主茎叶龄与果节数也有同伸关系　现蕾后，顶端生长点分化果枝的花芽数，当主茎在 6～11 叶期，一般已分化有 7 台果枝，约有 16 个花芽；第 12～17 叶期，有 8 台果枝，有 17～18 个花芽；18 叶后(开花后)，有 9 台果枝，有 21～22 个花芽。另外果枝顶端生长点内，在现蕾后，每一台果枝上有 3～4 个花芽；开花期，有 4～5 个花芽，一般以 4 个花芽为多。

3. 单株总果节数的预测　根据主茎叶龄与花芽分化和果节数的同伸关系，建立花芽分化与果节、与蕾数、果枝数的数学模型，预测生殖生长与产量的关系，具有应用价值和学术意义。

第二节　开 花 受 精

棉花现蕾以后，经 25～30 d 的生长和发育，即进入开花和受精阶段。棉花为常异花受粉作物，异交率在 5%～20%之间。

一、花的构造及其发育

(一) 花的构造

棉花的花为单花，无限花序，每朵花包括苞片、花萼、花冠、雄蕊、雌蕊(图 8－6)。除花粉粒外，其他部分都有多酚色素腺。

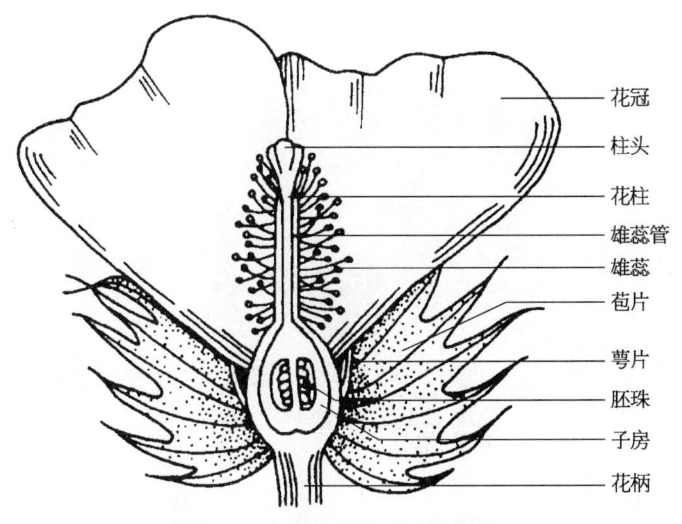

图 8－6　棉花花器官的纵剖面
(引自《中国棉花栽培学》，1983)

1. 苞叶　通常为三片，形状近似三角形，基部联合或分离，因棉种而异。中间苞齿最长，两边较短。苞片外侧基部有一圆形蜜腺，称苞外蜜腺。苞片为叶性器官，多为绿色，也有紫红色。苞片叶绿素含量大体相当于果枝叶的1/3，光合产物占棉铃的5%。

2. 花萼　花萼5片，围绕在花冠基部，在棉铃成熟时枯萎。在花萼外侧基部有萼外蜜腺，花萼内侧有一圈萼内蜜腺。

3. 花冠　由5片似倒三角形的花瓣组成。基部有或无红斑，视种和品种而异。陆地棉花冠为乳白色。花瓣有左旋和右旋之分，与对位叶的侧向相同。

4. 雄蕊　一般每朵花有60～90个雄蕊。花丝基部联合成雄蕊管，与花冠基部连接。花粉形成初期，花药为四室，成熟后药隔解体合为一室，每一花药有几十至上百粒花粉，花粉球状有刺，带有黏性，花粉浅黄或白色，含大量淀粉，遇水易胀破(图8-3)。

5. 雌蕊　由柱头、花柱、子房组成，子房有3～5心皮(室、囊)，每1心皮有7～11粒胚珠，受精后发育成棉籽，柱头不分泌黏液，呈干性，在柱头纵棱上有柱头毛，便于黏附花粉粒。

(二) 花器官的发育

1. 花粉粒的发育　棉花雄蕊原基内部的细胞经有丝分裂，分化出较周围细胞大得多的孢原细胞，其细胞核大，胞质较浓。孢原细胞首先发生一次平周分裂，再向外分裂一次，形成周缘细胞，向内分裂形成造胞组织细胞，造胞细胞经不断有丝分裂，形成有60～120个小孢子母细胞(花粉母细胞)，不久花粉母细胞进入减数分裂时期，减数分裂的第一次分裂与细胞质的分裂同时进行。经细线期、合线期、粗线期、双线期和终变期，染色体数目减少一半。第二次分裂是有丝分裂。染色体变粗短，各对染色体明显分开，经二次分裂形成四分体的小孢子。花粉母细胞经两次分裂后形成的小孢子母细胞，其染色体数减少一半(单倍体)成为单核小孢子。单核的小孢子进行一次有丝分裂，形成两个大小不等的细胞，较大的为营养细胞，较小的为生殖细胞。从四分体分离出来的小孢子，很快外形皱缩、外壁形状变圆(图8-7、

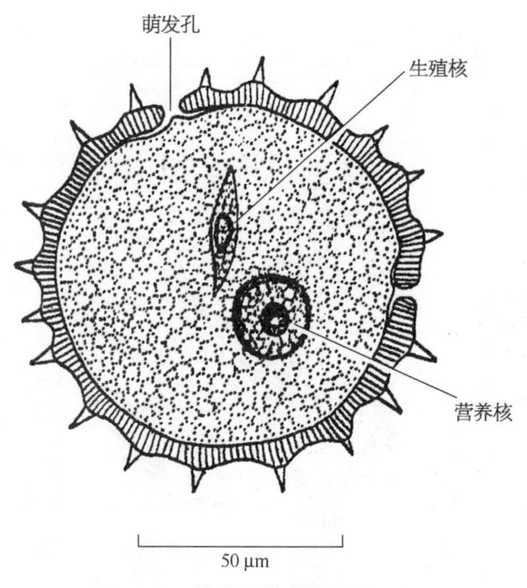

图8-7　棉花成熟花粉粒切面观

(引自李正理，1979)

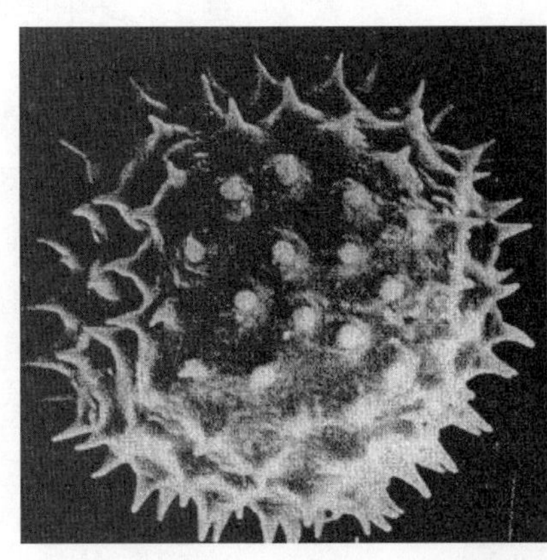
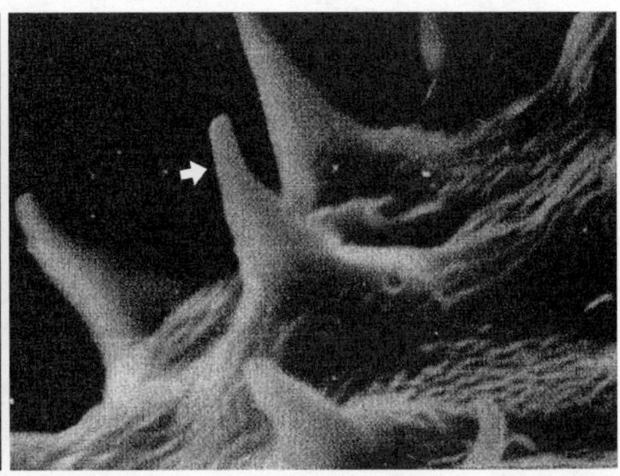

图 8-8　成熟花粉外观(左图 500 倍,右图 3 000 倍)
(引自石鸿熙,1987)

8-8)。成熟的花粉粒是 2 细胞型,含有营养细胞和生殖细胞。营养细胞的胞质中含有最大的淀粉粒,生殖细胞本身只有薄层的细胞质,细胞核具有明显的核仁。浸没在营养细胞的细胞质中的生殖细胞,紧靠营养核,成熟的花粉粒体积大,直径为 85～105 μm,球形,有许多萌发孔,外缘有刺突和刻纹。

陆地棉、海岛棉花粉粒的生活力只能维持 5～6 h。24 h 内生活力只有 68%,超过 24 h 后几乎全部失去生活力。当天开花的花粉,开花、授粉、授精要求 20 ℃以上温度,适宜温度为 25～30 ℃,温度高于 30 ℃或低于 20 ℃花粉生活力下降,35 ℃以上会导致开花前花粉粒败育。相对湿度 25%以下的干燥空气或 95%以上的潮湿条件,花药不开裂。

2. 柱头的发育　柱头为雌蕊顶端接受花粉粒的部分。柱头表面有浅纵沟,将柱头分成与心皮数相同的纵棱。柱头不分泌黏液,纵棱密被单细胞柱头毛,便于粘住有刺突的花粉粒。花朵开放时,柱头伸出花柱与最高花药同一高度,易自花受粉,若伸出花药之上则易异花受粉。柱头伸出的长短除与品种有关外,还与温度密切相关。温度高时,柱头长;温度低时,柱头短。柱头过长、过短都会使花粉管中花粉少而受粉不良,使受精结铃率降低,脱落率提高。柱头的受粉能力约可保持到花后第 2 天。

3. 花柱的发育　花柱是柱头以下连接子房的部分,花柱使柱头伸到适当的位置以便接受花粉。花柱又是花粉管进入子房的通道。棉花的花柱是实心的,中央有传递组织,呈十字形排列。花柱在开花前一天生长最快,开花当天 6:00 之前还有一定的生长速度,开花以后生长即停止。如果柱头没有受粉受精,则花柱还能继续伸长,使柱头高高地突出于雄蕊群之上,直到丧失生活力。受精以后的柱头、花柱连同雄蕊和花冠一起脱落、露出子房。

4. 胚珠和胚囊　从花芽分化到雌蕊原基突起,要经一系列细胞分裂,分化出胚珠,形成胚囊和大孢子,完成雌性器官的发育,形成一个典型的倒生胚珠。

(1) 胚珠的分化发育:胚珠由珠心、珠孔、珠柄和合点组成。棉花胚珠的发育是在向内生长的心皮边缘变成胎座从中突出胚珠,胚珠向下向后弯曲。胚珠最初是一团分生组织细胞,随后在珠心基部发育一圈包围珠心的细胞形成外珠被,外珠被发育将珠心完全包围后,珠心与外珠被之间发育出具有 10～12 层细胞的内珠被,同时内珠柄继续延长,弯曲长成倒生形胚珠(图 8－9)。珠心基部与珠柄连合的部位为合点。胚珠表皮层是生长纤维的场所，有气孔，可增强呼吸作用。

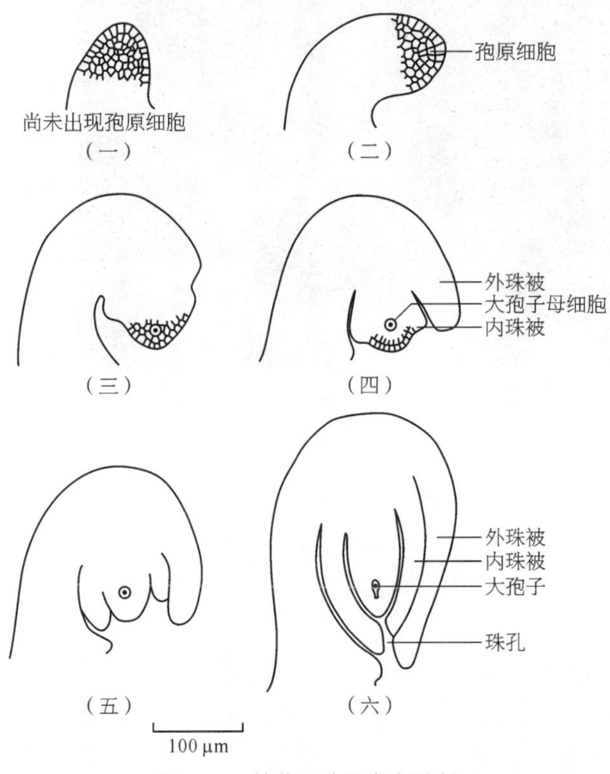

图 8－9　棉花胚珠的发育过程

(引自李正理，1979)

(2) 大孢子发生与胚囊发育：珠被未开始分化之前，胚珠表皮层下的细胞中产生体积大、胞质浓、细胞核大的孢原细胞。孢原细胞经过细胞分裂形成初生周缘细胞和一个造孢细胞，造孢细胞体积增大，发育为大孢子母细胞，位于胚珠的里层，成熟时逐渐伸长靠近合点端。大孢子母细胞经减数分裂与有丝分裂，产生 4 个大孢子，称四分子体，靠近珠孔的 3 个大孢子逐渐解体，靠近合点的一个大孢子继续发育形成雌配子体。胚囊经第一次分裂形成两个核，被大液泡隔开，又经第二次分裂，形成四核期，再次分裂形成 8 核期，到开花时靠近合点的 3 个反足细胞消失，只剩 5 个细胞核组成 4 个细胞，其中有两个助细胞、一个卵器细胞和一个含有 2 核的中央细胞(图 8－10)。

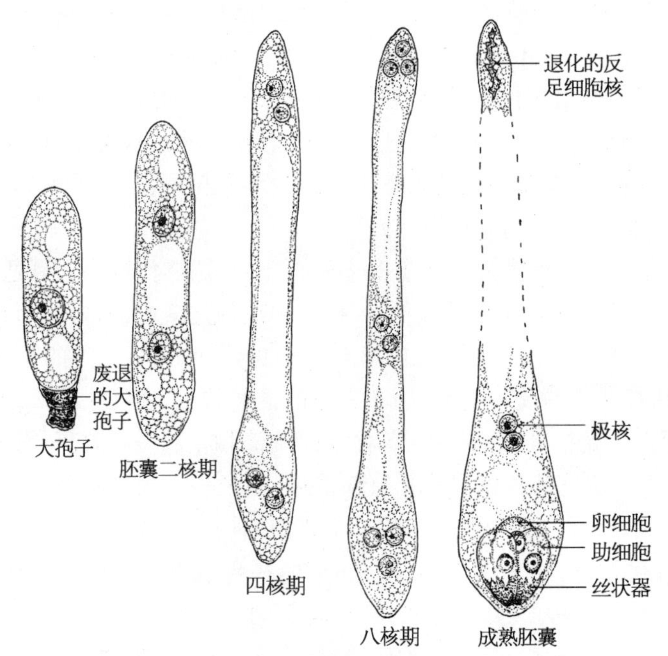

图 8－10　棉花胚囊的发育过程

(引自李正理，1979)

二、开花和受精

(一) 开花

棉株现蕾后,经 22～28 d 即可开花。开花前一天下午,花冠急剧伸长,伸出苞片外。次日上午 8:00～10:00 开放,开花早迟与温度有关。开花时,花药开裂散粉。下午乳白色(陆地棉)花冠逐渐变成微红色,第二天变成红色凋萎状,第三天花冠脱落。花冠变色是由花瓣细胞液中花青素的形成和积累造成的。开花时代谢呼吸作用增强,有机酸累积量增多,为花青素形成提供了条件。外界光照、温度等与花青素形成有关。

(二) 受粉和受精过程

1. 棉花的受粉过程　棉花以自花受粉为主,在自然条件下,异交率为 5%～20%,为常异花受粉作物。当花药开裂,散出花粉粒,落在柱头上,称为受粉。花粉和柱头的生活力维持时间较短,花粉生活力可维持 1 d,上午最强,柱头的受粉能力可维持 2 d,最适宜的受粉时间是上午 9:00～11:00。

2. 受精过程　花粉粒落在柱头,吸取柱头毛的水分,一般在 1 h 内萌发花粉管。花粉管穿过柱头、花柱的细胞间隙,经子房壁,伸到珠孔而进入胚囊内,花粉管顶端开口,放出两个雄核,一个与卵结合成受精卵,发育成胚;另一个与两个极核融合成胚乳原核,此过程称为受精过程。胚乳原核发育成胚乳。柱头上花粉粒多时,花粉管到达子房只要 8 h,一般 20～30 h 完成受精过程。受精过程中温度低于 20 ℃或高于 38 ℃,则降低生活力,甚至败育。强光有利提高花粉生活力。开花时下雨,花粉粒吸水胀破,丧失受精能力,雨后增加蕾铃脱落。

第三节　棉铃的形态结构及其生长发育

棉铃是由受精后的子房发育而成的果实,在植物学上属于蒴果。开花受精后,原来的花梗成为铃柄。棉铃一般经 50～70 d 发育成熟,这时铃壳开裂,铃内籽棉膨松露出,称为吐絮。谚语讲“花见花,四十八”是指棉铃的平均龄期。

一、棉铃的形态

棉铃的外部可分为铃尖、铃肩和铃基部。棉铃各室顶端聚合处为铃尖,铃尖之下为铃肩,其余为铃基部。根据这三个部分的形状,可分为圆球形、卵圆形和椭圆形等多种铃形。四个栽培种棉铃的形状具有较大的差异(图 8-11)。陆地棉的铃形,多数品种为卵圆形,海岛棉铃形较瘦长。

陆地棉铃面平滑,油腺不明显;海岛棉油腺明显,呈凹陷状。铃面含有少量叶绿素,光合效率不足果枝叶的 1%,成熟棉铃变为红褐色。

棉铃室数,因棉种和栽培条件不同而有差异,陆地棉为 4～5 室,3 室较少。海岛棉多数为 3 室。四个栽培种棉铃形态特征见表 8-1。棉铃成熟时,每一心皮中肋处开裂,其后腹缝开裂,铃壳薄的棉铃吐絮畅,烂铃少。铃壳开裂程度差异很大,开裂充分的,各铃瓣裂成近平面,瓣尖反卷。开裂不充分的,有的仅铃尖稍许开裂,因而吐絮不畅,造成收摘困难。但开裂

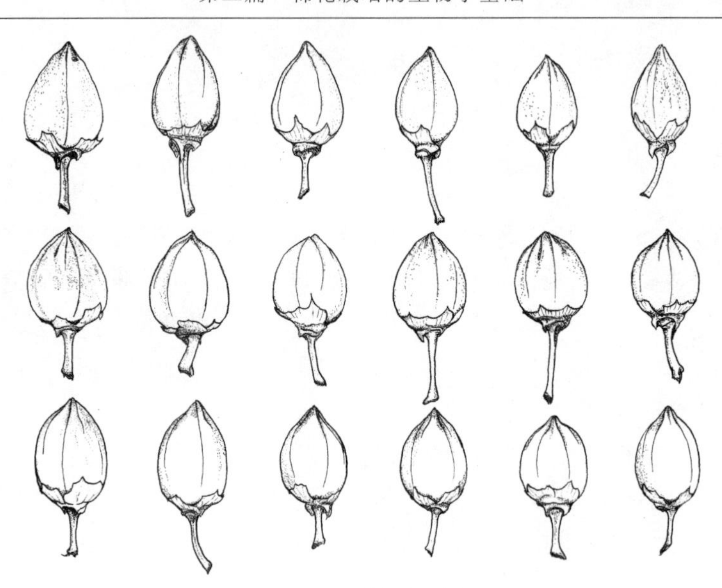

图 8-11　棉铃的形态

(引自《中国棉花栽培学》,1983)

畅的,籽棉易掉落。

四个栽培种棉铃的大小也有差异,陆地棉铃最大,单铃籽棉重可达 2～8 g;其次为海岛棉,平均单铃籽棉重在 3 g 左右;亚洲棉为 2～3 g;草棉最小,平均单铃籽棉重仅为 1.2 g 左右。棉种间及同一棉种不同品种之间,棉铃形状和大小主要受棉种和品种遗传特性的影响,但环境条件如水分、光照、温度及营养等也有较大的影响,有时这些影响超过遗传本身的影响。

表 8-1　四个栽培种的棉铃形态

(朱绍琳,1994)

棉　种	铃　形	铃　面	每铃室数	铃柄	吐絮时铃壳开裂情况
草棉	圆形或扁圆形,有明显铃肩	光滑或有浅凹点,油腺极少或无	3～4	直立	较小
亚洲棉	圆锥形	不光滑,有明显凹点,内藏油腺	3～4, 3 室居多	下垂	较大
陆地棉	卵圆形或椭圆形	光滑,有油腺,少数无油腺	4～5	直立	较大
海岛棉	尖长,卵圆形,有时出现明显铃尖	不光滑,有明显凹点,内藏油腺	3～4, 3 室居多	直立	较小

二、铃壳和铃柄的结构

铃壳由外果皮、中果皮及内果皮组成。外果皮细胞较小,最外部的表皮层细胞排列整齐,似砖形,表皮上有气孔,表皮细胞含有叶绿体。中果皮由多层疏松的大型薄壁细胞组成,内侧有大、小维管束。内果皮大部分细胞为薄壁细胞,内 4 层细胞小,排列紧密,后转为厚壁细胞,起支持作用。内果皮延伸而成分室隔片。各心皮主脉中嵌一层薄壁细胞,裂铃时,由此片层处由里向外开裂(图 8-12)。果皮中薄壁细胞是有机营养物质储藏库,其所含的蛋白质、可溶性糖可通过维管束,经中轴胎座输送给籽棉,而其中的粗纤维不断积累,使铃壳由肉质状转变为革质状，成熟时，粗纤维含量达 70%。王修山等认为，厚壳棉铃的体积大，纤维长，开裂角度小；中等厚度铃壳棉铃铃重大，衣分高，壳径大；薄壳棉铃的体积小，纤维短，开裂角度大。

铃柄的结构与叶柄相似，外层为单列状表皮，皮层由几层薄壁细胞构成，维管柱细胞排列成环状，围绕着韧皮部和木质部的细胞壁加厚，内含物呈黏稠状。但铃柄的韧皮部与木质部比例大于叶柄，这有利于铃柄以更高的速度运送养分(图 8-13)。

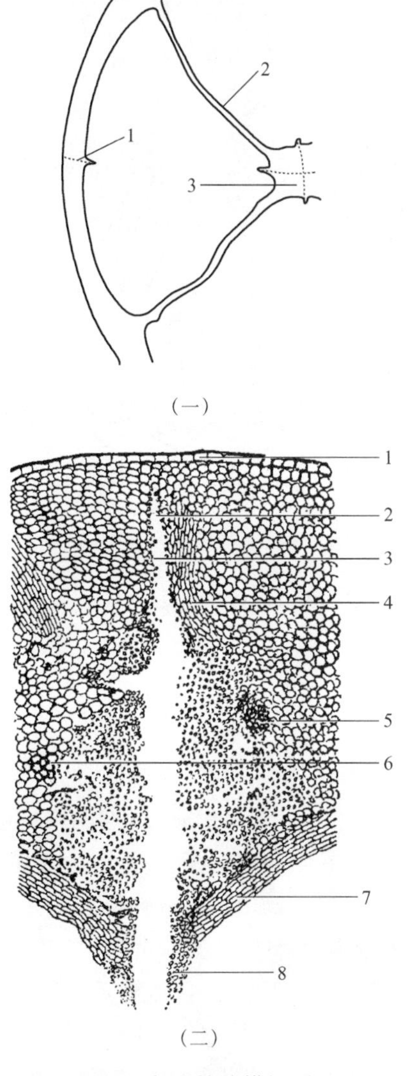

图 8-12　铃壁横切面

(一)(开花后 20 d，×4)：1. 中缝内薄壁细胞片层；2. 内果皮；3. 将胎座分隔开的中缝内一薄层薄壁细胞　(二)(开花后 40 d，×25)：1. 外表皮及角质层；2. 瓤中沟薄壁细胞片层处裂开；3. 薄壁细胞片层；4. 横向的维管束；5. 纵向的维管束；6. 厚壁的纤维束；7. 厚壁化的内果皮；8. 瓤中沟区的薄壁细胞层突入室腔内

(引自《中国棉花栽培学》，1983)

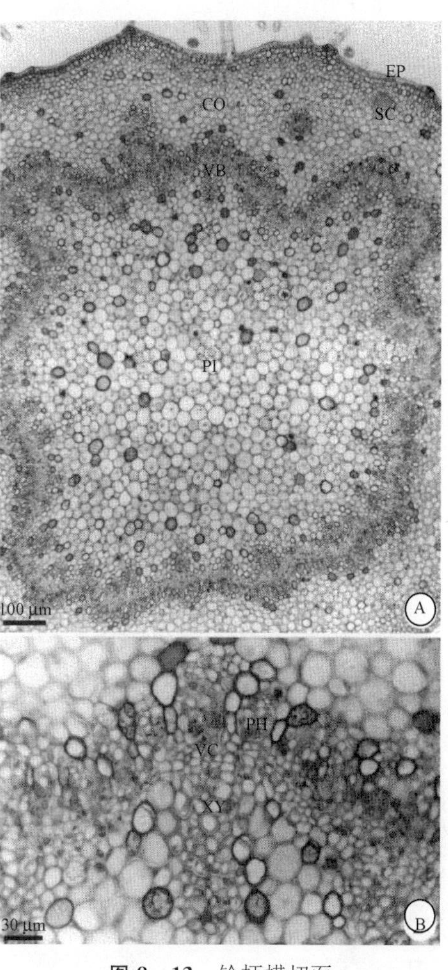

图 8-13　铃柄横切面

CO. 皮层；EP. 表皮，PH. 韧皮部；PI. 髓；VB. 维管束；VC. 维管形成层；XY. 木质部

(引自 Oliveira et al.，2006)

三、棉铃的发育

棉铃发育过程可分为体积增大、充实及脱水成熟三个时期。各期虽有顺序，但并不是截然分开，而是前后两个阶段均有一段同时并进的过程。

（一）体积增大期

开花后，经 24～30 d（占铃期 40％左右）棉铃即可达最大体积，并以开花后 20 d 内增大最快。据李正理观察，中棉所 7 号受粉后的 20 d 内长度与宽度增长最快，以后增长非常缓慢，24 d 和 36 d 后长度和宽度分别停止增长（图 8－14）。

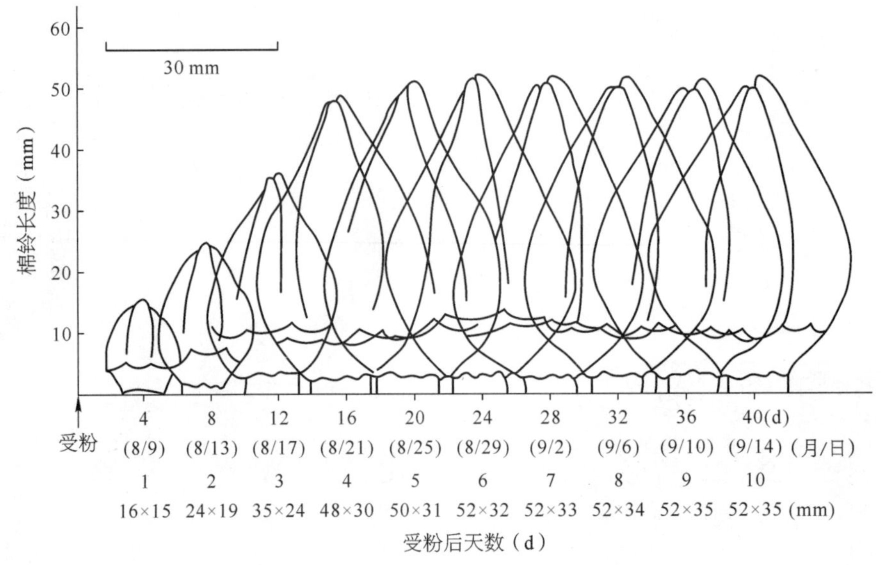

图 8－14　棉铃长度及直径的增长动态

（引自李正理，1979）

江苏省农业科学院对彭泽 1 号（陆地棉）、米非奴（海岛棉）和上海莺湖棉（亚洲棉）的棉铃发育研究认为，三个棉种的体积增长率均以开花后 10～15 d 最快，这一时期的增长量约占最大铃体积的 40％～50％。以后增长速度则减慢。铃体积基本长足所需的天数，彭泽 1 号、米非奴非常相近，均为 20～25 d；上海莺湖棉则较短，为 15～20 d。棉铃鲜重的变化与铃体积的变化基本相似，只是到棉铃成熟阶段（开裂前），棉铃鲜重有所下降。此外，铃壳含水率，在铃体积长足以前均高于铃体积长足以后。在铃体积长足以后至棉铃成熟前，铃壳含水率保持相对稳定和较高的水平。如彭泽 1 号、米非奴的铃壳含水率，在这一时期，无论伏桃与秋桃均保持在 82％～83％；上海莺湖棉伏桃保持在 82％左右，秋桃保持在 78％左右。说明棉铃在发育过程保持棉铃内湿度，对保证种子和纤维发育起重要作用。

棉铃内的种子体积的增长基本上与棉铃体积的增长相对应，在棉铃体积基本长足时，种子直径和长度也长到最大值，纤维也处于伸长阶段。

棉铃体积达最大值所经历的天数，也受到品种、气候条件的影响而不同。通常早熟种较晚熟种所需时间短，早、晚熟品种棉铃发育体积达最大值所需的时间都随开花期推迟而加长。

在开花后 8～10 d，棉铃直径达 2 cm 时，称为成铃(不足 2 cm 为幼铃)。当幼铃露出苞片，铃形基本定型，铃面鲜绿色，常称之为青铃。此期铃壳脆嫩，富含蛋白质及可溶性糖，易遭虫害。

(二) 充实期

籽棉重量快速增长期，历时占铃期的 50%左右，需时 25～30 d。棉铃充实期铃壳增重减少，籽棉增重占 70%，成熟时，籽棉重约占棉铃重的 75%。棉铃手感变硬称为硬桃，铃面由嫩绿转成黄褐色。棉铃内纤维增加，纤维壁上积累大量纤维素，水分相对较多，易感染疫病，引起烂铃。

铃壳干物质积累最快的时期为开花后的 10～15 d，至花后 20～25 d 达最大值。铃壳干物质积累速率高峰期和干重最大期随开花期后移而增大。籽棉干重以开花后 20～25 d 增加最快，25 d 后已达最终重量的 50%，此后增重速度减慢；至花后 50 d，籽棉干重达最大值的 95%以上。周可金研究指出，不同开花期的单铃籽棉干重有明显差异，前期开花(7 月 16 日)和后期开花(9 月 9 日)的棉铃，籽棉干重小于中期花(7/26～8/20)。而且中期花籽棉干物质积累速率峰值期也较前后期花早，而且速率大。

(三) 脱水成熟期

棉铃生长 50～60 d 后，内部乙烯释放达高峰，促使棉铃脱水开裂。在棉铃充实末期，乙烯释放量开始上升，棉铃线裂时乙烯释放量明显增加，至微裂时释放量达到高峰。以后开始下降，至现瓤时降到裂铃前的水平。在正常情况下，棉铃开裂到吐絮为脱水成熟期，需 5～7 d。以各室裂缝见絮为裂铃标准，充分吐出棉絮为吐絮。棉铃开裂整个过程，从线裂至微裂这一过程的进度非常重要，决定着棉铃开裂全过程的完成。从线裂至微裂的时间愈短，棉铃完成开裂过程愈快；反之，从线裂到微裂的时间愈长，完成开裂过程愈慢。正常条件下，从线裂到微裂需 12～36 h，超过 36 h 仍未发生微裂的棉铃开裂缓慢，有的成为僵铃，不能开裂吐絮。

棉铃发育过程中，随棉铃内部物质转化和积累，含水量也逐步减少，由主动脱水转为被动脱水。体积增大期含水量可达 80%左右，充实末期下降到 65%～70%，充分吐絮时仅 15%左右。如田间湿度大，脱水慢，易成僵瓣或霉变。

一般陆地棉中熟品种，正常成熟棉铃的铃壳重占 22%～25%，棉籽重占 45%～50%，纤维重占 27%～31%。

四、棉铃的室数

在棉属中，棉铃可分裂为 3～5 室(表 8-1)，亚洲棉棉铃室数一般为 2～5 室，3 室较常见，4～5 室较少。草棉棉铃一般 3～4 室。海岛棉棉铃较小，通常为 3 室。陆地棉棉铃一般 3～5 室，4 室居多。棉花的花芽在进入雌蕊分化时，在花原基中央一般分化出几个心皮，将来即形成几室。棉铃室数的多少与铃的体积、铃重密切相关，室数多的体积大，铃重高。室数少的，棉铃体积小，重量也轻。

棉铃室数虽为可遗传的属性，但受环境影响较大。棉株的中部和内围铃，由于能优先得到营养，所处的位置有利于形成 5 室铃，而上部和下部以及外围铃，由于远离主茎和所处的环境较差，其所形成 5 室铃的比率也较低。棉铃室数的变化主要与棉株体内糖、氮含量密切相关，蔗糖含量多,有利于花芽心皮的分化,有利于5室铃的形成。如果棉株早期下部成铃的5室铃愈多,棉花早发早熟愈明显;而棉株后期上部成铃的5室铃愈多,棉花迟熟晚衰则愈明显。

吴云康等研究表明,当棉花种植采用地膜覆盖时,5室棉铃明显增多。地膜覆盖棉花的5室铃数较露地直播棉花多8.2%,且主要分布在中下部的1～10台果枝(表8-2)。

表8-2　地膜覆盖棉花棉株的5室铃分布

项　目	果枝台位	1～5	6～10	11～15	16～20	合　计
地膜覆盖	总铃数(个/株)	8.0	6.1	2.2	0	16.40
	5室铃(个)	3.8	3.7	1.0	0.03	8.53
	5室铃比例(%)	47.5	60.7	45.5	30.00	
	占全株比例(%)	23.2	22.6	6.1	0.20	52.10
	4室铃(个)	4.2	2.4	1.2	0.07	7.70
	4室铃比例(%)	52.5	39.3	54.4	70.00	
	占全株比例(%)	25.6	14.6	7.3	0.40	47.90
露地直播	总铃数(个/株)	6.1	5.6	1.4	0.03	13.20
	5室铃(个)	2.7	2.5	0.6		
	5室铃比例(%)	44.3	44.6	42.8		
	占全株比例(%)	20.6	19.0	4.5		43.90
	4室铃(个)	3.4	3.2	0.8	0.03	7.33
	4室铃比例(%)	55.7	55.4	57.1	100.00	
	占全株比例(%)	25.8	24.2	6.0	0.20	56.10

五、三桃的划分与成铃时空分布

(一) 三桃的划分

由于棉铃是由棉株上不同部位的花蕾在开花受精后形成,棉株的不同部位棉铃在发育过程中的营养及外界环境条件不同,因此不同时间、不同部位的棉铃的产量、棉籽质量和纤维品质有很大的差别。为了便于区分,全国统一将棉铃划分为伏前桃、伏桃和秋桃。伏前桃为7月15日前的成铃(长江下游棉区为7月20日);伏桃为7月16日至8月15日前的成铃(长江下游棉区为7月21日至8月15日,辽河流域棉区将结铃界限提前至8月10日);秋桃为8月16日以后所结的成铃。秋桃再分为早秋桃和晚秋桃,长江中下游地区早秋桃为8月16日至8月31日的成铃,晚秋桃为9月1日至9月20日的成铃;黄河流域为8月16～25日和8月26日至9月5日的成铃。各地可根据气候条件、品种的熟期稍作调整。

(二) 成铃的时空分布

成铃时间分布是指棉株在生育进程中不同时段内的成铃比例分布,高产棉田要求四桃齐结,呈一定比例关系。伏前桃揭示生长发育良好,是早发的象征。伏桃是主体桃,位于群体的中上层,受光量最好,成铃率高,早秋桃形成期的环境优越,是优质桃组成部分,多结早秋桃也是夺取高产的关键。成铃空间分布是指不同果枝果节的成铃比例分布。棉铃横向分布,果枝上的成铃率,具有明显离茎递减趋势,内围成铃率高,外围成铃率低,内围铃主要是养分优先获得供应,所以生产力高。棉铃纵向分布,一般情况下,下部成铃占单株成铃率的30%,中部占50%,上部占20%。高产棉田要增加内围成铃,采取合理密植、适当增加密度,增加果枝数以增结内围铃。因此，认识成铃的时空分布对夺取高产具有重要意义。

（三）成铃强度

成铃强度是指单位面积每日的成铃数，单位为个/($hm^2 \cdot d$)。成铃强度为密度与单株日增铃数的乘积。当棉株日增铃在 0.2 个以上时，称为集中成铃期，也称为棉花高能期。因此棉花高能期是否与富照期同步，是棉花能否高产的重要诊断依据。而同步期的长短与成铃强度有一定的相关性。同步好的棉田，成铃强度大；在同步期过后，成铃强度仍很大。同步差的棉田，成铃强度小，且由于同步期短，成铃少，铃重低，产量不高。

（四）铃期和铃重

从开花到吐絮所需天数称为铃期，铃期的长短受品种和生态条件等影响较大，因而在时空分布上也有一定规律。一般陆地棉中熟品种的铃期，伏前桃和伏桃占 50～60 d；秋桃长达 60～70 d 以上，农谚“花见花四十八”。早熟品种铃期短，晚熟品种铃期长。不同年份，不同长势棉田的铃期长短，均有一定差异。棉花的铃期随开花的延迟，铃期反而变短。

铃重常以单铃或百铃籽棉重的克数表示。估测产量时，可用整株平均铃重；品种考种时，以中部正常吐絮棉铃重量为准。铃重是产量结构中的重要因素。陆地棉单铃重一般为 4～6 g，其大铃品种可达 8～9 g，小铃仅 3～4 g。海岛棉大多在 3 g 左右。其次，棉铃的铃重高低与结铃部位、时间有关，一般内围铃的铃重较高，外围铃的铃重较低。圆锥体铃重变化具有随圆锥体增大铃重趋于递减规律。纵向以中部铃重显著高于上、下部的铃重。铃重还与杂种优势、早发和晚发、土壤肥力丰缺、栽培措施、病虫危害等有密切关系。徐立华等对苏杂 16 研究指出，杂交种单铃重显著提高，纤维干重增加 10%，单铃种仁重量增加 9.4%。

六、棉铃发育过程中的物质代谢生理

（一）碳水化合物、蛋白质和脂肪的代谢

田晓莉、Benedict 应用 $^{14}CO_2$ 整株饲喂棉株 20 h 后发现，只有很少量的 ^{14}C 同化产物输送给 10 日龄，开花后 31～32 d 的棉铃得到的 ^{14}C 光合产物最多，开花 45 d 后的棉铃基本上无 ^{14}C 光合产物输入。Van Iersel 研究认为，铃壳的薄壁组织是有机营养的临时储藏库，富含蛋白质、可溶性糖和果胶质，随着棉铃逐渐成熟，铃壳内贮存的含氮化合物和碳水化合物逐渐通过相邻心皮之间双层隔膜中的维管系统，经中轴胎座供应种子和纤维的生长发育。铃壳内可溶性糖的含量随棉铃的生长而递增，至开花 15 d 后开始下降，但仍保持在一定水平，吐絮前急剧降低。

棉花种子主要积累脂肪和蛋白质，蛋白质随着胚重量的增加，保持着或高或低的增长率，在胚成熟阶段，水溶性氮继续上升，而贮藏性蛋白质积累停止。脂肪在棉籽的发育过程中，保持着低但持续的增长率，在铃龄 26～30 d 至铃龄 45 d 之间，脂类迅速积累；45 d 后累积速率很慢，但保持缓慢增加的趋势。最新研究表明，蔗糖合成酶在发育棉胚的子叶中大量表达，说明其在蛋白质和脂类物质合成中起重要作用。棉籽内可溶性糖在开花后 35 d 达到高峰，以后逐渐下降。

种仁率对脂肪含量的影响最大，籽指次之，铃重最小；棉籽中蛋白质与脂肪含量呈极显著负相关关系，但种仁中脂肪和蛋白质总量较高品种，这两种物质的含量也较高。生长后期，由于棉籽中蛋白质和油脂含量低，游离脂肪酸高，铃重低，种子发芽率也低。

（二）棉铃发育的激素调控

何钟佩等发现，铃壳和籽棉中的细胞分裂素（CTKs）、生长素（IAA）、赤霉素（GA）和脱落酸（ABA）四种内源激素的浓度均于开花后 5～10 d 达最大值，说明这些激素与胚珠发育、纤维细胞伸长、子房壁的细胞分裂、棉铃体积的扩大密切相关。Rodgers 发现开花后 4～5 d 幼铃中 CTKs 活性或浓度最高，认为高浓度的 CTKs 与棉铃迅速扩大有关。商慧深等发现岱字棉 15 号在开花后 30 d 的籽棉中 IAA 和 GA 出现第二个高峰，认为这与纤维干重增加有关，即 IAA 和 GA 在棉铃充实期起重要的作用。对于 ABA 与棉铃的关系，目前有两种看法，一种认为棉铃中 ABA 的第一高峰与棉铃脱落有关，第二高峰与脱水成熟有关。不过何钟佩等研究用缩节胺处理棉花，显著促进了棉铃发育，降低了内围和中下部棉铃的脱落，但也明显提高了幼铃铃壳和籽棉中的 ABA 浓度，又说明 ABA 可能在棉铃的早期发育中起重要调节作用。

第四节 棉籽的形态结构及其生长发育

棉籽是棉花繁殖器官，也是棉花的副产品。棉籽油可作食用、工业油脂，棉籽壳可用于培养食用菌，棉仁则可用作饲料等。在棉花良种繁育和种子产业化中，棉籽又是主要的收获对象，是主产品，播种用棉籽是棉花再生产的基本资料。

一、棉籽的形态结构

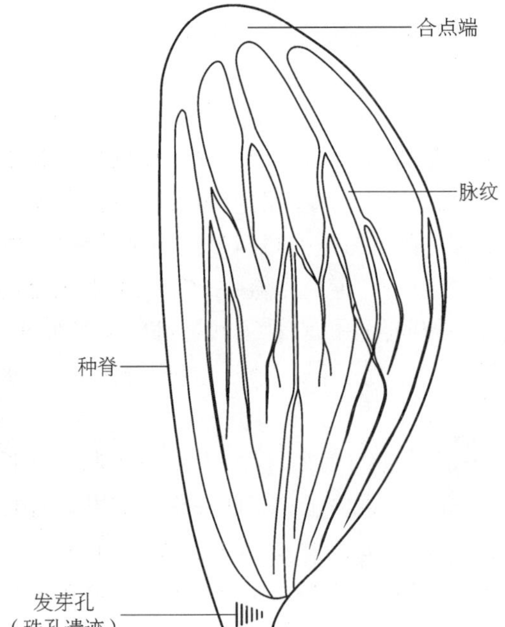

（一）棉籽的形态

陆地棉棉籽外形一般为圆锥形，钝圆端称为合点端，锐尖端称珠孔端，有一棘状突起称子柄，另一小孔称珠孔或发芽孔（图 8－15）。充分成熟棉籽的种皮为黑褐色，表面有 7 条纵向脉纹，其中有一条较粗的线型脉纹称种脊或子脊，脉纹是维管束，合点端脉纹较多，着生纤维多而长。棉籽表面附有短绒的称毛子，无短绒的棉籽称光籽，一端或两端有毛的称端毛籽。百粒棉籽重（g）称为籽指，陆地棉籽指为 9～12 g，每千克 9 000～10 000 粒；海岛棉籽指为 11～12 g。同一品种的籽指大小因其发育成熟期的营养和温度条件的不同有较大差异，一般营养供应充足，充实期温度较高，种子就大而饱满；反之，则较差。一般棉株中、下部果枝和内围铃的棉铃，其棉籽成熟较好，长得大而饱满，其他部位棉籽生长较差。其他栽培种棉籽的形态与陆地棉明显不同，其差别见表 8－3。

合点端
脉纹
种脊
发芽孔（珠孔遗迹）
子柄

图 8－15 棉籽的形态
（引自《中国棉花栽培学》，1983）

表 8-3　四个栽培种的棉种形态

棉种	种子形状	短绒着生情况	短绒颜色	种子大小(籽指,g)
草棉	卵圆形	有短绒,极少数无短绒	灰白、棕、绿	4～5
亚洲棉	圆锥形	有短绒或端毛	白、灰白、绿、棕	5～8
陆地棉	梨形	有短绒,少数无短绒或端毛	灰白,绿、棕	9～12
海岛棉	梨形	无短绒或有端毛	灰白、绿	11～12

[注] 引自《中国棉花栽培学》,1983。

(二) 棉籽的结构

棉籽主要由种皮和种胚两部分构成,另有包裹在种胚外的一层乳白色胚乳遗迹。

1. 种皮　种皮分外种皮和内种皮。外种皮由表皮层、外色素层及无色细胞层组成,表皮层只有一层细胞,有一部分细胞发育成纤维,其他细胞呈莲座状排列。外色素层由 2～3 层内含褐色素的薄壁细胞组成,无色细胞层仅有一层厚壁细胞。

内种皮由栅栏细胞层、内色素层和乳白色层组成。栅栏层是一层长柱形的厚壁细胞,排列整齐紧密,约占整个种皮厚度的 1/2。内色素层由多层内含褐色素的海绵细胞组成。乳白色层是有争议的一层,据认为是珠心及胚乳组织的残留物,但李正理认为其来源尚不清楚。

合点端和发芽孔处的种皮不具有栅栏层和无色细胞层,在合点端内留有疏松排列的海绵细胞,形似帽状,故称合点帽。在种子萌发时,合点端成为吸水和通气的主要通道,胚根由发芽孔伸出(图 8-16)。

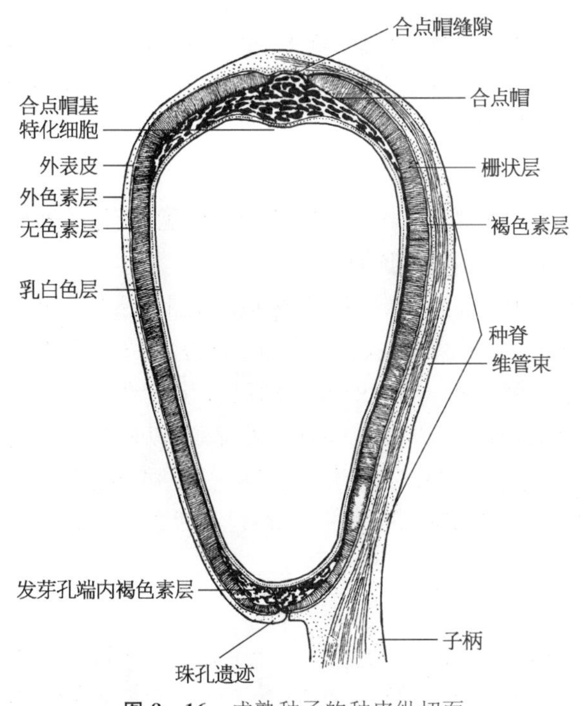

图 8-16　成熟种子的种皮纵切面
(引自《中国棉花栽培学》,1983)

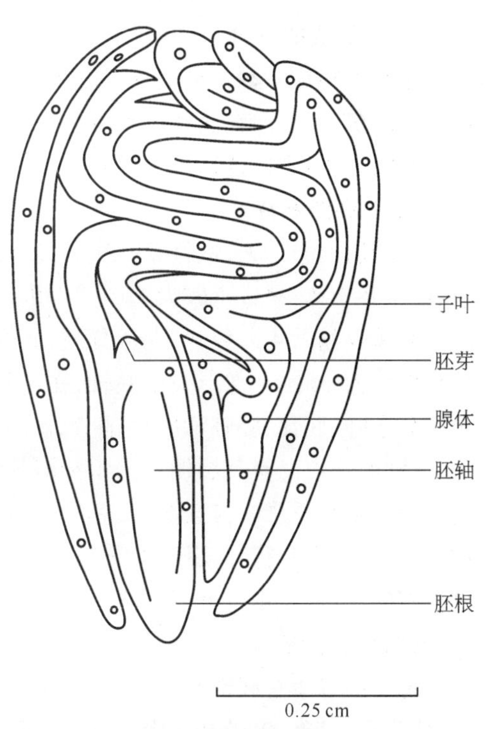

图 8-17　成熟种子种胚纵切面
(引自李正理,1979)

2. 种胚　由子叶、胚芽、胚轴和胚根组成。种皮内大部分被子叶充满,大小两片子叶折叠成“W”形或“S”形,着生于下胚轴上。下胚轴下连胚根,上连胚芽。除胚根无油腺外,其他三部分均有红紫色油腺(多酚色素腺)。新鲜的生活力强的棉籽,子叶是乳白色,油腺红紫色、发芽率高。陈年种子生活力弱,子叶灰黄色、油腺黑褐色,发芽率低(图 8 - 17)。

3. 胚乳遗迹　是一层乳白色细胞,包裹在种胚外。

二、棉籽的发育与生长

(一) 种皮的形成

种皮是由胚珠的珠被发育而成。受精时,胚珠的内外珠被只有一层外表皮和一层内表皮,在两层表皮之间为数层未分化的薄壁细胞,维管组织纵贯其中。受精后,外珠被的外表皮逐渐长大,一部分突起伸长形成纤维。另一部分以后细胞壁增厚,至成熟时,胞壁变为黄色成为外种皮。外珠被的薄壁细胞养分被纤维细胞吸收、挤压等逐渐紧缩,种子成熟时成为外色素层。内表皮则发育成无色细胞层。

内珠被的外表皮在开花 10 多 d 后开始伸长,至开花后 30 d 左右形成一层紧密的栅状细胞层,随后占细胞 2/3 长度的内端先行增厚,成为几无中腔的透明状,接着外端约 1/3 的胞壁加厚,这使得种皮变硬。成熟时栅状细胞高度木质化,并含较多纤维素,其厚度占整个种皮厚度的一半。在栅状细胞内的薄壁细胞层,在棉籽体积增大期,细胞数量和体积增加很快,以后细胞内养分被吸收,细胞被挤压,紧缩成胞壁木质化的内色素层。合点端和珠孔端的细胞未受挤压,仍保持膨松海绵状。

(二) 胚乳的发育

精细胞与极核融合形成初生胚乳核后,很快进行多次分裂,经 8～9 d 胚乳形成细胞壁;约 2 周后,在胚囊内充满胚乳细胞;在胚细胞生长时,胚乳细胞中贮存的碳水化合物和蛋白质供胚吸收,最后仅残留 1～2 层薄膜。

(三) 胚的发育

受精后的第二天,进行第一次分裂,形成两个不等的细胞,小的叫顶端细胞,经过不断分裂,产生胚本体;另一个较大的叫基细胞,经纵横分裂形成胚柄。

胚珠受精后 4 d,经 3～4 次分裂,胚变成球形;受精后 6～10 d,胚成心脏形,胚的二叉将分化发育为子叶,下部形成下胚轴,在二叉中间,出现圆形突起,即胚芽;受精后 12～15 d,已可区分子叶、胚芽、胚轴和胚根部分;20 d 左右胚成鱼雷形,这时胚轴已分化出维管束原组织,子叶的叶内已有几层栅栏组织和海绵组织,此时胚已具有 80%的发芽率,以后各部分迅速增加体积和重量。持续 35 d 左右,由于脱水,重量又减轻;受精后 45 d 左右,种胚达最大值(图 8 - 18)。在开花时,胚珠长仅 1 mm;到开花后 15～18 d,长 8～9 mm;开花后 20～30 d,已长到应有的大小,长 10 mm 左右。

(四) 不孕籽

棉铃中每室有胚珠 9～11 个,理论上都能形成种子,但有时会有一个或几个不能正常发育,成为不孕籽。未受精或中途发育不良的胚珠称为不孕籽。小的不孕籽一般长 3 mm,宽 1～2 mm ,着生不足 1 mm 的短绒;中等不孕籽长 3～5 mm,宽 1～3 mm,着生不足 10 mm 的

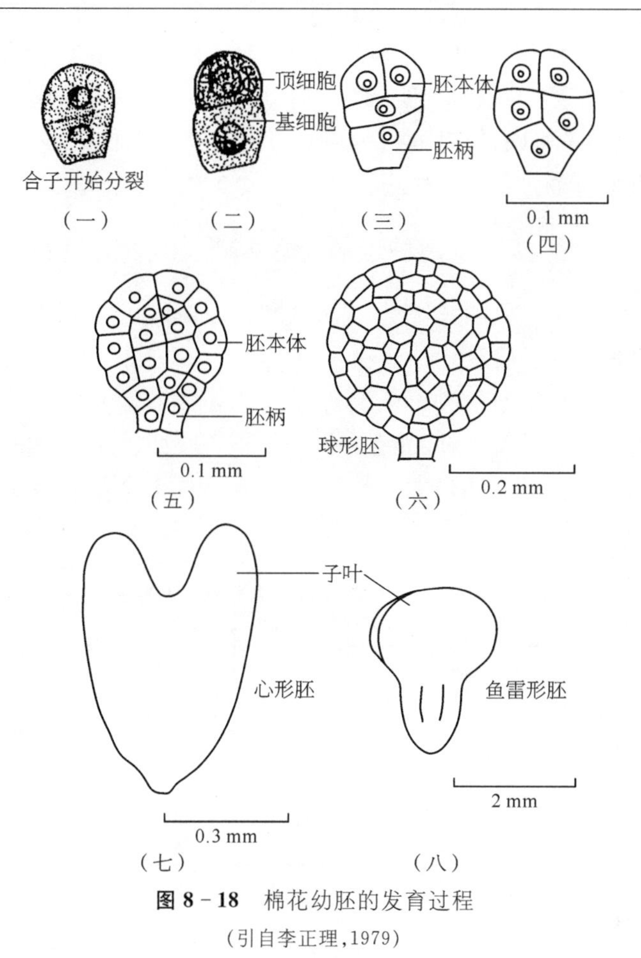

图 8-18　棉花幼胚的发育过程

(引自李正理,1979)

短绒。这 2 种不孕籽都是未受精而形成。大的不孕籽体积大,单粒重可达 30～60 mg,着生纤维长度约为正常棉籽纤维长度一半。不孕籽的形成不但与铃重、籽棉和纤维的产量密切相关,而且不孕籽容易与皮棉混在一起,使纺线成结和断头,影响纱的质量。不孕籽的形成,主要与开花、受粉和受精的条件有关。如高温、低温以及雨淋会造成受粉不良,不孕籽数增加。不孕籽与胚珠在心皮中位置有关,一般在棉瓤的基部不孕籽较多,愈往棉铃的面部愈少,这主要是由于棉铃基部的胚珠距柱头较远,受精的概率低的缘故。棉株不同部位棉铃中不孕籽率也不同,一般情况下,下部高于上部,上部又高于中部,外围高于内围。此外各种不良的环境条件如干旱、光照和营养不足等都会增加不孕籽数。

(五) 硬籽

正常棉籽在给予合适的温度、水分和氧气的情况下,可以迅速吸水并发芽。但有的棉籽一经干燥后,其种皮变得非常坚硬和不透水,在正常的发芽条件下,也难以在短时间内吸水发芽。通常把这种虽有生活力,但种皮坚硬,吸水发芽困难的棉籽称为硬籽。

硬籽是一种遗传性状,环境条件对硬籽的形成是否有作用目前还不清楚。野生棉种中硬籽多,高的可达 80%～90%;陆地棉品种中硬籽较少,所占比例一般不超过 2%,但也有一些特殊的陆地棉,硬籽比例在 70%以上。硬子吸水、发芽困难的原因在于其种皮坚硬和合点端构造特殊。硬籽合点端周围有高度木质化的栅栏层，并且在栅栏层和合点帽之间，有一种由大量木质素沉淀物(蜡质、果胶质)形成的密封结构，像一个牢固的塞子一样固定在合点上。这个密封的栓塞非常坚硬，短时间(20～24 h)内很难被水软化。由于合点端是棉籽吸水的主要通道，因此硬籽通过栓塞的作用，限制了水分的进入，萌发困难。

三、种子质量及其活力

棉籽作为生产用种，要求其生长饱满，充分成熟，并具有高的生活力。

(一) 棉籽成熟度与种子质量

成熟健壮的棉籽外表棕黑色，种皮坚硬，粒大、饱满，百粒重也较高；发育不良的棉籽表现为瘪籽、嫩籽、多毛大白籽、稀毛籽、光籽和绿籽等。一般种壳颜色由白色到红色，种子小，种皮软，瘪籽和嫩籽均不能顺利出苗，光籽、绿籽、多毛大白籽等异形籽虽然能出苗，但生育期短，结铃小，衣分低，纤维品质差，产量低(表 8－4)。

表 8－4　不同成熟度种子素质及出苗效果

(石鸿熙，1987)

成熟度分级	种子素质			出苗效果		
	种壳颜色	饱满程度	籽指(g)	电导率	发芽率(%)	出苗率(%)
完熟	黑	满仁	10.20	34	95.5	63.5
成熟	棕褐	近满仁	9.78	43	92.0	67.5
半成熟	红棕	半仁	6.78	129	63.0	48.5
未成熟	黄	瘪	4.60	157	14.0	8.0

(二) 种子活力、发芽率与种子质量

1. *种子活力*　指种子本身具有的发芽和出苗的潜在能力。活力与田间出苗率和幼苗的健壮程度密切相关。陈建华认为种子活力反映种子的成苗性，与其产量性状有关，但不是必然和直接的，是一种间接而复杂的关系。活力检测主要应用 TTC(四唑盐类)法，对种胚进行染色确定活力高低。荧光法是根据胚胎中的细胞能产生的荧光现象诊断种子活力。这种种子活力测定方法，可在短期内确定种子的质量，适用于购销调运种子。

2. *发芽率*　棉籽大小与发芽率、发芽势密切相关，籽指与发芽率呈显著正相关，一般陆地棉的种仁为种子重的 60%～70%，低于 60%，发芽率显著下降。蔡以纯认为，用发芽指数更能反映发芽的种子数、出苗速度和出苗、整齐度。发芽指数可用下式表示：

$$GI = \sum Gt/Dt$$

式中：GI——发芽指数；Gt——逐日发芽种子数；Dt——相对应的发芽天数。

同时蔡以纯还提出，活力指数又比发芽指数更能反映种子发芽的潜势、发芽速度和幼苗的生长势。活力指数可用下式表示：

$$VI = S \cdot GI$$

式中：VI——活力指数；S——幼苗干重；GI——发芽指数。

籽指大，发芽指数、活力指数高(关于棉花良种详见第十三章)。

3. *种子的寿命与贮藏* 在干燥的自然状态下贮放的棉籽，其寿命可保持3～4年，在作种子使用时，一般1～2年也有价值。若在低温干燥状态下储藏，寿命会更长。

棉籽的寿命主要受种子含水量和贮藏温度的影响。一般在储藏期间要求棉籽含水量不超过12%。如含水量过高，会加速种胚内物质的分解，促进呼吸作用，所释放的热量又促进各种酶的活动。为此增加大量的CO_2，在氧气不足的情况下，积累酮类和醛类物质，对种子产生毒害，丧失生活力。据研究：同一温度下，棉籽含水率越低，寿命越长；在含水率相同条件下，储藏温度低的比储藏温度高的寿命长；但当种子含水率过高时，不论温度高、低，都会使棉籽丧失生活力。如温度为0℃时，当含水率为14%时，棉籽生活力最多能保持15年；当含水率为11%时，棉籽可储藏37年；当含水率为14%时，如果储藏温度上升至32℃，棉籽仅4个月就失去生活力。

此外，不同种和品种保持生活力的时间长短有差异，陆地棉种子生活力保持时间比亚洲棉长。品种本身活力的持续时间长短主要与种子本身内在质量有关。

四、棉籽萌发及其生理活性

（一）棉籽的萌发出苗过程

成熟有生活力的棉籽，在具有足够的水分、适宜的温度和充足的氧气条件下，由休眠状态转入活动状态，种胚即开始萌发生长。棉籽的萌发出苗可分为以下阶段。

1. *吸胀阶段* 棉籽的吸水，使坚硬的种皮逐渐软化，水分经种皮继续向胚组织渗入，棉籽内含有的蛋白质、糖类等亲水物质，能大量吸水，使棉籽体积膨胀。这是物理吸水过程，并不是棉籽的生长，所以此过程称为吸胀。

2. *萌动阶段* 棉籽吸足水分后，在适宜的温度和氧气条件下，酶的活动显著加强。在酶的作用下，子叶中贮藏的脂肪、蛋白质及淀粉等物质发生水合作用，分解为可溶于水的物质，如糖类、氨基酸等，并将这些物质运输供幼胚吸收利用，形成新的细胞，使胚迅速生长。随着棉籽的萌动，胚根伸出种皮，称为露白。此时代谢活动加速，对外界生境反应趋于敏感，一般认为露白即完成了萌动阶段。

3. *发芽出苗阶段* 棉籽萌动后，胚继续吸收利用营养物质，加速合成结构物质，促进细胞数目增多，使胚根和胚轴伸长，胚芽分化新的叶原基。当胚根伸长达种子长度的1/2时，称为发芽。此时棉籽内有机物大量分解，除一部分以热能释放外，大部分的能量是以ATP储存着，作为棉籽破土所需能量的原动力。

在适宜的条件下，继胚根的伸长，下胚轴也伸长，形成幼茎。幼茎起初弯曲呈膝状(即弯钩)，并由弯钩部分顶破土面，将种皮(壳)留在土中，把子叶及胚芽带出土面。然后幼茎伸直，原来合拢的两片子叶，不久即展平，这个过程称为出苗。在这期间，如较瘦弱的棉籽，常因储存的能量(ATP)少，无力使幼茎伸长和顶出土面，从而影响出苗；若能勉强顶土出苗，棉苗细弱，抗逆性差，也容易造成死苗。若播种过深，弯钩不宜伸直，加上氧气不足，就会发生闷种现象。据研究，幼茎弯钩的形成和伸直与地心引力、激素及环境条件等有关，低浓度的赤霉素、适宜的光照和氧气等都能促进弯钩伸直和子叶展平。种子质量不好、播种过浅常会将种壳带出土，使子叶不能展平，光合作用受阻，棉苗生长细弱。

(二) 棉籽萌发出苗的内在条件

棉籽萌发出苗的内在条件,是指种用棉籽必须充分成熟,具有强健的生活力,还必须完成后熟作用。棉花种子是在不同时期陆续成熟的,所受到的内外条件也不同,所以,棉籽的生活力差异较大。棉株中部内围棉铃的棉籽,其发育期间温度适宜,光照充足、体内有机营养较好,有利于棉籽成熟,生活力强。

陆地棉的棉籽在棉铃刚吐絮时就具有发芽能力,但发芽率很低,仅 14%～18%;经晒干储藏 2～4 个月,棉籽内部完成后熟作用,使种皮组织内的木质素含量增加,种皮在水中膨胀能力降低,有利胚的气体交换,故能显著提高棉籽的发芽率。棉籽储藏时的含水量、温度和储藏时间,对棉籽发芽率有极大影响。在常温条件下,棉籽含水量不超过 12%,储藏 2 年以上,棉籽发芽率明显降低,已不宜留作种用。生产上一般要求种用棉籽的发芽率在 85%以上。

王延琴等研究认为,籽指与发芽率、出苗率存在极显著正相关,棉籽可溶性糖含量、仁子率与出苗率显著相关。蛋白质含量与发芽率和出苗率均为负相关。

第五节　棉纤维的形态结构及其发育形成

棉纤维是由受精后胚珠的表皮细胞发育而成。每根纤维发育都经历了表皮细胞经分化、伸长、加厚和脱水成熟等阶段发育而成。棉纤维的形态、结构和形成过程与纤维品质、经济价值密切相关。

一、棉纤维的形态和结构

(一) 棉纤维的形态

成熟棉纤维的形状呈扁平管状,前端尖实,中部和基部有细胞腔,外围有增厚的细胞壁,整根纤维的中部有左旋或右旋的扭转,即扭曲,这是棉纤维在天然纤维中所特有的性状。棉纤维由基部、中部和顶端三部分组成(图 8 - 19)。基部是表皮细胞的一部分,细胞壁较薄,其胫稍向内凹,易被轧断,具有吸收作用,但有些品种,由于种皮的外色素层组织疏松,轧花时不是从胫部拉断,而是将种皮的外色素层一起轧落,这常常影响纤维的成纱品质。中部为纤维主体部分,细胞壁较厚,内有中腔,外观有许多扭曲,直径较宽。顶端占单纤维长度的 1/3,无扭曲。

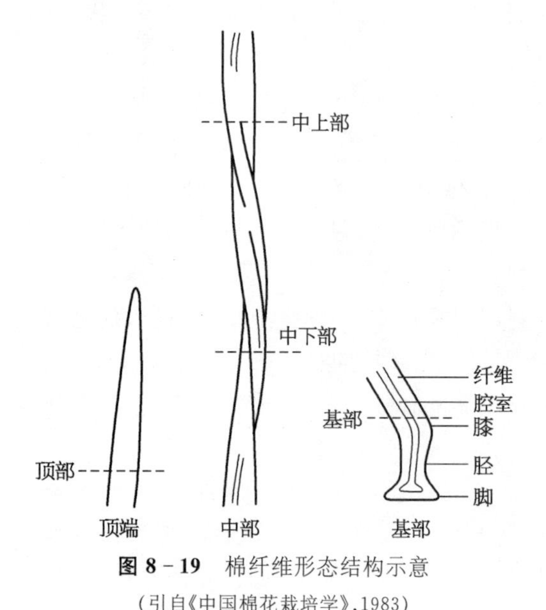

图 8 - 19　棉纤维形态结构示意

(引自《中国棉花栽培学》,1983)

(二) 棉纤维的结构

1. 棉纤维的细胞结构　成熟棉纤维的横断面内,可分为 6 层:角质层(表皮层)、初生壁、次生壁外层(缠绕层)、中层(次生胞壁)、内层(中腔壁)以及中腔(图 8 - 20)。

(1) 表皮层:表皮层是一层薄壁,厚度在 0.1 μm 以下,在纤维的最外面,是由蜡质、脂肪、树脂和果胶物质组成。在纤维伸长时，表皮层似油质薄皮，增厚期蜡质、脂肪等停止增加，逐渐变硬；且极少或几乎没有纤维素。它不易受潮，不易氧化。在棉纱、棉布漂染过程中，需清除表皮层(角质层)，才能染色。

(2) 初生壁：一根粗 20 μm 的纤维，初生壁的厚度为 0.1～0.2 μm，它主要由纤维素组成。纤维素由许多小纤维束构成，小纤维束与纤维轴并不平行，有一定的倾斜角度，称为螺旋角。螺旋角为 40°～50°，有的可达 70°。在小纤维束的网状结构中，有一定数量的纤维素伴生物，主要是果胶物质和一些脂肪(图 8-20)。

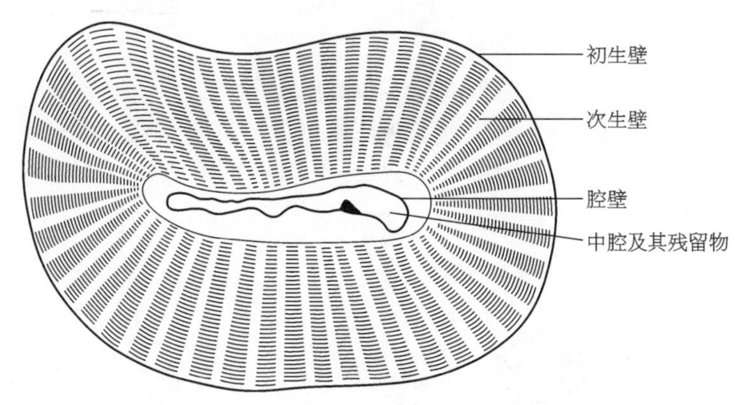

图 8-20　棉纤维截面结构示意(一)

(引自 Balls, 1915)

(3) 次生壁外层(缠绕层)：在初生壁和次生壁之间，有一层小纤维束组织，称为缠绕层。厚度约为 0.1 μ，小纤维束与纤维的螺旋角为 20°～35°，螺旋方向与次生壁螺旋方向相反，可以向左捻或向右捻(图 8-21)。

(4) 次生壁(亚积层)：这一层占棉纤维总重量的 90%，是由连续生长的纤维素薄片组成。从横切面观察，薄片类似树木年轮，由于每天沉积一层薄片，因而称它为“生长日轮”。薄片层是由小纤维束组成，在电子显微镜下观察，小纤维束的网状组织是由微纤维组成。

(5) 中腔壁(内腔)：小纤维束排列稀疏，螺旋角比次生壁稍大。

(6) 中腔：是纤维发育停止后留下的腔室。中腔的大小与纤维成熟

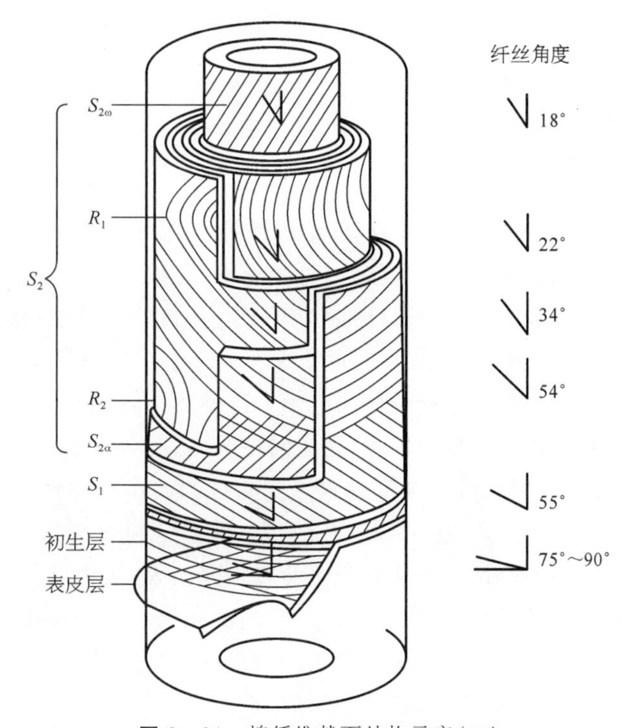

图 8-21　棉纤维截面结构示意(二)

S_1. 次生层的外层；S_2. 次生层的中层，从 $S_{2\alpha}$ 到 $S_{2\omega}$；R. 纤维的反向点

(引自陈布圣，1992)

度密切相关，成熟纤维中腔小；反之，则大。棉铃开裂前纤维湿润，中腔占纤维横切面的30%～50%。吐絮后纤维干涸，其横切面仅为总切面的10%左右。在腔室内有原生质的残留物，残留物中有一定数量的色素物质，对纤维的颜色有影响。

2. 棉纤维的超微结构

(1) 显微和超显微结构：纤维素是棉纤维的主要成分。纤维素由许多葡萄糖分子脱水聚合而成，葡萄糖基的数目称聚合度。棉纤维的聚合度至少在6 000以上，一般在10 000～15 000之间。初生壁聚合度一般在1 000～3 000之间，而且不稳定，故次生壁形成前，纤维拉力极弱。纤维聚合度越高，其强度、弹性、扭曲度随之提高。棉花纤维素聚合度与棉花品种和纤维成熟度有关。

在结构上通常把纤维的超显微结构分为：单分子(纤维素分子链)、基原纤(原纤丝)、原纤(微纤丝)、巨原纤(纤丝)和纤维等五级。棉纤维以巨原纤为主体缠绕而成，1 500根巨原纤聚集成一根纤维。250个原纤集积成巨原纤，20个基原纤聚成原纤，100个纤维素分子链聚成原纤丝，一根纤维约含7.5×108(100×20×250×1 500)个纤维素分子链(图8-22)。

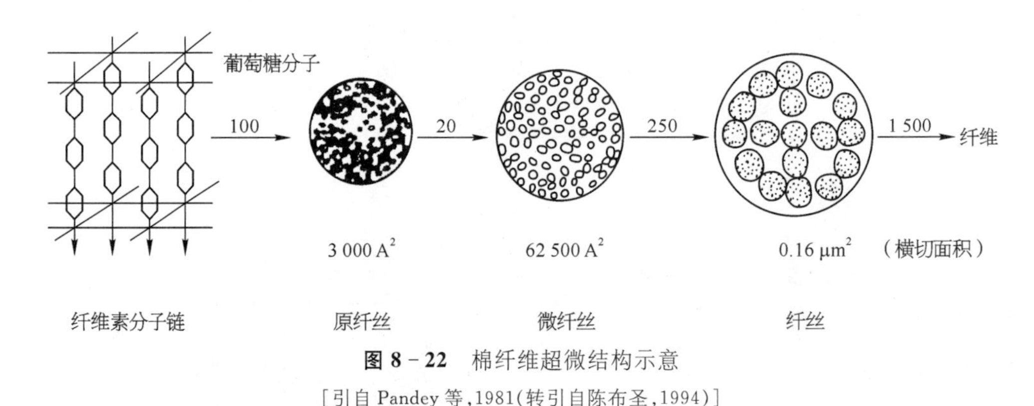

图8-22　棉纤维超微结构示意

[引自Pandey等，1981(转引自陈布圣，1994)]

(2) 超分子结构：棉纤维的性能与纤维中纤维素大分子的排列状态有关。纤维素大分子互相连接成分子束状物，称微纤维；又进一步组成较大的束状物，称为小纤维。棉纤维由极多小纤维组成。微纤维和小纤维之间有极小的空隙，约10^{-4} μm。

(3) 定向性(取向性)：纤维素大分子在纤维内的排列与纤维轴平行伸直的程度称为定向性。纤维素大分子与纤维轴平行排列，并比较伸直称为完全定向；如排列完全不平行，而且卷曲状呈无定形配置，为定向性极差；另外一种状态处于两者之间。在正常情况下，定向性越好，棉纤维的强度越大。定向性的大小可用螺旋角来表示，螺旋角度小纤维强度大；反之，强度小。一般海岛棉螺旋角为25°左右，陆地棉为30°左右，中棉为35°左右。据陶灵虎对棉纤维细胞壁超分子结构变化动态研究结果：次生壁的纤维平均螺旋角具有随开花后生长天数的增长而减小，次生壁自外向内沉积的各日轮层中，微纤维螺旋角外层大，内层小，两者之间差异仅5°左右。各品种的微纤维螺旋角也有所不同，岱字棉15号平均为36.1°，泗棉2号平均为40.4°，PD系统平均为35.8°。

(4) 结晶度：棉纤维素大分子在某些链段的排列，有似分子晶格的有序结构，称为微晶体。每个微晶体极小，只有十几纳米。微晶体整齐排列的区域，称为结晶组织区；一部分为无序排列的区域,称非晶区或无定形组织区。在棉纤维内,微晶体重量占纤维总重量的百分率称为结晶度。棉纤维超分子结构由结晶区与无定形区混合配置而成,一般棉纤维的结晶区约占 2/3,无定形区约占 1/3。结晶区内小纤维和微纤维与纤维轴向平行,螺旋角度小,则纤维强度愈大,组织紧密,吸湿性低;无定形区结构比较疏松,吸湿性能和染色性能较快,强度小,延伸度较大。低级棉无定形区一般较大。据陶灵虎 1989～1992 年研究,结晶区的取向度 F 随花后生长的天数(x)的增加而增加。结晶度在开花后 5～14 d 内缓慢增加,14～17 d 内陡然增加,17 d 后增加缓慢并趋向最大值。从微纤维平均螺旋角度与开花后生长天数的变化曲线表明,在开花后 22 d 左右螺旋角度无明显的转折点,说明纤维的伸长期与纤维沉积后期有重叠时间。试验结果说明,棉纤维的微纤维平均螺旋角度小,晶区取向度和结晶度就高,纤维中的大分子排列整齐,纤维强度就大。另外花后 14～17 d 是纤维伸长的关键阶段,提供良好的环境条件,如充足的光照和较高的夜温,有利于棉纤维的生长发育。刘新等研究还表明,纤维结晶度与花后生长天数,纤维长度、强度伸长率随果枝位上升均呈 Logistic 关系。

3. *棉纤维超分子结构参数与纤维强度的关系*　据刘继华等对不同种和品种的纤维超分子结构参数与纤维强度的关系研究结果表明,海岛棉新海 2 号、6 号与陆地棉鲁棉 1 号、鲁棉 6 号及徐州 576 相比较,晶粒尺寸较小,为 4.04～4.131 μm;结晶度较大,为 45.93%～47.01%;小纤维螺旋角度较小,为 18.6°～18.27°;取向分散角(微纤维螺旋角)较小,为 18.6°～18.27°,说明海岛棉定向性好,倾斜螺旋角小,微晶体排列整齐的结晶区比例大,所以棉纤维的强度大。据测定,零隔距比强度和 3.2 mm 隔距比强度(gf/tex)均比陆地棉强,TK 值(psi)更大于陆地棉。在陆地棉品种之间比较,也有不同程度的差异。徐州 576 与鲁棉 1 号、6 号相比较,纤维素含量较高,达 95.72%,横向晶粒尺寸较小,而结晶度较高,为 44.31%,说明微晶体重量较大,纤维成熟度好,组织紧密,有利于强度增加,螺旋角和取向分散角均小于鲁棉 1 号、6 号,所以零隔距的比强度和 3.2 mm 隔距的比强度也较鲁棉 1 号、6 号强,TK 值(psi)也有所增大。同时还阐明:通过海岛棉与陆地棉杂交,其 F_1 的纤维超分子结构的参数有所改良,如纤维素含量、结晶度增多、取向分散角减小等。其次,栽培技术对超分子结构参数的改良,还有待进一步研究。

二、纤维的分化和形成

棉纤维是由胚珠表皮细胞分化,经过有序的连续发育过程形成。据原北京农业大学徐楚年研究,棉纤维发育可以分为纤维细胞分化突起、纤维伸长、纤维次生壁增厚和脱水成熟四个时期。各时期既相对独立,又相互重叠,没有严格区分界线。每个时期都与纤维品质和产量有关,且受品种、环境条件及栽培技术的影响,说明可以通过人为措施影响纤维发育过程和产量、品质的形成。纤维的发育过程见图 8－23。

(一) 棉纤维细胞分化突起

棉纤维原始细胞的分化是指胚珠表皮细胞分化、形成纤维原始细胞的过程。棉纤维细胞开始分化的时间通常在形态学上难以确定,因为在细胞形态上发生变化之前,细胞内部已经发生一系列生理生化变化,一般难以观察。

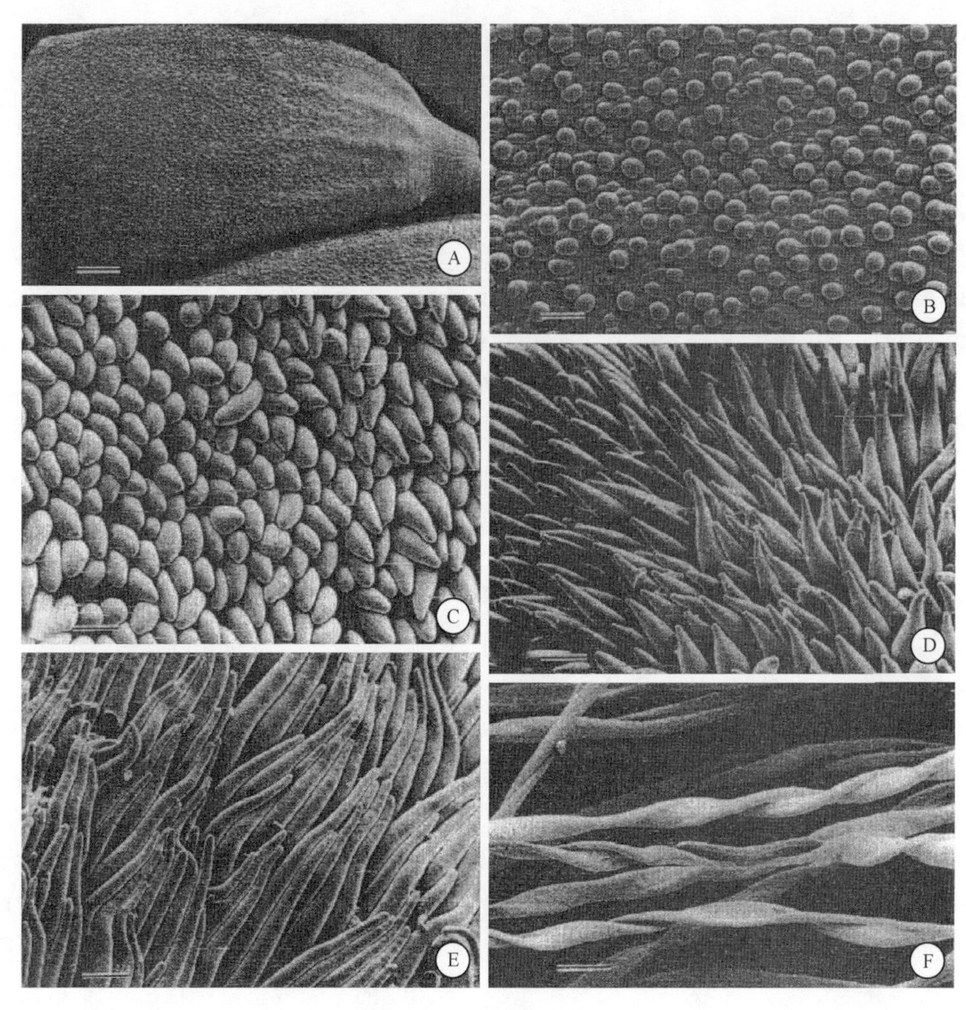

图 8-23 棉纤维的发育

A. 开花当天的子房；B. 开花当天的纤维分化；C. 开花后 1 d 早期的纤维；D. 开花后 1 d 晚期的纤维；E. 开花后 3 d 的纤维；F. 成熟的棉纤维(水平棒长度：A 图为 200 μm，B～F 图为 30 μm)

(引自 Smith and Cothren，1999)

1. 纤维原始细胞分化突起的时间　棉纤维原始细胞分化突起的时间，前人说法不一。Aiyangar 根据胚珠发育的某些形态学变化，指出开花前 16 h，胚珠合点端发生了纤维分化，开花前 10～12 h 珠孔端细胞才分化。后来 Ramsey 和 Berlin 观察了开花前 16 h 到开花当天胚珠的亚显微结构，认为开花前 16 h 胚珠表皮细胞已分化、形成预纤维细胞和非预纤维细胞。Graves 和 Stewart 认为，开花前 3 d 到当天，纤维原始细胞已分化形成。Joshi 等和 Wedel 等指出，长纤维是在开花当天发生分化的，而短绒是在开花后 4 d 才发生。也有人认为短绒发生在开花后 5～10 d。短绒分化时间与表皮细胞分裂停止的时间相对应，短绒分化和伸长时间随棉种或品种不同而变化。徐楚年、董合忠等以中棉所 12 为材料，通过电镜观察表明，至开花前 6 d，胚珠表面出现明显突起的细胞，但不能确定是否是纤维原始细胞；到开花前 5 d，胚珠表面出现光滑的、半圆球形突起的纤维原始细胞。进一步观察表明，虽然开花前 5 d 形成纤维原始细胞，但至开花当天并未明显伸长，一直处于起始阶段。可能进一步的发育需要适当的刺激。

棉花种和品种的不同,纤维细胞分化起始时期也各异。徐楚年、董合忠等研究认为,陆地棉中的北农-1、中-12、鲁棉1号,均在开花前8 h可见纤维细胞的突起。海岛棉中的海7124、海416,在开花前20～24 h可见突起,而军海棉、8763依在开花当天早晨才见突起。同时还发现,细胞分化、突起越早,铃期越短,如海7124铃期为45～50 d;北农-1、中-12等的铃期为55～60 d;军海棉为65～70 d。

2. 棉纤维细胞分化起始的显微结构和超微结构　徐楚年、董合忠等以陆地棉北农-1为材料,通过石蜡切片和透射电镜观察胚珠纤维细胞的显微结构和超微结构。

(1) 显微结构:胚珠在开花前1 d,表面光滑。开花前8 h,在株柄顶部有细胞稍为扩大。开花当天,胚珠表面可见少量细胞稍微突起,这些突起的细胞核和核仁明显增大。开花后1 d,细胞增大向外突起更明显,开始伸长,胞核移至中部;开花后2 d,纤维明显伸长,核仁呈"牛眼状",开花后3 d,纤维伸长更快,胞核贴近细胞壁,液泡扩大占大部分体积。在表皮细胞未突起时,珠孔处细胞似矩形,合点端和中部的细胞似圆形。细胞突起时,开花后1～2 d,先端变尖,向珠孔方向倾斜;开花后4 d,纤维已把种子全部包被。

(2) 超微结构:胚珠在开花前2 d,表皮细胞呈长方形,排列紧密。细胞内的线粒体数目较少,内质网不发达,液泡数较少,核和核仁较小。开花前1 d,表皮细胞大小不匀,其他细胞器变化不大,液泡数目增多。开花当天,细胞突起,呈圆钝状。细胞核增大,线粒体大量增多,内质网增多,液泡相互融合,使液泡增大。开花后1～2 d,突起细胞伸长膨大,细胞器均发达和丰富,小液泡融合成一个中央大液泡,并移向端部。

尽管纤维分化过程发生了细胞核、细胞质及各细胞器内一系列物质变化,但纤维细胞分化时间短,很难对其分化过程中的物质合成和变化作深入研究。目前主要研究了核仁部分,核仁主要含有DNA、RNA和蛋白质及许多酶类(如碱性磷酸酶、核苷酸酶、ATPase、6-磷酸葡萄糖酶等),核仁的主要功能是合成rRNA (核糖体RNA), rRNA的积累和发育,使核仁增大,核仁还可组装核糖体大亚基,控制RNA由核进入细胞质(如mRNA等)。核仁的增大意味着增大rRNA的合成以及新核糖体的形成,这关系到纤维伸长时需要合成新的蛋白质。其次,液泡内酚类物质变化对纤维分化也有很大关系。纤维原始细胞(暗类型的表皮细胞)的液泡内酚类物质释放到细胞质中去,使其黏贴于各种细胞器膜的表面,造成整个细胞的黑暗。亮类型的细胞是非纤维原始细胞,其酚类化合物仍停留在液泡中。酚类物质的作用可能是抑制IAA氧化酶活性,相应地提高了IAA的活性,从而使细胞内生长素达到足以启动纤维分化的水平。Berlin还认为酚类物质还调节着分化成纤维的表皮细胞和非纤维细胞的比例、长绒和短绒的比例。纤维原始细胞的细胞质内含有较多的核糖体和粗糙内质网,这为开花时蛋白质合成做好了准备。开花当天,纤维原始细胞内质网、高尔基体和核糖体数目明显增加,细胞核扩大,各核仁融合成一个大的核仁,细胞核由原来的中央位置向顶端移动。

3. 棉纤维原始细胞在胚珠表面分化突起的次序和时间　胚珠表面不同部位的细胞突起,在开花当天早晨在脊突部位首先突起,然后移至合点端和中部,最后在珠孔区。珠孔端附近的细胞,在开花后数天仍不见突起。最后在形成脊突处的纤维最长、最密;合点和中部稍短、稍稀；越近珠孔的纤维越短、越稀；在珠孔处则无纤维突起。表明胚珠不同部位纤维细胞分化、突起的程序性，也反映最终纤维长度的差异。

4. *棉纤维原始细胞分化突起的阶段性*　胚珠表面细胞的突起一般可持续 8～10 d，而且具有明显的阶段性。据董合忠观察，北农-1 从开花当天起，连续 4 d 有细胞突起，称第一次细胞突起期；在开花后 4～5 d 为纤维细胞突起停止期，在开花后 6～8 d，又出现新的细胞突起，称第二次细胞突起期。一般认为第一次突起期的细胞可发育成长纤维，第二次突起期的细胞仅形成短绒。

5. *种子表面纤维细胞的数目*　纤维原始细胞的数量关系到棉籽上着生纤维的根数，也关系到每粒棉籽的纤维重量。尽管所有的表皮细胞(除气孔保卫细胞和珠孔细胞外)都是潜在的纤维原始细胞，但并非所有的都能分化成纤维。胚珠上的纤维根数随棉种和品种不同有较大差别。胡竟良指出，亚洲棉一粒种子上纤维为 1 200～3 300 根，且棉籽上纤维分布比较均匀、海岛棉为 8 000～16 000 根，棉籽上中部较多，两端较少；陆地棉纤维着生密度为 3 300 条/mm^2，棉籽上纤维分布在合点端较密，在珠孔端较少。纤维数目多少与种子表面积和纤维密度有关。开花当天胚珠表面的纤维原始细胞突起的数目占表皮细胞总数的 20%～30%。

王远临研究认为，开花当天胚珠中部突起的纤维细胞占表皮细胞的 30%～40%。刘继华研究则表明，一般陆地棉单粒种子纤维数 8 000～15 000 根。陆地棉单粒胚珠的表皮细胞总数为 10^6 以上，只有 1/8～1/11 能真正发育成纤维，虽有 30%～40%表皮细胞分化成纤维原始细胞，但只有 1/3 的纤维原始细胞能形成有效纤维，能否形成有效纤维的关键是进入快速伸长启动的一致性。胚珠表皮细胞快速伸长启动发生于开花当天至花后 10 d，其中 0～3 d 开始伸长的胚珠表皮细胞可形成有纺织价值的有效纤维；花后 4～10 d 才快速生长的，只形成不足 3 mm 长的短绒。

(二) 棉纤维伸长

此期与棉铃的体积增大期大致相当，从开花当天起经 20～30 d，纤维伸长到最大值。棉纤维在这时期内以伸长为主，故称纤维伸长期。

1. *伸长初期纤维细胞形态结构*　开花后 2～3 d，纤维细胞快速伸长，但除了一个膨大的基部突出外，还伸出了一个尖端。花后 2 d 快速伸长的同时，还伴随着大的中央液泡形成。这些现象以及其他形态学和分子生物学证据说明，纤维膨胀伸长(非极性)向极性伸长转化是发生在开花后 2 d 左右。也就是说，开花后 2 d，可把伸长阶段分为非极性膨胀和极性伸长两个阶段。在非极性膨胀期间，纤维细胞非极性地四周扩展，直到纤维的最终直径形成，也就在这一发育阶段确定了纤维细度。此外，这一发育阶段也同时激活细胞结构，以参加后一阶段的纤维快速伸长。正在伸长的纤维细胞中，细胞核转移到细胞的末端，并很少含有异染色质，细胞质中粗内质网增大，大多数核糖体呈多体集群，附于膜上，纤维发育早期合成的核糖体数量可以决定纤维伸长程度和纤维厚度。非极性和极性伸长都是靠液泡产生的膨压进行的，纤维伸展的方向和极性是由膨压和细胞壁结构共同决定的。膨压是液泡以盐的形式积累调节渗透的溶质产生的，是纤维伸展的内力，本无方向性；而细胞壁是有可塑性的，细胞壁结构对膨压作出反应，结果使壁扩张，细胞壁结构的强弱决定扩展方向和极性。在伸长纤维中，K^+ 和苹果酸是主要的渗透调节物质，它们逆浓度梯度进入液泡后，也伴随着水进入液泡,从而纤维细胞得到扩展。K^+和苹果酸累积峰值期是在花后10～15 d,与纤维生长的最大速率相吻合。当K^+、苹果酸在纤维中的浓度达最大时,其渗透调节作用可占总渗透调节的50%以上。在纤维生长速率降低时,K^+和苹果酸盐浓度降低,从而引起膨压也降低。在纤维伸长阶段,除了液泡内首先形成膨压,促进纤维细胞伸长外,还有一个最重要的变化是初生壁合成。高尔基体在初生壁的形成中起着重要作用。纤维原始细胞内有许多高尔基体,每个细胞多达75 000个。这些高尔基体联接着平滑的或有包被的小泡,分布于整个细胞质内,这些小泡内有丝状物质,与原生质膜相连接。某些初生壁物质是通过平滑的小泡由高尔基体传递给原生质膜,再结合到初生壁内,高尔基体参与初生壁的合成。这些小泡在整个细胞质内到处分布,符合纤维伸长是"居间生长"的状况。高尔基体除了合成和运输细胞壁物质以外,它还形成和补充成为质膜和液泡膜的新膜,从而增加初生壁发生和纤维细胞伸长时细胞的表面积。

在纤维细胞生长和壁的扩展过程中,初生壁物质是以何种方式加入的,一直存在着两种不同意见的争论。一种认为,是沿整个胞壁均匀加入,另一种认为是尖端加入。基于棉纤维生长期间整个纤维细胞都有丰富的高尔基体的事实,不少人认为棉纤维初生壁物质是沿纤维整体添加,即整个长度的纤维都在生长,而不是仅从顶端生长。有人则认为有可能顶端伸长和居间伸长同时存在,如这样的话重叠期则是尖端生长为主。纤维伸长的另一种可能性是细胞壁伸长的同时进行增厚。

2. 早期纤维伸长动态　棉纤维细胞在开花后3 d,顶部呈尖状或圆钝状,液泡占大部分空间。开花后6 d,纤维继续伸长,可见较多的高尔基体等。开花后9 d,纤维顶部变尖,大液泡占绝大部分空间。不同品种早期伸长速度不同,但总的趋势都比较慢,尤其在开花后8 d内,纤维长度仅5 mm左右,若以伸长期为24 d,纤维长度30 mm计算,即为全伸长期的1/3天数,而伸长长度仅占总长的1/6。

3. 纤维伸长和伸长速率　棉纤维伸长变化呈慢—快—慢的"S"形伸长曲线规律。徐楚年以北农-1研究表明:在开花后10 d以内纤维伸长极慢,开花后10～20 d伸长最快,到开花后30 d伸长停止。棉籽不同部位表面纤维伸长有一定的差异,合点区的纤维伸长最早、最快,珠孔区纤维伸长最晚、最慢,伸长动态也是"S"形规律,最终纤维长度以合点区纤维最长,其次是中部,珠孔区最短。合点和中部的纤维长度均为30 mm左右,珠孔端约25 mm。

棉籽中部纤维伸长约在开花后10 d进入快速伸长期,陆地棉在开花后20 d伸长速度减慢,海岛棉快速伸长期延续到开花后27 d;陆地棉在开花后25 d趋于停止,海岛棉则在32 d才终止伸长。快速伸长期的长短是影响纤维长度的最重要时期,陆地棉北农-1伸长最大速率出现的时间在开花后14 d,为3.03 mm/d,海岛棉8763依在开花后16～18 d,为2.01 mm/d。北农-1虽然伸长最大速率值大,但快速伸长期持续时间短,达最大值后急速下降;8763依最大速率值虽小,但快速伸长期持续时间长,达最大值后缓慢下降。

刘继华通过对鲁棉1号研究认为,花后0～7 d伸长速度较慢,7～14 d伸长速度达最大值,21 d后明显减慢,28 d停止伸长。早开花(8月1日)的棉铃,其纤维伸长速度较晚开花(8月15日)的铃纤维伸长快,伸长期短,日增长率高。晚开花的棉铃,其纤维伸长率最大值也在第7～14 d,但绝对值低。

(三)棉纤维次生壁增厚期

从纤维伸长基本结束直到裂铃前,这段时期内纤维加厚最快,历时 25～35 d,相当于棉铃内部充实期。实际上胞壁加厚在开花后 5～10 d 已开始,在这段时间里,纤维伸长和胞壁加厚是同时进行的。

1. 次生壁加厚过程和干重变化 据徐楚年等观察,开花后 20 d 开始已有次生壁加厚。30 d 已明显有增厚的次生壁,且增厚的速度加快。到开花后 40 d 次生壁增厚更快,增厚一直到纤维成熟。当纤维伸长停止时,陆地棉北农-1 的纤维干重已达最终重量的 34.4%,海岛棉 8763 依仅为 62.3%。另从纤维干重绝对量的变化分析,每毫米长度的纤维干重,北农-1 在花后 16～20 d 开始明显增长,8763 依为 20～24 d。纤维伸长与次生壁加厚相重叠的时间,北农-1 为 4 d,8763 依为 12 d。一般实际重叠期可能更长。不同开花期单位纤维长度干重,随开花期的推迟,增重开始时间也推迟。北农-1 在 7 月 7 日至 27 日开花的,在花后 20 d 以前已明显增重;8 月 7 日到 9 月 7 日开花的,在花后 20 d 才开始增重;9 月 21 日开花的,花后 40 d 还基本没有增重。

2. 棉纤维中纤维素和可溶性糖含量变化 纤维素含量的变化大致呈"S"曲线,开花后 20 d 内纤维素含量均低于 40%。纤维素沉积高峰期,北农-1 为花后 20～32 d,8763 依仅为 24～40 d。花后 25 d 至花后 40～45 d 之间是纤维素含量的快速增长期,花后 40～45 d 至花后 60 d 是纤维素含量慢速增长期。因此,开花后 40～45 d 是纤维素含量增长率的转折点。据西北农业大学许玉璋观察,伏桃在开花后 14 d 内,纤维中纤维素含量极低,仅占纤维干重的 5%左右;而可溶性糖含量高达 60%～70%,此期为纤维伸长期。进入纤维伸长和次生壁加厚并进时期,纤维中的纤维素含量缓慢增加,到 21 d 纤维素含量上升为 15%～20%, 21 d 以后至 35～42 d 为纤维素迅速合成时期,到 28 d 时纤维素含量已达纤维干重的 50%。在纤维素含量增加时,可溶性糖含量急剧下降。在吐絮前 14 d,纤维素含量增加极为缓慢。由于温度不同,棉纤维中的可溶性糖和纤维素含量差异也极显著。伏桃发育前期具有较多的光合产物运入棉纤维,这有利于纤维的伸长和次生壁的加厚;后期能极快地把糖转化成纤维素,使糖含量降低。秋桃纤维中可溶性糖含量前期比伏桃低,后期比伏桃高,主要是由于低温不利条件的影响,使后期可溶性糖向纤维素转化的速度减慢,纤维素沉积量减少。

伏桃在发育的前 28 d 或 35 d 内,纤维干重积累速度大于纤维合成速度,因此,纤维中的可溶性糖绝对量不断增加。28 d 或 35 d 后,两者相反。伏桃在开花后 28 d,纤维干重积累速度达最快时,单铃纤维量已占最终量的 60%～65%,沉积量约占最终的 37%。秋桃单铃纤维干重积累最快时期出现在开花后 21 d 前后,此时单铃纤维干重积累量大约达最终量的 70.7%。21 d 以后急剧下降。

刘继华等研究认为,不同种和品种纤维素沉积规律有较大差别,陆地棉纤维素沉积速度快于亚洲棉、海岛棉。海岛棉和纤维强度较高的陆地棉品种如徐州 576,纤维素沉积速度变化平缓,不同时期的纤维素沉积速度基本相似,与取向角较小、结晶度较高的纤维内部超分子结构变化规律吻合较好,使纤维发育各时期沉积的纤维素,形成良好的结构与高强的纤维。亚洲棉和纤维强度较低的陆地棉品种如鲁棉 1 号,纤维素沉积速度较快,次生壁纤维素沉积是在花后 35 d 前完成的,花后 35～55 d 纤维素沉积速度明显下降,从而难于形成良好的超分子结构。

3. 棉纤维次生壁的组分及相关合成机制 棉纤维初生壁含有 30%纤维素和中性、酸性多糖等，棉纤维细胞的次生壁主要成分是纤维素。细胞壁含有90%～95%的纯纤维素的纤维丝，也含有少量的非纤维素葡聚糖。虽然次生壁纤维素合成具体机制不太清楚，但有一点可以肯定，次生壁的产生与高尔基体无关，有可能内质网对次生壁形成所需物质或酶的合成和运输成为主要载体。为进一步研究纤维素合成的机理，人们已克隆编码纤维素合成的多肽的基因，由于棉纤维与细菌纤维系统有一定同源关系，人们开始克隆细菌纤维发育基因，了解纤维素合成的调节过程，以对纤维素沉积时间和数量进行人为操纵，最终调节纤维次生壁合成。在非结构性碳水化合物中，较重要且研究较多的是β-1,3-葡聚糖。它的含量虽低，但在多种棉种和品种的次生壁中都发现过，因而人们对它的生物合成过程、产物结构特性、生理意义进行了广泛研究。

在开花后16～18 d开始进行次生壁合成，这一发育变化引起细胞壁松弛、纤维素合成及相关酶和蛋白质的基因表达水平变化。次生壁与初生壁合成阶段具有不同的蛋白质和酶调节机制，Ferguson等利用双向PAGE电泳法比较了开花后14 d(伸长阶段中期)和开花后21 d(次生壁增厚早期)棉纤维蛋白质结构。结果说明，两个阶段中有45个蛋白质含量有差异，每一阶段的蛋白质有不同的分子量、等电量和相对数量。在初生壁形成次生壁转化过程中，mRNA的翻译方式发生了明显变化，Hasegawa从棉纤维细胞cDNA库1 000个随机序列的克隆中发现173个基因数据库序列的克隆，在这些克隆中发现了几个细胞壁酶的cDNAs，这些酶是1,4-β-葡聚糖酶、伸展素(expansin)、木葡聚糖转移酶、1,3-β-葡聚糖酶等。Shimizu等利用逆转录PCR分析测定了棉纤维细胞壁相关酶的mRNAs含量，结果说明，内源1,4-β-葡聚糖酶和伸展素的mRNA在伸长阶段的含量都高，但在细胞伸长停止、木聚糖含量降低时，这两个酶的mRNA也降低。内源1,3-β-葡聚糖酶mRNA的含量在伸长期很低，但在次生壁合成开始随着纤维素大量沉积也增多，表明在纤维素大量沉积时，需要高含量的内源1,3-β-葡聚糖。尽管1,3-β-葡聚糖是纤维素生物合成的媒介还没有直接证据，但内源木聚糖转移酶和蔗糖合成酶的mRNA水平在整个生长阶段保持不变，这说明内源木聚糖转移酶基因表达主要是保持细胞壁结构，使细胞伸长、纤维壁层联结。

(四) 脱水转曲期

从裂铃至吐絮，一般历时5 d左右。纤维由圆管状失水干涸呈扁管状，纤维在内应力作用下形成转曲。螺旋角小，次生壁厚，转曲就多。陆地棉转曲达50～80转/cm。这时期日照充足，湿度较低，有利脱水形成转曲。

三、棉纤维的经济性状

(一) 衣指和衣分

衣指和衣分都表示种子上棉纤维量的多少，其中，衣指为100粒籽棉上的纤维重量(g)。陆地棉品种的衣指为5～8 g。衣分为纤维(皮棉)重量占籽棉重量的百分数(%)，陆地棉品种的衣分多在35%～42%之间。衣分和衣指的遗传力都较高，一般在60%～70%。衣分和衣指也受环境条件的影响，特别是受温度的影响。据上海市农业科学院研究，早开花的棉铃(8月12日前开花)，衣指随花后天数呈直线增加，至花后40～50 d达到高峰。而晚开花的(在8月24日以后开花)，衣指增长速度很慢，衣分不高。衣分也表现同样趋势，随开花期的后移，衣分下降。此外,由于棉铃所处的部位不同,衣分也会发生变化,一般情况下,中部棉铃的衣分内围高于外围,但上下部棉铃由于外围棉籽发育不良,可能会造成外围铃衣分高于内围铃。

(二) 棉纤维主要品质指标

棉纤维主要品质指标通常用于表示纤维的物理性能和机械性能,以 2.5%跨距长度、整齐度、比强度和马克隆值四个指标最为常用(关于棉花纤维检验请见第五十一章)。

(三) 棉纤维品质的时空分布

与成铃时空分布一样,棉纤维品质也存有时空分布。谈春松研究表明(图 8-24),纤维品质随棉株果节位的外延,总体上呈现强度由内而外变弱,细度由内而外变细,成熟度由内

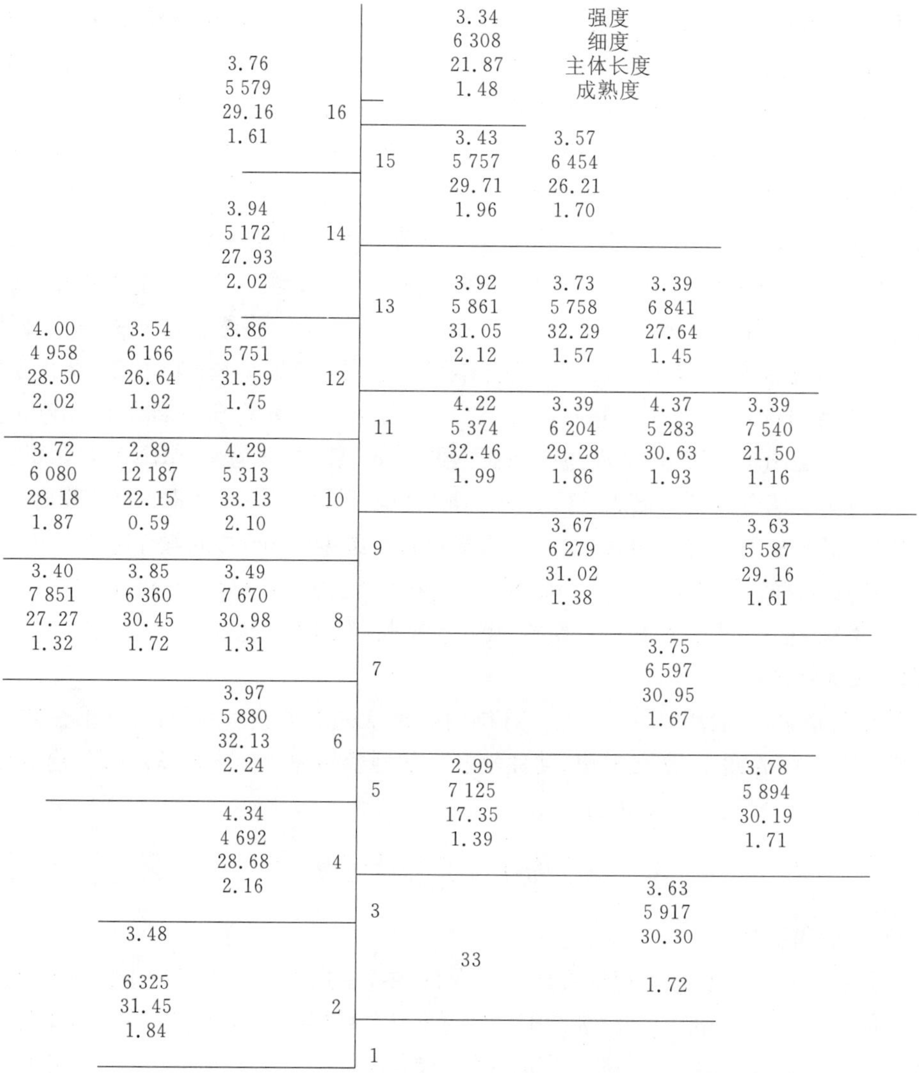

3.34 强度
6 308 细度
21.87 主体长度
1.48 成熟度

果枝	第1节位	第2节位	第3节位	第4节位
16	3.76 5 579 29.16 1.61			
15	3.43 5 757 29.71 1.96	3.57 6 454 26.21 1.70		
14	3.94 5 172 27.93 2.02			
13	3.92 5 861 31.05 2.12	3.73 5 758 32.29 1.57	3.39 6 841 27.64 1.45	
12	3.86 5 751 31.59 1.75	3.54 6 166 26.64 1.92	4.00 4 958 28.50 2.02	
11	4.22 5 374 32.46 1.99	3.39 6 204 29.28 1.86	4.37 5 283 30.63 1.93	3.39 7 540 21.50 1.16
10	4.29 5 313 33.13 2.10	2.89 12 187 22.15 0.59	3.72 6 080 28.18 1.87	
9		3.67 6 279 31.02 1.38		3.63 5 587 29.16 1.61
8	3.49 7 670 30.98 1.31	3.85 6 360 30.45 1.72	3.40 7 851 27.27 1.32	
7			3.75 6 597 30.95 1.67	
6	3.97 5 880 32.13 2.24			
5	2.99 7 125 17.35 1.39			3.78 5 894 30.19 1.71
4	4.34 4 692 28.68 2.16			
3	33		3.63 5 917 30.30 1.72	
2		3.48 6 325 31.45 1.84		
1				

图 8-24 单铃纤维强度、细度、主体长度、成熟度空间分布图
(谈春松,1985)

注:1～3 果节的第 3 节位和所有果枝的第 4 节位,因铃数不够,为不同果枝的混合样本;其余为 30 株逐铃单收同果枝节位混合样本(品种为豫棉 1 号;百泉农专,1982)。

而外变低。主体长度内外变化不规律。不同部位果枝上的纤维品质表现为:2～4 果枝上的内围铃纤维品质变化不稳定,有时表现出强度较弱,成熟度较低和细度较细。棉株上以 5～15 果枝第 1 节位铃的纤维品质最佳,第 2 节位铃的品质居次。但棉纤维的品质差别主要反映在成熟度上,凡成熟度低的,其强度变弱,纤维变细,主体长度亦表现不规则。成熟度与长度、细度和主体长度都呈显著正相关。

(撰稿:陈德华;主审:陈金湘)

参 考 文 献

[1] 石鸿熙.棉花的生长与组织解剖.上海:上海科学技术出版社,1987:20-28,53-59,81-93.

[2] 易福华.棉花形态的生物全息及其应用.棉花学报,1999,11(5).

[3] 高璆.棉花优质高产栽培理论与实践.南京:江苏科学技术出版社,1988:68-75.

[4] 朱建华,陈火英,夏冬明,等.棉花展叶进程与若干生长指标关系的研究.上海农学院学报,1993,10(3).

[5] 马新明,李秉柏.棉花果枝、果节预测模型探讨.棉花学报,1998,10(1).

[6] 凌启鸿.作物群体质量.上海:上海科学技术出版社,2000:327-331.

[7] 陈金湘.棉铃形成过程中花器形态量变规律的研究.棉花学报,2002,14(4).

[8] 李正理.棉花形态学.北京:科学出版社,1979:4-5;86-149.

[9] 朱绍琳,陈旭升,易福华,等.棉铃生物学.北京:中国农业科技出版社,1994:43-47.

[10] 周可金,裴训武,江厚旺,等.不同开花期棉铃干物质积累规律研究.棉花学报,1996,8(3).

[11] 吴云康,陈德华,戴敬.移栽地膜棉花栽培技术.南京:江苏科学技术出版社,1999:50-52.

[12] 徐立华,李大庆.陆地棉棉铃发育机理及影响因素研究.棉花学报,1994,6(4).

[13] 田晓莉,何钟佩.转 *Bt* 基因棉中棉所 30 不同开花期棉铃发育及产量构成因素研究.棉花学报,2000,12(6).

[14] Benedict C R, Schubert A M, Kohel R J. Part 2-Carbon metabolism in developing cotton seed: sink demand and the distribution of assimilates. Proc. Belt. Cotton Conf., 1980.

[15] Van Iersel M W, Harris W M, Oosterhuis D M. Phloem in developing cotton fruits: carboxy fluorescein as a tracer for functional phloem. Journal of Experimental Botany, 1995a, 46(284).

[16] 徐立华,李大庆.麦后移栽棉生理特性及调控技术 V:棉铃发育特性.江苏农业科学,1991(2).

[17] Ruan Y L, Chourey P S, Delmer D P, et al. The differential expression of sucrose in relation to diverse patterns of carbon partitioning in developing cotton seed. Plant Physiology, 1997,115.

[18] 何钟佩.作物激素生理及化学控制.北京:中国农业大学出版社,1997:43-51.

[19] 中国农业科学院棉花研究所.中国棉花栽培学.上海:上海科学技术出版社,1983:100-129.

[20] Rodgers G P. Cotton fruit development and abscission: Fluctuations in the level of cytokinins. The Journal of Horticultural Science & Biotechnology, 1981b, 56.

[21] 商慧深,丁静.内源吲哚乙酸、脱落酸和赤霉酸与棉铃发育及脱落的关系.植物生理学报,1986,12(2).

[22] 何钟佩,闵祥佳,李丕明,等.植物生长延缓剂 DPC 对棉铃内源激素水平和棉铃发育影响研究.作物学报,1990,16(3).

[23] 陈建华,杨继良.棉花种子活力及其影响因素探讨.棉花学报,1995,7(3).

[24] 王延琴,杨伟华,周大云,等.棉籽营养成分与发芽率及出苗率的关系.棉花学报,2003,15(2).

[25] 王宏,项时康,陈建华,等.棉花种子发芽过程中生理生化变化及赤霉素的调节Ⅱ,棉花子叶中酶活性

及内源激素的变化. 棉花学报,1997,9(3).

[26] 孟祥红,王建波. 棉花种子萌发过程的细胞化学动态. 棉花学报,1998,10(4).

[27] 丁双阳. *Bt* 基因抗虫棉种子发育生理及化学调控. 中国农业大学博士论文,1999.

[28] 陈布圣. 棉花栽培生理. 北京:农业出版社,1992:435.

[29] Balls W S. The Development and Properties of Raw Cotton. A&C Blac Ltd. 1915.

[30] 李文炳. 山东棉花. 上海:上海科学技术出版社,2001:109.

[31] 陶灵虎,阮锡根. 棉纤维品质性状与取向参数关系. 作物学报,1998,24(2).

[32] 陶灵虎,阮锡根. 棉纤维超微结构研究. 生物物理学报,2001,17(2).

[33] 刘新,徐忠民,陶灵虎. 棉纤维几个品质性状的生长规律与分布规律. 棉花学报,2000,12(3).

[34] 刘继华,尹承佾,王永民,等. 棉花纤维超分子结构参数的遗传分析. 作物学报,1994,20(3).

[35] 徐楚年,余丙生,张仪,等. 棉花四个栽培种纤维发育的比较研究. 北京农业大学学报,1988,14(2).

[36] 董合忠,徐楚年. 陆地棉与海岛棉纤维发育比较研究,I棉纤维的分化. 北京农业大学学报,1989,15(4).

[37] 董合忠,徐楚年. 陆地棉与海岛棉纤维发育比较研究,II棉纤维的伸长,北京农业大学学报,1990,16(2).

[38] 刘继华,杨洪博,曹鸿鸣. 棉花纤维的伸长发育. 中国棉花,1995,22(7).

[39] 许玉璋,赵都利,许萱. 温度对棉纤维发育的影响. 西北农业学报,1993,2(4).

[40] 杨佑明,徐楚年. 棉纤维发育的分子生理机制. 植物学通报,2003,20(1).

[41] 谈春松. 棉花纤维品质的时空分布与优质棉栽培. 棉花学报,1985,(6).

[42] 董合忠,李维江,张晓洁,等. 棉花种子学. 上海:上海科学技术出版社,2004:26-29.

[43] 徐楚年,董合忠. 棉纤维发育与胚珠培养纤维. 北京:中国农业大学出版社,2006:5-38.

[44] Smith C W, Cothren J T. Cotton: Origin, History, Technology, and Production. John and Wiley & Sons, Inc., New York, 1999,201.

[45] Oliveira R H, Milanez G R, Moraes-Dallaqua M A. Boron Deficiency Inhibits Petiole and Peduncle Cell Development and Reduces Growth of Cotton. Journal of Plant Nutrition, 2006,29.

第九章　棉花生长发育特性及与环境的关系

棉花原是多年生植物，经长期种植驯化、人工选择和培育，演变为一年生作物，因此它既具有一年生作物生长发育的普遍规律，又保留有多年生植物无限生长的习性；棉花原产于热带、亚热带地区，随着人类文明的发展逐渐北移到暖温带，因此它具有喜温、好光的特性；棉花的地理分布范围广，所处的气候条件复杂多变，使得棉花又具有很强的抗旱、耐盐能力和环境适应性。认识棉花生长发育的特性及其与环境条件的关系，是棉花高产优质栽培的基本依据。

第一节　棉花无限生长习性

棉花的祖先属多年生的乔木或亚灌木，经过长期人工驯化和培育，并不断向亚热带、暖温带和干旱地区引种，逐渐演变成栽培的一年生作物，从播种、现蕾、开花、结铃到吐絮成熟，在一年时间内完成生育周期。但仍保持了多年生的生长习性，形成自身特有的生长发育特性。这些特性包括喜温好光、无限生长、营养生长与生殖生长并进重叠、蕾铃脱落等。

一、无限生长习性

（一）器官的无限生长

1．根、茎的无限生长　棉花在系统发育过程中，始终保持根、茎的无限生长习性。如在适宜的生长条件下，只要温度和水分满足生长发育的需要，棉花主根可以不断分化出大量的一级侧根，一级侧根又可分化出大量的二级侧根，依次分化和形成多级侧根，产生根毛，粗大的根系可以不断地向下生长，最深可达 5 m 多。棉花主茎顶端分生组织在适宜的条件下能不断分化出叶片、节和节间，茎秆能不断地增粗长大、增高，形成高大的树木状。如墨西哥伊瓜拉(Iguala)棉花种质资源保存实验农场种植的栽培陆地棉和其他野生棉，经多年生长，已长成 10 m 多高的棉花树，树冠直径 10 m 多，主根入土深度可超过 5 m。

2．枝、叶片的不断分化　棉花的主茎和分枝可以不断产生叶片，叶片的叶腋内分化出腋芽，腋芽可形成分枝，分枝叶的叶腋内又可分化出腋芽，依次分化形成多级分枝。棉花叶枝为单轴分枝，与主茎有相同的生长分化特点，其上可以分化产生叶枝与果枝。在多年生长的条件下，棉花的分枝可以多年存活，不断分化出新的叶片、节和节间，形成较大的树冠。

3．生殖器官的连续发生　棉花的生殖器官可以连续发生，不断地分化与生长，如不断花芽分化，不断现蕾、开花、结铃、吐絮和产生种子。在低纬度地区，一些多年生的陆地棉栽培种和野生种,可形成高大的棉花树,生殖器官不断发生,连年开花结铃,产生种子。在长江流域棉区一年生的栽培条件下,任其充分生长发育,单株可形成 200 多个花芽,现蕾数可达 160 多个。而在新疆北疆,单株分化花芽数只有 40 多个,现蕾数 30 个左右。人们根据棉花的无限生长习性,进行栽培调控和保存种质资源及开展育种研究。在棉花栽培实践中,不同生态棉区,通过不同的种植方式和创建不同密度的群体,形成不同的株型,以适应当地的生态、气候条件和种植制度,获得高产高效。如长江中下游棉区,为了适应棉田多熟栽培,充分利用无霜期长、有效积温高、雨水充沛的优越条件,选择杂交棉品种,进行稀植大棵栽培,以发挥棉花无限生长习性,培育高大健壮的个体来获得高产。该棉区种植密度一般为 18 000 株/hm^2左右,株高达 1.3～1.8 m,单株果枝数 20～25 个、果节数 100～150 个、成铃 40～80 个;而西北内陆棉区,由于有效积温低、无霜期短,则采用高密度栽培,通过对棉花生长进行调控,以大群体小个体来获得优质高产。该棉区种植密度一般高达 180 000 株/hm^2左右,株高控制在 60～80 cm,单株成铃 5～8 个。在遗传资源利用和保存方面,通过温暖湿润的热带地区种植棉花品种资源,以达到长期保存遗传资源的目的。如海南三亚崖城建立了棉花多年生种质资源保存基地,种植了大量的野生棉和栽培棉种。墨西哥的伊瓜拉和科利马(Colima)建立了多年生棉花品种资源种质保存中心,使品种资源多年生长,保存其遗传特性。

(二) 棉株再生能力强

棉株顶芽或其他器官受到伤害时,再形成一个新的个体,或者恢复生长,即再生能力,其表现形式:一是当顶芽受到病虫、洪涝和冰雹或其他因素的伤害时,这时棉株下部潜伏的腋芽就会重新恢复生长,长出新的枝条;二是棉株各枝条先出叶的腋芽恢复生长,一般情况下则形成赘芽;三是棉株体内各种组织受伤以后,也常可形成愈伤组织,从中再生产出不定根和不定芽;四是根系生长中遇不利环境和栽培因子影响,根系受到损伤后,根系中柱鞘细胞分化再形成新的根系。棉株地上部分的再生能力强于地下部分,并随株龄增大逐渐减弱;苗龄愈小,再生能力愈强。

再生能力具有利用价值:移栽棉可利用根系的再生能力,促进根系的再生和生长,建立强大的根系;在生育中前期,可通过中耕促进新根的发生;利用枝条的再生能力,可在受灾后精心管理,长出新枝,恢复生长。但再生能力强也有不利的一面,如打顶后,往往容易赘芽丛生,杈枝增多,分散养料,消耗光合产物,并容易遭受病虫害危害,降低产量和品质。

二、营养生长、生殖生长的重叠和并进特性

与水稻、小麦、玉米等禾本科作物不同,棉花具有无限生长和连续或多次开花结实的习性。因此,棉花的营养器官和生殖器官具有重叠发生、并进生长习性。

在棉花生育期中,幼苗出土后,经过很短一段时期的生长,当主茎有 2～3 片叶时,即开始分化花芽。棉株自花芽分化开始后,一方面营养器官的根、茎、枝、叶不断发生与生长;另一方面,生殖器官与营养器官并进发生、生长发育,形成花芽、现蕾、开花、结铃、吐絮。一般营养器官和生殖器官重叠发生、并进生长的时间约占棉花生育期的 4/5,直至枯霜期来临才停止生长。棉花中熟品种在正常的栽培条件下,4 月中下旬播种,一般于 6 月上中旬、主茎展

叶数达 6～8 片时现蕾,10～12 片叶开花,25 片叶左右开始吐絮。

棉花的花为单生花,单个花器官发育时间长。棉花的花芽从分化至形成吐絮棉铃需 100 d 左右,植株上各棉铃发育成熟时间不一,从第一个棉铃吐絮,到霜前花终止期,至少相差 30 d 以上,长江以南棉区相差长达 100 d 以上,因而在棉铃发育过程中遭遇不良外界环境条件影响的机会多,增加了夺取高产的困难。

生产实践表明,采取多种促进与调控措施,协调好棉花营养生长与生殖生长的矛盾,既可保证有良好的营养生长,打好高产的营养架子,又能确保有优良的生殖生长,实现多现蕾、多开花、多结铃,是获得棉花高产优质的可靠途径。棉花营养生长与生殖生长时间重叠、并进的习性,一方面使棉花高产优质栽培比其他作物难度大,措施复杂;另一方面,两类生长的重叠并进,使产量形成过程延长,从而使不良外界条件对棉花产量形成集中影响的程度减小,增强了棉花的稳产性和灾后补救的生育空间和时间。

第二节　棉花喜温特性

棉花是喜温作物,其生长发育是在一定的温度条件下完成的。由于棉花各生长发育阶段的生长中心不同、历经的时间长短不一,因而各不同生育时期要求的最低温度、最高温度和适宜温度,以及活动积温完全不同。在棉花种子萌发到棉株开花结铃、吐絮和新种子成熟的整个生育过程中,都需要较高的温度,保持了起源地原始祖先在系统发育过程中形成的喜温特性。

一、种子萌发、出苗与温度的关系

(一) 种子萌发对温度的要求

棉花种子萌发时,体内各种储藏物质在酶的作用下分解、转化为供种胚生长的物质。这些过程都需要在一定的热量条件下才能进行。国内外试验研究证明,棉花种子萌发的最低温度为 10.5～12 ℃,最高温度为 40～45 ℃,最适温度为 28～30 ℃,所需的活动积温为 150～250 ℃。棉籽在最高、最低温度范围内,温度越高,萌发越快。Arndt 研究表明,棉籽萌发的最适温度为 33～36 ℃,最低温度不低于 18 ℃。岱字棉 15 号在 12 ℃时,开始萌发需要 12 d, 13 ℃时需要 7 d, 16 ℃时需要 5 d, 22～30 ℃时只需 2 d。Lauterbach 等认为,在种子萌发的最初几天内,经历数小时低于 15 ℃的温度就可能对幼苗产生冷害。不同棉种或品种之间萌发要求的温度条件不同,亚洲棉发芽的最低临界温度为 10.5 ℃,海岛棉为 11 ℃,陆地棉为 12 ℃,陆地棉中少数抗寒品种只需 11 ℃即可萌发。许红霞等研究表明,30 ℃、25 ℃恒温和 20～30 ℃变温均为棉花种子发芽的适宜温度,18 ℃低温条件下种子活力明显降低。

(二) 出苗对温度的要求

棉花种子出苗对温度的要求比发芽要高。播种后,温度在 12 ℃以上才能出苗,15 ℃时出苗约需 15 d, 20 ℃时需 7～10 d, 30 ℃时出苗仅需 3～5 d。胚根维管束开始分化需要的温度为 12～14 ℃,下胚轴伸长并形成维管束需要在 16 ℃以上,从胚根长 0.3 cm 开始,在

15.6 ℃下经历 20 d,下胚轴才伸长到 2.5 cm。在 16～32 ℃的范围内,下胚轴和胚根的生长随温度升高而加快。棉花种子萌发与出苗除了需要一定的临界温度外,还需要一定的积温。从播种至出苗,需要 12 ℃以上的有效积温 50～70 ℃,活动积温为 150～250 ℃。

二、根系生长与温度的关系

棉花根系生长的适宜温度一般为 30～33 ℃,但 McMichael 和 Burke 认为 35 ℃是根系生长最适的温度,并观察到棉籽出苗后,随着种子内储存的养分消耗殆尽和光合生产开始,根系生长的最适温度从 35 ℃下降为 30 ℃。据中国农业科学院棉花研究所报道,棉花幼苗期,根层地温在 14.5 ℃以下,根系生长停止;当低温 17 ℃时,根系生长缓慢;24 ℃以上根系生长迅速,27 ℃最适于根系生长,33 ℃则对根系和下胚轴产生危害。在出苗最初的半个月内,温度主要影响根系的长度和侧根数的多少。在正常播种季节,温度对根系的不利影响主要是苗期的低温,特别是幼苗期间低温的影响。

温度不仅影响根系的增生,还影响根系的功能。Bolger 等认为,根系渗透系数与根际温度的变化有关。当根际温度从 30 ℃下降到 18 ℃时,棉花根系的渗透系数大幅度下降。18 ℃、7 ℃时的渗透系数仅为 30 ℃的 43%和 18%。

三、茎、叶生长与温度的关系

Chu 等研究认为,棉花下胚轴的顶土能力与地温成二次曲线相关,温度为 28.5 ℃时,顶土能力最强;22 ℃以下和 37 ℃以上显著降低。Reddy 等研究表明,比马棉 S-6,当气温为 21 ℃时,形成一个主茎节大约需要 8 d;昼/夜温度为 33 ℃/22 ℃时,为主茎生长最适宜的温度,每产生一个主茎节只需 3.5 d。棉株主茎第 6 片叶前,根系生长占优,随后地上部分生长加快,在 33 ℃/22 ℃温度条件下,主茎每长出一片叶只需 2～3 d。在生产中,播种出苗后,因温度低,第 1 片真叶形成需要 10～15 d,此后,随着温度的升高,出叶速度加快,当日平均温度达到 25 ℃以上时,主茎出叶速度缩短为 2～4 d。

四、花器官发育与温度的关系

(一) 现蕾与温度的关系

研究表明,岱字棉 15 号出苗至现蕾期间的日平均温度为 18.5 ℃,积温 771.3 ℃,现蕾需要 41.5 d;温度上升到 20.1 ℃,积温 827.5 ℃,现蕾时间缩短 3 d。郑学年等研究认为,温度对现蕾的影响以夜间温度最为明显,夜间最低温度与主茎第一现蕾节位呈显著的负相关,夜间最低温度在 15～19 ℃的范围内,温度越高,现蕾节位越低,相关系数 $r=-0.9843^{**}$。棉花现蕾的最适温度白天在 25～30 ℃,夜间在 19～21 ℃。J. R. Mauney 等研究,在昼温 28～32 ℃、夜温 20～22 ℃下,第 1 果枝节位最低,为主茎的 7.2～7.6 节;在昼温 32 ℃、夜温28 ℃下,第 1 果枝节位最高,为 11.7 节。江苏常熟以 15 ℃、20 ℃、25 ℃、30 ℃处理苗床棉苗,结果表明从播种至现蕾的天数随处理温度的升高而缩短,同时棉苗素质也随温度升高而增强(表 9-1)。

表 9-1 苗床不同温度对棉苗生长与现蕾的影响

(江苏常熟,1979)

处理	出第1片真叶天数(d)	移栽时棉苗素质					播种至现蕾的天数(d)
		株高(cm)	叶数(片)	红茎比(%)	茎粗(cm)	叶宽(cm)	
30 ℃	10.5	11.58	4.30	48.0	1.00	4.77	55.0
25 ℃	10.5	9.11	3.28	62.5	0.87	4.38	63.5
20 ℃	13.0	7.67	2.94	77.5	0.82	3.45	67.5
15 ℃	15.0	7.28	2.85	91.0	0.78	3.43	70.5

棉花不同品种类型,从出苗至现蕾所需的有效积温和活动积温不同。原西北农学院在正常播种条件下,早熟品种黑山棉需要≥19 ℃的有效积温为 74.0～139.3 ℃,活动积温为 696.0～873.6 ℃;而中熟品种徐州 142 有效积温为 124.7～186.6 ℃,活动积温为 856.8～1 074.0 ℃。黑山棉比徐州 142 有效积温少 50 ℃,活动积温少 177～200 ℃。因而早熟品种发育快,能早发早熟,从出苗至现蕾的天数黑山棉比徐州 142 提前 6～11 d。

棉蕾生长发育需要一定的热量条件,现蕾的临界温度为 19 ℃,在 19～35 ℃的范围内,随温度上升,现蕾速度加快,蕾期至开花的日期缩短。陈奇恩等研究表明,地膜棉从出苗到现蕾,地积温比露地栽培增加 108 ℃,现蕾时间为 43 d,比露地棉提前 4 d。苗期覆膜增温,能促进早现蕾,使有效蕾期延长。陈金湘比较了露地直播棉、地膜棉和育苗移栽棉的生长发育进程,从出苗到现蕾,移栽棉和地膜棉分别比露地直播棉增加活动积温 153 ℃和 164 ℃,现蕾期分别提早 8 d 和 7 d。温度适宜时现蕾快,在日平均温度 27 ℃时,从现蕾到开花需 24～27 d;日平均温度为 28～29 ℃时需 22～24 d;温度在 30 ℃以上仅需 19～21 d。

(二) 开花与温度的关系

棉花开花要求的最低温度为 23 ℃,适宜温度为 25～30 ℃,过高、过低的温度都不利于开花。低于 23 ℃可能引起雌蕊异常,以致不能受精;而日平均温度高于 30 ℃,特别是夜间温度高于 30 ℃,大多数陆地棉品种雄蕊发育不正常。如湖南农业大学培育的特棉 S-1,当夜间温度超过 27 ℃,即可阻止花粉母细胞的正常分裂,或阻碍花粉的形成和发育,引起雄性败育。V. G. Kakani 等研究表明,13 个品种花粉发芽率的最低、最适、最高三基点温度分别为 15.0 ℃、31.6 ℃和 43.3 ℃,而花粉管伸长的三基点温度分别为 11.9 ℃、28.6 ℃和 42.9 ℃,其中岱字棉 458B/RR (DP458B/RR)、爱字棉 1517-99 (Acala1517-99)和比马棉 S6 (PimaS6)较耐高温。美国抗虫棉新棉 35B 在湖南、江西和安徽南部种植,在夏季高温条件下,开放的花朵内很少或者无花粉粒。郑冬官等研究表明,温度与花粉萌发率呈显著负相关,其相关系数 $r=-0.892\,3^{**}$。2003 年,我国棉区不少棉花品种受长期高温的影响,导致棉株中下部座果点所开的花无花粉或花粉发育不良,引起棉铃大量脱落。刘金兰等研究表明,在湖北武汉的气候条件下,洞 A 不育系的保持系 MB 雄性可育性基本丧失,表现近似 MA 不育系。MB 的花粉母细胞减数分裂和小孢子发育的单核期,如日平均气温为 24～27 ℃,相对湿度在 80%以上时对发育有利,可产生较多的可育小孢子,如温度超过 27 ℃,相对湿度在 80%以下时,则产生大量的不育小孢子。

(三) 棉铃发育与温度的关系

棉铃发育的适宜气温为 25～30 ℃。气温过高，妨碍棉株正常的光合作用；超过 33 ℃，影响受精作用，铃重下降。气温过低，棉铃代谢作用受到限制，叶片光合产物不能顺利地运送到棉铃，棉铃不能正常发育。江苏省气象台分析了江苏省 1972～1979 年的气象资料，分析了铃重的热量条件，资料表明，随着有效积温的增加，平均铃重增加(表 9－2)。

表 9－2　棉花铃重的热量指标

(江苏省气象台，1979)

平均铃重(g)	≥10 ℃有效积温	平均铃重(g)	≥10 ℃有效积温
≥5.0	≥850	≥3.5	≥650
≥4.5	≥800	<3.0	<550
≥4.0	≥700		

据刘伟中等报道，铃期>16 ℃有效积温在 450 ℃以内，铃重随积温的增加而增大；但超过了 450 ℃，铃重又有所下降，说明温度过高或过低均不利于棉铃的发育。不同年份棉花铃重均随温度变化而变化，且变化趋势基本一致，说明温度是影响铃重的主导因素之一(表 9－3)。

表 9－3　铃期>16 ℃的有效积温与铃重的关系

(刘伟中等，1982)　　　　(单位：g)

>16 ℃的有效积温	1978 年	1979 年	1980 年	1981 年	4 年平均铃重
≥451	5.4	3.4	4.9	3.7	4.2
351～450	4.7	4.0	5.1	3.8	4.5
251～350	4.2	3.7	4.7	4.0	4.2
151～250	2.8	3.1	4.4	3.7	3.6
100～150	2.1	2.9	2.3	1.7	2.3
<100	1.1	1.7	1.3	1.3	1.4

过兴先等对新疆石河子、库车、吐鲁番等地 6 月至 10 月棉铃发育与温度的关系进行了研究，认为棉铃正常发育要求 20 ℃以上的温度，其适宜温度为 25～32 ℃。新疆棉区 9 月降温快，主要是夜温下降快，因而夜温成为影响新疆棉花后期铃重的限制因子。

汪若海等研究认为，安阳棉花有效开花的终止期为 8 月 20 日，棉铃正常吐絮的积温值为≥15 ℃活动积温 1 300～1 500 ℃，1 100 ℃为吐絮的积温最低临界指标。铃期平均温度与铃期长短呈高度负相关($r=-0.9087^{**}$)，8 月中旬前开花的棉铃，铃期平均温度每降低 1 ℃，铃期平均延长 1.5 d；8 月中旬后开花的棉铃，每降低 1 ℃，铃期约延长 3 d。刘新民等研究了棉花秋桃发育与温度的关系，发现秋天低温，使棉铃体积和铃壳重的日增长高峰及达到最大值所需天数，分别延长到开花后的第 24 d 和 38 d 左右，比伏桃长 10～15 d。温度低于 18 ℃，棉铃体积、铃壳重增长停止。张建华等研究了温度对棉花产量结构及发育速度的影响，结果表明棉花单株铃数与播种至开花、开花至吐絮、播种至吐絮期间的平均气温有良好的线性关系，其中以开花至吐絮阶段平均气温的相关系数最高。棉铃发育，与开花至吐絮阶段≥10 ℃的积温有密切关系，单铃重随积温的增加而增加。

五、温度与纤维生长的关系

棉纤维的发育需要较高的温度，在20～30 ℃的范围内，温度愈高，纤维的胞壁加厚愈快。纤维细胞延伸和次生壁加厚的最低温度为15 ℃。张淑玲等对不同花期棉铃纤维分析测定表明，8月中旬前，温度在20 ℃以上结铃，纤维壁厚度为5～6 μm，中腔宽约9 μm，强度为3.6～4.7 g，断裂长度19 000～23 000 m，细度5 000～5 300 m/g；8月中旬后，温度在20 ℃以下结铃，纤维壁厚度、中腔宽、强度，断裂长度均差，细度只有1 200～1 250 m/g；9月1日开花结的棉铃，纤维壁厚度为0.65 μm。后期棉铃的纤维成熟度低、强度差，主要是低温影响纤维素在次生壁上的淀积。昼夜温度变化会影响棉纤维的日轮结构。夜温过低影响纤维细胞伸长，更影响纤维细胞次生壁加厚，从而降低纤维素的沉积量和结晶度。有研究证明新疆棉区有些在后期夜温偏低条件下未发育成熟的棉铃，即使在霜后，也能在日照强烈和空气干燥的条件下开裂，看似吐絮正常，其实棉纤维内含糖量较高而合成纤维素减少，导致纤维成熟度差，强度大幅度减低。单世华等研究了温度对棉纤维超分子结构的影响，认为同一部位相同铃龄螺旋角 ϕ 值随温度降低呈升高趋势，是后期棉纤维强度逐渐降低的原因之一。

董合忠等研究了温度胁迫对棉花纤维细胞分化的影响，结果表明田间温度胁迫对纤维分化的影响因不同时间开放的花，纤维分化所处的温度条件不同，F/E值(种子表皮纤维细胞数F占表皮细胞数E的%)差异较大，以8月10日开的花(开花前3 d平均气温30.5 ℃)F/E值最高，30 ℃左右可能是纤维分化的适宜温度(表9-4)。

表9-4　田间温度对棉纤维发生的影响(纤维细胞数占表皮细胞数的百分比)

(董合忠等，1997)　　(单位：%)

开花时间(月/日)	7/10	7/20	8/10	9/10	10/1	10/15
温度(℃)	22.0	26.5	30.5	26.6	18.0	15.0
开花当天	16.5	25.1	28.0	20.5	6.5	3.5
花后24 h	18.5	28.5	32.0	21.5	10.5	8.5
花后48 h	28.5	29.5	32.0	29.5	16.5	8.5
衣分	38.8	38.5	34.5	32.5	11.5	—

韩慧君研究认为，棉花纤维强度随日平均气温和最低气温的上升而增强。6～9月平均气温与棉纤维强度呈正相关，当影响效应最大时(8月)，平均气温上升1 ℃纤维强度可增加0.099 g。

张丽娟等就低温对棉花纤维品质影响模型进行了研究，获得了日最低温度和夜均温度对纤维长度影响的修正模型(图9-1、图9-2)。模型表明日最低温度对纤维长度的影响为抛物线函数，日最低温度过低或过高对纤维长度均不利。夜温对纤维长度的影响趋势与最低温的影响趋势一致，夜温过低或过高对纤维长度均有不利影响。

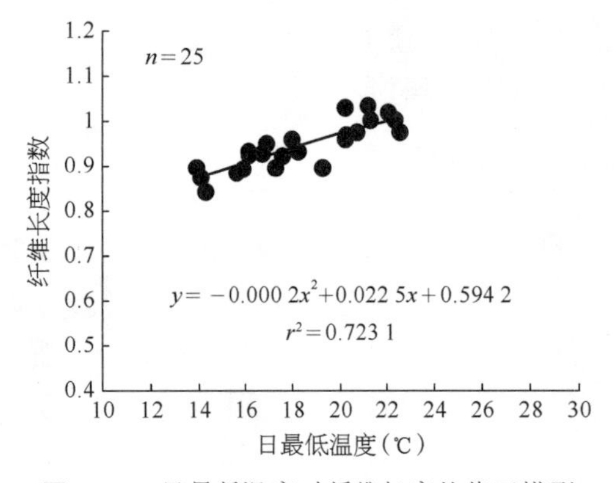

图 9-1 日最低温度对纤维长度的修正模型
(张丽娟等,2006)

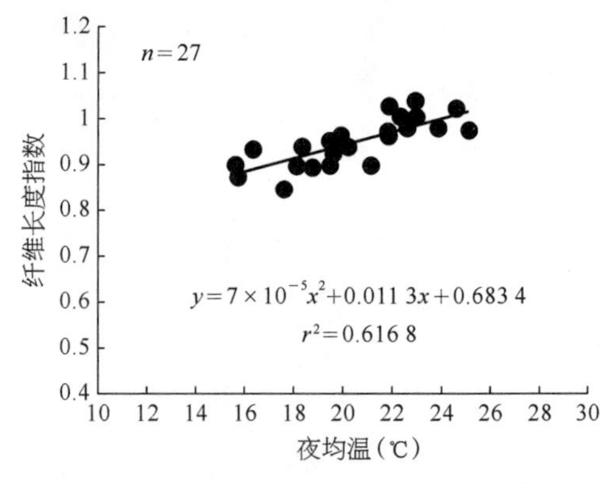

图 9-2 夜均温度对纤维长度的修正模型
(张丽娟等,2006)

周桂生等建立了温光条件对科棉 1 号纤维品质的影响模型,温度因子与纤维长度、比强度和马克隆值的相关系数均达到显著水平,气温日较差对伏前桃、伏桃和晚秋桃的纤维长度具有促进作用,伏前桃和早秋桃主要受最高温度的影响,较高的最高温度有利于比强度的提高,最低温度降低、日均温升高具有降低马克隆值的效应,其作用大小因棉铃着生部位而异。周治国等研究认为,温度对两熟短季棉棉株上部(7～9 果枝)、顶部(10 以上果枝)铃棉纤维强度有重要作用,均为正效应。

六、棉株的生理代谢与温度的关系

(一) 光合作用与温度的关系

温度是棉花光合作用最重要的影响因子之一。Burke 等认为,棉花生长的适宜温度范围在 20～30 ℃,而棉花光合作用最适宜的温度为 28 ℃。低于最适温度时,CO_2 同化过程中各类酶的活性受温度限制,因而光合作用速度也受到限制。而较高的温度在提高棉株光合作用的同时,也促进光合产物的氧化分解,促进光呼吸对光合产物的消耗,最终导致光合效率的下降。Arevalo 等研究认为,提高夜晚温度,棉花夜间呼吸速率显著增强,光合效率显著下降。

(二) 酶的功能与温度的关系

酶影响棉株生长所有的生理过程,而酶的活性很大程度上取决于温度的高低,酶的温度效应参数通常用来阐述植物生长发育的最适温度。用 Km 描述酶活性的参数,即 Michaelis-Menton 常数。Km 等于酶最大活性 50%时的底物浓度,Km 值增大表明酶的催化效应减小。利用 Km 值确定酶的趋温范围(thermal kinetic window, TKW)。Burke 等分析了陆地棉乙醛酸还原酶 Km 值的温度效应,认为酶最佳功能的 TKW 值在 23.5～32 ℃之间。TKW 的取值为酶反应最小 Km 值 200%的区域内,在这一区域内存在酶效应最适的温度。当温度超出最适温度时,Km 值急剧增加,酶催化活性下降。Burke 等估计棉花大约 30%的生育季节处于酶效应最适温度取值范围内。棉花生长温度在酶效应最适温度取值范围内的时间长短与棉花的生物产量呈正相关。TKW 与光合系统Ⅱ的光合速率呈正相关。

Androniki 等研究表明,过高温度导致叶绿体荧光反应下降,叶绿体膜结构损坏,透性显著增加,可溶性蛋白含量降低;当温度达到 40 ℃,过氧化物氧化酶(CAT)显著减少,棉花光合作用急剧下降(表 9－5)。Speed 等认为,当温度为 27 ℃时,净光合生产率开始下降。

表 9－5　不同温度处理棉叶主要光合生理指标的差异
(Androniki 等,2004)

温度处理	叶绿体荧光反应	膜透性($\mu A/cm^2$)	可溶性蛋白($\mu g/mL$)	CAT(mM/g)
30 ℃(对照)	0.76a	21.4b	1 301.2a	1 702.4a
35 ℃	0.778a	28.8a	1 038.6b	1 761.2a
为对照的百分率(%)	102.4	134.5	100	103.5
30 ℃(对照)	0.771a	34.7b	1 011.5a	1 274.1a
40 ℃	0.393b	101.1a	763a	255.3b
为对照的百分率(%)	50.96	291.6	75.4	20.03

[注] 同列不同小写字母表示差异达 0.05 显著水平。

李锐等在光照培养箱中控制日平均温度为 28 ℃(昼 30～32 ℃、夜 26～28 ℃)、23.2 ℃(昼 28～30 ℃、夜 17～19 ℃)、18.4 ℃(昼 25～26 ℃、夜 13～15 ℃)的不同条件栽培棉苗。待棉苗长出子叶后,在昼夜温度为(15±1) ℃/(8±1) ℃、(15±1) ℃/(4±1) ℃、(15±1) ℃/(2±1) ℃的不同条件下进行低温处理,光暗周期为 12 h/12 h。取处理 5 d 的幼苗测定 SOD 和 CAT 活性。试验结果表明,不同温度下培育的棉花幼苗体内 SOD 和 CAT 保护酶活性不同,低温培育的幼苗保护酶活性均高于高温培育的幼苗,增强了棉花幼苗对活性氧的清除能力。棉苗在低温胁迫过程中,加强了对活性氧的清除,以使其尽快恢复到平衡状态,降低对植物体的伤害。通过对抗冷性强的新 S29 和抗冷性一般的晋 6 两个品种研究表明:①育苗温度对棉花幼苗的抗冷性有显著的影响,其中,育苗期日平均温度为 18.4 ℃更有利于提高幼苗的抗冷性。②低温培育的幼苗在 18 ℃/4 ℃下冷胁迫 3 d,其抗冷性最高。试验证明幼苗阶段适当的低温处理或炼苗,可提高幼苗的抗冷性。

第三节　棉花好光特性

棉花是喜光植物,光照是决定棉花生长发育的基本因素。光照不足,必然会限制光合作用;但光照过强,又会引起光抑制,甚至破坏光合系统;光照还能通过影响温度而间接影响棉花生长发育。同时,光质和日照长度对棉花生长发育也有重要影响。

一、棉花的光合作用

棉株茎、叶、蕾、铃等器官均含有叶绿素,皆可进行光合作用。棉花播种后,子叶出土,在阳光的照射下,由黄色转黄绿色再转变为绿色即可进行光合作用。棉花通过光合作用将太阳光能转换为可用于生长发育过程所需的化学能并合成有机物质,最终形成生物产量。光合作用的过程可用以下方程式表示:

$$CO_2 + H_2O + \text{光能} \longrightarrow (CH_2O) + O_2$$

光合作用通常可以根据其需光与否而分为光反应和暗反应,更确切一些讲,可将光合作用分为类囊体反应(thylakoid reactions)和碳固定反应(carbon fixation reactions)。在光反应过程中,植物吸收光能形成同化力,即 NADPH 和 ATP,由于这些反应都是在叶绿体中的类囊体上进行的,因此也可以称之为类囊体反应。在暗反应过程中,植物利用光反应中生成的同化力固定二氧化碳,形成有机物,其主要形式是糖。植物光合作用的过程可分为:①叶绿素吸收光能与转化;②水的光解;③光合磷酸化;④同化能力的形成;⑤CO_2 的固定。光合作用过程是一个复杂的生命反应系统,其中任何一个过程受到影响,均会直接影响最后的光合产物的形成。

棉花是好光的阳生植物,光能是光合作用的原动力,在正常生长季节,充足的阳光是棉花高产优质的基础。棉花第三片真叶展平前,主要靠子叶进行光合作用形成光合产物,供幼苗生长。随后的真叶成为棉株光合作用最主要的器官,真叶光合作用产生的有机物质占全株干物质重的 95%以上,子叶、茎、枝、蕾等其他绿色器官产生的干物质不到 5%。

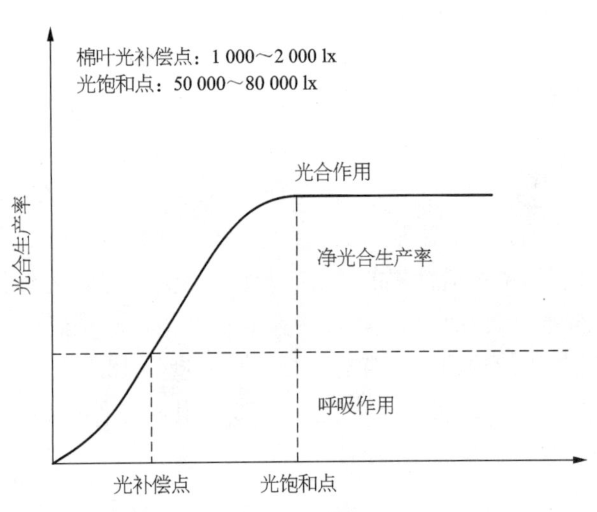

图 9－3　棉花光合作用的光补偿点和光饱和点

棉花光合作用受光照强度的影响,在一定的范围内,光合速率与光照强度呈正相关;但达到一定强度后继续增加光强,则会产生光氧化作用,使与光反应相关的酶活性降低,光合效率不再增加,并开始下降,这时的光照强度为光饱和点。棉花在进行光合作用的同时也在进行呼吸作用,当呼吸作用消耗的光合产物与光合作用产生的光合产物相等时的光照强度,即为光的补偿点(图 9－3)。

棉花光补偿点和光饱和点较高,是水稻和小麦的 1.5～2 倍。光补偿点较高,表明棉花叶片在进行光合作用时,只有在光照强度较大的情况下才能积累光合产物,为生长发育提供有机养料。

而光饱和点较高则说明,当影响棉花光合作用和呼吸作用的其他生态因子都保持适宜时,随光照强度的增加,光合作用增强,直到 80 000 lx 才达到饱和点,这正充分说明棉花的好光特性。比较几种主要农作物的光补偿点和光饱和点可见,棉花的光补偿点和光饱和点均是最高的(表 9－6)。

表 9－6　几种主要农作物光补偿点和光饱和点

(陈金湘,2011)　　(单位:lx)

作物	光补偿点	光饱和点	作物	光补偿点	光饱和点
棉花	1 000～2 000	50 000～80 000	苎麻	800～1 000	45 000
水稻	600～1 000	40 000～50 000	烟草	500～1 000	28 000～40 000
玉米	300～1 800	25 000	大豆	500～4 000	30 000～60 000
小麦	500～1 000	24 000～30 000			

棉花是 C_3 作物，光合碳同化的卡尔文循环可简单地分为核酮糖-1，5-二磷酸（RuBP）的羧化、C_3 产物的还原和 RuBP 的再生三个阶段。第一阶段是进入叶绿体的 CO_2 与其受体 RuBP 结合后，经水解生成 3-磷酸甘油酸（3-PGA），CO_2 被固定，实现了无机物向有机物的转化；第二阶段为 C_3 产物的还原，在羧化反应中形成的 PGA 仅为有机酸，在叶绿体基质中，利用光合反应生成的 ATP 与 NADPH 将 3-PGA 进一步还原为磷酸丙糖。光合作用光反应中形成的同化力 ATP 与 NADPH 携带的能量转储于碳水化合物中；第三阶段是 RuBP 的再生，叶绿体中须保持 RuBP 不断再生、接受 CO_2，卡尔文循环才能得以继续运行。经羧化反应和还原后形成的甘油-3-磷酸经过 3C、4C、5C、6C、7C 糖的一系列反应转化，形成核酮糖-5-磷酸（Ru5P），最后由核酮糖-5-磷酸激酶（Ru5PK）催化，消耗 ATP，再形成 RuBP。在卡尔文循环中，除 Rubisco 外，还有 NADP-甘油醛-3-磷酸脱氢酶（GAPDH）、果糖-1，6-二磷酸酶（FBPase）、景天庚酮糖-1，7-二磷酸酶（SBPase）、核酮糖-5-磷酸激酶等的活性都受光的调节。

二、光照对棉花生长发育的影响

（一）日照长度对生长发育的影响

棉花起源于热带地区，属短日照植物。热带的很多野生棉种，移到温带气候下种植，由于夏季日照时数较长，棉株营养生长旺盛，长出许多营养枝，却很少甚至不长果枝。与此相反，温带棉花移到亚热带或热带种植，可以很好地开花结铃。长江流域的中熟陆地棉在新疆种植，营养生长旺盛，叶片肥大，营养枝增多，现蕾、开花延迟。

日照长短对棉花生长发育有重要的影响，特别是海岛棉和晚熟陆地棉品种对短日照要求比较严格，适当缩短日照长度，能显著降低第一果枝出现的节位。Waddle 等报道了陆地棉种系需要 9～10 h 短日照。陆地棉野生种系（races），4 月中旬播种，在江苏南京地区自然条件下不能现蕾，通过 9 h 短日照处理，即可现蕾、开花、结铃和吐絮。刘智民等的研究表明，海岛棉、海陆杂种和中晚熟陆地棉经短日照处理后，缩短了生育期，改变了株型，使株高降低、节间紧凑，单株结铃减少，铃重减轻，衣指、籽指、纤维长度也有所下降。

黄完基等将棉花柱头外露种质光照反应的差异分为三类：Ⅰ类，感光性强，现蕾促进率±20%以上，最高可达 57.1%，是要求短日照的类型；Ⅱ类，感光性中等，现蕾促进率在±20%至±10%之间；Ⅲ类，感光性弱，现蕾促进率为±10%以下。日照时数对不同种质棉株农艺性状的影响表现为：①感光性强种质的棉株，在短日照范围内随着光照长度的增加，植株高度也有增高的趋势，以自然光处理植株最高；感光性中等种质的棉株，短日处理 9 h，棉株高达最大值；感光性弱的种质，株高增长随着光照时间的增加而增加，以 9 h 光长处理植株最矮，16 h 光长处理植株最高。②长日照明显推迟了棉株第一果枝节位的出现。棉花柱头外露种质的第一果枝着生节位一般为 5～10 叶，感光性强的种质在长日处理下，第一果枝着生节位为 17～18.3 叶，较自然条件下高 10 叶左右。③长日照明显地促进叶枝的发生。长日照处理影响叶枝发生的部位，长日照处理使棉株第一果枝着生节位的提高，造成了第一果枝以下叶枝的大量发生，叶枝数达 4～13 个。

一般认为棉花对光照的感应时期在子叶至一叶期。汪宗立等曾报道,棉花以出苗后 10 d 进行短日照处理最好。沈端庄、钱思颖等研究认为以一叶龄时短光照处理最为适宜。黄完基等对棉花柱头外露系光敏种质不同叶龄棉株进行长日照处理,结果表明,棉株现蕾迟早与开始长日照处理的叶龄有着十分密切的关系。子叶期进行长日照处理,在处理期间一般不出现花蕾,棉株保持营养器官的生长。只有长日照处理停止后,棉株才会出现花蕾。在 1 片真叶后各叶龄期给予长日照处理,就不能控制花蕾的出现,而只能延缓花蕾的出现。表明要求短日照的光敏种质在幼苗期给予长日照处理,对现蕾期有限制或延缓的作用,且叶龄愈小控制或延缓作用愈强。子叶期进行长日照处理是控制棉株现蕾的有效时期。

(二) 光照强度对生长发育的影响

棉花为喜光作物,适宜在光照充足的条件下生长,光照不足会严重影响棉花的生长发育。据周治国等研究,遮光对棉苗茎叶结构及功能叶光合性能均有影响(表 9 - 7),使叶片变薄,栅栏细胞密度下降,叶绿体数目减少、形状变小,基粒数减少,功能叶叶绿素含量和光合速率降低、光化学效率提高,茎木质化程度降低,形成层和韧皮部不发达,髓径增大。苗期遮光对棉花一生的光合速率均有影响,至吐絮期主茎功能叶的光合速率与不遮光的对照仍有极显著差异,果枝功能叶的光合速率与对照有显著差异。苗期遮光对不同生育时期功能叶光合特性和光合产物代谢影响的结果表明:苗期遮光,到蕾期棉花的光合速率、可溶性糖含量和淀粉累积量低于其不遮光的对照;到花铃期遮光的处理棉花光合速率、可溶性糖含量和淀粉累积量与对照差异较小,到吐絮期遮光处理棉花的光合速率低于对照,可溶性糖含量和淀粉累积量高于对照。

表 9 - 7　遮光对棉花苗期功能叶解剖结构的影响

(周治国等,1998)

处　理	叶厚度(μm)	栅栏细胞			叶绿体数(个)
		长度(μm)	宽度(μm)	密度(个/mm)	
中棉所 19(CK)	327.00aA	114.33bB	13.92bA	33.95bcB	38.80bBC
春矮早(CK)	302.00bB	113.00bB	16.65abA	41.25aA	42.98aA
中 9418(CK)	294.50bcB	118.33abAB	17.24abA	34.91bB	39.25bB
平均	307.83	115.22	15.94	36.70	40.34
中棉所 19(遮光)	284.50 cBC	118.33abAB	19.69aA	32.48bcB	32.75dD
春矮早(CK)	299.50bB	113.67bB	19.69aA	31.68cB	34.39cdD
中 9418(CK)	269.50dC	124.33aA	18.87aA	32.95bcB	35.57cCD
平均	274.50	118.78	19.42	32.37	34.24

[注] CK 为不遮光处理;同列不同小写字母表示差异达 0.05 显著水平,同列不同大写字母表示差异达 0.01 极显著水平。

杨铁钢等研究表明,光照量对棉苗生长发育有明显的影响,不同处理间,棉苗株高和主茎叶片数有一定差异,表现为遮光程度重,生长量小;遮光程度轻,生长量大。在 20 d 遮光期处理中,叶片遮光 0%(对照)、30%、50%、70%,平均株高分别为 25.3 cm, 23.4 cm, 23.8 cm, 21.9 cm,平均主茎叶片数分别为 9.2, 8.9, 8.8, 8.8 片;在 30 d 遮光期处理中,株高分别为 23.0 cm, 23.7 cm, 22.8 cm 和 21.5 cm,主茎叶片数分别为 8.9, 9.1, 9.0, 8.5 片。苗期遮光对生育期影响表现为遮光越少，开花越早；遮光越多，开花越晚。在 20 d 遮光期处理中，遮光 70%的处理出苗至开花需要 68 d，遮光 50%的处理出苗至开花 62.3 d，遮光 30%出苗至开花 62 d，不遮光的出苗至开花仅 59 d；在 30 d 遮光期处理中，遮光 70%的处理出苗至开花需要 69.3 d，遮光 50%和 30%的出苗至开花分别为 64.3 d 和 61.3 d，而不遮光的出苗至开花只需 59.3 d。由此可以看出，不论遮光期是 30 d 还是 20 d，两极端处理出苗至开花所需天数差异均达 10 d。杨兴洪等研究表明，遮光条件下（遮光时光强相当于自然光强的 40%左右），棉花叶片光合速率明显降低，仅为自然光强下生长叶片的 30%～40%，叶片中 RuBP 羧化酶活性降低，而表观量子效率（AQY）较高。由弱光转到强光下，自然光强下生长叶片的 Pn、Gs、ΦPSⅡ及非光化学淬灭系数（NPQ）都能在较短的时间内达到最大值，而遮光叶片需要的时间较长。遮光叶片较低的光合速率以及过剩光能耗散是其转入自然强光后光抑制严重的主要原因。刘贤赵等研究认为不管是蕾期，还是花期和铃期，间歇性遮光均使上部叶片净光合速率降低，不同的是因生育阶段不同，净光合速率降低幅度有差别，但不十分明显。然而，不同遮光程度对净光合速率的影响却十分显著。遮光虽然使净光合速率降低了，但细胞间隙 CO_2 浓度并没有下降，反而是增加。这说明净光合速率的下降并非主要是由于气孔关闭导致细胞间隙 CO_2 供应不足所致，而可能是由于遮光使光合有效辐射减少，导致光合电子传递速率变慢的结果（表 9-8，图 9-4）。

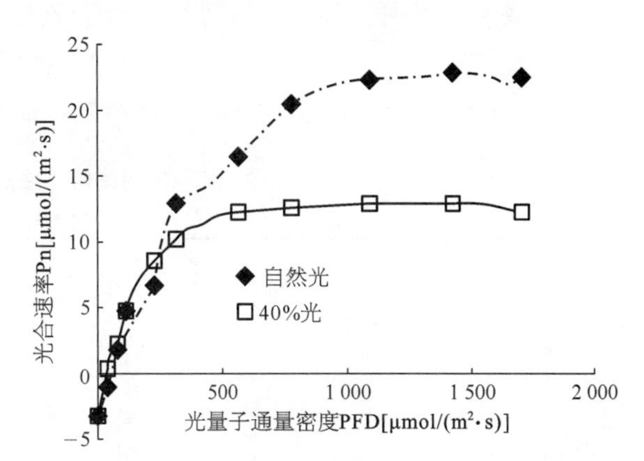

图 9-4　遮光和自然光照下生长的棉花叶片的光合-光强响应曲线

（引自刘贤赵等，2000）

表 9-8　遮光对棉花叶片净光合速率的影响

（刘贤赵等，2000）

生长阶段	遮光顺序	光合有效辐射[μmol/(m²·s)]			净光合速率[μmol/(m²·s)]			胞间 CO_2 浓度(μl/L)		
		处理Ⅱ	处理Ⅰ	CK	处理Ⅱ	处理Ⅰ	CK	处理Ⅱ	处理Ⅰ	CK
蕾期	1	983±39	1 054±42	1 038±41	13.58±0.67	13.00±0.65	13.60±0.68	303±12	294±11	301±12
	2	175±24	539±15	1 037±46	3.55±0.64	6.96±0.67	12.76±0.46	353±30	293±11	288±14
	3	937±28	1 020±62	1 016±60	12.58±0.63	11.53±1.56	12.94±0.52	291±5	292±21	285±11
花期	1	896±35	1 006±40	907±36	12.35±0.62	12.70±0.64	12.10±0.61	282±11	288±11	287±11
	2	278±11	549±21	975±15	3.80±1.87	6.50±0.95	12.97±0.15	338±11	332±13	282±9
	3	1 016±37	1 014±20	1 039±17	11.70±1.03	12.80±1.06	12.90±0.54	280±7	273±9	272±8
铃期	1	748±29	724±28	797±31	12.30±0.62	12.00±0.60	11.80±0.59	320±12	306±12	291±11
	2	260±20	488±36	888±29	4.63±1.46	6.83±1.02	12.10±0.10	360±14	353±6	291±9
	3	976±39	969±36	956±41	10.13±2.51	12.03±0.84	12.85±0.26	330±4	300±4	278±5

［注］表中遮光顺序 1，2，3 分别代表遮光前、遮光期间和遮光后；CK 为不遮光；处理Ⅰ为一层黑色遮阳网，遮光 40%；处理Ⅱ为二层黑色遮阳网，遮光 75%。

光照不足不仅降低光合速率,减少光合产物,同时也阻碍光合产物自叶片向外运输,还延迟花粉母细胞的发育,降低花粉发芽能力,妨碍受粉和受精作用,从而引起蕾铃脱落。据金成忠等研究,花铃期棉株顶部接受的光照愈弱,棉株的蕾铃脱落愈多。棉株顶部接受1/20左右自然光照强度的处理,蕾铃脱落率高达98.6%,几乎全部落光;棉株顶部接受1/8～1/10自然光照强度的处理,蕾铃脱落率达91.1%,而不遮光的对照为57.2%;无论是蕾或铃,光照强度愈弱,脱落愈多。不同品种对光强的反应有较大差异。据潘学标等研究结果,国内品种中棉所12号等在光照较弱时,净光合速率较美国PD种质系高,而后者在高温、强光时净光合速率较高。

Pettigrew等研究指出,光照增加未能明显提高纤维品质,然而,30%遮光处理降低纤维强度和马克隆值6%,提高冠层截光量或改善光能利用率的技术均能提高皮棉产量和纤维品质(表9-9)。棉纤维品质年度间、不同地点有很大差异,可能与不同环境间光合吸收有关。虽然其他一些环境因素对纤维品质影响曾有过报道,如温度、湿度对纤维长度和马克隆值的影响,但光照是决定光合产物有效供应给发育棉铃的主要因子(表9-9)。

表9-9　棉花不同光照处理部分产量、品质性状比较

(W. T. Pettigrew, 1991～1992)

处　理	产　量 (kg/hm²)	首次收花率 (%)	单位面积结铃数 (个/m²)	纤维强度 (cN/tex)	马克隆值
开放冠层	1 397	95.6	83	21.6	3.91
反射光	1 261	93.6	76	21.2	3.77
对照	1 190	92.7	72	21.2	3.73
遮光	957	84.0	57	20.0	3.52
LSD (0.05)	68	1.9	4	5	0.19

棉花光补偿点和光饱和点都比较高,花铃期群体条件下甚至无光饱和点出现。据中国科学院上海植物生理研究所测定,棉花光补偿点为46.5～93 μmol/(m^2·s)。董合忠等研究表明,棉叶光补偿点与叶龄有关,老叶(＞45 d)较低,为50 μmol/(m^2·s)左右;幼叶(＜15 d)较高,为150 μmol/(m^2·s)左右;功能叶(15～30 d)介于两者之间,为75 μmol/(m^2·s)左右。

关于棉花光饱和点,不同的研究者由于所用材料和试验条件的差异,所得结果并不一致。Backer指出,岱字棉中午光照增加到5 000 μmol/(m^2·s)时,仍然获得了最高光合作用强度的数值。董合忠等以转基因抗虫棉33B为材料,研究结果表明,3种叶龄叶片的Pn随光照强度的增加而升高,当光强达到2 100 μmol/(m^2·s)时,未见明显的光饱和现象。不过幼叶和老叶在1 700 μmol/(m^2·s)、功能叶在1 900 μmol/(m^2·s)时,Pn随光强增加而升高的数值已非常小。郭连旺等认为,叶片光合作用的饱和光强在1 000 μmol/(m^2·s)左右,夏季晴天中午强光[1 500 μmol/(m^2·s)以上]照射可能会引起光抑制,受强光照射约3 h后光合速率明显下降,光呼吸速率明显升高,升高30%左右。多数研究认为在自然光下未见光饱和与光抑制现象,而生长在弱光下的棉株突然暴露在强光下,则会发生严重的光合作用的光抑制现象。杨兴洪等研究表明,遮光棉花突然由遮光条件暴露在自然强光下时,叶绿素荧

光参数 F_v/F_m 和 ΦPSⅡ(光系统Ⅱ的实际光化学效率)急剧降低,且明显低于自然光照下生长的叶片,而 F_o 值却明显升高。这些参数即使在光照转换的次日清晨也不能完全恢复。F_v/F_m 和 Pn(净光合速率)在光照转换以后的 4 d 内持续降低,在第 6 天以后开始逐渐升高,在 10～12 d 达到稳定值,表现出遮光叶片对光强变化有一定的适应性,但 F_v/F_m 和 Pn 均未达到自然光照条件下生长的棉花叶片的相应值。最后的 Pn 较遮光下叶片增加 60%。光照转换以后叶片内叶黄素循环逐渐增强,在较短的时间内(3 d)即可达到较高的水平。遮光突然转到自然强光下,叶片 F_v/F_m 及 Pn 的降低与 PSⅡ反应中心的破坏有关,在对强光的适应过程中,依赖叶黄素循环的热耗散等保护机制增强。光保护机制的逐渐完善有助于减轻叶片由遮光转到强光下遭受的光破坏。

三、棉花的光能利用

棉花光能利用率,是指辐射到棉田的太阳能或光合有效辐射能被棉株转化为化学能的比率。从理论上讲,棉花和所有其他大田农作物一样,光能利用率可达到 10%左右,而生产实践中只有 0.5%～1.0%。

(一) 棉叶光合强度

棉叶是主要的光合器官,生长发育所需的有机养料和积累的干物质 90%～95%来源于叶片的光合作用。主茎第三片真叶展平之前,子叶是主要的光合作用器官,以后为真叶所取代。真叶的寿命一般为 75 d 左右,有效功能期自展平至其后的 6～8 周,通常 3 周左右是光合速率最高,叶龄 15～30 d 的净光合速率(Pn)最大,老叶和幼叶的 Pn 较小。

单叶光合速率日变化有单峰曲线或双峰曲线两种类型。棉花不同品种和不同生育时期光合速率“午休”程度有差异,且不同叶龄棉叶“午休”出现早晚和程度上有明显差异。老叶和幼叶午休出现早,持续时间长。一般晴天蕾期光合速率日变化呈双峰曲线,第一高峰值出现在 8:00～10:00,中午出现低谷,15:00～16:00 出现第二高峰。盛花期光合速率日变化在晴天呈单峰曲线,高峰值出现在上午 8:00～9:00,在晴间多云时呈多峰曲线。上午高峰值出现比较早的品种,午后第二高峰值也较高。新疆棉花功能叶片光合速率在一天中的变化呈双峰曲线,第一个峰在 12:00 左右,第二个峰在 18:00 左右。白天 Pn 变化呈单峰曲线,没有明显的“午休”现象。郭连旺等认为,光合速率“午休”现象产生的原因是由于夏季晴天中午光照较强[1 500 μmol/(m^2 · s)以上],超过棉叶光饱和点引起光抑制和光呼吸增加所至。从单叶光合速率日变化的单峰曲线或双峰曲线分析可知,棉叶的光合强度与太阳辐射角度和辐射量有密切的关系。

(二) 群体的光能利用

1. *群体内的光强分布*　群体光合速率虽然是构成光合作用体系的各个器官(主要是叶片)光合速率的总和,但并非所有单叶光合作用的简单累加,这是因为群体内部的光照条件受群体的繁茂程度和结构的制约,每片叶的光合速率也依此而变化。群体内光照状况与叶面积指数有密切的关系。棉花冠层光吸收能力很强,光合有效辐射(PAR)透过冠层后经土壤反射又被冠层吸收及透过冠层的 PAR 比率较小。棉花群体的光吸收对光合作用和生长起着关键作用,光吸收率的高低影响棉花的光合生产。棉株的株型结构、株行的不同配置方式、太阳高度角等都对消光系数及群体不同层次光截获量有重要影响。赵中华等对晋棉 10 号和运 570 的研究结果表明，当运 570 群体密度达 105 000 株/hm^2以上时，下层光截获量不足 1%，各层消光系数均接近或超过 1，此时，下层实际光强在自然光强达 5 000 μmol/(m^2 · s)时，都不足 50 μmol/(m^2 · s)，即在棉花光补偿点以下；而晋棉 10 号在密度达 150 000 株/hm^2时，下层光截获量仍在 1%以上(表 9－10)。

表 9－10　不同品种(系)在不同群体密度下的光分布

(赵中华，1997)

品　种		晋棉 10 号					运 556					运 557				
密度(万株/hm^2)		9.0	10.5	12.0	13.5	15.0	9.0	10.5	12.0	13.5	15.0	9.0	10.5	12.0	13.5	15.0
光截获量(%)	上	60.7	65.1	76.9	80.0	83.2	63.8	62.4	80.3	76.6	84.8	74.3	81.5	85.7	87.4	90.1
	中	34.6	31.2	20.3	18.8	14.8	32.4	34.0	16.7	19.7	12.7	22.8	16.3	12.3	10.7	8.6
	下	2.9	1.9	1.1	1.0	1.0	1.7	1.6	1.2	1.1	1.3	1.0	1.1	1.2	1.2	1.3
消光系数	上	0.94	0.94	1.10	1.03	1.11	1.07	0.88	0.96	1.01	1.12	1.06	1.05	1.21	1.19	1.28
	中	0.87	0.87	0.91	0.97	0.98	0.96	0.95	0.97	0.97	1.00	0.98	1.03	1.05	1.10	1.19
	下	0.82	0.83	0.84	0.87	0.88	0.84	0.84	0.86	0.88	0.90	0.91	0.99	0.98	1.00	1.00

[注] 表中的资料为棉花盛蕾期晴天 9:00～12:00 用 ZD－1 型照度计测得的结果。

潘学标等研究表明，棉田消光系数大小与群体生物量和叶面积指数无关，但与比叶重呈正相关，与茎枝比率呈负相关。即叶片厚则透过单叶的光减少，消光系数增大；群体茎枝比率大则相同叶面积的空间大，有利于透光。这一结论有助于指导调节群体，使得棉田利于辐射截获而又不致过于荫蔽。

2. *群体光能利用与适宜叶面积*　棉花产量是群体光合作用的结果，因而提高棉花产量和品质主要在于提高棉花群体的光能利用率。棉花群体光合速率在整个生育期的变化呈单峰型曲线，在盛花期以前稳定上升，至盛花期达最大值。群体呼吸速率随生育时期的变化呈现单峰曲线，在盛铃期达最大值，群体呼吸速率的最大值出现时期较群体光合速率晚 15～20 d。一天中，正午时的群体光合作用最大，且无"午休"现象。叶面积指数(LAI)是群体结构的重要指标之一。在适宜的叶面积指数范围内，随着叶面积的增长，光能利用效率增加。超过一定的叶面积指数范围，由于中、下部叶片互相遮光，光能利用效率不再增加，甚至反而下降。群体光合速率与叶面积指数的关系可用二次曲线 $y=a+b_1x+b_2x^2$ 来描述。光合速率最高值的 LAI，称为最适叶面积指数，高产棉花最适 LAI 为 4.0～4.5，其大小与品种、栽培条件等有很大的关系。

高产群体的 LAI 在整个生育期的发展动态呈单峰曲线。据纪从亮等研究，LAI 随生育进程逐渐增大，至结铃盛期(长江中下游为 8 月 15 日前后)达最大值，以后又逐渐下降。高产群体前中期 LAI 增长快而稳，开花期的 LAI 要求达到最大 LAI 的一半；后期衰减平缓，吐絮期(长江中下游为 9 月 25 日前后)至少应保持在最大 LAI 的 50%以上，这样才有利于提高盛花后的干物质积累量。陈德华等研究表明：7 月 31 日左右是棉花群体内光强的最低阶段。叶面积指数和基部相对光强呈极显著负相关 ($r=-0.9613^{**}$)，LAI 在 3.56～3.82，可使棉株基部光强在蕾铃脱落临界光强之上。开花后干物质日增长量与棉株叶片净同化率呈极显著正相关($r=0.9187^{**}$)。

(三) 棉花的光合生产潜力

棉花和其他作物一样通过光合合成的物质占到其总干重的90%～95%。要提高棉花单位面积产量,就必须提高光合作用的效率,特别是提高棉株接受光能的面积以及对光能的利用率。影响棉花光合生产潜力的因素有两类:一是棉花的遗传特性,表现为不同种和品种生产潜力不同。El-Sharkawy 等对 26 个棉种进行了测定,发现夏季棉花单叶光合速率变幅为24～51 mg CO_2/(dm^2 · h),AD 染色体组的陆地棉和海岛棉均为 45 mg CO_2/(dm^2 · h),比A 染色体组的草棉和亚洲棉高。潘学标等研究表明,陆地棉品种中美国 PD 系列品种(系)最大光合速率高于中国的中棉所 12 和鲁棉 1 号,单产较高的中棉所 12 的净光合速率高于鲁棉 1 号。二是同一品种所处环境条件不同,生产潜力不同。

以太阳辐射计算棉花的光合生产潜力包括以下因素:

(1) 不同棉区棉花生产季节内太阳总辐射量;

(2) 可用于棉花光合作用的光合有效辐射占总辐射比例,一般在 50%左右;

(3) 漏射于棉田土壤表面的可见光比例,一般按 5%～6%;

(4) 非光合器官接受可见光的比例一般按 8%～10%;

(5) 被光合器官反射掉的可见光比例,一般按 4%～10%;

(6) 光合作用所需的量子数及相应的量子效率,一般量子需要量 8～10 个,量子效率0.224;

(7) 呼吸消耗比例,不同品种不一样,一般为 25%～30%;

(8) 吸收的无机养分含量,一般为 8%左右;

(9) 形成 1 kg 干物质所需要的热量,一般为 1.78×10^7 J/kg。

根据我国农业气候区划中按照各地主要熟期,可用以下公式计算相应棉花生长期内的光合生产潜力(Y):

$$Y=f(Q)=\sum Q\cdot\varepsilon\cdot\alpha\cdot(1-\beta)\cdot(1-\gamma)\cdot\phi\cdot(1-\omega)\cdot(1-x)^{-1}\cdot H^{-1}$$

式中:$\sum Q$——单位时间单位面积上的总辐射;$\varepsilon=0.49$,为光合有效辐射比例;α——被叶面反射、漏射后被吸收的光合有效辐射比例,考虑到棉花生育期内叶面积变化所引起反射、透射的变化,以随叶面积增长的线性函数表示全生育期光的群体吸收率:$\alpha=0.83(L_i/L_0)$,L_0 为最大叶面积指数,L_i 为某时段的叶面积指数;$\beta=0.10$,为非光合器官吸收的比例;γ 为光饱和限制;$\phi=0.224$,量子效率;$\omega=0.30$,为呼吸消耗;$x=0.14$,为含水率;$H=17.8$ MJ/kg,为每生产 1 kg 干物质所需要的热量。

运用上式计算,我国大部分棉区棉花光合生产潜力为 30 000～50 000 kg/hm^2。

蒋桂英等应用 $P_t=0.00146\times Q$ 简化公式[式中:P_t——光合生产潜力(kg/hm^2),Q 为太阳总辐射(MJ/m^2),0.001 46 为由总辐射转换成光合潜力的系数],黄秉维计算了我国不同棉区光合生产潜力,其中新疆吐鲁番盆地棉花光合生产潜力超过了50 000 kg/hm^2,最低的为长江流域棉区的武汉地区,只有 36 529 kg/hm^2(表 9 - 11)。

表 9-11 不同棉区棉花的光合生产潜力
(蒋桂英,2006)

地区		海拔高度(m)	光合有效辐射总量(MJ/m^2)	无霜期(d)	光合生产潜力(kg/hm^2)	光温生产潜力(kg/hm^2)	光温水生产潜力(kg/hm^2)
西北内陆棉区	石河子	330～500	1 742	160～170	38 150	17 246	14 659
	喀什	800～1 200	2 089	190～200	45 749	24 441	20 775
	吐鲁番	200～300	2 319	210～230	50 786	30 610	26 018
黄河流域棉区	石家庄	80～100	2 030	210～220	44 457	26 187	23 830
	郑州	350～500	1 812	210～230	39 683	24 462	22 750
长江流域棉区	武汉	23.5	1 668	270～300	36 529	28 022	26 901

棉花的光合生产潜力远高于棉花的单产潜力,是因为棉花产量的形成除了受光合有效辐射的直接影响外,同时还受其他生态环境因子及土壤生产力的影响。周留根等根据光合生产力的综合影响因子,利用因子逐步衰减的方法建立了棉花单产潜力模型,即:

$$Y_G = Q \cdot f(Q) \cdot f(T) \cdot f(W) \cdot f(S) \cdot f(M)$$

式中:Y_G——单产潜力;Q——单位时间、单位面积上的太阳总辐射;$f(Q)$、$f(T)$、$f(W)$、$f(S)$、$f(M)$分别表示光合、温度、水分、土壤、社会有效系数。

通过模拟运行,按 700 kg/hm^2 的等差将江苏分为 7 级棉花单产潜力区,第 7 级为最高级,单产潜力超过 9 000 kg/hm^2;最低 1 级,单产潜力小于 5 500 kg/hm^2。马新明等在光合生产潜力计算时考虑到了棉花生长季内各月光合生产速率,研究结果表明,河南省棉花的光合生产潜力为 8 130～9 950 kg/hm^2,由北向南潜力逐步减小。江苏全省有 71.2%的县光合生产潜力为 8 650～9 950 kg/hm^2,其中有 56%的县为 8 950～9 950 kg/hm^2;另有 4.5%的县光合潜力大于 9 950 kg/hm^2,只有 17.2%的县小于 8 130 kg/hm^2。

目前,我国综合运用高产栽培技术籽棉单产已达到 7 500 kg/hm^2,但这一产量水平仅为棉花光合生产潜力的 1/5 左右,与 9 000 kg/hm^2 的单产潜力尚差 20%。可见,无论从光合生产潜力,还是单产潜力角度来看,提高棉花单产的潜力巨大。

第四节 棉花耐旱、耐盐碱、耐涝特性

一、耐 旱 性

棉花属于旱地木本植物,在长期的栽培驯化和系统选择过程中,某些种和品种形成了干旱适应机制。棉花的抗旱性是指在干旱条件下,棉株不但具有能够生存,而且还能维持正常的或接近正常的代谢水平,维持基本正常的生长发育进程的能力,能完成从种子到种子的生长发育周期。

(一) 不同品种的抗旱性

May 和 Milthorpe 将植物适应干旱的机制分为三类,即避旱性、御旱性和耐旱性。在栽培的棉花品种中,我国已培育出了早熟短季棉,能避开伏、秋干旱对棉花生产的影响。通过

育种选择,特别是近年来通过转基因技术,将抗旱基因导入栽培棉花品种中,育成了具有一定御旱性的品种。目前被称之为抗旱的品种大多属于耐旱类型。这类品种的共同特性是:具有发达的根系、且根系入土深,幼嫩茎叶常密被茸毛,叶片小,遇高温和水分供应不足时气孔自动关闭,以减少水分蒸发。郭纪坤等对 76 个品种进行了抗旱性比较,结果表明:1193B 和山东 8 短季为抗旱品种;9811-36、9810-3、21025-2、中棉所 45 和 21021-8 为干旱敏感品种。Basal 等研究了 M-9044-0031-R、M-9044-0045-NR、M-9044-0057-NR、M-8744-0175-R、TAM94-L25 和 LK42 等 6 个品种的抗旱特性,比较了苗期根系长度、侧根数、根系总干重、主根单位长度的重量和茎叶干重等性状,研究表明品种间各项性状指标差异显著。耐旱性强的品种 M-9044-0031-R,在缺水胁迫条件下,各项指标均显著大于其他品种,茎叶干重减少幅度最小,比正常灌水条件下减少 31.3%,而耐旱性弱的品种 M-9044-0045-NR,茎叶干重比正常灌水条件下减少 42.7%,侧根数比耐旱品种减少 52 条,根系总干重减少 312 mg,减少幅度达 137.4%,单位主根长度的重量减少 3.03 mg/cm,减少 71.6%,茎叶干重小 0.613 mg,减小 156.1%。张雪妍等研究了陆地棉、海岛棉和亚洲棉共 13 个品种幼苗的耐旱性,结果表明,珂字 310、中棉所 9 号、中棉所 12 和石系亚 1 号为抗旱品种,而中棉所 27 和新海 17 则为干旱敏感品种(表 9-12)。

表 9-12　棉花不同品种或品系抗旱性鉴定结果

(张雪妍等,2007)

品种名称	实验株(株)	成活株(株)	PEG 胁迫方法成活率(%)	PEG 胁迫方法测定的耐旱水平	反复干旱法*成活率(%)	反复干旱法鉴定的耐旱水平
晋棉 26	100	50	50.0	耐旱	50.0	耐旱
鲁棉 6 号	36	12	33.3	不耐旱	11.5	不耐旱
冀 713	90	57	63.3	耐旱	67.9	耐旱
珂字 310	96	71	74.0	抗旱	85.0	抗旱
珂字 348	160	60	37.5	不耐旱	39.4	不耐旱
中棉所 9	13	10	76.9	抗旱	92.9	高抗
中棉所 12	30	23	76.7	抗旱	76.6	抗旱
中棉所 27	57	2	3.5	敏感	0	敏感
新海 16	66	38	57.6	耐旱	68.9	耐旱
新海 17	40	3	7.5	敏感	5.8	敏感
新平土棉	51	16	31.4	不耐旱	23.2	不耐旱
凤阳中棉	100	46	46.0	不耐旱	48.0	不耐旱
石系亚 1 号	100	86	86.0	抗旱	80.5	抗旱

[注] * 干旱实验胁迫至土壤含水量 3%再复水的反复实验鉴定方法。

(二) 抗旱品种的形态学特点

通常抗旱性较强的棉花品种根系发达,入土较深,根冠比较大,能有效利用土壤水分,特别是土壤深层水分。刘全义认为抗旱棉花品种出苗快、子叶大,发育快、长势旺,茎秆粗壮、根系发达,叶片蜡质层厚、较小而直立,上下表皮气孔数之比较小,受旱时,不耐旱品种的花粉败育率较高,而耐旱品种则较低,抗旱性可能与品种的抗热性有一定的相关。李永山等研究认为,棉花耐旱型较非耐旱型品种根系发达,主根长,各级侧根数量多且长,总根系长度长,一级侧根数、侧根总长、根系总长度与耐旱性呈显著或极显著正相关;而棉花根系重量与生物学产量、籽棉产量、皮棉产量呈极显著正相关。叶片角质层的厚度反映棉花品种的抗旱能力，一般抗旱性强的棉花品种角质层比较发达，较厚的角质层能有效地减少棉株体内水分的蒸腾损失，抵御干旱的危害(表 9－13)。

表 9－13　不同棉花品种根系长度与耐旱性的关系

(李永山等，2000)

类　型	品　种	成苗率(%)	主根长(cm)	侧根数(条)	侧根总长(cm)	总根长(cm)
耐旱型	洞庭1号	96.1	26.5	53.0	361.0	387.5
	符华长绒	95.0	38.0	50.0	334.5	372.5
	瓦康钠	95.8	25.0	58.0	322.0	347.0
	珂字 100－43－3	96.6	35.0	70.0	333.5	368.5
	$\overline{x}$	95.9	31.4	57.8	337.8	368.9
不耐旱型	脱字棉	58.3	30.0	56.0	153.5	183.5
	浙棉小山花	46.0	28.0	28.0	82.5	110.5
	华北 6762－8	35.0	25.0	28.0	81.5	106.5
	$\overline{x}$	46.4	27.7	37.3	105.8	133.8

(三) 棉花抗旱的生理机制

1. 叶片具有较强的光合能力　在干旱胁迫下，由于水分亏缺，矿质营养不良，能量不足，造成生理过程受到干扰，细胞膜系统，特别是与光合作用相关的膜结构被破坏，可直接或间接地影响叶绿素含量，造成光合强度降低。抗旱的棉花品种在缺水干旱条件下与不抗旱品种相比有较强的光合能力。唐薇等研究表明，干旱引起初始荧光上升，最大荧光、PSⅡ原初光能转化效率(F_v/F_m)和 PSⅡ潜在活性(F_v/F_o)显著下降，PSⅡ实际光化学量子产量略有降低。章杰等研究了 60 个品种干旱胁迫响应，结果表明，在干旱条件下不同品种叶片光合能力存在显著差异，抗旱性较好的棉花品种，棉叶光合作用较强，如辽旱 1 号、墨西哥 910、塔什干 9 号、杭引 309、杭引 318 抗旱性较强，在干旱条件下光合能力明显强于其他品种。

2. 原生质有弹性和黏性　原生质的弹性和黏性取决于细胞内原生质中束缚水含量的高低。束缚水含量高，自由水含量低，原生质的弹性和黏性就大，其保水能力强，遇干旱失水时仍能保持一定的水分，使原生质不致变性凝结，能忍受较高的温度。同时在干旱期间原生质弹性大，抗机械损伤能力强。据 Perry 等报道：抗旱品种中午叶片水势由 －14 MPa 上升到 －1.9 MPa，至轻度水分亏缺时，棉叶总光合和净光合基本保持不变，只有当叶片水势进一步提高时，棉叶的总光合和净光合才开始下降。刘全义等研究了不同的品种对水分胁迫的生理反应，结果表明抗旱品种气孔阻力大，细胞膜透性小、自由水与束缚水比值低(表 9－14)。

表 9－14　抗旱性不同的品种对水分胁迫的生理反应

(刘全义等，2000)

生理指标	抗旱品种	不抗旱品种	生理指标	抗旱品种	不抗旱品种
叶水势	下降幅度小	下降幅度大	α－维生素 E	增加 2～3 倍	变化不大
气孔阻力	大	小	游离脯氨酸积累	多	少
蒸腾强度	低	高	叶片光合速率	下降幅度较小	下降幅度较大
SOD	升高	下降	自由水/束缚水	低	高
细胞膜透性	小	大			

3. 代谢酶活性受干旱缺水影响较小　抗旱性较强的棉花品种在干旱缺水条件下,代谢酶活性不受影响或仍能维持一定的代谢水平。于健等研究表明,较抗旱的与抗旱性较差的棉花材料相比 SOD、CAT 活性明显增加,而 MDA 含量则较低。唐薇等研究表明,干旱引起 POD 活性、MDA 和 Pro 含量显著提高。刘灵娣等研究表明,水分胁迫下各品种各部位果枝叶片 SOD、POD 酶活性、MDA 含量在棉铃发育的多数时期都明显升高。

二、耐　盐　性

棉花是一种非盐生植物,主要是通过耐盐来抗拒盐胁迫。但棉花能够像盐生植物一样,在外界盐胁迫下可吸收大量的盐离子,并把大部分盐离子积累到液泡中,提高液泡中溶液浓度,降低细胞水势,以适应外界盐胁迫造成的低水势,从而使植株可以在较高渗透条件下吸水,保持膨压,维持正常生长。在盐胁迫下,棉花除了吸收和积累无机盐离子进行渗透调节外,还通过体内合成一些小分子有机物质来提高细胞的渗透压,降低水势。这些小分子有机物质包括脯氨酸、葡萄糖和其他氨基酸等。棉花具有较强的耐盐性,被认为是开发利用盐碱地的先锋作物。了解棉花的耐盐性,对盐碱地棉花高产稳产栽培具有极为重要的意义。一般认为土壤含盐量在 0.2%以下有利于出苗、生长,提高产量和品质,而土壤盐分浓度大于 0.3%时,就会对棉花产生危害。在某些情况下盐分逆境使株高和生物量下降,但产量则不受影响。棉花属耐盐性强的作物,耐盐性强于向日葵、玉米、小麦和大豆。李文炳等比较研究了黄淮海平原 12 种作物的耐盐性,结果表明棉花苗期可耐 0.25%～0.35%土壤盐分浓度,生育盛期可耐 0.40%～0.50%土壤盐分浓度,按耐盐性强弱排序为:甜菜＞向日葵＞蓖麻＞高粱＞苜蓿＞棉花＞冬小麦＞玉米＞谷子＞绿豆＞大豆＞花生。张国明等报道,盐分对棉花、小麦、玉米 3 种作物种子根芽抑制指数差异显著,棉花在水分含盐 1～9 g/kg 范围内,根芽抑制指数变幅不大,承受能力最强,而玉米、小麦水分含盐 5 g/kg 处理为临界值,在水分含盐≥5 g/kg 时,根、芽生长明显受到抑制,认为海冰水作为农业灌溉水源时,棉花可以作为首选的耐盐作物。许多研究表明,棉花不同栽培种和品种之间、不同生育时期以及器官组织之间耐盐能力存在明显的差异。Stelter 等、Läuchli 和 Stelter 研究报道耐盐性品种 Tamcot SP 37,比盐敏感品种 Deltapine 16 的 K/Na 比低。沈法富等认为,棉花不同品种耐盐性有显著差异,存在加性和显性效应,以加性效应为主,呈不完全显性,受一对主效基因控制。李维江等研究表明,耐盐性因基因型而异,在供试材料中,棕色棉和绿色棉的耐盐性最强,转 *Bt* 基因抗虫棉 33B 和 S6177 的耐盐性最差。基因型间耐盐性差异与保护酶活性和盐离子在叶片中积累量的差异有关。

(一) 不同生育阶段的耐盐性

在不同的生长发育阶段,棉花的耐盐能力不同,以萌发到出苗最小。棉花种子萌发,棉苗出土后,随着根系的生长,根系分布范围扩大,接触面增大,主根向纵深发展,耐盐能力逐渐增强,到开花结铃期耐盐能力最强,这一时期当土壤盐分为 0.40%～0.65%时,虽然生长速度受到明显限制,但棉株尚能生长。李文炳等研究表明,幼苗期、现蕾期、结铃期和吐絮期的耐盐极限分别为 0.25%、0.33%、0.36%和 0.52%,表现出随生育期进展而逐渐增强。叶武威等认为,棉种萌发阶段几乎不吸盐;成株期吸盐,且吸盐量提高很多倍;棉花对盐分的吸收具有发育阶段性，同时也反映出耐盐的阶段性。棉花的耐盐机理与小麦、大麦等作物不同，具有特殊性。

（二）盐胁迫对棉花的影响

Jafri 和 Ahmad 报道，盐分逆境使叶片气孔密度减少，而气孔大小和叶肉表面积增大。通常情况下，盐胁迫抑制了根和地上部的生长，导致侧根长度和数量下降，叶面积减少，茎部纤细，地上部和地下部的重量下降。地上部比地下部对盐更敏感。高盐胁迫严重影响光合作用，阻碍氮肥和磷肥的吸收，随着盐浓度的增加，叶片的氮含量减少。盐浓度的增加引起花器数目的减少和落铃率增加，从而导致单株铃数的绝对减少。与单株铃数相比，单铃种子重受盐分的影响较小。适度的盐分作为营养成分，增加种子产量，而 Na^{+} 的大量摄入使种子重量骤减，高浓度的盐分导致叶片的早熟或早衰，绿叶数减少以及种子产量下降。盐对纤维的影响有许多不同的报道，Ye 等发现在 0.42% NaCl 含量下，陆地棉的纤维长度增加而纤维的弹性降低；但 Ashraf 等发现，皮棉产量、纤维整齐度随着盐分的增加而不断提高，但纤维长度、纤维成熟度和纤维强度在高盐浓度下降低了。盐胁迫对纤维性状的影响是多种多样的，这可能是由于不同基因型的棉纤维性状对盐胁迫的反应各不相同。Ashraf 等还发现 6 个不同基因型品系在盐胁迫下种子含油量明显下降，但耐盐品种的含油量高于不耐盐品种。而 Abdullah 等发现，种子含油量在低盐分海水灌溉下增加，在高盐浓度(1 600 mg/L)下降低。逐渐增加盐浓度促进含油量增加；突然提高盐浓度，则导致含油量下降。另有一些报道表明，单盐 NaCl 对地上部生长影响最大，在根部补充 Ca^{2+} 可以部分缓解单盐毒害，种子萌发过程中盐处理可缓解单盐对种子萌发的胁迫作用，显著提高发芽率；棉花产量在高温环境下受盐胁迫影响更大。

（三）耐盐机理

植物的耐盐机制一般可分为拒盐、盐分区域化、渗透调节和钙信使与植株的盐适应。植物通过根系对离子的选择吸收和排盐、木质部液流中的 Na^{+} 被重新吸收以及通过韧皮部向下运输等途径，拒绝盐分在植株内的积累；一些耐盐性较好的植物吸收的 Na^{+}、Cl^{-} 主要分布在细胞的液泡中作为渗透剂，以避免盐害；另外植物也可在盐分逆境胁迫刺激下，质膜 Ca^{2+} 通道被激活而开放，胞外钙通过钙通道进入细胞质，Ca^{2+} 与 CaM 和其他结合蛋白结合，调节细胞代谢和基因表达，促进植物适应盐分逆境，但细胞质长时间维持高浓度的 Ca^{2+}，将造成细胞的伤害。

1. 耐盐性膜脂调节与耐盐性　盐胁迫下植物细胞内 Na^{+} 过量积累，致使活性氧产生和清除系统的动态平衡被破坏，启动膜脂过氧化和脱脂作用，造成膜蛋白和膜脂损失，破坏膜结构，但同时，超氧化物歧化酶(SOD)、过氧化物酶(POD)和谷胱甘肽还原酶(GR)等抗氧化和活性氧清除酶类通过活性变化，在一定程度上维持膜结构和功能的稳定性。盐胁迫下，棉花耐盐品种叶片膜脂过氧化清除系统活性大幅度上升，POD 活性增加 38%～72%，过氧化氢酶(CAT)活性增加 21%～115%，SOD 活性变化不大，GR 活性增加 55%～101%，而不耐盐品种这些指标不变或下降。

辛承松等报道，当土壤含 NaCl 0.4%以下时，棉叶超氧化物歧化酶和过氧化物酶活性随含盐量增加而逐渐提高，当含 NaCl 0.4%以上时，SOD、POD 活性迅速下降；土壤中 NaCl

含量0.4%为这两种酶活性变化的转折点；土壤盐分胁迫对过氧化氢酶活性影响也较大；当土壤中 NaCl 含量0.3%以下时，CAT 活性随含盐量增加而提高；当 NaCl 含量0.3%以上时，CAT 活性迅速下降。李付广等报道，盐胁迫下耐盐品种子叶中的 SOD，POD 活性接近对照，不耐盐品种则持续下降。这些研究报道说明，相关酶活性的变化对于保持细胞质膜的相对稳定性具有重要作用。它们既是盐害程度的反映，又是耐盐性强弱的标志。Lin 等以耐盐性较弱的棉花品系为材料研究了盐胁迫下 ATP 酶活性变化，发现盐胁迫下细胞质膜 ATP 酶的活性显著提高，但液泡膜 ATP 酶活性没有变化，认为该品系耐盐性较弱的原因，在于细胞质膜运转蛋白自身尚不足以有效驱动细胞质内 Na^+ 向液泡的转移。

2. 耐细胞脱水与耐盐性　土壤盐分升高，对棉株造成渗透胁迫，容易引起细胞脱水，因此耐细胞脱水是棉花耐盐的重要机理之一。棉株一方面通过吸收大量无机盐，并把大部分盐离子积累到液泡中，降低细胞水势，以适应外界盐胁迫造成的低水势，而提高耐脱水性，但过多盐离子在液泡中积累会产生离子毒害，因此，这种耐胁迫的作用是有限的；另一方面，通过合成和积累一些小分子有机物质，如脯氨酸、葡萄糖和氨基酸等，以提高细胞的渗透压，降低水势，这是耐脱水的主要途径。在盐渍条件下，植物细胞大量积累脯氨酸，其中 ABA 起着重要作用。赵可夫等报道，棉花在 NaCl 胁迫下，根、叶等组织中 ABA 浓度大大提高。ABA 提高的同时，细胞中脯氨酸的含量也增加。脯氨酸对植物抗盐的作用一方面是渗透调节，延缓细胞质脱水，另一方面在于脯氨酸可以保护细胞中的生物大分子的结构，使之不被 NaCl 破坏，并能维持其完整的水合范围和状态。

3. 盐离子分布与耐盐性　耐盐性比较强的棉花品种在 NaCl 胁迫下，体内阳离子以 Na^+ 为主，90%的积累在地上部，而棉花根茎木质部汁液中 Na^+、Cl^- 浓度及叶片 Na^+ 含量随着外界 NaCl 浓度增大而迅速上升。孙小芳等报道，耐盐品种根系具有一定的截留 Na^+ 作用，在200 mmol/L NaCl 胁迫下，耐盐品种枝棉3号叶片中的 Na^+ 含量显著低于不耐盐品种泗棉2号，而茎及叶柄中的 Na^+ 含量显著高于泗棉2号；并认为 Na^+ 在茎和叶柄中滞留和积累，根中的 K^+ 向地上部选择性运输，以维持叶片中较高的 K/Na，是棉花耐盐性的一个重要特点。叶武威等研究认为，NaCl 胁迫下，耐盐性不同的棉花材料根、茎、叶内 Na^+ 积累量存在显著差异，不耐盐材料 Na^+ 在根中含量最高，耐盐材料 Na^+ 在根和叶中的含量都很高，强耐盐材料 Na^+ 在叶片中含量最高。不同耐盐性的材料从外界吸收的 Na^+ 总量就全株而言大致相同，只是在体内各器官的分布存在差异。但董合忠等报道，不同耐盐性棉花品种间叶片 Na^+ 含量和 K/Na 基本一致。李维江等研究表明，耐盐品种棕色棉和绿色棉在盐分胁迫下，根内 Na^+ 含量比不耐盐品种33B、S6177和鲁棉14高，而叶内 Na^+ 含量比不耐盐品种低10 mg/g 左右，表现出耐盐性盐离子的区域化分布。Leldi 报道，强耐盐性品种叶片中含有比弱耐盐品种更多的 Na^+，认为强耐盐性品种叶片内的 Na^+ 可能更多地积累到液泡中，一方面缓解了渗透胁迫，另一方面减轻了 Na^+ 对细胞质膜的危害。以上分析可见，棉株体内盐离子的区域化分布是棉花耐盐机理之一。

4. 耐盐性的分子机理　聂新辉等采用 mRNA 差异显示(DDRT2PCR)技术，对抗旱、耐盐棉花品种(品系)分别进行25% PEG6000(聚乙二醇高分子渗透剂)和1.3% NaCl 胁迫诱导，利用优化的蛋白酶 K 法分别提取胁迫与非胁迫棉花叶片中的总 RNA，以此为模板最终选择出41条表达稳定的差异条带，这些差异带可能与棉花的耐盐性有关。一般认为，盐胁迫下，位于质膜和液泡膜的ATP酶/H^+泵产生将Na^+运输到液泡中的Na^+/H^+逆向运转的质子驱动，通过Na^+/H^+逆向运转蛋白将细胞质中的Na^+泵入液泡中，一定程度上减轻了盐胁迫造成的危害。Wu等从棉花中分离出编码液泡型反向转运蛋白的基因，进一步构建表达载体，转化烟草，获得具有较高耐盐性的转基因烟草植株，为棉花抗盐品种的培育奠定了基础。

LEA蛋白(晚期胚胎发生富集蛋白)最早是从棉花种子发育晚期胚胎中发现的一类蛋白。随后LEA蛋白家族的其他蛋白也陆续从不同种类的植物中获得。以它们普遍存在的氨基酸序列为基础，LEA蛋白被分为6组，其中Group3 (D7family) LEA蛋白和Group5 (D29family) LEA蛋白具有中和离子的功能。Group1 (D19family) LEA蛋白有较多带电荷氨基酸，可提高水的亲和力。Group4 (D-113family) LEA蛋白能保护细胞膜的功能，编码这类蛋白的基因称为*Lea*基因，普遍存在于高等植物中。从棉花中已克隆到相应基因有*D-7*, *D-ll3*, *D-29*, *D-19*, *D-34*，在植物受到干旱和盐渍等环境胁迫后造成脱水的营养组织中表达。因此，*Lea*基因可作为一种抗胁迫遗传工程的潜在分子工具。除以上蛋白和基因外，还有K^+通道蛋白及其基因、水通道蛋白、盐激蛋白及其基因等，在植物的耐盐中发挥着重要作用。

宋丽艳等研究结果显示，盐处理后，棉花根系*Gh*VP(陆地棉焦磷酸酶基因)的表达量上调，可能是由于盐胁迫下H^+-PPase的活性提高，也有可能与H^+-PPase的数量增加有关。棉花是较耐盐的非盐生植物，V-PPase在盐胁迫下起到离子区隔化的作用。李春贺等利用miRNA基因芯片杂交技术，分析了耐盐棉花品系山农91-11和盐敏感棉花品种鲁棉6号在盐胁迫条件下幼苗miRNA的差异表达，结果表明：在盐胁迫条件下，共有27个miRNAs在山农91-11和鲁棉6号之间差异表达，其中山农91-11比鲁棉6号表达上调的miRNAs有11个，其中功能已知的10个分别属于miR156、miR164、miR167、miR397和miR399家族；表达下调的miRNAs有16个，其中功能已知的2个属于miR156、miR172家族。对miRNA家族作用的靶基因分析表明，这些miRNAs参与植物逆境条件下的信号传导，可能对棉花耐盐机制有重要作用。

三、耐　涝　性

棉花虽然是旱地木本植物，但仍具有一定的耐涝性。在栽培陆地棉品种中，有些品种能耐较长时间的涝渍。人们根据棉花耐涝渍的特性，制定栽培措施、培育抗涝渍性强的品种以防止和救治涝渍灾害对棉花生产的影响，甚至利用棉花耐涝渍特性，创建新的高产高效栽培方法。如陈金湘等利用棉花对涝渍的耐性，研究了棉花水浮育苗方法，发现播种后经过一定时期的淹水(少氧或缺氧)诱导，可形成水生根。水生根的根尖膨大、根尖成熟区以上可见形成的融原性通气组织，下胚轴上可形成多条不定根，以适应在水溶液中漂浮生长，同时也发现不同品种对漂浮育苗有较大的适应性差异。

在棉花生产实践中，常因暴雨而导致棉花受淹，短期淹水对棉花生产不会造成显著影响，而淹水时间较长，则影响明显增加；然而，只要棉株茎尖仍保留绿色，排水后采取积极的栽培措施，还可使棉株重新发根长叶，恢复生长。张存信等认为棉花抗逆性较强，并具有较强的再生力，受涝渍灾害后只要具备生长条件，就能恢复生育，并将受涝渍危害分为五级，一级为轻度危害，淹水 10 h，及时排水，基本不减产；二级为中度危害，持续淹水 1～2 d，积水未淹没整个棉株，蕾、花和叶脱落严重，有轻度死苗现象，如及时排水，加强管理，棉花可较快恢复生长发育，减产较轻；三级为重度危害，棉花持续淹水 2～3 d，棉田积水 40～50 cm，70%以上的棉株没顶，排水后棉株顶心不死，多数蕾、花和叶脱落，死苗率 20%左右，一般排水 3 d 后侧芽及上部枝叶开始恢复生长，如及时管理，一般减产 30%～40%；四级为严重危害，持续淹水超过 4～5 d，棉田积水淹没整个棉株，棉花处于死亡临界状态，排水后棉花出现假死现象，棉株顶心死亡，叶、花、蕾全部脱落，根系发黑，死亡率达 50%以上，严重缺株，一般排水后，幸存棉苗恢复生长缓慢，减产幅度较大；五级为特重危害，棉花持续淹水超过 5 d 以上，在排水后棉花基本全部死亡，果枝、花蕾、叶片等器官全部腐烂。

顾兴门等于 2005 年 8 月 1 日暴雨后，对江苏省灌云县五图河农场的 28 块棉田跟踪调查。调查显示，淹水 60 mm 深的棉田，在 3 d 内排去棉田积水的籽棉产量为 3 042 kg/hm^2，比淹水 6 d 的棉田籽棉产量(1 984.5 kg/hm^2)增加 1 057.5 kg/hm^2，增产 53.3%，烂铃率减少 42.9%。并对 8 月 7 日遭受台风"麦莎"影响的 22 块棉田跟踪调查，结果显示，每公顷栽种 5.1 万株和 6.6 万株两种密度的棉田，台风后及时扶理棉株，平均每公顷籽棉产量分别为 1 818 kg 和 1 774.5 kg，比没有扶理的棉田平均增产 36%和 43.8%。

第五节　棉花的生育期和生育进程

一、生　育　期

棉花从播种到收花结束的时期，叫全生长期。中熟陆地棉在长江流域棉区一般在 200 d 左右，早熟品种则为 140 d 左右。黄河流域棉区一般比长江流域少 5～10 d。西北内陆棉区的全生长期则与所处生态区有关，南疆棉区与黄河流域棉区相似；北疆棉区由于进入吐絮期后气温下降快，大田生长期明显缩短，一般比内地少 20 d 左右。从出苗到开始吐絮的时期，叫生育期。中熟陆地棉一般 130 d 左右，早熟品种一般 110 d 左右。按棉花各器官依次建成的时间顺序，可将棉花一生划分为五个时期：播种出苗期、苗期、蕾期、开花结铃期和吐絮成熟期(图 9－5)。

(一) 播种出苗期

从播种到子叶出土平展为播种出苗期。露地直播棉花一般在 4 月中下旬播种，经 7～15 d 出苗。地膜覆盖和塑料薄膜保温育苗播种至出苗期较短，为 5～7 d。棉籽的发芽和出苗除需要较好的内在品质外，还需要良好的外界环境条件。适宜的温度、水分、土壤和氧气可加速种子的发芽和出苗。当棉苗出土后子叶展平的棉苗数达 10%时为初苗期，出苗达 50%的日期为出苗期，出苗达 80%的日期为齐苗期。

(二) 苗期

包括幼苗期和孕蕾期。即从出苗至三叶期为幼苗期，从三叶至现蕾称为孕蕾期。苗期中熟品种为 40～50 d，早熟品种为 30 d 左右，变幅较大。

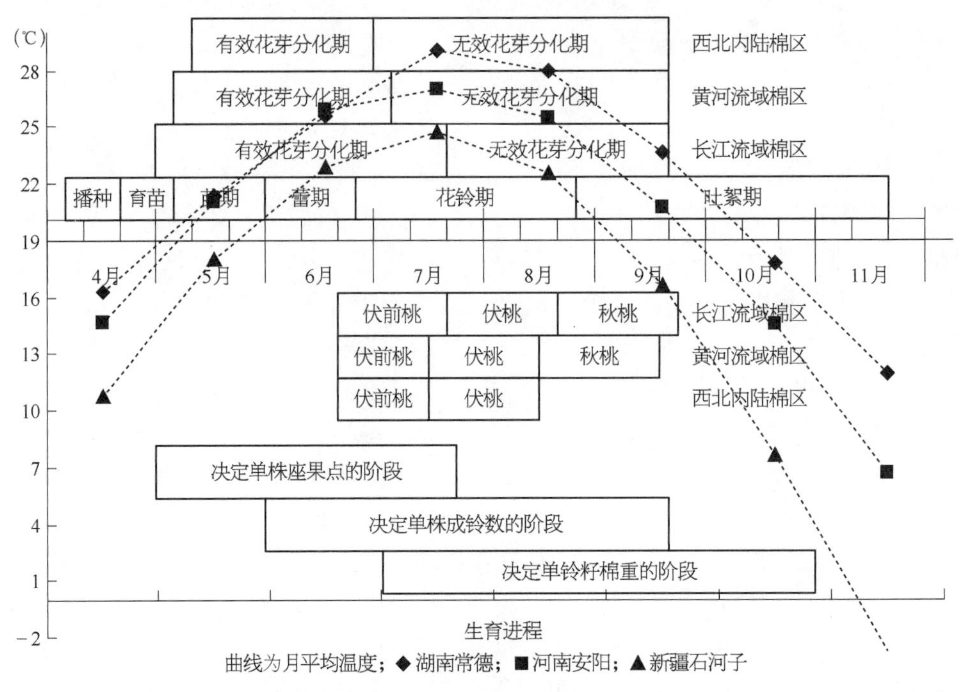

图 9-5 棉花生长发育过程与产量建成

(陈金湘,2010)

(三) 蕾期

花芽经过分化发育长大,当棉株上出现第一个直径达到 3 mm 的三角形花蕾时,称棉株现蕾。当有 10%的棉株现蕾时为初蕾期,现蕾棉株达 50%时为现蕾期,现蕾棉株达 80%时为盛蕾期。棉花从现蕾到开花的日期,一般 25～30 d,有“蕾见花二十八”之说,变动的范围较小。现蕾后棉株外观上出现了生殖器官的生长,但主要仍以营养器官生长为主。

(四) 花铃期

从开花到开始吐絮叫花铃期,一般 50～70 d。当有 10%的棉株开花结铃时为初花期,开花结铃棉株达 50%时为花铃期,开花结铃棉株达 80%时为盛花期。这一时期是棉花营养生长和生殖生长两旺的时期。

(五) 吐絮期

从开始吐絮到全田收花基本结束,称为吐絮期,一般 70 d 左右。当有 10%的棉株吐絮时为初絮期,吐絮棉株达 50%时为吐絮期,吐絮棉株达 80%时为盛絮期。这一时期是棉花营养生长逐渐停止、生殖生长逐渐减弱的时期。

棉花的生育期和生育进程因种植方式和种植制度的不同而有较大变化。育苗移栽棉花和地膜覆盖棉花播种较早,出苗快,即播种出苗期和苗期明显缩短,因此现蕾开花也较露地直播棉早,花铃期延长。一般情况下,育苗移栽棉花比露地直播棉生育进程提早 10～15 d,比地膜覆盖直播提早 10 d 左右。不同的茬口也影响棉花生育期的长短,在长江流域棉区,棉花通常采用麦棉两熟、麦(油菜)后等的种植制度,麦、棉两熟的棉花大田生长期通常在 200 d

左右，麦(油菜)后棉花的全生育期在 190 d 左右。这主要是麦、油菜后棉花播种和移栽相对较迟，全生育期缩短。

二、生育进程与产量、品质形成的关系

棉花产量和品质的形成是随生育进程逐步发育完成的。产量构成各因子及品质与棉花的生育阶段密切相关，保证棉花早发、稳长以及早熟不早衰是获得优质高产对棉花生育进程的基本要求。

(一) 产量品质形成的基础阶段

苗期是棉花产量品质形成的基础阶段。棉花播种后保证一播全苗，促进棉苗生长，形成壮苗，才能使棉花具有合理的群体密度，从而形成棉花优质高产的基础。如果群体不合理，就不能促进棉花成铃率的提高，群体成铃数下降，产量不高。另一方面，群体不合理，棉花的中部和内围果节成铃率下降，就不能保证棉花的优质。

当棉苗生长至二三叶期时，已经开始花芽分化，而花芽早分化是早现蕾、早开花成铃的生育基础。在花芽分化后至现蕾，根据花芽分化规律，虽可见果枝数仅为 1 个，但棉株顶端已分化 7 个果枝，8～9 个花芽，这些花芽都可能形成伏前桃和伏桃，因而苗期是有效花芽分化的重要时期，是决定增结前期铃的主要时期。这进一步说明苗期是形成棉花优质高产的基础。

(二) 产量品质形成的敏感阶段

蕾期是棉花生育过程中产量和品质形成的一个敏感阶段。棉花生长特点表现为营养生长和生殖生长并进，营养生长越来越旺盛，生殖生长不断加强，但营养物质分配中心仍是营养器官中的新叶和新枝，是两类生长的敏感时期，因此在保证棉苗一定营养生长的基础上，促进花蕾和果枝的不断形成，减少棉蕾脱落，是保证形成较多伏前桃和伏桃的关键。另一方面蕾期形成的花芽又是形成秋桃的基础，秋桃是棉花获得高产的必要补充，营养生长不足或生殖生长过强，均会影响秋桃的形成。因此针对蕾的生长特点，采取促控结合的方法，保持棉苗的发棵稳长，是促进棉花早熟、优质高产的重要手段。

(三) 产量品质形成的关键阶段

花铃期是决定棉花产量构成因子中铃数、铃重以及纤维品质的关键时期。这一时期既是棉花营养生长和生殖生长两旺的时期，又是营养生长与生殖生长矛盾最为激烈的时期。盛花前以营养生长为主，盛花后则转入以生殖生长为主。因此在盛花前继续防止棉苗旺长，防止群体过大、提早封行而引起蕾铃大量脱落是这一阶段的重点内容。进入盛花后，棉株大量开花结铃，到结铃盛期，蕾铃积累的干物质量占地上部干物质量的 40%～50%，蕾铃增长干物质量占开花到结铃盛期增长干物质量的 60%～80%，这时，保证充足的营养，防止早衰是多结伏桃，增结秋桃，结大桃的关键，是提高铃重和纤维品质的关键阶段。

(四) 产量品质形成的巩固阶段

吐絮期棉花生长发育开始衰退，根系活力下降，这一阶段是决定棉株中上部铃重和品质的主要时期，在栽培上为产量与品质形成的巩固阶段或增强阶段。棉花进入吐絮期，虽然棉株下部棉铃开始成熟吐絮，但中上部棉铃仍处于充实和体积增大阶段，因此这一时期的栽培

管理对棉花的产量和品质仍有较大的影响。此外,这一时期若遇阴雨低温,过旺的营养生长和较大的叶面积,使下部棉铃由于群体郁闭而难以获得生长发育所需的光合产物,并容易发生病害,造成脱落和烂铃。遇阴雨多的年份烂铃率可达20%～30%,严重降低了棉花的产量和品质。因此,在吐絮期保持棉花不迟熟贪青、不早衰,是棉花优质高产的保证。

(撰稿:陈金湘;主审:陈布圣,陈德华,毛树春)

参考文献

[1] 中国农业科学院棉花研究所.中国棉花栽培学.上海:上海科学技术出版社,1983:70-80,136-138.

[2] 高璆,马克浓.棉花产量形成及其诊断.上海:上海科学技术出版社,1982:1-8.

[3] 许红霞,杨维华,王延琴,等.温度对棉花种子活力的影响.棉花学报,2004,31(2).

[4] 蒋国柱.棉花优质高产的理论与技术.北京:中国农业出版社,1999:28-48.

[5] 郑学年,陈金湘.关于棉花早发问题的探讨.江苏农学院学报,1981,16-25.

[6] Mauney J R. Morphology of the Cotton Plant, In: Advances in Production and Utilization of Quality Cotton. Principles and Practices, 1968.

[7] 陈奇恩.棉花地膜覆盖效应的研究.土壤通报,1989,20(1).

[8] 陈金湘.棉花不同种植方式棉花生长发育及产量形成的比较研究.作物研究,1986,(2).

[9] Kakani V G, Reddy K R, Wallace Ted, et al. Response to Temperature of *In-Vitro* Pollen Germination and Pollen Tube Growth of Cotton Genotypes. Beltwide Cotton Conferences. Nashville, Tennessee. 2003: 1729-1734.

[10] 郑冬官,方其英,蔡永立,等.高温对棉花花粉生活力的影响.棉花学报,1995,7(1).

[11] 刘金兰,聂以春,黄观武,等.棉花洞A型核雄性不育完全保持系M在不同地区气候条件下育性变化研究.棉花学报,1994,6(1).

[12] 南京农学院,江苏农学院.作物栽培学(南方本).上海:上海科学技术出版社,1980:38-42.

[13] 过兴先,曾伟.新疆棉区的气温和棉铃发育关系的研究.作物学报,1983,9(15).

[14] 汪若海,张淑玲,张文庆.安阳地区棉花产量及品质与若干气象因素关系初析.农业气象,1985,1-5.

[15] 刘新民.棉花秋桃发育与温度的关系.作物学报,1983,9(1).

[16] 张建华,余行杰,李迎春.温度对棉花产量结构及发育速度的可能影响.应用气象学报,1997,8(3).

[17] 单世华,孙学振,周治国,等.温度对棉纤维超分子结构的影响.棉花学报,2000,12(4).

[18] 董合忠,刘风学.温度胁迫对棉花纤维细胞分化的影响.棉花学报,1997,9(6).

[19] 韩惠君.棉花纤维品质年际间变化及气象因素影响分析.中国农业科学,1991,24(5).

[20] 张丽娟,薛晓萍,等.低温对棉花纤维品质影响模型的研究.自然灾害学报,2006,15(3).

[21] 周桂生,封超年,谢义明,等.温光条件对高品质陆地棉纤维品质的影响.棉花学报,2008,20(2).

[22] 周治国,孟亚利,施培.棉麦两熟棉纤维强度与铃期气象因子关系研究.棉花学报,1999,11(3).

[23] Burke J J, Mahan J R, Hatfield J L. Crop-specific Thermal Kinetic Windows in Relation to Wheat and Cotton Biomass Production. Agronomy Journal, 1988,80.

[24] Arevalo L M, Oosterhuis D M, Coker D L, et al. Effect of Night Temperatures on Plant Growth, Boll Development and Yield. Beltwide Cotton Conferences. San Antonio, Texas, 2004:1972-1973.

[25] James McD Stewart, Derrick Oosterhuis, James J. Heitholt, et al. Physiology of Cotton, New York, Springer Science +Business Media B. V. 2010:123-127,295-296.

[26] Bibi A C, Oosterhuis D M, Brown R S, et al. The Physiological Response of Cotton to High Temperature for Germplasm Screening. Beltwide Cotton Conferences. San Antonio, Texas, 2004:2266-2270.

[27] Speed T R, Krieg D R, Jividen G. Relationship Between Cotton Seedling Cold Tolerance and Physical And Chemical Properties. National Cotton Council, Memphis TN, Reprinted from the Proceedings of the Beltwide Cotton Conference, 1996,2:1170-1171.

[28] 李锐,李生泉,范月仙.低温胁迫对棉花幼苗SOD、CAT活性的影响.中国棉花,2008.

[29] Buchanan Bob B, Cruissem Wilhelm, Jones Russell L. Biochemistry & Molecular Biology of Plants. USA, Rockville, Maryland, 2000.

[30] 黄完基,程飞虎,刘桃菊,等.棉花柱头外露种质类型及其杂种一代的光温特性研究Ⅱ.长日处理对棉花柱头外露光敏种质现蕾期和生育影响的研究.江西农业大学学报,2001,23(2).

[31] 黄完基,程飞虎,刘桃菊,等.棉花柱头外露种质类型及其杂种一代的光温特性研究Ⅳ.不同光照长度对棉花柱头外露种质生长发育的影响.江西农业大学学报,2002,24(1).

[32] 周治国.苗期遮荫对棉花功能叶光合特性和光合产物代谢的影响.作物学报,2001,27(6).

[33] 周治国,孟亚利,施培.苗期遮荫对棉苗茎叶结构及功能叶光合性能的影响.中国农业科学,2001,34(5).

[34] 杨铁钢,黄树梅,孟菊茹.光照量对棉苗生长发育影响的研究.中国棉花,2000,27(2).

[35] 杨兴洪,邹琦,赵世杰.遮荫和全光下生长的棉花光合作用和叶绿素荧光特征.植物生态学报,2005,29(1).

[36] Yang XinHon, Zou Qi, Wang Wei. Photoinhibition in shaded cotton leaves after exposing to high light and the time course of its restoration.植物学报,2001,43(12).

[37] 刘贤赵,康绍忠.间歇性遮光对棉花蒸腾特性及水分利用效率的影响.土壤与环境,2000,9(1).

[38] 潘学标,王延琴,崔秀稳,等.棉花群体结构与棉田光量子传递特性关系的研究.作物学报,2000,26(3).

[39] 郭连旺,许大全.田间棉花叶片光合效率中午降低的原因.植物生理学报,1994,20(4).

[40] 郭连旺,许大全.棉花叶片光合作用的光抑制和光呼吸的关系.科学通报,1995,20.

[41] 董合忠,李维江,唐薇,等.大田棉花叶片光合特性的研究,山东农业科学,2000,(6).

[42] 张权中,唐勇.南疆棉花群体光分布与光合速率研究.新疆农业大学学报,1997,20(4).

[43] 赵中华,刘德章.棉花群体冠层结构与干物质生产及产量的关系.棉花学报,1997,9(2).

[44] 张旺锋,勾玲,李蒙春,等.北疆高产棉田群体光合速率及与产量关系的研究.棉花学报,1999,11(4).

[45] 郑有飞.棉花光能利用.中国棉花,1991,18(3).

[46] 纪从亮,俞敬忠,刘友良,等.棉花高产品种的源库流特点研究.棉花学报,2000,12(6).

[47] 纪从亮,俞敬忠,刘友良,等.棉花高产品种的株型特征研究.棉花学报,2000,12(5).

[48] 纪从亮,沈建辉,束林华.棉花高产群体质量栽培技术.棉花学报,1998,10(5).

[49] 陈德华,吴云康,蒋德栓,等.棉花优化栽培的群体光分布动态及光合生产的研究.棉花学报,1995,7(2).

[50] 郭纪坤,王沛政,胡保民,等.棉花抗旱耐盐性品种筛选.新疆农业科学.2008,45(1).

[51] 张雪妍,刘传亮,王俊娟,等.PEG胁迫方法评价棉花幼苗耐旱性研究.棉花学报.2007,19(3).

[52] 刘全义,张裕繁,严根土.棉花抗旱盐育种途径探讨.中国棉花,2000,27(4).

[53] 李永山,张凯,王晓璐,等.陆地棉品种根系特性与耐旱性关系的研究.棉花学报,2000,12(2).

[54] 唐薇,罗振,温四民,等.干旱和盐胁迫对棉苗光合抑制效应的比较.棉花学报,2007,19(1).

[55] 章杰,刘江娜,邓晓艳,等.干旱对特早熟陆地棉光合特性与产量的影响.新疆农业科学,2010,47(7).

[56] 于健,陈全家,李波,等.干旱处理对不同棉花材料SOD, CAT, MDA的影响.新疆农业大学学报,

2008,31(5).

[57] 刘灵娣,李存东,孙红春,等.干旱对不同铃重基因型棉花叶片细胞膜伤害保护酶活性及产量的影响.棉花学报,2009,21(4).

[58] 陈金湘,刘海荷,熊格生.棉花水浮育苗的优势及其技术.农业科技通讯,2007,12.

[59] 张存信,潘有琪.雨涝棉花生育规律及减灾技术措施.中国农学通报,1999,12(15).

[60] 顾兴门,赵加珉,程云南,等.水灾对苏北棉花生产的影响.中国棉花,2006,33(8).

[61] 董合忠.盐碱地棉花栽培学.北京:科学出版社,2010:76~87.

[62] 李文炳,潘大陆.棉花实用新技术,济南:山东科学技术出版社,1992:217-239.

[63] 张国明,吴之正,顾卫,等.海冰水不同盐含量处理对棉花、小麦和玉米种子萌发影响.北京师范大学学报(自然科学版),2006,42(2).

[64] 沈法富,于元杰,毕建杰,等.棉花耐盐性的双列杂交分析.作物学报,2001,27(1).

[65] 李维江,张冬梅,唐薇,等.转 *Bt* 基因抗虫棉和有色棉苗期耐盐性差异研究.棉花学报,2001,13(4).

[66] 贾玉珍.棉花出苗及苗期耐盐指标的研究.河南农业大学学报,1987,21(1).

[67] 叶武威,庞念厂,王俊娟,等.盐胁迫下棉花体内 Na^+ 的积累、分配及耐盐机制研究.棉花学报,2006,18(5).

[68] 辛承松,董合忠,温四民,等.滨海盐碱地转基因抗虫棉品种鉴选.中国农学通报,2008,24(2).

[69] 李付广,李凤莲,李秀兰.盐胁迫对棉花幼苗保护酶系统活性的影响.河北农业大学学报,1994,17(3).

[70] 赵可夫. NaCl 抑制棉花幼苗生长的机理——盐离子效应.植物生理学报,1989,15(2).

[71] 孙小芳,刘友良. NaCl 胁迫下棉花体内 Na^+、K^+ 分布与耐盐性.西北植物学报,2000,20(6).

[72] 董合忠,李维江,唐薇,等.干旱和淹水对棉苗某些生理特性的影响.西北植物学报,2003,23(10).

[73] 聂新辉,曲延英,尤春源,等. mRNA 差异显示分离棉花抗旱耐盐新基因的相关 cDNA 片段.新疆农业大学学报,2007,30(4).

[74] 宋丽艳,叶武威,赵云雷,等.陆地棉耐盐相关基因的克隆及分析.棉花学报,2010,22(3).

[75] 李春贺,阴祖军,刘玉栋,等.盐胁迫条件下不同耐盐棉花 miRNA 差异表达研究.山东农业科学,2009,7.

[76] 蒋桂英,白莉,吕新.绿洲农区与非绿洲农区棉花生产潜力评价与分析.农业现代化研究,2006,27(5).

[77] Wu C A, Yang G D, Meng Q W, et al. The cotton *GhNHXl* gene encoding a novel putative tonoplast Na^+/H^+ antiporter plays an important role in salt stress. Plant & Cell Physiology, 2004,45.

第十章　棉花蕾铃脱落与控制

蕾铃脱落是棉花的一个生物学特性，一般蕾铃脱落率占总果节数的70％，而成铃仅占总果节的30％上下。蕾铃脱落既有生理原因，也受生长环境因素控制。认识脱落机理，掌握蕾铃脱落规律，对减少蕾铃脱落，夺取棉花高产优质具有重要的意义。

第一节　棉花蕾铃脱落一般规律

棉花花芽从分化、现蕾、开花、结铃到成熟吐絮，历时约100 d。在这期间，除受病虫和机械损伤等随机因子危害外，棉株内部生理生化过程的变化也会导致蕾铃的大量脱落。这种脱落被称为生理脱落，占棉花蕾铃脱落总数的75％左右。陈金湘在洞庭湖滨湖棉区观察，抗虫杂交棉农杂62单产皮棉1 500 kg/hm^2 左右的棉田，密度为27 000～37 500株/hm^2，单株分化花芽数为50～150个，花芽退化率为8％～40％，蕾的脱落率为18％～28％，幼铃脱落率为40％～70％，烂铃率为5％～15％(图10－1)。

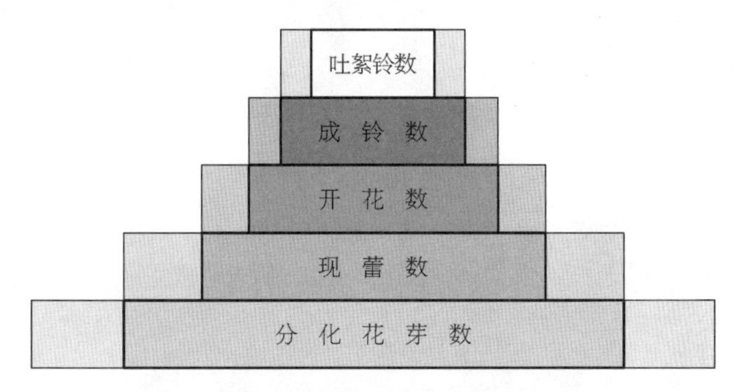

图10－1　棉铃形成过程中花器形态量变模式

(陈金湘，2002)

一、蕾铃脱落比例

蕾铃脱落包括开花前的落蕾和开花后的落铃。一般条件下，落铃率高于落蕾率，其比例约为6∶4。但在不同年份、不同地区、不同品种和不同栽培条件下会有差异，遭遇逆境则加重脱落。在南疆棉区蕾期常遇高温，而地膜棉前中期易旺长，落蕾率略高于落铃率，一般为5.5∶4.5，尤其蕾期旺长或由于旺长控制较重而促使横向生长的棉田，落蕾率更高。一些品种的落蕾率低于落铃率，两者之比为4∶6。据余渝等在北疆的3年观察，蕾铃脱落率80％

以上,落蕾率高于落铃率(表 10-1)。果枝铃的脱落比例明显高于蕾的脱落,其中开花后 3～5 d 的幼铃脱落较严重,占总脱落率的 36.5%,成铃后仅占 5.2%,脱落较少。

表 10-1　不同年份、不同品种单株蕾铃脱落情况

(余渝等,1999)

年　份	品　种	现蕾数(个/株)	落蕾数(个/株)	落铃数(个/株)	落蕾率(%)	落铃率(%)	脱落率(%)
1996	新陆早 4 号	34.6	16.9	11.4	48.8	32.9	81.8
1996	新陆早 6 号	34.2	19.8	8.2	57.9	24.0	81.9
1997	新陆早 6 号	41.8	19.4	14.2	46.4	33.9	80.4
1998	新陆早 6 号	41.3	19.2	13.9	46.5	33.6	80.1

二、蕾铃脱落部位

在黄河流域、西北内陆棉区一般下部果枝脱落少,中部果枝次之,上部果枝脱落最多。但长江流域棉区上、中、下不同部位的脱落率变化较大,规律不明显。陈金湘等研究,在皮棉产量 1 500～1 875 kg/hm^2 高产栽培条件下,下部果枝(1～6 果枝)蕾铃脱落率为 62.4%,中部果枝(7～12 果枝)脱落率为 65%,上部果枝(13 果枝以上)脱落率为 63.8%。就果节而言,第一果节蕾铃脱落率为 51.9%,第二果节为 61.9%,第三果节为 70%,第三果节以外,脱落率高于 75%。

如果将整株棉花座果点的分布视为圆锥体分布,则内围圆锥体脱落率低,外围圆锥体脱落多。据高璆等在南京观察,第一圆锥体脱落率为 33.3%,第二圆锥体为 50.0%,第三圆锥体为 55.5%,第四圆锥体为 63.6%,第五圆锥体为 75.9%,第六圆锥体为 82.5%。

据郝良光等的分析,棉株中、下部蕾铃脱落率较高,外围铃脱落远远高于内围铃;下、中、上部成铃率依次为 37.6%、33.9%和 28.6%,下部高于中部,中部高于上部;内围铃成铃率达 82.7%,是外围铃的 4.7 倍多。从圆锥体顺序看,第一圆锥体成铃率为 100%,第 2、3、4 圆锥体成铃率达 60%以上,第 5、6 圆锥体成铃率亦达 50%以上,第 7、8 圆锥体成铃率较低,仅为 20%左右(表 10-2、表 10-3)。徐京三等报道,1994 年山东潍坊棉花在早发和蕾期久旱遇雨的特殊气候条件下,呈现出内围蕾铃比外围蕾铃脱落严重(表 10-4)。在生产中,如果苗蕾期肥水过多,棉株徒长,枝叶过于繁茂、中下部郁蔽、不通风透光,则导致中下部果枝、内围果节蕾铃大量脱落,只有外围果节和顶部果枝着生部分秋桃。

表 10-2　抗虫棉泗抗 3 号脱落率及成铃率统计表

(郝良光,2007)　　(单位:%)

年份	脱落率						成铃率					
	下部	中部	上部	内围	外围	单株	下部	中部	上部	内围	外围	单株
2003	58.8	56.3	53.1	43.9	78.0	58.2	34.3	37.1	28.6	85.7	14.3	35.7
2006	44.4	45.2	33.3	28.1	59.5	41.5	40.8	30.6	28.6	79.6	20.4	52.1
均值	51.6	50.8	43.2	36.0	68.8		37.6	33.9	28.6	82.7	17.4	

表 10-3　抗虫棉泗抗 3 号按圆锥体顺序分析成铃率分布状况

(郝良光,2007)　(单位:%)

年　份	圆锥体顺序							
	1	2	3	4	5	6	7	8
2003	100	83.3	55.6	58.3	26.7	38.9	20.0	16.7
2006	100	50.0	66.7	66.7	80.0	61.1	25.0	36.4
均值	100	66.7	61.2	62.5	53.4	50.0	22.5	26.6

表 10-4　棉花各圆锥体蕾铃数和脱落率分布状况

(徐京三等,1995)

圆锥体	总果节(个)	成铃(个)	幼铃(个)	花蕾(个)	脱落数(个)	脱落率(%)
8	40	0	0	38	2	5.0
7	220	0	0	205	15	6.8
6	527	0	14	454	59	11.2
5	728	3	103	508	114	15.7
4	751	32	188	242	289	38.5
3	598	136	66	22	374	62.5
2	414	137	14	0	236	63.5
1	210	70	0	0	139	66.2
合计	3 488	379	385	1 469	1 255	36.9
平均	49.8	5.4	5.5	21.0	17.9	36.9

李琴在南疆观察,第一果节脱落最少,第三果节脱落最多,第二果节居中;中部 5～8 果枝脱落最严重,其中幼铃脱落率为 16.3%,明显高于蕾和成铃的脱落比例(表 10-5)。

表 10-5　不同果枝蕾、花、铃脱落情况

(李琴,2005)　(单位:%)

果枝位置	蕾脱落率				开花后的幼铃脱落率				成铃脱落率				总脱落率
	Ⅰ果节	Ⅱ果节	Ⅲ果节	总和	Ⅰ果节	Ⅱ果节	Ⅲ果节	总和	Ⅰ果节	Ⅱ果节	Ⅲ果节	总和	
下部(1～4 果枝)	0.0	0.4	11.0	11.4	1.3	10.6	2.2	14.1	0.0	0.4	0.0	0.4	25.9
中部(5～8 果枝)	0.0	3.1	6.2	9.3	5.3	6.6	4.4	16.3	0.4	3.1	0.0	3.5	29.1
上部(9～10 果枝)	0.9	3.5	1.8	6.2	2.2	2.2	1.7	6.1	0.9	0.4	0.0	1.3	13.6
总和	0.9	7.0	19.0	26.9	8.8	19.4	8.3	36.5	1.3	3.9	0.0	5.2	68.6

分析上述资料表明,越靠近主茎的蕾铃,脱落越少,成铃越多;反之,离主茎越远的蕾铃,脱落越多,成铃越少。但各部位的脱落率,常因生态区域不同、种植密度的差异、栽培管理或环境条件发生变化而有所不同,规律也不尽一致。

三、蕾铃脱落时间

1. 脱落日龄　落蕾日龄一般集中在现蕾后的 10～20 d, 10 d 以内的幼蕾和 20 d 以上的大蕾脱落较少。落铃大多集中在开花后的3～7 d,占总落铃数的80%以上。

2. 脱落时期 一般在开花前脱落较少,开花后脱落逐渐增多,盛花期达到高峰,以后又逐渐减少,呈单峰曲线。但不同棉区,有不同的变化曲线,也有呈双峰曲线的。闵友信等报道,南疆由于蕾期常出现干热风危害,因此,常常出现两次脱落高峰期。第一次多在6月20日前后,出现小高峰,以落蕾为主,由高温干热引起;第二次在7月下旬至8月上旬,为脱落的高峰期,落铃率略高于落蕾率,是由温、光、肥、水、病虫等不良环境条件综合影响引起的。余渝等1997年观察,北疆蕾铃脱落的高峰期出现在7月6～20日之间,落蕾高峰期在7月6～15日之间,落铃高峰期出现在7月10～20日之间。1998年观察,宽膜覆盖落蕾高峰期出现在7月10～25日之间,落铃高峰期出现在7月20日至8月4日之间。黄河流域棉区棉花脱落高峰,主要在7月下旬至8月上旬,约占总脱落量的50%以上。长江流域棉区棉花脱落高峰一般发生在7月中旬到8月上旬,正值花铃期。不同生育时期生理性脱落具有一定的规律性。棉株从现蕾、开花到成铃过程中,生理脱落总趋势是开花前脱落少,开花后逐渐增加,进入盛花期达到高峰期。从表10-6可见,7月16～31日总脱落率为30.9%,达到高峰期,其中蕾和开花后的幼铃脱落最严重,成铃几乎没有脱落。

表10-6 不同时期蕾铃脱落情况

(李琴,2005) (单位:%)

不同时期	蕾脱落率				开花后的幼铃脱落率				成铃脱落率				总脱落率
	Ⅰ果节	Ⅱ果节	Ⅲ果节	总和	Ⅰ果节	Ⅱ果节	Ⅲ果节	总和	Ⅰ果节	Ⅱ果节	Ⅲ果节	总和	
7月15日前		0.4	9.7	10.1	1.3	4.4		5.7	0	0		0	15.8
7月16～31日	0.9	6.6	8.4	15.9	4.9	9.3	0.8	15.0	0	0		0	30.9
8月1～15日			0	0	2.2	4.4	3.1	9.7	0.4	1.3	0	1.7	11.4
8月16～31日			0.9	0.9	0.4	1.3	4.4	6.1	0.9	2.6		3.5	8.8
总和	0.9	7.0	19.0	26.9	8.8	19.4	19.4	36.5	1.3	3.9	0	5.2	68.9

第二节 棉花蕾铃脱落原因

一、生理脱落

因生理原因引起的蕾铃脱落,称为生理脱落,占蕾铃脱落总数的70%左右。

(一)生理脱落的解剖学基础

生理脱落发生在蕾或铃柄的基部,其脱落的部分称为离层区。Jensen, Bomman等、Sexton等解剖学观察,脱落开始时,首先是薄壁细胞内核仁体积增大数量增多,随后是线粒体数目增加,膜构像和密度的改变。Sexton和Hall测定了经脱落诱导后的离层薄壁细胞的亚细胞结构变化,发现细胞内高尔基体面积增加488%,内质网面积增加102%,叶绿体面积增加26.4%。Addicott和Wiattr提出蕾铃脱落以RNA为模板的信号传递途径,认为当细胞收到脱落激素信号后,RNA的合成增加,核仁增大,内质网中新形成的RNA被诱导成为水解蛋白质,它单独存在于内质网液泡内。带有这些蛋白酶的小囊泡从内质网释放出来,分化成扁平的高尔基体液泡,在高尔基体表面形成小囊泡→移动到质膜→与质膜结合→将果胶酶等释放到细胞壁→酶扩散到细胞壁内→使细胞壁变得疏松、并分解果胶质中的中胶层→导致细胞分离→形成离区。

离区可以分为离层及保护层。离层是直接发生脱落的地方,而保护层则是蕾、铃脱落后,在暴露面上所形成的一层保护组织。离层的细胞较毗邻部位的细胞小,排列紧密而缺少细胞间隙,细胞呈砖形、壁较薄。离层细胞溶解而导致脱落有三种方式(图 10-2),第一种是离区内两行细胞中胶层溶解,初生细胞壁仍然保留;第二种中胶层和初生细胞壁均溶解,留下一层纤维薄壁,包盖原生质;第三种一行或多行细胞整个溶解,包括细胞壁和原生质在内,这是一种真正的细胞解体。

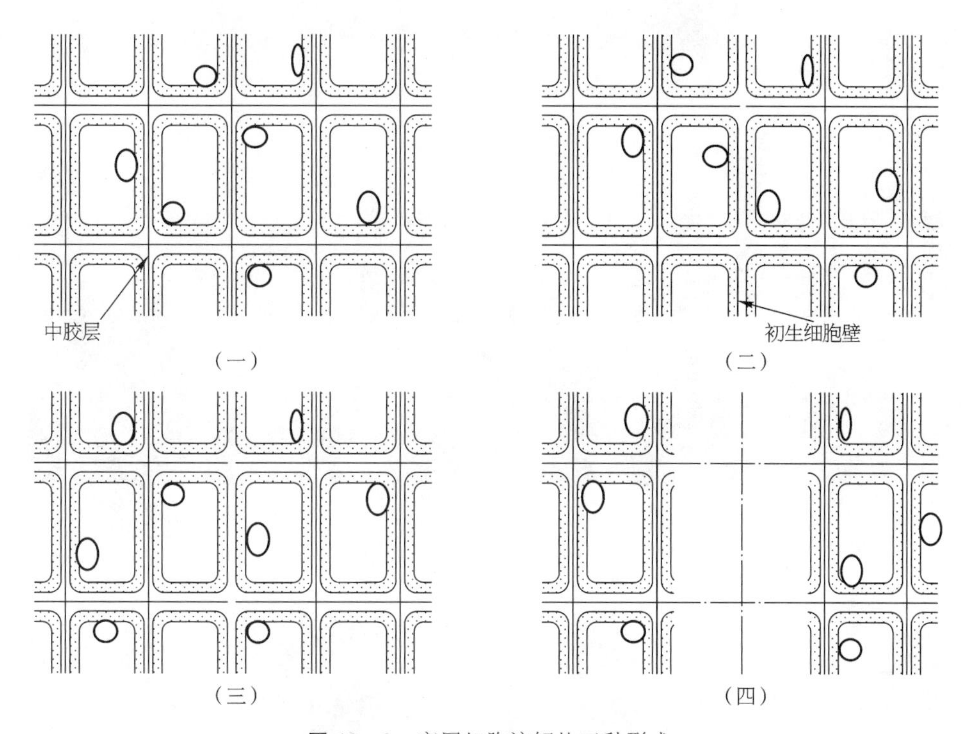

图 10-2　离层细胞溶解的三种形式

(一) 溶解前的细胞结构　(二) 仅细胞壁间中胶层溶解
(三) 中胶层和初生细胞壁均溶解　(四) 整个细胞溶解
(陈金湘绘制,2009)

从显微照片看,离层的形成首先在铃柄基部有一圈不很明显的浅沟,浅沟的出现是皮层细胞生长速度不同的结果。在离层出现以前,一般只有一层细胞有活跃的生理活动,在多种因素的刺激下,使细胞壁溶解而分离,然后再延伸到铃柄的髓部。这时离层不成直线状,而成“U”字形,并常在中间形成囊状空隙(图 10-3、图 10-4)。此时微管束部分并不分离,蕾铃脱落时才把微管束机械折断而发生脱落。在离层近轴基部一边的细胞,其细胞壁迅速栓质化,形成保护层。保护层表面光滑,可保护新暴露的组织不致干燥及受病原微生物的侵害,所留下的痕迹是微管束断离后的遗迹。

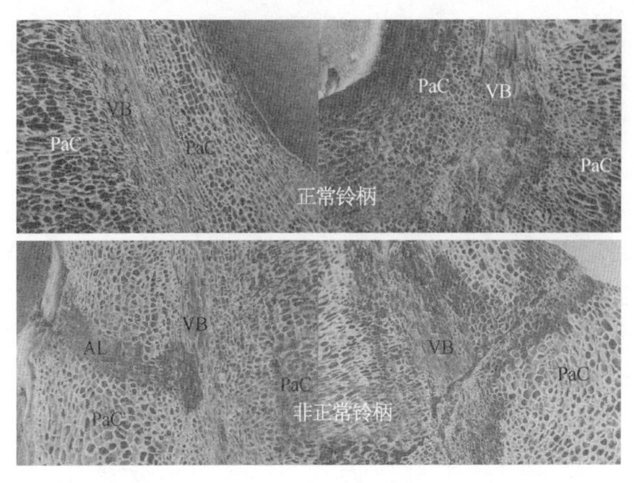

图 10-3 陆地棉岱字棉 15 号铃柄结构变化

AL. 离层；VB. 微管束

（引自石鸿熙等，1988）

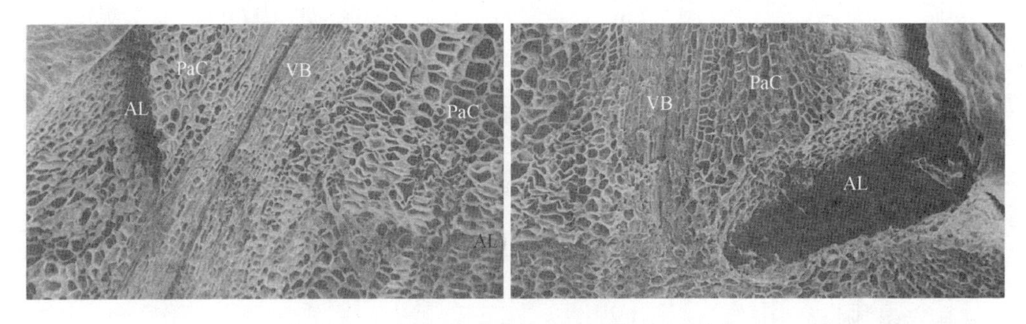

图 10-4 陆地棉岱字棉 15 号铃柄离层形成

AL. 离层；VB. 微管束

（引自石鸿熙等，1988）

（二）生理脱落原因

蕾铃脱落原因很多，虽然迄今对内在机制仍不完全清楚，但归纳起来有如下几点。

1. 有机养料不足　有机养料供应不足、分配不当是棉花蕾铃脱落的主要原因。棉花的每一个蕾铃都是一个生殖生长的“库”，一旦“库”自身生长发育所需的有机养料不足，则发生脱落。在离层形成过程中，离层细胞内发生活跃的生理代谢活动，据测定，可溶性糖发生了显著变化，不脱落的棉铃自开花的第一天起，糖分含量就有所增加，第 3 d 后迅速增加；而脱落的棉铃，开花第 1 d 的可溶性糖含量开始下降，以后继续下降，至第 3 d 可溶性糖的含量比不脱落的低 1.5 倍。同时铃柄皮层部分中的淀粉含量，不脱落的棉铃开花后第 1 d 起比脱落的高，尽管第 2 d、第 3 d 有所下降，以后又逐渐升高；而脱落的棉铃淀粉含量一直下降，而且始终低于不脱落的棉铃。由此可见，对于脱落棉铃，离层组织碳水化合物不足是重要的生理原因之一。

张隽生报道采用“环嵌法”可减少蕾铃脱落。该方法是于见花期在第一果枝下端的主茎部位，用 7 cm 长的 24 号细铁丝进行环嵌，深达韧皮部，逐渐形成瘤状愈伤组织，限制光合产物过多的运往根部,并结合抹赘芽、打顶和摘果枝群尖等措施,使养分集中输送到蕾铃库。使用环嵌法处理棉株的脱落率仅为28.8%,比未处理的对照降低了30.3%,证明改善有机养料的供应可以显著减少棉铃脱落。

2. 无机养料缺乏　无机养料供应不足,引起棉株发育不良而导致脱落,特别是氮、磷、钾三要素。氮素缺乏,影响棉株正常的氮代谢和蛋白质的形成,棉株矮小、瘦弱,叶小而呈黄绿色,光合生产率低,也使受精胚珠发育成种子所需的大量氮素得不到满足,而引起蕾铃大量脱落。缺磷,影响棉株的光合磷酸化,棉株生长势弱,根系不发达,叶片光合能力降低,引起蕾铃脱落。缺钾,影响细胞维持正常的膨压和物质的运转,缺钾时棉株矮小,根系生长不良,叶变褐色,或红褐色、皱缩、发脆,直至呈现被灼伤状而脱落,且棉株易感病,蕾铃生长瘦小,易脱落。但无机养料供应过多,也会引起棉株生长失调甚至中毒而导致严重脱落。

3. 激素与蕾铃脱落　丁静等发现在未受精的幼铃中(花后1～5 d),脱落酸(ABA)与乙烯水平迅速上升,不久幼铃脱落。Hearn和Constable提出激素与同化产物互作造成脱落的机制。Guinn和Brummett发现,3日龄的棉铃中和果柄与果枝之间离层中的吲哚乙酸浓度与成铃率成正相关,而离层中脱落酸(ABA)的浓度与成铃率成负相关。棉蕾中的吲哚乙酸浓度很高,开花后下降;相反,开花时ABA浓度很低,但随后增加,进一步说明这两种激素参与了蕾铃脱落的调控。潘瑞炽认为,ABA和乙烯是离层形成的主要促进剂,而生长素则是离层形成的主要延缓剂。

根据植物器官脱落与离层形成的关系相关文献分析,可将激素影响离层形成的生化途径概括三个方面:一是经过RNA合成水解酶(果胶酸酶和纤维素酶),以分解果胶和纤维素;二是RNA合成时需要保证供给能量以合成蛋白质;三是果胶和纤维素被水解为可溶性糖,细胞才能分开。ABA促进酸性磷酸酶、PAL、IAA氧化酶、纤维素酶、核糖核酸酶、PEP羧化酶的合成或提高它们的活性,同时抑制α-淀粉酶、蛋白酶二肽酶、脂肪酸合成酶、转氨酶、硝酸还原酶的合成或降低其活性。植物内源激素,如吲哚乙酸、赤霉素、细胞分裂素、脱落酸和乙烯等在棉花蕾铃脱落过程中都起一定的作用,它们之间可以相互促进或抑制对棉株光合生产、光合产物的运输、分配来影响、调节和控制棉花蕾铃脱落,也可通过影响离层形成中某些生理生化反应的途径,直接控制蕾铃的脱落。Addicott认为激素对离层的影响要通过能量的供应,来推动RNA使其合成蛋白质,蛋白质可以进一步合成水解酶。水解酶可以把果胶和纤维素分解成可溶性糖,其中一部分可溶性糖又可作为推动RNA合成蛋白质和产生水解酶的能量来源,另一部分可溶性糖在IAA和CK的参与下输送到库。植物激素对蕾铃脱落过程的影响如图10-5。

4. 不良环境条件的影响　土壤水分过多或过少均可引起蕾铃脱落。当土壤水分过多时,则土壤通气不良,这样根系生长受到抑制,主根扎得不深,侧根少而近地面。因此,根系吸收作用减弱,导致棉株营养不良,引起大量脱落;反之,如果土壤水分过少,棉花吸收不到足够的水分,抑制了蒸腾作用,在夏、秋高温天气,棉株体温升高,阻碍了正常的光合作用,也引起了有机养料缺乏,加之土壤缺水时,根系吸收矿质元素也受影响,从而也引起脱落。土壤含水量过少,则棉株的代谢作用受到抑制,幼铃水分会倒流入叶肉细胞,从而促进幼铃的脱落。

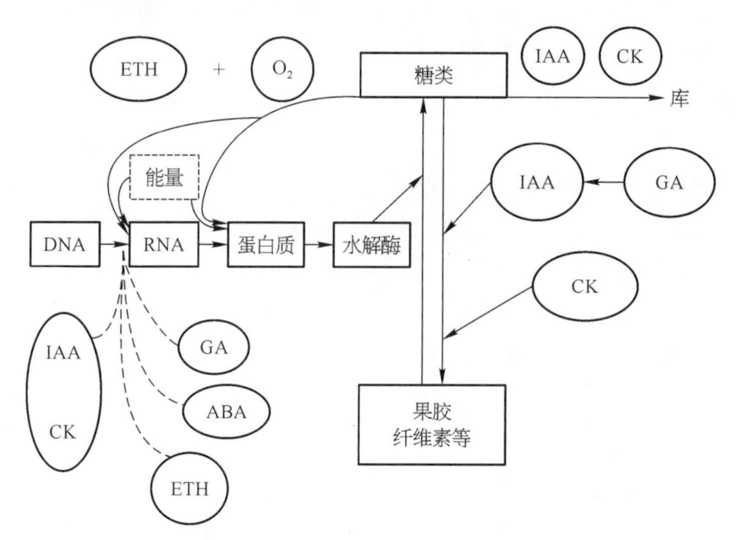

图 10-5　植物激素对棉花蕾铃脱落过程的影响

[引自 Addicott, 1975(转引自孙济中、陈布圣《棉作学》,1998)]

棉花虽然是喜温作物,但高温热害是引起蕾铃脱落的重要原因。一般陆地棉品种遇≥33 ℃的高温,将对开花前幼蕾的雄蕊发育产生较大的影响,从而导致花粉粒败育而受精不良,≥35 ℃的极端高温将产生明显热害。

据陈金湘等的调查,长沙 7 月底 8 月初,当日平均气温高达 38 ℃时,转基因抗虫棉新棉 33B 脱落严重,高温引起花粉不育导致脱落。高登东等也发现,当日均气温在 32 ℃以上,美棉系列转 *Bt* 棉品种花粉量减少,生活力下降,受精率低,幼铃脱落增多。杨国正的研究表明,早期热激处理有助于高温期间棉株体内产生更丰富的热激蛋白,从而提高棉株的耐热程度,降低脱落率达 1.7～3.0 个百分点。安徽 2001 年 7 月的平均气温 29.9 ℃, ≥35 ℃最高气温日数为 15 d,雨量 101.5 mm,与 1966～1995 年 30 年平均相比,月平均气温高 1.3 ℃, 35 ℃的高温日数多 5 d,雨量少 48.2 mm。气温 30 ℃以上,每增加 1 ℃,则蕾铃脱落率递增 0.66%～2.20%;气温高于 36.5 ℃,则花粉不开裂和活力降低,导致不孕;因此,7 月份的高温干旱,导致中部果枝空枝率和果枝内围铃脱落率增高,造成伏桃和早秋桃减少。过高的气温,将促使棉株体内生长抑制物质含量增高,加速果柄基部离层的形成,致使脱落增多。现蕾至开花期间的平均气温与脱落率有紧密相关,日最高气温高于 35 ℃的日数越多,脱落亦越多。高温可使棉花柱头过度伸长,降低花粉的生活力,使花粉粒败育。统计表明,开花期当天日最高气温超过 35 ℃时,蕾铃脱落率可达 70%以上。开花期前后的温度条件对脱落也有较大的影响,开花期前后 2 d 平均气温、平均最高气温、平均最低气温与蕾铃脱落率的相关系数分别为 0.866 7、0.893 7、0.867 8,均达极显著水平;开花期前后 3 d 平均最高气温、平均最低气温与脱落率的相关系数分别为 0.708 7、0.795 9,达显著水平。可见开花期前后的温度条件是造成脱落的一个重要环境生态因子。

光照不足是脱落的重要诱因。光照不足,特别是生长荫蔽的棉田,棉株中下部的叶片接受光照少,常引起中下部脱落。同时,弱光能改变光合产物的类型,使蛋白质多于糖类,促进徒长,减慢了有机养料运输的速度,而且会抑制花粉发育,降低花粉的发芽能力,影响授粉和受精作用,而使幼铃脱落。据统计资料分析,江西省彭泽县现蕾结铃的最佳时期7～8月,常年日照时数为419.6 h,日平均7.0 h,如1996年7～8月平均日照时数仅为5.7 h,比正常年份减少1.3 h,由于光照时间的减少,使蕾铃脱落率比正常年份平均偏高5.6个百分点。20世纪90年代,彭泽县密度一般45 000～52 500株/hm^2,脱落在45.6%～68.9%,平均58.2%。近几年种植的杂交抗虫棉的密度为19 500～22 500株/hm^2,脱落率为38.6%～58.9%,平均41.6%。

棉花蕾铃脱落往往是气象因素综合作用的结果。张永红等分析了关中"三桃"脱落的气象因素,研究认为:造成伏前桃脱落的主要气象因子是6月下旬日降水量≥0.1 mm的降雨天数及旬平均气温;伏桃脱落的主要气象因子是:伏桃时期日极端最高气温≥38 ℃天数及日降水量≥20.0 mm的天数;秋桃脱落的气象因子是:秋桃时期日极端最低气温≤18 ℃的天数及日降雨量≥20.0 mm的天数。刘双俊等分析了彭泽县近13年的统计资料,历年平均7～8月降雨量为35.01 mm,明显高于这个值,对脱落有显著影响,如1996年7～8月的雨量高达735.6 mm,是正常年份的2.1倍。而这年同期的脱落率比历年平均值高7.9%。同时,雨日对脱落也有影响。降雨天数多,脱落率也较高,如1997年7～8月降雨量虽然不大,但降雨天数多,降雨日累计40 d,比历年平均26 d多14 d,这年同期蕾铃脱落率比正常年份高4.8%～10.1%。天气骤变、特别是3 d或3 d以上的连晴转3 d或3 d以上的连雨,以及3 d或3 d以上的连雨转3 d或3 d以上的连晴,对保蕾保铃是十分不利的,棉株生理机能无法适应,导致脱落加剧。如江西1989、1990年仅7～8月这种天气变化情况就频繁出现10次之多,而1984、1992年只有5次,因此前者脱落率比后者高27%～29%。

孙培良等分析了山东聊城1980～1990年11年的气象资料与脱落率的有关气象因子相关系数,结果显示,6月上旬的降雨量、8月中旬的光照时数和现蕾至开花期的积温与脱落率均呈显著负相关(表10－7)。

表10－7　棉花蕾铃脱落率与有关气象因子相关系数

(孙培良等,1991)

相关因子	相关系数	相关因子	相关系数
X_1:6月上旬降水量	－0.727	X_4:8月中旬光照时数	－0.721
X_2:8月上旬降水量	－0.470	X_5:8月中旬平均气温	0.520
X_3:8月上旬光照时数	－0.303	X_6:现蕾至开花期的积温(6/19～7/13)	－0.609

[注] $r_{0.1}=0.4760$; $r_{0.05}=0.5527$。

5. 没有受精引起脱落　未受精的幼铃最终会脱落。由于没有受精,胚珠内的生长素形成受阻,影响有机养料输送到棉铃,最后棉铃因营养不良而脱落。

二、病虫危害

病虫危害引起脱落,一般占脱落总数的25%左右。枯萎病、黄萎病和其他一些棉叶和棉铃的病害均可造成脱落。虫害方面,主要有棉铃虫、红铃虫、甜菜夜蛾等蛀食性害虫以及危害叶片和幼蕾的害虫，如棉蚜虫、棉红蜘蛛、棉叶蝉、棉盲蝽、棉蓟马、斜纹夜蛾等。

三、机械损伤

机械损伤导致脱落，约占脱落总数的5%。分析主要原因：一是在耕作过程中人畜造成的直接损害；二是自然灾害的影响，如狂风、暴雨、洪水等造成的危害，引起蕾铃大量脱落。轻微的和风(1～2级)对蕾铃没有影响；中等的风(2～4级)对蕾铃有轻度影响，据调查脱落率可增加5.1%～8.3%；而大风(4级以上)对脱落影响极大，比微风的脱落率高8.8%～14.9%。大风引起脱落的原因是刮风时棉株之间相互摩擦损伤造成的。雹灾对脱落的影响则具有毁灭性。受雹灾严重的区域，果枝被折断而间接脱落，而在轻度受害区域，则是造成蕾铃被冰雹所击而脱落。2006年6月10日，彭泽县雹灾致早发棉苗成为重灾区，果枝被折断，蕾铃几乎全部脱落。轻度受害区，蕾铃脱落率比非受灾区高15.4%～21.2%。

第三节 防止蕾铃脱落的途径

目前，还无法从根本上防止棉花蕾铃的脱落，但可通过多种途径，采用多种技术措施减少脱落的数量，降低脱落率。

一、肥水调控

通过施肥和水分管理协调营养生长与生殖生长的关系，可有效减少蕾铃脱落。施足基肥，以有机肥和磷、钾肥为主。苗期施肥少而巧，主要促平衡、促早发，控水以长根。蕾期施肥要稳，以缓效性有机肥为主、控制肥水过量，防止营养生长过旺。重施花铃肥，适时灌水，保证蕾铃发育对肥水的需求。吐絮期，根系吸收能力衰退，及时补施叶面肥。

二、整枝

整枝去叶，能改善棉田通风透光条件，减少不必要的养分消耗，提高群体有效光合效能，减少棉花蕾铃脱落。如高产棉田，一般7月底8月初摘除主茎和叶枝顶心，控制顶端生长和营养生长；8月初至月中可摘除果枝的顶心，控制果枝进一步伸长和无效花蕾，8月中下旬可除去棉株中下部老叶。这些措施能明显减少棉花蕾铃脱落。叶伟在新疆的研究指出，对中棉所35号和中棉所29号单独采用打顶处理，使蕾铃脱落率分别减少24.9个百分点和27.2个百分点(表10-8)。

三、化学调控

使用化学药剂或外源激素促进或抑制棉株生长，从而达到减少脱落率。上海植物生理研究所，用赤霉素(GA)直接涂抹棉花蕾、铃柄，可防止或减缓蕾、铃脱落。用GA直接点涂棉蕾能显著减少花、铃脱落，提高成铃率。对照蕾铃脱落率为58.2%，50～150 mg/kg GA涂蕾的脱落率为20.3%～29.8%，比对照降低28.4～37个百分点，成铃率提高30.9～37.84个百分点(表10-9)。

表 10－8　化控和打顶对棉花蕾铃脱落率的影响

(叶伟,2009)　(单位:%)

品　种	处　理	落蕾率	落铃率	总脱落率	备　注
中棉所 35 号	H1D1	20.1	37.8	56.4	H1 为化控,于蕾期、初花期和盛花期喷缩节胺;H0 不化控;D1 为打顶,于 7 月 15 日打顶;D0 为不打顶
	H1D0	24.4	53.1	76.4	
	H0D1	26.1	39.9	64.5	
	H0D0	36.3	54.4	89.4	
中棉所 29 号	H1D1	19.2	35.9	54.4	
	H1D0	23.5	52.8	76.0	
	H0D1	24.0	38.8	62.5	
	H0D0	35.4	54.1	89.7	

表 10－9　GA 涂蕾对成铃率和畸形铃比例的影响

(何循宏等,2002)

项目	GA(mg/kg)					
	0	50	75	100	125	150
开花数(朵)	55	44	47	54	59	61
正常铃(个)	21	19	13	16	13	11
畸形铃(个)	2	13	20	26	34	36
总成铃(个)	23	32	33	42	47	47
脱落数(个)	32	12	14	12	12	14
成铃率(%)	41.8	72.7	70.2	77.8	79.7	77.1
畸形铃比例(%)	8.7	40.6	60.6	61.9	72.3	76.6

冯弋良等用 GA 处理对减少脱落的效果有差异,花蕾期处理好于花铃期的处理。花蕾期处理(即去雄授粉后第 2 d 喷施 GA),其成铃率为 63.9%、54.2%,分别比对照减少脱落率为 34.9%、25.2%;花铃期喷施(即标准为小指头大小的铃),其成铃率 47.5%、42%,分别比对照减少脱落率为 25.7%、20.2%。生产中广泛使用的缩节胺、助壮素,以及矮壮素,对减少蕾、铃脱落均有明显的作用。叶伟研究表明,对中棉所 35 号和中棉所 29 号单独采用化控处理,使蕾铃脱落率分别减少 23 个百分点和 23.7 个百分点,而化控结合打顶比不化控不打顶的处理两品种蕾铃脱落率减少 33 个百分点和 35.3 个百分点(表 10－8)。

四、防 治 病 虫 害

搞好棉花病虫害的防治工作和种植转 *Bt* 基因抗虫棉品种,以保证蕾铃健康发育、不受病虫危害,是防止棉花蕾铃脱落的有效措施之一。

五、其 他 措 施

搞好中耕除草,改善棉田生态环境,喷施叶面肥、保铃试剂,补充根外营养,进行种子早期热激处理以提高棉株抗热性,选用丰产性好的品种等措施均可有效减少棉花蕾铃脱落。如杨国正等报道,在萌动期、子叶期、一叶期进行较高温度的早期热激处理,有助于高温期棉株体内产生更丰富的热激蛋白，从而提高棉株的耐热程度，降低脱落率达1.7%～3.0%。但不同的品种，早期热激处理的最适生长阶段有差异。

白灯莎·买买提艾力等报道，棉花施用保铃王等可明显地减少棉花蕾铃脱落。其中保铃王减少蕾铃脱落14%～15%（表10-10）。棉株打顶后涂抹生长素则大大减少了空果枝数，并显著降低了蕾铃脱落率。打顶＋NAA处理空果枝数（吐絮期）脱落率最低，其空果枝数分别比不打顶、仅打顶的处理降低30.8%和52.6%，脱落率分别降低60.6%和43.1%。打顶后增加了单株铃数，打顶比不打顶单株增加2.6个铃，而打顶＋NAA处理比不打顶、打顶处理分别增加13个和10.4个铃。

表10-10　保铃王对棉花蕾铃脱落的影响

（白灯莎·买买提艾力，2007）

地　点	处　理	总果节(个/株)	成铃(个/株)	蕾铃脱落(个/株)	蕾铃脱落(%)	增减(%)
巴楚县洪海乡	保铃王	24.6	7.8	16.8	68.3	-14.1
	喷施宝	21.8	6.8	15.0	68.8	-13.5
	保花果	31.5	7.2	24.3	77.1	-3.0
	清水	33.1	6.8	26.3	79.5	0
尉犁县孔雀农场	保铃王	12.7	4.9	7.8	61.4	-15.2
	KH_2PO_4	14.2	4.4	9.8	69.0	-4.7
	清水	15.2	4.2	11.0	72.4	0

（撰稿：陈金湘，主审：毛树春）

参考文献

[1] 中国农业科学院棉花研究所.中国棉花栽培学.上海:上海科学技术出版社,1983:178-220.

[2] 陈金湘.棉铃形成过程中花器形态量变规律的研究.棉花学报,2002,14(4).

[3] 张立桢,曹卫星,张思平,等.棉花蕾铃生长发育和脱落的模拟研究.作物学报,2005,31(1).

[4] 王延琴,潘学标.不同密度棉花成铃分布及铃重变化规律.中国棉花,2001,6.

[5] 张明智,吾斯曼.吐鲁番盆地棉花不同密度蕾铃脱落简报.中国棉花,2000,27(4).

[6] 闵友信,凌天珊.南疆棉花空果枝形成的原因及其对策.中国棉花,1999,26(7).

[7] 刘爱玉,陈金湘,张志刚,等.栽培因子对抗虫杂交棉棉铃形成时空分布的影响.湖南农业大学学报:自然科学版,2004,31(2).

[8] 余渝,王登伟.北疆棉区棉花蕾铃脱落规律的初步研究.新疆农业大学学报,1999,22(1).

[9] 李琴.地膜棉蕾铃脱落规律及增蕾保铃措施.新疆农垦科技,2005(1).

[10] 陈金湘,李曼瑞.棉花高产优质低耗栽培实用模型的研究Ⅱ.栽培条件与棉株成铃模式及产量形成的关系.湖南农学院学报,1987,37(4).

[11] 高璆,马克浓.棉花的产量形成及其诊断.上海:上海科学技术出版社,1982:313-334.

[12] 郝良光,张天玉.抗虫棉的蕾铃脱落及成铃分布的年度比较.江西农业学报,2007,19(4).

[13] 徐京三,陈玉杰.1994年棉花蕾铃脱落加重原因浅析.中国棉花,1995,22(3).

[14] 孙济中,陈布圣.棉作学.北京:中国农业出版社,1998:138-152.

[15] 石鸿熙.棉花的生长和组织解剖.上海:上海科学技术出版社,1988:77-78.

[16] 张隽生."环嵌法"对棉花蕾铃脱落的影响.中国棉花,1998,25(8).
[17] 郑泽荣,倪晋山,王天铎,等.棉花生理.北京:科学出版社,1980:230-287.
[18] Guinn G, Brummett D L. Changes in free and conjugated indole-3-acetic acid and abscisic acid in young cotton fruits and their abscission zones in relation to fruit retention during and after moisture stress. Plant Physiology, 1988(86).
[19] 黄维玉.植物器官脱落的激素调控.植物生理学通讯,1989(3).
[20] 李正理.棉花形态学.北京:科学出版社,1981:98-104.
[21] 柴新荣,张兴旺,范正旺,等.2001年安徽沿江棉区抗虫棉成铃率偏低的调查分析.中国棉花,2002.
[22] 高登东,龙新明.浅析美棉系列转 *Bt* 品种结铃性差及产量低的原因.中国棉花,2002,29(3).
[23] 杨国正,张秀如,孙湘宁,等.棉花早期热激处理与高温期蕾铃脱落关系的初步研究.棉花学报,1997,9(1).
[24] 张永红,葛徽衍,李秀琳.棉花"三桃"蕾铃脱落的气象因素分析.陕西气象,2000(2).
[25] 傅双喜.棉花蕾铃脱落的气象因素浅析.江西农业科技,1996,(4).
[26] 孙培良,张培.棉花蕾铃脱落与气象条件的相关分析.中国棉花,1992,21(3).
[27] 叶伟.打顶、化控对棉花蕾铃形成及脱落的影响.安徽农学通报,2009,15(13).
[28] 何循宏,李秀章,陈祥龙,等.GA对棉花花器形态、授粉和成铃性状的影响.棉花学报,2002,14(1).
[29] 白灯莎·买买提艾力,徐建辉,黄全生,等.保铃王对棉花蕾铃脱落和产量的影响.新疆农业科学,2002,39(3).
[30] 白灯莎·买买提艾力,张士荣,彭华,等.打顶后涂抹生长素对长绒棉生长和蕾铃脱落的影响.核农学报,2007,21(2).

第三篇

棉属分类与棉花栽培品种的商品利用

第十一章　棉属分类和栽培种

第一节　棉属植物的基本特征

在大田作物中棉花是一个大族，不仅在分类学上的种比较多，而且起源上有初生中心和次生中心。野生种和栽培种分布范围很广泛，资源材料的遗传多样性很丰富。但是，作为一个属，棉花在外部形态、胚胎结构和解剖学等方面有其相似性，要掌握棉属(*Gossypium*)植物的生物学特性，有必要了解其基本共性特征。

一、形态学特征

棉属植物包括栽培棉和野生棉，均为多年生，基本形态特征如下。

(一) 株型与茎

植株呈灌木或亚灌木，或呈小到中等的乔木，常落叶。全株不规则地散布着腺点(色素腺体)是棉属乃至棉族(Tribe *Gossypieae*)植物区别于其他植物的一个明显特征性状，包括种子；部分棉种植株有腺点，种子没有；部分棉种突变体植株和种子均没有腺点。多数棉种的主茎一个，部分棉种主茎多个；主茎明显，直立、匍匐或完全爬在地面上；多数棉种主茎呈圆形，很少是棱形。株高(主茎长度)变化较大，50～400 cm或超过500 cm。主茎和分枝有不同程度的茸毛，也有光滑无毛的。

(二) 叶

单生，完全叶，即包括叶片、叶柄和托叶。叶的着生方式为螺旋状。叶片呈卵圆形或心脏形，全缘，渐尖，浅裂或掌状深裂。有裂片的为3～7裂(仅一个种3裂片)。叶片有大有小，大的可达50～60 cm，小的仅5～6 cm。多数棉种叶柄圆筒形，少数为四棱形。叶柄长短不一，在几厘米到十几厘米之间。叶片和叶柄被有不同程度的茸毛，也有光滑无毛的。叶脉明显，掌状或鸟足状，3～7条。叶背主脉有蜜腺1～5个，无色或鲜红色，位于叶基或离叶基稍远，个别棉种没有蜜腺。托叶线形、锥形或镰刀形，宿存或早落。

（三）花器

花序合轴，单花为雌雄同花。花单生或簇生在腋生的花梗上，或几朵花着生在果枝上。花梗长短不一，着生有总苞。苞叶3片，基部联合或分离；线形、锥形、宽心脏形或三角形，全缘或有锯齿；宿存，但也有棉种在花前或开花时早落的。总苞内外基部均有3个蜜腺（个别棉种没有蜜腺），分别俗称苞内蜜腺和苞外蜜腺，无色或鲜红色。总苞蜜腺加之其三基数是棉属甚至棉族植物的另外一个特征性状。花萼有明显的五基数，即5个萼片，联合成杯状，上缘截形，波状，5个齿或5深裂，常有明显的腺点。棉属植物的花冠均是5个，花瓣呈覆瓦状排列；开花时花冠呈宽阔的喇叭状、狭窄的漏斗状或钟形。花瓣着生于雄蕊管的底部，较大，颜色艳丽，有白色、奶油黄色、玫瑰色或紫红色。花瓣基部有斑点，多为紫红色（有的色稍淡，或全无），大小变化很大，大的斑点可达到花瓣的一半，小的不很明显或看不到。花瓣一般没有毛，表面光滑，有的边缘有毛。雄蕊群是锦葵科（Malvaceae）植物的一个特征性状，由许多花丝下部融合为雄蕊管，包于整个子房和大部分花柱之外；花丝上部是离生的，每根花丝顶部着生1个花药。雄蕊管白色，但也有深颜色的（由花瓣基部斑点延伸而来）。花药排列成三维空间方式，有其种的特性，多为椭圆体，也有圆筒或圆球体。花是较典型的虫媒花，花粉粒圆球形，较大，直径50～150 μm，多刺；花粉粒黄色或乳白色。子房处于雄蕊管内，是典型的上位子房，中轴胎座，心皮3～5个[仅三裂棉(*G. trilobum*)特殊，只有2个]。花柱单生，由几个心皮融合而成，从子房顶部向上延伸，穿过雄蕊管，到达花药顶端，柱头常高出雄蕊管（也有比较短的）；花柱不分裂，白色；柱头常3～5裂，与心皮数目一致。

（四）果实与种子

果实为蒴果，3～5室，与心皮和柱头裂数相同。蒴果卵球形，或长尖的卵球形；木质或革质，成熟后背位开裂（裂果类），裂口大或小，有的裂缝内有一排毛；蒴果外表无毛，或少数棉种有细软短毛；有明显的腺点，少数棉种没有腺点。蒴果每室种子2到多粒，彼此通常分开，个别棉种的蒴果同一室的种子是粘连在一起的。单粒种子多圆锥形，长4～12 mm。棉种尤其是野生棉种子的种皮结构坚硬，含有木质素和丹宁，使成熟种子的透水性很差，往往处于休眠状态（栽培棉有所不同）。种子的种毛为单细胞结构，自种皮表皮细胞伸长生长而来，有长短之分。长种毛即栽培种的纤维，最长可达30 mm以上。多数棉种有短种毛，部分栽培种同时具备短种毛和长种毛。有些棉属植物仅有长种毛，没有短种毛，更多的棉种光滑无毛。有的种子沿着种脐附有白色、淡黄色肉质的假种皮。棉属植物的种仁是一个发育完善的胚和对称充分折叠的子叶，胚乳基本上只剩下薄薄的一层“皮”（亦即胚乳残体，或称胚乳迹）。折叠的子叶包被着胚，仅仅下胚轴的一点尖露出在外。

二、细胞学特征

棉属植物的细胞学基本特征是染色体基数 $x = 13$。体细胞染色体数目，二倍体棉种 $2n = 2x = 26$，四倍体棉种 $2n = 4x = 52$。染色体大小变化不大，长度在1～4 μm之间或略长。各棉种染色体的形态结构取向基本相同。据中外学者对约30个棉种核型分析的结果，棉种染色体以中部着丝点类型(m)或亚中部着丝点(sm)的为多,少量棉种有近端部着丝点类型(st),出现端部着丝点(t)的很少。各个棉种均有随体,数目在1～3对之间;数目多的随体,形态和大小有明显的差别(图11-1)。各棉种花粉母细胞(PMC)在减数分裂过程中的形态结构取向也是很一致的,即中期Ⅰ均为二价体,其二价体数量二倍体棉种是13对,四倍体棉种是26对(图11-2)。

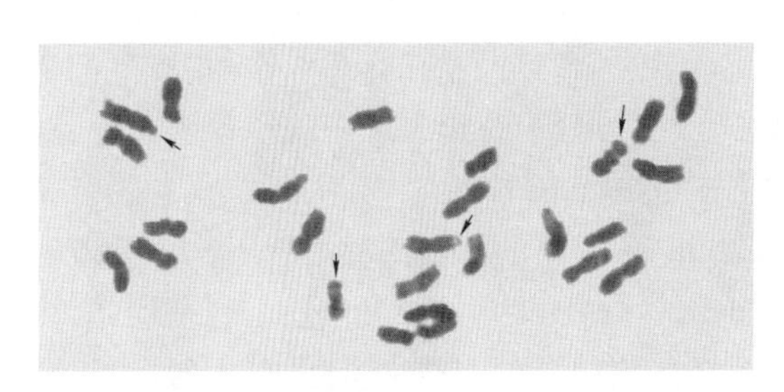

图11-1 比克氏棉体细胞染色体($2n=26$)
(箭头所指为随体)

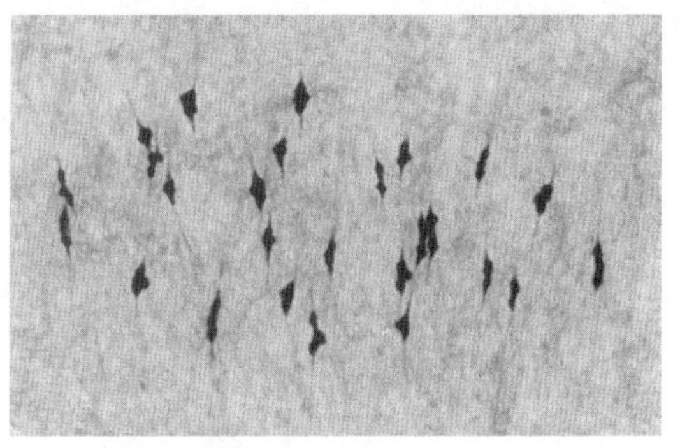

图11-2 陆地棉花粉母细胞(PMC)减数分裂中期Ⅰ的染色体配对($2n=52=26Ⅱ$)

第二节 棉属分类学

在植物分类学上,棉花的栽培种和野生种均属于被子植物门(Angiospermophyta)、双子叶植物纲(Dicotyledoneae)、锦葵目(Malvales)、锦葵科(Malvaceae)、棉族(Tribe *Gossypieae*)、棉属(*Gossypium*)。要了解棉花分类研究的历史,须先了解其研究手段和方法。

一、两大分类体系

关于棉属的分类,涵盖属内和属间棉种的发现、补充、修正等内容,采用的方法和手段比较多,如经典的形态学、细胞学或细胞遗传学、孢粉学、生物化学等。近代还有分子生物学的应用,使棉属分类学研究趋于更完善。纵观棉属分类研究的历史,在众多的研究手段方法中,贯穿整个工作过程、发挥关键作用的主要是形态学与细胞学,即棉属分类学研究是以这两个体系展开和完善的。地理分布研究也很重要,作为基本资料是对这两大分类体系的关键补充。

形态分类学是植物分类的经典方法,棉属也不例外。形态分类的内容还包括植物的解剖学、胚胎学,甚至还有孢粉学。早期分类主要是外部形态,如株型、叶形、花器、种子及其种毛、腺点等,之后增加了解剖学的实验资料。细胞分类学是在研究手段发展达到细胞学水平时才有的,关键是染色体研究,基本依据是染色体的数目、形态、结构以及在植物个体发育过程中的状态或行为。棉属植物细胞分类学的发展,也是从染色体基本数目开始的,然后到棉种及其杂种花粉母细胞(PMC)染色体行为,以及后来的染色体形态结构分析(核型分析)。

近年来,荧光原位杂交技术在棉花中得以较好的利用,是棉属植物分类、起源与演化研究的一种有力手段,并已显示出明显的优势。

二、棉属分类学研究简史

(一)早期棉属分类研究

由于历史条件的限制,外部形态是棉花早期分类研究的主要依据。从18世纪至20世纪20年代,棉花分类以棉株的株型、叶、花器结构、种子光滑与否或有无短绒等外部形态性状为基本依据。瑞典学者林奈氏(Carl von Linne, 1707～1778)于1753年发表了《植物种志》。该书第一版描述了3个棉花种:草棉(*G. herbaceum* L.)、海岛棉(*G. barbadense* L.)、亚洲棉(*G. arboreum* L.);第二版(1763)增加了第4个种:陆地棉(*G. hirsutum* L.)。后来在《自然系统》第12版(1767)中又增加了宗教棉(*G. religiosum*)。其实,在林奈氏之前对棉花进行过分类研究的人员有Bauhin兄弟俩(J. Bauhin, 1541～1631; G. Bauhin, 1560～1624),也是瑞典人,均为植物学家。前者是分类学双名法的鼻祖,也是"属(genus)"的奠基者,先描述了3个种,归为同一个名为*Xylon*的属。后者描述了4个种,改属名*Xylon*为*Gossypium*。1700年,法国植物学家J. P. Tounefort又将*Gossypium*改为*Xylon*,描述了6个种,但经后人研究发现,其中1个种属于木棉科。林奈氏最终被公认是确定了棉属*Gossypium*地位的人,对于棉属分类研究无疑是划时代贡献,于1753年和1763年确认的4个棉种就是迄今为止经济价值最大的4个栽培棉种。18世纪末,丹麦学者Von Rohr于1791～1793年发表了专著《棉花栽培评论》,以种子形态为主,把他所收集到的34个活体棉花类型归纳为29个种,并进一步归为4个组,每个种有较详细的形态描述。由于材料名称多采用土名,性状描述以种毛(纤维)为主,过于笼统,在分类学上难以被参考引用。

19世纪的棉花分类学仍然是形态分类学。19世纪中叶意大利植物学家F. Parlatore和A. Todaro研究棉属分类,发表了有关棉属的专题论述。Parlatore总结了以前所有的棉花类型,分为7个种,其中包括林奈氏命名的5个种,并增加了*G. sandvicense* Par和尾萼棉*G. taitense* Parl等2个种,后来前一个改名为毛棉(*G. tomentosum*),后一个被鉴定为陆地棉。他的棉属分类简明通俗,得到很多学者的支持。他对棉种的性状描述细致,并正确地评论了一些普通而重要的形态性状,如铃面的特性(光滑或具凹点)、托叶的形状、大小及位置等。Tadaro对棉属的研究具有独创性,表现出高度的洞察力和全局观念。他将世界各地搜集到的大量棉属材料,在Palermo皇家植物园进行活体研究。1863年他提出了第一个棉花分类方案,把棉属分为2个亚属,包括34个种。1877～1878年,Todaro在他的专论中又提出棉花第二个分类方案,形成一部更为成熟的论著。在这个方案中棉属进一步分为组和亚组,包括54个种归纳为4个组,其中3个组由澳大利亚野生棉种组成,另一个组包括了所有的其他类型,称为*Eugossypium*,大多数为栽培类型;同时也肯定了4个野生种,即毛棉、瑟伯氏棉(*G. thurberi*)、异常棉(*G. anomalum*)和克劳茨基棉(*G. klotzschianum*)。19世纪末对棉花分类学直接有明显贡献的人物还有Angelo Aliotta和G. Watt,前者主要体现在其博士论文,但不如后者影响大,所以很快被忽略。

英国植物学家G. Watt对棉属分类的贡献是另外一个里程碑。他在印度对棉花进行了

20余年的研究，获得大量一手资料，于20世纪初出版了他的巨著《世界野生棉和栽培棉》一书。Watt的棉属分类，是以苞叶联合与分离，花内外蜜腺的有无，以及种子上短绒和纤维的有无为依据的，分为5个组、29个种和13个亚种；后于1926～1927年作了补充，共描述了41个种及24个亚种。

（二）近代棉属分类研究

棉花近代分类研究的主要标志是采用了细胞学方法。直到20世纪20年代，棉属分类学才掀开细胞分类学体系的序幕。第一个准确计数出棉属植物染色体的是苏联细胞学家R. G. Nikolajieva，并在1922年的实验中精确到不同的棉花类型，即新世界栽培种体细胞染色体数为$2n=52$，旧世界栽培种的是$2n=26$。他的研究结果被苏联著名农业植物学家G. S. Zaitzev于1923年公布了。英国学者H. J. Denham的研究获得了同样的结果。Zaitzev以细胞学为主线，结合遗传学、生理学方面新的进展，并根据Vavilov的作物起源中心说，发表了经典论文《棉属分类之管见》(A Contribution to the Classification of the Genus *Gossypium* L.)，成为对棉属分类认识的分水岭。他将染色体数目作为棉花分类的主要依据，开创了棉花细胞分类学研究的先河。Zaitzev把棉花分为两大组，每组再根据地理分布、形态及其他主要性状分为两个亚组，即共计4个"类群"。

组Ⅰ. 新世界棉(26对染色体)组：

亚组1. 中美亚组：铃面光滑，托叶宽。包括陆地棉(*G. hirsutum*)、尖斑棉(*G. punctatum*)、墨西哥棉(*G. mexicanum*)、蓬蓬棉(*G. purpurascense*)。

亚组2. 南美亚组：铃面有凹点，托叶短。包括秘鲁棉(*G. peruvianum*)、巴西棉(*G. brasiliense*)、葡萄叶棉(*G. vitifolium*)、海岛棉(*G. barbadense*)。

组Ⅱ. 旧世界棉(13对染色体)组：

亚组3. 非洲亚组：铃面光滑。包括草棉(*G. herbaceum*)、团叶棉(*G. obtusifolium*)。

亚组4. 印度-中国亚组：铃面有凹点。包括亚洲棉(*G. arboreum*)、中棉(*G. nanking*)。

Zaitzev依据细胞学为主，加上地理学资料创新的"新世界棉"和"旧世界棉"概念，一直沿用至今，被广泛认同，已经成为经典之说。Zaitzev提出的4个"类群"到4个单一的种，是由英国J. B. Hutchinson和苏联F. M. Mauer先后确认的，这4个种与早期形态分类4个栽培种是相对应的，亦即自此建立起了"新世界栽培种"和"旧世界栽培种"的论点。在Hutchinson和Mauer之前，发表过棉属细胞分类学研究论文的学者不少，包括英国著名的植物学家S. C. Harland和美国的细胞学家A. Skovsted，前者发表了《棉属遗传学》，把棉属分成两大组11个种。后在1939年修订分类时，又分成两大组7个亚组18个种，主要根据是染色体数及能否相互杂交为标准。A. Skovsted曾做过大量棉花种间杂交组合，根据染色体数目、大小、地理分布、杂交结实性，以及杂种花粉母细胞减数分裂中期Ⅰ染色体配对，将棉属分为3个细胞学类群，并把$2n=26$的种分为6个组，共17个种。

类群Ⅰ　来自美洲及临近太平洋岛屿，$2n=26$：

组Ⅰ　戴维逊氏棉(*G. davidsonii*)、克劳茨基棉(*G. klotzschianum*)。

组Ⅱ　旱地棉(*G. aridum*)、瑟伯氏棉(*G. thurberi*)、辣根棉(*G. armourianum*)、哈克尼西棉(*G. harknessii*)。

类群Ⅱ　来自非洲、亚洲和澳大利亚，$2n = 26$：

组Ⅲ　亚洲种：亚洲棉(*G. arboreum*)、草棉(*G. herbaceum*)。

组Ⅳ　非洲野生种：异常棉(*G. anomalum*)。

组Ⅴ　印度-阿拉伯野生种：司笃克氏棉(*G. stocksii*)。

组Ⅵ　澳大利亚野生种：斯特提棉(*G. sturtianum*)。

类群Ⅲ　来自美洲及太平洋岛屿新大陆，$2n = 52$：

陆地棉(*G. hirsutum*)、海岛棉(*G. barbadense*)、蓬蓬棉(*G. purpurascense*)、尾萼棉(*G. taitense*)、达尔文氏棉(*G. darwinii*)、毛棉(*G. tomentosum*)。

美国植物学家 J. O. Beasley 对棉属植物细胞遗传学研究的贡献，也是里程碑性的，因为他提出了基因组(genome)的分类法。Beasley 将自己观察和其他学者研究的棉花种间杂种细胞学资料进行整理，发现 13 对染色体棉种间杂种 PMC 减数分裂的染色体规律，可归纳为 5 类，同一类各种间杂种 PMC 染色体大部分能配成二价体，单价体和多价体很少出现；不同类之间的种间杂种 PMC 染色体配对差别很大，即 13 对染色体 5 类棉种间没有完全同质的。Beasley 以体细胞染色体数目、种间杂种 PMC 染色体配对数据为主，结合地理分布和形态特征，将棉种分成 A, B, C, D 及 E 等 5 个基因组。由于亚洲棉与草棉杂交的 F_1 花粉母细胞减数分裂中期Ⅰ染色体配对正常，而且可育，都用 A 基因组表示。B、C、D、E 分别按照与亚洲棉 A 基因组杂交的 F_1 染色体配对时二价体数量减少顺序排列的，B 代表非洲种，C 代表澳大利亚棉种，D 代表美洲二倍体棉种，E 代表阿拉伯-印度棉种。四倍体棉种可确定为 A 和 D 的异源四倍体，以 AD 表示。棉属加上 5 个二倍体的，共 6 个基因组，并用脚注数字代表同一基因组内不同的种。Beasley 把棉属分为 6 个组，14 个种。Beasley 确定棉属不同基因组的研究工作，为现代棉属分类奠定了基础。Beasley 在二战战场上英年早逝，否则人们认为他应该还会有更大的贡献。因此，在美国得克萨斯农工大学设有“Beasley 实验室”。

Hutchinson、Silow 和 Stephens 总结了 1926～1944 年在特立尼达得棉花研究所的主要研究工作，写出《棉属进化及栽培棉的演化》一书。这些以叶片及苞叶形状、雄蕊形式、蒴果大小及形状作为鉴别棉种最重要的性状，参照地理分布、种间杂交亲和性，以及遗传和细胞遗传研究成果，制定棉属分类方案，具有创新精神。把棉属分为 8 个组、20 个种、7 个变种。Mauer 继承了 Zaitzev 的思路和棉花分类研究工作，长期观察、描述不同棉种的生长植株，并大量进行杂交工作。他从形态学、细胞学、遗传学、生理学、生态学等方面研究，在 1948～1950 年把棉属分为 5 个栽培种、28 个野生种，共 33 个种。1954 年他发表了《棉花的起源与分类》，重新分为 3 个亚属、5 个栽培种、30 个野生种，共 35 个种。美国学者 L. L. Phillips 等对原产于东非的长萼棉(*G. longicalyx*)进行细胞学研究，发现 AD 组棉种×长萼棉，和 AD 组棉种×E 组棉种的三倍体杂种减数分裂 M1 二价体和多价体频率有显著差异。前者每一个细胞平均二价体为 6.78，平均多价体为 2.00；而后者二价体为 0.55，多价体为 0.19。这样长萼棉和 E 组其他棉种对 AD 组棉种的亲缘关系有很大的差异。此外，E 组棉种染色体在棉属中是较大的，而长萼棉的染色体只有中等大小。因此，他们认为长萼棉是一个新的细胞型(Cytotype)，另列为 F 基因组，并定为 F_1。

随着研究技术的发展，棉属染色体的研究已从种间杂种细胞减数分裂染色体配对分析，进展到以染色体形态结构为主要内涵的核型分析，同时生物化学实验手段改进，DNA 含量分析及种子蛋白质分析等也用于分类学研究，从而提高了基因组划分为主的细胞分类学研究的准确性和可靠性。英国学者 G. A. Edwards 和巴基斯坦的 M. A. Mirza 根据核型分析，认为原产澳大利亚的比克氏棉(*G. bickii*)与 C 基因组的标准种斯特提棉(*G. sturtianum*)截然不同。其染色体普遍偏小，染色体总长为 55.54 μm，比斯特提棉短 19.5 μm，而且没有次级缢痕(secondary constriction)或随体。因此把 *G. bickii* 从 C 基因组列出为 G 组。

美国植物学家 P. A. Fryxell 长期从事棉族和棉属植物分类及文献研究，做出很大贡献。1969 年采用细胞遗传学、形态学和植物地理学的研究结果，发表《棉属分类》一文，修正和补充了 Hutchinson 和 Mauer 的分类。把棉属分为 4 个亚属，二倍体种($n=13$)按地理分布分设 3 个亚属，即 *sturtia*(澳大利亚种)、*gossypium*(非洲、亚洲、印度-阿拉伯种)、*houzingenia*(美洲种)；四倍体种($n=26$)定为 *Karpas* 亚属。包括 3 个组，12 个亚组，35 个种。Fryxell 在《棉族自然史》一书中发表棉属分类，在原来的基础上，重新分为 4 个亚属、7 个组、10 个亚组、39 个种。捷克棉花分类学家 Pavel Valicek 于 1978～1979 年发表《野生棉与栽培棉》。收集了当时世界上几乎所有已知的能够搜集到的棉属的种，从形态学、细胞遗传学和生物化学的研究结果，估价了棉属二倍体种系统发育的表型性状相关。发现同一基因组内存在相当高的相关性；基因组 A 和 D 之间有较高的平均相关值等，对棉属分类和进化提出了新见解。Valicek 根据得到的结果和其他分类学家的研究，对 Fryxell 所发表的棉属分类系统作了部分订正，把棉属分为 4 个亚属、5 个组、14 个亚组、37 个种。

(三) 基于细胞学的调整

染色体组的分类至今没有较完美的定论，其主因：一是缺乏细胞学的实验依据，二是更多的新种来不及进行细胞学研究，特别是有些棉种目前仅仅是分分类而已，已经没有活体材料或可以用来繁殖的种子了。Stewart(1986，1988，1991)根据杂种的能育性和染色体亲和力，提出 *G. austale*，*G. nelsonii* 和 *G. bickii* 是同一染色体组。至于列入 G 组或 C 组，待进一步研究。王坤波等(1994)的核型实验发现比克氏棉有 3 对随体，随后的荧光原位杂交分析，证实了比克氏棉 3 对随体的存在，通过核型重合率等分析，认为比克氏棉与 C 染色体组棉种差别很大，应该自该染色体组分出，但不应该单独是一个 G 染色体组，而应该与澳洲棉和奈尔迅氏棉同在一个 G 染色体组。这一观点曾经与 Stewart 讨论过并得到认可，同时还得到 Jonathan Wendel 的支持(Wang 等，2018)。Stewart 还发现 *G. pulchellum* 的染色体在棉属中最大，至少有一个末端染色体重排，减少了与 C 组染色体的同源性，与 *G. sturtianum* 和 *G. australe* 杂交的 F_1 不育。从而建议设立一个新的 K 染色体组，包括大家承认的 Kimberley 棉种。这样一来，棉属二倍体种就有 8 个染色体组，加上四倍体棉的 1 个异源双二倍体染色体组，共为 9 个。

很明显，这些染色体组及其所包括的棉种并没有全部与形态分类学相一致，如三叶棉形态分类学上是在 *Gossypium* 亚属，但在细胞分类学上却是 B 组，并不在 E 组。据 Stewart 观察，大萼组(Grandicalyx)的棉种，具有棉属的独特性状：最引人注目的是在无纤维的种子上附着假种皮(aril)，肉质结构，吸引蚂蚁取食，有助于传播种子；开花后蒴果下垂，成熟开裂，种子容易落地；所有的种都有木质的根茎(rootstock)，每年有再生能力，多年生。另外，

Valicek(1978)引用 Fryxell(1971)棉属系统发育的分枝顺序图,提到“一个意外的发现是澳大利亚西北部 4 个棉种(*G. pullchellun*、*G. populifolium*、*G. cunninghamii* 和 *G. costulatum*)与 D 染色体组棉种之间在系统发育上有密切关系”。我国曾用陆地棉与稀毛棉(*G. pilosum*)杂交,很容易获得植株,说明两者之间有一定的亲和性。这些结果说明 K 染色体组与其他染色体组的亲缘关系,它们在棉属起源与进化上的位置及其利用价值等很复杂,需要更多地深入研究。另外,经过基于染色体荧光原位杂交的比较分析,认为阿非利加棉应该独立于草棉和亚洲棉,予以一个“种”的分类地位,即 *G. africanum*(王坤波,2009)。

三、棉属分类研究的最新进展

直到 20 世纪 70～80 年代,棉属分类学趋于成熟、稳定,基本上以 Fryxell 专著为基调,并参与了 Valicek 的修正。以后的研究主要集中在新种的发现与补充和属内棉种的基因组调整。

美国棉花植物学家 J. McD. Stewart 根据他自己和 K. Vollesen 的研究结果,发表了《最新棉种分类》一文。其中 Vollesen 提出绿顶棉(*G. captis-viridis*)是异常棉的变异种,异常棉分布独特,形成地理上的隔离,北部在下撒哈拉沙漠地区,南部在纳米比亚和安哥拉。他认为这两群的异常棉可分为两个亚种:异常棉亚种异常棉(*G. anomalum* subsp. *anomalum*)分布在纳米比亚和安哥拉;异常棉亚种桑纳氏棉(*G. anomalum* subsp. *senarence*)分布在非洲北部撒哈拉地区,包括以前命名的长须棉和绿顶棉。Vollesen 在邱(Kew)植物园收集到的标本中,发现一个棉属材料,副萼(epicalyx,即苞叶)有裂片,叶片具有锯齿,命名为三叉棉(*G. trifurcatum*)。他又恢复了伯里切氏棉(*G. bricchettii*)和伯纳迪氏棉(*G. benadirense*)两个种。Hutchinson 等认为这两个种与索马里棉(*G. somalense*)并无重大区别。另外,Vollesen 在索马里搜集到一个新种,外表面很像灰白棉,但全株多毛,Fryxell 将之命名为佛伦生氏棉(*G. vollesenii*)。由法国考察队首先在墨西哥米却肯发现,后来 Fryxell 和科克(S. D. Koch)也搜集到这个材料。Fryxell 以其领队 Schwendiman 的名字将其命名为施温迪茫棉(*G. schwendimanii*)。20 世纪 80 年代后期,Fryxell 等在澳大利亚搜集到大量原始材料,发现并定名了 6 个新种。在此基础上,Fryxell 发表了大作《棉属分类学订正》一文(A revised interpretation of *Gossypium* L.),比较全面地订正了棉属的植物分类,共 45 个种,归为 4 个亚属(subgenus),其中 3 个亚属进一步分为 8 个组(section)。第 4、第 5 和第 6 等 3 个组又进一步分为亚组(subsection),依次为 3、3 和 4 个,涉及 26 个棉种。Stewart 等又发现一个新种,定名为孪生叶面棉(*G. anapoid*)。所以,迄今已经定名的棉种总数应该是 51 个。2007 年王坤波访问阿肯色大学时,Stewart 告知又一个分布于墨西哥的材料应该是新的棉种,这样,棉属应该有 52 个种。

棉属植物以形态学为主的分类处理看来形成了基本的共识,但不等于已经全部“完善”。如 Fryxell 原将茅叶棉(*G. lanceolatum* Todaro)作为独立的一个种,但后来有学者认为是陆地棉的一个种系鲍莫尔氏棉(*G. hirsutum* race *palmeri*),而 Fryxell 还想“总有一天”恢复种的地位。

很明显,基因组及其所包括的棉种并没有全部与形态分类学相一致,如三叶棉形态分类

学上是在 *Gossypium* 亚属，但在细胞分类学上却是 B 组，并不在 E 组。据 Stewart 观察，大萼组(*Grandicalyx*)的棉种，具有棉属的独特性状：最引人注目的是在无纤维的种子上附着假种皮，肉质结构，吸引蚂蚁取食，有助于种子的传播；开花后蒴果下垂，成熟开裂，种子容易落地；所有的种都有木质的根茎，每年有再生能力，多年生。又 Valicek 引用 Fryxell 棉属系统发育的分枝顺序图，提到"一个意外的发现是澳大利亚西北部 4 个棉种(*G. pullchellun*, *G. populifolium*, *G. cunninghamii* 和 *G. costulatum*)与 D 基因组棉种之间在系统发育上有密切关系"。我国曾用陆地棉与稀毛棉(*G. pilosum*)杂交，很容易获得杂种植株，说明两者之间有一定的亲和性。这些结果说明 K 基因组与其他基因组的亲缘关系，它们在棉属起源与进化上的位置及其利用价值等很复杂，需要更多深入的研究。

20 世纪 90 年代，Stewart 等在澳大利亚西北部的金伯利(Kimberley)地区采集到一个叶片正反面趋于一致的群体，作为一个新种于 1997 年定名为孪生叶面棉(*G. anapoid*)，自然也在 K 染色体组。此后 10 余年，棉属没有增加新棉种。直到 2008 年，Krapovickas 和 Seijo 发表论文，重新认证了艾克棉(*G. ekmanianum*)。他们发现，来自多米尼加几个被称为"野生型"陆地棉的群落，形态表现特殊，明显区别于已经定名的 5 个四倍体棉种，与 Wittmack 于 1928 年首次作为一个种"艾克棉""完全野性性状"描述相似，而且也仅仅生长在多米尼加群岛的干旱地区。这些群落的名称几经变更，被 Roberty(1942)和 Fyxell(1969)归到陆地棉一个种系阔叶棉(*G. hirsutum race latifolium*)的一类。Krapovickas 和 Seijo (2008)还建议将艾克棉定为四倍体第 6 个棉种，染色体组为$(AD)_6$。Jonathan F. Wendel 领导的团队于 2015 年报道了一个围绕艾克棉(5 份材料)的分子生物学研究结果，参照材料包括草棉(1 份，实际上是阿非利加棉)、亚洲棉(2 份)、陆地棉(27 份)、海岛棉(8 份)、毛棉(2 份)、黄褐棉(2 份)、达尔文氏棉(2 份)，进行了细胞核和叶绿体的两种基因组测序，结果进一步证实了艾克棉的重新确认的合理性(Grover 等，2015)。

Wendel 对棉属分类学的贡献还在于 2017 年又定名了一个新棉种斯蒂芬氏棉(*G. stephensii*)(Gallagher 等，2017)，为四倍体第 7 个种，染色体组为$(AD)_7$。这个种仅仅分布在西太平洋中部的威克岛(Wake Atoll)，最早的样本是作为陆地棉一个变种宗教棉[*Gossypium hirsutum var. religiosum* (L.) G. Watt]处理的(Bryan, 1942; Fosberg, 1959)，后来被 Fyxell(1968)作为陆地棉同名词取消了变种分级。Stephens (1966)对威克岛起源的群落很是关注，指出它们应该是陆地棉的一个野生类群，不同于或不接近于陆地棉分布地加勒比地区和太平洋其他岛屿的棉种。Wendel 等 2017 年论文的研究内容是围绕威克岛全部 3 个环礁(Peale、Wake 和 Wilkes)上的 6 个类群展开的，参考材料包括 36 份陆地棉、9 份海岛棉、6 份艾克棉以及草棉、亚洲棉、毛棉、黄褐棉和达尔文氏棉各 1 份，再次比较了形态，并进行了细胞核和叶绿体的两种基因组测序分析。形态学和分子生物学的数据都说明斯蒂芬氏棉明显区别于其他 6 个四倍体棉种，可以作为一个独立的四倍体棉种，并以采用 Stephens 名称，以纪念他在棉花分类、进化、遗传等生物学领域的非凡贡献。

关于 K 染色体组棉种的序号排列，一直难以确认。最近 Frelichowski 和 Percy(2015)虽然提出了一个建议，但不够完善。Stewart 是澳大利亚最新 7 个棉种的命名人之一(Fryxell，1992；Stewart, 1997)，在他有生之年的后期十分关注金伯利地区棉种的研究，且于

2007年同王坤波交流讨论过K染色体组棉种序号问题，并形成一个方案。该方案后来得到Wendel的赞同，并于2018年发表(Wang等，2018)，即在棉属染色体组的最新分类体系里，桑纳氏棉、三叉棉、佛伦生氏棉、伯纳迪氏棉和伯里切特氏棉等5个棉种没有被赋予具体的序号，是因为这些棉种标本不全或没有活体材料而很难进行深入研究和利用。至此，全球棉属已经定名的棉种共有54个，包括2个亚种和1个变种。表11-1汇总了棉属棉种有关自然分布范围、形态学层级和染色体组分类等信息。

表11-1　棉属最新分类表

种名	中文名	定名年份	基因组	形态次级分类	自然分布
G. hirsutum	陆地棉	1763	$(AD)_1$	印棉亚属	中美州和太平洋岛屿。世界广泛栽培
G. barbadense	海岛棉	1753	$(AD)_2$	印棉亚属	南美。世界广泛栽培
G. tomentosum	毛棉	1965	$(AD)_3$	印棉亚属	夏威夷
G. mustelinum	黄褐棉	1907	$(AD)_4$	印棉亚属	巴西
G. darwinii	达尔文氏棉	1907	$(AD)_5$	印棉亚属	加拉帕戈斯群岛
G. ekmanianum	艾克棉	1928	$(AD)_6$	—	多米尼加
G. stephensii	斯蒂芬氏棉	2017	$(AD)_7$	—	西太平洋中部的威克岛
G. herbaceum	草棉	1753	A_1	棉亚属亚非棉组亚非棉亚组	南非。在中东和非洲部分地区栽培
G. herbaceum subs africanum	阿非利加棉	1987	A_{1-a}	—	南部非洲：安哥拉、纳米比亚、津巴布韦、莫桑比克、博茨瓦纳、南非
G. arboreum	亚洲棉	1753	A_2	棉亚属亚非棉组亚非棉亚组	主要在南亚和远东栽培
G. anomalum	异常棉	1860	B_1	棉亚属亚非棉组畸形亚组	安哥拉和纳米比亚
G. anomalum subsp. senarense	桑纳氏棉	1987	B	棉亚属亚非棉组畸形亚组	安哥拉和纳米比亚
G. triphyllum	三叶棉	1862	B_2	棉亚属三叶组	安哥拉、博茨瓦纳、纳米比亚
G. capitis-viridis	绿顶棉	1950	B_3	棉亚属亚非棉组畸形亚组	佛得角群岛
G. trifurcatum	三叉棉	1987	B / E	棉亚属锯齿叶组	索马里
G. sturtianum	斯特提棉	1849	C_1	澳棉亚属澳棉组	澳大利亚中部
G. sturtianum var nandewarense	南岱华棉	1964	C_{1-n}	澳棉亚属澳棉组	澳大利亚东部
G. robinsonii	鲁滨逊氏棉	1875	C_2	澳棉亚属澳棉组	澳大利亚西部
G. thurberi	瑟伯氏棉	1855	D_1	美棉亚属美棉组美棉亚组	美国亚利桑那州南部、墨西哥北部
G. armourianum	辣根棉	1933	D_{2-1}	美棉亚属美棉组落苞亚组	墨西哥
G. harknessii	哈克尼西棉	1889	D_{2-2}	美棉亚属美棉组落苞亚组	墨西哥
G. klotzschianum	克劳茨基棉	1855	D_{3-k}	美棉亚属美棉组全缘叶亚组	加拉帕戈斯群岛
G. davidsonii	戴维逊氏棉	1873	D_{3-d}	美棉亚属美棉组全缘叶亚组	墨西哥
G. aridum	旱地棉	1911	D_4	美棉亚属绵毛木组绵毛木亚组	墨西哥

(续表)

种名	中文名	定名年份	基因组	形态次级分类	自然分布
G. raimondii	雷蒙德氏棉	1932	D_5	美棉亚属绵毛木组南美亚组	墨西哥
G. gossypioides	拟似棉	1913	D_6	美棉亚属绵毛木组 Selera 亚组	墨西哥
G. lobatum	裂片棉	1956	D_7	美棉亚属绵毛木组绵毛木亚组	墨西哥
G. trilobum	三裂棉	1824	D_8	美棉亚属美棉组美棉亚组	墨西哥
G. laxum	松散棉	1972	D_9	美棉亚属绵毛木组绵毛木亚组	墨西哥
G. turneri	特纳氏棉	1978	D_{10}	美棉亚属美棉组落苞亚组	墨西哥
G. schwendimanii	施温迪茫棉	1987	D_{11}	美棉亚属绵毛木组绵毛木亚组	墨西哥
G. stocksii	司笃克氏棉	1874	E_1	棉亚属亚非棉组 Pseudopambak 亚组	索马里、阿曼、巴基斯坦
G. somalense	索马里棉	1904	E_2	棉亚属亚非棉组 Pseudopambak 亚组	尼日尔、乍得、苏丹、埃塞俄比亚、索马里、乌干达和肯尼亚
G. areysianum	亚雷西亚棉	1895	E_3	棉亚属亚非棉组 Pseudopambak 亚组	也门南部
G. incanum	灰白棉	1935	E_4	棉亚属亚非棉组 Pseudopambak 亚组	也门南部
G. vollesenii	佛伦生氏棉	1987	E	棉亚属亚非棉组 Pseudopambak 亚组	索马里
G. benadirense	伯纳迪氏棉	1916	E	棉亚属亚非棉组 Pseudopambak 亚组	埃塞俄比亚、索马里、肯尼亚
G. bricchettii	伯里切特氏棉	1987	E	棉亚属亚非棉组 Pseudopambak 亚组	索马里
G. longicalyx	长萼棉	1958	F_1	棉亚属亚非棉组长裂亚组	苏丹、乌干达、坦赞尼亚
G. bickii	比克氏棉	1910	G_1	澳棉亚属似木槿组	澳大利亚中部
G. australe	澳洲棉	1858	G_2	澳棉亚属似木槿组	澳大利亚中、北部
G. nelsonii	奈尔逊氏棉	1974	G_3	澳棉亚属似木槿组	澳大利亚中部
G. exiguum	小小棉	1992	K_1/K_8^*	澳棉亚属大萼组	澳大利亚西北金伯利地区
G. rotundifolium	圆叶棉	1992	K_2/K_{12}^*	澳棉亚属大萼组	澳大利亚西北金伯利地区
G. populifolium	杨叶棉	1863	K_3/K_2^*	澳棉亚属大萼组	澳大利亚西北金伯利地区
G. pilosum	稀毛棉	1974	K_4/K_5^*	澳棉亚属大萼组	澳大利亚西北金伯利地区
G. marchantii	马全特氏棉	1992	K_5/K_{10}^*	澳棉亚属大萼组	澳大利亚西北金伯利地区
G. londonderriense	伦敦德里棉	1992	K_6/K_9^*	澳棉亚属大萼组	澳大利亚西北金伯利地区
G. enthyle	林地棉	1992	K_7/K_7^*	澳棉亚属大萼组	澳大利亚西北金伯利地区
G. costulatum	皱壳棉	1863	K_8/K_1^*	澳棉亚属大萼组	澳大利亚西北金伯利地区
G. cunninghamii	肯宁汉氏棉	1863	K_9/K_3^*	澳棉亚属大萼组	澳大利亚最北部
G. pulchellum	小丽棉	1923	K_{10}/K_4^*	澳棉亚属大萼组	澳大利亚西北金伯利地区
G. nobile	显贵棉	1992	K_{11}/K_{11}^*	澳棉亚属大萼组	澳大利亚西北金伯利地区
G. anapoides	孪生叶面棉	1997	K_{12}/K_6^*	澳棉亚属大萼组	澳大利亚西北金伯利地区

[注] * 基因组编号是由 Frelichowski 和 Percy 的建议(Frelichowski J. & Richard Percy. Germplasm Resources Collection and Management // Fang D, Percy R, editors. Cotton, Agronomy Monograph 24. Madison: ASA-CSSA-SSSA. 2015. p.45-76).

第三节　栽培种的分类与地理分布

从上述分类简史可以看出，18世纪棉花最早分类研究就是围绕栽培棉进行的，林奈氏最先关于棉属定名的4个种就是后来一直被广泛接受的4个栽培棉种。在“种”的概念明确后，也才认识到人们早期棉花的分类多是在栽培种种内的形态学分类。由于栽培种在长期的自然演化与栽培驯化过程中，在形态或地理分布上形成了丰富的多态性或遗传多样性，加之手段等方面的限制，所以早期的分类研究也较混乱。Zaitzev奠定了旧世界与新世界棉种概念的基础，迄今，较为成熟的观点是Hutchinson和Ghose等提出的。

一、旧世界栽培种的分类与地理分布

（一）草棉

草棉原产于非洲南部，是非洲大陆的栽培种，又称为非洲棉(African cotton)。后又传播到亚洲大陆的部分棉区，形成了许多生态地理类型。20世纪30年代，草棉(*G. herbaceum*)被分为3个变种：var. *typicum*, var. *frutescense*和var. *africanum* (Harland 1932; Hutchinson和Ghose 1937)。在1950年，Hutchinson自己又把草棉分为以下5个种系(race)：

1. 波斯棉(race *persicum* Hutch.)　是草棉的典型种系。分布在伊朗、土耳其、阿富汗、伊拉克和地中海地区。在该分布地表现为一年生灌木。

2. 库尔加棉(race *kuljianum* Hutch.)　是草棉中最早熟的种系。分布在中国的甘肃、新疆和苏联的中亚地区。在该分布地表现为一年生灌木。

3. 槭叶棉(race *acerifolium* Hutch.)　茎干坚实，分枝多，植株较高大。分布在北非及撒哈拉沙漠以南，从埃塞俄比亚到冈比亚，在埃及和利比亚的沙漠绿洲以及沙特、也门等地也有种植。在该分布地表现为多年生灌木。

4. 威地安棉(race *wightianum* Hutch.)　茎干坚实，分枝多，植株较高大。19世纪由波斯引入印度西部种植。在该分布地表现为一年生灌木。

5. 阿非利加棉(race *africanum* Hutch.)　生长茂密，分枝细弱且多。主要分布在非洲西南部的津巴布韦、莫桑比克、斯威尔士和南非的德兰士瓦省。在该分布地表现为多年生灌木。

（二）亚洲棉

亚洲棉原产于印度次大陆，我国旧时称为中棉。由于在亚洲最早栽培和传播，所以被称为亚洲棉(Asiatic cotton)。我国学者王善佺和冯泽芳收集我国13个省共112个亚洲棉品种进行大田形态观察，采用Watt的分类方法，将其分为24个类型。后来王善佺结合生态与经济价值，将亚洲棉归纳为8个类型：早熟类、大铃类、长绒类、粗绒类、紫绒类、毛叶类、丛型类和杂类。Silow根据分布规律，结合遗传学研究成果，把亚洲棉(*G. arboreum* L.)分为6个地理种系(race)。

1. 苏丹棉(race *soudanense* Si.)　分布在非洲的苏丹、塞内加尔、达荷美、尼日利亚、安哥拉、赞比亚、马达加斯加、乌干达、埃塞俄比亚和南阿拉伯等地。

2. 印度棉(race *indicum* Si.)　分布在印度半岛达普提河以南、卡体阿瓦半岛、古吉拉特和斯里南卡等地。

3. 缅甸棉(race *burmanicum* Si.)　分布在缅甸、孟加拉国、不丹、尼泊尔、印度东部的阿萨姆邦和奥里萨邦,以及越南、马来西亚和菲律宾群岛等地。

4. 长果棉(race *cernum* Si.)　分布局限于多雨的印度阿萨姆邦的加里山区和孟加拉国东部。

5. 孟加拉棉(race *bengalense* Si.)　分布于印度的旁遮普、拉布丹拿、古吉拉特、卡体阿瓦半岛和孟加拉等。

6. 中棉(race *sinense* Si.)　分布于中国、日本和朝鲜等地。

二、新世界栽培棉种的分类与地理分布

(一) 陆地棉

陆地棉原产于中美洲的墨西哥高地和加勒比海地区,又称高原棉(Upland cotton)。关于陆地棉种内的分类,多有变化。J. F. Duggar 把陆地棉(*G. hirsutum* L.)分成 8 类。Brown 根据棉铃形状、大小及纤维的长短,将陆地棉分成 7 类。Hutchinson 等根据主茎分枝习性及其他性状,把陆地棉分成两个变种:var. *punctatum* 和 var. *marie-galante*。Hutchinson 随后按照种的演变原则,将陆地棉分为 7 个地理种系。Mauer 把陆地棉(*G. hirstum*)分为 4 个亚种:subsp. *Mexicanum* (Tod) Mauer, subsp. *Punctatum* (Schum. et Thonn.) Mauer, subsp. *paniculatum* (Blanco) Mauer, subsp. *euhirsutum* Mauer。他又把亚种 *Mexicanum* 进一步分为三个变种:var. *nervosum*, var. *microcarpum* 和 var. *taitense*。到目前,Hutchinson 于 1954 年 7 个种系的分类得到较多的认同,其名称以及地理分布如下。

1. 莫利尔棉(race *morrilli*)　分布在墨西哥瓦哈卡、普埃布拉和莫雷洛斯等高地,是陆地棉野生类型自然分布区最北的一个种系,在该区生长习性为多年生灌木。

2. 雷奇蒙德棉(race *richmond*)　主要分布在墨西哥瓦哈卡以南地区,为株型松散、分枝细柔的多年生灌木。

3. 帕默尔棉(race *palmeri*)　分布在墨西哥格雷罗和瓦哈卡西部沿海地区,为主茎高大的多年生灌木。

4. 尖斑棉(race *punctatum*)　分布于墨西哥湾的中美洲、海地、古巴等地区,向南延伸到波多黎各岛,为丛状的多年生灌木。

5. 尤卡坦棉(race *yucatanense*)　分布于墨西哥的尤卡坦半岛的普罗格雷素地区,为蔓生多年生灌木。

6. 玛利加郎特棉(race *marie-galante*)　分布于古巴以南加勒比海的大小安的列斯群岛,以及萨尔瓦多、巴拿马到巴西北部的南美洲沿海地区,为植株高大的多年生灌木。

7. 阔叶棉(race *latifolium*)　分布中心在墨西哥的恰帕斯地区和危地马拉中北部,为多年生灌木,也有一年生栽培的材料。

对陆地棉种系的处理,有人分为 8 个种系,就是在上述 7 个种系的基础上还有个 race

mexicaum。但多认为这个种系应该归为陆地棉上述 7 个种系中,但到底归到哪一个尚无一致的看法。目前世界各主要产棉国栽培的陆地棉品种基本上是来自其野生种系阔叶棉。

(二) 海岛棉

海岛棉原产于南美洲、中美洲、加勒比海群岛、加拉帕戈斯群岛等地区,称 Sea-island cotton。Hutchinson 等将之分为 1 个典型种和 2 个变种。

1. 蒴果大(3.5 cm 或更长)　蒴果表面有粗糙的凹点,近乎光滑的很少,在凹点内有黑色油腺。种子被有长的纤维。

G. barbadense(海岛棉)蒴果长少于 6 cm,基部宽,种子分离。

G. barbadens var. *brasiliense*(巴西棉)蒴果长超过 6 cm,中部最宽,基部逐渐变尖,种子合生(肾状)。

2. 蒴果小(长 3 cm,或小于 3 cm)　蒴果表面有极小的凹点,有油腺,常光滑,种子被有稀少、不规则的棕色纤维。

G. barbadense var. *darwinii*(达尔文氏棉)。

这 3 个种(变种)的地理分布如下。

海岛棉(*G. barbadense* L.):分布于南美洲的热带区域,从阿根廷的西北部向北,及加拉帕戈斯群岛,偶见于中美洲和安德列斯群岛、美洲东南部、非洲部分、玻利尼西亚和中国云南(离核木棉)。美国的高品质的海岛棉、商业用的埃及棉、秘鲁的 Tanguis 品种均属这个种。

巴西棉[*G. barbadens* var. *brasiliense* (Macfayden) Hutchinson 等]:分布于巴西东北部、南美洲东部热带区域、中美洲、安德列斯群岛、非洲、中国(华南各省的联核木棉)、印度等地。

达尔文氏棉[*G. barbadense* var. *darwinii* (Watt) Hutchinson 等]:分布于加拉帕戈斯群岛。

至于达尔文氏棉列为独立的种或海岛棉的变种,尚有争议。经 Hutchinson 等研究加拉帕戈斯群岛的棉种,除典型的 *G. barbadense* 外,*darwinii* 有多种中间类型。他们认为这些变异是有长期隔离的 *darwinii* 与引进的 *G. barbadense* 的杂交结果。因此,把 *darwinii* 列为变种,也就是 *G. barbadense* var. *darwinii*。Fryxell 发表的"棉属分类学订正"中,将其列为独立的棉种。

三、栽培种的起源与演化

(一) 栽培棉起源的早期过渡演化类型

在第三纪时期,新世界大陆上的巴拿马地峡下沉,被海水淹没,北方地区发生分割,在墨西哥地区产生了早期的陆地棉,西印度群岛和南美北部产生了 *G. tricuspidatum*;南方地区,在安第斯山区产生了早期的海岛棉,巴西高原产生了黄褐棉(*G. mustelinum*)。由于南美洲从北美洲分割出去,在安第斯山区产生了雷蒙德氏棉(*G. raimondii*),在墨西哥产生了戴维逊氏棉(*G. davidsonii*)。戴维逊氏棉的分布地(现在的下加利福尼亚)在从前是与大陆连接的半岛,而后来一部分分离出去成为加拉帕戈斯群岛。这个群岛从北美大陆分裂以后,在这些岛屿上产生了独立的种克劳茨基棉(*G. klotzshianum*)。在此时期或早一些时期,夏威夷群岛从北美大陆分离,在它们上面又产生四倍体种毛棉(*G. tomentosum*)。在美洲棉亚属(*Karpas*)的范围内,在墨西哥太平洋沿岸高山地区和下加利福尼亚及其海湾的岛屿上,由于生态条件的剧烈变化,形成了一些新种,分为两个亚组,*Ingenhouzia* 和 *Caducibracteolata*,前者由 *aridum*、*trilobum*、*gossypioides* 等种组成,后者由 *harknessii*、*armourianum*、*californicum* 等种组成。因此,棉属在白垩纪就形成 3 个基本种的类组,即以下 3 个亚属:

(1) 在澳大利亚的澳洲棉亚属(*Sturtia*, $2n = 26$);

(2) 在亚洲及非洲的古热带的亚非洲棉亚属(*Eugossypium*, $2n = 26$);

(3) 新世界热带的美洲棉亚属(*Karpas*, $2n=26$ 或 52)。

美洲棉亚属由二倍体和四倍体种组成,也就包括了新世界栽培种陆地棉和海岛棉的早期原始类型,而二倍体旧世界栽培种草棉和亚洲棉早期原始类型包括在亚非洲棉亚属。

(二) 旧世界栽培种的起源与演化

草棉和亚洲棉均为 A 基因组。一系列的研究表明,B 基因组与 A 基因组的亲缘关系最为密切,也是棉属中仅有的基因组间杂种产生可育后代的种。因此认为 A 基因组是从 B 基因组演化而来的。

Hutchinson 研究了旧世界 A 基因组棉种的起源问题。一些草棉(*G. herbaceum*)的原始类型在非洲南部地区被发现,由于亚洲和非洲的商业往来,草棉的最原始类型的变种阿非利加棉(*africanum*)在南阿拉伯被发现,草棉的原始栽培类型槭叶棉(*acerifolium*)在阿拉伯及伊朗被发现。Hutchinson 认为,草棉的进化途径可能是下列方式:草棉多年生的原始栽培类型槭叶棉是由非洲草棉的野生类型发育而来。槭叶棉随着一年生类型的分化,逐渐向北扩展,即产生了波斯棉(race *persicum*)和库尔加棉(race *kuljianum*)。*G. arboreum* 的早期类型也是由原始的多年生的草棉分化而来。*G. arboreum* 由印度西部传布到印度北部,在该处首先产生了北方的多年生类型作为一种纺织原料作物开始被栽培着,经过人工和自然选择,逐渐向一年生类型分化,不断扩大栽培范围。Hutchinson 的结论是,草棉的野生变种阿非利加棉(*africanum*)是非洲棉花中真正的野生类型,是所有旧世界栽培棉的祖先。

亚洲棉是从印度河流域传播开来的。亚洲棉作为多年生植物最初在信德地区栽培,一个方向传到印度西部,另一个方向传到旁遮普,直至几乎整个印度半岛。亚洲棉集中在 Bengal 和 Assam 高地,发展成为演化中心,进而形成 4 个种系:缅甸种系(*burmanicum*)、长果种系(*cernum*)、中国中棉种系(*sinense*)和孟加拉种系(*bengalense*)。在 Madras 北部发现了印度种系(*indicum*),在苏丹形成苏丹种系(*soudanense*)。

(三) 新世界栽培种的起源与演化

棉属有 5 个四倍体棉种,栽培棉种 2 个。在研究棉属四倍体棉种的起源与演化时,多是以栽培棉种为实验材料的,尤其在遗传学或细胞学方面。所以,迄今的研究资料所反映的主要是四倍体栽培种或新世界栽培种的背景。四倍体棉种起源与演化的焦点主要是起源的地点与时间、供体种。

四倍体栽培种是由新世界 D 基因组棉种与旧世界 A 基因组棉种形成的异源四倍体,这一点基本上是公认的,而且是在美洲形成的。那么它们的起源地点的问题实质是 A 基因组供体种是如何到达新世界参与形成过程的。持不同的观点很多,但依据比较充分、较新近的研究是 Phillips 和 Fryxell。前者主要以细胞遗传学为主，结合其他学科的研究，认为异源四倍体棉种既不是古老的起源，因为其 A 和 D 亚基因组(或称为"亚组"，subgenome) [$A_{(AD)}$和$D_{(AD)}$]染色体与相应可能供体的二倍体种基因组 A 和 D 在结构上存在高度的相似性；但也不是不久前起源的，因为四倍体棉种在形态、生理和生态方面存在丰富的多样性。Fryxell 也赞同其说法，认为四倍体棉种极大可能在更新世(约 100 万年前)形成的，祖先 A 基因组棉种是通过大西洋传播到新世界的。

至于供体种的研究一直很多，争论也不少。既然是异源四倍体，就牵涉到 A 与 D 两套染色体的来源。如前所述，供实验的材料有陆地棉和海岛棉，所以也还有 2 个栽培种是同源起源还是非同源起源的问题。四倍体棉种的 A 亚组[$A_{(AD)}$]的起源，依次有亚洲棉、草棉的观点，后集中于草棉的野生类型阿非利加棉，陆地棉和海岛棉均如此，这一点迄今基本上形成了共识。四倍体棉种的 D 亚组[$D_{(AD)}$]的供体种，最初认为是陆地棉和海岛棉为同源起源，先为瑟伯氏棉，随后多数研究者认为是雷蒙德氏棉。但是，这些观点受到新近许多研究的挑战。

Sherwin 认为拟似棉或三裂棉可能是陆地棉的供体。Parks 等根据类黄酮化合物的数量变化，认为克劳茨基棉是海岛棉和毛棉的供体种，雷蒙德氏棉是陆地棉的供体。Johson 根据种子蛋白质电泳分析，认为海岛棉的 D 亚组染色体的供体可能是雷蒙德氏棉，而陆地棉则可能是瑟伯氏棉、三裂棉、戴维逊氏棉、克劳茨基棉、辣根棉和哈克尼西棉中的一个。钱思颖等根据脂酶同工酶的分析，提出瑟伯氏棉和三裂棉为陆地棉祖先的看法。聂汝芝等对包括陆地棉的一些种系进行了核型分析，结果认为三裂棉、瑟伯氏棉和雷蒙德氏棉都有可能是陆地棉的供体，但是不同结论对应于不同的种系。在他们的核型实验中，采用的种系缺乏材料的典型性，所以也难以说明问题的实质。王坤波等完成了 D 基因组 11 个棉种的核型研究，根据核型公式、核型结构特征值的比较，以及核型重合率、异质系数等指标分析，认为陆地棉的 D 亚组染色体供体可能是戴维逊氏棉和克劳茨基棉，海岛棉的供体可能是拟似棉。

综上所述，新世界栽培种陆地棉和海岛棉的 D 亚组染色体起源，应该是非同源起源的，但各自的供体种或近似供体种究竟是什么种，还需要进一步深入的研究。

(撰稿：王坤波；主审：张存信)

参考文献

[1] Edwards G A. The karyotype of *Gossypium herbaceum* L. Caryologia, 1977,30.

[2] Edwards G A. Genomes of the Australia wild species of cotton *Gossypium sturtianum*, the standard for the C genome. Can. J. Genet. Cytol., 1979,21.

[3] 聂汝芝，李懋学. 三种野生和四个栽培棉种核型研究. 植物学报，1985,27(2).

[4] 王坤波，李懋学. 棉属 D 染色体组的核型变异和进化. 作物学报，1990,16(3).

[5] 王坤波，宋国立，黎绍惠，等. 陆地棉的核型模式. 遗传，1995,17(6).

[6] 王坤波，王文奎，王春英，等. 海岛棉原位杂交及核型比较. 遗传学报，2001,28(1).

[7] Watt G. The Wild and Cultivated Cotton Plants of the World. London: Longmans, 1907.

[8] Zaitzev G S. A contribution to the classification of the genus *Gossypium* L., Bull. Appl. Bot. Genet.

Pl. Breed. , 1928,18.

[9] Hutchinson J B, Silow R A, Stephens S G. The Evolution of *Gossypium*. London: Oxford University Press, 1947.

[10] Phillips L L, Strickland M A. The cytology of a hybrid between *Gossypium hirsutum* and *G. longicalyx*. Can. J. Genet. Cytol. , 1966,8.

[11] Fryxell Paul A. The Natural History of the Cotton Tribe. Texas A & M University Press, College Station and London, 1979.

[12] Fryxell Paul A. A revised taxonomic interpretation of *Gossypium* L. (*Malvaceae*). Rheedea, 1992, 2(2).

[13] Stewart J McD, Craven L A, Wendel J F. A New Australian Species of *Gossypium*. Proceedings of Beltwide Cotton Conference, 1997,448.

[14] 王坤波.美国棉花资源现状.中国棉花,2008,35(6).

[15] 王春英,王坤波,王文奎,等.棉花 gDNA 体细胞染色体 FISH 技术.棉花学报,1999,11(2).

[16] 钱思颖,黄骏麒,洪爱华,等.棉属脂酶同工酶的分析.江苏农业学报,1985,1(4).

[17] 王坤波.棉属 21 个种基于原位杂交的核型分析.中国农业科学院研究生院博士学位论文,2009

[18] Wang Kunbo, 1994, Identification of Karyotype of *Gossypium Bickii* Proch. , Proceedings of World Cotton Research Conference-1 (Brisbane, Australia: 299 - 302).

[19] WANG Kunbo, WENDEL Jonathan F and HUA Jinping, Designations for individual genomes and chromosomes in *Gossypium*, Journal of Cotton Research, 2018, 1: 3; https://doi. org/10. 1186/s42397-018-0002-1.

[20] C. E. Grover, X. Zhu, K. K. Grupp, J. J. Jareezek, J. P. Gallagher, E. Szandkowski, J. G. Seijo, J. F. Wendel, Molecular confirmation of species staus for the allopolyploid cotton species, *Gossypium emanianum* Wittmack, Genet Resour Crop Evol, 2015,62:103 - 104, DOI 10.1007/s1072 - 014 - 0138 - x.

[21] Joseph P. Gallagher, Corrinne E. Grover, Kristen Rex, Matthew Moran, and Jonathan F. Wendel, A New Species of Cotton from Wake Atoll, *Gossypium stephensii* (Malvaceae), Systematic Botany, 2017,42(1):115 - 123. DOI 10.1600/036364417X694593.

第十二章　棉花商品品种的合理利用与科学引种

品种是先进生产力的具体表现。种子是农业的基本生产资料，选种和引种是棉花生产的基础性工作。据不完全统计，全国通过省级以上初次审定的自育棉花品种，“六五”时期(1981～1985)17个，“七五”时期(1986～1990)27个，“八五”时期(1991～1995)41个，“九五”时期(1996～2000)124个，“十五”时期(2001～2005)985个，“十一五”时期(2006～2010)603个，“十二五”时期(2011～2015)386个，2016年63个和2017年76个。1981～2017年的37年间总计2 322个，其中，从2000年《种子法》颁布到2017年的18年间，全国初次审定的棉花品种数量有1 974个，占这37年总数量的85%，其数量之多为历史之最，并由多生乱，由乱致杂。

本章论述我国棉花品种的演变和更新换代，新品种的功能，商用品种的类型划分、合理选种和科学引种，以期为科学植棉提供技术指导。

第一节　我国棉花品种的演变和更新换代

我国虽非棉花原产国，但植棉历史悠久，两千年前就引进了亚洲棉、草棉在边疆某些地方种植，古书中称“吉贝”“古贝”“白叠”“梧桐木”“古终藤”和“木棉”等，后发展到全国。19世纪中后期引进陆地棉、海岛棉在全国推广。中国棉花品种的演变特点是亚洲棉、草棉种植的时间最长，形成的农家品种最多；之后，陆地棉和海岛棉替代了亚洲棉和草棉，育成的品种最多；其中陆地棉品种更新最快，产量提高最快，品质不断改良，熟性类型更丰富。

一、草棉品种的引进和演变

草棉由中亚细亚传入我国新疆、甘肃，再未东进。历史上我国曾在新疆和甘肃河西走廊的干旱地区种植草棉，并演变成几个以地名命名的地方品种，如敦煌草棉、金塔草棉等。但由于草棉产量低、纤维粗而短，不耐潮湿，目前已近绝迹。

二、亚洲棉品种的引进和演变

亚洲棉在我国种植的历史最长，分布范围最广，变异类型也多，故在我国又称之为中棉。亚洲棉是由印度经缅甸、泰国、越南传入我国海南、云南、广东、广西、福建等地。亚洲棉传入我国海南、广东等沿海地区时，还维持多年生木本植物的原状，所以亦称木棉。12世纪后期(或13世纪初)，亚洲棉传到了长江流域，后向北扩展到黄河流域和辽河流域。亚洲棉早熟，抗旱、抗病、抗虫能力强，在多雨地区烂铃少，产量比较稳定，但因产量低，纤维粗短，不适应中支以上的机器纺织，已于20世纪50年代被陆地棉所取代，目前仅云贵高原等少数民族地区仍有少量种植。亚洲棉在长期的栽培过程中，由于地理生态条件、自然演变和人工选择等作用，形成了形态各异的地方品种。20世纪20年代开始了亚洲棉的育种研究工作，采用铃选、株选方法，先后育成青茎鸡脚叶棉、小白花棉、江阴白籽棉、孝感光籽长绒棉、百万棉等著名品种。

三、陆地棉的引进和演变

1865年我国最先从美国引进陆地棉在上海试种，以后多次从美国引入陆地棉品种在主要棉区试种。1950年引进的岱字棉15号(Deltapine15)，因丰产、优质、适应性广等特性，很快在长江、黄河流域棉区推广。我国科技工作者不断地对其进行改良，使国产陆地棉品种以惊人的速度普及全国，代替国外引进的陆地棉品种。

我国棉花品种经历了引进—自育—引进和自育结合—自育为主的发展历程。据中国棉花生产监测预警数据，生产上种植的棉花品种数量也从20世纪50年代的10多个增长到21世纪的600多个，增长59倍；品种熟性类型和品质类型也呈多样化，产量提高、品质改良和抗病性都有增强。特别是近10年，大力发展育种新技术，国产转*Bt*基因抗棉铃虫品种进入生产应用，杂交种面积占1/3。我国棉花更新换代大体可划分为六个阶段。

第一次换种是1950～1960年。1950年引进岱字棉15号，同时又引进斯字棉2B、斯字棉5A。岱字棉15号在长江流域试种并大面积推广，斯字棉2B等继续在黄河流域推广。由于岱字棉15号表现丰产、品质优良，又迅速扩大到黄河流域棉区，1955年引进品种全部替代了长期种植的亚洲棉和退化的陆地棉。据统计，1958年岱字棉15号品种的种植面积350万hm^2，占全国面积的62%，成为我国年推广面积最大的品种。

第二次换种是1961～1979年。推广系统选育的品种，也叫改良品种，取代了占80%以上的国外引进品种。长江流域有洞庭1号、彭泽4号、沪棉204、鄂棉6号等；黄河流域有徐州209、徐州1818、中棉所2号、冀邯3号等。这些自育品种都比岱字棉15号增产15%以上。

第三次换种是1980～1987年。主要以丰产、抗病的新品种代替部分感病品种，适合不同生态条件、耕作制度和用途的品种进行规模种植。黄河流域先推广鲁棉1号，后推广鲁棉6号、豫棉1号、河南79、冀棉8号及冀棉10号；在湖北先推广鄂沙28，后被鄂荆92、鄂棉12及鄂荆1号所替代；在江苏推广泗棉2号，在枯萎病区推广86-1；在辽宁推广辽棉7号、辽棉8号及辽棉9号；在山西推广晋棉5号、晋棉6号及晋棉10号；在新疆推广军棉1号和新陆早1号；在山东、河南两省扩大麦、棉两熟面积，推广短季棉中棉所10号等。这期间，用1973年从美国引入的兰布莱特GL-5 (Lanbright GL-5)等低酚棉种质作亲本，育成的豫棉2号、中棉所13、中棉所18、晋棉14、晋棉12等低酚品种在黄河流域棉区推广。

第四次换种是1988～1994年。抗病品种全部替换感病品种，中等纤维品质品种替换品质较差品种，适合麦棉两熟的短季棉品种进一步扩大。抗病品种有中棉所12、86-1、冀棉14、豫棉4号、鲁棉6号、鄂荆1号、盐棉48及苏棉2号等；短季棉品种有中棉所16、辽棉9

号、鲁棉10号、鄂棉13及新陆早2号等;品质较好的品种有中棉所19、泗棉3号等。这些品种的推广,使我国棉花品种的抗病性明显有所提高,纤维品质明显改善。

第五次换种是1995年以后,着重推广高产杂交种和抗虫棉品种,继续推广抗病、品质中等及短季棉品种。在长江流域有泗棉3号、苏棉8号、湘杂2号、皖杂40、鄂抗棉5号、川棉109等;在黄河流域推广中棉所12、中棉所19、中棉所23、中杂28、冀棉24、新棉33B等;在新疆除军棉1号、新陆早1号、新陆早5号外,还从内地引入中棉所19、冀棉24等进行推广。

第六次换代(2000年至今),自2000年《种子法》颁布之后,棉花品种选育进入国有、民营和引进的多元化时代,育成品种多。

我国经多次品种更新换代,在产量水平、熟性、抗病、抗虫等方面获得显著提高,自育国产品种基本取代了引进品种。据统计,我国自育品种年种植面积超千万亩(1亩=666.7 m^2)的品种有中棉所12、中棉所16、鲁棉1号、鲁棉6号。但在棉花纤维品质方面与美棉品种相比整体上存在差异,主要表现在纤维强力不足。在品种的生物学特征特性方面也不及美棉品种一致性好、整齐度高。这不仅要在育种上加强选育,在棉花的收购政策上也要做到优质优价。随着我国国民经济快速发展、城市化进程的加快、棉花生产集约化程度提高,我国的自育品种一定会得到全方位的提高。

四、海岛棉的引进和演变

(一) 多年生海岛棉的引进

海岛棉原产南美洲、中美洲及加勒比地区。世界上多年生海岛棉主要有葡萄叶棉(*vitifolium*)、巴西棉(*brasiliense*)和秘鲁棉(*pervianum*)3种,而我国只有巴西棉和葡萄叶棉2种类型。属于巴西棉的联核木棉很可能是荷兰人1907年前自南美洲传入我国台湾,后来主要分布在华南五省及四川南部的西昌地区。属葡萄叶棉的离核木棉很可能是自埃及传入云南,后来分布于云贵高原、广西、福建等地。

(二) 一年生海岛棉的引进

世界上一年生海岛棉主要有埃及型(Egyptian type)、美国埃及型(American-Egyptian type)和中亚型(Middle Asia type)3种。埃及型海岛棉是目前世界上种植面积最大的类型,1950年后我国从埃及引种吉扎45等品种,较适于我国华南和长江流域棉区种植。美国埃及型是海岛棉种群中品质最好的类型,主要是近代引进的美国比马(Pima)系列等。中亚型是20世纪初我国和苏联等中亚国家从引入的埃及型、美国埃及型海岛棉中通过人工驯化和多种杂交选育方法育成的一年生型,主要特点是矮生的零式果枝或有限果枝的紧凑株型。一年生海岛棉引种后,在南部云南、广西、福建、广东及新疆地区种植。后来,因南方地区海岛棉病虫害种类较多,光照不足,产量低,经济效益不及烟叶和甘蔗,不再种植海岛棉;而新疆光照充足,温度较高,气候干燥,是海岛棉种植最适宜的地区,后逐步成为我国唯一的海岛棉生产基地。

新疆海岛棉育种自20世纪50年代以来,经历了引种驯化、系统选育、杂交育种等发展阶段,截至2017年已育成60多个品种。

20 世纪 50 年代是引种驯化时期。我国主要从中亚和埃及、美国等地引进长绒棉品种，并在吐鲁番盆地和塔里木盆地试种。从苏联中亚地区引进了 2 依 3、910 依、5476 依、8763 依、5904 依、司 6022 等。这些品种多表现为植株高大松散、晚熟、产量低。这一时期我国长绒棉品种改良的重点是提高引进品种的早熟性。因为中亚地区与新疆的自然生态条件相近，来自中亚地区的品种比埃及和美国品种在新疆表现出更好的适应性，引进的上述品种多数可在生产上直接应用。有的引进品种还成为系统选育和杂交育种的骨干亲本。1959 年农一师沙井子试验站从 2 依 3 天然变异株中经系统选育，育出我国第一个长绒棉品种胜利 1 号。

20 世纪 60～70 年代是系统选育时期。我国育成新海棉、军海 1 号、新海 3 号等早熟、丰产品种，从而替代了引进品种。品种株型更趋紧凑，属零式分枝类型，早熟性、适应性及产量性状均得到显著提高，纤维品质有一定程度的改进，但纤维强度偏低。军海 1 号 1970 年至 1985 年一直是南疆塔里木盆地长绒棉的主栽品种，从 1968 年至 1985 年累计种植面积 24.9 万 hm^2。

20 世纪 80 年代以后是杂交育种时期。在进一步提高品种的适应性、抗逆性及优化产量性状的同时，着重纤维品质及抗病性的提高。本时期育成的新海 5 号至新海 12 号等品种，综合性状得到明显改良。新海 5 号属中熟品种，无限果枝，Ⅱ、Ⅲ型分枝，抗耐高温，适宜于吐鲁番火焰山南部种植。1985 年以后，该品种一直是火焰山南部地区的主栽品种。新海 9 号属早熟品种，零式与有限果枝混生类型，抗耐枯萎病，从 20 世纪 90 年代至今一直是火焰山以北地区的主栽品种。80 年代中期 90 年代后期以后，新海 3 号开始大面积种植，是继军海 1 号之后塔里木盆地长绒棉区的主栽品种。20 世纪 90 年代育成新海 13 号至新海 18 号等品种，其中新海 14 号丰产性状较好，90 年代后期成为塔里木盆地长绒棉种植区的主栽品种之一。2000～2005 年，育成的品种有新海 19 号、20 号、21 号、22 号、23 号、24 号和 25 号，其中，新海 19 号抗Ⅱ、Ⅲ型枯萎病，结铃性强，纤维品质好，被作为东疆吐鲁番地区新海 5 号、新海 9 号的替代品种。2003 年新疆生产建设兵团农一师农业科学研究所育成的新海 21 号，具有早熟、优质、高产稳产性能。该品种在 2004 年占到南疆长绒棉区种植面积的 68.5%，替换了“十五”期间长绒棉主栽品种新海 14 号等老品种。

此外，2008～2010 年中国农业科学院棉花研究所从俄罗斯、乌兹别克斯坦等国收集到 191 份海岛棉，并在新疆维吾尔自治区阿克苏市中国农业科学院棉花研究所试验站进行了国外海岛棉种质资源展示。这些各具特色的海岛棉种质资源对我国海岛棉产量、品质和抗性的改良具有重要的价值。

五、短季棉的引进和演变

（一）短季棉的引种

短季棉种质资源的引进和棉花种质资源搜集是同时进行的，历史上有两次至关重要的引种。

第一次是 1919 年从美国引进金字棉(King)。金字棉是 1890 年由美国 T. J. King 从北卡罗来纳州的糖块棉(Sugar loaf，又译塔糖棉)中的丰产单株选育而成。改良金字棉在朝鲜称木浦 113－4。1919 年引入我国辽宁后，在辽宁、河北、山西推广，种植 20 余年。

第二次是 20 世纪 50 年代从苏联引进涡及 1 号、24－21、611 波、克克 1543 等早熟棉品种。涡及 1 号、24－21 都含有金字棉的“血缘”，1951 年涡及 1 号引入辽宁、山西试种，后来成为晋中地区育种的重要亲本。1956 年 24－21(后改名朝阳棉 1 号)引入辽宁朝阳、山西晋中，增产明显，很快在辽宁和山西推广。1955 年克克 1543 引入我国，先后在新疆、甘肃、山西大面积种植。1956 年 611 波引入新疆，参加了南疆、北疆棉区品种比较试验，1958 年基本上普及北疆棉田。

(二) 短季棉的演变

金字棉成为我国选育短季棉品种的重要基础种质。由于金字棉早熟性好、结铃性强，经过多年驯化成为中国短季棉育种的主要“早熟源”，从中选育出一大批适合辽河特早熟棉区种植的性状各异的品种和种质。如关农 1 号就是从金字棉(木浦 113－4)中采用系统选法于 1930 年育成的我国第一个特早熟品种，自 1933 年在辽宁等地推广以来，种植时间长达 20 余年。王道均等研究结果指出，中华人民共和国成立后，我国已育成的 125 个特早熟品种，在 103 个亲缘关系清晰的品种中，有 98 个品种与金字棉有血缘关系，占 95.15%。据 1956～1988 年参加特早熟棉花品种区域试验中有确切来源的 71 个品种中，有 66 个品种与金字棉有亲缘关系。在周盛汉统计的 173 份早熟短季棉种质中，与美棉有血缘关系的 147 份，占 85.0%；而来源于美国金字棉的有 109 份，占 63%。喻树迅等收集了 198 份短季棉种质材料的系谱资料，通过系统的比较分析，发现 169 份与美棉有血缘关系，占 85.4%，而来源于美国金字棉的有 128 份，占 64.7%。由此可见，早熟短季棉育种中利用的早熟“基因源”主要是美棉，其中金字棉为主导早熟种质。

利用涡及 1 号在 1960 年后育成了晋中 200、晋中 278、晋中 230、太原 2 号、淳选 174、忻卫 711－1、67－122、吕 8、晋中 10 号、晋棉 7 号等 20 余个。24－21 双亲的遗传基础复杂，用它育成的品种在生产上应用历时 20 余年不衰，如辽宁省种植面积最大的辽棉 8 号和辽棉 9 号，山西晋中地区的当家品种晋棉 5 号、晋棉 6 号、晋棉 10 号等。利用克克 1543 育成的品种主要有新陆早 3 号、4 号，农学院 2 号等 25 个，其中农学院 2 号种植面积最大。611 波衍生出的品种也有 16 个，其中农垦 5 号、新陆早 1 号、2 号、5 号、8 号等，对北疆棉花生产起了十分重要的作用。

我国由锦棉 1 号中选择的大铃变异株于 1972 年经系统选育成的黑山棉 1 号，1982 年在特早熟棉区和黄河流域夏播棉区种植 11.3 万 hm^2，且先后育成了中棉所 10 号、鲁早 1 号、聊无 198、辽棉 11、晋棉 9 号、冀棉 16、晋棉 14、湘棉 17 等 74 个品种。1979 年育成中棉所 10 号，满足了麦(油菜)、棉两熟的要求，从而成为黄河流域棉区发展两熟制栽培的适宜品种；1981 年后成为当时夏播早熟短季棉的主栽品种；还是我国短季棉育种的重要早熟种源，先后育成了梁陆 85－3、中棉所 14、中棉所 16、中 619、豫棉 5 号、豫棉 7 号、豫棉 9 号、鲁棉 10 号、鲁 742、运 86－48、运 87－570、冀棉 23、邢 8412 等 40 多个短季棉品种。

我国推广面积较大的短季棉品种有黑山棉 1 号、辽棉 10 号、中棉所 10 号、中棉所 16 号，累计面积分别为 44.5 万 hm^2、18.6 万 hm^2、149.7 万 hm^2 和 400 万 hm^2。

第二节　棉花新品种的功能

棉花新品种具有提高单产、改善品质、增强抗逆性和提高熟性等功能。

一、提高单产

实践证明，棉花优良品种一般可增产10%左右，优良杂交种可增产20%以上。增产因素包括增加单株结铃数、提高单铃重和衣分，可能由某个因素起主导作用，或由几个因素共同起作用。优良品种还使适应性和抗逆性得到提高，使棉花提高了对不利环境条件的缓冲能力，在不同地区、不同年份都能持续增产。如岱字棉15号比当时品种增产15%～20%，年推广面积最大达350万 hm^2，占当时全国棉田面积的62%。又如鲁棉1号比岱字棉15号增产16.2%，年推广面积最大达213万 hm^2，占当时全国棉田面积的37%。由于品种及其他因素的共同作用，使我国棉花单产由中华人民共和国成立初期的162 kg/hm^2，增加到21世纪初期的1 200 kg/hm^2。

关于新品种对产量、品质贡献，据毛树春总结(表12-1)：一是提高结铃性能，进而提高单位面积的总成铃；二是提高单铃重，通过遗传改良的贡献比较明显；三是提高衣分率，遗传贡献更加明显。

表12-1　科技进步对全球棉花生产力的贡献

(毛树春，2010)

年　代	衣分率(%)	铃重(g/个)	蕾铃脱落率(%)	单位面积的成铃数(万个/hm^2)	单产水平(kg/hm^2)
20世纪50～60	30	3左右	80以上	22.5～30.0	270～300
20世纪70～80	33	3.5～3.8	70左右	37.5～49.5	525～675
20世纪80～90	35～36	4～4.5	65	60.0～67.5	750～975
21世纪前10年	38.5～40	5～5.5	60	75.0～90.0	1 350～1 650

二、改善品质

棉花纤维品质主要由遗传因素决定，即品种本身决定，同时也受外界环境条件的影响，如栽培条件、气候条件、储藏条件、加工条件等。就纤维品质主要指标来说，绒长和比强度受外界环境条件影响较小，绒长在不同年份、不同地点的变化范围一般在1～2 mm之间，比强度的变化也在1～2 cN/tex之间，马克隆值受外界环境条件影响较大。若土壤干旱、光照充足、生长期长，马克隆值偏高；反之，则偏低。所以在棉花纤维品质改进中，对品种的改良和提高是关键。中华人民共和国成立以来(见第一章)，我国棉花纤维品质改进取得重大进展，"十五"期间，纤维长度平均值达29.2 mm，断裂比强度平均值为29.2 cN/tex，马克隆值在4.6左右。纤维成熟较好，粗细适中。尤其是中棉所17号，纤维品种优良，可纺80支精梳纱，达到美国优质棉标准。据统计，我国已育成优质棉品种100多个，这些品种的选育及在生产上的推广应用，使我国棉花的纤维品质大大改进。

三、增强抗病性

棉花枯萎病和黄萎病是危害棉花最严重的病害。实践证明，选育和推广抗枯萎病、黄萎病新品种，是最为有效、经济的控制病害方法。中华人民共和国成立以来，我国在选育抗枯萎病、黄萎病新品种方面不断取得重大进展。20 世纪 50 年代，首次育成抗枯萎病品种川 52－128、57－681，60 年代育成抗枯萎病品种陕 401，70 年代育成高抗枯萎病品种 86－1、抗黄萎病品种中棉所 9 号，80 年代育成兼抗枯萎病、黄萎病品种中棉所 12 号，90 年代育成抗枯萎病、耐黄萎病品种豫棉 19，21 世纪初育成高抗枯萎病、抗黄萎病中植棉 2 号、邯 5158 等有代表性的品种。据统计，我国已有抗枯萎病、黄萎病品种达 361 个，这些品种的育成及在生产上大面积推广种植，使病区棉田生产得以恢复，基本上控制了棉花枯、黄萎病的危害。另外，对棉花立枯病、炭疽病及棉花烂铃病等棉花病害的抗病育种及推广应用也取得了一定进展。

四、提高抗虫性

棉铃虫是世界性的主要害虫，也是对我国棉花危害最严重的害虫。在 20 世纪 50 年代，就有局部地区严重发生，到了 90 年代出现大面积暴发成灾。实践证明，生物防治效果不佳，农药防治效果逐年下降，以致人工捉虫，严重危及我国棉花生产。20 世纪 90 年代，我国引入美国转基因抗虫棉新棉 33B、DP99B 等品种，同时，进行国产转基因棉的创新、选育与开发，开始抗虫基因的构建，合成了 *Bt* 单价抗虫基因，选育出中棉所 29 等单价抗棉铃虫品种并推广应用。接着，又合成了 *Bt* 与 *CpTI*[①] 双价杀虫基因，选育中棉所 41 号与 SGK321 等双价抗棉铃虫品种，并推广应用。据初步统计，到 2009 年我国已育成 99 个转基因抗虫棉品种，并在生产上大面积推广应用，大大减轻了棉铃虫的危害。2010 年之后，转 *Bt* 基因品种基本普及。另外，对棉花蚜虫、棉叶螨及棉红铃虫等棉花害虫的抗虫育种及推广应用也取得了初步进展。

五、提高熟性

适期早熟品种的选育、开发和应用，能使植棉区域扩展，提高光、温、土地等资源利用率。目前，我国植棉已向北扩展到近 46°N，海拔高度已近 1 500 m。特别是 20 世纪 80 年代初中棉所 10 号的育成和应用，有效地推动了黄河流域棉区种植制度的改革，使麦(油菜)、棉两熟种植扩展到 38°N(大体为德州至石家庄一线)。随后，中棉所 16 等品种的育成和应用，又进一步促进了麦(油菜)棉两熟的发展和创新。中棉所 17 号、中棉所 19 号等品种的育成和应用，又有效地推动了这一区域的麦(油菜)棉春套种植，从而实现了这一区域的粮、棉同步增产。这不仅提高了光、温、土地等资源利用率，同时也解决了粮、棉争地等问题。

---

① *CpTI* 基因我国已停止环境释放。

第三节　商品棉花品种的类型划分

按熟性、生育期、抗逆性、纤维品质和杂种优势等对商品品种进行划分,可进一步提高商品品种的利用价值,提升栽培的主动性,更好地发挥良种的增产作用。

一、按熟性和生育期划分

熟性是棉花品种生态适应性和高产优质栽培的一项重要指标;生育期是品种审定时必须给出的指标,是指棉花从播种到全田50%植株吐絮所经历的日数。

(一) 积温和生育期指标

划分品种熟性的基本依据是霜前花率达到80%所需的≥15 ℃活动积温,以保证棉花纤维能够获得足够的成熟度。陆地棉指标如下:

早熟类型≥15 ℃活动积温3 000～3 600 ℃;生育期100～110 d,小于100 d为特早熟类型,111～124 d为早熟中的晚熟类型。早熟类型品种也称为短季棉。

中早熟类型≥15 ℃活动积温3 600～3 900 ℃,生育期125～135 d。

中熟类型≥15 ℃活动积温3 900～4 100 ℃,生育期136～150 d。

晚熟类型≥15 ℃活动积温4 500 ℃以上,生育期150 d以上。

海岛棉指标如下:

特早熟类型≥15 ℃活动积温3 600～3 750 ℃,生育期130～140 d,如南疆阿克苏地区。

中熟类型≥15 ℃活动积温3 750～4 000 ℃,生育期140～150 d,如南疆阿拉尔垦区。

晚熟类型≥15 ℃活动积温4 100～4 800 ℃,生育期145～160 d,如东疆吐鲁番盆地。

(二) 吐絮期

全田50%棉株吐絮的日期为吐絮期。吐絮期的早晚表明品种熟性存在显著差异。按熟性指标,棉花品种可分为早熟、中早熟、中熟和晚熟。但同一品种在不同地区或不同时期播种,因所处的生态环境不同,生育期又有相应的变化。所以,生育期是品种本身特性与外界环境条件相互作用的结果,首先决定于品种本身的遗传性,外因只有通过内因才能起作用。因此,品种本身的遗传性,是品种熟性划分的基本依据。

(三) 霜前花率(%)

从商品生产需求方面讲,将霜前花作为品种熟性的指标更为合适。某一品种霜前花达80%以上为早熟,70%～80%为中熟,60%以下为晚熟。但是,品种熟性与产量和品质之间呈负相关性,即过早熟棉花产量不高,纤维品质也呈下降趋势。因此,要求霜前花达85%即为早熟。我国北方棉区霜前花指第一次重霜后5 d收的花,南方棉区为10月20日前收的花,指标相同。

此外,还有果枝始节。第一果枝节位也是判断品种熟性的一个指标。果枝出现在第4和第5个节位为早熟类型,出现在第5和第6节位为中早熟类型,出现在第7节位及以上为中熟或中晚熟类型。果枝始节受气候和促早栽培技术影响,有一些变化,但总的看,早熟品种果枝着生节位低,中熟和中晚熟品种果枝着生节位高。

二、按抗逆性划分

（一）抗病品种

抗病指抗棉花枯萎病、黄萎病。在进行棉花枯萎病、黄萎病调查时，用病情指数表示，把植株从无病(0级)到枯死(4级)分为5级，根据病情指数判断抗(感)病程度。

棉花枯萎病病情指数＜5为高抗病，5.1～10为抗病，10.1～20为耐病，＞20为感病。目前，我国棉花主要推广品种抗枯萎病能力已显著提高，大多数品种已基本过关，但也有一些品种对枯萎病的抗性下降。

棉花黄萎病病情指数＜10为高抗病，10.1～20为抗病，20.1～35为耐病，≥35.1为感病。尽管病情指数＜20为抗病，但茎秆解剖仍可见木质部呈黄褐色或黑色，而叶片无症状反应，故黄萎病为检疫对象。

兼抗枯萎病、黄萎病类型，即既抗枯萎病又抗黄萎病的品种。中棉所12号是一个典型的兼抗枯萎病、黄萎病类型品种，其枯萎病病情指数4.1，黄萎病病情指数14.3。它的育成及应用，标志着我国棉花品种抗病性达到了一个新水平。

（二）抗虫品种

指具有抗虫性的棉花品种，又称为抗虫棉。在生产上比一般不抗虫的品种能够减少用药20%以上。

1．转外源基因抗虫　指将外源抗虫基因用生物技术导入棉花体内，而使棉花成为具有抗虫性状的抗虫棉。当前，生产上应用的转基因抗虫棉有：转外源 *Bt* (*Bacillus thuringiensis*，苏云金芽孢杆菌)基因单价抗虫棉，又称 *Bt* 棉。转外源 *Bt* 基因加转外源 *CpTI* (*Compea Trypsin inhibitor*，豇豆胰蛋白酶抑制剂)基因的双价抗虫棉，即转双价(*Bt*＋*CpTI*)基因抗虫棉。棉铃虫、红铃虫等鳞翅目害虫取食上述两种转基因抗虫棉后往往死亡。

2．形态抗虫　指利用棉株部分器官或整株所具有的某些特异形态结构，对棉田害虫的取食、消化、产卵等活动产生干扰作用，而表现出的对某些害虫产生驱避或耐害的特征。如：

(1) 棉株表面多茸毛，阻碍棉蚜、棉叶蝉和斜纹夜蛾等刺吸式害虫吸食棉株体液。

(2) 棉株表面光滑，不利于棉铃虫、红铃虫、烟青虫和棉盲蝽等害虫及其卵附着。

(3) 棉株无蜜腺，减少棉蚜、棉铃虫、红铃虫和烟青虫等害虫食物来源，使其产卵量减少。

(4) 鸡脚叶，驱避棉铃虫、红铃虫和卷叶螟等害虫，其极易形成的高温低湿的小气候，不利于害虫的生长发育，并可提高杀虫剂防虫效果。

(5) 窄卷苞叶，对棉铃虫、红铃虫、棉铃象鼻虫和金刚钻等害虫的幼虫危害及成虫产卵有驱避作用，并可提高杀虫剂效果。

(6) 红叶，驱避棉铃虫、棉铃象甲等害虫，其含有类黄酮和紫苑皂苷，对害虫有阻食作用。

3．生化抗虫　指利用棉株体内含有某些较多的生化抗虫物质，害虫取食这类抗虫棉后，会因中毒、消化不良、停止发育而逐渐死亡。如：棉酚等萜烯类化合物，影响棉蚜、棉铃虫、红铃虫、棉叶蝉、烟蚜夜蛾等害虫取食量和消化率，从而抑制害虫的生长发育；单宁，抑制棉蚜、棉铃虫、红铃虫、棉叶螨等害虫的昆虫消化酶活性，促进蛋白质沉淀，从而阻碍害虫取食或消化；槲皮酮等黄酮类化合物，影响棉铃虫、红铃虫、棉叶蝉、烟蚜夜蛾等害虫的发育程度,抑制其化蛹;可溶性糖、游离氨基酸、脂肪酸等营养类物质,破坏棉蚜、红铃虫、棉叶螨、棉叶蝉等害虫营养成分平衡,使体内代谢失调。

三、按纤维品质划分

(一) 粗绒棉

一般指亚洲棉和非洲棉,其纤维粗,弹性大,绒长在 23 mm 以下,可纺低支粗纱。但这类商品棉花已很少种植。

(二) 细绒棉

通常指陆地棉,其纤维轻松、较细、柔软、有弹性,颜色洁白或乳白,有丝光,绒长在 23～33 mm,其中以 25～31 mm 居多,适合纺中档、高档纱。细绒棉又可再分为两种,即中绒棉,绒长小于 31 mm;中长绒棉,绒长大于 31 mm。

(三) 长绒棉

主要指海岛棉和陆海杂交棉,其纤维细,强力大,弹性小,颜色白、乳白或浅黄,绒长 33 mm以上。当前,我国种植的长绒棉品种,其绒长一般大于 35 mm,适合纺高档纱;其中绒长大于 37 mm 的长绒棉,又称超级长绒棉。

(四) 双三零和高比强棉

“双三零”指纤维长度达到或超过 30 mm、断裂比比强度达到或超过 30 cN/tex、且长度、细度和整齐度指数相协调的高品质陆地棉品种品质指标。高比强指纤维断裂比强度达到或超过 35 cN/tex 的陆地棉品种品质指标。我国纺织用棉早期指标见表 12－2。

新型棉纺织装备对棉花遗传品质、生产品质、初级加工品质的新需求见第一章第四节。

表 12－2　我国纺织用棉的主要适宜品质指标

品种类型		纤维长度(mm)	比强度(cN/tex)(HVICC 标准)	马克隆值	适纺棉纱(公支)
陆地棉	中绒棉	<31	>28	3.5～4.9	<40
	中长绒棉	>31	>32	3.5～4.5	40～60
长绒棉	中长长绒棉	35～37	>39	3.5～4.0	>60
	超长长绒棉	>37	>45	3.5～4.9	>120
彩色棉		>27	>27	3.5～4.9	<40

[注] 本表由郭香墨、毛树春整理(2010)。

四、按纤维颜色划分

一般棉纤维为白色,近十多年来,彩色棉逐渐引起人们广泛关注。天然彩色棉与普通的白色棉花相比,主要区别在于棉纤维色泽为(浅、深)棕色和绿色。而棉纤维的这些颜色,是在棉花发育过程中,自然产生并呈现出来,这是彩色棉本身的一种特性。

目前,对于天然彩色棉的分类,还没有见到严格而详细的报道。但已有两种大致的分类习惯:一种是按棉种类型(四个栽培种),天然彩色棉品种可分为有色陆地棉、有色亚洲棉、有色海岛棉和有色非洲棉等类型,其中以陆地棉数量最多,亚洲棉次之,海岛棉、非洲棉最少;另一种是按棉纤维色泽,如上所述,现有的天然彩色棉品种可分为两大基本类型(两大系列),即棕色和绿色,这也是目前世界上仅有的两大棉花色泽类型。另外,还可根据颜色的深浅程度不同,将彩色棉分成若干类型,但很不规范,在识别上有一定差异。

五、按果枝类型划分

(一) 零式果枝型

无果枝,铃柄直接着生在主茎叶腋间。

(二) Ⅰ式果枝型

只有一个果节,节间很短,棉铃常丛生于果节顶端。

(三) Ⅱ式果枝型

具有多节果枝,在条件适合时,可不断延伸增节。

以上零式果枝型和Ⅰ式果枝型统属有限果枝型。Ⅱ式果枝型又称无限果枝型。

(四) 果枝混合型

同一棉株不同部位可兼有有限及无限两种类型的果枝。

以上是根据果枝节数的遗传特性分类。

六、按果枝长短划分

根据果枝节间的长短,无限果枝型棉花的株型又可进一步划分。

(一) 紧凑型

果枝节间长度为 3～5 cm,由于果节很短,棉铃排列很密,株型显得很紧凑。

(二) 较紧凑型

果枝节间长度为 5～10 cm。

(三) 较松散型

果枝节间长度为 10～15 cm。

(四) 松散型

果枝节间长度超过 15 cm,由于棉铃排列稀疏,株型显得很松散。

目前,我国大面积栽培的陆地棉,大多是较紧凑型及较松散型的品种。这两种株型的棉花,既可适当密植,又可适当稀植,以充分兼顾个体和群体的增产潜力,还能适应我国广大棉区雨季降水的特点;雨季过后,果枝仍可继续增蕾增铃,以利于稳产。

一般而言,株型偏松散品种,种植密度应小些,肥水宜充足,适宜生长期较长、降水较多的棉区种植。而株型偏紧凑品种,种植密度可大些,肥水不宜过多,适宜生长期较短,降水较少的棉区种植。

七、按棉株形状划分

根据果枝和叶枝的分布及果枝长短分类。

(一) 塔形

叶枝很少,下部果枝较长,上部渐短。

(二) 倒塔形

叶枝很少,下部果枝较短,上部渐长。

（三）筒形

几无叶枝，上下果枝长度相仿。

（四）丛生形

主茎较矮，下部叶枝多而粗壮。

八、按叶形划分

（一）常态叶

叶缘呈掌状缺刻，裂片一般为3～5个，有的多至7个，大多为奇数，两边对称，有时也出现偶数裂片的不对称叶。陆地棉的缺刻较浅，常不及叶长的1/2；海岛棉的裂片狭长，裂片缺刻超过叶长的1/2。

（二）鸡脚叶型、超鸡脚叶型

其裂片缺刻都比常态叶深，裂片宽度也比常态叶狭，且裂片形似矛头，不像常态叶片近乎三角形。一般鸡脚型裂片缺刻深接近叶长的4/5，而超鸡脚型裂片缺刻深常超过4/5，裂片更狭长。

鸡脚叶型、超鸡脚叶型棉，可驱避棉铃虫、红铃虫、卷叶螟等害虫，其极易形成高温低湿小气候，不利于害虫生长发育，并可提高杀虫剂的治虫效果。通风透光较好，烂铃较轻，但光能截获率较低。

另外，按叶片颜色可分为绿色、红色、芽黄色、紫色等。

按棉铃形状还可分为圆球形、卵圆形、椭圆形等。

九、按杂交种 F_1 代划分

（一）常规棉

由经系统选育或杂交选育的高世代稳定品系或品种。又可分为常规棉和含 *Bt* 基因的常规抗虫棉。

（二）杂交棉

利用 F_1 代的杂交组合称为杂交棉。其中按是否含 *Bt* 基因又可分为常规杂交棉和抗虫杂交棉；按不育机制分为胞质不育杂交棉和核不育杂交棉。

十、按棉酚含量划分

一般棉花中都有较高的棉酚及其衍生物，种仁中棉酚的含量与其茎枝、叶及铃上的色素腺体密度和大小成直线相关。若人及非反刍动物直接食用，便会产生中毒现象。因此，棉花种仁食用前必须进行脱毒处理，但这又会造成部分养分流失。

（一）低酚棉类

棉籽仁中游离棉酚含量不超过0.04%，这是世界卫生组织和联合国粮农组织规定的低酚棉标准。全株无色素腺体，茎叶淡绿色，棉铃较光滑，易遭虫害、鼠害，产量、品质中等，这种棉花的棉籽仁对人及非反刍动物无毒害作用，种仁可直接加工成食品或饲料，故曾被称为无毒棉，也称无色素腺体棉。

（二）高棉酚类

棉酚及其衍生物含量高于一般棉花，棉籽仁游离棉酚含量在1.5%以上的品种。茎枝、叶片、棉铃布满黑褐色素腺体。较抗棉蚜、棉铃虫、红铃虫、棉叶蝉、烟蚜夜蛾等害虫。

第四节　棉花商品品种的利用原则

合理选用品种是棉花生产的第一道关口。鉴于新品种的数量多，种子市场化程度高，种子促销的形式和手段的灵活多样，特别是在目前种子市场还不规范条件下，棉花生产用种应遵循审定（认定）、生态区、熟性和抗性等原则。

一、必须遵循品种的审定（认定）原则

品种区域试验是检验品种科学性和使用价值的重要方法，是我国作物品种管理的一种制度安排，有规范性程序和评价方法。换句话讲，品种只有经过区域试验的检验才能确定其科学价值和经济价值。我国棉花品种区域试验和审定制度分国家和省级两个级别，两级都具有等同法律地位。不同的是，省级区域试验只适用本级行政辖区，相邻省级仍需进行区域试验或经过本地品种审定委员会认定才具有合法性。

品种区域试验以2～3年的多点试验为一个周期，以主要推广品种作为对照进行比较和检验。通过区域试验对品系的产量、品质、抗性以及相关农艺性状特征进行全面比较和逐一评价，再由品种审定委员会决议是否通过审定，通常情况下新品系超过对照才予以审定，因而新品种比老品种更具有使用价值和经济价值。因此，生产中农民对商品种子的购买和种植，种业公司对新品种的引进、繁殖、加工和销售，政府对市场的监管和法律的判定和裁决，首先应遵循品种审定（认定）原则。

关于转外源基因抗虫棉，国家转基因安全条例规定农业转基因生物试验要经过中间试验、环境释放和生产性试验。中间试验指在控制系统内或控制条件下的小规模试验。环境释放指自然条件下采取相应安全措施所进行的中等规模试验。生产性试验指在生产和应用前进行的较大规模试验。

在生产性试验完成后，可以向国务院农业行政主管部门申请领取农业转基因生物安全证书，根据安全证书规定的安全范围参加区域试验，经过审定后才能作为商品品种进行生产和经营。转基因品种不能作为非转基因品种审定。

生产转基因植物种子企业，应当取得国务院农业行政主管部门颁发的种子生产许可证，列入农业转基因生物目录的农业转基因生物，由生产、分装单位和个人负责标识，未标识的不得销售。对种子企业经营的转基因品种须要求每年报批，不能随意生产、加工和经营。

至2018年，新疆是允许种植转基因抗虫棉的区域。

关于特殊纤维类型，如彩色棉、高比强棉、低酚棉等，需有“订单”收购方可种植。

生产上，凡是没有经过申请的品种不能进入商品销售渠道，农户不要购买和种植。

二、必须遵循品种的生态区域种植原则

新品种的适宜生态区域由区域试验确定，采用品种公告形式予以告知；其他告知方式均

不可靠，更不能作为法定依据。这是品种合理利用必须遵循的又一原则。

棉花属日中性作物，对环境条件的敏感性属中间型作物，介于敏感型和迟钝型之间，商品品种种植受区域条件限制。长江流域棉区本地选育的品种，生育期较长，一般最多只能种植到黄河流域棉区的淮北平原，如果跨越黄河将会出现严重晚熟。黄河流域棉区本地选育的中熟、中早熟品种类型，因生育期较短一般不能引入长江流域棉区。西北内陆棉区本地选育的品种一般不能引入长江流域和黄河流域种植。2003 年自引进西北内陆新陆中品种在内地种植，表现典型的“高原棉”特征，如叶片肥厚，主茎短粗，营养生长旺盛；前期生殖器官少，后期(秋季)生殖器官多；铃壳厚，铃小并畸形，产量低。

三、必须遵循品种的熟性原则

这是防范生态区和不同熟性品种种植季节错误的基础。购买种子时，要看清问明品种的熟性和播种季节要求。由于品种熟性对种植季节、对生态区有特别的要求，因此不同熟性的品种不能错季节种植。如在河南省短季棉品种生育期 110 d 左右，大多不能当春棉在春季播种。中熟、中早熟品种，生育期 125 d 以上，要求在春季播种，一定不能当作短季棉品种在夏季播种。同时应注意，辽河流域、北疆、河西走廊以及黄河的西部为特早熟种植区域，要求短季棉在春季播种。

四、必须遵循品种的告知原则

告知原则是知情权的一种表述方式。通过审定的品种，政府主管部门以公告形式对全社会发布，因而品种公告内容具有法律效应。品种告知内容只有来自品种审定公告。品种公告内容包括：品种育成单位和法定名称，成铃数、铃重和衣分率等产量指标，纤维长度、细度和强度等品质指标，抗病性和抗虫性等抗逆性指标，生育期和典型农艺性状等生物学指标，适宜种植区域、栽培要点和注意事项。购买品种时需注意商业宣传与品种公告内容是否相一致，是否存在夸大宣传和欺骗行为。

前述国家规定经营转基因抗虫棉品种的种子，其种子包装袋上要标识转基因的特殊标记，以供购买者在知情条件下进行合理选择。

五、注意品种的抗病性，防止病害传播

在枯萎病和黄萎病发生危害严重的棉田以及产区，品种选择时要注意抗病性，不能单纯追求产量高，否则会带来严重后果。20 世纪 80 年代在黄河流域大面积推广种植鲁棉 1 号时，有的地区未注意该品种不抗枯萎病，盲目大量引种，结果大面积感染枯萎病，损失巨大。西南农业大学培育的优质棉新品种渝棉 1 号，不抗枯萎病和黄萎病，引入黄河流域种植，就容易造成病害和减产。

一般情况下，病区品种不宜引入非病区种植，否则易扩大病菌传播，使非病区变为病区。近年来我国枯、黄萎病传播速度加快，病区迅速扩展，与不科学引种有直接关系。特别应注意的是，我国西北内陆棉区属于非病区，国家应依据植物检疫条例，严格限制内地病区棉种调入，特别是落叶型黄萎病发生区的棉种调入；否则，后果将十分严重。

六、购买商品种子注意事项

在目前种子市场不规范的情况下,应对种子经营者的资质进行认定,了解其是否具有合法的经营资格,并对其种子经营许可证、种子生产许可证以及转基因抗虫棉的安全性评价证书及基因寿命等加以确认,棉农也不能为购买廉价种子而忽视质量。

从正规渠道获取品种信息,从田间进行观察比较,从正规经营公司购买种子,索要购买发票。购买时,认真阅读品种说明书,注意种子主要技术指标是否达到国家或农业农村部的种子质量标准。

植棉大户对新品种的选择,需经过"试验—示范—推广"三步走的正确步骤。

购买推荐品种。从 2006 年到 2010 年,农业部连续主推当家品种。这些品种是在审定之后,在一个区域经过种植、表现较好的品种,通过栽培、推广等专家遴选推荐。2009～2010 年长江流域主推有中棉所 63 号、鄂杂棉 10 号和苏杂 3 号,黄河流域主推鲁棉研 28、中棉所 70 号、中植棉 2 号、中棉所 50 号、鲁棉研 21 和冀棉 958,西北内陆主推新陆早 33、新陆早 42、新陆中 35 和中棉所 49 号。同时省级或县级、师级农业部门也推荐当地的棉花主推品种。

第五节　棉花引种的一般规律

棉花引种的基本要求是:生态条件相同或相近,纬度相同或相近,耕作制度和栽培制度相同或相近,肥力水平、病害类型和发病程度相同或相近。遵循这一要求引种容易成功。在引种工作中,生态区不同,栽培管理技术不同,耕作制度不同,所适合的品种也不同,相互引种风险较大,不科学的引种不但对生产无益,而且会造成严重后果。因此,科学引种是发挥品种潜力的关键措施。

一、引进品种必须通过相应程序

棉花引种是一项技术性强、政策性强的工作,关系到品种栽培能否成功和棉农的切身利益,一定要严格执行国家有关政策法规,考虑棉花生产的全局,按照棉花引种理论科学操作,经过小规模试验再大量引种,不能求快而不顾科学性和政策性。

根据国家种子法的有关规定,异地品种引入前,须通过引入省或引入棉区审定或认定。任何品种在通过审定时,都有其适应地区的说明,应严格遵守,不可随意引种。如适合黄河流域种植的品种,不可随意引入长江流域种植;适合河北北部种植的品种,不能随意引入河南南部推广种植;否则,会由于品种的不适应性带来减产,或产生其他问题。特别要注意的是,近几年西北内陆棉区引进不少未经过审定的品种,给生产造成一定的损失。种子管理部门要加大监管和查处力度,严格制止类似事件继续发生;否则,后果严重。

二、同一棉区内引种的一般规律

我国植棉大区分为黄河流域棉区、长江流域棉区和西北内陆棉区三大棉区。不同生态区是指光照、温度、有效生长期和降雨量明显不同的植棉区。其中每个棉区根据热量资源、有效积温、降雨量、海拔等又划分为若干亚区。一般来说,在黄河流域和长江流域棉区,同一棉区内互相引种容易成功。在黄河流域的河南、山东、河北、山西南部和陕西东部等地相互引种,因气候和生态条件基本相同,引种容易成功;在长江流域的湖北、江苏、湖南、安徽等地相互引种也容易成功。但长江上游与中下游间由于生态条件差异较大,相互引种不易成功。如四川省与湖南、江苏省间引种,四川省棉花品种生育期较短,在长江中游种植易早衰;反之,易晚熟。西北内陆棉区幅员辽阔,生态条件差异明显,南部与北部,东部与西部气候差异大,相互引种风险较大。新疆北部适宜种植生育期 110 d 左右的短季棉类型品种;南疆的库尔勒、阿克苏地区适宜种植生育期 125 d 左右的中早熟类型品种;而喀什和吐鲁番地区热量资源比较丰富,适宜种植中熟陆地棉品种和生育期较长的海岛棉品种。这些生态区之间相互引种容易造成产量损失。

三、纬度相同或相近地区引种的一般规律

总的规律是纬度相同或相近地区引种容易成功,但不排除纬度不同地区引种成功的可能性。从高纬度地区向低纬度地区引种时,要注意品种的生育期偏短引起的早衰,即品种的生产潜力不够,导致减产;反之,从低纬度地区向高纬度地区引种时,因品种生育期偏长而表现迟熟,即不能正常开花结实,导致减产甚至绝收。

我国黄河流域和长江流域部分棉区的纬度与美国棉花带纬度相近,相互引种成功的范例很多。前文提及的 19 世纪我国引入的美国岱字棉、斯字棉和隆字棉品种,曾作为我国替换亚洲棉的陆地棉主栽品种,在我国黄河流域和长江流域长期种植;20 世纪 90 年代又引入转基因抗虫棉 33B、99B 等品种。

20 世纪末,南疆阿克苏地区的生产建设兵团农一师从河南安阳引进中棉所 35 号。此为中熟偏早类型品种,生育期 125 d 左右。农一师先少量引进,经过连续的比较试验和生产示范,然后建立繁育基地,迅速扩大繁殖,并与中国农业科学院棉花研究所合资组建了新疆塔里木棉种有限公司,推广中棉所 35 号。经过几年市场运作,品种面积迅速扩大,2002 年以后成为新疆南部的当家品种,年推广面积 33.3 万 hm^2,经济和社会效益十分显著。从引种的理论依据分析,两个棉区纬度相近,光照、热量相近。

纬度不同地区引种也有成功的先例。由黄河流域向长江流域引种,由于光、热资源更加充沛,品种的丰产性更能充分发挥,引种也可能成功,但要注意,南方高温高湿天气对北方品种影响较大。近年来北方的杂交棉品种向南方引种,成功的例子较多,如抗虫杂交棉品种中棉所 29 号和中棉所 38 号,1998 年通过国家审定后,已引入长江流域的江苏、江西、湖北等省大面积种植,也是引种成功的典型范例。山东的杂交种鲁棉研 15,在 21 世纪初向长江流域引种,也获得成功。但是,黄河流域的许多品种引种至长江流域表现早衰;反之,则易晚熟。这一点要特别注意。

引种不成功的例子也不胜枚举。1993 年,河北省滦南县从河南安阳引进中熟品种中棉所 19,由于该地区纬度较高,热量资源不足,加之当年播种晚,出苗迟,苗期低温,现蕾开花晚,造成当年大面积棉田不结桃,损失惨重。20 世纪 90 年代黄河流域部分地区为了发展麦、棉两熟,从地处特早熟棉区的辽宁省引进品种辽棉 1 号和黑山棉 1 号,多数棉农 5 月中下旬

播种，加大种植密度，结果生长正常，取得了麦、棉双丰收；但少数人仍然与中熟棉品种一样种植，4 月中下旬播种，且密度偏低，导致早衰减产。

因此，纬度不同地区在组织引种之前，应查阅有关气象和其他技术资料。首先，要了解引进品种是否参加和通过试验，是否通过品种审定，再分析两地的生态条件是否一致；然后，少量引种进行试验示范，试验成功后方可大量引种。

四、不同栽培条件下引种的一般规律

在水肥条件、种植密度、管理措施等栽培条件相同或基本相似前提下，相互引种容易成功，这是由品种对栽培条件的特殊要求决定的。如某品种在河南省适合高肥水条件下种植，株型松散，生育期较长，要求育苗移栽，种植密度低，该品种在山东省的同样栽培管理条件下引种，成功的可能性就大；而引入其他直播、水肥条件差、种植密度高的地区就不适合，造成晚熟减产。栽培条件不同的地区间引种，就需要引种地区根据具体条件，对引入品种首先进行试验，从密度、水、肥、化调等管理措施上进行必要调整，设计科学的配套栽培管理措施，引种也可能成功。如适合黄河流域种植的中棉所 19 号和中棉所 43 号，在黄河流域适宜密度为 54 000～57 000 株/hm^2，引入新疆棉区后，在 15 万～18 万株/hm^2 的条件下创造了每公顷皮棉产量 3 468 kg 的高产纪录，引种也获成功。

五、不同耕作制度下引种的一般规律

不同耕作制度下引种，必须先经过小面积试验和较大面积示范，了解品种的特征特性和相应的耕作栽培技术。在确认该品种在引入地耕作制度下表现优良的前提下，方可大量引种，否则会造成不必要的损失。如某品种生育期偏短，适合麦、棉套种地区两熟种植，在引入一熟地区种植时，密度和管理技术都应改变，应先做试验，然后引种。短季棉中棉所 36 号，在黄河流域作为麦、棉两熟品种使用，1999 年从河南安阳引入新疆石河子地区作为一熟春棉品种种植，在当地适时早播，加大密度，实施地膜覆盖，同样获得高产，成为当地的主栽品种。

（撰稿：郭香墨，杜雄明，毛树春，张存信，董合林，田立文；
主审：杜雄明，杨付新；终审：毛树春）

参 考 文 献

[1] 中国农业科学院棉花研究所. 中国棉花品种志(1978～2007). 北京：中国农业科学技术出版社，2009：1-9.

[2] 毛树春. 棉花规范化高产栽培技术. 北京：金盾出版社，1998：1-17.

[3] 黄滋康. 中国棉花品种及其系谱(修订本). 北京：中国农业出版社，2007：3-8.

[4] 中国农业科学院棉花研究所. 中国棉花遗传育种学. 济南：山东科学技术出版社，2003：1-32，187-202，597-601.

[5] 毛树春. 中国棉花景气报告 2009. 北京：中国农业出版社，2010：302-310，179-181.

[6] 喻树迅. 中国短季棉育种学. 北京：中国农业出版社，2007：1-23.

[7] 毛树春.棉花优质高产新技术.北京:中国农业科学技术出版社,2006:1-8.
[8] 郭香墨,刘金生.棉花良种引种指导(修订本).北京:金盾出版社,2003:1-18.
[9] 中华人民共和国农业部.2009年农业主导品种和主推技术.北京:中国农业出版社,2009:77-87.
[10] 中华人民共和国农业部.2010年农业主导品种和主推技术.北京:中国农业出版社,2010:75-86.
[11] 河南省农业科学院.棉花优质高产栽培.北京:农业出版社,1992:85.

第十三章　棉花良种繁育

第一节　棉花良种标准

良种是指遗传性状稳定、综合性状优良、具有经济利用价值和种子品质优良、符合播种质量要求的种子。

一、优良品种标准

(一) 丰产性

优良的棉花品种首先应具有丰产性。根据国家新品种审定标准,新品种在区域试验和生产试验中,一般应比生产上大面积种植的品种增产 5%～10%,杂交棉应增产 15%以上。具有特殊优异性状的品种,如高抗黄萎病(病指 10 以下)、特优质纤维(纤维长度 31 mm 以上,比强度 32 cN/tex以上,马克隆值 3.7～4.2)、耐旱耐盐碱等,产量与对照品种相当也可通过品种审定。

(二) 稳产性

在区域试验和生产试验中,虽然气候条件、管理条件和种植方式有所不同,产量水平有所差异,但优良品种在多数试点都应增产,且不同试验年份、不同环境间增产趋势应基本一致。这样的品种适应性强,应用范围广阔。如中棉所 12 号通过全国和 8 个省(自治区、直辖市)审定,创造了巨大的经济效益和社会效益,与其良好的适应性有直接关系。

(三) 抗逆性

抗逆性包括抗病、抗虫、抗旱、耐盐碱、抗低温和高温、抗涝等。因我国大部分植棉地区枯萎病和黄萎病发生或混生,不抗病品种会遭遇大幅度减产,所以品种的抗病特性是高产、优质、高效的基础。根据 GB/T 22101.4—2009《棉花抗病虫性技术规范,第 4 部分:枯萎病》的规定,抗枯萎病棉花品种的相对病情指数应≤10.0;根据 GB/T 22101.5—2009《棉花抗病虫性技术规范,第 5 部分:黄萎病》的规定,耐黄萎病棉花品种的相对病情指数应≤35.0。近期由于黄萎病呈现加重发生和扩展态势,尤其是部分地区出现落叶型黄萎病,故抗黄萎病更是良种追求的目标,为此农业部提出加强抗黄萎病品种选育,要求黄萎病指数在 20 以下,达到抗病级别。此外,品种抗病性还包括抗苗期病害(如立枯病、炭疽病),以保证棉花苗期健康生长;抗铃病,以减少烂铃等,提高棉花纤维品质。在西北内陆棉区,枯、黄萎病发生较轻,对抗病性的要求标准可适当降低。在干旱、盐碱地区,如河北省的黑龙港地区,长江流域的沿江和沿海滩涂地区以及丘陵岗地,棉花良种应具有对不利环境条件的较好抗耐性。在长江流域棉区,7～8 月份常出现高温天气,此时正是棉花开花结铃期,高温易导致棉花花粉败育和受精不良，对产量的形成影响很大，因此抗高温也是重要的抗逆性指标。

（四）优质性

棉花纤维主要品质指标有纤维长度、整齐度、比强度和马克隆值。根据棉纺工业需要，只有棉纤维长、强、细各项品质指标搭配合理，才能最大限度地产生经济效益。根据农业行业标准 NY/T 1426—2007《棉花纤维品质评价方法》，优质中短绒品种要求纤维长度 25～27 mm，比强度 28 cN/tex 以上，马克隆值 3.5～5.5；优质中绒品种要求纤维长度 28～30 mm，比强度 30 cN/tex 以上，马克隆值 3.5～4.9；优质中长绒品种要求纤维长度 31～32 mm，比强度 32 cN/tex 以上，马克隆值 3.7～4.2；优质长绒品种要求纤维长度 33 mm 以上，比强度 36 cN/tex 以上，马克隆值 3.5～4.2。目前，我国中绒品种占 85%以上，而中短绒和中长绒品种数量不足 5%，不能满足生产和市场需求。因此，需对棉花品种结构进行调整。

（五）抗虫性

我国有三大主产棉区，即黄河流域棉区、长江流域棉区和西北内陆棉区。黄河流域棉区的主要害虫为棉铃虫和棉蚜，此外还有棉叶螨、棉蓟马、棉盲蝽等；长江流域棉区的主要害虫为棉红铃虫、棉叶螨和棉铃虫，其他非主要害虫还有 10 多种；西北内陆棉区主要害虫是棉蚜，尤其是伏蚜和秋蚜，常造成棉纤维粘连和含糖量高，降低纺织工业经济效益，新疆南部地区棉铃虫发生和危害也较严重。目前，黄河流域抗棉铃虫品种种植面积占 90%以上，主要是转基因抗虫棉品种，抗虫基因主要为 *Bt* 和 *Bt*＋*CpTI*。长江流域，以抗虫杂交棉为主，西北内陆棉区尚缺乏抗棉蚜品种。

从近几年转基因抗虫棉对棉铃虫的抗性效果分析，一般二代棉铃虫不需要化学防治，百株幼虫低于 10 头，植株顶尖危害率低于 5%，三代和四代棉铃虫发生期根据幼虫数量决定是否需要化学防治，一般百株幼虫达到 10～15 头即达到防治指标。长江流域棉区红铃虫主要发生在棉花生长中后期，根据大量报道，转基因抗棉铃虫品种对红铃虫也有很好的防治效果，其危害和防治指标是青龄活虫数和棉籽被害率。

（六）适期早熟

我国人口众多，土地资源贫乏，粮、棉争地矛盾突出，加之部分棉区光热资源不足，要求棉花品种具有适期早熟的特性。如黄河流域棉区，棉花间作套种面积占 70%，春套棉田要求棉花品种中早熟，生育期 125～128 d，霜前花率 80%以上；麦后直播棉田要求棉花生育期 105 d 以内。西北内陆棉区北部前期温度低，后期降温快，要求种植短季棉品种，提高棉花早熟性。总之，早熟性是实现棉花高产优质的重要条件之一。

二、优质种子标准

有了优良品种，还必须有优质种子才能保证高产、优质、高效目标的实现。优质种子应符合七个方面要求，即：真、纯、净、饱、壮、健、干。真，是指品种要与文件记录（如标签）相符，即此品种而非彼品种，真实性好；纯，是指品种在特征特性方面典型一致的程度高，即纯度好；净，是指种子清洁干净的程度高，杂质和其他植物种子少，即净度好；饱，是指种子充实饱满，即健子率高、籽指大；壮，是指种子具有旺盛的生命力，播种后出苗迅速、整齐，即生活力好、活力大、发芽率高；健，是指种子健康，无病虫感染，即健康度高；干，是指种子干燥，水分低。

根据种子加工程度的不同，将棉花种子分为毛籽、光籽和薄膜包衣籽三个类型。

国家标准 GB 4407.1—2008《经济作物种子　第 1 部分：纤维类》规定了不同类型、不同类别棉花种子的品种纯度、净度、发芽率和水分四项关键指标的质量标准，如表 13-1。

表 13-1　棉花种子四项关键指标的质量标准(%)

<table>
<tr><th>作物种类</th><th>种子类型</th><th>种子类别</th><th>品种纯度
不低于</th><th>净度(净种子)
不低于</th><th>发芽率
不低于</th><th>水分不高于</th></tr>
<tr><td rowspan="6">棉花常规种</td><td rowspan="2">棉花毛籽</td><td>原种</td><td>99.0</td><td rowspan="2">97.0</td><td rowspan="2">70</td><td rowspan="2">12.0</td></tr>
<tr><td>大田用种</td><td>95.0</td></tr>
<tr><td rowspan="2">棉花光籽</td><td>原种</td><td>99.0</td><td rowspan="2">99.0</td><td rowspan="2">80</td><td rowspan="2">12.0</td></tr>
<tr><td>大田用种</td><td>95.0</td></tr>
<tr><td rowspan="2">棉花薄膜包衣籽</td><td>原种</td><td>99.0</td><td rowspan="2">99.0</td><td rowspan="2">80</td><td rowspan="2">12.0</td></tr>
<tr><td>大田用种</td><td>95.0</td></tr>
<tr><td rowspan="3">棉花杂交种亲本</td><td colspan="2">棉花毛籽</td><td>99.0</td><td>97.0</td><td>70</td><td>12.0</td></tr>
<tr><td colspan="2">棉花光籽</td><td>99.0</td><td>99.0</td><td>80</td><td>12.0</td></tr>
<tr><td colspan="2">棉花薄膜包衣籽</td><td>99.0</td><td>99.0</td><td>80</td><td>12.0</td></tr>
<tr><td rowspan="3">棉花杂交一代种</td><td colspan="2">棉花毛籽</td><td>95.0</td><td>97.0</td><td>70</td><td>12.0</td></tr>
<tr><td colspan="2">棉花光籽</td><td>95.0</td><td>99.0</td><td>80</td><td>12.0</td></tr>
<tr><td colspan="2">棉花薄膜包衣籽</td><td>95.0</td><td>99.0</td><td>80</td><td>12.0</td></tr>
</table>

此外，农业行业标准 NY/T 400—2000《硫酸脱绒与包衣棉花种子》还规定了不同类型的棉花种子的其他质量指标，如表 13-2、表 13-3、表 13-4。

表 13-2　棉花毛籽的健籽率、破籽率、短绒率质量标准(%)

项　目	健籽率	破籽率	短绒率
质量指标	>75	≤5	≤9

表 13-3　棉花光籽的残酸率、破籽率、残绒指数质量标准(%)

项　目	残酸率	破籽率	残绒指数
质量指标	≤0.15	≤7	≤27

表 13-4　棉花包衣籽的破籽率、种子覆盖度、种衣牢固度质量标准(%)

项　目	破籽率	种子覆盖度	种衣牢固度
质量指标	≤7	≥90	≥99.65

关于棉花种子质量的检验，按照常用方法，可分为三类。

一是田间检验，是对种子田的隔离条件、亲本质量、除杂情况等进行检查，以判定种子田是否合格。其作用主要有两方面：其一是提高种子遗传质量，通过种子标签检查、隔离条件确定、去杂去雄等，可以使种子生产田块符合标准要求；其二是可以推测种子遗传质量，特别是常规种的质量。

二是室内检验，包括物理质量的检测和遗传质量的检测。物理质量检测主要是测定种子的发芽率、净度、水分、健康度、重量、生活力等指标；遗传质量检测主要测定品种真实性和种子纯度。

三是小区种植鉴定，主要用于两方面：其一是作为种子繁殖过程的前控与后控，监控品种的真实性和纯度是否符合规定。这种测试主要是鉴定同批种子的一致性，判断在繁殖期间品种特征特性是否发生变化，同时也表明了限制繁殖代数的有效性。其二是作为目前唯一认可的检测棉花种子品种纯度的方法，小区种植鉴定可以长期观察，充分展示品种的特征特性，加之现行品种描述的特异性都是根据表现型来鉴别，所以尽管小区种植鉴定有费工、费时等缺陷，但迄今为止作为品种纯度的唯一认可方法，其地位始终没有被动摇。

另外，近年来科研工作者尝试了以同工酶电泳、蛋白质电泳、色谱法等技术开展种及品种间纯度鉴定的研究，但在棉花品种鉴定上均未取得成功。目前以分子标记法进行棉花品种真实性和纯度鉴定的研究主要集中在 SSR 和 SNP 技术上，有望取得突破。

田间检验、室内检验和小区种植鉴定的具体操作方法详见 GB/T 3543《农作物种子检验规程》、NY/T 400—2000《硫酸脱绒与包衣棉花种子》、NY/T 1385《棉花种子快速发芽试验方法》等国家和农业行业标准。

第二节　棉花良种繁育技术

我国将棉花良种分为育种家种子、原种与大田用种三种级别。育种家种子是指由育种家育成的遗传性状稳定、特征特性一致的品种或亲本组合的最初一批种子。原种即用育种家种子繁殖的第一代至第三代，经确认达到规定质量要求的种子。大田用种是用原种繁殖的第一代至第三代或杂交种，经确认达到规定质量要求的种子。

育种家种子来自于育种者，是良种的源头，一般数量很少，并且从定义上严格地讲，育种家种子是不可再生的，因为育种者不可能再完全一致地重复他的整个育种过程。因此，生产育种家种子只是极少数人的工作，本书不作讨论。原种则不但可以通过育种家种子进一步繁殖而获得，还可以按照原种生产技术规程对品种进行提纯复壮而持续生产。可以说，原种是走向生产实践的第一步，是联系育种家种子与大田用种的桥梁，原种生产也是许多人可以掌握的专业技术工作。大田用种的生产则主要是对原种的进一步繁殖，并注意去杂去劣，保持品种的真实性与纯度。良种的生产与繁殖是周期性的，如图 13-1 所示。

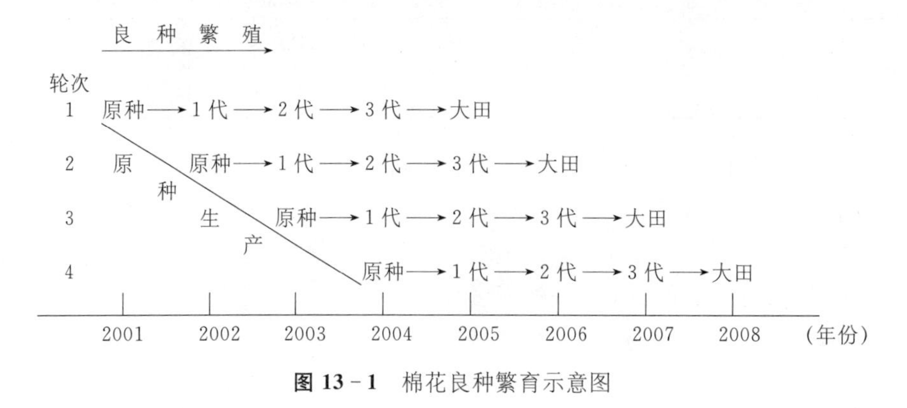

图 13-1　棉花良种繁育示意图

一、棉花原种生产技术

棉花原种生产的目的是为了使种子保持原品种的典型性，具有较高的纯度和播种品质，充分发挥品种的丰产性、优质性、适应性和抗逆性在棉花生产中的作用。我国在生产实践中使用的棉花原种生产技术主要有以下几种。

（一）“三圃制”法

又称“三年三圃法”。该方法在我国使用最为普遍，1982 年被定为国家标准 GB 3242—82《棉花原种生产技术操作规程》。有以下几个步骤。

1. 单株选择　这是原种生产的基础。单株选择要在原种圃、株系圃当选的株系中选取，或在纯度高的大田中选取。单株的选择首先要从品种的典型性入手，选择株型、叶型、铃型等主要特征、特性符合原品种的单株。在典型性的基础上考察其丰产性和纤维品质等指标。有检疫性病虫害的单株不能当选。单株选择一般分两次进行，第一次在结铃盛期，着重观察叶型、株型、铃型等形态特征，做好标记；第二次在吐絮后收花前，着重观察结铃和吐絮情况。抗病品种要选抗病单株，并进行劈杆鉴定。单株选择的数量要根据下一年株行圃的面积而定，每 0.067 hm^2 株行圃需 80～100 个单株。田间选择时，每 0.067 hm^2 株行一般选 200 个单株以上，以备考种淘汰。当选单株每株统一收中部正常吐絮铃 5 个（海岛棉 8 个）以上，一株一袋，晒干储存供室内考种。

单株材料的考种，应按顺序考察四个项目：纤维长度及异子差（异子差单面不得超过 4 mm）、衣分、籽指、异色异形籽。在考种过程中，前一项不合格者即行淘汰，以后各项不再考察。考察纤维长度，每单株随机取 5 瓣籽棉，每瓣各取中部籽棉 1 粒，用分梳法测定。单株所收籽棉轧花后，计算衣分率。在轧出的棉籽中任意取 100 粒（除去虫籽和破籽）测定籽指，其中异色异形籽率要求不得超过 2%。纤维长度和衣分、籽指等项目的取舍，用众数选择法，随机取 100 个样品，计算平均数和标准差，凡在平均数加减一个标准差范围以内的单株某性状数值，可以当选，而在此范围以外的，不论高、低一律淘汰。单株考察决选时，应根据原品种标准并参照当地当年的气候、栽培等情况而定，必须坚持原种综合性状的水平，不能盲目追求单一性状指标。单株最后决选率一般为 50%。

2. 种植株行圃　将上一年当选的单株种子，分行种于株行圃。行长 5～10 m，顺序排列，每隔 9 个株行设一对照行（本品种的原种）。每区段的行长、行距要一致，密度比大田略稀，四周种本品种的原种 4～6 行作保护行。

田间苗期观察整齐度、生长势、抗病性等，缺苗 20%以上者淘汰。花铃期着重观察各株行的典型性和一致性。吐絮期根据结铃性、生长势、吐絮的集中程度，着重鉴定其丰产性、早熟性。目测记载出苗、开花、吐絮日期和黄萎病、枯萎病感染程度。

田间纯度鉴定根据棉株的株型、叶型、铃型、茎色、茸毛、腺体等形态特征进行。当一个株行内有 1 棵杂株时即全行淘汰；形态符合典型性，但结铃性、早熟性、抗逆性、出苗等显著差于邻近对照的株行也必须淘汰。田间淘汰的株行可混行收花，不再称产和考种。当选的株行分行收花，并与对照行比产，作为决选的参考。凡单行产量明显低于对照的要淘汰。

株行圃的考种方法是，将田间当选株行及对照行，在收花时采取中部果枝上第1～2节位吐絮完好的内围铃，每行采20个铃作为考察样品。考察的项目有单铃籽棉重、纤维分梳长度(20粒)、纤维分梳长度整齐度、衣分、籽指、异色异形籽率。其中单铃籽棉重、纤维长度、衣分和籽指要求与原品种标准相同，纤维整齐度在90%以上，异色异形籽率不超过3%，株行圃的最后决选率一般为60%。

3. 种植株系圃　将上一年当选的株行种子，分别种植于株系圃。每株系播种的面积，根据种子量而定。株系圃密度稍低于大田。

田间观察、鉴定的项目和方法同株行圃。决选时要根据记载、测产和考种资料进行综合评定。一系中当杂株率达0.5%，则全系淘汰。如杂株率在0.5%以内，其他性状符合要求，拔除杂株后可以入选。

每一株系和对照各采收中部50个吐絮棉铃作为考种样品。取样方法、考察项目及决选标准，除考察50粒籽棉纤维长度外，其余均和株行圃相同。株系圃决选率一般为80%。

4. 种植原种圃　当选株系的种子，混系种植于原种圃。种植密度可以比一般大田略低，采取育苗移栽或定穴点播，以扩大繁殖系数，在花铃期和吐絮期进行二次观察鉴定。要调查田间纯度，严格拔除杂株，以霜前籽棉留种，此即为原种。原种也要进行考种和纤维品质测定。

原种圃考种，采取样点取样法。要根据地形、土质、栽培条件和棉株生长情况，划片随机取样，一般设4～5个取样点。每个取样点随机选100株，每株收取中部正常吐絮的棉铃1个，即每个点共取100个棉铃。纤维分梳长度要考察100粒籽棉，并计算其纤维长度、整齐度、衣分、籽指、异色异形籽率，取各点样品的平均数。

为防止误差，在考种操作时，必须注意下列事项：一是采样一定要有广泛代表性，不能集中某一地段或株行中的某几棵棉株；二是采样时除僵瓣棉铃外，应不分大小随机取样，并且采收干净，且样品必须晒干；三是考察纤维长度时，纤维分梳前必须先沿棉种腹沟分开理直，要梳得轻，梳得直，断得少，贴得平；四是考察衣分籽指时，一个样品要做到随称随轧，以免吸湿增重影响准确性；五是每次考种前要先调整好天平，校正轧车，以减少误差。轧花机应保持一定转速，不能随意减慢或加快；六是考种中，全部样品用统一的标准测量，各项目要固定专人，并经常进行检查核对，防止差错。

随着科学技术的发展，大容量棉花纤维检测仪器已在我国投入使用多年，因此，有关纤维品质的考察，目前可将皮棉样品送至专门的棉花纤维检测机构，即可快速获得长度、长度整齐度、比强、马克隆值、伸长率等多项物理性能指标。

(二)“改良三圃制”法

由于“三圃制”法工作量大，繁殖系数小，原种生产效率低，孙善康根据多年的良繁经验，在三年三圃法的基础上提出了“改良三圃制”法。它包括单株选择、株行圃、混合繁殖圃(原种一圃)、原种圃(原种二圃)几个制种过程，也有人称之为“三年二圃制”。

这种方法在单株选择时要求每个原种生产单位不少于1 500株，每株采收不少于5个铃。通过株行比较鉴定，将当选的优良株行种子混合，采用育苗移栽或点播种于混合繁殖圃，密度可较大田略低。花铃期及吐絮期，进行二次纯度调查和严格去杂去劣。收花后秤记全田产量，并扦取10个籽棉样，进行考种和纤维物理测定。混合繁殖的种子，种于原种圃，目的是扩大繁种数量，种植密度可以比一般大田略低，在花铃期要进行田间调查，剔除杂株，以霜前籽棉留种即为原种，并取样考种和纤维品质测定。

由于改良三圃制将三圃制中株系圃的分系种植改为混系种植，可减少原种生产一半以上的工作量，并相应地扩大了繁殖系数。

（三）自交混繁法

此法由陆作楣提出。其基本原理是选取一定数量的典型单株和株系，通过多代连续自交和选择，提高品种的遗传纯合度，减少个体遗传变异，获得较为纯合一致的群体。自交混繁法的核心是应用“分系自交保种，混系隔离繁殖”技术生产原种。生产程序包括建立保种圃、基础种子田和原种生产田。

1. 保种圃　保种圃是自交混繁法的核心，建立保种圃需要经过单株选择与株行鉴定两年的准备时间，第三年才能建立保种圃。建保种圃所用的基础材料是新育成品种的原原种或原种。如果从育种单位或原种生产单位直接引进自交株系，也可当年引种，当年即建成保种圃。在保种圃中每年要进行单株选择、自交和株行鉴定。当选自交株系自交铃的种子翌年在保种圃播种，当选株系非自交铃的种子为核心种，供下年基础种子田播种。保种圃一旦建成，就年年照此进行，保持稳定，直至品种被更换。但若在此期间发现个别不良自交株系，仍需淘汰。

2. 基础种子田　安排在保种圃的周围，选择生产条件好的地块，集中种植。用核心种播种，密度略低于一般生产田，尽量采用高产栽培技术和节省种子的办法播种，以扩大繁种量，并使优良性状充分表现。生育期间注意田间观察，了解个体的典型性和群体的整齐度。随时去杂、去劣、拔除病株。吐絮期随机取样考种、混合收花、轧花、保种，所得种子为基础种子，用于下年原种生产田播种。

3. 原种生产田　用基础种子在隔离条件下继续集中种植在基础种子田周围，为原种生产田。采用高产栽培措施，随时注意去杂、去劣、拔除病株。收花前先收考种样品，然后混合收花、轧花、保存种子，所得种子即为原种，扩大繁殖后供大田用种。其考种项目与要求参照三圃制进行。

（四）“原原种”繁殖法

这种方法的基础是每年由育种家提供高标准的种子（又称原原种），拿到棉花原种场去繁殖原种。原种场只进行种子扩繁和防杂去劣工作，不进行任何人工选择。这里所指的原原种，并不一定是育种家育成的最初一批种子，而可能是由育种家经过提纯复壮获得的高纯度的种子。该方法能尽量保持品种原有的优良种性和纯度，把迁移、漂移、突变和选择偏差减少到最低限度。

（五）贮藏种子保持种性法

对于推广的品种，一开始就在低温、干燥的环境里储藏一定数量的高纯度优良种子（如育种家种子或原原种），以后每年提取一部分（如1/10）用于繁殖原种。这样既可避免人为、天然混杂和环境诱变，又能节省人力、物力、时间而长期（如10年）保持良种优良性状。我国种子工作者根据国情探索出一些有效实用的技术，如江苏省徐州地区农业科学研究所发明的坛储法，是基于对新品种推广年限和面积的预测，将所需原原种一次性储存至保种坛内，分年取出用于繁殖原种。储藏时先将棉种晒干，使水分降至9%以下。装坛时，使种子占坛子的70%，上盖一层草木灰，再用数层塑料薄膜扎紧坛口，放在常温仓库内保存。他们曾用此法储藏苏棉3号种子，储藏9年发芽率仍在80%以上。

二、大田用种生产技术

生产上大规模使用的主要是大田用种，即将原种繁殖1～3代的种子。我国棉花大田用种繁殖工作主要在棉花良种场进行。近年来出现了一些专业的种子良繁村和良繁户，个别单位还利用冬季在海南加代繁殖种子。大田用种的繁殖虽不像原种生产那么复杂，但为了确保种子质量安全，必须注意以下几个方面。

（一）种子繁殖田选择

种子繁殖田应选择在地势平坦、土质肥沃、排灌方便、前茬一致、地力均匀的田块。不在病区和有检疫病虫害地区种植，生态条件要能满足生产种子的需要，具有良好的光、温、土壤、排灌等基础条件。

不管繁殖或生产哪一类别的种子，要求种子田绝对没有或尽可能没有对生产种子产生品种污染的花粉源，从而保证生产的种子保持原有的“品种真实性”。前作的污染源通常有以下三种情况：一是同种的其他品种的污染，例如前茬种植A品种的棉花，这一茬种植了B品种的棉花，那么，B品种的棉花有可能受到前茬A品种再生棉花的污染；二是类似植物种的污染，如前茬种的陆地棉品种，这茬种了海岛棉品种，海岛棉品种有可能受到陆地棉品种再生植株的污染；三是杂草种子的污染，在有些地区，苍耳在棉田里杂生较多，苍耳种子容易粘连到籽棉上，在收获、轧花和种子加工时都很难清除掉，影响棉种净度和使用价值。

（二）隔离条件

建立有效的隔离制度，是防止生物学混杂的有效措施。棉花是常异花授粉作物，容易造成混杂退化。要根据当地的条件和品种布局不同，采取空间隔离、时间隔离、天然屏障等隔离方式。棉花常规种的空间隔离距离要求至少在25 m以上。时间隔离是通过调节播种期，使种子田花期与其周围棉花生产田错开，从而避免外来花粉污染。天然屏障隔离就是利用山沟、树林、水库、堤坝等自然条件隔离。

（三）田间管理

应有一支相对稳定的专业技术队伍。良种繁育技术性强，周期长，只有建立相对稳定的技术骨干队伍，才能保持保纯工作的连续性，生产出高产量、高纯度的种子。要采取一切措施，确保苗全、齐、壮、匀。采用先进的农业技术，如采用单粒点播或稀条播、棉花育苗移栽等措施扩大种子繁殖系数。要根据品种的特征特性，采取相应的栽培管理措施，做到良种良法结合，确保品种的特征特性充分体现发挥。合理肥水管理，加强病虫害防治，以获得高产、优质的种子。

（四）除杂保纯

严格除杂保纯是防止品种退化的主要措施，除杂保纯措施要贯穿整个生育阶段和生产环节。在各生育阶段尤其是在作物开花前,要及时拔除混进本品种内的杂劣植株和感染病虫、生长不良的植株或个体变异分离出来的异形植株,以免植株开花时发生天然杂交造成生物学混杂。在管理环节上,从种子准备播种到种子收获、储藏的全过程,都必须根据不同作物和当地情况,建立一整套严格防杂保纯措施。收获期要做到籽棉单收、单轧、单晒、单藏,避免机械混杂。对种子也要进行考种,以保证品种的优良特性。

田间杂株率可根据种子质量标准的要求确定。棉花大田用种国家标准的质量要求为不低于 95.0%,因此,棉花大田用种的田间杂株率应不高于 5%。

另外,各种级别的棉花种子,不仅有代数的区别,更有质量上的差异。代数虽低,但达不到质量要求的种子只能降级使用甚至不能使用。

三、棉花杂交种制种技术

国内外多年研究表明,利用棉花杂种优势是提高棉花产量有效途径之一。杂种一代平均单产增加 15%左右,对棉花增产起着至关重要的作用。世界上较大面积应用杂交棉始于 20 世纪 70 年代。印度是世界上应用杂交棉面积最大的国家,种植面积占总植棉面积的 50%左右,占总产 70%;中国位居第二,杂交棉种植面积约占总植棉面积的 20%。杂交棉的大面积应用为两个国家棉花产量提高做出了积极贡献。另外,我国的转基因抗虫杂交棉在产业化运作和参与国际竞争中都发挥了重要的作用。

棉花杂交制种技术有人工去雄授粉制种、利用雄性不育系制种(包括两系法制种和三系法制种)、利用化学杀雄剂制种、利用指示性状不去雄杂交制种、利用柱头外露性状制种、利用昆虫传粉制种等多种方法。目前我国生产应用的杂交种是通过人工去雄授粉杂交和不育系授粉杂交两个渠道生产,人工去雄生产的杂交种占杂交棉 90%以上。虽然不育系制种在成本上要显著优于人工杂交制种,但是我国棉花不育系研究相对较晚,特别是不育系优势组合筛选方面进展较慢。棉花核不育系研究和应用虽取得了一定的进展,生产上有一定的应用面积,但总体来讲,选育的组合优势不如人工去雄杂交制种组合;棉花胞质不育系主要受恢复系的恢复源狭窄影响,强优势组合选配较困难,目前还没有一个强优势组合应用于生产。人工杂交制种,虽费工、成本较高,但较容易选育出强优势组合。从我国国情和不育系研究状况分析,人工杂交制种为主、不育系制种为辅的现状近段时间还会继续维持。下面简要介绍人工去雄授粉制种技术。

(一) 制种田的选择

应选择地势平坦、土层深厚、集中连片、通风向阳、排灌方便、肥力较好、无枯萎病、黄萎病发生或病情较轻的田块。如连续多年制种,每隔几年可换一次茬。每块制种田只能制一个杂交种。制种区要设隔离带,要求周围 50 m 以内无其他棉花品种。

(二) 亲本种植

正反交制种田双亲互为父母本,可等比例种植,也可根据具体情况灵活掌握。单交制种时,父母本的比例为 1 ∶(5～8)。小规模制种的情况下,为管理方便,父母本可以按一定比例相间种植,也可以将父本种在母本的地头上。大规模制种时,最好将父本种在地头,以便于管理和收花。

（三）种植密度

制种田母本的密度比大田要低一些。黄河流域棉区一般 2.25 万～3.0 万株/hm^2，长江流域棉区一般 2.4 万～2.7 万株/hm^2，北疆棉区 9 万株/hm^2，南疆棉区 6 万～7.5 万株/hm^2。父本的密度可按常规大田安排，甚至可高于大田密度。

（四）播种

可按照当地棉花高产田的播期播种；也可采用育苗移栽，播期可提前 20 d 左右。

亲本播种时，还要注意调节父母本的花期，使之盛花期完全或基本吻合。当父母本生育期差异较大时，可适当提前晚熟亲本的播期，同时结合摘除早熟亲本的部分早蕾等方法加以调节。

（五）制种田管理

在整个生育期间，要对制种田进行精心的栽培管理，合理运用水肥、适时整枝中耕、适当化控、及时治虫，具体措施与高产田管理基本相同。除此之外，还要注重在苗期、蕾期、铃期等阶段根据棉株的特征特性，如株形、叶形、铃形、茎秆茸毛、色素腺体等性状来拔除杂株。如果是转基因抗虫棉，还可在苗期用卡那霉素进行辅助鉴定去杂。

通常每年 7 月 5 日至 8 月 20 日之间做田间杂交，在 7 月 5 日之前母本所开的花和结的幼铃必须全部摘除。在 8 月 20 日结束制种后，还要除去母本植株上所有的花和蕾。一般 1 hm^2 制种田安排 45～60 名制种人员，每 2 hm^2 制种田配 2～3 名质量监督员。质量监督员每天应对制种田逐行、逐株检查 3 次：上午授粉前检查并去除没有去雄的花朵；上午授粉后检查授粉情况，已去雄的花是否漏授，授粉是否均匀；下午去雄后检查去雄情况，是否将所有待开的花全部去雄，去雄是否彻底等。

（六）去雄

次日要开的花，头天下午花冠迅速伸长，露出苞叶。去雄可在 14:00 后进行，直到去完为止。去雄时，用左手拇指和食指捏住花冠基部，分开苞叶，用右手拇指从花萼中部凸出部位切入，直至子房壁外白膜，并与食指、中指同时捏住花冠，一同向右旋剥，并同时稍用力上提，把花冠连同雄蕊一起剥下，露出雌蕊。注意指甲不要掐入过深，以防弄破子房白膜，损伤子房。也不要剥掉苞叶。旋剥花冠时用力要适度，以防拉断柱头。去雄要彻底，不能残留花药。去雄后，随即将长约 30 cm、色彩鲜艳的标记线搭在去雄的花柄上，以便次日上午授粉时查找。剥下的花冠放入随身携带的袋子中，集中带出制种田外。第二天早上，若发现有未去雄的花，要全部摘掉并带出制种田外。严禁早上去雄。

（七）授粉

授粉一般在每天的 8:00～12:00 进行，依花药散粉情况而定，晴天可早些，阴天可晚些。可采用单花授粉，一朵父本的雄蕊可为 6～8 朵母本的花授粉。也可以将多个父本的雄蕊扎在一起，在母本的柱头上涂抹。还可以把父本的花粉收集在一起，装在小瓶子里或者注射器内，然后为母本授粉。

（八）授粉后的质量管理

杂交工作一般在 8 月 20 日左右结束。在结束当天要去除母本植株上所有的花蕾并摘除边心，还应及时拔除父本。此后，还要组织技术人员检查自交铃的情况。杂交铃和自交铃在形态上有明显差异,杂交铃呈锥形、基部扁平、光泽度差、萼片不完整,而自交铃基部圆形、光泽度好、萼片完整。可根据以上特征摘除自交铃。

(九) 收花

当杂交棉铃正常吐絮后 7～10 d 内采收,不剥青桃或未吐絮铃。选晴好天气收摘,收摘后立即晾晒。为杜绝其他棉花品种的种子混入其中,对分散的制种农户,应采取地头收花,按户登记,由制种单位统一轧花、加工和储藏种子。

(十) 种子检验

轧花后的毛子、脱绒后的光籽和包衣后的包衣籽净度、发芽率、水分和纯度应符合 GB 4407.1—2008 对棉花杂交一代种的质量要求。种子的净度、发芽率和水分在轧花及加工后即可在室内进行检验,纯度检验可在冬季到海南进行种植鉴定,不误翌年播种。

四、棉花良种繁育的关键技术

(一) 良种繁殖面积的规划

做好良种繁育面积规划,是有计划地繁殖推广良种的前提。原种一般可应用到第三代。如果在第三代以前,产量和品质有明显下降,说明原种在生产或繁殖工作中存在某些问题,应总结经验,及时纠正。片面缩短更新周期,将使生产原种等技术和管理工作产生浪费。因此,究竟几代更新一次,可以根据实际调查情况,适当掌握。

单位面积的种子产量与播种量之比称为繁殖系数,也就是种子繁殖的倍数。原种繁殖系数的估算要从实际出发,留有余地。一般棉花大田生产的种子繁殖系数为 5～10;株行圃的种子繁殖系数是 8～10。666.7 m^2 原种圃生产的原种,经过三代繁殖,能够产生的种子总量和播种面积如表 13－5 所示。

表 13－5　棉花原种后代繁殖面积估算

(中国农业科学院棉花研究所,1990)

种子代别	666.7 m^2 播种量(kg)	播种面积 (×666.7 m^2)	繁殖系数	每 666.7 m^2 种子产量(kg)	种子总产量 (kg)
原种圃		1		80	80
1 代	7.5	10	10	60	600
2 代	7.5	80	8	60	4 800
3 代	7.5	640	8	60	38 400
大田	7.5	5 120			

如果棉花大田面积为 1.33 万 hm^2,以原种 3 代更新大田种子,则原种圃面积约为 2.6 hm^2(200 000÷5 120÷15);若以原种 2 代更新大田种子计算,原种圃面积约为 20.83 hm^2(200 000÷640÷15)。但如果采用精量播种或育苗移栽,则繁殖系数更大,种子利用率更高。

从籽棉产量中计算种子量的方法:一般将种用籽棉按总产量的 70％计,如果衣分为 36％,其他杂质为 6％,则种用种子量为 58％(100％－36％－6％)。如每 666.7 m^2 产籽棉 150 kg,可生产种用棉籽 61 kg(150×70％×58％)。

（二）采用优良的栽培条件

良种必须结合良法，才能充分发挥良种的增产潜力。良种在繁育过程中，更应注意采用优良的栽培条件，以提高种子质量，扩大繁殖系数。尤其是棉花良种繁育的主攻方向是籽粒（种子），而棉花生产的主攻方向是纤维，所以两者的栽培技术不完全相同。

良种繁育田的土壤肥力必须均匀一致，以利鉴别株行或株系后代的遗传差异，提高选择效果。田块力求精耕细作，应多施有机肥，并注意氮、磷、钾的配合，适当增施硼、锌微肥。提倡育苗移栽、地膜覆盖，以促苗早发，缩短生育期，增加种子成熟度。管理措施应精益求精，播种前要选种、晒种，对种子进行硫酸脱绒和包衣处理，播种、定苗、整枝、中耕、排灌、防治病虫害等工作都要及时准确。密度要适当稀植。使繁殖田做到全苗、壮苗，植株生长健壮、整齐，多结中部铃，棉铃发育好，籽粒饱满。

（三）注意防杂保纯，保证播种品质

良种繁育过程中一定要做好防杂保存工作，尽量消除造成机械混杂和生物学混杂的各种可能因素。原种场、良繁区、良种轧花厂都只能繁育和加工一个品种，严防不同品种发生混杂。

在提纯复壮过程中，株行和株系圃的种子在田间播种、补种、收花、轧花、贮藏各个环节，都必须认真核对号码，避免差错。对于拌种器、种子袋、轧花机、脱绒包衣设备等，在使用前都要仔细清理干净，严防机械混杂。遇到田间缺苗时，只能补栽本行、本系的棉苗，或用各自的后备种子补种，不能用其他种子随意补种。在棉花生育期间，要多次观察鉴定，严格去杂去劣。籽棉与种子要分收、分晒、分轧、分存，建立必要的管理制度，认真执行，以确保品种纯度。

棉花吐絮期，要适时采收，采收不及时，会影响种子翌年的发芽率、活力指数和产量，纤维品质如强度也会下降(表 13－6)。

表 13－6　棉花不同采收期对种子品质、纤维品质及产量的影响

（中国农业科学院棉花研究所，1990）

霜前采收次数与时间		籽指(g)	发芽率(%)	活力指数	田间 1 m 出苗数	纤维强度(g/tex)	籽棉产量(kg/666.7 m²)
一次性采收	10 月 24 日前	10.1	67	298	26	18.9	124
分 3 次采收	9 月 10 日前	11.1	97	1 044	36	20.3	180
	9 月 30 日前	10.1	96	938	38	19.1	180
	10 月 24 日前	9.4	87	712	39	20.4	138

同一棉花品种在相同的气候、土壤和农业技术条件下，也会产生形状大小、营养成分、发芽情况、皮棉产量和品质不同的种子。这称为种子的异质性。棉花开花顺序由下而上，由内而外。靠近主茎的内围棉铃形成的时候，正值营养器官累积大量养分，植株生活力较旺，光合作用最强，储藏的养分分解最多，一般都是中部内围的棉铃重，种子大，脂肪含量多，生理成熟好，发芽率高，发芽势强，出苗壮；反之，上部果枝和外围节位的棉铃，是在棉株生命活动较差、气温较低、光合作用较弱的时候形成的，致使铃轻、子瘪、质量差。表 13－7 中的数据

是中棉所 2 号不同果枝、不同果节上的棉铃、籽指及翌年出苗率情况。表 13－8 是不同节位的种子对翌年产量的影响情况。因此，种籽棉应采摘中部霜前花留种。

表 13－7　不同果枝与果节的铃重、籽指及田间出苗率

（中国农业科学院棉花研究所，1983）

性　状	按果枝分类							按果节分类			
	Ⅰ	Ⅱ	Ⅲ	Ⅳ	Ⅴ	Ⅵ	Ⅶ	1	2	3	4
铃重(g)	5.3	5.2	4.7	4.8	4.9	4.8	4.4	5.3	4.9	4.5	4.4
籽指(g)	10.4	11.3	9.3	9.2	9.5	8.1	7.8	10.5	9.8	8.9	7.6
田间出苗率(%)	48.4	54.3	53.1	38.9	34.1	32.3	34.0	47.3	47.8	34.1	33.2

表 13－8　不同节位种子对后代产量的影响

（中国农业科学院棉花研究所，1983）

当年节位	次年籽棉产量(kg/666.7 m^2)	比较(%)
1～15 果枝第 1 节种子	148.1	119.1
1～13 果枝第 2 节种子	133.2	107.1
其余各节种子	124.3	100.0

赵丽芬等对陆地棉石远 321 不同收获期的种子后代的性状进行了研究，结果表明，不同收获期的种子后代在出苗、抗病性、产量等性状上有显著差异。总趋势为：中喷(部)花种子＞前期花种子＞后期花种子，如表 13－9、表 13－10 所示。在良种繁育工作中，一定要注意种子质量问题。单株及株系选择鉴定，要采用中喷花的种子作为鉴定对象，消除因种子质量对性状的影响，提高选择鉴定效果。同时要采取必要的栽培措施，增加中喷花的产量，以中喷花的种子应用于生产，实现高产、抗病、优质的统一。

表 13－9　不同收花期石远 321 种子对后代产量的影响

（赵丽芬等，1998）

处　理	单株成铃(个)	单铃重(g)	衣分(%)	籽棉产量(kg/hm^2)	霜前花率(%)	皮棉产量(kg/hm^2)
前期花种子	18.0	5.56	41.8	180.0	80	1 140
中喷花种子	21.0	5.95	41.5	205.6	85	1 273.5
后期花种子	15.0	5.13	41.1	165.2	76	1 020

表 13－10　不同收花期石远 321 种子的苗情表现

（赵丽芬等，1998）

处　理	发芽势(%)	出苗天数(d)	出苗 30 d		苗　病	
			鲜重(g)	干重(g)	病株率(%)	死苗率(%)
前期花种子	80	13	2.25	0.41	31	25
中喷花种子	82	12	3.38	0.54	26	15
后期花种子	85	15	1.48	0.26	38	29

在棉花生育后期，喷施催熟剂可促进棉铃开裂，加快吐絮，甚至有提高产量的效果。但

使用催熟剂却会影响种子的发芽率。李美等对中棉所16号进行了喷施三种催熟剂的试验，结果如表13-11所示。因此，良种繁育田要求不用催熟剂，而应以其他促早栽培措施来保证棉花的生育期。提倡良繁田实行一熟制，两熟地区应以棉花为主，以生产优质种子为主，确保种子的正常成熟。有的地方已摸索出一些比较合理的套作方式。比如长江中下游棉区的油菜、棉双移栽与移栽地膜棉，新疆宽膜覆盖等，对保证棉花的生育期，提高棉种的成熟度起到了积极的作用。易福华等也对苏棉1号施用40%乙烯利进行了研究，乙烯利对棉籽发芽的抑制作用是显著的，其原因是引起了棉籽的休眠，可采用一些技术打破休眠，提高发芽率。

表13-11　催熟剂对铃重、产量、籽指及种子发芽率的影响

(李美等，2000)

催熟剂	施用量(ml/hm^2)	铃重(g)	产量(kg/hm^2)	籽指(g)	发芽率(%)
20%克无踪	1 500	5.38	1 567.5	10.5	51.7
40%乙烯利	3 000	5.16	1 594.5	10.8	66.7
32.5%叶枯丰	1 500	5.51	1 683.0	11.1	63.3
CK(清水)		5.51	1 467.0	11.2	75.0

此外，原种、良种的储藏环境要保持低温、干燥和通气良好。储藏种子的水分含量不能高于12%。

(四)扩大繁殖系数，加快繁殖速度

棉花种子的繁殖系数较低，为尽快满足生产上的需要，及早发挥良种的作用，必须采取有效措施，加快良种繁育速度，生产出数量多、纯度高、质量好的棉花良种。

扩大棉花种子繁殖系数与加快繁殖速度的主要措施：一是节约用种，可采取精密播种或育苗移栽，并适当稀植；二是提高单产，良种良法相结合，采取促早熟高产栽培技术措施，提高繁种数量和质量；三是异地繁种，利用海南省的天然有利条件，冬季进行南繁加代，一般当年9月下旬收获的棉种可于10月上中旬在海南播种，翌年3月中下旬即可收获，4月将种子返回内地播种繁殖，实现一年繁种两代。

(五)棉花良种的妥善储藏

棉花种子的寿命与种子含水量和储藏温度有密切关系。在干燥的自然状态下储放的棉籽，其生活力可保持3～4年，但在生产上有种用价值的期限一般只有1～2年，其后因发芽率过低，不宜作种用。

留种棉籽须晒干后储藏，一般要求含水量不超过12%。若种子含水量过高，会加速种胚中所含脂肪、蛋白质和糖类的分解。所释放的热量反过来又能促进各种酶的活动以及种子的呼吸。由于二氧化碳大量增加，氧气补偿不足，往往导致种子不能正常呼吸，使其在代谢过程中积累酮类和醛类物质，对种子产生毒害，导致种子变质，丧失生活力，甚至发生霉烂。储藏温度较高时，还会加速这一过程。Stewart等对棉花种子进行了长期的储藏试验研究。结果表明，在同一温度条件下，棉籽含水量越低，其寿命越长；棉籽含水量相同时，储藏温度低的比温度高的寿命长。棉籽含水量虽较低，而储藏期间温度过高，或储藏温度虽较低，而棉籽含水量过高，都会导致棉籽过早地丧失生活力。如棉籽含水量保持在7%～9%，而储藏温度高到32 ℃左右，棉籽贮藏3～5.5年便失去生活力；如温度控制在0 ℃左右，而棉籽含水量高达14%，其生活力最多也只能保持15年。如果储藏温度保持在0 ℃左右，棉籽含水量不超过11%，则储藏37年后其发芽率仍能达到57%～68%。相反，若棉籽含水量高达14%，储藏温度高到32 ℃左右，则只要4个月棉籽便失去生活力(表13-12)。

表13-12　棉籽含水率和储藏温度对种子萌发力的影响

(董合忠等，2004)

储藏温度(℃)	棉籽含水率(%)	棉籽储藏年数										
		1	2	3	5.5	7	13.5	15	19	25	31	37
		棉籽发芽率(%)										
0±	7	87	87	87	90	94	90	91	92	91	86	68
	9	92	87	93	89	92	93	91	92	82	73	63
	11	89	88	91	79	89	88	93	89	86	63	57
	13	90	87	86	87	92	91	72	51	16	0	—
	14	88	90	85	61	34	10	0	—	—	—	—
21±	7	93	91	90	84	89	85	73	51	0	—	—
	9	87	91	82	81	59	0	—	—	—	—	—
	11	86	89	68	1	—	—	—	—	—	—	—
	13	72	23	3	—	—	—	—	—	—	—	—
	14	17	0	—	—	—	—	—	—	—	—	—
自然状态	7	87	90	83	—	88	—	0	—	—	—	—
	9	91	88	84	—	—	—	0	—	—	—	—
	11	85	69	18	—	—	—	—	—	—	—	—
	13	49	0	—	—	—	—	—	—	—	—	—
	14	0	—	—	—	—	—	—	—	—	—	—
32±	7	86	86	59	0	—	—	—	—	—	—	—
	9	50	33	0	—	—	—	—	—	—	—	—
	11	21	0	—	—	—	—	—	—	—	—	—
	13	0	—	—	—	—	—	—	—	—	—	—
	14	0	—	—	—	—	—	—	—	—	—	—

徐京三等用中棉所30号为材料，分别把含水量为10%的干燥种子和含水量为18%的加湿种子，从6月5日起在暖(仓库自然温度，20～30 ℃)、冷(冰箱冷藏室，2～3 ℃)、冻(冰箱冷冻室，-7 ℃)三种不同的温度条件下分别贮藏15 d，取出后放在室温(暖)环境里平衡。于取出后的当天即6月20日和第20天即7月10日，做发芽试验。结果表明，种子在干燥条件下，不同储存温度对种子发芽力无明显影响；种子含水量过高，对种子发芽力会产生明显的不利影响。因此，棉种在储存期间必须保持干燥(12%以下)。高含水量的棉籽在高温状态下，可能因呼吸强度提高，导致缺氧并产生有害物质，影响了种子活力；在低温(结冰)状态下，种胚组织因结冰遭受破坏。结果还表明，因含水量过高而受害的种子，若置于适宜环境中可部分恢复发芽。试验结果列于表13-13。

表 13-13　温度、湿度对储藏棉籽发芽力的影响

(徐京三,2000)

处　理	种子含水量(%)	贮藏温度(℃)	6月20日		7月10日	
			发芽势(%)	发芽率(%)	发芽势(%)	发芽率(%)
1	干(10)	暖	91.7	95.0	91.7	95.0
2		冷	93.3	96.7	91.7	95.0
3		冻	93.3	93.3	91.7	93.3
4	湿(18)	暖	50.0	53.3	55.0	68.3
5		冷	71.7	83.3	83.3	85.0
6		冻	43.3	45.0	48.3	58.3

空气湿度也是影响种子含水量的重要因素。据研究,当种子储藏量不大,环境空气的相对湿度低于50%时,棉籽含水量明显减少;相对湿度在50%~70%时,含水量稳定;当相对湿度高于70%时,种子含水量明显增加。我国各棉区气候条件不同,故对种子储藏亦应有不同要求。

(撰稿:杨伟华;审定:张存信;终审:杨伟华)

参 考 文 献

[1] 李文炳.山东棉花.上海:上海科学技术出版社,2001.
[2] 中国农业科学院棉花研究所.优质棉丰产栽培与种子加工.石家庄:河北科学技术出版社,1990:114.
[3] 孙济中,陈布圣.棉作学.北京:中国农业出版社,1999:72-74,120-127.
[4] 中国农业科学院棉花研究所.中国棉花栽培学.上海:上海科学技术出版社,1983:249.
[5] 尹承佾,于凤英,等.棉种繁育检验与加工.北京:中国农业科技出版社,1994.
[6] 农业部全国农作物种子质量监督检验测试中心.种子检验员考核学习读本.北京:中国工商出版社,2006.
[7] 郭香墨,刘金生,丰嵘,等.我国棉花良繁体系的形成与发展.中国农学通报,1996,12(4).
[8] 邢朝柱,靖深蓉,邢以华.中国棉花杂种优势利用研究回顾和展望.棉花学报,2007,19(5).
[9] 董合忠,李维江,张晓洁.棉花种子学.北京:科学出版社,2004:175.
[10] 别墅,江胜,吕建文.棉花杂交制种操作技术规程.农产品市场周刊,2006,(49).
[11] 马奇祥,侯新河,鲁传涛,等.新疆兵团杂交棉制种技术的改进.中国棉花,2008,35(1).
[12] 赵丽芬,冯恒文.陆地棉不同铃期种子后代的性状分析.中国棉花,1998,25(2).
[13] 李美,赵德友,于建垒,等.催熟剂对棉花品质及发芽的影响.中国棉花,2000,27(5).
[14] 易福华,杨梅,姚立强,等.乙烯利对棉籽休眠的影响及破除休眠技术的研究.中国棉花,1997,24(10).
[15] Stewart J McD, Buin G. Cotton seed viability after long-time storage. Agronomy Journal, 1976:68.
[16] 徐京三,郑以宏,朱秀玉.棉种储存期不同温度对其发芽力的影响.中国棉花,2000,27(12).

第四篇

棉区土壤及改良和培肥

土壤是介于大气层与岩石圈之间的独立存在的自然客体，是陆地表面具有独特发生和演变规律的自然资源；由于成土过程、条件与发生属性、发育阶段以及人为因素的影响，演化成不同的土壤类型。土壤不仅是植物着生的直接场所，而且还提供植物生长发育所需的水分、养分等环境因素，并对植物的生长状况、产品的数量和质量产生决定性的影响。这一切不仅取决于土壤的自然状况，也取决于人类在利用土壤过程中对其所施加的影响。

第十四章　棉区土壤与低产田改良

第一节　棉区主要土壤

棉花耐旱、耐盐碱，对土壤的适应性较广，但不同类型土壤，由于其理化性状、肥力水平等不同，对棉花生产的影响具有较大差异。有些土壤不适合或不完全适合棉花生产，须经改良后才有可能得到较为理想的产量。为此，拟具体介绍我国各棉区主要土类的理化性质、肥力特征、宜棉程度等。

一、潮　土

潮土是发育在河流冲积物上，受地下水活动的影响，经长期耕种熟化而形成的一类土壤。我国潮土面积 2 565.9 万 hm^2，大部分集中分布在东部黄淮海平原，以及长江、珠江、辽河中下游的开阔河谷与平原区，在黄河河套平原也有连片集中的潮土。河北、山东、河南三省的潮土面积各在 400 万 hm^2 以上，主要分布在冀中南、鲁西北、豫北、豫东南；江苏、安徽两省的潮土面积各在 100 万～200 万 hm^2 之间，主要分布在淮河南、北，长江三角洲及沿江、沿河和滨湖平原；其他棉花种植地区如湖北、山西、陕西、辽宁、天津、新疆等也有分布。

潮土发育于近代河流冲积物平原或低平阶地，地下水位浅，潜水参与成土过程，底土氧化还原作用交替，形成锈色斑纹和小型铁子。潮土典型剖面的土层组合为耕作层、亚耕层、氧化还原特征层、母质层。

黄淮海平原潮土质地变化复杂，主要为壤土，其次为黏壤土、砂质壤土、砂土和黏土；长江、淮河沉积物以黏壤土为主。潮土一般呈中性至弱碱性，均含不等量的碳酸钙，以黄河沉积物形成的潮土碳酸钙含量高，长江沉积物次之，淮河沉积物最少；而热带、亚热带的潮土一般不含碳酸钙，土壤呈微酸性。不同河系沉积物形成的潮土，有机质、全氮、全磷、全钾等养分含量也有较明显差异，其中以黄河沉积物形成的潮土为低，珠江沉积物形成的潮土为高，长江及淮河沉积物形成的潮土居中。

潮土的有机质含量较低，表层有机质含量一般在 10 g/kg 左右，但土壤矿质养分含量较丰富，加之土体深厚，结构较松，易于耕作管理，适应性广，是生产性能良好的一类耕种土壤。由砂质沉积物发育的潮土，砂性重，漏水漏肥，养分含量低，保肥供肥能力弱，多属低产土壤；黏质沉积物发育的潮土，质地黏重，通透性和耕性差，湿时上层滞水，干时通风跑墒，适耕期短，养分含量虽较高，但物理性状差，生产潜力难以发挥；壤质沉积物发育的潮土，质地适中，水分物理性状好，抗旱抗涝能力强，养分含量较高，保肥供肥能力也强，水、肥、气、热协调，通常为各类旱作物的高产土壤。

潮土划分为潮土、灰潮土、脱潮土、湿潮土、盐化潮土、碱化潮土和灌淤潮土 7 个亚类。

（一）潮土

潮土是冲积平原富含碳酸钙的近代河流冲积物，经潮土化过程和熟化过程形成的农业土壤，是潮土土类的代表性亚类，具有潮土土类的一般特点。我国总面积 1 563.3 万 hm^2，占潮土土类面积的 60.9%。主要分布在暖温带各冲积平原。黄淮海平原是潮土亚类的集中分布区，面积约 1 189.6 万 hm^2，占潮土亚类面积的 76.1%；其他分布在山西汾河谷地、陕西汉江与渭河冲积平原、甘肃河西走廊等地。

黄河沉积物形成的潮土，土壤质地差异性强，有潮砂土、两合土、潮黏土；古河流沉积物发育的潮土，以壤质黏土为主；一般河谷平原的潮土，沉积物源于山丘各类基岩风化物，土体中砂粒多，黏粒少，常含少量石砾或底部具砾石层。

潮土大多含有碳酸钙 40～140 g/kg 不等，具较强石灰反应，土壤 pH7.5～8.5。古河流沉积物发育的潮土，pH7.7～7.9，土壤不具石灰反应，阳离子交换量高；非石灰性河流沉积物发育的潮土，pH7.0 左右，一般不具石灰反应，阳离子交换量较低。潮土的养分量普遍偏低，有机质含量 3～14 g/kg，全氮 0.2～1.0 g/kg，随质地由砂至黏而增加；非石灰性河流沉积物发育的潮土，土壤有机质、全氮含量稍高。潮土的速效养分含量除钾稍高外，速效磷含量较低，潮砂土约为 4.5 mg/kg，两合土为 5.8 mg/kg，潮黏土为 6.8 mg/kg。

潮土的农业生产性状因其质地不同而有很大差异。砂质沉积物发育的潮土，质地较轻，保水保肥性能差，有机质及各类矿质养分含量也低，土壤供肥能力弱；但土壤毛细管水不能上升到地表，不易引起返盐，故缺水缺肥是土壤改良的重点。黏质沉积物发育的潮土，质地较重，土体紧实，保水保肥及持续供肥能力强；但土壤耕性和通透性差，排水不良，作物易受涝害；旱时地表蒸发快，下层毛管水供应不及，作物则易受旱害。土壤改良的重点是改善土壤水分物理性状，发挥土壤潜在肥力的增产效益。壤质沉积物发育的潮土，砂黏性与结持度适宜，土壤毛管作用力强，养分含量及有效性均较高，水分物理性状与供水供肥性能良好，耕性也好,作物一般不受旱、涝、盐危害,属潮土中的高产类型。

(二) 灰潮土

灰潮土总面积为223.8万 hm^2,占潮土土类面积的8.7%。主要分布在湖北省的江汉平原,湖南省的湘江、资江、沅江、澧水下游沿岸及洞庭湖平原,江西赣江下游沿岸及鄱阳湖平原,安徽、江苏及上海的沿江平原及浙江省钱塘江下游两岸。其中长江中下游平原地区是灰潮土集中连片分布区,面积约160万 hm^2,占灰潮土亚类面积的71.5%左右。

灰潮土沉积物的颗粒普遍较细,近河道及古沙洲上的灰潮土,以砂质壤土为主,或间有粉砂质壤土;远河道及低河漫滩上的灰潮土,以黏壤土为主,也有壤质黏土及黏土。灰潮土中易溶性盐类淋失作用强,地下水矿化度低,一般土壤无盐渍化威胁。大部分灰潮土呈微碱性反应,pH 7.5～8.3;部分灰潮土呈酸性或微酸性反应,pH 4.5～5.0。由于耕种熟制高,耕作施肥频繁,土壤养分普遍为高。砂壤质灰潮土的有机质含量大多在10 g/kg以上,全氮含量0.8 g/kg左右;黏壤及壤黏质灰潮土的有机质含量可达15 g/kg以上,全氮1 g/kg以上。灰潮土的微量元素缺乏,锌、硼、锰、铜、硒的含量普遍低于有效含量的临界值,尤其是锌缺乏严重,不少土壤中有效态锌含量低于0.5 mg/kg临界值,大部分土壤也缺硼。

灰潮土一般无干旱和盐碱威胁,大部分土壤质地适中,通透性良好,耕性优良。在江汉平原及长江沿岸地区,历来为我国棉花等作物的种植区。但因复种指数高,用地多,养地少,特别是有机与无机肥配施不当,磷、钾肥补充不足,微量元素硼、锌也缺乏。因此,需开辟有机肥源,推行有机、无机结合平衡施肥,协调土壤养分供应能力。

(三) 脱潮土

脱潮土是潮土向相邻非水成、半水成土演变的潮土亚类,面积209.7万 hm^2,占潮土土类面积的8.2%,分布地区与潮土亚类相伴,处于平原地势相对高起部位,在地下水位大幅度下降的潮土区,也有脱潮土的分布。

黄淮海平原是脱潮土主要分布区,面积约133.3万 hm^2,占脱潮土亚类面积约63.6%,与潮土亚类相间分布于平原中的地势相对高起的缓岗、古河道自然堤、高阶地。另在汾河谷地,因地下水位下降、河流改道或下切,土体中氧化还原特征层位下降,潮土也逐渐向脱潮土方向发育。脱潮土除有潮土的耕作层、氧化还原特征层外,在心土层还表现褐土化发育的特征。

脱潮土的质地大部分为壤质土和砂质土,剖面质地土层较匀,一般无砂、黏间层,有机质、全氮含量较低,耕作层分别在10 g/kg及0.8 g/kg左右。土壤速效钾丰富,平均120 mg/kg;速效磷6.7 mg/kg;有效微量元素中锌、硼、钼缺乏,有效铜、铁、锰均在临界值以上。

脱潮土在平原中所处地势相对较高,地下水位比一般潮土低,土壤质地适中,内外排水条件良好,无盐渍化威胁,是农业生产性状良好的土壤类型。但因质地类型不同,农业生产性状也有差别。砂质脱潮土土性热,发小苗,有机质及各种养分含量低,往往地力后劲不足,同时也易受旱;壤质脱潮土适耕期长,适种性广,供肥性能好,是潮土类中的高产土壤类型;黏质脱潮土的耕性差、通透性也差,但有机质及其他养分含量高,地力后劲足,发老苗,仍是高产土壤类型。

(四)湿潮土

湿潮土是潮土向沼泽土或潜育土发育的一类过渡土壤类型,面积54.6万hm^2,仅占潮土土类面积的2.1%。主要分布在黄淮海平原中地势低平的封闭洼地、交接洼地、湖沼洼地边缘以及浅平碟形低地,面积约33.3万hm^2,占湿潮土亚类面积的61.0%,多与潮土相间,或与盐化潮土呈组合分布。在南方各地区,湿潮土所占面积小,主要分布沿河低地、滨湖洼地,常与水稻土及沼泽土相间分布。湿潮土除具有潮土的剖面形态特征外,主要在土体下部有长期滞水条件下形成潜育化特征层。

湿潮土以静水沉积物的黏质土为主。母质含碳酸钙高,土壤pH在8.0~8.5之间。土壤有机质含量普遍较高,为10~20 g/kg,全氮含量与有机质含量呈正相关。土壤速效养分中钾素丰富,平均161 mg/kg;速效磷7.8 mg/kg;有效钼平均含量0.05 mg/kg,低于临界值;有效锌、硼分别为0.56 mg/kg及0.58 mg/kg,接近临界值;有效铜、铁、锰的平均含量在临界值以上。

湿潮土土体潮湿,土性冷凉,质地较黏,通透性不良,耕作难,适耕期短,但持水保水性强。在早春土温较低季节,潜在养分不易释放,影响作物苗期发育。若潜育层出现部位过高时,还可产生毒害物质抑制作物根系对养分的吸收,甚至出现烂根现象。局部洼地边缘矿化度大于1 g/L,旱季土壤易返盐,雨季则易受涝害。此类土壤需重视排水,种植耐涝耐盐的旱作物,或改种水稻,并补施速效肥才能促发早苗。

(五)盐化潮土与碱化潮土

盐化潮土和碱化潮土是潮土向盐土或碱土过渡的两个亚类,均分布于冲积平原地势相对低洼或洼地边缘;其中盐化潮土面积467.4万hm^2,占潮土土类面积的18.2%,碱化潮土面积仅24.9万hm^2,约占潮土土类面积的1.0%。黄淮海平原中的盐化潮土和碱化潮土面积较大,分别为340余万hm^2及22.7万hm^2,占各亚类面积的72.7%和91.2%,常与潮土、湿潮土、盐土及碱土等呈斑点或斑块状相嵌复区分布。

盐化潮土按盐分组成可分为硫酸盐-氯化物或氯化物-硫酸盐盐化潮土、苏打盐化潮土及氯化物盐化潮土。碱化潮土可划分苏打碱化潮土、氯化物碱化潮土及硫酸盐碱化潮土,分别以苏打、氯盐、硫酸盐占优势。

盐化及碱化潮土因土壤含有盐碱,养分含量低,属潮土中的低产土壤。盐化潮土含盐量轻者作物生长受抑制,重者地表形成盐结皮与大片光板地,耐盐作物生长严重受抑制。碱化潮土的养分含量较之盐化潮土更低,并含有较多的交换性钠,pH高,对作物生长的危害更为严重。这两类土壤均需采取农业生物措施及水利措施进行综合改良,其中碱化潮土有时需采取化学改良措施后方可为农业利用。

(六)灌淤潮土

灌淤潮土是在潮土基础上引含泥砂水灌溉并与耕种活动交替进行,在原潮土上覆盖小于30 cm灌淤层的旱耕土壤。面积22.1万hm^2,仅占潮土土类面积的0.86%。灌淤潮土主要分布在宁夏、内蒙古的河套平原以及黄淮海平原的沿黄淤灌区。

灌淤潮土的灌淤耕作层,质地为壤土至粉砂质黏土,碎块状或块状结构,有锈斑,强石灰反应。灌淤层有机质含量8~16 g/kg,全氮0.6~1 g/kg,速效磷含量均低,速效钾含量均高。

灌淤潮土的物理性状良好，易耕作，耐旱涝，适种性广。有的盐碱、砂荒地，经灌淤后，成为高产田。但应增施有机肥，推广秸秆还田等措施，提高有机质含量，改善土壤保肥供肥性能。部分灌淤潮土应适当控制灌水，及时排水，防止土壤盐分上升。

二、砂姜黑土

砂姜黑土是由早期生长湿生草甸植被后经脱沼与长期旱耕而形成的古老土壤，因具有颜色深暗的表土层（包括耕作层、亚耕作层和残留黑土层）和含有砂姜的土层而得名。砂姜黑土主要分布于安徽和河南两省的淮北平原，江苏省的徐淮平原，河南省的南阳盆地，山东省的胶莱平原和沂沭河平原；此外，河北省的唐山、玉田、丰润，安徽省淮南的寿县、长丰县、凤阳县，湖北省的枣阳市也有少量分布。以安徽淮北平原分布面积最大，约 164.7 万 hm^2；河南次之，约 127.2 万 hm^2；山东 53.7 万 hm^2，江苏 23.2 万 hm^2，河北 6.5 万 hm^2，湖北仅 0.5万 hm^2。

砂姜黑土的成土母质为河湖沉积物，经脱沼与长期耕作形成，但早期沼泽草甸特征仍显残余特性。底土常见砂姜聚积，上层见面砂姜；底层可见砂姜瘤与砂姜盘，系早期形成物残存。砂姜黑土土层深厚，剖面自上而下有耕作层、亚耕层、残留黑土层、氧化还原过渡层及砂姜土层。

砂姜黑土质地以壤质黏土、粉砂质黏土及黏土为主，有机质为 5～15 g/kg，全氮多为 0.5～14 g/kg，磷、钾等养分含量较高；棕色的熟化表层呈中性至微碱性反应，一般无石灰反应。

砂姜黑土低产的原因可概括为涝、旱、瘠、僵、碱五个方面。涝，是指地形平坦，甚至是封闭洼地，加之受洪泛的影响，排水困难而造成内涝；旱，是指春播和秋播时期降雨稀少，造成土壤干旱而减产；瘠，就是土壤瘠薄，养分含量低，特别是氮和磷含量少，有效性低；僵，是指土壤质地过黏，结构不良，耕性差，易结块板结；碱，则是因部分砂姜土有碱化而使土壤性质变坏，并因碱而致害。砂姜黑土植棉必须采取改土措施，如冬季深耕、客砂改土、种植绿肥、增施磷肥和开沟排水、适时灌溉等。

砂姜黑土划分为砂姜黑土、石灰性砂姜黑土、盐化砂姜黑土和碱化砂姜黑土 4 个亚类。

（一）砂姜黑土

全国计有 322.4 万 hm^2，占该土类面积的 85.8%。本亚类具有砂姜黑土土类的典型特征，主要集中分布在黄淮海平原南缘的淮北低平原地区。因成土母质为黄土性古湖沼沉积物，质地黏重，以壤质黏土为主。

（二）石灰性砂姜黑土

主要分布于山东省胶莱河谷以西，小清河以南及运河以东的交接洼地以及河南省南阳盆地地区，面积 51.8 万 hm^2。该亚类全剖面有强烈的石灰反应，pH8～8.5，表土层游离碳酸钙的含量达 20～160 g/kg。

（三）盐化砂姜黑土

在苏北及河北邻近滨海平原的地段有零星分布，面积仅 1.7 万 hm^2。其形态特征与砂姜黑土亚类无异，仅地面在旱季有盐霜，这与海水倒灌和浸渍有关。未受黄泛影响者无石灰反应，一般呈中性反应，pH 7.0～7.4。盐分组成以氯化钠和硫酸钠为主，与滨海盐土近似。

（四）碱化砂姜黑土

简称碱黑土，又称白碱土。主要零星分布在安徽淮北平原颍河以东的砂姜黑土区，面积少，剖面形态特征具有白色或灰白色的碱化表层。碱化表土层的质地较轻，pH ＞ 9.0。

三、盐土和碱土

广义上的盐碱土或盐渍土概括了盐土、碱土和盐化、碱化土壤。但盐化、碱化土壤仅处于盐化和钠质化的量的积累阶段，在不同土类中如潮土、草甸土等地下水位较高，毛管水先锋可达地表时，处于盐化或碱化阶段而未达到质变时，均分别归属于相应土类下的亚类或更低分类单元。因此，盐碱土纲未包括盐化与碱化土壤类型，只将达到质变阶段的盐化与碱化土壤归入本土纲。盐碱土纲分为盐土和碱土两个亚纲。盐土是指地表和接近地表面的土层中含有过多可溶性盐类，使土壤性质发生质变的土壤，通常以氯化物或硫酸盐为主。碱土含可溶性盐类较少，土壤胶体上吸附有显著数量的交换钠。我国的盐碱土大多是盐土，碱土很少。

（一）盐土

按土壤积盐程度划分为轻、中、重度盐化土壤，土壤表层积盐量达 6 g/kg（东部地区）、10 g/kg（西部地区）以上时，即划分为盐土。

在盐土中，根据盐分组成、积盐方式的重大区域差异等，可以分为草甸盐土、滨海盐土、酸性硫酸盐土、漠境盐土、寒原盐土等土类，其中经改良可种植棉花等作物的为草甸盐土、滨海盐土、漠境盐土 3 个土类中部分亚类。

1. *草甸盐土*　分布广泛，南起长江口，最北到松辽平原，东与滨海盐土相连，往西直达新疆塔里木盆地，总面积 1 044.0 万 hm^2。在黄淮海平原，汾、渭河谷平原及甘肃、新疆内陆盆地分布较多。

草甸盐土的形成主要是成土母质的可溶性盐类，由于地下水或地表水的地表蒸发发生积盐过程，随着盐分的不断向表土累积而形成盐土，其演化过程为：草甸土→盐化草甸土→草甸盐土；或潮土→盐化潮土→草甸盐土。

形态特征：无论呈斑状分布于其他土类之中或呈片状分布，地表面通常在旱季可见白色的盐霜（盐积皮或盐结壳）。一般情况下多为光板地，或生长稀疏的耐盐碱植物，覆盖率仅20%～30%。在半湿润、半干旱地区的盐土，剖面没有明显的发生层次，但可见不同质地的沉积层理，剖面中也有少量盐分结晶，心底土潮湿，有黄色锈纹锈斑；在干旱地区，草甸盐土剖面自上而下可划分为盐结皮或盐结壳、盐积层、过渡层和母质层 4 个层段。

草甸盐土含有较多的可溶性盐，超过一般作物所忍受的范围。通常表土层 0～20 cm 土壤含盐量超过 10 g/kg。但是，由于盐分组成不同，对作物的毒害也不一样，所以各地的草甸盐土含盐标准略有差异。如河北省以氯化物为主的盐渍土，表层含盐量 1～6 g/kg 的划分为盐化土壤，含盐量大于 6 g/kg 的划分草甸盐碱土；以硫酸盐为主的盐渍土，表层含盐量 1～10 g/kg 的为盐化土壤，含盐量大于 10 g/kg 为草甸盐土（表 14－1）。

表 14-1　河北省土壤盐化分级标准及作物受抑制情况

指　标	盐化等级	非盐化	轻盐化	中盐化	重盐化	盐　土
0～20 cm 土层平均含盐量(g/kg)	氯化物为主	<1	1～2	2～4	4～6	>6
	硫酸盐为主	<1	1～3	3～6	6～10	>10
缺苗情况		不缺苗	缺苗 2～3 成	缺苗 3～5 成	缺苗 5 成以上	光板地
作物受抑制情况		棉花和小麦生长良好	小麦可出苗但受抑制	棉花可出苗但受抑制	向日葵可出苗但受抑制	一般作物不能生长

［注］引自《中国土壤》,1998。

草甸盐土的盐分组成复杂,有氯化物、硫酸盐、硫酸盐-氯化物或氯化物-硫酸盐,也有含苏打和重碳酸盐的。硫酸盐-氯化物或氯化物-硫酸盐是最常见的盐土盐分组成物。草甸盐土的阳离子一般以钠离子为主,钙、镁离子含量不高,钙离子略大于镁离子。我国草甸盐土除含有大量可溶性盐外,多数还含有石膏及难溶性的碳酸钙。

在大多数情况下,草甸盐土的质地都比较轻,只有分布在低洼地的草甸盐土,质地才比较黏重,但也有砂、黏相间呈层状分布的。

草甸盐土的养分状况决定于母质和地表的植被,由于盐土区植被覆盖率低,有机质积累量也少。尤其黄淮海平原的草甸盐土,几乎没有生草过程,故有机质含量大多低于 5 g/kg,全氮亦低,全磷则相对高些;微量元素含量很不一致,硼、铜含量很高;钼含量耕层较低,下层明显增加;锰含量极低;锌的含量也很低,呈缺素状态。

草甸盐土土类可再细划分为草甸盐土、结壳盐土、沼泽盐土和碱化盐土 4 个亚类,其中前两个亚类面积大,分布广。

2. 滨海盐土　沿着我国 1.8 万余 km 海岸线成宽窄不等的平行状分布,总面积 211.4 万 hm^2(未包括港、澳、台及南海诸岛),占全国盐碱土面积的 7.0%。其中可种植棉花的沿海各地滨海盐土面积为:辽宁 28.6 万 hm^2,河北 20.3 万 hm^2,天津 8.1 万 hm^2,江苏 29.1 万 hm^2,山东 38.9 万 hm^2,上海 6.2 万 hm^2,浙江 39.8 万 hm^2。

滨海盐土母质为滨海沉积物,土壤剖面由积盐层、生草层、沉积层、潮化层和潜育层等明显特征层次组成。全土体和地下水的盐分组成与海水基本一致,氯盐占绝对优势,氯离子占阴离子的 80%以上,次为硫酸盐和重碳酸盐;盐分中阳离子以钠、钾离子为主,钙、镁离子次之。积盐层含盐量一般 10 g/kg 以上,有的高达 50 g/kg 以上,土壤 pH 7.5～8.5,非经改良不能利用。一般农田缺苗或盐斑大于 5 成以上,或大片撂荒;在非耕地上多成大片盐荒地,仅生长盐生植物。有机质含量一般在 10 g/kg 左右,速效钾比较丰富,多数硼、锰相对丰富,锌、铁、铜比较贫乏。

滨海盐土划分为滨海盐土、滨海沼泽盐土和滨海潮滩盐土 3 个亚类。

3. 漠境盐土　漠境盐土全国总面积 287.3 万 hm^2,其中新疆塔里木盆地、哈密盆地、吐鲁番盆地、北疆准噶尔盆地南部共 168.3 万 hm^2。

漠境盐土通常在荒漠地区,土壤水分遭受强烈蒸发,盐分表聚,甚少淋洗,大量盐分累积，可形成盐壳与盐盘，含盐量通常在 100 g/kg 以上，甚至达到 500 g/kg 以上。也有山洪带来的盐分在谷口处大量累积，还有因古积盐土体的残存而形成盐土。

漠境盐土的盐分组成比较复杂，既有中性盐为主形成的氯化物、硫酸盐-氯化物、氯化物-硫酸盐、硫酸盐盐土；也有受当时植被影响而形成的硝酸盐盐土，硝酸根离子含量高达 4～17 me/100 g。漠境盐土除含大量的可溶性盐外，还含有大量的碱土金属碳酸盐和石膏。漠境盐土大部分呈微碱性，pH7.5 左右；在新疆地区，由于含有较多的硝酸钙，pH 多在 8.5 左右。

漠境盐土划分为漠境盐土、干旱盐土和残余盐土 3 类。

漠境盐土由于所处环境干旱，水资源缺乏，加之本身含有大量的盐类，大面积开垦存在极大困难，应选择盐分含量相对轻，又有水源之处，建立合理灌排工程，平整土地和冲洗土壤盐分，发展棉花等农业生产，并应尽量保持现有植被。

（二）碱土

土壤吸收性复合体中，交换性钠离子达 20%以上，属碱土，pH9～10。我国碱土面积不大，仅 86.7 万 hm^2，但分布相当广泛，且均呈零星分布，从最北的内蒙古呼伦贝尔高原栗钙土区一直到长江以北的黄淮海平原潮土区；从东北松嫩平原草甸土区经山西大同、阳高盆地、内蒙古河套平原到新疆的准噶尔盆地，均有局部分布。黄淮海棉区的河北、河南、山东及安徽、江苏北部，西北内陆棉区的甘肃、新疆均有面积不等的碱土分布。

碱土的剖面构型包括淋溶层、碱化层、盐分淀积层和母质层。碱土具有高的碱度，pH 8.5 以上，甚至达到 10 左右，土壤呈强碱性。碱土的含盐量并不高，尤其是表土含盐量不超过 5 g/kg，黄淮海平原的瓦碱含盐量最低，1 m 土体平均含盐量不超过 1 g/kg，最高含盐量小于 2 g/kg。碱土的盐分组成比较复杂，但普遍含有碳酸根和重碳酸根，且与钠离子结合形成碳酸钠和重碳酸钠，两者占碱土总盐量 50%以上。

根据土壤中交换性钠的含量占阳离子代换量的百分数（即钠化率）对土壤进行碱化分级（表 14-2）。

表 14-2 土壤碱化分级标准

（朱庭芸等，1985）

碱化等级	非碱化	弱碱化	中碱化	强碱化	碱　土
钠化率（%）	＜5	5～10	10～15	15～20	＞20

碱土由于受交换性钠的影响，水分物理性质很差，既不透水，同时毛管水上升也困难。碱土对植物的危害除钠离子的直接毒害外，更主要受其水分物理性质的影响，干时坚硬，湿时泥泞，不利于农作物生长。

碱土可分为草甸碱土、盐化碱土、草原碱土、龟裂碱土和荒漠碱土 5 类。

1. *草甸碱土* 面积 60.6 万 hm^2，是碱土中最大和分布最广的一类，常与碱化盐土呈组合分布，主要分布于黄淮海平原，汾、渭谷地及大同盆地，多呈斑状插花分布于耕地中。草甸碱土在黄淮海平原统称瓦碱，是由盐化潮土或盐土经脱盐、碱化而成，剖面表层 1～3 cm 为灰白色紧实干滑的结壳或结皮层，状似瓦片。典型瓦碱的表层含盐量在 2 g/kg 以下，但碱化度很高，且碱化层也较厚，种植棉花不能出苗，即使出苗也难生长。瓦碱经过改土培肥，可以种植棉花，并可获得一定的产量。

2. 盐化碱土　面积仅 1.2 万 hm^2，常与轻度碱化盐土组成复区存在。两者区别是在土壤吸收复合胶体中，较碱化盐土(亦称苏打盐土)的交换性钠已有所提高，因此，在碱化盐土中往往夹杂了盐化碱土。盐化碱土的土壤性状与碱化盐土的差别是在剖面的结构表面可见白色硅粉析出，这是碱化盐土进一步发育形成盐化碱土所致。

3. 草原碱土　面积 19.2 万 hm^2，主要分布于大兴安岭以西蒙古高原的草原地区古湖、河迹洼地的高阶地或缓岗上部。

4. 龟裂碱土　面积 4.8 万 hm^2，主要分布在漠境或半漠境地区的新疆和宁夏的银川平原，间或见于内蒙古自治区河套平原的西部。这类盐土多位于山前洪积细土平原，古老冲积平原以及河成老阶地的相对低平地，常与盐土和零星孤立的矮小沙丘或细土丘组成复域。

5. 荒漠碱土　面积 0.9 万 hm^2，零星分布于天山北麓山前细土平原和古老冲积平原，大部分分布于沙丘间。新疆生产建设兵团农第八师主要分布于莫索湾下野地区。荒漠碱土与龟裂碱土的最大区别是龟裂碱土多见于干旱至荒漠过渡的沙丘链间的光秃平坦地区，无植被或甚少植被生长，地表大量裂隙；而荒漠碱土主要见于漠土平原具有上述性状的土壤。

四、黄　棕　壤

黄棕壤集中分布于江苏、安徽两省的长江两岸(江苏省的江淮与宁镇丘陵区，安徽省的江淮丘陵、大别山与皖南山地)以及鄂北(襄阳丘陵及幕阜山、大别山山地)、陕南(汉中盆地、秦巴山地)与豫西南的丘陵低山地区(南阳盆地、桐柏山地)，在江南诸省山地垂直带中也有分布，全国总面积 1 806.1 万 hm^2。

黄棕壤系指在北亚热带落叶常绿阔叶林下，主要由各种中性、酸性基岩风化物发育形成，土壤经强烈淋溶，呈强酸性反应(pH 4.5～5.5)，盐基不饱和(50%甚至更低)的弱铝化土壤，具有土壤弱富铝化、酸化及黏化等成土特征。

黄棕壤土质黏重、耕性不良、耕层浅薄；表土黏而底土更加黏重，保水、透水性能差，易受旱涝；有机质、全氮和速效磷含量低，但保肥能力较强。不发小苗，发老苗，前劲差，后劲足。

黄棕壤进一步划分为黄棕壤、暗黄棕壤和黄棕壤性土 3 个亚类。

(一) 黄棕壤

黄棕壤亚类集中分布于江苏、安徽两省的长江两岸以及鄂北、豫南和陕西的低山丘陵区，共计面积 783.4 万 hm^2，占该土类面积的 43.4%。黄棕壤主要由各种中、酸性基岩风化物发育形成，土体厚度 1 m 左右，具有较完整的 A - B - C 发生层构型。

(二) 暗黄棕壤

暗黄棕壤亚类主要分布于我国中南、华东、西南各地山地垂直带上，包括湖南、湖北、江西、安徽、广西、云南、四川、贵州、西藏等地的山区，共计面积 719.4 万 hm^2，占该土类面积的

39.8%,主要为林地。

(三)黄棕壤性土

黄棕壤性土主要分布于黄棕壤土区,其母质基础同黄棕壤亚类,但土壤的发育程度差,除酸化特征外,黏化以及生物富集等特征均不够明显。面积 303.3 万 hm^2,占该土类面积16.8%。

五、黄 褐 土

黄褐土主要分布于北亚热带、中亚热带北缘以及暖温带南缘的低山丘陵或岗地,是与黄棕壤处于同一自然地理区域的不同土壤类型。黄棕壤一般分布于地势较高(高丘、低山)处,黄褐土则分布地势较低(缓丘、岗地)处,多与水稻土、潮土或砂姜黑土相间分布。其地域范围大致在秦岭—淮河以南至长江中下游沿岸。黄褐土面积为 381.0 万 hm^2,河南和安徽面积最大,其次为陕南、鄂北、江苏和川东北,在赣北九江地区沿长江南岸丘岗地也有小面积分布,这是黄褐土分布的南界(表 14-3)。

表 14-3 全国黄褐土的分布与面积

省份	面积(万 hm^2)	占该土类面积(%)	主要分布区域
河南	163.0	42.8	伏牛山南麓与沙河一线以南至桐柏、大别山以北海拔 300 m 以下的岗丘和沿河阶地,以南阳地区面积最大(近 66.7 万 hm^2),驻马店次之(50.7 万 hm^2),平顶山、信阳、漯河和周口等地(市)也有分布
陕西	47.5	12.5	秦岭以南海拔低于 900 m 的河谷阶地、丘陵和低山区,主要集中在汉中、安康地区的汉江及其支流两岸,在商洛东南部以及宝鸡市的太白、凤县境内,秦岭南坡也有一定面积分布
湖北	34.3	9.0	鄂北襄阳、郧阳地区汉江和唐白河河谷阶地、山间盆地与丘陵
安徽	83.8	22.0	江淮丘陵岗地以及沿江沿淮低岗阶地
江苏	26.5	7.0	西部长江两岸黄土岗地,北起泗阳、泗洪,南至宜兴、溧阳
四川	20.5	5.4	成都平原龙泉山以西的缓丘平坝阶地,涪江和嘉陵江两岸阶地,特别是广元至陕西段沿嘉陵江两岸分布集中,面积也大
江西	5.4	1.4	29°15′N 以北的黄土岗丘和阶地,尤以邻近长江两岸的丘陵阶地最集中

[注] 引自《中国土壤》,1998。

黄褐土土体深厚,土壤呈黄褐色或黄棕色,质地黏重(黏壤土至黏土),土层紧实,尤以心底土中的黏粒聚积明显,并有铁锰胶膜和结核淀积。由下蜀黄土发育的土壤,质地为壤质黏土至黏土,表土层和底土层质地稍轻,尤其是受耕种影响较深的土壤和白浆化黄褐土,表土质地更轻,多为黏壤土,甚至壤土。黄褐土全剖面无游离碳酸钙,含少量氧化钙,含微量甚至不含交换性氢和铝。土壤呈中性,pH 6.5~7.5,盐基饱和度≥80%,自上而下增高,这些特性明显区别于同一地带的黄棕壤。有机质和氮素含量低,钾素较丰富,磷素贫乏。耕地表层有机质含量多在 10~15 g/kg,全氮 0.7~1.0 g/kg,下层含量陡减;全钾和速效钾分别为 15~20 g/kg 和 100~160 mg/kg,剖面层间变化不大;全磷和速效磷含量分别为 0.3~0.6 g/kg 和 5~10 mg/kg,心底土几乎不含速效磷。有效微量元素中铁、锰含量丰富,平均值分别达到 14~20 mg/kg 和 20~40 mg/kg;铜尚足,为 1.1~1.3 mg/kg;锌和钼属低值范围,含量分别为0.5～0.7 mg/kg,和0.06～0.08 mg/kg;硼极缺,仅0.3 mg/kg,左右。因此,在施肥时,应因土因作物不同,补施硼、钼和锌肥。

黄褐土划分黄褐土(典型)、黏盘黄褐土、白浆化黄褐土和黄褐土性土4个亚类。

(一) 黄褐土

黄褐土亚类是该土类中分布广、面积最大的一个亚类,占该土类面积的60%以上。以河南和安徽面积最大,分别为129.7万 hm^2 和61.9万 hm^2,合计占该亚类的75.4%;其次为陕西、四川和江苏。河南黄褐土亚类主要分布在沙颍河以南和南阳盆地丘陵垄岗;安徽和江苏集中分布在江淮丘陵和沿江、沿淮岗地顶部;陕西以汉中、安康、商洛地区为多;湖北集中分布在鄂北襄阳地区岗丘;四川成都平原东部龙泉山以西二至三级缓平阶地、涪江和嘉陵江广元至陕西边界段沿江两岸阶地均有分布。

黄褐土亚类的性态特征是黄褐土土类的典型代表,具有与该土类共性相同的基本性态特征。表层土壤养分含量不高,除钾素含量稍富足外,氮、磷元素均缺乏,尤以磷含量为最。有机质和全氮含量分别在8～15 g/kg和1 g/kg以下,耕地有机质含量小于12 g/kg;土壤速效磷和速效钾分别为5～10 g/kg和100～140 g/kg。黄褐土养分贫瘠、土体构型和物理性状不良,且多分布在起伏丘岗,大多属于中低产土壤。

(二) 黏盘黄褐土

黏盘黄褐土面积122.9万 hm^2,占黄褐土类面积的32.3%,以河南和江苏面积最大,均超过13.3万 hm^2。江苏主要分布在淮河以南至沿江丘陵岗地,在沿江一带多分布在岗坡地中上部或侵蚀平台顶部,一般均有不同程度水土流失,土地利用度不太稳定。河南仅分布在大别山以北至淮河以南的丘陵岗地。江西仅在九江地区沿长江南岸起伏低缓岗地分布。黏盘黄褐土目前辟为农耕地利用的仅约50%,尚有一半仍为草荒坡地。

黏盘黄褐土的性态特征是在1 m土体内具有比黏化层更僵硬的黏盘层(黏粒和铁锰胶结体),其厚度大于30 cm,是区别于黄褐土其他亚类的重要土层特征。黏盘层对作物生长发育极为不利,也是导致土壤易旱易渍(涝)的主要障碍因素。黏盘黄褐土全剖面质地黏重。其养分状况同黄褐土亚类类似,均表现土壤有机质和全氮含量不足,磷素缺乏和钾素丰富的特点。黏盘黄褐土多处于丘顶岗坡地,起伏明显,表土层易受侵蚀,加之一般缺乏灌溉条件,质地黏重且有黏盘层存在,既不耐旱又不耐涝(渍),养分含量低而又转化慢,因此绝大多数属低产土壤类型。

(三) 白浆化黄褐土

白浆化黄褐土是表层滞水、还原离子铁和黏(胶)粒不断被侧渗漂洗,导致土壤质地变轻、颜色淡化而发育的一类黄褐土。它区别于黄褐土亚类和黏盘黄褐土亚类的重要标志在于具有灰白色或灰色壤质表土和亚表土层(白土层)。白浆化黄褐土可发育于黄褐土和黏盘黄褐土,除上部土层的性态特征有别外,其余特性均近似。白浆化黄褐土仅在河南和湖北两省分类中正式列出,在江苏和安徽均在黄褐土和黏盘黄褐土的土属一级分类中划出,并命名为岗白土、白岗土(江苏)和黄白土、白黄土(安徽)。

面积13.0万 hm^2,安徽、河南省面积最大,江苏省也有分布。安徽和江苏主要分布于江淮丘岗地顶部或缓坡地段,其上多于黄褐土亚类或黏盘黄褐土亚类相接,其下与河谷水稻土交互共存。河南白浆化黄褐土分布在信阳和驻马店两个地区部分县、市下蜀黄土丘岗地顶部，其上高部位与黄棕壤相接，其下与水稻土和砂姜黑土相连。白浆化黄褐土由于表土层质地较轻（黏壤土或壤土），耕性良好，绝大部分已垦为农地。

白浆化黄褐土由于表（耕）层受到漂洗，黏粒和养分不断流失，土壤粉砂化作用明显增强，阳离子交换量降低，结构变差，保肥性能减弱，土壤潜在肥力不高，地力后劲不足。土壤缺磷少氮，有机质和钾素偏低，作物后期常显脱肥早衰症状。据统计，有机质含量仅 10 g/kg 左右，全氮 0.5～0.7 g/kg，速效磷 5～10 mg/kg（多数小于 5 mg/kg），速效钾 90～120 g/kg。部分漂洗严重的土壤通透性更差，雨后易沉板闷苗，不利作物早期生长。但是白浆化黄褐土耕作层质地轻，耕作性能良好，适耕期较长，也易纳墒保墒，易种性广，只要水肥调节得当，重视适时中耕追肥，可以较快地培育成高产土壤。

（四）黄褐土性土

黄褐土性土是黄褐土区由于受侵蚀影响，或直接由基岩洪积坡积物发育，或由再积黄土物质（次生黄土）发育的一类淀积黏化不明显的初育性黄褐土。黄褐土性土统计面积约 16.5 万 hm^2（四川 11.3 万 hm^2，河南 5.2 万 hm^2），其中耕地面积仅 2.7 万 hm^2，垦殖利用系数很低。四川主要分布于盆地西北边缘海拔 600～900 m 的嘉陵江河谷（广元市范围），其次在川西二郎山西坡海拔 1 700 m 以下的大渡河谷坡及洪积扇形高阶地。河南分布在信阳、驻马店、南阳和平顶山一带丘岗谷坡地，以信阳和南阳分布面积较大。黄褐土性土土体较薄，质地较黄褐土和黏盘黄褐土轻，且砾质性强。

六、棕　壤

棕壤全国面积 2 015.3 万 hm^2。主要分布在暖温带湿润地区的辽东半岛和山东半岛低山丘陵区，冀北山地、太行山、晋中南、豫西山地垂直带，江苏境内的徐州、淮阴、连云港一线以北低山丘陵，安徽境内山地垂直带。此外，在陕西秦岭北坡、内蒙古高原、四川盆地、云贵高原、西藏等均有分布。

棕壤具有明显的淋溶与黏化、生物富集与分解及元素迁移的地球化学成土过程。质地多为壤土至黏壤土。棕壤呈微酸性至中性反应，pH 在 6.0～7.0 之间，盐基饱和度与 pH 呈正相关，多在 50%以上，高者可达 80%以上。山东和辽宁棕壤分布区垦殖指数最高，分别为 60%和 37%，农业利用历史悠久，有机质含量平均为 8.0 g/kg 和 19.8 g/kg，氮素含量为 0.52～0.87 g/kg。其他地区的棕壤一般为林地。

棕壤划分为棕壤、白浆化棕壤、潮棕壤和棕壤性土 4 个亚类。

（一）棕壤

棕壤亚类具有棕壤土类的典型特征，面积 1 368.3 万 hm^2，占棕壤土类面积的 67.9%。广泛分布于辽宁和山东的山地、丘陵、台地、高阶地与山前洪积冲积扇形平原。剖面以棕色为主，尤以心土层更为明显。质地多为黏壤土至壤质黏土，呈微酸性反应。棕壤区的农用地面积占棕壤总面积的 18.9%，其中棕壤在丘陵和高阶地的垦殖系数最高，山东为 72.1%，辽宁为 37.0%，江苏也高达 60.0%以上。在山地垂直带棕壤的垦殖系数最低，一般在 1%～5%。

（二）白浆化棕壤

白浆化棕壤是表土层或亚表层具有由漂洗作用形成的“白浆层”的棕壤。面积 33.0 万 hm^2，占土类的 1.6%，主要分布于山东、辽宁和江苏苏北的低丘陵、高阶地、缓岗坡地，以及陕西的秦岭、陇山山地棕壤带的上部。pH 在 5.8～6.8 之间，养分含量总体比其他棕壤亚类更低，耕地表层有机质含量为 6.0～8.6 g/kg，全氮、速效磷均低，全钾含量高，但速效钾含量不高。白浆化棕壤以山东、江苏两省农用地最多，均在 6.67 万 hm^2 以上，由于土体构型和生产性能不良，多属中低产旱地土壤，一年一熟或两年三熟。

（三）潮棕壤

又称草甸棕壤，面积 120.4 万 hm^2。除具有棕壤典型特征外，在成土过程中还受地下水升降活动的影响，土体下部形成锈纹锈斑，这是潮棕壤有别于其他棕壤亚类的主要特征。主要分布于山地丘陵区的山前平原和河谷高阶地，绝大部分已垦为旱耕地。表土层（耕作层）多为砂壤土至黏壤土，心土层质地为黏壤土至壤黏土，这种上壤下黏的质地剖面构型群众称之为“蒙金地”。耕层有机质含量较高，通常 11.6～17.5 g/kg，高于耕种的棕壤和白浆化棕壤亚类；土壤全氮和全磷含量中等偏高，速效磷含量一般小于 10 g/kg；土壤全钾含量较高，但速效钾含量属中等偏低水平，这与长期耕种利用而缺乏配施钾肥有关。潮棕壤系古老耕种土壤，农业利用具棕壤各亚类之首。由于所处地形平坦，土体深厚，质地适中，水热条件好，基础肥力高，生产性能好，加之潮棕壤一般均有灌溉条件，耕作较精细，土壤熟化程度也较高。适种作物有玉米、小麦、高粱、大豆、花生、棉花等。

（四）棕壤性土

是弱度发育阶段、剖面发育不明显的一类土壤。主要分布于剥蚀缓丘、低山丘陵、中山山坡及山脊，面积 493.6 万 hm^2。棕壤性土有一部分辟为农地，由于土壤侵蚀严重，肥力瘠薄，耕作粗放，又无灌溉条件，故产量很低。

七、褐　　土

褐土主要分布于秦岭以北、六盘山以东，向东延伸经伏牛山、三门峡一带，东南抵江淮丘陵北麓，东抵山东半岛西部，北抵燕山及辽西的丘陵低山地区，包括太行山、晋东南及至陕西关中平原。在这一广阔地区的低山、丘陵及复合冲积扇上，为褐土的主要分布区域，总面积 2 515.9 万 hm^2。从行政区域看，主要分布于北京、河北、山西境内的燕山和太行山两侧的丘陵、谷地与复合冲积扇上，可占这些地区土壤总面积的 30%～60%；由此向东延伸至山东（占该省面积的 14.7%），向北延伸至辽宁（占该省面积的 9.5%），向南延伸至河南（占该省面积的 17.3%）与陕西（占该省面积的 8.8%）。

褐土是暖温带半湿润地区、发育于排水良好处、具有弱腐殖质表层、黏化层，土体中有一定数量的碳酸盐淋溶与淀积的土壤，呈盐基饱和，中性至微碱性反应。褐土表层 0～20 cm 的有机质含量大多数在 10 g/kg 左右，全氮含量 0.6～1.0 g/kg，有效磷含量较低。褐土质地均匀，表层土壤一般质地较轻，多为壤质土，无明显犁底层，通气透水性和耕性良好；但由于腐殖质含量低，质地轻，保水保肥与供水供肥性能较低，往往作物生长后劲不足。

褐土土类可续分为褐土、石灰性褐土、淋溶褐土、潮褐土、塿土、燥褐土与褐土性土 7 个亚类。

(一) 褐土

是具有褐土土类典型特征的亚类,面积 226.0 万 hm^2,约占褐土土类面积的 9.0%。主要分布于北京、河南、山东一带。

(二) 石灰性褐土

主要形成于较新沉积的黄土层上,所处地区较干燥,全剖面呈较强石灰性反应。石灰性褐土为发育相对微弱的褐土类型,仍保留了明显的母质残存特性。主要分布于燕山及太行山西北部,北起辽宁锦州,沿西北向,直抵河北、山西、河南、陕西一带,面积 504.7 万 hm^2,占该土类面积的 20.1%。

(三) 淋溶褐土

是黏粒悬迁、黏化明显,具有明显的黏化层,石灰遭到强度淋溶下移,并在底土层中才可见到碳酸钙聚积的褐土类型。全剖面呈中性反应,仍有明显的发生层段,具有由棕壤向褐土发育的过渡特性。主要分布于燕山和太行山东南部,其中包括山东半岛东南部。

(四) 潮褐土

面积 256.0 万 hm^2,占该土类面积的 10.2%。主要分布于山麓平原复合冲积扇上,以京汉铁路两侧北京、河北、河南境内面积最大。土体上部具褐土特征,在剖面的底部可以见到由氧化还原交替作用所形成的锈色斑纹和小型铁子。脱钙及黏化作用较褐土亚类为弱。潮褐土地形平坦,土体深厚,质地适中,以黏壤土及壤质黏土为主,有时也有砂、黏夹层,水分状况良好,pH 适中(7～8),其有机质及矿质养分含量亦处于中等以上,是水分、养分及理化性状均较优良的土壤类型。

(五) 塿土

是褐土剖面上具有黄土覆盖层的亚类,分布于关中平原渭河阶地、黄土台塬上。其分布区域范围,东至潼关,西到宝鸡,北达北山,南抵秦岭,呈东西长、南北窄条带状。包括渭南、西安、咸阳、铜川、宝鸡等地的大部或一部分,是关中地区主要耕种土壤,面积 97.7 万 hm^2,占褐土土类面积的 3.9%。

塿土的剖面由黄土覆盖层和褐土剖面两大层段组成。覆盖层是人类长期耕作,施加土粪和近代黄土沉积形成的,厚度 40～60 cm,最厚可达 1 m,包括耕层、亚耕层和老耕层。在覆盖层下为原褐土剖面,可细分为古耕层、黏化层、钙积层和母质层。

塿土覆盖层由于不断地施入以黄土为主要成分的土粪,质地比下部稍轻。塿土覆盖层是逐步堆积增厚的,在其堆积过程中,由于不断受到耕作和施肥的影响,熟化程度提高,养分含量增加。据统计,有机质含量 8～15 g/kg,一般为 10 g/kg 左右;全氮 0.6～1.0 g/kg,碱解氮 30～90 mg/kg;速效磷含量仅在 3～20 mg/kg 之间,以 5～10 mg/kg 居多;速效钾在 100 mg/kg 以上。微量元素中,有效铜和锌含量稍低,锰、铁含量均高。具有较强的保肥能力,土壤呈弱碱性反应,pH8.0～8.8。塿土上部覆盖层具有质地较轻、土体疏松、通透性好、养分转化快等特点,有利于作物出苗和生长;下部黏化层质地黏重、紧实、渗水性差、保水性强。这种上虚下实的土体构型,具有较强的保水保肥和抗旱能力,适于多种作物生长,种植棉花既发小苗又发老苗,早发稳长不早衰,高产稳产。

（六）燥褐土

是横断山脉中段峡谷区负垂直带谱下部焚风干河谷的一个特殊的褐土亚类。面积 8.0 万 hm^2，占褐土土类 0.32%，主要分布于川、藏、滇三地接壤的横断山脉的焚风峡谷区。

（七）褐土性土

指褐土剖面中碳酸钙已开始分化脱钙，但尚未形成明显的黏化特征的土壤，属于褐土发育的初级阶段。面积 951.7 万 hm^2，占褐土土类面积的 37.8%，是面积最大的一类褐土。广泛分布于褐土区的山丘地段。

八、紫　色　土

我国大面积的紫色砂页岩，沉积于南方大大小小的盆地，这些盆地及其边缘山地是紫色土分布的主要区域。全国紫色土面积 1 889.1 万 hm^2，其中耕地面积 513.1 万 hm^2，分布于南方的 15 个省（自治区），以四川省面积最大，有 911.3 万 hm^2，占紫色土总面积的 48.2%，是四川盆地集中产棉区的主要植棉土壤；其余省（自治区）面积较小，分布零星。

紫色是紫色土的特殊表征，质地以砂质黏壤土居多。紫色土因碳酸钙含量和淋溶作用强度的不同，pH 变化范围在 4.5～8.5 之间。土壤有机质含量低，氮素普遍不足，四川全省紫色土有机质平均含量为 11.8 g/kg，大面积的中性和石灰性紫色土全氮含量不足 1 g/kg；全磷含量高，但由于紫色土多为钙质饱和的土壤，钙磷在土壤中转化释放慢，而酸性紫色土中的磷又在强烈的淋洗过程中损失，因而紫色土的速效磷含量并不高，一般只有 3～5 mg/kg；据四川省测定，紫色土的速效钾和缓效钾含量分别为 100 mg/kg 和 500 mg/kg 左右，一般能满足作物对钾素的需要；有效微量元素含量除锰、铜、铁外，锌、硼、钼均偏低，处于多数作物缺素症发生的土壤临界值。作物生产上，中性和石灰性紫色土施用锌肥效果明显，对硼敏感的油菜、棉花等多表现不同程度的缺硼症状。

根据土壤 pH 和碳酸钙含量，紫色土划分为酸性紫色土、中性紫色土和石灰性紫色土。酸性紫色土一般不含碳酸钙，pH 小于 6.5；中性紫色土碳酸钙含量小于 30 g/kg，pH6.5～7.5；石灰性紫色土碳酸钙含量大于 30 g/kg，pH7.5 以上。

九、红　　壤

红壤主要分布于长江以南广阔的低山丘陵区，其范围大致自 24°N 至 32°N 之间。东起东海诸岛，西达云贵高原及横断山脉，包括江西、福建、浙江等省的大部分，广东、广西、云南等省（自治区）的北部，以及江苏、安徽、湖北、贵州、四川等省的南部，总面积 5 690.2 万 hm^2。其中江西、湖南两省分布最广，分别为 1 053.1 万 hm^2 和 863.8 万 hm^2。

由于高温多雨，土壤养分容易随雨水流失，一般土壤有机质和养分含量贫乏。土壤呈酸性或强酸性反应，表土 pH 多在 5.5～6.0 之间。土壤结构不良，水分过多时，土壤粘着；天旱水少时，则硬板，不利作物生长。熟化程度高的红壤，耕层深厚，有机质含量较高（可达 17～20 g/kg），保水保肥力较强，可以植棉，亦可丰产。但目前还有一部分低产土壤如红砂土和粗砂土等，必须通过耕作、培肥措施加以改良，才适于种植棉花。湖南和江西红壤地区在利用和改良红壤棉田的实践中，积累了丰富的经验，如平整土地、修建水平梯田、客土改良

(砂土掺泥、黏土掺砂)、种植绿肥、增施有机肥、深耕改土、增施磷肥和石灰等。由于长期的改良利用,已经取得了明显的效果,棉花产量逐年提高。

根据土壤发育程度、土壤性质和利用上的差异,红壤土类分为红壤、黄红壤、棕红壤、山原红壤和红壤性土 5 个亚类。

十、灰 漠 土

灰漠土是漠境边缘地区细土平原上形成的土壤,因其地面不具有明显砾幂,并出现弱的石灰淋溶作用,土壤中石膏和易溶盐聚积特征在漠土各土类中也相对较弱,过去曾称灰漠钙土、荒漠灰钙土、漠钙土等。

灰漠土分布于温带漠境边缘向干旱草原过渡地区。主要位于内蒙古河套平原,新疆准噶尔盆地沙漠两侧的山前倾斜平原、古老洪积平原和剥蚀高原地区,甘肃河西走廊中西段、祁连山的山前平原也有一部分。行政区域包括内蒙古、甘肃、新疆三个省(自治区)。整个土带东西长一二千千米,但实际面积并不大,为 458.6 万 hm^2,其中甘肃 23.3 万 hm^2,新疆 179.0 万 hm^2,内蒙古 256.3 万 hm^2。

灰漠土剖面由荒漠结皮片状层、紧实层、石膏聚盐层和母质层 4 个基本层段组成。新疆地区,灰漠土土壤质地多属黏壤土;内蒙古地区,质地多属砂壤土。灰漠土全剖面具有强石灰反应,碳酸钙含量 50～200 g/kg,以紧实层的中、下部含量最高,pH 大于 8.0。表层有机质累积弱且层薄,含量仅 6～15 g/kg,速效磷和速效钾含量分别为 6 mg/kg 和 134 mg/kg。

灰漠土划分为灰漠土、钙质灰漠土、草甸灰漠土、盐化灰漠土、碱化灰漠土和灌耕灰漠土 6 个亚类。

(一) 灰漠土

是灰漠土土类的代表亚类,面积 133.0 万 hm^2,形态特征和理化性状与该土类基本相同,主要分布在古老洪积扇的中上部,碱化程度较轻,有效土体较厚,故大部分已开垦利用。

(二) 钙质灰漠土

是灰漠土类型中所处气候条件稍湿润的亚类,面积 155.5 万 hm^2。主要分布在内蒙古、宁夏向荒漠草原棕钙土和灰钙土过渡的地段。

(三) 草甸灰漠土

是受季节性地下水或洪水影响形成的灰漠土亚类,面积 3.5 万 hm^2。通常分布在较为低平的地形部位。

(四) 盐化灰漠土

是灰漠土含易溶盐较多的亚类,面积 77.8 万 hm^2。

(五) 碱化灰漠土

是灰漠土土类中具有碱化土层的亚类。面积 27.5 万 hm^2。系盐化灰漠土通过脱盐而产生的碱化类型,一般发生在古老冲积平原上,常与盐化灰漠土共存。

(六) 灌耕灰漠土

是灰漠土开垦后演变发育而成的亚类，面积 61.4 万 hm^2，广泛分布在灰漠土区的新老绿洲内。灌耕灰漠土因连年耕翻、施肥、灌溉、种植作物，原来的表土层变成了耕作层，心土层也因受灌溉水的作用使原来的盐分下移或消失。

灰漠土发生在温带漠境边缘地区的细土平原，土体一般较深厚，地下水位深，质地以壤土和砂质壤土为主，适种性广，是一种多宜性土壤资源，粮食、棉花、油料、瓜类、蔬菜等作物都可种植。

十一、棕　漠　土

棕漠土是在暖温带极端干旱条件下发育而成的土壤，以其具有漆黑的砾幂、不明显的孔状结皮鳞片层和较明显的红棕色紧实层及石膏、盐盘聚积特征而与其他漠土土类相区别。

棕漠土广泛分布于新疆天山、甘肃北山一线以南，嘉峪关以西，昆仑山以北的广大戈壁平原地区，以甘肃河西走廊的西半段，新疆东部的吐鲁番、哈密盆地和嘎顺戈壁地区最为集中，塔里木盆地周围山前的洪积戈壁以及这些地区的部分干旱山地上也有分布，总面积 2 428.8 万 hm^2，其中新疆 2 253.6 万 hm^2，甘肃 175.1 万 hm^2。

剖面形态由砾幂结皮层、紧实层、石膏聚盐层和母质层 4 个基本层段组成。棕漠土由于生物积累量很小，除灌溉耕种的土壤外，其他各亚类的有机质、全氮、全磷及碱解氮等含量均很低，土壤透水性很强，保肥、保水性能很差，故肥力水平普遍较低。

棕漠土划分为棕漠土、盐化棕漠土、石膏棕漠土、石膏盐盘棕漠土和灌耕棕漠土 5 个亚类。

(一) 棕漠土

是该土类中具代表性的亚类，面积 382.0 万 hm^2。以甘肃河西走廊的平原戈壁、新疆塔里木盆地及吐鲁番、哈密盆地山前冲积扇的中下部分布较多。其剖面发育具有土类较完整的 4 个层段特征，唯石膏和盐分的聚积不及其他亚类明显。棕漠土除钾素含量较高，碱解氮在紧实层中少有积累外，其他养分含量均相当低。

(二) 盐化棕漠土

是因附近水库及渠系渗漏使地下水位抬升，将原土中的盐分随蒸发带至地面产生次生盐渍化而形成的土壤类型。面积共有 29.3 万 hm^2，主要分布于甘肃的安西疏勒河两岸和新疆吐鲁番、阿克苏、和田、克州等地的山前洪积冲积扇下部，常与灌耕棕漠土呈复区存在。

(三) 石膏棕漠土

是棕漠土土类中具有明显石膏富集土层的类型，面积共 1 168.2 万 hm^2，是棕漠土土类中面积最大的一个亚类，以新疆的喀什、阿克苏、巴音郭楞、乌鲁木齐、吐鲁番、哈密及昆仑山北麓和甘肃的安西、敦煌等地区分布较多。土壤的形成与古老的洪积或残积母质相一致，常分布在山前戈壁洪积扇形地的中上部和低山、残丘上。

(四) 石膏盐盘棕漠土

是棕漠土土类中既具有石膏聚积层又具有坚硬盐盘层的类型，面积共有 824.4 万 hm^2。

主要分布于新疆的哈密、和田、喀什、吐鲁番、巴音郭楞和甘肃安西疏勒河沿岸的戈壁上，而以嘎顺戈壁分布面积最大。

(五) 灌耕棕漠土

是棕漠土经人为灌溉耕种使其剖面上部具有明显灌溉耕作层的一个类型，面积为 24.9 万 hm^2。仅分布在新疆塔里木盆地、吐鲁番盆地洪积扇中西部绿洲边缘和甘肃安西、敦煌的戈壁平原下部扇缘地带。其形成主要受人为灌溉耕种的影响，导致原土壤的表土孔状结皮片状层和红棕色紧实层被翻耕打乱，并逐渐与灌溉物质混合而形成新的灌溉耕作层；碳酸钙的表聚特征不再突出，易溶盐和石膏也开始向剖面下部移动；土壤湿度增大，肥力性状和生产性能较原土壤大为改善，但剖面下部仍保留原土的基本形态。

十二、水 稻 土

水稻土是受长期季节性淹灌、水下耕翻、季节性脱水、氧化还原交替，使原来成土母质或母土的特性有重大改变所形成的新土壤类型。由于干湿交替，形成糊状淹育层(或耕作层)、较坚实板结的犁底层、渗育层、潴育层与潜育层多种发生层分异。

水稻土面积为 2 978.2 万 hm^2，约占全国耕地面积的 1/5。水稻土遍及全国 26 个省(自治区、直辖市)，南方植棉省如四川、江西、湖南、安徽、江苏、浙江、湖北水稻土面积均在 200 万 hm^2 以上，黄河流域棉区的河南省水稻土面积 69.5 万 hm^2。但用于植棉的多在长江中下游。

能植棉的水稻土其前身土壤主要是黄棕壤、某些草甸土和潮土。地势较高且排灌两便的水稻田，都是实行“种棉二三年，改稻二三年”的稻、棉轮作制。南方稻田渍水时间较长，处于还原状态的时间也较长，以嫌气微生物活动占优势，土壤中的有机质因而也积累较多，潜在肥力较高。当改为旱作时，土壤处于氧化状态，以好气微生物活动占优势，有利于有机质的矿化，并通过旱耕，解决水田黏重、板结、渍水和低温等问题，以利改良土壤的物理性；当又改种水稻时，土壤再次进入还原状态和积累有机质的过程。所以稻、棉轮作是一个充分发挥水稻土增产潜力并调节各生态因素的很好途径，如在轮作中加进绿肥，更可收稻、棉持续双高产之利。

水稻土可分为潴育型、淹育型、渗育型、潜育型、脱潜型、漂洗型、盐渍型和咸酸型 8 个亚类。

(一) 潴育水稻土

潴育水稻土主要分布于三角洲、河流冲积平原和水网平原，丘陵区的宽谷冲田及盆地的平坝中心等地区。本亚类是我国最主要的水稻土类型，面积 1 553.15 万 hm^2，占我国水稻土总面积的 52.2%；长江流域棉区的主产棉省份湖南、江西、安徽、湖北分布面积均在 133.33 万 hm^2 以上，江苏、四川面积 66.67 万 hm^2 以上；黄河流域棉区产棉省河南、陕西面积在 6.67 万～66.67 万 hm^2。潴育水稻土是形成、发育良好的一类土壤，土体中水、气、肥协调性好，通常是高产田。质地以黏壤土和壤质黏土为主，土壤 pH 趋于微酸性或中性，盐基趋于饱和。耕作层犁底层有机质和全氮含量分别在 20 g/kg 和 1.2 g/kg 以上，碱解氮和微量元素含量较高，速效磷和速效钾含量较低，硼普遍缺乏。

（二）淹育水稻土

淹育水稻土主要分布于低山丘陵的缓坡和岗背上，北方的江河流域或河谷盆地也有分布，面积为 392.5 万 hm^2，占水稻土总面积的 13.2%。产棉省中湖南、湖北、河南、山东、江西、安徽分布面积分别在 6.67 万～33.33 万 hm^2。土壤质地为壤质黏土，土壤 pH 趋于微酸性或中性，盐基趋于饱和。大多数为低产田，土壤养分含量较低。

（三）渗育水稻土

渗育水稻土主要分布于平原中部及部分低山丘陵区的低塝田或排田，以及地下水位较深的平原区，面积 563.45 万 hm^2，占水稻土总面积的 18.9%。产棉省中，四川面积最大，为 312.11 万 hm^2，江苏 65.38 万 hm^2，安徽 15.98 万 hm^2。渗育水稻土为发育较好的一类土壤，大多为高产田。土壤质地以壤土和壤质黏土为主，土壤 pH 趋于微酸性或中性，盐基趋于饱和。

（四）潜育水稻土

潜育水稻土主要分布于三角洲平原或河、湖冲积平原内的低洼处，以及低山丘陵垄田尾部，前者多为低荡田，后者多为下冲田，山地丘陵区的梯田也有零星分布，面积为 252.4 万 hm^2，占水稻土总面积的 8.5%。全国以湖南的面积最大，为 50.4 万 hm^2；其他产棉省四川、江西、安徽、河南、湖北面积依次在 6.7 万～33.3 万 hm^2。土壤质地以壤质黏土为主，pH 趋于酸性或中性，部分地区因长期施用过量石灰，导致土壤呈碱性，盐基趋于饱和。潜育水稻土养分含量水平高，但因大多所处地势低洼，地表排水困难，长期处于渍水还原状况，有机质矿化程度及生物积累量少，大多为低产田。

（五）脱潜水稻土

脱潜水稻土主要分布于三角洲平原或河、湖冲积平原内地势稍低处，以及湖群洼地的边缘，面积为 104.9 万 hm^2，占水稻土总面积的 3.5%。以浙江、江苏面积最大，分别为 38.8 万 hm^2、36.2 万 hm^2，其他省份分布面积较小。土壤质地以黏土为主，pH 趋于微酸性或中性，盐基饱和；耕作层有机质和全氮含量较高，速效磷和速效钾含量较低。脱潜水稻土是潜育水稻土向潴育水稻土演变的过渡类型，经过长期的培育管理可成为当地高产田。

（六）漂洗水稻土

漂洗水稻土主要分布于南方丘陵山区坡地下部的梯田和平原区的高平田及向丘陵过渡地区，面积为 68.0 万 hm^2，占水稻土总面积的 2.3%。安徽、江苏、河南、四川面积最大，分别为 16.1 万 hm^2、15.3 万 hm^2、13.2 万 hm^2 和 8.6 万 hm^2；其他产棉省湖南、湖北也有分布，面积均不足 6.7 万 hm^2。土壤质地以壤质黏土和黏质壤土为主，土壤 pH 趋于微酸性或中性，盐基饱和。经过长期改良，可培育成中产田或高产田。

（七）盐渍水稻土

盐渍水稻土主要分布于沿海地带以及内陆盆地中低洼地段，面积为 35.5 万 hm^2，占水稻土总面积的 1.2%。产棉省中河北、山西有少量分布。盐渍水稻土质地变化较大，可以从砂土到黏土，土壤 pH 趋于微碱性，盐基饱和。除钾素含量丰富外，其他养分含量水平较低，大部分是低产田。

(八) 咸酸水稻土

咸酸水稻土主要分布于南海沿岸各大河流入海的河口地段,面积为 8.25 万 hm^2,占水稻土总面积的 0.28%,分布区无棉花种植。

十三、灌 淤 土

灌淤土是经长期引用泥沙质河流水灌溉落淤与耕作施肥交叠作用下形成的,具有厚度 50 cm 以上灌淤土层的土壤。全国灌淤土面积 152.7 万 hm^2,广泛分布在干旱及半干旱地区,其中新疆灌淤土面积为 90.3 万 hm^2,占全国灌淤土面积的 59.1%,主要集中在昆仑山北麓、天山南北麓各洪积扇中下部、冲积平原上部、河成阶地上部。

灌淤土形成在于引用含有大量泥沙的水流经长期灌溉而形成,土剖面形态比较均匀,无明显分异,自上而下依次为灌淤耕层、灌淤心土层、下付母土层 3 个层段,灌淤耕层和灌淤心土层总称灌淤土层。灌淤土地形平坦,土体深厚,质地适宜,光热条件好,灌溉便利,是干旱及半干旱地区重要的农用土壤。受耕作的影响,灌淤土层与下付母土层比较,养分含量较高;自灌淤耕层向下,养分含量逐渐递减。灌淤土有机质和全氮含量较低,速效磷不足,速效钾比较丰富。此外,土壤盐化也是影响灌淤土生产力的一项重要因素。

灌淤土划分为灌淤土、潮灌淤土、表锈灌淤土及盐化灌淤土 4 个亚类。

(一) 灌淤土

灌淤土是灌淤土土类中面积最大的亚类,共计 98.8 万 hm^2,占土类总面积的 64.7%。分布于地形部位较高,地下水位较深的地区,剖面中没有锈纹锈斑,无盐化现象。土壤质地以壤土为主。由于灌水淤积物来源不同,土壤培肥强度有差异,灌淤土可续分为粉质灌淤土、砂质灌淤土、暗色灌淤土、红色灌淤土和肥熟灌淤土 5 个土属。

(二) 潮灌淤土

潮灌淤土主要分布在洪积扇下部及冲积平原低阶地,面积为 15.1 万 hm^2,占灌淤土类总面积的 9.9%。潮灌淤土受地下水升降的影响,灌淤心土层下部及下付母土层中常有锈纹锈斑形成。土壤质地以壤质黏土为主,pH 趋于弱碱性,灌淤耕层有机质、全氮和速效磷含量均较低,速效钾比较丰富。

(三) 表锈灌淤土

表锈灌淤土主要分布于宁夏平原引黄灌区南部和新疆天山以北的乌什县,面积为 13.4 万 hm^2,占灌淤土总面积的 8.8%。表锈灌淤土一般为稻旱轮作田,灌淤耕层氧化还原作用交替,有锈纹锈斑形成。表锈灌淤土的一般理化性质与灌淤土相似,但灌淤耕层的有机质平均含量较灌淤土高。

(四) 盐化灌淤土

盐化灌淤土主要分布于较低的地形部位,如冲积平原的下游、低阶地、冲积扇下部和扇缘地带,面积为 25.3 万 hm^2,占灌淤土总面积的 16.6%。盐化灌淤土的形成有两种情况,一是在排水不良的地区,灌溉后地下水位上升而发生土壤次生盐化;另一种是盐土开垦利用,进行灌溉改良,但未充分脱盐。由于地下水位高,在未灌溉的干旱季节,可溶性盐类在表土层积聚形成盐结皮。盐化灌淤土的含盐量指标,新疆为 0~60 cm 土层内全盐量大于 1.5 g/kg,

宁夏为 0～20 cm 土层内全盐量大于 1.5 g/kg。盐化灌淤土一般土壤有机质、氮、磷含量较低，速效钾含量较为丰富。

十四、灌　漠　土

灌漠土是在多种类型漠土基础上，经长期引用清水灌溉所形成的无明显灌淤层的灌溉漠土。灌漠土全国总面积 91.5 万 hm^2，广泛分布于荒漠绿洲地带的内陆灌区，如新疆的东疆、北疆的准噶尔、南疆塔里木盆地的焉耆、库尔勒一带及甘肃河西走廊酒泉、武威、张掖盆地的扇形地、干三角洲、大河三角洲、平原、谷底滩地等。

灌漠土全剖面主要有耕作层、亚耕层、心土层、母质层组成。灌漠土由于经长期清水灌溉，土壤水分物理状况发生很大改善，也出现土壤中的盐分与碱土金属随灌溉水向下移动的特征，使土壤发生脱盐及碳酸钙向下位移，因而改变了漠土中物质的表聚现象。土壤中易溶盐多被淋洗，脱盐明显，石膏大部分被淋洗。灌漠土土体疏松绵软，通透性好，蓄水保肥能力强，耕性良好。土壤有机质、氮、磷、钾较原来母土有大量积累，酶活性和腐殖质显著提高。

灌漠土划分为灌漠土、灰灌漠土、潮灌漠土、盐化灌漠土 4 个亚类。

(一) 灌漠土

新疆灌漠土亚类面积 3.4 万 hm^2，集中分布于哈密、乌鲁木齐、伊宁、奇台、吉木萨尔县等城郊；甘肃有 5.4 万 hm^2，分布于张掖至武威城郊、河流两岸、河流三角洲等地。灌漠土地区一般经营集约程度高，水利条件较好，生物积累丰富，土壤有机质、氮、磷、钾等营养养分含量高，有机质含量为 15～40 g/kg，速效磷 10～30 mg/kg。

(二) 灰灌漠土

灰灌漠土是灌漠土土类中分布最广的种类，新疆有 17.8 万 hm^2，主要分布于伊利谷地、博尔塔拉谷底、天山北麓冲积扇末端、东疆吐鲁番、哈密、南疆库尔勒等地；甘肃有 60.2 万 hm^2，分布在安西至武威的冲积扇下部的细土平原。全剖面紧实、干燥、板结僵硬，通透性差；碳酸钙、硫酸盐类表聚旺盛，表土灰白；供水供肥能力弱，抗旱性能差，作物生长后期易脱水；耕作层有机质含量为 10～20 g/kg，全氮在 1 g/kg 左右，速效磷为 5～20 mg/kg，速效钾为 30～300 mg/kg，有效锌为 0.3～0.5 mg/kg。僵硬板结、渗水性差、出苗差且易晒死是影响灰灌漠土生产力的重要因素，农谚有“白土犁，黑土晒，僵土地里用粪盖”。

(三) 潮灌漠土

潮灌漠土分布于洪积扇下部洼地边缘较平坦处，甘肃有 1.2 万 hm^2，除具有灌漠土土壤特征外，心土、底土中有氧化还原形成的锈纹锈斑，下层为蓝灰色潜育层。潮灌漠土养分含量较高。但因地下水位高，作物生长前期土壤养分释放慢，作物生长缓慢；后期作物生长发育迅速。干旱年份土壤返潮对作物生长发育有利，有旱涝保收性能。

(四) 盐化灌漠土

盐化灌漠土主要分布于吐鲁番盆地的灌溉绿洲、甘肃张掖、酒泉和敦煌的冲积扇下部的低洼地区。地下水位高，容易返潮，盐分聚集地表形成盐斑盐霜；盐分组成以硫酸盐为主，1 m 土体平均含盐量大于 4 g/kg，耕层含盐量 4～8 g/kg，剖面中下部高达 5～12 g/kg。土壤养分贫乏，植物生长受盐害抑制。

第二节　低产棉田土壤的改良利用

目前全国盐碱地、丘陵岗坡地、平原旱薄棉田面积约占棉田总面积的1/3以上，一般为一熟棉田，棉花产量低而不稳。这部分棉田通过综合技术措施改良利用后，不仅可以显著提高棉花产量，还能发展成为麦（油菜）、棉两熟棉田，提高复种指数，增产粮食和棉花。

一、盐碱地的改良与利用

（一）我国植棉区盐碱地分布

这里所说的盐碱地是指广义上的盐碱土或盐渍土，概括了盐土、碱土和各种盐化、碱化土壤。我国各类盐碱地面积总计9 913万hm^2。这近1亿hm^2盐碱土地已开垦利用3 653万hm^2，包括耕地921万hm^2，林地412万hm^2，草地2 320万hm^2，主要分布在黄淮海平原、黄土高原及西北内陆区、东北平原和沿海地区。我国植棉区内盐碱地约有1 700万hm^2，已有800多万hm^2得到不同程度的开发利用，其中开发植棉面积130多万hm^2，既有内陆盐碱地，也有滨海盐碱地。内陆盐碱地主要分布于华北冲积平原的河北、山东、河南等省及江苏、安徽两省的北部，西北内陆干旱地区的新疆、甘肃两地区；滨海盐碱地主要呈带状，分布在河北、山东和苏北沿海平原海岸地区。根据宜棉区内气候特点、行政区划和盐碱类型，我国植棉区内盐碱地大致可以划为西北内陆盐渍土区、黄河中游盐渍土区、黄淮海盐渍土区、滨海盐渍土区4个区。

1. 西北内陆盐渍土区　包括新疆大部、甘肃河西走廊部分地区。该区远离海洋，大陆性气候显著，年平均降雨量100～300 mm，年蒸发量1 500～3 000 mm，平原地区地下水位一般1～3 m，地下水矿化度3～5 g/L，土壤盐分以硫酸盐和氯化物为主，1 m土层平均含盐量10～40 g/kg。该区盐碱地主要是干旱和强烈蒸发造成土壤积盐所致。另外，新疆山区岩石经长期风化产生含盐成土，经过河道水流溶解大量盐分，随水带到农田，引起灌溉地区的次生盐渍化。

2. 黄河中游盐渍土区　包括陕西、山西两省河谷地区。属大陆性气候，年降水量400～500 mm，但蒸发量数倍于降水量。农田以引黄河水灌溉为主，多因灌、排不配套，导致地下水位升高，造成土壤次生盐渍化。土壤耕层含盐量1～10 g/kg不等。不过，近些年来，该区随着灌排条件的改善，盐碱地面积呈逐渐减少的趋势。

3. 黄淮海盐渍土区　包括黄淮海平原地区、黄河下游两岸低洼地区和海河平原，是我国最大的产棉区之一。本区属暖温带半湿润、半干旱季风气候区。盐碱地土壤盐分以硫酸盐和氯化物为主，局部地区有重碳酸盐。

根据20世纪80年代初期的遥感卫星资料测算，黄淮海平原内陆地区有各种盐渍土约140万hm^2。经过30多年的农业开发和不断改良，盐渍土面积大大缩小，盐渍程度也明显减轻。这里的盐渍土多呈斑块状插花分布在耕地中。盐分的表聚性强，仅在地表形成1～2 cm厚的盐结皮，含盐量在10 g/kg以上，而结皮以下的上层土壤盐分含量很快下降到1 g/kg

左右。

4. 滨海盐渍土区　滨海盐碱地按地理位置和行政区划可以分为长江口以南和长江口以北两大区域。长江口以南的滨海盐碱地主要包括浙江、福建、广东、广西和海南等地的滨海盐土，面积较小，分布零星，基本不种植棉花；长江口以北的滨海盐碱地北起河北省昌黎县沿海，南至长江口以北的滨海平原地区，包括江苏、山东、河北、天津、辽宁等地的滨海盐土，面积大，且河口还在不断地向浅海推进，形成新的土地。

长江口以北的滨海盐碱地是中国棉花的重要产区。本区盐碱地属海退地，地形平缓，由海潮和海啸的作用形成。土壤中盐分主要来自海水，以氯化物为主，1 m 土层平均含盐量为 4 g/kg 以上，局部地区高达 50 g/kg。由于滨海盐渍土是直接在盐渍淤泥上发生发展的，所以不仅土壤表层含盐重，而且心底土含盐也较高。滨海盐渍土土壤及地下水的盐分含量基本上与当地海岸线呈平行带状分布，有规律性地由海边向内陆递减。

(二) 盐碱地棉田改良

关于盐碱地的改良，目前比较一致的看法是，坚持改造和利用相结合的原则，进行“灌、排、平、肥”综合治理，不仅使棉花根系生长层土壤中的盐分降至棉花能够正常发芽出苗和生长发育的范围内，而且使土壤肥力得到改善，生产力得到提高。其中，“灌”，主要是用淡水压盐，使棉花根系活动层土壤的可溶性盐类溶于水后，下渗脱盐；“排”，就是使盐碱地的盐类随水而去，尽快脱盐；“平”，就是平整土地，防止盐分向隆起的高岗处积聚，消灭盐斑；“肥”，是通过增施有机肥料或与绿肥作物轮作，改善土壤结构，提高土壤肥力，稳固盐碱地改良效果。“排、平”是基础，“灌”是脱盐的动力，“肥”是改土的根本和巩固改良效果的保证。简言之，就是要实行水利(工程)措施、农业措施和生物措施相结合的综合治理(见第三十二章)。

1. 工程改良　采取工程措施改良盐碱地是实现中度和重度盐碱地植棉的根本性措施。综合国内外现有研究和实践，比较有效的工程措施有排水除盐、灌水洗盐和平整土地等。

(1) 排水除盐：在盐碱地区，排水的过程自然会把盐分带走。排水不仅有除盐的作用，还可以防止土壤下层盐分和地下水中盐分向上移动。所以，排水是排除地表水、控制地下水、调节土壤水、改良盐碱地、防止土壤盐渍化的基础措施。

① 挖沟排水：挖沟排水是目前盐碱地区应用最多，效果较好，且工程投资较少，设计、施工简便易行的一种排水方式。排水效果取决于排水沟的规格，即沟深和间距，这两个指标的确定对于挖沟排水措施的运用效果至关重要。

确定排水沟深度的主要依据是地下水临界深度。末级排水沟(农排)的深度应该能够把地下水位降到或控制在临界深度以下，保证土壤迅速脱盐和防止土壤再度返盐。

设计排水沟深度的计算公式是：

$$H = H_k + \Delta H + h_0$$

式中：H——排水沟深度；H_k——地下水临界深度；ΔH——排水沟间地下水位差；h_0——排水沟内静水深度。

Smedema 给出的有代表性地下水临界深度，砂(粗砂→细砂)为 50～75 cm，壤质砂土、砂壤土为 100～150 cm，细砂壤和粉砂壤土为 150～200 cm，壤土、黏壤土和黏土为 100～150 cm。盐碱地排水系统宜采取深浅沟相结合的办法，农排以上的斗、支、干各级排水沟深度，应以农排深度为基础，根据排水量和水位的要求，逐级推算。以冀鲁豫为主的黄淮海地区排水沟的适宜深度，轻质土为 2.2～3.0 m，黏质土为 1.5～1.8 m。

排水沟的间距指两条同级排水沟的沟中心线之间的距离，是以沟的深度来确定的。在相同条件下，排水沟的深度越深，两条沟之间的距离也越大。一般排水沟单侧的脱盐范围为沟深的 60～70 倍。黄淮海地区各级排水沟的标准大致为：干沟能常年排地下水，深度一般在 3 m 以下；支沟深度 2～2.5 m；斗沟要能在汛期后和灌溉时排地下水，深度 1.8～2.0 m，间距 700 m 左右；农沟的深度以能在冲洗、灌溉、汛期排地下水，一般为 1.5 m 左右，间距 250～300 m；毛沟深度一般为 0.5～1 m，主要是排涝和加速表土脱盐，间距 50～100 m。

② 暗管排水：地下暗管排水是耕地盐碱化改良的重要方法之一，它基于"盐随水来、盐随水去"的水盐运行规律，通过铺设暗管将土壤中的盐分随水排走，并将地下水位控制在临界深度以下，达到土壤脱盐和防止盐渍化目的。

暗管排水系统由排水管、闸阀、通气孔、检查井以及出水口等组成。暗管铺设一般为水平封闭式。一级管和二级管相结合，一级管的渗入水汇入二级管中，然后流入污水管排走。若污水管道的埋深较浅、不能自行排泄渗水，可在二级管末端设集水井，定期强排。渗管的埋设深度、间距、纵坡等参数主要取决于耕地作物种类、土壤结构、地下水位埋深及气候等情况。

黄河三角洲地区利用荷兰暗管排碱技术实施盐碱地改良工程，暗管排碱利用专业埋管机械将 PVC 渗管埋入地下 1.8～2.0 m 处，将地下盐水截引到暗管，集中起来排到明渠中，使得灌区当年地下水位下降 0.5 m，含盐量降低 2 g/kg 以下，可满足多种作物的生长发育要求，收到了良好的改碱效果。

③ 竖井排水：也是改良盐碱地的重要方法。竖井排水作用：由于水井自地下含水层中抽取了一定的水量，地下水位将随水量的排出而降低，有效加大了地下水埋深，可以起到防止土壤返盐的作用；提取地下水，可以腾空地下含水层中的土壤容积，供灌溉或降雨季节存蓄灌溉或降雨入渗水量之用；竖井排水在水井影响范围内形成较深的地下水位下降漏斗。地下水位的下降可以增加田面的入渗速度，为土壤脱盐创造有利条件。在有灌溉水源的条件下，利用淡水压盐可以起到良好的效果。竖井排水除可形成较大降深，有效控制地下水位外，还具有减少田间排水系统和土地平整土方量、占地少和便于机耕等优点。

竖井的密度一般为每 6.7 hm^2 布置一眼竖井，井距一般 200～300 m，井深一般大于 50 m。由于竖井的出水量大，潜水位降得深，因此，竖井排水具有明沟排水和暗管排水所不具备的优点。

(2) 灌水洗盐：也即冲洗脱盐，是改良盐碱地的最有效的方法。当地下水位较深时，不需修筑排水工程，冲洗水量可将一部分土壤盐分淋洗到作物根系活动层以下。但在排水不畅的地区，必须专门修建排水系统，使淋溶的土壤盐分排走，创造适合棉花生长的土壤环境。同时，为了节约用水，提高冲洗效果，必须根据棉花生长发育的需要确定冲洗定额和冲洗技术。

① 冲洗定额：为淋洗土壤中多余的盐分，单位面积所需要的灌水量称为冲洗定额。影

响冲洗定额的因素是多方面的，它和冲洗标准、土壤盐渍化程度、土壤质地、地下水位状况以及水利技术条件等有关。冲洗标准是指冲洗后达到可以满足作物正常生长的土壤盐分状况，包括冲洗后脱盐层土壤允许的含盐量和脱盐层的厚度。前者依作物耐盐性而定，后者依作物根系活动层而定。棉花是比较耐盐的作物，根系分布较深，一般认为棉花的冲洗脱盐标准为：盐分含量 0.3%以下，脱盐层厚度 100 cm。

冲洗定额应通过具体试验来确定，但在缺少实验数据时可由公式计算。冲洗定额的计算公式如下：

$$M = m_1 + m_2 + n - o$$

式中：M——冲洗定额（m^3/hm^2）；m_1——冲洗前灌至田间持水量所需水量（m^3/hm^2）；m_2——将计划脱盐层的盐分降到作物正常生长允许含盐量所需水量（m^3/hm^2）；n——冲洗期间蒸发损失水量（m^3/hm^2），o——冲洗期间降雨量（m^3/hm^2）。

其中，$m_2 = 666.7\,hp(S_1 - S_2)/K$（$m^3/666.7\ m^2$）

式中：h——计划脱盐层深度（m）；p——土壤容重（$g/cm^3 = t/m^3$）；S_1——冲洗前计划脱盐层含盐量（干土%）；S_2——冲洗后计划脱盐层含盐量（干土%）；K——排盐系数，指冲洗时每 1 m^3 水量从脱盐层冲走的盐量（t/m^3）。

据山东省水利科学研究所测试，山东省滨海盐碱土的排盐系数见表 14-4。

表 14-4　滨海盐碱土（氯化物盐土）的排盐系数

（单位：kg/m^3）

沟距（m）	计划脱盐层土壤的含盐量（%）							
	0.4	0.6	0.8	1.0	1.2	1.4	1.6	1.8
200	11.0	22.0	30.0	36.5	42.5	48.5	54.0	59.5
300	9.5	18.5	25.5	31.5	36.5	41.0	45.0	50.5
400	8.0	16.0	22.0	27.5	31.0	35.0	38.5	42.0
500	7.0	13.5	18.0	23.5	27.5	31.0	34.0	37.5

［注］引自李文炳、潘大陆等编《棉花实用新技术》(1992)。

例如，在滨海盐碱土上进行冲洗，排水沟的间距为 300 m，冲洗前计划脱盐层 1 m 的平均含盐量为 0.6%，要求冲洗后盐分降至 0.2%，该地土壤容重为 1.4 t/m^3，从表中查得排盐系数 K 为 18.5 kg/m^3（即 0.018 5 t/m^3），代入式即得出冲洗所需要的水量：

$$m_2 = 666.7 \times 1 \times 1.4(0.6\% \sim 0.2\%)/0.0185 = 201(m^3/666.7\ m^2)$$

以东营为例，若冲洗天数为 30 d，于 3 月份进行，根据气象资料，该地区 3 月份水面蒸发量为 120 mm，折合水量为 80 $m^3/666.7\ m^2$，降雨量为 10 mm，折合水量为 7 $m^3/666.7\ m^2$，设计冲洗前灌至田间持水量时所需水量为 70 $m^3/666.7\ m^2$，代入式得冲洗定额：$M = 70 + 201 + 80 - 7 = 344\ m^3/666.7\ m^2$。

② 冲洗技术：冲洗技术是指在冲洗改良盐碱地时，所采取的一系列保证和提高排盐洗盐效果的技术措施。其内容包括冲洗定额的施给方法，冲洗时间选定，土地平整和田间工程等。冲洗技术不仅是实现冲洗定额的保证，而且还直接决定着冲洗效果。

把计算的冲洗定额分次灌入地块,每次灌入的水量即称为分次冲洗定额。当冲洗定额较大时,应实行有一定间歇的冲洗,即每次灌水后,待地面渗干,隔一定时间再灌下一次水。间歇的目的是使土壤盐分有较长的溶解时间,增加土温,并使地下水位降低,以利盐分淋洗。

关于冲洗间歇时间,河南胜利渠灌区试验认为以 48 h 为好;新疆地区土壤盐分大,气候干旱,蒸发量大,则认为在冲洗前期,间歇时间短些为好;冲洗后期,应在落干后 1～2 d 再灌下一次水较为适宜。在土壤质地黏重、渗透性差的土地上冲洗时,以连续冲洗、保持水层为好。可见,分次冲洗应因地制宜。分次定额第一次较大,第二、第三次较小。一般为 810～1 500 m^3/hm^2,即相当一次灌水深 8～15 cm。

冲洗必须选择适宜的季节进行,以不延误农业耕作为原则。在滨海盐碱地棉区,通常有冬洗和春洗两个时期。考虑到播种时的墒情需要,一般应安排在播种前 1 个月开始灌水洗盐,盐碱程度重并需要两次灌水压盐的棉田,可考虑冬、春两次灌水。此外,灌水时间的确定需要充分考虑水源和农田劳力情况。

为获得较好的洗盐效果,条田不宜太宽,一般 30～50 m。毛渠灌排相间布置。排水毛渠即条田沟深 0.6～0.8 m,间距 60～100 m。排水毛渠的规格,底宽 33 cm,沟深 67 cm,口宽 100 cm。对于重盐碱地可以在田间增设小排水毛渠或偏排水毛渠,间距 20～40 m,沟深 0.5 m 左右,使田格(也称丘块)三面排水,构成临时性的浅密田间排水网。

田间工程斗门、毛门、涵闸、桥等都要配套齐全,操纵灵活,才能有效地控制水位和流量,提高灌水效率,充分发挥工程效益。

(3) 平整土地:平整土地对改良利用盐碱地至关重要,不仅在灌水洗盐过程中能保证土壤迅速脱盐,减少用水量,而且也是防止土壤出现盐斑的基础措施。地面高低不平,干旱季节在土壤水分引力作用下,高处比低处的土壤水分蒸发可高出 1 倍左右,使高处成为土壤水分的垂直和水平两种运动的焦点。滨海盐碱地棉区 7～8 月的降水一般占全年降水量的 50%左右,地面不平整,不仅减弱伏雨淋盐的效果,而且由于地面径流分布不均,还会加快“水向低处流,盐往高处爬”,其结果是促使高处积累更多的盐分。

采用传统的平地方法,一般先粗平,再进行细平。先在条田上进行大地形平整,再进行微地形平整。主要平整方法有抽生留熟法(生土抽走,熟土保留)、抽沟平地法(每隔一定距离挖深沟,将底土运走垫低处,把沟两侧的土回填沟内)和推土法(将高地的土用推土铲推至设计高程)等。

利用激光控制技术与常规机械平地技术相结合是当前最为看好的土地平整新技术。传统的土地平整设备主要由推土机、铲运机和刮平机组成,土地平整状况一般取决于推土机和刮平机的施工精度。由于推土铲的液压装置为手工控制,平地作业过程中操作人员无法准确地控制推土铲的升降高度;而铲运机和刮平机的铲运刀口与设备轮胎间的相对位置是固定的,平地施工时刀口将随地面起伏上下错位,刮平和修整田面的效果并不理想。

激光控制平地技术是利用激光束产生的平面作为非视觉控制手段,代替操作人员的目测判断,用以控制平地机具刀口的升降高度。激光控制平地作业时,一旦铲运机具刀口的初始位置根据平地设计高程确定后,无论田面地形如何起伏,受激光发射和接收系统的影响,控制器始终经液压升降系统将铲运刀口与平地参照面间的距离保持在某一恒定值,土地平整的精度很高。激光控制平地成套设备一般由 4 个基本部分构成,即激光发射装置、激光接收装置、控制器、平地铲运设备。

2. 农艺、生物和化学措施改良　增施有机肥料,有机肥与无机肥结合,可以增加土壤有机质含量,提高土壤肥力,改善盐渍土土壤生态环境,促进脱盐,抑制返盐。因此,施有机肥也是盐渍土改良的重要措施。

(1) 增施有机肥料:盐碱棉田地力瘠薄,同时还由于盐碱地区地多人少,耕作粗放,农家肥的施用量少、质差等原因,使得盐碱地的地力总体上比较差。盐碱地要培肥土壤、提高地力,最重要的措施就是增施有机肥。要坚持改良盐碱地与培肥土壤同步进行的正确方向,积极发展畜牧业,种养结合,农牧结合,充分利用小麦、玉米秸秆氨化青贮,棉籽饼、棉仁饼细加工,广辟粗精饲料,大力发展牛、羊一类食草动物,提高农家肥的数量和质量。

① 增施农家肥:圈肥、鸡粪、牛粪以及饼肥等都是重要的农家肥。这类肥料是棉田有机质的主要和有效来源。

在山东省东营市胜利油田盐碱试验地连续 4 年(2002～2006)施用农家肥,施肥前测定 0～20 cm 耕层土壤含盐量为 4.8 g/kg,土壤有机质 7.5 g/kg,同一田块每年施用优质农家肥 30 t/hm^2,4 年后测定土壤含盐量已降至 3.1 g/kg,土壤有机质含量增至 9.8 g/kg,皮棉产量也由原来 750 kg/hm^2 提高到 1 200 kg/hm^2。原因在于,随着连续施用农家肥,提高了土壤有机质含量,有机质在分解过程中产生大量的碳酸气及其他酸性物质,这些酸性物质能中和土壤的碱性。同时酸气还能把土壤中的碳酸钙变成可溶性的碳酸氢钙,使钙离子置换出土壤中吸收性钠,减少钠离子的危害。有机质分解成腐殖质后,与土壤中的胶体结合,形成了水稳性的团粒结构,增加了土壤水的"库"容量,起到了调节土壤中水分与空气矛盾的作用。土壤中的水分与空气适宜,土壤微生物活动旺盛,大量分解有机质,变成可给态的养分,供给棉株根系吸收利用。

在山东省陵县中度盐碱棉田,连续 3 年施 15～18 t/hm^2 优质农家肥作基肥,棉花生长期间施氮肥(N)300 kg/hm^2、磷肥(P_2O_5)300 kg/hm^2。0～20 cm 土层土壤有机质从原来的 7～8 g/kg 稳步提高到 10～11 g/kg,0～40 cm 土层土壤盐分小于 3 g/kg,皮棉产量达到 900～1 050 kg/hm^2。

② 秸秆还田:作物秸秆(包括小麦、玉米秸秆和棉秆等)直接还田,不仅是减少因秸秆焚烧导致环境污染的重要措施,而且是提高土壤有机质含量、培肥土壤的一种好形式。实践证明,秸秆还田能有效增加土壤有机质含量,改良土壤,培肥地力,特别对缓解我国氮、磷、钾比例失调的矛盾,弥补磷、钾化肥不足有十分重要意义。盐碱地坚持常年秸秆还田,不但在培肥阶段有明显的增产作用,而且后效十分明显,有持续的增产作用。

虽然盐碱地棉区一般不是主要的产粮区,小麦、玉米等作物的秸秆有限,但盐碱地棉区棉秆资源十分丰富。棉花秸秆含有丰富的蛋白质,还含有氮、磷、钾、钙、硫等农作物必需的营养元素,因此,棉秆还田不仅能增加土壤有机质含量,还为棉田补充了多种养分,只要方法得当,可以收到比小麦和玉米秸秆还田更好的效果。

采用小麦秸秆还田的方法是,小麦收割后,及时脱粒轧碎麦秸,6 月中下旬将麦秸直接铺盖在棉花行间,中、轻度盐碱地铺盖 4 500～7 500 kg/hm^2,重度盐碱地铺盖 7 500～

10 500 kg/hm^2。为防止麦秸腐烂过程中与棉花争水争氮,如土壤过干,铺盖前适时灌溉,将土壤水分提高到 18%～20%,辅以追施尿素 75 kg/hm^2,以满足微生物腐烂麦秸时对氮的需要。

采用棉秆还田的方法是,黄河流域棉区正常年份 7～8 月是高温多雨季节,秋种前,麦秸已全部腐烂,秋后将棉柴就地粉碎后连同化肥耕翻入土,用作翌年棉田基肥。

黄河流域棉区棉花收摘一般在 11 月上旬前后结束,此时正值棉秆切碎还田的大好时机。如棉秆切碎还田过迟,经风吹晒后使枝叶脱落,棉秆坚硬缺少水分,对切碎还田增加了一定的难度,工效低,质量差、甚至会损伤机具;若此时尚有少量青铃,可摘下用乙烯利催熟并在太阳下晒裂采棉。因此应于 11 月上中旬,采用秸秆切碎还田机直接切碎秸秆还田。在切碎还田前加施少量氮、磷化肥,一般施尿素 75 kg/hm^2 和磷肥 225 kg/hm^2,对加快秸秆腐解、增加土壤养分大为有益。秸秆切碎还田后要立即进行机耕翻地作业,防止风吹堆积和流失,同时又可避免水分、养分的散失。翻地作业要求扣垡严密、覆盖均匀、机耕深度在 22 cm 以上。

麦秸和棉秆连续还田,结合施用优质土杂肥和一定比例的化肥,对于排水不畅的盐碱棉田培育土壤、肥沃淡化层也具有重要作用。

种植绿肥牧草。人工栽培的绿肥牧草作物,多数不仅可以作有机肥,而且是优质饲料。利用某些绿肥牧草作物耐盐性较强的特点,大力种植绿肥牧草,不仅对于改良培肥盐碱地具有重要意义,而且还能拉动畜牧业的发展。

种植绿肥是用地养地、提高土壤肥力的有效途径。豆科绿肥牧草作物,由于根瘤中共生固氮菌的作用,可增加土壤中的氮素量。绿肥牧草作物的根系比较发达,能将土壤深层的矿质营养富集于耕层,供给本身和下茬作物利用。根和地上部分残落物还能补充土壤有机物质。其根系分泌物能够活化土壤中的矿物质,增加土壤的磷、钾含量。种植绿肥不仅能增加土壤有机质,还能抑制盐分上升并加速土壤脱盐。据江苏盐城新洋试验站测定,在含盐 2.0 g/kg 的土壤上种植苕子两季后,可使土壤盐分下降到 0.7～1.1 g/kg,种三季后可下降到 0.3 g/kg。再则,绿肥茎多叶密,覆盖地面,还能减少地表径流,增加土壤渗水量,抑制土壤蒸发和返盐。据新洋试验站 1972 年 3 月 21 日至 4 月 29 日测定,绿肥地的土壤日蒸发量为 0.98～1.88 mm,不种绿肥的冬闲地日蒸发量为 1.82～2.64 mm,绿肥地蒸发量减少 46.2%～28.8%。据河南宁陵县孔集试验站 1963 年试验,翻压田菁能降低土壤盐分含量的 23%,提高土壤有机质 36%、全氮 20%、土壤孔隙度 12%。绿肥鲜草在分解过程中所产生的有机酸和二氧化碳又有中和作用,并有利于成土母质中的石灰溶解,增加活性钙离子,起到生物改碱作用。生产实践还表明,若采取多种绿肥混播,则效果更好。因混播的出苗密,能迅速覆盖地面,提高抑制返盐的效果,还可增加绿肥鲜草产量。

据王景生等在河北省沧州市的观察,种植田菁可增加地面覆盖度,减少地面蒸发,控制底层土壤盐分上移,显著抑制表层返盐。田菁生长期间庞大的根系向下穿插,可疏松土壤,容纳更多的降水,增强降水对耕层土壤的淋洗作用。低洼盐碱地种植田菁,还可利用生物排水,降低地下水位,抑制由于地下水位上升返盐。田菁翻压后,植株体的有机质及氮、磷等养分进入土壤,可提高土壤有机质及其他养分含量,为作物和土壤提供有效养分,改良土壤。

据河北省沧州市中捷农场测定,翻压1年田菁,土壤有机质增加10%,使土壤形成水稳性团聚体,改善土壤的理化性状。据河北省农林科学院土壤肥料研究所在海兴县测定,连压3年和4年田菁的土壤,耕层最大持水量增加8%,土壤容重减少10.2%～13.4%,土壤通气度增加26.9%～41%。

董晓霞等利用建植7年的紫花苜蓿草地,研究了人工草地对滨海盐渍土壤盐分特性和肥力的影响,发现紫花苜蓿草地0～40 cm土层可溶性盐总量比空白对照明显降低,脱盐率达65%,而底层变化较小;不同土层盐分运移存在离子差异性,0～40 cm土层盐分离子降低幅度为:$Cl^- > Na^+ > SO_4^{2-} > Mg^{2+} > HCO_3^-$,$Ca^{2+}$略有增加趋势,$K^+$和$CO_3^{2-}$基本无变化;紫花苜蓿草地土壤肥力提高,0～20 cm土壤有机质含量提高28%,全氮含量提高42%。

(2) 合理轮作倒茬:盐碱地棉田的耕作制度大多采用一年一作,常年连作棉花,导致棉田病虫草害十分严重,通过轮作倒茬培肥土壤,是减轻草害及病虫危害、稳定发展棉花生产的重要途径。

盐碱地种植绿肥不仅能培肥地力,增加土壤有机质,还能抑制盐分上升,加速土壤脱盐。在土壤盐分过重的田块(>5 g/kg)植棉保苗难,宜先种一季耐盐较强的夏绿肥田菁掩青,再种其他绿肥、棉花。

中、轻度的盐碱棉田种植越冬绿肥,地面在冬季和早春都有植被覆盖,可以大大减少土壤水分蒸发,减缓土壤表层积盐,同时还由于绿肥枝多叶密,覆盖地面后还能减少地表径流损失,增加土壤渗水量,抑制土壤返盐。

在排水有出路、水源有保证的中、重度盐碱地区,实行水旱轮作种稻改碱,亦是一项可行的措施,即先种植两年水稻淋洗盐分,然后连续种植3年棉花,改碱效果和经济效益十分显著。

(3) 土壤改良剂改良盐碱地:采用化学改良剂改良盐碱土也是常用的改良方法。自20世纪60～70年代开始,我国已在土壤物理、化学改良剂方面做了不少的研究,利用石膏、氯化钙、工业废酸、工业废弃物磷石膏、粉煤灰等改良盐碱地,均取得了一定的效果。如对碱性盐碱地,因含有碱性盐类重碳酸钠、碳酸钠,且pH高,直接危害棉花出苗和生长发育,可采用石膏等化学改良剂,降低土壤碱性,调节和改善土壤理化性状。70年代后应用电磁技术,在全国盐渍土地区进行了改土试验;90年代后生物化学土壤改良技术有了发展,针对不同类型的盐碱地研制了多种盐碱地改良剂,开始在盐碱地改良过程中发挥作用。

北京飞鹰绿地科技发展有限公司将有机络合催化理论引入盐碱土壤改良,研制出“禾康”盐碱土壤改良剂。“禾康”土壤改良剂是一种棕红色、略带酸味、无毒无害的有机液体化肥,可直接作用于土壤,用于盐碱地的治理。中国农业大学研制的康地宝,是利用盐土植物及作物自身通过根系分泌物改善根际微环境来适应逆境的机制,通过生物络合、置换反应,清除土壤团粒上多余的Na^+。适用于受盐碱侵害的农田和新开垦土地。

张凌云等在山东东营市的盐碱地对中国农业大学研制的康地宝、北京飞鹰绿地科技发展有限公司开发研制的禾康、日本研制的德力施、青岛海洋大学生命科学院研制的盐碱土壤修复材料进行了试验研究,发现这些土壤盐碱改良剂均能降低土壤含盐量,并以盐碱土壤修复材料效果最好。

二、丘陵岗坡地棉田的改良利用

长江流域、淮河流域、黄河中下游等地区的浅山丘陵岗地的黄棕壤、黄褐土、棕壤、红壤等，由于土层较浅，土质黏重，土壤有机质及矿质养分含量低，土壤结构不良，保水保肥能力差，易旱易涝，棉花产量低而不稳。丘陵岗坡地棉田改良利用的主要措施包括以下几点。

（一）修筑梯田

丘陵岗坡地均有不同程度的水土流失，称为跑水、跑土、跑肥"三跑田"，因此，根据坡度大小和坡形坡向修筑梯田，是控制或减少地面径流，防止水土流失，稳定土层厚度，加强农田基本建设的首要措施。石质坡地要里外垫，揭土去石，生土垫底，熟土铺面，地边垒石；土质坡地要在地边修筑坚实的土埂。梯田的宽度、大小及排灌沟渠则应依坡度和地形而定，坡度较缓的可以宽些，以便于田间作业；坡度较陡的就要窄些，以免动土过多。修筑梯田时不仅要把活土层整平，而且要把活土层以下的硬底整平，不能乱翻土层，以保持表土肥力。在修筑梯田时，还可进行客土改良或增施有机肥料，以提高改土效果。

（二）因地制宜兴修水利

丘陵岗坡地地区经常冬、春干旱，春旱尤为严重，入夏后进入雨季，常受大雨袭击，造成山洪暴发，水土流失，在地形平缓而又有水源保证的区段，应重点兴修农田水利，抓好塘、库、坝、井、渠配套建设，形成一个能蓄、能排、能灌的水利网，扩大水浇地面积，达到旱涝保丰收。

（三）深耕、改土、增施有机肥

丘陵岗坡地土壤有的黏重紧实，必须深耕结合增施有机肥和推广秸秆还田，逐步增厚熟土层、改善土壤通透性、提高土壤肥力。

（四）因土配方施肥

丘陵岗坡地因普遍存在水土流失、土层较浅、保肥能力差等因素，一般土壤肥力较低，因此在增施有机肥的基础上，还应根据土壤矿质养分状况，配合施用氮、磷、钾和微量元素肥料。

（五）合理轮作、间套作，发展绿肥

丘陵岗坡地棉田用地多养地少，耕作管理粗放，既缺有机质，又缺氮、磷、钾。因此，在保证棉花面积的同时，合理轮作，间套作绿肥或豆科作物，做到用地养地相结合，是解决丘陵岗坡地有机肥源就地取材的重要途径，同时又是培肥土壤的重要措施之一。

（六）推行旱作农业和节水灌溉新技术

北方丘陵岗坡地区和黄土高原区灌溉农业比重较小，年降水量为 200～300 mm，相当大的部分是非灌溉的旱作农业或称雨养农业。积极推行旱作农业耕作栽培技术和滴灌、喷灌等节水灌溉新技术，既可充分利用有限水资源，也可显著提高棉花等作物产量。

（撰稿：董合林，董合忠；主审：董合忠，田立文）

参考文献

[1] 全国土壤普查办公室.中国土壤.北京:中国农业出版社,1998.

[2] 中国农业科学院棉花研究所. 中国棉花栽培学. 上海:上海科学技术出版社,1983:261 - 272.
[3] 朱祖祥,林成谷,段孟联,等. 土壤. 北京:中国农业出版社,1983:355.
[4] 中国农业科学院棉花研究所. 棉花优质高产的理论与技术. 北京:中国农业出版社,1999:84 - 86, 89 - 91.
[5] 朱庭芸,何守成. 滨海盐渍土的改良和利用. 北京:农业出版社,1985:1 - 37,184 - 213.
[6] 贾大林. 盐渍土改良与节水农业. 北京:中国农业科技出版社,1994:128 - 137.
[7] Smedema L K. Irrigation performance and water logging and salinity. Irrigation and Drainage Systems, 1990, 4.
[8] 彭成山,杨玉珍,郑存户,等. 黄河三角洲暗管改碱工程技术实验与研究. 郑州:黄河水利出版社,2006: 191 - 250.
[9] 高长远. 明沟排水与竖井排灌. 地下水,2001,23(4).
[10] 鲍卫锋,黄介生,杨芳,等. 竖井排水对盐碱化土壤改良的实验研究. 黑龙江水专学报,2005,32(4).
[11] 张锐,严慧峻,魏由庆,等. 有机肥在改良盐渍土中的作用. 土壤肥料,1997,(4).
[12] 艾天成,王传金,周世寿. 棉秆还田对土壤生态环境的影响. 安徽农业科学,2006,34(3).
[13] 姚毛龙,陈纪康,屠小其. 棉秸秆切碎还田效果与技术探讨. 安徽农学通报,2007,13(19).
[14] 魏由庆,严慧峻,张锐,等. 黄淮海平原季风区盐渍土培育“淡化肥沃层”措施与机理的研究. 土壤肥料, 1992,(5).
[15] 王景生,卜金明,贾树均,等. 盐碱地改良与田菁种植. 内蒙古农业科技,1999(增刊):181 - 183.
[16] 董晓霞,郭洪海,孔令安. 滨海盐渍地种植紫花苜蓿对土壤盐分特性和肥力的影响. 山东农业科学, 2001,(1):24 - 25.
[17] 张凌云,赵庚星,徐嗣英,等. 滨海盐渍土适宜土壤盐碱改良剂的筛选研究. 水土保持学报,2005,19: 21 - 28.

第十五章　棉田土壤培肥

近40多年来，黄淮海棉区和长江流域棉区由于土地复种指数提高，粮棉单产不断增加，对土壤养分的消耗急剧增加；而这些年来，棉农普遍忽视有机肥的施用，化肥投入结构又不合理，致使土壤肥力下降，养分失衡，严重影响粮棉产量的进一步提高。目前上述两大棉区的土壤有机质含量普遍偏低，长江中下游棉区棉田土壤普遍缺钾和硼，一半以上的棉田缺锌；黄淮海棉区棉田土壤缺钾、硼、锌的面积也在不断扩大。西北内陆棉区，由于土壤自然肥力低，而棉花产量远高于黄河流域和长江流域棉区，土壤养分消耗大，同时有机肥源缺乏，施用有机肥较少，因而棉田土壤有机质含量也普遍偏低。为保证三大棉区棉花持续高产和稳产，必须加大科技和物质投入，开展土壤培肥技术措施的推广和应用。

第一节　棉花高产对土壤肥力的要求

一、土壤肥力与棉花产量的关系

土壤肥力是土壤为植物生长提供、协调营养条件和环境条件的能力，是土壤物理、化学和生物学性质的综合表现。土壤肥力除受母质、气候、生物、地形等自然因素的影响外，还受人类长期生产活动，如耕作、施肥、灌溉、土壤改良等因素的影响。

土壤肥力是棉花营养的基础，棉花当季吸收的养分主要来源于土壤中原有的养分。据湖北省农业科学院原子能研究所利用^{15}N大田标记试验结果，施氮量为150 kg/hm^{2}和225 kg/hm^{2}时，棉花单株吸收总氮量分别为1 370.5 mg和1 687.2 mg，其中吸收的土壤氮分别为1 073.8 mg和1 310.9 mg，分别占棉株吸收总氮量的78.4%和77.7%。

表15-1　不同地力水平基础籽棉产量比较

（侯振安等，2004）

土壤质地	肥力水平	基础产量(kg/hm^2)	产量比较(%)
砂壤土	高肥力	4 087.2	100
	中肥力	3 768.0	92.2
	低肥力	3 562.8	87.2
壤土	高肥力	3 390.5	100
	中肥力	3 123.6	92.1
	低肥力	2 883.9	85.1
黏土	高肥力	3 943.1	100
	中肥力	3 777.8	95.8
	低肥力	3 514.2	89.1

肥力也是棉花产量的基础，产量是肥力的体现，土壤肥力与棉花产量密切相关。同一地区，不同田块之间，棉花产量往往差异很大，其原因固然是多方面的，但从生产条件分析，主要原因在于土壤肥力的差异。因此，在一定的条件下，土壤肥力的高低决定着产量的高低。全国棉花经济施用氮肥协作组 1984～1986 年黄淮海棉区不同地力棉田氮肥效应试验结果，潮土类中上等地力、潮土与褐土类中等地力、褐化潮土与褐土类低等地力棉田的基础皮棉产量分别为 1 353 kg/hm^2、883.5 kg/hm^2、659.4 kg/hm^2，中上等地力棉田的基础产量为低等地力棉田的 2 倍。侯振安等北疆棉区试验结果表明，不同地力棉田的不施氮肥的基础产量差异也较大(表 15 - 1)，低肥力棉田基础产量比高肥力棉田低 10.9%～14.9%。

二、高产棉田的土壤肥力标准

棉花是深根作物，生育期长，需肥量大，对土壤肥力有较高的要求。因此，要实现棉花高产稳产，棉田必须具备肥力较高的土壤条件。

（一）农业生产性状

高产棉田一般土层深厚，熟土层至少应达到 35 cm；土壤质地以轻壤或中壤土较好，团粒结构多，黏粒在 30%～60%，土壤容重在 1.10～1.25 g/cm^3。土壤结构较松，水分物理性状与通透性良好，耕性好，保水保肥及持续供肥能力强，有机质和矿质养分含量高，水、肥、气、热协调。这样的土壤利于棉花出苗和生长发育，既“发小苗”，也“发老苗”。

（二）有机质与矿质养分

1. 有机质　高产棉田一般有机质含量在 10 g/kg 以上。土壤有机质包括土壤中各种动、植物残体，微生物体及其分解和合成的有机物质。土壤有机质的含量虽少，但具有培肥土壤、营养作物、调节土性及改良耕性等多方面的作用，具体表现在以下方面。

一是提供作物需要的养分。有机质不仅是一种稳定而长效的氮源物质，而且它几乎含有作物和土壤微生物所需的各种营养元素。随着有机质的逐步矿化，这些养分不断成为矿质盐类，供作物和微生物利用。

二是增强土壤的保肥性能和缓冲力。腐殖质因带有的电荷以负电荷为主，所以它吸附的离子主要是阳离子，如作为作物养分的 K^+、NH_4^+、Ca^{2+}、Mg^{2+} 等，这些离子被吸附后，可避免随水流失，而且能随时被根系附近的 H^+ 或其他阳离子交换出来，供作物吸收，仍不失其有效性；同时土壤腐殖质保存阳离子养分的能力，要比矿质胶体大得多，因此增加土壤腐殖质含量可大大增强土壤的保肥力。腐殖酸是一种含有许多酸性功能团的弱酸，对土壤酸碱度变化具有缓冲作用。

三是促进团粒结构的形成，改善物理性质。腐殖质在土壤中主要以胶膜形式包被在矿质土粒的表面。由于它是一种胶体，黏结力比砂粒强，施用于砂土后，增强了砂土的黏性，可促进团粒结构的形成；另一方面，由于它松软、絮状、多孔，而黏结力小于黏粒，黏粒被包被后，易形成散碎的团粒，使土壤变得比较松软而不再结成硬块，使耕性变好。因此，土壤有机质既可改变砂土的分散无结构状态，又能改变黏土的坚韧大块结构，从而使土壤的透水性、蓄水性以及通气性都有所改善。

四是增强土壤的保水性。半分解的有机物能使土壤疏松，大大增强土壤的孔隙度，提高土壤的保水性;同时,腐殖质的吸水率比黏粒大得多,分别为400%～600%和50%～60%;此外,腐殖质可改善土壤结构,亦能大大提高土壤的保水性。

因此,有机质是土壤肥力的主要物质基础之一,可作为评价土壤肥力的一个重要指标。据陈恩凤等对华北平原土壤耕层有机质含量与肥力水平关系的研究分析,有机质含量在12～15 g/kg以上的为高肥力水平,含量在10～12 g/kg的为中等肥力水平,含量在5～10 g/kg的为一般肥力水平,含量在5 g/kg以下的为低肥力水平。可见,一定范围内,土壤肥力随着有机质含量的增加而提高。

2. 矿质养分　高产棉田矿质营养至少应达到中等水平的临界值,即全氮含量在0.8 g/kg以上,速效磷(P)含量高于5 mg/kg,速效钾(K)高于80 mg/kg,有效硼和有效锌含量分别在0.8 mg/kg和1.0 mg/kg以上。

但是,我国目前约有半数以上的棉田分布在丘陵岗地、平原旱薄地、涝洼地、盐碱地上,多数为中、低产田。造成低产的原因,除旱、涝、碱之外,地薄也是重要因素。这些棉田普遍表现为土壤肥力低,有机质缺乏,少氮缺磷;土壤有机质含量一般在10 g/kg以下,全氮含量低于0.70 g/kg,速效磷含量低于5 mg/kg,速效钾低于80 mg/kg。这种大面积低产棉田土壤肥力普遍较低的状况,与棉花高产所要求的土壤肥力差距甚大,限制着产量进一步提高。因此,积极采取有效措施,大力培肥土壤,是建设高产稳产棉田的一项重要内容。

第二节　棉田土壤培肥的主要措施

土壤培肥是提高棉田肥力、保证棉田持续生产和高产稳产的基础。具体措施包括:增施有机肥、秸秆还田、种植绿肥和合理施用化肥,这些措施不仅有利于当季作物的高产,而且有利于土壤肥力的恢复与提高。如上节所述,土壤的诸肥力因素在很大程度上取决于土壤有机质的状况,因此,培肥土壤的核心问题是增加土壤有机质的积累。

一、深耕改土

深耕是我国传统的改土增产措施。通过深耕可以打破土壤犁底层板结及不同土层间的质地差异,改善土壤物理结构,使土壤疏松,改善耕性,增强土壤的通透性,熟化土壤,加速土壤养分的分解,提高土壤养分的有效性;加深耕层,增强土壤蓄水保肥能力,有利于棉株根系发育;对盐碱土可起到促进水分下渗,加速淋盐。深耕还可将杂草残体、种子及病原菌、虫体翻入土壤底层,从而减轻杂草和病虫害的发生。

二、发展棉田绿肥

凡利用植物绿色体作肥料的均称为绿肥,专用作绿肥栽培的作物称为绿肥作物。绿肥作物有豆科和非豆科植物。

(一)绿肥对土壤培肥的效果

1. 增加土壤有机质和全氮含量,提高土壤肥力　绿肥作物是一种优质的有机肥源,其鲜草含有机物质12%～15%,含氮一般在0.3%～0.6%,约有1/3以上的氮素可为当季作物所利用。棉田种植豆科绿肥作物，如按鲜草产量 15 000 kg/hm^2 计算，相当于施入新鲜有机质1 800～2 250 kg/hm^2；以含氮量 0.45%左右计算，可增加氮素 67.5 kg/hm^2 左右。压青后能增加土壤有机质和全氮含量，有显著的培肥土壤效果。且以绿肥形式施入的土壤氮素是有机态的，养分供应较平稳、均衡；若与适量化肥配合，比单纯施用大量化学氮肥能获得更高而稳定的产量。

蒋在明等在湖北省京山县麦、棉两熟棉田套种蚕豆试验结果，连续两年套种蚕豆绿肥的棉田与未套种绿肥田相比，土壤有机质由 15.4 g/kg 上升到 17.7 g/kg，全氮由 0.92 g/kg 上升到 0.95 g/kg，速效磷由 3.6 mg/kg 上升到 11 mg/kg，速效钾由 100 mg/kg 上升到 130 mg/kg，土壤总孔隙度由 49.4%上升到 53.6%，容重由 1.34 g/cm^3 下降到 1.23 g/cm^3。

2. 富集和转化土壤养分　豆科绿肥作物根系发达，吸收利用土壤中难溶性矿质养分的能力强。通过绿肥作物的吸收利用，将土壤耕层及深层中不易为棉花吸收利用的养分集中起来，待绿肥翻耕腐解后，大部分以有效形态留在耕层中，从而增加土壤耕层有效养分的含量。

3. 改善土壤物理性状，加速土壤熟化，改良低产土壤　棉田种植绿肥，可以为棉田提供大量的新鲜有机物质和氮素等养分，特别是可以向土壤补充易于分解释放养分的活性有机质，加速土壤微生物的活动，促进土壤腐殖质和水稳性团粒结构的形成，改善土壤的理化性状，增强土壤的蓄水、保肥、保温和通透性能，使耕性变好，有利于土壤熟化和低产土壤改良。在盐碱地上种植绿肥作物，能改善土壤渗水性，促进自然降水的淋盐作用。

4. 改变田间小气候，抑制土壤返盐　盐碱棉田种植绿肥后，冬、春季节绿肥茎叶覆盖地面，改变了田间小气候条件，使地面和土壤表层的温度降低，减少地面水分蒸发，从而抑制土壤返盐。

（二）种植绿肥对提高棉花产量的作用

由于棉田套种的绿肥作物翻入土壤压青作基肥或追肥，提高了土壤肥力并改善土壤物理性状，可促进棉花生长发育，提高棉花产量。徐国贤等试验，连续 3 年在预留棉行套种毛叶苕子(来年棉花播前掩青)和棉花苗期行间套种柽麻(棉花初花期掩青作追肥)，第一年均没有增产效果，第二年分别增产 8.2%和 6.7%，第三年分别增产 3.0%和 15.1%。据唐耀升等试验，蚕豆套种棉花，豆秸掩埋和不掩埋分别增产 13.1%和 8.7%。据蒋在明等试验，1990、1991 年麦、棉两熟棉田套种蚕豆，与对照田相比，增产皮棉 205～217.5 kg/hm^2，增产率 6.2%～11%；小麦增产 210～270 kg/hm^2，增产率 7%～9%。

（三）棉田绿肥的种类和利用方式

棉田绿肥按其生长季节和利用方式，可分为冬、春、夏、秋绿肥等几种类型。

冬绿肥是在头年秋季播种，利用冬季和早春棉花播前这段时间生长的绿肥作物。适宜作冬绿肥的种类有黄花苜蓿、毛叶苕子、光叶苕子、蚕豆、箭舌豌豆、草木樨等，一般鲜草产量可达 11 250～22 500 kg/hm^2。长江流域棉区多采用黄花苜蓿、蚕豆、箭舌豌豆、毛叶或光叶苕子等作冬绿肥，常于 9～10 月间棉花拔秆前套种于棉花行间；或在麦子播种同时，套种于预留棉行中，翌年春天棉花播种前 10～15 d(约 3 月底或 4 月上旬)翻压作棉花基肥，鲜草产量达 7 500～22 500 kg/hm^2。黄河流域棉区，棉田多采用适应性较广、特别是比较耐寒的毛叶苕子以及产种量较高的箭舌豌豆等作冬绿肥，一般于8～9月间套种于棉花行间，次年棉花播种前（约4月中旬）翻压，如棉花采用育苗移栽，还可推迟到4月下旬翻压，鲜草产量可达15 000～30 000 kg/hm^2。冬绿肥主要是利用棉田或预留棉行冬季休闲期间的光、热等资源，因此，它是利用绿肥的一种主要方式。

春绿肥是利用早春和棉花苗期一段空闲时间生长的作物，主要有箭舌豌豆、草木樨、苕子、香豆子等，要求具有早播、早发、速生、产量高等特点。这种绿肥主要是在北方一熟棉田种植，一般于2月底、3月初套种于预留棉行的行间。棉花最好采用宽窄行种植方式，春绿肥套种在宽行内。5月下旬在棉花现蕾期翻压，鲜草产量6 000～6 750 kg/hm^2。由于翻压较早，与棉花共生期短，一般对棉花生育影响不大，还能起到保温、防虫、促早发、控稳长、防早衰的作用。

夏绿肥是与棉花同期播种或提早播种而同棉花间作共生的一种作物，主要有柽麻、绿豆、豇豆、田菁、箭舌豌豆、草木樨等。各地试验认为，柽麻耐旱、耐瘠薄，适应性强，生长快，根瘤多，产量高，茎直立，再生强，作夏绿肥较适宜。黄河流域棉区一熟棉田4月下旬至5月上旬播种，6月下旬至7月初在棉花盛蕾至初花期翻压，作棉花追肥，鲜草产量6 000～7 500 kg/hm^2。南方两熟棉区多在5月中下旬麦收后，将柽麻播种在棉行中，6月底、7月初翻压，鲜草产量4 500～7 500 kg/hm^2。还有采取两熟绿肥方式的，即在冬季麦间种冬绿肥基础上，夏季又在麦收后（多为大麦）灭茬中耕，在原麦茬上再套种柽麻、绿豆等作夏绿肥，6月底、7月初翻压，两肥合计鲜草产量可达15 000～22 500 kg/hm^2。夏绿肥由于同棉花共生期长，与棉花争水、争光、争肥的矛盾较大，因此，要改进种植方式和栽培管理技术，根据条件，因地制宜地采用。

秋绿肥是利用棉花后期棉铃已经成熟、吐絮时期种植的作物，一般在夏末秋初（7月下旬至8月上中旬），套种于棉花行间，冬前结合冬耕或种麦翻入土中，采用的绿肥种类有毛叶苕子、柽麻、田菁、箭舌豌豆等，一般鲜草产量7 500 kg/hm^2左右。

此外，还有可与棉花实行轮作的苜蓿。它是一种多年生的优良牧草，其改土养地作用十分显著。苜蓿枝叶发达，根量大，而且能固氮，其根茬分解后能供应土壤较多的氮素。

三、增施有机肥和秸秆还田

（一）增施有机肥

有机肥是一种富含有机质、养分全面的肥料。棉田增施有机肥料，具有改善土壤的理化性质、增加土壤微生物数量、提高土壤酶活性、培肥地力、增加土壤有效养分含量等作用。各主要棉区的有机肥来源主要是家畜粪肥与厩肥、堆肥或沤肥、作物秸秆肥、饼肥等。

陈兵林等进行有机、无机肥不同年限配合施用试验，在氮、磷、钾养分总量相同条件下，分别配施有机肥（鸡粪）1年、2年、3年，与对照（3年均施用等养分化肥）相比，土壤有机质含量分别提高1.48 g/kg、0.73 g/kg、1.12 g/kg；3年连续配施有机肥与对照、1年和2年配施有机肥相比，速效磷含量分别提高60 mg/kg、53.34 mg/kg、72.10 mg/kg，速效钾含量分别提高203.67 mg/kg、198.67 mg/kg、171.18 mg/kg，土壤容重下降，孔隙度增加。姜益娟等进行氮磷化肥与棉籽饼、棉秆连续配合施用试验，可增加土壤的有机质、全氮含量，提高土壤中有效态氮磷钾养分的供应强度，尤其是土壤速效磷含量提高较快，同时对土壤酶活性、土壤容重、饱和含水量、总孔隙度等物理性状改善也有良好作用。

(二) 秸秆还田

作物秸秆还田是提高土壤有机质含量、培肥地力的一项重要措施；秸秆还田对促进土壤水稳性团粒结构和土壤中难溶性养分的分解，提高土壤有机质和全氮以及速效养分含量均有明显作用。秸秆还田分为直接还田和秸秆收割堆制后还田。在规模化植棉农场一般采用结合犁地直接还田，而小农户一般采用收割堆制后还田。

作物秸秆直接还田，必须注意以下几个问题。

(1) 秸秆直接还田时，作物与微生物争夺速效养分矛盾可通过补充化肥来解决。一般来说，秸秆的碳、氮比为(80～100)∶1，为此，应当增施氮素化肥，对缺磷土壤则应补充磷肥。

(2) 秸秆耕翻深度约 25 cm 以上，在临近播种和秸秆用量较大时要结合镇压，促其腐烂分解。翻压后如缺墒应结合灌水。

(3) 秸秆直接还田的时期以晚秋最为适宜。如将玉米秆或麦秆用做棉田基肥，在低温、多湿条件下，有利于腐殖质的形成和积累。

(4) 秸秆的施用量，在瘠薄地化肥不足或距离播期较近的情况下，用量不宜过多。而在连续还田、地力较高或化肥较多、距离播期较远的情况下，则可加大用量或全田翻压。另外，撒施麦秆或铡碎的玉米秆时，应力求均匀，以免造成地力不匀，影响作物均衡生长。

(5) 棉花秸秆直接还田，没有经过高温堆沤，可能导致土壤传染病害(如棉花枯萎病、黄萎病)的蔓延。因此，有枯萎病、黄萎病的棉秆不经处理不宜还田。

四、合理增施化肥，无机肥与有机肥配合施用

有机肥的数量毕竟有限，且养分含量较低，肥效缓慢，不能满足棉花高产的需求；无机肥料与之相反，具有养分含量高、肥效快、施用方便等优点，但也存在养分单一的不足。因此，施用有机肥通常需与化肥配合，这样可以取长补短、缓急相济，既可提高化肥的利用率，又可节省化肥用量，降低肥料成本，有利于棉花的增产。各种化肥的施用量应根据棉花的高产营养需求及棉田土壤养分状况来确定。如土壤中某种矿质养分含量偏低，难以满足棉花高产的营养需求，就应该增施相应的化学肥料；反之，则应少施或不施。

五、实行合理的轮(间、套)作倒茬

不同作物对于土壤营养的要求不同，所发生的病虫草害种类也不同，实行合理的轮(间、套)作倒茬，不仅可以充分利用地力，实现增产，而且也有利于培肥地力，改善土壤结构，减少病虫草害。合理的轮(间、套)作换茬制度要根据当地的气候特点、作物布局和土壤肥力状况来制定，特别要适当安排一定面积的豆科作物和绿肥作物，把用地与养地密切结合起来，使前茬有利于后茬棉花的生长，棉田越种越肥。

长江中、下游棉区，实行稻棉轮作的面积较大，实行轮作可以改善土壤团粒结构，增加通透性，增多土壤可给态速效养分，提高土壤的肥沃性。此棉区为麦(油菜)、棉两熟棉田，也可采用麦(油菜)、棉、绿肥等多种形式的轮作、套作和间作。黄河流域棉区可采用小麦｜棉花

套作、绿肥→棉花轮作、棉花→小麦｜玉米轮套作、棉花｜绿肥套作等多种形式。

（撰稿：董合林；主审：董合忠，田立文）

参考文献

[1] 中国农业科学院土壤肥料研究所. 中国肥料. 上海：上海科学技术出版社，1994：520.

[2] 李俊义，刘荣荣，唐耀升. 我国主要棉区棉花经济施用氮肥关键技术研究. 中国棉花，1989，16(2).

[3] 侯振安，王炜，郭琛，等. 不同肥力棉田氮肥适宜用量研究. 新疆农业科学，2004，41(专刊).

[4] 陈恩凤. 关于土壤肥力实质研究的来源与设想. 土壤肥料，1978，(6).

[5] 蒋在明，朱建宇，江克家. 两熟棉田套种绿肥的效果. 中国棉花，1993，20(5).

[6] 徐国贤，杨惠元，刘荣荣，等. 1978—1980 棉田绿肥栽培利用试验(资料). 中国农业科学院棉花研究所科学年报，1980.

[7] 唐耀生，杨汝猷. 棉田绿肥栽培利用试验(资料). 中国农业科学院棉花研究所科学年报，1985.

[8] 陈兵林，高璆，金桂红，等. 连续分期配施有机肥对棉花超高产及土壤肥力的影响. 江西棉花，2002，(4).

[9] 姜益娟，郑德明，吕双庆，等. 连续施用棉籽饼和棉秆还田及化肥配施的培肥效应. 干旱地区农业研究，1999，17(4).

第五篇

中国棉区的种植制度

第十六章　中国棉区种植制度概述

第一节　种植制度与种植方式

一、棉区种植制度

种植制度是指一个地区或生产单位的作物构成、配置、熟制和种植方式组成的相互联系的技术系统，是农业生产的核心。种植制度的改革与发展是与社会需求、经济状况、技术水平和资源条件分不开的，并与生产力的发展水平相适应。合理调整和改革种植制度，既是社会经济发展的需要，也是农业可持续发展的要求，对农业生产的发展具有重要作用。

棉区种植制度是指棉区以棉花为主体的作物布局(作物种类、种植数量、种植区域)、种植模式(作物结构与种植熟制，包括一年两熟、两年三熟的间、混、套作与复种)、种植体制(轮作、连作)等组成的一套相互联系的技术体系。

棉区种植制度与其相适应的养地制度相配套的农业技术体系称为棉区的耕作制度。实行合理的耕作制度，是棉区实现棉花及其他作物全面持续增产、品质改善，农业增效、农民增收，资源环境合理利用与保护，促进农业全面持续发展的一项重要措施。

养地制度是与种植制度相适应的、以提高棉田土地生产力为中心的一系列技术措施，包括农田基本建设、土壤培肥与施肥、水分供求平衡、土壤耕作以及农田保护等。

二、棉田种植模式

(一) 棉田熟制

是指同一块棉田上一年内收获包括棉花在内的作物的季数。

一熟制，一年播种和收获一季棉花。春播秋熟，冬季休闲或种植冬绿肥作为来年棉花基肥。

两熟制，一年播种和收获两季作物。棉花春播秋收，麦子或其他作物秋播（或冬、春播）春收或夏（秋）收。

多熟制，一年播种和收获两季次以上的作物。除棉花外，还种植和收获粮食、蔬菜或多种经济作物。

（二）棉田多熟种植

是指在一年内，于同一棉田上前后种植包括棉花在内的两季或两季以上的作物。多熟种植是作物生产在时间和空间上的集约种植。它包括复种、套作、间作和混作。

三、棉田种植方式

（一）复种

指在同一田地上，一年内种植和收获两季或两季以上作物的种植方式。一年两熟，如春马铃薯—棉花（符号“—”表示年内复种）；一年三熟，如小麦（油菜、绿肥）—棉花/秋菜；两年内种植三季作物称为两年三熟，如棉花→冬小麦—夏玉米（符号“→”表示年间作物接茬播种）。

棉田一年中种植作物的季次数称复种次数；各次种植面积相加占土地面积的比例称复种指数；复种棉田年收获作物的季次称收获次数，年收获作物利用土地面积的比例称收获指数。

（二）单作

在同一块土地上，一个完整的生长期间只种植一种作物的种植方式，也叫纯种、净种、清种等。

（三）间作

将两种或两种以上生育季节相近的作物，在同一块田地上，同时期或同季节成行或成带地相间种植的方式，一般用“‖”表示，如棉花间作花生，记为“棉花‖花生”。与单作相比，间作是人工复合群体，个体间既有种内关系又有种间关系。

（四）套作

在同一块田地上，于前季作物的生育后期，在其株行间播种或移栽后一季作物的种植方式，也称为套种，一般用“/”表示，如麦子包括小麦和大麦套种棉花，记为“麦子/棉花”。

间作和套作的区别在于：后者作物共处（生）期较短，每种作物的共处（生）期都不超过其全生育期的一半。

四、棉田种植顺序

（一）轮作

指在同一块棉田上，在不同年际间，有顺序地轮换种植棉花和其他作物的种植方式。如一年一熟条件下的水稻→棉花→玉米 3 年轮作；在一年多熟条件下，轮作由不同方式组成，称为复种轮作，如油菜—水稻→绿肥—水稻→小麦/棉花→蚕豆/棉花 4 年轮作。

（二）连作

也称重茬，与轮作相反。是指在同一块棉田上，连年种植棉花或采用同一复种方式的种植方式，前者称为连作，后者称为复种连作。如一熟地区的棉花→棉花→棉花，多熟地区的小麦/棉花→小麦/棉花→小麦/棉花，后者为复种连作（图 16-1）。

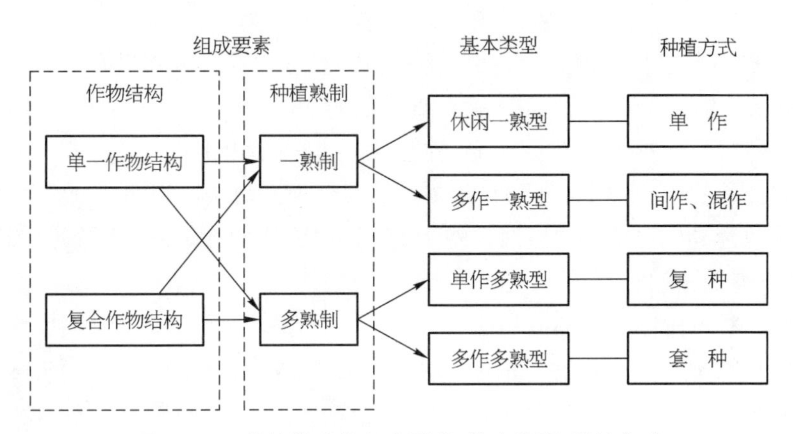

图 16-1　种植模式的组成要素、基本类型、种植方式

（三）休闲

指同一块耕地春夏秋三季种植作物，冬季则空闲。黄河流域的华北平原、西北内陆棉区和辽河流域棉区为一年一熟的休闲制度。棉花收获之后，采用机械粉碎棉花秸秆，机械揭起覆盖的地膜，或施入有机肥或磷肥，或在初冬、翌年早春进行灌溉，再耕翻晒垡或不耕翻，然后耕整地播种。

第二节　我国棉区种植制度的发展

一、我国棉田种植制度发展状况

我国棉区广阔，各地自然条件、社会经济条件存在着显著差异。棉田种植制度类型较多，但主产区棉田种植制度大体上可分为两大类型：一是冬季休闲，一年一熟制；二是棉花与其他作物复种，一年两熟或多熟制。目前，长江流域棉区普遍实行两熟制；黄河流域棉区光、温、水肥条件好的地区以两熟制棉田为主，生长期较短的地区和旱地、盐碱地棉田，仍实行一年一熟制，形成两种熟制并存的格局；西北内陆和辽河流域棉区是一年一熟制。

据统计，1990 年全国两熟制棉田面积发展到 315.1 万 hm^2，占当年全国棉花总面积的 62%。在两熟制棉田的种植方式上，棉花前茬作物以小麦为主，其次是油菜、大麦，麦棉、油棉两熟面积占两熟棉田的 87%。麦（油菜）、棉两熟又以套种（套栽）为主，占麦（油菜）、棉两熟面积的 88%，麦后移栽的面积约占 10%，还有少量麦后直播棉花。各地棉田多熟（两熟以上）种植的形式较多，分布范围广而较分散，但占全国棉田面积的比重较小。

据监测，2009 年全国一熟制棉田 274.8 万 hm^2，占播种面积的 55.4%；两熟制棉田 211.1 万 hm^2，占播种面积的 42.5%；多熟制棉田 10.3 万 hm^2，占播种面积的 2.1%。棉田两熟多熟制面积比例比1990年减少9个百分点。全国两熟、多熟制面积比例减少的因素是西北内陆棉区棉田面积比1990年大幅度上升;长江流域、黄河流域(尤其是长江流域)棉田面积减少,西北内陆棉区两熟、多熟制面积比例较低所致。就长江流域、黄河流域棉区而言,两熟、多熟制面积的比例是上升的。2009年全国棉田复种指数为150%,其中,长江流域为192%,黄河流域为146%,西北内陆棉区为122%,辽河流域棉区为102%。

在两熟和多熟主要种植模式中,棉田套种(栽)模式占两熟和多熟面积的89.0%,面积231.3万hm^2。其中,麦、棉套种(栽)占两熟面积的19.5%,主要分布于黄河流域,如河南麦、棉套种占两熟面积的72%,鲁西南麦、棉套种占两熟面积的35.0%。多种瓜类与棉花间作套作占两熟面积的17.5%,各地都有分布。油菜套棉占两熟面积的7.9%,主要分布在长江流域。蒜或葱套种(栽)棉占两熟面积的16.0%,主要集中在济宁、菏泽、徐州等地区。南疆果、棉间作发展很快,面积已达34万hm^2。

棉田连作复种占两熟和多熟面积的11.0%,面积为28.6万hm^2。其中,长江流域油后棉占其两熟面积的40.3%,成为主要模式,麦后棉占其两熟面积的6.1%。

我国棉田种植制度经过半个世纪的变革,已基本形成了棉田调整与布局设计体系,间套复种多熟种植技术体系,棉田耕作养、用平衡体系。正在建设和继续向着集约化、现代化、可持续化、市场化方向发展。

二、长江流域棉区棉田种植制度演变

长江流域棉区,棉田早在20世纪50年代已普遍实行一年两熟栽培。冬作物种类有小麦、大(元)麦、油菜、蚕(豌)豆、绿肥等。各地棉田前茬作物的种植比例不同,20世纪80年代以来,总的发展趋势是:小麦、油菜面积扩大,蚕豆、豌豆、绿肥、大麦等作物面积不断缩减,高产迟熟的作物和品种取代了早熟、养地的作物和品种。在种植方式上,由于普及推广育苗移栽技术,棉田两熟套种均改为套栽;前茬早熟大麦、油菜套种棉,向麦(油菜)后移栽棉花发展。随着棉田种植制度的改革、杂交棉花的推广普及,大幅度地提高了两熟棉田前茬作物的产量,也促进了棉花生产的发展。同时,棉田高效益多熟种植也发展较快,显著提高了棉田周年经济效益。

四川盆地丘陵棉区,在20世纪80年代以前,棉花的前茬以豌豆为主,约占60%,其余为早熟大麦、油菜和小麦,其中麦类占30%;实行豌豆/棉花→小麦—甘薯两年四熟轮作制。20世纪80年代以后,棉田种植制度发生了很大变化,高产、需肥量大的小麦、油菜取代了豌豆在轮作中的地位,豌豆因产量过低而面积锐减。主体的轮作方式演变为:小麦(油菜)/棉花→小麦—玉米/甘薯。目前棉花前茬小麦占60%以上,油菜占20%左右,豌豆已不到20%。当地小麦、油菜分别于5月中旬和上旬收获,虽然热量资源具备发展麦(油菜)后移栽条件,但移栽期间正值夏旱,加上劳力紧张,所以,麦、棉两熟仍以套种为主。

江汉平原,20世纪50~70年代,棉花的前茬基本上是大麦、小麦、蚕(豌)豆各占1/3,实行棉田前茬轮换,达到用地养地相结合。20世纪70年代后,小麦在棉田前茬中的比例提高,占70%以上。该省的鄂东和鄂北岗地棉区,历来棉田前茬以小麦为主。全省棉田麦(油菜)、棉两熟套种的面积约占90%。80年代后随着育苗移栽的普及推广,套种基本上改为套栽棉花和油(麦菜)后移栽棉。在鄂北岗地、鄂东丘陵棉区,利用早熟前茬与早熟棉花品种搭配,麦(油菜)后棉花有一定的发展。目前,这一地区棉田种植制度表现为:复种指数提高、棉田熟制增加、种植布局调整、种植模式不断优化。

长江沿江两岸,共同特点是:80 年代以来棉田前茬油菜面积迅速扩大,已发展成为以油菜、棉两熟为主体的种植制度类型。这些地区棉花前茬油菜的面积由过去 20%左右,现已扩大到 60%～80%,大(小)麦面积降到 20%～30%,滨湖地区原来种植面积较多的蚕豆,因产量低且销路不畅,改种了油菜。

80 年代以来,江苏省成功地示范推广了麦(油菜)后移栽棉。目前全省麦后移栽棉已发展到占棉田面积的 40%。其中,沿江棉区和里下河棉区,麦后移栽棉已成为当地主要种植制度。过去麦后移栽棉主要在稻、棉轮作地区,棉田前茬以大(元)麦为主,而小麦、油菜等成熟期较晚的仍采用麦(油菜)、棉套栽。近几年来,小麦后移栽棉的面积逐步扩大,已占麦后移栽棉的 1/3。同时,为了克服麦后移栽棉迟发晚熟问题,进一步示范推广了麦后移栽地膜棉,促进了棉花单产水平大幅度提高。60～70 年代江苏沿海推广"夏熟半麦半豆、秋熟半粮半棉"两年四熟轮作制度,棉花前茬为麦行间作绿肥(蚕豆、苕子等),绿肥翻压后纯作棉花,用地养地结合较好,棉花单产迅速提高。后来一度改为棉花与玉米夹种(间作),虽然粮食产量有提高,棉花产量则不高不稳,且导致地力下降。因此,80 年代以来,恢复了棉花纯作、粮棉轮作的种植制度。20 世纪末,这一地区 90%以上的棉田,实行冬季麦、豆(蚕豆)、菜、绿肥,春季套栽棉花的种植制度。

浙江棉区,80 年代以前,棉田种植制度主要推广"草间麦套棉",即秋播时畦中种草子(绿肥黄花苜蓿)、畦边条播间作大、小麦(或油菜、蚕豆),春季翻埋草子绿肥播种棉花。这种种植制度的推广应用,有力地促进了棉花生产。80 年代以来,改间作草子为间作冬季蔬菜,并由直播改为育苗套栽。近几年积极推行棉田间套作多熟种植,每年全省有 40%以上棉田进行秋冬间套和春夏间套,从而把棉田间套作推向多层次、多熟制复合式的发展阶段,对稳定发展棉花生产、提高棉田经济效益起了积极作用。

长江流域棉田,近年来受油(油菜籽)和粮(小麦)比价影响,油菜面积有所波动,从而导致油后移栽棉花的比例也有所变动。90 年代以来,棉田绿肥迅速下降,有机肥施用量又较少,棉田用养严重失调。据监测棉田套种绿肥仅占 0.1%,仅在苏浙等省尚有少许,长江中游已不见绿肥种植的踪影。

三、黄河流域棉区棉田种植制度演变

黄河流域人多地少,粮、棉、菜增收压力都大,发展棉田间套种、增加单位面积产出是实现粮、棉、菜供给"三保险"的有效途径。所以,黄河流域将发展间、套种作为棉田种植制度改革的方向。黄河流域由南向北无霜期逐渐缩短,热量差异大,水土条件又较差,棉田间、套技术难度大,经过多年的发展形成了适应区域特点的众多不同形式棉田两熟制或三熟制种植方式。其中,套种以棉、麦套种为主,间作以春末、夏初棉花与多种作物间、套种为主。

黄河流域棉田间、套作经历了 3 个阶段。

第一阶段为农民自发式尝试。早在 20 世纪 50 年代前,太行山前平原水肥条件较好棉区，就有以小麦为主套作棉花的种植方式。鉴于当时的历史条件，小麦产量为1 500～2 250 kg/hm^2、棉花籽棉产量仅1 500 kg/hm^{2}左右，而且一半是霜后花。即使这样，棉花的收益也比种夏玉米、高粱好。

第二阶段为配套研究。70年代以后，各地科研单位开展了棉花间作套种研究，曾先后采用十多种粮、油作物与棉花组合，种植方式有3种类型。一是棉花与夏收作物两熟套种，包括冬小麦、春小麦、春大麦、早熟豌豆、绿豆和马铃薯等；二是三种三收，小麦套种棉花，麦后再套种夏播作物，如玉米、高粱、谷子和豆类；三是棉田间作，棉花与春玉米、甘薯等秋粮作物间作。由于小麦是黄河流域的主要口粮，在肥水条件好的地区表现高产稳产，实行麦、棉套种较有利于粮棉双丰收，麦、棉套种逐渐成为这些地区的主要种植制度，据1976年统计，河北、河南、山东、山西和陕西等省粮、棉两熟面积占棉田总面积的15%。

第三阶段为快速发展。80年代以来，一方面在试验研究和实践经验总结的基础上使间、套作模式优化、技术措施配套；另一方面，农用现代材料的不断出新和推广应用，使棉田种植制度迅速发展，棉田产量增加、效益提高。这一时期小麦与棉花套作研究最为系统全面，据毛树春等对麦、棉套作生产力研究结果，黄河流域麦、棉两熟，无论是总产量还是产值都比单作显著增加，纬度区域表现产值由南向北呈递减趋势，分析河北省麦套夏棉(早熟品种)的主要限制因素——热量条件，95%保证率最北的纬度可延至38°N。各省都针对不同条件研究提出了系列带宽、配置模式和关键技术。棉与瓜、菜等高效益间、套种得到快速发展，垄作、单膜或双膜覆盖栽培、育苗移栽等技术集成应用，棉田多熟作物的产量、品质更好，投入产出的效益更高。

黄淮海棉区实行麦、棉两熟以及棉、菜(瓜)多熟制，能较好地解决粮、棉争地的矛盾，可充分利用自然资源，有利麦、棉和棉、菜(瓜)双增产，发挥了不同作物的互利作用。但是，棉田种植制度发展中因掌握技术应用的不平衡和田间生态状况的改变也出现了几个问题。

一是，实行棉田间套作以后，棉花晚熟和霜前花率过低，既影响了产量，也降低了品质，最终影响了棉田的整体效益。在晚熟棉田播种小麦和其他越冬作物，会出现整地粗放、底肥减少、播期推迟，导致下茬迟熟减产，严重的会出现一晚再晚的恶性循环，失去了间作套种的优势。

二是，由于多熟制形成的复合生态系统，共生作物多，其地上小环境和地下土壤都为病虫草害发生增添了条件。如棉田长期套种小麦、蔬菜加重了害虫对棉花的危害；不同作物根系分泌物的化感效应都直接影响着作物生长发育及病虫害发生。

三是，棉花与蔬菜间作套种，每年化肥农药大量投入到农田，容易造成果蔬污染；大量有毒物质在土壤中积累，对农田生态系统造成破坏。

四是，套种棉花的整地播种、田间管理，以及前茬作物的收获，比单作棉田需要更多的劳力，且不便于进行机械化作业。特别是在夏收夏种和秋收秋种的两个农忙季节里，收、种、管都要抢季节，因此两熟套种必须有充裕的劳力条件。

五是，连年间、套种，土地难深耕，施用有机肥料不足，易导致土壤板结，肥力下降，土壤理化性状恶化，影响棉花的根系发育。

总结各地成功经验，黄河流域棉田种植制度的发展深化需抓好3个重点。

其一,在热量条件好、无霜期长的棉区,通过选用单株优势强的抗虫杂交棉种,扩大行距,降低密度,不但有利间作套种,而且可以实行棉花轻简栽培。

其二,在热量条件较差的棉区,通过选用常规抗虫棉品种,扩大行距,缩小株距,配合化学调控、化学除草、施足基肥、科学防治棉花病虫害等措施,简化整枝、追肥、中耕、除草和治虫等环节,减少用工,既可以解决传统栽培的费工费时,又可实现高产高效。

其三,麦后或菜(瓜)后直播棉,由于密度大、结铃集中、植株矮小等特征,可望试验研究应用棉花机械化播种、管理和收获。麦后直播短季棉生产的机械化是一个重要的发展方向,目前有麦后直播棉花的尝试,随着特早熟棉花品种的选育改进、棉花育苗移栽技术的完善和降低成本,可解决棉田两熟中机械操作、地膜污染等问题。

四、西北内陆棉区棉田种植制度演变

西北内陆棉区植棉历史悠久。虽然西北内陆棉区相对其他棉区存在人少地多、热量资源不足、远离市场等问题,但在西北内陆棉区系统开展间作套种、复种与轮作换茬以及其他新的耕作方式,试验示范工作长期在进行。除本棉区科技人员开展试验示范外,还借鉴我国其他棉区以及苏联的中亚国家,特别是黄河流域棉区的成功经验,并积极消化吸收。50 多年来西北内陆棉区棉花种植制度的研究与生产示范工作,与我国其他棉区基本同步。

20 世纪 60 年代,新疆棉区为解决粮、棉争地的矛盾,就做过麦棉套种、早春作物(孜然、豌豆、绿豆、油菜等)间套种棉花试验。如:小麦套种棉花、西瓜套种棉花和玉米,也有套种晚秋或早冬耐寒蔬菜。目前新疆棉田主要套种作物类型有瓜类、早春蔬菜、饲用甜菜等。其中棉田套种孜然面积较大,达数万公顷,管理较规范,有明显的经济效益,而棉田套种蔬菜面积很小。

经过长期的研究与实践,西北内陆棉区种植制度发展的趋势是以优化生态环境,保护周边生物多样性为优先发展战略,为棉花和其他作物生长营造较好的生态环境,在此基础上提高经济效益。

西北内陆棉区周边大多是沙漠地带,风沙危害严重,必须大力植树种草,营造农田防护林和固沙林体系,而连作及单一种植易造成地力衰退、病虫害蔓延,因而应加强轮作倒茬和落实用地、养地制度。从大区域看,广泛推广以粮、棉、林果为主体的“插花”种植模式,特别是近年在南疆主产棉区大规模发展林果,构建棉区大区域内粮、棉、生态林、园艺林果等的“生态型”间作格局,果、棉间作模式得到大规模的快速发展。在风口棉区,有选择地种植生态林,有效地减轻了风沙袭击;在棉田四周间作油菜、玉米,形成棉蚜、棉铃虫害虫诱杀带。为解决生态林造成田边地头光照差、土壤地力较瘠薄、种植棉花产量低的问题,在田边地头推广种植苜蓿、草木樨、饲用甜菜等生态带,既起到养地之效,还可给家禽、牲畜提供食物补充,同时为益虫提供栖息营养场所,较好地促进生态平衡。

新疆棉花、粮食作物与苜蓿实行划区轮作始于 20 世纪 50 年代中期。通过长期的研究和实践,逐步总结提出了适合新疆的轮作制度,一般轮作周期为 6 年左右,小麦、玉米套种苜蓿,2 年后耕翻,从而使苜蓿种植年限由过去的 4 年缩短为 2 年半。在 70 年代前后至 90 年代初,新疆棉区轮作倒茬更为有序、规范。之后,轮作倒茬制度出现严重倒退,主要原因是:

在国家大力发展新疆棉花的宏观背景下，新疆棉花种植规模和总产不断刷新纪录，主产植棉县棉花面积占耕地面积 80%以上，主产棉区能进行轮作倒茬棉田比例普遍不足 1/4，且轮作倒茬棉田作物安排与布局也不尽合理。如在南疆阿瓦提种植 10 年以上连作棉田竟达耕地总面积的 75%以上，其中种植 15 年以上的连作棉田达 50%以上，连续种植 20 年以上的连作棉田达 30%以上，轮作倒茬棉田作物主要是小麦，且时间较短，多数为 1 年。

西北内陆棉区棉田间套种发展的限制因素主要是：棉田套种需要大量的劳力投入，而西北内陆棉区人均耕地多，劳动力紧张；棉田套种难以实现机械作业；不同作物水肥等管理措施存在冲突，如棉花与套种的粮食等作物需水时期与量不同，常规灌溉为主的棉田与间套作物的灌溉难协调，无法达到“一水两用”。在南疆棉花套种小麦试验示范中，棉花苗期不需要灌水，而小麦必须灌拔节水，如果灌拔节水时保护措施不到位，不仅会导致棉苗受淹、易出现严重的高脚苗现象，还会出现返盐、僵苗，甚至死苗现象。

针对西北内陆棉区的实际情况，当前棉田种植制度：一是对新开垦的土地，因土壤盐碱重、熟化程度和有机质低，须经至少 2～3 年改良后种植棉花。通过深翻与大水反复洗盐“压荒”，种植改良用耐盐碱油葵等作物或绿肥。新垦荒地改良后植棉，为减少地表盐碱对棉花，特别是对棉花苗期的危害，在棉花播种前采取大水洗压盐碱，兼具增墒作用。播前深翻，增加耕作层厚度。为达到保墒提温的效果，采用地膜覆盖方式。

二是对现有棉田在保证棉花高产稳产的前提下，巩固发展棉田棉肥(绿肥)轮作。西北内陆棉区普遍忽视棉田用养结合，每年大量投入化学肥料，有机肥投入较少，这一现象要得到重视和改变；扩大棉粮轮作；示范推广生态型间作套种。大区域内粮、棉、林果“插花”种植，构建生态防风沙林、园艺果林；小区域内棉田四周间作种植油菜、玉米、苜蓿生态带，在有条件的地区适当推进高产高效绿色的间作套种，并且适当缩小棉田面积，以保证棉田合理轮作制度的优化和整体种植业结构、农业生态结构的平衡和可持续发展。

五、辽河流域棉区棉田种植制度演变

辽河流域由于生育期和积温的限制，棉花栽培以一熟制为主，20 世纪 70 年代前为露地栽培，80 年代以来多为地膜覆盖栽培。棉花与高粱、玉米、谷子、大豆等作物轮作，一般棉花连作 2～3 年后倒茬，不同前茬对棉花发育和产量有影响，棉花多选玉米、高粱或大豆茬口。近年来辽宁有一些小面积的棉花与西瓜、花生、马铃薯套种，不过由于辽宁光热资源有限，劳动力资源又较短缺，棉花间、套作面积很少。

六、我国棉田种植制度发展特点

随着市场经济发展与新品种、新技术、新材料的广泛运用，我国棉田种植制度在多元化、高效化、省工与机械化，以及不断挖掘高产潜力等方面发展较快，体现了现代型多熟制的特色与发展趋势。我国棉田种植制度发展有如下特征和特点。

(一) 棉田种植制度发展的特征

1. *由一熟向多熟发展*　棉花种植，20 世纪 50 年代以前为一年一熟，纯作棉花为主，长江流域棉区逐步推广种植冬绿肥春播耕翻作棉花基肥，以此培肥和改良土壤，一年两种一收。60 年代南方棉区发展秋播麦子与绿肥间作,春季翻埋绿肥套种棉花,一年三种两收;北方棉区示范麦棉两熟。70 年代南方棉区推广棉麦(油)绿肥套种、棉花玉米绿肥间作,形成一年一棉两粮两绿五种三收的种植制度;北方棉区推广麦棉两熟。80 年代以来,随着棉花育苗移栽技术的推广普及和市场对多种作物需求量的增加,特别是对棉田效益要求的提高,通过不断调整种植结构,棉田多种形式的间套种迅速发展,形成了一年多熟的复合种植制度。

2. 由平面向立体发展　棉田间套种初始目的是在用地养地兼顾的同时提高土地利用率。在一块土地上间套不同种类作物,复种指数和收获指数都相应提高。当间套作物增多后,又由注重利用土地发展为充分利用土地与利用时间相结合。在一块土地上,不同时期间套多种作物,既挖掘土地潜力又挖掘季节潜力,复种指数进一步上升,土地和季节的利用率都较高。但田间作物间、个体群体间的矛盾加剧,于是又发展为通过选择不同茎秆高度、不同光照要求、不同根系分布的作物间套种,即实行立体种植,提高了光能利用率。

3. 由增量向增效发展　80 年代前的间套种目标单一,注重提高粮、棉单位面积产量,增加资源总量,保障有效供给。种植的作物也多为粮、棉间套种。秋播棉田套种麦子,春夏播棉田套种玉米,粮、棉产量得到有效提高,但投入产出比较低,单位面积效益增加不多。90 年代以来,将提高经济效益作为主要目标,间套高效作物,棉田效益得到成倍增长。

(二) 棉田种植制度发展的特点

1. 种植方式多样化

(1) 以作物类型分:有 6 种。

① 棉、粮型:棉花与粮食作物间套种。这是传统的多熟制形式,也是增加棉花主产品有效总量的保证。以秋播套种麦、豆,春播间作玉米、大豆类型为主。

② 棉、油型:棉花与油料作物间套种。秋播套栽油菜,春季油菜后接栽棉花,棉田间作花生。

③ 棉、经作型:棉花与多种经济作物间套种。秋季种植或套种越冬经济作物,春季间、套夏秋熟经济作物。

④ 棉、菜型:棉花与蔬菜瓜果间套种。秋季种植或套栽蔬菜,春季间种瓜果、蔬菜。

⑤ 棉、肥型:棉花与绿肥间套种。秋季套种越冬绿肥,春播间、套经济绿肥。

⑥ 棉、粮、油菜、经济作物和蔬菜复合型:这是目前多熟间套的主体形式,是上述 5 种形式的发展和有机复合。春、夏、秋季间套粮、油菜或蔬菜、经济作物,形成一年中有 3～4 种或 5～6 种作物的多熟制形式。

(2) 以种植季节分:有 3 类。

① 前季套种:棉花移栽(播种)前种植,与棉花前期短期共生。如秋播春(夏)收的麦、豆、油菜、大蒜、秋菜,冬春播春(夏)收的马铃薯,春栽春(夏)收的果豆类。

② 同季间作:与棉花部分或全期共生。如秋播夏收的百合,春栽夏收的瓜果、蔬菜,春种秋收的果蔬、药材、粮油作物等。

③ 后季套种:夏季或秋季套种、秋冬季收获的作物,与棉花后期短期共生。如多种食叶类的蔬菜、晚秋小宗经济作物等。

2. 栽培技术规范化　一是明确栽培目标。规划种植模式、技术要求及产量品质、效益等指标。缩短共生期，减少互相影响，增加单位面积生物学产量和经济学产量。二是选择适宜的种植模式和品种。种植模式以适应棉田种植制度和市场要求为依据；品种选择产量高、品质好、成熟早、适应间套种、抗病抗逆性强，良种良法配套种植。三是合理搭配品种。不同种植模式、组合应用不同的作物种类，不同的间作套种方式应用不同的品种。四是保护栽培，地膜覆盖、育苗移栽和设施栽培，配套管理技术。五是综合防治，制定和执行棉田多种间套种模式生产技术规程，严格控制和规范化肥、农药等施用，生产全过程和投放市场必须通过检验检测，确保棉田间套种的无公害生产和绿色产品的产出。

第三节　棉田种植制度变革的依据和原则

一、棉田种植制度变革的依据和动力

（一）充分利用土地

人多地少是我国农业生产的主要矛盾，作物间相互争地的矛盾日益突出。20世纪80年代以前，我国棉田多为单作，粮棉争地的矛盾十分突出。麦棉两熟制度和配套技术的推广，特别是育苗移栽技术的推广，有效缓解了粮棉争地的矛盾，促进了粮棉双发展。棉田间套种，增加了棉田复种次数，使单位面积的复种指数由纯作的1或1以下上升到1.5以上，土地利用率大幅度提高。而多熟间套种比两熟种植有更多的资源利用优势。据苏新宏等研究：6－2式麦棉瓜菜间套种比麦棉两熟，土地利用率提高37.5%，光能利用率提高69.7%，生长季节利用指数提高53.4%，单位面积产值增加69.0%。

（二）充分利用空间

棉花与其他作物间套种，作物的株型不同：棉花是直立型的，花生是匍匐型的，西瓜是蔓生型的。植株的高矮不同：棉田前期，棉花植株矮，间套作物植株高；棉田后期，棉花植株高，间套的秋冬作物植株矮；前期棉花占地空间小，间套种作物占用的空间大；后期棉花占用上层空间，间套作物占用下层空间；秋冬棉株可为套种荷兰豆挡风御寒，春天棉秆又成为荷兰豆生长的支架。这就使棉田常年形成多层次的立体群体，空间的利用率比纯棉田提高50%～100%，甚至更多。

（三）充分利用季节

在单作的情况下，只有前作收获后，才能种植后一种作物。间套作通过充分利用时间，而使充分利用生长季节效果更显著。

长江、黄河流域棉区，直播棉花一般是4月中下旬播种，10月下旬至11月上中旬结束收花，如果只种一季棉花，冬闲5个月，就不能充分利用全年生长季节。但是棉花和小麦、油菜、蚕豆等越冬作物的生育期均较长，现有大宗作物品种两季作物的生长期多在400 d左右，如果越冬作物收获后再播种，就缩短了棉花的生育期，不能充分利用有效结铃期，棉花难以增产。实行套种争取了时间，棉花可提早播种30～50 d，相对地增加了生长期和积温，既能变一熟为两熟(多熟)，又能保证越冬作物和棉花有足够的生长季节，保证了两熟甚至多熟作物的优质高产。

在长江流域棉区，如果棉花和秋播作物应用早熟品种，热量条件可以满足两季作物生育的要求，但早熟品种往往产量潜力小。间套种可以选用高产优质高效的棉花和间套作物品种，从而取得高得多的产量、效益。在北方棉区，无霜期较短，即使棉花和棉后秋播作物都应用早熟品种，生长季节仍难满足，两熟都会低产、低质，甚至会出现不能正常成熟而失收的现象。采用间套种也完全能做到既可选用高产优质棉花和间套作物品种，又满足了多熟作物对生长季节、光热资源的要求，从而取得高产高效，棉花霜前花比例高、品质好。

(四) 充分利用光能

合理的多熟复合群体具有延长生长季节，增加光合时间；提高种植密度，增大光合面积；改善光照分布，有利于透光并增加光截获量等特点。

1. 增加了采光数量　棉田间套作作物由于时空的差异，间套棉田不同高度都有绿色面积，形成一个波状复合受光群体，达到分层采光，交错用光，变平面采光为立体采光，增加了受光面积，提高了光能利用率和光合效率。这种群体结构趋向于伞状结构，当太阳高度角小时，辐射的最大吸收由上层垂直叶所确保，而在太阳高度角增大的时候，下层的水平叶对太阳辐射的吸收起了重要的作用。

2. 提高了光合效率　与单作相比，垂直叶的高秆作物与水平叶的矮秆作物间、混、套作，除了上部射来的光外，还有侧面光，增加了上位作物的受光面积。在早、晚时，由于太阳高度角小，间、混、套作的受光面积较单作少，但随太阳高度角逐渐增大到 45°以后，其受光面积逐渐开始增大，至中午可达最大值。据测定，在每天 9:00～15:00 时段内，间、套作的光时面积(作物群体受光面积与时间的乘积)比单作增加 33%，同时可将强光分散成中等光，提高了光能的利用率。

间、混、套作组成的复合群体在采光上还有异质互补的作用。这就是喜光作物与耐阴作物的合理搭配。在生产上，多采用喜光喜温的作物如棉花、玉米等作为上位作物，而以相对较耐弱光的豆科、马铃薯和某些蔬菜作为下位作物，或者 C_3 作物与 C_4 作物搭配，以达到异质互补和充分利用光照。

3. 改善通风条件与 CO_2 的供应状况　作物单作时，由于组成群体的个体在株高、叶形以及叶片空间伸展位置基本一致，通风透光条件较差，往往限制了光合作用的进行。而采用高、矮作物间套作，下位作物的生长带成了上位作物通风透光的“走廊”，有利于空气的流通与扩散。曹敏建等测定，麦、棉、豆带状套作棉花，株高 2/3 处的透光率提高 12.5%，风速增加 30.2%，空气相对湿度降低 4.51%。北京农业大学 1974 年测定，在 1～2 级风速下，套作玉米宽行比单作玉米风速增大 1～2 倍。风速与作物群体内 CO_2 的流通量成正比。因此间、混、套作通风条件的改善，促进了复合群体内 CO_2 的补充更新。

4. 有利于发挥边行增产效应　在两熟套种情况下，当棉花前作进入生长旺期，因有预留棉行，行间的光照强度比单作田要高得多。中国农业科学院土壤肥料研究所在山东武城县基点测定结果，麦棉套种与单作麦相比，小麦穗部光照强度基本相同；在距地面 30 cm 和 60 cm 处，套种麦比单作麦光照强度分别高 83%和 20%，因而表现出明显的边行优势。又由于根系吸收营养范围大，因而套种小麦茎粗、秆壮，有效分蘖多，粒多穗大，籽粒饱满，按折算成实际面积计算，小麦显著增产。前茬作物收获后，套种棉花因宽行增大，封行推迟，中后期通风透光条件比单作棉花好，也能发挥边行效应。据原山西农学院 1973 年 8 月 12 日测定：套种田棉花行距间中部及下部光照，要比单作棉田相应部位的光照强度高 2～3 倍，单作田中部光照为自然光照的 32%～46%，套种田中部光照为自然光照的 52.5%～75.5%，在棉株下部，单作田为 10.2%～16.6%，而套种田为 35.5%～64.0%，这也正是套种棉花中部果枝成铃多、脱落少的主要原因之一。

（五）提高抗灾能力

合理作物组成和结构的间、混、套作复合群体可以减轻病虫害以及旱涝灾害、冻害等自然灾害的影响。在北方棉区，棉花播种出苗期间多大风，常有寒流，麦、棉套种田块由于麦子的防风、保温作用，在寒流过后，棉苗的病害和死苗比单作棉田显著减轻。据调查，1982 年 5 月一次大风天气，在郑州市郊沟赵试验场，单作棉苗受风害达 89.7%，麦棉套棉苗受害仅 5%。在滨海盐碱地区，棉花播种至苗期是强烈的返盐季节，麦棉套种对降低风速、抑制返盐、提高温度都有明显作用。据新洋试验站测定，大麦、绿肥间作的棉田，4 月中旬大麦拔节后测定，麦行中 3～10 cm 高处风速为 0.1 m/s，比同样高度的空白地风速降低 94.5%，麦行地面蒸发量比空白地减少 24.7%，在中等盐土上，套种田棉花播种层土壤含盐量比不套种的低 83.4%。

麦棉套作田里，由于麦蚜发生早，促进瓢虫和食蚜虫等益虫的繁殖，并且因小麦遮盖，而本来迁徙到套种麦田较晚的棉蚜，一开始就受天敌所抑制，危害比单作棉田减轻。曹敏建在河南西华县司渡口村调查，单作棉花 4 月 20 日即有蚜虫发生，至 30 日百株蚜量达到 144 头，套作棉花晚 5 d 才有棉蚜，同期检查百株蚜量仅 16 头。原河南农学院在沟赵试验点调查，带状套作的棉花比单作减少烂铃。陈明研究表明，与常规单作棉田相比，间作苜蓿棉田内的瓢虫、蜘蛛、草蛉种群数量大幅度增长，尤以每隔 1 膜间作 75 cm 苜蓿带处理区为甚，分别增长了 318.0%、120.9%和 79.6%，棉蚜数量大幅下降，从而有效地控制了棉田棉蚜的暴发。

（六）提高经济社会效益

合理的棉田间套作和复种能够利用和发挥作物之间的有利关系，可以较少的经济投入换取较多的产品输出。南方、北方都有大量生产实例证明其经济效益高于单作。黄淮海大面积的麦棉两熟，一般纯收益比单作棉田提高 15%左右，如棉花与瓜、菜、油间、混、套作，比单作棉田收入提高 2～4 倍。同时，由于棉田间套蔬菜、瓜果、豆等作物，可增加果蔬的产量和品种，增加了社会的供给量，丰富了菜篮子，使蔬菜品种淡季不缺，旺季不余，粮、棉、油、瓜果等同步增长，从而丰富了城乡市场，有利于改善人民生活，提高社会效益。

（七）提高稳产保收能力

不同的作物抗御自然灾害的能力各异，有的耐旱，有的耐涝；有的抗雹，有的抗风；有的抗病，有的抗虫等。合理的间套作能够利用复合群体内不同作物的抗灾能力，结合当地多发性自然灾害的特征，增强作物群体对自然灾害的抗御能力。不同的作物间除了抗御自然灾害的能力存在差异外，它们之间的生物学特性差异也很明显。间、混、套作一方面依据当地的实际情况，保证作物复合群体的稳产保收；另一方面兼顾不同作物的生物学特性，使其互补作用得以充分发挥，将竞争减少到最低。此外，还考虑用地、养地相互结合，集约高效利用土地,维持农田的生态平衡。冯永平等在水肥条件较差的晋南旱地试验表明,在适当补水条件下,旱地多熟种植高产高效。不同种植模式的产量依次为:3－2式>6－2式>8－2式>单作,经济效益成倍提高。筛选出小麦/棉花‖秋作物模式产量和经济效益较好(见第二十四章)。

(八) 改善棉田生态环境

棉田多熟种植,是采用多种互益作物轮生和共生,如养地作物和耗地作物,中耕作物和少中耕作物,生防效应好的作物与生防效应差的作物等相搭配,作物根系的分泌物彼此可以相互促进发育。棉田立体种植,地面覆盖的时间长,绿色面积大,减少地面蒸发8%～30%,田间相对湿度提高11%～22%。有效蒸腾提高,可以降低田间最高气温,提高最低气温,有利作物生育。减轻雨水冲刷地面,减少水土流失,使田间小气候和生态大环境都得到优化。棉田套种不同作物,其生育期、生长高峰季节不同,根系在土壤中也呈不同层次分布,对土壤养分、水分的利用有差别。棉田间套种还因间套作物根系多,增加了土壤有机质。间套豆科作物,根瘤的固氮,根系对多种养分的保存,根系活动对土壤养分的活化,对增加土壤养分起了很大作用。间、套、复种,长年覆盖、间套免耕,也减少了土壤养分流失,有利于保护土壤,改善土壤理化性状。同时,豆类作物能诱集瓢虫,抑制棉蚜危害;套种大蒜,大蒜素能抑制棉花的病虫危害;棉田套种瓜、果、菜类作物,由于精耕细作和大量投入农家肥,为棉花和其他间套作物提供了较好的田间环境和肥水条件。

(九) 提高劳动生产率

棉田长年间套种,长年需要培管,改变了过去农闲时劳力的浪费。发展多熟间套种使单位面积投入劳动量增加,是充分利用人力资源的优越途径。间套种田块栽培管理要兼顾多种作物,减少了单一作物的培管用工,提高了单位面积劳动生产率和劳动力投入效益。

二、棉田种植制度变革的几个原则

针对种植制度发展过程中出现的信息不灵,指导滞后,生产的盲目性较大,以及劳力矛盾突出等问题,按资源条件和可持续发展要求合理布局作物,发展以提高土地利用率和产出率为中心的种植制度,建立省工省力、轻简集约的技术体系。

(一) 以市场为目标和以效益为基础

一是棉田种植制度的发展首先是满足社会需求,以市场为导向安排种植,合理布局。二是以提高效益作为棉田种植制度发展的核心。合理安排面积,选用高产栽培模式,调整茬口组合,提高复种指数;选用高产、优质、高效、抗性好的作物品种;提高栽培管理水平,普及配套技术,提高每种作物的单季产量和多熟年度产量,稳步提高产品质量。三是发展加工,改善储藏条件,变原料为半成品或成品,变生产初级产品为产、供、加、销一条龙,变产品生产为商品生产,提高综合效益。

(二) 以棉花为主体

在不影响或少影响棉花的基础上间套种其他作物,这是保证棉花有效供给的需要。确立棉花的主体地位,在面积上,保持棉田面积稳定。在时间上,发展异季套种,减少同季间种,错开生长期,缩短共生期,以保证棉花早发早熟高产。在空间上,棉田间、套矮秆耐阴作物,调节种植组合,保证棉花地下根系的营养面积和地上茎枝叶较好的光照条件。搭好丰产架子,三桃齐结,桃多桃大。

(三)以服务为途径

通过产前、产中、产后服务,推动棉田种植制度的发展。搞好信息服务,不断向棉农提供产销信息、价格信息、生产动态信息,掌握种植制度发展的主动权。搞好销售服务,建设专业流通市场,实行合同生产,组织购销,保证供求畅通。搞好加工服务,在集中产区建立专业加工厂,形成以加工为龙头,带动生产、带活生产的龙形结构。为了保证服务,在特定作物产区建立专业生产协会、合作社等群众组织,建立发展专业化、社会化服务实体。

(四)以技术为指导

技术指导要通过不断总结现有种植经验,指导多种形式高产优质高效种植栽培技术;通过现场或技术资料指导具体技术措施,示范推荐高产、高效典型;指导棉农科学增加投入,实现高投入、高产出、高效益。

(五)以"持续"为前提

传统耕作制度向现代农作制度转变的途径是走可持续发展道路。农业的可持续发展必须实现三种平衡:经济平衡——生产力的提高和收入增加;环境平衡——资源利用和保护;社会平衡——农民生活富裕与农村社会文化进步。棉田种植制度的可持续发展只有在保障棉田环境生态平衡的基础上,才能提高棉田的生产力和经济收益,以致富棉农和推动农村社会文化发展。

第四节 棉田间、套、复种栽培策略

一、组合、品种选择

根据当地的自然条件确定合适的熟制,根据温、肥、水条件以及种植模式对自然条件的适应程度和社会经济条件等确定作物组合。例如在长江中下游流域,大面积种植可选择油菜后移栽棉花并间套种经济作物和油、粮作物;城郊棉田,可选择棉花与多种果、菜间套作等。

品种选择立足于全年高产、整体复种、高效。选用既优质高产,又有利多熟作物发挥优势、茬口良好协调的品种。如在麦后移栽棉中,棉花应选择中早熟品种,而在麦后直播棉中,棉花应选择早熟品种。棉田间、混、套作,品种合理选择和搭配的主要技术如下。

(一)作物生态适应性的选配

要求间、混、套作的作物对环境条件的适应性在共生期间要大体相同。棉花不宜与玉米、水稻、麻类和高粱等间作。在生态适应性大同的前提下,还要生态适应性小异,即在适应的程度上又有不同,譬如生姜喜弱光,棉花与生姜需光照程度不尽相同。它们种在一起趋利避害,各取所需,可较充分地利用生态条件。

(二)特征特性对应互补

间套作物的植株特征和生育特性可以相互补充。正如棉农所总结的"一高一矮,一胖一瘦,一圆一尖,一深一浅,一长一短,一早一晚",即植株高度要高低搭配,株型要紧凑与松散对应，叶子要大小尖圆互补，根系要深浅密疏结合，生育期要长短前后交错。作物的特征特性对应互补，才能充分利用空间和时间，利用光、热、水、肥、气等资源，增加生物产量和经济产量。

二、田间结构配置

（一）密度

间套作物的密度应根据间套作物的组合配置、生产比重、栽培要求确定。一般主体作物密度要稳定，或比单作有所增加，间套作物的密度比单作有所降低；大组合配置密度适当增加，小组合配置密度适当减少；以发挥群体优势夺高产的作物密度要增加，以发挥个体优势为主体的作物密度可减少；紧凑早熟栽培作物的密度要提高，松散生长势强作物的密度要降低。具体密度应以充分利用光、温、水、气资源和塑造高光效群体、优化个体与群体结构，提高周年光合产量为指标。

（二）幅宽

幅宽直接关系着各作物的面积和产量，如果幅宽过窄，虽然对生长旺盛的高秆作物有利，而对不耐阴的矮秆作物不利；如果幅宽过大，不能充分利用光、气等自然资源。幅宽应在不影响播种任务和适合现有农机具作业的前提下，根据作物的边际效应和提高光能利用率来确定。

（三）行数和行株距

行距和株距实际上是密度问题，配合得好坏，对于各作物的产量和品质关系很大。间、混、套作物的行数，也要根据边际效应来确定。据调查，棉花与甘薯相邻在行距 66 cm 左右的情况下，棉花边际优势可达 4 行，边 1～4 行分别比 5～10 行平均单株铃数依次增加 67.6%、22.46%、10.64%和 10.71%；4 行以后结铃虽有多少之分，但相差不大；甘薯的边际劣势可达 3 行，边 1～3 行分别比 4～6 行平均单株产量依次减产 34.05%、10.81%和 0.65%；麦棉套作，在小麦行距 17～23 cm 的情况下，小麦边际优势也达 3 行。不同作物组合，边际效应范围和影响行数都不相同，为了发挥边际优势和减缓劣势的不良效应，在确定行数时，一般高秆作物不可多于、而矮秆作物不少于边际效应所影响的行数的 2 倍，如以上几种作物每带的行数，棉花可达 8 行，小麦可达 6 行，行愈少增产愈显著，甘薯和大豆行数要在 4～6 行以上，愈多减产愈轻。在实际运用时，根据具体情况要求增减，也要与现有机械配合起来。行株距的大小，本着确定单作密度的原则，掌握高秆作物比单作适当小些，矮秆作物比单作适当大些。

（四）间距

间距是相邻两作物边行的距离。间距过大则减少作物行数，浪费土地；过小则加剧作物间矛盾，两边行矛盾激化，在光照条件差或都达到旺盛生长期时，互相争光，严重影响处于低层的作物生长发育和产量。在充分利用土地的前提下，主要照顾到低层作物，以不影响其生长发育为原则。具体确定间距时，一般可根据两作物行距一半之和进行调整。

（五）带宽

带宽是间、混、套作的各种作物顺序种植一遍所占地面的宽度。间、混、套作的带宽，一般可根据作物品种特性、土壤肥力，以及农机具来确定。喜光的高秆作物占种植计划的比例大，而矮秆作物又不甚耐阴，两者都需要大的幅宽时，采用宽带种植；喜光的高秆作物比例小且矮秆作物又耐阴，可以窄带种植；株型高大的作物品种或肥力高的土地，行距和间距都大，带宽要加宽，反之，缩小。此外，机械化程度高的地区一般采用宽带状间、混、套作。中型农机具作业带要宽，小型农机具作业带可窄些。

三、争时促早

在生长期一定的条件下，复种后田间作物生育期矛盾加剧。协调复种作物生育季节矛盾，充分利用时间、空间，满足复种作物各自生长对温、光等自然资源的要求，才能实现高产优质。

（一）育苗移栽

育苗移栽是在劳力充足、水肥条件较好地区的重要的争时技术。它是将作物集中育苗，苗期移栽到大田中去的一种争时方法。作物在苗期集中生长，缩短了本田期，避免了不同作物复种后生长期不足之间的矛盾。经过多年实践，育苗移栽已成为棉田多熟间、套、复种多种作物普遍应用的基本技术措施。

（二）适时间套作

即在前作生长后期(收获前 20～40 d)，在其株行间或预留带内套播(栽)下一季作物，利用前后茬作物共生期弥补后茬作物对生长季节的需求。套作时期的安排以既能满足间套作物高产优质对生育时间和自然资源利用的要求，又使间、套作物间的相互影响减少、相互促进增加。

（三）地膜覆盖

地膜覆盖也起到一定的争时作用。通过地膜覆盖可以提高地温，抑制水分蒸发，促进作物快发早熟。如地膜覆盖可使迟播小麦快发增产，棉花、瓜类等春播作物早发早熟。地膜覆盖还可以通过争时促早，增加单位面积作物的熟制。

四、田间管理

（一）后作及时播种，减少农耗期

在长江中下游棉区，棉花板田或板田耙茬播种小麦，小麦或油菜收获后及时板田(或冬季开穴)移栽棉花等，都是行之有效的减少农耗期方法。麦(油菜)后可用播种机免耕播种棉花，效果好，进度快。

（二）前作及时收获

小麦、油菜成熟后要及时收获，玉米蜡熟期后可梳叶、扎叶、去叶，使其实浆早成熟。

（三）合理施肥

重视施用底肥，避免后期重施化肥；重视施用磷肥、钾肥，避免过多施用氮肥等都对作物生育期有调控作用。1987～1989 年，河南农业大学与河南省农业科学院联合进行的小麦肥料定位试验表明，重施磷肥和不施肥的比只施用氮肥的提早成熟 2～3 d。增施有机肥可促进棉花健壮稳发不早衰，提高抗病能力。

五、防 治 病 虫

间、混、套作可以减轻某些病虫危害，但也可增添或加重某些病虫害。如麦棉套种易使红蜘蛛和小麦丛矮病发生、危害增加，棉花、马铃薯间作会加重黄萎病菌蔓延等。针对种植制度变更引起病虫害变化，应采取合理作物搭配、田块选择趋避、抗性品种选用和物理、生物、化学、农业等综合防治技术，趋利避害、减轻病虫影响，提高种植效果。

六、化 学 调 控

如在迟熟棉田后期喷施催熟剂（乙烯利），可以促进棉铃吐絮，有利下季作物（小麦）的适期播种；在棉花和间套作物上应用缩节胺、多效唑等化学调节剂，有利于降低植株高度，抑制旺长，塑造理想株型，调整养分分配，促进棉花和间、套种作物本身与相互间生长协调、高产高效。

（撰稿：朱永歌，郑曙峰，林永增，田立文，王子胜；主审：毛树春，朱永歌）

参 考 文 献

[1] 武兰芳，朱文珊. 试论中国种植制度改革与发展. 耕作与栽培，1999，108(4).
[2] 中国农业科学院棉花研究所. 中国棉花栽培学. 上海：上海科学技术出版社，1983：293-336.
[3] 刘巽浩，耕作学. 北京：中国农业出版社，1994：1-3.
[4] 王立祥，李军. 农作学. 北京：科学出版社，2003.
[5] 中国农业科学院棉花研究所. 棉花优质高产的理论与技术. 北京：中国农业出版社，1999：93-127.
[6] 毛树春. 中国棉花生产景气报告. 北京：中国农业出版社，2009：313-314.
[7] 高旺盛. 耕作制度改革回顾与新世纪展望. 耕作与栽培，1999，105(1).
[8] 余宏章. 棉田多熟制的形成及发展. 中国棉花，1985，12(3).
[9] 张俊业. 我省粮棉两熟制的演进与探讨. 中国棉花，1988，15(3).
[10] 赵强基，郑建初. 90年代江苏耕作制度面临的挑战与对策. 耕作与栽培，1995，81(1).
[11] 夏松波，胡人荣，杨新笋. 湖北省农作制度的优势和发展分析. 耕作与栽培，2000，113(3).
[12] 段红平. 湖南省耕作制度50年演变分析. 耕作与栽培，2001，119(3).
[13] 杨家风，崔景维，赵禹，等. 冀中南地区麦棉两熟的演进与配套技术. 中国棉花，1987，14(3).
[14] 王恒铨. 河北棉花. 石家庄：河北科学技术出版社，1992：300-337.
[15] 李文炳. 山东棉花. 上海：上海科学技术出版社，2001：370-404.
[16] 黄骏麒，等. 中国棉作学. 北京：中国农业科技出版社，1998：236-240.
[17] 毛树春，宋美珍，庄军年，等. 黄淮海平原小麦棉花两熟制生产力研究. 中国农业科学，1999，32(6).
[18] 陆绪华. 黄淮海平原麦棉两熟制概述. 中国棉花，1987，14(3).
[19] 林永增，关永格. 黑龙港地区棉粮倒茬可行性分析. 中国棉花，1991，18(4).
[20] 陈阜. 我国多熟种植制度新进展. 耕作与栽培，1997，93(1).
[21] 中国科学院新疆资源开发综合考察队. 新疆植棉业. 北京：中国农业出版社，1994：1-73.
[22] 朱永歌，陈标，丁同华，等. 棉田高效复种新技术. 南京：江苏科学技术出版社，1999：1-12.
[23] 苏新宏，孙敦立，李伶俐，等. 麦棉瓜菜立体种植产量与效益分析. 耕作与栽培，2000，116(6).

[24] 曹敏建.耕作学.北京:中国农业出版社,2002:64－143.

[25] 陈明,李国强,罗进仓.棉苜间作棉田天敌群落结构与动态及其对棉蚜的控制效应.植物保护学报,2007,34(6).

[26] 李秀章,陈祥龙,何循宏.浅析棉田立体种植理论及其发展.中国棉花,1999,26(8).

[27] 朱鑫,李景龙,徐剑祥.洞庭湖滨湖棉区耕作制度改革探讨.中国棉花,2004,31(5).

[28] 张明亮.棉田高产高效立体种植模式研究.耕作与栽培,1994,78(4).

[29] 谷登斌,朱永歌.长江下游棉区棉田多熟种植技术的发展.农业科技通讯,2009,29(8).

第十七章　棉麦、棉油两熟种植(套种、接种)

小麦(大麦)与春播中熟或中早熟棉花品种套种,简称麦套春棉,包括麦套移栽棉、麦套移栽地膜棉、麦套露地直播棉。它是我国两熟制棉田中最主要的种植方式,分布范围广,种植面积最大。麦子、油菜收获后接栽(播)棉花,简称麦(油菜)后棉,已成为南方棉区棉田两熟主要栽培方式,尤其是油菜后移栽棉在长江流域发展快、面积大、效益好。

第一节　长江流域棉区棉麦(油菜)两熟种植

一、麦套移栽(种)棉花

(一) 麦套移栽(种)棉方式

因地制宜选用合理的套种方式,是解决麦、棉共生期间争光、争水、争肥矛盾,促进棉苗早发的中心环节。长江流域棉区麦套棉麦、棉配置方式主要有以下几种。

1. 机条播麦,麦棉"3－1式"或"4－1式"(图17－1)　即在100～120 cm宽的种植带内,种3～4行小麦、1行棉花。小麦行距20 cm左右,棉花预留行60 cm左右。次年套种或套栽棉花,行距100～120 cm,等行距种植。这一模式在杂交棉推广后被普遍采用,现在是长江中下游棉区应用最广泛的一种模式。棉麦可高低垄种植,也可平垄种植。近年来,安徽沿江等棉区排水较好的地方也普遍采用高低垄种植,即小麦种在低垄上,棉花栽在高垄上,这样自然降水就可满足小麦生长需水;同时,棉花种在高垄,相对减轻了小麦遮荫,改善了棉苗光温条件,对麦棉增产均有利。

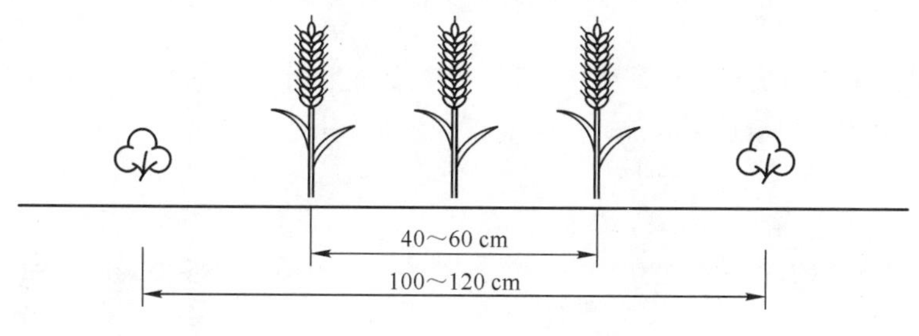

图17－1　麦套棉"3－1式"种植组合

2. 宽幅撒播麦,"一麦两花"(图17－2)　"一麦两花"是湖北江汉平原主要套种方式,江西、湖南也较普遍。种植规格:中上等地畦宽(含沟宽)167 cm,畦中种一宽幅麦,播幅67 cm,畦两边各套栽一行棉花;地力较薄的采用畦宽133～150 cm,畦中麦幅33～67 cm,畦边各栽一行棉花。这种方式包括畦沟在内预留棉行达 83～100 cm，较好地协调麦、棉复合群体争光、争水肥矛盾，有利于排水，降低土壤湿度、提高温度，管理也较方便。据湖北天门等地经验，"一麦两花"比 20 世纪 80 年代采用的"两幅麦三等行花"等方式，麦棉矛盾减小，显著增产。杂交棉田畦宽扩大到 200 cm 左右，中间麦幅扩大到 80 cm 左右，更有利于协调麦棉关系，提高麦棉两熟的产量效益。

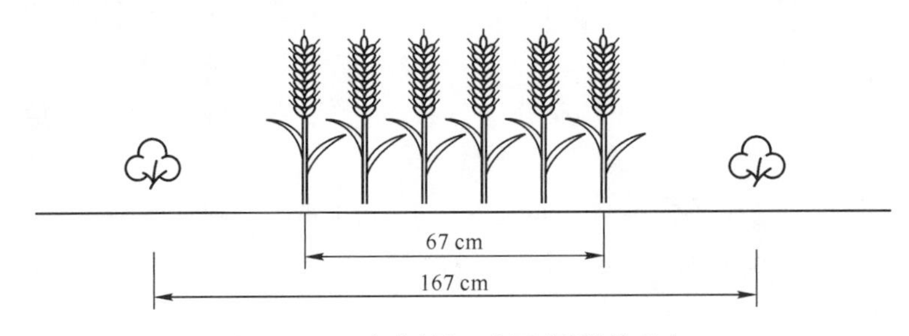

图 17-2　麦套棉"一麦两花"种植组合

3. 宽幅撒播麦，"一麦四花"(图 17-3)　这是湖北省鄂北岗地棉田采用的主要方式。畦宽(含沟)272 cm，畦中种一宽幅麦，麦幅宽 60 cm，畦两边(含沟)各留 106 cm 的预留棉行，春天各套种两行棉花，窄行 50 cm，麦收后畦中棉花宽行 100 cm 左右。这种方式小麦占地仅 25%，产量较低，但对于土壤肥力较低的岗地棉田，较有利棉花增产。杂交棉畦宽扩大到 320～360 cm，中间麦幅扩大到 80～90 cm，套栽棉花小行距扩大到 55～60 cm，更有利于两熟生长和增产增收。

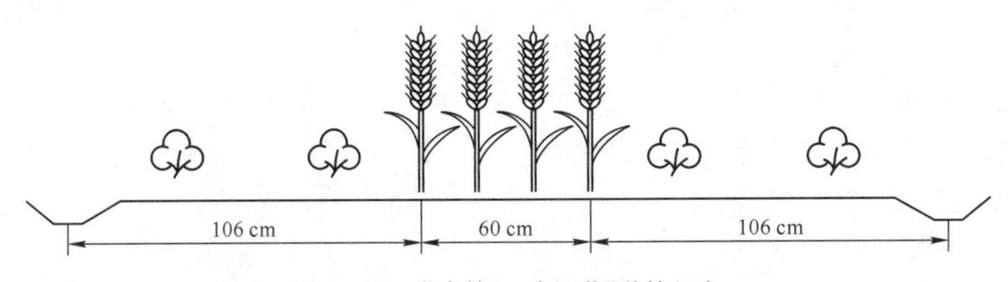

图 17-3　麦套棉"一麦四花"种植组合

4. 麦肥间作，套栽棉花，"行麦行棉"(图 17-4)　这是江苏沿海棉区的主要种植方式。120 cm 一个种植组合，小麦播幅 40～50 cm，预留棉行 70～80 cm，预留棉行中秋播苕子或蚕豆等绿

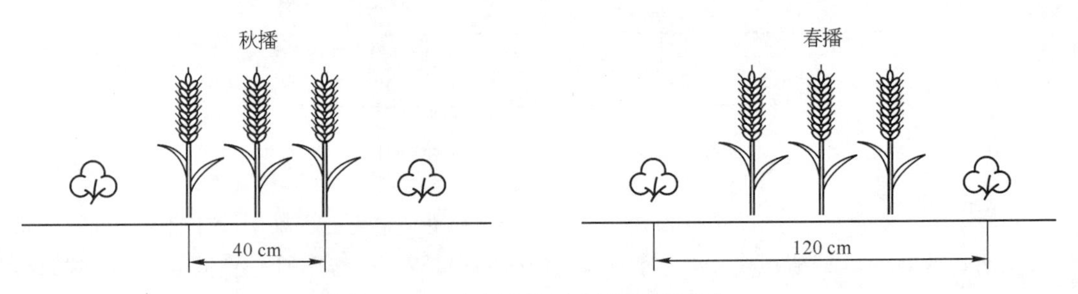

图 17-4　麦套棉"行麦行棉"种植组合

肥(近年来绿肥种植减少,套种冬春蔬菜或冬季翻挖冻晒),麦子机条播或撒播,绿肥4月中下旬翻压整地,5月中旬移栽双行棉花。这种方式有利于用地养地相结合。2000年以来,这一棉区普及了杂交棉,绝大多数棉田改种植常规棉时的双行棉花为一单行棉花。“行麦行棉”既能保证麦子机播机收,田间管理简化、前茬高产增收,又有利于棉田机耕机整、轻简棉花培管,充分发挥杂交棉的生长优势,棉花高产稳产高效。

5. 沟边麦、畦中棉,“两麦一棉”(图17-5)　在浙江、江西、皖南应用这一方式较多。一般畦(厢)宽含沟120～130 cm,在沟边种1～2行麦,中间套栽棉花。常规棉套栽两行棉花“两麦两棉”,窄行40～47 cm;现多为杂交棉,套栽一行棉花“两麦一棉”。过去这种方式在浙江棉区是畦中种草子(黄花苜蓿),绿肥翻压后移栽棉花。近年来已很少种植绿肥,改为间作冬季蔬菜或冬季预留棉行翻挖冻晒。

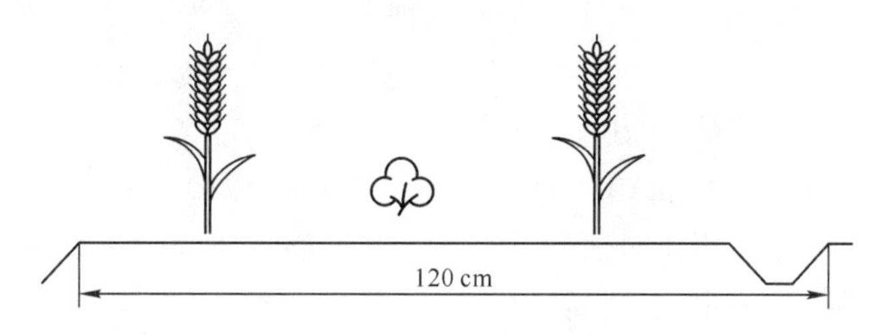

图17-5　麦套棉“两麦一棉”种植组合

(二) 麦套移栽(种)棉的特点和问题

麦套棉的优势主要表现在:一是充分利用全年的生长季节,从时间和空间两方面提高光能利用率。据测定,春播单作皮棉1 500 kg/hm^{2}的棉花,对全年太阳有效总辐射的利用率不到0.8%,而麦套春棉高产田对光能的利用率能达到1.5%。套种棉花可以提早播种,相对地增加了积温和生长期,套种比麦后直播增加积温600～800 ℃,可选用生育期较长的高产品种,发挥棉花品种的增产潜力。二是能在保证棉花比单作基本不减产的前提下,增收粮食,缓和粮棉争地矛盾,提高经济效益。套种小麦因预留棉行,光照条件比单作好,根系吸收营养范围大,病害较轻,有明显的边行增产优势,虽然小麦占地只有30%～50%,但产量可达到单作小麦的60%～80%。套种棉花前期虽然受小麦一定影响,一般棉花产量相当于单作棉花的90%左右,但只要管理得当,套种棉花产量可达到单作棉花产量水平。

麦套棉存在的突出问题是:麦棉有较长共生期,棉花受前茬影响易弱苗晚发。长江流域棉区麦套棉多在5月上中旬移栽,小麦由南到北分别于5月下旬至6月初收获,麦、棉共生期20 d至一个月(麦套直播棉一般4月15～20日左右播种,麦棉共生期40～50 d)。这段时间内麦棉争光、争水、争肥,不利于棉花全苗和壮苗早发。麦套棉的相对光合作用强度、单株同化量、“源”叶同化产物的输出速率及输出率明显降低,收获期仍有较大比例的^{14}C同化物滞留于茎、叶、根和铃壳中,相应地运到籽棉中的比例变小,从而导致铃数、单铃重、衣分和皮棉产量的降低。要实现麦套春棉优质高产,关键在于协调麦棉共生期间上述矛盾,促进棉苗早发。

对棉田秋播套种小麦来说,棉花成熟晚,则影响小麦适时播种,晚茬小麦产量低。长江流域棉区棉套麦多采用棉行"寄"种的办法。这一方法土壤易板结,麦棉根层变浅,田间病虫草多,小麦难高产,套栽棉花也易倒伏和早衰。因此,只有棉花早发早熟,小麦才能适时早播,实现麦棉两熟双高产。

(三)麦套移栽(种)棉的栽培技术

1. 选用适宜的套种方式　根据当地气候、土壤、水肥条件和培管水平选用套种方式,即因地制宜、合理配置麦棉带(畦)宽、行数、行距、麦棉间距等。光热资源充沛、土壤肥沃、水肥条件好、种植杂交棉品种的,选用较大组合;温光条件较差、土壤瘠薄、水肥不足、棉花选择常规棉的,选用较小组合。组合大小以长江流域棉花下部封行(基部果枝叶搭叶)期掌握在立秋前后为度。麦子播幅田间土地利用率 30%~35%,不超过 40%。移栽(播种)棉行距麦子距离 30 cm 以上,棉花最好为单行配置,单行距麦行更远,受前茬影响更小。

2. 选择适宜的麦棉品种　小麦由于棉茬播种晚、冬前积温少,要尽量选用耐迟播、成熟较早、矮秆、抗倒、抗病、高产的品种。生产啤酒大麦和饲料大麦的棉区,选择矮秆、抗倒、高产优质的大麦作套栽(种)棉前茬,由于大麦成熟期一般可比小麦早 10 d 以上,套栽棉花与麦子的共生期可以缩短到半个月至 20 d(直播棉共生期缩短到 30 d 左右),可以大大减少两者的不良影响。棉花品种须选用生长势强、适应性好、抗病抗虫、高产优质的中早熟品种。提倡麦套棉应以杂交棉品种为主,以提高麦套棉田充分利用时间、空间的能力,增加复种指数、增产提质增收。

3. 增施基肥、有机肥　麦套棉茬口,施足基肥有利于促进早发。基肥不但要增施有机肥、氮肥,而且要增加磷、钾肥应用。据孟亚利等研究,麦棉套作地下部在土壤硝态氮、速效钾和有效磷含量上竞争大于互补。因此套作棉应加强硝态氮、速效钾和有效磷的补充。只有氮、磷、钾肥配套,才能满足麦套棉早发、稳长、不早衰对养分的需求。

4. 地膜覆盖　地膜覆盖明显的增温保墒效应对套(种)栽棉花作用更显著,不但可以促进棉花移栽(播种)后早活棵、早发苗,而且可以缓解麦、棉争水、争温矛盾,提高麦套棉苗期抗逆抗灾能力。地膜覆盖的方法是在棉花移栽前 10~20 d,翻耕、施基肥、整地后人工或机械铺覆地膜,或在棉花直播后覆膜,地膜宽度以覆满棉行为佳(越宽效果越好),铺平拉紧、两侧入土 8~10 cm 以防风吹。在灌溉条件较差地区和水源不足的棉田,最好抢雨后土壤墒情好时铺膜,利用地膜的保墒作用,既可增加麦子水分供应、又为棉花移栽(播种)提供了较好的土壤温湿条件。

5. 适时移栽(播种)　麦套棉的移栽期既要满足温度条件,又要在不影响早发的前提下缩短共生期。麦套棉由于麦子的遮荫,棉行土壤温度回升要慢于一熟空茬田,所以移栽期要略迟于一熟棉田。长江中游麦套棉移栽期一般掌握在立夏前后,长江下游、沿海棉区一般 5 月 10~15 日移栽。直播棉播种也应略迟于一熟田。由于棉花移栽正是麦子灌浆黄熟期,气温转高,小麦生长耗水量大,麦套移栽(播种)水分是影响缓苗期(直播棉影响一播全苗齐苗)的主要因素。所以,除了做到培育壮苗、提高移栽质量外,浇足浇透移栽水、壅足土及铺膜保墒是实现棉苗一栽就活、早苗早发的保证。

6. 栽后(播后)早管　遇风雨前茬倒伏及时扶理,改善棉行通透条件、增光增温;发现虫害及时防治,减少伤苗损苗;遇干旱缺水及时补水抗旱,防干僵苗、旱死苗;发现缺株及时补栽;雨后土壤板结及时松土,增温通气;麦子成熟及时收割,以解放棉花;基肥中速效肥偏少,适施醒棵肥促苗早发;麦收后及时灭茬、松土、培土,为棉花营造良好的环境条件等。

7. 促进棉花早熟　棉花后茬如套播麦,为了保证麦子适期播种和播后快出苗、出好苗,棉花要在早发健长不早衰的基础上促进早成熟早吐絮。合理肥水运筹、因苗化调保稳发健长,能动地合理掌控棉花生育进程和培育优良个群体结构。晚桃多要适时化学催熟。麦子播种前拾净吐絮花,棉花适当推株并拢以减少机械损伤。

二、油菜后移栽棉花

(一) 油菜后移栽棉花的效果与优势

油菜茬口比小麦早,种植油菜有培肥地力的作用。它不仅提供菜籽饼,而且其残根、落叶、荚角、茎枝较多,返回棉田可弥补土壤养分的消耗;根系分泌的有机酸作用于土壤,还有利于提高土壤养分的有效性。所以,在长江流域与麦棉两熟相比,油菜、棉花两熟对实现棉花高产稳产具有一定的优越性。

油菜、棉花两熟一般都采用育苗移栽的栽培方式,即油菜育苗,棉行套栽;棉花育苗,油菜收获后移栽。实行油菜、棉花双育双栽,不仅油菜显著增产,棉花产量亦较高而稳定。据江西、安徽沿江棉区的典型调查,油菜选用甘蓝型品种和杂交油菜,育苗移栽比直播套种增产 30%以上,棉花与油菜双育双栽的每公顷产值比油菜、棉花双套种的增加 20%以上,经济效益明显提高。

(二) 油菜后移栽棉花的主要问题

其一,甘蓝型晚熟品种油菜后移栽棉一般比麦套棉推迟移栽 20 d 左右,带来棉花生育进程推迟,有效现蕾、开花、结铃期缩短,导致迟发晚熟。其二,油菜后棉花移栽期用工矛盾突出、常遇干旱等灾害性天气等,导致油菜后移栽棉缓苗期延长。第三,油菜后棉花适栽期短,油菜收获期抢收、抢脱、抢栽等农活集中,劳力、季节矛盾大,常致抢栽棉花不施底肥、移栽质量下降、栽后田间管理滞后,为了促发棵蕾肥和花铃肥施用提早,容易造成前期僵苗难以早发,中期气温升高肥水碰头,造成疯长,后期脱水脱肥早衰。因此,如果栽培措施不当,常常会导致产量下降,品质降低,效益减少。

(三) 油菜后移栽棉田的油菜栽培技术

油菜、棉花双育双栽的油菜品种,应选用成熟较早的甘蓝型品种,长江中游 5 月 15 日前后成熟,长江下游 5 月 20 日左右成熟,沿海棉区 5 月 25 日左右可收获,有利于油菜后移栽棉高产。

适时播种和移栽,是油菜早发增产的重要环节。油菜应于 9 月 10 日前后适时早育苗,培育壮苗,苗龄 40 d 左右,6～7 片绿叶,于 10 月中下旬在棉行套栽,这样有利于菜苗在温暖气候条件下早发。

种植方式上,应适当放宽棉花的行距,以利秋季套栽油菜,这是实现油菜早发的关键措施。应用常规棉品种棉田畦宽一般采用 150～170 cm,畦中栽 3～4 行油菜,也可以畦中栽 2 行,沟边各栽 1 行油菜,油菜 12 万～15 万株/hm^2。棉花的行距采用 80 cm 左右等行距,密度 3.75 万～4.5 万株/hm^2。

油菜的施肥:移栽前结合整地施用有机基肥 15 000 kg/hm² 、油菜专用肥或优质三元复合肥 400 kg/hm² 左右;移栽活棵后轻施提苗肥人畜粪 7 500 kg/hm² 或尿素 60 kg/hm² ;12 月中下旬追施腊肥尿素 300 kg/hm² 左右、优质粪杂肥 12 000 kg/hm² ;2 月上旬轻施薹肥尿素 50 kg/hm² 左右,并于抽薹初期和初花期各喷硼肥 1 次,以提高结实率。

油菜田间管理:移栽活棵后浅松土促根,冬前结合施腊肥培土壅根。开好田间三沟,主动防抗旱涝。注意及时防治好蚜虫、菜青虫、黄曲条跳甲等虫害,后期防治好菌核病、霜霉病、病毒病等病害。

随着杂交棉品种在长江流域棉区的普及和农村劳动力的转移,油菜、棉花双育双栽这种模式已变化为:畦宽 110~120 cm,畦边各栽 1 行油菜,中间栽 1 行棉花,棉花 110~120 cm 等行距,密度也下降到 2.4 万~2.7 万株/hm² 。

棉田套种的油菜也可直播,套播油菜于 9 月上旬在油菜行点播。

(四) 油菜后移栽棉花栽培技术

为了充分发挥油菜后移栽棉花的增产潜力,在栽培上必须改进育苗移栽的技术。棉花品种选用中熟偏早的品种类型,育好苗龄长而健壮的棉苗,及时移栽,提高移栽质量,并针对油菜后移栽棉花生育特点,采取相适应的管理措施,促进棉花早发、早熟、高产。

1. 培育壮苗　为了充分利用棉花有效的生长季节,发挥育苗移栽的增产作用,长江流域棉区油菜后移栽棉花多采用大壮苗移栽。一般 4 月上中旬播种育苗,5 月中旬至 6 月上旬移栽。育苗过晚,苗龄小,移栽的增产作用不显著。

大苗苗龄较长,移栽时棉苗 4~6 片真叶,如控制不好,易形成高脚苗等长龄弱苗,因此,培育足龄壮苗是关键。总结多年育壮苗经验,一是应用大营养钵或大营养块育苗,以保证棉苗有较大营养面积和较宽生长空间;二是要调节苗床的温度,控制土壤水分,齐苗后适量化控,矮化壮苗;三是栽前 15 d 左右搬钵蹲苗,苗床搬钵,可以损伤部分钵体外根系,减少向地上部的养分和水分的输送,抑制棉苗茎叶生长,地下根系则因主根被折断而促使侧根加速生长。

2. 抢收快栽　油菜后移栽棉要做到油菜随成熟、随收割、随抢栽,通过抢收、快栽、争早、保时。油菜后移栽棉田的水分状况与缓苗期长短、发苗早迟密切相关。一般土壤含水率保持在 16%~18%时,恢复生长快,缓苗期短。由于夏季移栽水分蒸发量大,移栽时要尽量减少钵体和大田土壤水分的散失。一般采用板茬(免耕)打洞移栽,这样能显著提高工效,节省劳力,还可以避免翻耕后土壤水分大量散失。栽时及时浇好移栽水或沟灌洇水,使钵体和田土融洽。栽后松土保墒,促进根系生长。

3. 防旺防衰　油菜后移栽棉花苗龄长,移栽成活后很快进入生殖生长。棉花生育进程既不同于直播,也不同于春季移栽的棉花。移栽成活后侧根迅速伸展,如果水肥适当,根系均衡生长,有利于蕾期稳长,开花、结铃早而且集中;但如果苗、蕾期肥多水适,易出现蕾花期徒长,造成中下部脱落多、早桃少、晚熟减产。油菜后移栽棉花因主根折断,根系生长虽快但入土较浅,开花后很少有深层根系来补充吸收养分和水分,抗衰能力差,如中后期水肥供应不及时,易造成早衰,也易倒伏。

油菜后移栽棉花的管理,必须针对上述生长发育特点,因地制宜采取相应的措施。在一般水肥条件下,前期要促,施肥要适当提早,使棉苗早发稳发,早搭丰产架;在肥力高的棉田,要注意控制苗、蕾肥的施用,防止因肥水碰头导致蕾花期疯长。不论哪类棉田,都要保证花铃期的水肥供应。一般花铃肥应比直播棉花适当增加,天旱要及时灌水,以防止早衰。为使上层根系少受外界条件影响,防止倒伏,还必须重视培土壅根。

三、麦后移栽棉花

(一) 麦后移栽棉花的效果与优势

从比较效益看,麦田套栽棉花改为麦后移栽可以大幅度提高麦子产量,增产幅度因地区、套种方式、产量水平不同而异,大部分可增产 30%～50%;棉花有不同程度的减产,大麦等早熟麦后移栽棉减产较少,甚至有增产的;小麦后移栽棉减产较多。据陈祥龙等分析兴化市 1981～1988 年的麦套棉与麦后棉的经济效益,结果显示麦后移栽棉田的大麦产量 4 857 kg/hm^2,比麦行套栽棉田增产 2 044.5 kg/hm^2,皮棉产量 1 138.5 kg/hm^2,比套栽棉减产 54 kg/hm^2,合计产值比套栽棉田增加 16.2%。江苏沿海地区农业科学研究所 1990～1991 年试验结果,在气候利于晚发棉的情况下,麦后移栽棉并不比套栽棉减产;而在气候较不利的年份,小麦后移栽棉减产幅度大,大麦后移栽棉比小麦茬的风险小。

就热量资源而言,长江流域各主产棉区是可以满足麦后移栽棉的热量要求的。据李秉柏等对泗棉 2 号、鄂荆 1 号等中熟品种气候生态指标的鉴定,这类品种在适期播种(4 月上中旬),全生育期平均天数为 140 d 左右,皮棉产量 1 200 kg/hm^2,霜前花率达到 80%以上,全生育期(播种至吐絮)需≥10 ℃积温为 3 200 ℃,全生长期(播种至初霜)需≥10 ℃积温达 4 200 ℃以上。长江中下游棉区大麦于 5 月 20 日前后、小麦于 5 月 25 日至 6 月初收获,各地从 6 月初至初霜前,≥10 ℃积温尚有 3 600～3 800 ℃,通过育苗移栽(苗床期 40～50 d)可争取 800～1 000 ℃积温,大部分地区均可满足小麦后移栽棉花对积温的需要。

据江苏省农业科学院经济作物研究所等试验研究结果,麦后移栽棉的播种、移栽期虽然推迟,但生育时期的时间间隔缩短,生育进程较快,全生育期较短,无论是营养器官还是生殖器官,最终多数与麦套移栽棉相近。说明只要有针对性地应用麦后棉高产配套技术,仍能实现麦后移栽棉高产、优质、不晚熟的目标。

麦后移栽棉与麦套棉相比主要优势表现在:第一,土地资源得到充分利用,前茬大(小)麦不需要预留棉行,可以满幅播种,能显著提高麦子的产量;第二,便于人工和机械操作,减少用工,改麦套棉为麦后移栽棉,前作麦子的种管、收获便于实现机械化,也便于棉花整地移栽和前期管理,即使人工操作,也可提高工效;第三,能抑制棉田杂草的发生和生长,并能避过或减轻某些病虫害的危害,如能避过一代红铃虫向大田迁飞的高峰期,危害率比麦套移栽棉显著减轻,麦后移栽棉枯萎病的感病情况也明显低于麦套棉。

(二) 麦后移栽棉花存在的问题与解决办法

当前生产上制约麦后移栽棉发展的主要因素:一是麦后移栽棉一般比麦套移栽棉减产 10%左右,主要问题是“晚”。由于麦后移栽棉的移栽期推迟,为避免苗龄过大而相应推迟播种期,一般要推迟 10 d 左右,棉花前期生育推迟,致使棉花的伏前桃少,秋桃比重加大,易出现贪青晚熟。二是收麦栽棉用工集中,劳力紧、容易贻误农时。三是移栽期间常干旱少雨,温度高，棉苗大，往往由于移栽时浇水不及时，缓苗期长，棉花晚发导致严重减产。因此，大部分产棉区麦、棉两熟仍将以麦套移栽棉为主，麦后移栽主要利用大麦等早熟前茬。今后随着生产条件的改善，麦、棉配套品种的改进提高，小麦后移栽棉花将会逐步发展。近年来，江苏省沿江和里下河棉产区小麦后移栽棉花面积已在逐步扩大。

麦后移栽棉高产栽培技术应注重四点：其一，不论大麦还是小麦后移栽棉花，前作麦子应选用较早熟的品种，棉花应尽可能选用中熟偏早的品种类型。其二，适时早播、精管苗床，提高棉苗素质，解决棉苗“大”与“壮”苗的矛盾，培育大壮苗。其三，麦子成熟抢收抢栽，抢时间、争季节。其四，坚持冬季预开移栽塘或麦收后板茬打洞移栽，提高移栽质量，浇足或洇灌移栽水，缩短缓苗期。其五，要适当增加密度，一般密度比麦套移栽棉增加 10%～15%为宜。其六，加强栽后管理，促进棉花早发；棉花的追肥要适当早施，增加花铃肥的施肥量，确保有足够的后劲，防止早衰。其余栽培技术参照油菜后移栽棉花。

四、油菜(大麦)接茬直播棉花

油菜(大麦)接茬直播棉花，有利于实现棉田机械化栽培，节省工本，提高劳动生产率。但与麦棉套种(套栽)和麦(油菜)后移栽相比，棉花产量较低而不稳定，各地种植面积较小。但随着农村劳动力的大量转移和农业机械化程度的进一步提高，麦后直播可以变一熟棉田为两熟棉田、变两熟套栽为两熟直播，全年综合经济效益可显著高于一熟棉田。而且，在机械化栽培条件下，棉田机械与粮田作业机械通用，提高机械利用率，应用化学除草基本上免除中耕，化学调控简化整枝，做到除定苗、打顶、收花外，其他作业全部实现机械操作，每公顷用工降到 150 个左右，从而大幅度提高了劳动生产率。因此，近年来，江苏沿海垦区大型农场采用麦后直播棉花呈逐步扩大趋势。

在长江流域棉区，据湖北、江苏、上海等地科研单位试验和生产试种结果，只要选用适宜的早熟品种，采用相应的配套栽培技术，麦(油菜)后直播棉的皮棉产量一般为 750 kg/hm^{2}以上，高产田可达到 1 125 kg/hm^{2}左右。

油菜(大麦)接茬直播棉的播期一般在 5 月下旬至 6 月上旬，比麦套春棉和麦后移栽棉推迟 45～60 d，也比麦套夏棉推迟 20 多 d，生长发育进程相应推迟，有效结铃期短，单株结铃少，铃重亦较轻，这是造成产量低的主要原因。但麦(油菜)后直播棉播种期间的温度高而稳定，又无前作物的荫蔽，因而播种后出苗快，苗期和蕾期显著缩短，迟播早现蕾，只要管理得当，能迅速搭好丰产架子。进入开花结铃期虽然较晚，一般在 7 月下旬可开花结铃，尚有40 d左右的有效结铃期，而且开花成铃较集中，还能结大量的棉铃。只是由于秋桃比重较大，随着后期温度下降，铃期显著延长，铃重较轻而年际间变幅大。因此，麦(油菜)后直播棉花在品种选择和栽培技术着眼点是一个“早”，早培早管争早熟；主攻方向是一个“增”，增铃增重增效益。

(一) 油菜(大麦)接茬直播棉花品种的选择

油菜(大麦)接茬直播棉花丰产的关键在于采用晚播、早熟、高产的优良品种。据上海市组织麦后直播棉花的品种比较试验，采用早熟品种中棉所 16 号比采用中熟品种泗棉 2 号有明显的优势，表现在：花芽分化始期明显提早，中棉所 16 号比泗棉 2 号提早 9 d，叶龄提前

0.6片;各生育期所需活动积温减少,尤其是苗期、花铃期,分别减少 138.7 ℃和 142.9 ℃;中下部的落蕾明显减少,有利于早开花和集中开花结铃,开花结铃的高峰期早 5～10 d。现有早熟品种过于早熟,增产潜力小,而中熟品种又结铃偏晚,易贪青晚熟。

(二) 油菜(大麦)接茬直播棉花的栽培技术

1. 提高密度,适时早打顶　这是麦后直播棉花丰产栽培的核心。据长江流域棉区各地试验结果,密度以 9 万株/hm^2左右皮棉产量较高,适宜密度范围 7.5 万～10.5 万株/hm^2;杂交棉密度可适当降低。密度高时可少留果枝,密度稀则适当多留果枝少留果节,均有利于棉花增产。一般留果枝 7～8 个,见花就打顶。

2. 麦后抢种,早播早管　各地试验结果表明,麦后直播棉每迟播 1 d 减产皮棉 15～30 kg/hm^2。必须在麦后短期内抢晴、抢墒、抢时播种。可实行麦后免耕板茬直播,减少作业程序,较易实现一播全苗。有条件的地方采用机械化配套作业,实行灭茬、开沟、播种、施种肥、覆土作业等一次完成。天旱时直播,播后随即浇水。

3. 科学施肥,适度化调　麦后直播棉的追肥要抓好两次肥,一是苗期早追肥,有条件的可结合播种施基肥(种肥);二是初花期前重施花铃肥。化控应根据地力基础和施肥量适度进行,一般可掌握在蕾期和初花期各喷一次缩节胺。

第二节　黄河流域棉区棉花、小麦两熟种植

棉麦套种是黄河流域棉区最主要的两熟形式。从热量资源看,黄河流域棉区≥10 ℃的积温为 4 100～4 900 ℃,≥15 ℃积温为 3 500～4 100 ℃。虽然大部分生产棉区的热量资源能够满足麦棉两熟的需要,但是并不充裕,热量偏少仍是黄河流域棉区发展两熟栽培的主要制约因素。据历年黄河流域棉区品种区试资料分析,中熟品种中棉所 12 号等霜前花率达80%以上,全生长期≥15 ℃积温 3 900～4 000 ℃;中早熟品种中棉所 17 号等所需≥15 ℃积温比中棉所 12 号减少 100 ℃左右。麦套春棉因小麦遮荫,光照差、地温低,共生期间套种损耗积温为 80～100 ℃。所以一般来说,适宜实行麦套春棉的区域,≥15 ℃积温多年平均应在3 900 ℃以上,否则不利于优质高产。早熟品种中棉所 16 号等,霜前花率达 80%时需≥15 ℃积温 3 300～3 500 ℃。夏棉套种一般在 5 月中下旬,各地从 5 月 20 日到棉花拔秆种麦,≥15 ℃积温为3 000～3 650 ℃,地区间和年际间变化都很大,大体上在这期间≥15 ℃积温超过 3 300 ℃的地区,可作为麦套夏棉的相对适宜区。根据近年来生产实践和试验结果,黄河以南的黄淮平原,采用麦套春棉育苗移栽或地膜覆盖,比麦套夏棉增产潜力大;在河南省北部、山东省西北部、河北省南部等地区的麦套春棉,应采用中早熟品种加地膜覆盖,或者采用标准的预留棉行套种夏棉品种;对于河北省东南部、山东省北部、胶东等热量资源较差的地区,一般采用夏棉品种、放宽预留棉行。

黄河流域棉区发展两熟,还必须具备良好的水肥条件,而关键是灌溉条件,在没有灌溉条件的地区,不适宜发展棉田两熟。土壤肥力和施肥水平决定着两熟能否发挥其增产潜力。改一熟为麦、棉两熟,需要增加肥料投入,重视培养地力。另外,两熟套种需要有较充裕的劳力条件作保证,才有可能管理及时并取得高产优质的效果。

麦棉套种分春套和夏套，适宜地区主要依据热量条件确定，其中，又以麦套夏棉最为敏感。

据研究，夏棉单产与≥10 ℃积温呈线性相关关系。在10～40 ℃范围内，温度每升高10 ℃，棉花的生理反应速度提高1～2倍。棉花纤维品质也在很大程度上受制于热量状况。在纤维形成的关键时期8月份，月平均气温每升高或降低1 ℃，单纤维强力增减0.9 g，成熟系数增减0.66。热量是影响棉花产量和品质最基本、最重要的自然因素，也是发展短季棉能否成功的先决条件。据王寿元等在济南对中棉所10号连续3年的观察，中棉所10号播种至出苗6 d左右，需积温130～170 ℃；出苗至现蕾24～30 d，需积温600～800 ℃；现蕾至开花21～26 d，需积温560～700 ℃；开花至吐絮55～70 d，需积温1 400～1 700 ℃。全生育期120 d左右，需积温3 000 ℃左右。杨家风等在河北威县和定州对中375、辽棉9号早熟棉花品种研究，显示其正常发育所需积温略高(表17-1)。

表17-1　夏播棉全生长期所需热量指标

(杨家风等，1987)　　(单位：℃)

吐絮率(%)	品　种	出苗～吐絮	全生育期(播种～吐絮)	吐絮～10月10日	全生育期(播种～10月10日)
50	中375	2 930	3 130	165	3 295
	辽棉9	2 800	2 970	165	3 135
80	中375	2 930	3 130	265	3 395
	辽棉9	2 800	2 970	265	3 235

[注] 产量标准为900 kg/hm^2。

从积温条件和部分省棉花种植区划结果分析，35°N以南棉区适于中早熟棉花品种春套，有利于发挥棉花高产潜力；35°N至38°N适于早熟品种夏套，38°N至39°N为过渡区，39°N以北为风险区。

一、麦套春棉

(一) 配置模式

热量条件较高的黄河流域南部地区多采用麦套中早熟春棉的方式，主要有四种配置模式。呼孟银等对经济效果的比较试验结果显示有明显差异(表17-2)。

表17-2　4种套种配置效益比较

(呼孟银，1990)

套种方式	小　麦	棉　花	经济效益(元/hm^2)
	单产(kg/hm^2)	单产(kg/hm^2)	
3-2式	3 688.5cB	1 255.5aA	12 021a
4-2式	3 994.5bB	1 212.0bA	11 991a
6-2式	4 467.0aA	1 089.0cB	11 567b
3-1式	4 500.0aA	1 054.5 dB	11 343c

[注] 同列不同小写字母表示差异达0.05显著水平，同列不同大写字母表示差异达0.01极显著水平。

"3－2式",是以棉花为主的套种模式,每带150 cm左右,其中小麦3行33～40 cm,棉花2行,小行距50 cm,麦、棉距30～33 cm(图17－6)。棉花套种时间与普通春棉相同,产量可达单作棉的90%,小麦为纯作小麦的2/3左右。这种模式由于留出的大行较宽,较好地缓和了麦、棉矛盾,有利于棉花的全苗和早发。周治国等关于黄淮棉区主要麦、棉两熟种植方式(3－1式和3－2式)共生期遮荫对棉苗叶片光合性能影响的研究结果表明,棉苗叶片叶绿素含量和光合速率随叶位升高呈单峰曲线变化,其峰值叶位相同,变化趋势随遮荫程度增大而降低。与3－1式比较,3－2式棉苗基部叶片叶绿素降解慢,叶绿素a/b值增大,暗呼吸作用增强,其相应叶片有效捕捉光能的能力和生理活性提高。共生期遮荫降低了功能叶光饱和点、光补偿点和CO_2饱和点,可提高叶片在较低光强条件下对光能的捕捉能力,利于光合作用进行。麦、棉共生期3－2式遮荫对棉苗生长发育的影响较小,而3－1式遮荫则不利于棉苗生长发育。

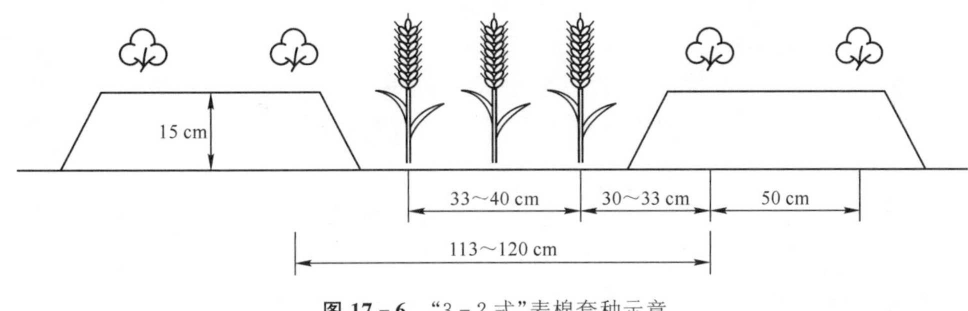

图17－6　"3－2式"麦棉套种示意

"4－2式",为麦、棉兼顾套种模式,比"3－2式"增加1行小麦,带宽170 cm左右,其中小麦4行60 cm,要求较高地力和水肥条件,棉花提倡地膜覆盖,这样既增加了小麦产量,又解决了棉花晚熟问题,麦、棉产量也较高(图17－7)。

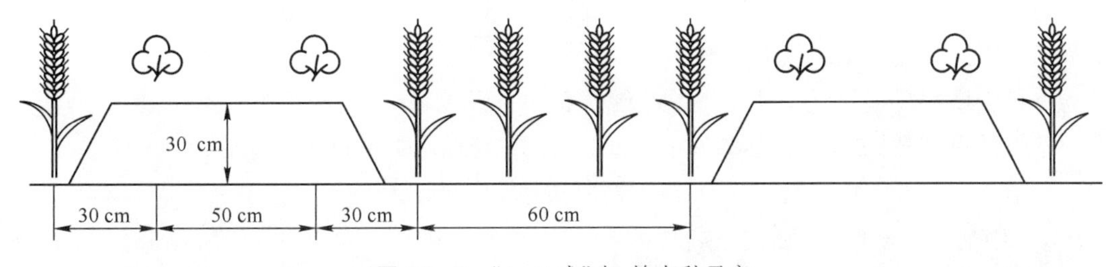

图17－7　"4－2式"麦、棉套种示意

"6－2式",是以小麦为主的套种模式,200～210 cm一带,其中小麦6行,棉花两行。这种模式由于小麦带较宽,有利于小麦的机播、管理、收割和运输;但是,棉花产量仅相当于单作棉的60%～70%,麦后由于行宽,棉花外围铃比例大,棉花晚熟、易倒伏。

"3－1式",也是以小麦为主的套种模式,带宽100 cm左右,其中小麦3行,棉花1行。这种模式,棉花套行最小,棉花见光时间短、土壤温度低、含水率低,因此产量低而晚熟;如果采用棉花育苗移栽解决晚熟问题,仍不失为较好发挥麦、棉产量优势的模式。

(二) 棉麦品种

小麦应选用对棉花负效应相对较小的矮秆、丰产、早熟品种;而棉花品种要求中熟偏早,出苗好,苗期长势强,花期上桃快而集中,抗病、高产、优质品种。

(三) 栽培要点

1. 高低垄种植　高低垄种植既能够保护麦苗安全过冬,又改善了棉苗的光热条件,而且缓和了麦棉对水肥需求的矛盾,缓解了麦棉共生期间的相互影响。一般“4－2 式”棉花畦高 30 cm,小麦种于沟内,麦、棉间距不小于 33 cm。

2. 加强肥水管理,培肥地力　麦棉两熟时间紧迫,若种麦前来不及增施有机肥,会导致土壤肥力消耗过快,连续几年后麦棉都会大幅减产。因此在种麦前一定要深施、施足有机肥,而施肥重点在小麦上。钾肥对棉花增产非常重要,而且磷肥的消耗也很大,因此还应在底肥中加入标准磷肥(P_2O_5 18%)600 kg/hm^2左右,钾肥 300 kg/hm^2左右,可有效提高麦棉产量。

3. 增加棉花密度,改变种植行向　实行麦棉两熟后,棉花的有效开花结铃时间变短,因此可以适当地增加棉花密度来提高前期总铃数。两熟棉田麦套春棉应比纯春棉增加 7 500株/hm^2左右。麦棉套种时东西行优于南北行,棉花东西行向能增加 5～6 h 的光照时间,减轻小麦的遮光影响。

4. 及时管理,促进棉花早发早熟　麦套春棉,出苗期控制在 5 月 1～5 日,现蕾期 6 月 10～15 日,开花期 7 月 10～15 日,打顶时株高 85～95 cm,要求 9 月上旬吐絮,9 月 5 日前断花,10 月 15 日前吐絮率不低于 50%。留苗 4.5 万～6.75 万株/hm^2,铃数 90 万～105 万个/hm^2,要力争多拿伏桃,伏桃与秋桃比例 7∶3,霜前花达到 80%以上。

麦收前后若棉花出现旺长(主茎日增长超过 5 cm),或者遇上水肥碰头(施肥后出现阴雨天气),要及时喷施缩节胺或者矮壮素,喷施掌握“少量多次”原则,忌一次喷量过大过猛。

小麦收割后,常有玉米螟从麦行向棉花转移钻秆危害。要随割麦随运麦,不将割下的小麦留在棉田内。若出现虫害要及时防治。

棉花中后期要坚持浅中耕松土以改善棉花根系环境,开花前要培土防倒伏。

见花时重施肥,尿素 150～225 kg/hm^2。缺磷、钾地块可进行根外追肥。

土壤含水量低于田间持水量 55%时及时浇水。

7 月中旬至大暑因苗适时打顶,当到达打顶时间后限而果枝数不足时,也要按照“时到不等枝”原则,一般在 7 月 25 前打顶结束。8 月中下旬去掉无效蕾、打边心(8 月 10～15 日后出生的幼蕾和果枝顶部)。对后期铃多的棉田可在棉铃铃期 40 d、霜前 20 d 时(通常在 10 月 1～5 日)喷施乙烯利催熟。

5. 化学调控　防高脚苗可在棉花定苗后喷施 15～30 ml/hm^2助壮素。协调营养生长和生殖生长关系、优化田间群体结构,可在蕾期根据长势喷施缩节胺 15 g/hm^2左右,开花期前后根据棉花长势喷施缩节胺 15～30 g/hm^2。

二、麦 套 夏 棉

(一) 配置模式

麦套夏棉已成为36°N～38°N地区棉粮两熟的主要方式,麦行夏套对热量条件要求较春棉低,早熟类型的短季棉,可更好地解决由于光照差、地温低、通风差、水分胁迫等造成的苗弱和迟发晚熟问题。麦套夏棉,棉花生育期110 d左右,同时要求早熟小麦配套。栽培技术关键是立足争早发促早熟,建立小个体、中等群体结构。麦套夏棉主要有3种种植模式,各种模式的产量比较:"3-1式""2-1式"麦棉产量高于"3-2式"(表17-3)。

表17-3　麦套夏棉不同种植方式的产量

(李秀奎,1993)

套种方式	小麦			棉花			
	穗数(万个/hm²)	穗粒数(个)	单产(kg/hm²)	密度(株/hm²)	铃数(万个/hm²)	霜前花(%)	单产(kg/hm²)
3-1式	495	26.2	4 800	75 000	88.5	65	1 084
2-1式	480	26.5	5 745	82 900	93.0	75	1 162
3-2式	405	25.0	3 930	67 900	75.0	80	1 005

"3-1式",在冀中南又称满幅播种模式,带宽80 cm,小麦3行40 cm,预留棉行40 cm,小麦收获后棉花为80 cm等行距(图17-8)。

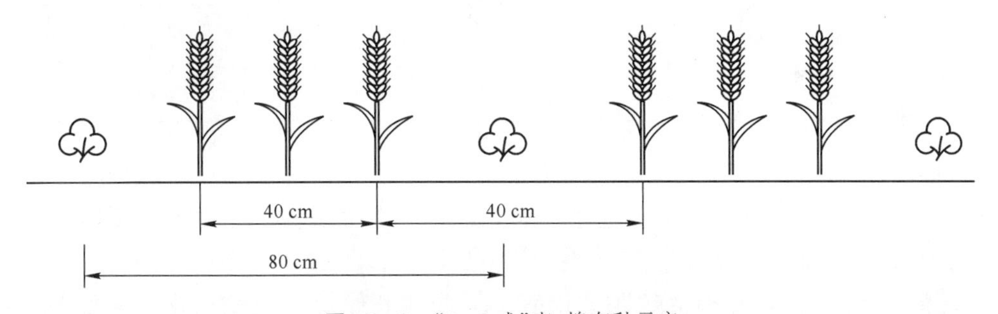

图17-8　"3-1式"麦、棉套种示意

"2-1式",带宽60 cm,小麦2行20 cm,预留棉行40 cm,小麦收获后棉花为60 cm等行距。

"3-2式",带宽120 cm,小麦3行40 cm,预留棉行80 cm,棉花两行小行距40 cm,小麦收获后棉花为40 cm和80 cm大小行。

(二) 技术要点

1. 适期播种和合适密度　麦套夏棉需选择合适的播期,过早套种麦棉共生期长,不利于棉花生长;过晚棉花有效结铃期缩短,晚熟,霜前花率低。麦田套种夏棉不同的播种方式和套种方式,以及不同地区由于光温条件的差别,播种时间不同,一般在5月25日至6月初播种。夏棉育苗移栽可增产20%以上,但需要较多劳力,一般于5月上中旬打钵育苗,5月底麦收前7～10 d移栽;麦后移栽的播期则取决于小麦收获期。不同播种方式对产量影响明显(表17-4)。

表 17-4 不同种植方式对棉花产量的影响

(董合忠,1995)

种植方式	播期(月/日)	皮棉产量(kg/hm^2)	霜前花率(%)
麦田套种	5/15	894.0	80.4
麦田移栽*	5/6	966.0	88.5
麦后移栽**	5/6	946.5	87.5
麦后直播	6/8	706.5	63.2

[注] *5月27日移栽;**6月7日移栽。

麦套夏棉的适宜密度为9万~12万株/hm^2,具体密度可因播期和土壤肥力适当增减。播种早的,可适当降低密度;播种晚的,应适当提高密度。高产肥地7.5万~9万株/hm^2为宜。

2. 合理施肥 一般夏棉品种在生育前期养分吸收速率较中熟品种快,养分吸收高峰值出现较早。开花期以后棉花吸收大量的养分来满足生长发育以及开花结铃的需要,到花铃期养分吸收达到高峰,吐絮期后养分的吸收和积累又有显著下降(表17-5)。

表 17-5 短季棉品种生育期棉株干物质及养分积累

(李俊义,1991)

生育时期(月/日)		出苗至现蕾期(5/26~6/22, %)	现蕾期至开花期(7/16, %)	开花期至吐絮期(9/2, %)	吐絮期至收获期(10/24, %)	一生总量(g/株)
干物质积累占总量百分比		9.5	26.9	52.2	11.4	148.5
养分积累占总量百分比	N	16.0	38.2	42.9	2.9	2.450 3
	P_2O_5	11.9	31.2	51.4	5.5	0.876 2
	K_2O	11.7	30.5	53.2	4.6	2.123 6

根据夏棉的养分吸收特点,高肥力麦套棉田全部氮肥在棉花苗期或蕾期追施(麦收后或盛蕾期前结合浇水一次施入);中等肥力麦套棉田,一半在苗期追施,一半在盛蕾期追施。与中熟品种相比,夏棉对磷、钾的需求量要大,因此应注意磷、钾肥的平衡施用。

3. 化学调控 麦套夏棉生育期短,密度大,雨季生长偏旺,需应用植物生长调节剂对生长进行控制。夏棉植株较小,补偿能力相对较差,应掌握轻控、勤控原则,采取少量多次的方法。一般在棉花初蕾期至盛花期,根据天气和棉花长势,叶面喷施缩节胺2~3次,前轻后重。旺长棉田可增大用量和次数。

夏棉易贪青晚熟,使用乙烯利可以加速棉铃成熟开裂,增加有效铃,提高产量。北方棉区一般在枯霜期前20 d左右(9月底至10月初)喷施,用40%乙烯利1 500~3 000 ml/hm^2,兑水叶面喷施。

4. 早打顶 夏棉相对于春棉生育期推迟,因此应早打顶,掌握"时到不等枝"的原则,打顶时间一般为有效现蕾期临界期,即7月25日前后打顶结束。

5. 田间管理 开花前中耕培土,既可除杂草又能防倒伏和便于浇水。在常年和化控较好的情况下,可以减少整枝次数,甚至不整枝。8月15日前后去除赘芽、果枝尖和无效蕾。对贪青晚熟的棉田,除控制后期肥水外,可用缩节胺30 g/hm^2,兑水300~450 kg喷施;也可彻底打去疯杈、赘芽和无效蕾,以集中养分攻大桃,促早熟。对轻度早衰的棉田,可适当叶面喷尿素,以延长上部叶片的活力,增加铃重。对于已经明显出现早衰症状的棉田,不宜再浇水施肥,否则会引起二次生长,不利于棉铃吐絮。

6. 腾茬　适期播种是夺取小麦高产的关键。据试验,棉花 10 月 20 日左右拔杆,移出田外摘收,对棉花产量影响不明显,早腾茬能显著提早下茬小麦播种。

（撰稿：朱永歌，林永增，郑曙峰；主审：林永增，毛树春；终审：毛树春）

参考文献

[1] 曹鸿鸣,贺明荣,王明友,等. 麦套棉 ^{14}C同化物的生产运转分配与再分配规律的研制. 作物学报,1996,9(22).

[2] 孟亚利,王立国,周治国,等. 麦棉两熟复合根系群体对棉花根际非根际土壤酶活性和土壤养分的影响. 中国农业科学,2005,38(5).

[3] 毛树春,宋美珍,庄军年,等. 黄淮海棉区棉麦两熟可持续发展生产的新途径. 中国农业科学,1998,31(3).

[4] 周可金. 油棉双育双移栽高产高效配套技术. 耕作与栽培,1998,99(1).

[5] 李代海. 棉花油菜双移栽技术. 中国棉花,1987,14(1).

[6] 董根生,奚波,孙良贵. 棉油板茬套栽高产配套种植技术. 种子世界,2004,5.

[7] 张同树. 再论湖北省麦棉连作的意义及技术措施. 耕作与栽培,1997,96(4).

[8] 李文炳. 山东棉花. 上海:上海科学技术出版社,2001:370 - 404.

[9] 周治国,孟亚利,陈兵林,等. 麦棉两熟共生期对棉苗叶片光合性能的影响. 中国农业科学,2004,37(6).

[10] 王黎. 麦棉套种增产措施的商榷. 中国棉花,1984,11(2).

[11] 陆绪华. 黄淮海平原麦棉两熟制概述. 中国棉花,1987,14(3).

[12] 杜心田,张根森. 河南省麦棉套种的现状与演进. 中国棉花,1986,13(4).

[13] 王启亮,李爱民. 商丘市麦套棉花高产优质栽培技术. 河南农业,2004,7.

[14] 程广涛. 麦棉两熟的栽培经验. 中国棉花,1986,13(3).

[15] 喻树迅,张存信. 中国短季棉概论. 北京:中国农业出版社,2003:245 - 264.

[16] 余隆新,周明炎,杨平华,等. 湖北省油后棉生产存在的问题与技术对策. 湖北农业科学,2004,4.

[17] 杨家凤,崔景维,赵禹,等. 冀中南地区麦棉两熟的演进与配套技术. 中国棉花,1987,14(3).

第十八章 棉田多熟间作套种

棉田多熟间作套种是我国传统农业与现代科学技术相结合的产物，是农民高效利用时空资源的创新。我国棉田多熟间作套种各棉区都有，形式多样、栽培技术配套，是棉花生产技术的重要组成部分。

第一节 长江流域棉区棉田间作套种

一、棉田同季两熟间作

（一）棉花、西瓜间作

1. 种植模式 300 cm 畦面，4 月中旬在畦中移栽 1 行地膜西瓜，西瓜株距 45 cm 左右。在地膜西瓜两侧各种 1 行地膜棉花，小行距 50 cm，株距 40 cm；5 月 10～15 日在畦两侧各移栽 1 行棉花(图 18-1)。杂交棉畦面可扩大到 400 cm。

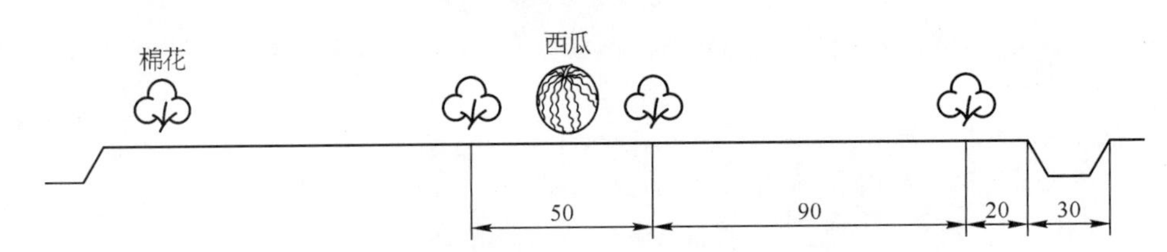

图 18-1 地膜棉花、西瓜间作模式示意(单位：cm)

2. 地膜西瓜栽培技术

(1) 选用良种：棉田间作西瓜要选用果型中等、成熟早、品质优、抗病性好的品种。

(2) 提早育苗：培肥熟化钵土，采用 8 cm 大钵；在 3 月上中旬播种，培育壮苗移栽。

(3) 施足基肥：以有机肥为主，全层施用，撒施后耕翻整地。基肥中纯氮 225 kg/hm^2 左右，施腐熟厩肥 45 000 kg/hm^2、优质人畜粪 15 000 kg/hm^2、饼肥 1 125～1 500 kg/hm^2、过磷酸钙 375～450 kg/hm^2、硫酸钾 150～225 kg/hm^2。

(4) 覆膜：西瓜定植前 2～3 d，浇水湿墒，精整瓜行；覆宽幅地膜，预留瓜行 90～100 cm，地膜平铺拉紧，靠贴地面。

(5) 精细定植：一般于 4 月中下旬，瓜苗有 3～4 片真叶，地温达到 12 ℃以上，抢冷尾暖头爽墒移栽，浇足活棵水。

(6) 合理追肥：在第一雌花授粉坐果后重施坐果肥，施腐熟饼肥 750 kg/hm^2 加尿素 225 kg/hm^2 和硫酸钾 150 kg/hm^2。

(7) 整枝理蔓：留一根主蔓和两根强壮的侧蔓，瓜蔓长至 40 cm 以上时抢晴理蔓、压蔓。主蔓、侧蔓要理向同一方向并保持一定距离，使瓜蔓均匀分布于畦面。在第一朵雌花着生节位的前后 2～3 节两侧，第一次压蔓，以后再压 1～2 次；并及时将多余的侧蔓摘除，以减少养分消耗。一般每株留 1～2 个果为宜(早熟小果型品种可适当多留)。瓜果最好留在主蔓上，若主蔓未坐上瓜则在子蔓上留。在幼果坐稳后保留一定数量叶片及时摘除蔓心(包括不结果的子蔓)，以集中养分，促进幼果迅速膨大。

(8) 防病治虫：西瓜主要病害有枯萎病、炭疽病、霜霉病、白粉病和病毒病等，应针对不同病害，用甲基托布津、抗枯宁、代森锰锌、甲霜灵、百菌清等药剂防治。

(9) 适时采收：西瓜采收指标为果质光滑、花纹清晰、有光泽，果底颜色由白转黄，瓜脐和瓜蒂收缩凹陷，坐瓜节及相邻两节卷须上部枯焦，果柄茸毛稀疏脱落。西瓜产量 45 000～60 000 kg/hm^2。

3. 棉花栽培要点　一要适时套种，地膜移栽棉花 4 月初育苗，5 月 10～15 日移栽；二要因苗化控，在前期较高的温度和充足的肥水条件下，棉花营养生长旺盛，要早控、勤控；三要培土壅根，西瓜拉蔓后要及早培土壅根，高培垄防倒伏；四要健全水系，减轻渍害；五要防治虫害，棉套西瓜田盲椿象、棉铃虫等虫害发生重于其他棉田，须在不污染西瓜的前提下及时防治。

(二) 棉花、番茄间作

1. 种植模式　畦面宽 500 cm，中间挖一沟，将畦面分成两个小畦，3 月上中旬在每小畦面上分别移栽 2 个双行番茄，行距 50 cm，株距 30～40 cm。5 月下旬在番茄双行的两侧各移栽 1 行棉花(图 18－2)，株距 40 cm。

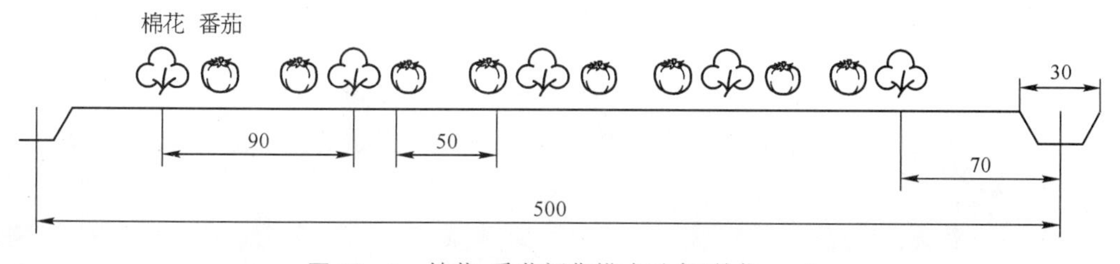

图 18－2　棉花、番茄间作模式示意(单位：cm)

2. 番茄栽培技术

(1)培育壮苗：应用电热温床育苗，1 月上旬播种，移栽时番茄苗 8～10 片真叶，并已现蕾。

(2) 精细定植：结合整地做畦，深施优质厩肥 30 000～40 000 kg/hm^2，在定植沟施腐熟鸡鸭粪、饼肥等优质肥 3 000 kg/hm^2，复合肥 300～375 kg/hm^2。畦面平铺地膜，一般 3 月上中旬选择晴好天气的上午移栽定植。浇足定植水、封好定植孔，盖上小棚膜。

(3) 适时追肥：番茄生长期间连续结果，定植以后要定期追肥。一般需追施标准氮肥 1 200～1 500 kg/hm^2。

① 提苗肥：定植后结合浇水施稀粪水或尿素，数量占全生育期追肥总量的 20%左右。

② 初果肥:在第一穗果开始膨大时施追肥总量的40%左右。

③ 盛果肥:进入采收期后,盛果肥可以结合浇水分次施入,用量占追肥总量的40%左右,并结合防病治虫,做好肥药混喷,以满足养分供应。

(4) 调整株型:一是留单秆,及时摘除所有侧枝;二是适时打杈,侧芽长6~7 cm时打杈适宜;三是疏花疏果,尽早摘掉畸形花,并在坐果之后及时疏去多余、畸形以及太小的果实和同一花序上的剩余花蕾,以集中养分,提高单果重量和商品果率。

(5) 病虫防治:防治猝倒病、病毒病、早疫病、晚疫病、叶霉病和青枯病等病害,一要选用抗病品种、种子消毒和注意灭蚜;二要拔除中心病株,叶霉病在发病初期摘除病叶;三要选择合适农药早防治。

(6) 催熟采收:常用乙烯利催熟。方法是将摘下的果实用浓度为2 000~3 000 mg/kg的乙烯利溶液浸泡1~2 min,取出晾干后置于22~25 ℃的环境内,5~6 d即可转色。

3. 棉花栽培要点 一是适时移栽,一般5月上旬移栽;二是前减后增施肥,前期一般不需另外追肥,中后期要重施花铃肥桃肥,增后劲防早衰;三是化控,前中期要防旺长;四是及时治虫,棉蚜、二代棉铃虫发生早、危害重,选用高效、低毒农药及时防治。

(三) 棉花、青毛豆间作

1. 种植模式

(1) 单等行棉花套毛豆:畦宽300 cm,种3行棉花,行距100 cm。棉行间各种3行毛豆,行距30 cm。

(2) 宽窄行棉花套毛豆:畦宽300 cm,种两双行棉花,棉花宽行距100 cm,窄行距50 cm,宽行内种3行毛豆,行距30 cm。杂交棉畦宽可扩大到360 cm,棉花宽行120 cm,窄行60 cm,小行可增间种一行毛豆。

2. 青毛豆栽培技术

(1) 选择品种:长江流域可以间作春、夏、秋季毛豆,根据品种的早、中、晚熟性,特别是各品种对光照长短的反应安排播种期,以延长供应时间。棉田套种一般选用株型较紧凑的早、中熟品种为主。

(2) 适期播种:早春播的可在2~3月播种育苗或直播,6~7月采收;与棉花同期播(栽)的于4~5月播种,7~8月采收。播种前要选种,并晒种2~3 d。结合耕翻整地施土杂肥15 000 kg/hm^2、过磷酸钙375 kg/hm^2、钾肥150 kg/hm^{2}作基肥。

(3) 合理密植:毛豆的适宜密度应根据品种、栽培季节、土壤肥力和耕作栽培条件等确定。一般早熟毛豆37.5万~45万株/hm^{2}为宜;中熟毛豆以27万~30万株/hm^{2}为宜。土壤肥力高的田块,生长健壮、分枝多的品种适当降低密度。

(4) 中耕松土:出苗后到封行前中耕松土3~4次,结合松土进行培土壅根,达到土壤疏松,增温透气,田间无杂草,促根壮苗早发的目的。

(5) 适量施肥:在幼苗生长初期根瘤未形成时仍需施氮肥。由于根瘤菌喜磷,要适量增施磷、钾肥。基肥施用有机肥、磷钾肥;苗期施10%的人粪尿1次;开花前如生长不良,因苗增施复合肥促壮棵;开花后适施长荚肥;后期可用2%的过磷酸钙浸出液或0.5%的磷酸二氢钾根外喷肥。

(6) 摘心化调：品种为有限生长型在初花期摘心，品种为无限生长型在盛花期以后摘心。适时适度采用多效唑化控，减少毛豆落花落荚，植株矮化、节间缩短、茎秆粗壮、叶色浓绿，提高产量。有限结荚型于始花期、无限结荚型于盛花期喷施15%多效唑750 g/hm^2。

(7) 病虫害防治：霜霉病在发病初期用波尔多液、百菌清防治；蚜虫发生时用蚜青灵、菊酯类农药防治；豆荚螟防治，应避免豆类作物连作或邻作，卵孵盛期用菊酯类农药、晶体敌百虫防治。

(8) 采收：毛豆通常于豆粒饱满、豆荚青绿时采收上市。早熟毛豆一般于6月中旬采收；中熟毛豆于7月上旬至下旬采收。采收时全株可一次收完，或分2～3次采收。

3. 棉花栽培要点　一是4月底或5月初移栽，栽后活棵快、发育早，要适时化调，以保证稳长稳发。二是毛豆系红蜘蛛的寄主作物，棉花移栽后要及时查治，棉花和毛豆同时用药、控制危害，毛豆采收后及时用药控制其转移危害棉花。

（四）棉花、豇豆间作

1. 种植模式　畦宽400 cm，春播时先在前茬预留幅中移栽1行豇豆，5月中旬或在前茬收获后在豇豆间各移栽2行棉花（图18－3）。杂交棉的田块也可在此模式的棉花位移栽1行1穴双株豇豆，在豇豆位移栽3单行棉花。模式和茬口的变化须在上茬播种前就调整好。

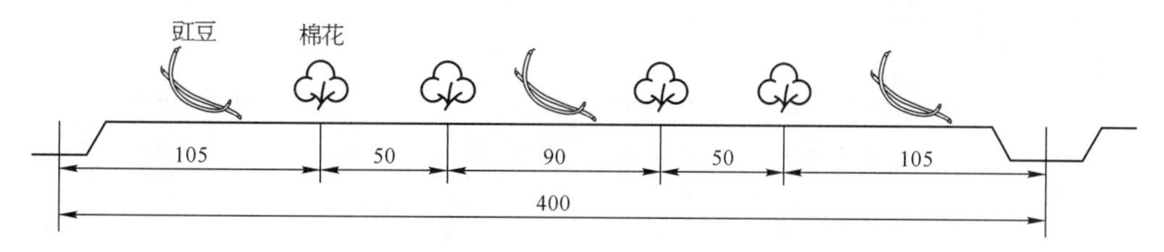

图18－3　棉田间作豇豆模式示意（单位：cm）

2. 豇豆栽培技术

(1) 培育早苗：豇豆选择叶片稀小、豆角长而粗的品种。于3月底4月初播种、双膜育苗，精细管理苗床，培育早大壮苗。

(2) 精细定植：4月15日前后，当豇豆有1片真叶后，即可进行炼苗，移入大田。移栽时要施足基肥，三元复合肥110 kg/hm^2 加优质腐熟土杂肥7 500 kg/hm^2 拌匀后施于穴内。地膜覆盖移栽，穴距30 cm，每穴苗2～3株。移栽后要用细土壅实苗钵，清理膜面泥土，提高地膜透光率。

(3) 搭架引蔓：棉花移栽结束后，要立即用芦苇与竹竿混合搭架，架的形式以单行交叉斜插，提高抗风能力，减少遮荫面，并及时引蔓上架。应用无蔓或短蔓品种可以不需搭架引蔓。

(4) 肥水管理：施好一次伸枝肥和两次结荚肥。伸枝肥在搭架引蔓时浇施15 000 kg/hm^2 稀粪水；第一次结荚肥掌握在5月底前后、豇豆开始开花挂荚时施，深施尿素150 kg/hm^2 左右；第二次结荚肥掌握在6月上中旬、豇豆陆续采收上市、下部采收结束时，施尿素80 kg/hm^2 左右，以保证上部结荚所需的养分。

(5) 适时采摘:达到采收标准,要及时采收,不要留在架上,否则会影响豇豆的结荚和品质。一般掌握一天采收一次,所有豇豆要求在7月中旬前采收结束。

3. 棉花栽培要点 培育壮苗,适时移栽,接前茬后栽的田块要及时抢收前茬移栽棉花,早施重施花铃肥、增施桃肥,及时清除棉田杂草,防治棉蚜虫、盲椿象、棉铃虫等棉田害虫。

(五) 棉花、青玉米间作

1. 种植模式

(1) 大棚玉米、棉花间作:畦宽600 cm,玉米行距60 cm,株距20 cm。玉米2月底至3月初播种,6月中下旬采收青玉米,5月中旬在玉米行间移栽棉花。棉花宽窄行种植,畦宽600 cm有4个宽窄行,棉花可栽8行(图18-4),杂交棉可移栽6个单等行。

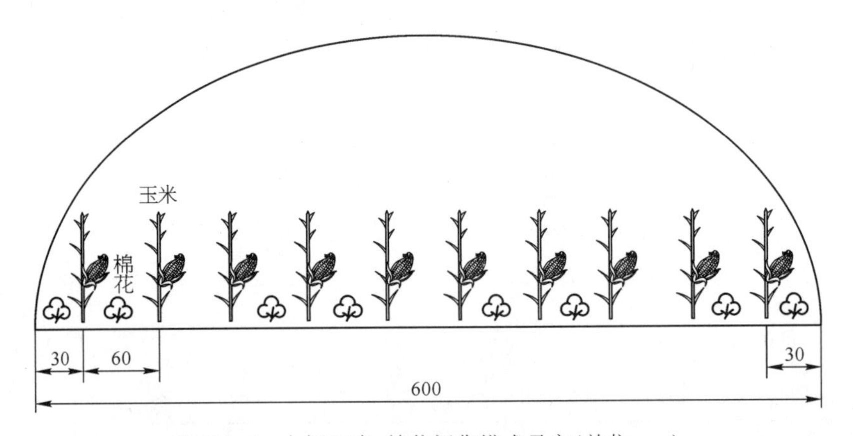

图18-4 大棚玉米、棉花间作模式示意(单位:cm)

(2) 地膜玉米、棉花间作:畦宽285 cm,棉花宽行90 cm,窄行45 cm,宽行间套种1行密株玉米。玉米、棉花均采用育苗移栽,育苗期3月底至4月初,5月中旬移栽(图18-5)。种植杂交棉畦宽可扩大到400 cm左右,棉花宽行120～140 cm,玉米单行密株种植;棉花窄行60～80 cm。

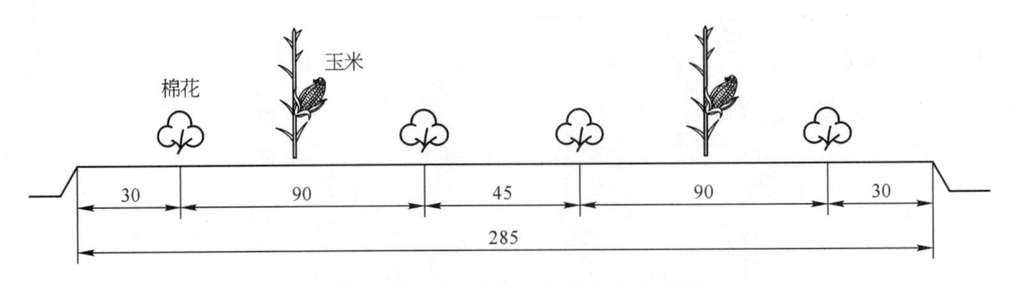

图18-5 地膜玉米、棉花间作模式示意(单位:cm)

2. 玉米栽培技术

(1) 精选良种:选用糯玉米或甜玉米。

(2) 适期早播:大棚玉米可于2月底3月初播种;露地玉米于3月底至4月上旬小拱棚育苗,5月上中旬移栽于棉花大行。

(3) 施肥：足施基肥，以有机肥为主，配合施用磷、钾肥。适施苗肥、拔节肥，促进发根壮苗。重施穗肥，促进穗大粒饱。

(4) 田间管理

① 苗期管理：查苗补缺、中耕除草、防旱、防渍、防板结。

② 穗粒期管理：追肥、中耕培土、灌溉排水、防病治虫、去雄、辅助授粉。

③ 大棚玉米管理：晴好天气要防止温度过高，及时通风散湿，后期玉米接近顶膜和处于穗粒期时，在加强保温措施的同时要加强通风，防止高温阻碍穗粒正常发育。温度适宜时撤去顶膜，培土壅根，防止倒伏。

(5) 收获：青玉米的收获应在乳熟至蜡熟期。采收时连同苞叶一起采收，以利保鲜，防止失水干枯。

3. 棉花栽培技术　首先，追施肥要适当提前；其次，棉花易旺长，及时化控保稳长；第三，防治虫害，特别是玉米螟的及时防治；第四，杜绝高毒、高残留农药的使用。

(六) 棉花、辣椒间作

1. 种植模式

(1) 大棚辣椒、棉花间作：畦宽 660 cm，为了便于大小棚覆盖，做成 2 个小畦。1 月底用大棚套小棚的方式，定植辣椒，行距 60 cm。5 月初在辣椒行间移栽棉花，每小畦 2 行，行距为 180 cm(图 18－6)。

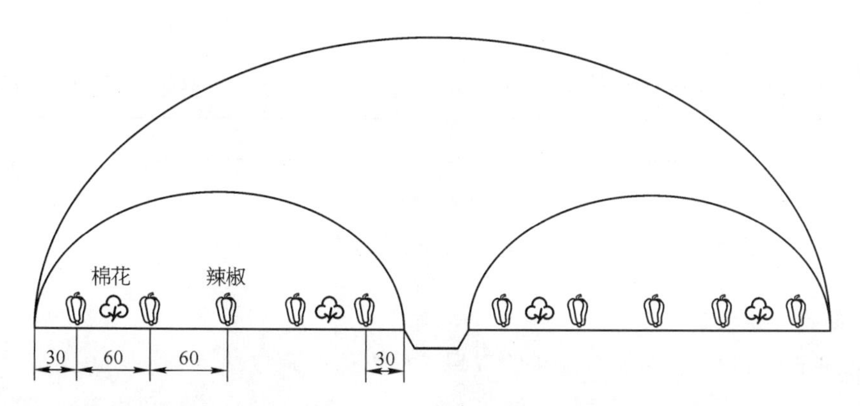

图 18－6　大棚辣椒、棉花间作模式示意(单位：cm)

(2) 地膜菜椒、棉花间作：畦宽 300 cm，3 等行棉花，2 行辣椒，棉花、辣椒间行距皆为 50 cm。杂交棉畦宽 360 cm 以上，棉花行距 120 cm 以上，棉花、辣椒间行距皆为 60 cm 以上。辣椒在 4 月底移入大田，棉花在 5 月中旬移入大田。

2. 辣椒栽培要点

(1) 选用优良品种：棉田设施栽培间作辣椒可选用早熟、丰产、株型紧凑、抗病性好的品种；棉田地膜覆盖间作辣椒可选用熟性中等，越夏抗热能力强，抗病性好的品种等。

(2) 培育壮苗：大棚辣椒于 10 月上旬冷床育苗(越冬设施栽培)，地膜辣椒于 2 月温床育苗。经过浸种、消毒、催芽播种，培育壮苗，2～3 片真叶时假植蹲苗。

(3) 定植：棚室栽培辣椒定植时间在 1 月底至 2 月上中旬，地膜辣椒定植时间在 4 月下旬。定植密度依品种、株型大小和熟性迟早而异，棚室栽培辣椒的密度掌握在 7.5 万株/hm^2 左右，地膜辣椒密度在 3.75 万～4.5 万株/hm^2。

(4) 管理：重施基肥，以磷、钾肥为主；苗期少施氮肥；蕾期适当增加施肥量；挂果期重施花果肥。以后每采收 1 次追肥 1 次。棚室辣椒栽培控好温、湿度，棚温高 30 ℃时要及时通风，以降温降湿，防止徒长。

(5) 采收：辣椒采收的标准因食用要求而异。鲜食青椒在果实充分膨大定型时采收。甜椒成熟的标准是果实不再膨大，果肉增厚，质较脆，绿色变深具光泽时即可采收。

(6) 病虫害防治：辣椒主要病害有病毒病和细菌性斑点病。病毒病以防治蚜虫为主。炭疽病和细菌性斑点病，应在播种时进行种子消毒，发病初期喷等量式波尔多液或百菌清防治。大棚辣椒还可用速克灵烟剂、灭蚜烟剂防病治蚜。

3. 棉花栽培技术　一是棉花、辣椒间套棉花行距大，充分发挥个体优势才能更好地提高棉花产量效益，须选用个体生长势强的杂交棉品种；二是增施有机肥、磷钾肥；三是温、湿、肥、水条件优越，棉花的化学调节措施要及时准确；四是棉花治虫杜绝高毒、高残留农药的使用，防止辣椒受农药污染；五是后期晚桃多的棉田适时乙烯利催熟。

(七) 棉花、平菇套种

1. 种植模式　每 250 cm 一个组合。棉花宽窄行种植，窄行 50 cm，宽行 200 cm(前茬可为棉花与西瓜或棉花与蔬菜间套种)。平菇套栽在大行中，床宽 120 cm(图 18－7)。

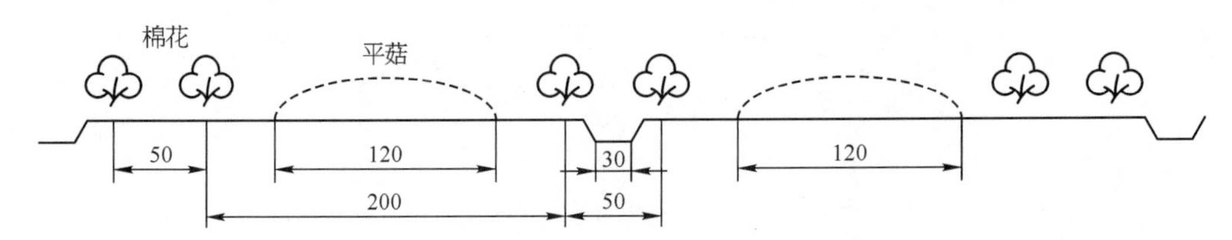

图 18－7　棉田套栽平菇示意(单位：cm)

2. 平菇栽培技术

(1) 品种选择：棉田套栽平菇品种的选用应根据播期确定，8～9 月栽培，要选用耐高温的品种，9～11 月栽培的可选用适温范围较宽的品种，作越冬栽培的可选用耐低温的品种。

(2) 播种时期：棉田套种平菇播种期的确定，栽培时期以 9～11 月为好，播种时间以 9 月为宜。保护栽培的也可提早播种或推迟播种，还可以种植两茬，即 8～10 月一茬，11 月至翌年 3 月再种一茬。

(3) 培养料配制：棉田套种的平菇多用棉籽壳等作培养料，一般每平方米 10 kg 左右。培养料的配制：播种前 7～8 d 将干燥无霉变的棉籽壳加 10%石灰水和 0.1%多菌灵拌匀，含水量达 63%～65%。将拌好的培养料堆成高 1 m、宽 1.5 m、长不限的料堆，上覆盖塑料薄膜保温并防雨水淋入。2～3 d 后当堆内温度上升到 60 ℃时翻料，将上下、里外的料调换堆置位置，以使发酵均匀，继续堆放并覆盖薄膜，再过 2～3 d 后即可下田播种。

(4) 铺料播种：先在预留的棉花大行内按预定菇床宽度，在床四周平地筑 10 cm 宽、5～8 cm 高的小埂做成菇床，床底的土壤要铲平拍实。床宽一般不超过 120 cm，过宽不方便搭小棚及以后采菇，单一床长以 10～15 m 为宜，以便于覆膜和通气。

播种采用层播法。将备好的培养料先取一半平铺在菇床内，在培养料上均匀撒总用量 1/3 的菌种，再将剩下的培养料平铺在第一层菌种上，最后将 2/3 的菌种播在料面上。也可采用三层播种法。播种后将料面压平压实，在上面覆盖遮盖物，可以盖 1～2 cm 厚的粗木屑，也可以盖 1～2 层报纸，或用 1 cm 左右厚的细土或不霉烂的落叶覆盖，最后覆盖薄膜，四周封严。

（5）田间管理：菇床温度掌握在 20～30 ℃，当菌丝长满床面时揭去遮盖物，用竹片将薄膜搭成小棚，适当通风，保持床内湿度和温度适宜。如棉花植株小，薄膜透光好，在晴天或强光天，膜面最好适当遮盖或改用有色薄膜，中后期或低温条件下栽培的小棚上要加盖草帘保温。在雨水多时，还要注意田间排水，菇床不能积水。棚外拉好网绳防大风吹膜损棚，影响平菇生长。

（6）病害防治：一是注意菌种培养过程的杀菌；二是防止环境的污染；三是培养料不含抗氧源物质，配制培养料时加入多菌灵等杀菌剂；四是用种量要足，抑制杂菌孳生蔓延；五是栽培中创造良好的温、湿度条件。黏液病的防治除了出现病变时应用 1%漂白粉喷雾外，重要的措施就是控制床内湿度不超过 95%。

（7）采收：一般掌握在菇体发育达八成熟时采收。此时菌盖边缘韧性好，破损率低，菌肉厚实肥嫩，菌柄柔软，纤维素含量低，商品性好。采收前要喷一次水，提高菇房空气湿度，降低空气中飘浮的孢子对采菇人员的影响，有利于菇体新鲜、干净，不易开裂。采完后搞好清床工作，加强管理以促进下一茬菇生长。采菇时应用刀紧贴菇床表面割取，注意不要将培养料带起，减少对下茬菇的影响。采下的平菇要轻拿轻放，放入干净、光滑的盛器内，以减少机械损伤，最好表面盖一层湿布，以保持菇体水分。

3. 棉花栽培技术　套种平菇棉田组合行距较大，为了提高棉花产量和秋季套种平菇时有较好的遮荫条件，要求棉花选用杂交棉等生长势强、株型大的品种；棉花采用南北行向，以便于遮光。在促进棉花早发的基础上，增加中、后期肥料用量，使棉花多增果枝、果节，既形成较大的丰产架子，又多成铃、不早衰。

二、棉田多熟间作套种

长江流域棉田多熟（三熟以上）间作套种，是在棉田两熟间作套种的基础上发展起来的，是多种形式的两熟间作套种在不同生态条件、市场条件、投入条件、生产水平、栽培技术状况下的整合和配套。

（一）麦（油菜）套棉田间作夏、秋、冬、春熟作物

前作麦子（油菜），预留棉幅春季露地或地膜覆盖移栽棉花或直播棉花，麦收后棉田间作夏播（栽）夏收、夏播（栽）秋收作物；棉行间作秋播（栽）秋收、秋播（栽）冬春收作物。

主要种植模式有下列几种。

1. 小麦、辣根、玉米、棉花间作套种　畦宽 315 cm，10 月中下旬用机条播两幅麦子，麦幅宽 50 cm，幅距 88 cm；翌年 3 月在 2 幅麦子之间定植 2 行辣根，辣根行距 54 cm，辣根密度 2.1 万～2.25 万株/hm^2，辣根距麦幅 17 cm，4 月上中旬在两行辣根之间移栽 1 行玉米，玉米密

度1.5万～1.65万株/hm^2；5月中旬在两幅麦子外侧各移栽1行棉花，棉花行距105 cm，株距32 cm，棉花密度3万株/hm^2。

2. 小麦、西瓜、棉花、大豆间作套种 畦面宽500 cm，畦面中间种植小麦，播幅320 cm；畦面两边各预留90 cm，春季起垄各栽种1行西瓜，西瓜株距40 cm左右；西瓜行两侧各点播或移栽1行棉花，行距75 cm，密度1.125万株/hm^2左右；小麦收获后，原麦行内点播大豆，大豆种植幅宽180～200 cm为宜，大豆穴距33 cm，密度12万～15万株/hm^2。棉花与大豆间距80 cm。在大豆、棉花、西瓜共生期间，西瓜蔓主要分布在大豆行间。

3. 大麦、棉花、西瓜间作套种 畦面宽250 cm，11月初播种大麦，麦幅150 cm，空幅100 cm。翌年5月上旬在空幅中移栽1行西瓜。西瓜两旁各移栽1行棉花，棉花小行距70 cm，株距30 cm，密度2.667万株/hm^2；西瓜株距70 cm，密度0.57万株/hm^2。

4. 油菜、西瓜、辣椒、棉花间作套种 畦宽420 cm，畦中栽油菜8行，行距40 cm，株距15～20 cm，密度9.6万～12.75万株/hm^2。预留西瓜、辣椒播种幅140 cm，翌春在留幅中栽2行西瓜，株距50 cm，窄行40 cm，密度0.952 5万株/hm^2。在西瓜株间栽辣椒，株距50 cm，密度0.952 5万株/hm^2。油菜收获后，换厢沟，沟两边各栽2行棉花，小行距74 cm，株距30 cm，密度1.59万株/hm^2。

5. 麦、菜、薯、棉、姜五种五收 畦宽210 cm，秋播2幅小麦，每幅3行，行距15 cm；3个各50 cm的留幅中各栽小白菜2行，行距20 cm；小白菜12月底前收获后整地施肥做垄，1月以地膜覆盖，每垄栽马铃薯2行，行株距皆为30 cm；4月底5月初马铃薯收获后每幅栽1行棉花，株距30 cm；小麦5月底6月初收获后，灭茬施肥整地，各移栽2行生姜，行距30 cm、株距25 cm，生姜8月底挖取母姜，10月底至11月上旬收鲜姜。

6. 麦、豆、棉、菜一年四熟 畦宽250 cm(畦沟30 cm)，每畦两幅麦各40 cm，10月25～30日播种。中间空幅140 cm，2月下旬播种，地膜覆盖春播毛豆5行，株距20～25 cm。毛豆5月中旬采收结束后移栽棉花，每畦3行，株距35 cm。8月中旬在棉花行中间栽植大白菜，株距25 cm。10月底采收大白菜后再种麦。

(二) 菜(经)套棉田间作夏、秋、冬、春熟作物

前作春、夏收蔬菜、经济作物，预留棉幅春栽(播)棉花，或前作收获后接栽(播)棉花，棉行间作夏播(栽)夏收、夏播(栽)秋收作物；棉行间作秋播(栽)秋收、秋播(栽)冬春收作物。主要种植模式有下列几种。

1. 冬菜、马铃薯、棉花间作套种 畦宽300 cm，150 cm一个组合。每个组合秋播时的一半(春播马铃薯行)种植可以在2月中旬前陆续收获的蔬菜，另一半(春播棉花行)播种5月底前可收获的蔬菜。2月中旬在早收冬菜行播种马铃薯，5月中下旬在迟收冬菜行移栽棉花。

2. 春玉米、马铃薯、棉花、蔬菜间作套种 130 cm组合，2月下旬地膜覆盖定植马铃薯2行，行距50 cm、穴距30 cm，一穴双株。3月上旬玉米育苗于留幅中，地膜覆盖移栽1行，株距22 cm。5月中下旬收马铃薯后移栽棉花2行。9月中下旬棉花行间播栽蔬菜。

3. 棉花、甜瓜、玉米间作套种 150 cm一畦，甜瓜、甜糯玉米同栽1行，相间移栽，间距25 cm。棉花1行，株距30 cm。棉花、甜瓜、糯玉米全部育苗移栽、地膜覆盖。

4. 大蒜、榨菜、棉花间作套种　畦宽 400 cm，133 cm 为一个组合。9 月 20 日左右在棉花大行中间种植 4 行大蒜，行距 20 cm，株距 10 cm。榨菜在 10 月上旬播种育苗，11 月上中旬在棉花小行中间移栽。翌年 5 月中旬收获榨菜后移栽 2 行棉花。

5. 棉花、毛豆、花菜间作套种　畦幅 135 cm，畦中间种植 1 行棉花，两边套种 2 行毛豆。毛豆 4 月下旬直播，密度 6 万株/hm^2。棉花直播或移栽，密度 2.25 万株/hm^2。毛豆 7 月中旬采收。10 月中旬棉花行间套栽 2 行花菜，密度 3.9 万株/hm^2，翌年 3 月底收获。

6. 棉花、生菜、胡萝卜、芫荽间作套种　棉花等行距 120 cm。生菜 8 月下旬至 9 月上旬播种育苗，10 月上中旬移栽。在每个棉行间栽 4 行生菜，行距 30 cm，株距 25 cm，12 月中旬至次年 1 月中旬采收。胡萝卜 3 月初开浅沟条播，等行距种植，行距 15 cm，盖一薄层麦秸或稻草后覆盖宽 1 m 地膜，6 月 1 日前后收获。芫荽在胡萝卜收后，按胡萝卜种植规格开沟条播，播后 1 个月，苗高 15～20 cm 时采收。

7. 榨菜、豇豆、棉花间作套种　220～240 cm 组合。榨菜 9 月中下旬育苗，10 月下旬套栽到棉田，密度 13.5 万～15 万株/hm^2，次年 3 月中下旬收获。豇豆 3 月上中旬育苗，3 月下旬 4 月初移栽到榨菜行，密度 2.7 万株/hm^2，7 月 10 日前收获结束。棉花育苗 5 月中下旬移栽，密度同正常栽培棉田。

8. 青蚕豆、糯玉米、棉花、绿豆间作套种　200 cm 组合，于组合两侧各秋播 1 行蚕豆，翌年 5 月 20 日左右收获。2 月 10 日前于大行中间地膜直播 2 行糯玉米，穴距 22 cm，6 月中旬收获离田。5 月中旬末，距玉米根部 70 cm 处，各移栽 1 行棉花，株距 32 cm。糯玉米收获后，在玉米行种植 2 行绿豆。

9. 青蒜、豇豆、棉花、秋番茄间作套种　266 cm 组合，8 月下旬在畦面上播种青蒜，株行距 7 cm。翌年 3 月初青蒜上市结束后，于 3 月中旬在距畦边 87 cm 的畦面上点播 4 行地膜豇豆，行距 30 cm、株距 23 cm，豇豆搭棚盖膜保护栽培。5 月中旬在豇豆两边的预留行内距豇豆根 60 cm 处各移栽 1 行棉花，株距 35 cm。6 月中旬秋番茄育苗，豇豆拉藤拆棚后，于 7 月中旬在棉花大行中间移栽 2 行番茄，行距 33 cm，株距 30 cm。

10. 蔬菜、棉花、甜瓜间作套种　畦宽 200 cm，冬季种满幅蔬菜，春季中间移栽 1 行甜瓜，甜瓜株距 30 cm；甜瓜两边栽棉花，棉花大行距 130 cm，小行距 70 cm，株距 40 cm。

11. 蔬菜、棉花、花生间作套种　畦宽 200 cm，冬季种满幅蔬菜，春季蔬菜收获后中间种 3 行地膜花生，行距 30 cm，穴距 20 cm。花生两边栽棉花，棉花宽行 130 cm，株距 40 cm，棉花花生距离 20 cm。

棉田三熟及以上间作套种，其栽培技术可参照两熟间、套种技术，但茬口布局、种植组合配置要兼顾多熟安排，以方便田间操作，减少相互影响，提高各熟作物的产量、品质、效益，进而增加棉田综合产出，实现多熟高效。

三、粮、棉、饲三元种植

粮食、棉花二元结构向粮食、棉花、饲料三元种植结构的转变，曾作为调整棉田结构的专题予以研究，目的在于既协调我国人多地少地区、特别是长江流域粮、棉、饲产出的相对平衡，增加养殖业饲料供给，又能稳定区域棉花生产、提高棉田效益。实践证明，这一种植结构的调整是有效的，不但达到了稳粮保棉增饲、提高棉田经济社会效益的目标，又研究总结形成了棉田三元种植的结构形式和高产高效栽培技术。

1. 茬口安排　小麦 10 月下旬播种，翌年 5 月底收获，播幅占厢宽 35%；玉米 2 月中旬至 3 月上中旬播种，营养钵保温育苗，4 月上中旬于小麦行间套栽，6 月底至 7 月上旬收获；棉花 4 月初播种，5 月上中旬移栽。

2. 种植模式　畦宽 150 cm，小麦幅宽 50 cm，畦沟宽 30 cm、深 25～30 cm。预留棉行两幅，棉花窄行 70 cm，宽行 80 cm，株距 40 cm，沟边种玉米 1 行，株距 30 cm 左右(图 18－8)。杂交棉可畦宽 180～200 cm，窄行 80 cm、宽行 120 cm。

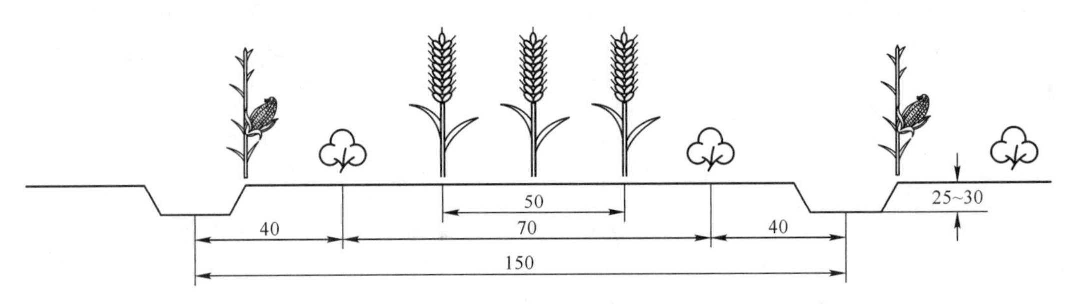

图 18－8　小麦/玉米‖棉花三元结构田间配置(单位：cm)

3. 玉米栽培技术　品种选择矮秆、生长期短的早熟品种，缩短与棉花共生期。棉花选择后期结铃性强、上桃集中的杂交品种。

(1) 制钵：与棉花一起备足苗床，冬春施腐熟有机肥、磷肥、钾肥培肥钵土，育苗前按移栽密度加 50%量制钵，选用 6～7 cm 直径制钵器，摆钵平整，覆盖薄膜护钵。

(2) 播种：选用粒大、饱满、无虫蛀、无霉病的种子，播前用“两开一凉”的温水浸种 6～8 h。长江流域在 2 月中旬，当 5 cm 地温稳定在 8 ℃时抢晴播种。播种浇水要适量，使钵土相对持水量在 80%。每钵播种 1～2 粒，细土 1.5 cm 盖种。覆盖地膜、再插支架拱棚、盖农膜。四周用土压膜扎牢，并加绳固定，防止大风揭膜。

(3) 苗床管理：出苗 80%左右揭除苗床表面地膜，晴天逐渐开窗通气练苗，促苗健长，长至一叶一心时，每钵留 1 苗，移栽前 2～3 d，揭膜练苗，以适应大田环境。移栽时玉米壮苗指标是，移栽时苗高 15 cm 左右，茎秆粗壮，叶 4～5 片，叶色深绿挺拔，根系粗白。

(4) 栽前准备：预留行冬季深翻。玉米移栽前 15～20 d 深施基肥，腐熟有机肥 30 000 kg/hm^2，钾肥 225 kg/hm^2，硫酸锌 45 kg/hm^2，抢墒整地。开好围沟、厢沟、腰沟。化学除草，于移栽前一周，在预留行喷施拉索 2 250 ml/hm^2 加水 1 125 kg。平铺地膜，增温保温。

(5) 移栽：玉米于 4 月上中旬移栽到大田，栽时苗向一致，以利后期授粉，移栽后及时壅土，浇足定根水。

(6) 肥水：活棵提苗肥尿素 75 kg/hm^2 左右；穗肥尿素 150 kg/hm^2 左右。玉米生长期间，土壤水分保持田间最大持水量的 70%～80%为宜，遇干旱缺水及时浇水，特别要防“卡脖”旱。遇雨水过多及时排水，防涝降渍。

(7) 化调:棉田套种要调控玉米株高、长势,在拔节后可视长势用化学生长调节剂缩节胺等控制,保持玉米株高 1.5～1.7 m。

(8) 防治病虫害:防治好矮缩病、叶斑病、锈病、黑粉病和玉米螟等病虫害。

(9) 及时收获:玉米蜡熟期后,即 95%雌穗花丝变紫黑色后,雌穗以上留 3～4 片叶,用镰刀割掉茎秆顶端和打除下部老叶并带出田外,既可增加棉田通风透光,促进棉花蕾期正常生长,又不影响玉米后期正常成熟,并可控制第二代棉铃虫的基数和玉米螟的危害。玉米籽粒成熟变硬后及时收获。

4. 棉花中后期管理　适施蕾肥、重施花铃肥、增施盖顶肥,玉米收后促进棉花快发快增蕾增铃,提高成铃率,多结伏桃、秋桃。

加强化调,蕾花期及时化控,促进营养生长与生殖生长协调;打顶后化调控制棉花上部果枝伸长,增加棉田中下部通风透光,减少烂桃。

此外,棉农在应用粮、棉、饲种植方式的过程中,还逐步将棉田多种形式的间作套种与粮、棉、饲种植结合,总结形成和推广应用了粮、棉、饲、菜、果等多种间套种模式,更进一步提高了粮、棉、饲种植的效益。这些种植模式亦是粮、棉、饲种植与棉田多种间作套种模式的结合。

第二节　黄河流域棉区棉田间作套种

一、棉田两熟间作

(一) 棉花与粮食作物间作

1. 棉花间作绿豆　"2－2 式":棉花大行距 100 cm 左右,小行距 40～50 cm,大行中间种绿豆 2 行,行距 20～30 cm;"2－1 式":棉花大行距 80 cm 左右,小行距 40～50 cm,大行间种 1 行绿豆。管理上应注意绿豆开花结荚前对水肥敏感,如果绿豆播种过晚、棉花肥水条件好,会使绿豆生长旺、株型松散、结荚延迟,对棉花生长不利。绿豆一般于 4 月中下旬与棉花同期或者提前播种,密度为 9 万株/hm^2 左右,6 月中下旬 70%以上荚角变黑时即可收获。

2. 棉花间作甘薯　棉花选用株型紧凑品种,甘薯选用短蔓丰产品种。以"棉花为主兼顾甘薯"为原则。在较肥沃的土地上,棉、薯比以"4－4 式"为宜,甘薯高垄种植,行距 67 cm,棉花平垄,行距 67 cm,隔年轮换种植带。在中等偏下肥力田块,采用棉花和甘薯"2－1 式"或"4－2 式"种植,以提高棉花密度。在棉花开花前后追施一次速效氮肥,甘薯适当提前插蔓可提高产量。

(二) 棉花与油料作物间作

1. 棉花间作芝麻　采用"2－1 式"种植,即每带(畦)2 行棉花 1 行芝麻,棉花小行 50 cm,大行 80～90 cm。芝麻可于 4 月上旬与棉花同期播种于棉花大行间,也可在栽棉后播种,芝麻一般 9 月上中旬收获。分枝型芝麻品种对棉花生长影响较大,因此间作应选择单枝型品种。

2. 棉花油葵间作

种植方式之一:150 cm 组合,棉花大行 110 cm,小行 40 cm,密度 5.4 万株/hm^2。棉花大行内套种 2 行油葵,油葵密度 9.0 万株/hm^2,两行油葵间距 30 cm,油葵与棉花间距 40 cm。

种植方式之二：120 cm 组合，棉花大行 80 cm，小行 40 cm，密度 5.4 万株/hm^2。棉花大行内套种 1 行油葵，油葵密度 4.5 万株/hm^2，油葵与棉花间距 40 cm。

油葵 4 月 10 日左右播种。初花期喷施适量缩节胺，有降低油葵株高、提高产量作用；油葵诱集棉铃虫成虫效果显著，而其表面密被的刚毛，极不利于其产卵繁衍，从而降低了棉田卵、幼虫的基数，达到减少用药的效果。

(三) 棉花与瓜菜间作

1. 棉花间作西瓜

(1) 间作模式："1－2 式"，即每畦种 1 行西瓜，间作 2 行棉花。西瓜种植在覆膜的龟背高畦中间，行距一般为 160～170 cm，株距 45～50 cm。在西瓜行两侧地膜内各间作 1 行棉花，棉、瓜株距 25～30 cm，棉花小行间距 60 cm 左右，种植密度为 4.5 万～5.25 万株/hm^2。西瓜苗期在棉花小行间生长，伸蔓后引蔓到达大行间坐瓜。这种模式一膜两用，充分发挥了地膜的作用。

"2－2 式"，即每畦种 2 行西瓜间作 2 行棉花，畦宽为 300 cm 左右，西瓜小行距离 60～80 cm，株距 50 cm，采用地膜加小拱棚双膜覆盖。在西瓜大行间种植 2 行棉花，小行距 50 cm，株距 25 cm。

(2) 品种选择：棉花与西瓜的共生期较长，为缩短棉瓜共生期，减少西瓜对棉花的不利影响，应选择高产、短蔓、中早熟的西瓜品种，并采用地膜加小拱棚双膜覆盖，可促进西瓜早熟。为减轻棉花喷药对西瓜的污染，棉花应选用抗虫棉品种。

(3) 西瓜栽培：西瓜需肥多，耐旱怕涝，忌连作，根系深，因此棉瓜田应选择地势高燥，土层深厚，土壤肥沃，通透性好的砂质壤土或砂土为宜。基肥分 2 次施用，第一次在冬耕时，深耕翻土施入；第二次在春耕后，挖 50～60 cm 宽、30～40 cm 深的瓜沟，填入熟土和基肥，再将挖出的土翻入做成龟背高畦。

西瓜育苗移栽，3 月 5 日前苗床播种，3 月底 4 月初日均气温稳定在 10 ℃以上，或垄膜下 10 cm 地温 18 ℃以上时定植，采用拱棚和地膜双覆盖。西瓜从定植到缓苗要求温度较高，保持白天 28～32 ℃、夜间不低于 15 ℃。缓苗至伸蔓阶段可适当通风，保持白天 25 ℃、夜间不低于 15 ℃。5 月上旬气温回升至日均 18 ℃以上时可撤掉棚膜，撤棚前需进行炼苗。

西瓜苗期以中耕保墒为主。伸蔓期后，西瓜需肥需水量逐渐增大，第一次追肥施用复合肥 225～300 kg/hm^2，并随浇水。果实膨大期进入需肥水高峰，进行第二次追肥，在植株一侧开沟施入 600～750 kg/hm^2 复合肥，并浇膨瓜水。此后保持土壤较好水分条件。结瓜后期适当控制浇水，以防止裂瓜和降低含糖量。

早熟西瓜在伸蔓中期至开花坐果前整枝，一般保留主蔓及主蔓基部一条健壮侧蔓。主蔓选择第 2～3 个雌瓜坐瓜，果实坐稳后要及时压蔓。棉花治虫选择低毒农药防治，收获前 2 周内停止使用农药。

2. 棉花间作甜瓜　甜瓜选用短蔓或株型紧凑的早熟、丰产品种。采用"2－1 式"种植，即每带 2 行棉花，1 行甜瓜。棉花大行距 80～100 cm，小行距 40～50 cm，密度 6 万株/hm^2。甜瓜种在大行中间，株距 35～40 cm。棉田在施足底肥的基础上，甜瓜开花后追肥浇水 1 次，注意氮、磷、钾的配比。甜瓜收获前停止用高毒农药。

3. 棉花间作番茄　番茄于3月下旬至4月上旬移栽,棉花番茄行比为1∶2。番茄小行40 cm,大行100 cm,株距16～18 cm。栽后番茄采用小拱棚覆盖,4月中下旬在两拱棚中间点种棉花1行,穴距20 cm。番茄在6月上中旬收获上市。

4. 棉花间作花椰菜　采用“2-2式”种植。花椰菜于3月中下旬定植,行距30 cm,株距40 cm,棉花大行90 cm,小行50 cm,密度5.25万株/hm^2。

5. 棉花间作芸豆或豇豆　棉花与芸豆或豇豆间作采用大小行、高低垄种植,棉花种在垄上,芸(豇)豆在垄下,肥地种豆2行,小行30 cm,中等肥力地种豆1行。棉花密度5.25万～6万株/hm^2,芸(豇)豆密度4.5万穴/hm^2左右,每穴2～3粒。豆类要选用耐寒性强、适于4月上旬早播、株型紧凑的直立型品种。芸豆在开花结荚后追肥1次,浇水2～3次,注意小水轻浇;7月上中旬及时收豆,拔秧后及时追肥浇水,加强棉花中后期管理。

6. 棉花间作莴笋　采用“2-2式”种植,畦宽140 cm,棉花密度5.25万株/hm^2。莴笋于晚秋在苗床或早春在塑料棚内育苗,3月上旬定植,行、株距均为30 cm左右。

7. 棉花间作辣椒　采用166 cm左右的畦宽,畦中栽3行辣椒,行、株距33 cm。畦沟边两侧地膜上各点播或者育苗移栽1行棉花,畦中棉花宽行100～106 cm,畦沟窄行60～66 cm。栽培上注意五个要点:一是辣椒要选择适于棉田套种的、株高50 cm左右、7月中旬拔秆的早熟品种;二是适时早育苗、培育壮苗,10月上中旬在大棚内育辣椒苗,次年4月上旬带花蕾移栽大田,6月中旬进入收获盛期;三是解决好辣椒与棉花苗蕾期的争光矛盾,力争早发,防止旺长,后期防贪青晚熟;四是辣椒病虫害较多,除要抓好棉叶螨、蚜虫的防治外,要重点防治棉铃虫;五是中后期搞好整枝工作,增加行间光照。

8. 棉花间作胡萝卜　160 cm为一种植畦,种植2行胡萝卜和2行棉花。胡萝卜小行距40 cm,棉花小行距50 cm。胡萝卜和棉花间距35 cm。胡萝卜起垄种植,垄高15～20 cm。起垄后要踩实并将垄顶搂平,两垄间形成垄沟,以利浇水。

胡萝卜选用“三红”品种。播期因覆盖条件而定,如采用地膜加小拱棚的,可于2月下旬至3月上旬播种;如单一地膜覆盖的,应在3月中下旬至4月上旬播种。播前先顺垄顶划深2～3 cm、宽5～7 cm的种沟,种子撒入种沟,用种量4.5～6 kg/hm^2。为使种子播撒均匀和土种密接,播后先用竹筢子顺垄轻搂覆土,再用工具顺种沟镇压一遍。为防治草害,播后用除草剂喷洒地表,然后覆盖地膜,顺垄沟浇水。

胡萝卜苗1片真叶时,此时外界气温升高到10 ℃以上(约4月上旬末),可视天气情况撤去地膜,使其自然生长。2～3片真叶时间苗,苗距5～6 cm;4～5片真叶时定苗,苗距10～12 cm。进入生长盛期,适当控制水分、防止叶片徒长。进入肉质根膨大期,保证有充足的水肥供应,可结合浇水追施三元复合肥并及时培土,避免肉质根顶部露出地面形成绿顶;浇水时防止大水漫灌、忽干忽湿,以免造成大量裂根,影响品质。中后期叶面喷施磷酸二氢钾,对促进肉质根膨大和提高品质有较好作用。胡萝卜生长期达110 d左右、单个重达150 g以上时及时收获上市。

棉花选用抗虫棉品种,4月中旬播种,播后喷洒除草剂,再将盖胡萝卜的地膜反盖到棉花上,一膜两用。棉花出苗后及时破膜和间苗、定苗,棉花密度5万～6万株/hm^2。棉花生长中期注意化调防徒长、荫蔽重。

9. 棉花间作白萝卜　110 cm 一垄。白萝卜 4 月 5～10 日覆盖地膜，播种于垄上两侧，行距 50 cm，株距 25 cm；棉花 4 月 10～20 日播种于垄中央一行，密度 4.5 万株/hm^2。萝卜 6 月上中旬收获。田间管理可参照棉花胡萝卜间作。

10. 棉花、马铃薯套种　棉薯套种方式：一是“1－1 式”，即 100 cm 左右一垄种植马铃薯和棉花各 1 行，马铃薯株距 18～24 cm，棉花 4.5 万株/hm^2 左右。二是“2－2 式”，即 2 行马铃薯套种2 行棉花，宽窄行种植，马铃薯窄行距 50～60 cm，宽行距 110～120 cm，在宽行内套种 2 行棉花，行距 50～60 cm(图 18－9)。这两种方式均能较好地协调棉、薯间个体与群体的生育。

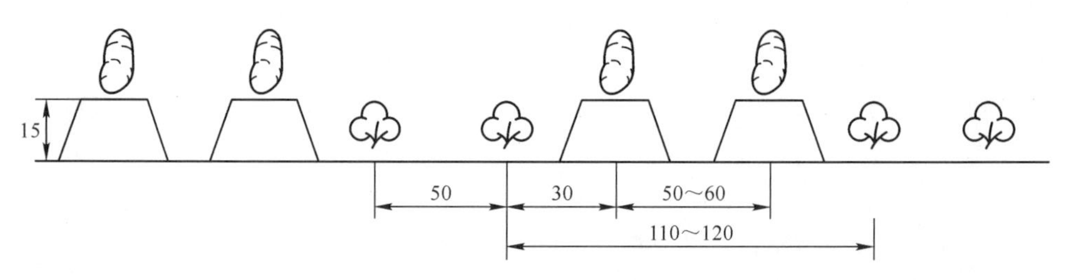

图 18－9　棉花、马铃薯“2－2 式”套种示意(单位：cm)

马铃薯宜选用早熟、高产、植株较矮、抗病的品种。10 cm 地温 7～8 ℃时开始播种，播后即盖地膜以增温保墒促进早发；棉花应选用中熟偏早的品种，4 月上旬育苗，5 月上旬移栽在马铃薯两侧的地膜上。马铃薯需肥多、地力消耗大，要施足基肥，适当追肥。收获后其茎叶可作为绿肥直接翻埋入土中。棉花在 7 月中旬重施 1 次花铃肥，以防早衰。套种马铃薯的棉田盲椿象、棉铃虫较重，应及时防治。

(四) 棉花间作豆科绿肥

棉花于 4 月中旬播种，小行 50 cm，大行 100 cm。棉花大行中间种 3 行豆科绿肥，行距 16 cm，3 月 15 日前后播种，6 月下旬翻压、灌水。

二、棉田两熟套种

(一) 棉田套种大蒜

棉田套种大蒜是目前效益较高的一种种植方式。与纯作棉比较，棉花不减产，棉田效益大幅度提高，而且还有利于减少蚜虫等虫害。

棉蒜套种的大蒜一般在 9 月下旬至 10 月上旬播种，160～170 cm 一垄，播种 4～5 行蒜，行距 15～20 cm，预留棉花套种行 100～120 cm(图 18－10)。播种前施足底肥，高低垄种植，

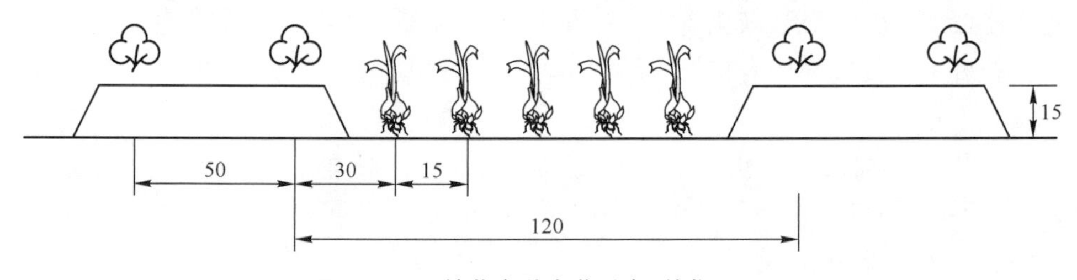

图 18－10　棉花套种大蒜示意(单位：cm)

蒜种低垄，播种后地膜覆盖。大蒜种植密度为 45 万株/hm^2 左右，播种量 1 500～1 800 kg/hm^2。棉花于 4 月上旬育苗，5 月上旬移栽，密度 4.5 万～5.25 万株/hm^2。实行麦棉两熟套种的棉田，可在预留棉行内播种 1～2 行大蒜，棉花移栽在大蒜两侧。

棉蒜套种管理，大蒜要在施足底肥的基础上，抓好越冬前、孕薹期的追肥，遇旱及时浇水。棉花的前期因大蒜施肥较多而易长势偏旺，大蒜收获后应根据苗情适当化控；后期要重施花铃肥，发挥行距大密度稀的优势，增铃增重；棉蒜共生期间，应禁用剧毒和高残留农药。

山东金乡县是全国著名的大蒜之乡，也是棉蒜套种面积最大、覆盖度最高的地区。2006 年全县种植大蒜 4 万 hm^2、套栽棉花 3.97 万 hm^2，基本全部棉田都是棉蒜套作。其主要套种栽培技术有以下几方面。

(1) 精细移栽：4 月下旬至 5 月上旬、棉苗 2～3 片真叶、大蒜浇抽薹水前移栽棉花。移栽时按行、株距以打孔器打深 10 cm 孔，轻起钵、轻运钵、轻放钵，大小苗分开栽，壅足壅实土。栽后 1 周结合浇大蒜膨大水，促进棉花活棵早发。一般行距 100～120 cm(5～6 行大蒜套栽 1 行棉花)，株距因密度确定。

(2) 护膜收蒜：大蒜地膜覆盖栽培，一般于 5 月底左右收获，收蒜时注意保护地膜，以使地膜为棉花生长继续发挥保墒增温作用。6 月下旬棉花进入初花期，清除地膜、中耕培垄。

(3) 整枝打顶：6 月上中旬棉花现蕾后及时去除叶枝。7 月中下旬打顶。中下部果枝 7 月中下旬打边心，上部果枝 8 月上旬结束打边心，8 月 10～15 日去除立秋后新生的无效蕾。

(4) 看苗施肥：因苗于 6 月下旬结合中耕追施蕾花肥，7 月上中旬结合扶垄(要求垄高 15～20 cm)追施花铃肥，7 月下旬看苗施盖顶肥，7 月下旬至 9 月因田叶面喷肥，缺硼田块在开花结铃期间喷硼肥。

(5) 全程化控：6 月中旬到 7 月初、7 月上旬到 7 月中旬，以及 7 月下旬根据长势分别喷洒助壮素，以使棉花生长整齐、株高控制在 100～110 cm，棉株中下部封行上不封行，田间通风透光好。

(6) 适迟播蒜：棉花后茬播种大蒜，过去为 9 月下旬，9 月中下旬必须摘下未吐絮棉铃、拔棉柴、耕翻施肥、整地播蒜。现兼顾到棉蒜双丰收，推迟到 10 月上旬拔棉柴播蒜，有效地增加了棉花自然吐絮率，提高了棉花产量和品质，对大蒜影响也较小。

棉蒜(葱)两熟套种栽培特点显著，表现在以下方面。

(1) 一膜两用：秋播大蒜全覆盖地膜，地膜大蒜、棉花两用，充分发挥了地膜保护栽培的生态效应。

(2) 一水两用：大蒜田后期浇水是大蒜高产的重要技术，也满足了棉花移栽活棵、发苗对水分的需求，经济高效。

(3) 一肥两用：大蒜是高需肥作物，一般基肥施 N 337.5 kg/hm^2、P_2O_5 225 kg/hm^2、K_2O 375 kg/hm^2；返青膨大肥(结合浇水 2 次冲施)N 150 kg/hm^2、P_2O_5 75 kg/hm^2、K_2O 180 kg/hm^2。棉花一般不施基肥、苗肥，中后期看苗、看田酌施花铃肥、桃肥。

(二) 棉田套种洋葱

棉花与洋葱套种，由于洋葱的茎秆直立，田间散漏光源充足，有利于棉花苗期生长发育，前后茬均可高产。

洋葱与棉花套种可采取双育苗移栽。洋葱于 9 月上旬育苗,11 月上中旬棉花拔秆后移栽大田。棉、葱套种采用高低垄种植,畦宽 150～170 cm,低畦种洋葱 3 行,行距 20 cm,洋葱收获后棉花为宽窄行。棉花于 5 月上旬移栽,密度为 4.5 万株/hm^2 左右(杂交棉 3 万～3.5 万株/hm^2)。洋葱一般在 6 月上旬至中旬收获,要注意抓好共生期间水肥管理,收获前半月可将葱秆压倒,解决葱、棉的争光矛盾,对洋葱产量没有大的影响。

(三) 棉田套种春甘蓝

春甘蓝应选用生长期较短、抗病、株型紧凑的品种。露地育苗在 11 月中下旬移栽到大田,拱棚育苗在 3 月初移栽,一般 4 月下旬至 5 月中旬可收获上市。棉花宽窄行种植,窄行 50 cm,宽行 120～130 cm,宽行栽 2 行甘蓝,4 月下旬在预留行内套种棉花;采用早熟品种、地膜覆盖的甘蓝可以满幅栽植,收获后 5 月中旬移栽棉花。春甘蓝早熟高产的关键在于培育壮苗,适时优质移栽,可在定植前盖膜增温,移栽时在地膜上打孔定植,定植后需抓好水肥管理。

三、棉田多熟间作套种

黄河流域的棉田多熟(三熟以上)间作套种亦是在棉、麦两熟和棉田其他两熟间作套种的基础上发展起来的。其间作套种模式有多种,其栽培技术也是多种两熟间、套技术的整合和集成。

(一) 麦、棉、果、菜间作套种

1. 小麦、西瓜、棉花间作套种 播种小麦时每 11 行(行距 20 cm)为一畦,每畦间留空幅 120 cm。西瓜、棉花于翌年 3 月下旬阳畦育苗,5 月定植于预留空幅。定植前中间挖 1 条宽 30 cm、深 20～30 cm 的沟,并把沟内土壤分别培于两旁畦面上。覆膜后两侧距麦行 10 cm 处各种 1 行棉花,株距 35～40 cm;畦面中间种植 1 行西瓜,株距 50～55 cm。

2. 小麦、莴苣、西瓜、棉花间作套种 250 cm 组合,秋播早熟小麦,预留空幅 190～200 cm,内撒播菠菜或移栽冬季莴苣(薄膜覆盖),翌年春季 3 月 10 日前菠菜、莴苣销售完毕,覆盖地膜移栽西瓜。5 月 10 日左右在西瓜与小麦中间移栽 1 行棉花。

3. 小麦、秋冬春菜、西瓜、棉花、毛豆间作套种 畦宽 400 cm,260 cm 播种 14 行小麦,行距 20 cm,预留西瓜行 140 cm。西瓜行,秋冬播栽白菜、青菜、豌豆、菠菜、蒜苗等蔬菜,4 月初蔬菜上市结束后整地、施肥、铺膜,4 月 20 日移栽两行西瓜,每行西瓜两侧各移栽 1 行棉花,瓜棉一膜两用。6 月初收小麦后播种毛豆(四季豆)。

4. 小麦、菠菜、西(甜)瓜、棉花间作套种 畦宽 220 m,100 cm 播种 6 行小麦,120 cm 撒播菠菜。11 月上旬在撒菠菜的行上加盖塑料拱棚,春节前后菠菜上市。翌年 3 月初菠菜收获结束,3 月底播种 1 行地膜西瓜,4 月 15 日左右在西瓜两侧地膜内各种 1 行棉花。

5. 小麦、棉花、辣椒、玉米间作套种 畦宽 300 cm,种两幅小麦,每幅 4 行,行距 16.5 cm,幅宽 50 cm。预留 2 空幅各 100 cm,春播一幅播(栽)2 行棉花、一幅栽种 2 行辣椒。棉椒小行距为 50 cm,距麦行 25 cm。棉花密度 3.45 万株/hm^2、辣椒密度 6 万株/hm^2。棉花、辣椒地膜覆盖。小麦收获前的 5 月中下旬在其中一幅麦行穴播 1 行玉米,穴距 1 m,每穴留苗 4 株。

6. 小麦、绿叶菜、棉花、甜瓜间作套种 小麦按“3－1 式”留行,150 cm 为一播种畦。小麦行距 25 cm，麦棉间距 20 cm，棉、瓜间距 30 cm，棉花小行距 60 cm、大行距 90 cm，甜瓜行距 150 cm。小麦、蔬菜播种时先播绿叶菜，后播小麦。棉花、甜瓜同时用营养钵育苗，同时移栽于大田，并覆 1 m 宽地膜。

7. 小麦、油菜、棉花、花生间作套种　选用"9－2 式"，畦宽 300 cm。10 月中下旬播种 9 行小麦，占地 160 cm，预留 140 cm；10 月底 11 月上旬，在预留行内移栽 2 行油菜；翌年 5 月待油菜收后，在油菜茬带内栽种 2 行棉花，5 月 20～25 日在麦垄内点种 6 行花生。

8. 麦、棉、瓜、菜、油一年五种五收　150 cm 为一个种植畦。小麦 10 月下旬播种，每畦播1 耧小麦。小麦播后空幅内定植黄心菜，来年 3 月下旬收获。西瓜 4 月上旬定植于黄心菜收获后的空幅内，每畦 1 行。棉花 4 月下旬移栽或 4 月上旬直播于西瓜行两侧各 1 行。小麦 5 月底 6 月初收获，花生 6 月上旬直播于小麦幅上。西瓜 6 月底 7 月初上市，花生 9 月上中旬收获，棉花 10 月中下旬收摘结束。

9. 小麦、油菜、棉花、花生间作套种　畦宽 200 cm。4 行小麦占地 80 cm，预留行播 2 行油菜，油菜收后移栽 2 行棉花，小麦收获前 15 d 麦行点播花生 2 行。

（二）棉花、果、菜间作套种

1. 西瓜、棉花、花生间作套种　畦宽 170～180 cm。早春在小拱棚内栽 1 行西瓜，4 月下旬在西瓜行的两边各套种 1 行棉花，5 月底至 6 月上旬在棉花大行中间套种 2 行花生。

2. 棉花、洋葱、菊苣间作套种　畦宽 200 cm。种植 2 行棉花，中间套种 4 行洋葱，洋葱收获后点播 2 行菊苣。洋葱育苗于 11 月初定植。棉花 4 月 20 日左右地膜覆盖、点播。洋葱 5 月 20 日收获结束。菊苣于翌年 7 月下旬播种，11 月下旬收获。

3. 洋葱、西瓜、棉花间作套种　150 cm 为一畦。立冬前后地膜覆盖定植 7 行洋葱。翌年 4 月上旬播种 1 行地膜西瓜，西瓜两侧各播种(栽)1 行棉花。

4. 棉花、菠菜、绿豆、芥菜间作套种　畦宽 200 cm。10 月上旬撒播菠菜，冬春上市。棉花 4 月 20 日左右地膜点播 1 行。棉行中 4 月下旬间种 4 行绿豆，行距 25 cm、株距 20 cm，6 月下旬至 7 月中旬收获。芥菜 7 月中下旬套播于棉行中，10 月中旬左右收获。

5. 甘蓝、西瓜、棉花间作套种　畦宽 170～190 cm。第一茬甘蓝于 12 月下旬至翌年元月上旬采用阳畦育苗，3 月下旬移栽，塑膜小拱棚覆盖，5 月上旬当叶球长到 0.75～1 kg 即可收获上市。西瓜于 3 月下旬至 4 月上旬采用塑料拱棚电热温床育苗，甘蓝收获后栽植西瓜。棉花 4 月上旬育苗，5 月上中旬甘蓝收获后移栽。第二茬甘蓝于 7 月 20 日育苗，8 月 20 日移栽在棉花行间，10 月收获。

第三节　西北内陆棉区棉田间作套种

一、棉田套种

（一）棉田套种孜然（俗称小茴香）

棉田套种孜然，在新疆各棉区均有一定面积，但由于孜然价格波动较大，年际间面积起伏较大。在南疆先播棉花，后播孜然，或棉花与孜然同时播种。套种孜然田棉花宽行 60 cm 左右，行间播种 2 行孜然，行距为 10 cm。孜然采用简单改装后的棉花播种机播种，也可在棉花播种后，在棉行间人工开沟条播。孜然用种量：宽膜棉田机播为 2.25 kg/hm²。人工播种为 4.5 kg/hm²。为确保机械播种均匀，用 1 份种子与 10 份沙子拌匀（重量比 1∶10）后放入种子箱混播。

套种棉田肥料投入可参照高产棉田施用，基肥用腐熟农家肥约 22 500 kg/hm²、尿素 225～300 kg/hm²、磷酸二铵 300～400 kg/hm²。

为防除苗期杂草危害，在整地最后一遍条耙前喷 48%氟乐灵除草剂 1 200～1 500 g/hm² 兑水 450 kg，喷洒后耙耱（耙深约 10 cm），使药剂与土壤均匀混合，或在播种前地表喷洒 90%乙草胺（禾耐斯）750～1 200 g/hm² 兑水 450 kg。

种植孜然棉田，地老虎、红蜘蛛危害明显增多，应注意防治。孜然于 6 月底收获。

东疆吐鲁番棉区孜然套种播种时间较其他棉区早，于棉花播种前种植，时间在 2 月底 3 月初，采用小麦播种机条播，行距 10 cm，并预留棉花种植行，孜然一般在 6 月 10 日前后收获。棉花 3 月底至 4 月初采用手推单桶棉花播种机播种或人工点种。

套种孜然棉田的棉花管理与单作棉田基本相同。

（二）棉田套种胡萝卜、大蒜、花生、甜瓜等作物

1. 套种主要方式　棉花生长前期在膜上套种芜菁、大葱、小白菜、油白菜、胡萝卜、西瓜、芝麻；在棉花生长期间套种胡萝卜、架子哈密瓜、菠菜、卷心菜、莲花白等；在棉花生长后期套种大白菜、菠菜、萝卜等耐寒蔬菜。

2. 东疆吐鲁番瓜、棉套种　宽窄行种植，瓜宽行 290～340 cm，窄行 110 cm，平均行距 200～225 cm，株距 43～45 cm，宽行为瓜蔓提供足够的伸展空间，瓜窄行主要为灌水沟所占。灌水沟是在瓜播种前以窄行中心线为准挖出的，灌水沟上口宽 80～90 cm，沟底宽 30 cm，沟深 40～50 cm。一般情况下，瓜、棉分期播种，3 月 10 日左右采用拱棚方式种植西瓜或甜瓜，3 月底至 4 月初人工种植棉花，也可瓜、棉同时种植。拱棚内瓜与棉实行同行种植，距沟边 10 cm 左右。拱棚外棉花种植行在两条瓜沟中间位置。瓜行棉花种植密度为：每两株瓜苗之间点播棉花 3～4 穴，每穴留 1～2 株棉花。拱棚外棉花株距同瓜行棉花，均于 3 月底 4 月初种植。

3. 南疆棉花套种大蒜　棉花铺膜播种后，4 月 5～10 日在膜上宽行中间打穴孔，每穴 2 瓣大蒜，株距 20 cm 左右，密度约 6 万株/hm²。其他蔬菜可参照大蒜套种方法播种和管理。

4. 南疆麦、棉套种，复播黄萝卜或花生　采用带状种植模式，小麦种植畦宽 140 cm，种 10 行小麦，或种植畦宽 560 cm，种 40 行小麦；棉花种植带至少满足种植一幅宽膜棉花，因而棉花预留畦宽至少 140 cm，小麦收获后小麦种植带上套种黄萝卜或花生。各作物田间栽培技术可参照其单作方式管理。

（三）棉田套种苜蓿、三叶草、草木樨、油菜等绿肥

棉田间、套种苜蓿，既可作绿肥，有利改良土壤、合理轮作，还能收饲草。棉田套种苜蓿，当年主要收获棉花，以后连续几年收获苜蓿。

棉花选择株型紧凑、叶片偏小上举的品种。苜蓿选择产量高、越冬能力强、耐践踏的品种，如阿尔冈金和新疆大叶苜蓿等。

（1）苜蓿播种：将种子与沙子混合揉搓，或碾磨种子，暴晒 3～5 d；播种量一般 18 kg/hm²

左右，以确保保苗达 150 万株/hm^2。套播时间 6 月中下旬，结合棉田灌头水前开沟施肥，机械或人工撒播紫花苜蓿，并及时灌溉，使播种后土壤有足够墒情出全苗。

(2) 除草技术：苜蓿苗期生长缓慢，易受到杂草的危害，整地时喷施氟乐灵 1.5～1.8 kg/hm^2，并耙地混土。

(3) 灌水技术：播后及时灌水，做到均匀一致，不淹不漏，水量适中。忌大田积水导致苜蓿死亡，积水应及时排除，防止受淹。10 月中下旬进行秋季灌水和适量施肥，以提高苜蓿抗寒能力，利于越冬。

棉田宽行种植三叶草、草木樨、油菜等绿肥亦对增加土壤肥力、提高棉田有机质含量、改善土壤物理性能效果显著。

二、棉田间作

新疆林果有杏子、红枣、葡萄、核桃、香梨、苹果、石榴、巴旦杏等。果树树冠较小时可间作棉花。

(一) 杏、棉间作

杏树行距 400～600 cm，株距 300～500 cm，密度 333～833 株/hm^2。在果树行中用地膜播种机种植棉花，其棉花播种方法同大田，所选地膜宽度应与行距相配套，400 cm 行距通常选一幅 230 cm 宽膜，膜上种植 8 行棉花。棉花播完后，确保杏树苗所在行在两幅膜正中位置。如果要长期套种棉花，杏树行距可设置在 600 cm 以上。

在常规灌棉田，为防止灌溉杏树时对棉花的影响，在杏树四周围埂，埂宽为 120 cm。滴灌棉田可通过安全阀控制灌溉。

(二) 枣、棉间作

枣树行距 300～400 cm，株距 150～200 cm，密度 1 250～2 222 株/hm^2。也有采用株距 100 cm、120 cm、200 cm 配置。枣树行正中播种一幅宽膜棉花，其播种方法同大田，通常为 230 cm 宽膜，膜上种植 8 行棉花。如要长期可套种棉花，行距可设置为 400 cm 以上。

在常规灌棉田，为防止灌溉林果对棉花的影响，亦需对枣树围埂。

(三) 核桃、香梨、苹果、石榴、巴旦杏、开心果与棉花间作

基本株行距和种植方式可参照杏树与棉花间作。

另外，葡萄，特别是北疆葡萄地架间套种棉花也较普遍。

（撰稿：朱永歌，林永增，田立文，郑曙峰，别墅；主审：朱永歌，毛树春）

参考文献

[1] 朱永歌，陈标，丁同华，等. 棉田高效复种新技术. 南京：江苏科学技术出版社，1999：13－224.
[2] 纪从亮，朱永歌，陈德华，等. 棉花高产优质高效栽培实用技术. 北京：中国农业出版社，2002：270－290.
[3] 夏文省. 转基因抗虫棉生育特征及优质高产高效栽培新技术. 北京：中国农业科技出版社，2006：262－272.

[4] 姜德明,刘海南,刘古国.棉蒜间套作丰产经验.中国棉花,1987,14(2).
[5] 罗诗武.棉蒜套种模式栽培技术要点.安徽农业,2004,25.
[6] 赵宝玉.棉瓜油三熟高产栽培技术探讨.湖南农业科学,2007.2.
[7] 关故章,张宁波.棉豆间作种植模式优势与配套栽培技术.湖北农业科学,2003,(6).
[8] 上官胜,肖望舒,郝良光.棉田套种春大豆技术.中国棉花,1987,14(3).
[9] 郑曙峰.繁昌县棉菜多熟制优化模式及配套栽培技术.中国棉花,2001,28(1).
[10] 毛树春,董合林,裴建忠.棉花栽培新技术.上海:上海科学技术出版社,2002:154-169.
[11] 施培,孙学振,周治国.图说棉花种植新技术.北京:科学出版社,1998.
[12] 周明炎.湖北棉花.北京:中国农业出版社,2004.
[13] 王应山,叶松庭,龙泽福,等.麦瓜棉豆间作套种栽培技术.大豆通报,2006,5.
[14] 顾冬勤.麦豆棉菜一年四熟双高栽培技术.上海农业科技,2006,5.
[15] 王小琳,顾正清.春玉米、马铃薯、棉花、蔬菜种植模式效益机制分析.耕作与栽培,1998,104(6).
[16] 付元奎,陈湘国,夏兴旺,等.棉花甜瓜玉米间套种高效栽培技术.作物研究,2005,19(3).
[17] 郑军辉.棉花间套作高产高效栽培技术.浙江农业科学,2004,4.
[18] 庞振兴,郭永芳,吴秀平.棉花西瓜间作简化整枝高产栽培技术.河南农业,2004,1.
[19] 喻树迅,张存信.中国短季棉概论.北京:中国农业出版社,2003:245-264.
[20] 朱永歌,吴会龙.金乡棉蒜间套种技术调查.农业调研,2006,9.
[21] 刘圣田,韩长胜,李泽田.洋葱棉花套作高产高效栽培技术规程.山东农业科学,2004,4.
[22] 王彩霞.棉田立体种植高效种植模式及关键技术.甘肃农业,2004,8.
[23] 王恒铨.河北棉花.石家庄:河北科学技术出版社,1992:300-337.
[24] 李智峰,李伟明,李振山,等.棉葵套种模式及效益分析.中国棉花,2003,30(6).
[25] 范妍芹,刘云,严立斌.冀研6号甜椒与棉花套种的关键技术.辣椒杂志,2004,1.
[26] 王淑杰,程洪岐,孙彦磊.天鹰椒与棉花间作栽培技术.辣椒杂志,2004,2.
[27] 黄吉平,熊玉梅,李秋玲.小麦西瓜棉花立体种植模式.河南农业,2006,11.
[28] 罗志金,杜东林,贾献忠,等.麦瓜棉三熟地膜覆盖栽培技术.中国棉花,1989,16(2).
[29] 屈城乡.麦棉瓜菜多熟制的经济效益和栽培技术.中国棉花,1988,15(5).
[30] 张莉.粮棉瓜菜间套技术关键.安徽农学通报,2007,13(10).
[31] 刘伟,张家宪,刘超.麦棉瓜菜多熟高效种植模式及栽培技术.中国棉花,2006,33(4).
[32] 张卫华,张喜姣,王素贞.麦棉瓜菜间作套种模式.河南农业,2003,9.
[33] 张淑莲,陈志杰,张峰,等.麦棉辣米立体组合种植模式及效益分析.中国生态农业学报,2003,3.
[34] 梁建修.黄准海平原棉区熟制的演化与浅析.中国棉花,1989,16(1).
[35] 贾登三,张文娟.瓜棉油间套复种技术.中国棉花,2003,30(2).
[36] 赵素英,张立宏,聂会芳.棉花、菠菜、绿豆、芥菜间作套种.河北农业,2004,4.
[37] 何新梅,周建平,尤努瓦斯,等.棉田瓜田套种小茴香试验总结.新疆农业科技,2005,3.
[38] 张卫东,耿涛.南疆间套多熟种植模式及效益.新疆农业科技,2006,6.
[39] 孟凤轩,郭峰,彭华,等.吐鲁番盆地甜瓜棉花复合立体种植模式研究.耕作与栽培,2006,3.
[40] 苏桂华,魏玉新,严玉红.棉田套种苜蓿栽培技术.新疆农业科技,2004,4.
[41] 杨卫江,杜时玉,冯胜利,等.棉田套种紫花苜蓿的栽培技术.农业科技通讯,2004,4.
[42] 郑曙峰,路曦结,潘泽义.棉花优质高效栽培新技术.合肥:安徽科学技术出版社,2007:175-188.

第十九章　棉田轮作换茬

我国棉区辽阔，各棉区种植制度不同，但不论是一熟制、两熟制，还是多熟制棉田，都需要有计划地进行轮作换茬，因地制宜建立科学的轮作制度。应认真总结各地多年来作物布局和轮作的经验，对轮作方式作出科学的评价，根据现代农业发展要求，逐步建立起一套能充分利用和保护自然资源、做到用地与养地相结合、提高土壤肥力、减轻病虫草害、保证粮棉持续增产、提高劳动生产率和投入产出率的合理轮作制度。

第一节　轮作换茬的作用

一、充分利用土壤养分

不同的作物对于土壤养分具有不同的要求和吸收能力。一种作物长期连作，会引起某些营养元素的缺乏，而另一些元素又未被充分利用，导致棉田养分失衡。实行轮作则能较充分利用各种营养元素，前茬作物未能从土壤中吸收的养分及其自身的残留物，可以为后茬作物所利用；各种作物的根系有深有浅，棉花根系较深，与浅根作物轮作，则能较充分利用土壤各层的营养元素，所以有“倒茬如上粪”之说。在同样施肥条件下，轮作的棉花能获得较高的产量。据中国农业科学院土壤肥料研究所在山西解虞试验，在相同条件下，连作小麦地种植玉米后再种棉花，比连作4年的老棉田增产皮棉27.7%，而且新棉田的棉花出苗、现蕾、成熟都比老棉田早。赵玉清在冀东南6年定位试验表明，定期轮作改善了土壤的理化性状，粮棉倒茬比棉田连作增产7.2%，棉、粮倒茬比粮田连作增产5.2%。

二、保持和提高土壤肥力

棉花从土壤里吸取的养分比一般作物多；又因在旱作状况下，多次松土中耕土壤有机质分解较快，因而棉花连作更易导致土壤有机质不足、土壤肥力下降、土壤理化状况恶化。合理的轮作，可以改善棉田土壤理化性状，特别是在轮作中加入豆科粮食作物和豆科绿肥作物，更可以保持和提高土壤肥力。据江苏启东县调查，在两熟棉区，夏季土壤有机质和全氮、速效磷、速效钾含量都以蚕豆连作的最高，豆麦轮作次之，麦子连作最差；秋季的有机质、全氮量都以棉粮轮作的最高，粮食作物连作次之，棉花连作最差（表19－1）。土壤测定结果表明，粮棉轮作有利于调节土壤有机质状况，不仅有机质含量高于棉花连作田，而且下降的速度较慢。调查分析认为，冬季麦与豆轮作、秋季棉花与粮食（玉米）轮作的两年四熟制[元麦（大、小麦）—棉→蚕豆—玉米（间作大豆、赤豆）]，确能使地力越种越肥。该县希士村两次肥力测定，10 年内有机质由 16.7 g/kg 上升到 18.9 g/kg，全氮量由 1.33 g/kg 上升到 1.37 g/kg。原来肥力较差的夹砂土和砂土地，实行这一轮作制度后土壤肥力均有所提高，而原来肥力较高的黄泥土，轮作中没有安排豆科作物，长期用地大于养地，肥力则有所下降（表 19－2），说明了轮作中安排豆科作物对保持和提高土壤肥力的重要性。

表 19－1　轮作与连作对土壤肥力的影响

（中国农业科学院棉花研究所，1983）

夏收作物	土壤肥力				秋收作物	土壤肥力			
	有机质 (g/kg)	全氮 (g/kg)	速效磷 (mg/kg)	速效钾 (mg/kg)		有机质 (g/kg)	全氮 (g/kg)	速效磷 (mg/kg)	速效钾 (mg/kg)
蚕豆连作	16.1	1.15	10.2	139.2	粮棉轮作	16.3	1.19	9.5	116.5
豆麦轮作	15.8	1.09	9.7	130.2	粮食连作	16.3	1.12	9.2	121.3
麦子连作	15.1	1.05	8.7	120.1	棉花连作	15.8	1.08	10.5	142.1

表 19－2　不同土质、不同轮作方式土壤肥力的变化

（中国农业科学院棉花研究所，1983）

土质	样品数	1971～1974 年种植方式	1971 年				1974 年			
			有机质 (g/kg)	全氮 (g/kg)	速效磷 (mg/kg)	速效钾 (mg/kg)	有机质 (g/kg)	全氮 (g/kg)	速效磷 (mg/kg)	速效钾 (mg/kg)
黄泥土	56	三麦连作-粮棉轮作	18.1	1.30	11.0	138.9	14.5	1.11	6.8	122.7
夹砂土	64	豆麦轮作-粮棉轮作	17.3	1.24	11.7	141.4	18.4	1.27	11.3	150.0
砂土	29	豆麦轮作-粮棉轮作	15.0	1.01	8.5	98.4	16.0	1.07	7.2	111.8

据江苏盐城地区新洋试验站在东台新五试验结果，在一般施肥水平下，种植一季玉米、麦子或棉花后土壤肥力均有不同程度下降，0～20 cm 土层的有机质下降 0.06%～0.2%，全氮量下降 0.005%～0.014 3%。另据在轮作中插入一季绿肥试验，轮作周期结束时，土壤有机质和全氮量均有所提高；插入两季绿肥后提高更多（表 19－3），两年中，粮棉轮作并插入绿肥的比粮棉连作的增产粮食 7.0%～12.9%，增产皮棉 7.25%～27.1%。

表 19－3　不同轮作方式与土壤肥力的关系

（中国农业科学院棉花研究所，1983）　　　　（单位：g/kg）

轮作方式	0～20 cm 土壤有机质含量			0～20 cm 土壤全氮量		
	开始	结束	相差值	开始	结束	相差值
麦—棉→麦—玉米、大豆	14.1	11.52	－2.58	0.568	0.609	＋0.041
麦—棉→绿肥—玉米、大豆	12.6	14.75	＋2.15	0.546	0.618	＋0.072
麦、绿肥—玉米、大豆→麦、绿肥—棉花	12.9	16.11	＋3.21	0.546	0.809	＋0.263

轮作不但能提高土壤肥力，而且还能改善土壤物理性状。如我国西北内陆棉区的棉花与苜蓿轮作，长江流域棉区的稻、棉轮作等都具有上述双重作用。在盐碱地上，通过合理轮作换茬，增加作物的覆盖，还能抑制盐分上升。

三、减轻病虫害

许多作物的病害是通过土壤传染的。棉花长期连作，使一些土壤传染的病害逐年加重，这是连作导致减产的重要原因。各地调查和试验一致表明，在枯萎病、黄萎病区，棉花连作年限愈长，发病率愈高，减产愈严重。据河南新乡调查，棉花和小麦、玉米等禾本科作物轮作，可以显著减轻枯萎病、黄萎病危害，新倒茬的棉田棉株发病率为0.43%；而连作3年的棉田，病株率达21.3%。四川射洪县调查，连作多年的棉田，枯萎病发病率高达50%以上；轮种1年粮食作物后，棉株发病率降为22%～25%，轮作2年降为15%～27%，轮作3年降为5%～12%，轮作4年降为0.4%～7.0%；而在棉花连作2～3年后，发病率又逐渐回升。实行稻、棉轮作的防治效果更为显著，据湖北新洲试验，枯萎病棉田改种一季稻，淹水60 d，土壤中病菌数量比连作棉田下降42.9%；改种双季稻，淹水120天，下降96.8%；连种两年双季稻，耕作层内基本上分离不到病菌。说明轮作是防治枯萎病、黄萎病，提高棉花产量的一项有效措施。水旱轮作也有抑制一般苗病的作用。据湖北洪湖县调查，稻田改棉田的，第一年棉苗发病率为13%，第二年25%，第三年32%，而连作多年的老棉田却高达51%。水旱轮作后，地老虎、蜗牛、棉铃虫的危害也有所减轻。

四、防除田间杂草

由于作物的生物学特性、耕作栽培措施、收获期各不相同，对田间杂草具有不同的抑制能力。因此，通过轮作换茬可以改变杂草适生环境，有效地控制田间杂草的危害，减少除草用工，降低成本。黄河流域一熟棉田的棉田杂草，通过冬耕、春耙和生长期间多次中耕，可基本清除。棉花也是其他多种作物的较好前作，如棉花与小麦轮作，对于控制麦田冬季一年生和越冬性一年生杂草有显著效果。这类杂草如猪殃殃、荠菜、田紫草和冬小麦在一起生长，在冬小麦收割前种子成熟落地。据原西北农学院在武功调查，收小麦后，每平方米表土层中散落有313粒杂草种子，如年年小麦一熟，杂草就难以消灭，如改为与棉花轮作，则棉田既能进行多次中耕外，还能在冬闲时进行秋、冬耕翻，春季耙地，得以将上述杂草消灭。

在实行稻棉轮作棉田，杂草显著减轻。据湖北省洪湖农业科学研究所在麦棉套种田调查，连作棉田每平方米杂草鲜重为940 g，而稻棉轮作后的棉田第一年只有15 g，第二年200 g，第三年420 g，说明棉花连作年代愈长，棉田杂草愈严重。

棉花与豆科作物轮作，对防除杂草也有一定效果。据湖北荆州经验，只要轮作一季大豆，并使其生长茂密，则该地棉田的大多数杂草就会受到抑制，而最顽固的杂草香附子也会被基本肃清。

综上所述，合理轮作换茬的有益作用是多方面的，一些主要产棉国的经验都证明，棉花连作年代越久，减产也越多，即使多施有机肥料，也比与豆科、禾本科作物轮作的棉花产量低，成本高。

但如当地农家肥料充裕，又配合足够的化肥，且能有效地进行病虫、杂草的防治，则在小面积上、一定年限内仍可连作棉花，其产量、品质并不一定会显著下降。所以，我国各集中棉区棉花多年连作仍很普遍。应针对各棉区特点，因地制宜地研究棉田轮作制和棉花适宜连作的年限。根据群众经验,在北方棉区,棉花连作年限以不超过3～5年为好。南方集中棉区合理安排冬作物布局和种植方式,棉花连作年限可以较长;在枯萎病、黄萎病严重的地区,棉花连作不宜超过3年。

在成片成块轮作较困难的地区或农户,也可进行畦间轮作。结合棉田间作套种,在畦间种植不同作物,并按一定次序换种轮作。这是在土地承包责任制情况下实现棉田轮作换茬的有效方法。

第二节 长江流域棉区棉田轮作换茬

长江流域棉区棉田基本上都是一年两熟制(部分三熟以上),粮田是一年两熟或三熟制。其轮作的特点是粮、棉复种轮作,既有一年内作物的轮换,又有各年之间的作物轮换。因此,轮作中作物的搭配和茬口的安排都较复杂,轮作换茬的方式也较多,各地对于两熟制棉田的轮作换茬积累了丰富的经验,有些地区已逐步建立了一套较合理的轮作制度。根据各地作物组成和轮作方式,基本上可分为三种类型。

1. 棉花连作,冬作物换茬 在集中产棉区,以棉花连作、冬作物年间轮作居多,以充分利用土地,保证棉花种植面积和产量。主要采用的方式为:麦子(大麦、小麦)/棉花→蚕豆、豌豆/棉花→油菜—棉花。

2. 稻、棉水旱复种轮作 在平原稻、棉兼作区较为普遍,其基本方式有两种:一是"年花年稻",两年五熟轮作,如:麦(蚕豆、油菜)—早稻—双季晚稻→麦/棉;二是2～3年水稻,2～3年棉花,如:绿肥作物(麦、豆)—中稻→麦(或间作绿肥)—中稻→麦/棉→麦(或间绿肥)/棉。

3. 棉花与旱粮轮作 旱作为主棉区和丘陵棉区旱坡地多采用两年四熟轮作制,如:油菜(豌豆、蚕豆)/棉花→小麦—玉米(或间作夏甘薯)。沿海棉区普遍采用夏熟半麦半豆、麦豆轮作,秋熟半粮半棉、粮棉轮作的两年四熟轮作制,如:大麦或小麦/棉花→蚕豆—玉米(间作大豆、赤豆)。

一、棉花连作,冬作物换茬

在长江中下游集中棉区,棉田占耕地比重大,多以好地种棉。为了充分利用土地,保证棉花面积和产量,棉花以连作的居多,夏、秋季不轮种其他作物,主要是实行冬作物年间轮换,其方式因冬作物种类和比重而异,换茬的方式也不一样。冬季作物主要有大麦、小麦、油菜、蚕豆(豌豆)等。20世纪80年代,湖北、江苏等省大(元)、小麦面积大,蚕豆、油菜面积小,冬季一般是种2～3年麦,换种一年蚕豆或油菜;湖南安乡、江西彭泽、安徽安庆等地,大、小麦,油菜,蚕豆各占1/3,各种作物3年轮换一次;浙江慈溪等地,麦子、蚕豆约占各半,多实行麦、豆隔年轮作;进入21世纪,长江流域棉区棉田冬季作物以油菜为主,占该流域棉田面积的一半以上,冬季麦(豆)油轮作。

20世纪70～80年代,长江流域棉区有些地方片面扩大小麦面积,打乱了以往较为合理的冬作布局和换茬习惯,长期进行麦、棉两熟栽培,导致棉田地力下降。据湖北省农业科学院测定,由于多年麦、棉连作,地力消耗大,棉田耕作层的土壤有机质、全氮、全磷的含量,12年分别下降28.9%、49.5%、47.8%;据湖北新洲、天门等县调查,由于生长期长、耗肥多的小麦茬比重越来越大,蚕豆、油菜茬的比重越来越小,不能在冬季作物间实行轮作换茬,棉田土壤有机质和养分含量都有不同程度下降。实践证明,在两熟棉区片面扩大小麦面积,而又无其他相应措施时,不利于粮、棉持续增产。

冬季作物实行大、小麦与蚕豆、油菜换茬,有利于用地与养地相结合。蚕豆根瘤能固氮,茎、叶含氮量也较高,既产粮,又养地,省工、省肥,故种一季蚕豆后,对增加土壤有机质和氮素含量有显著效果。据江苏启东测定,棉田经过种一季蚕豆后,土壤有机质含量由13.4 g/kg上升到14.3 g/kg,全氮量由1.3 g/kg上升到1.63 g/kg。所以,蚕豆茬棉花一般比小麦茬棉花增产。据湖北省科研单位测定,棉花可增产5.7%~21.1%。但蚕豆不耐连作,产量偏低而不稳,这就是后来蚕豆茬棉田缩减的主要原因。但纵使如此,如能在棉田冬作中安排一定比例的蚕豆,与小麦换茬,从整个轮作周期看,粮、棉均表现增产。据湖北新洲县调查,棉田冬作为一年蚕豆、两年小麦的,比连作3年小麦的,3年平均夏粮增产7.6%,棉花增产5.5%。

棉田前作中安排一定面积的油菜,既可生产油料,也有利于棉花增产。因油菜的落叶、落花和根茬较多,又有菜籽饼还田,能增加土壤有机质;油菜根系还能分泌有机酸,溶解土壤中难以溶解的磷素,使其转化为有效磷,为后作棉花所利用;油菜茬比小麦、蚕豆茬早,有利棉花早播(早栽)、早发。所以,油菜是棉花良好的前作。据江西省棉花研究所1960~1962年在九江试验,油菜茬棉花比小麦茬棉花3年平均增产9.3%,经济收益也较高。这也是20世纪90年代以来长江流域棉区油菜面积迅速扩大,油菜、棉花两熟成为长江流域棉区主要种植模式的原因。

棉田冬季作物的合理布局和轮作换茬还有利于错开农活,调剂劳、畜力矛盾。大麦、油菜、蚕豆都比小麦生育期短、成熟早、收割早,与棉花套种共生期短,能提早消除前作荫蔽,并便于加强棉苗管理,如果早晚茬口合理搭配,就能在一定程度上缓和"三夏"期间劳力紧张的矛盾,提高棉田管理水平。据调查,与棉花套种的大麦、油菜、蚕豆用工量,比小麦用工量依次节省10%、25%、75%。所以安排好茬口还能保证季节性强的农活及时进行,使各种冬作物都能做到适时播种,及时收获,有利于全面丰收。总结各地多年实践经验,在南方两熟棉区棉田冬作物的比例,大、小麦一般不宜超过2/3,另外1/3应安排蚕豆、油菜、绿肥和饲料作物等。如有条件采用麦、豆、油菜"三三制"则更好。

二、稻棉水旱复种轮作

近年来,在长江中下游稻、棉兼作区,稻、棉轮作面积有较大发展。

(一) 稻棉轮作的增产作用

稻棉轮作与水稻连作、棉花连作相比,都有显著的增产作用,尤其是水稻增产的幅度大。据湖北省洪湖县农业科学研究所在1971~1977年实行稻棉轮作的结果,7年平均,轮作双季稻比连作增产21.0%,轮作皮棉比连作增产13.0%;而且轮作田的稻棉都比连作的省工、省肥,经济收益较高。

稻棉轮作的增产作用主要在于土壤理化性状的改善和棉田土壤肥力的提高。据江西省农业科学院及原江西农学院测定稻棉轮作的棉田，其土壤有机质和氮素含量均比连作棉田高，这是由于稻田在长期浸水过程中有利于土壤有机质的积累，潜在肥力高；排水改种棉花后，土壤通气条件改善，好气性细菌得以繁殖，促进土壤有机质的分解，土壤中可给态养分显著增加，因而提高了土壤有效肥力。据湖北新洲县1979年秋对14块稻棉轮作对比田土壤肥力测定结果，稻田改为棉田后，与连作水田相比，土壤有机质有所下降，但速效养分含量相对增加，碱解氮高38.9%、速效磷高16.5%、速效钾高18.4%。

对水稻来说，连作稻田土壤板结黏重，通气不良，一些养分呈还原状态，不能被作物吸收利用，通过水旱轮作后，土壤结构得到改善，耕性变好，同时，棉田套种的绿肥鲜草产量高。因此，轮作稻田省肥，土温升高快，水稻根系发达，返青快，产量显著提高。其次，稻棉轮作由于剧烈改变田间生态环境，能有效地抑制和消灭田间杂草，减轻病虫害。各地调查和试验结果表明，在水旱轮作的稻田和棉田中，杂草都显著减少，棉田的某些多年生杂草经过两年种稻后，可以基本消灭。轮作棉田的地老虎、蜗牛、棉铃虫等均比连作棉田少，枯萎病、黄萎病、立枯病减轻。因此，轮作既能促进棉花和轮作作物高产稳产，又能节省棉田治虫、防病、除草用工，降低生产成本。

此外，实行稻棉轮作后还能促进棉田土地平整，完善排灌系统，便于棉田抗旱，节省用水，做到粮、棉旱涝保收。

（二）稻棉轮作的主要方式

稻棉轮作的基本方式有2种：一是“年花年稻”，两年四熟或五熟轮作制；二是多年棉花和多年稻田轮作，轮作周期以4～6年居多。

1. “年花年稻”　“年花年稻”的轮作顺序有如下四种。

(1) 麦(或间绿肥)/棉花→麦(间绿肥或蚕豆)—中稻；

(2) 油菜(绿肥)—双季稻→麦/棉花；

(3) 麦(蚕豆)—双季稻→麦/棉花；

(4) 蚕豆(麦肥间作)—早玉米(间绿肥)—晚稻→麦/棉花。

2. 二三年水稻，二三年棉花　在上述轮作方式的基础上，延长水稻和棉花种植年限，形成4～6年的轮作制，其顺序有下列两种。

(1) 油菜(麦)—双季稻→麦(豆)—双季稻(或中稻)→油菜—棉→麦(豆、绿肥)/棉花；

(2) 麦(绿肥)—中稻→麦(豆、或间绿肥)—中稻→油菜—棉→油菜(麦)/棉花。

在上述方式中，以每年一季水稻(稻麦或油菜两熟)为主的轮作，主要分布在江苏的棉区，其优点是有利于茬口安排，便于插种绿肥和豆科作物，有利于培肥地力。20世纪90年代以来水稻由杂交籼稻为主，逐步过渡到单季粳稻，粳稻、小麦(油菜)两熟1～3年后，轮作棉麦(油菜)两熟1～3年，粮(油菜)、棉都易高产稳产。

双季水稻、麦子、绿肥为主的轮作为长江流域其余棉区广泛应用，其两年左右如种植一季油菜(绿肥)，具有明显培肥地力、改良土壤的作用。两年五熟制是70年代发展起来的一种方式。实践证明，这种方式在劳力、肥料充足的条件下，增产潜力大，但面积扩大后，对棉花生产不利。据调查，一是茬口推迟，影响棉花早发，由于后季稻成熟迟，三麦迟播晚熟，延长了麦棉共生期；二是稻田改棉田后因不能干耕晒垡，土壤更板结，棉苗根系发育不良，易迟发晚熟；三是肥料紧，地力消耗大，棉田换茬季节迟，来不及种绿肥，在肥料不足的情况下，棉花施肥水平下降；四是劳力紧，尤其是农忙季节，影响棉花及时管理。所以，在实行“年花年稻”的地区，应当将两年四熟和两年五熟结合起来，合理搭配，这样才有利于缓和劳力、肥料和季节紧的矛盾，实现增产增收。

稻棉轮作田一般是旱改水的第一年水稻产量较高，而水改旱的第一年稻板茬棉花产量较低，尤其是在土质黏重或肥沃的砂壤土稻田里植棉，如管理不当，很易减产。重茬第二、第三年，棉花早发，产量较高，以后连作年限愈长，产量渐减。因此，“年花年稻”较有利于粮食增产，而适当延长棉花连作年限，棉花种2～3年，水稻种2～3年，较有利于棉粮高产稳产。因为这样可以减少稻板茬棉花的比重，避免年年改畦，开沟做垄，导致用工较多。可以利用第二、第三年重茬棉田种麦、油菜（绿肥）作物，有利于棉田地力的培养，同时，还便于分区划片轮作，解决水包旱的矛盾，降低棉田地下水位，达到棉花早熟高产。

（三）发展稻棉轮作应注意的问题

1. 稻棉轮作适宜的土壤条件　稻棉轮作对农田的土质及排灌条件要求高，土壤以宜稻宜棉的砂壤土为好，要求灌排方便，能水能旱，因此，砂质重的、漏水的农田和土质黏重、排水不畅的农田，均不宜实行稻、棉轮作。发展稻棉水旱轮作，必须土地平整，这是旱改水的先决条件，地势低的稻田改种棉花，要搞好排水，降低棉田地下水位。

2. 棉花迟发、晚熟的问题　稻田改棉田第一年称“稻板茬棉”，土壤常表现“冷、板、瘦”，棉花苗期迟发，蕾花期易旺长，后期贪青晚熟。原因主要是稻田在长期浸水条件下，土壤形成一块8～12 cm的硬结层，耕性差。若耕作粗放，表层下的硬结层得不到风化，不易细碎，就会影响土壤通透性能和棉花根系发育。苗期因土壤板结，影响土壤微生物活动，养分分解、释放慢，降雨后又因透水性差，土壤湿度大，地温低，棉苗根系弱，生长慢，导致滞长迟发。小暑后进入盛蕾初花期，地温上升，土壤疏松，土壤养分大量分解释放，这时棉株又易旺长，如栽培管理不当，易造成晚熟减产。因此，在耕作栽培上，必须采取相应的措施，主要是：播麦前要深耕、密犁，破板结层；冬季麦垄深翻冻土，使土块风化；春季要多锄碎土，进一步促使土壤熟化，通气增温，加快土壤有机养分的分解，提高土壤供肥能力；同时，种棉时要增施有机肥，搞好排水系统，为棉花苗期根系发育创造良好条件；蕾花期要加强深中耕，高培土。20世纪80年代以后稻板茬棉花普及了育苗移栽和应用地膜覆盖栽培后，已较好地解决了水回旱棉田的“冷、板、瘦”问题，使稻棉轮作植棉的首年就易实现棉花早发、稳长、早熟、高产。

三、棉花与旱粮轮作

（一）丘陵产棉区棉花与旱粮轮作

在长江上游四川等省的丘陵产棉地区，大多是水田少、旱地多，属于稻、棉、杂粮产区，有棉花与旱杂粮轮作的习惯。由于坡度大，旱地常年冲刷严重，土层浅薄，肥力较低，棉花对前作物的种类尤为敏感。历来棉花的前作物以早熟、耐瘠又能增进土壤肥力的豌豆、蚕豆为主，其次是大麦，很少种小麦。秋粮作物则以耐旱、耐瘠的甘薯为主，种植玉米较少。因此，旱坡地多采用两年四熟轮作制，冬作物麦、豆轮作，夏秋季棉花与甘薯（或间作玉米）轮作。

轮作方式主要有以下几种。

(1) 豌豆/棉花→豌豆—夏甘薯；

(2) 豌豆(蚕豆)—棉花→小麦—夏甘薯(或间玉米)；

(3) 大麦/棉花→小麦—夏甘薯(或间玉米)。

在上述轮作方式中，第一种适于坡顶瘦薄地，第二种的适应性较广，第三种适于较肥沃的棉田。这些方式在作物搭配和茬口衔接上都比较合理，有利于主产作物棉花和小麦的增产。由于豌豆、蚕豆和大麦在四川均能于 4 月中下旬收获，收后还可以适时播种棉花，即使前作物因晚熟需要套种，其共生期也短，对棉花影响也小。四川省农业科学院棉花研究所在简阳的试验结果显示，棉花安排这些前茬，比小麦茬显著增产；棉花后作安排小麦，比甘薯茬小麦增产。

近年来，由于生产条件的改善，四川产棉区的作物布局也有了很大变化。主要是棉花前作中小麦面积扩大，蚕豆、豌豆因常年产量较低而逐渐减少，秋粮作物玉米面积扩大，甘薯普遍采取与玉米间作。为了提高夏粮产量，又有利于棉花早熟高产，根据四川简阳县的经验，棉花前作中可以适当搭配麦、肥间作，在水肥条件好的棉田里，可采用小麦(间作绿肥)—棉花→小麦—甘薯(间作玉米)的轮作方式。四川省 1975～1976 年在全省 13 个县 28 块不同类型棉田试验结果，小麦和绿肥(蚕豆、毛叶苕子)间作，小麦可以不减产，棉花却增产 8.3%～12.2%，绿肥产量可达 7 500～15 000 kg/hm^2。说明这一轮作方式能够做到粮、棉兼顾，用养结合。

(二) 沿海产棉区棉花与旱粮轮作

在江苏南通、盐城两地区沿海一带，农业生产以旱作为主，夏熟作物以麦类和蚕豆为主，秋熟作物以棉花和玉米为主，属于旱作粮棉区。这一棉区的土壤原是滨海盐渍土，垦殖年代较短，在开垦初期，土壤含盐量较重，不能种粮食作物，采取边用边养的绿肥(或冬闲盖草)—棉花连作的耕作制度。随着土壤熟化，肥力提高，盐分下降，逐渐演变为麦子—棉花和绿肥—玉米连作制，以后绿肥为蚕豆或麦肥间作取代。到 20 世纪 60 年代，经过作物布局调整，普遍采用夏熟半麦半豆、麦豆轮作，秋熟半粮半棉、粮棉轮作的两年四熟轮作制，其顺序是:第一年大麦(小麦)/棉花→第二年蚕豆—玉米(间作大豆、赤豆)。

实行这一轮作制度，对于当地粮棉生产的发展起了很大促进作用。据典型调查，实行粮、棉轮作的棉花产量比麦子—棉花连作的增产 15%以上。由于在两年轮作周期中，每年有一半的耕地种有豆科作物，夏熟蚕豆中还有 50%抽行作绿肥压青，把耗肥多的麦子、玉米、棉花和豆科作物、绿肥作物合理搭配，做到了对土地边用边养，养用结合，有利于提高土壤肥力。其次，轮作中茬口的安排比较合理，有利于发挥各种作物间的互利作用，达到每季作物增产的目的。据江苏启东县调查，玉米、大豆茬大(元)麦，比棉花茬大麦增产 25%～30%；棉花以成熟早的大麦为前茬，比在小麦田里套种的增产 8%左右；棉田套种蚕豆，不需早拔棉秆种麦，可以保证棉桃充分成熟吐絮；玉米套种在蚕豆行间，比套种在麦行间增产 16%～34%，同时，玉米行间间作黄豆、株间间作赤豆，以便充分利用光能和地力。此外，这一轮作制度还能错开农活，利于劳力调配，缓和农忙时劳力不足的矛盾，保证不误农时，达到粮、棉全面高产稳产。

70年代、80年代，苏北沿海棉区大面积逐步改棉花、玉米轮作为年年棉花、玉米间套作的种植制度，其种植方式是：冬季麦（豆）、绿肥间作，春季绿肥翻压后套种春玉米和棉花，每4～6行棉花间作1行玉米，秋季再在棉行间套种麦（豆）、绿肥。与原来两年四熟轮作制相比，这种耕作制度提高了土地利用率，但却减少了豆科作物的种植，用地多于养地，在一般施肥水平下，土壤肥力有明显衰退。据启东县农业局调查，即使在夏熟作物养地较好的麦豆间作棉田里，棉花、玉米间作连续两年的土壤有机质也下降16.5%，连续3年的下降21.5%，同时，棉花与玉米间作矛盾较多，用工、成本增加，从全面来看，不如实行粮棉轮作。

90年代以来这一地区棉花、玉米间作迅速减少，取而代之的是多种形式的棉花与经济作物、瓜果、蔬菜的间作套种。2000年后随着棉花抗虫杂交种的普及，形成了麦子/棉花（棉田间套）→油菜—棉花的棉花连作，冬季换茬和麦子（油菜）/棉花→油菜（麦子）—玉米（或其他经作）冬季连作，夏季换茬相结合的轮作方式。而且棉田秋播作物除套种（栽）小麦、大麦、油菜外，种植果蔬等其他作物的面积逐年增多，春夏棉田间套方式、作物也不断增加。这就形成了多作物类型、多种植模式的间作套种和复种轮作方式。

第三节　黄河流域棉区轮作换茬

黄河流域由于历史上为保障口粮，造成了水浇田种粮、旱薄地种棉的格局，虽有轮作实践，但未能形成规模化耕作制度。近年来，随着深层地下水利用和输水技术的发展，为轮作或倒茬创造了条件。河北省棉花主产区棉、粮作物种植多年连作，致使棉花病害和适应性杂草严重，试验和生产调查结果显示，棉花苗期病害，重茬棉花死苗率为14.7%，倒茬棉花为7.0%，差异达显著水平；枯萎病、黄萎病，1983年以前为无病区，1988年在南宫市调查，浇两水棉田的病株率为67.9%，病田率为36.0%，只浇底墒水棉田分别为33.7%和8.7%，纯旱棉田和倒茬棉田只有零星发生，表明水利条件越好病害发展越快，病情也较严重，倒茬可减轻或避免其危害；由于长期连作，适应性杂草日益增多，致使除草用工过多，影响粮棉增产，像谷莠草，严重地块莠穗占42%以上，而倒茬可显著减少杂草量，并以倒茬的第一、第二年灭草效果最好。产量方面，倒茬棉花和小麦的产量与重茬的产量差异均达极显著水平，倒茬夏谷比重茬增产12.0%，倒茬后粮食产量的高低与水利条件关系密切，水利条件不改善，粮食增产将受到限制。为此进行的粮食作物模拟条件试验从水利条件分类，浇三水的倒茬小麦，减产271.5 kg/hm^2，浇二水减产1 581 kg/hm^2，浇一水产量不稳；相反，倒茬后的棉花比连作的增产籽棉586.5～1 111.5 kg/hm^2；从产值看，棉花的增收大于粮食减收。从总产值增加、减少用工和作物用水搭配合理等实证，棉粮轮作具备了可行性。

由于气候、土壤和生产条件不同，黄河流域棉区棉花与小麦、杂粮等轮作的方式较多，主要有以下几种模式。

（一）棉花（3年）→小麦—夏播作物（3年）

在黄淮海平原，一般水肥地和平原旱薄地可采用这种轮作方式。棉花及早拔秆腾地播种小麦，夏茬种植从各地群众经验和试验结果看，棉花前作以夏播豆类、谷子较好，玉米次之，甘薯、高粱较差。

(二) 小麦、夏玉米等(2～3年)→小麦(油菜)套种(或复播)棉花→棉花

黄河流域棉区水肥条件好的地方,粮田换茬种棉花,一般安排麦棉两熟,采用小麦套种棉花或麦收后复播棉花,也有在种一季油菜后复播棉花的。麦棉套种小麦产量可达2 250～3 750 kg/hm^2,棉花单产相当于一熟棉田的80%～90%;麦收后复播棉花,采用早熟品种,皮棉可达750 kg/hm^{2}以上;油菜后复播棉花,产量更高一些。这种换茬方式有利于保证麦、棉产量,增加经济收入。但采用这种方式,也应注意棉花早拔秆腾地,便于小麦播前耕地和增施基肥。

(三) 棉花(2～3年)→豌豆、夏闲→小麦、夏闲→小麦、复播豆类(或夏绿肥)

在陕西关中和陕西南部旱塬多采用这种轮作方式。当地作物构成以小麦、棉花为主,豌豆占一定面积。利用豌豆的养地作用,并重视夏季休闲,以蓄水保墒,恢复地力,已成为该地区一条主要的增产经验。在麦豆轮作三年四熟的基础上,与棉花进行轮作,有利于保证小麦、棉花稳产高产。但棉花前茬不宜安排消耗地力大的作物,最好是种一季豆类或夏播绿肥。

(四) 棉花(1～2年)→小麦—夏播玉米等(2～3年)

这种轮作方式在陕西关中灌区较为普遍。由于当地枯萎病、黄萎病较重,群众历来有粮、棉轮作的习惯。至于棉花种植的年限,在渭惠灌区,因棉田面积较小,一般只种一年;在泾惠灌区,因棉田面积较大,一般种两年即换茬为粮田。在新发展的灌区,当地棉田换茬为粮田时,都首先安排一季豌豆,或豌豆、小麦混作。

(五) 小麦套种棉花—绿肥(毛叶苕子)、棉花

在江苏徐淮地区,两熟制棉田冬作物实行小麦和绿肥轮作。为了提高绿肥鲜草产量,适当地推迟翻压期,因而棉花多采用育苗移栽。这种麦、棉、绿肥轮作方式既提高了土地利用率,培肥了地力,也达到了粮棉持续增产的目的。在黄淮平原地区,热量条件好,降雨较多,发展麦(油菜)、棉两熟制的条件比北方其他地方好,突出问题是地薄、缺肥。因此,必须把发展麦棉两熟和间种绿肥统一考虑,做到用、养结合。

第四节 西北内陆棉区一熟轮作

西北内陆棉区属于干旱灌溉棉区,由于受气候、土壤、水利和劳力等条件的限制,粮食作物和棉花都以一年一熟为主。自20世纪80年代以来,特别是进入90年代,随着地膜覆盖及其配套的"矮、密、早"栽培技术的推广应用,西北内陆棉区棉花单产效益的大幅度提高,棉田面积迅猛扩大,至2008年已稳定占全国的1/4。主产棉区棉田高度集中、多年连作,已出现了突出的用养矛盾和棉田生态失衡状况。因此,在种植制度上,合理安排棉花、粮食和养地作物(豆科作物、牧草绿肥)的比例,实行轮作换茬,做到养地与用地相结合,对于实现西北内陆棉区棉花的持续高产稳产至关重要。

西北内陆棉区的棉田轮作方式有如下四种。

(一) 棉花与粮食作物轮作换茬

南疆棉区的无霜期相对较长,历史上粮食作物以玉米为主,新中国成立后发展冬小麦和复播玉米。因此，棉花、冬小麦与复播玉米轮作，就成了该地的典型轮作方式，在棉花连作2～3年后改种粮食作物，在茬口安排上棉花收获后种一季冬小麦，复播玉米或春小麦，其方式主要有下列两种。

(1) 棉花→冬小麦—玉米→棉花(2～3年)；

(2) 棉花→春小麦—豆类。

北疆光热资源较差，是典型的一熟棉区。该区粮食作物主要以小麦、玉米为主，还有一定面积的油料作物油葵，近年来还大面积种植加工类番茄，其轮作方式主要有以下几种。

(1) 棉花→玉米；

(2) 棉花→番茄；

(3) 棉花→小麦(冬麦或春麦)—秋天冬菜；

(4) 棉花→油葵—秋天冬菜。

在畜牧业发达棉区，还有如下轮作方式，以便给牲畜提供充足饲料。

(1) 棉花→小麦—青储玉米(或油葵)；

(2) 棉花→油葵—青储玉米；

(3) 棉花→青储玉米—油葵。

东疆吐鲁番盆地，粮食作物以春小麦为主，麦后复种面积较大，其轮作方式主要为：棉花(2～3年)→春小麦—复播玉米或瓜类。

在甘肃河西走廊，春麦面积大，轮作方式多为：春小麦→棉花→豌豆(或麦、豆混作)。

(二) 棉花与水稻水旱轮作

在西北内陆棉区的重盐碱地，灌溉条件较好的农垦农场，多实行棉花与水稻轮作。通过种稻洗盐，然后套种草木樨等绿肥，巩固脱盐效果并培肥地力，再种植棉花，棉花单产大幅度提高。同时，水旱轮作后可减轻枯萎病、黄萎病发生。其水旱轮作方式为：棉花→水稻→水稻→棉花。

(三) 棉花与绿肥作物轮作换茬

西北内陆棉区的绿肥作物主要有油葵和草木樨。利用小麦收获后麦田填闲种一茬绿肥，实行粮食作物加绿肥与棉花轮作，是西北内陆高产棉区通过合理轮作，实现用地、养地相结合的主要途径。

北疆棉区适宜发展麦田填闲绿肥，20世纪80年代以来实现了大面积麦收后复播油葵。据测定，翻压绿肥油葵后，可增加土壤有机质含量0.1%～0.54%，翻后第一年棉花增产10%～30%，并有一定后效。

南疆棉花的前作多为小麦，小麦在6月下旬至7月上旬收获，麦收后还能复播玉米、豆类或其他早熟作物。为了提高棉花产量，在冬麦田中可套种草木樨，秋季翻耕后第二年种棉花。方法是在小麦返青时，浇头水前套种草木樨，形成小麦套种草木樨1～2年、再轮作棉花2～3年的粮、棉、绿肥轮作制。草木樨是豆科作物，据新疆维吾尔自治区农业科学院土壤肥料研究所测定，在草木樨翻压后，土壤有机质含量、氮素含量都比不套种草木樨的显著增加，麦收后由于草木樨覆盖地面，能防止土壤盐分的回升，比夏季休闲地耕层含盐量降低23.4%，因而这一方式在南疆发展较快。

(四)棉花与苜蓿轮作

西北内陆棉区种植紫花苜蓿已有很久历史,新疆国营农场的苜蓿面积大,并建立了棉花和苜蓿轮作制。种植苜蓿不仅可以为牲畜提供优质饲料,而且也是培肥地力、改良土壤、提高棉、粮产量的有效途径。刘更另等认为:近年来,新疆棉花播种面积急速扩大,重茬增加,土壤肥力单靠化肥维持,有机质不足,用地不养地必然引起不良后果。要保障新疆棉花生产的良性发展,在不扩大耕地的情况下,一定要控制棉田比例,合理轮作倒茬,合理安排粮棉、绿肥、牧草的面积,坚持棉花、苜蓿轮作。

苜蓿是多年生豆科牧草,能给土壤增加大量的有机质和氮素,显著改良土壤结构,增强土壤的通透性和蓄水、保墒能力。据新疆维吾尔自治区农业科学院试验和调查测定,种植苜蓿3年后,在0～40 cm土层中的残茬可使土壤增加270 kg/hm^2 氮素,土壤有机质相对含量提高24%,全氮提高10%,土壤容重降低21.4%,蓄水力提高16.9%。原西北农学院在陕西武功测定结果,种3年苜蓿后,0～20 cm土层中水稳性团粒结构占70%,而一般棉田仅占16%。由于土壤养分的增加和通透性的改善,也加强了土壤微生物的活动。可见苜蓿为后茬作物提供了十分有利的条件,对棉花、粮食的增产效果都很显著,而且后效长。

据中国农业科学院土壤肥料研究所在晋南地区调查结果,种5年苜蓿后耕翻植棉的,从第二年到第六年比连作棉花增产14.6%～82.9%,5年以后仍有一定的增产作用。新疆维吾尔自治区农业科学院在大面积生产上多点调查结果,种3年苜蓿的比不种苜蓿的,棉花增产36.6%～114.4%。

苜蓿有发达的根系,茎叶茂密,覆盖地面,能减少土壤水分蒸发,增加叶面蒸腾,因而在盐碱地种植苜蓿,能起到生物排水作用,降低地下水位,抑制盐分上升,消除返盐危害。据报道,在新疆种3年苜蓿后,1 m土层内土壤总含盐量下降30%,其中氯化物含量下降70%。在南疆塔里木、库尔勒等垦区,多年来大面积生产实践证明,在当地土壤含盐较高的情况下,垦荒、洗盐后立即植棉,往往因返盐会造成严重减产,同时在洗盐过程中,还淋溶了土壤中大量可溶性养分,使土壤肥力降低。因此,在水源较充足的地方,洗盐后可先种一季水稻,然后种苜蓿,巩固脱盐效果,并进一步淡化土壤,再种棉花等大田作物。经过一个轮作周期,就可以把盐碱荒地改为良田了。在该地凡坚持这种轮作方式的农场,都已成为粮棉高产、稳产基地。可采用的轮作方式是:水稻(1～2年)→小麦、苜蓿→苜蓿(2～3年)→棉花(2～3年)。

在北疆玛纳斯河流域棉区,作物构成与南疆类似,国营农场多采取棉、粮、苜蓿、绿肥轮作。轮作方式可采用:苜蓿(3年)→棉花(2～3年)→玉米→小麦、苜蓿。

陕西关中旱塬和山西南部历来有棉花和苜蓿轮作的习惯。在陕西、山西,种植苜蓿主要是为了解决牲畜饲料问题。由于旱薄地苜蓿初期产草量低,种植年限一般达5～6年。因多年苜蓿茬肥力高,习惯上在苜蓿翻耕后,先种1～2年粮食作物,然后改种棉花。可采用的主要轮作方式是:苜蓿(5～6年)→春播粮食作物→小麦、夏作物→棉花(3年)→豌豆、休闲→小麦、套播苜蓿。

第五节 辽河流域棉区一熟轮作

东北辽河流域棉区,粮食作物以玉米、高粱为主,其次是谷子、大豆等。一般在棉花连作

2～3 年后再种 1～2 年玉米、高粱等粮食作物。据辽宁省棉麻科学研究所调查，种 2～3 年棉花后改种粮食作物，即使不增加其他措施，也能使粮食增产 15.0%以上。

辽河流域棉区生长期短，棉花前作必须有利于棉花早发。不同前茬对棉花生育和产量影响很大，其中谷子茬棉花前期发育早，霜前花比例高，籽棉产量比高粱茬高 6.0%；大豆茬土壤肥力高，但棉花前期迟发，中后期易旺长，霜前花比例较低，在秋季气温下降快、降霜早的年份里，棉花产量低于其他茬口。因此，大豆茬一般在种一年粮食作物后再种棉花。采用的轮作方式：谷子→棉花(3 年)→高粱。

（撰稿：朱永歌；审稿：林永增）

参考文献

[1] 中国农业科学院棉花研究所. 中国棉花栽培学. 上海：上海科学技术出版社，1983：323－336.

[2] 中国农业科学院棉花研究所. 棉花优质高产的理论与技术. 北京：中国农业出版社，1999：93－126.

[3] 赵玉清. 冀中南粮棉轮作效应与倒茬利用. 耕作与栽培，1994，74(1).

[4] 王黎. 麦棉套种增产措施的商榷. 中国棉花，1984，11(2).

[5] 林永增，关永格. 黑龙港地区棉粮倒茬可行性分析. 中国棉花，1991，18(4).

[6] 刘更另. 邱建军. 科学建设新疆棉区. 作物学报，1998，24(6).

第六篇

中国棉花高产优质栽培的理论基础

基于人多地少、以分散经营为主的国情和棉花生产发展的实际需要，以高产优质高效为目标，经过70年的研究与实践，特别是近40年的努力，我国不仅建立了适合国情、特色鲜明的棉花高产优质栽培技术体系，也形成了相对完整的栽培理论体系，成为中国棉花生产技术和中国棉花栽培学发展的重要标志，是中国特色的棉花成功发展道路和成功发展模式的科学理论基础。

我国棉花高产优质栽培理论体系的核心是优化成铃。围绕优化成铃，研究了棉铃和棉纤维发育与外界条件的协同关系，明确了优质铃的成铃规律和结铃模式；研究了营养生长与生殖生长的协同关系，明确了高产棉花株型特点与高光效群体质量指标和调控途径；研究了优化成铃和集中成铃的关系，明确了基于集中机械收获的棉花集中成熟群体结构类型及其特点；研究了棉花库源关系、根冠关系和碳氮代谢特点，明确了实现正常熟相的调控途径。棉花产量是通过棉株结铃来实现的，优化成铃就是根据当地生态和生产条件，在最佳结铃期、最佳结铃部位和棉株生理状态稳健时多结铃、结优质铃。

为优化成铃，要按照高产棉花干物质积累与分配特点，协调品种、环境和栽培措施三者的关系，在增加生物学产量的基础上，提高经济系数；在增加单位面积总铃数的基础上，提高铃重。为优化产量品质，要求盛花期以前棉花群体干物质保持在适宜的范围内，具有适宜的群体叶面积、株高、果枝数和总果节量，而盛花以后的整个结铃吐絮期要保持较高的干物质积累量。

为优化成铃，要主动而有预见性地控制棉花个体发育，培植理想株型，优化群体结构，协同好棉花生长发育与环境条件的关系，棉花个体与群体的关系，棉花营养生长与生殖生长的关系，棉株地上部与地下部的关系，棉花与间套作物的关系。盛花期后群体干物质生产量是高产群体结构的关键指标，果节量与叶面积发展动态是高产群体质量的诊断指标，单位面积铃数和三桃比例是高产群体质量的本质指标。

为优化成铃，要因地制宜，根据当地生态、生产条件和种植制度建立高光效群体结构。其中，长江流域棉区、黄河流域棉区和西北内陆棉区已分别形成了“稀植大株类型”“中密壮株类型”和“密植小株类型”的传统群体结构。基于新时期轻简节本、提质增效和集中收获等栽培技术升级的需要，要研究推广形成“直(播)密矮株型”“增密(度)壮株型”和“降密(度)健株型”的棉花集中成熟高效群体结构。

总之，本篇以5章的篇幅，以优化成铃理论为核心，试图对中国棉花高产优质栽培的理论作概括性论述。篇中首先阐述了高产棉花产量和纤维品质形成的相关规律，特别是干物质积累与分配的基本规律；其次，阐述了棉花高光效群体结构与合理密植；第三，论述了棉花产量构成和优化成铃，包括多结高产铃和优质铃的原理与途径；第四，阐述了棉花产量和品质形成中的几个协同关系，包括棉花生长发育与环境、棉花个体与群体、营养生长与生殖生长、地上部与地下部、棉花与间套作物的关系；最后论述了麦套棉的生理生态。

第二十章　棉花产量和纤维品质形成的相关规律

棉花产量和纤维品质是由品种、环境条件和栽培措施三方面因素综合作用所决定的，唯有把这三方面因素协调配合好，就有实现棉花高产优质的可能。因此，认识和把握棉花产量与品质形成的相关规律，包括干物质积累与分配的特点，经济产量与生物学产量、经济系数的关系，以及棉花产量与产量构成、纤维遗传品质与生产品质对环境和栽培措施的响应等，对于协调品种、环境和栽培措施三因素的关系，实现棉花优质高产具有重要的指导意义。

第一节　棉花优质高产与气候条件

棉花生产在露天进行，其生长发育过程必然会受到气候因子的影响，并最终反映在产品的数量和质量上。在影响棉花生长发育的诸多气候因素中，以温度、光照和降水最为关键，而且这三个因素对棉花生长发育的作用常常不是单独的，而是相互影响的。

一、热量条件与优质高产

棉花为喜温作物，充足有效的热量资源是实现棉花高产优质的重要保证。具体而言，气温高低、积温多少，与棉苗生长速度、棉花生育进程、棉铃发育，乃至产量和品质都有密切的关系。

（一）温度与生长

据涂昌玉和余筱南对湘棉10号和岱红岱两个品种的生育进程与平均气温的相关分析（表20-1），生育期与平均气温呈负相关。在一定范围内，温度越高，生育进程越快，生育期就越短。

表20-1　棉花生育进程与温度的相关系数和回归方程
（涂昌玉、余筱南，1992）

生育时期	品　种	相关系数	回归方程
出苗至现蕾	湘棉10号	-0.599 1*	$y=190.74-6.569t$

（续表）

生育时期	品　种	相关系数	回归方程
	岱红岱	$-0.687\,1^{*}$	$y=214.95-7.426t$
现蕾至开花	湘棉 10 号	$-0.360\,7$	$y=68.69-1.869t$
	岱红岱	$-0.218\,1$	$y=89.14-2.612t$
开花至吐絮	湘棉 10 号	$-0.615\,6^{*}$	$y=182.46-4.980t$
	岱红岱	$-0.724\,4^{**}$	$y=218.82-6.171t$

［注］y，生育期(d)；t，平均气温(℃)。

据对泗棉 2 号苗期、蕾期及花铃期主茎日增量与相应时期的平均气温回归分析（表 20－2），主茎日增量与温度呈正相关，且在苗期和蕾期达极显著水平，而在花铃期相关性不显著。对泗棉 2 号营养生长为主时期（移栽至初花期）主茎叶片出生间隔时间与温度回归分析表明，相邻两叶全展间隔时间（y）与此时期的温度（t）呈极显著负相关（$y=13.41-0.372\,4\,t$，$r=0.738\,9^{**}$）。温度愈高，出叶愈快，在一定范围内，温度每升高或降低 1 ℃，平均每出生一叶的时间将缩短或延长 0.3～0.4 d。

表 20－2　主茎日增量与温度的相关系数和回归方程

（涂昌玉、余筱南，1992）

生育时期	相关系数	回归方程	生育时期	相关系数	回归方程
苗期	$0.868\,0^{**}$	$y=0.115\,6t-2.157$	花铃期	$0.321\,7$	$y=0.187\,8t-3.558$
蕾期	$0.868\,0^{**}$	$y=0.258\,3t-5.280$			

［注］y，主茎日增长量(cm/d)；t，平均气温(℃)。

（二）温度与铃期、铃重

又据涂昌玉和余筱南对泗棉 2 号不同开花时期棉铃的铃期、单铃籽棉重与开花和吐絮期间的平均气温和＞20 ℃有效积温的相关分析（表 20－3），铃期与平均气温，＞20 ℃有效积温呈显著或极显著负相关，而单铃籽棉重与平均气温和＞20 ℃有效积温呈极显著正相关。说明棉花成铃期间温度越高，＞20 ℃有效积温越多，棉铃发育越快，铃期越短，单铃籽棉越重，铃重越大。

表 20－3　不同开花时期棉铃的铃期、铃重与温度的相关系数

（涂昌玉、余筱南，1992）

项目	平均气温	＞20 ℃有效积温	项目	平均气温	＞20 ℃有效积温
铃期	$-0.832\,1^{*}$	$-0.861\,4^{**}$	单铃籽棉重	$0.852\,7^{**}$	$0.904\,6^{**}$

（三）积温与产量

据谈春松在河南的研究，棉花出苗后≥15 ℃的活动积温（x）与皮棉产量（y）呈显著正相关（$r=0.861\,8^{**}$），皮棉产量随积温的增减而升降，回归方程为 $y=-1\,920.598\,5+0.796\,5x$（图 20－1）。出苗后≥15 ℃活动积温每增减 1 ℃，则每公顷皮棉产量增减 0.79 kg。

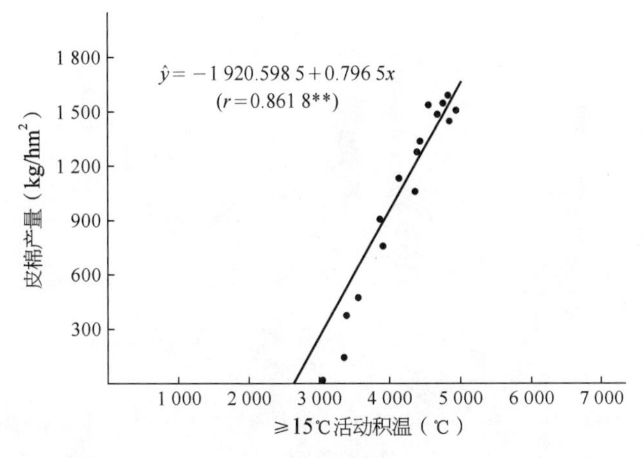

图 20-1　出苗后≥15 ℃活动积温与皮棉产量的关系

（谈春松，1992）

按陆地棉早熟品种要求的积温下限和对生长期最低要求分析，凡是≥15 ℃积温低于 2 500 ℃，或≥10 ℃积温低于 3 100 ℃，无霜期不足 150 d，夏季最热的月份平均气温低于 23 ℃的地方均不宜植棉。因此，我国青藏高原、内蒙古大部分地区，以及黑龙江、吉林两省之所以不能植棉，就是由于这些地方的无霜期短，活动积温太少，不能维持棉花正常生长发育的缘故。至于云贵高原，尽管所处的纬度较低，活动积温高，生长期长，但不少地方因海拔过高，夏季温度偏低，同样不宜植棉。即使是四季如春的昆明，≥15 ℃的活动积温接近 3 500 ℃，无霜期达到 250 d 左右，但由于夏季最热月份的平均气温不足 21 ℃，以致棉花现蕾、开花难，棉铃和棉纤维发育差，最后只能收到很少的劣质纤维，因而也不宜植棉。

总之，棉花是喜温作物，出苗、棉苗生长、现蕾、开花、棉铃发育都有最低、最高和最佳的温度范围。不同生态区热量条件差别较大，但对热量资源充分有效的利用是棉花高产优质的关键。北方棉区的农业措施，基本上是围绕增温促苗早发；南方棉区棉花生长与热量矛盾相对较小，但在春季，也存在短期的低温问题。为充分有效利用热量资源，我国棉花株型由南向北由高大逐渐变小，与株型相协调的群体密度也随之变化，由南向北逐渐增大。

二、光照环境与优质高产

棉花好光，充足的光照能让棉株得到良好的生长发育，构成产量的各因素能得到协调发展，这是棉花获得优质高产必需的环境条件。不同棉区的光照状况有明显差异，这种差异对当地棉花的生产潜力及纤维品质优劣均将产生明显影响。

（一）日照与棉花产量

谈春松采取分期播种方法，测定皮棉产量(y)与棉花出苗后日照时数(x)的关系，发现两者呈显著的直线关系，其回归方程为 $y=-1\,666.336\,5+2.428\,5x$($r=0.921\,8^{**}$)(图 20-2)。日照时数增加时皮棉产量增加，日照时数减少时皮棉产量下降。日照时数每增减 1 h，每公顷皮棉产量增减 2.428 5 kg，说明日照时数对皮棉产量有明显的作用。

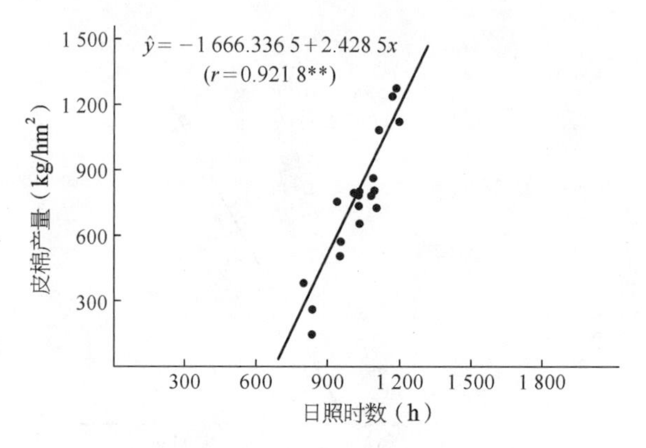

图 20-2 出苗后至 10 月底日照时数与皮棉产量的关系

(谈春松,1992)

一般宜棉程度较高的地区,全年日照时数大体在 2 000 h 以上,年均日照率不低于 40%。新疆棉区地处高纬度,棉花有效生长期内白昼长,日照率高,昼长比长江流域长 2 h,北疆又比南疆长 1 h;太阳辐射强,年总辐射量 5 000～6 490 MJ/m^2,年光合有效辐射量 2 400～3 000 MJ/m^2,明显优于全国其他主产棉区;年日照时数达 2 550～3 360 h,是全国日照时数最多的地区之一,日照百分率高达 60%～80%,是全国棉花产量潜力最大,纤维品质最好的地区之一,也是适宜植棉的区域(表 20-4)。据毛树春统计,2000～2007 年的 8 年间,长江和黄河流域棉区平均棉花单产分别为 1 052 kg/hm^2 和 978 kg/hm^2,而以新疆为主的西北内陆达到 1 557 kg/hm^2,其中的新疆生产建设兵团更是高达 1 943 kg/hm^2,充分说明日照对棉花高产的重要性。华南棉区和长江上中游地区,虽然热量条件胜过上述地区,但由于总辐射量不足 420 J/(cm^2 · d),全年日照时数大多低于 1 400 h, 4～10 月的日照率平均仅 45%左右。光照不足、湿度大,是限制该区单产的主要因素。

表 20-4 不同棉区的日照状况(日照率%)

(陈奇恩等,1992)

棉　区	4 月	5 月	6 月	7 月	8 月	9 月	10 月
华南棉区	42.9	46.3	41.7	50.7	51.7	54.1	52.6
长江流域棉区	36.9	39.0	44.2	55.9	61.0	47.5	45.9
黄河流域棉区	54.1	57.9	60.6	59.2	57.6	59.4	58.6
辽河流域棉区	59.3	61.7	58.8	52.0	54.8	63.2	65.3
南疆亚区	63.5	67.0	69.3	67.5	72.0	75.0	73.8
东、南疆亚区	59.6	64.2	68.0	66.6	70.4	73.2	75.8

(二) 温、光对产量的综合效应

良好的温、光条件是获得棉花优质高产的保证。用出苗后≥15 ℃活动积温(x_1)和至 10 月底的日照时数(x_2)建立与皮棉产量(y)的回归方程, $y=-1\ 897.135\ 5+0.285x_1+1.649\ 3x_2$ ($r=0.939\ 1^{**}$)。当日照时数(x_2)保持平均值时,≥15 ℃活动积温每增减 100 ℃,每公顷皮棉产量约增减 28.5 kg;当≥15 ℃活动积温(x_1)保持平均值时,日照时数每增减 100 h,

每公顷皮棉产量约增减 164.93 kg。它们与皮棉产量的偏相关系数(表 20-5)均达极显著水平,其中以日照时数对棉花的产量和品质的影响最大,占决定度的 69.78%;其次是≥15 ℃的活动积温,占总决定度的 30.22%。

表 20-5　出苗后≥15 ℃活动积温(x_1)和至 10 月底日照时数(x_2)与皮棉产量的偏相关系数

(谈春松,1992)

项　目	偏相关系数	决定系数	因素对产量的决定度(%)
x_1	0.491 4**	0.241 5	30.22
x_2	0.746 9**	0.557 6	69.78

三、降水与优质高产

棉花起源于干旱地带,因而形成了耐干旱、怕阴雨,尤忌涝渍等习性。四川宜宾—湖南益阳—江西南昌—浙江金华一线以南,很少植棉,这与 4～10 月降雨天数过多、降雨量过大有一定关系,尤其是东南沿海省份,年降雨量高达 1 600～2 000 mm,降雨天数超过 150 d,是发展棉花生产的限制因素。一些特殊地区,如贵州省和四川省的西南部,年降雨日数高达 160～200 d,也不宜植棉。我国北方的黄河流域各省,年降雨多在 500～800 mm,棉花生长季节雨日较少,日照较多,是较理想的宜棉地带。

棉花虽然忌阴雨,但适量的降雨,或是干旱地区具备一定的灌溉条件,乃是获得优质高产棉花的必备因素。棉花生长期长,一生耗水量 600～700 mm。棉花对水分环境的要求量因生育阶段而异,总体上随生育渐进,需水量由少增多,花铃期达到高峰,吐絮期需水量逐渐下降。开花和结铃期的需水量约占总需水量的 80%。陈光琬等在遮雨棚内种植棉花,在花铃期与吐絮期控制土壤的含水量,研究了土壤水分对产量和品质的影响,发现开花结铃和吐絮期土壤湿度为最大持水量的 65%～75%时,皮棉产量最高,棉纤维发育最好,纤维品质最佳(表 20-6)。

表 20-6　花铃期与吐絮期土壤湿度对棉花产量和品质的影响

(陈光琬等,1991)

土壤湿度(%)	籽棉产量(kg/hm^2)	皮棉产量(kg/hm^2)	铃数(个/株)	铃重(g)	纤维长度(mm)	比强度(g/tex)	马克隆值
85	1 743	719	12.6	3.47	28.5	19.68	4.53
75	2 542	833	13.4	3.89	28.7	20.30	4.10
65	1 766	744	12.3	3.57	28.8	20.30	4.13
55	2 399	720	11.2	3.44	27.8	19.48	4.35
45	1 899	570	9.7	3.34	27.0	20.78	4.45

就降水而言,雨量过多过少(有灌溉条件除外),或分布十分不当,都是影响棉花优质高产的重要因素。分析全国棉花品种区域试验资料表明,在棉花生长季节,降雨适中,分布合理,棉花能得到良好的生长发育,产量构成各因素能协调发展的地方,易于取得优质高产。若降雨过多,尤其生育中期(产量形成的关键时期),降雨超过一定限度时,常易造成棉株旺

长,群体过大,田间郁蔽,发生烂铃,影响吐絮,便会导致减产降质。若降水过少,对于旱地棉花,会影响棉株的正常生长发育,使植株变矮,棉铃既少又小,产量明显下降。

四、气温、日照、降雨与产量

涂昌玉和余筱南在湖南澧县的研究发现,澧县历年平均气候、产量与各月平均气温、日照时数与产量呈正相关,降雨量与产量呈显著负相关;7～8 月的温度与产量呈显著的负相关,而降雨量与产量呈正相关;9～11 月的温度、日照时数与产量均呈正相关,而降雨量与产量呈负相关,其中 10 月平均气温和降雨与产量相关显著或极显著(表 20－7)。

表 20－7　各月气候因素与产量的相关系数

(涂昌玉、余筱南,1992)

气候因素	4 月	5 月	6 月	7 月	8 月	9 月	10 月	11 月
平均气温	0.041 7	0.598 1**	0.396 0	－0.509 7*	－0.473 2*	0.372 1	0.605 5**	0.312 2
日照时数	0.052 3	0.388 4	0.117 5	－0.446 2	0.369 3	0.223 7	0.211 3	－0.175 8
降雨量	－0.102 8	－0.516 8*	0.283 1	0.334 5	0.552 4*	0.172 3	－0.571 7*	－0.368 4

采用逐步回归方法,定量分析各气候因素对产量的影响程度,找出关键时期和主导因素,得到以下回归方程:

$$y = -277.39 + 26.72t_5 - 1.08r_5 - 17.28t_7 + 0.57r_8 + 23.69t_{10} - 1.22r_{10} \quad (r = 0.996\,1^{**})$$

式中:y——气候产量(kg/hm^2);t_5、t_7、t_{10} 分别为 5、7、10 月的平均气温(℃);r_5、r_8、r_{10} 分别为 5、8、10 月的降雨量(mm)。

根据方程所纳入因素的贡献大小比较,对产量影响最大的是 10 月平均气温,其次依次为,5 月平均气温,10 月降雨量,7 月平均气温,8 月降雨量和 5 月降雨量。结合湖南具有春季低温,晴雨多变,夏季高温伏旱的气候特点,反映出只要 5 月的气温较高,降雨量较少,7 月气温不过高,8 月有一定的降雨量,10 月以晴天为主,气温较高,即为高产年景。

总之,在棉花生长季节(4～10 月)内,具有较高的有效积温(≥15 ℃活动积温 3 000～4 000 ℃),良好的日照(日照时数在 1 400 h 以上,日照率 40%以上);降水适中,7～9 月 3 个月的降雨量在 390 mm 以下,而且分布较合理,或者有良好的灌溉条件,这些是棉花优质高产对气候条件的要求,也是取得棉花优质高产必须具备的基本条件。

第二节　棉花干物质积累与分配的基本规律

棉花作物的主要产品是棉纤维,而棉纤维的化学成分 90%以上来自光合产物形成的纤维素。因此,棉花产量和品质形成的过程实质上就是干物质生产、积累和分配的过程。认识棉花生长发育过程中干物质积累与分配的基本规律,是棉花高产优质栽培的基本理论依据。

一、干物质积累和分配的基本规律

(一) 干物质积累的基本规律

棉花干物质积累因品种、生态条件和栽培措施的不同而表现出一定的差异,但基本规律是相同的。

据刘洪等在河北省曲周县的研究,棉花干物质积累呈S曲线增长,苗期至现蕾初期干物质积累较为缓慢,干物质积累量占全生育期总积累量的1.2%～1.4%;以后逐渐增加,蕾期占16.2%～28.6%;开花到盛铃期增加最快,占52.9%～59.3%;盛铃期到吐絮期占18.6%～25.2%。但干物质积累受种植密度强烈影响:苗期至现蕾初期,由于棉株个体小,株间相互竞争较小,个体生物量差异在不同密度间并不明显,所以单位面积干物质积累随密度增加而增加;出苗58～62 d后,由于棉株间对光、水、肥等资源的竞争使密度间这种规律不再明显;在生育后期,由于降雨充沛,棉株茎叶迅速生长,7.5万株/hm^2处理的单位面积干物质积累量明显高于6万株/hm^2的处理,但不同密度处理之间蕾铃的干物质积累量却差异不大,而且7.5万株/hm^2处理的僵铃率和烂铃率都较高,因为营养生长过旺影响了棉铃的成熟吐絮,使得该处理的经济产量反而低于6万株/hm^2的处理。

张旺锋等在新疆石河子的研究,棉花各生育时期干物质积累苗期缓慢,蕾期后逐渐加快,开花到结铃盛期是干物质积累的高峰期,以后又渐趋平稳。其中苗期地上部总干物质积累量占全生育期地上部总积累量的1.4%～2.2%,蕾期占14.1%～19.4%,开花到结铃盛期占58.7%～60.4%,结铃盛期到吐絮期占19.5%～24.1%,干物质积累的全过程可用Logistic方程表达。研究还发现,不同种植密度条件下,单位面积干物质积累量呈现为随种植密度的增加而增加,但不同密度之间的这种差异并不大,这主要是由于棉株间的竞争生长,群体的自动调节和栽培措施的调控,最终使不同密度下的干物质积累量达到与环境条件的一致(图20-3)。

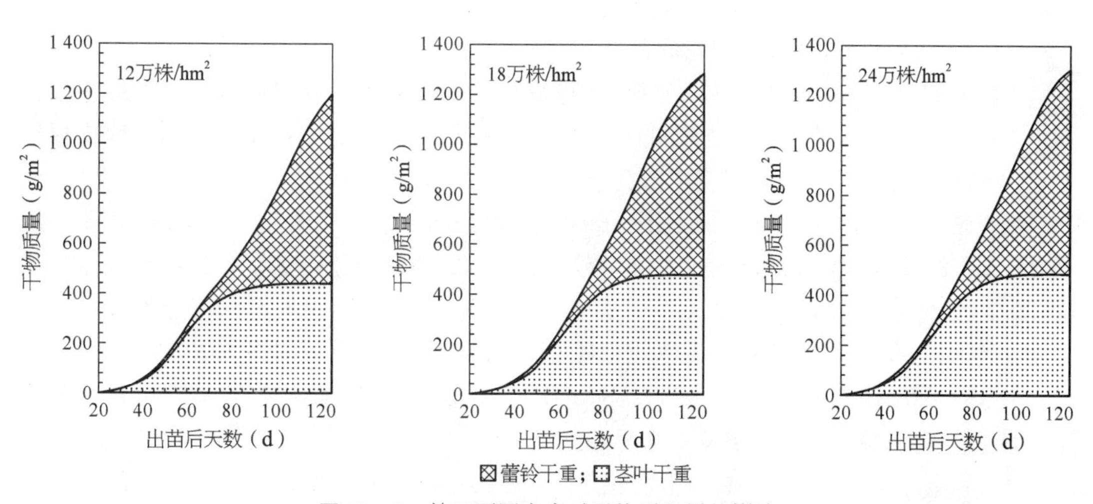

图 20-3　棉田不同密度对干物质积累的影响

(张旺锋等,1998)

由此可见,无论是新疆还是内地,棉花干物质积累的基本规律大致相同,皆表现为:苗期干物质积累缓慢,蕾期后逐渐加快,开花到结铃盛期是积累的高峰期,以后又渐趋平稳。

(二) 干物质分配的基本规律

棉花要实现高产,不但要增加干物质积累量,而且要解决干物质合理分配问题,维持营养器官与生殖器官之间的正常比例关系。棉花在生长过程中,干物质分配中心不断发生变化和转移,但总体上表现出随着生育期的推进,干物质分配中心向生殖器官转移的基本趋势。

据张旺锋等在新疆石河子的研究,干物质分配动态表现为,开花期蕾铃干重占地上部干重的 7%～9%,从现蕾到开花期所积累的干重也只有 7%～9%分配给蕾铃;在结铃盛期,蕾铃干重占地上部干重的 47%～50%,这一阶段棉株所积累的干物质有 60%～65%分配给蕾铃;吐絮期蕾铃干重占地上部干重的 60%～65%,这一时期积累的干物质 90%以上分配给蕾铃。收获期测定,营养器官与生殖器官的干物质比例为 1∶1.6,经济系数为 0.48。

据刘洪等在河北省曲周县的研究,从花铃后期开始,光合产物向茎、叶的分配急剧下降,根的生长渐趋停止,同化物主要供应蕾铃。光合产物向叶分配的高峰出现在苗期,分配系数在 0.54～0.72 之间;光合产物向茎分配的高峰出现在花期,分配系数为 0.35～0.57;而对于根的干物质分配,在生育前期,分配系数出现多次波动,一般在 0.10～0.17 之间。从现蕾到初花期所积累的干物质,只有 6%～9%分配给蕾铃;在结铃盛期,中熟棉品种蕾铃干重占地上部干重的 47%～50%,短季棉蕾铃干重占地上部干重的 50%～52%。这一阶段棉株蕾铃的干物质分配系数为 0.58～0.80;进入吐絮期以后,根、茎、叶的生长基本停止,绝大部分的同化物分配给蕾铃,此时,蕾铃的分配系数达到 0.85 以上。

棉花营养器官与生殖器官之间的比例关系和干物质的分配量主要受群体大小(种植密度)和水肥条件的影响。在不同群体间,7.5 万株/hm^2 的蕾铃分配率要低于 6 万株/hm^2,因此,虽然 7.5 万株/hm^2 的总生物量积累高于 6 万株/hm^2,但分配给蕾铃的生物量却不多,使得 7.5 万株/hm^2 的经济产量低于 6 万株/hm^2。水肥不足可促使干物质分配给蕾铃的比率提高,其结果是迫使棉株早衰;反之,水肥过多,则蕾铃所占比率增长慢,往往导致棉株徒长和晚熟。

(三) 干物质积累、分配与棉花超高产

干物质积累是产量形成的物质基础,通过分析干物质积累和分配特点来探索棉花生长发育的基本规律,是棉花生理学研究的重要内容。近些年来,新疆棉区连续创出公顷皮棉超过 3 000 kg 的地块,引起众多棉花科技工作者的广泛关注和研究。

据张旺峰和李蒙春在新疆北疆(石河子)研究,每公顷产皮棉 2 250 kg 以上的棉株,干物质积累与分配的基本情况是,出苗期干物质重仅 22.9 kg/hm^2;从出苗到现蕾的 34 d 内,干物质增重 429.9 kg/hm^2,日均增重 12.6 kg/hm^2;随着棉株根系增长,叶面积扩大,干物质积累逐渐加快,从现蕾期到盛蕾期的 18 d 内,干物质积累量为 1 275.8 kg/hm^2,日均增长 70.9 kg/hm^2;盛蕾期至开花期的 10 d 内,日均增长 112.8 kg/hm^2;开花后,干物质积累进一步加快,从开花期至盛花结铃期 20 d 内日均增长 130.8 kg/hm^2;盛花期至盛铃前期(7 月上旬至 7 月下旬),是干物质积累的高峰期,在 17 d 时间内,积累 2 977.8 kg/hm^2,日均增长 175.2 kg/hm^2;盛铃后期(7 月上旬至 8 月上旬)的 14 d 内,积累 2 208.2 kg/hm^2,日均增长 157.7 kg/hm^2,干物质积累仍较高;从盛铃期至盛絮期 24 d 内日均增长 83.3 kg/hm^2(表 20－8)。

表 20－8　北疆高产棉花各生育时期干物质积累与分配

(张旺锋、李蒙春,1997)　(单位:kg/hm^2)

生育期	根	茎枝	叶	蕾	铃	铃壳	籽棉	总干重
出苗期	—	—	—	—	—	—	—	22.9
蕾期	71.2	119.6	262.0	0.0	0.0	—	—	452.8
盛蕾期	394.3	641.1	585.1	108.1	0.0	—	—	1 728.6
开花期	572.4	1 039.1	890.4	292.6	62.3	—	—	2 856.9
盛花期	707.2	1 637.0	1 472.0	165.4	1 363.6	—	—	5 472.1
盛铃前期	769.6	1 880.0	2 226.0	38.2	3 536.2	—	—	8 449.9
盛铃后期	852.2	1 975.0	2 112.0	0.0	5 718.9	—	—	10 658.1
盛絮期	862.3	1 984.3	1 590.0	0.0	—	2 196.7	6 059.8	12 657.7

［注］品种为新陆早 6 号。

据王克如等在南疆塔克拉玛干沙漠西缘的新疆生产建设兵团第三师四十五团的研究表明,高产棉花干物质积累在现蕾以前比较缓慢,积累量仅占总积累量的 10.2%～11.4%,蕾期为 27.6%～43.0%,开花至盛花期为 39.2%～52.7%,盛花至盛铃期为 74.7%～86.6%。单株干物质总积累量随产量提高而增加,与经济产量吻合。干物质积累速率表现为出苗后至 35 d 很小;现蕾后干物质积累速率逐渐加快(现蕾时为 0.14～0.17 g/d),至开花期上升到 0.47～0.69 g/d;盛花结铃期是干物质积累的高峰期,最大速率达 1.24～2.34 g/d;随后减慢,至吐絮期为 0.27～0.69 g/d。2 225 kg/hm^2 高产田干物质积累速率的增长比 1 800 kg/hm^2 平稳,且高峰期峰值高,干物质积累速率前者比后者高 88.7%,而且提前 8 d 出现(表 20－8)。高产棉花营养器官茎叶干物质积累速率自苗期开始较快上升,至开花盛期达高峰,峰值为 0.42～0.76 g/d,以后逐渐下降。生殖器官干物质积累速率现蕾时较快,开花后迅速上升,盛花期达高峰,峰值为 0.89～1.07 g/d,随后逐渐下降。2 225 kg/hm^2 高产棉花盛花后生殖器官干物质积累峰值最高,每天积累的干物质分别为 1 800 kg/hm^2、2 025 kg/hm^2 产量的 2.2～1.88 倍,且比 1 800 kg/hm^2 的提前 51 d。高产棉花地上部分干物质在各器官分配比例为,开花前分配给叶最多,达 55%～68%,以后逐渐下降;盛花期茎枝分配最多,占 30%～38%,现蕾期积累的干物质只有 1.5%～1.9%分配给蕾铃;到叶絮期 65%～68%分配给花铃(表 20－9)。

据此,王克如等认为,新疆每公顷产皮棉 3 000 kg 的栽培生理指标是,总干物质积累 19 480 kg/hm^2,积累速率最大值(V_{max})出现在盛铃初期(8 月 1 日左右),为 315.2 $kg/(hm^2 \cdot d)$,籽棉收获指数 0.367,皮棉收获指数 0.156。

表 20－9　南疆高产棉花干物质积累特征

(张旺锋、李蒙春,1997)

项目	产量水平	拟合方程	r	总积累量(kg/hm^2)	D_1(d)	D_2(d)	D_3(d)	快增期积累量(kg/hm^2)	占总干物质(%)	V_{max}[$kg/(hm^2 \cdot d)$]	D_4(d)
总干物质	Ⅰ	$y = 20\,405.24/(1 + 537.72_e^{-0.0618x})$	0.997**	19 478	80	123	43	13 554	66.4	315.2	101
	Ⅱ	$y = 18\,275.04/(1 + 318.9_e^{-0.0546x})$	0.997**	16 952	93	127	34	8 483	46.4	249.5	105
	Ⅲ	$y = 15\,588.22/(1 + 1\,063.90_e^{-0.0665x})$	0.996**	14 592	85	125	40	10 386	66.5	259.2	104

（续表）

项目	产量水平	拟合方程	r	总积累量(kg/hm²)	D_1(d)	D_2(d)	D_3(d)	快增期积累量(kg/hm²)	占总干物质(%)	V_{max}[kg/(hm²·d)]	D_4(d)
生殖器官	Ⅰ	$y=11\,556.06/(1+4\,740.19_{e}^{-0.076\,5x})$	0.995**	11 654	93	128	35	7 753	67.1	221.3	110
	Ⅱ	$y=11\,496.10/(1+4\,436.33_{e}^{-0.068\,5x})$	0.998**	10 771	98	135	37	7 655	66.6	206.9	116
	Ⅲ	$y=7\,676.73/(1+2\,334\,643.50_{e}^{-0.135\,2x})$	0.996**	7 956	99	118	19	4 904	66.4	258.1	108
营养器官	Ⅰ	$y=8\,523.1/(1+443.3_{e}^{-0.071\,6x})$	0.980**	7 824	65	104	43	6 166	78.8	143.4	85
	Ⅱ	$y=6\,281.3/(1+661.9_{e}^{-0.081\,4x})$	0.995**	6 181	63	95	32	4 038	65.3	126.2	79
	Ⅲ	$y=7\,586.1/(1+54.7_{e}^{-0.982\,7x})$	0.983**	6 636	68	115	47	4 483	67.6	95.4	92

［注］Ⅰ、Ⅱ、Ⅲ分别表示产量水平为 3 000 kg/hm²，2 500 kg/hm² 和 2 000 kg/hm²；D_1 和 D_2 是干物质增长直线期起止时间(出苗后天数)，D_3 是持续天数，D_4 是干物质积累速率最大值(V_{max})出现的时间。

郭仁松等在南疆的研究表明，超高产棉花在现蕾至开花期光合产物向茎、叶营养器官分配速率最快，总量多，盛花期后光合产物净输入量逐渐减少。并且茎、叶营养器官光合产物向蕾铃输出，进一步提高了后期蕾铃的干物质积累量，从而提高了皮棉产量。而普通高产棉花与中低产棉花，盛花后仍有一部分光合产物输送给茎、叶，一定程度上降低了光合产物向蕾铃的分配，这是影响产量形成的重要因素。娄善伟等在南疆测定表明，皮棉产量 3 000 kg/hm² 超高产棉花群体平均干物质积累速度，开花期达到 219.36 kg/(hm²·d)，盛铃初期 220.8 kg/(hm²·d)，盛铃后期 263.6 kg/(hm²·d)，平均总积累量 17 037.3 kg/hm²。总体上干物质积累量曲线呈现"S"形分布。群体及生殖器官的干物质快速积累期开始时间早、积累强度大、持续时间长，是获得棉花超高产的重要特征。

上述结果充分表明，光合产物既是棉株营养器官和生殖器官建成的物质基础，又是产量形成的物质基础。开花以前合成和积累的光合产物，以及根部吸收的矿质营养，主要用于棉株营养器官和生殖器官的建造，棉株体较小，干物质积累比较缓慢；而开花以后，棉株营养体基本建成，进入经济产量形成的关键时期，干物质积累进入快速增长期，并达到增长高峰，而且干物质分配给棉铃的比例迅速增大，特别是盛铃后期干物质积累仍然很快，至盛絮期，仍有较多的干物质积累，并且 90%以上运送至生殖器官，这是新疆棉区单铃籽棉重高的原因所在。

总之，棉花各生育阶段干物质积累的数量都直接影响到营养生长、生殖生长和群体的发展动态。棉花在开花前，以营养生长为主，群体干物质积累过多过少均不利于高产；进入开花期后的一段时期，棉花的生长仍处于营养生长和生殖生长并茂的重叠时期，既要防止生长不足，又要防止生长过旺；开花后旺长型棉花干物质积累最高，但主要积累于营养器官，生殖器官积累量较少；弱苗型棉花干物质积累较少，营养器官和生殖器官的干物质积累量都较少，最终产量也较低；而生长健壮的棉苗，群体干物质积累量适中，生殖器官的干物质积累最高，产量也最高。在新疆独特的生态条件下，群体及生殖器官的干物质快速积累期开始时间早、积累强度大、持续时间长，使棉花获得超高产；光合产物的合理分配，特别是后期茎、叶营养器官光合产物及时向蕾铃输出，提高后期蕾铃的干物质积累量，是超高产棉花的另一重要特征。

二、不同生育期群体干物质积累与产量和器官形成的关系

高产棉花各生育时期皆有适宜的干物质积累量，并有与该干物质积累量相匹配的叶面积和茎、叶、枝干重。分析不同生育时期群体干物质积累与产量的关系，及其对棉株各器官生长发育的影响，对于调控棉株生育进程，达到高生物学产量和高经济系数同步增长，实现高产更高产具有重要意义。皮棉产量，新疆在每公顷 2 250 kg 左右的基础上、内地每公顷 1 500 kg 左右的基础上继续提高时，对不同生育阶段的干物质积累和分配的要求更为严格，它也是调节棉花群体的一个重要根据。这里根据陈德华课题组的研究结果，总结如下。

（一）不同生育阶段干物质积累量与产量的关系

高产棉花在盛花期以前，干物质积累量与产量呈抛物线关系，可用通式 $y = a + bx + cx^2$ 表示。群体干物质积累过高过低，都不利于产量的提高。这是由于在盛花前，棉花仍以营养生长为主，干物质积累量过多只能导致营养生长过旺，而不利于结铃；盛花至始絮期及以后，棉花进入以生殖生长为主的阶段，因而始絮期和盛絮期的干物质积累与产量呈正相关，尤其在盛絮期，皮棉产量与干物质积累量的相关达显著水平（$r = 0.892^*$）（表 20－10）。

表 20－10　不同生育阶段（月/日）干物质积累量与产量的关系

（陈德华，2005）　（单位：kg/hm²）

干物质积累量					籽棉产量
蕾期（6 月 20 日）	初花期（7 月 5 日）	盛花期（7 月 20 日）	始絮期（8 月 30 日）	盛絮期（9 月 25 日）	
855	2 659	5 396	9 583	10 661	3 130
726	2 186	4 857	10 538	11 953	3 857
643	1 964	4 583	11 049	12 666	4 460
441	1 601	3 669	10 814	12 336	4 311
394	1 416	3 281	8 675	10 021	3 474

［注］品种为泗棉 3 号。

（二）不同生育时期群体干物质积累增加量与产量的关系

自吐絮起，衰老叶片逐步脱落，盛絮以后大部叶片脱落，群体干物质一直处于下降趋势。由不同生育阶段干物质积累的增加与产量的关系表明，蕾期至始花、始花至盛花期的干物质积累增加量与籽棉产量的关系呈二次方程，过高过低都不利于产量的提高（表 20－11）。而

表 20－11　不同生育阶段的干物质积累增加量与籽棉产量的关系

（陈德华，2005）　（单位：kg/hm²）

干物质积累增加量					籽棉产量
蕾期至始花	始花至盛花	盛花至始絮	始絮至盛絮	盛花至盛絮	
1 805	2 735	4 661	809	5 268	3 130
1 461	2 672	5 681	1 416	7 095	3 857
1 322	2 619	6 467	1 617	8 004	4 460
1 161	2 069	7 145	1 523	8 667	4 311
1 023	1 865	5 396	1 347	6 743	3 474

［注］品种为泗棉 3 号。

盛花至始絮期、始絮至盛絮期、盛花至盛絮期的干物质增加量与籽棉产量呈显著正相关，相关系数(r)分别为0.935 2*、0.901*和0.949 7*。该结果表明，盛花后棉株生长才进入以生殖生长为中心，提高盛花后干物质生产量是提高经济产量的关键所在，所以应将重点放在建立盛花后具有高光合生产效率的优质群体上。

(三) 不同生育阶段干物质积累量对器官形成的影响

1. 不同生育阶段的干物质积累量与株高、果枝、果节的关系　不同生育阶段干物质的积累量与当时正在生长形成的器官发展情况有直接关系，如株高、果枝数、果节数及叶面积等。棉花在初花期和盛花期的干物质积累量与株高成正相关，初花至盛花期干物质积累量与株高也呈正相关，其相关系数(r)分别为0.966 8*、0.984 4*和0.958 6*，说明株高主要决定于盛花期以前的干物质积累量。为了有效控制株高的适度生长，在盛花期前，棉株干物质积累不能太高，也不能太低，否则株高太矮或太高，都不利于高产(表20-12)。

表20-12　不同生育阶段干物质量与株高、果枝和果节数的关系

(陈德华，2005)

干物质积累量(kg/hm^2)					株高(cm)	果枝数(个/株)	果节数(个/m^2)
初花期	盛花期	始絮	初花至盛花	盛花至始絮			
2 659	5 393	9 853	2 734	4 460	115.6	16.6	279
2 186	4 857	10 538	2 671	5 681	109.5	18.2	342
1 964	4 583	11 049	2 619	6 467	102.3	16.2	324
1 743	3 933	11 963	2 189	8 030	102.3	16.2	288
1 601	3 669	10 814	2 068	7 145	97.8	15.2	275
1 416	3 281	8 675	1 865	5 395	90.6	14.3	246

[注] 品种为泗棉3号。

果枝数与初花和盛花期的干物质积累量有关。随着干物质的增加，果枝数也增加，但干物质积累超过一定量时，果枝数又减少。由此表明，盛花期以前保持适宜的干物质积累量能获得较多的果枝数。

群体总果节量与盛花期后的干物质积累量关系不大，而主要决定于初花期、盛花期的干物质积累量。在一定的干物质积累范围内，果节数最多，干物质积累过高、过低都会引起果节数减少。因此，群体果节量的高低可通过控制盛花前的群体干物质量来实现。

2. 不同生育阶段的干物质积累量与叶面积指数(LAI)和器官干重的关系　初花至盛花期是群体LAI扩展量最大的时期。表20-13表明，初花、盛花期的干物质积累量(y)与LAI(x)呈显著的线性正相关，其线性回归关系为$y_{初花}=-2\,536.63+1\,057\,074x$($r=0.988\,5^{**}$)；$y_{盛花}=-3\,613.67+1\,057.74x$($r=0.991\,1^{**}$)，LAI与始絮期群体干物质积累量相关不显著($r=0.282\,5$)。同时，初花至盛花期干物质增加量与LAI也呈正相关($r=0.942\,3^{*}$)，盛花至始絮期干物质积累量与LAI呈不显著负相关($r=-0.502\,4$)，表明盛花后棉株已转向生殖生长为主，光合产物主要供应蕾铃生长，干物质的增加对LAI的增长作用不大。

表 20-13　不同生育阶段的干物质积累、LAI 和器官干重

(陈德华,2005)

干物质积累量(kg/hm²)					LAI	营养器官干物重(kg/hm²)	生殖器官干物重(kg/hm²)
初花期	盛花期	始絮	初花至盛花	盛花至始絮			
2 659	5 393	9 853	2 733	4 460	4.83	6 600	4 061
2 186	4 857	10 538	2 671	5 681	4.54	6 467	5 486
1 964	4 583	11 963	2 619	6 467	4.28	6 204	6 464
1 601	3 669	11 049	2 068	7 145	3.96	5 584	6 510
1 416	3 285	8 675	1 865	5 395	3.67	5 262	4 759

[注] 品种为泗棉 3 号。

不同生育阶段干物质积累量与营养器官干重(茎枝+叶片)的关系表明,随着干物质积累的提高,营养器官干物重也增加,初花、盛花至始絮期干物质积累量与盛絮期营养器官干物重呈显著正相关关系,相关系数(r)分别为 0.948 4*、0.989 4* 和 0.449 6*,表明始花、盛花群体干物质积累量对营养器官的促进大于始絮期。进一步分析不同生育时期干物重与盛絮期生殖器官干重的关系表明,初花期、盛花期的干物质量与生殖器官干重呈二次方程曲线关系,干物质积累过高和过低,群体生殖器官干物重都下降。但始絮期的群体干物重与生殖器官干物重间呈显著的正相关关系。

3. 不同生育阶段群体干物质积累量与总铃数、成铃率和铃重的关系　初花和盛花期群体干物质积累量与成铃率、总铃数和铃重呈抛物线关系,过高或过低均不利于总铃数和铃重的提高(表 20-14)。当初花期每公顷干物质积累量在 2 034 kg,盛花期在 4 508 kg 时较为适宜,成铃率高达 44.6%,每平方米总铃数最高达 122.4 个,说明在盛花前保持适宜的干物质积累有利于棉铃形成和铃重的提高。吐絮盛期干物质积累以及盛花至盛絮期干物质增长量与总铃数、成铃率及铃重呈显著正相关。

表 20-14　不同生育阶段干物质积累量与总铃数、成铃率和铃重的关系

(陈德华,2005)

干物质积累量(kg/hm²)					总铃数(个/m²)	成铃率(%)	铃重(g)
初花期	盛花期	始絮	初花至盛花	盛花至始絮			
1 518	3 309	6 809	1 791	3 500	77.1	32.3	4.25
1 808	3 848	8 859	2 040	5 612	102.8	36.7	4.38
2 034	4 058	10 344	2 024	6 286	122.4	44.6	4.55
2 411	4 881	9 813	2 471	4 932	107.0	42.1	4.42
2 637	5 184	9 012	2 574	3 828	81.9	33.5	4.35

[注] 品种为泗棉 3 号。

相关分析结果(表 20-15)表明,初花期、盛花期与总铃数、成铃率和铃重的相关关系不密切,而盛花至吐絮期,以及盛絮期的干物质积累与总铃数、成铃率和铃重的相关关系均达显著程度,r 值分别达 0.986 9* 和 0.844 9*,0.835 0* 和 0.858 1*,及 0.954 8* 和 0.927 2*。

表 20-15 不同生育阶段干物质积累与总铃数、成铃率、铃重相关系数
(陈德华,2005)

干物质积累阶段	总铃数	成铃率	铃 重
初花	0.101 4	0.218 1	0.313 1
盛花	0.067 2	-0.590 9	0.332 5
盛絮	0.844 9*	0.858 1*	0.927 2*
初花至盛花	-0.000 6	0.110 5	0.164 3
盛花至盛絮	0.986 9*	0.835 0*	0.954 8*

[注] * 表示相关性达到显著水平($p<0.05$)。

综上分析,光合产物(干物质)作为棉花产量形成的物质基础,不同生育阶段的群体干物质积累会影响到棉花生育的方方面面,同时也有其遵循的基本规律。就高产棉花而言,盛花以前棉花群体干物质保持在适宜的范围内,才能有利于协调各器官的生长和源—库之间的矛盾,形成适宜的群体 LAI、适宜的株高、果枝数和总果节量,为高产建立合理的群体结构基础。在此基础上,保持盛花后整个结铃吐絮期有较高的干物质积累量是最为重要的。陈德华认为,从获得每公顷 1 875 kg 以上的皮棉产量目标看,在蕾期干物重保持 550 kg,在初花期保持 1 950 kg 左右,盛花期保持在 4 500 kg 左右,即初花期积累量占一生的 15%,盛花期占 30%,盛花后干物质积累增加量达 10 500 kg 以上,占 70%左右,群体干物质总积累量达 15 000 kg 左右,皮棉产量占盛花后的干物质积累量 20%以上时,获得高产的概率极高。

第三节 生物学产量与经济产量和经济系数的关系

不同生态区不同棉花品种之间,乃至同一生态区同一品种,在不同的栽培条件下,生物学产量和经济系数都会发生很大的变化,从而引起经济产量的变化。棉花生物学产量和经济系数是评价棉花长势、长相优劣的综合指标。在不断增加干物质积累量(生物学产量)的基础上,进一步提高经济系数,即提高生物产量转化率,是高产棉花产量形成的重要特征,也是棉花高产的重要途径。

一、生物学产量、经济产量和经济系数的含义

(一) 生物学产量的含义

生物学产量是指棉花一生中吸收、合成的物质,除去呼吸消耗后所剩余的干物质总量,包括尚存和已落的根、茎、枝、叶、蕾铃、花冠,以及整枝打下的赘芽、顶尖、群尖、老叶,铃壳和籽棉等干物质的总和。

精确测定整株棉花的生物学产量是十分繁琐和困难的。它一方面需要从棉花现蕾就开始定株不时捡拾各种脱落物,有时为了防止相邻棉株脱落物的混淆,被测棉株需要用大型透光网袋罩住;另一方面还要把棉花的根系深挖出来,通过冲根收集根系。在实际应用中,由于棉花根系分布深广,很难把全部根系刨挖出来;棉花现蕾后开始不断落叶、落蕾、落花和落

铃等,要把这些脱落物准确无误地全部收集起来也比较困难。有鉴于此,目前对棉花生物学产量的测定多是对其近似值的测定。

(二) 经济系数和经济产量的含义

经济产量一般是指单位面积的籽棉产量,有些情况下也特指单位面积的皮棉产量。在总的棉花干物质中,来自光合作用的占 90%~95%,吸收的矿物质营养只占 5%~10%。因此,从根本上说,生物学产量的高低,取决于棉株光合产物的多少。但这还只是高产的基础,能否取得高产还决定于经济系数的高低,即经济产量(籽棉)占生物学产量的比数。

(三) 经济系数的测定

经济系数是表征有机物转化成人们所需要产品的能力的有效指标,生产和科研中需要经常测定经济系数。由于准确测定棉花生物产量的难度很大,通常是在收获时通过测得单位面积的棉柴和籽棉重作为生物产量的近似值来计算出经济系数,因此经济系数又称为收获指数。目前国际上也多采用收获指数这一称谓。

据董合忠等的研究,测定收获指数的时间和方法是,在棉田棉株有 50%左右的棉铃吐絮时,选取 6.67 m^2 的棉株,从近地处剪下,风干 20~30 d 后,分别称取棉柴(茎、枝、铃壳、残叶)和籽棉重,按下式计算收获指数:

$$收获指数=6.67\ m^2\ 收获的籽棉重/(6.67\ m^2\ 棉柴重+6.67\ m^2\ 籽棉重)$$

进一步研究发现,棉柴比(籽棉与风干棉柴的重量比)(y)与棉花经济系数(x)呈显著正相关关系,$y=4.625\,1x-0.849\,6$($R^2=0.960\,3$,$n=32$)(图 20-4)。结果指出,用棉柴比可代表收获指数。而且,在棉柴比为 0.8~1.0 时棉花生长发育比较正常,大于 1,通常为早衰;小于 0.8,通常为徒长的棉花。

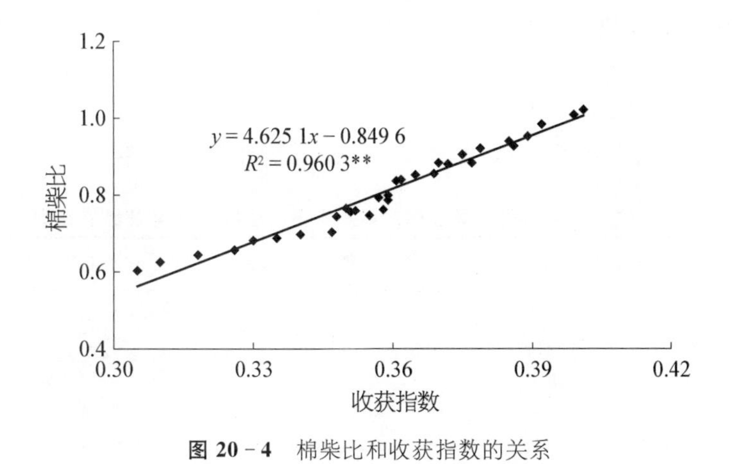

图 20-4 棉柴比和收获指数的关系

(引自 Dong et al., 2010)

二、经济产量、生物产量和经济系数的关系

经济产量、生物产量和经济系数的关系可用公式表示:经济产量=生物学产量×经济系数。由该公式可见,生物学产量是经济产量的基础,生物学产量与经济产量的关系,无疑是

正相关关系；经济系数与经济产量的关系，也应该是正相关关系，即经济系数高，经济产量必然也高。因此要有高的经济产量，必须有高的生物学产量和高的经济系数。而生物学产量与经济系数应表现为显著的负相关。然而在实际棉花生产中，三者之间的关系并不完全如上述公式所示，而是比公式中的数学关系要复杂很多。

据吴云康的一组生物学产量和经济产量资料，分别计算出经济系数(表 20－16)。生物学产量与经济产量为正相关，经济系数与经济产量也为正相关，其相关系数分别为 $r=0.891\,8^{**}$ 和 $0.760\,6^{**}$，并都达到极显著水平；而生物学产量与经济系数则为不显著的正相关($r=0.385\,9$)，也可以说在这种情况下不存在相关关系。因此，公式所示的生物学产量与经济系数之间负的相关关系，通过一定技术措施是可以打破的。

表 20－16 江苏扬州棉花生物学产量、经济产量及经济系数的关系

(纪从亮等，2000)

生物学产量(kg/hm²)	经济产量(kg/hm²)	经济系数(%)	生物学产量(kg/hm²)	经济产量(kg/hm²)	经济系数(%)
10 661	3 123	0.293	12 336	4 311	0.349
11 953	3 859	0.323	10 021	3 474	0.347
12 666	4 460	0.352			

[注] 品种为泗棉 3 号。

如表 20－17 所示，北疆棉花经济产量及经济系数明显比扬州(表 20－16)高，但生物学产量之间差别不明显，说明新疆棉区的产量之所以比内地棉区的高，在很大程度上是由于经济系数高的缘故。表 20－17 可见，在 3 000 kg/hm²、2 580 kg/hm²、1 800 kg/hm² 三个皮棉产量水平下，棉花生物量分别为 18 750 kg/hm²、10 330 kg/hm²、10 714 kg/hm²，经济系数分别为 0.39、0.46 和 0.48。反映出棉花生物学产量和经济系数没有明显的相关性，但经济系数有随着皮棉产量和生物产量降低而升高的趋势。这是因为高产棉花的营养生长比较稳健，干物质积累多，而经济系数较小；中低产棉花营养生长弱，干物质积累少，经济系数较大。因此，较多的干物质积累，以及适宜的经济系数是棉花高产的重要条件。

表 20－17 新疆棉花不同皮棉产量水平下的生物学产量及经济系数

皮棉产量(kg/hm²)	生物学产量(kg/hm²)	籽棉产量(kg/hm²)	经济系数	文献来源
1 650	8 810	7 300	0.50	陈冰等
1 800	10 714	5 143	0.48	张旺锋等
2 580	13 030	6 000	0.46	周抑强等
3 000	18 750	7 300	0.39	王克如等
2 000	12 540	5 556	0.44	李少昆等
2 300	12 657	6 059	0.48	李孟春

又据纪从亮等的研究，不同棉花品种因其干物质生产能力和转化为经济产量能力的不同，表现为生物产量及其经济系数的不同(表 20－18)，在 3 个品种中，泗棉 3 号的生物学产量居于其他两个品种之间，因经济系数最高，经济产量也最高；苏棉 5 号的生物学产量最高，因其经济系数低，经济产量居中；中棉所 12 号，虽然经济系数较高，但因生物学产量低，其经

济产量最低。再与表 20 - 16 比较，同样都是泗棉 3 号，又在同一的生态棉区，因其栽培技术不同，虽然生物学产量比表 20 - 16 中多数的生物学产量都低，而因经济系数比表 20 - 16 中的 5 个材料提高 13.7%～19.6%，其结果经济产量都比表 20 - 16 的高。由此充分说明，生物学产量与经济系数的负相关关系，通过栽培技术的改进，是能被打破的，可以达到高生物学产量与高经济系数的同步增长，实现高产更高产，乃至超高产的目标，从而有力地证明这是实现进一步增产的重要途径。

表 20 - 18　不同棉花品种的生物学产量及其经济系数

（纪从亮等，2000）

品　种	生物学产量(kg/hm^2)	经济产量(kg/hm^2)	经济系数
泗棉 3 号	10 080	4 929	0.489
苏棉 5 号	12 259	4 879	0.398
中棉所 12 号	9 665	4 649	0.481

经济系数或干物质分配因生态区、施肥和灌水的不同而出现差异。据王克如等研究，北疆单产皮棉 2 000 kg/hm^2 高产棉花成熟时干物质分配比例大致为，叶片 9%～14%，茎 16%～19%，根 6%～8%，生殖器官 62%～66%，非绿叶系统干重/绿叶系统干重(C/F)为 6.5～9.1；而四川棉区高产棉生殖器官占总生物产量为 55.9%～59.0%，C/F 为 5.2～6.5%，表明北疆高产棉干物质向生殖器官分配的比例高。皮棉产量 2 250 kg/hm^2 棉田经济系数 0.479，皮棉产量 3 000 kg/hm^2 经济系数 0.367，单产 3 500 kg/hm^2 以上经济系数只有 0.308。不施或少施氮肥，棉株营养生长弱，植株过早衰老，造成有限的光合物质优先分配到生殖器官，分配率较高；氮肥过多的分配率低是由于盛花结铃期氮素代谢旺盛，造成营养生长与生殖生长不协调，营养器官与棉铃竞争光合产物，引起光合产物分配失调所致。限量滴灌条件下干物质在生殖器官的分配率较高。

第四节　环境条件对棉纤维品质形成的效应

原棉品质主要由遗传品质和生产品质组成。遗传品质是指由育种家直接提供的某个棉花品种的种子在最佳的生态、生产条件下，棉花植株中所能达到的纤维品质，通常以纤维长度、细度、强度等作为衡量指标。遗传品质是由一个品种遗传基因决定的内在品质，是原棉品质形成的基础。棉花的生产品质是指在遗传品质的基础上，通过栽培种植所生产出的原棉的实际品质。霜后花和僵瓣花所占的比重可以较好地反映棉花生产品质，两者所占比重越小，则生产品质越高。

棉纤维由受精后胚珠的表皮细胞经分化、伸长、加厚和脱水成熟等过程发育形成。棉纤维品质决定于纤维发育过程，决定于霜后花和僵瓣花所占的比重，受环境条件和栽培措施的强烈影响。因此，认识棉纤维品质建成的基本规律及环境和栽培措施的影响，有助于对纤维品质建成的调控，提高纤维品质。关于棉纤维发育和品质建成的一般规律已在第八章作了详细论述。本节主要论述主要环境因子对纤维品质形成的效应。

一、外界因子对纤维品质的效应概述

棉花纤维品质因生态区和环境条件的变化而变化。据张志刚等对湖南省不同生态点棉纤维品质研究,纤维品质指标中以马克隆值的变异系数最大(10%),其变异大小顺序为马克隆值>比强度>纤维长度。薛春善和尹景本以黄河流域区试的17个杂交春棉品种为材料,对其纤维品质性状进行相关分析、主成分分析、聚类分析与多元方差分析后认为,纤维品质性状的变异系数从大到小依次为马克隆值>比强度>纤维长度。

棉花纤维品质受很多外界因子的影响,包括气候因子和土壤环境。韩慧君采用AID(Automatic Interaction Detection)最优分割法和积分回归方法,筛选出影响棉花产量和品质的气候生态模型,经分析后认为,纤维强度随日平均气温和最低气温的上升而增强,成熟系数和细度受热量和日照时数的影响,棉纤维长度受制于水分和热量条件。

余隆新等在研究湖北省棉纤维品质生态区划时认为,气候因子对棉纤维品质各指标的影响程度大于土壤因子;在气候因子中,温度和光照对棉纤维品质的影响较大。周关印通过对长江流域5个主要产棉省中9个市(县)历年气象资料的分析认为,就对气候条件敏感性大小而言,比强度>马克隆值>2.5%跨长。陈金湘采用灰色关联分析方法,研究了气候因子对棉花产量和纤维品级的影响,认为气候因子与皮棉产量之间的灰色关联度平均为0.642 2,与纤维品级之间的灰色关联度为0.555 8,对湖南棉花皮棉单产和纤维品级影响最大的气候因子是降雨量和日照时数,影响最小的是日平均温度。

韩春丽等研究了新疆不同棉花品种纤维品质变化及与气象因子关系,认为不同纤维性状主要受控生态因子是不同的,纤维长度和伸长率主要受制于铃期的总日照时数;整齐度、比强度主要受制于铃期≥15 ℃活动积温;马克隆值主要受铃期最高温度的影响。总体来看,活动积温(≥15 ℃)和总日照时数对纤维品质的影响作用较大,棉铃发育后期温度因子的变化可能是决定棉纤维品质优劣的关键因素。但是品质性状并不是由单一因子控制的,因子之间还有明显的互作。播种较晚棉花的铃期延长,铃期总日照时数随之延长,在一定程度上弥补了后期温度的不足,反应在品质上可以看出纤维伸长率和整齐度因后期温度降低而降低,表现出一定的光照补偿作用。但是比强度和马克隆值却因播种期出现较大变异,尤其后期生长的棉铃,这两项指标均明显下降。纤维品质虽然表现为气象因子的综合作用,但在棉铃生长后期,当气象因子各项指标均下降时,纤维品质主要受制于降幅最大的因子。

纤维成熟度与热量、水分和日照,亦呈正相关关系。张燕等就新疆年际间温光对棉花产量及纤维品质影响的研究,证实花铃期平均温度和≥15 ℃活动积温高,日照时数长,日照百分率高,则植株光合能力增强,干物质积累增多,单株成铃率提高,铃重增加,棉纤维发育好,品质好,产量高。杨永胜等对河北省中南部的研究表明,不同生态点、开花期间比强度、2.5%跨长、马克隆值差异呈显著水平($p<0.05$);不同开花期棉铃纤维伸长率差异呈显著水平;同比强度相关性呈显著水平的气象因子分别为日均温、日温差、日最低气温、日最高气温和平均相对湿度;2.5%跨长同日照时数呈显著正相关;同伸长率相关性呈显著水平的气象因子为日照时数和平均相对湿度;马克隆值同平均相对湿度和日温差呈显著负相关,与日最高气

温呈正相关。棉纤维各项指标与气象因子多项式的拟合表明，当棉铃发育期日均温为25～26 ℃，纤维比强度较好，日照时数为6.5～7.0 h，棉纤维伸长率最大，马克隆值适宜的日最高气温为27～28 ℃或30～31 ℃。

韩迎春等的研究表明，气候指标对改变纤维长度的相对重要性依次为日最低温度之和($\sum$ Min)>气温日较差>日最高温度之和($\sum$ Max)>(≥20 ℃积温)>最低温度≥15 ℃天数>日照时数；气候指标对强度影响大小顺序依次为日最低温度之和($\sum$ Min)>日最高温度之和($\sum$ Max)>气温日较差；各气候指标对改变马克隆值的相对重要性依次为日最低温度之和($\sum$ Min)>日最高温度之和($\sum$ Max)>气温日较差>(≥20 ℃积温)>最低温度≥15 ℃天数>日照时数(表20-19)。

表20-19　主要纤维品质指标和多个气候指标的通径分析
(韩迎春等，2004)

变量名称	通径系数		
	纤维长度	纤维强度	马克隆值
日最低温度($\sum$ Min)(℃)	10.755 3	7.086 3	1.951 9
日最高温度($\sum$ Max)(℃)	6.654 4	3.757 2	1.337 6
气温日较差(℃)	-6.852 8	2.551 5	0.916 3
≥20 ℃积温(℃)	1.410 5	—	0.914 4
最低温度≥15 ℃天数(d)	1.219 3	—	0.729 1
日照时数(h)	0.428 9	—	0.612 6

二、温度对纤维品质的影响

棉花是喜温作物，温度是影响棉花产量和品质的主要气候因素。它制约着纤维细胞的分化、伸长、干物质积累和次生壁加厚，最终影响纤维品质的建成。赵都利等报道，发育棉铃纤维中可溶性糖含量与纤维素含量的变化呈高度负相关，而棉铃发育前期糖分的大量积累有利于后期纤维素的合成，低温对纤维干物质积累的影响大于纤维素合成，15 ℃的日均温度是纤维干物质积累趋于停止的临界温度，在15 ℃以下，纤维不再增重，但已进入纤维中的可溶性糖还在向纤维素转化。据董忠义和张卫民研究，纤维强力、成熟度与铃期≥20 ℃有效积温呈显著相关，相关系数(r)分别为0.813*、0.877 2*和0.855 4*，而纤维细度与铃期≥20 ℃有效积温为负效应。余隆新报道，7～10月份≥15 ℃有效积温对比强度影响最大，与比强度、2.5%跨长、整齐度、反射率均为正相关。

棉纤维伸长主要在夜间，夜间温度与纤维伸长关系密切，如果白天温度高，夜间又能保持在21 ℃以上，纤维伸长到最大长度一般只需20 d左右；如果白天温度不高，夜间温度又只有10 ℃左右时，纤维伸长减慢，一般要持续30 d左右才能达到应有的长度，且最终长度缩短；在棉纤维的加厚期，初生壁内测沉淀纤维素与温度有关，在20～30 ℃内，温度愈高，加厚愈快；夜间低于20 ℃，纤维素的沉积就受影响；15 ℃以下时，纤维素沉积就会停止。据韩慧君统计，黄河流域棉区12年1 262点次品种区域试验表明，纤维强度与平均气温和最低气温均呈正相关关系。

气温日较差,即昼夜温差既影响纤维成熟度又影响纤维强度。据汤庆峰等研究,当高温较高且日较差较大时(≥11～12 ℃),纤维成熟且强度有加强的趋势;当高温偏低且日较差较小时(≤11 ℃),纤维成熟度下降且强度有减小趋势。

纤维含糖与温度和昼夜温差也有密切关系。勾玲等提出铃期的温度,特别是最低温度对纤维中可溶性糖转化和纤维合成影响最大,且温度对纤维可溶性糖转化的影响远大于纤维素合成,后期低温可能是造成新疆棉纤维内糖含量高的主要原因。铃期日照时数与纤维合成的特征值呈显著正相关。因此,在生产上,采取措施,使棉铃发育时期与当地光热资源最丰富的时期相一致,是提高产量、改进品质的途径之一。

极端高温导致花粉不育和产生不孕籽,也是一个影响棉花产量和品质的重要问题。据金桂红报道,35 ℃以上的高温是诱导棉花雄性败育的主导因素,尤以田间作物活动层高温影响最直接。

三、光照对纤维品质的影响

光照对棉纤维品质的影响没有温度那样突出,但也有显著影响,并表现出 3 个重要特点:一是光照对棉花纤维品质指标的影响往往伴随着温度的变化,是与温度的共同影响;二是光照可以直接影响棉纤维的品级,吐絮期阴雨连绵会显著降低棉纤维的品级;三是低光照或光照不足会延缓棉纤维的发育,尤其在阴雨天气期间,棉铃得不到物质积累,光合产物减少,以致纤维素淀积缺少所需要的葡萄糖。

杨永胜等在河北中南部的研究表明,日照、温度与纤维强力、成熟度呈正相关。在热量条件满足的情况下,纤维加厚速度与日照时数呈正相关,充足的日照可促进纤维素沉积,提高纤维成熟度。余隆新报道,不同时段的日照对纤维品质的影响不同,由大到小的时段依次为 8 月 21 日至 10 月 20 日日照之和＞8 月 6 日至 9 月 30 日日照之和＞7 月 21 日至 9 月 10 日日照之和,说明在总有效花期后的 70 d 至吐絮期间,光照对纤维品质的影响至关重要。韩慧君研究表明,日照时数不足会导致棉铃干重下降,纤维细度和成熟度降低,比强度下降。

王庆材等报道,光照是影响棉纤维品质的重要因素,遮荫对两个供试品种(中棉所 41 号和鲁棉研 18)纤维品质有显著的影响。各时期遮荫都影响纤维伸长和最终纤维长度,在纤维伸长过程中,前期遮荫对其影响大,后期遮荫影响较小;而且遮荫延长纤维的伸长期,未遮荫的对照在开花后 25 d 左右达最大纤维长度,棉铃发育 20 d 内遮荫处理的在花后 35 d 才达最大长度,21～40 d 遮荫处理的在开花后 30 d 左右达最大长度,而花后 41 d 到吐絮遮荫的对纤维伸长无显著影响。在棉纤维伸长期内遮荫虽然延长纤维的伸长期,但是却使纤维最终长度变短,这可能与遮荫降低光照强度,降低棉花叶片光合速率,致使向棉铃供应的光合产物减少,从而降低棉纤维的伸长速率有关。也可能与遮荫改变棉田冠层小气候,使棉纤维伸长的最佳光、温等条件达不到要求有关。纤维比强度、马克隆值和成熟度主要取决于纤维素沉积量和纤维细胞厚度,各时期遮荫都降低了这 3 个指标,但以棉铃发育 21～40 d 遮荫处理影响最大,其他时期影响较小。遮荫使纤维比强度下降、马克隆值和成熟度降低的主要原因在于,遮荫降低了棉花叶片的光合速率,减少了碳水化合物向棉铃的输送,减少了棉纤维中的糖分及糖分向纤维素的转化。同时,遮荫后的光照主要是散射光,含蓝紫光比例较多,而红光才有利于碳水化合物的积累,遮荫后棉花植株体内碳氮代谢失调,运输到棉铃的氮素含量提高,而碳水化合物含量降低,影响棉铃及其纤维的发育质量。

四、水分对纤维品质的影响

棉花较耐旱,但不喜渍涝,尤忌阴雨过多。适量降雨或在干旱时灌溉补水对棉花是必要的。水分可通过影响棉株的生育和生理过程、影响棉纤维发育。水分对纤维发育和品质指标的直接效应研究不多。一般认为,土壤湿度和降水都影响纤维长度,土壤中有效水分少(干旱胁迫),会造成纤维长度缩短;同时,缺水干旱还会引起棉铃过早吐絮,次生壁的沉积较少。

美国学者很早就提出土壤水分充足,可产生较长的纤维,土壤水分不足,会使纤维缩短 2.5 mm;苏联研究者认为棉铃发育期雨量多少与纤维长度呈正相关。在开花后 16 d 内适值棉纤维快速伸长期,土壤水分不足,纤维缩短 3 mm。在纤维发育期间,较高的湿度往往产生较长的纤维。陈光琬用^{14}C示踪技术研究了土壤水分对产量和纤维品质影响的机理,同时用模糊数学的方法对构成产量和纤维品质的各个指标进行了综合评判,发现土壤持水量与纤维品质密切相关,土壤持水量为65%～75%,对纤维绒长、强力、马克隆值最好。韩慧君的试验研究表明,纤维伸长期历时 20～30 d,这期间对水分十分敏感,如天气干旱,不及时补水,会使纤维平均长度缩短 3～4 mm。杨子荣等发现,在干旱胁迫下,纤维长度明显变短,马克隆值增大,纤维变粗(表 20－20)。

表 20－20　不同土壤水分对棉花纤维品质的影响

(韩慧君,1991)

土壤水分	2.5%跨长(mm)	长度整齐度(%)	比强度(g/tex)	平均伸长率(%)	马克隆值
干旱胁迫*	27.7	47.3	22.8	7.9	5.1
正常供水**	30.4	53.2	22.3	7.7	4.6

[注] * 自现蕾初期维持田间持水量的 45%; ** 自现蕾初期维持田间持水量的 70%。

水分和热量是影响纤维长度和细度的主要因素,若全生育期降水充足、分布较均匀或灌溉补充适时适量,纤维长度将保持原品种特性;若严重干旱或雨涝,长度将明显缩短。

五、农艺措施对纤维品质的影响

不同栽培方式对棉花纤维品质也有显著的影响。移栽地膜棉与直播地膜棉、露地移栽棉相比,去早蕾处理生育期、株高和株高日增量、果枝数和果节量基本合理,节枝比增加,伏桃和早秋桃比例高,单株成铃数和铃重显著增加,产量最高;纤维长度、整齐度、纤维强度、伸长率、反射率和纺纱均匀度指数等品质指标得到明显改善,达到了促棉早发、提高产量和改善纤维品质的目的。

北疆棉区纤维内含糖高,这主要源于北疆秋季气温下降快,棉株下部铃纤维可溶性糖转化慢。只有选用早熟品种,采取促早熟措施,最大限度地调节棉株成铃高峰期和棉区光热资源丰富的时期相吻合,才能实现优质高产;南疆棉区无霜期较长,秋季气温下降稍晚,可选用产量潜力大的中早熟品种。在栽培技术方面,采用宽膜覆盖可提高地温、提早棉株生育进程;采取高密度栽培,配合其他农艺技术,提高内围果节的比例,使棉铃发育处于 7 月上旬至 8 月中旬,可改善纤维品质,降低含糖量。

金为民研究了不同收摘期对棉花产量及其品质的影响,发现不同收摘期的棉花除纤维长度无规律变化外,纤维细度、成熟度、强度均呈有规律的变化,即随着开裂天数的增加,纤维细度有由细变粗的趋势,但变化不甚明显。成熟系数由 1～2 d 的 1.78～1.80 增加到 12～15 d 的 1.96～2.0。纤维强度则是开裂后 4～7 d 达最高值,分别比第一、第二、第三天高 6.9%、4.1%、2.8%,比第 9～15 天的平均单强高 2%。分析认为,过早收摘因积温不够,纤维成熟度降低,胞壁加厚受阻,导致细度偏细,扭曲较少,强度降低。但若过迟收摘,胞壁加厚达到极限后,由于太阳照射氧化,破坏了棉纤维素的分子链结构,从而使纤维强度降低 1～2 个级别。

六、营养元素对纤维品质的影响

氮肥是施入棉田中的主要化学肥料,施入土壤中氮肥的数量,直接影响到棉花营养生长和生殖生长的协调性。在氮素供应充足时,每粒种子上的纤维数、纤维长度、皮棉重量及种子的含氮量均增加。这种增加可能是由于氮素肥料通常使植株的营养生长全面加强所致,氮肥的施用对纤维成熟度无明显改变。氮素提高衣分而没有改变纤维长度和马克隆值。据 Mackenzie 等研究,在严重缺氮的情况下,施氮肥可以提高纤维品质;但若氮素供应过多,容易形成多汁性植株,引起枝叶旺长,田间荫蔽,往往导致纤维品质向劣质化方向转变。

Sawan 报道,合理施用磷肥可以增加纤维长度,提高纤维强度。在缺钾地块施钾肥会增加平均纤维长度和整齐度,显著改善纤维品质。Beasley 等发现,提高培养基中硝酸钾的水平有助于纤维的生长。不过,迄今为止有关钾对棉花纤维品质性状影响的结论并不尽一致。有研究认为,钾不影响纤维长度和马克隆值,而对纤维强度有显著影响;也有研究认为,钾能提高整齐度和马克隆值,但对纤维长度和强度无影响。姜存仓等的试验表明,施钾增加了纤维长度、整齐度、比强度和马克隆值,降低了伸长度。随棉铃和内部纤维的不断发育,棉株对钾素的需求量也呈大幅增加的趋势,并且在成熟纤维所含的矿质元素中,钾的含量最高。在开花后 10～20 d,纤维细胞伸长最快,到开花后 25 d 伸长基本停止。这一时期是决定纤维长短的最重要时期,此时纤维中钾的含量比较高,说明施钾有助于纤维的伸长,从而增加纤维的长度。钾是纤维伸长过程中起渗透调节作用的重要元素,钾对纤维的伸长具有促进作用。施钾可以增加棉纤维的次生壁厚度,因而施钾可以提高纤维强度。而且,棉纤维长度、马克隆值、纤维强度以及整齐度与纤维中钾的浓度呈直线回归关系,而与叶片和土壤中钾的浓度呈二次抛物线关系。

据郭英等研究,施钾提高了棉株上、下部棉铃的纤维长度和马克隆值,且随施钾量的增加,其增加幅度呈上升趋势,但施钾对纤维达到最大长度的时间无影响;施钾增加了上、下两部位棉铃纤维的最终零隔距断裂比强度和 3.2 mm 隔距断裂比强度,但是上、下两部位棉铃受钾的影响规律表现不同。随着施钾量的增加,下部棉铃纤维的最终零隔距断裂比强度和 3.2 mm 隔距断裂比强度呈先增后降的趋势；当施钾 300 kg/hm^2 时，增幅最大，继续增施钾肥，两数值开始下降；但是随着施钾量增加，上部棉铃的最终零隔距断裂比强度和 3.2 mm 隔距断裂比强度则一直增加，说明施钾对纤维断裂比强度的影响存在部位间差异。此外，施钾也提高了上、下部位棉铃纤维的成熟度，而且增幅随施钾量的增加而增大。当施钾量为 300 kg/hm^2 时，上、下部位棉铃纤维的最终成熟度均显著增加。

微量元素硼、铁、铜、钼和锌等对棉花纤维品质也有一定的影响。

总之，棉花纤维品质决定于纤维发育过程，多种外界因子通过调节纤维发育过程而影响纤维品质指标。纤维分化过程受温度、植物生长调节剂等的影响，但与授粉和受精的刺激无关；纤维细胞分化的最适温度是 25～30 ℃，低温和高温都不利于纤维细胞的分化，温度胁迫的最大效应是开花前 48 h 前后。土壤水分对纤维分化也有一定的效应，表现在干旱对纤维分化的抑制作用，但其抑制效应远不如温度那么明显，推测其抑制作用可能不是直接的，而是通过影响棉株的生长发育后引起的。纤维伸长和加厚也同样受温度的影响，在 30 ℃以内，温度低则伸长速率减慢，纤维较长的品种对温度更为敏感，表现在温度低，多酚化合物较少，液泡形成迟缓，内质网数量较少。夜间温度可能起着更为重要作用，较高的夜间温度对次生壁增厚有利。纤维素合成的最适温度为 28～29 ℃，温度影响新陈代谢的速率，温度过高使纤维细胞的蛋白质变性，降低纤维素合成酶的活性，延缓纤维发育，而低温也会降低酶的活性。土壤干旱对纤维素积累和纤维强度有显著的不利影响。在选择优质品种的基础上，通过优化包括气候因子在内的环境因子，调控棉纤维发育过程，将有效提高棉花纤维品质，这是棉花优质栽培的重要理论依据。

（撰稿：董合忠，谈春松，田立文；主审：毛树春，张旺锋）

参考文献

[1] 谈春松. 棉花优质高产栽培. 北京：农业出版社，1992：43－56.

[2] 涂昌玉，余筱南. 棉花产量与苗情气候关系研究. 棉花学报，1992，4(增刊).

[3] 陈奇恩，田明军，吴云康. 棉花生育规律与优质高产高效栽培. 北京：中国农业出版社，1997：74－96.

[4] 毛树春. 我国棉花种植技术的现代化问题—兼论“十二五”棉花栽培相关研究. 中国棉花，2010，37(3).

[5] 陈光琬，唐仕芳，霍红. 土壤湿度对棉花产量和纤维品质的影响. 湖北农学院学报，1991，11(3).

[6] 刘洪，宇振荣，潘学标. 不同类型棉花品种干物质积累及分配规律的研究. 中国棉花，2002，29(5).

[7] 张旺锋，李蒙春，杨新军. 北疆高产棉花干物质积累的模拟. 石河子大学学报(自然科学版)，1998，2(2).

[8] 张旺锋，李建国，杨新军，等. 北疆高产棉花氮磷钾吸收动态的研究. 棉花学报，1998，10(2).

[9] 张旺锋，李蒙春. 北疆高产棉花干物质积累与分配规律的研究. 新疆农垦科技，1997，(6).

[10] 王克如，李少昆，宋光杰，等. 新疆棉花高产栽培生理指标研究. 中国农业科学，2002，35(6).

[11] 郭仁松，刘盼，张巨松，等. 南疆超高产棉花光合物质生产与分配关系的研究. 棉花学报，2010，22(5).

[12] 娄善伟，张巨松，赵强，等. 棉花超高产群体研究. 新疆农业科学，2008，45(S2).

[13] 上海农业科学院作物育种栽培研究所. 棉花高产生育规律和诊断指标鉴定试验. 棉花，1978，(2).

[14] 陈德华. 第四章　棉花群体质量及其调控//凌启鸿主著. 作物群体质量. 上海：上海科学技术出版社，2005：293－386.

[15] 董合忠. 盐碱地棉花栽培学. 北京:科学出版社,2010:254 - 255.

[16] Dong H Z, Kong X Q, Li W J, et al. Effects of plant density and nitrogen and potassium fertilization on cotton yield and uptake of major nutrients in two fields with varying fertility. Field Crops Research, 2010,119(1).

[17] 纪从亮,俞敬忠,刘友良,等. 棉花高产品种的产量构成特点. 江苏农业学报,2000,16(1).

[18] 陈冰,周抑强,张巨松,等. 新疆次宜棉区棉花养分吸收动态. 新疆农业大学学报,1998,21(2).

[19] 周抑强,陈冰,张巨松,等. 系 5 超高产下的群体发育及盐分吸收动态的研究. 新疆农业大学学报,1997,20(4).

[20] 王克如,李少昆,顿建忠,等. 新疆公顷产皮棉 3 000 kg 的棉花养分吸收特性 Ⅰ:土壤肥力及肥料用量的研究. 石河子大学学报(自然科学版),2001,5(4).

[21] 李少昆,张旺锋,李蒙春. 北疆棉花(2 250 kg/hm²)生理特性的研究. 石河子大学学报(自然科学版),1998(S1).

[22] 李蒙春. 新疆棉花高产生理机理研究. 新疆农业大学学报,1999,22(1).

[23] 李大跃,江先炎. 杂种棉光合物质生产及其源库关系的研究. 棉花学报,1991,3(2).

[24] 杜明伟,冯国艺,姚炎帝,等. 杂交棉标杂 A1 和石杂 2 号超高产冠层特性及其与群体光合生产的关系. 作物学报,2009,35(6).

[25] 张旺锋,王振林,余松烈,等. 氮肥对新疆高产棉花群体光合性能和产量形成的影响. 作物学报,2002,28(6).

[26] 张旺锋,王振林,余松烈,等. 膜下滴灌对新疆高产棉花群体光合作用冠层结构和产量形成的影响. 中国农业科学,2002,35(6).

[27] 张志刚,李育强,杨晓萍. 不同生态点对棉株纤维品质综合评价的研究. 分子植物育种,2004,2(2).

[28] 薛春善,尹景本. 多元统计分析棉花品质性状的研究. 安徽农业科学,2008,36(13).

[29] 韩慧君. 气候生态因素对棉花产量与纤维品质的影响. 中国农业科学,1991,24(5).

[30] 余隆新,唐仕芳,王少华,等. 湖北省棉纤维品质生态区划及研究. 棉花学报,1993,5(2).

[31] 周关印,杨付新,付小琼,等. 长江流域气候差异对棉花产量和纤维品质的影响. 中国棉花,1996,23(10).

[32] 陈金湘,李里瑞,刘海荷,等. 气候因子对棉花产量和品级影响的灰色关联分析. 湖南农业大学学报,1995,21(4).

[33] 韩春丽,赵瑞海,勾玲,等. 新疆不同棉花品种纤维品质变化及与气象因子关系的研究. 新疆农业科学,2005,42(2).

[34] 张燕,何建军,杨治明,等. 年际间温光对棉花产量及纤维品质的影响. 新疆农业科技,2005(4).

[35] 杨永胜,孙东磊,杨雪川,等. 河北省中南部棉纤维品质与气象因子相关性研究. 中国农学通报,2010,26(1).

[36] 韩迎春,毛树春,王国平,等. 温光和种植制度对棉花早熟性和纤维品质的影响. 棉花学报,2004,16(5).

[37] 赵都利,许萱,王汉文,等. 棉铃各组成部分的干物质积累及其与温度关系的研究. 陕西农业科学,1985(6).

[38] 董忠义,张卫民. 不同生态因子与棉花纤维品质的关系. 山西农业科学,1991(3).

[39] 汤庆峰,文启凯,田长彦,等. 棉花纤维品质的形成机理及影响因子研究进展. 新疆农业科学,2003,40(4).

[40] 刘毓湘. 当代世界棉业. 北京:中国农业出版社,1995:159 - 160.

[41] 勾玲,张旺锋,李少昆,等. 新疆棉花纤维发育过程中可溶性糖和纤维素含量的变化及与气象因子的关

系. 中国农业科学,2002,35(7).
[42] 金桂红. 小气候与棉花败育的关系. 南京农业大学学报. 1985,(1).
[43] 王庆材,孙学振,宋宪亮,等. 不同棉铃发育时期遮荫对棉纤维品质性状的影响. 作物学报,2006,32.
[44] 中国农业科学院棉花研究所. 中国棉花遗传育种学. 济南:山东科学技术出版社,2003:418－419.
[45] 杨子荣,徐楚年,寿元,等. 水分胁迫对棉花纤维细胞分化的超微结构及品质的影响. 华南农业大学学报,1992 增刊.
[46] 周桂生,封超年,陈后庆,等. 气象因子对棉纤维品质影响的研究进展. 棉花学报,2003,15(6).
[47] 金为民. 不同收摘期对棉花产量及其品质的影响. 中国棉花,2007,34(12).
[48] Mackenzie A J, P H van Schaik. Effect of nitrogen on yield, boll, and fiber properties of four varieties of irrigated cotton. Agronomy Journal, 1963,55.
[49] Sawan Z M. Effect of Nitrogen, Phosphorus Fertilization and Growth Regulators on Cotton Yield and Fiber Properties. Journal of Agronomy And Crop Science, 1986,156.
[50] Beasley C A, Ting I P, Linkins A E, et al. Cotton ovule culture: A review of progress and a preview of potential. Tissue Culture and Plant Science. Academic Press, New York. 1974:169－192.
[51] Minton E B, Ebelhar M W. Potassium and aldicarb-disulfoton effects on verticillium wilt, yield, and quality of cotton. Crop Science, 1991,31.
[52] Pettigrew W T. Potassium deficiency and cotton fiber development. D. M. Oosterhuis and G. Berkowitz (eds.). Frontiers in Potassium Nutrition: New Perspectives on the Effects of Potassium on Physiology of Plants. Potash and Phosphate Institute, Norcross, Georgia and American Society of Agronomy, Madison, Wisconsin, 1999:161－163.
[53] 姜存仓,高祥照,王运华,等. 不同钾效率棉花基因型对低钾胁迫的反应. 棉花学报,2006,18(2).
[54] Leffler H R, Tubertini B S. Development of cotton fruit: Ⅱ. Accumulation and distribution of mineral nutrients. Agronomy Journal, 1976,68.
[55] Dhindsa R S, Beasley C A, Ting I P. Osmoregulation in cotton fiber accumulation of potassium and malate during growth. Plant Physiology, 1975,56.
[56] Cassman K G, Kerby T A, Roberts B A, et al. Potassium nutrition effects on lint yield and fiber quality of Acala cotton. Crop Science, 1990,30.
[57] Cassman K G, Kerby T A, Roberts B A, et al. 1989. Differential response of two cotton cultivars to fertilizer and soil potassium. Agronomy Journal, 1989,81.
[58] 郭英,宋宪亮,孙学振. 钾素营养对不同部位棉铃纤维品质性状的影响. 植物营养与肥料学报,2009,15(6).
[59] 董合忠. 徐楚年,余炳生. 陆地棉与海岛棉纤维发育的比较研究,Ⅰ. 棉纤维的分化. 北京农业大学学报,1989,15(4).
[60] 董合忠,郭庆正,王志芬. 棉纤维发育及其调控研究的进展. 莱阳农学院学报,1996,13(3).
[61] 杨子荣. 徐楚年,余炳生. 棉花胚珠表皮细胞分化期的超微结构研究. 北京农业大学学报,1991,17(3).
[62] 董合忠,毛树春,张旺峰. 棉花优化成铃栽培理论及其发展. 中国农业科学,2014,47(3).
[63] 董合忠,张艳军,张冬梅,等. 基于集中收获的新型棉花群体结构. 中国农业科学,2018,51(24).

第二十一章　棉花高光效群体结构与合理密植

棉花生产是大田条件下的群体生产，单产的高低，主要取决于单位面积群体光合生产能力的大小。因此，建立高光效群体结构，是棉花优质高产栽培中的一个核心问题。认识棉花群体结构的概念、类型、构成因素和指标，是研究完善栽培技术，改进群体光合性能，提高光能利用率，实现棉花优质高产的基本保证。

第一节　棉花群体结构与光合生产系统

棉花群体既由若干个体组成，但又不是个体的简单相加；单个植株的长势长相与群体中的长势长相既有联系，又有不同。随着个体的生长发育，棉花群体结构、群体与个体的关系及群体内部环境不断变化。一方面群体是以个体为基础，棉田个体的生长发育决定着群体的动态及群体内的生态环境；另一方面，群体及其内部环境又反过来影响个体的生长发育。棉花群体产量虽然取决于每个个体的产量，但不是个体产量的简单累加，也不是个体产量越高越好。棉花生产既要追求个体的健壮发育，又要追求群体稳健、合理的发展。因此，协调田间条件下棉花群体与个体的矛盾，创造合理的群体结构，使个体潜力得到充分发挥，群体产量显著提高，成为棉花栽培的重要任务。采取科学的栽培措施，合理调节群体结构，协调个体与群体的关系，对于增产增收具有重要意义。

一、群体结构的概念

棉花的一个单株称为个体，单位面积上所有单株的总和称为群体。群体是由许许多多个体组成的，作物个体、群体与环境之间彼此影响，逐步发展成为互相适应、互相制约的有机整体，在空间和时间上形成特定的群体结构与群体环境。

作物群体结构，即指群体的组成方式，包括个体数量和生育状况，以及群体所占空间大小、叶片的排列与分布。就棉花而言，系指单位面积上的株数、果枝数、果节数、叶片数、叶面积及其在空间的分布。由于棉花具有无限生长习性和株型的可控性、结铃具自动调节能力，因此，生育习性和光合系统中的各因素对群体结构的优劣都会产生影响，由此形成了群体结构的自身特点。

合理的群体结构，从生产角度看，是在当时条件下，获得最大经济效益的结构；从理论上分析，是在这样的条件下，能够有效利用太阳辐射，尽量提高单位面积上光合产量，并运输分配合理，从而获得最高经济产量的群体。群体结构的合理是相对的，随着条件的不同而不同，随着条件的变化而相应变化。棉花群体结构的塑造，首先要使起点群体的大小既适应个体生产力充分发展，又使群体生产力得到最大提高，在群体发展过程中不断协调营养生长和生殖生长的关系，其核心是，在控制群体适宜叶面积的同时，又能促进群体总铃数的增加，达到扩库、强源、畅流的要求，使开花结铃至吐絮期，群体具有很强的光合生产和干物质积累的能力。

棉花群体的光合生产和干物质积累能力因种植密度和产量水平的不同会表现出较大的差异。高产群体条件下，由于单位面积的株数不同，棉株间的竞争不同，对干物质累积、器官养分含量的影响也不同：生育前期，各密度间的单位面积干物质累积差较大，但器官养分含量差异不大；生育中后期，光、CO_2 和土壤养分供应相对不足，棉株间养分的竞争吸收加强，群体的自动调节和人为的调控加强，造成密度间单位面积干物质累积差距减小，但营养器官中养分含量出现随密度的增加而降低的趋势。皮棉单产 2 250 kg/hm² 棉田群体物质积累最大增长速率为 250.2～254.3 kg/(hm²·d)，总生物量 12 657.7 kg/hm²；皮棉单产 3 000 kg/hm² 高产棉田群体物质积累最大增长速率为 315.2 kg/(hm²·d)左右，总生物量 19 747.8 kg/hm²；皮棉单产 3 500 kg/hm² 以上群体干物质积累最大增长速率为 393.5 kg/(hm²·d)，比皮棉单产 2 250～3 200 kg/hm² 棉田高 26.4%～63.2%，总光合物质积累量达 26 345.4 kg/hm²，比皮棉单产 2 250～3 200 kg/hm² 棉田高 25.5%～117.3%。此外，皮棉单产 3 500 kg/hm² 以上群体营养器官积累直线增长期开始较早，持续时间 38 d，比 2 250～3 200 kg/hm² 多 15～19 d，生殖器官物质积累直线增长期也持续较长(32 d)，有利于棉铃的生长发育，生殖器官总积累量达 16 259 kg/hm²(表 21-1)。

表 21-1　不同产量水平下棉花光合物质积累与分配特征

(杜明伟等，2009)

项目	产量水平(kg/hm²)	拟合方程	r	总积累量(kg/hm²)	T_1(d)	T_2(d)	T_3(d)	V_{max}[kg/(hm²·d)]	T_0(d)	P(d)
总光合物质	3 500	$y=29\,475.1/(1+272.5e^{-0.053\,4x})$	0.995 1**	26 315.4	80	129	49	393.5	105	112
	3 200	$y=22\,759.7/(1+151.1e^{-0.054\,7x})$	0.990 2**	20 974.5	68	116	48	311.2	92	109
	2 800	$y=16\,661.9/(1+130.5e^{-0.057\,9x})$	0.979 5**	17 793.7	61	107	45	241.2	84	104
	2 250	$y=11\,485.4/(1+3\,725.8e^{-0.106\,0x})$	0.997 6**	12 112.5	65	90	25	304.4	78	57
营养器官	3 500	$y=10\,166.3/(1+131.1e^{-0.069\,7x})$	0.998 3**	10 056.3	51	89	38	177.1	70	86
	3 200	$y=7\,306.5/(1+12\,169.1e^{-0.137\,4x})$	0.9 989**	7 551.0	59	78	19	251.0	68	44
	2 800	$y=6\,383.9/(1+520\,705.0e^{-0.204\,1x})$	0.980 3**	7 068.4	58	71	13	325.7	64	29
	2 250	$y=6\,181.6/(1+40\,681.6e^{-0.151\,1x})$	0.998 2**	5 784.0	62	79	17	233.5	70	40
生殖器官	3 500	$y=18\,875.5/(1+8\,784.5e^{-0.082\,9x})$	0.997 8**	16 259.1	94	125	32	391.2	110	72
	3 200	$y=13\,577.4/(1+21\,556.8e^{-0.097\,1x})$	0.996 7**	13 423.5	89	116	27	329.6	103	62
	2 800	$y=11\,495.7/(1+5\,794.6e^{-0.088\,2x})$	0.998 3**	10 725.3	83	113	30	253.5	98	68
	2 250	$y=5\,973.9/(1+2\,585.3e^{-0.093\,3x})$	0.995 2**	6 328.5	70	98	28	139.3	84	64

[注] ** 是在 0.01 水平上检验达显著水平。T_1、T_2 是光合物质积累增长直线期起止时间(出苗后天数)，T_3 是持续天数，T_0 是最大增长速率(V_{max})出现的时间，P 是物质积累活跃期(大约完成总积累量的 90%)。

棉花个体和群体营养器官与生殖器官之间的比例关系和干物质的分配量受水肥条件的显著影响。适量追施氮肥，提高生育后期群体光合速率，延长其高值持续时间，对于增加生育后期的光合物质累积量，最终提高产量具有重要作用；施肥不足，营养生长差，蕾铃干重所占比例增长快,前期干物质分配给蕾铃的比率高,其结果是迫使棉株早衰;施肥过多,营养生长过旺,则蕾铃所占比率增长慢,前期分配比率低,往往导致棉株徒长。因此,棉花要实现高产,必须通过合理的施肥、灌溉和化学调控,使各生育阶段的群体结构合理,营养生长与生殖生长协调发展,既要有较高的干物质积累量,又有合理的分配比例。

二、光合生产系统

棉花的经济产量主要决定于生物学产量和经济系数。生物学产量是棉花一生中所积累的总干物质量,取决于单位面积上棉株群体光合生产能力的大小,也就是棉花一生中由光合作用所产生的总光合量,减去因生命活动而呼吸所消耗的部分,加上根部吸收的矿质营养。单位面积光合产量的多少,又决定于光合面积、光合强度和光合时间三个方面。因此,决定经济产量的主要是光合面积、光合强度、光合时间、光合产物消耗和经济系数,统称为光合系统的生产性能,或者简称光合性能。

棉花经济产量可用下列公式表示:

经济产量=(光合面积×光合强度×光合时间－呼吸消耗)×经济系数

(一) 光合强度

从内因方面考虑,棉花光合强度主要决定于品种的遗传和生理特性。单叶光合强度与产量的关系比较复杂,有些情况下光合强度高的品种产量也高,而有些情况下光合强度与产量没有明显的相关关系,甚至还呈负相关。但是,群体光合速率(CAP)反映的是单位土地面积上的光合能力,而且综合了基因型效应、叶片形态、冠层结构等,因此作物产量与群体光合速率的关系较单叶光合速率要紧密。

1. *叶片光合速率* 叶片光合速率(Pn)与产量的关系一直是光合生理研究的重要内容之一。采用模型模拟研究表明,光合速率不同的栽培品种其产量潜力不同。在优越的水肥条件下,光合速率高的品种比光合速率低的品种产量高;光合速率高的品种和杂交种,单株籽棉产量远比光合速率低的品种高。较高的叶片光合速率是获得高产的一个重要原因。

据杜明伟等研究(图 21－1),不同产量水平条件下棉花在盛蕾期至盛花期均具有较高的光合速率,其值基本保持在 32.2～36.5 $\mu mol/(m^2 \cdot s)$;至初絮期,3 500 kg/hm^2 以上的超高产棉田叶片光合速率仍维持在 22.2 $\mu mol/(m^2 \cdot s)$左右,显著高于其他产量水平的棉田,较 3 200 kg/hm^2 左右的棉田高 27.5%,比 2 250 kg/hm^2 棉田高 66.5%。不过,董合忠等对棉花杂交种及其亲本光合速率的研究表明,尽管杂种较其亲本的产量高出许多,但未见它们的单叶瞬时(9:00～11:00)光合速率的差异,但是杂交种的光合午休程度较弱,而亲本的光合午休严重,这可能是产生杂种优势的重要生理原因之一。

2. *群体光合速率* 群体光合速率反映了单位土地面积上的光合能力,与产量的关系较单叶光合速率关系更为紧密。张旺锋等对新陆早 6 号和新陆早 7 号光合物质积累量与群体光合速率的相关分析表明,两品种不同生育时期群体光合速率均与同时期的棉株光合物质积累量呈显著正相关(表 21－2)。

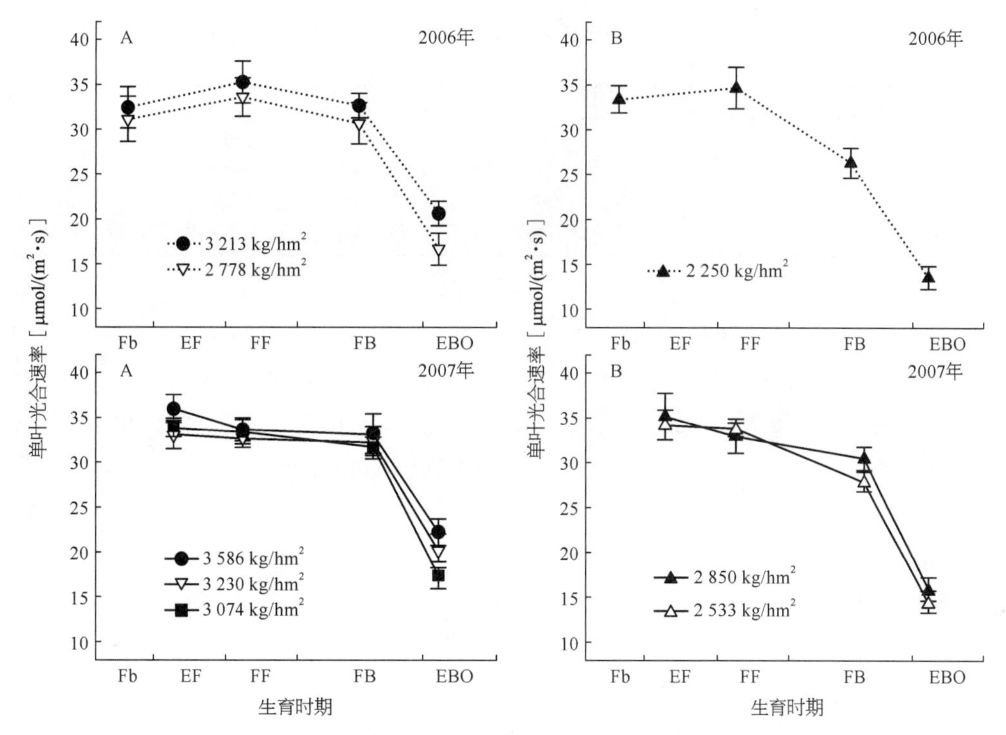

图 21-1　不同产量水平下棉花单叶光合速率的生育期变化

Fb. 盛蕾期；EF. 初花期；FF. 盛花期；FB. 盛铃期；EBO. 初絮期；A. 杂交棉品种；B. 常规棉品种
（杜明伟等，2009）

表 21-2　不同生育时期群体光合速率与植株光合物质积累量的相关系数
（张旺锋等，1999）

光合物质累积量		群体光合速率				
		盛蕾期	开花期	盛花期	盛铃期	吐絮期
新陆早 6 号	盛蕾期	0.992**	0.988**	0.680	0.883*	0.816
	开花期	0.787	0.879	0.947*	0.959**	0.955*
	盛花期	0.575	0.596	0.986**	0.816	0.714
	盛铃期	0.734	0.748	0.462	0.879*	0.883*
	吐絮期	0.750	0.768	0.608	0.882*	0.943*
新陆早 7 号	盛蕾期	0.969**	0.998**	0.879*	0.866	0.825
	开花期	0.906*	0.897*	0.993**	0.980**	0.995**
	盛花期	0.767	0.747	0.922*	0.862	0.904*
	盛铃期	0.814	0.694	0.910*	0.943*	0.957*
	吐絮期	0.976**	0.910*	0.950*	0.983**	0.957*

［注］ * 表示差异达显著水平，* * 表示差异达极显著水平。

在盛花、盛铃和吐絮期，群体光合速率与公顷生物学产量呈显著正相关，表明群体光合速率越高，干物质累积越多，但群体光合速率与生殖器官的干物质累积在盛花期相关不显著（表 21-3），这主要是由于不同产量条件下光合产物的分配不同所致；在盛铃期和吐絮期，群体光合速率与皮棉产量呈显著正相关。

表 21－3　棉花群体光合速率与皮棉产量及有关性状的相关系数

(张旺锋等,1999)

生育期	单位面积株数	单株铃数	单铃重	生物学产量	生殖器官产量	皮棉产量
盛花期	0.537 1	－0.583 1	0.618 1	0.814 2*	0.447 0	0.500 6
盛铃期	－0.279 5	0.438 3	0.481 4	0.813 7*	0.816 2*	0.951 1**
吐絮期	－0.518 3	0.559 5	0.599 1	0.852 0*	0.819 2*	0.931 9**

［注］ * 表示差异达显著水平，* * 表示差异达极显著水平。

另据在新疆棉区的相关研究，在盛花期皮棉产量 2 500～3 200 kg/hm² 棉田的 CAP 为 18.5～26.4 μmol/(m²·s)，而皮棉产量 3 500 kg/hm² 以上的超高产棉田 CAP 已达 38.6 μmol/(m²·s)；进入盛铃前期，不同产量水平棉田 CAP 均达最高值，3 500 kg/hm² 以上的超高产田为 43.4 μmol/(m²·s)，较 2 500～3 200 kg/hm² 棉田高 23.6%～35.4%，较 2 250 kg/hm² 棉田高 69.8%；3 000 kg/hm² 的群体光合在盛铃期达最大值为 34.1 μmol/(m²·s)，比 2 250 kg/hm² 和 1 050 kg/hm² 分别高 33.3%、92.8%；至初絮期，3 500 kg/hm² 以上的超高产田仍能保持在 16.3 μmol/(m²·s)左右，4 365 kg/hm² 超高产田可维持在28.2 μmol/(m²·s)左右，而其他产量水平棉田均已降至 12.0 μmol/(m²·s)以下。这表明，超高产棉田不仅 CAP 峰值较高，而且高值持续时间长。这与棉株生育后期仍维持较高的叶面积指数和单叶光合速率较高有关。

群体光合速率的高低取决于叶面积指数(LAI)、冠层结构和单叶光合速率(Pn)，同时受生态因素的影响。光是影响光合作用最重要的因素。据李蒙春等对新疆高产棉田冠层光辐射量(PFD)的测定，PFD 由冠层顶部向 2/3 株高、1/2 株高和近地面递减，到达基部的 PFD 百分比平均为 7.1%。一般天气状况下，棉田基部处于光补偿点以上，高产棉田群体内光照强度下降缓慢，通风透光好，光分布理想。在光强较高的 12:00～13:00 时测试群体冠层垂直方向上 CO_2 浓度分布，最低值出现在株高 2/3 处和冠层顶部，与功能叶 Pn 最高分布位置一致。冠层内叶温的昼夜变化为单峰曲线，16:50 时左右冠层顶部叶温最高，其高峰值达 41 ℃，较高叶温持续 4～5 h，清晨 7:00 最低，为 17 ℃，昼夜温差达 24 ℃。高产棉田花铃期棉叶 Pn 日变化随光合辐射增强、叶温升高、CO_2 浓度降低而升高。这几个因素达最大值以前，棉叶 Pn 达高峰，以后又随光合辐射减弱、叶温降低、CO_2 浓度升高而降低。

新疆是灌溉棉区，高产棉田 CAP 与棉叶的蒸腾、与水分利用率和土壤含水量有密切的关系。高产棉田棉叶最大蒸腾速率和日蒸腾量分别比普通棉田高 32.1%和 22.0%，但由于高产棉田的棉叶 Pn 高，其日平均水分利用率比普通棉田高 19.8%，说明高产棉田不仅需水量高，水的利用率也高。始花期干旱可使棉花冠层中下部果枝叶 CAP 下降；盛花期干旱造成群体发叶量减少，CAP 减弱，原因在于干旱协迫使群体棉叶的光合速率明显降低，减弱了群体上中部的光合能力，光合面积减小，棉叶 Pn 降低。马富裕等研究表明，土壤含水量(15.6%)较高时，棉株主茎叶的光合速率较高，而相应呼吸速率也较高；土壤水分缺乏时，无铃果枝叶受影响较大，光合速率下降幅度最大；其次是主茎叶片，有铃果枝叶 Pn 下降幅度较小，土壤含水量的丰缺影响着棉花的蒸腾作用。

棉花开花期适量追施氮肥可改善光合性能，使生育后期群体光合速率的衰退减慢；过量追施氮肥引起盛花期 CAP 过高，群体发展过快，造成了生育后期群体光合速率的衰退加快；但氮素用量不足，亦会使群体光合速率的衰退加快。生育中后期大量追施氮肥，在吐絮前未起到改善光合性能的作用，仅在吐絮后 CAP 有所上升，但这时的光合产物对棉花产量无任何贡献。

总之，光合强度与产量的关系比较复杂，群体光合速率与产量的关系较单叶的光合速率更为紧密。光合强度因基因型而异，并受环境条件和栽培措施的强烈影响。从环境因素方面分析，一切参与和影响光合作用的因素，诸如光强、CO_2 浓度、土壤水分、温度以及矿质营养等，都会影响到光合作用强度。虽然自然光强、温度和 CO_2 浓度作为自然因素，尚无法控制，但土壤水分、矿质营养、群体大小等都可通过栽培措施加以调节或控制，由此可见，棉花光合能力的提高尚有很大的潜力。

（二）光合面积

光合面积指棉株所有的绿色面积，包括具有叶绿体、能进行光合作用的叶片面积和非叶绿色器官的光合面积。

1. 叶面积　棉花的叶面积占全株具有绿色组织的光合面积 80%左右，是光合面积的主体。为了提高光合产量，在一般情况下，增加叶面积最易见效。但是在群体条件下，由于叶片相互遮荫，叶面积过大（包括排列不当），必然会影响群体的透光性能，反过来又会影响到光合能力，而导致光合产量下降。因此，叶面积过大或过小均对光合产物的生产和积累不利，应该有一个适宜的单位土地面积上的群体叶面积，即适宜叶面积指数。

在作物生育期中，叶面积指数的增长一般呈抛物线状，在一定范围内，随着叶面积指数的增加，光合产物和产量也相应增加。但是超过适宜程度之后，由于下层叶片被遮荫，光合作用效率降低，群体光合生产率不能进一步增长而处于停滞状态。所以各种作物均有其适宜的或临界叶面积指数，一般处于干物质增重速率开始停滞或下降的临界点。

新疆高产田生育前期营养器官生长速度快、强度大；生育中后期叶面积指数高，且高值持续期长，保证了充足的光合面积；叶绿素含量高，保证了光合作用的高效进行；光补偿点低、饱和点高，光合有效光强范围大、光合速率高值持续期长。

叶绿素在光合作用中对光能的吸收、传递和转化起着极为重要的作用。叶绿素含量在盛蕾期至盛铃期随生育进程推移逐渐增大，随后开始降低（图 21－2）；盛蕾期至盛铃期，不同产量水平棉花叶绿素含量无明显差异，至初絮期产量水平较高的棉田显著高于产量较低的棉田；3 500 kg/hm^2 以上的超高产棉田叶绿素含量较 3 200 kg/hm^2 左右的棉田高 4.9%，较 2 250 kg/hm^2 棉田高 22.7%。

氮素是叶绿素的主要组成成分，施氮量对植物叶片叶绿素的合成具有重要作用。不施氮和施氮不足的处理叶绿素含量下降较快。过量施用氮肥使植株旺长，造成群体荫蔽，使得叶绿素被破坏。

2. 非叶绿色器官光合面积　一些作物的非叶绿色器官也具有光合活性，能够进行光合物质生产，对作物最终产量具有一定的贡献。盛铃后期，常规棉棉铃均已表现为呼吸大于光合，但杂交棉品种棉铃的呼吸速率相对较低，其非叶器官（茎和铃）的光合速率占总光合的比例达 3.6%～5.4%，而常规高产棉花为－8.9%～－2.6%，已表现为呼吸消耗。可见，生育后期非叶器官仍维持较高的光合速率也是杂交棉实现超高产的关键。新疆北疆单产皮棉

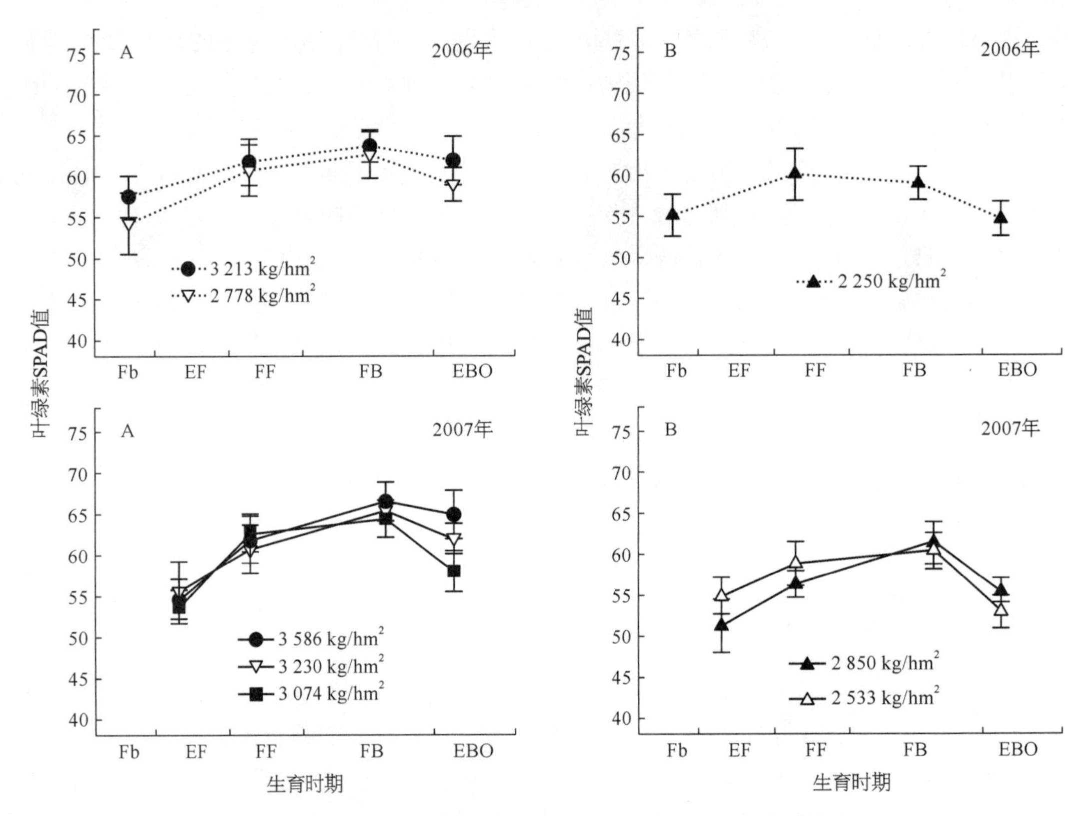

图 21-2　不同产量水平下棉花叶绿素 SPAD 值的生育期变化

Fb. 盛蕾期；EF. 初花期；FF. 盛花期；FB. 盛铃期；EBO. 初絮期；A. 杂交棉品种；B. 常规棉品种

（杜明伟，2009）

2 000 kg/hm² 的高产棉成熟时，非绿叶系统干重/绿叶系统干重为 6.5%～9.1%，而四川棉区高产棉花只有 5.2%～6.5%，表明北疆高产棉花非绿叶面积对产量的贡献大。

（三）光合时间

棉花有效光合时间一般取决于品种生育期的长短、光照时数、太阳辐射强度及光合器官有效功能期长短等。一般生育期较长的品种，其产量较生育期短的品种高。在棉花产量形成期间，如能创造适宜的外界环境条件，尽可能维持叶片的光合功能和根系的活力，延缓衰老，可促进结铃数和铃重的增加，提高产量。因此，改善光合环境，延长光合时间，有利于增加光合产量。

棉花的光合时间受棉叶功能期及有效光合时间、光照时数等内外条件的影响。北疆高产棉花盛铃后期棉叶的光合作用从清晨 7:30 开始，至 21:00 结束，历时 13.5 h，不仅叶片日光合时间长、效率高，夜间呼吸消耗量低，而且生育中后期多次测定均未出现单叶光饱和现象，这些均有利于干物质的积累，是棉花高产的基础。

（四）呼吸消耗

棉株在生命活动中需要不断地进行呼吸作用消耗能量，呼吸作用约消耗光合产物的 30%左右或更多，不过在消耗的同时又提供维持生命活动和生长所需要的能量及中间产物，故正常的呼吸作用是必要的；不同品种之间，以及在不同的栽培条件下，呼吸消耗表现有差别。不良环境条件如高温、干旱、病菌侵染、虫害等都会造成呼吸增强，超过生理需要而过多消耗光合产物;干旱和郁闭条件也增加呼吸消耗。温度是影响呼吸消耗的最主要因素,一般温度高,呼吸加速,消耗增多,尤其是夜温偏高时,呼吸消耗更多。

大田条件下棉花群体昼夜呼吸速率的变化呈一单峰型曲线。据张旺锋等研究,棉花群体呼吸速率的高峰出现在15:00～16:00,低值出现在6:00。一般下午呼吸高于上午,前半夜高于后半夜。究其原因,主要是昼夜气温变化造成的,温度对呼吸速率的影响达极显著水平,回归方程为 $y = -1.064\,8 + 0.098\,3t_{气温}$ ($r = 0.968\,6^{**}$)。

大田条件下棉花群体的呼吸速率(CR)因品种、群体大小、长势和产量水平的差异而不同(表21-4)。盛花期以前旺长棉田的呼吸速率偏高,造成过量消耗,引起蕾铃脱落,控制营养器官的过快生长是降低呼吸消耗的有效途径。每公顷皮棉产量2 250 kg条件下,生育前期呼吸速率稳定上升,至盛铃期达高峰。

表21-4　不同长势棉田群体呼吸速率的差异

(张旺锋等,1998)

条　田	品　种	棉田长势	皮棉产量(kg/hm²)	呼吸速率[g CO_2/(m^2·h)]		
				盛花期	盛铃期	吐絮期
A	新陆早7号	早衰型	1 050.0	1.12	0.45	
B	新陆早7号	早衰型	1 230.0	2.34	1.20	
C	新陆早7号	正常型	2 077.9	2.59	1.65	0.65
D	新陆早6号	正常型	2 394.0	1.24	2.64	1.45
E	新陆早6号	正常型	2 257.2	1.14	2.66	1.56
F	新陆早6号	偏旺型		3.38	2.46	2.32

初花期至盛铃后期,单产皮棉3 500 kg/hm² 以上的超高产棉田CR高于3 200 kg/hm² 左右的高产棉田,但两种产量水平间群体呼吸速率占群体总光合的比例(CR/TCAP)无明显差异;至初絮期,两种产量水平下的CR无明显差异,但超高产田CR/TCAP显著低于高产棉田。

从蕾期开始,在整个生育期内,群体呼吸速率的变化呈单峰型曲线图,随棉株的生长发育,群体呼吸速率不断增强,在盛花期和盛铃期达最大值,而后急剧下降(图21-3);峰值的

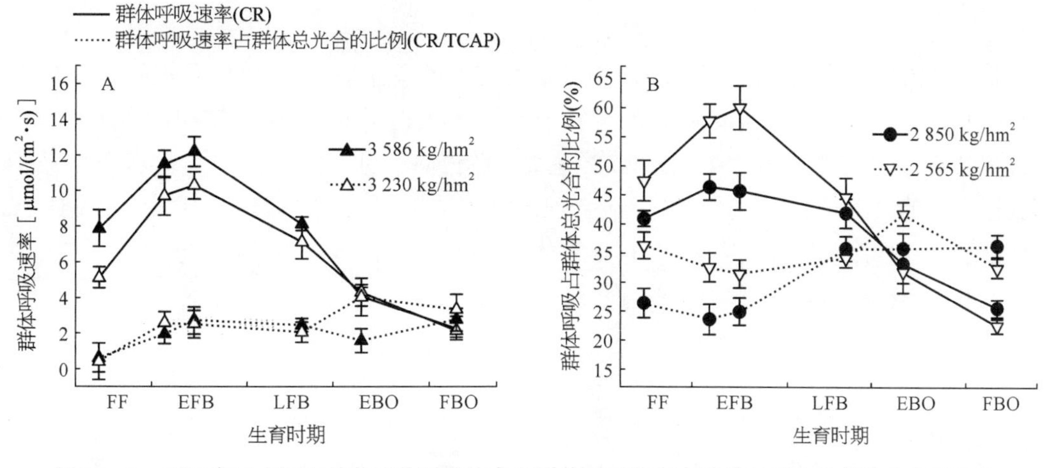

图21-3　不同产量水平下棉花群体呼吸速率和群体呼吸速率占群体总光合比例的生育期变化

FF. 盛花期;EFB. 花铃初期;LFB. 盛铃后期;EBO. 初絮期;FBO. 盛絮期

(张旺锋等,1999)

高低及到达峰值的早晚与品种及棉株长势有关。

一定范围的正常呼吸消耗是完全必要的，但要控制过量的消耗。棉花群体呼吸与光合的关系可用呼吸占总光合的比值(R/P)表示。R/P值因不同生育时期及不同长势而异，高产棉田最高时期为吐絮期，前期长势较旺的棉田，旺长棉田盛花期叶片的旺盛生长和分枝的伸长，旺长棉田群体呼吸速率的高峰期早(表21-5)。

表21-5 不同产量条件各生育时期呼吸与总光合的比值(R/P)

(张旺锋、勾玲，1999)

条田	品种	棉田长势	呼吸与总光合的比值(R/P)(%)				
			盛蕾期	盛花期	盛铃期1(7月25日)	盛铃期2(8月13日)	吐絮期
A	新陆早7号	早衰型	23.0	37.3	36.1	33.5	
B	新陆早7号	早衰型		42.1	35.5	30.5	
C	新陆早7号	正常型	37.1	47.4	25.0	32.4	59.1
D	新陆早6号	正常型	23.5		26.4	41.4	
E	新陆早6号	正常型	25.6	29.5	34.2	47.6	54.8
F	新陆早6号	偏旺型		48.9	40.2	37.9	62.9

另外，经济系数也是光合生产系统中的一个重要指标。它与光合产物的多少和光合产物的运输分配是否合理有密切关系。关于经济系数的概念、意义和测定方法等，详见第二十章第三节。

总之，光合性能的各个方面都与棉花群体结构的塑造有密切关系。它不仅关系到光能利用的高低和合成积累光合产物的多少，同时也关系到运输分配是否合理，最终反映到经济产量上。人们所要求的，就是植株能合成积累最多的光合产物，同时又能最大限度地转化为经济产量。

第二节 棉花群体结构的构成因素

棉花的群体结构，通常指棉花盛铃期时最终定型的群体结构，由单位面积有效株数、株行距的配置、叶面积指数、株型和叶型、单株成铃率、封行时间和封行程度等因素构成。合理的群体结构，是能够有效利用太阳辐射，尽量提高单位面积的光合产量，并合理运输分配，从而获得最高的经济产量的群体。要塑造合理的群体结构，涉及许多因素，不仅与密度(起点群体)大小、行株距配置方式有关，而且与品种类型(松散或紧凑)，乃至棉株上各个器官的生长状况有关，与最终建成群体结构的优劣也有密切关系。

一、密度和行株距配置

播种或移栽密度是构成群体结构的基础因素。密度的大小，直接影响到个体的生长和发育；而个体的生育不同，又会直接影响到群体结构状况。密度过低，虽然单个植株生长条件较好，个体会得到充分发展，但群体小，群体光合速率低，造成大量的漏光浪费，光合物质累积少，根本就建不成高光能群体结构，产量水平低；而密度过高，群体过大，虽然生育前期有较高的群体光合速率，光合物质累积多，但容易激化群体和个体的矛盾，个体生长受到限制，发育不良，对环境条件的响应敏感，生育后期叶片光合速率衰退快，叶面积指数下降早，植株较早衰老，也难以获得高产。合理密植主要是解决群体与个体这一对矛盾，协调群体与个体的关系，使个体发育健壮而不早衰，又保证了一定数量的群体，单位面积株数、单株结铃数、单铃重得到协调发展。因此通过合理密植，保证有足够群体，又使个体健壮，盛铃期至吐絮期有较高的群体光合速率，才能实现棉花高产。

行株距配置方式是指棉株在田间的分布方式。在种植密度较大时，合理配置株距和行距，使棉株得到合理分布，可以在一定程度上改善田间群体的通风透光条件，有利于棉株的生长。行距过窄，容易引起过早封行，导致群体与个体矛盾激化，引起严重蕾铃脱落，造成减产；行距过宽，整个生育期不能封行，也会造成大量漏光，不能充分利用光能，产量也不高。

调整行株距配置也是实现种植方式与机械化作业相结合的重要手段。近年来在新疆迅速推广普及的机采棉配置方式，采用小三膜（20 cm＋40 cm＋20 cm＋60 cm），即在常规宽窄行基础上改进，除有利于机械采收外，生育前期较高叶面积指数，后期下降较缓慢，光能利用率高，有利于产量的提高。机采棉配置方式由于设计的理论株数高，在保苗好的条件下能增加收获株数，容易实现高密度种植。采用不同配置方式，创造合理的群体冠层结构，对棉花高产优质具有重要意义。

二、叶系和叶面积指数

棉花叶系的特点：一是叶片平展，消光系数大，通过 LAI 相当于 1 的叶层后，光照强度下降 2/3 左右；二是植株上下内外叶片分散分布，截获光的能力大；三是铃叶同果节，全株上中下、内外层都有棉铃，为保证多结铃，成铃果节的对应叶（果枝叶）要有足够的受光量。可见，要建立高光效群体结构，必须有适宜的群体叶片数、适宜的叶面积。根据棉花的形态及生理特性，每个果枝着生节位有 1 片主茎叶，每个果节位有 1 片果枝叶，单株果枝数和单株果节数，再加上第一果枝以下 5～7 片主茎叶，乘以密度就是群体叶片数。节的增长与叶片数的增长是同步关系，其适宜的叶片数，就是适宜的群体果节数加主茎叶片数。

在群体叶系中，依其对棉铃生育的作用，又可分为有效和无效叶面积，高效和低效叶面积。在棉花伏桃形成末期（8 月 15～20 日），是棉花新分化果节向有效和无效两极分化的时期。该时间以后形成的花芽不能正常开花结铃，也就是无效花芽。着生在这些无效果节位上的叶面积，即为无效叶面积，8 月 15～20 日以前现蕾果节位上所形成的叶面积称为有效叶面积。另外，由于果枝叶片的光合产物向外运输的局限性，坐住铃的同位果枝叶为高效叶，没有坐住铃的同位果枝叶为低效叶，这时期的主茎叶，对棉铃发育的作用也已变小，也属于低效叶片。在群体总叶面积中，有效叶面积所占的比例称为有效叶面积率，成铃率与有效叶面积率呈极显著的正相关，其回归关系为 $y = 1.9108 + 0.4626x$（$r = 0.9877^{**}$）。

叶面积指数高且持续期长，叶片后期衰老缓慢，保证充足的光合面积，是实现超高产的关键。品种、种植密度和灌溉等显著影响棉花群体大小和叶面积指数。在北疆高密度条件下（30 万株/hm^2）个体发育不良，群体内部条件恶化，叶片衰老和光合功能衰退加快；但密度过低(6 万株/hm^2),在整个生育期内,LAI 一直处于较低水平。不同品种及同一品种不同产量水平棉田 LAI 下降快慢不同(图 21-4),标杂 A1 在产量达到 3 200 kg/hm^2 条件下棉田 LAI 峰值为 4.3～4.5; 3 500 kg/hm^2 以上的棉田 LAI 在盛铃期高达 4.9～5.2,初絮期仍维持在 3.3 左右,较 3 200 kg/hm^2 左右的棉田高 4.1%,较 2 250 kg/hm^2 棉田高 92.8%。而皮棉产量 2 565 kg/hm^2 的 LAI 虽在盛铃期也达到 5.0～5.4,但生育后期下降过快,初絮期已降至 1.9。这可能是在新疆常规棉花品种 LAI 超过 5.0 以后,叶片相互遮荫严重,中下部叶片受光不足,导致早衰、过早脱落,光合有效面积减小,产量难以达到较高水平;4 300 kg/hm^2 以上超高产田吐絮期 LAI 仍维持在 3.8 左右。不同滴灌量条件下各处理 LAI 随生育时期的变化呈单峰曲线;盛蕾期未滴水前,各处理间无差异;不同滴水量处理以后差异变大,适量滴灌条件下的 LAI 快速增加,以后至吐絮盛期不断下降。

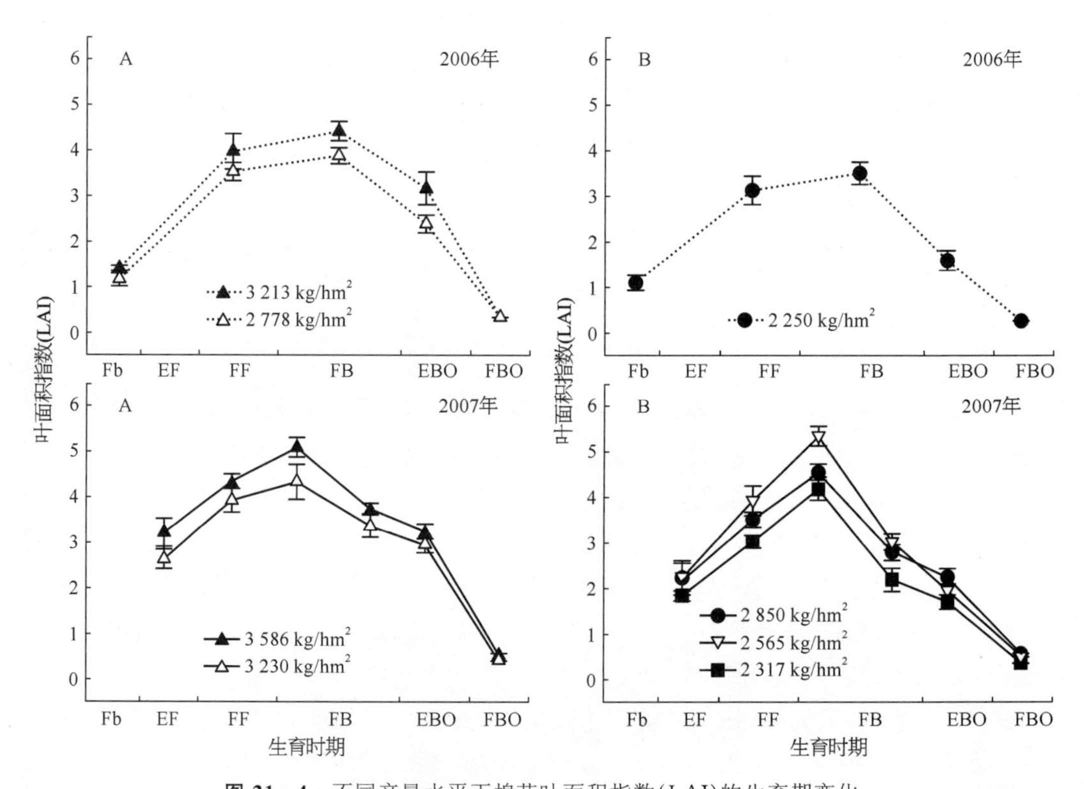

图 21-4 不同产量水平下棉花叶面积指数(LAI)的生育期变化

Fb. 盛蕾期;EF. 初花期;FF. 盛花期;FB. 盛铃期;EBO. 初絮期;FBO. 盛絮期;A. 杂交棉品种;B. 常规棉品种
(张旺锋等,2002)

三、株型体系

不同品种的株型,因果枝的分布、叶片的大小和功能期的长短等而不同,在群体结构各部位的受光情况均有差异;栽培条件不同,也会直接影响到株型的不同,由此形成的群体结构也会有差异。棉花株型体系对群体结构的主要影响:一是主茎高度及其节间长度;二是果枝的着生角度及其果枝长度和果枝节间长度;三是果枝着生角度直接影响到叶片着生角度,由此均会影响到群体光照强度的分布。

利用不同株型(松散或紧凑、果枝长短等)的品种与种植密度、行株距配置等特性配合,建立高光效的群体结构,实现优质、高产。如利用紧凑型品种通过密植增大群体;利用早发型品种来加快生育前期群体发展速度,提高生育前期群体光合生产力;植株高大、株型松散、果枝长、叶片宽大而平展的,密度要小一些;反之,则可适当加大密度。

四、铃叶比及库源关系

作物产量主要受到源的光合生产能力和库对光合产物吸收利用能力的影响,叶片光合生产力受到库容对光合产物需求的反馈调节。库源关系是否协调直接影响着棉花的产量和品质,因此,协调库源关系是获得棉花高产的关键。棉花的库源关系和比例可以用铃叶比(棉花群体成铃总数与总叶片数之比)来反映。铃叶比增加时,库容的增大所需的养分通过对叶源的反馈得以满足,因此当棉花群体叶面积在适宜范围内,应用棉株自身的调节作用去扩大库容,能达到扩库、强源、畅流的目的。由于棉花果枝上的蕾和叶片同节位,因此,棉株具有库源同步增长的特点,给协调库源生长带来难度,在增加总果节量以增加总铃数的同时,叶片数必然增加,使得群体叶面积过大,又往往会导致大量蕾铃脱落。

除铃叶比以外,叶面积载荷量(棉花群体成铃总数与最大 LAI 之比——单位叶面积所负载的铃数,或者群体棉铃总干重与最大叶面积之比——单位叶面积所负载的生殖器官干重)也可作为衡量棉花库源关系是否协调的指标。

五、根 系 活 力

根系生长与地上部的生长存在密切的关系,地上部良好的生长发育必须有强大的根系作基础。棉株根系发育状况,根系吸收矿质营养和水分的能力,必然影响到地上部的生长与发育。因此棉株根系活力与群体结构状况同样存在密切关系。

第三节　棉花合理群体结构的适宜指标

群体结构由单位面积有效株数、株行距的配置、LAI、株型和叶型、单株成铃率、封行时间和封行程度等因素构成。构建高光效群体结构,必须建立这些构成因素的适宜指标。本节主要论述棉花合理群体结构的适宜指标,包括适宜的叶系配置、株型体系配置和适宜的库源比例配置等。

一、适宜的叶面积指数及叶系配置

(一) 适宜叶面积指数的范围

叶面积是植物截获光能的物质载体。为达到有效利用光能,棉花群体必然有一个适宜 LAI 的范围。适宜 LAI 是指群体获得最大 CGR(单位时间、单位土地面积上干物质积累量)所需要的最小 LAI。低于适宜 LAI 范围的下限,棉田 LAI 过小,制造的光合产物少,产量低;而超过该范围的上限,则会引起冠层中下部荫蔽,光合有效面积减小,群体光合速率降低而导致减产。因此，LAI过大、过小均不利于高产。构建棉花高光效群体结构，必须具有适宜的LAI。密度与LAI的变化关系十分密切。合理密植可使叶面积增长较快，使早期具有较大的叶面积，较早达到适宜LAI，从而为充分利用生育前期的光能，增加早期结铃奠定基础，尤其在热量资源有限的棉区是极其重要的。

关于棉花适宜LAI，国内外学者都有研究报道。Ludwig等认为，棉花LAI应3.0左右时的群体光合强度达到最高值，因此，认为3.0左右比较适宜。据陈布圣研究，当LAI在3.6以下时，随着叶面积的增加，光能利用率提高，因而认为3.5左右是棉花的适宜LAI。河北省邯郸农业科学研究所试验，LAI 3.5～4.0以下时，棉花的经济产量随生物学产量的增加而提高，但当LAI超过4.0时，产量反而有所下降，据此认为高产棉花的LAI在3.5～4.0比较合适。四川简阳棉花试验站、山东省棉花研究所等都认为棉花群体LAI在3.5～4.0之间时，总干物重增长率达最大值。谈春松等进一步研究发现，棉花LAI在2.5～6.3范围内，表现为生物学产量随LAI增大而升高，呈线性关系，其回归方程为：$y = 149.1857 + 119.022x$（$r = 0.6386^{*}$）；LAI与经济产量的关系，符合变形抛物线方程 $y = x/(0.02598 - 0.00962x + 0.00145x^2)$（$F = 6.44^{**}$），表现为经济产量开始时随LAI增大而上升，当LAI达到4.23时，经济产量达最高值，此后随LAI增大，经济产量逐渐下降；LAI与经济产量系数的关系同样符合变形抛物线方程：$y = x/(0.2239 - 0.09458x + 0.01777x^2)$（$F = 43.51^{**}$）表现为当LAI为3.35以下时，经济产量系数随LAI增大直线上升，当达到最大值(3.55)时，便随LAI增加而发生陡降，因此把LAI控制在3.55～4.23之间比较合适。

以上研究和分析表明，高产棉花确实有一个适宜LAI范围，但这个适宜范围不是绝对的，因为它既与品种株型特点有关，同时也与栽培所处的环境条件关系密切。决定棉花适宜LAI的关键因素，在于群体利用空间的大小，如利用空间小了，所能容纳的总果节数少，其适宜LAI也小；若利用空间大了，所能容纳的总果节数多，其适宜LAI也较大。综合各生态棉区的研究结果表明，不同群体结构类型因其利用空间的不同，适宜LAI范围也略有差别，密植小株类型为3.0～3.5，中密壮株类型为3.5～3.8，稀植大株类型为3.7～4.3。

（二）适宜叶面积指数的动态

建立高光效群体结构，必须有适宜群体叶面积动态保证。因此，通过各项栽培技术，调控群体叶面积动态，对于实现棉花优质高产具有十分重要的意义。现从三个方面进行论述：一是棉花适宜LAI出现的时间；二是从棉花各生育时期特点看适宜LAI的动态；三是吐絮期LAI与产量的关系。

1. 最大适宜叶面积指数出现时期　不同群体结构类型有所不同，对于稀植大株类型群体结构，为使棉株主茎和营养枝中下部果枝多结铃，特别是多结内围铃，前中期要控制群体叶面积不要增长过快，使最大适宜LAI出现在盛铃期。

据陈德华等研究，最大适宜LAI出现的时间不同，产量差异很大。第一种是适宜LAI出现早，在盛花期达最大值，但到盛铃期下降到3.76，每公顷产皮棉为1 539 kg；第二种在盛花期LAI达到适宜状态，但到了盛铃期LAI高达4.68，表现生长过旺，每公顷皮棉只有1 146.75 kg；第三种类型，前期生长不足，到了盛铃期LAI为3.96，至始絮期LAI达最大值4.13，属后发类型，每公顷产皮棉为1 257.5 kg；第四种是在盛铃期正常出现最大适宜LAI

为 4.32,每公顷皮棉也最高,为 2 139 kg(表 21-6)。由此可见,稀植大株类型群体结构宜在盛铃期达到最大适宜 LAI。这是因为,盛花期仍是营养生长旺盛的时期,若在盛花期达到最大适宜值,盛花后的群体叶面积必然增大,以致形成过大的群体叶面积,使中下部果枝部位严重荫蔽,引起幼铃脱落。进入盛铃期时,叶片的生长大为减弱,新生叶面积的增长和下部叶片的衰老进入平衡状态,此时达最大适宜 LAI,对上、下部位结铃和棉铃发育均有利。此时中下部的棉铃已经形成,只要保持高于光补偿点以上的光强,棉铃可进一步增重。而上部果枝处在良好的光照条件下,具有较高的结铃率。

表 21-6　不同产量水平的群体叶面积指数变化

(陈德华,1995)

皮棉产量 (kg/hm²)	生育期(月/日)						
	6/20	7/5	7/20	8/5	8/15	8/30	9/20
1 539	1.23	2.68	4.05	3.90	3.76	2.15	1.92
1 147	1.56	3.69	4.08	4.35	4.68	4.32	4.01
1 268	1.01	1.96	2.52	3.13	3.96	4.13	3.28
2 139	1.14	2.42	3.53	4.18	4.32	3.23	2.76

[注] 品种为泗棉 3 号。

对于中密壮株类型群体结构,因起点群体较大,加之行距较窄,前中期叶面积增长也不能过快,更不能使最大适宜 LAI 出现过早,造成过早封行,对棉株下部果枝结铃不利。因此,棉花最大适宜叶面积应出现在结铃始盛期,达到下封上不封的形态指标,这时棉株下部果枝已经结住了铃,只要保证有足够的光强,就能使下部果枝棉铃良好地发育,而上中部果枝处在良好的光照条件下,有利于提高结铃率和促进棉铃良好地发育。

2. *适宜叶面积指数动态*　在棉花的一生中,为使 LAI 有一个合理发展动态,在生长缓慢或快速下降时期需要采取促进措施,使其增长快些,或使 LAI 下降得慢些;在其生长快的时期需要采取控制措施,以达到 LAI 平衡增长,如苗期,生长缓慢,是以长根、长茎、长叶为主,以及花芽分化,为达到壮苗早发,要促进叶面积增长适当快些,但不能过快,否则会形成旺苗;现蕾之后,特别是盛蕾至初花阶段,要注意控制,防止叶面积增长过快,促使 LAI 平稳增长;盛花期是营养生长和生殖生长的并茂时期,既要防止增长过快,形成旺长,又要防止生长不足,导致后期早衰,LAI 仍要求平稳增长,使最大适宜 LAI 在盛铃期出现,之后棉花生长趋向衰退,则要采取促进措施,使 LAI 平稳下降,绝不能发生陡降。综合各地对棉花不同群体结构类型 LAI 的研究结果,三种群体结构类型适宜的 LAI 动态如表 21-7 所示。

表 21-7　不同群体结构类型适宜叶面积指数动态

(谈春松,1992)

群体结构类型	现蕾期	盛蕾期	初花期	盛花期	盛铃前期	盛铃后期	盛絮期
密植小株类型	0.25～0.6	1.0～2.0	1.3～3.3	2.8～4.4	3.5～5.1	3.0～3.8	2.0～3.3
中密壮株类型	0.25～0.3	0.4～0.56	1.33～1.68	2.3～3.19	3.5～3.8	2.71～3.23	1.8～2.5
稀植大株类型	0.3～0.8	1.0～1.2	2.4～2.6	3.3～3.5	4.0～4.3	3.0～3.3	2.5～2.7

3. *生长后期群体叶面积指数与皮棉产量的关系*　不同类型群体结构自最大 LAI 出现

之后，LAI 开始下降。高产棉田 LAI 下降速度比较缓慢，在棉铃吐絮期仍保持较高的 LAI。如果 LAI 衰减过快，必然是减产降质。据研究，吐絮期(9 月 15 日)LAI 与产量的关系，在 LAI 为 1.47～2.57 范围内与皮棉产量呈显著的正相关 ($r=0.9860^{**}$)，其线性关系为 $y=77.55+764.85x$。

(三) 叶系的合理配置

棉花高产应具有适宜的 LAI，并与群体的透光性及群体冠层光合作用密切相关。棉花的叶片比较平展，群体中虽然不是一层叶把所有的自然光都遮住，但光强在群体中的下降速度是较快的，大约每经过 LAI 为 1 的叶层后，光强减弱 2/3，只剩下 1/3 漏到下面的叶层。这样，当 LAI 为 4 左右时，下部的光强已接近光补偿点。与此同时，棉花高产还必须要有适宜的有效叶面积与无效叶面积，有适宜的高效叶面积和低效叶面积。

1. 有效叶面积率与成铃率的关系　在群体叶面积中，有效叶面积所占的比例称为有效叶面积率。据研究，在适宜叶面积指数基本接近的情况下，由于在吐絮盛期有效叶面积率不同，群体的成铃率表现有很大的差异。表 21－8 表明，有效叶面积率(x)与成铃率(y)呈极显著的线性正相关，其回归关系为 $y=1.9108+0.4626x$($r=0.9877^{**}$)。这表明，有效叶面积率每提高 1 个百分点，成铃率提高 0.46 个百分点。同样由群体总铃数也得到进一步证实，在有效叶面积率较高的情况下，群体总铃数也较高，因此，在有限的群体适宜叶面积的情况下，通过减少无效叶面积的生长，提高有效叶面积的比例，有利于结铃率和产量的提高。在一般情况下，提高有效叶面积率的关键是控制盛铃期后(8 月 15 日)边心和赘芽的生长。

表 21－8　有效叶面积率对成铃率及总铃数的影响

(陈德华，1996)

最大 LAI	有效叶面积率(%)	成铃率(%)	总铃数(万个/hm^2)
4.12	71.4	35.6	133.8
4.12	66.7	31.9	115.35
4.08	56.3	28.1	103.05
3.96	55.4	27.1	96.45
3.89	53.1	26.8	91.8

[注] 品种为泗棉 3 号。

2. 高效与低效叶面积　进入结铃期以后，棉铃发育的营养物质主要来自同位果枝叶、主茎叶和相邻果枝叶，这三者中，营养贡献最大的是同位果枝叶。应用 ^{14}C 标记棉花的有铃同位果枝叶以后，^{14}C 光合产物向同节位棉铃输送占 85.6%，向相邻节位输送只占 12.2%；而在盛花期前用 ^{14}C 标记主茎叶，倒 4 叶对本果枝的贡献率为 50%左右，倒 9 叶对本果枝输送仅占 10%左右，说明上部倒 4 叶的果枝正在伸长期，主要依靠该节位的主茎叶片供应养分，而倒 9 叶的果枝上已经形成了自己的叶片，较少依靠主茎叶供应养分。进入结铃盛期后，主茎叶对棉铃发育的养分贡献率仅为 12%左右，表明了果枝叶已成为棉铃发育有机营养的主要来源。另一方面，果枝叶节位有铃时，其光合产物向棉铃输送加快，有铃叶比无铃叶快 16.7%。叶片可溶性糖含量的测定结果也进一步表明，果枝叶同节位有铃时，可溶性糖含量为 1.9%，而无铃叶为 2.7%。以上分析充分说明，同位果枝叶存在与否，对棉铃的发育起决定性作用。

由剪叶试验进一步表明，当有铃同位叶剪去 1/4 时，其单铃籽棉重下降 10.9%；当剪去 1/2 时，下降 37.5%，单铃籽棉重仅为 2.75 g；当整株棉叶剪去 3/4 时，蕾铃脱落率高达 90%。因此，棉花的有铃同位果枝叶是决定同位蕾铃能否发育成熟的关键。表 21－9 表明，在果枝叶同节位是否存在棉铃时，其光合强度有明显的差异，3 个品种都一致表现为同节位有铃时，果枝叶的光合强度比无铃的高，盛花期(7 月 21 日)高 19.56%～23.55%，结铃期(8 月 8 日)高 15.27%～18.32%。这直接证明了棉铃对叶片光合能力具有反馈调节能力。

表 21－9　不同品种同节位果枝叶有无铃的光合强度比较

(陈源等，2004)　　[单位：g CO_2/(m^2 · h)]

品　种	7 月 21 日测定同位果枝叶			8 月 8 日测定同位果枝叶		
	有铃	无铃	无铃比有铃减少(%)	有铃	无铃	无铃比有铃减少(%)
泗棉 3 号	18.72	14.31	23.55	22.43	18.32	18.32
中棉所 12 号	17.43	14.02	19.56	24.16	20.47	15.27
苏棉 5 号	14.36	11.23	21.19	21.89	18.54	15.30

因此，提高高效叶面积在有效叶面积中的比例，即高效叶面积率，是有效提高群体总铃数的重要方面。据研究(表 21－10)，随着高效叶面积率的提高，群体总铃数增加，高效叶面积率与群体总铃数呈现极显著的线性正相关($r=0.9945^{**}$)，其回归方程为 $y=-73.46+4.8407x$，表明高效叶面积率每提高一个百分点，每公顷总铃数增加 4.84 万个。所以提高高效叶面积率是夺取棉花高产的关键所在，这就要求在控制群体适宜总果节量和减少棉花的无效叶片的基础上，进一步通过化学调控并结合肥水管理等措施，提高成铃率。

表 21－10　不同产量水平高效叶面积率与总铃数的关系

(陈德华，1996)

最大 LAI	高效叶面积率(%)	总铃数(万个/hm^2)	皮棉产量(kg/hm^2)
4.12	27.8	133.8	2 139
4.21	26.2	115.4	1 844
4.08	23.1	103.1	1 782
3.89	20.9	91.8	1 468
3.13	18.7	85.1	1 363

[注] 品种为泗棉 3 号。

从理论上讲，高效叶面积率愈大愈好，以总果节量计，最大值可达到 100%，实际上高效叶面积率仍低于 100%。因此，提高棉花的高效叶面积率，除提高成铃率外，在特定条件下，减少主茎叶在群体叶面积中的比例也是一个重要方面，通常可以通过减少群体的种植密度和增加单株果枝数来增加群体的高效叶面积率，这可能是黄河流域和长江流域棉区种植杂交棉时适当稀植的一个重要的理论依据。

3. 叶层配置与群体光能利用　棉花的叶片大小及其发展动态与棉花群体光能利用具有密切的联系，这不仅涉及到群体叶面积的大小，叶片的着生方式，还涉及到棉花的叶层分布，棉花的叶层分布均匀并配合小叶直立的方式更有利于提高群体的光能利用。稳长型棉株下、中、上部果枝层的主茎叶和果枝叶比其他 3 种类型的叶片相对较小，而且下、中、上的叶片大小差异不大，故以这种类型的产量最高(表 21－11)。

表 21－11 不同产量水平的叶片大小

(陈德华，1997)

棉株类型	皮棉产量(kg/hm^2)	叶片大小(cm^2/片)					
		下部果枝		中部果枝		上部果枝	
		主茎叶	果枝叶	主茎叶	果枝叶	主茎叶	果枝叶
稳长型	2 139	92.6	71.2	114.3	82.5	108.6	109.3
前旺后衰型	1 539	104.6	81.3	128.6	90.4	100.6	94.3
前弱后旺型	1 268	85.6	66.8	95.3	71.2	125.1	126.8
旺长型	1 147	105.9	89.8	135.8	95.6	116.2	98.8

表 21－12 表明，在最大 LAI 同为 4.3 的不同田块，稳长型田块不同层次的叶面积分布比较均匀，以中层及中层偏上的果枝层的叶面积稍大，下层和上层的较小，但总的相差不大，表现产量最高。而后期旺长或前期旺长型田块，由于上部或下部叶面积较大，妨碍群体内光照条件的改善，所以花铃期群体透光率低。盛铃期(8 月 20 日)群体内的相对光强少(表 21－13)，影响中、下部果枝叶的光合作用，从而造成大量的幼铃脱落，抑制了成铃率和产量的提高。

表 21－12 不同产量水平不同果枝层次的叶面积指数

(陈德华，1995)

类 型	皮棉产量(kg/hm^2)	果枝层次(8 月 16 日)				
		1～4	5～8	9～12	13～16	最大 LAI
稳长型	2 136.75	0.95	1.15	1.19	1.01	4.30
前旺后衰型	1 534.35	1.06	1.28	1.30	0.70	4.34
前弱后旺型	1 200.75	0.75	0.95	1.25	1.36	4.31

[注] 品种为泗棉 3 号。

棉花产量的高低取决于群体光能利用状况，而合理的冠层结构有利于改善光分布，提高群体光能利用率。据观察，高产杂交棉上层叶占 40%～45%，中、下层比例分别为 30%～36%和 19%～24%，而常规棉上层叶占 55%～60%，中、下层比例较低，分别占 20%～24%和 10%～16%。可见，高产杂交棉冠层叶面积配置合理，叶分布较均匀，有利于实现均匀的光分布。

表 21－13 不同产量水平下棉花群体株顶下不同层次相对光强

(陈德华，1995) (单位：%)

类 型	皮棉产量(kg/hm^2)	生育期(月/日)							
		7/4		7/19		8/20		9/10	
		30 cm	60 cm	30 cm	60 cm	30 cm	60 cm	30 cm	60 cm
稳长型	2 136.75	69.1	37.5	44.0	16.5	35.1	11.4	28.7	12.4
前旺后衰型	1 534.35	60.7	28.5	29.6	8.1	29.6	10.8	35.6	8.3
前弱后旺型	1 200.75	71.2	38.9	52.6	26.1	22.6	9.7	18.6	6.3

[注] 品种为泗棉 3 号。

二、株 型 体 系

棉花株型调控是指通过人工调控棉株生长，形成高光效群体空间结构，其核心是在单位空间内，能合理分布较多的适宜总果节量，并有较高的成铃率。棉花株型直接影响到茎枝的状态和叶片在空间的分布、结铃数与分布等，决定了棉花的源库强度和群体的光合生产力。单株平均果枝数和密度的不同是造成株型差异的主要因素。因此，无论哪个棉区，都可以通过合理密植和适宜单株果枝数的配合，结合化学调控和肥水的协调，塑造株高适宜的理想株型，形成高光效群体结构，实现高产优质。现就棉花优质高产株型的共同特点论述如下。

（一）株高及节间长度的合理分布

株高作为株型的一个重要指标，它的高矮直接影响到果枝的分布及群体对光能的利用状况。不同棉区的群体结构类型也不同，相应对株高及节间长度的要求也不同，以长江流域棉区种植常规品种、公顷产皮棉 1 875 kg 为例，株高 100～120 cm，低于 100 cm 或高于 120 cm 的为生长不足或旺长株型，均不易高产。稳长型各节间长度分布相对均匀，变化幅度小，7～19 节间长度平均 5.5 cm，变异系数为 16.0，公顷产皮棉 2 184 kg；旺长型 7～19 节间平均长度为 7.4 cm，特别是 11～16 节间（盛蕾期生长的节间）长度达 8 cm 以上，变异系数为 17.3，公顷产皮棉 1 357.5 kg；生长不足型棉株，7～19 节间平均长度只有 3.8，变异系数为 11.3，与稳长型比较节间太短，果枝密集在一起，也影响到光能的充分利用，公顷产皮棉只有 1 201 kg（表 21-14）。由此可见，高光效群体结构的主茎节间长度分布应相对均匀，节间平均长度以 5.0～6.0 cm 为宜，按单株果枝 18～20 个计，株高 110 cm 左右，容易得到较紧凑而又疏朗的株型结构。这可代表黄河和长江棉区稀植大株类型群体结构的株高及节间长度的合理分布指标。

表 21-14　不同生长类型的棉株高度及日增量

（谈春松，1992）

生长类型	最终株高(cm)	生育阶段(月/日)(cm)				皮棉产量(kg/hm^2)
		6/5～6/20	6/20～7/5	7/5～7/20	7/20～8/5	
生长不足型	74.9	0.8	1.3	1.1	0.5	1 201
旺长型	140.7	1.8	3.2	1.8	1.2	1 358
稳长型	106.0	1.4	2.3	1.3	0.9	2 184

中密壮株类型群体结构，公顷产皮棉 1 875 kg 以上，株高应控制在 80～85 cm，单株果枝 10～12 个，平均 11 个，主茎节间长度 5～6 cm，同样要求分布较均匀。例如王远等观察，大荔县公顷产皮棉 2 250 kg 的高产田块为，公顷种植密度 9.9 万株的条件下，株高 85～100 cm，单株果枝 11 个，主茎节间长度 5～5.5 cm，显示群体生长比较稳健。

密植小株类型群体结构，公顷产皮棉 1 875 kg 以上，株高应控制在 60～65 cm，单株果枝 8～11 个，主茎节间长度 4～5 cm，同样要求分布较均匀。据张旺锋等研究，北疆公顷皮棉 2 250 kg的棉田，种植密度 14.6 万株/hm^2，株高 64.1 cm，单株果枝 11.3 个，单株结铃 7.4 个，单铃籽棉重 5.6 g，衣分 38%，每公顷实收皮棉 2 292 kg；在 13 万～16.2 万株/hm^2 的高产棉田,收获期株高 65～69 cm(表 21－15)。株高日增长量作为衡量生长发育是否适宜另一重要指标,盛蕾期、开花期和盛花期分别在 0.8(cm·d)、1.3(cm·d)和 1.1(cm·d)比较适宜。

表 21－15　北疆产皮棉 2 250 kg/hm² 棉花形态特征

(张旺锋等,1999)

项　目	现蕾期	盛蕾期	开花期	盛花期
日期(月/日)	5/21	6/8	6/18	7/8
株高(cm)	19.5	34.4	47.0	64.1
日增长量(cm·d)	—	0.8	1.3	1.1
叶龄(d)	6.0	10.6	11.7	17.3
倒 4 叶宽(cm)	5.5	9.0	11.5	11.0
果枝数	1.0	5.2	7.7	11.7

高产株型的塑造决定于生长量的合理控制。高产群体株高日增量在整个生育进程中表现为适中稳健,特别在盛蕾初花期株高日增量最大的时期,日增长量为 2.5 cm 比较适宜,有利于协调营养生长与生殖生长的关系,最终株高 106 cm,控制在适宜指标范围内,实现高产,公顷产皮棉 2 184 kg;旺长型,盛蕾初花期株高日增量高达 3.2 cm,不利于花蕾的正常生长,最终株高 140.7 cm,公顷产皮棉只有 1 358 kg;生长不足型,盛蕾初花期的株高日增量只有 1.3 cm,最终株高仅 74.9 cm,果枝叶片分布密集,不利于光能利用,产量更低,公顷产皮棉仅为 1 201 kg。

(二) 果枝及其节间长度的合理分布

高光效群体结构对株型的要求,棉株由下而上各果枝的果节数逐渐减少,果枝长度逐渐变短,使棉株上下形成塔式株型,有利于在整个空间分布上提高群体的光合生产率。在群体条件下,棉株各果枝的果节长度,由内向外逐渐缩短,有利于创造紧凑的株型结构,推迟封行,改善光强分布,提高成铃率,提高群体的光能利用率。因此高产棉株果枝的空间分布,须符合果枝下长上短和果节的内长外短的规律;其次是各果节节间长度要有一个合理的范围。

1. 主茎节间长度对果枝节间长度的影响　陈德华等采取不同处理调节主茎节间长度,对果枝节间长度产生了明显影响。表 21－16 中有两个群体超出主茎节间长度的适宜范围(5～6 cm),一个主茎节间平均长度 6.7 cm(处理 8),属偏旺类型,果枝 1～6 个节间都偏长(14.3～7.6 cm),产量较低(1 723 kg/hm²)。另一个是生长不足型,主茎节间平均长度只有 4.5 cm(处理 9),使得各果枝节间缩短(8.8～3.5 cm),产量也低(1 736 kg/hm²)。

表 21－16　不同处理的棉株主茎和果枝节间长度分布

(陈德华等,1995)

处理号	主茎长度(cm)	果枝节间长度(cm)						皮棉产量(kg/hm²)
		1	2	3	4	5	6	
1	5.5	10.3	6.7	6.2	5.7	4.0	4.0	2 152
2	5.7	11.6	8.5	7.1	6.3	5.3	4.4	2 185
3	5.7	11.5	9.0	8.6	8.6	7.8	6.5	2 122
4	5.5	10.4	7.7	7.2	6.5	5.2	5.0	1 983
5	5.9	13.2	10.4	10.0	9.7	9.1	7.7	1 921
6	5.2	10.4	7.5	7.2	6.7	5.4	4.9	1 868

(续表)

处理号	主茎长度(cm)	果枝节间长度(cm)						皮棉产量(kg/hm²)
		1	2	3	4	5	6	
7	5.5	12.3	10.2	9.0	7.8	7.5	2.3	1 877
8	6.7	14.3	12.1	11.5	9.7	8.5	7.6	1 723
9	4.5	8.8	6.5	5.5	5.0	4.2	3.5	1 736

[注] 品种为泗棉 3 号,密度 37 500 株/hm²。

2. 各果枝节间长度对产量的影响　主茎节间长度在适宜范围内(5～6 cm),各果枝节间长度不同对产量的影响,均呈二次回归方程(表 21－17),表明各果枝节间都应有适宜的长度,才有利于改善群体光照条件,提高产量。

表 21－17　棉株主茎及各果枝节间长度(x)与皮棉产量(y)的回归关系

(陈德华等,1995)

不同部位节间长度	回归方程	相关系数
主茎节间	$y=-366.7807+183.7848x-16.7808x^2$	$r=0.9753$
第 1 果枝节间	$y=-257.4934+69.0111x-3.0133x^2$	$r=0.9678$
第 2 果枝节间	$y=-23.0669+36.7646x-2.1136x^2$	$r=0.9752$
第 3 果枝节间	$y=16.2055+30.001x-1.8763x^2$	$r=0.9831$
第 4 果枝节间	$y=11.3994+6.9493x-2.7883x^2$	$r=0.9762$
第 5 果枝节间	$y=113.9196+6.9493x-0.645x^2$	$r=0.9454$
第 6 果枝节间	$y=87.4747+18.9208x-1.8553x^2$	$r=0.9768$

(三) 适宜的节枝比

节枝比是棉株的果节数与果枝数之比,用总果节数与总果枝数之比表示。节枝比的大小能反映棉株的纵横向生长状况。在密度相同或果枝数相同的情况下,节枝比较低,说明各果枝上果节太少,棉株细瘦,不利于形成高产株型。当节枝比过高时,由于各果枝上果节太多,表明横向生长过长,造成棉株群体严重荫蔽,产量也难以提高。只有在节枝比适宜时,棉株纵横向伸展比较协调,有利于群体干物质生产与积累。适宜节枝比指标,因各生态棉区适宜种植密度和留果枝数的不同而不同。种植密度低、单株留果枝数多的,节枝比指标值高;种植密度高、单株、留果枝数少的,节枝比指标值低。例如,高密小株类型群体结构,适宜节枝比为 2.5 左右;中密壮株类型群体结构,适宜节枝比为 3.5 左右;稀植大株类型群体结构,适宜节枝比为 5～5.5。

综合分析棉花群体结构各项构成因素的适宜指标表明,建成高光效群体结构的核心问题,就在于通过控制群体适宜总果节量来控制适宜的最大 LAI,在适宜 LAI 基础上,通过提高群体光合功能来提高结铃率和铃重,从而实现优质高产。由此说明,首先要明确适宜的总果节量,据研究,每公顷总果节 285 万～360 万个范围内与皮棉产量的关系,经非线性回归模拟表明,皮棉产量 y(kg/hm²)与吐絮期(9 月 20 日)的果节量 x(万个/hm²)的关系可用 $y=17.2275xe^{-0.0031x}$ 表示($rlgy/x=-0.9601^{**}$)。该方程表明,每生产 1 kg 皮棉,至少需要 580.5 个果节,而果节量每增加 1 万个,棉株的生产力平均下降 0.003 1 自然单位,即果节量的增加与棉株的生产力表现为负效应，每公顷群体有效果节量在 $x = 21.5$ 万个时，皮棉产量值最大 $y = 2\,044.5$ kg/hm²。根据该方程，每公顷果节量在 225 万～322.5 万个范围内，皮棉产量都能达到 1 875 kg/hm² 以上，而以每公顷果节量在 300 万个左右时，则更易获得高产。

陈德华等对皮棉 1 875 kg/hm² 产量水平以上的研究表明，适当降低群体果节量，提高果节成铃率、增加成铃数是获得超高产的唯一途径；其次就是在适宜总果节量的条件下提高成铃率，这是进一步提高产量的正确途径。实践表明，每公顷果节量在适宜范围(292.5 万～339 万个)内，棉花的成铃率可由 27.7%提高到 47.6%，每公顷总铃数也由 94.05 万个提高到 155.7 万个。同时群体成铃率的提高能全面提高群体结构构成因素的各项指标，据陈德华等研究(表 21－18)，在适宜的总果节量条件下(298.65 万～339.6 万个/hm²)，随着成铃率的提高(由 27.7%提高到 47.6%)，群体的高效叶面积率从 26.4%增至 36.8%，铃叶比由 30.2 个/m² 增至 36.1 个/m²，棉铃根流量从 0.29 g/(铃・d)增至 0.51 g/(铃・d)，总铃数也相应增加，因此，在适宜总果节量的条件下，提高成铃率，有利于形成高光效群体结构，最终达到高产、更高产的目的。

表 21－18　在适宜总果节量条件下成铃率与群体构成因素适宜指标的关系

(陈德华，1996)

总果节量(万个/hm²)	成铃率(%)	高效叶面积率(%)	铃叶比(个/m²)	棉铃根流量[g/(铃・d)]	总铃数(万个/hm²)
339.6	27.7	26.4	30.2	0.29	94.1
292.8	38.2	28.8	31.7	0.32	111.9
298.7	41.9	32.5	32.1	0.38	125.1
334.5	42.3	34.4	33.2	0.43	142.5
327.0	47.6	36.8	36.1	0.51	155.7

(四) 果枝及叶片角度分布

冠层的截光量与群体冠层的大小和结构有密切关系。棉株果枝在主茎上的着生角度直接与群体的光能分布密切相关，各果枝在主茎上的着生角度由下向上逐渐减小，有利于群体内部光照增强，提高光能利用率，促进成铃率的提高。据研究，棉花高光效群体结构，棉株各果枝由下而上与主茎夹角逐渐减小，即下部 1～5 果枝角度分布为 65°～80°，中部 6～10 果枝角度分布为 55°～65°，上部 13 果枝以上的角度分布为 40°～50°比较适宜。

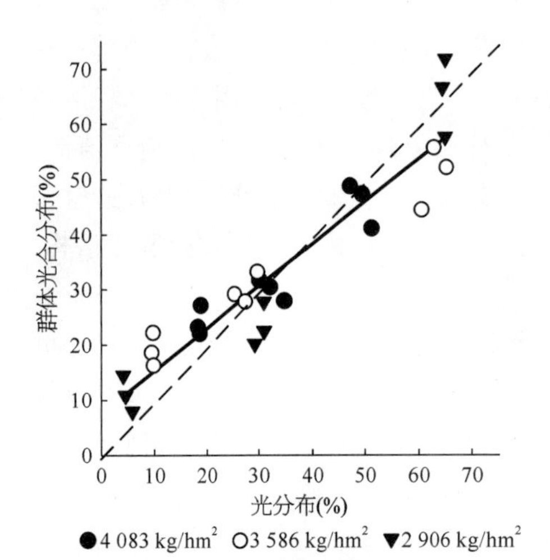

图 21－5　光分布与冠层光合分布比例的关系

(杜明伟，2009)

1. 叶角分布与群体内光照强度　作物的光合作用和干物质生产与冠层光截获和分布状况密切相关。不同产量水平棉花光分布和冠层光合分布两者之间均存在极显著正相关关系，产量水平高的棉花，冠层中两者的分布相对较均匀，有利于提高光能利用率和群体光合生产能力(图 21－5)。在 LAI 相同的条件下，叶角大小是影响群体内部光照强度的一个重要因素。据观察，随着冠层叶片夹角的变小，叶片的透光率增强，叶片角度分布大小与透光率之间呈极显著的负相关（$r=-0.9092^{**}$）。

对新疆棉花超高产LAI与群体冠层生理指标变化的研究表明，生育期群体冠层叶丛倾角，随LAI变化由小变大，再由大变小（表21-19）。在盛铃吐絮期冠层由上至下，叶丛倾角由大到小，上部76°～61°，分别比中部、下部大17°～12°和36°～25°。散射光透过系数，盛蕾期最高，盛花期开始减弱，盛铃后期下降到最低值，吐絮期又有增加。直射光透过系数变化趋势与散射光相似。

表21-19　新疆棉花超高产群体冠层结构生理指标

（李蒙春，1999）

生育时期	日期（月/日）	出苗后天数(d)	LAI	日期（月/日）	出苗后天数(d)	叶丛倾角(°)	散射光透过系数	直射光透过系数	消光系数
现蕾期	5/21	34	0.25						
盛蕾期	6/8	52	1.00	6/22	54	27～45	0.36～0.34	0.52～0.60	
开花期	6/18	62	1.30						
盛花期	7/8	82	2.80	7/12	74	34～36	0.27～0.29	0.34～0.44	0.85～0.87
成铃期	7/25	99	3.90	7/25	87	44～68	0.15～0.22	0.15～0.24	0.81～0.82
盛铃期	8/8	113	3.00	8/17	110	32～67	0.12～0.14	0.13～0.19	0.84～0.89
吐絮期	9/2	137	1.80	9/2	126	32～62	0.15～0.18	0.12～0.26	0.89～0.90

平均叶簇倾斜角是反映冠层结构状况的指标之一。叶簇倾斜角为叶轴和水平面之间的夹角。倾斜角度愈大，叶片愈呈直立。叶簇倾斜角的变化影响群体冠层结构，进而影响叶片对光能的截获，最终影响棉花群体光合速率的高低。随施氮量的增加，棉花平均叶簇倾斜角变小，叶片变大、变平。叶片发生这种变化，可截获更多的光能，增强群体光合作用。但过量追施氮肥，造成新陆早6号生长快，叶簇倾斜角度变小，引起冠层内光照恶化，植株中下部的叶片照光不足，呼吸消耗上升，最终造成生育后期群体光合速率的急剧下降。

群体散射辐射和直射辐射透过系数可反映冠层内的透光状况。随施氮量的增加，棉花平均叶簇倾斜角变小，群体散射辐射透过系数和直射辐射透过系数降低，冠层截获光能增加。施氮量少或不施氮，棉花平均叶簇倾角变大，群体散射辐射透过系数和群体直射辐射透过系数升高，将造成漏光损失，群体光合速率也不高。适量滴灌条件下，棉花叶簇倾斜角变小，叶片有变平的趋势，这样可以使叶片截获更多的光能；但水分充足，生长快，LAI高，叶簇倾斜角度的变小，将引起冠层内光照恶化，植株中下部的叶片由于光照不足，呼吸消耗上升，最终造成群体光合速率的降低；限量滴灌条件下叶簇倾斜角度变大，群体散射辐射透过系数和群体直射辐射透过系数增加，造成漏光损失严重，降低了群体光合速率。

2. 果枝角度分布与叶倾角的分布　冠层顶部叶倾角较大，底部较小，有利于增加冠层透光率，而与棉铃着生部位邻近的叶片面积大且趋于水平，可提高同化物的吸收效率，增加透过冠层的光合有效辐射，能增加光合作用。果枝的角度分布直接影响到叶倾角的分布，一般情况下，果枝与主茎的夹角越小，则该果枝上叶片与主茎的夹角也越小，果枝着生角度与叶倾角分布呈极显著正相关（$r=0.9678^{**}$），棉花冠层的叶倾角几乎与果枝的夹角相当，凡是叶倾角小的，其冠层下方透光率和单株成铃都高（表21-20）。因此，要缩小叶倾角，主要应从缩小果枝与主茎的夹角入手。

表 21-20　果枝与主茎夹角和叶倾角、透光率、成铃率的关系

(杜明伟等,2009)

冠层果枝角度(°)(由顶部向下)	平均叶角(°)	透光率(%)(冠层下方)	单株成铃率(%)
52.6	53.4	67.6	41.6
54.3	55.9	63.2	38.5
54.3	57.9	61.5	37.4
56.2	58.5	60.8	36.2
58.5	58.6	58.5	34.6

在冠层的不同层次,叶倾角存在差异,从上到下总体表现减小的趋势(表 21-21)。同一类型品种相同层次叶倾角,高产大于低产;而不同类型品种相比,杂交棉品种顶 2/3 冠层的叶倾角较常规棉品种小,全冠层则无显著差异。

表 21-21　盛铃期不同产量水平棉花叶倾角及透光率的垂直变化

(杜明伟等,2009)

品种(系)	产量水平(kg/hm^2)	叶倾角(°)			冠层开度		
		顶 1/3 冠层	顶 2/3 冠层	全冠层	顶 1/3 冠层	顶 2/3 冠层	全冠层
			2007				
标杂 A_1	3 586	49.7±2.3b	44.3±1.9ab	43.5±1.2a	0.403±0.025b	0.164±0.009b	0.078±0.009c
	3 230	45.3±1.8c	42.9±1.1b	42.6±1.7a	0.392±0.026b	0.158±0.012b	0.087±0.016bc
新陆早 26	2 850	56.1±2.2a	46.8±1.2a	43.6±1.5a	0.287±0.019c	0.135±0.014c	0.092±0.014b
万氏 217	2 317	50.2±2.3b	45.5±0.9ab	43.1±2.1a	0.501±0.015a	0.251±0.017a	0.163±0.019a
			2008				
石杂 2 号	4 365	51.8±2.6c	48.3±2.8ab	45.9±1.7a	0.481±0.024a	0.202±0.008a	0.086±0.012bc
	3893	50.2±1.4c	46.7±3.1b	45.1±1.3a	0.495±0.022a	0.206±0.011a	0.089±0.016b
新陆早 33	3 389	61.2±1.5a	52.4±2.2a	47.2±1.5a	0.436±0.019b	0.175±0.012b	0.083±0.014c
新陆早 26	2 906	56.7±2.7b	48.6±1.6ab	45.5±1.1a	0.396±0.010c	0.136±0.014c	0.095±0.013a

[注] 同列不同小写字母表示差异达 0.05 显著水平。

三、铃叶比与库源关系

通常以群体总库容量(或库总干重)/群体最大叶面积来反映作物的库源关系。不同作物的具体表示方法不同,棉花通常为:铃数或铃重(g)/叶(m^2),因棉花每一果节同时着生铃和叶,也可表示为:铃(个)/叶(片)。

(一) 铃叶比的表示方法

通常可采用总铃数与总叶片数之比,总铃数与最大叶面积之比,群体棉铃总干重与最大叶面积之比三种表示方法。

1. 总铃数与总叶片数之比　每片功能叶所负载的棉铃数,用铃(个)/叶(片)表示,数值越大,表示单位叶片所负载的群体结铃数越多。如果以果枝叶片数计,铃叶比的最大极限值为 1.0(100%结铃),但因主茎叶和无效叶的存在,总铃数与总叶片数之比不可能达到 1.0,

因此,它受到结铃率和主茎叶片数的影响。凡结铃率高的,铃(个)叶(片)比也高,群体叶片数中主茎叶少的,铃(个)叶(片)比也相应较高。铃(个)叶(片)比的高低能综合反映开花结铃期有效LAI与低效LAI之间、铃库与叶源之间的协调水平。

2. *总铃数与最大叶面积之比*　单位叶面积所负载的总铃数,以铃(个)/叶(m^2)表示。与铃(个)/叶(片)比相比较,此法的优点是考虑到了每张叶片的大小,在铃(个)叶(片)相同的情况下,小叶植株的铃(个)/叶(m^2)的比值要比大叶植株的高,单位叶面积能容纳的铃数更多,增产潜力更大。选用小叶品种,或合理化控等栽培措施可使单叶面积变小,提高铃(个)/叶(m^2)的比值,有提高总铃数的可能。

3. *群体棉铃总干重与最大叶面积之比*　单位叶面积所负载的生殖器官重量,以铃重(g)/叶(m^2)表示。该方法反映了单位叶面积对经济产量的实际贡献,包含了结铃率、叶的大小和铃的大小等三个方面的因素,更为综合全面,故由铃重(g)/叶(m^2)之比可直接计算籽棉产量。

$$籽棉产量(kg/hm^2)=[最大\ LAI\times 铃重(g)/叶(cm^2)]\times 单铃经济系数/1\,000$$

由于铃叶比的三种表示方法都是以棉铃和棉叶为基础的,因此,三种表示方法之间存在显著的正相关关系,铃(个)/叶(片)与铃(个)/叶(m^2)的相关系数为$r=0.851\,5^{**}$;铃(个)/叶(m^2)与铃重(g)/叶(m^2)的相关系数为$r=0.956\,6^{**}$;铃(个)/叶(片)与铃重(g)/叶(m^2)的相关系数为$r=0.741\,8^{**}$。因此,应用三种表示方法中的任何一种都能达到衡量库源关系是否协调的目的。

(二)铃叶比对库源功能的调节

铃叶比是棉花库源关系的重要反映。它的大小必然对库源功能和库源关系产生重要的影响。

1. *提高铃叶比能促进开花后的叶片光合强度*　叶片光合生产力的大小,受到库容对光合产物需求的反馈调节,当单位面积负荷量增加时,棉花开花后的光合生产潜力得到充分发挥,一方面光合强度增大,光合产物增多;另一方面生产的光合产物能较多地分配到生殖器官中去,也就是当铃叶比增加时,库容的增大所需的养分能够由于对叶源的反馈得以满足。据扬州大学农学院研究,在最大叶面积相近条件下(LAI为4.30~4.40),不同铃叶比群体冠层叶片光合强度随着铃叶比的增大而增强(表21-22),提高铃叶比,有利于提高结铃期冠层叶片的光合强度,这是扩库具有强源功能的有力证据。光合器官具有一定的补偿作用,去除部分叶片可增加剩余叶片的光合速率,进一步说明提高铃叶比能增强叶片的光合强度。

表21-22　不同铃叶比的棉株冠层叶片光合强度

(陈德华,2005)　　[单位:$\mu mol/(dm^2\cdot h)$]

最大LAI	铃叶比(个/m^2)	测定日期(月/日)				
		8/21	8/27	9/3	9/10	9/17
4.40	20.66	133.34	51.50	40.92	30.08	24.18
4.30	27.33	120.33	68.80	62.35	45.91	29.06

减源或疏库后，棉株地上部总光合物质累积量均明显降低。在叶源量减少的条件下，初花期至盛花期剩余叶片Pn(光合速率)有所增加。生育中后期在叶源胁迫时杂交棉品种Pn受到影响较大。在库容量减少的条件下，初花期至吐絮期的Pn有所降低。在产量形成期，常规棉品种疏库后会显著抑制叶片Pn(表21-23)，杂交种在轻度疏库后有利于提高叶片Pn。在初花期至盛花期相对于棉铃充实的需求，光合产物供应过剩。疏库后棉铃库容活性的提高，尚不足以弥补蕾铃数减少的负面效应，棉株中积累大量的碳水化合物，这种积累超过一定水平后，可导致卡尔文循环中羧化底物RuBp再生受抑，进而影响Pn，使其降低到库所能够接受的水平。疏库后不同品种棉铃库容活性的提高幅度不同。提高幅度大的杂交种，可以及时将源器官制造的光合产物调运到棉铃中，使光合产物供大于求的状况得以改变，进而刺激Pn的提高。常规品种则因棉铃库容活性提高幅度小以及原有Pn水平较高，无法补偿库容量变小的负面效应，导致Pn始终处于较低水平。

表21-23　源库调节对不同时期棉花叶片光合速率(Pn)的影响

(罗宏海等，2009)　　　　[单位：μmol/(dm² · h)]

品　种	处　理	生育时期			
		初花期	盛花期	盛铃期	吐絮期
新陆早13号	去1/2叶	33.0±1.5a	29.4±0.3a	19.3±0.4f	6.3±0.3f
	去1/4叶	30.7±0.1b	28.4±0.1b	25.5±0.5a	8.9±0.2cd
	疏1/2蕾铃	28.5±0.4d	26.5±0.2f	21.8±0.9d	7.7±0.2e
	疏1/4蕾铃	29.9±0.2c	27.7±0.1d	22.7±0.5c	8.4±0.3d
	CK	30.6±0.6b	28.2±0.2c	24.5±0.2b	9.2±0.5c
标杂A	去1/2叶	31.0±1.0b	28.5±0.2b	16.2±0.2g	5.1±0.4g
	去1/4叶	29.3±0.1d	27.6±0.1de	21.2±0.1e	8.5±0.7d
	疏1/2蕾铃	27.5±0.2e	25.5±0.3g	22.5±0.8c	9.6±0.8c
	疏1/4蕾铃	28.7±0.6d	26.5±0.2f	24.9±0.6ab	13.2±0.5a
	CK	29.0±0.1d	27.5±0.2e	25.8±0.2a	11.5±1.3b

[注] 同列不同小写字母表示差异达0.05显著水平。

2. 提高铃叶比能促进叶片光合产物向棉铃的输送　在盛花期和结铃期分别测定棉株功能叶和中部果枝10 d龄棉铃同节位果枝叶可溶性糖含量，结果表明(表21-24)，在铃叶比由16.38个/m² 增至29.62个/m² 时，盛花期功能叶可溶性糖含量由2.73%降至1.91%，结铃期中部果枝第1果节10 d龄棉铃同节位果枝叶可溶性糖含量由4.25%降至3.84%，说明铃叶比的提高，能加速光合产物向铃输送的作用，也就是扩库具有畅流的功能，而且该资料数据经方差分析达到极显著水平。

表21-24　不同铃叶比叶片可溶性糖含量比较

(纪从亮等，2000)

LAI	盛花期(功能叶)铃叶比(个/m²)	结铃期(同节位果枝叶)叶片含糖量(%)	
4.01	16.38	2.73	4.25
4.01	29.62	1.91	3.84

3. 提高铃叶比能促进干物质积累和合理分配　铃叶比与开花后干物质积累有密切的关系。在LAI相同时，铃叶比增加，开花后干物质积累也显著增加(表21-25)，例如在LAI为2.94时，铃叶比由19.13个/m^2增至24.95个/m^2时，花后干物质积累量由4 867.4 kg/hm^2增至5 854.1 kg/hm^2，增加了17.9%。进一步分析表明，铃叶比(x)与花后干物质积累量(y)的关系为$y = 1\,105.8 + 222.96x$($r = 0.907\,8^{**}$)。该方程表明，铃叶比每增加1个/叶(m^2)，每公顷花后干物质积累量增加222.96 kg。最大LAI在2.94～4.82范围内，提高铃叶比(个/m^2)，花后干物质积累量和皮棉产量都有提高，但以LAI为4.01时最为明显。说明在群体最大LAI过大(4.82)和过小时(2.94)，虽然铃叶比提高，但光合生产能力的增强终究受到一定限制，只有当最大LAI适宜(4.01)时，提高铃叶比，才能使促进群体光合生产的能力达到最大。

表21-25　铃叶比与开花后干物质积累的关系

(陈德华，2005)

LAI	总铃数(万个/hm^2)	铃叶比(个/m^2)	生殖器官干重/叶(kg/m^2)	花后干物质量(kg/m^2)	皮棉产量(kg/m^2)
2.94	56.25	19.13	0.110 4	4 867.4	912.0
	73.35	24.95	0.129 6	5 854.1	1 089.0
4.01	69.5	16.38	0.098 7	4 777.4	1 027.5
	118.5	29.62	0.161 6	8 179.4	1 597.5
4.82	63.75	13.23	0.087 5	4 298.1	988.5
	95.70	19.85	0.112 9	6 314.4	1 317.0

提高铃叶比还能对盛花结铃期光合产物的分配得到合理调节，用^{14}C标记结果表明(表21-26)，在最大LAI相同条件下(4.01)，铃叶比(个/m^2)由16.38增至29.62时，在盛花期功能叶(倒5叶)光合产物向本果枝运送的养分比例由47.55%增至59.7%，而运往果枝顶端的比例，由46.7%降至32.3%；单位叶面积生产的蕾铃干重由0.095 kg/m^2增至0.118 7 kg/m^2；结铃期^{14}C标记还表明，中部果枝(第9果枝)第1果节位叶片光合产物向同节位棉铃输出速度快16.2%；输出量多7.9%。可见随着铃叶比的提高，盛花后光合产物较多地运向生殖器官，较少地运向顶端，有利于控制旺长，使叶面积对经济器官的有效生产量得到提高。

表21-26　铃叶比对盛花结铃期光合产物分配的调节

(陈德华，2005)

LAI	铃(个)/叶(m^2)	盛花期^{14}C分配(%)		生殖器官干重(kg/m^2)	结铃期果枝叶输出量(%)
		本果枝	果枝顶端		
4.01	16.38	47.6	46.7	0.095 0	20.3
4.01	29.62	59.7	32.3	0.118 7	28.2

叶源轻度胁迫有利于加速同化物向棉铃的运转速率。减少棉铃库容对叶片光合产物分配状况的影响因品种而有明显差异。杂交棉在轻度疏库时通过加速叶片同化物向棉铃

运转速率的同时，增强棉铃库对茎叶和根系中同化物的再调运能力，提高了同化物在蕾铃中的分配率(表 21-27)。通过改变源库平衡，可调节叶片^{14}C同化物运转分配的量和方向，提高同化物向库器官分配的比例，调控作物向高产方向转变。

表 21-27 源库调节对盛铃期(饲喂后 3 d)和吐絮期(饲喂后 28 d)^{14}C同化物运转分配的影响

(罗宏海等，2009)

品种	处理	^{14}C同化物输出率(%)		盛铃期^{14}C同化物的分配(%)			吐絮期^{14}C同化物的分配(%)		
		盛铃期	吐絮期	根	茎叶	蕾铃	根	茎叶	蕾铃
新陆早 13 号	去 1/2 叶	66.8c	81.4abc	0.1f	3.0e	63.8ab	3.2ab	12.5bc	65.7bc
	去 1/4 叶	57.3e	83.5abc	0.2f	4.3d	52.7c	2.4ab	8.7def	72.4b
	疏 1/2 蕾铃	40.6h	60.2d	2.2bc	12.2a	26.2e	3.1ab	14.7ab	42.4e
	疏 1/4 蕾铃	45.5g	65.4d	2.9a	9.8b	32.7d	2.7ab	15.2ab	47.5e
	CK	54.0f	78.1bc	0.9e	6.8c	46.3c	2.3ab	10.7cde	65.1bc
标杂 A1	去 1/2 叶	76.9a	78.9bc	0.9e	7.8c	68.1a	1.6b	12.6bc	64.7bc
	去 1/4 叶	69.3b	76.9c	2.0bc	7.3c	60.0b	2.2ab	16.9a	57.9cd
	疏 1/2 蕾铃	62.6d	85.9ab	1.7cd	9.8b	51.2c	3.5a	17.7a	64.7bc
	疏 1/4 蕾铃	62.7d	88.7a	2.3b	11.2ab	49.2c	1.8ab	7.9df	79.0a
	CK	58.2de	84.1abc	1.5d	10.5b	46.3c	2.7ab	11.0cd	70.4b

[注] 同列不同小写字母表示差异达 0.05 显著水平。

4. 铃叶比对产量的影响 综合在江苏各地的研究，在相同的 LAI 条件下，产量随着铃叶比的提高而提高。铃叶比为 0.202 8 时，每公顷皮棉产量为 1 262 kg；铃叶比增加到 0.277 8 时，每公顷皮棉产量为 2 188 kg。经回归分析表明，铃叶比(x)与皮棉产量(y)呈极显著的线性正相关($r=0.906\ 5^{**}$)，方程为 $y=-945.15+1\ 146.45x$，铃叶比(个/片)每增加 1，每公顷皮棉产量增加 1 147 kg。每公顷皮棉产量在 1 875～2 250 kg 时，铃叶比(个/片)应保持在 0.243 3～0.281 6 之间(表 21-28)。进一步研究表明，棉花产量水平高时，铃叶比(个/m^2)也高，每公顷产皮棉 1 200～1 500 kg，铃叶比(个/m^2)为 21.1～27.5；每公顷产皮棉 1 875 kg 以上时，铃叶比在 29.0 个/m^2 以上。经回归分析表明，铃叶比(个/m^2)(x)与皮棉产量(y)呈极显著线性正相关。回归方程为 $y=5\ 566.35+1\ 115.85x$($r=0.932^{**}$)。该方程表明，当铃叶比(个/m^2)增加 1 个，每公顷皮棉增加 1 116 kg。

表 21-28 铃数与总叶片数比值与产量关系

(陈德华，2005)

试验地点	扬州		泰县		宿迁	灌云	通州	铜山
铃叶比(个/片)	0.202 8	0.218 8	0.224 7	0.229 9	0.246 9	0.264 6	0.266 7	0.277 8
皮棉产量(kg/hm^2)	1 261.5	1 410.0	1 717.5	1 916.4	2 136.0	2 136.0	1 957.5	2 187.45

[注] 品种为泗棉 3 号。

改变源库比例还影响产量构成(表 21-29)。在叶源量减少的条件下，新陆早 13 号去 1/2 叶单株铃数显著降低，皮棉产量显著低于 CK(不去叶)；去 1/4 叶处理单株铃数、铃重、衣分以及产量均与CK无明显差异。标杂A1随减源量的增加，单株铃数、铃重均显著降低，衣分与CK无明显差异，最终皮棉产量显著低于CK。在库容量减少条件下，新陆早13号衣分与CK无明显差异，单株铃数、铃重、籽棉和皮棉产量均显著低于CK；标杂A1疏1/4蕾铃处理单株铃数显著低于CK，铃重和衣分显著高于CK，皮棉产量略高于CK。

表21-29　源库调节对棉花产量及产量构成的影响

（罗宏海等，2009）

品　种	处　理	收获株数（万株/hm^2）	单株铃数（个）	铃重(g)	衣分(%)	籽棉产量（kg/hm^2）	皮棉产量（kg/hm^2）
新陆早13	去1/2叶	20.4±0.3a	4.7±0.3de	3.38±0.43f	41.6±0.8b	3 166.7±215.2 d	1 316.7±101.7 d
	去1/4叶	19.8±0.7a	7.8±0.3b	4.06±0.25c	42.1±0.2b	6 037.3±390.3b	2 542.1±172.1b
	疏1/2蕾铃	20.3±0.5a	5.3±0.5d	2.79±0.18 g	41.2±0.9b	2 803.2±161.5d	1 156.3±82.2d
	疏1/4蕾铃	19.7±0.4a	6.8±0.5c	3.77±0.42 de	41.9±0.5b	4 909.4±253.1c	2 056.9±104.3c
	CK	20.7±0.1a	8.4±0.4b	4.14±0.25c	41.6±0.2b	6 553.9±638.8b	2 725.1±279.4b
标杂A1	去1/2叶	20.6±0.2a	4.1±0.6e	3.64±0.54ef	41.6±0.4b	2 726.6±210.7d	1 135.7±102.7d
	去1/4叶	20.4±0.4a	6.6±0.6c	4.26±0.11c	41.3±0.4b	5 239.4±372.9c	2 166.6±173.1c
	疏1/2蕾铃	19.8±0.1a	5.5±0.5d	4.63±0.19b	42.8±0.6ab	4 640.2±419.3c	2 030.2±168.4c
	疏1/4蕾铃	20.1±0.5a	7.9±0.7b	5.21±0.23a	43.2±0.4a	7 427.3±327.5a	3 208.6±145.9a
	CK	19.7±0.4a	9.2±0.9a	4.77±0.29b	42.1±0.4b	7 239.4±190.6a	3 047.8±172.2a

[注] 同列不同小写字母表示差异达0.05显著水平。

在北疆，减源对产量的影响较大，源不足时产量明显降低。随着土壤含水量的增加，适宜范围内源不足引起的产量损失，可通过增加水分来弥补。适度减库对产量的影响不大，主要是由于在稳定单株结铃数的基础上，确保铃重没有大幅度变化；过度减库铃重虽然变化不大，但单株结铃数严重下降，所以产量大幅度下降。随着土壤含水量的增加，适当减库引起的产量损失不能通过水分来弥补。减源减库过度都不可能通过水分来弥补。

综上所述，提高铃叶比，意味着能提高棉花群体冠层叶片光合作用潜能，促进光合强度增强，光合产物总量增多，提高干物质积累量，并能促进光合产物向外输送速度，调节光合产物的合理分配，最终能有效地提高棉花产量。因此，提高棉花单位叶面积对棉铃的负载能力，是棉花增产的重要途径，也是高光效群体结构十分重要的指标。

四、根系活力与高光效群体结构

棉花根系是吸收矿质营养和水分的主要器官。它在土壤中的发育状况，吸收能力和功能期的长短，直接影响和制约棉株地上部的生长与发育，以及产量和品质的形成。无疑，棉花根系是建成高光效群体结构的重要方面。棉花根系生物量同单株叶面积、地上部生物学产量及生殖器官产量之间均存在显著的正相关关系。在一定范围内，随着种植密度的增加，植株的主根变细，侧根减少，但单位面积上的根量却显著增加，吸收能力也相应加强。李少昆等于1991～1992年在棉花不同密度对根系生长发育及产量影响的研究中发现，与长江、黄河流域棉区近年大田研究棉根的资料相比，北疆棉区棉花种植密度大，单株根量和群体根量较低，最大入土深度浅，但根系携载的地上部生物量、铃数和生殖器官重都较高，说明北疆棉花根系的生产力高。因此合理密植，可以提高棉花根系生产力，更充分地利用地力，从而有利于提高单产。

棉花净光合速率与中下层根系活力呈极显著的正相关关系。滴灌条件下根系的生长发育受到了影响,但显著提高了 40～100 cm 土层中根系分布的比例及根系活力,有利于增加根系对深层土壤中的水分和养分的吸收。生育后期根系活力下降缓慢,有利于延缓叶片衰老,从而延长产量形成期,提高棉花产量。

棉花生长发育、产量形成过程是地上部光合作用和地下部根群吸收养分、水分的有机统一过程。生产中改良土壤、施肥、灌水和中耕等栽培措施均是直接作用于根系,从而调节地上部发育和实现最终产量的提高。因此,对根系的研究在棉花高产栽培中显得愈来愈重要。

花铃期保证耕层有足量肥水供应,充分发挥棉根旺盛生理功能,促地上部多结桃。吐絮成熟期要重视肥、水、气协调,保护中下部叶片正常生理功能,防止根系生长减速得过早过快,以提高棉花的品质和产量。

土壤深层水含量的多少直接影响作物的生长发育状况,并决定作物产量的高低。充足的土壤深层水能促使作物根系深扎,并增加深层根系干物质分配比例,削弱根信号对作物生长发育的抑制作用,保持叶片较好的水分状况和生理活性,从而提高作物光合生产量和水分利用效率。

(一) 根系活力的表达方式

棉花根系活力通常可用根量、根系 α-NA(α-萘胺)氧化活性、根系吸附表面积(ABS)和根系活跃表面积(ACS)以及伤流量来表示。根量是指在整个土壤层内棉花根系的总量。该指标比较直观,但由于棉花根系分布广,扎得深,很难把根系全部刨挖出来,因此,只能得到局部的量,不易得到全部的总量。根系 α-NA 氧化活性也是棉株根系生长环境好坏的客观反映。它表示根系对土壤养分的吸收能力,用 mg/(g·h)表示。但此方法测定比较复杂,主要是不易把全部根系取出来,只能反映局部单位干重的根系活力,不能反映群体整个根群的活力总量。同样根系不同部位的活力不一样,用单位根重的氧化力的相对测定值,必然产生较大误差。根系吸附表面积(ABS)和根系活跃表面积(ACS)是促进地上部生长的主要因素。它是通过甲基蓝被根系吸附氧化变色的多少来反映根系的吸附和有活力的面积,从而反映出根系生理功能的高低。一般情况下,根系 ABS 和 ACS 高,能促进地上部叶绿素含量增高,光合功能增强,而且后期使 ACS 下降缓慢是促进产量进一步提高、防止早衰的重要衡量指标。但该项指标同样需要挖根取样测定,方法也较复杂,因而也不实用。伤流量是反映棉株根系吸收并向上输送的能力,直接反映着根系生理功能的大小,测定方法比较简单。

以上是各项根系活力的传统表示方法,但这些指标似乎都未能与地上部的生长联系起来。扬州大学农学院研究认为,只有以棉铃为单位和根系活力联系起来,才能综合反映根系活力和产量的直接关系。鉴于根量、根系 α-NA 氧化活性以及根系吸附表面积(ABS)和根系活跃表面积(ACS)等指标测定方法复杂,使用起来有很大难度,只有伤流量的测定方法比较简单易行,故将棉铃根流量作为综合反映根系活力和产量直接关系的指标比较实用。此法是在整个棉花开花结铃及吐絮期,测定棉株的伤流量与当时结铃数的关系,用棉铃根流量[g/(铃·d)]表示,代表每个棉铃分配到根系吸收量(伤流量)的多少。这个数值愈高,无疑结铃率愈高,铃重愈大。

（二）根系活力与高光效群体结构

据陈德华课题组研究，棉铃根流量与单株成铃呈显著的正相关（$r = 0.976\,2^{**}$），回归方程为 $y = 12.18 + 9.56x$（表 21-30）。该方程表明，棉株根系伤流量每增加 1 g/(铃·d)，单株铃数可增加 9.56 个。8 月 30 日测定，在每公顷密度为 45 000 株时棉铃根流量（x）与公顷铃数（y）呈显著正相关（$r = 0.967\,6^{**}$），其回归方程为 $y = 42.886\,5 + 48.772\,5x$。该方程表明，棉铃根流量每增加 1 g/(铃·d)，公顷铃数增加 48.772 5 万个，由此可见，提高棉花开花结铃期直至吐絮期的根系活力，有利于棉株多结铃，因此，应用棉铃根流量能直接反映棉株地下部与地上部的本质联系。

表 21-30　根系伤流量与单株铃数、总铃数、铃叶比及棉铃根流量的关系

（陈德华，2005）

根系伤流量 [g/(株·h)]	单株结铃数 (个)	总铃数 (万个/hm²)	铃叶比 (个/m²)	棉铃根流量 [g/(铃·d)]
0.50	17.0	76.50	23.61	0.71
0.56	18.1	81.45	24.24	0.74
0.86	19.9	89.55	25.51	0.94
0.94	20.4	91.80	25.57	1.11
1.23	24.6	110.70	29.02	1.20

[注] 品种为泗棉 3 号。

由表 21-30 还表明，棉花根系伤流量与铃叶比呈显著的正相关（$r = 0.957\,8^{**}$），其回归方程为 $y = 20.86 + 6.736\,6x$。由方程表明，根系伤流量每提高 1 g/(株·h)，铃叶比增加 6.736 个/m^2。可见提高根系活力，可有效地提高铃叶比。用伤流量同样能反映蕾期现蕾强度的关系。盛蕾期的根系伤流量与现蕾强度呈显著正相关（$r = 0.977\,4^{**}$）。由此进一步说明，提高棉花开花后根系伤流量或棉铃根流量有利于提高光能利用，提高棉花成铃率，从而达到增产的目的。

棉花根系生物量的积累与地上部的积累动态趋势相似，均呈"S"形曲线，至成熟期达最大。据李少昆等的研究，北疆棉花根系从 4 月中下旬开始生长至 10 月底拔秆期结束，其过程可分为指数增长期、线性增长期和平稳减缓增长期 3 个生长阶段。不同生育时期，根群分布范围不同。苗期分布较浅，现蕾后，根系迅速向下伸展，至初花期，入土深度达 100 cm 左右。进入吐絮期后根系下伸很少，但总根量仍有增加的趋势，且主要是近地表主根内开始积累大量养分，致使近地表根量占的比例又有所回升。随种植密度增加，根系生长最大速率明显降低，但线性增长期提前，在同一生育期同一土层内，稀植的单株根重明显大于密植的。过于密植的植株根系深层根比例明显减少。而棉花密度过高或过低时冠根比均增大。

当一个主要库器官的生长受限时，光合产物将优先分配给能够保持较强库力的器官，以使作物可以忍受以后更强的胁迫。这说明适度的库容胁迫使叶片中较多的 ^{14}C 同化物短期内储存于根系和茎中。随着棉铃生长发育，库容胁迫逐渐减轻，棉铃库对根系和茎叶中调运能力增强，同化物在蕾铃中分配率显著增加，提高了铃重，最终籽棉产量高于对照。

第四节　棉花群体结构类型及合理密植

我国幅员辽阔,各棉区的气候和土壤多种多样,品种有早熟、中早熟和中熟等不同类型,20 世纪 90 年代以来,棉花杂交种又得到迅猛发展(见第一章)。基于生态条件和所用品种等的不同,不同棉区的种植密度相差悬殊,即使在同一棉区由于种植制度的不同,种植密度也不同。种植密度是决定建成群体结构的基础。回顾分析我国棉花种植密度的变化,对于深入认识棉花群体结构类型十分必要。

一、全国棉花种植密度的演变

合理密植是一项经济有效的增产技术,是提高棉花光能利用率的主要途径之一。在采用特定品种及相应栽培措施的配合下,合理密植能协调棉株生长发育与环境条件、营养生长与生殖生长、群体与个体的关系,建立一个从苗期到成熟期都较为合理的动态群体结构,达到充分利用光能和地力,生产较多的光合产物和较多经济产量的目标。我国棉花生产中,历来把合理密植,包括行株距合理配置作为重要的增产措施,棉花种植密度随生产品种的演替以及关键栽培措施的改进不断发生变化。特别是西北内陆棉区,在 20 世纪 80 年代末 90 年代初,棉花生产实现了飞跃性发展,棉花单产有较大幅度的提高,其中很重要的原因就是增加了密度,并采取了相应的农业技术措施,形成了符合新疆气候条件的“密、早、矮、膜”综合栽培技术体系(见第一章)。

(一) 黄河和长江流域棉花种植密度演变

20 世纪 50 年代至 70 年代,农业生产条件较差,黄河流域和长江流域棉区棉花基本是采取露地直播,而且棉花大多数种在旱地,所以常常出现缺苗、断垄现象,加之当时的种植密度一般为每公顷 30 000 株左右,产量很低,每公顷产皮棉仅 300 kg 左右。因此,通过改进播种技术,增加种植密度,提高群体的总铃数,具有显著的增产作用。种植密度提高到每公顷 7.5 万～9.0 万株,使每公顷皮棉产量提高到 450～600 kg。

20 世纪 70 年代后期至 80 年代,随着棉花生产条件的改善和栽培技术研究的不断深入,棉花高产栽培技术对产量构成因素协调途径由增加密度转变为在合理密植的基础上,进一步提高单株结铃数来增加群体总铃数,特别是新的栽培技术,如育苗移栽和地膜覆盖的应用,使得合理密植的范围又下降为每公顷 4.5 万～7.5 万株,而单株结铃数提高到 15～20 个,每公顷总铃数增加到 82.5 万～90 万个。在此基础上,通过平衡施肥或配方施肥,使公顷总铃数又有所提高,达到 105 万个左右。进入 90 年代初期,随着化学调控技术在生产上普遍应用,棉花种植密度在此基础上又有所提高。

20 世纪 90 年代末,黄河流域棉区和长江流域棉区推广应用转 *Bt* 基因抗虫棉,至 21 世纪初期,转 *Bt* 基因抗虫棉已经基本普及。出于对节约用种和节省成本等方面的考虑,该两个棉区的棉花种植密度普遍降低,长江流域棉区多数在 3.0 株/m^2 左右,黄河流域棉区一般在 4.5 株/m^2 左右。无论是长江流域棉区还是黄河流域棉区,种植杂交棉的密度则更低。在现有基础上提高密度,实行合理密植被认为是两大棉区棉花增产的重要措施。

（二）西北内陆棉花种植密度演变

20 世纪 60～70 年代，新疆农业生产条件较差，棉花的产量处于很低水平，种植密度为每公顷 7.5 万～9.0 万株，与内地棉区相差不大。

80 年代中期，随着地膜覆盖栽培技术的推广，滴灌技术引入新疆后，与作物薄膜覆盖技术相结合发展成为膜下滴灌技术。“密、早、矮、膜”栽培技术体系初步形成，使种植密度增加到每公顷 12 万～13.5 万株，大幅度提高了单位面积上的总株数，从而增加了单位面积上的总铃数，提高了棉花单产，使得全疆棉花生产水平由低产（450～600 kg/hm^2）发展到中产水平（750～900 kg/hm^2）。80 年代末 90 年代初，新疆棉花生产实现了飞跃性发展，棉花单产又有较大幅度的提高，其中的主要原因就是进一步提高了密度，并采取了相应的农业技术措施，形成了符合新疆气候条件的“密、早、矮、膜”综合栽培技术体系。这期间，密度增加到每公顷 16.5 万～19.5 万株，通过提高密度、增加单位面积上的总铃数仍然是增产的主要途径。之后，随着“密、早、矮、膜”综合栽培技术体系的进一步完善，播种密度达到每公顷 21 万～24 万株，收获株数每公顷 19.5 万～22.5 万株，特别是随着宽膜植棉技术的普及和种植方式的改进，棉花密度进一步增加到每公顷 22.5 万～25.5 万株。

但是，密度也不是越大越好，若密度增加了，其他农业技术跟不上，也达不到增产的目的。在高密度条件下，留苗不均匀易造成棉株空杆率大幅增加；没有打顶的蕾铃脱落严重；水肥过多、化控又不及时，造成植株徒长、封行早，或者没有整枝的棉田通风透光不好，严重郁蔽，造成中下部棉铃脱落或霉烂；还有生育后期肥料不足，易造成早衰等情况常有发生。因此，需要强调的是，合理密植是一项重要的增产技术措施，但如果其他农业措施不能够跟上，仅通过增加种植密度是难以达到增产目的的。

二、高光效群体结构类型

根据全国各棉区种植密度（起点群体）的差异，从群体结构提高光能利用率方面进行分析，大致可归纳为密植小株、中密壮株、稀植大株 3 种群体结构类型，现将各自的特点分别进行论述。

（一）密植小株类型

这种类型的种植密度每公顷至少为 12 万株，甚至 15 万株以上。为使株距不小于 15 cm，行距一般采用偏窄的等行或宽窄行。它适用于西北内陆棉区、辽河流域棉区及晋中特早熟棉区。北疆高产棉花成铃主要分布在第 1～11 台果枝的第 1 和第 2 果节，其中第 1 至 11 台果枝成铃占总成铃的比例分别为 11.7%、13.9%、13.9%、10.8%、6.8%、8.8%、8.8%、11.7%、7.8%、3.9%和 2.0%，第 1 果节占 87.3%，第 2 果节为 12.7%。通过增加密度，使成铃主要集中在低台位果枝的内围果节，从而能利用有限的棉花生长季节，充分利用热量条件较佳的优质铃开花期，夺取高产和优质。

在这样大的起点群体条件下，要求将个体培育成近似筒形，顶部 1～2 个果枝和下部 2～3 果枝稍短，中部 3～4 个果枝较长，这类群体结构以利用横向空间为主，纵向空间利用较少。它的缺点是因棉株高度只有 60～70 cm，整个空间利用也就是 60～70 cm；优点是漏光较少，达到群体最大适宜叶面积时，可均匀覆盖整个地面。这些棉区 4～5 月的气候回升较慢，而后期(9 月以后)气温下降特快，棉花有效生长季节短，棉株个体生育受到很大限制，必须突出一个“早”字，采取地膜覆盖、密植早打顶、化学调控等措施，达到早发、早熟。新疆棉区以“密”为综合栽培技术核心的“矮、密、早、膜”，就属于这类群体结构。据张旺锋等的研究，密度 18.0 万株/hm^2 群体光合速率较高，皮棉产量也最高。这与该密度下盛铃期至吐絮期叶片光合速率下降较为平稳、叶面积指数适宜、冠层结构优良、有较高的群体光合速率有关；生育后期群体光合速率高，光合物质累积多，保证了较多的光合产物分配到经济产量器官中。

密植小株型群体结构的特点是，在有限的棉花生长季节内，通过协调群体与个体的关系，既保证有足够群体，又培育健壮个体，确保产量形成期有较高的群体光合性能，实现棉花高产。其核心的要求是，促早发、高光效。通过地膜覆盖，使棉株达到早发，采取密植早打顶，以密促早，再通过系统化控，协调群体与个体的矛盾，加之特早熟棉区降雨稀少，日照充足，叶片功能期长，有利于提高光能利用率，棉株成铃率和单铃籽棉重高。同时，密植株体小，在生长正常的情况下，经济系数也较高，可使特早熟棉区的棉花夺得早熟、优质、高产。

(二) 中密壮株类型

中密壮株类型的种植密度每公顷为 5 万～9 万株，采用 70～80 cm 等行距或 50～120 cm 宽窄行，要求将棉株培育成塔形，单株留果数比密植小株型的多，一般 12～14 个。果枝由下而上逐渐变短，当达到群体最大叶面积时，形成下封上不封的群体结构，使受光性得到很大改善。

这种类型的群体结构，利用下部果枝伸得较长，覆盖地面，达到充分利用横向空间的目的；同时利用单株多留果枝，达到多利用纵向空间的目的。与密植小株型比较，利用的空间要大些，群体最大叶面积有所增加，从而提高了光能利用率。但要特别注意化学调控，防止因发生棉株旺长，引起过早封行，激化群体和个体的矛盾，造成荫蔽，恶化群体内透光条件，导致严重蕾铃脱落，使经济系数下降而减产。中密壮株类型群体结构，适用于黄河流域棉区的多数棉田，对于长江流域下游棉区的旱地、盐碱地或地力较差、施肥量不足的水浇地棉田也比较适应。这些棉田的显著特点是常常弱苗迟发或早衰，但增产潜力很大；从增加群体最大叶面积和延长光合时间入手，提高光合产量，以实现增产。因此，中密壮株类型群体结构，正是一方面争取多利用空间增加群体最大叶面积，另一方面利用黄河流域和长江流域棉区有较长的生长季节，延长光合时间，从而提高生物学产量，同时采取化学调控措施保持有较高的经济系数，以达到增产的目的。

(三) 稀植大株类型

稀植大株型的种植密度每公顷为 1.95 万～3.75 万株，行距为 120～170 cm。这种类型又可分为两种情况：一种是常规棉品种(包括常规抗虫棉)，种植密度一般为每公顷 3.75 万株，行距 120 cm 等行，去营养枝，将棉株培育呈筒形，下、中、上部果枝长度基本相同，棉花整个生长季节基本不封行，只是两行果枝的顶叶相接，而不交叉，阳光可直射到棉株底部。这种类型单株果枝可达到 20 个左右，利用空间明显地比中密壮株类型的大。另一种是抗虫杂交棉，种植密度每公顷 1.95 万～2.25 万株，行距 150～170 cm 等行，不去营养枝，利用杂种优势，充分发挥个体增产潜力，使营养枝向两侧生长，以利用横向空间，让主茎尽量向上生长，以尽可能多利用纵向空间。棉株高度可达到 130～140 cm，主茎留果枝 20 个以上，营养枝的二级果枝可达20～25个，同样棉花生长季节基本不封行，阳光可直射到棉株底部。

稀植大株类型群体结构，适用于长江流域棉区的大部分棉田，黄河流域棉区水热资源特别丰富的一部分棉田也可采用。这种群体结构的特点，是利用较长的棉花生长季节和较优越的肥水条件，以及棉花的杂种优势，可以充分挖掘个体增产潜力来实现优质高产，其核心要求是，必须使个体得到充分的发展。因为前中期的漏光情况要比前两种群体结构严重得多，如果个体发育不充分，漏光情况会更严重，必然导致减产。若个体得到充分发展，前中期的漏光损失，可由争取到利用较大的空间、增加群体最大叶面积得到补偿，同时由改善群体光合性能，提高结铃率，达到扩库强源畅流，增加单铃籽棉重和提高经济产量系数等途径来实现优质高产。这类群体结构，为了能使个体得到充分发展，不十分强调化学调控；对于采用常规品种、公顷密度在3.75万株的条件下，为使棉株培育成筒形，则仍要通过化学调控，促使果枝不要伸得过长。

三、基于集中收获的集中成熟棉花高效群体结构

当前，我国棉花栽培进入了以“轻简节本、提质增效、生态安全”为主攻目标的新时期，对棉花合理群体结构也有了新要求。一方面要提高光能利用率，充分挖掘棉花群体的产量潜力，实现棉花高产稳产；另一方面通过优化成铃、集中吐絮，提高生产品质并实现集中机械收获。这两方面要协同兼顾，必须因地制宜，制定集中成铃、产量品质协同提高、节本降耗的合理群体结构指标，建立集中成熟高效群体结构。根据对我国西北内陆、黄河流域和长江流域3个主要产棉区的研究和生产实践，总结提出以下三种新型集中成熟高效群体结构。

（一）降密健株型

“降密健株型”群体是在传统“密植小株型”群体的基础上，通过适当降低密度（起点群体降低10%～20%），并适当增加株高（10%～15%）等措施而发展起来的以培育健壮棉株、优化成铃、提高机采前脱叶率为主攻目标的新型群体结构，皮棉产量目标2 250～2 400 kg/hm^2，适合西北内陆棉区。主要指标如下：

适宜的种植密度和株高。收获密度15万～20万株/hm^2，盛蕾期、初花期和盛花期株高日增长量以0.95、1.30和1.15 cm/d比较适宜，最终株高75～85 cm。其中，采用杂交种等行距（76 cm）种植时，密度降至12.0万～13.5万株/hm^2，株高80～90 cm。

适宜最大LAI（群体获得最大干物质积累量所需要的最小LAI）为4.0～4.5。适宜LAI动态为苗期快速增长，现蕾到盛花期平稳增长，适宜最大LAI在盛铃期出现，之后平稳下降。

果枝及叶片角度分布合理。在盛铃吐絮期冠层由上至下，叶倾角由大到小，上部76°～61°，分别比中部和下部大14°和30°。

节枝比（棉株的果节数与果枝数之比）和棉柴比（籽棉与棉柴的质量比）适宜，分别为2.0～2.5和0.75～0.85。

非叶绿色器官占总光合面积的比例显著提高。生育后期非叶绿色器官占总光合面积的比例由35%增加到38%，铃重的相对贡献率由30%提高到33%。

长势稳健，集中成铃，脱叶彻底。棉株上中下棉铃分布均匀且顶部棉铃比例稍高，脱叶

催熟效果好；植株上部铃重和纤维品质指标一致性好；霜前花率达到85%～90%，脱叶率达到92%以上，含絮力适中，采净率高、含杂率低(表21-31)。

目前，新疆生产建设兵团第七师等采用单株产量潜力大的杂交种或常规种，等行距76 cm种植，并大幅度降低密度至12.0万～13.5万株/hm^2，实现相对稀植；再通过健个体、强群体，建立高产、适宜机械化采收的高光效群体结构。收获株数12万株/hm^2左右，单株成铃10～12个，节枝比2.5左右，铃数120万～150万个/hm^2，单铃重5.0～5.5 g，霜前花率90%以上，籽棉目标单产6 000 kg/hm^2。这是一种典型的基于优化成铃和集中收获为目标的“降密健株型”群体结构，已在适宜地区大面积推广应用。

(二) 增密壮株型

“增密壮株型”群体是在传统“中密中株型”群体的基础上，通过适当增加种植密度(起点群体增加50%～80%)，并适当降低株高(15%～20%)等措施而发展起来的以培育壮株、优化成铃、集中吐絮为主攻目标的新型棉花群体结构，皮棉产量目标1 650～1 800 kg/hm^2，适合黄河流域棉区。主要指标如下：

适宜的种植密度和株高。收获密度7.5万～9万株/hm^2，盛蕾期、开花期和盛花期株高日增长量以0.95、1.30和1.15 cm/d比较适宜，最终株高90～100 cm。通过调控株高和叶面积动态，确保适时适度封行。

适宜的最大叶面积指数为3.6～4.0。其动态也是苗期较快增长，现蕾到盛花期平稳增长，最大适宜叶面积指数在盛铃期出现，之后平稳下降。

果枝及叶片角度分布合理，使棉花冠层中的光分布和光合分布比较均匀。

节枝比和棉柴比适宜。分别为2.8～3.3和0.8～0.9。

集中成铃和脱叶彻底，伏桃与早秋桃占比达到75%～80%，机采棉田脱叶率达到95%以上(表21-31)。

表21-31　基于集中收获的集中成熟高效群体结构类型和主要指标

(董合忠整理，2018)

指　标	群体结构类型		
	降密健株型	增密壮株型	直密矮株型
皮棉产量水平(kg/hm^2)	2 250～2 400	1 650～1 800	≈1 500
适宜最大LAI	4.0～4.5	3.6～4.0	3.8～4.0
LAI动态	适宜最大LAI在盛铃期	适宜最大LAI在盛铃期	适宜最大LAI在盛铃期
株高(cm)	75～85	90～100	80～90
节枝比	2.0～2.5	2.8～3.3	2.5～3.0
棉柴比	0.75～0.85	0.8～0.9	≈0.85
非叶绿色器官	光合贡献8%以上	光合贡献5%以上	光合贡献6%以上
早熟性	霜前花率85%～90%	伏桃与早秋桃占比75%～80%	伏桃与早秋桃占比70%以上
脱叶率(%)	>92	>95	>95
适宜区域	西北内陆	黄河流域一熟制	黄河与长江流域两熟制

(三) 直密矮株型

长江流域棉区和黄河流域实行两熟制的产棉区，多采用套种棉花或前茬作物收获后移栽棉花的种植模式，普遍应用“稀植大株型”的群体结构。这种群体结铃和吐絮分散，无法集中收获。经过各地探索发现，改套种或前茬后移栽棉花为前茬后直播早熟棉，并通过增加密度，矮化并培育健壮植株，建立“直密矮株型”群体结构，不仅省去了棉花育苗移栽环节，也为集中收获提供了保障。“直密矮株型”的皮棉产量目标为 1 500 kg/hm^2 左右。主要指标如下。

(1) 适宜的种植密度和株高：收获密度 6 万～9 万株/hm^2，最终株高 80～90 cm。通过调控株高和叶面积动态，确保适时适度封行。

(2) 适宜最大 LAI 和动态：麦(油、蒜)后早熟棉构建“直密矮株型”群体结构的最大叶面积指数为 3.8～4.0。苗期以促进叶面积增长为主，现蕾到盛花期叶面积指数平稳增长，使最大适宜叶面积指数在盛铃期出现，之后平稳下降。

(3) 节枝比和棉柴比适宜：分别为 2.5～3.0 和 0.85 左右。

果枝及叶片角度分布合理，使棉花冠层中的光分布和光合分布比较均匀。

(4) 集中成铃和脱叶彻底：单株果枝数 10 个左右，成铃时间主要集中在 8 月中旬到 9 月中下旬，棉花伏桃和早秋桃合计占总成铃数的比例为 70%以上，机采前脱叶率达到 95%以上(表 21-31)。

四、合 理 密 植

棉花产量由单位面积上的结铃数、单铃籽棉重和衣分构成。在目前生产条件下，影响产量高低的主要因子是单位面积上的总铃数，即单位面积上总株数和单株结铃数的乘积。总株数与单株铃数是有矛盾的，如果单位面积上总株数少，单株生长条件好，结铃多，但单位面积上的总铃数却不一定最多。增加单位面积的总株数，会对单株生长有一定的影响，单株结铃数相应减少，但只要合理密植，由于株数增加，总铃数仍然会增加。总铃数增加与否取决于棉株群体与个体是否协调，即保证单位面积上有足够的株数，又能给个体生长发育提供适宜的条件，不致因密度过大，个体的生长受到抑制；还取决于棉花生态环境，光照、温度、水分状况不致因密度过大而恶化，能满足群体、个体发育的需要。

(一) 合理密植原则

以建立高光效群体结构为依据，结合我国棉花生产的实际情况，确定棉花合理的种植密度，应当充分考虑当地自然气候条件、土壤条件、品种特性以及栽培管理水平等。

1. 光热水资源和土壤肥力　在光热气候条件中主要是热量条件的影响，在棉花生育期中，如果是平均气温高，热量资源丰富，无霜期较长的地区，棉株生长就快。由于生育期较长，植株生长高大，所以棉花密度要小一些。如果气候温凉，热量资源有限，无霜期较短的地区，密度要大一些。新疆棉区的积温比黄河流域棉区的少，特别是棉花生长的前期和生育后期两头的温度较低，所以新疆棉花的种植密度要比黄河流域棉区密度高。

棉花生长发育的水、肥、气等生活因子不同，棉花生长状况就不同。如果土壤肥力高，施肥水平高的棉株生长旺盛，植株高，叶片大，果枝多，容易造成棉田郁蔽，中下部棉铃脱落；土壤肥力低，施肥量小的棉株生长较矮小，田间郁蔽的可能性小。因而在同样的气候条件下，肥田应比瘦田密度小一些。

2. 品种特性和种植方式　如果品种生育期较长，植株高大，株型又松散，果枝长，叶片宽大，种植密度要小一些；如果植株较矮，株型紧凑，果枝短，生育期短的早熟品种，种植密度则要加大一些。

种植方式即棉株在田间的分布问题，在密度较大时，采用合理的种植方式，使棉株得到合理分布，可以在一定程度上改善田间的通风透光条件，有利于棉株的生长。新疆棉区普遍采用的机采棉模式(66＋10)cm 是在国外机采棉模式的基础上，通过增加密度实现的，由于群体密度过大，在生产中应注重机采棉生育前期的田间管理，通过化学调控和水肥运筹等栽培措施，控制棉株生长，塑造优良株型，提高冠层的光截获量，在保证高产的同时实现新疆棉花大面积机械采收。以种植方式为(60＋30) cm 为例，棉根密度和根量所占比例，从植株向外依侧向距离的增加而递减。而在宽行中间 10 cm 区间分布着来自相邻两行不足 10%的根量，宽行中间 30 cm 平均也仅有 23.1%的根量。此外，在植株行间两侧 5～15 cm 范围内，窄行全层和 0～40 cm 土层内根系密度测试平均值为 0.015 8 mg/cm^3 和 0.031 7 mg/cm^3。宽行为 0.018 3 mg/cm^3 和 0.036 5 mg/cm^3。说明窄行根系密度及根量所占比例，没有表现出较宽行相应部位大的趋势。

在这一原则指导下运筹合理的种植密度，也可以这样认为，在一定生态棉区的特定条件下，允许个体发展的空间范围内，以最小的密度，达到单株最大的有效果枝数和有效果节数，去满足群体适宜总果节量，这样可以为个体发展留出足够的空间，以便充分促进个体果枝的生长和每个果节的结铃能力。当然也应该看到，棉田种植的密与稀是相对的，合理密植的范围也不是固定不变的，必须依据客观条件的变化而不断加以调整。

(二) 合理密度范围

合理的种植密度一般是指在单位面积上达到适宜群体总果节量的前提下，通过实现单株有效果枝数、单株有效果节数所应采用的适宜株数。

西北内陆棉区，每公顷产皮棉 1 500～2 250 kg，南疆每公顷适宜总果节为 315 万～360 万个，单株果枝和单株果节分别为 8～9 个和 18～24 个，其收获密度为每公顷 15 万～18 万株；北疆每公顷适宜总果节为 330 万～360 万个，单株果枝数和单株果节数分别为 7～8 个和 16～20 个，其合理收获密度为每公顷 18 万～21 万株。

辽河流域棉区，每公顷产皮棉 1 125～1 500 kg，每公顷适宜的总果节量为 300 万～345 万个，其单株果枝和单株果节分别为 9～10 个和 25～33 个，其合理收获密度为每公顷 10.5 万～13 万株。

黄河流域棉区，每公顷产皮棉 1 500～2 250 kg，麦套春棉地膜移栽，每公顷适宜总节数为 345 万个，单株果枝数和单株果节数：常规抗虫棉品种分别为 18～20 个和 89～93 个，其适宜收获密度为每公顷 3.75 万株；若是抗虫杂交棉分别为 35～40 个和 150～155 个，其适宜收获密度为每公顷 2.25 万株左右；旱地和麦套夏棉，每公顷产皮棉 1 500 kg 左右，每公顷适宜总果节为 315 万～345 万个，单株果枝和单株果节分别为 10～12 个和 30～46 个，其适宜收获密度为每公顷 7.5 万～10.5 万株。

长江流域棉区，每公顷产皮棉 1 500～2 250 kg，麦套地膜移栽棉，每公顷适宜总果节为 375 万～385 万个，单株果枝和单株果节分别为 17～19 个和 70～75 个，其适宜收获密度为每公顷 3.75 万～5.25 万株;麦套移栽棉,每公顷适宜总果节为 315 万～360 万个,单株果枝和单株果节分别为 16～18 个和 60～70 个,其适宜收获密度为每公顷 4.5 万～6.0 万株;麦(油)后移栽,每公顷适宜总果节为 315 万～345 万个,单株果枝和单株果节分别为 13～14 个和 48～58 个,其适宜收获密度每公顷为 6.0 万～6.75 万株(表 21－32)。

表 21－32 不同生态棉区棉花适宜的种植密度

(中国农业科学院棉花研究所,1999)

棉 区	亚区或种植类型	皮棉产量 (kg/hm^2)	总果节数 (10^4 个/hm^2)	单株果枝数 (个)	单株果节数 (个)	收获密度 (万株/hm^2)
西北内陆棉区	南疆	1 500～2 250	315～360	8～9	18～24	15～18
	北疆	1 500～2 250	330～360	7～8	16～20	18～21
辽河流域		1 125～1 500	300～345	9～10	25～33	10.5～13.0
黄河流域棉区	常规抗虫棉	1 500～2 250	345	18～20	89～93	3.75
	抗虫杂交棉	1 500～2 250	345	35～40	150～155	2.25
	旱地和麦套夏棉	1 500	315～345	10～12	30～46	7.5～10.5
长江流域棉区	麦套地膜移栽棉	1 500～2 250	375～385	17～19	70～75	3.75～5.25
	麦套移栽棉	1 500～2 250	315～360	16～18	60～70	4.5～6.0
	麦(油)后移栽棉	1 500～2 250	315～345	13～14	48～58	6.0～6.75

(三) 行株距的合理配置

确定适宜的种植密度,并配置好行株距,是实行合理密植两个紧密相连的组成部分。恰当配置行株距,就是要使棉株在田间的分布合理,既能充分利用地力和光能,又能保持较好的通风透光条件,使个体与群体协调发展,有利于干物质的积累和分配,也便于田间管理和棉田机械化作业。目前中国各棉区广泛采用的行株距配置方式有两种:一是等行距,二是宽窄行。

1. 等行距 一般棉田大多采用等行距种植,其行距大小因自然条件和生产条件而异。近年来普遍推行"宽行密株"配置方式,即适当加宽行距,以延迟封行,有利于中后期的通风透光;缩小株距以保证密度,从而有利于高产。

一般雨水充足、生长期较长的棉区,土壤肥力较高,棉株发棵高大的棉田,行距应放宽到 70～90 cm;而雨水较少、生长期较短的棉区,土壤瘠薄,棉株发棵较小的棉田,行距以 50～70 cm 为宜。株距可以根据密度而定,一般不应小于 15 cm。据江苏省徐州市试验,采用宽行密株配置方式,行距 93.32～100 cm,株距 23.33～26.66 cm,理论密度 4.5 万株/hm^2,实收密度 4.08 万株/hm^2,平均每公顷产皮棉 1 933.5 kg,最高年份每公顷产皮棉 2 418.75 kg。据山东省德州市调查,密度为 4.5 万株/hm^2 时,行距在 50～100 cm 范围内,不论是单株不同部位的成铃数、单位面积铃数和单产均随行距加大而有递增的趋势。行距超过 100 cm,株距过小,株间光照不良,脱落严重,铃重下降,单产不高。9 月 1 日行间的光强测定表明,行距在 100 cm 以内,棉田中下部光强随行距的增加明显地增强,表明同密度放宽行距,有利于改善棉田中下部的光照条件。

在辽河流域棉区和西北内陆棉区,由于无霜期短,为了争取较多的霜前花,大量采用窄行距、高密度栽培方式,即将行距缩短为 33～50 cm,密度加大至每公顷万株以上。近年来国内外大量试验证明，这种配置方式，有利于实现棉田机械化，能提高劳动生产率，降低生产成本。由于矮化栽培技术的发展，除草剂的逐步推广使用，目前窄行高密度栽培已不限于辽河流域棉区和西北内陆棉区，长江流域棉区和黄河流域棉区亦开始采用。湖南省钱粮湖、汨罗江、君山等农场大面积示范推广结果表明，采用窄行高密度栽培，配合化学除草、免中耕技术，具有省工、省肥、省农药的特点，一般省工 40%～50%，生产成本降低 20%～30%。旱薄地，棉株个体小，采用这种密植方法，效果亦好。

两熟套种棉田行距的配置与前作物的配置有密切的关系。毛树春等研究表明，在黄淮海棉区，前作物小麦配置方式 4－2 式较 6－2 式和 3－1 式为好。4－2 式标准带幅宽 150 cm，平均行距 75 cm，这种配置方式棉田群体光强分布较合理，消光系数 K 值较小且稳定。而 6－2 式标准带幅 200 cm，平均行距 100 cm；3－1 式等行标准带幅 100 cm，由于行距过宽，群体封行期出现晚，封行时间短，故光浪费现象严重，消光系数 K 值较大且不稳定。从表 21－32 可见，6－2 式和 3－1 式两种配置方式宽行间从 11:00～15:00，其光强超过光补偿点 5～19 倍之多。4－2 式是目前黄淮海套种棉田较为理想的前作配置方式，棉花行距缩短到 75 cm，可以增加种植密度，减少漏光损失，提高群体光能利用率（表 21－33）。

表 21－33　前作不同配置方式棉田群体的光强日变化

（毛树春等，1993）

前作配置方式	时间(h)	自然光强	宽行间光强	窄行间光强	株间光强	层次加权光强(lx)	为自然光强(%)	光强比(宽行∶窄行∶株间)
4－2 式	7:00	1.81	0.31	0.07	0.11	0.11	6.1	2.8∶0.6∶1
	9:00	4.41	0.65	0.17	0.15	0.21	4.7	4.3∶1.1∶1
	11:00	9.07	1.33	0.22	0.18	0.32	3.5	7.4∶1.2∶1
	13:00	9.07	1.81	0.16	0.22	0.35	3.9	8.2∶0.7∶1
	15:00	5.31	0.71	0.12	0.15	0.19	3.6	4.7∶0.8∶1
	17:00	1.56	0.31	0.07	0.06	0.09	3.8	5.6∶1.1∶1
6－2 式	7:00	1.90	0.33	0.10	0.11	0.13	6.6	3.0∶0.9∶1
	9:00	4.48	0.57	0.20	0.17	0.24	5.4	4.4∶1.1∶1
	11:00	9.00	1.83	0.30	0.31	0.46	5.1	5.9∶0.9∶1
	13:00	9.28	2.37	0.14	0.23	0.40	4.3	10.3∶0.6∶1
	15:00	5.36	1.43	0.09	0.12	0.29	5.3	11.9∶1.6∶1
	17:00	1.81	0.39	0.09	0.09	0.11	6.5	4.3∶1.0∶1
3－1 式	7:00	1.87	0.19	—	0.10	0.12	6.2	1.9∶0∶1
	9:00	4.28	0.68	—	0.17	0.26	6.0	4.0∶0∶1
	11:00	9.00	1.71	—	0.26	0.51	5.6	6.6∶0∶1
	13:00	9.19	2.81	—	0.30	0.73	7.9	9.4∶0∶1
	15:00	5.62	0.84	—	0.28	0.38	6.8	3.0∶0∶1
	17:00	1.73	0.28	—	0.08	0.03	1.8	3.5∶0∶1

［注］光强测定层次为 30 cm；表中光强数值单位为×10 000 lx。

2. 宽窄行　宽行与窄行相间种植，通过宽行改善光照条件，有利于中下部结桃，同时便于田间管理，便于冬作物套种和春作物间作，有利于提高复种指数。这种方式在肥沃棉田或间作套种棉田较多采用。一般宽行距 80～100 cm，窄行距 46～60 cm，平均行距 50～80 cm，株距 20～30 cm。

湖北江汉平原棉区麦棉两熟棉田多采用“一麦两花”种植方式，其厢宽 150～167 cm，厢中播一幅麦，幅宽 60～66.7 cm，占地 40%，两边预留棉行各为 33.3 cm，厢沟宽 26.7 cm，预留棉行宽 93.3～100 cm(包括厢沟宽)，在其中种两行棉花，冬作物收后，棉花形成宽行距 93.3～100 cm，窄行距 60～67 cm。这种方式冬种物田中的预留棉行较宽，有利于套作棉田苗期的田间管理，也有利于地膜覆盖栽培。

西北棉区新疆高密度栽培多采用宽窄行的种植方式，一般宽行距 60～80 cm，窄行距 30～40 cm。若宽行距采用 80 cm，窄行距则取 30 cm，并应连续种 3 行，即隔 3 个窄行夹 1 宽行，组成一带，以保证密度不低于 15 万株/hm^2，这种配置还便于机械作业。

（撰稿：张旺锋，董合忠，谈春松；主审：毛树春，董合忠，张旺锋）

参考文献

[1] 李文炳. 山东棉花. 上海：上海科学技术出版社，2001：335-341.

[2] 张旺锋，李蒙春，勾玲，等. 北疆高产棉花养分吸收特性的研究. 棉花学报，1998，10(2).

[3] 张旺锋，李蒙春，张煜星，等. 北疆高产棉花(2 250 kg 皮棉/hm^2)栽培生理模式探讨. 石河子大学学报(自然科学版)，1998，增刊.

[4] 王克如，李少昆，宋光杰，等. 新疆棉花高产栽培生理指标研究. 中国农业科学，2002，35(6).

[5] 杜明伟，冯国艺，姚炎帝，等. 杂交棉标杂 A1 和石杂 2 号超高产冠层特性及其与群体光合生产的关系. 作物学报，2009，35(6).

[6] 张旺锋，李蒙春. 北疆高产棉花干物质积累与分配规律的研究. 新疆农垦科技，1997(6).

[7] 张旺锋，王振林，余松烈，等. 氮肥对新疆高产棉花群体光合性能和产量形成的影响. 作物学报，2002，28(6).

[8] Bhatt J G, Rao M R K. Heterosis in growth and photosynthetic rate in hybrids of cotton. Euphytica, 1981, 30(1).

[9] Landivar J A, Baker D N, Jenkins J N. Application of GOSSYM to genetic feasibility studies. Ⅱ Analyses of increasing photosynthesis, specific leaf weight and longevity of leaves in cotton. Crop Science, 1983, 23(5).

[10] 董合忠，李维江，李振怀，等. 转 *Bt* 基因抗虫杂交棉与亲本光合能力比较. 核农学报，2000，14(5).

[11] Dong H Z, Li W J, Tang W, et al. Effects of genotypes and plant density on yield, yield components and photosynthesis in *Bt* transgenic cotton. Journal of Agronomy And Crop Science, 2006, 192.

[12] 张旺锋，勾玲，李蒙春，等. 北疆高产棉田群体光合速率及与产量关系的研究. 棉花学报，1999，11(4).

[13] 杜明伟，罗宏海，张亚黎，等. 新疆超高产杂交棉的光合生产特征研究. 中国农业科学. 2009，42(6).

[14] 李蒙春，张旺锋，马富裕，等. 新疆棉花超高产光合生理基础研究. 新疆农业大学学报，1999，22(4).

[15] 马富裕，李蒙春，张秀英，等. 控制供水对棉花叶片的光合生理特性和水分利用率的影响. 石河子大学学报(自然科学版)，1998，增刊.

[16] 罗宏海，张亚黎，朱波，等. 北疆杂交棉标杂 A1 超高产光合特征研究. 新疆农垦科技，2007(4).

[17] 邬飞波，许馥华，金珠群. 利用叶绿素计对短季棉氮素营养诊断的初步研究. 作物学报，1999，25(4).

[18] 勾玲，闫洁，韩春丽，等. 氮肥对新疆棉花产量形成期叶片光合特性的调节效应. 植物营养与肥料学报，2004，10(5).

[19] 李少昆,张旺锋,马富裕,等.北疆超高产棉花(皮棉 2 000 kg/hm^2)生理特性研究.作物学报,2000,26(4).

[20] 李大跃,江先炎.杂种棉光合物质生产及其源库关系的研究.棉花学报,1991,3(2).

[21] 张旺锋,勾玲.北疆高产棉花群体呼吸速率变化与光合作用关系研究.西北农业学报,1999,8(1).

[22] 李培岭,张富仓,贾运岗.交替隔沟灌溉棉花群体生理指标的水氮耦合效应.中国农业科学,2010,43(1).

[23] 罗宏海,朱建军,张旺锋,等.不同配置方式对棉花冠层结构及产量的影响.新疆农业科学,2004,41(4).

[24] 陈德华.棉花群体质量及其调控//凌启鸿.作物群体质量.上海:上海科学技术出版社,2005:293-386.

[25] 陈源,顾万荣,王汝利,等.棉花叶系质量划分及叶层配置的研究.棉花学报,2004,16(5).

[26] 张旺锋,王振林,余松烈,等.种植密度对新疆高产棉花群体光合作用、冠层结构及产量形成的影响.植物生态学报,2004,28(2).

[27] 张旺锋,王振林,余松烈,等.膜下滴灌对新疆高产棉花群体光合作用冠层结构和产量形成的影响.中国农业科学,2002b,35(6).

[28] 陈德华,王兆龙,吴云康,等.转 *Bt* 基因抗虫棉杂交种光合生产及干物质分配特点研究.棉花学报,1998,10(1).

[29] 陈德华,吴云康,蒋德栓,等.棉花优化栽培的群体光分布动态及光合生产的研究.棉花学报,1995,7(2).

[30] 陈德华,吴云康,段海,等.棉花群体叶面积载荷量与产量关系及对源的调节效应研究.棉花学报,1996,8(2).

[31] 陈德华,肖书林,王志国,等.棉花超高产群体质量与产量关系研究.棉花学报,1996,8(4).

[32] 李蒙春,张旺锋,马富裕.高产棉花生育规律及生理指标的研究.石河子大学学报(自然科学版),1997,1(2).

[33] Ludwig, L J, Saeki T, Evans L T. Photosynthesis in artificial communities of cotton plants in relation to leaf area. Ⅰ. Experiments with progressive defoliation of mature plants. Australian Journal of Biological Sciences, 1965(18).

[34] 陈布圣.棉花栽培生理.北京:中国农业出版社,1994:130-131.

[35] 山东农业科学院棉花研究所.棉花丰产栽培技术的初步研究.山东农业科学,1965(3).

[36] 谈春松.棉花优质高产栽培.北京:农业出版社,1992:43-79.

[37] 潘学标,王延琴,崔秀稳.棉花群体结构与棉田光量子传递特性关系的研究.作物学报,2000,26(3).

[38] 陈德华,吴云康,蒋德铨,等.棉花优化栽培的群体光分布动态及光合生产的研究.棉花学报,1995,7(2).

[39] 王远,刘生荣,高建中,等.亩产 150 公斤皮棉株型生态模式调查.陕西农业科学,1987(5).

[40] Peng S, Krieg D R. Single leaf and canopy photosynthesis response to plant age in cotton. Agronomy Journal, 1991,83.

[41] Heitholt J J. Canopy characteristics associated with deficient and excessive cotton plant population densities. Crop Science, 1994,34.

[42] Heitholt J J, Pettigrew W T, Meredith W R. Light interception and lint yield of narrow-row cotton. Crop Science, 1992,32.

[43] 罗宏海,李俊华,张宏芝,等.源库调节对新疆高产棉花产量形成期光合产物生产与分配的影响.棉花学报,2009,21(5).

[44] 罗宏海,张宏芝,杜明伟,等.膜下滴灌下土壤深层水分对棉花根系生理及叶片光合特性的调节效应.应用生态学报,2009,20(6).

[45] 纪从亮,俞敬忠,刘友良,等.棉花高产品种的源库流特点研究.棉花学报,2000,12(6).

[46] 何在菊,罗宏海,韩春丽,等.不同水分条件下源库调节对膜下滴灌棉花产量和品质的影响.石河子大学学报(自然科学版),2007,25(4).

[47] 李少昆,王崇桃,汪朝阳,等.北疆高产棉花根系生长规律的研究Ⅱ,栽培措施对根系及地上部生长的影响.石河子大学学报(自然科学版),1999,3,增刊.

[48] 李少昆,王崇桃,汪朝阳,等.北疆高产棉花根系构型与动态建成的研究.棉花学报,2000,12(2).

[49] 李玉山,喻宝屏.土壤深层储水对棉花产量效应的研究.土壤学报,1981,18(4).

[50] 刘庚山,郭安红,安顺清,等.开发利用土壤深层水资源的一种有效途径——“以肥调水”的大田试验研究.自然资源学报,2002,17(4).

[51] 王瑛,王立国,陈兵林,等.麦棉共生期间棉花根系的生理特性研究.棉花学报,2007,19(6).

[52] 中国农业科学院棉花研究所.棉花优质高产的理论与技术.北京:中国农业出版社,1999:274-281.

[53] 胡兆璋,罗来宏,葛檀芝,等.亩产皮棉150公斤高产棉花栽培技术.中国棉花,1991,18(1).

[54] 中国农业科学院棉花研究所.中国棉花栽培学.上海:上海科学技术出版社,1983:66-67.

[55] 孙济中,陈布圣.棉作学.北京:中国农业出版社,1998:219-221.

[56] 张冬梅,李维江,唐薇,等.种植密度与留叶枝对棉花产量和早熟性的互作效应.棉花学报,2010,22(3).

[57] 董合忠,李振怀,罗振,等.密度和留叶枝对棉株产量的空间分布和熟相的影响.中国农业生态学报,2010,18(4).

[58] 毛树春,薛中立,张西岭,等.棉花不同配置方式群体光能分布规律研究.棉花学报,1993,5(1).

[59] 董合忠,张艳军,张冬梅,等.基于集中收获的新型棉花群体结构.中国农业科学,2018,51(24).

第二十二章　棉花产量构成和优化成铃

棉花产量是通过棉株结铃来形成的。单位面积的铃数、铃重(单铃籽棉重)和衣分(率)对皮棉产量均有影响;棉花产量和纤维品质还受结铃时间、棉铃所处空间部位以及棉株生理年龄的影响。因此,深入分析棉花的产量结构特点、成铃规律,以及成铃的时间和空间分布,改善或优化棉花的成铃模式与产量构成,是实现棉花高产优质的根本途径。

第一节　棉花的产量结构

棉花生产中,通常将皮棉产量分解为公顷铃数、铃重、衣分 3 个基本构成因素。一般情况下,以公顷铃数的变幅最大,对皮棉产量起着主导作用。但并非是绝对的,有时单铃重和衣分的影响也很大,甚至不亚于铃数的作用,这取决于品种、环境条件和栽培管理措施的共同作用。棉花产量的构成还可以进一步细分为单位面积株数(密度)、单株铃数、每铃种子数、每粒种子重和每粒种子上的纤维重等。

一、产量构成基本因素对皮棉产量的影响

据谈春松等采用不同类型棉田、不同密度和分期播种等方法,创造各种不同生态条件而取得的 55 套皮棉产量结构材料,通过多元回归、通径分析和偏相关分析的结果表明,以公顷铃数(x_1)对皮棉产量(y)的影响最大,其次是单铃籽棉重(x_2),再次是衣分(x_3)。其多元回归方程为:

$$y = -1\,331.287\,5 + 0.021\,75x_1 + 246.577\,5x_2 + 13.905x_3 (r = 0.965\,7^{**})$$

产量构成因素之间复杂的关系,通过通径系数和偏相关的分析,明确指出(表 22 - 1),单位面积铃数及铃重对皮棉产量的直接效应最大,分别占 68.1%及 57.8%,单位面积铃数通过铃重和铃重通过单位面积铃数的间接效应分别占 24.4%及 33.5%,表明该两个因素的相互作用,对皮棉产量的综合贡献亦很大;衣分对皮棉产量的直接效应只占 18.9%,贡献较小,而且必须通过单位面积铃数和铃重方可发挥作用。

从公顷铃数、铃重和衣分之间及其与皮棉产量的偏相关分析(表 22 - 2)表明,公顷铃数对皮棉产量的贡献最大,占 44.5%;铃重次之,占 41.7%;衣分率最小,仅占 13.9%。

潘晓康等根据在河南安阳和江苏扬州两地的试验结果,建立了产量构成因素对皮棉产量影响的三元线性回归模型,即:

$$皮棉产量 = b_0 + b_1 \times 公顷铃数 + b_2 \times 铃重 + b_3 \times 衣分$$

表 22－1　皮棉产量构成因素的通径系数剖析

(谈春松,1992)

皮棉产量构成因素 x_1、x_2、x_3	通径系数	各分量占总决定度比例(%)
x_1 的直接通径	0.590 7	68.1
通过 x_2 的间接通径	0.211 8	24.4
通过 x_3 的间接通径	0.065 4	7.5
x_2 的直接通径	0.465 3	57.8
通过 x_1 的间接通径	0.268 9	33.5
通过 x_3 的间接通径	0.069 2	8.6
x_3 的直接通径	0.128 3	18.9
通过 x_1 的间接通径	0.301 1	44.3
通过 x_2 的间接通径	0.251 0	36.9

[注] x_1、x_2 和 x_3 分别代表公顷铃数、铃重和衣分。

表 22－2　产量构成因素与皮棉产量的偏相关系数

(谈春松,1992)

项　目	偏相关系数	决定系数(R^2)	各分量占总决定度比例(%)
$x_1y._{2\ 3}$	0.950 1**	0.902 7	44.45
$x_2y._{1\ 3}$	0.920 0**	0.846 4	41.68
$x_3y._{1\ 2}$	0.530 5**	0.281 4	13.87

[注] y、x_1、x_2 和 x_3 分别代表皮棉产量、公顷铃数、铃重和衣分；** 表示 0.01 显著水平。

通过模型,可以用各因素的偏回归平方和来衡量该因素对皮棉产量的贡献大小。结果表明,在安阳的两年试验中,单铃重的偏回归系数远大于公顷铃数和衣分;而在扬州,公顷铃数的偏回归系数又远大于单铃重和衣分,说明在安阳试点单铃重对皮棉产量的影响大,而在扬州试点公顷铃数对皮棉产量的影响大。由此可见,产量构成各因素对皮棉产量的重要性也随生态条件的不同而变化。

中国农业科学院棉花研究所总结各地研究结果和生产实践后认为,一般每公顷生产 750 kg 皮棉时的产量构成为,公顷铃数 52.5 万～60 万个,平均单铃重 4 g 左右,衣分率 38%～40%;每公顷生产 1 125 kg 皮棉时的产量构成是,公顷铃数 75 万个左右,平均单铃重 4 g 左右,衣分率 38%～40%;每公顷产皮棉 1 500 kg,公顷铃数需 90 万～105 万个,平均单铃重 4 g 左右,衣分率 38%～40%。如果单铃重在 4 g 以上,需要的公顷铃数就少些,有的公顷铃数不足 90 万个,也能达到 1 500 kg,即因单铃重较重或衣分较高的结果;如单铃重少于 4 g,衣分在 38%以下,需要的公顷铃数就要多些;如果公顷铃数、单铃重、衣分率比较协调,则皮棉产量会有进一步提高。归纳河北农业大学、陕西省农业科学院棉花研究所及山东棉花研究中心等单位的研究,每公顷铃数为 95.34 万～105.4 万个,单铃重为 4.03～4.76 g,衣分为 36.84%～38.75%,每公顷产皮棉达 1 567.5～1 644.3 kg(表 22－3)。这主要是因为增加了公顷铃数,同时单铃重也有所提高。

据江苏省不同生态试验点进行的超高产栽培试验结果(表 22－4),在江苏的生态条件下,皮棉产量的高低,主要依赖于公顷铃数的多少,单铃重和衣分率虽有一定的差异,但影响

表 22-3 公顷皮棉 1 500 kg 的产量构成

(中国农业科学院棉花研究所,1999)

单位名称	调查年份	调查地块	平均公顷铃数(万个)	平均铃重(g)	平均衣分(%)	平均皮棉产量(kg/hm²)
河北农业大学	1980～1983	4	95.3 (92.2～101.1)	4.8 (4.4～5.1)	36.8 (36～37.6)	1 644.5 (1 590.3～1 735.8)
陕西省农业科学院棉花研究所	1987～1989	3	104.1	4.0	37.4	1 567.5
山东棉花研究中心	1989～1990	8	105.4 (96.3～111.4)	4.6 (4.5～5.1)	38.8 (38～40)	1 591.2 (1 522.5～1 669.4)

表 22-4 不同产量水平棉花的产量构成

(中国农业科学院棉花研究所,1999)

年 份	试 点	密度(株/hm²)	单株结铃数(个)	铃数(万个/hm²)	铃重(g)	衣分(%)	皮棉产量(kg/hm²)
1992	铜山	33 270	33.6	111.8	4.9	37.9	2 024
	宿迁	45 960	27.4	124.8	4.0	40.3	2 012
	沛县	44 040	29.9	132.9	4.3	36.0	1 926
	太仓	57 000	20.4	116.1	4.3	40.1	1 893
1993	铜山	35 520	36.1	128.3	4.8	38.5	2 201
	宿迁	41 490	30.2	125.6	4.1	40.7	2 187
	灌云	51 005	24.1	124.2	4.9	39.0	2 136
	沛县	30 810	41.5	126.9	4.6	38.0	1 976
	通州	60 240	19.3	116.1	4.3	38.5	1 958
	苏农	60 000	19.7	118.1	4.0	40.5	1 916
1992	海门	66 105	14.8	98.0	4.8	38.6	1 803
	泰县	45 450	25.3	115.0	4.2		1 718
	射阳	58 800	17.4	102.6	4.4	37.5	1 653
	兴化	35 190	27.5	96.9	4.6	36.5	1 632
	灌南	49 725	21.7	107.9	4.1	40.2	1 601
1992	海安	51 690	17.7	91.5	3.9	38.6	1 202
	常熟	45 930	15.3	70.1	4.7	—	997
	盐城	52 935	17.4	92.1	—	—	—

[注] 品种为泗棉 3 号。

不大。例如,在每公顷产皮棉 1 875 kg 以上的高产点铜山、沛县、宿迁、太仓等县,每公顷铃数在 111.8 万～132.9 万个;而中产点(每公顷皮棉 1 500～1 875 kg)的海门、射阳、灌南、兴化、泰县,公顷铃数为 96.9 万～115.0 万个;低产点(每公顷产皮棉 1 500 kg 以下)的海安、常熟、盐城,公顷铃数仅 70.1 万～92.1 万个。回归分析表明,各试点公顷铃数(x,万个/hm²)与皮棉产量(y, kg/hm²)呈极显著正相关($r=0.829^{**}$)。其关系式为:$y=-59.0535+245.7x$。该方程表明,公顷铃数每增减 15 万个,则皮棉产量增减 245.7 kg/hm²。

图 22-1 表明,公顷铃数在 118.1 万个以上时,公顷产皮棉可达 1 875 kg 以上。可见增加每公顷铃数是皮棉产量向更高水平迈进的保证。

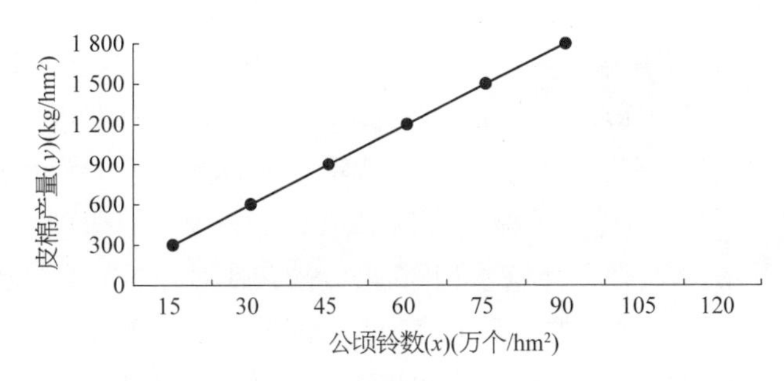

图 22-1　棉花公顷铃数与皮棉产量的关系

(谈春松,1992)

20 世纪 80 年代中后期以来,新疆棉花生产发展迅猛,连年涌现大面积高产典型。中国棉花学会与新疆棉花学会共同组成棉花高产典型测产验收组,分别于 1989 年和 1990 年的 9 月下旬至 10 月上旬,连续两次对南疆和东疆的 30 块高产田计 37.28 hm^2 进行了测产调查。其中 1989 年测产田块 13 块,面积 16.26 hm^2,公顷产皮棉超过 2 250 kg 的 7 块,面积 7.18 hm^2,平均单产 2 427 kg;1990 年测产田块 9 块,面积 11.9 hm^2,公顷皮棉超过 2 250 kg 的 7 块,面积 10.09 hm^2,平均皮棉单产 2 487 kg。实收的皮棉产量与测产的差异甚微。由表 22-5 可以看出,新疆每公顷产皮棉 2 250 kg 的产量构成为,每公顷铃数 90 万～105 万个,单铃重 6.5～7.0 g,衣分率 37%～38%;内地每公顷皮棉 1 875 kg 的产量构成为,每公顷铃数 105 万～120 万个,单铃重 4～4.5 g,衣分率 38%～40%。两者相比,公顷铃数和衣分比较接近,内地甚至还高一些;而每公顷产皮棉,新疆则比内地高 375 kg,其原因主要是新疆棉花的铃重比内地高出 62.5%～66.7%。比较可见,同等铃数和衣分率条件下,新疆因铃重大,相对增产幅度达到 62.5%。因此,在新疆的生态、品种及栽培条件下,公顷铃数与铃重对皮棉产量起着同等重要的作用,也是新疆棉花不断创新高产水平的重要原因。

表 22-5　新疆棉花高产田的皮棉产量构成

(中国农业科学院棉花研究所,1999)

年份	高产田单位	品　种	面积 (hm^2)	铃数 (万个/hm^2)	平均铃重 (g)	衣分 (%)	测定皮棉产量 (kg/hm^2)	实收皮棉产量 (kg/hm^2)
1989	农三师三十一团三连	军棉 1 号	3.37	101.6	6.1	38.0	2 360	2 393
	尉犁县兴平乡统其克村	军棉 1 号	0.36	91.4	6.7	38.0	2 393	—
	岳普湖县岳普湖乡五村	新陆中 1 号	0.17	95.3	5.8	40.6	2 252	2 430
	农三师四十三团八连	军棉 1 号	0.67	98.7	7.1	36.9	2 564	2 531
	农三师四十五团二连	军棉 1 号	1.20	104.6	6.0	35.1	2 210	2 166
1990	岳普湖县巴依瓦	108 夫	1.249	96.7	6.4	37.8	2 344	2 603
	巴楚县色力布亚	大铃棉	1.388	93.3	6.5	37.1	2 250	2 351
	农三师四十五团十五连	军棉 1 号	1.422	108.5	7.4	37.0	2 973	3 014
	农二师三十一团三连	军棉 1 号	2.79	96.3	7.1	37.6	2 575	—
	尉犁县兴平乡统其克村	军棉 1 号	0.78	89.4	7.0	36.3	2 271	—

赵建新报道,在新疆麦盖提县良种场,铃重不仅与皮棉产量呈正相关,在皮棉产量构成中,铃重、公顷铃数、衣分三者的重要性顺次下降。

刘圣田等在山东惠民县采取双膜覆盖(地膜加小拱棚覆盖薄膜)进行棉花高产试验,每公顷铃数达到117万个,由于所用杂交棉中杂028的铃重较大,平均单铃重5.5 g,衣分41.0%,每公顷理论皮棉产量为2 245.5 kg,也说明提高铃重对实现高产的重要作用。

内地棉花铃重一般偏低,在这种情况下提高铃重对提高单产显得尤为重要。在公顷等同铃数105万个的情况下,如平均单铃重提高0.5～1.0 g,每公顷皮棉即可增加195～390 kg,增产13%～25%。据研究,当其他条件基本相同时,气候条件对铃重的影响比对公顷铃数的影响大,所以,同一生态区,不同年份的产量差异主要受单铃重的支配。多年来,一些地方的棉花产量常因气候的变化出现不稳定,往往表现出公顷铃数波动不大,而主要是铃重波动较大所致。因此,要实现优质高产,必须在努力增加单位面积成铃数的基础上,进一步提高单铃重。在技术上,可选用适宜的大铃品种(如杂交种);适当增加肥料投入,注意钾肥投入和平衡施肥;采用地膜覆盖或移栽加地膜覆盖等促早栽培;进行合理调控等。

转*Bt*基因抗虫棉推广普及以来,各地农民出于对人工收花便利的考虑,对大铃型品种格外青睐;棉花科技界也把选育大铃品种和提高铃重作为攻关目标,创造出很多通过提高铃重实现高产的典型,说明提高铃重是实现高产更高产的现实途径之一。

对新疆超高产棉田产量构成因子的分析可以看出,与3 200 kg/hm² 以下棉田以及2 250 kg/hm² 产量水平棉田相比,实现3 200 kg/hm² 以上的产量,主要是单位面积总铃数的增加,增幅达16.4%～30.3%。当产量进一步提高到3 500 kg/hm² 以上的超高产水平,单铃重增加的同时,单位面积总铃数进一步提高,可以充分挖掘杂交种的增产潜力。3 500 kg/hm² 以上的超高产棉田总铃数每公顷应大于150万个,单铃重大于5.5 g,衣分不低于44%(表22-6)。

表22-6　北疆不同产量水平下棉花产量及产量构成

(杜明伟等,2009)

年份	品　种	试验地点	株数($\times10^4$/hm²)	单株铃数(个)	总铃数($\times10^4$/hm²)	单铃重(g)	衣分(%)	皮棉产量(kg/hm²)
2006	标杂 A_1	89-14-8-3*	15.9±0.58	8.2±0.34	130.4±6.62c	5.7±0.51a	44.0±1.54	3 213±69.4b
		89-14-9-1	15.7±0.61	6.5±0.29	102.1±3.97f	5.7±0.45a	44.2±1.81	2 557±82.6f
		石河子试验站	16.3±0.57	7.1±0.63	115.7±4.56de	5.5±0.39a	44.4±1.34	2 778±59.7e
	新陆早13号	石河子试验站	16.5±0.52	6.7±0.38	110.6±3.54e	4.9±0.34bc	41.8±2.07	2 250±60.3h
2007	标杂 A_1	149-19-2-4	16.2±0.69	9.3±0.41	150.7±6.88a	5.5±0.28a	44.1±2.11	3 586±78.6a
		149-19-1-1	15.7±0.50	8.8±0.37	138.2±5.73b	5.4±0.42ab	44.2±1.83	3 230±85.4b
		石河子试验站	15.8±0.54	9.4±0.39	148.5±2.48a	4.7±0.35c	44.2±2.32	3 074±68.4c
	新陆早13号	石河子试验站	15.6±0.67	8.3±0.43	129.5±5.19c	4.5±0.30c	43.6±1.64	2 533±88.5f
	新陆早26号	149-19-6-3-N	16.5±0.53	7.3±0.56	120.5±4.83d	5.6±0.46a	42.4±2.60	2 850±97.3d
	万氏315号	149-19-6-4-N	16.2±0.65	6.9±0.51	111.7±6.71e	5.5±0.42a	42.2±2.39	2 565±106.4f
	万氏217号	149-19-6-3	16.4±0.38	6.1±0.48	100.1±4.79f	5.6±0.39a	41.9±2.05	2 317±85.7g

[注] 同列不同小写字母表示差异达0.05显著水平。*89-14-8-3为八十九团十四连队八组三号条田,其余以此类推。

当皮棉产量进一步提高到4 300 kg/hm² 以上的超高产水平,在单位面积总铃数增加的同时,保证较高的单铃重,可以充分挖掘杂交棉的增产潜力。4 300 kg/hm² 以上的超高产棉田总铃数每公顷应大于165万个,单铃重大于6.0 g,衣分不低于43%(表22-7)。由此看出,选择早熟大铃品种,保证较高的单铃重,提高单位面积总铃数,是进一步提高棉花产量的有效途径。

表 22－7　北疆不同产量水平棉田产量及产量构成因素
（杜明伟等，2009）

品种（系）	试验地点	收获株数（$\times10^4$/hm²）	单株铃数	总铃数（$\times10^4$/hm²）	单铃重（g）	衣分（%）	实收籽棉产量（kg/hm²）	折合皮棉产量（kg/hm²）
2007 年								
标杂 A_1	19－2－4	16.2±0.69	9.3±0.41b	150.7±6.88b	5.52±0.28c	44.1±2.11	8 132±178.2c	3 586±78.6c
	19－1－1	15.7±0.50	8.8±0.35c	137.2±5.32c	5.54±0.37c	43.8±1.96	7 374±195.0d	3 230±85.4e
新陆早 26	19－6－3S	16.5±0.53	7.3±0.56e	120.5±4.83d	5.61±0.46bc	42.4±2.60	6 722±229.5e	2 850±97.3f
万氏 217	19－6－3	16.4±0.38	6.1±0.48f	100.1±4.79e	5.64±0.39bc	41.9±2.05	5 530±204.5f	2 317±85.7g
2008 年								
石杂 2 号	19－2－3	16.5±0.58	10.1±0.54a	168.4±5.70a	6.10±0.29a	43.2±1.74	10 104±253.2a	4 365±109.4a
	19－2－4	16.8±0.64	9.1±0.69bc	152.5±5.04b	6.14±0.22a	42.8±1.89	9 096±273.8b	3 893±117.2b
新陆早 33	19－1－1E	16.9±0.52	8.2±0.48d	138.6±4.51c	6.17±0.32a	41.5±2.14	8 166±236.6c	3 389±98.2d
新陆早 26	19－8－5	16.5±0.47	7.4±0.51e	122.1±3.27d	5.73±0.25bc	42.3±2.37	6 870±213.5e	2 906±90.3f

［注］同一列不同小写字母表示在 0.05 水平上差异显著。试验地点见表 22－6。

二、铃数和单铃重的构成因素

为进一步了解构成因素对皮棉产量影响的本质，可以对公顷铃数、单铃重的构成因素作进一步的剖析。事实上，国际上也比较重视对棉花产量构成因素的细化研究。

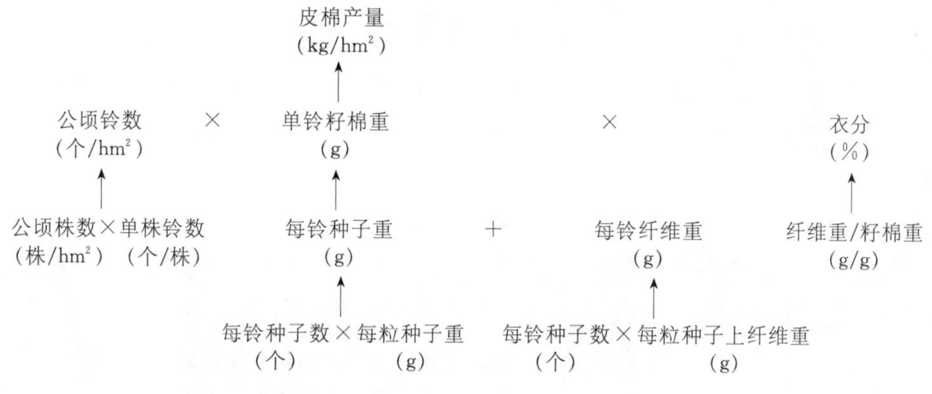

图 22－2　皮棉产量构成因素的分解
（谈春松，1992）

皮棉产量构成可进一步分解成不同基本单位，从图 22－2 可见，公顷铃数是由公顷株数和单株铃数构成，单铃重是由每铃种子数、每粒种子重和每粒种子纤维重构成；衣分率即纤维重占籽棉重的百分比，是一个相对的概念，事实上每粒种子的纤维重也就包含了这一成分，因此，每公顷皮棉产量（LY）可用下列公式表示：

$$\text{LY} = \text{公顷株数} \times \text{单株铃数} \times \text{每铃种子数} \times \text{每粒种子的纤维重}$$

通过多元回归、通径系数和偏相关的分析，可以看出公顷株数、单株铃数、每铃种子数和每粒种子纤维重等各因素对皮棉产量的影响。其中，以每粒种子纤维重的直接效应最大，占

63.85%，通过株铃数的间接效应占 26.53%，说明每粒种子纤维重，通过增加株铃数才能更好地发挥作用；公顷株数的直接效应占 46.98%，通过株铃数的间接效应占 34.7%，表明增株的同时，应力争多结株铃数方可获得增产；株铃数的直接效应占 35.25%，通过每粒种子纤维重的间接效应高达 39.72%，表明株铃数与每粒种子纤维重对皮棉产量的综合贡献同等重要；每铃种子数对皮棉产量影响甚微，它依赖于每粒种子纤维重，方可对皮棉产量做出贡献。

从皮棉产量构成的基本单位与皮棉产量的偏相关分析进一步表明，每粒种子纤维重对皮棉产量的贡献占总决定度的 43.67%，为最大；公顷株数占 31.84%，次之；株铃数占 23.74%，居第三；每铃种子数对皮棉产量的贡献仅占 0.75%，作用甚小。可见，要获得优质高产，首先要促进种子多生长纤维，以提高每粒种子的纤维重量，为此，必须首先保证成铃得到充分的发育和成熟；其次在一定的群体条件下，增加单位面积成铃数，这样才能做到在增加单位面积成铃数的基础上，提高单铃重。

第二节　棉花成铃特点和产量品质的时空分布

单位面积的成铃数是构成棉花产量的主导因素，多结铃，特别是多结大铃、结优质铃是提高棉花产量和品质的根本途径。了解棉花的成铃规律，包括开花结铃顺序、成铃率及其空间分布的多样性等，对于优化成铃具有重要的指导意义。

一、棉花开花结铃顺序

棉花花朵按一定顺序开花。不同的果枝是由下而上开花，同一果枝是由内向外逐节开花。若从最下部第 1 果枝的第 1 果节开始，由内围向外围一圈一圈地开花，按此开花顺序，可划出若干个开花圆锥体。如由第 1 果枝的第 1 果节开花为起点，经过 2～4 d，第 2 果枝的第 1 果节开花，再经 2～4 d，第 3 果枝的第 1 果节开花，这 3 个果枝上开的第 1 朵花形成第 1 个圆锥体。第 1 果枝的第 1 朵花开花后 5～7 d，第 4 果枝的第 1 果节和第 1 果枝的第 2 果节同时开花，此后第 5 果枝的第 1 果节与第 2 果枝的第 2 果节同时开花，第 6 果枝的第 1 果节与第 3 果枝的第 2 果节同时开花，这 6 朵花形成第 2 个圆锥体。以此类推，形成第 3 个、第 4 个圆锥体，由于中等密度(4.5～6.0 株/m^2)条件下果枝的果节数只有 5 个左右，所以到第 6 或第 7 个圆锥体后为不完整的圆锥体。一般相邻两个果枝的同位果节的开花间隔天数为 2～4 d，同一果枝相邻的两个果节开花间隔天数为 5～7 d。棉花现蕾的规律与开花的规律基本一致。

一些开花比较集中的品种，其现蕾规律与普通品种无异，但因蕾期时间的缩短，而且不很一致，由此导致相邻两个果枝的同位果节在同一天开花。据马奇祥等定株观察标杂 A_1 抗虫杂交棉在留叶枝栽培条件下的生育特点，发现全株果节的平均蕾期为 23 d，其中最短仅 17～18 d，因此该品种开花、结铃集中，早熟性好，霜前花率常常在 90%以上。一般留叶枝棉花，3～4 个叶枝可在同一天开花，一株一天可同时开放花朵 6～8 个，这是叶枝棉花集中现蕾的结果。

二、棉花的成铃率

棉花具有蕾铃脱落习性，特别是进入开花期后，代谢过程急剧增强，有机营养的消耗大增，棉铃脱落也加重。一般表现为开花后3～5 d的脱落最多，8 d以上的棉铃脱落很少。正因如此，一般成铃率为30%～40%，低的25%，最高60%。而成铃率的高低，直接影响到单位面积铃数的多少，因此提高成铃率，是实现棉花高产的关键所在。

一般内围1～2果节的成铃率高于第3果节以外的外围果节。刘艺多等研究，下部1～6果枝内围1～2果节的成铃率为33.4%，3果节以外的成铃率为24.23%；中部7～12果枝，内围1～2果节的成铃率为36.82%，3节以外的成铃率为31.23%，上部13果枝以上，1～2果节的成铃率为31.19%，3节以外的成铃率为17.39%。全株果枝，内围1～2果节的成铃率为36.20%，3节以外的成铃率为21.23%。

不同株型栽培条件下，不同部位的成铃率有差别。南殿杰等在山西试验(表22-8)，经人工调控的高光效群体株型，第1果节的成铃率为52.9%，第2果节的成铃率为30%，两者之和为82.9%；而自然群体的第1果节的成铃率33.3%，第2果节成铃率仅21.8%，两者之和为55.1%。尽管两种不同群体株型内围1～2果节的成铃率相差27.8%，但是它们总的趋势，在较大密度条件下，内围1～2果节的成铃率要比3节以外的高，而在较低的密度条件下，中上部果枝的成铃率有所提高。

表22-8　不同群体株型各部位成铃率(%)比较

(南殿杰等，1995)

不同株型	第1果节	第2果节	第3果节	第4果节	下部果枝	中部果枝	上部果枝
高效群体株型	52.9	30.0	15.7	1.4	38.6	37.1	24.3
自然群体株型	33.3	21.8	23.3	18.3	21.8	41.7	36.5

[注] 密度为105 000株/hm^2。

据在江苏省大丰县的试验(表22-9)，3块试验田分别为超高产(公顷铃数136.5万个，三圩民主点)，高产(公顷铃105.6万个，三渣西渣点)，中产(公顷铃95.25万个，沈灶顾灶点)。下、中、上部成铃率有所不同，如超高产田，下、中、上部成铃率分别为31.7%、32.5%、30.4%，高产田分别为28.5%、30.1%、26.3%，中产田分别为28.4%、29.1%、19.3%，平均分别为29.5%、30.6%、25.3%。每公顷3.75万株的密度条件下，中上部果枝的成铃率比每公顷10.5万株中上部果枝的成铃率明显提高。

表22-9　不同产量水平棉株上、中、下部成铃率(%)

(谈春松，1992)

结铃部位	超高产	高　产	中　产	平　均
上部	30.4	26.3	19.3	25.3
中部	32.5	30.1	29.1	30.6
下部	31.7	28.5	28.4	29.5

三、棉花成铃空间分布的多样性

棉花在开花结铃过程中,遇到不良环境因素,会造成棉株不同部位发生严重蕾铃脱落,由此,形成了成铃空间分布的多样性。成铃与脱落是一个问题的两个方面,在一定的种性支配下,成铃率或脱落率不因自然和栽培条件的变化发生大的差异,然而由于脱落部位不一样,而形成各种不同的成铃空间分布。

(一) 正常型分布

一般情况下,生长健壮的棉株,成铃总的趋势表现为:以横向果枝节位而言,成铃率由内而外递减;以纵向不同果枝而言,成铃率由下而上递减。正常情况下,蕾铃脱落部位发生在上部果枝和外围果节,基本符合棉花优质高产要求的成铃空间分布(图 22－3A)。

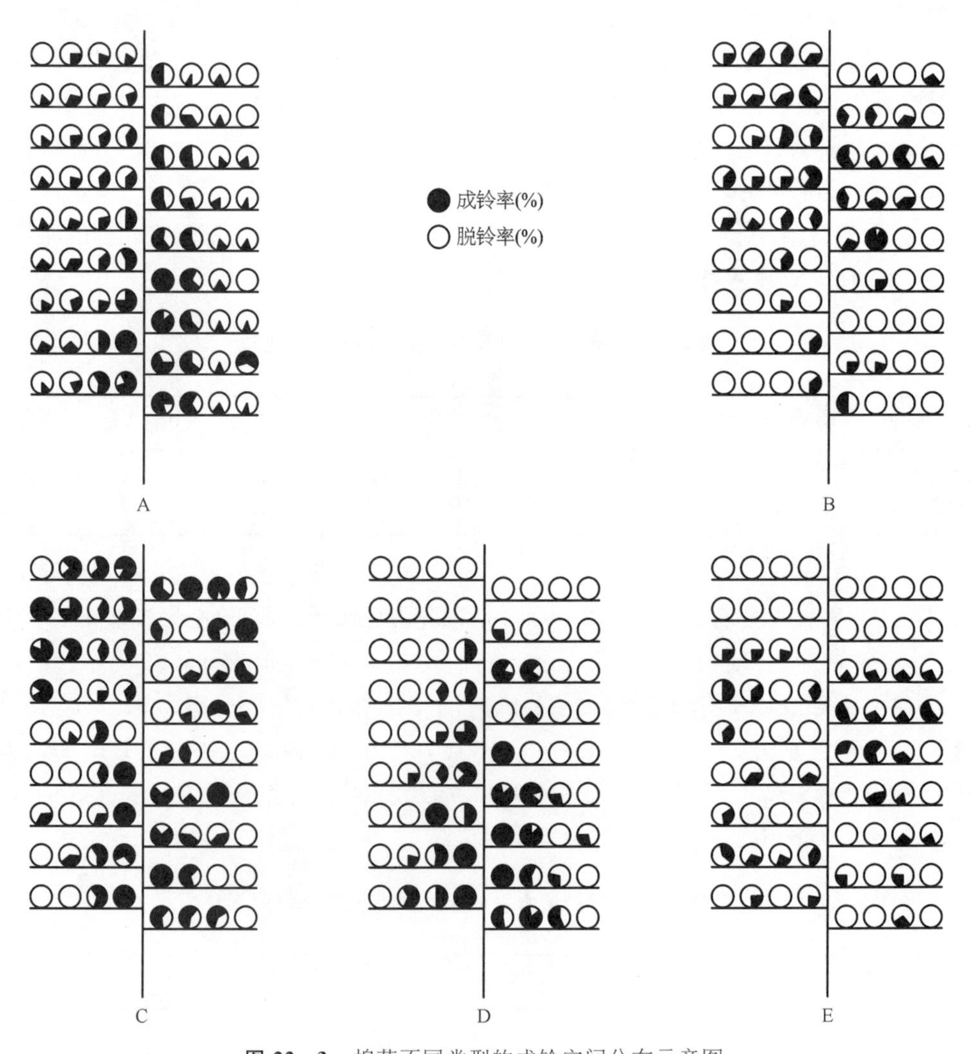

图 22－3　棉花不同类型的成铃空间分布示意图

A. 正常型分布　B. 中、下空型分布　C. 中空型分布　D. 上空型分布　E. 分散型分布

(谈春松,1992)

（二）异常型分布

或因气候的影响，或因肥水管理不当，或因病虫危害及其他种种原因，使棉株内围果节的某些部位造成严重脱落，即会造成不正常的成铃空间分布，导致减产、降质。棉铃异常型分布主要有以下几种情况。

1. 中、下空型分布　中、下部果枝成铃极少，所成的铃主要分布在中部和上部果枝。造成这种分布的原因，多数是由于盛蕾至初花阶段发生旺长，过早封行，激化群体和个体的矛盾，致使群体中下部荫蔽，导致中、下部果枝的蕾铃严重脱落，到中部以上果枝的花蕾开花时，光照条件有所改善，才开始成铃，这种成铃空间分布，均表现为晚熟、品质差(图 22-3B)。

2. 中空型分布　棉铃主要分布在上部果枝，其次是下部果枝，以中部果枝的成铃最少。中部有 2～3 个或 3～4 个是空果枝。造成这种分布的原因，一是当棉株下部果枝结铃后发生旺长，激化群体与个体的矛盾，致使中部果枝蕾铃严重脱落；二是中部果枝的蕾铃因虫害引起严重脱落。这种成铃空间分布表现为：一方面下部的铃因群体荫蔽，通透性差，容易发生烂铃；另一方面因上部果枝成铃时间晚，同样表现为晚熟、减产，品质差(图 22-3C)。

3. 上空型分布　大部分棉铃集中于下部和中部果枝上，尤其是这些部位果枝的第 1、第 2 果节位的成铃率特高，而上部果枝的成铃很少。这种分布状态，通常是属于早衰类型，主要是前中期成铃较多，或因中期施肥不足，或因受旱致使根系受损，导致早衰的结果。这种成铃分布，虽然早熟，但有很大部分棉铃(中部果枝以上的棉铃)不能充分发育成熟，表现铃重轻，同样产量不高，品质差(图 22-3D)。

4. 分散型分布　全株成铃较少，其成铃率明显比正常棉株少，而且分布相当分散，在一个群体中，有的棉株在这个部位有成铃，有的棉株在那个部位有成铃，而且空果枝比较多(图 22-3E)，这种成铃空间分布常受多种灾害的影响，或是在盛蕾、初花阶段浇水后接着下大雨，造成全株幼蕾严重脱落所致，表现为严重减产(图 22-3E)。

据董合忠等研究，棉花成铃的空间分布受留叶枝和密度的强烈影响。叶枝去留对成铃的内外分布几无影响，但显著影响上、下部位的分布。体现在留叶枝后，一方面处在棉株基部的叶枝间接结铃贡献部分经济产量，从而使产量在棉株成铃的上、下分布更加广泛；另一方面，叶枝铃的竞争使下层果枝的产量份额降低，相应的上层果枝的产量份额提高，使成铃和产量分布分散。虽然保留叶枝对蕾铃脱落和烂铃的影响不大，但棉株产量的这种分散分布无疑会对管理和收花带来不便；低密度(3.00 株/m^2)条件下，棉株成铃在内围和中下部的分布偏少，随着密度升高而逐步增加，但密度过高(9.75 株/m^2)，蕾铃脱落率和烂铃率增加。从产量分布的角度权衡，以 5.25 株/m^2 作为山东一熟春棉的适宜密度比较可行。其次，叶枝产量贡献率随密度升高而降低，当密度达到 9 株/m^2 以上时，叶枝对产量的贡献已接近可以忽略的程度。

棉花成铃空间分布的多样性说明，在一定的自然气候条件下，不可能所有的花蕾都能成铃，也不可能全部花蕾都脱落，一个部位的蕾铃脱落，可促使另一部位多结铃，这就是通常称之为棉花成铃的自动调节和补偿效应。可见，完全控制蕾铃脱落是不易做到的，甚至是不可能的。但是，可以利用棉花成铃的补偿效应，促使形成优质铃部位多结铃，把蕾铃脱落控制在对产量和品质影响不大的部位，从而达到优质高产。

第三节　棉花铃重和纤维品质的时空分布

棉花自开花至吐絮的这段时间为铃期,要经历棉铃体积增大期,棉铃内部充实期和脱水成熟期,历时 50 d 左右,生产上称为“花见花四十八天”。后期结的棉铃由于温度偏低,铃期达 60～70 d。不同时间开花的棉铃和不同部位所结的棉铃,由于所处环境条件差异较大,其铃的大小及其纤维品质亦不同,最终必然影响到产量和品质。

一、铃重、衣分和纤维品质的时间分布

(一) 铃重和衣分的时间分布

据王建康等对地膜覆盖和露地直播棉花铃重与衣分的测定,不同时间开花的铃,其铃重和衣分存在很大差别(表 22-10)。中期与前期的成铃桃大、衣分高,而后期的成铃桃小、衣分低。究其原因,可能受两个方面的影响:一是长势,如 1981 年地膜覆盖的棉花,8 月 6 日至 15 日间开花所成的铃,单铃重出现下降。1982 年地膜覆盖棉,8 月 6 日至 15 日间开花所成的铃,单铃重出现下降,这自然与棉株生长势衰退,有机营养供应不足有关。其二是气温的影响,如 1982 年露地直播棉,8 月 16 日至 25 日间开花所成的铃,单铃重出现下降,8 月 25 日以后开花所成的铃,单铃重陡降到 1.03 g,而棉株长势并没有衰退,无疑是气温不能满足棉铃正常发育的结果。1981 年地膜覆盖棉花,6 月 25 日以前开花所成的铃,表现单铃籽棉重轻,这是由于处在棉株的底部,光照条件较差,发育不良所致。衣分的变化与单铃籽棉重的变化趋势一致。

表 22-10　单铃籽棉重和衣分的时间分布
(王建康等,1992)

处　理	开花时间(月/日)							
	6/25 以前	6/26～7/5	7/6～7/15	7/16～7/25	7/26～8/5	8/6～8/15	8/16～8/25	8/25 以后
单铃籽棉重(g)								
1981 年地膜覆盖	3.23	4.57	5.23	5.13	3.87	2.5		
1982 年地膜覆盖		5.4	4.72	5.8	4.39	3.84	2.22	
1982 年露地直播				4.3	4.63	4.0	3.63	1.03
衣分(%)								
1981 年地膜覆盖	39.4	42.7	38.7	32.6	32.8	34.7		
1982 年地膜覆盖		39.6	40.1	30.6	38.0	36.8	23.3	
1982 年露地直播				37.5	37.5	37.3	35.6	18.8

谈春松采取分期播种的方法,取第 7、第 8 果枝的 1、2 果节位,一次挂花 200 朵,每隔 5 d 取样,分别测定棉铃直径、铃壳和籽棉重,直至正常吐絮,再分别测定单铃籽棉重和衣分。从连续测定的结果看出,不同时间开花所成的棉铃,因其发育过程中所处的环境条件不同,其棉铃直径、铃壳重和籽棉重均表现出明显的差别。

1. 棉铃直径变化　采用中熟陆地棉品种,3 个开花时间棉铃直径增长趋势,均呈变形抛物线(图 22-4)。

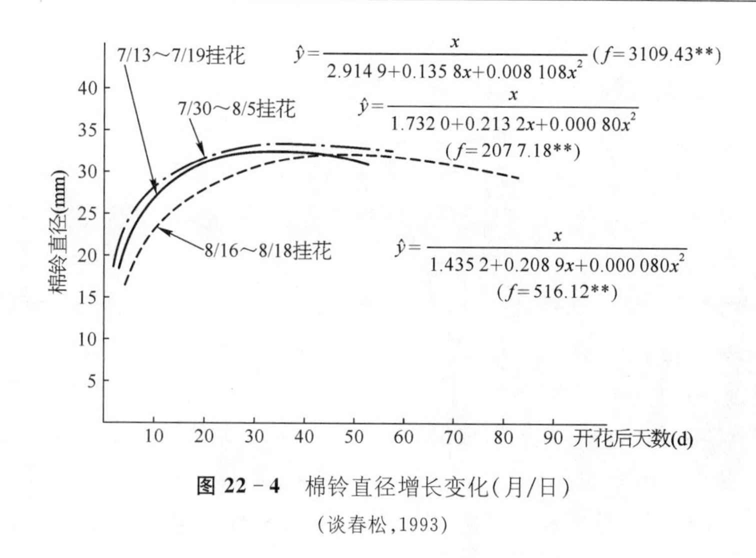

图 22-4　棉铃直径增长变化(月/日)

(谈春松,1993)

棉铃直径发育进度及铃期长短,随开花时间的早晚而变化,表现开花愈早,棉铃发育愈快,铃期愈短,棉铃直径达峰值的时间相对较短;反之,棉铃直径达峰值的时间较长。如 7 月 13～19 日间开花形成的棉铃,在前 10 d 增长最快,之后逐渐减慢,至 36.7 d 铃直径达最大值,此后棉铃失水收缩,直径渐趋下降,铃龄期为 50～55 d;7 月 30 日至 8 月 5 日间开花形成的棉铃,表现前 10 d 的增长比 7 月 13 日至 19 日间开花形成的棉铃快,但铃直径达最大的时间长,为 42.5 d,同时铃龄期也延长为 60 d 左右;8 月 16 日至 18 日间开花形成的棉铃,不仅快速增长期的增长速度慢,而且直径达最大值的时间延长到 45 d 左右,铃龄期长达 85～90 d。

2. 铃壳重变化　铃壳重的增长趋势与棉铃直径的变化大致相似,亦为变形抛物线(图 22-5)。总的趋势为开花后 5～10 d 急剧上升,达到峰值后便减慢。但不同时间开花的铃,

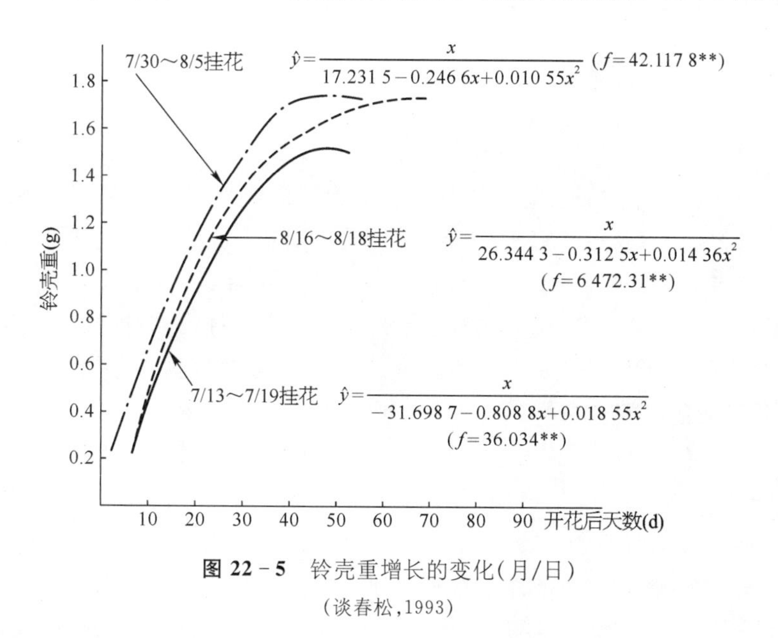

图 22-5　铃壳重增长的变化(月/日)

(谈春松,1993)

同样显示差别,7 月 13 日至 19 日间开花成的棉铃,快速增长时期较慢,最终的重量较轻,为 1.5 g,铃壳重达峰值的时间为 41.4 d;7 月 30 日至 8 月 5 日间开花所成的棉铃,不仅前期的增长比其他时间开花的铃都快,而最终的重量也较重,为 1.65 g,其壳重增长至峰值的时间为 40.4 d,与前者非常接近。8 月 16 日至 18 日间开花所成的棉铃,只有开花后 5 d 表现增长较慢,以后都高于 7 月 13 日至 19 日间开花所成的棉铃,铃壳重达峰值的时间为 56.9 d,至吐絮时的铃壳重为 1.63 g。

3. *籽棉重的增长* 从籽棉重量的增长变化分析,3 个挂花时间总的趋势都符合指数曲线方程(图 22-6)。它们的动态变化表明,7 月 13 日至 19 日间开花所成的棉铃,开花后 10 d 内增长较为缓慢,由 10～35 d 为快速增长期,以后为缓慢增长期,最后的籽棉重表现最高,为 5.2 g;7 月 30 日至 8 月 5 日间开花所成的棉铃,开花后 15 d 内,增长较慢,但比 7 月 13 日至 19 日间开花所成的棉铃快,由 15 d 至 35 d 为快速增长期,以后便缓慢。在缓慢增长期间小于 7 月 13 日至 19 日间开花所成棉铃的增长速度,最终籽棉重也较轻,为 4.8 g;8 月 16 日至 18 日间开花所成的棉铃,开花后 20 d 内增长缓慢,由 20～50 d 为快速增长期,但明显低于前两期开花棉铃的增长速度,以后的增长更为缓慢,最终籽棉重最轻,为 4.33 g。

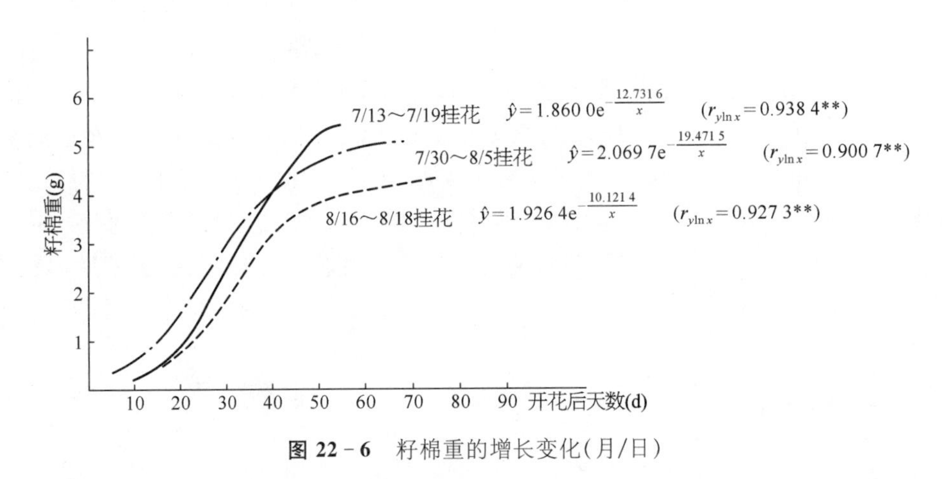

图 22-6 籽棉重的增长变化(月/日)

又据在河南不同地区分期挂花所成棉铃的单铃籽棉重和衣分测定结果(表 22-11),不同时间开花所成的棉铃,其单铃籽棉重和衣分的变化,除个别试点的数据不很规律外,总的趋势均是随着挂花时间的推移,单铃籽棉重和衣分逐渐下降,特别是 8 月 16 日以后开花所成的铃表现为陡降。表 22-11 所列的数据都是采取分期播种,选自棉株第 7、第 8 果枝的第 1、第 2 节位的花,排除了棉株长势差异的因素,其差别主要是气温、日照的影响。

(二) 纤维品质的时间分布

据谈春松等在不同播期的棉株上均挂第 7、第 8 果枝 1～2 果节的花,标志不同时间所开花的成铃,待吐絮后按不同挂花日期,分别采摘 20～40 个棉铃的籽棉,纤维测定(表 22-12),发现不同时间开花所成的棉铃,其纤维品质的差异十分明显。如纤维强度,在挂花时间范围内,3 个试点均表现随着开花时间的推迟而下降。尤其在 8 月 17 日以后开花的成铃,其纤维强度降到 3 g 以下;纤维细度随着开花时间的推迟,公制支数增加;纤维成熟度,随着开

表 22-11　棉株不同时间开花的铃重和衣分的变化

(谈春松,1992)

开花日期(月/日)	铃重(g)	衣分(%)	开花日期(月/日)	铃重(g)	衣分(%)	开花日期(月/日)	铃重(g)	衣分(%)	开花日期(月/日)	铃重(g)	衣分(%)
河南省农业科学院			柘城县农业科学研究所			百泉农业专科学校			豫西农业专科学校		
7/19	4.42	35.4	7/13	6.17	44.2	7/15	5.03	39.5	7/19	5.87	41.4
8/4	5.10	39.4	7/29	5.26	38.6	7/23	5.73	39.2	8/5	4.53	39.6
8/16	4.24	32.1				7/29	5.40	38.2	8/8	4.37	39.0
8/18	4.71	32.3	8/8	5.10	39.9	8/3	4.3	37.2	8/10	4.26	39.3
9/5	2.22	34.0	8/14	4.90	39.1	8/8	3.93	34.5	8/16	3.27	37.8
			8/17	4.30	39.3	8/13	3.60	34.1	8/20	2.30	35.7

表 22-12　不同时间开花铃的纤维品质比较

(谈春松,1985)

试　点	品种	挂花日期(月/日)	纤维强度(g)	纤维细度(m/g)	成熟系数	主体长度(mm)
河南省农业科学院(郑州)	7910	7/19	2.03	7 100	1.27	26.09
		8/4	3.13	5 950	1.71	25.81
		8/16	3.04	6 065	1.58	28.83
		8/18	2.70	7 040	1.18	28.38
		9/5	1.45	11 600	不成熟	25.17
柘城县农业科学研究所	3478	7/13	2.72	5 965	1.60	28.25
		7/29	3.05	6 230	1.56	29.75
		8/8	2.76	7 090	1.34	28.60
		8/14	3.00	6 850	1.42	30.08
		8/17	2.52	7 869	0.99	28.99
豫西农业专科学校(新安县)	陕 1155	7/19	2.77	5 750	1.69	27.58
		8/5	3.00	6 380	1.69	27.59
		8/8	2.89	6 940	1.49	28.99
		8/10	2.68	7 080	1.23	28.58
		8/16	2.30	9 400	不成熟	30.02
		8/20	—	—	不成熟	28.18

花时间的推迟,成熟系数降低,8 月 16 日以后开花的成铃,其纤维成熟度多数为半成熟或不成熟,甚至为死纤维;纤维主体长度,不同时间开花的棉铃之间,表现差异不大。说明不同时期发育的棉铃纤维品质的差异,主要是纤维壁的厚度不同,这是因为迟开花的棉铃,处在温度下降阶段,不能满足纤维发育的需要,影响到纤维素沉积和内壁的加厚,乃至表现为迟开花棉铃的纤维成熟度差、强度低、细度细的结果。

蒋国柱和邓绍华等在安阳测定(表 22-13),7 月 10 日开花所成的铃,平均单铃籽棉重为 4.4 g;7 月 10 日至 8 月 10 日 3 期开花所成的棉铃,其平均单铃籽棉重有所增高,分别为 5.4 g、5.5 g、5.2 g;8 月 20 日至 8 月 30 日开花所成棉铃的单铃籽棉重出现陡降,分别为 3.2 g 和 1.2 g;这几个时间开花所成棉铃的纤维品质测定结果也有同样趋势,无论是 2.5% 跨距长度,比强度,还是马克隆值,7 月 10 日至 8 月 10 日 4 个时间开花的铃都比较高,而 8 月 20 日和 8 月 30 日开花的铃,这几项指标均明显下降。7 月 10 日开花的烂铃,其纤维的马克隆值下降为 2.9，其他品质指标也都下降。说明安阳地区于 8 月 20 日以后开花结的铃，在其铃期内平均温度已降至 20 ℃以下，单铃籽棉重和纤维品质均明显下降。早期成铃，如果发生烂铃，其单铃籽棉重和纤维品质也都下降。

表 22－13 不同时间开花棉铃的单铃籽棉重和纤维品质的比较

（蒋国柱、邓绍华，1986）

开花日期（月/日）	单铃籽棉重（g）	2.5%跨距长度（mm）	纤维长度整齐度（%）	比强度（g/tex）	纤维伸长百分率（%）	马克隆值
7/10	4.4	31.6	52.0	19.6	6.70	4.5
7/10（烂铃）	3.4	30.9	44.0	19.5	6.30	2.9
7/20	5.4	34.3	52.4	21.1	7.05	4.5
7/30	5.5	30.5	50.2	19.6	6.40	4.6
8/10	5.2	31.0	49.7	20.0	6.75	3.7
8/20	3.2	26.9	45.1	15.3	4.80	2.0
8/30	1.2	26.4	43.1	13.1	4.85	1.7

［注］供试品种为中棉所 12 号。

据在山西太谷的研究，地膜覆盖条件下，单铃籽棉重随气候年型的变幅有很大差异。正常气候型 4 月 15 日播种，7 月上旬开花，有利棉铃发育的最佳开花时间为 15～20 d，大致在 7 月 25 日以前，开花结的铃，铃大、吐絮早、品质好；7 月 25 日以后开花形成的棉铃，遇到秋季低温，棉铃内部充实和纤维壁加厚都不足，单铃籽棉重减轻，吐絮晚（多为霜后花），品质极差。由图 22－7 可以看出，单铃籽棉重随开花时间的推移而减轻，7 月 25 日前开花结的铃，单铃籽棉重均在 5 g 以上，而以后开花结的铃，单铃籽棉重在 4.2 g 以下，8 月 5 日至 9 日开花结的铃，只有 2.7 g。

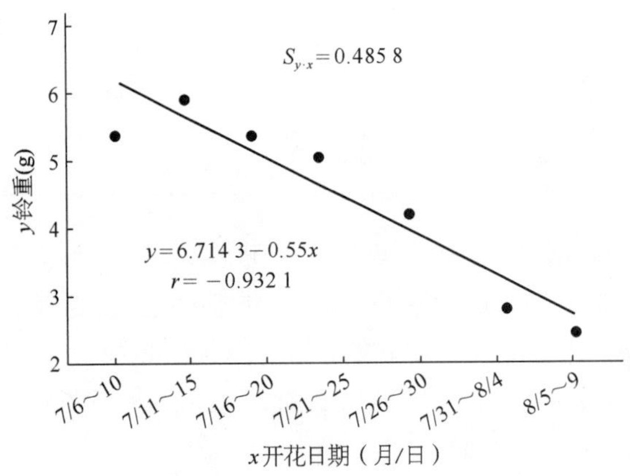

图 22－7 开花日期（x）与单铃籽棉重（y）的关系

（中国农业科学院棉花研究所，1999）

谈春松等采取分期播种的办法，都取棉株第 7、第 8 果枝 1、2 果节位的花，分别于 7 月 19 日、8 月 4 日、8 月 16 日、8 月 18 日、9 月 5 日挂花，待吐絮后采摘单铃籽棉，测定每铃种子数和每粒种子着生纤维重。结果表明，无论是前期、中期和后期成铃，每铃种子数的差别不大。每粒种子着生的纤维重，表现为中期、前期开花成铃的种子着生的纤维较重，而后期成铃、种子着生的纤维较轻。

二、铃重、衣分和纤维品质的空间分布

棉株不同空间部位所结的棉铃，其单铃籽棉重、衣分及其纤维品质也表现不一样。

（一）单铃重、衣分的空间分布

据王建康等对全株棉铃逐个编号，吐絮后收摘单铃籽棉进行测定。结果表明（表22-14），单铃籽棉重的空间分布，以果节位而言，总的趋势是由内而外递减。如按果节位平均单铃籽棉重，由内而外分别为4.7 g、4.0 g、3.5 g、3.4 g；其中虽有个别外围果节位的单铃籽棉重较高，这是由于内围果节的蕾、铃脱落所造成；以果枝层而言，以3～16果枝的铃较大，其次是下部1、2果枝的铃，上部17～18果枝的铃最小。衣分的空间分布，与单铃籽棉重基本一致，以果节位而言，也是由内而外递减，不过外围果节上出现高衣分的情况较多，这是由于铃轻子瘪所造成，而不是真正的高衣分。以果枝层而言，第1果节位的下、中、上果枝之间的差别不明显，第2果节位在1～12果枝之间的差别也不大，第17果枝以上表现明显下降；第3、第4果节位，不同果枝间的跳动较大。说明棉株内围第1、第2果节位的单铃籽棉重、衣分不仅较高，而且较稳定。如3～16果枝的第1、第2果节位的单铃籽棉重，多数在4.5 g左右，其衣分多数在38%左右。衣分的变化趋势与铃重的变化趋势基本一致，以果节位而言，总趋势是由内而外递减；以果枝层而言，总体上也是越向上衣分越低。

表22-14　单铃籽棉重、衣分的空间分布

（王建康等，1992）

果　枝	果枝节位					果枝节位				
	1	2	3	4	平均	1	2	3	4	平均
	单铃重(g)					衣分(%)				
18	2.8		1.6		2.1	38.1		30.4		34.3
17	3.3	1.6	3.0		2.6	36.6	30.1	38.4		35.0
16	4.7	3.4	3.8	1.0	3.2	37.6	36.3	30.6	30.0	33.6
15	4.9	3.7	2.4		3.6	35.5	41.0	27.1		34.5
14	5.1	2.6	1.6	1.2	2.6	36.9	36.2	35.2	25.0	33.3
13	5.3	4.0	3.2	1.9	3.6	38.1	39.0	34.4	33.3	36.2
12	4.9	4.5	3.1	1.7	3.6	37.6	36.6	40.2	29.7	36.0
11	4.5	5.2	4.5	4.3	4.6	40.4	37.1	37.3	40.1	38.7
10	5.5	4.1	4.0	5.7	4.8	39.0	38.1	38.5	41.2	39.2
9	5.4	4.3	3.9	5.0	4.7	38.0	35.7	37.2	45.0	39.0
8	5.6	4.7	3.6	3.7	4.4	39.1	38.9	40.0	31.7	37.4
7	5.2	5.2	4.8	3.7	4.7	39.2	37.5	39.7	36.7	38.3
6	5.0	5.1	4.4	4.0	4.6	38.8	38.6	37.6	40.0	38.8
5	4.8	5.0	3.6	4.2	4.4	39.1	37.1	41.0	30.2	36.9
4	4.8	4.2	4.4	3.4	4.2	38.7	35.8	40.1	40.0	38.7
3	4.5	4.5	4.1		4.4	39.9	39.2	40.9		39.0
2	4.3	4.2	4.2	3.8	4.1	38.6	36.6	40.1	30.1	36.4
1	4.0	3.4	3.4	3.9	3.7	39.1	39.5	41.6	33.6	38.5
平均	4.7	4.0	3.5	3.4	(4.4)	4.7	4.0	3.5	3.4	(4.4)

[注] 为36株棉花的统计值。

据中国农业科学院棉花研究所测定单铃籽棉重的空间分布(图 22－8),不同果枝上第 1、2、3、4、5 果节上的平均单铃籽棉重分别为 4.5 g、3.8 g、3.6 g、3.1 g、2.7 g,呈递减趋势。又据江苏省棉花高产优质经济栽培研究协作组与灌云农业技术推广中心研究,单铃籽棉重与铃位呈离茎递减规律,由表 22－15 可以看出,单铃籽棉重与果节位呈极显著负相关($r=-0.9385^{**}$),其回归方程为:$y=5.64-0.47x$,方程表明,单铃籽棉重每离主茎一个节位,则减 0.47 g。

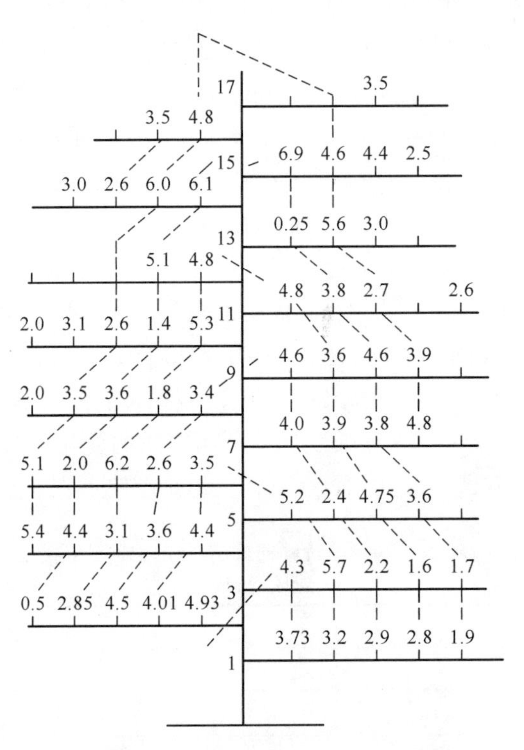

图 22－8　直播棉单铃重(g)的空间分布
(13 株棉花统计数)
(中国农业科学院棉花研究所,1999)

表 22－15　棉花不同果节位的单铃籽棉重
(中国农业科学院棉花研究所,1999)　　　　(单位:g)

年　份	第 1 节	第 2 节	第 3 节	第 4 节	第 5 节
1985	5.49	5.23	4.76	3.78	3.35
1986	5.58	4.86	4.66	3.89	3.60

(二) 纤维品质的空间分布

棉花纤维是以棉铃为单位,逐个发育而成的。由于棉纤维连同棉铃在棉株上着生的部位和经历的时间不同,其品质的好坏也表现出明显的差别,而这些差别具有一定的规律性。据马致民等逐个测定全株棉铃的纤维强度、细度、主体长度和成熟度的结果,不同节位上棉铃纤维的强弱、粗细、长短和成熟度的高低皆存在差异,四项品质指标空间分布的总趋势,以不同果节位而言(表 22-16),纤维强度由内而外变弱,细度由内而外变细,成熟系数由内而外变低,主体长度内外之间变化不够规律;若以不同果枝而言,四项品质指标,上、下之间的变动都较大,而且都不规律,这主要是不同果枝着生的铃数差别很大,结 1 个、2 个、3 个、4 个、5 个的都有,统计各果枝的平均值没有代表性,特别是仅结一个棉铃的果枝,它所测定的数值就代表了这个果枝,与结 5 个铃的果枝的平均值比较,显然存在很大误差;而且结一个铃的果枝,有的是第 1 果节位的,有的是第 3、第 4 果节位的,有的是最外围果节位的,果节位差别掩盖了果枝间的差别。

表 22-16　棉株不同果节位的纤维品质比较

(马致民等,1983)

项　目	品　种	果　节　位				
		1	2	3	4	5
纤维主体长度(mm)	豫棉 1 号	28.9	29.0	29.7	26.0	28.7
	河南 79	28.8	26.2	26.2	25.6	—
纤维强度(g)	豫棉 1 号	3.80	3.5	3.70	3.65	3.36
	河南 79	3.94	3.38	3.35	3.21	—
纤维细度(m/g)	豫棉 1 号	5 874	7 376	6 213	6 319	7 554
	河南 79	5 288	7 860	6 397	9 054	—
纤维成熟系数	豫棉 1 号	1.84	1.46	1.75	1.65	1.54
	河南 79	1.70	1.17	1.21	0.89	—

纵观全株不同果枝的棉铃纤维品质的四项指标,似乎棉株下部和顶部各有 2～3 果枝内围铃的纤维品质变化不甚稳定,表现出强度较弱,细度较细,成熟度较低,这是由于下部 2～3 个果枝的铃已是烂铃所致,顶部2～3 个果枝的铃的纤维品质差可能与棉株长势衰退有关。其中以第 5～15 果枝的第 1 果节位棉铃的纤维品质最佳,第 2 果节位棉铃纤维品质居次,第 3 果节位以外,则呈现递减趋势。

(三) 每铃种子数和每粒种子纤维重的空间分布

在分析皮棉产量构成因素的作用时已经指出,每铃种子数对皮棉产量的作用并不大,而每粒种子上的纤维重对皮棉产量的作用特别突出。这可以从它们在棉株上的空间分布状况反映出来。

从在全株的分布状况看(图 22-9),无论是内围果节还是外围果节,无论是中部果枝还是下部、上部果枝,甚至不同密度之间,单铃平均种子数变化都不大,其变异幅度为 10.5%左右,这是每铃种子数对皮棉产量贡献不大的进一步证据。若从每粒种子着生的纤维重分析,则恰恰相反,每粒种子纤维重的空间分布则差别很大,变异幅度高达 31.5%,说明它是一个变动很大的因素,也是影响皮棉产量的一个重要方面。从每粒种子纤维重的空间分布还可以看出,尽管不同部位棉铃之间存在很大差别,但总的趋势是,从果节位而言,由内而外地递减,而不同果枝之间的变动没有明显的规律。另外,棉株内围 1、2 果节的棉铃,其平均每粒种子纤维重相对变化较小,而且显著地比外围果节的重。

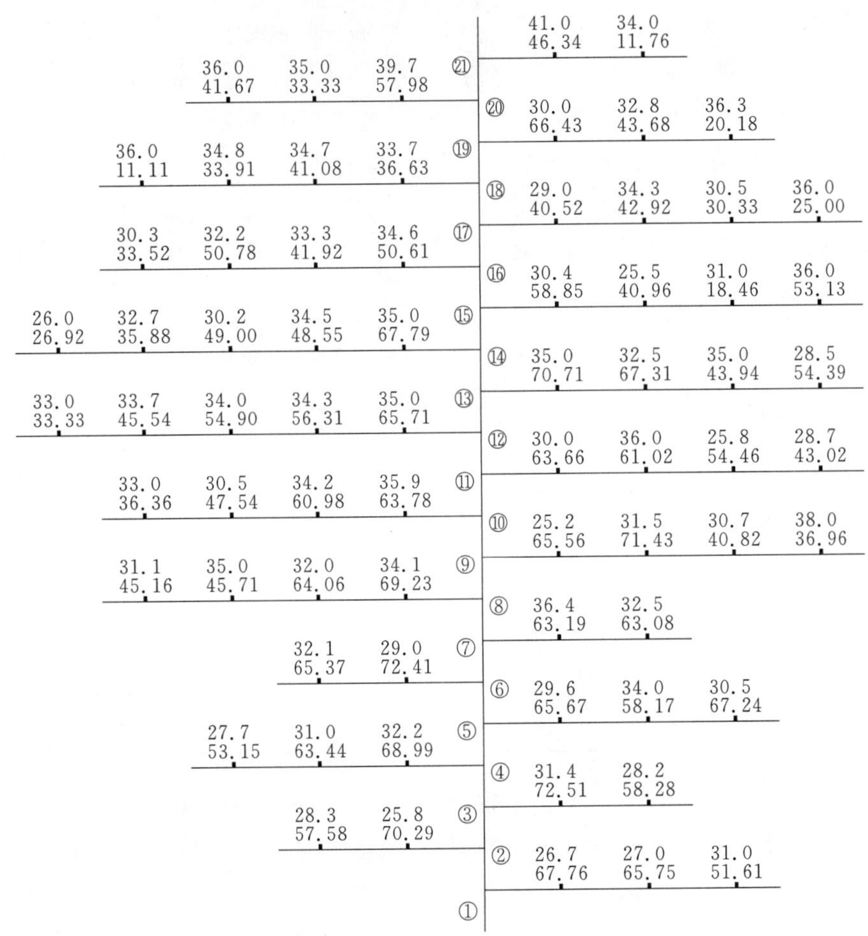

图 22-9 每铃种子数(粒)和每粒种子纤维重(mg)空间分布

每一节位的数值，上为每铃种子数(x = 32.01，CV% = 10.5)，下为每粒种子纤维重(x = 50.51，CV% = 31.5) ①～㉑系自下而上的果枝生长顺序

(谈春松，1992)

第四节 优化成铃与棉花优质高产

棉花结铃多少、优劣与结铃时所处的生态环境和生理状态有密切的关系。棉株生理状态稳健且所处环境条件有利时，则形成的优质铃、高产铃就多；生态气候环境不利且棉株生理状态不佳时，则优质铃、高产铃就少，产量就降低、品质就下降。

一、优化成铃栽培理论的提出和发展

我国棉花栽培技术在 20 世纪 70 年代以前，主要是通过总结与推广农民和劳动模范的植棉经验形成的。之后 10 年多的时间里，研究总结出丰产棉花的产量结构、合理生育进程、长势长相的形态诊断指标等，以及相应的一套促进与控制相结合的综合栽培技术措施，初步形成了中国棉花栽培的理论和技术体系。这在 1983 年出版的《中国棉花栽培学》中已经进

行了系统的总结。但是传统的棉花丰产栽培技术采用的是“壮苗早发、稳长多结、三桃齐结”的技术路线，要求“带桃入伏、伏桃满腰、秋桃盖顶”。在实际生产中难以真正实现三桃齐结。早发棉花伏前桃结多了，到了结铃盛期营养供应跟不上，伏前桃并不多结，后期还易早衰，秋桃也难以盖顶，伏前桃又容易霉烂，直接影响棉花的产量和品质。这种现象在移栽棉和地膜棉的表现更为突出。晚发棉花难有伏前桃，秋桃中的晚秋桃比例较大时，后期遇到低温往往会出现铃轻子瘪的现象，纤维成熟度差，也不能达到优质高产。进入 1980 年以后，随着棉花产量的不断提高，棉花生产与科研都调整到产量与品质并重的路子上，多结铃、结优质铃成为主攻目标。在这一背景下，经过近 30 年的研究探索，逐步形成了以优化成铃为核心内容的、具有中国特色的棉花高产优质栽培理论和技术。

中国农业科学院棉花研究所等 8 家单位组成的协作组，根据黄淮海平原和长江流域棉区有 40～45 d 最佳开花结铃期，以及棉花具有较强调节补偿能力的特点，经过多年(1980～1987)研究，提出了在最佳结铃期集中多结伏桃和早秋桃的结铃模式。其基本思路是利用棉花自身较强的调节补偿功能，在棉花早发的基础上，通过摘早蕾、去晚蕾，或者通过调整播种期将棉株开花结铃盛期调整在所谓的“最佳”时期，集中多结伏桃和早秋桃。

棉花 70%～90%的生物学产量在开花后形成，特别是集中成铃期积累最多。棉花集中成铃期是一生中转化和储存太阳能效率最高的时期，称其为高光合效能期或高能转化期(一般以单株日成铃大于 0.2 个的日期为标志)。一般情况下，高能转化期持续时间越长，产量越高。进一步研究发现，使棉叶的高光合效能期、成铃高峰期和当地光热资源高能期相同步，即“三高”同步，可以更有效地优化成铃，大幅度提高产量品质，从而形成了同步栽培的理论和技术。同步栽培的理论也是优化成铃，技术核心则是调整结铃期，按照最佳结铃模式结铃，实现优化成铃。

谈春松等在研究棉花结铃模式和优化成铃的基础上，提出了棉花株型栽培的概念。所谓株型栽培，即在特定的自然气候条件下，通过一系列人工措施，主动而有预见性地控制棉花个体发育，培植理想株型，协调棉花生育与气候、个体与群体、营养生长与生殖生长的关系，促使棉株内围 1、2 果节多结优质铃，从而达到早熟与优质高产之目的。南殿杰等研究提出了棉花株型栽培的形态指标，即株体矮化 30%左右，群体密度提高 20%以上，形态特点是株矮、枝短、叶小、叶厚、铃大。扬州大学则以南方棉区高产(1 875 kg/hm^2)棉田为研究对象，提出棉花高产株型的共同特点是，株高及节间距分布合理，果枝及果节长度分布合理，节枝比(总果节量/果枝数)适宜，上部果枝上举等。株型栽培增产的机理主要在于群体早发早熟效应、铃位内移效应、抗逆效应和合理产量结构效应，特别是能够在单位空间内分布较多的总果节量，且有较高的结铃率。株型栽培途径侧重从空间的角度优化成铃，是结铃模式栽培技术的发展，是优化成铃栽培技术的重要组成部分。在新疆形成并大面积推广应用的棉花“矮、密、早”栽培技术，更是对棉花优化成铃理论与技术的具体运用和发展。

优化群体是优化成铃的重要途径。棉花群体质量栽培实质上就是按照一定的数量指标，采取各种措施，优化群体结构，达到在最佳结铃期、最佳结铃部位多结铃、结优质铃，从而实现高产优质。盛花后群体干物质生产量是高产群体结构形成的关键指标，果节量与叶面积发展动态是形成高产群体质量的诊断指标，单位面积铃数和三桃比例是高产群体质量的本质指标，合理株型是优质群体的空间结构基础。由此可见，棉花群体质量栽培是融合了结铃模式、株型栽培等研究成果后提出的，是优化成铃栽培理论的新发展，也是优化成铃栽培技术的重要组成部分。

二、优化成铃栽培的主要内容

（一）最佳开花结铃期

从热量方面分析，棉纤维的伸长期，需要日平均温度不低于16 ℃；棉纤维次生壁的充实加厚期，需要日平均气温不低于20 ℃，最适温度为25～30 ℃。从我国各主要棉区的气候变化看，都是春、秋季温度较低，夏季温度高，一般6月底7月初即能达到棉花开花结铃所需要的温度，但到棉花生长后期，秋季降温和早霜来临的时间，各地差别很大，一般北方来得早，南方来得晚。按照能收获到产量的有效开花结铃期说，一般都较长，如黄河流域和长江流域棉区，从6月底、7月初至8月30日，或7月上旬至9月上旬，为55～60 d；湖南产棉区更长一些；西北内陆棉区和北部特早熟棉区要短一些。实际上，8月20日或8月25日以后开花结的铃，在其铃期内的9月下旬或者10月初的平均温度已降到20 ℃以下，很难形成优质纤维；而7月10日以前开花结的铃容易霉烂，也不能达到优质的要求。故各棉区以收获优质纤维为标准的最佳开花结铃期将要更短些。

谈春松搜集了河南省各产棉区多年来的气候资料，把10月下旬(霜前)作为正常发育棉铃的吐絮期，按照满足棉铃正常发育所需要的≥15 ℃活动积温1 350 ℃为标准，推算正常发育棉铃的开花临界日期(表22－17)，河南省各棉区，正常发育吐絮棉铃的开花临界日期，大致在8月15～16日，早则为8月13～14日，晚则为8月17～18日。这与分期挂花测定棉铃发育结果相吻合。同时，为避免减少早期开花铃的霉烂，确定为7月10日至8月15日为河南省各棉区棉花优质铃开花期，约35 d，这可代表黄河流域棉区的大致情况。

表22－17　河南省各棉区棉铃正常发育吐絮的开花临界期

(谈春松，1993)

棉　区	代表县	10月下旬吐絮棉铃的开花临界期(月/日)	开花临界期后的≥15 ℃活动积温(℃)	整理资料年数
豫北平原	清丰	8/14	1 352.7	18
	安阳	8/14	1 355.7	30
	新乡	8/15	1 354.3	30
豫东平原	商丘	8/15	1 358.1	27
	柘城	8/16	1 352.0	24
	开封	8/15	1 354.3	30
	扶沟	8/16	1 344.2	21
	周口	8/16	1 356.9	22
豫南(淮河两岸)	信阳	8/16	1 350.2	30
	商城	8/17	1 354.7	23
	驻马店	8/16	1 361.1	23
南阳盆地	南阳	8/16	1 370.5	28
	新野	8/17	1 356.0	22
豫西丘陵	偃师	8/15	1 346.6	20
	灵宝	8/13	1 355.8	24

长江流域棉区，秋季降温的时间要晚些，长江中下游为7月15日至8月20～25日，为35～40 d，其中长江以南秋季温度较高的地区（如湖南）要长些，为7月15日至8月30日，约45 d；长江上游棉区为7月10日至8月20日，为40 d。西北内陆棉区和辽河流域棉区更要短些，例如，北疆8月初开花的棉铃就不能正常发育，有的地方甚至7月25日以后开花的铃就难以正常发育，其优质铃开花期大致在7月底以前的20～30 d内，如采用地膜覆盖，将开花期提早到6月25日前后，其优质铃开花期也可达到30 d左右。山西晋中棉区其优质铃开花期只有7月25日前的15～20 d。

各棉区的优质铃开花期的时间除长江流域和黄河流域棉区较长外，其他棉区的优质铃开花期较短，但不是棉花优质高产的主要限制因素，它可以通过适当提高种植密度在一定程度上予以调节。据谈春松研究，不同种植密度下蕾和铃的增长动态因单株结铃数不同，所需要的时间也不同。由蕾的增长动态表明，每公顷45 000株，出苗后54 d、69 d、87 d依次为增蕾始盛期、增蕾高峰期及增蕾盛末期，由始盛期至盛末期为32 d；每公顷90 000株，出苗后56 d、69 d、85 d，依次为增蕾始盛期、增蕾高峰期及增蕾盛末期，由始盛期至盛末期为29 d；每公顷135 000株，出苗后57 d、68 d、79 d，依次为增蕾始盛期、增蕾高峰期及增蕾盛末期，由始盛期至盛末期为22 d。铃的增长动态同样表明，每公顷45 000株，出苗后94 d、108 d、124 d，依次为成铃增长始盛期、成铃增长高峰期及成铃增长盛末期，由始盛期至盛末期为30 d；每公顷90 000株，出苗后85 d、96 d、109 d，依次为成铃增长始盛期、成铃增长高峰期及成铃增长盛末期，由始盛至盛末期为24 d；每公顷135 000株，出苗后90 d、99 d、110 d，依次为成铃增长始盛期、成铃增长高峰期及盛末期，由始盛期到盛末期约为20 d。由此可见，西北内陆棉区走"矮、密、早"的路子，能充分利用当地较短的优质铃开花期多结优质铃，达到公顷铃数、单铃籽棉重和衣分三者的协调配合，而获得优质高产。

在棉花生产上通常按成铃时间将棉铃划分为三桃，即伏前桃，伏桃和秋桃。伏前桃，即指7月15日以前（长江下游定为7月20日前）结的大桃；伏桃，即指7月16日或7月21日至8月15日间结的大桃；秋桃又可分为早秋桃和晚秋桃，早秋桃指8月16日至8月30日间结的大桃，晚秋桃指8月31日以后所结的桃，这样实际就划成了"四桃"。它们对产量的作用各不相同。伏前桃结得最早，温度条件虽好，但处在棉株下部，光照条件差，后期若遇到阴雨天气，常易霉烂。过去在没有化控的条件下，强调要多结伏前桃，在于为控制旺长，为多结伏桃打基础。现在已经有化控技术作保证，伏前桃只是作为早发的标志，在优质铃开花期较长的棉区只要单株结到1～2个就够了，因为伏前桃结多了，常易引起后期早衰，所以对于特别早发的棉花，还提倡去早蕾；伏桃所处的时间，温、光条件最优越，棉铃能充分发育成熟，单铃籽棉重和衣分都高，品质好，是构成产量的主体；早秋桃，在其铃期所处的温、光条件仍然很好，有些地方甚至比伏桃所处的条件还好，因此，它也是构成产量的重要组成部分；晚秋桃，其铃期所处的时间，温度已明显下降，致使不能正常发育成熟吐絮，单铃籽棉重和衣分都低，纤维品质差，它在总铃数中只能占极少比例。刘艺多的研究证实，伏前桃虽然单铃籽棉重较大，但僵烂铃率高；晚秋桃，其单铃籽棉重和衣分都低，并且还有僵烂铃，唯有伏桃和早秋桃最好，其单铃籽棉重和衣分都高（表22-18）。

表 22－18　棉花“四桃”的单铃籽棉重、衣分、僵烂铃率比较

(刘艺多,1991)

项　目	单铃籽棉重(g)	衣分(%)	僵烂铃率(%)
伏前桃	4.3	37.8	54.6
伏桃	4.5	38.6	15.0
早秋桃	4.0	39.1	0.0
晚秋桃	2.6	35.2	14.4
全株	4.1	38.9	21.0

由此可见,过去受单纯追求产量思路的影响,认为棉花具有无限生长习性,延长棉花开花结铃时间就能获得高产的观点是片面的。现今从优质高产的要求出发,可以看出开花结铃期并不是愈长愈好,而应树立最佳结铃期和优化成铃的概念。所以,对于黄河流域和长江流域棉区,应在优质铃开花期内集中多结伏桃和早秋桃,亦即尽量增加霜前好花,尽量减少僵烂花和霜后花;至于西北内陆棉区和北部特早熟棉区,由于最佳开花结铃期短,特别是新疆棉区没有烂铃发生,应在优质铃开花期内集中多结伏前桃和伏桃,这需要地膜覆盖、高密度种植和合理化控,达到早发早熟。

(二) 优质铃的空间部位

无论是单铃籽棉重和衣分的空间分布,还是纤维品质的空间分布,乃至每粒种子纤维重的空间分布,以果节位而言,均是由内而外递减;就不同果枝而言,似乎下部和顶部都有 2～3 个果枝的铃较差,即使如此,也还是以内围 1、2 果节结的铃较好;而且从总的情况看,棉株内围 1、2 果节的铃,不仅各项经济指标比第 3 果节以外的高,同时其变动也相对较稳定,是棉株优质铃的空间部位,也称之为棉株的优势成铃部位。

不过,棉株的优势成铃部位是相对的,并不仅指内围铃。我国南方棉区和北方棉区的生态条件差异较大,种植密度也有很大不同。南方棉区种植密度较低,一味强调促进中部果枝和内围果节多结铃,常会造成总铃数不足而降低产量。陈德华等提出用节枝比(总果节数/果枝数)作为指标调控果枝伸展程度和结铃率,便于棉株多结铃、结优势铃。在密度相同或果枝数相同时,节枝比低说明各果枝上果节少,棉株细瘦,不利于形成高产株型;当节枝比过高时,由于果枝上的果节太多,横向生长过长,会造成棉花严重隐蔽,产量也难以提高;在节枝比适宜时,棉株纵横伸展比较协调,有利于结优质铃。密度 3.75 株/m^2、单株果枝 18～20 时,适宜的节枝比为 5～5.5;密度 4.5 株/m^2、单株果枝 16～18 时,适宜的节枝比为 5 左右;密度 6 株/m^2、单株果枝 15～16 时,适宜的节枝比为 4 左右。

(三) 棉株生理年龄的效应

棉花具有无限的开花结实习性,相同气候条件下,由于播种、出苗期等的差异,同期开花结的棉铃会处于棉株的不同生育阶段,也就是不同的生理年龄。许玉璋等通过设计不同的播种期,研究了棉株生理年龄对种子和纤维发育的效应,发现棉株生理年龄相同的棉铃,其棉籽、棉纤维品质有明显差异,这主要是由于温度影响所致;棉株生理年龄仅对秋桃,特别是晚秋桃的棉籽和棉纤维品质性状有显著影响,生理年龄越大,棉籽、棉纤维品质越差;最好的棉籽、棉纤维产生于“壮年”期的棉株。因为棉铃形成时的棉株活力旺盛,光合作用最强,营

养器官累积养分多,储存养分的运转快而多,所以冠层中部棉铃的棉籽、棉纤维品质好。早期结的棉铃位于棉株下部,其棉籽和棉纤维受到下部冠层不良环境条件的影响而不如冠层中部棉铃,晚期结的棉铃位于棉株上部,在其成长发育过程中所处环境温度较低,光照不足,植株活力较弱,光合效率低,致使棉籽和棉纤维品质低劣。

蒋光华等的进一步研究发现,伏桃棉纤维加厚发育期温度为 22.0 ℃,中部 4～6 果枝棉铃发育时的棉株处于"壮年",是其代谢旺盛期,光合作物主要用于棉铃发育,纤维比强度明显高于其他部位;下部 1～3 果枝棉铃发育时的植株生理年龄处于"幼年",光合作物一方面用于棉铃发育,另一方面营养生长旺盛,纤维比强度也较低;上部 13～15 果枝棉铃发育时的植株生理年龄处于老年,进入代谢衰退期,光合作物的供应受限制,因此棉纤维比强度均在 20 cN/tex 以下。说明棉株生理年龄对伏桃最终比强度的形成作用明显。

棉株生理年龄概念的提出对于优化成铃、提高棉花产量和纤维品质具有重要的意义。棉花虽然是无限生长的作物,但作为一年生植物,也有幼年、青壮年和老年之分,棉花优化成铃不仅要在环境条件最适宜的时间、最佳的结铃部位多结铃,还应在棉株的壮年期多结铃。

(四) 最佳成铃模式

认识棉花优质铃开花时间、优质铃的空间部位和优质成铃的棉株最佳生理年龄是为了优化成铃,实现最佳成铃模式。所谓最佳成铃模式,就是要在优质铃的空间部位多结铃,在优质铃的开花期多结铃,在优质成铃的棉株生理年龄多结铃。这样,每个铃,不仅单铃籽棉重、衣分乃至每粒种子纤维重都高,而且纤维品质的各项指标也都好,从而达到公顷铃数、单铃籽棉重、衣分三者的协调配合,实现早熟、优质、高产。

至于棉花优质铃的空间部位与优质铃开花时间之间是否存在矛盾,按照棉花由下而上和由内而外的开花顺序,棉株内围 1、2 果节的开花时间应该属于优质铃的开花期内。当然,晚发的棉株,上部果枝的内围 1、2 果节的开花时间,就可能推迟到优质铃开花期之后了。为此就需要采取促早栽培的措施,保证棉株达到壮苗早发,力争使棉株内围 1、2 果节花蕾的开花时间赶在当地的优质铃开花期内。

总结 20 世纪 90 年代前后对各地高产田的调查结果,棉花最佳成铃模式的具体指标为,各层果枝的第 1 节位的平均成铃率应达到 55%～60%,第 2 节位的平均成铃率应在 30%左右,这样,两者之和即可达到 85%～90%,保证霜前花率在 85%以上。例如谈春松测得的优质高产棉田成铃空间分布结果(表 22 - 19),可作为黄河流域棉区棉花最佳成铃模式的实例。这样的成铃模式,每公顷铃数 105 万个左右,没有突破 135 万个,单铃籽棉重 4.0～4.5 g,没有突破 5 g。然而这只能代表 20 世纪 90 年代的最佳成铃模式。因为单靠棉株内围 1、2 果节结铃总是有限的。从发展的眼光看,要通过获得适宜的节枝比进一步优化成铃模式。

长江下游棉区具有较长的生长季节和优质铃开花期,走"小、壮、高"(小群体、壮个体)的路子更利于增产。表 22 - 20 表明,每公顷密度 37 500 株、49 500 株、57 000 株的三个不同群体,其结果,每公顷 37 500 株的,成铃率高达 46%,每公顷总铃数达到 155.6 万个;而每公顷 57 000 株的,成铃率降到 28.9%,每公顷总铃数只有 105.5 万个,比公顷密度 37 500 株的铃数减少 32.8%。

表 22 - 19　优质高产棉花成铃空间分布实例(%)

(谈春松,1993)

果枝层	果节位			
	1	2	3	4
18	20.0	20.0	20.0	
17	40.8	8.8	6.6	
16	32.9	25.4	22.1	8.8
15	51.7	22.1	6.7	
14	31.3	32.1	12.1	10.0
13	42.5	42.9	10.0	16.7
12	39.6	26.3	32.1	8.8
11	34.3	16.3	40.8	5.4
10	45.0	37.1	19.6	2.1
9	53.8	16.7	27.1	12.1
8	57.9	27.5	19.2	8.8
7	51.3	39.2	14.2	4.2
6	87.1	28.3	16.3	12.1
5	85.0	48.8	3.3	14.2
4	86.3	49.6	20.8	12.1
3	77.9	70.8	15.0	
2	75.0	49.2	21.7	3.3
1	75.8	58.8	15.0	5.4
平均	54.9	34.4	17.9	7.8

[注] 表中数值为百株平均值。

表 22 - 20　不同密度群体下的果枝、果节和成铃数

(陈德华,2005)

密度(株/hm²)	总果节数(万个/hm²)	果节数(个/株)	总铃数(万个/hm²)	成铃率(%)	果枝数(个/株)
37 500	337.5	90.2	155.6	46.0	19.6
49 500	372.0	75.0	139.7	37.6	16.1
57 000	364.5	64.0	105.5	28.9	14.6

长江下游棉区“小、壮、高”增产理由如下。

一是壮个体充分利用空间优势,能增加单株有效果枝数,在适当减少群体株数的情况下,即便在群体总果节数相同的情况下,使每个果节所占有空间得到改善,从而有利于结铃,提高成铃率,促进产量的提高。

二是促进上下部和外围铃增重,使群体平均铃重提高。棉花的单铃籽棉重在棉株上的分布呈现明显的规律性,从纵向分布上呈现两头低中间高的状况,但不同群体间中间果枝单铃籽棉重的差异不大,为 5.02～5.08 g,变异系数 3.67;下部果枝的单铃籽棉重 4.35～4.53 g,变异系数 7.84;上部果枝的单铃籽棉重 3.96～4.66 g,变异系数为 23.96,这说明在棉铃的纵向分布上,上部果枝棉铃铃重的可调性最大;棉株单铃籽棉重在横向分布上,表现为随果节位的外延呈下降趋势。进一步分析表明,不同果节位单铃籽棉重的变异系数不一样,第 1 果节位为 1.84,第 2 果节位为 4.85,第 3 果节位为 5.81,第 4 果节位为 11.58。这表明第 3

个节位以内的变异系数变化较小，从第4节位外的单铃籽棉重的变化具有很大的可调性。因此，适当减少种植密度，走培育健壮个体的路子，在增加单株铃数(主要增加上部果枝和外围果节的结铃)同时，可提高群体的平均单铃籽棉重(表22-21)，每公顷37 500株的单株结铃高达38.8个，公顷铃数达142.8万个，平均单铃籽棉重最高，为4.74 g。每公顷45 000、60 000株的群体，单株结铃分别只有19.8个和14.3个，公顷总铃数只有89.1万个和85.5万个，中下层铃和内围的比例高，但平均单铃籽棉重低，分别只有4.48 g和4.09 g。

表22-21　不同密度下棉株单铃籽棉重的变化

(陈德华，2005)

密度(株/hm^2)	单铃重分布(g)								平均铃重(g/个)	铃数(个/株)	总铃数(万个/hm^2)
	纵向果枝			横向果节							
	下部	中部	上部	1	2	3	4	5			
37 500	5.3	5.02	4.66	5.25	4.98	4.86	4.48	4.39	4.74	38.8	142.8
45 000	5.2	5.08	3.95	5.27	5.01	4.73	3.75	2.69	4.48	19.8	89.1
60 000	4.5	5.05	3.67	5.30	5.07	4.54	3.52	2.04	4.09	14.3	85.5

三是充分发挥了棉株个体各部位的结铃优势。从棉花不同群体总铃数的棉铃组成来看(表22-22)，当每公顷铃数从小于90万个逐步增加到大于148.5万个时，群体中下部铃的比例逐步缩小，上部铃的比例逐步增大，由中下部铃所占比例为主(77%)逐步向平均分布(上、中、下部各占1/3)发展。内围铃的比例由占2/3逐步向内、外围铃所占比例各为1/2过渡，表明公顷铃数的增加是通过提高上层果枝铃和外围铃来实现的。由此可见，用密植限制外围和上层果枝铃生长的方法，并不能提高成铃率、增加总铃数和单铃籽棉重，而用适当减少密度促使上层果枝和外围果节多结铃的方法，反而在一定程度上能促使成铃率和平均单铃籽棉重的提高，从而达到增产。

表22-22　不同产量水平的成铃模式

(陈德华，2005)

单位面积总铃数(万个/hm^2)	成铃(个/株)	结铃分布											
		下部		中部		上部		1.2果节内围铃		外围铃		上部3个果枝铃	
		个	%	个	%	个	%	个	%	个	%	个	%
<90	16.5	6.7	40.5	6.1	37.0	3.7	22.4	11.2	67.9	5.3	32.1	1.7	10.4
90～105	20.7	7.3	35.5	7.6	36.7	5.8	27.8	11.6	56.0	9.1	44.0	3.6	17.3
105～120	23.4	7.7	34.4	8.0	35.5	6.7	30.1	12.5	55.8	10.9	44.2	4.3	19.1
120～135	25.2	8.3	32.9	9.0	35.5	8.0	31.6	13.8	54.8	11.4	45.2	4.9	19.5
135～148.5	29.1	9.5	32.8	10.3	35.4	9.3	31.8	15.2	52.1	13.9	43.9	5.6	19.3
>148.5	30.6	10.1	33.0	10.8	35.4	9.7	31.6	15.3	50.0	15.3	50.0	6.3	20.9

四是减少密度，培育壮个体，有利于提高铃叶比，在总果节数相同的情况下，即使在相同的成铃率条件下，由于减少棉株数，因而减少了主茎叶所占的比例，使铃(个)叶(片)比提高。例如每公顷密度37 500株、45 000株的两个群体，总果节数基本相同(348万个和354万

个),37 500 株群体的果枝叶为 348 万片加主茎叶(26×37 500)97.5 万片,总共 445.5 万片,公顷结铃 142.8 万个,铃叶比为 0.321 个/叶(片)。每公顷 45 000 株的果枝叶 354 万片加主茎叶(23×45 000)103.5 万片,总共 457.5 万片,铃叶比为 0.195 个/叶(片),假如每公顷 45 000 株的群体,成铃数仍然达到 142.8 万个,其铃叶比为 0.312 个/叶(片),仍低于每公顷 37 500 株群体的铃叶比。

自 20 世纪 90 年代初以来,在黄河流域和长江流域棉区推广应用了抗虫杂交种(F_1),面积逐年扩大。F_1 杂交种具有叶面积增长快、干物质积累优势大、光合产物分配合理等特点,可比常规棉花品种增产 10%～15%。为充分发挥杂交棉的个体增产潜力,可以采取适应其特性的栽培技术。例如,在河南种植"标杂 A_1"时把行距放宽到 1.5～1.7 m,每公顷密度为 19 500～22 500 株,去除营养枝(或去弱留强),将营养枝向两侧生长,利用横向空间,主茎尽量多留果枝,充分利用纵向空间,其株高可达到 140～150 cm,单株果枝数达到 36～45 个(包括营养枝的二级果枝),这种布局要比常规棉种植方式利用的空间要大得多,每公顷的叶片数和叶面积,以及总果节,都有较大突破。山东省则以省种、省工为目标,建立了抗虫杂交棉"精、稀、简"栽培技术,通过营养钵育苗移栽或精量点播,减少用种量;扩大行距到 1.2～1.5 m,密度达到 27 000～30 000 株/公顷;粗整枝或保留叶枝。这一技术也是通过小群体、壮个体的路子实现高产优质节本的。

由此可见,长江流域棉区,有较长的生长季节和优质铃开花期,有较多的降雨和较高的地力,加之种植制度以间作套种的两熟或多熟制为主,可以走适当减少株数壮个体,争取充分利用空间优势的路子,在相当总果节的条件下,改善每个果节位的空间条件,提高成铃率和铃叶比,增加铃重。西北内陆棉区和北部特早熟棉区,由于生长期和优质铃开花期特短,个体发展受到极大限制。在目前条件下,走"密、矮、早"(大群体、小个体)的路子是对的。至于黄河流域棉区,似乎走介于长江流域棉区和西北内陆棉区的中间路子是最合适的。

无论哪个棉区,走哪条栽培路线,要实现高产和高产更高产都应该坚持以下原则:首先要在增加生物学产量的基础上,提高经济系数;其次,在增加单位面积铃数的基础上,提高铃重;第三,争取在最佳结铃期内多结铃,在最佳结铃部位多结铃,在棉株最佳生理年龄多结铃。但是,需要注意的是,一方面,任何技术途径都不是绝对的,密度高低、群体大小,以及最佳结铃时间和部位也不是绝对的、一成不变的,要随着生态条件、生产条件的变化而调整;另一方面,密度作为调控群体大小的基本手段,在一定时期或一定条件下,其增产的幅度不是无限的。西北内陆棉区已经通过提高密度实现了单产水平的大幅度提高,再通过提高密度来进一步提高产量的潜力已经不大,群体反而会出现相反的作用;长江流域棉区在推广应用杂交棉的过程中,密度越来越稀,密度过稀(低于 20 000 株/hm^2),棉花自身的补偿、调节力也降低,不利于高产稳产。

(撰稿:董合忠,谈春松;主审:毛树春)

参 考 文 献

[1] 河南省农业科学院. 棉花优质高产栽培. 北京:农业出版社,1992:43-79,134-137.

[2] 潘晓康,蒋国柱,邓绍华,等.棉花产量结构模型的研究.棉花学报,1992,4(增刊).
[3] 中国农业科学院棉花研究所.棉花优质高产的理论与技术.北京:中国农业出版社,1999:128-156.
[4] 陈德华,肖书林,王志国,等.棉花超高产群体质量与产量关系研究.棉花学报,1996,8(4).
[5] 赵建新.麦盖提县棉花产量结构分析.新疆农业科技,1990,(3).
[6] 刘圣田,韩长胜,李泽田,等.盐碱地棉花双膜覆盖高产优质栽培技术研究.棉花学报,1997,9(5).
[7] 董合忠,李维江,张学坤.优质棉生产的理论与技术.济南:山东科学技术出版社,2002:68-123.
[8] 杜明伟,冯国艺,姚炎帝,等.杂交棉标杂 A_1 和石杂2号超高产冠层特性及其与群体光合生产的关系.作物学报,2009,35(6).
[9] Bednarz C, Nichols R L, Brown S M. Within-boll yield components of high yielding cotton cultivars. Crop Science, 2007,47.
[10] 孙济中,陈布圣.棉作学.北京:中国农业出版社,1999:128-138.
[11] 马奇祥,杨修身,刘佳中,等.标杂 A_1 杂交棉生育进程及结铃性的研究.中国棉花,2004,31(2).
[12] 刘艺多.高产优质棉田高光效群体主态结构模式的研究.江苏农业科学,1991(1).
[13] 南殿杰,赵海祯,吴云康.棉花株型栽培的增产机理及技术研究.棉花学报,1995,7(4).
[14] 董合忠,李振怀,罗振,等.密度和留叶枝对棉株产量的空间分布和熟相的影响.中国生态农业学报,2010,18(4).
[15] 王建康,赵炳宜,梁峻,等.铃重的时空分布与产量预报.中国棉花,1992,19(6).
[16] 谈春松.棉花株型栽培研究.中国农业科学,1993,26(4).
[17] 谈春松,黄树梅,阎丈斌.棉纤维品质的时空分布与优质棉栽培.中国棉花,1985,12(1).
[18] 蒋国柱,邓绍华.棉花优质高产最佳结铃模式及其调节技术初步研究.中国棉花学会第六次学术讨论会论文汇编,1986.
[19] 马致民,万受琴,潘继珍.棉花纤维经济性状在棉株上空间分布的研究.百泉农专学报,1983(1).
[20] 何旭平,纪从亮.现代中国棉花育种与栽培概论.北京:中国农业科学技术出版社,2007:207-219.
[21] 棉花结铃模式调节研究协作组.棉花优质高产结铃模式调节及配套技术.中国棉花,1991,18(4).
[22] 陈德华.第四章　棉花群体质量及其调控//凌启鸿.作物群体质量.上海:上海科学技术出版社,2005:293-331.
[23] 纪从亮,沈建辉,束林华.棉花高产群体质量栽培技术.棉花学报,1998,10(5).
[24] 刘爱玉,陈金湘,余筱南,等.棉花群体质量研究现状与展望.作物研究,2001(棉花专辑).
[25] 冯魏珠,陈德华,吴云康,等.棉花高产群体质量指标及其调控技术与应用研究报告.江苏农学院学报,1996(17).
[26] 许玉璋,赵都利,许萱.温度对棉纤维发育的影响.西北农业学报,1993,2(4).
[27] 蒋光华,周治国,陈兵林,等.棉株生理年龄对纤维加厚发育及纤维比强度形成的影响.中国农业科学,2006,39(2).
[28] 李维江,唐薇,李振怀,等.抗虫杂交棉的高产理论与栽培技术.山东农业科学,2005(3).
[29] Dong H Z, Li W J, Li Z H, et al. Evaluation of a production system in China that uses reduced plant densities and retention of vegetation branches. Journal of Cotton Science, 2005,9(1).

第二十三章　棉花产量和品质形成中的协同关系

棉花产量和品质高低是棉花品种、环境条件(气候、土壤)以及栽培管理措施三方面因素综合作用的结果。深刻认识并处理好棉花产量和品质形成过程中的一些重要关系,包括棉花生长发育与环境(逆境)条件的协同关系,棉花个体与群体的协同关系,棉花营养生长与生殖生长的协同关系,棉株地上部与地下部的协同关系等,是实现棉花优质、高产和高效的重要依据和根本途径。为避免与其他章节相关内容的重复,本章侧重阐述一些原则性和理论性的问题。

第一节　棉花生长发育与环境的协同关系

一切生物都依赖于一定的环境条件进行生长发育并完成其生命过程。这一过程的形态和生理变化,尽管决定于遗传基因,但环境条件却能通过影响基因表达而引起棉花生长发育的变化。大田棉花在长达 6 个多月的时间内,随时会受到外界环境条件的影响并产生对外界环境条件的适应性或抗拒性;而且,我国主要产棉区的棉花生长期恰恰也是各种自然灾害(逆境)的频发期,棉花一生会频繁遭遇逆境的胁迫,促使棉花科技工作者在躲避逆境、增强棉花自身抗逆性或对环境的适应性方面开展了长期的研究和实践,形成了特色鲜明的中国棉花抗逆栽培的理论与技术。

一、棉花生长发育环境条件的概述

棉花生长发育涉及两个环境,即棉株地上部茎、枝、叶生长的空间环境和地下部根系生长的土壤环境。这两个环境的变化,都会对棉株的生理功能产生强烈的影响,并决定其生育进程和生物量增长的快慢,两者之间既相对独立,又存在十分复杂的内在联系。如土壤是棉花生长所需的地下环境,是棉花根系生长的场所。它包括土壤中的物质转化、生物代谢、根系营养吸收以及根系生长所需要的水分、温度、空气、养分等。地膜覆盖直接改变了地下土壤环境,但却对整个棉株的生育和产量形成产生了重大影响。

棉花生长的地下环境条件包括土壤水分(干旱、涝渍)、土壤肥力、盐碱程度等。棉花是一种抗旱、耐盐、耐瘠的作物,受粮棉、棉经争地的影响,棉花常常被安排在盐碱地、旱地、瘠薄地种植。这些不利的地下环境条件往往会对棉花生长发育产生十分不利的影响,最终影响棉花产量和品质的形成。

棉花生长的地上环境条件主要是气候条件。在气候条件中,对棉花生育影响最大的是热量,而我国多数棉区棉花生长季节的气温都是两头低,中间高。为使棉花生长发育适应这种气候变化特点，抓早苗、促早发、争早熟，促使棉花各生育期提前，就成为调控棉花生育的重要内容。而延长有效开花结铃期，以增结伏桃、早秋桃为主的“三桃”，则是调节棉株生育的主要目标。以三桃比例作为衡量棉株生育进程是否与当地气候条件相适应的指标，是符合高产规律的。除热量外，地上环境条件还有光照、近地面小气候（包括相对湿度、空气）等。干旱、涝灾、飓风、冰雹以及病虫草害等，也会对棉花生长产生重要的不利影响。

对棉花生长发育来讲，任何环境条件都存在有利和不利两个方面。通过调节棉花的生长发育进程和个体与群体的关系，可以充分利用有利的气候条件，避开不利的自然因素；通过改善棉花生长发育的地下和地上部条件，在某种程度上协调棉花生长发育和环境条件关系，实现正常成熟；通过增强棉株自身的抗逆性，减轻不利环境条件（逆境）的影响。这些都是棉花高产优质栽培的重要途径和理论依据。

二、协调棉花生长发育与环境条件的关系

处理好棉花生长发育与环境条件的关系，主要目的之一是实现棉花群体的高光合效能期、结铃高峰期与当地高温富照期（也就是优质铃开花期或称当地气候的高能期）相吻合，即所谓的“三高”同步。因此，必须使棉株有一个合理的生育进程，以求达到这一目标。我国主要产棉区的气候特点，均是春季气温回升缓慢，特别是西北内陆棉区、辽河流域棉区及黄河流域特早熟棉区，不仅春季气温回升慢，而且秋季气温下降特别快，棉花有效生育期很短，因此，必须采取促早栽培措施，把棉花生育进程尽可能提早，并在早发的基础上，通过摘早蕾、去晚蕾，控制封行时间和封行程度，优化棉花成铃结构，实现优质高产。这里以促早发、摘早蕾、优化成铃为例来说明如何协调棉花生长发育与环境条件的关系。

（一）促进壮苗早发

全苗壮苗是获得棉花优质高产的前提，没有全苗壮苗就难以建成高光效群体结构，难以优化棉花成铃模式，更谈不上优质高产。通常情况下，只有采用促早技术，促进壮苗早发，才能使棉株有一个合理的生育进程。而要实现壮苗早发，应将一播全苗作为前提和基础。为此要做好播前准备工作，施足底肥，进行深翻，播前浇足底墒水，在精细整地的基础上，再采用地膜覆盖直接播种，或育苗移栽，或育苗移栽加地膜覆盖等促早技术。

西北内陆棉区，辽河流域棉区及黄河流域特早熟棉区，因生长期短，仍是一年一熟，应采用宽膜覆盖直接播种，利用地膜覆盖的增温保墒作用，做到在 4 月 10 日前后播种，4 月 17 日前后出全苗，5 月 21 日前后现蕾，6 月 18 日前后开花，6 月底前后进入盛花期，8 月 16 日前后吐絮。只有这样的生育进程，才能做到棉花群体的高光合效能期和棉花群体的结铃高峰期与当地的高温富照期相吻合，达到这些棉区以多结伏前桃和伏桃为主的最佳成铃模式。

黄河流域和长江流域棉区，因有较长的生育期，而且多采取一年两熟甚至多熟的种植制度，与其他作物间、套作。为减少间、套作物对共生期棉苗的影响，仍要采取地膜覆盖或育苗移栽，或育苗移栽加地膜覆盖等促早栽培技术。若是采取 4 月 10～15 日直接地膜覆盖播种，或 4 月初至 10 日播种育苗，至 5 月上旬进行移栽的春棉，其生育进程要求做到，6 月初现蕾，7 月初见花，7 月 10 日至 20 日进入盛花期，8 月底 9 月初吐絮。若是采取麦（油

菜)后直播或大苗移栽的夏棉,其生育进程要求做到6月底现蕾,7月20日前后见花,8月初进入盛花期,9月中旬开始吐絮。达到这两个棉区以多结伏桃和早秋桃为主的棉花最佳成铃模式。

需要注意的是,促早栽培技术也必须因地制宜,要和当地的生态条件、生产条件、种植制度和棉花品种有机结合起来。特别是一系列早发类型的转 *Bt* 基因抗虫棉品种(如鲁棉研21和鲁棉研27等)推广后,不能盲目追求早播早发,否则极易导致棉花早衰,反而不利于棉花产量和品质的形成。

(二) 摘早蕾、去晚蕾

棉花生产过程中,会出现发育过早的情况,使伏前桃过多,不利于增产;有时因气候等原因,又可能会出现发育偏迟的现象。当出现这两种情况时,则可分别采取摘除早蕾和去晚蕾的办法进行调节。据蒋国柱和邓绍华等研究,用人工和化学(乙烯利水溶液喷洒)的方法,摘除适当数量的早蕾,能促进棉株生长健壮而获得增产。

1. 摘早蕾对棉株的生理效应　据邓绍华等报道,棉株摘除早蕾对叶片光合作用、叶片硝酸还原酶(NR)活性和根系活力均有促进作用。

摘除早蕾后12 d测定,人工除早蕾的棉株倒4叶的光合作用强度与对照没有差异,倒8叶略高于对照;化学除早蕾的,倒4叶比对照高9.9%,倒8叶则显著低于对照。至23 d,两个除早蕾处理棉株的倒4叶和倒8叶的光合作用强度均高于对照,以化学除早蕾的表现最强,倒4叶比对照高29.9%,倒8叶高20.4%,人工除早蕾的倒4叶和倒8叶分别比对照高3.5%和9.7%。直到第51 d,两个摘除早蕾的处理叶片光合作用强度仍高于对照。

对硝酸还原酶(NR)活性的测定(表23-1)表明,除早蕾后第12 d,人工和化学除早蕾的倒4叶与对照无明显差异,而倒8叶均高于对照;除早蕾后21 d,人工除早蕾的倒4叶和倒8叶分别比对照高41.2%和82.6%;化学除早蕾的两位叶片分别比对照高46.0%和93.5%。直到除早蕾后50 d,硝酸还原酶活性仍有不同程度的提高;从表23-1还可看出,棉株除早蕾后随着营养生长的加快,硝酸还原酶也增加,高峰期出现在除早蕾后31～41 d之间,此期间正值棉花的最佳结铃期,利于结铃率和铃重的提高。

表23-1　除早蕾对棉花叶片硝酸还原酶活性的影响

(邓绍华等,1991)　[单位:μmol NO_2/(30 min·g. F. W)]

处理	叶位	除早蕾后的天数				
		12 d	21 d	31 d	41 d	66 d
人工除早蕾	倒4叶	0.79	0.9	1.09	1.55	0.79
	倒8叶	0.50	0.84	0.50	0.37	0.47
化学除早蕾	倒4叶	0.84	0.92	1.55	1.48	0.63
	倒8叶	0.62	0.89	0.69	0.47	0.51
对照	倒4叶	0.84	0.63	0.86	1.19	0.35
	倒8叶	0.30	0.46	0.31	0.35	0.27

棉花根系吸收活力与根系中脱氢酶活性强弱有密切关系(表23-2)。除早蕾后12 d,幼

嫩根系中脱氢酶的活性，人工除早蕾的比对照增加27.7%，化学除早蕾的略低于对照；除早蕾后21 d，两个处理的根系活力均比对照增强，分别增加58.8%和32.8%；除早蕾后31 d，两个处理的根系活力与对照接近。除早蕾后12 d伤流量，人工除早蕾比对照高0.1 ml/h，化学除早蕾比对照高0.6 ml/h；到21 d，两处理分别比对照高0.90 ml/h和1.28 ml/h；到31 d，人工除早蕾的伤流量略高于对照，化学除早蕾的伤流量比对照的低。说明除早蕾后21 d，是根系活力和伤流量的高峰期。

表23-2　除早蕾棉株根系和伤流液与对照的差异

（邓绍华等，1991）

处　理	除早蕾后12 d		除早蕾后21 d		除早蕾后31 d	
	脱氢酶活性[μg/(h·g)]	伤流量(ml/h)	脱氢酶活性[μg/(h·g)]	伤流量(ml/h)	脱氢酶活性[μg/(h·g)]	伤流量(ml/h)
人工除早蕾	24.0	2.74	39.7	1.35	21.0	0.15
化学除早蕾	18.5	3.33	33.2	1.73	18.2	0.03
对照	18.8	2.64	25.0	0.45	21.8	0.08

2. 摘早蕾对棉株生长发育的效应　无论是人工除早蕾，还是化学除早蕾对棉花株高和叶面积均有影响。通常情况下，表现出对株高增长和叶面积扩展的显著促进作用。人工除早蕾后56 d，群体叶面积系数达最大(4.58)，比对照提高了25%；单株叶面积9 512.4 cm^2，比对照提高了28%；化学除早蕾处理后56 d群体叶面积系数也达最大(3.53)，比其对照提高了9%，使棉株在结铃盛期间合成的有机营养增多，有利于增结中上部棉铃和提高铃重(图23-1)。

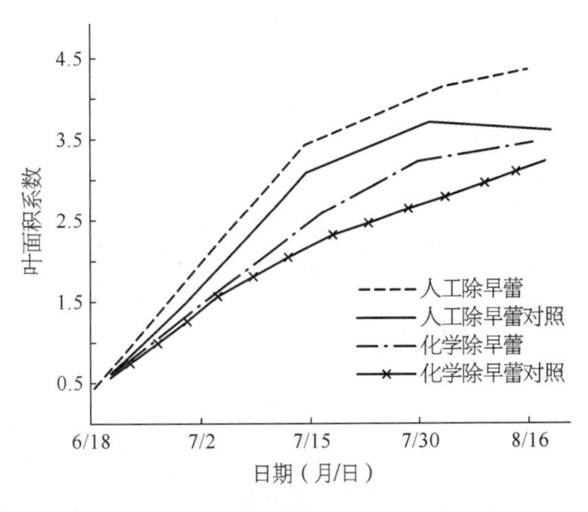

图23-1　除早蕾棉株叶面积系数增长情况

（邓绍华等，1991）

摘除早蕾还引起棉株成铃空间部位的变化。据蒋国柱等和邓绍华等研究，除早蕾与不除早蕾的对照比较，棉株成铃空间部位发生了明显的变化(表23-3)，棉株下部(1～4果枝)成铃数，人工除早蕾的比对照少0.1个，烂铃少0.9个；化学除早蕾的成铃数比对照少1个，但没有烂铃；中部(5～12果枝)的成铃数，两处理分别比对照多2.8个和2.9个，而且对照的烂铃率达1.4%，除早蕾的两个处理均无烂铃；上部(13果枝以上)的成铃数，两个处理分别比对照高0.5个和3.4个，最终单株成铃分别比对照多2.4个和3.8个。而且，除早蕾的成铃增长速度加快，日增铃峰值高，由图23-2可以看出，除早蕾的棉株，7月底8月初棉株的日增铃上升快，且峰值高，两处理的峰值比对照高0.09～0.24个/d，表明除早蕾后，不但没有影响结铃数量，由于棉株的补偿作用，反而促进了棉株结铃速度，增加了结铃数量。

表 23-3　摘除早蕾棉株不同部位成铃比例

(蒋国柱、邓绍华,1987)

处　理	1～4 果枝				5～12 果枝		13 果枝以上		单株成铃(个/株)
	成铃(个)	比例(%)	烂铃(个)	比例(%)	成铃(个)	比例(%)	成铃(个)	比例(%)	
人工除早蕾	6.3	20.5	0.7	2.3	18.9	61.4	4.9	15.9	30.8
化学除早蕾	5.4	16.8	—		19.0	59.0	7.8	24.2	32.2
对照	6.4	22.5	1.6	5.6	15.7	55.3	4.4	15.5	28.4

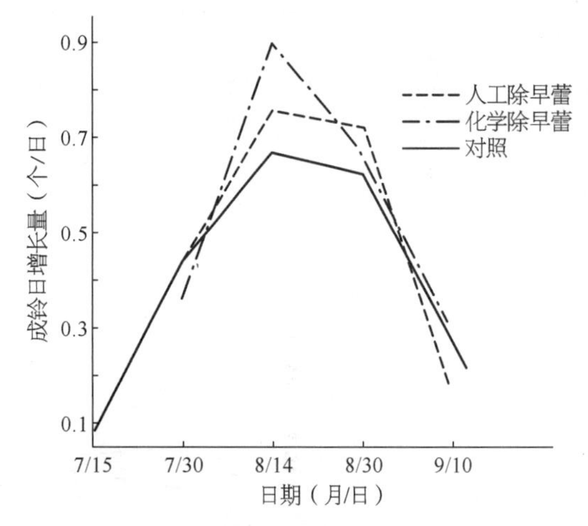

图 23-2　除早蕾棉株成铃日增长量动态

(邓绍华等,1991)

据蒋国柱等对两种摘除早蕾的测产结果,下部烂铃比对照减少 30%～50%,好花率比对照提高 10%,公顷皮棉比对照增加 4.9%～20.9%。

谈春松等在河南新乡县于棉花蕾期,选择生长一致的棉株作 3 个处理:摘除棉株下部 1～4 果枝的蕾及边心;在第一个处理的基础上,上部果枝只保留 3 个果节打边心;以不摘蕾为对照,每处理 10 株。结果(图 23-3)表明,摘除早蕾的两个处理的成铃空间分布与对照进行比较,棉株中上部果枝内围果节的成铃率明显提高,特别是除早蕾 2 的处理,其内围果节的成铃率特高,说明打去外围蕾,有提高内围果节多结铃的作用,达到了优质铃结铃部位多结铃的效果。

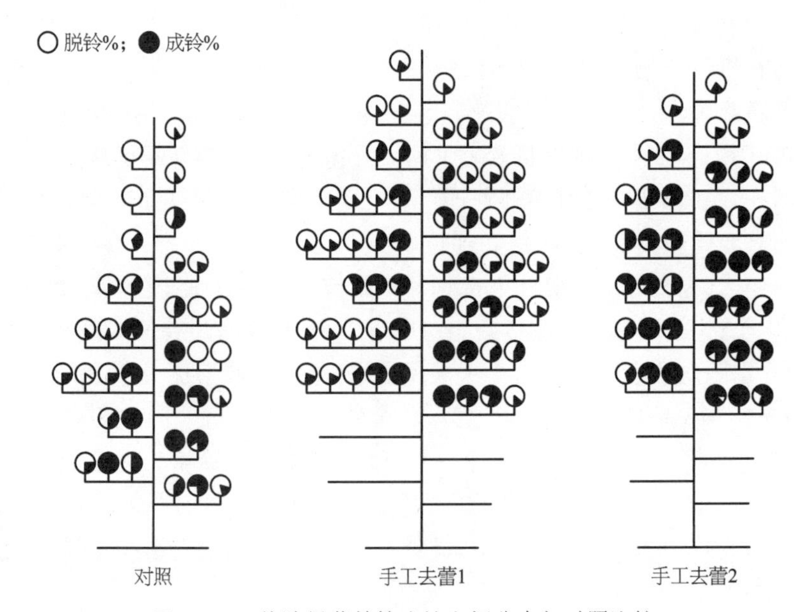

图 23-3　摘除早蕾棉株成铃空间分布与对照比较

(谈春松等,1988)

以上研究表明，在棉花早发的基础上，适当摘除早蕾，能促进营养生长，建起高光效的强健营养体，缓解早发后容易早衰的矛盾，集中多结伏桃和早秋桃，减少烂铃和霜后花，显著提高好花率，是一个使棉花生育与当地气候条件相协调的重要手段。

3. 摘晚蕾的调节效果　据棉花结铃模式调节研究协作组对除晚蕾的多年、多点试验，人工打去上部果枝边心除晚蕾和化学封顶控晚蕾均有一定的增产作用。以化学法为主，在有劳力的地方也可用人工法。化学法是在7月20日至7月底以前棉花打顶后，8月10日当上部果枝长出2～3个果节时，每公顷用缩节胺粉剂45～75 g，溶于750～900 kg水中，喷洒上部果枝生长点进行化学封顶控晚蕾；也可在这个时候用人工打去上部果枝边心。刘伟仲等报道，8月5日喷洒缩节胺的，比对照增产7.6%；7月25日喷洒的，仅增产3.3%。因此，对于晚发的棉花或后期长势偏旺的棉花，可采用喷洒缩节胺封顶除晚蕾的方法进行调节。但对已表现早衰的春棉或瘠薄的旱碱地棉花不需去(控)晚蕾。

三、盐碱逆境棉花栽培若干理论

棉花的耐盐性较强，被认为是盐碱地的先锋作物。但棉花的耐盐能力也是有限的，并因生育阶段而不同。当土壤含盐2 g/kg以下时，棉花基本能正常出苗、成苗；当含盐2～3 g/kg时，只有60%～78%的种子可以出苗，成苗率为45%～55%；含盐量超过4 g/kg时，出苗率仅40%左右，成苗率则不足30%。一般而言，苗龄越小、土壤盐分浓度越高，盐害就越重。然而，棉株体自身具有相对完整的保护机制，受到盐胁迫会启动自身保护机制以忍耐和抗拒伤害，表现出较强的耐盐性。在盐碱逆境中栽培棉花，一方面要尽可能减轻或躲避逆境；另一方面，就是要增强棉株体逆境防御体系的功能，减轻盐害。

（一）盐害发生机制

认识棉花盐害的表现和成因是控制盐害的前提。总体来说，虽然棉花盐害的外部表现因胁迫强度和时间的不同而有所差异，但大都表现为种子吸胀困难、萌发慢、萌发率低；胁迫较重时可导致幼苗畸形，子叶难平展，真叶叶片发软、色暗、功能期短，侧根发生少，干物质积累减少，生长缓慢，甚至死苗；棉株叶面积减小，叶片厚度增加，茎秆纤细，果枝数量及长度降低，植株矮小。盐胁迫下棉株内部变化更为复杂，通常表现为大量淀粉降解，可溶性糖含量增加；盐分抑制对氮素的吸收，同时植株体内的蛋白质和氨基酸的合成速率降低，分解速率加快，导致蛋白质含量降低，抑或是大量Na^+的吸入将Mg^{2+}交换出核糖体库，而蛋白质合成启动需要Mg^{2+}参与，从而使蛋白质的合成受阻；细胞内活性氧含量急剧积累，细胞膜结构受损，影响叶绿体和线粒体的结构和功能，使蛋白质功能丧失，并引起DNA损伤与突变，光合速率降低，最终造成产量与品质的下降。一般认为棉花的盐害机制主要有以下三个方面。

1. 渗透胁迫　在盐胁迫下，土壤环境中过多的盐离子使土壤溶液维持较低的渗透势，棉种或棉株因得不到足够的水分而产生渗透胁迫。高盐浓度阻止棉花种子的吸水，使种子萌动减慢，发芽率和发芽势降低。盐胁迫降低棉叶的渗透压，使叶片增厚，气孔减小，并且抑制叶片中部分酶的活性，影响对CO_2的固定，降低光合产物的积累。

2. 离子毒害　盐碱土中的可溶性盐主要有Na^+、Ca^{2+}、Mg^{2+}等阳离子和CO_3^{2-}、HCO_3^-、Cl^-和SO_4^{2-}等阴离子组成的12种盐，个别地方还含有硝酸盐。虽然Cl^-是植物必需元素，但在盐渍土中其含量远超过植物正常生长所需，因此，盐胁迫所造成的离子毒害也包括 Cl^- 毒害。盐胁迫下，棉花根、茎木质部汁液中 Na^+、Cl^- 浓度及叶片 Na^+ 含量随环境中 NaCl 浓度的增大而升高。Na^+、Cl^- 大量进入细胞，破坏细胞质中的离子平衡，尤其是 Ca^{2+} 平衡破坏严重。高浓度 Na^+ 可置换质膜和细胞内膜系统所结合的 Ca^{2+}，使膜所结合离子中 Na^+/Ca^{2+} 的比值增加，膜结构完整性及膜功能受到破坏。细胞质中游离 Ca^{2+} 急剧增加，导致 Ca^{2+} 介导的 Ca 调节系统和磷酸醇调节系统失调，细胞代谢紊乱，致使细胞受到伤害甚至死亡。植物细胞内的许多酶只有在很低的离子浓度范围内才具有活性，处于盐碱环境时，过量的 Na^+、Cl^- 和 Ca^{2+} 等会渗入细胞内，使植株的细胞原生质凝聚、蛋白质水解加速而合成受阻、叶绿素破坏，造成体内氨基酸累积，进而转化为丁二胺、戊二胺以及游离态胺等，当累积过多时细胞就会中毒死亡。

3. 营养失衡　土壤中盐离子过多会产生竞争效应，抑制植物对另一些离子的吸收而造成养分失调。随环境中 Na^+ 和 Cl^- 浓度的增大，棉花叶片中的 K^+、Ca^{2+} 和 Mg^{2+} 离子等含量会随之降低。在盐胁迫下，Ca^{2+} 可保护细胞的膜结构，缓解盐对棉花的胁迫作用。NaCl 胁迫严重抑制棉花根系对 Ca^{2+} 的吸收，以及 Ca^{2+} 在棉花体内的运输和分配。Mg^{2+} 除作为植物的必需养分外，还参与构成叶绿素的形成。因此，盐胁迫下 Ca^{2+}、Mg^{2+} 吸收量的减少会对棉花的生长发育产生极为不利的影响。

棉花是喜钾作物。因 K^+ 与 Na^+ 有相似的理化结构，因此，在低钾土壤中，Na^+ 可部分代替 K^+ 促进棉花的生长。但在较高盐浓度下，植物对钾离子选择性会下降，当 Na^+ 浓度超过一定限度时，会竞争 K^+ 转运和结合位点，导致钾缺乏。棉花体内 K^+ 含量的降低，可显著降低叶片的叶绿素含量和光合作用强度。与此同时，吸收过多的 Cl^- 可降低植物对 NO_3^-、$H_2PO_4^-$ 等营养离子的吸收。据研究，随盐浓度增大，棉花叶片中的 N 含量降低；利用 ^{15}N 标记发现，高盐浓度（－1.2 MPa）胁迫下，棉花对 ^{15}N 的吸收会降低，在低盐浓度（－0.4 MPa～－0.8 MPa）下则不会产生大的影响；NaCl 胁迫下，幼苗对 NO_3^-－N 的吸收虽不受影响，但对 NO_3^-－N 的积累量却显著下降，并且明显抑制 NH_4^+－N 的吸收。利用 ^{32}P 标记开展的研究表明，低磷条件下，盐胁迫抑制棉花幼苗对磷素的吸收，处在 150 mmol NaCl 条件下时，降低了 P^{32} 从棉花地下根部向地上部的运输量，并且发现棉花老叶中的含 P 量要高于新叶。

（二）耐盐栽培机制

棉花的耐盐能力较盐生植物相距甚远。发展盐碱地植棉，必须采取切实有效的措施控制或减轻盐害，特别是在幼苗期。既然棉花盐害的机制主要是渗透胁迫、离子毒害和营养失衡三个方面，那么控制三者中的任何一个，都可以缓解盐害。因此，控制棉花盐害的途径有两条，一条是提高棉花自身的耐盐性，另一条是减轻或躲避盐胁迫。前者包括通过遗传改良的方法选育具有较高耐盐性的棉花品种（系），通过化学、生物或物理方法处理种子或棉株，增强耐盐性；后者则是通过工程和农艺等措施，降低棉花根区的盐分含量，尽可能为棉株生长创造适宜的土壤环境。

董合忠总结提出了农艺措施控制棉花盐害的 4 种机制，分别是诱导根区盐分差异分布的机制，增温提墒减轻盐害的机制，膜下温室层的概念及其效应，以及通过平衡施肥缓解营养失衡。

1. 根区盐分的差异分布　利用分根试验，造成棉花根区盐分差异分布，使一部分根系处在高盐环境中，另一部分根系处在低盐环境中，发现与同等盐浓度的盐分均等分布相比，差异分布能够显著减轻盐害，促进棉花成苗、棉株生长和产量品质形成。尽管差异分布并不降低土壤表层平均盐分含量，但使处在低盐环境的那部分根系增强了吸水能力，缓解了渗透胁迫；差异分布诱导盐离子在器官水平上的区隔化分布，地上部 Na^+ 显著减少，离子毒害减轻；在渗透胁迫和离子毒害皆减轻情况下，处在低盐和高盐环境中的根系皆吸收大量无机营养，最大限度保证了营养平衡。

2. 增温提墒　增温、提墒缓解盐害的基本原理在于低温和盐碱对棉花成苗有显著的互作效应，低温也是诱发苗病的原因。在同等含盐量的情况下，适当提高耕层水分含量，可以减轻渗透胁迫；提高地温能够促进种子萌发出苗，减轻苗病发生，促进棉苗生长，通过“稀释效应”降低了棉花器官的盐离子浓度，减轻了盐害。

3. 膜下温室　膜下温室是指在地膜覆盖栽培中，通过深开沟、浅覆土、平盖地膜，使播种沟自然形成一个膜下空隙，类似于膜下“温室”的部分。这便使传统的棉田生态系统增加了膜下温室层，由通常的三层次结构(土壤、棉苗和近地大气层)在幼苗期转变为四层次结构，丰富了棉田生态系统。膜下温室内含空气、气态水和棉苗，边界清晰、系统独立，运用膜下温室层可以起到抑盐、增温、保墒和炼苗的效应。

4. 平衡施肥　盐渍土壤影响植物对矿质营养元素的吸收。如 Cl^- 抑制对磷的吸收，并且阻碍磷由根系向叶部的转移，影响硝酸盐还原和蛋白质合成。因此，通过增施磷肥可有效增强棉花耐盐能力。Beringer 指出，施用 K 肥促进植物体内盐分的排泄，促进根部有机液的积累和维持细胞中液泡的渗透压，增强植物耐盐分胁迫的能力。增施有机肥可明显改善棉花在盐胁迫条件下的幼苗生长，增加棉花的产量和生物量。在中低浓度盐分土壤中增施 N 肥可有效缓解盐害对棉株生长的抑制，并且在适当的施 N 量范围内，棉株对 N 素的吸收与施 N 量成正比；但在高盐环境下增施 N 肥不利于 N 的吸收，过量施用还可加重盐害的胁迫程度。董合忠等通过对黄河三角洲地区滨海盐碱地的盐分和养分特征分析指出，根据不同盐度土壤的养分含量状况，采取合理的施肥量及施肥技术是实现棉花高产的保证。

(三) 耐盐栽培途径

1. 培育和选用耐盐棉花品种　培育耐盐棉花品种被认为是控制棉花盐害的根本途径。但由于现有种质资源的狭窄性和耐盐机制的复杂性，迄今尚未在棉花耐盐品种选育方面取得实质性进展，但分子生物学的迅猛发展为耐盐品种选育带来了希望。*AtNHXl* 基因具有编码 Na^+/H^+ 逆向转运载体的作用，将克隆自拟南芥的 *AtNHXl* 基因转移到棉花，在 200 mmol NaCl 胁迫下，转基因植株内的脯氨酸含量、可溶性糖含量以及叶片光合能力和碳同化率均得到提高，生物产量和皮棉产量也显著提高。同样，*TsVP* 基因在棉花体内的过量表达，使得 Na^+ 在液泡内的积累量多，棉株耐盐能力显著增强，气孔导度和光合速率提高，根系和地上部的干物质积累量也明显增加。通过农杆菌介导将克隆自山菠菜的 *AhCMO* 基因转入棉株体并得到表达，在 150 mmol NaCl 胁迫下，棉花体内甜菜碱大量积累，提高了棉花对盐胁迫的抵抗能力。通过转基因技术提高棉花耐盐性有明显的效果，但是单基因转化的效果仍是十分有限的。这是因为，包括盐胁迫在内的逆境胁迫所引起的应答反应是多通路、多基因协调作用的结果。因此,仅凭某个功能基因的导入往往很难真正地获得长期有效的抗性,而且棉花产量和品质的提高也不仅仅取决于其耐盐性,目前国内外获得转基因耐盐棉花尚难以进入盐碱地大田生产的主要原因,一方面在于其耐盐性还达不到生产要求,另一方面这些耐盐材料和品系的农艺性状大都比较差。

2. 种子处理　棉花的耐盐性是在个体发育过程中形成的,是对土壤盐渍化的适应。通过逐渐提高盐浓度的浸种法可显著提高棉花当代的耐盐能力,处理后的棉花种子在盐碱地上种植,其发芽率有所提高,并且增加了叶片中束缚水含量,降低自由水含量,增强了棉株的耐盐能力。逐步提高盐浓度的方法实际上是对种子耐盐性的引发,通过种子引发可提高种子活力,增强耐盐渍的能力。利用沙引发、盐引发可显著提高棉花种子的发芽势、发芽率及出苗率,并且沙引发能显著提高棉花幼苗抗氧化系统酶活性,降低自由基对细胞膜系统的伤害,从而提高棉苗耐盐性,对转基因抗虫棉的引发效果尤为明显。另外,适当浓度的氯化钙溶液、生长调节剂、微量元素和微生物制剂处理种子,都可有效提高棉花的耐盐性。这是因为,种子经这些化学和生物制剂处理后,增强细胞原生质胶体的稳定性和水合能力,增大细胞渗透压,提高保护酶系统活性,缓解盐胁迫对幼苗的伤害,提高棉花耐盐性。这些种子处理方法都有潜在的生产利用价值。

3. 农艺栽培途径　根据棉花盐害控制机理,控制棉花盐害的农艺栽培途径如下。

在含盐量低于 0.4%的盐碱地可采用平作覆盖,其规范是,双行覆盖,大小行种植,大行行距 100～120 cm,小行行距 50～60 cm,田间地膜覆盖度 50%～55%。以此诱导盐分在根区的差异分布(小行内根区盐分含量低,大行内根区的盐分含量高)。平作覆盖应建立膜下温室,开深沟,播种后浅覆土,平盖地膜,使播种沟与畦面留有空隙,膜下播种沟形成上宽 6～8 cm、高度 7～8 cm 的温室系统。齐苗后的 5～7 d 在每播种穴上方扎拇指粗的苗眼,使棉苗在膜下与外界气温相接触,锻炼棉苗,使之逐步适应外部环境,之后放苗、壅土堵孔。

董合忠等在黄河三角洲地区含盐量高于 0.4%的滨海盐碱地,采用地膜覆盖沟种技术,有效控制了棉花根区盐度并提高土壤温度,降低 Na^+ 在根系和叶片中的累积,提高棉花光合速率及干物质产量,促进棉花早熟,与平播不覆膜相比,其成苗率和皮棉产量分别提高 98%和 24%。可见在含盐量高于 0.4%的滨海盐碱地可以采用沟畦覆盖种植棉花。

在无灌溉条件的盐碱地棉田采用播前预覆膜是缓解棉花盐害、促进棉花成苗的有效措施,与传统播后覆膜相比,预覆膜技术明显改善了土壤微环境,增强了棉株生理机能。播前 30 d 提前覆膜,可显著提高叶片的光合速率,降低叶片的 Na^+ 含量及脂质过氧化反应强度,减少丙二醛的积累,使成苗率提高 11.4%,皮棉产量增加 7.1%。

在热量条件较差的盐碱地推广短季棉晚播技术,可保证出苗率和整齐度,并降低棉花组织中 Na^+ 及 MDA 的累积,虽然与传统播种的春播相比,皮棉产量没有明显提高,但由于短季棉的生长期短,投入减少,棉花的经济效益得到显著提高。

第二节　棉花群体与个体的协同关系

棉花产量的高低,决定于棉株群体对光能的利用状况。建立棉花高光效群体结构,实质上就是在特定的生态和生产条件下,处理好棉花群体和个体的关系。合理的群体结构是通过调控个体发育来实现的。本节简要论述棉株高度、单株果枝、单株果节、单株成铃、棉株营养器官的生长动态,及其对群体的影响,以便更好地把握和协同好棉花群体与个体的关系。

一、棉花个体与群体的关系概述

棉花群体由个体组成,同时棉花群体具有自身结构、特性及生理调节功能。在棉花群体中,个体和群体之间、个体与个体之间都存在着密切的相互关系。

(一) 群体构成和分布

1. *群体组成和大小*　群体组成是指构成群体的作物类型以及主茎与分枝的比例和分布情况。由单一的棉花作物组成的群体叫单一群体,不同作物(尤指生育期不同的作物或株高差异大的品种)组成的群体,叫做复合群体,如棉花-花生间作、棉花-小麦套作、棉-麦-瓜混作的群体等。

衡量棉花群体大小的指标有很多,主要包括种植密度、干物质积累量、分枝数、叶面积指数、铃数、根系发达程度等。除密度外,群体大小是随生育进程而动态消长的。

2. *群体分布*　是指群体内个体以及个体各个器官在群体中的时空分布和配置。

(1) 时间分布:是指随着生育进程的群体发展状况。棉花"四桃"是按时间分布来划分的。这一指标一方面反映群体结构的动态发展,另一方面从这种动态发展与生育进程是否同步,可反映出群体与个体间的关系。复合群体的时间分布与配置还指作物间共生期的长短等。

(2) 空间分布:包括垂直分布和水平分布。

① 垂直分布:可分为光合层、支持层和吸收层三个层次。光合层包括所有叶片、嫩茎、铃壳等绿色部位,它是制造养分的场所,是群体生产的主体,应该得到相应的扩展,才能积累大量有机物质,形成生物产量和经济产量。光合层主要涉及叶面积系数、叶片的空间配置、叶片光合作用的特性及功能。支持层的主体是茎秆,其功能是支持光合层,使叶片能有序地排列在空间,扩大中间空间,使空间内部有良好的光照和通风条件,它涉及株高、节间长短和稀密、叶序的排列等。支持层的适宜程度直接影响叶层的发展和功能,进而影响到产量的形成和产量的高低。吸收层指棉花的根系,是直接吸收无机养分和水分并支持、固定棉株的重要器官。

在棉花的生长发育过程中,应尽可能使这三个层次达到协调、均衡的发展,以保证最佳的产量形成。除了根、茎、叶三个主要器官外,还有一个最重要的器官——经济器官。棉花的经济器官在棉株上、中、下部均有分布,而且横向空间分布又可分为内围铃和外围铃等。生产上,要协调发展光合层、支持层和吸收层,最终目的是使产品器官获得最大的发展,以达到高产的目的。

② 水平分布:主要指个体分布的均匀度、整齐度、株行距、套作的预留行宽度等。栽培管理上应该保证个体在土地上分布均匀,保证水平分布的合理与得当,可减少作物个体间对光能、水分、养分的竞争,并能改善通风透光条件,从而提高群体光能利用率和产量水平。

3. *棉花高产群体的特点*　一是产量构成因素能够协调发展,有利于增加铃数和铃重;二是主茎和分枝间协调发展,有利于建造良好的株型,减少无效分枝的消耗;三是群体与个体、个体与个体、个体内部器官之间协调发展；四是生育进程与生长中心转移、生产中心(光合器官)更替、叶面积指数、茎枝生长动态等诸进程合理一致；五是叶层受光态势好，功能期稳定，光合效能大，物质积累多，转运效率高。

(二) 个体与群体的相互关系

群体的结构和特性是由个体数及个体生育状况决定的，而个体的生育状况又受群体的影响。这是因为群体内部如温度、光照、CO_2、湿度、风速等环境因素，是随着个体数目变化而变化的。群体内部的环境因素又反过来影响单株数目和个体生长发育。

随着种植密度的增加，棉花田间小气候、土壤湿度等环境条件发生相应变化，如通风透光条件变差、相对湿度增加等。环境条件的这些变化，限制了个体的生长发育，使个体削弱和数目减少。说明群体中的个体不能超过环境的容纳量，否则个体生长就会削弱。一个合理的群体，既能充分发挥棉株个体最佳的生产力，又能发挥群体的增产潜力；既能充分利用光能，增加生物学产量，又要有高的经济系数。

群体中每个个体不可能单独占有自身周围的环境，而必须相互共享。这就必然会发生群体中的个体对环境条件(光、温、水、肥、空间等)的相互争夺，争夺的结果则造成个体间获得量的差异，从而导致个体之间发育的不平衡，较弱的个体会受到抑制，甚至成为无效个体。

二、棉花个体和群体的动态变化

棉花个体大小主要取决于主茎的高矮、果枝的长短及叶片的数量和大小。个体生长发育动态在很大程度上决定了群体的变化动态。目前我国棉花栽培中采用的群体类型主要有三种，小株密植型、壮株中密型和大株稀植型。以协调个体与群体的关系为目的，这三种类型的群体在株高、果枝和果节增长方面皆有各自不同的要求。

(一) 株高增长动态

棉花株高的增长，一般苗期较慢，现蕾后逐渐加快，到初花阶段是增长最快的时期，盛花期后渐趋减慢，直至停止生长。株高增长动态符合 Logistic 生长曲线：

$$y = k/1 + ae^{-bx}$$

式中：x——出苗后天数；y——x 取定值时的棉株高度；k——棉株高度极限生长量；e——自然对数的底(约等于 2.718 28)；a，b——待定系数。

据谈春松的研究总结，要建立高光效群体结构，不同的群体结构对株高增长有不同的要求。

1. 小株密植型群体　西北内陆棉区多采用这类群体。这类群体的株高，苗期要求增长快些，以利于促进早发；现蕾时株高达到 15 cm 左右，蕾期至初花阶段，因密度大，要求增长慢些，通过严格控制，见花时株高在 50 cm 左右，在盛花初期打顶，使最终株高控制 60～65 cm。株高增长的曲线方程为：

$$y = 62/1 + 2\,702.723\,2e^{-0.141\,0x} \quad (r = -0.967\,6^{**})$$

2. 壮株中密型群体　黄河流域棉区多采用这类群体。这类群体的株高增长动态，苗期同样要求增长快些，现蕾时株高 15 cm 左右；蕾期因密度相对也较大，不能增长太快，所以要适当加以控制，见花时株高 50 cm 左右；在初花期间，为使增长不要太快，同样要进行控制，大约在盛花期，出苗后 90 d 前后打顶，使最终株高控制在 80～90 cm 之间。其株高增长曲线方程为：

$$y = 83.0/1 + 543.4781e^{-0.1076x} \quad (r = -0.9373^{**})$$

3. 大株稀植型群体　长江流域棉区多采用这类群体。这类群体的株高增长动态，同样要求苗期增长快些，以利于早现蕾，至现蕾期株高达到 15 cm 左右；蕾期要求适当慢些，至见花时株高达 45 cm 左右；初花期间严格进行控制，至盛花初期，株高达 80 cm 左右；盛花期间的株高增长速度不陡减，大约在 7 月 25 日前后打顶，使最终株高控制在 100～120 cm 之间。其株高增长曲线方程为：

$$y = 110/1 + 995.4903e^{-0.1097x} \quad (r = -0.9396^{**})$$

（二）单株果枝增长动态

三种不同群体结构类型单株果枝的增长动态分别为：

1. 小株密植型　现蕾前的回归方程为 $y = -5.9636 + 0.216x$，苗期 34 d，现蕾期单株果枝 1.38 个；现蕾后的回归方程为 $y = -5.9636 + 0.2326x$，至盛蕾期（即出苗后的 52 d）单株果枝 6.132 个；至初花期（出苗后的 67 d）单株果枝 9.621 个，打顶后单株留果枝 7～8 个。

2. 壮株中密型　现蕾前的回归方程为 $y = -6.2475 + 0.2184x$，苗期 35 d，现蕾期的单株果枝 1.3965 个；现蕾后的回归方程为：$y = -6.2475 + 0.2439x$，至盛蕾期（出苗后的 53 d）单株果枝 6.679 个；至开花期（出苗后的 63 d）单株果枝 9.118 个；至盛花期（出苗后的 83 d）单株果枝 13.996 个，打顶后单株留果枝 12 个左右。

3. 大株稀植型　现蕾前回归方程为 $y = -8.332 + 0.2381x$，因采用中熟或中早熟品种，苗期较长，为 40 d，现蕾期单株果枝 1.192 个；现蕾后回归方程为 $y = -8.332 + 0.3125x$，至盛蕾期（出苗后 58 d），单株果枝 9.793 个；至初花期（出苗后 68 d），单株果枝 12.918 个；至盛铃期（出苗后 95 d），单株果枝 21.356 个，打顶后单株留果枝 19～20 个，它们的增长动态如图 23-4 所示。

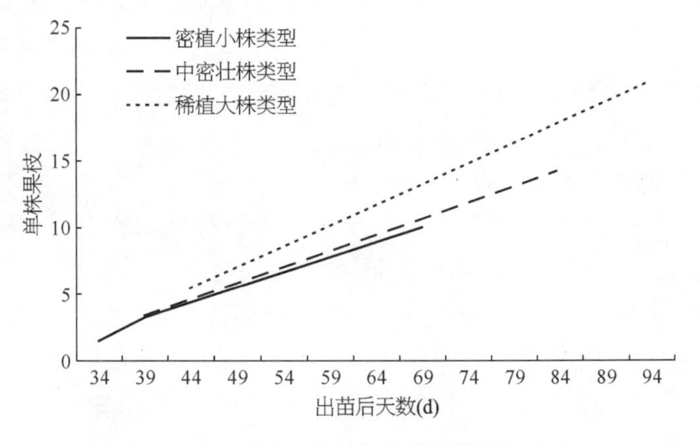

图 23-4　三种群体结构单株果枝增长动态

（谈春松，1992）

（三）单株果节增长动态

据高璆等研究，按照棉株花芽分化和现蕾的序列性，推导出单株果节的计算公式：

单株果节数＝[1/4(主茎叶数－果枝始节＋1)^2＋1/2(主茎叶数－果枝始节＋1)]·η

式中：η——校正系数，一般为0.8～1.0。

但是，考虑到群体的密度不同，必然影响到单株果节数，同时在开花前与开花后的果节增长会有差异，因此单株果节的增长也是分段函数关系。河南省农业科学院谈春松对以上单株果节增长动态的计算公式进行了修改。

开花前的计算公式为：

$$y = [1/4(x/a+1)^2 + 1/2(x/a+1)] \cdot 45\,000/1.2D$$

开花后的计算公式为：

$$y = 开花时果节数 - 1/4(x/a)^2 + 开花时果节数/30 \cdot 2x$$

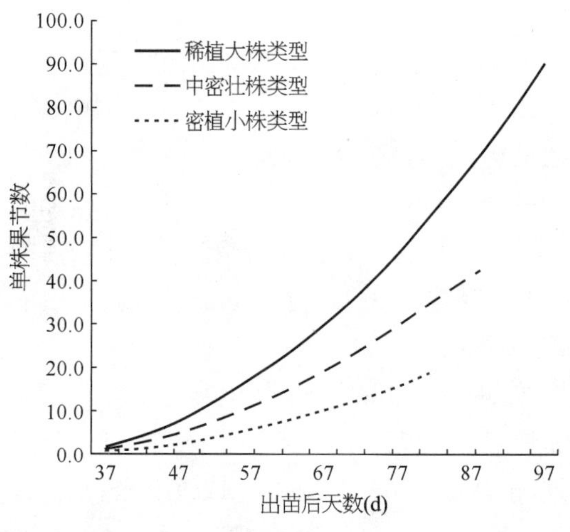

图23-5　三种群体结构单株果节增长动态

（谈春松，1992）

式中：x——现蕾天数；a——纵向现蕾间隔天数；45 000/1.2D——密度校正系数；45 000株——每公顷标准种植密度；D——实际种植密度。按照上述公式计算出三种群体结构单株果节增长动态(图23-5)。

密植小株类型，出苗后46 d前增长较缓慢，由出苗后46 d至64 d间为快速增长期，64 d后即开花后较慢；为使群体总果节控制在每公顷315万个适宜范围内，单株总果节为17.5个。中密壮株类型，同样也是出苗后46 d前增长缓慢，至69 d间为快速增长期，之后即开花后；由于成铃的胁迫转慢，同样为使群体总果节控制在适宜范围内，最终单株总果节为43个。稀植大株类型，同样也是出苗后46 d前增长缓慢，但比前两种类型快，直至盛花结铃期，均是快速增长期；同样为使群体总果节控制在适宜范围内，最终单株总果节为85个。

（四）单株成铃增长动态

为使每公顷总铃数达到112.5万～120万个，三种群体结构的成铃率要分别控制在密植小株类型40%左右，中密壮株类型35%以上，稀植大株类型35%～40%，其成铃增长动态如图23-6所示。为符合最佳成铃模式的要求，其成铃的开花时间应安排在当地的优质铃开花期内。密植小株类型，出苗后97 d单株成铃达到7个左右，而且均是在出苗后89 d前(为7月25日以前)开花所成的铃；中密壮株类型，至出苗后99 d，单株成铃达到15个左右，其开花时间均在出苗后91 d以前(为7月30日以前)开花的成铃；稀植大株类型，至出苗后106 d，单株成铃达到30～34个，其开花时间均在出苗后的98 d以前(为8月15日以前)

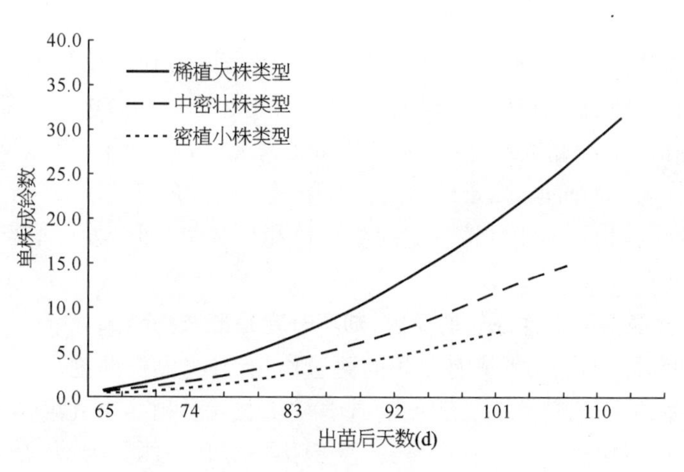

图 23-6 三种群体结构单株成铃增长动态

(谈春松,1992)

开花的成铃。实现上述成铃动态,其所结的铃均为优质铃,则单铃籽棉重与纤维品质均可有保证。

总之,棉花个体与群体的关系是十分复杂的。建立合理的群体结构,使个体与群体的关系协调,是棉花高产优质栽培的根本途径。棉花个体与群体的关系还受生态条件和生产条件的影响。水分、热量、肥力、品种和管理水平是确定合理群体结构的重要依据。个体和群体大小必须与当地气候条件和生产条件相适应。在生产上,常常以棉花封行早晚和封行程度来确定群体大小和配置是否合理。一般认为,当棉株下部已经坐稳 1～2 个大桃时封行时比较合理;如坐稳 2 个大桃后仍不能封行,表明个体发育不足,导致群体较小;反之,若封行过早,则说明群体过大,个体与群体也不协调。

第三节 营养生长与生殖生长的协同关系

在棉花的一生中,营养生长与生殖生长重叠的时间很长,虽然这一特性对抗御自然灾害比较有利,但却为协调两者的关系带来一定难度。协调棉株体营养生长与生殖生长关系,使棉株稳长,不早衰、不晚熟,是实现棉花高产优质的重要保证。

一、对营养生长与生殖生长关系的认识

(一) 营养生长与生殖生长既矛盾又统一

从一致性方面分析,生长是发育的基础或前提,因为没有生长也就没有发育,发育所需的有机营养,都是由营养器官(主要是叶片)合成而提供的,如果失去了营养器官提供有机营养的物质基础,蕾、铃就无法进行生长。尽管棉花的营养生长与生殖生长重叠的时间很长,然而在盛花期以前,营养生长始终处在主导地位。例如,苗期(虽然时间很短)是以长根、长茎、长叶为主的营养生长阶段,是为以后的生长与发育打基础的阶段;进入蕾期、初花期,乃至盛花期,仍然是营养生长为主的阶段,如果生长量不足,就搭不起应有的丰产架子,要实现

高产就有问题。

从矛盾性方面分析，蕾期、初花期、盛花期，虽然仍是以营养生长为主的阶段，如果生长量过大，即所谓的发生旺长，棉株营养体过大，必然会引起群体和个体矛盾激化，导致蕾铃大量脱落，特别在种植密度大的情况下，这种矛盾就更为突出；进入结铃盛期，棉株的生长中心已转为以生殖生长为主的阶段，由于幼铃的发育所需的有机营养特别多，则生殖生长对营养生长产生胁迫，如营养生长不能维持一定的生长量和生长势，即会发生早衰，又会影响结铃数量和铃重的提高。

（二）过度蕾铃脱落是棉株旺长的原因，却不一定是旺长的结果

生殖生长强度对营养生长强度有强烈的胁迫作用，其抑制和胁迫作用与棉株载铃量之间呈显著的负相关关系；但营养生长强度的减弱或增强对生殖生长强度却无明显影响。因而，棉花蕾铃脱落不一定是棉株旺长的结果，反倒是棉株旺长的原因，营养生长过旺不是造成棉株蕾铃脱落的直接原因，因而压缩营养生长不会使生殖生长即开花成铃强度增加。棉株在自然生长情况下脱落率越高、结铃越少，则会导致其株高越高，果节越多，果枝越长。其结果如发展到一定程度必将导致遮荫，使脱落进一步增加，进而形成恶性循环。因此棉花栽培管理上应把重点放在改善成铃环境，即增加开花后果节的营养供应调节上。

（三）营养生长与生殖生长的关系也是库源关系的反映

由于营养生长和生殖生长的关系一定程度上也反映了“源”“库”之间关系，因而生殖生长对营养生长的这种负回归关系从另一个侧面也反映了棉花“源”“库”之间关系的特殊性，即作为“库”的棉铃对“源”具有强烈的依赖性、不具有“饥饿忍耐力”。也就是说，禾本科作物在“源”不足时，可以通过形成秕子或降低粒重来适应；而棉花则是既通过降低铃重，也通过蕾铃脱落来表现。因而在生产上欲大幅提高产量，强“源”是必须的。

（四）营养量和生殖量之间存在一个最佳的平衡点

一定类型品种、一定地力、一定光照条件下，营养生长量和生殖生长量之和基本是个一定值，且大小由零生殖量时的营养生长量决定，压缩生殖生长量可以促进营养生长量的增加，但通过压缩营养生长量来增加生殖量是行不通的。在一定地力、一定光照条件下，棉株载铃量过大，则会强烈地胁迫株高、果枝的增长，造成根部营养缺乏，进而引发棉株早衰；棉株载铃量过小，一方面可能会引发棉株旺长，另一方面也达不到高产的目的。因而在营养量和生殖量之间应存在一个最佳的平衡点，这一平衡点是棉株既不早衰又能多结铃的适宜单株载铃量，它只随地力或光照条件的改变而改变。

二、营养生长与生殖生长关系的协调

无论从两者的一致性方面还是从矛盾性方面分析，对于营养生长采取合理的调控都是实现棉株营养生长与生殖生长协调发展的重要途径。

（一）协调营养生长与生殖生长关系的关键时期

据研究，棉花各生育时期的生长量占最后生长总量的比例为：株高的生长，苗期约 58 d，占 5.7%～7.2%；蕾期 27 d，占 31.0%～41.8%；初花期仅 20 d，占 25.0%～33.4%。果节的增长，蕾期占 23.6%～34.6%，初花期占 30.5%～32.3%，盛花期占 33.1%～45.9%。不难看出，无论是营养生长还是生殖生长，在开花前生长量所占的比例都较小，大量生长是在开花以后出现。株高和果节生长量的50%～60%，都在初花、盛花阶段完成，才能使棉株中、下部开花成铃期间有较好的光照条件，从而得以提高成铃率。

就营养生长的基本规律而言，苗期缓慢，蕾期加快，初花期出现生长高峰，盛花期以后趋向衰退，直至停止生长，所不同的是表现在各时期的生长量和延续的时间上。因此，控制营养生长过旺、达到稳长的关键时期是盛蕾至初花期，以便为初花至盛花期的稳长打下基础；之后应采取促的措施，使盛铃期保持有一定的营养生长量，不致形成早衰，导致减产。

（二）营养生长与生殖生长协调性的主要指标

株高、顶端果枝日增量是衡量生长与发育是否协调的重要指标。据涂昌玉和余筱南研究，某一生育时期的株高日增量与同一时期或后一时期的蕾铃增长有密切的关系（表23-4）。5月10日至20日株高日增量，与6月20日的蕾数和7月25日的成铃数极显著正相关，表明前期的生长是早期蕾铃增长的基础，为促进早发则要促使苗期生长快些；6月20日至6月30日（盛蕾期）期间株高日增量与6月20日至30日蕾增加数和7月25日至8月5日成铃增加数，以及6月30日至7月10日（初花期）株高日增量与6月30日至7月10日蕾增加数和8月5日至8月15日成铃增加数均为极显著或显著负相关，说明盛蕾至初花期是棉株生长的高峰期，要适当进行控制，才有利于生殖生长；7月10日至30日期间株高日增量与7月10日期间蕾增加数和8月15日到9月5日成铃增长数又为极显著或显著正相关，说明盛花期之后棉株生长渐趋衰退时期要采取促进措施，保持棉株有一定的生长量，才有利于生殖生长。

表23-4　不同时期株高日增量与不同时期成铃增长的相关系数与回归方程

（涂昌玉、余筱南，1992）

x	y	r	R^2	$y=a+ax$
6月10～20日株高日增重(cm/d)	6月20日蕾数	0.711 4**	0.506 1	$y=1.26+10.52x$
	7月25日成铃数	0.642 2**	0.412 4	$y=0.87+1.41x$
6月20～30日株高日增重(cm/d)	6月20～30日蕾增加数	-0.667 1**	0.445 0	$y=33.28-7.16x$
	7月25日～8月5日成铃增加数	-0.604 9**	0.365 9	$y=21.66-3.22x$
6月30日～7月10日株高日增重(cm/d)	6月30日～7月10日蕾增加数	0.723 6**	0.523 6	$y=28.74-8.05x$
	8月5～15日成铃增加数	-0.594 5*	0.353 4	$y=17.47-3.78x$
7月10～20日株高日增重(cm/d)	7月10～20日蕾增加数	0.626 2**	0.392 1	$y=-1.24+9.81x$
	8月15～25日成铃增加数	0.492 8	0.492 9	$y=-2.91+5.54x$
7月20～30日株高日增重(cm/d)	7月20～30蕾增加数	0.709 2**	0.503 0	$y=0.28+4.70x$
	8月25日～9月5日成铃增加数	0.560 3*	0.313 9	$y=-0.73+2.13x$

［注］品种为岱红岱；*表示0.05显著水平，**表示0.01显著水平。

为了寻求打顶后的指示性状，谈春松等测定了打顶后最上果枝伸长日增量与蕾、铃增长的相关系数（表23-5），发现最上果枝阶段日增量无论与同期蕾的增长，还是与以后蕾、铃增长的相关系数，都达到显著或极显著水平，说明最上果枝的生长与发育完全是同步关系。

表 23-5 最上果枝伸长日增量与阶段果节增长量的相关系数(r)

(谈春松,1992)

最上果枝伸长日增量(月/日)	阶段果节增长量(月/日)						
	7/25~7/30	7/30~8/5	8/5~8/15	8/15~8/20	8/20~8/25	8/25~8/30	8/30~9/13
7/25~7/30	0.520 8*	0.531 6*	0.678 0**	0.809 4**	0.809 4**	0.848 0**	0.851 1**
7/30~8/5		0.477 6*	0.610 2**	0.445 8	0.788 5**	0.832 5**	0.838 1**
8/5~8/15			0.278 3	0.592 8**	0.755 7**	0.824 1**	0.817 1**
8/15~8/20				0.569 3**	0.780 1**	0.880 1**	0.924 1**
8/20~8/25					0.682 7**	0.765 7**	0.794 4**
8/25~8/30						0.733 2**	0.807 1**
8/30~9/13							0.691 2**

[注] * 表示相关性达 0.05 显著水平; ** 表示相关性达 0.01 极显著水平。

从上述结果看出,棉株打顶以前,株高日增量是一个能牵动棉花生长与发育全局的指示性状,而且反应较灵敏,变化较稳定。打顶之后,最上果枝的伸长日增量也是较为理想的指示性状,以此作为采取促进或控制措施的依据是可靠的。棉株各生育期的适宜株高日增量为:苗期平均值 0.5 cm,变幅 0.3~0.7 cm;初蕾期平均值 0.8 cm,变幅 0.6~1.0 cm;盛蕾期平均值 1.5 cm,变幅 1.2~1.7 cm;初花期平均值 2.5 cm,变幅 2.0~3.0 cm;盛花期平均值 1.2 cm,变幅 1.0~1.4 cm;打顶后最上果枝伸长日增量适宜指标为 0.8 cm,变幅为 0.6~1.0 cm。以此可作为促进或控制营养生长,达到与生殖生长协调发展的依据。

(三) 协调营养生长与生殖生长关系的技术途径

协调营养生长与生殖生长的关系以提高棉花产量和品质的栽培途径是:壮大开花时营养生长量,即培育健壮早发棉苗,增加初始开花果节量;调控棉株在最佳温光条件下开花成铃,避开雨期和虫害高峰期,减小棉株结铃早期脱落率;塑造理想的群体株型,提高果节叶的采光条件;根据品种类型特性,尤其是自然开花时营养体大小特性,进行适宜密度设计,以密度作栽培应变手段,或者采用去早蕾等办法人为增大开花时营养体,达到增大棉株最大适宜载铃量之目的。

第四节 地上部与地下部的协同关系

棉株由地上和地下两大部分组成,两者之间的关系也称作"根冠"关系。所谓的"壮苗先壮根,根壮苗早发",以及"根深叶茂"等通俗的说法,都道出了根冠之间的密切关系和壮根的重要性。

一、地上部与地下部关系的指标

反映地上部和地下部关系常用以下几个指标。

(一) 冠根比

棉株地上部(冠层)与地下部(根系)干物质重量之比即为冠根比,也有的用其倒数根冠比来表示。冠根比能够直观地表示棉株上下两部分的大小比例,始花以前冠根比值较小,意示苗、蕾期根系生长发育快，地上部干物质积累较少，此期根系生长占据主导地位。始絮期和收获期的冠根比值明显变大，意示这期间根系生长发育减弱，而地上部干物质积累相应迅速增加。

李永山等研究也表明，冠根比随生育进程的推进而逐渐增加，并且地上部干重与根系干重间呈极显著线性关系。同时棉株根重与地上部茎叶重、生殖器官重、单株叶面积和主茎展叶数等都密切相关。

（二）根长茎高比

棉株主根长度和主茎高度之比也可作为反映根冠关系的一个指标。李永山等的研究认为，棉花全生育期根系伸长总是高于株高的增长，棉株主根长度和主茎高度之比都大于1，并随生育进程推进而逐渐减小。根系伸长和粗度的变化与地上部茎叶生长之间，存在极显著的线性关系，因此可依主茎叶生长情况推算出根长与根粗的变化。

（三）根系的载铃能力

吴云康等研究表明，棉株根系干重与地上部的结铃数，具有较明显的相关性，将单位根系干重所载荷的铃数称为根系载铃量。据1990年的研究(表23-6)，不同施氮水平中以氮150 kg/hm^{2}水平时，移栽棉与地膜棉的根系载铃量变动较小，为1 026～1 033个/kg，移栽棉最终(9月20日)根系载铃量以氮150 kg/hm^{2}最大，为1 033个/kg，地膜棉根系载铃量最终也以氮150 kg/hm^{2}最大，为1 026个/kg。根系载铃量表示根系生长对地上部蕾铃负荷的新概念，利用这一概念更容易地了解根系生长与地上蕾铃的关系，它们的发展动态反映了棉花铃数增长与根系生长的必然联系和协调程度。

表23-6　棉花根系载铃量和根活性载铃量

(吴云康等，1990)

施氮量 (kg/hm^2)		根系载铃量(个/g)					根活性载铃量(个/m^2)				
		7月20日	8月5日	8月15日	8月30日	9月20日	7月20日	8月5日	8月15日	8月30日	9月20日
移栽棉	225	1.147	1.126	1.097	1.116	0.764	9.024 3	19.552	12.088	6.210 8	8.589
	150	1.077	1.690	1.293	1.235	1.033	11.638	10.922	10.757	9.796 2	9.007
	75	0.925	1.584	1.525	1.189	0.956	15.093	14.674	24.826	9.081 1	7.352
地膜棉	225	0.899	1.242	1.194	1.156	0.863	13.223	7.824 3	8.187 7	8.521 1	8.080
	150	1.214	1.297	1.203	1.201	1.026	12.320	18.925	8.989 1	10.941	9.450
	75	1.006	1.226	1.048	0.852	0.880	10.860	10.860	20.937	8.818 8	8.326

根系活性载铃量是棉花单位根系活跃表面积(ACS)所载荷的铃数，是表示根系活性对地上蕾铃数负荷量的概念。根活性载铃量的第一高峰期在盛花期左右，第二高峰期在早秋桃时期。氮肥对根活性载铃量影响比较明显。据试验，施氮75 kg/hm^{2}的生理活性高峰期较早，均在8月15日以后下降。而施氮225 kg/hm^{2}和施氮150 kg/hm^{2}的高峰期在8月30日至9月20日。根系生理活性维持时间长，有利于提高成铃，也说明根系生理活性提早衰退是棉株早衰的根本原因。针对根系载铃量和根活性载铃量的发育特点，有必要对棉花进行“去早蕾、除晚蕾”，降低根系载荷量，并适当增施氮肥，改变施肥时期和施肥方法。这是解决棉花早衰、使后期载铃能力提高、增加单株铃数、提高产量的对策。

（四）其他指标

李永山等在山西太谷的研究指出，棉花主根长度、粗度及根重增长动态均随生育进程呈“S”形曲线变化。主根粗度及根重的垂直分布随土壤深度变化呈负指数曲线型变化。棉株根系绝大部分(80.6%～95.4%)集中于 0～30 cm 耕层内。根系伤流量随生育进程呈“低—高—低”变化，以盛蕾期最高；根系总吸收面积及活跃面积均随生育进程而增加。根系生长与地上部生长之间存在显著或极显著的线性回归相关关系。

陈德华等研究表明，在整个棉花开花结铃及吐絮期，测定棉株的伤流量与当时结铃数的关系，用棉铃根流量[g/(铃・d)]表示，可以反映每个铃分配到的根系吸收量(伤流量)的多少，这个数值愈高，结铃率愈高，铃愈大。棉铃根流量与单株成铃呈显著的正相关($r=0.976\,2^{*}$)，回归关系为 $y=12.18+9.56x$。该回归关系表明，棉株根系伤流量每增加 1 g/(铃・d)，单株成铃数可增加 12.18 个。在密度为 45 000 株/hm^2时，8 月 30 日测定表明，棉铃根流量(x)与群体成铃数(y)呈显著正相关($r=0.967\,6^{*}$)，其回归方程式为 $y=2.859\,1+3.251\,5x$。该回归方程式表明，棉铃根流量每增加 1 g/(铃・d)，总铃数增加 48.8 万个/hm^2，可见提高成熟期根系活力有利于棉株成铃。因此，应用棉铃根流量可直接反映地上和地下部的质量关系。

综上所述，反映棉花根系与地上部关系的指标较多，这些指标各有特点，其中，棉铃根流量能较好地诊断地上部和地下部根系的关系，可作为棉花群体根系生理质量的表述指标。

二、地上部与地下部关系对棉花熟相的影响

熟相是指作物成熟时的外观表现，可分为正常成熟、早衰和贪青晚熟等(图版 2)。棉花也不例外，正常熟相是棉花高产优质所必需的。董合忠课题组利用嫁接和环割试验证实，棉花熟相决定于根冠关系，受根系内合成的细胞分裂素和脱落酸等内源激素的影响。

（一）嫁接对根冠关系和棉花衰老的影响

通过将易衰棉花品系 K1 与抗衰棉花品系 K2 自身嫁接和相互嫁接研究了改变根冠关系对棉花叶片衰老的影响，发现将易衰棉花品系 K1 嫁接到抗衰棉花品系 K2 的砧木上，则 K1 主茎叶的叶绿素含量和净光合速率较对照明显提高，说明以抗衰棉花品系 K2 为砧木显著延缓了叶片的衰老；反之，抗衰棉花品系 K2 嫁接到易衰棉花品系 K1 上，则 K2 的主茎叶的叶绿素含量和净光合速率较对照显著降低，叶片衰老加速。该试验说明，棉花叶片的衰老与根系的关系密切，棉花早衰具有“衰在叶片，源在根系”的特点。

（二）环割对根冠关系和叶片衰老的影响

将两个不同衰老类型的棉花品系于蕾期进行环割，通过限制光合产物的运输“流”，改变根冠比例，研究了环割后棉花的生长发育、叶片衰老、碳氮代谢、激素代谢、光合生产与棉花根冠比例的关系。

1. 环割对不同基因型棉花根冠协调性的影响　蕾期(6 月 20 日)环割切断了棉株主茎的部分韧皮部，限制了地上部光合同化物向地下部的运输，减少了对根系的养分供应，在一定程度上制约了根系的生长，改变了根冠比例。侧根数和根体积在一定程度上反映了根系的发达情况，侧根数越多、根体积越大，说明其根系越发达；反之，亦然。两个不同衰老品种的棉株经环割处理后，自初花期后的侧根数和根体积均显著低于各自未环割的对照(表 23-7)。

表 23-7　环割对不同基因型棉花侧根数及根体积的影响

(Dai and Dong, 2011)

品　系	处　理	侧根数(条/株)				根体积(cm^3/株)			
		盛蕾期	初花期	盛花期	盛铃期	盛蕾期	初花期	盛花期	盛铃期
L21	对照	20.0a	30.0a	31.0b	32.0b	6.83a	24.67a	26.33b	29.00b
	环割	21.0a	22.0c	26.0c	27.0c	7.03a	17.68c	18.67c	20.00c
L22	对照	16.0b	15.0b	35.0a	40.0a	7.63a	25.0a	31.0a	31.33a
	环割	17.0b	22.0c	27.0c	28.0c	8.06a	16.67b	19.67c	21.00c
平均	对照	16.0b	24.0b	31.0a	33.0a	7.40a	24.83a	28.67a	30.17a
	环割	20.0a	26.0a	28.0b	28.0b	7.48a	17.17b	18.33b	20.67b

[注] 同列不同小写字母表示差异达 0.05 显著水平。

表 23-8 表明,经环割处理后两品种的伤流量皆显著低于各自未环割的对照,盛花期以后表现得尤为明显,说明环割还显著降低根系的活力。

表 23-8　环割对不同基因型棉花不同时期根系伤流量的影响

(Dai and Dong, 2011)　(单位:g/株)

品　系	处　理	盛蕾期	盛花期	盛铃期	始絮期
L21	对照	2.20a	1.62a	0.14b	0.032b
	环割	1.67c	0.05b	0.03c	0.020c
L22	对照	2.07b	1.64a	0.22a	0.041a
	环割	1.76c	0.14b	0.04c	0.024c
平均	对照	2.14a	1.63a	0.18a	0.037a
	环割	1.71b	0.09b	0.03b	0.022b

[注] 同列不同小写字母表示差异达显著水平。

表 23-9 表明,环割后两品种的根系干重和根冠比都降低,品种间未见显著差异。总之,蕾期环割不仅降低了侧根数、根体积、根干重和根冠比,还减少了根系伤流量,充分说明环割不仅影响根系生长,也影响根系的活力,加速了根系的衰老。

表 23-9　环割对不同基因型棉花不同时期根系干重及根冠比的影响

(Dai and Dong, 2011)

品　系	处　理	根系干重(g/株)				根冠比			
		盛蕾期	初花期	盛花期	盛铃期	盛蕾期	初花期	盛花期	盛铃期
L21	对照	1.57a	7.23a	7.76a	8.52b	0.103a	0.070a	0.052a	0.039b
	环割	1.65a	4.91b	4.78b	4.89c	0.079b	0.044c	0.036c	0.029c
L22	对照	1.93a	6.71a	8.90a	12.22a	0.102a	0.057b	0.043b	0.050a
	环割	1.71a	5.20b	5.99b	5.02c	0.073b	0.045c	0.035c	0.032c
平均	对照	1.75a	6.97a	8.33a	10.37a	0.102a	0.063a	0.048a	0.045a
	环割	1.68a	5.06b	5.39b	4.96b	0.076b	0.045b	0.036b	0.030b

[注] 同列不同小写字母表示差异达 0.05 显著水平。

2. 环割对不同基因型衰老特征的影响　表 23-10 显示,L22 的叶绿素 a、叶绿素 b 和总叶绿素含量在整个生育期都高于 L21。两品种经环割处理后,在盛蕾期和盛花期并无差异,但在盛铃期和吐絮期则表现为 L22 的含量高于 L21，但均低于其对照。说明衰老除与各自的基因型有关外，环割也可加速各品系的衰老进程。

表 23-10　环割对不同基因型棉花不同时期叶绿素含量的影响

(Dai and Dong, 2011)　　　　(单位:mg/g 鲜重)

品系	处理	盛蕾期			盛花期			盛铃期			始絮期		
L21	对照	1.47b	0.34b	1.85b	1.70a	0.46a	2.16a	1.72b	0.51ab	2.23b	1.16c	0.39c	1.51c
	环割	1.45b	0.36ab	1.79c	1.59b	0.43ab	2.02b	1.62c	0.49b	2.12c	0.99d	0.35d	1.36d
L22	对照	1.51a	0.38a	1.89a	1.61b	0.42b	2.02b	1.80a	0.52a	2.36a	1.58a	0.50a	2.09a
	环割	1.46b	0.36ab	1.81bc	1.56b	0.45ab	2.0ab	1.71b	0.53a	2.25b	1.42b	0.47b	1.89b
平均	对照	1.49a	0.38a	1.87a	1.67a	0.44a	2.13a	1.75a	0.54a	2.28a	1.35a	0.45a	1.80a
	环割	1.46b	0.35b	1.80b	1.59b	0.44b	2.01b	1.66b	0.50b	2.19b	1.21b	0.42b	1.61b

[注] 同列不同小写字母表示差异达 0.05 显著水平。

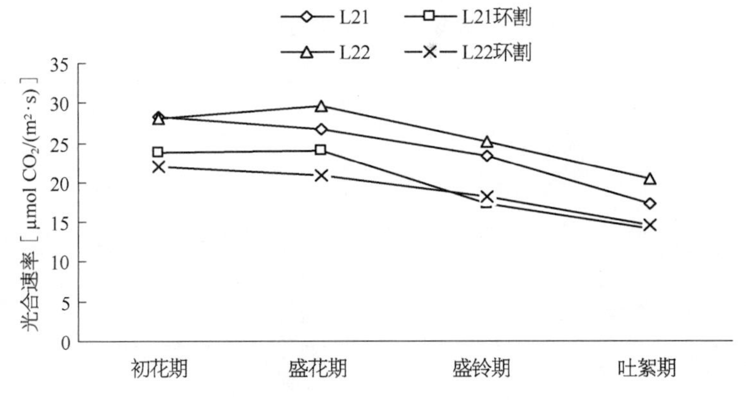

图 23-7　环割对不同基因型棉花不同时期光合速率的影响

(引自 Dai and Dong, 2011)

从图 23-7 可以看出，无论环割与否，多数情况下 L22 的光合速率要高于 L21，这在盛花期最为明显；无论哪个品种，整个生育期未环割的光合速率都高于环割处理的。说明环割对不同衰老品系的棉花均产生不利，加快叶片衰老。

3. 环割对不同基因型棉花内源激素含量的影响　环割处理后主茎功能叶和根系伤流液中细胞分裂素含量的测定结果表明，环割降低了根系伤流液和主茎功能叶中细胞分裂素类物质[玉米素及其核苷(Z+ZR)；二氢玉米素及其核苷(DHZ+DHZR)；异戊烯基腺嘌呤及其核苷(iP+iPA)]含量，尤以二氢玉米素及其核苷降低程度最大。两品系在未环割情况下的细胞分裂素类物质含量差异显著，但经环割处理后差异消失。两品系主茎功能叶和根系伤流液的细胞分裂素类物质均有一单峰最大值，但 L21 出现的时间要稍早于品系 L22。

脱落酸主要是由植物的根系产生的，作为根冠之间的一种通信信号，通过植物的木质部传输到地上部，影响植物地上部的生长发育。结果显示，不论是主茎功能叶还是根系伤流液中脱落酸的含量都存在品种差异，品系 L21 的 ABA 含量要显著高于 L22；环割处理棉株的脱落酸含量也显著高于对照植株，说明环割加速了根系脱落酸的产生。

综上所述，棉株体的正常生长发育需要协调一致的根冠关系和碳氮代谢，当受到自身或外界因素胁迫后，胁迫信号会迅速在库源系统和根冠系统内传递，通过相关基因的表达，引起棉株体内糖、蛋白质(酶)和激素等的变化，导致根冠关系和碳氮代谢失调，进而出现早衰或贪青晚熟的熟相。

三、壮根的技术途径

培育健壮根系是实现棉花地上部器官良好生长发育的基础。不同的种植方式对棉株根系形态特性都有影响，壮根的途径和技术也不尽相同。当前棉花生产中，主要是地膜覆盖或营养钵育苗移栽的棉花，露地直播棉花已经很少，故这里主要论述地膜覆盖和移栽棉花的壮根技术。

(一) 育苗期的壮根

大钵、足肥、增温、蹲苗是育苗移栽棉花培育壮根、健苗的重要配套技术。

1. 大钵　高璆对移栽棉的测定表明，随着钵径的增加，平均单株茎粗增加 12.4%～21.1%，主茎展开叶数增加 20.4%～31.8%，单株叶面积增加 35.6%～53.9%，地上部干重增加 49.2%～145.8%，根干重增加 24.6%～111.4%，特别是棉苗根群分布随钵径增加而扩大，包括侧根长度增加和侧根支根数的增多，钵径大的棉苗，移栽大田后可缩短缓苗期，从经济实用方面考虑，钵径以 7 cm 较好。董合忠课题组比较了大(直径×高＝6 cm×12 cm)、小(直径×高＝4 cm×6 cm)两种钵体对棉苗干物质积累的影响，发现移栽时大钵的单株干物质比小钵增加了 10%～19%，而且根系也相对发达。

2. 足肥　据翁才浩等盆栽试验，在播种前每盆 10 kg 土中施入硫酸铵 18.2 g、磷酸氢二钾 8.9 g 和硫酸钾 10.01 g，与不施肥(对照)相比，单株根系的干重，苗期、蕾期、花铃期和吐絮期分别增加 0.448 3 g、0.891 7 g、1.948 3 g 和 2.353 3 g，增重显著。因此，要充分重视制钵营养土的营养配置，使钵土疏松肥沃。

3. 增温　棉花根系生长的最低临界温度为 17 ℃，最高临界温度为 33 ℃，在最低、最高临界温度范围内，地温愈高，根系生长愈快。因此，凡是早春能提高地温的措施，都能促进根系的生长，通常苗床温度应控制在 25～30 ℃，不仅有利于地上部生长，也有利于地下部根系的生长。

4. 蹲苗　最简便的方法，是采用 DPC 溶液浸种或在出苗后子叶期叶面喷洒，具有明显控上促下的作用。长江中下游棉区，对苗期时间长的麦(油菜)后移栽棉苗，为防止形成高脚苗，常采用搬钵假植蹲苗的措施，对促进根系发育更明显。然而这一措施比较费工费时，在黄河流域棉区应用甚少。

(二) 整地施肥

无论何种棉田，施足基肥和适时追肥都有利于根系的健壮生长。李永山等研究了灌溉、施肥量与播种期对露地棉与地膜棉根系的生长特性及其与地上部的相互作用和产量形成的影响，发现生长期灌水处理棉株根系入土浅，总长度减少，未灌水处理根量在深土层明显增加；重肥处理根系入土深，深土层根量增加。灌水及重肥处理根系新根量均增加，根系伤流量增大，生理活力增强。早播棉株主根深度增加，根重增大，尤其在生育前期增长明显，同时，根系建成提前，根系分布范围广。灌水、施肥与早播处理棉株根重、地上部重及籽棉产量等均增加。棉株根量与产量间存在显著的相关关系，蕾期根量对产量的效应最大。

吴云康等报道，氮肥能提高棉花根系干重和根系的生理活性，不同氮肥水平下又以N150 kg/hm^2的根系生理活性较高；0～15 cm耕层的根系为根系干重和根系生理活性的活跃层，其根干重占总重的90%以上，根系生理活性占总量的70%～90%；不同氮肥水平下，也以N150 kg/hm^2单株成铃较多；根系载铃量、根系载荷能力、根活性载铃量、根活性载荷能力也以N150 kg/hm^2处理稍高，而且全生育期中较为平衡。由此认为，适当增施氮肥与改变施肥时期、施肥方法是解决棉花早衰的对策。戴敬进一步研究认为，江苏扬州地区棉株根系生长的高峰期在6月20日至7月20日之间，在一定范围内施肥水平越高，根系生长越快；占总量80%以上的棉花根系及其生理活性主要分布在0～15 cm土层。提高棉田施肥水平，有利于提高棉花根系生长量及根系生理活性。棉花根系生理活性有一定的变化规律，在初花期都有一个减弱的趋势，因此应在盛蕾初花期提前施用花铃肥，并在后期补施一次长铃肥。

棉田耕翻对于根系的发育也非常重要。据蒋志华报道，棉田耕翻的棉花一级侧根发生区长度为7.7 cm，根干重1.5 g，比不耕翻棉花的7.1 cm、1.4 g分别增加8.5%和7.1%；耕翻棉株根系纵向吸收^{32}P的数量，在盛蕾期、开花期、初絮期分别增加52.1%，7.2%和19.2%。说明棉田进行耕翻，改善根系生长的土壤环境可促进棉株根系的生长，增强根系活性，提高吸肥吸水能力。

（三）适当深栽和栽后管理

适当深栽就是要求栽后的钵面低于地面2 cm以下，对棉株根系生长和提高根系吸收能力均有重要作用。据高璆等试验，深栽棉花与浅栽棉花比较，深栽棉花一级侧根发生区长度、根数、根干重分别增加20.9%，5.4%和16.7%；同时深栽有促进根系纵向发根的趋势和提高纵向吸肥能力。蒋志华等测定表明，深栽棉花纵向吸收^{32}P数量，在盛蕾期、开花期、初絮期分别比浅栽棉花增加400.5%，54.9%和2.0%，根纵向吸收^{32}P的高峰期提早7 d，而且高峰期后下降的速度也较缓慢，这对防止移栽棉花后期早衰有重要作用。

在棉田耕翻的基础上，结合深栽的棉株根系在各生育时期的生长情况及综合效应比耕翻或深栽的单一效应更为明显。如果耕翻后浅栽的，棉株生长反比不耕翻浅栽的差，这与耕翻后土壤失墒、棉苗浅栽、在较干燥的土层内不利于发根有关。

在棉苗移栽大田后，供水适宜，可在盛蕾至初花期建成以一次侧根为主体的吸收根群，大体比直播提早15～20 d。所以棉苗移栽大田时，应浇足团结水或移栽后及时沟灌供水，使营养钵与周围田土融合密接，适当配施一定的氮、磷、钾肥，能促进根系生长，缩短缓苗期，对于麦（油菜）后大苗移栽棉花，因苗龄大，冠大根小，又处在高温、强光、干旱季节，蒸腾失水多，应强调“淡肥足水”。

（四）改进施肥方法，以肥调节根系的分布

移栽棉和地膜棉在生产中最突出的问题是根系分布较浅。移栽棉的根系在耕层中的分布有一定的规律性,根系在 0～15 cm 土层中的根系相对量随生育期延长而逐渐减少;在 15～30 cm 土层内的根系相对量却逐渐增多;而在不同氮肥水平下,增加施氮量能使根系在 0～15 cm 土层和 15～30 cm 土层内根系生长绝对量增加。在 0～15 cm 土层中的根系相对量有随施氮量增加而下降,在 15～30 cm 土层中根系相对量有随施氮量增加而增多。地膜棉根系在各土层中的分布与移栽棉类似。根据移栽棉与地膜棉的根系多数分布在 0～15 cm 土层内,占总根量 90%以上,故将施肥方法变深施为浅施,变穴施为全层施,这样通过提高 0～15 cm 土层内的养分供应,调节根系的分布量和横向分布范围。研究还表明,0～15 cm 土层也正是移栽棉和地膜棉根系的主要活动层,占整个活动能力的 70%～90%,浅层施肥和全层施肥后,可使土壤中的养分集中在 0～15 cm 土层中,使根系保持较强的生理活性,从而提高棉花地上部营养器官和生殖器官的生长量,防止早衰,减少脱落,提高产量。

为防止移栽棉和地膜棉早衰,应强调花铃肥和桃肥的施用,长江中下游棉区更要强调第二次花铃肥的施用,以及初絮期遇旱要及时浇水;在后期施肥方法上,可在行间沟施,能达到较好的施肥效果,因为到开花期行间根系已发生交叉,再靠近棉株施,反而效果差。

第五节　棉花与间、套作物的协同关系

棉田间作套种是以提高棉田综合效应为目的而发展起来的具有中国特色的棉田耕作栽培制度。它以科学技术进步为依托,继承和发展了我国农业精耕细作的传统,通过一熟变多熟、平面向立体的变革和发展,促进了棉田的增产增效。棉田间作套种有“棉、麦”“棉、油菜”“棉、菜”“棉、瓜”等多种模式,集技术、劳力、物资于一体,能充分利用土地空间和作物生长时间,高层次利用光、热、水资源。棉田间作套种是密集型的高度集约化的棉田耕作制度,是发展高产优质高效农业和棉田增产增收的有效途径,是推动农业结构调整,并得到广大棉农认可和欢迎的一项适用技术。但是,在丰富多样的种植制度和模式下,棉花与间、套作物必然会产生多种矛盾,特别是在共生期间,间、套作物与棉花竞争有限的光、热、水等资源,且经常使棉苗处于弱势地位,严重影响棉苗的生长,矛盾十分突出。为实现棉花和间、套作物的优质高产高效,从宏观上,要注意因地制宜、产销对路,重视生态效益、确保质量安全;从微观上,必须充分考虑和减少间、套作物对棉花生长发育的影响,处理好它们之间的关系,使棉花与间、套作物协同发展。

一、把握好棉田间作套种的发展趋势

棉田采用间作套种,实现了由一熟向两熟甚至多熟的发展,但在发展过程中对棉田间作套种的认识不够全面。间作套种既有优点,也有缺点,但往往人们对其优点看得多,对其发展所需具备的条件和技术认识不足,不顾条件一味发展间作套种曾经在很多地方产生过不良后果。因此,今后棉田间作套种的发展必须要因地制宜,选择合适熟制和模式。

棉田采用间作套种实现了由平面向立体的发展,但要注意在提高光、热、水资源利用率的同时,田间、作物间、个体群体间的矛盾也相应加剧,应通过选择不同高度、不同光照要求、不同根系分布的作物间作套种。

棉田间作套种正在由增量向增质、增效发展。采用间作套种，毫无疑问单位面积棉田的作物产量会相应增加，但这不是最重要的目标，最重要的是提高总体效益；而要提高效益，不断提高棉花和间、套作物的品质是关键。因此，应该统筹兼顾，实现产量、品质和效益的同步提高。

棉田间作套种正不断向信息化和市场化发展。能否获得高效益，既要因地制宜，注意发挥本地的优势，确立发展方向，又要以市场为导向，以信息为指导，产销对路。

二、缓解作物共生期间的相互影响

为实现棉花优质高产，达到苗期壮苗早发，必须克服或减轻间、套作物对棉苗生育的影响，提高棉花的早熟性。以棉、麦套种为例，克服或减轻麦、棉共生期间光、热、水竞争的主要技术途径包括：小麦应选择东西行向种植，采取 4－2 式麦、棉配置；实行垄作，小麦种在垄下，棉花种在垄上；棉花采取育苗移栽加地膜覆盖；小麦选用矮秆早熟窄叶型品种，棉花选用中熟偏早且早发性强的品种等(见第二十四章)。

(一) 克服共生期光资源不足

首先棉茬晚播小麦应尽量选择东西行向种植；其次推广垄作，小麦选用矮秆品种，垄高 10～15 cm，即可降低小麦相对高度 10～15 cm，这对增加棉行照度和光合有效辐射是有效的。如 4－2 式麦、棉配置东西行垄作比南北行平作光合有效辐射增加 57.5%；3－2 式麦、棉配置东西行垄作比南北行平作增加 53%；第三，采用适宜配置方式，研究显示，全共生期宽窄行配置的 3－2 式比等行配置的 3－1 式和 2－1 式受光量增加 16.6%和 28.0%，4－2 式比 2－1 式受光量增加 14.6%和 26.0%。显然宽窄行配置方式有利于共生期棉行光资源的获得。

(二) 克服麦、棉共生期热量不足

可以采取地膜覆盖或育苗移栽模式。按苗高、鲜重、干重、叶龄、叶面积 5 项指标加权得分，再加立苗难易程度，对棉苗素质进行综合评分显示，4－2 式地膜覆盖的棉苗素质与一熟制直播棉相当；采取营养钵(块)育苗，并适当推迟移栽(约 5 月中旬)，可使麦、棉共生期缩短到 20～25 d，避过小麦一生中单位面积茎数和叶面积系数的峰值期，因而可大大缓和及减轻对棉苗生长的影响。

(三) 缓解共生期间的干旱胁迫

应采取适时浇水予以解决，一般要求在棉苗移栽前，结合浇小麦灌浆水浇足棉花的底墒水；棉苗移栽时先浇团结水，栽后再透浇一次疏钵水，即能有效解决麦、棉共生期对棉苗干旱的胁迫，促使棉苗正常生长，达到壮苗早发。

三、重视生态效益，生产绿色产品

要重视棉田间、套作物产品的食用安全问题。由于棉田病虫害较多，传统的化学防治技术给予棉花间套作的瓜菜安全生产造成很大威胁。减少化学农药污染，保证人畜安全，既是重要的技术问题，也是重大的社会责任问题。因此，必须在病虫害防治方面采取积极措施，科学用药，减少污染。把握的要点：一是要种植抗病、抗虫性强的棉花新品种，减少化学农药

的使用量；二是坚持虫情测报，严格按照防治指标进行科学防治；三是局部施药和人工防治相结合，药剂拌种或以包衣种子防治地下害虫和苗期病虫害，用抹卵摘叶防治红蜘蛛，改传统的大面积均匀施药为点施（涂抹法）和隐蔽施药（如包衣剂）；四是坚持蔬菜（瓜）收获前 15 d 停止施药。随着市场对农产品的品质要求提高，棉田间、套作在施肥上应增施有机肥，以及平衡施用化肥，使棉田套作的瓜菜达到绿色食品的标准。

（撰稿：董合忠，谈春松；主审：毛树春）

参 考 文 献

[1] 董合忠，郭庆正，李维江，等. 棉花抗逆栽培. 济南：山东科学技术出版社，1997：1 - 138.

[2] 陈奇恩，田明军，吴云康. 棉花生育规律与优质高产高效栽培. 北京：中国农业出版社，1997.

[3] 中国地膜覆盖栽培研究会棉花学组. 中国棉花地膜覆盖栽培. 济南：山东科学技术出版社，1988：12 - 105.

[4] 棉花结铃模式调节研究协作组. 棉花优质高产结铃模式调节及配套技术. 中国棉花，1991，18(4).

[5] 谈春松. 棉花优质高产栽培. 北京：农业出版社，1992：43 - 79.

[6] 田笑明，陈冠文，李国英. 宽膜植棉早熟高产理论与实践. 北京：中国农业出版社，2000：41 - 73.

[7] 董合忠，李维江，唐薇，等. 棉花生理性早衰研究进展. 棉花学报，2005，17(1).

[8] 蒋国柱，邓绍华. 棉花优质高产最佳结铃模式及其调节技术. 中国棉花，1987，14(7).

[9] 邓绍华，蒋国柱，潘小康. 棉花摘除早蕾后的生育、生理效应及优质增产机理研究. 作物学报，1991，17(6).

[10] 谈春松，黄树梅，李明博，等. 棉花成铃调控技术研究初报. 河南农业科学，1988，(3).

[11] 谈春松，阎文斌，黄树梅. 棉花摘除早蕾的生理功能研究. 河南农业科学，1990，(9).

[12] 刘伟仲，陈剑平，顾双平. 棉花化学封顶控晚蕾技术. 中国棉花，1989，16(4).

[13] 董合忠，辛承松，李维江，等. 山东滨海盐渍棉田盐分和养分特征及对棉花出苗的影响. 棉花学报，2009，21(4).

[14] Atef H, Safwat A D, Mahmoud A Z. Saline water management for optimum crop production. Agricultural Water Management, 1993，24(3).

[15] Brugnoli E, Bjorkman O. Growth of cotton under continuous salinity stress: influence on allocation pattern, stomatal and non-stomatal components of photosynthesis and dissipation of excess light energy. Planta, 1992，187(2).

[16] Qadir M, Shams M. Some agronomic and physiological aspects of salt tolerance in cotton (*Gossypium hirsutum* L.). Journal of Agronomy & Crop Science, 1997，179(2).

[17] Gouia H, Ghorbal M H, Touraine B. Effects of NaCl on flows of N and mineral ions and on NO_3 - reduction rate within whole plants of salt-sensitive bean and salt-tolerant cotton. Plant Physiology, 1994，105(4).

[18] Diego A M, Marco A O, Carlos A M, et al. Photosynthesis and activity of superoxide dismutase, peroxidase and glutathione reductase in cotton under salt stress. Environmental and Experimental Botany, 2003，49(1).

[19] 刘金定，朱召勇. 棉花品种在不同盐浓度胁迫下的生理表现. 中国棉花，1995，22(9).

[20] 董合忠. 盐碱地棉花栽培学. 北京：科学出版社，2010：151 - 195.

[21] Cramer G R. Influx of Na^+, K^+, Ca^{2+} into roots of salt-stressed cotton seedling. Plant Physiology, 1987,83(3).

[22] Yeo A. Molecular biology of salt tolerance in the context of whole plant physiology. Journal of Experimental Botany, 1998,49(323).

[23] Martinez V, Läuchli A. Phosphorus translocation in salt-stressed cotton. Physiologia Plantarum, 1991,83(4).

[24] Beringer H, Troldenier G. The influence of K nutrition on the response of plants to environmental stress. Potassium Research-Review and trends, 11th Congress of the International Potash Institute. Bern, Switzerland, 1980:189 - 222.

[25] 杨晓英,杨劲松,李冬顺.盐胁迫条件下不同栽培措施对棉花生长的调控作用研究.土壤,2005,37(1).

[26] Chen W P, Hou Z N, Wu L S, et al. Effects of salinity and nitrogen on cotton growth in arid environment. Plant And Soil, 2009(326).

[27] He C X, Shen G, Pasapula V, et al. Ectopic expression of *AtNHX1* in cotton (*Gossypium hirsutum* L.) increase proline content and enhances photosynthesis under salt stress conditions. Journal of Cotton Science, 2007,11(4).

[28] Lv S L, Zhang K W, Gao Q, et al. Overexpression of an H^+ - PPase gene from *Thellungiella halophila* in cotton enhances salt tolerance and improves growth and photosynthetic performance. Plant Cell Physiology, 2008,49(8).

[29] Zhang H J, Dong H Z, Li W J, et al. Increased glycine betaine synthesis and salinity tolerance in *AhCMO* transgenic cotton lines. Molecular Breeding, 2009,23(2).

[30] 赵可夫,王韶唐.作物抗性生理.北京:中国农业出版社,1990:300 - 304.

[31] Dong H Z, Li W J, Tang W, et al. Furrow seeding with plastic mulching increases stand establishment and lint yield of cotton in a saline field. Agronomy Journal, 2008,100(6).

[32] Dong H Z, Kong X Q, Luo Z, et al. Unequal salt distribution in the root zone increases growth and yield of cotton. European Journal of Agronomy, 2010,33(4).

[33] Dong H Z, Li W J, Tang W, et al. Early plastic mulching increases stand establishment and lint yield of cotton in saline fields. Field Crops Research, 2009,111(3).

[34] Dong H Z, Li W J, Xin C S, et al. Late planting of short-season cotton in saline fields of the Yellow River Delta. Crop Science, 2010,50(1).

[35] 夏文省.转基因抗虫棉生育特性及优质高产高效栽培新技术.北京:中国农业科学技术出版社,2006:96 - 100.

[36] 高璆.棉花优质高产栽培理论与实践.南京:江苏科学技术出版社,1988:237 - 243.

[37] 杨铁钢,谈春松,郭红霞.棉花营养生长和生殖生长关系研究.中国棉花,2003,30(7).

[38] 董合忠,李维江,唐薇,等.留叶枝对抗虫杂交棉库源关系的调节效应和对叶片衰老与皮棉产量的影响.中国农业科学,2007,40(5).

[39] 董合忠,牛曰华,李维江,等.不同整枝方式对棉花库源关系的调节效应.应用生态学报.2008,19(4).

[40] 唐薇,牛曰华,张冬梅,等.留叶枝去早果枝对抗虫棉生长发育及产量的影响.中国农学通报,2006,22(8).

[41] 牛曰华,董合忠,李维江,等.去早果枝对抗虫棉产量、品质和早衰的影响.棉花学报,2007,19(1).

[42] 杨铁钢,黄树海,勒永胜,等.棉株载铃量对其主要生育性状的影响.华北农学报,1999,14(3).

[43] 涂昌玉.徐筱南.棉花产量与苗情与气候关系研究.棉花学报,1992,4(增刊).
[44] 陈奇恩,翁惠玉,南殿杰,等.控根栽培与棉花高产.山西农业科学,1989(1).
[45] 李永山,冯利平,郭美丽,等.棉花根系的生长特性及其与栽培措施和产量关系的研究Ⅰ.棉花根系的生长和生理活性与地上部分的关系.棉花学报,1992,4(1).
[46] 李永山,冯利平,郭美丽,等.棉花根系的生长特性及其与栽培措施和产量关系的研究Ⅱ.栽培措施对棉花根系生长的影响及其与地上部和产量的关系.棉花学报,1992,4(2).
[47] 吴云康,戴敬,陈德华.氮肥对棉花根系载铃量的效应研究.棉花学报,1992,4(2).
[48] 凌启鸿.作物群体质量.上海:上海科学技术出版社,2000:327 - 331.
[49] Dong H Z, Niu Y H, Li W J, et al. Effects of cotton rootstock on endogenous cytokinins and abscisic acid in xylem sap and leaves in relation to leaf senescence. Journal of Experimental Botany. 2008,59(6).
[50] Dai J L, Dong H Z. Stem girdling influences concentrations of endogenous cytokinins and abscisic acid in relation to leaf senescence in cotton. Acta Physiologiae Plantarum, 2011,33(5).
[51] 翁才浩,金庆生,石吟梅.棉花根系干物质积累与地上部生育的关系.中国棉花,1982,9(4).
[52] 戴敬.不同施肥水平的棉花根系生长及生理活性.上海农业学报,1998,14(2).
[53] 蒋志华,吴金水,陈荣,等.棉花根系发育与耕翻深栽的关系.中国棉花,1984,11(2).
[54] 毛树春,董合林,裴建忠.棉花栽培新技术.上海:上海科学技术出版社,2002:154 - 169.
[55] Dong H Z, Li W J, Tang W, et al. Enhanced plant growth, development and fiber yield of *Bt* transgenic cotton by an integration of plastic mulching and seedling transplanting. Industrial Crops and Products, 2007(26).
[56] 毛树春,宋美珍,庄军年,等.黄淮海平原棉麦共生期间棉田土壤温度效应的研究.中国农业科学,1998,3(6).
[57] 毛树春,邢金松,宋美珍,等.黄淮海棉区棉麦两熟光能流与物质流研究,Ⅰ.共生期棉行光分布与日总量.棉花学报,1995,7(4).

第二十四章　棉、麦两熟种植的生态生理

我国人多地少，改革耕作制度，提高耕地复种指数和周年产出，对满足日益增长的大宗农业产品需求具有重要的战略意义和经济意义。为此，自20世纪50年代至今，黄河流域棉区不遗余力研究、开发和推行棉、麦两熟种植技术，取得粮棉双高产、双丰收的成果；在两熟间作套种的理论研究方面也取得重要进展，对改革耕作制度和提高棉田周年产出提供了重要的理论依据和指导。

第一节　棉、麦两熟种植的发展

一、棉、麦两熟制的发展历程

(一) 麦、棉两熟的发展

麦、棉两熟种植由来已久。明末《农政要书》记载，"今人种麦杂棉者，多苦于迟，亦有一法，予于旧冬耕熟地，穴种麦，来春就于麦垄中穴种棉。但能穴种棉，即麦种棉，亦可刈麦。"但由于生产条件和技术水平等因素的限制，至20世纪50年代棉、麦两熟仍处于零星种植阶段，70年代以后才逐渐发展。黄河流域麦、棉两熟耕作制度的改革与发展历程大致可分为三个阶段。

第一阶段，20世纪50年代到80年代，麦、棉两熟从起步到发展为规模种植。首先是50年代的零星种植，到70年代的较快发展，1976年北方6省(市)麦、棉两熟棉田占棉田总面积的15%左右。80年代以来，麦、棉两熟制迅速发展，仅河南、山东两省就由1982年的27万hm^2，发展到1984年的123万hm^2，其中麦、棉套种面积70多万hm^2，占麦、棉两熟棉田面积的57.2%。本阶段肯定了改棉田一熟为两熟的增产效果，小麦产量2 564 kg/hm^2，籽棉产量2 771 kg/hm^2，相当于一熟棉花的90.2%，每公顷收益增600～900元，基本明确发展两熟应具备的条件，提出最佳配置方式，以及品种搭配、密度、灌溉、施肥和打顶等技术措施，确定麦棉两熟种植带北至36°N以南地区。

第二阶段，20世纪90年代，麦、棉两熟制的发展达到高峰。1992年黄河流域棉区两熟种植面积达219万hm^2，占本流域棉田的60.5%。其中，河南占95%，全省均有分布；山东占55%，主要分布在鲁西南；河北省最高年份达到45%，主要分布于冀南地区。本阶段充分肯定了麦、棉两熟实现粮、棉种植面积的双扩大和产量的双增加，即"双扩双增"。小麦3 000～3 750 kg/hm^2，相当于满幅播小麦的70%～80%，皮棉1 200～1 350 kg/hm^2，产量和霜前花率接近一熟棉田水平，提出春套4－2或3－2式、夏套棉3－1式等配置方式，建立以棉为主、粮棉并举的技术体系，确定麦、棉两熟种植带北至38°N以南的石家庄—德州一线。

第三阶段，进入 21 世纪，麦、棉两熟制规模稳中有降，但种植模式和种植区域又有新发展。在优化麦、棉套种模式和技术的基础上，开展麦后连作试验和示范，进一步提高周年产出和双增双扩效果，小麦单产 6 000～7 500 kg/hm²，籽棉单产 3 051～3 650 kg/hm²；基本解决连作短季棉工厂化育苗和机械化移栽难点，争取季节 20～25 d，赢得≥10 ℃活动积温 400 ℃·d 以上，初步形成粮、棉并举的连作双高产模式，提出通过育苗移栽两熟种植带可以北移到 40°N 以南的京津唐地区。

（二）麦、棉两熟的主要配置方式

麦、棉两熟制主要采用套种模式，配置方式大致分为以粮为主和粮、棉并举两种类型。以粮为主的配置方式有 2-1 式、3-1 式、5-2 式和 6-2 式等，2-1 式和 3-1 式带(畦)宽 90～100 cm，种 2 行或 3 行小麦，占地 20 cm 或 40 cm，预留棉行 60～70 cm，麦、棉间距 30 cm；5-2 式和 6-2 式带宽 180～200 cm，种 5 行或 6 行小麦，占地 100 cm 或 120 cm，预留棉行宽 80～100 cm，麦、棉间距 25 cm。该类方式小麦产量相当于满幅播种的 70%～80%。粮、棉并举的配置方式有 3-2 式与 4-2 式，带宽 150～160 cm，种 3 行或 4 行小麦，占地 40 cm 或 60 cm，预留棉行宽 110～100 cm，麦、棉间距 25 cm。该类方式小麦产量相当于满幅播种的 60%～70%。同时推进垄作，小麦播于垄下以降低小麦高度，棉花播于垄上，增加地面光照，提高地温，便于灌溉。

生产上还有一种以粮为主的配置方式，即“麦棉塞”，小麦产量相当于满幅播种，棉花采用短季棉品种，在小麦收获前的 20 d“塞”播于小麦的宽行内。另外，不少研究工作者通过对两熟种植带宽的增、减，对配置方式进行了改良。如曹鸿鸣等将 3-1 式带宽减少至 80 cm，并探索出一套与之相配套的栽培措施，改良后的 3-1 式小麦产量 6 000 kg/hm²，皮棉 1 350 kg/hm²，比传统 3-1 式增产小麦 14%，皮棉产量和纤维品质基本不受影响。

棉、麦套种曾经是黄淮海平原占主导地位的种植方式。但是，进入 21 世纪以来，棉、麦套种的绝对面积和所占比例都显著下降，究其原因：一是棉花无论春套还是夏套，麦套棉都存在前期迟发，后期晚熟，产量不高，优质棉少的问题，成为制约棉花生产发展和提高种植效益的关键技术难点；二是由于棉、麦两熟套种的机械化程度低，小麦机播机收的问题没有得到很好解决，费工费时，且综合效益比不上棉、瓜(菜)套种，导致棉、麦两熟制的种植面积减少。

二、棉、麦两熟周年产出及其增产效果

（一）麦、棉两熟产出与单作棉花比较

根据中国农业科学院棉花研究所在河南安阳的定位试验(表 24-1)：20 世纪 50～60 年代(1959～1961)套作小麦产量 1 976 kg/hm²，籽棉产量 2 925 kg/hm²，棉花产量相当于单作的 89%；70 年代(1972～1975)，套作小麦产量 2 624 kg/hm²，籽棉产量 2 463 kg/hm²，棉花产量相当于单作的 90%；80 年代套作小麦产量平均 3 326 kg/hm²，籽棉产量 3 156 kg/hm²，棉花产量相当于单作的 93%。其中，陆绪华等报道两熟套种小麦产量 2 302.5 kg/hm²，皮棉产量 964.5 kg/hm²，棉花产量相当于单作棉花的 95.4%。李绍虞等在山东省陵县张习桥乡的调查，小麦产量 4 350 kg/hm²，籽棉产量 3 900 kg/hm²，籽棉相当于单作棉花的 89.7%；90 年

表 24-1　1959～2008 年棉、麦两熟种植小麦和棉花产量比较

(韩迎春、毛树春,2010)

年度和年代	配置方式	小麦(kg/hm²)	籽棉(kg/hm²)	籽棉占单作的比例(%)
1959	3-2 式	2 156	2 931	92.7
1960	3-2 式	2 081	2 994	83.0
1961	3-2 式	1 692	2 850	90.4
60 年代平均		1 976	2 925	89.0
1972	3-2 式	2 869	2 647	80.2
1973	3-2 式	2 083	2 641	94.6
1974	3-2 式	2 336	2 510	103.2
1975	3-2 式	3 209	2 054	82.5
70 年代平均		2 624	2 463	90.0
1981～1985	3-2 式	2 303	2 411	95.4
1987	多方式	4 350	3 900	89.7
80 年代平均		3 326	3 156	93.0
1991～1993	3-2 式	2 849	2 681	99.8
1991～1993	4-2 式	3 105	2 359	87.9
1991～1993	5-2 式	3 824	2 498	93.0
1991～1993	6-2 式	4 349	2 180	81.2
1994～1997	3-2 式	3 700	2 250	100.0
1994～1997	3-2 式	4 500	3 375	100.0
1998	4-2 式	3 303	3 102	92.1
1999	3-2 式	3 959	3 448	88.3
2000	4-2 式	6 428	2 465	72.9
90 年代平均		4 002	2 706	91.0
2001	4-2 式	4 491	3 202	73.3
2002	3-1 式	4 418	3 202	82.4
2003	4-2 式	4 086	1 879	68.4
2004	4-2 式	4 866	2 514	84.0
2005	4-2 式	3 862	3 470	95.9
2005	3-2 式	3 872	3 528	97.6
2005	3-1 式	4 337	2 789	77.1
2006	3-2 式	3 750	2 934	76.7
2007	3-2 式	4 226	3 174	98.7
2008	3-1 式	5 279	2 439	67.1
2008	3-2 式	3 900	2 778	76.4
21 世纪套种平均		4 281	2 901	82.0
2006	棉、麦连作	7 500	3 650	95.4
2007	棉、麦连作	6 000	3 051	94.9
21 世纪连作平均		6 750	3 350	95.0
总平均		3 861	2 836	88.0

[注] 本表根据中国农业科学院棉花研究所定点试验资料整理。

代套作小麦产量平均 4 002 kg/hm²,籽棉产量 2 706 kg/hm²,相当于一熟单作(同纯作)棉花产量的 91%。其中,梁理民等对陕西省棉、麦两熟不同配置方式的产量进行了比较,两熟种植小麦产量 3 532 kg/hm²,籽棉产量 2 429 kg/hm²,相当于单作棉花籽棉产量的 90.5%。毛树春等采用 120 cm 一带的小 3-2 式,进行短季棉提早套种“密、矮、早”模式的研究,发现短季棉提前套种可提早 10～20 d 播种，增加了生长季节，小麦平均产量达到 3 700～4 500 kg/hm²，皮棉产量 900～1 350 kg/hm²，棉花产量与同等条件下的春播地膜覆盖棉花相当，且棉花早熟 15 d。据中国农业科学院棉花研究所在河南安阳长期的定点试验，21 世纪头 10 年套作小麦产量平均 4 281 kg/hm²，籽棉产量 2 901 kg/hm²，相当于一熟单作棉花产量的 82%；连作小麦平均产量 6 750 kg/hm²，籽棉产量 3 350 kg/hm²，相当于一熟单作棉花产量的 95%。

棉、麦套作是提高复种指数，扩大生产面积的有效途径。韩湘玲等对黄淮海平原粮食生产的研究表明，一年两熟比一熟生产力提高近 1 倍。从 1959 年以来的众多研究和相关资料分析，棉、麦两熟不同配置方式套种和连作，平均小麦产量达到 3 861 kg/hm²，籽棉产量 2 836 kg/hm²，相当于单作棉花籽棉产量的 88%，即棉、麦两熟种植与一熟单作棉花相比，虽然每公顷损失了 12%的籽棉产量，但却增加了 3 861 kg 小麦的产出；在水肥条件较好地方，有时两熟种植的籽棉产量与一熟单作棉花相当（表 24－1）。

据韩迎春对中国农业科学院棉花研究所近 50 年试验资料整理（图 24－1），棉、麦两熟套作种植小麦产量随时代的变迁呈"波浪形"渐增的变化趋势。从 20 世纪 60 年代（1 976 kg/hm²）至 21 世纪（4 281 kg/hm²）的 50 年中，套作小麦产量以 1.56%的年均增长率逐年增长，产量增加了 2.17 倍，这与一系列性状优良的配套小麦品种的选育成功是密不可分的，这类品种矮秆、大穗、旗叶上举、耐密、抗倒伏、抗病、播种日期弹性大，适合两熟套作。其中，60 年代至 70 年代小麦产量增长最快，年均增长率为 1.43%（以 1959～1961 年套作小麦平均产量 1 976 kg/hm² 代表 50 年代末和 60 年代初的产量水平；以 1972～1975 年套作小麦平均产量 2 624 kg/hm² 代表套作小麦 70 年代平均产量，按 20 年间隔计算）；70 年代至 80 年代（3 326 kg/hm²）20 年间小麦产量年均增长率为 1.19%，80 年代至 90 年代（4 002 kg/hm²）20 年间小麦产量年均增长率为 0.93%；而 90 年代至新世纪（4 281 kg/hm²），小麦产量年均增长率仅为 0.38%，套作小麦产量增长处于徘徊时期，如果没有新型种植模式和种植技术的突

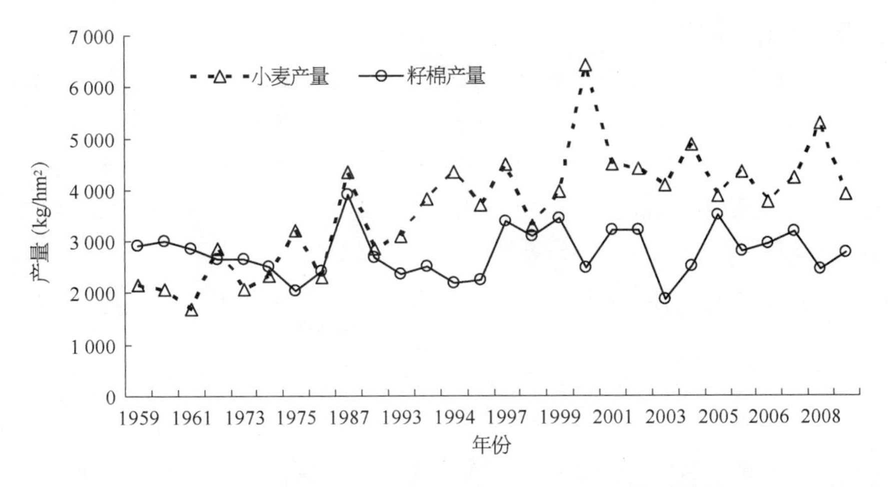

图 24－1　棉、麦两熟种植不同年代小麦和棉花产量比较

（韩迎春据中国农业科学院棉花研究所试验资料整理制图，2010）

破,将无法保持套作小麦产量持续增长的势头。

21世纪以来开展小麦、棉花连作模式的试验,实行小麦满幅播种,产量高达6 000～7 500 kg/hm²(表24－1),较两熟套作小麦增产1倍左右;与20世纪60年代相比,小麦产量年均增长率达到2.49%;棉花采用育苗移栽、增加密度、重施基肥等措施,籽棉产量达到3 350 kg/hm²,但霜前花率尚不足80%,还需在早熟品种、缩短移栽返苗期促进早发、后期催熟等方面进行深入研究。

棉、麦两熟套作籽棉产量年际间有波动,但随时代变迁籽棉产量稳中有升(图24－1)。20世纪50年代末(1959～1961)至70年代(1972～1975),棉、麦套作籽棉平均产量为2 661 kg/hm²;1981年至2000年平均籽棉产量为2 788 kg/hm²,较50年代末至70年代均值增产籽棉127 kg/hm²,增幅4.8%;2001～2008年平均籽棉产量为2 901 kg/hm²,比50年代末至70年代均值增产籽棉240 kg/hm²,增幅9.0%。套作棉花配置方式不规范,生产上多选用以粮为主的方式,以及棉田用工较多,近年来农村劳动力转移导致的棉田管理越来越粗放和不到位等因素,是套作棉花增产不明显的主要原因。

(二)不同配置方式对棉花产量的影响

毛树春等对河南省扶沟县3个地点棉、麦两熟不同配置方式产量及效益的分析表明,6－2式每公顷产小麦3 199.5 kg,较4－2式增106.5 kg,较3－1式增117.0 kg,但差异不显著;6－2式每公顷籽棉产量823.5 kg,较4－2式少243.0 kg,减幅22.8%,差异极显著,较3－1式少57.0 kg/hm²,差异不显著。梁理民等对陕西省棉、麦两熟不同配置方式的产量的比较,小麦产量6－2式＞5－2式＞4－2式＞3－2式,6－2式小麦产量达到4 349 kg/hm²,较5－2式增产13.7%,较4－2式增产40.1%,较3－2式增产52.7%;棉花产量3－2式＞5－2式＞4－2式＞6－2式,3－2式籽棉产量达到2 681 kg/hm²,较5－2式增产7.3%,较4－2式增产13.6%,较6－2式增产23.0%。

曹鸿鸣等的研究表明,3－1式小麦产量5 322 kg/hm²,皮棉产量达到1 354 kg/hm²的高产水平。研究结果还表明,将3－1式带宽减少至80 cm,可增产小麦14%,对棉花产量、纤维品质无显著不良影响。毛树春等研究结果表明,4－2式小麦产量达到4 573 kg/hm²,较3－2式增产3.7%;籽棉产量3 250 kg/hm²,较3－2式减产2.8%。

据中国农业科学院棉花研究所1998～2008年连续11年的定位试验,棉、麦两熟不同配置方式周年产出有明显差异,小麦产量3－1式＞4－2式＞3－2式,其中3－1式小麦产量达到4 678 kg/hm²,较4－2式增产3.8%,较3－2式增产18.7%。籽棉产量以3－2式最高,达到3 172 kg/hm²,较3－1式增产12.9%,较4－2式增产400 kg/hm²,增幅4.4%。

总之,以粮为主的配置方式可增产小麦(图24－2)。3－1式小麦产量最高;其次为5－2式和6－2式;第三为4－2式和3－2式。以粮为主的3－1式、6－2式和5－2式平均小麦产量达到4 029 kg/hm²,较以棉为主的4－2式和3－2式小麦增产21.8%。而以棉为主的配置方式则表现为增产棉花,4－2式和3－2式籽棉产量平均达到2 868 kg/hm²,较3－1式、5－2式和6－2式平均籽棉增产16.0%。

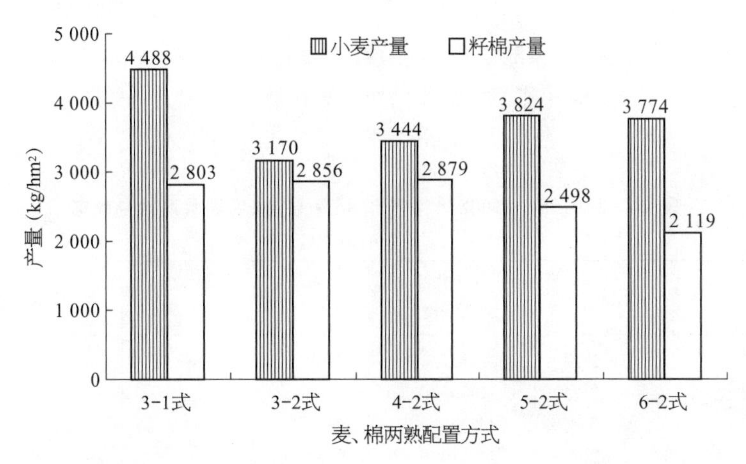

图 24-2 棉、麦两熟不同配置方式小麦和籽棉产量比较

（韩迎春据相关文献和中国农业科学院棉花研究所定点试验资料整理，2010）

三、棉、麦两熟的效益分析

棉、麦两熟套作，小麦播种面积仅相当于纯作小麦的 1/3，而产量却相当于纯作小麦的 60%；套作棉花播种(移栽)面积相当于纯作棉花的 2/3，而产量却相当于纯作棉花的 88%，与单作小麦或单作棉花相比，其经济效益显著。棉、麦两熟种植能实现粮、棉双高产，对解决粮、棉争地矛盾，确保粮食安全具有重要的社会效益。棉、麦两熟种植发挥了不同作物的互利作用。小麦群体是棉苗挡风御寒的屏障，也是瓢虫繁衍生息的良好场所，所以套作棉苗病轻，棉蚜数量少，不仅减少了用药次数，减轻了环境污染，还有利于农田生态平衡，其生态效益也相当可观。

(一) 棉、麦两熟周年效益分析

据中国农业科学院棉花研究所 1981～1985 年试验，棉、麦套种年平均产值 4 324 元/hm^2，比单作棉花增值 651 元/hm^2；即 1 hm^2 棉、麦套种的纯收入相当于 3 hm^2 左右小麦、玉米两熟粮田。李绍虞等研究，山东省张习桥乡棉、麦两熟纯收入 13 365 元/hm^2，较单作棉花增 31.0%；较小麦、玉米两熟粮田增 11.0%。梁理民等报道，陕西省棉、麦两熟主要配置方式产值平均达到 13 485 元/hm^2，较单作棉花增 17.4%。王兆晓等报道，河北省南宫棉、麦两熟产值平均达到 14 187 元/hm^2，较单作棉花增 2.3%。吴健等报道，安徽淮北棉、麦两熟产值 23 767 元/hm^2，较单作棉花增 18.1%。中国农业科学院棉花研究所 1998～2008 年在河南省安阳的研究结果表明，棉、麦两熟净产值达到 18 750 元/hm^2，较单作棉花增 10.4%。综合 1981～2008 年以来诸多研究结果，棉、麦两熟周年净产值平均达到 16 481 元/hm^2，较单作棉花增值 7.2%，经济效益明显。

(二) 棉、麦两熟不同配置方式周年效益分析

以棉为主的配置方式平均产值达到 15 491.5 元/hm^2(表 24-2)，较以粮为主的配置方式产值增加 7.6%。分析其原因，主要在于以棉为主型配置方式棉花产出高，小麦产出低；而

以粮为主的配置方式小麦产出高，棉花产出低，在粮、棉比价较适宜的时期，以棉为主的棉、麦两熟配置方式效益较高是必然的。然而，随着小麦售价的不断提高，粮、棉比价日趋上扬，以及种植小麦省工省时，而棉花则费工费时，棉、麦两熟不同配置方式的效益正在悄然发生变化。

表 24－2　1981～2008 年度不同配置方式棉、麦两熟效益比较

（韩迎春，2010）

年　份	配置方式	套种效益（元/hm^2）	年　份	配置方式	套种效益（元/hm^2）
1991～1992	3－1 式	9 411.0	1995	3－2 式	15 111.7
1991～1992	6－2 式	8 869.5	1996	4－2 式	16 746.0
1991～1993	5－2 式	11 050.0	1997	3－2 式	17 968.5
1991～1993	6－2 式	14 510.0	1998	4－2 式	16 115.6
1992～1995	3－1 式	23 767.0	1999	3－2 式	18 231.3
2002	3－1 式	14 525.0	2000	4－2 式	14 943.6
2005	3－1 式	16 961.2	2001	4－2 式	16 295.3
2008	3－1 式	16 109.6	2003	4－2 式	12 714.4
以粮为主配置方式平均		14 400.4	2004	4－2 式	17 584.2
1981～1985	3－2 式	4 324.4	2005	4－2 式	19 924.7
1987～1990	3－2 式	13 365.0	2005	3－2 式	20 223.7
1991～1992	4－2 式	10 858.5	2006	3－2 式	17 973.8
1991～1993	3－2 式	18 350.0	2007	3－2 式	19 250.6
1991～1993	4－2 式	10 030.0	2008	3－2 式	16 555.7
1995	4－2 式	13 263.2	以棉为主配置方式平均		15 491.5

［注］本表根据相关文献和中国农业科学院棉花研究所定点试验资料整理。

21 世纪正在兴起的棉、麦两熟连作种植模式的经济效益较高。韩迎春等报道，麦后移栽棉花净产值 12 783.7 元/hm^2，较小麦—玉米粮、粮两熟净产值增加 1 983.7 元/hm^2，实现粮棉高产、高效益的双赢。进一步研究认为，采用提早移栽、适当密植、适宜苗龄移栽等措施，可增加麦后移栽连作棉花产量，从而提高净产值达到 20 485.0 元/hm^2。但该模式在后期不使用催熟剂的前提下，霜前优质棉产出率较低，促早栽培技术措施、早熟品种及化学催熟剂的应用是以后的研究重点。

四、棉、麦两熟的发展和增产增效的主要原因

麦、棉品种的改良及生产条件的改善，栽培技术的改进和物化投入的增加，使得两熟种植的生产力得以全面提升，其潜在生产力转化为现实生产力。

（一）配套品种的改良

麦、棉配套新品种的育成推进两熟种植的稳步发展，为两熟种植提供品种支持。

小麦品种熟性的提早和播期弹性的增强，有利于小麦的晚播和早熟，实行早腾茬、早整地和早播种，实现早发的良性循环。小麦播种期弹性的增强和适当增加播种量，有利提高两熟生产的稳定性和持久性。

小麦农艺性状的改良——高秆变成矮秆（小麦高度，河南一般 90～100 cm，山东 100～

110 cm,河北 75～85 cm,均比 80 年代以前的高度降低 10 cm 以上),有利预留棉行的增光增温;特别是 20 世纪 90 年代以后,基本没有出现大面积小麦倒伏问题,有利共生期间的棉花生长。小麦高度除受品种影响以外,水资源和灌溉条件的影响也较大,相对而言,山东棉区灌溉充分,河南次之,河北因缺水灌溉不充分,小麦高度最矮。

小麦叶片上举,叶宽度变窄,有利缓解共生期光温的竞争矛盾。

棉花中早熟品种——中棉所 17 号和中棉所 19 号等的育成,生育期 125 d 上下,对克服共生期竞争导致的弱苗迟发晚熟有利,前发性强和后发性弱的棉花品种有利自身熟性的提早;还适于合理密植,增加密度,有利实行以密增早。

棉花早熟品种——中棉所 10 号、中棉所 16 号和中棉所 50 号等的育成,生育期 110 d,有利于克服晚播早熟矛盾,生育期的缩短,还有利于两熟种植方式的北移。

(二) 生产条件的改善

生产条件,特别是农田水利建设为黄河流域两熟双高产提供基本保障条件。由于黄河流域降水分布不均,春旱发生频率高,通过农田水利建设,一般每 5.3 hm^2 拥有一口机井,可以满足麦、棉生长的水分需要。小麦灌浆期正值需水高峰期,此时棉花处于幼苗期,抗旱能力弱,缺水容易引起弱苗,“浇麦洇棉”,一水两用,满足麦、棉需要,也提高了水分利用效率。

(三) 栽培技术的改进和物化投入的增加

地膜覆盖和育苗移栽技术的应用,加快两熟种植的推广。

化肥投入的增加满足两熟生产的营养条件,一熟改成两熟,氮磷钾需要增加一倍多。

机械化装备的使用,提高整地、播种的质量和效率,有利提高两熟生产的基础水平,小麦机械化收获,有利早腾茬、早腾出劳动力管理棉田。

(四) 双增双扩的效应显著

棉田一熟改两熟,复种指数从棉田一熟的 100%扩大到棉、麦两熟的 200%,等于扩大小麦播种面积的 50%,以两熟 200 万 hm^2 测算,按表 24－1 定位试验数据,90 年代小麦平均单产 3 750 kg/hm^2,等于增产小麦 750 万 t;按皮棉 975 kg/hm^2 计算,生产皮棉 195 万 t。按表 24－1,21 世纪前 8 年定位试验数据,小麦平均单产 4 500 kg/hm^2 计算,等于增产小麦 900 万 t,按皮棉 1 095 kg/hm^2 计算,生产皮棉 219 万 t,实现从棉田要粮和粮、棉双丰收目标,社会经济效益显著。

(五) 充分利用光、温、水、土资源

1. 充分利用生长季节,提高土地利用率　黄河棉花种植区域,一般是 4 月中下旬播种,10 月下旬至 11 月上中旬采收结束。如果只种一季棉花,冬闲 5 个月,不能充分利用全年的生长季节。小麦田棉花套作,棉花可提早播种 30～50 d,相对增加了生长期和积温,既能充分利用全年的生长季节,又能保证两熟的可持续生产,提高土地利用率。

2. 提高资源利用率　实行棉、麦套种后,从时间和空间两方面提高了光能的利用。套种棉田比一熟棉田全年叶面积显著增加,小麦充分利用了棉花发棵前和拔柴后的光能,从而延长了光合作用时间。同时,棉、麦复合群体,构成波状立体用光,比单作田平面用光增加了受光量,提高了光合生产率。套作小麦还可利用春秋两季棉花不能利用的≥0 ℃的积温,套作棉花则可利用≥10 ℃的活动积温。而且，棉花与小麦根系不同，入土深度亦不同，因此彼此可利用不同层次土壤的养分。

3. 边行效应明显　在两熟套种情况下，当小麦进入生长旺期，因有预留棉行，行间的光照强度比满幅播种小麦田要高得多。据中国农业科学院土壤肥料研究所在山东武城县基点测定结果，棉、麦套种与满播小麦相比，在距地面 30 cm 和 60 cm 处，套种小麦比满播小麦光照强度分别高 83%和 20%。因而套作小麦表现出茎粗、秆壮、有效分蘖多、粒多穗大、籽粒饱满等明显的边行优势。另据陆绪华等研究，套作小麦穗粒数比满播小麦增加 2.5～5.4 粒，穗粒重增 0.2～0.3 g，千粒重增 1.9 g。

小麦收获后，套种棉花因宽行增大，中后期通风透光条件比单作棉花好，也有利于边行优势的发挥。套作田预留行距的中下部及下部光照，比单作棉花相应部位的光照强度高 2～3 倍，单作棉花中部光照为自然光照的 32%～46%，套作棉花为 52.5%～75.5%，因此，套作棉花中部果枝成铃多，脱落少。套作棉花由于边行优势，其单株铃重平均增加了 0.17～0.20 g。

第二节　棉、麦两熟的生态特点

棉、麦两熟，从一年一熟制发展到一年两熟制，棉田复种指数从 100%增加到 200%，棉田产出大幅度增长。但是，由于棉、麦存在一定时间的共生期，受小麦的影响，棉花生长发育的生态环境发生了显著变化，表现出不同于纯作棉花的生态特点。

一、共生期光效应

棉花是喜光作物，棉叶的光饱和点和光补偿点都较高，只有在晴天高光照条件下，棉叶的光合作用效能才能充分发挥。在棉、麦复合群体中，光竞争严重，小麦在竞争中处于优势，而棉花处于劣势。小麦对棉花遮荫严重，棉苗所接受到的光照不足，棉叶不能充分发挥其光合作用效能，造成棉花苗弱迟发。共生期间预留棉行光照不足是较为突出的问题，也是影响棉花早发的重要限制因素。棉、麦共生期间，小麦对棉花的遮荫呈先增后降的趋势，齐穗期遮荫最严重，到黄熟期遮荫有所减轻，但仍足以影响棉花生长发育。扩大棉、麦间距，增宽预留行，降低小麦株高都有利于减少遮荫时间。

（一）复合群体日总受光量

预留棉行日均透光率变化在 26.3%～61.5%之间，宽窄行配置方式显著高于等行配置方式。据孙本普等研究，棉苗冠层小时平均光照强度，棉、麦共生期间，麦套春棉为 2.8 万 lx，纯作春棉 3.6 万 lx，麦套比纯作春棉减少 22.2%。由于小麦遮荫，棉苗冠层光照强度显著减少，这是麦套棉苗期迟发的主要原因。

（二）共生期太阳辐射日变化规律

棉、麦复合系统内辐射强度和辐射透射率的日变化均是随太阳辐射呈先升后降趋势，中午前后达到最大值，而早晚遮荫严重，辐射强度和透射率均较低。

种植模式对光照强度影响明显(图 24 - 3、图 24 - 4)，在 3 - 2 式棉、麦套种模式中，从早上开始太阳辐射强度持续上升，在 11:00～12:00 前后达到最大值，单种棉田太阳辐射强度峰值出现的时间较套种模式的早。太阳辐射强度的大小由于种植模式不同差异明显，在 5 月晴朗天气条件下，单作棉种植模式无论是何处位置的太阳辐射强度都较套种模式高。在同一时间段，相对位置上两者一般要相差 200～300 μmol/(m^2·s)。光合有效辐射透射率日变化与光照强度日变化有相似的变化趋势。潘学标等对 3－2 式套种模式预留棉行光合有效辐射透射率的研究表明(图 24－5)，在 4 月底小麦齐穗前，平均光合有效辐射透射率为 60%～70%，而齐穗后由于小麦株高增加，透射率降到 50%～60%，小麦生育后期叶片枯黄颇重，平均透射率又增到 60%～80%，中午前后的平均透射率较高，而早晚因太阳高度角较低，遮荫较重，平均透射率较低。据毛树春等对透光率研究(表 24－3)，预留棉行日均透光率变化在 26.3%～61.5%之间。宽窄行配置方式显著高于等行配置方式，随共生时间的延长，棉行和棉花受光量呈增多的趋势。

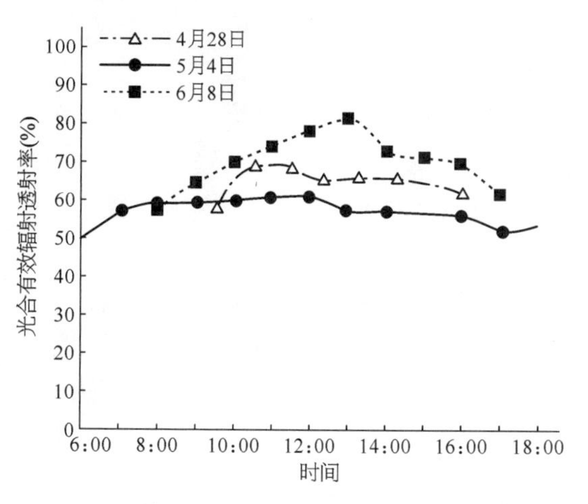

图 24－3　棉、麦 3－2 式套种模式光照强度日变化

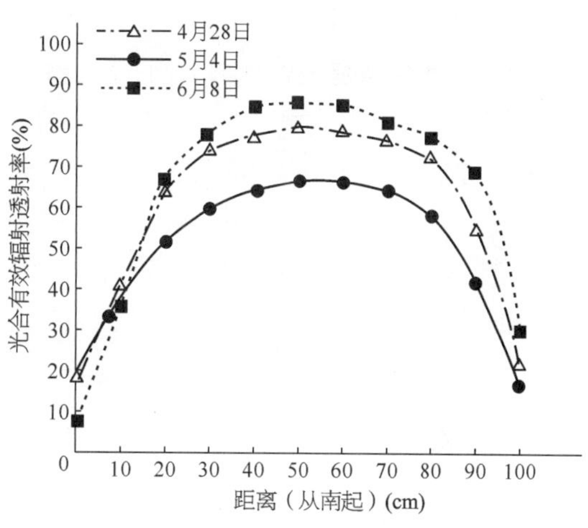

图 24－4　棉花单种模式光照强度日变化

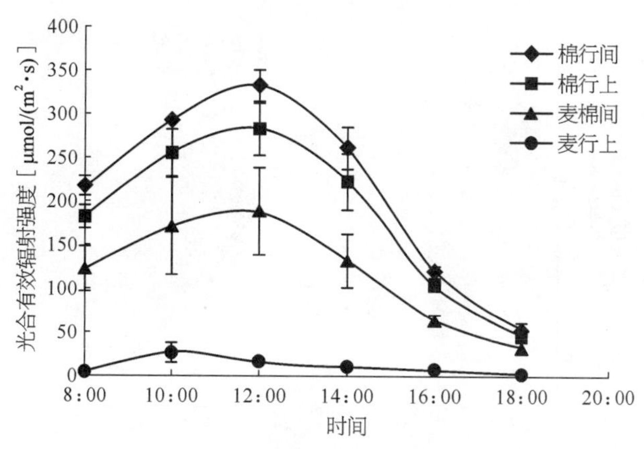

图 24－5　光合有效辐射透射率的日变化

(潘学标等，1994)

表 24-3　不同配置方式共生期棉行平均透光率及光合有效辐射比较

(毛树春等,1995)

处　理	日均透光率(%)			日均实际照度(lx)			光合有效辐射[μmol/(m²·d)]		
	前期	中期	后期	前期	中期	后期	前期	中期	后期
4-2式棉行	52.4	54.6	61.5	19 440	27 300	30 750	379.08	532.35	599.63
北行棉花	57.6	54.4	61.3	21 370	27 200	30 650	416.72	530.40	597.68
南行棉花	33.0	34.5	59.4	12 240	17 250	29 700	238.68	336.38	579.15
3-2式棉行	—	57.2	59.1	—	28 600	29 550	—	557.70	576.23
北行棉花	—	68.4	59.2	—	34 200	29 600	—	666.90	577.20
南行棉花	—	56.4	56.7	—	28 200	28 350	—	549.90	552.82
3-1式棉行	33.7	39.9	51.2	12 500	19 950	25 600	243.75	389.03	499.20
3-1式棉花	44.6	55.4	65.7	16 550	27 700	32 800	322.72	540.15	639.60
2-1式棉行	26.3	31.0	33.2	9 760	15 500	16 100	190.32	302.25	313.95
2-1式棉花	38.4	49.3	56.3	14 240	24 650	28 150	277.68	480.68	548.92

[注] 田间排列为东西行向。

(三) 共生期复合群体内太阳辐射空间分布规律

在单作棉花系统中,太阳辐射强度空间格局表现为棉行间的光照强度总是最大。在棉麦3-2式套种系统中,太阳辐射强度空间格局是(图24-5):棉行间>棉行里>棉、麦间>麦行里。5月麦行里光照强度极低,一般只有裸地光照强度的1/20～1/30,其他位置由于受到小麦的遮荫作用,光照强度都有不同程度的下降。

据潘学标等对3-2式套种模式预留棉行光合有效辐射透射率的研究(图24-6),棉、麦间距近的地方,由于直射光受到麦行遮荫,透射率明显偏低。在距麦行30 cm以内,随棉、麦间距的增加,透射率迅速递增;而从预留棉行南边小麦算起的30～80 cm间的透射率差别较小,齐穗期都在55%以上,黄熟期在65%以上;以行中间的透射率最高,齐穗期为67.7%,黄熟期为86.1%,往南、北两个方向递减,往南递减的速度快于往北。东西行向的麦套棉以预留棉行中央(50 cm处)为中心,两边棉、麦间距相等的对称位点,北部均较南部的透射率高些。3-2式棉花的南行棉、麦适宜间距应30 cm以上,北行也应为25～30 cm,这样才不会造成过重的荫蔽。

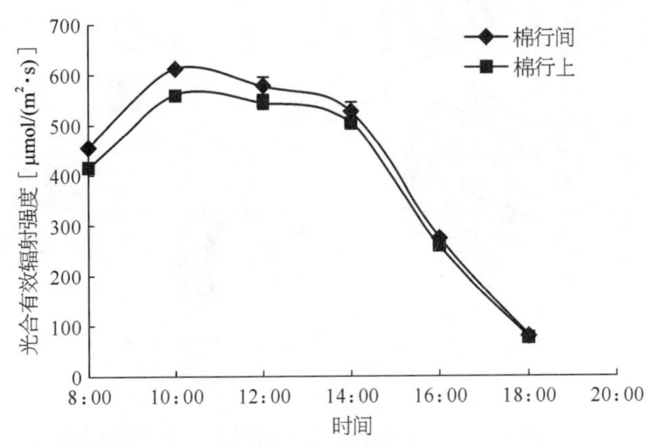

图 24-6　光合有效辐射透射率在各位点的平均值

(潘学标等,1994)

据毛树春等对不同配置方式预留棉行光分布规律研究结果，不同配置方式棉行的光分布型不同，宽窄行配置方式的 4－2 式棉行光分布呈宽的“凸”字形(图 24－7)。共生中期东西行向的北行棉花光照相对充足，南行棉花几乎全日无直射光。等行配置的 3－1 式棉花光分布呈偏而窄的“凸”字形。共生中期棉花只在 11:00～13:00 才有直射光，其余各时为漏散光、散射光和反射光。套种棉花光分布这一特点将直接影响其日光照总量和热量资源的获得。

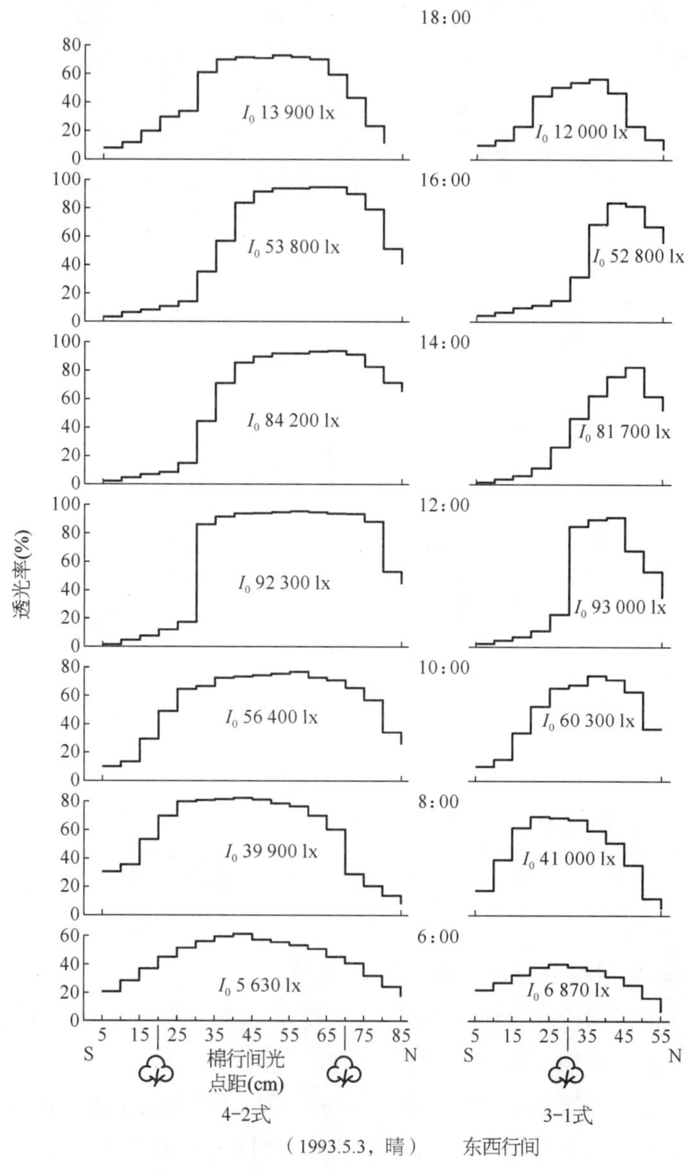

图 24－7　不同配置方式预留棉行光分布规律

(毛树春等，1995)

不同套种模式中光截获系数的空间变化规律，在共生期，光截获系数在不同行之间不同(图 24－8)。在小麦带中间(W5)的光截获系数在 0.83±0.05 到 0.91±0.03 之间，比小麦单作(0.94)稍低。从小麦的边行(E4 或 W4)到棉花行(E2 或 W2;3－1 式为 C1)光截获系数依次减少,光强也远低于单作棉花:从 5 月 1 日到 6 月 12 日单作棉花的光截获系数平均仅为 0.13。在靠近棉行的光截获系数分别为 3－1 式 0.68,3－2 和 4－2 式 0.53,6－2 式 0.50,可以看出,其光强远低于单作棉花。并且小麦行对带间空隙的遮荫作用在 3－1 模式中最大,而在 6－2 模式中则是相对较小。测量结果与带状种植模型的模拟结果一致。

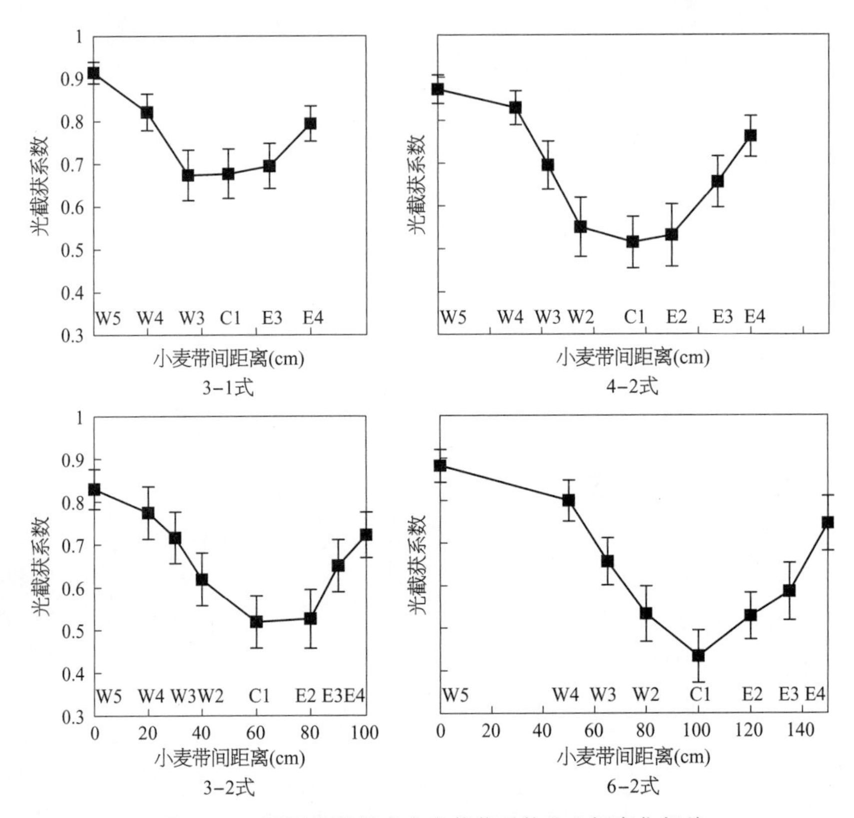

图 24－8 不同套种模式中光截获系数的空间变化规律

W5. 小麦带中间;C1. 两行棉花中间(其中 3－1 式为棉行);W4、E4. 麦边行;
W3、E3. 麦边行与棉行中间;W2、E2. 棉行
(张立祯等,2008)

(四)复合群体辐射截获量与光能利用效率

光截获量和光能利用效率,是描述作物系统包括套作资源捕获和利用效率特征的指标。提高作物生产力,要么通过获得较大的太阳辐射截获量,或者获得较高的光能利用效率,或者同时获得这两个效果。作物光能利用效率(LUE)是指每单位的光合有效辐射(PAR)累计截获量可生产的作物干物质的克数,是通过积累的生物量(DM)和累计 PAR 截获量之间建立的线性关系来定义的,描述为直线的斜率。套作系统中 PAR 的吸收主要由每种套种作物的叶面积指数和遮盖结构所决定。光截获量可以由日入射辐射量和适当的光截获系数计算得到。

据对不同套种模式下复合群体辐射截获量(图 24－9)与光能利用效率(表 24－4)研究,在四种套作方式(3－1、3－2、4－2 和 6－2)中,小麦 PAR 截获量分别是小麦单作的 83%、

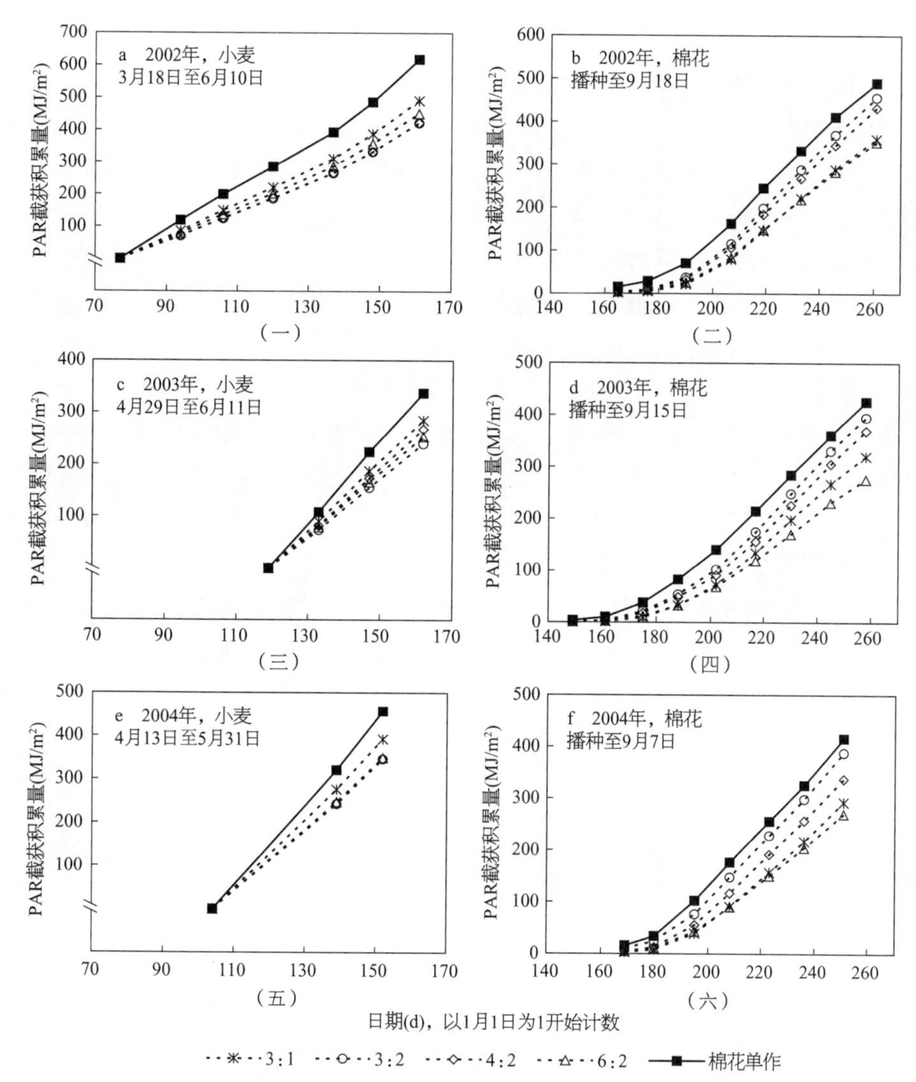

图 24-9　不同套种模式下 PAR 截获积累量变化

(张立祯等,2008)

表 24-4　不同套种模式下的光能利用效率(LUE)

(张立祯等,2008)

套种方式	光能利用效率[gDM/MJ(PAR)]		
	小麦拔节到收获	棉　　花	
		生殖生长期间	播种到吐絮
3-1	2.71 b	2.13 a	1.32 a
3-2	2.83 b	2.29 a	1.33 a
4-2	2.85 b	2.06 a	1.35 a
6-2	2.85 b	1.94 a	1.26 a
一熟	3.43 a	2.19 a	1.39 a

[注] 同列不同小写字母表示差异达 0.05 显著水平。表中 gDM 表示克生物量,MJ(PAR)表示兆焦耳 PAR 累计截获量,gDM/MJ(PAR)表示每兆焦耳 PAR 累计截获量可以生产的作物生物量克数;作物光能利用效率(LUE)是每单位的 PAR 累计截获量可生产的作物的生物量(干物质)的克数。

71%、73%和75%；棉花的PAR截获量分别是棉花单作的73%、93%、86%和67%。套种和单种小麦和棉花的光能利用率没有显著差异。冬小麦光能利用效率在生殖生长阶段为1.94～2.29 gDM/MJ(PAR)，从拔节期到收获在2.71～3.43 gDM/MJ(PAR)之间。棉花在套作和单作方式中的光能利用效率在1.26到1.39 gDM/MJ(PAR)之间。套作与任何作物单作相比增加了辐照截获量。

(五) 棉、麦套种对太阳辐射的影响

东西行向较南北行向能接受更多的太阳辐射。在棉、麦间距相同的条件下，东西行向种植的北行棉花在共生期间的光、温状况较南行的好。

据潘学标等分析显示，南北行向在小麦齐穗期棉行受遮荫的时间超过总日照时数的70%，而东西行向可控制到20%以下。3-2式棉、麦套种模式下，小麦齐穗期预留棉行中央的光合有效辐射较冠层减少30%，太阳总辐射削减19%；共生期间，预留棉行上的平均光合有效辐射仅为一熟棉田的50%～80%。

(六) 优化配置模式

棉、麦共生期内棉苗冠层的光照强度随着棉、麦间距的增加而增强，但棉苗冠层最高光照强度的平均值达不到棉叶的光饱和点。遮荫作用对棉花苗期的叶面积指数增长有显著影响，一般到小麦收获时棉花叶面积生长被延迟10 d左右。但不同套作方式有一定差别。预留棉行宽度从60 cm(3-1式)增加到100 cm(6-2式)不能消除这一影响。

据潘学标等对棉、麦3-2式套种模式预留棉行光合有效辐射透射率的研究表明，3-2式棉花的南行棉、麦适宜间距应30 cm以上，北行也应为25～30 cm，这样才不会造成过重的荫蔽。据毛树春等对6-2式、4-2式、3-1式三种种植模式下棉花封行期群体光强日变化规律研究结果表明，4-2式棉田群体光强日分布较合理，6-2式和3-1式的光浪费现象严重。

由此可见，棉、麦套种东西行向种植较优，3-2式和4-2式套种模式是比较优化的套种配置模式，套种棉花预留行在100～120 cm较合适。预留行太窄棉花遮荫较重，不利于早发；太宽即减少小麦覆盖率，降低小麦产量，棉、麦适宜间距为25～30 cm。

二、共生期热量效应

温度是影响作物生长发育进程的一个基本因素。温度条件是否满足棉、麦两季生长发育的需求，是能否实行棉、麦两熟种植制度的前提。目前人类尚不能大范围地改变温度条件，来满足作物生长发育的需要，只能顺应气候变化规律，科学地安排作物种植模式。棉、麦两熟套作棉、麦共生期由于小麦遮光、耗水量大，套作棉花苗期处于弱光照、低热量和干旱胁迫的不利条件下，造成套作棉花迟发晚熟，优质棉比例严重下降。因此，研究棉、麦两熟套作小麦和棉花对温度条件的要求及适宜温度指标，揭示棉、麦两熟不同配置方式地温和棉、麦复合群体作物层温度分布的变化特点，提出棉、麦两熟复合群体热量高效利用的配套技术措施，对提高棉、麦复合群体热能利用效率，缓解棉、麦复合群体共生期热量资源竞争压力具有重要意义。

(一) 棉、麦两熟种植，小麦和棉花生长发育对温度的要求

1. 套作棉花生长发育对温度的要求　棉、麦套作，棉花在不同生育时期，要求的适宜温度不同。大量研究表明，在一定的温度范围内，棉花的生理代谢随温度的升高而增强；生育进程随温度的升高而加快，生育期相应缩短。因此，认识温度和棉花生长发育的关系，有利于采取有效措施，合理利用热量资源，提高棉花利用温度的效率和水平。

棉、麦两熟所用棉花品种有春棉也有短季棉，对温度要求也有所不同。韩湘玲等报道，麦套中熟春棉种植区需要>0 ℃积温 5 000(℃・d)，>15 ℃积温 3 900(℃・d)；套种中早熟棉花品种需>10 ℃积温 3 750(℃・d)，套种中晚熟棉花品种需>10 ℃积温 4 100(℃・d)。短季棉中棉所 10 号在日平均温度 21～27 ℃条件下，播种至出苗需 6 d 左右，积温 130～170(℃・d)；出苗至现蕾需 24～30 d，积温 600～800(℃・d)；现蕾至开花需 21～26 d，积温 560～700(℃・d)；开花至吐絮需 55～70 d，积温 1 400～1 700(℃・d)。短季棉全生育期需 120 d 左右，需>10 ℃积温 3 000(℃・d)左右。

2. 套作小麦生长发育对温度的要求　实行麦、棉套种，棉花不能拔柴过早，否则影响产量；小麦不能播种过迟，否则导致冬前麦苗过弱。据对山东省 1984～1987 年多年试验资料分析，套作小麦一般在 10 月下旬播种，此时日平均气温 10～12 ℃，10 d 左右出苗；播种至出苗>0 ℃积温 100～120(℃・d)，播种至冬前停止生长需>0 ℃积温 230(℃・d)；返青至拔节为 36～46 d，需>0 ℃积温 250～330(℃・d)；拔节到抽穗 13～20 d，需>0 ℃积温 240～330(℃・d)；灌浆期 35 d 左右，需>0 ℃积温 840～1 010(℃・d)。套作小麦全育期需>0 ℃积温 1 730～1 830(℃・d)。

（二）棉、麦两熟共生期土壤温度与复合群体空间温度的变化特点

1. 棉、麦两熟棉田共生期土壤温度低，积温少　土壤的热源主要来自太阳辐射能，因此土壤温度变化主要受太阳辐射能的影响。棉、麦共生期间，由于小麦遮挡，套种棉行受光照时间比单作棉花少，因此棉花根区土壤温度一般要低于单作棉田。据张驹等在湖北的测定，4 月 5 cm 日平均地温，套种棉田比一熟单作棉田平均低 0.4 ℃，5 月份日平均地温低 0.7 ℃；套种棉田因小麦屏障保温，夜间散热慢，早上 7:00 的地温高于一熟单作棉田，但由于小麦行荫蔽，光照少，土温上升慢，午后地温显著低于一熟单作棉田。据四川省农业科学院棉花研究所测定，地表 5 cm 和 10 cm 土层温度，套种棉田均比一熟单作棉田低。据山东省农业科学院作物研究所测定，4 月 25 日至 5 月 24 日 5 cm 日平均地温，套种棉田与一熟单作棉田相比，晴天低 2.0～0.7 ℃；多云天低 1.7～0.5 ℃；阴天低 0.8～0.4 ℃。套种行越窄，温度越低。10 cm 地温，套种棉田也低于单作棉田，但其差值低于 5 cm 地温。

毛树春等的一系列研究表明，套种棉花共生期光热资源不足客观存在，共生期处于低热量状态。套作棉田与一熟单作棉田地温日变化均呈昼增夜减规律，10 cm 最高地温出现时间在 16:00，20 cm 最高地温在 20:00，30 cm 最高地温在 22:00～23:00；10 cm 最低地温出现时间在 7:00，20 cm 和 30 cm 最低地温出现时间均在 11:00。棉、麦全共生期棉行 10 cm、20 cm、30 cm 土层平均温度比一熟单作棉田低 1.5～2.0 ℃/d，套种棉田地温无论露地直播还是地膜覆盖直播都比一熟单作棉田同处理、同层次低 4.8%～15.4%。露地直播套种棉田比一熟单作直播棉田地积温下降 2.0%～10.5%；覆膜套种棉田地积温仅相当于一熟单作覆膜棉田的 90%左右。因小麦遮光，棉、麦两熟套作棉田光照减少，地温、地积温降低是引起套作棉花共生期生长慢、迟发晚熟的重要原因。

2. 棉、麦两熟棉田共生期复合群体温度低　近地层空气升温，主要靠吸收地面辐射的能量。由于套作棉行地温较一熟单作棉田低，因而向空中辐射的能量也较单作棉田少。所以套种棉田复合群体气温也低于一熟单作棉田。据山东省农业科学院作物研究所观测，距地面 20 cm 高度，套种复合群体气温比单作棉田低 1.5 ℃，距地面 70 cm 高度低 0.9 ℃左右，套种行越窄，温度越低。据毛树春等研究，棉、麦复合群体近地面作物层温度显著低于一熟单作棉田，全共生期棉、麦复合群体热量亏缺 14.2%～17.6%，且复合群体温度日较差比一熟单作棉田低 3～5 ℃/d，不利于共生期棉苗的生长。

（三）麦、棉两熟种植，土壤温度与复合群体作物层温度的变化特点

棉、麦两熟种植，两种作物存在一定的共生期，共生期内棉花处于弱势，受小麦的影响较大。不同配置方式造成了棉、麦共生期间小气候的差异，对棉花生长发育和产量影响较大。

1. 不同配置方式共生期土壤温度的差异　在不同配置方式中，3－1 式套种 1 行棉花，预留棉行较窄，小麦对棉行的遮荫较重，行间接受的太阳辐射量减少。因此，3－1 式套种棉行地温明显低于 4－2 式、3－2 式、6－2 式等套种 2 行棉花的配置方式。晴天差异大，阴天差异小。据山东省农业科学院作物研究所在济南对棉、麦共生期观测，5 cm 地温，套种 2 行棉花的配置方式比 3－1 式晴天高 1.3 ℃，阴天高 0.4 ℃，多云天高 1.2 ℃；10 cm 地温，晴天高 0.9 ℃，阴天高 0.7 ℃，多云天高 0.8 ℃。孙敦立等分析，3－1 式预留棉行的土壤温度较低，较 6－2 式预留棉行 15 cm 地温减低 0.59 ℃；共生期内较 6－2 式低 1.6 ℃。据毛树春等研究表明，与一熟单作棉田相比，3－1 式棉行温度减低 2.9 ℃/d，4－2 式南棉行减低 2.8 ℃/d，4－2 式北棉行减低 2.6 ℃/d，全共生期棉、麦复合群体 3－1 式热量亏缺 17.6%，4－2 式亏缺 14.2%；以一熟单作棉田地膜覆盖和不覆盖 10 cm、20 cm、30 cm 各层次地积温平均值作为 100%，则 4－2 式地膜覆盖北棉行各层次分别为 94.4%、92.1%和 90.9%；地膜覆盖南棉行各层次分别为 92.0%、90.1%和 90.3%；3－1 式地膜覆盖各层次分别为 89.2%、85.3%和 84.6%；4－2 式不盖膜北棉行各层次分别为 95.2%、92.9%和 90.6%；不盖膜南棉行各层次分别为 95.3%、91.4%和 90.6%；3－1 式不盖膜各层次分别为 92.0%、89.0%和 85.8%；棉行各层次地积温：4－2 式北行＞4－2 式南行＞3－1 式棉行。宋美珍等报道，4－2 式配置方式棉、麦共生期，由于小麦的屏障作用，北棉行 10 cm、20 cm 土层温度变化幅度大，温度升高明显高于一熟单作棉田，而南棉行温度则明显低于一熟单作棉田，且北棉行温度变化幅度大于南棉行；3－1 式配置由于棉行较窄，小麦占地面积大，遮荫严重，各层次温度均低于 4－2 式配置。温度一熟单作棉田＞两熟套作棉田；两熟 4－2 式＞3－1 式；北棉行＞南棉行＞3－1 式棉行。棉、麦两熟引起棉苗迟发晚熟的主要原因之一就是 4 月下旬的地温偏低，采用适宜配置方式可有效提高地温和地积温，有利于减轻或缓解套作棉花苗期的低热量胁迫，有利于促进壮苗早发和早熟。

2. 复合群体作物层温度空间分布特点　棉、麦复合群体作物层温度垂直分布和水平分布近似于一熟单作棉花群体，麦带近似于满幅小麦群体。但共生期复合群体中的棉花常遭受低热量胁迫，且预留棉行越窄，热量胁迫越严重，这是导致套种棉花苗期生长滞后和个体瘦弱的主要气候因素之一。

(1) 共生期作物层温度垂直分布特点：毛树春等研究，一熟单作棉花 0:00、6:00、12:00、

18:00 温度垂直变化近似于地面气层温度的垂直分布，12:00 呈辐射型，不同层次温度变化随着高度的增加而降低；0:00 呈辐射型，由于地面辐射冷却，温度随高度增加而增加；6:00 呈早晨转变型，18:00 呈傍晚转变型。满播小麦群体 4 个时间垂直变化与一熟单作棉花相比，12:00 温度变化与一熟单作棉花 12:00 温度变化相反，随着高度增加而增加；0:00 和 6:00 温度变化与一熟单作棉花相同，0:00 呈辐射型，温度随着高度的增加而增加，6:00 为近地面层和冠层温度最高，中间层温度低；18:00 温度变化与一熟单作棉花不同，呈辐射型，温度随着作物层高度增加而增加。棉、麦复合群体不同时间温度垂直分布与一熟棉花和满播小麦具相同的特点。4－2 式麦带和 3－1 式麦带不同时间温度垂直分布规律近似于满播小麦，但变化幅度较满播小麦小；4－2 式南棉行和 3－1 式棉行不同时间温度垂直分布规律近似于一熟单作棉花，变化幅度也较一熟单作棉花减弱。

(2) 共生期作物层温度水平分布特点：不同配置方式作物层温度水平分布呈昼增夜减规律。白天从 6:00 开始升温，于 13:00 达到最高，然后下降；其中一熟单作棉花各个时期温度最高，其次为 4－2 式，且北棉行高于南棉行，3－1 式温度偏低；棉、麦复合群体温度水平分布如图 24－10 所示，4－2 式带宽 140 cm，0～60 cm 为 4 行小麦，60～140 cm 为棉行。棉、麦复合群体温度的水平分布在各个时期表现不同，13:00 温度以棉行温度高于麦行，近麦行处较高，小麦行间温度较低；棉行温度以近北棉行温度较高，在距南麦行 130 cm 处达到最高。8:00 温度同样以棉行温度高于麦行，但温度净值较低；棉行中间温度较高，在距南麦行 100 cm 处达到最高。20:00 温度变化平稳。3－1 式带宽 100 cm，0～40 cm 为 3 行小麦，40～100 cm 为棉行。3－1 式棉、麦复合群体温度水平分布特点与 4－2 式相近，但温度净值较低；13:00 温度以棉行较高，且越向北温度越高；8:00 温度同样以棉行较高，在距南麦行 60 cm 处达到最高；20:00 温度变化平稳。

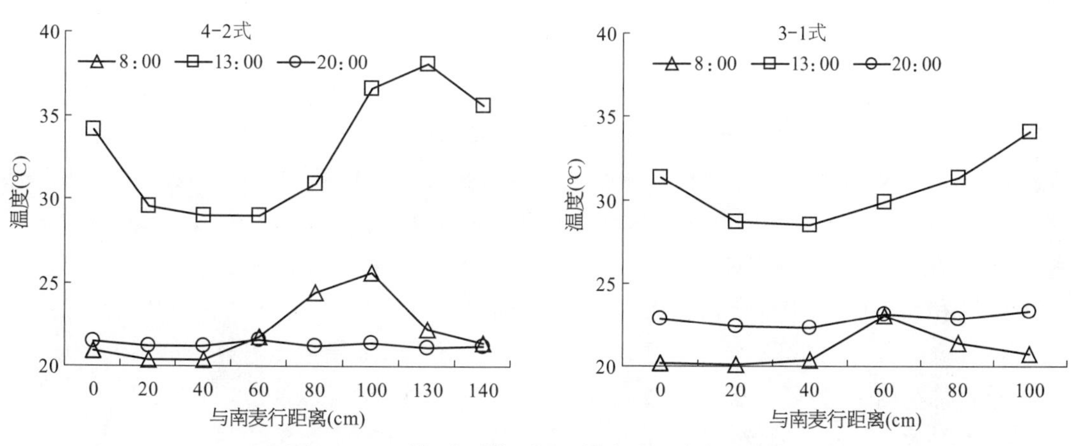

图 24－10　棉、麦两熟不同配置方式温度水平分布

（毛树春等，1997）

(3) 不同配置方式复合群体共生期作物层温度与总积温：毛树春等研究，棉、麦复合群体从 4 月 20 日到 6 月 10 日的共生期 52 d 的热量，与一熟单作棉花相比，1995 年、1996 年两年满播小麦分别低 7.0 ℃/d 和 4.6 ℃/d，3－1 式麦带低 5.6 ℃/d 和 4.1 ℃/d，4－2 式麦带

低5.5 ℃/d和3.4 ℃/d,3-1式棉带低2.9 ℃/d和2.9 ℃/d,4-2式南棉行低2.8 ℃/d和2.4 ℃/d,4-2式北棉行低2.6 ℃/d和1.6 ℃/d。以一熟单作棉花日平均温度为100%,则满播小麦1995年和1996年分别为73.2%和79.9%,3-1式麦带分别为79.2%和82.0%,4-2式麦带分别为79.6%和85.2%,3-1式棉带分别为89.6%和89.5%,4-2式南棉行分别为89.6%和89.5%,4-2式北棉行分别为90.3%和93.0%。共生52 d近地面作物层≥15 ℃积温亏缺顺序为:满播小麦群体[-372.9和-241.2(℃·d)]>3-1式配置方式[-231.5和-184.6(℃·d)]>4-2式配置方式[-189.2和-128.7(℃·d)],分别比一熟单作棉田下降26.6%~20.2%, 16.6%~15.5%和13.5%~10.8%。

(4) 不同配置方式复合群体共生期作物层温度日较差:温度日较差是一天中最高温度与最低温度之差,反映了昼夜温度日变化,是喜温作物的一项重要气候指标,也是培育棉花壮苗早发的必要条件。毛树春等研究,一熟单作棉花温度日较差最大,1995、1996年分别为20.5 ℃和16.7 ℃,>4-2式棉带(18.0 ℃和12.6 ℃)>3-1式棉带(17.6 ℃和11.6 ℃),4-2式北棉行>南棉行。因此,一熟单作棉苗长势最好,4-2式棉苗长势好于3-1式,4-2式北行棉苗好于南行。近地面作物层温度日较差值达到20 ℃时,有利于棉苗壮苗早发,唯4-2式北棉行与之接近。

棉、麦两熟不同配置方式以预留棉行较宽更利于棉花的采光,从而增加地温和作物层温度,以促进共生期棉苗的生长,从而获得壮苗早发和早熟。

(四) 地膜覆盖在棉、麦两熟种植中的增温效应

棉、麦两熟地膜覆盖是一项人工调控农田生态环境的重要技术措施。地膜具有增温、保墒和对阳光的反射作用,改善了棉、麦共生期棉苗生长发育的环境条件,促进了棉花生长发育,使麦套棉花早发、早熟,提高了产量和霜前优质棉产出率,提高了经济效益。

毛树春等研究,地膜覆盖的增温效应达到显著或极显著水平。一熟单作棉花地膜覆盖增温效应大于两熟套种,两熟套种4-2式大于3-1式,4-2式中北棉行增温效应大于南棉行。以10 cm土层≥10 ℃积温为例,一熟单作棉花1993年增温133.0(℃·d),1994年增67.1(℃·d);4-2式1993年增81.0(℃·d),1994年南棉行增46.9(℃·d),北棉行增55.8(℃·d);3-1式1993年增20.6(℃·d),1994年增50.9(℃·d)。1993~1996年4年试验共生期45 d土壤不同层次地积温比较,与不覆盖相比,一熟单作棉田10 cm土层增温达1.6 ℃/d,20 cm达1.5 ℃/d,30 cm达1.0 ℃/d;4-2式北棉行各层增温达1.4 ℃/d、1.1 ℃/d和0.7 ℃/d,南棉行为1.3 ℃/d、1.0 ℃/d和0.8 ℃/d;3-1式棉行各层次增温为1.0 ℃/d、0.5 ℃/d和0.7 ℃/d。可见在两熟套作条件下,地膜覆盖有显著的增温效应,与一熟单作棉花相比,4-2式的增温效应减弱,3-1式的增温效应较4-2式削弱更多。地膜覆盖的增温效应受制于预留棉行的宽度,宽覆盖比窄覆盖的增温效应明显。

(五) 垄作在棉、麦两熟种植中的增温效应

开沟起垄,垄下种麦,垄上植棉,改变了田间的微地形,加厚了适宜作物生长的熟土层,扩大了田间受光面积,提高了土壤的温度,更有效地协调了土、水、肥、气、热、光、温等关系。许多研究和生产实践证明,垄作比平作耕层温度提高1~3 ℃,是改善土壤温度状况的有效措施。毛树春等研究,垄作能有效提高棉行地温,减轻共生期复合群体由于弱光照和作物层

低热量引起的棉田地温降低。在不盖膜条件下与平作相比，4-2式垄作土壤10 cm、20 cm和30 cm共生期的平均温度，北棉行分别增加0.9 ℃/d、0.5 ℃/d和0.5 ℃/d，南棉行增温效应不明显；3-1式土壤各层分别增加0.6 ℃/d、0.3 ℃/d和0.2 ℃/d。在地膜覆盖条件下，垄作的增温效应更加明显，4-2式南棉行各层次分别增加0.9 ℃/d、0.8 ℃/d和0.9 ℃/d，北棉行由于地温高，垄作增温不甚明显，各层分别增加0.3 ℃/d、0.1 ℃/d和0.3 ℃/d；3-1式各层增温效果显著，分别增加1.4 ℃/d、0.7 ℃/d和0.5 ℃/d。董合林等报道，套作棉花由于垄作的增温作用，可有效克服麦套春棉普遍存在的迟发、晚熟、低产等问题，更有利于实现麦套春棉壮苗、早发、早熟和高产；与平作相比，垄作可提高霜前花率13.4个百分点，皮棉产量增加16.5%。另外，棉、麦两熟采用垄作，小麦播于垄下，可有效降低小麦的高度，减轻小麦对共生期棉苗的遮荫，有利于棉苗的生长和早发。

（六）种植行向的温度效应

棉、麦两熟种植，共生期复合群体由于小麦遮光从而影响棉行的光照时间和强度，导致棉行温度的降低。而小麦遮光轻重与套种行向关系很大。据理论计算和实际观测，东西行向套种，小麦遮光明显轻于南北行向套种。据原南京气象所在山西交城(37°30′N)观测，5月20日前后，东西套种的南行光照时数相当于南北套种的2倍，东西行向套种的北行光照时数相当于南北行套种的2.5～4.0倍。原河南农学院在西华县观测，东西行向套种比南北行向套种，全天受直射光时间多3.25～5.06 h。不同套种行向田间光照强度差别也很大，据原南京气象学院观测，东西行向套种的麦田光照总强度、直射光强、散射光强均高于南北行向套种。越接近地面两者差异越大，在距地面高度20 cm，日总光强平均南北行向仅占东西行向的68.5%。潘学标等研究，东西行套种棉行受光多，而南北行向则较少，在生产实践中选择东西行向的棉、麦套种方式将取得事半功倍的效果。任中兴等报道，在相同种植方式下，东西行向田间的可照时数在各高度都优于南北行向，且越往下层差别越大。

正是由于光照时间、光照强度的差异，造成了东西行向套种和南北行向套棉行的温度差异。石永存发现，棉、麦共生期间东西行向棉花行平均地表温度比南北行向套种的高3.2 ℃，5 cm地温平均高2.3 ℃。东西行向套种棉花出苗、真叶出现期和现蕾期均提前2～3 d。李成尧等报道，棉花东西行向种植，比南北行向种植显著增温增光减湿，东西行向平均气温，三叶期较南北向棉田高0.5 ℃，现蕾期高0.2 ℃，开花至吐絮期高0.4 ℃。俞正宗发现，东西行向种植的棉行比南北种植的棉行，晴天地面温度高1.0～4.5 ℃，5 cm地温高0.5～2.5 ℃；阴雨寒潮时地面温度高0.5～2.0 ℃，5 cm地温高0.5～1.5 ℃。李成尧等研究，东西行向棉田利于间作套种，首先东西行向利于增光、增温；其次与棉花套作的前茬作物可减轻春季南下冷空气对棉苗的危害，有利于棉花一播全苗和壮苗。

东西行向种植不仅利于棉行的采光和增温，而且有利于小麦的生长和发育。冯永祥等报道，在播种量相同条件下，小麦东西行向种植群体分蘖率高于南北行向群体，表明东西行向播种小麦能提高小麦分蘖率，从而提高单位面积穗数；相同行距东西行向种植小麦群体的株高、穗长、小穗数、结实小穗数均高于南北行向群体，表明东西行向利于小麦个体发育。

综上所述，棉、麦两熟种植应选择东西行向种植，既利于延长棉行光照时间，增加光照强度，提高地温，促进棉苗壮苗早发，又利于小麦的生长和高产。

三、共生期水分和营养效应

棉、麦共生期间，棉花和小麦之间除了存在光、温竞争外，还存在水分和养分的竞争。

(一) 水分效应

共生期间正是小麦生殖生长旺盛时期，小麦耗水量大，土壤失墒快，复合群体水分竞争激烈，严重影响棉苗用水。因此，共生期土壤水分不足是影响棉花生长发育的主要矛盾。张立祯等研究指出，黄淮地区棉花一生需水 587 mm，棉花播种和苗期需水量约是全生育期的 16.6%，即苗期 2.0 mm/d，蕾期 4.5 mm/d。

小麦耗水量最大的时期为拔节期、抽穗扬花期、灌浆期，后两个时期均处在共生期间，因此棉花苗期水分胁迫较严重。

据毛树春等对不同种植方式下土壤吸水力变化的研究显示(图 24－11)，一熟种植棉田土壤吸水力变化平稳；而两熟种植共生期内，棉田土壤吸水力变化幅度大，土壤吸水力出现 3 次峰值，灌水后下降。两熟种植 3－1 式配置方式土壤吸水力达到－60 kPa 的时间比 4－2 式提前，持续时间长，不利于棉苗生长；4－2 式较利于棉苗生长。地膜覆盖土壤吸水力低于不覆盖(图 24－12)，地膜覆盖利于保墒，缓解棉花苗期干旱胁迫，利于棉苗生长，但其作用很有限。

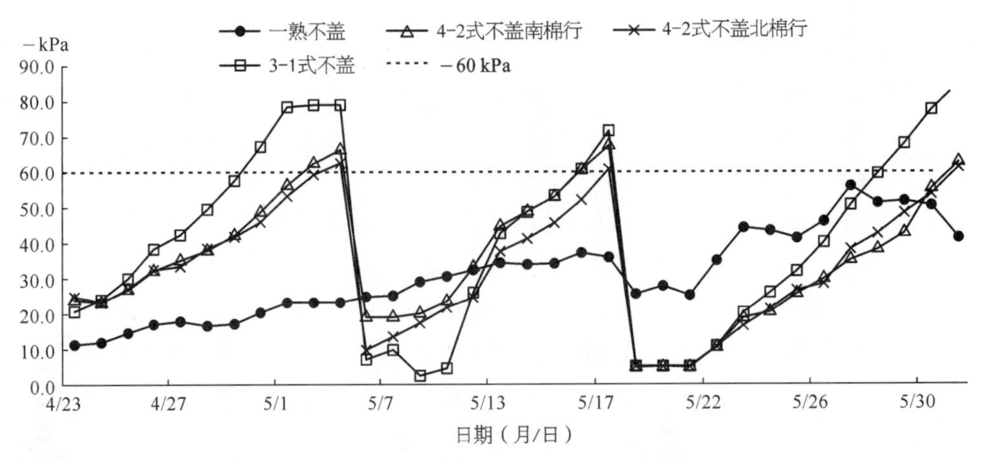

图 24－11　不同种植方式土壤吸水力变化

(毛树春等，2003)

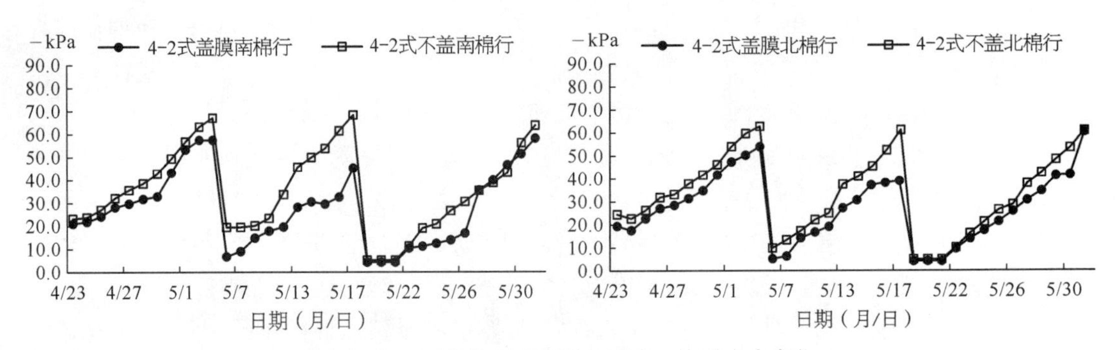

图 24－12　两熟种植不同覆盖模式土壤吸水力变化

(毛树春等，2003)

蔡忠民等对两熟棉田水分消长动态研究指出，棉、麦两熟棉田水分在空间上主要有三个层次变化，第一层 0～40 cm 为剧烈变化层，第二层 40～100 cm 为较剧烈变化层，第三层 100～200 cm 为稳定层。两熟移栽棉田，若能做到在移栽前灌足底墒水，共生期一般可不再灌水，0～40 cm 土层土壤含水量保持在田间持水量的 60%以上，基本能满足棉花苗期和小麦后期对水分的需求。

（二）养分效应

棉、麦共生期间，小麦不仅耗水量大，养分需求量也很大，养分竞争也很激烈。套种方式大大增加了作物对田间土壤养分的需求，因此从长期看，间、套作方式的产量增加需要以更多的肥料投入为代价。整个间、套作周期中消耗了更多的氮素，但是，由于作物间竞争的存在也可能使各套种作物比其单作时吸收更少的氮素。套作种植方式可以把单作模式下可能被淋溶掉的氮素重新利用起来，从而又可能提高总的氮吸收效率。在棉、麦套作群体中，既存在共生期小麦对棉花根区氮素的竞争，又存在小麦根区及其所吸收氮素向棉花的转移。

施培等研究显示，棉、麦套种条件下可促进小麦植株对氮素的吸收，单株吸收的总氮量、土壤氮量、肥料氮量以及肥料氮量占总氮量的比例均较单种小麦显著提高。在小麦收获时套作棉花的氮吸收量仅为单作的 15%～45%。小麦收获后套作棉花的氮吸收能力开始恢复。在棉花生殖生长阶段结实和成铃推迟导致植物营养库变小，使更多的氮素累积到营养生长器官部分，结果导致作物的叶片持绿时间延长(表 24－5)。

表 24－5　种植方式对作物产量和氮素吸收与利用的影响

(张立祯等，2008)

种植模式	小麦				棉花			
	小麦产量 (g/m²)	收获指数 (g/g)	氮吸收总量 (g/m²)	氮素生理利用效率 (g/gN)	皮棉产量 (g/m²)	收获指数 (g/g)	氮吸收总量 (g/m²)	氮素生理利用效率 (g/gN)
2001～2002								
3－1	551.5 a	0.45 a	19.9 a	27.9 a	60.4 a	0.12 a	13.7 a	4.5 a
3－2	500.1 b	0.45 a	17.8 a	28.0 a	66.0 a	0.14 ab	14.0 a	5.5 a
4－2	475.8 b	0.43 a	18.6 a	26.1 a	77.4 a	0.13 a	13.2 a	6.1 a
6－2	514.4 ab	0.44 a	19.7 a	26.2 a	60.9 a	0.12 a	12.0 a	5.1 a
一熟	760.7 c	0.39 a	28.8 b	27.7 a	115.2 b	0.20 b	12.7 a	9.7 b
2002～2003								
3－1	415.6 a	0.40 a	17.1 ac	24.4 a	57.4 a	0.16 a	7.9 ab	7.3 a
3－2	362.0 b	0.43 a	13.0 b	28.0 a	67.0 a	0.17 a	9.7 ac	7.2 a
4－2	391.7 ab	0.47 a	14.7 bc	26.8 a	58.1 a	0.15 a	10.1 ac	5.8 a
6－2	395.3 ab	0.46 a	16.2 c	24.7 a	49.2 a	0.17 a	5.2 b	9.4 a
一熟	520.8 c	0.45 a	20.3 d	25.7 a	93.3 b	0.20 a	11.0 c	9.4 a
2003～2004								
3－1	584.8 a	0.45 ab	20.5 a	29.0 a	69.5 ab	0.16 a	10.0 a	7.3 a
3－2	513.3 b	0.46 a	17.0 b	30.9 b	90.2 a	0.18 a	12.2 b	7.4 ab
4－2	502.3 b	0.44 ab	18.8 ab	26.8 a	87.4 ab	0.22 a	8.5 a	10.5 b
6－2	515.8 b	0.49 a	17.4 ab	29.7 a	65.6 b	0.21 a	6.5 c	10.1 ab
一熟	682.9 c	0.39 b	26.9 c	25.5 a	117.0 c	0.20 a	11.7 b	10.0 ab

[注] 同列不同小写字母表示差异达 0.05 显著水平。

氮素生理利用效率，在间、套作方式下的值为吸收每克氮素生成籽粒 24.4～30.9 g，而单作为 25.5～27.7 g。棉花不同套作方式下 3 年平均吸收每克氮素生产皮棉 6.4～8.2 g，单种模式下为 9.7 g。通过对不同种植模式下的作物氮平衡分析显示，小麦和棉花单作的氮过剩量分别达到 220 kg/hm^2 和 140 kg/hm^2，而套作模式的年氮素过剩量超过 400 kg/hm^2。间、套作种植方式的传统氮素管理模式导致的高氮素过剩可能会对环境造成污染。棉、麦套作方式比单作更能让土壤产生氮素富集。基于此，棉、麦套作和单作方式的氮肥管理需要按照作物氮肥需求时间而定量供给的方法来改进。

第三节　套种(栽)棉花的栽培生理特点

棉、麦两熟，从一年一熟制发展到一年两熟制，棉花生长发育的生态环境发生了显著变化，在光、热、水的利用上与共生的小麦存在竞争与协同关系，导致套种棉花在生长发育和生理生化代谢方面必然表现出不同于单作棉花的特点。总体来看，棉、麦套种对环境与资源利用和对生长的竞争大于协同，常常引起棉花迟发晚熟。

一、套种对棉花生长发育的影响

棉、麦套作制度可以有效延长棉花的生育期，但是套种棉花与小麦有大约 7 周的共生期，两者存在着较大的竞争关系。这一时期小麦对影响棉花迟发晚熟、结铃结构、光能利用等因素起着十分重要的作用。因此系统研究棉、麦共生期棉苗质量、棉花的生长发育，对套作棉花的栽培管理有重要的指导作用。

(一) 套种对棉苗素质的影响

毛树春等根据 4 年定位研究资料对棉苗质量标准予以量化，在充分考虑棉花立苗程度的基础上，对反映棉苗质量的 5 项指标进行加权得分(苗高和鲜重的权重系数各占 10%，干重和叶龄或叶片数各占 30%，叶面积占 20%)，然后把加权得分(n)划分为 4 组。

(1) 当 $n<25$ 时，棉花实际密度占计划密度的 70%以下，缺苗断垄，需补种和移栽补苗多次，立苗十分困难，苗期生长滞后 15 d。

(2) 当 $25\leqslant n<50$ 时，棉花实际密度占计划密度的 70%～80%，立苗难，苗期生长滞后 10 d。

(3) 当 $50\leqslant n<100$ 时，棉花实际密度占计划密度的 80%～90%，立苗容易，苗壮，棉苗生长与季节同步。

(4) 当 $n\geqslant 100$ 时，棉花实际密度占计划密度的 95%以上，苗期生长提早 5～10 d，壮苗早发。

结果表明，棉苗质量加权分数与地温有较好的相关性，采用加权分数描述棉苗质量标准是可行的。不同气候年景对共生期棉苗质量的影响较大。

一熟和两熟不同配置方式套作棉田棉苗质量的差异十分明显。毛树春经 4 年研究的平均加权分数，一熟平作(73.43 分)>垄作 4－2 式(46.31 分)>垄作 3－1 式(28.35 分)。由此可见，套作棉田棉花苗期生长滞后 10 d 左右。4 年平均霜前花率，一熟为 82.6%，4－2 式垄作为 76.7%，3－1 式垄作为 62.3%；棉花皮棉产量以一熟为 100%，4－2 式垄作为 82.9%，3－1 式垄作为 68.8%；周年全田棉、麦净产值以一熟为 100%，4－2 式垄作为 127.8%，3－1 式垄作为 116.9%。与一熟棉田相比，棉、麦两熟套作周年全田增加效益，4－2 式达到 27.8%，3－1 式达到 16.9%。

由于地膜覆盖增温保墒综合效应，一般提高棉苗质量一个档次。但在不同熟制和两熟不同配置条件下，对棉苗质量的效应不尽相同。4 年平均加权分数，一熟平作地膜覆盖(92.13 分)＞4－2 式垄作地膜覆盖(60.66 分)＞一熟平作不盖膜(54.74 分)＞3－1 式垄作盖膜(38.72 分)＞4－2 式垄作不盖膜(31.96 分)＞3－1 式垄作不盖膜(17.99 分)。结果表明，3－1 式和 4－2 式不盖膜棉花苗期生长一般滞后 10～15 d，迟发晚熟较为严重。采用垄作 4－2 加地膜覆盖有利于棉花一播全苗，培育壮苗，早发早熟。

(二) 套种对棉花生长发育的影响

麦、棉套作存在棉、麦共生期。共生期内，由于小麦遮光，形成了套种棉行区别于一熟单作棉田的独特田间小气候，导致套作棉花立苗难、生长发育滞后，迟发、晚熟，影响产量和品质。周治国等以一熟单作棉花为对照，研究了 3－2 式和 3－1 式套种棉花在共生期结束时棉苗株高、单株果枝数和单株蕾数之间的差异。结果表明，3－2 式配置方式下棉花与对照差异较小；3－1 式棉花株高、单株果枝数和蕾数分别较对照降低 11.2%、20.0%和 27.3%。说明套作棉花生长发育受小麦影响较高，而以棉为主的 3－2 式配置方式较利于棉花生长；以粮为主的 3－1 式配置方式遮荫程度大，十分不利于棉苗的生长。

据张保民等在山东滨州市的研究，由于小麦遮光，导致麦套棉主茎叶片、果枝减少，单株鲜重降低，株高较矮，生育期推迟，单株性状、经济性状和产量均不如单作棉，单株生产力较低，应适当增加棉株密度，依靠增加群体提高产量。麦套棉的茎秆比单作棉细，抗倒伏能力相对较差，麦收后应立即中耕、培土，灭茬保墒，促根下扎，防止倒伏；并根据底肥用量和土壤墒情酌情追肥浇水，促苗早发，加速生育进程。麦套春棉的果枝始节高度与单作春棉基本相同，麦套夏棉低于单作夏棉，可能与此阶段的光照时间、强度有关。由于麦套春棉播种较早，小麦对棉苗的遮光时间长、范围大，形成子叶与第 1 叶节间长度比单作春棉的长，由于温度升高，棉苗长高，小麦对棉苗的遮光程度较少，第 1 节以上其他节间长度与单作春棉的差异不显著，这是导致第 1 果枝高度与单作春棉基本相同的原因所在。麦套夏棉由于小麦遮光使地面至子叶之间拉长，但共生期较短，其他节间差异不显著，光照弱，仍是第 1 果枝高度比单作夏棉低的原因所在。

据王志芬等在济南的研究，同单作棉花相比，套种棉花蕾铃发育推迟 5～10 d，霜前花比率减少 5%左右，产量降低 12%～23%。整体表现出两头强(小麦前期长势强，棉花后期贪青晚熟)、中间弱(共生期内小麦衰老快，棉苗长势弱)的特点。

王立国等在河南安阳以单作棉花为对照，在麦、棉两熟双高产栽培条件下研究了麦套棉根系生长特点，发现在时间变化上，套作棉和单作棉根长、根长密度、根表面积和根系平均直径均随生育进程呈先上升后下降的趋势，两者根长、根长密度和根表面积最大值的出现时期基本一致，但套作棉后期根长和根长密度、根表面积的衰退速率明显低于单作棉，套作棉各层根长和根长密度在随生育时期的变化上，以距棉株 3.75 cm 处增加最快，浅层根系尤为明显。在根表面积的发展上,单作棉在前期要快于套作棉,在中、后期套作棉中下层根系发育明显加快,在后期根系总表面积显著高于单作棉,且持续期长。套作棉和单作棉根系平均直径均在初花期达最大值,从盛花期至吐絮期变化不大,差异较小。根系干物质重,套作棉在盛花期前的浅层低于单作棉,盛花期后的深层显著高于单作棉,套作棉根系总量超过单作棉。

王立国等发现,在空间分布上,距棉株水平距离 25 cm 以内,根长和根长密度、根总表面积均以 0～20 cm 土层最大,随土层加深而递减。单作棉和套作棉均有浅层根系随距棉株距离加大而降低、深层根系随距棉株距离加大而增加的趋势。各位点 0～40 cm 土层中根系的根长和根长密度均占全部根长和根长密度的 60%以上。单作棉各土层根长和根长密度距棉株由近及远地增加,浅层根系在距棉株水平距离 12.5 cm 处最高。套作棉各土层根系的根长和根长密度也是距棉株由近及远地增加,但浅层根系以距棉株水平距离 3.75 cm 处最大,根长密度随与棉株距离的增加而降低;随土层加深,其各土层根系的最大根长密度逐渐远离棉株。根表面积的空间分布与根长和根长密度类似。而根系平均直径总的趋势是在近主茎位点随层次加深而降低,而在距棉株水平距离 12.5 cm 和 21.25 cm 处表现 0～40 cm 各土层随层次加深而增大、在 40 cm 以下各土层随层次加深而降低的趋势。

另外,王立国等还发现,在根干重的分布上,单作棉随土层深度增加的变化总趋势是,浅层距主茎水平位点越远,根干重越低;上中层距主茎 12.5 cm 处,根干重高;下中层距棉株越远,根干重越高,深层距主茎越远,根干重越低。如果比喻棉花主茎垂直向下为弓弦的话,各层根干重的最大值分布就如同弓背。套作棉与单作棉不同的是,随土层深度的加深,根干重总趋势以浅层距棉株位点越远越低,中层距棉株 12.5 cm 处的最高,深层距棉株位点越远则越高。套作棉根系无论在根长和根长密度、根表面积还是根干重上,均表现浅层根系在距棉株水平距离 3.75 cm 处、深层根系在远离棉株处占优势,这可能是套作棉根系在共生期与小麦竞争水肥而缩小了侧根与主根的夹角所致。套作棉根系后期在根长和根长密度、根表面积和根干重上高于单作棉,也反映了其生长特点。据此,麦、棉两熟双高产栽培中要注意,一是选择前期生长比较旺盛的中熟或中早熟品种,以促进盛花期以前根系的生长;二是由于套作棉根系生长表现出浅层根系在距棉株水平距离 3.75 cm 处、深层根系在远离棉株处占优势,因此前期施肥距离棉株较单作棉宜近,且不宜过深,但后期较单作棉要远(以距棉株 12.5 cm 为宜)、要深。

二、套种棉花根系吸收活力的变化特点

按照棉花整个生育期根系群体吸收活力的变化过程可将其大致分为 4 个阶段。苗期为缓慢增长期,蕾期为快速增长期,花铃期为高值持续期,进入吐絮期后为速降期。在小麦收获前的苗期内,两次群体根系吸收活力的测定值都是 4-2 式＞3-1 式＞单作棉花;小麦收获后,棉花进入现蕾期,棉花群体根系吸收活力则进入快速增加阶段,从此始,套作系统的棉花根系吸收活力数值不仅显著低于单作棉花,即单作＞4-2 式＞3-1 式,而且其达到高值期的时间也存在较大差别。就单作棉花而言,在现蕾末期(7 月 2 日前后)进入高值期[＞10 000 Bq/(m^2 · d)],且持续到花铃期末(8 月 27 日左右);而 4-2 式则在花铃始期(7 月 16 日左右),3-1 式在花铃中期(7 月 30 日左右)。可见,棉花群体根系吸收活力高值期

的持续时间是单作棉花>4-2式棉花>3-1式棉花。从此结果中可以看出，处理前期(苗期)棉花群体根系吸收活力增大，促进了植株的生长；但进入蕾期后，整个生殖器官生长发育过程则延迟其活力高值期出现的时间，从而缩短其高值持续期，并降低其高值持续期的根系活力数值，且不同处理间因其前期所受影响的程度不同，其对高值期出现延缓的时间及活力降低幅度也存在差异，这些差异很可能导致蕾铃干重累积的降低，最终影响籽棉产量(表24-6)。

表24-6　棉、麦套种方式对棉花群体吸收活力的影响

(王志芬等，1998)　[单位：$Bq/(m^2 \cdot d)$]

种植方式	苗　期	蕾　期	初花期	盛花期	吐絮期
4-2式	2 027	5 441	11 445	13 001	6 952
3-1式	1 749	5 394	7 892	11 219	4 749
单作棉花	1 364	6 937	12 840	13 273	7 468

[注] 棉花群体吸收活力，以单位面积内的棉株体地上部在单位时间内所吸收的^{32}P核素量计。

三、套种对棉叶光合作用的影响

受小麦遮荫的影响，麦套棉叶片的光合作用常常受到不利影响。据周治国等研究，无论是麦套棉还是单作棉，苗期叶片的光合速率随叶位的变化趋势为单峰曲线，麦套棉和单作棉的光合速率差异明显，单作>3-2式>3-1式，其中在基部叶位的叶片差异较小，在上部叶位叶片差异较大。解除遮荫10 d后，3-2式的株高、单株果枝数、单株蕾数略低于单作棉花，3-1式的株高、单株果枝数、单株蕾数则比单作棉花分别降低11.2%、20.0%、27.3%。说明3-2式共生期遮荫对棉苗生长发育的影响较小，3-1式因遮荫程度大而不利于棉苗生长发育。

总之，麦套棉特别是麦套春棉由于播种较早，棉麦共生期长，受小麦的影响大。与单作棉花相比，棉花叶片合成碳水化合物的能力较低，植株体内积累的营养物质较少。棉苗长势弱，茎秆细长，叶片小而薄。蕾期叶面积小，光能利用率低；中后期长势旺，上部成铃多。王志芬等研究认为，若以收获小麦为主选择3-1式，以收获棉花或获得最高效益为主选择4-2式，在肥水管理上应采取前作后推，即小麦春季的追肥浇水后推到孕穗期，在基本苗情合理的前提下，控制株型，重点提高穗粒重，同时兼顾棉苗生长所需肥水；后作前提，即小麦收获后立即追肥浇水，并及时中耕、松土、除草，为促使棉苗壮而快发，加速蕾铃生长发育，为增加霜前花率，提高籽棉产量打下基础。

第四节　棉、麦两熟生产的基本原则

黄河流域棉、麦两熟有较高的产出，有较好的效益。然而，受资源制约、季节限制与共生期光、温、水竞争，存在弱光照、低热量和间歇式干旱的胁迫机制，两熟种植因此存在棉花前期迟发，后期晚熟，小麦晚播等“两晚两低”与“促早增产”的技术难点。同时，套作棉田还因配置规范和标准问题存在机械化作业，特别是小麦机械收获困难，制约两熟生产的发展。为此,总结提出以下棉、麦两熟生产的基本原则。

一、品种配套原则

棉、麦两熟品种要配套,品种熟性以早熟为主。棉花无论春套还是晚春栽,品种宜选择中早熟或早熟类型,同时具有苗期耐旱,出苗好,前期生长稳健、后期长势足、早熟不早衰,丰产、抗病、优质特点的品种。由于套种或麦后移栽棉花,以早秋桃为主,成铃盛期一般在8月,因此,品种抗枯萎病和耐黄萎病更为重要。小麦宜选用春性强、耐晚播、早熟、矮秆、抗病、抗倒伏性强、品质好的高产优质品种。

二、配置方式适宜和规范原则

为了实现双高产,棉、麦田间结构配置应合理和规范,还应体现地力、生产水平和合理密植要求。根据"两弊相衡取其轻"思想,宽窄行配置模式:带宽一般150～160 cm为宜,播3～4行小麦占地40～60 cm,预留棉行110～100 cm,麦、棉间距25～30 cm,2行棉花窄行距为40～50 cm。这种配置方式以棉为主,采用方式有4-2式和3-2式,棉花平均行距75～80 cm,适合密植。以粮为主配置方式有5-2式和6-2式:带宽一般190～200 cm,播5～6行小麦占地100～120 cm,预留棉行宽90～100 cm,2行棉花的窄行为50 cm,棉花平均行距90～100 cm,不利棉花密植。等行配置模式:带宽一般90～100 cm为宜,预留棉行50～60 cm,播3行小麦占地40 cm,这种配置方式粮、棉并主,采用方式有3-1式或2-1式。生产上以4-2式、3-2式和3-1式较为普遍。

麦后连作或麦后移栽棉是一种以麦为主的种植模式,小麦产量即为满幅播种水平,棉花选择中早熟和早熟抗病品种,提倡育苗移栽,采用等窄行配置。

高垄低畦种植,在麦播前,按计划配置方式,做成高垄低畦,小麦播在低畦里,来年棉花种在高垄上。采用这种方式,有利共生期间灌溉,起到明浇小麦暗洇棉花作用,协调棉、麦争水矛盾;同时,又相对抬高了棉苗的高度,增加光照,提高地温,有利于壮苗早发。据研究,高垄低畦种植比平作棉花增产10%左右,霜前花率提高15个百分点。

三、促进早发早熟栽培原则

合理密植,同等条件下,麦套棉一般比一熟春棉生育期推迟,有效结铃期缩短,大多年景无伏前桃,秋桃比例大,个体优势相对减弱。因此,要走群体高产之路,应多结中下部和内围优质成铃。麦套春棉一般要比同等条件下的一熟春棉密度增加7 500～15 000株/hm^2。麦茬移栽短季棉合理密度75 000～90 000株/hm^2。

确保全苗、壮苗早发是两熟套种和连作的关键环节。无论直播、地膜覆盖和育苗移栽都要力争一播全苗,壮苗早发。在共生期间,地膜覆盖要及时放苗、间苗、补苗或补种,定苗;育苗移栽要培育壮苗,适时移栽。及时灌溉,缓解争水矛盾,促壮苗早发。麦收后,要及时中耕灭茬,早施追肥,早浇水,促进棉花早发。

地膜覆盖和育苗移栽是保全苗促进早发的主要措施,可有效解决共生期棉花立苗难和弱苗迟发问题。据研究,与春套棉露地栽培相比,地膜覆盖出苗期缩短3 d,苗期缩短7～

8 d，蕾期缩短 3 d，开花期缩短 2～4 d，全生育期提早 15～20 d，霜前花率提高 20 个百分点，增产 15%～20%。

四、管理轻简化和机械化原则

麦、棉两熟种植的工序增加很多，田间管理和作业相对繁琐和困难，用工比一熟棉田多。因此，生产管理应予简化，尽可能采用机械化管理，减轻劳动强度。

两熟种植区域的田间结构配置应稳定和规范，便于作业动力和机具的选择与改进，提高机械作业效率。套种棉田小麦可以采用小麦联合收割机收获，对割晒台采取包裹方法可保护棉花幼苗被机割，按照畦宽对拖拉机轮距进行调整，避免压伤幼苗，节省人工收获和打场。

棉田灭小麦残茬可以采用机器中耕一并作业。棉花拔柴、整地和小麦播种可实行机械化作业。

同时，增施底肥，提早追肥，可以减少用工数量。机械化播种和覆盖地膜机器作业，规模化育苗和机械化移栽将是未来发展方向。

五、前后茬口兼顾和小麦“三足补一晚”原则

为了棉、麦双高产，两熟种植提倡前作和后作适当兼顾，力争小麦晚播争早，晚播高产和足墒、足肥和足量播种，即“三足补一晚”方法。

适时拔柴腾地。两熟周年生产，棉花拔柴应适时。黄河流域棉区，10 月 15 日后气温一般降至 15 ℃以下，棉铃发育基本停止。据多年试验示范，10 月 15～20 日拔柴，其籽棉产量与 10 月 25 日拔柴接近，因此，应掌握棉花适宜的拔柴期。这样，既不影响棉花产量，也能在 10 月 25 日前后播种小麦。

精细整地，施足底肥，先灌溉，再拔柴整地，可以节省时间，保证底墒足、底肥足，力争一播全苗。

增加播种量。与玉米茬口比较，棉茬小麦播种期推后 20 d，冬前基本没有分蘖，因此要适当增加小麦播种量，一般播种期每推后 5 d 增加小麦播种量 7.5 kg/hm^2。

晚播小麦冬前苗弱，一般不浇封冻水，晚浇返青水，浇足灌浆水。

（撰稿：韩迎春，张思平，毛树春，董合林，刘绍东；主审：董合忠，毛树春）

参 考 文 献

[1] 王寿元. 棉麦两熟栽培. 北京：农业出版社，1990：1-37.

[2] 陆绪华. 黄淮海平原麦棉两熟制概述. 中国棉花，1987，14(3).

[3] 李绍虞，刘宝站，胥丰召. 麦棉两熟的现状及发展趋势. 中国棉花，1990，17(5).

[4] 中国农业科学院棉花研究所. 中国棉花栽培学. 上海：上海科学技术出版社，1983：296-306.

[5] 毛树春. 中国棉花可持续发展研究. 北京：中国农业出版社，1999.

[6] 韩迎春，毛树春，王国平，等. 棉花麦后机械化裸苗移栽研究简报. 中国棉花，2007，34(5).

[7] 韩迎春，毛树春，李亚兵，等. 麦后裸苗移栽短季棉连作模式关键栽培措施效应研究. 中国棉花，2008，35(5).

[8] 毛树春.我国棉花种植技术的应用和发展.中国棉花,2009,36(9).
[9] 曹鸿鸣,贺明荣,王明友,等.麦棉两熟双高产栽培新模式的研究.耕作与栽培,1996,2.
[10] 梁理民,王增信,赵景耀.麦棉两熟种植方式经济效益比较.中国棉花,1994,21(7).
[11] 毛树春,宋美珍,庄军年,等.黄淮海棉区棉麦两熟可持续生产的新技术途径——短季棉提早套种密矮早模式.中国农业科学,1998,31(3).
[12] 韩湘玲,刘巽浩,孔扬庄.黄淮海地区一熟与两熟制生产力的研究.作物学报,1986,12(2).
[13] 王兆晓,郭海军,秦建国.棉麦两熟不同耕作栽培途径比较研究.棉花学报,1997,9(2).
[14] 毛树春,薛中立,杨汝献.麦棉两熟套种不同配置方式效益分析.农业技术经济,1993,(4).
[15] 毛树春,宋美珍,庄军年,等.黄淮海平原小麦棉花两熟制生产力研究.中国农业科学,1999,32(6).
[16] 吴健,蔡士兵,刘须芹.棉麦两熟不同耕作栽培途径对棉花生产效应的比较.安徽农业科学,1998,26(4).
[17] 毛树春,邢金松,宋美珍,等.黄淮海棉区棉麦两熟光能流与物质流研究Ⅰ.共生期棉行光分布于日总量.棉花学报,1995,7(4).
[18] 孙本普,张宝民,王勇,等.麦套春棉光照强度动态变化的研究.生态学杂志,1995,14(3).
[19] 严昌荣,张立祯,林而达.单作棉和3-2式麦棉生态系统作物共生期的光温特点.棉花学报,2003,15(4).
[20] 潘学标,邓绍华,王延琴,等.麦棉套种对预留棉行光合有效辐射的影响.棉花学报,1994,6(2).
[21] 潘学标,邓绍华,王延琴,等.麦棉套种对棉行太阳辐射和温度的影响.棉花学报,1996,8(1).
[22] Zhang L. Werf W van der, Bastiaans L, et al. Light interception and utilization in relay intercrops of wheat and cotton. Field Crops Research,2008,107.
[23] 毛树春,薛中立,张西岭,等.棉花不同配置方式群体光能分布规律的探讨.棉花学报,1993,5(1).
[24] 毛树春,宋美珍,张朝军,等.黄淮海棉区棉麦两熟光能流与物质流研究Ⅲ.麦棉共生期复合群体作物层温度分布与总积温.棉花学报,1997,9(4).
[25] 韩湘玲,吴连海.黄淮海地区种植制度气候分区.中国农业气象,1988,1.
[26] 毛树春,宋美珍,邢金松,等.套种棉花苗期弱光照低热量和干旱胁迫机制.棉花学报,1996,8(4).
[27] 毛树春,宋美珍,邢金松,等.套种棉花共生期地积温效应.中国棉花,1995,22(10).
[28] 毛树春,宋美珍,张朝军,等.黄淮海平原麦棉共生期间棉田土壤温度效应的研究.中国农业科学,1998,31(6).
[29] 孙敦立,马新明,姚向高,等.棉麦套作不同种植方式棉田生态效应分析.生态学杂志,1996,15(4).
[30] 宋美珍,毛树春,张朝军,等.黄淮棉区棉麦两熟不同配置方式地温变化规律.中国棉花,1999,26(6).
[31] 王旭清,王法宏,任德昌,等.作物垄作栽培增产机理及技术研究进展.山东农业科学,2001(3).
[32] 董合林,刘美荣.垄作与地膜覆盖对麦套春棉产量和霜前花率的影响.中国棉花,1997,24(3).
[33] 潘学标,董占山.麦套棉行直达辐射时间的理论模型.棉花学报,1992,4(增刊).
[34] 任中兴,刘克长,张继祥.不同沟麦种植方式光照条件的研究.山东气象,1999(1).
[35] 石永存.麦棉套种的行向试验.棉花学报,1975(2).
[36] 李成尧.棉花种植行向小议.湖北农业科学,1982(11).
[37] 俞正宗,罗韵,张静仁.麦棉两熟实行东西行向种植好.湖北农业科学,1982(10).
[38] 李成尧,鄢圣芝.四湖地区不同种植行向棉花田间小气候效应初探.湖北气象,2000(2).
[39] 冯永祥,杨恒山,邢界和,等.行向、行距对小麦田间光照及产量的影响.内蒙古气象,2002(2).
[40] 张立桢,张万美.利用农田水量平衡模型评价棉田不同的灌溉制度.棉花学报,1997,9(3).

[41] 毛树春,韩迎春,宋美珍,等. 套作棉花共生期需水规律研究. 棉花学报,2003,15(3).
[42] 蔡忠民,金万才,崔广德,等. 黄淮地区麦棉两熟棉田水分消长动态与节水灌溉. 中国棉花,1998,25(12).
[43] 王瑛,周治国,陈兵林,等. 麦棉套作复合根系群体对棉株氮素吸收与分配的影响. 应用生态学报,2006,17(12).
[44] 施培,陈翠容,周治国,等. 麦棉两熟双高产理论与实践. 北京:原子能出版社,1996.
[45] Zhang L, Spiertz J H J, Zhang S, et al. Nitrogen economy in relay intercropping systems of wheat and cotton. Plant Soil,2008,303(1～2).
[46] 毛树春. 棉花规范化高产栽培技术. 北京:金盾出版社,1998:187-209.
[47] 周治国,孟亚利,施培. 棉麦两熟共生期遮荫对棉苗生长发育的影响. 西北植物学报,2001,21(3).
[48] 张保民,孙本普,王广照,等. 麦套棉花与纯作棉花的生物学差异. 河南农业科学,2006(10).
[49] 王志芬,陈学留,余美炎,等. 麦棉套作系统生理学特性研究. 山东农业科学,1998(2).
[50] 王立国,孟亚利,周治国,等. 麦棉两熟双高产条件下麦棉复合根系生长的时空动态分布. 作物学报,2005,31(7).
[51] 周治国,孟亚利,施培. 棉麦两熟棉苗根系生长特性与地上部生长的关系. 棉花学报,2000,12(4).
[52] 中华人民共和国农业部. 2010 年农业主导品种和主推技术. 北京:中国农业出版社,2011:215-217.

第七篇

棉花生产管理决策支持和长势监测

本篇论述棉花种植管理决策支撑模型的原理、研究和应用的方法学；依托“3S”技术和微电子技术进行农田信息智能化采集与处理，逐步形成棉花定位定量种植的精准管理技术；依托长势定量化的信息采集、加工、诊断技术，及时反映产棉国家的总体长势指标。这些科学研究旨在为棉花种植管理和市场决策提供支持，进一步提高科学植棉水平和决策支持能力。

第二十五章　棉花计算机决策支持系统和生产管理专家系统

20 世纪 80 年代后，数学和计算机应用于农业和棉花栽培领域，促进了棉花栽培管理由定性的艺术化管理向定量的科学化管理转变。主要表现在模式化栽培、棉花生长发育的静态模型、动态的计算机模拟模型、棉花生产管理专家系统或决策支持系统等，遥感(RS)、地理信息系统(GIS)和全球定位系统(GPS)在内的“3S”技术也已应用于棉花生产管理和评估之中，如应用遥感技术进行估产，应用 GIS 技术进行区域产量变化分析，应用“3S”技术进行地块精确管理等。虚拟现实技术应用于棉花栽培管理研究之中，并与作物形态模型结合，形成可视化的棉株生长发育三维模型。定量研究深化对棉花生长发育规律的理解，同时也促进采用新的方法进行栽培试验研究。

第一节　棉花计算机决策支持系统

一、棉花生长发育模拟模型

棉花生长发育的计算机模拟，就是利用作物生理生态学、土壤物理学、植物营养学、农业气象学等学科的原理，以及农艺措施的调控机制，对由天(天气)、地(土壤)、人(措施)、作物所构成的多层次的开放的作物生产系统，进行综合的、动态的数量分析，通过一系列数学表达，建成计算机模拟模型，实现在计算机上重现棉花生长发育过程。好的模型在预测作物生长发育和产量形成、模拟作物育种中理想株型、制订集约技术措施和优化农艺措施方案、提供作物生产管理的应变决策诸方面均能显示出广阔的应用前景。此外，作物模拟模型在科学研究和教学中都很有应用价值。

国外自 20 世纪 60 年代就开始作物计算机模拟研究工作。荷兰瓦格宁根农业大学和瓦格宁根农业生物研究中心对农业生产动态模拟开展较早，理论上也较系统，已得到世界粮农组织、世界气象组织以及各国的高度评价。C. T. de Wit 提出了一个农业生产系统的实用分级方法，根据生长限制因子将作物生产系统分为四个生产水平，分别进行模拟研究。Penning de Vries 提出荷兰的模型发展经历初级、综合和概括总结模式三个阶段。De Wit 等建立了 BACROS 综合模型，对蒸腾作用和碳素平衡过程进行了详细研究，后来在此基础上又简化成一年生作物的概要模型 MACROS。美国是作物模拟研究发展较快的国家，且更注重实用性，研制出了 CERES 和 GOSSYM 等有影响的作物模型。目前世界各国已研制了大量的作物模型，包括小麦、玉米、大豆、高粱、水稻、棉花、苜蓿、甜菜、马铃薯等农作物和杂草及园艺作物的模型。

棉花模型是作物模型中研究较早和发展较快的模型。1927 年，就有了棉花相邻器官出现间隔天数和温度关系的简单数学模型。后来，人们又应用生长分析方法来解剖棉花群体生长过程，用经济产量系数、净同化率、叶面积系数等来估计产量形成，并将 Beer-Lambert 定律应用于研究棉花群体的光能利用。自 60 年代以来，随着计算机的应用，棉花生长发育的模拟研究在国外得到了迅速发展，由静态到动态、由简单到复杂，相继建成了多种模拟模型。Stapleton 等人在美国亚利桑那州开始模拟棉花生长发育，并建立了第一个棉花生长发育模拟模型，提出了棉花生长发育和产量模拟模型 COTTON。同期，Duncan 等人于 1971～1972 年建立了 SIMCOT 模型。Baker 等人把有关植物营养学理论应用到模型中，估测碳水化合物生产和碳水化合物的胁迫对棉铃脱落和形态发生的影响，Jones 增添了氮素估计程序，从而建立了第二代棉花模拟模型 SIMCOT Ⅱ。该模型可用来模拟适宜灌溉条件下的棉花光合作用、呼吸作用和器官建成，也可以用来描述生理胁迫关系，但其中土壤因子、根际系统对棉株生长发育的影响考虑得较为粗略。1975 年后，汇集近 30 年的前人研究成果，尤其是 1978 年建成和使用了 SPAR 土壤-植物-大气研究系统以来，Baker 等人致力于棉花系统动力学模拟模型的建立，一是丰富了温度和水分胁迫以及氮素胁迫影响棉花生长发育和器官建成等方面的资料；二是提供了棉花根际土壤系统模拟模型 RHIZOS，并于 1983 年发展了 GOSSYM 棉花模拟模型，进一步完善了对棉花系统动力过程的模拟。1984 年 GOSSYM 模型开始推广应用于生产。1985 年人工智能研究发展最快、最有效的重要分支——专家系统应用于棉花生产管理研究，创建了棉花管理专家系统 COMAX，并组合成 GOSSYM/COMAX 棉花专家管理计算机模拟系统(Cotton Management Expert System, Gossypium Simulation Model)，经逐年改进，不断更新版本，使这个模型成为迄今为止世界上最为著名的棉花动态解释性模型。它可模拟大田棉花生长发育和产量形成过程，绘出相应的棉花模式图和水分及养分胁迫图，并预测产量，提供管理决策。1998 年，在此基础上开发出三维可视化的棉花模型 COTTONS，可在计算机屏幕上显示平均单株和生长状况不同的棉花群体。

此外,COTCROP 模型详细考虑了棉花各部位之间的关系及环境因子和害虫对棉花生长发育的影响;COTTAM 模型通过从棉花形态学和棉花生理特征推导出来的简单计算规则,模拟棉株的逐日形态发生和生长发育;KUTUN 模型对棉花的光合作用、生长发育过程和形态发生进行模拟;SIRATAC 模拟棉花及害虫的生育,预测即日起至收获期逐日的蕾铃数和虫量及可能受害的蕾铃数,计算动态经济阈值,输出最佳管理方案,其作物模型为具反馈机制的棉花结铃模型;HYDROLOGIC 棉田灌溉计算机管理系统,能制订灌溉计划,估算棉花需水量,预测棉花发育进程和产量;OZCOT 是在以前的结铃模型和 Ritche 的水分模型基础上逐渐发展起来的澳大利亚棉花模型,成为上述两个系统的决策基础,并可单独应用于灌溉管理、氮肥管理、生理分析和棉花作物生育进程、收获期及产量预测,成为澳大利亚农业生产模拟系统(APSIM)系列模型中的一个。

GOSSYM 模型是在 SIMCOTI、SIMCOT 的基础上使用 SPAR 体系。该模型本质上是一个表达植物根际土壤中水分和氮素与植株体内碳和氮的物质平衡的模型,包括了水分平衡、氮素平衡、碳平衡、光合产物的形成与分配、植株的形态建成等子模型。GOSSYM 模型可以模拟棉花对外界条件的反应,如逐日的太阳辐射、最高和最低气温、风速、降雨等气象条件,以及种植密度、行距、耕作措施、施氮肥和灌溉等农艺措施。该模型最大的特点是机理性、通用性和复杂性,其主要功能是模拟棉花各器官的生长发育状况、预报生理胁迫情况,为管理系统提供实时数据。

我国棉花计算机模拟模型研究开展较晚,与国外相比还存在较大差距,但已受到国家农业部门的重视,在“七五”“八五”科研计划中均列为农业部重点研究项目,先后有多个相关项目得到自然科学基金和“863”项目资助,已取得一些可喜的进展。1984 年刘斌章用回归方程描述了岱字棉 15 号棉株的蕾、花、铃动态,用以估计棉红铃虫危害对产量的影响。1988 年中国科学院动物研究所吴国伟以 SIMCOTⅡ为基础,从营养供求状况来控制蕾铃脱落,利用以生理时间(PT)为变量的 Logistic 方程来模拟棉花生长发育过程,并模拟了棉虫危害蕾铃对产量的影响。中国农业科学院棉花研究所潘学标、蒋国柱等以棉花生育日期为自变量,用 Logistic 方程模拟分析了优质棉的生长发育动态,并对棉株不同生育期的长势长相作出判断,以确定相应的栽培措施。郭海军建立了时间和棉花不同生育性状之间的回归方程,并分析找出农艺措施因子(肥、密、水)与各模型中参数的回归关系,来预测不同措施条件下的棉花群体生育的动态。潘学标、龙腾芳等通过太阳辐射日总量和太阳辐射利用率的变化,逐日计算群体净生长量,根据各器官干物质与总干重比例同生理时间的关系,及棉铃发育与温度的关系,建成棉花生长发育与形态发生及产量形成模拟模型(CGSM)。董占山、潘学标等利用 CSMP 语言,对 Penning de Vries 研制的用于一年生禾谷类作物生长与潜在产量模拟的模型 L1D 进行调试与参数修改,在棉花生长发育模拟上作了尝试。原北京农业大学郭向东等人基于 SIRATAC 于 1985 年新添的生育模型,进行了参数估计与修正,形成一个棉花生育动态模拟预测系统。刘文、韩湘玲等以每天的太阳辐射、气温、降水等气象要素为驱动变量,建立了棉花生长发育、形态发生及产量形成的动态模拟模型。该模型可模拟不同地点、不同年份、不同品种、不同土壤类型的潜在生产条件和雨养条件下的棉花生长发育与产量形成过程。江苏省农业科学院现代化研究所李秉柏等人综合考虑了棉花的遗传特性和温度、日长两个环境因子的作用,建立了逐日模拟的生育期模型和叶龄模型,具有较强的解释性。湖北省农业科学院经济作物研究所唐仕芳、别墅等建立了水分胁迫条件下的棉花生长发育动态模拟模型(CDSM)。棉花模拟模型与决策系统相结合,才能更方便地应用于生产。中国农业科学院棉花研究所和原北京农业大学以棉花栽培生理及专家经验为依据,通过大量田间试验,在建立栽培优化决策、棉花生长发育模拟模型等子模型以及农业气象、土壤水分、植物保护等子模块的基础上,综合应用人工智能技术和作物模拟技术,在国内首次建成了棉花生产管理模拟系统(CPMSS)和棉花生产管理决策系统。1995 年潘学标在综合荷兰作物模型、GOSSYM 模型和 OZCOT 模型原理的基础上,结合我国棉花生产特点,建立了棉花模型 COTGROW。

上述国内各科研单位和高等院校研制的各种模拟模型及系统,已在计算机模拟研究方面进行了初步尝试,表明我国已建成一些可解释棉花生长发育过程的简单动态模型和管理决策系统,为今后研究和建立更高、更新水平的模拟模型和决策系统奠定了基础。

二、棉花生长发育模拟模型原理与方法

棉花生长发育模拟模型就是利用计算机程序模拟棉花在自然环境条件下,利用光能资源把水和二氧化碳结合制造成有机物质的过程,组织、器官的建成,死亡的过程和产品的形成过程等,还包括棉花生长需要矿质元素在土壤中的分配、移动和被吸收的过程,同时考虑到各种环境因子的制约。在生长发育与形态发生模块中,主要模拟棉花的生育期各个器官的发生、扩展或伸长。以 GOSSYM 模拟模型和 COTTON 2000 模拟模型为例,对棉花生长发育模拟模型的原理和方法进行介绍。

(一) 棉花 GOSSYM 模拟模型

GOSSYM 模拟模型是一个动态模型,能在生理过程水平上模拟棉花的生长发育和产量形成。该模型本质上是一个表达植物根际土壤中水分和氮素与植株体内碳和氮的物质平衡的模型,包括了水分平衡、氮素平衡、碳平衡、光合产物的形成与分配、植株的形态建成等子模型。GOSSYM 模型可以模拟棉花对外界条件的反应,如逐日的太阳辐射、最高和最低气温、风速、降雨等气象条件,以及种植密度、行距、耕作措施、施氮肥和灌溉等农艺措施。该模型最大的特点是机理性、通用性、复杂性,其主要功能是模拟棉花各器官的生长发育状况、预报生理胁迫情况,为管理系统提供实时数据。

1. 棉花 GOSSYM 模拟模型结构　GOSSYM 模型本质上是一个表达植物根际土壤中水分和氮素与植株内碳和氮的物质平衡的模型。GOSSYM 模型具有多种用途,从研究的角度看,模型最佳的用途是作为了解棉花生长及它与环境之间的相互作用的一个工具。其逻辑结构如图 25 - 1 所示。各子程序的主要功能简介如下。

CLYMAT(气候)子程序,将全部天气资料读入,并调用 DATES(日期换算)计算模拟所要用到的生育期天数,调用 TMPSOL(土壤温度)计算各层土壤的温度。

SOIL(土壤)子程序,计算向植株提供的氮素、土壤水势和根系存储氮和糖的能力。将土壤在纵横两个方向分成 20 个等份,形成一个 20×20 的矩阵,即 400 个小室,模型逐日计算各室的水分、硝态氮和铵态氮以及根的生物量,进而计算根的生长量和水分吸收量。其中

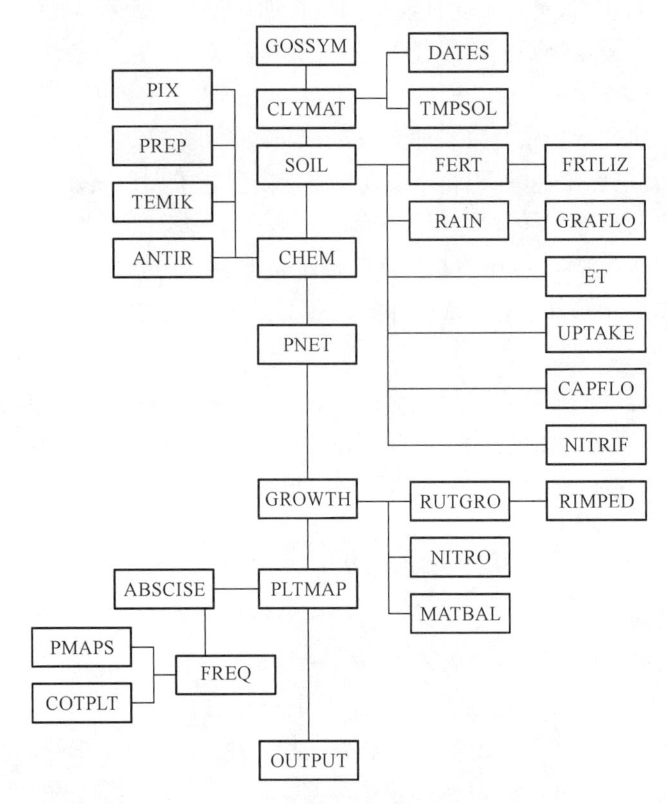

图 25-1 GOSSYM 模型逻辑关系

的二级子程序，FRTLIZ 用来分配铵态氮、硝态氮和尿素到土壤剖面中，GRAFLO 用来完成在重力作用下的雨水和灌溉水在土壤剖面中的移动过程，ET 估计土壤表面的 UPTAKE，计算根区水分吸收，CAPFLO 估计毛管水的流动状况，NITRIF 计算土壤中微生物作用下的铵态氮向硝态氮的转变情况。

CHEM(化学药剂)子程序，是计算化学物质对植物生理过程的作用效果，目前这些化学物质包括植物生长调节剂 PIX、杀虫剂 PREP 和 TEMIK、减弱植物蒸腾速率的化学药剂 ANTIR。

PNET(净光合生产率)子程序，逐日计算植株的总光合产物、呼吸消耗和净光合产物。

GROWTH(生长)子程序，计算植株各器官潜在的和实际的生长率。其中二级子程序 RUTGRO 计算根的生长及其在土室中的分布，RIMPED 计算增加土壤容重对根延伸能力的影响，NITRO 计算植株中氮素的分配，MATBAL 维持模型中碳、氮等的物质平衡。

PLTMAP(植株图)子程序，模拟棉株形态发生和各器官的成熟与衰老，包括蕾铃的生理脱落和各种胁迫因素的计算，ABSCISE 估计蕾铃和叶片由于胁迫和衰老的脱落速率，PMAPS 和 COTPLT 则是运行结果的图表输出子程序。

在生长季结束后，调用 OUTPUT 输出各种模拟结果，包括成铃数、铃重和产量等数据。

GOSSYM 系统可以划分为三大部分。①输入部分：气象数据，地理位置特性数据，土壤特性数据；②模拟部分：营养器官形成及生长，蕾铃形成和生长，土壤和水的运动，氮素平衡、水平衡，蕾铃脱落，碳素平衡，光合生产及产量形成；③输出部分：棉花生长发育及产量形成动态模拟数据，土壤养分、水分动态模拟数据，植株图，碳、氮、水分平衡图，碳、氮、水分胁迫图。

2. 棉花 GOSSYM 模拟模型的原理

(1) 发育期模拟：潜在发育阶段由下式计算：

$$DVS(d) = DVS(d-1) + DR$$

第 i 阶段的日发育速率：

$$DR = DRi \times TU12 \times EXP[LSI \times (1 - DL/12)] \times DWSTR \times NUSTR$$

式中：DVS——各日棉花发育阶段进程，(d)和($d-1$)分别代表当天和上一天的生长发育状况(下同)，DVS 大于发育期代码的第一天表示进入该发育期，为非整数则表示处于前后两个发育期间的进程；DR——当日发育速率；DRi——第 i 阶段的平均发育速率；$TU12$——当天≥12 ℃的有效温度；LSI——感光性系数；DL——日长；$DWSTR$——水分胁迫参数；$NUSTR$——营养胁迫参数。

各生育阶段发育速率不同：$DRi = 1/DVi$。

DVi 为完成第 i 阶段发育所需的≥12 ℃的有效积温，单位为 DD，对于中熟品种中棉所 12 号，出苗到现蕾：DV1＝450；现蕾到开花：DV2＝400；开花到吐絮：DV3＝700；吐絮到成熟：DV4＝660。对 DVS 取整数，则得到棉花所处的发育期：$DV＝INT(DVS)$。DV 为 0，1，2 和 3 时分别代表苗期，蕾期，花铃期和吐絮期。

(2) 光合作用模拟(图 25－2)：棉花叶片光合作用的光反应曲线和 CO_2 反应曲线用酶学方程 Michaelis-Menten 方程来表示。

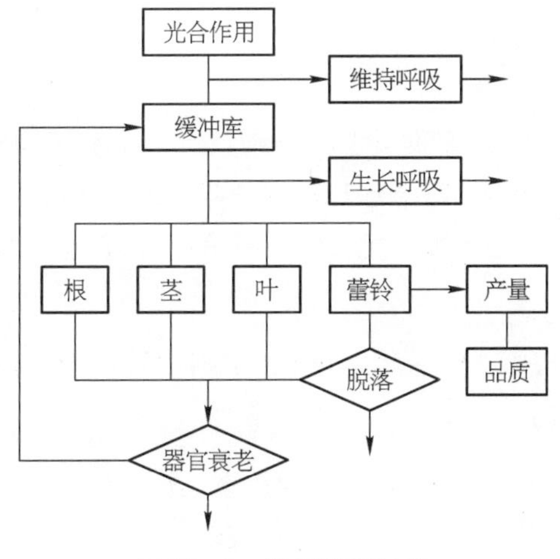

图 25－2　碳素平衡过程

棉花单叶总光合速率与光的关系为：

$$PG = PMAX \times BI \times PPFD/(PMAX + BI \times PPFD)$$

考虑到暗呼吸作用和光补偿点，则棉花单叶的净光合速率为：

$$PN = PMAX \times BI \times (PPFD - PPFDCP)/(PMAX + BI \times PPFD)$$

棉花单叶的暗呼吸速率，为 $PPFD = 0$ 时的负 PN 值：$DR = BI \times PPFDCP$，则棉花单叶的净光合速率也可写为：

$$PN = PG - DR = PMAX \times BI \times PPFD/(PMAX + BI \times PPFD) - BI \times PPFDCP$$

以上各式中：BI——光反应曲线初始斜率；$PPFD$——光合作用光量子通量密度[μmol/(m^2 · s)]；$PPFDCP$——光补偿点[μmol/(m^2 · s)]；DR——叶片的暗呼吸速率[μmol CO_2/(m^2 · s)]；$PMAX$——光饱和时的最大光合速率[μmol CO_2/(m^2 · s)]，用 CO_2 反应曲线来表达：

$$PMAX0 = P0 \times BC \times (CA - CCP)/(P0 + BC \times CA)$$

式中：$P0$——潜在光合速率，即叶片处于适宜水分等环境条件下 CO_2 和光饱和时的光合速率；BC——CO_2 反应曲线的初始斜率；CCP——CO_2 补偿点($\times 10^{-6}$)；CA——空气中的 CO_2 浓度($\times 10^{-6}$)，在不考虑 CO_2 浓度变化时，CA 为大气的平均 CO_2 浓度，当前为 360×10^{-6}。式中以 CO_2 补偿点考虑光呼吸速率，它可随 CO_2 浓度的变化而改变，当 CO_2 浓度为 0 时，光呼吸速率为 $BC \times CCP$。

实际最大光合速率为：

$$PMAX = PMAX0 \times PLANTAI \times PNDPC \times (1.05 - STORCHO/WT)$$

式中：$PLANTAI$，$PNDPC$，$STORCHO$ 和 WT 分别为影响光合作用的叶片素质影响因子，喷缩节胺影响因子，碳素缓冲库储量和全株干重，1.05 为经验常数。

根据 Beer-Lambert 衰减公式，群体中任意叶层所接受的光强为：

$$PPFD = PPFD0 \times EXP(-KI \times LAI)$$

式中：$PPFD$——LAI 下的水平面光强[μmol/(m^2 · s)]；$PPFD0$——冠层上方水平面入射光强；KI——消光系数，中棉所 12 号为 1.0(1994 年测定平均值)；LAI——叶面积系数。

结合光分布规律，根据门司-佐伯方法，经过积分运算，棉花叶片群体光合速率可用下式计算：

$$PP = PMAX/KI \times ln\{(PMAX + BI \times KI \times PPFD)/[PMAX + BI \times KI \times PPFD \times EXP(-KI \times LAI)]\} - DR \times LAI$$

式中：PP——单位土地面积的群体净光合速率[μmol CO_2/(m^2 · s)]，换算为全天以葡萄糖计的叶群体净光合量：$PLNDAY = 0.108 \times DL \times PP$ (g/m^2)。0.108 为单位换算因子，DL 为日长(h)。影响群体光合作用的环境因素与典型值为：

① 光补偿点：$PPFDCP = PPFDCP0 \times CPTI$；

② 光反应曲线的初始斜率：$BI = PMAX/IH \times PTI$；

③ CO_2 补偿点：$CCP = CCP \times CPTI \times OC/0.21$；

④ CO_2反应曲线的初始斜率：$BC = P0/CH \times PTI$；

⑤ 潜在光合速率：$P0 = PM0 \times PTI \times FCN \times FSLWPN \times FWSI$。

以上式中：

$CPTI$——影响补偿点的温度因子：$CPTI = 2^{(TM-T0)/10}$；

PTI——影响光合速率的温度因子：$PTI = 1 - 0.003 \times (TM - 30)^2$；

FCN——氮素影响因子：$FCN = 0.1 + 0.9 \times SQR(TLBNC/0.0486)$；

$FSLWPN$——比叶重影响因子：$FSLWPN = 1 + 0.2 \times (TSLW/0.005 - 1)$；

$FWSI$——水分胁迫影响因子：$FWSI = 0.5 + 0.5 \times WSTR$；

OC——氧浓度，一般为 0.21；

$PM0$——潜在最大光合速率，$T0$——参照温度(模型中为 28 ℃)，$TSLW$——全株平均比叶重(g/cm^2)，$TLBNC$——叶片含氮量，$WSTR$——水分胁迫因子。

据试验结果和文献资料，本模型的主要光合作用参数如下：在温度 28 ℃，CO_2浓度 360×10^{-6}、氧浓度 21%的标准大气条件下，光合作用各分量的取值为：光补偿点 $PPFDCP =$ 25 $\mu mol/(m^2 \cdot s)$，CO_2 补偿点 $CCP = 70 \times 10^{-6}$（潘学标等，1989），最大光合速率 144 $\mu mol/(m^2 \cdot s)$，达到最大光合速率的一半时的辐射强度(IH)和 CO_2浓度(CH)分别为 400 $\mu mol(m^2 \cdot s)$和 $1\,855 \times 10^{-6}$。

(3) 呼吸作用模拟：棉花属 C_3 作物，具有较强的光呼吸和较高的 CO_2补偿点。模型中，在进行单叶光合作用和群体光合作用计算时，考虑叶片光呼吸 CO_2补偿点的变化。

暗呼吸包括维持呼吸和生长呼吸两个部分，前者为离子浓度梯度的保持和降解的蛋白质的再合成提供能量，后者为光合产物转化成结构物质提供能量(Penning de Vries, 1989)。

① 维持呼吸：大田生长的棉花的维持呼吸速率在 30 ℃时约为0.038 g $CO_2/(g \cdot d)$ (Penning de Vries, 1989)。但不同器官由于生长活跃程度和木质化程度不同，维持呼吸系数不同。据 Hesketh 研究结果，作如下考虑。

全天扣除维持呼吸后的单株净光合量：

$$PPNDAY = SPPN - MRST - MRBAR - MRLF - MRRT$$

式中：

单株光合作用生产的葡萄糖量：$SPPN = PLNDAY/PPM$；

茎枝维持呼吸量：$MRST = 0.006 \times WSTEM \times KT \times PAC$；

蕾铃维持呼吸量：$MRBAR = (0.038 \times WSQU + 0.0032 \times WSB) \times KT \times PAC$；

叶维持呼吸量：$MRLF = 0.0264 \times (1 - DL/24) \times WL \times KT \times PLANTAI$；

根维持呼吸量：$MRRT = 0.038 \times WROOT \times KST \times PAC$。

$PPNDAY$——可供单株生长的净葡萄糖量(g)；$PLNDAY$——群体日光合量，包含了叶片白天的呼吸作用；PPM——每平方米株数；$WSTEM$, $WSQU$, WSB, WL 和 $WROOT$——分别为单株茎枝，蕾，铃，叶和根的干重(g)；DL——日长；$PLANTAI$——叶片群体素质。

株龄影响因子：$PAC = 1 - EXP(DVS - 4)$

气温影响因子：$KT = 2^{(TM-T0)/10}$

土温影响因子：$KST = 2^{(STM-T0)/10}$

以上式中：DVS——发育阶段；TM——冠层温度；STM——土壤温度；$T0$——参照温度，模型中为28 ℃。

② 生长呼吸：一般作物生长速率可表示为：

$$WI = EG \times PN$$

式中：PN——净光合量；EG——作物生长转化效率，$EG = 1/PT$。

PT为生长过程中形成每克物质所需的葡萄糖量。因构成器官的主要成分不同，棉株各器官的转化效率也不同，根据棉花各器官的化学成分比例（中国农业科学院棉花研究所，1983）和生长过程中形成每克碳水化合物、蛋白质、脂肪、木质素、有机酸等所需要的葡萄糖量（Penning de Vries，1989），可计算出棉花各器官每生长1 g所需要的葡萄糖量和生长效率，在模型中据此计算器官的生长，损失部分即为生长呼吸消耗。当日生长所需要的葡萄糖量根据器官潜在生长量来计算。

（4）产量形成模拟：棉花的产量形成由密度、株铃数、铃重和衣分构成。模型中的产量模拟采用与GOSSYM类似的方法，由单铃累计而得；所不同的是，在本模型中，首先计算每天棉株各部位的单铃全铃重（含铃壳），然后根据铃龄与籽棉占全铃重的比例的关系，计算各铃籽棉重、铃壳重，再根据衣分计算皮棉重，并逐个累加，统计全株当日的全铃重、铃壳重、籽棉重、皮棉重和种子重。根据试验结果，籽棉占全铃重的比例与棉铃发育进程有关。

$$SCR = 0.3265 + 0.00035018 \times BOLLT \quad (r = 0.9367,\ n = 38)$$

式中：$BOLLT$——棉铃开花后≥15 ℃的活动积温。对于$BOLLT < 200$的棉铃，可作如下校订：

$$SCR = 0.002 \times BOLLT$$

单铃籽棉重：$SBSCW = BOLLW \times SCR$

单铃皮棉重：$SBLINT = SBSCW \times LINTR$

$LINTR$——衣分，随不同品种和铃的状态有所不同（据GOSSYM1983版校订）：

$$LINTR = BMD \times MLTR/0.38 \times (52 - 0.5 \times BOLLTM)$$

式中：BMD——铃态影响因子：$BMD = BNST/5$，当$BNST > 5$时$BMD = 1$，$BNST$——棉铃所处形态；$MLTR$——品种平均衣分，中棉所12号为0.40，中棉所17号为0.39，中棉所16号为0.38。$BOLLTM$——该铃从开花到吐絮或计算截止日期的平均气温。

单株总籽棉和总皮棉分别为：

$$SPSEEDC = \sum SBSCW \text{ 和 } SPLINT = \sum SBLINT$$

棉株生长结束后，按照棉铃的状态统计青铃、吐絮和霜前铃（安阳按10月31日计）及烂铃的单株及单位面积籽棉和皮棉产量；根据蕾铃形态级统计逐日的单株蕾数、开花数、幼铃数、成铃数、裂铃吐絮数；计算总平均铃重和吐絮平均铃重。

(二) 棉花 COTTON 2000 模拟模型

COTTON 2000 模拟模型也是一个动态模型,能在生理过程水平上模拟棉花的生长发育和产量形成。COTTON 2000 所依据的主要科学原理如下。

(1) 棉花生理天数的计算:模型中关于生理天数的计算采用热量单位 degreedays 的概念。

计算公式如下:

$$PHYDAr = \sum_{1}^{24}(TMP(1HR) - 12\ ℃)/(26\ ℃ - 12\ ℃)$$

式中:$TMP(1HR)$——一天中每小时的温度。温度的临界值为 12 ℃,一个生理天数表示平均温度为 26 ℃的一天。温度和热单位的累积在 12 ℃至 33 ℃之间呈线性关系,$TMP(1HR)$小于 12 ℃和大于 33 ℃时,分别认为等于 12 ℃和 33 ℃。

(2) 碳胁迫:碳胁迫系数的计算公式如下。

$$CSTRES = CPOOL/CDSUM$$

式中:$CSTRES$——碳胁迫系数;$CPOOL$——碳源;$CDSUM$——碳库。净光合作用加上叶片和主根中储存的可移动的淀粉构成了碳源。所有棉花植株器官潜在生长的总和构成了碳库。各个器官包括根、茎、叶片、叶柄、蕾、铃、籽棉、壳,每个器官的潜在生长的驱动变量除了温度外,还有它的年龄和位置。

当碳源小于碳库时,潜在生长不能实现,结果出现了碳胁迫。胁迫因子的数字化表示为源和库的比率(1 为没有胁迫,0 为最严重的胁迫)。在棉花中通常有两个主要的碳胁迫时期:萌发后 3~4 周,由于没有足够的叶面积来维持生长;开始开花后 2~4 周一直到裂铃,由铃生长形成的巨大库造成。当碳胁迫发生时,按照不同器官的优先次序进行重新分配。最高的优先级是蕾和铃,最低的优先级是茎和根。碳胁迫同样影响新节数的增加、茎的生长、蕾和铃的脱落。

(3) 水分胁迫:水分胁迫系数的计算公式如下:

$$WSTRS = VSTRS(1) - PSISUM \times [VSTRS(2) + VSTRS(3) \times PSISUM]$$

式中:$WSTRS$——水分胁迫系数;$VSTRS(1) \sim VSTRS(3)$——经验系数;$PSISUM$——到当天为止最后 3 d 的最大叶片水势和最小叶片水势之和的平均值。最大叶片水势为清早的叶片水势,直接从土壤平均水势得来。叶片的最小水势发生在蒸腾最大的时候(通常在中午过后)。水分胁迫因子影响光合速率、叶片老化、生长的高度、铃的脱落、铃的成熟速率、光合产物的分配和根的生长,其中水分胁迫对光合速率的影响用另外的公式计算。

(4) 氮素胁迫:COTTON 2000 处理土壤中尿素的水化过程、有机氮的矿化过程、铵态氮的硝化过程、可溶性氮在土壤中的运移过程、根系对氮的吸收过程(以 Michaelis-Menten 过程为原理)。植株各器官的氮素胁迫是按照下列步骤计算的:模型首先计算各器官对氮的需求量 $CDN(0)$(根据经验系数,i 为某器官),然后计算氮的供给量 $CDS(i)$(从土壤中吸收的和从器官储存中转移来的),而后计算氮素在各器官的分配和氮占干物质的浓度和氮素胁迫

系数 $NSTRS(i)=CDN(i)/CDS(i)$。氮胁迫因子影响棉花各器官的生长、新节数的发生、叶片的老化和脱落。

(5) 植株主要器官的发生和生长

① 发生:模型能够模拟果前节数和果后节数的发生、营养枝、果枝的发生以及它们的茎节和相关节上叶片和蕾发生,产生的速率是温度、胁迫因子、某些情况下密度的函数。

② 生长:模型对叶片和叶柄潜在生长速率的模拟采用单分子生长公式;模型对茎的潜在生长速率的模拟分为两个阶段,第一个阶段为第 3 个果枝出现蕾以前,是植株年龄的函数,第二个阶段是第 3 个果枝出现蕾以后,为茎活动组织的重量和密度的函数;铃的生长采用逻辑生长公式;铃壳的生长在开花后前 3 周是线性的。

COTTON 2000 模拟模型在原 GOSSYM 模型上具体改进的方面有以下几点。

第一,模型机理有发展。主要对水分关系、氮关系和植物生理方面进行修改。在水分关系模拟方面修改了根际子模块,尤其是有关根生长和活动对不同水分条件的反应,增加了模型对水分的敏感性。其中潜在蒸散采用 ClMIS 方程以每小时为步长计算得到,已实现从每天的气象参数估算出每小时的值,同时需要输入露点温度;平均土水势的计算根据根层土水势求平均,而根层土水势由每一土壤单元小室中根的情况加以权重,此土水势用于计算植株的实际蒸腾,而通过土水势、水分在植株中的运输阻抗和潜在蒸腾来计算叶水势,进而计算水分胁迫因子,水分胁迫影响棉株的生长和形态发生。在氮关系上,修改了土壤中氮的矿化和硝化过程的模拟,增添了反硝化、高碳下氮的固定和尿素水解的模块,同时用 Michaelis-Menten 方程模拟了植株氮吸收受到生长需求的影响,另外计算了氮胁迫因子,氮胁迫对植株生长率、叶、铃老化和蕾、铃脱落的影响也得到了模拟。在植物生理方面,在叶、铃生长部分用改进了的生长函数分别模拟叶片和叶柄、籽棉和蕾壳的生长,完全修改了叶、蕾、铃老化和脱落子程序。整体模型以小时为计算步长。

第二,系统整体有改观。可以自由便捷地编辑修改输入条件,可以根据需要控制模型的输出,模型的输出包括数据文件和图表两大类。数据文档资料中包括整个生长期植株生长动态、产量形成、水肥运筹、土壤动态等,还以文件形式保存了各主要生育期的株式图;输出图表中包括生长期植株生长动态、灌溉与水平衡、氮肥施用与氮平衡三大类 13 项图表,很适合用于实施水肥管理。

第三,已发展为 Windows 版本。适用于 Windows3.1 以上的操作系统,但其中的主体计算程序仍然沿用 Fortran 语言,界面部分用 Visua/Basic 编写。

三、棉花生长发育模拟模型的应用

目前,国内外对作物模拟模型的研究正在蓬勃发展,特别是我国,从 20 世纪 80 年代初开始,广大农业科研工作者多学科联合协作,在作物生长发育模拟模型的研究上取得了一定的成果,但由于底子薄,时间短,研究成果还很不完善。相反,国外在这方面已取得了许多成功的经验,GOSSYM 从研制成功到现在,已在全美棉花带的各州试验、示范、推广,取得了良好的经济效益。从 1990 年开始,美国农业部组织了一个 COMAX/GOSSYM 的推广小组 GCIU,负责 COMAX/GOSSYM 在美国的推广应用。下面举两例说明其应用效果。1985

年,COMAX/GOSSYM 建成后不久,在 Mitchener 农场试运行,试验区中每公顷净增 129 kg 皮棉,净增利润为 148 美元。1987 年,美国棉花带 14 个州全部开始参与试验和应用,其中在 6 个州的 1 254 hm^2 的棉田上使用该系统,熟练的用户每公顷可增加 350 美元的纯利,新的用户则每公顷可增加 100 美元的纯利,平均每公顷可以增加 169 美元纯利。

在我国,研究人员对棉花生长发育的计算机模拟模型研究起步较晚,大多以 GOSSYM 模型为基础建立。如中国农业科学院棉花研究所的研究人员针对我国棉花生产管理、品种、气候、土壤特性,对此模型参数进行调整,在黄淮海平原针对中棉所 12 号、中棉所 16 号、中棉所 17 号进行了验证、修改,对棉花的株高、主茎节数、单株总果节数、单株蕾数、单株铃数、叶面积系数、产量进行了模拟,模拟值基本上与实测值相吻合,可以模拟这 3 个品种的生长发育和产量形成。

随着理论研究与生产实际的进一步结合,机理性很强的大型棉花生长发育模拟模型要得到很好的推广应用,必须简化输入条件。同时随着系统科学研究的深入,环境条件对作物生长发育定量作用关系研究将有新进展,实现作物生长的可视化、虚拟作物生长等研究将是作物生长发育模拟模型新一轮研究的重点。随着计算机科学的发展,作物生长发育模拟模型研究的手段和技术必将不断发展,微观的作物生长模拟模型将与"3S"系统等结合开展区域农业发展研究,随着"精确农业"的发展,作物生长模拟模型也将会发挥更大的作用。

第二节　棉花生产管理专家系统

一、棉花生产管理专家系统的实现

现以 1992 年湖北省农业科学院经济作物研究所与华中理工大学图像和人工智能研究所、武汉时代科学研究院共同研制的"棉花生产管理专家系统"为例来阐明系统的实现。该系统采用多媒体技术,图文并茂,直观性好,实用性强;采用人工智能技术,能充分发挥专家知识表达能力,病虫诊断防治准确率高,智能化程度较高,机理模型与专家系统结合的结构模式实时化程度较高;采用规则、框架与字典等知识表达方法,采用精确推理和非精确推理相结合的推理控制策略,整体功能很强,这一系统具有一定的通用性,可成为开发同类系统的外壳和工具。

(一) 棉花生产管理专家系统研究的技术内容

该系统在国内首次使用机理模型与专家系统相结合的系统结构模式,提出并应用"假言—推理—回归"的推理控制策略,与国外同类系统比较,首次采用多媒体技术,人工智能技术和图像处理技术相结合的综合技术,首次将 Foxpro 语言应用于棉花生产管理系统,与 Windows 保持一致风格。

(二) 系统的特点

根据国内外棉花生产管理专家系统的研究现状,通过反复调查分析棉花生产管理专家系统的使用环境、服务对象、功能需求等多种因素,同时收集国内外的现有软件,如美国的"COMMAX"系统、江苏省农业科学院现代化研究所的"水稻钟模型"、原北京农业大学的"棉花高产栽培动态决策系统"、中国农业科学院棉花研究所的"棉花生产管理模拟系统"等,分析了各种软件的优缺点及其实用性，采用了这些系统模型与专家系统相结合的优点，针对其中不足之处，制定研究目标。研究开发的系统具有以下特点。

(1) 知识面广、知识深、知识新。研制能在现有生产条件下指导棉花实际生产的专家系统，这一系统包括了棉花生产的各个领域知识，作为知识字典，用户可随时系统地查阅生产环节中的任何一个措施。

(2) 知识深入浅出。适于一般的技术人员操作，语言适合农民的理解程度，使这一系统能在优质棉基地县大范围推广。

(3) 具有推理力。能根据大田实际情况，模拟专家指导实际生产的思维过程，给出咨询与决策信息。例如：田间出现什么病虫害，怎样防治，什么样的田块施多少肥，怎么施法等。

(4) 实用性强。对生产真正能起作用，由于我国栽培途径复杂，生产一家一户，环境条件不一样，即使是同一地的不同田块基本条件都很不一致。这给模拟的准确性造成很大困难，往往模拟的结果与实际不符，造成适用性很差。系统建成后，通常在生产中起不到大的作用，只作为一种科学进步产品存放在试验室。因此，这一系统特别注重生产实际的适用性，使这一系统在生产实际中真正发挥作用。

(5) 具有可扩充性。这一系统可随生产实际的变化，灵活地扩充模块。

(6) 系统运行效率高。与基本软件比较，其运行速度快，适用的机型较广，具有多媒体形式，所有文件均生成 exe 格式。

(7) 采用多媒体技术。图文并茂，直观感很强，使知识便于理解，技术便于推广。

(三) 系统知识库的建立

1. 品种选择知识库　主要考虑品种的生态适应性(气候、土壤、肥水条件适应性情况、成熟期和对温度的要求)，品种的生长发育特点(产量结构、株型结构、抗倒伏能力、需肥水特性)，品种抗病虫性，抗逆性(抗病、耐热、耐旱、耐涝、耐盐碱)和品质(纤维品质)。

2. 确定密度知识库　棉花不同播种时间和土壤肥力以及品种生长发育特性与密度的关系。不同品种类型(松散型、半紧凑型、紧凑型)与密度的关系。

3. 确定播期知识库　播期与积温的关系及其适宜播期。棉花播期与产量形成的关系。

4. 施肥与作物营养知识库　系统研究、归纳、总结棉花土壤诊断配方施肥、高产施肥、规范化施肥的专家知识。研究包括各主要营养元素积累消耗规律、营养诊断施肥知识库：目标产量、土壤肥力、肥料利用率、群体大小、长势、长相，作物不同生育时期的营养状况与施肥量、施肥期、元素配比的关系。

5. 水分管理知识库　作物不同生育阶段田间耗水量、不同土壤深度与地下供水、水分的蒸发蒸散、降雨量和不同时期土壤的临界含水量、含水率与灌溉的关系。

6. 生长发育知识库　植株生长速度、生育进程与积温的关系，不同条件下叶片长势长相与各部分器官发育关系，不同时期群体数量与个体发育、蕾铃分布和产量形成的关系。

7. 化学调控知识库　作物群体发展、植株形态与化控物质施用剂量与方法的关系。

8. 病虫草害与防治知识库　建立各种病虫草害特征图形、图像库及各种病虫草害的诊断治疗知识库。不同病害、虫害、草害的识别及其防治的对策和药剂使用。

9. 模型库的建立　包括作物生长发育模型、作物光合模型、作物产量形成模型等。同时通过试验，建立不同土壤肥力和产量水平规范化施肥函数模型。寻求单因子施肥经济最佳施肥量、最大利润施肥量、最高产量施肥量；确定肥料间的最佳配比；确定肥料的时间分配。

10. 推理机的研制　系统采用产生式规则、框架和数据字典以及“三坐标”等知识表达方法，采用精确推理和非精确推理、假言推理—回归思维模型等新方法和独创的方法。

（四）系统的功能

1. 品种选择子系统　包括品种推荐和品种浏览两个模块。品种选择模块能根据用户所在的地区、用户对品种抗病性、早熟性、铃重、衣分、产量等要求，以知识库中的有关知识基础，选择适于该地种植的合乎要求的品种，并给出其详细介绍。品种浏览模块给出相应的、能根据用户要求的品种名称，给出该品种的详细介绍。

2. 周年管理子系统　根据棉花不同的栽培方式（直播棉、地膜棉、移栽棉、移栽地膜棉）和不同的生育期（苗期、蕾期、花铃期、吐絮成熟期）以及不同的咨询项目（水、肥、化调、病虫防治、其他）给出相应的专家咨询意见。

3. 全程化调子系统　根据用户给定生育时期和该生育期下的化调时机，给出相应的专家咨询意见。

4. 施肥推荐子系统　根据用户所在的地区、土壤 pH 及土壤中有机质、全氮、速效磷、速效钾含量、施肥时期、该时期平均气温、目标产量、已施肥料类型、成分含量及数量、肥料利用率、施肥水平和土壤肥力水平等信息，以系统内部精确的施肥推荐数学模型为基础，为用户提供最优施肥方案。

5. 诊断防治子系统　包括病虫害诊断和病虫害防治两个模块。病虫害诊断模块能根据用户输入的棉株症状，给出不同可信度下的诊断结果的相应农业、生物、药剂防治方法。考虑到本系统的使用者多数为农民，其文化素质可能较低，因此，为了使农民能够尽量正确全面地选择适合棉株实际症状特征的描述，系统还给出了与农民选定的症状描述相对应的彩色图片。这样，农民可以把系统显示的图片与实际情况相比较，增加或删除某些特征，以确保用户选定的症状能反映棉株的真实情况，从而使系统给出确切的诊断结果及防治方法。本模块是整个系统的核心。病虫害防治模块能根据用户选定的病虫害名称给出相应的彩色图片和防治措施。

6. 帮助子系统　为用户提供详细的帮助信息。

二、棉花生产管理专家系统的应用前景

农业生产管理的信息化、自动化已成为现代农业的一大热点，是现代农业发展的方向。智能化信息技术特别是专家系统技术在世界农业领域中的应用始于 20 世纪 70 年代末。经过 20 余年发展，应用已遍及作物栽培管理、设施园艺管理、畜禽饲养、水产养殖、植物保护、育种以及经济决策等方面。由于知识工程或专家系统在处理不完全信息和数据上的潜在能力，该项技术特别受到农业科学家的青睐，发展很快。1992 年在我国召开了国际自动控制联合会（WAD）第一届农业专家系统研讨会，1995 年在荷兰召开了第二届会议。迄今为止，世界各国已研制成功众多的实用农业专家系统，根据中国农业科学院文献中心对 CAB 文献

数据的检索查询，共查出最近十年400多篇相关文献。其中有著名的农业专家系统如COMMAX(用于棉花管理)、PLAT/DS(用于大豆病害诊断)、MISTING(用于温室喷雾控制)、DIES(用于乳牛管理)等，其中最著名的是由美国农业部农业研究局和克莱姆森大学共同开发的COMMAX，1993年在美国棉花带的各州300多个农场使用，推广面积30万hm^2。日本最近提出的农业知识工程计划，目的在于通过研究和示范将形成商品化信息技术，包括通信、监测、模拟、自动控制和专家系统等有机结合，综合服务于农场生产的管理。同时推出一系列农业专家系统开发工具如：CALEX、SELECT、PALMS、MICCS等，加快了农业专家系统的开发与应用。国内农业专家系统的发展也很快，由于我国农业自身的若干特点，如农业资源人均占有量低、农业领域专家和科技人员紧缺、农业新技术普及率低等，农业专家系统的开发与应用从一开始就受到广泛的重视，并成为信息技术农业应用的重要方面，特别是与种植业有关的各类专家系统，如中国科学院合肥智能机械研究所的施肥专家系统、北京市农业科学院作物研究所的小麦管理专家系统等，目前已投入实际应用的综合栽培专家系统、水肥管理专家系统、育种专家系统、病虫测报与防治专家系统等，在实际生产中发挥了较好的作用。国内已建立的棉花系统，如肖云南建立的棉花生产决策系统，董占山建立的CPMSS/GSM棉花生产管理模拟系统等。但这些系统仍有明显的不足，应用系统缺乏综合性、系统性及应变决策能力是其显著的特点，机理模型和知识简单，实用性受到限制，用户界面、容错能力及智能化程度受当时计算机软硬件的限制而明显落后，直接影响系统的应用效果。综合分析国内外农业信息技术的研究开发现状，农业信息技术应用领域更加拓宽，专家系统、模拟模型、神经元网络、机器学习、多媒体及计算机视觉在农业中的应用日趋普遍，从信息处理的环节上看，农业数据采集应用新的信息技术受到更多的关注。不同类型的技术交叉与融合，如RS、GPS、GIS与作物管理信息系统的结合、专家系统与模型的结合，多种技术集成是信息技术发展的必然趋势。这些技术的研究与开发，对增强我国农业信息技术的应变能力，克服“有路无车、有车无货”的瓶颈问题具有重要实践和理论意义。

（撰稿：别墅，潘学标；主审：李亚兵，别墅）

参考文献

[1] Mckinion J M. A simulation of a cotton growth and yield, in computer simulation of a cotton production system-A User's Manual. ARS-S-52,1975:27-82.

[2] Ston, N D. COTFLEX, a modular expert system that synthesizes biological and economic analysis: the pest management advisor as an example. Belt. Cott. Prod. Res. Conf., 1987.

[3] Baker D N, Lammert J R, Mckinon J M. GOSSYM: A Simulation of cotton growth and yeild. Sci. Agri. Exp. Stn. Tecn. Bull., 1983,125.

[4] Mickinon J. Application of the GOSSYM/COMAX system to cotton crop management. Agricultural systems,1989(31).

[5] Hearn. A simple model for crop management application for cotton . Field crop Research, 1985(12).

[6] Hear A B. OZCOT: A simulation medal for cotton crop management. Agricultural Systems. 1994,44.

[7] Jones J W, Brown L G, Hesketh J D. COTCROP: A computer model for cotton growth and yield. Miss. Agr. Exp. Stn. Inf. Bull. , 1979, 69.
[8] Lemmon H E. COMAX: An expert System for cotton crop Management. Science, 1985, 233.
[9] Plant R E, Wilson L T. CALEX/COTTON: An expert system-based Management aid for California Cotton Growers. Belt. Cott. Prod. Res. Conf. , 1987:203 - 206.
[10] 潘晓康.澳大利亚棉花计算机管理系统及模拟模型研究概况.中国棉花,1992,18(6).
[11] 吴国伟.棉花生长发育模拟模型的研究.生态学报,1988,8(3).
[12] 潘学标,韩湘玲.COTGROW:棉花生长发育模拟模型.棉花学报,1996,8(4).
[13] 马新民.棉花蕾铃发育及产量形成的模拟模型 COTMOD.南京农业大学博士学位论文,1996.
[14] 董占山,潘学标.棉花生产管理决策系统 CPMSS. CGSM.棉花学报,1992,4(增刊).
[15] 刘文,王恩利.棉花生长发育的计算机模拟模型研究初探.中国农业气象,1992,13(6).
[16] 郭向东,王敏华.一个用于棉花生育模拟、预测的计算机系统.计算机农业应用,1991,专刊(1).
[17] 邱建军.COSSYM 模型在新疆棉区的有效化研究.棉花学报,1998,10(3).
[18] 潘学标.作物模型原理.北京:气象出版社,2003:22 - 24,155 - 158.

第二十六章　棉田精准管理技术及应用

20 世纪 80 年代以来，随着信息科学技术的高速发展，发达国家兴起了精准农业的研究和应用，我国棉花精准管理的研究和应用也取得了新进展，并在新疆棉田应用中取得了较好效果。

第一节　棉田精准管理技术原理

精准农业是以“3S”作为支撑条件和以计算机自动控制系统为核心的先进农业技术。该技术利用全球定位系统(GPS)对农田信息进行空间定位，利用遥感技术(RS)获取作物生长环境和生长状况的时空变化信息，利用地理信息系统(GIS)建立农田土地资源、自然条件和作物产量的空间数据库，并对作物苗情、病虫害和墒情的发生发展趋势进行动态模拟，对农田内自然条件、资源利用状况、作物产量时空差异性进行分析，并对精确调控管理提供处方信息；在获取上述信息的基础上，利用作物生产管理辅助决策支持系统(DSS)对生产过程进行精确调控，以均衡高效利用农田资源和获取作物高产。依据精准管理技术原理，以新疆生产建设兵团的大规模棉田为对象，初步建立了棉花长势的精准监测技术、棉田土壤墒情精准灌溉预报与灌溉技术、棉田土壤养分资源综合管理与精准施肥技术等。

一、棉花长势精准监测技术

作物长势遥感监测是以绿色植物的光谱理论为基础，根据绿色植物对光谱的反射和吸收特性反映作物生长信息，进而判断生长状况及其变化特征。作物长势遥感监测大多采用陆地卫星遥感数据(Landsat-TM)和高分辨率气象遥感数据(NOAA-AUVHRR)，也有采用高光谱卫星遥感和雷达遥感监测。通过对拍摄的图片进行处理，提取作物长势遥感指标，判断作物生长状态，及早发现营养元素亏缺及病虫害情况，为精确管理提供决策依据。

(一) 棉花长势遥感监测原理

棉花生长过程是一个极其复杂的生物物理过程，生长状况受多种因素影响，可以用一些能够反映生长过程并且与该过程密切相关的因子进行表征。叶面积指数是作物个体特征和群体特征相关的综合指数，与太阳光的截获、植株的蒸腾作用、光合作用以及地表净初级生产力等密切相关；植被指数的数值变化直接反映着植物的长势、覆盖度、季相动态变化等，是一个公认的能够反映作物生长状况的指标。通过对拍摄的图片进行处理，提取叶面积指数(LAI)、叶绿素含量(CHL)、归一化植被指数(Normalized Difference Vegetation Index, NDVI)等反映棉花长势的遥感指标，判断作物生长状态，以采取相应有效的管理措施。

高光谱遥感技术为研究棉花长势的快速、准确监测提供了丰富的信息,对光谱曲线进行研究可以实现理化参数的反演、长势的监测。选择合适参数和算法是保证高光谱遥感进行物理化参数反演的关键。棉花长势遥感监测是利用遥感数据对棉花的苗情、环境动态和分布状况进行宏观的实时估测,及时了解棉花的分布概况、生长状况、肥水盈亏以及病虫草害动态,便于采取各种管理措施,为棉花生产管理者或管理决策者提供及时准确的数据信息平台。

在作物长势监测中,归一化植被指数(NDVI)是最为常用的指标。NDVI 能部分地补偿照明条件、地面坡度以及卫星观测方向的变化所引起的影响。不同长势的作物,其 NDVI 值大小不同。一般植株越高、群体越大、叶面积系数越大的田地,其 NDVI 值较大。因此苗情长势越好的农田,其 NDVI 值也越大(旺长除外)。长势与 NDVI 值的关系也是相对的,随时相不同而不同。只有针对某一时相进行同等条件下的空间对比才有意义;而各时相间的 NDVI 值变化,则反映了苗情长势的动态变化。NDVI 等级是作物群体生物量、叶面积、植株受害程度等的综合反映。随着作物发育的进程,NDVI 等级在不断变化,在同时相 NDVI 图上,NDVI 等级可反映各地区苗情的差异;而不同时相的 NDVI 等级,则反映了一个地区苗情长势在时间上的动态变化。

(二) 棉花长势遥感监测方法

大面积农作物长势遥感监测的基本方法是利用卫星资料。一般通过计算 NDVI 和 LAI 值,实现对地面植被吸收的光谱信息和地面实际情况进行分析,结合常规的方法和资料,监测棉花长势,发布苗情监测报告。

常用的遥感数据有 NOAA - AVHRR、TM、SPOT,但用于大面积的作物长势遥感监测大多选用 NOAA 卫星遥感图像。从表 26 - 1 比较结果可以看出,TM 和 SPOT 图像空间分辨率较高,但其覆盖面积小,周期长,费用高,因而限制了它们在动态监测上的应用。而 NOAA 卫星虽然空间分辨率低,但其覆盖面积大,时间分辨率高,有利于捕捉地面动态信息和实现宏观监测,加之费用低,更是其他两种遥感数据无法比拟的。

表 26 - 1　不同类型遥感数据的比较

(吴素霞等,2005)

数据类型	空间分辨率(m)	重复周期(d)	扫面带宽度(km)	价　格
NOAA - AVHRR	1 100	0.5	2 800	低
TM	15、30	16	185	高
SPOT	20、10	369 圈/26	60	较高

1. NOAA 卫星遥感图像　NOAA 图像共有 5 个通道(表 26 - 2),包括从可见光到远红外的波段范围。其中:通道 1 为绿色植物的强烈吸收波段;通道 2 为绿色植物的高反射区。这两个通道较好地反映了绿色植物的信息,适于对绿色植物进行观测分析。但是,由于受地面分辨率的影响,加上图像噪音等其他因素的影响,监测精度和监测效果并不十分理想。随着传感器的改进,逐渐被采用了创新技术的复杂仪器 MODIS 和 CERES 所替代。

表 26-2　NOAA 卫星遥感数据比较

(吴素霞等,2005)

通　道	CH1	CH2	CH3	CH4	CH5
波长(μm) 类型	0.58～0.68 红波段	0.725～1.10 近红外	3.55～3.93 中红外	10.30～11.30 热红外	11.50～12.50 远红外

2. 中分辨率成像光谱仪(MODIS)　中分辨率成像光谱仪 MODIS (Moderate-resolution Imaging Spectroradiometer)保留了 AVHRR 功能的同时,在数据波段数目和数据应用范围、数据分辨率、数据接收和数据格式等方面都作了相当大的改进。改进使 MODIS 成为 AVHRR 的换代产品。MODIS 图像覆盖面积大、重复观测周期短,适合于大尺度的宏观监测,将 MODIS 图像应用于大尺度的作物监测是其应用的一个重要方面。

(三) 数据源选择

1. 数据源及数据处理　MODIS 卫星数据具有多光谱分辨率(共 36 个波段),高时间分辨率(每天过顶 4 次),多空间分辨率(250 m、500 m、1 000 m 等 3 种空间分辨率)等特点。根据棉花生育期,选择各个生育期所对应日期的 MODIS 数据作为主要信息源。对于 MODIS 图像的预处理,主要包括辐射校正、几何纠正、图像伪彩色合成、图像增强等。所用 MODIS 数据是对 MODIS 1B 辐射数据产品经过大气校正后得到的每日表面反射率产品 L2G 数据。MODIS 的几何粗纠正是用 ENVI 遥感处理软件进行的,精校正利用 ERDAS 将 MODIS 图像与 1～100 000 地形图进行严格配准,采用二次多项式作为拟合模型,对图像进行重采样。

2. 地面校正农学数据

(1) 通过布设平行对比观测点的选择,充分考虑 MODIS 数据的特点,资料分辨率为 250 m,每个像元相当于地面空间范围 0.062 5 km^2,在定位过程中由于定位方法、卫星姿态等方面存在的误差往往会造成卫星遥感资料定位的偏差,以半个像元的偏差计算,如使定点卫星测值保证是代表的棉花信息,单纯连片的棉花面积就需要达到 4 个像元即 0.25 km^2。根据实地调查情况及观测要求,确定合适观测点进行棉花生长发育状况观测和卫星遥感监测。

(2) 每次在试验点选取具有代表性的棉株 5 株为标准株,以 3 个调查点观测值的平均数代表该测点生育状况;主要生育期每 5 d 观测一次,观测时间为晴好天 10:00～15:00,阴雨天顺延 1 d;田间观测项目有:生育期调查,包括苗期、蕾期、始花期、开花盛期、盛铃期、吐絮期等 6 个关键生育期。生育状况调查包括株高、叶片数目、花蕾数、果枝数、果枝始节、倒 4 叶宽,以及病虫草害、自然灾害等的发生发展情况;田间措施记录,包括浇水时间、浇水量,施肥时间、施肥种类及用量等;棉花叶面积指数的测定。

3. 棉花遥感信息提取

(1) 影像处理:为了掌握棉花影像特征,建立解译标志,首先将 MODIS 数据进行伪彩色合成处理。合成时,为在图像上能突出不同的作物群体,尤其要突出棉花分布特征,选择组合波段则显得尤其重要。根据 MODIS 波段光谱效应及研究区农作物的光谱特征,试验中选用与农作物生长有关的 MODIS 1、2、3、4、5、6、7 七个波段(表 26-3)进行各种方案伪彩色合成。其中MODIS的第一波段和第二波段都是对植被的敏感波段,第一波段属于可见光的红色波段,为类胡萝卜素和叶绿素的吸收区;第二波段属于近红外波段,是植被的高反射波段;第四波段用于解决植被指数饱和问题。由MODIS 2、1、4波段合成的标准假彩色图像,绿色的农作物均表现为红色。此外,图像对于区别耕地、草地、盐碱地、水域、居民地等地物效果较好。再以同比例尺地形图作为控制,将合成图像放大至1∶50万比例尺。根据监测地区的自然条件和农作物类型和分布规律,采用合适的分类方法以及选择棉花识别的最佳时相,进行棉花遥感分类,如采取非监督分类的ISO - DATA (Iterative Self-Organizing Data Analysis Technique,迭代自组织数据分析技术)方法等。经野外实地对比,确定棉花的影像分布范围。

表26-3　与农作物相关的MODIS波段特征

(吕建海等,2004)

波段	波长范围(nm)	瞬时视场角(IFOV)	光谱辐射[W/(m² · μm · sr)]	信噪比(SNR)	波段误差范围(nm)
1	620～670	250	21.8	128	±4.0
2	841～876	250	24.7	201	±4.3
3	459～479	500	35.3	243	±2.8
4	545～565	500	29.0	228	±3.3
5	1 230～1 250	500	5.4	120	±7.4
6	1 628～1 652	500	7.3	275	±9.8
7	2 105～2 155	500	1.0	110	±12.8

(2) NDVI指数合成产品:归一化植被指数NDVI是最广泛使用的一种植被指数,此概念首先由Kriegler等提出,Rous等作了详细描述。Tucker对比分析了用红光和近红光波段辐射的各种组合来监测植被,结果表明,NDVI、变形植被指数TVI和RVI用来监测活体植被的效果最好。目前,NDVI仍是遥感应用上的主导指数。

提取MODIS卫星影像的近红外和可见光波段,利用$NDVI$值是近红外波段与可见光波段像元值的差与像元值的和之比,计算公式为:

$$NDVI = (DN_{NIR} - DN_R)/(DN_{NIR} + DN_R)$$

计算出的$NDVI$的值从-1.0到1.0,正值的增加表示绿色植被的增加;负值指示非植被地面特征,如水、裸地、冰、雪或云。为了获得更高的精度,在图像几何配准和重采样前,先计算$NDVI$,并以16的精度记录。

(3) LAI指数合成产品:叶面积指数信息可以从两个途径获取:①用植被指数NDVI及其平均叶角等参数进行推算;②用二向反射率分布函数进行反演。前者简单,但是需要平均叶角或叶角分布数据,后者的定量分布需要多角度的遥感数据。

NDVI时序变化曲线与LAI的动态变化过程基本符合,另外,利用NDVI建立的棉花LAI拟合方程为一元三次多项式,NDVI随棉花叶面积增加而同步增加的过程中,当NDVI大于0.8,对叶面积的增加反应不敏感,并出现饱和现象。此时所对应的LAI在2.7～3.0之间,高于利用高光谱建立的NDVI反演棉花LAI时的结果,这可能与棉花为宽窄行种植，在不同的观测尺度下得出相同 LAI 时覆盖度不同有关。有研究表明，当植被覆盖度在 25%～80%时，NDVI 随覆盖度(植物量)的增加呈现近于线性的增加；但当覆盖度大于 80%时，NDVI 值达到饱和，对植被检测的灵敏度下降。因此，用 NDVI 作为棉花长势监测指标时，在 LAI 大于 2.7～3.0 或覆盖度大于 80%之后，NDVI 不能很好地反映叶面积和生物量的变化，需构建新的指标来监测棉花长势。

二、棉田土壤水分精准灌溉预报技术

棉田水分实时采集、传输与决策支持管理系统是精确农业中实现节水灌溉技术的重要环节之一。以色列、美国等发达国家田间墒情监测管理的智能化水平高，遥感技术、模糊神经网络技术、数据通信技术等已运用到土壤墒情预报、作物生长环境动态监测中。新疆棉区普遍采用膜下滴灌植棉技术，通过增加自动化滴灌管理系统，可实现精准灌溉技术。

棉田水分精确管理技术就是通过计算机控制系统，利用各种传感器，自动采集、监测棉田土壤湿度、大气温度、大气相对湿度、田间水分蒸发量、土壤全盐含量等棉田环境参数，根据这些参数结合数学模型可预报出棉田灌溉时间和灌溉水量，利用计算机系统所显示的棉田土壤温度、湿度变化情况，为自动化灌溉系统提供控制信息，传递控制信号，并结合棉花各个生长期的需水规律实施自动滴灌，为棉花生长发育提供科学合理的灌溉方案，同时在利用精准灌溉设施的基础上配套实施精准施肥，充分发挥现有的节水设备作用，优化调度，提高效益，更加节水节能，降低灌溉成本，提高灌溉质量，使灌溉更加科学、方便，提高棉田科学管理水平、改善棉田品质，增加棉花产量。

三、棉田土壤养分资源综合管理与精准施肥

快速有效地采集和描述影响作物生长环境的空间变量信息，是实施精确农业的重要基础。由于不同地块以及同一地块的不同位点土壤肥力差别较大，平均施肥在肥力低而其他生产性状好的位点往往施肥量不足，而在某种养分含量高而丰产性状不好的位点则引起过量施肥，地域和养分不平衡又进一步减少了肥效。据报道，氮肥的当季利用率为 30%～35%，大大低于发达国家 60%～70%的水平，肥料的增产效益没能充分发挥。不合理的肥料投入，不仅利用率低，浪费严重，而且影响环境质量。

棉花养分资源综合管理体系，即棉田养分资源综合管理体系和养分宏观管理系统，是基于养分资源综合管理思想和理论而构建的，最终的目标是在空间尺度上回答养分资源的数量与需求、不同养分资源的合理比例与分配、棉田土壤肥力养分动态和养分比较效益等问题，在田块尺度上掌握棉田土壤养分资源的输入产出循环和环境效应、主要养分的总施肥量的控制和追肥量及追肥时期的定量技术、恒量监控和平衡供应技术等。

实现棉花的养分资源综合管理，就是以高产优质棉花的生长发育规律、养分需求规律和品质形成规律(图 26-1)为基础，以养分平衡为主要手段，在充分考虑来自土壤和环境的养分供应的同时，针对不同养分的资源特征实施不同的管理策略，建立基于土壤 N_{min} 测试和氮素营养诊断指标体系的氮肥优化管理技术、基于磷钾定期监测相结合的磷钾肥恒量监控技术以及因缺补缺的中微量元素管理技术体系。在此基础上，通过分析不同棉田养分资源分

布与流动规律、整合棉田土壤养分数据库和棉花生产状况信息等，建立基于GIS的棉田养分资源综合管理系统，通过动态的和区域性的棉花专用肥配方与产品调节区域养分平衡，实现区域棉田养分需求量与养分分配比例的宏观动态管理的目标。

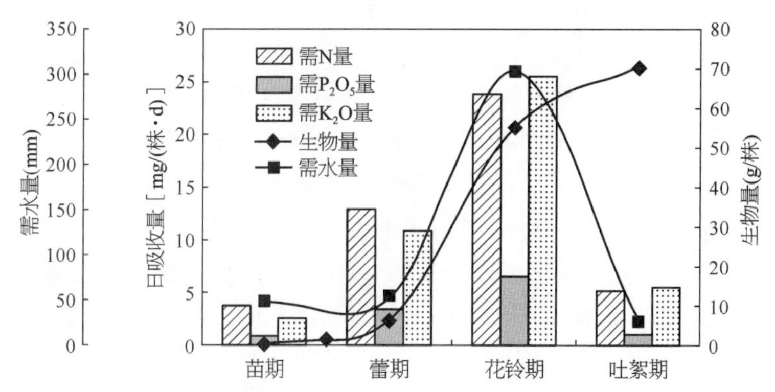

图26-1　棉花生长过程中养分需求规律

（田长彦、冯固等，2008）

第二节　棉田精准管理技术的研究进展

一、棉花长势精准监测技术

作物长势监测技术是现代高新技术发展的产物，除生物学理论与技术外，遥感技术、信息技术、计算机技术、通信技术已成为作物长势监测技术的重要技术支撑。

（一）遥感监测

自遥感技术发展以来，世界各国积极探索利用遥感技术来监测作物长势。美国在20世纪80年代已有利用遥感影像监测作物长势的报道，但当时以动态预测产量为主。美国农业部农业研究局遥感实验室从1982年开始就使用滤光片式多波段摄像机(tube式)拍摄目标区的影像，并合成为假彩色图像以用于解译、判断农业生产中遇到的诸如病虫害、土壤盐碱化、土壤营养亏缺、水污染等问题。1986年美国又开展农业和资源的空间遥感计划(AGRISTARS, 1980～1986)，其中一项就是对作物状况进行评价。

随着技术的进一步发展，遥感技术和其他技术结合，对作物的监测方法做了很多改进，提高了监测的精度。遥感技术与GPS、GIS技术结合，能实现对植物长势的空间信息系统从数据获取到数据处理以及信息生成的自动化监测，从而实现大规模的运行，同时提高监测精度，取得理想的效果，显示出巨大的优越性。将遥感技术与作物生长动态模型结合，增强了对一些重要参数，如叶面积、冠层氮素状况等监测的准确性。作物模型与遥感信息相结合进行复合建模成为作物长势监测和产量预报的发展方向。虽然农作物长势动态监测还未成为农业生产管理决策的客观依据，但在苗情监测与信息通报方面，已起到了举足轻重的作用。

传统耕地质量信息获取的办法多以地面调查为主，速度慢，成本高，数据空间连续性与客观性不强，对棉田质量综合评判困难。遥感技术的出现弥补了常规监测手段的缺陷。在MODIS等卫星遥感数据的时间序列支持下，为需要时间序列能解析的棉花长势动态信息提供了数据平台。廖楚江和吕建海等分别使用CBERS和MODIS单时遥感数据开展了棉花长势监测研究。王召海利用LandsatTM数据，基于棉田遥感最佳时相，进行棉花种植面积遥感调查研究，总精度达90%以上。

在中巴地球资源一号卫星(CBERS-1)高分辨率图像的支持下，Fuzzy-ARTMAP神经网络法的分类精度最高，根据其分类结果结合可以提取棉花种植面积信息。刘爱霞等以2001年6月的中巴地球资源一号卫星(CBERS-1)图像作为作物信息提取数据源，采用Fuzzy-ARTMAP神经网络分类方法，得到了很好的分类结果。据分类结果，结合GIS提取了石河子地区的棉田信息，为大面积的作物信息提取提供了一种快速、准确、便捷的方法，并利用石河子地区2001年和2002年不同时相的MODIS和TM图像，分别计算出了归一化植被指数(NDVI)，结合GIS，对石河子的棉花进行了动态监测。棉花长势的年际变化和年内变化分为比前一年(月)好、比前一年(月)稍好、与前一年(月)持平、比前一年(月)稍差和比前一年(月)差5个等级，同时相的区域差异分为较差、一般和较好3个等级。从棉花长势分布图中的NDVI变化可以看出年际和年内棉花长势的变化，以及相同时期棉花长势的区域差异，以便采取各种管理措施，保证棉花的正常生长。

吕建海等利用新一代传感器MODIS数据，结合实测的地面农作物生长发育农学参数，系统地分析了石河子地区棉花播种到收获整个田间遥感归一化指数(NDVI)及其对应的叶面积指数(LAI)的变化规律。研究表明：

(1) 基于MODIS数据提取的棉花LAI结果与实测LAI结果具有很高的一致性。经过地面实测农学参数验证，LAI的变化状况与棉花长势变化趋势近乎一致，证明利用MODIS叶面积指数进行棉花长势监测是可行的，LAI的变化状况及其值的高低可以较好地反映棉花的实际生长状况。

(2) 应用MODIS数据提取LAI是大面积作物长势监测的理想手段。从棉花不同时相的MODISLAI分类图中的LAI变化可以看出年内棉花长势的变化，便于采取各种管理措施，保证棉花的正常生长。基本实现了对石河子地区棉花长势的动态监测。

(3) 利用棉田地面农学数据修正MODIS影像提取出的棉花生长参数，能够为棉花精准管理技术的实施提供基础数据保障。

柏军华等通过研究分析多时相遥感数据对地物信息的动态分析与评判能力，以及棉花长势指标动态变化与棉田质量的关系，对棉花生长盛期LANDSAT-5多时相遥感数据进行融合，将棉田质量状况进行分类。数据分析结果表明，棉花生长盛期(花铃期)单时相的LANDSAT-5反射率数据可以作为棉田生长状况的判断指标，划分健康生长与生长障碍的阈值为0.820；利用多时相遥感数据的棉田质量划分方法，可以将棉田质量分为健康、有障碍和疑似有障碍三类，依据此方法对新疆建设兵团148团约11 705.3 hm^2的417块棉田进行分类，得出健康、有障碍和疑似有障碍三类棉田所占比例分别为36.4%、34.1%和29.5%；经过8块条田(426.5 hm^2)的地面同步调查证实了这种方法的准确性，造成该区棉田质量障碍的主要因素为耕地盐渍化、不平整、土壤质地不匀。利用棉田多时相遥感数据进行棉田质量诊断方法,结合不同质量棉田形成机理,能够得到棉田质量状况及影响因素精确分布的信息,为进一步进行的棉田土壤改良与生产管理采取针对性的措施提供数据支撑。

在精准农业所倡导的基于特定场的农业投入这一框架下,为辅助决策者制定有针对性的棉田化控方案,廖楚江等提出了应用地学统计学影像纹理进行化控棉花长势监测,通过借助地学统计学方法在分析空间结构变化上的优势,强化遥感影像上不同长势棉田间的差别,提高样本选择的分离度和长势空间分类精度。实验结果表明,运用变异函数纹理结合光谱波段的最大似然分类方法能够很好地界定棉花长势的不同类型,总分类精度达 90.53%,从而反映出整个区域内棉田长势的空间差异,在此基础上,决策者只需要鉴别分类结果图像上几处不同长势类别的棉田喷药量,即可指导制定整个区域内的有层次的喷药方案,极大地减少了人工调查的投入,使得大空间尺度上的化控更为精确合理。研究结果证明了应用地学统计学影像纹理方法在针对化控的棉花长势监测上的有效性。

(二) 机器视觉与数字图像处理

随着计算机图像处理系统、图像采集部件 CCD 摄像机和数码摄像机的发展,而且计算机图像有着比人眼精确的分辨能力,因此计算机图像处理和图像分析的方法也逐步被用于作物长势诊断。应用机器视觉技术对作物生长状况进行监测,即在种植区安装 CCD 摄像头对作物实施实时监测,所以适宜于中小面积地面监测。这种监测得到的数据通过图像处理后,不仅可以提取反映生长状况的 LAI,还可以提取一些农作物个体特征如株高、茎粗、叶片数等,及群体特征如株距、行距等信息。

有研究表明,利用可见光光谱和颜色参数估测叶片叶绿素和氮素含量是可行的。王克如等对棉花单叶进行颜色值提取并用于预测单叶的叶绿素浓度,预测精度高于 SPAD 的估测精度;王方永等提出 G－R 参数能够较好地预测棉花群体的叶绿素含量,并采用普通数码相机和近地成像光谱仪对棉花生理状态和氮素营养诊断的有效性和可行性进行了探讨,为可见光成像传感器应用于棉花生理状态和氮素营养诊断提供依据。

数字图像处理技术在作物生产和科研的信息采集方面具有信息量大、速度快、精度高等显著的特点和优势,并能解决一些手工测定难以解决的问题;可避免传统方法中由于人与人之间的认识差异及视觉疲劳带来的影响,在节约劳动力、降低人的判断主观性方面有很大的潜力。与遥感方法比较,它能够监测植物的某些个体特征、群体特征,可以监测小面积范围内的作物长势,因此可以与卫星遥感监测技术结合来弥补各自监测的不足。

(三) 远程监测

远程监测主要采用 CCD 摄像机,通过有线电缆、无线局域网或商业移动通信网络将摄像机拍到的远程图像传输到控制中心,控制中心对图像进行处理,提取反映长势状况的农学参数。

目前,用 CCD 摄像机远程监测植物长势的研究还比较少,大多采用植物远程生理监视技术。植物图像监测技术(Photomonitoring Technique)通过在植株体上安装各种探头,监测某些环境因子和植物生理指标的变化。远程监测技术主要优点是准确、及时、高效、无伤害等,并且结合远程监控,大大减少了人力劳动,提高了工作效率,但监测的范围受限制。

对棉花长势的动态监测可以及时了解棉花的生长状况,便于采取各种补救措施和水资源调配方案，从而保证棉花的正常生长；同时，可以及时掌握大风、降水等天气现象对棉花生长的影响，以及自然灾害、病虫害造成棉花产量的损失等，为农业政策的制订和贸易提供决策依据。选择一种快速、便捷、费用低廉的大面积的作物信息提取方法，将为棉花长势的动态监测打下坚实的基础。

二、棉田土壤水分精准灌溉预报技术

在农田水分管理方面，国内外目前大多已经建立了农田灌溉管理信息数据库及相应的网络化信息系统。以互联网为代表的计算机网络的迅速发展及相关技术的不断进步，突破了传统通信方式的时空限制和地域障碍，使大范围内的通信更加便捷。随着网络技术的发展，现场状态监测和设备控制逐步向网络化转型，由原来的现场实地操作向分布式远程实时控制发展。这些研究为网络化农田水分决策支持管理平台的构建提供了强有力的技术支持。

（一）基于 GSM 的农田水分灌溉管理与自动控制系统

基于 GSM 的农田水分灌溉管理和自动控制系统是以气象资料和农田基本信息为基础，以归纳形成的知识模型和数学模型为依据，对土壤水分进行预测和分析，辅助决策者进行决策，同时结合自动控制系统以实现农田水分灌溉自动化；可以简便、快捷地对农田墒情进行自动监测，并根据监测信息对农田水分进行动态管理，最终以决策结果为依据对农田水分进行智能的灌溉管理。该系统可对水资源的科学管理与优化调配提供科学的决策依据与决策方案，同时也是提高水分利用率、缓解水资源供需矛盾、减轻农民劳动强度的有效途径之一。该系统实行了田间水分的动态监控，并与智能决策系统和自动控制系统相结合，对于节水灌溉自动化的实现具有十分重要的现实意义。

1. 系统的基本功能　主要是辅助决策者对农田水分管理中的问题进行判断和抉择，主要包括：第一，水分动态监测：通过对实时农田水分状况进行监测，使农户以最方便快捷的方式了解农田墒情；第二，水分现状评估：由监测系统采集整理的数据，经过决策支持系统处理后对当前的农田水分状况及经济效应评估；第三，灌溉信息服务：根据现有资料和未来天气变化的预报结果为用户提供灌溉决策的实时咨询，以及相关农田水分管理的知识和经验；第四，完成灌溉管理的自动执行。

2. 系统的基本结构　主要包括农田水分状况的实时监测系统、水分管理的决策支持系统和灌溉管理的自动控制系统 3 个子系统，如图 26－2。该系统通过置于田间的传感器实现

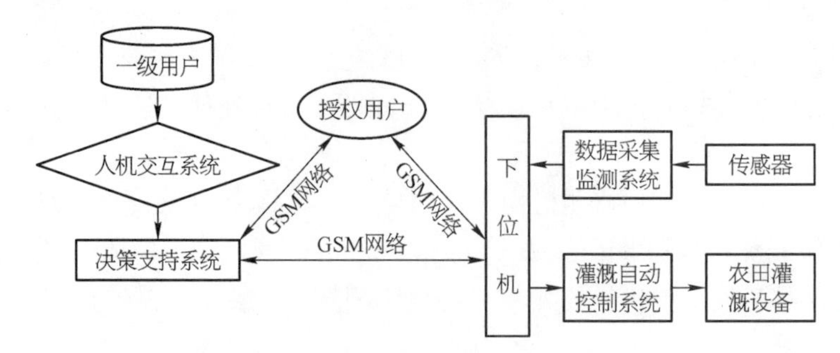

图 26－2　作物水分管理与灌溉自动控制系统的基本结构

（崔静等，2005）

农田信息的采集工作,信息经下位机处理成数字信号后,根据用户需要定时传至监控中心一级用户或二级用户的服务系统上,一级用户的主机则以模型库、方法库和知识库为支撑,对数据库中的信息进行率定,处理成具有实际意义的物理量,同时把处理结果存储到相关实时数据库中,由决策支持系统分析、计算后给出作物的精确灌溉时间和最佳灌水量,以及其他相关信息,灌溉工作则由自动控制系统根据决策支持系统的指令自动完成。

3. 土壤水分数据采集、监测系统　准确及时的数据采集与传输是实现决策与控制的基本环节和根本保障。在水分管理体系中,有线传输方式监测水分制约了监测的面积,采用无线数据采集监测系统以 GSM (Global System for Mobile Communication)网络作为数据传输的基本支持,以 SMS (Short Message Service)短信息通信方式实现一点到多点的远程无线双向数据通信和控制。该系统的准确运作为实现大面积的农田水分监测与决策以及自动控制提供了快速准确的信息保障。

(1) 基本组成:系统主要由数据采集终端和集中监控中心两部分组成。数据采集终端是基于 GSM 的单片机嵌入式系统,其硬件部分主要由单片机 MCU 单元(数据采集部分)、A/D 转换器 GSM 通信模块、传感器以及太阳能电池板等组成。它通过 GSM 网络和监控中心进行双向信息传输,具有数据采集和 GSM 无线数据传输功能。软件部分主要包括:数据采集及 A/D 转换程序设计,GSM 短信收发程序设计等。集中监控中心的硬件主要包括:PC 机、GSM 通信模块;软件部分主要包括:监控中心主界面设计、GSM 短信收发程序设计、实时水分数据库程序设计等。

(2) 工作原理:数据采集与监测系统的主要功能就是完成各种信息和数据的收发和整理,即接收各个田间(水源)数据采集终端和节水控制终端上传的数据信息和状态信息,把它们收入相应的数据库并分发给相应的监控计算机,以实现对各个数据采集点和控制点的监控和管理,为控制系统的动作执行提供依据。数据的传输主要由 GSM 的短消息形式来完成,首先在监控中心对需要采集的模拟量、每日定时传送的数据采集时间以及转发人员的 GSM 号码进行设置,然后发送采集命令,等待接收数据。数据采集终端采集完数据后,经单片机 MCU 单元处理,利用单片机的串行口通过数据采集终端的 GSM 模块,再以短消息的方式将数据发送到监控中心,并将数据整理存入实时数据库中。集中监控中心以模型库、知识库和方法库为支撑,对实时数据库中的信息进行计算、分析与决策,最后利用计算机的串行口,通过 GSM 模块以短消息的方式将决策结果作为建议转发到用户数据采集终端,由用户根据决策意见指导棉田灌溉,如图 26-3。

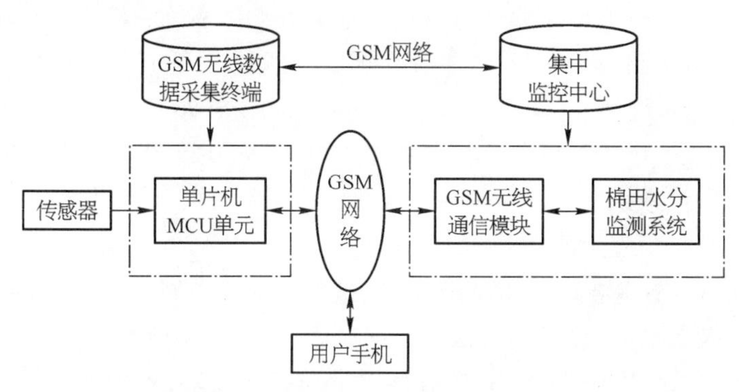

图 26-3　数据采集、监测系统工作原理

(崔静等,2005)

4. 决策支持系统 决策支持系统结构见图 26－4。主要包括以下模块。

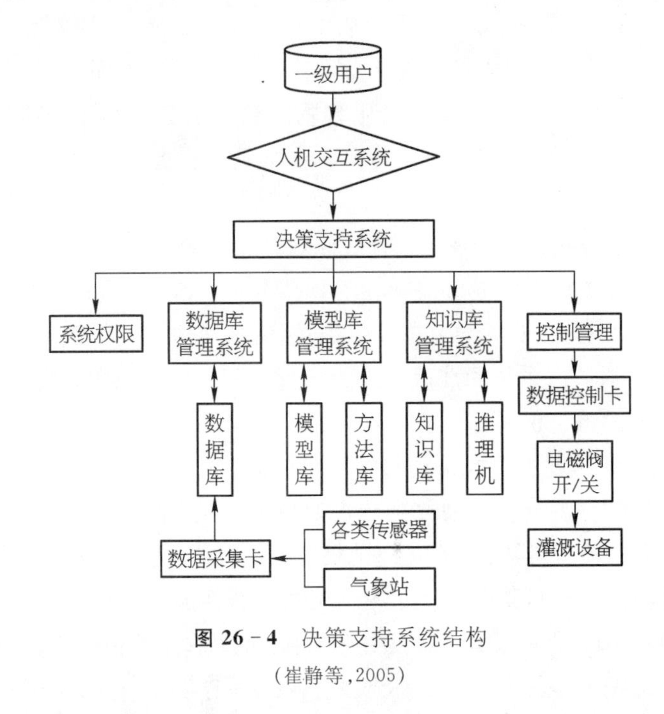

图 26－4 决策支持系统结构

(崔静等,2005)

(1) 系统权限(Purview of System):进行了权限设置的系统只有高级用户或专业人员可以对数据进行添加、修改或删除,而普通用户只能进行浏览、结果显示等,其主要目的是为了防止基本数据丢失或任意修改,提高系统运行的安全性。

(2) 数据库管理系统(Database Management System):主要用于管理和维护数据库中的数据,包括数据的浏览、查询、更新、添加以及数据的备份和恢复等。数据库是用来存储支持农田水分管理决策和模型运算数据的空间,主要包括基本数据库和实时数据库。基本数据库存储相对稳定,即随时空变化不大的数据,如土壤信息、作物信息、灌溉设备信息、传感器信息、灌溉指标等。实时数据库存储随时空变化较大的数据,如气象信息、水量信息等。

(3) 模型库管理系统(Model Base Management System):土壤水分临界值模型、棉花叶面积指数动态模型、干物质积累动态模型、逐日预测预报棉花需水量模型等构成了决策支持系统的重要组成部分——模型库管理系统。它是决策支持系统的核心。该子系统主要用于提供滴灌棉田水分预报与决策、棉花的生长状况以及多种决策方案的优化组合。

(4) 知识库管理系统(Knowledge Base Management System):是向用户提供检索、查询手段的咨询系统,它为用户全面了解科学灌溉知识以及查阅相关资料提供帮助(王克宏,1991;杨勇,2001)。该系统主要包括一些专家知识、书本知识、经验及常识,如:棉花的水肥管理、综合调控以及生产应用的相关技术知识等。

(5) 控制管理系统:主要包括 4 个模块:一是信息采集与处理模块,主要用于数据的采集、信号的转换以及数据的处理;二是信息数据显示模块,主要用于信息数据的显示,显示方式有两种,即数值形式和图形形式;三是信息记录与报警模块,当传感器损坏、电磁阀失灵、线路发生短路等意外情况发生时,该模块会对实时信息进行报警与记录;四是阀门状态监控模块,主要用于电磁阀启/闭状态的监测与显示。

5. 灌溉自动控制系统(Irrigation Auto-control System)　灌溉自动控制系统是一个根据用户需要由控制中心发出指令来完成自动灌水这一过程的智能装置。系统根据传输到控制系统的决策指令来确定是否进行灌溉。由监控系统发出的对各个监控点的状态信息被传送到控制中心并做出动作执行信息。这些信息通过 GSM 短信被传输到相应的田间(或水源)数据采集终端和节水控制终端上,从而实现对监控点设备进行控制(开启和关闭)的目的。

(1) 基本组成:自动控制系统的硬件部分主要由数据采集卡、计算机、控制卡、电器控制器、管道以及电磁阀等部分组成。软件部分主要是智能控制程序设计,需由监测系统和决策系统为驱动。

(2) 工作原理:采集系统利用安置在田间的各类传感器采集各类环境参数(采集时间可自由设定),然后传输给控制室中的计算机,系统处理后提供灌溉预报,需要灌溉时向控制卡发出灌溉指令,田间输水管道上的电磁阀自动打开进行灌溉,同时,灌溉过程中计算机对管道压力进行实时监测,当发现管道压力过高便自动停止供水或开启另一轮电磁阀,以保证输水管道的安全运行(图 26－5)。

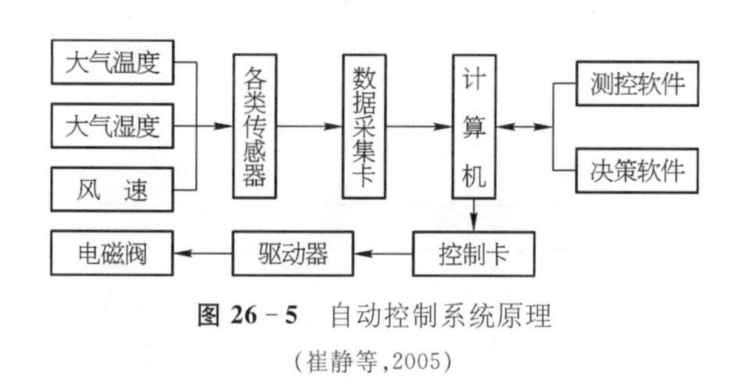

图 26－5　自动控制系统原理

(崔静等,2005)

(二) GPRS 与水分管理专家决策支持系统

水分管理专家决策支持系统是以水分灌溉管理为研究对象,以信息技术为手段,综合运用现有的信息采集、数据处理、知识集成等技术来提高灌溉管理水平,为管理人员提供决策依据和参照,从而有效地提高灌水效率的智能管理系统。理想、实用的水分管理专家决策支持系统将对农业生产起到积极的推动和指导作用,准确、快捷的实时信息是决策的基础,也是提高决策结果可靠性的依据,只有信息采集传输系统与推理机制有机地相结合,才能从本质上提高决策结果的准确程度。GPRS (General Packet Radio Service)是一种以全球手机系统(GSM)为基础的数据传输技术。它以分组交换方式完成数据的承载和传输,同时提供端到端的、广域的无限 IP 连接,相对原来 GSM 的拨号电路交换数据传送方式,GPRS 分组技术具有实时在线、快捷登录、高速传输等优点。引进 GPRS 来完成数据的传输不仅可以减少数据传输的贻误和丢失,同时也对传输效率的提高提供了有效的手段和方法。它为用户提供了功能更强大、更灵活的数传方式,使得数据信息的传输更为方便和快捷,同时也为决策结果的输出提供了便利,奠定了基础。

1. 系统总体设计　系统的设计以农田灌溉结合棉花为主要研究对象,以实现农田灌溉自动化为目标，采用理论与实际相结合，硬件与软件相嵌合的方式进行开发，旨在建立操作方便、运行稳定、成本低廉、管理能力强的水分管理系统。该系统在原有 GSM 系统基础上进行改进和更新。

2. 开发环境　系统以 Windows XP 计算机操作系统为软件开发系统，开发语言采用 C 语言和 Java 语言来表达系统的各个功能模块，数据库选用 SQL Server 和 Access 数据库，通过 ODBC 挂接。

3. 设计目标　开发基于 GPRS 灌溉自动控制水分管理专家决策支持系统，主要目的是在原有系统基础上对系统进行完善和升级，从而提高系统运行的稳定性，提高决策结果的水平，减少传输数据的贻误率和丢失率。通过改进建立一个低成本投入、运行机制稳定、决策结果可靠性高的灌溉管理系统，为进一步实现灌溉自动化提供必要的技术储备。该系统在保持原系统田间信息采集、灌溉决策及灌溉信息服务等主要功能的基础上，还提供以下功能：一是提供操作简单、功能强大的查询功能；二是提供对地图的基本操作功能；三是嵌入作物生长模拟模块，以实现对作物的动态监测及诊断。

4. 系统体系结构　基于 GPRS 灌溉自动控制水分管理专家决策支持系统(图 26－6)。

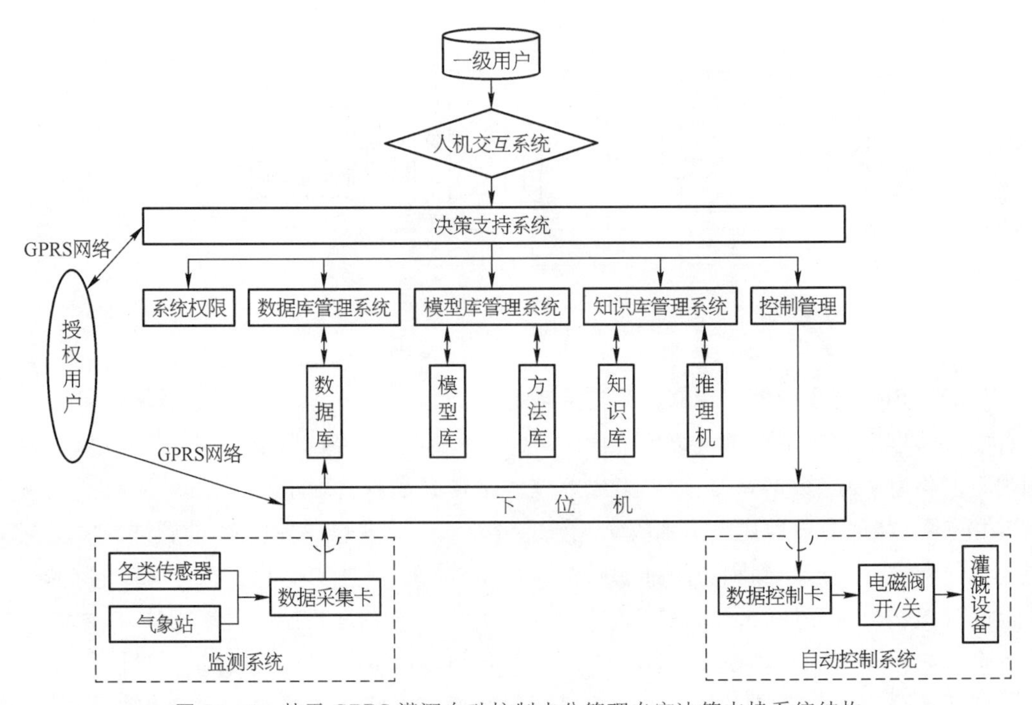

图 26－6　基于 GPRS 灌溉自动控制水分管理专家决策支持系统结构

(崔静等，2006)

主要由农田水分的实时监测系统、水分管理的决策支持系统和灌溉管理的自动控制系统三个子系统组成。该系统通过置于田间的各类传感器(包括气象类和土壤湿度传感器)实现农田信息的采集工作，信息经下位机处理成数字信号后根据用户需要传至监控中心(一级用户)或二级用户的服务系统上，一级用户的主机则以模型库、方法库和知识库为支撑，对数据库中的信息进行率定,处理成具有实际意义的物理量,同时把处理结果存储到相关实时数据库中,由决策支持系统计算、分析后给出作物的精确灌溉时间和最佳灌水量,灌溉工作则由自动控制系统根据决策支持系统的指令自动完成。

5. 系统功能模块设计

(1) 系统管理:系统管理用于不同用户信息、权限、密码的设置,其主要目的是为了防止基本数据的丢失或任意修改,提高系统的保密性、可靠性与安全性。

(2) 数据库管理:数据库是为用户提供决策的基础和依据,数据库管理模块主要用于管理和维护数据库中的数据,包括数据的浏览、查询、更新、添加以及数据的备份和恢复等。数据库是用来存储支持农田水分管理决策和模型运算数据的空间,主要包括基本数据库和实时数据库。基本数据库存储相对稳定,即随时空变化不大的数据,如土壤信息、作物信息、水泵信息、传感器信息、灌溉指标等。实时数据库存储随时空变化较大的数据,如气象信息、水量信息等。

(3) 模型库管理:模型库管理模块是决策支持系统的核心。它主要用于提供滴灌棉田水分预报与决策、棉花的生长状况以及多种决策方案的优化组合。其主要模型包括:传感器校正模型,水分临界值模型、棉花叶面积指数动态模型、干物质动态积累模型、逐日预测预报棉花需水量模型等。

(4) 图形信息管理:该模块主要为实现信息的可视化管理提供便利。强大的查询功能将为用户提供方便、快捷的查询途径,用户可根据系统提供的条件组合查询,也可以通过构造复杂的条件达到快速定位的目的。图形浏览为用户提供图形的浏览、任意缩放、测距、图层控制等功能。同时,用户也可根据需要对专题图及数据信息进行输出打印。

(5) 智能决策管理:该模块主要用于决策信息的管理。播前综合决策信息主要包括:品种选择、播期确定、肥料运筹等。智能控制部分主要用于实现自动灌溉装置启闭状态的设置,该部分主要用于显示田间电磁阀布置情况、开启状况以及灌溉情况,使用户方便、清楚地了解电磁阀工作状况及田间灌溉情况。

(6) 作物模拟与管理:该模块通过调用数据库中的基本信息、气象信息及其他相关参数和模型库中的作物生长模型,对作物生长状况进行模拟,从而实现对作物生长的动态监测和诊断,以便于用户及时地采取适宜措施加强田间管理,避免因管理不当而造成巨大的损失。

(三) 基于 GSM/FSK 的膜下滴灌智能监控系统研究

基于时分多址(TDMA)技术的 GSM 网络(Global System for Mobile Communication)具有交互能力强、传输范围广、通讯费用低、移动性好、使用方便等优点,目前已在农田信息采集传输方面得到应用。用基带数字信号控制载波频率的频移键控 FSK(Frequency Shifting Keying)调制方式,适合于较恶劣的通信环境,具有数据抗突发干扰和随机干扰的能力,且设备成本低,易于实现。针对传统的有线控制系统与无线监控系统的不足,采用各类传感器、GSM 无线通信模块、调频无线半双工收发模块以及天线等,组成膜下滴灌智能监控系统。

1. 滴灌智能监控系统的结构设计

(1) 系统的三级网络结构:系统主要由数据采集子系统、决策支持子系统和自动控制子系统三大功能模块共同组成交叉式的、模块间及模块内数据共享的3级网络结构(图26-7)。先根据田间安置的各类传感器进行土壤、大气等环境参数实时采集,在基于土壤湿度临界值、覆膜滴灌棉花动态生长模型和蒸散量模型的基础上进行灌溉预测预报及智能化决策,通过GSM网络和FSK调制方式进行网络结构间的数据通信,各模块间及模块内相互衔接,数据共享,使系统形成自下而上、由内到外的3级网络结构,从而实现阀门的智能化启闭。

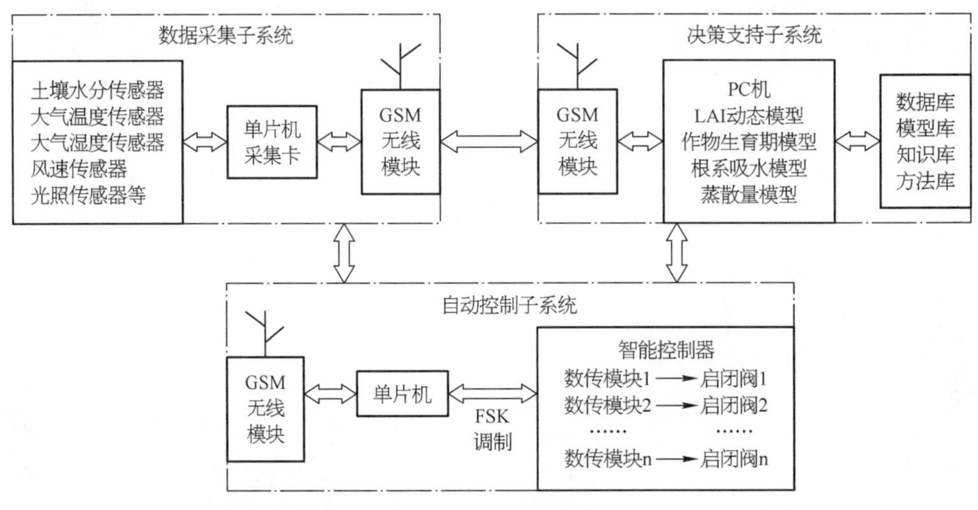

图26-7 监测系统的三级网络结构

(郑重等,2006)

(2) 系统具备的基本功能:监控系统满足以下主要功能:第一,能够实时采集棉田环境参数如土壤水分、大气温湿度、风速、光照等,并结合作物生长模型作出灌溉综合决策;第二,根据决策结果进行自动开/闭阀门的智能控制;第三,根据决策结果进行人为干预的手动控制,以增强系统的容错性;第四,将决策结果及灌溉制度有关数据进行界面显示、存储等,以及以短消息SMS形式发送到用户手机上。

2. 系统硬件组成 由各类环境参数传感器以及MICROCHIP公司的PIC16F873单片机系统和SIEMENS公司的TC35TGSM通讯模块组成数据采集子系统。采用ATMEL公司高性能的AT89C51单片机,结合GSM无线模块、FSK数传模块以及启闭阀组成自动控制子系统。由PC机、TC35T模块和决策支持软件组成决策支持子系统。

(1) 数据采集子系统:传感器用于检测棉田土壤水分、大气温湿度、光照强度、风速等环境参数,为自动化灌溉系统提供决策控制信息,可实现基于土壤湿度临界值的滴灌设备自动控制功能。采用美国AQUA2TEL2TDR时域反射仪作为农田土壤水分传感器,与PIC16F873单片机系统组成土壤湿度采集系统。AQUA2TEL2TDR杆式测管的直径和长度分别为19 mm和635 mm,监测根区水分的重复性好,误差率小于1%。PIC16F873单片机系统具有数据采集、A/D转换、数据存储等功能,以MAX813L构成硬件看门狗电路WDT,以MAX232进行TTL2RS232串口电平转换,以时钟芯片DS1287构成时钟电路。

GSM模块具有标准的RS232工业接口、完整的SIM卡阅读器和电源接口。由太阳能板及其控制器和蓄电池组成供电系统。采集软件采用模块化的设计方法,用C语言编写。

(2) 自动控制子系统:由中央控制单元和次级控制单元组成。中央控制单元由AT89C51单片机、GSM模块和DTD462B无线数传模块组成;次级控制单元由DTD462B无线数传模块、天线、启闭阀等组成微型智能控制器。DTD462B无线数传模块采用基于FSK调制方式的高效前向纠错信道编码技术,最大发射功率500 mW,ISM频段,无需申请频点,在视距情况下可靠传输距离可达1 500 m,具有数据抗突发干扰和随机干扰的能力,特别满足需要多信道工作的特殊场合。启闭阀采用以色列Netfim公司的752TE/D2型直流电磁阀,912 V电压范围,低功耗门栓型脉冲开闭方式,适用于灌溉自控系统。

3. 数据通信协议　监控中心PC机与TC35T之间具有RS232标准通信接口,利用Visual Basic6.0本身携带的MSComm控件编制GSM通信程序。当土壤湿度达到临界值时,PIC16F873单片机系统驱动TC35T模块,通过发送AT命令方式以SMS形式进行模块间数据通信。同时,中央控制单元通过GSM模块发送AT指令来驱动AT89C51与DTD462B进行数据通信,通过FSK调制方式把数据调制到高频信号上,从空中进行电磁波传输,从而驱动次级控制单元的DTD462B与启闭阀工作。GSM网络和FSK调制方式相互结合,从一定程度上满足了远程集中控制与分散控制的生产需要。

三、棉田土壤养分资源综合管理与精准施肥的研究

(一) 基于土壤N_{min}的棉花氮素实时监控与动态管理技术

大田作物中应用较多的棉花氮素实时监控方法是Wehrmann等提出的N_{min},其原理是将土壤无机氮(N_{min})含量与氮肥用量之和作为作物氮素供应目标值,通过实验确定氮素供应目标值与一定生产力水平及栽培措施下的作物产量之间的相关关系,确定核实的氮素供应目标值,以此作为氮肥推荐的依据。N_{min}方法是建立在施肥前对作物根层土壤N_{min}(NO_3^--N和NH_4^+-N)进行测定的基础上,考虑到土壤氮素供应能力和不同作物不同生育时期的有效根系深度,对不同肥力的土壤进行较精准的氮素推荐。在干旱半干旱地区,土壤中无机氮的主要形态是硝态氮(NO_3^--N),可作为氮肥推荐的土壤速效氮素养分指标。

Keeney假设在作物需氮时施用氮肥能够提高氮肥利用效率,所以同步根层土壤的氮肥供应、土壤供氮(土壤N_{min})和作物需氮能够显著提高氮素利用效率,减少施氮的环境污染。N_{min}方法比其他非平衡氮素推荐方法有了很大的进步,但也有不足之处,主要是不能预见作物生长过程中可能发生的一系列氮素转化过程及其所带来的环境效应。有研究者提出了追肥前测定根层土壤的N_{min}氮素调控技术,即pre-sidedress soil nitrite test(PSNT)技术。此技术能适时地监控追肥前土壤中实际的氮素水平,弥补了作物生长前期土壤中氮素转化对推荐量带来的误差,因此从原理上比N_{min}方法更进一步。该技术在棉花生产中也得到了应用,并确定了追肥前土壤硝态氮含量的临界值。

新疆由于其特殊的地理气候条件,有着与国外和内地不同的棉花栽培模式,突出特点是密度高、生物量大、产量高,因此养分需求大,需肥曲线与其他棉区有着明显不同,在制定适宜于新疆棉花的氮素管理技术时应该充分考虑以上影响因素。

(二) 基于叶柄硝酸盐反射仪测试的棉花氮素营养快速诊断技术

氮肥是新疆棉花高产的主要限制因子之一,研究如何通过简便、可行的植株氮素分析来诊断和矫正棉花氮素追施具有重要意义。根据新疆多年多点田间试验,施用化肥增加的棉花产量占棉花单产的33.5%~56.1%,施肥对棉花产量的贡献率为33.5%。施肥调查还发现,南疆绝大多数农户存在过量施氮、偏重氮肥基施的现象。这不仅不利于作物氮素吸收,反而会造成肥料利用率下降,大量浪费,且导致环境污染。

利用反射仪进行植株硝酸盐含量测试已成为一种比较成熟的植物氮素营养状况快速诊断技术。植株特定组织中的氮素养分状况是土壤氮素养分供应、作物对氮素需求和吸收能力的综合反映。同时,作物体内硝态氮浓度与产量之间具有良好的相关性,而且在不同的气候条件下获得的作物体内硝态氮浓度养分临界值比较接近。因此,测定植株特定组织的硝态氮含量能够更直接地反映作物当时的氮营养状况,并以此进行施肥决策。这种快速、简便的诊断方法使得氮肥的适时监控、分期优化推荐得以实现,可以在作物生长过程中根据作物营养状况及时给出氮素推荐施肥量,提高氮肥利用效率,降低过量施氮对环境造成的负面影响,实现作物的高产优质高效生长。

大量研究表明,植株硝态氮含量能灵敏地反映作物对氮的需求状况。植株硝态氮累积量和全氮相关,当全氮含量超过某一阈值时,植物开始累积硝态氮,并且在根、茎和叶片中有类似的趋势。在作物生长早期,特别是当氮素供应由亏缺向充裕过度时,硝态氮作为非代谢物质,以一种半储备状态存在于植物体内,当作物有轻微缺氮时对硝态氮的需求迅速增加,此时,植株全氮库还没有明显变化,而硝态氮库却已发生显著变化。当供氮超过作物需求时,硝态氮也比全氮有较大幅度的增加。植物组织中硝态氮含量的变化要远大于全氮。随后,更多的研究表明,硝态氮在确定作物氮素养分的临界含量方面有许多优点,其快速、准确和灵敏的特点得到了人们的普遍认可。这就是用硝态氮取代全氮作为氮营养诊断指标来估计植株氮营养状况和进行追肥推荐的原因所在。

(三) 养分资源综合管理-综合施肥模型

养分资源综合管理的核心是根据养分在土壤中的转化特点,采用现代施肥理论和模型进行农田施肥推荐和养分管理。施肥模型在推荐肥料用量时,必须既能充分考虑土壤微小区域的养分变化,又能进行宏观大区域养分控制。关于施肥模型,国内外专家提出了田间经验法、经验公式法、模拟模型法与集成系统法四种方法。田间经验法或经验公式法包括传统的目标产量法和肥料效应函数法等。目标产量法虽然能够用于进行微域施肥推荐,但是由于模型只考虑养分的增产作用,而默认其他养分状况和农艺措施都处于优化或适量状态,因此推荐结果容易脱离实际。肥料效应函数法虽然可以考虑多种肥料对作物增产的综合效应,但是只能对几种类型土壤推荐一个统一的施肥量,不能指导微域施肥推荐。

综合施肥模型是由Colwell等发展起来的新型施肥模型。该模型在肥料效应函数的基础上,通过回归分析技术,在方程中引入土壤、植物营养或环境变量。这些因子统称为"地点变量",即和地理位置有关的变量,与GIS结合进行农田肥料推荐和管理的最佳途径。综合施肥模型既能反映肥料对作物的增产作用,又能反映土壤或其他作物生长相关因子对作物产量的综合影响;既能进行区域养分控制,又能用于指导微域施肥,因此比其他方法具有明显的优势(申建波,1999)。

第三节　棉田精准管理技术的应用效果和展望

新疆生产建设兵团目前广泛应用的棉田精准管理技术,是在继承和发扬兵团传统栽培技术基础上,积极引进、吸收、消化国内外的先进科学技术和装备,通过创新和提高,形成了以精准灌溉技术、精准施肥技术、精准种子技术、精准播种技术、精准收获技术、田间作物生长及环境动态监测等为核心的棉田六项精准管理技术。在棉花生产和管理过程中,精准农业技术是六项单项技术综合集成的技术体系,是由农业适用科学技术、农业工程技术、农业生物工程技术、农业信息技术等先进科学技术组合而成。六项精准技术以相互关联的完整性和系统性作用于棉花生产全过程,即以精准灌溉和精准施肥为核心,以精准监测为保证,以精准播种为接口,前接精准种子,后接精准收获,将六项精准农业技术组装成一个贯穿棉花生产全过程的有机整体。精准农业核心技术集成见图 26-8。

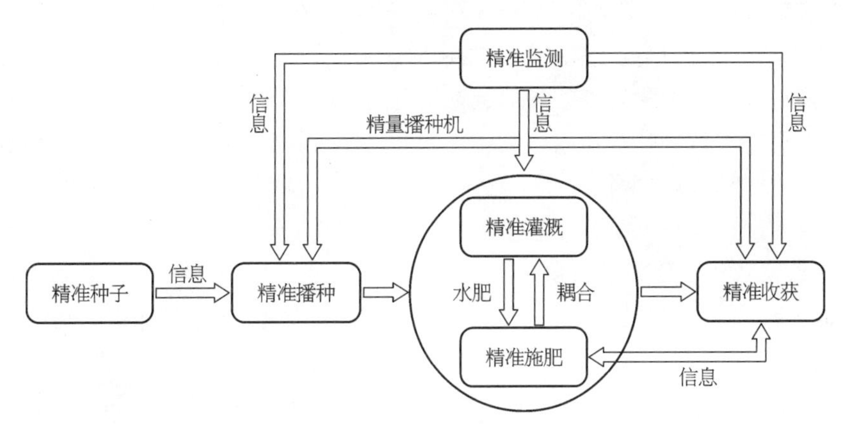

图 26-8　精准农业六项核心技术的集成示意图

(胡兆璋、田笑明,2005)

六项精准农业技术,包括精准农业核心技术体系、精准农业技术指标体系、精准农业技术规程规范体系和精准农业技术装备体系,各子系统构成的现代化农业技术体系。但与基于“3S”技术一体化应用的真正精确农业技术尚有差距。因此,进一步集成“3S”技术,实现棉田管理的一体化应用是今后的发展方向。

一、棉花长势精准监测技术应用效果和展望

(一) 遥感监测技术的应用

作物长势监测主要是监测作物生长状况信息,一般从两个方面进行,一是作物生长的实时监测,主要是通过年际间遥感影像所反映的作物生长状况信息的对比,同时综合物候、农业气象等辅助数据来制作作物长势分级图,达到获取作物生长状况空间分布变化的目的;二是作物生长趋势分析,主要以时序遥感影像生成作物生长过程曲线,通过比较当年与典型年曲线间的相似差异,做出对当年作物长势的评价。

实时作物长势监测是在作物生长期采用NDVI对比的方法进行作物长势监测，有两种方式，一种是直接对当期图像进行NDVI分级，对于统一管理措施、作物类型单一、种植品种一致的区域比较适合；另一种是进行两期NDVI图像比较、计算，得到NDVI差值图像，利用该期(或合成的旬内最大)NDVI图像与去年同期NDVI图像比较，对差值图像赋值，并分为五个或更多等级(一般分的五个等级包括：差、稍差、持平、稍好、好)，然后对其进行分级统计，并制作长势分级专题图。作物长势实时监测需要对作物生长状况进行解释与说明，除了NDVI差值图像反映作物长势状况外，还应考虑地区差异和作物物候变化等因素，因此，作物长势监测图还需叠加表征物候的矢量层进行综合分析。将作物生长期内的实时NDVI与去年、多年平均及指定年份同期NDVI进行对比，以反映作物生长差异的空间变化状态，同时根据年际间遥感图像的差值来反映两者间的差异，对差值进行分级，以反映不同长势等级所占的比例。

作物长势趋势分析，即从时间序列上对作物生长状况进行趋势分析和历史累积的对比。利用多时相遥感数据，可获取作物生长发育的宏观动态变化特征。在作物生长期内，作物生长状况和生长条件的变化，都会造成NDVI时间曲线产生相应的动态变化。可以利用这一响应关系，根据NDVI曲线的变化特征，推断作物生长发育状况。

农作物长势遥感监测为早期估产提供依据，同时还为田间管理提供及时的信息，从而指导农业生长。目前农作物长势遥感监测应用研究仍以大宗作物的面积遥感估算和产量估测为主，虽在实时长势监测上取得一些进展，但距离为农业部门决策者和农田生产管理者提供及时苗情信息方面还有较大差距。

(二) 农业视频化管理系统应用

采用可移动、便携式移动摄像系统和彩色图像无线传输系统，对棉花长势长相、病虫害发生动态、灌水等情况进行适时监测并及时以彩图展现在管理者面前，可为管理者及时调整农田作业提供有力工具。利用GSM通信网络(电话或手机)和设在连队机房的控制器，操作高空云台高倍遥控摄像系统，以最快的时间监测连队各条田各种农事作业进度和质量、作物生长情况、农业三防管理等，从而做到早发现、早补救、早解决，实现农业的高效管理。农业视频化管理系统是采用较先进的视频彩色图像传输系统。该系统由主控中心、中继点和摄像点等三部分组成。摄像点固定或移动摄像，将各自的图像信号和音频信号传至射频调制发射机，并通过天线将信号发送给转发机房中的画面处理器，而后由远距离发射机传给中心控制机房，通过中心控制机房的信号处理器、硬盘、刻录机、录像机、显示器等设备进行工作。

二、棉田土壤水分精准灌溉技术及自动灌溉应用与展望

新疆生产建设兵团棉花生产上应用的精准灌溉技术主要包括膜下滴灌技术、地下滴灌技术和滴灌自动控制灌溉技术等，在精准灌溉技术的理论和应用方面取得重大突破和创新，并与精准施肥技术科学组装和集成，形成了完善配套的水肥耦合应用技术，开创了我国大田作物大面积应用滴灌技术的先例。

(一) 棉花膜下滴灌技术及灌溉制度

新疆生产建设兵团开展的以棉花为主的干旱区作物膜下滴灌增产机理、智能管理及农

艺综合配套技术的研究，为新疆棉花节水农业的发展做出了应有的贡献，自2000年以来，膜下滴灌技术在全疆棉花生产上广泛应用，滴灌技术的应用加强了对大田作物肥水管理的可控性。根据棉花各生育阶段的日平均耗水强度和整个生育期耗水强度变化规律，结合灌溉试验和生产实践，制定出棉花膜下滴灌灌溉制度，详见表26－4。

表26－4　棉花膜下滴灌灌溉制度（冬前灌溉棉田）

（田笑明等，2016）

生育期	苗期	蕾期	花铃期	吐絮期
适宜土壤田间持水量（%）	55～70	60～80	65～85	60～75
田间耗水量（mm/d）	1.3	2.0	5.5	2.3
灌溉周期（d）	—	—	6～9	10左右
灌溉频次（次）	1	—	8～9	1～2
灌水定额（mm/hm^2）	225	—	540～675	450

［注］冬前灌溉2 250～3 375 mm/hm^2；花铃期头水灌水定额为765 mm/hm^2，之后灌水定额为540～570 mm/hm^2（见第三十二章）。

在实施膜下滴灌技术的基础上，建立了应用于棉花膜下滴灌微机决策平衡施肥的精准施肥技术，开发出大流量压力补偿式滴灌管、内镶式滴灌带、单翼迷宫式滴灌带、各种纳米塑料管材、滴灌配套管件及过滤器等一系列拥有自主知识产权的新产品，完成了全自动反冲洗沙石过滤器等滴灌首部设备开发、生产。

（二）膜下滴灌棉田土壤水分自动监测

虽然基于网络技术进行作物水分管理在国内外已有试行的例子，并取得了一定的成果，但由于缺乏可控性较好的水分管理实施载体，导致水分管理的动态化实施较困难。自膜下滴灌技术成功应用以来，人们对大田作物生产管理，尤其水分、养分、植物生长调节剂施用等管理的可控性显著增强，为实施农田信息自动监测与肥水自动管理提供了物质载体。

滴灌自动化技术能根据土壤水分状况、气候条件和棉花需水需肥规律进行适时适量灌溉和施肥，是实现棉花精量灌溉和高效施肥的最终目标，也是实现植棉现代化的重要特征之一。新疆生产建设兵团农六师新湖农场、芳草湖农场，农七师130团、127团，农五师90团，农八师145团、136团等先后建成了一批滴灌自动化、半自动化示范工程。这些滴灌自动化系统主要由计算机控制中心、自动气象站、自动定量施肥罐、自动反冲洗过滤装置、自动模拟大田土壤蒸发仪、自动监测土壤水分张力计和田间设置的远程终端控制器（CRTU）、液力阀或电磁阀等组成。土壤水分自动监测（张力计）和滴灌无线远程自动控制灌溉试验示范，取得良好的效果。

针对传统的有线控制系统与无线监测系统的不足，将GSM网络/SMS短信具有的传输范围广、移动性好、远程集中控制等优点与FSK调制方式具有的数据抗干扰能力、近距离分散控制等优点相结合，采用基于土壤湿度临界值、CWSI指数、覆膜滴灌棉花动态生长模型和蒸散量模型，完成了膜下滴灌智能监控系统。该系统能够根据覆膜滴灌棉田的墒情自动化监测和决策结果，在棉花生长期合理分配灌水量，从而提高水分利用效率和精准灌溉水平，提高棉花产量和品质。与自动化控制技术相结合，能实现节水灌溉的水分实时采集、远程无线传输、灌溉智能决策和自动化控制的功能目标。

为了验证该系统墒情监测与决策预报的可行性与可信度，在系统运行期间进行了3个测定，共计72次测试。测试方案包括：在集中监控中心，计算机软件每隔24 h接收、记录试验棉田某测点的土壤湿度值，连续监测棉田土壤湿度变化情况，由计算机水分决策支持系统给出每测点湿度值的灌溉预报，其结果与土壤水分速测仪、生产单位技术人员经验和专家知识判断进行比较，以此衡量系统墒情监测与灌溉预测的准确性。测试结果表明，该系统操作简单、软硬件性能稳定、传输数据可靠、决策结果基本符合生产实际。示范点2005年籽棉单产为4 695 kg/hm^2，比相同条件下非示范区增产630 kg/hm^2，增产14.7%。

新疆生产建设兵团自主开发“棉花膜下滴灌微机智能决策及自动化控制系统”和“基于GSM的棉花膜下滴灌水分智能监测系统”，能自动实现土壤水分的实时监测与远程传输以及智能决策支持功能。该系统运用GSM通信网络以短信息方式实现一点到多点的远程无线双向数据通信和控制。决策结果包括土壤水分含量、干旱程度诊断、滴灌灌溉定额、下次滴水时间、一次滴水延续时间等，用户可根据决策结果进行灌溉控制，以短消息方式控制电磁阀开闭。系统组装了GSM通信网络和国内研制的湿度传感器、无线远程遥控、双向通信网络和单片机等集成智能化的滴灌技术操作平台。

无论是采用“3S”技术或者数据库技术建立信息管理系统，均需要建立一个安全、稳定、高效、可靠的基础网络平台，水、肥等资源数据就是要在该平台上存储、传输，提供查询和分析服务。因此，大力开发和应用基于WEB的棉田水分智能决策和自动控制软件，开发和应用农业信息及用于辅助决策者进行决策的灌溉信息网络，可提高农业宏观决策水平。

三、棉田土壤养分资源综合管理与精准施肥技术应用效果和展望

精准施肥是精准农业的重要组成部分和重要环节，精准施肥的内涵包括两部分：精准决策和精准投肥。1999年以来，精准施肥技术在新疆生产建设兵团得到了迅速发展。自主研制开发了多个棉花微机决策平衡施肥专家系统，建立了以土壤数据和作物营养实时数据采集、棉田地理信息系统、施肥模型、决策分析系统、综合评价、滴灌施肥为主要环节的精准施肥技术体系，而且在棉花专用肥的研制、生产、应用等方面形成了一套较为完整的运行体系，并在新疆生产建设兵团棉区植棉团场进行示范推广应用。

（一）信息技术在新疆棉田养分资源管理中的应用

以新疆生产建设兵团农七师125团为例，建立了乡镇、团场级土壤肥力信息管理和棉花施肥推荐支持系统。通过采用具有较强的空间查询、分析、数据编辑、空间分析和可视化信息管理等功能的GIS、数学模型等方法，建立了土壤肥力评价模型和评价体系，结合肥料试验建立了棉花施肥推荐支持决策系统。系统具有生成乡镇、团场地理信息土壤肥力分布图、分析土壤肥力资源、提供棉花施肥咨询与配方推荐等功能。研究结果可用于指导农业生产，包括作物配方施肥，种植结构安排，土壤养分分布咨询，土壤肥力等级评价，农业生产管理决策等，并且，通过多时期土壤肥力评价图与土地利用调查图的叠加和逻辑计算，可了解土壤肥力的变化；与经济状况对比，可评价农业结构的合理性。

（二）养分资源综合管理—综合施肥模型在新疆棉田养分资源管理中的应用

1. 养分资源综合管理—综合施肥模型的建立

在滴灌条件下进行氮肥田间试验，设 6 个处理，各处理纯氮用量分别为 0，112.5 kg/hm^2，180 kg/hm^2，225 kg/hm^2，270 kg/hm^2，337.5 kg/hm^2。全部作为追肥，按蕾期和花铃期各占总量 1/3、2/3 的比例随水追施，播前均基施 P_2O_5 150 kg/hm^2，K_2O 90 kg/hm^2。

在棉花主要生育期的蕾期、花期、花铃期、铃期（打顶之前）每次滴水施肥前，采集棉株倒 4 叶，将叶柄剪碎、压汁，汁液稀释后用硝酸盐试纸显色，用反射仪进行测定。开始测定前首先要确定汁液的稀释倍数，由于不同的土壤肥力水平会导致棉花叶柄硝酸盐含量差异很大，因此稀释倍数也会有很大的差别。

（1）建立棉花产量结构与肥料效应函数：不同施氮量条件下，棉花产量以施氮量 180 kg/hm^2 处理最高，其次为 225 kg/hm^2；当施肥量增加至 270 kg/hm^2、337.5 kg/hm^2 时，产量开始呈现降低的趋势。用一元二次方程对棉花的氮肥效应进行拟合，得出施肥量与棉花产量的相关关系：

$$y = -0.0051x^2 + 2.3415x + 2460 \quad (r = 0.7007^{**})$$

式中：y——皮棉产量；x——施氮量。对上式求偏导，得出最佳施氮量 229.5 kg/hm^2，对应的最佳皮棉产量为 2 728 kg/hm^2。

（2）建立棉花各生育期叶柄硝酸盐含量与施氮量的关系：测定了棉花盛蕾期、初花期、盛花期和初铃期倒 4 叶的叶柄硝酸盐浓度，将其与施氮量之间进行相关分析，四个时期的结果均表明：两者之间有极显著的线性正相关关系，即随着氮肥施用量的增加，叶柄硝酸盐浓度均呈线性增加的趋势。蕾期各处理硝酸盐含量较低；初花期（7 月 2 日）含量较高；花期以后直至初铃期，体内硝酸盐含量略有下降。

（3）建立各生育植株硝酸盐浓度和棉花产量的关系：棉花盛蕾期、初花期、盛花期和初铃期倒 4 叶叶柄硝酸盐浓度和产量之间符合二次曲线模型，相关性均达到极显著水平。即棉花各生育期倒 4 叶叶柄硝酸盐浓度在较低水平时，随着硝酸盐浓度的增加，产量增加；当叶柄硝酸盐浓度累积到一定程度后，产量增加缓慢或略有下降。

棉花倒 4 叶叶柄硝酸盐浓度与产量之间的极显著回归关系为氮素定量化诊断追肥提供了依据。以达到最高产量对应的植株硝酸盐测定值作为临界浓度，根据各生育期植株硝酸盐浓度与产量的回归方程，可以确定在达到最高产量时，棉花盛蕾期、初花期、盛花期和初铃期植株硝酸盐临界浓度分别为 5 710.0 mg/L、9 450 mg/L、6 885 mg/L 和 7 728 mg/L。各时期诊断值达到临界浓度时，该时期不用施肥。

（4）植株硝酸盐诊断指标的建立：根据棉花各生育期植株硝酸盐浓度与施氮量的线性关系以及全生育期最佳施氮量，建立植株硝酸盐含量诊断追肥模型。设各生育期的氮肥水平为 N_{fert}，全生育期最佳施氮量为 N_{opt}，则各生育阶段追氮量：

$$N = N_{opt} - N_{fert}$$

各生育期植株硝酸盐诊断值 T_r 和 N_{fert} 之间具有线性回归关系：

$$T_r = a + bN_{fert}，即\ N_{fert} = (T_r - a)/b$$

将上述两式合并后，得到硝酸盐含量诊断推荐追肥模型：

$$N = N_{opt} + a/b - T_r/b$$

式中：N——各生育阶段追氮量；N_{opt}——棉花全生育期最佳施氮量，单位均为kg/hm^2；b——各生育期施氮量与植株硝酸盐浓度线性方程的回归系数；a——截距；T_r——植株硝酸盐测定值，单位 mg/L。

全生育期最佳施氮量 N_{opt}=229.5 kg/hm^2。

目前，关于应用植株硝酸盐诊断进行棉花追肥推荐的技术已经基本形成了体系，然而还需要进一步的完善，今后关于该技术的研究应着重放在以下几方面。

(1) 通过校验试验和不断增加的田间示范试验对推荐指标进行修正和完善。

(2) 由于指标是在一定基肥、追肥比例条件下建立的，因此，进行氮肥推荐时应当充分考虑到当地的施肥管理制度，因地制宜，制定出一套符合当地生产管理制度的相应推荐指标。

(3) 开展不同区域累积硝酸盐差异的研究，为不同区域制定不同的推荐指标。

2. 滴灌专用肥的研制与应用 根据水肥耦合技术和作物需肥规律的研究，形成了滴灌棉田的随水施肥方案和水肥耦合技术决策系统，使施肥精度达到每个时期、每种元素和每株棉花都能精准到位。为了实施水肥耦合技术，必须研制全营养速溶高效固态滴灌专用肥和液体专用肥，开发生产出适用于大田农作物随水施肥的全营养速溶高效滴灌固态复合肥和棉花滴灌酸性液体肥料。解决磷肥的可溶性和去除重金属及杂质的技术难关，实现了滴灌肥的全营养、无杂质、不堵滴头的指标，有效地提高了肥料利用率 10%～20%。新疆生产建设兵团各师、团针对本地区的土壤养分状况和及时测定结果，研制了多种配方的棉花粒状专用肥和复混肥，也有效地提高了肥料利用率，减少了施肥作业量。

根据棉田土壤养分状况和目标产量水平，制定膜下滴灌专用肥施肥方案，确定施肥量和各生育期施肥比例，定时定量满足棉花生长发育需要。中等肥力土壤，目标皮棉产量 1 800～2 250 kg/hm^2，在基施棉籽饼 750～1 128 kg/hm^2 基础上，推荐 N：P_2O_5：K_2O 的比例为 1：(0.4～0.50)：(0.25～0.27)。中等肥力土壤，目标皮棉产量 2 250～2 700 kg/hm^2，在基施棉籽饼 1 125～1 500 kg/hm^2 基础上，推荐 N：P_2O_5：K_2O 的比例为 1：(0.45～0.50)：(0.27～0.33)。氮化肥 25%基施，磷钾化肥 50%基施，另 75%或 50%的比例分次滴管追施，共滴施 10～12 次，膜下滴灌专用肥施肥方案见表 26－5(见第三十一章)。

表 26－5 中等肥力土壤条件下新疆膜下滴灌专用肥推荐方案

(田笑明等，2016)

皮棉产量水平(kg/hm^2)	肥料种类	用量(kg/hm^2)	基肥比例(%)	追肥比例(%)
1 800～2 250	棉籽饼	750～1 128	100	—
	氮肥(N)	300～330	25	75
	磷肥(P_2O_5)	120～150	50	50
	钾肥(K_2O)	75～90	50	50

（续表）

皮棉产量水平(kg/hm^2)	肥料种类	用量(kg/hm^2)	基肥比例(%)	追肥比例(%)
2 250～2 700	棉籽饼	1 125～1 500	100	—
	氮肥(N)	330～360	25	75
	磷肥(P_2O_5)	150～180	50	50
	钾肥(K_2O)	90～120	50	50

四、棉田精准管理主要技术的集成

（一）精准种子技术与精准播种技术的集成

种子的质量不高，纯度、成熟度不够，发芽率、发芽势达不到较高标准；种子加工的水平不高，破碎率高、种衣剂不合要求、种子包衣质量差，种子本身的技术含量低等都是影响棉花出全苗的重要原因。由于种子质量不高，采用传统的播种技术才能达到全苗的要求，下种量要求达到留苗数的5～6倍，过大的播种量除浪费种子、增加成本外，还增加了放苗、封土、定苗过程中的劳力成本，影响了经济效益。因此，提高种子质量，增加种子本身的科技含量是农业需要解决的重要问题。

精准种子技术是指能够满足精准播种技术要求的种子技术体系，包括优良品种引育、科学良繁程序、种子精选加工和健全质量保证措施四个方面内容。棉花精准播种要求实现播种时一穴一粒、一穴一苗。因此精准种子与精准播种两项技术组装的关键在种子质量，重点是种子发芽率。为了保证精量播种要求，对各棉花种子加工企业的精选分级标准在国家标准上进行了修订，修订后的标准主要把良种发芽率提高了10个百分点，净度提高了2个百分点，详见表26-6、表26-7。

表26-6　棉花精准种子质量标准

（田笑明等，2016）

项目	纯度(%)		净度(%)	发芽率(%)	水分含量(%)	残酸率(%)	破籽率(%)	残绒指数(%)
	原种	良种						
指标	≥99.0	≥95.0	≥99.0	≥92.0	≤12.0	≤0.15	≤7.0	≤27.0

表26-7　棉花精量播种机质量标准

（田笑明等，2016；张旺锋整理，2018）

项目	一穴一粒率(%)	空穴率(%)	播深偏差(cm)	株距偏差(cm)	行距偏差(cm)	播行偏差(cm)	膜孔错位率(%)	种行弯曲度(cm)	作业速度(km/h)
指标	>95.0	<5.0	<0.5	<0.5	<1.0	<8.0	<3.0	<5.0	3.5～4.0

精准播种技术作为精准农业技术体系的重要组成部分，是推进精准农业发展的关键技术之一。在消化国外气吸式精量播种机原理的基础上，将先进的气吸式取种原理与新疆生产建设兵团独创的鸭嘴式成穴原理有机结合，创造性地研制出膜上精准穴播器，形成膜床整形、铺设滴灌带、铺膜、膜上打孔、精准投种、膜边覆土、膜孔覆土并镇压等8道工序融为一体的气吸式棉花精量播种机，精准播种进入大面积示范推广。

(二) 精准灌溉与精准施肥的集成

改传统灌溉与施肥分开作业为水肥耦合,随水施肥技术是精准灌溉与精准施肥的集成组装,实现了灌溉与施肥定时、定量、定位,提高精准技术的到位率和水、肥利用率,又可以减少机械追肥作业和人工灌水强度,降低生产成本。精准灌溉、精准施肥与精准收获的组合要点是在(66+10)cm 的带状种植方式内解决如何铺设滴灌带。应用带侧铺管的配置方式,有效地实现了精准灌溉、精准施肥与精准收获的优化组装。

(三) 精准播种与精准收获技术的集成

精准播种与精准收获技术集成的结点在于研制机采棉带状种植方式的播种机具。适应带状种植的精量播种机实现了精准播种技术与精准收获技术的有效组装。在吸收、消化引进棉花加工设备的基础上,改进国产设备,逐步实现机采棉清理加工设备国产化。目前加工质量达到进口设备水平;机采棉加湿技术改造也取得阶段性成果。

在早期《兵团机采棉高产栽培技术规程》《兵团采棉机作业技术规程》《兵团机采棉的验收与储运规程》和《机采棉清理加工工艺及操作规程》等规程和质量标准基础上,近几年又制定了《棉花生产全程机械化技术规程》(DB65/T3843—2015)和《机采棉脱叶剂喷施技术规范》(DB65/T3980—2017)等,由新疆维吾尔自治区质量技术监督局于 2016 年和 2017 年发布实施,内容包括机采棉种植品种和模式、铺管铺膜精密播种作业、栽培管理、脱叶剂喷施作业规范、机采和加工等。按标准规范作业,机采皮棉品质有新的提升,皮棉品级等级平均达到了 GB1103—2012 手摘棉 2 级以上,其中 30%的皮棉达到了一级棉质量指标。采棉机脱叶、采收、加工质量标准见表 26 - 8。

表 26 - 8　采棉机脱叶、采收、加工质量标准

(张旺锋整理,2018)

项目	脱叶催熟					机械采收				清理加工		
	有效着药叶片率(%)	脱叶率(%)	吐絮率(%)	采净率(%)	棉花损伤率(%)	籽棉含杂率(%)	籽棉含水率(%)	籽棉回潮率(%)	田间作业速度(km/h)	籽棉清杂效率(%)	皮棉清杂效率(%)	皮棉含杂率(%)
指标	>95.0	>92.0	>95.0	<95.0	<1.0	<12.0	<12.0	<13.0	4～5	>80.0	>10.0	<2.5

(四) 农业信息化技术和自动化控制技术与田间监控管理的集成

利用地理信息、遥感遥控和视频技术等手段,动态、完整地获得反映农作物生长状况及影响农作物生长的水分、营养、病虫等环境生态因子数据,迅速做出科学合理的管理决策,进而调控对作物的投入或调整作业操作程序,实现六项精准技术对棉花生长全过程的科学管理。"3S"技术可有效地管理具有空间属性的作物长势信息,对农业生产管理和实践模式进行分析测试,便于制定决策、进行科学和政策的标准评价,能有效地对多时期的作物长势变化进行动态监测和分析比较;可将数据收集、空间分析和决策过程综合为一个共同的信息流,提高农业生产效率和效益;同时提高了监测精度,取得了理想的效果,显示出巨大的优越性。

(撰稿:张旺锋;主审:别墅、毛树春、李亚兵)

参考文献

[1] 柏军华,李少昆,李静,等.基于多时相棉花长势遥感的棉田质量诊断.中国农业科学,2008,41(4).

[2] 曹卫彬,杨邦杰,裴志远,等.新疆棉花遥感监测系统建立的对策.石河子大学学报(自然科学版),2003,7(2).

[3] 陈晓光,于海业,周云山,等.应用图像处理技术进行蔬菜苗特征量识别.农业工程学报,1995,11(4).

[4] 陈新平,李志宏,王兴仁.土壤、植株快速测试推荐施肥技术体系的建立与应用.土壤肥料,1999(7).

[5] 崔静,马富裕,郑重,等.基于GPRS灌溉自动控制水分管理专家决策支持系统设计与实现.农业网络信息,2006(7).

[6] 崔静,马富裕,郑重,等.基于GSM的农田水分灌溉管理与自动控制系统的研究.节水灌溉,2005(5).

[7] 傅玮东,刘绍民,黄敬峰.冬小麦生物量遥感监测模型的研究.干旱区资源与环境,1997,11(1).

[8] 胡兆璋.精准农业——农业现代化的新路.新疆农垦科技,1999(6).

[9] 李少昆,王克如,等.第一届兵团农业遥感技术应用培训资料,2009.

[10] 李少昆.作物株型多媒体图像处理技术的研究.作物学报,1998,24(3).

[11] 李银枝,贾成刚.间作小麦气象卫星监测的指标.气象,1998,25(2).

[12] 廖楚江,王长耀,李红,等.基于地质统计学影像纹理的石河子地区化控期棉花长势监测.农业工程学报,2006,22(8).

[13] 刘爱霞,王长耀,刘正军,等.基于RS与GIS的干旱区棉花信息提取及长势监测.地理与地理信息科学,2003,19(4).

[14] 刘恩博,马富裕,郑重.GSM棉田水分监测系统的设计与实现.农机化研究,2005(2).

[15] 刘继承,姬长英.作物长势监测的应用研究现状与展望.江西农业学报,2007,19(3).

[16] 吕建海,陈曦,王小平,等.大面积棉花长势的MODIS监测分析方法与实践.干旱区地理,2004,27(1).

[17] 吕新."3S"技术在精准农业中的应用.北京:中国科学文化出版社,2007.

[18] 申建波,李仁岗.利用正交趋势分析进行大面积经济施肥建模.植物营养与肥料学报,1999,5(3).

[19] 石宇虹,朴瀛,张菁.应用NOAA资料监测水稻长势的研究.应用气象学报,1999,10(2).

[20] 唐延林,王秀珍,黄敬峰,等.棉花高光谱及其红边特征(Ⅰ).棉花学报,2003,15(3).

[21] 唐延林,王秀珍,黄敬峰,等.棉花高光谱及其红边特征(Ⅱ).棉花学报,2003,15(4).

[22] 田长彦,冯固.新疆棉花养分资源综合管理.北京:科学出版社,2008.

[23] 王方永,李少昆,王克如,等.基于机器视觉的棉花群体叶绿素监测.作物学报,2007,33(12).

[24] 王方永,王克如,李少昆,等.利用数码相机和成像光谱仪估测棉花叶片叶绿素和氮素含量.作物学报,2010,36(11).

[25] 王克如,李少昆,王崇桃,等.用机器视觉技术获取棉花叶片叶绿素浓度.作物学报,2006,32(1).

[26] 王茂新,裴志远,吴全,等.用NOAA图像监测冬小麦面积的方法研究.农业工程学报,1998,14(3).

[27] 吴炳方,张峰,刘成林,等.农作物长势综合遥感监测方法.遥感学报,2004,8(6).

[28] 吴素霞,毛任钊,李红军,等.中国农作物长势遥感监测研究综述.中国农学通报,2005,21(3).

[29] 武聪玲,滕光辉.黄瓜幼苗生长信息的无损监测系统的应用与验证.农业工程学报,2005,21(4).

[30] 武建军,杨勤业.干旱区农作物长势综合监测.地理研究,2002,21(5).

[31] 杨邦杰,裴志远.农作物长势的定义与遥感监测.农业工程学报,1999,15(3).

[32] 张旺锋,吕新,魏亦农.精准农业及其在兵团农业中的实施.新疆农垦科技,2001,增刊.

[33] 张伟,毛罕平.基于计算机图像处理技术的作物缺素判别的研究.计算机应用与软件,2004,21(2).
[34] 张炎,王讲利,李磐等.新疆棉田土壤养分限制因子的系统研究.水土保持学报,2005,19(6).
[35] 郑重,马富裕,刘恩博,等.基于GSM/FSK的膜下滴灌智能监控系统研究.灌溉排水学报,2006,25(6).
[36] 郑重,马富裕,张凤荣,等.农田水分监测与决策支持系统的实现.农业工程学报,2007,23(7).
[37] 田笑明.兵团精准农业技术体系的建立及在棉花上的大面积应用.中国棉花,2005(增).
[38] 胡兆璋.加快农业现代化步伐的科学技术体系——精准农业技术体系.中国棉花,2005(增).
[39] 田笑明.新疆棉作理论与现代植棉技术.北京:科学出版社,2016.
[40] 陈学庚,裴新民,贾首星,等.棉花生产全程机械化技术规程:第2部分栽培管理.DB65/T3843.2—2015.新疆维吾尔自治区质量技术监督局,2016.
[41] 陈学庚,裴新民,贾首星,等.棉花生产全程机械化技术规程:第5部分铺管铺膜精密播种作业.DB65/T3843.5—2015.新疆维吾尔自治区质量技术监督局,2016.
[42] 陈学庚,裴新民,贾首星,等.棉花生产全程机械化技术规程:第6部分植保(脱叶)作业.DB65/T3843.6—2015.新疆维吾尔自治区质量技术监督局,2016.
[43] 陈学庚,裴新民,贾首星,等.棉花生产全程机械化技术规程:第7部分采收作业.DB65/T3843.7—2015.新疆维吾尔自治区质量技术监督局,2016.
[44] 王林,赵冰梅,丁志欣,等.机采棉脱叶剂喷施技术规范.DB65/T3980—2017.新疆维吾尔自治区质量技术监督局,2017.
[45] 中华人民共和国国家质量监督检验检疫总局.棉花:第1部分锯齿加工细绒棉.GB1103.1—2012.北京:中国标准出版社,2013.

第二十七章　棉花长势监测预警技术

我国自2001年11月加入WTO以后，棉花生产和市场与国际的关联度进一步提升。在市场经济与自然生产条件下，棉花种植、生长过程和产量经常发生变化，对农民的生产和收入、政府的决策和参考、企业的生产和经营，对棉花的期货、现货和进出口贸易等都产生一系列的连锁反应。及时跟踪棉花生长过程，准确及时表达其生长状况，对了解棉花生产，把握棉花市场，调整结构，科学植棉，增加效益，降低和抗御风险都具有重要的意义。

第一节　中国棉花长势监测系统组成

中国棉花长势监测预警信息系统由信息采集子系统、信息加工子系统、信息综合诊断子系统和信息发布子系统所组成。这些子系统组成中国棉花生产预警监测系统系列报告的信息源和原信息，集中服务于全国棉花长势监测。

一、信息采集系统

信息采集系统是中国棉花长势监测预警的第一个系统（图27-1），分直接信息、相关信息和间接信息几个部分，每一个部分又由多项子信息组成。直接信息是《中国棉花生产景气报告》的核心信息，又称源信息。

(一) 直接信息

1. 科学抽样，确定样本数量　按照全国棉花产区分布特点，以面积作为权重系数和评价标准，按照统计学多阶抽样、分层抽样和系统抽样方法，样本数量符合95%～99%的统计概率水平，要求采集样本县160～170个，由于成本和不可预测性问题，2002～2009年实际采集样本县140～150个。根据样本县面积大小，每县（团、场）采集40～100个农户，总户数4 000～5 000户，每年采集10～12次。

源信息以植棉农户为基础单位，分为固定样本（定点定户）和随机样本，其中固定样本占80%，随机样本占20%。为了防治样本老化，每年轮换样本农户比例为20%。

2. 制定源数据和信息标准，设计统一表格，编制《中国棉花生产景气报告》手册　采用非破坏性的农艺性状采集方式，采集时可操作性强，简捷易行。每农户采集的子信息20多小项，包括农户基本信息、耕地面积、棉花播种面积、收获面积、棉花品种、棉花采收和交售进度、籽棉销售价格、种子来源、各生育期的生长和棉花栽培管理技术等。生产成本参考国家棉花咨询委员会方法设计表格，按照生长季节，从播前整地到种子、化肥、农药、地膜、机械作

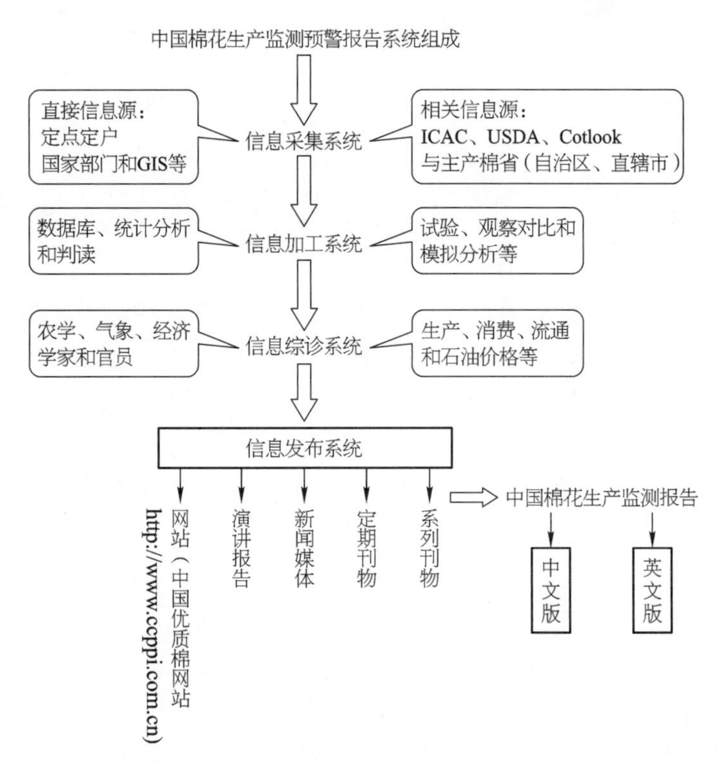

图 27-1　中国棉花长势监测预警系统组成

（毛树春、李亚兵等，2003，2004）

业、灌溉、排渍等数量、价格和成本，人工费用包括自用工作价和雇工费用，以及生产资料折旧和间接费用等。

根据天气随时采集棉花灾情，包括受灾面积、成灾面积和绝收面积。

提供统一设计表格，采集数据和信息直接返回《中国棉花生产景气报告》的数据库，对每一户建立一个家庭档案，全程记录一家一户的棉花生产过程。

（二）相关信息

1. 国际相关信息　采集国际棉花咨询委员会的全球棉花生产、消费、价格数据及其相关评论，美国农业部的美国与全球棉花生产、消费和期货价格数据，英国利物浦 Cotlook 公司的全球棉花生产、产量、消费、进出口、现货价格数据和棉花消费评论，以及非洲棉花生产数据等。

2. 国内相关信息　棉花数据和信息主要采集于农业农村部和主要产棉省（自治区、直辖市）农业生产部门和政府其他相关部门关于棉花生产的指导意向、政府政策、与棉花发展相关的战略方针，以及国家统计局公布的棉花播种面积、单产和总产，全国供销总社等。全国棉花交易市场发布中国棉花价格。2003 年该市场形成了中国棉花价格指数，出版系列出版物《棉花信息周刊》，后改为《棉花信息》月刊，每期发表大量关于棉花价格、生产、进出口、纱线等数据和评述。《海关统计》提供每月棉花和纺织品服装进出口贸易数据和金额等。中国棉花协会出版了《会员专刊》，后改为《中国棉业》月刊。

间接信息包括国际石油价格和纺织品国内销售价格等，这些信息有助于决策部门判断国内外棉花消费、价格和市场的走向走势。

（三）数据和信息采集队伍

1. 项目组的组成 全国优质棉基地科技服务项目国内信息采集队伍由棉花栽培专家和农学家组成。他们了解相关的栽培历史和科研成果，具有丰富的知识、技术和经验，是一支高业务素质的队伍。经过研究、开发和实践，《中国棉花生产景气报告》形成了信息采集、加工、诊断和发布等技术，培养了一批信息专业技术人才。可以认为，项目组具有人才、技术、资源和成本的诸多优势，拥有研究和开发棉花信息的良好基础。开展优质棉基地科技服务，既为发挥栽培技术优势提供了场所和支持保障，储备和培育了一批人才，也为解决农业新需求，创新科研服务于国民经济建设贡献了力量。项目组由全国棉花研究机构以及聘请分布在各主要产区的特约棉花信息员组成。

2. 项目组的结构和分工 分为核心层、技术层、采集层、加工和发布层。

(1) 核心层：最高决策层，拥有高级专家，包括国内外知名棉花栽培专家（农学家）、农业经济专家、信息科学专家和网络专家，是项目组的策划、研究、开发、出版物出版和培训的高级层次，对整个项目实施组织和领导，对最终信息实行决策权。同时，项目组还聘请了本领域的农业经济学家和气象专家，以及与本项目相关的政府部门官员。这里还设有中国优质棉网总监和《中国棉花生产景气报告》系列出版物的主编。

(2) 技术层：由区域（省）专家组成，包括主要产棉省区的栽培科研机构和主要产地的科研机构，负责地区信息采集、矫正和基本加工，开展相关技术试验。同时，负责信息采集、技术研究和培训的区域组织工作，是项目正常实施的保证。

(3) 采集层：由多人组成，了解和熟悉棉花生产，经验丰富，承担信息的采集和初级加工，完成信息采集的基础性工作。同时，项目组在积极研究信息直接采集、直接传递、远程采集和矫正的一些方法。

(4) 加工和发布层：包括信息和技术专家，承担完成棉花长势监测的模型研制、网站软件开发和网络运行，出版《中国棉花生产景气报告》系列出版物。

（四）数据和信息采集技术培训

为了保证采集数据和信息的一致性，根据制订数据和信息标准，要实现采集系统误差最小，还必须对信息员进行采集技术培训。培训分为两个层次，一是培训项目负责人和信息员；二是现场校对，对采集样本、样点信息进行抽查，根据抽查结果发现问题，矫正采集技术，最大限度地减少误差，提高信息采集的精确度。

二、数据和信息加工系统

数据和信息加工系统是《中国棉花生产景气报告》的第二个系统。首先，建立中国棉花生产景气数据库，采用 Maplnfn 地理信息系统（GIS）和 Surfer8.0 统计软件进行加工；结合棉花生长模型估算趋势产量和预测产量。

项目组建立了大量棉花产量数学模型，并且在棉花全生长季节不断模拟棉花生长和产量形成进程，全程跟踪过程变化。

三、数据和信息综合诊断系统

数据和信息综合诊断系统是中国棉花长势监测的第三个系统。该系统由现场诊断、试验对比和数据矫正，以及调查走访国家涉棉相关部门与行业协会等机构组成，最大限度地保证结果，即“中国棉花生产景气指数”和“中国棉花生长指数”的准确性。在获得大量数据的基础上，全部数据在校验之后，经过多个模型的模拟，以农学家为主，结合气象学家、农业经济学家、协会和政府官员等综合评价棉花生产能力，评价产量水平和品质状况，重视大范围的现场观察和当地技术人员的评价。

（一）现场诊断矫正

现场诊断是事实诊断，可以发挥专家看苗诊断的经验和辨识能力，提高生长和产量的诊断水平。主要方法分三步：一是多看，大范围地现场观察，下田观看，现场记录，对比分析；二是走访农民和当地农业技术专家，采用提问形式，如：“当前棉花长势是否好，为什么好；不好，又为什么”；三是听取地方农业部门和棉花种子企业的看法。结合中国棉花生长指数全年结果和气候特点，再经认真分析，反复思考，形成棉花生长和产量基本结论，起草报告，经过反复修改之后发布。

现场诊断是评估当年棉花产量和品质必须采取的步骤。每年应该进行两次诊断，第一次在 6 月中下旬，第二次在 9 月下旬至 10 月上旬。

第一次诊断对棉花生产开局情况做出评价。要求查看不同类型苗情，对比田间生长整齐度，包括苗情和苗质，生产中平衡情况，主要回答是早或晚。通过第一次现场诊断，能够全面准确评价前期中国棉花生长指数，为评价前期早发苗情提供现场依据，且对中期管理意见提供帮助。第一次诊断范围要广，观察面积要大，要多看多听多对比。听棉农、当地技术专家和农业生产管理部门的看法、意见和问题，包括面积变化、最接近实际面积的说法等，这些结果对评价当年产量非常有益。

第二次现场诊断，全面准确评价中后期中国棉花生长指数。要求察看大面积现场，从现场中了解棉花生长、结铃状况和早熟性，通过现场察看成铃数、幼铃数、铃重和籽棉等，分析对比当年和上一年气候、管理和病虫害状况等，对评价单产水平、灾害性气候和生物灾害产生的后果非常有益。

此外，项目组正在开发数码中国棉花远程诊断技术，旨在解决远地点棉花跟踪诊断所需的技术和手段，有效降低棉花生长诊断的成本，提高诊断的科学性。

（二）科学试验矫正

棉花科研机构的特点和优势之一，就是每年要开展大量的田间试验研究，许多试验具有连续性、系统性和准确性，数据全面，有多年多点的特点，试验产量实行单一收获，单一轧花，单一考察产量构成，单一考察品质。同时，所有试验都要求获得大量农艺性状资料和气候资料，根据现场苗情记录和分析，这些资料对研究和评估一地棉花生长状况、产量和品质具有重要的参考价值，是有关棉花大量知识、技术和经验的结晶，有助于提高看苗诊断水平，提升以中国棉花生长指数为基础的产量评估的准确性。

此外，每年各地还开展大量的高产示范样板展示。这些结果也有生育调查记录，虽然资料系统性差一些，但对全国和各区域棉花生产、生长和产量评价也有重要参考价值。综上所述，中国棉花生长指数以当年大量试验和示范数据为依据进行多方面的矫正。

（三）走访政府部门和行业协会

根据研究，项目组每年年初要发布《中国棉花生产景气报告》，科学回答“今年棉花种多少，价格走向如何?”这个报告结果还应该进一步征求国家政府部门和国家涉棉行业协会的意见，听取建议，进一步修改，再向社会发布。

需要征求意见的国家政府部门有农业农村部、国家发展和改革委员会和商务部，国家行业协会有中国棉花协会和中国棉纺行业协会，以及全国棉花交易市场和国家棉花储备公司等机构。

此外，举行中国棉花生产景气分析会议也是信息诊断的一种有效形式。

四、数据和信息发布系统

信息发布系统是中国棉花长势监测预警的第四个系统，有网站、系列出版物、演讲和论坛、权威媒体和定期刊物等。

创建“中国优质棉网”，发布《中国棉花生产景气报告》信息，网站对信息的获取和发布具有快捷便利的特点。

《中国棉花生产景气报告》系列出版物，自 1999 年到 2010 年出版 250 期，每期一个主题，两个层次，重点突出。要求撰写精炼，表达准确，措施有力，每期 2 000 字左右，附有表格。同时出版《中国棉花生产景气报告》和《中国棉花景气报告》系列著作，成为政府信息补充的重要形式。

其他途径有举行《中国棉花生产景气报告》分析会等。2003 年 3 月 1 日在北京举行的第一次中国棉花生产景气报告分析会是一新尝试，邀请国家政府部门、行业主管、学者和媒体等与会分析 2003/2004 年度我国和世界棉花产销走势，发布 2003 年中国棉花生产景气指数，指出适宜种植面积、价格走势、高品质棉花市场需求状况等。这次会议实际上是一次综合分析会，由于预测准确，前瞻性强，《农民日报》《人民日报》和《科技日报》等媒体纷纷报道。经实证检验，2003 年 3 月 1 日发布“今年是棉花生产的黄金年”的预测走向准确，当年秋季籽棉价格大幅飙升 50%，皮棉创 21 000 元/t 的新高，具有前瞻、指导和决策参考的功能。

第二节　中国棉花生长指数研究与应用

作物“生长产量”或“过程产量”和最终产量对农产品的消费和贸易产生重大影响，有时对国内外的期货、现货价格和股市产生激烈的震荡。由于棉花生产和消费对市场的依存度非常高，准确测算生长产量，跟踪过程变化，对指导棉花生产、消费和贸易有着重要意义。如何估计未来产量，通常采用远时间距离的趋势估计法和近时间距离的预测法。有效反映生长产量及其形成期的变化，通常采用现场调查评估法以及应用现代科技的遥感判别评估方法等。在上述方法中，依据农学家的现场调查，结合经验判断是评估产量中最有效的方法。全国优质棉基地科技服务项目组根据计划任务，利用农学家的丰富经验和量化指标，建立农艺性状数据库、专家系统和棉花生长模型,在大量比较研究的基础上,筛选有效农艺性状,并用中国棉花生长指数(China Cotton Growth Index, CCGI)描述生长状况,评估全国棉花的生长产量。

一、中国棉花生长指数指示性状指标

(一) CCGI 指示性状确定

研究采用的数据全部来自中国农业科学院棉花研究所 1993～2005 年 12 年间进行的大量田间试验研究和生产示范,按照不同种植制度、不同促早发早熟栽培技术、不同品种和不同产量水平,分别建立农艺性状、产量性状、品质性状以及气候资料数据库,为寻找相关关系与气候变化和产量分析等提供数据资源(表 27 - 1)。

表 27 - 1 棉花不同生长季节农艺性状采集

(毛树春、李亚兵等,2003)

农艺性状	5 月	6 月	7 月	8 月	9 月
株高	●	●	●	●	●
真叶数	●	●	●	●	●
干物重、鲜物重	●	●	●	●	●
单株叶面积、叶面积系数	●	●	●	●	●
单株果节数			●	●	●
单株蕾数			●	●	●
单株幼铃数			●	●	●
单株脱落数			●	●	●
单株成铃数				●	●
铃重、衣分				●	●
单株和单位面积籽棉、皮棉产量					●

[注] ● 表示该项被考查,空白表示没有考查。

通过对中国农业科学院棉花研究所 1993～2002 年棉花生育期农艺性状和产量分析,在诸多农艺性状中,一些性状对后续性状和产量存在显著的相关性。5 月农艺性状与产量的相关系数(表 27 - 2)分别为:单株真叶数与产量的为 0.674 5,单株干物重与产量的为 0.711 0,两者相差不大,株高则呈较小的负相关;6 月单株真叶数与产量的为 0.650 4,单株干物重、株高与产量的 r 分别为 0.467 5, 0.534 9;7 月单株蕾数与产量 r 为 0.777 8,总果节数与产量 r 为 0.755 2;8 月单株幼铃数与产量 r 为 0.455 6,单株成铃数与产量 r 为 0.658 3;9 月单株成铃数与产量 r 为 0.870 3。

采用 1993～2002 年中国棉花生产数据库数据,经多元逐步回归得出以下模型:

$$y = -13.9795 + 3.09x_1 + 4.71x_5 - 0.093x_2x_3 - 0.152x_2x_5 - 0.027x_4x_5 - 0.0094x_3^2$$

$$Se = 10.79312, r = 0.9139^{**}$$

式中:$x_1 \sim x_5$ 分别表示 5 月单株真叶数、6 月单株真叶数、7 月单株果节数、8 月单株成铃数和 9 月单株成铃数。方差检验结果,多元逐步回归模型在 $a=0.01$ 水平上达到极显著水平,表明方程中 5 个变量对棉花生长产量和最终产量起关键作用,是敏感指标,可以用来评估棉花生长状况和过程产量,因此被确定为中国棉花生长指数指示性状指标。

根据相关研究,确定 CCGI 在不同生长期选择不同的农艺性状指标表述生长产量,生长前期 5～6 月选择单株真叶数,中期 7 月选择单株果节数,中期 8 月和后期 9～10 月选择单株成铃数。

(二) CCGI 定义及其生物学含义

依据生长和产量的关系,毛树春等建立 CCGI 模型。该模型指当年同期同一农艺性状的数值与上年同期同一农艺性状数值之比的百分数。由于上一年的长势和产量已发生且可知,只要进行连续跟踪,获得变量,就可形成多个 CCGI,用来评估长势,预测趋势产量。因此,CCGI 也是一种表述棉花过程产量和预测产量的数量指标。

可建立生长指数(CCGI)模型,该模型为当年数值(x)与上年同期同一数值(y)之比的百分数。CCGI 计算公式为:

$$CCGI = \frac{x_t}{x_{t-1}} \times 100$$

式中:x_t——当年某个性状的指标值;x_{t-1}——上一年同期同一性状的指标值。

对一个区域样本的生长指数计算:

$$CCGI = \sum_{i}^{n} w_i \frac{x_{it}}{x_{i\,t-1}} \times 100$$

式中:n——样本量;w_i——样本的权重系数,通常取面积或总产,满足条件需要监测播种面积,以及收获密度,因此各年系数很不相同。

对全国生长指数的估算,要考虑大尺度范围内长势存在明显的空间相关性,不采用传统经典统计方法来计算简单平均数,所以,中国棉花生长指数 CCGI 基于县域的块状"克立格"预测方法,全国生长指数的计算公式:

$$CCGI(x,\ y) = \sum_{i=1,n} w_i CCGIi$$

式中:n——所有样本县数;w_i——不同地理空间距离影响权重;$CCGIi$——样本点 $CCGI$ 数值。得到相关区域每个点的数值后,求出所有样本点的平均值,即为全国 CCGI 数值。

当 CCGI=100,表示当前棉花生长状况、生长产量与上一年同期的相当,最终单产水平可能与上一年的相当或接近。

当 CCGI<100 时,表示当前棉花生长状况、生长产量比上一年同期的差,最终单产水平可能低于上一年;CCGI 小于 100 越多,最终单产水平可能低于上一年的也越多。

当 CCGI>100 时,表示当前棉花生长状况、生长产量比上一年同期的好,最终单产水平可能高于上一年;CCGI 大于 100 越多,最终单产水平可能高于上一年的也越多。

二、中国棉花生长指数模型的理论验证

由于棉花生长与产量存在相关性,而且各时期变量之间相关性较强,故单产不宜采用简单线性模型进行模拟估测。李亚兵等通过利用获得的棉花长势指示性状建立棉花单产的 BP 神经网络预测模型,预测精度不断提高。预测模型输入层采用中国棉花生长指数所采用

的5个生长时期特定农艺性状指标，输出层为产量指标。预测模型采用资料为1994～2002年在河南安阳中国农业科学院棉花研究所进行的大量试验历史资料，取5个关键生育时期的农艺性状和产量指标，分别是：5月的单株真叶数、6月的单株真叶数、7月的单株果节数、8月的单株成铃数、9月的单株成铃数和最终实收皮棉产量(表27－2、表27－3和表27－4)。

表27－2　棉花不同生育期农艺性状间的相关性

(李亚兵、毛树春等，2004)

月/日	农艺性状	5月15日			6月15日		
		株高	真叶数	干物重	株高	真叶数	干物重
5/15	株高(cm)	1					
	真叶数(片/株)	－0.0184	1				
	干物重(g/株)	0.0026	0.8889	1			
6/10	株高(cm)	0.2322	0.6944	0.7381	1		
	真叶数(片/株)	－0.2519	0.7439	0.8478	0.5621	1	
	干物重(g/株)	－0.4000	0.6403	0.5997	0.4542	0.6348	1
7/15	蕾(个/株)	0.0267	0.6102	0.6461	0.4993	0.6274	0.4454
	总果节(个/株)	0.0137	0.5987	0.6626	0.4326	0.6502	0.4386
8/15	幼铃(个/株)	－0.0087	0.5411	0.3224	0.3894	0.2204	0.4211
	成铃(个/株)	－0.0538	0.3477	0.5357	0.2676	0.5649	0.2531
9/15	成铃(个/株)	－0.1004	0.5784	0.6589	0.5296	0.5975	0.4374
	籽棉(g/株)	－0.1158	0.6745	0.7110	0.5349	0.6504	0.4675
	皮棉	－0.0777	0.6880	0.7167	0.5601	0.6261	0.4595

月/日	农艺性状	7月15日		8月15日		9月15日
		蕾	总果节	幼铃	成铃	成铃
7/15	蕾(个/株)	1				
	总果节(个/株)	0.9481	1			
8/15	幼铃(个/株)	0.3451	0.2607	1		
	成铃(个/株)	0.7511	0.7750	－0.1697	1	
9/15	成铃(个/株)	0.7940	0.7681	0.3238	0.7583	1
	籽棉(g/株)	0.7778	0.7552	0.4556	0.6583	0.8703
	皮棉	0.7638	0.7472	0.4783	0.6120	0.8340

表27－3　棉花单产BP神经网络预测模型输入原始值

(李亚兵、毛树春等，2004)

年份	指　标					
	5月真叶数	6月真叶数	7月总果节	8月成铃	9月成铃	皮棉
	(片/株)		(个/株)			(kg/666.7 m^2)
	x_1	x_2	x_3	x_4	x_5	y
2002	4.4	17.5	53.7	15.1	24.6	72.0
2001	2.0	6.9	37.4	12.4	14.4	49.5
2000	2.6	13.7	28.5	4.2	13.3	51.8
1999	3.6	10.7	30.1	3.7	12.9	63.0
1998	6.9	9.0	26.0	9.2	12.4	79.2
1997	3.2	7.8	27.0	1.7	12.1	41.4

（续表）

年份	指　标					
	5 月真叶数	6 月真叶数	7 月总果节	8 月成铃	9 月成铃	皮棉
	(片/株)		(个/株)			($kg/666.7\ m^2$)
	x_1	x_2	x_3	x_4	x_5	y
1996	1.5	5.0	21.7	6.4	11.2	38.4
1995	2.4	7.9	22.5	1.3	8.4	27.4
1994	3.5	8.6	42.7	2.7	14.5	65.2

表 27－4　BP 神经网络棉花单产预测模型模拟结果

（李亚兵、毛树春等，2004）

年份	模拟值	实际值	绝对误差	相对误差(%)
1994	65.2	65.2	0	0
1995	28.5	27.4	＋1.1	＋4
1996	38.4	38.4	0	0
1997	41.2	41.4	－0.2	－0.5
1998	78.1	79.2	－0.9	－1.1
1999	63.3	63.0	0	0
2000	51.7	51.8	－0.1	－0.2
2001	49.5	49.5	0	0
2002	72.0	72.0	0	0
2003	59.0	59.3	0.3	0.1
2004	70.0	71.0	1.0	0.001
2005	66.0	68.0	2.0	0.001

首先读取表 27－3 的 9 个样本作为神经网络的学习教材，其特征变量(x_1～x_5，y)作为神经网络输入。输入层节点为 5 个，隐蔽层含 1 个变元，最小训练速率为 0.1，参数 Q 为 0.9，允许误差为 0.000 1，最大叠代次数为 1 000 次。经过 BP 神经网络的自学过程，网络能完全正确地识别这些样本，并建立不同时期 CCGI 与产量的关系模型。

通过此样本对建立的神经网络模型进行训练，得到 1994～2002 年棉花单产预测产量。预测误差均小于 5%。其中 1994、1996、1999、2001、2002 年 5 年误差几乎为 0。利用训练好的网络模型对 2003、2004、2005 年多个试验单产进行预测，单产为 885 kg/hm^2、1 050 kg/hm^2、990 kg/hm^2，结果与全国抽样调查结果相吻合。

三、中国棉花生长指数指示性状空间变异特征

我国棉花分布广泛，主产区为长江流域、黄河流域和西北内陆棉区。全国棉花生产生态条件的多样性是世界其他产棉国所少有，再加上各地耕作制度不同，不同地区在土壤、气候和社会人文因素等方面都有较大差异，又都有各自的地域特点。准确把握棉花长势在不同时间、不同空间的变异特点，有利于提高棉情监测抽样精度和棉情预测预报水平，以及根据地区生态环境的差异性提出相应的技术管理措施，降低气候风险，实现增产。

调查样本点依据中国棉花生产景气报告调查取样方法，在全国以随机和分层抽样技术相结合(表 27－5)，抽取全国主产棉省 15 个，150 个优质棉基地县，农户 5 000 户左右，按照

调查方法要求,制定调查方案进行田间调查,5 月调查单株真叶数、6 月调查单株真叶数、7 月调查单株总果节、8 月调查单株成铃、9 月调查单株成铃。5 月和 6 月调查真叶数时,统一标准,叶片平展就算一片,并注意区分棉花子叶、真叶与先出叶;8 月和 9 月调查单株成铃数调查地点空间位置坐标为调查点所在县(市)所处的中国正投影坐标系的地理位置坐标。

表 27-5　棉花长势监测指示性状的描述性统计结果

(李亚兵、毛树春等,2007)

项　目	样本数	平均值	标准差	变异系数	最小值	最大值	正态性检验概率
5 月真叶数	121	2.5	1.3	53.1	0.0	6.5	0.256 8
6 月真叶数	129	9.8	2.4	24.6	1.6	19.4	0.000 0
7 月果节数	138	31.3	13.0	41.4	5.8	67.9	0.207 4
8 月成铃数	130	18.8	8.6	45.7	4.5	46.1	0.000 4
9 月成铃数	136	23.4	11.9	50.9	4.8	50.8	0.000 3

由农户调查样本的经典统计学分析所得出的棉花长势监测的指示性状统计特征值可见,在不考虑空间取样位置的情况下,5 个不同指示性状均有较大的波动,存在异质性现象,从不同指示性状指标变异系数看,5 月真叶数和 9 月成铃数的变异系数最大,分别为 53.1%和 50.9%;8 月成铃数、7 月总果节数次之,分别为 45.7%和 41.4%;6 月真叶数最小,为 24.6%(表 27-6)。

表 27-6　棉花长势指示性状及其属性空间变异参数

(李亚兵、毛树春等,2007)

项　目	块金方差 (C_0)	基台值 ($C+C_0$)	块金方差/基台值 [$C_0/(C_0+C)$]	最大相关距离	模型	模型参数	
						r^2	RSS
5 月真叶数	0.001 0	0.932 0	0.999	1 021.91	Gaussian	0.624	0.982 0
6 月真叶数	0.134 4	0.344 8	0.610	1 132.76	Gaussian	0.472	0.086 6
7 月总果节数	0.210 0	6.345 0	0.967	1 425.48	Gaussian	0.856	8.820 0
8 月成铃数	0.163 0	2.303 0	0.929	1 726.00	Spherical	0.879	0.673 0
9 月成铃数	0.267 0	2.042 0	0.869	743.05	Gaussian	0.811	1.350 0

对 5 个指标的全国范围的分布进行半方差分析。结果表明,5 个不同指标分布的半方差值,在各自的最大间隔范围内,随着样点间隔距离的变化表现出相同的变化趋势,在小间隔距离范围内,有较低的变异函数值;随着间隔距离的加大,变异函数值也增大,并逐渐趋于平稳。对 5 个指标的半方差值随间隔距离的变化所进行的理论模型拟合结果表明,5 月真叶数、6 月真叶数、7 月总果节数、9 月成铃数的半方差值随间隔的变化很好地符合高斯理论模型的变化趋势,模型拟合的决定系数变化在 0.472～0.856 之间;8 月成铃数则较好地符合球状理论模型,模型拟合的决定系数为 0.879。8 月成铃数分布符合球状模型的指标,其余符合高斯模型指标,其空间自相关范围分别是模型范围参数 A0、(3)1/2A0,因此 5 个对象的空间自相关范围分别是 1 644.25 km、1 822.61 km、2 293.60 km、2 777.63 km、1 195.57 km。

从空间结构方差(C)与总变异方差(C_0+C)比值的结构来看,结构性因素在 5 个指标分布的空间异质性形成中均具有较大比重(表 27-4),5 月份单株真叶数 99.9%的空间变异是由于结构性因素造成的,其次 7 月单株总果节数的 96.7%的空间变异也是由于结构性因素造成的，6 月单株真叶数、8 月单株成铃数、9 月单株成铃数的空间分布的结构比分别为 0.61、0.929、0.869。

利用不同时期的 5 个指示性状指标的空间自相关范围，研究其与生育期的关系，从 5 月份棉花出苗到 8 月 15 日以前，棉花长势的变异范围呈明显的线性增长关系，过了 8 月，各地棉花吐絮成熟，棉花单株成铃趋于稳定，其空间变异范围显著减小。

四、CCGI 在棉花长势监测中应用

2003～2016 年的实证检验结果(表 27－7，图 27－2)，CCGI 与棉花单产呈极显著的相关性，灵敏度高，利用 CCGI 对全国棉花生产、长势等进行连续的监测，所获结果具有及时和准确的特点。CCGI 能准确表达棉花生长和产量变化，成为跟踪棉花生产、生长和产量评价的预警指标，以及领导期货和现货走向和走势的航标，监测结果对指导棉花生产、消费和贸易起到有益的作用，为国家宏观调控提供决策依据。

CCGI 2003 年年均值为 84(表 27－7，图 27－2)，表示全年苗情长势差于 2002 年 16%，表示单产将减两位百分数，实际上 2003 年全国单产比 2002 年减产 19.0%，监测值与实际值相差 3 个百分点。于 2003 年 7 月底发布“今年棉花单产水平降低和收获面积的减少将可能

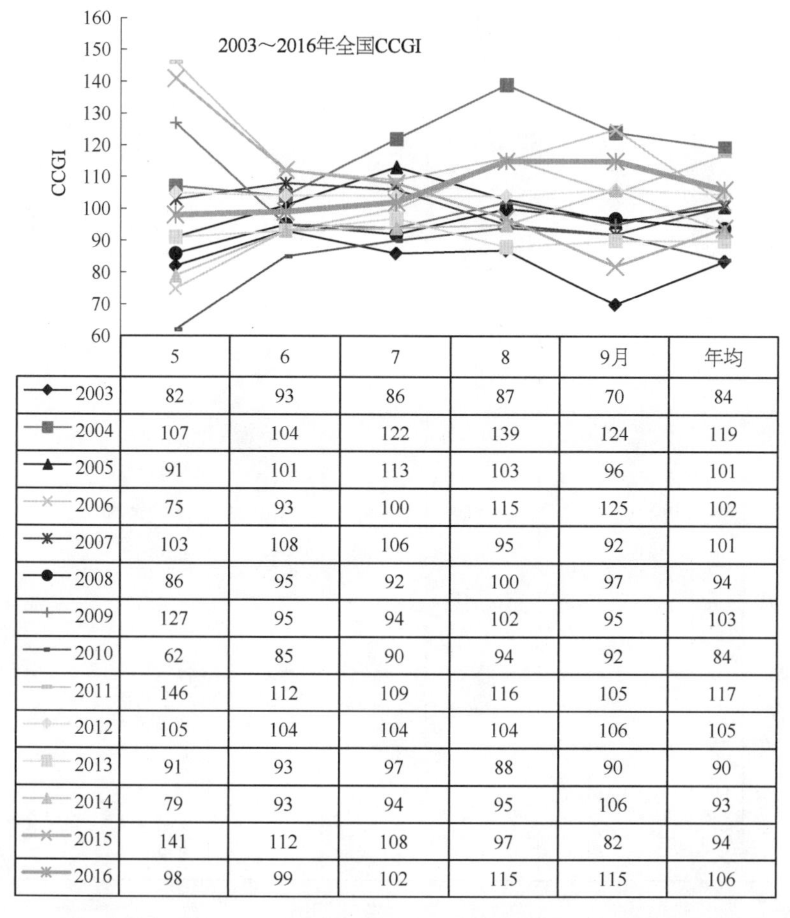

	5	6	7	8	9月	年均
2003	82	93	86	87	70	84
2004	107	104	122	139	124	119
2005	91	101	113	103	96	101
2006	75	93	100	115	125	102
2007	103	108	106	95	92	101
2008	86	95	92	100	97	94
2009	127	95	94	102	95	103
2010	62	85	90	94	92	84
2011	146	112	109	116	105	117
2012	105	104	104	104	106	105
2013	91	93	97	88	90	90
2014	79	93	94	95	106	93
2015	141	112	108	97	82	94
2016	98	99	102	115	115	106

图 27－2　中国棉花生长指数(CCGI)在全国棉花长势监测中的应用

(毛树春整理，2010，2018)

抵消扩大面积 80 万 hm^2 的增量效应”，对减产的走向和走势在时间上提早了半年作出预测，及时前瞻，预见程度高。当年全国植棉面积扩大 22%，达到 511 万 hm^2，监测值与实际吻合率达到 99.99%；总产 486 万 t，比 2002 年减 1%，预测结果准确。

CCGI 2004 年年均 119(表 27－7，图 27－2)，表示全年苗情长势明显好于 2003 年 19%。实际上，2004 年单产比 2003 年增 16.6%，监测值与实际值相差 2.4 个百分点。监测结果，全国植棉面积扩大 11%，监测值与实际吻合率达到 99.2%。其中 5 月 107，表明苗情好于 2003 年近一成，棉花生产开局良好；7 月 121，花期苗情长势好于 2003 年两成多，7 月底发布“今年棉花单产水平提高，受灾面积少于 2003 年，熟性正常，丰产早熟的势头强劲，预计总产有望创历史新高”，经实证检验预测准确。

表 27－7　中国棉花生长指数变化

(毛树春整理，2010，2018)

年＼月	5	6	7	8	9	年平均	预测单产增减(%)	实际单产增减(%)	相对误差百分数(%)	描　述
2003	82	93	86	87	70	84	－16.0	－19.0	3.0	长势差于上年 16.0%，实际单产减 19.0%，监测值与实际值相差 3 个百分点
2004	107	104	122	139	124	119	19.0	16.6	2.4	长势好于上年 19%，实际单产增 16.6%，监测值与实际值相差 2.4 个百分点
2005	91	101	113	103	96	101	1.0	1.3	0.3	长势与上年相当，实际单产增 1.3%，监测值与实际值相差 0.3 个百分点
2006	75	93	100	115	125	102	2.0	6.3	3.7	长势好于上年，实际单产增 6.3%，监测值与实际值相差 4.3 个百分点
2007	103	108	106	95	92	101	1.0	0.0	1.0	长势与上年相当，实际单产也与上年相当，监测值与实际值相差1.0 个百分点
2008	86	95	92	100	97	94	－6.0	－5.0	1.0	长势比上年差半成多，实际单产减 5.0%，监测值与实际值相差 1 个百分点
2009	127	95	94	102	95	103	3.0	2.3	0.7	长势略好于上年，实际增产 2.3%，监测值与实际值相差 0.7 个百分点
2010	62	85	90	94	92	84	－10～－15	－14.6	0.4	长势差于上年近两成，实际全国单产减 14.6%，监测值与实际值差 0.4 个百分点
2011	146	112	109	116	105	117	20	18.0	2.0	长势明显好于上年近两成，实际全国单产增 18.0%，监测值与实际值差 2.0 个百分点
2012	105	104	104	104	106	105	5	6.3	1.3	长势好于上年半成，实际全国单产增 6.3%，监测值与实际值差 1.3 个百分点

（续表）

年＼月	5	6	7	8	9	年平均	预测单产增减(%)	实际单产增减(%)	相对误差百分数(%)	描　述
2013	91	93	95	84	88	90	－10	－12.3	2.3	长势差于上年一成，实际全国单产减12.3%，监测值与实际值差2.3个百分点
2014	79	93	94	95	106	93	－5～－8	－4.5	0.5	长势差于上年近一成，实际全国单产减4.5%，监测值与实际值差0.5个百分点
2015	141	121	108	93	82	94	－5	－5.8	0.8	长势差于上年半成多，实际全国单产减5.8%，监测值与实际值差0.8个百分点
2016	98	99	105	115	115	106	10	14以上	4	长势好于上年半成多，实际全国单产增10%以上，监测值与实际值差4个百分点

CCGI 2005年年均值101，表明2005年棉花生长势比2004年相当，略好1%，实际上单产比2004年增1.3%，监测值与实际值相差0.3个百分点。实证检验证明，监测及时，结果准确。

CCGI 2006年年均值102，表示棉花长势略好于2005年2%，实际上2006年全国棉花单产比2005年增6.6%，监测值与实际值相差4.3个百分点，后期天气帮忙是增产的主要原因。

CCGI 2007年年均值101，表示棉花生长势与2006年相当，实际上2007年全国棉花单产与上年持平，监测值与实际值相差1.0个百分点，后期不利天气导致单产低于预期。

CCGI 2008年年均值94，表示棉花长势差于2007年半成多。实际上2008年全国棉花单产比2007年减5.0%，监测值与实际值相差1个百分点。长势偏弱，光照不足，长江流域棉区减产幅度大是主要原因。

CCGI 2009年年均值103，表示棉花长势略好于2008年，实际上2009年全国棉花单产比上年增2.3%，监测值与实际值相差0.7个百分点。收获密度增加和“两萎病”偏轻发生是增产的主要原因。

CCGI 2010年年均值84，是棉花歉收年份，减产幅度与2003年相近似。受“厄尔尼诺”和“拉尼娜”现象的影响，2010年气候变化极端异常，棉花生长气候极差，主要特征：一是日照分布呈两头少中间多，光照不足的特征明显；二是积温大幅减少，热量严重不足，气候温和、气温两头低的特征明显；三是降雨分布呈两头多，中间少，主产区整体偏多两到三成，涝旱并存的特征明显。因气候导致棉田受灾和绝收面积大，病虫害中轻度发生，减产幅度达到两成多。

CCGI 2011年年均值117，是棉花丰收年份。2011年是自1951年以来所有受“拉尼娜”现象影响中最暖的一年。主产棉区天气呈现气温高、积温多、日照多、降水少和前旱后涝的特征，棉花灾害偏重，但绝收面积少，因气候影响产量增幅两成，同时病虫害中重度发生，而枯萎病和黄萎病发生偏轻。全国棉花收获密度略减，单株成铃增加，铃重提高，烂铃极少，品质好。

CCGI 2012 年年均值为 105,是棉花丰收年份。全国主产棉区天气呈现"干、热"特征,光温水匹配相对合理。但是,全国棉花灾害重,绝收面积增加;病虫害局部发生危害偏重。棉花收获密度略减,单株成铃增加,单位面积成铃增加,铃重提高,烂铃是近 10 年中最少的一年,早熟性好,吐絮畅,品质好。特别是西北内陆棉区热量丰富,无霜冻期延长,增产幅度大,是一个可以创区域大面积高产典型的好年景。

CCGI 2013 年年均值 90,是棉花中等歉收年份。全国主产棉区气候异常,光温水匹配极不合理,呈现"干热与湿凉并存、干旱与渍涝并存"的特征,棉花灾害重,绝收面积增加;病虫害局部发生和危害偏重。极早熟早衰与极晚熟并存且以晚熟居多;吐絮不畅,品质相对较差。其中西北内陆棉区热量不足,无霜冻期缩短,减产幅度大。

CCGI 2014 年年均值 93,是棉花歉收年份。总体看,全国棉区呈现"少阳"、"冷凉"和"干旱"特征。长江流域棉区和西北内陆棉区气候极为反常,其中长江 8 月气温似"深秋";西北内陆棉区前中期低温大风沙尘侵袭频繁,因灾情重导致大面积重播和补种,中后期气温明显"冷凉",无霜冻期缩短,迟发弱苗晚熟减产幅度大,品质差。整体上,棉区天气灾害偏重发生,但是绝收面积减少,长江中游和南疆的黄萎病发生危害偏重。

CCGI 2015 年年均值 94,又是棉花的歉收年份。全国主产棉区天气异常,气候变化较为复杂。总体看,全国棉区呈现"多阳"、"高温炎热"和"干旱"特征,是继 2014 年之后的又一个歉收年份。天气灾害偏轻发生,棉田绝收面积减少,长江中游黄萎病发生危害偏重,西北棉蚜、棉叶螨发生偏重。全国棉花收获密度增加,单株成铃减少,单位面积成铃减少,单铃重降低,衣分率下降,烂铃数少而程度轻;普遍早熟;吐絮畅,品质因高温热害而变差。

CCGI 2016 年年均值 106,是棉花丰收年份。全国主产棉区天气相对温和正常。总体看,全国棉区呈现气温高而适宜,积温增加,日照减少,"前旱后涝"特征。天气灾害发生偏轻,但绝收面积增加;病害轻,局部虫害发生危害偏重。整体上,适宜的气候条件提高了棉花单产,特别是西北内陆棉区单产增长 22.1%,抵消了因面积减少引起的总产下降,且品质明显改善。

经过多年的研究和实践探索,中国棉花生产预警监测系统的理论体系和方法学已基本形成,已成为我国棉花新产业的信息源,得到政府、企业、协会、学会和棉农等的认可。由于 CCGI 具有监测、预测、预警和决策指导的功能,系列出版物《中国棉花生产景气报告》出版了 400 多期,系列著作《中国棉花景气报告》连续出版 14 部,形成新的影响力,是科研机构表达棉花话语权的重要载体,也是对政府机构关于棉情信息的有效补充形式。

由中国农业科学院棉花研究所生成的中国棉花生长指数(CCGI)、中国棉花生产景气指数(CCPPI)与全国棉花交易市场生成的中国棉花价格指数(CCIndex)、郑州商品交易所生成的棉花期货价格一起构成我国棉花产业经济的监测预警体系,显著提升了产棉大国的话语权。

五、棉花长势监测预警展望

传统作物长势监测方法具有相对准确的优点,特别是采集过程中吸纳了专家大量的知识和经验,有利对局地小总体的准确把握,根据长势提出管理措施具有较强的针对性和较高的实用价值。但是，人工农艺数据采集费工费时，且以个体代替群体的方法无法准确获取作物群体长势特征。如今，低成本的无人机采用低空近地面遥感为获取监测作物长势信息、LAI、叶绿素含量等提供了一种新手段，一些研究结果令人鼓舞。无人机搭载普通数码相机可监测覆膜机械精量播种的苗情，其彩色数字图像能够快速识别大范围棉苗数量和壮苗数量，识别精度超过 90%(表 27-8)，而基于图像识别结果绘制的田间苗情分布图可为苗期管理提供依据。

表 27-8　不同种植模式下图像识别与人工调查苗情指标比较

(雷亚平等,2017)

种植模式	调查方法	出苗数(株/hm^2)	出苗率(%)	壮苗率(%)
等行距	图像处理	41 565	64.4	18.5
	人工调查	38 430	59.6	16.5
宽窄距	图像处理	107 355	83.2	33.4
	人工调查	106 140	82.3	36.2

无人机搭载一种成像光谱仪可监测棉花 LAI，采用偏最小二乘回归算法结合多个各类植被指数对应的极值植被指数建立的 LAI-E_VIs-PLS 模型拟合精度最高。使用 LAI-E_VIs-PLS 模型对棉花地块高光谱影像进行反演，制成棉花 LAI 空间分布图与实地长势的拟合度高(验证 $R^2=0.88$，RMSE=0.29，田明璐等，2016)。

无人机搭载热红外相机可监测棉花对灌溉和冬小麦收获后残留物的响应，无人机图像光谱特性与气孔导度和冠层郁蔽性呈负相关关系，监测气孔导度和冠层闭合度的降低，冠层胁迫增加。与地面实测气孔导度数据相比，无人机图像可更准确地区分冠层对灌溉和作物残留覆盖响应的相对差异(Sullian 等，2007，美国佐治亚州)。机载可见光和近红外高光谱传感器可预测棉花产量，因高光谱指数可反映作物长势、冠层结构、叶绿素浓度和水分含量等，应用遥感图像可计算指数的时间序列，并对不同生长阶段的棉花产量变化情况进行评价(Zarco-Tejada 等，2005，美国加利福尼亚州)。

未来棉花长势监测需与机器视觉，远程控制和高中低空遥感等进行融合，并与农学家经验和气象信息结合，形成多尺度贯穿棉花生长全过程的长势监测预警技术体系，为多类型的农业决策者服务。

(撰稿：李亚兵，毛树春；主审：别墅，毛树春)

参 考 文 献

[1] 毛树春，李亚兵. 中国棉花生长指数 CCGI 研究. 中国棉花，2003，30(8).
[2] 毛树春. 中国棉花生产景气报告. 北京：中国农业出版社，2004.
[3] 毛树春，李亚兵，韩迎春，等. 我国棉花生产预警系统的研究和初步应用——中国棉花生产景气指数和中国棉花生长指数. 中国农业科技导报，2004，6(3).
[4] 毛树春，李亚兵，王香河，等. 我国棉花产业经济预警指标的研究和应用——中国棉花生产景气指数(CCPPI)和中国棉花生长指数(CCGI). 中国农业科技导报，2005，7(4).

[5] 谢邦昌原著.张尧庭,董麓改编.抽样调查的理论及其应用方法.北京:中国统计出版社,1998:234-266.
[6] 毛树春.中国棉花生产景气报告 2004,2005.北京:中国农业出版社.
[7] 毛树春.中国棉花生产景气报告信息采集手册(资料).2006,2008.
[8] 中国棉花生产景气报告分析预测,今年是棉花生产黄金年.农民日报,第一版,2003-3-3.
[9] 中国棉花生产景气报告分析显示,今年植棉正逢时.人民日报,第四版,2003-3-10.
[10] 中国棉花生产景气报告显示,今年是棉花黄金年,宜扩大种植.科技日报,第二版,2003-3-26.
[11] 李亚兵,毛树春,等.中国棉花生长指数基于 BP 神经网络的单产预测模型.中国棉花.2004,31(1).
[12] 李亚兵,毛树春,韩迎春,等.基于地统计学的棉花长势空间变异分析.棉花学报,2007,19(3).
[13] 毛树春.中国棉花生产景气报告 2005,2006.北京:中国农业出版社:44-58,102-194.
[14] 毛树春.中国棉花生产景气报告 2006,2007.北京:中国农业出版社:62-68,164-250.
[15] 毛树春.中国棉花生产景气报告 2007,2008.北京:中国农业出版社:61-80,108-193.
[16] 毛树春.中国棉花生产景气报告 2008,2009.北京:中国农业出版社:73-78,134-243.
[17] 毛树春.中国棉花景气报告 2009,2010.北京:中国农业出版社:64-70,214-348.
[18] 冯璐,孙高飞,毛树春.基于模拟模型的棉花数字信息管理决策系统.中国棉花,2011,38(4).
[19] 毛树春.中国棉花景气报告 2010.北京:中国农业出版社,2011.
[20] 毛树春.中国棉花景气报告 2011.北京:中国农业出版社,2012.
[21] 毛树春.中国棉花景气报告 2012.北京:中国农业出版社,2013.
[22] 毛树春.中国棉花景气报告 2013.北京:中国农业出版社,2014.
[23] 毛树春.中国棉花景气报告 2014.北京:中国农业出版社,2015.
[24] 毛树春,李亚兵.中国棉花景气报告 2015.北京:中国农业出版社,2017.
[25] 毛树春,李亚兵.中国棉花景气报告 2016.北京:中国农业出版社,2017.
[26] 毛树春,李付广.当代全球棉花产业.北京:中国农业出版社,2016.
[27] 雷亚平,韩迎春,王国平,等.无人机低空数字图像诊断棉花苗情技术.中国棉花,2017,44(5).
[28] 田明璐,班松涛,常庆瑞,等.基于低空无人机成像光谱仪影像估算棉花叶面积指数.农业工程学报,2016,32(21).
[29] Sullivan DG, Fulton JP, Shaw JN, et al. Evaluation the sensitivity of an unmanned thermal infrared aerial system to detect water stress in a cotton canopy. American Society of Agricultural and Biological Engineers, 2007,50(6).
[30] Zarco-Tejada P J, Ustin S L, Whiting M L. Temporal and Spatial Relationships between Within-Field Yield Variability in Cotton and High-Spatial Hyperspectral Remote Sensing Imagery. Agronomy Journal, 2005,97.

第八篇

中国棉花栽培调控的理论和技术途径

经过近40多年的科学研究和生产应用，我国已建立适合国情的棉花栽培理论和技术体系，其中育苗移栽、地膜覆盖和化学调控居世界领先水平(图版2～5)。这是我国棉花精耕细作的典型代表，广泛应用于生产，也是“藏棉于技”的基础性关键技术。到20世纪90年代，我国棉花种植已形成了“不栽就盖，不盖就栽”“既栽又盖”、宽膜覆盖和全程化学调控的新体系。以促进早发早熟为核心，进一步形成移栽棉、地膜棉、双膜棉、盐碱旱地植棉和“密矮早”等模式化栽培技术。这些技术为棉花高产、棉田两熟和多熟种植、抗逆栽培、棉区北移和西移提供了基础性、关键性的技术支持，取得增产20%～50%和霜前花率提高20～30个百分点的良好效果。

近20年，进一步研究形成棉花轻简育苗移栽，实现了传统理论和技术的升级换代，宽膜覆盖与膜下滴灌结合形成了肥水耦合的新理论、新技术，化学调控从全程株型塑造发展到了熟性调控和品质改良，以及耕整地、种植、管理和收获的机械化技术、装备和理论(见第十二篇)，棉花的资源利用效率和生产效率大幅度提高，我国现代棉花栽培的调控理论和技术体系已基本形成。

第二十八章　棉花育苗移栽

育苗移栽是作物的保护栽培技术，分为育苗和移栽两个环节。育苗是指制作和整齐摆列成床形状的营养钵体或其他轻型载体，然后将棉花种子播在钵体内并适当覆盖细土和浇水，在苗床上方搭起高度100～120 cm的弓形支撑架，在支撑架上覆盖农膜，按照农艺要求进行苗床期管理。经过1月左右苗床期的培养，使种子长成幼苗。移栽是指将钵体或其他载体培养的幼苗栽植到大田生长的过程。

育苗移栽延长棉花全生育期20～30 d，长江流域和黄河流域可争取积温260～300(℃・d)。由于提早播种延长生育期、增温保墒保苗、促进早发早熟的综合集成效应，移栽棉一般增产20%～30%，霜前优质棉比例提高20～30个百分点，早熟性有保障，成为支撑全国棉花高产优质、棉田两熟、多熟种植的关键性、基础性技术之一。

第一节　育苗移栽的发展及技术效应

一、育苗移栽发展简史

(一) 育苗移栽研究

营养钵育苗移栽起源于20世纪50年代,系总结蔬菜种植中“泥团团”育苗和移栽补缺经验并经研究发展而成的植棉技术。1951年,原四川省棉花试验站开展棉花育苗移栽技术,采用撒播育苗和营养钵育苗,效果不理想。1953年改用方格育苗,效果较好,1955年进行示范推广。1954年,原华东农业科学研究所开展营养钵育苗移栽试验,研究钵土成分的配制,玻璃温床育苗和露地育苗方法,并试制成功手工制钵器。1955年,在江苏太仓县、大丰县等地开展示范,早熟增产效果好。从此,江苏省即开始推广营养钵露地育苗,由于推广速度过快,大多数群众未能掌握,效果不理想。60年代,采用塑膜覆盖育苗,育苗和移栽技术逐步改进,采用小棚覆盖育苗,以提早播种,达到早苗早发;70年代中期在长江流域推广。同时,1954年上海市开始棉花方格育苗和营养钵育苗移栽试验,1964年推广河泥方格育苗,因简化了方法,成本降低,得以推广。

由于营养钵技术老化,进入21世纪,新型育苗移栽技术日益发展,如基质育苗、穴盘育苗和水浮育苗,机械化移栽也逐步发展起来,机栽棉已于2008年诞生。

(二) 育苗移栽发展

营养钵育苗移栽采取试验—示范—推广三步走的正确步骤,经历了从长江流域到黄河流域棉区的发展过程。1977年,该技术在江苏省应用面积达7.33万hm^2,占当年棉田面积的12.5%;1983年移栽面积49.6万hm^2,占全省总面积的72%;到1990年,江苏省育苗移栽面积达48万hm^2,占当年棉田面积的86.74%,成为棉花的主要栽培方式;1993年占全省棉田面积的90%。湖北省1983～1986年棉花营养钵育苗移栽面积累计推广37.2万hm^2,棉花单产提高18.5%。至80年代中期,长江流域棉区近200万hm^2基本普及营养钵育苗移栽。

与此同时,黄河流域自70年代始,也开展了育苗移栽试验示范;80年代后期发展较快。如河南省1988年育苗移栽面积扩大到38.4万hm^2,占当年全省棉田面积的44.3%。据农业部农业司统计,1995年全国棉花营养钵育苗移栽面积220万hm^2,占当年全国棉田面积的39%。21世纪前10年,营养钵育苗移栽占全国棉田面积比例一直保持在39%～42%。

二、育苗移栽的增产效应

棉花育苗移栽增产幅度的大小及经济效益的高低,因各地区的生态条件、种植制度、茬口早晚及前茬作物的影响而有所差异。长江流域棉区、黄河流域棉区增产效应特点如下。

(一) 长江流域棉区增产效应

1. 长江上游　以四川省为代表,四川省棉花试验站和万县农业科学研究所等单位自1951年开始,先后在遂宁、简阳、万县等地连续7年、10点次的试验结果表明,育苗移栽比麦后直播棉平均增产41.8%,提早成熟20 d左右;比小麦行间套种的增产7.1%～37.2%,早熟 4～15 d，育苗移栽的增产和早熟效果十分显著。1955 年四川射洪县大面积生产实践表明，棉花采用育苗移栽比小麦后直播棉增产 40%，比大麦后直播棉增产 26%，比蚕豆后直播棉增产 15%。上述结果证明，育苗移栽具有明显的早熟增产效应，茬口越晚、育苗移栽的增产效应越显著。随着育苗移栽技术的不断改进，四川省农牧厅 1991 年统计，全省棉花育苗移栽面积已占棉田总面积的 99.3%，即由直播改为移栽，完成了栽培技术一大变革，使棉花生育期提早，获得了粮棉双丰收。

2. 长江中游　湖北省移栽棉长势稳健，坐桃均匀，铃多铃大，单位面积成铃数比直播棉增加 21%。与直播棉相比，移栽棉在生长发育方面表现为“七多二少”：即单株果枝数多 13.5%，单株果节数多 30.4%，单株结铃数多 34.9%，平均果枝成铃数多 20.7%，下部 1～5 台果枝成铃多 72%，吐絮铃多 77.4%，666.7 m^2 铃数增加 11 274 个(增加 21%)，而空果枝比直播少 6.8%，脱落率减少 3.6%。

安徽省棉田耕作改制的重点由原来以春棉为主的一熟制向粮(油菜)、棉两熟制发展，关键技术是育苗移栽。据张俊业报道，1986 年安徽全省两熟棉田的比重，由 70 年代的不到 40%猛增到 60.4%，两熟种植方式也发生很大变化，两熟套种面积由 95%下降到 60.1%，接茬连作(即麦、油菜后)棉田由 5%增到 39.9%，采用的促早技术为育苗移栽。

3. 长江下游　棉花育苗移栽面积的比重最大，1984 年最高峰时，本亚区棉花育苗移栽面积达 63.8 万 hm^2，占全国棉花育苗移栽总面积的 46.9%。

以江苏省为例，50 年代育苗移栽推广初期，育苗移栽棉(麦行套栽)比麦行直播增产 5.7%～78.9%，增产效果极为显著。70 年代中期，随着塑膜营养钵育苗移栽技术的发展，以及人们对粮、棉产量需求的提升，麦(油菜)后移栽棉不断发展。根据江苏省农林厅统计，1988～1990 年三年平均，麦(油菜)后移栽棉占棉田总面积的 32.3%，占麦、棉两熟移栽棉的 40.6%，其中大、元麦后移栽占麦后移栽棉的 67.5%，小麦(油菜)后移栽占 32.5%。其中扬州市的麦(油菜)后移栽棉面积占其总面积的近 90%。

育苗移栽棉的增产增收效果显著。据盐城郊区 1979～1981 年三年平均，移栽棉比直播棉增产 29.1%，品级提高 0.2 级，绒长增加 0.3 mm，霜前花率增加 10 个百分点。1981 年全区移栽棉平均皮棉产量 1 088 kg/hm^2，比直播增产 34.3%，连棉籽、棉秆计算在内，移栽棉增收 32.3%。

(二) 黄河流域棉区增产效应

由于客观条件和主观需要两方面的限制，黄河流域棉区棉花育苗移栽技术的应用和发展比长江流域少且慢，但总的趋势也是在不断扩大。从一熟春棉创高产、盐碱地棉田保全苗、开发盐碱荒地和麦后棉育苗移栽，麦、棉两熟双高产等方面来看，棉花育苗移栽在黄河流域具有广阔的发展前景。

1. 在一熟高产栽培中的增产效果　皮棉接近或突破 2 250 kg/hm^2 大关的高产事例，最早见到的报道是 1973 年，在气候条件对棉花铃重极为有利的情况下，陕西省采用方块塑膜保温育苗移栽，曾获 2 442 kg/hm^2 的皮棉产量。

1983 年，山东、河北两省由于气候条件对棉花生长和棉铃的发育有利，铃重普遍较高，出现了不少皮棉产量在 2 250 kg/hm^2 以上的高产田块。河北省故城县高产试验田，栽培品种为冀棉8号，皮棉产量达2 413 kg/hm²。

河南省棉花育苗移栽技术发展速度很快，据河南省棉花学会考察，1980年全省育苗移栽5.4万hm²，比1979年增加1.8倍；1984年育苗移栽面积高达26.8万hm²；1990年发展到40.4万hm²，占棉田面积49.1%，在全国育苗移栽面积中仅次于江苏省，居第二位。

2. 在麦、棉两熟栽培中的增产效果　80年代北方六省市麦、棉两熟栽培的发展是较快的。据报道，1976年北方六省市麦、棉两熟制栽培面积约占棉田总面积的15%，80年代以来，麦、棉两熟制栽培在豫、鲁、冀三省发展较快。据豫、鲁两省统计，1982年麦、棉两熟棉田只有26.7万hm²，1983年扩大到66.7万hm²，1984年发展到123.3万hm²。其中河南省约83.3万hm²，大多采用育苗移栽；山东省约40万hm²，既采用育苗移栽，也采用地膜覆盖。麦、棉两熟栽培的发展，对解决麦、棉争地的矛盾、促进粮、棉双增产、增加棉农的经济收入发挥了重要作用。

3. 在盐碱地和黏淤地上的增产效果　盐碱地植棉通常会造成缺苗、缺株或贪青迟熟，所以一般产量都比较低且不稳。育苗移栽能保证全苗和合理密植，克服了盐碱地和黏淤地保苗难和早发难的最大制约因素，其增产效果是十分显著的。

据贾玉珍等对盐碱地棉花的研究结果，育苗移栽棉的增产效果因盐碱地盐分含量的轻重不同而有差异，一般是盐分含量越高的棉田，增产幅度越大。如在0～10 cm土层含盐量为0.54%的盐碱地上，移栽棉比直播棉保苗率提高70.8%，而且棉花早发，生育期提前，有效结铃期延长，单株成铃多，早期铃比重大，比直播棉增产226.8%。而在轻度和中度盐碱土棉田上，增产幅度为28.5%～30.6%(表28-1)。

表28-1　不同类型盐碱地移栽棉的增产效果

(贾玉珍等，1982)

盐碱地类型	处　理	实收密度(株/hm²)	铃数(个/株)	总铃数(个/hm²)	皮棉产量(kg/hm²)	增长率(%)
重度	移栽棉	55 770	14.4	803 085	804	326.8
	直播棉	24 885	9.9	246 360	246	100
轻度	移栽棉	87 660	12.8	1 122 000	960	130.6
	直播棉	87 660	10.9	955 500	735	100
中度	移栽棉	—	8.0	—	811	128.5
	直播棉	—	7.6	—	631	100

三、育苗移栽应用

棉花育苗移栽比其他作物简单易行，已积累了丰富的育苗移栽高产栽培经验，并在增粮增棉、促进粮棉双丰收中发挥了巨大作用。

(一) 长江流域棉区

长江流域棉区种植制度经历了一熟直播棉→麦套直播棉→麦套移栽棉→麦(油菜)后移栽棉的发展过程。麦(油菜)、棉两熟栽培中，棉花育苗移栽面积逐年增长。据1989～1990年不完全统计，移栽棉所占比重为65.3%～70.3%。

1. 改麦(油菜)套种和套栽为麦(油菜)后移栽　1983年,江苏省麦(油菜)后移栽棉已占全省棉田的25.1%,1988年已发展到34.4%,成为棉花生产两大主体种植制度之一。麦(油菜)后移栽棉在江苏沿江和里下河稻、棉轮作地区的发展更为迅速,如扬州市麦(油菜)后移栽棉占棉田面积的比例接近90%。长江流域的四川、安徽等棉区,均有一定规模的麦后移栽棉,实现棉、麦两熟栽培,显著地提高粮棉生产综合效益。

2. 改麦(油菜)、棉两熟为棉田多熟立体种植　为了更有效地利用土地,长江流域各棉区在两熟棉的基础上,积极推进棉田多熟立体种植。高产高效的多熟立体种植是在传统的间、套作和多种经营的基础上发展起来的具有中国特色的新型农业生产方式。实现多熟立体种植是我国农业发展的方向,也是我国国情所决定的。这是因为我国土地后备资源不足,人均耕地相对较少,供需矛盾突出,促使农业生产由平面向立体扩展。

(二) 黄河流域棉区

黄河流域棉区过去以一熟春棉为主,到了20世纪70年代,随着社会需求提高和生产条件改善,逐步发展以麦、棉套种及夏播棉为主的麦、棉两熟制栽培。据卢平报道,1990年全国两熟棉田约占全国总棉田面积的62.3%。冀、鲁、豫三省1990年棉、麦两熟面积为112万hm^2,比1989年扩大了43.9万hm^2。

1. 在麦、棉两熟栽培中应用　育苗移栽,利用早期拱膜覆盖的增温效应,一般比自然条件下日增温6℃以上,可以比大田直播棉提早播期25～30 d。黄河流域麦、棉两熟生长期不足,而一熟有余的地区,如改春棉套种或夏播棉为麦收前育苗,小麦收获后用大壮苗移栽可增粮、棉产量,提高复种指数。

2. 在开发盐碱地植棉上应用　据中国农业科学院棉花研究所研究结果,在土壤含盐量为0.3%左右的盐碱地上,棉花直播很难实现全苗、早发,利用营养钵育苗移栽可以解决这一问题。营养钵育苗移栽可以提前在保温苗床内播种育苗,除能获得早苗、壮苗外,还直接避开盐分危害。研究结果表明,当0～10 cm土层含盐量为0.299%时,直播死苗率为85%,而同一层次的含盐量为0.327%时,移栽棉的死苗率只有8%,基本上能保证全苗。大量研究结果表明,利用育苗移栽等综合栽培技术,可以把0～10 cm土层含盐量0.4%～0.5%的重盐碱地,改造成高产优质的商品棉基地。

第二节　育苗移栽棉花的生态效应

棉花育苗移栽,是利用保护地栽培方法,将太阳能转化为热能,提高并控制环境中的温度条件,延长有效开花期,实现多结铃、争高产。

营养钵育苗移栽棉花增产的重要因素是“早”。它能早播种、早出苗,较充分地利用自然界的光、热资源,生产较多的干物质。此外,营养钵育苗移栽棉花的根系发达,吸收功能强,根系生长健壮,可促进地上部植株的生长发育,这是其增产的重要原因。

一、育苗移栽棉田的生态效应

一般育苗所用的塑料薄膜或农膜厚度为0.07～0.08 mm,苗床拱棚高度100～120 cm,

塑膜的透光性较强。塑膜苗床育苗是利用塑膜透光性强、可阻断苗床拱棚内外热量交换的特性,起到增温效果。塑膜覆盖本身并不能产生热能,其增温的主要机理,一是阻碍近地层空间的热量交换,增加了净辐射;二是抑制了土壤水分的蒸发,减少了热量消耗。

(一) 增温效应

1. 增加净辐射　地球表面一方面获取太阳辐射能(地面接收辐射),另一方面又要向外辐射热量(地面支出辐射),这两者之差,称为净辐射(或辐射平衡),也就是地球表面净得太阳辐射的热量。

地面支出辐射主要为:地面蒸发水分耗热,与地层空间进行热量交换,对土体进行加热。减少支出辐射,即可增加净辐射。塑膜覆盖后,辐射热能可大量透过塑膜而被膜下的地面所吸收。由于塑膜具有良好透光性和不透气性,使近地气层的乱流或平流热交换运动不能作用于膜下的地面,从而显示其增温效应。夜间虽然膜下地面向膜外辐射一部分热能,但因为白天接收辐射比露地多,以及塑膜覆盖后减少了汽化热的耗热量和支出辐射,膜下的水气凝结成水珠时又释放潜热,这样从总体上提高了床温。

2. 苗床增温　有关塑膜覆盖的增温效应,据倪金柱等在南京选择不同天气测定 24 h 苗床内外气温(表 28 - 2),结果指出,在 24 h 内,苗床内的增温效应以晴天为最大,多云天气次之,第三为阴天和雨天。晴天和多云天气,床内外最高气温出现在中午 13:00～14:00,最低气温出现在上午 4:00～6:00。每天上午 8:00～9:00 温度上升加快,17:00～18:00 则下降加快。

表 28 - 2　床内外气温、地温分旬比较

(倪金柱等,1981)

时　间	气　温(℃)			地　温(5 cm 处,℃)		
	床　内	床　外	相　差	床　内	床　外	相　差
3 月中旬	18.5	12.3	6.2	19.2	12.7	6.5
3 月下旬	14.9	11.8	3.1	17.7	12.8	4.9
4 月上旬	15.0	11.4	3.6	16.6	12.6	4.0
4 月中旬	19.2	14.8	4.4	21.2	15.9	5.3

(1) 不同时期苗床增温效应:塑膜的增温效应主要来源于太阳辐射的热传导作用产生的热能,随时间的早晚、不同天气的晴阴变化,其增温效应也是有差异的。在正常的情况下,苗床塑膜的增温效应是随时期的推迟、气温的逐渐升高而增加,从 3 月中旬到 4 月下旬,分旬统计床内温度,综合各种天气情况,以 4 月中旬为最高,3 月中旬次之,3 月下旬最低;苗床内的增温效应则以 3 月中旬为最高,4 月中旬次之,3 月下旬和 4 月上旬较差。在江苏省常年气候情况下,棉花播种出苗阶段气温随着时间和季节的推迟而逐渐上升。

(2) 不同气候条件下苗床增温效应:倪金柱等在育苗阶段选择在晴天、多云、阴天及雨天四种有代表性的典型天气下,每 5 d 测定 1 次,借以比较不同天气条件下苗床的增温效果。塑膜苗床内增温效应的大小,与日照多少的相关性极为密切,不论是气温或是地温,都受天气变化的影响;并以晴天增温效应最大,多云天气次之,阴天较差,雨天则没有什么增温效应。气温受天气变化的影响最大,地温虽然也受天气变化的影响,但比气温为小(表 28-3)。

表 28-3 不同天气苗床内外温度比较
(倪金柱等,1993)

天气状况	气 温(℃)			地 温(5 cm 处,℃)		
	床 内	床 外	相 差	床 内	床 外	相 差
晴天	19.4	12.0	7.4	21.3	13.2	8.1
多云	17.6	13.1	4.5	20.1	14.4	5.7
阴天	15.1	11.1	4.0	16.9	12.6	5.7
雨天	11.9	10.8	1.1	16.3	12.2	4.1

江苏省沿江棉区常年 3 月下旬气温为 9～10 ℃,晴天和多云天气苗床增温效果可提高 6～8 ℃,这样,塑膜育苗在 3 月下旬播种,床内温度已可满足棉种发芽和出苗的要求,比露地直播棉播种和出苗提早 25～30 d。棉花的生育期向前延伸,为棉苗早发、延长有效开花期创造了条件。

(二) 增光效应

营养钵育苗是棉花幼苗期在育苗床上度过,不受间作作物的影响,有利培育壮苗。棉苗移入大田后,夏熟作物已临近收获或已收获,共生期短,对棉苗发育影响较小。同时,该阶段的气候条件对棉苗的生长发育特别有利,能促使棉株顺利地现蕾、开花。

据报道,每 1 500 kg/hm^2 皮棉的丰产棉田,5 月对太阳辐射的利用率为 0.01%,6 月份利用率 0.3%～0.4%,全年的利用率为 0.8%左右。而高产麦田在 5 月的光能利用高峰期,光能利用率可达 3%。因此,实行育苗移栽,可减少棉花生长前期的漏光损失,从整体上大大提高其对光能的利用率。

(三) 土壤水分效应

土壤水分蒸发需要消耗热量,物理上称之为汽化热。水的汽化热约为 2.5 J/kg。土壤水分蒸发必然要降低土壤的温度。如果土壤与外界没有其他的热量交换,在一定的蒸发量条件下,其降温的多少,取决于土壤的容积热容量,即 1 g 土壤温度升高 1 ℃所需要的热量(J)。水的容积热容量为 4.18 $J/(cm^3 \cdot ℃)$。土壤的容积热容量比水小,而且土质不同,其容积热容量也有差异,如砂土容积热容量要比黏土小。即使同一土壤,其容积热容量也随其含水量的多少而改变。苗床采用塑料薄膜覆盖,由于抑制蒸发,减少了汽化热的消耗,因而提高了地温。

塑膜覆盖后比露地多积累了以上两种热量,增加了净辐射,从而提高了苗床内温度。

(四) 提高土地利用率

根据江苏省历年试验及大面积调查,移栽棉比直播棉增产 20%左右。在粮、棉两熟棉区实行粮、棉连作,可增加前作麦子产量 1 125kg/hm^2 左右。麦套移栽棉的前作麦子土地利用率为 50%以下,而麦后移栽棉前作麦子则满幅种植,从而使夏粮大幅度增产。据江苏省海安县农业局调查,1985～1986 年全县麦后棉 1.28 万 hm^2,麦田面积增加 0.32 万 hm^2,土地利用率提高 25%,增产夏粮显著。江苏省兴化市 1988 年麦(油菜)后移栽棉面积占棉田总面积的 87.0%,提高了粮食产量。陈祥龙等分析了该市 1981～1988 年的粮、棉产量和产值,结果显示,不但增粮效益十分显著,而且粮、棉合计经济效益也很高。

(五) 促进土壤培肥

冬绿肥茬实行棉花育苗移栽,绿肥的生长期可以延长 20～25 d,每公顷绿肥生长量可增加 15～20 t,有利于培肥地力。

长江流域棉区实行麦(油菜)后移栽棉,前茬麦子由条播改为满幅撒播,相应地增加了土壤中的根茬残留量,有利于增加土壤有机质的积累;同时改套作为连作,为土壤耕翻创造了有利条件,有利于改善土壤理化性能。

(六) 减轻病、虫、草害

蕾期是棉花枯萎病发生高峰期,由于麦后棉移栽迟,现蕾前后的生态条件不利于棉枯萎病的发生,因此,麦后移栽棉的感病情况明显较轻。

长江流域棉区的麦(油菜)后移栽棉,一般在 5 月下旬移栽,可以避开一代红铃虫和二代盲椿象向大田迁飞的高峰期。据江苏省海安县农业局调查,麦后移栽棉红铃虫和二代玉米螟的危害率分别比麦套移栽棉减少 21.90%和 5.47%,每公顷节省成本 90～105 元。此外,由于麦后移栽棉前作铺地面积大,单位土地面积上的瓢虫较多,麦收后棉株迁移量相应提高,且麦后移栽棉避开了 5 月上中旬棉蚜的第一次迁飞高峰,因而棉田蚜量较小。

长江流域棉区的麦(油菜)后移栽棉具有抑制棉田杂草发生和生长的效应。陈祥龙等在江苏省兴化市调查结果显示,麦后移栽棉的杂草密度为 106.5 株/cm^2,杂草干重为 19.01 g/cm^2,分别比麦套棉低 16.65%和 29.33%,且杂草空间分布范围较窄,与棉株的竞争能力降低。

(七) 改善环境条件

江苏省沿海棉区春季温度上升慢,秋季气温下降快,棉花迟发迟熟是限制这些地区棉花产量提高的重要因素,而育苗移栽棉花出苗早、发育快,在一些棉区推广后,增产效果很显著。长江流域众多的棉区实行稻棉轮作或水旱轮作,可以改良土壤结构,提高土壤肥力,使稻、棉双增产。然而稻茬第一年种植棉花时,因土质黏重,棉苗迟发;而到棉花开花后,气温高,土壤养分释放快,棉株易旺长迟熟。换茬时棉花由直播改为育苗移栽,则棉苗早发;同时稻茬土壤肥力高,又解决了移栽棉花易早衰的矛盾,两者相辅相成,在该棉区大面积推广育苗移栽技术后,棉花产量稳步增长。

黄淮海平原地区的盐碱地与碱淤地棉田,由于盐碱重和淤土整地保墒困难,棉花直播往往缺苗严重,很难保住全苗。重盐碱地氯化物含量在 0.3%以上,难以立苗。这些棉田采用营养钵育苗,大壮苗移栽,不但能保证全苗和促进早发,而且能够获得高产优质。山东省的陵县、曹县、金乡等地,河南省的商丘和周口地区的许多县推广营养钵育苗移栽以后,较好地解决了盐碱地、红黏土、淤土棉田不易保全苗的问题,将抛荒地变成了稳产的棉田。

(八) 节约用种,提高良种繁殖系数

直播棉用种量需 50 kg/hm^2 左右,而育苗移栽用种量仅为 6.0～7.5 kg/hm^2。杂种优势利用是实现棉花高产、优质、高效的重要途径,目前采用人工杂交,杂交种数量少,成本高,利

用育苗技术,每钵用种1～2粒,即7 kg/hm^{2}左右,制种1 hm^{2}可供200 hm^{2}棉田应用,有效地提高繁殖系数。

二、育苗移栽棉花的生物学效应

(一) 促根效应

育苗移栽棉根系生长的主要特点是:主根折断,侧根发达而粗壮,根系多分布于土壤表层,生育前期根系吸收功能强。

1. 根系结构的改变

据原华东农业科学研究所(现江苏省农业科学院)对移栽棉和直播棉的根系观察(表28-4),移栽棉一级(次)侧根长而粗壮。移栽棉直径在3 mm以上的侧根数占总侧根数的22.3%,而直播棉为16.3%。移栽棉10 cm以上的长侧根占总侧根数的25.8%,直播棉为14.8%。一级侧根在主根上的分布,移栽棉花比较集中,由第一侧根起向下8 cm深处,移栽棉占93.9%,而直播棉占78.5%。

表28-4　育苗移栽及直播棉根系比较

(原华东农业科学研究所,1955)

品　种	处　理	第一侧根与地面距离(cm)	一级侧根在主根上的分布(%)			不同直径的一级侧根占总侧根的比率(%)			不同长度的一级侧根占总侧根的比率(%)			
			1～4 cm	4～8 cm	8 cm以上	3 mm以上	1～3 mm	1 mm以下	10 cm以上	6～10 cm	2～6 cm	2 cm以下
岱字棉15	育苗移栽	7.53	65.94	27.92	6.14	22.27	50.56	27.17	25.78	20.00	36.00	18.22
	直播对照	6.34	46.80	31.65	21.55	16.27	58.13	25.60	14.77	21.79	40.19	23.25
澧50-53	育苗移栽	9.27	70.16	27.44	2.40	13.04	58.59	28.37	23.30	29.28	29.28	17.94
	直播对照	6.99	43.78	32.10	24.12	6.47	68.35	25.18	14.15	19.18	46.52	20.14

[注] 一级(次)侧根在主根上分布距离,不包括由地面到第一侧根间的距离。

棉株现蕾以后,在营养钵内继续发生新的侧根,且以钵底断根处发生为多。蕾期移栽棉发生侧根、支根的速度明显快于直播棉苗。侧根、支根迅速伸长,伸向土壤深层和主根外围,逐步形成强大的根系吸收网。据南京农业大学研究,育苗移栽棉蕾期根系发育与直播棉有明显的不同(表28-5)。因移栽棉切断了主根,主根长度略短于营养钵高度;主根发生一级侧根数明显少于直播棉(仅为直播棉侧根数的64.3%);平均单株根总干重和支根干重明显高于直播棉,分别比直播棉高1.4倍和1.6倍。

表28-5　育苗移栽棉与直播棉蕾期根系发育比较

(高璆等,1988)

种植方式	主根长(cm)		一级侧根数		钵底一级侧根数		单株根总干重(g)	单株支根干重(g)	单株根干重∶单株支根干重
	变幅	平均	变幅	平均	变幅	平均			
直播棉	18～55	39.8	73～196	144.6	—	—	0.48	0.29	1∶0.60
移栽棉	7.5～9.2	7.8	36～101	86.4(钵内)	5～9	6.6	1.14	0.76	1∶0.66

据原河南农学院作物栽培教研室1973年观察，5月13日一叶苗移栽，6月13日测定，育苗移栽棉主根短，三级侧根数比直播棉多184条/株，四级侧根数多96条/株。这些根大多分布于肥沃的耕作层，有利于对土壤养分的吸收利用。

据山西省农业科学院棉花研究所等试验，在现蕾期测定20 cm^3 耕层的根系，移栽棉的根鲜重为2.66 g/株，干重为279.2 mg/株，分别比直播棉增加291%和209%。

根与冠是构成棉株有机整体的两大部分，根与冠的生长发育是相互依存的。在正常生育条件下，根与冠的生长发育是按正比例协调发展的。育苗移栽棉根量的增加增强了根系的吸收功能，促进了地上部的生长。据江苏省农业科学院经济作物研究所研究，育苗移栽棉根系的生长与地上部各器官的生长之间具有相关性，不同处理棉株地下部总根重、主根重、侧根重与地上部主茎重、单株果节数和结铃数之间均呈显著和极显著相关。说明棉株根与冠是完整的统一体，根系发育好可促进地上部各器官的生长和棉铃的形成。

2. 根系吸收功能增强 育苗移栽棉的主根拉断后，促进了根群的发达，增强了根系的吸收功能。育苗移栽棉根系伤流量的高峰期和根系吸收高峰期较直播棉提前，伤流高峰期的伤流量高于直播棉，高峰后伤流量下降也比直播棉提前。这些特点均表明，育苗移栽棉地下部根系的生育进程与棉株地上部的生育进程提早、开花结铃集中、后期长势减退较快等特点是完全吻合的。

据山西省农业科学院棉花研究所等单位研究(图28-1)，育苗移栽棉植株根系伤流高峰期出现在7月9日(初花期)，比直播棉伤流高峰期7月26日(盛花期)提早17 d，出现日期和生育期均相应提前。育苗移栽棉植株根系伤流量高峰期的绝对值比直播棉要高1.3倍以上。伤流高峰期出现后，盛花期根系伤流量即迅速下降，表明根系活力下降也相应提前。

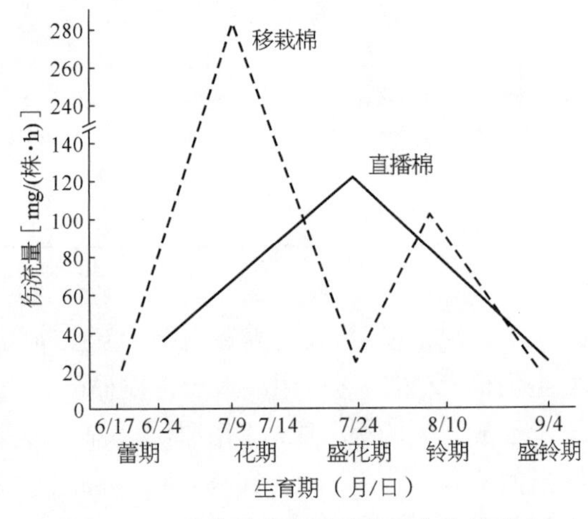

图28-1 移栽棉和直播棉根系伤流量动态

(山西省农业科学院棉花研究所等，1977)

育苗移栽棉植株根系吸收高峰期出现在初花以前，比直播棉也相应提前。王惠英曾用^{32}P、^{45}Ca示踪法对麦后移栽棉根系的生育进程和吸收功能进行测试，结果表明，根系的吸收强度与肥、水条件供应情况有密切关系。雨量适中、肥水管理较好的根系生长稳健，活力较强，吸收强度直线上升。现蕾时，较高的吸收强度根系纵向主要集中在0～20 cm土层，横向集中在0～20 cm范围以内，说明蕾期新生根系生长缓慢，根系少。到了初花前，无论纵向和横向的根系，吸收强度快速增加，表明移栽棉花根系在初花期生长速度快。到盛花期后，根系吸收强度在纵向、横向均快速下降(表28-6)。

表 28-6　育苗移栽棉根系吸收强度

(王惠英,1982)　(单位:脉冲数/min)

生育期	纵向根层(cm)				横向根段(cm)			
	10	15	20	25	5	10	15	20
现蕾时	973	1 189	541		6 297	10 578	7 117	2 321
初花前	4 729	10 078	14 763	14 277	7 669	26 874	32 819	37 437
盛花后	930	2 600	8 541	9 006	3 777	5 984	7 495	8 483

(二) 促早发效应

1. 有效延长最佳结铃期　生产实践证明,育苗移栽棉比直播棉有效现蕾期延长 15 d 左右,增幅 17.2%;育苗移栽棉比直播棉有效开花结铃期延长 15 d 左右,增幅 18.3%(表 28-7)。

表 28-7　育苗移栽棉与直播棉最佳结铃期比较

(唐仕芳等,1990)

常年日均温≥20 ℃的始、终日为 5 月 20 日左右至 9 月 15 日 ↓

常年日均温≥25 ℃的始、终日为 6 月 25 日左右至 8 月 15 日 ↓

	理想有效现蕾期 87 d 左右	占理想有效现蕾期(%)	理想有效开花结铃期 82 d 左右	占理想有效开花结铃期(%)
移栽棉	有效现蕾期 71 d 左右	81.6	有效开花结铃期 77 d 左右	93.9
直播棉	有效现蕾期 56 d 左右	64.4	有效开花结铃期 62 d 左右	75.6
移栽棉比直播棉	有效现蕾期长 15 d 左右	+17.2	有效开花结铃期长 15 d 左右	+18.3

2. 促进花芽分化　花芽分化早也是棉花早发早熟的重要标志之一。除与品种特性有关外,棉花花芽分化还受外界条件的影响。有关塑膜育苗棉花花芽分化的特点,高璆等的系统解剖观察显示,花芽分化所需的临界温度为日平均气温 19 ℃,中熟陆地棉品种主茎展叶数 3 片时即开始花芽的分化。南京地区岱字棉 15 号露地直播时,5 月下旬才开始花芽分化。塑膜育苗时,因苗床内温度高,棉花 3 月下旬播种,5 月上旬即开始花芽分化,比直播对照提早 20 d。

据施培等研究,在黄河流域棉区的改良 3-1 式套行内直播棉花,其生育进程显著延缓,而营养钵育苗移栽可缩短棉、麦共生期,加快棉花的生育进程。育苗移栽棉的现蕾期、开花期、吐絮期比直播棉分别提早 7 d、6 d 和 15 d。

棉花塑膜育苗在麦行内套栽时,江苏棉区一般于 5 月上中旬、棉苗 3~4 片真叶时移栽。此时,棉苗在苗床内已开始花芽分化,如 4 片真叶时移栽,棉花已分化出 4~5 个果枝和 7~8 个花芽。

棉花移栽大田后,移栽棉株花芽分化一直高于直播对照。据高璆等(1981)6 月 3 日到 8 月 20 日进行的 5 次调查,育苗移栽棉花比直播对照,单株花芽分化数多 10.1~35.5 个,而且越到生育后期两处理间有差距越大的趋势。

在南京 1981 年的气候条件下,移栽棉花有效花芽分化终止期在 6 月 25 日,有效花芽分化期 50 d,有效花芽数 68 个;直播棉花有效花芽分化终止期在 6 月 30 日,有效花芽分化期 35 d,有效花芽数 57 个。移栽棉花有效花芽分化期和有效花芽数较直播棉花分别多 15 d 和 11 个。从这里可以看出,育苗移栽棉花花芽分化的特点是花芽分化早,有效花芽分化期长,有效花芽数多,为棉株早现蕾、早开花结铃和多现蕾、多开花结铃奠定了基础。

3. 提早现蕾、开花　移栽棉果枝花芽分化早,现蕾也相应提早。移栽棉在生育过程中,现蕾数变化动态一直高于直播棉(图 28－2)。

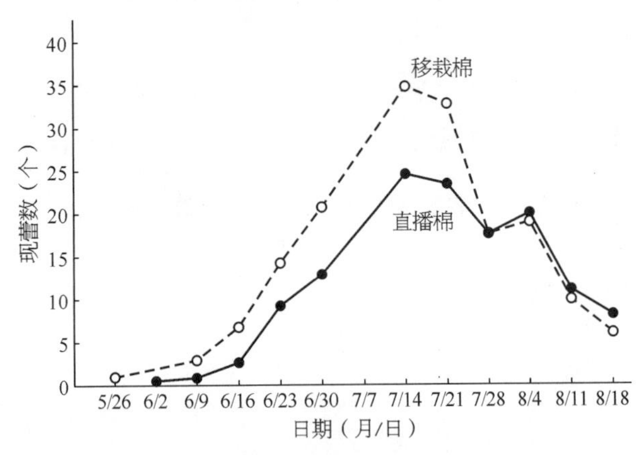

图 28－2　移栽棉和直播棉现蕾增长动态比较

(高璆等,1988)

据高璆等调查,6 月 12 日、6 月 20 日、7 月 9 日、8 月 20 日移栽棉平均单株现蕾数比直播棉多 4.1 个、13.8 个、11.8 个和 6.5 个。移栽棉进入盛花期早,盛花后第 8 d 现蕾速度开始下降;直播棉盛花迟,进入盛花后,现蕾速度即开始下降。

以现蕾盛期(指日现蕾数较多的一段时期)现蕾动态比较,移栽棉和直播棉植株现蕾盛期分别出现在 6 月 10 日至 7 月 14 日和 6 月 17 日至 7 月 14 日,平均单株现蕾日增数分别为 0.92 个和 0.81 个,现蕾盛期分别持续 34 d 和 27 d,现蕾盛期现蕾数分别为 31.3 个和 21.9 个。移栽棉现蕾盛期提前了 7 d,平均单株现蕾日增数比直播棉多 0.11 个,移栽棉多现蕾 9.4 个。

育苗移栽棉现蕾进程的特点是:开始现蕾早,现蕾盛期持续时间长,现蕾日数增多,单株现蕾数多。这些特点,与上述花芽分化的特点有密切关系。

移栽棉由于花芽分化快、现蕾早,开花也相应提早。移栽棉植株开花期较一熟直播棉、麦套直播棉、麦后直播棉分别提早 8 d、24 d 和 33 d。随着植株开花提前,有效开花结铃期相应延长,有利于棉株早结桃、增加前期桃和总桃数。

有关移栽棉开花成铃动态,移栽棉在 8 月中旬以前大桃的增长明显高于直播棉;伏前桃和伏桃的比率提高,既有利于棉株的稳长,同时也提高了铃重。

4. 提高霜前花率　据施培等研究,营养钵育苗移栽显著提高棉花果枝数、果节数、铃数和霜前花率,并使伏前桃、伏桃比例明显增加(表 28－8);同时,秋桃比例降低,霜前花率增加,为棉花高产优质打下基础;研究结果还表明,营养钵育苗移栽可明显提高铃数、铃重和衣分率,增产效果显著;此外,育苗移栽还显著提高纤维成熟系数。

表 28-8　营养钵育苗移栽对棉花产量性状和结构的影响

(施培等,1995)

处　理	果枝数(×10^5 个/hm²)	果节数(×10^5 个/hm²)	伏前桃(%)	伏桃(%)	秋桃(%)	霜前花率(%)	铃数(×10^5 个/hm²)	铃重(g)	衣分(%)	皮棉产量(kg/hm²)	纤维成熟系数
直播	5.90	17.1	0.00	52.79	47.21	59.71	7.53	3.96	37.60	1 225	1.49
育苗移栽	6.45**	20.2*	1.42**	60.40**	38.18**	76.70**	10.02**	4.23*	38.12**	1 392**	1.59*

［注］ * 表示差异达显著水平；** 表示差异达极显著水平。

5. 提高优质铃比例　育苗移栽棉因其生育进程提前,早三桃的比重高达 89.1%,优质桃(伏桃和早秋桃)的比重为 80.5%,晚秋桃仅占 10.9%。而直播棉没有伏前桃,早三桃和优质桃为 65.1%,晚秋桃高达 34.9%。晚秋桃常受低温的影响,晚秋桃多则导致产量下降、品质降低。此外,移栽棉单铃籽棉重、瓤壳比、单铃胚珠数、单铃种子数均优于直播棉(表 28-9)。

表 28-9　移栽棉和直播棉的棉铃素质比较

(倪金柱等,1982)

棉桃种类		占四桃比率(%)	单铃重(g)	铃壳重(g)	瓤壳比(%)	单铃胚珠(个)	单铃种子(个)	单铃不孕籽(个)	不孕籽率(%)
伏前桃	移栽棉	8.5	5.1	1.5	22.6	37.5	31.9	5.6	14.9
	直播棉	0	0	0	0	0	0	0	0
伏桃	移栽棉	69.3	4.2	1.3	24.0	37.0	32.2	4.8	12.9
	直播棉	54.6	3.8	1.5	28.3	33.3	28.4	4.9	14.7
早秋桃	移栽棉	11.3	4.3	1.5	25.5	33.2	31.0	2.1	6.4
	直播棉	10.5	4.2	1.6	27.1	29.8	28.8	1.0	3.6
晚秋桃	移栽棉	10.9	2.7	1.6	37.3	37.2	33.9	3.4	9.2
	直播棉	34.9	2.9	1.6	35.5	34.1	32.3	2.3	6.6
平均	移栽棉		4.1	1.5	27.4	35.7	31.7	4.0	11.1
	直播棉		3.6	1.6	30.3	32.6	29.8	2.7	8.3

6. 提高单株结铃数及籽棉产量　育苗移栽棉生长发育早,根系发达,物质代谢旺盛,因此单株果枝、蕾、结铃数多,单铃重高,表现为移栽棉比直播棉产量高。移栽棉单株结铃数比直播棉增加 4.0 个,单铃重提高 0.64 g,籽棉增产 34.6%。

三、育苗移栽棉花早熟增产的生理效应

随着生育进程的提早,移栽棉生理代谢等特性发生着相应的变化。移栽棉早熟增产的生理基础主要有以下几方面。

(一) 叶面积增长快

叶片是光合作用的重要器官,特别在苗、蕾期,由于叶片少和叶面积不足,光能利用率不高。移栽棉在移栽时一般已有 3～4 片真叶,为棉花生长发育前期提高单位面积的光合产量提供了有利条件。

山西省农业科学院棉花研究所等以陆地棉品种 70-449 为材料对育苗移栽及直播棉叶面积增长进行对比分析(表 28-10),移栽棉在苗期、蕾期叶面积增长迅速,到开花期达高峰,

此后下降；直播棉叶面积在前期增长也较快，到花铃盛期达高峰；移栽棉全生育期的全株叶面积均高于直播棉，不过前期差距大，到后期差距缩小。从主茎叶面积来分析，不论移栽棉或直播棉，高峰期均出现在开花期；在开花前，移栽棉高于直播棉；到花铃盛期，移栽棉则低于直播棉，说明移栽棉的主茎叶片衰退较早。果枝叶面积比较，移栽棉全生育期均高于直播棉。

表 28－10　移栽棉、直播棉叶面积增长动态比较

（山西省农业科学院棉花研究所等，1977）　　（单位：cm^2）

叶片类型		三叶期	蕾　期	蕾期比三叶期增长	开花期	开花期比蕾期增长	盛花成铃期	盛花成铃期比开花期增长
移栽棉	主茎叶片	27.0	1 599	1 572	2 119	520	926	－1 193
	果枝叶片	—	653	653	2 884	2 232	3 762	878
	全株	27.0	2 252	2 225	5 004	2 752	4 688	－315
直播棉	主茎叶片	14.0	1 389	1 375	1 975	586	1 237	－738
	果枝叶片	—	378	378	2 183	1 805	3 390	1 207
	全株	14.0	1 767	1 753	4 158	2 391	4 627	469

倪金柱等在南京以岱字棉 15 号为材料，对移栽棉和直播棉的叶面积增长动态进行了测定（表 28－11），其趋势基本一致，即全生育期移栽棉叶面积均大于直播棉；移栽棉叶面积增长高峰出现早（8 月 14 日），而直播棉出现迟（8 月 26 日）。移栽棉由于早发，前期叶片增长较快，在花铃盛期前叶面积一直高于直播棉。

表 28－11　移栽棉、直播棉叶面积增长动态比较

（倪金柱等，1982）

叶片指标		6/24	7/4	7/14	7/24	8/4	8/14	8/26	9/13
移栽棉	单株叶面积（cm^2）	1 225	2 578	4 779	6 455	6 463	7 159	6 607	3 765
	叶面积系数	0.68	1.43	2.57	3.43	3.45	3.91	3.62	2.21
	与直播棉比较（%）	242.9	220.0	148.6	169.8	148.7	139.2	124.0	93.2
直播棉	单株叶面积（cm^2）	470	1 109	3 108	4 379	4 206	5 002	5 147	4 643
	叶面积系数	0.28	0.65	1.73	2.02	2.32	2.81	2.92	2.37

（二）光合速率高

移栽棉功能叶的光合强度在前期高于直播棉；而花期两者光合强度都达到一生中的最高水平，但移栽棉的峰值始终处于领先地位。到盛花期以后，移栽棉的光合强度下降速度便开始加快，光合强度处于直播棉之下。据山西省农业科学院棉花研究所对主茎功能叶片光合强度测定结果（图 28－3），移栽棉和直播棉都是苗期、蕾期较低，花期达高峰，此后又下降。移栽棉在盛花期以前，其主茎功能叶片的光合强度高于直播棉，之后低于直播棉；而到盛花

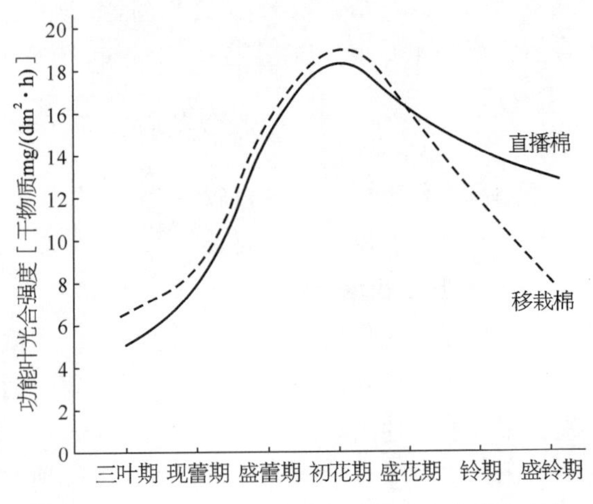

图 28－3　棉花全生育期主茎功能叶光合强度变化

期以后，移栽棉生理代谢功能开始衰退，低于直播棉，说明移栽棉有后期易早衰的特性。

据施培等研究，在棉麦双高产条件下，无论是直播的棉花还是营养钵育苗移栽的棉花，苗期的^{14}C同化物生产"源"活性(用放射性比活度 Bq/g 表示)最高，花铃期最低。营养钵育苗移栽可大大提高单株叶片和生殖器官的相对光合速率，而对茎秆(主茎和果枝)的相对光合速率影响甚微(表 28-12)。

表 28-12　营养钵育苗移栽对棉花不同生育期植株相对光合速率的影响

(施培等，1995)　(单位：Bq/g)

部　位		苗　期		蕾　期		花铃期	
		直　播	营养钵育苗	直　播	营养钵育苗	直　播	营养钵育苗
营养器官	主茎叶	18 267	20 305	4 824	6 042	3 133	4 911
	果枝叶			6 531	8 001	4 855	6 526
	主茎	5 018	5 234	247	249	149	160
	果枝			402	431	325	312
	顶(边)心	920	1 015	1 003	1 010		
生殖器官	蕾			344	379	628	861
	花、幼铃					534	675
	成铃					204	311
	单株	10 710	16 221	4 379	5 632	3 725	5 126

(三) 光合效率及同化物输出提高

在棉麦双高产条件下，随着生育期的延后，棉花单株及各器官的^{14}C同化量均有不同程度的增加，营养钵育苗移栽可显著提高各器官的^{14}C同化量(表 28-13)。

表 28-13　营养钵育苗移栽对棉花不同生育期植株同化量的影响

(施培，陈翠容等，1995)　(单位：Bq/g)

部　位		苗　期		蕾　期		花铃期	
		直　播	营养钵育苗	直　播	营养钵育苗	直　播	营养钵育苗
营养器官	主茎叶	5 638	6 794	20 115	30 117	43 472	60 469
	果枝叶			25 121	35 004	105 630	151 117
	主茎	821	923	604	871	1 879	2 384
	果枝			683	908	4 374	4 547
	顶(边)心	79	87	317	471		
生殖器官	蕾			79	139	19 009	2 583
	花、幼铃					1 762	2 633
	成铃					2 815	7 005
	单株	6 538	7 804	46 919	67 510	160 814	230 738

施培等研究结果(图 28-4、图 28-5、图 28-6)，与直播棉比较，营养钵育苗移栽在棉花不同生育期显著增加叶片中^{14}C同化物的输出，并有随生育期延后逐渐增强的趋势，且以花铃期叶片特别是果枝叶输出率相差最大。

苗期测定结果表明(图 28-4)，营养钵育苗移栽可增加植株^{14}C同化物向根和茎中的分配，减少向顶心的分配，可见营养钵育苗移栽对防止高脚苗、培育壮苗是有利的。

营养钵育苗移栽可增加蕾期植株^{14}C同化物在根、主茎、果枝和蕾中的分配率，降低主茎叶、果枝叶和顶心的分配率(图 28-5)。在花铃期，营养钵育苗移栽可提高植株^{14}C同化物在生殖器官(特别是成铃)和根系的分配率,降低在营养器官(主茎及叶、果枝及叶)的分配率(图 28-6),这对于棉花产量形成无疑是有利的。

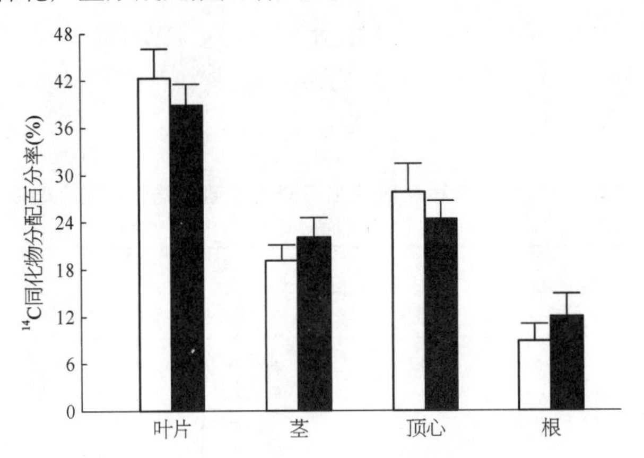

图 28-4　棉花苗期植株^{14}C同化物在各器官的分配
(本图系标记 3 d 后取样测定结果)
□—直播;■—营养钵育苗移栽
(施培等,1995)

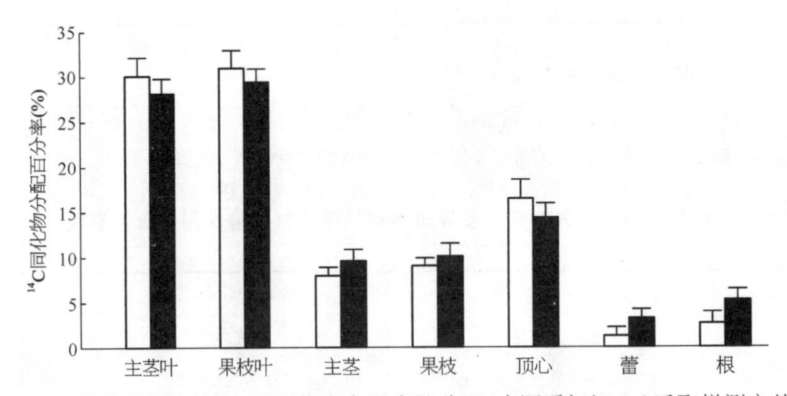

图 28-5　棉花蕾期植株^{14}C同化物在各器官的分配(本图系标记 3 d 后取样测定结果)
□—直播;■—营养钵育苗移栽
(施培等,1995)

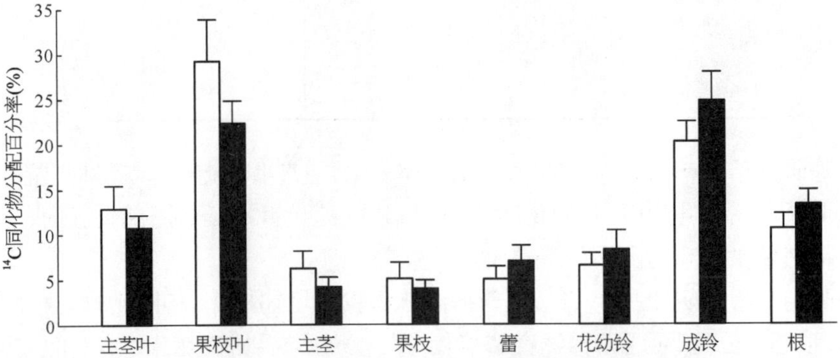

图 28-6　棉花花铃期植株^{14}C同化物在各器官的分配(本图系标记 3 d 后取样测定结果)
□—直播;■—营养钵育苗移栽
(施培等,1995)

(四) 糖、氮代谢旺盛

据江苏省农业科学院经济作物研究所的研究，功能叶的全氮和可溶性糖含量的多少，可代表氮、糖代谢水平的高低。移栽棉全氮含量在8月26日以前一直高于直播棉，这表明移栽棉功能叶的氮素代谢水平高于直播棉。叶片含氮量高，可以提高光合强度，加速细胞组织中蛋白质的合成。移栽棉和直播棉叶片的全氮含量均于8月14日达到高峰值。总的变化动态是，叶片全氮含量随棉株的衰老而逐渐下降，到7月24日出现低谷；7月28日追施花铃肥后，8月4日又开始回升；8月14日再度达到顶峰以后，8月26日又转为下降趋势。

移栽棉在盛花期成铃以前的一段时期内，功能叶片中可溶糖的含量始终高于直播棉，表明移栽棉的前期光合产物多于直播棉。由于移栽棉开花结铃比较早，棉株大量结铃时，有机养分需要量大增，因而8月14日以后，叶片中可溶性糖又显著下降。

主茎皮是有机养分贮存和过渡区。它的全氮和可溶性糖的含量可显示养分贮存和转运情况。测定主茎皮的全氮含量，移栽棉略高于直播棉，并随着生育进程的推迟而逐步下降。

据倪金柱等研究结果，主茎皮可溶性糖的含量，移栽棉和直播棉均呈单峰曲线，只是移栽棉的高峰出现较早，在7月4日(7月1日见花)；而直播棉的高峰出现较迟，在7月24日(7月10日见花)。棉株生长前期，主茎皮贮糖量不高；开花后，贮糖量达高峰；此后，棉株大量开花结铃，茎内有机养分源源输出，糖含量下降(表28-14)。

表28-14　功能叶、主茎皮全氮及可溶糖的动态变化

(倪金柱等，1982)

测定日期(月/日)			6/24	7/4	7/14	7/24	8/4	8/14	8/26	9/13
功能叶(%)	全氮	移栽棉	4.5	3.7	3.6	2.9	3.7	4.6	3.9	2.6
		直播棉	4.3	3.6	3.6	2.5	3.1	4.6	3.7	3.1
	可溶性糖	移栽棉	4.0	3.7	3.7	2.8	2.6	1.1	0.9	0.8
		直播棉	3.3	3.2	3.2	3.3	2.3	2.9	2.3	2.2
主茎皮(%)	全氮	移栽棉	2.0	1.2	1.0	0.9	1.1	1.3	1.2	1.3
		直播棉	2.1	1.2	0.9	0.8	1.0	1.5	1.3	1.1
	可溶性糖	移栽棉	8.4	13.6	11.9	11.2	5.5	5.7	2.3	2.3
		直播棉	3.7	11.6	11.6	13.0	7.7	4.7	5.3	4.7

对育苗移栽棉叶面积、叶片光合强度及可溶性糖含量的分析可知，在盛花结铃期前，其生理代谢水平高于直播棉，此后又低于直播棉。这是移栽棉早发、早熟的内在生理特性。

(五) 干物质积累多

倪金柱等在南京以岱字棉15号为材料，对移栽棉和直播棉干物质积累进行测定，在种植密度相等的条件下，两处理单株干物质全生育期增长动态差异较大(表28-15)，移栽棉单株干物质量全生育期一直高于直播棉；6月24日蕾期调查时，移栽棉干物质量比直播棉增加212.5%，7月4日初花期时增加133.7%；此后，随着生育进程的延伸，两处理的差距逐渐缩小。

表 28-15 移栽棉、直播棉单株干物质量的积累动态比较

(倪金柱等,1982)

取样日期(月/日)		6/24	7/4	7/14	7/24	8/4	8/14	8/26	9/13
直播棉	单株干重(g)	3.2	10.1	28.2	48.6	63.7	68.7	94.1	114.4
移栽棉	单株干重(g)	10.0	23.6	52.2	67.4	89.7	115.3	128.5	136.9
	移栽棉与直播棉干重比率(%)	312.5	233.7	185.1	138.7	140.8	167.8	136.6	119.7

无论移栽棉或直播棉,叶片重占全株的比率都是从生育前期到后期逐步下降的,其中移栽棉因棉株早发,光合产物运转至生殖器官早,下降速度比直播棉快。生殖器官占全株的比率是逐步上升的,移栽棉上升曲线一直高于直播棉,表明其光合产物运转至生殖器官不仅早而且多。茎枝重占全株重的比率,移栽棉和直播棉的变化趋势相同,全生育期变化都是呈单峰曲线,变化比较平稳(表 28-16)。

表 28-16 移栽棉、直播棉地上部各器官重占全株重的比率

(倪金柱等,1982)

测定日期(月/日)	移栽棉(%)			直播棉(%)		
	茎 枝	叶 片	蕾花铃	茎 枝	叶 片	蕾花铃
6/24	42.4	55.4	2.2	38.9	60.9	0.2
7/4	48.1	48.0	3.9	42.7	56.9	0.4
7/14	53.2	40.8	6.0	47.0	49.0	4.0
7/24	52.1	36.5	11.4	50.5	42.3	7.3
8/4	45.8	32.6	21.6	44.9	36.3	18.8
8/14	39.6	28.6	31.9	43.5	36.0	20.5
8/26	31.0	23.2	45.8	31.5	27.1	41.3
9/13	31.0	14.9	54.2	31.1	21.5	47.5

(六) 生物学产量提高

比较移栽棉和直播棉的生物产量及经济系数,移栽棉生物产量为 8 940 kg/hm^2,比直播棉 7 538 kg/hm^2 增加 18.6%。籽棉占全株重的比率(即经济系数),移栽棉为 36.0%,比直播棉的 32.4%高 3.6 个百分点(表 28-17),即移栽棉不仅干物质总量积累多,分配于生殖器官的比例也高。

表 28-17 移栽棉和直播棉生物产量、经济系数比较

(倪金柱等,1982)

		叶 片	茎 枝	根	铃 壳	籽 棉	合 计
移栽棉	重量(kg/hm^2)	1 915	2 288	444	1 079	3 214	8 940
	占全株重(%)	21.4	25.5	5.0	12.1	36.0	100.00
直播棉	重量(kg/hm^2)	1 601	2 220	327	952	2 439	7 539
	占全株重(%)	21.2	29.5	4.3	12.6	32.4	100.0

第三节　棉花育苗移栽高产优质栽培技术

一、育苗技术

育苗是移栽棉花的主要环节,培育壮苗是高产的基础。育苗移栽棉的棉苗是在人工可控的条件下培育的,只要措施得当,就能育出好苗、壮苗(见图版2)。

(一) 播种前准备

1. 苗床准备　建长13 m、宽1.3 m的标准苗床。制钵前将床底铲平拍实,撒入草木灰或碎麦秸、稻壳等。苗床面积一般为移栽棉田的8%～10%,即苗床面积与移栽大田面积的比例为(0.8～1.0)∶100。生产上一般制钵数多于计划移栽密度的10%～20%。

2. 钵土配制　钵土的具体要求是:土熟,肥足,氮、磷、钾三要素齐全。制钵前,每个标准苗床钵土加入棉花苗床专用复合肥4～5 kg,充分混合。

据江苏省农业科学院经济作物研究所早期试验,每钵(钵土重500 g)施硫酸铵分别为0.5 g、1 g、1.5 g和2 g,以不施肥为对照,在5月18日测定,棉苗长势和生理特性结果(表28-18)表明,以钵土1.5 g硫酸铵处理表现最佳;其次是1 g处理;而2 g处理由于施肥浓度高,出苗差,棉苗长势也差。因此,在钵土培肥时应注意严格控制饼肥和化肥用量,饼肥不宜超过1%,硫酸铵不宜超过0.3%,否则会产生肥害。钵土不宜施用尿素,在高温高湿条件下,尿素易分解成二缩脲,危害幼根的生长。

表28-18　钵土肥料对棉花长势和生理特性的影响

(江苏省农业科学院经济作物研究所,1997)

硫酸铵施入量(g)	苗高(cm)	真叶数(片/株)	子叶宽(cm)	叶面积(cm^2/株)	干重(g/株)	全氮(g/kg,干重)	可溶性糖(g/kg,干重)
0.5	18.1	4.4	5.0	84.6	1.1	34	46
1.0	20.9	4.7	5.2	91.9	1.3	39	36
1.5	23.1	4.8	5.4	105.9	1.4	40	37
2.0	16.0	3.9	5.2	64.9	0.9	45	25
0(对照)	19.9	4.7	5.1	80.5	1.1	27	50

3. 制营养钵　江苏目前的制钵方法有两种,棉农一般采用手工制钵。制钵器为脚踏制钵器,每人每天能制钵5 000～6 000个。大面积农场多采用机械制钵。钵土配制好后,于制钵前浇适量水,一般加水量为钵土干重的25%左右,即以手握成团,齐胸落地散开为度。如手握不能成团,则表明水分不够,需再加适量的水;齐胸落地散不开,则表明水分偏多,需再加干土,或稍等晾干后再行制钵。制钵的质量好坏与水分关系很大,如水分不够,制成的钵易松散;如水分偏多,钵体软瘫,干后钵体坚硬,幼苗根系不易下扎,影响棉苗的素质。另外,手工制钵时,一定要将钵土一次揿足;如连续揿多次,则容易产生断钵。机器制钵时,则要注意机器的转速均匀一致,转速过快,碎钵率增加,营养钵体的质量也得不到保证。

徐少安等试验,在同一苗床上,比较钵径8 cm与6 cm对棉株性状的影响,结果指出,不同钵径条件下,株高、真叶数无明显差异,但单株叶面积、地上部和地下部干、鲜重,钵径8 cm

高于钵径 6 cm,而且移栽后缓苗期缩短 2 d。因此,在保证培育壮苗的前提下,应根据茬口的早迟、苗龄长短,选择适当的钵径。麦套移栽棉,苗龄 40～45 d,以 7 cm 钵径为宜;麦后移栽棉,苗龄 50 d 以上,以 8 cm 钵径为宜。

(二) 适期播种

1. 播种期的确定　塑膜棚架育苗播种期的确定,以茬口的早晚为依据。如一熟春棉,或生长期较短的特早熟棉,为使早苗早发、前伸后延增加有效生育期和开花期,应根据当地的温度条件,以尽量早为好。根据棉籽发芽、出苗的温度条件,以当地连续 5 d 平均气温稳定在 8 ℃以上时,加上塑膜覆盖的增温效应,即可开始播种育苗。不同茬口播种期,一熟春棉宜在 4 月上中旬为好;中茬和晚茬口,即大元麦、早油菜和晚茬小麦、晚油菜后,5 月下旬及 6 月上旬移栽的,则根据苗龄的长短与叶龄的多少适时播种。如以苗龄 35～40 d、叶龄 4～5 片计算,中、晚茬的播种期,以选择在 4 月中下旬为适宜。苗床播种最好在晴好天气进行,晴天温度高,出苗快而早。

2. 播前钵面浇水　苗床育苗因有塑膜增温设施,所以一播全苗的关键是水和氧气。苗床钵面浇水以播前一次浇透为好。浇透的标准,用一根小树枝从钵眼向下插,如能一插到底,即表明水已浇透。播种时将种子按放在钵眼内,每眼 1～2 粒,下种后不再浇水,以免把种子冲出钵眼之外。待钵眼内水渗干以后盖细土,以免钵面结壳,阻碍气体进入,影响发芽和出苗,甚至造成烂种、烂芽。

3. 钵面盖土　钵面盖土时间的早晚、土粒的粗细和盖土的厚薄,对出全苗和培育壮苗关系密切。摆放好种子之后,待钵面和钵眼内浇的水完全渗干以后再行盖土。盖土以团粒结构好、有机质丰富、疏松透气不易板结的土壤为宜。盖土的厚度一般以 1.5～2 cm 为好,不能深于 2 cm 或浅于 1 cm。盖土以后不要再浇水,以免苗床钵面板结、通气不良而影响全苗。

4. 苗床化学除草　苗床内温、湿度适宜,对杂草的发生和繁衍也特别有利。一般情况下,苗床内杂草的发生数量比大田高出 10 倍以上。苗床使用除草剂除草效果可达 90%左右,大大节省苗床除草用工。江苏省农业科学院研制并投入生产的“床草净”是一种具有除草、防病、壮苗等多种功效的新型棉花苗床专用药剂,既有较好的除草、壮苗、抑制苗病发生的效果,又不会影响棉花出苗使棉苗生长缓慢。此外,25%除草醚、25%敌草隆、25%绿麦隆均可用于苗床除草,施用方法有加水喷施和加土撒施。苗床喷洒除草剂后,随即覆盖薄膜,育苗期间不需揭膜除草。

(三) 育苗方式

1. 塑膜棚架育苗　全国各生态棉区大多采用塑膜棚架育苗的方式。塑膜棚架育苗是在播种、覆土之后,上弓架、覆膜,将四周封严,齐苗后通风降温。棚架材料一般用毛竹片,其长度为苗床宽度的 1.5～2 倍,除两端插入地下外,中间还要高出床面 40～50 cm。为了保证弓棚的牢固性,还要用绳子将毛竹片一个个地连起来,以防棚架左右倾斜。棚架搭扎后,立即将塑膜覆盖在弓棚上,苗床两边用土埋好并踩紧,以防大风吹掀薄膜。

2. 营养块育苗　又称方格育苗、方块育苗。由于增加了土块中的有机营养物质,故名营养块育苗。用河泥、塘泥等作为床土进行方格育苗的,称河泥方格育苗。

3. 地膜平铺育苗　地膜平铺育苗省工节本,简化了管理程序,是一项花工少、成本低、操作技术简便、容易被群众掌握的育苗新技术。地膜平铺育苗是直接铺覆薄膜于苗床上，棉芽顶土时将地膜破一小洞，使棉苗露出地膜。地膜平铺育苗方法使用的地膜厚度只有常用农膜厚度的18%，并省去了弓棚架，因而覆膜材料成本只有原来的16%。地膜平铺育苗苗期阴雨多的地区，苗床病苗、死苗比较严重，在生产应用中，应适当推迟育苗时期，在晚茬移栽棉田中应用。

4. 双膜育苗　双膜育苗是播种覆土后先平铺一层地膜，再加盖棚膜的方式。目前江苏省使用较多。该方法解决了早春播种后阴雨低温易造成僵苗、病苗的严重问题，特点是棉苗素质好、现蕾期提早。这些效应产生的效益超过成本增加的费用，是一项实用的新技术。

二、苗 床 管 理

培育早、壮、健苗的关键是实行科学的苗床管理，而苗床管理的核心是调节床内的温、湿度。要充分发挥薄膜的增温、保湿效应，促进棉苗早发稳长，同时协调地上部和地下部生长。

(一) 苗床内温、湿度调节

播种至齐苗前，这时段是种子发芽和出苗时期，苗床管理宜采用“高温、高湿催齐苗”方法。为了保证高温、高湿条件，出苗前应做好薄膜的封闭工作，一般不揭膜。齐苗到3片真叶期，此阶段为苗床管理第二时段，要调温、降湿促壮苗，增强棉苗素质，提高成苗率，促进提早和加快花芽分化，采用“高温催育和降湿防病”相结合的管理方法。齐苗后，要抢晴天揭膜、晒床降湿，以防病害发生和棉苗窜高形成高脚苗，使地上部和地下部生长协调。2片真叶到移栽，这一时期是棉花营养生长和花芽分化时期。床温宜控制在20～25 ℃，以改变通风口大小和揭膜时间长短的方法加以控制，即“通风不揭膜”的管理方法：全苗至移栽前这一时期内，先揭开苗床两头薄膜，以通风降湿，阴雨天及夜间也不关闭通风口；随着床温的升高，在苗床两侧逐渐增大和增多通风口，亦不揭膜。

(二) 苗床管理方式

塑膜苗床育苗的增温和保湿作用依赖于塑膜的透光和保热性能。在同等气候和天气条件下，苗床内温度的高低和湿度的大小，取决于苗床的管理方式。不同的苗床管理方式，对增温调湿及促进棉苗生育进程效果也有不同。江苏省的苗床管理方式可分为三种：一是日揭夜盖苗床管理法，二是通风不揭膜管理法，三是日通夜盖不揭膜管理法(表28-19)。

表28-19　苗床采用不同管理方式棉苗长势和素质比较

(刘新民、刘艺多，1980～1981)

管理方式	1980年						1981年				
	苗高1(cm)	真叶数1(片/株)	苗高2(cm)	真叶数2(片/株)	叶面积(cm^2/株)	干重(g/株)	全氮含量(占干重%)	可溶糖性含量(占干重%)	子叶有病斑株率(%)	有蚜株率(%)	蚜虫数(头/株)
通风不揭膜	10.8	2.0	20.4	4.9	116.8	1.3	4.2	3.2	34.4	46.7	2.30
日通风夜盖不揭膜			23.0	4.9	123.7	1.30	4.7	3.5	16.2		
昼揭夜盖(对照)	10.4	1.6	17.1	4.5	90.1	1.1	4.1	2.9	66.7	100.0	14.8

刘新民、刘艺多在总结苗床“迟揭早盖、暖床过夜”的经验基础上，提出了“通风不揭膜”的苗床管理办法。经试验及多点示范，表明这种管理方法具有调节床温、降低湿度、培育壮苗和管理方便、用工少、经济用膜等优点。

通风不揭膜管理方式，除播种到齐苗（第一个时段）苗床严密封闭、适温适湿催齐苗以外，齐苗后即根据幼苗生长发育所要求的温度条件，先在向阳背风的一边开设通风口。通风口的大小和多少，根据晴好天气13:00时的最高床温不超过40℃而定，如超过40℃则增加通风口或扩大通风口；随着时间的推移，通风口逐渐增至两面，一般每5d调整一次。虽然苗床一直不揭膜，但因为有通风口的调节作用，苗床床温不会过高，不会引起烧苗现象。

在不同管理方式下，由于温、湿度等生态条件的差异，除苗高、真叶多少和大小不同外，棉苗素质也有差异。目前，江苏省各地普遍采用通风不揭膜或日通风夜盖不揭膜的苗床管理方式，对培育棉苗健壮早发、提高成苗率发挥了积极作用。

通风不揭膜与日揭夜盖方式相比，具有如下优点。

1. 增温效果好　晴天，通风不揭膜的苗床日平均温度与日揭夜盖相近似，但从上午9:00时至下午18:00时，不揭膜的苗床温度高于对照日揭夜盖，最高时可高出6～7℃。日揭夜盖苗床盖膜，夜间平均温度高于不揭膜苗床。这样，由于通风不揭膜苗床的温差大，即白天略高，夜间略低，因此对棉苗生长有利。

2. 幼苗出叶快、健壮生长　通过多点对比观察，在相同条件下，通风不揭膜苗床的棉苗比日揭夜盖的苗床真叶数多0.5～1.5片，茎粗增加10%，叶片宽度增加15%，幼苗叶面积增加20%。以上数据表明，通风不揭膜的苗床管理方式，能促进棉苗健壮与加快生长发育。

3. 棉苗素质好，栽后活棵快　通风不揭膜的苗床管理方式所培育的棉苗，除苗高、茎粗、真叶大小和多少，其体内的全氮和可溶性糖也均高于日揭夜盖的管理方式。由于棉苗健壮、素质好，移栽后活棵比日揭夜盖的棉苗快，缓苗期短1～2d。

4. 苗床成苗率提高　通风不揭膜苗床由于温差比较大，日夜有塑膜护卫，病虫危害均比较低，病苗、死苗很少，成苗率较高。

5. 管理简便省工、节约劳力和降低成本　从4月上中旬播种，到5月下旬至6月初移栽时的30～40d当中，通风不揭膜仅需晒床散墒和炼苗时揭膜4～5次，而日揭夜盖几乎天天(除雨天外)要揭膜，一般要进行30多次。据统计，通风不揭膜的苗床管理方式能减少人工费用40%左右。

在苗床管理中，除了要掌握好温、湿度外，还要及时疏苗、清除床内杂草及做好病虫害的防治工作。对于缺水的苗床要及时补水、补肥。棉苗长出1片真叶时，选择无风晴天间苗，每个营养钵选留1株。

（三）搬钵蹲苗

长江流域麦(油菜)后移栽棉和北方棉区的麦套移栽棉，由于苗龄长，须进行苗床搬钵蹲苗以切断主根，促进侧根生长，提高棉苗素质，以利于缩短缓苗期。亦可用化控手段代替人工搬钵蹲苗，可控制棉苗生长、减少用工，达到培育矮壮苗的目的。

1. 搬钵蹲苗的作用　徐少安等试验(表28-20)，5月31日移栽时，经搬钵蹲苗处理的，株高较不处理的对照矮3.7～18.5cm，真叶数少1.5片左右，地下部与地上部比值高于对照,栽后缓苗期缩短 5～7 d;移栽后 24 d 调查,搬钵各处理真叶数高于对照,叶面积也随着真叶数的增加而增多,且均超对照;果枝数、果节数分别比对照多 0.5～1.4 层和 0.85～3.10 节;7 月 8 日调查,搬钵各处理开花株率为 19.0%～45.9%,而对照仅 7.1%,表明苗床搬钵蹲苗能加速移栽后生育进程,有利于多结铃、结早铃。

表 28－20　搬钵蹲苗对棉苗素质的影响

(徐少安等,1982)

搬钵日期(月/日)	株　高(cm)	真叶数(片)	单株叶面积(cm^2)	地上部		地下部		缓苗期(d)
				鲜重(g)	干重(g)	鲜重(g)	干重(g)	
5/5	19.0	5.7	83.0	4.6	0.9	1.7	0.2	8
5/11	23.4	5.9	133.8	6.4	1.2	1.6	0.2	8
5/17	27.5	6.0	158.0	7.3	1.4	2.1	0.3	6
5/23	33.8	6.2	177.5	8.4	1.6	1.3	0.2	7
对照	37.5	7.4	224.2	11.2	2.0	1.2	0.2	13

2. 搬钵与化控对棉苗根系吸收强度的影响　据李大庆等试验,在南京设三个处理:一是苗床内搬钵,分别于移栽前 19 d、15 d 进行;二是苗床内化控(与搬钵同期进行,喷矮壮素 20×10^{-6});三是对照(不搬钵、不采用化控)。用 ^{32}P 示踪研究搬钵与化控对棉苗根系吸收强度的影响,搬钵及化控处理在移栽后的 36 d 中,棉株地上部单位干重脉冲数均高于对照,结果表明,搬钵处理棉苗根系吸收强度最大,化控处理居次(表 28－21)。

表 28－21　不同处理棉株地上部各器官 ^{32}P 脉冲数及百分比

(李大庆等,1988～1989)

移栽后天数(d)	项　目	搬　钵				化　控				对　照			
		叶	茎枝	蕾、花、铃	全株	叶	茎枝	蕾、花、铃	全株	叶	茎枝	蕾、花、铃	全株
21	^{32}P 脉冲数(cpm/株)	4 446	1 765	73	6 280	2 904	1 175	109	4 187	2 624	1 198	97	3 919
	占全株百分比(%)	71	28	1	100	69	28	3	100	67	31	2	100
28	^{32}P 脉冲数(cpm/株)	5 414	6 890	391	12 695	4 196	3 877	590	8 663	3 567	3 070	492	7 139
	占全株百分比(%)	43	54	3	100	48	45	7	100	50	43	7	100
36	^{32}P 脉冲数(cpm/株)	5 040	7 458	2 186	14 686	8 805	6 650	1 694	17 147	6 854	5 355	2 070	14 288
	占全株百分比(%)	35	50	15	100	51	39	10	100	48	38	14	100

(四) 预防苗床内烧苗

塑膜育苗密封的苗床,上午不及时揭膜,太阳照射后床内温度可高达 50 ℃以上,这时如骤然揭膜,由于床内与床外温度相差很大,幼苗会骤然失水。由于高温时苗根部处于窒息状态,揭膜后幼苗过度失水,全株呈现青枯而死亡,叶片如开水烫过一样,称为烧苗。

在苗床管理过程中,如果因某种原因揭开苗床时候偏迟、床内温度过高时,千万不可立即掀去薄膜,而应采取逐步降温措施。遇到苗床内温度达 45 ℃以上,棉苗有萎蔫现象时,不要立即揭膜,先在塑膜外洒一些水,或用薄薄一层青草及稻草盖在苗床上,并加盖遮阳网等,使床内温度缓慢下降;或者在苗床两边开设通风口散热透气,使床内温度逐渐下降;当降到

40 ℃左右时,再缓慢揭开一边膜(半揭膜),仍不可立刻全部揭开,这样可防止烧苗现象的发生。

三、移栽技术

棉花育苗移栽,包括育苗和移栽两项主要内容。移栽是棉苗进入大田的开始,移栽质量的好坏,直接关系到棉花的成活率和缓苗期长短。在培育壮苗的同时,配合良好的移栽技术,才能发挥育苗移栽的增产优势(见图版2)。

(一) 适期移栽

移栽期的早晚,因棉株生态类型、熟制和茬口等不同而有差异。移栽期早晚的首要决定因素是温度,成活率高低和返苗时间长短是主要技术指标:营养钵移栽苗的成活率不低于95%,返苗时间不长于7～10 d。生产上提倡"栽高温苗、不栽低温苗"。温度过低,栽后棉苗不发生新根,返苗期延长,形成"僵苗"或"老小苗"。如果移栽后遭遇强寒潮和冻害,会出现死苗。因此,移栽期除考虑温度因素外,还需兼顾到终霜期的早晚。

适期适龄移栽,对棉苗活棵返苗有很大的影响。原河南农学院的试验表明,从移栽到新根长出钵体所需要的时间:苗龄越小、移栽期越晚,新根发生越快。当新根大量发生,大苗就表现出返苗后生长发育快,现蕾开花早(表28-22)。

表28-22　不同时期和苗龄移栽对缓苗及生育进程的影响

移栽期(月/日)	苗龄	1976年					1977年				
		育苗期(月/日)	返苗期(月/日)	缓苗天数(d)	现蕾期(月/日)	开花期(月/日)	育苗期(月/日)	返苗期(月/日)	缓苗天数(d)	现蕾期(月/日)	开花期(月/日)
4/15	子叶	3/20	4/20	5	6/8	7/7	3/28	4/22	7	6/15	7/6
	1叶	—	—	—	—	—	3/8	4/25	10	6/16	7/9
4/25	子叶	3/20	4/29	4	6/16	7/13	—	—	—	—	—
	1叶	3/20	4/28	3	6/7	7/5	4/8	5/5	10	6/12	7/6
	2叶	3/20	5/5	10	6/6	7/4	3/28	5/7	12	6/8	7/3
	3叶	—	—	—	—	—	3/18	5/8	13	6/6	7/1
4/30	子叶	4/17	5/3	3	6/17	7/14	—	—	—	—	—
	1叶	3/20	5/4	4	6/12	7/10	4/8	5/5	5	6/13	7/6
	2叶	3/20	5/10	10	6/8	7/6	3/28	5/6	6	6/7	7/2
	3叶	—	—	—	—	—	3/18	5/7	7	6/5	7/1
5/5	2叶	3/20	5/9	4	6/6	6/30	4/8	5/13	8	6/7	7/3
	3叶	3/20	5/9	4	6/3	6/29	3/28	5/13	8	6/7	7/3
	4叶	—	—	—	—	—	3/18	5/19	14	6/7	7/3
5/10	4叶	3/20	5/17	7	6/6	7/4	3/18	5/21	11	6/8	7/4

[注] 引自《棉花优质高产栽培技术》,1992。

试验结果表明,苗龄相同,移栽期在4月15日到5月5日之间,移栽期越晚,缓苗期越短。从苗龄的大小来看,苗龄越小,缓苗期也相应越短。不同移栽期和苗龄对棉株生长发育进程有显著的影响。在4月15日到5月5日,采用3、4叶苗移栽,缓苗期虽比小苗移栽的稍长,但缓苗后生长发育快,现蕾开花早(表28-23)。

表 28-23 不同时期和苗龄移栽对棉花生育性状的影响

移栽期(月/日)	苗龄	5/25(苗期)				6/15(蕾期)					7/15(花铃期)		8/15(花铃期)
		苗高(cm)	茎粗(cm)	真叶(片/株)	叶面积(cm^2/株)	苗高(cm)	茎粗(cm)	果枝(个/株)	蕾数(个/株)	叶面积(cm^2/株)	果枝(个/株)	伏前桃(个/株)	伏桃(个/株)
4/15	子叶	10.3	0.39	5.6	35.2	13.3	0.50	2.2	2.5	278.7	12.1	1.3	8.8
	1叶	9.8	0.38	5.6	22.2	11.0	0.40	0.8	0.9	201.3	10.2	0.9	9.1
4/25	1叶	12.3	0.37	4.3	31.8	12.9	0.55	2.2	2.4	284.9	12.2	1.5	9.7
	2叶	13.0	0.42	5.6	48.3	18.0	0.70	4.5	6.2	493.1	12.7	3.5	10.6
	3叶	15.6	0.46	5.9	54.7	20.0	0.70	4.2	6.0	437.1	13.3	3.3	9.1
4/30	1叶	8.6	0.36	3.6	20.5	11.6	0.43	1.5	1.5	246.3	12.4	0.9	10.0
	2叶	14.3	0.50	5.3	51.9	19.0	0.70	4.0	5.4	460.9	13.5	2.8	10.9
	3叶	15.1	0.50	6.0	65.6	22.5	0.73	4.4	6.1	511.5	13.2	2.7	10.2
5/5	2叶	13.4	0.42	4.4	41.9	18.7	0.67	4.0	5.4	480.9	12.0	2.5	9.9
	3叶	13.7	0.44	5.0	53.1	20.0	0.70	3.2	4.3	518.8	13.1	2.0	11.5
	4叶	15.7	0.48	5.6	85.3	22.8	0.77	3.7	5.2	489.5	12.1	2.2	10.1
5/10	4叶	14.6	0.48	5.4	70.0	19.4	0.62	2.8	3.3	391.8	12.2	1.9	11.5

[注] 引自《棉花优质高产栽培技术》,1992。

1. 长江流域棉区适栽期　麦、棉两熟应根据茬口和苗龄掌握相应适栽期。早茬口一般以5月上中旬、苗龄3～4片真叶移栽为好,但应以温度的高低为主要判断标准,早茬移栽棉的移栽期,一定要以5 cm地温稳定在18 ℃时为移栽适期。中晚茬口一般在5月下旬或6月初移栽,这时气温和地温已不是限制因素,要求以5～6片大壮苗抢时间及早移栽,以在麦收前15～20 d移栽为适宜。麦(油菜)后移栽,无论中茬(大麦)或晚茬(小麦、晚油菜),均以前作收割后越早移栽越好。

2. 黄河流域棉区适栽期　此棉区可分为两大类型:一是华北平原北部和黄土高原,以一熟棉花为主,育苗移栽以5 cm地温稳定在18 ℃以上、终霜期已过为适宜移栽期,在此条件下,移栽越早,对延长有效开花结铃期越有利。二是淮北平原和华北平原南部,实行麦、棉套栽的,移栽期以5月中下旬(小麦收割前15～20 d)为宜;晚茬棉移栽期越早越好。

3. 西北内陆和辽河流域棉区适栽期　这两个棉区应提早在终霜期一过,立即进行大壮苗移栽,到5月中下旬平均温度达20 ℃时,即可现蕾。采取这样的育苗移栽措施,可以把棉花有效开花结铃期提前到早期的有利季节,棉花的高能期与气候上的高光效季节同步延长10～15 d,这对争取多结铃、增加铃重和早熟是十分有利的。

(二) 缩短缓苗期

育苗移栽棉移栽到大田之后,出现地上部生长暂时停顿的现象,一般称作缓苗期。1980年刘艺多等在大丰基点做了比较深入的调查研究,认为通过由苗床起苗移栽到大田,棉苗的部分根系损伤和死亡,以及棉苗的地上部茎叶和地下部根系的严重失水,是缓苗期形成的内因。缓苗期的长短和苗龄的大小(叶片多少)、长短(天数)、移栽期的早迟及移栽时的温度等均有密切关系。不同苗龄移栽和移栽期,棉苗根系的死伤和失水情况有很大差异(表28-24)。

表 28-24　不同苗龄及移栽期棉苗根系死伤及失水情况

(刘艺多等,1980)

移栽期(月/日)	5/12						5/19					
播期(月/日)及苗龄	4/7 播种,苗龄 35 d(大苗)			4/13 播种,苗龄 29 d(小苗)			4/7 播种,苗龄 42 d(大苗)			4/13 播种,苗龄 29 d(小苗)		
调查期(月/日)和增减幅度(%)	5/12	6/7	增减幅度	5/12	6/7	增减幅度	5/19	6/7	增减幅度	5/19	6/7	增减幅度
苗高(cm)	14.1	19.9	41.1	10.6	17.3	63.2	15.6	19.3	73.7	8.0	11.0	37.5
真叶数(片/株)	2.7	6.8	151.9	2.0	5.8	190.0	3.4	6.2	82.4	1.6	4.0	150.0
鲜重(g/株)	21.4	35.6	66.4	18.5	40.6	120.2	21.5	37.9	76.3	12.8	16.7	30.5
干重(g/株)	2.6	7.1	173.1	2.3	6.9	199.5	4.1	8.0	95.1	2.0	2.7	35.0
含水量(%)	87.9	80.1	-9.1	87.5	83.1	-5.3	81.2	78.9	-2.9	84.3	83.7	-0.7
一级侧根(条/株)	32.2	17.5	-14.7	33.8	22.6	-11.2	32.8	22.0	-10.8	21.8	18.2	-3.6
侧根比例(%)	100	54.4	-45.6	100	66.9	-33.1	100	67.7	-32.3	100	83.5	-16.5

1. *不同苗龄、移栽期与缓苗期的关系*　据倪金柱等对不同苗龄分期移栽的试验,结果显示同期移栽,苗龄越小,缓苗期越短;同一苗龄(6 片真叶),移栽期越早,缓苗期越长,这是因早期移栽温度较低的缘故。

2. *假植与缓苗期*　移栽前的揭膜炼苗、假植等措施,都是促使棉苗老化,降低棉苗水分含量,以避免幼嫩棉苗含水率高、移栽后失水过多而缓苗期延长的有效措施。徐少安通过苗床假植试验,发现假植后棉苗老健,棉苗地上部含水率降低,红茎比上升,地下部根系新生根增加,表明地上部茎、叶老化,移栽后失水率减少,地下部新生幼嫩根系增多,因而使缓苗期缩短。实验显示假植后缓苗期比对照缩短 5～7 d(表 28-25),生长和发育加快,表现在真叶数、叶面积、果枝果节数增加快,现蕾开花早。

表 28-25　假植棉苗地上部农业性状含水率的变化

(江苏省沿江地区农业科学研究所,1982)

假植日期(月/日)	苗　高(cm)	真　叶(片/株)	叶面积(cm^2/株)	红茎比(%)	地上部鲜重(g/株)	干重(g/株)	含水率(%)	缓苗期(d)
5/5	19.0	5.7	83.0	67.9	4.6	0.9	80.3	8
5/11	23.4	5.9	138.8	79.1	6.5	1.2	80.9	8
5/17	27.5	6.0	158.0	81.8	7.3	1.4	81.1	6
5/23	33.8	6.2	177.5	80.5	8.4	1.6	80.5	7
对照	37.5	7.4	224.2	22.9	11.2	1.9	82.5	13

(三) 移栽方法和技术

1. *移栽方法*

(1) 板茬打洞浇浆套钵移栽:前作物收获后土地不需要耕翻,先在确定移栽的行上开一条 3.3 cm(1 寸)深的移栽沟,再进行打洞。洞的大小同钵体一致,深度以移栽后营养钵低于土表 1.6 cm(半寸)为宜。打洞时应注意行距整齐,株距均匀,保证一定密度。然后将营养钵放入,把钵体放置到洞底。移栽后及时覆土拥根,使营养钵与土壤密接、不漏风。如不施用泥浆肥料,移栽当天应施好活棵肥水,麦垄套栽的施人粪 250 kg/666.7 m^2;麦后移栽的施人粪 500 kg/666.7 m^2，浇透、浇匀。移栽时要留好预备苗，及时查苗补缺；大田与苗床要同时移栽，使生长一致。

江苏兴化农业技术中心和江苏省农业科学院棉花基点比较了耕翻移栽、板茬移栽、板茬打塘浇水移栽、板茬打洞浇浆套钵移栽 4 种移栽方法，结果以板茬打洞浇浆套钵移栽的效果为最好。

（2）开沟移栽：前茬作物收获后先进行耕地作畦、精细整地，再按种植行开沟栽苗。用机械或畜力开行套槽，套槽深 10～16.5 cm。套槽内施入基肥，根据移栽密度栽苗、覆土。栽后覆土分两次进行，第一次覆土为总覆土量的 2/3，使覆盖紧密、浇上活棵水，再覆剩下的土。

2. 移栽技术　移栽棉夺高产的基础，就是壮苗早发，生长稳健，蕾多蕾大，脱落少，不早衰。除了抓好前期育苗关外，棉花移栽时还需做好以下几项工作。

（1）深翻熟化土壤：移栽棉主根被切断，侧根发达，根系较浅，大田必须深翻熟化土壤，为根系恢复创造良好条件。

（2）"三沟"配套：沟渠通畅无阻，防止明涝暗渍。要求灌排路路通，地面水排得快，潜层水沥得出，地下水降得下。

（3）扶理前茬：对有倒伏趋势和已倒伏的前茬麦子，及时扶理，以改善棉苗光照条件，提高温度，保证棉苗栽后快发。

（4）合理密植：合理密植是高产和稳产的基础。按预定行株距开沟、打塘。栽植密度，一熟春棉和麦套棉移栽密度控制在 25 000～30 000 株/hm^2，大麦、油菜后移栽棉密度为 30 000～33 000 株/hm^2。一般采取等行种植，行距 100 cm 左右，株距按密度确定；打塘的深度要比营养钵的高度深一些，确保移栽时不断钵、不落坑、不露肩。

（5）施好安家肥：安家肥是移栽发棵的一次主要肥料。施用的原则是：既要促棉苗早发，早搭丰产架子，又要在盛蕾期稳得住。安家肥一般占总施肥量的 25%～30%，因茬口、地力而定，有机肥与化肥结合。

（6）分级移栽：选择晴天，按照苗龄大小分级移栽。

（7）浇足"安家水"：棉苗栽好后，应浇足团结水（安家水），使营养钵与土壤紧密结合，新根伸出后，即可吸收养分和水分，促使棉苗顺利生长。

四、栽后管理

（一）科学施肥

依据土壤肥力水平及棉花皮棉产量生长发育需肥规律施肥。有机肥与无机肥结合，氮、磷、钾三要素及微量元素肥配合使用。1 500 kg/hm^2 以上的田块，需氮 300～330 kg/hm^2，P_2O_5 120～150 kg/hm^2，K_2O225～300 kg/hm^2，有机肥、磷肥和 50% 钾肥均作基肥施用，50% 钾肥以第一次花铃肥施用。氮肥的使用，基肥占 15%～20%；第一次花铃肥占 20%～25%，见花施肥；第二次花铃肥占 35%～40%，在花铃期施；盖顶肥占 15%，打顶后施肥。根外追肥一般在 8 月中旬后结合病虫害防治进行，以 0.2%～0.5% 磷酸二氢钾加 2% 尿素，喷施 2～3 次，每次间隔 7～10 d。

（二）及时灌排

棉花怕旱也怕涝，要经常进行田间沟系清理，保证棉田内外“三沟”通畅，及时灌排。长江流域棉区蕾期至初花期正处于梅雨季节，尤其要注意清沟理墒，排除棉田积水；盛铃吐絮期根据天气和土壤湿度及时抗旱降渍。

（三）科学化控

化控的原则是控制旺长、调节生长，通常以缩节胺在蕾期、盛花期和打顶后施用，用量分别为 22.5 g/hm^2、37.5 g/hm^2 和 60～75 g/hm^2，或用 25% 助壮素，以 60～90 ml/hm^2、150～180 ml/hm^2 和 150～225 ml/hm^2 施用，分别兑水 300～375 kg/hm^2、450～600 kg/hm^2 和 600～750 kg/hm^2。具体用量根据当时气候条件、土壤状况、肥力水平、棉花长势等情况灵活掌握。

（四）打顶整枝

7 月底至 8 月上旬进行。打顶时每株留 18～22(台)果枝。按照密度和群体果枝总量的要求，选择具体最佳打顶时间。密度大的田块，及时去除叶枝，密度低、行距大的田块可保留 1～2 个叶枝。

（五）病虫害防治

严重危害棉花生长发育的病害主要有苗期立枯病、炭疽病，花铃期的红叶茎枯病、红(黄)叶枯病。棉花枯萎病、黄萎病是蕾期、花铃期最危险的病害。在苗期，要求子叶平展后和二叶一心时及时喷广谱保护型杀菌剂，可用 50% 多菌灵 500～800 倍溶液喷雾，以防止苗病发生。改良土壤，增施钾肥及有机肥，加强田间管理，可防止红叶茎枯病、红(黄)叶枯病发生。选用抗病品种、以杀菌剂防治、轮作倒茬等综合防治的方法可控制枯萎病、黄萎病发生。

棉花虫害很多，危害严重的有苗期地老虎，蕾期的盲椿象，花铃期的红铃虫。棉铃虫危害时间比较长，蕾期有二代棉铃虫，花铃期有三四代棉铃虫。根据害虫发生情况，交替使用菊酯类农药和复配农药、生物农药等防治，禁止使用剧毒、高毒、高残留的农药。

（六）适时采收

棉花吐絮后 5～7 d 是最佳采摘期，要及时采收。大风和连续阴雨来临前要及时抢收。如遇连续阴雨天气，采收的黄铃和黑壳铃要及时剥开晾晒。棉花采收人员要用白色棉布兜袋采棉，收获的棉花用白棉布袋盛装，杜绝使用尼龙袋、编织袋或有色的袋、包，以防止异性纤维混入棉花。采收后的棉花按品级分收、分晒、分藏、分售，确保丰产丰收。

第四节　移栽地膜棉花早熟高产原理及配套栽培技术

移栽地膜棉是棉花育苗移栽之后再进行地膜覆盖，也叫双(两)膜棉。早在 20 世纪 80 年代中期，移栽地膜棉就已在长江流域的四川和湖北北部岗地棉区用于生产。90 年代移栽地膜棉在长江中下游的沿江地区、洞庭湖区、江汉平原、鄱阳湖区和沿海地区广泛试验示范和生产应用，显示出较好的增产增效作用，其中江苏省应用面积 1994 年 2.53 万 hm^2，1995 年 10.20 万 hm^2，1996 年 28.00 万 hm^2，移栽地膜棉约占全省棉田面积的一半，并作为江苏省“九五”期间棉花产量上新台阶的重要技术加以推广应用。另据湖北省统计，湖北省移栽地膜棉1994年2.40万hm^2,占当年植棉总面积的4.8%;1995年4.53万hm^2,占8.9%;1996年8.92万hm^2,占18.2%;1997年8.54万hm^2,占18.1%;1998年8.23万hm^2,占20.1%。移栽地膜棉成为湖北省棉花早熟栽培的主要种植方式之一。

一、移栽地膜棉的增产效应

据江苏省1994~1996年统计,移栽地膜棉花3年,平均每年增产183 kg/hm^2,增产率达18.1%。从不同产量水平棉田的绝对增产量来看,产量越高的棉田,增产量越高。如900~1 050 kg/hm^2水平的棉田,移栽地膜棉一般增产150 kg/hm^2;1 200~1 350 kg/hm^2水平的棉田,一般增产150~225 kg/hm^2;产量1 500~1 800 kg/hm^2水平的棉田,一般增产225 kg/hm^2以上。

移栽地膜棉不仅增产显著,增值效果也十分显著。据江苏省1994~1996年统计,移栽地膜棉3年,平均每年增值2 928元/hm^2,除去地膜覆盖等成本438元/hm^2,增纯收2 490元/hm^2,增值率达到14.8%。棉农称"盖一盖,亩增200块(元)"。

湖北省农业科学院经济作物研究所棉花栽培室研究认为,移栽地膜棉皮棉产量较露地移栽棉增产31.4%,增加收益达2 838元/hm^2。

二、移栽地膜棉的增产机理

(一) 移栽地膜棉的生态效应

1. 增温效应　棉花育苗移栽之后进行地膜覆盖,能显著增加地表温度。长江流域中下游棉区移栽棉的覆盖持续时间40~50 d,早茬口5月上旬覆盖,6月底7月初揭膜。据江苏省观测,与移栽之后不覆盖的露地移栽棉同期相比,移栽地膜棉田增温分别为:5月中下旬3.5~4.5 ℃,6月上旬3.1~3.5 ℃,6月中旬2.4~3.2 ℃,6月下旬1.8~2.8 ℃,7月上旬0.1~1.3 ℃。覆盖期间平均增温123.9 C°,对长江中下游棉区5~6月积温不足起到有效的补偿作用。湖北省农业科学院经济作物研究所1996年观测结果,6月1~20日连续20 d观测,覆膜与露地比较,0 cm、5 cm、10 cm、15 cm土层日平均增温值依次为4.1 ℃、3.4 ℃、4.0 ℃、2.6 ℃,总积温分别增加82 ℃、68 ℃、80 ℃、52 ℃。地积温的增加可补偿因气积温降低造成棉花生长所需热量的欠缺,地膜的反射光增强,近地温度增加,离地面3 cm处6月1~20日积温增加26 ℃。

2. 保墒效应　棉花育苗移栽之后进行地膜覆盖,有较好的保墒效应。栽后覆盖40 d,5 cm土壤含水量提高2.2%,10 cm土壤含水量提高1.6%。在缺水的丘陵岗地和干旱气候条件下,地膜覆盖的保墒效应更为显著,据观测,0~20 cm土壤含水量可提高2.8%~4.7%;且覆盖土壤含水量变化较小,能为棉花生长提供适宜的土壤水分。此外,6月正值梅雨季节,地膜覆盖还可减轻棉田渍涝。

3. 改土效应　双膜棉田覆盖一层地膜后,大大减少了土壤水分的蒸腾作用,相应地减弱了深层地下水向表层土壤的移动,降低了棉田土壤的返盐速度。因此在盐土地区,采用地膜棉技术,能显著抑制土壤返盐速度,减轻盐害影响,具有明显的抑盐促长效应。1995年大丰县试验,盐土上采用地膜覆盖植棉技术的棉株,比未用地膜覆盖的对照单株果节数多4.6

个,单株成铃多5.8个,成铃率提高17%。

4. 抗逆效应　由于覆膜后显著提高棉株的生长速率,增强其生理活性,因而移栽地膜棉个体素质普遍较高,具有较强的抗逆能力。

(1) 抗涝耐渍能力增强:由于移栽地膜棉苗期发棵早、生长快、根量多,故在长期涝渍的情况下能表现出较强的抗涝耐渍能力。盐城市1996年在同等涝渍程度下调查,到7月20日时,双膜棉株高63.9 cm、果节25.2个、成铃1.29个,分别比常规移栽棉增加10.7 cm、6.9个、0.7个;株高日增量0.82 cm、果节日增量0.68个,分别比常规移栽棉多0.1 cm、0.18个。

(2) 抗旱能力增强:由于地膜覆盖减少了土壤水分的蒸发,具有较好的保墒作用,双膜棉的抗旱能力增强。据姜堰市在60年一遇的特大干旱年份1994年6月20日调查,双膜棉单株果枝比常规移栽棉多2.2台;扬州市于1996年7月下旬至8月上旬持续近20 d的高温干旱后调查,干旱期间双膜棉株高日增2.35 cm、果枝增2.4台、果节增39.3个、成铃增7.3个,分别比常规移栽棉多0.19 cm、0.44台、2.29个、1.14个。

(二) 移栽地膜棉的生育促进效应

由于地膜覆盖提高了移栽地膜棉田的土壤温度,改善了土壤墒情,地膜移栽棉兼具了移栽棉和地膜棉的优点,在生长发育上表现出"早、快、多、长"等特点。

1. 缓苗期短,生长发育快

(1) 缓苗期短,活棵早:江苏省1994～1996年连续3年多点试验和大面积生产结果表明,双膜棉由于加盖一层地膜后的环境优化效应,缓苗期明显缩短,活棵较快,一般缓苗期5 d左右,比常规移栽缩短3～5 d。阜宁县1995年观察,双膜棉栽后5 d已活棵,而常规移栽棉由于移栽后受干旱及气温回升慢等因素影响,缓苗期长达10～13 d。灌云县图河乡由于地处淮北,土壤重黏,常年棉花缓苗期为10～12 d,1995年推广双膜棉后,缓苗期只有4 d。

(2) 生长加快,发育早:双膜棉不仅活棵早,而且发育也快。宝应县1995年栽后6 d观察,移栽地膜棉已有新根4.6条,比常规移栽棉多1.5条。随着时间的后移,双膜棉根系的生长优势越来越明显,相应地促进了地上部的生长。1995年东台市对比试验显示,6月20日,麦套移栽双膜棉平均株高达36 cm,比常规移栽棉高6 cm;平均株高日增0.67 cm,比对照高0.22 cm;真叶13片/株,比对照多2.1片/株;平均出叶速度0.28片/株·d,比对照高0.06片/株·d;平均果枝6.1个/株,比对照多1.7个/株;平均果枝12.1个/株,比对照多3.9个/株。同年阜宁县观察,5月29日移栽的麦后移栽地膜棉到6月20日平均株高23.6 cm、叶片9.7片/株、果枝2.28个/株,分别比麦后移栽棉多6.6 cm、2.3片/株、1.75个/株;株高和叶片的日增量也分别多0.15 cm、0.18片/株;且棉田现蕾株率达82.3%,比对照高45%;7月15日的开花株率达96.4%,比对照高19.4%。

(3) 生育进程快,生育期提前:据扬州市调查,双膜棉的生育进程普遍较快,现蕾、开花、吐絮等生育期要比常规移栽棉提前4～6 d,全生育期缩短4 d左右。究其原因,一是移栽期提前。由于地膜具有增温、保温作用,移栽后地温可比露地棉田提高2～5 ℃,因而相应地将双膜棉的移栽期提前5～7 d。一般麦套棉可由原来的5月15日左右提前到5月上旬移栽。二是棉株果枝始节位可比常规移栽棉降低0.25～0.5个节位。三是棉株生长发育加快。由于地积温对气积温具有一定的补偿作用,各生育期相应提前,棉株从现蕾到开花时间可缩短1～2 d。

2. 棉株生长量大,株型合理

(1) 丰产架子大:由于双膜棉生长速度加快,易形成较大的丰产架子。据 1995 年扬州市棉花成熟期调查结果,双膜棉平均株高 103.2 cm,比常规移栽棉(对照)平均株高高 7.6 cm;主茎节间平均长度为 5.05 cm,比对照长 0.87 cm;单株果枝 19 台,比对照多 3 台;果节 126 个,比对照多 30 个;平均每台果枝有果节 6.7 个,比对照多 0.7 个;平均果节长度为 7.01 cm,比对照长 1.94 cm;离地面 5 cm 处主茎平均直径为 1.78 cm,比对照粗 0.15 cm;果枝离主茎 2 cm 处平均直径为 0.43 cm,比对照粗 0.03 cm;下部果枝分别比中、上部果枝长 9.6 cm、21.7 cm,分别比对照长度长 2 cm、6.3 cm。双膜棉的株型为圆锥形或圆柱形,有利于高产。

(2) 干物质增长快,积累多:双膜棉生长快,干物质积累较多。邳州市 1995 年研究,覆膜后 5 d,双膜棉的干重达 3.01 g,比常规移栽棉(对照)多 0.86 g/株,增加 40%,其中根、茎枝、叶、蕾的干重分别为 0.5 g/株、0.78 g/株、1.7 g/株、0.03 g/株,分别比对照增长 19.1%、11.4%、14.1%、3%;覆盖后 15 d,双膜棉的干重已达 47.8 g/株,比对照多 5.32 g/株,增加 12.52%,其中根、茎枝、叶、蕾的干重分别达 8.7 g/株、14.2 g/株、22.86 g/株、2.04 g/株,分别比对照增加 11.5%、13.6%、10.4%、37.8%。扬州大学农学院 1995 年对比试验显示,双膜棉成熟期干重 7 980 kg/hm^2,比常规移栽棉增加 642 kg/hm^2,增加了 8.7%,其中经济器官干重为5 028 kg/hm^2,占总干重的 63%,比常规移栽棉增加 918 kg/hm^2,增加了 9.0%。

3. 有效成铃期长,单株结铃多

(1) 有效成铃期长:双膜棉由于开花成铃提前,相应地前伸了棉花的有效成铃期。姜堰市沈高镇 1993 年观察,双膜棉有效开花结铃期为 79 d,比常规移栽棉延长 7 d,且日增大铃 0.3 个/株的峰期持续达 2 个月,并出现两个日增大铃 0.48 个/株以上的峰期,分别在 7 月 31 日至 8 月 5 日和 8 月 15 日至 30 日,而对照日增大铃 0.3 个/株的峰期不足 45 d,峰值不足 0.4 个/株。1994 年观察,双膜棉有效开花成铃期达 82 d,比常规移栽棉长 6 d,单株日增大铃 0.3 个以上的峰期出现在 7 月 15 日至 8 月 15 日,其中 7 月 20 日至 8 月 15 日大铃平均日增 0.72 个/株,峰期比常规移栽棉长 6 d,峰值高 0.15 个/株。

(2) 优势成铃部位扩大:据扬州市农业局调查,由于双膜棉有效开花成铃期延长,单株成铃数比常规移栽棉相应增加,单株成铃增加 1.48～4.5 个,且伏前桃和伏桃等优质桃占总成铃数的 70%以上。扬州大学农学院 1995 年研究发现,双膜棉成铃多的原因主要是优势成铃部位扩大。双膜棉以第 7 台果枝为中心,从第 4～15 台果枝中,有 12 台为结铃旺盛的优势成铃果枝;常规移栽棉则以第 6 台果枝为中心,从第 3～12 台中,仅 10 台为优势成铃果枝;双膜棉内围 1～3 个节为成铃率在 30%以上的优势成铃节位,常规移栽棉只有 1～2 个节位为优势成铃节位。

(3) 成铃率高:双膜棉由于优化了棉花的生育和群体构成,改善了棉株的生理机能,扩大了棉株的优势成铃部位,棉株成铃率提高。一般双膜棉的单株成铃率可达 30%以上,比常规移栽棉提高 2%～5%,丰产及高产田块成铃率可达 40%左右。据东台市农业局研究,双膜棉不同果枝成铃率由下而上呈递减趋势，下部平均为34.4%，中部为28.5%，上部为25.4%；不同节位成铃率随节位序列外延而显著递减。

三、移栽地膜棉配套栽培技术

（一）提高铺膜和移栽质量

移栽前准备工作，一是扶理前茬，施好有机肥，翻土整地，使畦面呈公路形；二是施好安家肥，一般施用棉花专用复合肥300～450 kg/hm^2，碳酸氢铵150～225 kg/hm^2，在畦中央劈沟条施，安家肥禁止移栽时放在钵底，也不宜结合整地时撒施，以免造成夏熟作物贪青迟熟；三是喷好除草剂，均匀喷洒，注意掌握用量；四是精细铺膜，一般选用厚度0.008 mm地膜，60%覆盖率，需地膜45 kg/hm^2左右，宽窄行种植的一般选用90 cm宽的单幅地膜，用铺膜机直接铺膜，也可进行人工铺膜。铺膜后保持地膜平整和紧贴地面。大田准备及铺膜与苗床炼苗同时进行。移栽时要注意两点：一是膜上打洞分级移栽，及时用细土填缝；二是及时清理膜面，提高增温效应。地膜移栽棉早发，个体发育较好，达到壮个体适群体的高产模式。

（二）合理运用肥料

地膜移栽棉与常规移栽棉在肥水运筹上有很大区别：一是地膜移栽棉开花结铃期长，结铃多，需肥量大，同等类型的棉田要比常规移栽棉增施氮肥30～37.5 kg/hm^2，还需增施磷钾肥和微肥，氮、磷、钾比例为1∶0.3∶0.4；二是棉花各生育期用肥比例，常规移栽棉苗蕾期用肥占总用肥量的40%左右，中后期用肥占60%左右，地膜移栽棉苗蕾期用肥占总用肥量的30%～35%，中后期用肥占65%～70%；三是施肥时间，地膜移栽棉由于土壤温度高、墒情好、养分分解快，生长前期消耗多，第一次花铃肥要比常规移栽棉提前6～8 d，根据苗情在7月上旬施用。地膜移栽棉具有早发早熟的特点，除了要选用后期潜力大的品种外，后期用肥也很关键，花铃肥施尿素225～263 kg/hm^2，盖顶肥施尿素75～90 kg/hm^2，高产棉区和高产田块还要补施桃肥，8月下旬和9月初根外喷肥2～3次。

（三）及时化控和病虫防治

地膜移栽棉既要壮个体，又要塑造高光效的群体结构，才能达到高产的目的。第一次化控在盛蕾期，6月上中旬，叶面积指数(LAI)达到0.5以上，施用缩节胺15.0～22.5 g/hm^2；第二次化控用量为30.0～37.5 g/hm^2，与第一次花铃肥同时施用；第三次化控在打顶后，用于控制上部果枝长度和无效花铃生长。由于地膜移栽棉易早衰，化控要以苗情而定，用量比常规棉轻。由于地膜移栽棉生育进程早，叶片较为嫩绿，虫害防治要根据预测预报的虫情，用药比其他棉田早1～2 d。

（四）做好残膜回收和抗灾应变措施

田间残膜对土壤环境造成污染，在7月上旬破膜施第一次花铃肥时，要将残膜彻底清除干净。由于移栽棉根系较浅，地膜移栽棉结铃多，要防止暴雨后出现倒伏现象。

第五节　轻简育苗移栽新技术

棉花轻简育苗移栽是中国棉花栽培技术的重大突破。在当前农村劳动力大量转移的背景下,国内众多科研单位和生产企业尝试了多种育苗方式,如基质育苗、穴盘育苗、水浮育苗、微钵育苗等,为我国传统植棉方式向现代化植棉方向发展提供了技术支持(见图版3)。

一、轻简育苗移栽技术特点和若干机制

棉花"基质育苗移栽"新技术由中国农业科学院棉花研究所研制,于2004年通过农业部组织的专家鉴定。到2008年,该技术已获得授权专利10项,研制专利及系列产品6个,实现技术产品化、产品系列化和商品化。棉花基质育苗移栽技术代表了棉花生产新技术的发展方向,具有劳动强度低、省工、节本、易实现规模化和机械化的特点,表现出较好的推广应用前景。

(一) 基质育苗技术特点

一是采用专用育苗基质替代营养钵。育苗基质可放入建好的苗床内,也可装入穴盘中,替代营养钵育苗。二是利用专用促根剂进行苗床灌根和移栽前浸根,利用保叶剂实现叶片保鲜,保护裸苗移栽,提高成活率,实现接替营养钵。三是育苗方式灵活,可在房前屋后利用小拱棚分散育苗,也可采用蔬菜大棚规模化集中育苗,或利用育苗穴盘、育苗盒和育苗架进行工厂化育苗。四是该技术和逐步发展的机械化移栽相结合,为棉花生产实现机械化、轻型化奠定基础。五是育苗和移栽相配套。移栽要求浇"安家水",低温移栽返苗发棵慢。

(二) 基质育苗移栽棉花生育特征

1. 基质育苗移栽棉花地上部生长发育特点

(1) 主茎粗壮,节间密而不紧:基质育苗移栽棉花的中下部8～10个果枝的节间生长密集,与直播和营养钵比较,基质育苗移栽棉主茎(子叶节处)增粗0.26～0.32 cm,增幅12.7%～16.2%;果枝间距缩短0.14～0.79 cm,缩密幅度达到3.0%～15.0%;第一果枝节间位置下移0.9～0.5节,下移幅度达11.0%～6.4%;第一果枝节位下移0.7～1.3 cm,移幅4.0%～7.3%,使株型变得紧凑。裸苗移栽棉花不仅株型密而不紧,并且果节数增加,与直播和营养钵比较,裸苗移栽棉花第1～5个果枝的果节数增加3.7～4.7个/株,增幅13.1%～17.2%。同时,成熟植株的高度有所下降,主茎叶片数增加。

(2) 生长稳健,株型呈宝塔形:基质育苗移栽棉花前中期植株生长稳健,叶色深绿,叶片向阳上翘,株型密而不紧,可以不进行或少进行化学调控。与直播和营养钵比较,基质育苗移栽棉果枝间距缩短0.14～0.79 cm,缩密幅度达3.0%～15.0%;第一个果枝生长的果节数最多8个,果枝长度由下向上缩短;株型也由下向上缩短,形成宝塔形状,是高产棉花的典型长相。

2. 基质育苗移栽棉花根系生长发育特点

(1) 基质育苗移栽棉花返苗期根系生长发育特点:基质育苗移栽棉花返苗先长根、发苗先发根。据毛树春等大量田间观察发现,裸苗移栽后的1～2 d,新根从移栽棉苗的主根和侧根上生出;20～25 d棉苗根系结构已形成,侧根数量达到100多条/株,单根最长达到100 cm,根多根壮是返苗发棵生长和中后期棉株抗病防早衰的基础。

2007年,采用微区试验挖根观察,促根剂能加快生根,移栽后的第1天即可观察到有多点新根的突起,从移栽棉苗的主根与侧根上生出,下胚轴接地面处也可出生新根,出生点在

根基部与地面结合处,与禾本科的“气生根”相似。挖根观测到的数据见表 28 - 26。移栽后第 20～25 天即可见优势根系网形成,优势根达 5～6 条/株,根加粗,多级侧根多。结合后期的挖根,可见优势侧根 5～6 条/株,且排列有序。

表 28 - 26　基质育苗移栽棉花栽后返苗期新根生长比较

(毛树春等,2005,2009)

裸苗移栽后天数(d)	总根长(cm/株)	一级侧根数(条/株)	二级侧根数(条/株)	新生总根数(条/株)
3	1.3±0.3	1.7±0.7	未见	1.7±0.7
5	36.5±7.6	12.9±1.8	4.7±1.8	17.6±2.2
7	47.1±5.7	17.23±0.6	18.1±2.7	35.3±2.3
9	159.5±51.5	18.1±2.3	23.0±4.13	41.1±6.1
11	316.4±28.1	23.28±2.0	30.9±6.0	54.1±6.0

[注] 微区试验数据。

由于基质育苗使用促根剂灌根,试验结果表明促根剂处理条件下,根条数增长很快,在移栽后 1～11 d 的观察期内,根条数的增长速率拟合方程为 $y = -0.3161x^2 + 10.843x - 27.926$($r^2 = 0.9889$),日增根条数达到 6.425 条/株(图 28 - 7)。促根剂处理条件下根系长度增长很快,在移栽后的 1～11 d 观察期内,根系长度的增长速率拟合方程为 $y = 6.1634x^2 - 48.628x + 101.24$($r^2 = 0.9855$),日增根长度达到 37.66 cm/株(图 28 - 8)。

(2) 基质育苗移栽棉花生长后期根系生长发育特点:实验测定结果表明(表 28 - 27),基质育苗移栽棉花一级侧根条数 44 条/株,分别比营养钵移栽棉和直播棉多 15.8%和 37.5% ($F = 33.24 > F_{0.01} = 5.49$),差异极显著。基质育苗移栽棉根直径 0.94 cm,分别比营养钵移栽棉和直播棉粗 20.5%和 88% ($F = 249.01 > F_{0.01} = 5.49$),差异极显著。基质育苗移栽棉根干重 31.9 g/株,分别比营养钵移栽棉和直播棉重 22.2%和 75.3% ($F = 84.31 > F_{0.01} = 5.49$),差异极显著。基质育苗移栽对棉花根系具有调节生长作用,这与使用促根剂以及裸苗自身的特性有紧密关系。

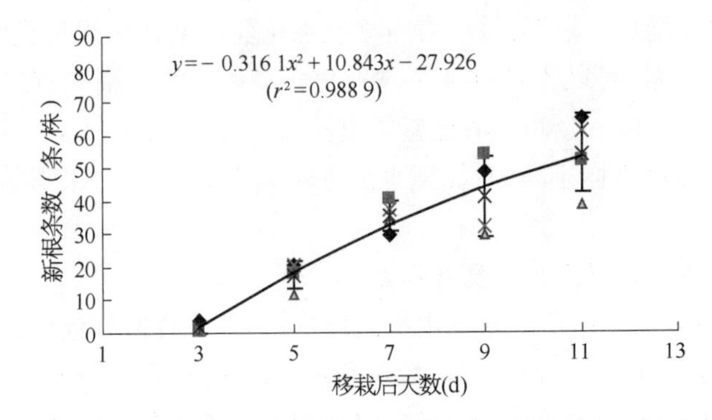

(图中竖线表示每个位点平均值±标准差的变化幅度,表 28 - 8 同)

图 28 - 7　促根剂移栽棉花早期单株新根增长条数动态变化

(毛树春等,2009)

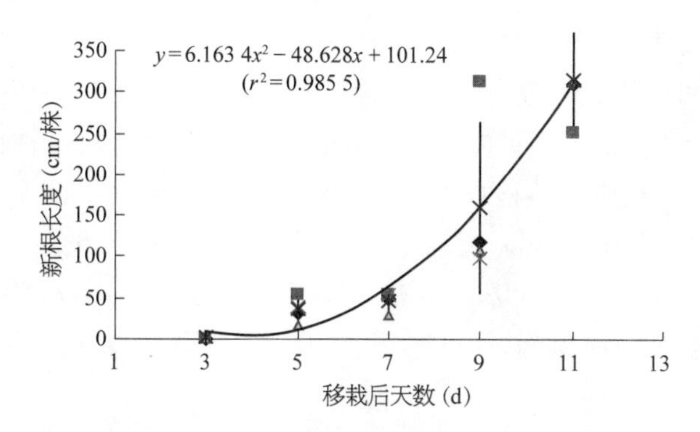

图 28-8　促根剂移栽棉花早期新根长度增长

（毛树春等，2009）

表 28-27　不同种植方式的成熟棉株根系比较*

（毛树春等，2005，2009）

种植方式	一级侧根条数(条/株)	一级侧根平均直径(cm)	根系干重(g/株)
基质育苗移栽	44aA	0.94aA	31.9aA
营养钵育苗移栽	38bB	0.78bB	26.1bB
大田直播棉花	32cC	0.50cC	18.2cC

[注] *试验地点：安阳中国棉花研究所。测定日期：2006年10月10～15日。品种：中棉所 $46F_1$ 杂交种。同列不同小写字母表示5%的差异显著，不同大写字母表示1%的差异显著。

(3) 地膜覆盖对基质育苗移栽棉花根系生长发育的影响：2009年韩迎春等采用打根钻的方法，研究基质育苗地膜覆盖移栽和露地移栽棉花根系生长发育特点。对覆盖移栽和露地移栽棉花单株根表面积和单株根长度与生育进程变化特点进行方程模拟，表现为三次多项式变化特点。对模拟方程求最大值，结果显示(表 28-28)，地膜覆盖对棉花根系生长有促早作用，覆盖移栽棉花单株根表面积和根长度出现极大值的时间均较不覆盖提早，覆盖移栽棉花根表面积出现极大值(5 743.8 mm^2/株)的时间在移栽后的84 d，即7月22日，而不进行地膜覆盖棉花根表面积出现极大值(5 042.5 mm^2/株)的时间在移栽后的90 d，即7月28日；覆盖移栽棉花单株根长出现极大值(18 719.96 mm/株)的时间为移栽后的92 d，即7月30日，而不进行地膜覆盖处理单株根长出现极大值(16 712.95 mm/株)的时间在移栽后的98 d，即8月5日。研究结果还表明，地膜覆盖对根系生长不仅有促进早发的作用，还能促进其生长，地膜覆盖棉花单株根表面积和根长度极大值均高于不进行地膜覆盖的棉花。

表 28-28　基质育苗一熟种植盖膜与不盖膜棉花单株根表面积(*y*)和根长(*y*)与生育期(*x*)回归模型

（韩迎春等，2009）

移栽模式	指　标	方　程	r^2
覆盖移栽	根表面积(mm^2/株)	$y=0.0083051x^3-3.629029x^2+433.996x-10027.94$	0.692 4
露地移栽		$y=0.0025655x^3-1.847752x^2+270.2021x-6179.107$	0.822 7
覆盖移栽	根长(mm/株)	$y=0.0062124x^3-6.28482x^2+994.3843x-24406.2$	0.662 5
露地移栽		$y=-0.0104994x^3-0.9829626x^2+494.5254x-12428.22$	0.845 8

3. 基质育苗移栽新技术对棉花成铃量的影响 韩迎春等2003～2006年研究结果表明,基质育苗移栽棉可提高成铃数。不同品种在一熟或麦、棉两熟种植方式下,基质育苗移栽棉花成铃82.5万个/hm^2,较营养钵移栽棉增加6.0万个/hm^2,较直播棉增加7.5万个/hm^2,分别增7.3%和9.1%。基质育苗移栽棉花成铃数的增加主要是秋桃增加,其伏前桃、伏桃、秋桃比例(%)为4.0∶77.4∶18.6,直播棉比例(%)为4.4∶78.5∶17.1,营养钵移栽棉比例(%)为9.5∶77.1∶13.3。可见基质育苗移栽棉三桃以伏桃和秋桃为主,比值与直播棉接近;而营养钵移栽棉伏前桃比例高,秋桃比例低,前期易出现烂铃,后期早衰不利于高产。

二、轻简育苗移栽技术

轻简育苗移栽仍为育苗和移栽两个环节。轻简育苗是指育苗载体由紧实的营养土钵改成质地疏松的无土、富含营养的基质,按照农艺要求在设施环境中实行高密度集约化育苗。轻简移栽是指无钵土或带少量基质的幼苗栽植于大田,可实行人工移栽或机械移栽。

经过众多科研单位、推广部门和广大棉农的参与,现已形成三种轻简育苗移栽技术——基质育苗移栽、穴盘育苗移栽和水浮育苗移栽,适用于一家一户小拱棚、蔬菜大棚、现代化温室、工厂化育苗基地等设施,自2007年以来被列为农业农村部(原农业部)的主推技术(见图版3)。

(一) 基质育苗方法

基质育苗移栽方法由中国农业科学院棉花研究所研究提出(2002),采用无土育苗基质、促根剂和保叶剂等产品,育苗方法如下。

1. 基质健壮苗标准 育苗期25～30 d,真叶2～3片/株,苗高10～15 cm,子叶完整,叶片无病斑,根多、密且粗壮;离床前幼苗红茎占一半比例为健苗。

2. 轻简育苗前准备

(1) 种子精选:在种子质量符合标准前提下实行精选,除去瘪籽、黄籽。

(2) 育苗设施:可利用小拱棚、蔬菜大棚或温室大棚进行育苗,苗床地要求背风向阳,地势高亢、排水、取水和交通方便。

(3) 适时播种:根据移栽期倒推播种时期,早春棉一般在4月初,抓"冷尾暖头"适时播种。若进行规模化、集约化育苗,需分期分批播种,分期分批起苗移栽。

3. 基质育苗方法

(1) 播前物质准备:备足种子、育苗基质、促根剂、保叶剂、干净河沙和竹弓、农膜、地膜等物资。

(2) 苗床建设:苗床宽120 cm,苗床长度不限;床底平整、四周铺农膜,床深10～12 cm(约2块红砖高度),膜上铺育苗基质厚10 cm。

(3) 基质配置:土育苗基质与干净河沙按1∶1.5的比例混合均匀,加水以手握基质成团为宜。

(4) 播种:播前先划行开沟,行距10 cm,沟深3 cm,在沟内条播或摆播,根据种子发芽率,粒距可在1.8～2.0 cm内调整,成苗株距2 cm。播后用基质覆盖种子,需镇压,可防倒苗或翘根;抹平床面,补喷少量的水。然后搭好弓棚,覆盖农膜,最后开好四沟。

(5) 苗床管理

第一,温度控制。首先是高温齐苗。播种到出苗适宜温度为25～30℃。齐苗后温度尽可能控制在18～35℃,早春育苗主要是增温,晚春育苗则是通风降温,遇到寒潮要注意保温防寒,遇到高温要及时通风降温。

第二,水分控管。掌握"干长根"原则,苗床以控水为主,根据苗情补水,一般每4～5 d灌水1次;后期控水,缺水时轻补少量"跑马水"。

第三,壮苗调控、疏苗。子叶平展后灌稀释100倍的促根剂1次,由于基质苗床不烂籽烂芽,故后出的弱苗、矮苗要疏除。

第四,炼苗。基质苗2片真叶后加强通风炼苗,移栽起苗前7～10 d苗床不再补水,以促进生根,方便起苗和炼苗。

第五,防治病虫害。基质苗床一般无病虫危害。

(二) 穴盘育苗方法

穴盘育苗于20世纪60年代起源于美国的经济作物和花卉育苗,特点是集约化和工厂化育苗,设施工厂的利用率高。穴盘苗根系与基质紧密缠绕,根系呈上大底小的"根坨"。河南省农业科学院棉花油料作物研究所(2002)与扬州大学(2004)等开展了试验研究,提出了如下育苗方法。

1. 穴盘规格和健壮苗标准

(1) 穴盘规格:100孔穴盘,整个穴盘长宽高约为60 cm×33 cm×4.5 cm,单个穴孔体积22～25 cm^3;128孔穴盘,整个穴盘长宽高约为54 cm×28 cm×4.8 cm,单个穴孔体积20～21 cm^3;105孔穴盘,整个穴盘长宽高约为58 cm×32 cm×4.2 cm,单个穴孔体积20～22 cm^3。

(2) 健壮苗标准:苗龄20～30 d;真叶2～3片/株;叶片无病斑;茎粗叶肥;根系紧密缠绕,植株无损伤,根多且密,红茎比50%以上。

2. 穴盘育苗方法

(1) 播前准备:备足种子、穴盘、育苗基质、促根剂、保叶剂、干净河沙和竹弓、农膜、地膜等物资。

(2) 苗床建设:基本同基质育苗。苗床为长方形,宽度130 cm,要求床底平整,铺上农膜,适合穴盘整齐摆放。

(3) 穴盘播种:育苗基质要充分装入穴盘,刮去盘面残留基质。播前穴盘内基质浇足底墒水,保证基质湿透,以穴盘底部渗水为宜;一穴一粒(或两粒)播种。精选种子,除去瘪籽、黄籽,留饱满籽,以减少空穴率。

(4) 苗床管理:齐苗前以较高温25～30 ℃出齐苗。后期以水分管理为主,由于穴孔体积小,基质量小,要及时补水。补水掌握"干湿交替"方法,根据基质墒情苗情,一般1～2 d灌水1次。真叶出生后温度保持在20～35 ℃,前期注意通风降温;后期随着气温的升高,昼夜揭膜炼苗。

(三) 水浮育苗方法

该方法于20世纪80年代应用于烟草育苗。湖南农业大学(2007)等以棉花为材料开展了水浮育苗移栽试验研究,方法如下。

1. 播前准备

(1) 材料准备:一是选用多孔聚乙烯泡沫育苗穴盘,长宽高分别为 68 cm×36 cm×5 cm,每盘 136 穴,每穴体积 20 cm^3;二是建水浮育苗池,长宽深分别为 210 cm×110 cm×20 cm,底部整平,用农膜铺在池底和四周,防止营养液渗漏。每池用水浮育苗专用肥 1 包,兑水 400 kg,配成育苗营养液。

(2) 播种时间:长江流域棉区 4 月 20 日后,待水温稳定在 17 ℃以上方可播种。播种前 15 d 选晴天晒种,连续晒 3～4 d,每日晒 5～6 h。

2. 播种　可选择催芽播种或干籽干播方法。

(1) 催芽播种:一是浸种。种子用 75～80 ℃的温开水浸泡 2 min 严格控制时间,使棉籽合点帽张开,然后降温至 45 ℃左右,浸泡 3～5 h,捞出浮在水面的嫩籽,取饱满健籽催芽。二是催芽。在温度 25～32 ℃经 5～12 h 催芽后种子即可破胸,当种子露出白芽到芽长达种子长的 1/2 时为最佳播种期。三是芽种点播。播前先将基质吸足约 60%的水分,接着穴盘装满基质,每穴播 1 粒芽种,芽朝下,用手指轻轻下按。然后覆盖基质,厚度为 1～1.5 cm,以基质与育苗孔平齐为度。

(2) 干籽干播:基质充分吸水,吸水量为基质干重的 2.0～2.5 倍时,基质外观为疏松、湿润、无水渗出。接着把吸水后的基质装填在育苗托盘内,压紧,基质离盘面 1～1.5 cm。挑选健壮种子播种,每穴播 1 粒,种子尖端朝下或正对育苗盘底部小孔,播种时用手指轻轻下按即可。播种后覆盖基质,厚度 1～1.5 cm。

3. 苗床管理

(1) 消毒:播种后用喷雾器在育苗盘表面喷洒多菌灵消毒,防止苗病发生。

(2) 置盘:消毒后将育苗盘放入育苗池内,也可先放置在温度较高的室内。待子叶出土后再移至育苗池内。干籽干播的苗盘,先放在室内或其他保温防晒的地方出苗,出苗达 80%以上时置于育苗池内漂浮育苗。

摆放好育苗盘后立即盖膜,以保湿、保温。温度控制在 25～30 ℃,高温时要通风降温。如遇寒流侵袭时应盖膜保温,防止棉苗冻伤。

(3) 炼苗:幼苗苗龄达到 2 片真叶后,在晴天每日将育苗盘抬高,使根系离开营养液进行炼苗。

(4) 防高脚苗和病虫防治:根据棉苗长势酌情调控,可喷施用 1 g 缩节胺兑 100 kg 水的药液。当棉苗发生病虫害时,应及时进行防治。

(四) 轻简幼苗移栽技术

棉花轻简化移栽技术是指对轻简化育苗获得的无钵土或带少量基质的棉花幼苗进行大田定植移栽技术。有人工开沟、打洞(穴)移栽和机械化开沟、打洞(穴)移栽。

1. 轻简幼苗移栽要求　轻简幼苗大面积移栽的成活率不低于 90%,春季移栽返苗期 7～10 d,夏季移栽返苗期 2～3 d 或不明显。返苗发棵先长根是轻简幼苗移栽的基本特点,移栽要求地温稳定在 17 ℃以上。

2. 栽前准备　轻简幼苗移栽需掌握“栽健苗不栽弱苗,栽壮苗不栽瘦苗”“栽高温苗不栽低温苗”“栽爽土不栽湿土,栽活土不栽板结土”“栽深不栽浅”“安家水宜多不宜少”的原则。

(1) 大田准备:提早施底肥,蓄足水底墒。移栽田块地平、土净、土细、土松、土爽。移栽田块墒情达到底墒足,口墒好。提前 7～10 d 施用底肥;如果是边移栽边施肥,则肥料与棉苗需保持 15 cm 的距离,以防“烧苗”。

(2) 移栽期:移栽适期长江流域棉区春棉在 4 月中下旬到 5 月上中旬;油(麦)后棉在 5 月底到 6 月初;黄河流域棉区春棉在 4 月中下旬到 5 月上旬,短季棉在 5 月底到 6 月上中旬。

3. 轻简幼苗移栽方法　安排人力,有计划移栽,尽量做到当天起苗当天栽完。

(1) 苗床喷保叶剂:移栽前裸苗、轻基质棉苗需喷施保叶剂保鲜,减轻幼苗萎蔫程度。

(2) 起苗和分苗:起苗前 2～3 d 用 0.1%“促根剂”随灌水施在苗床底部,此后苗床不再补水,爽床起苗,控水后幼苗红茎比例占一半为健苗。起苗前喷施保叶剂 15 倍稀释液。起苗时拨开根系周围苗床基质,一手插入苗床底部托苗,一手扶苗,轻轻抖落基质。

(3) 分苗和扎捆:剔除病苗、伤苗,选整齐健壮苗,每 50 株扎成一捆。基质苗床苗需用促根剂 100 倍液浸根 15 min。每升稀释液可浸根 5 000 株。

穴盘苗和水浮苗起苗时一样,先将苗盘提起,轻轻抖落育苗基质,然后用手轻轻扯起幼苗,每 30～50 株扎成一捆后用清水浸根,也可直接将育苗穴盘运输到田间,边起苗边移栽。

(4) 装苗和运苗:要求边起苗边移栽,就地起苗就地移栽。运苗用运苗盒(长宽高为 60 cm×40 cm×25 cm),可装苗 1 000～1 500 株,也可用透气纸箱或其他容器运苗,底部和四周铺地膜,底部加少量水保持根系湿润,运输时不能挤压。

(5) 人工移栽:具体工序为开沟或打洞——放苗——覆土、镇压——“安家水”。沟深 10～20 cm,栽植株距按要求密度。幼苗栽深大于 7 cm,“安家水”每株 0.25～0.5 kg。

(6) 机械移栽:采用边打洞、边放苗、边覆土镇压、边浇“安家水”连续作业,机型有一次移栽 1 行的 2ZBX - 1 和一次移栽 2 行的 2ZBX - 2(见第四十七章)。机械移栽可采用“板茬”,也可边旋耕边移栽,栽前需清理地面残茬,如杂草、枯枝落叶等。

4. 栽后管理

(1) 查苗查墒:轻简幼苗移栽后出现短时萎蔫是正常现象,次日清晨当可恢复。发现死苗要及时补栽,并扶正倒苗。

栽后遇旱要及时灌溉补水,提高移栽成活率,促进壮苗早发。当轻简苗移栽后棉苗长出第一片新叶时,可施提苗肥。露地移栽要促进返苗发棵生长,提倡中耕破板结。

(2) 防治害虫保全苗:栽后要注意防治蜗牛、地老虎、蚜虫和蓟马等危害。

防治蜗牛可用砒酸钙 22.5 kg 与 225 kg/hm^2 细土配成毒土撒于田中;或用灭蜗灵 800～1 000 倍液或氨水 70～400 倍液喷洒防治;或用 2%的灭害螺毒饵 6.0～7.5 kg/hm^2,等栽后撒施于棉行地面。

防治地老虎可将 50%辛硫磷 0.05 kg 或 90%晶体敌百虫 0.10 kg 兑水 0.5 kg 化开,喷在 20～25 kg 炒香的饵料上并拌匀,若地老虎发生严重,可边栽植边在棉株附近撒毒饵,隔一定距离放 1 小堆,毒饵用量 150～300 kg/hm^2;或栽后喷施 50%辛硫磷 1 000 倍液,或 90%敌百虫 1 000 倍液,或 50%敌敌畏 1 000 倍液进行防治,药液用量 300～450 kg/hm^2。

棉蚜、蚜虫、蓟马防治见第四十一章。

（五）轻简育苗移栽注意事项

首先是无土基质、穴盘苗因出苗快速、覆盖的基质较轻，当出现翘根现象时，可覆盖干净河沙。

其次是轻简幼苗怕旱不耐寒，故移栽期间注意气温、地温和底墒。当出现大风强寒潮应停止移栽；当幼苗遭受低温冻害时，待苗情恢复正常之后再移栽；栽后遇到干旱则要及时灌溉补水。

第三是提倡地膜覆盖，本技术不能替代地膜覆盖。

第四是安全使用除草剂：①轻简幼苗移栽待返苗发棵后再使用除草剂。②定向喷施除草剂，当返苗发棵后的幼苗高度达 30 cm 以上，可使用除草剂盖草能 1 500～2 250 ml/hm^2，或精稳杀得 1 800～2 250 ml/hm^2，或 10%三氟啶磺隆钠可湿性粉 225～300 g/hm^2，或 25%氟磺胺草醚水剂 1 050～1 500 ml/hm^2 等防除杂草。

三、其他育苗技术

（一）机械化微钵育苗

“棉花机械化微钵育苗技术”由江苏省农业科学院经济作物研究所研制。该项技术突破了育苗制钵依靠手工作业的传统模式。苗床管理过程和移栽时的劳动强度大幅度降低。采用机械制钵，制钵速度快，每小时可出钵 2 500～3 000 个，相当于手工制钵 5 h 的制钵量。微钵钵体小，直径 3.5 cm 左右，高 4.5 cm 左右，钵体重量相当于常规营养钵的 1/3，营养土用量少、苗床小，可节省备土制钵用工。育苗期缩短，棉苗 2 叶 1 心期即可揭膜炼苗、移栽。微钵育苗苗龄适宜，棉苗素质好，移栽成活率和缓苗期可以达到传统营养钵育苗的水平。

（二）芦管育苗

芦管育苗移栽技术由宋家祥等提出，该技术在生育期、物质积累和器官生长方面，与营养钵育苗移栽棉相比，有前期迟缓、中期较快、后期接近的特点。芦管育苗移栽棉扎根深、后发势强，操作简便，有利于育苗工厂化和移栽轻型化，但棉苗移栽后发苗缓慢，成活率较低，生育推迟，晚秋桃比例大，达不到实用化要求。

（三）纸钵育苗

纸钵育苗的优缺点与营养钵育苗相似，只是制钵方式略有不同。纸钵制作时，把特制的制钵器夹片张开，铺上纸，装上营养土制钵。纸钵育苗省工节本，但是存在保水性差以及移栽时容易散等问题，目前只适宜在山区黏土地、不宜制钵的地方推广应用。

（撰稿：徐立华，王国平；主审：别墅，董合忠；终审：毛树春）

参考文献

[1] 徐立华. 我国棉花高产、高效栽培技术研究现状与发展思路. 中国棉花，2001，28(3).
[2] 毛树春. 棉花高产优质高效栽培技术理论研究新进展. 中国棉花，1998，25(6).
[3] 毛树春. 中国棉花景气报告 2009. 北京：中国农业出版社，2010：311－314.
[4] 华东农业科学研究所. 棉花营养钵育苗. 华东农业科学通报，1955(3).

[5] 华兴鼎,朱烨,朱绍琳,等.棉花的育苗移栽.南京:江苏人民出版社,1956.
[6] 朱烨.棉花营养钵育苗移栽技术.农业科技通讯,1983(2).
[7] 朱烨,倪金柱,端木鑫,等.棉花营养钵育苗移栽的研究与应用.//国际棉花学术讨论会文集.北京:中国农业科技出版社,1993:427-432.
[8] 毛树春.我国棉花耕作栽培技术研究和应用.棉花学报,2007,19(5).
[9] 刘艺多.棉花育苗移栽技术.北京:金盾出版社,1999:21-30.
[10] 湖北省棉花联合考察组.棉花营养钵育苗移栽发展的优势.中国棉花,1985,12(1).
[11] 陈奇恩,南殿杰,范志杰.山西省棉花栽培技术的研究与发展.棉花文摘,1993(1).
[12] 孙学振,施培,周治国.我国棉花高产栽培技术理论研究现状与展望.中国棉花,1999,26(4).
[13] 刘艺多,徐立华,钱大顺.育苗移栽棉花高产栽培新技术.南京:江苏科学技术出版社,1999:8-9,20-30,96-106.
[14] 倪金柱,谢其林,刘艺多,等.棉花育苗移栽技术体系及生理基础的研究.江苏农业科学,1982(1).
[15] 中国农业科学院棉花研究所.中国棉花栽培学.上海:上海科学技术出版社,1983:401-422.
[16] 江苏省农学会.江苏棉作学.南京:江苏科学技术出版社,1992:91-97.
[17] 倪金柱.中国棉花栽培史.北京:农业出版社,1993:101-108.
[18] 中国农业科学院棉花研究所.棉花优质高产的理论与技术.北京:中国农业出版社,1998:157-168.
[19] 毛树春.棉花规范化高产栽培技术.北京:金盾出版社,1998:49-57,106-111.
[20] 喻树迅,张存信.中国短季棉概论.北京:中国农业出版社,2003:184-196.
[21] 陈祥龙,范正辉,李秀章,等.麦后移栽棉种植制度的技术经济效应.中国棉花,1993,20(2).
[22] 徐立华,李秀章,陈祥龙.江苏省高效棉业经济效益剖析.中国棉花,1995,22(7).
[23] 高璆.棉花优质高产栽培理论与实践.南京:江苏科学技术出版社,1988:244-245.
[24] 河南省农业科学院.棉花优质高产栽培.北京:农业出版社,1992:171-183.
[25] 山西省棉花研究所,山西大学生物系.移栽棉花生育规律与产量形成关系的研究.山西棉花通讯,1977(4).
[26] 王惠英.麦后移栽棉的根系发育及肥水管理.上海农业科技,1982(3).
[27] 唐仕芳,陈光琬.湖北省棉花优质高产栽培技术.武汉:武汉大学出版社,1990:1-20.
[28] 施培,陈翠容,周治国,等.棉麦两熟双高产理论与实践.北京:原子能出版社,1995:32-37,97-99.
[29] 陈奇恩,田明军,吴云康.棉花生育规律与优质高产高效栽培.北京:中国农业出版社,1997:267-268.
[30] 朱烨,钱大顺,陈祥龙,等.棉花地膜平铺覆盖营养钵育苗移栽技术.江苏农业科学,1986(2).
[31] 刘兴民,刘艺多.棉花塑膜育苗通风方法试验.中国棉花,1982,9(1).
[32] 李大庆,朱献玳,徐立华,等.麦后移栽棉生理特性及调控技术——苗床内搬钵、化控的生理效应.江苏农业科学,1990(2).
[33] 李秀章,纪从亮,陈祥龙,等.江苏省棉花育苗移栽亩产皮棉百公斤栽培技术.中国棉花,2000,27(6).
[34] 周明炎.湖北棉花.北京:中国农业出版社,2004:116-124.
[35] 吴云康,陈德华,戴敬.移栽地膜棉花高产栽培新技术.南京:江苏科学技术出版社,1999:1-13.
[36] 毛树春,韩迎春,王国平,等.棉花工厂化育苗和机械化移栽新技术.中国农业科学,2006,39(11).
[37] 毛树春.图说棉花无土育苗无载体裸苗移栽关键技术.北京:金盾出版社,2005:16-28.
[38] 毛树春,韩迎春,王国平,等.棉花无土育苗技术.中国棉花,2006,33(4).
[39] 韩迎春,毛树春,李亚兵,等.裸苗移栽棉花产量、品质和效益分析.中国棉花,2009,36(3).
[40] 刘学堂.棉花无土育苗专利技术及其配套专利技术发展前景与市场潜力.中国棉花,2005,32(4).

[41] 夏敬源,夏文省.棉花无土育苗移栽技术集成创新与推广应用.中国棉花,2008,35(1).
[42] 陈金湘,刘海荷,熊格生.棉花水浮育苗的优势及其技术.农业科技通讯,2007(12).
[43] 徐立华,张培通,杨长琴,等.不同育苗方式棉花的生长发育特性.江苏农业学报,2007,23(6).
[44] 徐立华,张培通,李国锋,等.棉花机械化微钵育苗技术规程.江苏农业科学,2008(4).
[45] 陈德华,张祥,吴云康,等.棉花塑料穴盘轻型育苗和移栽新技术.中国棉花,2004,31(10).
[46] 车艳波,汤一卒,纪从亮.我国棉花育苗技术进展与展望.中国棉花,2002,29(12).
[47] 毛树春,韩迎春.图说棉花基质育苗移栽.北京:金盾出版社,2009.
[48] 杨铁钢,黄树梅,郭红霞.棉花无土育苗及其无钵移栽方法.中国专刊.CN1440638.
[49] 中华人民共和国农业部.2016 年农业主导品种和主推技术.北京:中国农业出版社,2016:264 - 267.

第二十九章　棉花地膜覆盖栽培

地膜覆盖植棉(简称地膜棉)的研究始于20世纪70年代中期。1976年,山西省农业科学院棉花研究所首开棉田塑料布覆盖研究的先河。自1978年引进日本“超薄膜”(厚度0.012～0.018 mm)后,山西、辽宁等省相继开展棉花地膜覆盖栽培的试验研究。1980年,农业部把地膜覆盖植棉列为全国重点示范推广的19项农业科技成果之一,当年示范面积扩大到1 600 hm^2,1981年增加到4 000 hm^2,1983年快速增加到43.7万 hm^2,到1992年达到140万 hm^2,占全国农作物地膜栽培总面积的29.6%。自那时起,我国成为全球地膜植棉发展最快、应用面积最大的国家,并形成了具有中国特色的棉花地膜覆盖栽培技术体系。

在全国不同生态区,地膜覆盖可提早播种7～10 d,争取积温200～440.5 ℃。由于提早播种、延长生育期,增温保墒保苗,促进早发早熟的综合效应,地膜棉普遍增产10%～50%,甚至成倍增产;霜前优质棉比例提高20～30个百分点,早熟性明显改善。与育苗移栽一样,地膜覆盖成为支撑全国棉花高产优质、棉区北移和西移取得成功的又一关键性、基础性技术。

随着地膜植棉技术的发展和创新,先后形成了包括宽膜植棉、双膜植棉、膜侧播种、地膜沟棚覆盖和地膜与秸秆二元覆盖等在内的地膜棉技术体系,以及与滴灌技术相结合的膜下节水灌溉技术。同时,地膜植棉理论的研究也丰富和发展了作物栽培理论。其中,覆膜棉田“四层次”生态结构理论的提出,丰富和发展了农田生态学理论;“地积温”对“气积温”的补偿效应理论的提出,丰富和发展了棉花栽培学理论。这些新理论和新技术体系的形成,阐明了棉花地膜覆盖取得高产、早熟、优质的机理;有力地促进了棉区的北扩和西移;有效地协调高产与优质的关系,推动了棉花栽培技术的进步。

棉花地膜覆盖是我国农业“白色革命”的典型代表,然而也产生了严重的“白色污染”。残膜污染问题不可回避,治理极为迫切。在加强农业清理措施的同时,开发可降解地膜以及寻找农艺接替措施成为新的历史性重任。

第一节　地膜覆盖棉田的生态结构和特征

作物产量是作物自身的遗传效应和作物生长环境效应共同作用的结果。环境效应决定于作物生长的生态系统结构。棉花地膜覆盖增产的主要原因,就是覆盖改变了棉田的生态系统及其相关的生态因子的状态,使之适合种子萌发和棉株生长发育,从而实现高产、早熟、优质。

一、地膜覆盖棉田生态系统结构

陈冠文等关于生态系统的研究指出，露地棉田由土体层、植被层和近地大气层三个子系统组成；地膜棉田由土体层、膜下层、植被层和近地大气层四个子系统组成。膜下层是指下至土体表层、上至塑膜的一个很薄、但有特殊功能的子系统(图 29－1)。

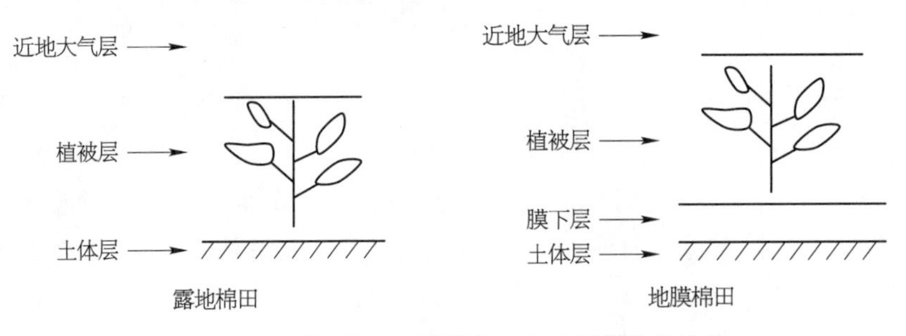

图 29－1　露地棉田和地膜棉田生态系统结构比较

露地棉田的生态系统是开放式的，其物质和能量的交换与传递基本上是一个连续的过程：由高密度或高能量逐步向低密度或低能量传递。如中午阳光充足时，近地大气层空气温度较高，土体温度较低，热能就会通过子系统之间的能量交换而逐渐由近地大气层传递给植被层，由植被层再传递给土体层，从而使地温增高；夜间则相反。这种物质和能量的交换和传递方式称为直链式，即：土体层⟺植被层⟺近地大气层。

当地面覆盖一层塑膜后，在塑膜与土体之间形成了一个主要由空气组成的、不透水、不透气、传热差的膜下层，形成膜下层与土体层之间的物质、能量交换的小循环；在塑膜的上面则形成植被层和近地大气层之间的物质、能量交换的小循环。在这两个小循环之间，除了以少量的长波辐射进行能量交换外，基本上不进行物质、能量交换。这种物质和能量交换方式称为双环式，即：土体层⟺膜下层〈……〉植被层⟺近地大气层。

地膜棉田这种特殊的物质、能量交换和传递方式促成其增温、保墒、提墒的特殊功能，形成地膜棉田生态系统最本质的特征。

二、地膜覆盖棉田生态子系统特征

地膜棉田的生态系统由土体层、膜下层、植被层、近地大气层四个子系统组成，每个子系统都具有不同的生态特征。

(一) 膜下层子系统

地膜棉田膜下层子系统的范围，下至土体表层，上至塑膜。

1. 生态特征　温度高、湿度大是膜下层的主要生态特征。在苗期阶段，棉苗小，植被层通过对流与近地大气层频繁地交换热能。由于大气系统庞大，白天近地大气层升温慢，夜间降温快；而膜下层空间小，白天遇热升温快，夜间由于地膜的隔离，阻止了膜下层空气和气态水与近地大气层的热量交换；膜下层很薄而稳定的贴地气层，使传导失热小，热量散失慢；加上土体不断为它提供热量，故膜下层降温较慢，这使它的日均温高于土体层、植被层，成为地膜棉田生态系统中的高温子系统(表 29－1)。陈冠文以实测资料建立了膜下层最高温度的回归方程：

$$y = 6.65 + 2.278x$$

式中：y——膜下层最高温度预测值；x——日平均气温，取值范围 17.4～37.9 ℃。n(样本)=16，t=12.906**。

表 29－1　地膜棉田膜下层、近地大气层与 5 cm 土层日最高温度比较

(单位：℃)

子系统	测定日期(月/日)						
	4/21	4/22	4/23	4/24	4/25	4/26	平均
近地大气层	30.4	31.7	30.4	31.4	28.9	30.4	30.5
膜下层	54.5	52.5	53.0	54.0	44.0	52.0	51.7
5 cm 土层	23.3	22.7	23.6	22.5	22.8	20.9	22.6

[注] 本表根据农七师 123 团气象站实测资料整理。近地大气层气温在百叶箱内测得，膜下层气温和 5 cm 地温在宽膜棉田测得，膜面宽 1.2 m。

郑维研究指出，出苗前，在辐射增温天气下，最热位置在地面；平流增温天气下，最热位置在地面与膜面之间(即膜下层)。出苗后，辐射增温天气下，最热位置在膜面下、叶面上和膜下地面；平流增温天气下，最热位置为叶面和膜面与地面之间(即膜下层)。

2. 主要功能

(1) 增温功能：各地研究结果都表明，在棉花生育前期，膜下层对土体起着十分显著的增温作用。5 cm 地温日增一般可达 1～5 ℃(表 29－6)。

(2) 增光功能：覆膜棉田通过塑膜及附着在膜面下的水珠，将部分光能反射到植被层，从而增加了植被层的有效辐射量。据陈冠文等 1997 年 5 月测定，覆膜棉田苗期地面高度在 0～100 cm 范围内，有效辐射量比露地棉田平均增加 50.8 μmol/(m^2・s)，增加 29.6%(表 29－2)。

表 29－2　近地层有效辐射量测定结果

(陈冠文，1998)

处　理	离地面高度(cm)						
	10	20	40	60	80	100	平均
覆膜宽行[μmol/(m^2・s)]	268.1	272.9	224.9	203.1	184.5	181.8	225.4
露地宽行[μmol/(m^2・s)]	167.3	181.6	174.9	177.1	164.2	165.4	171.8
差值[μmol/(m^2・s)]	100.8	91.3	50.0	26.0	20.3	16.4	50.8
差值/露地	60.3	50.3	28.6	14.7	12.4	9.9	29.6

据辽宁省棉麻科学研究所测定：覆膜棉田棉苗高 5～6 cm 时，离地面高 10 cm 处的光强增加 147%，离地面高 30 cm 处的光强增加 95%；苗高 10 cm 时，离地面高 10 cm 处的光强增加 75%；离地面高 30 cm 处的光强增加 33%。北京农业科学研究所测定，覆膜棉田离地面高 30～35 cm 处的光强增加 1 000～1 500 lx。

(3) 保墒、提墒功能：覆膜棉田的膜下层不仅能阻止土壤水分蒸发，而且通过与土体不断进行水分交换：土壤水分以气态水进入膜下，在膜下形成水珠，然后又以重力水返回土壤，提高上层土壤的含水量。李新裕等研究指出，膜内表层土壤水分运动是以温度梯度影响下的上下循环方式，从总的运行趋势来看，白天向下，夜间向上。因此，覆膜棉田具有很好的保墒、提墒作用。石河子农业科学研究所测定结果显示，覆膜棉田在覆膜后 34 d，0～5 cm 土层田间持水量增加 9.8%，而露地棉田 0～5 cm 土层田间持水量却减少了 10.8%(表 29－3)。

表 29－3　覆膜与露地棉田 0～5 cm 土层田间持水量比较

(石河子农业科学研究所，1980)　　(单位：%)

棉田类别	测定日期(月/日)					
	4/17	4/25	5/21	6/6	平均	4/17～6/6
覆膜棉田	55.3	62.5	65.1	55.3	59.6	0.0
露地棉田	63.0	68.1	52.2	45.2	57.1	－17.8
差值	－7.7	－5.6	＋12.9	＋10.1	＋2.5	

(二) 植被层子系统

地膜对植被层的生态效应主要表现在苗期至蕾期，这段时期，植被层的生态特征主要表现为有效辐射量增加，CO_2 浓度降低，棉株生长量大，生育进程快。

1. 有效辐射量大　覆盖的塑膜对阳光具有较强的反射能力，能有效增加植被层和近地大气层的有效辐射量。从表 29－2 可以看出，地面上 10～100 cm 高度范围内，宽膜覆盖比露地反射的有效辐射量多；高度越低，有效辐射量增加越多。

2. CO_2 浓度低　由于微生物不断分解有机物质，棉田土壤中不断地释放出 CO_2。露地棉田土壤是一个开放系统。它与植被层经常进行气体交换，而保持植被层中 CO_2 浓度的相对稳定；塑膜覆盖后，阻隔了土体与植被层的气体交换，因而植被层中的 CO_2 浓度比露地略低。

3. 植株生育进程快，子系统组成变化大　这是覆膜棉田植被层第三个生态特征。据石河子农业科学研究所观察，覆膜棉田棉株全生育期比露地棉株缩短 25 d，其中播种至出苗少 8 d，出苗至现蕾少 9 d，开花到吐絮少 8 d。覆膜棉田不仅比露地棉田植株生育进程快，而且生长量大，叶面积增加尤为明显(表 29－4)。

表 29－4　覆膜与露地棉田生育期与叶面积比较

(石河子农业科学研究所，1980)

棉田类别	生育期(月/日)					全生育期(d)	叶面积(cm^2/株)		
	播种	出苗	现蕾	开花	吐絮		5/30	6/30	7/30
覆膜	4/24	5/3	6/4	7/2	8/28	127	93.1	1 946.1	3 714.7
露地	4/24	5/11	6/21	7/20	9/22	152	12.7	563.2	2 399.7

(三) 土体层子系统

土体层子系统的生态特征主要表现为以下几点。

1. 地温高，地积温多　综合 1982～1984 年新疆莎车、墨玉、库车等地测定结果，4 月中旬到 5 月下旬，5 cm 地温，覆膜棉田比露地棉田高 2.5～3.3 ℃；4 月中旬至 6 月中旬，5 cm 和 10 cm 地积温分别高 239 ℃和 162 ℃。随着地膜覆盖度的增加，地温越高，地积温也越多。

2. 土壤含水量高且稳定　1984 年库车测定 0～10 cm、10～20 cm 土层含水率，覆膜棉田比露地棉田分别高 2.4%和 1.1%，田间日蒸发量少 3 mm。据石河子农业科学研究所测定，覆膜棉田的土壤含水率受环境干扰(如降雨等)较小，比较稳定(表 29－3)。

3. 土壤微生物增多　土壤微生物数量与土壤水、热条件关系极为密切。各地研究表明，地膜覆盖棉田的土壤水、热状况比露地好，因而土壤微生物总量明显比露地棉田多。山西地膜覆盖棉田较露地棉田细菌数增加 42.9%～74.5%，放线菌增加 5.2%～70.0%，真菌数增加 25.0%～76.7%。在新疆，地膜覆盖棉田除真菌数减少 42.5%，细菌和放线菌总数都增加，总菌数增加 19.3%(表 29－5)。

表 29－5　新疆地膜覆盖对棉田土壤微生物的影响

(文启凯，1993)

棉田类别	细　菌	放线菌	真　菌	总菌量
覆膜($\times10^4$ 个/g 干土)	104.20	25.19	5.11	134.50
露地($\times10^4$ 个/g 干土)	84.40	19.44	8.88	112.72
覆膜比露地增加量(%)	23.5	29.6	－42.5	19.3

4. 土壤速效养分增多、有机质含量下降快　土壤中水、热状况的改善和土壤微生物的增多，加快了土壤有机质的分解和养分的转化，因而在棉株生育期间，土壤速效养分增高，而有机质含量下降速率较快。

5. CO_2 浓度较高　由于地膜覆盖阻止了土壤中的 CO_2 向大气扩散的速度，因而土壤中 CO_2 的浓度高于大气。山西省农业科学院棉花研究所(1982)4 月 20 日测定，覆膜棉田的 CO_2 浓度为 1 725.4 mg/kg，较露地棉田高 80%；5 月 4 日测定，覆膜棉田 CO_2 浓度为 3 688.8 mg/kg，为露地棉田的 3.84 倍；5 月 11 日测定，覆膜棉田 CO_2 浓度比露地棉田高 583%。

第二节　地膜覆盖棉田的生态效应

一切生物都是在一定的环境条件下生长发育并完成其生命过程的，生态条件的变化对基因表达有重要影响。因此，人为改变作物的生长环境是实现作物高产优质的重要途径之一。覆膜植棉技术就是通过人为改变棉花的生长环境，实现棉花高产优质的典型范例。

一、地膜覆盖土壤增温效应

全国不同棉区的研究都表明，地膜覆盖的土壤增温效应十分突出。从覆膜宽度看，窄膜覆盖增温 200～250 ℃，宽膜增温大于窄膜，超宽膜又大于宽膜。从增温的时期看，棉花生育前期增温多，中后期降低；从区域看，西北内陆和辽河流域增温效应大于黄河流域和长江流域；从土层看，同一棉田 5 cm 土层增温大于 10～20 cm。

(一) 地膜覆盖土壤增温原理

地面温度的高低是由地面热量的吸收和逸散程度决定的。地膜覆盖本身并不能产生热能，只是改变了土壤对太阳辐射能的吸收量和地面热量逸散量的平衡关系，从而使地膜覆盖的土壤热通量增加。

关于土壤热量逸散的途径，张立基在对地膜增温机理进行研究后认为，地面放热的方式主要有 4 种：向空间辐射放热、向接近地表的空气传导散热、向土壤内部传热和以水分蒸发方式失热。地面覆盖对传导散热和水分蒸发失热有较大的阻隔作用。

地膜覆盖棉田，由于地膜的阻隔和反射作用，土壤的净辐射收入有所减弱。试验结果显示，裸地土壤表面昼间净辐射收入为 1 569.2 J/cm^2，而盖膜后昼间净辐射收入减至 1 034.6 J/cm^2。但由于地膜对地表热量逸散的阻隔，与露地相比，土壤热量的减少量要小得多。能量平衡结果，地面覆盖的土壤热通量反而比露地大。因此，地膜覆盖能有效地提高土壤温度。

(二) 地膜覆盖土壤增温表现

1. 增温效应明显　综合各地的研究和实践结果，地膜覆盖日增地温在 1.0～5.0 ℃。不同棉区覆盖期累加积温，南疆 4 月 20 日至 6 月 10 日，5 cm 地温增 187.2 ℃，如果加上提早 10 d 播种，从 4 月 1 日到 6 月 10 日共 71 d，增温 231.2 ℃。北疆 91 d 覆盖期增温 324 ℃。辽宁 5 月至 6 月 10 日的覆盖期内，10 cm 地温约增 200 ℃。山西棉区，4 月 1 日至 6 月 30 日，5 cm 地温增 209.7 ℃。河北东北部从播种到现蕾，10 cm 地温增加 226.1 ℃。山东 4 月中旬到 5 月的 51 d 覆盖期，5 cm 地温增 214.1 ℃，15 cm 地温增加 238.2 ℃。长江下游江苏沿海地区，从 4 月 21 日至 6 月 30 日，5 cm 地温增 248.6 ℃。长江中下游湖北、湖南、安徽等省，从 4 月到 5 月地温增 100～150 ℃(表 29-6)。

表 29-6　我国主要棉区地膜覆盖增温资料汇总表

(陈冠文，毛树春，2010)

棉区		时段(月/日)	各土层平均日增温(℃/d)					地积温增加值(℃)	参考文献
			5 cm	10 cm	15 cm	20 cm	平均值		
西北内陆	南疆	4/20～5/10	4.4	3.1			3.8	75.0	[8]
		5/11～6/10	3.2	2.2			2.7	83.7	
	北疆	4/1～6/30	3.6	3.3			3.4	307.8	[9]
黄河流域	河南	4/21～4/30	2.1	1.4	1.5	0.9	1.5	14.8	[10]
		5/1～5/10			1.1			11.2	
		5/11～5/31		1.1		22.0			
	山西	4/1～4/30	1.7			51.9			[11]
		5/1～5/31	2.7					83.7	
		6/1～6/30	2.5			74.0			
	山东	4/11～4/20	2.1	3.4	2.8	21.0			[12]
		4/21～4/30	3.5	4.0	3.8	35.0			
		5/1～5/10	5.2	5.9	5.5		5.5		
		5/11～5/20	5.0	4.8	4.9	50.0			
		5/21～5/31	5.1		5.2		5.2	56.1	

（续表）

棉　区		时　段 （月/日）	各土层平均日增温（℃/d）					地积温增加值（℃）	参考文献
			5 cm	10 cm	15 cm	20 cm	平均值		
长江流域	河北	播种到现蕾						226.1	[13]
	湖北	4/21～6/10	1.1	0.7			0.9	45.1	[14]
		6/11～7/20	0.3	0.4			0.3	13.3	
	江苏	4/21～4/30	4.4	3.2			3.7	36.9	[11]
		5/1～5/31	5.7	4.1			4.9	152.2	
		6/1～6/30	2.1	1.7			1.9	57.2	
辽河流域	辽宁	5 月上旬	2.3	4.8	5.2	4.4	4.2	44.3	[15]
		5 月中旬	5.4	3.8	3.0	2.4	3.7	38.5	
		5 月下旬	6.6	4.2	2.1	0.4	3.3	35.8	
		6 月上旬	7.4	6.1	1.2	0.4	3.8	38.8	

［注］参考文献栏为本章参考文献编号。

由于棉区宽阔，地膜覆盖在棉花各生育期对土壤温度的影响效果不同。播种—苗期—蕾期地膜覆盖的土壤增温效应明显；以后由于棉株枝叶逐渐繁茂，直射到地面的光线逐渐减少，加上覆膜土壤湿度比露地大，土壤温度上升慢，到花铃期覆膜土壤温度反而低于露地，不过此时正值高温季节，地膜的降温作用反而有利于减轻高温对棉花的危害。

2. 不同覆膜技术对增温效应的影响

(1) 覆盖度对增温效应的影响：覆盖度是指塑料薄膜实际覆盖的面积占棉田总面积的百分比，分为理论覆盖度和生产覆盖度。理论覆盖度是指塑料薄膜水平面积占棉田总面积的百分比；生产覆盖度是指实际覆盖的棉田水平面积占棉田总面积的百分比。对同一块棉田来讲，由于膜边缘被土壤所压，同时覆盖地面都程度不同地呈“弓”背型，所以实际生产覆盖度面积都比理论覆盖度少。

覆盖度直接影响着土壤增温效果。据山西省农业科学院棉花研究所 1982～1983 年旱地试验，土壤地积温随着覆盖度的增大而增加。从播种至吐絮，露地土壤地积温 1 643.3 ℃，75%覆盖度 1 940.0 ℃，50%覆盖度 1 862.2 ℃，25%覆盖度 1 784.3 ℃，75%、50%和 25%覆盖度的土壤地积温分别比露地增 296.7 ℃、218.9 ℃和 141.0 ℃。皮棉单产分别比露地增产 17.9%、11.3%和 11.1%。在灌溉地，覆盖度越大，增产幅度越明显。75%、50%和 25%覆盖度的皮棉单产分别较露地增产 43.6%、32.6%和 29.6%。朱德明等在新疆阿克苏对不同宽度的地膜覆盖效果研究的结果显示，在试验范围内，膜幅越宽，覆盖度越大，土层增温效果越明显。4～5 月 5 cm 土壤温度，窄膜、宽膜、超宽膜覆盖分别比露地日增温 2.0 ℃、5.0 ℃、5.8 ℃；10 cm 地温，三种地膜覆盖比露地分别日增温 1.6 ℃、4.3 ℃和 5.0 ℃。从 3 月 15 日到 5 月 31 日的 78 d 覆盖期，5 cm 地温窄膜共增 166.2 ℃，宽膜增 362.8 ℃，超宽膜增 440.5 ℃。进入 6 月，由于棉株枝叶的遮阳作用和膜面黏附的泥土（大雨所致）降低了地膜的透光度，三种膜的增温效果从上旬开始出现负值（表 29－7）。

表 29-7　不同宽度地膜覆盖土壤的增温效果(新疆阿克苏)

(朱德明等,2002)

时　间(月/日)	5 cm 土层日平均地温(℃/d)							10 cm 土层日平均地温(℃/d)						
	露地	窄膜	差值	宽膜	差值	超宽膜	差值	露地	窄膜	差值	宽膜	差值	超宽膜	差值
3/15～3/31	8.5	11.1	+2.6	12.9	+4.4	13.6	+5.1	8.1	10.2	+2.1	12.0	+3.9	12.4	+4.3
4～5 月	19.9	21.9	+2.0	24.9	+5.0	25.7	+5.8	19.5	21.1	+1.6	23.8	+4.3	24.5	+5.0
6 月	24.0	22.7	-1.3	22.5	-1.5	22.6	-1.4	23.4	22.8	-0.6	22.6	-0.8	22.9	-0.5

冯杨、叶玉霞、石新国等在北疆的试验也得到了相似的结果:4～6 月 5 cm 和 10 cm 土层的日平均地温,超宽膜均高于宽膜 0.2～0.9 ℃/d。

(2) 覆膜层数对增温效应的影响:实践表明,增加地膜层数也会提高增温效应。2000 年以后,双膜覆盖的新技术相继在新疆棉区和黄淮棉区推广。新疆棉区的双膜覆盖是在宽膜或超宽膜的播种行上再覆一层窄膜。覆膜方式不同,增温的效果也不同。

据新疆生产建设兵团农二师 29 团测定,双膜覆盖(宽膜+窄膜)比单层膜的 5 cm 地温日平均高 2 ℃。新疆生产建设兵团农机推广站调查显示,双膜覆盖比单层膜的日平均地温高 2.5 ℃。

据刘圣田等在山东的研究表明,双膜覆盖(地膜+拱棚)不仅可以显著地提高地温,还能提高拱棚内的气温(表 29-8)。

表 29-8　双膜覆盖(地膜+拱棚)对地温和气温的影响

(刘圣田,1996)

月/旬	日平均地温增加值(℃/d)			日平均气温增加值(℃/d)	备　注
	5 cm 土层	10 cm 土层	15 cm 土层		
4/上	7.18	6.34	5.08	10.90	密闭提温
4/中	6.34	5.59	4.54	6.44	小孔通风
4/下	4.29	4.85	4.08	5.58	中孔通风
5/上	4.78	4.70	4.45	3.37	大孔通风

刘文萍在山西的研究表明,双膜覆盖(地膜+拱棚)还能提高弓棚内的湿度,改善棉田小气候。

宋美珍等在河南的研究表明,覆盖地膜和两膜处理(地膜+拱棚)对移栽棉田不同土层有明显的增温效应,两膜处理的增温效应明显大于单层地膜;随土层加深,增温值逐渐减少。两膜覆盖不仅对土壤和膜内空气有增温效应,而且有很好的保水效应。

(3) 不同膜质对增温效应的影响:山西省农业科学院棉花研究所于 1982 年 4 月 15～20 日在晋南棉区测定,紫色膜覆盖土壤增温值较大,0～10 cm 土壤较露地提高 3.3～4.6 ℃/d;无色透明膜增温效应次之,为 3.1～3.5 ℃/d;深紫色膜覆盖土壤增温 2.9～3.4 ℃/d;乳白色膜覆盖土壤增温为 1.3～1.8 ℃/d。

3. *覆膜对不同深度土壤温度的影响*　地膜覆盖对膜下 100 cm 深的土壤都有增温作用,但主要是增加了上层土壤温度,深度越深,增温效果越小。山西省农业科学院棉花研究所在山西万荣县旱地棉田观察(图 29－2)5 cm、10 cm、15 cm、20 cm 土层,覆膜的比露地的分别增温 4.3 ℃/d、2.8 ℃/d、4.0 ℃/d 和 3.8 ℃/d,40 cm 以下土层增温幅度则较小。

东北和新疆棉区研究,也得到了相同的结果。

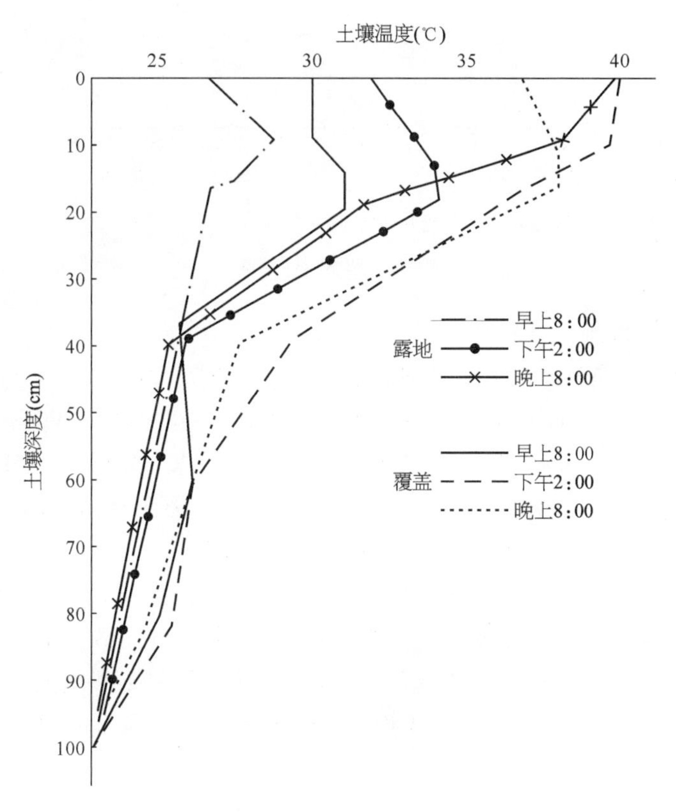

图 29－2　地膜覆盖对深层土壤温度的影响

(陈奇恩、南殿杰,1986)

4. 覆膜对膜外土壤温度的影响　地膜覆盖不仅直接影响膜下的土壤温度,在热传导的作用下,对膜外的土壤温度也有一定影响。据 1981 年 4 月下旬至 5 月下旬在山西省万荣县旱地观测,当膜下 10 cm 的地温为 30.4 ℃时,膜外 10 cm 地温:距膜边 5 cm 处为 27.4 ℃,10 cm 处为 26.3 ℃,15 cm 处为 25.5 ℃。洪启华(1980～1981)试验,5 月中旬,膜内 5 cm 深地温为 26.0 ℃,膜外 3～5 cm 处 5 cm 深地温为 23.7 ℃,比露地高 1.3～2.4 ℃。

5. 覆膜棉田土壤温度日变化规律　覆膜棉田土壤温度的日变化规律在各棉区不尽一致。据山西省农业科学院棉花研究所于 1976 年 6 月 13～14 日在山西省万荣县旱地棉田试验,每 2 h 观测一次株间根区地温变化,覆盖棉田与露地棉田的地温最高时段都出现在 16:00～18:00,但地膜棉田增温值的高峰期却出现在 0:00～6:00(图 29－3)。

新疆农垦总局奎屯 137 团试验,地膜覆盖 6 月 4 日 5 cm 土层温度 23:00 的增温值,比 14:00 和 9:00 分别高 2.1 ℃和 1.1 ℃,10 cm 地温分别高 3.5 ℃和 1.1 ℃,15 cm 地温分别高

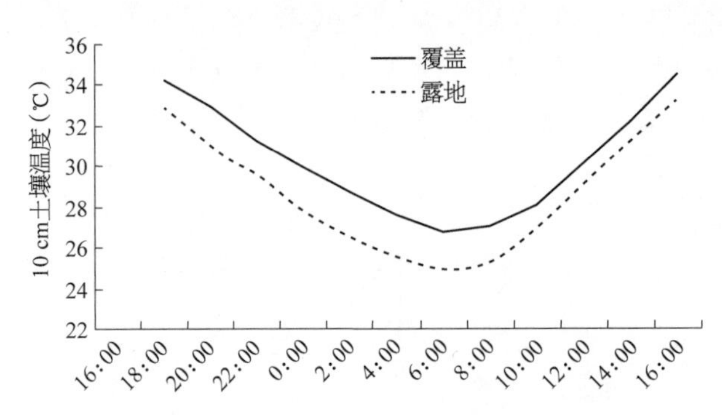

图 29－3　每 2 h 观察的株间根区地温日变化

（陈奇恩、南殿杰，1986）

3.9 ℃和 1.5 ℃，20 cm 地温分别高 2.6 ℃和 0.6 ℃。

也有资料显示，地膜覆盖土壤中午增温值最高。据阚家瑜在安徽省阜阳市棉种场的测定（1983 年 4 月 15 日至 6 月 30 日），地膜覆盖棉田在 2:00、8:00、14:00 和 20:00 地温依次为 21.1 ℃、23.9 ℃、32.6 ℃和 26.3 ℃，分别比露地增温 1.6 ℃、1.63 ℃、4.22 ℃和 2.9 ℃，其中以 14:00 增温值最高。1979～1980 年 4～6 月在山西省万荣县旱地棉田逐日观测8:00、14:00 和 20:00 的 10 cm 地温变化，结果均以 14:00 的最高。

综上所述，地膜覆盖棉田土壤增温的特点，一是从播种到收获，随着棉花的生长发育和叶面积的增大，地膜覆盖增温效应逐渐减弱，花铃期则由增温效应变为降温效应；二是地膜覆盖棉田的增温效应随着土层加深而逐渐减弱；三是在不同气候条件下，地膜覆盖的增温效应有明显差异，晴天增温多，阴天增温少；四是随着覆盖度增大，增温效应进一步增加。

二、地膜覆盖土壤水分效应

适宜的土壤水分含量对棉花生长发育至关重要。据原沙井子水土站测定，在棉花整个生长期，叶面蒸腾为 2 310 m^3/hm^2，株间蒸发则达 3 122.1 m^3/hm^2，占总蒸发量的 57.5%。利用地膜覆盖可减少土壤水分蒸发，经济有效地利用天然降水和灌溉水，这对我国北方广大地区，尤其是干旱和半干旱地区棉花种植具有重要意义。

（一）保墒、提墒效应和耗墒特点

1. 保墒效应　土壤的水气含量梯度是土壤水分移动的动力。农田土壤的水气含量梯度由两方面引起，一是土水势梯度，二是温度梯度。露地棉田由于表层土壤水分不断向大气蒸发，土壤水分由下层土壤向上运动的推动力主要是土水势梯度。覆膜后表层土壤水分与大气交流受阻，使大部分水分在膜下循环，因而上下土层含水量梯度减小，抑制了土壤水分的上升运动，起到了保墒作用。据山西省农业科学院棉花研究所在 1982 年 8 月中旬的模拟试验，露地土壤水分蒸发速度最快阶段，出现在最初 6 h 之内；而地膜覆盖（覆盖度 90%）则不出现水分高蒸发阶段，仅以平缓的低速度蒸发。石河子农业科学研究所在棉花苗期—蕾期测定结果显示，覆膜土壤的平均田间持水量比露地高 2.5%（表 29－3）。

覆膜棉田的保墒效果与覆盖度的大小密切相关,覆盖度越大,保墒效果越好。新疆生产建设兵团农二师农业科学研究所于 1995 年 4 月 28 日至 6 月 6 日测定,宽膜棉田 0～25 cm 土壤含水量为 30.8%,比窄膜棉田高 1.6%。农七师 128 团在出苗期测定,宽膜棉田 0～20 cm 土壤含水量比窄膜棉田高 3.2%。贺欢等对不同覆盖度和覆盖方式的研究表明,与露地相比,覆膜和覆盖秸秆均有保持土壤水分、减少水分蒸发的作用。保墒效果随覆盖度的增加而增加:覆盖窄膜、宽膜、超宽膜处理的土壤含水量较之露地,分别提高 0.15%～5.01%、0.19%～5.26%、1.34%～7.71%;秸秆覆盖处理土壤含水量提高 0.47%～4.55%。

此外,覆膜的保墒效应还与土壤原来的墒情有关。露地棉田土壤含水量越低,地膜覆盖后土壤含水量的增加值越大。

黄河流域棉区的诸多研究表明,棉花移栽后加地膜覆盖,有较好的保墒效果:移栽后 15 d 调查,覆膜比不覆膜处理 0～20 cm 土层土壤含水量提高 3.87 个百分点;35 d 提高 3.35 个百分点;揭膜时调查,0～20 cm 土层土壤含水量提高 2.08 个百分点。

2. 提墒效应　地膜覆盖棉田,由于土壤热梯度差的存在,土壤深层水分不断向上移动,又因土壤水分受地膜阻隔而不能散失于大气,就必然在膜内形成“小循环”,即凝结(液化)——→汽化——→凝结——→汽化,使土壤深层水分逐渐向上层集积,此即提墒效应。

陈冠文等于 1999 年 5 月 5 日至 6 月 21 日的测定结果表明,宽膜棉田比窄膜棉田表层土壤含水量减少的幅度小,而耕层土壤含水量则减少的幅度较大,表明宽膜覆盖的提墒作用比窄膜大(表 29 - 9)。

表 29 - 9　宽、窄膜棉田提墒效应比较

(田笑明、陈冠文,2000)　　(单位:%)

土壤层	日期(月/日)				与露地棉田相比增减	日期(月/日)				与露地棉田相比增减
	5/5	5/20	6/6	6/21		5/5	5/20	6/6	6/21	
	宽膜覆盖含水量					窄膜覆盖含水量				
表层	19.8	18.8	17.5	16.2	-3.6	17.1	16.5	13.9	12.6	-4.6
耕层	20.6	18.9	17.5	15.7	-4.9	17.3	16.7	14.6	13.4	-3.9

3. 耗墒特点　棉田水分变化受多种因素的影响,从蒸发的角度讲,地面蒸发和植株蒸腾是两个主要方面。地膜覆盖只能减少地面蒸发,植株蒸腾量则因叶面积增长快而有增加的趋势,故在棉花盛蕾期后,单位面积耗水量大、缺水早是地膜棉田的耗墒特点。据山西省农业科学院棉花研究所在运城测定,地膜覆盖棉花在 6 月 20 日之前,土壤含水量较露地高 2.6%～3.5%;以后土壤水分迅速下降,仅为 9.6%,比露地土壤含水量还低 0.7%。

王荣堂等 1999 年在辽宁测定结果显示,随着生育期的推迟,覆膜处理与露地处理的土壤含水量的差值减少;6 月 20 日还出现了负值(表 29 - 10)。谢光洸也获得了相似的结果:在 6 月中旬之前,地膜覆盖的 0～20 cm 土层含水量较露地高 1.4%～2.4%,6 月下旬至 8 月反而较露地土壤低 0.6%～2.5%。

表 29-10　覆膜棉田与对照地 0～20 cm 土层湿度比较

(王荣堂等,2001)　　(单位:g/100 g)

棉田类别	日　期(月/日)						
	4/30	5/10	5/20	5/30	6/10	6/20	7/10
覆膜(Ⅰ)	20.8	19.1	18.7	15.5	15.1	10.2	11.2
对照(Ⅱ)	18.3	16.5	14.1	12.9	13.5	10.4	10.6
差值(Ⅰ－Ⅱ)	2.5	2.6	4.6	2.6	1.6	－0.2	0.6

(二) 稳墒效应

在露地栽培条件下,土壤水分干、湿交替频率快,而且悬殊,容易使根系形成间歇性生长,不利于棉花高产。地膜覆盖能减少土壤水分的变幅,表现相对稳定的特征。据山西省农业科学院棉花研究所在山西省万荣县旱地棉田测定,50 cm 土层露地土壤水分的变幅为 3.9%～16.3%,幅差达 3.5～3.8 倍,而地膜覆盖土壤水分变幅为 5.4%～16.5%,幅差为 1.4～2.7 倍,比露地减小 2.1～1.1 倍。陈学贞在湖南农业大学测定,地膜覆盖的土壤水分变异系数为 5.56%,而露地土壤水分变异系数 12.07%。

地膜棉田的稳墒效应还表现在不同的气候条件下保持土壤水分稳定。上海市南汇彭镇科技站在连续干旱的条件下测定,地膜覆盖的耕层含水量较露地提高 18.6%～63.1%;但在多雨的情况下,反而较露地土壤减少 23.0%～25.9%。

(三) 节水效果

由于地膜覆盖阻隔了土壤水分的蒸发,提高了土壤水分的利用率。因此,地膜棉各生育期需水量和需水强度均比露地栽培减少,这是地膜覆盖节水的重要原因。左余宝等在山东的研究表明,地膜覆盖棉全生育期需水量为 463.6 mm,露地栽培的需水量为 565.1 mm,地膜覆盖栽培比露地栽培需水量减少 101.5 mm,节水率为 18.0%。从不同生育期的节水效果分析,覆盖栽培的节水性能主要表现在棉花生长前期,中、后期节水效果逐渐下降。播种至出苗期节水 57.0%;出苗至现蕾期节水 28.4%;现蕾至开花期节水 21.1%;开花至吐絮期节水 5.1%。

综合各棉区的资料可以看出,地膜覆盖技术能有效增加土壤含水量,节约灌溉用水(表 29-11)。通常情况下可提高土壤含水量 1.0%～3.5%,节水 12%～20%。

表 29-11　地膜覆盖棉田土壤水分效应与节水效益

(陈冠文,毛树春,2010)

棉　区	试验地点	覆膜类型	增加土壤含水量(%)	节水量(m^3/hm^2)	节水率(%)	参考文献
西北内陆	新疆	窄膜	0.74～3.33		15.6～20.9	[27]
		宽膜	3.83～5.63			[28]
		超宽膜	1.34～7.71			[23]
黄河流域	山东	地膜	0.90～2.10	667.5	18.0～19.0	[26]
	山西		2.60～3.50			[5]
	河南		1.55～2.05			[10]
	河北		1.00～1.90	513.0	12.0	[18]、[29]
辽河流域	辽宁	窄膜	3.70～4.00			[12]
长江流域	湖北	地膜	1.60～4.50			[14]
	江苏		0.50～2.20			[11]

[注] ① 土壤含水量为 0～10 cm 土层的土壤含水量; ② 表中数字为文献中的原始数字或经过计算后的数值; ③ 参考文献栏为本章参考文献编号。

三、地膜覆盖的增光效应

由于叶片相互遮蔽，一般情况下棉株下层叶片的光照条件较差。地膜覆盖后，由于地膜自身及膜下水珠对光有一定的反射能力，因而增加近地面空间的光量，使植株尤其下层叶片能获得较好的光照。据辽宁省棉麻科学研究所测定，当棉苗株高 5～6 cm，地上 10 cm 和 30 cm 处的反射光，地膜覆盖较露地分别高 147%和 95%；棉苗株高 10 cm，地上 10 cm 和 30 cm 处的反射光，地膜覆盖较未覆盖分别高 75%和 33%。河南农业大学研究结果，在麦、棉套种棉田进行地膜覆盖后，距地面 15～65 cm 的空间光照强度均有所增加，其中，35 cm 高度可比露地棉田增加光照 1 000～1 500 lx。陈冠文等在新疆也获得相似的结果。

不同颜色的地膜，对改善近地面光照强度有明显的差异。据山西省农业科学院棉花研究所测定，银灰色膜较露地土壤反射光增强了 4.4 倍，较灰色透明膜增强了 2.1 倍，较黑色膜增强了 2.3 倍，较绿色膜增强了 2.47 倍，并且反射光的变化，可影响到距地面 1.5 m 的空间。

四、地膜覆盖对棉田土壤的改善

地膜覆盖后，改变了土体与大气的物质、能量交换方式和数量，因而对土壤的理化性状也有较大的影响。

（一）对土壤物理性状的影响

地膜覆盖后，土壤表面受雨滴冲击较少，膜下的耕层土壤能较长时间保持整地时的疏松状态，有利于土壤水、气、热的协调，从而促进根系生长，增强根系活力。同时地膜覆盖下的土壤因受温差增大的影响，水气膨缩运动加剧：增温时，土壤颗粒间的水气产生膨胀，使颗粒间孔隙变大；降温时，收缩后的空隙内又会充满水气。如此反复膨胀与收缩，有利于土壤疏松，容重减轻，孔隙度增大。据陈奇恩 1979 年 8 月 7 日测定，旱地覆膜土壤的容重为 1.26 g/cm^3，孔隙度为 49.64%；而露地土壤容重为 1.32 g/cm^3，孔隙度为 47.2%。江苏省滨海县农业科学研究所于 1981 年 5 月 20 日、7 月 20 日、8 月 15 日、10 月 19 日测定，覆膜土壤 0～5 cm 的容重为 0.97～1.28 g/cm^3，孔隙度为 51.7%～61.9%；而露地分别为 1.23～1.31 g/cm^3 和 50.7%～53.3%。新疆生产建设兵团农二师、农七师和石河子大学农学院的试验表明，覆盖土壤的容重比露地的降低了 4.5%～10.3%。

地膜覆盖后保护了土壤表面，减轻土壤受风、水的侵蚀。据山西省农业科学院棉花研究所 1982 年模拟试验，在 15°坡地上，经过 4 个月的侵蚀测定，0～2 cm 土壤表层，覆膜的 0.01～0.052 mm 的土粒占 27.4%，0.005～0.01 mm 的土粒占 11.4%，比露地分别提高了 70.8%和 16%。这种保护作用的大小又取决于地膜覆盖度、覆盖质量和覆盖的时间长短。

国内外的许多研究结果表明，0.25～10.00 mm 水稳性团聚体对土壤肥力有重要作用，其中 1～5 mm 土壤团聚体对于干旱区土壤肥力显得更为重要。文启凯等在新疆的研究表明，覆膜土壤各级团聚体占土重的百分数均高于对照（表 29－12），表明覆膜有利于改善土壤结构和土壤的水、肥、气、热状况。

表 29-12 覆膜对轻黏土土壤微团聚体的影响

(文启凯,1993)

土壤类型 \ 团聚体大小(mm)	各级团聚体占土重(%)					
	>5	5～3	3～1	1～0.5	0.5～0.25	<0.25
覆膜	10.50	15.30	17.64	21.75	21.85	14.66
露地	9.25	14.30	16.22	19.75	19.52	20.72

(二) 对土壤化学性状的影响

土壤化学性状受土壤微生物的影响很大。棉田覆膜后,土壤微生物增长很快,对土壤化学性状产生重要影响。

1. 对棉田土壤微生物的影响 土壤微生物是土壤生化反应和速效养分转化的主要参与者。棉田覆膜后,地温升高,土壤水分多而稳定,有利于土壤微生物的生长和繁衍。朱和明等(1982)研究,棉花各个生育期的土壤微生物总量,地膜棉田都高于露地棉田,其中花铃期覆膜棉田的土壤微生物总量比露地棉田高达 77%(表 29-13),这对于土壤生化反应和速效养分的转化十分有利。

表 29-13 地膜覆盖与露地棉田土壤微生物总量比较

(朱和明,1995) (单位:万个/g)

棉田类型 \ 生育期	苗 期	蕾 期	花铃期	吐絮期
地膜覆盖	600.34	134.50	1 988.36	1 360.22
露地	433.26	112.72	1 126.36	1 096.00
差值	167.08	21.78	862.00	264.22

2. 对土壤养分的影响 地膜增温保墒效应给土壤微生物提供了良好的生存环境,使之活性增强,繁衍能力提高,从而使有机质的分解速度加快。据山西省农业科学院棉花研究所在运城试验,地膜覆盖土壤施入土重 2%的有机质肥料 100 d 后,土壤有机质含量较露地土壤少 0.024%～0.089%,土壤速效养分供给量增加。朱和明的研究显示,棉花收获期覆膜耕层土壤有机质比露地土壤低 0.46～0.63 mg/g(表 29-14)。塔里木大学也得到了相似的研究结果。

表 29-14 不同类型棉田土壤有机质和速效养分测定结果

(陈奇恩,南殿杰,1986;朱和明,1990)

棉田类型 \ 土壤养分	有机质(g/kg)			速效氮(mg/kg)			速效磷(mg/kg)		
	6月5日	8月15日	差值(%)	6月5日	8月15日	差值(%)	6月5日	8月15日	差值(%)
覆膜	3.680	3.164	−14.0	74.6	89.1	+19.4	71.3	82.3	+15.4
露地	3.145	3.251	+3.4	63.4	72.4	+14.2	58.2	67.8	+16.5

山西省农业科学院棉花研究所 1982 年模拟试验结果表明,每公顷条施 900 kg 碳酸氢铵于 5 cm 以下土层,1 d 后露地土壤氨的挥发量达 0.146 mg/100 cm^2,而覆膜土壤仅 0.016 mg/100 cm^2;连续 3 d 的土壤氨挥发量,露地土壤达 0.428 mg/100 cm^2,而覆膜土壤仅

0.019 8 mg/100 cm^2，挥发量减少 95.45%。

同时，覆膜还可减少雨水和灌溉水对土壤的渗透面积，减少土壤硝态氮的淋失。

由于覆膜减少了土壤速效氮的损耗，加上地膜覆盖加速土壤有机质和潜在腐殖质的分解，从而提高土壤速效养分供给量。山西省农业科学院棉花研究所 1980 年的裸地覆盖地膜试验结果显示，土壤硝态氮较露地高 0.7～7.9 mg/kg。

覆膜棉田由于棉株生长快，株体大，吸收养分多，花铃期及其以后的土壤硝态氮含量比露地减少。据贾二清 1983 年在浙江测定，棉花覆盖地膜后的 74 d(7 月 8 日)，速效性氮含量比露地下降 9.5%，速效磷降低 4.5%，全氮也呈下降的趋势。山西省农业科学院棉花研究所 1980 年的试验表明，在 6 月 6 日至 8 月 16 日期间，灌溉地覆膜棉田的硝态氮比露地棉田减少 1.7～124.8 mg/kg；在 6 月 30 日至 8 月 5 日期间，旱地覆膜棉田的硝态氮比露地棉田减少 37.9～42.3 mg/kg。地膜覆盖促进了土壤微生物活动，增加了土壤的 CO_2 浓度，使土壤酸度随之增加，难溶性磷的转化加快，从而增加土壤速效磷的供应量。据朱和明研究，棉花各生育期土壤速效磷含量覆膜棉田均高于露地(表29－15)。

表 29－15　棉田土壤耕层速效磷的变化(一)

(朱和明，1995)　　(单位：mg/kg)

棉田类型	棉株生长期				
	苗　期	蕾　期	花铃期	吐絮期	收获期
覆膜	41.9	32.4	40.3	19.3	20.1
露地	21.4	13.4	12.3	16.7	18.0
差值(%)	＋95.8	＋141.8	＋227.6	＋15.7	＋11.7

据山西省农业科学院棉花研究所在晋南测定，无论是灌溉棉田或是旱作棉田，在生育前、中期的速效磷，覆膜棉田多低于露地棉田，直到后期才达到或超过露地棉田(表 29－16)。

表 29－16　棉田土壤耕层速效磷的变化(二)

(陈奇恩，南殿杰，1986)　　(单位：mg/kg)

日期(月/日) 棉田类型	灌溉地			旱　地		
	6/6	7/11	8/16	6/30	7/14	8/5
覆膜	17.9	17.5	20.0	22.7	18.7	47.2
露地	43.0	19.6	20.0	26.3	23.0	28.8
差值(%)	－25.1	－2.1	0.0	－3.6	－4.3	＋18.3

据朱和明研究，在苗期和蕾期，覆膜棉田土壤速效钾分别比露地棉田高 5.9%～15.4%；进入生殖生长旺盛期后，由于棉株对钾的吸收量大幅度增加，花铃期和吐絮期则反低于露地棉田(表 29－17)。

综上所述，与露地棉田相比，覆膜棉田土壤养分变化规律：一是土壤有机质下降较露地棉田快。二是棉花生育前期，土壤速效养分高于露地棉田；生育中后期，覆膜棉田与露地棉田土壤速效养分的高低决定于两者棉花长势和吸肥强度的差异。当棉花长势和吸肥强度的差异强度高于土壤速效养分供应量时，覆膜棉田的土壤速效养分可能低于露地棉田。

表 29-17　覆膜对土壤速效钾含量的影响

(朱和明,1995)　　　　(单位:mg/kg)

棉田类型	棉株生长期			
	苗　期	蕾　期	花铃期	吐絮期
覆膜	300	360	260	270
露地	260	240	320	360
差值(%)	+15.4	+5.9	-18.8	-25.0

3. 对土壤 CO_2 浓度的影响　地膜覆盖阻止了膜下土壤气体与大气交换的速度,使土壤气体成分产生了明显的变化。据山西省农业科学院棉花研究所测定,从播种到现蕾,地膜覆盖棉田的土壤 CO_2 浓度较露地土壤提高 1.97～5.92 倍,CO_2 浓度最高达9 287.4 mg/kg;相反,土壤中的 O_2 减少,其含量为 15.3%～17.6%,较露地土壤低 3.2%～3.5%。

王坚等的研究表明,7～8 月间覆膜土壤中的 CO_2 浓度高达 1.5%～2.0%。模拟试验结果表明,土壤长期保持 1.0%～2.0%的 CO_2 浓度,土壤 pH 由 8.0 降到 7.7～7.6,从而提高磷的利用率。

4. 对土壤含盐量的影响　盐碱地由于地下水位高,土壤矿化度也高,在春季少雨、土壤水分大量蒸发的情况下,表层土壤会积累大量可溶性盐而对棉苗造成危害。地膜覆盖后,基本上阻隔了土壤水分的蒸发,并通过膜下层与土体层的水分循环,使膜内土壤水分相对稳定,减少表土层盐分的积累。陈冠文等研究表明,现蕾期与播种时相比,地膜覆盖棉田的土壤总盐含量增加了 21.2%,露地棉田却增加了 64.6%,地膜覆盖棉田相对减少了 43.4%;地膜覆盖棉田的 Cl^- 离子浓度增加了 55.6%,露地棉田却增加了 121.4%,地膜覆盖棉田相对减少了65.8%;地膜覆盖棉田 HCO_3^- 离子含量减少了 4.2%,露地棉田反而增加了 75.0%,地膜覆盖棉田相对减少了 79.2%。

据河南农学院 1981～1983 年在商丘试验(表 29-18),除 6 月 3 日地膜覆盖棉田 10～20 cm 土层的盐分含量提高 7%以外,其他三个层次土壤的盐分含量都大幅减少,最大减幅在 0～5 cm 土层,6 月 3 日减幅高达 53.5%。从平均值看,三个层次土壤盐分含量的减幅差异不是很大。

表 29-18　覆膜和露地棉田不同土层含盐量

(贾玉珍等,1983;董合忠,2010)　　　　(单位:%)

棉田类型	0～5 cm 土层			5～10 cm 土层			10～20 cm 土层			平　均		
日期(月/日)	5/6	6/3	6/20	5/6	6/3	6/20	5/6	6/3	6/20	5/6	6/3	6/20
覆膜	0.406	0.208	0.148	0.269	0.227	0.176	0.143	0.154	0.131	0.273	0.196	0.152
露地	0.607	0.447	0.216	0.296	0.278	0.255	0.210	0.143	0.196	0.371	0.286	0.222

上述资料表明,覆膜有明显的抑盐效果,地膜覆盖植棉技术在盐碱较重的棉区有明显的保苗和增产效果。

(三) 灭草效应

地膜覆盖后,由于膜下高温和通气不良,使杂草在发芽出土后即死亡,这对一年生杂草效果较为显著。山西省农业科学院棉花研究所 1980 年测定，地膜覆盖灭草效果达 83.0%。又据山西省万荣县农业科学研究所(1980)调查，地膜覆盖后，5 月中旬杂草量为 89.1 株/m^2；6 月上旬调查，杂草量 7.4 株/m^2，除草率达 91.7%。新疆生产建设兵团农七师林祥军调查，宽膜的灭草效果比窄膜高 35.0%。

地膜覆盖对马齿苋、刺儿菜、田旋花、芦苇等宿根杂草的抑制效果较差。

第三节　地膜覆盖棉花的增产优质效应

增产优质是地膜植棉能够迅速推广的主要原因。地膜植棉优质增产的生物学和生理学基础则是地膜覆盖技术所特有的促根效应、早发早熟效应和高光合效应。

一、促根效应

由于地膜覆盖土壤温度高、水分稳、结构好，为根系生长创造了良好的条件，因而地膜覆盖具有很好的促根效应。

(一) 根系生长速度快，侧根发达

李永山等 1986～1988 年在山西太谷研究表明，苗期主根平均下伸速度，地膜棉比露地棉快 48.2%，蕾期快 29.2%，铃期则相当于露地棉的 30.6%；地膜棉主根日伸长量比露地棉提前 8 d 左右达最大值；其主根粗度在盛蕾期前极显著地大于露地棉，盛蕾后差异不显著；地膜棉侧根发达。6 月 1 日的测定数据显示，露地棉侧根伸长 8～10 cm，地膜棉侧根伸长 14～18 cm。地膜棉总侧根数比露地棉多，而且上部增多幅度大。6 月 28 日测定，0～10 cm、10～20 cm、20～30 cm、30～40 cm 土层的侧根数，地膜棉分别比露地棉多 26.9%、33.7%、8.1%和 42.0%，且侧根的伸长范围比露地棉更广泛。

地膜棉的根系形态在苗期—蕾期表现为：主根深长、粗壮，侧根数量上层多而长，下层少而短，支根和小支根多而发达，形成上密下疏、上阔下窄的伞状根系网(图 29－4)。

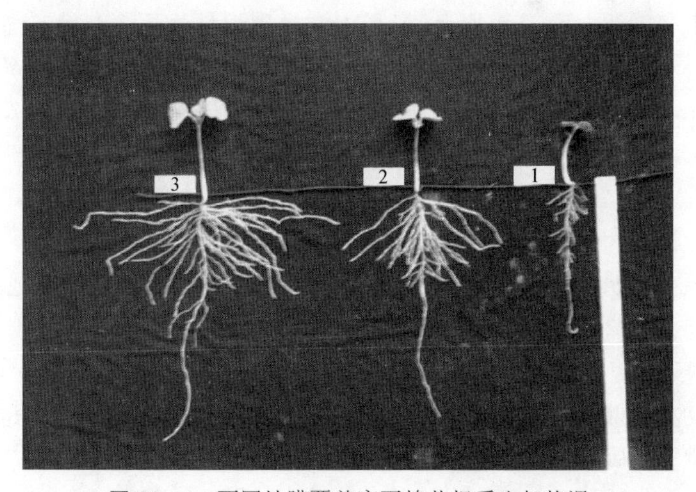

图 29－4　不同地膜覆盖度下棉苗根系生长状况

1. 露地(对照)；2. 50%地膜覆盖度；3. 95%地膜覆盖度

(陈奇恩等，1997)

(二) 根重增长快

苗期地膜棉根重极显著地高于露地棉,增长幅度为 27.1%～123.2%,平均根重日增量比露地棉多 37.8%;蕾期根重仍极显著地高于露地棉,增长幅度为 11.5%～54.8%,平均根重日增量比露地棉多 18.5%;花铃期平均根重日增量比露地棉减少 8.7%。

新疆各地的研究表明,地膜覆盖不仅能增加根干重,而且能提高根冠比和苗期—蕾期的根系伤流量(表 29-19)。

表 29-19　地膜覆盖对棉花根系的影响

(文启凯,1993;钟祝融,1989)

棉区	棉田类型	根干重(g/株)			根冠比			根系伤流量[g/(h·株)]			
		5月26日	6月13日	7月15日	5月26日	6月13日	7月15日	6月23日	7月18日	8月3日	9月4日
南疆	覆膜	0.06	3.38	8.01	11.11	87.11	30.91	0.16	0.94	0.57	0.08
	露地	0.05	1.58	3.59	18.52	129.51	32.94	0.03	0.56	0.58	0.12

棉区	棉田类型	根干重(g/株)					根系伤流量增加值(%)			
		8月10日	8月17日	8月25日	9月1日	9月10日	苗期	蕾期	花期	盛花期
北疆	覆膜	1.45	1.35	2.10	1.82	1.92	+230.00	+35.00	-50.30	-95.50
	露地	1.62	1.53	1.30	1.79	1.91				

(三) 根系活力增强

据江苏省农业科学院经济作物研究所于 1982 年 7 月 6 日和 7 月 26 日测定,地膜棉花根系伤流量为 3.6 g/(h·株)和 2.31 g/(h·株),露地棉为 2.94 g/(h·株)和 2.54 g/(h·株)。李永山等测定,地膜棉苗期根系伤流量比露地棉增多 165.6%,盛蕾期增多 55.6%,盛花期增多 27.8%。5 月 27 日和 6 月 7 日测定,地膜棉根系活跃面积百分比较露地棉增高 34.2%和 4.3%,后期则减少 5.7%。可见,地膜棉根系活力在前期旺盛、后期减弱。

(四) 根系中生理活性物质增多

地膜棉不仅根系活力比露地棉大,根系中的生理活性物质含量也明显高于露地棉田。据山西省农业科学院棉花研究所 1980 年 7 月 5 日测定,地膜棉 10～20 cm 土层内根系的核糖核酸含量为 4.86 μg/g,比露地棉增加 74.19%;脱氧核糖核酸含量为 20.65 μg/g,增加 38.3%。苗期根系氨基酸总含量,地膜棉比露地棉增加 33.3%。根系供给叶片氨基酸量,苗期和现蕾期,地膜棉比露地棉分别增加 6.8%和 10.0%。1988 年 5 月 28 日测定,地膜棉根系过氧化氢酶活性为 3 102.24 μg/(g·min),比露地棉增加 48.4%。

地膜棉根系生长明显优于露地棉花,是由于地膜覆盖棉田的地温和地积温明显高于露地棉田。1984 年山西省农业科学院棉花研究所对 24 ℃以下不同地积温与根系生长关系的通径分析结果表明,大于 12 ℃、15 ℃、20 ℃地积温,无论 10 cm 或 20 cm 土层,地积温量均与根系生长密切相关(图 29-5)。由此可见,地膜覆盖提高地温、增加地积温,是其根系生长快于露地棉的主要原因。

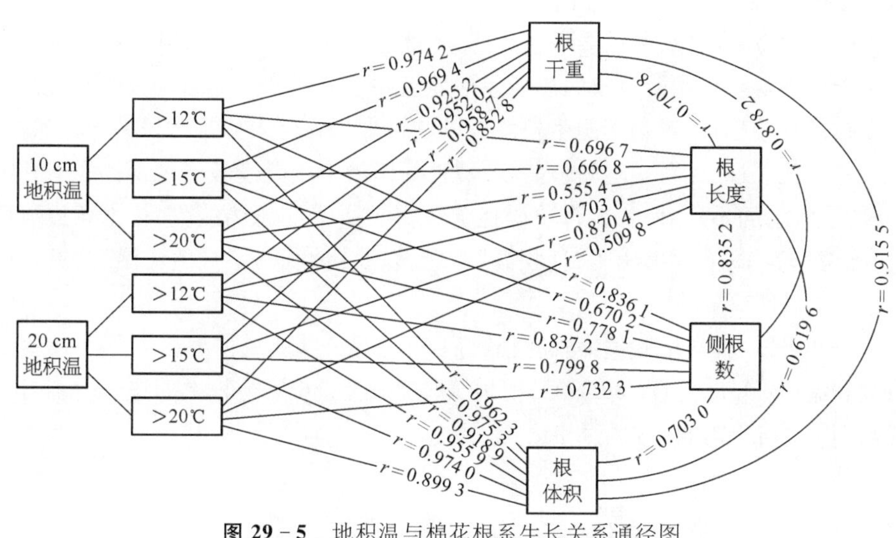

图 29－5　地积温与棉花根系生长关系通径图

(陈奇恩,1984)

二、早发早熟效应

地膜覆盖的增温效应使棉田的播种期提早,棉花的器官分化与发育也提早,生育进程加快,即"早发早熟效应"。这个效应是地膜棉优质增产的重要、不可或缺的因素。

(一) 提早播种,充分利用光热资源

研究表明,在恒温条件下,棉种发芽的临界温度为 10.5～12.0 ℃;在变温条件下,生产上一般以 5 cm 地温连续 3～5 d 稳定在 12 ℃以上作为始播期。由于地膜覆盖 5 cm 地温比露地高 3 ℃以上,如果不考虑霜冻等因素,仅以地温条件而论,地膜覆盖棉田的始播期通常提早7～10 d,且随着覆盖宽度的增加,提早的天数也越多。据新疆生产建设兵团农二师二十九团的生产实践,与露地棉田理论始播期相比,窄膜覆盖棉田提早 14 d,宽膜覆盖提早 21 d(表 29－20)。棉花播种期的提早为充分利用光热资源,延长生育期,促进早熟,实现高产、优质创造了条件。

表 29－20　新疆生产建设兵团农二师 29 团地温指标的理论始播期

(陈冠文,1998)　　(单位:℃)

棉田类型	3月														
	17日	18日	19日	20日	21日	22日	23日	24日	25日	26日	27日	28日	29日	30日	31日
露地	6.9	8.0	6.9	7.2	7.6	7.0	8.0	9.1	9.1	9.5	9.7	10.4	10.6	10.9	6.0
窄膜	9.9	11.0	9.9	10.2	10.6	10.0	11.0	12.1	12.1	12.5	【12.7】				9.0
宽膜	12.4	13.5	12.4	【12.7】											11.5
棉田类型	4月														
	1日	2日	3日	4日	5日	6日	7日	8日	9日	10日	11日				
露地	10.6	11.0	10.5	11.1	11.9	12.1	11.7	12.7	12.4	12.2	【12.8】				

[注] ①【】表示地温指标的理论始播期;②以 5 cm 土层地温计。

(二)"地积温"对"气积温"的补偿效应

在棉花生长发育各阶段,都需要吸收热能、光能、化学能等。研究表明,棉花前期生长与温度的关系十分密切。棉花所吸收的热能包括地上和地下两部分器官所吸收热能之和。由于土壤温度较低且较稳定,对棉花的生长发育影响较小,因此,人们常常只关注大气的"有效积温"与某一生育阶段的关系。地膜覆盖后,覆膜棉田的土壤温度较露地提高了 2~4 ℃,甚至更高,补偿了气温的不足,使各生育阶段提前获得了所需的总热能,棉花生育进程明显加快。为此,陈奇恩等 1978 年提出了"地积温"概念,以及"地积温"对"气积温"的补偿效应的见解。

从图 29-6 可以看出,地膜覆盖棉花播种后 5 d 出苗,露地播种至出苗需要 10 d,此时露地的有效地积温(12 ℃以上)仅 36.6 ℃,而地膜覆盖已达 56 ℃。积温的这一差值补偿了覆盖棉花提前 5 d 出苗所需的有效气积温之不足。

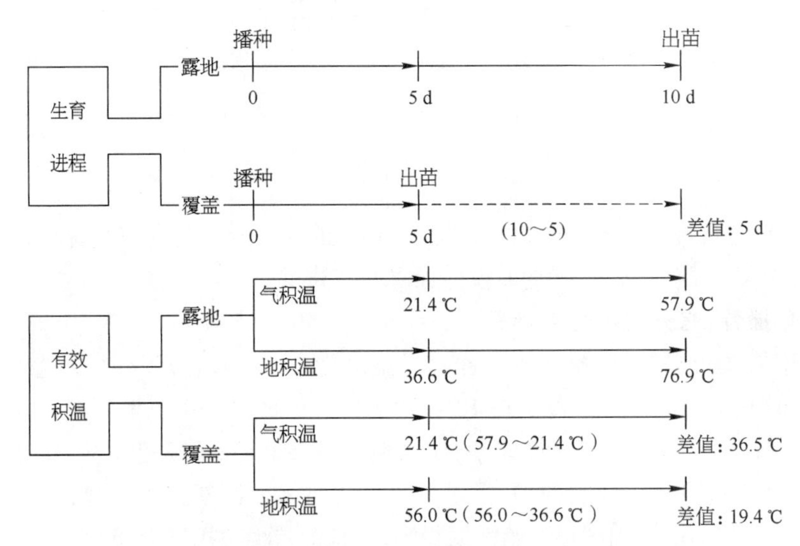

图 29-6 地积温对气积温的补偿示意图(播种至出苗)
(陈奇恩、南殿杰,1986)

据观测,1979 年地/气积温比值为 1.42,地温增值为 3.9 ℃,出苗仅需 5 d;1980 年和 1981 年,地/气积温比值分别降为 1.28 和 1.24(5 cm 处地积温增温值分别为 3.22 ℃和 3.18 ℃)时,播种至出苗所需的天数比 1979 年多 1~2 d。1982 年,在相同的气候条件下,当地/气积温比值为 1.69 时,分别比地/气积温比值 1.54、1.48、1.26 时提早出苗 1 d、2 d 和 8 d;出苗至现蕾阶段,当地/气积温比值为 1.54 时,分别较比值 1.45、1.34 和 1.13 提早现蕾 1 d、2 d 和 7 d;出苗至开花阶段,当地/气积温比值为 1.42 时,分别比 1.29、1.21 和 1.09 时提早开花 1 d、2 d 和 6 d。这一现象揭示,棉花热量对生育进程的影响是通过气积温和地积温两方面起作用的,在气积温较低的情况下,增加地积温能够对气积温产生补偿效应,这种效应的大小与地、气温比值和地温增值呈正相关关系。

陈冠文等在南疆库尔勒进行的宽、窄膜对比试验结果显示,出苗—现蕾阶段,1 ℃地积温可补偿气积温 0.97 ℃(表 29-21)。

表 29-21　地积温对气积温的补偿效应

(陈冠文等,1998)

处　理	出苗期(月/日)	现蕾期(月/日)	苗期地积温(℃)	地积温差值(℃)	苗期气积温(℃)	气积温差值(℃)	补偿效应
宽膜	5/1	5/28	439.3	+95.8	240.7	-92.6	0.97
窄膜	5/2	6/5	343.5		333.3		

(三) 加快器官建成、争早发

新疆生产建设兵团农一师3团调查结果表明,覆膜棉花的叶片出生和生长速度明显快于露地棉花,且随覆膜宽度的增加,叶片出生速度加快,单株叶面积增大(表 29-22)。

表 29-22　地膜覆盖对叶片生长的影响

(姚源松,2004)

叶片相关项	测定日期(月/日)	覆盖度(%)			
		0	47.1	73.5	85.3
主茎叶数(片/株)	5/15	2.0	4.8	5.5	5.9
	5/30	5.3	8.4	9.7	9.8
	6/15	9.7	11.7	12.5	12.6
单株叶面积(cm^2)	5/15	25.51	81.94	113.17	116.28
	6/15	296.49	864.61	1 011.80	1 177.05

从陈冠文等对南北疆棉区的系统调查结果可以看出,宽膜处理棉株的纵、横向现蕾、开花和吐絮速度均快于窄膜;北疆横向现蕾速度差异不明显(表 29-23)。

棉铃干重的增长速度除受栽培因素的影响外,还与棉铃的关键发育期所处的温光条件密切相关。宽膜覆盖棉花比窄膜的生育进程快,棉铃的关键发育期正处在温光条件最好的季节高能期,因而棉铃干重增长快于窄膜覆盖棉花,最终的铃重也高(表 29-24)。

表 29-23　不同膜宽处理棉花的现蕾开花速度比较*

(田笑明,陈冠文,2000)　(单位:d)

棉　区	处　理	现蕾速度		开花速度		吐絮速度
		纵　向	横　向	纵　向	横　向	
南疆	宽膜	2.68	8.36			
	窄膜	3.66	12.21			
北疆	宽膜	2.47	7.73	2.7	6.45	2.6
	窄膜	3.14	7.54	3.04	8.35	2.1

[注] * 指相邻蕾与蕾,或花与花,或絮与絮之间的间隔天数。

表 29-24　不同膜宽处理铃期比较

(陈冠文,尤满仓,1998)

处　理	铃期(d)	≥20 ℃天数(d)	25～30 ℃天数(d)	≥15 ℃天数(d)	单铃重(g)
宽膜	57.4	45.1	21.9	8.1	6.03
窄膜	64.7	44.1	20.2	7.3	5.32

(四) 加快生育进程、促早熟

塑膜覆盖不仅使棉花的播种期提早，而且出苗早，叶片生长速度和棉株的生育进程也明显加快，且随覆膜宽度的增加，生育进程等随之加快。据新疆农业技术推广总站1981～1982年对南疆5个试验点的调查结果，地膜棉比露地棉的生育期缩短11～13 d。新疆农垦科学院1998年在北疆129团观察，随着覆膜宽度的增加，对棉花生育进程的影响加大。50～60 cm窄膜覆盖棉田比露地棉田出苗提前5 d，现蕾提前5 d，开花提前3 d；130～140 cm的宽膜棉田比露地棉田出苗提前8 d，现蕾提前10 d，开花提前6 d(表29-25)。

表29-25　覆膜宽度对棉花生育进程的影响

(陈冠文，尤满仓，1998)　　(日期：月/日)

处　理	播种	出苗	现蕾	开花
宽膜	4/15	4/28	6/4	7/3
窄膜	4/15	5/1	6/9	7/6
露地	4/15	5/6	6/14	7/9

朱德明在南疆的研究结果表明，棉花各生育期，宽膜比窄膜分别提前1～2 d，超宽膜比窄膜分别提前3～4 d(表29-26)。据王荣堂等观测，覆膜地的棉苗出土比对照早3～4 d，蕾期提前8～10 d，开花期提前8～14 d，全生育期缩短8～20 d。

表29-26　不同塑膜覆盖的棉花生育进程

(朱德明，2003)

处　理	株高(cm)	真叶数(片/株)	出苗(月/日)	现蕾(月/日)	开花(月/日)	吐絮(月/日)
窄膜	37.9	10.4	4/17	5/22	6/20	9/1
宽膜	43.8	11.0	4/16	5/20	6/19	8/31
超宽膜	47.7	11.4	4/14	5/18	6/17	8/29

蔡忠民等指出，地膜覆盖能显著缩短移栽棉的缓苗期，促进棉花生长发育。移栽地膜棉缓苗期一般只需3～6 d，比育苗移栽棉缩短4～6 d，干旱或低温年份可缩短6～10 d。现蕾期提早7～10 d，开花期和吐絮期分别提早7～10 d。

据宋美珍等研究，地膜和两膜覆盖能显著加快移栽棉的出叶速度和棉株生长速度。5月18日、5月27日和6月7日3次取样，不同棉田的棉苗株高和真叶数都逐渐增加，但增加程度不同。露地棉田5月17日至5月27日，百度气积温增加株高1.2 cm；至6月7日，百度气积温增加株高2.8 cm。地膜和两膜覆盖由于有地积温的补偿效应，株高都较露地增加明显，5月27日百度气积温分别增加株高为2.7 cm和5.1 cm，6月7日百度气积温增加株高5.8 cm和3.6 cm。真叶数和单株鲜干重也有同样规律：温度越高，百度气积温增加的真叶数和单株鲜干重越多(表29-27)。

综上所述，地膜覆盖的早发早熟效应主要表现为播种期提早，生长发育加快，生育进程缩短，从而延长了高能同步期(表29-28)。这十分有利于棉花干物质的生产和积累。

表 29-27　覆膜处理对棉苗生长的影响

(宋美珍,毛树春等,1998)

处　理	日　期（月/日）	真叶数（片/株）	百度气积温增加真叶数（片/株）	棉株鲜重（g/株）	百度气积温增加鲜重（g/株）	棉株干重（g/株）	百度气积温增加干重（g/株）	叶面积（cm^2/株）	百度气积温增加叶面积（cm^2/株）
露地	5/18	3.5	—	2.30	—	0.49	—	29.7	—
	5/27	5.0	0.8	3.45	0.62	0.68	0.10	47.5	9.6
	6/7	8.4	1.3	10.10	2.54	1.81	0.43	176.5	49.4
地膜	5/18	4.3	—	3.52	—	0.63	—	49.6	—
	5/27	6.3	1.0	6.54	1.47	1.18	0.27	120.0	34.3
	6/7	9.8	1.3	29.50	8.51	5.41	1.57	513.6	145.9
两膜	5/18	4.7	—	3.95	—	0.67	—	60.5	—
	5/27	7.0	1.1	7.75	1.76	1.05	0.18	135.5	34.8
	6/7	9.1	0.7	15.50	2.33	2.84	0.62	199.6	22.2

表 29-28　棉花地膜覆盖增温和缩短生育期资料

(陈冠文,毛树春,2010)

棉　区	试验地点	时　期	覆膜类型	增温效应（℃/日）	播种期提前日数（d）	播种—开花缩短日数(d)	延长高能同步期(d)
西北内陆	新疆	20世纪80年代	窄膜	2.0～4.6	7～10	7～13	9～13
		20世纪90年代初	宽膜	3.4～5.0	+3～5	+3～5	+3～5
		20世纪90年代末	超宽膜	5.1～5.8	+3～5	+1～2	+1～2
黄河流域	山东		地膜	2.0～4.0		7～10	
	山西			3.4～3.7			
	河北			3.0～5.0	7～10		10
辽河流域	辽宁		窄膜	1.3～2.7		15	
			宽膜			10	
长江流域	湖北		地膜	1.9～3.0		12	
	江苏					7	
	湖南			3.3			

［注］①增温效应指棉花生育前期0～10 cm地温的增加值;②+号表示本处理比上一处理的增加值;③播种期提前和播种—开花缩短天数是与露地棉相比。

三、高光合效应

棉花产量形成是靠光合作用来实现的。光合作用取决于光合面积的大小、光合时间的长短和光合速率的高低等几个因素。地膜覆盖能增加棉花生育前期的光合面积和叶片的净同化率,为棉花产量的形成奠定了较好的物质基础。

(一) 增加叶面积

叶片是作物光合作用的主要器官。叶面积的大小与光合生产密切相关。地膜棉高光效的表现之一是单叶面积大,叶面积指数增长快。

1. 子叶面积大　地膜棉土壤的水热条件好,子叶特别肥大。据山西省农业科学院棉花研究所1979年5月5日测定,露地棉花的单株子叶面积8.4 cm^2,干重46 mg;覆盖棉单株子叶面积达15.8 cm^2,干重达85 mg,比露地的分别提高了88.1%和84.0%。

2. 主茎叶面积与果枝叶面积增长快 据陈奇恩1980年6月28日测定,覆膜棉单株主茎叶面积达1 102 cm^2,平均单叶面积为73.5 cm^2;而露地的单株叶面积只有410 cm^2,平均单叶面积为39.1 cm^2,覆膜比露地分别提高168.8%和88%。同时,覆膜棉叶片每100 cm^2的干重为47.1 mg,比露地提高22%。当覆膜棉单株果枝叶面积达518 cm^2时,露地棉尚未出现果枝。辽宁省棉麻科学研究所1979年的调查结果显示,覆膜棉花单株叶面积在6月25日至7月5日出现高峰;露地棉在7月25日至8月5日才出现高峰。山西省运城测定,覆膜棉的单株果枝叶面积8月5日达到高峰,而露地棉到8月25日才达到高峰。

黄清河1983年测定结果,苗期(5月26日)至铃期(8月25日),覆膜棉田的单株叶面积和叶面积指数(LAI)均大于露地棉田,仅吐絮期(9月25日)略低于露地棉田(表29-29)。

表29-29 覆膜对棉花叶面积的影响

(黄清河,1983;钟祝融,1989)

处 理	5月26日		6月13日		7月16日		8月25日		9月25日	
	叶面积(cm^2/株)	LAI	叶面积(cm^2/株)	LAI	叶面积(cm^2/株)	LAI	叶面积(cm^2/株)	LAI	叶面积(cm^2/株)	LAI
宽膜	43.8	0.06	851.5	1.07	1 675.2	2.1	1 589.8	2.0	575.3	0.72
露地	23.4	0.03	612.0	0.83	1 105.5	1.5	1 053.8	1.4	634.4	0.84

(二)提高棉株生理活动强度

地膜棉高光效还表现在光合、蒸腾、代谢等生理活动强度皆明显高于露地棉。

1. 净同化率提高 1979年山西省农业科学院棉花研究所在山西运城试验,5月10日露地棉的净同化率为12.9 mg/(dm^2·h),地膜覆盖棉达18.6 mg/(dm^2·h),较前者提高了44.2%;蕾期(6月6日)露地棉的净同化率为12.4 mg/(dm^2·h),地膜覆盖棉达到19.4 mg/(dm^2·h),较前者提高了56.5%。尽管两者的净同化率的高峰皆出现在初花期,但地膜覆盖棉的峰值为22.7 mg/(dm^2·h),露地棉为21.5 mg/(dm^2·h),两者相差5.6%。高峰期之后的7月中旬,地膜覆盖棉的净同化率仍达22.4 mg/(dm^2·h),而露地棉仅为18.5 mg/(dm^2·h),较前者低14.0%。这表明,地膜棉不仅叶片生理功能强,而且功能的高峰期也比较长。

据黄清河1983年测定,苗期(5月26日)至花期(7月16日)的光合势和净同化率,覆膜棉明显高于露地棉,但铃期至吐絮期反比露地棉低(表29-30)。

表29-30 覆膜对棉花光合势和净同化率的影响

(黄清河,1983;钟祝融,1989)

处理	5月26日		6月13日		7月16日		8月25日		9月25日	
	光合势(m^2·d)	净同化率[g/(m^2·d)]	光合势(m^2·d)	净同化率[g/(m^2·d)]	光合势(m^2·d)	净同化率[g/(m^2·d)]	光合势(m^2·d)	净同化率[g/(m^2·d)]	光合势(m^2·d)	净同化率[g/(m^2·d)]
宽膜	0.21	9.46	0.25	8.91	2.06	13.99	4.30	15.30	5.92	2.44
露地	0.05	8.49	0.06	6.59	0.70	10.21	1.48	15.56	3.30	12.45

新疆农垦科学院1997年测定结果,覆膜棉株叶片的光合速率明显大于露地棉株,其中晴天光合速率又大于阴天。叶片呼吸速率两者差异不大。

2. 棉叶蒸腾强度增大　叶片蒸腾强度大,能促进棉叶光合作用活力,有利于碳水化合物的合成,促进地上和地下部生长发育。地膜覆盖棉叶片的蒸腾强度明显高于露地棉。据山西省农业科学院棉花研究所测定,地膜棉叶片一日蒸腾强度呈双峰曲线;露地棉则呈单峰曲线,11:00 达最大值。地膜棉第一高峰在 11:00,蒸腾强度为 4 945 mg/(h·g)(鲜重),较露地棉高 17.5%;第二高峰时段在 15:00,蒸腾强度为 4 477 g/(h·g)(鲜重),较露地棉高 13.3%。

四、增产和改善品质效应

地膜覆盖棉的促早发、促根生长和提高光合作用,最终反映在棉花的产量和品质方面,主要表现为优质效应和增产效应。

籽棉产量是由单位面积铃数和单铃重构成,单位面积铃数又是由单位面积的株数和单株结铃数构成。地膜植棉改善了棉花生长环境,加快了棉株的生长发育进程,使大多数蕾、花、铃的形成过程和当地季节高能期同步,因而植株能多成铃、结大铃和结优质铃,从而获得高产、优质棉。

(一) 提高保苗率,增加收获株数

新疆农业技术推广总站 1981～1982 年在南疆的多点调查结果显示,覆膜棉田的出苗率为 93.0%～99.4%,露地棉田的出苗率为 78.0%～86.4%,覆膜棉田的出苗率比露地棉田提高 13～15 个百分点。

据贾玉珍等(1984～1985)的试验,在不同类型盐碱土棉田覆膜,均表现出苗速度快、时间短、出苗率高、死苗率低等特点。据调查,棉田覆膜与不覆膜相比,轻度盐碱土,平均早出苗 6.7 d,出苗率提高 7.36%,死苗率降低 16.75%;中度盐碱土,平均早出苗 10.5 d,出苗率高 16.35%,死苗率低 1.15%;重度盐碱土,出苗早 8 d,出苗率高 10.54%,死苗率低 10.63%。

(二) 增加铃数

地膜植棉增产的主要因素之一是增加了单株结铃数。鲁雪林等在河北的试验表明,地膜棉现蕾期揭膜处理的三个品种,与露地棉单位面积结铃数差异均达到显著水平(表 29-31)。江苏省盐城市 1981～1983 年试验,地膜棉的单株铃数较露地棉平均增加 3.26～4.74 个。

表 29-31　地膜覆盖对棉花产量结构的影响

(鲁雪林等,2009)

品　种	栽培模式	皮棉产量 (kg/hm²)	增　产 (%)	铃　数 (个/m²)	铃　重 (g)	衣　分 (%)	霜前花 (%)
中棉所 50 号	露地直播	921b		45.8b	5.4a	42.3a	83.1b
	四叶期揭膜	992ab	7.7	52.9ab	5.7a	42.3a	87.0ab
	现蕾期揭膜	1 084a	17.7	56.3a	5.8a	40.7a	92.9a
新棉 33B	露地直播	1 085b		61.3b	5.8a	38.7a	67.3b
	四叶期揭膜	1 347a	24.1	71.8a	6.0a	39.7a	71.6ab
	现蕾期揭膜	1 456a	34.6	72.7a	6.2a	40.2a	79.8a
冀棉 298	露地直播	908b		60.9a	5.6b	40.4a	66.7b
	四叶期揭膜	1 112a	22.5	67.2a	6.1ab	38.0ab	69.7ab
	现蕾期揭膜	1 148a	30.4	71.8a	6.4a	36.5b	77.3a

[注] ① 增产是指与露地直播相比较; ② 同列不同小写字母表示差异达 0.05 显著水平。

新疆农业技术推广总站 1981～1982 年在南疆的多点调查结果显示，海岛棉覆膜比露地的单株结铃数，南疆增加 3.5 个，北疆增加 5.9 个；陆地棉覆膜比露地栽培的单株结铃数，南疆增加 1.8 个，北疆增加 2.5 个。据贾玉珍等 1983～1984 年在七个不同程度盐碱地试验，轻度盐碱土成铃直播覆膜比直播不覆膜多 4.72 个/株；中度盐碱土直播覆膜比直播不覆膜多 2.81 个/株；重度盐碱土直播覆膜比直播不覆膜多 2.81 个/株。

（三）增加铃重

地膜植棉增产的另一个因素是提高了单铃重。鲁雪林等在河北的试验结果显示，地膜棉现蕾期揭膜处理的三个品种，与露地棉的单铃重差异虽多未达到显著水平，但地膜棉的单铃重均高于露地棉。山西省农业科学院棉花研究所 1982 年测定，地膜棉的伏前桃、伏桃和早秋桃重分别比露地棉重 1.106 g、0.449 g 和 0.9 g。该所在晋南棉区测定，棉株第一圆锥体第一节位的铃重，地膜棉较露地棉增加 1.01～1.57 g；第二圆锥体的第一节位的铃重增加 0.06～0.59 g；第三圆锥体第一节位的铃重增加 0.54～0.83 g。

各棉区资料表明，地膜棉较露地棉一般增产 15%以上，有的高达 70%（表 29－32）。辽河棉区及旱地、盐碱地增产效果最显著。例如，江苏盐碱地区 26.4 万 hm^2 盐碱地覆膜棉平均 846 kg/hm^2，较露地棉花增产 26.9%。新疆生产建设兵团推广地膜棉 3.09 万 hm^2，占当年植棉面积的 26.5%，产量 792.0 kg/hm^2，比露地棉增产 45.4%。随着地膜植棉技术的不断发展，棉花高产纪录不断被刷新。1991 年新疆生产建设兵团农三师 45 团 15 连 13 号地 1.422 hm^2 地膜棉，皮棉产量达到 3 013.4 kg/hm^2，创当时全国单产最高纪录。21 世纪以来，地膜覆盖与现代农业技术结合后，全国棉花单产的最高纪录又不断被刷新。

表 29－32　各棉区覆膜栽培棉花增产率资料汇总

（陈冠文，毛树春，2010）　　（单位：%）

处　理	西北内陆		黄河流域				辽河流域	长江流域（湖北）
	南　疆	北　疆	山　西	河　北	山　东	河　南（盐碱地）		
窄膜	42.6～71.8	31.0～71.7	42.3～70.4	18.4～27.9	15.0～30.0	49.2～89.6	45.2～113.3	25.9
宽膜	＋11.8～29.3	＋23.7						
超宽膜	＋5.3～6.7	＋8.4						
双膜	＋8.1～10.9	＋5.2～8.1	＋21.9		＋4.0～14.0			

［注］＋号表示本处理比上一处理的增产率。

（四）提高霜前花比例和改善纤维品质

地膜覆盖的增温、保墒效应，使地膜棉的吐絮期提早，从而有效提高了霜前花比例和纤维品质。

1. 提高霜前花比例　石河子大学农学院调查，覆膜棉的三桃比例为 1∶8∶1，伏前桃和伏桃的比例明显大于露地棉。山西棉区地膜棉三桃比例多为 2∶5∶3 或 3∶5∶2；而露地棉三桃比例大体为 1∶5∶4 或 0.5∶6∶3.5。地膜棉秋桃比例小，有利于提高棉花纤维品质；而霜前花比例高是地膜棉纤维品质优于露地棉的重要原因。新疆生产建设兵团农一师 6 团试验，地膜棉的霜前花比例为 89%，比露地棉高 13%。刘圣田等研究结果显示，双膜覆盖、地膜覆盖和露地植棉的霜前花产量分别为 2 010.3 kg/hm^2、1 754.4 kg/hm^2 和 1 085.3 kg/hm^2，双膜覆盖和地膜覆盖分别为露地棉田霜前花的185.2%和117.0%。鲁雪林等用中棉所50等三个品种试验，结果显示，地膜棉与露地棉的霜前花比值分别提高3.9%～9.8%、4.3%～12.5%、3.0%～10.5%。

2. 改善纤维品质　棉花纤维品质较大程度决定于品种的遗传特性，但环境条件亦能产生一定的影响，以光照、温度、水分、肥料等方面的影响较大。地膜棉的生育进程加快，使棉纤维的伸长和发育处在一个较好的光、温环境，因而棉花的纤维品质较优。山西省农业科学院棉花研究所1982年在晋南观测，当地6月下旬可进入日均气温27～30 ℃的棉铃发育的最适宜气温期，直到7月中旬都在30 ℃以下，十分有利于棉纤维的形成。据北方棉区观察，覆膜棉从6月23日开花到8月17日吐絮，在棉铃发育初期和中期，有30 d以上处于棉铃发育的适宜温度范围，且光照充足；而露地棉花则推迟到7月19日才开花，10 d左右幼铃处在不适宜棉铃发育的高温期。

据新疆石河子八一棉纺厂测定，覆膜棉的纤维强力比露地棉提高11.3%～27.2%，断裂长度增加4.0%～18.7%，绒长增加1.9%～4.9%，但细度减少5.7%～7.1%。武汉徐荣生测定，覆膜棉平均品级2.3级，比露地棉高0.4级(最高的多达1级)；纤维长度为28.9 mm，比露地长0.5 mm；成熟系数1.69，比露地多0.06；强力4.5 g，比露地略增0.1 g；细度5 100 m/g，比露地多223 m/g。据山东省测定(表29－33)，地膜棉纤维主体长度、断裂长度、强力、细度、均匀度、短绒率均优于露地棉。

表29－33　覆膜对棉花纤维品质的影响
(汪若海，1988)

处理	主体长度(mm)	强力(gf)	断裂长度(km)	细度(km/g)	均匀度	短绒率(%)
覆膜	29.79	3.70	22.37	6.047	1.159	6.2
露地	27.74	3.40	20.82	6.123	1.088	8.6

陈冠文等的研究结果表明，宽膜棉田棉纤维的各项指标与窄膜的差异不大，但变异系数小得多，说明宽膜棉田的纤维品质比窄膜均匀一致。

第四节　地膜覆盖栽培技术

地膜植棉技术推广应用40多年来，随着塑料生产工艺的改进、农业机械和棉花产业相关技术的发展，棉花地膜覆盖栽培技术经历了不断的创新，在我国不同的自然和生态区形成了各具特色的技术体系。

一、地膜的种类和性能

目前广泛使用的农用地膜主要是塑料地膜，按照功能分有普通无色透明膜、有色膜及特殊功能地膜、降解膜等。地膜材料以聚乙烯(PE)为主，另有部分聚氯乙烯(PVC)。

(一) 普通无色透明地膜

普通无色透明地膜以其制造的原料不同可分为四大类。

1. 高压低密度聚乙烯(LDPE)地膜(简称高压膜) 用高压低密度聚乙烯树脂经挤出吹塑成型制得。生产上已大量应用,是当前主要的地膜种类,其厚度为0.014±0.003 mm,幅宽有40～220 cm多种规格,每公顷用量120～150 kg。主要适用于棉花、玉米等多种农作物。

2. 低压高密度聚乙烯(HDPE)地膜(简称高密度膜) 由低压高密度聚乙烯经挤出吹塑成型制得。厚度为0.006～0.008 mm,每公顷用量60～75 kg。此种地膜光滑,但透光性及耐老化性不如LDPE地膜。与土壤密贴性差,尤其在砂质土壤上不易覆盖严实。覆膜后的增温、保水效应以及增产效果与LDPE地膜基本相当。由于其用膜量减少,每公顷成本降低40%～50%,因而经济效益较LDPE地膜高,比较适用于棉花覆盖栽培。

3. 线型低密度聚乙烯(L-LDPE)地膜(简称线性膜) 用线性低密度聚乙烯经挤出吹塑而成的地膜,厚度0.008～0.010 mm。线性膜除具有高压低密度聚乙烯膜的性能外,拉伸强度、断裂伸长率、抗穿刺性等均优于高压低密度聚乙烯膜。

4. 混合膜 将LDPE、HDPE及L-LDPE三种或其中两种按一定比例混合吹塑制膜,厚度0.006～0.014 mm。其特点是强度较高,韧性较好,易与畦面密贴,作业性改善,生产中使用较多。

(二)有色膜及特殊功能膜

1. 有色膜 在聚乙烯树脂中加入色母料,可制得黑色膜、绿色膜、银灰色膜(防蚜膜)、黑白双面膜等。具有抑制杂草、防治病虫害、促进作物生长、增加或降低地温等特殊功能,但棉田基本没有应用。

2. 除草膜和渗水膜 除草膜是在地膜制造过程中加入除草剂母料或直接添加除草剂和其他助剂。除草膜覆盖地面后,膜中的除草剂逐渐析出或溶解在水中,滴入土壤,起到杀灭杂草的作用。使用除草膜可节省喷除草剂及人工除草的用工,而且土壤表面药层因受地膜的保护,杀草效果好,作用时间长。但是应用中需注意几点:第一,地表要平整,使除草膜与地表密贴,除草剂在土壤表面分布均匀,除草效果好。如果畦面不平,膜下水滴流到低洼处,对作物幼苗产生药害。第二,正确选择除草剂,错用了除草膜会产生药害。第三,定植孔或播种孔处无除草效果,仍需人工除草。土壤干燥使用除草膜效果差。

(三)可控性降解膜

降解膜有光降解膜、生物降解膜和光-生物降解膜。光降解膜是在聚烯烃中加入具有光增感作用的化学添加剂、过渡金属络合物等助剂,经挤出吹塑而成。地面覆盖后,经过一定时间(60～80 d),由于自然光线的照射,地膜高分子结构陡然降解,很快成为小碎片、粉末状物。光降解地膜覆盖棉花后可取得与普通地膜覆盖的相同效果,但仍存在埋土部分降解严重滞后和小碎片污染土壤的问题。

生物降解膜是利用能在分泌酵素的微生物的作用下自然降解的材料制成的地膜。有资料介绍,根据降解机理和破裂形式,生物降解塑料分为生物降解性塑料和生物破坏性塑料。前者包括微生物聚酯、合成聚酯等,后者则包括淀粉基生物崩坏性塑料、脂肪族聚酯类生物崩坏性塑料及天然矿物类生物崩坏性塑料。

光-生物双降解膜是兼有光降解和生物降解双重降解机制的制品,以达到完全降解的目的，为当今世界降解塑料研究的主流方向。

降解膜的主要优点在于节省回收废旧地膜的用工，防止旧膜残留污染，保护农田生态环境，是农用地膜的发展方向。但目前由于制造工艺的难度和成本较高，生产中应用很少。

还有一种液体地膜（也称多功能可降解黑色液体地膜），是一种高分子有机化合物，兑水喷施后，可在土壤表层形成一层黑色土膜，能够有效抑制土壤水分蒸发、提高土壤温度。

二、覆膜和播种

（一）地膜覆盖方式

我国棉区辽阔，生态类型较多，地膜覆盖的方式也不尽一致，各地的棉农和科研人员在实践中摸索出多种形式，如双行高垄、双行低垄、单行根区、单行行间、双行行间、隔行覆盖、平覆沟种、沟棚覆盖、先覆后种、先种后覆、沟种移膜、双膜覆盖等。

1. 行间覆盖

（1）单行行间覆盖：播种时将地膜顺行覆盖播种沟上，一幅膜盖一行，将膜边封好压实，待出苗80%～90%后，选晴天将地膜移到行间覆盖。覆盖度较高。

（2）隔行行间覆盖：播种时将地膜顺行覆盖播种沟上，一幅膜盖两行播种沟，待90%出苗后，将膜移至两行棉苗中间覆盖，隔行覆膜（图29－7）。

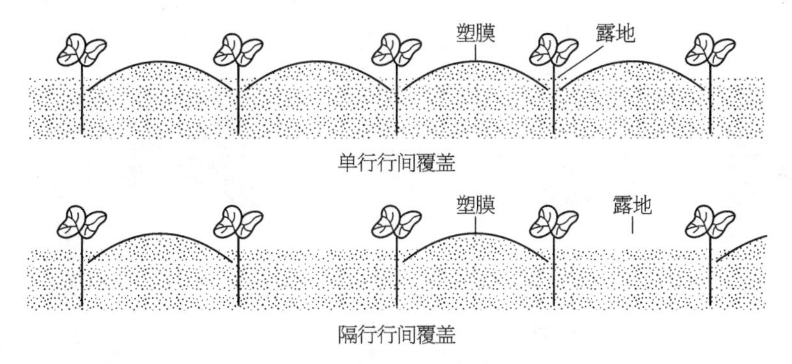

图29－7　地膜行间覆盖示意图

行间覆盖的优点是棉行的地温较低，利于棉苗稳健生长；降雨后根区易渗水，防止湿涝；出苗后不需打孔放苗。其缺点是保温效果差，移膜费工（实际上是覆盖了两次），随着地膜越来越薄，移膜操作极不方便。棉田行间覆盖目前已不再大面积应用。

（3）膜侧播种：膜侧播种与隔行行间覆盖相似；不同的是先将地膜覆盖地面，然后紧挨地膜两侧播种。膜侧播种适于大面积机械化操作棉田，不需要移膜和打孔放苗，便于揭膜和废膜回收，在新疆棉区应用较多。其缺点是棉籽在萌发和出土时，热量和水分条件不如在膜下的环境好，并且在盐碱地容易致棉苗根区聚盐而死苗。

2. 根区覆盖　根区覆盖是指将地膜覆盖在播种行上。这是目前棉花生产上普遍采用的地膜覆盖方式。根据种植制度和生态条件的不同，根区覆盖又可分为单行根区覆盖、双行根区覆盖和宽膜、超宽膜根区覆盖。

（1）单行根区覆盖：一幅宽为40～50 cm的地膜覆盖一行棉花（图29－8）。优点是可以降低覆盖度，节约地膜20%左右，降低用膜成本；雨水易渗入根区，利于促根下扎。缺点是用工较多，保温效果不好，地膜利用率相对较低。水源条件差的旱薄地宜选用单行根区覆盖。

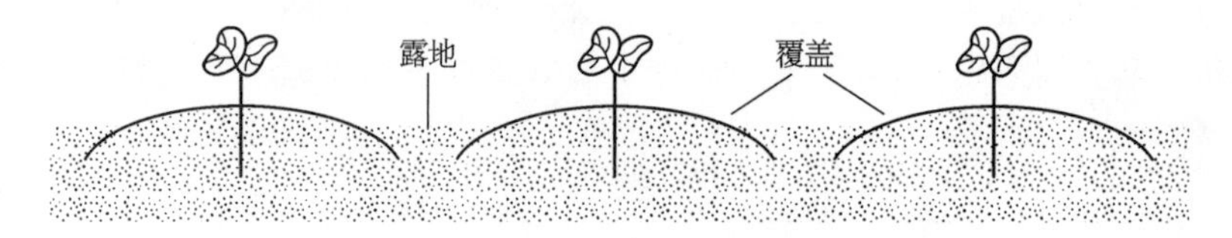

图 29-8　平垄单行根区覆盖示意图

(2) 双行根区覆盖：一幅宽为80～90 cm的地膜覆盖2行棉花及行间，或者机械作业一播幅4膜8行，宽行55～60 cm，窄行25～30 cm，薄膜幅宽60 cm。一般宽窄行种植的棉田采用该种方式。其优点是覆盖省工，根区增温、保墒效果好，防涝、促早发效果好，用工也较少。其缺点是覆盖度大，用膜多，棉苗根系较浅，易早衰。凡水肥条件好、底墒足、发苗晚的黏土地和盐碱地宜选用这种方式。

双行根区覆盖的棉田，种植方式可分为平作和垄作两种。平作即在平地上进行播种、覆膜(图29-9)。新疆棉区大多采用平作，此种方式增温保墒效果好，且适于机械铺膜。垄作又可分为高垄和低垄两种(图29-10、图29-11)。高垄一般垄高15～25 cm，低垄一般垄高10 cm左右。起垄种植的优点是棉田受光面积大，土壤温度高，灌排水方便，不易发生渍涝，利于壮苗早发，比较适于半干旱地区的山坡、丘陵地带；其缺点是跑墒快，膜下墒情不均。

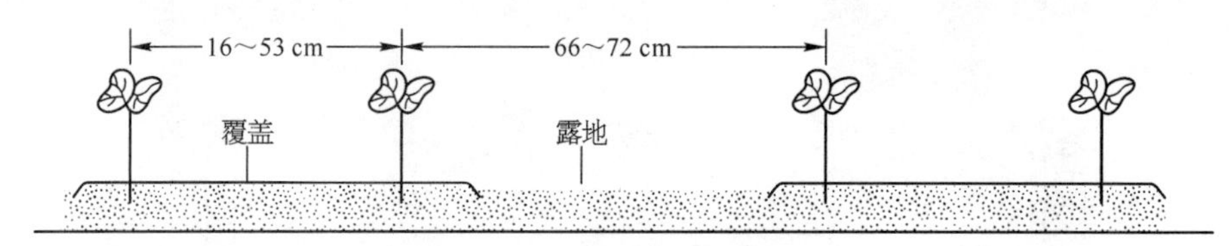

图 29-9　平作双行根区覆盖示意图

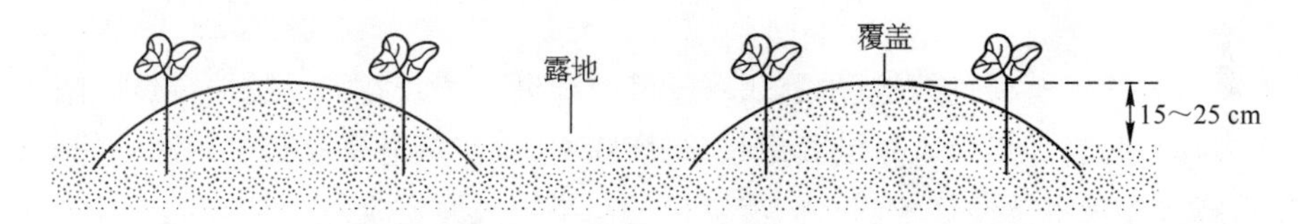

图 29-10　高垄双行根区覆盖示意图

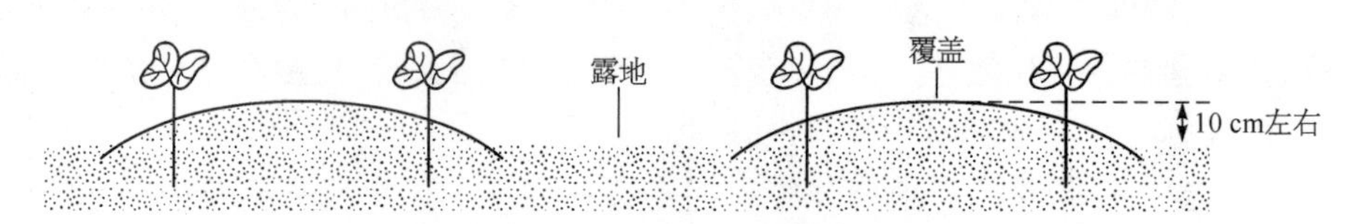

图 29-11　低垄双行根区覆盖示意图

(3) 宽膜、超宽膜根区覆盖：简称宽膜覆盖。棉花宽窄行种植[60 cm+(30～40)cm]，一幅地膜覆盖 4 行或 6 行棉花，中间两行距离为 60 cm。新疆棉田采用宽膜、超宽膜种植。宽膜种植即一播幅 3 膜 12 行，宽行 55～60 cm，窄行 28～30 cm，薄膜幅宽 145 cm；超宽膜覆盖种植即一播幅 2 膜 12 行，薄膜幅宽 220 cm。收获株数 18 万～24 万株/hm^2。这两种方式是在窄膜覆盖（双行根区覆盖）基础上发展起来的，其优点是地膜覆盖度提高，膜下增温保墒效果更好，促进生育进程，提高棉花产量和品质。

3. 沟棚覆盖　地膜沟棚覆盖或沟种移膜覆盖，是山西省在 20 世纪 80 年代中期提出的。把棉花播于 13～20 cm 的沟内，覆膜，待棉苗生长到一定阶段后放苗或把地膜移到行间。沟棚覆盖可充分利用 4 月中下旬有效光热资源，解决低温冷害和高温烧苗的矛盾；盐碱地使用还能起到躲盐保苗的作用。

4. 地膜与秸秆二元覆盖　山西省农业科学院棉花研究所 1989 年研究总结出旱作棉田覆盖新技术——地膜与秸秆二元覆盖技术。具体方法是在棉花播种时用地膜覆盖窄行，5 月下旬在宽行间覆盖秸秆、厩肥或玉米秆等，覆盖量以 4 500～7 500 kg/hm^2 为宜。这种覆盖方式主要适用于北方中熟和中早熟、特早熟品种的单作棉田。

5. 双膜覆盖　21 世纪初，新疆生产建设兵团 29 团针对本团土壤盐碱重、播种后遇雨易形成碱壳、抓全苗难的问题，推广“双膜覆盖”技术，即在第一层膜的种孔行上再覆一层窄膜。这项技术有效解决了盐碱地和黏土棉田雨害缺苗问题。据测定，双膜覆盖条件下 5 cm 地温比单膜覆盖提高地温 2 ℃/d；雨后保苗率达到 89.7%，较对照上升 9.3%；平均单产较对照提高 371 kg/hm^2，增幅达到 6.51%。

黄河流域的双膜覆盖则是在覆盖地膜—播种之后，再搭弓形棚架，覆盖棚膜。双膜覆盖能显著提高耕层土壤温度和弓棚内温度，实现壮苗早发。

（二）覆膜技术

覆膜是地膜栽培的关键环节。如果地膜在前期破损或边缘埋压不实，很容易被风刮起。覆膜通常分人工覆膜和机械覆膜两种。

1. 人工覆膜　3～5 人组成作业小组，先开沟，沟深 5～8 cm，将地膜展平，然后将膜边缘埋入沟内，用土压严、压实。为避免大风揭膜，隔一段距离在膜上盖土压膜。

2. 机械覆膜　低垄或平地覆膜，可采用机械铺膜机，一次可完成播种、覆膜两项作业。覆膜机类型较多，皆可达到较好效果。在新疆已研制出使用大型棉花播种覆膜机械，可使播种、覆膜、铺滴灌管一次完成，极大地提高了工作效率，且播种覆膜质量较高（图 29 - 12）。

覆膜质量的好坏直接关系出苗优劣。覆膜质量高，可充分发挥地膜增温保墒效应，实现一播全苗，出苗整齐均匀。覆膜时须做到：地膜与地面紧密接触，松紧适中；地膜展平，无皱折，干净，采光面大；膜行端直，膜边缘入土深度不少于 3 cm，并尽量垂直压入沟内；覆膜后，在膜上隔 5～10 m 打一与膜行垂直的小土埂，土量要适中，分布要均匀。

（三）播种方式

根据播种和覆膜的程序不同，播种方式可分为先播种后覆膜、先覆膜后播种和膜侧播种等几种。

1. 先播种后覆膜　大多采用机械播种，起垄、播种、覆膜、覆土四道工序复式作业，一次同步完成。这种方式适于在春季的适宜播种期内采用。其优点是能够保持较好的土壤墒情

图 29-12 新疆农垦科学院研制的 2BMJ-16/2 型棉花播种覆膜铺管机

和土壤结构，在出苗前保温、防除杂草效果也好，利于出全苗；播种方便，有利于机械播种或人工条播，便于提高播种质量和速度，提高劳动效率。其缺点是出苗后放苗费工，若放苗不及时会造成烫苗；破膜后膜内外温湿度差距大，出苗后遇低温易受冻伤；棉苗的抗逆能力差，易感病害、死苗。

2. 先覆膜后播种　整地后先覆地膜，再在膜上按株距要求打孔破膜播种。这种覆盖方式在新疆、辽宁等春季少雨棉区采用较多。其优点是在降雨后或墒情好时趁墒覆膜，利于保蓄天然雨水；破膜时洞口小，保温、保墒及防除杂草效果均较好；棉花出苗后，不需人工放苗；棉苗能较好地适应外界环境条件，生长较健壮，抗逆能力强。其缺点是播种后遇雨土面易板结，造成出苗困难；如果采用人工打洞点播，用工多，播种质量不易保证。

3. 膜侧播种　20 世纪 80 年代初，由新疆生产建设兵团农二师农业科学研究所试验成功，把膜上打孔播种改为在膜侧面的露地上播种，即在地膜两侧 3～5 cm 处播种。这种方法的优点是不易出现高温灼伤棉苗，保苗率高；棉苗可以利用覆膜区横向传导的热效应；膜面完整无孔，除草作用显著；在浇头水前揭膜，地膜可以全部回收(一般地膜只能回收 60%)，使用率高；还可免除废膜对土壤的污染。膜侧播种有一定增产效果，但膜侧播种增温效应较低；播种技术要求高(播行必须控制在膜边 3～5 cm 的狭小区间)；盐碱重、春雨多的地方易返盐伤苗；田间作业不便，中耕易伤棉根。因此，这种播种方式未能大面积推广。

三、揭膜技术

(一) 揭膜时间

为了充分利用塑膜的优势，各地对是否要揭膜、何时揭膜作了许多试验观察，认为揭膜过早不能充分发挥地面覆盖增温、保墒、防渍的效果；过迟揭膜，又不利于花铃期施肥和田间管理。黄河流域棉区以盛蕾期揭膜为好。长江中下游棉区，花铃期常有梅雨，为减少土壤水分、增强地表径流和重施花铃肥，揭膜时间以开花期为好。西北内陆棉区以及丘陵旱地棉田，为了充分发挥地膜增温、保墒效应，以棉花采收后回收塑膜为好。各生态棉区可根据不同条件制定相应的技术措施。机采棉田揭膜见第四十九章。

(二) 揭膜方式

生育期以人工揭膜为主，先揭边膜，后揭中膜。棉花采收后，可以机械收膜为主，结合人工辅助拾膜。

四、栽 培 管 理

地膜植棉是一项人工改善棉田生态环境、提高棉株的生理功能、加快棉花的生长发育，从而实现早熟、优质、高产的综合栽培技术体系。

(一) 播前准备

1. 选地和整地　地膜覆盖棉田，一般应选择土层深厚、肥力中等以上、地势平坦的田块。两熟棉田必须考虑前作和预留棉行的宽度等，要选择矮秆早熟茬，麦幅宽不超过 40 cm。地膜覆盖栽培的关键在于塑膜覆盖的质量，而覆盖质量又决定于整地质量。整地要做到地面平整细碎，无坷垃，无留茬，上虚下实，底墒足、表墒好。北方春旱地区应早作垄，即在冬春灌水，土壤解冻后进行深耕作垄，起垄要直，大小高矮一致；起垄后及时镇压，使土垄面成圆形，以利保墒盖膜。两熟棉区要求播种前精整预留棉行，做到土碎、草尽、上虚下实。

2. 增施基肥　地膜覆盖后，土壤有机质分解快，棉花根系从土壤吸肥多、吸肥早，故播种前要培肥地力，增加基肥用量。在保肥、供肥能力较强的中上等壤土地上，一般基肥施用量占总量的 45%左右；在地力较高、保肥能力强的棉田，可以采用“一炮轰”的方式一次施足；土壤偏砂的棉田，基肥以占总量的 30%左右为宜。膜下滴灌棉田，可以 25%～40%的氮肥和 75%～80%的磷、钾肥作基肥。

3. 化学除草　地膜覆盖棉田，覆膜后不便人工除草，而膜内温湿度较高，有利于杂草滋生。因此，在播种前或播种后覆膜前必须使用除草剂。如播前处理，可在播种前 1 d 用除草剂封闭土壤。氟乐灵用量为 1.2～1.5 kg/hm^2，施药后及时耙地，防止氟乐灵见光分解。若采取播种后覆膜前处理，可施用扑草净或拉索等除草剂，用量为 3.0～3.75 kg/hm^2，兑水 900 kg；或施用除草醚(25%有效成分)6.0 kg/hm^2。为了防止除草剂在土壤中积累而产生慢性药害，年际间应交替使用不同类型的除草剂。药膜覆膜后要避免人、畜践踏；破膜时，膜口宜小，以提高防除杂草效果(见第四十三章)。

4. 浇底墒水　地膜覆盖可以使土壤增温、保墒。保墒的前提是土壤要有一定的含水量。要保证棉种正常萌发出苗，在温度条件满足的同时，种子层土壤含水分为田间持水量的 70%～80%。所以，在播种覆膜前，如果土壤含水量太低，就应浇底墒水。有些棉区采取在干土播种、盖膜后浇水，也可起到保证土壤水分的作用。新疆沟灌棉田的底墒水采用冬灌或春灌。膜下滴灌棉田，则采用滴“出苗水”补墒。

(二) 播种技术

1. 播种期　地膜覆盖棉田土壤温度、水分等条件较好，播种期可适当提前。确定播种适期的原则，一般是霜前播种，霜后出苗。“先播种后覆盖”的播种期可迟些，“先覆盖后播种”的播种期可早些；采用“沟棚覆盖”方式的播种期可适当提早；盐碱土壤区的棉田播种期可适当推迟。黄淮海棉区在4月中旬播种,播种至出苗需6～9 d,出苗后可避过终霜冻害。确定新疆地膜覆盖棉花的播种期原则为:以膜下5 cm地温连续3 d稳定通过12 ℃,且离终霜期日数≤7 d。正常年份,南疆于4月1～15日播种,北疆4月5～20日播种,东疆陆地棉于3月20日～4月5日播种,特早熟海岛棉在4月10～15日播种。辽河流域棉区在4月25日前后播种。长江中游的适宜播期一般为4月5～15日;长江下游4月中旬前后播种。

2. *播种深度*　一般宜掌握在2～3 cm,播种孔覆土0.5～1.0 cm。

3. *播种质量要求*　机械播种质量要求:播行笔直,接行一致;膜边压实,膜面平展;适墒播种,深浅一致;播量准确,下籽均匀;空穴率<2%。人工播种质量要求:行株距准确,膜距整齐;膜边压实,膜面平展;下籽均匀,播深一致。

(三)苗期管理

覆膜棉苗期的生育特点是:根、茎、叶营养生长快。其中,根的生长比地上部分更快,是这一时期的生长中心;2～3叶龄期开始花芽分化。苗期管理的重点是保持土壤水分,提高土壤温度,促进根系生长。

1. *放苗、定苗*　先播种后覆膜的棉田要及时放苗。放苗的时间根据出苗的情况和气象条件决定。50%棉苗子叶展平后,即可放苗。但要关注天气情况,避过大风降温天气和晚霜。天气晴朗,气温较高时,膜内容易发生烫苗,要尽量早放苗。放苗后要及时封土:当天放的苗,当天要封土,防止土壤水分散失或大风揭膜。要求"封土一条线,留够采光面,封好护脖土,穴口要封严",严防膜上压土过多,降低地温。放苗的膜孔直径以3～4 cm为宜。

苗龄1～2片真叶时定苗。不同的棉区,根据不同品种和不同地力条件,不同栽培管理措施,确定单位面积的留苗量。

2. *中耕*　地膜棉苗期要根据实际情况适时中耕。雨后及时进行中耕,破除板结,散墒提温;杂草较多时要中耕除草。第一次中耕深度以12～14 cm为宜,以后逐次加深。

3. *苗期病虫防治*　一些研究资料表明,由于棉田覆膜后土壤增温保墒,棉花出苗早、生长快,地上部分营养体易遭受早春低温的威胁,棉花根病、苗病重于露地棉花;棉花苗期也容易受到蓟马、盲椿象、蚜虫等害虫的危害;所以要注意防治苗期的病虫害(见第四十一章、第四十二章)。

4. *化学调控*　为了促进花芽分化,降低始果节位,可于1～2片真叶期喷施缩节胺4.5～7.5 g/hm^2。应用时需看苗,不宜随意加大用量,机采棉田更要注意。

(四)肥水管理

1. *沟灌地膜棉田的施肥技术*　棉花高产施肥技术可概括为"两头重、中间轻",即施足基肥,重施花铃肥,酌情施用苗肥、蕾肥。

(1) 总施肥量:不同棉区、不同土壤、不同产量水平棉田的总施肥量不尽相同。一般来讲,大体可按1 kg皮棉1 kg"标肥"计算(1 kg"标肥"的标准分别是:氮肥为1 kg硫酸铵,磷肥为1 kg过磷酸钙,钾肥为0.5 kg硫酸钾)。氮、磷、钾肥的数量,则根据各棉田土壤的氮、磷、钾含量,或各棉区总的氮、磷、钾比例计算。在已推广平衡施肥的地区,可按平衡施肥的方法计算施肥总量和氮、磷、钾肥的数量(见第三十一章)。

(2) 深施基肥:使肥料在耕层内分布均匀,供肥平稳而持久。深施基肥,在棉花生育前期,能促壮苗早发;中后期能保证棉株稳健生长,不早衰。基肥全层深施的具体做法是:先用全部氮肥的50%～80%,磷肥的90%～100%(磷素含量低的土壤用70%～80%),钾肥的100%在耕地时施入,耕翻深度20～28 cm。基施的氮肥应尽量用长效氮肥,以提高其利用率。

(3) 重施花铃肥:花铃期是棉花一生中需肥最多的时期,肥料不足会降低成铃率,还会影响棉铃的发育。花铃期追肥要根据棉花品种、棉株长势和土壤肥力灵活掌握。改常规重施一次花铃肥为两次施用,即在初花时施用部分速效肥,追肥量为追施氮肥的30%～50%,磷素含量低的土壤可将全部磷肥的20%～30%于花铃期追施。当棉株有1～2个大铃时,再重施一次速效氮肥。晚熟品种的花铃肥应适当早施。追肥方法,结合开沟将肥料条施于沟底,施后随即覆土、灌水,以减少氮素的挥发损失。

(4) 酌情施种肥、苗肥、蕾肥:棉花苗期对养分吸收量占全生育期比例较低,但此期缺肥对棉苗生长影响较大。苗期棉株根系少且分布浅,主要吸收、利用种子周围土壤中的养分。因此,土壤肥力较低而又没有施基肥的棉田可酌情施种肥。种肥的数量不宜过多,一般可用尿素45 kg/hm^2,加磷肥75 kg/hm^2 或磷酸二胺75～80 kg/hm^2,施于种子内侧5 cm处;施肥深度6～7 cm。忌将肥料与种子直接接触。

没有全层施肥的棉田还应根据苗情施以氮肥为主的苗肥和蕾肥。三类苗和僵苗可结合中耕追施苗肥或蕾肥;土壤墒情差的,可于追肥后适时灌水,促弱苗发育。壮苗和旺苗可以不施苗肥和蕾肥。

(5) 补施盖顶肥:部分土壤瘠薄、后期易早衰的棉田,可于打顶前后结合灌水,人工撒施或机力条施(生长差的棉田)盖顶肥,以减少棉铃脱落,促进棉铃发育。盖顶肥通常采用尿素45～75 kg/hm^2。

(6) 喷施叶面肥:叶面追肥方法简便、灵活,可以在棉花不同发育阶段及时补充养分,有效地调节棉株体内的养分平衡关系。它具有肥效快、利用率高、用量少等优点,生产中被普遍采用。

叶面肥的种类繁多,各棉区可根据土壤化验结果或营养平衡诊断,及棉花不同发育时期对微量元素的需求,选择适宜的肥料品种和喷施时间。常用的叶面肥有尿素、磷酸二氢钾和锌、硼、锰等微肥。其中,尿素和磷酸二氢钾的喷施浓度应低于2%,硫酸锌、硫酸锰等的浓度为0.1%～0.3%。施用时应注意:酸性和碱性肥料不宜混用;锌肥和磷肥不能混用。其他叶面肥可按说明书要求施用。

叶面追肥还应注意喷施的部位和次数。磷在棉株体内移动性小,硼、钙、铁则不移动,因此,这些元素应喷在生长点部位,并适当增加喷施次数。一般叶面追肥3～4次,苗期和后期以尿素和磷酸二氢钾为主,蕾期和花铃期以微量元素为主。叶面肥也可结合化学调控喷施。

2. 膜下滴灌棉田的施肥技术

(1) 随水施肥:将肥料溶解于灌溉水中,随水施到棉株的根区,实现一水一肥。由于随水施肥技术供肥均匀,因此肥料利用率高,棉株生长整齐;有滴灌专用肥生产供给的棉区,可施用滴灌专用肥。

(2) 降低基肥比例:膜下滴灌棉田基肥比例,氮肥为20%～40%,磷肥和钾肥为60%～80%。

(3) 生育期施肥:推荐随水滴施滴灌专用肥,苗期 22～30 kg/hm^2、蕾期 35～40 kg/hm^2、花铃期 35～45 kg/hm^2、吐絮期 22～25 kg/hm^2。

3. 地膜棉田灌水技术 地膜覆盖虽有保墒作用,但其保墒效果只是在苗、蕾期较好,棉株开花后,由于地膜棉长势旺,叶面蒸腾作用强,其耗水强度相对比露地棉高。山西省农业科学院棉花研究所测定,地膜棉蕾期(6 月 2 日)以后的耗水强度已超过露地棉,开花结铃盛期(7 月中下旬)耗水强度达高峰,7 月 10～19 日总耗水量较露地棉多 459 m^3/hm^2,耗水高峰期较露地棉提早 20 d。所以在北方棉区,地膜棉田遇旱要及时灌溉。灌溉土壤持水量临界指标为:蕾期 55%,花铃期 60%。灌溉原则是:播种前蓄好底墒水;生育期看苗、看天,适时、适量灌溉。

新疆棉区降水量少,气候干燥,蒸腾量大。沟灌棉田应适时灌头水,灌好、灌足花铃水。一般头水在盛蕾期至始花期(6 月中下旬)灌溉,二三水在盛花期—铃期,8 月 20 日前后停水。全生育期共灌水 3～5 次。通常采用侧膜沟灌,即在无覆盖地膜的棉行开沟输水进行灌溉。

没有底墒的膜下滴灌棉田,应灌好出苗水。“一管两行”(一条滴灌带滴两行棉花)形式的“出苗水”,一般为 150～180 m^3/hm^2;“一管四行”的形式的“出苗水”,一般为 225～300 m^3/hm^2。苗期至蕾期每次滴水量 150～225 m^3/hm^2,花铃期每次滴水量 375 m^3/hm^2 左右,8 月上旬以后每次滴 225～150 m^3/hm^2(见第三十二章、第三十七章)。

长江流域棉区,花铃期常出现伏旱,要及时灌溉。但雨后棉田要及时排水防渍,要求雨后田间无积水。

(五) 合理化控

地膜覆盖棉田,尤其在宽膜栽培条件下,棉株生长旺盛,株体较大,应进行科学的化学调控,塑造高产株型。扬州大学农学院和山西省农业科学院棉花研究所研究总结了“叶龄模式化控”技术,即根据主茎叶龄与各器官的同伸关系,确定喷施化学调节剂的时间和用量。概括各地试验结果和棉农经验,地膜棉一般 3～5 次:缩节胺 1～2 叶期喷 4.5～7.5 g/hm^2;7～8 叶龄 8～15 g/hm^2;11～12 叶龄 15～23 g/hm^2;16～17 叶龄 23～30 g/hm^2;棉株打顶后 105～135 g/hm^2。化学调控还要结合苗情和降雨灌水的情况实施,地力弱、苗情差的棉田化控要慎重;生长旺盛的棉田在追肥、浇水前和降雨后要及时化控。

(六) 化学封顶

见第三十章。

(七) 化学脱叶

见第三十章、第三十七章。

第五节 残膜污染及其治理

地膜覆盖在产生“白色革命”的同时也产生了严重的“白色污染”。由于聚乙烯塑料薄膜属于高分子化合物,极难降解,其降解周期长达 200～300 年。连年使用,碎残地膜逐年积留于土壤耕层,污染土壤环境,导致耕地质量下降,影响作物产量和品质,最终导致农业生产的不可持续。因此,生产和使用标准地膜,加强残膜回收,减少残膜污染是科学使用地膜的关键环节。

一、棉田残留地膜状况

黄河流域棉区，据山西省农业科学院棉花研究所1989年在运城对连续4年覆膜棉田的残膜量进行多点调查，发现20 cm土层内平均残膜量为14.4 kg/hm²，最高达49.2 kg/hm²。孙志洁在河南商丘一带调查，连续种植10年以上地膜棉的土壤中，残膜量达93.0～133.5 kg/hm²，平均每年残膜量占覆膜量的41%～60%。残膜分布在不同深度的土层中，据测定，0～10 cm土层占67.4%～78.5%，10～20 cm土层占19%～26.1%，20～30 cm土层占1.3%～6.5%(表29-34)。

表29-34　黄河流域棉田残膜量

(严昌荣等，2010)

土壤深度(cm)	2年		5年		10年	
	残膜量(kg/hm²)	含量比例(%)	残膜量(kg/hm²)	含量比例(%)	残膜量(kg/hm²)	含量比例(%)
0～10	44.5	75.1	59.1	78.5	69.7	67.4
10～20	11.2	19.0	15.2	20.2	27.0	25.1
20～30	2.4	5.6	1.9	1.3	5.7	6.5
合计	58.1	99.7	76.2	100	102.4	99.0

西北内陆棉区，据颜林在北疆的调查结果，残膜量随着覆膜年限的增加而不断增多，连续种植地膜棉20年的棉田，残膜量可达402 kg/hm²，数量惊人。据姜益娟等在南疆棉田调查，在坚持每年头水前揭膜、收获后机械加人工拾膜的情况下，连续种植12年地膜棉的残膜量仅57.7 kg/hm²，明显少于北疆(表29-35)。

表29-35　新疆棉田地膜覆盖年限与残膜的数量的关系

覆膜年限	南疆			北疆				
	1年	5年	12年	7年	10年	12年	15年	20年
残膜数量(kg/hm²)	12.1	59.5	57.5	131.1	230.1	301.4	314.7	402.0

[注] 本表根据罗巨海、姜益娟等的资料整理。

二、残膜对土壤理化性状的影响

残膜长期留存在土壤中，直接影响土壤通透性，阻碍土壤水肥的运移。在武宗信等的模拟试验中发现，土壤水分上移和下移的渗透随着土壤中的地膜残留量增加而明显减慢。水分下渗速度(y)与残膜量(x)呈极显著的对数相关关系，其回归方程为 $y=3.3675-0.4466\log(x+1)$ ($r=-0.9635$)。文启凯等连续3年观察结果显示，覆膜棉田比不覆膜根层土壤的毛管孔隙度与非毛管孔隙度提高，根层土壤容重降低，总孔隙度、非毛管孔隙度之比过大，根层土壤分散系数增大了2.3倍，结构系数降低了2.6倍，根层土壤的物理性状变劣(表 29-36)。

表 29-36　残膜对土壤物理性状的影响
(文启凯等,1995)

残膜量(kg/hm²)	土壤物理性状			出苗率(%)
	容重(g/m³)	孔隙度(%)	非毛管孔隙度(%)	
201	1.15	52.3	13.8	98.3
411	0.98	66.4	31.5	89.5
增减率(%)	-14.8	+27.0	+128.3	-9.0

土壤有机质组分是衡量土壤肥力水平的主要因素之一。文启凯等观测,连续 3 年覆膜处理后,根层土壤紧实,结构态碳占总腐碳的百分数在整个生育期降低了 6.2%,而对照仅降低了 2.1%,两者相差近 3 倍。

三、残膜对作物出苗和根系生长的影响

由于土壤中的残膜具有隔离下层土壤水分上升的作用,当种子播在残膜上面的土层中时,常常会因土壤水分不足,种子吸水困难而不能发芽、出苗;同时残膜还会阻止已出苗的棉苗根系向下生长而形成畸形根,影响棉苗生长。姜益娟等对残膜试验的调查发现,当每公顷土壤残膜量 52.5～210 kg 时,棉花出苗率比无残膜的对照田低 9.9%～11.5%;残膜量达 420～1 680 kg/hm² 时,出苗率比对照低 16.8%～19.1%。颜林调查结果表明,残膜污染较重的棉田,出苗率降低 3.5%～5.7%,苗期死亡率达到 5.6%～6.3%,主根畸形为 6.6%～6.8%。姜益娟等的调查结果显示,棉田单位面积收获株数与土壤中残膜量呈负相关,当土壤中地膜残留量在 210～680 kg/hm² 时,收获株数比对照少 11.0%～16.5%。

四、残膜对产量的影响

残膜对根系的不良影响直接影响了棉株生长发育和棉花产量。据山西省农业科学院棉花研究所模拟试验,残膜量在 720～1 440 kg/hm² 情况下,棉花减产幅度达 6.2%～9.0%(表 29-37)。

表 29-37　残膜对棉花产量的影响
(陈奇恩等,1997)

残膜量(kg/hm²)	1990		1991		1992	
	产量(kg/hm²)	增减(%)	产量(kg/hm²)	增减(%)	产量(kg/hm²)	增减(%)
0	963.0		1 321.5		1 248.0	
45	963.0	0.0	1 311.0	-0.6	1 258.5	+0.8
90	969.0	+0.6	1 288.5	-0.2	1 261.5	+1.1
180	963.0	0.0	1 444.5	-1.9	1 255.5	+0.6
360	915.0	-0.5	1 245.0	-5.3	1 246.5	-0.1
720	874.5	-9.2	1 215.0	-7.5	1 170.0	-6.2
1 440	894.0	-7.2	1 213.5	-7.7	1 153.5	-7.6

颜林的调查结果显示，随着棉田残膜量的增加，收获株数、单株铃数和单铃重随之减少，产量降低。当残膜量达到 106.5～112.5 kg/hm²时，皮棉产量比无残膜棉田减少 46.6%（表 29-38）。

表 29-38　残膜对棉花产量结构的影响

（颜林，罗巨海，2007）

残膜量（kg/hm²）	收获株数（万/hm²）	单株铃数（个）	单铃重（g）	衣　分（%）	皮棉产量（kg/hm²）
0	25.95	6.5	4.5	39.5	1 999.5
52.5～85.5	24.75	5.5	4.0	39.0	1 494.0
87.0～94.5	22.95	4.9	4.1	38.7	1 225.5
99.0～102.0	24.30	4.5	3.9	39.4	1 053.0
106.5～112.5	24.00	4.4	3.9	38.3	1 048.5

五、治理残膜污染的主要措施

（一）残膜治理的重要性

鉴于地膜覆盖技术在我国农业中的重要地位，以及日益严峻的农业面源污染问题，农业部于 2015 年提出控制农业面源污染的“一控两减三基本”措施（“一控”即控制农业用水总量；“两减”即减少化肥和农药使用量，实施化肥、农药零增长行动；“三基本”即畜禽粪便、农作物秸秆、农膜基本资源化利用），其中“三基本”之一为农膜基本资源化利用，要求到 2020 年农膜回收利用率达到 80%以上，“白色污染”得到有效防控。重点任务是“四个推进”，即：推进地膜覆盖减量化、推进地膜产品标准化、推进地膜捡拾机械化和推进地膜回收专业化。严格控制残膜增量，不断减少土壤和环境中的残膜存量（见第四十九章）。

（二）主要技术措施

1. 使用标准厚度地膜，提倡宽膜覆盖　为了便于残膜回收，2017 年 10 月 14 日，中华人民共和国国家质量监督检验检疫总局和中国国家标准化管理委员会发布了强制性国家标准《聚乙烯吹塑农用地面覆盖薄膜》（GB13735—2017），于 2018 年 5 月 1 日起实施，将地膜最小厚度从 0.008 mm（极限偏差±0.003 mm）强制性地提高到了 0.010 mm（负极限偏差为 0.002 mm）。新疆维吾尔自治区质量技术监督局于 2014 年 11 月 10 日发布《聚乙烯吹塑农用地面覆盖薄膜》强制性地方标准（DB65/T3189—2014），于 2014 年 12 月 1 日起实施，在新疆全面强制推广使用厚度为 0.010 mm 以上的高标准农用塑料地膜，比之前使用的地膜厚度 0.008 mm 增加了 0.002 mm。

同时，一要对回收利用残膜的企业在政策和财政上给予大力支持；二要对地膜生产厂家进行监督指导，强调按标准组织生产，防止加入过量老化塑料降低强度；三要继续强调废地膜的综合利用。

在西北内陆棉区，建议采用宽膜和超宽膜覆盖。据测算，宽膜覆盖可以减少进入土壤的边膜量，增加回收概率。如采用 140 cm 宽的宽膜覆盖，用量 60～64.5 kg/hm²，压在土壤里的边膜为 6.42～6.90 kg/hm²；采用 60 cm 宽的窄膜覆盖，用量 45.0～49.5 kg/hm²，压在土壤里的边膜高达 15.0～16.5 kg/hm^2,窄膜比宽膜残留的概率大 2.17～2.57 倍。

2. 坚持人工回收残膜　一是生育期揭膜。沟灌棉田在头水前用人工或机械揭膜。这时期地膜增温、保墒效应已基本消失。揭膜对棉花产量和纤维品质无不良影响。同时,此时地膜较完整,又未与土壤紧密黏接,揭膜的工效和回收率都高。人工揭膜的方法:先揭边膜,然后揭中膜。生育期内回收膜的质量要求:植株行内收净率＞90%,伤苗率＜1%。残膜运出田外集中统一处理或再生利用。

二是采收后揭膜。滴灌棉田和机械采收棉田,拾完花后,先回收毛管和输水管道,再进行机械碎秆,最后进行人工或机械揭膜。

三是春季整地后回收残膜。春季整地后至播种前,用人工结合机械回收地表残膜,要求播种前地表无残膜。

3. 研制和推广应用残膜清理机械(见第四十九章)　主要机型有:苗期残膜回收机具代表机型——MSM3 型苗期收膜机,耕层内残膜清捡机代表机型——4CM－4 残膜捡拾机,扒齿搂膜式残膜回收机具代表机型——4LM－4.5 自卸膜立杆搂膜机,具有残膜收集功能的残膜回收机代表机型——扒齿搂膜式 4LM－2.0 链耙式立秆收膜机,拔秆式残膜回收机代表机型——4MBQ 系列棉花拔秆起膜机,带秸秆粉碎功能的残膜回收机代表机型 1——4JMS－2.0 地膜回收与秸秆粉碎还田联合作业机,带秸秆粉碎功能的残膜回收机代表机型 2——4JSM－1800A1 型棉秸秆还田及残膜回收联合作业机,以及由陈学庚院士领衔于 2018 年新研制的"随动式残膜回收机"。该机型可把加厚地膜的残膜卷起全面回收,具有较强实用价值。

4. 研究替代技术和产品　为了继续保持地膜覆盖所产生的土壤增温、保墒效果,积极研究塑膜替代产品或无覆盖栽培技术是解决残膜污染问题的重要途径,还应继续研制开发光解-生物降解地膜。在农艺技术中由喻树迅院士领衔的"无膜棉栽培"在南疆取得新进展。该技术采用早熟、耐低温和耐盐碱棉花新品系"中 619",利用地面滴灌有利条件,加大密度等措施,在盐碱含量低的沙壤土进行试验示范,保苗率在 70%以上,收获密度 22.5 万株/hm^2,籽棉产量 5 250 kg/hm^2,早熟性对于手工采收有保障,主要问题是"僵苗不发"待破解。在黄河流域一些盐碱含量低的棉田,在不覆盖地膜条件下,适当推迟播种期,选择早熟性类型品种,增加密度方法可以弥补晚播的损失。利用工厂化育苗和机械化移栽,在苗床上争取生长时间,是我国现代精耕细作和绿色化技术的典型代表。

(撰稿:陈冠文,石跃进,陈奇恩,聂安全,范志杰;增补:毛树春;
主审:张旺锋,董合忠;终审:毛树春)

参 考 文 献

[1] 陈奇恩.中国塑料薄膜覆盖农业.中国工程科学,2002,4(4).
[2] 陈奇恩,南殿杰.棉花地膜覆盖栽培的原理及技术.上海:上海科学技术出版社,1986.
[3] 中国地膜覆盖栽培研究会棉花学组.中国棉花地膜覆盖栽培.济南:山东科学技术出版社,1988.
[4] 陈冠文.地膜覆盖棉田生态系统的结构及其特征.中国棉花,1998,25(12).

[5] 陈奇恩,田明军,吴云康.棉花生育规律与优质高产高效栽培.北京:中国农业出版社,1997:108-116.
[6] 文启凯.新疆作物覆膜土壤生态与栽培.乌鲁木齐:新疆科技卫生出版社,1993:10,60-62,201.
[7] 李新褡,邱青山,陈玉娟.覆膜后棉田膜内表层土壤水分运动机理的研究.塔里木农垦大学学报,1993,5(1).
[8] 中国科学院新疆资源开发综合考察队.新疆植棉业.北京:中国农业出版社,1994:119-121.
[9] 朱和明.棉花地膜覆盖栽培的土壤生态条件与施肥对策//新疆国际棉花学术讨论会论文集.北京:中国农业科学技术出版社,1995:211-212.
[10] 贾玉珍.杨宗渠.盐碱地棉花地膜覆盖研究初报.河南农学院学报,1983(3).
[11] 中国农业科学院棉花研究所.中国棉花栽培学.上海:上海科学技术出版社,1983:428-430.
[12] 李文炳.山东棉花.上海:上海科学技术出版社,2001:422-424.
[13] 王恒铨.河北棉花.石家庄:河北科学技术出版社,1992:208-210.
[14] 王荣堂,秦巧燕,董秀荣.地膜覆盖棉花地的生态小气候效应研究.湖北农学院学报,2001,21(3).
[15] 王子胜,李新宽,徐敏.中国棉业科技进步30年——辽宁篇.中国棉花,2009,36(增刊).
[16] 朱德明,李绍和,盛明东.超宽膜植棉效果探讨.中国棉花,2002,29(12).
[17] 刘圣田,冯象秦,韩长胜,等.盐碱地棉花双膜覆盖优质高产栽培技术研究.山东农业科学,1996(1).
[18] 刘文萍.特早熟棉区双膜覆盖棉花早熟增产效应研究.中国棉花,2001(4).
[19] 宋美珍,毛树春,张朝军,等.黄淮地区移栽地膜棉促早效应研究.中国棉花,1998,25(1).
[20] 张立基.地膜保温原理浅析.兰化科技,1993,11(2).
[21] 田笑明,陈冠文,李国英.宽膜植棉早熟高产理论与实践.北京:中国农业出版社,2000:9-15.
[22] 陈冠文,尤满仓.宽膜植棉增产原理与配套技术.乌鲁木齐:新疆科技卫生出版社,1998:27-29.
[23] 贺欢,田长彦,王林霞.不同覆盖方式对新疆棉田土壤温度和水分的影响.干旱区研究,2009,26(6).
[24] 蔡忠民,毛树春,王艳民,等.移栽地膜棉增产机理分析.中国棉花,2000,27(12).
[25] 黄俊麒,等.中国棉作学.北京:中国农业科学技术出版社,1998:247-252.
[26] 左余宝,逄焕成,李玉义,等.鲁北地区地膜覆盖对棉花需水量、作物系数及水分利用效率的影响.中国农业气象,2010,31(1).
[27] 钟祝融.新疆棉花优质高产栽培理论与实践.乌鲁木齐:新疆大学出版社,1989:222-238.
[28] 王震南,邓福军,陈冠文,等.宽膜植棉技术体系的增产原理与实施技术.新疆农垦科技,1996,6.
[29] 樊艳改,王利民.保定平原区棉花地膜覆盖节水增产效应的研究.水科学与工程技术,2010,3.
[30] 董合忠.盐碱地棉花栽培学.北京:科学出版社,2010:179-183.
[31] 贾玉珍,朱禧月,蔡养廉,等.盐碱地棉花不同种植方法覆膜效应的研究.河南农业大学学报,1989,23(3).
[32] 李永山,冯利平,郭美丽,等.棉花根系的生长特性及其与栽培措施和产量关系的研究.棉花学报,1992,4(1).
[33] 姚源松.新疆棉花高产优质高效理论与实践.乌鲁木齐:新疆科学技术出版社,2004:124-136.
[34] 朱德明.棉花超宽膜栽培增温效应探讨.中国农业气象,2003,24(3).
[35] 康巍,姜智,王飞,等.奎屯垦区4月地膜增温效应分析.沙漠与绿洲气象,2007,1(5).
[36] 孙孝贵,刘文江,甘润伟.新疆棉田残膜危害及其治理对策.中国棉花,2005,33(2).
[37] 汪若海.优质棉生产技术.北京:中国农业科学技术出版社,1988:79-81.
[38] 高璆.棉花优化成铃及其调控.南京:江苏科学技术出版社,1995:137-138.
[39] 鲁雪林,王秀萍,张国新,等.地膜覆盖对棉花产量的影响.河北北方学院学报(自然科学版),2009(5).

[40] 陈保莲,王仁辉,程国香.乳化沥青在农业上的应用.石油沥青,2001,15(2).
[41] 王斌瑞,罗彩霞,王克勤.国内外土壤蓄水保墒技术研究动态.世界林业研究,1997(2).
[42] 中国农用塑料应用技术学会.新编地膜覆盖栽培技术大全.北京:中国农业出版社,1998.
[43] 颜林,罗巨海.浅析棉田残膜对棉花生产的影响及对策.石河子科技,2007,1.
[44] 姜益娟,郑德明,朱朝阳.残膜对棉花生长发育及产量的影响.农业环境保护,2001,20(3).
[45] 武宗信,解红娥,任平和,等.残留地膜对土壤污染及棉花生长发育的影响.山西农业科学,1995,23(3).
[46] 文启凯,肖明,蒋平安,等.重视残膜污染 保护绿洲土地.新疆环境保护,1995,17(2).
[47] 新疆农技推广总站.新疆地膜植棉试验示范.新疆农业科技,1983.1.
[48] 姚建民.渗水地膜研制及其应用.作物学报,2000,26(2).
[49] 严昌荣,何文清,梅秀荣.农用地膜的应用和污染防治.北京:科学出版社,2010:88-110.
[50] 中华人民共和国国家质量监督检验检疫总局.GB13735—2017 聚乙烯吹塑农用地面覆盖薄膜[S].北京:中国标准出版社,2017.
[51] 新疆维吾尔自治区质量技术监督局 DB65/T3189—2014 聚乙烯吹塑农用地面覆盖薄膜[S].乌鲁木齐:新疆出版社,2014.
[52] 赵岩,陈学庚,温浩军,等.农田残膜污染治理技术研究现状与展望[J].农业机械学报,2017,48(6).
[53] 练文明,喻树迅,郃红忠,等.南疆早熟棉免地膜栽培技术生产试验示范结果.中国棉花,2017,44(8).
[54] 朱和明,卞秀兰,张秀英,等.地膜棉花生态条件的研究.石河子农学院学报,1990(1).

第三十章　棉花化学调控

作物化学控制技术是指应用植物生长调节剂，通过影响植物内源激素系统，调节作物的生长发育过程，使其朝着人们预期的方向和程度发生变化的技术。植物生长调节剂是指那些从外部施加给植物、引起生长发育变化的化学物质，它可以是人工合成或提取的天然植物激素或其类似物，也可以是化学结构与植物激素不同，但能改变植物激素的合成、运输、代谢、信号传导等过程的化合物。

徒长、蕾铃脱落和晚熟是棉花生产中的几大难题，这是由棉花自身的无限生长习性决定的。未应用化控技术之前，人们多采用深中耕断根、整枝打杈等措施防止棉花徒长和徒长引发的大量蕾铃脱落，对于晚熟则采取细整枝打老叶、推株并垄、提兜断根等方法来解决。这些措施虽然起到了一定的作用，但费时费工，而且有时效果并不明显。

从20世纪50年代开始，人们陆续尝试使用生长素类调节剂(萘乙酸、2,4－D等)和赤霉素来防止或减轻棉花的蕾铃脱落。前者对用量和施用部位要求严，作用效果不稳定；后者虽然可显著降低脱落率，但需要逐个涂抹幼铃，且增产效果并不特别突出(铃重下降抵消了铃数增加的作用)，因而可行性也不高。

20世纪60年代初，我国开始试用植物生长延缓剂矮壮素($C_5H_{13}NCL_2$，CCC)来解决棉花的徒长问题，结果表明矮壮素可以降低株高、缩短果枝，增加田间通风透光，并减少蕾铃脱落，铃重也得到提高。但由于棉花对矮壮素的敏感性强，有时会对产量和品质产生不良效应，因此未能在生产上大面积稳定应用。1，1－二甲基哌啶镓氯化物(1，1-dimethylpiperidinium chloride，DPC，缩节胺)是德国巴斯夫(BASF)公司于20世纪70年代开发的一种植物生长延缓剂(商品名Pix)。与矮壮素相比，缩节胺控制棉花株型和改善产量性状的效果更好，同时药效比较缓和、安全幅度较大，药效期也较长。1980年北京农业大学受农业部委托主持了全国棉花应用缩节胺化控的联合试验，对促进缩节胺的迅速推广起到了很大作用。80年代中期至90年代初期，棉花每年使用缩节胺的面积在133万hm^2以上。迄今，缩节胺在我国棉田的应用面积已达到植棉面积的80%以上，成为各棉区棉花栽培的共性关键技术。20世纪80年代末90年代初还曾用过另一种植物生长延缓剂多效唑(MET)控制棉花徒长，但棉花对多效唑过于敏感，容易产生药害。此外多效唑在旱田土壤中的残留时间较长，因而不提倡使用。

20世纪70年代，我国应用植物生长调节剂乙烯利成功解决了棉花的晚熟问题，这项技术至今仍在应用，尤其在秋季降温较早的年景应用较多。化学催熟和脱叶是棉花机械收获的重要环节，西北内陆棉区正在推广机采棉。关于脱叶和催熟的研究日益增多，已初步筛选出了效果较好、成本较低的催熟脱叶剂组合，但相关技术仍有待于进一步完善。

第一节　棉花主要生长调节剂

一、生长调节剂的种类

棉花生产上应用的生长调节剂很多，有调节棉株生理功能和起营养及催熟作用，具体可分为以下几类。

（一）营养型生长调节剂

施用后，不仅具有与施肥相同的效果，使叶色变绿、叶质变厚，对营养器官生长有较强促进作用，还使体内各种酶的活性提高，加强光合性能，促进光合产物向果枝和蕾铃部位输送，促使棉株多现蕾、多结铃。如喷施宝，可使棉株粗壮、叶色变深、抗逆性提高，增产10%～15%。

（二）生理延缓型生长调节剂

能使棉株节间缩短，叶色变深，叶片变厚，株型紧凑，内围棉铃增多，蕾铃脱落减少，提早成熟，增加产量和提高品质。对棉叶的数量及棉株的顶端优势、叶原基分化的影响不明显。在生理性能上可提高叶绿素含量，叶绿素a、叶绿素b及其比值都有所提高，并降低气孔阻力，提高光合速率，使棉株根系磷酸化作用增强，增加棉仁中脂肪、全氮和氨基酸含量。

（三）脱叶催熟剂

催熟剂乙烯利的催熟作用是极明显的，释放的乙烯能促进纤维素酶合成，越老的棉铃反应越快。喷药10 d后，棉株吐絮铃数明显增加，霜前花率提高。乙烯利对离体的青铃和烂铃也有催熟作用。乙烯还有抑制棉株生长、促进开花的作用。

二、生长调节剂的作用机制和效果

营养型生长调节剂不仅增加棉花所需养分，还能协调养分之间的平衡性，有些大量营养元素直接参与体内叶绿素、蛋白质、酶的组成；钼、锌、锰等元素是酶的活化剂，可提高细胞的代谢活性，增强棉花的光合能力。

生理延缓型生长调节剂通过与受体结合，调节某些酶的活性，影响棉株体内内源激素的水平而作用；有些植物生长调节剂本身就是某些酶的抑制剂。

催熟剂乙烯利到植株体内后释放乙烯，可提高许多酶的活性，特别是氧化酶的活性，还可以引起特定核酶(RZA)的合成，在蛋白质合成水平上起作用。乙烯的受体通常认为是在膜上。

第二节　缩节胺化学控制技术的调控机制及其效果

缩节胺等植物生长延缓剂控制棉株徒长主要是通过对赤霉素(GA)生物合成的抑制。研究表明，缩节胺主要阻止赤霉素生物合成过程中“牻牛儿基焦磷酸(geranygeranyl pyrophosphate)”向“古巴基焦磷酸(copalpyro phosphate)”的转化，对“古巴基焦磷酸”向“内根-贝壳杉烯(Ent-kaurene)”的转化也有一定的抑制作用。

一、缩节胺化学调控的生理效应

(一) 提高光合同化能力

缩节胺对叶片光合能力的影响,不同研究人员的结果存在较大的差异。浙江省农业科学院原子能利用研究所棉花生理研究组和北京农业大学作物化学控制研究组的研究结果表明,缩节胺对棉花光合的影响因其浓度和棉花的不同发育阶段而异。如表 30-1 所示,蕾期喷施 50 mg/L 和 100 mg/L 的缩节胺,10 d 后棉株的光合同化能力明显降低,但 20～40 d 后均比对照有不同程度提高,而且低浓度的效果好于高浓度;初花期喷施 100 mg/L 的缩节胺,15 d 和 25 d 后的光合同化能力分别较对照提高 7.1%和 10.2%。因此缩节胺的应用浓度,前期应低一些,后期可以适当提高。

表 30-1　缩节胺对棉花光合同化能力的影响*

(浙江省农业科学院原子能利用研究所棉花生理研究组等,1984)

(单位:c. p. m/mg)

DPC 浓度 (mg/L)	施药后天数(d)					
	10	15	20	25**	30	40
蕾　期						
0	104.60	—	51.26	—	29.53	28.07
50	56.80	—	73.20	—	48.73	29.91
100	52.10	—	55.48	—	40.48	30.75
初花期						
0	—	18.11	—	9.96	—	—
100	—	19.39	—	10.98	—	—

[注] * 整株在充有 $^{14}CO_2$ 的光合室中同化 30 min,24 h 后取样测定; * * 阴天。

与冠层上部叶片相比,缩节胺对下部叶片光合能力的提高幅度更大。如初花期应用 100 mg/L 的缩节胺,上位叶展开后 25～38 d 光合速率的提高幅度在 18.5%～24.0%,而处于弱光条件下的下位叶片的光合速率较对照可增加 1 倍以上(表 30-2)。这主要是由于缩节胺改善了群体的光照条件、避免了群体下部郁闭遮荫造成的"光饥饿"现象。

表 30-2　缩节胺对棉花叶片光合能力的影响

地　点	品　种	叶片部位	叶　龄	处　理	光合强度 [mg CO_2/(dm^2 · h)]
北京	中棉所 12	中部主茎叶	35 d	CK	16.32
				DPC	17.18
		下部主茎叶	50 d	CK	2.67
				DPC	5.40
江苏扬州	泗棉 3 号	中部果枝叶	对位铃花后 3 d	CK	117.3
				DPC	152.5(+30.0%)

[注] 中国农业大学作物化学控制研究中心、扬州大学农学院研究结果。

(二) 促进同化产物输出

缩节胺不仅具有提高棉花叶片光合能力的潜力,还可促进叶片中同化产物的输出,以此改善源库关系。初花期应用缩节胺(100 mg/L)15 d 后,70%的^{14}C 同化物输送到叶片以外的其他部位,而对照的输出率仅为 65%;25 d 后,处理的输出率为 74%,对照为 67%。叶片涂抹^{14}C-葡萄糖的试验得到类似结果(表 30-3),处理的主茎叶片和果枝第一、第二、第三叶的^{14}C 输出率分别为 58%、72%、70%和 61%,而对照同部位叶片的输出率分别为 46%、69%、62%和 52%。

表 30-3　缩节胺对棉花不同功能叶片吸收的^{14}C-葡萄糖运转和分配的影响

(浙江省农业科学院原子能利用研究所棉花生理研究组等,1984)

标记部位	处　理	运转和分配部位(%)			
		标记叶片	其他叶片	茎	棉　铃
果枝第一叶	CK	31.36	0.26	2.39	65.98
	DPC	28.11	0.67	2.24	68.98
果枝第二叶	CK	38.31	0.77	2.95	54.97
	DPC	29.74	1.40	4.07	64.79
果枝第三叶	CK	47.68	0.80	3.88	47.64
	DPC	38.54	0.94	2.46	58.06
主茎叶片	CK	54.02	0.51	3.24	42.47
	DPC	41.75	0.51	1.40	56.34

缩节胺还可以通过增加叶片中后期的活性细胞分裂素(Z+ZR, iP+iPA)含量、推迟乙烯和脱落酸(ABA)的高峰出现时间、降低乙烯和脱落酸的峰值来延长棉叶功能期,推迟叶片衰老。这无疑有利于增加棉铃干物质积累、提高铃重。

施培等研究缩节胺全程化调对棉花不同生育期植株^{14}C 同化物运转分配的影响,结果表明,缩节胺全程化调显著增加各生育期叶片中^{14}C 同化物的输出,并随生育期的延后(从苗期到花铃期),其输出率有愈来愈大的趋势。

苗期缩节胺化调增加根系^{14}C 同化物的分配率,但降低顶心的分配率,对茎的分配率影响不大(图 30-1)。蕾期缩节胺化调增加^{14}C 同化物向根、蕾及茎(主茎、果枝)的分配,但减

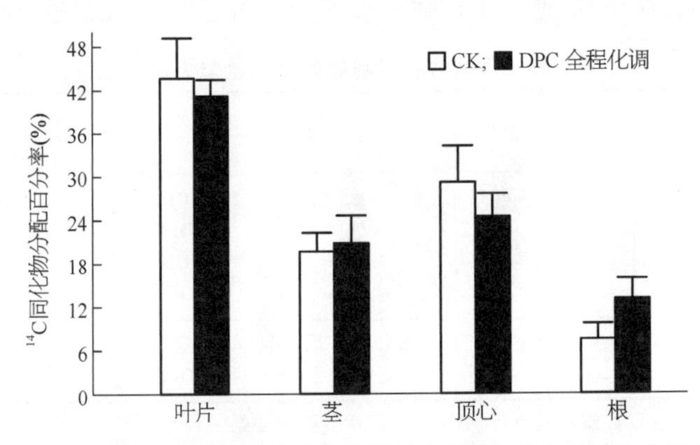

图 30-1　缩节胺全程化调对棉花苗期植株^{14}C 同化物在各器官分配的影响

(本图系标记 3 d 后取样测定结果)(施培等,1995)

少了向顶心的${}^{14}C$同化物分配(图 30－2)。花铃期缩节胺化调显著提高${}^{14}C$同化物在生殖器官(尤其是成铃)和根中的分配比率,和苗期、蕾期不同的是,茎(主茎、果枝)的${}^{14}C$同化物的分配率明显下降(图 30－3)。

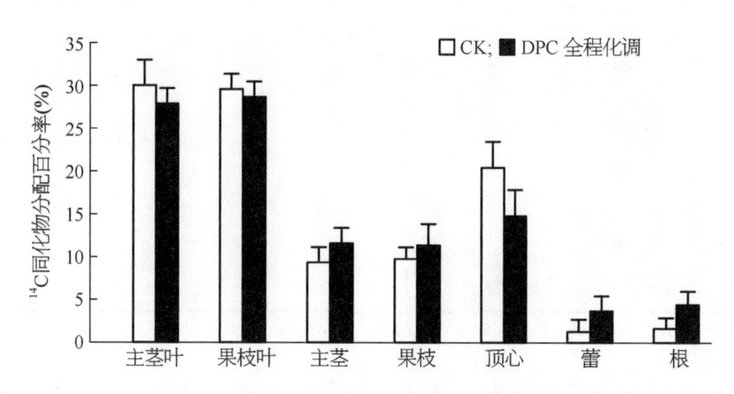

图 30－2　缩节胺全程化调对棉花花铃期植株${}^{14}C$同化物在各器官分配的影响

(本图系标记 3 d 后取样测定结果)(施培等,1995)

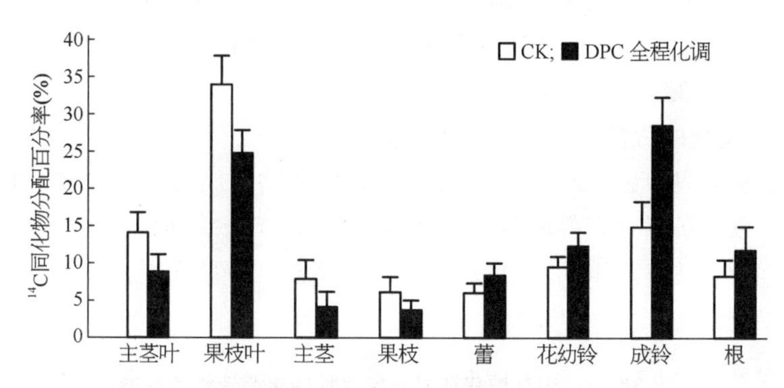

图 30－3　缩节胺全程化调对棉花蕾期植株${}^{14}C$同化物在各器官分配的影响

(本图系标记 3 d 后取样测定结果)(施培等,1995)

(三) 提高养分向产量器官中分配

缩节胺在控制棉株营养器官生长的同时,促进产量器官发育,增加同化产物向蕾、铃等产量器官中的分配率,这为解决营养生长和生殖生长矛盾提供了有效手段。协作 2 号于初花期应用 100 mg/L 缩节胺后 15 d 和 25 d,对照棉铃${}^{14}C$放射性强度分别占全株的 12.7%和 31.8%,而缩节胺处理的显著增加到 16.5%和 42.3%。中棉所 12 号于蕾期喷施 50 mg/L的缩节胺,10 d 后进行${}^{14}CO_2$标记,发现缩节胺处理减少了同化产物向主茎、果枝及其生长点的分配,而增加了向产量器官和根系中的分配。除碳水化合物外,缩节胺处理还可增强氮、磷养分向产量器官中的分配(表 30－4)。

表 30－4　缩节胺处理对棉株氮、磷养分分配的影响

(浙江省农业科学院原子能利用研究所棉花生理研究组,1984)　　　(单位:%)

项　目	处　理	部　　位				
		根	茎	叶	叶　柄	蕾、铃
^{32}P 分配率	CK	4.7	17.9	54.1	6.9	16.4
	DPC	7.1	14.2	53.1	5.3	20.4
^{15}N 分配率	CK	2.8	17.2	58.2	4.5	17.4
	DPC	4.3	13.2	58.4	3.6	20.5
N 浓度	CK	0.6	0.8	2.5	0.8	2.0
	DPC	0.8	0.9	2.8	0.9	2.2
N 分配率	CK	3.5	16.8	59.3	4.0	16.4
	DPC	4.6	13.5	59.4	3.3	19.2

[注] 初花期喷施 100 mg/L 缩节胺,处理后 20 d(同位素标记后 13 d)测定。

缩节胺处理后,产量器官的发育进程也得到促进。研究表明,在蕾期应用缩节胺,一般可以提早开花 1～2 d;在开花后 10 d 内,单株开花的进程和成铃数一直高于对照。国外报道也指出,初蕾期和初花期喷施 2 次缩节胺(剂量均为 24.6 g/hm^2),见花至见花后 55 d,缩节胺处理每米行长每日开花数较对照显著增加 0.55 个($P<5\%$),每米行长总开花数较对照多 29.9 朵。该文作者认为,缩节胺处理的开花量较大,可能主要与蕾的脱落率较低有关。缩节胺促进开花的效果在晚播棉上更明显。

(四) 提高相关酶的活性

缩节胺促进棉铃发育、增加铃重的作用主要建立在物质代谢和植物激素调节的基础上。如缩节胺处理可以显著增强籽棉的转化酶活性(表 30－5),从而促进种子和纤维的物质积累。缩节胺处理后棉铃发育早期的细胞分裂素(CTKs)含量显著提高(表 30－6),这对同化物的调运具有促进作用。

表 30－5　缩节胺化调对籽棉酸性转化酶活性的影响

品　种	棉铃部位或开花时间(月/日)	花后天数(d)	处　理	转化酶活性(mg 还原糖/gFW)
黑山棉 1 号		22	CK	100%(相对活性)
			DPC	138%(相对活性)(+38.0%)
冀棉 2 号	7/20	8	CK	81.4
			DPC	85.6(+5.2%)
北农 1 号	7/19	8	CK	62.9
			DPC	66.9(+6.4%)
中棉所 12		15	CK	61.5
			DPC	69.4(+13.0%)
泗棉 3 号	上部内围铃	21	CK	80
			DPC	171(+113.8%)

[注] 本表数据为中国农业大学作物化学控制研究中心历年研究结果。

表 30-6　缩节胺化调对籽棉中细胞分裂素含量的影响

品　种	棉铃部位或开花时间(月/日)	花后天数(d)	处　理	CTKs 含量
冀棉 2 号	7/20	8	CK	4.54(KT μg 当量/gFW)
			DPC	8.30(KT μg 当量/gFW)(+82.2%)
北农 1 号	7/19	8	CK	40.89(KT μg 当量/gFW)
			DPC	79.85(KT μg 当量/gFW)(+95.3%)
中棉所 12		10	CK	19.8(μg/gFW)
			DPC	30.0(μg/gFW)(+36.4%)
泗棉 3 号	中部内围铃	3	CK	3 086.2(ng/gFW)
			DPC	4 804.5(ng/gFW)(+72.4%)

[注] 本表数据为中国农业大学作物化学控制研究中心历年研究结果。

二、对苗期生长的影响

(一) 种子萌发和出苗

应用适宜浓度的缩节胺处理棉花种子,可以提高种子活力,出苗时间虽然略有延迟,但比较集中,可有效改善棉苗素质、培育壮苗。

中棉所 10 号用 200 mg/L 的缩节胺溶液浸种 24 h,种子内含物的渗漏减少了 65%,吸水和保水能力均有所增强。在一定的剂量范围内,用缩节胺进行种子处理,不影响种子萌发或对萌发有促进作用。当缩节胺浸种浓度小于 100 mg/L 时,发芽势和发芽率随浸种时间延长(5～15 h)而提高;当浸种浓度为 200 mg/L 时,发芽势和发芽率则随浸种时间延长而降低。用种子重量 0.05%左右的缩节胺拌种,发芽率与对照差异不大,但培育壮苗的效果很好。

缩节胺处理种子后,幼苗的下胚轴缩短,出苗时间较对照延长 1～2 d,但出苗时间集中,可提早 1～2 d 齐苗,最终出苗率与对照差异不大,甚至高于对照(表 30-7)。

表 30-7　缩节胺浸种处理对棉花出苗率的影响

(张西岭等,1994)　(单位:%)

处　理	播后天数(d)				
	6	8	10	12	14
清水对照(CK)	10.7	36.7	54.9	79.8	83.4
DPC(150 mg/L)	2.7	56.6	86.8	89.9	90.4

[注] 浸种时间为 10 h。

(二) 出叶速度

适宜浓度/剂量的缩节胺处理,对幼苗的出叶速度没有影响或影响很小,或者表现出前期抑制后期促进(苗期范围内)的特点,研究结果见表 30-8 和表 30-9。

表 30-8　缩节胺浸种处理对棉苗真叶出生的影响

(张西岭等,1994)　　(单位:片)

DPC 浓度(mg/L)	浸种时间(h)	播后天数(d)		
		20	25	35
0	5	2.2a	3.1a	3.9b
	10	2.3a	3.2a	4.0b
	15	2.4a	3.2a	4.1b
50	5	2.0ab	3.0a	4.2ab
	10	2.1a	3.2a	4.4ab
	15	2.2a	3.3a	4.6ab
100	5	1.9b	3.0a	4.3ab
	10	2.0ab	3.1a	4.5ab
	15	1.9b	3.1a	5.0a
150	5	1.9b	2.9a	4.1b
	10	2.0ab	3.0a	4.9a
	15	1.9b	3.0a	4.7ab
200	5	1.7c	2.8a	4.3ab
	10	1.8b	3.1a	4.7ab
	15	1.8b	2.9a	4.5ab

[注] ① 同列不同小写字母表示差异达 0.05 显著水平; ② 品种为中棉所 12,河南省内黄县数据。

表 30-9　子叶苗喷施缩节胺对棉花苗高和真叶数日增量的影响

(辛承松等,2000)

DPC 浓度(mg/L)	苗高日增量(cm/d)			真叶数日增量(片/d)		
	前　期	中　期	后　期	前　期	中　期	后　期
30	0.2	0.8	0.8	0.2	0.3	0.2
20	0.3	0.9	0.7	0.3	0.2	0.2
10	0.3	1.0	0.7	0.3	0.2	0.2
5	0.4	1.2	0.7	0.3	0.2	0.2
2	0.4	1.2	0.7	0.5	0.1	0.2
CK	0.5	1.2	0.6	0.5	0.2	0.2

[注] 供试品种为鲁棉 10 号。

(三) 幼苗素质与缓苗期

缩节胺处理种子后,幼苗茎粗增加、长势强,子叶节高度和第一果枝着生高度分别降低 1～2 cm 和 2.5～3.0 cm,易达到壮苗标准。扫描电镜的观察结果表明,缩节胺进行种子处理和叶面喷施后,子叶和真叶正反两面的气孔增多,栅栏组织发达,海绵组织细胞内含物增多;主、侧根根冠区薄壁细胞发达,髓部幼嫩细胞多,死细胞少;根、叶柄、蕾柄、花丝的形成层、维管束、导管、筛管细胞均较对照发达,且薄壁细胞中的内含物较对照为多。

移栽棉苗缓苗期的长短影响着营养钵育苗移栽增产潜力的发挥。中棉所 12 号应用 150 mg/L 缩节胺浸种 10 h,缓苗时间为 6.3 d,较清水对照的 13.2 d 缩短了 6.9 d。

三、协调个体发育与群体建成

20 世纪 60 年代中期,矮壮素较好地解决了棉花徒长的问题;70 年代末至 80 年代初开始推广的缩节胺,除了具有很好地防徒长作用外,还表现出对棉株其他器官的综合调控能力,因而很快成为防止棉花徒长的主要调节剂。

(一) 主茎生长

缩节胺处理后 3～5 d,主茎的日生长量开始下降,使旺长的棉株逐渐恢复到平稳状态,处理后 10～15 d 是药效发挥的最大作用期;20～25 d 左右,缩节胺控制主茎生长的效果明显减弱。把缩节胺处理时的倒数第一节间记作 N,N 节以下的节间依次为 N－1、N－2、N－3……, N 节以上依次为 N＋1、N＋2、N＋3……,缩节胺对已出现节间的控制范围一般为 N－1～N－3,对于新生节间的控制范围则与用药浓度和水肥、气候条件,及打顶与否等关系密切。如 1981 年为干旱年,蕾期喷施 100 mg/L 的缩节胺,对新生节间一直影响到 N＋13;1982 年蕾花期降水较多,对肥地旺长的棉株在盛蕾期喷施 50 mg/L 的缩节胺,可以调控到 N＋6～N＋7 节间。在控制范围内,受控强度最大的节间是 N＋1～N＋4,其长度缩短最多(表 30－10)。这是因为这几个节间的伸长期正好处于缩节胺的最大药效发挥期内。

表 30－10　缩节胺处理对主茎不同部位节间的控制强度

(何钟佩等,1984)

品　种	年　份	生育时期	处理时果枝数	DPC 浓度(mg/L)	不同部位节间缩短率(%)			
					N－1～N－3	N＋1～N＋4	N＋5～N＋7	N＋8～N＋10
冀棉 2 号	1982	蕾期	4～5	50	－12.3	－21.7	－16.9	＋9.4
	(降水充足)		8～9	100	－11.4	－17.2		
岱字棉 16	1981	蕾期	5～6	100	－34.4	－47.6	－23.9	－40.4
	(干旱)	初花期	13～14	100	－18.3	－55.7		
		盛花期	15～16	100	－25.7	－47.2		

［注］缩短率表示缩节胺处理节间长度较对照相同部位节间减少(－)或增加(＋)的百分数。

(二) 果枝生长

一般而言,蕾期、盛花期二次使用缩节胺,可以影响全株果枝的伸长;初花期前后处理,可以影响中部以上的所有果枝;盛花期处理,则只能影响上部果枝的伸长。

因为果枝节间从伸长到固定的时间长于主茎节间,所以缩节胺对果枝节间的影响范围比主茎宽。蕾期、盛花期二次使用缩节胺,对 N－1～N－3 果枝,主要影响外围的节间;对 N～N＋7 果枝,不但影响外围节间,也明显控制了第一个节间的伸长,且控制的强度也最强。可见,两次处理可以影响大部分果枝节间(占节间数的 87%左右)的长度。初花前后处理,对 N 节以下果枝主要影响外围节间,对 N 节以上的果枝几乎可以控制内、外围的绝大部分节间。盛花期处理只能影响上部果枝的外围节间,对调控株型和田间结构影响不大,但可以防止顶部果枝的过旺生长。

不同时期应用缩节胺对果节长度的影响范围不同。2013 年(多雨年份)苗期、蕾期、初花期和盛花期应用缩节胺,分别对第 1、2～6、8～16 和 11～16 果枝的第一果节长度,第 0、3～4 、5～16 和 10～16 果枝的第二果节长度,第 0、3～4、2～14 和 9～15 果枝的第三果节长度影响显著;2014 年(干旱年份)苗期、蕾期、初花期和盛花期应用缩节胺,分别对第 1、2～10、9～12 和 10～12 果枝的第一果节长度,第 2、2～8、6～12 和 8～12 果枝的第二果节长度,第 1、1～5、5～11 和 5～12 果枝的第三果节长度影响显著。打顶后应用缩节胺,仅 2014 年对第 12 果枝的第三果节长度影响显著。

(三) 顶芽、腋芽和营养枝生长

植物生长延缓剂虽然不影响主茎顶端分生组织的生长,但延缓亚顶端分生组织的伸长生长,因此棉株的叶片数、主茎节数、果枝数和果节数有所减少。如表 30 - 11 所示,缩节胺剂量越大、气候越干旱,叶片数和节数减少得越多。因此在蕾期要慎用缩节胺,以低浓度为宜,否则果枝和果节数明显减少,影响“丰产架子”的搭建,对产量和品质造成负面影响。

表 30 - 11　缩节胺处理对棉株顶芽生长速度的影响

(浙江省农业科学院原子能利用研究所棉花生理研究组等,1984)

品　种	年　份	生育时期	处理时果枝数	DPC 浓度(mg/L)	处理后 20 d 较对照减少(个/株)		
					叶片数	果枝数	果节数
冀棉 2 号	1982(降水充足)	蕾期	4～5	50	0.6	0.6	1.8
岱字棉 16	1981(干旱)	蕾期	7～8	100	1.7	2.0	3.5
		初花期	13～14	100	2.3	2.2	3.0
		盛花期	15～16	100	1.6	1.7	2.3

缩节胺处理后,腋芽的出生数量较少,营养枝生长速度明显减慢。腋芽和营养枝生长的受抑有利于简化整枝程序。根据冀、鲁、豫等省的调查,应用缩节胺化控技术的棉田可以节省人工整枝劳力投入 1/3～1/2,具有可观的经济效益和社会效益。

(四) 株型塑造

1985 年(北京地区)于盛蕾期、初花期、盛花期分别给冀棉 2 号喷施 50 mg/L、100 mg/L、150 mg/L 的缩节胺,主茎和果枝生长定型后测量所有节间长度。结果表明,处理株高(子叶节至 12 果枝)比对照低 15.43 cm,相应部位的主茎节间和果枝节间长度为对照的 92.2%～80.3%,基本形成近似“塔形”的株型,行间封垄不重,而对照则封垄较早。

同时,缩节胺可调控棉花形成近似“塔形”的株型(图 30 - 4),有助于田间机械化管理和机械采收。缩节胺处理棉田行间封垄不重,有助于增强中下部冠层通风透光,而对照则封垄较早。

(五) 群体结构和棉田生态环境

缩节胺处理还可以使尚未定型的叶片面积减小,叶片数有所减少,总叶面积系数(LAI)和上层(从冠层最高处向下 20 cm)叶面积系数显著降低(表 30 - 12、表 30 - 13)。此外,缩节胺化控可改变叶片着生角度,使过渡型叶片(叶倾角 30°～60°)增多、披散型叶片(叶倾角 0～30°)减少,加之封垄推迟,使行间郁闭减轻、群体的通风透光条件得到改善。如表 30 - 14、表 30 - 15 所示,缩节胺处理棉田全天的透射率提高,反射率下降(T 测验均达显著水平)。

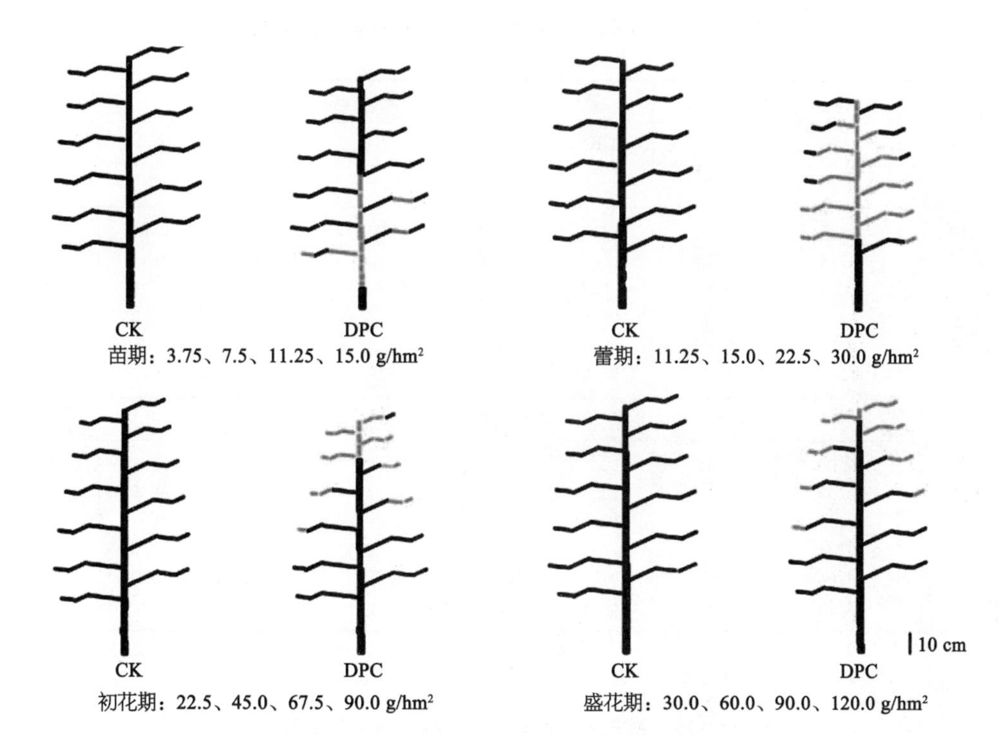

图 30-4 缩节胺处理对棉株株型(模式图)的影响

(赵文超,2017)

[注] 结果为4个缩节胺剂量的平均值,灰色虚线部分为缩节胺作用部位

表 30-12 缩节胺系统化调对棉花叶面积系数和叶片垂直分布的影响

(李丕明等,1986)

日期(月/日)(生育时期)	处 理	叶面积系数	增减率(%)	上层(0～20 cm)叶面积系数	增减率(%)
7/14(盛蕾期)	CK	2.0			
	DPC	1.2	-40.0		
8/2(盛花期)	CK	4.5		2.5	
	DPC	3.0	-33.3	1.4	-37.2
8/15(结铃期)	CK	6.1		2.5	
	DPC	3.4	-44.2	1.5	-40.8

[注] 供试品种为中棉所10号,北京数据。

表 30-13 缩节胺化调对棉花群体叶面积系数(LAI)的影响

(李丕明等,1986)

地 点	品 种	密度(株/hm²)	时间(月/日)	生育时期	处 理	LAI
北京	中棉所10号	123 000	8/15	花铃期	CK	6.1
					DPC	3.4(-44.8%)
江苏扬州	泗棉3号	37 500	8/20	花铃期	CK	4.9
					DPC	4.1(-15.2%)

表 30-14　缩节胺系统化调对棉田生态条件的影响

(李丕明等,1986)

观测时间(时:分)	辐射量[cal/(cm² · min)]		透射率(%)		反射辐射[cal/(cm² · min)]		反射率(%)	
	CK	DPC	CK	DPC	CK	DPC	CK	DPC
中棉所 10 号								
9:12	0.11	0.12	11.8	13.0	0.26	0.23	28.0	25.0
9:35	0.11	0.18	11.5	18.2	0.30	0.30	28.1	30.3
11:08	0.14	0.16	11.8	13.0	0.32	0.30	26.9	24.4
11:13	0.14	0.17	11.8	14.0	0.32	0.31	26.9	25.5
16:13	0.06	0.09	11.8	18.8				
17:14	0.06	0.08	14.0	16.3	0.17	0.15	36.4	30.6
冀棉 2 号								
8:20	0.09	0.18	12.7	25.0	0.19	0.18	26.8	25.0
8:30	0.09	0.13	12.3	16.9	0.19	0.18	26.5	23.4
10:35	0.12	0.20	10.5	16.5	0.29	0.28	25.4	23.1
10:50	0.21	0.30	17.9	22.3	0.29	0.28	24.8	23.1
16:21	0.08	0.21	10.7	25.6	0.22	0.21	29.3	25.6
16:35	0.08	0.20	11.6	26.3	0.20	0.21	29.0	30.6

[注] ① 透射率为株高 1/3 处(中棉所 10 号)或 1/2 处(冀棉 2 号)的辐射量与天空辐射量之比；② 反射率是在冠层以上 20 cm 处的反射辐射与天空总辐射之比；③ 为 1984 年 8 月 14 日北京数据。

表 30-15　缩节胺化调对棉花群体光照条件的影响

(李丕明等,1986)

地　点	品　种	密　度(株/hm²)	时　间(月/日)	生育时期	处　理	透光率(%)
北京	中棉所 10 号	123 000	8/14	花铃期	CK	12.0(株高 1/3 处)
					DPC	16.2(株高 1/3 处)(+35.0%)
北京	冀棉 2 号		8/2		CK	12.6(株高 1/2 处)
					DPC	22.1(株高 1/2 处)(+75.4%)
江苏扬州	泗棉 3 号	37 500	8/4	花铃期	CK	2.7(基部)
					DPC	5.4(基部)(+100.0%)

四、协调地下部与地上部关系

促进根系发育、提高根系功能是植物生长延缓剂的另一个作用,究其原因,除了同化产物向根系的分配较多(可能是茎枝等器官生长受抑的补偿效应)外,还与植物激素系统调控有关。健壮的根系不仅有利于保障棉花水分和矿质养分的供应,而且有利于提高棉花抵抗各种逆境的能力和防止后期出现早衰,对产量和品质的形成有重要作用。

(一) 根系生长

经缩节胺浸种的种子侧根发生快、数量多;苗蕾期是根系旺盛生长的时期,缩节胺处理不仅明显增加侧根数量,并且增强根系活力;从苗蕾期至盛花期分次使用缩节胺,良好的促根效应可以持续到大量结铃期。

不同时期应用不同浓度缩节胺处理对棉花根系所产生的影响见表 30-16,可以看出浸种处理后幼苗侧根数、根表面积和根干重的增加幅度均在 20%以上。进一步的研究表明,缩节胺处理增加侧根数目是由于明显促进侧根原基的早发,并且增大了侧根原基发生区的范围和可发生量。缩节胺处理增加棉花侧根数目与其提高主根中部内源生长素(IAA)含量、促进根中部生长素的峰值提前出现有关。

表 30－16 缩节胺化调对棉花根系生长的影响

品 种	DPC浓度(mg/L)和处理方法	调查时期	调查项目	CK	DPC	增加幅度(%)
中棉所12号	200,浸种	子叶展开	侧根数	16.9	21.4	26.6
中棉所12号	150,浸种			26.5	36.0	35.8
中棉所16号	400,浸种	萌发后5d		21.9	28.2	28.9
中棉所29号	200,浸种	萌发后10 d		21.2	30.6	44.3
中棉所41号	100,浸种	五叶期	根表面积(cm^2/株)	32.6	40.8	24.9
中棉所41号	100,浸种	五叶期	根干重(mg/株)	24.0	29.0	20.8
中棉所12号	150,浸种			51.0	100.0	96.1
上棉1号	40,一叶期喷施	处理后10 d		24.0	38.0	58.3
协作2号	100,初花期喷施	处理后30 d		4 387.0	6 403.0	46.0

［注］本表数据主要为中国农业大学作物化学控制研究中心历年研究结果。

(二) 根系活力

伤流量大小可反映根系活力的高低。1985和1986年,在北京地区分别选用冀棉2号和北农1号喷施缩节胺(蕾期、花铃期共处理3次),4次测定伤流量,结果表明,1985年冀棉2号缩节胺处理伤流量较对照分别增加8.4%、16.5%、11.2%、55.6%,1986年北农1号缩节胺处理,较对照分别增加12.2%、10.2%、66.7%、40.0%。1995年,中棉所20号种子用200 mg/L的缩节胺溶液浸种,播后49 d进入蕾期时,仍可观察到处理的根系伤流量较清水浸种对照增加25%。在营养钵育苗应用缩节胺的试验中,于两片真叶展开时(约为移栽前两周)喷施30 mg/L缩节胺,移栽后35 d测定棉株的伤流量,清水对照为9 μl/(株·h),缩节胺处理的为16 μl/(株·h),相当于对照的178%。缩节胺化控增加棉株伤流量、提高根系活力的作用在其他多个品种上也得到证明(表30－17)。

表 30－17 缩节胺化调对棉花根系伤流量及伤流液中细胞分裂素、氨基酸和磷流量的影响

品 种	生育时期	处 理	伤流量[ml/(株·h)]	CTKs流量[ng/(株·h)]	氨基酸流量[μg/(株·h)]	P流量[μg/(株·h)]
黑山棉1号	初花期	CK	0.12		5.8	
		DPC	0.16(+33.3%)		7.9(+36.7%)	
冀棉2号	盛花期	CK	1.30		94.0	
		DPC	1.48(+13.8%)		116.7(+24.1%)	
北农1号	初花期	CK	0.86	10.5	160.6	130.2
		DPC	0.95(+10.5%)	13.2(+26.7%)	192.1(+19.6%)	195.0(+49.8%)
中棉所12号	初花期	CK	0.67		99.8	88.1
		DPC	0.74(+10.4%)		128.3(+28.6%)	103.5(+17.5%)
中棉所16号	初花期	CK		10.4(Z+ZR)		57.9
		DPC		22.7(+118.3%)		91.5(+58.1%)

(续表)

品　种	生育时期	处　理	伤流量 [ml/(株·h)]	CTKs 流量 [ng/(株·h)]	氨基酸流量 [μg/(株·h)]	P 流量 [μg/(株·h)]
中棉所 20 号	蕾期	CK	—			
		DPC	—(+25.3%)			
R93-4	盛花期	CK	0.30	15.8		46.3
		DPC	0.81(+200.0%)	54.0(+241.8%)		80.3(+73.4%)
新棉 33B	初花期	CK		65.8	4.2	29.7
		DPC		137.3(+108.7%)	10.2(+141.8%)	67.9(+128.6%)

[注] 本表数据为中国农业大学作物化学控制研究中心历年研究结果。

(三) 根系吸收功能

同位素标记试验提供了缩节胺提高棉花根系吸收功能的直接证据:协作 2 号于初花期喷施 100 mg/L 缩节胺,7 d 后,在根部施用^{32}P标记的 $Na_2H^{32}PO_4$(磷酸氢二钠)和^{15}N标记的$^{15}NH_4SO_4$(硫酸铵),后每隔 10 d 取样一次(共取 3 次),测定根系对氮、磷养分的吸收。结果表明,根系对^{32}P的吸收能力分别较对照提高 7.8%、7.2%和 15.7%,对^{15}N的吸收能力分别提高0.7%、16.1%和 32.3%,吸收的总氮量也增加了 24.4%(表 30-18)。缩节胺处理还可提高氮肥的利用率,如处理后 30 d(施肥后 23 d)棉株对氮的利用率已达 20%以上,而对照只有 15%左右。

表 30-18　缩节胺对棉花根系吸收氮、磷能力的影响

(浙江省农业科学院原子能利用研究所棉花生理研究组等,1984)

处理后时间(d)	处　理	^{32}P(c. p. m)	^{15}N(mg)	总 N(mg)
10	CK	76 187	76.2	414.8
	DPC	82 138	76.2	434.5
20	CK	446 807	143.8	595.5
	DPC	478 820	166.9	690.6
30	CK	617 543	154.8	813.9
	DPC	714 380	204.8	1 012.7

(四) 根系合成能力

缩节胺处理可以显著增强棉花根系的合成能力,提高伤流液中细胞分裂素和游离氨基酸的流量。根系磷酸化试验表明,缩节胺处理提高了根中^{32}P进入酸溶性有机磷的百分率,加强了根中含磷有机物的合成能力,如处理后 10 d、20 d 和 30 d,酸溶性有机磷与无机磷的比值分别为 0.81、0.85 和 0.58,而对照则为 0.69、0.68 和 0.53。

五、优化成铃、提高产量和品质

(一) 优化成铃,促进早熟

短季棉中棉所 10 号在种植密度为 97 500 株/hm^2条件下的最佳成铃部位为第 1～6 果枝第 1 果节(1983)。分别于蕾期(100 mg/L)和盛花期(50 mg/L,此时天气干旱)给中棉所

10 号喷施缩节胺,开花结铃终断后调查棉铃的空间分布,结果显示,缩节胺处理的第 2 果节成铃率下降,第 1 果节成铃率提高,增加了优势部位成铃数(表 30-19)。麦套春棉(中棉所 12,密度 60 000 株/hm^2)用 200 mg/L 的缩节胺浸种,在初花期和铃期分别施用 30 g/hm^2 和 60 g/hm^2 的缩节胺,结果伏桃和早秋桃(优质铃)占总铃数的比例达到 93.5%,而对照只有 85.7%;1～2 果节的成铃数占总铃数的比率为 47.4%,对照仅为 7.6%。缩节胺对转基因抗虫棉同样具有改善成铃结构的作用,如表 30-20 所示,新棉 33B 和中棉所 30 第 1 至第 3 圆锥体的成铃率均有不同程度的提高。大部分试验中,无论春棉还是夏棉,第 1 至第 3 或第 4 圆锥体的成铃至少比对照增加 10%以上。

表 30-19　缩节胺处理对棉铃空间分布的影响

(何钟佩,1997)

处　理	第 1～6 果枝第 1 节位成铃率(%)	第 7 果枝以上第 1 节位成铃率(%)	各果枝第 2 果节成铃率(%)
CK	55.5	14.0	30.5
DPC	57.5	18.9	23.3

[注] 供试品种为中棉所 10 号,时间 1983 年。

表 30-20　缩节胺化调对转基因抗虫棉棉铃空间分布的影响

品　种	处　理	第 1 圆锥体成铃率(%)	第 2 圆锥体成铃率(%)	第 3 圆锥体成铃率(%)
新棉 33B	CK	3.3	5.3	11.0
	DPC	6.5(+97.0%)	10.7(+101.9%)	17.0(+54.5%)
中棉所 30	CK	6.3	21.5	24.3
	DPC	4.9(-23.8%)	28.7(+33.5%)	26.3(+8.2%)

[注] 本表数据为中国农业大学作物化学控制研究中心历年研究结果。

缩节胺促进棉花早熟的作用在杂交棉(欣杂 2 号)和常规棉(GK12)上表现一致,中下部果枝(1～10)和第 1～2 果节的成铃数均高于对照(表 30-21、表 30-22)。

表 30-21　缩节胺对杂交棉欣杂 2 号和常规棉 GK12 不同部位果枝成铃数的影响

(单位:铃/株)

年　份	处　理	欣杂 2 号			GK12		
		下部果枝 1～5	中部果枝 6～10	上部果枝 11 及以上	下部果枝 1～5	中部果枝 6～10	上部果枝 11 及以上
2004	CK	3.8	3.8	1.8	2.5	3.2	1.9
	DPC	4.1	4.6	1.0	2.6	3.6	1.1
2005	CK	6.3	4.7	2.5	5.6	4.8	2.5
	DPC	6.7	5.3	3.5	6.0	5.9	1.7

[注] 本表数据为中国农业大学作物化学控制研究中心研究结果。

表 30－22 缩节胺对杂交棉欣杂 2 号和常规棉 GK12 不同果节成铃数的影响

(单位:铃/单株)

年 份	处 理	欣杂 2 号			GK12		
		第 1 果节	第 2 果节	第 3 果节	第 1 果节	第 2 果节	第 3 果节
2004	CK	4.6	3.3	1.5	3.8	2.5	1.3
	DPC	4.1	3.9	1.7	4.0	2.5	0.7
2005	CK	6.4	4.9	3.1	6.3	4.3	2.8
	DPC	6.9	5.8	2.3	6.3	5.4	2.1

[注] 本表数据为中国农业大学作物化学控制研究中心研究结果。

据徐立华等 2006 年的报道,不同处理、不同开花时段的棉株成铃率有很大差异,高控处理 8 月 11 日以后成铃比适控和不控处理少,成铃率分别少 3.8%和 7.8%,表明过分高控不利于棉株冠层的生长,对上部成铃有明显的影响。不控处理由于下部荫蔽、不利于前期成铃,7 月 20 日以前成铃比高控和适控处理少,成铃率分别少 5.1%和 6.6%(图 30－5)。

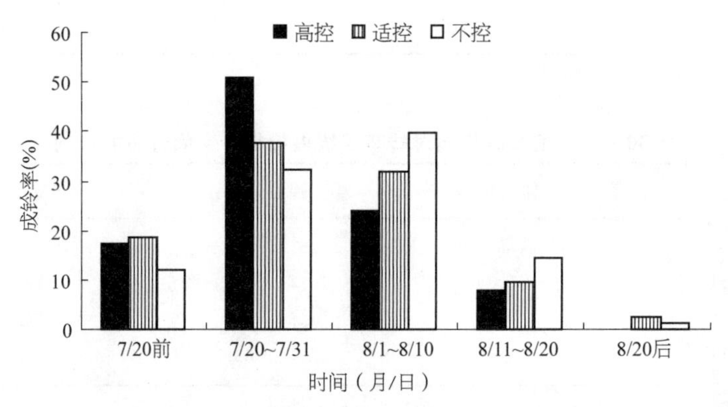

图 30－5 缩节胺不同处理不同开花时段成铃率

(徐立华等,2006)

(二) 提高铃数、铃重及衣分

缩节胺化控可以显著增强棉株前期的结铃能力,而且这一效果具有很高的稳定性和重现性。一般情况下,缩节胺系统化控可使单株成铃数增加 1～2 个。

缩节胺在大多数环境条件下可增加铃重,表 30－23 综合了不同品种和不同缩节胺应用浓度下的铃重数据,可见全株平均铃重增加的范围在 0.21～0.90 g。

表 30－23 缩节胺处理对棉铃铃重的影响

(何钟佩等,1984)

年 份	品 种	生育期	DPC 浓度(mg/L)	全株平均铃重(g)	有效成铃数(个/株)
1980	黑山一号	蕾期	100	7.1	13.0
		蕾期	200	6.7	12.4
		CK	0	6.2	14.9
1982	冀棉 2 号	蕾期＋盛花期	50＋30	6.9	15.9
		CK	0	6.4	14.5

(续表)

年 份	品 种	生育期	DPC 浓度(mg/L)	全株平均铃重(g)	有效成铃数(个/株)
1982	黑山一号	初花期	100	7.0	8.2
		CK	0	6.1	7.6
	中棉所 10 号	初花期	100	6.1	11.0
		CK	0	5.9	11.2

据徐立华等试验,缩节胺适控处理平均单铃籽棉重比高控处理和不控处理高,分别高 8.3%和 8.1%,其中成铃集中的 3 个开花时段(7/21~7/31、8/1~8/10、8/11~8/20)的单铃籽棉重分别比高控处理高 3.5%、16.0%和 10.3%,分别比不控处理高 4.5%、13.3%和 17.0%;平均单铃壳铃比,高控处理高于适控和不控处理,分别高 6.7%和 9.2%;其中成铃集中的 3 个开花时段(7/21~7/31、8/1~8/10、8/11~8/20)的单铃壳铃比分别比适控处理高 2.3%、4.7%和 7.1%,分别比不控处理高 5.8%、8.3%和 12.0%。

不同节位单铃性状与不同开花时段的结果趋势一致,适控处理不同节位的单铃籽棉重均高于高控处理和不控处理,其中第 1 节分别高 7.9%和 5.8%,第 2 节分别高 24.6%和 17.2%,第 3 节分别高 9.4%和 13.5%。壳铃比则高控处理高于适控处理和不控处理,其中第 1 节分别高 0.1%和 8.6%,第 2 节分别高 14.3%和 10.6%,第 3 节分别高 0.9%和 5.2%(表 30-24)。

表 30-24 缩节胺不同处理不同开花时段、不同节位单铃性状
(徐立华等,2006)

项 目	处理	时段(月/日)						节 位		
		7/20 前	7/21~7/31	8/1~8/10	8/11~8/20	8/20 后	平均	第 1 节	第 2 节	第 3 节
籽棉重(g/铃)	高控	4.7	4.9	5.1	5.4	—	5.0	4.9	4.4	4.5
	适控	4.8	5.1	5.9	5.9	4.9	5.3	5.3	5.5	4.9
	不控	4.6	4.9	5.2	5.1	4.6	4.9	5.0	4.7	4.3
铃壳重(g/铃)	高控	2.4	2.2	2.3	2.5	—	2.3	2.3	2.1	2.0
	适控	2.2	2.2	2.5	2.5	2.1	2.3	2.4	2.2	2.2
	不控	1.8	2.0	2.1	2.0	2.0	2.0	2.0	1.9	1.8
壳铃比(%)	高控	33.9	30.9	31.2	31.8	—	32.0	31.3	32.3	31.1
	适控	31.2	30.2	29.8	29.7	30.0	30.2	31.1	28.2	30.8
	不控	28.2	29.2	28.8	28.4	30.3	29.0	28.9	29.2	29.6

绝大多数研究表明,缩节胺处理后,衣分小幅显著下降(在大多数环境条件下降低 0.4%~0.8%),这是种子重量增加和种子所占比例增大的结果。Biles 和 Cothren 报道,棉花品种 Delta 和 Pine Land 50 在初蕾期和初花期喷施 2 次缩节胺(剂量均为 24.6 g/hm^2),衣分由 35.8%显著下降到 34.6%($P<5\%$),子指由 8.9 g 显著提高到 9.4 g($P<5\%$)。

徐立华等报道,棉铃收获时,分期采收 50 铃,测定小样棉铃铃重和衣分,结果表明,缩节胺适控处理,不同开花时期平均单铃籽棉重高于高控和不控处理,分别高 16.7%和 17.7%;衣分则随着化控量的增加有降低的趋势,高控、适控和不控三处理分别为 37.2%、38.8%和 40.3%;子指的结果则相反,随着化控量的增加有提高的趋势,高控、适控和不控三处理分别为13.34 g、12.48 g和11.49 g，表明适控处理有利于提高高品质棉的铃重和衣分（表30-25）。

表30-25　缩节胺不同处理棉花铃重与衣分

（徐立华等，2006）

处　理	取样时间(月/日)	铃重(g/个)	衣分(%)	籽指(g)
高控	9/30	5.8	37.9	13.4
	10/16	6.7	36.5	13.3
	平均	6.2	37.2	13.3
适控	9/30	6.9	39.0	12.7
	10/16	7.4	38.5	12.3
	平均	7.2	38.8	12.5
不控	9/30	6.0	40.4	11.3
	10/16	6.3	40.1	11.7
	平均	6.2	40.3	11.5

缩节胺对棉花产量的影响与缩节胺的应用时间、剂量和整个生长季的环境，以及品种特性有关。在施氮量较高、雨水过多、密度过大和植株较高等容易导致营养生长过旺的情况下，缩节胺增产的可能性大。何钟佩等曾对早期缩节胺试验的产量结果进行总结和分析，发现在水肥条件良好、雨水正常的情况下使用适宜剂量的缩节胺可以增产，而在干旱条件下于蕾期使用高浓度的缩节胺(100～200 mg/L)，往往因成铃数减少较多而减产。表30-26所示为缩节胺对不同地点和品种棉花的产量及其构成的影响，可见使用缩节胺单株成铃数一

表30-26　缩节胺化控对棉花产量及其构成的影响

试验地点	品　种	处　理	铃数(个/株)	平均铃重(g/个)	产量(kg/hm^2)
北京	冀棉2号	CK		6.1	
		DPC		6.6(+8.3%)	
北京	北农1号	CK		6.7	
		DPC		7.3(+8.0%)	
北京	R93－4	CK	8.4	3.4	
		DPC	12.7(+51.2%)	4.2(+24.5%)	
江苏扬州	泗棉3号	CK	24.3	4.3	1 442(皮棉)
		DPC	29.1(+19.8%)	5.1(+16.6%)	1 968(皮棉)(+36.5%)
北京	新棉33B	CK	21.2	4.0	983(皮棉)
		DPC	23.6(+11.3%)	4.2(+5.3%)	1 092(皮棉)(+11.2%)
北京	中棉所30	CK	10.1	4.1	2 250(籽棉)
		DPC	11.1(+9.9%)	4.3(+5.4%)	2 445(籽棉)(+8.6%)
北京	中棉所16	CK	11.9	4.2	2 570(籽棉)
		DPC	12.9(+8.4%)	4.5(+8.6%)	2 681(籽棉)(+4.3%)
山东夏津	鲁棉研21	CK		4.3	2 484(籽棉)
		DPC		4.7(+9.3%)	2 745(籽棉)(+10.5%)
河北河间	欣杂2号	CK		3.6	3 891(籽棉)
		DPC		4.3(+19.4%)	3 899(籽棉)(+14.1%)

[注] 本表数据主要为中国农业大学作物化学控制研究中心历年研究结果。

般增加1～2个，铃重提高0.2～0.9 g，增产10%～15%。

李伶俐等报道，2005～2006年，在河南农业大学设二因素三水平试验，A因素为密度，设三个水平：9万株/hm^2(M1)、12万株/hm^2(M2)和15万株/hm^2(M3)；B因素为缩节胺用量，水平为：90 g/hm^2(P1)、120 g/hm^2(P2)和150 g/hm^2(P3)。结果表明，在相同缩节胺水平下，M2和M3的单株铃数明显低于M1，但由于密度大，它们的总铃数明显高于M1处理；衣分则表现出随密度和缩节胺用量的增加而下降的趋势(表30－27)。

表30－27　不同处理组合棉花经济性状及产量比较

(李伶俐，2008)

处　理	总铃数(万个/hm^2)	铃数(个/株)	铃　重(g/个)	衣　分(%)	籽　指(g)	籽棉产量(kg/hm^2)	皮棉产量(kg/hm^2)
P1M1	53.1 c	5.9 b	4.5 a	39.1 a	9.9	2 389.5 b	934.3 c
P1M2	60.0 b	5.0 c	4.2 b	38.4 a	9.8	2 520.1 b	967.7 bc
P1M3	60.0 b	4.0 c	4.1 b	37.9 a	10.0	2 460.2 b	932.3 c
P2M1	58.5 b	6.5 a	4.5 a	38.8 a	9.8	2 632.5 b	1 021.4 b
P2M2	67.2 ab	5.6 b	4.3 ab	38.1 a	10.1	2 889.6 a	1 100.9 a
P2M3	67.5 ab	4.5 d	4.1 b	37.5 ab	10.5	3 067.5 ab	1 037.8 ab
P3M1	59.4 b	6.6 a	4.2 b	38.4 a	10.5	2 494.8 b	968.0 bc
P3M2	69.6 a	5.8 b	4.1 b	37.7 ab	10.9	2 853.6 a	1 075.8 a
P3M3	70.5 a	4.7 d	4.0 b	35.8 b	10.7	2 820.0 a	1 009.6 b

[注] 同列不同小写字母表示差异达0.05显著水平。

缩节胺促进棉铃发育、增加铃重的作用主要建立在物质代谢和植物激素调节的基础上。如缩节胺处理可以显著增强籽棉的转化酶活性(表30－28)，从而促进种子和纤维的物质积累；缩节胺处理后棉铃发育早期的CTKs含量显著提高(表30－29)，这对同化物的调运具有促进作用。

表30－28　缩节胺化控对籽棉酸性转化酶活性的影响

品　种	棉铃部位或开花时间(月/日)	花后天数(d)	处　理	转化酶活性(还原糖 mg/g FW)
黑山棉1号		22	CK	100%(相对活性)
			DPC(±%)	138%(相对活性)(+38.0%)
冀棉2号	7/20	8	CK	81.4
			DPC(±%)	85.6(+5.2%)
北农1号	7/19	8	CK	62.9
			DPC(±%)	66.9(+6.4%)
中棉所12		15	CK	61.5
			DPC(±%)	69.4(+13.0%)
泗棉3号	上部内围铃	21	CK	80.0
			DPC(±%)	171.0(+113.8%)

[注] 本表数据为中国农业大学作物化学控制研究中心历年研究结果。

表 30－29　缩节胺化控对籽棉中细胞分裂素(CTKs)含量的影响

品　种	棉铃部位或开花时间(月/日)	花后天数(d)	处　理	CTKs 含量
冀棉 2 号	7/20	8	CK	4.5(KT μg 当量/g FW)
			DPC(±%)	8.3(KT μg 当量/g FW)(+82.2%)
北农 1 号	7/19	8	CK	40.9(KT μg 当量/g FW)
			DPC(±%)	79.9(KT μg 当量/g FW)(+95.3%)
中棉所 12		10	CK	19.8(μg/g FW)
			DPC(±%)	27.0(μg/g FW)(+36.4%)
泗棉 3 号	中部内围铃	3	CK	2 786.2(ng/g FW)
			DPC(±%)	4 804.5(ng/g FW)(+72.4%)

[注] 本表数据为中国农业大学作物化学控制研究中心历年研究结果。

(三) 改变种子性状及质量

徐立华等报道,缩节胺高控处理各开花时段单铃种子数均低于适控处理和不控处理,全生育期高控处理单铃种子数比适控处理和不控处理分别少 5.4 粒和 3.9 粒。

高控处理各开花时段单铃不孕籽数及不孕籽率均高于适控处理和不控处理,全生育期高控处理单铃不孕籽数比适控处理和不控处理分别多 3.5 粒和 3.1 粒,单铃不孕籽数率比适控处理和不控处理分别提高 11.2%和 9.3%,这是导致高控处理铃重减轻的重要原因。

不同节位单铃种子数,高控处理少于适控处理和不控处理,其中第 1 节分别少 2.3 粒和 6.1 粒,第 2 节分别少 10 粒和 9.2 粒,第 3 节分别少 3.9 粒和 2.3 粒。不孕籽率则高控处理高于适控处理和不控处理,其中第 1 节分别高 6.1%和 10.0%,第 2 节分别高 13.7%和 10.6%,第 3 节分别高 11.7%和 7.8%(表 30－30)。

表 30－30　缩节胺不同处理各开花时段单铃种子性状

(徐立华等,2006)

种子性状	处理	时段(月/日)						节　位	
		7/20 前	7/21～7/31	8/1～8/10	9/11～9/20	平均	第 1 节	第 2 节	第 3 节
种子数(粒/铃)	高控	18.9	24.3	21.9	26.3	22.9	24.3	20.9	22.3
	适控	22.3	28.9	28.9	34.2	28.3	26.6	30.9	26.2
	不控	23.5	30.8	26.9	30.4	26.8	30.4	30.1	24.6
不孕籽数(粒/铃)	高控	16.8	12.2	10.9	13.7	12.8	13.5	12.4	13.9
	适控	10.7	9.8	9.2	5.4	9.3	11.3	8.9	9.6
	不控	11.8	8.9	9.4	10.0	9.7	9.5	9.8	10.8
单铃胚数(粒/铃)	高控	35.3	36.5	32.9	40.0	35.8	37.8	33.4	36.2
	适控	33.1	38.7	38.1	39.6	37.6	37.9	37.8	35.8
	不控	35.3	36.7	36.3	37.4	36.5	36.9	36.9	35.5
不孕籽率(%)	高控	47.7	33.4	33.3	34.2	35.8	35.8	37.2	38.4
	适控	32.5	25.4	24.1	13.6	24.6	29.7	23.5	26.8
	不控	33.5	24.4	25.9	36.3	26.5	25.8	26.6	30.6

缩节胺增加种子重量是一种普遍现象,籽指一般提高 3%～10%。缩节胺处理后种子的

含油量和蛋白含量虽然提高不显著,但可改变棉籽油的性质,如显著提高油分的折射率、非皂化物含量和碘值,油酸值和皂化值降低等。棉籽油各成分含量也发生了改变,如饱和脂肪酸总含量和其中癸酸、棕榈酸及硬脂酸的含量显著降低,不饱和脂肪酸(油酸和亚油酸)含量显著提高,不饱和脂肪酸与饱和脂肪酸之比由2.984显著提高到3.482。棉籽质量的改善不仅有利于培养壮苗,而且可以增加棉籽蛋白和棉籽油产量,从而提高植棉效益。

(四)改善纤维品质

中国农业大学在不同年代和不同品种上的研究表明,缩节胺化控对相同部位或相同开花时间棉铃的纤维品质没有不良影响(表30-31),但由于促进了中下部和内围铃的发育、提高了优质铃的比例,因而可以从整体上改善棉纤维的品质。

表30-31　缩节胺化调对棉花纤维品质的影响

品　种	处　理	长　度(mm)	单　强(g)	细　度(m/g)	断裂长度(km)	成熟系数
中棉10号	CK	30.94	3.03	7 597	22.96	
	DPC	31.68	3.33	7 180	23.75	
冀棉2号	CK	28.56	3.98	5 335	21.22	
	DPC	30.52	4.01	5 105	20.48	
冀棉2号*	CK	29.77	3.61	6 240	22.53	1.44
	DPC	30.23	3.82	5 865	22.40	1.39
北农1号	CK	29.12	4.06	5 890	23.91	
	DPC	29.20	4.13	5 755	23.77	
欣杂2号	CK	29.55	30.44	4.40	84.09	5.73
	DPC	29.52	30.76	4.60	83.93	5.97
GK12	CK	30.20	30.62	4.49	83.92	6.47
	DPC	30.09	30.70	4.58	83.72	6.37

[注] 本表数据为中国农业大学作物化学控制研究中心历年研究结果;*与上一行冀棉2号的栽培年份不同。

不同剂量的缩节胺处理,棉纤维长度、整齐度变化较小,而棉纤维的比强度和马克隆值不同处理间有一定的差异,高控处理有降低棉纤维的比强度、提高马克隆值的趋势,但差异不显著;伸长率化控处理与不控处理差异达显著水平(表30-32)。

表30-32　缩节胺不同处理纤维品质性状比较

(徐立华等,2006)

纤维品质性状	处　理	时间(月/日)				平　均	差异显著性
		9/12	9/30	10/16	11/8		
纤维长度(mm)	高控	30.9	30.0	30.2	30.8	30.5	a
	适控	29.4	30.8	29.9	30.1	30.1	a
	不控	29.9	30.6	29.4	30.5	30.1	a
	平均	30.1	30.5	29.8	30.5		
	显著性	a	a	a	a		
比强度(cN/tex)	高控	35.4	34.9	37.4	35.2	35.7	a
	适控	37.6	37.5	37.4	35.2	36.9	a

（续表）

纤维品质性状	处　理	时间(月/日)				平　均	差异显著性
		9/12	9/30	10/16	11/8		
比强度(cN/tex)	不控	34.2	34.7	38.3	35.9	35.8	a
	平均	35.7	35.7	37.7	35.4		
	显著性	a	a	a	a		
马克隆值	高控	5.7	5.6	5.7	5.0	5.5	a
	适控	5.2	5.7	5.6	4.8	5.3	a
	不控	5.3	5.5	5.3	5.1	5.3	a
	平均	5.4	5.6	5.5	5.0		
	显著性	a	a	a	b		
整齐度(%)	高控	85.9	85.9	84.5	86.0	85.6	a
	适控	85.0	84.3	84.9	85.0	84.8	a
	不控	82.5	87.1	85.9	85.4	85.2	a
	平均	84.5	85.8	85.1	85.5		
	显著性	a	a	a	a	a	
伸长率(%)	高控	7.0	6.5	6.9	7.1	6.9	a
	适控	6.5	6.4	6.4	7.0	6.6	a
	不控	6.5	6.5	6.6	7.2	6.7	b
	平均	6.7	6.5	6.6	7.1		
	显著性	bA	bB	bA	aA		

［注］同列不同小写字母表示差异达 0.05 显著水平，不同大写字母表示差异达 0.01 显著水平。

六、提高抗、耐逆能力

（一）生物逆境抗性

1. 抗病性　国内的大部分报道对缩节胺处理提高棉花抗黄萎病的能力予以肯定。简桂良和马存以感病品系 86－1 为材料，在河南新乡的多年连作重病田进行了试验，结果表明，15～90 g/hm^{2}的缩节胺（于发病初期分 1～2 次喷施）对棉花黄萎病均有不同程度的抑制作用，病指相对减退率为 44.7%～66.7%；效果最好的为 30 g/hm^2 或 60 g/hm^2，分 2 次喷施。此后，新疆和北京地区也报道施用缩节胺后棉株对黄萎病的抗病性有一定程度的提高作用。此外，喷施缩节胺棉田的通风透光状况明显改善，因而有利于降低铃疫病的发病率。

2. 抗虫性　关于缩节胺影响抗虫性的报道很不一致。部分报道认为应用缩节胺可以提高棉花对刺吸式口器（叶螨等）和咀嚼式口器（棉铃虫等）害虫的抗性；部分报道认为缩节胺不影响甚至加重了害虫的危害。

国内的大多数报道对缩节胺提高棉花抗虫性持肯定意见。张永效等报道，棉株施用缩节胺后，棉铃虫在棉株上的落卵量减少 48.8%～88%，田间虫量减少 39.5%～77.3%；取食嫩叶、花蕾的 2 龄幼虫体重下降，发育历期延长，死亡率增加，化蛹率和羽化率都有下降，总的生存率降低了 57.62%。徐文华等通过罩笼接虫、田间小区和大田虫情调查，发现因缩节胺处理，棉田的盲椿象、棉铃虫和玉米螟的累计虫量、蕾铃为害率有下降趋势，而棉田天敌

(蜘蛛、草蛉、瓢虫、小花蝽等)数量有增加趋势。除了棉铃虫外,喷施 20 mg/L 的缩节胺,棉株上朱砂叶螨(*Tetranychus cinnabarinus* Boisduval)的繁殖率下降 22.7%;缩节胺浓度增加到 160 mg/L 时,叶螨繁殖率下降 45.7%~57.3%。鉴于缩节胺对棉田害虫的控制作用,应用缩节胺对棉花进行系统化调已成为各棉区棉花高产栽培和棉田害虫综合治理的重要措施之一。

缩节胺提高抗虫性的机理与棉花叶片形态和生化特性的变化有关。喷施缩节胺后,叶片变厚,各组织变硬,不利于棉铃虫幼虫取食。此外,喷施缩节胺的棉叶细胞密度增大,叶片组织加厚(表 30-33),下表皮与海绵组织的厚度之和超过朱砂叶螨口针的长度,使其口针达不到贮存叶绿素汁液的栅栏组织,从而导致朱砂叶螨营养不足、繁殖率下降。棉酚、单宁等次生代谢物的增加可以提高植株的抗虫性。几乎所有的报道均指出,缩节胺可以提高棉花叶片、幼蕾等器官中的棉酚含量,但单宁含量大多数情况下表现出下降的趋势。

表 30-33　施用不同剂量缩节胺后对棉叶厚度的影响

(束春娥等,1996)　　(单位:μm)

DPC 浓度(mg/L)	上表皮	栅栏组织	海绵组织	下表皮	合　计
10	20.63 c	109.59 ab	119.91 ab	19.41 c	269.54
20	19.97 c	118.13 a	122.91 ab	22.88 bc	283.89
40	23.72 b	118.78 a	124.22 ab	30.00 ab	293.72
80	22.17 b	122.06 a	133.06 a	29.34 ab	306.63
160	30.28 a	122.53 a	132.84 a	32.06 a	314.71
CK	19.13 c	93.75 b	105.00 b	18.00 c	235.88

[注] ① 棉花品种为盐棉 48; ② 各处理棉叶数均为 16 片; ③ 同列不同小写字母表示差异达 0.05 显著水平。

(二) 非生物逆境抗性

1. 耐低温性　应用缩节胺浸种可以明显改善棉苗抵抗逆境的能力。中棉所 16 种子萌发后 2~5 d 内,每天对一部分幼苗进行 12 ℃低温处理 12 h,次日观察对照和缩节胺处理幼苗的侧根发生情况,结果表明,缩节胺浸种处理明显提高了低温逆境下棉苗的发根能力(表 30-34)。

表 30-34　缩节胺浸种处理对低温胁迫下(12 ℃)棉花幼苗侧根数的影响

低温处理起始时间(d)	处理持续时间(h)	调查时间(d)	对照侧根数(条/株)	DPC 浸种侧根数(400 mg/L)	侧根数增加(%)
萌发后 3	12	萌发后 4	3.7	6.9	85.2
萌发后 4	12	萌发后 5	13.1	16.4	25.5
萌发后 5	12	萌发后 6	18.5	24.3	31.4

[注] ① 棉花品种为中棉所 16 号; ② 本表数据为中国农业大学作物化学控制研究中心研究结果。

2. 耐高温性　北京 1997 年 7~8 月持续高温少雨,其中 7 月中下旬最高温度超过 36 ℃,夜温多日在 29~30 ℃以上,7 月中旬至 8 月中旬仅降雨两次,合计 20 mm。在这种不利的天气条件下,缩节胺化控增加了两个抗虫棉品系的成铃数、降低了空株率(表 30-35)。

表 30－35　缩节胺处理对高温少雨条件下棉株成铃的影响

品　种	品种类型	8 月中旬成铃数(个/株)		空株率(%)	
		CK	DPC 差值	CK	DPC 差值
春播 R93－1	抗虫棉品系	6.9	9.6(＋39.2%)	4.2	3.2(－22.6%)
夏播 R93－6	抗虫棉品系	2.4	4.0(＋71.2%)	3.3	2.9(－11.8%)

［注］① 试验于 1997 年在北京进行；② 本表数据为中国农业大学作物化学控制研究中心 1997 年研究结果。

3. 耐旱性　大多数研究人员发现，施用缩节胺后，棉株的抗旱性得到不同程度的提高。1993 年，中棉所 20 号播种后 56 d(北京，7 月 11 日)时，在土壤含水量为 6%的严重干旱情况下，对照只有 10%的植株产生极少量的伤流液[0.1 ml/(株・12 h)]，而缩节胺浸种处理，30%的植株伤流量仍可达 2.2 ml/(株・12 h)。在盆栽条件下，用 50 mg/L 缩节胺处理中棉所 10 号(蕾期)，15 d 后开始进行干旱胁迫，结果显示，下倒四叶的相对含水量明显高于对照(表 30－36)。

表 30－36　缩节胺化调对干旱条件下中棉所 10 号叶片相对含水量(RWC)的影响

(中国农业大学作物化学控制研究中心，1997)

水分处理	化控处理	干旱天数(d)					
		0	1	2	3	4	5
正常供水	CK	75.1	77.3	78.6	76.6	76.1	75.5
干旱	CK	78.1	75.6	71.2	69.5	67.3	58.4
	DPC	83.4	79.9	78.4	76.2	72.0	62.0
	差值(%)	＋6.8	＋5.7	＋10.1	＋9.6	＋7.0	＋6.1

4. 耐盐性　适当浓度的缩节胺浸种可提高棉花幼苗的耐盐性，其中以 150 mg/L 的效果最好。150 mmol/L NaCl 处理 8 d 后，缩节胺浸种的幼苗与对照相比，根、茎、叶中的 Na^+ 含量显著下降，根系对 K^+ 的吸收和向叶片的选择性运输增强，棉苗体内盐分的区域化分配合理，棉苗的干物质积累显著增加(表 30－37)。

表 30－37　不同浓度缩节胺浸种对 NaCl 胁迫下棉苗干物质积累的影响

(郑青松等，2001)

DPC 浸种浓度(mg/L)	盐胁迫前干重(mg/株)	盐胁迫后干重(mg/株)	干重增长率[mg/(株・d)]
0	116.1±6.5 cd	165.6±7.6 e	6.2±0.5 f
50	118.6±7.0 cd	177.4±6.7 d	7.4±0.3 d
100	121.3±5.7 c	210.6±10.7 c	11.2±0.6 c
150	141.7±7.1 a	254.4±10.3 a	14.1±0.7 a
200	128.4±5.9 b	236.3±10.6 b	13.5±0.6 b
300	120.6±6.1 c	182.7±7.6 d	7.8±0.3 d
500	114.9±6.8 d	168.7±7.2 e	6.7±0.5 e

［注］同列不同小写字母表示差异达 0.05 显著水平。

第三节　棉花化学调控技术

植物生长调节剂在棉花生产上的应用，为解决棉花徒长、协调群体与个体的矛盾、改善棉田通风透气条件、降低棉铃的僵烂率，为提高棉花的产量和品质开辟了新途径。

一、缩节胺化学调控技术

（一）对症应用技术

根据多年来棉花缩节胺化学控制技术的发展，可将缩节胺在棉花生产中的应用分为三个阶段，每个阶段又形成了对应的技术模式。第一个阶段是“对症应用”阶段，目标是利用缩节胺应急和短期解决由棉花无限生长特性（遗传上的不足）和高温多雨（环境限制）共同导致的疑难问题——徒长。“对症应用”模式主要调控棉花茎枝等营养器官的生长，增强棉株对高温多雨等不良环境的抵抗能力，基本不改变棉花整体栽培措施的格局，只需在适宜的时期应用一定的剂量即可。我国各棉区推广的缩节胺“对症应用”技术是在初花期一次性叶面喷施 22.5～45.0 g/hm^2。由于“对症应用”模式技术简单、效果显著，且易于掌握，所以推广速度快、收效大。

（二）系统化控技术

缩节胺应用的第二个阶段是“系统化控”阶段，技术模式形成于 20 世纪 80 年代末期。

1. 技术特征和原理　“系统化控”模式建立在“对症应用”的基础上。缩节胺有一定的有效作用期（15～20 d），因而在多雨年份或灌溉棉田仅在初花期应用一次缩节胺往往不能完全解决徒长问题，而且一次施用量过大还会控制过重，引起不良影响。另外，随着对缩节胺作用机理研究的深入，发现其调节作用不仅限于控制主茎和果枝的伸长生长，还可全方位改善棉株根、叶、果实各器官的形态和功能。这使得人们尝试从种子萌发开始多次（不限于一次或二次）应用缩节胺，以实现对棉株各器官生长发育的“定向诱导”和有目标的系统化学调控，从而在全生育期促进作物与环境、个体与群体、营养生长与生殖生长、根系与地上部、植株外部形态与内部生理功能的协调统一。

2. 技术规程　中国农业大学作物化学控制研究中心率先提出了棉花缩节胺系统化控的技术规程，并确定了各生育时期的调控目标。

（1）种子处理：用缩节胺处理种子的方法各种各样，其目标主要是促根壮苗、提高棉苗的抗逆能力、缩短移栽棉苗的缓苗期。

缩节胺“浸种”适用于未包衣的种子，脱绒种子的浸种浓度一般为 150～200 mg/L，浸种时间掌握在 8～10 h，10 kg 的缩节胺溶液可浸泡 8～9 kg 种子，浸种期间搅动 2～3 次；未脱绒的种子吸收能力差，浸种浓度可提高到 200～300 mg/L，浸种时间也适当延长。需要注意的是，浸完种的种子捞出后，一定要将水分沥干，等到种子表面无明水时再播种，否则珠孔和合点端容易被泥堵塞，种子不能与外界正常交换空气与水分，严重影响萌发和出苗。

“拌种”是将少量的缩节胺溶液与一定量的种子充分混匀，然后摊开晾干和播种。我国新疆棉区采用“拌种”法相对较多，一般拌种时缩节胺用量为种子重量的 0.05%。

“包衣”是指将一定剂量的缩节胺与其他助剂混合调和成浆状物，涂覆在种子表面。随着种子产业化的发展和种子商品化率的提高，种子包衣越来越普遍，将缩节胺作为种衣剂成分之一对种子进行包衣是比较方便的种子处理方法。

然而，出苗、保苗是我国各棉区棉花生产中最易出问题的环节之一，用缩节胺处理种子一定要掌握好处理方法、时间和药剂浓度，以免影响一播全苗。

(2) 苗期处理：由于缩节胺种子处理的有效作用期较长，因此一般经过种子处理的棉花无需再在苗期用药。而没有做过种子处理的则可在苗期喷施低浓度缩节胺，同样可达到壮苗、抵抗逆境的效果。苗期用缩节胺的浓度一般掌握在 40 mg/L 以下，于 2～3 片真叶展开时喷施。

(3) 蕾期处理：调控目标主要是继续促进根系发育、壮苗稳长、定向整形、壮蕾早花、增强抗旱涝能力、为水肥合理运筹消除后顾之忧、简化前期整枝等。

根据种植方式和气候条件，蕾期用药的时间在始蕾期到盛蕾期或初花期前。地膜棉、蕾期处于梅雨季节的棉花(长江流域棉区)，生长速度比较快，生长势较强，常常在刚现蕾时就需要应用缩节胺；其他长势正常的棉花多在盛蕾(出现 4～5 个果枝)后首次喷施缩节胺。蕾期用药的浓度一般情况下为 50～80 mg/L，兑水量为 150～225 L/hm^2，总剂量为 7.5～18.0 g/hm^2。如果蕾期降雨较多、地力较高、棉株长势特别旺，缩节胺用量可增加到 22.5 g/hm^2。蕾期喷施缩节胺时，药液量宜少，要做到株株着药、均匀喷洒，个别长势较旺的棉株可适当多着药，长势弱的棉株则适当少着药。

(4) 初花期处理：初花期喷施缩节胺，不仅可以增强根系活力、简化中期整枝、塑造理想株型、优化冠层结构、推迟封垄，而且能提早结铃、改善棉铃时空分布、促进棉铃发育。初花期的用药量一般为 30～45 g/hm^2，兑水量为 300 L/hm^2，浓度则为 100～150 mg/L。初花期有徒长趋势的棉田，喷施缩节胺时不仅要做到株株着药，而且主茎和果枝的顶端都要着药。

(5) 花铃期处理：花铃期是棉花产量形成的关键时期，此时应用缩节胺的主要目的是增加同化产物向产量器官中的输送、增结伏桃和早秋桃、提高铃重、终止后期无效花蕾的发育、防止贪青晚熟和早衰、简化后期整枝等。如果花铃期只应用一次缩节胺，一般在打顶后 5～7 d 喷施；如果多雨，种植密度大，可增加应用次数。缩节胺用量一般为 45～75 g/hm^2，兑水量为 375～450L/hm^2。

3. 技术参数的确定　缩节胺“系统化控”最重要的技术参数是应用时间、次数和剂量的确定。一般先根据当地的环境条件和管理水平，设计棉株不同生育时期适宜的生长速度和合理的株型及群体结构，然后通过对生长情况的监测判断是否使用缩节胺以及使用多大剂量的缩节胺。这意味着缩节胺应用技术的灵活性较强，需要因地制宜才能收到良好的效果。但无论何种情况，缩节胺的使用应遵循“分次应用，前轻后重”的原则，严禁在前期重控。

以西北内陆棉区为例，正常生长棉株的主茎日增量，苗期为 0.4～0.8 cm/d、蕾期为 0.9～1.5 cm/d、盛蕾初花期为 2.0～2.8 cm/d、花铃期为 1.0～1.8 cm/d；现蕾期、盛蕾期、初花期、打顶后的理想株高分别为 15～20 cm、30～35 cm、50～55 cm 和 65～75 cm，超过上述指标则需要使用缩节胺进行控制。

此外，甘润明等还在北疆棉区总结了一套棉花叶龄模式加红茎比的量化指标操作技术，即缩节胺用量=叶龄÷2±红茎比例。棉花壮苗的红茎比例为苗期50%、蕾期60%、花期70%、铃期80%。当棉花浇头水前主茎叶片数为10时(蕾期)，缩节胺的基本用量为10÷2=5 g，若红茎比例为60%，缩节胺用量不加不减；当红茎比例超过70%时，缩节胺用量应为5-1=4 g；当红茎比超过80%时，缩节胺用量应为5-2=3 g；当红茎比低于50%时，DPC用量应为5+1=6 g；当红茎比低于40%时，缩节胺用量应为5+2=7 g。

4. 影响缩节胺化控效果的因素　试验和生产实践表明，环境条件、生产条件和栽培措施等均影响缩节胺的作用效果，另外不同品种对缩节胺的敏感性也有明显差异。因此，在制定具体的缩节胺应用技术参数时需要对这些因素进行全面考虑。

(1) 品种敏感性：大量研究表明，缩节胺对棉花不同品种(栽培种)营养生长的控制强度存在较大差异。

与陆地棉相比，海岛棉对缩节胺的敏感性总体偏低。一般情况下，转 *Bt* 基因抗虫棉、酚类物质含量低的品种(无毒棉)和夏播品种(短季棉)的长势相应弱于非转基因抗虫棉、酚类物质含量高的品种和春播品种，因而缩节胺的用量宜低、应用时间宜晚。刘生荣等在陕西关中地区的研究表明，在中等肥力和7.5万株/hm^2的密度条件下，转基因抗虫棉(新棉33B，SGK321，陕7359)在初花期应用30 g/hm^2的缩节胺可起到良好的调控效果，而在蕾期应用缩节胺会延缓抗虫棉前期弱生长势的转化，不利于“丰产架子”的搭建。正常年份下，夏播品种一个生长季的缩节胺总用量为45~75 g/hm^2，而春播品种可用到75~120 g/hm^2。

葛知男和冷苏凤1990年在南京，于初花期对棉花品种区域试验的4个参试品种(H87-14，泗阳263，徐州184，盐城1115)和对照品种(泗棉2号)喷施30 g/hm^2的缩节胺，结果表明，在初花期施用一次缩节胺虽然不改变供试品种的产量位次，但缩节胺与品种的互作效应在脱落数、果节数、单株成铃数、霜前花产量和皮棉总产等性状上均达到1%或5%的显著水平。

新疆棉区在不同棉花品种的生育特点、对缩节胺的敏感性和缩节胺的应用技术方面做了较多的工作。新陆早12苗期生长稳健、中后期生长势强、现蕾比其他品种晚2~3 d，而新陆早9号和辽棉17苗期生长快、中后期生长稳健、后期不早衰；因此，新陆早12苗期化控要轻，缩节胺用量较新陆早9号和辽棉17少1.5~3.0 g/hm^2；中后期化控要重，缩节胺用量比后两者多7.5~30 g/hm^2。再如，新陆早7号和新陆早8号对缩节胺的敏感性强，建议缩节胺的拌种用量应控制在种子量的0.05%以下或不进行拌种，2~3叶期的缩节胺用量不超过7.5 g/hm^2；而对缩节胺反应较迟钝的新陆早6号，缩节胺拌种用量应增加到种子量的0.08%~0.14%，2~3叶期的缩节胺用量可加大到15~30 g/hm^2。

与国内的研究结果不同，国外的多数报道认为，缩节胺与品种之间不存在互作或互作不强。York在3年间、8个环境条件下(美国)所做的试验表明，缩节胺(初花期一次性应用49 g/hm^2)与14个品种仅在一种环境下表现出互作(涉及的指标包括产量、马克隆值、纤维强度、纤维长度和整齐度)，而且幅度不大；其他环境条件下缩节胺与品种在衣分、纤维长度、铃重、种子重、单铃种子数、铃数、株高和早熟性等方面均未表现出互作。

(2) 温度:在室内进行的试验表明,初花期喷施缩节胺(49 g/hm²)的作用大小与温度有关,如缩节胺对主茎伸长和主茎节数的抑制作用在昼/夜温度为30/20 ℃时最大,在40/30 ℃时最小,在20/10 ℃和25/15 ℃时居中。一方面可能是因为温度会影响缩节胺的生物活性,另一方面可能是因为昼/夜温度为30/20 ℃时,植株的营养生长比较旺盛,因而对缩节胺的响应比较明显。

(3) 降水与灌溉:降雨量、灌溉量和灌溉方式共同决定了土壤水分的含量(土壤湿度)。土壤湿度大时,棉株长势旺、合成赤霉素的能力强,土壤中的缩节胺降解速度也快,因而缩节胺的有效期较短;土壤比较干旱时,缩节胺的有效期明显延长。在干旱年份,一个生长季(黄海流域棉区)的缩节胺总用量可能只需要30～45 g/hm²;而在多雨年份,缩节胺用量可达90～225 g/hm²。

缩节胺的应用技术与灌溉方式、灌溉量关系密切。目前新疆棉区应用的膜下滴灌技术,在时间和空间上实现了对水、肥的精细调控,不易造成棉花徒长,因而可减少缩节胺的用量。棉田灌水量较大时,必须与缩节胺重控配合才能收到满意的增产效果,水肥条件较差的棉田则宜轻控。

(4) 土壤类型:砂壤土棉花前期发苗快,后期则易脱肥早衰,因此砂性土壤棉田要注意早期及时化控防徒长;黏性土壤棉田前期发苗慢,苗期缩节胺用量过大不利于塑造丰产株型,后期的供水供肥能力较强,要加大缩节胺的用量防旺长。黏性土壤缩节胺的拌种用量应降低到种子重的0.05%～0.08%,砂壤土的用量则可增加到0.08%～0.14%。新疆棉区正常生长的棉花苗期(2～3叶期)缩节胺用量以7.5～30 g/hm²为宜,红土地(黏性土壤)以0～15 g/hm²为宜,砂土地以15～45 g/hm²为宜。

(5) 种植方式:棉花的种植方式多种多样,包括露地直播棉、地膜棉、麦(蒜、瓜)套棉、麦后育苗移栽棉、麦后直播棉等。不同种植方式下,棉花的生育特点及生育过程中的主要矛盾也不相同,因而缩节胺的应用技术(用药时间和剂量)也存在着一些差异。地膜棉前期生长速度快,长势偏旺,缩节胺的用量较露地直播棉高。套种棉苗期发育迟缓,因而初花期以前的缩节胺用量低于纯作棉,如苗期(7～8叶期)纯作棉缩节胺用量为7.5～15 g/hm²,麦套棉为4.5～12 g/hm²;初花期纯作棉缩节胺用量为22.5～37.5 g/hm²,麦套棉为15～30 g/hm²。由于水、肥、温度等条件较好,宽膜棉在苗蕾期至初花期的生长速度比窄膜棉明显加快,容易旺长形成高脚苗,因此宽膜棉应适当早用缩节胺进行调控。

(6) 播期:Cathey和Meredith报道,缩节胺与播期的互作在株高、开花时间、皮棉产量和子指等指标上均有表现。对三个播期(4月中旬、5月初和5月中旬)进行比较,缩节胺处理后早播的皮棉产量降低了4.5%,而适期播种和晚播的皮棉产量分别增加了5.4%和12.7%,说明应用缩节胺可以减弱推迟播期所带来的副作用。

(7) 密度:棉花种植密度对株型和群体结构的影响很大。密度大时,株型相对缩小,群体相应增大,个体与群体的矛盾出现早,营养生长和生殖生长的矛盾不易缓解。施用同样剂量的缩节胺,高密度下棉株的受控程度较低(与低密度相比)。因此,种植密度大时一定要加大缩节胺用量,使用时期也要相应提前。中棉所12号麦套种植("4-2式"),密度为45 000株/hm²时,以200 mg/L缩节胺浸种+铃期60 g/hm²叶面喷施的效果最好;密度为75 000株/hm²

时，以 200 mg/L 缩节胺浸种＋初花期 30 g/hm^2 叶面喷施＋铃期 60 g/hm^2 叶面喷施的效果最好。

(8) 施肥：一般情况下，土壤肥力高、施肥量大的棉田，缩节胺用量应大于肥力低和施肥量小的棉田。氮肥和缩节胺的互作效应分析表明：在不施氮肥的情况下，随着缩节胺用量的增加，产量直线下降，在 0～120 g/hm^2 的范围内，缩节胺每增加 15 g，皮棉减产 13.5 kg/hm^2；施氮量为 75 kg/hm^2 时，缩节胺用量为 60 g/hm^2 时产量最高；施氮量为 150～225 kg/hm^2 时，缩节胺用量为 90 g/hm^2 时产量最高。在施氮量为 0～300 kg/hm^2 的范围内，每增加 15 kg/hm^2 氮，应增加缩节胺 5.25 g/hm^2。

（三）化控栽培工程

化控栽培工程即在“系统化控”定量、定位诱导“基本效应”的基础上，与常规栽培措施的变革相结合，进一步定向诱导出预期的“复合效应”，获得理想的株型和田间群体结构，形成以优质铃为主的最佳成铃时空分布，达到早熟、优质、丰产。

1. 技术特征和原理　化控栽培工程于 20 世纪 90 年代初期由现中国农业大学作物化学控制研究中心李丕明等提出。核心内容是，在应用“系统化控”的前提下，主动变革种植密度、水肥管理等常规栽培措施，实现“系统化控”对棉株自身和栽培措施对棉株生育环境的双重调控，使作物生产愈来愈接近于有目标设计、并可控制生产流程的“工业”工程，也使作物和环境高度协调，充分发挥遗传资源和自然资源的潜力。

化控栽培工程模式产生的原因有两点：第一，在未引入化控技术之前，缺乏有效、简便、主动调控棉花生长的手段，因此常常在种植密度、水肥运筹上留有余地，以防棉花群体与个体、营养生长与生殖生长的矛盾在不利的气候条件下激化。而应用了“系统化控”技术后，棉株个体和群体的发育得到“定向诱导”，解决或缓解了上述矛盾，为常规栽培措施变革提供了可能性。第二，应用了“系统化控”技术的棉花个体和群体，形态和功能已经发生了很大变化，它们必然对环境条件的要求有所改变，所以也有必要对常规栽培措施进行变革。

中国农业大学作物化学控制研究中心还提出了化学控制的“基本效应”和“复合效应”概念。“基本效应”是指应用调节剂后引起植物形态上、功能上的直接变化。这些变化在各种条件下只有“量”的差异而无“质”的不同，如缩节胺对株高、节间长度等的影响。“复合效应”是“基本效应”与水肥管理、株行配置等常规栽培措施及外界环境等因素共同作用，形成植物形态、功能及最终产量和品质的变化。这些变化不仅有“量”的差异，而且有“质”的不同，如产量既可能增加，也可能降低。

2. 技术内容

(1) 在“系统化控”条件下增加种植密度：缩节胺“系统化控”修饰了棉株株型和冠层结构，改善了棉田群体生态条件，使密度增加成为可能。“系统化控”技术与增加密度相结合，可以限制棉株无限生长特性、改变成铃的时空分布、适当降低单株生产力，使群体优质铃构成产量主体，从而较好地协调早熟、优质、丰产的关系。棉花缩节胺“系统化控”与合理密植相结合形成的“矮、密、早”栽培方式，已在生长季较短的新疆棉区、黄淮海短季棉区和长江流域丘陵棉区广泛应用。

短季棉中棉所 10 号（1983）高密度下（120 000 株/hm^2）应用缩节胺系统化控（蕾期

100 mg/kg,药液量 150 kg/hm^2;盛花期天气干旱浓度降为 50 mg/kg,药液量 225 kg/hm^2),与对照(90 000 株/hm^2,不喷缩节胺)棉田相比,单株成铃减少 0.9 个,但单位面积成铃数比对照多 9.3%;单株生产力较对照降低 13.8%,但单位面积产量提高 11.0%以上;第 1～6 果枝第 1 果节成铃数较对照多 11.4 万个/hm^2,占总铃数的比例由对照的 53.2%提高到64.3%;10 月 10 日前收花量为 1 081.5 kg/hm^2,较对照的 982.5 kg/hm^2 增加 11%左右。

十多年的试验、示范结果表明,黄淮海地区春播棉的适宜密度为 60 000 株/hm^2左右,各种形式的短季棉为 105 000～180 000 株/hm^2。新疆棉区的种植密度 20 多年来也不断增加,由应用化控技术前的 105 000～120 000 株/hm^2提高到目前的 180 000～240 000 株/hm^2。总之,“系统化控”技术提高了生产者解决群体与个体矛盾的主观能动性,扩大生产者选择种植密度的范围,降低客观因素(气候条件、品种和地区特性等)对栽培措施制订的限制,充分发挥增密增产的潜力。

(2) 在“系统化控”条件下提前重追氮肥:施肥是调节土壤养分供应和改善棉株营养状况的主要手段之一。我国植棉界总结了棉农长期生产实践经验和各地多年肥料试验结果,提出高产棉花的施肥原则:足施底肥、轻施苗肥、稳施蕾肥、重施花铃肥、补施盖顶肥。这是在引入缩节胺“系统化控”技术之前的稳妥做法,因为缺少有效调控棉株生长发育的手段,所以要稳施蕾肥防止徒长。

“系统化控”技术不仅消除了棉花徒长的后顾之忧,而且促进了根系发育、增强了根系功能,使棉株对氮、磷、钾等营养元素的吸收能力提高,因此施肥措施的改变既有可行性,也有必要性。一般情况下,应用缩节胺“系统化控”技术的春播棉,可将常规重施氮肥时期由花铃期提前到蕾期或初花期,夏播棉/短季棉可由蕾期提前到苗期。

(3) 在“系统化控”条件下简化整枝:精细整枝是我国植棉的特点之一,需要花费大量人工(150～300 个/hm^2)。缩节胺“系统化控”技术有效控制了茎枝等营养器官的生长,为棉花简化整枝创造了条件。在黄河流域棉区采用缩节胺“系统化控”技术,完全不整枝(仅人工打顶)与传统精细整枝相比,籽棉产量差异不显著;在长江流域棉区,“系统化控”条件下,常规棉和杂交棉分别保留 2 台和 2～3 台营养枝,尽管成铃率有所下降,但群体总铃数和产量显著提高,形成了棉花留叶枝栽培的新技术体系。

(四) 在不同生态区的应用

1. 长江流域棉区　长江流域棉区热量条件充足,年降水量大,有利于棉株个体产量潜力的发挥,但也容易因阴雨寡照造成徒长和烂铃。此外,该棉区多采用营养钵育苗移栽,棉花种植密度低(24 000～30 000 株/hm^2),水肥投入大。基于此,长江流域棉区缩节胺化学控制需注重苗床控制以培育壮苗,还需注重梅雨季节的控制以防徒长。

(1) 苗期化调:可防止苗床“高脚苗”和“线苗”的出现,缩短移栽后的缓苗期。缩节胺的浓度一般掌握在 40 mg/L 以下,于 1～2 片真叶展开时喷施。

(2) 蕾期化调:长江流域大部分棉区的蕾期处于梅雨季节,棉株生长速度比较快,生长势较强,一般在现蕾初中期就需要应用缩节胺进行控制。蕾期用药的剂量一般为 7.5～15.0 g/hm^2,如果地力较高、棉株长势特别旺,可增加到 22.5 g/hm^2。

(3) 初花期化调:初花期是棉株一生中生长最快的时期,也是化学控制的关键时期,缩节胺的用量为 22.5～30.0 g/hm^2。

(4) 盛花期化调:盛花期棉株群体更大,缩节胺用量需增加到 30.0～45.0 g/hm^2。

(5) 打顶后化调:一般在打顶后 5～7 d 喷施缩节胺,用量为 45.0～60.0 g/hm^2;如果多雨或密度大,可增加应用次数。

大麦或油菜茬直播棉省工高效,是长江流域棉区棉花生产发展的新方向。直播棉的种植密度为 7.5～10.0 万株/hm^2,缩节胺用量为 52.5～150.0 g/hm^2(蕾期、开花期和打顶后用量比例为 1∶2∶4),有利于改善棉花冠层特征,实现早熟高产。

2. 黄河流域棉区　黄河流域棉区雨养棉田和灌溉棉田共存,一熟春棉和粮、棉两熟共存,棉花化控需要解决的主要问题是防止花铃期的徒长和促进两熟棉田的早熟。

黄河流域棉区棉花化控技术基本与长江流域棉区相同,但有几点区别:第一,麦套棉在麦、棉共生期间(苗期)光照条件差、棉株发育瘦弱迟缓,应注重种子处理;第二,苗蕾期热量条件较差,降水较少,棉株长势较弱,一般蕾期应用缩节胺的时间较晚,剂量也较低(7.5～15.0 g/hm^2);第三,全生育期缩节胺用量为 120 g/hm^2 左右,少于长江流域棉区的 150 g/hm^2 左右。

3. 西北内陆棉区　新疆棉区种植密度高、群体大,因此缩节胺化控开始的时间早、用量大。如不进行种子处理的话,一般在三叶期即需喷施缩节胺防苗期徒长,全生育期缩节胺用量可达 225～300 g/hm^2,高于长江流域和黄河流域棉区。

(1) 缩节胺拌种:对苗期生长势强的品种可采用缩节胺拌种,缩节胺用量掌握在种子量的 0.03%～0.06%。缩节胺用量在种子量的 0.03%以下,效果不明显;超过种子量的 0.1%,对幼苗抑制过重。

(2) 苗期化调:如果播种前未进行缩节胺拌种处理,叶面喷施缩节胺的时间应提前到 2～4 叶期,用量为 3.0～7.5 g/hm^2。三类苗可以不用化控。当劳力紧张时,一定要先化控后定苗。

(3) 蕾期(6～8 片叶)化调:这一时期棉株生长速度加快,必须进行普遍控制,但要注意既要保证根系发达、茎秆粗壮,又要不影响出叶速度。缩节胺用量一般以 9.0～12.0 g/hm^2 为宜,旺长棉田可增加到 15.0 g/hm^2。

(4) 初花期(头水前,9～10 片叶)化调:一般在头水前 3～5 d 应用缩节胺,用量控制在 45.0～75.0 g/hm^2,高于黄淮海棉区和长江流域棉区,受旱时用低限。

(5) 打顶后(二水前,7 月中旬)化调:一般在打顶结束后 5～7 d 进行,缩节胺用量一般为 120～180 g/hm^2。切忌盲目加大缩节胺用量,以防对上部果枝过度抑制。

(6) 铃期(三水前,8 月上旬)化调:此期根据棉株长势、群体大小和天气情况决定是否化控。这一阶段进行化控的主要目的是防止棉田郁闭导致烂铃,防止后期徒长和二次生长,改善通风透光条件,简化人工整枝,缩节胺用量掌握在 150～180 g/hm^2。

对于膜下滴灌棉田,可以在每次滴灌前喷 30.0 g/hm^2 左右缩节胺,防止棉株由于水分充足发生徒长。

(五) 缩节胺复配剂和新剂型的开发及应用

中国农业大学作物化学控制研究中心与福建浩伦农业科技集团合作开发了缩节胺与

DTA-6(2-N,N-二乙氨基乙基己酸酯,广谱性植物生长促进剂)的复配剂——27.5%胺鲜酯·甲哌鎓水剂。该复配剂既发挥了缩节胺促进抗虫棉根系发育、提高根系功能的作用,又利用DTA-6的促长作用克服了缩节胺对地上部生长的过度抑制,使根系与地上部协同生长,产量较单独使用缩节胺提高5%～8%。

研制缩节胺的新剂型,加快化控技术的简化、量化和标准化进程在当前具有重要意义。缩节胺的有效作用期一般为15～20 d,在一个生长季内往往需要叶面喷施2～5次,这不仅影响劳动效率,而且棉农对各次使用的时间和剂量判断因人而异,不利于技术的标准化。中国农业大学作物化学控制研究中心开发的缩节胺片剂有利于促进化控技术的精确定量。

(六) 缩节胺应用注意事项

1. 谨防过量使用缩节胺　有研究表明,随着缩节胺用量的增加,起效期提前、药效期延长,棉株的生长亦受到相当的影响。如新陆早6号于2～3叶期用15～30 g/hm^{2}的缩节胺处理,一般在药后5 d主茎生长开始逐渐减慢,12 d时株高日增量降到最低,18 d时日生长量加快并逐渐恢复正常;而缩节胺用量达到90 g/hm^{2}以上时,药后3 d主茎日增量就开始急剧下降,24 d后主茎日生长量才开始明显上升,棉株营养生长受到严重抑制。在蕾期应用50 mg/L的缩节胺,棉株根系对^{32}P的吸收较对照增加6.9%,10 d后蕾中的^{32}P分配比例由对照的3.6%提高到4.4%;而喷施100 mg/L缩节胺,根系吸收能力反而低于对照,蕾中^{32}P的分配比例也下降到2.7%。使用缩节胺对盐棉48进行重控(全生育期使用剂量为210 g/hm^2)严重抑制了茎枝的生长,使冠层结构过分密集,顶部和外围成铃减少,单株铃数(密度为5.25万株/hm^2)较适度控制(全生育期使用剂量为105 g/hm^2)减少0.8个,同时单铃重下降0.14 g。

由于缩节胺的作用机制在于阻断赤霉素的合成,因此在过量应用缩节胺的棉田可喷施适当浓度的赤霉素来缓解缩节胺药害。一般赤霉素的浓度可掌握在10～20 mg/kg,如效果仍不好,可再喷一次。

2. 控制后生长加快　缩节胺的药效消失后,棉株体内积累的赤霉素合成的中间产物"牻牛儿基焦磷酸"和"古巴基焦磷酸"大量合成赤霉素,使得此后的营养生长反而较对照加快,这就是缩节胺(包括其他植物生长延缓剂)的"反跳现象"。如冀棉2号于4～5果枝时喷施50 mg/L的缩节胺,N+8至N+10节间的长度反而较对照增加了9.4%。

"反跳现象"有时甚至完全抵消下部节间缩短的效果,致使最终株高与对照无明显差异。高产棉花的株型要求各节间长度基本均匀,因此需要注意"反跳现象"发生的时间和强度,并通过合理的"系统化控"技术防止"反跳现象"的发生。

3. 正确掌握缩节胺的喷施技术　缩节胺为中性化学产品,可与其他微肥及杀虫、杀菌、除草剂混用。为了降低药液的表面张力、增加药液在棉花叶片上的附着力,可在配好的溶液中加入少量中性洗衣粉。

在功能叶上进行的^{14}C-DPC示踪试验结果显示,缩节胺应用1 h后叶片吸收38.7%,6 h后为43.6%,24 h后为60.6%,此后吸收较慢,到第4 d吸收量仅增加到70.1%。因此,生产上应用缩节胺,要注意喷药后6～24 h内无雨,若6 h内降雨需要补喷一次,用量可适当减少。

示踪试验还表明,棉花叶片吸收的^{14}C-DPC主要停留在标记叶片中,应用后24 h仅输出3.8%，至第4 d也只有22%左右输出，且大部分（输出量的43.3%）滞留在标记叶的叶柄中，分配到顶芽和果枝的很少。因此在田间喷药时要求棉株的主要部位都能着药。

（七）缩节胺安全性评价

^{14}C－DPC同位素示踪方法研究表明，应用2 d、8 d、15 d后，叶片中的缩节胺分别代谢了87.8%、91.9%和94.1%。李保同和江树人报道，缩节胺在棉叶中的半衰期为9.4 d左右。不同研究人员的结果有差异，可能与试验条件有关，但总体而言，缩节胺在棉株内的降解速度是比较快的。

缩节胺在土壤中的半衰期也很短。田晓莉等在实验室应用恒温培养法比较了缩节胺在灭菌和非灭菌土壤中的降解动力学，结果表明，缩节胺在土壤中的降解包括微生物降解和化学降解两条途径。化学降解（灭菌土壤中）的半衰期为13.0 d，微生物降解＋化学降解（非灭菌土壤中）的半衰期为7.2 d。根据我国《化学农药环境安全评价试验准则》，缩节胺属于易降解农药（半衰期＜3个月）。

缩节胺在农产品和植物组织中的残留也很低。初花期喷施^{14}C标记的缩节胺（100 mg/kg），收获时纤维中检测不到缩节胺，铃壳、叶片和叶柄中残留较多，分别为9.5 mg/kg、8.8 mg/kg和6.8 mg/kg，主茎和果枝分别为4.7 mg/kg和3.3 mg/kg，棉籽和根系中最少，分别为1.8 mg/kg和1.4 mg/kg。李保同和江树人两年两地的研究表明，在缩节胺用量为75 g/hm^{2}的条件下，收获后棉籽和土壤中均检测不出缩节胺。

综上所述，缩节胺是一种低毒、对环境和生物比较安全的植物生长调节剂，这也是其应用数十年而不衰的原因之一。

二、矮壮素化学调控技术

矮壮素化学名为2－氯乙基－三甲基氯化铵（简称CCC）。它具有抑制植物细胞伸长而不抑制细胞分裂的特性，能使植物节间变短，主茎变矮，叶片变厚，叶色变深绿，并推迟叶片的枯黄和脱落。

矮壮素被人们应用于农业生产是20世纪60年代开始的。60年代中期以来，我国和世界许多产棉国家先后在棉花上进行了多次喷洒矮壮素的试验，所得结果都一致表现出矮壮素对棉花生长有明显的抑制作用，但对产量的影响则有增有减。矮壮素在植物生理方面的作用是：延缓生长速度，使茎秆较为坚固，提高作物的抗寒性、耐热性、耐酸性和耐盐性等。试验证明，矮壮素能抑制赤霉菌合成赤霉素。矮壮素阻滞棉花的生长，可能通过抑制赤霉素的合成，降低了棉株体内赤霉素的水平所引起。

（一）矮壮素应用方式

1. *浸种*　营养钵育苗移栽时，为了防止苗床阶段棉花蹿长，形成“高脚苗”，可用矮壮素浸种。据许德威等（1982）报道，棉籽以不同浓度的矮壮素浸种24 h，并以浸水作对照，播种出苗后，于第34 d取样测定各处理的棉苗长势（表30－38）。经矮壮素水溶液浸种，棉苗高度明显降低，但根重则增加，即矮壮素处理后，对棉苗生长有“控上促下”的作用。浸种浓度以50～100 mg/L为宜。

表 30－38　矮壮素浸种对棉苗生长的影响

处　理 (mg/L)	苗高(cm)			干重(g/株)	
	茎基至子叶节	子叶节至顶端	全株	地上部	地下部
10	12.6	4.8	17.3	2.3	0.6
50	12.9	3.8	16.7	2.2	0.7
100	13.1	3.5	16.5	2.2	0.7
200	12.5	2.8	15.2	2.0	0.6
对照	14.4	5.1	19.4	2.0	0.5

［注］引自《棉花栽培生理》,1986。

2. 在苗床上应用

许德威等在棉花出苗后一周用不同浓度的矮壮素溶液喷洒幼苗,14 d 后测定各处理的棉苗长势。经矮壮素喷洒的棉苗,棉苗高度明显降低,但根重则增加。矮壮素喷洒幼苗浓度为 10～50 mg/L 适宜(表 30－39)。

表 30－39　苗期喷洒矮壮素对棉苗生长的影响

处　理 (mg/L)	苗高(cm)			干重(g/株)	
	茎基至子叶节	子叶节至顶端	全株	地上部	地下部
10	13.8	2.8	16.5	1.7	0.5
50	12.5	1.9	14.4	1.6	0.5
100	11.7	1.3	13.0	1.5	0.6
200	11.6	1.5	13.1	1.6	0.5
对照	15.0	3.8	18.7	1.8	0.4

［注］引自《棉花栽培生理》,1986。

在棉苗三叶期用 50 mg/L 矮壮素溶液喷洒幼苗,3 周后进行生理测定,其结果如表 30－40 所示。喷矮壮素处理的叶片,叶面积比对照略小,叶绿素含量、单位叶面积干重、光合作用强度以及叶片可溶性糖含量比对照高,说明喷矮壮素对提高叶片光合效能有一定作用。

表 30－40　矮壮素对棉叶生理功能的影响

处　理	苗高 (cm)	叶片数 (片/株)	叶面积 (cm^2/株)	叶绿素 (mg/g 鲜重)	单位面积干重 (mg/dm^2)	光合作用强度 [$mg/(dm^2 \cdot h)$]	叶片(干重)可溶性糖含量(%)
喷洒矮壮素	20.4	6.1	69.1	1.3	580	11.7	5.3
对照	30.0	6.5	71.9	1.1	510	7.5	4.1

［注］① 引自《棉花栽培生理》,1986; ② 试验材料为盆栽棉株,于 5 月 19 日(三叶期)喷洒 50×10^{-6}矮壮素,21 d 后取样。

应用矮壮素或缩节胺等浸种或喷洒,均有控上促下作用,使棉苗矮壮老健,根系发达,栽后棉苗失水少,新根发生快,早活棵,缓苗期缩短。据陈润林等研究,采用矮壮素和缩节胺浸种,矮壮素浓度是 100 mg/L 和 200 mg/L,缩节胺为 200 mg/L;矮壮素喷洒浓度 10 mg/L 和 20 mg/L,缩节胺为 20 mg/L。

从苗期生长调节剂控制对促使棉苗矮壮老健、栽后恢复生长和加快活棵、缓苗期缩短的效果看来,苗期喷洒比浸种好,喷洒时以矮壮素 20 mg/L 浓度的效果最佳(表 30－41)。

表 30-41　苗床喷洒生长调节剂对促进栽后生长的效果

处　理 (mg/L)		苗高(cm)			真叶数(片/株)		
		移栽时	栽后 6 d		移栽时	栽后 6 d	
		5 月 22 日	5 月 28 日	增长(%)	5 月 22 日	5 月 28 日	增长(%)
浸种处理	CCC 100	12.8	13.6	5.7	4.1	4.8	16.7
	CCC 200	10.8	11.5	6.7	3.3	3.9	17.3
	DPC 200	12.7	13.5	5.9	3.8	4.5	16.5
苗期喷洒	CCC 10	14.4	15.5	7.7	3.9	4.7	20.6
	CCC 20	13.8	15.1	8.9	3.7	4.6	23.8
	DPC 20	14.7	15.8	7.6	3.9	4.6	17.6
对照		15.7	16.4	4.3	4.1	4.7	14.6

[注] 引自《棉花育苗移栽技术》,1999。

3. 在蕾铃期应用　据郑泽荣等在上海嘉定的徒长棉田喷矮壮素的试验结果表明,叶面喷洒矮壮素溶液能显著抑制茎的伸长。喷后 21 d,喷洒处理棉株株高的增长量仅为对照的 37.4%～62.7%。受抑制的程度与喷洒溶液的浓度有密切关系,在 50～500 mg/L 范围内,浓度越高,抑制作用越强。果枝数增加的速度受矮壮素的影响不显著,各喷洒浓度处理的果枝数均与对照相近。在棉花蕾期和花铃期,无论疯长的棉株或是有疯长趋势的棉株,喷洒不同浓度的矮壮素都能获得控制棉株旺长的效果。见蕾前后以人工单喷顶心,10～20 mg/L 稀释液 300～375 kg/hm^2;蕾期以人工单喷顶心,20 mg/L 稀释液 450 kg/hm^2;花铃期以人工单喷顶心,30～40 mg/L 稀释液 450～600 kg/hm^2。

许德威等测定了经矮壮素处理后的棉株根系活力。苗期、蕾期喷洒矮壮素,主茎基部切断处 24 h 内流出的伤流量要比对照多 60%～80%;花期喷洒的伤流量也比对照高(图 30-6)。

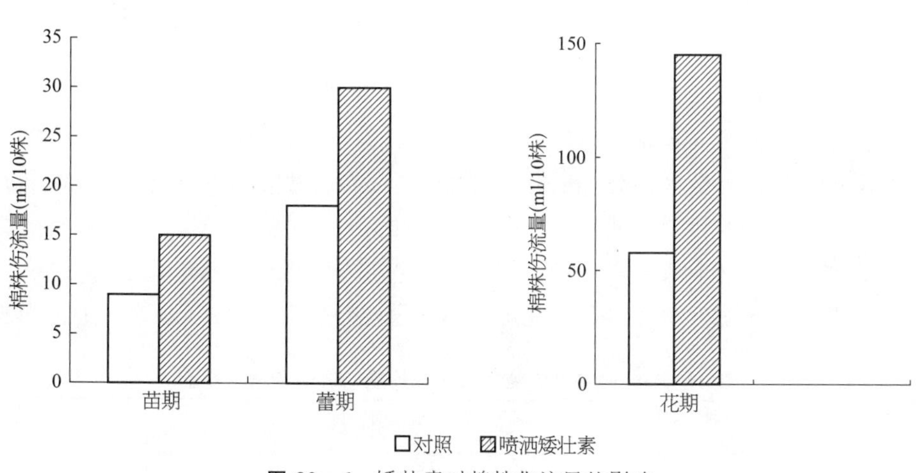

图 30-6　矮壮素对棉株伤流量的影响

(引自《棉花栽培生理》,1986)

同时测定伤流液中硝态氮、无机磷、钾及可溶性糖含量(表 30-42),可以看出,经矮壮素处理后,各物质含量均比对照高。

表 30-42　矮壮素对棉株伤流成分的影响　　(单位:%)

处　理	硝态氮	无机磷	钾	可溶性糖
喷洒矮壮素	1.58	1.65	4.43	9.00
对照	1.06	1.25	3.20	3.84

[注] ① 表中数据为质量百分数;② 引自《棉花栽培生理》,1986。

(二) 矮壮素化学调控效果

1. 对棉花产量的影响　喷洒矮壮素溶液后,铃数比对照增加 10.3%~29.1%,铃重、衣指、子指略有增加,衣分、纤维长度变化不明显(表 30-43)。

表 30-43　徒长棉花初花期喷洒矮壮素对棉花结铃和品质的影响

地　点	处　理	密　度 (株/hm²)	成铃数 (个/株)	总铃数 (个/hm²)	铃　重 (g/个)	衣　分 (%)	衣　指 (g)	子　指 (g)	绒　长 (mm)
嘉定南马陆	矮壮素	60 975	10.1	652 440	5.5	38.7	7.8	11.4	29.8
	对照	60 975	8.3	505 485	5.3	40.2	6.9	10.6	29.8
嘉定大严	矮壮素	70 410	11.5	812 535	5.3	36.8	6.3	9.3	30.5
	对照	66 660	11.0	729 255	5.2	36.3	5.9	10.0	30.2
嘉定印村	矮壮素	64 410	9.7	618 870	5.5	32.7	6.0	11.6	30.2
	对照	64 410	7.6	484 380	5.4	33.8	5.7	10.8	30.2
嘉定陈家屯	矮壮素	61 680	11.2	689 925	5.0	41.3	7.7	10.6	30.2
	对照	61 680	9.9	611 250	5.3	40.7	7.5	11.0	30.2
宝山罗径	矮壮素	66 660	12.6	838 575	4.9	37.1	5.7	8.8	29.8
	对照	66 660	11.4	760 590	4.8	37.6	5.3	8.2	29.0

[注] ① 喷洒浓度均为 100 mg/L,单株成铃数为 100 株棉花平均数;② 引自《中国棉花栽培学》,1983。

陕西省农业科学院棉花研究所使用矮壮素结合肥、水,对水浇地棉花矮株密植研究,通过田间试验和大面积生产分析结果。在矮壮素处理与产量的关系上,1974 年伏旱,棉株徒长不明显,矮壮素处理的增产幅度仅为 2.8%~5.7%;1975 年前期雨水较多,棉株有徒长趋势,在蕾期和花期以矮壮素处理二次(各 50 mg/L),增产 19.7%,达显著标准;1976 年 5~7 月降雨稀少,矮壮素处理时土壤含水量(0~40 cm 土层)为 9.1%,喷洒矮壮素 50 mg/L 二次,无增产效果,喷 100 mg/L 二次的较对照减产 6.1%,表明矮壮素对产量的影响与气候条件有密切关系。当雨水多、棉株徒长时,矮壮素处理的增产效果大;反之,矮壮素则造成减产或无增产效果。

2. 对铃重与衣分的影响　矮壮素处理后单铃重比对照有所增加(表 30-44),其原因可

表 30-44　喷矮壮素处理对棉花铃重、衣分、子指的影响

年　份	处　理	铃重(g/个)	衣分(%)	子指(g)
1974	对照	3.3	36.5	10.3
	喷矮壮素	3.7	35.8	11.0
1975	对照	3.0	33.5	10.2
	喷矮壮素	3.1	33.4	10.7
1976	对照	3.0	32.8	—
	喷矮壮素	3.3	33.3	—

[注] 引自《中国棉花栽培学》,1983。

能是由于矮壮素处理后铃期延长所致,但同时也带来了不良影响——吐絮晚,霜后花和子指增加,衣分略低。

(三) 矮壮素应用时期和浓度

使用矮壮素的时期,一般多在盛蕾至初花期喷1～2次。有的年份6月雨多,棉花有徒长趋势,可用10～20 mg/L药液喷洒一次,药液量375 kg/hm^{2}左右,喷施于棉株顶部。对于高度密植的棉花,为了控制其株型,也可提前在蕾期喷洒。在初花期,北方棉区7月上旬已进入雨季,有徒长趋势时喷洒30～40 mg/L药液一次,药液量600 kg/hm^{2}左右,喷在棉株顶部和果枝顶尖上。对多数棉田喷洒这两次矮壮素,就可以起到抑制徒长的作用。有的棉田在棉花已打顶、最上部果枝已长出1～2个果节以后,如果棉株长势仍然很旺,可喷洒40～60 mg/L的药液一次,以防止果枝生长过长,造成内部隐蔽。使用40 mg/L以上浓度时采用快速喷雾,药液量300～600 kg/hm^2。

棉花对矮壮素十分敏感,喷洒的时期过早,浓度过高,药液过量,就会使棉株叶片皱缩,果枝节间过短,铃小变形,铃壳厚,造成晚熟、减产,纤维品质降低。在肥水不足、气候干旱、棉株长势弱的棉田里,不宜使用矮壮素。另外,使用矮壮素后虽然叶片深绿,但不可据此判断为肥水充足的表现,仍应按正常措施加强肥水管理。

第四节　棉花化学催熟与脱叶技术

我国主产棉区存在不同程度和不同原因的棉花晚熟问题。黄河流域棉区和西北内陆棉区的晚熟问题主要由生长前期的低温和秋季的枯霜早临引起;长江流域棉区需要催熟的主要是套种棉田和麦后、油菜后棉田,这些棉田前期晚发、后期贪青,若9月下旬和10月气温偏低,部分秋桃和晚秋桃有可能在下茬种植前不能正常吐絮,既降低产量和品质,又影响秋种茬口的安排。

长期以来,我国棉花收获机械化发展极其缓慢,棉花收获基本上依靠人工完成,不仅劳动强度大,生产效率低,而且生产成本高,而美国、澳大利亚、以色列等国植棉已全部机械化。我国西北新疆棉区,生产建设兵团于20世纪90年代开始立项进行机采棉技术试验研究,并在多项技术上取得了突破。目前,黄河流域和长江流域棉区棉花仍然依靠人工采收,需要花费大量的人力和物力,也因此成为阻碍棉花产业发展的重要因素。随着社会经济条件的变化,农业生产中劳动力日渐短缺,实现棉花机械化收获已成为一个必然趋势。利用脱叶催熟剂或收获辅助剂的脱叶催熟作用,可以促进叶片脱落、棉铃开裂和集中吐絮。化学脱叶催熟技术是机械采棉综合农艺配套技术的关键环节和重要前提。

一、棉铃的开裂和棉叶的脱落

(一) 棉铃开裂成熟的生理过程

Simpson和Marsh发现,在棉铃即将开裂前,铃柄基部的维管组分形成一个软木层,阻止水分进入棉铃。与此同时,维管组分的内层与心皮(铃壳)之间也发生分离,加之随后的脱水过程,导致棉铃开裂。

刘文燕等测定了棉铃从开裂至完全吐絮期间不同阶段的乙烯释放量，发现铃壳轻微开裂(线裂)时乙烯释放量开始增加，到出现明显裂缝(微裂)时乙烯释放量达到高峰，之后迅速下降，到大裂吐絮时降到最低水平(图 30－7)。

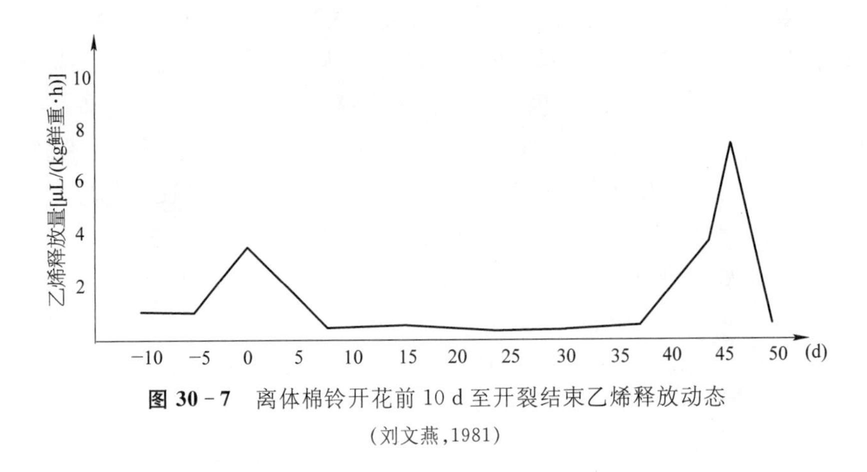

图 30－7　离体棉铃开花前 10 d 至开裂结束乙烯释放动态

(刘文燕，1981)

韩碧文等的研究结果表明，棉铃开裂与铃壳内过氧化物酶活性的升高存在明显的正相关关系。他们推测，乙烯促进了该酶活性的提高，过氧化物酶继而加速生长素的降解，最终导致棉铃乙烯与生长素平衡关系的改变，促使棉铃成熟开裂。王修山等(2002)研究发现，铃壳厚度会影响棉铃开裂角度。即厚壳棉铃的体积大，纤维长，开裂角度小；中等厚度铃壳棉铃的铃重大(即单铃子棉产量高)，衣分高，壳径大；薄壳棉铃的体积小，纤维短，裂度大。

(二) 棉花叶片脱落的生理过程

叶片自然脱落发生于衰老的叶片，是由一系列生理生化变化引起叶柄离层形成所导致的。已经证明，植物激素平衡的变化在叶片脱落过程中起着重要的作用，衰老叶片的生长素含量降低，乙烯及脱落酸含量上升，同时离层远轴端至近轴端的生长素梯度消失，叶片对乙烯和脱落酸的敏感性增加。林敏(2014)分析发现脱落酸、乙烯、水杨酸、茉莉酸及油菜素内酯可能正调控叶片衰老过程，细胞分裂素、生长素及赤霉素可能在叶片衰老过程中起到负调控作用。李艺等(2016)研究发现，功能期叶片的叶柄非离区厚壁组织细胞中微管排列方式以斜向为主，离区厚壁组织细胞中微管排列方式部分网络状，部分斜向，两者有所不同。细胞微管或许与棉花叶柄脱落相关。

二、化学催熟和脱叶的原理及效果

由于乙烯促进棉铃的开裂，且开裂伴随着铃壳的脱水干燥过程，因此可用干燥剂和乙烯释放剂促进棉铃吐絮，实施化学催熟。化学脱叶是通过化合物的抗生长素性能、促进乙烯发生或刺激伤害乙烯发生而达到目的。

需要注意的是，叶片一旦脱落，棉铃即停止发育。脱叶的目的是使叶片死亡并从植株上脱落，要做到这一点，脱叶剂不能立即杀死叶片，而要使它的生命保持足够长的时间以形成离层；如果叶片干燥过快，将附着在植株上不再脱落。

由于棉铃开裂和棉叶脱落均在很大程度上受到乙烯的调节，因此刺激乙烯发生的化合物往往同时具有催熟和脱叶的功能,只是两方面的功能一般不会等同。由于无法在化学结构上将催熟剂和脱叶剂截然分开,所以国际上一般将这些物质统称为脱叶催熟剂或收获辅助剂。此外,收获辅助剂还包括二次生长抑制剂和干燥剂,后者用于在收获前杀死并催干脱叶剂使用后仍未脱落的叶片及杂草。

三、常用化学催熟剂和脱叶剂的种类及特点

从作用机制上可将化学催熟剂和脱叶剂分为两类。第一类为触杀型的化合物,如脱叶膦、噻节因、唑草酯、草甘膦、百草枯、敌草隆、氯酸镁等,它们各自通过不同的机制杀伤或杀死植物的绿色组织,同时刺激伤害乙烯的产生,从而起到催熟和脱叶作用。这一类化合物起效快,施用时间宜偏晚。第二类化合物通过促进内源乙烯的生成来诱导棉铃开裂和叶柄离层的形成,如乙烯利和噻苯隆等。第二类化合物的作用比第一类缓慢得多,在生产上施用时间比第一类早(表 30-45)。

噻苯隆处理后叶片离层的断裂强度显著降低(杜明伟等,2014),且离层中脱落相关基因 *GhCEL1*, *GhPG* 和 *GhACS* 的相对表达量在处理后 12 h 显著上调,从而诱导叶柄离层形成,引起叶片脱落。喷施脱叶剂降低了棉花叶片 Fv/Fm(最大光化学效率)及 qP(光化学淬灭系数),使棉花叶片光反应中心部分失活,电子传递过程受阻,抑制光合色素将捕获的光能转化成化学能,降低光合速率。脱吐隆 300 g/hm^2 +40%乙烯利 1 200 ml/hm^2 处理有利于降低棉花叶片的光合能力,有效地加快棉花叶片的衰老进程(高丽丽等,2016)。

噻苯隆 1 000 mg/L 均匀涂抹 10 叶期棉花的所有主茎叶,不同叶龄叶片的离层形成及脱落时间存在差异(王崧嫚等,2017),其中离层形成时间的顺序为:幼叶(倒 1 叶)>老叶(倒 9～倒 10 叶)>功能叶(倒 4 叶);叶片脱落的顺序依次为:幼叶>功能叶,老叶(水培棉花叶龄为 35～40 d 的第一、第二片真叶)则容易出现枯而不落的现象。大田条件下对棉花叶片脱落的研究发现,由于中上部功能叶(叶龄 40～50 d)尚未在衰老信号的诱导下发生生理代谢方面的变化,因而对外部施用的低剂量化学脱叶剂没有反应,而加大脱叶剂的用量,会引起叶片干枯,但并不脱落。嫩叶和下部较老的叶片在化学脱叶剂直接或间接产生的大量乙烯作用下,很容易脱落,但脱叶剂用量过大时也会出现干枯不脱落的现象。采用外源乙烯或乙烯释放剂处理可促使棉株叶片脱落,但是乙烯脱叶效果较差,常使叶片形成“枯而不落”(图 30-8)。

唑草酯为触杀型茎叶处理剂,通过抑制叶绿素生物合成过程中原卟啉原氧化酶而引起细胞膜破坏,使叶片迅速干枯、死亡。在喷药后 15 min 内即被植物叶片吸收,且不受雨淋影响。3～4 h 后杂草就出现中毒症状,2～4 d 死亡。适用于小麦、大麦、水稻、玉米等作物田间防除各种阔叶杂草,特别是对磺酰脲类有抗性的杂草有特效。

嗪草酸甲酯主要制剂为 5%嗪草酸甲酯乳油,5%嗪草酸甲酯可湿性粉剂,该除草剂为原卟啉原氧化酶抑制剂,其在敏感杂草叶面作用迅速,引起原卟啉积累,使细胞膜脂质过氧化作用增强,从而导致敏感杂草的细胞膜结构和细胞功能不可逆损害,在有光条件下 24～48 h 叶面即出现枯斑症状。该除草剂具有用量低、反应速度快、无土壤残留、对大豆和玉米安全的特点,是一个很有市场前景的除草剂品种。

图 30-8　不同叶龄叶片对噻苯隆(1 000 mg/L)的响应特征

(DAT2、DAT4、DAT6、DAT7 为处理后的天数)

(王崧嫚,2017)

脱叶磷脱除成熟叶片的效果很好,且速度很快,喷后 2 h 内无雨即可;但对嫩叶的效果较差,不具备催熟和抑制二次生长的作用。添加表面活性剂或作物油可以增加脱叶磷在逆境下的活性,低温下加大脱叶磷的剂量在成熟度较好的棉田也可获得不错的脱叶效果。脱叶磷常与噻苯隆、乙烯利混合使用,混合物的脱叶效果在大多数条件下表现良好(低温下需要使用剂量的高限)。

噻节因很少单独作为脱叶剂使用,常与噻苯隆、唑草酯或乙烯利合用。噻节因是最有效的成熟叶片脱落剂,但对嫩叶的脱除作用很小,而且无催熟和控制二次生长的作用。此外,噻节因是对低温最不敏感的脱叶催熟剂,在低温下的活性较高。噻节因要求喷后无雨的时间为 6 h;无论单用还是与其他脱叶催熟剂混用,建议使用“作物油”作为助剂。

唑草酯可有效脱除幼叶和成熟叶,但幼叶容易干枯,无催熟和控制二次生长的作用,另外对一些杂草(特别是牵牛花)也有催干作用。唑草酯可以与噻苯隆、噻节因和乙烯利混合使用。气温高于 26.7 ℃不宜应用唑草酯和吡草醚,否则会引起叶片干枯。当唑草酯单用或与其他脱叶催熟剂(Cotton Quick 除外)混用时,需要添加 1%(体积比)的作物油密集剂。

吡草醚的作用机制、使用方法、作用特点和效果与唑草酯相似。与百草枯相比,棉花对唑草酯和吡草醚的响应稍慢一些,两者的作用较为缓和,因此脱叶效果较好,附着在植株上无法脱落的叶片相应较少。

草甘膦影响植物体内必需氨基酸的合成,主要用于二次生长的控制(限于非转基因抗草甘膦棉花,non-Roundup Ready cotton)和杂草管理。一般情况下,温度在 18.3 ℃以上,噻苯隆通常就可以抑制二次生长;如果温度低于这个范围,草甘膦是抑制二次生长的最好选择。草甘膦的应用时间随棉花品种不同而变化,对于非转基因抗草甘膦棉花,一般在吐絮率达到

60%时使用草甘膦作为杂草管理剂和二次生长抑制剂;对于转基因抗草甘膦棉花,在吐絮率达到20%时即可使用草甘膦防治杂草。

百草枯是一种非选择性除草剂,对叶绿体层膜破坏力极强,使光合作用和叶绿素合成很快终止,还可产生自由基,导致细胞膜受到破坏,水分因而迅速丧失。百草枯主要用于杂草和作物的催干,也具有一定的脱叶和催熟活性。通常将低剂量(153.69～461.08 g/hm^2)百草枯与其他脱叶催熟剂合用来增强对杂草的催枯作用,剂量若过高会引起叶片干枯不脱落和对未成熟棉铃的伤害。

氯酸盐是一种强烈的氧化剂,可降低叶片的光合作用、呼吸强度和蒸腾强度,低剂量可作为脱叶剂使用,高剂量与百草枯一样具有催干作用。脱除成熟叶片的效果很好,但不具备脱除幼叶和控制二次生长的作用,最常用于有机磷脱叶剂使用后剩余叶片的干燥(此时吐絮率需达到85%以上)。

噻苯隆是一种具细胞分裂素活性的植物生长调节剂,不直接伤害叶片,可促进乙烯的产生、抑制生长素的运输,降低生长素与乙烯的比例。噻苯隆于20世纪80年代开始商业化应用,既可有效脱除成熟叶片,也可有效脱除幼嫩叶片,是目前效果最好的抑制二次生长和脱除幼叶的脱叶催熟剂,但其催熟效果不及脱叶效果。噻苯隆较磷酸盐类脱叶剂起效慢,在低温下尤其如此,因此日均温低于21 ℃时不建议使用。加入磷酸盐类脱叶剂可以提高噻苯隆在低温下的活性。在所有的脱叶催熟剂中,噻苯隆要求喷后无雨的时间最长(24 h),表明它的吸收最慢。噻苯隆在受到干旱胁迫的棉花上的吸收也比较慢,这种情况下需要增加用量或添加诸如作物油密集剂之类的助剂。噻苯隆使用后5 d的药效反应即非常明显,外表看叶片仍呈青绿状态,但用手轻碰棉叶时,叶片就从叶柄基部脱落,老叶一般较嫩叶的脱落速度快。处理后12～18 d为脱叶高峰期,20 d后脱叶率达到80%以上。

乙烯利直接增加棉株的乙烯生成,从而引起叶片脱落和棉铃开裂。一般情况下,乙烯利的催熟效果优于脱叶效果。乙烯利对控制二次生长无效,脱除幼叶的活性也很有限,可作为预处理剂使用(至少在脱叶前4 d),或在正常脱叶后7～12 d使用,这对特别繁茂或倒伏的棉田可以保证良好的覆盖效果。在一些情况下,乙烯利与其他脱叶催熟制剂混用可以加快叶片的脱落速度。美国的研究表明,含有乙烯利的混合物通常在7～10 d之内可使叶片的脱落程度达到收获的要求。应用乙烯利7～14 d后,开裂的棉铃增加一倍,一般喷施后14 d应开始收获,否则会降低应用乙烯利的效果、不产生经济效益(冷凉天气下除外)。沈岳清等用乙烯利处理35 d龄的沪棉204棉铃,处理后2 d左右和吐絮前夕检测到了两个乙烯释放的高峰,而对照棉铃只出现了一个高峰,且出现时间比处理的第二个高峰晚8 d,这与乙烯利促使棉铃提早7～10 d吐絮的效果相吻合。他们认为乙烯利催熟的作用机制在于提高了棉铃内乙烯的含量,加快了棉铃的发育,使开裂前必然出现的乙烯释放高峰提前到来,从而提早开裂、吐絮。

以噻苯隆(又称脱落宝、脱叶脲、脱叶灵、噻唑隆)为主要成分的脱叶剂种类最多,生产应用广泛,主要有脱吐隆(噻苯隆+敌草隆)、欣噻利(噻苯隆+乙烯利)、瑞脱龙(80%噻苯隆)、棉海(敌草隆+噻苯隆)等(表30-45)。

噻苯隆是一种植物生长调节剂,具有细胞分裂活性,在棉花中作脱叶剂使用,由德国先灵公司于1976年研制,由德国艾格福公司最早生产,粉状,无味,低毒,属于内吸式类型,对动物一般无明显伤害。棉叶吸收后可及早促使叶柄与茎秆之间的分生组织自然形成,棉叶呈青绿状态时即脱落,收获时不致污染棉纤维,且有一定催熟作用,是全球机采棉化学脱叶的首选药剂。

伴宝是一种助剂,有效成分是烷基乙基磺酸盐,含量280 g/L,德国拜耳生产,可作为脱叶剂、除草剂的增效助剂。

哈威达是美国康普顿公司生产的脱叶剂,噻节因(又称脱叶噻、落长灵)是有效成分,产品剂型为25%的乳油。噻节因也是除草剂,半衰期约2年,因在土壤中不易降解,且残留对后茬作物幼苗生长产生负面影响,2005年之前新疆使用多,现在使用很少。

表30-45　常用化学催熟剂和脱叶剂的种类及使用要点

(杜明伟整理,2018)

品种名称	英文名称	化学分子式	主要用途	使用要点
噻苯隆(Dropp)	Thidiazuron	$C_9H_8N_4OS$	在棉花上作落叶剂使用,促进叶柄与茎之间形成分离组织而脱落,是良好的脱叶剂	当棉铃50%～60%开裂时,用50%可湿性粉剂1 500 g兑水300 L/hm² 全株喷雾,5 d左右开始落叶,吐絮增加,15 d达到高峰
乙烯利(Prep)	Ethephon	$C_2H_6ClO_3P$	高效植物生长调节剂,具有促进果实成熟、刺激伤流、调节性别转化等效应	施用40%乙烯利水剂1 500～2 250 ml/hm² 和兑水750～900 L/hm²,稀释均匀喷施;将稀释后的药液对准棉株上铃期45 d以上的青铃,自上而下均匀喷洒,使每个需要催熟的棉铃都要黏着药液
脱叶磷(Folex 6)	Tribufos	$(C_4H_9S)_3PO$	主要用作棉花脱叶剂和干燥剂	在棉铃50%～65%开裂时,以2.5～3.0 kg(有效成分)兑水11 250 L/hm²,叶面喷洒1次
脱叶亚磷(Folex)	Merphos	$C_{12}H_{27}PS_3$	主要用作棉花、橡胶树等的脱叶剂和干燥剂	植株在2 h内可吸收,耐雨水冲刷;棉田用3.0～6.0 kg/hm² 药剂,施药6～12 d后,青叶可脱落
噻节因(Harvade)(哈威达)	Dimethipin	$C_6H_{10}O_4S_2$	棉花生长调节剂及干燥剂	可以与棉花脱叶催熟剂混合使用,在使用时需要添加表面活性剂
唑草酯(Aim)	Carfentrazone	$C_{15}H_{14}C_{12}F_3N_3O_3$	主要用作棉花的脱叶剂和干燥剂	在温度不高的情况下使用效果与脱叶亚磷类似,且二次喷施效果更好;唑草酯可以与任何脱叶剂复配使用,棉花脱叶适宜用量为24～30 g/hm²
吡草醚(ET)	Pyraflufen ethyl	$C_{15}H_{13}C_{12}F_3N_2O_4$	主要用作棉花的干燥剂和脱叶剂	宜使用2次,且第二次效果更佳;可以与其他脱叶剂复配使用;作用速度快,用后48 h开始出现干枯症状;用量较低,有效成分在6～9 g/hm² 之间脱叶效果良好
草甘膦(Roundup)	Glyphosate	$C_3H_8NO_5P$	可以用作棉花脱叶催熟剂	与脱叶剂或乙烯利混用能有效抑制棉花二次生长,用量4.6～18.8 kg/hm²
百草枯(Gramoxone Inteon)	Paraquat	$C_{12}H_{14}C_{12}N_2$	在棉花上作干燥剂使用	与噻苯隆和乙烯利混合使用可催熟棉铃,用量1.2～13.5 kg/hm²

（续表）

品种名称	英文名称	化学分子式	主要用途	使用要点
氯酸盐(Defol)	Chlorates	$XClO_3$（X一般为金属阳离子）	主要用作棉花的干燥剂和脱叶剂	高剂量使用将造成棉花叶片枯而不落，不能与磷酸盐类的脱叶剂混合使用
氯酸镁	Magnesium chlorate	$Mg(ClO_3)_2$	棉花脱叶剂和催熟剂	不能与磷酸盐类脱叶剂、乙烯利等混合使用
敌草隆(diron)	Diron	$C_9H_{10}Cl_2N_2O$	用于棉花脱叶剂和干燥剂	一般与噻苯隆复配成噻苯·敌草隆使用

四、化学催熟剂和脱叶剂的混用或复配

(一) 混用或复配功能

将不同的脱叶催熟剂进行混用或复配具有以下优点：一次使用同时解决多个问题，降低不利天气条件对催熟脱叶效果的影响，降低用量，节约成本。

乙烯利与其他脱叶催熟剂合用既可促进棉铃吐絮又可促进叶片脱落，含有噻苯隆的混合物既可促进脱叶又可抑制二次生长，含有噻节因、百草枯、唑草酯、吡草醚或草甘膦的混合物除催熟脱叶之外还可有催化干燥杂草的功能。

乙烯利与抗生长素类物质1-{[(2,4-二氯苯基)氨基]羧基}-环丁酸(cyclanilide)混用后对温度的敏感性也降低，如昼/夜温度较高时(30/26 ℃)，乙烯利单独使用(0.067 kg/hm^2) 5 d后脱叶率为26%，但与等量环丁酸混用只要昼/夜温度高于16/14 ℃，脱叶率都可达到75%～85%。脱叶磷与其他脱叶剂或催熟剂混用，可以提高阴雨天气条件下的作用效果。选择与乙烯利混用的脱叶剂种类，需要考虑温度条件。如气温较低时(处理后头3 d的日最低温度在10～16 ℃)，乙烯利与噻苯隆混用的脱叶效果较好，而与脱叶磷和噻节因混用的效果较差；气温较高时(处理后头3 d的日最低温度在16～20 ℃)，乙烯利的脱叶作用可得到噻节因的促进，而脱叶磷和噻苯隆无此效果。

(二) 主要混用或复配剂型

目前，进入实用阶段的复配或混用型催熟剂和脱叶剂有以下几种类型。

1. 不同作用类型的催熟剂和脱叶剂复配　如触杀型的敌草隆和调节剂型的噻苯隆复配而成的Ginstar、Dropp Ultra、脱吐隆、棉海等，触杀型的噻节因和调节剂型的噻苯隆复配而成的Leafless，触杀型的百草枯和调节剂型的乙烯利复配而成的早熟丰。

2. 催熟剂和脱叶剂与生长素运输抑制剂或抗生长素类药剂复配　如乙烯利与1-{[(2,4-二氯苯基)氨基]羧基}-环丁酸复配而成的Finish。

3. 催熟剂和脱叶剂与促进其吸收的物质混用或复配　如乙烯利与1-氨基甲酰胺二氢四氧硫酸盐(AMADS, ureas ulfate)复配而成的CottonQuik(一种优秀的催熟剂，正常情况下在7 d之内即可达到满意的脱叶率)，噻节因与作物油(crop oil concentrate)的混用，噻苯隆与作物油和硫酸铵的混用等。一般情况下，唑草酯、噻节因和噻苯隆与噻节因的混剂在单独使用或与大多数脱叶催熟剂桶混时都需要添加作物油密集剂作为助剂。

作用类型相同的乙烯利和噻苯隆混用，其增效和节本作用比较明显，在我国新疆棉田应

用较多。

4. 注意事项　脱叶催熟剂并不总是需要混用或添加表面活性剂、油类等其他助剂。在脱叶比较困难的情况下，助剂可以增加脱叶催熟剂的活性，但在气温较高时助剂增加了叶片干枯的可能性。Ginstar(敌草隆与噻苯隆的复配剂)较噻苯隆单独使用容易引起叶片干枯(desiccation)和干枯不脱落(sticking)，要特别注意使用剂量的控制；Ginstar 可与低剂量的含有乙烯利的脱叶催熟剂混用，不可与脱叶磷混用，不推荐使用助剂。正常情况下，干燥剂(如高剂量的百草枯)不应当与其他脱叶催熟剂混用；天气冷凉或植株生长繁茂时，用适当剂量(不超过 614.78 g/hm^2)的百草枯进行预处理(preconditioning)有助于加快叶片脱落过程；当脱叶剂和干燥剂混用时，要求所有的棉铃都应当完全成熟并即将开裂。

表 30 - 46 归纳了当前美国棉花生产上使用的各种催熟剂和脱叶剂的主要功能，对我国催熟剂和脱叶剂的开发与应用具有借鉴意义。

表 30 - 46　脱叶催熟剂的功能

(杜明伟整理，2018)

有效成分	功　能				
	脱成熟叶片	脱幼叶	催　熟	抑制二次生长	除　草
唑草酯	好	好～优	差	差	一般
嗪草酸甲酯	优	优	好～优	差	
脱叶膦	好～优	差～一般	差	差	差
噻苯隆	优	优	差～一般	好～优	差
吡草醚	优	优	差	差	
敌草隆＋噻苯隆	好～优	好	差	好～优	差
噻节因	好～优	差	差	差	一般～好
乙烯利	一般～好	差～一般	优	差	差
氯酸钠	好～优	好～优	差	差	一般～好
草甘膦	差	一般	差	一般～好	好
百草枯	差	好～优	差	差	好
乙烯利＋硫酸盐	好～优	差～一般	优＋	差～一般	一般
乙烯利＋环丙酸	好～优	差～一般	优＋	差～一般	差
草藻灭					

［注］草藻灭一般加入到脱叶剂和干燥剂中增加脱叶效果，单独使用没有脱叶效果。

五、我国棉花化学催熟剂和脱叶剂应用

针对机械采收的要求，近年来新疆棉田试验、示范和应用的脱叶催熟剂以噻苯隆为主要成分的脱叶剂为主，包括噻苯隆、噻节因、噻苯隆和乙烯利复配剂、敌草隆和噻苯隆的复配剂等，并开展了这些药剂与乙烯利的混用试验。其中欣噻利(50%噻苯・乙烯利)是新型棉花脱叶催熟剂的典型代表。从脱叶效果来看欣噻利对棉花产量及其构成因素影响不大，但是低温条件下其脱叶速度较其他棉花脱叶剂快，对新疆棉花生长期无霜期短的特点具有优越的综合性能和地区适应性(王谊等，2015)。脱叶效果与施药时间存在一定相关性，应适时施药，施药偏晚对棉花脱叶和吐絮均有一定的影响，对棉株上部棉铃纤维品质(马克隆值、纤维长度、纤维强度等)的影响以及脱叶效果与温度的关系等方面进行综合评价，应用“300 g/hm^2

的 50%噻苯隆可湿性粉剂+1 050 g/hm² 的 40%乙烯利水剂”表现最好，成本也由单独应用 600 g/hm² 50%噻苯隆的 300 元/hm² 下降到 173～183 元/hm²；“噻苯隆・敌草隆 195 ml/hm² + 40%乙烯利 1 500 ml/hm² +助剂 780 ml/hm²”脱叶效果较好，药后 20 d 脱叶率最高可达 97.2%。噻节因与乙烯利配合使用的脱叶效果也比单独应用好，但仍较噻苯隆与乙烯利混用稍为逊色；噻苯隆与敌草隆的复配剂及其与乙烯利混用的脱叶效果也很好，但价格比较昂贵。随着机采棉面积的逐年增加，棉花脱叶剂的选择和使用技术成为发展机采棉的关键技术之一，因此开展机采棉脱叶剂剂型筛选和使用技术示范等工作显得尤为重要。

目前黄河流域和长江流域棉区应用脱叶催熟剂的主要目的是催熟，而最常用的催熟剂当属乙烯利。棉花脱叶催熟剂从催熟变为脱叶催熟，施用药剂也为噻苯隆和乙烯利，但用量因地区不同而异，在江汉平原当吐絮率约 44%时使用 50 mg/L 噻苯・乙烯利悬浮脱叶剂 2 700 ml/hm²，脱叶和吐絮效果最好，霜前花率和实收产量最高；在江西赣北地区，以中棉所 425 为试验材料，喷施欣噻利 1 800～2 700 ml/hm² 有较好的脱叶催熟效果，在此范围内其剂量越大，脱叶催熟的效果越好，同时产量和品质不受影响；而在鄱阳湖，喷施噻苯隆加乙烯利的脱叶效果最明显，且脱叶率随着噻苯隆浓度的增加而提高，喷施噻苯隆和乙烯利分别为 750 g/hm² 和 2 250 ml/hm²。此外，江苏、安徽等于 2000 年前后报道了一系列百草枯(克芜踪)及其与乙烯利混用的试验和示范结果，指出应用百草枯(20%水剂)后 5 d 左右达到落叶高峰，比乙烯利早 5～8 d，达到吐絮高峰的时间也较乙烯利早 7 d 以上。与国外不同的是，国内关于百草枯催熟的报道对其影响棉铃发育和吐絮的缺陷未予以足够的关注，也未强调所有成熟棉铃吐絮后方可使用百草枯。

六、影响化学催熟剂和脱叶剂效果的因素

脱叶催熟剂的选择、作用效果、是否需要添加助剂以及是否需要多次(一般 2 次)使用需要综合考虑天气(主要是温度)、植株长势和熟性、水分和养分供应的影响。对连续成铃、已达到生理终止(倒数第 6 果枝第 1 果节开花)的棉田和后期营养生长势很弱的棉田而言，大多数的脱叶催熟剂即使在低剂量下也会达到最佳的效果；而对成铃少或成铃时间长、生理终止不一致和营养生长旺盛、贪青晚熟的棉田，脱叶催熟剂的应用技术难度较大。

早熟性好的棉田和群体长势健康棉株对催熟和脱叶的反应敏感，效果更佳，在北疆自然吐絮率达到 40%的棉田催熟脱叶比较理想；相反，晚熟棉田和长势偏旺棉株对催熟和脱叶的反应敏感度下降，效果不甚理想。因此，早熟性对提高机采棉质量而言是一个非常重要指标，同时配合催熟和脱叶技术将起到事半功倍的效果。

如果植株的长势正常、气温在 18.3 ℃以上，叶片一般在施用脱叶催熟剂后 7～10 d 之内脱落，在特别合适的条件下叶片开始脱落的时间可缩短到 4～5 d，而在冷凉、湿润的条件下则延长到 15 d。

脱叶催熟剂喷施时间的选定对其效果影响显著。脱叶催熟剂喷施过早，光合器官提前老化，影响成铃和纤维发育，从而导致产量和纤维品质降低；喷施过晚，又失去了催熟的意

义。研究表明，在植株营养生长基本终止、产量器官基本成熟时，施用化学脱叶催熟剂，对产量和纤维品质的影响将会降到最低(王爱玉等，2015)。

在实际生产中，环境方面主要包括温度和湿度的影响，应用技术方面主要包括喷施器具以及喷施时间的影响，栽培措施主要指种植密度、水肥管理等。

(一) 温度

一般情况下，日温在 26.7 ℃以上、夜温高于 15.6～18.3 ℃时，脱叶催熟剂的活性可达到最高，但不同作用类型的催熟剂和脱叶剂对温度的敏感性并不相同。调节剂型催熟剂和脱叶剂作用的发挥依赖于细胞的代谢活性，因而需要较高的温度；触杀型脱叶剂对温度的依赖性较低，而且当温度较高时容易发生干枯不脱落现象。Hake 等的研究表明，触杀型的脱叶磷和噻节因对温度的依赖性最低，要求的最低温度为 12.8～15.6 ℃；调节剂型的噻苯隆对温度的依赖性最强，要求的最低温度为 18.3 ℃；乙烯利要求的最低温度为 15.6 ℃，在低温下的活性居中。

在新疆沙湾县研究表明，化学脱叶效果与施药当天及施药后 5 d 内的气温关系不大，而与施药后 6～10 d 的日平均气温关系密切，同时还与施药后气温变化趋势密切相关。低温天施药，药后 10 d 内气温持续上升的脱叶率高；高温天施药，喷后 10 d 气温持续下降的脱叶率低。2011 年 9 月 2 日施药，施药后 5 d(2 日至 6 日)平均气温均高于 20 ℃；9 月 6 日降雨 2.3 mm，最低温度 7.3 ℃，平均温度为 13.3 ℃；9 月 7 日至 9 月 10 日平均气温逐步升高，但均低于 20 ℃；9 月 11 日至 9 月 18 日连续 7 d 平均气温均高于 20 ℃；9 月 19 日至 9 月 22 日平均气温均低于 18 ℃。各处理施药后 7 d 不同脱叶剂脱叶效果均达到 63%以上，吐絮率均达到 40%以上；各处理施药后 14 d，脱叶效果均达到 83%以上，吐絮率均达到 75%以上；各处理施药后 21 d，脱叶效果均达到 88%以上，吐絮率均达到 93%以上。

在河北河间市研究表明，施药后 10 d 平均气温维持在 18 ℃以上且无降雨，脱叶催熟效果较好。2014 年 9 月 19 日，施药当天日平均气温 18.3 ℃，且施药后 3 d 内无降雨，10 d 内日平均气温基本高于 20 ℃。施药后 7 d，处理的脱叶率在 57%～88%间变动；施药后 15 d，处理的在 62%～94%间变动；施药后 25 d，大部分处理的脱叶率达到了机械采收的要求(≥90%)。河间点施药当天，田间吐絮率在 55%～65%，各处理间及与对照间均无显著差异。由于 2014 年偏旱，对照的吐絮进程比较快，其吐絮率仅在低密度下施药后 7 d 和 15 d 低于处理。无论低密度还是高密度下，施药后 7 d、15 d 和 25 d 各处理间的吐絮率均无显著差异，且大部分处理的吐絮率在施药后 15 d 即达到机采要求(>90%)。

湖南农业大学研究表明，9 月下旬对棉花喷施不同的脱叶催熟剂，施药后 3 d 内未出现降雨，施药后 20 d 内虽有降雨但日平均气温保持在 20 ℃以上，有利于药效的发挥。2014 年 9 月 27 日，各处理施药后 10 d 不同脱叶剂脱叶效果平均达 15%左右，吐絮率平均达 28%左右；各处理施药后 15 d 不同脱叶剂脱叶效果平均达 35%左右，吐絮率平均达 40%左右；各处理施药后 21 d 不同脱叶剂脱叶效果平均达 40%左右，吐絮率平均达 60%左右。

(二) 湿度

生长季期间和脱叶剂应用时的棉田水分状况及空气湿度对脱叶效率也会产生比较大的

影响。新疆棉区的研究表明,土壤湿度保持在20%左右、空气相对湿度在65%左右,脱叶剂效果最佳。

如果棉株在脱叶剂施用前和施用时受到水分胁迫,脱叶效果往往降低。究其原因,一是因为干旱降低了叶片的代谢活性,不利于脱叶剂作用的发挥;二是因为水分亏缺使棉叶表皮厚度增加将近28%,叶表皮中的高分子量烷烃、岩藻甾醇、二十九碳烷烃的含量增加,不利于脱叶剂的吸收。

受到干旱胁迫的棉花,使用脱叶催熟剂后易出现二次生长,主要由残留的氮素和生长终止过早所导致;脱叶催熟剂处理前的湿度较大和处理后的温度适宜,也会促进后期的二次生长。在推荐使用的脱叶催熟剂中添加噻苯隆(56.8～113.5 g/hm^2)可获得较好的脱叶和控制二次生长的效果。

(三) 栽培措施

良好的光照条件是脱叶催熟剂发挥作用的重要保障,长期寡照也会降低脱叶剂的效果。植株倒伏一定程度上影响脱叶催熟效果,而合理的种植密度对植株有效进行光合作用和抗倒伏情况有一定的影响。棉花生长密度大,现有的喷雾设备对棉花中下部枝叶通常难以喷施均匀,造成脱叶效果差。此外,收获前最后一次灌水时间、灌水量控制不准,往往导致棉株贪青晚熟,影响脱叶效果(王爱玉等,2015)。新疆玛河流域新湖垦区研究表明,喷施脱叶剂的棉田停水不能过晚,最后一水最好不要追肥,若追肥则不能过量,以免植株过旺生长影响脱叶效果(薛利等,2017)。

新疆生产建设兵团第七师研究表明,机采棉花采用"矮密早"栽培模式,常规密度棉田一般收获株数180 000株/hm^2左右,群体大,叶片量多,尽管喷施了脱叶剂,因为密度过大,许多叶片粘附在棉絮上,增加了棉花杂质,降低品质。而杂交种76 cm等行距栽种,个体生长空间大,棉絮多而叶片量小,喷施脱叶剂后,叶片脱落率高,采净率达98%以上,比常规棉田采净率增加5%以上;沾附在棉絮上的叶片少,杂质含量少,清花次数相应减少,对纤维损伤小,品质比常规机采棉提高近一级(毛新平等,2014)。

(四) 群体长势

不同的棉花品种对脱叶剂敏感性不同,一般早熟品种对脱叶剂反应敏感,药效明显,如新陆早25号、新陆早33号和新陆早42号等品种对脱叶催熟剂反应敏感,用1次药即可达到脱叶催熟的目的,中晚熟品种鲁棉研24、冀棉958等品种对脱叶催熟剂反应迟钝。此外,棉田长势偏旺、枝叶茂盛、贪青晚熟、植株高度越高的棉田,施药越早、施药次数越多、剂量越大、脱叶效果越好。

新疆生产建设兵团第七师研究表明,棉花株高＞80 cm,脱叶效果差;果枝短,脱叶效果好;果枝长,脱叶效果差(毛新平等,2014)。也有研究发现,喷洒同等药量的情况下,新陆早13号对脱叶剂的敏感性明显大于彩色棉品系(樊庆鲁,2008)。根据近年生产性调查吐絮情况来看,品种吐絮率大小为新陆早33号＞锦棉993＞鲁棉研24号＞锦抗908。

七、化学催熟剂和脱叶剂对产量和品质的影响

针对机械采收的要求,新疆棉区近年来试验、示范和应用的脱叶催熟剂包括噻苯隆、噻

节因、噻苯隆与敌草隆的复配剂等,并开展了这些药剂与乙烯利的混用试验。从脱叶效果、对棉株上部棉铃纤维品质(马克隆值、纤维长度、纤维强度等)的影响以及脱叶效果与温度的关系等方面进行综合评价,每公顷施用“300 g 的 50%噻苯隆可湿性粉剂+1 050 g 的 40%乙烯利水剂”表现最好,成本也由单独施用 600 g/hm^2 50%噻苯隆的 300 元/hm^2 下降到 173~183 元/hm^2;噻节因与乙烯利配合施用的脱叶效果也比单独施用好,但较噻苯隆与乙烯利混用仍稍为逊色;噻苯隆与敌草隆的复配剂及其与乙烯利混用的脱叶效果也很好,但价格比较昂贵。

目前黄河流域和长江流域棉区应用脱叶催熟剂的主要目的是催熟,最常用的催熟剂当属乙烯利。此外,长江流域的江苏、安徽等地于 2000 年前后报道了一系列百草枯及其与乙烯利混用的试验和示范结果,指出施用百草枯(20%水剂)后 5 d 左右达到落叶高峰,较乙烯利早 5~8 d;达到吐絮高峰的时间也较乙烯利早 7 d 以上。国内关于百草枯催熟的报道对其影响棉铃发育和吐絮的缺陷未予以足够的关注,也未强调所有成熟棉铃吐絮后方可使用百草枯。

(一) 乙烯利对棉花产量、品质和种子质量的影响

据韩碧文等(1983)早期研究指出,乙烯利处理后,中后期棉铃的铃期缩短 8~12 d,施药后 20 d 左右的吐絮铃数增加一倍左右,霜前花率提高 25%~50%以上,产量提高 4%~11%,棉株旺长晚熟和秋季低温的年份,催熟后增产幅度可达 20%以上。

适期和适量的乙烯利处理,对纤维品质一般无不良影响。国外的研究也没有检测到乙烯利对纤维品质有一致的负面影响。但乙烯利应用过早、大部分棉铃的铃期达不到 45 d 以上时,纤维强力、成熟系数及断裂长度均下降较多。

乙烯利对子指的影响没有一致的结论,有报道指出略有增加,也有报道指出子指下降。

应当强调的是,棉花的乙烯利催熟并不是简单的“脱水”逼熟,而是加快并促进了铃期 45 d 以上棉铃的发育进程,使其提早开裂吐絮;但应用过早或用量过大,会对棉花产量和纤维品质造成一定影响。

(二) 其他催熟剂和脱叶剂对棉花产量、品质和种子质量的影响

与乙烯利类似,其他催熟剂和脱叶剂对棉花产量、品质和种子质量的影响也主要与应用时间有关。如果脱叶过早,未成熟棉铃停止发育,产量会显著下降;延迟脱叶则可使未成熟棉铃进一步发育,具有提高产量的潜力。当吐絮率在 20%或 40%时应用脱叶剂,皮棉产量较吐絮率为 60%或 80%时应用脱叶剂降低 7%~15%。新疆生产建设兵团农七师 123 团(奎屯)的调查表明,8 月 30 日至 9 月 2 日喷施化学脱叶催熟剂的棉花,平均铃重降低 8.5%~15.5%,9 月 5 日左右喷施的降低 6.64%。但应注意,延迟脱叶往往会增加早霜和恶劣天气影响产量及纤维品质的风险。催熟剂应用过早,纤维长度和马克隆值会受到影响;但脱叶剂应用较晚时(吐絮率超过 60%)马克隆值增加过多。

西北新疆棉区的大部分报道认为,噻苯隆无论单用还是与乙烯利混用,籽棉产量、单铃重和子指均降低 10%左右,但纤维品质和种子的发芽势及发芽率没有明显变化。

姜伟丽等(2013)研究发现,不同脱叶催熟剂对种子质量的影响不一,噻苯隆、脱叶磷及敌草隆等脱叶剂对棉籽的发芽率影响较小，乙烯利及其复配制剂则有抑制种子发芽的作用。马艳等(2009)发现，乙烯利对棉花种子发芽率的影响较大，噻苯隆和脱吐隆的影响较小。樊庆鲁等(2008)认为只要掌握好施用时间，脱叶剂对棉籽的发芽势和发芽率均无不良影响，可以用于棉花种子繁殖。

杜明伟(2012)研究表明，与对照相比，不同药剂处理棉花的铃重均有降低的趋势，特别是噻节因单剂处理达到显著水平。这可能是由于噻节因具除草剂性质，施用后叶片快速干枯脱落，影响了光合物质向棉铃的转运。脱叶剂单剂处理对铃重有所降低，但乙烯利与脱叶剂混用后可以缓解对铃重的影响。不同药剂处理对棉花的衣分无显著影响(表 30－47)。

表 30－47　不同处理棉花的铃重和衣分(2010)

(杜明伟，2012 年)

处　理	铃重(g/个)			衣分(%)		
	国欣棉 3 号	国欣棉 8 号	平　均	国欣棉 3 号	国欣棉 8 号	平　均
清水对照	6.15	6.01	6.08 a	39.02	40.85	39.94 a
乙烯利	6.10	6.04	6.07 a	39.90	39.55	39.73 a
噻节因	5.84	5.72	5.78 b	40.96	40.11	40.54 a
噻节因＋乙烯利	5.93	5.84	5.88 ab	40.61	40.58	40.59 a
噻苯隆	6.13	5.94	6.04 a	40.37	40.77	40.57 a
噻苯隆＋乙烯利	6.08	6.04	6.06 a	39.76	40.53	40.15 a
噻苯・敌草隆	5.89	5.97	5.93 ab	38.91	39.53	39.22 a
噻苯・敌草隆＋乙烯利	6.03	5.97	6.00 ab	40.81	39.34	40.07 a
平均	6.02 a	5.94 a		40.04 a	40.16 a	

［注］本表数据为中国农业大学作物化学控制研究中心研究结果；同列不同小写字母表示差异达 0.05 显著水平。

八、化学催熟剂和脱叶剂的应用技术

我国自 20 世纪 70 年代中后期开始对棉花的乙烯利催熟技术进行广泛而深入的研究，使其在棉花生产中发挥重要作用。自 20 世纪末至今，棉花脱叶技术在新疆棉区研究较多。

(一) 催熟剂应用技术

1. 催熟的对象　乙烯利催熟的主要对象包括新疆棉区单产较高的晚熟棉田，由于间作、套种、迟播、迟发、低洼、秋雨或其他各种原因造成“秋桃当家”的棉田，单产水平高、秋桃占相当比重的棉田，需要早腾茬、赶种冬作物的棉田等。

此外，还应当明确需要催熟的目标棉铃。按照成熟吐絮的进程，可以把棉铃分为三类。第一类是稳定成熟的早期棉铃，它们可以在霜前成熟，没有必要催熟；第二类是不稳定成熟的中期棉铃，这类棉铃铃重较高，是构成单位面积产量的主体，也是需要催熟的主要对象；第三类是不能正常成熟开裂的后期棉铃，乙烯利使一部分这样的棉铃提早开裂，对提高单产有一定作用。

2. 应用时间的确定　如果乙烯利应用过晚，催熟效果不理想；但是用药过早，会引起减产和棉花品质降低。韩碧文等指出,判断乙烯利适宜应用时期的依据主要有三条:①大多数需要催熟棉铃的铃期达到 45 d 以上,此时纤维的干重基本上达到 100%,采用乙烯利催熟不影响铃重。②日最高气温尚在 20 ℃以上。乙烯利被棉株吸收后,在 20 ℃以上的温度条件下才能快速释放出乙烯。③距枯霜期(北方棉区)或拔棉秆前(复种棉区)还有 15～20 d,这主要是考虑枯霜前的气温条件和乙烯利发挥作用的时期。一般情况下,施药后 7～10 d,在田间就可以观察到单株吐絮铃数增加,施药后 20 d 左右,吐絮铃数显著增加。

北疆施用脱叶催熟剂的最佳时间在 9 月上旬,南疆棉区以 9 月中下旬为宜,如提前施用(9 月 10 日)可能会出现二次生长。

3. *用量的确定*　韩碧文等指出,确定乙烯利用量的原则是有效、安全、经济。根据各地试验结果,生产中乙烯利(40%水剂)的适宜用量为 1 500～2 250 ml/hm^2。在此范围内,用药量适当加大,催熟效果较好。乙烯利使用量过大,虽然会加快棉铃开裂,但会出现吐絮不畅、摘花不易现象,叶片脱落也往往过多、过快。

在用药适期范围内,温度高宜降低用量,温度低则要加大用量。北方棉区的用量一般比南方棉区偏多。晚熟品种、生长势旺、秋桃多的棉田,可适当加大药量;反之,则可少一些。上海植物生理研究所激素研究室乙烯组报道,生长正常的田块,在 50%左右的棉铃开裂时用 500～1 000 mg/L 的乙烯利处理比较适宜;如果用于霜前、晚熟、限期拔秆棉田时,可在采收结束前二周左右处理,浓度需要达到 1 000 mg/L 或更高。

(二) 收获辅助剂应用技术

脱叶催熟剂的使用时间影响其效果,喷施早抑制棉花生长,影响棉花产量;喷施晚,受温度影响,脱叶效果差,直接影响棉花采净率;同时由于选用的脱叶催熟剂质量与性能不同,所以其喷施时间也有较大差异。其次,脱叶催熟剂的使用量影响其效果,脱叶催熟剂用量不足,则达不到理想效果,过量使用又会造成棉籽成熟度低,吐絮不畅,增加摘花难度,并且会污染环境。

脱叶催熟剂的施用次数可根据棉田群体大小来确定。群体小的棉田,施药 1 次即可;群体大的高产田、生长旺盛的棉田和杂草发生的棉田,由于药液不易喷到中下部叶片,宜采用分次施药,如果一次性使用大剂量的脱叶剂可能杀死植株并导致叶片无法脱落。第一次施药应比正常施药期提前 7 d 左右,且采用较低剂量的脱叶剂;待上部叶片大部分脱落后,再第二次施药以脱掉下部的叶片。

为了减少机械采收棉花的含杂量,提高机采棉的纤维品质,机械采收前必须对棉株进行化学脱叶。脱叶催熟技术对提高机采棉的采摘质量影响很大,是实现一次性采摘和减少采棉含杂率、提高作业效率的重要措施。脱叶催熟效果越好,采净率越高;反之,脱叶催熟效果越差,采净率越低,并且还会造成棉花叶片对棉花的污染而影响棉花品级。

1. *应用时间*　脱叶催熟效果与喷施脱叶剂的时间、外界气温及脱叶剂的用量有直接关系。脱叶剂喷施时间过早会影响棉花品质与产量,过晚又会影响脱叶效果。最佳喷施时间一般以棉田吐絮率达到 40%左右,或上部棉铃的铃期达到 35 d 以上。日平均气温连续 7～10 d 在 18 ℃以上为宜,北疆以 8 月底至 9 月上旬为宜;南疆棉区以 9 月中旬(秋季气温下降慢的年份,可延迟到 9 月下旬)为宜。

2. 品种与用量　据试验，南疆棉区噻苯隆用量在300～600 g/hm^2 范围内，随着用量增加，药效提高。若以噻苯隆与乙烯利配合，则既可提高药效，又可降低成本。目前在南疆普遍使用的配方是300～450 g/hm^2 噻苯隆加1 050 g/hm^2 乙烯利；北疆则宜用450～600 g/hm^2 噻苯隆加1 050 g/hm^2 乙烯利。

3. 使用次数　脱叶剂的施用次数可根据棉田群体大小来确定，群体小的棉田，施药一次即可；群体大的高产田、生长旺盛的棉田和杂草发生多的棉田，由于药液不易喷到中下部叶片，宜采用分次施药，如果一次性使用大剂量的脱叶剂可能杀死植株并导致叶片无法脱落。两次施药时，第一次施药应比正常施药期提前7 d左右，采用较低剂量的脱叶剂；待上部叶片大部分脱落后，再第二次施药，以脱掉下部的叶片。

4. 用水量　人工背负喷雾器喷施，兑水量225～300 L/hm^2；机械喷施，兑水量600～900 L/hm^2；农用植保无人机喷施，兑水量12～18 L/hm^2。

（三）其他注意事项

同位素示踪研究证明，噻苯隆的传导性能很差，其他大多数脱叶剂在植株体内也不移动。因此脱叶剂需要喷施均匀、完全覆盖植株，否则脱叶效果不理想。

乙烯利虽然具传导性能（棉花叶片吸收乙烯利后可向棉铃中运输），但为了尽快达到催熟效果和节约药品，喷雾时要求雾滴细小，直接均匀地附着在铃体上。

使用过噻苯隆（单用或混用）的喷雾器械需要彻底清洗，以避免下年使用器械时引起植株在成熟前脱叶。

乙烯利勿与氯酸钠混用，否则会产生有毒气体。

第五节　棉花化学封顶技术

一、化学封顶研究进展

人工打顶虽不是棉花生产用工最多的环节，但从全面降低植棉成本和全程机械化管理的角度考虑，急需发展人工打顶的替代技术。化学封顶是在人工打顶同期应用植物生长调节剂降低棉花主茎顶芽的分化速率、抑制上部主茎节间的伸长生长，起到与人工打顶相似的作用。目前在生产中有一定应用面积的化学封顶调节剂主要包括增效缩节胺和氟节胺。

增效缩节胺为25%甲哌鎓水剂，可借助助剂中的成分对幼嫩组织表皮形成轻微伤害，有效期长于普通缩节胺可溶性粉剂。在棉花上一般只需于初花期至盛花期时喷施1次（其他时间正常使用普通缩节胺）。

氟节胺（$C_{16}H_{12}N_{304}F_4Cl$）又名抑芽敏，为25%的乳油，具有接触兼局部内吸的高效抑制侧芽生长的作用。在正常使用缩节胺的条件下，一般在棉花蕾期和花铃期各使用1次，第二次喷施10 d后停止生长。

目前，化学封顶技术在新疆棉区已基本成熟，开展了大面积的示范应用和推广。灌水量为中等灌水量（4 800 m^3/hm^2）时，在常规缩节胺化控的基础上（与人工打顶同时）应用中等剂量(750 ml/hm^2)增效缩节胺化学封顶,即可取得较好的效果,获得与人工打顶相当或略高的产量。如果因各种条件所限灌水量达不到中等灌水量的水平,则要在应用增效缩节胺进行化学封顶时适当降低用量;如果灌水量高于中等灌水量,则需要增加增效缩节胺的用量。棉花生产中需要根据地力和N肥用量确定适宜的增效缩节胺剂量进行化学封顶。如果地力低、N肥用量少,需降低增效缩节胺的剂量,以不超过450 ml/hm^2 为宜;如果地力中等以上、N肥用量适中,需要加大增效缩节胺的用量至750 ml/hm^2 左右;不建议棉田投入过多N肥,这不仅降低肥料的边际收益,而且容易导致营养生长和生殖生长失调,从而加大管理难度。

研究发现,不同化学打顶剂对杂交棉和常规棉均有显著调控效果,能有效缩短倒1至倒6果枝长度、叶柄长度,减小倒1至倒6主茎叶宽,控住株高。产量方面,喷施化学打顶剂与对照相比均能提高棉花产量,与人工封顶效果无差异。其中,金棉打顶剂提高产量最为明显,使杂交棉中抗2号与常规棉金丰905分别提高了14.8%,20.41%(康正华等,2015)。与人工打顶的棉花相比,化学打顶的棉花株高显著高于人工打顶处理,且喷药后生长量较大;株宽显著小于人工打顶处理,喷药后横向生长被明显抑制。化学打顶的棉花叶面积指数和叶片叶绿素含量较高,且高值持续期长,至初絮期(出苗后115 d)仍维持较高值,与人工打顶的棉花相比差异均达到极显著水平;冠层上、中部透光率较高,生育后期冠层下部漏光损失较小。化学打顶的棉花群体光合速率显著高于人工打顶,且高值持续期长,至初絮期仍维持在16.04 μmol/(m^2·s)以上,较人工打顶的棉花高出14.4%~36.4%,差异均达到显著水平;群体呼吸速率在达到峰值前显著高于人工打顶,峰值后与人工打顶的棉花无显著差异;群体呼吸速率占群体总光合速率的比率高于人工打顶的棉花。化学打顶的棉花单株结铃多,其中氟节胺处理棉花产量高于人工打顶。棉花化学打顶技术具有塑造株型、调节棉花冠层结构形成的重要作用;同时棉花冠层上、中部透光率大,改善了冠层中下部光环境,保证了冠层各部位均匀的光分布。化学打顶的棉花LAI高,且高值持续期长,增加了光合面积;叶片叶绿素含量高,且高值持续时间长,延长了光合时间,保证了较高的群体光合能力及较长的光合功能持续期。棉花喷施化学打顶剂植株高度显著高于人工打顶,但显著低于不打顶植株,但主茎节数及果枝数化学打顶植株显著高于人工打顶;果枝长度低于人工打顶植株,株型较为紧凑;化学打顶棉花上部果枝结铃数及内围铃数略高于人工打顶,但铃重显著高于人工打顶,籽棉和皮棉与人工打顶相当。喷施化学打顶剂氟节胺能有效控制棉花植株顶尖的生长,具有打顶效果,同时使得棉花株型更为紧凑(董春玲等,2013)。

黎芳等(2017)在黄河流域棉区的研究表明,中密度下(9.00万株/hm^2)增效缩节胺(750 ml/hm^2)化学封顶的主茎节数较人工打顶增加2.9个/株,上部果枝平均长度较人工打顶缩短2.3 cm;高密度下(12.00万株/hm^2)增效缩节胺(750 ml/hm^2)化学封顶的主茎节数较人工打顶增加2.1个,上部果枝平均长度缩短3.5 cm(图30-9)。

黄河流域棉区化学封顶不影响棉花籽棉产量,但对单位面积铃数和单铃重有影响。增效缩节胺(750 ml/hm^2)化学封顶单铃重比人工打顶增加了0.3 g/个,单位面积铃数减少了8.3个/m^2(表30-48,图30-10)。

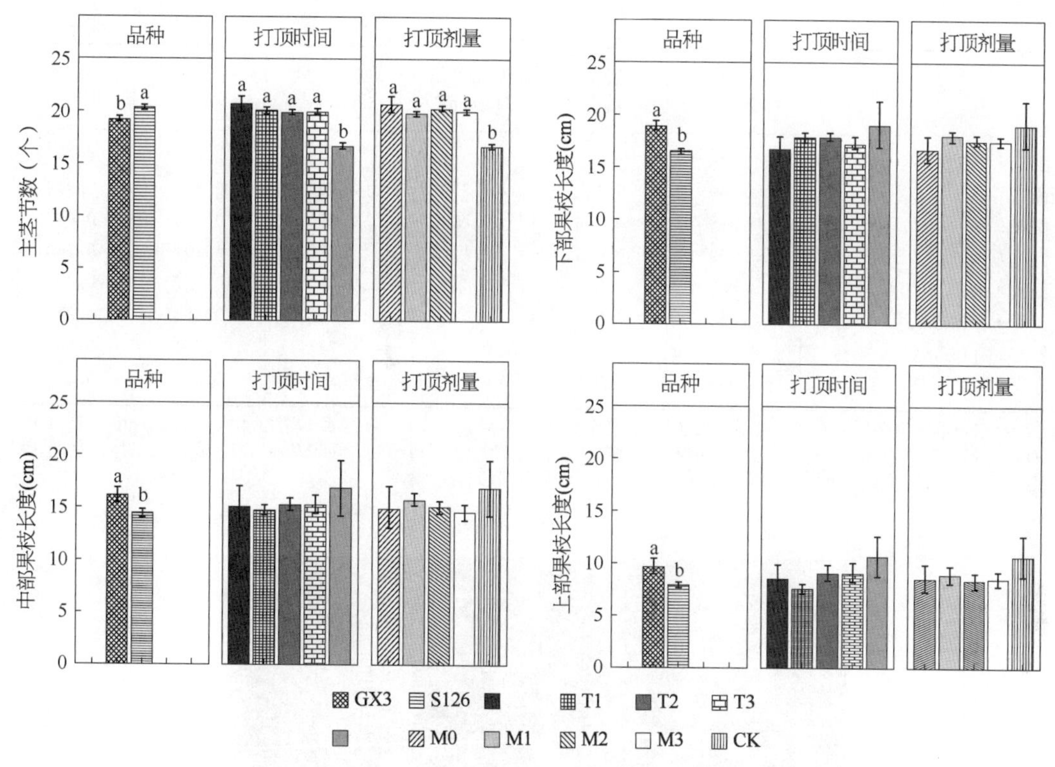

图 30-9　化学封顶对棉花主茎节数和果枝长度的影响

（黎芳，2017）

［注］试验于 2014 年在河北河间进行。GX3、S126 分别表示品种为国欣 3 号和石抗 126；T1、T2、T3 分别表示打顶时间为 7 月 14 日、7 月 22 日、7 月 31 日；M0、M1、M2、M3 表示不同化学封顶剂（增效缩节胺）用量，分别为 0 ml/hm²、750 ml/hm²、1 125 ml/hm² 和 1 500 ml/hm²，CK 表示人工打顶对照，打顶时间为 7 月 24 日，为播后93 d。下、中、上部果枝长度分别为 1～3、4～6、7～12 果枝的平均长度；各图中同一因素不同小写字母表示差异达 0.05 显著水平。

表 30-48　不同氮肥和施氮量下增效缩节胺化学封顶对棉花产量及其构成因素的影响

（黎芳，2016 年）

处理	铃数（个/m²）	铃重（g/个）	籽棉产量（kg/hm²）	皮棉产量（kg/hm²）	一次花率（%）	9 月吐絮率（%）
密度（株/hm²）						
D1	96.0 b	5.7 a	5 470.8 a	2 277.1 a	85.0 a	41.0 a
D2	118.3 a	5.6 a	5 576.2 a	2 340.8 a	87.8 a	41.4 a
氮肥（kg/hm²）						
0	107.1 a	5.6 a	5 555.5 a	2 305.1 a	85.8 a	41.8 a
105	106.4 a	5.6 a	5 474.5 a	2 295.1 a	87.3 a	41.3 a
210	107.9 a	5.7 a	5 540.6 a	2 325.9 a	86.0 a	40.5 a
打顶方式						
CK	108.5 ab	5.5 b	5 565.7 a	2 333.9 a	87.5 a	42.7 a
M2	100.2 b	5.8 a	5 380.0 a	2 248.3 a	86.2 a	44.8 a
M0	112.7 a	5.7 a	5 625.0 a	2 344.6 a	85.4 a	36.1 a

（续表）

处理	铃数（个/m²）	铃重（g/个）	籽棉产量（kg/hm²）	皮棉产量（kg/hm²）	一次花率（%）	9月吐絮率（%）
变异来源						
密度	0.000	0.117	0.317	0.163	0.175	0.940
氮肥	0.918	0.848	0.796	0.854	0.813	0.967
打顶方式	0.009	0.039	0.147	0.170	0.701	0.183
密度 * 氮肥	0.587	0.862	0.470	0.384	0.137	0.202
密度 * 打顶方式	0.893	0.937	0.481	0.697	0.663	0.974
氮肥 * 打顶方式	0.249	0.854	0.444	0.717	0.554	0.559
密度 * 氮肥 * 打顶方式	0.944	0.862	0.217	0.258	0.316	0.647

［注］本表数据为中国农业大学作物化学控制研究中心研究结果。D1、D2 分别表示密度为 9.0 万株/hm²、12.00 万株/hm²；M0、M2 表示不同化学封顶剂（增效缩节胺）用量，分别为 0 ml/hm²、1 125 ml/hm²，CK 表示人工打顶对照。打顶时间 7 月 25 日，为播后 93 d。同列不同小写字母表示差异达 0.05 显著水平。

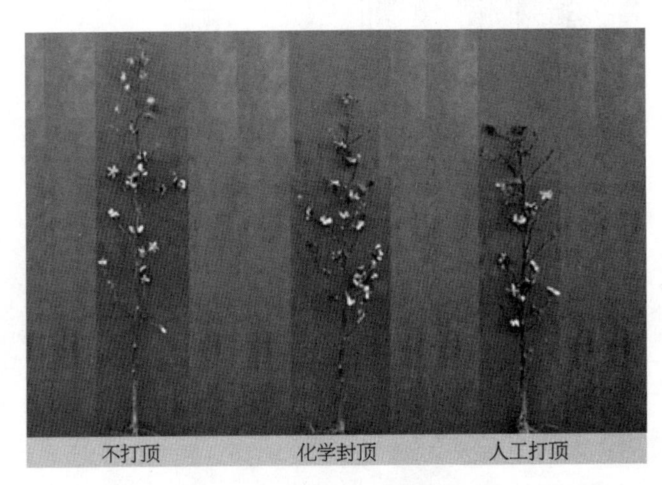

图 30－10　化学封顶对棉花株型的影响

（黎芳，2017）

二、化学封顶技术

化学封顶技术成功的关键是合理运筹水、肥、密等栽培措施，促进棉株稳健生长。实际应用时需要根据气象因子（降水量）和种植密度，决定单独应用常规缩节胺化控技术，还是将常规缩节胺化控技术与增效缩节胺化学封顶应用相结合。此外，化学封顶技术对种植密度和施氮量等配套栽培措施的要求可能并不苛刻，这有利于该技术的推广。

在黄河流域棉区多年的研究发现，多雨年份增效缩节胺化学封顶的棉株较高，新生果枝数较多。若花铃期干旱少雨，化学封顶的株高和上部果枝长度与人工打顶相比无显著差异，新生果枝数不超过 3 个/株。当密度高于 9 万株/hm²、花铃期降水量大于常年水平、棉田长势旺、脱落重，需要合理运筹常规缩节胺化控技术，并使用增效缩节胺进行化学封顶剂，可较好地控制主茎和上部果枝的生长；密度中等（6.75 万～9 万株/hm²）、花铃期降水量正常或偏少、棉田结铃均匀、长势正常，合理运筹常规缩节胺化控技术即可达到较好的封顶效果。

增效缩节胺的应用时间(7 月中旬至 7 月底)和剂量(750～1 500 ml/hm^2)对棉花株型及产量的影响无显著性差异,但应避免在盛铃期(7 月底)大剂量(1 500 ml/hm^2)应用,以防后期棉铃成熟推迟。

新疆正在试验示范增效缩节胺与氟节胺进行化学封顶技术,方法如下。

1. 增效缩节胺的使用方法　使用时间在盛花期前后,株高 90～110 cm,果枝数 12～13 个/株;用量 750～1 500 ml/hm^2,机械喷施兑水量 450～600 L/hm^2,农用植保无人机喷施兑水量 15～18 L/hm^2。喷施时,喷杆离棉株顶心高度 30 cm。

化控封顶剂可与杀虫剂混用。喷施 6 h 内遇雨,减半补喷。

2. 氟节胺的使用方法　用氟节胺作为打顶剂时,须两次施药,严格按照瓶口上标识使用:标识Ⅰ型为第一次施用,标识Ⅱ型为第二次施用,因配方不同切勿混淆。

第一次喷施时间:机采棉株高度 55 cm 左右,手摘棉株高度 45～50 cm,或果枝 5 个/株左右时(正常棉田喷施时间 6 月 15～20 日),第一次采用机械顶喷,氟节胺用量 1 200～1 500 ml/hm^2,兑水 500～600 kg/hm^2;旺长棉田根据苗情长势需增加缩节胺 45～75 g/hm^2(Ⅰ型控顶剂)。

第二次喷施时间:机采棉株高度 65～70 cm(高密度棉田),手摘棉株高度 60～65 cm,或果枝 7～8 个/株(正常棉田喷施时间 7 月 5～15 日)。用顶喷加吊管喷施,氟节胺用量 2 250 g/hm^2,兑水 600 kg/hm^2;旺长棉田根据苗情长势需增加缩节胺 120～150 g/hm^2(Ⅱ型控顶剂)。

第二次喷洒氟节胺后,须 5～7 d 停止供给水肥,以防治二次生长和贪青晚熟。

严禁与含有激素类的农药和叶面肥混用,可与微量元素(硼、锰、锌)混合使用。施药后 4 h 内下雨,要减量重新补喷。

(撰稿:田晓莉,杜明伟;主审:徐立华,陈冠文,陈德华)

参 考 文 献

[1] 中国农业科学院棉花研究所. 中国棉花栽培学. 上海:上海科学技术出版社,1983:522 - 526.

[2] 黄骏麒,等. 中国棉作学. 北京:中国农业科学技术出版社,2002:253 - 257.

[3] 陈奇恩,田明军,吴云康. 棉花生育规律与优质高产高效栽培. 北京:中国农业出版社,1997:287 - 289.

[4] Sponsel V M, Hedden P. Gibberellin biosynthesis and inactivation. In: Davies P J, ed. Plant Hormones, Biosynthesis, Signal Transduction, Action. Netherlands: Kluwer Academic Publishers, 2004:63 - 94.

[5] 何钟佩. 作物激素生理及化学控制. 北京:中国农业大学出版社,1997:8 - 12,29 - 36.

[6] 张西岭,杨异超,朱荷琴. 缩节胺(DPC)浸种浓度和时间对棉籽发芽及幼苗生长的影响. 陕西农业科学,1994,(3).

[7] 辛承松,姬书皋,徐惠纯. 棉花苗床喷施缩节胺对生长发育及产量、品质的影响. 山东农业科学,2000(3).

[8] 赵昌用,张金枝,邵启凤. 调节安对棉花各器官亚显微结构的影响. 中国农业科学,1992,25(2).

[9] 何钟佩,奚惠达,杨秉芳,等. DPC 效应的定向、定量诱导及其在棉花丰产栽培中的应用. 北京农业大学学报,1984,100(1).

[10] 何钟佩,李丕明,奚惠达,等. DPC化控技术在棉花上的应用和发展——从防止徒长到系统的定向诱导. 北京农业大学学报,1991,17(增刊).

[11] 李丕明,何钟佩,洪声玱,等. 缩节胺化学控制对棉花冠层结构和生态因子的影响. 棉花学报,1986,试刊(2).

[12] 浙江省农业科学院原子能利用研究所棉花生理研究组,北京农业大学作物化学控制研究组. 用同位素示踪研究DPC对棉花生理作用的影响. 北京农业大学学报,1984,10.

[13] 金子渔,赵妙珍. 缩节胺(DPC)对棉花某些生理作用影响的研究. 北京农业大学学报,1991,17(增刊).

[14] 施培,陈翠容,周治国,等. 棉麦两熟双高产理论与实践. 北京:原子能出版社,1995:94-97.

[15] 何钟佩,李丕明,杨秉芳,等. 黄淮海地区短季棉应用DPC诱导最佳部位成铃与优质栽培的研究. 北京农业大学学报,1991,17(增刊).

[16] Biles S P, Cothren J T. Flowering and yield response of cotton to application of mepiquat chloride and PGR-IV. Crop Science, 2001(41).

[17] 徐立华,杨长琴,李国锋,等. 缩节胺对高品质棉成铃与品质的影响,棉花学报,2006,18(5).

[18] 李伶俐,杜远仿,张东林,等. 不同密度与缩节胺用量对后短季棉光合特性及产量、品质的影响,河南农业科技,2008(7).

[19] Zakaria M S, Saeb A H, Ahmed E B, et al. Cottonseed, protein, oil yields and oil properties as affected by nitrogen fertilization and foliar application of potassium and a plant growth retardant. World Journal of Agricultural Science, 2006, 2(1).

[20] 简桂良,马存. 缩节胺对棉花黄萎病发生发展的影响. 棉花学报,1999,11(1).

[21] 董志强,何钟佩,翟学军. 缩节胺抑制棉花黄萎病效应及其作用机理研究初探. 棉花学报,2000,12(2).

[22] 张永效,曹赤阳,吴淑华,等. 缩节胺处理棉株对棉铃虫的影响初报. 植物保护学报,1993(3).

[23] 徐文华,吴忠义,李武权,等. DPC对棉花生长发育及棉田主要昆虫的影响. 江西农业学报,1999,11(4).

[24] 束春娥,曹雁平,柏立新,等. 棉苗使用缩节胺对朱砂叶螨种群繁殖的影响. 江苏农业学报,1996,12(3).

[25] 郑青松,刘友良. DPC浸种提高棉苗耐盐性的作用和机理. 棉花学报,2001,13(5).

[26] 甘润明,鲍柏洋,宋雪峰,等. 棉花高密度栽培化调技术问题的商榷. 新疆农垦科技,2000(6).

[27] 刘生荣,刘党培,冀炜,等. DPC化控对转基因抗虫棉器官发育的影响. 西北农业学报,2003,12(4).

[28] 葛知男,冷苏凤. 棉花品种区域化试验应用DPC的初步研究. 江苏农业学报,1991,7(增刊).

[29] 毛新萍. 北疆棉区棉花系列化调技术浅谈. 中国棉花,2006,33(5).

[30] York A C. Cotton cultivar response to mepiquat chloride. Agronomy Journal, 1983, 75:663-666.

[31] Reddy V R, Baker D N, Hodges H F. Temperature and mepiquat chloride effects on cotton canopy rchitecture. Agronomy Journal, 1990, 82(27).

[32] 鲍柏洋,赵战胜,骆介勇,等. 缩节胺不同用量对棉花生长发育的影响. 新疆农业科学,1999(5).

[33] Cathey G W, Meredith W R, Jr. Cotton response to planting date and mepiquat chloride. Agronomy Journal, 1988,80(3).

[34] 王文堂,闫和庆,张东平. 夏棉氮肥化控效应模型及最佳配合应用的研究. 河南职技师院学报,1994,22(3).

[35] 李丕明,奚惠达,何钟佩,等. 农作物化控栽培工程技术的发展与中国农业现代化前景. 北京农业大学学报,1991,17(增刊).

[36] 徐立华,李秀章,陈祥龙,等.棉花高产足肥的化学调控与器官建成.江西棉花,1998(4).

[37] 李保同,江树人.甲哌啶在棉花上的残留动态研究.棉花学报,1995,7(1).

[38] 田晓莉,谢湘毅,周春江,等.植物生长调节剂甲哌鎓在土壤中的降解及其影响因子.农业环境科学学报,2008,30(5).

[39] 郑泽荣,倪晋山,王天铎,等.棉花生理.北京:科学出版社,1980:316.

[40] 倪金柱.棉花栽培生理.上海:上海科学技术出版社,1986:335-339.

[41] 刘艺多.棉花育苗移栽技术.北京:金盾出版社,1999:99-100.

[42] Simpson M E, Marsh P B. Vascular anatomy of cotton carpels as revealed by digestion in ruminal fluid. Crop Science, 1977(17).

[43] 刘文燕,孙惠珍,周庆祥,等.棉铃开裂生理,Ⅰ.棉铃的开裂与内生乙烯释放.中国棉花,1981(1).

[44] 韩碧文,徐楚年,何钟佩,等.乙烯利催熟棉铃机理探讨,Ⅰ.乙烯利催熟对棉铃内部过氧化物酶的影响.北京农业大学学报,1981,7(2).

[45] 沈岳清,方炳初,盛敏智.乙烯利催熟棉铃生理原因的探讨.植物学报,1980,22(3).

[46] Hake S J, Hake K D, Kerby T A. Preharvest/harvest decisions. Hake S J, et al, ed., Cotton Production Manual. Div. Agric. Univ. of California, Oakland: Natural Resources Publisher, 1996,3352.

[47] Hampton R E, Oosterhuis D M, Wullschleger S D, et al. Defoliant efficacy in cotton as influenced by water deficits. Arkansas Farm Research, 1990, 39 (5).

[48] 周继军,徐公赦.新湖垦区机械采棉存在的问题及解决办法.中国棉花,2007,34(2).

[49] 韩碧文,李丕明,奚惠达,等.棉花应用乙烯利催熟技术及其原理.北京:中国农业出版社,1983.

[50] 华北农业大学化学催熟研究小组.一九七六年河北省棉花喷施乙烯利试验总结.棉花,1977(6).

[51] 上海植物生理研究所激素室乙烯组.乙烯利促进棉铃吐絮试验.植物学报,1977,19(1).

[52] Snipes C E, Baskin C C. Influence of early defoliation on cotton yield, seed quality, and fiber properties. Field Crops Research, 1994,37.

[53] 聂新富,徐新洲,董国光.影响机采棉发展的制约因素分析及对策.新疆农机化,2004(1).

[54] 黄继援,范长海,刘忠元,等.棉花脱叶剂德罗普试验初报.石河子科技,1990(1).

[55] 陈冠文,李新裕.南疆机采棉田化学脱叶技术试验.新疆农垦科技,2000(6).

[56] Snipes C E, Wills G D. Influence of temperature and adjuvants on thidiazuron activity in cotton leaves. Weed Science, 1994,42.

[57] Boman R K, Kelley M, Keeling W, et al. High plains and northern rolling plains cotton harvest-aid guide. Texas AgriLife Extension Service, College Station, TX, 2009.

[58] Çopur O, Demirel U, Polat R, et al. Effect of different defoliants and application times on the yield and quality components of cotton in semi-arid conditions. African Journal of Biotechnology, 2010, 9(14).

[59] Guangyao (Sam) Wang, Randy Norton and Shawna Loper. Choosing Harvest Aid Chemicals for Arizona, 2012,12.

[60] Hutmacher R B, Vargas. D W, Rberts. Harvest aid materials and practices for California cotton. http://anrcatalog.ucdavis.edu/pdf/4043e.pdf. 2003

[61] Wang ZhenLin, Yin YanPing and Sun XueZhen, The effect of DPC (N, N-dimethyl piperdinium chloride) on the $^{14}CO_2$ assimilation and partitioning of 14C assimilates within the cotton plants

interplanted in a wheat stand. Photosynthetica, 1995,31.
[62] 陈树兰,袁永胜,朱建军.新疆棉花脱叶剂品种筛选试验研究.中国棉花,2005,32(2).
[63] 董春玲,罗宏海,张亚黎,等.喷施氟节胺对棉花农艺性状的影响及化学打顶效应研究.新疆农业科学,2013,50(11).
[64] Du Mingwei, Li Yi; Tian Xiaoli, et al. The Phytotoxin Coronatine Induces Abscission-Related Gene Expression and Boll Ripening during Defoliation of Cotton. Plos one, 2014,9(5).
[65] 樊庆鲁.棉花脱叶与催熟应用技术研究.杨凌:西北农林科技大学出版社,2008:30-31.
[66] 高丽丽,李淦,康正华,等,脱叶剂对棉花叶片叶绿素荧光动力学参数的影响.棉花学报,2016,28(4).
[67] 贾军成,樊庆鲁.不同种类棉花脱叶剂比较试验研究.新疆农垦科技,2011,34(3).
[68] 姜伟丽,马艳,马小艳,等.不同脱叶催熟剂在棉花上的应用效果.中国棉花,2013,40(10).
[69] 康正华,赵强,娄善伟,等.不同化学打顶剂对棉花农艺及产量性状的影响.新疆农业科学,2015,52(7).
[70] 黎芳.黄河流域棉区棉花DPC+化学封顶技术及其配套措施研究[D].北京:中国农业大学,2017.5.
[71] 李丕明.加强棉花化学控制技术的研究.中国棉花,1982(2).
[72] 李新裕,陈玉娟,闫志顺.棉花脱叶技术研究.中国棉花,2000,27(7).
[73] 李艺,杜明伟,田晓莉,等.棉花叶片脱落过程中离层细胞微管的变化研究.石河子大学学报,2016,34(1).
[74] 林敏.棉花叶片衰老表达谱分析及相关基因功能研究[D].北京:中国农业科学院,2014,5.
[75] 马艳,彭军,崔金杰,等.几种脱叶催熟剂在棉花上的应用效果研究.中国棉花,2009,36(9).
[76] 毛新平.机采杂交棉等行距种植脱叶技术.农村科技,2014(9).
[77] 束春娥,曹雁平,柏立新,等.棉苗使用缩节胺对朱砂叶螨种群繁殖的影响.江苏农业学报,1996,12(3).
[78] 苏学亮.噻苯·敌草隆悬浮剂棉田脱叶效果调查.新疆农垦科技,2014,37(7).
[79] 田晓莉,段留生,李召虎,等.棉花化学催熟与脱叶的生理基础.植物生理学通讯,2004,40(6).
[80] 田晓莉,李召虎,段留生,等.棉花化学催熟与脱叶技术.中国棉花,2006,33(1).
[81] 王爱玉,高明伟,王志伟,等.棉花化学脱叶催熟技术应用研究进展.农学学报,2015,5(4).
[82] 王希,杜明伟,田晓莉,等.黄河流域棉区棉花脱叶催熟剂的筛选研究.中国棉花,2015,42(5).
[83] 王修山,陈方海,张仁林.铃壳厚薄对棉铃主要性状的影响.中国棉花,2002,29(1).
[84] 王谊,杨丽红,石莲花.新型脱叶剂欣噻利田间试验初报.中国棉花,2016,43(1).
[85] 许建,丁志毅,许蓉,等.棉花化学脱叶催熟效果及其对棉籽质量影响初报.新疆农业科学,2003,40(2).
[86] 薛利,姬永年,刘杰,等.新疆玛河流域新湖垦区棉花脱叶剂使用技术.种子科技,2017,35(3).
[87] 杨成勋,张旺锋,徐守振,等.喷施化学打顶剂对棉花冠层结构及群体光合生产的影响.中国农业科学,2016,49(9).
[88] 张丽娟,陈宜,杨磊,等.鄱阳湖植棉区棉花脱叶催熟技术的应用研究.中国棉花,2014,41(11).
[89] 张丽娟,夏绍南,李永旗,等.新型脱叶剂欣噻利在赣北棉花上的应用效果初报.中国棉花,2017,44(6).
[90] 张强,曹鹏,李大勇,等.江汉平原棉花脱叶剂应用效果对比试验.棉花科学,2015,37(4).
[91] 郑泽荣,刘文燕,孙惠珍.棉铃开裂生理II棉铃的成熟与脱水.中国棉花,1981(5).
[92] 赵文超.黄河流域棉区棉花缩节安(DPC)定位定量效应及与其他因素的互作研究[D].北京:中国农业

大学,2017.5.
[93] 杜明伟.黄淮海棉区适宜机采的棉花品种筛选及收获辅助技术研究[D].北京:中国农业大学,2012.5.
[94] 闫向辉.兵团机采棉技术推广影响因素分析.新疆农机化,2007(6).
[95] 徐新洲,聂新富.北疆机采棉化学脱叶试验初探.新疆农机化,2001(2).
[96] 汤晓红,邵春喜,杨景志,等.机采棉脱叶及催熟效果小区试验小结.石河子科技,2002(1).

第三十一章　棉花营养与施肥

棉花生长发育必需的营养元素有碳、氢、氧、氮、磷、钾、钙、镁、硫、铁、硼、锰、铜、锌、钼、氯16种。其中，碳、氢、氧、氮、磷、钾、硫、钙、镁占植物体干重0.1%以上，称为大量营养元素；铁、硼、锰、铜、锌、钼、氯占植物体干重0.1%以下，称为微量营养元素。也有将16种营养元素分为大量营养元素（碳、氢、氧、氮、磷、钾）、中量营养元素（钙、镁、硫）和微量营养元素（铁、锰、硼、铜、锌、钼、氯）。16种必需营养元素中，碳主要来自空气中的CO_2，氢来自水和空气，氧来自CO_2和O_2；其他13种营养元素主要来自土壤，通过根系吸收进入棉株体，称为矿质营养元素。此外，有些元素并非植物所必需，但能促进某些植物的生长发育，这些元素被称为有益元素，常见的有钠、硅、钴、硒、钒及稀土元素等。了解矿质营养元素在棉花体内的生理功能及其对棉花生长发育的作用，是棉株营养诊断和科学施肥的重要依据。

第一节　棉花营养生理

矿质营养元素在棉株体的主要生理功能：一是细胞结构物质的组成成分；二是生命活动的调节者，如酶的成分和酶的活化剂；三是电化学作用，如渗透调节、胶体的稳定和电荷中和等。

一、矿质营养元素对棉花的作用

（一）大量营养元素（氮、磷、钾）

1. 氮　棉花吸收的主要氮形态是铵态氮和硝态氮，还能直接吸收部分有机态氮，如酰胺态氮及一些简单的氨基酸等。不同生育时期的棉株对硝态氮和铵态氮的反应不同。生长初期，对高浓度铵态氮敏感，这主要是由于叶面积小，光合产物较少，不能较快地将吸收的铵态氮转化为氨基酸或酰胺，可能产生氨的积累而中毒。开花盛期，当营养器官中含有大量可溶性糖时，就有了转化铵态氮为酰胺态氮的物质条件，这时棉株对两种形态的氮素反应几乎相同。和硝态氮相比，铵态氮更利于增加棉花植株干物质和叶面积；对于干物质分配的影响，硝态氮有利于植株地上部生长，而铵态氮有利于地下部器官的形成。所以，在开花前宜用硝态氮肥，开花后可用铵态氮肥。

氮素对光合作用的影响很大。氮素提高叶绿素含量和光合速率，延缓叶片衰老和光合功能衰退。在一定范围内光合强度随叶片全氮含量的增加而增大，在氮素亏缺状况下，光合速率的降低是由于叶肉细胞壁CO_2传导性降低所致。叶片净光合速率随土壤施氮量的增加而提高，适量氮肥可在一定程度上改善叶片光合性能，提高中下部叶片净光合速率，维持叶片较高的 PSⅡ潜在活性(Fv/F0)和 PSⅡ光化学最大效率(Fv/Fm),保证生育后期光合产物的形成,从而达到高产。群体光合速率与土壤含氮量呈显著正相关。

氮素可显著影响 LAI,过量施氮在盛铃期可扩大叶面积,增加冠层对光能的截获率,但也容易引起旺长,致使后期 LAI 快速衰减;低氮用量下 LAI 下降趋势较快,呈现早衰态势;而中氮用量下 LAI 高值持续期长于高氮和低氮处理,表现较优(图 31-1)。后期群体底层透光率低氮要显著高于中氮和高氮处理,这与低氮用量下 LAI 小直接相关。低氮群体光截获率和光合能力降低,群体质量下降,不利于高产。据薛晓萍等研究,棉花快速生长期间的干物质积累量约占全生育期的 57%,此期生物量的增长对施氮量较为敏感。

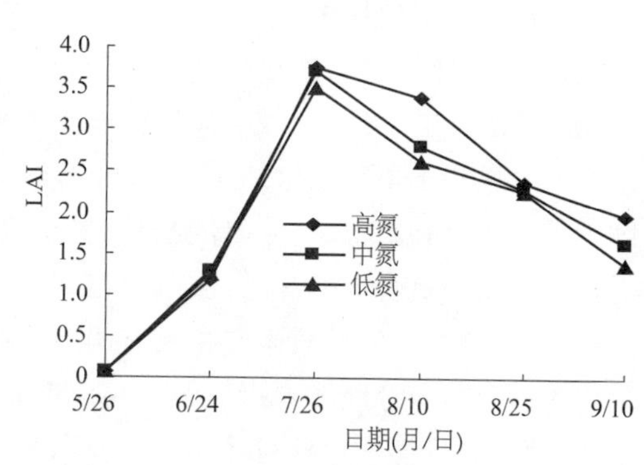

图 31-1　不同施氮水平对棉花 LAI 的影响
(孙红春等,2005)

氮素影响根系生长。据谢志良等研究,增加氮肥供应,根、冠生物量及养分吸收显著增加,根冠比下降;根长密度、根表面积指数随施氮量的增加而明显增加,但高氮抑制了根长密度的增加。提高氮水平,根系在深层的分布比例明显增加,表土层根长、根表面积明显下降;亚表土层根长、根表面积增加。但当施氮量超过一定值时,根长的增加受到抑制。

氮影响酶系统活性和碳氮代谢。施入适量氮肥可以增加超氧化物歧化酶(SOD)和过氧化物酶(POD)活性,过量和缺乏则降低酶活性。

因此,施入适量氮肥,能够提高单叶的净光合速率和群体光合速率,后期 LAI 较高且功能期延长,冠层结构合理,保证了棉花生育后期光合产物的形成,有增产效果。施氮过少、过多都不利于棉花产量的形成。

2. 磷　主要以正磷酸盐($H_2PO_4^-$ 或 HPO_4^{2-})形态被棉花吸收。棉花吸收哪种形态的磷,首先与磷酸所形成的盐类有关。一般以磷酸铵和磷酸钾最易被吸收,其次为磷酸镁和磷酸钙,再次为磷酸铁和磷酸铝。在磷酸钙、镁盐中,又以 $H_2PO_4^-$ 最易被吸收,HPO_4^{2-} 次之。其次与介质中的 pH 有关,$pH < 7.2$ 时,$H_2PO_4^-$ 的浓度增加,有利于对 $H_2PO_4^-$ 的吸收;$pH > 7.2$ 时,HPO_4^{2-} 的浓度增加,有利于对 HPO_4^{2-} 的吸收。

磷参与大分子物质的结构组成,在促进光合作用及能量代谢等方面起着极其重要的作用。在光合作用中,光能向化学能的转化是通过光合磷酸化作用完成的。在低磷或缺磷条件下,植物光合速率受到严重影响,其主要原因是缺磷或者低磷条件下植物同化物的形成及光合作用中有关酶(如 Rubp 羧化酶)的活性与再生受到严重影响,同化物的运输受到限制。低磷或缺磷条件下,植物对氮素吸收利用也明显受抑,原因在于磷的缺乏限制了氮代谢过程中一些重要酶的活性,如硝酸还原酶、氨基转移酶的辅酶。

磷参与多种关键的生理活动,包括能量转化、光合作用、糖分和淀粉的分解、养分在植物体内的运输及性状代谢遗传。植物缺磷时表现出叶子变黄、生长缓慢、产量下降、成熟期推迟等症状。对棉花而言,磷是棉株体内重要化合物的组成元素,在光合产物的合成、分解以及在棉株内的运转中发挥重要作用，在其生育中期能促进营养生长向生殖生长的转变，在生育后期能促进棉籽的成熟、增加铃重、提早吐絮。

合理施磷对棉株根、茎、叶、蕾和铃的发育均具有促进作用。李文炳等试验，6 片真叶时，施磷棉株比不施的主根长度增加 18.5%，侧根数增加 36.3%，地下部鲜重和干重分别增加 28.3%和 26.9%；现蕾期，施磷棉株比不施的主根长度增加 32.2%，侧根数增加 33.7%，地下部鲜重和干重分别增加 46.1%和 28.6%。磷肥对前期生育也有良好效果，无论在一般肥力棉田或是较肥棉田，施磷的棉花，其株高、真叶数以及叶面积都有增加。在土壤速效磷含量很少而全氮含量较高时，施磷对苗期生长的影响更为明显。至现蕾期，施磷对棉株增长的促进作用减少，转而对生殖生长有明显的促进作用。由于磷素促进了棉铃的发育，磷肥对单铃重、绒长、衣分以及衣指等纤维品质都有良好的影响。李俊义等试验，氮、磷配合施用与单施氮肥相比，棉株茎秆粗壮，叶片肥厚，株高、果枝数、蕾铃数增加，铃重、衣分、绒长提高。施磷还可促进花芽分化，缩短花芽分化的时间，加速营养生长向生殖生长的转化，使现蕾期、开花期、吐絮期分别比单施氮肥提前 4 d、6 d 和 5 d，表现早发早熟。

3. 钾　棉花是喜钾作物，正常情况下对钾的吸收量仅次于氮而高于磷。钾在土壤中以 KCl、K_2SO_4 等盐类形式存在，在水中解离成 K^+ 而被根系吸收，进入棉花根部。钾主要集中在棉株生命活动最活跃的部位，如生长点、幼叶、形成层等。钾在棉株体内几乎都呈离子状态，部分在原生质中处于吸附状态。钾能高速透过生物膜，并与酶促反应关系密切，已证实植物体内有 60 多种酶都需要 K^+ 来活化。钾对棉花生长发育、产量、纤维品质形成都有重要影响。

钾可以促进根系发育，提高叶片叶绿素含量，促进光合作用，推迟初衰期，防止早衰。宋美珍等发现，施用钾肥可以明显增加侧根数和侧根总长；缺钾会导致生长发育异常，突出表现为 LAI、光合速率和干物质生产的降低，加速早衰。朱振亚等试验，施钾肥后 20 d，棉苗长势旺盛，叶色深绿，叶片加厚，生长发育进程加快。中期补施钾肥能够提高后期叶片光合速率，主要是通过提高叶片叶绿素含量，促进气孔开放，改善叶肉细胞 CO_2 的供应能力，提高 Fv/F0 和 PSⅡ，以及降低 NPQ 来实现。

钾影响叶片内部生理活性。Pettigrew 研究发现，缺钾叶片中可溶性糖的含量增加，缺钾处理叶片中葡萄糖和果糖含量分别比施钾处理的增加 84%和 34%。而钾对叶片中的蔗糖含量的影响在不同年份表现不同，这可能在于蔗糖是棉株中有机物运输的主要形式造成的。缺钾还会降低叶片中淀粉的含量，其原因是缺钾抑制了淀粉合成酶的活性。施钾能促进棉株对氮素的吸收，增加棉花功能叶叶柄中硝态氮的含量，提高叶片中硝酸还原酶(NR)的活性，但过量($>180\ kg/hm^2$)施钾又不利于氮代谢。施钾会增加棉叶生长素(IAA)、玉米素核苷(ZR)、赤霉素(GA)的含量，降低脱落酸(ABA)的含量，有利于延缓苗期功能叶片的衰老。

Rosolem 等发现，棉花不同部位对钾缺乏的敏感性不同，按由强到弱排列为：茎>根>棉铃>叶；当在叶片中发现缺钾症状时，棉株其他部位均已受到缺钾的影响，这时，棉铃成为重要的吸钾器官，但吸收的钾主要供给铃壳自身生长而不是运输到棉籽或纤维中去。Bennett 等指出，在高钾条件下，老叶和叶柄中的钾含量最高；而在低钾条件下，铃的钾素含量最高。杨惠元也认为施钾主要增加叶柄和叶片中钾的含量，而对纤维和棉籽中钾含量影响不大。

（二）中量元素（钙、镁、硫）

1. 钙　棉花从土壤中吸收 $CaCl_2$、$CaSO_4$ 等盐类中的钙离子。钙离子进入棉株体内后仍有一部分以离子状态存在，一部分形成难溶的钙盐（如草酸钙），还有一部分与有机物（如植酸、果胶酸、蛋白质）结合。钙是不易移动的元素，主要分布在叶子或老的器官和组织中。

钙在生物膜中可作为磷脂的磷酸根和蛋白质的羧基间联系的桥梁，因而可维持膜结构的稳定性。钙是构成细胞壁的元素，细胞壁的胞间层是由果胶酸钙组成的。缺钙时，细胞壁形成受阻，影响细胞分裂，或者不能形成新细胞壁，出现多核细胞。因此，缺钙时生长受抑制，严重时幼嫩器官（根尖、茎端）溃烂坏死，幼蕾脱落。胞质溶胶中的钙与可溶性蛋白质形成钙调素（calmodulin，简称 CaM）。CaM 和 Ca^{2+} 结合，形成有活性的 CaM 复合体，在代谢调节中起“第二信使”作用。钙对抗病性有一定作用，如果植株含钙较充分，则易形成愈伤组织。张原根等研究表明，钙浸种和叶面喷钙均能使棉花离体叶片含水量的下降速度变缓。钙可提高棉花叶片的保水能力，增强叶片的各种生理活动及叶片膜功能的完整性，从而提高抗旱能力和产量。

2. 镁　和钾、磷一样，镁主要存在于棉株幼嫩器官和组织中，成熟时则集中于种子。镁是叶绿素的组成成分之一，与光合作用直接有关。缺镁时，叶绿素不能合成，光合作用受阻，叶脉仍绿而叶脉间变黄，有时呈红紫色；缺镁严重时，叶片形成褐斑、坏死。

镁是多种酶的活化剂。在光合作用、糖降解、三羧酸循环、氮和硫的同化及 ATP 的合成过程中有几十种酶需要镁激活，几乎所有的磷酸化酶都是由 Mg^{2+} 来活化的。所以，镁可促进呼吸作用，也可促进棉花对磷的吸收。在光合作用与碳水化合物的合成过程中，Mg^{2+} 的关键作用是活化二磷酸核酮糖羧化酶和丙酮酸磷酸双激酶。脱氧核糖核酸（DNA）和核糖核酸（RNA）的合成，以及蛋白质的合成中的氨基酸活化过程，都需要镁参加，起活化剂作用，因此镁在磷酸和蛋白质代谢中也起着重要作用。

周存高等在浙江红壤试验中，在施用氮、磷、钾的基础上增施镁肥，能进一步改善棉花生理功能，有利光合作用，促进棉花生长，加速生殖器官的形成和发育，提早成熟，改进纤维品质的同时，可增产皮棉 10%左右。

3. 硫　土壤中硫酸根离子（SO_4^{2-}）进入棉株体后，一部分仍保持不变，大部分被还原成 S^{2-}，进而同化为含硫氨基酸，如胱氨酸、半胱氨酸和蛋氨酸，这些几乎是所有蛋白质的构成成分。在植物体内约有 90%的硫存在于含硫氨基酸中，所以硫也是原生质的构成部分。

硫供应不足时，棉花症状与缺氮较为类似，表现为茎节延伸缓慢，植株矮小，叶面积减少，糖、蛋白质含量显著减少，叶色黄绿或发红；硫缺乏亦可导致磷、钙、镁过度积累，而铁、钾含量变化并不显著。

施用硫肥可增加果枝数和成铃数，提高单铃重、衣分、纤维品质及产量。据在新疆的试验研究，在传统施肥量的情况下，棉花蕾铃脱落率达 70.3%，在此基础上施用硫磺 30 kg/hm^2 对蕾铃脱落没有影响，但是增加了单株结铃数，提高了产量。此外，施用硫肥可增加植株对氮素的吸收，能提高植株抗病能力，减轻病害的发生，促进生长发育。

(三) 微量元素

1. 硼　硼以硼酸(H_3BO_3)的形式被棉花吸收。硼属于类金属元素，与铁、锰、锌、铜等其他微量元素不同，它不是酶的组成，不以酶的方式参与营养生理作用，至今尚未发现含硼的酶类；它不能通过与酶或其他有机物的螯合发生反应；没有化合价的变化，不参与电子传递；也没有氧化还原的能力。

(1) 促进分生组织的生长：缺硼首先是根尖和茎生长点分生组织的细胞分化过程受到阻碍。严重缺硼的棉株，不仅根系发育不良，主茎生长点的分生生长受阻，甚至萎缩、坏死，棉株矮化，腋芽丛生，形成多头棉。硼可以与IAA氧化酶的抑制剂相结合，保护IAA氧化酶体系，使IAA浓度不致过高，而过高的IAA浓度会抑制细胞分裂。硼的正常供应能够抑制酚类化合物的合成，使分生组织正常生长。

(2) 促进碳水化合物的正常运转：因为硼可以与糖结合成复合物，这种硼糖复合物比高度极性的糖分子较易通过质膜。缺硼容易生成胼胝质，堵塞筛板上的筛孔，影响糖的运输。缺硼棉株在叶片中形成的光合产物只少量地被运走，以致分生组织如根尖和地上部分的生长点缺乏糖；而在活跃地进行光合作用的叶片中，却积累着大量的同化产物。^{14}C研究证明，严重缺硼时，棉株体内糖的运输受阻，大量蔗糖积累在叶片中，以致中下部叶片加厚、变脆，叶色浓绿，严重影响花蕾的形成，故而“蕾而不花”。王运华等运用^{10}B径迹蚀刻、X射线能谱测试技术、化学和生物学分析等方法研究表明，缺硼叶柄中无机元素的运输、分布状况及元素间的平衡关系发生改变，6-磷酸葡萄糖脱氢酶、过氧化物酶活性提高，总酚、脱落酸、乙烯大量增加，生长素大量减少，导致叶柄组织功能衰退，物质运输受到严重影响。

(3) 促进生殖器官的正常发育：据分析，棉株各器官中，花中硼的含量最高，其中又以柱头和子房组织为最高。硼可促进花粉萌发和花粉管的伸长，花粉管可迅速伸入子房，有利于子实的形成。缺硼花粉粒少、畸形，空瘪下陷，内含物缺乏，外部形态似漏气的皮球。花药和花丝对缺硼反应敏感，缺硼时花药退化，花粉败坏，故而“花而不实”。另外硼能提高抗性，干旱条件下棉花特别需要硼，因为硼在细胞壁中分布较多，可能有控制水分的作用；许多真菌和孢子形成时需要维生素H，而硼经常表现为维生素H的拮抗体，使真菌的生长受到抑制，因而硼可使植株增强抗枯萎病、黄萎病能力。

(4) 与其他养分互作：硼、氮互作影响棉株的硼氮吸收和氮代谢。据皮美美等研究，硼、氮互作对棉株硼、氮吸收的影响，蕾期比苗期显著。硼对氮代谢的影响明显地反映在硝态氮和铵态氮的变化上。在同等氮水平条件下，硝态氮和蛋白氮的含量随施硼水平的提高而增加，而非蛋白氮和铵基态氮则因施硼而降低。硼氮配合施用既有利于棉花氮的吸收，又有利于蛋白质的合成。刘武定等采用^{32}P试验研究指出，施硼后，单株磷的毫克数和单株^{32}P脉冲数随干物重的增加而增加，说明硼能促进磷的吸收。磷具有部分代替硼的作用。硼酸与磷酸有相似的化学性质，光合产物可与磷也可与硼生成酯进行运转，但磷的生化功能硼却不可能代替。硼与钾的关系较为复杂，两者之间究竟是相互促进还是相互抑制，至今尚无明确定论。

2. 锌　棉花是缺锌中度敏感和耐锌较强的作物。锌以 Zn^{2+} 形式被植物吸收，正常棉花的顶芽含锌最高，叶次之，茎较少，植株各部分的含量由下而上逐渐递增。棉株锌的分布与生长素的分布基本上是平行的。锌容易由老叶向幼叶运转。通常棉株含锌量为 20～150 mg/kg，其中纤维约占 7%、毛子占 30.5%～72%、种壳约占 6%、种仁占 25%～30%。棉籽油含锌 5.1 mg/kg。

锌是谷氨酸脱氢酶、苹果酸脱氢酶、磷脂酶、二肽酶和黄素酶的组成成分。这些酶对植物体内的物质水解、氧化还原反应和蛋白质合成起重要作用。因此，锌与光合作用和氮代谢有密切的联系。锌在植物体内的主要功能可归纳为促进 CO_2 固定，促进吲哚乙酸的合成和保护细胞生物膜的完整性。

锌与其他养分也有密切的关系。氮与锌互作能促进棉花生长和养分吸收，但在土壤供锌处于临界水平时氮锌互作会诱导缺锌，不施用锌肥棉株体内的非蛋白氮向蛋白氮的转化受到抑制；土壤缺锌促进棉花对铁的吸收。棉田施铁肥也促进棉花对锌的吸收，铁也有可能增加锌的有效性；缺锌诱导磷过量吸收。

3. 锰　棉花是需锰较多的作物，对供锰不足表现出中等耐性。缺锰会导致叶片失绿，蕾铃脱落率高，铃数减少，铃重下降，纤维品质下降。锰可促进氮素代谢，有利于植物生长发育，减少植物病害。锰主要以 Mn^{2+} 形态被棉花吸收，几乎不能利用 Mn^{4+}，对 Mn^{3+} 的吸收未见明确报道。

锰与植物生理过程中的光合作用紧密相关。据蒋式洪等研究，施锰肥可使棉花叶片叶绿素总量提高 2.4%～17.0%，净光合产物增加 18.6%～38.3%。棉花施锰，叶片硝酸还原酶活性提高 40.8%～227.6%，叶片硝态氮含量下降，全氮量增加。棉花缺锰时，将引起呼吸作用及代谢的紊乱。锰还是超氧化物歧化酶的组成成分。该酶对生物细胞膜的完整性起保护作用。

锰与锌有相互促进的作用，合理使用可提高棉株的根系活力，增加叶片的叶绿素含量，调节棉株体内的酶活性，从而增加了棉花对营养物质的吸收、运输和代谢，提高氮、磷的利用率。在叶片含锰充足状态下，叶片锰与锌之间的关系是独立的，锰与铜之间也是如此；但是，当叶片严重缺锰时，锌含量极高，锌似乎对锰不足具有补偿作用。锰与铁之间也存在互补关系。硼与锰互作对棉株生长和节间数增长有促进作用。

4. 铜　在通气良好的土壤中，铜多以 Cu^{2+} 形式被吸收；而在潮湿缺氧的土壤中，则多以 Cu^{+} 的形式被吸收。Cu^{2+} 以与土壤中的几种化合物形成螯合物的形式接近根系表面。棉花对铜的吸收速率相当慢，最大吸收速率为 1.14 g/(hm^2 · d)，比铁[34.9 g/(hm^2 · d)]和硼[5.26 g/(hm^2 · d)]的吸收速率小得多。由于吸收速率小，棉花整个生长期都在吸收铜。叶片中所含的铜有 2/3 集中在线粒体上，这是铜的生理功能所决定的。

铜影响植物的光合作用和呼吸作用。铜是质体蓝素的组成成分，质体蓝素在光合作用的两个光化学系统中通过本身变价进行电子传递。因此，缺铜状况下光合作用强度降低，速率减慢。铜是呼吸作用中的一些酶，如多酚氧化酶和抗坏血酸氧化酶的组成成分，缺铜棉花呼吸作用受影响。苗期因低温、多雨和荫蔽易招致病害，喷施波尔多液能降低发病率，增强抗病性,其原因就是波尔多液中的铜能促进氧化酶的活性,提高呼吸强度,抑制病原菌水解酶活性,促进聚合物形成,使病菌得不到充分养料,病情扩展受到限制;铜还能促进细胞壁的木质化,使病菌难以侵入。

棉株体内的铜与其他元素之间的平衡关系,有时比铜本身的绝对含量更重要。在缺铜的酸性土壤上施用石灰和铜肥,棉花叶片中磷、铁、铝、锰和锌等元素浓度显著降低,其中磷和铁下降200%,铝约300%。说明铜与磷、铁、铝之间可能存在拮抗关系。铜对植物氮代谢也有影响,铜可能是硝酸还原酶和亚硝酸还原酶的活化剂;缺铜,硝态氮还原过程受阻。棉花开花期叶面施铜能促进营养器官含氮化合物向生殖器官转移;缺铜时,铵态氮含量增加,蛋白质合成速率降低。

5. 钼　钼以钼酸盐(MoO_4^{2-})的形式被棉花吸收,当吸收的钼酸盐较多时,可与一种特殊的蛋白质结合而在棉株体内贮存。

钼是硝酸还原酶的组成成分,起着电子传递作用。棉花缺钼时最主要的生理反应是硝态氮转化为还原态氮的能力受到抑制。在缺钼的条件下,硝酸还原酶表现出其他一些催化特性,导致代谢紊乱,产生强烈的氧化应激反应,如膜脂过氧化反应等。此外,水解各种磷酸酯的磷酸酶活性也受到缺钼的影响。

6. 氯　氯以 Cl^- 形式被棉花吸收。棉株体内绝大部分的氯也以 Cl^- 的形式存在,只有极少数的氯与有机物结合,其中4-氯吲哚乙酸是一种天然的生长素类激素。植物对氯的需要量很小。在光合作用中 Cl^- 参与水的光解;根和叶细胞的分裂需要 Cl^- 的参与,Cl^- 与 K^+ 等一起参与渗透势的调节。

(四) 有益元素和稀土元素

1. 有益元素(硅)　硅是以硅酸(H_4SiO_4)形式被棉株吸收和运输的。硅主要以非结晶水化合物形式($SiO_2 \cdot nH_2O$)沉积在内质网、细胞壁和细胞间隙中。硅也可以与多酚类物质结合成为细胞壁加厚的物质,以增加细胞壁刚性和弹性。施用适量的硅可促进棉苗早发,现蕾提早1～2 d,成铃率提高1.9%～3.1%,单株结铃增加0.8～2.8个,铃重和衣分也略有提高,平均增产皮棉7.5%～11.6%。在江苏,棉花硅肥施用量以150 kg/hm^2 为宜,平均增产11.7%。

2. 稀土元素　稀土元素是元素周期表中原子序数57～71的镧系元素及化学性质与镧系相近的钪(Sc)和钇(Y)共17种元素的统称。土壤和植物体内普遍含有稀土元素。低浓度的稀土元素可促进种子萌发和幼苗生长。稀土元素能促进棉株体内酶的活性,增加叶绿素含量,增强光合作用,促进根系发育,增强根系活力和养分吸收能力,增加干物质积累,提高铃重,同时也可改善棉花纤维品质。

二、棉花营养诊断

(一) 棉株形态诊断

当必需元素缺乏时,棉株表现出不正常的长势、长相、叶色形态症状。掌握这些症状有助于识别和判断棉花氮、磷、钾等营养元素缺乏状况(表31-1,图版1),指导科学施肥。

棉株部分必需元素缺乏的主要症状检索表

1. 较幼嫩组织先出现病症——不易或难以重复利用的元素
  2. 生长点枯死
    3. 叶缺绿；植株矮而分枝多；叶柄上出现绿色浸润状环带突起 …………………………… 缺硼
    3. 叶缺绿，皱缩，坏死；根系发育不良；果枝少，结铃少 …………………………………… 缺钙
  2. 生长点不枯死
    3. 叶缺绿
      4. 叶脉间缺绿以及坏死 …………………………………………………………………… 缺锰
      4. 不坏死
        5. 叶淡绿至黄色；茎细小 ……………………………………………………………… 缺硫
        5. 叶黄白色 ……………………………………………………………………………… 缺铁
    3. 叶尖变白，叶细，扭曲，易萎蔫 ……………………………………………………………… 缺铜
1. 较老的组织先出现病症——易重复利用的元素
  2. 整个植株生长受抑制
    3. 较老叶片先缺绿…………………………………………………………………………………… 缺氮
    3. 叶暗绿色或红紫色………………………………………………………………………………… 缺磷
  2. 出现失绿斑点或条纹以及坏死
    3. 脉间缺绿…………………………………………………………………………………………… 缺镁
    3. 叶缘失绿或整个叶片上有失绿或坏死斑点
      4. 叶缘失绿以及坏死，有时叶片上也有失绿以及坏死斑点 ………………………………… 缺钾
      4. 整个叶片有失绿及坏死斑点或条纹 ………………………………………………………… 缺锌

表 31－1　棉花缺素主要症状(见图版 1)

营养元素	缺　素　症　状
氮	生长受阻，棉株矮小；缺氮症状首先出现在下部叶片，逐渐向上发展；幼叶黄绿，中下部叶片黄色，下部老叶红色；叶柄和基部茎秆暗红或红色；果枝少，现蕾、开花、结铃少，铃小、籽小、籽瘪。严重缺氮时，成熟的叶片过早变黄、变褐色，最后干枯脱落
磷	生长受阻，棉株矮小，根系不发达；缺磷症状从基部老叶开始，逐渐向上发展；叶色暗绿或紫红色；蕾铃脱落严重，生育期延迟。严重缺磷时，下部叶片出现紫红色斑块；棉桃开裂、吐絮差，棉籽不饱满
钾	棉株矮小，茎秆纤细。叶片自下而上出现症状；首先出现叶脉间失绿，进而转黄，出现黄白色的斑块，呈花斑叶。严重时从叶缘开始向内出现淡褐色斑块，随后变成棕褐色斑块，叶缘焦枯、向下卷曲，叶表皮组织失水皱缩，叶面拱起，逐渐焦枯脱落。棉田缺钾症状一般在生育中后期出现，逐渐加重。棉株早衰，棉铃小，不能正常成熟
钙	幼叶和茎、根的生长点首先出现缺素症状。棉株矮小，叶片老化，果枝少，结铃少；生长点严重抑制，顶端叶芽基部弯曲，呈弯钩状，形成缺钙的特殊症状。严重缺钙时，新叶叶柄往下垂，并溃烂；子叶、真叶以及部分老叶的叶柄都可能发生这种症状
镁	首先从下部叶片开始，逐渐向上发展，老叶脉间失绿，但叶脉仍保持绿色，网状脉纹十分清晰；有时叶片上有紫色斑块。新叶随后失绿、变淡，棉桃和苞叶亦变为浅绿色
硫	硫在棉株体内不易移动，症状先出现在幼叶上。植株瘦小，整个植株变为淡绿或黄绿色；顶部的叶片失绿和黄化较老叶明显，失绿均匀，有时出现紫红色斑块。极度缺硫时，出现棕色斑块；生长期推迟
铁	铁在棉花体内是最不易移动的元素之一，缺铁首先是嫩叶失绿，而老叶仍正常。初期叶脉间先失绿，叶脉仍保持绿色，逐渐叶片由浅绿色变为灰绿，有时叶片出现棕色斑点。严重缺铁时，整个叶片变黄或变白并脱落，甚至出现整株叶片全部脱落的现象

（续表）

营养元素	缺 素 症 状
锰	缺锰时，因叶绿素的形成受到阻碍，幼叶首先在叶脉间出现浓绿与淡绿相间的条纹，叶片的中部比叶尖端更为明显。叶尖初呈淡绿色，在白色条纹中同时出现一些小块枯斑，以后连接成条状的干枯组织，并使叶片纵裂。严重缺锰时，节间缩短，叶片脱落。缺锰时间过长，顶芽将坏死，症状易发生于现蕾初期到开花的植株上部及幼嫩叶片
硼	缺硼棉株在苗期、蕾期即有表现，顶芽常坏死，因而植株矮而分枝多；根变褐色，白根少，总根量显著减少；顶部新叶因生长不良而变小，边缘和主脉失绿；下部老叶肥大，呈暗绿色，叶脉突出；当棉株 7～8 叶龄时，叶柄上易出现绿色浸润状环带突起，即“叶柄环带”，长江流域棉区叶柄环带率约为 8%，黄河流域棉区约为 3%，可作为棉花是否需要施硼的辅助指标。严重缺硼时，叶片反向卷曲、皱缩，苞叶张开，蕾脱落严重，出现“蕾而不花”和“花而不实”
铜	棉花缺铜时，症状先发生于新生组织。叶片生长减缓，呈现蓝绿色，幼叶缺绿，随之出现枯斑，最后死亡、脱落。另外，缺铜会导致叶片栅栏组织退化，气孔下面形成空腔，使植株即使在水分供应充足时也会因蒸腾过度而发生萎蔫
锌	缺锌时，叶片呈现青铜色，叶脉间组织极度褪色，并有坏死的斑点。叶片失绿没有老叶、新叶之分，变厚、变脆、易碎，叶缘向上卷曲。因生长受抑制，节间缩短，植株矮小呈丛状。轻度缺锌，棉蕾数量锐减；严重缺锌时，棉蕾在开花前即脱落，同时，棉株次生根出现衰老或死亡
钼	缺钼时，首先是下部或中部叶片叶脉间失绿，叶片增厚，随后叶片卷曲成杯状，变色部分呈斑状坏死，扩展至叶缘，导致叶片枯焦。缺钼时棉铃发育畸形，脱落增加或发育成僵硬铃。由于钼与氮代谢有关，有时与缺氮有相似症状
氯	缺氯时，棉花出现水分亏缺症状。严重缺氯时，叶边缘卷曲、干枯，幼叶症状严重。供氯水平过高则发生毒害作用，棉苗生长受到严重影响，有时子叶不能出土

［注］本表由郑曙峰、董合林根据有关文献整理。

（二）土壤化验诊断

土壤养分化验是指导科学施肥的有效方法之一，依据化验结果可提出施肥建议。

1. 土壤氮营养诊断　全国土壤普查办公室将土壤氮素水平分为 6 级，为全国范围内各类土壤有机质、氮素水平综合评价标准（表 31－2）。

表 31－2　全国第二次土壤普查土壤有机质、氮素分级标准

（全国土壤普查办公室，1979）

等　级	1	2	3	4	5	6
	很高	高	中上	中下	低	很低
有机质（g/kg）	＞40	30～40	20～30	10～20	6～10	＜6
全氮（g/kg）	＞2	1.5～2	1～1.5	0.75～1	0.5～0.75	＜0.5
速效氮（mg/kg）	＞150	120～150	90～120	60～90	30～60	＜30

陈恩凤等通过研究分析华北平原土壤耕层有机质含量与肥力水平的关系，认为有机质含量在 12～15 g/kg 以上的为高肥力水平，10～12 g/kg 为中等肥力水平，5～10 g/kg 为一般肥力水平，5 g/kg 以下的为低肥力水平。一般认为，棉田全氮在 0.8 g/kg 以下为偏低水平，只有达到 0.8 g/kg 以上才能实现高产。有效氮含量可用来衡量土壤有机态氮源转化为无机态氮的潜在能力，也是指导棉花施肥的重要指标。土壤硝态氮 10～20 mg/kg 有利于生长发育；低于 10 mg/kg，生长发育不良，出现缺氮症状；高于 20 mg/kg 容易诱发棉株

徒长。

2. 土壤磷营养诊断　土壤速效磷的水平是土壤磷素供应的主要指标(表 31-3)。测定土壤速效磷方法,通常采用 0.5 mol/L $NaHCO_3$ 提取法。该法与作物生长情况的相关性较好,适用石灰性、中性土壤和微酸性土壤。

表 31-3　土壤有效磷含量与作物反应

(鲁如坤,1980)

速效磷含量(P, mg/kg)	作物的反应	棉花施用磷肥的效果*
<3	作物出现严重缺乏症,生长受到抑制	极显著
3～5	对一切作物施磷有效	显著
5～10	对水稻无效,其他作物有效	有效
10～15	对水稻、小麦无效,对绿肥、油菜、蚕豆有效	无效
15～20	对大多数作物无效,但对某些豆科绿肥可能有效	无效
>20	对一般作物无效	无效

[注] 速效磷含量由 0.5 mol/L $NaHCO_3$ 提取测定,pH 8.5;* 由董合林根据相关文献增补。

据李文炳等在山东的多年试验,土壤速效磷(P)含量 1.5～4.4 mg/kg 时,棉花施磷平均增产 12.5%;土壤速效磷 4.5～7.4 mg/kg,施磷增产 8.8%;土壤速效磷 9.4～11.8 mg/kg 时,施磷增产仅 2.4%。蒋国柱综合黄河和长江流域棉区多个磷肥试验结果,提出棉田土壤速效磷在 5.2 mg/kg 以下,磷肥增产效果显著。

3. 土壤钾营养诊断　钾在土壤中以水溶性钾、代换性钾、缓效性钾和难溶性钾形式存在。其中水溶性钾和代换性钾能直接供作物吸收利用,通称速效性钾,代表土壤当季供钾水平;缓效性钾与速效钾处于动态平衡状态,是速效钾的储备,代表土壤供钾潜力。

根据南方各省棉花钾肥试验结果,将棉田土壤供钾水平划分为丰富、轻度缺钾、缺钾和严重缺钾四级(表 31-4)。

表 31-4　南方棉田土壤供钾能力分级标准

(农业部科学技术司,1991)

等　级	严重缺钾	缺　钾	轻度缺钾	丰　富	分析方法
土壤速效钾(K, mg/kg)	<50	50～100	100～150	>150	1 mol/L 醋酸铵-火焰光度法

[注] 引自《中国南方农业中的钾》。

丘任谋在河南试验,土壤速效钾(K)在 125 mg/kg 以下时,施用钾肥增产效果显著或极显著;超过 125 mg/kg 后,施用钾肥增产效果较小。因此,土壤速效钾含量 125 mg/kg 为棉田施用钾肥有效和无效的临界值。

不同质地的土壤缺钾的临界指标不同。据报道砂土-壤砂土速效钾含量临界指标为 85 mg/kg,砂壤土-壤土临界指标为 100 mg/kg,黏壤土-黏土临界指标为 125 mg/kg。由于土壤缓效性钾是速效性钾的后备力量,因而也是评价土壤钾素供应能力的重要指标。一般认为,缓效性钾含量在 300 mg/kg 以下为低水平,300～600 mg/kg 为中等水平,600 mg/kg 以上为高水平。

4. 土壤微量元素营养诊断　对于棉田土壤硼、锌的评价指标研究较多。刘铮等提出了5种土壤有效态微量元素的评价指标(表31－5),可作为研究和制订具体指标时的参考。

表31－5　土壤有效态微量元素的评价指标

(刘铮等,1982)　　(单位:mg/kg)

元　素	很　低	低	中　等	高	很　高	临界值	提取剂
水溶性硼	＜0.25	0.25～0.50	0.51～1.00	1.01～2.00	＞2.00	0.5	沸水
有效钼	＜0.10	0.10～0.15	0.16～0.20	0.21～0.30	＞0.30	0.15	草酸＋草酸铵
交换性锰	＜1.0	1.0～2.0	2.1～3.0	3.1～5.0	＞5.0	3.0	1 mol/L NH_4OAc (pH7)
易还原性锰	＜50	50～100	101～200	201～300	＞300	100	1 mol/L NH_4OAc＋2 g/L对苯二酚
有效锌	＜1.0	1.0～1.5	1.6～3.0	3.1～5.0	＞5.0	1.5	0.1 mol/L HCl(适用于酸性土壤)
	＜0.5	0.5～1.0	1.1～2.0	2.1～4.0	＞4.0	0.5	DTPA－TEA(适用于中性和石灰性土壤)
有效铜	＜1.0	1.0～2.0	2.1～4.0	4.1～6.0	＞6.0	2.0	0.1 mol/L HCl(适用于酸性土壤)
	＜0.1	0.1～0.2	0.2～1.0	1.1～1.8	＞1.8	0.2	DTPA－TEA(适用于中性和石灰性土壤)

全国微肥科研协作组制订了棉花施硼技术规范,土壤有效硼含量低于0.2 mg/kg,棉花严重缺硼,施用硼肥可以大幅度增产;土壤有效硼含量0.2～0.5 mg/kg,棉花中度缺硼,施用硼肥有显著增产效果;土壤有效硼含量0.5～0.8 mg/kg,棉花轻度缺硼,追施硼肥有显著增产效果;土壤有效硼含量超过0.8 mg/kg,棉花施用硼肥增产效果不稳定;土壤有效硼含量超过5 mg/kg,棉花可能出现中毒状况。

土壤有效铁临界指标是2 mg/kg。通常情况下,土壤中的铁含量丰富,但是若土壤碳酸盐含量高,则铁离子与碳酸根结合,有效性降低,容易出现缺铁现象。

(三)组织营养诊断

棉花营养的组织诊断,就是测定棉株组织中营养物质的含量,以确定棉株营养水平和生长发育动向。由于棉株组织的营养状况并不完全取决于土壤中营养元素的含量,通过测定棉株组织中主要营养元素的矿物态含量,结合形态及土壤诊断结果,可为田间施肥提供更为可靠的依据。

1. 氮诊断　现蕾期功能叶全氮量(N)低于35 g/kg(干重,下同)为缺乏,35～45 g/kg为正常,高于45 g/kg为过量;初花期功能叶全氮量(N)低于25 g/kg为缺乏,25～40 g/kg为正常,高于40 g/kg为过量;盛花结铃期功能叶全氮量(N)低于25 g/kg为缺乏,25～35 g/kg为正常,高于35 g/kg为过量。

叶柄硝态氮的测定是棉株氮素诊断中普遍采用的方法,所取样品一般是棉株主茎倒3或倒4叶的叶柄。综合国内多家试验结果,高产棉田各生育阶段叶柄硝态氮速测含量的适宜指标为:苗期大于650 mg/kg,蕾期大于400 mg/kg;盛花期200～400 mg/kg,此时若大于400 mg/kg棉株生长过旺,小于200 mg/kg则生长迟缓;花铃期200～300 mg/kg;吐絮期维持在 100 mg/kg 以上。

2. 磷诊断　叶柄含磷量的测定也适用于棉花的磷素营养诊断。国外认为在整个生长期中，棉花叶柄含磷量不应少于 1.5 g/kg(干重)，否则磷素供应即显不足。原浙江农业大学对皮棉产量 1 125 kg/hm^2 的棉株功能叶片叶柄含磷量的测定，结果为：苗期 3.7 g/kg，初蕾至盛蕾期 4.8 g/kg，初花期 6.0 g/kg，盛花至盛铃期 5.1 g/kg，始絮期 4.1 g/kg。可见苗期含磷量最低，初花前后含量最高。

3. 钾诊断　据秦遂初等研究，叶柄含钾量变化最大，缺钾时叶柄全钾量下降幅度也是最大，仅相当于健株含量的 15.8%，同时叶柄含钾低于叶片；而供钾充足时，则叶柄含钾超过叶片。因此，分析叶柄含钾量可以判断棉苗钾素营养状况。刘雄德等提出，可用棉株上部叶(顶芽下 3～4 叶)含钾量及上部叶与下部叶(顶芽下 6～7 叶)含钾量比值来评价棉株钾素状况，其指标为：蕾期上部叶含钾量为 16 g/kg，比值为 1.1；初花期上部叶含钾量 14 g/kg，比值为 1.4。采用六硝基二苯胺试纸点滴法测定，棉花叶柄组织液钾素营养状况诊断指标为：蕾期，叶柄含钾(K)＜500 mg/kg 为极缺，500～1 000 mg/kg 为缺乏，＞2 000 mg/kg 为中量；初花期，叶柄含钾＜1 000 mg/kg 为极缺，＞1 000 mg/kg 为中量。

4. 硫诊断　作物硫素营养状况的指标用全硫或无机硫作为指标；因为植株体内氮、硫含量有一定的比例，也有用氮硫比值(N/S)作为指标。全硫含量临界值为 2.0 g/kg(干重)，N/S 比值临界值为 15～17。

5. 微量元素诊断　当棉花主茎功能叶片(不包括叶柄)含硼量＜20 mg/kg 时，棉花缺硼；25～35 mg/kg 为正常；棉叶含硼量＞150 mg/kg，棉苗可能产生硼中毒。

初花期上部定型叶片全锌含量的适宜水平为 20～60 mg/kg。尹楚良提出，长江下游棉区，幼苗期缺锌棉株含锌量为 14.5～19.2 mg/kg，正常棉株含锌量 22.5～29.0 mg/kg；蕾期缺锌棉株主茎成熟叶片的含锌量为 11.2～38.3 mg/kg，而正常棉株主茎成熟叶片的含锌量为 16.9～43.7 mg/kg。当含锌量降为正常水平的 60%(幼苗期)或 80%(蕾期)时为缺乏。

棉花缺锰的临界值，叶片为 15 mg/kg，足量 75～99 mg/kg，中毒 2 000 mg/kg。初花期主茎功能叶片中含锰量以 93～261 mg/kg 为宜。

棉花缺铁的临界指标是叶片含铁 30 mg/kg，100～300 mg/kg 为充足。田间试验表明，初花期主茎叶片适宜含铁范围是 62～88 mg/kg。

水培试验表明，棉株缺铜的临界指标为 2～6 mg/kg。

(四) 信息技术监测与诊断

1. 遥感诊断　传统的作物氮监测方法一般依靠田间植株取样和室内分析测试，虽然结果较为可靠，但在时间和空间上都很难满足实时、快速、无损监测的要求。遥感技术，特别是高光谱遥感技术的发展，为作物理化参数的监测提供了新的方法和手段。绿色植物在可见光区的反射率主要是由叶绿素等色素的吸收和散射引起的，其差异反映了作物的营养状况，特别是氮营养状况。可以用作物冠层和叶片的反射光谱及其变量来估算其农学参数，进而监测作物生长状况。很多研究表明，作物生育期内的叶绿素、氮含量与高光谱的特征波段有较好的相关性，利用作物叶绿素和氮特征波段，可以用来监测作物冠层营养状况和长势。

在棉花光谱与叶片叶绿素含量、含氮量的关系上，Thomas 通过研究不同氮营养水平下的棉花叶片光谱特性，发现叶片氮含量的敏感波段为 530～560 nm。通过光谱测定及近红外波段与红波段光谱反射率的比值，可以区分不同氮营养水平。

在群体水平上，叶绿素密度和叶片氮积累量分别是表征单位土地面积上的叶绿素含量和氮含量的关键参数，常用来表达群体氮素状况。与这两个参数高度相关的光谱波段分别为 762 nm 和 763 nm。也有人认为棉花叶片氮积累量的敏感光谱波段为 600～700 nm 的红光波段和 750～900 nm 的近红外波段。

“红边”是描述植物色素状态和健康状况的重要指示波段，定义为植物反射曲线上斜率最大时所对应的波长。近年来围绕棉花冠层红边位置、红边斜率、红边面积为基础构建了很多光谱指数，被广泛应用于棉花叶绿素含量、氮含量等农学参数的估测上。用高光谱遥感数据提取红边参数，分析红边位移现象，结合基于冠层红边面积建立的氮素估测模型，可以快速、非破坏性地诊断棉花群体冠层的氮素营养状况，对于大面积的精准管理棉田具有重要的指导作用。

2. 图像数字处理技术诊断　作物氮素营养状况的变化直接影响作物的冠层颜色，植物冠层绿色与叶绿素含量有关，而叶绿素与植株全氮含量有显著相关关系。通过提取作物图像中的颜色信息作为图像的特征向量，进行计算机处理、分类识别和决策诊断。具体做法是，采用高像素数码相机在晴天获取棉花田间冠层数码图像，以 RAW 或者 JPEG 格式存储，而后采用图像数字处理技术，分析棉花冠层图像光谱特征与棉花氮素状况间的关系。

遥感技术和图像数字技术在营养监测和诊断中都存在一定的局限性。比如植物冠层光谱反射特征会受到植株叶片水分含量、冠层几何结构、土壤覆盖度、大气对光谱吸收等因素的影响。由于不同时空条件下这些影响因子不同，要建立具有普适性和高精度的植物氮素光谱诊断模型，就要充分考虑这些影响因素，这依赖于传感器、遥感模型、遥感机理等多方面理论和技术的发展，距离卫星遥感营养诊断还有很长一段距离。尽管如此，遥感技术仍以其能够实时获得大面积宏观信息的显著特点和优势，避免传统方法中由于个人认识差异带来的影响，在节约劳动力、降低人的判断主观性方面有很大潜力，在完善农业生产管理专家系统、地理信息系统、作物氮素营养诊断以及生产管理具有广阔的应用前景，是实现现代农业信息化的重要途径，对推动精准化农业有重要的意义。

第二节　棉花的营养和需肥特点

棉花从播种到成熟的整个生长期内，除出苗前的种子营养阶段和后期根部停止吸收养分的阶段以外，其他各时期都要通过根系从土壤中吸收矿质养分。不同生育时期，棉株吸收矿质营养元素的数量、比例不同，每种营养元素在棉株各器官中的含量和分配也不同。棉花一生吸收氮、磷、钾等矿质营养元素的数量和比例也因棉花的产量水平、施肥水平、品种等存在差异。

一、不同生育时期营养需求及养分吸收动态

棉花从出苗到成熟,历经播种-出苗期、苗期、蕾期、花铃期和吐絮期,每个生育时期都有其生长中心。在初花期以前,以扩大营养体为主,生根、长茎、增叶先后成为生长中心;初花期以后,营养器官生长渐缓,以增蕾、开花、结铃为主,生长中心转向生殖器官。由于不同生育时期的生长中心不同,其养分吸收、积累和分配也各有特点。

(一) 苗期

棉花播种-出苗期为 7～10 d,以种子自营养为主。苗期一般 35～40 d,是以生根、长茎、长叶,即增大营养体为主的时期。苗期根、茎、叶的生长速度,以根的生长速度最快,根是这一时期的生长中心。这个时期棉花体内的氮代谢较旺盛,而碳代谢较弱。此期棉株体较小,需要养分的绝对量不多。苗期棉株氮(N)、磷(P_2O_5)、钾(K_2O)吸收量分别约占全生育期总量的 4.5%、3.0%、4.0%左右(表 31-6)。

表 31-6　棉花不同生育期氮、磷、钾吸收动态

(李俊义等,1990)

生育时期	吸收量(kg/hm^2)			养分积累占总量(%)			吸收强度[$kg/(hm^2 \cdot d)$]		
	N	P_2O_5	K_2O	N	P_2O_5	K_2O	N	P_2O_5	K_2O
皮棉产量 940.5 kg/hm^2,密度 4.533 万株/hm^2									
出苗至现蕾(41 d)	5.72	1.37	3.63	4.5	3.1	4.0	0.14	0.03	0.09
现蕾至开花(27 d)	38.67	12.87	28.55	30.4	28.7	31.6	1.43	0.48	1.05
开花至吐絮(54 d)	79.92	30.06	57.11	62.4	67.1	63.2	1.49	0.56	1.07
吐絮期(46 d)	3.50	0.50	1.05	2.7	1.1	1.2	0.08	0.02	0.03
全生育期(168 d)	127.80	44.79	90.30	100	100	100	0.77	0.27	0.54
皮棉产量 1 114.5 kg/hm^2,密度 4.482 万株/hm^2									
出苗至现蕾(41 d)	6.81	1.67	4.67	4.5	3.1	4.1	0.17	0.05	0.12
现蕾至开花(27 d)	44.78	14.43	34.83	29.3	27.4	31.0	1.67	0.54	1.29
开花至吐絮(54 d)	93.14	34.34	70.28	60.8	65.1	62.5	1.73	0.63	1.31
吐絮期(46 d)	8.34	2.33	2.64	5.4	4.4	2.4	0.18	0.05	0.06
全生育期(168 d)	153.06	52.76	112.41	100	100	100	0.92	0.32	0.68
皮棉产量 1 420.5 kg/hm^2,密度 4.431 万株/hm^2									
出苗至现蕾(41 d)	8.46	2.18	5.85	4.6	3.4	3.8	0.21	0.06	0.15
现蕾至开花(27 d)	50.91	16.22	44.22	27.8	25.3	28.3	1.89	0.60	1.64
开花至吐絮(54 d)	109.26	41.30	96.11	59.8	64.4	61.6	2.03	0.77	1.79
吐絮期(46 d)	14.18	4.43	9.84	7.8	6.9	6.3	0.32	0.09	0.21
全生育期(168 d)	182.81	64.11	156.02	100	100	100	1.10	0.38	0.93

苗期需肥虽少,但对氮、磷、钾等养分缺乏十分敏感,尤其是对磷的需求。此时期如缺氮则抑制营养生长,延迟现蕾。棉花磷、钾的营养临界期均出现在 2～3 叶期,此时缺磷叶色暗绿发紫、植株矮小;缺钾则光合作用减弱、容易感病。

(二) 蕾期

棉花蕾期一般25～30 d。现蕾以后,棉株进入营养生长和生殖生长并进的时期,但仍以营养生长为主。由于气温升高,生长加速,根系逐步扩大,吸收养分的能力由逐渐增强到显著增加,棉株吸收养分的量和强度仅次于花铃期。蕾期棉株氮、磷、钾吸收量分别占全生育期总量的28%～30%、25%～29%、28%～32%(表31-6)。

棉花氮营养临界期在现蕾初期,此时缺氮,棉株生长矮小,果枝短,棉蕾易脱落;氮素适宜,果枝伸展,现蕾多,为中后期增加铃数和铃重奠定基础;氮素过多,易造成茎叶徒长,花蕾脱落,严重影响棉花的产量和品质。

(三) 花铃期

棉花花铃期一般50～60 d,又可分为初花期和盛花期。初花期到盛花期是营养生长和生殖生长两旺的时期,是生长最快的时期,体内碳、氮代谢都很旺盛,养分吸收强度也最大;进入盛花期,棉株营养生长逐渐转慢,生殖生长逐渐占优势,营养物质的分配转为以供应棉铃生长为主。花铃期历时最长,吸收的养分也最多,氮、磷、钾吸收量分别占全生育期总量的60%～62%、64%～67%、62%～63%(表31-6)。氮、磷、钾吸收高峰期均处于开花期前后至盛花结铃期,最大吸收速率出现在盛花期。

(四) 吐絮期

此期历时45～60 d。棉花开始吐絮时,棉株生理活动和生长明显减弱,根系活力显著减退,光合能力下降。这时棉株的生理代谢逐渐转变为以碳素代谢为中心。棉株对养分的吸收和需求减弱,养分吸收的数量和强度仅高于苗期。吐絮期氮、磷、钾吸收量分别占全生育期总量的3.0%～8.0%、1.0%～7.0%、1.0%～6.0%(表31-6)。

棉花对养分吸收特点因品种熟性差别而不同。黄河流域棉花早熟品种的养分吸收高峰期在出苗后36～69 d,养分吸收速率最大值在出苗后第53日。与中熟品种比较,其生育前期养分吸收速率较大,吸收百分率相对较高,最大养分吸收速率出现较早。

不同产棉区棉花吸收养分的动态大致相同,但也有一定差异。相同之处表现在,长江流域、黄河流域和西北内陆棉区,棉花吸收氮、磷、钾养分的高峰期均在花铃期。生育正常的棉株,氮、钾的吸收与磷相比,前期、中期较多,吸收高峰出现较早;而磷吸收以中、后期较多,吸收高峰出现较晚,而且氮、钾的吸收高峰期比磷的短。一般施肥量少或产量低的棉田,其棉株吸收养分的总量也少,而且前期吸收百分率相对增高,这与该类棉花后期易早衰有关;施肥量多或产量水平高的棉田,吸收养分的总量也较多,且中、后期养分吸收百分率相对较高。不同之处在于,西北内陆棉区养分吸收高峰期出现最早,单位面积吸收的养分总量最大;长江流域棉区养分吸收总量低于西北内陆棉区,高于黄河流域棉区;西北内陆棉区单位产量所需养分最低,黄河流域棉区次之,长江流域棉区最多。

二、不同生育时期氮、磷、钾的吸收比例

棉株吸收氮、磷、钾的比例,随生育进程的推进而变化。据贾仁清等对长江下游棉区不同施氮水平棉田的研究(表31-7),苗期氮、钾吸收比例高于磷;蕾期钾的吸收比例显著高于氮、磷;有效花铃期磷的吸收比例比前期有所提高,钾比例开始下降;吐絮期磷吸收比例进一

步提高，钾比例继续下降。据李俊义等对黄河流域不同产量水平棉田的研究(表 31－8)，苗期氮、钾吸收比例显著高于磷；蕾期磷、钾的吸收比例均上升；花铃期磷的吸收比例继续上升，中、低产量水平棉田钾素比例开始下降；吐絮期磷、钾吸收比例均明显下降，中、低产量水平棉田更为显著。

表 31－7　棉花不同生育时期吸收氮、磷、钾的比例

(贾仁清等，1981)

生育时期	高氮棉田	中氮棉田	低氮棉田
	$N:P_2O_5:K_2O$	$N:P_2O_5:K_2O$	$N:P_2O_5:K_2O$
苗期	1∶0.25∶1.12	1∶0.31∶1.20	1∶0.32∶1.32
蕾期	1∶0.20∶1.40	1∶0.30∶1.58	1∶0.37∶1.72
有效花铃期	1∶0.27∶0.81	1∶0.37∶0.84	1∶0.52∶0.97
吐絮期	1∶0.55∶0.04	1∶0.76∶0.43	1∶0.45∶0.10
全生育期	1∶0.31∶0.82	1∶0.40∶0.98	1∶0.47∶0.98

表 31－8　不同产量水平棉田不同生育时期吸收氮、磷、钾的比例

(李俊义等，1990)

生育时期	皮棉产量 1 420.5 kg/hm^2	皮棉产量 1 114.5 kg/hm^2	皮棉产量 940.5 kg/hm^2
	$N:P_2O_5:K_2O$	$N:P_2O_5:K_2O$	$N:P_2O_5:K_2O$
苗期	1∶0.26∶0.69	1∶0.24∶0.68	1∶0.24∶0.63
蕾期	1∶0.32∶0.87	1∶0.32∶0.78	1∶0.33∶0.73
有效花铃期	1∶0.38∶0.88	1∶0.37∶0.75	1∶0.38∶0.71
吐絮期	1∶0.31∶0.69	1∶0.28∶0.32	1∶0.14∶0.30
全生育期	1∶0.35∶0.86	1∶0.35∶0.73	1∶0.35∶0.70

三、不同产量及施肥水平下的养分吸收总量和比例

棉花吸收矿质营养元素的数量因产量水平、施肥水平以及生态区的不同而存在差异。长江中下游、黄河流域和新疆棉区棉花氮、磷和钾的吸收总量均随产量的增加而增加。据贾仁清等研究，长江中下游棉区每生产 100 kg 皮棉氮、钾需求量随产量水平的增加而增加，但磷需求量接近。黄河流域棉区，棉花钾的吸收与氮、磷相比，高产时钾的吸收量与比例明显增加；董合忠等研究结果，每生产 100 kg 皮棉不同产量水平下氮、磷需求量基本相同，而钾需求量增加 21.0%，低产氮、磷和钾吸收比例为 1∶0.36∶0.73，高产则为 1∶0.36∶0.88。综合新疆研究结果，随棉花产量水平的提高，每生产 100 kg 皮棉氮、磷和钾需求量呈先增加后下降的趋势。三大棉区比较，每生产 100 kg 皮棉，长江中下游棉花氮、磷和钾养分需求最高；黄河流域氮、磷需求次之，需钾最少；新疆棉区氮、磷需求最少，而钾需求与长江中下游接近，相对于氮、磷的比例最高。

综合全国 22 个试验数据，平均皮棉产量 1 743.7 kg/hm^2，氮、磷和钾吸收总量分别为 226.8 kg/m^2、77.2 kg/m^2 和 220.2 kg/m^2，其比例约为 1∶0.34∶0.97，每生产 100 kg 皮棉需氮、磷和钾分别为 13.2 kg、4.5 kg、12.6 kg(表 31－9)。

表 31-9 棉花不同产量水平氮、磷、钾养分吸收量及其比例

（董合林整理，2010，2018）

资料来源	皮棉产量 (kg/hm²)	养分吸收量(kg/hm²)			$N:P_2O_5:K_2O$	100 kg 皮棉吸收量(kg)			备 注
		N	P_2O_5	K_2O		N	P_2O_5	K_2O	
贾仁清等(浙江，1981)	1 168.5	145.1	68.3	142.7	1∶0.47∶0.98	12.4	5.8	12.2	施氮 165 kg/hm²
	1 274.3	181.7	72.0	177.8	1∶0.40∶0.98	14.3	5.7	13.7	施氮 324 kg/hm²
	1 396.5	260.9	80.1	213.4	1∶0.31∶0.82	18.7	5.7	15.3	施氮 480 kg/hm²
长江流域平均	1 279.8	195.9	73.5	178.0	1∶0.39∶0.93	15.1	5.7	13.7	
李俊义等(河南，1990)	940.5	128.0	45.0	90.0	1∶0.35∶0.70	13.6	4.8	9.6	
	1 114.5	153.0	53.0	112.1	1∶0.34∶0.73	13.7	4.8	10.1	
	1 420.5	183.0	64.0	156.5	1∶0.35∶0.86	12.9	4.5	11.0	
董合林等(河南，2012)	1 362.0	213.8	69.0	188.5	1∶0.32∶0.88	15.7	5.1	13.8	
董合忠(山东)	1 451.0	183.7	66.4	133.9	1∶0.36∶0.73	12.7	4.6	9.2	施氮 240 kg/hm²
	2 087.0	260.5	94.1	230.4	1∶0.36∶0.88	12.5	4.5	11.1	施氮 240 kg/hm²
黄河流域 6 个试验平均	1 395.9	187.0	65.3	151.9	1∶0.35∶0.80	13.5	4.7	10.8	
胡伟等(北疆，2010)	1 259.0	141.5	63.2	170.6	1∶0.45∶1.21	11.2	5.0	13.6	施氮 0 kg/hm²
	1 472.0	191.7	71.1	215.4	1∶0.37∶1.12	13.0	4.8	14.6	施氮 180 kg/hm²(普通尿素)
	1 932.0	215.0	85.9	208.0	1∶0.40∶0.97	11.1	4.4	10.8	施氮 180 kg/hm²(控释尿素)
张旺锋等(北疆，1998)	1 824.0	244.7	72.5	268.8	1∶0.30∶1.10	13.4	4.0	14.7	密度 12 万株/hm²
	1 851.0	266.8	72.5	270.7	1∶0.27∶1.02	14.4	3.9	14.6	密度 18 万株/hm²
	1 932.0	271.0	75.6	271.2	1∶0.28∶1.00	14.0	3.9	14.0	密度 24 万株/hm²
池静波等(北疆，2009)	1 468.5	178.5	40.9	175.2	1∶0.23∶0.98	12.2	2.8	11.9	
	1 752.0	209.6	71.6	274.1	1∶0.34∶1.31	12.0	4.1	15.7	
	2 518.5	319.8	103.7	375.4	1∶0.32∶1.17	12.7	4.1	14.9	
白灯莎等(南疆，2002)	2 404.5	259.6	91.8	209.0	1∶0.35∶0.81	10.8	3.8	8.7	施氮 391.5 kg/hm²
	2 544.0	368.2	133.8	301.7	1∶0.36∶0.82	14.5	5.3	11.9	施氮 522.0 kg/hm²
	2 632.5	350.4	134.8	323.2	1∶0.38∶0.92	13.3	5.1	12.3	施氮 391.5 kg/hm²
伍维模等(南疆，2002)	2 556.0	263.9	68.6	334.7	1∶0.26∶1.27	10.3	2.7	13.1	
新疆 13 个试验平均	2 011.2	252.4	83.5	261.4	1∶0.33∶1.05	12.5	4.1	13.1	
全国 22 个试验平均	1 743.7	226.8	77.2	220.2	1∶0.34∶0.97	13.2	4.5	12.6	

四、氮、磷、钾在棉株各器官的分配

不同生育时期的生长中心不同，棉株各器官的养分含量差异很大(表 31－10)。总的趋势是营养器官中养分的相对含量，随着生育时期的推进而下降；生殖器官的养分相对含量与营养器官相比，则较为稳定。不同生育阶段各器官氮的含量，叶片高于茎，且愈到后期差值愈大。茎中氮的含量自开花以后下降的幅度比棉叶大。棉株生长正常，吐絮期叶片含氮量仍维持较高水平，这对增强光合强度，多结铃、结大铃有利。现蕾期茎与叶片中磷的含量差异甚微。至开花期，茎的含磷量明显下降，而叶片含磷量却明显上升。此后，叶和茎中含磷量都随生育期的推进而下降，下降的速度仍以茎为大。各器官含钾量在各生育期阶段始终保持较高的水平。开花之前，茎的含钾量始终高于叶；盛铃以后，茎中的钾更多地向生殖器官输送，茎的含钾量明显下降而低于叶片。在器官之间，营养器官含钾量始终高于生殖器官，只有铃壳除外。

表 31－10　棉株不同生育阶段各器官养分含量的变化

(李文炳等，1981)

生育时期	采样日期(月/日)	器　官	养分含量(占干物重%)		
			N	P_2O_5	K_2O
五叶期	6/5	全株	3.43	0.72	4.70
现蕾期	6/22	茎	2.26	0.77	5.90
		叶	3.43	0.78	4.30
开花期	7/17	茎	1.33	0.60	4.20
		叶	3.12	0.85	4.00
		蕾、花	2.96	1.47	3.50
盛铃期	8/12	茎	0.82	0.29	2.80
		叶	2.81	0.60	3.30
		蕾、花、铃	2.18	0.95	2.75
吐絮期	9/11	茎	0.62	0.18	2.25
		叶	2.30	0.44	3.30
		棉铃	1.48	0.55	3.20
		种子	2.77	1.05	2.05

贾仁清等研究结果显示，成熟棉株氮、磷、钾养分在各器官的分配状况不同，营养器官中的氮占 35%～46%，磷占 43%～50%，钾占 50%～55%；三种营养元素在营养器官之间的分配率，具有相同趋势，棉叶＞果枝＞茎＞根。生殖器官中氮、磷的分配趋势相同，即棉籽＞铃壳＞蕾、幼铃＞纤维；钾的分配率为铃壳＞棉籽＞蕾、幼铃＞纤维。

第三节　棉花施肥技术

施肥是提高棉花产量和改进纤维品质的一项重要措施。据统计，在各项增产措施中，肥料所起的作用占到 30%～50%。我国化肥的当季利用率较低，氮肥为 30%～35%，磷肥为 10%～20%，钾肥为 35%～50%。造成化肥利用率和效应较低的原因很多，其中施用量及肥料种类配比不合理、施肥时期与方法不当是主要原因。因此,经济合理施肥,发挥肥料最大效应,以最小的肥料投入获得最大的经济效益,是实现棉花高产优质高效的关键。合理施肥技术包括氮、磷、钾和微量元素肥料的适宜用量及其比例、施用时期与方法等,其中确定经济合理施肥量是合理施肥的中心。

一、有机肥施用技术

有机肥料是指含有大量有机物质的肥料。有机肥料种类繁多,包括人粪尿、家畜粪肥与厩肥、堆肥与沤肥、作物秸秆肥、饼肥、绿肥、泥炭与腐殖酸盐类肥料等。

棉田施用有机肥具有改良土壤、培肥地力、增加棉田养分含量的作用,为棉花生长发育提供良好的条件,因而可显著提高棉花产量,改善纤维品质。

有机肥含有丰富的有机质和各种营养元素,养分全面,但养分含量低、肥效缓慢;无机肥料与之相反,具有养分含量高、肥效快等优点,但也存在养分单一的不足。因此,施用有机肥通常需与化肥配合,以取长补短、缓急相济。

有机肥一般作基肥施用,结合深耕翻入土壤,或在棉花苗、蕾期,将腐熟的有机肥开沟深施在棉花株或行间,以满足棉花在中后期对土壤深层养分的需要。

有机肥的施用量依肥源而定,作基肥时,厩肥、堆肥施用量一般为 30～45 t/hm^2;饼肥施用量一般为 1 125～1 500 kg/hm^2。有机肥在苗、蕾期施用,厩肥、堆肥用量一般为 11～15 t/hm^2,饼肥一般施用量为 450～750 kg/hm^2。

二、氮肥施用效果及技术

(一) 氮肥增产效果及对纤维品质的影响

棉花对氮素营养的需要量最多,合理施用氮肥,可促进棉花生长发育,提高产量,改善纤维品质。

1. 增产效果 合理施用氮肥有明显的增产效果。基础产量水平和地力越低,增产幅度越大。李俊义等 1984～1986 年在山东、河南、山西、湖北、江苏、上海 6 省(市)的试验结果显示,由于当时的土壤肥力水平和生产条件较低,80%以上的棉田施用氮肥有明显的增产效果,增幅 6%～20%。长江中下游棉区,皮棉产量 1 125 kg/hm^2 左右的中等地力、中产水平两熟棉田,每千克纯氮增产皮棉 2.0 kg 左右;皮棉产量 900 kg/hm^2 左右的低产类型黄棕壤棉田,每千克纯氮增产皮棉 2.9 kg 左右;江苏沿海地区中等地力、中产水平盐化潮土类两熟棉田,每千克纯氮增产皮棉 1.9 kg 左右。黄淮平原,中等偏上地力、高产水平的潮土类一熟棉田,每千克纯氮增产皮棉 1.3 kg 左右;山东、河南、山西中等地力、中产水平的潮土及褐土类棉田,每千克纯氮增产皮棉 1.6 kg 左右;山东、河南偏低地力、低产水平的褐土化潮土及褐土类棉田,每千克纯氮增产皮棉 1.8 kg 左右。但黄淮平原一熟棉区部分高产棉田,由于土质好、肥力高,加之连年施用较多农家肥和氮素化肥,施用氮肥对当年棉花产量无明显影响。

据李俊义等在河南安阳试验(表 31 - 12),单施纯氮 150 kg/hm^2 比不施肥增产幅度为 8.3%～13.2%,每千克氮增产皮棉 0.5～1.25 kg。又据李俊义等在新疆生产建设兵团农七

表 31-11　各棉区棉田氮肥效应

序号	试验地点	基础产量(kg/666.7 m²)	氮肥效应方程(y-产量,x-N, kg/666.7 m²)	经济最佳施氮量(kg/666.7 m²)	经济最佳产量(kg/666.7 m²)	每千克氮增产皮(籽)棉(kg)	最高产量施氮量(kg/666.7 m²)	最高产量(kg/666.7 m²)	备　注
1	湖北全省(1988)	58.7	$y = 58.6978 + 1.8617x - 0.066471x^2 (r^2 = 1.000^{**})$	11.6	71.3	1.1	14.0	71.7	皮棉($n=22$)
2		55.9	$y = 55.8761 + 2.2262x - 0.096765x^2 (r^2 = 0.9984^{**})$	9.8	68.4	1.3	11.5	68.7	皮棉($n=32$)
3	湖北新洲(1989)	150.5	$y = 150.46 + 10.135x - 0.387x^2 (r^2 = 0.9944^{**})$	12.2	216.5	5.5	13.1	216.8	籽棉
4		171.9	$y = 171.87 + 12.184x - 0.529x^2 (r^2 = 0.9483^{*})$	10.8	241.8	6.6	11.5	242.0	籽棉
5		144.2	$y = 144.22 + 6.970x - 0.251x^2 (r^2 = 0.9256^{**})$	14.5	200.1	3.9	16.2	200.7	籽棉
6	湖北新洲(1994)	137.6	$y = 137.555 + 10.862x - 0.471x^2 (r^2 = 0.9761^{*})$	10.8	199.9	5.8	11.5	200.2	籽棉
7		89.0	$y = 88.952 + 7.854x - 0.297x^2 (r^2 = 0.9545^{*})$	12.0	140.4	4.3	13.2	140.9	籽棉
8		128.2	$y = 128.195 + 10.570x - 0.523x^2 (r^2 = 0.9801^{**})$	9.4	181.4	5.6	10.1	181.6	籽棉
9		123.2	$y = 123.180 + 9.029x - 0.265x^2 (r^2 = 0.9370^{**})$	15.7	199.6	4.9	17.0	200.1	籽棉
10	湖北武昌(1990)	46.8	$y = 46.7714 + 7.3314x - 0.188571x^2 (r^2 = 0.9916^{**})$	18.6	117.9	3.8	19.4	118.0	皮棉
11	安徽安庆(1989)	82.9	$y = 82.85 + 2.8392x - 0.1694x^2 (f = 82.28^{*})$	7.4	94.6	1.6	8.4	94.8	皮棉
12	浙江(1985)	57.1	$y = 57.14 + 5.934x - 0.341x^2 (f = 263.59^{**})$	8.2	82.9	3.2	8.7	83.0	皮棉
13		83.3	$y = 83.34 + 6.234x - 0.347x^2 (f = 47.55^{*})$	8.5	111.3	3.3	9.0	111.3	皮棉
14	山东(1990)	60.2	$y = 60.2186 + 1.2313x - 0.0568x^2 (r^2 = 0.96^{**})$	8.0	66.4	0.8	10.8	66.9	皮棉
15		79.1	$y = 79.05 + 1.868x - 0.082x^2 (f = 55.63^{**})$	9.4	89.4	1.1	11.4	89.7	皮棉
16	山西	78.4	$y = 78.41 + 3.131x - 0.213x^2 (f = 39.4^{*})$	6.6	89.8	1.7	7.4	89.9	皮棉
	试验地点	基础产量(kg/hm²)	氮肥效应方程(y-产量,x-N, kg/hm²)	经济最佳施氮量(kg/hm²)	经济最佳产量(kg/hm²)	每千克氮增产皮(籽)棉(kg)	最高产量施氮量(kg/hm²)	最高产量(kg/hm²)	备　注
17	新疆奎屯(1999)	1 013.9	$y = 1013.9351 + 4.6449x - 0.006454x^2 (r^2 = 0.9923^{**})$	338.2	1 846.6	2.5	359.9	1 849.7	皮棉
18		1 124.9	$y = 1124.8787 + 5.4428x - 0.008379x^2 (r^2 = 0.9974^{**})$	308.1	2 006.4	2.9	324.8	2 008.8	皮棉
19		1 069.3	$y = 1069.3123 + 7.6250x - 0.012913x^2 (r^2 = 0.9609^{*})$	284.4	2 193.4	4.0	295.3	2 194.9	皮棉
20	新疆尉犁县(2006)	1 530.6	$y = 1530.6 + 9.2756x - 0.0205x^2 (r^2 = 0.9266^{*})$	219.4	2 578.9	4.8	226.2	2 579.8	皮棉
21		1 837.2	$y = 1837.2 + 2.3673x - 0.0042x^2 (r^2 = 0.9432^{*})$	248.5	2 166.1	1.3	281.8	2 170.8	皮棉
22		1 315.8	$y = 1315.8 + 4.7790x - 0.0090x^2 (r^2 = 0.9211^{*})$	249.9	1 948.0	2.5	265.5	1 950.2	皮棉
23		2 375.8	$y = 2375.8 + 2.8349x - 0.0057x^2 (r^2 = 0.9132^{*})$	224.1	2 724.9	1.6	248.7	2 728.3	皮棉
24	新疆阿瓦提(2006)	1 961.7	$y = 1961.7 + 2.6751x - 0.0037x^2 (r^2 = 0.9640^{**})$	323.7	2 439.9	1.5	361.5	2 445.2	皮棉

[注] 本表数据由董合林根据有关文献整理。其中序号 1～16:氮价格 1.1 元/kg,籽棉价格 1.52 元/kg,皮棉价格 3.4 元/kg;序号 17～24:氮价格 3.5 元/kg,皮棉价格 12.5 元/kg。

师(奎屯)试验,在纯氮用量 210～345 kg/hm² 范围内,比不施氮肥增产 64.7%～114.7%,每千克氮增产皮棉 2.3～4.9 kg,氮肥表现极显著的增产效果。曾胜河等报道,新疆生产建设兵团农八师(石河子)潮土类棉田氮肥的增产幅度一般为 9.4%～17.3%,每千克纯氮增产皮棉 1.28～1.79 kg;灰漠土氮肥的增产幅度一般为 11.6%～25.3%,每千克氮增产皮棉 1.42～1.94 kg。

表 31-12 不同施肥处理棉花产量

(李俊义等,1992)

年份	产量(kg/hm²)					氮肥增产(%)	磷肥增产(%)		钾肥增产(%)	
	CK	N	N、P	N、K	N、P、K	N比CK	N、P比N	N、P、K比N、K	N、K比N	N、P、K比N、P
1983	1 425.0	1 612.5	1 899.0	1 875.0	2 055.0	13.2	17.8	9.6	16.3	8.2
1984	817.5	892.5	949.5	958.5	961.5	9.2	6.4	0.3	7.4	1.3
1985	960.0	1 039.5	1 119.0	1 101.0	1 185.0	8.3	7.6	7.6	5.9	5.9
平均	1 068.0	1 182.0	1 323.0	1 311.0	1 401.0	10.2	10.6	5.8	9.9	5.1

[注] N、P_2O_5、K_2O 用量均为 150 kg/hm², CK 为不施肥的对照。

2. 对纤维品质的影响 唐胜等试验显示,棉纤维的马克隆值、比强度和 2.5%跨距长度三项指标中,受氮肥量影响最大的是马克隆值,其次是比强度,而 2.5%跨距长度受氮肥施用量的影响较小。马克隆值随施氮量的增加而逐渐降低,各次收花的马克隆值与施氮量均呈负相关;各次收花马克隆值的平均数与氮肥用量呈极显著负相关。比强度表现为,施纯氮 75～150 kg/hm² 较高,而高于 150 kg/hm² 或低于 75 kg/hm²,比强度下降,说明氮肥的过量或不足,都会导致比强度下降。2.5%跨距长度与氮肥用量的关系比较复杂,随施氮量的不同,出现不规则的变化。

胡尚钦等报道,施氮量与纤维比强度、2.5%跨距长度的关系均为开口向下的二次抛物线,即 $y = 18.070 + 0.171x - 0.106x^2$ 和 $y = 30.153 + 0.004x - 0.279x^2$,比强度的极大值在 300 kg/hm², 2.5%跨距长度极大值在 150 kg/hm²;施氮量与马克隆值的关系为开口向上的二次抛物线,即 $y = 4.470 - 0.029x + 0.185x^2$,极小值为 22.5 kg/hm²,即氮肥施用量在一定范围内,纤维比强度和长度有所提高,马克隆值有所降低。土壤氮素过剩或亏缺导致棉纤维比强度显著下降,适宜的氮素则可提高纤维比强度。

(二) 氮肥施用技术

1. 适宜施用量 氮肥的适宜施用量是棉花合理施肥的关键。氮肥施用量过低,不能满足棉花正常生长发育的要求,产量不理想;施用量过高,不但成本增加,氮肥利用率降低,还可能导致减产。利用^{15}N 标记试验结果显示(表 31-13),225 kg/hm² 处理(N_{225})与 150 kg/hm²(N_{150})相比,棉株生长高大,干物质重及吸收肥料中氮素和土壤氮素量均有增加。多吸收的氮 65%分配到营养器官,造成氮在营养器官和生殖器官不合理分配,导致生理代谢失调,达不到增产效果;同时 N_{225} 处理和 N_{150} 处理相比,氮肥利用率降低 4.1 个百分点;土壤残留肥料氮增加,残留率却降低 21.1%,损失率增加 25.2%。因此,氮肥的合理施用十分重要。

表 31－13　施氮量对棉花各部位养分的吸收、利用、分配的影响

(湖北省农业科学院原子能农业应用研究所,1985)

处　理 (kg/hm²)	棉株部位	干物重 (g/株)	棉株全氮含量 (mg/株)	各部位氮量分配 (%)	氮肥利用率 (%)	棉株吸收氮素(mg/株)	
						肥料氮	土壤氮
N_{150}	营养器官	40.4	548.2	43.3	7.3	128.4	419.8
	生殖器官	42.5	822.3	56.7	9.6	168.3	654.0
	全株总计	82.9	1 370.5	100.0	16.9	296.7	1 073.8
N_{225}	营养器官	57.6	754.2	46.0	5.9	173.1	581.2
	生殖器官	47.8	933.0	54.0	6.9	203.3	729.7
	全株总计	105.4	1 687.2	100.0	12.8	376.3	1 310.9
N_{225}比 N_{150}增加量	营养器官	17.2	206.0			44.7	161.4
	生殖器官	5.3	110.7			35.0	75.7
	全株总计	22.5	316.7			79.6	237.1
N_{225}比 N_{150}增百分率(%)	营养器官	42.5	37.6	+2.7	－1.4	34.8	38.4
	生殖器官	12.5	13.5	－2.7	－2.7	20.8	11.6
	全株总计	27.1	23.1		－4.1	26.8	22.1

据李俊义等 1984～1986 年的研究,在当时的生产条件下,经济最佳施氮量在 75～150 kg/hm² 范围内,最高不宜超过 187.5 kg/hm²,否则氮肥经济效益则明显下降,甚至造成减产;高肥力棉田施氮量最低也要保持在 75 kg/hm² 左右,以维持地力。长江中下游两熟棉区,潮土类和盐化潮土类中等地力棉田,经济最佳施氮量分别为 125.8 kg/hm² 和 112.7 kg/hm²;黄棕壤偏低地力棉田,经济最佳施氮量为 149.7 kg/hm²。黄淮海一熟棉区,部分高肥力棉田,皮棉产量与氮肥用量无相关性,氮肥效果不显著;潮土类中上等地力棉田,经济最佳施氮量为 90.9 kg/hm²;潮土及褐土类中等地力棉田,经济最佳施氮量为 118.4 kg/hm²;潮土及褐土类低等地力棉田,经济最佳施氮量为 134.1 kg/hm²;部分低等地力棉田,在 187.5 kg/hm² 施氮量范围内,棉花产量随施氮量增加而增加,施氮量与产量之间呈直线递增关系。

氮肥适宜用量主要决定于不施氮肥的基础产量(表示土壤自然肥力)以及可达到的最高产量(表示产量潜力)。基础产量越低,最高产量越高,氮肥需要量愈大。综合 20 世纪 80 年代长江中下游棉区和黄河流域棉区氮肥试验结果(表 31－11、表 31－14),并根据各试验点的基础产量与最高产量分析,得出如下结论:低产(847.5 kg/hm²)至中产(1 050 kg/hm²),经济最佳施氮量为 145.5 kg/hm²;低产(822 kg/hm²)至高产(1 212 kg/hm²),经济最佳施氮量为

表 31－14　长江中下游棉区和黄淮海棉区棉花氮肥效应

(李俊义等,1992)

棉　区	土壤类型及肥力	产量水平(kg/hm²)	氮肥效应方程(y-产量,x－N, kg/666.7 m²)
长江中下游两熟棉区	潮土类中等地力	900～1 125	$y=58.7778+3.6150x-0.19648x^2(R=0.9757^*)$
	盐化潮土中等地力	900～1 125	$y=62.6980+3.4108x-0.2056x^2(R=0.9902^*)$
	黄棕壤偏低地力	<900	$y=36.6963+5.3934x-0.2540x^2(R=0.9991^{**})$
黄淮海一熟棉区	潮土类中上等地力	1 125～1 500	$y=90.1975+2.1890x-0.1540x^2(R=0.9992^*)$
	潮土及褐土类中等地力	900～1 125	$y=58.8995+2.7750x-0.1554x^2(R=0.9763^*)$
	褐化潮土及褐土类低等地力	<900	$y=43.9572+3.1977x-0.1608x^2(R=0.9844^*)$

（续表）

棉　区	经济最佳施氮量（kg/hm²）	适宜施氮量（kg/hm²）	经济最佳产量（kg/hm²）	每千克氮增产皮棉（kg）	最高产量施氮量（kg/hm²）	最高产量（kg/hm²）
长江中下游两熟棉区	125.70	107.10～125.70	1 129.05	1.97	138.00	1 131.15
	112.65	88.95～112.65	1 150.80	1.87	124.35	1 152.60
	149.70	135.45～149.70	978.30	2.86	159.30	979.95
黄淮海一熟棉区	90.90	67.20～90.90	1 467.15	1.26	106.65	1 469.70
	118.35	102.75～118.35	1 066.80	1.55	133.95	1 069.35
	134.10	111.45～134.10	895.50	1.76	149.10	897.75

［注］按当时纯氮 1.10 元/kg、皮棉 3.40 元/kg 计算。

184.4 kg/hm²；低产（702 kg/hm²）至超高产（1 768 kg/hm²），经济最佳施氮量为 278.7 kg/hm²；中产（967.5 kg/hm²）到高产（1 377 kg/hm²），经济最佳施氮量为 172.4 kg/hm²；高产（1 214 kg/hm²）再高产（1 446 kg/hm²），经济最佳施氮量为 119.8 kg/hm²。20 世纪 90 年代末以来，由于单产水平的提高，氮肥用量也相应有所增加。

长江流域棉区，上游亚区目标皮棉产量 1 500 kg/hm²，施氮量一般为 210～270 kg/hm²。胡尚钦等报道，四川棉区氮肥的产量效应方程为 $y=1\ 360.875+38.750x-66.375x^2$（$x$ 为编码值），最高产量施氮量为 247 kg/hm²，经济最佳施氮量为 236 kg/hm²。中下游亚区，一般采用移栽地膜覆盖栽培方式，皮棉产量为 1 500 kg/hm² 左右，纯氮用量一般在 225～300 kg/hm²，据阿雷亚等在浙江试验，经济最佳施氮量（纯氮）为 273 kg/hm²。朱永歌等在江苏的研究结果显示，施氮量 225 kg/hm²、300 kg/hm² 和 375 kg/hm² 3 个水平中，以 300 kg/hm² 的施氮水平的产量最高，分别比 225kg/hm² 和 375 kg/hm² 增产 11.0%和 3.9%。

黄河流域棉区，淮北平原亚区大多采用育苗移栽或移栽地膜覆盖栽培方式，皮棉产量1 500 kg/hm² 左右，氮肥用量一般为 225～270 kg/hm²；华北平原亚区产量水平 1 125～1 500 kg/hm²，氮肥用量一般为 187.5～225 kg/hm²。辛承松等在山东的试验结果显示，滨海盐碱地以施氮 195 kg/hm² 左右的产量最高；氮 225 kg/hm² 时，产量反而明显下降。

西北内陆棉区，据李俊义等在北疆奎屯试验，基础皮棉产量 1 014～1 125 kg/hm² 不同地力棉田，经济最佳施氮量为 281.5～332.2 kg/hm²，经济最佳产量为 1 845～2 193 kg/hm²。曾胜河等在北疆石河子试验显示，灰漠土施氮 330 kg/hm² 以下，潮土施氮 285 kg/hm² 以下，产量随施氮量的增加而增加，达到最高产量后，增加氮肥便出现减产，且施肥越多减产越严重。灰漠土最高施氮量和经济最佳施氮量分别为 318～342 kg/hm² 和 246～265.5 kg/hm²；潮土最高施氮量和经济最佳施氮量分别为 274.5～295.5 kg/hm² 和 202.5～226.5 kg/hm²。据胡明芳等在南疆连续 3 年地面灌溉氮肥试验，皮棉基础产量 1 561 kg/hm² 中上等地力棉田，经济最佳施氮量 240 kg/hm²，经济最佳产量 2 231 kg/hm²；2004 年基础产量 2 375.8 kg/hm² 高肥力膜下滴灌棉田，经济最佳施氮量 224 kg/hm²，经济最佳产量 2 725 kg/hm²。侯秀玲等试验结果显示，中等肥力棉田，适宜施氮量为 240～300 kg/hm²。张炎等综合新疆各地试验结果，提出最高产量和经济最佳产量施氮量幅度分别为 205.5～325.5 kg/hm² 和 162～298.5 kg/hm²。

2. 适宜施用时期　棉花氮素的临界营养期在现蕾初期，此期缺氮棉株生长矮小，果枝短，蕾脱落严重；氮素适宜，果枝伸展，现蕾多，为中后期增加铃数和铃重奠定基础；氮素过多，易造成茎叶徒长，花蕾脱落，严重影响产量和品质。氮素营养的最大效率期在盛花始铃期，此期是棉花对氮素吸收最多的时期，所吸收的氮素可使其发挥最大生产潜力。现蕾初期和盛花始铃期是棉花整个生育期中两个关键性的营养期，此时保证氮素营养的供应，对提高产量具有重要意义。棉花营养吸收的各个阶段是相互联系、彼此影响的，一个阶段营养的好坏，必然会影响到下一阶段的生长发育与施肥效果。因此，既要注意关键时期的施肥，又要考虑各个阶段的营养特点，根据棉花各时期的生育状况，采用氮肥基施和不同时期追施相结合，因地制宜地制订施肥方案，以满足棉花各生育时期对氮素养分的需求。根据我国多年的试验研究结果及生产经验，棉花氮肥施用原则是：足施基肥、轻施苗肥、稳施蕾肥、重施花铃肥、补施盖顶肥，基肥和花铃肥必须施用，苗肥、蕾肥和盖顶肥可视前期氮肥施用情况和当时的生育状况灵活掌握。

20 世纪 80 年代关于氮肥施用时期和次数的研究结果，南、北两大棉区是一致的，即在当时生产条件下，施用氮肥的次数不宜过多，一般 2～3 次就能满足棉株氮素养分需要。

在湖北两熟棉田等氮量(112.5 kg/hm^2)不同施用时期试验结果表明，分 2 次(基施，花铃期施)、3 次(基施，蕾期施，花铃期施)和 4 次(基施，苗期施，蕾期施，花铃期施)施用的各处理，产量差异不显著(表 31 - 15)，增加施肥次数并没有增产效果。显然，在当时的施肥水平和产量水平下，以基肥、花铃肥两次施肥最为合理。

表 31 - 15　氮肥不同施用时期及次数皮棉产量

(湖北农业科学院经济作物研究所，1981～1982)

施肥次数(时期)	皮棉产量(kg/hm^2)		
	1981 年 4 点平均	1982 年 4 点平均	2 年平均
4 次(基施，苗施，蕾施，花铃施)	1 000.5	864.0	933.0
3 次(基施，蕾施，花铃施)	1 002.0	868.5	936.0
2 次(基施，花铃施)	988.5	870.5	930.0

李俊义等在河南安阳等氮量(112.5 kg/hm^2)不同施用时期试验，5 个处理分别是无肥对照，全部基施，基施 52.5 kg/hm^2＋花铃期 60 kg/hm^2，基施 22.5 kg/hm^2＋蕾期 30 kg/hm^2＋花铃期 60 kg/hm^2，基施 52.5 kg/hm^2＋蕾期 22.5 kg/hm^2＋花铃期 37.5 kg/hm^2。4 个施氮处理中以基施 52.5 kg/hm^2＋花铃期 60 kg/hm^2 产量最高，与其他 3 个处理比较产量差异均显著。这表明，在华北平原棉区具有一定保肥能力的棉田，以基施氮肥总量的 45%左右，花铃期追施 55%左右增产效果最好。

20 世纪 90 年代后，由于长江中下游棉区和黄淮棉区普遍采用移栽地膜覆盖栽培模式，棉花的单产水平大幅度提高，施氮水平明显增加，氮肥在适量基施的基础上，一般采用 2～3 次追肥，且追肥的时期适当后移，以保证棉花中后期的生长发育。据戴敬等试验，江苏里下河地区移栽地膜棉的氮肥基肥和追肥比例以 3∶7 左右为宜。3 次追肥(2 次花铃肥和 1 次铃肥)分配比例以 30∶50∶20 的产量最高，此处理群体结构较好，单株成铃数最多，铃重、衣分也较高。第一次花铃肥的施用时间应掌握在见花到初花期，即棉株达到 9.0～9.5 台果枝；铃肥(盖顶肥)适宜施用时间在8月10～15日(表31-16)。江建华等在江苏如东试验，砂壤土施纯氮300 kg/hm²，分基肥(5月25日)、花铃肥(7月15日)和盖顶肥(8月10日)3次施用，其中以33%—34%—33%分配比例产量最高。

表31-16　移栽地膜棉不同氮肥施用时期及分配的产量

(戴敬等，1999)

基肥和追肥比例①		追肥分配比例②		第一次花铃肥追施时间③		铃肥追施时间④	
基追比例	产量(kg/hm²)	追肥分配	产量(kg/hm²)	果枝数(个/株)	产量(kg/hm²)	日期(月/日)	产量(kg/hm²)
5∶5	1 063.5	1次花铃肥(100%)	1 325.6	8.5	1 615.2	8/10	1 477.5
4∶6	1 228.5	2次花铃肥(50∶50)	1 390.6	9.5	1 960.4	8/15	1 585.5
3∶7	1 255.5	2次花铃肥+铃肥(50∶30∶20)	1 509.6	10.5	1 411.2	8/20	1 356.0
2∶8	1 102.5	2次花铃肥+铃肥(30∶50∶20)	1 596.2	11.5	1 570.8	8/25	1 189.5
						不施铃肥	1 333.5

[注] 施肥水平统一为施纯氮375 kg/hm²，按1∶0.5∶0.8配施磷钾肥；①追肥分3次施用(2次花铃肥和1次铃肥，比例为1∶1∶0.5)；②以105 kg/hm² 纯氮为基肥，其余270 kg/hm² 纯氮作追肥；③基肥25%，第一次花铃肥30%，第二次花铃肥30%，铃肥15%；④除不施铃肥处理外，其余4个处理铃肥均为纯氮69 kg/hm²。

据李俊义等在北疆奎屯的试验，一般棉田适宜用氮肥的60%～75%做基肥是可行的，剩余的氮肥在头水前追施；在一些肥力水平较高的壤土或黏土棉田，可将全部氮肥做基肥；对于一些保肥能力较差的轻壤土或偏砂壤质棉田，基施氮量的比例可以酌情减少到总用氮量的40%～60%。据白灯莎·买买提艾力等在南疆喀什试验，在2 400～2 600 kg/hm² 产量水平下，相同施氮量，结合灌头水(蕾期)和二水(花铃期)追施2次，比仅在蕾期追施1次增产7.6%～9.5%，表明南疆高产棉田应重视棉花中后期的氮素营养调节。

3. 适宜施用方法　氮肥可用作基肥、种肥和追肥。基肥是在犁地前将氮肥撒施于地表，随犁地翻入土壤。种肥是在棉花播种时，施于种子附近或与种子混播，氮肥中硫酸铵作种肥比较适宜，具有养分浓度不高，吸湿性不大，负成分影响较小等优点。追肥是在棉花生育期间施用的肥料，分为土壤追肥和根外追肥。土壤追肥即在棉行或棉株间开沟或挖穴，施肥后随即覆土；根外追肥一般采用1.0%的尿素溶液叶面喷施。

三、磷肥施用效果及技术

(一) 磷肥增产效果及对纤维品质的影响

1. 增产效果　磷肥的增产效应与土壤速效磷含量有密切的关系。在一定的氮、钾营养基础上，土壤速效磷含量愈低，施磷的增产效果愈显著。李文炳等在山东调查23块施磷肥375～600 kg/hm² 和17块不施磷的自然对比田，在氮肥、粗肥基本相同的情况下，施磷棉田比不施磷肥棉田增产68%，平均每千克 P_2O_5 增产皮棉1.32～2.12 kg。据曾胜河等试验，北疆石河子潮土棉田，磷肥的增产幅度一般为4.1%～11.8%，每千克 P_2O_5 增产皮棉1.46～2.05 kg；灰漠土棉田，磷肥的增产幅度一般为6.4%～14.1%，每千克 P_2O_5 增产皮棉1.56～2.19 kg。

2. 对纤维品质的影响　据张祝新等试验，在施用氮肥、钾肥和锌肥、硼肥及有机肥的基础上,增施磷肥不仅对生长发育有明显的促进作用,产量显著提高,而且纤维品质也明显改善,纤维长度和强度分别增加 1.8～2.0 mm、4.4～4.8 cN/tex,马克隆值降低 0.1。

(二) 磷肥施用技术

1. 适宜施用量　据徐本生等在豫东轻、中度盐碱土地区的商丘、虞城等地试验,在土壤速效磷为 1.92～4.93 mg/kg,磷肥不同施用量均有良好的增产效果。棉花产量随施磷量的增加而逐渐递增,但单位肥料的增产量随施肥量的增加而递减。4 年 4 点 6 次试验的磷肥效应均呈二次曲线方程,磷肥的综合效应方程为 $y=1\,014.090\,1+0.789\,663x-0.000\,470x^2$,方程中 y 表示皮棉产量(kg/hm^2),x 表示过磷酸钙(P_2O_5 12%)施用量(kg/hm^2)。增加磷肥施用量不像氮肥那样容易导致减产,在磷肥施用量较高时,曲线逐渐平稳,磷肥经济效益也较低。经计算,过磷酸钙的经济施用量范围为 678～1 153 kg/hm^2(P_2O_5 81.4～138.4 kg/hm^2)。

据李俊义等在北疆奎屯试验,在土壤速效磷(P)含量偏低(6.6 mg/kg)棉田,氮的最佳用量为 331.9 kg/hm^2,P_2O_5 最佳用量为 160.8 kg/hm^2;土壤速效磷含量中等(10.9 mg/kg)棉田,氮的最佳用量为 305.1 kg/hm^2,P_2O_5 最佳用量为 98.5 kg/hm^2;土壤速效磷含量中等偏上(14.0 mg/kg)棉田,氮的最佳用量为 287 kg/hm^2,P_2O_5 最佳用量为 74.0 kg/hm^2。据曾胜河等在北疆石河子试验,灰漠土最高施磷量(P_2O_5)和经济最佳施磷量分别为 138～154.5 kg/hm^2 和 109.5～120 kg/hm^2;潮土最高产量施磷量和经济最佳施磷量分别为 115.5～121.5 kg/hm^2 和 81～93 kg/hm^2。张炎等综合新疆各地试验结果,最高产量施磷(P_2O_5)量和经济最佳施磷(P_2O_5)量幅度分别在 100.5～231 kg/hm^2 和 91.5～196.5 kg/hm^2,相应的皮棉最高产量和经济最佳产量分别为 1 546.5～2 220 kg/hm^2 和 1 531.5～2 220 kg/hm^2。

2. 适宜施用时期和方法

(1) 适宜施用时期:磷肥主要作基肥施用,也可部分作追肥,但施用的时期越早效果越好。这是由于棉花磷素营养的临界期在 2～3 真叶期,磷对棉花生长初期的根系发育和新生器官形成起重要作用,磷肥作基肥或在苗、蕾期追施,可保证棉株在生长初期有充分的磷素营养。

据李俊义等试验,试验土壤速效磷含量为 8.7 mg/kg,不施磷肥的皮棉产量最低(1 508 kg/hm^2),施磷的 3 个处理中,以磷肥全部基施产量最高(1 672 kg/hm^2),比 60%基肥+40%花期追施(1 568 kg/hm^2)和 60%基肥+40%蕾期追施(1 617 kg/hm^2)分别增产 6.7%和 3.4%。说明北疆棉区棉田磷肥应全部基施,这样不仅可发挥磷肥增产效应,而且施肥操作方便。

(2) 适宜施用方法:磷肥在所有化学肥料中是利用率最低的,当季作物利用率一般仅 10%～25%。其原因一是磷在土壤中易被固定,二是磷在土壤中移动性很小。因此,必须采取合理的施用方法以提高磷肥的利用率。

① 集中施用:集中施用是合理施用磷肥的重要原则之一。所谓集中施用,是将磷肥施在种子或幼苗的根系附近,这样既可降低磷肥与土壤的接触面积而减少固定;又可大大地促进磷肥与根系的接触,使需磷的关键时期(苗期)有充分的磷素营养,以促进根系发育,保证高产的磷素营养条件。集中施磷肥不仅可以提高磷肥的利用率,而且也大大增加了棉花对土壤磷素的吸收。磷肥集中施用一般作种肥、苗期追肥,采用条施或穴施的方法。对于连年施用足量磷肥的棉田,由于磷肥的后效,集中施用与犁地前撒施的效果没有区别。

② 根据磷肥的特性合理施用:过磷酸钙、重过磷酸钙、富过磷酸钙等水溶性磷肥,适宜大多数土壤,但以在碱性土壤上最为适宜;在酸性土壤上最好与碱性磷肥,如钙镁磷肥或石灰配合施用。以上磷肥可作基肥、种肥和追肥施用。钙镁磷肥、脱氟磷肥、钢渣磷肥呈碱性,沉淀磷肥呈中性,且都只溶于弱酸,因此宜作基肥,并最好施在酸性土壤上。磷矿粉和骨粉属难溶性磷肥,最好作基肥在犁地前撒施,并在酸性土壤上施用,使其颗粒与酸性土壤充分接触,发挥土壤酸性将其分解的作用。

③ 分层施用:由于磷在土壤中的移动性较小,而棉花在不同生育时期根系发育与分布状况不同,因此最好将磷肥分层施用到棉花活动根群附近。如棉花苗期根系分布较浅,供苗期利用的水溶性或枸溶性磷肥应当浅施;棉花生育中后期,根系入土较深,供棉花中后期利用的磷肥则应深施。

④ 合理分配麦、棉两熟制中磷肥:在麦、棉两熟制中,由于小麦播后气温逐渐变低,土壤微生物活动能力弱,土壤供磷能力差;同时小麦在分蘖阶段需磷又较多,充足的磷素营养能促进小麦壮苗早发,提高小麦抗寒力和分蘖力。一般认为将磷肥重点分配在冬小麦上效果较好。由于磷肥的后效,前茬小麦上施磷,后茬棉花仍可继续吸收利用。因此,在麦、棉两熟制中,磷肥不必在每茬作物上平均施用,应重点施在能最大限度发挥磷肥效果的小麦茬口上。

⑤ 与有机肥配合施用:此法是把磷肥先与腐熟的有机肥充分混合,然后施用,这样可以减少土壤对磷的固定作用。在固磷能力大的土壤上施用,效果更好。

⑥ 氮、磷配合施用:我国土壤的养分状况,基本上是缺磷的土壤往往同时也缺氮。在土壤氮、磷都成为提高棉花产量的限制因子时,如果不施氮肥,则虽施用足量磷肥,也与单施氮肥而不施磷肥一样,难以表现增产效果。氮、磷配合不仅可以使棉花稳产高产,还可以同步提高磷肥和氮肥的利用率。氮、磷配合的适宜比例,视土壤供磷水平而异,对严重缺磷土壤,磷、氮比例应该偏高,有时可达 1∶1 甚至更高。随着磷肥施用年份增加,由于磷肥的后效,磷、氮比例可以逐步降低;对中等肥力水平的土壤,氮、磷比可在 1∶0.5 左右。

⑦ 根外追肥:根外追施磷肥,不仅能避免磷在土壤中的固定,而且用量省,效果快,尤其在棉花生长中后期,根部吸收养分能力减弱的情况下,根外追施磷肥能及时弥补根部吸收磷肥的不足。棉花叶面喷施磷肥一般用磷钾复合肥磷酸二氢钾,浓度为 0.3%~0.5%。

四、钾肥施用效果和技术

(一) 钾肥增产效果及对纤维品质的影响

1. 增产效果　邱任谋等在河南驻马店、开封、南阳、周口及郑州市郊等地 4 年进行的 45 次试验结果显示,施用钾肥产量增加达到显著水平的有 36 次,平均增产 16.7%,每千克 K_2O 增产皮棉 1.5 kg。据宋美珍等研究,黄淮海棉区棉田施用钾肥一般增产幅度为 10%~20%,土壤速效钾含量 83 mg/kg 以下棉田,最高可增产 30%以上。据张学斌等试验,河南中低产棉区,土壤速效钾含量 84~110 mg/kg 水平下,在施用氮肥的基础上,施用 K_2O 112.5~135 kg/hm^2,增产幅度为 10.8%~17.1%;在施用氮、磷肥的基础上,施用 K_2O 97.5~120 kg/hm^2,增产幅度为 4.2%~13.8%。

长江中下游棉区,由于土壤普遍缺钾,棉花施用钾肥增产效果显著。随着棉花生产水平的提高，以及化学氮、磷肥用量的增加和有机肥施用比例的减少，施钾肥效应越来越好，棉田施用钾肥一般增产10%以上。据陈光琬等在湖北省15个县(市)试验，在施氮150 kg/hm²的基础上，施K_2O 45 kg/hm²，15个点次中施钾肥增产的有12个，增产幅度6.5%～14.3%。王盛桥总结湖北全省棉花钾肥试验和示范结果，88个项次试验，施钾肥处理比不施钾肥的增产16.5%，每千克氯化钾增产皮棉1.15 kg；56块示范田施钾肥区单产比不施钾肥的增产23.8%，每千克氯化钾增产皮棉1.66 kg。

2. 对纤维品质影响　钾素营养有利于碳水化合物的合成与运输，增施钾肥不仅能提高产量，对改善纤维品质也有重要作用。邱任谋报道，施用钾肥能提高纤维长度、强度、衣分、衣指和霜前花率。陈光琬等研究显示，施用钾肥有增强棉花纤维强力的作用，特别是对棉株上部1～4果枝棉铃纤维强力影响更为明显；但钾肥用量过多时，对强力的影响较差。Cassman等研究发现，纤维的长度、马克隆值、纤维强度以及整齐度，与纤维中钾的浓度呈直线回归关系，与叶片中、土壤中钾的浓度呈二次抛物线关系。

(二) 钾肥施用技术

1. 适宜施用量　钾肥的施用量应根据土壤含钾量的高低来确定。生产中，除考虑土壤供钾能力外，还要考虑有机肥的用量、棉花生产水平等。一般而言，严重缺钾棉田施用K_2O 150 kg/hm²，缺钾棉田施用K_2O 75～112.5 kg/hm²，含钾量中等棉田施用K_2O 75 kg/hm²。

据丘任谋试验结果，钾肥用量(K_2O, kg/hm²)与棉花产量(kg/hm²)间的效应方程为$y = 937.6096 + 4.9186x - 0.020522x^2$ ($R^2 = 0.9610$)，最高产量施钾(K_2O)量为120 kg/hm²，经济施用量一般以75～112.5 kg/hm²为好。梁金香等在河北衡水7县(市)试验结果显示，供试土壤速效钾(K)含量在83～125 mg/kg，钾肥用量(K_2O, kg/hm²)与棉花产量(kg/hm²)的效应方程为$y = 1108.6286 + 2.1771x - 0.007314x^2$ ($r^2 = 0.9737$)，最高产量施钾(K_2O)量为149 kg/hm²，推荐施钾量为112.5 kg/hm²。宋美珍等提出，黄淮海棉区土壤速效钾含量83 mg/kg以下时，施K_2O 180～240 kg/hm²为宜；土壤速效钾含量83～100 mg/kg时，施K_2O不宜超过180 kg/hm²；土壤速效钾含量125 mg/kg时，K_2O最佳用量为146.6 kg/hm²。王盛桥根据湖北全省1981～1995年26个钾肥试验结果提出，在施氮135～225 kg/hm²、P_2O_5 30～60 kg/hm²的基础上，土壤速效钾(K_2O)小于50 mg/kg，一般施用氯化钾180～240 kg/hm²；速效钾50～100 mg/kg，施氯化钾120～180 mg/kg；速效钾101～150 mg/kg，施氯化钾75～120 mg/kg；速效钾大于150 mg/kg，一般不施用钾肥。付明鑫等报道，南疆高产棉钾肥效应方程为$y = 2090.4 + 6.9316x - 0.026x^2$ ($r^2 = 0.9922$)，北疆高产棉钾肥效应方程为$y = 1533.3 + 2.4374x - 0.0083x^2$ ($r^2 = 0.9242$)。在施氮276 kg/hm²、P_2O_5 138 kg/hm²时，南疆最高产量施钾(K_2O)量为133.3 kg/hm²，经济最佳产量施钾量为126.7 kg/hm²；北疆最高产量施钾量为146.8 kg/hm²，最佳产量施钾量为126.3 kg/hm²。张炎等综合新疆各地试验结果，提出新疆棉区最高产量施钾量与经济施钾量分别为65.4～156 kg/hm²及61.4～119.4 kg/hm²，平均为98.7 kg/hm²和86.4 kg/hm²。

2. 适宜施用时期　多数试验结果证明，棉花钾肥以基施或早期追施效果最好。一般钾肥用量较大、土壤质地较轻时，宜分为基肥和苗期或蕾期追肥两次施用；钾肥用量较少，土壤保肥能力又比较强的，宜作基肥一次施用。

宋美珍等认为,施钾肥(K_2O)总量小于 120 kg/hm²时,可作基肥或在蕾期一次施用效果较好,施钾肥总量大于 180 kg/hm²时,可分两次施用,基施和蕾期追施各半效果较好。据梁金香等河北试验结果,钾肥全部基施和不同比例(1/3、1/2、2/3)追施,均具有显著的增产效果,且差异不显著。因此,钾肥以基施为主。

3. 适宜施用方法　一熟棉田钾肥用作基肥,可撒施后用犁翻压入土;麦、棉或棉花、油菜两熟棉田可采用条施,依行距开小沟,将钾肥施于沟底或一侧。作追肥时,可采取条施或穴施,即距棉株一定距离(视棉苗大小而定,既不伤苗又要便于根系吸收)开沟或挖穴,将钾肥施于沟或穴中,然后覆土。钾肥也可作根外追肥,即将钾肥配成 2%的水溶液分次喷施。

五、棉花氮、磷和氮、磷、钾平衡施用技术

龚光炎等连续 3 年在河南南阳、虞城、临颍和新野多点试验,在当时的生产水平下,南阳砂姜黑土上棉花最佳施氮量(N)和施磷量(P_2O_5)分别为 182.0 kg/hm² 和 79.5 kg/hm²,氮、磷配合比例为 1∶0.44。临颍古黄河冲积黏土棉花最佳施氮和施磷量分别为 147.5 kg/hm² 和 78.0 kg/hm²,氮、磷配合比例为 1∶0.53。虞城棉花最佳施氮、施磷量分别为 186.5 kg/hm² 和 90.0 kg/hm²,氮、磷配合比例为 1∶0.48。延津县砂壤质潮土棉花最佳施氮和施磷量分别为 166.5 kg/hm² 和 118.5 kg/hm²,氮、磷配合比例为 1∶0.71。杨建堂等在河南郑州、开封、虞城、永成、睢县等地试验,钾肥效果不显著,可暂不施钾肥;氮、磷经济最佳施用量分别为 147 kg/hm² 和 100.5 kg/hm²,氮、磷配合比例为 1∶0.68。李俊义等在河南安阳试验,氮、磷、钾肥料效应方程为:$y=238.786+19.645N+9.691P+3.200K-14.259N^2-9.072P^2-6.324K^2+3.443NP+2.952NK-2.001PK$,经济最佳施肥量为 N 138 kg/hm²,$P_2O_5$ 99.8 kg/hm²,K_2O 75 kg/hm²,N∶P_2O_5∶K_2O=1∶0.72∶0.54。

据唐胜等试验,安徽江淮丘陵地区,土壤有机质和速效氮偏高、磷中等、钾偏低棉田,经济最佳施肥量为 N 231.9 kg/hm²,P_2O_5 29.55 kg/hm²,K_2O 218.41 kg/hm²,N∶P_2O_5∶K_2O=1∶0.13∶0.94。综合长江中下游棉区各地试验,中等地力棉田,皮棉产量 1 500 kg/hm² 以上,施肥量为 N 225～300 kg/hm²,P_2O_5 112.5～150 kg/hm²,K_2O 225 kg/hm²。

据罗志桢试验,甘肃河西走廊地区,棉花高产的氮、磷、钾适宜用量为 N 202.5 kg/hm²,P_2O_5 136.77 kg/hm²,K_2O 47.06 kg/hm²,N∶P_2O_5∶K_2O=1∶0.67∶0.23。曾胜河等提出,北疆石河子灰漠土皮棉产量 1 800 kg/hm² 左右的棉田,推荐施肥量为 N 247.5～262.5 kg/hm²,P_2O_5 112.5～120.0 kg/hm²,K_2O 37.5～52.5 kg/hm²,N∶P_2O_5∶K_2O=1∶(0.43～0.48)∶(0.14～0.21)。潮土皮棉产量 1 950 kg/hm²左右的棉田,推荐施肥量为 N 202.5～225.50 kg/hm²,P_2O_5 82.5～90.0 kg/hm²,K_2O 22.5～37.5 kg/hm²,N∶P_2O_5∶K_2O=1∶(0.37～0.44)∶(0.11～0.18)。

总之,各地的试验结果大都表明,氮、磷、钾配合施用效果好于单独使用。随着棉花产量水平的提高,氮、磷、钾配合施用显得更为必要和重要。但是,氮、磷、钾的比例不是一成不变的,要因地制宜,因产量水平而适当调整。

六、微量元素肥料与稀土施用效果及技术

棉花需要的微量营养元素虽很少,但它对棉花生长发育的作用是不可替代的。土壤一

旦缺乏某种微量营养元素，将严重影响棉花的生育和产量；微量营养元素过多也会引起棉花中毒。微量元素的缺乏、适量、过多之间的范围是比较窄的，在施用时应特别注意。

（一）硼肥施用效果及技术

1. 施用效果　王运华等报道，1981 年全国 27 个产棉县的 109 个田间试验和 84 个示范片，棉花施用硼肥平均增产 204 kg/hm^2，增产率 12.0%，其中长江流域棉区各试验点平均增产率为 14.5%；黄淮海棉区各试验点平均增产率为 9.0%。据李俊义等在河南安阳试验，棉田施用硼肥，可增产 5.7%～7.4%。

2. 施用技术　棉花需硼量少，过量与过多的界限之间很小，必须注意硼肥施用量和施用方法。严重缺硼棉田，播种时条施增产效果最好；中度缺硼棉田，硼肥作土壤追肥并叶面喷施 1 次，或分别在蕾期、初花期和盛花期叶面喷施各 1 次为好。

(1) 条施：硼砂 7.5～15 kg/hm^2，拌细干土 150～225 kg，在播种时条施于种子的一侧，然后盖土。

(2) 土壤追施与叶面喷施结合：硼砂 3.8～7.5 kg/hm^2，拌细土 150～225 kg，或溶于 750 kg 水中，在棉花苗期，于离棉苗 6～9 cm 处开沟(穴)施下，施后随即盖土；同时在花铃期喷施 0.2%硼砂水溶液。

(3) 叶面喷施：人工常规喷雾器喷施，用 0.2%的硼砂水溶液，喷施用液量蕾期 450～600 kg/hm^2、初花期 600～750 kg/hm^2、花铃期 750～900 kg/hm^2。

（二）锌肥施用效果及技术

1. 施用效果　李俊义等田间和盆栽试验均表明，棉花施用锌肥，皮棉产量比对照分别增加 15.4%和 11.8%，霜前花率提高 5%。

2. 施用技术　严重缺锌棉田，播种时条施增产效果最好；中度缺锌棉田，以锌肥作土壤追肥加叶面喷施 1 次，或叶面喷施 3 次为好。

(1) 基施或作种肥施用：用七水硫酸锌 15～22.5 kg/hm^2，拌细干土 150～225 kg，犁地前施入或在播种时条施于种子的一侧，然后盖土；或于棉花幼苗期在棉花株或行间穴施。

(2) 土壤追施与叶面喷施结合：用硫酸锌 7.5～11.25 kg/hm^2，拌细土 150～225 kg，或溶于 750 kg 水中，在棉花苗期，离棉苗 6～9 cm 处开沟(穴)施下，施后随即盖土，同时在花铃期喷施 0.2%硫酸锌水溶液 1 次。

(3) 叶面喷施：用 0.2%的硫酸锌水溶液，在棉花的蕾期、初花期和花铃期喷施。一般用液量为蕾期 450～600 kg/hm^2、初花期 600～750 kg/hm^2、花铃期 750～900 kg/hm^2。

（三）稀土施用效果及技术

稀土农用研究早在 20 世纪 30 年代苏联就开始了，我国始于 20 世纪 70 年代，80 年代获得重大进展。杨惠元等报道，棉花施用稀土元素有一定的增产效果，一般增产 5%～12%。棉花喷施稀土的适宜时期为初花期，其次是蕾期，多次喷施效果并不佳，用量为 450 g/hm^2。

第四节　棉花的施肥时期与施肥方法

棉花不同生育期对土壤和养分条件有不同的要求，同时各生育期所处的气候条件不同，土壤水热和养分条件也随之发生变化。因此，棉花施肥一般不是一次施用就能满足整个生育期的要求，需要在施用基肥的基础上再分期追施肥料。

根据肥料不同施用时期及方法，施肥可分为基肥和追肥两类。基肥包括在棉花播种前结合土壤翻耕施入的肥料，也包括育苗移栽棉花在移栽前或移栽时施于移栽沟内的肥料，有人将种肥也归入基肥。追肥则包括土壤追肥和根外追肥。

棉花各次施肥并不是孤立地起作用，而是互相影响的，施肥时期及肥料数量应依棉花品种特性和土壤气候条件而有所不同。一般对生育期较长、土壤保肥性能较差的状况，应当采取施足基肥和分期追施的方法，追肥的时期和次数，应根据棉花品种生育期间的要求和土壤供肥特点而定；对生育期较短的早熟品种，则应采取重施基肥的方法或辅以早期追施；在套种棉田，如来不及施用基肥，则应采取"前重后轻"的追肥方法。

一、基肥的施用

棉花生育期长，根系分布深而广，需肥量大。为了满足棉花全生育期对养分吸收的要求，除棉田浅层需有一定肥力外，土壤深层也应保持较高的肥力，因此应施足基肥。基肥一般施用量较大，肥料种类包括有机肥、氮肥、磷肥和钾肥。基肥中氮肥用量一般占全生育期氮肥总量的 30%～50%，其中长江中下游棉区氮肥一般 30%左右基施；黄淮海棉区一般 40%左右基施；西北新疆棉区地面灌溉棉田氮肥 40%～50%基施，膜下滴灌棉田氮肥 30%左右基施。有机肥、磷肥和钾肥全部或大部分用作基肥。为充分发挥基肥的作用，应采取有效的施用方法。

（一）结合深耕施用

随着棉花的生长发育，其根系不断伸长，棉株对土壤下层养分的需求越来越多，结合深耕施用基肥，可以使土壤下层保持较高的肥力。同时，氮肥作追肥浅施易于挥发，损失量大；磷肥由于在土壤中的移动性较小，其肥效首先决定于肥料与根系的接触面积，浅施时不能接触下层根系，利用率降低；而钾肥浅施易随水流失。因此，基肥宜结合深耕施用，以适应棉花根系不断伸长对土壤下层养分的吸收，同时可提高肥料的利用率，减少损失。施肥深度一般在 20 cm 以上。

（二）集中施用

基肥一般采用集中条施的方法，即将肥料集中施在棉花播种行一侧。与有机肥混合集中施用，减少与土壤的接触面，防止磷肥被土壤大量固定。集中施用用肥较少，肥效较高，尤其适于条播或肥料较少的情况下采用。

（三）多种肥料混合施用

为了保证棉花在整个生育期内持续不断地得到所需要的各种养分，基肥最好采用多种肥料混合施用的方法，将肥效迟速不同的肥料混合施用，可以使基肥肥效更平稳，前期后期都可发挥作用。同时，有机肥料与氮、磷、钾肥配合作基肥施用，可以互相促进，提高肥效，保证棉花生育时期所需的各种养分得以及时供应。

二、种肥的施用

种肥是在棉花播种时施于种子附近或与种子混播的肥料。由于基肥施得较深，不能及时供应幼苗对养分的需求，种肥则可以使幼苗在种子内贮藏的养分耗尽后及时得到供应。

由于种肥与种子距离较近，因此对肥料种类和用量要求比较严格，施用不当，易引起烧种、烂种，造成缺苗。

（一）种肥的施用条件

在施肥水平较低、基肥不足的情况下，种肥效果较好。土壤贫瘠，棉花苗期低温、潮湿，土壤养分转化慢，幼根吸收力弱，不能满足养分需要时，施用种肥一般都有较显著的增产效果。在盐碱土地上施用腐熟有机肥作为种肥，还可起到防盐、保苗的作用。

（二）种肥的种类和施用量

用于种肥的肥料要易于幼苗吸收，肥料酸碱度要适宜，对种子发芽无毒害作用，一般施用高度腐熟的有机肥料和速效性化肥以及细菌肥料等。对氮肥来说，硫酸铵比较适宜，可直接采用拌种的方法；碳酸氢铵、硝酸铵和尿素均不宜直接接触种子。对磷肥来说，过磷酸钙较为适宜；含游离酸较高的过磷酸钙，则不宜作种肥，以免腐蚀种子、影响出苗。微量元素肥料都可采用浸种的方法施用。

种肥的用量不宜过大，一般硫酸铵以 37.5～75 kg/hm^2，过磷酸钙 112.5～150 kg/hm^2 为宜；将化肥与腐熟的有机肥混合施用，效果更好。

（三）种肥施用方法

种肥施用深度宜浅(6～8 cm)，采用集中施、条施或穴施。在播种时先将肥料施于播种沟(穴)下或一侧，然后播种。

三、追肥的施用

在施足基肥的基础上，还需要按照棉花各生育时期对养分的不同要求分期施用追肥。追肥是棉花生长期间施用的肥料，一般用速效性化肥；腐熟良好的有机肥也可用作追肥。对氮肥来说，应尽量将化肥性质稳定的氮肥，如硫铵、硝铵或尿素等用作追肥，而将易挥发的氮肥如碳酸铵等用作基肥；磷、钾肥主要在基肥中施用，一般不必再追施；如基肥施磷、钾肥不足，也可在棉花的生育前期追施。根据施用时期，追肥可分为苗期追肥、蕾期追肥、花铃期追肥和后期追肥；在施用量上一般按前期轻、中期重、后期又轻的原则。在生产中，并不是在每个生育期都需要追肥，要根据棉花长势、土壤性质、肥力基础、基肥用量、栽培管理模式以及各生育时期的气候条件等因素来确定合理的追肥次数、时期及其施用量。为了保证棉花及时吸收所需要的养分，减少肥料损失，追肥应深施在根系附近，遵守“深施、覆土”的原则。

（一）苗期追肥

1. 苗肥的种类和施用量　苗肥一般以化肥或腐熟的饼肥、人粪尿、动物粪肥等速效性肥为主，要掌握轻施，一次施用量不宜过多。苗肥施用尿素一般为 75～120 kg/hm^2。土壤肥沃，基肥充足，苗期可不追肥。在缺磷、钾和微量元素硼、锌的棉田上，若这些肥料在基肥中施用不足，苗期也可补施一部分。

2. 苗肥施用时期和施用方法　苗肥要早施，以达到壮苗早发的目的。直播棉花在 2～3 叶期追施为宜；育苗移栽棉花在施足底肥的基础上，一般可不施用苗肥。苗期追肥要求将肥料施在距苗 10～15 cm、深度 8～10 cm 处。

(二) 蕾期追肥

1. 蕾肥的种类和施用量 蕾期追肥一般以氮素化肥为主,也可补施部分磷、钾肥。一般在棉田土壤肥力不高、基肥施用又不足的情况下,适当增施蕾肥,以促进棉株的营养生长和增枝增蕾;但在土壤肥力较高,基肥施用又充足的情况下,通常应稳施蕾肥,甚至控制蕾肥施用,否则极易引起棉株徒长,造成中下部蕾铃脱落增多而导致减产。在长江流域棉区和黄淮海棉区的黄淮亚区,6 月中下旬至 7 月上旬,棉花进入盛蕾期,正值梅雨季节,这时土壤潜在肥力和基肥充分发挥作用,加上以水调肥,气温适宜,若再施以蕾肥最易导致棉株徒长。所以蕾肥必须根据当时的天气、土壤肥力、基肥施用情况和棉花长势灵活决定是否施用以及施用量。

2. 蕾肥施用时期和施用方法 长江流域棉区由于多为两熟育苗移栽棉,在施足基肥的基础上,一般不施用蕾肥。黄河流域棉区两熟棉田,在前作收获后,为了促进棉花的生长,可追施适量的蕾肥(占总追肥量的 1/3);旱薄棉田总施肥量较少,生育期间仅 1 次追肥时,以蕾期追施较适宜。黄河流域棉区的早熟棉和北部特早熟棉区,由于棉花生长期短,追肥应主要放在蕾期,可以促进棉株的营养生长,发挥良好的壮苗发棵作用。西北内陆棉区一般在 6 月中下旬盛蕾期或初花期追肥;膜下滴灌棉田,蕾期结合滴灌滴肥 1～2 次,每次尿素 30～45 kg/hm^2+磷酸二氢钾 15 kg/hm^2。

(三) 花铃期追肥

1. 花铃肥的种类、施用量和施用时期 花铃肥应以速效氮肥为主,以便迅速发挥肥效。花铃肥一般占总施肥量的 50%～70%。

长江流域棉区一般在初花期和盛花期分 2 次追肥,初花期施用总氮肥量的 30%左右,7 月下旬盛花期施用总氮肥量的 40%左右。在晚发、伏涝的年份,或棉田土质好,前期施肥多,棉株长势旺的棉田,宜适当推迟到棉株下部坐住 1 个大桃时追施氮肥。这类棉田如施肥过早,就会过早封行,造成田间荫蔽,影响棉株中、下部坐桃。

黄河流域棉区的黄淮平原,花铃期一般可分 2 次追施氮肥,第一次在初花期,追施氮肥总量的 40%;第二次在 7 月下旬盛花期,追施氮肥总量的 20%。华北平原可在初花期 1 次追施总氮量的 60%,也可在初花期和盛花期分别追施总氮量 40%和 20%。高肥水棉田由于棉株长势旺盛,花铃肥应适当推迟到棉株下部坐住 1 个大桃后施用;容易早衰的棉花品种应早施、多施花铃肥。旱薄棉田由于肥力低,前期施肥少,到花铃期追肥已嫌过晚,应适当提前追施肥料。为了简化施肥,近年黄河流域棉区也有花铃肥一次性追施的做法。

辽河流域棉区,生长季节短,花铃期追肥一般在开花期前。

西北内陆棉区,地面灌溉棉田,一般在灌第一水前盛蕾至初花期结合开沟培土第一次追肥,施肥占总氮肥 30%左右;盛花期追施总氮肥的 20%,防止棉花后期脱肥早衰。膜下滴灌棉田,结合滴灌,7 月滴肥 4 次,每次滴施尿素 60 kg/hm^2+磷酸二氢钾 30 kg/hm^2;8 月随水滴肥 3 次,每次滴施尿素 45 kg/hm^2+磷酸二氢钾 15 kg/hm^2。

2. 花铃肥的施用方法 花铃肥施用时,可在棉花行间结合中耕开沟,适当深施或穴施,施后覆土。如天气干旱,要及时灌溉,以提高肥料的吸收利用率。磷、钾肥在花铃期施于土壤已嫌过晚，可进行叶面喷施。西北内陆棉区膜下滴灌棉田，可结合滴灌随水滴施。

（四）后期追肥

1. 后期土壤追肥　为了防止棉花早衰，充分利用有效生长季节，保伏桃、争秋桃，多结铃，提高铃重和衣分，达到更高产量，在花铃后期，还需要补施盖顶肥。

后期补肥仍以速效氮肥为主。在施花铃肥的基础上，根据长势，施尿素 75～90 kg/hm^2。要避免施肥过晚造成贪青晚熟，北方一般不晚于 7 月底，南方不能晚于 8 月 10～15 日。如花铃肥施得较早，棉株表现缺肥并有早衰趋势时，要早施、多施；如花铃肥施得晚，棉株长势好，可适当推迟施、少施；如底肥足，前期追肥多，盛花期棉株生长过旺，花铃肥施得过晚，后期也可不施。补施盖顶肥可采取开浅沟条施或穴施的方法，或趁降雨后土壤湿度大时，采用边施边中耕的方法施入。

2. 后期根外追肥　根外追肥是一种辅助性施肥措施。对大量元素来说，由于需要量较大，靠根外追肥吸收量是极其有限的，但在生长后期，根部吸收养分能力减弱，根外追肥能及时补充根部吸收的不足。对微量元素来说，由于需要量很少，根外追肥具有重要意义，如在缺硼、锌的棉田，叶面喷施可避免土壤对肥料的固定，具有明显的增产效果。

第五节　棉花施肥新技术与新型肥料

一、滴灌施肥

我国棉田传统的施肥方法有撒施、分层施、穴施、沟施、叶面喷施等。近年来，随着滴灌技术的发展，与其相结合的滴灌施肥技术引起人们的关注。自 1996 年起，新疆生产建设兵团部分团场开展了棉花膜下滴灌施肥技术试验和示范，目前已在新疆生产建设兵团各植棉团场及地方较大农场全面普及，有条件的小型农场及植棉面积较大的农户也逐步采用此项技术。滴灌施肥可有效地调节作物水分和养分的供应，适合西北和华北等干旱和半干旱棉区。

（一）滴灌施肥的效果

棉花滴灌施肥可以将水、肥同时直接输送到棉花的根部区域，充分发挥肥水耦合效应，有利于促进棉花根系对养分的吸收利用；同时，可根据气候、土壤特性及棉花不同生长发育阶段的需水和营养特点，灵活精量地调节灌水量及养分的种类、比例及数量等，避免了因其他灌水施肥方式造成的周期性水、肥过多或不足，而导致棉花阶段性生长过旺或受水、肥胁迫而减产。新疆试验示范结果表明，采用棉花滴灌施肥与传统地面灌溉施肥方式相比，生育期一般节水 40%以上；由于田间无需设引渠、田埂，节省土地 5%～7%；采用滴灌施肥后，田间不需开沟、中耕、打埂、修渠、机械或人工施肥，可以省工节能；棉花普遍增产 10%～20%；氮肥利用率一般可由 40%左右提高到 60%～70%，磷肥利用率达 30%～35%。

（二）滴灌肥的配料与配方

利用滴灌系统施肥，要特别注意滴灌肥原料的溶解性，应避免选用不溶、溶解度低或原料之间易发生化学反应而形成沉淀的肥料，以防堵塞滴头。滴灌肥所使用的各种原料肥料水不溶物含量须≤5%。

在氮肥品种中，尿素和硝酸铵水溶性好，适合于滴灌肥；硫酸铵及硝酸钙是水溶性的，但也有堵塞滴头的风险。

磷在土壤中不易移动，淋溶和径流损失较小，同时由于磷肥在水中往往会产生固体沉淀，从而引起堵塞，所以磷肥应以播种前基施为主。滴灌肥中磷肥主要选用磷酸二氢钾、聚磷酸铵和工业级磷酸一铵、磷酸二铵。滴灌系统也可注入磷酸，为棉田补充磷素，同时可降低灌溉水的 pH，以避免沉淀物产生。滴灌肥不能用普通磷酸二铵、磷酸一铵、过磷酸钙等磷肥。

钾肥可选择硝酸钾、氯化钾和硫酸钾。硝酸钾价格高，但无废物，既含氮又含钾，但溶解度不如氯化钾；氯化钾便宜，且易溶于水，是滴灌肥中常用的钾肥；硫酸钾也是滴灌常用的钾肥，尤其在土壤含盐量高的地区常用，其溶解度不如氯化钾及硝酸钾。

微量元素则选用硫酸锌、硼酸、硫酸锰、钼酸铵、硫酸铜、硫酸亚铁、柠檬酸铁等，但在选择时必须要考虑其溶解度以及与其他原料的相溶性。

滴灌肥配方中各种元素的含量与配比，要根据棉田养分状况、基肥所施用各种肥料的数量和配比及棉花不同生育期对各种养分的需求而作相应的变化。棉田基肥中施足磷肥、钾肥的情况下，滴灌肥中应以速效氮肥为主，中后期可适当补加磷、钾肥。

（三）膜下滴灌施肥方式

新疆棉花滴灌施肥多采用尿素、磷酸二氢钾单质肥料或 $N : P_2O_5 : K_2O = 1 : 0.3 : 0.15$ 的固态专用复合肥。全生育期一般氮肥(N)用量 300～345 kg/hm^2，磷肥(P_2O_5)用量 120～150 kg/hm^2，钾肥(K_2O)用量 90～120 kg/hm^2。氮肥 30%～40%、磷肥 70%和钾肥 50%～60%基施，其余肥料随滴灌施用。

二、棉田精准变量施肥

精准变量施肥是 20 世纪 90 年代逐步兴起的一种精准、科学施肥的综合技术。这项技术基于地理信息系统(GIS)、全球定位系统(GPS)、农田遥感监测系统(RS)和智能装备，对农业施肥进行定量决策、变量投入并定位精确实施的现代农业施肥管理技术体系，对于提高肥料利用率、保护农田生态环境、提高农产品品质、加快农业生产现代化进程具有重大意义。精准变量施肥技术一般操作过程为：应用 GPS 取样器将田块按坐标分格取样，每 0.5～2 hm^2 取 1 份土壤样品，分析每个取土单元内土壤理化性状和各大、中、微量养分含量；应用 GPS 和 GIS 技术，完成该地块的地形图、土壤性状图等，同时在联合收割机上装上 GPS 接收器和产量测定仪，记录田间每个单元的产量，制作成当季产量图。做施肥决策时，调用数据库数据，根据每一操作单元养分状况和上一季产量水平，参考其他因素，确定该单元各种养分施肥量，应用 GIS 技术，做成施肥操作系统，安装到变量平衡施肥机上进行田间操作。通过精准变量施肥技术，在田间任何位点上(或任何操作单元上)均实现各种营养元素的全面均衡供应，使肥料投入更为合理，使肥料利用率和施肥增产效应提高到较理想的水平。在这种管理水平下，氮肥当季利用率可达 60%以上。

目前的精准施肥技术体系还存在一些问题，如土壤数据采集仪器价格昂贵，性能较差，不能分析一些缓效营养元素的含量；而遥感监测系统由于空间分辨率和光谱分辨率问题，遥感信息和土壤性质、作物营养胁迫的对应关系很不明确，不能满足实际应用的需要。随着高分辨率遥感卫星服务的提供（1～3 m），遥感光谱信息与土壤性质、作物营养关系研究的深入，精准变量施肥将会大有作为。

三、缓（控）释肥及其应用

（一）缓（控）释肥的概念和类型

缓释肥料又称长效肥料，是指通过养分的化学复合或物理作用，使其施入土壤后转变为植物有效养分的速率远小于速溶性肥料；控释肥料是指以各种调控机制，使养分释放按照设定的释放模式（释放率和释放时间）与作物吸收养分的规律相一致的肥料。控释肥是缓释肥的高级形式。

按所用材料、生产工艺和机理不同，缓（控）释肥分为物理型和化学型等，还有生物化学型，如添加脲酶抑制剂和硝化抑制剂，以及以上几种方法结合的物理和化学型，使用时需注意肥料特性。

（二）缓（控）释肥在棉花上的应用效果

1. *对生长发育影响*　李学刚等研究表明，等氮条件下，与常规氮肥相比，施用控释氮肥对前期生长有不利影响，但中后期无显著不利影响，且叶片一直保持较高的净光合速率。李伶俐等以普通尿素为对照，研究了控释氮肥对棉花光合特性和产量的影响，发现等氮（150 kg/hm^2）量条件下，控释氮肥在开花结铃期可有效增加叶面积，提高光合效率，增加单株结铃数和铃重。李国锋等研究表明，基施专用缓释包裹配方肥，并在后期使用尿素叶面喷施，可有效增加盛铃期以后的 LAI 和叶片叶绿素含量，使棉株一生中干物质和氮素积累量明显增加，且在各器官间的分配较合理。

2. *对产量及其构成要素的影响*　据各地田间试验结果，棉花施用缓（控）释肥或专用缓（控）释肥均表现出一定的增产效应，但是，也有平产或减产报道。据江苏试验，一次基施（1 500 kg/hm^2）专用缓释包裹复合肥和一基两喷（基施 1 500 kg/hm^2 缓释包裹复合肥，结合盛花期和打顶后各喷尿素 15 kg/hm^2），伏桃与早秋桃比例较大，均占单株总成铃数的 84.3%，比常规施肥提高 4.4 个百分点，分别比常规施肥增产 11.4%和 10.4%。据安徽试验，缓（控）释复合肥能增加前期铃重，提高单株成铃率，籽棉增产率 5.7%～6.1%。据湖北试验，缓（控）释肥增加伏桃、秋桃及总铃数，提高成铃率，后劲足，不易早衰，籽棉增产 7.2%～11.0%。据湖南试验，籽棉增产 5.6%～13.8%。又据湖北多点试验，前作油菜茬，土壤肥力中等试验，籽棉增产 10.6%～12.8%。

郑曙峰等于 2009～2010 年在安徽省 9 点次棉花田间试验结果指出，不同施肥处理皮棉产量均与对照不施肥处理间差异达显著水平，专用缓（控）释肥 100%用量（处理 3）和 80%用量（处理 5）分别比相同养分常规施肥处理（处理 2 和处理 4）平均单产增加 2.4%和 9.6%，比不施肥对照（处理 1）分别增加 65.7%和 37.3%。在 2 个专用缓（控）释肥处理中，缓（控）释肥 100%用量（处理 3）比缓（控）释肥 80%用量（处理 5）增产 3.87%，但差异不显著。专用缓（控）释肥增产表现在增加单位面积的成铃数和单铃重，对衣分率也有一些影响（表 31－17）。

表 31-17　棉花不同专用缓(控)释肥施用量试验处理的产量差异及其产量构成
(郑曙峰,2010)

施肥处理	成铃数(万个/hm^2)		铃重(g/个)		衣分(%)		皮棉产量(kg/hm^2)	
	2009 年	2010 年	2009 年	2010 年	2009 年	2010 年	2009 年	2010 年
1. 不施肥对照(CK)	51.45 c	54.90 b	4.77 ab	5.00 c	40.9 a	40.1 a	852.0 c	943.5 b
2. 常规施肥 100%用量	73.95 a	73.95 a	4.66 b	5.32 b	41.6 a	40.1 a	1 468.5 a	1 435.5 a
3. 缓(控)释肥 100%用量	88.65 a	93.80 a	4.78 ab	5.50 a	41.5 a	39.9 ab	1 494.0 a	1 482.0 a
4. 常规施肥 80%用量	74.85 b	70.65 a	4.76 ab	5.30 b	41.3 a	40.0 ab	1 249.5 b	1 365.0 a
5. 缓(控)释肥 80%用量	86.7 ab	73.50 a	4.88 a	5.38 ab	41.2 a	39.3 b	1 482.0 a	1 383.0 a

[注] ①为对照,不施肥;②为常规肥料,N、P_2O_5、K_2O 分别为 375 kg/hm^2、187.5 kg/hm^2、375 kg/hm^2;③为棉花专用控释肥(18-9-18),2 083.5 kg/hm^2,总养分含量与处理 2 一致;4 为处理 2 施肥量的 80%;5 为处理 3 施肥量的 80%。表中同列不同小写字母表示差异达 0.05 显著水平。

山东针对缓(控)释肥开展了一系列田间试验取得了显著成效,缓(控)释肥比等量常规复合肥平均增产达 5.0%～18.9%。王浩等(2004)试验指出,施用缓(控)释包膜复合肥,平均皮棉产量比对照增加 413.7 kg/hm^2,增产率为 29.54%。李学刚连续 3 年试验指出,控释尿素增产 5.0%～6.4%。耿计彪(2016)试验,施用控释氮肥皮棉产量比同等用量尿素增产 6.10%～9.78%,比无氮肥处理增产 14.81%～18.15%。控释氮肥增产主要是显著增加单铃重,对衣分率影响不明显。李成亮连续 4 年定位试验结果显示,与施用等养分的速效化肥相比,施用控释复合肥在 4 年试验中有 2 年平产、2 年减产。其中减产年份可能与控释肥的养分释放与棉花养分吸收期不相吻合有关。故控释肥需与速效化肥配合施用(表 31-18)。同时,棉花施用专用缓(控)释肥具有省工节本的功效,改化肥多次施用为集中施用,减少追肥次数,节省人工费用,同时增产效益显著。

表 31-18　不同施肥处理对籽棉产量的影响(2008～2011 年,惠民县)
(李成亮,2014)　　(单位:kg/hm^2)

施肥处理	2008 年	2009 年	2010 年	2011 年	平均
不施肥(CK)	3 467 a	3 453 b	3 347 d	2 979 b	3 312 b
复合肥+速效氮肥 2 次	3 562 a	3 698 a	3 782 b	3 702 a	3 686 a
复合肥+速效氮肥 1 次	3 551 a	3 627 a	3 761 b	3 693 a	3 658 a
复合肥+控释氮肥	3 483 a	3 731 a	3 941 a	3 785 a	3 735 a
控释复合肥	3 447 a	3 483 b	3 635 c	3 729 a	3 573 a

[注] 试验为定位试验。"复合肥+速效氮肥 2 次"处理为氮磷钾复合肥(含 N、P_2O_5、K_2O 各 18%)750 kg/hm^2 作基肥,尿素(含 N 46%)初花追施 150 kg/hm^2、打顶后追施 75 kg/hm^2;"复合肥加速效氮肥 1 次"处理为氮磷钾复合肥(含 N、P_2O_5、K_2O 各 18%)750 kg/hm^2 作基肥,尿素(含 N 46%)开花后 5 d 追施 225 kg/hm^2;"复合肥+控释氮肥"为氮磷钾复合肥(含 N、P_2O_5、K_2O 各 18%)750 kg/hm^2 和控释期 120 d 的树脂包膜尿素 225 kg/hm^2 作基肥;控释复合肥为金正大生态工程集团股份有限公司生产的棉花控释专用肥(氮磷钾含量与上述处理相同)作基肥一次施入。基肥施肥深度为 10 cm,追肥深度 5～8 cm。同列不同小写字母表示差异达 0.05 显著水平。

3. 对肥料利用率的影响　李国锋等研究表明,棉花专用包裹配方肥可使氮素利用率提高 13.7%～18%,有效减少了养分流失,减轻了对环境污染。李学刚等研究表明,全部施用控释尿素处理比全部施用普通尿素处理增产效果显著,氮素利用率最高。胡伟等研究指出,2 年控释尿素的农学利用率比普通尿素处理提高 2.56 kg/kg,同时 2 年控释尿素处理的氮肥当季利用率比普通尿素处理提高了 12.9%,控释尿素处理的棉花氮、磷养分吸收量 2 年均高于普通尿素处理。进一步研究发现，第一季控释尿素处理植株氮素吸收量和吸收速率在苗期和蕾期小于普通尿素处理，但花铃期以后超过后者，并维持较高水平；而第二季控释尿素处理的氮素吸收量始终高于普通尿素处理，同时，控释尿素处理不同程度地增加了氮素表观利用率。施氮量 220 kg/hm^2 的控释尿素处理较施氮量300 kg/hm^2 的普通尿素处理棉花产量无显著差异；施氮量 120 kg/hm^2 的控释尿素处理与施氮量 150 kg/hm^2 的普通尿素处理籽棉产量持平，但其肥效提高了 29%。这些都表明了控释尿素显著提高了肥料利用效率。总体来看，控释肥与普通肥料相比，其养分的释放规律与棉花的需肥规律吻合程度好，能够促使棉花营养生长与生殖生长更加协调，从而提高了肥料利用率。

李成亮(2014)研究指出，在施氮量 75 kg/hm^2 和 150 kg/hm^2 条件下，与复合肥处理相比，在多个生育期的控释肥处理提高了 0～20 cm 和 20～40 cm 土层硝态氮含量，土壤有效磷和速效钾含量与普通复合肥处理间未出现显著的差异。控释氮肥氮素释放量与棉花氮素吸收量呈极显著正相关，树脂包膜尿素和硫加树脂包膜尿素的相关系数分别达到 0.971 2 和 0.899 7，且氮肥利用率分别提高了 25.2%和 52.7%。结果表明，控释氮肥处理土壤速效氮含量随控释氮肥的释放变化而变化，并且使盛花期后土壤保持较高的硝态氮和铵态氮含量，控释氮肥氮素释放与氮素吸收相一致。

(三) 专用配方缓(控)释肥施用方法

专用配方缓(控)释肥的施用效果，在一定程度上取决于产品本身的养分释放性能和加工质量，还受气候、土壤、地理位置等自然条件的限制。长江流域棉区“一基一追”或“一基多喷”是指将缓(控)释肥总量的 80%～90%作基肥或移栽肥一次施下，中后期补施少量速效氮肥。棉花施 1 200～1 500 kg/hm^2(作基肥或移栽肥一次沟施)，盛花期(7 月底至 8 月初)视苗情加施 75～150 kg/hm^2 尿素，或多次喷施叶面肥，适于偏旱年份、地势较高排水较好的棉田。棉花高密度(90 000 株/hm^2)直播栽培时，可“种肥同播”，即用 800～900 kg/hm^2 专用配方缓(控)释肥在棉花直播时用施肥播种机与棉种一同播下。

黄河流域棉区的一次性基施是指将全部缓(控)释肥料作为基肥使用。需要注意的是，缓(控)释肥不得穴施或满田撒施，要求集中深施，开沟深 15～20 cm，与棉株间隔距离 30～35 cm。肥料均匀撒在沟底，再覆土。作基肥(或移栽肥)足量早施，中后期不宜施用。

低洼、渍涝和排水不畅的棉田不宜施用缓(控)释肥。

第六节　主要棉区棉田土壤养分状况和推荐施肥方案

推荐施肥是合理施肥、控制过量和减少浪费的关键性技术。推荐施肥以土壤养分化验和评价指标，作物养分带走和归还，以及将目标产量作为基本参数提出施肥方案，并根据土壤质地、肥力基础和前茬作物，棉花品种、播种密度、采用促进早熟措施和棉田灌溉排水等生产情况进行调整。我国中低产棉田面积所占比例大，不断改良土壤培养地力，增施有机肥和科学施肥是棉花可持续生产的有效措施。

一、长江中下游棉区棉田

（一）土壤养分状况

长江中下游棉区棉田主要分布于湖南省洞庭湖，湖北省的江汉平原、鄂东和鄂北，江西赣北的鄱阳湖，安徽沿江两岸，江苏省沿江沿海地区。棉田主要分布于沿江、沿海、滨湖平原和丘陵岗地。沿江沿海滨湖平原棉田土壤以潮土和水稻土为主，丘陵岗地以红壤和黄棕壤为主，滨海则为盐碱土(见第十四章)。

1. 湖北省棉田　湖北省主要农区(江汉平原、沿江两岸平原、鄂中丘陵和鄂北地区)土壤有机质含量平均为23.4 g/kg，其中89.4%样点处于中等或丰富水平；土壤全氮含量平均值为1.2 g/kg，其中97.3%样点处于中等或丰富水平；土壤碱解氮平均值102.1 mg/kg，其中48.9%样点处于中等或丰富水平，缺乏的占51.1%；土壤速效磷(P_2O_5)平均值13.1 mg/kg，其中44.4%处于中等或丰富水平，缺乏的占55.6%；土壤速效钾(K_2O)平均值为127.5 mg/kg，其中有64.4%处于中等或丰富状况，缺乏的占35.6%。说明湖北省主要农区土壤有机质和全氮较为丰富，但超过50%的田块土壤碱解氮和速效磷处于缺乏水平，速效钾缺乏、中等和丰富的比例各占约1/3。因此，在棉花等作物施肥上应注意减氮增磷补钾(表31－19)。

表31－19　2007～2010年湖北省主要农区土壤养分平均值

(杨利等，2014，2016)

农区	有机质(g/kg)	全氮(g/kg)	碱解氮(mg/kg)	速效磷(P_2O_5，mg/kg)	速效钾(K_2O，mg/kg)
江汉平原	23.2	1.2	103.0	13.6	125.9
鄂中丘陵	27.0	1.4	114.9	14.6	112.9
鄂北地区	21.3	0.9	94.2	11.9	137.1
三地平均	23.4	1.2	104.0	13.4	125.3

2. 江西赣北棉田　赣北棉区为江西棉花主要集中种植区(彭泽县、九江县、都昌县、湖口县、永修县、德安县、瑞昌市、武宁县等)，常年种植面积约占全省总面积的80%，达5.33万hm^2。该区土壤60%为黄红壤，40%为江湖冲积土，土层深厚，养分丰富，富含有机质，2010年九江市土肥站对九江棉花种植区土壤养分检测结果表明，全市土壤有机质含量总体较高，其中极丰和丰富级别的分别为33%和14%，合计47%；中上和中下级别的分别占15%和34%，合计49%；缺乏和极缺级别的只占4%。土壤碱解氮含量也较高，其中极丰和丰富级别的分别为31%和17%，合计48%；中上和中下级别的分别占20%和21%，合计41%；缺乏和极缺的只占11%。土壤速效磷含量总体处于中等水平，其中极丰和丰富级别的分别为16%和10%，合计26%；中上和中下级别的分别占35%和31%，合计66%；缺乏和极缺的占8%。土壤速效钾含量则总体偏低，其中极丰和丰富级别的分别为6%和7%，合计13%；中上和中下级别的分别占35%和42%，合计77%；缺乏和极缺的占10%。因此江西赣北棉区棉花施肥应减氮补磷增钾。

3. 安徽沿江棉田　安徽沿江棉区75%～80%的棉田分布在江、河两岸的洲圩区。这类棉田的土壤以灰潮土为主，土层深厚肥沃；20%～25%的棉田在沿湖丘陵岗地，土壤以黄红壤、黏盘黄棕壤为主,土质黏重,土层较浅,肥力较差。该区棉田种植制度以油菜、棉花两熟为主,约占 80%,另外有 20%为小麦、棉花两熟及其他两熟制。以安徽省望江县为例,2005 年耕层土壤有机质含量平均值为 22.0 g/kg,其中 59.3%样本属于"中等"级别;33.4%属于"缺"级别。土壤全氮含量平均值为 1.49 g/kg,其中 92.11%属于"中等"和"较丰"级别。土壤速效磷含量较高,平均值为 25.4 mg/kg,其中 51.82%属于"较丰"级别;13.1%属于"丰富"级别;25.6%属于"中等"级别,只有 9.5%属于"缺"或"极缺"级别。土壤速效钾含量较低,平均值为 83.0 mg/kg,其中 68.37%属于"缺"级别;10.6%属于"极缺"级别。土壤有效锌含量平均值为 1.58 mg/kg,其中 65.81%属于"中等"级别;16.1%属于"缺"或"极缺"级别。土壤有效硼含量平均值为 0.66 mg/kg,其中 61.48%属于"中等"级别;28.0%属于"缺"或"极缺"级别。表明安徽沿江棉区土壤有机质、全氮、速效磷水平较高,而速效钾、有效硼含量普遍偏低,应减氮减磷增钾补硼。

4. *江苏沿江沿海棉田*　江苏沿海棉区(启东、海门、如东、东台、大丰、射阳等)土壤主要为轻中度盐碱地,土壤速效钾含量高,有机质、全氮、速效氮和速效磷均为中下水平。以射阳县为例,2007 年全县棉田土壤有机质、全氮、速效氮、速效磷(P_2O_5)和速效钾(K_2O)含量平均值分别为 14.0 g/kg、0.82 g/kg、69.1 mg/kg、14.8 mg/kg 和 165 mg/kg。因此,该区棉田需在施有机肥基础上,施足氮肥磷肥,适当补充钾肥。

(二) 长江中下游棉区推荐施肥方案

长江中游亚区湖北、湖南、江西、安徽淮河以南主要产棉区土壤养分总体情况是氮素较丰富、速效磷中等或缺乏、速效钾普遍偏低,应在施用有机肥的基础上,减少氮肥,施足钾肥,适当补充磷肥;长江下游亚区的江苏省沿海地区土壤氮、磷养分偏低、钾素丰富,应在施用有机肥基础上,施足氮磷肥,适当补充钾肥。

1. *油(麦)茬后移栽棉推荐施肥方案*　目标产量籽棉 4 500～5 250 kg/hm^2。

中游亚区(主要包括湖北、湖南、江西、安徽淮河以南地区),推荐施肥量:腐熟畜禽粪肥 1 500～3 000 kg/hm^2(或腐熟饼肥 1 500 kg/hm^2),氮肥(N)225～300 kg/hm^2,磷肥(P_2O_5)90～120 kg/hm^2,钾肥(K_2O)180～240 kg/hm^2。缺硼、锌棉田施用硼砂和硫酸锌各 15 kg/hm^2。

下游亚区(主要为江苏南通市和盐城市),推荐施肥量:有机肥(主要为干鸡粪)2 250 kg/hm^2 左右,氮肥(N)225～300 kg/hm^2,磷肥(P_2O_5)90～120 kg/hm^2,钾肥(K_2O)90～135 kg/hm^2。缺硼、锌棉田施用硼砂和硫酸锌各 15 kg/hm^2。

基肥可在耕地前撒施,板茬移栽田可在移栽后距棉行 15～20 cm 开沟条施或穴施,有机肥、磷肥和硼、锌肥全部作基肥,氮肥 30%和钾肥 50%作基肥。初花期追施氮肥总量和钾肥总量的 50%,如棉花长势偏旺可推迟到 7 月中旬棉株平均结 1 个大桃时追施。8 月 10 日前后补施盖顶肥,氮肥总量 20%。追肥可在距棉行 15～20 cm 开沟条施或穴施。8 月上中旬开始,可视棉花长势叶面喷施 1.0%～2.0%尿素加 0.3%～0.5%磷酸二氢钾溶液,每隔 7～10 d 喷 1 次,连续喷 2～3 次。

2. *油(麦)茬后直播棉推荐施肥方案*　目标产量籽棉 3 750 kg/hm^2。推荐施肥量:氮肥(N)180～225 kg/hm^2,磷肥(P_2O_5)75～105 kg/hm^2,钾肥(K_2O)150～180 kg/hm^2。缺硼、锌棉田施用硼砂和硫酸锌各 15 kg/hm^2。基施或苗期施用全部的磷、钾肥和硼、锌肥及氮肥总量的30%；盛蕾期至初花期追施氮肥总量的70%。8月上中旬开始，可视棉花长势叶面喷施1.0%～2.0%尿素加0.3%～0.5%磷酸二氢钾溶液，每隔7～10 d喷1次，连续喷2～3次。

二、黄河流域棉区棉田

（一）河北黑龙港棉田

1. 土壤养分状况 黑龙港地区地处华北平原中北部，主要包括河北省的衡水市、邢台市、邯郸市、沧州市及天津市。该流域地势低洼，但随着地下水位的不断下降，重度和中度的盐碱地面积仅分布于沧州市，其他市棉田以旱薄地为主，也有轻度盐渍化和少量的“花斑碱”地。

自20世纪80年代以来，由于耕作、施肥、灌溉和种植结构调整等人为因素的影响，该流域土壤肥力状况发生了较大变化，土壤有机质、全氮、速效氮、速效磷、有效锌含量均有不同程度提高，而速效钾含量明显降低。

从20世纪80年代到2010年前后，黑龙港地区棉田土壤有机质提高幅度25.0%～82.2%，全氮提高幅度17.7%～52.6%，速效磷提高幅度126.6%～370.4%，三者均达到中等或中等偏上级别；速效钾下降幅度12.4%～27.3%，已低于棉田施钾有效的临界值。邢台市和衡水市土壤有效硼含量明显提高，达到中等级别；而邯郸和沧州土壤有效硼含量无变化，仍处于较低级别。土壤有效锌含量显著提高，均达到高或中等级别。因此，黑龙港流域在棉花施肥上应“稳氮、减磷、增钾硼”（表31-20）。

表31-20 近30年河北黑龙港流域棉田土壤养分含量变化比较

（林永增，王树林，2017）

地区	pH	有机质(g/kg)	全氮(g/kg)	速效氮(mg/kg)	速效磷(P_2O_5, mg/kg)	速效钾(K_2O, mg/kg)	有效硼(mg/kg)	有效锌(mg/kg)
20世纪80年代								
邢台	8.05	9.00	0.610	49.4	5.40	129.0	0.50	0.39
邯郸	8.19	9.70	0.640	54.7	9.40	153.0	0.55	0.43
衡水	8.04	10.10	0.680	45.0	4.80	140.1	0.54	0.57
沧州	9.02	10.00	0.620	55.0	6.80	161.0	0.55	0.51
2010年前后								
邢台	8.66	16.4	0.904	64.40	25.40	113.0	0.93	2.25
邯郸	8.72	13.6	0.970	70.88	21.30	129.0	0.55	2.67
衡水	8.69	14.9	1.038	71.50	21.30	119.0	0.75	1.50
沧州	8.69	12.5	0.730	64.42	18.60	117.0	0.45	0.97

［注］数据来源于2006～2011年河北省“测土配方施肥”项目数据；河北省第二次土壤普查数据。

2. 推荐施肥方案

（1）一熟棉田：目标产量籽棉4 500 kg/hm²。提倡秸秆还田，增施有机肥，施用缓（控）释氮肥，简化施肥。黏壤土棉田，土壤黏重，耕性差，土壤有机质和速效钾含量高，需根据土壤化验结果确定是否补充钾肥。推荐施肥量：有机肥（干鸡粪）1 500～2 250 kg/hm²，缓释氮肥（N）

150～180 kg/hm²,磷肥(P_2O_5)45～75 kg/hm²,钾肥(K_2O)90～120 kg/hm²(表 31-21)。

表 31-21　河北黑龙港旱地不同质地棉田推荐施肥量

(林永增,王树林,2017)　(单位:kg/hm²)

项目	籽棉目标产量	推荐施肥量				
		干鸡(猪)粪	N	P_2O_5	K_2O	硼砂
黏壤土区	4 500	1 500～2 250	150～180	45～75	90～120	15
沙壤土区	4 500	2 250～3 000	150～180	45	120～150	15

沙壤土棉田,耕性好,有机质偏低,土壤速效磷普遍偏高,近年钾素上升。推荐施有机肥(干鸡粪)2 250～3 000 kg/hm²,缓释氮肥(N)150～180 kg/hm²,磷肥(P_2O_5)45 kg/hm²,钾肥(K_2O)120～150 kg/hm²,硼砂 15 kg/hm²。

有机肥和化肥全部于播种前 10～15 d 撒施于地表,随后旋耕,再灌底墒水,待土壤表层水分适宜时进行耙耱后待播,棉花生长季节不再追肥,硼、锌等微肥可在盛铃期结合喷药进行叶面喷施。

(2) 粮棉轮作两年三熟田:近年河北省中南部棉农选择种植玉米、小麦等粮食作物,传统棉花单作一熟制逐步向粮棉轮作两年三熟种植制转变,针对棉花与小麦、玉米需肥差异,充分利用前茬残肥肥效,实现化肥减施(表 31-22)。

目标产量为籽棉 4 500 kg/hm²,小麦 8 250 kg/hm²,玉米 10 000 kg/hm²。棉花推荐施肥量:有机肥(干鸡粪)2 250～3 000 kg/hm²,缓释氮肥(N)120～150 kg/hm²,不施磷肥;钾肥(K_2O)120～150 kg/hm²,全部作为基肥撒施。小麦推荐施肥量:氮肥(N)225～270 kg/hm²,分底肥与拔节期追肥两次施用,各占 50%;磷肥(P_2O_5)180～225 kg/hm²,不施钾肥。玉米推荐施肥量:氮肥(N)225～270 kg/hm²,不施磷肥,钾肥(K_2O)75～120 kg/hm²。

表 31-22　河北黑龙港粮棉轮作种植模式推荐施肥量

(林永增,王树林,2017)　(单位:kg/hm²)

作物种类	目标产量	干鸡(猪)粪	N	P_2O_5	K_2O
棉花	4 500	2 250～3 000	120～150	0	120～150
小麦	8 250	0	225～270	180～225	0
玉米	10 000	0	225～270	0	75～120

(二) 滨海盐碱地棉田

我国滨海盐碱地棉田主要分布在山东黄河三角洲和天津环渤海地区。棉田土壤富含盐离子,且 pH 较高,加之地势低洼易受涝灾影响,常引起氮素肥料挥发、营养障碍和离子失衡,因此盐碱地棉花施肥技术不同于非盐碱地。依据盐度、地力水平和产量目标提出滨海盐碱地棉花推荐施肥技术。

1. 滨海盐碱地棉田土壤养分状况　盐渍化土壤中过多盐离子常导致营养障碍和离子失衡,偏碱性的土壤环境还会引起氮素肥料挥发损失,进而影响棉花养分吸收和生长发育,不利于棉花产量和品质的形成。因此,在盐碱地棉田施肥,不仅要考虑棉田土壤养分状况和棉花对矿质养分的吸收,还应考虑盐分对土壤供肥能力和对棉花吸收利用养分的影响;不仅要考虑满足棉花生长发育的养分需求,还应考虑增强棉花耐盐性、减轻盐害的需要;不仅要考虑当季棉花的养分需求,还要考虑不断培养和提高盐碱地棉田的土壤肥力,实现盐碱地利用和培肥的有机结合。

(1) 盐碱地棉田的营养障碍:盐渍化土壤含盐量多、pH 较高,一方面限制了棉花对氮素的吸收,另一方面也促进了氨的挥发;另外,灌水洗盐也会造成土壤中大量硝态氮随水淋失。基于对盐碱地氨挥发机制及其影响因素的研究,发现通过对肥料的改性,如对肥料包膜或者在肥料中添加高吸附性物质如沸石粉或与酸性物质、肥料混施,可以降低氮肥的氨挥发损失;通过增施有机肥,改良盐渍化土壤特性,也可有效降低氮肥的氨挥发损失。

盐渍土由于其偏碱性环境,大量磷素被土壤固定转化形成无效磷,故有效磷相对缺乏是盐渍土营养的一个重要特征;土壤盐分对作物磷素吸收的影响与氮素一样,随着土壤含盐量的增加,作物对磷的吸收降低。盐碱地合理施磷肥一方面改良了土壤,另一方面促使棉花形成壮苗,抗盐能力增强。长期培肥特别是施用磷肥可大幅度提高土壤含磷量,但其中大量的磷被转化为无效磷。而提高氮肥施用量,合理氮磷配比有助于降低有效态磷的无效化。研究发现,盐渍条件下作物对磷的需求能力并不因磷肥投入量增加而增加,在一定施磷水平上,磷肥的利用率随磷肥投入量的增加而降低,合理氮磷配比,则有助于提高磷肥利用率。

盐渍化土壤中钾素含量与土壤含盐量密切相关,当土壤含盐量较高,尤其离子含量大时,钠与钾离子之间的拮抗作用直接影响植物对钾离子的吸收;随着改土脱盐,钾离子又可随水流失,土壤速效钾含量降低。如果土壤中可溶性盐分较高,而钾浓度又较低时,施钾肥不仅能满足植物生长对钾的要求,还能促进植物体内盐分的排泄,以促进根部有机溶液的积累和维持细胞中液泡的渗透压,增强植物耐盐胁迫的能力。

总之,土壤中积累过多盐离子和较高的 pH,一方面促进氮肥中氨的挥发或直接影响棉株对营养元素的吸收,另一方面也通过影响土壤的理化性状,间接影响棉株对肥料养分的吸收利用。增施有机肥、肥料包膜、合理氮磷配比等措施都是提高肥料利用率的有效途径。

(2) 滨海不同盐碱程度棉田养分特征:把总可溶性盐分含量在 1～2.5 g/kg 的棉田作为轻度盐碱地,2.5～4.5 g/kg 的棉田作为中度盐碱地,4.5 g/kg 以上的作为重度盐碱地。据此,发现黄河三角洲滨海盐碱地棉田,轻度、中度和重度盐碱地分别占 44.3%、40.6%和 15.1%。可见,当前滨海盐碱棉田主要以轻度和中度盐碱地为主,含盐量在 4.5 g/kg 以上的重度盐碱地种植棉花的比例不大。

从 318 块盐碱棉田盐分和养分含量的测定结果可见(表 31 - 23),三类盐碱地的有机质和养分含量差别很大。重度盐碱地棉田、中度盐碱地棉田与轻度盐碱地棉田相比较,有机质含量分别低 24%和 13%,碱解氮分别低 37%和 29%,速效磷分别低 45%和 15%。速效钾含量则以中度盐碱地棉田最低,轻度盐碱地棉田次之,重度盐碱地棉田最高,但重度盐碱地棉田的速效钾含量在不同棉田间差异很大,高的达到 297 mg/kg,低的却只有 57 mg/kg。总体来看,重度盐碱地氮、磷比较缺乏,中度盐碱地氮、磷、钾的含量都不高,轻度盐碱地的钾含量则有些偏低。天津环渤海地区滨海盐碱地也具有相似的盐分和养分特征。

表 31-23　滨海不同盐碱程度棉田养分特征

(董合忠等,2009)

棉田类型	含盐量(g/kg)	有机质(g/kg)	碱解氮(mg/kg)	速效磷(mg/kg)	速效钾(mg/kg)
盐碱重度(<5 年)	7.5	5.8	26.3	4.2	213
盐碱重度(>5 年)	6.2	10.5	58.1	12.6	114
盐碱中度	3.5	9.5	48.7	13.4	114
盐碱轻度	1.4	10.9	69.0	15.7	125

重度盐碱地肥力水平与开垦和植棉的年限有关(表 31-23),植棉小于 5 年的盐碱地,地力水平较差;植棉大于 5 年的盐碱地,地力水平有较大提高。植棉年限短的盐碱地有机质和碱解氮含量很低,速效磷含量也严重不足,但含钾量最高;开发利用年限较长的重度盐碱地的肥力与中度盐碱地基本相当,有机质、碱解氮和速效磷的含量中等,但速效钾含量有些偏低。

综上所述,以山东黄河三角洲和天津环渤海滨海盐碱地棉田以轻度和中度为主,重度盐碱地植棉的规模和比例不大。中度盐碱地的有机质含量一般,氮、磷、钾含量中等偏下;轻度盐碱地有机质含量和氮、磷含量较高,但是速效钾含量偏低;种植年限短的重度盐碱地有机质含量很低,碱解氮和有效磷含量严重不足,但含钾量高,具有典型的“有机质含量低,缺氮、贫磷、富钾”的特征;种植年限较长的重度盐碱地有机质、碱解氮和有效磷的含量中等,但速效钾较低。这些特征可作为滨海盐渍棉田改良和施肥的重要依据。

2. *滨海盐碱地棉花推荐施肥方案*　根据滨海盐碱地的营养障碍和养分特征,棉花施肥应掌握以下原则:充分考虑盐碱地土壤中过多盐离子的不利影响,各类盐碱地应强调足量施用磷肥、适量施用氮肥;重度盐碱地棉田速效钾含量较高,一般不施钾肥,适当增施氮肥;而中度和轻度盐碱地棉田应适当施用钾肥。重度盐碱地施肥的增产效果明显,但土壤中的盐分显著抑制了棉花生长和养分的吸收,增加施肥量的增产效果受到较大制约,故不宜多施肥,更不宜过多施钾肥。还必须注意的是,盐碱地氮肥的氨挥发较为严重,进一步降低了肥料的利用率。要从根本上减少肥料损失、提高肥效,一方面要不断改良盐碱地,降低土壤含盐量,改善土壤理化性状;另一方面,要依据盐度、肥力水平和产量目标分类施肥,采取普通肥料与缓(控)释肥相结合、土壤施肥和叶面肥相结合的技术路线。

(1) 轻度盐碱地棉田推荐施肥方案:轻度盐碱地,籽棉目标产量 3 750～4 500 kg/hm^2,在酌施有机肥的前提下,施肥量为氮肥(N)225～255 kg/hm^2,磷肥(P_2O_5)90～105 kg/hm^2,钾肥(K_2O)105～120 kg/hm^2。其中,磷肥全部作基肥,氮肥和钾肥均为 40%作基肥,花铃期追施 60%左右。

提倡采用缓(控)释氮肥,方法和用量为 105 kg/hm^2 缓(控)释氮+105 kg/hm^2 速效氮,作基肥一次施用。钾肥和磷肥的用量不变。

(2) 中度盐碱地棉田推荐施肥方案:中度盐碱地,籽棉目标产量 3 000～3 375 kg/hm^2,在酌施有机肥的前提下,施肥量为氮肥(N)180～210 kg/hm^2,磷肥(P_2O_5)75 kg/hm^2,钾肥(K_2O)75～90 kg/hm^2。磷、钾肥全部作基肥施用,氮肥基肥和花铃期追肥各占 50%。

提倡采用控释氮肥，方法和用量为 90 kg/hm^2 控释氮＋90 kg/hm^2 速效氮，作基肥一次施用。钾肥和磷肥用量不变(表 31－24)。

表 31－24　黄河三角洲和环渤海盐碱地棉田推荐施肥量

(董合忠整理，2017)

盐碱地类型	土壤含盐量(g/kg)	籽棉目标产量(kg/hm^2)	秸秆还田*(kg/hm^2)	N(kg/hm^2)	P_2O_5(kg/hm^2)	K_2O(kg/hm^2)
轻度	＜0.25	3 750～4 500	5 600～6 800	225～255	90～105	105～120
中度	0.25～0.45	3 000～3 375	4 500～5 000	180～210	75	150～180
重度	＞0.45	2 250～2 625		120～150	60	45

［注］秸秆于冬前粉碎还田，春季结合整地施有机肥(粪肥 15～30 t/hm^2 或鸡粪 15～30 t/hm^2)。

(3) 重度盐碱地棉田推荐施肥方案：对于种植棉花年限比较长的重度盐碱地(含盐量 4.5 g/kg 以上)，籽棉产量目标为 2 250～2 625 kg/hm^2。在酌施有机肥的前提下，施肥量为氮肥(N)120～150 kg/hm^2，磷肥(P_2O_5)60 kg，钾肥(K_2O)45 kg/hm^2，在土壤含钾量较高时也可不施用钾肥。

新开垦或种植年限短的重度盐碱地(含盐量 5.0 g/kg 以上)，产量目标为 1 875 kg/hm^2 左右。施肥量为氮肥(N)120 kg/hm^2，磷肥(P_2O_5)52.5 kg/hm^2，不施钾肥。磷、钾肥全部作基肥施用，氮肥基肥和初花期追肥各占 50%。提倡采用控释氮肥，方法和用量为 60 kg/hm^2 控释氮＋60 kg/hm^2 速效氮，作基肥一次施用。磷肥用量不变，不施钾肥。

(4) 叶面喷肥：受盐碱地过多盐分和土壤结构差的影响，单纯依靠土壤施肥的重度盐碱地棉花，营养往往供应不足，植株根系衰老较快，后期脱肥现象普遍。在此情况下，可以通过根外追肥加以缓解。盐碱地棉花叶面肥喷施的效果较好：一是现配现用，尿素 3%～5%＋磷酸二氢钾 0.5%～1%；二是自 8 月中旬开始，每隔 7～10 d 喷 1 次，连续喷 2～3 次。

(三) 黄淮平原棉田

1. 鲁西南蒜棉两熟高效棉田推荐施肥方案　蒜棉两熟集中分布在山东菏泽市、济宁市和江苏徐州市，大蒜面积常年稳定在 10 万 hm^2 以上，蒜套棉面积连续多年占蒜田面积的 90%以上。蒜田套种棉花，不仅可以提高土地复种指数，而且两者在生态、价格上具有较强的互补功能。

大蒜对各种营养元素的吸收量以氮最多，N：P_2O_5：K_2O＝1：(0.25～0.35)：(0.85～0.95)。大蒜产量水平在 17 250～30 750 kg/hm^2，N、P_2O_5、K_2O 施用量分别为 375～450 kg/hm^2、150～180 kg/hm^2 和 225～300 kg/hm^2，缺硼、锌棉田硼砂和硫酸锌各施 15.0 kg/hm^2，磷、钾和硼、锌肥全部基施，氮肥 60%基施，40%于翌年春天随水冲施。大蒜施肥原则：稳施氮肥、控施磷肥、巧施钾肥、补施中微肥，推广控释、缓释等新型肥料，提高化肥利用率。

对于蒜棉连作多年棉田，由于施肥量大，蒜田土壤大量元素养分含量极其丰富，表层养分"过剩"和富营养化的特征最为明显。从长势长相来看，棉花普遍旺长，茎秆粗壮，叶片肥大和厚重，叶色深绿，叶柄粗而长，铃大，铃壳较厚。因此，连作蒜田的棉花施肥原则应是少施或不施肥，或适当少量补施氮肥，管理上应采取"以水调肥"方法，当干旱时应及时灌溉补水。

对于蒜棉连作的头几年，棉田推荐施肥方案：籽棉目标产量 4 500 kg/hm²，氮肥（N）、磷肥（P_2O_5）、钾肥（K_2O）分别为 180 kg/hm²、90 kg/hm²、90 kg/hm²，棉花移栽后施提苗肥尿素 195 kg/hm²，初花期追施 N－P_2O_5－K_2O＝15－15－15 的复合肥 600 kg/hm²；蒜后直播棉，籽棉目标产量 3 750 kg/hm²，氮肥（N）、磷肥（P_2O_5）、钾肥（K_2O）分别为 120 kg/hm²、60 kg/hm²、60 kg/hm²，棉花苗期开沟追施 N－P_2O_5－K_2O＝15－15－15 的复合肥 405 kg/hm²，初花期追施尿素 135 kg/hm²（表 31－25）。

表 31－25　黄淮平原蒜棉两熟推荐施肥量

（董合林整理，2018）　　　　（单位：kg/hm²）

作物种类	目标产量	腐熟畜禽粪肥	N	P_2O_5	K_2O
大蒜（头茬）	30 000	3 000	375	150	225
大蒜（重茬）	18 750	4 500	450	180	300
蒜套移栽棉	4 500	—	180	90	90
蒜后直播棉	3 750	—	120	60	60

多年重茬大蒜产量逐年降低，病害加重，品质变差，解决的途径和方法是重施有机肥、轮作和深耕翻。

2. 徐淮棉田土壤养分和推荐施肥方案　自 20 世纪 80 年代以来，由于秸秆还田、增施化肥及种植结构调整等因素的影响，江苏徐淮棉田土壤肥力状况发生了较大变化，土壤有机质、全氮、速效氮、速效磷和速效钾含量均有不同程度提高，但有机质、全氮、速效氮均为中下水平，速效磷和速效钾达到中上水平。以丰县为例，2007 年全县棉田土壤有机质、全氮、速效氮、速效磷（P_2O_5）和速效钾（K_2O）含量平均值分别为 12.0 g/kg、0.82 g/kg、83.5 mg/kg、19.3 mg/kg、106.4 mg/kg。因此，该棉区需在施有机肥基础上，施足氮肥，减少磷肥，增施钾肥。

推荐施肥方案：徐淮棉区棉花种植主要采用地膜覆盖，推荐棉花生长季施有机肥（干鸡粪）2 250～3 000 kg/hm²，氮肥（N）225～270 kg/hm²，磷肥（P_2O_5）60～90 kg/hm²，钾肥（K_2O）150～180 kg/hm²。有机肥全部基施，氮肥于播种、开花时分别施用 40%、60%，磷、钾肥于播种和开花时分别施用 50%。

3. 淮北棉田土壤养分和推荐施肥方案　安徽淮北棉区地处黄河流域棉区的南部，主要包括安徽省的亳州、阜阳、淮北、宿州和蚌埠，水热资源较丰富，避免了北方少雨、干旱和积温偏低以及秋季早霜对棉纤维发育不利的气候，优越的自然气候条件为生产优质棉提供了良好的基础。该区棉田分布在淮河沿岸，这类棉田的土壤以潮土、砂姜黑土为主。潮土土壤质地较好，肥力较高，但因地形起伏，地势低洼，旱涝灾害频发；砂姜黑土土壤质地一般较黏重，物理性状不良，结构差，瘠薄僵瘦，易旱易涝渍。该区棉田种植制度以小麦、棉花两熟为主。

以安徽省太和县为例，2008 年土壤化验结果表明，棉田耕层土壤有机质含量平均值为 16.91 g/kg，比第二次土壤普查（1979～1985）有所提高，变化范围 8.8～29.1 g/kg。95.44%的耕层土壤有机质属于"缺"级别；0.25%属于"极缺"级别。耕层土壤全氮含量平均值为

1.1 g/kg ,比第二次土壤普查时略有提高,变化范围 0.64～2.44 g/kg,其中,89.45%属于“中等”级别。耕层土壤有效磷含量水平不高,平均值为 14.5 mg/kg,变化范围 4.5～76.5 g/kg, 72.46%属于“中等”级别,16.08%属于“缺”或“极缺”级别。耕层土壤速效钾含量平均值为 188.76 mg/kg,变化范围 43.0～453.0 mg/kg, 86.84%属于“较丰”级别,11.19%属于“中等”级别。耕层土壤有效锌含量平均值为 1.33 mg/kg,变化范围 0.22～5.34 mg/kg, 37.28%属于“缺”和“极缺”级别,62.72%属于“中等”以上级别。耕层土壤有效硼含量平均值为 0.30 mg/kg,变化范围 0.10～1.62 mg/kg, 61.11%属于“缺”级别,27.04%属于“极缺”级别(表 31-26)。

表 31-26　黄淮平原(安徽淮北)棉田土壤养分含量

(郑曙峰提供,2017)

地　区	有机质(g/kg)	全　氮(g/kg)	速效氮(mg/kg)	速效磷(mg/kg)	速效钾(mg/kg)	有效硼(mg/kg)	有效锌(mg/kg)
太和县	16.91 (10～20)	1.10 (1.0～1.5)	65.00 (50.0～100.0)	14.50 (10.0～20.0)	188.76 (150.0～200.0)	0.30 (0.25～0.50)	1.33 (0.5～1.0)

[注] 数据来源:安徽省太和县耕地地力评价与应用.北京:中国农业出版社,2015。

麦棉两熟棉花目标产量为籽棉 3 750 kg/hm²。推荐施肥量:有机肥(以商品有机肥为主)2 250～3 000 kg,氮肥(N)180～360 kg/hm²,磷肥(P_2O_5)30～45 kg/hm²,钾肥(K_2O)150～225 kg/hm²,硼砂、硫酸锌各 15～30 kg/hm²。砂姜黑土区施肥量可增加 10%左右。淮北棉区麦棉两熟棉花采用育苗移栽方式栽培时,主要有如下 2 种施肥方式。

常规施肥:种植密度推荐 30 000 株/hm²,总施氮量的 40%、总施磷量的 100%、总施钾量的 50%、总施硼量的 100%、总施锌量的 100%作为苗蕾期基肥或移栽肥,一般在移栽存活后施用;在盛蕾期至初花期施氮肥和钾肥(花铃肥),施肥量为总施氮量的 60%、总施钾量的 50%。8 月上中旬开始,可结合防治病虫害喷施叶面水溶肥,一般喷 1.0%～2.0%尿素＋0.3%～0.5%磷酸二氢钾溶液,也可喷商品叶面水溶肥,每隔 7～10 d 喷 1 次,连续喷 3～5 次,前两次可加 0.2%硼砂和硫酸锌溶液,每次喷溶液 750～1 500 kg/hm²。

简化施肥(棉花专用配方缓释肥):用棉花专用配方缓释肥(配方同常规施肥)1 200～1 500 kg/hm²和有机肥料 1 500 kg/hm² 作基肥或移栽肥一次性开沟埋施,露地移栽棉在移栽后 10 d 内施用。盛花期(7 月底)视苗情追施纯氮 75 kg/hm² 左右。可用中耕机开沟施肥,机械中耕施肥是使用多功能棉田管理机中耕深施花铃肥的同时破除空行板结,疏松土壤。8 月上中旬开始,可结合防治病虫害喷施叶面水溶肥,喷施方法与以上常规施肥相同。

淮北棉田为麦棉两熟栽培,棉花种植密度 90 000～120 000 株/hm²,施肥采用“棉花专用配方缓释肥、种肥同播”方法,即用施肥播种机在播种的同时一次性施用棉花专用配方缓释肥＋有机肥,肥料配方同常规施肥,棉花专用配方缓释肥施肥量可减少 50%左右(表 31-27)。

表 31-27　黄淮平原(淮北)棉花推荐施肥量

(郑曙峰提供,2017)　(单位:kg/hm^2)

棉田主要种植制度	籽棉目标产量	有机肥	N	P_2O_5	K_2O	硼砂	硫酸锌
麦后茬移栽棉花(密度30 000株/hm^2)	3 750~4 200	2 250~3 000	180~360	30~45	150~225	15~30	15~30
麦后茬直播棉花(密度90 000~120 000株/hm^2)	3 375~3 750	2 250~3 000	100~300	30	100~180	15~30	15~30

淮北棉花秸秆由农户自行拔起,堆放于房屋周围,用作燃料做饭取暖,有部分大户将棉秆进行机械粉碎还田,少数地区棉花秸秆被生物发电厂收走,进行生物发电。

三、西北内陆棉区棉田

(一) 西北内陆新疆棉田土壤养分分级标准

应用土壤养分状况系统研究法,设置各种养分的全素和缺素处理,通过土壤测试、盆栽试验和田间检验试验,按照相对产量划分土壤养分分级标准(如速效磷分级标准,相对产量小于70%属极低,70%~80%属低,80%~90%属中,大于90%属高),建立新疆棉田土壤养分系统研究法的分级标准,再对系统研究法和新疆标准法土壤养分分析结果进行相关分析,确定了新疆棉田土壤养分新疆标准法的分级标准。

本标准以新疆棉田土壤养分作为评价对象,各指标等级与全国第二次土壤普查养分分级标准略有不同。首先有机质的指标偏小,且南北疆的等级也不一致,主要原因在于,新疆南北疆自然环境差异较大,在自然状态下,影响土壤有机质含量的因素包括气候、植被、母质、地形和时间。而在人类耕作活动影响下,施肥状况和耕作措施则成为短期影响,因此,以两个区域土壤有机质含量的实际水平进行划分,也更具指导意义。方法是,通过土壤有机质含量中值与该级别耕地面积比例加权平均后得到该区域土壤有机质在该级别的平均含量(表31-28)。

表 31-28　新疆棉田土壤养分分级标准

(刘骅,王西和提供,2017)

项　目		极低	低	中	高	测定方法
有机质(g/kg)	南疆	<8.0	8~12	12~16	>16	重铬酸钾容量法-外加热法
	北疆	<12	12~15	15~18	>18	
全氮(g/kg)		<0.4	0.4~0.6	0.6~0.8	>0.8	半微量凯氏法
碱解氮(mg/kg)		<40	40~60	60~90	>90	碱解扩散法
速效磷(P_2O_5,mg/kg)		<7	7~13	14~30	>30	$NaHCO_3$ 浸提-钼锑抗比色法
速效钾(K_2O,mg/kg)		<80	80~160	161~210	>210	NH_4OAc 浸提-火焰光度法
有效锌(mg/kg)		—	<1	1~3	>3	DTPA-TEA 浸提-原子吸收法
有效硼(mg/kg)		—	<0.8	0.8~3	>3	沸水浸提-姜黄素比色法
盐分(g/kg)		<5	5~10	10~15	>15	

[注] 分级标准依据新疆农业科学院土壤肥料与农业节水研究所提出的“新疆主要土壤养分含量评价指标”。

其次，土壤速效钾的分级标准(如极低级别)高于全国第二次土壤普查养分分级标准，原因在于：新疆农田土壤绝大部分发育在深厚的黄土母质及冲积洪积物上，矿物组成中伊利石、蒙脱石、水云母等富含钾矿，加之新疆为典型的内陆干旱气候，降雨量少，蒸发量大，土壤风化程度弱，含钾矿物的分解、淋溶作用也弱，因此土壤中钾素含量较高，尤其是新垦耕地土壤速效钾含量可达 300 mg/kg 以上。

(二) 西北内陆新疆土壤养分状况

1. 北疆棉区土壤养分状况　据 2011 年新疆农业科学院土壤肥料与农业节水研究所等单位及部分测土配方施肥县土壤养分测定结果，与 20 世纪 80 年代初第二次土壤普查相比，北疆棉田土壤有机质和全氮平均值分别降低了 3.66 g/kg 和 0.17 g/kg，降幅分别为 23.9% 和 17.2%，按新疆棉田土壤养分分级标准评价总体分别处于极低和高水平；土壤速效氮、速效磷和速效钾平均值分别提高 13.8 mg/kg、13.5 mg/kg 和 55.4 mg/kg，增幅分别为 24.1%、233.1%和 32.0%，分别为中等、中等和高水平。土壤有效硼、有效锌平均值总体处于中等水平。其中土壤速效磷含量变异较大，说明北疆棉田施肥中仍存在盲目性，导致棉田磷素含量差异较大(表 31-29)。

表 31-29　北疆棉田土壤养分状况

(刘骅，王西和提供，2017)

年　代	项　目	有机质 (g/kg)	全氮 (g/kg)	碱解氮 (mg/kg)	速效磷 (P_2O_5，mg/kg)	速效钾 (K_2O，mg/kg)	有效硼 (mg/kg)	有效锌 (mg/kg)
第二次土壤普查	平均值	15.33	0.99	57.06	5.77	172.90	—	—
2011 年	平均值	11.47	0.82	70.81	19.22	228.27	1.12	1.12
	变异系数(%)	24.78	19.95	18.14	104.35	79.32	40.94	47.49

2. 南疆棉田土壤养分状况　南疆巴州棉田土壤有机质和全氮平均值分别降低了 5.87 g/kg 和 0.13 g/kg，降幅分别为 39.1%和 20.0%，按新疆棉田土壤养分分级标准评价均处于低水平；土壤速效氮、速效磷平均值分别提高 9.88 mg/kg、10.64 mg/kg，增幅分别为 23.0%、164.2%，分别为低和中等水平；土壤速效钾降低了 53.25 mg/kg，降幅 29.5%，由 21 世纪 80 年代的中等水平降为低水平。土壤有效硼、有效锌平均值均处于中等水平。

南疆喀什地区棉田土壤有机质、全氮、速效氮和速效磷均提高，分别提高了 5.31 g/kg、0.2 g/kg、35.78 mg/kg 和 11.49 mg/kg，增幅分别为 72.7%、35.7%、113.6%和 360.2%，按新疆棉田土壤养分分级标准评价均处于中等水平；土壤速效钾降低了 79.52 mg/kg，降幅 40.4%，由 21 世纪 80 年代的中等水平降为低水平。土壤有效硼、有效锌平均值均处于中等水平。

南疆阿克苏地区棉田土壤有机质、全氮、速效氮和速效磷均提高，分别提高了 1.45 g/kg、0.05 g/kg、29.49 mg/kg 和 11.96 mg/kg，增幅分别为 13.9%、7.9%、81.9%和 319.8%，按新疆棉田土壤养分分级标准评价土壤有机质处于低水平，全氮、速效氮和速效磷均处于中等水平；土壤速效钾降低了 45.11 mg/kg，降幅 25.9%，由 21 世纪 80 年代的中等水平降为低水平。土壤有效硼、有效锌平均值均处于中等水平(表 31-30)。

表 31-30　南疆棉田大量元素养分状况

（刘骅，王西和提供，2017）

地　区	测定时间	项　目	有机质 (g/kg)	全氮 (g/kg)	碱解氮 (mg/kg)	速效磷 (P_2O_5，mg/kg)	速效钾 (K_2O，mg/kg)	有效硼 (mg/kg)	有效锌 (mg/kg)
巴　州	第二次土壤普查	平均值	15.00	0.65	43.00	6.48	180.40	—	—
	2011 年	平均值	9.13	0.52	52.88	17.12	127.15	1.44	1.61
		变异系数(%)	32.28	34.40	49.03	60.34	39.02	27.31	87.04
喀　什	第二次土壤普查	平均值	7.30	0.56	31.50	3.19	197.00	—	—
	2011 年	平均值	12.61	0.76	67.28	14.68	117.48	1.86	1.23
		变异系数(%)	21.58	24.67	45.79	56.71	36.31	43.91	32.67
阿克苏	第二次土壤普查	平均值	10.40	0.63	36.00	3.74	174.00	—	—
	2011 年	平均值	11.85	0.68	65.49	15.70	128.89	1.38	1.54
		变异系数(%)	28.63	32.10	48.86	79.25	57.34	63.22	65.39

（三）新疆棉田养分平衡状况估算

新疆棉田棉花秸秆量估算公式：

棉花田间秸秆量（包括根、茎、叶、铃壳）＝皮棉产量×皮棉草谷比－棉籽产量
＝籽棉产量×籽棉草谷比

其中：棉籽产量＝（皮棉产量/衣分）－皮棉产量，皮棉草谷比＝（根＋茎＋叶＋铃壳＋棉籽）/皮棉≈5；如衣分按 39.6%计，则籽棉谷草比为 1.376。

例如，皮棉产量 2 079.0 kg/hm²（籽棉 5 250 kg/hm²），棉花秸秆产量为 7 224.0 kg/hm²，棉花干物质总量（秸秆＋籽棉）12 474 kg/hm²，其中秸秆中的根、茎、叶、铃壳产量分别为 753 kg/hm²、2 085 kg/hm²、2 251.5 kg/hm²、2 134.5 kg/hm²。

棉株 N、P_2O_5、K_2O 吸收总量分别为 230.6 kg/hm²、77.2 kg/hm²、282.7 kg/hm²，合计 590.5 kg/hm²，N∶P_2O_5∶K_2O＝1∶0.33∶1.23。其中秸秆中 N、P_2O_5、K_2O 分别为 116.8 kg/hm²、29.8 kg/hm²、217.2 kg/hm²，合计 363.8 kg/hm²；经济产量（种子和纤维）中 N、P_2O_5、K_2O 分别为 113.8 kg/hm²、47.4 kg/hm²、65.6 kg/hm²，合计 226.7 kg/hm²。若秸秆全部还田，则返还棉田的 N、P_2O_5、K_2O 分别占吸收量的 50.6%、39.2%和 76.8%，剩下的 N、P_2O_5、K_2O 养分随籽棉带出棉田。

2017 年新疆棉田 N、P_2O_5 和 K_2O 平均用量分别为 300 kg/hm²、184.5 kg/hm²、42 kg/hm²，合计 526.5 kg/hm²，与棉花 N、P_2O_5 和 K_2O 吸收量之和（590.5 kg/hm²）接近，但比带走量（226.7 kg/hm²）多 299.8 kg/hm²。其中施用的 N、P_2O_5 量分别比带走量多 186.2 kg/hm² 和 137.1 kg/hm²，施用的 K_2O 比带走量少 23.5 kg/hm²。因此，应在合理施用氮肥的情况下，降低磷肥施用量，部分棉田注意补施钾肥。

根据国家灰漠土长期定位施肥试验的监测结果，土壤有机碳的变化速率与有机碳投入的关系可以用直线线性方程计算：

$$Ssoc = 0.236C - 0.306$$

式中：S——土壤有机碳变化速率；C——有机碳投入量。

延伸计算可得,新疆棉田每年可积累有机碳 0.345 kg/hm²,相当于每年可提高耕层土壤有机碳 0.000 15 g/kg。可见,新疆棉田若仅通过秸秆还田提高土壤有机质,作用十分缓慢,主要原因为有机碳投入量不足,同时也验证了新疆农田有机质低下的原因(表 31-31)。

表 31-31 新疆棉花养分量的估算

(刘骅、王西和提供,2017)

器官	养分含量(%)			棉花各部位产量 (kg/hm²)	棉花养分积累量(kg/hm²)			
	N	P_2O_5	K_2O		N	P_2O_5	K_2O	C
根	0.76	0.27	1.95	753.0	5.7	2.0	14.7	288.0
茎	1.02	0.29	2.58	2 085.0	21.3	6.0	53.8	796.5
叶	2.52	0.52	2.31	2 251.5	56.7	11.7	52.0	861.0
铃壳	1.55	0.47	4.53	2 134.5	33.1	10.0	96.7	816.5
秸秆小计				7 224.0	116.8	29.8	217.2	2 761.5
种子	3.43	1.43	1.49	3 171.0	108.8	45.3	47.2	121.5
纤维	0.24	0.1	0.88	2 079.0	5.0	2.1	18.3	79.5
籽棉小计				5 250.0	113.8	47.4	65.5	201.0
合计				12 474.0	230.6	77.2	282.7	2 962.5

(四)新疆棉花推荐施肥方案

从当前来看,新疆高产棉田面积约占 23.6%,中产棉田面积约占 35.0%,低产棉田约占 41.4%。中等地力棉田,有机质 12~18 g/kg,全氮 0.6~0.8 g/kg, P_2O_5 14~30 mg/kg, K_2O 160~210 mg/kg,籽棉目标产量 6 000 kg/hm² 左右(中产水平),推荐施棉籽饼 750~1 125 kg/hm²,氮肥(N)210~240 kg/hm²、磷肥(P_2O_5)90~120 kg/hm² 和钾肥(K_2O)75~90 kg/hm²,适当补充硼锌微肥。籽棉目标产量超过 7 500 kg/hm² 时,推荐施氮量增加到 300 kg/hm²,磷、钾施用量也相应增加(表 31-32)。

表 31-32 新疆不同产量水平推荐施肥参考方案

(刘骅、王西和提供,2017) (单位:kg/hm²)

地力与产量水平	施肥总量 N∶P_2O_5∶K_2O	地面灌溉		滴灌		微量元素施用量	
		基肥用量	追肥用量	基肥用量	追肥用量		
		N∶P_2O_5∶K_2O	N∶P_2O_5∶K_2O	N∶P_2O_5∶K_2O	N∶P_2O_5∶K_2O	硫酸锌	硼砂
北疆棉区							
高产田	240∶120∶75	90∶120∶75	150∶0∶0	75∶90∶45	165∶30∶30	4.5	3.75
中产田	210∶105∶75	90∶105∶75	120∶0∶0	60∶75∶45	150∶30∶30	4.5	3.75
低产田	180∶90∶60	60∶90∶60	120∶0∶0	60∶60∶30	120∶30∶30	4.5	3.75
南疆棉区							
高产田	270∶135∶90	105∶135∶90	165∶0∶0	90∶90∶45	180∶45∶45	4.5	3.75
中产田	240∶120∶75	90∶120∶75	150∶0∶0	75∶90∶45	165∶30∶30	4.5	3.75
低产田	225∶105∶60	90∶105∶60	135∶0∶0	75∶75∶30	150∶30∶30	4.5	3.75

（续表）

地力与产量水平	施肥总量 N∶P_2O_5∶K_2O	地面灌溉		滴　灌		微量元素施用量	
		基肥用量	追肥用量	基肥用量	追肥用量		
		N∶P_2O_5∶K_2O	N∶P_2O_5∶K_2O	N∶P_2O_5∶K_2O	N∶P_2O_5∶K_2O	硫酸锌	硼砂
东疆棉区							
高产田	225∶120∶75	90∶120∶75	135∶0∶0	75∶90∶45	150∶30∶30	4.5	3.75
中产田	210∶90∶75	90∶90∶75	120∶0∶0	60∶60∶45	150∶30∶30	4.5	3.75
低产田	180∶90∶60	60∶90∶60	120∶0∶0	60∶60∶30	120∶30∶30	4.5	3.75

［注］本方案比农业农村部 2018 年春季主要农作物科学施肥推荐方案的 N 约低 30 kg/hm^2，P_2O_5 和 K_2O 均低 15 kg/hm^2左右，硼和锌推荐量低于表 31－32。

中低产棉田提高单产应以改良和培肥土壤为主要目标，包括平整土地、盐碱治理、改善灌溉条件、增施有机肥和种植绿肥等。对于高肥力棉田，可以综合考虑棉花吸收的养分量和收获物带走的养分量，采用少施或者不施的策略以适当降低土壤中养分的累积。

地面灌溉或滴灌棉田，有机肥和粉碎的秸秆全部基施，作为基肥的化肥在秸秆粉碎后地面撒施，随后犁地待冬灌（南疆）与不冬灌（北疆）。

地面灌溉棉田基施氮肥三分之一，磷肥、钾肥、硼肥和锌肥全部基施。其余氮肥在蕾期（6 月中下旬）头水前追施三分之一，另三分之一在（7 月上中旬）花铃期再追施 1 次。

滴灌棉田基施氮肥 30％，磷肥 70％左右、钾肥 50％～60％，硼、锌肥全部基施或叶面喷施，剩下的肥料随水滴施 5～7 次，北疆结束滴施肥料时间不迟于 7 月底，南疆结束滴施肥料不迟于 8 月上旬。盛蕾至初花期滴施肥量占总追肥量的 25％，盛花结铃期滴施肥量占总追肥量的 60％，花铃后期滴施肥量占总追肥量的 15％。

滴灌条件下的肥水耦合方案见第三十二章。

全国农业技术推广服务中心和农业农村部科学施肥专家指导组，发布 2018 年春季主要农作物科学施肥指导意见。其中，西北内陆棉区新疆方案，膜下滴灌棉田，目标皮棉产量 1 800～2 250 kg/hm^2，棉籽饼 750～1 125 kg/hm^2，氮肥（N）300～330 kg、磷肥（P_2O_5）75～90 kg 和钾肥（K_2O）75～90 kg/hm^2。皮棉产量 2 250～2 700 kg/hm^2，棉籽饼1 125～1 500 kg/hm^2，氮肥（N）330～360 kg、磷肥（P_2O_5）150～180 kg 和钾肥（K_2O）90～120 kg/hm^2。

（撰稿：董合林，李存东，郑曙峰，陈金湘，刘骅，王西和；主审：毛树春，董合忠；终审：毛树春）

参 考 文 献

［1］Longstreth D J, Nobel P S. Nutrient Influences on Leaf Photosynthesis Effects Of Nitrogen, Phosphorus, and Potassium for *Gossypium Hirsutum* L. Plant Physiology, 1980,65(3).

［2］匀玲，习洁，韩春丽，等. 氮肥对新疆棉花产量形成期叶片光合特性的调节效应. 植物营养与肥料学报，2004,10(5).

［3］孙红春，李存东，周彦珍. 不同氮素水平对棉花功能叶生理特性、植株性状及产量构成的影响. 河北农业大学学报，2005,28(6).

[4] 刘连涛,李存东,孙红春,等.氮素营养水平对棉花衰老的影响及其生理机制.中国农业科学,2009,42(5).

[5] Bondada B R, Oosterhuis D M, Norman R J, et al. Canopy photosynthesis growth yield and boll ^{15}N accumulation under nitrogen stress in cotton. Crop Science, 1996,36(1).

[6] 薛晓萍,郭文琦,王以琳,等.不同施氮水平下棉花生物量动态增长特征研究.棉花学报,2006,18(6).

[7] 谢志良,长彦,卞卫国,等.氮对棉花苗期根系分布和养分吸收的影响.干旱区研究,2010,27(3).

[8] 邬飞波,成灿土,许馥华.氮素营养对短季棉生理代谢和产量的影响.浙江农业大学学报,1998,24(3).

[9] Fridgen J L, Varco J J. Dependency of cotton leaf nitrogen, chlorophyll, and reflectance on nitrogen and potassium availability. Agronomy Journal, 2004,96(1-2).

[10] Sistani K R, Rowe D E, Johnson J, et al. Supplemental nitrogen effect on broiler-litter-fertilized cotton. Agronomy Journal, 2004,96.

[11] 李俊义,刘荣荣,王润珍,等.新疆棉花磷肥最佳用量及时期研究.中国棉花,1999,26(5).

[12] 李文炳,徐惠纯.山东省主要棉区棉花磷肥肥效的研究.棉花学报,1979,6(6).

[13] 宋美珍,毛树春,邢金松.钾素对棉花光合产物的积累及产量形成的影响.棉花学报,1994,6(增刊).

[14] 董合忠,唐薇,李振怀,等.棉花缺钾引起的形态和生理异常.西北植物学报,2005,25(3).

[15] 朱振亚,赵翔,王承华.棉花施钾效应研究.新疆农业科学,2000(1).

[16] 李伶俐,马宗斌,张东林,等.盛铃期补施钾肥对不同群体棉花光合特性和产量品质的影响.植物营养与肥料学报,2006,12(5).

[17] 郭英,孙学振,宋宪亮.钾营养对棉花苗期生长和叶片生理特性的影响.植物营养与肥料学报,2006,12(3).

[18] Pettigrew W T. Potassium deficiency increase specific leaf weights and leaf glucose levels in field-grown cotton. Agronomy Journal, 1999(91).

[19] Rosolem C A, Mikkelsen D S. Potassium absorption and partitioning in cotton as affected by periods of potassium deficiency. Journal of Plant Nutrition, 1991,14(9).

[20] Bennett O L, Rouse R D, Ashley D A, et al. Yield, fiber quality and potassium content of irrigated cotton plants as affected by rates of potassium. Agronomy Journal, 1965(57).

[21] 杨惠元,宋美珍.北方棉区钾肥施用效应研究.中国棉花,1992,19(2).

[22] 张原根,唐连顺,牛永章,等.土壤干旱下钙处理对棉花生理过程、膜功能及产量的影响.棉花学报,1997,9(2).

[23] 周存高,蒋式洪.红壤棉区施用钾镁肥的增产效果.中国棉花,1994,21(10).

[24] David R. Ergle, Frank M. Eaton Sulphur Nutrition of Cotton. Plant Physiology, 1951,26(4).

[25] 苗友顺,王俊振.硫肥在棉花上施用效果.中国棉花,2000,27(9).

[26] Prasad M. Effect of nitrogen, phosphorus and sulphur applied to cotton (*Gossypium hirsutum*) and their residual effect on succeeding Indian mustard (*Brassica juncea*) crop. Indian Journal of Agronomy, 2000,45(3).

[27] Makhdum M I, Malik M N A, Chaudhry F I, et al. Effects of Gypsum as a Sulphur Fertilizer in Cotton(*Gossypium hirsutum* L.) Production. International Journal of Agriculture And Biology, 2001,3(4).

[28] 孙义祥,朱宏斌,郭熙盛,等.棉花施用硫肥的产量、品质效应研究.土壤肥料,2003(3).

[29] 白灯莎·买买提艾力,张士荣,冯固,等.硫肥对棉花蕾铃脱落及产量的影响.核农学报,2006,20(2).

[30] 白灯莎·买买提艾力,徐建辉,居马·卡德,等. 施硫肥对棉花各生育期干物质分配规律的影响. 中国棉花,2003,30(6).
[31] 王俊振. 棉花施用硫肥的效果. 河南农业科学,2002(8).
[32] 王运华,周晓峰. 硼对棉花叶柄中无机营养、酚、酶活性和激素影响的研究. 植物营养与肥料学报,1994(1).
[33] 皮美美,刘武定. 棉花硼氮营养关系的研究. 华中农业大学学报,1987,6(1).
[34] 刘武定,孙晶晶,皮美美. 硼对棉花^{32}P、^{86}Rb和^{14}C的吸收及其在体内分布的影响. 华中农业大学学报,1978,6(1).
[35] 程锦,肖文俊. 棉花氮锌营养关系的研究. 土壤通报,1989(4).
[36] 毛树春. 棉花营养与施肥. 北京:中国农业科学技术出版社,1993:30 - 31,120 - 149.
[37] 高柳青,田长彦. 棉花锰营养. 江西棉花,1998(5).
[38] 蒋式洪,程光伊,施存镐,等. 锰肥对棉花增产和生理效应. 浙江农业大学学报,1986,12(2).
[39] 高柳青,田长彦,胡明芳. 锌、锰对棉花吸收氮、磷养分的影响及机理研究. 作物学报,2000,26(6).
[40] 施作家,谢宜成. 硅肥在棉花上的应用研究. 中国棉花,2001,28(7).
[41] 夏圣益,王岐山. 棉花硅肥效应研究. 中国棉花,1998,25(8).
[42] 杨惠元,蒋国柱,毛树春,等. 稀土在棉花上的应用效果. 中国棉花,1988,15(4).
[43] 陈恩凤. 关于土壤肥力实质研究的来源与设想. 土壤肥料,1978(6).
[44] 鲁如坤. 土壤磷素(二). 土壤通报,1980(2).
[45] 中国农业科学院土壤肥料研究所. 中国肥料. 上海:上海科学技术出版社,1994:523.
[46] 农业部科学技术司. 中国南方农业中的钾. 北京:农业出版社,1991:264 - 265.
[47] 邱任谋. 钾肥对棉花的作用及施用技术. 河南农业科学,1986(6).
[48] 鲍士旦. 土壤农化分析. 北京:中国农业出版社,2000:110.
[49] 刘铮,朱其清,唐丽华,等. 我国缺乏微量元素的土壤及其区域分布. 土壤学报,1982,19(3).
[50] 全国微肥科研协作组. 几种主要农作物锌硼施用技术规范的研究-Ⅰ:几种主要农作物锌硼肥施用技术规范. 土壤肥料,1989(3).
[51] 刘芷宇,唐永良,罗质超,等. 主要作物营养失调症状图谱. 北京:农业出版社,1982:65,73,80 - 82,96.
[52] 秦遂初,张永松. 棉花缺钾症诊断研究. 中国农业科学,1983,16(4).
[53] 刘雄德,李波. 湖北省棉田土壤与棉叶钾素状况诊断指标的探讨. 湖北农业科学,1987(12).
[54] 尹楚良. 棉花的缺锌诊断及防治. 中国棉花,1986,13(5).
[55] Thomas J R. Leaf reflectance vs. leaf chlorophyll and carotenoid concentration for eight crops. Agronomy Journal, 1977,69.
[56] 黄春燕,王登伟,闫洁,等. 棉花叶绿素密度和叶片氮积累量的高光谱监测研究. 作物学报,2007,33(6).
[57] 吴华兵,朱艳,田永超,等. 棉花冠层高光谱指数与叶片氮积累量的定量关系. 作物学报,2007,33(3).
[58] 伍维模,郑德明,董合林,等. 南疆棉花干物质和氮磷钾养分积累的模型分析. 西北农业学报,2002,11(1).
[59] 张旺锋,李蒙春,勾玲,等. 北疆高产棉花养分吸收特性的研究. 棉花学报,1998,10(2).
[60] 李俊义,刘荣荣,王润珍,等. 棉花需肥规律. 中国棉花,1990,17(4).
[61] 李俊义,刘荣荣,董合林,等. 棉花早熟品种吸收养分特点及氮肥施用时期研究. 棉花学报,1992,19(2).

[62] 董合林.我国棉花施肥研究进展.棉花学报,2007,19(5).
[63] 贾仁清,叶德柱,石吟梅.高产棉花的干物质积累和氮磷钾养分的吸收分配规律探讨.中国棉花,1981,8(5).
[64] Dong H Z, Kong X Q, Li W J, et al. Effects of plant density and nitrogen and potassium fertilization on cotton yield and uptake of major nutrients in two fields with varying fertility. Field Crops Research, 2010(119).
[65] 白灯莎・买买提艾力,冯固,等.南疆高产棉花营养特征及施肥方式的研究.中国棉花,2002,29(11).
[66] 李文炳,王留明,牟吉元,等.山东棉花.上海:上海科学技术出版社,2001:300.
[67] 张毓锺,杨汝献,杨惠元,等.棉花施肥技术研究//1963年棉花学术讨论会论文集.北京:农业出版社,1965:92-102.
[68] 李俊义,刘荣荣,唐耀升.我国主要棉区棉花经济施用氮肥关键技术研究.中国棉花,1989,16(2).
[69] 李俊义,刘荣荣,周茂谦,等.棉花氮磷钾化肥最佳用量及需肥规律研究.中国棉花,1987,14(6).
[70] 李俊义,刘荣荣,王润珍.新疆棉区棉花氮肥适宜用量和施用时期研究.中国棉花,1999,26(4).
[71] 曾胜河,吴志勇,黄爱民,等.农八师棉花推荐施肥系统技术与推广.新疆农垦科技,2003,(5).
[72] 唐胜,李文才.棉花不同施氮量对纤维品质影响的研究.安徽农业科学,1991,47(1).
[73] 胡尚钦,杨晓,张相琼,等.紫色土壤施氮对棉花产量品质的效应.棉花学报,2001,13(1).
[74] Read J J, Reddy K R, Jenkins J N. Yield and fiber quality of upland cotton as influenced by nitrogen and potassium nutrition. European Journal of Agronomy, 2006,24.
[75] Tewolde H, Fernandez C J, Foss D C. Maturity and lint yield of nitrogen and phosphorus deficient Pima cotton. Agronomy Journal, 1994,86(2).
[76] 中国农业科学院土壤肥料研究所.中国肥料.上海:上海科学技术出版社,1994:519-520.
[77] 阿雷亚,厉仁安.海涂棉花施用氮钾肥效果研究.浙江农业大学学报,1997,23(6).
[78] 朱永歌,俞全胜,孙天曙,等.高品质棉渝棉一号生育特性和栽培技术研究.中国棉花,2002,29(3).
[79] 辛承松,唐薇,翟志席,等.施肥对滨海盐碱地棉花产量和纤维品质的影响.中国棉花,2002,29(3).
[80] 胡明芳,田长颜,吕昭智,等.氮肥施用量对新疆棉花产量及植株和土壤中硝态氮含量的影响.西北农林科技大学学报(自然科学版),2006,34(4).
[81] 侯秀玲,张炎,王晓静,等.新疆超高密度棉田氮肥运筹对产量和氮肥利用的影响.棉花学报,2006,18(5).
[82] 张炎,毛端明,王讲利,等.新疆棉花平衡施肥技术的发展现状.土壤肥料,2003(4).
[83] 李俊义,刘荣荣,等.棉花平衡施肥与营养诊断.北京:中国农业科学技术出版社,1992:75-88,89,91,163.
[84] 陈光琬,金隆新,白志尚,等.不同氮肥用量对棉花形态和生理的影响.湖北农业科学,1988(2).
[85] 刘景福,程见尧,伍素辉.潮土地区棉花氮肥经济用量的研究.土壤通报,1989(4).
[86] 刘景福,伍素辉,程见尧,等.黄棕壤地区棉花氮素经济用量研究.湖北农业科学,1994(2).
[87] 余德谦,陈布圣.棉花高产适宜施氮量研究.中国棉花,1990,17(3).
[88] 李文才,唐胜.棉花施氮效应及其经济效益的研究.安徽农业科学,1989,39(1).
[89] 周秀华.棉花施氮经济效益分析.中国棉花,1990,17(2).
[90] 王黎.棉花施肥效应分析.中国棉花,1987,14(2).
[91] 戴敬,杨举善,陈荣来,等.里下河地区移栽地膜棉高产肥料运筹研究.中国棉花,1999,26(4).
[92] 江建华,吉建国.棉花氮素化肥分期合理配施的初步研究.江苏农业科学,1999(3).

[93] 白灯莎・买买提艾力,冯固,黄全生,等.南疆高产棉花营养特征及施肥方式的研究.中国棉花,2002,29(11).
[94] 张祝新,杨凯艳,郑天霞.新棉33B对磷肥的效应研究.中国棉花,2002,29(7).
[95] 徐本生,贾玉珍,朱禧月,等.盐碱地棉花施用磷肥的增产效应.河南农业大学学报,1987,21(4).
[96] 宋美珍,杨惠元,蒋国柱.黄淮海棉区钾肥效应研究.棉花学报,1993,5(1).
[97] 张学斌,汪立刚,王继印,等.河南省中低产棉区施用钾肥的效果研究.中国棉花,2002,29(4).
[98] 陈光琬,白志尚,余隆新,等.棉田施用钾肥的效应.中国棉花,1991,18(3).
[99] 王盛桥.潮土耕地棉花钾肥施用技术的试验研究.湖北农业科学,2002(2).
[100] Cassman K Q, Kerby T A, Roberts B A, et al. Potassium nutrition effects on lint yield and fiber quality of acala cotton. Crop Science, 1990,30.
[101] 梁金香,王玉朵,韩梅,等.棉花施钾的增产效果及其技术研究.土壤肥料,2003(3).
[102] 付明鑫,王惠,许咏梅,等.新疆高产棉花的钾肥施用效果.土壤肥料,2001(4).
[103] 龚光炎,张素菲,黑志平,等.棉花施肥数学模型与氮磷最佳施肥量研究.河南农业科学,1990(7).
[104] 杨建堂,徐本生,籍玉尘,等.豫东潮土区棉花氮磷钾肥最佳施用量和适宜配比的研究.河南农业大学学报,1990,24(2).
[105] 罗志桢.河西走廊地区不同氮磷钾最佳配比对棉花产量影响.中国农学通报,2006,22(1).
[106] 王运华,等.我国棉田缺硼和棉花施用硼肥研究初报:1981年全国棉花施硼试验示范总结.华中农业大学学报,1982,1(3).
[107] 王运华,刘武定,皮美美.我国棉田缺硼和棉花施用硼肥研究续报:1982年全国棉花施硼试验示范总结.华中农业大学学报,1983,2(3).
[108] 李俊义,刘荣荣,周茂谦,等.棉花施用锌肥效果研究.中国棉花,1985,12(6).
[109] 杨惠元,蒋国柱,毛树春,等.稀土在棉花上的应用效果.中国棉花,1988,15(4).
[110] 顾烈烽.新疆生产建设兵团棉花膜下滴灌技术的形成与发展.节水灌溉,2003(1).
[111] 李世成,秦来寿.精准农业变量施肥技术及其研究进展.世界农业,2007,335(3).
[112] 李学刚,孙学振,宋宪亮,等.控释氮肥对棉花生长发育及产量的影响.山东农业科学,2009(6).
[113] 李伶俐,马宗斌,林同保,等.控释氮肥对棉花的增产效应研究.中国生态农业学报,2007,15(3).
[114] 李国锋,何循宏,徐立华,等.棉花专用包裹配方肥对棉株干物质和氮素积累与分配的影响.江苏农业学报,2003,19(2).
[115] 何循宏,李国锋,李秀章,等.棉花专用缓释包裹复合肥应用效果研究.中国棉花,2001,28(10).
[116] 阚画春,郑曙峰,徐道青,等.棉花专用配方缓控释复合肥应用效果研究.中国棉花,2009,36(4).
[117] 张教海,别墅,李景龙,等.棉花专用配方复合控释肥的试验示范效果.湖北农业科学,2009,48(5).
[118] 胡伟,张炎,胡国智,等.控释尿素与普通尿素对棉花生长、养分吸收和产量的影响.新疆农业科学,2010,47(7).
[119] 董合林,李鹏程,刘爱忠,等.华北平原一熟春棉干物质积累与养分吸收特性.中国棉花,2012,39(12).
[120] 池静波,黄子蔚,黄玉萍,等.滴灌条件下不同产量水平棉花各生育期需肥规律的研究.新疆农业科学,2009,46(2).
[121] 农业农村部种植业管理司,全国农业技术推广服务中心,农业农村部科学施肥专家指导组.2018年春季主要农作物科学施肥指导意见.农民日报,2018-3-30(7).
[122] 王浩,张宝昌,杜春祥,等.缓(控)释包膜复合肥在地膜棉上的应用试验.中国农村科技,2004(12).

[123] 李成亮,黄波,孙强生,等.控释肥用量对棉花生长特性和土壤肥力的影响.土壤学报,2014,51(2).
[124] 胡伟,张炎,胡国智,等.控释氮肥对棉花植株氮素吸收、土壤硝态氮累积及产量的影响.棉花学报,2011,23(3).
[125] 李学刚,宋宪亮,孙学振,等.控释氮肥对棉花叶片光合特性及产量的影响.植物营养与肥料学报,2010,16(3).
[126] 李学刚,宋宪亮,孙学振,等.控释氮肥对棉花纤维品质、产量及氮肥利用效率的影响.作物学报,2011,37(10).
[127] 杨修一,田晓飞,张娟,等.控释氮肥在棉花上的应用研究进展.棉花学报,2015,27(5).
[128] Geng J, Ma Q, Zhang M, et al. Synchronized relationships between nitrogen release of controlled release nitrogen fertilizers and nitrogen requirements of cotton. Field Crops Research, 2015,184.
[129] 中华人民共和国农业部编赠.2010年农业主导品种和主推技术.北京:中国农业出版社,2010:247-248.
[130] 中华人民共和国农业部编赠.2014年农业主导品种和主推技术.北京:中国农业出版社,2014:362-363.
[131] 杨利,夏闲格,范先鹏,等.湖北省重要农区耕地质量研究(Ⅰ):耕地土壤养分的空间分布特征.湖北农业科学,2014,53(23).
[132] 杨利,夏闲格,范先鹏,等.湖北省重要农区耕地质量研究(Ⅱ):近30年土壤肥力的演变.湖北农业科学,2016,55(2).
[133] 侯宗海,渠立强,朱显忠,等.丰县土壤养分含量状况与分析.现代农业科技,2011,13.
[134] 徐守明,姜德明,王恒祥,等.射阳县耕地质量现状及变化趋势分析.中国农技推广,2010,7.
[135] 孙礼胜,马友华,张立新,等.安徽省望江县耕地地力评价与应用.北京:中国农业出版社,2012.
[136] 胡江湖,罗结记,黄秀峰,等.安徽省宿松县耕地地力评价与应用.北京:中国农业出版社,2015.
[137] 河北省土壤普查办公室,河北省土壤普查成果汇总编委会.河北省第二次土壤普查数据集.1991.
[138] 潘瑞,刘树庆,颜晓元,等.河北省农地土壤肥力特征时空变异分析及其质量评价.土壤通报,2011,42(4).
[139] 贾良良,刘克桐,杨云马,等.近30年河北省低平原区黑龙港流域农田土壤肥力演变.河北农业科学,2016,20(3).
[140] 王树林,祁虹,王燕,等.粮棉轮作模式下氮磷钾施用量对玉米产量及产量构成的影响.河北农业科学,2016,20(4).
[141] 王树林,祁虹,王燕,等.粮棉轮作模式下施氮磷钾肥量对小麦产量及籽粒氮磷钾含量的影响.河北农业大学学报,2016,39(4).
[142] Dong HZ, Kong XQ, Li WJ, et al. 2010. Effects of plant density and nitrogen and potassium fertilization on cotton yield and uptake of major nutrients in two fields with varying fertility. Field Crops Research, 119.
[143] Dong HZ, Li WJ, Eneji AE, et al. Nitrogen rate and plant density effects on yield and late-season leaf senescence of cotton raised on a saline field. Field Crops Research, 2012.
[144] Luo Z, Kong XQ, Dai JL, et al. Soil plus foliar nitrogen application increases cotton growth and salinity tolerance. Journal of Plant Nutrition, 2015,38(3).
[145] 董合忠,辛承松,唐薇,等.山东东营滨海盐渍棉田盐分与养分的季节性变化及对棉花产量的影响.棉花学报,2006,18(6).

[146] 董合忠,辛承松,李维江,等.山东滨海盐渍棉田盐分和养分特征及对棉花出苗的影响.棉花学报,2009,21(4).
[147] 董合忠.盐碱地棉花栽培学.北京:科学出版社,2010:196-228.
[148] 辛承松,董合忠,唐薇,等.滨海盐渍土抗虫棉养分吸收和干物质积累特点.作物学报,2008,34(11).
[149] 辛承松,董合忠,罗振,等.黄河三角洲盐渍土棉花施用氮磷钾肥的效应研究.作物学报,2010,36(10).
[150] 董合忠,李维江,辛承松,等.不同类型抗虫棉品种的产量表现和氮素营养效率研究.植物营养与肥料学报,2010b,16(4).
[151] 李学刚,宋宪亮,孙学振,等.控释氮肥对棉花叶片光合特性及产量的影响.植物营养与肥料学报,2010,16(3).
[152] 董合忠,辛承松,李维江,等.滨海盐碱地棉花经济施肥法:ZL200810015823.6.
[153] 潘洁,肖辉,王立艳.滨海盐碱地玉米施肥效应及土壤供肥潜力研究.华北农学报,2014,29(6).
[154] 董合忠.蒜棉两熟制棉花轻简化生产的途径——短季棉蒜后直播.中国棉花,2016,43(1).
[155] 任庆国,许向阳,贾中立,等.菏泽市蒜套棉生产中的问题及高产高效栽培技术.农业科技通讯,2017(5).
[156] 徐明岗,张文菊,黄绍敏.中国土壤肥力演变(第二版).北京:中国农业科学技术出版社,2015.
[157] 田长彦.新疆棉花养分资源综合管理.北京:科学出版社,2008.
[158] 王娇,张成,殷志峰,等.钾肥对北疆陆地棉干物质积累动态、产量和品质的影响.西北农业学报,2012,21(6).
[159] 侯宗贤,张惠文,丁英.新疆土壤有效钾状况与棉花施钾肥效果.植物营养与肥料学报,1998,4(2).
[160] 胡国智,张炎,胡伟,等.施磷对棉花磷素吸收、利用和产量的影响.中国土壤与肥料,2010,(4).
[161] 张炎,王讲利.新疆棉田土壤养分限制因子的系统研究.水土保持学报.2005,19(6).
[162] 张炎,王讲利,刘骅.新疆棉田土壤养分的吸附特征与有效性研究.水土保持学报,2005(05).
[163] 郑重,赖先齐,邓湘娣,等.新疆棉区秸秆还田技术和养分需要量的初步估算.棉花学报,2000,12(5).
[164] 张炎,王讲利,付明鑫,等.新疆棉田土壤养分评价指标的建立.石河子大学学报(自然科学版),2005,23.
[165] 汤明尧,赖波,赵泽.新疆棉田施肥现状调查与评价.新疆农业科技,2016(2).
[166] 王西和,蒋劢博,王志豪,等.长期定位施肥下灰漠土有机碳演变特征分析.新疆农业科学,2016,53(12).
[167] 左旭,毕于运,王红彦,等.中国棉秆资源量估算及其自然适宜性评价.中国人口资源与环境.2015,25(6).

第三十二章　棉田灌溉与排水

棉花产量受光、温、水、肥、培管技术等多种因子的影响，其中水分是重要的因子之一。在棉花一生中，水分参与其生理及生命活动的全过程，并与产量形成和品质改善有着密切的关系。因此，改善水分条件，发展棉田灌溉和排水，对提高棉花产量和改善品质具有重要作用。掌握棉花需水规律及需水量，为合理灌溉、排水和调节土壤水分提供科学的依据。

第一节　棉花的水分生理

一、水对于棉花的生理生态作用

（一）水对棉花生命活动的重要性

水是棉株体内含量最多的组成成分。一般情况下，棉株体内含水 70%～80%。棉株各器官都含有相当比例的水分，代谢活动旺盛的组织，如生长点、叶片、茎枝的韧皮部和幼嫩的蕾、铃，含水较多，含水率高达 90%～95%，其中生长点等分生组织达 95%以上；而木质部含水量仅 50%～60%。水是棉花进行正常生理活动必不可少的物质，没有水就没有棉花的生长发育。

棉花植株体内细胞原生质是一个高度含水的胶体系统，活的原生质一般含水 80%以上。原生质水分含量的多少，在很大程度上决定着细胞生命活动的状态。水分含量高，原生质呈溶胶状态，细胞代谢旺盛；水分亏缺，原生质向凝胶状态转变，代谢减弱或受抑制；若原生质失水过多，则引起原生质胶体破坏，导致细胞死亡。另外，原生质中水分存在的状态也和生命活动有关。当自由水含量较多时，代谢较旺盛；被原生质胶体吸附的束缚水较多时，植株抗逆性提高。

水是许多代谢过程的原料，在光合、呼吸、有机物质的合成和分解、运转等过程中，都有水分参与；没有水，这些生理生化过程就不能正常进行。水是重要的溶剂，矿质元素的吸收和运转、代谢产物的运输等，都需要在水溶液状态下进行；许多生化反应和代谢过程都是在水介质中完成的，有机物质和无机物质只有溶解在水中才能被吸收和转化。水在植株体内各部位不断移动。这种移动可将溶解于其中的各种物质运送到植株的各部位，从而把植株的各部分联结起来，成为一个有机整体。

水分影响细胞膨压并制约某些器官的状态。水分充足时，细胞膨压高，保持组织的紧张度，从而使植株保持固有姿态。例如，使叶片挺立舒展，便于接受阳光和进行气体交换，保证光合作用的正常进行。水有较高的汽化热和比热，又有较高的导热性。叶片依靠蒸腾作用，以汽化潜热方式消耗所吸收的大部分能量，有效地避免了植物体的温度过度升高，维持正常的温度范围。此外,蒸腾作用带动的水分运移也是促进根系营养矿物质的吸收和叶片光合产物的运输、分配的载体。

(二) 水对棉花主要生理功能的影响

1. 水分对光合作用的影响　水是光合作用的重要原料和生化反应介质。水分亏缺首先引起棉花叶片水势下降,继而影响气孔开闭,增加气孔阻力,阻碍 CO_2 交换,光合作用明显受抑制。干旱缺水引起光合作用降低的非气孔限制主要表现为,叶肉细胞内的叶绿体遭破坏,叶绿素含量明显降低。叶绿蛋白复合体对水分亏缺反应敏感,水分不足导致叶绿蛋白降解,叶绿素受到破坏。同时,叶绿蛋白又是组成内膜的成分,叶绿蛋白降解使膜的结构受到损伤,从而影响了电子传递,抑制了光合磷酸化过程,使同化 CO_2 的原动力 ATP 和 NADH (NADPH2)的产量减少。水分亏缺不仅使绿叶面积减少,光合持续时间缩短,光合能力降低,而且光合产物的运输亦受阻碍。

水分亏缺对光合作用的影响还具有双重性。一是水分严重不足时,叶片原生质和叶绿体的状态会发生变化,叶绿体希尔反应活力下降;二是气孔因失水而关闭,限制了 CO_2 的交换。当叶片含水量低时,由于气孔关闭,增加了 CO_2 自叶片气孔以外向气孔以内扩散的阻力,使叶片内细胞空隙中 CO_2 浓度大为降低,导致叶片光合强度相应降低。在缺水状态下,气孔关闭虽然暂时降低了光合强度,但保持了叶片不进一步失水,从而保护了叶绿体和原生质不发生永久性损伤,对棉株是有利的。

水分亏缺也并非完全是负效应。据史文娟等研究,现蕾期受到一定程度的亏水处理后,与对照处理(充分灌溉)相比,其光合速率(Pn)有两种表现方式:如果苗期经历了一定程度的水分亏缺,则 Pn 所受影响较小;如果苗期未经历亏水处理,则 Pn 随亏水度增加而显著降低,且复水很长一段时间后,都难以恢复到对照水平(表 32－1)。可见,在棉花生育前期适度的水分亏缺,有利于增强植株后期抗旱能力,使植株在更低的水势下维持相对较高的光合同化能力。

表 32－1　水分亏缺对棉花光合速率的影响

(史文娟等,2004)　　[单位:$\mu mol/(m^2 \cdot s)$]

不同生育阶段水分处理(%)		播种后不同天数的光合速率				
苗　期	蕾　期	25↓	50↑	53	65↑↑	75
40～50	40～50	9.27	5.94	4.83	3.16	7.85
40～50	50～60	8.19	7.25	7.47	7.56	9.63
40～50	60～80	7.92	6.21	8.76	7.93	9.84
50～60	40～50	8.28	8.30	7.13	7.24	10.00
50～60	50～60	10.30	8.12	8.57	9.46	15.66
50～60	60～80	8.05	7.97	13.85	10.91	14.92
60～80	40～50	8.71	15.04	6.23	6.40	6.91
60～80	50～60	9.06	13.80	10.19	6.93	10.05
60～80	60～80	7.84	15.08	16.15	9.48	15.30

[注] 表中↓表示亏缺开始时间,↑表示苗期的亏缺结束时间,↑↑表示蕾期亏缺结束时间。表中水分处理数据为土壤相对含水率,即土壤含水率与田间持水率比值的百分数。

不同水分亏缺程度对光合速率的影响不同,不同品种的光合性能对水分亏缺的响应也存在差异。罗宏海等在新疆气候生态条件下，选用对水分反应敏感性不同的棉花品种新陆早10号和新陆早13号为试验材料，控制0～60 cm土壤相对含水率滴水下限分别为田间持水量55%、70%和85%，滴水上限均为田间持水量，研究了膜下滴灌条件下花铃期不同土壤水分对叶片光合速率的影响。结果表明，不同水分处理间Pn的变化不同(表32-2)。水分处理期间Pn在盛花期至吐絮期均达到显著性差异。品种间Pn在盛花期无明显差异，盛铃期和吐絮期新陆早10号显著低于新陆早13号。水分与品种互作表现为，土壤相对含水量为85%条件下新陆早10号Pn显著高于新陆早13号、70%和55%条件下新陆早10号Pn均显著低于新陆早13号。

表32-2 膜下滴灌条件下土壤水分对棉花叶片光合速率的影响

(罗宏海等，2008) [单位：μmol/(m² · s)]

品 种	土壤相对含水量(%)	盛花期	盛铃期	吐絮期
新陆早10号(水分敏感型)	55	25.8±1.3e	20.2±1.5f	16.3±0.7f
	70	32.9±0.7a	26.5±2.1b	22.1±1.2e
	85	31.2±1.4b	25.2±1.7c	23.7±1.8b
新陆早13号(水分非敏感型)	55	27.0±0.9d	22.5±1.3e	20.5±1.2d
	70	33.4±2.1a	27.9±0.8a	24.0±0.7a
	85	29.5±1.5c	23.6±1.6d	17.9±1.4e

[注] 同列不同小写字母表示差异达0.05显著水平。

水分亏缺对光合速率的影响还存在时段性差异特征。马富裕等研究指出，花铃期中期水分亏缺对棉花群体光合影响最大，导致群体光合速率(CAP)最大值比适水下降42.2%；单株平均成铃3.7个，皮棉单产1 148 kg/hm²，分别比适水减少1.7个和741 kg/hm²；水分利用效率为皮棉0.24 kg/m³，比对照下降27%。若将水分亏缺时段移至花铃前期，CAP最高值为4.1 g/(m² · h)；水分亏缺时段移至花铃后期，CAP最高值为4.4 g/(m² · h)，与适水相比无明显差异。可见，适宜时段的水分亏缺可减轻水分亏缺对群体光合效率、棉株成铃分布和产量的影响，并提高水分利用效率。

水分过多，植株受涝，光合作用亦受影响。受涝植株叶色变淡，叶绿素含量降低，光合能力下降。土壤湿度过大，有氧呼吸减弱，吸收养分功能降低，也是叶片光合能力下降原因之一。

2. 水分对蒸腾作用的影响　蒸腾作用是棉花的主要生理耗水过程。决定蒸腾速率高低的关键因子是叶片气孔腔内水气压和气孔的开放程度。水分状况对气孔开闭的影响为，当水分亏缺时，根系会发出信号传递给叶片气孔，使气孔孔径缩小，从而增加水分扩散阻力，降低蒸腾速率。大气相对湿度低时，气孔腔内水气压差变大，蒸腾速率加快。

裴冬等的盆栽试验表明，蒸腾速率对不同水分亏缺状态存在一定的阈值反应。在土壤含水率分别保持在田间持水量的60%、70%和80% 3个水平时，棉花叶片蒸腾速率基本一致；当土壤含水率低于60%时，其蒸腾速率出现较大变化。这表明对于棉株地上部分，土壤含水率在一定界限值以上时，其蒸腾速率是等效的，变化的阈值为田间持水量的60%～65%。

据史文娟等的研究，现蕾期给予一定程度的亏水处理后，与对照处理(充分灌溉)相比，其蒸腾速率(Tr)与光合速率(Pn)的变化一样也有两种表现方式，即如果苗期经历了一定程度的水分亏缺，则 Tr 所受影响较小；而如果苗期未经历亏水处理，则 Tr 随亏水度增加而显著降低，且复水很长一段时间后，都难以恢复到对照水平(表 32-3)。张寄阳等试验结果表明，水分亏缺期间蒸腾速率显著降低，亏缺程度越重，降幅越大。蕾期水分亏缺对 Tr 的抑制作用大于苗期。复水后 Tr 出现明显的补偿效应，亏缺程度越轻，恢复程度越大。苗期轻度亏缺的处理在复水 3 d 后 Tr 恢复到对照的 90.1%；蕾期亏缺处理虽然在复水后也有明显的补偿效应，但恢复能力低于苗期亏缺，复水 10 d 后 Tr 都难以恢复到对照水平。

表 32-3　水分亏缺对棉花蒸腾速率的影响

(史文娟等，2004)　[单位：mmol/(m²·s)]

不同生育阶段水分处理(%)		播种后不同天数的蒸腾速率				
苗　期	蕾　期	25↓	50↑	53	65↑↑	75
40～50	40～50	4.23	3.65	3.83	1.55	2.35
40～50	50～60	5.01	2.78	2.66	2.06	7.25
40～50	60～80	4.35	2.56	3.35	5.28	4.27
50～60	40～50	3.83	3.52	2.24	2.16	5.69
50～60	50～60	4.25	4.34	3.94	3.16	6.00
50～60	60～80	3.91	3.68	3.88	3.32	9.85
60～80	40～50	5.06	5.83	4.28	3.58	2.10
60～80	50～60	3.95	7.95	5.03	4.50	2.51
60～80	60～80	4.67	7.05	4.35	8.94	4.25

[注] 表中↓表示亏缺开始时间，↑表示苗期的亏缺结束时间，↑↑表示蕾期亏缺结束时间。

3. 水分对光合产物积累的影响　棉花干物质积累量决定于光合性能的高低。由于光合性能的诸因素均受土壤水分状况的影响，故干物质积累量与土壤水分关系密切。

资料表明，在作物生育期进行干旱处理，有利于同化物向产品器官中运输，可提高经济系数。据孟兆江等的试验研究，在不同生育阶段和不同程度的水分亏缺下，生物产量大多比对照(适水)低，下降幅度为 0.23%～29.28%，其中以花铃期亏缺降幅最大，蕾期的中度(土壤含水率 50%～55%田持)、重度(土壤含水率 40%～45%田持)亏缺次之(图 32-1)，其原因是水分亏缺使营养生长和生殖生长均受到强烈抑制。但苗期亏缺生物产量与对照无明显差异，蕾期轻度亏缺(土壤含水率 60%～65%田持)生物产量略高于对照。这也说明适时适度的水分亏缺复水后，棉花光合产物具有补偿或超补偿积累效应。从籽棉产量来看，苗期轻度、中度亏缺均明显高于对照，重度亏缺与对照无差异；蕾期轻度亏缺略高于对照，中度亏缺略低于对照，重度亏缺明显低于对照；花铃期各亏缺处理均明显低于对照；吐絮期中度亏缺高于对照，轻度、重度亏缺低于对照。由此说明，适时适度的水分亏缺有利于植株光合产物向棉铃运转和分配，其中以苗期轻度亏缺优势最为明显。

罗宏海等的研究得到相似结果，即不同水分条件下，单株地上部总光合物质累积量随土壤水分的增加而增大，且处理间均达到极显著性差异(表 32-4)；对不同处理 ^{14}C 光合产物运转与分配的测定表明(表 32-5)，标记 3 d 后主茎功能叶 ^{14}C 光合产物的 40%～60%

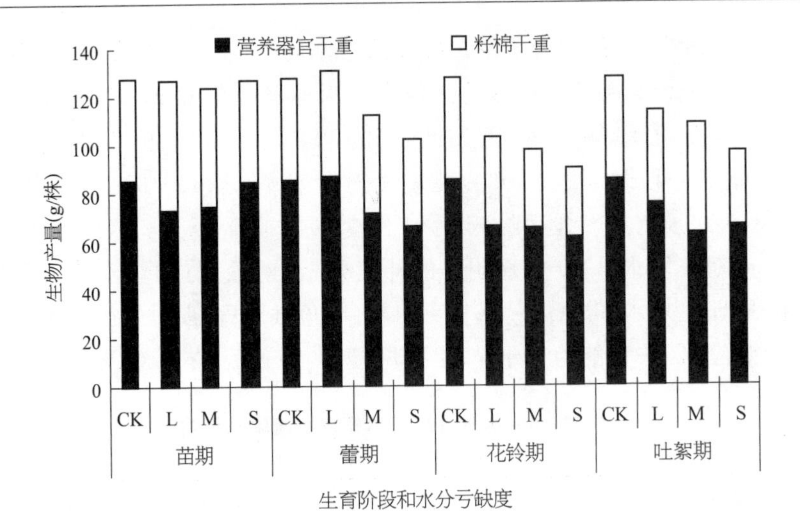

图 32-1　调亏灌溉(RDI)对棉花光合产物积累与分配的影响

(孟兆江,2007)

CK:对照,土壤相对含水量 70%～80%;L:轻度亏缺,土壤相对含水量 60%～65%;M:中度亏缺,土壤相对含水量 50%～55%;S:重度亏缺,土壤相对含水量 40%～45%

向外运输,且主要分配到蕾铃中。随土壤含水率的增加,叶片 ^{14}C 光合产物的输出率降低,但水分处理间无明显差异。不同水分条件下,^{14}C 同化物在根、茎和叶中的分配率随土壤水分的增加而显著增加,而蕾铃中的分配率则随土壤水分的增加显著降低。不同水分处理标记 6 d 后果枝叶 ^{14}C 光合产物输出率及在不同器官中分配率的规律相同(表 32-6)。由此表明,土壤水分对棉株光合产物在各器官中的分配比例具有明显的调节效应。

表 32-4　土壤水分对棉花单株光合产物累积的影响

(罗宏海等,2008)　　　　(单位:g/株)

品　种	土壤相对含水率(%)	初花期	盛花期	盛铃期	吐絮期
新陆早 10 号(水分敏感型)	55	17.6±6.6d	28.9±7.0d	42.2±4.1f	58.5±8.9f
	70	24.6±4.1c	37.3±6.0c	67.4±8.8d	86.9±7.6d
	85	30.1±4.0b	48.1±3.8b	88.2±8.4b	121.7±9.1b
新陆早 13 号(水分非敏感型)	55	24.4±6.3c	34.2±4.6c	53.1±9.2e	72.2±7.5e
	70	27.9±7.5b	37.8±5.6c	69.5±6.9c	97.1±9.3c
	85	33.3±4.1a	49.9±6.1a	93.8±7.4a	140.4±10.0a

[注] 同列不同小写字母表示差异达 0.05 显著水平。

表 32-5　土壤水分对棉花盛铃期主茎叶 ^{14}C 同化物输出及分配的影响

(罗宏海等,2008)　　　　(单位:%)

品　种	土壤相对含水量	^{14}C 同化物输出率	^{14}C 同化物在器官中的分配率		
			根	茎　叶	蕾　铃
新陆早 10 号(水分敏感型)	55	51.6±3.3a	1.6±0.2bc	3.8±0.8d	46.1±1.6b
	70	50.9±1.4a	2.3±0.7ab	5.4±0.7c	43.1±2.3c
	85	48.5±2.8a	3.0±0.4a	6.7±0.5b	38.7±2.7d

（续表）

品　种	土壤相对含水量	^{14}C同化物输出率	^{14}C同化物在器官中的分配率		
			根	茎　叶	蕾　铃
新陆早13号(水分非敏感型)	55	57.5±2.6a	0.9±0.2c	4.9±1.0c	51.8±3.2a
	70	54.0±3.1a	1.3±0.1c	6.8±0.8b	46.0±2.7b
	85	47.4±4.7a	2.1±0.4b	12.6±0.4a	32.7±1.4e

［注］同列不同小写字母表示差异达0.05显著水平。

表32-6　土壤水分对棉花盛铃期果枝叶^{14}C同化物输出及分配的影响

（罗宏海等，2008）　（单位：%）

品　种	土壤相对含水量	^{14}C同化物输出率	^{14}C同化物在器官中的分配率		
			根	茎　叶	蕾　铃
新陆早10号(水分敏感型)	55	64.8±3.5b	1.6±0.1b	3.3±0.6c	59.9±2.5ab
	70	66.8±2.7b	1.4±0.2bc	3.7±0.4b	61.7±1.7ab
	85	58.6±3.1c	2.4±0.4a	4.5±0.4a	51.7±4.2bc
新陆早13号(水分非敏感型)	55	77.8±2.3a	1.0±0.3c	2.3±0.3d	74.5±3.1a
	70	64.3±3.6b	1.3±0.4bc	3.6±0.6b	59.3±1.2ab
	85	51.9±3.9d	2.1±0.2a	4.8±0.2a	44.9±2.4c

［注］同列不同小写字母表示差异达0.05显著水平。

二、棉花对水分的吸收、运输和散失

（一）水分的吸收

棉花吸收水分的主要器官是根系，根系吸水的主要部位在根毛区，特别是距离根尖1.5～2.5 cm处吸水力最强。根毛伸入土壤空隙中，与土粒密切接触，土壤空隙中的水分进入根毛，根毛增加了吸收面积，因此可以大量地吸收土壤中的水分，满足地上部的需要。根据根系吸水的动力来源不同，把根系的吸水机理分为主动吸水和被动吸水。由根本身的生理活动引起的水分吸收称为主动吸水。主动吸水与地上部的活动无关，其吸水动力来自根压。被动吸水的动力来自叶片的蒸腾，是叶片蒸腾作用而引起的根部吸水，其吸水速度主要受蒸腾强度控制。棉花对水的吸收以被动吸水为主，但由于根系的生理活动可影响地上部蒸腾作用，因此并不能把主动吸水与被动吸水截然分开。

凡影响根系生理活性、土壤水势及蒸腾强度的因素都会影响根系对水分的吸收。土壤水分是影响根系吸水的重要因素之一，其含量高低直接影响根系的生长及吸水的难易。一般最适宜根系生长的土壤含水率为田间持水量的60%～80%，其中生育前期和后期略低，中期较高。根系主动吸水所需能量由根系呼吸提供，而根系呼吸需要氧气，因此，土壤通透性对根系吸水影响很大，在棉花生产中采取中耕松土、增施有机肥等措施增加土壤通气性，可增强根系吸收能力。土壤温度影响根系生长及生理活性，进而会对根系吸水产生明显影响。适宜棉花根系生长及生理活性的土壤温度为22～27 ℃，低于17 ℃或高于30 ℃，根系吸水速度均明显降低；在适宜温度范围内，随土壤温度升高根系吸水速度加快。土壤溶液含有一定的盐分，当土壤溶液浓度增高或降低时，其水势随之降低或增高，而土壤水势的高低直接影响到土-根系统之间的水势差，进而对根系吸水速率产生影响。

（二）水分在棉株体内的运输

棉花根系从土壤中吸收的水分，少部分用于各种代谢活动，大部分则通过叶片蒸腾作用排放到空气中。水分在植株体内运输的途径为：根毛→根的皮层→根的中柱鞘→根的导管→茎的导管→果枝的导管→叶脉的导管→叶肉细胞→叶肉细胞间隙→气室→气孔→空气。水分在整个运输途径中，部分是在活细胞中短距离径向运输，另一部分是通过导管和管胞长距离运输。径向运输虽然距离短，但由于水分通过细胞原生质遇到的阻力大，运输速度很慢。通过导管和管胞的水分运输距离虽长，但由于成熟的导管和管胞都是中空而无原生质的死细胞，所以水分运输阻力小，速度快。

水分在植株体内的运输并不局限于自下而上，还存在侧向和向下的运输，不过都远远低于向上的运输量。

（三）棉株水分的散失——蒸腾作用

水分从棉花地上部分（主要是从叶片）以水蒸气状态向外界散失的过程称为蒸腾作用。棉花根系吸收的水分只有一小部分用于代谢，通常被同化形成干物质的水分只有吸收量的0.02%～0.03%，绝大部分（98%～99%）通过蒸腾作用散失到体外，可见蒸腾耗水量巨大。蒸腾作用可调节植株体温，为棉花根系吸水和水分在植株体内传导提供拉动力，并将溶解在上升液流中的矿物质及其他营养物质运送到植株各部位中去，满足植株生长发育的需要。因此，蒸腾作用具有重要的生理意义。

棉花蒸腾作用主要通过叶片进行。叶片蒸腾可分为角质蒸腾和气孔蒸腾。气孔蒸腾是棉花散失水分的主要方式，占蒸腾总量的80%～90%。一日之内，棉花蒸腾速率的变化基本上与太阳辐射变化一致，以中午最高，上午和下午次之，早、晚最低。常用的蒸腾作用指标有以下三种。

1. *蒸腾速率*　植株在单位时间内、单位叶面积通过蒸腾作用所散失的水量称为蒸腾速率，又称蒸腾强度，通常用 $g/(m^2 \cdot h)$、$mg/(dm^2 \cdot h)$ 或 $mmol/(m^2 \cdot s)$ 表示。

2. *蒸腾效率*　棉花植株在一定生长期内积累的干物质量与蒸腾失水量的比值称为蒸腾效率（WUE）。可用下式表示：

$$\mathrm{WUE} = Y/ET \tag{32-1}$$

式中：Y——植株的干物质量（g）；ET——蒸腾总水量（kg）。

因此，蒸腾效率又可表示植株每消耗 1 kg 水所形成的干物质重。

3. *蒸腾系数*　蒸腾系数是作物形成 1 g 干物质所消耗的水分的千克数（kg/g）。蒸腾系数越大，水分利用效率越低。蒸腾系数是蒸腾效率的倒数。

三、水分对棉花生长发育的影响

（一）水分与根系生长

根系生长除受遗传特性决定外，还受环境因素的影响，其中水分是影响根系生长的最主要环境因子之一。根系的向水生长性能够使根系在表层土壤缺水时向深层延伸，其大小、数量和分布可对土壤水分状况做出适应性反应。

张立桢等结合田间根钻取样和图像扫描分析方法，研究了不同品种根系的长度、直径和表面积动态及在 0～100 cm 深和 0～40 cm 宽土壤范围内的空间分布特征。结果表明，根长密度(RLD)在花铃期为 1.21～1.27 mm/cm^3，吐絮后降至 1.04～1.12 mm/cm^3，收花时为 0.76 mm/cm^3。根平均直径在不同基因型间存在显著差异，抗虫杂交棉的根直径最粗，平均为 0.52 mm；早熟类型品种根直径较细，平均为 0.36 mm。不同土壤深度根直径的差异不显著，但距离棉行越远，根的平均直径越小。在明确根系长度和直径动态规律的基础上，他们提出了根表面积指数(RAI)的概念，与地上部叶面积指数具有相似的含义和生物学意义。根系空间分布特征表现为，开花前在浅根层内(0～30 cm)分布最多，花铃期以中层根系(40～60 cm)为主，吐絮后主要以深层(70～100 cm)和距离棉行较远的行间较多。

根系生长对水分亏缺的反应，与缺水程度、缺水历时长短、棉株生育阶段和生育状况及其他环境因素有关。孟兆江等(2007)在河南新乡的盆栽试验结果表明，不论土壤水分状况如何，随着棉花生育阶段的推进，根干重呈明显递增趋势(图 32－2)，表明水分亏缺期间没有改变根系生长的原有基本趋势，多数水分亏缺处理对根系增重速率具有促进作用(蕾期轻度亏缺和吐絮期重度亏缺例外)。而河海大学等单位(2002)的试验观测得到不同的结果，即苗期水分亏缺对根系影响较大，且随水分亏缺程度加重和水分亏缺历时延长，根系生长量受到明显抑制。分析认为，这是由于苗期以根系建成为中心，根系的可塑性较强，其生长状况对水分变化的反应较为敏感，水分供应充足时，根量大且分布较为密集；水分亏缺较为严重时，根系所需的水分、养分相对较少，根量明显减小且分布较为分散。花铃期以生殖生长为主，根系形态对水分的反应较为迟钝，收获时表现的根系形态仍以苗期发育的状况为主。观测结果还表明，苗期供水量愈小，根系长度愈大，根系分布愈深。这一结果指出了土壤水分对根系生长有诱导作用。

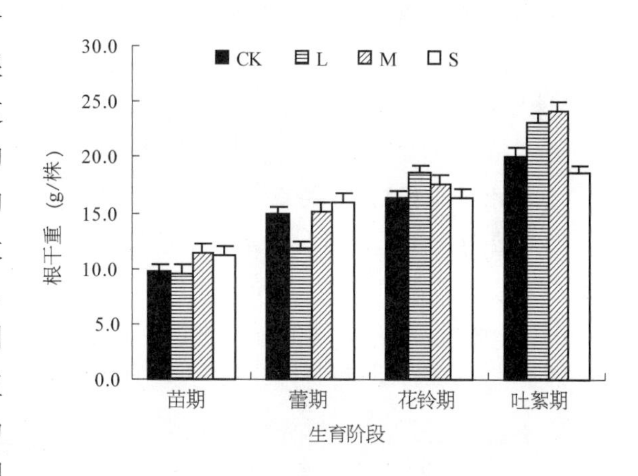

图 32－2　水分亏缺对棉株根系干重的影响

(孟兆江等，2010)

CK：对照，土壤相对含水量 70%～80%；L：轻度亏缺，土壤相对含水量 60%～65%；M：中度亏缺，土壤相对含水量 50%～55%；S：重度亏缺，土壤相对含水量 40%～45%(下图同)

(二) 水分与茎枝生长

棉花茎枝的生长与水分状况密切相关。干旱环境中，茎枝生长受到抑制，棉株矮小；水分过多时，茎枝生长旺盛，形成高大的棉株，水与肥互作造成“徒长”。在水肥充足的环境中，主茎日增长量可超过 3 cm；在严重干旱的环境中，主茎日增长量不足 0.5 cm，甚至停止生长，两者生长速度相差 5～10 倍，因此主茎高度也可相差 3～5 倍。据观察，土壤含水量在苗期、蕾期和花铃期对株高的影响比较明显，而吐絮期的影响则相对较小。但到收获时，除各生育阶段重度水分亏缺处理(40%～45%田持)的株高仍较明显地低于对照外，轻、中度亏缺处理株高均接近或超过对照，显示出适度调亏复水后的补偿或超补偿生长效应。河海大学等的研究表明，苗期短历时(14 d)的水分亏缺(土壤相对含水量为50%～55%田持)可使植株的长势呈现矮、粗、壮的特点，在收获时株高接近对照(充分供水)，茎秆横截面积超出对照10.2%，说明水分调控可使植株生长更健壮，对于后期产量的形成有利。

史文娟等的研究表明，水分亏缺对棉花茎秆横截面积(茎秆直径)也产生了明显的影响。亏缺期间，茎秆直径随亏水度的增加和历时的延长而减小，但亏缺结束后，茎秆横截面积发生了明显的补偿生长效应；而且与对照(充分供水)相比，水分亏缺处理的茎秆的补偿生长比例超出了植株高度的补偿生长比例，说明适宜的水分亏缺可使棉花植株的长势呈现矮、粗、壮的特点。这对提高后期产量非常有利。

(三) 水分与叶片生长

许多研究表明，土壤水分在从轻度亏缺到重度亏缺的变化过程中，对与作物产量密切相关的几个生理过程影响的先后顺序为:叶片扩张→蒸腾→光合→运输。因此，水分亏缺最明显的作用就表现在叶面积的变化上。河海大学等单位的研究结果表明，苗期历时短的中度亏水(50%～55%)或苗期和花期都施加历时长的轻度亏水(60%～65%)，在恢复供水后，叶面积有明显的补偿生长效应，叶片长势呈现小而密集的特征，这样即使水分亏缺复水后叶片较少，但由于总叶面积与对照差距明显缩小，再加上新生叶较多，为复水后光合功能及作物的长势明显增强奠定基础，使需水临界期的作物光合同化能力接近或超过对照，水分利用效率明显提高。另一方面，水分亏缺使株型较为紧凑，作物群体通风透光条件改善，有利于棉桃生长，为密度的增加和产量的提高创造了有利条件。

(四) 水分与根/冠比关系

根和冠的干物质积累对于水分亏缺较为敏感。中国农业科学院农田灌溉研究所在河南新乡的试验结果表明，各生育阶段水分亏缺基本上是提高根/冠比(R/S)的，但不同阶段水分亏缺对干物质在根、冠间的分配比例的影响又有所不同(图 32-3)。在苗期，水分亏缺增大 R/S 的效应最为明显，且随水分亏缺度加重，R/S 呈明显增大趋势。综合比较复水前后测

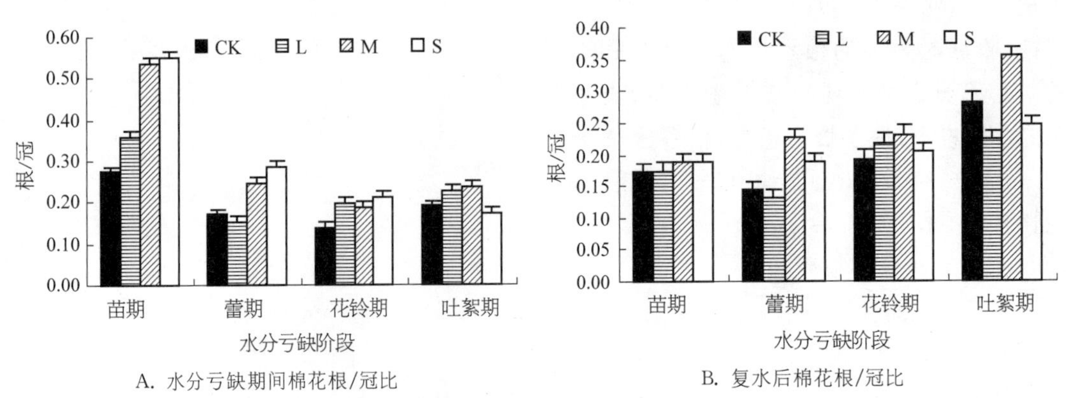

A. 水分亏缺期间棉花根/冠比　　B. 复水后棉花根/冠比

图 32-3　调亏灌溉对棉花根/冠的影响

(孟兆江等，2010)

CK、L、M、S 说明参见图 32-2

定结果认为，棉花各阶段的中度水分亏缺（土壤相对含水量50%～55%田持），在亏缺期间对根系生长有明显促进效应，或维持较高的根重值，复水后又有不同程度的根系补偿生长效应或延缓根系衰亡作用，使棉株后期仍保持较高的根重，因而是调控棉花根系生态的适宜水分处理方式。

史文娟等在新疆试验研究结果也表明（表32-7），在苗期随着亏水度的增加和历时的延长，根和冠的干物质积累逐渐减小，但根冠比却随之增加，显然苗期水分亏缺对冠部生长的限制大于对根生长的限制。与此相反，对照处理（苗期和蕾期土壤相对含水量均为60%～80%）的根量和冠部的生长量是所有处理中最大的，而根冠比却最小，即充足的灌水量更有利于地上部分营养器官的生长。现蕾期开始，水分亏缺的根量与对照无明显差别，冠部生长量有所降低，根冠比与对照处理相比无明显差异。据此认为，苗期和蕾期的中等水分或苗期低水分、蕾期高水分处理的根冠比较为适中，是较为理想的水分调控处理方式。

表32-7　不同时期和不同程度水分亏缺对棉花根/冠比的影响
（史文娟等，2004）

不同生育阶段土壤相对含水量（占土壤田间持水量的百分比，%）		根干重（g/株）	冠干重（g/株）	根/冠
苗期	蕾期			
40～50	40～50	12.42	64.44	0.205
40～50	50～60	12.68	62.28	0.204
40～50	60～80	14.20	80.54	0.176
50～60	40～50	15.70	72.14	0.218
50～60	50～60	16.30	91.48	0.178
50～60	60～80	15.92	94.50	0.168
60～80	40～50	16.90	85.92	0.197
60～80	50～60	16.60	87.32	0.190
60～80	60～80	17.12	107.00	0.160

（五）水分与蕾铃发育

水分状况影响到蕾铃的发育。受旱的棉株矮小，果枝和果节都少，仅在接近主茎的果节上着生少量的蕾铃，外围果节及上部果枝的蕾铃大都脱落，单株结铃少而小；水肥过多时，由于棉株茎、枝、叶生长过快，植株高大，虽然果节很多，但中、下部果枝上靠近主茎的蕾和幼铃大量脱落，只是在上部果枝及外围果节上着生少量的蕾铃。据观察，在棉叶严重凋萎状态下，棉铃可以持续增长10 d左右；在短时水分亏缺很严重时，棉铃和其他分生组织的生长不受影响。显然棉株不同器官、不同组织对水分亏缺的敏感性是不同的。

中国农业科学院农田灌溉研究所试验结果表明，苗期重度水分亏缺，棉铃直径显著低于对照（充分供水）；轻度亏缺低于对照；而中度亏缺在7月18～28日期间，棉铃直径增长较对照快，此后有所减慢，但最终接近或超过对照（图32-4A）。蕾期水分亏缺（图32-4B）棉铃直径与苗期水分亏缺有十分相似的趋势，说明适度水分亏缺不会明显抑制生殖生长，甚或对其有促进作用。

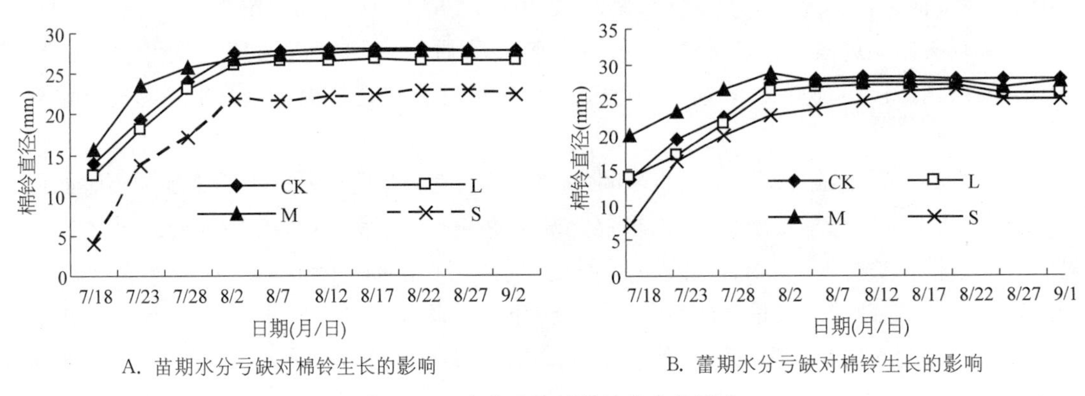

A. 苗期水分亏缺对棉铃生长的影响　　B. 蕾期水分亏缺对棉铃生长的影响

图 32-4　水分亏缺对棉铃发育的影响

(孟兆江等,2010)

CK、L、M、S说明参见图 32-2

四、水分对棉花产量的影响

棉花产量对水分的反应敏感,不同阶段缺水对最终产量的影响程度不一样,用分阶段水分生产函数可直观分析产量对各生育阶段缺水的敏感程度。比较有代表性、且应用较多的阶段水分生产函数有两种,即多阶段相乘模型(Jensen 模型,1968)和多阶段相加模型,表述如下:

$$\frac{Y_a}{Y_m}=\prod_{i=1}^{n}\left(\frac{ET_a}{ET_m}\right)_i^{\lambda_i} \tag{32-2}$$

$$\frac{Y_a}{Y_m}=\sum_{i=1}^{n}K_{yi}\left(1-\frac{ET_{ai}}{ET_{mi}}\right)=\sum_{i=1}^{n}A_i\left(\frac{ET_a}{ET_m}\right)_i \tag{32-3}$$

式中:Y_m、Y_a——棉花充分供水时的最高产量和缺水条件下的实际产量;ET_m、ET_a——充分供水时的阶段蒸发蒸腾量和缺水条件下的阶段蒸发蒸腾量;λ_i——第 i 阶段缺水对产量影响的敏感指数;A_i——第 i 阶段缺水对产量影响的敏感系数。λ_i 和 A_i 由试验资料确定,其数值越大,表明产量对阶段缺水越敏感,即相对缺水量减少引起的减产量越大。

根据全国部分灌溉试验站已有的棉花受旱试验资料,计算出相乘模型与相加模型中的敏感指数 λ_i 和敏感系数 A_i(表 32-8)。从表中可以看出,尽管不同区域之间 λ_i 和 A_i 的值有所差别,但它们在棉花全生育期内的变化趋势却是基本一致的,即:播种出苗期数值最小,出苗至开花数值越来越大,现蕾至吐絮期数值最大,吐絮成熟期数值又变小。为保证出苗,播种时如土壤水分不足,应在冬季或春季进行贮水灌溉造墒,但就整个生长期而言,苗期个体小、需水少,产量对苗期水分亏缺的反应并不敏感,故 λ_i 和 A_i 数值较小。现蕾前,棉花处于营养生长阶段,光合产物主要用于构成营养器官,水分亏缺尚未直接影响到经济产量的形成;若接近现蕾期时遇旱,则会使现蕾数迅速减少而减产,因而此阶段的 λ_i 和 A_i 值由较小呈上升趋势;现蕾后,棉株由营养生长逐渐向生殖生长转移,随着气温升高和叶面积的增大,生长对水分的需求量日益增加,此时缺水会使叶片向临近含水量较高的幼嫩器官吸水,造成幼蕾脱落,产量降低,因而此阶段的 λ_i 和 A_i 值较大;开花吐絮期,正是生殖生长和营养生长的两旺时期，叶面积已达最大，大气蒸发能力也最强，此时缺水会造成棉株呼吸消耗增多、光合作用减弱，蕾铃因缺水而脱落，因而该期对水分亏缺的反应最为敏感，λ_i 和 A_i 数值呈较大；吐絮过后，气温逐渐降低，大气蒸发能力越来越弱，光合作用强度下降，棉株生长缓慢，棉花对水分的需求也越来越少，此阶段缺水会影响到铃重和纤维质量，从而影响产量，但产量对水分亏缺的反应没有前一阶段那样敏感，故 λ_i 和 A_i 又变小。根据表 32－8 中 λ_i 和 A_i 值的大小划分等级，综合分析得出棉花产量对水分亏缺的敏感程度依次为：开花—吐絮期或现蕾—开花期>出苗—现蕾期>吐絮—成熟期>播种—出苗期。

表 32－8　部分灌溉试验站棉花的敏感指数 λ_i 和敏感系数 A_i

（陈玉民等，1995）

敏感因数	省份	站　名	播种—出苗	出苗—现蕾	现蕾—开花	开花—吐絮	吐絮—成熟	备　注
λ_i	河北	藁城	0.022 9	0.061 5	0.125 1	0.015 6	0.012 0	6 年均值
		望都	0.001 8	0.131 9	0.316 6	0.131 0	0.042 2	5 年概化值
		临西	0.032 6	0.282 1	0.223 1	0.164 2	0.119 8	2 年均值
	山东	马东	0.477 3		0.285 9	0.434 1	0.083 0	1 年结果
		刘庄	0.039 0		0.123 8	0.242 9	0.085 1	3 年概化值
	山西	夹马口	0.312 6		0.419 7	0.649 5	0.381 9	5 年概化值
A_i	河北	藁城	0.054 5	0.146 0	0.333 4	0.312 2	0.100 6	6 年概化值
		望都	0.034 2	0.178 9	0.358 9	0.203 5	0.141 4	5 年均值
		临西	0.067 6	0.282 8	0.324 8	0.295 9	0.057 3	5 年均值
	山东	马东	0.009 9		0.130 3	0.375 8	0.254 9	1 年结果
		刘庄	0.003 0		0.234 4	0.396 1	0.382 9	3 年概化值

λ_i 和 A_i 值地区间相差较大的原因，与当地气候条件、土壤类型、肥力水平、栽培技术、作物品种、地下水位等有密切关系。

第二节　棉花需水量与需水规律

一、需水量及其与产量的关系

需水量系指棉花在适宜的土壤水分和肥力水平下，正常生长发育获得高产时的植株蒸腾、棵间土壤蒸发以及植株体的水量之和。棉花需水量的多少通常表示为以棉花播种时主根区（一般为 1 m 土层深度）的土壤贮水量，加上全生长期内的有效降水量和灌水量以及地下水补给量，减去灌水深层渗漏量和收获时的土壤贮水量，需水量一般以所消耗的水层深度（mm）或单位面积上的水量（m^3/hm^2）表示。生产中经常用到另一个概念，即耗水量，是指棉花在任一土壤水分条件下的植株蒸腾量、棵间蒸发量及植株体的水量之和，与需水量的含义不同，棉花需水量是在特定（适宜）条件下的棉花耗水量。

（一）需水量在空间上的变化

全国棉花需水量大多分布在 500～850 mm 区域（图 32－5），总体上由西北向东南呈递

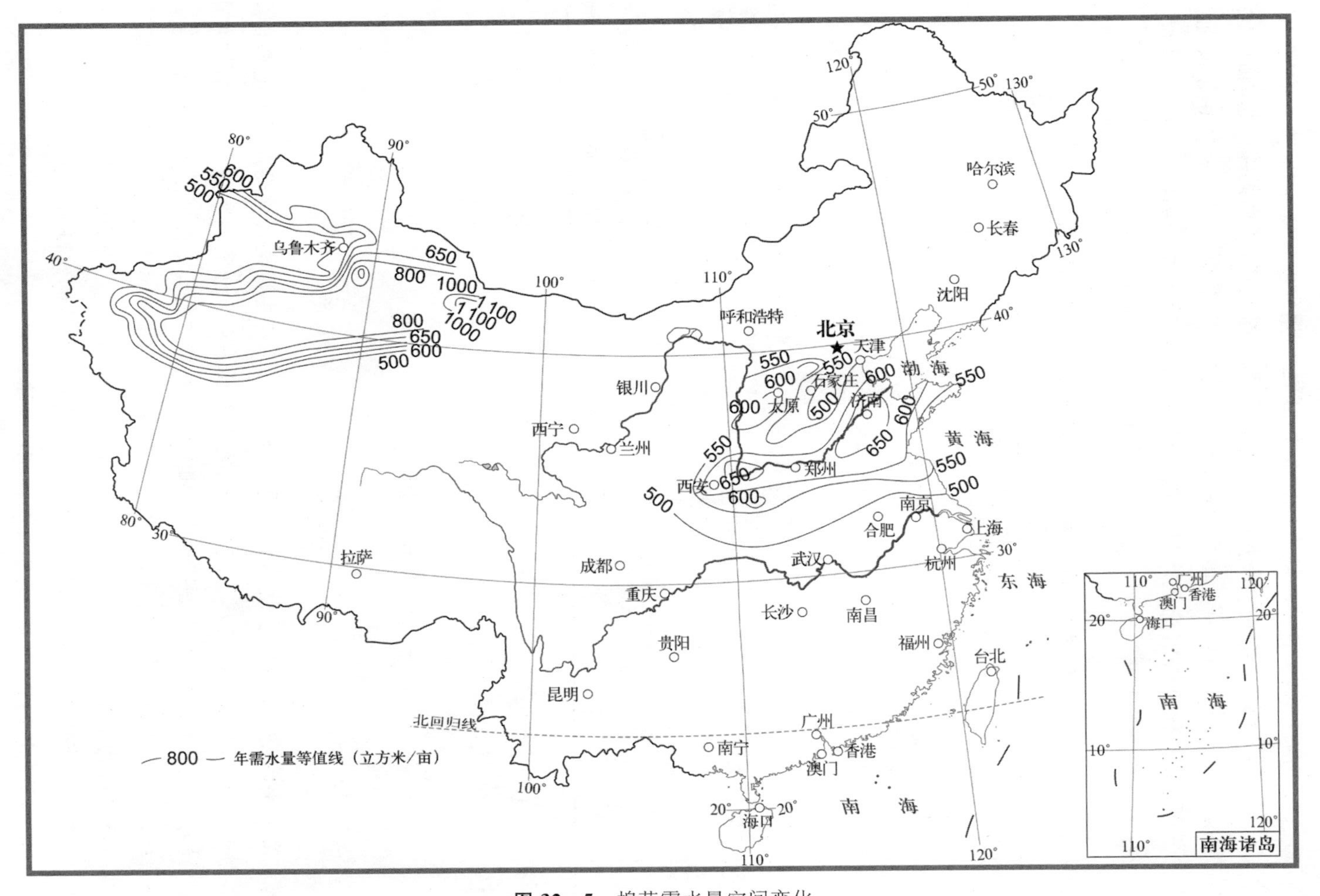

图 32-5　棉花需水量空间变化
（陈玉民等,1995）

减的变化规律。在华北、淮北与江汉平原，需水量变化在 500～650 mm，其中沿黄河两岸为高值区，数值在 600 mm 以上；在济南、菏泽为 650 mm 的高值封闭区；从黄河向南、北两侧降低；在石家庄、邢台一带为 500 mm 的低值封闭区；在黄河以南与江汉平原广大地区为 500 mm 左右。辽南需水量在 400～500 mm，是全国棉花需水量最低的地区。新疆是绿洲农业，蒸发量大，需水量较大，一般在 500～850 mm；最高值在吐鲁番、鄯善一带，高达 1 000 mm 以上。在南疆产区，需水量等值线基本上围绕塔里木盆地，在塔克拉玛干沙漠周围形成半封闭的环形分布，由于沙漠气候的影响，在靠近沙漠边缘地带需水量高达 800 mm 以上，而远离沙漠地区则为 500 mm 左右。

（二）影响需水量的主要因素

1. 气候因素　温度、降水和季节影响棉花需水量。黄河流域棉区属于半湿润气候区，年平均气温 10～15 ℃，无霜期 180～230 d，全生育期棉花需水量变化在 550～600 mm 之间。本区年降水量 550～600 mm，60%～80%的雨量集中在 7～8 月，春季干旱往往影响播种与出苗。西北内陆属于干旱荒漠气候，年蒸发量高达 1 500～4 000 mm，而年降水量不足 200 mm；由于蒸发力强，棉花需水量高达 800 mm 以上，其中吐鲁番地区棉花生长期间因干旱、炎热，需水量最高达 1 017 mm。在长江流域，棉花生长期平均气温为 15～18 ℃，年降水量为 900～1 200 mm，需水量为 600 mm 左右，当地生长期间虽然有短期伏旱，花铃期有一定的灌溉要求，但棉田排水问题更为突出。在辽河流域，由于生长期短，需水量仅为 400～500 mm，当地降水量为 400～700 mm，如同黄河流域一样，降水集中在 7～8 月，春季干旱多风，底墒不足影响播种与出苗。

2. 土壤条件　土壤质地、土壤含水量、地下水位高低等都会影响棉花的耗水量。土壤储水量多少的顺序为：壤土＞黏土＞砂土。因此，在相同产量水平下，砂土和黏土类耗水量多于壤土类。随着土壤湿度的增加，耗水量不断增加。研究表明，在缺水条件下，棉花耗水强度不足 2.0 mm/d；而在高于适宜水分的条件下，最高耗水强度可高达 10.0 mm/d。

3. 栽培措施　栽植密度、灌溉、施肥及田间管理等都影响耗水量，即便在同一地区需水量或耗水量也会发生变化。一般情况下，随着植株密度的提高，LAI 增大，叶面蒸腾量增大，需水量随之变大。据河南人民胜利渠试验站资料，棉花种植密度由 75 000 株/hm^2 增至 135 000 株/hm^2时，需水量增加 50～60 mm。江西省赣抚平原试验站的研究表明，密度由 41 700 株/hm^2增至71 400 株/hm^2时，需水量增加 30 mm。

增加灌水量可增加土壤湿度，促进蒸腾和棵间蒸发，进而增加耗水量。据南疆尉犁县研究，灌溉定额分别为 345 mm、420 mm 和 505 mm 时，棉花耗水量分别为 505 mm、570 mm 和 625 mm。不同的灌溉方式，因土壤湿润比不同，加之水分的时空调控影响，耗水量也有所不同，如滴灌会明显减少棵间土壤蒸发，因而需水量相对较少；同样是沟灌，交替隔沟灌溉条件下的耗水量与常规沟灌的基本接近，但水分生产效率明显提高。相同灌水定额条件下，总耗水量随灌水频率的增大而增大。

地膜覆盖和秸秆覆盖显著减少棵间土壤蒸发，从而降低了需水量。据新疆资料，幼苗至现蕾阶段，在覆膜度为 75%时，因覆盖减少棵间蒸发量达 51.6%，花铃期减少 60.4%，吐絮期减少 42.0%，全生长期减少 53.9%。中国农业科学院德州实验站研究指出，鲁北地区地膜覆盖栽培比露地栽培,生育期内需水量减少 101.5 mm,减少幅度为 18.0%,水分利用效率提高 29.3%。考量产量水平则发现,产量水平愈低,覆盖降低棉花耗水的效果愈大,这一点可从山西省临汾地区水土保持科研所的研究结果予以佐证(表 32-9)。

表 32-9　棉田覆膜与未覆膜耗水量比较
(陈玉民等,1995)

皮棉产量(kg/hm²)		375	750	1 125	1 500	1 875	平　均
耗水量(mm)	覆膜	313.7	429.8	497.9	546.2	583.5	474.2
	露地	407.0	496.7	549.0	586.2	614.9	530.8
覆膜减少耗水量(mm)		93.3	66.9	51.1	40.0	31.4	56.6
减少耗水百分比(%)		22.9	13.5	9.3	6.8	5.1	10.7

(三) 需水量与产量的关系

棉花需水量的多少与产量水平有一定的关系。随着产量的提高,需水量也相应地增加。据 20 世纪 80～90 年代的灌溉研究结果,把需水量与产量、耗水量与产量的关系分别处理后,在全国范围几乎得到一个共同的规律,即棉花需水量与产量的关系基本呈线性关系。如河北省根据藁城、望都、临西与石家庄省中心试验站 1982～1988 年共 19 个站的资料分析,得到棉花需水量与产量的线性关系(图 32-6)式为:

$$ET_m = 272.23 + 0.048\,5Y \ (R^2 = 0.636\,8) \qquad (32-4)$$

式中:ET_m——需水量(mm);Y——籽棉产量(kg/hm²)。

由图 32-6 可以看出,尽管水文年型不同,但棉花需水量与产量基本遵循直线关系。

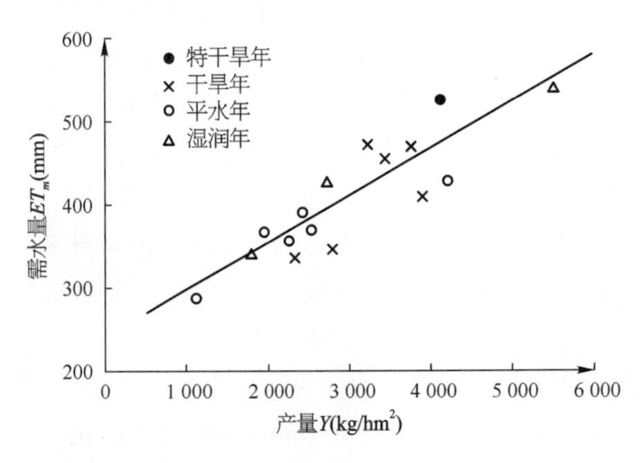

图 32-6　棉花需水量与产量的关系
(陈玉民,1995)

如果超过或低于需水量的范围,即生长期的水分条件是任意的,而不是在需水量定义规定的适宜土壤水分范围,即研究对象为产量与耗水量的关系,因供水量范围的不同,可以形成不同的曲线。如在干旱与过量供水之间变动,产量与耗水量之间则表现为二次抛物线的关系(图 32-7)。

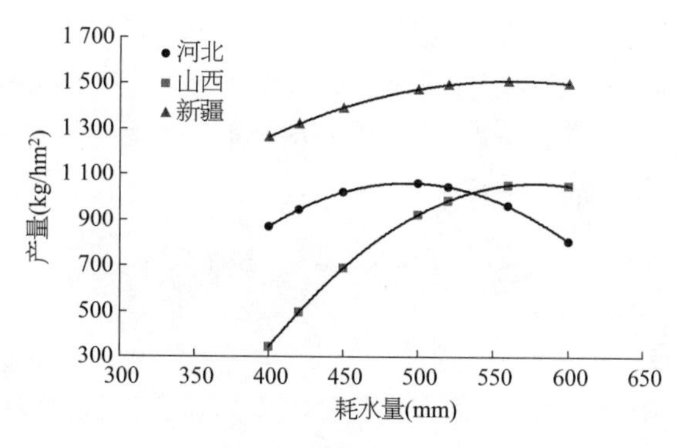

图 32-7 棉花产量与耗水量的关系

(孙景生,2010)

据对山西省 1978 年至 1983 年共 37 项试验研究归纳整理,发现山西地区产量与耗水量关系大致为:皮棉产量在 1 125 kg/hm^2 以上时,耗水量为 554～584 mm;皮棉产量为 750～1 125 kg/hm^2 时,耗水量为 509～554 mm;皮棉产量为 375～750 kg/hm^2 时,耗水量为 389～495 mm。在上述产量范围,产量与耗水量呈正相关,即随着产量的增加,耗水量也在增加。但供水量过大时,产量则呈现出下降趋势,如耗水量达到 645 mm 以上时,产量降低 150 kg/hm^2 左右。

上述研究表明,随着产量的提高,总的需水量或耗水量也相应地增加。但是,二次抛物线的关系表明,当需水量或耗水量达到一定程度时,继续增加供水对产量的影响幅度较小,此时产量能否继续提高主要依靠综合栽培技术水平,而水量对其影响较小。同时,研究结果也表明,过多地灌水,往往会造成营养生长旺盛,增加叶面蒸腾,导致水分消耗较多,不仅对增产无益,甚至会引起产量的下降。所以,在生产中必须正确认识棉花需水量与产量的关系,合理灌溉。

(四) 需水系数

每生产 1 kg 皮棉所需水量(kg)为需水系数。一般情况下随着产量水平的提高,需水系数降低。这一点可从全国灌溉试验资料数据库中的有关灌溉试验结果中得到证明(表 32-10)。

表 32-10 部分地区不同产量水平下的棉花需水系数

(陈玉民,1995)

地　　区	产量水平(kg/hm^2)	需水系数
山西	<750	4 900～9 170
	750～1 125	5 000～6 140
	>1 125	3 620～4 300
河南	750	4 280
	1 150～1 500	3 160～3 280
河北	750～1 050	5 400～7 080
新疆(吐鲁番地区)	2 070	5 580

从表 32-10 中可以看出,需水系数变化颇大,但总的规律是随着产量水平的提高,需水

系数降低。各地需水系数的明显差异与其生态气候条件不同有密切关系。在干旱地区，蒸发力大，生产 1 kg 干物质耗水量就大；湿润地区蒸发力低，生产 1 kg 干物质所需水量就小。需水系数除了与当地生态气候条件有关外，农业技术水平也有重要影响。需水系数的大小，也是衡量农业技术水平高低的重要标志。

二、需 水 规 律

(一) 日均需水过程

棉花是喜温作物。就全国而言，棉花生长基本雨热同步，需水高峰期正值高温期与降水多的季节。因而尽管棉花需水强度高、需水量大，但由于降雨补给，灌水次数并不多。

多年研究表明，棉花需水量过程线是一单峰曲线(图 32－8)。尽管生态条件有差异，不同时期需水量值不同，但总的变化趋势是一致的，即需水高峰期在 7 月下旬至 8 月上旬，日需水强度为 4.5～7.0 mm/d。5 月需水强度为 1.0～2.5 mm/d。9～10 月日需水强度为 2.0～3.0 mm/d。4～7 月下旬为日需水强度递增阶段，递增速度为 0.06 mm/d 左右。此间需水强度增加有两个原因：一是植株本身生物量增加，如株高、叶面积系数等明显增加，属于内因；二是气温在逐渐升高，也就是环境因素的影响。7～8 月，生物量增长达最高值，气温升至最高点，因而需水强度达峰值。之后随着叶片老化，气温降低，需水强度随之降低。棉花需水量过程，实际上是气温、生物量变化过程的综合作用结果。棉花日需水量过程线是生物气候曲线，表示了生物气候因素同步影响。

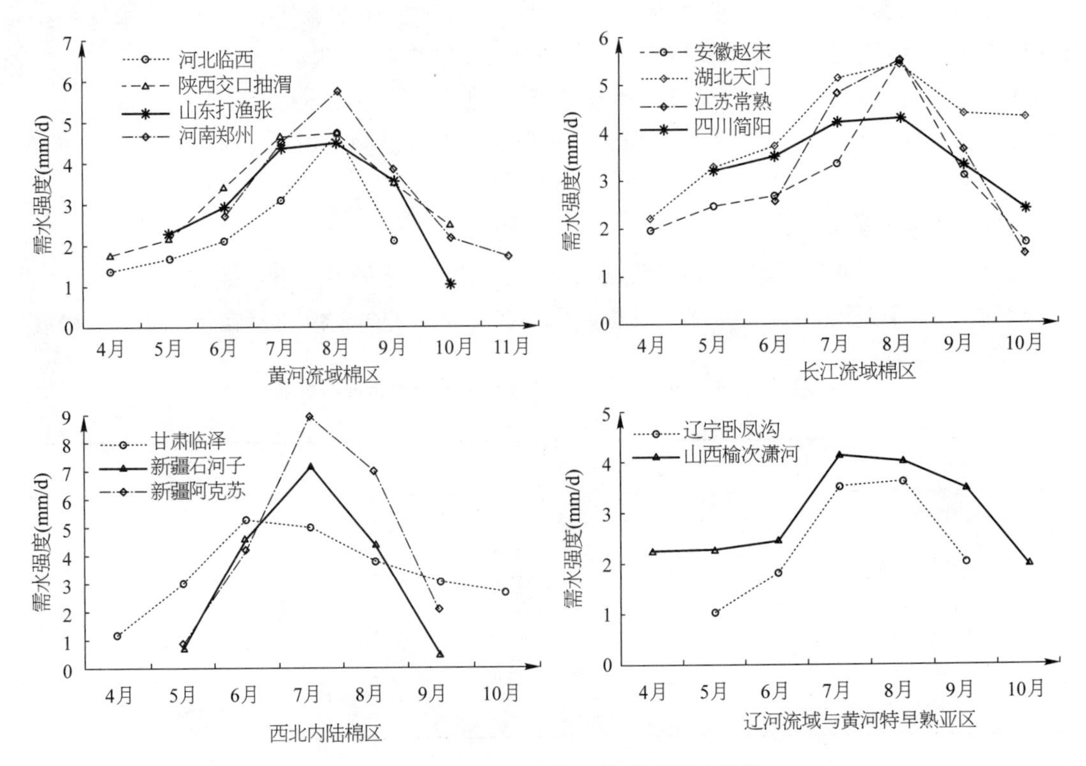

图 32－8　不同棉区棉花日均需水量过程线

(孙景生等，2010)

黄河麦茬短季棉或早熟春棉在6月初播种或移栽，10月下旬拔棉柴，需水高峰期较春棉拖后一些天，约在8月下旬或9月初达到峰值。这时高温天气已过，生物与气候因素影响不同步，因此需水高峰期的强度不及春棉大，仅3.0 mm/d左右。夏棉需水量过程线属于生物学曲线。

(二) 阶段需水量及模系数

由于不同生育期的长短、生长状况、环境气候条件不同，各生育阶段需水量与需水强度明显不同。总的变化趋势是：花铃期需水量最多，日需水强度也最高；其次为蕾期；苗期与吐絮期需水量较小，日需水强度也低(表32-11)。各生育阶段需水量占全生育期需水量的比值称为模系数。模系数最大的阶段为花铃期，一般在50%～65%；不同地区或同一地区不同年份间苗期的模系数变化幅度较大，低的只有5%左右，而高的可达到30%左右，这与苗期表层土壤墒情和气候条件有很大的关系，多数情况下模系数都在15%以下；蕾期与吐絮期的模系数相近，多在10%～20%。

表32-11　棉花各生育阶段需水量与模系数

棉　区	项　目	苗　期	蕾　期	花铃期	吐絮期	全　期	产　量 (kg/hm²)	地　点
黄河流域棉区	阶段需水量(mm)	90.7	84.3	312.9	88.5	576.4	1 750.5	河南新乡
	模系数(%)	15.7	14.6	54.3	15.4	100.0	(皮棉)	
	日需水强度(mm/d)	2.1	3.5	5.0	1.9	3.3		
	阶段需水量(mm)	141.0	87.7	243.6	103.7	576.0	1 668.0	山东菏泽
	模系数(%)	24.4	15.2	42.3	18.0	100.0	(皮棉)	
	日需水强度(mm/d)	2.2	4.2	4.4	2.4	3.1		
	阶段需水量(mm)	188.7	74.6	256.7	102.2	622.2	2 362.5	山东马东
	模系数(%)	30.3	12.0	41.3	16.4	100.0	(籽棉)	
	日需水强度(mm/d)	3.4	3.6	4.5	1.7	3.2		
	阶段需水量(mm)	101.5	103.9	315.1	87.7	608.2	1 342.5	山西夹马口
	模系数(%)	16.7	17.1	51.8	14.4	100.0	(皮棉)	
	日需水强度(mm/d)	1.7	3.5	5.1	2.9	3.3		
	阶段需水量(mm)	110.8	79.0	295.9	44.9	530.6	1 320.0	河北临西
	模系数(%)	20.9	14.9	55.8	8.4	100.0	(皮棉)	
	日需水强度(mm/d)	1.9	3.7	4.8	2.2	3.4		
长江流域棉区	阶段需水量(mm)	157.6	41.7	226.8	450.1	576.2	3 712.5	湖北长渠(喷灌)
	模系数(%)	27.4	7.2	39.4	26.0	100.0	(籽棉)	
	日需水强度(mm/d)	3.2	2.0	5.4	2.8	3.5		
	阶段需水量(mm)	21.7	107.1	265.8	78.7	473.3		江苏南通
	模系数(%)	4.6	22.6	56.2	16.6	100.0		
	日需水强度(mm/d)	1.4	3.6	5.7	1.6	3.3		
	阶段需水量(mm)	29.4	86.7	305.4	171.3	592.8		江苏常熟
	模系数(%)	5.0	14.6	51.5	28.9	100.0		
	日需水强度(mm/d)	2.8	2.0	5.9	2.7	3.8		
	阶段需水量(mm)	45.5	159.8	254.0	265.1	724.4		江西赣抚平原
	模系数(%)	6.3	22.0	35.1	36.6	100.0		
	日需水强度(mm/d)	2.7	5.3	5.3	1.9	3.1		
	阶段需水量(mm)	134.4	89.6	241.0	131.4	596.4	3 042.5	安徽肥东
	模系数(%)	22.6	15.0	40.4	22.0	100.0	(籽棉)	
	日需水强度(mm/d)	3.0	4.3	5.4	2.5	3.7		

（续表）

棉　区	项　目	苗　期	蕾　期	花铃期	吐絮期	全　期	产　量 (kg/hm²)	地　点
西北内陆棉区	阶段需水量(mm)	121.7	65.8	314.1	110.6	612.2	970.5	四川简阳
	模系数(%)	19.9	10.7	51.3	18.1	100.0	(皮棉)	
	日需水强度(mm/d)	3.2	3.9	4.3	2.4	3.5		
	阶段需水量(mm)	29.5	84.4	274.7	23.4	412.0	3 880.4	甘肃民勤(常规沟灌)
	模系数(%)	7.1	20.5	66.7	5.7	100.0	(籽棉)	
	日需水强度(mm/d)	0.8	4.4	4.0	0.6	2.5		
	阶段需水量(mm)	29.1	68.5	276.1	33.7	407.4	4 059.4	甘肃民勤(交替隔沟灌)
	模系数(%)	7.1	16.8	67.8	8.3	100.0	(籽棉)	
	日需水强度(mm/d)	0.8	3.6	4.1	0.9	2.5		
	阶段需水量(mm)	95.7	123.3	285.5	29.7	534.2	4 562.3	新疆昌吉(覆膜)
	模系数(%)	17.9	23.1	53.4	5.6	100.0	(籽棉)	
	日需水强度(mm/d)	1.8	4.1	5.2	1.3	3.3		
	阶段需水量(mm)	39.9	125.0	298.1	91.3	554.3	4 591.1	新疆石河子(膜下滴灌)
	模系数(%)	7.2	22.5	53.8	16.5	100.0	(籽棉)	
	日需水强度(mm/d)	1.3	4.4	5.4	2.3	3.6		
	阶段需水量(mm)	80.0	150.0	350.0	45.0	625.0	2 888.0	新疆尉犁(膜下滴灌)
	模系数(%)	12.8	24.0	56.0	7.2	100	(皮棉)	
	日需水强度(mm/d)	1.9	6.5	6.1	1.7	4.2		
辽河流域棉区	阶段需水量(mm)	49.5	65.6	263.5	34.2	412.8	1 206.0	辽宁三道河
	模系数(%)	12.0	15.9	63.8	8.3	100.0	(皮棉)	
	日需水强度(mm/d)	1.3	2.5	4.0	3.4	2.9		

［注］表中数据主要源自《全国灌溉试验资料数据库》，部分数据来自公开出版文献资料，由孙景生等整理(2010)。

在不同产量水平下，尽管棉花需水量值与需水强度不同，但模系数与日需水强度却有着一致变化的趋势。苗期需水强度低，阶段需水量较小；进入蕾期以后，需水强度明显增大，这时不仅生物量增长速度加快，气温也急剧升高。华北棉区此间正值麦收时节，天气干旱少雨，因而一般年份，此时棉花都有灌溉要求。如豫北地区流行“麦收浇棉花，十年九不差”的谚语，说明这个时期灌溉促产的效用高。及时灌水有利于早坐、多坐伏桃，对促进棉花生长十分有利。花铃期是棉花需水高峰阶段，日需水强度达 4～6 mm/d，生殖生长与营养生长都十分旺盛。此间水分不足，容易造成大量蕾、铃脱落。但在北方棉区，此间又恰处雨季，降水量较多。多数年份，该阶段降雨在很大程度上能满足棉花需水要求。尤其是华北地区，此阶段灌溉促产的效用不高。进入吐絮期以后，植株已逐渐衰老，天气日渐凉爽，日需水强度明显降低，已降到 2.5 mm/d 以下。该阶段需水量与苗期相近，是棉花全生育期需水较低的时期。

由于棉花阶段耗水量与该阶段土壤水分含量的高低密切相关，一般灌水量大或降雨多的年份，土壤含水量高，阶段耗水量就大一些，相应地模系数也较大；反之，灌水量小或降雨少的年份，土壤含水量较低，阶段耗水量一般较小，模系数也小些。因此，在不同年份和不同水分处理之间，棉花阶段耗水量与模系数的大小也会相应地有所变化。表 32－12 给出了中国农业科学院农田灌溉研究所 1998～1999 年在河南新乡的试验结果，表中显示的 ET_m 表示棉花需水量，“40%ET_m”等表示为灌溉的水量相当于 ET_m 的百分数。从表 32－12 中可以看出，不同水分处理的棉花日均耗水强度同样反映出前期小、中期大、后期又小的变化特点。苗期耗水量少，阶段模系数为 6.5%～11.4%；其次是成熟期，模系数为 9.0%～13.6%；蕾期耗水量明显增加，模系数为 14.6%～25.5%；到花铃期棉花耗水量达到最大，模系数为 57.0%～66.5%。这充分说明棉花的耗水是其自身生理需水与生态环境条件长期相互作用的结果。

表 32 - 12　不同灌溉水平下棉花各阶段耗水量、模系数和日耗水强度

(孙景生等，2010)

生育阶段	项　目	$40\%ET_m$		$55\%ET_m$		$70\%ET_m$		$85\%ET_m$	
		地面灌	滴灌	地面灌	滴灌	地面灌	滴灌	地面灌	滴灌
苗期	耗水量(mm)	38.3	27.6	45.1	34.5	41.8	29.1	39.5	35.3
	模系数(%)	10.8	8.0	11.4	9.0	9.3	6.5	7.5	6.8
	日耗水强度(mm/d)	0.8	0.5	0.9	0.7	0.8	0.6	0.8	0.7
蕾期	耗水量(mm)	59.2	56.8	57.9	71.6	79.7	114.7	107.8	88.4
	模系数(%)	16.7	16.5	14.6	18.7	17.8	25.5	20.6	17.1
	日耗水强度(mm/d)	2.2	2.2	2.2	2.7	3.0	4.3	3.9	3.3
花铃期	耗水量(mm)	222.0	229.0	253.0	235.5	286.6	256.2	316.7	324.1
	模系数(%)	62.6	66.5	63.7	61.6	63.9	57.0	60.3	62.5
	日耗水强度(mm/d)	3.4	3.5	3.9	3.7	4.4	4.0	4.9	5.0
吐絮期	耗水量(mm)	35.2	31.0	40.7	40.8	40.4	49.7	60.8	70.4
	模系数(%)	9.9	9.0	10.3	10.7	9.0	11.0	11.6	13.6
	日耗水强度(mm/d)	0.8	0.7	1.0	1.0	1.0	1.2	1.5	1.7
总耗水量(mm)		354.7	344.4	396.7	382.4	448.5	449.7	524.8	518.2

(三) 棵间土壤蒸发与叶面蒸腾变化规律

棉花是中耕作物，与小麦等密植作物相比棵间蒸发量占需水量的比例大。据中国农业科学院农田灌溉研究所在河南新乡测定，皮棉产量为 660 kg/hm^2 时，棵间蒸发量占总需水量的比例达 46.6%，几乎为总需水量的一半。随着产量水平的提高，由于 LAI 增大，棵间蒸发占需水量的比例愈来愈小。从表 32 - 13 中可以看出，当皮棉产量为 1 665 kg/hm^2 时，棵间蒸发量占总需水量的比例不足 30%，说明高产情况下，棵间蒸发比例小，水分有效利用率高。

表 32 - 13　不同产量棉花不同生育期棵间蒸发与叶面蒸腾变化

(孙景生等，2010)

项　目	苗　期	蕾　期	花铃期	吐絮期	全　期	产量(kg/hm^2)
需水量(mm)	90.0	85.5	308.8	72.0	556.3	1 665
棵间蒸发量(mm)	76.0	22.2	45.6	16.0	159.8	
叶面蒸腾量(mm)	14.0	63.3	263.2	56.0	396.5	
棵间蒸发占需水量(%)	84.4	26.0	14.8	22.2	28.7	
需水量(mm)	78.9	85.5	241.8	73.5	479.7	1 462.5
棵间蒸发量(mm)	60.0	20.8	45.6	16.3	142.7	
叶面蒸腾量(mm)	18.9	64.7	196.2	57.2	337.0	
棵间蒸发占需水量(%)	76.0	24.3	18.9	22.2	29.7	

（续表）

项　目	苗　期	蕾　期	花铃期	吐絮期	全　期	产量(kg/hm²)
需水量(mm)	89.1	71.2	211.4	51.7	423.4	1 335
棵间蒸发量(mm)	66.0	24.6	42.9	15.4	148.9	
叶面蒸腾量(mm)	23.1	46.9	168.5	36.3	274.5	
棵间蒸发占需水量(%)	74.1	34.6	20.3	29.8	35.2	
需水量(mm)	68.1	61.5	132.7	19.5	281.8	660
棵间蒸发量(mm)	54.9	20.8	40.2	15.4	131.3	
叶面蒸腾量(mm)	13.2	40.7	92.5	4.1	150.5	
棵间蒸发占需水量(%)	80.6	33.8	30.3	79.0	46.6	

棵间蒸发量大小与棉花各生育期的生长发育状况、植株对地面覆盖度大小关系密切，同时与灌水方式、供水量多寡与次数，即土壤水分状况也有很大关系。LAI 大，则棉花茎叶繁茂，地面覆盖度大，棵间蒸发小；相反，棉株小，LAI 小，地面覆盖度也小，棵间蒸发则要大些。从全生育期来看，棵间蒸发量占总需水量的比例苗期较大，到花铃期逐渐变小。而叶面蒸腾量却与此相反，前期小，到花铃期达最大值。

另外，当供水次数多、水量大时，地表湿度相对较高，棵间蒸发也大。改变地表湿度状况也能改变棵间蒸发量，如相同供水量采用地面灌溉和滴灌相比，滴灌供水因实施小定额局部灌溉，浸润面积比地面灌的小，所以棵间蒸发量及棵间蒸发点总需水量的比例要低一些。

从图 32－9 看到，棉花全生育期间的需水量过程线与叶面蒸腾变化过程线相似，只是峰值期有一定滞后，说明需水量过程线主要反映叶面蒸腾的影响。叶面蒸腾峰值滞后的原因是由于 LAI 在 7 月底、8 月初才达最高值。而需水量过程线峰值偏前主要反映棵间蒸发与叶面蒸腾两个过程的综合影响，因为 6 月下旬、7 月上旬气温升高，棵间蒸发量达到最高值，这样由于棵间蒸发与叶面蒸腾的累加作用，使需水量过程线峰值提前。

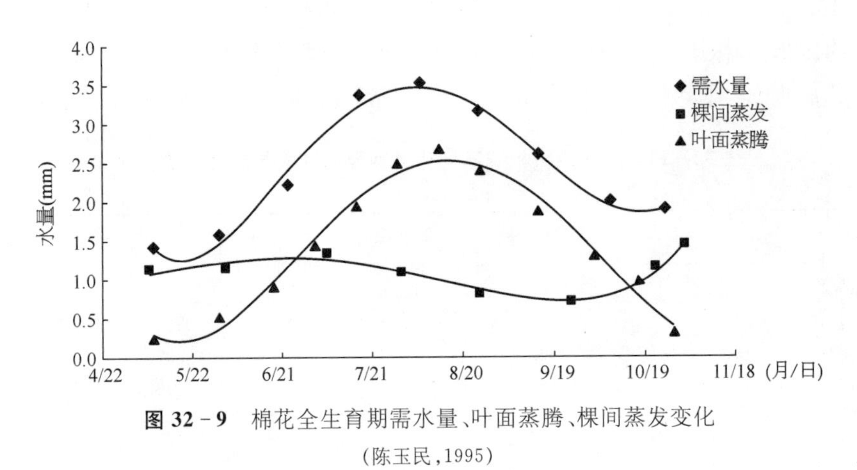

图 32－9　棉花全生育期需水量、叶面蒸腾、棵间蒸发变化

（陈玉民，1995）

由于棵间蒸发量对生产没有直接意义，因而应最大限度地降低棵间蒸发量，以提高水的有效利用率。加强农耕措施、合理加大密度、进行地面覆盖等都对减少棵间蒸发与提高水的有效利用率具有积极影响。

第三节　棉花高效节水灌溉技术

高效节水灌溉是棉花高效栽培模式的重要组成部分。根据棉花需水规律，依靠灌溉系统将水分适时适量输送到田间和根区，满足生长发育所需水分，最大限度利用当地光温资源，在有限的适宜生长期内积累尽可能多的干物质，获得理想的经济效益、社会效益和生态效益。

一、棉花生育期土壤水分条件与生长发育

(一) 播种至出苗

棉籽发芽、出苗不仅对水分有一定的要求，对温度，尤其是对地温反应也十分敏感。棉籽播入土中，首先必须吸足相当于本身重量60%～80%的水分后，才能在一定温度条件下(5 cm处的地温稳定在12 ℃以上)开始萌发，同时在出苗的过程中还需继续吸收必要的水分。因此，棉籽发芽与土壤水分有密切的关系。大量试验表明，播种时以0～20 cm土层土壤水分占田间持水量的70%～80%较为适宜。土壤水分低于70%时，则表层水分不足，种子吸水困难，发芽缓慢，即或发芽，也会因以后水分供给不上而“烧芽”干死，不能出苗；土壤含水率超过85%时，由于水分过多，地温低，且土壤通透性较差，棉籽发芽出苗慢，而且容易染病霉烂。根据中国农业科学院农田灌溉研究所在河南新乡进行的试验，与直播棉花的出苗率及苗情关系最为密切的是0～40 cm土层的含水率。图32－10给出的是0～40 cm土层含水率(占田间持水量的百分率)与出苗率的关系，从中可以看出，当播种时的土壤含水量低于田间持水量的60%时，棉花基本上不能出苗；之后随着表层土壤含水量的增加，出苗率也迅速提高；当土壤含水量增加到85%以上时，出苗率基本不再增加。

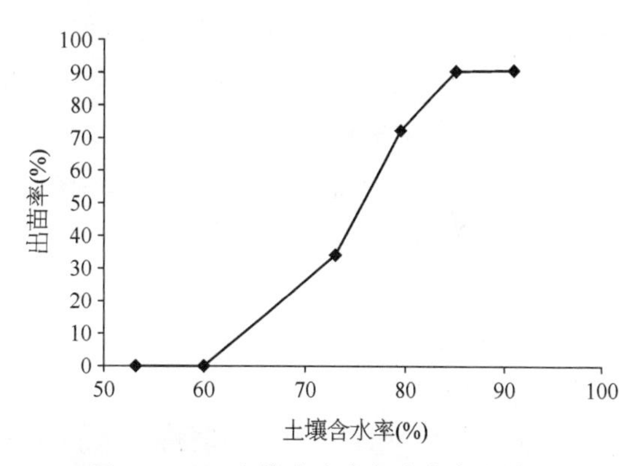

图32－10　土壤含水率与出苗率的关系
(钱蕴壁等，2002)

种子发芽、出苗本身所消耗的水分虽然不多，但由于在此期间，种子距离地面近，幼根入土浅，且接触土壤水分范围小，因此，足够的口墒(播种层土壤水分)对保证棉花苗齐、苗全有着重要的意义。北方地区春棉或夏棉播种时若靠自然降雨，土壤墒情普遍不好，不能满足棉花高产的需要，因此要增加播前灌水以创造良好的墒情。

根据新乡试验资料，1998年普遍进行了播前灌，各处理平均4月下旬0～100 cm土层含水量都达到21%；1999年只有高水分处理进行了播前灌，其他处理土壤含水量较低，最低只有13%。图32－11是根据两年试验资料绘制得到的棉花耗水量和灌溉定额与产量的关系，从中可以看出：灌水量与产量以及耗水量与产量都有明显的直线关系，并且两条直线接近平行，这两条线之间的耗水量与灌水量差值相当于土壤水分消耗量，即播前土壤储水消耗量。

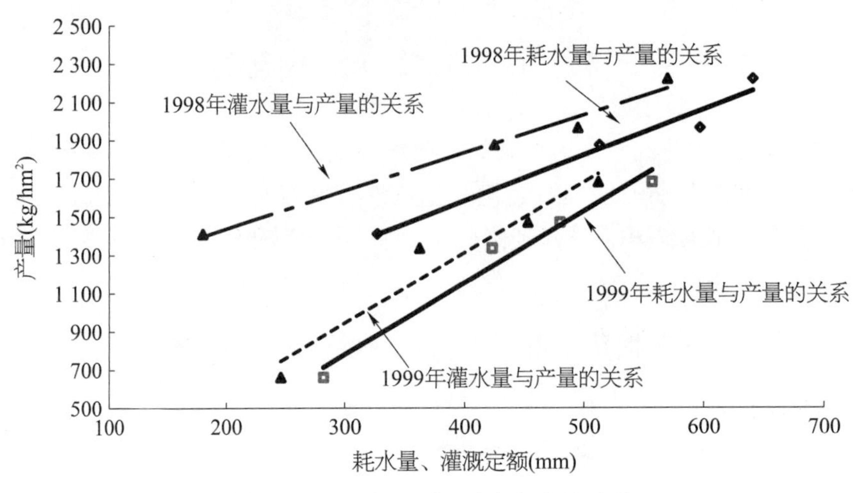

图 32－11　耗水量、灌溉定额与产量关系

（钱蕴壁等，2002）

从图 32－11 还可以看出，1998 年线在上，1999 年线在下，直线斜率相差较大，这说明相同耗水量，产量相差较大，表明产量与 4 月下旬的土壤初始含水量关系十分密切，在相同耗水量的情况下，播前储水量大的产量就高；反之，产量就低。因此，在冬、春季干旱，春季多风或者岗坡丘陵地区，要特别重视冬、春储水灌溉并做好灌后或雨后的保墒工作，以保证棉花播种时有足够的口墒。临播种前，如果发现棉田口墒不好，要抓紧喷灌、泼浇或小水轻浇造墒。

（二）出苗至现蕾

棉花从出苗到现蕾这一时期，一般是在 5～6 月。此时气温不是很高，且棉苗株体尚小，叶面蒸腾和土壤蒸发的强度都比较低。在幼苗阶段，土壤水分不宜过高，一般要求控制在田间持水量的 55%～70%较为适宜，以利于幼苗稳健生长，避免小苗旺长。北方棉农所谓“蹲苗”，就是适当地降低苗期土壤水分，控制幼苗生长，这对于防止中后期徒长是很重要的。从表 32－14 中看出，土壤水分大于 80%田间持水量时，尽管棉株生长较快，植株比较高，但蕾数、节数都没有 60%～80%田间持水量的处理多，表明有旺长现象，不利于早现蕾、多现蕾。根据研究资料，幼苗阶段适当降低土壤水分，不仅有利于棉株健壮生长、发育，而且明显减少病虫害发生。资料显示，当土壤水分分别为田间持水量的 50%～55%、55%～70%和 65%～85%时，病害指数分别为 31.8%、36.1%和 41.5%。北方棉区棉花幼苗阶段常有冷空气入侵，土壤过湿时，幼苗易遭受病菌侵害，感染各种苗病。因而，幼苗阶段一般不灌水或少灌水，以防止苗病的发生与蔓延。

表 32－14　土壤水分对棉花幼苗生长的影响

（陈玉民等，1995）

土壤水分（占田间持水量的百分比，%）	株高（cm）	现蕾数（个/株）	节数（个/株）
40～60	11.4	0.18	6.6
60～80	14.0	0.35	7.8
80～100	13.4	0.18	7.6

（三）现蕾至开花

棉花现蕾以后，土壤水分蒸发量也随之加大，棉株对水分要求日趋敏感。适当提高土壤水分，对早现蕾，早坐、多坐伏前桃有利。根据全国各地的灌溉试验资料，蕾期土壤水分控制在田间持水量的60%～70%，有利于棉株生长发育。杨家凤等（1979）提出，在河北中、南部地区的高产棉田（皮棉产量1 500 kg/hm^2），此期0～60 cm土层土壤水分以田间持水量的55%～60%为蹲苗的适宜水分。陈玉民等（1995）指出，此期严重影响棉花生长的土壤水分下限指标为田间持水量的55%。

现蕾以后，棉株不仅对水分敏感，对养分需求也十分迫切。此时水分状态不仅影响地上部分生长，对促进根系生长发育亦很重要，因而务必做好蕾期棉田土壤水分管理。

现蕾期，我国北方棉区正值干旱少雨季节，土壤水分不足时，要及时灌水、施肥，做到水肥效应同时发挥，这样不仅提高肥效，而且可最大限度地发挥水的作用。

在有播前灌水的情况下，播前大量储水、充足底墒，不仅保证了苗期对水分的要求，而且也为蕾期生长创造了良好的水分条件，因此蕾期一般不需灌水。蕾期土壤水分过高，营养生长旺盛，植株节间过长，生殖生长会受到抑制，并易造成棉田过早封行荫蔽，引起蕾铃大量脱落。但在干旱年份，当土壤水分消耗过快，土壤水分低于田间持水量的55%时，适时灌水可明显促进生殖器官生长，增蕾、增铃效果明显。

（四）开花至吐絮

进入花铃期后，棉花生长发育已达到高峰阶段，此时生殖器官大量增长，土壤水分条件对生殖器官的生长具有非常重要的影响。如开花时土壤水分不足，就会影响棉株授粉、受精，或受精后子房因干旱发育不好而脱落。

花铃期棉花蕾、铃脱落是棉花生长发育中的一个重大问题。尽管影响棉花蕾、铃脱落的因素很多，但水分条件是影响蕾、铃脱落的主要环境因素。早期研究指出，水分过多或不足都会导致蕾、铃大量脱落。在大气干旱情况下，上层叶片因蒸腾而大量失水，自然要争夺下层叶片的水分，如果土壤水分不足，中、下层叶片又要夺取子房中的水分，水分从子房倒流入叶片中。由于水流方向改变，而引起果柄基部离层细胞分裂，造成脱落。同时，在土壤含水量减少的情况下，也会伴随着维生素含量的降低，这对子房脱落也有影响。当土壤水分过高时，由于棉株徒长而遮蔽严重，光合作用受到影响，碳水化合物缺乏，进而导致早期蕾、铃脱落。在黏壤土条件下的研究结果（表32－15）表明，当土壤水分在20%（占干土重的百分数）以下时，蕾、铃脱落与土壤水分呈负相关；在20%以上时，与土壤水分呈正相关。这是因为土

表32－15　土壤水分对棉花蕾、铃脱落的影响

（陈玉民等，1995）　　（单位：%）

土壤含水量（占干土重的百分比，%）	落　蕾	落　铃	落蕾、落铃
15	2.4	40.5	41.9
15～20	3.9	40.3	42.6
20～25	3.6	33.0	35.9
30以上	3.0	35.0	37.6

壤水分高于 20%时,土壤通气状况不好;而低于 20%时,又因干旱吸收不到足够的水分而增加蕾铃脱落。据此,结果指出在土壤水分为 20%时,棉花生长最好。

花铃期是棉花需水的敏感期。据研究结果归纳,此期 0~80 cm 的土壤水分应控制在田间持水量的 70%~80%为宜。土壤水分在此范围内,有利于植株对土壤水分和养分的吸收以及光合作用与营养物质的生产、运转,有利于增蕾、增铃、保蕾、保铃等。花铃期是生产管理的关键时期。从全国各主要棉区的自然条件来看,这个时期的中心问题是管理好棉田的水分状况。因为北方广大棉区此间正值雨季,由于季风气候的影响,干、湿气团推进多变,旱、涝发生频繁。所以,这个时期的棉田管理,既有灌溉问题,又有排水问题。在灌溉时要注意天气预报,避免灌水与降雨重复,以防土壤渍涝,造成棉株徒长。

(五) 吐絮后

棉花生长进入絮期后,植株生长缓慢,现蕾、开花数已逐渐减少,部分叶子开始衰老或脱落,气温逐渐下降,棉株蒸腾量与棵间土壤蒸发量明显降低。这个时期要求的土壤水分不宜过高,以保持在田间持水量的 55%~70%为宜。絮期初期,如果土壤缺水(土壤水分为田间持水量的 55%),仍应坚持灌水,以防止叶片过早枯黄,确保种子和纤维的发育,从而有利于增加铃重和衣分,提高产量和品质。但土壤水分高于田间持水量的 70%,又会延长吐絮期,霜后花明显增多,降低棉花品质;而且,由于土壤湿度高,棵间湿度大,也会招致大量烂桃或僵桃,对增产不利。生长中经常能看到,后期棉田土壤水分充足时,会有大量新叶长出、结蕾和开花的现象,夺取已成蕾、铃中的有机营养,从而影响成铃生长与正常吐絮,最终降低产量和品质。

二、灌溉时期和方法

(一) 灌溉时期

1. 播前储水灌溉

(1) 播前储水灌溉的好处:棉籽发芽、出苗,要求三个适宜的基本条件,即:土壤水分要适宜,播种层(5 cm)的地温要稳定在 12 ℃以上,通气状况良好。这三个条件适宜时,棉籽就可顺利发芽、出苗;否则,发芽、出苗不好,难以形成齐苗与壮苗。因此,为了保证棉籽很好地发芽、出苗,就要通过灌溉与农业措施调节,使其三个条件都处于适宜范围。

我国北方主要棉区冬、春季雨雪少,春季风多,蒸发量大,干旱频繁发生,几乎年年出现表墒不足,给棉花适期播种和夺取全苗、壮苗带来很大困难。据黄河流域棉区历年降水量和蒸发量的资料统计,从当年 11 月到翌年 3 月,在长达 5 个月的时间内,平均累积降水量一般不超过 50~60 mm,而同期蒸发量则高达 250 mm 以上,相当于降水量的 5 倍左右。由于土壤干旱,棉田常因播种层缺墒而不能适时播种,或播种后因墒情不足而出苗困难。因此,上述地区如不进行播前灌溉,常会影响棉花出苗,造成晚苗、缺苗,甚至因此减产。实践证明,实行棉田冬季播前储水灌溉,具有以下 4 个优点。

① 在耕层积蓄较多水分,有利适时播种,提早出苗。棉田冬季或早春播前储水灌溉,可以在较深的土层中积蓄较多的水分,保证播种时底墒充足,有利于棉花适时播种,提早出苗,并可供给棉花苗期生长所需要的水分。据陕西省渭惠渠灌溉试验站 1957 年的测定结果,冬

灌棉田在播种时,0～90 cm 土层内的土壤含水量显著比未冬灌的高,一般高 2%～3%,就是到了 5～6 月,冬灌地 0～30 cm 土层土壤含水量仍比未冬灌地高出 1%～2%。据田间调查,冬灌地 1 m 行平均出苗数为 14.1 株,且生长整齐、苗壮;而未冬灌地 1 m 行出苗数仅 6.7 株,且瘦弱不齐,出苗时间较冬灌地迟 2 d 以上。

② 改善土壤结构,提高地温,有利出苗和幼苗生长。棉田在冬季进行播前储水灌溉后,经过冬、春的冻消作用,土壤变得疏松,透气性好,对土壤微生物的活动特别有利,因此能增加土壤团粒结构,改良土壤耕性。同时,早期储水灌溉,不仅可以保蓄土壤水分,而且能够避免苗期灌水降低地温,使播种前后地温较高且稳定,有利于土壤中水、温、气等条件的改善,因此,能够保证棉花适时播种,且出苗快、齐,发育早。据测定,直径 0.5～5.0 mm 的土壤团粒数所占比率:冬灌地 26.6%,未冬灌地 19.9%,冬灌地的适宜土壤团粒数所占比率较未灌地高。综合河南、河北等省份早期的试验资料,冬灌地播种层温度比春灌地高 1.5～2.0 ℃,而冬季或早春储水灌溉的地温,又比播种前灌溉地高 2～3 ℃,现蕾、开花期提前 1～2 d,产量提高 5%～20%。

③ 调整灌溉季节,缓和用水矛盾,扩大灌溉面积。一般情况下,越冬作物冬、春灌溉用水较少,此时进行棉田储水灌溉,既可充分发挥水利设施的作用,调节用水季节,缓和用水矛盾,做到“冬水春用”“春水夏用”。同时,棉田实行储水灌溉后,棉花在生长期间可以从较深的土层中吸收蓄积的水分供应植株生长,从而可以提高棉花生长前期的耐旱程度,减轻夏季用水的紧张状况,扩大灌溉面积,提高灌溉效益。

④ 减轻土壤中越冬害虫的危害。棉铃虫和棉叶螨等害虫一般在土壤中越冬。棉田实行储水灌溉,由于水量较大,积水时间较长,对越冬害虫有一定的抑制、致死作用。据 20 世纪 50 年代的大面积调查资料,秋耕冬灌的棉田比秋耕春灌的棉田,棉铃虫危害减轻 25%。

(2) 播前储水灌溉的技术要求

① 灌水时间:棉田储水灌溉的时间,必须从有利于蓄水出发,结合当地的气候、水源、土壤、地下水位等条件而定。一般在前茬作物收获以后,经过秋(冬)耕不久就可进行,应坚持“宜早不宜迟”的原则。在理想条件下,冬灌一般在封冻前 10～15 d 开始灌溉,至封冻结束,灌水过早因气温高、蒸发量大,水分损失多;过晚则因土壤结冻,水不下渗,在来年春天解冻时,造成地面泥泞,影响整地和播种进度。

根据各地实践经验,冬灌的适宜时间,应以土表开始结冻或昼消夜冻的时候为最好。黄河流域棉田冬灌时间以 11 月下旬至 12 月下旬为宜;西北内陆棉区冬季降温早,冬灌时间一般 11 月上中旬开始,辽河流域则更早些。停止冬灌的具体时间,可以根据当时气温、土壤水分渗透等情况确定。当气温降至 -8～-9 ℃、水温降至 1 ℃左右时,渠道输水即有困难,这时就可考虑停止冬灌。在灌溉面积大、冬季水源不足或结冻较早的地区,难以全部实行冬灌时,应抓紧在早春进行灌溉。黄河流域棉田早春灌溉的时间,一般应从 2 月中下旬土壤刚解冻时开始,最迟不能拖过 3 月中旬,这样可使灌水到播种有 20～30 d 的时间间隔,有利恢复地温并保证播种时地温稳定,不误适时播种。表 32-16 是不同时间灌水与 0～10 cm 处表层土壤水分与地温的变化情况,从中可以看出:冬灌、早春灌,播种时土壤水分均在 70%,地温较高,达到 19.5 ℃;而临播前灌水,虽然土壤水分高达 86.4%,但地温较低,影响出苗率。

表 32-16　不同时间灌水播种地温与土壤湿度

(陈玉民等,1995)

处　理	冬　灌	早春灌	播前灌	不　灌
灌水时间(月/日)	11/25	3/3	3/20	
0～10 cm 土壤湿度(占田间持水量的百分比,%)	70.0	70.1	86.4	67.0
地温(℃)	19.5	19.5	18.7	19.0

在保水性较差的砂土地,或地下水位高的地方,一般均不宜进行冬灌或早春灌,要推迟春季灌的时间,可根据口墒情况,在临播前进行灌溉为好。

在冬春严重干旱的情况下,棉田虽经储水灌溉,但临播前仍感口墒不足时,应根据当时的天气情况,于播前 10 d 内进行补墒灌溉,并及时耙耱整地,趁墒播种。

② 灌水量与灌水措施:冬灌的主要目的是给土壤蓄存较多的水分,以便为棉花播种时创造良好的墒情条件,其灌水量应大些,一般应在 1 200～1 500 m^3/hm^2。灌水时间较早、地下水位较多或土壤保水能力较强的田块,灌水量可适当加大。耕翻较深的棉田,土壤孔隙较大,储水也多,也可适当增加灌水量。早春灌溉的用水量要比冬灌略少一些,可控制在 900～1 200 m^3/hm^2。若春灌时间较晚,或临播前才灌溉,灌水量则不宜过大,以防过多地降低地温,或与降雨重叠,延误棉花适时播种,此时的灌水量应控制在 450～600 m^3/hm^2,其主要目的是解决表墒不足的问题。

棉田储水灌溉,无论是在冬季还是在早春进行,均以畦灌方法为好,不宜采取大水漫灌的方法。实行整地或生长期采用畦灌的棉田,小畦应在冬灌前一次做成,冬灌后逐畦整地,畦规不再变动。小畦的长度应视土壤性质、坡降及地面平整情况而定。地面坡降大的,小畦宜短;地面坡降平缓的,小畦可稍长一些。小畦宽度要按棉花计划行距和每畦种植行数,或按机械整地筑畦宽度而定。一般畦宽 2.4～3.6 m,畦长 50～80 m,畦埂高 30 cm,埂底宽 60 cm 左右。生长期计划采用沟灌的棉田,冬灌前可临时筑畦,小畦宽度不必考虑棉花种植的需要,而从有利于冬(春)灌灌水均匀和筑畦方便考虑。为了保证储水灌溉的效果,灌水时的入畦流量不应过大,一般以 3～5 L/s 为宜,以免冲刷、破坏土壤结构。

冬季蒸发量小,渗透量大,冬灌有利于盐碱土的冲洗改良。盐渍化地区可采用畦灌法进行冬灌,灌水量宜大些,并分几次进行,以提高洗盐效果。

棉田临播前如因口墒不足必须进行灌溉时,要特别注意控制灌水量,最好采用开沟小水渗灌的方法,或使用移动式小型喷灌机,喷洒较小水量于地表,实行表土造墒,使 0～10 cm 土层的土壤水分达到田间持水量的 75%～85%,灌水量一般以 225～450 m^3/hm^2 为宜。

③ 储水灌溉后的保墒工作:灌后保墒是保证和提高储水灌溉效果的重要内容。无论是冬灌或早春灌及盐碱土的冲洗灌溉等,均应注意耙耱保墒,特别是在早春当地表刚解冻时及时进行耙耱,破除地表板结,使土壤达到上虚下实,既可保住表墒,又能提高地温,同时保持良好的通气状况,可有效减少土壤蒸发,为棉籽发芽、出苗创造极好的环境条件。

2. 生长期灌溉　棉花生长期中的灌溉,是指棉株由出苗到成熟收获整个生长时期进行的灌溉。棉花生长期中的灌溉,必须根据棉花的需水特性和需水规律,结合当地的气候情况,准确掌握灌水时间和灌水方法,做到适时适量,以有利于棉花正常的生长发育和产量形成为原则,充分发挥灌溉的增产作用。生长期灌溉的理论依据是保持棉花水分吸取和蒸腾的相对平衡。只有根系吸水和叶面蒸散失水处于协调状态,并保持适当的水分平衡,棉花才能发育良好。在各种外界因素的影响下,棉花水分往往在短时间或长时间处于不平衡的状态;当这种不平衡达到一定极限时就需要灌溉,避免因水分严重不平衡而导致作物的生理功能受到影响,从而影响棉花产量的形成。

(1) 生长期中的适宜灌溉控制指标:我国棉区辽阔,各棉区在棉花生长期间降雨情况和土壤条件差异较大,因而灌水时间和次数也各不相同。在不同生育时期,棉花对水分的需求不同,水分亏缺对棉花生长发育、产量和品质形成的影响也不同。具体什么时间灌水最为适宜,应要"看天、看地、看庄稼",除西北内陆棉区可执行根据灌溉试验结果制定的灌溉制度外,其他地区棉花生育期是否需要灌溉,可依据气候特点、土壤墒情、作物的形态、生理性状和指标加以判断。

① 土壤指标:生产中多是根据棉田土壤墒情决定是否需要灌溉。陈玉民等通过对全国各地棉花灌溉试验资料进行分析,提出的各生育时期适宜土壤水分指标及严重影响生长的下限指标见表 32 - 17。尽管土壤水分指标具有重要的参考价值,但采用这一指标仍存在一些弊病,如土壤含水量不能及时、直接和客观地反映出棉花体内的实际水分状况。比较直观的例子是,在土壤含水量相同而含盐量不同的情况下,棉花从土壤中吸收的水量就有差异,反映在植株体内的水分也就不一样。因此,选用土壤水分指标指导灌溉,必须对棉花生长的土壤情况有足够的了解。由于灌溉的对象是棉花,而不是土壤,所以最好以棉花本身的情况作为灌溉的直接依据。

表 32 - 17　棉花各生育时期的适宜土壤水分指标

(陈玉民等,1995)

生育期	计划湿润层深度(cm)	适宜土壤水分指标(%)	严重影响生长的下限指标(%)
播种期	0～20	70～80	—
苗期	0～40	55～70	50～55
蕾期	0～60	60～70	55
花铃期	0～80	70～80	55
絮期	0～80	55～70	50

[注] 表中水分指标为占田间持水量的百分比。

② 形态指标:我国农民自古以来就有看苗灌水的经验,即根据作物在干旱条件下外部形态发生的变化来确定是否应该进行灌溉。作物缺水的形态表现为,幼嫩的茎叶在中午前后易发生萎蔫;生长速度下降;由于生长缓慢,叶绿素浓度相对增大,叶、茎颜色呈暗绿色;茎、叶颜色有时变红。如棉花开花结铃时,叶片呈暗绿色,中午萎蔫,叶柄不易折断,嫩茎逐渐变红,上部 3～4 节间开始变红时,就应灌水。从缺水到引起作物形态变化有一个滞后期,当形态上出现上述缺水症状时,生理上已经受到一定程度的伤害了。主要形态指标有以下几种。

第一种,蕾顶位置。当棉田 50% 棉株蕾顶齐平时,即表明棉田需要灌溉。蕾顶齐平是指棉株最上部果枝第一个花蕾的蕾尖与主茎顶尖持平。顶尖高于蕾,不缺水;顶尖低于蕾,棉株缺水。

第二种,主茎颜色及生长速度。棉株主茎红色部分上升快,只剩下1～2节绿茎,需灌水;如有4～5节绿茎表明不缺水;主茎生长速度减慢,茎顶下陷,叶片小,表示缺水。

第三种,棉株的花位。从上往下数,最上面一朵花的位置,初花期在第8～9个果枝上,盛花期在第7～8个果枝上,一般不缺水;顶端果枝出现晚,开花部位明显升高,即表明缺水。

③ 生理指标:形态指标易于观察,但是当棉花在形态上表现出受旱或缺水症状时,其体内的生理生化过程早已受到水分亏缺的危害,这些形态症状是生理生化过程改变的结果。因此,采用生理指标指导灌溉更为灵敏和及时。植物叶片的细胞汁液浓度、渗透势、水势和气孔开度等均可作为灌溉的生理指标。植株在缺水时,叶片水势下降,细胞汁液浓度升高,溶质势下降,气孔开度减小,甚至关闭。当有关生理指标达到临界值时,就应及时进行灌溉。例如南疆棉花花铃期,倒数第4片功能叶的水势值达到－1.3 MPa时就应灌溉。棉花不同生育阶段的灌溉生理指标的临界值见表32－18。

表32－18　棉花灌溉生理指标的临界值

(徐邦发,2002)

作物生育期	叶片水势(MPa)	叶片细胞液浓度(%)
花前期	－0.8～－1.0	8.5～9.3
花期-铃形成期	－1.0～－1.3	9.5～12.5
成熟期	－1.3～－1.5	12.5～14.0

(2) 不同时期灌溉对棉株生育的影响:

① 苗期:北方棉区从播种到现蕾,时间从4月底到6月初。此间风多且大,蒸发量大,降雨少,寒流频繁,棉苗出土后常遇低温等不利条件而易感染病害。通常情况下,苗期一般不需要灌水,而是进行蹲苗。此时,加强中耕松土措施既可保墒,又能提高地温,促进幼苗生长,也可减轻病的危害。豫北地区试验表明,幼苗期灌水明显降低地温,一般降低温度的持续时间长达10 d左右;灌水不仅没有促进生长发育,株高和真叶数反而少于未灌水的处理,而且灌水处理的病害率比未灌水处理的高13%～16%。

在天气干旱情况下,适当地提前灌水,对促进棉苗早发很重要,有利于早现蕾、多现蕾。苗期灌水尤其要注意天气状况,尽量避免灌后遇到冷空气入侵。苗期灌水量不宜过大,宜"小水轻浇",切忌"大水漫灌",一般可采用隔沟灌溉的方法,灌水量以450 m^3/hm^2左右为宜。对于西北内陆棉区,在采用膜下滴灌技术、实施干播湿出时,出苗水灌得较少,苗期一般需要灌溉一次,灌水定额以300 m^3/hm^2为宜。

黄河流域夏棉,一般在5月底6月初进行移栽,此时干旱少雨,气温较高,移栽后应及时灌水,以促进幼苗缓苗、早发。当采用畦灌灌水时,灌水定额一般应控制在600～900 m^3/hm^2;若采用喷灌技术灌水,除移栽后及时灌1次水外,间隔1周后应再灌1次水,灌水定额以300～450 m^3/hm^2为宜。

长江流域棉区,苗期正值梅雨季节,细雨绵绵,排水问题更为突出,不需灌水。

② 蕾期：棉花现蕾以后，气温升高，生长发育加快，对水分要求十分迫切。此期，北方棉区正值雨季来临前的干旱季节，对蕾期正常生长有着不同程度的影响。生产实践证明，适时灌好现蕾水，可以争取早坐、多坐伏前桃，进而控制后期植株徒长，对减少蕾、铃脱落率，促进增产具有显著效果。从表 32－19 可以看出，现蕾期及时灌水，在 7 月 13 日调查时棉花株高比未灌水的高 8.5 cm，蕾数增加 4.4 个，产量提高了 4.3%。现蕾期灌水定额以 300～450 m^3/hm^2 为宜。

表 32－19　现蕾期灌水对棉株生长发育的影响

（陈玉民等，1995）

灌水处理	灌水前(6 月 2 日)		灌水后(6 月 30 日)		灌水后(7 月 13 日)		籽棉产量 (kg/hm^2)
	株高(cm)	蕾数(个/株)	株高(cm)	蕾数(个/株)	株高(cm)	蕾数(个/株)	
现蕾期灌水	15.2	4.0	22.0	10.7	50.4	21.5	3 388.5
现蕾期不灌水	16.1	4.0	19.3	9.0	41.9	17.1	3 249.0

③ 花铃期：花铃期是棉花需水高峰期，植株蒸腾量大，对水分十分敏感，干旱或淹涝都会引起蕾铃的大量脱落。另外，花铃期缺水与否不仅影响产量，而且对纤维品质也有影响。花铃期虽逢雨季，但由于降雨的不稳定性，灌水需求仍然很大。

花铃期干旱及时灌水，不仅有利于干物质的形成、运转，而且也有利于矿质营养的吸收、利用。棉花蕾铃脱落的生理研究表明，矿质营养的缺乏与否，对蕾、铃脱落有明显影响。表 32－20 是几个地区花铃期灌水效果的调查，从中看出，花铃期干旱及时灌水，降低了蕾、铃脱落百分率，提高了成铃数。

表 32－20　棉花花铃期灌水对生长发育的影响

（陈玉民等，1995）

地　点	处　理	脱落率(%)	成铃数(个/株)	地　点	处　理	脱落率(%)	成铃数(个/株)
河南新野	灌水	44.3	10.9	山东临清	灌水	59.3	10.3
	不灌水	68.0	7.5		不灌水	57.1	8.9
河南新乡	灌水	50.7	13.9	湖北黄梅	灌水	68.9	18.6
	不灌水	72.7	8.4		不灌水	73.2	14.7

西北内陆棉区，如采用常规地面灌溉技术进行灌水，应每隔 15 d 左右灌水 1 次，灌水定额宜控制在 750～900 m^3/hm^2，从开花到吐絮一般需要灌水 3～5 次；如果采用膜下滴灌技术进行灌溉，应每隔 5～7 d 灌水 1 次，灌水定额宜控制在 300～450 m^3/hm^2，从开花到吐絮一般需要灌水 6～10 次。

黄河流域棉区，花铃期正值雨季，灌溉若不注意天气预报，灌后遇雨往往形成徒长，致使中、下部蕾铃大量脱落。为了防止中、后期徒长，有经验的棉农会注意抓伏前桃。低位果枝能坐住伏前桃，可以在雨季稳住棉株，不使其徒长，有效地减少蕾铃脱落。

长江流域棉区，虽然降雨较多，但在花铃期常出现不同程度的伏旱。在伏旱期间及时灌溉，对增加中后期成铃数和铃重、提高产量具有显著效果。据湖北省的试验结果，黏壤土棉田，伏旱期内沟灌 2～3 次，单株成铃数比未灌的增多 2.0～4.5 个，脱落率降低 7%以上,增收籽棉 261～1 278 kg/hm^2,产量提高了 13.2%～70.4%。

花铃期是棉田管理的关键时期,而管理的关键是保蕾、保铃、增蕾、增铃。土壤水分过高或过低都与蕾铃脱落有关。总之,根据土壤水分变化,通过灌溉或排水,使棉田土壤水分控制在适宜范围,是保蕾、保铃的关键所在,也是这个时期棉田管理的中心。长江流域和黄河流域棉区,花铃期灌溉,灌水定额一般应控制在 450～750 m^3/hm^2,最多不应超过 900 m^3/hm^2。

④ 吐絮期:吐絮以后,棉花叶片逐渐老化,有的已脱落,叶面蒸腾量明显减少,对灌溉要求降低。但絮期干旱时及时灌水,对产量和纤维品质都有一定的影响。土壤水分不足时及时灌溉,不仅产量有所提高,而且棉花衣分也有所提高,秋桃数明显增加,已坐桃的棉纤维品质也有所增强。

棉花停止灌水时间的早晚,与后期生长和产量、品质有密切关系。生长后期过早停水,会减少棉株上部结铃数量,降低铃重,也会影响纤维品质,对增产不利;如果最后一次灌水过晚,会使棉花贪青晚熟,降低产量和品质。因此,棉花生长期停止灌水的时间,应根据秋季降雨、温度变化、霜期早晚、土壤肥力状况,以及棉花长势来决定。在秋雨少、生长期长的地区,8 月中旬结的幼铃尚能吐絮,最后一次停水日期以不晚于 8 月下旬为宜。土壤肥沃、生长茂盛的棉田,其停水期应较发育不良的棉田适当早些。如果 9 月天气特别干旱,还应继续灌水,停水期适当后延,以保证幼铃的生长与成熟。吐絮期灌水,灌水定额以 450 m^3/hm^{2}左右为宜。

(二) 灌溉方法

棉花对土壤水分有着严格的要求。因地制宜采用科学的灌溉方法,做到按需供水,灌水均匀,保持土壤有较好的水分物理状况,对控制灌溉水量、节约用水、提高灌水效果有着重要的作用。

我国南、北棉区耕作栽培方式不同,棉田的灌溉方法也不完全一样。目前棉花的灌溉方法有畦灌、沟灌、隔沟交替灌、喷灌、滴灌、渗灌等,其中畦灌、沟灌和滴灌是目前应用最广泛的三种方法。

1. 畦灌　是发展比较早、棉区普遍采用的传统灌溉方法。它是利用输水沟渠,将灌溉水引入棉花畦面,水分靠重力和毛管力作用渗入土壤,供棉花根系吸收。要使灌溉水分配均匀,必须整平畦面,修筑临时性畦埂。由于南方为畦田种植,北方多为平作栽培,所以畦田灌溉方法有所不同。

南方棉区多雨,为了便于排水,常以沟围田,形成畦田制。沟系既可用于排水,也可用于灌溉供水。这种畦灌形式,主要是利用畦沟内水位的抬高向畦内灌水,大部分水量是流经田面向下渗透到土壤里,一部分水量由沟内向两侧土壤中渗透,既是地面灌溉的一种形式,也有渗灌的作用。畦面的宽窄和长短与灌溉质量和效果关系很大。畦埂的长度和宽度,应根据地面坡降、土壤通透性、棉株的行距以及引水量的大小而定。采用小畦灌溉,不仅比传统大畦灌溉容易控制水量,节约水量可达 30%左右,而且便于排水,在汛期可迅速排除田面积水,减轻渍涝危害。自 20 世纪 80 年代以来,南方棉区在沟畦改革中,普遍缩小了畦面的宽度,减少畦内棉花种植行数,并且对畦面过长的棉田增设腰沟,有效地改善了排、灌效果。目前一般以畦宽 2.0～2.6 m,植棉 4 行的居多;也有畦宽 1.3 m 左右,植棉 2 行的。腰沟可根据地块情况,每隔 30～50 m 修 1 条。

北方平作棉田为灌水均匀，以平地起埂作畦，以限制水流范围，保证灌水均匀。畦的长短和宽窄，直接影响灌溉的质量和效果。各地对畦灌方法的改进，主要是改长畦为短畦，改宽畦为窄畦，改大畦为小畦，最终改大定额灌水为小定额灌水，以消除大水漫灌的不良现象。一般采用的畦埂规格是：畦宽 2.4～3.2 m，每畦植棉 4～6 行，畦长 30～50 m，畦埂底宽 50～60 cm，高 20～30 cm。灌溉时，入畦单宽流量视土壤和畦面坡降情况，一般控制在 3～5 L/s 的范围内；畦面的放水时间，即改口时间，可控制在八至九成，即水流达到畦长的 80%～90% 时再灌另一畦。

2. *沟灌*　是在平整过的土地上，沿棉花种植方向，根据一定的间距，开挖出一条条带有坡度的小沟；灌水时水沿着小沟流动，在流动的过程中主要借毛细管作用，水分通过湿润的周边，同时沿垂直和水平方向渗入土壤。沟灌是一种节省水量，减轻土壤板结，提高灌溉效果的地面灌溉方法。与其他地面灌溉技术相比，沟灌明显的优点是不会破坏作物根部附近的土壤结构，保持垄背土壤疏松，不导致田面板结，有利棉花增产；同时由于湿润面积小，能减少土壤蒸发损失；另外水在灌水沟流动，对水流进地单宽流量的要求大大降低。黄河流域和西北内陆棉区的部分地区（未采用膜下滴灌的地区）在棉田灌溉中普遍推行沟灌。辽宁大多实行垄作，采用沟灌形式。长江流域棉区，在沟畦改革的同时，加强棉田行间的中耕培土，越来越多地向沟灌方向发展。

灌水沟规格是决定沟灌质量的重要条件，在棉田灌溉前必须早作安排，并要保证开沟质量。棉花沟灌工程田间设计要综合考虑土壤类型、土地平整精度、地面坡度及灌水流量等因素，确定适宜的沟长，实现高效节水的灌溉效果。有关规范给出了常规沟灌的技术要素组合（表 32-21）。在实际应用中，可以按照表 32-21 给出的沟灌技术要素组合来初步确定沟灌系统的田间布置，然后在进行田间灌溉效果评价的基础上，确定适合于当地条件的沟灌形式，达到提高常规沟灌灌溉质量的目的。一般来说，在土壤黏性大（透水性弱）和坡度大的地段，灌水沟可较长；土壤透水性强或坡降小的地段，灌水沟应较短。从节水角度和目前的田间输配水系统配置来看，灌水沟长度一般为 30～100 m，以 50 m 左右最为适宜。如果灌水沟过长，会延长灌水时间，增加灌水量，加大对沟中表土的冲刷，且灌水均匀度较低。灌水沟

表 32-21　棉田常规沟灌技术要素组合

（水利部农村水利司，中国灌溉排水发展中心，2005）

土壤透水性(m/h)	沟长(m)	沟底比降	入沟流量(L/s)
强(>0.15)	50～100	>1/200	0.7～1.0
	40～60	1/200～1/500	0.7～1.0
	30～40	<1/500	1.0～1.5
中(1.0～0.15)	70～100	>1/200	0.4～0.6
	60～90	1/200～1/500	0.6～0.8
	40～80	<1/500	0.6～1.0
弱(<0.15)	90～150	>1/200	0.2～0.4
	80～100	1/200～1/500	0.3～0.5
	60～80	<1/500	0.4～0.6

的宽度和深度，因为种植行距的宽窄而不同。为了保证灌水的质量，棉花种植行距不应小于60 cm。一般沟面上宽40～50 cm，深20 cm左右。开筑灌水沟的时间一般在株高30 cm左右时，结合中耕和培土进行。

要保证沟灌质量，提高沟灌效果，灌水时必须控制好流量。单沟流量一般以0.3～1.0 L/s为宜。为了控制好单沟流量，灌溉中要注意分渠同时引水，并按水量大小确定进水沟数。在许多灌区的长期实践中，为了改进沟灌技术，提高沟灌效果，创造了一种长沟变短沟、分段灌溉的方式，即在开好长沟的基础上，根据地面坡度情况，每4～8条沟为一组，用土埂分成若干短沟组，短沟长度因地面坡度大小和灌水沟的深浅而定，一般不小于2 m、不大于12 m，坡降大、灌水沟浅的宜短；坡降小、灌水沟深的可以长些。每两排短沟组中间留一条长沟作为引水沟。若地面横坡较大，应在每排短沟组旁留一条长沟引水。灌水时，由一人看管，自分(引)渠引水入引水沟，先从一端开始，逐组灌水。根据短沟内水层深度确定改水(开、闭口)时间，依次灌至末端。这种分短沟组灌水的主要特点是：能根据地面坡度变化，灵活掌握短沟长度和灌水沟数，并以沟中水层深度决定灌水定额，可以做到分段蓄水，上、下游湿润均匀，而且不容易发生漫沟、串沟和地头跑水等现象，既节约用水，又提高工效，是一种比较优良的沟灌方法。

沟灌水流集中，湿周小，水流推进速度快。通常沟内需要经过蓄水过程才能满足设计灌水定额的要求。在地面坡度较大、土壤透水性较小的地区，实践中多采用细流沟灌。这种沟没有经历蓄水阶段，水在流动过程中全部渗入土壤。细流沟灌的灌水沟规格与一般沟灌相同，只是用小管控制入沟流量，一般流量不大于0.3 L/s，水深不超过沟深一半。细流沟灌具有灌水均匀，节水保肥，不破坏土壤团粒结构的特点。

隔沟交替灌溉，就是在灌水时不像传统灌溉那样逐沟灌水，而是隔一沟灌一沟，即每次只灌其中的一半，在下一次灌水时只灌上次没有灌过的沟，实行交替灌溉。每沟灌水量比逐沟灌多灌30%～50%，这样每次灌溉可比逐沟灌减少25%～35%。隔沟交替灌溉可以减少田间土壤湿润面积，降低株间蒸发损失，节省水量。

3. *滴灌*　是利用低压管道输水系统并通过滴头，将作物生长所需的水分和养分均匀而又缓慢地滴入作物根部附近，借重力作用使水渗入作物根区，使土壤经常保持最佳含水状态的一种灌水方法，属于局部灌溉。滴灌技术不仅仅是一种先进的灌水方法，而且是一种在控制土壤水分、肥力、含盐量和虫害等条件下种植中耕作物的新农业技术，对作物生长、收获时间、产品质量等均有重要的影响。目前，西北内陆棉区滴灌推广面积正在扩大，并结合地膜覆盖技术已发展成独具中国特色、具有相当规模的棉花种植技术。

新疆天业集团棉花膜下滴灌技术的推广应用结果表明：棉花采用膜下滴灌灌溉技术，因地膜覆盖大大减少了地表蒸发。滴灌系统又是管道输水，局部灌溉，无深层渗漏，和沟灌比节水50%左右，和喷灌比节水30%左右。膜下滴灌可将盐分驱至滴点的湿润锋外围，在湿润锋内形成的脱盐区有利于作物生长。在0～100 cm土层、平均含盐率2.2%的重盐碱地上，经过3年连续膜下滴灌植棉，土壤耕作层盐分降至0.35%；而喷灌为全面灌溉，棵间蒸发量大，会使地下盐分上行，造成耕作层盐分增加。同时，采用膜下滴灌技术，可溶性化肥随水直接施入作物根系范围，氮肥综合利用率从30%～40%提高到47%～54%，磷肥利用率从

12%～20%提高到18.7%～26.3%，目标产量下肥料投放减少30%以上。另外，采用膜下滴灌技术，还可提高土地利用率，减少机耕作业和降低机耕成本。这是因为膜下滴灌系统采用管道输水，田间不修农、毛渠，土地利用率可提高5%～7%；滴灌垄间无水，杂草少，可减少中耕、打毛渠、开沟、机力施肥等作业，节省机力费20%左右。由于滴灌系统为棉花生长创造了良好的水、肥、气、热环境，可使棉花增产30%左右。

(1) 滴灌系统的分类：滴灌系统主要有固定式、半固定式和移动式三类。固定式滴灌系统，是指在整个灌溉季节，干支管埋入地下，毛管铺设于地表，各级管道，包括毛管固定不动；半固定式滴灌系统，是指在整个灌溉季节，干支管埋入地下不动，而毛管移动进行灌溉；移动式滴灌系统，是指干管埋入地下，支管和毛管在地面能够移动进行灌溉，有时整个灌溉系统都可进行移动灌溉。生产中，应根据当地的社会经济水平、棉花种植方式及生长季节的长短、技术管理水平等，同时考虑到各种滴灌形式的优势与特点，因地制宜地选择一种最经济、最方便的滴灌形式。目前，在新疆、甘肃等地，棉花滴灌应用较多的是固定式滴灌系统，只有少数地方采用半固定式滴灌系统；在黄河流域棉区，夏棉移栽后需要及时灌溉，由于生育期内灌水次数不多，采用移动式滴灌系统是一种较为理想的选择方案。

(2) 滴灌系统组成：滴灌系统由水源、首部控制枢纽、输水管道系统和滴水器等四部分组成。其中，滴水器是在一定的工作压力下，通过流道或孔口将毛管中的水流变成滴状或细流状的装置，其中滴水流量一般不大于0.012 m^3/h。按滴水器的构造方式分滴头和滴灌管两大类。

① 滴头：是滴灌系统中的重要设备，需要的数量最多。滴头质量的好坏直接影响灌水质量，因此，常把滴头称为滴灌系统的“心脏”。生产中，要求滴头具有适度、均匀而又稳定的流量；有较好的防止堵塞性能；耐用、价廉、抗老化，并且装拆简便。滴头按其耗能方式可分为长流道滴头、孔口(或管嘴)滴头等，与毛管进行外连接。滴头流道或孔口直径为0.5～1.2 mm，流道长度为30～50 cm，工作压力为50～100 kPa，滴头流量为0.001 5～0.012 m^3/h，使用中便于装卸、冲洗。

② 滴灌管：是将滴头与毛管制造成一个整体，有内镶式滴灌管和薄壁式滴灌管两种。滴头孔口直径为0.5～0.9 mm，流道长度为30～50 cm，管直径为10～16 mm，管壁厚为0.2～1.0 mm，工作压力为50～100 kPa，孔口出流量为0.001 5～0.003 $m^3/(h \cdot m)$。滴灌管同时具有输水和滴水两项功能，使用方便；但孔口较小。

为了提高滴灌的灌水均匀性，缓和管道压力变化而造成的滴头出水流量变化，目前采用压力补偿技术改变滴水器流量，使滴水器出流更为均匀。在选择滴头形式时，应综合考虑土壤、棉花的行株距、灌溉制度和社会经济情况确定，根据滴头工作压力和流量选择合适的滴头。目前，西北内陆棉区广泛应用薄壁滴灌管带；而在黄河流域棉区夏棉采用移动式滴灌系统中，选用孔口滴头较多。

(3) 滴灌系统规划与布置：为了保证滴灌系统正常、方便、安全地运行，生产中要选好滴头和滴灌系统首部控制枢纽，合理布置干管与支管、毛管与滴头间距。

滴灌系统的干、支管布置取决于地形、水源、作物分布和毛管的布置，应达到管理方便、工程费用小的要求。一般当水源离灌区较近且灌溉面积较小时，可以只设支管，不设干管，相邻两级管道应尽量互相垂直,以使管道最短而控制面积最大。在丘陵山地,干管多沿山脊或沿等高线布置;支管则垂直于等高线,向两边的毛管配水。在平地,干管、支管应尽量双向控制,两侧布置下级管道,可节省管材。

滴头是安装在毛管上或用微灌管与毛管连接的,因而滴头和毛管的布置是同时进行的。滴头和毛管的布置形式取决于棉花的种植行距、土壤类型、滴头流量和滴头类型,同时还应充分考虑施工和管理方便性、对田间农事作业的影响及经济因素等。棉花行间距相对较大,株间距较小,要求采用较高的湿润比,一般应大于60%。毛管应平行作物种植行向布置,滴头均匀地布置在毛管上,一般直接选用内镶式或边缝迷宫式滴灌管带进行灌溉。棉花所用滴灌带的滴头间距一般为30～40 cm,土壤黏重时,水分横向扩散较大,可采用较大的滴头间距和较大流量的灌水器,砂质土则相反。

新疆膜下滴灌带的布置模式有三种,即一管两行、一管四行和二管六行(见第三十七章)。一管两行布置方式棉花采取宽窄行种植,宽、窄行的行距分别为60 cm和30 cm,滴灌带置于30 cm窄行中心线上,毛管浸润范围包括两行棉花。适于土壤质地砂性较强或耕作层较薄的土壤。

一管四行布置,采用(10＋66＋10＋66)cm或(20＋40＋20＋60)cm行距配置方式,滴灌带置于66 cm或40 cm宽行中心线上,滴灌带浸润四行棉花。这种配置方式可降低系统投入成本,在实践中应用较多,与一管两行配置方式比,可节省滴灌带成本投入40%左右。在土壤质地上,它更适宜于较黏重的土壤。选用滴灌流量应大些,一般都达到了2.2 L/h以上。

两管六行布置方式,一般采用(10＋66＋10＋66＋10＋71)cm行距配置模式,在节约使用滴灌带的同时,还便于棉花的机械采收。该模式下,对土壤质地和滴灌流量的选择与一管四行相同。

4. 喷灌　是利用水泵等加压设备,将灌溉水加压,通过喷头把水喷到空中,散成细小水滴,均匀地降落在田间的一种灌溉方法。喷灌既具有天然降雨的效果,又不产生深层渗漏和地表径流,灌水均匀,使土壤保持湿润和良好结构,同时又可改善田间小气候,对棉花增产和节水都有显著效果。据陕西省水利科学研究所等单位在20世纪70年代初期的试验资料,喷灌区棉花生长期共喷灌5次,灌水量共737.25 m^3/hm^2;畦灌区全生长期共灌水3次,灌水量共计为2 046.3 m^3/hm^2,喷灌比畦灌节约水量64.0%。喷灌区土壤表层0～30 cm容重比畦灌区轻9.4%,孔隙率高18.6%。另据陆朝阳等(1999)在新疆博乐塔斯海垦区八十一团八连(土壤为灰漠土、砂壤土)的研究表明:喷灌地膜植棉比畦灌地膜植棉节水42.0%～49.1%,增产12%以上,生育期提前3 d以上,霜前花增加10%以上,节水效果显著。喷灌地1 m^3 水产籽棉达1.48 kg,比畦灌高155%,纯利润比畦灌增53%。

喷灌系统的选择,应根据当地地形地貌特征、经济条件、管理水平等因素进行综合考虑,一定要做到因地制宜,使能有效发挥系统的作用,达到增产增效、节约用水的目标。喷灌系统有固定式喷灌系统、移动式喷灌系统和半固定式喷灌系统三大类,其优缺点比较见表32－22。

(1) 固定式喷灌系统:除喷头外,所有管道都是固定的。其特点是:生产效率高,运行管理方便,运行成本低,工程占地少,有利于自动化控制和综合利用;但设备利用率低,单位面积投资高。适用于灌水频繁的蔬菜和经济作物及地面坡度陡、局部地形复杂的地区。

表 32-22　不同形式喷灌系统优缺点比较

(郭彦彪等,2007)

喷灌系统		优　点	缺　点
固定式		使用方便,劳动生产率高,省劳力,运行成本低(高压除外),占地少,喷灌质量好	需要的管材多,投资大
移动式	带管道	投资少,用管道少,运行成本低,喷灌质量好,占地较少	操作不便,管道移动时易损坏作物
	不带管道	投资最少,不用管道,移动方便	使用中道路和渠道占地多,一般喷灌质量较差
半固定式		投资和用管量介于固定式和移动式之间,占地较少,喷灌质量好,运行成本低	操作不便,移管时易损伤作物
自动化固定式		除具有固定式的优点外,管理更简单、更节省劳力、水和时间	对管理人员要求高、投资大

(2) 移动式喷灌系统:动力机、水泵、干管、支管、喷头都可移动。其特点是使用灵活方便,又能节省大量管材,单位土地面积投资较低。但使用中工作条件差,劳动强度大,喷洒质量不高。

(3) 半固定式喷灌系统:动力机、水泵、干管都是固定的,支管和喷头是可移动的。其特点是既提高了设备利用率,降低了系统投资,比移动喷灌操作简单、劳动强度低、生产率高,应用广泛。

在实践中,一般根据棉花的长势长相和土壤含水量来确定棉花喷灌时间。陆朝阳等(1999)在新疆博乐塔斯海垦区的研究表明,采用喷灌技术,通过土壤水分含量下限确定棉花的灌溉时间,棉花生育期土壤水分下限以田间持水量的55%上下为宜,在现蕾、开花期,棉花灌前的土壤含水量下限不低于田间持水量的65%。不同土壤有所不同,偏砂性土壤含水量下限可高些,偏黏性土壤可低些。棉花全生育期的灌溉定额为4 200～4 800 m^3/hm^2(包括播前灌和出苗水),共喷灌7～8次,喷灌周期为11～13 d,每次喷灌水量为450～600 m^3/hm^2。为保证播种质量,一播全苗,播前10 d左右可先喷灌300～375 m^3/hm^2,播后出苗水300～375 m^3/hm^2,出苗以后头水喷450～525 m^3/hm^2,第2水525～600 m^3/hm^2,第3水、第4水各600～675 m^3/hm^2,第5水、第6水450～600 m^3/hm^2。

5. 渗灌　是继喷灌、膜下滴灌之后又一种新型有效的节水灌溉技术。它是将输水滴灌带埋于地下(一次性铺管使用8～10年),通过滴头使水肥直接渗入作物根部。由于是自下而上渗灌,地表5 cm土层保持干燥,土壤表面几乎没有蒸发,不仅节水增产效果明显,而且自动化程度高,是当今国际上最先进的节水灌溉技术之一。

渗灌系统组成结构与滴灌系统类似,渗水器为其关键部件。渗水器有纵缝式渗灌管、直通型渗灌管和微弯曲孔道渗管三类。从渗灌管的力学性能与经济角度考虑,生产中多使用直径较小(如内径10 mm与12 mm)的毛管或变径毛管,上游流量大使用粗毛管,下游流量小则使用细毛管。通常渗灌管单位长度(1 m)上的流量为3～20 L/h,使用时要根据土壤性质进行选择,对重壤土选择单位长度(1 m)流量5～10 L/h的为宜;中壤土、轻壤土选择10～16 L/h为宜;砂壤土选择16～20 L/h为宜。对于棉花来说,渗灌管单位流量应取每种土壤的平均值。

棉田渗灌管的埋设一般是沿着种植行向。其埋设深度应根据土壤性质、耕作情况及棉花生育过程的需水状况及根系分布深度等条件确定。渗灌管埋深一般为 20～60 cm，新疆膜下渗灌棉田埋设深度一般在 35～40 cm。渗灌管铺设的间距一般不应大于 1.2 m。山西省渗灌试验表明，渗灌管间距以 1.0 m 为佳。新疆棉田渗灌管间距通常为 90 cm。在澳大利亚，棉田地下渗灌管布置间距有 2 m、1.83 m、1.5 m 和 1 m，布置方式有一管一行和一管两行等模式。

渗灌系统的灌水次数和灌水量主要根据棉花需水规律来确定。灌水量与滴灌灌水量相类似，渗灌系统的灌溉制度通常以实测或计算的腾发量、土壤和作物特性为依据。在有播前灌溉的地区，棉花在苗、蕾期一般不需进行灌溉，灌溉期在花铃期。孔繁宇研究表明，新疆博乐地区地下滴灌棉花日均耗水量，苗期为 1.4 mm/d，蕾期 2.3 mm/d，花铃期 3.8 mm/d，絮期 1.5 mm/d。据此计算，在花铃期每 5～6 d 灌水 1 次，每次灌水量 225～300 m^3/hm^2。桂艳和盛杨华(2008)的研究结果表明，棉花膜下渗灌整个生育期需灌水 21～23 次，3 d 为一轮灌期，现蕾期、盛花期和铃期的灌水定额分别为 120 m^3/hm^2、150 m^3/hm^2 和 180 m^3/hm^2，总灌水量为 3 900～4 200 m^3/hm^2。与膜下滴灌和常规地面灌溉比较，膜下滴灌生育期灌水 6 次，灌水定额为 675～750 m^3/hm^2，总灌溉量为 4 500～4 800 m^3/hm^2；常规灌溉生育期灌水 6 次，灌水定额为 1 050～1 125 m^3/hm^2，总灌溉量为 6 300～6 750 m^3/hm^2。据此可以看出，渗灌节水效果非常明显。从产量看，渗灌较常规灌溉增产 547.5 kg/hm^2，较膜下滴灌增产 367.5 kg/hm^2。

三、新疆膜下滴灌及肥水化调技术

根据新疆特殊的地理气候形成的膜下滴灌及“水、肥、药”综合调控技术，主要包括冬春灌条件下的膜下滴灌技术，膜下干播湿出滴灌技术、水肥一体化以及化控塑形技术。

(一) 冬春灌条件下的膜下滴灌技术

西北地区潜在的蒸散发量远大于水分输入量，致使盐分在土壤表层积聚，土壤次生盐渍化较为普遍，目前新疆约 32%的耕地受盐渍化影响。为了保证春播时作物出苗和良好的底墒条件以利于作物正常生长，多采用传统的冬灌模式，并在春季播种前灌溉化冰保墒水。冬灌和春灌均被当地农民称为“放心水”。据多年统计，冬春灌的灌水定额平均约 3 000 m^3/hm^2，占全年灌溉定额的 30%～50%。显见，冬春灌的灌水定额比较大，尽管在短期内可实现表土脱盐，但浪费了水资源，加重了水资源短缺，且在地下水埋深较浅或排水状况不良的区域容易引起土壤次生盐渍化，结果造成灌溉水利用效率低，还会把一些作物必需的矿物质元素如氮、磷、钾等从土壤中淋失。因此，兼顾盐分淋洗需求和较适宜的底墒要求，需要科学合理地确定冬春灌的灌水定额，同时在作物生育期还需制订出与之配套的灌溉制度。

膜下滴灌技术是滴灌与覆膜栽培的有机结合，具有增温、保墒、高产、高效的特点。新疆棉花栽培现有膜下滴灌面积 200 万 hm^2 以上，基本为有压滴灌技术。膜下滴灌是在棉花播种时，通过专用播种机实现铺滴灌带、铺膜和播种一条龙作业。目前，膜下滴灌的毛管铺设方式多以标准的机采棉模式为主，即一幅膜内铺设 2 条(两管六行)或 3 条滴灌带(三管六行)，地膜宽度 200 cm，一膜种植 6 行棉花，宽窄行配置为(10＋66＋10＋66＋10)cm，接膜间宽33 cm 。二管六行的 2 条滴灌带分别铺设在 66 cm 的宽行中间，适宜黏土和壤土；三管六行时,3 条滴灌带分别铺设在宽行内靠近窄行的位置或者直接在窄行中间,适宜于砂性较强的土壤(见第三十七章)。

冬春灌条件下,膜下滴灌的种植程序一般是头年收获后或秸秆粉碎或带茬灌冬水,来年灌春水,之后施底肥、犁地、耙地、化学除草、铺滴灌带、铺膜、播种、膜下滴灌、揭膜、收滴灌带。膜下滴灌技术的冬春灌灌水量及膜下滴灌灌溉制度(两管六行)见表 32 - 23。三管六行模式灌水次数与两管六行相同,灌水量为后者的 70%～80%。

表 32 - 23　新疆棉花冬春灌条件下膜下滴灌制度(两管六行)

(石生香等,2016;王大光等,2016;黄晓玲等,2011;王峰等,2014;朱福生等,2013;孙景生等,2018)

北疆					南疆			
灌水及其次数	日期	间隔天数(d)	生长阶段	灌溉量①②(mm)	日期	间隔天数(d)	生长阶段	灌溉量①②(mm)
冬灌	11 月 10 日前	—	—	180.0～225.0	11 月 20 日前	—	—	225.0～270.0
春灌③	3 月 20 日前	—	—	75.0～120.0	3 月 15 日前	—	—	90.0～120.0
生育期灌溉								
1	6 月上旬	—	盛蕾期	22.5～30.0	6 月中旬	—	盛蕾	45.0
2	6 月中旬	8～10	盛蕾期	30.0～37.5	6 月下旬	7～10	盛蕾期	30.0
3	6 月下旬	7～8	始花前后	37.5～45.0	7 月上旬	7～8	始花前后	30.0
4	7 月上旬	7～8	初花后	37.5～45.0	7 月 11 日	5	初花期	30.0
5	7 月 13 日前后	7～8	花铃期	37.5～45.0	7 月 16 日	5	花铃期	30.0
6	7 月 20 日前后	7～8	盛花期	37.5～45.0	7 月 21 日	5	盛花期	37.5
7	7 月底	7～8	盛花结铃期	37.5～45.0	7 月 26 日	5	盛花期	37.5
8	8 月初	10	结铃期	37.5	7 月 31 日	5	盛花结铃期	37.5
9	8 月中旬	10	结铃期	37.5	8 月 5 日	5	盛花结铃期	37.5
10	8 月下旬	10	始吐期	37.5～45.0	8 月 10 日	5	结铃期	37.5
11					8 月 17 日	7	结铃期	22.5
12					8 月 24 日	7	始絮期	22.5
生育期				352.5～412.5				397.5

[注] ①灌水量(mm)÷1.5=灌水量(m^3/666.7 m^2);灌水量(m^3/666.7 m^2)×15=灌水量(m^3/hm^2);②如遇降雨或连续阴天,灌水量应适当减少;③墒情较好,不需再灌,跑墒严重,墒情较差,需要春灌。

(二) 干播湿出膜下滴灌技术

近年来,随着水资源的日益紧张,部分棉区在常规冬春灌膜下滴灌技术的基础上,探索出了棉花"干播湿出"的节水新技术。所谓干播湿出,即是在正常冬灌或盐碱较轻可不进行冬灌而又无条件进行春灌的情况下,先整地后铺设地膜、滴灌带和播种,然后用滴灌方式少量滴水,使膜下土壤墒情达到满足棉花

出苗的播种技术。概括起来就是采取春翻、整地、化学除草、铺膜播种、滴灌供水的方式。试验结果表明，该技术可节约生产用水 2 550 m^3/hm^2，减工节本约 60 元/hm^2，而且防春季风灾、沙害的效果明显。

采用干播湿出应注意在播后 30 h 内需将地面输水支管与滴灌带连接安装好，并及时滴水补墒，做到播一块、装一块、灌一块，确保在同一棉田、同一时间、同等水量、同一温度的条件下让棉种吸收水分，促苗早发。播种后则要及时查膜盖土，多风棉田应严格检查，保证地膜的增温效应。对地头、地边、地角及拐转车处易漏播地段做好补种铺膜工作。干播湿出棉田易形成板结和盐渍化，因此，在播种后 7～8 d 及时中耕，以抑制返盐和提高地温、增加土壤透气性。如果在播种行覆土层形成硬土壳，要及时破土，避免阻碍棉苗出土。其他的田间管理措施与常规播种相同。生产实践证明，只要严格按规定的操作程序管理，即可确保干播湿出的棉田苗齐、苗匀、苗壮，出苗率达到 90%以上。

采用干播湿出方法，棉花生育期膜下滴灌制度与正常冬春灌溉条件下有所不同，不同地区的干播湿出技术灌溉制度见表 32－24。

表 32－24　新疆棉田干播湿出灌溉制度

（李艳娥，2009；贺军勇等，2011；马晓利等，2013；曹健，2013；孙景生等，2018）

地区	滴灌带铺设方式	播种与出苗水	生育期膜下滴灌水定额
东疆	145 cm 地膜，一膜一管四行，宽窄行配置为（30＋45＋30＋50）cm 125 cm 地膜，一膜两管四行，行距配置为（20＋45＋20＋50）cm	4 月上、中旬播种，播后地膜下 5 cm 地温 12 ℃以上及时滴出苗水，灌水定额 30.0～37.5 mm	5 月下旬，现蕾前滴水 1 次，灌水定额 30 mm。6 月滴灌 2～3 次，间隔 10～15 d，每次灌水定额 37.5 mm 7 月灌水 5～6 次，间隔 5～6 d，每次灌水定额为 45.0～52.5 mm 8 月滴灌 2 次，分别为 8 月 10 日和 8 月 25 日前后，每次灌水定额为 45.0～52.5 mm 9 月 10 日，灌最后 1 水，灌水定额为 37.5 mm 全生育期灌水次数为 10～13 次，灌溉定额 480.0 mm 左右
北疆	一膜两管六行或一膜三管六行机采棉模式行间配置为（10＋66＋10＋66＋10）cm	4 月中旬播种，播后滴灌出苗水，灌水定额 22.5～30.0 mm	5 月中旬，滴灌 1 次，灌水定额 22.5～30 mm 6 月滴灌 2～3 次，间隔 10～15 d，每次灌水定额 22.5～30.0 mm 7 月上旬至 8 月上旬，滴灌 5～6 次，间隔 6～8 d，每次灌水定额 37.5～45.0 mm 8 月中旬至 9 月上旬，滴灌 2～3 次，间隔 8～10 d，每次灌水定额 22.5～30.0 mm 8 月底至 9 月上旬根据土壤墒情、天气条件及棉花吐絮状况决定停水时间 全生育期灌水 10～13 次，灌溉定额 360.0～420.0 mm
南疆	一膜两管四行，行距配置为[20＋55＋20＋（45～55）]cm 或者一膜两管六行机采棉模式，行距配置为（10＋66＋10＋66＋10）cm	4 月 5 日左右铺膜播种，并及时滴灌出苗水，灌水定额 30.0～37.5 mm	5 月上旬至 6 月下旬，滴灌 4～5 次，间隔 10～15 d，灌水定额 30.0 mm 7 月上旬至 8 月上旬，滴灌 5～6 次，间隔 6～8 d，每次灌水定额 37.5 mm 8 月中旬至 9 月上旬，滴灌 2～3 次，间隔 8～10 d，每次灌水定额 22.5～30.0 mm 全生育期需灌水 11～14 次，灌溉定额 375.0～450.0 mm

（三）膜下滴灌水、肥、化调一体化技术

水肥一体化技术是将可溶性固体或液体肥料，溶解于施肥罐中，借助可控有压管道在灌溉同时实现棉花根系水肥的均匀、定时和定量供应。目前新疆高产滴灌棉田已普遍推广应用了水肥一体化技术，实现了"少量多次"的水肥精准管理。一般来讲，随水施肥前应测定土壤的肥力情况，根据土壤肥力进行配方施肥。但基本的施肥方案是基施磷肥，追施氮肥，适当补充钾肥和微肥；施肥策略是施足基肥，轻施蕾肥，重施花铃肥和盖顶肥，增施棉铃膨大肥，最终实现全层氮、磷、钾比例适当，棉株上、中、下成铃均匀。水肥一体化的操作办法是每次滴肥前先滴 30 min 左右的清水，然后滴肥，滴完肥料后再滴 30 min 左右清水。不同地区的棉田膜下滴灌水肥一体化参考方案见表 32－25。

表 32－25　新疆棉田冬春灌条件下水肥一体化施肥参考方案

（杨忠群，2012；罗冬梅，2012；张建国等，2010；贺军勇等，2011；孙景生等，2018）

地区	基　肥	追　肥
南疆	犁地时翻入耕层，施农家肥 7 500～22 500 kg/hm²、重过磷酸钙或磷酸二铵 300～330 kg/hm²、尿素 150～225 kg/hm²、硫酸钾75～120 kg/hm²、锌肥60 kg/hm²	① 1 水在 6 月中旬，正值盛蕾期，追施尿素 105～150 kg/hm² ② 2 水追施尿素 30 kg/hm² ③ 4 水为盛蕾期，追施尿素 45 kg/hm² ④ 6 水在花铃初期，追施尿素 60 kg/hm²，同时加磷酸二氢钾 15 kg/hm² ⑤ 7 水在花铃期，追施尿素 45 kg/hm² ⑥ 8 水在盛花期，追施尿素 45 kg/hm²，同时加磷酸二氢钾 22.5 kg/hm² ⑦ 9 水在盛铃期，追施尿素 30 kg/hm²，同时加磷酸二氢钾 30.0 kg/hm² ⑧ 10 水在盛铃期，追施尿素 30 kg/hm²，同时加磷酸二氢钾 15.0 kg/hm² ⑨ 11 水在花铃后期，清水灌溉不追肥
北疆	犁地前撒施于地表后深翻，施重过磷酸钙或磷酸二铵 375 kg/hm²、硫酸钾 75～120 kg/hm²、尿素 150 kg/hm²、硫酸锌 15.0～22.5 kg/hm²	① 1～2 水时，滴施尿素 54～76 kg/hm²，磷酸二氢钾 15 kg/hm² ② 3～6 水时，共滴施尿素 304～348 kg/hm²、磷酸二氢钾 90 kg/hm²；打顶后锌肥和硼肥各施 15 kg/hm²，随水滴施或喷施 ③ 7～9 水时，共滴施尿素 7～11 kg/hm²、磷酸二氢钾 15 kg/hm² ④ 10 水，清水灌溉，不施肥
东疆	犁地前撒施于地表后深翻，施农家肥 30 000 kg/hm²、磷酸二铵 300 kg/hm²、硫酸钾225 kg/hm²	① 现蕾后头次滴水施尿素 75 kg/hm² ② 进入蕾期的 6 月滴水 2～3 次，其中 2 次施尿素 75 kg/hm² ③ 进入花铃期的 7 月以保花铃为主，滴水 4～6 次，其中 4 次追施含氮高的滴灌肥 75 kg/hm²、磷酸二氢钾 15 kg/hm² ④ 进入花铃盛期的 8 月以增加铃重为主，滴水 2 次，分别为 8 月 10 日和 8 月 25 日前后，每次滴水施含磷钾高的滴灌肥 45 kg/hm²、磷酸二氢钾 15 kg/hm² ⑤ 9 月 10 日，滴清水 1 次，不施肥

化控塑型是棉花生产的关键环节和主要措施，和肥水调控相结合，坚持早、轻、勤的原则，根据品种、地力、棉株长势和气候条件确定化控次数和缩节胺用量。但是化控的基本目标为棉花始果节高度在 20～22 cm，收获前棉花株高控制在 75～85 cm，果枝 8～9 个/株，主茎节间下部长度为 5～7 cm，中部 6～8 cm，上部 5～6 cm，上、中、下部成铃比例 0.3∶0.4∶0.3。不同地区的棉田参考化控技术要点见表 32－26。

表 32-26 新疆滴灌条件下棉花化学调控参考方案

(马晓利等,2013;朱振东,2012;任红梅,2016;孙景生等,2018)

地区	化控塑形次数及技术要点
南疆	① 子叶至2叶期,缩节胺用量3～12 g//hm^2 ② 4～5叶期,株高5～7 cm,主茎日生长量0.3～0.4 cm,缩节胺用量12～18 g/hm^2 ③ 7～8叶现蕾期(滴水前),株高18～20 cm,主茎日生长量1.0～1.2 cm,节间长度3～4 cm,第一果节高度20～22 cm,缩节胺用量22.5～30.0 g/hm^2。对长势较旺的棉田可适当推迟灌水1周,对长势较弱的棉田喷施叶面肥,缩节胺用量适当减少 ④ 10～11叶的盛蕾期,株高42～45 cm,日生长量1.0～1.2 cm,节间长度5～6 cm,缩节胺用量30.0～37.5 g/hm^2 ⑤ 13～15叶初花期,株高55～60 cm,日生长量1.2～1.5 cm,中部节间长度6～8 cm。缩节胺用量37.5～45.0 g/hm^2 ⑥ 打顶后1周,连续2次重调。第1次在顶部果枝伸长到6～8 cm时,缩节胺用量75～90 g/hm^2,第二次在顶部果枝第二果节伸长到4～6 cm时,缩节胺用量90～120 g/hm^2,控制顶部果枝长度为22～25 cm
北疆	① 子叶展平和棉苗现行后,用缩节胺12～15 g/hm^2,促进根系发育,提高叶片光合强度和能力 ② 5片真叶期,用缩节胺15 g/hm^2,控制棉株节间长度和促进花芽分化 ③ 头水前,用缩节胺22.5～30.0 g/hm^2,防止生长势较强出现旺长 ④ 2水前化控,喷施缩节胺30～45 g/hm^2 ⑤ 3水时即打顶前1周,喷施缩节胺90 g/hm^2 ⑥ 打顶后1周,待顶部果枝伸长6～7 cm时重调,用缩节胺90～150 g/hm^2,防止果枝顶端伸长过快和赘芽丛生,稳定株型
东疆	① 苗期2～3对真叶时化控,缩节胺用量15.0～22.5 g/hm^2 ② 头水开始前10 d进行化控,缩节胺用量22.5～30.0 g/hm^2 ③ 现蕾后10 d, 2水前化控,缩节胺用量30.0～45.0 g/hm^2 ④ 进入花铃期化控,缩节胺用量30.0～45.0 g/hm^2 ⑤ 打顶后化控1次,用量为90～120 g/hm^2,实施早调轻控,塑造丰产的理想株型

[注] 缩节胺使用时期和使用量应根据棉花品种、密度和长势等适当调整。

四、气候变化下绿洲棉田灌溉制度的调整

西北极端干旱区,由于降水总量少,且次降水量多为小于5 mm的无效降雨,因此,在长期实践中,人们针对水分管理形成了一种固化的灌溉制度,较少考虑降水和天气变化,导致灌水偏多,不仅造成了灌溉水量的浪费,而且容易使棉花生长过旺、郁闭度增大,化控用药增加和烂铃现象时有发生。近几年来,随着全球气候变化,西北极端干旱区的气候有向暖湿化发展的趋势,棉花生育期阴雨天气增加,水资源量比多年平均值偏多约15%。在这种情况下,棉花耗水量将会发生怎样的变化?对当前执行的膜下滴灌制度有何影响?为此,这里以南疆阿拉尔典型绿洲区为例,应用该地气象站1959～2017年逐日地面气象观测资料(最高气温、最低气温、平均气温、相对湿度、平均风速、日照时数、降雨量),分析棉花需水量年际变化趋势及其主要影响要素,以供生产中棉花膜下滴灌制度的修订提供借鉴。

棉花各生育时段的需水量采用下式计算。

$$ET_{ci} = K_{ci} \times ET_{0i} \tag{32-5}$$

式中:ET_{ci}——棉花第i时段的需水量(mm);K_{ci}——棉花第i时段的作物系数,棉花全生育期作物系数k_c=0.65,蕾期至花龄期(7月10日～8月10日)平均作物系数k_c=1.14;

ET_{0i}——相应时段的参考作物蒸发蒸腾量，采用联合国粮农组织（FAO）推荐的 Penman-Monteith 公式计算。

（一）棉花生育期气候变化趋势

利用南疆典型代表站点阿拉尔气象站 59 年（1959～2017）的气象观测资料，分析棉花全生育期（4 月 10 日～9 月 20 日）降水量、日照时数、平均风速、相对湿度、平均气温的年际间变化，结果见图 32－12、图 32－13 和图 32－14。从图中可以看出，南疆棉花生育期累计降水量和相对湿度呈上升趋势，气候倾向率分别为 0.356 3 mm/a、0.187 6%/a；棉花生育期累计日照时数、平均风速、平均气温均呈下降趋势，气候倾向率分别为－0.187 6 h/a、－0.018 3 m/s·a、－0.001 8 ℃/a。总体看，南疆绿洲区棉花生育期降水量和相对湿度呈现出明显的增大趋势，风速呈现出明显减小的趋势，而日照时数和平均气温则呈现出缓慢减少或降低的趋势。

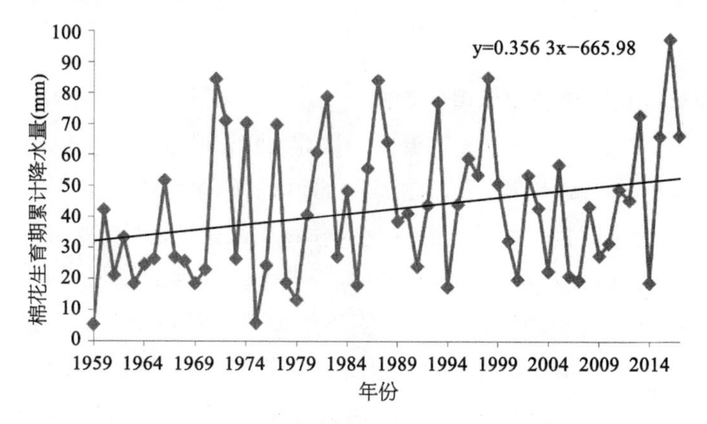

图 32－12　新疆阿拉尔棉花生育期降水量年际变化

（孙景生等，2018）

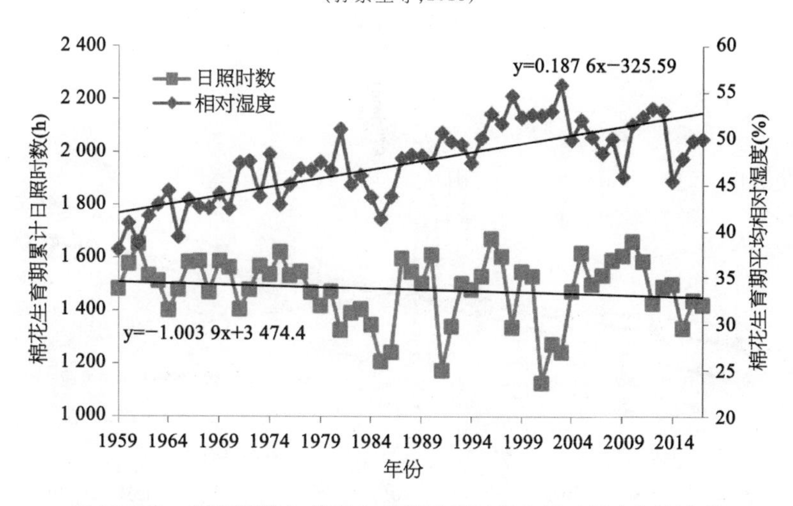

图 32－13　新疆阿拉尔棉花生育期日照时数和相对湿度年际变化

（孙景生等，2018）

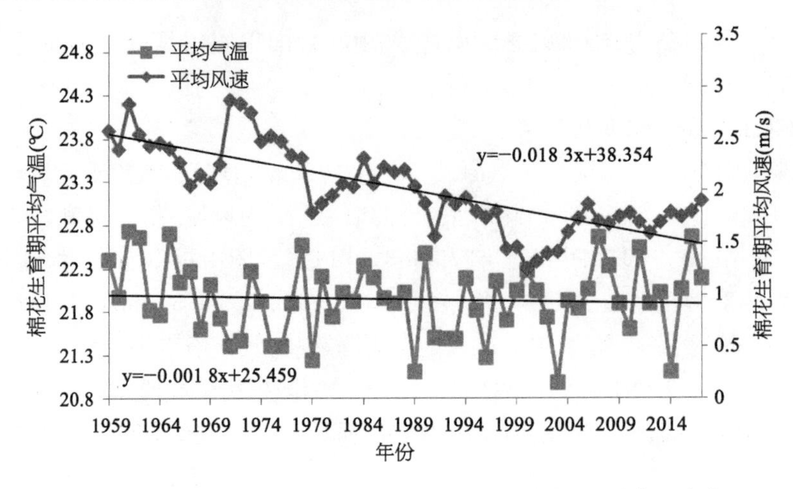

图 32－14　新疆阿拉尔棉花生育期平均气温和平均风速年际变化

(孙景生等,2018)

(二) 气象要素变化对棉花需水量的影响

参考作物蒸发蒸腾量主要由四大气象要素决定,即太阳辐射、气温、湿度和风速。分析 ET_0 对各气象要素变化的敏感性,可以了解不同地区、不同气候条件下各气象要素变化对 ET_0 的影响程度,有助于明确气候或天气变化对作物需水量的影响,进而有利于对作物灌溉制度进行科学的调整,以实现节水和优产的目标。此处以新疆阿拉尔 1959～2017 年棉花需水关键期(7 月 10 日～8 月 10 日)逐日各气象要素均值为基础数据,采用联合国粮农组织(FAO)推荐的 Penman-Monteith 公式计算得到的参考作物需水量平均值为 5.15 mm/d,在此基础上,分别增减各单一气象要素值,而除增减要素外的其他气象要素保持不变,分别计算日照时数、平均风速、相对湿度、最低气温、最高气温五指标增加或减少幅度的步长为相应气象要素均值的 5%时的日 ET_0 相对变化率,结果见图 32－15 所示。

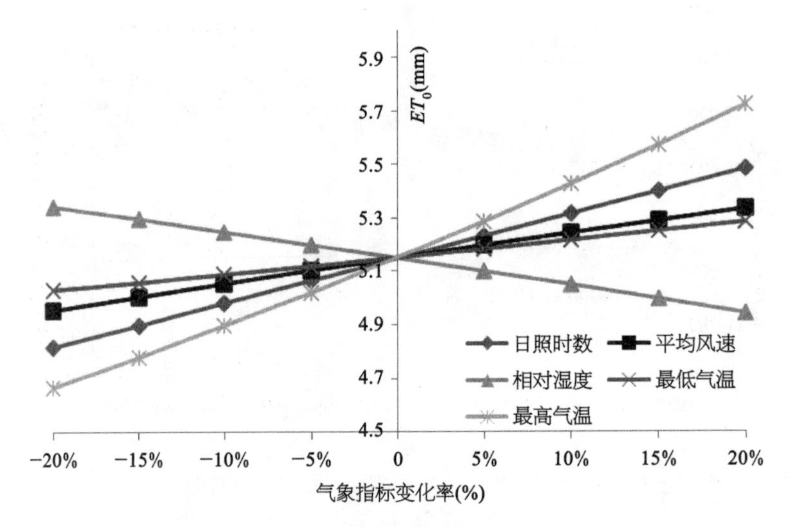

图 32－15　新疆阿拉尔棉花生育期主要气象要素变化对 ET_0 的影响

(孙景生等,2018)

从图 32－15 可见，除相对湿度与 ET_0 呈负比例关系外，日照时数、平均风速、最低气温、最高气温均与 ET_0 呈正比关系，其增加或减少均可导致 ET_0 增加或减少。日照时数增加或减少 5%，ET_0 增加或减少 1.6%；平均风速增加或减少 5%时，ET_0 增加或减少 0.9%；最低气温增加或减少 5%时，ET_0 增加或减少 0.63%；最高气温增加或减少 5%时，ET_0 增加或减少 2.6%；相对湿度增加或减少 5%时，ET_0 减少或增加 0.98%。由此不难看出，在西北干旱绿洲区，对 ET_0 影响最大的是日最高气温，其次是日照时数(与太阳辐射密切相关)，接下来是相对湿度和平均风速，最低气温的影响与其他气象要素相比是最小的。

太阳辐射是作物蒸发蒸腾的主要驱动力和能量来源，鉴于一般气象观测站较少对太阳辐射进行直接观测，日照时数反映云量多寡、雾天多少和降雨历时的长短，与太阳辐射和最高气温密切相关，不仅观测资料齐全，且易于感知。如果一天中云量多、起雾时间长，或降雨历时长，则日照时数就短；相应地，如果一天中云量少，没有起雾和降雨等，则日照时数就大。可能的极端情况是，如果一天云量很大，全天降雨或起雾，则日照时数就为 0，如果全天晴朗无云，则日照时数可能达到理论日照时数。为了说明云量对棉花需水量的影响，基于南疆阿拉尔典型绿洲区 1959～2017 年的气象数据，计算每日的参考作物蒸发蒸腾量 ET_0，筛选出当地日 ET_0 最大值为 9.8 mm/d，相应的日照时数最大值为 14.3 h。为了分析云量多少对棉花生育盛期作物需水量的影响，以当地逐日参考作物日蒸发蒸腾量均值最大的 7 月 20 日为例，利用该日 59 年的相对湿度、平均风速、最高气温、最低气温均值，计算日照时数在 0、1、2……14、14.3 h 时对应 ET_0 值，并绘制曲线，如图 32－16 所示。从图中可以看出，ET_0 随日照时数增加而增加，两者之间呈线性关系，即：

$$ET_0 = 3.58 + 0.179h \quad (32-6)$$

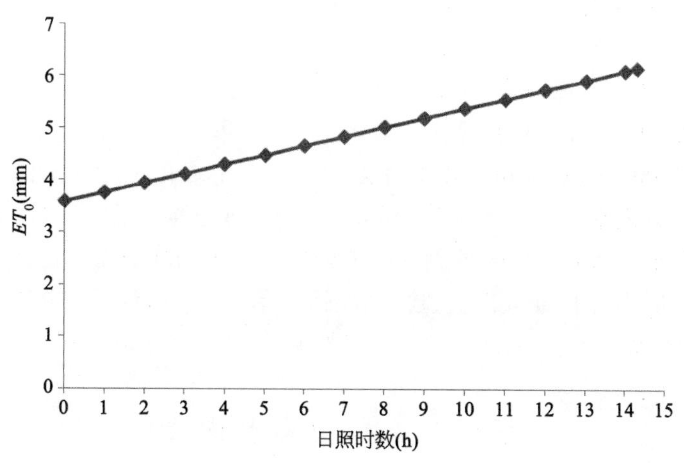

图 32－16　日照时数对 ET_0 变化的影响

(孙景生等，2018)

在其他气象保持不变的情况下，日照时数每增加 1 h，参考作物蒸发蒸腾量就增加 0.179 mm/d，即在棉花生育盛期，当由晴天(云量为 0)变为阴雨天(天空完全被云所覆盖)

时,日参考作物蒸发蒸腾量将从6.14 mm/d降为3.58 mm/d,减少了2.56 mm/d。

(三) 棉花生育期需水量(ET_c)变化

图32-17为阿拉尔地区1959～2017年棉花生育期需水量变化图。从图中可以看出,需水量呈显著下降趋势(气候倾向率为-14.613 mm/10a)。采用相关分析对各气象指标与ET_c相关性分析后发现,除相对湿度和降水与ET_c呈明显负相关外,其余指标也均是促使ET_c下降,各因素综合影响最终导致ET_c呈极显著下降趋势。

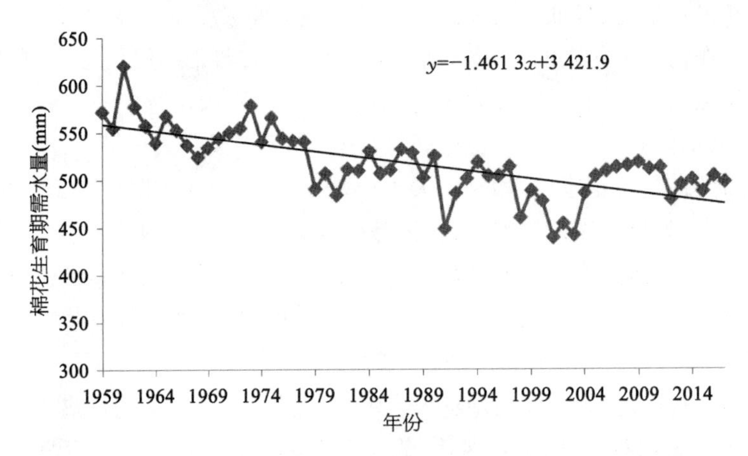

图32-17　新疆阿拉尔地区棉花生育期需水量年际变化

(孙景生等,2018)

由于7月10日至8月10日是当地棉花的需水关键期,摸清这一时期的棉花耗水规律对于制定科学的灌溉制度具有极强的现实意义。1959～2017年7月10日至8月10日日均参考作物的作物需水量为5.19 mm/d,根据在新疆生产建设兵团第一师灌溉试验站实际测定的近期棉花需水量资料,得到该期的平均作物系数为1.14,据此推算,该期日均耗水量为5.92 mm/d。在其他气象要素多年均值不变的情况下,分别计算日照时数为0时(阴天)、日照时数为多年平均值(9.26 h)和日照时数最大(14.3 h)时的作物需水量,其结果分别为3.97 mm/d,5.92 mm/d,6.90 mm/d,即完全阴天情况下棉花日耗水量比多年平均值减小1.95 mm,如果计划灌水日当天降雨5～10 mm(小雨)或连续阴天2～3 d,则灌溉日期可推后1～2 d,或在原来计划灌水量的基础上减去相应时段内的降水量及因阴天而减少的棉花耗水量;如果降雨量达到10 mm以上,建议取消该次灌水,然后视天气和墒情变化确定下次灌水时间及灌水定额。

第四节　棉田排水技术

一、棉田排水的目的和作用

排水的目的,在于排除地面积水,降低地下水位。在盐碱地区,加强排水,还可以降低土壤盐分含量,为棉株生长创造适宜的环境条件。地下水位过高,影响土壤温度和空气与养分的协调,限制土壤微生物的活动,给棉花生长造成不利影响:①土壤中毛细管水饱和区相应上升，土壤湿度过大，土壤空气稀少，土温上升慢，引起棉花生育期推迟；②不利于好气性细菌活动，容易产生有毒物质，从而影响棉花根系生长，甚至发生烂根、死苗现象；③因根系发育不良，吸肥力差，影响棉花正常生育；或因土壤养分分解快、供应猛，棉花容易徒长。

各棉区生产实践证明，改善棉田灌排系统，加强棉田排水工作，对减轻棉田渍涝危害，提高棉花产量有着显著的成效。湖南安乡县地处洞庭湖滨湖地带，气候温和，雨量充沛，适宜棉花生产。但由于地势低洼，地下水位高，且雨季比较集中，水多是主要矛盾。经规划成方格棉田，增强了排涝能力，从而保证了棉花高产、稳产。陕西省关中地区和河南省豫东等棉区，过去由于只重视灌溉，不注重排水，部分棉田地下水位上升过高，土壤盐渍化严重；后来开挖排水渠系，并注重发展井灌，棉田地下水位普遍下降，收到了排涝防渍的显著效果。

二、棉田排水标准与排水指标

（一）排涝标准

治理雨涝成灾的农田排涝工程设计标准有三种表示方法：暴雨重现期（以治理区发生一定重现期的暴雨作物不受涝为标准）、排涝保证率（以治理区作物不受涝的保证率为标准）和典型年（以一定量暴雨或涝灾严重的典型年作为排涝设计标准）。目前普遍采用第一种方法。排涝标准除规定一定重现期的暴雨外，还应包括暴雨历时和排涝时间。排涝时间应根据棉花的耐淹能力（用耐淹历时和水深反映）来确定，排涝时间一般不应超过棉花的耐淹历时。棉田排涝的基本要求是将一定频率的暴雨所产生的地面积水能在规定的时间内排除。因此，排涝的控制指标一般用排水时间、允许的地面积水深度的组合来表示。但这种排水指标是与一定的降雨频率相联系的。由于排水时间、田面淹水允许深度对排水工程规模的影响远远小于降雨频率的影响，因此，确定地面排水标准的主要任务是确定降雨频率。我国提出设计降雨重现期采用 5～10 年，即降雨频率为 10%～20%，日本、泰国、印度则为 10%。

我国的地面排水标准规定，设计暴雨重现期一般采用 5～10 年。旱作区设计暴雨历时及排除时间一般为十年一遇 1～3 d 暴雨，1～3 d 排至田面无水层；水稻区为 1～3 d 暴雨，3～5 d 排至作物的耐淹深度，各地采用的排涝设计标准如表 32－27。

表 32－27　各地采用的排涝设计标准

（中华人民共和国水利部，2000）

地　区	设计暴雨重现期（年）	设计暴雨和排涝天数
天津郊县（区）	10	1 d 暴雨 2 d 排出
河南安阳、信阳地区	3～5	3 d 暴雨 1～2 d 排出（旱作区）
河北白洋淀地区	5	1 d 暴雨 114 mm 3 d 排出
辽宁中部平原	5～10	3 d 暴雨 3 d 排至作物耐淹深度
陕西交口灌区	10	1 d 暴雨 1 d 排出
湖北平原湖区	10	1 d 暴雨 3 d 排至作物耐淹深度
湖南洞庭湖区	10	3 d 暴雨 3 d 排至作物耐淹深度
浙江杭嘉湖区	10	1 d 或 3 d 暴雨分别 2 d 或 4 d 排至作物耐淹深度

（续表）

地　区	设计暴雨重现期(年)	设计暴雨和排涝天数
江西鄱阳湖区	5～10	3 d 暴雨 3～5 d 排至作物耐淹深度
江苏水稻圩区	5～10	1 d 暴雨 1 d 排至作物耐淹深度
安徽巢湖、芜湖、安庆地区	5～10	3 d 暴雨 3 d 排至作物耐淹深度
上海郊县(区)	10～20	1 d 暴雨 1～2 d 排出(蔬菜田当日排除)

以上有关旱田排水工程设计标准，对棉田也是适用的。棉花的耐涝能力较差，花铃期当地面积水 5～10 cm 持续 1 d 就会有一定减产(5%～10%)，持续 3 d 会减产 20%左右；棉田积水 40～50 cm 持续 2～3 d，在涝后管理及时的情况下一般仍将减产 30%～40%。所以，为避免涝灾对棉花产量造成较大影响，我国一般将棉花花铃期的耐淹水深定为 5～10 cm，允许淹水历时定为 1～2 d。

（二）排渍标准

1. 稳定流地下排渍指标及排渍标准　在地下水稳定渗流的条件下排渍控制指标用地下水允许(或适宜)埋深、适宜渗漏量(稻田)、地下排水模数(排水率)表示。对棉花等旱地作物来说，把不使作物产生渍害的最小地下水埋深称为地下水允许埋深，又称耐渍深度。该指标与土壤性质、作物种类及其生长发育阶段有关。在治渍设计中，通常以主要作物生长期内的最大耐渍深度为设计排渍深度指标，并应满足渍害敏感期或作物生长关键期的最小耐渍深度的控制要求。一般旱作物的渍害敏感期为苗期，生长关键期耐渍深度则视渍害对产量的影响而定。棉花不同生育期的耐渍深度如表 32－28。根据朱建强对江汉平原四湖流域的三湖、丫角、高场、广华等棉区所做的调查与观测看，对于抗逆性强的杂交棉种，全生育期地下水位在 60～80 cm 亦可获得高产，皮棉产量 1 200～1 500 kg/hm^2。因此，对基于过去作物品种和农业技术条件所提出的有关标准，需要随着实践发展和技术进步加以重新认识。一般地，最大排渍深度可视作物根深不同而选用 0.8～1.3 m；在地下水位调控上，旱作区在渍害敏感期可采用 3～4 d 内将地下水位埋深降至 0.4～0.6 m。

表 32－28　棉花不同生育期耐渍深度

(中华人民共和国水利部，2000)

生育期	耐渍深度(m)	生育期	耐渍深度(m)
幼苗	0.6～0.8	花铃～吐絮	1.5
现蕾	1.2～1.5		

2. 非恒定流地下排渍指标及排渍标准　在非恒定流条件下，常用地下水下降速度指标作控制来选择排水标准，一般以一定时间内地下水位从高水位降到某一深度为排渍标准。对于棉花等旱作物，目前国际上尚无统一标准，就我国江淮棉区而言，在棉花花铃期及以后，要求雨后 3～5 d 将地下水位从近地表降到 90～120 cm。

3. 以地下水连续动态为指标的排渍标准　田间观测表明，地下水动态与作物光合作用之间有一定联系，分析发现，地下水埋深 50 cm 是蕾铃期生理代谢的敏感水位，也是棉株维持正常代谢、获得较高产量的重要条件。当地下水埋深由近地表降到 60 cm 时，植株净光合速率显著增加；当地下水埋深超过 60 cm 后，植株净光合速率增加缓慢甚至出现下降趋势，这表明光合作用有一适宜地下水埋深范围。就棉花而言，蕾铃期最适宜的地下水埋深在 70～90 cm。

（三）涝渍兼治的排水指标与排水标准

所谓涝渍兼治，是指在涝渍灾害型农田或易涝易渍农田综合治理中，用统一考虑涝渍综合影响的排水准则和设计指标进行农田排水工程的规划、设计，并予以实施。对易涝易渍农田，雨季往往涝渍相伴相随，为防灾减灾，宜采取涝渍兼治。通常涝的影响远大于渍，朱建强等在湖北进行的棉花涝渍综合试验结果表明，涝、渍对产量的影响度分别为 0.676～0.841 和 0.159～0.324。因此，要把棉田排涝放在首位，同时积极防渍。

（四）防盐控盐的排水指标与排水标准

1. 地下水临界深度　棉花与小麦、玉米、花生、大豆等作物相比，是比较耐盐碱的作物。盐碱地垦殖后一般优先种植棉花，但是棉花的耐盐能力也是有限的。在苗期和生育盛期，耐盐度(耕层 20 cm 内的含盐量)分别为 2.5～3.5 g/kg 和 4.0～5.0 g/kg。因此，在盐碱土以及土壤盐碱化地区，棉田排水的主要任务就是要将土壤盐分、特别是根系活动层的土壤盐分控制在作物的耐盐度之内。

通常情况下，土壤中的盐分主要随水分运动，土壤脱盐和积盐均与地下水埋深有关。在生产中常根据地下水埋深判断是否会发生土壤盐碱化。在一定自然条件和农业技术措施条件下，把防止土壤盐碱化和作物不受盐害影响的最小地下水埋深称为地下水临界深度。

在土壤、地下水矿化度和耕作措施等一定的条件下，地表的积盐速度和积盐总量取决于地下水的蒸发量。由于土壤次生盐碱化主要是在地下水位较高时由强烈蒸发引起，因而在确定地下水临界深度时必须重视蒸发强度。通常情况下降雨或灌溉会引起地下水位升高，却能使土壤盐分得到淋洗；而蒸发虽能使地下水位下降，却会造成土壤积盐。所以盐碱地区的土壤，一般在汛期处于淋洗脱盐状态，在春、秋干旱季节则处于蒸发积盐状态。为防止土壤返盐而危害作物生长，我国通常将地下水临界深度作为盐碱地区排水工程设计的标准。地下水临界深度与土质、地下水矿化度的关系如表 32-29。

表 32-29　地下水临界深度

（中华人民共和国水利部，1999）　　(单位：m)

土壤质地	地下水矿化度			
	<2(g/L)	2～5(g/L)	5～10(g/L)	>10(g/L)
砂壤土、轻壤土	1.8～2.1	2.1～2.3	2.3～2.6	2.6～2.8
中壤土	1.5～1.7	1.7～1.7	1.8～2.0	2.0～2.2
重壤土、黏土	1.0～1.2	1.1～1.3	1.2～1.4	1.3～1.5

由于土壤盐分和地下水位是经常变动的，所以有些国家不用地下水临界深度作设计标准，而利用灌溉淋洗和排水排盐的功能进行排水设计。我国农田排水工程技术规范指出，当采取小于地下水临界深度设计时，应通过水盐平衡论证确定。

2. 防盐控盐排水时间　在地下水由高水位降至临界深度的过程中，因地下水的蒸发积盐可能使根系层土壤含盐量超过作物的耐盐能力。为防止这种情况发生,必须确定适宜的排水时间。在预防盐碱化地区,为保证蒸发积盐后耕层土壤的含盐量不超过作物的耐盐能力,可按耕作层的盐量平衡关系得到排水时间,即可由式 32－7 计算确定。根据我国一些盐碱地区的试验成果,采用 8～15 d 将灌溉或降雨引起升高的地下水位降至临界深度,一般可取得良好的防治效果。

$$T=\frac{\gamma(Sc-So)\Delta Z}{100\varepsilon aMd} \tag{32-7}$$

式中:T——允许排水时间,单位,d;γ——耕层土壤容重,一般取1 300 kg/m^3;Sc——耕作层土壤允许的含盐量,以占干土重百分数计,通常采用棉花苗期的耐盐能力为 0.3%,有利安全;So——灌溉或降雨淋洗后的耕层土壤含盐量,以占干土重百分数计,在改良后的正常耕作期一般取≤0.05%;ΔZ——耕作层厚度,单位,m; εa——在排水过程中地下水的平均蒸发强度,单位,m/d; Md——灌水或降雨后的浅层地下水矿化度,单位,g/L,即 kg/m^3。

3. 冲洗脱盐标准　包括脱盐层厚度和脱盐层允许含盐量两个指标。在改良盐碱土地区,冲洗脱盐的设计土层深度一般取 100 cm。对于盐碱荒地,为避免冲洗定额过大、减轻排水工程负担和缩短冲洗改良时间,可采取分期改良、逐步治理的办法实施土壤脱盐,以后在改良、利用结合的条件下,通过灌溉排水作用,使设计土层继续脱盐和防止盐分向表土集聚,并逐渐使脱盐深度增加和地下水淡化,在这种情况下初步治理的脱盐设计土层深度可取 60 cm。设计土层内的冲洗脱盐量可根据冲洗前的土壤含盐量、盐分组成、土壤质地等因素按冲洗改良要求确定,冲洗后设计土层内应达到的脱盐标准一般可取全盐量为:氯化物盐土 0.25 g/kg,硫酸盐氯化物盐土 3.0 g/kg,氯化物硫酸盐土 4.0 g/kg,硫酸盐土 4.5 g/kg 左右。

4. 冲洗定额与排水时间　为达到脱盐标准,每单位面积上所需的冲洗水量即为冲洗定额。冲洗定额大小与冲洗前土层含盐量、盐分在土壤中的分布状况、冲洗脱盐标准、土壤理化性质、冲洗水的水质以及水文地质条件和排水条件等有关。由于影响因素复杂,最好由试验确定冲洗定额。在洗盐效果上,由于间歇灌水冲洗优于在田间放水成池或连续喷水冲洗,一般主张将冲洗定额的水量根据情况分次灌入田中冲洗,每次冲洗灌水量多采用 900～1 500 m^3/hm^2。冲洗过程中的排水时间,最好结合不同规格的现场排水试验确定,一般可采用两次冲洗的间隔时间减去溶解盐分的浸泡时间进行估计。

三、棉田排水通用工程技术和方法

农田排水技术是指为满足作物生长所需的适宜水分状况而采取的各种措施的总称,包括田间农艺排水措施和排水工程措施两大类。农艺排水技术措施是指为及时排除田间积水、减轻涝害而修筑垄沟或开设腰沟和围沟等浅而小的田间临时沟网。排水工程措施一般可分为水平排水和竖直排水两类。水平排水又可分为明沟排水和地下沟(管)排水;竖直排水即竖井排水,通过造井靠动力进行抽排水。由于任何单项技术都有其局限,功能强而有生命力的农田排水新技术往往表现在各种基本排水形式的有效组合上。近一百多年来,世界上不少国家为了发展生产、保证农产品供应,对农田排水事业日益重视,世界范围内不少灌区急剧发生的土壤次生盐碱化问题则进一步推动了排水事业的发展。下面就适用于棉田的农田排水工程技术及方法作一介绍。

(一) 明沟排水

明沟排水又称水平排水,是最基本的排水方式。明沟排水从排水方式上分为自流排水和动力排水,从控制水盐运动的作用分为深沟排水和浅沟排水。深沟一般指某一地区能够将地下水位控制在作物耐渍或耐盐深度以下的排水沟系,而浅沟的深度则小于排渍或排盐所要求的临界深度。

明沟系统是指为解决农田排水问题而修建的各级排水沟道,与灌溉渠道分级类似,可分为干沟、支沟、斗沟和农沟等级别。我国一些除涝治渍排水区采用的排水沟一般规格见表 32－30。一般地,农沟属于直接排除农田多余水分的末级固定排水沟。直接排除农田涝水的明沟排水网由末级固定沟、田间毛沟、腰沟、墒沟以及排水建筑物等组成。它们的作用是汇集地表积水、减少入渗水,并将田面水输送到骨干排水系统。末级固定排水沟的深度和间距,应根据当地机耕作业要求、棉花对地下水位的要求和自然经济条件,按排水标准设计并经综合分析确定。在增设临时浅密明沟的情况下,末级固定排水沟的间距可适当加大。用于排渍和防止土壤盐碱化的末级固定排水沟深度和间距宜通过田间试验确定,也可按《灌溉与排水工程设计规范》给出的公式计算,无试验资料时可按表 32－31 确定。

表 32－30　排水沟道一般规格
(中华人民共和国水利部,1999)

沟　别	深度(m)	间距(m)
支沟	2.0～2.5	1 000～5 000
斗沟	1.5～2.0	1 000～3 000
农沟	1.0～1.5	100～300
毛沟	0.8～1.0	50～100
腰沟	0.3～0.5	30～50

表 32－31　末级固定排水沟深度和间距
(中华人民共和国水利部,1999)

深度(m)	间距(m)		
	黏土、重壤土	中壤土	轻壤土、砂壤土
0.8～1.3	15～30	30～50	50～70
1.3～1.5	30～50	50～70	70～100
1.5～1.8	50～70	70～100	100～150
1.8～2.3	70～100	100～150	

南方棉区雨水偏多,地下水位高,易受涝渍危害,棉田普遍采用畦作,排水主要依靠田间主沟、围沟、腰沟和畦(厢)沟等排水系统,将棉田积水和地下水排出田外,送至江河。畦面的宽窄,每畦种植棉行数和沟、畦的规格,视具体情况而异。根据湖北棉区的经验,沟畦(厢)的规格一般为:畦宽 2.0～3.5 m,深 15～30 cm。腰沟:宽 30～50 cm,深 30 cm 左右,在畦地过长或地势不平、排水不良的地块开设。围沟:宽 30～70 cm,深 50～70 cm,在地下水位高的地段要加深围沟以降低地下水位。在江苏沿海一带,普遍采用垵田制,其特点是:在地势平坦、面积较大的滨海地区,按一定规格规划垵田,建设一定的排灌系统,既便于田间灌溉排水,也适于机械化耕作。垵田的规划,每块一般为 3.3 hm^2 左右。垵田间有排水沟,称之为垵沟。雨涝时,垵田的积水通过纵横排灌沟,由垵沟流到排河,排河流到干河,而后入海。在干河入海处,均设有涵闸,可以随意起闭,调节水位,并可防止海水倒灌引起盐碱危害。

明沟排水网建筑用材少,施工技术简单,易被群众掌握;缺点是临时性沟道多、占地多,而且易淤积和塌坡,养护清淤的工程量大。在地势低洼的湿润地区,明沟排水网对于排除田面涝水是很有效的,但一般很难满足棉花对降低地下水位的要求,有必要辅之以地下排水措施。

（二）竖井排水

竖井排水是通过抽排井水以降低地下水位的排水技术措施，也称垂直排水，简称井排。当利用竖井大量抽排地下水时，可使地下水位下降，有利于消除涝、渍危害和土壤盐渍化。竖井排水系统不需要修建大量的排水沟系和田间工程，占用耕地少，且不需开挖稠密的排水沟或铺设排水管道，管理养护简便。竖井排水适宜于具有较好透水性土层的地区采用。

排水竖井的井型多为管井，其结构形式与农田灌溉用水井基本相同。对于以排除地下咸水为主要目的的水井，其过滤管段（花管）必须严格控制在咸水含水层段内，其他部分的管段为实管。在施工时，要采取措施严格封闭咸水层段，以免咸水污染其他含水层。

排水竖井的井深，视含水层（或透水性良好的土层）的厚度而定。若含水层较薄，竖井应穿透整个含水层，装设成完整井；若含水层较厚，则应穿透部分含水层，装设成非完整井。排水竖井的间距，应根据地下水位的控制要求、水文地质条件、成井工艺及提水设备等因素确定。在水文地质条件差异不大、排水要求基本相同的地方，排水井可均匀布设。水文地质条件复杂时，井距应通过现场试验确定。

在同时受旱、涝、碱威胁的地区，如果浅层地下水质符合灌溉要求，则排水井网抽出的地下水可同时（或部分）供灌溉之用（常称之为井灌井排），一方面解决了农田用水，同时又腾空地下库容，在雨季时承纳降雨，减少地面径流，减轻洪、涝、渍的威胁。

在受次生盐碱化威胁的轻砂壤质土地区，开挖排水明沟难以保持断面稳定，排水深度往往达不到设计要求，防治土壤次生盐碱化的作用不明显；采取竖井排水能较好地解决这一问题。美国、苏联、巴基斯坦以及中国的一些灌区，实行井灌井排后，灌溉土壤次生盐碱化基本上得到控制。

在地下水矿化度过高的滨海地区，为了改良盐碱土和对咸水含水层进行改造，可采用竖井排水系统将高矿化度地下水抽出，腾空含水层，承纳天然降雨。条件许可时，采用人工回灌方法引灌淡水，逐步将含水层改造为可供开采的淡水含水层。

（三）地下排水

地下排水的任务是通过在田面以下适当深度布置一定密度的排水沟或管，使土壤中多余的重力水得以迅速排除，以达到治渍、改土、增产的目的。地下排水技术主要有鼠道、土暗墒、充填式暗沟和暗管排水几种形式。

1. 鼠道排水　鼠道是利用特制工具（鼠道犁）在田面下一定深度处挤压成的形似鼠穴的孔洞，以这种孔洞为渗流输送通道进行地下排水的技术称为鼠道排水。鼠道系无衬砌的地下排水道，截面一般为椭圆形，高 8～10 cm，宽 6～8 cm，多位于田面下 60～80 cm，也有埋深 30～40 cm 的浅鼠道，是一种非永久性农田地下排水设施。

鼠道排水不需要管材和滤料，造价比暗管低，可机械化施工，功效高、操作方便，节省人力物力。施工机械有绳索牵引式鼠道犁和悬挂式鼠道犁两类，分别用小型拖拉机和大中型拖拉机配套柴油机作动力。前者工效小，但作业时间长，越冬麦田从小麦播种前后到返青前均能施工，因而有利于农时安排；后者工效较高，但作业时间短。

鼠道使用年限较短，如果维护得当，一般黏土地区寿命可达 3～5 年，也有维持长达 8～

10年。需要指出的是,鼠道只适用于黏土类或壤土类地区。西奥博尔德(Theobald G H)引用不同国家数值,提出了适合鼠道排水的土壤指标:土壤的黏粒含量至少25%~50%,砂粒含量不高于20%。

2. 土暗墒(沟)排水　用特制的狭长土锹开挖深60 cm的明墒,再在其上加盖约20 cm的土垡,即形成土暗墒(沟)。这种土暗墒一般不设控制建筑物,由于其排水效果好,且较为经济,在江南曾深受农民欢迎,江苏省一度曾发展这种排水设施20万hm^2。

土暗墒只适用于黏土地区,用工较多,存在一定局限。采用土暗墒排水,要求在未扰动土上挖沟,且每年要换位置,否则容易坍塌和淤积,造成暗墒积水。因此,经过几年后,实施这类排水设施的田块由于土壤普遍扰动,暗墒淤堵严重,非但起不到排水作用,还有可能使作物反遭其害。这就需要用其他排水措施取而代之。

3. 暗管排水　暗管是用各种适宜材料制成的、埋置在农田一定深度的排水管道。它的作用在于接纳通过地下渗流所汇集的田间土壤中的多余水分,经过汇流将其排入骨干排水系统(一般为明沟)和容泄区。国内外大量实践表明,农田暗管排水技术是涝渍中低产田改造和盐碱地改良的有效措施,与明沟排水相比具有排水效果好、有效控制地下水位、节省土地、减少维护费用等特点。另外,采用暗管排水后,可以少挖田间排水沟,节约耕地,有利于大田机械作业。

排水暗管按其功能一般分为吸水管和集水管两种。吸水管是利用管间接缝或多孔管壁使土壤中多余的水分渗入管内,集水管则起汇流输水作用。暗管的布置有不同形式,按各级排水道采用暗管的多少可分为单级布置和多级布置,按同一条集水沟(管)接纳吸水管汇流的方式可分为单向布置和双向布置。在进行田间吸水管布置时,应从实际地形出发,因地形确定走向,以保证其具有迅速排水和长期持续排水的功能。

暗管铺设比降一般依据地形条件和所选定的管径等因素确定。在可能情况下,应尽量采用地面坡降为暗管的设计比降;当地面起伏不平时,暗管比降不应小于平均水力坡降;在可能发生淤积的情况下,国内外均以不产生淤积的最小流速作为选择比降的依据。美国农业部规定暗管最小流速为0.4~0.43 m/s,并提出不同暗管管径的最小比降分别为:管径100 mm,比降为0.1%;管径125 mm,比降为0.07%;管径150 mm,比降为0.05%。荷兰要求吸水管的最小流速为0.35 m/s,其相应的最小比降在0.1%~0.15%。日本规定暗管最小流速限定在0.2 m/s,最小比降为0.17%。

4. 地下组合排水　组合的形式有深、浅鼠道组合排水和浅鼠道与深暗管组合排水两种,可进行上、下层同向和正交两种布置。地下组合排水适于土质黏重、透水性差的田块,采用这种排水技术有利于加快土壤排水速度、改善土壤通气状况,多用于土质黏重地区渍害低产田的土壤改良。

此外,还有充填式暗沟排水法,先开明沟,随后用砂砾石、碎石、煤屑、稻糠等材料充填之,再覆盖土料而成,亦称滤水暗沟,国内较少采用。

四、棉田除涝降渍组合排水技术

用于田间涝渍控制的排水工程措施主要包括明沟排水、竖井排水和暗管(含鼠道)排水。

将不同排水方式进行有效组合，扬长避短，可达到涝渍兼治的目的。涝水明排、渍水暗排的组合方式有：明沟和暗管组合，明沟、暗管和鼠道组合，明沟和竖井组合，深、浅明沟组合等，应用中视具体情况而定。在涝渍严重的黏质土地区，由于黏质土的透水性能较差，通常暗管间距要求较密，因而投资较大，若在田间采用适当密度和间距大一些的暗管与较浅密的临时性明沟或鼠道组合成双层排水，则可及时排除涝渍农田田面涝水和土壤中的渍水；也可选用明沟、暗管和鼠道组合排水。在利用浅层淡水灌溉的地区，可采用井灌、井排与明沟相结合的排灌水系统。

由于各地自然地理和涝渍发生特点不同，在生产实践中要因地制宜，采取相应的组合排水工程措施。平原地区可根据当地灾害类型，选用各种排水及调控地下水位的工程措施进行组合排水。比如在涝渍共存地区，可利用沟网、暗管、鼠道、泵站等几种工程措施进行组合；沿江滨湖圩区可根据自然条件和内、外河水位等情况，采取联圩并垸、修站建闸和挡洪滞涝等工程措施，在确保圩垸区防洪安全的基础上，按照内外分开、灌排渠沟分设、高低田分排、水旱作物分植的原则，以及有效控制内河水位和地下水位的要求，制定洪、涝、渍兼治的排水工程措施。山丘冲垅区应根据山势地形、水土温度、坡面径流和地下径流等情况，采取冲顶建塘、环山撇洪、山脚截流、田间排水的田内积水导排等措施，同时还应与水土保持、山丘区综合开发和治理规划紧密结合。实践证明，与单一排水措施相比，组合排水措施具有防御涝渍效果好、经济效益高的优点。

为了运用工程措施有效地排除农田中的涝水和渍水，需要适当的农艺排水措施与之相配套。在江淮易涝易渍地区，为了有效地防治农田涝渍灾害，强调内外三沟必须配套。所谓内三沟是指在农田内部开挖的一套较浅的临时性排水沟，包括沿种植行纵向排列的丰产沟（墒沟/厢沟）、横向腰沟和在周围开挖的毛沟（围沟）；外三沟是指在农田外开挖的大沟、中沟、小沟，有的地方称大排沟、降渍沟、隔水沟。雨水落到农田后，通过内三沟排到外三沟，再排到泄洪河道。外三沟的标准是：隔水沟深 100 cm 以上，降渍沟深 120 cm 以上，大排沟深 150 cm 以上。在涝渍防治中，要尽快降低外三沟水位，重点疏通和加深棉田内三沟。对于地势低洼、内河水位高的地区，须突击用机电排水，以加快排水速度，降低棉田地下水位。在圩区采用“四分开”、“三控制”（即内外、高低、灌排、水旱分开，控制河网水位、地下水位、土壤适宜含水量）的方法进行涝渍防治，关键是搞好田间套沟。

五、棉田防盐、控盐综合排水技术

综合运用明沟排水、竖井排水、暗管排水等工程措施等，是加速土壤脱盐、防止棉花盐害的有效途径。在竖井排水中，如果排除的地下水是不能利用的高矿化度咸水，还必须修筑专门的输水沟道将咸水送至排水容泄区，即需要竖井排水与明沟排水相结合。在明沟排水防盐控盐的基础上，通过埋设排水暗管会进一步提高排水洗盐的效果。这种明暗组合排水技术在我国滨海盐碱地改良利用中已得到应用。通常，采取深浅沟、井灌井排、井渠沟、灌排等相结合的综合性技术措施，往往会取得比较理想的洗盐效果。针对滨海盐碱地植棉存在海水倒灌的潜在威胁，在农田排水出口设置挡潮闸是十分必要的。同时应根据滨海感潮区的自然特点和潮汐规律，充分利用潮间进行自流排水洗盐，以减轻排水耗能、降低控盐的生产成本。

在盐碱化地区,除了按一定深度和间距布设防止土壤返盐的田间末级固定排水沟外,结合植棉适当开挖比较密集、深度较浅的临时性农艺排水沟,使之与末级固定排水沟配合使用,可大大提高排水洗盐的效果。对于地势低洼的盐碱地,在田间开挖比较浅的农艺排水沟,将降雨淋洗和灌溉冲洗的水分排出棉田,可以带走耕层土壤中的部分盐分,从而减轻作物根系盐分胁迫。

滨海地区以及黄淮海地区的盐碱地,主要是利用灌溉水冲洗来达到脱盐的目的,使得具备一定耕种能力的土地达到产量增加的目的。盐碱土的灌水冲洗,就是把水灌到农田以溶解土壤中的盐分,通过水分在土壤中的渗透把可溶性盐分冲洗下去,并排出土体,由排水沟(管)排走。因而保证冲洗效果的必要条件是通过排水工程能将过多的盐量排出土体。考虑到盐碱地区一般地下水矿化度较高、蒸发量较大,排水工程的排盐能力通常应大于冲洗脱盐量。

冲洗要选择适当的季节和时机。根据盐分积累特点和排盐要求,冲洗应在水源充沛、蒸发量小、地下水位低的季节进行,以避免冲洗用水与作物灌溉用水发生冲突和冲洗后由于蒸发量大而迅速返盐,保证洗盐水能顺利排出和土壤脱盐。此外,还应注意选择农事较少的季节,以保证有充裕的时间和劳力进行冲洗以及冲洗后适时播种。各地自然和栽培条件不同,应根据具体情况选择适宜季节进行冲洗。例如,黄淮海平原的适宜冲洗季节有早春、伏秋和晚秋(或初冬)。

为了保证冲洗时地面受水均匀,避免冲洗后高处地面先露出致使盐分往高处集中成盐斑,必须在冲洗前将地面整平。可先在一条农渠范围内削高填低,进行粗平;然后结合耕地筑畦进行细平。此外,还应制定合理的放水次序和间歇时间,以使冲洗工作有序进行。为取得较好的洗盐效果,还需要辅之以其他农艺措施,如采取合理翻耕、耕翻结合晒垡等提高土壤的透水性,提高冲洗效果。

(撰稿:孙景生,孟兆江,朱建强;主审:徐立华,董合林,毛树春;终审:毛树春)

参考文献

[1] 盛承发.生长的冗余——作物对于虫害超越补偿作用的一种解释.应用生态学报,1990,3(1).

[2] 史文娟,康绍忠,宋孝玉.棉花调亏灌溉的生理基础研究.干旱地区农业研究,2004,22(3).

[3] 罗宏海,李俊华,勾玲,等.膜下滴灌对不同土壤水分棉花花铃期光合生产、分配及籽棉产量的调节.中国农业科学,2008,41(7).

[4] 马富裕,李蒙春,杨建荣,等.花铃期不同时段水分亏缺对棉花群体光合速率及水分利用效率影响的研究.中国农业科学,2002,35(12).

[5] 裴冬,张喜英.调亏灌溉对棉花生长、生理及产量的影响.生态农业研究,2000,8(4).

[6] 张寄阳,刘祖贵,段爱旺,等.棉花对水分胁迫及复水的生理生态响应.棉花学报,2006,18(6).

[7] 孟兆江,卞新民,刘安能,等.棉花调亏灌溉的生理响应及其优化农艺技术.农业工程学报,2007,23(12).

[8] Burgess S S O, Adams M A, Turner N C, et al. The redistribution of soil water by tree root systems. Oecologia, 1998.

[9] Stirzaker R J, Passioura J B. The water relations of the root-soil interface. Plant, Cell and Environment, 1996:19.
[10] 张立桢,曹卫星,张思平,等.棉花根系生长和空间分布特征.植物生态学报,2005,29(2).
[11] 胡毓骐,李英能.华北地区节水型农业技术.北京:中国农业科学技术出版社,1995.
[12] 康绍忠,蔡焕杰.农业水管理学.北京:中国农业出版社,1996.
[13] 陈玉民,郭国双.中国主要作物需水量与灌溉.北京:水利电力出版社,1995.
[14] 刘新永,田长彦,马英杰,等.南疆膜下滴灌棉花耗水规律以及灌溉制度研究.干旱地区农业研究,2006,24(1).
[15] 王振昌,杜太生,杨秀英,等.隔沟交替灌溉对棉花耗水、产量和品质的调控效应.中国生态农业学报,2009,17(1).
[16] 王小兵,李明思,何春燕.膜下高频滴灌棉花田间耗水规律的试验研究.水资源与水工程学报,2008,19(1).
[17] 钱蕴壁,李英能,杨刚.节水农业新技术研究.郑州:黄河水利出版社,2002.
[18] 中国农业科学院棉花研究所.中国棉花栽培学.上海:上海科学技术出版社,1983.
[19] 徐邦发,杨培言,徐雅丽,等.南疆高产棉花灌溉生理指标研究.中国棉花,2000,27(3).
[20] 水利部农村水利司,中国灌溉排水发展中心.节水灌溉工程实用手册.北京:中国水利水电出版社,2005.
[21] 陆朝阳,温新明,李颜,等.棉花高产优质喷灌技术研究.新疆农业大学学报,1999,22(1).
[22] 郭彦彪,邓兰生,张承林.设施灌溉技术.北京:化学工业出版社,2007.
[23] 李明思,郑旭荣,贾宏伟,等.棉花膜下滴灌灌溉制度试验研究.中国农村水利水电,2001(11).
[24] 孔繁宇,胡同军.棉田地下滴灌土壤水分变化及需水规律初探.中国农学通报,2005,21(1).
[25] 崔毅.农业节水灌溉技术及应用实例.北京:化学工业出版社,2005.
[26] 桂艳,盛杨华.棉花膜下渗灌及配套机械化技术的应用.新疆农机化,2008(4).
[27] 中华人民共和国水利部. SL. SL/T4—1999,农田排水工程技术规范.北京:中国水利水电出版社,2000:2-18,35-66.
[28] 中华人民共和国水利部. GB. GB 50288—99,中华人民共和国国家标准,灌溉与排水工程设计规范.北京:中国计划出版社,1999:13-15,49-57,103-107,173-182.
[29] Masami Okamoto, Drainage in Japan. 7th ICID international drainage workshop, Penang, Malaysia, 1997,11.
[30] Hungspreug S. Country report on drainage practices in Thailand. 5th ICID international drainage workshop, Lahore, Pakistan, 1992, Vol. Ⅱ.
[31] Baig M R. Irrigated area drainage problems in India. 7th ICID international drainage workshop, Penang, Malaysia, 1997,11.
[32] 皮积瑞.农田水利与泵站工程.北京:水利电力出版社,1990:44-47.
[33] 朱建强,欧光华,张文英,等.涝渍相随对棉花产量与品质的影响.中国农业科学,2003,36(9).
[34] 毛树春.棉花规范化高产栽培技术.北京:金盾出版社,1998:76-77.
[35] 朱建强.易涝易渍农田排水应用基础研究.北京:科学出版社,2007:83,115-116.
[36] 朱建强,李靖.多个涝渍过程连续作用对棉花的影响.灌溉排水学报,2006,25(3).
[37] 张明炷,黎庆淮,石秀兰.土壤学与农作学.北京:水利电力出版社,1994:82.
[38] 严思成.农田地下排水技术与施工机具.北京:机械工业出版社,1991:22-25.

[39] 乔玉成. 南方地区改造渍害田排水技术指南. 武汉:湖北科学技术出版社,1994:7－9,50－65,89－105.
[40] 王久生,王毅. 干播湿出在盐碱地棉花膜下滴灌条件下的试验效果. 塔里木大学学报,2006(1).
[41] 王振华,杨培岭,郑旭荣,等. 新疆现行灌溉制度下膜下滴灌棉田土壤盐分分布变化. 农业机械学报,2014,45(8).
[42] 石生香,王海霞. 玛纳斯县机采棉高产栽培技术. 农村科技,2016(12).
[43] 王大光,张晓东,张晓虎. 机采棉优质高效栽培管理技术. 中国种业,2016(3).
[44] 黄晓玲,程群,李海燕. 阿克苏棉花膜下滴灌高产栽培技术及配套措施. 中国农技推广,2011,27(9).
[45] 王峰,孙景生,刘祖贵,等. 灌溉制度对机采棉生长、产量及品质的影响. 棉花学报,2014,26(1).
[46] 朱福生,刘丽霞,李德荣. 新疆塔里木垦区棉花节水高产栽培技术. 农业科技通讯,2013(8).
[47] 李艳娥. 重盐碱下潮地植棉高产配套技术. 农村科技,2009(05):26.
[48] 贺军勇,刘伟,曹金芬. 哈密市棉花膜下滴灌高产栽培技术. 新疆农业科技,2011(3).
[49] 马晓利,孙晓锋. 哈密市棉花高产栽培技术. 新疆农业科技,2013(4).
[50] 曹健. 棉花干播湿出早期管理技术要点. 农村科技,2013(9).
[51] 杨忠群. 阿克苏市机采棉栽培技术. 现代农业科技,2012(20).
[52] 罗冬梅. 棉花膜下滴灌高产栽培技术示范经验总结. 新疆农业科技,2012(6).
[53] 张建国,张茂兰. 北疆棉区机采棉滴灌高产栽培技术. 中国种业,2010(5).
[54] 贺军勇,刘伟. 新疆哈密市棉花膜下滴灌高产栽培技术. 中国种业,2011(10).
[55] 朱振东. 库尔勒垦区棉花高产栽培技术要点. 新疆农垦科技,2012(6).
[56] 任红梅. 棉花高产塑型栽培技术. 农村科技,2016(9).
[57] 邓铭江. 南疆未来发展的思考—塔里木河流域水问题与水战略研究. 冰川冻土,2016,39(1).
[58] 宋妮,孙景生,王景雷,等. 基于 Penman 修正式和 Penman-Monteith 公式的作物系数差异分析. 农业工程学报,2013,29(19).

第三十三章　棉花叶枝利用与整枝打顶

叶枝即营养枝或假轴分枝(俗称油条、木枝)。叶枝利用是 20 世纪 90 年代棉花简化栽培研究的热点。传统经验认为,棉花叶枝消耗养分,造成田间荫蔽,影响通风透光,导致烂桃多,对产量贡献小,纤维品质差,因此要求整枝。始于 90 年代初期的“懒棉花”栽培引起了广泛争议。“懒棉花”是指在棉花稀植的情况下,不整枝打杈,不中耕松土,实行简化栽培,与传统的精耕细作植棉是背道而驰的,却也满足了生产管理者对植棉轻简技术的需求。以利用叶枝为主要内容的“懒棉花”栽培是否会造成减产？主流媒体的相关报道引起了国家有关部门的关注。1995～1998 年,国家科学技术委员会农村司组织中国农业科学院棉花研究所、华中农业大学、湖北省农业科学院经济作物研究所等 7 家科研机构对“懒棉花”进行了机理和验证试验。经 4 年研究,采用同位素示踪法揭示,叶枝同化产物主要分配在自身顶端及靠近叶枝的果枝和根部,通过定量研究阐明果枝与叶枝的同化物运转的关系,明确叶枝的生理功能及光合转运机制,证实叶枝是可以利用的营养源库之一。有关叶枝利用的困惑得到解决,为叶枝利用提供了科学依据,进一步研究提出了叶枝利用的技术措施。此后,仍有许多学者开展叶枝机理和应用研究,并取得了新进展。

第一节　棉花叶枝的分化、生长

一、棉花叶枝的分化

生物学上,主茎叶的叶腋内有 1 个腋芽,主茎真叶叶腋内为一级腋芽,一级腋芽先出叶的叶腋内为二级腋芽。棉苗主茎顶芽分化出 3～4 个叶原基时,自上而下倒数第 3 叶的叶腋中开始分化形成第 1 个主茎腋芽原基。子叶展平到第 1 真叶长出时,主茎顶芽有 5～6 个幼叶和叶原基,倒数第 3 叶叶位以下有 3～4 个主茎腋芽原基,此时子叶的叶腋内也开始出现腋芽原基。发育成叶枝的腋芽生长锥为圆锥形或扁圆球形,绿玉色、不透明,体积较小,原套层数 1～2 层。腋芽的生长发育主要受遗传因素控制,主茎 1～2 片真叶的 2 个腋芽多数休眠;3～10 片真叶间,越下部的腋芽发育成叶枝的可能性越大。中晚熟品种叶枝多于早熟种,杂交种多于常规种,蕾期长势强的品种叶枝也较多。叶枝的发生还受环境条件和栽培措施影响,20～25 ℃有利于花芽分化,温度过高过低会抑制果枝的发育;阴雨天过长、光照不足、肥水充足、氮肥较多,有利于腋芽发育成叶枝。育苗移栽棉叶枝发生数较直播棉少。壮苗腋芽发育成叶枝的可能性随着节位的升高逐渐减少,瘦苗下部各节的叶芽因营养不足多数休眠;旺苗有较多的赘芽和叶枝,棉株中部还会发生居间叶枝。栽植密度可调节叶枝的发生,单株叶枝数随密度增加而减少,总叶枝数随密度增加而提高。不整枝时,棉株出生的叶枝数一般在1～6条,以3～5条最多,占总株数的80%以上。上部叶枝分化虽晚,但长势旺,生长速率较快,结铃率高,是优势叶枝;下部叶枝分化虽早,但长势弱,生长速率较慢,结铃率低,甚至成为休眠芽,是劣势叶枝。各节位叶枝的发生概率以5～7节位最高,分别达17.3%～19.5%、25.2%～34.6%、29.3%～31.5%。

棉花植株真叶和子叶叶腋均可出生叶枝。据大量观察,洞庭湖棉区育苗移栽棉株叶枝出生概率达80%,单株叶枝最多出生4个,以2个叶枝的概率最大;黄河流域棉区大田直播棉株叶枝出生概率约95%,每株最多7个,以出生4个叶枝的概率最大(表33-1)。据中国农业科学院棉花研究所和湖北省农业科学院经济作物研究所镜检观察,叶枝腋芽分化由下而上,近果枝主茎叶腋腋芽分化发育速度快。育苗移栽叶枝从邻近果枝依次向下出生,大田直播从子叶节依次向上出生。第1～3个叶枝着生部位靠近上部,所处位置占优势,其生长势旺,叶量大,干物质多;二级果枝出生3～4个,果节多,产量占叶枝比重的90%左右,称为优势叶枝。下部叶枝靠近地面,所处位置不占优势,不论出生早晚,生长势均弱,叶量少;二级果枝少,果节少,产量仅占叶枝产量的10%左右,称为劣势叶枝(表33-2)。

表33-1　棉株叶枝发生概率

(毛树春等,2002)　　(单位:%)

试验地点	种植密度(株/hm²)	调查株数(株)	叶枝出生个数(个/株)							
			0	1	2	3	4	5	6	7
长江中游(湖南常德)	30 000	100	7.5	27.5	42.5	17.5	5.0	0	0	0
黄淮平原(江苏徐州)	36 795	80	0.0	1.3	3.8	21.3	31.3	33.8	8.8	0.0
华北平原(河南安阳)	64 500	100	10.0	6.0	12.0	22.0	32.0	13.0	5.0	0.0
	45 000	100	5.0	6.0	8.0	18.0	32.0	21.0	5.0	5.0
	30 000	100	0.0	4.0	8.0	21.0	26.0	26.0	12.0	3.0
平均			4.7	9.3	15.3	19.9	25.0	18.1	6.0	1.7

[注] 调查年份为1996和1997年。

表33-2　棉株不同部位叶枝比较

(毛树春等,2002)

叶枝位置(果枝向下排序)	华北平原(河南省安阳)				黄淮平原(江苏省徐州)			
	调查叶枝数(个)	叶枝铃数(个)	成铃数(个/叶枝)	叶枝成铃率(%)	调查叶枝数(个)	叶枝成铃数(个)	成铃数(个/叶枝)	叶枝成铃率(%)
1	40	74	1.9	28.8	65	164	2.5	19.2
2	39	82	2.1	31.9	70	204	2.9	23.9
3	30	50	1.7	19.5	69	218	3.2	25.5
4	21	33	1.6	12.8	53	156	2.8	18.3
5	8	9	1.1	3.5	34	95	2.8	11.1
6	3	9	3.0	3.5	7	17	2.4	2.0
合计	141	257			298	854		

二、棉花叶枝的生长

随着叶枝的生长,叶枝的叶面积不断扩大,新疆棉区在7月21日左右达最大,此时全株叶面积也达最大；之后，叶枝和全株的叶面积都开始降低。叶枝叶面积占全株叶面积的比例在6月21日左右最大，达20%左右；之后逐渐减小。长江中下游棉区叶枝叶面积占全株的比例明显提高，最高可达50%左右。叶枝叶的比叶重低于主茎叶和果枝叶，但随生育期逐渐上升，与主茎叶和果枝叶的差异也逐渐减小。叶枝干重也随生育期逐渐上升，但占全株比例逐渐减小，与主茎干重的差异扩大。叶枝上二级果枝的单枝生长量也小于主茎果枝，果节少，平均单枝果节为1.7～2.2个，且节间较短。叶枝的现蕾时间比主茎上的果枝迟10 d左右，且数量少，株间变异大；开花时间也迟于主茎上的果枝，因叶枝现蕾到开花时间较快，推迟幅度要小于现蕾时间。叶枝的果枝始节有由上而下逐渐增高、变幅增大趋势，上部1～3叶枝上的果节占叶枝总果节的70%以上，下部4～6叶枝上的果节还不到叶枝总果节的1/3。高位叶枝现蕾时间较早，低位叶枝则较晚，相邻叶枝相差2～5 d，节位愈低，相差天数愈多；同一叶枝各果枝现蕾时间同位蕾间隔3～5 d，邻位蕾间隔7～10 d。叶枝现蕾开花虽比主茎推迟，但可与主茎同时达到高峰期，终止时间早于主茎。叶枝的成铃集中，基本上与当地的光能富照期吻合，但叶枝的成铃率较低，高的如南方棉区为13.27%～22.7%，低的如新疆仅为2.9%～3.6%。

第二节　棉花叶枝的生理及其功能

一、叶枝生理

（一）叶枝叶和LAI

叶枝单叶面积小，叶片薄。据毛树春等对成熟叶片测定，比叶（干）重叶枝叶8月9日为5.04 mg/cm^2，常规棉为6.25 mg/cm^2，比叶重叶枝叶减少19.4%，8月23日减少15.8%（表33-3）。

表33-3　叶枝棉和常规棉比叶重比较（盆栽）

（毛树春等，2002）　　　　（单位：干物质mg/cm^2）

取样日期（月/日）	处　理	主茎叶	叶枝主茎叶	主茎果枝叶	叶枝果枝叶	全株平均
8/9	叶枝棉	5.70	4.76	5.16	4.21	5.04
	常规棉	7.59	—	5.27	—	6.25
8/23	叶枝棉	6.24	4.59	4.89	3.95	4.95
	常规棉	6.25	—	5.70	—	5.88

［注］品种为中158-49。

棉花留叶枝能显著增加光合面积，并保持较高的增加量。叶枝棉前期生长势旺，叶面积增长快，减少了前期因棉株叶面积小而造成的光能损失。据测定，7月10日前LAI叶枝棉比常规棉增加1.1～1.2（增67.0%～100%），光热富裕期最适、最大LAI可达到3.41～3.74，且出现时间提早15～20 d，比常规棉增加21.0%～35.3%，维持时间长约30 d，有利于群体光合作用，提高光合产物的生产；后期叶枝棉叶面积指数下降，尤其在西北内陆棉区，和常规棉持平，表明留叶枝棉花后期不贪青晚熟，早熟性好（表33-4）。因而留叶枝是棉花促早栽培的一项新的重要内容。

表 33-4　叶枝棉与常规棉 LAI 比较

(毛树春等,2002)

试验地点	处　理		LAI 比较				
华北平原(安阳)	取样日期(月/日)		7/7	7/22	8/7	8/22	
	叶枝棉	主茎	1.20	1.53	1.97	1.33	
		叶枝	1.35	1.69	1.44	1.87	
		合计	2.55	3.21	3.41	3.20	
	常规棉	无叶枝	1.32	2.29	2.52	2.23	
黄淮平原(徐州)	取样日期(月/日)		6/25	7/10	8/5	8/31	9/25
	叶枝棉	主茎	0.56	1.58	2.21	2.29	1.05
		叶枝	0.32	1.21	1.54	1.10	0.41
		合计	0.88	2.79	3.75	3.39	1.46
	常规棉	无叶枝	0.61	1.67	3.09	3.23	1.38
西北内陆(南疆)	取样日期(月/日)		6/16	6/30	7/15	8/17	9/8
	叶枝棉	合计	1.62	3.78	4.86	3.83	2.88
	常规棉	无叶枝	1.59	3.13	4.67	3.84	2.97

叶枝 LAI 占整株适宜比重为 30%～40%。当叶枝 LAI 比重与主茎持平或超过时，表明叶枝生长对主茎有明显负向调节作用，不利棉花增产。这是棉花合理利用叶枝的重要理论依据。

(二) 叶枝叶光合速率

叶枝棉和常规棉主茎叶光合速率没有差别。据展茗等测定(表 33-5、表 33-6)，叶枝叶光合速率弱于其主茎叶 30.0%，这主要是由于叶枝叶位置效应即弱光照引起。在同等光量子密度条件下，叶枝叶与主茎叶的光合速率相当，表明叶枝叶与主茎叶光合特性没有差别。

表 33-5　叶枝棉与常规棉光量子密度、光合速率比较

(展茗等,2000)

处　理	叶片位置	8:40～9:50		11:30～12:30		13:40～14:30	
	部位	光量子密度 [μmol/(m²·s)]	光合速率 [μmol CO_2/(m²·s)]	光量子密度 [μmol/(m²·s)]	光合速率 [μmol CO_2/(m²·s)]	光量子密度 [μmol/(m²·s)]	光合速率 [μmol CO_2/(m²·s)]
叶枝棉	主茎叶	953.90	22.12	1 614.30	25.10	1 268.00	20.46
	叶枝叶	381.00	13.29	1 001.10	17.42	876.80	17.64
	果枝叶	419.40	13.54	1 137.20	17.00	861.00	16.13
常规棉	主茎叶	914.92	21.83	1 491.00	27.75	1 398.30	24.45
	果枝叶	436.42	12.79	1 053.20	18.70	916.90	16.94

表 33-6　叶枝棉与常规棉不同光量子密度下理论光合速率比较

(展茗等,2000)

光量子密度[μmol/(m²·s)]			500	1 000	1 500	2 000
光合速率 [μmol CO_2/(m²·s)]	叶枝棉	主茎叶	11.94	21.58	28.50	32.71
		叶枝叶	13.47	18.89	24.02	28.84
		果枝叶	13.30	19.14	23.95	27.73
	常规棉	主茎叶	1.71	23.28	29.04	30.37
		果枝叶	2.96	20.19	22.30	19.08

(三) 叶枝叶光合产物及其运输分配

叶枝叶光合产物对主茎有贡献，叶枝叶可作为营养源之一加以利用。据别墅等测定(表33－7)，叶枝叶与果枝叶^{14}C同化物转运速率与转运量的比较，留叶枝处理(标记第3叶枝)转运率与标记主茎倒5、6叶及同位果枝同化物转运率相当。由于叶枝载叶量比果枝的大，其同化物转运量明显多于果枝，叶枝为4 046.22×10^3 Bq/h，果枝为669.44×10^3 Bq/h和691.92×10^3 Bq/h，表明蕾铃期单一叶枝作为营养源库的作用较单一果枝的作用要大，输出的养分明显多于单一果枝。

表33－7　叶枝与果枝^{14}C同化物转运率与转运量

(别墅等，1998)

项　目	标记第3叶枝	标记主茎倒5叶及同位果枝	标记主茎倒6叶及同位果枝
转运率[Bq/(mg·h)]	114.30	111.20	111.60
转运量(×10^3 Bq/h)	4 046.22	669.44	691.92

[注] 测定时间为8月14日。

标记叶枝叶^{14}C同化物24 h在果枝、叶枝及其相应的生殖器官上的分配比例结果表明(表33－8)，标记叶枝的光合产物主要是分配在本叶枝的各生殖器官。另据放射自显影结果，分配到其他部位的产物多以幼嫩部位及顶端部位居多。

表33－8　标记叶枝^{14}C同化物在叶枝与果枝上的分配比例

(别墅等，1998)

时　间	项　目	叶　枝	主茎果枝	标记叶枝蕾铃	其他叶枝蕾铃	主茎果枝蕾铃
24 h	放射性强度(×10^3 Bq)	174.86	862.49	15 414.90	16.52	296.96
	相对百分率(%)	1.13	5.60	100	0.11	1.93
55 d	放射性强度(×10^3 Bq)	85.72	791.70	1 583.67	0	476.02
	相对百分率(%)	5.4	50.00	100	0	30.05

标记果枝叶^{14}C同化物24 h在叶枝、果枝及相应的生殖器官上的分配比例结果表明(表33－9)，标记果枝的光合产物很少运送到叶枝，其分配主要是标记果枝的蕾铃，少量运到非标记果枝部位，运送到叶枝蕾铃部分更少。放射自显影的结果显示，标记果枝^{14}C同化物主要运往标记果枝及蕾铃，其次是靠近标记果枝下部的几个果枝。

表33－9　标记果枝^{14}C同化物在叶枝与果枝上的分配比例

(别墅等，1998)

项　目	叶　枝	非标记果枝	标记果枝蕾铃	非标记果枝蕾铃	叶枝蕾铃
放射性强度(×10^3 Bq)	46.62	878.48	5 102.86	367.85	14.57
相对百分比(%)	0.92	17.20	100	7.20	0.29

标记叶枝光合产物55 d在果枝、叶枝及其相应的生殖器官上的再分配结果表明(表33－10)，标记叶枝光合产物在果枝与叶枝之间进行再分配。分配到果枝蕾铃部分的放射性强度为476.02×10^3 Bq，相当于标记叶枝蕾铃的30.05%；整个果枝部分为791.70×10^3 Bq，相

当于标记叶枝蕾铃的 50%；非标记叶枝部分为 85.72×10^3 Bq，相当于标记叶枝蕾铃的 5.40%。

表 33-10　叶枝^{14}C 同化物在叶枝和果枝上的再分配(55 d)
(别墅等，1998)

项　目	果　枝	非标记叶枝	标记叶枝蕾铃	果枝蕾铃
放射性强度(×10^3 Bq)	791.70	85.72	1 583.67	476.02
相对百分比(%)	50.00	5.40	100	30.05

标记果枝光合作用产物 55 d 在果枝、叶枝及其相应生殖器官上的再分配结果表明(表 33-11)，标记果枝光合产物主要分配在非标记果枝及果枝蕾铃上，分别相当于标记果枝蕾铃的 70.32%和 63.09%。分配在叶枝蕾铃上的较少，相当于标记果枝蕾铃的 0.93%。放射自显影结果表明，果枝光合作用产物的再分配主要以靠近标记枝的果枝部分，再分配符合陆地棉 3/8 的叶序模式。

表 33-11　果枝^{14}C 同化物在果枝与叶枝上的再分配(55 d)
(别墅等，1998)

项　目	非标记果枝	叶　枝	标记果枝蕾铃	叶枝蕾铃	非标记果枝蕾铃
放射性强度(×10^3 Bq)	109.29	17.41	155.40	1.45	98.04
相对百分比(%)	70.32	11.20	100	0.93	63.09

二、叶枝对生长的影响

(一) 留叶枝对营养生长的影响

1. 留叶枝对根系生长的影响　根系建成是棉花高产优质高效的基础。棉花留叶枝能显著促进根系生长，增加根总量。据中国农业科学院棉花研究所在 3 m^3(1.5×1.0.×2.0)根箱观测结果(图 33-1)，叶枝棉根系建成的主要特征是：深土层根系分布多，根日增长量大，根总量增多，后期衰减速率快。

深土层根系分布多。据张立祯等测定，在一熟和麦、棉两熟条件下，叶枝棉在 50～100 cm 土层和 100～150 cm 土层分布的根明显多于不留叶枝的常规棉，且随生长时间的延长两土层根分布同步增多。

根系日增长量大。据张立祯等测定，在一熟条件下，叶枝棉根系日增长量(y)达到 0.96 mm/(cm^2・d)，($y=0.955\,6x-34\,007$)，比常规棉日增长量 0.30 mm/(cm^2・d) ($y=0.299x-10\,637$)增加 2.2 倍。在两熟条件下，叶枝棉根系日增长量 0.3 mm/(cm^2・d) ($y=0.276x-9\,861.8$)，比常规棉日增长量 0.19 mm/(cm^2・d) ($y=0.186\,9x-6\,653.4$)增加 48.0%。

留叶枝棉花根系生长发育早，根系生长高峰期比去叶枝棉花早 10～30 d；根系生长量大，峰值高，最大根长密度比去叶枝棉花高 14.4%～16.6%；根系生长速率快，一熟条件下是去叶枝棉花的 3.2 倍，两熟条件下是去叶枝棉花的 1.4 倍。

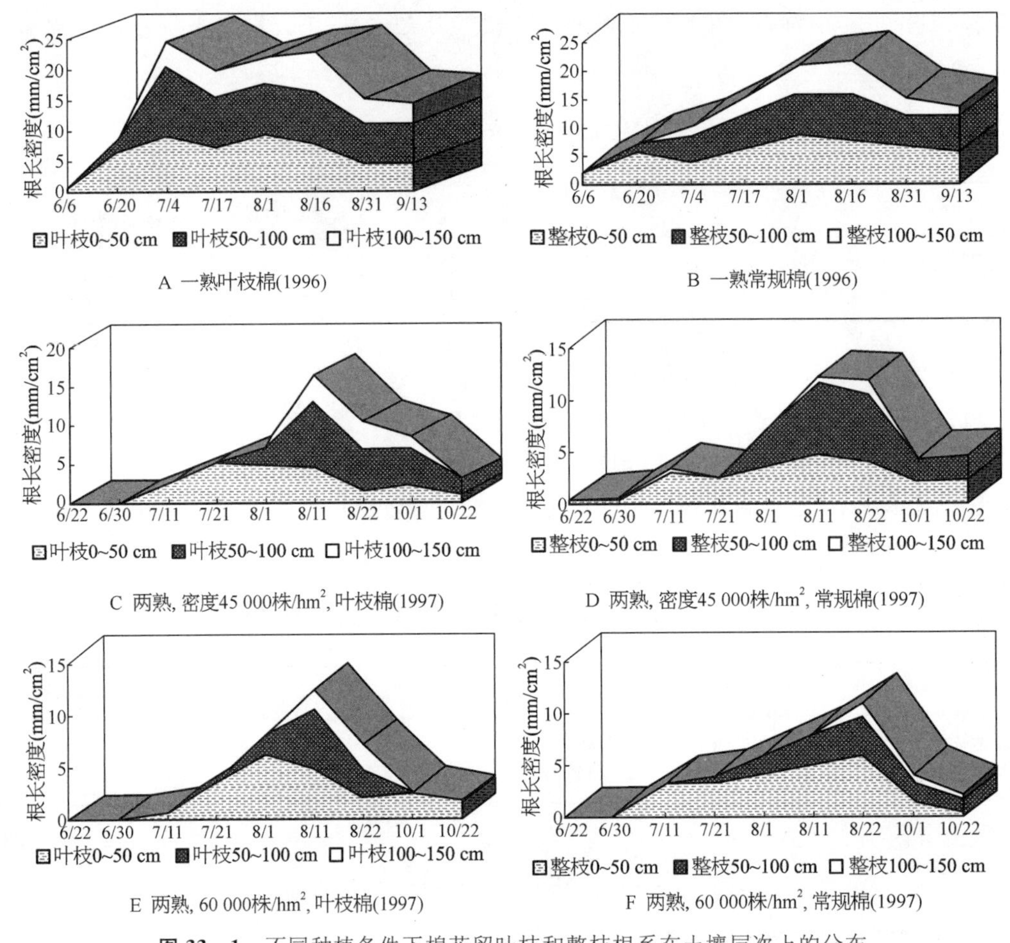

图 33－1　不同种植条件下棉花留叶枝和整枝根系在土壤层次上的分布

(张立祯，1998)

2．留叶枝对主茎和果枝生长的影响　留叶枝对主茎和果枝的生长有一定的抑制作用。主茎株高、果枝数、果节数以及主茎叶面积、叶片干重和主茎的茎枝干重，在整个生育期内均低于去叶枝棉花。但留叶枝对全株的生长有补偿效应，整个生育期内全株果节数、叶面积、叶片和茎枝的干重以及地上部的生物学产量均高于去叶枝棉花。这是因为叶枝吸收、利用氮素的能力较强，对主茎存在着较大的营养竞争吸收优势，影响了主茎的养分供给。但这一养分竞争吸收优势可在叶枝打顶后解除，因此后期留叶枝棉的主茎、叶枝对无机营养的吸收利用均强于去叶枝棉。

(二) 留叶枝对棉花生殖生长的影响

棉花留叶枝能显著提高现蕾强度、开花强度和吐絮强度。据 1995～1997 年中国农业科学院棉花研究所在河南安阳观察(表 33－12)，叶枝棉现蕾、开花和吐絮强度比常规棉提高倍数达到 1.08～1.46 倍。同一时间段内，叶枝棉现蕾强度提高 0.53～0.81 个/(d·株)，开花强度提高 0.39～0.80 个/(d·株)，吐絮强度提高 0.15～0.27 个/(d·株)。这表明棉花留叶枝可实现集中现蕾、开花，7～8 月增加优质成铃，是棉花创高产优质高效的有效途径。

表 33-12　留叶枝棉与不留的常规棉不同生育阶段现蕾、开花、吐絮强度比较

(毛树春等,2002)　[单位:个/(d·株)]

项　目	年　份	时间段(月/日)	常规棉	叶枝棉	净增量
现蕾强度	1995	6/5～7/5	0.73	1.54	0.81
		7/6～8/5	0.19	0.19	0.00
	1996	6/5～7/5	0.60	1.13	0.53
		7/6～8/5	1.03	1.61	0.58
	1997	6/5～7/5	0.82	1.26	0.44
		7/6～8/5	0.59	0.83	0.24
	3 年平均	6/5～7/5	0.72	1.31	0.59
		7/6～8/5	0.60	0.88	0.28
开花强度	1995	7/6～8/5	0.73	1.52	0.80
		8/6～9/5	0.04	0.00	-0.04
	1996	7/6～8/5	0.56	0.95	0.39
		8/6～9/5	0.50	0.68	0.18
	1997	7/6～8/5	0.97	1.59	0.62
		8/6～9/5	0.05	0.05	0.00
	3 年平均	7/6～8/5	0.75	1.35	0.60
		8/6～9/5	0.20	0.24	0.04
吐絮强度	1995	8/10～9/15	0.19	0.45	0.26
	1996	9/2～10/21	0.24	0.39	0.15
	1997	8/15～9/15	0.31	0.58	0.27
	3 年平均	8/10～9/15	0.25	0.47	0.23

[注] 试验地点为中国农业科学院棉花研究所(河南安阳)。

据中国农业科学院棉花研究所大量观察,与常规棉相比,留叶枝棉的现蕾开花时间推后 7～10 d,开花终止期提早 5～7 d。叶枝生殖生长特征是,第 1 叶枝比第 2 叶枝现蕾开花提早2～3 d,第 2 叶枝比第 3 叶枝现蕾开花时间提早 5～6 d,第 3 叶枝比第 4 叶枝现蕾开花提早 2～3 d。各叶枝果枝始节出生节位特征是,第 1 叶枝为 2,第 2 叶枝为 3,第 3 和第 4 叶枝为 4。叶枝蕾期和铃期比果枝长 1～3 d。一般叶枝上无伏前桃。

留叶枝对棉花主茎和果枝的生殖生长也有一定的抑制作用,现蕾开花比去叶枝棉株迟 1 d 左右,吐絮迟 3～4 d,生育期长 3～4 d,留叶枝棉的主茎果枝的现蕾开花强度基本上都低于去叶枝棉,高峰期的现蕾强度比去叶枝棉降低 7%左右,开花强度比去叶枝棉降低 25%左右。

第三节　留叶枝棉花的产量和品质

一、棉花叶枝产量

(一) 叶枝棉花生物学产量

棉花留叶枝能显著增加生物学产量。据中国农业科学院棉花研究所、徐州市农业科学研究所在黄河流域棉区和西北棉区的试验测定(表 33-13),叶枝棉在初花期(7 月上旬)生物学产量增加 27%～30%,随生育进程增加比例逐渐下降,最终生物学产量增加 15%～20%。叶枝生物学产量占总生物学产量比重的 30%,在花铃期适宜比重为 35%,有利棉花增产。其结果与留叶枝扩大叶面积和叶枝^{14}C同化物运输分配的结果相吻合。

表 33－13　叶枝棉与常规棉生物学产量比较

(毛树春等,2002 年)　　(单位:干物质 kg/hm²)

试验地点	处　理	干 物 质				
华北平原(安阳)	取样日期(月/日)	7/7	7/22	8/7	8/22	
	叶枝棉　主茎	1 108.5	1 729.5	2 520.0	3 075.0	
	叶枝	577.5	951.0	1 405.5	2 049.0	
	合计	1 686.0	2 680.5	3 925.5	5 130.0	
	常规棉	1 323.0	2 179.5	3 285.0	4 299.0	
黄淮平原(徐州)	取样日期(月/日)	6/25	7/10	8/5	8/31	9/25
	叶枝棉　主茎	304.5	1 167.0	1 710.0	4 050.0	4 290.0
	叶枝	94.5	643.5	1 204.5	1 764.0	1 902.0
	合计	399.0	1 810.5	2 914.5	5 714.0	6 192.0
	常规棉	388.5	1 413.0	2 815.5	5 107.5	5 388.0
西北内陆(南疆)	取样日期(月/日)	6/16	6/30	7/15	8/17	9/8
	叶枝棉　合计	210.6	484.7	835.2	1 467.5	1 342.8
	常规棉	202.4	438.0	808.5	1 446.0	1 333.2

(二) 叶枝棉产量、产量阈值和早熟性

棉花留叶枝无论是丰产年还是正常年都表现增产。1995～1998 年 4 年试验显示(表 33－14),叶枝棉增产幅度 19.5～132.0 kg/hm²(增产率 1.7%～9.1%),平均增产 57.0 kg/hm²,增产率 3.9%。其中长江流域棉区叶枝棉绝对增产量高于黄河流域棉区和西北内陆棉区,在江汉平原叶枝棉最高增产量达到 198～286.5 kg/hm²,增产率达到 14.0%～16.7%;黄河流域棉区和西北内陆棉区也表现增产,由于棉花群体是高密度、小个体、大群体,叶枝对产量的补偿效应较小,产量表现持平,其规律一致。叶枝产量占总产量阈值为 25%～30%,高于或低于这个阈值总产持平或下降。

表 33－14　叶枝棉与常规棉产量及霜前花率比较

(韩迎春等,1999;毛树春等,2002)

棉　区	处　理	皮棉产量(kg/hm²)	霜前花率(%)
黄河流域棉区 3 年 2 点平均 净增量	叶枝棉 常规棉	1 191.0a 1 171.5a 19.5	89.8 90.0 －0.2
长江流域棉区 3 年 4 点平均 净增量	叶枝棉 常规棉	1 585.5aA 1 453.5bA 132.0	77.2 78.2 －1.0
西北内陆棉区 2 年 2 点平均 净增量	叶枝棉 常规棉	1 777.5a 1 756.5a 21.0	92.0 92.3 －0.3
全国三大棉区 4 年 8 点平均 净增量	叶枝棉 常规棉	1 518.0a 1 461.0a 57.0	86.3 86.8 －0.5

[注] 标记相同小写字母表示 5%水平差异不显著,标记相同大写字母表示 1%水平差异不显著。

也有试验指出,留叶枝与去叶枝的产量差异不显著,或略有减产。

以10月20日收花量占总收花量的百分率作为早熟性指标，棉花留叶枝对早熟性无不良影响。

(三)叶枝棉的产量构成

1. 铃数　棉花留叶枝仍以主茎果枝成铃为主。在总成铃中，叶枝铃占总铃的比重(表33-15)为17.6%～35.6%，平均23.6%，叶枝铃对整株成铃有补偿效应，补偿阈值为25%～30%。

表33-15　叶枝棉和常规棉产量构成因素比较
(韩迎春等，1999；毛树春等，2002)

处　理	部位	黄河流域3年2点平均	长江流域3年4点平均	两个棉区3年6点平均
成铃数(万个/hm²)				
叶枝棉	果枝	52.2	89.1	74.4
	叶枝	28.8	19.1	23.0
	整株	81.0	108.2	97.4
常规棉	整株	75.5	98.1	89.1
叶枝棉比常规棉增加铃数	整株	5.5	10.1	8.3
单铃重(g)				
叶枝棉	果枝	4.62	5.42	5.13
	叶枝	4.05	4.90	4.59
	整株	4.42	5.32	5.00
常规棉	果枝	4.61	5.44	5.14
叶枝棉比常规棉增铃重	整株	-0.19	-0.12	-0.14
衣分(%)				
叶枝棉	果枝	40.7	41.5	41.2
	叶枝	40.6	40.9	40.8
	整株	40.7	41.4	41.1
常规棉	整株	40.6	41.4	41.1
叶枝棉比常规棉增百分点	整株	0.1	0.0	0.0

[注] 本表数据为1995～1997年3年6点联合试验结果。

叶枝棉单位面积增铃幅度为55 000～101 000个/hm²，增幅7.3%～10.3%，平均增铃83 000个/hm²，增铃率9.3%。

2. 铃重　叶枝棉铃重略轻于常规棉铃重，叶枝铃轻于其主茎铃重。1995～1997年3年平均(表33-15)，叶枝棉整株铃重5.00 g，轻于常规棉0.14 g。其中叶枝棉主茎果枝铃重5.13 g，叶枝铃重4.59 g，叶枝铃重轻于主茎铃重0.54 g。

铃重变化年际间存在差异。1995～1996年2年平均叶枝棉整株铃重4.76 g，轻于常规棉0.08 g；其中叶枝棉主茎果枝铃重4.89 g，叶枝铃重4.30 g，叶枝铃重轻于主茎铃重0.59 g。1997年叶枝棉整株铃重5.49 g，轻于常规棉0.24 g；其中叶枝棉主茎果枝铃重5.61 g，叶枝铃重5.17 g，叶枝铃轻于主茎铃0.44 g。分析原因：一是在光热资源丰富的条件下，主茎、叶枝成铃生长发育较充分，铃重较往年提高，但主茎成铃提高较多，叶枝铃重和主茎果枝铃重差距拉大；二是气候变化对铃重影响较大。1997年长江流域棉区后期气候干旱，棉花呈现早衰,铃重下降较多。

3. 衣分　棉花留叶枝对衣分无影响。根据3年6点联合试验结果分析,叶枝铃的平均衣分率为40.8%,果枝铃为41.2%,叶枝棉整株加权平均衣分为41.1%,与常规棉41.1%相等。

二、叶枝棉的品质

棉花留叶枝对纤维品质无不良影响。据3年6点联合试验纤维品质测定(表33-16),叶枝棉纤维长度、比强度、马克隆值和常规棉的差异不显著。叶枝铃比其主茎果枝铃和常规棉,整齐度下降1.5～0.7个百分点,平均下降1.0个百分点;比强度下降0.6～0.4 gf/tex,平均下降0.4 gf/tex,表明叶枝铃的纤维品质下降,但其主茎铃比强度上升0.4～0.6 gf/tex,平均上升0.5 gf/tex。叶枝棉比强度均在正常值19 gf/tex的范围以上。叶枝棉纤维伸长率下降0.5～0.3个百分点,平均下降0.4个百分点;而马克隆值平均降低0.4,说明纤维成熟度和细度较好。

研究结果指出(表33-16),叶枝棉果枝铃的纤维品质变化不大。

表33-16　叶枝棉和常规棉纤维品质指标比较

(毛树春等,2002)

处　理	部　位	2.5%跨长(mm)	整齐度(%)	比强度(gf/tex)	伸长率(%)	马克隆值
叶枝棉	果枝	28.5	50.5	21.0	6.7	4.7
	叶枝	28.6	49.4	20.1	6.3	4.3
常规棉	整株	28.3	50.4	20.5	6.7	4.7

[注] 本表数据为1995～1997年3年6点联合试验结果,各试点样品均由农业部棉花品质监督检验中心HVI900系列测定。

第四节　叶枝棉简化高产栽培技术

根据棉花留叶枝对产量具有补偿效应这一原理,提出合理利用叶枝的简化高产栽培技术。

一、合理密植,增枝减株

采取适当扩大行距、品种选择和地膜覆盖相配套实现降低密度和增产节支增收。在肥水充足的高产地区密度可降低20%左右。长江中下游的洞庭湖、江汉平原、沿江平原等高产地区,棉花平均行距放宽25%,由80～90 cm放宽到100～110 cm,并与地膜覆盖和不同类型品种相配套,实现合理降低密度,种植杂交棉22 500～27 000株/hm^2;种植常规棉49 500～51 750株/hm^2。黄河流域麦、棉套作棉田带宽放宽15%左右,由140～150 cm放宽到160～170 cm,种植杂交抗虫棉62 500株/hm^2左右;种植常规棉45 000～52 500株/hm^2。黄河流域一熟春棉高产地区,行距由65～70 cm放宽到80～90 cm,种植杂交抗虫棉45 000株/hm^2左右。西北内陆如新疆阿克苏地区,棉花行距保持不变,密度下调18%～20%,由16 500株/hm^2下调到12 000～13 500株/hm^2。

棉株留叶枝，放宽行距，降低密度，既可节省用种、用膜，减少和方便田间作业，又对高产棉田实行粮—饲—棉三元种植结构创造了十分有利的条件。据华中农业大学在江汉平原试验，每公顷可增收玉米 750 kg 左右，而棉花产量与粮—棉二元种植结构的相当。

二、合理利用叶枝

强调叶枝利用与改造并重。长江中下游和黄河流域移栽地膜棉不需整枝，80%以上植株生长 2 个优势叶枝并着生在果枝下第 1～2 叶位，当第 1 优势叶枝生长二级果枝 3～4 个时，全株叶枝打顶。黄河流域直播地膜棉 95%以上植株生长 2～3 个优势叶枝，并且每个真叶叶腋均可出生叶枝，当第 1 优势叶枝生长二级果枝 3～4 个时，全株叶枝应打顶。多雨年景去掉无效弱势叶枝。西北内陆棉区可不去叶枝，叶枝棉主茎打顶同常规棉。

三、增施肥料，平衡施肥

叶枝棉需增加基肥比重，使肥水耦合。叶枝棉化肥养分增加 10%，氮与磷或氮与磷、钾配合施用，基施肥料比重比常规棉增加 10%，早施花铃肥，施肥期比常规棉提早 5～7 d。长江流域中下游棉田施用纯氮 270～300 kg/hm^2 提高到 300～330 kg/hm^2，$N:P_2O_5:K_2O=1:(0.2～0.3):(0.5～0.6)$，氮肥基施比重提高到 40%，追施提早到揭膜后的 7 月初；磷肥全部基施，钾肥基施追施各半。黄河流域麦、棉两熟垄作棉田，纯氮由 195 kg/hm^2 提高到 225 kg/hm^2，$N:P_2O_5:K_2O=1:0.5:0.5$，氮肥在移栽前基施比例达到 40%，追施在揭膜后的 7 月初施入，磷、钾肥全部基施。黄河流域一熟棉田施用纯氮由 135～150 kg/hm^2 提高到 180～195 kg/hm^2，$N:P_2O_5=1:0.5$，施钾显效，棉田补钾(K_2O)3～4 kg/hm^2。西北内陆如阿克苏地区施用纯氮 280.5 kg/hm^2，$N:P_2O_5=1:0.5$，施钾显效，棉田补钾(K_2SO_4)75～90 kg/hm^2；氮肥 50%基施，磷肥全部基施。在黄淮海地区倘遇春夏连旱，要十分重视提早灌溉，以促进优势叶枝的生长和现蕾。西北内陆棉区全生育期灌水 5 次，头水在 6 月中旬，以后每隔 12～18 d 灌水 1 次。

四、看 苗 化 调

叶枝棉管理重点是少控轻控。由于叶枝生长对主茎中上部有负向反馈调节作用，与常规棉相比，盛蕾初花期化调时间可推后 7 d 左右，缩节胺用量减半，中后期强调因苗调控。

五、简 化 中 耕

改人工锄草为喷除草剂化学除草。在长江流域棉区，采取板茬移栽，全生育期不中耕，不人工锄草，使用 2～3 次除草剂。每公顷用 10%草甘膦 12 000 g 兑水 600 kg 喷雾。第一次在移栽前 1 d 施用，第二次必须在移栽后 20 d 左右施用，第三次视杂草发生情况而定。在西北内陆棉区，用氟乐灵 1 800 g/hm^2 左右，在播种前整地时喷施，以后仅在苗期中耕 2 次。

第五节　叶枝的合理利用

棉花合理利用叶枝是在 20～21 世纪交替之时提出，与当时的社会经济形势发生巨变有关。中国正由传统的农业国向工业化国转变,农业劳动力向城市转移,打工经济成为农民的主要收入来源,棉农迫切需要从繁重的精耕细作的农事操作中解放出来,以从事农副业和加工业等,轻简化、机械化成为棉花产业竞争力重要的技术瓶颈,是今后一段时间技术攻关的方向。叶枝利用作为目前植棉轻简化的主要内容,与抗虫杂交棉的选用和棉田套种的发展有关。长江流域棉区抗虫杂交棉面积占90%以上,但密度普遍偏低,需要简化整枝,以枝增密,通过配套技术改造叶枝,提高杂交棉的优质铃成铃率。棉田套种是为了提高棉田的经济效益,一般要求扩宽行距,以利套种的高效作物的生长,这就造成了棉花后期封行过迟,影响棉花的产量,因此也要求充分利用叶枝来迅速弥补宽行的空间,从而提高光温充足时期棉花的现蕾、开花强度,保证套种棉田棉花的产量达到增效的要求。黄河流域棉区种植常规棉的棉田,如果密度增加时造成荫蔽,保留叶枝会造成大量的烂桃,因此有必要去掉叶枝。黄河流域棉区种植杂交棉和套种的棉田,可适当保留叶枝,以提高优质成铃率为主要目标进行集成技术的配套组装,改造叶枝,提高产量。西北内陆棉区的高密度种植区域,叶枝上的成铃很少,一般不要求保留叶枝,尽量选用叶枝发生量少的品种推广,以减省去叶枝的用工量和叶枝造成的养分消耗。

一、叶枝棉省工和增产效果

(一) 省工节本

经试验对比(表33-17),叶枝棉每公顷省工67.5～129.0个(省工率12.0%～20.0%),平均每公顷省工90个,省工率16.8%;每公顷节省成本366～1 371元(节本率4.0%～12.0%),平均每公顷节省成本960.00元,节本率8.9%。

表33-17　叶枝棉和常规棉经济效益比较

(毛树春等,2002)

项目＼棉区	长江流域棉区	黄河流域棉区	西北内陆棉区	平　均
叶枝棉比常规棉省工(个/hm²)	129.0	67.5	75.0	90.0
叶枝棉比常规棉节本(元/hm²)	1 372.0	366.0	1 143.0	960.0
叶枝棉比常规棉增值(元/hm²)	2 032.5	231.0	342.0	868.5
叶枝棉比常规棉净增值(元/hm²)	3 403.5	597.0	1 485.0	1 828.5

(二) 增产增效

叶枝棉增产幅度19.5～132.0 kg/hm²(增产率1.7%～9.1%),平均增产57.0 kg/hm²,增产率3.9%。其中长江流域棉区绝对增产量高于黄河流域棉区和西北内陆棉区,为稀植效应所致。

棉花留叶枝能有效减少投入,增加产出,降低成本,提高植棉效益和生产效率。叶枝棉省工67.5～129.0个/hm²(省工率12.0%～20.0%),平均省工90.0个/hm²,省工率16.8%;节省成本366.0～1 372.0元/hm²(节本率4.0%～12.0%)。经济效益极为显著。

留叶枝对棉花的营养生长和生殖生长有较好的补偿作用,可调节棉花的开花成铃期,使棉花的成铃高峰与温光高能期吻合,增加优质成铃,提高产量和品级。生产上,一般保留2～

3 个叶枝易获得高产。

二、留叶枝在“开心棉”栽培上的应用

植棉劳模吴吉昌 20 世纪 60 年代就尝试过苗期打顶，培育双杆棉。刘永平等(1994)开心栽培正是由此演变而来。开心栽培特点是：宽行距、低密度、留叶枝、早摘心，主茎盛蕾期摘心，可不留或少留主茎果枝，叶枝有 4 个果枝时摘心，每果枝留 2～3 个果节。盛蕾期摘心可打破棉株的顶端优势，改变有机营养的运输方向，促进叶枝和根系的发育，延长营养生长，增加高峰期内的成铃数；降低了株高，主茎果枝处于温光条件较好的顶部，结铃早，烂铃少，基部叶枝侧向生长，结铃部位也处于通风良好的行间；单株果枝多，LAI 高、叶片功能期长，单铃营养面积大，纤维品质好。

三、留叶枝在抗灾应变中的应用

病虫及冰雹灾害等会造成棉株断头断枝，形成无头苗或多头苗，这些棉株就必须依靠叶枝来代替主茎生长，弥补损失。本着留大不留小、留强不留弱的原则，选留 1～2 个强势叶枝，及时除去多余赘芽，以后如发生赘芽还需整枝 1～2 次，并适当提前打顶。化调上，前期少控轻控，可用磷酸二氢钾或其他生化制剂溶液隔 7～10 d 叶面喷施，连喷 2～3 次，后期可用乙烯利催熟。

四、密度对叶枝棉籽棉产量的贡献

在每公顷 1.5 万～12.0 万株范围内，留叶枝棉的籽棉产量随密度增加先升高后降低，但每公顷 3.0 万～9.0 万株范围内差异不显著，降至每公顷 1.5 万株和升至 12.0 万株时减产明显。表明留叶枝棉的密度确定需要综合考虑品种特性和不同年份气候条件等因素的影响，果枝对叶枝棉籽棉产量的贡献率在 60.7%～99.3%，叶枝对籽棉产量的贡献率在 39.2%～0.7%。

五、留叶枝、去早果枝对棉花源库关系的影响

留叶枝、去早果枝作为直接增源、减库和同时增源减库的措施，对棉花源库大小和相互关系均具有显著的调节效应。与正常整枝对照相比，留叶枝留早果枝，在盛花期以前有增“源”(叶面积)的作用，进入盛花期后通过间接结铃，又表现出扩“库”的作用；去叶枝去早果枝首先通过直接减库促进了棉株体的营养生长，表现为使单株叶面积和 LAI 显著提高，之后叶源的扩大又进一步促进了单株果节数和生殖器官质量的增长，在一定程度上扩大了铃库，表现出“减库—增源—扩库”的作用方式；留叶枝去早果枝作为直接增源减库的措施，也表现出“增源减库—增源—扩库”的作用方式。但这些整枝措施最终都使库源比例降低，说明它们增源的作用要大于扩库的作用。合理增源或(和)减库可打破叶源和铃库相互依存与制约的平衡关系，实现新的平衡，而过分增源或(和)减库则会使库源关系进一步恶化。

第六节　棉株整枝打顶

一、整枝打顶的作用

传统的整枝包括去叶枝、打顶、打顶心、抹赘芽、打老叶等,称为"五步"整枝法。整枝主要靠人工,操作繁琐,效率低下,不同的年份、不同的田块,整枝对产量所起的作用也不同,一般在多雨地区、多雨年份,或高肥棉田,整枝有一定的增产作用;但在少雨地区、少雨年份,或缺少氮肥的棉田,整枝有时并无增产的作用,反而会导致减产。去叶枝的作用是促使果枝生长发育良好,避免田间荫蔽。叶枝生长势较果枝强,消耗养料较多,而且,叶枝间接着生花蕾,成铃少而小,成熟晚。

整枝对棉株内部营养物质起调节分配和减少消耗的作用。在密度大、营养生长旺盛的棉田里,整枝还能改善小气候条件,有利于通风透光,提高光能利用率。所以,整枝能防止徒长,减少蕾铃脱落,增加前期结铃率,减少烂桃,促进早熟,提高产量。长江流域棉区雨量多,在地力高、施肥多的棉田里,棉花长势较旺盛,容易造成田间荫蔽,整枝可以控制棉花的株型,缓和个体和群体的矛盾,协调营养生长与生殖生长,有利于多结成铃,减少烂铃。黄河流域棉区,棉花盛蕾到盛花期,营养生长旺盛,蕾和幼铃生长也旺盛,一般年份这时正处在雨季,光照不足,土壤水分过多,如能结合肥水管理、培土等进行整枝,可以协调棉花营养生长和生殖生长的关系,减少蕾铃脱落。在棉花生长期短的特早熟棉区,棉花实现早熟才能丰产,整枝是促进早熟、增加霜前收花率的重要措施。

打顶(或称摘心、掐尖)是我国各棉区普遍采用的一项整枝技术。试验研究和生产实践一致证明,打顶的增产效果是明显的。掐去顶尖能控制棉株主茎生长,避免出现无效果枝。而且棉花具有顶端生长优势,棉株吸收的养分和所合成的有机养料,首先大量向顶端输送;打顶后,这些养分就会运向果枝,供应生殖器官。

丁静等应用同位素^{14}C研究了打顶对光合产物运输分配的影响。这一试验选取盆栽正常生长的棉株,分成两组进行。在试验前 1 d,一组打顶,另一组不打顶作为对照。24 h 后,打顶和不打顶的棉株同时以$^{14}CO_2$喂第 11 果枝主茎叶。对^{14}C放射性强度测量结果表明(表 33－18),打顶后增加了光合产物向处理叶同节果枝的运输,同时也增加了向中部数节生殖器官,包括第 12 果枝第 1 节蕾及第 14 果枝的运输。

表 33－18　打顶对^{14}C在棉株不同部位分配的影响

(丁静等,1959)　　[单位:imp/(min·100 mg)]

测定部位	不打顶	打　顶
主茎前端	266±14	(已打顶)
第 14 果枝	877±26	1 340±31
第 13 果枝	1 069±28	3 752±52
第 12 果枝第一节蕾	23±36	350±16
第 12 果枝尖端	0	23±4
第 11 果枝尖端	382±16	4 515±56
第 11 果枝主茎叶(饲喂叶)	12 489±94	12 331±96

[注] 本表参考《中国棉花栽培学》(1983)整理。

表 33 - 18 是以$^{14}CO_2$喂打顶及不打顶棉株第 22 果枝主茎叶后，^{14}C光合产物向棉株上部的运输情况。

山西省农业科学院在太原对不同密度棉田，应用$^{14}CO_2$研究了棉花打顶对光合产物运输分配的影响。结果指出，始花期打顶后 10 d，每公顷密度 120 000 株未打顶的棉株，有 78%以上的^{14}C光合产物积累在上部生长最旺盛的营养器官内；而打顶的棉株，^{14}C光合产物在各部位器官内呈均衡状态分布，尤其增加了下部结实器官中的比率，即比对照增加 13%～16%。每公顷 150 000 株未打顶的棉株，有 80%以上的^{14}C光合产物积累在生长最旺盛的上部营养器官内，在中、下部结实器官内仅有 4%；打顶后同样改变了有机养料分配过度集中状态，但效果不及每公顷 120 000 株的显著。盛花期打顶后 10 d，增加了上部主茎皮及结实器官内^{14}C光合产物数量，而其他部位无显著变化；花铃期打顶后 10 d，主茎上部器官内仅有 3.5%～3.9% ^{14}C光合产物，而未打顶的尚有 10%的^{14}C光合产物。此时，正值棉花大量结铃期，棉株内有机养料运输方向已变为由上而下，打顶已无多大作用，只是起到加速运转的效果。这证明：按当地棉株生育情况，适时打顶是调节有机养料集中供应蕾铃生长的有效措施。

打边心(或称打群尖、打旁心)是打去果枝的顶尖，以控制棉株的横向生长，改善通风透光条件，有利于提高成铃率，促进早熟。钟哲存等在四川简阳用岱字棉 15、每公顷 56 250 株整枝试验结果指出：第一，单株成铃率受果枝数和果节数的共同支配。在一定范围内，果枝数愈少则成铃率愈高，但单株结铃数不一定随成铃率提高而增加。第二，同一果枝上不同节位的成铃率随着果节数的增加而递减。第 1、2 果节不但成铃率高，而且其成铃占总铃数的比重也高，合计占总铃数的 70%，是构成产量的主体部分。第三，打顶尖、打边心有提高铃重的作用，留果枝和果节越少效果越明显。第四，打顶尖、打边心与不打顶的对照相比，除留果枝 8 个、果节 16 个和留果枝 12 个、不打边心两个处理以外，其余各处理籽棉都增产，增产幅度为 6.6%～16.3%。

二、整枝打顶技术

(一) 打顶

打顶是否能增产，关键在于掌握好打顶的时间和方法。打顶过早，不能充分利用生长季节，而且使上部果枝过分延长，增加荫蔽，妨碍后期田间管理，还使赘芽丛生，徒然消耗养料；打顶过迟，则上部无效果枝增多，出现空梢，或结些无效花蕾，同样白白消耗养分，降低后期铃重，起不到控制顶端生长优势的作用。适宜的打顶时期，应以已经出现的大多数花蕾所成的桃能在霜前成熟吐絮为准。由于晚秋气温逐渐降低，一般后期所现的蕾从开花至吐絮约需 80 d 以上，据田间调查，按当地常年初霜期往前推 80～90 d，即为打顶的适期。棉农的经验是："枝到不等时，枝到看长势"，"凹顶早，冒顶迟，平顶小打正当时"。看棉株长势将要衰退、还未明显衰退，主茎顶心和顶部叶片相平时，是打顶的适宜时期。如在顶心低于顶部叶片时打顶，偏早；如顶心高于顶部叶片时打顶，又偏晚。

长江中、下游棉区，中等肥力棉田，棉株长势正常，密度又属一般者，多在 7 月下旬打顶；高肥棉田、密度较低的可在 8 月初打顶；密度大的提早到 7 月中旬。每公顷总果枝数达 900 000

个左右，稀植棉田留果枝 20～22 个/株。四川省在密度为每公顷 60 000 株左右的棉田里，留果枝 600 000 个左右，单株果枝 10 个左右，在 7 月初见花时打顶。本流域棉区正常年景“小暑小打顶，大暑大打顶”，油后移栽棉和麦后移栽棉种植中早熟类型品种，打顶时间也不能迟于立秋节气。根据长势和肥水供给情况，打顶后最上部果枝出生果节 4～5 个，用缩节胺 45～75 g/hm^2，以控制顶端生长。

黄河流域棉区，中等肥力、密度为每公顷 60 000～75 000 株的棉田，多于 7 月中旬打顶，单株留果枝数通常为 10～12 个；肥地打顶时间可推迟到 7 月下旬。在高密度的旱薄棉田，则提早到 7 月上旬打顶。山西省农业科学院棉花研究所在旱地棉花的合理栽培措施中指出，每公顷 90 000～120 000 株的棉田，单株留果枝 4～5 个比较适宜。本流域棉区正常年景“小暑小打顶，大暑大打顶”，春棉中早熟类型品种打顶时间不能迟于 7 月底。盐碱旱地棉田以及短季棉品种采取高密度种植，打顶时间一般提早到 7 月上中旬。根据长势和肥水供给情况，打顶后最上部果枝出生果节 2～3 个，用缩节胺 45～75 g/hm^2，以控制群尖生长。

辽河流域棉区，棉花生长后期气温下降快，增加密度、减少单株果枝数，是争取早熟丰产的关键措施。辽宁一般棉田的棉株高度应保持在 60～70 cm，对生育较早的应在长够果枝时就打顶尖，平原肥地单株留 6～7 个果枝；对生育较晚的，不论果枝是否长够，一般都应在 7 月 15 日前打顶尖。辽宁省棉麻科学研究所用黑山棉 1 号试验，结果显示，在保水、保肥力较强的粉砂黏壤类型的平原肥地上，采用大垄双行，每公顷 195 000 株，7 月初打顶，单株留果枝 4～5 个，每公顷留果枝 780 000～975 000 个。根据长势和肥水供给情况，打顶后最上部果枝出生果节 5～7 个，用缩节胺 45～75 g/hm^2，以控制群尖生长。

西北内陆棉区，在宽膜覆盖和膜下滴灌条件下，采用宽窄行配置、高密度种植、提早播种，在肥水综合调控下，形成小个体和均匀株型的群体。全疆高产棉田密度增加到 24.5 万～27.5 万株/hm^2，南疆留果枝 8～10 个/株，北疆留果枝 7～8 个/株，适时打顶时间在 6 月 25 日至 7 月 5 日，北疆略早。稀植棉田的打顶时间略推后，后劲不足棉田则宜提早。打顶要求漏打率小于 2%。根据长势和肥水供给情况，打顶后 5～7 d 用缩节胺 120～150 g/hm^2，以控制群尖生长。

人工打顶应采用轻打顶，即摘去顶尖连带一片刚展开的小叶，群众叫“一顶一叶”。不采用打去一大截(大把揪)方法，因为“大把揪”常去掉几个果枝，浪费了用在这几个果枝上的养料。

除人工打顶外，已研制一种 3MDY－12 型前悬挂液压驱动式棉花打顶机，因群体整齐度和田间平整度存在差异，以及机械识别等问题，目前正在生产示范应用。

应用氟节胺进行化学打顶见第三十章。

(二) 打边心、摘除无效花蕾

在肥水充足、长势旺盛、密度又较大的棉田里，一般自下而上分次打去群尖。下部果枝留 2～3 个果节，中部果枝留 3 个果节；上部果枝留多少果节应根据棉株生长情况和初霜期灵活掌握，如有后劲可留 3～4 个果节，否则留 2～3 个。另外，还要根据初霜期的早晚，及时摘除无效花蕾，以减少养料消耗。长江中下游棉区初霜期一般在 11 月中下旬，棉株 8 月上旬以后现的蕾，多在 9 月上旬以后开花，来不及在霜前吐絮(有的霜后也不吐絮)，故应在 8 月下旬将中、上部果枝边心全部打去，并摘除无效花蕾。在鲁西北和冀南，8 月上旬现的蕾到 9 月上旬可以开花，初霜（常年在 10 月上中旬）来临时，后期棉铃尚可形成有用纤维，所以应在 8 月上中旬进行最后一次打边心，摘除没有经济价值的幼蕾，山东棉农名之为“四门落锁”。辽河流域初霜期来得早，常在 10 月上旬，对密度较大、早打顶心的棉田，应在 7 月下旬打完边心。平原肥地留“二、二到顶”，即每果枝留 2 个果节；岗坡瘠薄地留“二、二、一”，即中、下部果枝各留 2 个果节，上部果枝各留 1 个果节。肥力较差、营养生长不旺、早衰的棉株不打边心。

（三）去叶枝、去赘芽、打老叶

1. 去叶枝　现蕾后，将第 1 果枝以下的叶枝幼芽及时去掉，称为去叶枝。去叶枝一般仍保留果枝以下的主茎叶，因为这些主茎叶片仍能对根系提供有机养料。如连主茎叶片都打掉称为“捋裤腿”。在长江中下游棉区的见蕾期正值梅雨季节，肥力高或施肥过多的棉田棉苗常生长过旺，“捋裤腿”时连带将第 1 果枝以下的主茎叶全部去掉，可作为控制旺长的手段。过晚“捋裤腿”既消耗养料，又易损伤茎皮。在棉田边行和缺苗处，为了充分利用空间，可以适当保留叶枝；当叶枝长大后，将其顶端打去。稀植棉田也可采用这一方法。

2. 去赘芽　打顶后，或虽未打顶，但生长过旺的棉花，在中、上部主茎叶或果枝叶腋里都会产生腋芽，通常称为赘芽。不打顶的棉株也有可能产生赘芽。因为正在生长着的顶芽吸收养料多，打顶前也不会有更多的养分供腋芽生长，故顶芽对其下部腋芽的发生有抑制作用。一般当氮多、水多、打顶过早时，常有大量赘芽发生，伸长很快。赘芽消耗养分，影响田间通风透光，增加蕾铃脱落，应及时打掉。但去赘芽用工多，如肥、水得当，打顶适时，就能避免赘芽大量发生。

3. 打老叶　如棉株生长过旺，田间荫蔽严重，于棉花生长后期分次打去棉株主茎中、下部的老叶，有改善棉田通风透光条件、减少烂铃的作用。打老叶不可过早，一般都在盛花期以后。打的部位和程度也要根据具体情况而定，荫蔽严重的多打，荫蔽稍轻的少打，一般棉田可不必打老叶。同位素试验表明，主茎叶光合产物输送范围广泛，在调节棉株生长方面起着重要作用。中国农业科学院江苏分院 1959 年试验，对棉株自下而上第 5～10 果枝的主茎叶分别采用每节摘、隔节摘及不摘三种处理，结果是摘除主茎叶对棉株生育有强烈的抑制作用，摘主茎叶愈多的植株愈矮小，果枝数和结铃数也越少。

三、化 控 整 枝

传统整枝打顶是劳动密集型的技术措施，费工费时，劳动强度大、工作效率低，不符合现代轻简化植棉的发展方向。虽然通过稀植可以利用叶枝间接结铃贡献部分经济产量并减免去叶枝工序，但仍需采取叶枝打顶以及主茎打顶等措施，不能从根本上实现整枝的轻简化。基于合理密植与化学调控的免整枝技术，明确叶枝和顶端生长的影响因素，通过对叶枝和顶端生长的有效调控，实现免整枝才是轻简化植棉的重要内容。

（一）影响叶枝和主茎顶端生长的因素

研究表明（表 33－19），叶枝对 LAI、生物产量和籽棉产量都有一定的贡献，受种植密度显著调控。随着种植密度升高，叶枝生长发育受到显著抑制，对生物产量和经济产量的贡献显著减少（表 33－19）：低密度时（1.5 株/m^2），叶枝 LAI 占总 LAI 的比例高达 48%，占生物产量比重高达39.7%，占经济产量比重也高达38.2%；但随着种植密度升高，占比逐渐下降，在种植密度达到13.5株/m^2时，LAI、生物产量和籽棉产量的占比分别降为14.5%、9.7%和6.2%。在一定密度范围内，随种植密度升高，棉株顶端生长优势增强，而叶枝生长被显著抑制：3万株/hm^2条件下，植株横向生长旺盛，叶枝发达，其干重占棉株总干重的35%，而9万株/hm^2叶枝干重占棉株总干重的比例不足10%。同时，高密度的叶枝数比低密度减少30%。

表33-19　不同种植密度叶枝叶面积系数、生物产量和籽棉产量

（董合忠，2016，2017）

种植密度（株/m^2）	LAI		生物产量（kg/hm^2）		籽棉产量（kg/hm^2）	
	叶　枝	全　株	叶　枝	全　株	叶　枝	全　株
1.5	1.36 a	2.82 d	2 389 a	6 022 e	1 078 a	2 824 c
4.5	1.31 a	3.50 c	2 103 b	7 895 d	939 b	3 345 ab
7.5	1.21 b	4.02 b	1 912 bc	8 892 c	434 c	3 455 a
10.5	0.96 bc	4.36 ab	1 335 c	9 824 b	302 d	3 446 a
13.5	0.68 c	4.68 a	1 072 d	11 005 a	208 e	3 363 b

［注］为2013～2014年临清市2年平均数，同列不同小写字母表示差异达0.05显著水平。

研究还发现，肥水管理以及行距搭配甚至行向都影响叶枝的发育：①基肥越多或氮肥投入越多，叶枝生长发育越旺盛；②速效肥对叶枝生长发育的促进作用大于缓控释肥；③灌水越多、持续时间越长，叶枝生长发育越旺盛；④行距搭配影响叶枝的发育，宽窄行种植、东西行向有利于叶枝发育，而等行距、南北行向种植有利于控制叶枝生长发育；⑤喷施植物生长调节剂缩节胺可显著抑制顶端生长，控制株高。因此，专用缓（控）释肥代替速效肥或者减少基肥、增加追肥，减施氮肥、平衡施肥，适度亏缺灌溉、喷施植物生长调节剂缩节胺等都是控制叶枝发育的有效途径。明确种植密度和化控等因素对叶枝和株高的变化效应对于简化整枝十分重要。

（二）密植和化学调控叶枝和顶端生长的机理

植物地上部株型调控是一个复杂的过程，涉及大量发育相关基因，如控制侧枝形成的基因*MOC1*、*MAX3*、*LAX1*和*TB1*等。植物内源激素如生长素、细胞分裂素和独脚金内脂等在调控植物侧枝发育中发挥着重要作用，相关激素合成、代谢基因的表达也密切调控植物的侧枝发育。外部环境可通过调控激素和株型相关基因的表达改变植物株型，光强和光谱特性可影响地上部株型。弱光和增加远红光可抑制侧芽生长，但促进主茎伸长。

在棉花中也发现了大量调控侧枝发育的同源基因，其中有大量基因受光照强弱的影响。大田试验发现，通过密植和人工遮阳改变光照强度和光谱特性可改变棉花的株型，导致大量株型调控基因和激素相关基因差异表达，特别是提高了生长素合成基因和生长素极性运输基因*PIN1*的表达，促进了独脚金内脂合成基因*MAX3*和*GhD14*等表达，从而抑制了叶枝生长发育。缩节胺主要通过对赤霉素生物合成的抑制发挥作用。蕾期和花铃期喷施缩节胺促进光合产物向根、茎和生殖器官蕾花铃的运输，减少了向主茎顶端运输，从而抑制了顶端生长（图33-2）。

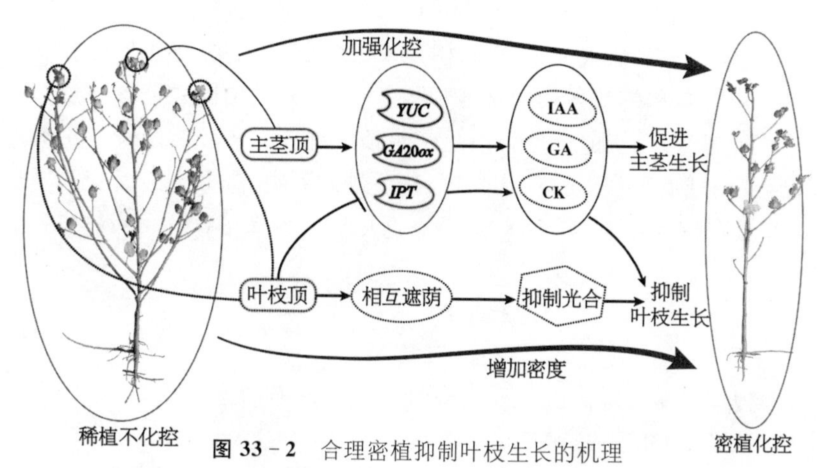

图 33-2　合理密植抑制叶枝生长的机理

YUC. 生长素合成关键基因；*GA*20_{ox}. 赤霉素合成关键基因；*IPT*. 细胞分裂素合成关键基因；IAA. 吲哚乙酸；GA. 赤霉素；CK. 细胞分裂素

（董合忠等，2017）

上述研究表明，合理密植与缩节胺化控有机结合，并配合科学运筹肥水、株行距合理搭配等农艺措施，可以有效调控棉花叶枝和顶端生长，实现免整枝或简化整枝。

（三）免整枝技术

高密度条件下利用小个体、大群体抑制叶枝生长，并配合化学调控减免去叶枝和打顶环节，是值得提倡的免整枝技术。其中，西北内陆棉区以化控与水肥运筹紧密结合，黄河流域棉区在现有基础上提早化控，首次化控由盛蕾期提前到现蕾期，并增加化控次数。

1. 减免去叶枝技术　西北内陆棉区采用密植矮化栽培，黄河流域棉区采用"晚、密、简"栽培，皆是利用小个体、大群体控制叶枝生长发育，实现免整枝。其中，黄河流域棉区"晚、密、简"模式下的免整枝栽培是指把播种期由 4 月中下旬推迟到 5 月初，把种植密度提高到 75 000～90 000 株/hm^2 甚至更高，通过适当晚播控制烂铃和早衰，通过合理密植和化学调控，抑制叶枝生长发育，进而减免人工整枝。这一栽培模式由于减免了人工去叶枝，每公顷节省用工 20 个以上；通过协调库源关系，延缓了棉花早衰，还有一定的增产效果。

2. 化学封顶技术　化学封顶技术可以有多个方案选择（见第三十章）。

方案一：在前期缩节胺化控的基础上，以 25%氟节胺悬浮剂 150～300 g/hm^2，在棉花正常打顶前 5 d 首次喷雾处理，只喷顶心，间隔 20 d 进行第二次施药，顶心和边心都施药，且以顶心为主。

方案二：配制化学封顶剂（20%～30%的缩节胺水乳剂、20%～30%的氟节胺乳剂、40%～60%的水，现配现用），在前期用缩节胺进行化控的基础上，盛花期前后（棉株达到预定果枝数 3～5 d），叶面喷施（顶喷或平喷，不宜吊喷），用量 600～1 200 ml，兑水 225～450 kg/hm^2；喷施化学封顶剂后 5～10 d 再叶面喷施缩节胺，用量 120～220 g/hm^2（新疆）或 75～105 g/hm^2（内地）。

方案三：在前期缩节胺化控 2～3 次的基础上，棉花正常打顶前 5 d（达到预定果枝数前 5 d），用缩节胺 120～220 g/hm^2（新疆）或 75～105 g/hm^2（内地）叶面喷施，10 d 后，用缩节胺 120～220 g/hm²(新疆)或 105～120 g/hm²(内地)再次叶面喷施。

以上方案皆可有效控制棉花主茎和侧枝生长，降低株高，减少中上部果枝蕾花铃的脱落，提高结铃率。氟节胺和缩节胺用量都要视棉花长势、天气状况酌情增减施药量。从生产实践来看，缩节胺比氟节胺更加安全可靠，化学封顶宜首选缩节胺。用无人机喷施缩节胺进行化学封顶较传统药械喷药省工、节本、高效，封顶效果更佳，值得提倡。

（撰稿：别墅，韩迎春，毛树春，董合忠；主审：徐立华，董合忠；终审：毛树春）

参考文献

[1] 吴云康. 棉花叶龄模式栽培技术. 南京：江苏科学技术出版社，1988：25-29.

[2] 中国农业科学院棉花研究所. 中国棉花栽培学. 上海：上海科学技术出版社，1983：80-90.

[3] 胡亦端，吴云康. 棉花腋芽发生规律及其在栽培技术上的应用//中国棉花学会第三次学术讨论会论文选编，1982.

[4] 任桂杰，陈永哲，董合忠，等. 棉花花芽分化及内部激素变化规律的研究. 西北植物学报，2000，20(5).

[5] 展茗，李万九，张秀如. 棉花叶枝发生发育规律的初步研究. 华中农业大学学报，1998，17(5).

[6] 龚京明. 棉花叶枝的发生及利用. 作物研究，1997(2).

[7] 徐立华，陈样尤. 李秀章，等. 棉花叶枝发生的生物学特性研究. 中国棉花，1999，26(1).

[8] 汪华桥，王继传，许福珍. 棉花叶枝发生规律及其调控. 安徽农学通报，1997(2).

[9] 王艳芳，王计平，王俊学，等. 棉花叶枝结铃规律的研究. 山西农业大学学报，2000. 20(3).

[10] 刘元龙，王成超，杜建菊. 棉花叶枝发生特点及其增产机理的研究. 耕作与栽培，2000(1).

[11] 韩迎春，宋美珍，张朝军，等. 棉花留叶枝对生殖生长的影响. 中国棉花，1999，26(12).

[12] 张建华，高珺，陈火英. 试论棉花花芽分化发育的序列性. 上海农学院学报，1991，9(3).

[13] 毛树春，董合林，裴建忠. 棉花栽培新技术. 上海：上海科学技术出版社，2002：78-110.

[14] 张权中，唐勇. 棉花叶枝的生长发育及利用研究. 中国棉花，2000，27(1).

[15] 徐立华，李国锋，何循宏，等. 留叶枝棉花的干物质积累分配规律. 江苏农业学报，2001，17(3).

[16] 展茗，李万九，张秀如. 简化栽培棉叶枝的补偿效应研究. 耕作与栽培，2000(5).

[17] 南建福，王艳芳. 王计平，等. 棉花叶枝结铃规律及其产量潜力研究. 中国棉花，1999，26(8).

[18] 李瑞莲，余筱南，刘爱玉，等. 棉花叶枝对皮棉产量影响的研究. 作物研究，2001(4).

[19] 橡立华. 朱永歌，王铁书，等. 密度对叶枝利用的调节效应. 江苏农业科学，2001(5).

[20] 徐卫华，朱永歌. 棉花叶枝在生产中的应用效果. 江西棉花，2000，22(4).

[21] 张立桢，李亚兵，王桂平，等. 留营养枝棉花根系生长发育与分布规律的研究. 棉花学报，1998，10(6).

[22] 杨铁钢，黄树梅，赵志鹏，等. 棉花留叶枝对其生育性状和产量的影响. 河南农业科学，1999(8).

[23] 杨铁钢. 黄树梅，孟菊如. 等. 棉花叶枝和主茎对无机营养(N)的竞争关系研究. 中国棉花，2002，29(1).

[24] 王宣山，朱铖培，王铁书，等. 苏棉 8 号移栽地膜棉留叶枝最适宜密度试验研究. 上海农业科技，2000(3).

[25] 赵鹏，杨青华. 王玉琴，等. 砂姜黑土棉花不同叶枝留量对产量的影响. 河南农业大学学报，1999，33(4).

[26] 徐立华. 王阶样，陈祥龙，等. 棉花协调栽培技术体系的研究与应用. 江苏农业科学，2002(4).

[27] 孙学振，单世华，施培，等. 留营养枝对棉株同化物生产运转分配及产量的影响. 西北植物学报，2000，

20(3).
[28] 孙学振，施培，单世华，等．株型对棉株^{14}C同化物生产及运转分配的影响．棉花学报，2000，12(5).
[29] 别墅，唐仕芳，张教海，等．棉花叶枝叶与果枝叶^{14}C同化物的转运分配．湖北农业科学，1998(4).
[30] 孙学振，施培，单世华，等．留营养枝棉花群体干物质积累分配规律研究．华北农学报．2000，15(3).
[31] 钟吉萍，李景龙．棉花叶枝的利用研究．中国农学通报，1999，15(2).
[32] 王阶祥，徐家安．棉花留叶枝高产简化栽培技术规范．安徽农业科学，1999，27(2).
[33] 中国农业科学院棉花研究所．棉花叶枝利用机理及其简化栽培技术研究与应用．农业科技通讯．2000(5).
[34] 王克利，刘永平，李洪芹，等．短季棉叶枝发育规律研究．河北农业科学，2000，4(1).
[35] 杨峰，王阶祥，徐家安．棉花留叶枝不同品种与密度关系研究．陕西农业科学，1999(5).
[36] 杨峰，王阶祥，李卫华，等．苏棉 14 号留叶枝简化栽培中不同密度与株行距的研究．安徽农业科学．2000，28(5).
[37] 侯立功，李跃先，秦崇同，等．关于“懒棉花”种植试验的初报．中国棉花，1994，21(6).
[38] 吴社兰，周可金，江厚旺，等．“懒棉花”栽培法与常规栽培法对比试验．安徽农业科学，1999，27(4).
[39] 刘永平，李洪芹，张贵才，等．棉花开心栽培的增产机理．中国棉花，1994，21(7).
[40] 刘永平．李洪芹，张贵才，等．棉花开心株型成铃时空分布及调控技术研究．中国棉花，1995，22(10).
[41] 李洪芹，刘永平，柴卫东，等．中棉所 30 在河北省株型栽培技术初报．中国棉花，1999，26(6).
[42] 李维江，董合忠，李振怀，等．棉花简化栽培技术在山东的效应研究．中国棉花，2000，27(9).
[43] 万艳霞，赵俊莉，史立强．多头、无头抗虫棉配套管理措施．中国棉花，2001，28(1).
[44] 戴敬．陈德华．棉田灾害及其预防新技术．南京：江苏科学技术出版社，1999：33－42.
[45] 戴敬，杨举善，陈谋．雹灾后棉花的恢复生长及其管理技术．中国棉花，1996，23(7).
[46] 毛树春．中国棉花可持续发展研究．北京：中国农业出版社，1999：62－148.
[47] 王汉霞，袁范希，峰袁，等．黄河流域棉区北部留叶枝棉栽培的适宜密度研究．棉花学报，2010，22(5).
[48] 董合忠，牛曰华，李维江，等．不同整枝方式对棉花源库关系的调节效应．应用生态学报，2008，19(4).
[49] 孙学振，施培，单世华，等．株型对棉株^{14}C同化物生产及运转分配的影响．棉花学报，2000，12(5).
[50] 董合忠，李维江，张旺锋，等．轻简化植棉．北京：中国农业出版社，2018.
[51] 董合忠，杨国正，李亚兵，等．棉花轻简化栽培关键技术及其生理生态学机制．中国农业科学 2017，43.
[52] 董建军，代建龙，李霞，等．黄河流域棉花轻简化栽培技术评述．中国农业科学 2017，50.
[53] 杨成勋，张旺锋，徐守振，等．喷施化学打顶剂对棉花冠层结构及群体光合生产的影响．中国农业科学 2016，49.

第三十四章　棉花早衰原因及其防治

由于自身或外部原因，棉株在有效的生长季节内局部或整体过早结束生命活动而影响棉花产量和品质形成的现象即为早衰。自2000年以来，随着转*Bt*基因抗虫棉的推广普及，我国棉花早衰问题越来越严重，成为制约棉花优质高产的重要障碍。棉花早衰是一个世界性的问题，不仅发生于我国主要产棉区，在美国和澳大利亚等发达产棉国家也十分普遍和严重，已经引起世界各产棉国家的高度重视和广泛研究。

第一节　棉花早衰概念与判定指标

虽然最早发现和报道棉花早衰现象的时间和作者目前难以考证，但早衰作为棉株衰老的类型之一，可能在有棉花种植的历史时期就有表现。随着世界范围内单位面积棉花产量的不断提高，早衰现象似乎也越来越普遍和严重，成为进一步提高棉花产量和品质的重要障碍，被国内外众多学者所关注。明确棉花早衰的概念，制定早衰的简便判断指标，是认识棉花早衰进而控制早衰的首要环节。

一、棉花早衰概念及类型

（一）早衰的概念

1. 衰老的概念　早衰是棉株体衰老的类型之一，认识早衰应该从对衰老的认知开始。

生物体的生长发育一般要经历从幼年逐渐趋向成熟，然后器官或生物体某些活动单位自然终止生命活动。从广义的角度来看，这一从幼年到成熟、从成熟再到生命活动终止的过程就是一个衰老的过程；从狭义的角度看，衰老特指生物体从成熟到全部或部分生命活动终止的过程。就作物而言，可把在生育过程中，植株或某些器官中发生导致生命活动自然终止的败坏过程称作衰老。

棉花原产于热带、亚热带，是多年生植物，经过长期驯化和种植，现作为经济作物种植的棉花皆为一年生植物，但仍保留了无限生长的习性，即只要温度、光照、水分等条件适宜，可以不断生枝、长叶、现蕾、开花、结铃。无论是局部（组织和器官）还是整体（个体和群体），棉花同其他植物一样要经历从幼年到成熟，再从成熟到生命终止的过程。棉株体从幼年到成熟、再从成熟到生命终止的过程称作衰老。这种衰老过程由遗传基因控制，受环境条件和栽培管理措施的影响。

2. 早衰的特点　如果把局部或整体生命活动自然衰退或终止的过程称作正常衰老，那么由于自身或外部原因，棉株在有效的生育期内局部或整体过早终止生命活动而影响棉花产量和品质形成的现象即为早衰。归纳起来,棉花早衰有以下几个特点。

(1) 早衰是棉株体的衰老类型之一:衰老是棉株生长发育过程的必然归宿,是基因型与环境互作的最终结果。棉株在吐絮成熟期的衰老表现称为熟相,大田生产中必然会有正常衰老(正常成熟)、过早衰老(早衰)以及贪青晚熟三种不同的熟相(图版2)。棉花早衰作为熟相类型之一,也遵循衰老的一般规律。

(2) 早衰和正常衰老有本质的区别:正常衰老是棉株生长发育过程的必然归宿,是正常的衰退过程,其最终结果是在有限的生长季节内大量结铃,正常成熟吐絮,形成比较理想的产量、品质,并带来较好的效益。因此,正常衰老成熟不但没有消极影响,反而可以通过及时成熟免受后期低温和早霜等不利条件的影响,合理利用有限的能量和物质形成产量和品质,具有重要的积极意义。然而,早衰不是自然衰退,而是未老先衰,具有消极意义。

早衰是在有效的生育期内过早停止了光合生产,是衰老过程的过早出现。一旦发生早衰,棉花体内生理生化过程比正常成熟棉株提前,植株得不到充分的生长发育,棉株的根系或叶片等局部发育异常,很大程度上抑制了叶作为光合源的功能,胁迫棉铃发育,对棉花产量和品质的形成十分不利,极易造成减产降质。

早衰对棉花产量品质的影响十分明显。一般认为轻度早衰常减产10%左右,重度早衰则可减产20%～50%,而且纤维品质指标,特别是纤维强力也相应降低。

(3) 外部环境可以诱发早衰:棉花早衰通常是局部异常生育所致的整体过早衰退。在有效的生长季节内,大量结铃并正常成熟吐絮是棉株正常衰老的最终结果。在棉花产量和品质形成过程中,棉铃发育和成熟所需要的养分和水分由根系和叶片源源不断地供应;与此同时,作为营养源的叶片和根系也伴随着棉铃的成熟而逐渐衰退,从而形成了叶片、根系和棉铃在生长发育和功能上的动态平衡性、依存性,但大田棉花的这种平衡性常因外部原因被打破,如干旱缺水、后期缺肥等导致根系或叶片等局部发育异常,或功能过早衰退,胁迫棉铃发育衰退,表现为早衰。

由此可见,棉花的早衰虽然是由遗传基因控制的,但易受外部环境条件的诱发。从空间上来看,棉花早衰的表现在叶片,实质上是由根系的早衰引起的;从时间上来看,先有局部早衰,再出现整体早衰,即棉花“衰在后期,源在前期;衰在叶片,源在根系”。

(二) 早衰的类型

棉花早衰的类型较多,依据成因,棉花早衰可分为生理性早衰(包括早发早衰型、多铃早衰型、弱长早衰型和猝死早衰型)和病理性早衰(病变早衰型)两大类。姜瑞云等根据外部表现和成因,将棉花早衰分为早发型、猝死型、多铃型、病变型四种类型。郑家焕等则根据叶片颜色,将早衰棉花分为黄化型、红化型和青枯型三种类型。由于病理性早衰的成因和症状表现已在棉花病害部分作了阐述,这里只介绍棉花生理性早衰的类型。需要特别指出的是,大田条件下,病理性早衰和生理性早衰常常混合发生,导致棉花早衰状况更为复杂和严重。

按照早衰棉株的长相并结合成因,棉花生理性早衰大致可以分为以下四种类型。

1. 早发早衰型　这类棉花发育早而生长迟缓,致使开花前营养生长不足,棉株较小、长势弱、叶片小,没有搭好丰产架子;开花以后生长中心又过早转移到生殖器官,光合产物开始主要供应蕾铃发育,根、茎、叶等营养器官得不到充足的营养供应,造成伏前桃比例过大,秋桃不足，吐絮早但产量低、品质差。这类早衰多发生在苗期气温高，棉花出苗早、发育快的干旱年份；在地力低、保肥保水性能差的砂土地也容易发生。

2. *多铃早衰型*　此类棉田前期生长稳健，开花前也搭起了较好的丰产架子；开花以后，结铃快而集中，短时间内大量结铃，导致水肥和有机营养供应不能满足大量开花结铃需要，一方面造成叶片和根系功能的过早衰退，另一方面造成后期的铃蕾脱落或铃重显著降低。这种早衰类型主要与品种有关，多发生在地力一般且中后期水肥供应不合理的棉田，在采用地膜覆盖或营养钵育苗移栽的高产棉田也比较常见。

3. *弱长早衰型*　此种类型的早衰多发生于干旱、瘠薄的棉田中。由于缺水、缺肥，棉株自苗期就表现为营养生长弱，植株矮小，根系发育不良，叶片小而黄。现蕾、开花后，生殖生长也比较迟缓，果枝出生慢，蕾少、铃少，且脱落严重。吐絮后，叶片迅速凋落、黄萎。产量低、质量差。

4. *猝死早衰型*　这种类型在排水不良的盐碱地棉田比较常见。由于盐渍土壤的肥力差、结构差、通透性差，加之盐离子的毒害作用，盐碱地棉花的根系普遍发育不良。在花铃期，若连续高温干旱后突降大雨，因土壤的通透性差，根系常因厌氧呼吸而受毒害，棉株随即猝死。

二、棉花早衰的表现和判定指标

尽管早衰是棉花衰老的类型之一，但早衰棉花与正常熟相的棉花相比，无论是形态、生理生化，还是经济性状等方面都有很大不同。这些差异也常被用来作为判断棉花是否早衰的重要指标。

（一）早衰的时空和形态表现及诊断

1. *早衰的时空和形态表现*　在长江和黄河流域棉区，棉花早衰一般自 8 月中下旬开始发生，到 9 月上旬已有比较明显的症状；西北内陆棉区出现早衰的时间可能要更早一些。早衰棉花主要表现为叶色由嫩绿逐渐变为深绿、暗绿，接着出现黄斑、红斑并失去光泽，最后变为褐色而干枯，到 9 月中旬叶片大量脱落；落叶后的茎秆由上至下逐渐干枯，并附有白色霉层；有的茎秆并不立即枯死，而是在茎基部形成赘芽，出现二次生长现象。

澳大利亚学者研究发现，棉株缺钾可以引起生理性早衰。早衰最初表现为幼叶叶脉处变黄，之后倒 3 或倒 4 叶迅速变黄或变为青铜色，而叶片背面仍为绿色。以后，这种青铜色症状向植株中下部扩展，而后上部叶片脱落。随着生育进程的发展，早衰症状也在不断发展，植株大部分叶片脱落。但是，地边或空隙处的棉株却很少表现出这种早衰症状。与其他因素引起叶片变红或失绿的区别在于，早衰棉株叶片的叶脉边缘和叶的背面通常仍为绿色；早衰首先在幼叶上表现症状，并非首先表现在老叶上，还可能发生在较早的生育季节。

早衰棉花的红茎比例高达 90%以上。除此之外，棉花发生早衰时还表现为生长点变尖，向心运动停滞；花位上移；顶端花芽潜伏，上部果枝不能伸展，并且不再延伸新的果枝；果枝层数比正常棉花少；花铃弱小且在后期脱落多，严重时只剩几个棉铃。早衰棉花根系多数表现为主根变细变短，侧根和根毛减少，根尖干枯或变黑腐烂，吸收能力大大下降，并最终引起棉铃小，纤维品质差，种子成熟度低。

2. 早衰的形态诊断指标　尽管早衰棉花一般在生育后期(8 月中下旬以后)才能比较明显地表现出来,但在此之前通过营养生长与生殖生长的比例以及其他形态指标,也能在一定程度上进行预测或诊断(见第四十章)。

(1) 叶蕾比:叶色曾是判断棉花长势最常用的指标,但自从化控技术推广普及后,单纯应用叶色诊断棉花长势情况便显得比较困难,需要结合其他指标来判断。

棉花生长前期以营养生长为主,中后期逐渐过渡到以生殖生长为主。生长中心转移过早就容易早衰,转移过迟则容易贪青迟熟。易福华认为可以用叶蕾比提前诊断棉株早衰。叶蕾比是指果枝上幼蕾对位叶平展前的长度与幼蕾高度的比值。测定叶蕾比的方法是选取对位叶尚未平展的幼蕾,测对位叶的长度和幼蕾的高度,计算出两者的比例。打顶前宜选取主茎顶端幼嫩果枝的蕾,打顶后则选取顶部果枝先端的幼蕾。

以叶蕾比作为诊断指标在生长中后期使用较好。如盛花期叶蕾比小于 1,则表示营养生长不足,易出现后期早衰;棉田已封行或已达到有效蕾终止期,叶蕾比仍在 1.5 以上,则是徒长和贪青晚熟的长势。

(2) 白花以上主茎节数:白花以上主茎节数(Nodes Above White Flower, NAWF)是美国等国家常用的棉花长势诊断指标。进入开花期后,棉株按照自下往上、自内向外的顺序陆续开花,以最上部果枝第 1 节位开放的白花为起点,连续记数上部主茎节数或果枝数即为 NAWF。NAWF 可以作为营养生长与生殖生长的比例、早熟性、碳氮比等的指标,NAWF 数值越大,说明营养生长越旺盛,而生殖生长则受抑制;反之,则说明生殖生长旺盛。由于 NAWF 可以比较准确地反映棉株体营养生长与生殖生长的关系,因此也可作为间接判断棉花早衰趋势的指标。但是,NAWF 是一个动态指标,必须结合品种,特别是生育期来合理运用。

(3) 黄叶率和棉柴比:董合忠等研究认为,棉花生长发育中后期的黄叶率(黄叶叶面积与总叶面积的比值,或黄叶叶片数与总叶片数的比值)可作为棉花衰老或早衰的定量指标。一般可以在棉株开始吐絮时计数绿叶(2/3 以上面积呈绿色的叶片)或黄叶(2/3 以上面积失绿的叶片)数,用叶面积仪测出叶面积,计算出黄叶率。

也可用棉柴比作为棉花熟相的指标,更为简便和准确。棉柴比是指收获后籽棉与风干棉柴的比值。可于棉株吐絮达到 80%以上时,将棉株自然拔出,籽棉风干 10 d、棉柴(根、茎、枝、残叶、铃壳)风干 20 d 以上,然后称重,计算出棉柴比。对目前多数抗虫棉品种而言,一般棉柴比在 0.8～1.0 范围内的为正常熟相,超过 1.0 为早衰,低于 0.8 为贪青晚熟。

(4) 数字图像诊断指标:作物不同生育时期植株颜色的变化是表征作物长势的重要信息,不同的光温条件、不同的营养状况、不同的群体结构等因素都影响作物的生长发育,这些影响作用往往在植株外形不同的部位表现出不同的颜色,通过提取作物图像中的颜色信息作为图像的特征向量,可用于计算机处理、分类识别和决策诊断。在许多情况下,颜色是描述一幅图像最简便而有效的特征。以颜色特征建立的视觉识别物体就是在图像的元素与已知景物中的物体的描述或模型之间建立起对应关系。图像中的元素是点状的像素,像素的值就是该像素所处的颜色值,也就是点状的数据。计算机图像处理通过颜色系统表达现实物体的颜色信息。

李亚兵等在晴天光照条件下采集棉田群体图像，然后分别提取了红绿蓝(RGB)三色分量和色度、饱和度和亮度指标(HSL)。在 RGB 和 HSL 颜色模型下分析了各分量与棉花早衰程度的相关特性，得出诊断棉花早衰程度的指标。分析结果表明，颜色分量 G/(R+B)和色度 H 分量与棉花早衰程度呈线性相关，可用作数字图像技术快速诊断作物长势的指标，而其他分量与棉花早衰程度没有明显的相关性，诊断模型 G/(R+B)分量对比色度(H)分量有更好的拟合优度。

(5) 经济性状表现：早衰棉花与早熟棉花的主要经济性状存在很大差异。叶功能(叶色落黄与落叶性)、结铃差(全株结铃率与上部 3 个果枝结铃率之差)、铃重差(中部果枝第 1 节位铃重与最上部果枝第 1 节位铃重之差)、子指差(中部果枝第 1 节位铃的子指与最上部果枝第 1 节位铃的子指差)、绒长差(中部果枝第 1 节位铃的绒长与最上部果枝第 1 节位铃的绒长差)等都可作为判断棉花是否早衰的指标。凡上部叶片正常落黄，结铃差、铃重差、子指差和绒长差等很小，为正常成熟或早熟的棉花；反之，“四差”明显增大，差异显著的则为早衰棉花。

(二) 早衰的生理生化变化

与正常熟相的棉花相比，早衰棉花的碳氮代谢、相关酶活性以及内源激素含量等都发生显著变化。早衰发生时，细胞结构中最早、最明显的变化是叶绿体分解，叶片失绿是其最直接的体现；棉株体内的碳水化合物，如可溶性糖、可溶性淀粉及脯胺酸的含量也明显下降；与衰老有关的酶，如过氧化氢酶(CAT)、超氧化物歧化酶(SOD)、过氧化物酶(POD)等酶的活性也会随之改变；细胞分裂素类物质急剧下降，而脱落酸等促进衰老的物质则呈上升趋势；丙二醛(MDA)含量也将随之显著增加。

董合忠等以鲁棉研 21 为材料，通过去早果枝等措施获得了早衰和正常熟相的两类棉花，在始絮期(8 月下旬)测定结果表明，与正常棉花相比，早衰棉花的黄叶率(棉株上黄叶占总叶数的比例)较高，叶铃比(单叶绿色面积在 2/3 以上主茎绿色叶数和未开裂成铃数的比值)低；主茎叶和果枝叶的叶片叶绿素含量低，光合速率低；碳氮比高，丙二醛的含量高(表 34－1)。

表 34－1 不同熟相棉花始絮期的生理特征表现

(董合忠等，2007)

熟 相	黄叶率(%)	叶铃比	净光合速率[μmol CO_2/(m^2·s)]	主茎叶叶绿素(mg/g. FW)	果枝叶叶绿素(mg/g. FW)	C/N	丙二醛(mmol/g. FW)
早衰熟相	2.90	15.22	17.9	1.80	1.52	1.68	0.138
正常熟相	3.27	19.05	21.2	1.97	1.68	1.58	0.121

第二节 早衰机制和诱发因素

早衰是棉花生长发育过程中的一种异常现象，是一系列内外因素综合作用的结果。虽然目前对于棉花早衰的机理还不完全清楚，但已有较多的研究报道从植物营养、库源关系、内源激素和基因调控等不同角度对包括棉花在内的植物的早衰机理进行了研究和阐述。

一、衰老的机制

早衰是衰老的形式之一，对早衰的研究也是从研究衰老开始的。由于植物体的衰老一般是从源器官开始的，现有关于包括棉花在内的植物衰老的研究主要集中在源器官，特别是叶片上。

（一）植物叶片衰老

有许多假说对植物叶片衰老的机制作了阐述，比较有代表性的是基因调控说、光碳失衡说、营养胁迫说和激素平衡说。

基因调控说认为，核基因在叶片发育的时间和空间上，对衰老进行控制。它控制着质体的衰老程度或者控制着与叶片衰老的启动有重要关系的某一物质的表达、合成，引发、诱导叶片衰老。光碳失衡说重点在于解释衰老进程中的光合机构的衰退。营养胁迫说认为，叶片的衰老主要是个体发育进入生殖生长阶段，生殖器官对同化物的大量需求、强行征调造成同化源叶片功能衰退。激素平衡说则认为，整体植物的衰老取决于植物内源激素的平衡状况，尤其是细胞分裂素/脱落酸的平衡。随着营养阶段与生殖阶段的转变，地上部对于根系营养供应的减少，根系本身的活力也开始衰退，从而影响细胞分裂素的合成量与向上的输送量，在生育后期，随着叶片中细胞分裂素的减少和脱落酸浓度的升高，使得两者比例发生变化，诱发并加速叶片的衰老。

植物衰老是一种自然现象。基因调控说强调植物生长发育的次序和阶段式表达；光碳失衡说重在光能的传递、利用与活性氧伤害；营养胁迫说重在库源之间的供需平衡；激素平衡说注重的是地下、地上的相互关系及不同激素间的平衡。和其他发育过程一样，叶片衰老也是植物发育过程的重要组成部分，由遗传控制，受环境因素的影响，所不同的是其他发育过程要经历细胞分裂、分化或（和）生长，而叶片衰老则是器官整体性细胞程序性死亡。虽然植物叶片衰老的各个假说的侧重点不同，但这些假说在不同的植物中各有独立支持的证据，而且它们之间也有密切的相互联系。

（二）棉花叶片衰老

棉花叶片的衰老机制同样可以用以上假说予以解释。据沈法富等对大田棉花衰老过程中叶片光合作用和脱落酸、细胞分裂素的研究，证明细胞分裂素含量的下降和脱落酸含量的上升，是启动棉花叶片衰老的主要因素。研究进一步证实，棉花叶片衰老表现为细胞分裂素含量的下降和脱落酸含量的上升，同时发现，6-苄氨基嘌呤（6-BA）、谷胱甘肽（GSH）和钙离子均能延缓叶片的衰老，脱落酸和过氧化氢（H_2O_2）则促进叶片的衰老。生长后期棉花功能叶的衰老原因在于叶内氮向生殖器官（棉铃）的转移，其中也不排除环境因子所起的作用。

二、早衰的机制

引起棉花早衰的因素很多，不仅有棉花品种的内因，也与气候条件、土壤肥力、肥水管理等外部因素等有密切的关系，而且这些因素又相互作用，互为因果。

有较多的试验证据证实，钾和钙等营养元素在调节棉花早衰中发挥着重要作用。缺钾可导致叶片碳水化合物积累增加，而运出用于生殖器官发育并形成产量的碳水化合物减少，这是缺钾导致棉花早衰、产量降低、品质变劣的主要原因。钙离子在棉花衰老中具有重要的调节作用。细胞质内 Ca^+ 浓度增加，能够延缓棉花叶片暗诱导的衰老，这个过程是通过提高叶片超氧化物歧化酶(SOD)的活性，降低细胞质膜的膜脂过氧化实现的。喻树迅等比较了熟相不同的短季棉品种清除活性氧的超氧化物歧化酶和过氧化物酶(POD)活性的差异，发现早衰棉花品种的超氧化物歧化酶和过氧化物酶活性皆低于抗早衰的品种。孙红春等设计减源处理，发现减源处理的果枝叶叶绿素含量快速下降，诱发早衰。

尽管早衰的诱发原因和表现形式不一，但实质上早衰或衰老都是衰老相关基因表达的结果，是基因表达所引起的一系列生理生化代谢衰退的过程。分析棉花早衰与营养供应、库源比例、植物激素和衰老相关基因表达的关系，对于揭示棉花早衰的机制是十分必要的。

(一) 环境胁迫与早衰

环境胁迫主要包括营养缺乏、干旱、高温、盐碱等一些外界因素及土壤本身的一些不良因素等。

使作物正常生长或获得理想产量的养分给源，就是营养平衡。这种平衡一方面要求各营养元素之间要保持适当的比例，另一方面随着产量的提高，对各种营养元素需求的绝对量也会升高，但会因基因型、土壤类型、地力和生态条件的差异表现出对某种或某几种营养元素特别敏感。在大田生产条件下，这种平衡是相对的、动态的，一旦平衡失调，就会出现生育异常，有时这种生育异常表现为早衰。从国内外现有研究来看，钾元素与棉花早衰的关系似乎最为密切。

1. 缺钾　缺钾可引起棉花早衰。钾是植物必需的元素之一，主要以可溶性无机盐的形式存在于细胞液中，或以离子形态吸附在原生质胶体表面。钾元素有两个突出的作用：一是能够增强植物细胞生物膜的持水功能，防止脱水，使生物膜处于正常的液晶态结构，维持稳定的渗透性和生理活性；二是它与酶促反应关系密切。自 1943 年发现丙酮酸激酶激发活性需要钾离子以来，已证实有 60 多种酶需要钾离子来活化。这些酶主要包括合成酶类、氧化还原酶类和转移酶类等。另外，抗氧化酶超氧化物歧化酶、过氧化物酶、过氧化氢酶等酶的活性会随衰老程度的不同而有所改变，而这些酶活性的启动需要有钾离子的参与；钾素在调节与早衰密切相关的激素类物质(如脱落酸、细胞分裂素等)方面起着重要的作用；早衰最大的特点是未老先衰，钾素在促进早熟和改善品质方面有着显著的作用，这在一定程度上可以减轻早衰对棉花产量和品质的影响。

缺钾影响棉花根、茎、叶的生长发育和叶片的光合作用(表 34 - 2)。Pettigrew 研究认为，缺钾导致叶片中碳水化合物积累增加，而运出用于生殖器官发育并形成产量的碳水化合物必然减少，这是缺钾导致棉花早衰、产量降低、品质变劣的主要原因之一。Zhao 等认为缺钾引起光合速率降低，主要是叶绿素含量(叶绿素 a，b 都降低)降低，叶绿体超微结构的破坏，糖类运转受到限制所致，而与气孔导度的关系不大。缺钾植株叶片内蔗糖的积累可能与蔗糖进入运转流的数量减少，或者与韧皮部装载有关方面受到抑制等有关。在现蕾阶段缺钾还会显著降低叶面积扩展、干物质积累和影响光合产物在植物组织中的分配。宋美珍等发现，增施钾肥不仅提高了棉花叶片的光合作用，也延长了叶片的功能期，有明显的防早衰作用。

表 34-2　钾营养与棉株生长和叶片光合作用的关系
(Dong et al., 2004)

叶片中的含钾量(%)	叶片发育(%)	叶片生长(%)	主茎生长(%)	光合作用(%)
≥3.05	100	100	100	100
1.90	90	86	100	93
1.15	88	66	100	85
0.94	85	59	98	80
0.39	83	37	42	45
0.30	82	32	5	25

[注] 表中数值皆是与最佳含钾量(≥3.05%)对照的比值。

据方建平等在浙江省棉田多点调查,早衰棉田的速效钾含量在 95 g/kg 左右(89～108 g/kg),而正常成熟棉田的速效钾含量在 190 g/kg 左右(132～306 g/kg);在吐絮期早衰棉花叶片含钾量为 0.30%(0.21%～0.43%),而正常不早衰棉株叶片含钾量为 0.55%(0.47%～0.60%)。说明土壤供钾不足会引起棉株缺钾,导致早衰。

2. 缺钙　钙不仅是一种必需营养元素,而且还作为细胞的结构物质,更主要的是它作为偶联胞外信号与胞内生理生化反应的第二信使,在植物体内起重要生理作用。钙在调控植物衰老方面同样具有重要的作用。缺钙造成幼叶失绿、变形,并且影响到根系的活力,阻碍根系的吸收、分泌和运输活动的完成,很容易导致早衰。钙离子作为第二信使,直接调节细胞内多种重要酶活性和细胞功能,以使其适应环境的变化。钙缺乏能促进膜脂过氧化作用,致使丙二醛积累,导致或者诱发植物早衰。

3. 不利环境　早衰是一系列环境因子综合作用的结果,例如水分、光照、温度等的不适宜都可能导致早衰。盛蕾至初花期遇到干旱影响棉株的营养生长,造成棉株营养体过小,源库比例失调;盛铃始絮期遇到干旱可加速棉叶衰老,使叶片功能期缩短,减少了光合物质供应,导致棉花减产。光照是影响生长素形成的主要环境因素,研究指出,对作物实施不同水平的补偿光照处理,能够起到延缓作物叶片衰老的作用。光照不足时,植株本身会通过自身调节延缓叶绿素的降解;但高温的不利影响却很难调节,高温下叶片细胞分裂素活性降低,可能是高温诱发叶片衰老的一个重要原因。遮阳影响棉花的库源关系,导致叶片早衰。

植物根系从土壤中吸收水分和无机盐并输送到地上部分。根系生长在受到限制或处于逆境中时,往往加速叶片的衰老。根系在淹水、干旱、高温、营养胁迫等不良条件下,叶片衰老提早。另外,在环境胁迫下,其他器官与叶片竞争必要的养分,也会加速叶片衰老。如氮、磷缺乏时,旺盛生长部位对这些元素的竞争力加强,叶片加速衰老;补充氮、磷后可延缓叶片衰老;另外源库关系是不断变化的,器官形成期叶片是主要的源器官,两者比例失调对叶片衰老有十分重要的影响,库活性降低时,营养物质的输出受阻,反馈抑制光合作用,超过一定阈值就引起叶片衰老。

杨苏龙等认为,土壤耕层浅也是棉花早衰的重要原因。许多棉农在当年采摘完棉花或收获完前茬作物后,不进行冬前深翻,来年 3 月才旋耕整地,深度一般只有 15～20 cm,耕层愈来愈浅,犁底层愈来愈硬。坚硬的犁底层阻碍了棉花主根的纵向生长和棉花须根的横向生长,根系发育不良,造成棉花根系摄取水分、养分空间范围缩小。

(二) 库源关系失调与早衰

库源关系实质上反映了棉花的营养生长与生殖生长、下部根系与上部冠层的关系。源是库的限制因素,库对源则具有反馈调节作用,只有两者相互协调,才能使棉花的生长发育处于正常状态,否则就会出现不正常或不合理的生长发育,最终可能表现为贪青晚熟或早衰等异常的熟相。

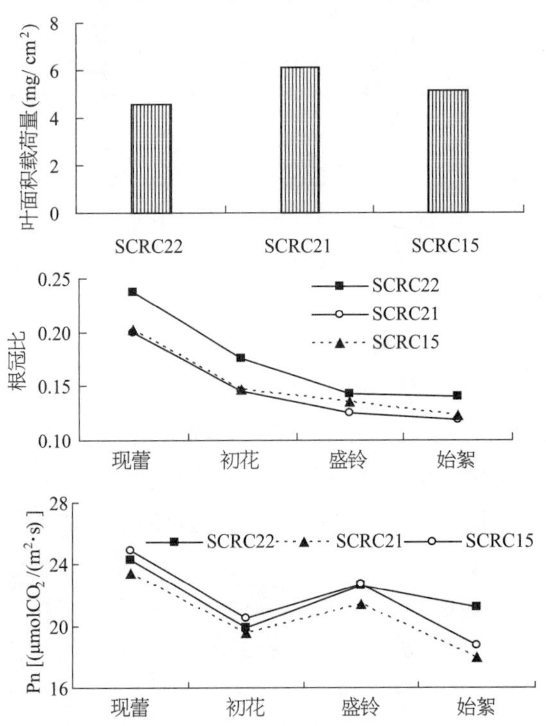

图 34-1　早发型(SCRC21)、后发型(SCRC22)和中间型(SCRC15)抗虫棉品种的叶面积载荷量、根冠比例和光合速率(Pn)

(董合忠等,2005)

[注] 叶面积载荷量为始絮期的测定值。

1. 不同基因型的库源比例　库源比例和协调程度因基因型而异。田小莉等报道,转 *Bt* 基因抗虫棉中棉所 30 的光合叶面积及根系活力均低于对照中棉所 16,源器官的功能较为低下。但中棉所 30 库器官的活性较强,对同化物的竞争能力高于中棉所 16,即库源比例过大可能是中棉所 30 容易早衰的原因。

董合忠通过对鲁棉研系列抗虫棉品种的研究,将常规抗虫棉品种分为早发型和后发型两类,发现两种类型品种的库源比例和根冠比例以及最终的熟相(叶片光合速率)存在显著差异(图 34-1)。这一方面说明棉花的熟相因品种而异,另一方面说明库源比例、根冠比例与棉花熟相有着密切的关系。

2. 人工改变库源关系对叶片衰老的影响　孙红春等通过去叶和去蕾处理改变棉花源库比,发现源库比例的改变有效调节了棉叶和棉铃中蛋白、可溶性糖和淀粉的含量:减库处理可以提高叶片中蛋白质、可溶性糖和淀粉的含量,促进籽棉中碳水化合物的积累,提高单铃重,并促进后期果枝叶中叶绿素的合成,延长叶片功能期,但不利于棉籽中蛋白质的合成;减源处理促使前期果枝叶中叶绿素含量增加,但使后期果枝叶中叶绿素含量快速下降,表现出早衰迹象,并且减源处理不利于叶片中蛋白质的合成。

段留生和何钟佩通过摘蕾改变源库关系,发现主要源叶(对应的主茎叶和对位果枝叶)中内源激素发生了一系列变化,推测内源激素可能是协调库源关系的重要信号。

代建龙等以双价转基因抗虫棉 SGK321 和常规棉石远 321 为试验材料,在大田研究了二代棉铃虫不防治条件下两个品种在叶片衰老方面的差异。发现在二代棉铃虫不防治条件下,非抗虫棉石远 321 受到棉铃虫的显著危害,幼蕾脱落比抗虫棉 SGK321 平均每株多 6 个;受害石远 321 的单位叶面积载铃量显著低于 SGK321;与 SGK321 相比,石远 321 的主茎功能叶具有较高的超氧化物歧化酶活性、中后期较高的叶绿素含量和较低的丙二醛含量(表34-3)。因二代棉铃虫危害而损失部分早期蕾,改变了非抗虫棉的库源关系,在一定程度上延缓了非抗虫棉石远321的叶片衰老。从另一个角度也可以说,由于棉铃虫难以对抗虫棉造成危害,抗虫棉结铃多、损失少,库过大,可能是抗虫棉比非抗虫棉更容易早衰的一个原因。

表 34-3　二代棉铃虫不防治对抗虫棉和非抗虫棉库源关系和叶片衰老的影响

(代建龙等,2009)

棉花品种	载铃量(g/m^2)		叶绿素含量(mg/g)		MDA 含量(μmol/g)		盛铃期 Pn [μmol CO_2/(m^2 · s)]
	盛铃期	始絮期	盛铃期	始絮期	盛铃期	始絮期	
SGK321	303.96A	873.79A	1.90B	1.71b	9.15a	12.10a	22.47b
石远 321	158.30B	438.02B	2.21A	1.96a	7.49b	8.92b	27.10a

[注] ①库源比例以单位叶面积生殖器官干重(载铃量)表示,衰老以叶片叶绿素含量、丙二醛(MDA)含量和光合速率(Pn)表示;②同列不同小写或大写字母分别表示差异显著或极显著水平。

3. 人工改变根冠关系对叶片衰老的影响　通过将抗衰棉花品系 K1 与易衰棉花品系 K2 自身嫁接和相互嫁接研究改变根冠关系对棉花叶片衰老的影响,发现将易衰棉花品系 K2 嫁接抗衰棉花品系 K1 的砧木上,则 K2 主茎叶的衰老显著延缓;反之,抗衰棉花品系 K1 嫁接到易衰棉花品系 K2 上,则 K1 的主茎叶衰老加速(图 34-2)。该实验说明,棉花叶片的衰老(早衰)与根系的关系密切,棉花早衰具有“衰在叶片,源在根系”的特点。

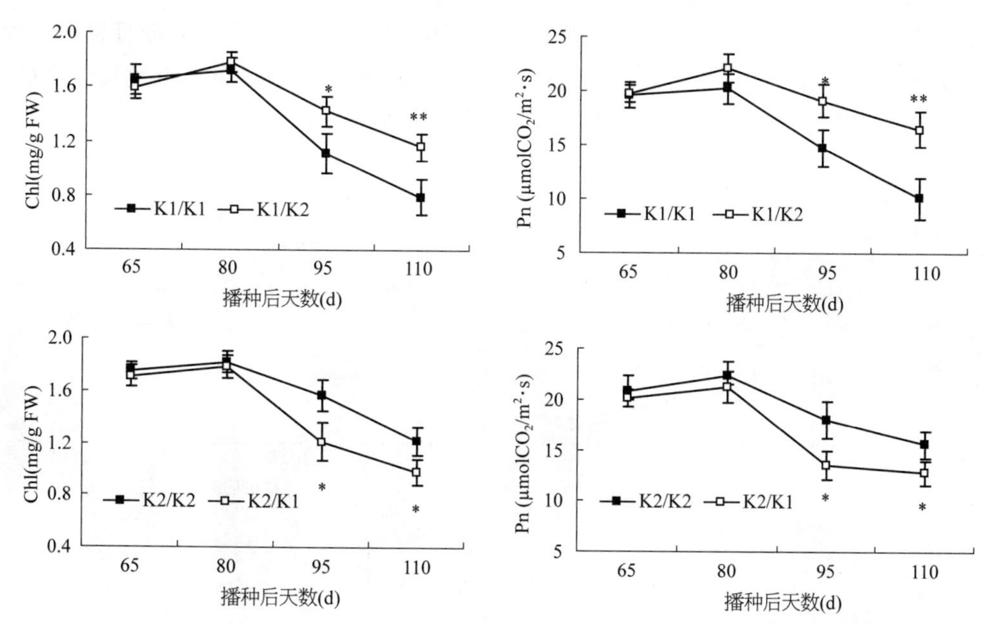

图 34-2　不同棉花品系嫁接对主茎叶叶绿素(Chl)含量和光合速率(Pn)的影响

(K1 为抗衰品系,K_2 为易衰品系,分母为砧木,分子为接穗)

(引自 Dong et al., 2008)

[注] 图中竖线表示每个位点的平均值±标准差,* 和 ** 分别表示不同处理同期数字在 $P=0.05$ 和 $P=0.01$ 水平上差异达到显著和极显著。图 34-3、图 34-4 同。

三、棉株体生理生化变化与早衰

叶绿素和可溶性蛋白质是叶片的重要组分，其含量的下降预示着叶片衰老的开始。衰老过程中蛋白质水解被看作是主要的反应。通过离体叶片的研究，叶片叶绿素含量在开始处理后的6～7 d达到下降高峰，而可溶性蛋白质的下降高峰值出现在第5～6 d，可溶性蛋白质含量的下降先于叶绿素含量的下降。植株体内与衰老相关的碳水化合物的代谢主要指可溶性糖、可溶性淀粉以及脯氨酸的代谢，它们常作为渗透调节物质起作用，并可能在维持植物蛋白质稳定方面起到重要作用。

与棉花早衰相关的酶有超氧化物歧化酶、过氧化物酶、过氧化氢酶、抗坏血酸过氧化物酶(ASA-POD)、脱氢抗坏血酸还原酶(DR)和谷胱甘肽还原酶(GR)等。超氧化物歧化酶与过氧化物酶协同作用，可防御活性氧或过氧化氢自由基对需氧植物细胞膜系统的伤害。早衰棉花品种的超氧化物歧化酶和过氧化物酶活性低于抗早衰品种。若植株体内依赖抗坏血酸(ASA)的过氧化氢清除酶系统活性很低，不能及时清除掉过氧化氢而导致其在体内积累，可引起膜脂过氧化而抑制植株生长，使其过早衰老而死。

植物内源激素含量和比例状况与早衰也有着密切的关系。细胞分裂素类物质和脱落酸是早衰过程中研究最多的两种内源激素。一般认为，提高植物体内细胞分裂素类内源激素的含量，可以抑制叶片衰老，延长叶片的寿命；而脱落酸的作用正好相反，提高植物体内脱落酸的含量则促进叶片衰老。山东省农业科学院棉花研究中心董合忠等课题组通过抗衰棉花品系K1与易衰棉花品系K2相互嫁接，改变了根冠关系和叶片衰老，通过去除早蕾改变库源关系和叶片衰老，不仅发现叶片衰老受根冠关系和库源关系的显著影响，而且发现叶片衰老与细胞分裂素类物质[玉米素核苷和玉米素(Z＋ZR)和异戊烯基腺嘌呤及其核苷(iP＋iPA)]和脱落酸有关，前者延缓衰老，后者则促进早衰(图34-3、图34-4)。

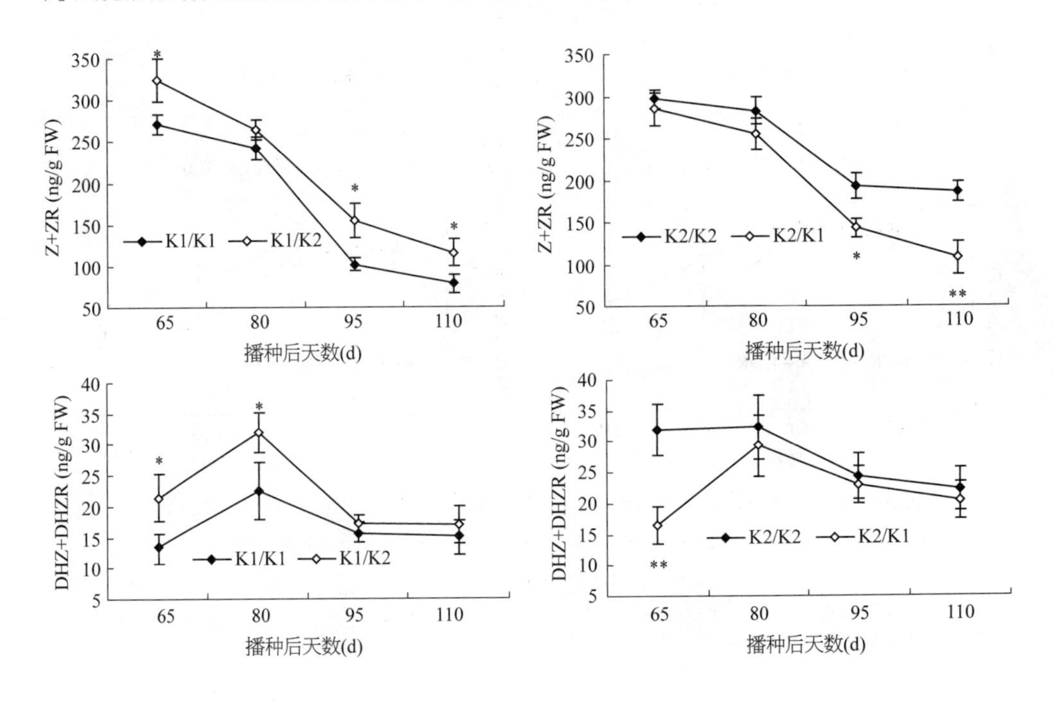

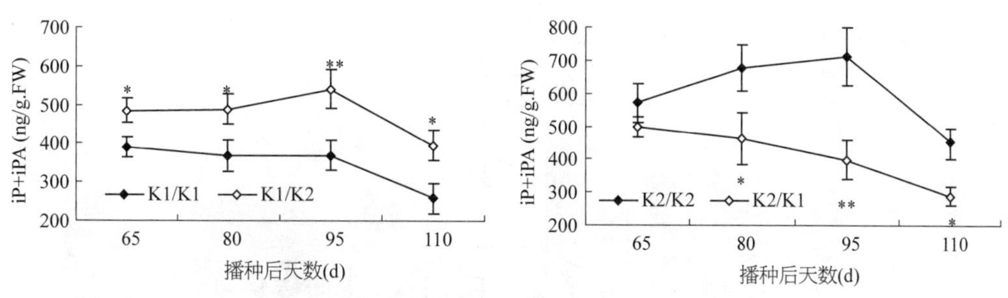

图 34-3　嫁接棉花叶片内源细胞分裂素类物质
[Z+ZR;DHZ+DHZR(二氢玉米素及其核苷);iP+iPA]的变化动态
(K1 为抗衰品系,K2 为易衰品系,分母为砧木,分子为接穗)
(引自 Dong et al., 2008)

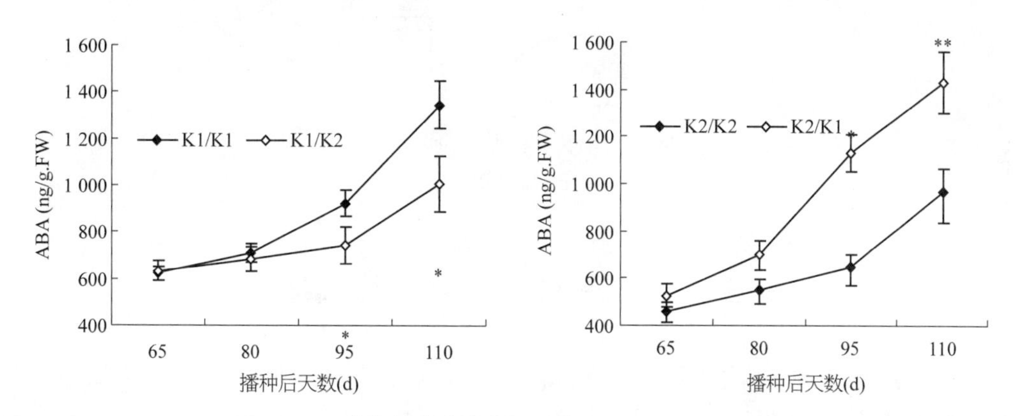

图 34-4　嫁接棉花叶片内源脱落酸(ABA)的变化动态
(K1 为抗衰品系,K2 为易衰品系,分母为砧木,分子为接穗)
(引自 Dong et al., 2008)

四、基因调控与早衰

植物衰老是受多基因控制、与多种信号传导有关的复杂而有序过程,涉及一些相关基因的表达和蛋白质的合成,其中表达量上升的蛋白包括参与营养物质分解代谢的酶类、叶绿素和叶绿体分解的酶类等,而光合作用相关蛋白的含量则下降。目前尚不清楚衰老初期被诱导表达的基因是否为控制衰老的关键基因,但已从番茄叶片 cDNA 文库中分离出一些衰老相关基因,包括衰老上调基因和衰老下调基因。李静等将含有抑制衰老嵌合基因 $PC_{sag12-ip}$ 的 *pBG121* 质粒转入到棉花中,得到一定程度的表达;Yan 等将克隆自拟南芥的编码 14-3-3 蛋白的 *GF14λ* 转入棉花,得到常绿性(stay-green)棉花。这些转基因棉花与非转基因棉花相比,在干旱胁迫下不易萎蔫,且保持较高的光合作用。这些试验结果皆说明,棉花也和其他植物一样,熟相受相关基因的调控(图 34-5)。

综上所述,棉株体的正常生长发育和正常成熟(正常熟相)需要协调的库源关系、根冠关系和碳氮代谢来保证。当受到自身或外界因素胁迫后,激素信号会迅速在库源系统和根冠系统内传递,导致库源关系、根冠关系和碳氮代谢失调,通过衰老相关基因的异常(过早或过晚)表达,出现早衰或贪青晚熟的熟相。

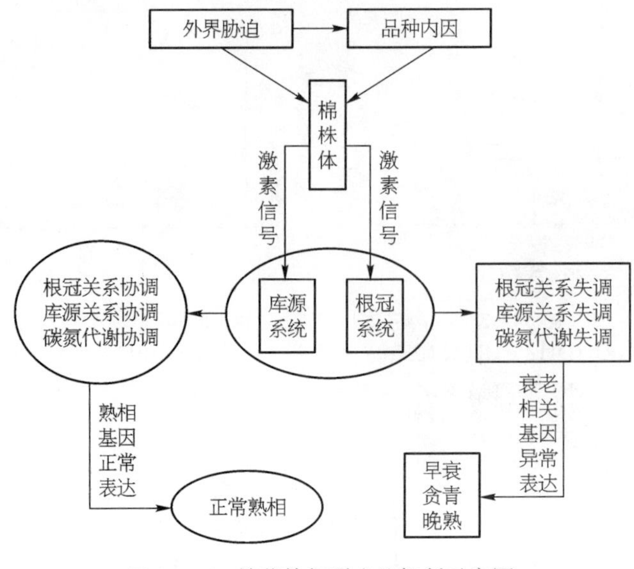

图 34-5　棉花熟相形成的机制示意图

(董合忠,2011)

第三节　控制棉花早衰的技术措施

棉花早衰是由于自身或外界不利因子的影响,衰老相关基因表达,导致库源关系、根冠关系以及碳氮代谢等变化、失调所引起的。换句话说,棉花早衰因品种(基因型)而异,受外部环境条件的诱发,其成因和表现多种多样,只有因地制宜,采取针对性的措施才能收到良好的控制效果。

一、选择合适的品种

(一) 棉花品种与熟相的关系

同禾本科作物一样,具有无限生长习性的棉花也有正常成熟、早衰和贪青晚熟三种熟相。携带外源 *Bt* 基因的多数抗虫棉品种与非抗虫棉品种相比,更容易出现早衰和贪青晚熟的熟相。抗虫棉的熟相与库源关系、碳氮代谢和根冠比例等有关,根系和叶片中细胞分裂素和脱落酸的互相调配在熟相控制中发挥了重要的信号传导作用。

为便于品种选择和针对性管理,根据生育进程和熟相表现将现有中早熟常规抗虫棉品种大致划分为早发型和后发型两类。早发型品种的典型代表是鲁棉研 21 号,其他还有鲁棉研 16、鲁棉研 17、鲁棉研 27、鲁棉研 29、中棉所 41 等;晚发型品种的典型代表是鲁棉研 22 号,其他还有鲁棉研 18、美棉 99B 等。两类品种各自需要相应的环境条件和栽培管理才能避免早衰或贪青晚熟,达到正常熟相,充分发挥其产量和品质潜力。

早发型品种抗苗病和抗枯萎病的能力较强,但耐黄萎病能力略差,早熟性好,易早衰;晚发型品种常表现出较重的苗病和枯萎病,后期不容易早衰,但中前期发育慢,容易贪青晚熟。

由以上分析可见,不同棉花品种的耐早衰能力不同,可以有的放矢地选择耐早衰的品种来控制或延缓早衰。但是,必须看到,耐早衰类型的品种也有自身的不足之处,如苗势弱、中前期发育慢,管理不当容易贪青晚熟等。

(二) 因地制宜选择品种

1. 品种类型和种植制度　一般来讲,早发型品种早发早熟,后发型品种易晚发晚熟,因此前者更适合套种,后者则更适合地膜覆盖纯作。

2. 抗病性和栽培管理　早发型品种抗苗病和枯萎病的能力较强,但抗黄萎病能力略差、易早衰,宜安排在水肥条件好的地块、特别是黏土地种植,注意平衡施肥和增施钾肥,延缓早衰;后发型品种常表现出较重的苗病和枯萎病,后期不容易早衰,宜安排在砂性土壤种植,旱地、瘠薄地也非常适合,要注意一播全苗和促苗早发。

3. 抗虫性　早发型品种碳代谢强,而晚发型品种氮代谢强。抗虫棉毒蛋白的含量与氮代谢密切相关。因此,就抗虫棉而言,合理运筹肥水不仅是高产优质的需要,也是抗虫性充分表达的需要。

二、适 时 整 枝

根据栽培条件和棉株生育特点,合理运用整枝措施,能促进棉花正常生长发育,对控制早衰也有重要作用。

(一) 叶枝去留和打顶

据杨青华和王俊振观察,在中等地力和 4.5～7.5 株/m^2 的密度条件下,极早去除叶枝并适时打顶,减少无谓的营养消耗,有利于增蕾、保铃和防止棉花早衰。但在地膜覆盖、育苗移栽等高产棉田以及种植密度较低的情况下,保留叶枝并适当推迟打顶,则有利于提高产量和防止早衰。这是因为,棉花不去叶枝,可有效地扩大叶面积,增强光合作用,充分利用光能制造有机养料,促进棉株营养生长,待叶枝生长 2～3 个小果枝时,及时打去顶梢,既可控制伏前桃过多,又有利于中后期棉株旺盛生长,预防早衰,多结秋桃。同时,根据棉花生育情况,适当推迟打顶,增加果枝,推迟封行,改善通风透光条件,增蕾保铃,更有利于棉花产量潜力的发挥。

董合忠等在低密度(3 株/m^2)条件下对 3 个抗虫杂交棉留叶枝的试验研究证实,留叶枝在低密度条件下具有一定的增产效果,保留叶枝的叶源(叶面积和叶干重)显著大于对照,并以盛铃期以前最为明显;保留叶枝的铃库(果节数、蕾铃数和蕾铃干重)在蕾期和花铃期与去叶枝相当,盛铃和初絮期显著高于去叶枝,说明低密度条件下保留叶枝具有"中前期增源、后期扩库"的作用,这是留叶枝棉花产量显著高于去叶枝的重要原因。至于留叶枝是否能延缓早衰,现有研究结果尚不尽一致。杨铁钢曾报道,叶枝的存在增强了后期棉株体对无机营养的吸收利用功能;薛祯祥和邹本先则报道在盛铃至吐絮期,果枝制造的光合产物就近供应成长中的棉铃,而叶枝运往根系的光合产物则是基部果枝叶的数倍至数十倍;孙红春等则发现增加叶源或减少铃库可延缓叶片衰老。不过,张立祯等研究发现留营养枝棉花根系虽然生长量大,比整枝棉花最大根长密度高 14.4%～16.6%,且留营养枝棉花根系的生长速率大于整枝棉,一熟条件下可为整枝棉的 3.2 倍,但留营养枝棉根系中后期易早衰。董合忠等在低密度条件下对抗虫杂交棉留叶枝的研究发现,虽然生育后期留叶枝的黄叶率低于去叶枝的对照,而且冠层叶(包括主茎叶、果枝叶和叶枝叶)的平均叶绿素含量高于对照,留叶枝表现出延缓棉花冠层叶衰老的作用,但是,对主茎功能叶的叶绿素含量和光合速率的测定结果却表明,留叶枝的处理显著低于去叶枝的对照,表现出留叶枝促进主茎功能叶衰老的作用。综合来看,留叶枝并未能从根本上延缓棉株体的衰老。

(二) 去早期生殖器官

在我国黄淮流域棉区,早发棉花适时适量摘除早期的生殖器官(早蕾或早果枝),具有一定的增产和防止早发棉花早衰的效果,这已被众多试验研究和生产实践所证实。

1. 摘除早期生殖器官的增产防衰原因 摘除早蕾后的棉株,生长发育和主要生理代谢产生明显变化,促进了营养生长和光合生产率及干物质积累,为增结优质棉铃创造了物质条件。摘除早蕾后,提高了棉花叶中可溶性糖含量和淀粉含量。当根部氮素营养运输至叶片后,可立即与碳水化合物结合并以氨基酸的方式运出叶片,满足新生长点和蕾铃生长所需;去早果枝虽然延迟了棉花的开花时间,使伏前桃比例减少,但显著增加了伏桃比例,并促进了棉花营养体的生长,多数情况下表现为不减产或增产。去早果枝有延缓衰老(早衰)的作用,这可能与去早果枝改变了库源比例以及促进了根系发育有关。

2. 去除早蕾或早果枝的条件

(1) 去早蕾时间:内陆棉区,一般于 6 月中旬(6 月 15 日)以前现蕾的棉田,摘除棉株下部 2～3 个果枝的蕾及边心,为去早蕾措施的标准。一些于 6 月 15 日以后现蕾的,同样可以去早蕾,但去蕾的数量要相对减少。对 6 月 25 日以后现蕾的迟发棉花,不宜去早蕾。

(2) 肥水基础:去早蕾的增产作用,随土壤肥力的下降而递减,一般在中下等肥力以下,没有增产效果。所以,中等肥力以上的棉田,方可采用去早蕾措施;地力瘠薄,而且没有灌溉条件,则不宜采用。

(3) 去早蕾的适宜密度:密度过高、过低的情况下去早蕾均会影响该措施的效果,一般在 4.5～6 株/m^2 时的去蕾效果比较明显,因此,这一般被认为是去早蕾的适宜密度。

3. 去早蕾的方法 将确定去蕾的果枝上的蕾及边心全部打去,这种方法增产幅度最为明显。在具体实施过程中,应根据不同情况灵活应用。一般情况下,可掌握在 60%以上的棉株达到 6～7 个果枝时进行。为照顾到棉株生长的不一致性,应区别对待不同棉株:对 5 个果枝以上的棉株,可打去 3 个果枝的蕾及边心;对 3～4 个果枝的棉株,可打去 2 个果枝的蕾及边心;对 1～2 个果枝的棉株,可打去 1 个果枝的蕾及边心;对个别尚未现蕾的棉株,则不进行该措施。

三、合理耕翻和运筹肥水

(一) 合理耕翻

前茬作物收获后,秋耕冬晒垡,耕深由 15～20 cm 增加到 30～40 cm,一般每 3 年左右深耕 1 次。冬季经过冻融交替,可以疏松土壤,创造良好的棉花根系生长环境,增强棉株的抗旱、抗病、抗逆能力,培养健根壮株棉田。据孙玉林等试验,冬季深翻土地对于防治棉花早衰和病害、增加产量也有显著的作用(表 34 - 4)。

表 34-4　深翻对棉花早衰防控和提高产量的作用
(孙玉林等,1990)

处　理	皮棉产量(kg/hm²)	增产幅度(%)	病情指数(%)	延长光合时间(d)
春翻深 13 cm(对照)	701	—	67.8	—
冬翻深 13 cm	734	4.7	66.7	0.7
冬翻深 20 cm	771	10.0	43.0	7.2
冬翻深 30 cm	827	18.0	14.0	12.4
冬翻深 40 cm	911	30.0	12.8	14.3

(二) 科学施肥

土壤肥力高低和肥水运筹情况决定棉株根系发育的状况,而根系发育的好坏,又取决于棉株地上部的长势长相。因此,要实现棉花早发、稳长、不早衰,必须结合深耕土地、增施有机肥和适量化肥,使土壤中的有机质含量不断提高,改善土壤理化性状,增强通透性和蓄水性,提高保肥保水能力,为棉花根系发育创造良好的条件。

(三) 合理灌溉

地膜棉和育苗移栽的棉花,棉株生育进程快,发育早,前期坐桃多,生理活动旺盛,蒸腾量大,需水迫切,对水分特别敏感,尤其盛花期是棉花需水的高峰期,也是需水最多的时期。如棉田缺墒,当 0～40 cm 土层田间持水量低于 55%时,则会造成棉株严重早衰。因此,根据棉田土壤含水情况,结合施肥及时灌足水,以水调肥,促使根系对水分和养分的吸收,从而达到棉株 8 月不早衰、9 月不脱叶。若花铃期遇旱,一定要浇丰产水,达到以水调肥的效能。

四、适 时 播 种

早发棉花常常是由早播引起,因此对于早发早熟、易早衰的棉花品种,可以通过适时播种来防止棉花早衰,而因晚播而带来的产量损失可以通过提高密度来弥补。

据 Dong 等在山东邹平县以早发型抗虫棉鲁棉研 21 为材料进行的不同播种期和密度的研究,对早发型常规抗虫棉而言,适当晚播可降低单位叶面积的载荷量,库大源小的矛盾得到缓解(图 34-6),棉花早衰得到延缓和减轻;而且,由于密度与播期对皮棉产量的互作效应显著,提高密度可弥补晚播带来的产量损失。如表 34-5 所

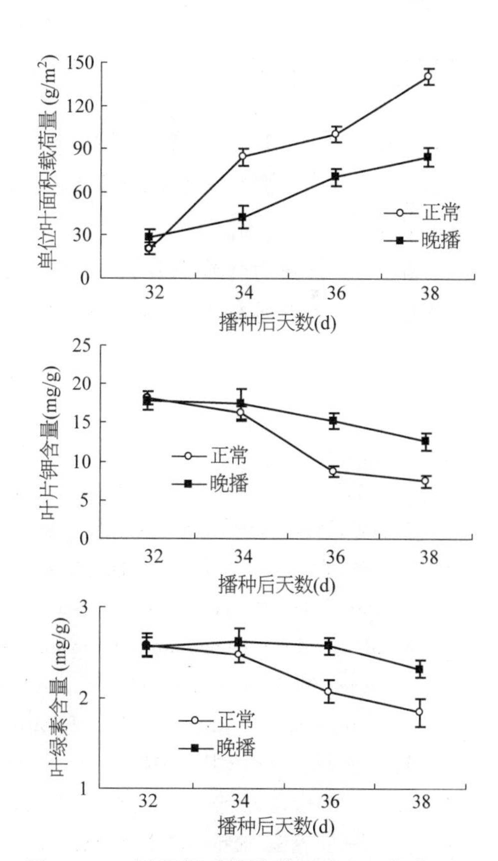

图 34-6　播种期对棉花单位叶面积载荷量、叶片钾含量和叶绿素含量的影响
(正常播种和晚播时间分别为 2003 年 4 月 15 日和 5 月 5 日)
(引自 Dong et al., 2006)

示,5 月 5 日前后播种的棉花,密度增加到 6～7.5 株/m²,其产量与正常播种和较低密度种植(3～4.5 株/m²)没有显著差异或者略高。

表 34-5　播种期和密度对棉花产量和产量构成的互作效应

(Dong et al., 2006)

处　理		产量和产量构成					
		2001 年			2002 年		
播期	密度(株/m²)	皮棉产量(kg/hm²)	铃数(个/m²)	铃重(g)	皮棉产量(kg/hm²)	铃数(个/m²)	铃重(g)
正常	3.0	1 185	74.0	4.41	1 160	71.4	4.43
正常	4.5	1 181	74.1	4.40	1 142	71.0	4.38
正常	6.0	1 147	73.7	4.35	1 116	70.7	4.32
正常	7.5	1 114	72.9	4.28	1 083	69.7	4.27
晚播	3.0	1 099	68.8	4.45	1 068	66.0	4.44
晚播	4.5	1 158	74.2	4.34	1 108	70.2	4.33
晚播	6.0	1 182	75.8	4.30	1 143	72.8	4.29
晚播	7.5	1 199	79.5	4.28	1 168	75.0	4.27
$LSD_{0.05}$		18.4	1.07	0.05	20.4	0.99	0.05

[注] 正常播种和晚播时间分别为 4 月 14～15 日和 5 月 4～5 日。

以适时播种(4 月 25 至 5 月 5 日播种)、增加密度(5.25～6.75 株/m²)和科学化调(前轻后重、少量多次)为核心内容的防早衰栽培技术,对控制早发型常规抗虫棉的早衰和改善品质十分有效。

此外,合理进行轮作倒茬、适时中耕、科学化控等,对于改善棉田的生态环境、塑造合理群体结构、培养健壮棉株,进而控制或延缓早衰,都有显著作用。

(撰稿:董合忠;主审:毛树春,徐立华)

参 考 文 献

[1] 董合忠,李维江,唐薇.棉花生理性早衰研究进展.棉花学报,2005,17(1).

[2] 马海英.北疆棉田早衰原因及预防措施.中国棉花,2005,32(3).

[3] Wright P R. Premature senescence of cotton-Predominantly a potassium disorder caused by an imbalance of source and sink. Plant and Soil, 1999, 211.

[4] Pettigrew W T, McCarty J C, Vaughn K C. Leaf senescence-like characteristics contribute to cotton's premature photosynthetic decline. Photosynthesis Research, 2000,65.

[5] 张存信.棉花早衰及其预防技术.天津农学院学报,2003,10(2).

[6] 代建龙,董合忠,李维江,等.棉花早衰的表现及其机理.中国农学通报,2008,24(3).

[7] 扬青华,王俊振.棉花异常生育诊断与调控Ⅰ:棉花早衰及其预防.河南农业科学,2001(8).

[8] 姜瑞云,王宏,黄祯茂.浅谈棉花早衰.中国棉花,1996,23(3).

[9] 郑家焕,戴玉淑,王建波.棉花早衰的表现及防治途径.中国棉花,2000,27(3).

[10] Rochester I. Nutri-Pak — A Practical Guide to Cotton Nutrition. Australian Cotton Cooperative Research Centre. 2000.

[11] 易福华. 棉花长相诊断新技术——叶蕾比. 江苏农业科学,1994(3).
[12] 董合忠,李维江,唐薇,等. 不同抗虫棉基因型的光合生产和叶源特征. 棉花学报,2005,17(6).
[13] 李亚兵,毛树春,王香河,等. 棉花早衰程度诊断数码图像数字化指标的研究. 棉花学报,2006,18(3).
[14] 王忠义,曲健木. 棉花品种早熟与早衰的区分. 中国棉花,1983,10(3).
[15] 董合忠,李维江,唐薇,等. 留叶枝对抗虫杂交棉库源关系的调节效应和对叶片衰老与皮棉产量的影响. 中国农业科学,2007,40(5).
[16] 董合忠,牛曰华,李维江,等. 不同整枝方式对棉花库源关系的调节效应. 应用生态学报,2008,19(4).
[17] 唐薇,牛曰华,张冬梅,等. 留叶枝去早果枝对抗虫棉生长发育及产量的影响. 中国农学通报,2006,22(8).
[18] 牛曰华,董合忠,李维江,等. 去早果枝对抗虫棉产量、品质和早衰的影响. 棉花学报,2007,19(1).
[19] 魏道智,戴新宾,许晓明,等. 植物叶片衰老机理的几种假说. 广西植物,1998,18.
[20] Gan S, Amasino R M. Making sense of senescence. Plant Physiology, 1997,113.
[21] Guinn G, Brummett D L. Leaf age, decline in photosynthesis, and changes in abscisic acid, indole-3-acetic acid, and cytokinin in cotton leaves. Field Crop Research, 1993,32.
[22] 沈法富,喻树迅,范术丽,等. 棉花叶片衰老过程中激素和膜脂过氧化的关系. 植物生理与分子生物学学报. 2003,29(6).
[23] Pettigrew W T. Potassium deficiency increase specific leaf weights and leaf glucose levels in field-grown cotton. Agronomy Journal, 1999,91(6).
[24] 喻树迅,范述丽,原日红,等. 转基因清除活性氧化酶对早熟非早衰棉花的影响. 棉花学报,1999,11(2).
[25] 孙红春,李存东,王文新,等. 初花期源库比变化对棉花下部"铃—叶系统"生理特征的影响. 棉花学报,2004,16(5).
[26] Dong H Z, Tang W, Li Z H, et al. On potassium deficiency in cotton-disorder, cause and tissue diagnosis. Agric. Conspec. Sci., 2004,69(2-3).
[27] Zhao D, Oosterhuis D M, Bednarz C W. Influence of potassium deficiency on photosynthesis, chlorophyll content, and chloroplast ultrastructure of cotton plants. Photosynthetica, 2001,39(1).
[28] 宋美珍,毛树春,邢金松,等. 钾素对棉花光合产物的积累和产量形成的影响. 棉花学报,1994,6(增刊).
[29] 方建平,胡嗣渊,仇智慧. 早衰棉花的营养分析和纤维品质分析. 中国农学通报,1987,3(5).
[30] 刘连涛,李存东,孙红春,等. 棉花叶片衰老生理研究进展. 中国农学通报,2006,22(7).
[31] Dusserre J, Crozat Y, Warembourg F R., et al. Effects of shading on sink capacity and yield components of cotton in controlled environments. Agronomie, 2002,22.
[32] 杨苏龙,史俊东,陈艳英,等. 山西晋南抗虫棉早衰原因及防治. 中国棉花,2008,35(4).
[33] Plaut Z, Mayoral M L, Reinhold L. Effect of altered sink: source ratio on photosynthetic metabolism of source leaves. Plant Physiology, 1987,85(30).
[34] 田晓莉,杨培珠,王保民,等. 转 *Bt* 基因抗虫棉中棉所 30 的碳、氮代谢特征. 棉花学报,2000,33(12).
[35] 李振怀,李维江,唐薇,等. 不同抗虫棉基因型的生长发育和产量表现. 棉花学报,2005,17(3).
[36] 段留生,何钟佩. 库源改变对棉叶内源激素的影响. 西北植物学报,1999,19(6).
[37] 代建龙,董合忠,李维江. 二代棉铃虫不防治条件下 SGK321 与石远 321 叶片衰老的比较. 山东农业科学,2009(2).

[38] Dong H Z, Niu Y H, Li W J, et al. Effects of cotton rootstock on endogenous cytokinins and abscisic acid in xylem sap and leaves in relation to leaf senescence. Journal of Experimental Botany, 2008, 59(6).

[39] Dong H Z, Niu Y H, Kong X Q, et al. Effects of early-fruit removal on endogenous cytokinins and abscisic acid in relation to leaf senescence in cotton. Plant Growth Regulation, 2009, 59(2).

[40] Buchanan-Wollaston V, Earl S, Harrison E, et al. The molecular analysis of leaf senescence — a genomics approach. Plant Biotechnology Journal, 2003,1(1).

[41] 李静,沈发富,于东海,等. 转基因抗早衰棉花的获得. 西北植物学报,2004,24(8).

[42] Yan J Q, He C X, Wang J, et al. Overexpression of the Arabidopsis 14 - 3 - 3 Protein GF14 in cotton leads to a "stay-green" phenotype and improves stress tolerance under moderate drought conditions. Plant and Cell Physiology, 2004,45(8).

[43] 杨铁刚,黄树梅,孟菊茹. 棉花叶枝和主茎对无机营养(N)的竞争关系研究. 中国棉花,2002,29(1).

[44] 薛祯祥,邹本先,郭庆正,等. 棉花早衰与根系碳素营养关系之初步研究. 植物生物学报,1993,3(1).

[45] 张立祯,李亚兵,王桂平,等. 留营养枝棉花根系生长发育与分布规律的研究. 棉花学报,1998,25(10).

[46] 邓绍华,蒋国柱,潘晓康. 棉花摘除早蕾后的生育、生理效应及优质增产机理研究. 作物学报,1991,17(6).

[47] Dumka D, Bednarz C W, Maw B W. Delayed initiation of fruiting as a mechanism of improved drought avoidance in cotton. Crop Science, 2004,44.

[48] 孙玉林,张科生,徐子楚,等. 棉花早衰机制、诱发因素及综合防治研究. 山东农业科学,1990(4).

[49] Dong H Z, Li W J, Tang W, et al. Yield, quality and leaf senescence of cotton grown at varying planting dates and plant densities in the Yellow River Valley of China. Field Crops Research, 2006,98.

[50] 董合忠. 滨海盐碱地棉花丰产栽培的理论与技术. 北京:中国农业出版社,2011:54 - 69.

第九篇

棉花高产规范化栽培技术

20 世纪 80 年代以来,各棉区开展了棉花规范化栽培的科学试验研究和示范应用;90 年代和 21 世纪初又对高产、简化和高效技术不断完善,形成了具有指标化、实用和可操作的栽培规程,在各地棉花生产中发挥了积极的指导作用。由于我国棉区分布广,生态生产条件差异大,形成了各具特色的棉田种植制度和种植模式。本篇依据种植模式、气候类型、可持续性和社会经济效果等,以棉花高产优质轻简化栽培和机械化管理为主目标,选择棉花种植代表性模式和技术,分区域进行论述。

第三十五章　长江流域棉花高产规范化栽培技术

长江流域棉区以北亚热带气候为主,地处东部季风农业气候大区内,热量充足,雨水丰沛,土壤肥力高,障碍因素少,惟日照条件差。≥10 ℃活动积温持续有效天数 200～300 d, ≥10 ℃活动积温 4 600～6 000 ℃;年日照时数 1 200～2 500 h,年平均日照率 30%～55%;年降水量 1 000～1 600 mm,从 3 月开始即受暖湿的夏季风影响,降水增多;6～7 月副热带高压与西风带气流在本区交汇,形成持续约 1 个月的梅雨季节;梅雨过后的一段时间受到副热带高压控制,为炎热多阳季节;秋季大多秋高气爽,日照比较充足,惟上下游部分地区秋雨过多,对成铃和收获有一定影响。主要土壤类型有潮土、水稻土、红壤、滨海盐土,除红壤以外,均适合植棉。

长江流域棉区是全国棉花主产区之一。常年植棉面积一般为 133 万 hm^2,占全国的 22%～23%;总产量 140 万 t,占全国的 19%～20%;单产为 1 057 kg/hm^2,低于全国水平。

第一节　育苗移栽规范

育苗移栽是我国棉花生产的一项先进实用技术,具有培育壮苗、争取生长季节和促进早发早熟的功能,广泛应用于长江流域和黄河流域棉区。育苗移栽分营养钵育苗移栽和无土育苗移栽两大类,前者以培肥的营养土壤为载体、制成钵体进行育苗,后者用富含营养的无土基质,制成苗床或装入穴盘或以聚乙烯载体进行育苗。

一、营养钵育苗移栽规范

(一)苗床准备

苗床选择地势高亢、排灌通畅、管理方便的地段。苗床与移栽大田面积的比例为1∶(12～15)。床地净宽1.5 m左右,净长10～12 m。

选择肥沃土壤做苗床土,并在冬季深翻熟化2次,早春再细捣2～3次,拾净杂物,达到土细土熟,上虚下实。床地四周开围沟,做到高床深沟。

早培肥苗床土壤需施腐熟人畜粪1 500～2 250 kg/hm^2,腐熟饼肥60～75 kg/hm^2,碳铵75～90 kg/hm^2,过磷酸钙60～75 kg/hm^2,氯化钾30～37.5 kg/hm^2,硼砂2.25 kg/hm^2。有机肥在2月底3月初施入;无机肥在制钵前1周施入,可改用苗床专用复合肥,数量按各元素配比要求而定。肥料施入后,结合整地使土肥充分混合。

(二)选用良种,制钵播种

油菜、棉花两熟栽培,油菜选用成熟较早的甘蓝型品种,5月15日前后可收获。棉花选用适宜本地栽种的高产、抗病、优质的中熟偏早类型品种。

1. 精细制钵 选用5～7 cm钵径的制钵器,于播种前3～5 d制钵。钵土要隔日浇足水分,以手捏成团、齐胸落地即散为标准。制钵前土面撒上干草木灰。制钵时苗床两边拉绳定格,摆钵宽度1.3～1.4 m,边制钵边排钵,排钵要平整靠紧,做到上平下不平,四周壅土护钵,筑好小田埂,然后平铺薄膜,保墒待播,并准备好足量盖籽土。

营养块育苗。在土壤质地黏重地区选择无病土壤制作营养块进行育苗。床底夯实整平,底层铺细沙、草木灰或小麦,以方便起苗。制块前培肥床土、苗床面积大小、长宽等要求均同营养钵。每块营养块厚为7～8 cm,用木板刮平床面,播种前床面浇水以见明水为宜,待床面稍干、凝固后,用尺和刀切成方格,每方格长、宽、厚各7～8 cm。

2. 适时播种 麦田套栽、油菜田套栽在3月下旬,麦后移栽、油菜后移栽在4月上中旬抢冷尾暖头播种。播前苗床浇足水,达到钵间见明水,然后用50%多菌灵0.375 kg/hm^2加水300～375 kg喷洒钵面消毒。播种时每钵播种1～2粒。播后覆盖细土,填满钵间缝隙。

3. 化学除草 播种覆土后,用床草净15支/hm^2,或25%绿麦隆0.75 kg/hm^2,或25%除草醚0.75 kg/hm^2加水75～90 kg喷在床面上。

4. 搭棚盖膜 化学除草结束后进行搭棚盖膜,棚架要求坚固,竹片弯成弓形,环距60～70 cm,棚顶高45～50 cm。盖膜时要绷紧薄膜,四边埋入土内,或用砖块压紧。然后在棚顶上拉绳固牢。清理苗床四周,挖好排水沟。

(三)苗期管理

播种后要做到保温保湿催出苗。齐苗前薄膜一般以密封为主,以最大限度地提高棚内温度。但当棚内温度超过45 ℃、1 h时,要通风降温。一般播后7～10 d可陆续出苗。

1. 齐苗后"三抢" 当出苗达80%～90%时,棚内先通风1～2 d。齐苗后做好"三抢":一是抢晒床散湿练苗,选择晴暖天气,于上午9:00至下午3:00揭膜晒床练苗,连续2～3 d,

晒到床土发白，棉苗红茎升至40%～50%；二是抢间苗定苗，结合晒床练苗，及时间苗定苗，防止高脚苗；三是抢防病护苗，于定苗后用1∶1∶200的波尔多液喷施防治棉苗叶病，用50%多菌灵粉剂或稻脚青加水1 000～1 500倍液进行浇根，防治棉苗根病。

2. 幼苗化控　在子叶展平至露心叶前，苗床用壮苗素15支加水30～37.5 kg/hm^{2}喷洒棉苗，控上促下。油茬移栽的苗龄较长，若生长过旺，可在栽前10 d左右进行第二次化控。

3. 控温　采用“S型窑门式”通风。在完成“三抢”管理后，于苗床两侧每隔2 m左右开一个通风洞，呈“S”形排列。通风口用0.8～1.0 m长竹片将薄膜外沿卷牢，并向外拉紧，距营养钵15 cm处将竹片两头插入土中，弯曲成“窑门式”洞口，洞口高15～20 cm，宽约30 cm。洞口两侧薄膜用砖块或泥压实。苗床两头也要开好通风口。根据气温和棉苗长相，调节通风口的大小和交替变换通风口的位置。棚内温度控制在25～30 ℃，最高不超过35 ℃。移栽前4～5 d进行日夜揭膜练苗。5月中下旬因气温较高，栽前以搭凉棚为主，如遇突发性灾害天气，应及时盖好棚膜。

4. 搬钵蹲苗　搬钵可起到控上促下和散湿防病的作用。移栽棉一般掌握在两片子叶展平、真叶露尖时进行。选择晴好天气，用小铲切断主根，重新排钵，剔除病苗，合理利用空钵间开苗距。搬钵后要补土，做到钵不见缝，四周壅好土；然后做好补水和补肥工作，一般在上午10:00至下午3:00进行。待叶面水分收干后即盖好棚膜，开好通风洞。

5. 起苗“三带”　棉苗移栽要做到“三带”，即带肥、带药、带墒。于栽前5～6 d施好1次起身肥，苗床施尿素7.5～15 kg/hm^2，或清水粪1 500～2 250 kg/hm^2，使棉苗上力不上色。移栽前1～2 d浇足水，使钵土充分湿润。

6. 虫害防治　苗期虫害主要控制盲椿象、蚜虫。

二、轻简育苗移栽规范

轻简育苗指无土、无钵体和高密度育苗，为营养钵育苗移栽的替代技术，具有轻简特征，适合规模化育苗和机械化移栽。轻简育苗包括基质、水浮和穴盘等几种方式(参见第二十八章)，用富含营养的无土基质替代有土的营养钵，或用营养液替代土壤在水体上漂浮育苗，或用穴盘代替苗床装入少量基质育苗。机械化移栽要求土地平整，土壤水分含量适宜，在干旱年景要及时补水保苗。

轻简育苗苗龄一般早播25～30 d，迟播20～25 d，真叶2～3片，苗高15～20 cm，幼茎带一定比例红色，此为幼茎木质化，可提高抗逆能力；子叶完整，真叶无病斑；根系多，单苗侧根20条以上。起苗要保护好根系，多带根系有利移栽成活。

轻简育苗采用高密度育苗。密度通常为500～600株/m^2，采用“促根剂”灌根等进行调控，防幼苗在高密度条件下形成“高脚苗”或“线苗”。由于基质和营养液配有营养，育苗期一般不需提供肥料。苗床无土，苗病轻，很少烂籽、烂芽和死苗，成苗率高，用种量明显减少。育苗期要求温度适宜，规模化和工厂化育苗注意防强寒潮，高温时要及时通风降温。

轻简育苗要求苗床底墒足，在足墒条件下播种。采用穴盘育苗要加强水分管理，及时补水，否则易形成老小苗。

因无土苗移栽时为裸根或带少量基质，不像营养钵那样带土保存根系水分，因此，移栽深度要求达到 7 cm,“安家水”宜多不宜少,在无灌溉条件和水源无法保障地区不宜采用。移栽土壤温度要求 18 ℃,提倡栽高温苗不栽低温苗。返苗期一般 7～10 d,返苗发棵先长根。

(一) 基质育苗移栽技术规程

本技术由中国农业科学院棉花研究所毛树春等研究提出。基质育苗是指用无土基质替代有土的营养钵进行育苗,具有苗床成苗率高、移栽成活率高、产量高和省种、省工、省时、省地、省力等“三高五省”效果,适合规模化育苗和机械化移栽。基质育苗分基质苗床和基质穴盘两种方式。

1. 育苗环节

(1) 壮苗指标:高密度育苗,净苗床成苗 500 株/m^2。苗龄 25～30 d;真叶 2～3 片/株;苗高 15～20 cm;子叶完整,叶色深绿;叶片无病斑;茎粗叶肥;根多、根密而粗壮;移前红茎占一半。

(2) 大棚基质苗床育苗

① 物资准备:以移栽密度 22 500 株/hm^2 为例,苗床净面积 45 m^2,备种 6 kg,促根剂 2 250 ml,保叶剂 1 200 g。育苗基质(重量 187.5 kg,体积 1 200 L)30 袋,干净河沙约 40 袋,基质与干净河沙按 1∶(1～1.2)的比例充分混合铺床。另备竹弓、农膜和地膜等。

用老苗床基质和重复育苗,要及时清除残根落叶。每立方米育苗基质用 50%多菌灵或敌克松 500 g 消毒,加 2～3 kg 腐熟鸡粪充分混合。

② 建棚建床:标准大棚一般宽 5～6 m,顶高 2～2.5 m,侧高 1～1.2 m,拱杆间距 1～1.1 m。棚址要选择背风向阳、运输方便之处。棚内走道宽 30 cm,床宽 100～120 cm,高 12 cm,用砖或木板围成;床底铺农膜,膜上装混合均匀育苗基质厚 10 cm。

③ 播种:按移栽时间倒推播种时间,规模化育苗需分期分批播种。播前浇足底墒水,以手握基质成团、指缝间有水滴渗出为宜,播种沟行距 10 cm,沟深 2～3 cm,粒距 1.5～1.8 cm,覆盖基质,镇压,覆盖地膜。

④ 苗床管理:一是温度调控。播种到出苗适宜温度 25～30 ℃,约 50%种子顶土出苗后揭苗床地膜,播种到子叶平展温度保持在 20～30 ℃,随后注意通风炼苗。育苗期遇高温,及时通风散热,或用加压微喷水降温。遇强寒潮,外棚加保暖帘,棚内加小拱棚膜,或用地热线增温。二是灌促根剂。出苗到齐苗时,用 100 倍促根剂溶液均匀浇灌行间幼苗根部,每平方米苗床浇溶液 4 L。三是水分控管。掌握“干长根”原则,苗床以控水为主,根据苗情补水,一般每 4～5 d 灌水 1 次。后期控水,缺水时轻补过路水。四是疏苗。由于基质苗床不烂籽、烂芽,后出的弱苗、矮苗要疏除。

⑤ 栽前炼苗:栽前控水炼苗 5～7 d,日夜通风,做到爽床起苗,红茎占一半。

(3) 大棚基质穴盘育苗

① 物质准备:按穴盘成苗率 80%,计划移栽密度 24 000 株/hm^2,需 100 孔穴盘 300 个(长 58 cm×宽 32 cm×高 4.5 cm),育苗基质 15 袋,河沙 15 袋。需精选种子,减少空穴率。促根剂和保叶剂等物质同基质苗床。

② 制床和播种:苗床宽度 120 cm,深 8～10 cm;按照分段平整、分段做床方法,把长床变成短床,保证床底平整,铺上新农膜,以均匀储水、减少灌水次数。

将基质充分混匀，每穴装满基质，压实，紧密整齐码放于苗床；接着播种，每穴播种1～2粒，覆盖基质，厚度2～3 cm，底墒水可直接灌浇在穴盘底部，水深2～3 cm，以盘底部渗水为宜。

③ 苗床管理：温度管理以控温为主，防高脚苗。播种到子叶平展保持25 ℃左右；齐苗后，注意调节温度，及时通风；真叶出生后温度保持在20～35 ℃；前期注意通风降温，后期随着气温的升高，日夜揭膜炼苗。灌促根剂，子叶平展灌1∶100倍促根剂稀释液于苗床底部。水分管理掌握"干长根"原则，苗床以控水管理为主，根据基质墒情、苗情灌水。如床底部不平整，高处要增加补水次数，低处减少供水，保持棉苗生长均匀。

当遭遇强寒潮低温或提早播种，须注意增温，有条件的可在床底部埋可控温度的地热加温线。苗床其他管理同基质苗床。

2. 起苗、装苗、运输环节　"栽棉如同栽菜"，壮苗移栽，幼苗要叶片完整，无病斑，带走根多。根据移栽计划，分期起苗，当天苗当天栽完。移栽时气温稳定在15 ℃以上，地温稳定在18 ℃以上。精细整地，栽爽土，不栽湿土和板结土；开沟深15～20 cm，栽深约7 cm；"安家水"宜多不宜少；成活率保持在95%以上。

(1) 起苗：一是起苗前准备和起苗措施。基质苗起苗前喷施保叶剂1∶15倍稀释液；起苗时拨开基质，一手插入苗床底部托苗，一手扶苗，轻轻抖落基质。二是分苗和扎捆。剔除病苗、伤苗，选整齐壮健苗，每50株扎成一捆。三是浸根。基质苗床苗需用促根剂100倍液浸根15分钟，每升稀释液浸根5 000株，第二批苗再浸根须重新配液。

也可直接将穴盘运输到田间，边起苗边移栽。可将浸根用的促根剂提前2～3 d灌入苗床，起苗后不需浸根。

(2) 装苗：用适宜容器装苗和运输。每只运苗盒(长60 cm×宽40 cm×高25 cm)装裸苗1 500株，或装穴盘苗1 000株；也可用透气纸箱或其他容器运苗，底部和四周铺地膜，底部加少量水(深1 cm)，以保持根系湿润。接着对幼苗喷1∶15倍的保叶剂，以叶片湿润为宜。

(3) 运输：运输时不能挤压。装苗的运苗盒、箱子或篮子平放在运输工具上；在有支架条件下，可分层码放。长途运输时，保持运输工具的平稳行走；注意排气通道处不能放苗，以免高温烫伤。

3. 移栽　一是人工栽苗。根据茬口安排移栽时间，一般早春棉移栽期4月下旬至5月初；短季棉5月下旬至6月上旬。提前7～10 d灌足底墒水，精细整地，使地平土细，墒足土爽。移栽时开沟深15～20 cm，苗根落土不浅于7 cm，覆土镇压，扶正幼苗；浇足安家水。二是机器移栽。机械移栽要求精细整地，地平墒好，土细土爽，地面无残茬。栽前先调整行、株距和栽植沟深浅。栽植中经历机器开沟—(人工)放苗—覆土—浇水—封墒—镇压等连续作业，注意及时补栽漏苗、扶正倒苗。

提倡地膜覆盖，先覆盖后移栽，也可先移栽后覆盖。

当天没有栽完的苗，或放在田间，避光避风；或放在光亮处，保持根系湿润。存苗不能堆放，不能捂苗，第二天继续栽。若天气原因不能移栽，再栽入苗床，类似"假植"。移栽前的15～20 d大田要施用底肥，肥苗间距15 cm左右，防"烧苗"。

4. 栽后管理　栽后短时萎蔫是正常现象。根据墒情,及时补水,促早生根早发棵。补缺个别死苗。用毒饵防治地老虎和蜗牛,以保全苗。

(二) 水浮育苗移栽技术规程

水浮育苗由湖南农业大学陈金湘等研究提出。该方法采用多孔聚乙烯泡沫塑料托盘为载体,以草炭和膨化珍珠岩等混配基质为支撑,以营养液为水体苗床进行水浮育苗。该技术简单轻便,省种,幼苗无土传病虫害,幼苗 1 叶 1 心到 4 叶 1 心均可移栽,返苗期短,移栽成活率 90%以上,移栽省工省劲。

1. 制床

(1) 床地选择:选择背风向阳、管理方便、靠近棉田或房前屋后的耕地做苗床。

(2) 苗床规格:标准苗床的宽度约 120 cm,深为 20 cm 左右,苗床的长度视育苗量而定;为了方便苗床管理,苗床长度不宜太长,一般以长 5～10 m 较好。

(3) 苗床建造:在选定的场地,按苗床长宽放线标记或牵绳,用铁锹或锄头按规格开挖苗床。苗床四周须夯实、床底平整,捡出苗床内的石块、尖硬物体和植物根茎等物。也可在房前屋后用砖头、水泥等材料建造临时性或长期性苗床。

2. 铺膜

(1) 湿润苗床:铺膜前先将苗床四周和底层用水浇湿,软化坚硬的土块,使之没有棱角,以防止坚硬土块刺穿薄膜。

(2) 铺膜要求:苗床湿润后 0.5 h 内铺膜。用 0.1 mm 厚的薄膜(最好用黑色的)铺在苗床底层和四周,使膜的背面紧贴泥土,不出现气泡,薄膜延伸覆盖到苗床四周各 15 cm 左右,用土压实。

(3) 铺膜后试水:铺膜后立即试水,检查是否漏水,以及膜底是否有气泡。如漏水,须更换薄膜;若发现有气泡时要重新铺膜,消除气泡,再封严四周。

3. 基质装盘

(1) 育苗托盘准备:育苗托盘为多孔聚乙烯高密度硬质泡沫塑料专用托盘。托盘规格为长 68 cm、宽 34 cm、高 6 cm,每个托盘 200 穴,每穴容积 25 ml,适宜于培育 2～3 片真叶的幼苗。也可采用其他规格的聚乙烯高密度硬质泡沫塑料托盘,但每穴容积不应少于 25 ml。一般高密度托盘妥善保管,可连续使用。当使用旧托盘育苗时,育苗前应仔细清洗干净,放在阳光充足的地方连续晒 2～3 d,再喷洒多菌灵等杀菌剂消毒。

(2) 基质准备:根据育苗的多少准备基质。将基质用水均匀湿润,使基质含水量达到自身重量的 1.5～2 倍(即手捏成团、手指间不见流水,下落后自然散开)。

(3) 装填基质:将基质均匀倒入育苗盘内,然后用手或竹、木条在育苗盘表面刮平。然后轻轻抖动育苗盘,使基质平实地充填在育苗孔穴中,育苗盘中的基质略低于托盘表面。

4. 配制育苗营养液

(1) 育苗肥的准备:营养液是水浮育苗的基础和介质,为了保证棉苗在营养液水体苗床内正常生长和抑制苗床内病菌的发生与危害,只能使用水浮育苗专用肥。每 400 g 育苗专用肥,可育 2～3 片真叶幼苗 2 000 株左右。

(2) 配制母液:播种前配制好营养液。先用桶或盆等容器按每袋育苗专用肥兑水 5 kg

左右配成母液，用手或棍棒搅拌，使肥料充分溶解，再倒入育苗池内，然后用清洁水反复冲洗桶或盆 2～3 次，将冲洗水一同倒入育苗池内。

(3) 营养液入苗池：将母液倒入育苗池后迅速加足清洁水，每包肥料兑水 300 kg 左右，边加水边搅拌，使肥料均匀一致溶解在苗池内。

5. 种子处理

(1) 晒种：播种前 15 d 选晴天晒种，连续晒 3～4 d，每天晒 5～6 h。未开启的罐装和塑料袋装商品种子不必晒种。

(2) 催芽破胸：为了提高穴盘单孔出苗率，可采用催芽破胸的方法，在播种前有效剔除无发芽率的种子。包衣种子要反复搓洗，将种子上的包衣剂清洗干净后才能催芽破胸。

① 热水浸种快速破胸：将处理过的种子用 75～80 ℃的温开水浸泡 2 min，然后立即用冷水降温至 45 ℃左右，浸泡 3～4 h，使棉籽充分吸水，晾干后，保温破胸。破胸后要立即播种；否则，芽伸长后，特别是当芽长超过半粒棉籽长度时播种，根尖容易折断，且不便播种，影响出苗。

② 温水浸种缓慢破胸：用 30 ℃的温水浸种 8～10 h，棉籽可充分吸足水分；晾干后，保温破胸；破胸后立即播种。

6. 播种

(1) 播种时间：长江流域棉区一般于 4 月 20 日至 5 月 5 日播种。采用大棚保温育苗，可提前到 4 月 10 日左右播种。一般大田育苗播种临界期为日平均气温稳定在 15 ℃以上，苗床水温稳定在 16 ℃以上。播种最迟不能超过 5 月 25 日，否则将推迟生育期，影响产量。

(2) 播种技术：每穴播 1 粒破胸种子，播种时将种子横向播放在托盘孔穴的中央，也可种芽向下对正孔穴下部的小孔。

对发芽率高的商品种子，播种前应进一步精选。一般采取粒选方法精细挑选健壮饱满、无病虫害的种子播种，可使种子发芽率达到 90%以上。播种时，将种子横向播放在托盘孔穴的中央，轻轻压下。切忌不要将种子小的一端向下，否则，棉苗带壳出土，影响正常生长。

(3) 播种深度：播种深度一般为 1～1.5 cm。播种过深会导致烂籽或烂芽。播种时用手指轻轻将种子按下，注意不要折断根尖。

(4) 盖籽：每个育苗盘播种结束后，立即用已吸水的育苗基质覆盖，覆盖厚度为 1～1.5 cm，以基质略高于育托盘表面为度。

7. 苗床管理

(1) 出苗前的管理：播种后用塑料薄膜覆盖保温保湿，将育苗盘放置在无积水的地方(大田、室内、温室内、房前屋后的空坪隙地均可)，使其在通气、保温、保湿、遮光条件下出苗。不要将育苗托盘放置在太阳光下，以防阳光直射、温度过高而烧苗。

(2) 置盘：当有 80%的棉苗拱土时，即可将育苗盘放入营养液水体苗床内漂浮育苗。放置育苗盘时，一般横着排放 2 个，竖着排放 1 个，交叉放置。托盘之间要留有 1～2 cm 的空隙，以便漂浮通气和散热。

(3) 消毒：放置托盘后立即用喷雾器在托盘表面喷洒多菌灵等杀菌剂消毒。

(4) 盖膜管理：棉花水浮育苗苗床可采用塑料薄膜小拱棚育苗。

阴天，当气温在 20 ℃以上，只需早晚覆盖，覆盖时间为下午 6:30 到翌日早上 7:30；下雨天须全天盖膜，但拱棚两端要敞开，四周要开通风口，通风效果要达到膜内无雾水、无水滴。齐苗后，不下雨、当日最低气温高于 18 ℃，就可昼夜不盖膜；雨天盖顶，四周通风。如有寒流侵袭时，应盖膜保温，或将育苗盘搬移到室内躲避寒潮，防止棉苗冻伤。晴天全天揭膜，防止高温烧苗。

(5) 炼苗：当日平均气温在 20 ℃以上可全部揭开薄膜炼苗。棉苗 2 片真叶后，可抢晴天将育苗盘架高，使根系离开营养液，进行 2～3 h 的间断性炼苗。

(6) 生长调控：根据棉苗长势酌情喷施助壮素或缩节胺进行调控，防止出现高脚苗。每次喷施缩节胺浓度为，1 g 缩节胺兑水 100 kg，喷湿叶面即可。

(7) 病虫防治：当棉苗发生病虫害时，应及时进行防治。

8. 移栽

(1) 移栽苗龄：子叶平展到 4 叶 1 心均可移栽，但最佳移栽苗龄为 3 叶 1 心期。

(2) 移栽密度：杂交棉 F_1 代移栽密度与营养钵育苗移栽密度基本一致，为 16 500～21 000 株/hm^2，行距 1 m 左右，株距为 45～60 cm。

(3) 起苗：取出育苗盘，托起，用手握住棉苗茎基部，轻轻向上拔，注意不要损伤根系，保持根系完整。移栽时最好带基质移栽，不带基质移栽也不影响成活率。不带基质移栽的，在拔出棉苗后，将幼苗在水里轻轻抖动，使棉苗根系上的基质脱落，然后移栽。

(4) 移栽方法：移栽时不需开沟或挖穴，不施用基肥(基肥应在耕地时或棉苗成活后使用，以免裸露的根系受到肥害)，用移苗小锄或小铲直接移栽。移栽时注意要使根系舒展，与土壤紧密接触，幼苗直立。

(5) 移栽时间：最好选择在阴天，小雨天也能移栽，晴天移栽则应于早上或下午 4:00 以后进行。移栽后及时浇定根水和活棵水。

9. 大田栽培管理

水浮育苗移栽棉与营养钵育苗移栽棉在大田栽培管理上基本一致，但由于水浮育苗移栽棉返苗期短，生长发育较快，因此应注意早施肥和施足基肥，促早发、争高产。

(三) 穴盘育苗移栽技术规程

穴盘育苗由河南省农业科学院杨铁钢等研究提出。本方法用穴盘作为载体，用蛭石作为营养供体进行高密度育苗。

1. 育苗指标

(1) 苗龄指标：出苗至起苗达 25 d 以上。

(2) 形态指标：真叶 2 片，子叶上凹，叶色浓绿；一级侧根 15 条/株以上。

2. 材料准备

(1) 温室或温棚：温室或温棚不但要有较好的保温性能，还要有很好的防风和防雨性能，有较好的光照条件。

(2) 蛭石：粒径 1.0 mm 左右，颗粒基本均匀一致，乳白至褐白色。

(3) 种子：杂交种的硫酸脱绒光籽要求发芽率 90%以上、发芽势 85%以上。

3. 育苗管理 确定育苗期。3 月底左右，选择连续晴好天气为适宜播期。播种时间按移栽时间确定,但要有预留时间。为提高成苗率,育苗前要采取粒选方法精选种子,晒种3～4 d,使种子发芽率达到95%以上。

播种前10 d,在规划好的土地上做好苗床,要求苗床底部水平踏实、踏平,苗床四周高出底部10 cm左右,形成一个浅浅的苗池。踏实后在苗池底部铺农膜(厚度≥0.02 mm),以避免棉苗根系下扎入土,造成无法起苗。播种前务必检查喷水设施,保证喷水均匀。提前用少量清水将基质和砂混合物拌湿,装填育苗塑盘孔的2/3或全满,每穴装填要基本一致。之后用多余育苗盘对准穴孔,压出凹穴。将种子用机械或人工点入压出的穴中,同时结合人工补种,保证每个育苗孔穴内有一粒种子。

以大棚的一边为起点,预留5 cm空间,将育苗盘横放6排。摆放整齐后用稍湿润(清水喷潮)的基质(湿度20%)进行覆盖,覆盖厚度1.5 cm左右,均匀一致。将专用营养液粉剂每袋兑水500 kg稀释,搅拌、混匀至无沉淀后,喷洒到基质上,使湿度达到55%～60%,之后用清水喷至湿度65%左右。

播种后出苗前,遇晴好天气必须随时查看大棚基质的表面温度。基质温度保持在35 ℃以下,高于35 ℃应通风降温。在子叶宽度达到3.5 cm时,遇晴好天气即可稍通风,使基质湿度迅速下降。在通风的同时,按使用浓度喷施"病苗速克";以后每当冷空气来临前都要喷施一次。通风5 d后即可根据气温及光照情况进行揭膜炼苗。出苗后在可以放风的同时,根据所要求的棉苗高度,每隔5 d左右喷施缩节胺(浓度20 mg/kg)和0.2%尿素的混合液。

4. 起苗、包装　黄河流域棉区4月20日左右、长江流域4月30日左右,棉苗达到合格标准即可选择起苗。可选择连阴雨天气到来前或33 ℃以上高温干旱天气到来前进行,茬口许可,就早不就晚。

调节培养基质湿度至20%以下,取出育苗盘,托起倒置抖动,培养基质自然撒落,而后将育苗盘正放在地面,即可取苗。将蘸根用生根剂按使用说明要求搅拌混匀,取出棉苗按一定数量(50～100株)整成一捆,进行蘸根。用保鲜袋或保鲜膜,将蘸有生根剂的棉苗按一定数量(50～100株)包装,提供用户移栽即可。

5. 移栽管理　栽后返苗期7～10 d,大田成活率95%。无土棉苗要求栽后及时浇水。棉苗栽前不得在移栽田内施肥,以免烧苗。移栽时选择合格棉苗,符合根系完整、无病斑、无捂苗烧苗、生长点完好、叶片披有一层蜡质等性状。5月5日前采取开沟或用制钵器打孔移栽,深度以使棉苗根系直立放下为宜,达15～20 cm。移栽宜选择下午,如阴天,可全天移栽。

按株距要求分苗,将每株棉苗根系理顺后分开,不要强行撕开,尽可能少伤根,以免缓苗期加长,影响成活。单株栽苗,使棉苗根系垂直埋入土内,覆土至距子叶1.5～3 cm处即可,过深发苗慢,过浅不利根系吸收水分,降低成活率。切勿有任何挤按动作,以免伤根。无土棉苗栽后30 min须浇足水,以保证根系和土壤紧密结合。棉苗活棵后,中耕松土,土松草净可提高地温,增加土壤透气性,促进新根发生。两熟套种田腾茬后,早中耕、施肥、浇水,以促进早发快长,为夺取高产搭好丰产架子。施肥、灌溉、病虫害防治等管理同营养钵苗。

第二节　油菜、棉花两熟栽培技术

油菜与棉花两熟栽培，在湖北、江苏、安徽、湖南、江西等长江流域棉区已逐步成为主体种植制度。油菜茬口比小麦早，种植油菜有培肥地力的作用，不仅提供菜籽饼，而且其残根、落叶、荚角、茎枝较多，返还棉田可弥补土壤养分的消耗；根系分泌的有机酸有利于提高土壤养分的有效性。油菜、棉花两熟栽培方式包括油套棉和油后棉。油菜因植株高大，后期易倒伏，不便于棉苗移栽，且油菜、棉花共生期间对棉田的荫蔽度大，影响棉花早发，因此油菜、棉花两熟套栽方式逐渐向油菜后移栽方式发展。

一、油菜后移栽棉

（一）油菜后移栽棉栽植方式与效果

油菜后移栽棉采取双育苗移栽，即油菜育苗，棉行套栽；棉花育苗，油菜后移栽。实行油菜、棉花双育双栽，油菜增产，棉花高产且稳定。据湖北、安徽等地的调查，油菜选用甘蓝型品种和杂交早熟类型品种，育苗移栽比套种增产30%以上，棉花与油菜双育双栽的产值比油菜棉花双套种的增加20%以上。

（二）棉株移栽和苗期管理

1. 调整畦宽　在种植方式上，放宽棉花的行距，以利于秋季套栽油菜。一般畦宽1.5～1.7 m，畦中栽3～4行油菜，也可以畦中栽2行、沟边各栽1行油菜，油菜密度12万～15万株/hm^2。

2. 配套沟系　做到畦畦有畦沟，沟深30 cm左右；每25～30 m开挖腰沟，沟深40～50 cm；田间四周开好围沟，沟深50～60 cm；每条（块）棉田开挖排水沟，沟深80～100 cm。

3. 熟化土壤　栽前土壤深翻熟化。

4. 栽前施肥　栽前施有机肥15 000～22 500 kg/hm^2或腐熟饼肥300～375 kg/hm^2，尿素83～110 kg/hm^2，过磷酸钙300～375 kg/hm^2，氯化钾112.5～150 kg/hm^2，或氮、磷、钾、硼含量为8∶7∶10∶2的专用复合肥600～750 kg/hm^2。避免打塘穴施，以防肥害伤根。

5. 除草剂安全使用　移栽前5～7 d用克芜踪或草甘膦满幅喷雾处理。移栽后要求早晨露水干后才可以施用除草剂，可用定向喷雾器喷施，以避免药液直接喷到棉苗和棉根，保证施药安全。现蕾封行前，棉田用乙羧氟草醚＋高效盖草能喷雾。封行后，用草甘膦进行行间定向喷雾，将杂草消灭在幼苗期。

(1) 移栽前和移栽后：移栽前用除草剂72%异丙甲草胺（金都尔）或广佳安满幅喷雾，板茬移栽的棉田，在移栽前的5～7 d用除草剂克芜踪或草甘膦满幅喷雾，除草效果理想，施药安全。为了确保施药安全，移栽后要求在早晨露水干（棉花叶片无露点、无风天气）后使用定向喷雾器喷雾，要最大限度地避免除草剂直接喷洒到棉花幼苗的叶片和根部。

(2) 现蕾前和封行后：棉花现蕾前用二羧氟草醚＋高效盖草能对杂草进行喷雾；棉花封行后用草甘膦在行间定向喷雾，除草效果理想，也较安全。

(3) 喷药后处理:使用除草剂的喷雾器,务必清洗干净,以避免喷施农药时造成中毒。

6. 精细铺膜 油后移栽地膜棉在除草结束后即覆盖地膜(厚度 0.006～0.008 mm)。铺膜要着重注意三点:一是要抓住雨后抢墒铺膜,以利保墒移栽;二是要根据移栽组合确定地膜宽度,一般选用幅宽为 80 cm 左右的地膜,铺在小行上;三是要使地膜贴紧土面,两边埋入土内。

7. 大田移栽 抢栽,油后移栽要早,于 5 月底抢栽结束。合理密度,移栽密度 2.7 万～5.25 万株/hm^2;平均行距 70～85 cm,株距 25～40 cm。打挡移栽,棉苗移栽根据预定行株距配置要求先用打孔器打好挡,营养钵挡深略超钵体高度,确保移栽不断钵,不露肩,不落坑;无土苗栽深至幼茎一半高度,深度 7 cm 左右。移栽时要注意大小苗分级移栽,栽后用细土填埋缝隙,浇足"安家水",促进返苗活棵。

(三) 栽后管理

1. 蕾期管理

(1) 化学调控:蕾期化学调控一般进行两次。第一次于 6 月中旬,用 25%的助壮素 45～75 ml/hm^2;第二次于初花期,用助壮素 90～120 ml/hm^2。化控要掌握"三轻三重"原则,即:蕾期使用宜轻,花期使用宜重;控制株形宜轻,制止疯长宜重;天气偏干宜轻,阴雨足墒宜重。无土苗以促为主,看苗化调,一般少控轻控。

(2) 及时整枝、留叶枝:一般叶枝长度不宜超过 10 cm。有旺长趋势的棉苗,整枝时可将第 1 果枝连同其下的主茎叶片一起整掉。

(3) 清沟理墒:提前配套棉田沟系,蕾期注意清沟理墒。

(4) 防治虫害:蕾期注意控制盲椿象、蚜虫等虫害。

2. 花铃期管理

(1) 揭膜中耕:揭膜时间一般掌握在 6 月底 7 月初,并注意把残膜清理出田外。揭膜后立即进行中耕松土,通气促根,并做好高垄深沟,固根防倒。

(2) 施肥:花铃肥要求分两次施用。第一次于 7 月上旬叶色落黄、下部坐住早桃时施用,以有机肥为主,施猪羊粪 11 250～15 000 kg/hm^2 或棉仁饼 600～750 kg/hm^2,过磷酸钙 450～600 kg/hm^2,氯化钾 112.5～150 kg/hm^2,有机肥不足的可用复合肥或尿素补足。可进行小行开沟条施,也可利用小铲掘塘穴施。第二次花铃肥宜选用无机肥,于 7 月 20～25 日施用,一般施尿素 225～300 kg/hm^2,提倡株间穴施。8 月 5～10 日,以 112.5～150 kg/hm^2 尿素施盖顶肥。为增加上部结铃,提高铃重,8 月 20 日前后对上部果枝拉得出、幼铃多、蕾数足、产量潜力较大的田块施长桃肥,可用尿素 75.0～112.5 kg/hm^2。

(3) 适时打顶和化学封顶:打顶时间常年在 7 月底 8 月初,最迟不超过"立秋"。打顶时提倡打小顶,一般以 1 叶 1 心为标准。打顶后 7～10 d 用 25%助壮素 150～180 ml/hm^2 进行化学封顶。

(4) 防治虫害:主治三、四代棉铃虫,兼治盲椿象、红铃虫、红蜘蛛和伏蚜等害虫。

(5) 抗灾应变:遇台风暴雨袭击,棉苗发生倒伏,要切实做到"三个突击",即突击排水降渍、突击扶苗和突击补肥。遇持续高温伏旱时,及时浇水,以水调肥,一般当棉株花位上升加快,上部果枝生长量变小,叶片无光泽,应立即抗旱。以采用傍晚沟灌为宜,灌跑马水。

3. 吐絮期管理

(1) 采摘黄熟铃：常年8月中旬至9月中旬，多遇连续阴雨天气，当铃壳发黄，并出现裂缝或病斑时即可摘下。要求隔天采摘1次，并注意及时晾晒和剥去铃壳。

(2) 防病治虫：后期病虫害防治以红叶茎枯病、棉铃虫、盲椿象、红铃虫为主。对缺钾严重、棉苗长势较弱、有明显急性早衰迹象的田块，要及时喷施丰产灵、活力素、802等促进剂，或浓度为0.2%～0.5%的磷酸二氢钾，并用浓度为1%的尿素连续喷施2～3次。

(3) 收清拾净：棉花采摘要求“四快”，即快收、快晒、快拣、快售；“四分”即按品种分收、分晒、分藏、分售；“三找六净”，即找落地花、找僵瓣花、找眼屎花，做到田里净、杆上净、壳里净、路边净、场头净、仓库净。减少“三丝”污染。

二、油菜(大麦)接茬直播棉花栽培和机械化采收

(一) 油菜(大麦)接茬直播棉花和机械化采收研究进展

长江中下游的油菜和大麦收获期在5月中下旬，丘陵岗地的成熟期更早，收获期在5月上中旬，在理论和实践上油菜(大麦，简称麦，下同)两熟接茬棉花采用直播具有可行性。与育苗移栽相比，种植方式具有轻型简化特点。与棉花套种(栽)相比，前作油菜、大麦可实行机械化满幅播种，接茬棉花可实行机械化播种和机械化采收，节省劳动力。针对接茬棉花大田生长时间缩短约30 d，试验研究采用“以密植争早发、争季节、争产量、提品质”的技术路线，这与机械化采收的技术策略相同。因此，接茬直播棉花与机械化采收一并论述。

经过多年试验研究，基本明确接茬直播棉花的品种、栽培和采收技术措施，取得一些新进展，但是产量和早熟性等关键问题还没有得到有效解决。

1. 产量和早熟性　据安徽省沿江两岸多年多点的试验结果，油后直播棉花的籽棉产量从3 562.5 kg到4 713.0 kg/hm²，平均籽棉产量3 950 kg/hm²；播种期在油菜收获后的5月16日到5月30日，即5月底前多数年景可以播种；收获密度从54 510株到93 000株/hm²，平均84 664株/hm²，与春栽相比，基本实现了密度“倍增”目标。吐絮期从9月9日到10月15日，采收期在10月中旬至11月上旬，与移栽棉花相比，吐絮和采收时间都延后了20～30日，显然早熟性是接茬直播棉花的突出问题(表35-1)。

表35-1　2013～2017年安徽省沿江棉区油菜(麦)后直播棉的产量和早熟性

(郑曙峰整理，2018)

年　份	品种(系)	收获密度(株/hm²)	总铃数(万个/hm²)	播种期(月/日)	吐絮期(月/日)	采收期(月/日)	籽棉产量(kg/hm²)
2013	中棉所63F_2	54 510	98.1	5/26	9/20	10/20	4 713.0
2013	中棉所63F_2	93 000	93.0	5/26	9/20	10/20	3 883.5
2014	中棉所50	91 785	87.2	5/29	9/9	11/6	3 654.0
2015	中棉所50	90 165	91.1	5/30	9/11	11/4	3 790.5
2015	中棉所63F_2	88 140	104.0	5/30	9/18	11/4	3 973.5
2016	中棉所50	79 395	110.4	5/18	10/1	11/10	4 194.0
2016	中棉所63F_2	79 020	103.5	5/18	10/15	11/10	4 450.5
2017	中棉所63F_2	84 960	76.5	5/16	9/25	11/10	3 915.0

（续表）

年　份	品种(系)	收获密度(株/hm²)	总铃数(万个/hm²)	播种期(月/日)	吐絮期(月/日)	采收期(月/日)	籽棉产量(kg/hm²)
2017	中棉所 74	88 140	87.3	5/16	9/18	11/10	3 769.5
2017	中棉所 92	88 875	96.0	5/16	9/15	11/8	3 562.5
2017	中 425	89 520	91.3	5/16	9/12	11/8	3 796.5
2017	F11	88 455	91.1	5/16	9/16	11/8	3 696.0

2. 油菜(麦)接茬直播棉生育特点　在不同种植密度条件下，油菜(麦)接茬直播棉花生育期，早熟品种为 104 d 左右，中早熟品种为 120 d 左右(表 35－2)。

表 35－2　江苏省油菜后直播棉花不同品种的生育进程比较

(周关印等，2015)

品　种(系)	出苗期(月/日)	现蕾期(月/日)	开花期(月/日)	吐絮期(月/日)	苗　期(d)	蕾　期(d)	铃　期(d)	生育期(d)
中棉所 50	6/1	7/1	7/22	9/13	30	21	53	104
中棉所 60	6/1	7/8	7/31	9/26	37	23	57	117
中 ZM6302	6/1	7/8	8/1	9/29	37	24	59	120
泗抗 1 号	6/2	7/7	7/27	10/4	35	20	69	124

据观察，油菜(麦)接茬直播棉 7 月 26 日至 8 月 5 日为果节出生高峰期，高峰期内群体果节日增量随着种植密度增加而加大。8 月 26 日至 9 月 15 日果节日增量和 7 月 16 日至 7 月 25 日相当，表明油菜(麦)接茬直播棉晚秋桃占有一定比例。7 月 31 日前后进入开花期，成铃高峰期均在 8 月 16 日至 8 月 25 日，其次是 8 月 6 日至 8 月 15 日和 8 月 26 日至 9 月 5 日，9 月 6 日后成铃强度明显下降，8 月 25 日前群体成铃强度随种植密度增加而加大。油菜(麦)接茬直播棉成铃期比较集中，大多数成铃在一个月内完成，明显短于育苗移栽棉花。

油菜(麦)接茬直播棉花产量由伏桃、秋桃和晚秋桃构成。其中，秋桃当家，占 53.57%～56.07%。“三桃”中伏桃的比例随种植密度增加而升高，秋桃比例随种植密度增加而下降(表 35－3)。

表 35－3　湖北省不同种植密度对油菜后直播棉“三桃”构成调查

(王国英等，2010)

理论种植密度(株/hm²)	总桃数(万个/hm²)	伏前桃		伏　桃		秋　桃	
		铃数(个/株)	占总铃率(%)	铃数(个/株)	占总铃率(%)	铃数(个/株)	占总铃率(%)
45 000	50.4	0	0	5.1	45.2	6.1	54.8
52 500	52.5	0	0	5.9	58.8	4.1	40.9
60 000	56.4	0	0	5.4	57.7	4.0	42.3

油菜(麦)接茬直播棉由于播种时间推后，品种应以早熟品种为主，栽培的核心是促早发、集中成铃和快速成铃，合理密植以建立合理群体结构是其实现高产、稳产的关键。由于

棉花具有无限生长习性，较高的种植密度增加了群体结构调控的难度，栽培措施不当会影响营养与生殖器官的协调生长，因此油菜(麦)接茬直播棉在生产中多存在迟发晚熟的问题。

对比育苗移栽方式，油菜(麦)接茬直播棉种植方式改育苗移栽为机械直播，种植模式改麦林套栽为接茬连作，种植品种改杂交棉为常规早熟棉，种植密度改稀植为合理密植，肥水运筹改早施、重施为迟施、少施。

适期播种有利调节棉花生长发育进程与季节良好同步，充分发挥优质品种的增产潜能并能安全成熟，规避了梅雨季节“两萎病”和虫害的发生高峰期，同时由于增加了群体密度，可迅速形成群体光合优势，可在温光适宜期实现集中吐絮成铃，从而形成棉花优质高产的基础。

3. 直播棉生育特点　油菜(麦)接茬直播棉的播期一般在5月下旬至6月初，与移栽棉相比，播期推迟了30～45 d，生长发育进程推迟，有效结铃期缩短，单株结铃减少，铃重也降低，这是造成产量低的主要原因。但油菜(麦)接茬直播棉播种期间的温度高而稳定，又无前茬作物的荫蔽，因而出苗快，苗期和蕾期显著缩短，只要管理得当，在7月下旬可开花，尚有40 d左右的有效结铃期，而且开花成铃集中。只是由于秋桃比重较大，随着后期温度下降，铃的龄期延长，铃重较轻。因此，油菜(麦)接茬直播棉在品种选择和关键栽培技术上必须力争早熟、争铃重，才能获得较高的产量和经济效益。

在不同种植密度条件下，油菜(麦)接茬直播棉的生育期，早熟品种在104 d左右，中熟品种在120 d左右(表35-2)，由此可见，油菜后直播棉对品种的熟性提出了新要求，从出苗到现蕾、开花、吐絮时间都要相应缩短。

(二) 油菜(麦)接茬直播棉花的生产条件

理论上，长江中下游光温生态条件能够满足油菜(麦)接茬直播棉花的需要，正常年景可以保证5月下旬播种，月底前出齐苗。农谚讲“春争日，夏争时”就是这个道理，生产上要把“晚播争早”落到实处，满足耕整地和播种的基本条件。但是，如果遇到持续阴雨或干旱将导致播种困难，因播种期延后、生长期没有足够保障是最大的障碍。同时，6月下旬进入“梅雨”季节，土壤湿度大，杂草生长旺盛，“草荒苗”也是各地出现的普遍问题。

7～8月的光温水条件充足，能够满足开花结铃的需要。但是若8月下旬或9月下旬遇到低温和降雨将诱发枯萎病和黄萎病的大发生，这时虽然群体长相很好，但中上部脱落增加，形成一个“空”的架子，“好看不好收”。吐絮期正常条件下温度和光照条件能满足吐絮的需要，但若秋雨连绵，会导致铃重下降，吐絮进程慢，采收困难。

(三) 油菜(麦)接茬直播棉花技术

针对油菜(麦)接茬直播棉的生育特点，在栽培管理上应选择早熟品种，抢时早播，全苗壮苗；增加种植密度，以密补迟；加强管理，以管促早；主攻中伏桃、末伏桃和早秋桃，提高单产和早熟性。

1. 目标产量和生长发育主要指标

(1) 目标产量：籽棉产量3 750 kg/hm^{2}以上，皮棉单产不低于1 200 kg/hm^2，纤维长度28 mm以上，比强28 cN/tex以上，马克隆值4.9左右，霜前花率80%以上。

(2) 前作：前茬以早熟油菜或大麦为宜，小麦茬口的棉花产量和早熟性没有保障，不提倡。

(3) 生长发育指标：5 月中下旬播种，5 月底出齐苗，6 月下旬现蕾，7 月下旬开花，9 月初吐絮，国庆节吐絮率不低于 30%，10 月底或 11 月初拔杆，播种(栽)油菜或大麦。

(4) 行距：若计划机械化采收，提倡 76 cm 窄等行配置，不宜采用(66+10) cm 的宽窄配置。

(5) 机采时间：机械化采收时间在 10 月底或 11 月上旬。

2. 品种　油菜(麦)接茬直播棉应选用早熟类型品种，生育期在 115～120 d，且铃期短、上铃快、吐絮集中，10 月 20 日收花率在 80%以上。不宜选择生育期在 110 d 以内的短季棉品种或生育期超过 130 d 的杂交棉品种。

选用精加工包衣种子，播前 1～2 d 抢晴天晒种，剔除瘪粒、破粒、嫩粒及杂质，按 22.5～30 kg/hm^2 备种。

3. 抢时播种，合理密植，施足底肥

(1) 抢时播种：油菜(麦)接茬直播棉花具有茬口迟，苗期气温高和生长发育快等特点，时间上要把握好播期与茬口、苗龄相吻合，5 月中下旬抢收油菜大麦抢时播种棉花。对迟播棉花而言，5 月中下旬每早播 1 d 可增加籽棉产量 15 kg/hm^2，吐絮率提高 1 个百分点。如果油菜收后来不及翻耕，也可灭茬浅中耕后抢种。如果土壤墒情不足，随时浇水抢种，只有土壤水分充足，才能保证播后苗全苗壮。提倡油菜大麦茬后人工开沟条播、穴播或机播，播种深度 2～3 cm，均匀播种，每穴播种 2～3 粒，浅覆土厚度不超过 2 cm。

(2) 施足底肥：中等肥力棉田全生育期按 N∶P∶K=(12～15)∶(6～7)∶(14～18)比例配方，底施复合肥 375～600 kg/hm^2，播种时或出苗后条施或穴施，与棉株保持 20 cm 距离。一般情况下，只需苗蕾期补施氮肥，重施花铃肥，后期不追肥。

(3) 合理密植：收获密度 60 000(无限果枝)～67 500(有限果枝)株/hm^2，株高 80～110 cm，果枝 15 个/株左右，成铃 15 个/株左右。

(4) 安全化学除草：前茬作物收获后、棉花板茬免耕直播前，可用草甘膦+乙草胺或精异丙甲草胺等对杂草茎叶和土壤喷雾。播种后出苗前，以禾本科杂草为主的棉田，用乙草胺、精异丙甲草胺等对土壤喷雾；以禾本科杂草和阔叶杂草混生的棉田用乙氧氟草醚等喷雾。出苗后现蕾前，以禾本科杂草为主的棉田，用草甘膦+乙草胺或精异丙甲草胺等对杂草茎叶和土壤定向喷雾；以禾本科、阔叶和莎草科杂草混生的棉田，用乙氧氟草醚等杀草谱较广的除草剂喷雾，可选择两种或多种除草剂进行混配使用，或用氧氟·乙草胺等混剂。现蕾后株高 30 cm 以上且棉株下部茎秆转红变硬后，可用草甘膦等对杂草茎叶定向喷雾。

4. 加强管理

(1) 苗期：适时间苗匀苗定苗，每穴留单株。4～5 叶期时中耕松土，灭茬除草，促苗早发。根据苗情酌施追苗肥。防治地老虎、蜗牛等虫害。看苗化调，长势好轻控，长势差的棉田(荒地、旱地、土壤肥力差)不宜化调。

(2) 蕾期：6 月底至 7 月中旬。对土壤板结、杂草较多的棉田应中耕松土除杂草。播后 30 d 进入蕾期追施尿素 7.5～75 kg/hm^2。盛蕾期、初花期遇干旱时灌水抗旱。根据监测预报，防治棉蚜和盲蝽等。蕾期 8～9 叶时，喷施缩节胺用量为 15～22.5 g/hm^2，化调次数和剂量根据苗情、土壤墒情和天气情况合理掌握。

(3) 花铃期:7 月下旬至 9 月上旬。初花期沟施尿素 225 kg/hm² 和氯化钾 225 kg/hm²，施肥深度 10 cm 左右，结合施肥培土壅蔸，喷施缩节胺用量 22.5～30 g/hm²。花铃期遇干旱时要灌水抗旱。根据监测预报，及时防治棉铃虫、斜纹夜蛾等害虫。

(4) 打顶:按“枝到不等时，时到不等枝”原则打顶，当果枝达到 15 个/株左右时，或不迟于“立秋”节气时打顶。

(5) 吐絮期:9 月中旬至 10 月底，对贪青晚熟的棉田进行脱叶催熟，10 月中旬用催熟剂 40%乙烯利 2.25～4.50 kg/hm² 和脱叶剂(噻苯隆 50%可湿性粉剂)0.3 kg/hm² 兑水均匀喷雾，改善棉田通风采光，促进脱叶、成熟吐絮。催熟剂兑水不少于 450 kg/hm²，均匀喷到所有棉株叶片。根据监测预报，及时防治棉花害虫。根据天气和棉花成熟情况，分期集中采摘。

5. 机械化采收

(1) 喷脱叶催熟剂条件(见第三十六章、第四十九章):一是早熟性指标，棉花自然吐絮率达到 40%～60%，上部铃的铃龄达 40 d 以上；二是喷施后天气好，采收前 18～25 d，连续 7～10 d 平均气温在 20 ℃以上，最低气温不得低于 14 ℃。

(2) 脱叶催熟剂用量:噻苯隆可湿性粉剂 300～600 g/hm² 加 40%乙烯利 2 500～4 500 ml 兑水 60 kg/hm² 喷施，对晚熟、生长势旺、秋桃多的棉田，可适当推迟施药期并适当增加用药量，反之则可提前施药并减少用药量。选择带有双层吊挂垂直水平喷头喷雾器。

(3) 采收指标:喷施脱叶催熟剂 20 d 后，棉株脱叶率达 95%和吐絮率达 95%左右。

此外，选用 3 行摘锭式采棉机或指杆式采棉机采收，有条件地区可实行棉花秸秆机械粉碎还田。

(四) 轻简化模式和机械化采收展望

从近 10 多年的试验示范来看，油菜(麦)接茬直播棉花尚受品种、农田平整和农机具等基础条件的制约，达到籽棉产量 3 750 kg/hm² 和 10 月 31 日霜前花 80%这一“阈值”的保证率低。因此，实现两熟种植模式的轻简化尚有难度。为了简化耕整地和争取农时，可以尝试“免耕贴茬、板地播种”技术，即油菜收获后实行板地播种棉花，或贴大麦、小麦的茬口播种棉花，只要预留行规范即可，这样可争取生长时间 7～10 d，有利缓解降雨或干旱对播种的制约，保留大麦或小麦残茬，可控制棉田杂草生长。

还可以尝试棉花提早套播种，在大麦或小麦播种时留出 36 cm 以上的预留空行，棉花在小麦收获前 20 d 套播在预留棉行，麦收机械不受影响，同样保留大小麦的残茬，这样也可以争取农时，实行保护栽培。但仍需要从种子包衣方面研究提早播种遇旱制约出苗问题。

长江中下游棉花机械化采收还可选择春栽(播种)棉花模式。

第三节 麦套移栽棉两熟栽培技术

麦、棉两熟栽培方式包括麦套棉和麦后棉。麦套棉分为麦套移栽棉和麦套直播棉；麦后棉分为麦后移栽棉和麦后直播棉。其中麦套棉是长江中下游棉区最主要的两熟栽培方式。目前普遍采用的是麦套移栽棉,麦套直播棉在生产上已被淘汰。

一、麦套棉的移栽方式和生育指标

(一) 麦套棉的移栽方式

麦套棉分为移栽地膜棉和露地移栽棉两种方式,移栽地膜棉具有明显的早发优势(表35-4)。

表 35-4　麦套棉的生育进程

移栽方式	出苗期	现蕾期	开花期	吐絮期
移栽地膜棉	4月上旬	6月上旬	6月底至7月初	8月下旬
露地移栽棉	4月上旬	6月中旬	7月中旬	9月初

[注] 本表由别墅、徐立华等整理(2010)。

(二) 麦套棉的生育指标

1. 苗期　棉苗真叶3～4片,苗高12～15 cm。子叶完好,叶色深绿,白根盘钵,主茎红绿各半。

2. 蕾期　移栽地膜棉6月初至7月初,露地移栽棉6月中旬至7月上旬。开花时株高达最后株高的1/2左右,单株果枝数10～11个,单株果节数25个左右,主茎日增量2 cm左右。

3. 花铃期

(1) 初花期—盛花期:移栽地膜棉7月上旬至7月中下旬,露地移栽棉7月上中旬至7月底。7月底棉花株高达最后株高的90%左右,单株果枝数15～16个,单株果节数50～60个,单株成铃6～8个,单株日开花数1～1.5个,主茎日增量2～2.5 cm。

(2) 盛花期—吐絮期:移栽地膜棉7月下旬至8月底。8月底株高100～120 cm,单株果枝数16～20个,单株果节数75～90个,单株成铃22～26个;露地移栽棉7月底至9月初,8月底株高90～110 cm,单株果枝数15～18个,单株果节数65～80个,单株成铃18～22个。

4. 吐絮期　移栽地膜棉8月底至收花结束,单株有效结铃数27～34个;露地移栽棉9月初至收花结束,单株有效成铃22～27个。棉花不早衰,不贪青迟熟,烂铃少,吐絮畅。

二、麦套棉的田间配置

(一) 麦、棉占地比例

长江流域棉区麦、棉套种的小麦播幅占地以30%～40%为宜。四川省农业科学院棉花研究所1973～1974年试验结果表明(表35-5),小麦播幅占地在30%～50%范围内,播幅增减10%,则产量增减5%左右,差异不显著;播幅增减20%,则产量增减10%左右,差异显著或极显著。小麦播幅超过50%并不一定再增产。随着小麦播幅的增加,每公顷的基本苗数和有效穗数呈有规律地增加,其变化与产量变化是一致的,但每穗粒数和千粒重则随播幅增加而有所降低。说明在一定肥水条件下，适当加大小麦播幅，对提高产量是有利的，但播幅增加过大，则无助于小麦继续增产。小麦播幅愈宽，棉花预留行愈窄，棉花产量愈低。对不同小麦播幅的预留棉行中透光率(相对受光量)测定结果显示，随着小麦播幅增宽，行间的透光率减弱，荫蔽加重，地温降低。因此，兼顾麦棉产量和田间管理，以小麦播幅占地40%、预留棉行占地60%较为合适。

表35-5　麦、棉套种不同小麦播幅和预留棉行的产量比较

(中国农业科学院棉花研究所，1983)

小麦播幅和预留棉行比例	小麦产量		皮棉产量	
	kg/hm²	较对照±(%)	kg/hm²	较对照±(%)
麦幅占地30%，预留棉行70%	3 099.8	80.7	850.1	100.0
麦幅占地40%，预留棉行60%	4 061.9	83.8	826.4	97.2
麦幅占地50%，预留棉行50%	4 330.5	89.4	809.0	95.2
麦幅占地60%，预留棉行40%	4 353.0	89.8	794.1	93.4
小麦满幅条播对照	4 845.3	100.0	645.3(麦后棉)	75.9

(二) 麦、棉套种的畦沟配置

长江流域棉区春季多雨，必须开沟作畦，以利排水，使麦、棉免受渍害，以利于根系发育，减轻病害。沟畦的配置大体上可分为宽畦和窄畦两大类，在地下水位较低、排水较好的棉田，以宽畦为主，畦宽2.6～2.8 m，套栽4行棉花；在滨湖和河网地区，由于地下水位高，以窄畦居多，畦宽1.33～1.67 m，套栽2行棉花。

三、麦套棉的套种方式

(一) 一幅麦套2行棉花

习惯上称“一麦两花”，是湖北江汉平原的主要套种方式，江西、湖南也较普遍。中上等地采用畦宽(含沟宽)1.67 m左右，畦中种一宽幅麦，播幅67 cm左右，畦两边各套栽一行棉花[图35-1(一)]；地力较薄的棉田采用畦宽1.33～1.50 m，畦中麦幅宽33～67 cm。这种方式包括畦沟在内预留棉行达83～110 cm，较好地协调麦、棉复合群体争光、争水肥矛盾，有利于排水、降低土壤湿度和增温，管理也较方便。据湖北天门等地经验，这种方式比20世纪80年代采用的“两幅麦三等行”等套种方式棉花增产显著。

(二) 麦肥间作、套栽棉花

为江苏省沿海棉区麦套棉的主要种植方式。以1.2～1.3 m为一套组合，小麦播幅40～50 cm，预留棉行80 cm左右，空行内播种蚕豆(或苕子)用作绿肥，5月上旬翻压绿肥，中旬移栽2行棉花，窄行40 cm左右，麦收后棉花宽行80～90 cm[图35-1(二)]。这种方式有利于用地养地相结合。

(三) 沟边麦子、畦中套栽2行棉花

在浙江、江西、皖南等地都有采用。畦宽1.2～1.3 m，沟边种1～2行麦子，中间套栽2行棉花，窄行40～47 cm[图35-1(三)]。

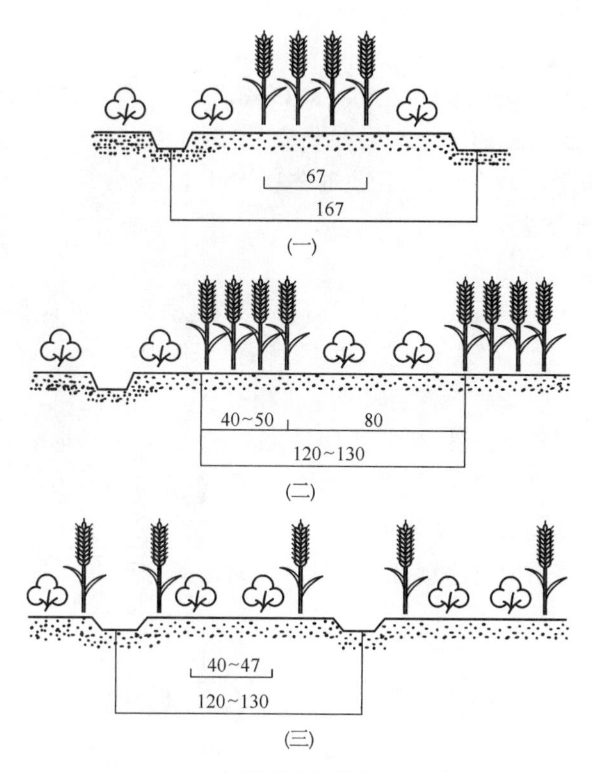

图 35-1　麦套棉不同套种方式(单位:cm)

四、麦套露地移栽棉栽培规范与技术指标

(一) 播种育苗

育苗苗床播种一般于 3 月 25 日至 4 月 5 日期间,育苗方法见本章第一节。

(二) 适时移栽

1. 大田准备

(1) 熟化土壤:棉行空幅冬季深翻冻垡,早春松土,以利于土壤熟化,促进根系发育。

(2) 扶理前茬:如果麦子有倒伏趋势或已倒伏,要在棉花移栽前进行扶理,以改善棉行的通风透光条件,有利于提高土温,促进棉苗早发;同时也有利于棉花移栽时的田间操作。

(3) 施足基肥:施有机肥 15 000～22 500 kg/hm^2(或腐熟饼肥 375 kg)、尿素 55～83 kg/hm^2、氯化钾 150 kg/hm^2、25%棉花专用复合肥 600 kg/hm^2。有机肥宜在栽前 15～20 d 施入,或在移栽前 7～8 d 结合整地作畦与无机肥同时施入;移栽地膜棉基肥在铺膜前施。不得在钵挡内施基肥,以防根、肥接触,发生肥害伤根。

(4) 化学除草:土地平整后用棉田除草剂均匀喷洒于地面,除去杂草。

2. 大田移栽

(1) 株行距配置:根据不同生态条件、不同种植方式和密度要求,确定适合本地区的大、小行配置方式，再根据密度和行距计算出株距。小行宽 50 cm 左右，大行宽 80～90 cm，平均行距 70 cm 左右。

(2) 移栽适期：一般在 5 月 15 日左右开始移栽，5 月 20 日左右移栽结束。

(3) 移栽方法：根据密度和株行距配置要求，定距打洞，洞深略超过钵体高度。苗床起苗时保证苗钵完好，栽时不栽露肩苗，覆土时先覆 2/3 土，浇活棵水后再覆满土。移栽宜在晴好天气进行，切忌雨天或雨后移栽。

3. 栽后管理

(1) 及时割麦：麦子成熟后及时收获，尽量减少麦、棉共生期，以保证棉苗对光、温、水、肥的需求。麦子一般收获期在 5 月下旬，收麦时防止损伤棉苗。

(2) 灭茬中耕：麦子收获后应将麦幅及时耕翻灭茬，以增加地温，促进麦茬腐烂分解。

(3) 移苗补缺：如发现有缺株、死苗、弱小苗，应及时选用正常棉苗进行补栽。

(4) 清沟理墒：中耕灭茬后，及时开挖田间沟系，畦沟 30 cm 左右，横沟 45 cm 以上，周边沟 50 cm 左右，确保灌排畅通。

4. 虫害防治　移栽后随时注意蚜虫、红蜘蛛、盲椿象等害虫的发生，如有危害应及时进行防治。

(三) 蕾期管理

1. 化学调控　根据天、地、苗情及时进行化学调控，以防营养生长过旺，减少蕾铃脱落。蕾期(6 月中旬)对有旺长趋势的棉田，用缩节胺 22.5 g/hm^2 左右或 25% 助壮素 60～90 ml/hm^2，兑水 450 kg/hm^2 均匀喷洒，以控制棉苗旺长。

2. 整枝　及时去除叶枝，以改善棉株生长环境。密度低、行距大的田块可定向留取 1～2 个伸向大行间的上位叶枝。

3. 清沟理墒　棉花蕾期阶段正值梅雨季节，在棉田沟系配套的基础上进一步清沟理墒，及时排除田间积水，减轻田间渍害，以利于根系生长。

4. 防治虫害　棉花蕾期的主要害虫有二代棉铃虫、盲椿象、蚜虫等，根据虫情及防治标准及时用药防治，一般可用有机磷、氨基甲酸酯类以及特异性昆虫生长调节剂进行防治。

5. 缺硼棉田喷施硼肥　蕾期用 750 g/hm^2 左右高效速溶硼肥兑水 375～450 kg/hm^2，进行叶面喷施。

(四) 花铃期管理

1. 初花期—盛花期

(1) 追施花铃肥：7 月上旬在棉花初花至开花期间施用第一次花铃肥，以有机肥与无机肥相结合，氮肥与钾肥相结合，一般施猪羊粪 11 250 ～ 15 000 kg/hm^2 或饼肥 450～600 kg/hm^2，尿素 150～180 kg/hm^2，氯化钾 150～225 kg/hm^2；7 月下旬重施第二次花铃肥，穴施或沟施尿素 240 kg/hm^2 左右，不得撒施。根据缺硼程度于 7 月上旬至 7 月底喷施 1～2 次硼肥，用 1.5 kg/hm^2 高效速溶硼肥兑水 75 kg/hm^2，进行叶面喷施。

(2) 化学调控：开花前后对生长偏旺、叶片偏大、主茎生长过快、土壤肥力较好的棉田，喷施缩节胺 37.5 g/hm^2 左右或 25% 助壮素 150～180 ml/hm^2，兑水 750～900 kg/hm^2，均匀喷洒。

(3) 排涝抗旱:如遇连续阴雨天气,应及时排涝降渍,改善土壤通气条件;如遇持续干旱天气,并且棉花有凋萎现象,应及时进行灌溉。

(4) 防治病虫害:花铃期的主要虫害有棉花第三代棉铃虫、红铃虫、盲椿象、红蜘蛛、玉米螟、金刚钻、伏蚜等,准确预测预报,及时防治。棉铃虫在产卵高峰期用药;发现红蜘蛛危害立即采取封闭式防治方法,用杀螨剂将其消灭在点片发生阶段,避免扩大危害。

2. 盛花期—吐絮期

(1) 适时打顶和化学封顶:在立秋前后打顶,去 1 叶 1 心为宜。打顶后 1 周左右,根据棉花长势用缩节胺 37.5～52.5 g/hm^2 或 25%助壮素 150～225 ml/hm^2,兑水 750～900 kg/hm^2 均匀喷洒,进行化学封顶。

(2) 施用盖顶肥和根外追肥:盖顶肥施用时间不宜过迟.一般在立秋前施用结束,施尿素 75～105 kg/hm^2。8 月中旬后有早衰趋势的棉田,用 2%尿素加 0.2%～0.5%磷酸二氢钾,间隔 7～10 天喷 1 次,连续喷 2～3 次。

(3) 病虫害防治:8 月份是棉铃虫四代和五代重叠发生,应加强预测预报,做好以防治棉铃虫为主,兼治红蜘蛛等其他害虫的田间管理工作,提高防效。

(4) 抗害补救:结铃盛期灾害性天气时有发生,如遇台风暴雨袭击,要及时排水降渍,扶理棉花,补施肥料或根外追肥,促进恢复生长。如遇干旱应沟灌跑马水,避免大水漫灌,造成蕾、花、铃生理脱落。

(五) 吐絮期管理

1. 虫害防治　9 月上中旬继续做好棉花害虫的防治工作。

2. 乙烯利催熟　对成熟偏迟的棉田,用乙烯利催熟。使用乙烯利催熟剂必须在铃龄达 40 d 以上,使用时气温不低于 20 ℃为宜;使用浓度为 1 000 mg/kg 左右的乙烯利溶液,即用 40%的乙烯利 1.875 kg/hm^2,兑水 750 kg,进行叶面喷施,在 10 月 20 日左右使用为宜。

3. 收花　采摘黄熟铃,不收雨后花、露水花和笑口桃。按品种分收、分晒、分藏、分售,确保丰产丰收。采摘、交售棉花禁止使用化纤编织袋等非棉布口袋,禁止使用有色线、绳扎口,以防"三丝"混入。

五、麦套移栽地膜棉栽培技术

(一) 选择优质杂交种和适宜密度

长江流域棉田土壤肥力投入水平较高,棉株密度过高易造成疯长,蕾铃脱落严重。宜选用杂交棉大棵型中熟品种,行距 85～120 cm,密度 2.4 万～3.3 万株/hm^2,以适当加大行距,减少株数,推迟封垄时间,改善棉田通风透光条件,有利于减少蕾铃脱落与烂铃,增加单铃重。

(二) 适时播种,培育壮苗

营养钵育苗见本章第一节。3 月底至 4 月初播种,播种过早或过迟均不利于叶枝分化。

(三) 优化茬口,调整组合,缩麦扩空,扩行降密

麦茬对移栽地膜棉的增产效果影响很大,移栽地膜棉的茬口选择越早越好。优化茬口对麦套移栽地膜棉来说，还需要缩小麦幅增加空幅，麦幅必须控制在40%以内，确保空幅80 cm以上，这样才更有利于移栽地膜棉早发优势的发挥。

移栽地膜棉的适宜密度在2.7万～4.5万株/hm^2，可根据本地的实际情况进行调整。扩行降密方法：一是改革畦面宽、放大组合，即将原来2.4 m左右一畦种4行棉花，改为3.0～3.33 m一畦种4行棉花；另一种是稳定畦宽，实行“四改三”，即将原来2.4 m左右宽畦面种2组4行棉花改为种3行棉花。

（四）精细覆膜，提高品质

为提高覆膜质量，通过对覆膜移栽各环节调查研究，总结出了一整套规范化的操作程序，即施肥→灭茬→除草→打塘→盖膜→移栽→清理。

1. 施肥灭茬　将基肥在小行上开沟条施或满幅撒施旋耕，一般氮肥用量占全生育期用量的25%～30%，即用腐熟有机肥37 500～45 000 kg/hm^2，尿素110～139 kg/hm^2，过磷酸钙375～600 kg/hm^2，氯化钾225～300 kg/hm^2，或用复合肥450～525 kg/hm^2。施肥后结合扶理前茬，用钉耙拉整，使畦面呈公路型，并喷施除草剂（空幅用25%乙草胺水剂750～1 050 ml/hm^2或25%绿麦隆6 kg/hm^2，兑水375 kg/hm^2喷洒）。

2. 覆膜移栽　地膜厚0.006 mm，膜宽根据覆膜方式和组合而定，单行覆盖膜宽40～50 cm，双行覆盖膜宽80～90 cm。打塘既可在覆膜前也可在覆膜后进行，塘深应比钵身高度深1～2 cm，然后将苗钵摆入，并用细土填缝，防止水分散失和蒸腾伤苗。在干旱时还要在塘内浇水再移栽。如移栽以前下雨，应抢墒覆膜，以便栽后活棵生长。将膜边压实，并清扫膜面以提高植株受光面积，增加保温效果。

（五）加强管理，夺取高产

1. 适时增肥，稳前增后　皮棉产量1 500 kg/hm^2以上移栽地膜棉的适宜施肥水平为N 375～450 kg/hm^2，P_2O_5 90～120 kg/hm^2，K_2O 225～300 kg/hm^2，缺硼、锌的田块还要分别施7.5～15 kg/hm^2硼肥或锌肥。

2. 合理化控，稳长促壮　一般缩节胺用量为120～150 g/hm^2。根据移栽地膜棉苗情，一般化控4次。第一次化控在蕾期8～9叶时，用量7.5 g/hm^2左右，防止疯长；第二次在初花期16～18叶时，用量30～37.5 g/hm^2，防旺长、促转化，同时确保第一次花铃肥的施用；第三次在7月下旬，用量37.5～45 g/hm^2，防止上部节间过长，增加中下部光照，减少脱落，向高产株型发展；第四次在打顶后7～10 d，用量45～52.5 g/hm^2，防止顶部果枝长得太长和赘芽发生。

3. 立足抗灾，防倒伏和渍涝　移栽地膜棉发育早、植株个体大、生长迅速、群体茂盛，棉铃虫、玉米螟、盲椿象等害虫容易发生，遇暴风雨也容易倒伏。因此，立足抗灾，抓好移栽地膜棉病虫害防治，搞好棉田“四沟”配套，及时壅根培土，增强棉花抗灾避灾能力。

六、简化整枝

（一）选肥地，力争在简化基础上夺取高产

选择肥力中上等，后发性强，有灌溉排水条件的麦套棉、油菜后移栽地膜棉土地开展叶枝棉栽培。肥力低、保肥保水能力差的土壤、无灌溉排涝条件以及丘陵岗地不适合叶枝棉栽培。同时，要求管理水平高，各项农业措施到位，力争在简化管理基础上夺取高产，实现省工、节本、增效目标(见第三十三章)。

(二) 选择优势杂交种,适当放宽行距

选择棉花生长势强、株型大的中熟杂交种;适当放宽行距,达 100～110 cm;合理密植,移栽密度 3 万～3.3 万株/hm^2。如果选择中早熟类型的杂交种应适当增加密度。

(三) 培育壮苗,促叶枝分化

移栽时幼苗真叶 2～3 片,叶色清秀、无病斑,苗高 10～15 cm,根多,植株健壮敦实,有利叶枝分化。病苗、弱苗叶枝分化少,叶枝数量少;生长势弱,补偿效果差。

(四) 施足底肥,早施重施追肥,促进叶枝生长

施足底肥。4 月中旬开沟深施底肥,施优质农家肥 3～4 t/hm^2 或饼肥 750 kg/hm^2 左右,磷铵 375 kg/hm^2 左右,过磷酸钙 375 kg/hm^2 左右,氯化钾 120 kg/hm^2 左右;或三元复合肥 375 kg/hm^2 左右加棉仁饼 450 kg/hm^2,缺硼棉田加施硼砂 15～22.5 kg/hm^2。

重施、早施花铃肥。花铃肥分两次施用,第一次在 7 月上旬,第二次在 8 月初补施桃肥,后期喷施叶面肥。如遇干旱及时灌溉。

(五) 叶枝利用和改造结合

留主茎高位优势叶枝 2～3 个/株,当叶枝有果节 7～8 个时应打顶。叶枝成铃一般占单株成铃的 25%,有利高产,即在稀植条件下,如果总成铃 50～55 个/株,其中叶枝成铃 13～14 个/株为宜。

留叶枝棉的主茎打顶时间同常规棉。因叶枝对主茎生长有抑制作用,主茎果枝数略少。因此,主茎打顶时间可适当推后。叶枝棉提倡看苗化控,方法上宜前轻后重,少量多次。

典型高产叶枝棉的长势长相:田间可见主茎生长点的高度高,叶枝生长点的高度矮,群体呈现高低相间,冠层呈现开口向上和波浪形的结构;最适最大 LAI 出现时间在 8 月初,这与留叶枝棉的生长点多紧密相关。

因叶枝棉前期叶枝的生长,现蕾、现花时间略晚于不留叶枝棉花,当进入生殖生长盛期,现蕾、开花和成铃的强度大,成铃率也高,且相对集中,生殖生长结束时间相对早些。

第四节　棉田多熟种植技术

综合长江流域各地菜、棉多熟实践,菜、棉种植的基本要求,一是地势平坦,土壤肥沃,土质疏松,土层深厚。二是地势高亢,排灌方便,能做到旱涝保丰收;田间排灌系统健全,主沟、围沟、腰沟和畦沟相配套。三是有较高的劳动者素质与充足的劳动力和农业机械。四是科学防治病虫害,生产安全绿色食品;坚持虫情测报,达到防治标准才能治理。采用替代技术,用生物农药 *Bt* 乳剂和杨树把、灯光诱蛾防治,种植抗病、抗虫品种,减少用药。局部施药和人工防治相结合,药剂拌种或采用包衣种子防治地下害虫和苗期病虫害,用抹卵摘叶方法防治棉花红蜘蛛(棉叶螨),改传统的大面积均匀施药为点施(涂抹法)和隐蔽施药(如包衣剂)。坚持收获前 15 d 停止施药。

一、棉花、圆葱套种模式

1. 周年全田产出　棉花皮棉产量 1 200～1 500 kg/hm^2,圆葱产量 24 000～31 500 kg/hm^2。

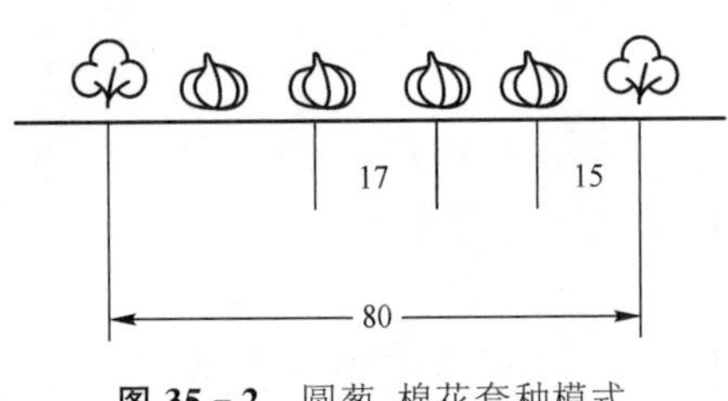

图 35－2　圆葱、棉花套种模式田间结构(单位:cm)

2. 田间配置方式　带宽 80 cm,圆葱带宽 50 cm 种 4 行,行距约 17 cm;棉花圆葱间距 15 cm;圆葱收获后,棉花为 80 cm 的等行距(图 35－2)。

3. 圆葱栽培要点　选耐储、耐寒黄皮圆葱品种;棉花选择抗虫、丰产的中早熟品种。秋茬作物收获后,施足基肥,施优质的有机肥 45 000～75 000 kg/hm^2,过磷酸钙 750 kg/hm^2 左右,钾肥 300 kg/hm^2左右。圆葱适宜播期 9 月 5 日,用种量 7.5 kg/hm^2。用40～50 ℃的温水浸种 24 h,催出芽后将种子均匀撒播在育苗畦上,然后覆土 0.5 cm,出苗前保持畦面湿润,出苗后控制肥水,预防苗子生长过旺。定植前苗龄控制在 4～5 片叶,茎粗 0.6～0.9 cm。10 月 20 日前后定植,移栽前将床浇透,剔去无根、无生长点、过矮、过细的小苗和徒长苗、分蘖苗、病苗,并将苗分级栽植,移栽大田要求整地平整。移栽前用宽 90 cm 的地膜覆盖畦面,地膜两边压严、压实。栽植时边打孔边栽植,按 17 cm×15 cm 行株距定植,边定植边浇定植水。冬前缓苗后的圆葱,不干不浇水;分级后的小苗可加灌一水,并冲施尿素;11 月 20 日前后土壤封冻时浇好冻水,并及时浇返青水,冲施尿素225～300 kg/hm^2。鳞茎进入膨大期后,加强肥水管理,保持土壤湿润,收获前 10 d 停止浇水。

二、大蒜、棉花套种模式

1. 周年产出　产蒜头 16 500～21 000 kg/hm^2,蒜薹 2 100～3 750 kg/hm^2,皮棉 1 125～1 500 kg/hm^2。

2. 田间配置方式　大蒜、棉花套种田间配置分两种类型,一种是 4－1 式(图 35－3 上),畦宽 100 cm,垄作,垄高 15～20 cm,宽 40 cm,种一行棉花,株距 20 cm;垄下 60 cm 栽种 4 行大蒜,行距 20 cm,棉花密度 3.75 万～4.2 万株/hm^2。另外一种配置方式是 4－2 式(图 35－3 下),畦宽 180 cm,垄作,垄高 15～20 cm,宽 70 cm,种 2 行棉花,株距 18～20 cm,棉花窄行

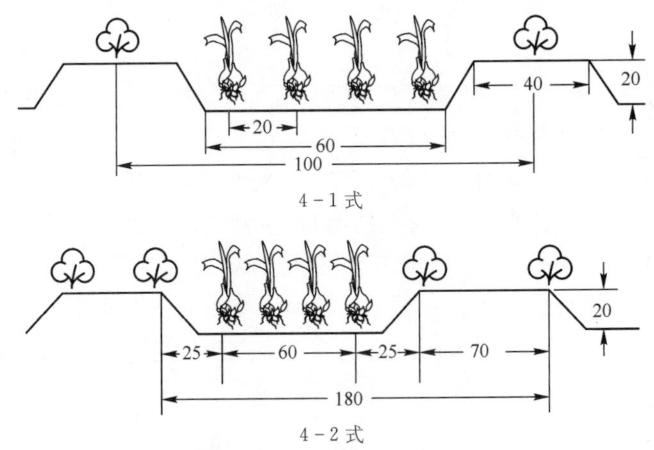

图 35－3　大蒜、棉花套种模式田间结构(单位:cm)

大蒜 9 月底栽种,翌年 6 月收获;棉花、大蒜共生时期:4 月底至 6 月中旬

不小于 50 cm;垄下 100 cm,栽 4 行大蒜,行距 20 cm,棉花密度 3.75 万～4.2 万株/hm²。

3. 茬口衔接　大蒜栽种要早,前茬棉花不能及时拔除,可将大蒜套种于棉田,栽后亦用地膜覆盖。大蒜 5 月下旬收获。棉花于 4 月中下旬套于蒜田,地膜覆盖。

4. 大蒜栽培要点

(1) 品种选择和播种:大蒜良种有仓山蒲棵蒜、金乡红皮蒜、河南"八大瓣"白皮杂交蒜。播种量 750 kg/hm² 左右。栽前分级,选大中瓣作种,播种前用井水或无污染水加 2%磷酸二氢钾和 1%尿素混合浸种,浸泡 8～12 h,打破休眠,以利早出苗和出苗整齐。

(2) 肥水运筹:增施基肥,施优质厩肥 75 000 kg/hm²,饼肥 1 200～1 500 kg/hm²,三元复合肥 1 500～1 995 kg/hm²。30%～50%氮肥作为棉花追肥外,其他肥料均应作底肥施入。大蒜在春季早追肥,施尿素 450 kg/hm²。棉花重施花铃肥,追施尿素 450 kg/hm²。

水分管理方面,大蒜栽前浇足底墒水,或栽后浇蒙头水再覆盖地膜。大蒜栽后可自行顶破膜面,晚播大蒜应及时放苗。大蒜生长旺盛,土壤应保持湿润状态;抽薹后即浇足蒜头水。

(3) 病虫害防治:大蒜生长前期(冬前)和返青期易生地蛆和金针虫,可用 90%晶体敌百虫 1 000 mg/kg 药液或 40%氧化乐果 1 500 mg/kg 药液喷雾防治。危害大蒜的病害有叶枯病、霜霉病、白粉病和锈病。叶枯病、霜霉病应用 1∶2∶240 的波尔多液或 7.5%的百菌清 500～800 mg/kg 药液、50%多菌灵 500 mg/kg 药液喷雾防治。防治白粉病和锈病用 15%粉锈宁 750 g/hm² 兑水 750 L/hm² 喷雾防治。棉花虫害防治同一熟春棉。

三、荷兰豆、棉花套种模式

1. 周年产出　荷兰豆嫩荚 7 500 kg/hm²,荷兰豆干豆粒 2 250 kg/hm²,皮棉 1 200～1 350 kg/hm²。

2. 田间配置方式　畦面宽 167 cm(图 35－4),每畦种 2 行棉花,行距 100 cm,株距 21 cm,48 000 株/hm² 左右。10 月底 11 月初,在两行棉花的内侧各种 1 行荷兰豆,离棉花根 10 cm,行距 80 cm,穴距 25 cm,4.95 万穴/hm²,每穴播 3～4 粒,用种量 24～30 kg/hm²。

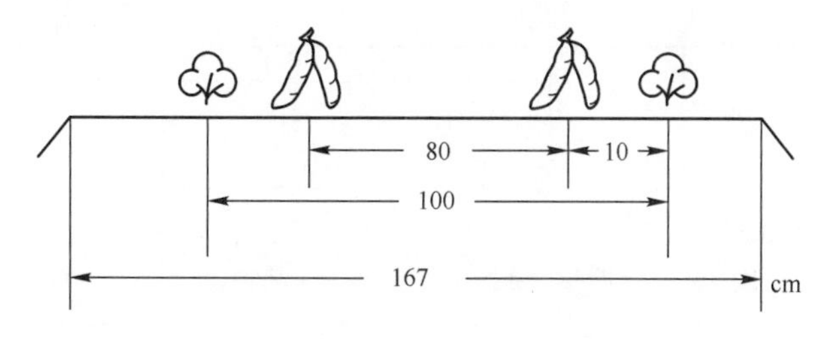

图 35－4　荷兰豆、棉花套种模式田间结构(单位:cm)

3. 荷兰豆栽培要点　选用"新科状元"品种,播种前用 40%盐水选种,捞去不充实或受虫害的种子。一般在 10 月下旬至 11 月上旬播种。荷兰豆对磷敏感,播前基施过磷酸钙 300 kg/hm²,以促进形成壮苗越冬。开春后施返青肥,施尿素 60 kg/hm²。4 月下旬开始采摘后,分几次重施结荚肥,每隔 5 d 左右施 1 次,连续 4～5 次,每次施尿素 30～45 kg/hm²,以延长开花结荚期。棉花收后,暂不拔杆,利用棉秆挡风保暖,并作为荷兰豆茎蔓的攀附物。待茎蔓长到 30～40 cm 向上攀附时，需将两行棉花秆并拢扎在一起。荷兰豆苗期应该注意防治蜗牛危害，及时用灭蜗净防治，结荚时期主要害虫是潜叶蝇，及时用菊酯类农药进行防治。对褐斑病和白粉病，可利用 70%甲基托布津 600～800 mg/kg 水溶液喷洒防治。荷兰豆嫩荚的采摘应适时，当嫩荚子粒刚形成时为采收适期，一般应在 4 月下旬至 5 月 20 日前采摘，过迟影响品质。5 月底至 6 月初及时收获，拔棉秆及荷兰豆茎蔓，尽早腾茬，移栽棉花。

4. 棉花栽培要点　选用优质、高产、抗病品种。3 月下旬制钵，3 月底 4 月初浇足底墒水，播种。加强苗床管理，搞好搬钵蹲苗，培育壮苗移栽。5 月底 6 月初，荷兰豆收获后，及时拔棉秆及荷兰豆茎蔓，清除地面杂物，把地块整细拉平。基施过磷酸钙 300～375 kg/hm^2、尿素 110 kg/hm^2、钾肥 225 kg/hm^2。覆膜前喷 25%乙草胺 1.5 kg/hm^{2}进行化除。精细铺膜，紧贴地面压好地膜边，膜上打洞。分级移栽，细土填缝。7 月上旬结合收膜，培土壅根，追施第一次花铃肥，施 300 kg/hm^{2}尿素。8 月中旬看苗补施 150 kg/hm^{2}尿素长桃肥。棉花生长中后期，见旱即灌，见涝即排。适量调节化控，具体掌握在蕾期、初花期、盛花期，并在打顶后用缩节胺进行化控；同时，在移栽后和结铃期喷施 802 防早衰。移栽地膜棉生长发育早，前期长势旺，盲椿象、棉铃虫、玉米螟等害虫发生时间早、危害重，应及时进行虫情监测，采取统一防治。

四、西瓜、棉花套种模式

1. 周年产出　产西瓜 42 000 kg/hm^2、皮棉 1 200 kg/hm^{2}左右。

2. 田间配置方式　宽 170 cm 种植畦(图 35－5)，栽 2 行西瓜，2 行棉花。移栽西瓜前 3～5 d，用幅宽 90 cm 的地膜覆盖播种畦，以保墒增温。在中间打孔，移栽 1 行西瓜，株距 45 cm，密度 1.275 万株/hm^2。4 月底 5 月初在西瓜行两边各移栽 1 行棉花(距离西瓜行 25～30 cm)，株距 23 cm，密度不低于 4.5 万株/hm^2。

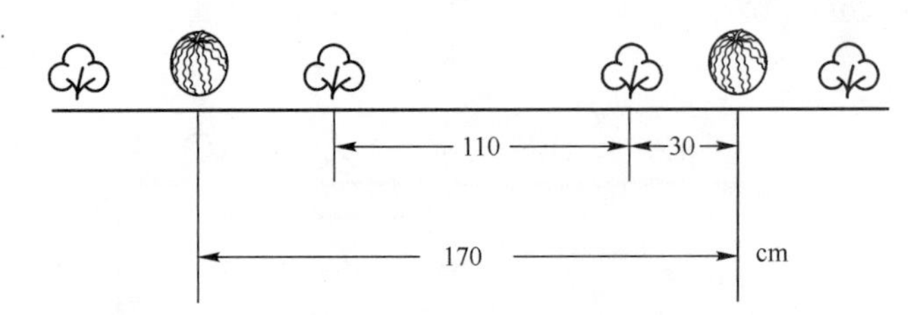

图 35－5　西瓜、棉花套种模式田间结构(单位：cm)

3. 西瓜栽培技术　西瓜应选用高产早熟的郑杂 5 号或新红宝等。西瓜、棉花套作田应在有水肥条件的中上等肥力的两合土地。冬前进行深耕冬灌，早春及时整地保墒，结合整地施足底肥，施优质农家肥 45 000 kg/hm^2，饼肥 1 125 kg/hm^2，过磷酸钙 1 125 kg/hm^2，硫酸钾 450 kg/hm^2，尿素 83 kg/hm^2。西瓜管理：一是整枝压蔓时要在同一侧选留侧蔓，穿过棉行伸向背垄；开花时要进行人工辅助授粉。二要及时喷药防病，可于西瓜坐果前后，用多菌灵或瓜菜灵 500 ml/L 喷洒 2～3 次。三是要及时追肥浇水，西瓜移栽后施促苗肥，尿素 120～

150 kg/hm²。当西瓜退毛后(鸡蛋大小),施磷酸二铵 225 kg/hm²。在西瓜伸蔓期、膨大期浇水 2～3 次。四是及时采收西瓜,要在不影响品质的情况下,尽早采收,一般 6 月中下旬采收清茬完毕。

4. 棉花栽培管理　棉花选用早熟不早衰的高产抗病品种。西瓜采收前注意防治蚜虫、棉叶螨。浇水后及时中耕松土、除草。西瓜收摘后,棉花开始进入蕾期,追施 1 次蕾肥,施磷酸二氢铵 75～90 kg/hm²,并注意促控结合,对生长旺盛的田块,用缩节胺粉剂 15 g/hm² 兑水 300 kg/hm² 喷洒 1 次。盛花期追施尿素 225～300 kg/hm²。7 月中下旬打顶,中后期及时防病治虫,叶面喷肥。

五、甘蓝、棉花连作模式

1. 周年产出　产甘蓝 37 500 kg/hm² 左右、皮棉 1 200～1 500 kg/hm²。

2. 田间配置方式　宽 200 cm 的甘蓝种植畦内种 5 行甘蓝,4 月上旬甘蓝收获后,直播或移栽 4 行棉花。甘蓝行株距 40 cm×33 cm(图 35－6)。

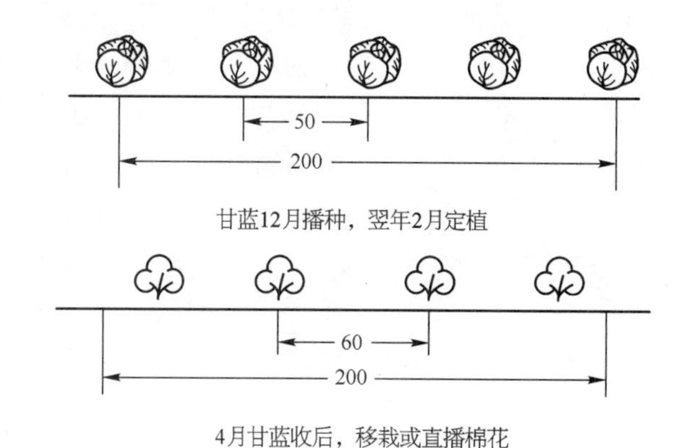

图 35－6　甘蓝、棉花连作模式田间结构(单位:cm)

3. 栽培要点　甘蓝选用早熟品种,棉花选用中早熟品种。封冻前施足基肥,并扣好小拱棚。小拱棚选用长 3 m 的竹片,棚宽 2 m,高 0.7～0.8 m,长度因地块而异,一般在 30 m 左右,每隔 0.5 m 一拱,薄膜可用宽幅为 3 m 的普通聚乙烯膜。甘蓝育苗采用阳畦育苗方式,每公顷甘蓝约需 1 000 m² 大小的育苗阳畦,每畦用种 750 g,播期为 12 月上旬。播种时先灌底水,水渗后播种,当幼苗长到 2 叶 1 心时进行间苗,定苗后保证幼苗间距在 7～10 cm。2 月上中旬在拱棚中进行定植,定植密度按行株距 40 cm×33 cm,将大小幼苗分开定植,以便于管理,随栽随浇定植水,缓苗后进行划锄,以提高地温,促进根系生长。蹲苗半月后,肥水齐攻,可追施人粪尿 30 000～45 000 kg/hm²,或尿素 225～300 kg/hm²,以促进叶球膨大。甘蓝的整个生长期中都要严格控制温度,一般控制棚温不超过 25 ℃,不低于 12 ℃。

六、马铃薯、棉花套种模式

1. 周年产出　棉花产量 1 200～1 500 kg/hm²,马铃薯 15 000～30 000 kg/hm²。

2. 田间配置方式　每种植带宽 120 cm(图 35－7),垄作,垄高 10 cm。马铃薯行株距为

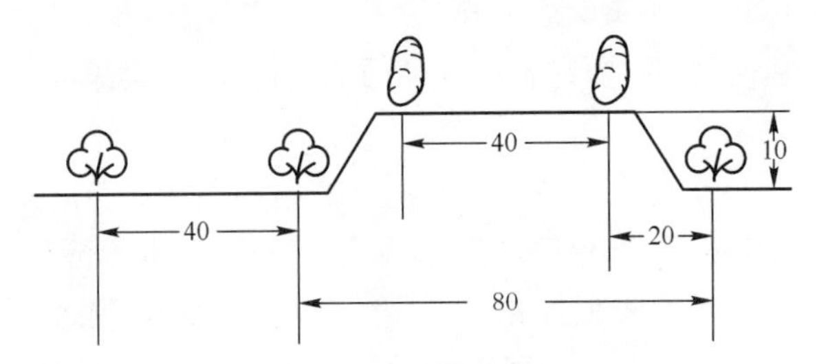

图 35-7　马铃薯、棉花套种模式田间结构(单位:cm)

40 cm×(18～24)cm,马铃薯收获后棉花为 80 cm、40 cm 宽窄行。马铃薯与棉花间距为 20 cm。

3. 栽培要点　马铃薯应选用早熟抗病、耐盐渍、结薯集中的津引 1 号、津引 8 号、鲁引 1 号、东农 303 等品种。播前 15～20 d 进行暖种催芽、使芽绿化。出芽后在阳光下边催芽边晒种,使芽长成 1～2 cm 长的粗壮短缩芽基,将种薯切成 20～25 g 薯块。棉花品种选用抗虫棉杂交种。结合秋耕翻地深达 23～30 cm,浇足封冻水,翌年土壤化冻时及时整地施肥,马铃薯套种棉花需充足肥水,特别是马铃薯喜钾肥。施优质厩肥 30 000～45 000 kg/hm^2,磷酸二铵 150 kg/hm^2,尿素 300 kg/hm^2,硫酸钾 300 kg/hm^2。马铃薯适宜播期为 3 月上旬。播时,先在高垄南侧开沟深 10～20 cm,防治地下害虫蛴螬;再顺沟按硫酸二铵 150 kg/hm^2 集中 1 次沟施;播种马铃薯后随即覆土,并顺垄喷施氟乐灵 750 g/hm^2,然后盖膜增温保墒。马铃薯田间管理注意五点:一是及时放苗,膜口用土封严;二是浇水,进入块茎形成增长期,以小水勤浇,收获前 5～7 d 停止浇水;三是追肥,开花后追施尿素 225 kg/hm^2;四是中耕培土,高度距地面 10 cm;五是防治病虫害,马铃薯易感染蛆病、立枯病,用疫霉霜 1 500 g/hm^2 兑水 750～825 L 连喷 2 次。棉花 4 月中旬高垄种植。

(撰稿:别墅,徐立华,毛树春,陈金湘,杨铁钢,郑曙峰,陈德华,李景龙,柯兴盛,张教海;
主审:林永增,毛树春;终审:毛树春)

参 考 文 献

[1] 毛树春.我国棉花栽培技术体系研究和应用.中国农业科学,2007,40(增1).
[2] 毛树春.棉花规范化高产栽培技术.北京:金盾出版社,1998:40-57,97-187.
[3] 中国农业科学院棉花研究所.棉花优质高产栽培的理论与技术.北京:中国农业出版社,1999:162-168,103-127.
[4] 毛树春,韩迎春.图说棉花基质育苗移栽.北京:金盾出版社,2009:11-40.
[5] 中华人民共和国农业部.2009 年农业主导品种和主推技术.北京:中国农业出版社,2009:315-318.
[6] 中华人民共和国农业部.2010 年农业主导品种和主推技术.北京:中国农业出版社,2010:249-250.
[7] 陈金湘,刘海荷,熊格生,等.棉花水浮育苗技术.中国棉花,2006,33(11).
[8] 杨铁钢,谈春松.棉花工厂化育苗及其高产高效栽培技术规程.河南农业科学,2003(9).
[9] 别墅,唐仕芳,李孝斌,等.移栽地膜棉生态生物学效应及其配套栽培技术.中国棉花,1998,25(10).
[10] 毛树春.棉花规范化高产栽培技术.北京:金盾出版社,1998:40-51,97-173.

[11] 黄桂林. 移栽地膜棉主要特性及配套技术. 中国棉花,1995,22(10).
[12] 黄骏麒. 中国棉作学. 北京:中国农业科学技术出版社,1998:236-263.
[13] 毛树春,董金和. 优质棉花新品种及其栽培技术. 北京:中国农业出版社,2003:124-136.
[14] 安徽省农业委员会. 安徽棉花. 北京:中国农业出版社,2002:239-304.
[15] 毛树春,董合林,裴建忠. 棉花栽培新技术. 上海:上海科学技术出版社,2002:24-170.
[16] 杨国正. 棉花油后免耕直播轻简高效种植技术研究初报. 中国棉花,2009,37(9).
[17] 许仁良,施作家. 麦(油)后直播棉栽培技术. 农业科技通讯,1992,21(5).
[18] 张保国,夏火青,田泽勤. 油后直播棉高产栽培技术. 中国棉花,1996,23(4).
[19] 孙济中,陈布圣. 棉作学. 北京:中国农业出版社,1999:193-238.
[20] 中国农业科学院棉花研究所. 中国棉花栽培学. 上海:上海科学技术出版社,1983:314-322,401-424.
[21] 周明炎. 湖北棉花. 北京:中国农业出版社,2004:78-85.
[22] 别墅,王孝刚,张教海,等. 两湖江汉平原优势产区发展优质直播早熟棉的战略思考. 中国棉花. 2015,42(11).
[23] 周关印,张西岭,刘金海,等. 长江下游棉区麦后直播常规棉品种产量及品质特性比较. 中国棉花. 2015,42(11).
[24] 章东林,张敏,张培通. 植棉机械化江苏发展路径简析. 江苏农村经济,2012(6).
[25] 郑曙峰,周晓箭,路曦结,等. 安徽省发展机采棉的探讨. 安徽农学通报. 2014,20(6).
[26] 张祥,胡大鹏,李亚兵,等. 长江流域大麦后直播棉集中成铃与高产协同表达群体株型特征. 棉花学报,2017,29(6).
[27] 刘瑞显,杨长琴,张国伟,等. 油(麦)后早熟棉直播高产栽培技术规程. 江苏农业科学,2016,44(12).
[28] 管锋,李智谋,李建彬,等. 洞庭湖区油后直播棉高产栽培技术. 农业科技通讯,2017(11).
[29] 王孝纲,张教海,夏松波,等. 机采棉品系 CN01 配套栽培技术研究与示范. 中国棉花. 2015,42(7).
[30] 张红霞. 油菜茬直播棉简化栽培技术及示范效果. 安徽农学通报. 2016,22(12).

第三十六章 黄河流域棉花高产规范化栽培技术

黄河流域棉区以南温带气候为主，地处东部季风农业气候大区内。主要气候特点：≥10 ℃积温持续期196～230 d，≥10 ℃活动积温3 800～4 900 ℃，≥15 ℃活动积温3 500～4 500 ℃，年降水量500～1 000 mm，年日照时数1 900～2 400 h，较为充足，年均日照率为50%～60%。由于降水分布不均，年际间和年内的变幅大，春季降水少，是旱涝并发的易旱区。

黄河流域西部高原为半干旱气候区。主要气候特点：≥10 ℃气温持续期140～170 d，≥10 ℃活动积温2 600～3 300 ℃，≥15 ℃活动积温2 600 ℃上下，年日照时数2 400～2 900 h，年日照率为55%～65%，日照充足，惟热量条件差。年降水量250～400 mm，为半干旱的灌溉区。

黄河流域棉区是全国最大的产棉区。20世纪80年代以来，植棉面积300万 hm^2，皮棉总产225万～300万t，面积和总产均占全国的一半以上。本区还是全国冬小麦主产区，其中黄淮平原棉区实行以棉、麦为主的两熟种植，最大面积达到200万 hm^2，占本棉区棉田面积的60%，小麦产量3 000～3 750 kg/hm^2，年增产小麦400万～500万t，棉花产量750～900 kg/hm^2，年产原棉150万～180万t，麦、棉两熟种植有效地缓解了粮棉争地矛盾。华北平原多为旱地、盐碱地，棉花单作。本流域黄土高原亚区和西部特早熟亚区为单作一年一熟。

第一节 棉、麦两熟栽培技术

棉、麦两熟栽培需要≥0 ℃积温5 000 ℃左右，黄淮海平原该积温线出现在邯郸—聊城—济南—泰安—枣庄—郯城—东海相邻一线。等温线往北延伸至石家庄—德州一线，积温为4 900 ℃左右；由于热量和无霜期变率大，采用套种（栽），提前预留棉行，实行晚春套种早熟棉花品种。等温线往南至新乡—开封—商丘—徐州—睢宁附近一线，积温为5 200 ℃，也采用套种，预留棉行，棉花选用中早熟品种，育苗移栽或加地膜覆盖。

麦茬棉需要≥0（℃·d）积温5 500 ℃以上。栽培中有两种方法：一是小麦收获后移栽棉花。由于套种棉田小麦不宜机械化收获，麦茬移栽棉呈发展趋势。该技术通过育苗移栽赢得生长季节30～40 d，可争取≥10 ℃活动积温800～1 000（℃·d）。黄淮平原可选用中早熟棉花品种，华北平原选用短季棉品种。二是麦收后棉花直播，因为生长期过短，加上品种不配套，棉花晚熟低产问题突出，目前技术条件尚不成熟。

一、麦套春棉栽培技术

（一）目标产量与产量构成

棉花皮棉产量1 200～1 350 kg/hm^2。产量构成，实收密度6万株/hm^2株左右，铃数

96万～108万个/hm²;单铃重4.0～4.5 g;衣分37%～38%。

小麦产量3 750～4 500 kg/hm²。产量构成,基本苗300万株/hm²,有效穗数375万～450万/hm²,每穗粒数25～30粒,千粒重40 g以上。

(二)种植方式与品种选择

麦、棉组合配置,"3-2式"带宽150 cm, 3行小麦占地40 cm,预留棉行110 cm;"4-2式"种植带宽170 cm, 4行小麦占地60 cm,预留棉行110 cm。采用垄作,小麦播在垄下,棉花播在垄上,垄高15～20 cm。整地后按每150 cm或170 cm设带,沟底宽,"4-2式"不小于60 cm,"3-2式"不小于50 cm(图36-1、图36-2)。

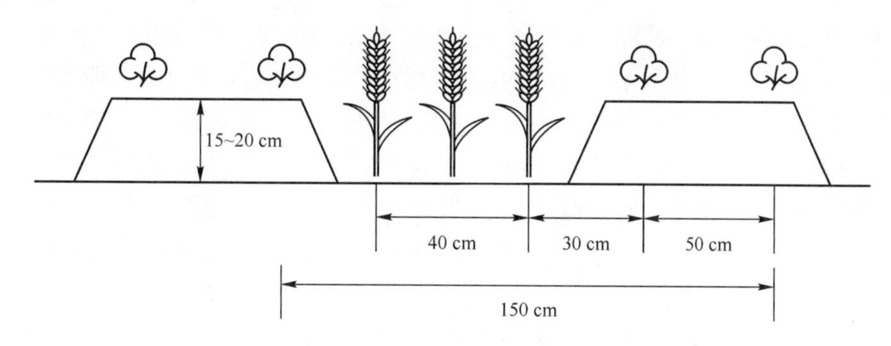

图36-1　"3-2式"麦、棉两熟配置示意图

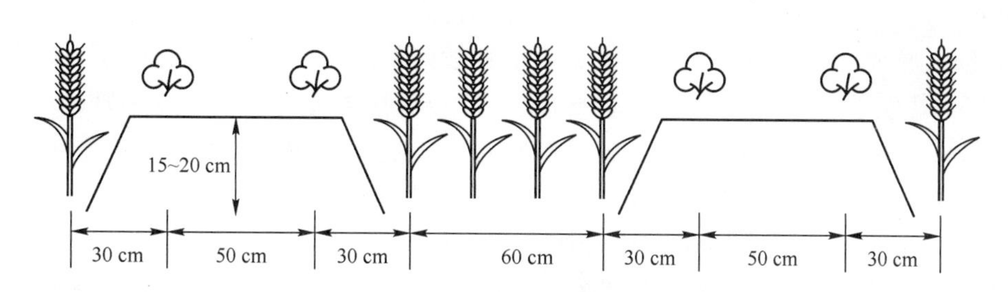

图36-2　"4-2式"麦、棉两熟配置示意图

行向的选择,宜采用东西行向种植,预留棉行有太阳直达辐射。

品种配套原则,麦、棉品种在具有高产、优质、抗病特性的前提条件下,棉花品种还需适于晚播和早熟、前发性强和后发性弱,小麦品种需播期弹性大(适应11月上旬晚播),矮秆(株高不超过80 cm),株形紧凑(叶倾角小,旗叶和旗下2叶上举),早熟(6月初收获)。

(三)栽培规范与技术指标

1. 备种　种子符合国家标准。用种量22.5 kg/hm²。

2. 整地施肥　播前1个月预留棉行整地、松土、保墒,施优质农家肥30 000～45 000 kg/hm²、尿素210 kg/hm²、过磷酸钙750 kg/hm²、硫酸钾210 kg/hm²、硼砂15 kg/hm²和硫酸锌肥30 kg/hm²,施后深翻、平地。

3. 造墒播种　4月上旬浇水,4月中下旬播种。地膜覆盖,膜宽0.8～0.9 m,一膜盖双行。育苗适时移栽,以5月上旬为移栽适期。

4. 苗期管理　出苗后打孔放苗,并用湿土堵孔,齐苗后及时疏苗补苗。第一次疏苗每穴留苗2株,待第2片真叶平展后定苗。适时浇水,干旱年份一般浇2～3水。防治病虫害,尤其是地老虎危害。麦收后中耕灭茬,提温促长。

5. 蕾期管理　围绕抗旱促稳长壮棵,隔行沟灌,灌水量不少于450 m^3/hm^2;防治虫害,重点防治二代棉铃虫,干旱年份尤须注意防治棉蚜和棉叶螨。常年盛蕾期用缩节胺12～15 g/hm^2兑水300 L均匀喷洒,气候干旱和弱苗时不用。

6. 花铃期管理　花铃期(7～8月)主攻早坐铃多结铃,促早熟防早衰。重施花铃肥,总氮量的50%即210 kg/hm^2尿素在花铃期1次或分2次施用,施肥后若遇天气干旱应及时浇水。灌水量450～600 m^3/hm^2;遇暴雨要及时疏通沟渠排水。看苗施用缩节胺,初花期使用浓度同盛蕾期;盛花期提倡普遍使用,打顶后上部果枝长出2～3个蕾时,缩节胺用量37.5～45 g/hm^2,兑水600～900 L均匀喷洒;若棉花生长旺盛,可再喷1次。适时打顶去边心,一般要求7月20日前后打完顶。要强调打"旺顶",做到小打轻打(只去1叶1心);打顶后及时去赘芽;8月上中旬依次去掉中下部和中上部果枝边心。防治三代棉铃虫和伏蚜。封行前中耕松土,结合施肥培土固根防倒伏。

7. 吐絮期管理　主攻养根保叶,防贪青晚熟,增铃重,促早熟。从8月下旬开始每隔1周根外喷洒300～400倍磷酸二氢钾加2%尿素溶液,连喷3～4次,防早衰,增铃重;及时采摘黄熟铃并晾晒;重点防治四代棉铃虫,多雨年份注意防治造桥虫。

8. 拔柴腾地　以≥15 ℃气温终止日为适宜拔柴期,黄淮平原大体在10月20日以后,淮北平原一般晚于华北平原,但不应迟于10月25日。拔柴前10～15 d浇水750 m^3/hm^2。

9. 小麦管理　棉田接茬小麦,要比适时播种小麦晚20 d以上,因此,生产上采用"四补一促"栽培技术。一是选用良种,以种补晚。晚茬小麦播种时应选用阶段发育较快,营养生长时间较短,灌浆速度快,耐迟播,早熟和抗干热风能力强的春性、弱春性品种。二是增施肥料,以肥补晚。晚茬小麦播种时必须根据土壤肥力水平和目标产量要求,增大施肥量,并做到因土配方施肥和以有机肥为主,化肥为辅,以促进晚茬小麦多分蘖、多成穗、成大穗、夺高产。三是加大播量,以密补晚。晚茬小麦需根据播期和所用品种特性,适当加大播量,走依靠主茎成穗夺高产的路子;每晚播5 d,增加15 kg/hm^2播种量,最大量不能超过225 kg/hm^2。四是提高整地播种质量,以好补晚,力争一播全苗;要求深耕细耙,精细整平,足墒播种,适当浅播,适宜的播种深度为3～4 cm。五是精细管理,促壮苗多成穗:晚茬小麦狠抓春季肥水管理,追肥时期一般以返青期为宜,注意浇好孕穗灌浆水,以利于籽粒灌浆,增加粒重;后期搞好"一喷三防",喷磷酸二氢钾溶液加杀菌剂和杀虫剂,防治小麦锈病、白粉病、纹枯病、赤霉病和蚜虫等病虫害。

二、麦套短季棉栽培技术

(一) 目标产量和产量构成

麦田套种短季棉,小麦产量4 500～6 000 kg/hm^2,棉花产量825～975 kg/hm^2,霜前花

率70%以上。

产量构成，套种短季棉种植密度为9.0万～13.5万株/hm^2，其中，黄淮平原南部地区、中等肥力地密度为10.5万株/hm^2，高肥水地为9.0万株/hm^2；黄淮平原中部地区、中等肥力地密度为10.5万～13.5万株/hm^2，高肥水地密度不少于10.5万株/hm^2，瘠薄地13.5万株/hm^2；黄淮平原北部地区密度不应少于13.5万株/hm^2。单株成铃6～8个，铃数60万～75万个/hm^2，单铃重4.0～4.5 g，衣分36%以上。套栽短季棉适宜种植密度为7.5万～9.0万株/hm^2，单株果枝10～12个，单株结铃9～11个，成铃75万～90万个/hm^2，单铃重4.5 g左右，衣分37%以上。

（二）种植方式和品种选择

种植方式，小麦短季棉适宜的套种方式有3-1式、2-1式和小3-2式三种。3-1式即3行小麦播种1行棉花，种植带宽80 cm，小麦行距20 cm，预留棉行40 cm，小麦收后棉花呈80 cm等行距；2-1式即2行小麦套种1行棉花，种植带宽60 cm，小麦行距20 cm，预留棉行40 cm，小麦收后棉花呈60 cm等行距；小3-2式即3行小麦2行棉花，带宽120 cm，小麦行距20 cm，预留棉行80 cm，麦收后棉花呈80 cm和40 cm大小行。

适用品种，棉花选用出苗好，抗病、耐旱、抗逆性强，中期长势旺，现蕾开花集中，上桃快的品种，以充分利用有限的生长季。前茬小麦品种必须具备耐迟播(10月底播种)、早熟、矮秆、叶片直立而与主茎夹角小等特点。

（三）栽培规范和技术指标

1. 整地备播

(1) 备足棉种：选用合格种子，适当加大播种量，条播用种量为30～37.5 kg/hm^2、育苗移栽用种量为30 kg/hm^2。

(2) 整地造墒：麦套短季棉播种需要足墒下种。造墒的方法有两种，一是棉花播种前5～7 d大水浇透浇匀，待水下渗、地表松散即可播种；二是先播种，后浇蒙头水，待出苗后及时破除板结。

2. 播种

(1) 播种期：适宜播期为5月15～25日，北部地区早些，南部地区晚些。短季棉育苗移栽适宜播期在4月底至5月初。播种深度以3.0～3.5 cm为宜。

(2) 播种技术：套种短季棉播种时气温较高，水分蒸发快，必须做到随整地、随开沟、随播种，并及时覆土镇压。

3. 苗期管理

(1) 间苗、定苗：播种后应及时查看苗情，发现缺苗应及时补种；最好的办法是在播种时种好预留苗，麦收后及时移栽。齐苗后应及时间苗，以棉苗互不搭叶为宜。可用剪刀间苗，以防止连根拔伤苗损根。一叶期定苗，在灭茬、浇水、施肥后进行，以保证留苗密度，1钵留1苗。

(2) 移栽及栽后管理：移栽要早，麦收后尽快移栽，最晚不超过6月15日。移栽时要浇足水，并及时中耕，以提高地温，促进根系生长，缩短缓苗期。尽早浇水，并结合浇水施肥，施饼肥450～750 kg/hm^2、尿素75.0～112.5 kg/hm^2。

4. 蕾期管理

(1) 肥水管理:追肥在盛蕾期施用,一般施尿素 150～225 kg/hm^2。遇旱灌水,浇水量 450～600 m^3/hm^2。

(2) 中耕培土:蕾期中耕 2～3 次,耕深 8 cm 左右,并结合中耕培土。

(3) 化学调控:盛蕾期开始使用缩节胺,用量 15～22.5 g/hm^2,土壤肥力好、雨水多、长势旺的棉田适当多些;反之,则应酌减。

5. 花铃期管理

(1) 肥水管理:短季棉花铃期正值雨季,一般不需浇水,如遇干旱则适当补水。在苗蕾期施肥后套种短季棉花铃期一般不再施肥,以防止贪青晚熟;肥力不足地块,花铃后期可适当喷施盖顶肥,用 1%～2%尿素和 2%～3%过磷酸钙溶液叶面喷洒,用量 750～900 L/hm^2,隔 7～10 d 喷 1 次,共喷 2～3 次。移栽短季棉花铃肥在初花期施用,追施尿素 225～300 kg/hm^2,并在花铃后期施叶面肥,遇干旱还需灌 1 次水。

(2) 化学调控:进入花铃期一般需喷洒 2 次缩节胺,一次在初花至盛花期(7 月底),用量 30～45 g/hm^2;另一次在 8 月中下旬,用量 45～60 g/hm^2。

(3) 打顶尖:7 月 20～25 日打顶,单株留果枝 8～10 个。

6. 吐絮期管理

(1) 长势控制:早衰棉田可适当使用叶面肥,用 1%～2%尿素叶面喷洒,用量 750～900 L/hm^2。贪青晚熟棉田要打去疯杈、赘芽和无效花蕾,推株并垄,改善通风透光条件。

(2) 摘黄熟铃:8 月底至 9 月初采摘黄熟铃,并及时晾晒,摘除烂铃。采摘后棉铃按级分收,分晒,分贮。

(3) 乙烯利催熟:在 10 月上旬,可用含有效成分 40%的乙烯利催熟,用量 2 250～3 000 ml/hm^2。要求喷洒均匀,保证棉铃着药。

7. 小麦管理 拔柴腾地和晚茬小麦“四补一促”(见本节“一、麦套春棉栽培技术”)。

三、麦茬移栽棉花栽培技术

(一) 目标产量和产量构成

小麦产量 5 250～7 500 kg/hm^2,比套种麦田增产 1 500～3 000 kg/hm^2,增产 20%～50%;籽棉产量 3 750～4 500 kg/hm^2,达到麦套春棉产量。

(二) 种植方式和品种选择

前作小麦满幅播种,接茬棉花等行移栽。棉花选择早熟抗虫棉品种,黄河以南棉区选用生育期 120 d 以内的中早熟春棉。春棉中早熟品种移栽密度 3.75 万～4.5 万株/hm^2;也可选用短季棉品种,移栽密度 5.25 万～6 万株/hm^2;黄河以北棉区选用早熟短季棉品种,移栽密度 6.75 万～9 万株/hm^2,自南向北依次增加。

(三) 栽培规范和技术指标

麦茬移栽棉花生长生育进程:4～5 月育苗,6 月移栽,7 月集中现蕾,8 月集中开花,9 月下旬集中吐絮,10 月中下旬集中收获。

棉花采用轻简基质育苗,裸苗移栽,有条件的可采用工厂化育苗和机械化移栽,其栽培技术可综合集成为“六个一”。

1. “一种”为优良品种　选择中早熟和早熟棉花，要求合理密植，移栽密度 3.75 万～4.5 万株/hm^2，行株距配置为 85 cm×(26～27)cm；移栽密度 5.25 万～6 万株/hm^2，行株距配置为(75～80)cm×25 cm；移栽密度 6.75 万～9 万株/hm^2，行株距配置为(60～65)cm×(19～20)cm。

2. “一苗”为轻简育苗　育苗期 30～50 d，4 月底 5 月上旬采用基质苗床或基质穴盘育苗，按照基质育苗规程，培育壮苗，苗高 15 cm，真叶 2～3 片，栽前红茎比 50%，无病斑，根多，以利轻简移栽。

3. “一肥”为底施和追肥各 1 次　底肥施氮磷钾为 15－15－15 的复合肥 450 kg/hm^2，整地前均匀撒入；7 月中旬前追施尿素 150 kg/hm^2。

4. “一栽”为抢时移栽　要求机械化抢收小麦，抢时旋耕、精细整地，6 月上旬抢时移栽，采用人工移栽或机械移栽，移栽深度 7 cm 以上。

5. “一水”为栽后及时灌溉　视土壤和棉苗情况及时浇水。裸苗移栽棉花的成苗率 98%以上，返苗期 2～3 d，成活即现蕾。

6. “一调”为打顶和化学调控　7 月中下旬适时打顶，黄河以南棉区留 10～12 个果枝，黄河以北棉区留 9～10 个果枝。看苗化控，打顶前后一般不控或轻控；打顶后 7～10 d 重控 1 次，以缩节胺 75 g/hm^2 左右，看长势可再控 1～2 次。在 10 月上旬用含有效成分 40%的乙烯利催熟棉铃，用量 2 250～3 000 ml/hm^2。要求喷洒均匀，保证棉铃着药。

棉花拔柴腾地和晚茬小麦“四补一促”(见本节“一、麦套春棉栽培技术”)。

(四) 适宜区域和注意事项

1. 适宜区域　麦茬移栽棉种植适宜区域为，黄河流域棉区从 32°N 到 40°N 之间的两熟或短季棉一熟地区种植带，包括苏北、皖北、豫、鲁、冀等棉、麦两熟种植带，以及华北京津唐一带短季棉一熟地区种植带。

2. 注意事项　麦茬移栽棉种植中需要注意的，一是本技术须有灌溉条件，缺水区不宜示范推广；二是选择无病或轻病地移栽，杜绝连续使用除草剂的地块；三是搞好对种植人员的育苗移栽技术指导和培训。

第二节　旱地棉花栽培技术

旱地棉花是指本区域限水灌溉或无水灌溉条件下生长的棉花，概念上不同于湿润地区“雨养”棉田，也区别于干旱地区充分灌溉棉花。黄河流域属半湿润或半干旱气候类型，旱地棉花主要分布在河北中部和南部、山东西北部、山西南部、陕西关中和甘肃南部。随着干旱加重和水源减少，旱地棉田比例呈增加趋势。旱地棉田土壤类型有褐化潮土、褐土和塿土等，肥力较低；旱地棉田种植棉花类型可分为中熟、中早熟和早熟型。旱地棉花限制性、胁迫因素较多，一般为一年一熟制，耕作栽培体系不同于其他类型棉花栽培。旱地植棉突出表现“密、矮、早”特点，在研究和实践中逐渐形成了以保水造墒为基础、适度密植为保障、争取伏桃和早秋桃为主的高产目标栽培技术路线。

一、旱地棉区气候生态特征与棉花生长发育特点

1. 气候干燥、光照充足，棉花纤维发育优良　黄河流域旱地棉区干燥度1.2～1.6，日照时数多于长江流域。20世纪90年代各区品种比较试验平均结果，黄河流域棉花纤维较长，比强度与长江流域相当、比南疆棉区高，马克隆值适宜。由于棉花纤维品质配套适中，棉花种植规模较大，产区多被列为国家优质棉生产基地(县)。

2. 干旱胁迫、土壤瘠薄，棉株个体小、结铃早而集中　黄河流域旱地棉花主要分布于华北平原北部和黄土高原南部。华北平原北部为从半湿润过渡到半干旱地区。该地区海拔较低，地势平坦，年降雨量500～600 mm，集中分布于7～8月，占常年降水量的50%～60%，基本上能够适应棉花花铃期对水分的需要；但是春旱、夏初旱持续时间长，且土壤瘠薄、结构差，保水性能亦差。黄土高原半干旱地区，旱地棉田分布在陕西关中和山西晋中南地区的旱塬上，地势高燥，地下水位埋深多在200 m以下，无法提水灌溉，常年降水量500 mm左右，但棉花生育期间降水量多不超过350 mm，冬春持续干旱，时有发生伏旱，大气干旱伴随土壤干旱为其生态特点，既影响棉花播种保苗，也影响增蕾保铃；棉株常因旱生育受挫、早衰，产量低而不稳。水肥胁迫条件下，棉花株体小、发育早，与雨热同季相适应，结铃早而集中。据河北省农林科学院棉花研究所试验，旱地棉花成铃以伏桃和伏前桃为主，早秋桃少量；棉株有效成铃主要分布于1～7果枝的1～3果节、8～10果枝的1～2果节和11～13果枝的第1果节，管理上宜控制株高，减少上部无效果枝。

3. 热量、无霜期中等，群体和个体并重　旱地棉区无霜期180～220 d，有效积温少于长江流域、高于新疆棉区；棉花高产宜群体和个体并重，适度密植。据河北省农林科学院棉花研究所在造底墒棉田试验结果，种植密度3万株/hm^2棉花，干旱年因结铃数过低而减产；种植密度15万株/hm^2棉花，阴雨年则由于郁蔽降低铃重而显著减产；掌握中等密度种植，不同年份产量稳定。

二、旱地棉田水分消长与保墒

陕西关中和山西晋中南地区的旱塬，降水量已处在棉花需水临界线的下限，为典型的雨养农业区。华北平原半湿润、半干旱地区地下水位较深的旱地棉田，影响土壤水分消长的因子主要有自然降水、水气凝聚、土壤蒸发和植株蒸腾。1981～1985年中国农业科学院棉花研究所在河北省冀县连续多年观测旱地棉田年际土壤水分动态，其季节变化主要取决于气象因子的季节变化和棉花生长状况。尽管年际间存在着差异，但土壤水分基本遵循着共同的变化规律，即以一年为周期作简单的波动。从农田土壤水分年际的消长动态分析，分为春季至夏初快速失墒期(3～6月)、夏秋蓄墒期(7～9月)、秋后缓慢失墒期(9月中旬至10月下旬初)、秋末冬初相对稳定期(10月下旬后)4个时期。1984～1989年河北省农林科学院在河北省南宫市连续观测旱地棉田，将土层分为剧烈变化层(0～50 cm)、相对平稳层(50～100 cm)和稳定层(100～200 cm)三个水分层；保墒主要保持和集蓄剧烈变化层水分，造墒补充剧烈变化层和相对平稳层水分亏缺，稳定层在干旱年份可提供棉花总需水量的27.5%。

旱地棉田蓄水保墒技术有纳雨蓄墒，丘陵旱地棉区在山冈坡地顺等高线修坡垒堰，内砌

外垫，修成水平梯田，使小雨水不出堰，大雨水不冲田，格局严密，等于形成千千万万个微型水库。据山西省农业科学院棉花研究所等单位的测定，梯田地表 100 cm 以内土层可增加水分 1.5%～1.7%，100 cm 以下土壤可增加水分 1.4%～2.5%。平原旱地棉区的河北故城县则于雨季未结束前，修堰筑埂、中耕松土，以便拦截伏雨，预防径流，雨后及时中耕松土以减少蒸发，这样 0～40 cm 的土壤水分可增加 2.5%，到翌年 3 月底，土壤水仍比未中耕松土的高 1.94%。

旱地保墒主要是在秋冬已蓄存的水分基础上，通过各项保墒作业，尽量减少耕作层的水分损失。1982～1984 年河北省衡水地区农业科学研究所系统测定轻壤土各层水分变化，冬春耕作保墒基础上遇有 10 mm 左右的降水，便能接上底墒；如果干旱无雨，抗旱点种由于底墒较好，保苗率仍可达 88.3%。春雨后及早盖膜，能够保住口墒。河北省农林科学院棉花研究所在平原旱地试验，雨后播种前盖膜，播种期棉田口墒(0～10 cm)较不盖膜高 1.75%、三叶期 0～40 cm 土层含水率高 2.01%。峰峰矿区柳条村，属丘陵旱地棉区，1983 年 3 月 20 日降水 20 mm 后，25 日盖膜前土壤水分为 15%；盖膜后至 4 月 21 日播种前，0～5 cm 土层水分 16.3%，5～10 cm 16.7%，分别比不盖膜高 3.1%和 2.2%。

三、旱地棉花栽培规范

(一) 品种选用

根据适宜成熟期，依国家或省审定区域为准确定适种品种，原则上热量条件从高到低、地理位置从南向北依次选用中熟、中早熟和早熟品种类型。品种选择注重丰产性好，主要是结铃性强；生长势强、后发性好；高抗枯萎病、抗(耐)黄萎病；抗虫性强，高抗棉铃虫。

(二) 整地施肥

结合整地一次性施底肥，主要补充氮、磷、钾肥料。施肥量，氮(N) 105～165 kg/hm^2、磷(P_2O_5) 100～150 kg/hm^2、钾(K_2O) 105～150 kg/hm^2，有条件的棉田还应增施厩肥、腐烂秸秆等有机肥。施肥方式，灌水造墒棉田，采取先施肥后浇水的方法，或采取犁沟施肥。灌水造墒后，采取顶凌耙地、春季耙盖保墒和播种前轧地提墒。

(三) 种子处理与播种

1. 除草剂施用　播种前采用氟乐灵拌土或乙草胺 1 500～1 875 g/hm^{2}喷洒。

2. 行距配置　采用(45～50) cm×(90～120) cm 大小行配置或 80 cm 等行种植。

3. 播期和种子处理　一般适宜播期在 4 月下旬，具体播种日期选在末霜后，即“冷尾暖头”。“三看三定”提高播种质量，一看气候定播种适期，一般播种期不宜过早；二看墒情定播种方法，墒情好的(干土层在 2 cm 左右)可用条播或点播机直接平播，底墒好的(干土层在 4 cm 左右)可先镇压提墒或“耠干耩湿”，墒情差的(干土层超过 5 cm 以上)要用“深耩起土”法；三看播种方法定种子处理，播种前适当进行棉籽处理，是保证旱地棉田一播全苗的重要措施。墒好用机具播种时可只闷种不催芽，墒差开沟点种或开沟造墒则采取浸种催芽。

4. 播种　冬春雨雪偏多年份，注重早耕保蓄水分，早春顶凌耙地保墒和提早覆盖地膜保墒，形成较好口墒后播种。口墒稍差的棉田，棉籽在水中浸泡至子叶分层，捞出后日晒或增温使胚根露出种皮(俗称露白)后播种。棉田有底墒、口墒差,镇压提墒或扒干播湿,遇雨及时耙地播种。土壤墒情很差的棉田浇坑播种,覆土高出地面约 5 cm,待棉籽扎根后(俗称定橛)将覆土推开。春季多风年份,播种后在播种行上覆土脊约 5 cm 高,待棉籽扎根后(俗称定橛)将覆土推开。冬、春干旱无有效雨雪年份,有浇水条件棉田,可灌溉造墒,保障出苗并显著增产的灌水量为冬灌 1 500 m^3/hm^2,早春灌 1 050 m^3/hm^2,使渗透深度 80～100 cm。

农机播种,采用包衣或拌杀菌剂棉种精量机播,喷除草剂和覆膜联合作业。

(四) 苗期管理

1. 补苗定苗,控制密度　缺苗时采用相邻穴留双株弥补,断垄处补种或移苗;2～3 片真叶时定苗,同时剔除弱苗、病苗等。适宜种植密度,河北省 6.0 万～9.0 万株/hm^2,山西省 8.25 万～10.5 万株/hm^2,陕西省 6.75 万～7.5 万株/hm^2。

2. 虫害控制　出苗期注重地老虎和苗蚜、蓟马等害虫防治。

3. 适期揭膜　定苗后至现蕾揭去地膜,并移出田外。

(五) 蕾铃期管理

1. 浇水防早衰　盛蕾至盛花期遇旱浇水是防止棉花早衰的关键措施,一般浇水量 600～750 m^3/hm^2。

2. 中耕锄草　蕾铃期中耕 2～3 次,以保蓄水分,锄掉大株杂草。

3. 株型控制,简化整枝　一般情况下无需化控调节株型。如果 7～8 月遇连阴雨,棉株旺长,则采用缩节胺化控,一般用量为盛蕾期 15～25 g/hm^2、初花期 30～45 g/hm^2、盛花期 45～60 g/hm^2。7 月中旬打顶心,单株留果枝 11～13 个。

4. 虫害防治　主要是控制盲椿象、棉铃虫、蚜虫、红蜘蛛等害虫。

(六) 吐絮期管理

1. 早摘烂铃　长成的棉铃褐变前摘除,置于田外晾晒。

2. 虫害防治　吐絮期主要防治造桥虫。

3. 摘花与分级　9 月后每隔 7～10 d 摘花 1 次,摘取完全张开的棉铃花絮;僵瓣花、霜后花和优质花,分别采收和储存。

第三节　盐碱地棉花栽培技术

盐土和碱土以及各种盐化、碱化土壤统称为盐碱地(盐碱土或盐渍土)。我国盐碱地分布很广,利用棉花的耐盐特性在盐碱地植棉已有很长的历史,积累了丰富的盐碱地改良经验,创造了许多先进实用的植棉技术。近 20 余年来,随着农业科学技术的不断进步,盐碱地植棉技术也得到进一步发展和完善。

一、盐碱地棉花生长发育特点

棉花被认为是盐渍土区农业生产的先锋作物。不同品种耐盐表现有差异,杂交种、特别是海陆杂交种具有较强的耐盐性。棉花不同生育阶段的耐盐能力有很大差异,一般认为,棉花耐盐性以幼苗阶段对盐分较为敏感;随着生育进程的不断推进,耐盐能力上升,至开花结铃盛期耐盐能力最强。棉花的耐盐能力还与土壤水分含量有密切的关系。在一定的盐分含量范围内,提高土壤水分含量,降低土壤溶液的浓度,可相应提高棉株耐盐极限。盐碱地棉花生长发育有以下特点。

(一) 出苗慢、成苗难

就当前推广品种而言,直播条件下当土壤含盐量 2～3 g/kg 时出苗受影响,4～5 g/kg 时种子出苗困难,大于 6.5 g/kg 时很难发芽、出苗。而且,棉花播种出苗期间,恰好是盐碱地返盐最甚、盐害最严重的 4 月和 5 月。因此,盐碱地植棉,容易出现出苗慢、死苗重、成苗难,甚至缺苗断垄、大片死苗现象。

(二) 棉苗生长慢、发育晚

出苗后,棉花经历从异养向自养的过渡,此时高浓度的盐分胁迫会引起幼苗畸形,子叶难平展,严重时,棉花叶片发软、色暗、功能期短、脱落早,侧根发生少,干物质积累减少,生长停滞,甚至死苗。随着盐胁迫时间加长或强度加大,幼苗株高、叶面积、绿叶数、侧根数等指标减少量也越大。就大面积盐碱地植棉来看,棉花迟苗晚发是较普遍的现象。这是因为春季盐碱地棉田地温回升慢,通常要推迟播种 5～10 d;加之出苗慢,苗期生长发育也慢,因而盐碱地棉花一般比非盐碱地晚现蕾 10～20 d。棉花生长势下降,出叶进程减慢,果枝数目减少,现蕾、开花推迟,成熟期晚(表 36 - 1)。

表 36 - 1　不同土壤含盐量对棉花生长发育的影响

根系活动层含盐量(%)	出苗状况	幼苗生长状况	后期生长状况
0.1～0.4	正常	正常	正常
0.4～0.6	出苗不正常	生长慢,有死苗	延迟
0.6～0.8	出苗延迟	生长缓慢	生长较差,成熟延迟
0.8～1.0	出苗很晚	生长很慢,死苗严重	生长很差,成熟延迟
1.0～1.5	出苗困难	生长极慢,容易枯死	生长很坏,成熟很晚
1.5～2.0	不能出苗	—	—

[注] 引自《中国棉花栽培学》(1983)。

(三) 铃重下降、纤维发育不良

盐分胁迫对棉花衣分、纤维长度影响不大,对纤维细度、强度、成熟度影响较大。棉铃发育受到抑制,铃重、种子重量有所下降,纤维中糖分含量增加,纤维素含量降低。这主要是由于成熟期推迟,棉花晚秋桃比例加大,霜前花率低,棉铃及纤维发育不充分,糖分转化率下降等所致。

二、盐碱地植棉技术

(一) 改良盐碱地,降低土壤含盐量

坚持改造和利用相结合的原则,进行"灌、排、平、肥"综合治理,使棉花生长层土壤中的盐分降至棉花能够正常发芽出苗和生长发育的范围内。其中,灌就是用淡水压盐,使棉花根系活动层土壤的可溶性盐类溶于水后,下渗脱盐;排就是使盐碱地的盐类随水而去,尽快脱盐;平就是平整土地,防止盐分向隆起的高岗处积聚,消灭盐斑;肥是通过增施有机肥料或与

绿肥作物轮作,改善土壤结构,提高土壤肥力,稳固盐碱地改良结果。“排、平”是基础,“灌”是脱盐的动力,“肥”是改土的根本和巩固改良效果的保证。

1. 挖沟排水 排水不仅有除盐的作用,而且可以防止土壤下层盐分和地下水中盐分向上移动。所以,排水是排除地表水、控制地下水、调节土壤水、改良盐碱地、防止土壤盐渍化的基础措施。挖沟排水是目前盐碱地应用最多、效果较好、且工程投资较少、设计施工简便易行的一种排水方式。

盐碱地排水系统要采取深浅沟相结合的办法,各级排水沟的标准和依据是:干沟能常年排地下水,深度一般在 3 m 以上;支沟深度 2.0～2.5 m;斗沟要能在汛期后和灌溉时排地下水,深度 1.8～2.0 m,间距 700 m 左右;农沟的深度以能在冲洗、灌溉、汛期排地下水,一般为 1.5 m 左右,间距 250～300 m;毛沟深度一般为 0.5～1.0 m,主要是排涝和加速表土脱盐,间距 50～100 m。

2. 灌水洗盐 灌水洗盐是盐碱地有效的改良方法,但必须与挖沟排水相结合。若无排水条件,就不能把溶解在水中的盐分带走,只是将土壤上层的盐分“压”到了下层,暂时降低了土壤表层的含盐量,不仅会加剧冲洗地段的土壤返盐,还会因被抬高的地下水向外移动而引起四周土壤的盐渍化。因此,灌水前应提前挖好排水沟,采取有排水冲洗。一般盐碱棉田的冲洗标准要求达到,耕作层 0～20 cm 盐分含量小于 4 g/kg,脱盐层厚度 1 m。

3. 平整土地 平整土地对改良利用盐碱地至关重要,不但能提高淡水压盐、洗盐的效果,而且能有效防止返盐。平整土地的标准是要求地面坡度在 1∶1 000 内,也就是呈一面坡,1 000 m 的距离内两头高低不超过 1 m。

4. 增施有机肥 盐碱土中的有机质和有效磷的含量较低。增施有机肥,不仅可以培肥土壤,而且还可以改善土壤结构,增强土壤的通透性和保蓄性,增加土壤的保水、保肥能力,减少水分蒸发,促进淋盐,抑制返盐,加速脱盐。另外,有机肥料中所含的有机质可以与钠离子结合,减少钠的毒害作用,有机质分解过程中产生的有机酸还能使土壤中的钙活化,提高钙的有效性,减轻或消除盐碱危害,使盐碱地的不良性状逐渐得以改良。因此,应广开肥源,包括秸秆还田、增施土杂肥,通过间作套种或轮作大力种植绿肥作物等。

(二) 提高棉花的耐盐性

1. 选用适宜盐碱地种植的棉花品种 就当前推广的高产棉花品种而言,品种间耐盐性差异不大。但是,在生产中仍能发现有些品种在盐碱地种植时表现出较高的经济产量。从广义的角度而言,这样的棉花品种就是“耐盐品种”。盐碱地植棉时应尽可能选用这类棉花品种。另外,有些杂交种在盐碱地种植也有较高的产量表现,值得选用。

2. 种子处理 通过对棉花种子进行处理,可以提高棉花耐盐性。研究表明,$Ca(NO_3)_2$ 浸种有利于盐渍环境中的棉花种子萌发,微量元素处理种子也能提高耐盐能力。增施氮、磷、钾以及钙、硫等肥料,可以缓解氯化钠($NaCl$)对棉花的盐害。后期喷施 1% KH_2PO_4 或微肥有利于花铃期耐盐能力的提高。缩节胺浸种也有利于棉花种子及幼苗抗逆性的提高,苗期处理可以提高棉根活力,增加棉叶叶绿素、可溶性蛋白的含量,降低和减轻叶膜脂过氧化产物丙二醛的积累,从而提高耐盐性。但需要注意的是,应用这些措施时,要掌握好浓度和处理时间,以避免对棉种发芽出苗产生影响。

（三）地膜覆盖

覆膜后，土壤水分蒸发大大减少，处于相对稳定状态，可有效地抑制盐分上升。覆盖虽不能减少土壤中的总盐分，却能改变盐分的分布状况，从而减轻盐碱危害。而且由于地膜具有保墒、增温等作用，可以较好地解决土壤保墒、蒸发返盐、缺苗断垄、弱苗迟发、贪青晚熟等难题，因此，无论是进行灌水洗盐的重盐碱地，还是进行淡水压碱、灌水造墒的中度和轻度盐碱地，都适宜进行地膜覆盖植棉。

盐碱地采用地膜覆盖技术，要求早冬耕，不耙地、晒垡，以抑制盐分上升，但有些须用沟种、敛碱等特殊措施的重盐碱地则不用冬耕。盐碱地覆盖不宜起垄，重盐碱地可用沟种或沟畦覆膜种植的办法，把棉花播种在沟畦，并覆盖地膜。

（四）育苗移栽

实践证明，在土壤含盐量 4 g/kg 以上的盐碱地，棉花直播难以实现全苗、早发和高产，育苗移栽可基本解决这一问题。用不含盐碱的土作为营养钵土育苗，移栽时苗龄 40 d 左右，茎秆基部开始木质化，抗盐能力大大增强，而且移栽时的钵土还可保护根系，减轻盐碱对根系的危害，棉苗成活率高。据试验，当 0～20 cm 及 0～40 cm 土层含盐量分别为 2.44 g/kg 和 1.56 g/kg 时，直播棉死苗率为 35%，移栽棉不死苗；当含盐量增至 4.47 g/kg 和 2.73 g/kg 时，移栽棉仅受轻微危害，死苗率为 12%，而直播棉却全部死苗。不过由于用工多，效率低，育苗移栽在盐碱地植棉中已不多见。

（五）开沟躲盐种植和老沟种植

黄淮海平原盐碱土耕作层，尤其表层的盐分一般比下层高出 2～3 倍，致使棉花难以保全苗。为此，群众运用土壤表层积盐的特点和“盐向高处爬”的水盐运动规律，在表层含盐量低于 2.5 g/kg 的棉田，采用起垄沟播躲盐措施，将盐分重的表土层挖于垄背，这就淡化了播种层盐分浓度，提高棉花出苗率。

老沟种植法的做法是，在新沟植棉年终清田后，继续保持原来沟埂的形状，不进行全面耕翻；年前降雨后仅在沟内进行浅耕或耘地以利保墒，沟埂则保持原样不动；翌春结合沟内集中施农家肥时进行浅耕，经过耕翻及耙耢，削弱了毛管作用而抑制了土壤返盐，埂上不耕维持原状，土体结构相对保持完整，有明显的抑盐效果。老沟种植还能做到沟内集中施肥，沟内土壤有机质、全氮、全磷、速效氮、速效磷含量分别得到提高。

（六）沟畦覆膜种植

播前起垄，垄高 20.0～25.0 cm，垄与垄的间距 105.0 cm，两行棉花种在沟畦里，行距 55.0 cm 左右，地膜覆盖在沟畦上。待棉花现蕾后，将地膜揭掉，平整垄并对棉花培土。

（七）晚春播种植

采用短季棉品种，推迟 20～30 d 播种，此时地温已不再是限制因子，在同样含盐量的盐碱地中，短季棉晚春播比春棉品种春播容易成苗，同时由于短季棉生育期短、结铃集中、耗水少、用工少等特点，晚播也能早熟。配合现有成熟的植棉新技术，短季棉晚春或早夏播种、早秋收获也是盐碱地植棉的一条现实有效的途径。据在东营市盐碱地试验，以 5 月 15 日播种的短季棉，可以获得较高的产量和效益（表 36－2）。

表 36－2　盐碱地种植春棉和短季棉的产量与效益

(董合忠等,2002)

播种期(月/日)	品　种	皮棉产量(kg/hm^2)	皮棉＋棉籽的产值(元/hm^2)	物化投入(元/hm^2)	人工投入(元/hm^2)	纯收入(元/hm^2)
4/15	33B	1 346	12 060	3 285	4 200	4 575
	中棉所 30 号	1 055	9 495	3 285	4 200	2 010
4/30	33B	1 113	9 975	3 150	3 900	2 925
	中棉所 30 号	1 131	10 185	3 150	3 900	3 135
5/15	33B	852	7 635	2 985	3 750	900
	中棉所 30 号	1 295	11 655	2 985	3 750	4 920

三、盐碱地棉花栽培规范

植棉技术应根据不同盐渍区的生态条件、盐碱轻重和植棉习惯,围绕拿全苗、促早发、控旺长等要求因地制宜地制定。一般来讲,无霜期较长的黄淮海盐渍土区和长江流域的盐渍土区宜选用春棉品种,其他无霜期较短的盐渍土区宜采用短季棉品种。

(一) 春棉栽培技术

1. 播种保苗

(1) 播前灌水:根据盐碱程度的不同,对有灌水条件的棉田,于冬季或播前灌水。盐分含量 1～3 g/kg 的轻盐碱地灌水量掌握在 600～750 m^3/hm^2,宜在春季进行,既可压盐,也可造墒;盐分含量在 3～6 g/kg 的中度盐碱地灌水 750～900 m^3/hm^2,宜在冬季进行;盐分含量 6 g/kg 以上的重盐碱地,要求在冬、春各灌水 1 次,冬季灌水量掌握在 900～1 200 m^3/hm^2,春季掌握在 600～750 m^3/hm^2。不能灌水的盐碱地,采用开沟躲盐种植和老沟种植或沟畦覆盖种植等方法。

(2) 播种要求:盐碱地植棉要求比同区非盐碱地播种期推迟 5～10 d,播种量加大 50%左右,密度提高 10%左右。

2. 田间管理

(1) 间苗、定苗、补苗:棉苗出齐后,及早进行间苗,去弱留壮。条播棉苗要先疏苗,穴播预留 2～3 株。在间苗的基础上,于 3 片真叶时定苗。若棉田有缺苗断垄,要及时采取催芽补种、芽苗移栽或带土移栽等办法补齐。

(2) 平衡施肥:在施足基肥的基础上,合理追施化肥。当前盐碱地施肥的推荐方案为基施农家肥 30 000～45 000 kg/hm^2、饼肥 600 kg/hm^2、过磷酸钙 450～600 kg/hm^2;追肥施尿素 300 kg/hm^2,其中花铃肥 187 kg/hm^2。生育后期不再施肥,以防贪青晚熟。

(3) 灌水、排涝:根据棉花生育和土壤墒情,灌水量可掌握在 400～600 m^3/hm^2。另外,花铃期正值雨季,是常年降雨量集中的时期,应做好棉田培土和挖好排水沟,及时排除积水。

(4) 防止棉花旺长和烂铃:挖沟培土,扩大行间通风面,或开沟放墒,降低土壤湿度;结合 7 月上中旬棉花整枝打顶,摘除下层的老叶、边心及空果枝,改善通透状况,减轻田间郁蔽,防止棉花旺长和减少烂铃;对长势偏旺的棉花,于 7 月上旬初花期,用 300 ml/hm^2 助壮素兑水 225 kg,或用 30～45 g/hm^2 缩节胺兑水 450～600 kg 进行调控。

(二)短季棉晚播栽培技术

1. 淡水压盐 含盐量3.5 g/kg以上的棉田采取淡水压盐。与春棉田压盐所不同的是,短季棉田压盐因播期推后1个月左右,压盐宜在春季进行。这样压盐的水既能压盐又能增加底墒,一水两用。可根据当地的水源条件于3月初至4月初进行,灌水量900～1 200 m^3/hm^2。至于含盐量低于3 g/kg的棉田,可不必压盐,但播前要造墒。

2. 重施基肥 施优质农家肥30 000 kg/hm^2,过磷酸钙450～600 kg/hm^2、尿素120～150 kg/hm^2。可于压盐20～30 d后于地表均匀撒施,结合春耕,将肥料翻入土壤中。为保持墒情,耕翻后立即耙耢保墒。

3. 晚春播、高密度种植 选用生育期115 d以内的短季棉品种,5月5～10日播种,密度7万～9万株/hm^2。播种加大播量,点播40 kg/hm^2左右,条播70 kg/hm^2左右。

4. 适早追肥、全程化控 中上等地力棉田,全部氮肥于盛蕾期一次施入;中等或偏下地力棉田,于初花期一次施入。一般施尿素150～225 kg/hm^2。盛蕾期、初花期和盛花期各喷施缩节胺7.5～15 g/hm^2、15～22.5 g/hm^2、22.5～37.5 g/hm^2。干旱年份和多雨年份要分别酌减或增加缩节胺用量和次数。

5. 适早打顶 根据后期条件和棉花发育早晚,争取在7月20日前打完顶,单株留果枝10～14个。

6. 浇关键水 严重干旱年份浇“救命水”,对于淡水资源严重缺乏的地区可以微咸水灌溉,其浓度临界值,苗期为2 g/kg、现蕾—开花期为3 g/kg、开花后为4～5 g/kg。

第四节 特早熟亚区棉花栽培技术

一、特早熟亚区气候特点

黄河流域西北部为特早熟棉区,地处南温带与中温带相交接地带,日照充足,大部分地方雨量较为适中,惟热量条件稍差。春季常因低温干旱难全苗,弱苗晚发,加上晚霜多出现在4月底至5月初,致使苗期易出现冻害而死苗;夏季在棉花开花成铃的关键时期,又多出现伏旱,造成大量优时、优位、优质蕾铃脱落;秋季早霜来临早(多在9月底至10月初),降温快,时有秋雨连绵,阴雨寡照,致使7月底以后的成铃难以正常成熟吐絮,造成铃小、品质差,甚至会烂铃;在4～10月份棉花生长季节,对棉花开花成铃相对较为有利的时期是在7月初到7月底,此时段温度适宜(25～27 ℃),光照充足,降雨适中,可谓气候三因素组合最佳时段,是光热资源的高能期,也是棉株最佳结铃期和开花成铃的高峰期。根据山西省农业科学院棉花研究所和山西农业大学试验研究,以开花—吐絮>15 ℃的积温1 100～1 300 ℃计,该棉区7月底以后开的花,到10月上旬温度降到15 ℃以下,其铃期达不到所需积温要求,不能正常成熟。所以,该棉区优质铃的有效结铃期,是7月上旬到7月底,仅15～20 d时间。按照落铃率60%～70%计,单株成铃6～7个,最多成铃8～9个。所以,这就决定了该棉区依靠单株增铃增加总铃数来提高产量难度很大,只有依靠扩大群体、增株增铃方能实现优质高产。

二、特早熟亚区种植制度

因受热量条件限制，特早熟区棉花为一年一熟单作制，只宜种植早熟陆地棉。春季来临较迟，气温回升较快，且干旱多风，栽培宜采取地膜覆盖、适期播种、高密矮化。夏季日照时间长，雨量较为集中，管理上应稳氮增磷补钾、提早运筹水肥，使棉花开花成铃高峰期和当地光热资源高能期相同步。秋季气温下降迅速，易遭早霜冷害，措施上需少留果枝、控制株型和促早棉铃吐絮。

三、特早熟亚区棉花栽培规范

北部特早熟棉区主要在晋中，还包括陕北、宁夏和内蒙古河套地区。技术指标以晋中栽培试验结果编制。

（一）高水肥棉田

高水肥棉田土壤有机质 10～12 g/kg，含氮量＞0.9 g/kg，速效磷＞25 mg/kg，能保浇 3～4 次水。棉田种植株数 12 万～13.5 万株/hm^2，单株铃数 8～9 个，铃重 4.0～4.5 g，衣分 39%～40%，皮棉产量 1 500～1 875 kg/hm^2。

1. 播前准备

（1）种子选用和处理：选用国家或省审种植区在该区域的特早熟品种。采用晒种、农药拌种或温汤浸种进行种子处理。

（2）土壤准备：底肥施氮（N）225～300 kg/hm^2，磷（P_2O_5）180～240 kg/hm^2，钾（K_2O）135～180 kg/hm^2；其中氮肥 1/3 作底肥，2/3 作追肥；磷钾肥可一次作底肥施入。提倡施 4.5 万～6.0 万 kg/hm^2 农家肥。播前半个月渗浇底水，浇水量 900～1 200 m^3/hm^2。播种前 1 d，用氟乐灵除草剂 1 125～1 500 g/hm^2，兑水 225 kg/hm^2，喷洒在待种的地面上，然后耙或耱一次；或用乙草胺除草剂在播后喷洒。然后以地膜平覆沟种（即留种子沟）或弓棚覆盖。

（3）适期早播：晋中特早熟棉区可在 4 月中旬播种，播后覆膜。为防止种后晚霜危害，“霜前播种霜后放苗”；宽窄行种植，宽行 65～70 cm，窄行 35～40 cm，株距 16～17 cm。

2. 苗期管理　主茎 1～2 叶龄期，打孔放苗或移膜于行间，进行查苗、疏苗、补苗，避免缺苗断垄；主茎 3 叶龄期，定苗；主茎 4～5 叶龄期，主要控制蚜虫、红蜘蛛、盲椿象、蓟马等害虫危害；主茎 6 叶龄期，用缩节胺 7.5～15.0 g/hm^2，兑水 150～225 kg，在棉株顶端均匀缓慢喷施，苗大多喷，苗小少喷。

3. 蕾铃期管理

主茎 10 叶龄期，进行第二次化控，用缩节胺 15.0～22.5 g/hm^2，兑水 225～300 kg，在棉株顶端均匀缓慢喷施。追肥浇水，追施尿素 150～225 kg/hm^2，追后浇水 600 m^3/hm^2。注意先化控，后追肥浇水。

主茎 15 叶龄期，此时棉株已有 10 个果枝，下部第 1 果枝已开花，应采取多留果枝少留果节的办法，轻打主茎顶，单株留 8～9 个果枝。此时进行第三次化控，即在打顶后 5～7 d，用缩节胺 22.5～30.0 g/hm^2，兑水 300～450 kg，在棉株顶端均匀缓慢喷施。控制伏蚜。

（二）中水肥和盐碱地棉田

中水肥和盐碱地棉田土壤有机质＞9 g/kg，含氮量＞0.7 g/kg，速效磷＞16 mg/kg，能灌溉 2～3 次。棉田种植密度 13.5 万～15.0 万株/hm^2，株铃数 6～7 个，铃重 4.0～4.5 g，衣分 38%～39%，皮棉产量 1 125～1 200 kg/hm^2。

1. 播前准备

（1）品种选择：选用特早熟棉花品种。

（2）施足底肥：可施氮（N）150～225 kg/hm^2，磷（P_2O_5）120～180 kg/hm^2，钾（K_2O）90～135 kg/hm^2；其中氮肥 1/3 作底肥，2/3 作追肥；磷钾肥全部作底肥，一次施入。对于盐碱地，要增施有机肥和磷肥。提倡施入 3.75 万～4.5 万 kg/hm^2 农家肥和秸秆还田培肥。

（3）渗浇底水和大水压碱：中水肥棉田在播前半个月渗浇底水 900～1 200 m^3/hm^2；盐碱地在平整土地基础上于早春采用大水压碱。

2. 播种　中水肥棉田一般在 4 月 23～25 日播种，盐碱地棉田稍晚播种，可在 4 月 25～28 日播种；中水肥棉田可采用平覆沟种办法，即留有种子沟，盐碱地则需根据盐碱地类型选用不同覆盖方式：在重盐土地可采用沟覆，中度盐土地采用垄覆，轻度盐土地采用平覆和坡覆方式。

采用宽窄行种植，宽行 50～60 cm，窄行 30～40 cm，株距 14～15 cm。

3. 田间管理　主茎 4～5 叶龄期，控制蚜虫、红蜘蛛、盲椿象等害虫危害。主茎 14 叶龄期，单株留 6～7 个果枝打主茎顶尖。旺长棉田打顶后 5～7 d，用缩节胺 22.5～30.0 g/hm^2，兑水 300～450 kg 进行化控。追肥浇水，追施尿素 150～225 kg/hm^2，浇水 600 m^3/hm^2，以后根据降雨情况酌情再浇 1～2 次水。

第五节　棉花前期套种技术

棉花与瓜、菜、杂粮等间作套种及轮作模式最为丰富，据不完全统计，种植模式多达百余种，尤以利用棉花前期行间空当间套作，技术集成度高，资源利用合理，经济效益显著。

一、棉花、西瓜套种

（一）套种效果

由于棉花和西瓜都是经济效益较好的农作物，棉、瓜套种面积在北方地区迅速扩大，形成较大规模。棉花、西瓜套种，棉花产量比纯作棉花不减产或略减产（10%左右），西瓜产量达 37 500～45 000 kg/hm^2。

（二）套作模式

1. “1－2 式”　140 cm 为一个种植带（图 36－3），2 行棉花 1 行西瓜，棉花与西瓜小行间距 40 cm，大行间距 100 cm。棉花株距 15 cm，密度为 4.755 万株/hm^2 左右；西瓜株距 50 cm，密度为 1.425 万株/hm^2 左右。即每带种 1 行西瓜，套作 2 行棉花，并采用地膜覆盖或地膜加小拱棚双膜覆盖。

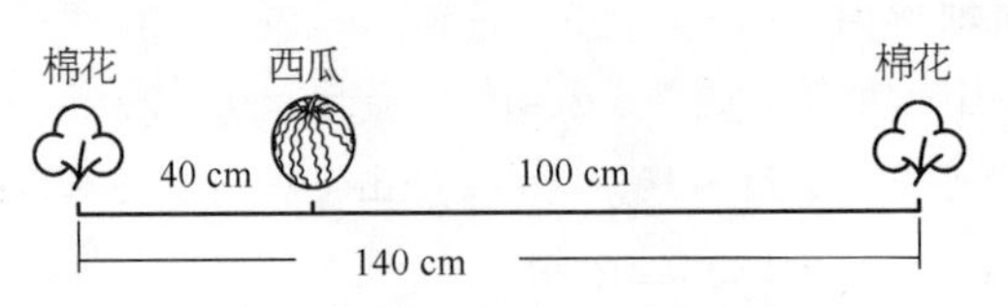

图 36－3　西瓜与棉花"1－2 式"套作模式

2. "2－2 式"　每一个种植带种 2 行西瓜套作 2 行棉花，带宽为 300 cm 左右，西瓜小行距 60～80 cm，株距 50 cm，密度为 1.5 万株/hm^2 左右，采用地膜加小拱棚双膜覆盖。在西瓜大行间种植 2 行棉花，小行距 80～100 cm，株距 25 cm，密度 4.5 万～5.25 万株/hm^2。

这种模式较"1－2 式"西瓜早熟栽培效果好，但棉花产量受一定影响。

(三) 关键栽培技术

1. 品种选择　西瓜选择高产、短蔓、中早熟品种；棉花选用抗虫、中早熟品种。

2. 整地施肥　选择地势高燥、土层深厚、土壤肥沃、通透性好的砂质壤土或砂土园地。基肥分两次施用，第一次在冬耕时，深耕翻土施入；第二次在春耕后，挖 50～60 cm 宽、30～40 cm 深的瓜沟，填入熟土和基肥，再将挖出的土翻入，做成龟背高畦。沟内施入基肥为腐熟有机肥 90 000 kg/hm^2，饼肥 2 250 kg/hm^2，磷酸二铵 300 kg/hm^2，45％硫酸钾复混肥 600 kg/hm^2，土壤与肥料充分混合，填土后灌水做畦。畦东西向，北高南低，北面为高 15 cm 左右的斜坡，棉花种在高坡上、离西瓜 40 cm 处。

3. 催芽播种　将西瓜种子表皮的黏液洗净，用湿纱布包好，温度保持 30～35 ℃，36 h 即可露白。

盖双层膜的可于 3 月下旬播种，盖单层膜的 4 月初播种，播深 1 cm，芽朝下，播好后撒毒饵，然后盖膜。

4. 西瓜田间管理　西瓜缓苗至伸蔓阶段适当通风，保持白天 25 ℃，夜间不低于 15 ℃。5 月上旬气温回升至日均 18 ℃时可撤掉棚膜，撤棚膜前进行低温炼苗。伸蔓期后，西瓜第一次随浇水追施复合肥 225～300 kg/hm^2；人工授粉，在早晨 6:00～8:00 将雄花摘下与雌花柱头对涂，1 朵雄花可对涂 2～3 朵雌花；结瓜期在植株一侧开沟施入 600～750 kg/hm^2 复合肥，并浇膨瓜水。此后保持充足水以促进果实膨大发育。结瓜后期则应少浇水，以防止裂瓜和降低含糖量。早熟西瓜需整枝，在伸蔓中期至开花坐果前，保留主蔓及主蔓基部一条健壮侧蔓。主蔓选择第 2～3 个雌瓜坐瓜，果实坐稳后及时压蔓。西瓜一般在 6 月中下旬可以收获，收获前 2 周内停止使用农药。

5. 棉花田间管理　西瓜拉秧后及时中耕，清除瓜蔓、杂草。棉株保留下部 2～3 个叶枝，叶枝 7 月 10 日打顶尖，主茎 7 月 20～25 日打顶尖。7 月初见花后追施氮肥 375 kg/hm^2，钾肥 150 kg/hm^2。控制棉铃虫、盲椿象及蚜虫等害虫，并适时化控。

二、棉花、大蒜套种

大蒜植株矮小，秋播夏熟，蒜田套种棉花，在株形、群体结构和季节适应性上都有很好的互补作用，因此可以保证两种作物都能实现较高的产量，加之近些年来，棉花价格稳中有升,大蒜价格不断增长,棉、蒜套种的综合效益非常显著,深受棉区农民的青睐,已成为北方棉区重要的棉田种植方式之一,常年种植面积在 23 万 hm^2 以上,主要分布于鲁西南、苏北、冀南和豫北等产棉区,尤以山东省金乡县最为集中。以金乡县为核心,加上周边县(市)区,蒜套棉面积常年稳定在 10 万 hm^2 以上,已成为当地的支柱产业。应注意的问题是,套栽棉种植密度较小,个体发育较强,棉花后期长势好,一般表现为晚熟;大蒜一般要在 10 月中旬播种,此时棉花尚未完全吐絮,要提前拔棉柴种蒜。

(一) 产量与效益

产籽棉 3 750～4 500 kg/hm^2,大蒜 14 400 kg/hm^2,蒜薹 5 250 kg/hm^2。

(二) 种植方式

1. “5－2 式”垄作套种　按图 36－4 起垄,170 cm 一带,种植大蒜 5 行于沟内,棉花 2 行于垄上。用播种耧开沟,人工摆播,密度 10.5 万～12 万株/hm^2。播后埋实,浇蒙头水,当地里能站住脚时,用 70～90 cm 幅宽的地膜覆盖大蒜,将地膜两边拉紧、埋严,而后隔段距离在垄上压些土,以防风掀膜。

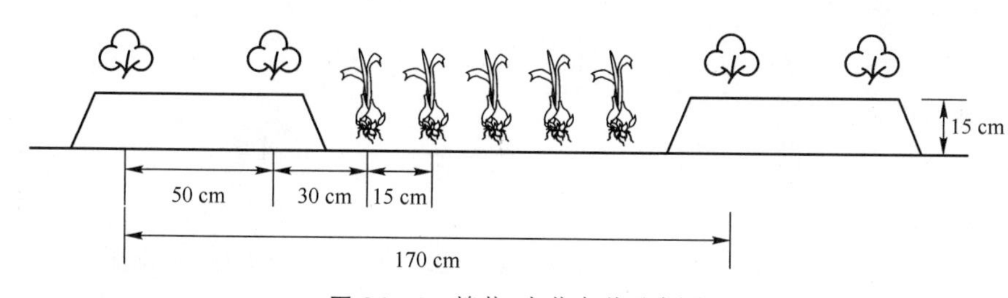

图 36－4　棉花、大蒜套种示意图

2. “5－2 式”平作套种　大蒜满幅播种,翌年 4 月 25 日前后,将大蒜隔 5 行拔掉 4 行蒜苗,套作 2 行棉花。大蒜行距 17 cm,株距 10～12 cm,播种密度 45 万～52.5 万株/hm^2。在拔掉大蒜的行间抓紧整地,按行距 50 cm、株距 20～23 cm 种 2 行棉花。6 月份大蒜收获后,棉花形成大小行种植,大行距 100 cm,小行距 50 cm,密度为 63 000 株/hm^2左右。

(三) 栽培规范与技术指标

1. 大蒜栽培

(1) 品种选择:选用增产潜力大的杂交大蒜品种,或适应性、抗病性强的红皮地方品种。

(2) 施肥、整地:一般施优质腐熟有机肥 75 m^3/hm^2以上,磷酸二铵 450～600 kg/hm^2,尿素 300 kg/hm^2,硫酸钾 225 kg/hm^2。耕翻,精细整地,做到土平松软,无坷垃、无根茬。

(3) 播种:大蒜在前 1 年的 9 月下旬至 10 月上旬播种,用播种耧开沟 10 cm 左右。播种株距 5～7 cm,播种量 1 500 kg/hm^2,合 12.75 万～15.00 万株/hm^2,播后埋实,浇蒙头水。

(4) 水肥管理:在浇足底墒水的基础上,年前小雪节气左右(11 月下旬)浇封冻水,3 月中旬浇返青水,结合浇水追尿素 300 kg/hm^2;随着气温升高,需水较多,一般每隔 10～15 d 浇水 1 次;抽薹后每隔 7～10 d 浇水 1 次。薹长成后选晴天中午采收。5 月下旬收获蒜头。

2. 棉花栽培

(1) 品种选择:选用中早熟、抗枯萎病和黄萎病、抗虫品种。

(2) 播种:4 月下旬播种,或 3 月底 4 月初育苗、5 月上旬移栽。栽植密度 4.5 万~6 万株/hm^2。

(3) 苗期管理:查苗、补苗,培育壮苗。在大蒜收获后及时拾出蒜秸及残膜,此时棉苗比较瘦弱,管理要“抢”字当头,及时浇水、施肥、松土,防止土壤板结。注意枯萎病、棉蚜控制。

(4) 蕾期和花铃期管理:结合浇水追施尿素 225 kg/hm^2。蕾期用缩节胺 7.5~15.0 g/hm^2,初花期用 30~45 g/hm^2 兑水 300~450 kg 叶面均匀喷雾,整枝打杈,控制植株疯长。注意控制盲椿象。

3. 棉蒜共生期管理重点　病虫害采用生物性或低毒农药定位控制,禁用剧毒和高残留农药。

三、棉花、洋葱套种

(一) 产量

产籽棉 3 900~4 500 kg/hm^2,洋葱 60 000~67 500 kg/hm^2。

(二) 种植模式

主要有三种模式:第一种模式,200 cm 一带套种方式,即每畦宽 200 cm,畦埂宽 40 cm,每畦覆 2 幅地膜,2 膜中间套种 1 行棉花,每畦埂上套种 1 行棉花,每幅地膜定植 5 行洋葱,每畦 10 行,平均行距 20 cm。第二种模式,100 cm 一带套种方式,即畦宽 100 cm,畦埂宽 30 cm,每畦覆 1 幅地膜,每畦埂套种 1 行棉花,每畦定植洋葱 5 行,平均行距 20 cm。第三种模式,150 cm 一带大小行间作方式,小行距 50 cm,套种 2 行棉花,地膜覆盖;大行距 100 cm ,覆 1 幅地膜,定植 6 行洋葱,平均行距 20 cm。

(三) 栽培规范与技术指标

1. 洋葱栽培

(1) 品种选择:选用耐旱、抗病、耐高温品种。

(2) 整地施肥:选择土质疏松、便于浇水和排水的肥沃、生茬地。施优质有机肥 60~75 m^3/hm^2,过磷酸钙 2 250 kg/hm^2,碳铵 1 500 kg/hm^2,硫酸钾 450 kg/hm^2 左右。深耕细耙,按畦田与大田 1∶10 比例做畦,平畦宽 1 m、长 10 m,灌足底墒水。待水下渗后及时湿地覆用除草地膜,地膜紧贴地面压紧、压牢。

(3) 育苗:8 月下旬至 9 月上旬撒播,播种用精选种子 3 000 g/hm^2 或一般种子 7 500 g/hm^2,然后覆 1 cm 厚的细土。畦面见干后浇第二次水,种子出土时浇第三次水,以后每隔 10 d 左右浇 1 次水,拔除杂草,注意防治地下害虫和病害。

(4) 定植:10 月下旬至 11 月上旬按预定行、株距打孔,将苗分类定植,苗株直立。平均行距 20 cm,株距 14 cm,定植洋葱密度 34.5 万~36.0 万株/hm^2。

(5) 田间管理:在土壤封冻前浇越冬水。早春浇好返青水,4 月份,每隔 20 d 左右浇 1 次水,并追施尿素 225 kg/hm^2、硫酸钾 75 kg/hm^2。5 月份,进入鳞茎膨大期,保持地面湿润,收获前 7 d 停止浇水。

洋葱地上害虫主要是葱蓟马，一般从 5 月开始大量发生，地下害虫主要是地蛆。病害主要是灰霉病、霜霉病，4 月中旬开始发生，注意防治。

5 月底 6 月初收获，收获时避免损伤棉苗。

2. 棉花栽培

(1) 品种选择：选用中早熟、抗枯萎病和黄萎病、抗虫的杂交棉。

(2) 播种：4 月底、5 月初套种，每穴 3 粒种子，结合洋葱浇水即可出苗。

(3) 疏苗、定苗：出苗后及时疏苗，三叶期定苗，留苗 4.5 万～5.25 万株/hm^2。洋葱收获后及早中耕、松土、除草。

(4) 田间管理：结合浇水，初花期追施尿素 225 kg/hm^2。化学控制旺长。注意病虫害控制。

四、棉花、马铃薯套种

(一) 产量

产籽棉 3 750～4 500 kg/hm^2，马铃薯 22 500～25 500 kg/hm^2。

(二) 种植方式

1. "2－2 式" 即 2 行马铃薯套种 2 行棉花，起垄宽、窄行种植，马铃薯窄行距 50～60 cm，宽行距 110 cm，在宽行内套种 2 行棉花，行距 50 cm(图 36－5)。

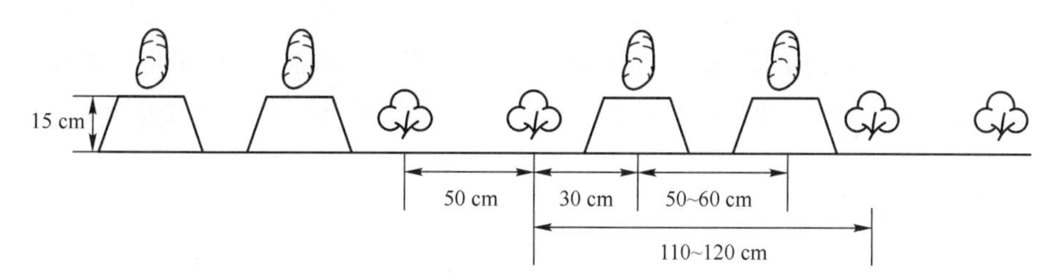

图 36－5 棉花、马铃薯"2－2 式"套种示意图

2. "1－1 式" 即马铃薯单行种植，行间套种 1 行棉花，行距 90～100 cm，马铃薯株距 18～24 cm。

(三) 栽培规范与技术指标

1. 马铃薯栽培

(1) 品种选择：选用生育期 60～70 d 的特早熟脱毒马铃薯品种。

(2) 播前准备：整地施肥，秋后冻前施有机肥 75 m^3/hm^2 以上，氮磷钾三元复合肥 750 kg/hm^2 或磷酸二铵 375 kg/hm^2、钾肥 450 kg/hm^2，深耕 25 cm 以上。2 月底 3 月初造墒整地待播。

(3) 种薯处理和播种：马铃薯于播前 30 d 选薯催芽，将选好的种薯放在 15～25 ℃条件下(大棚或阳畦)催芽，堆高不超过 30 cm，上盖潮湿草袋；待芽长 0.5～1 cm 时，摊开见光晾芽；芽变绿后、播前 1～2 d 切块，每个切块至少要有芽眼 1 个，切块重 25 g。待切块刀口晾干愈合后，即可播种。播种于 3 月上旬进行，用种量 1 500 kg/hm^2。在低畦按行距平地开沟深 8 cm，宽 10～15 cm，按株距摆匀种块，然后覆土盖平垄，最后用 90 cm 宽的地膜覆盖、压紧。

(4) 田间管理：培土后浇 1 次（半沟）水；苗高 25 cm 时结合培土追施尿素 150 kg/hm^2，并浇 1 次 2/3 沟水。封垄前培土，培成方肩大垄。棉花现蕾初期浇 1 次平垄水，进入盛花期要保持地面不干，马铃薯收获前 10 d 停止浇水。幼苗期及封垄前后可在下午 4:00 后喷 3～5 次 0.2%的喷施宝或 0.2%的磷酸二氢钾；植株旺长时，可用 15%的多效唑可湿性粉剂 750 g/hm^2 兑水 750 kg，喷施 1～2 次。马铃薯在 5 月下旬收获，收获后晾晒 3～5 d，使表皮老化，耐储。

2. 棉花栽培

(1) 品种选择：选择中早熟、抗枯萎病和黄萎病、抗虫品种。

(2) 播种：4 月 25 日左右，在垄上播种棉花 2 行，用种量 22.5 kg/hm^2。穴距 25 cm，每穴 2～4 粒，播后随即盖土。

(3) 苗期管理：及早田间查看出苗情况，发现缺苗断垄，及时补种或移栽。棉苗 3 片真叶时定苗，要求留壮、去病、去弱、去杂和去高脚苗。苗期主要病害为立枯病、炭疽病，虫害主要是地老虎和蚜虫，注意防治。

(4) 田间管理：出苗后到现蕾旺长棉田采用缩节胺 15 g/hm^2 兑水 150 kg、盛蕾期（6 月下旬）和盛花期（7 月中旬）用缩节胺 45 g/hm^2 兑水 450 kg、盛铃期用缩节胺60 g/hm^2 兑水 450 kg，叶面喷雾。7 月 15 日打顶尖，每株留果枝 12～13 个；8 月 10 日打群尖。6 月下旬初花期遇旱浇 1 次水，追施尿素 112.5 kg/hm^2。晚熟的棉田或低温年份，在 9 月底或 10 月初，用 40%的乙烯利 2 250～3 000 g/hm^2 兑水 750～1 125 kg 喷施。蕾铃期注意防治盲椿象、棉铃虫。

五、棉花、绿豆套作

（一）产量

棉花产量与棉花单作相当。绿豆"2－2 式"模式产量为 900～1 200 kg/hm^2、"2－1 式"模式产量为 450～600 kg/hm^2。

（二）种植模式

1. "2－2 式" 棉花大小行种植，大行距 1.0～1.2 m，小行距 0.4～0.5 m；大行中间套种绿豆 2 行，行距 20～30 cm。适于水肥条件较高的棉田。

2. "2－1 式" 棉花大小行种植，小行距 40～50 cm，大行距 80～90 cm，中间种 1 行绿豆。适于中等水肥条件棉田。

（三）栽培规范与技术指标

(1) 品种选择：绿豆选用生育期 60～80 d 的早熟、株形紧凑、丰产性好的品种。棉花选用中（早）熟、抗虫、中后期长势强的品种。

(2) 土地准备：选择水肥条件较好的无盐碱地块。施尿素 450 kg/hm^2、二铵 600 kg/hm^2、硫酸钾 300～450 kg/hm^2 作为基肥。结合冬春整地浇足底墒水，浇水量 1 200～1 500 m^3/hm^2。

(3) 播种：一般播种期可安排在 4 月中下旬，绿豆提前几天或与棉花同期播种。棉花种植密度6万株/hm^2。绿豆株距10～15 cm，留苗7.5万～10.5万株/hm^2。

(4) 田间管理：5月上旬至6月上旬，绿豆结荚前进行追肥浇水。6月中旬绿豆开花结荚、棉花盛蕾阶段，遇旱浇水。豆后7月份遇旱浇水。一般7月15日打完顶，留果枝13个左右。棉花旺长或遇连阴雨天气喷缩节胺30～45 g/hm^2。注意蚜虫、红蜘蛛控制。绿豆收获期的确定应以"荚黑不等时，时到不等荚"为原则；6月中下旬，当70%荚角变黑时，一次收获完毕。若绿豆成熟较晚，在棉花进入开花期时，也要将其一次性拔除。

第六节　棉花机械化采收

机采棉是指采用机械采棉设备取代人工采摘籽棉的现代农业生产方式，是现代化植棉的重要内容。黄河流域棉区于2011年开展机采棉试验示范研究工作，到2017年，机采棉种植模式面积6 667 hm^2，采收面积2 000 hm^2，拥有采棉机20多台，加工生产线3条(见第四十九章)，棉花机械化采收在农艺、采收和加工方面均取得新进展，但尚未形成生产力。

一、机采棉生产条件要求

(一) 棉田要求

种植机采棉的地块要求集中连片、地势平坦、排灌方便、交通便利，田间及周边无沟渠和大田埂阻挡。摘锭式采棉机一般要求棉田长度在300 m以上、面积不小于6.67 hm^2；统收式采棉机一般要求棉田长度100 m以上、面积不小于2 hm^2。棉田平整可提高采收作业速度和质量。为了便于采棉机在棉田两端转弯、检修、卸载等，需留有15～18 m的非植棉区或人工提前采收区。

(二) 对品种和栽培的新要求

棉花机械化采收要求早熟，且熟性一致程度高，这对品种和栽培提出了新要求。

1. 早熟　常规人工采棉10月1日吐絮率达到50%、10月20日霜降节气自然吐絮率达到80%的为早熟。由于黄河流域棉区脱叶剂在9月底前后施用，机采棉10月1日和10月20日吐絮率指标需提高10个百分点以上，熟性的一致性好。

2. 品种　早熟性为第一位，且早熟与高产、优质、抗性指标相统一。农艺性状要求株型相对紧凑、适合密植，叶片大小适中有利建成疏朗通风透光的群体，含絮较紧不易脱落。

关于棉花对脱叶剂的敏感程度问题(见第三十章)，主要是熟性问题，从生产实践中可见，晚熟群体脱叶不干净，幼嫩群体、二次生长棉田脱叶不彻底，这是群体不成熟原因，吐絮率低，且无指标可以判断敏感性。

与手采棉相比，机采籽棉需经过籽清、皮清等多道工序，易造成棉花纤维品质下降，如纤维长度和比强度分别下降1～2个单位。故机采棉花遗传品质要求纤维长度≥30 mm、比强度≥30 cN/tex，并且马克隆值在4.0～5.0之间。

经过试验筛选，当前相对适合机采的棉花品种有：中棉所60、中915品系、鲁棉研36号、鲁棉研37号和K836等(表36-3、表36-4)。

表 36－3　适合机采的棉花品种(系)筛选

(山东棉花研究中心,2012～2014;董合忠,张晓洁等,2018)

品种(系)名称	株高(cm)	果枝数(个/株)	始节位高度(cm)	赘芽干重(g/株)	第一次花率(%)	皮棉产量(kg/hm^2)
鲁棉 378	110.8	13.5	26.2	85.9	88.1	3 762.0
冀 141	121.8	15.5	28.4	83.2	88.4	4 076.0
中棉所 60	93.5	12.5	25.1	136.3	87.3	3 950.0
鲁棉研 37 号	106.2	13.4	26.7	80.5	90.1	4 052.0
鲁 421	109.5	12.8	31.3	84.9	87.1	3 875.0
冀棉 371	93.8	11.2	28.4	84.7	87.2	3 888.0
冀棉 278	101.7	12.8	27.4	61.0	84.8	4 062.0
冀棉 824	109.7	12.0	22.1	89.6	84.6	3 969.0
冀棉 1004	106.8	11.8	32.0	65.6	87.3	4 376.0
鲁棉研 36 号	103.7	14.0	27.6	92.2	88.7	4 131.0
K836	104.0	13.0	29.8	75.8	91.0	4 200.0

表 36－4　适合机采的棉花品种(系)筛选比较

(中国农业科学院棉花研究所,2012～2016;李亚兵,韩迎春等,2018)

品种(系)名称	籽棉产量(kg/hm^2)	生育期(d)	株高(cm)	果枝始节位高度(cm)	霜前花率(%)	上半部平均长度(mm)	断裂比强度(cN/tex)	综合性评价
冀棉 958	4 581.2	129.0	96.3	28.2	91.8	28.9	28.2	产量高,生育期较长,较晚熟,含絮适宜,品质一般;机采适宜性差
中 6913	4 520.6	125.0	100.5	29.2	95.6	28.6	30.6	产量高,生育期适中,成熟集中,含絮差,品质较优;机采适宜性中
中 915	4 219.7	121.0	89.3	28.8	95.0	29.5	30.5	产量较高,生育期短,成熟集中,宜密植,含絮适宜,品质优;机采适宜性优
鲁棉研 28	4 494.9	126.0	93.7	24.3	94.3	29.1	28.7	产量较高,生育期适中,成熟集中,含絮适宜,品质较优;机采适宜性中
冀棉 228	4 552.0	127.0	97.6	29.5	92.5	28.7	28.0	产量高,生育期适中,成熟集中,含絮适宜,品质一般;机采适宜性差
中棉所 60	4 263.2	125.0	96.8	30.3	94.4	29.5	29.6	产量较高,生育期适中,成熟集中,含絮适宜,品质优;机采适宜性优
中 3799	4 235.3	125.0	90.6	28.5	92.4	30.4	31.8	产量较高,生育期适中,成熟集中,含絮适宜,品质优;机采适宜性优
短果枝品系	3 870.8	120.0	93.3	22.6	88.4	30.6	31.1	产量低,生育期短,成熟集中,宜密植,含絮适宜,品质优;机采适宜性优
中棉所 79	4 305.2	127.0	97.1	27.1	92.8	28.6	26.6	产量较高,生育期适中,成熟集中,含絮适宜,品质一般;机采适宜性差
中 113	4 225.8	124.0	96.7	28.0	92.6	28.7	28.8	产量较高,生育期适中,成熟集中,含絮适宜,品质较优;机采适宜性中

3. 群体结构　建立“增密壮株型”的群体结构。最适最大 LAI 不宜超过 4.5,株高 80～110 cm,群体通透性好,后发性弱,后期长势稳健,不旺长,无赘芽,无二次生长,无晚秋桃,植株不倒伏。当种植密度增加后果枝始节位在 20 cm 以上,在时间和空间上实现现蕾、开花和结铃吐絮相对集中,叶枝少,不需整枝。

（三）机械采摘要求

机采棉要求脱叶干净，脱叶率达到95%以上；吐絮率95%，含絮适宜不掉絮。对采摘机的要求符合GB/T 21397—2008《棉花收获机》标准，生产率≥0.4 hm^2/h，采净率≥93%，籽棉含杂率≤11%，撞落棉率≤2.5%。

二、机采棉农艺技术

（一）种植模式

为了适应摘锭式采棉机的机采要求，种植模式采用76 cm等行距配置，是密度倍增技术路线的体现。具体方法是地膜宽120 cm，覆盖2行，采用施肥、除草、播种和覆膜为一体的联合式覆膜精量播种机播种，种植密度7万～9万株/hm^2，收获密度不低于6万株/hm^2。该技术使棉花产量有保障，与传统宽窄行模式相比，棉田通风透光好，结铃均匀，烂铃少，产量相当或有一定增产（表36-5）。另外，采用(66+10)cm的宽窄行配置，因窄行过窄有倒伏和群体不易控制的风险。

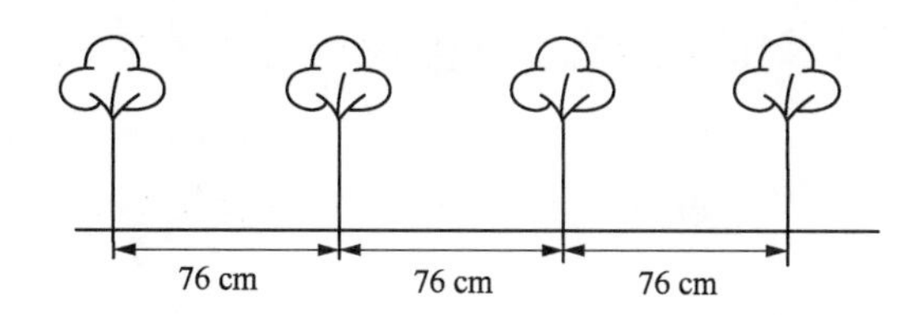

图36-6　机采棉76 cm等行距种植模式

表36-5　不同种植模式对棉花产量的影响

（中国农业科学院棉花研究所，山东棉花研究中心，2012～2016；韩迎春，董合忠等，2018）

（单位：kg/hm^2）

种植模式	试验地点	试验年份	籽　棉	皮　棉
(66+10)cm宽窄行种植	河南安阳	2012	4 114	1 489
		2013	4 059	1 542
		2014	4 118	1 647
		2015	5 006	2 002
		2016	3 866	1 546
(56+96)cm宽窄行种植	山东全省	2014	4 611	1 890
	多地实验	2015	4 299	1 740
76 cm等行距种植	河南安阳	2012	4 046	1 445
		2016	3 900	1 560
	河北威县	2016	3 728	1 491
	山东全省	2014	4 572	1 874
	多地试验	2015	4 395	1 781

（二）种植密度

为了适应机采棉对棉花集中成熟的要求，黄河流域棉区机采棉宜采用密度倍增技术路线提高植棉密度，充分发挥群体优势。综合2013～2014年试验结果，7.5万～12.0万株/hm^2是黄河流域棉区适宜于机械化种植、机械化采收的种植密度。在干旱少雨的年份种植密度可适当提高(表 36－6)。

表 36－6　不同种植密度对棉花产量的影响

(中国农业科学院棉花研究所,2013～2014;韩迎春等,2018)

理论播种密度(万株/hm^2)	籽棉产量(kg/hm^2)	
	2013 年	2014 年
4.50	4 155.0 b	3 934.5 bB
6.75	4 203.0 b	4 243.5 abAB
9.00	4 257.0 b	4 386.0 abAB
11.25	4 543.5 a	4 452.0 abAB
13.50	4 278.0 b	4 489.5 abAB
15.75	4 326.0 b	4 740.0 aA

[注] 同列数据后不同大小写字母分别表示差异达到极显著和显著水平。

(三) 化学调控

密度倍增以后,根据长势和天气条件适时适量调控,掌握少量多次、逐渐增量的原则。现蕾后 5～7 d 就开始以缩节胺(或助壮素)化学调控,一般蕾期缩节胺用量 7.5～15.0 g/hm^2,初花期 15.0～30.0 g/hm^2,打顶后 7～10 d 喷施 60.0～90.0 g/hm^2 重控(见第三十章)。

(四) 轻简化农艺管理

1. 精量播种减免间定苗　黄河流域棉区,播种时间一般在 5 cm 地温稳定在 15 ℃时,即正常年份的 4 月 20～30 日播种。机采棉生产要求棉花适当晚播、增加密度、集中成铃和吐絮,因此播种时间可在 4 月 25 日～5 月 5 日。

棉种要选用精选的包衣种,要求种子发芽率高于 85%,纯度 95%以上,种子破损率小于 5%,含水率不高于 12%。一熟春播棉田用种量 20～25 kg/hm^2。通过精量播种,每穴播 1～2 粒精加工种子,出苗后无需疏苗、间苗和定苗,减免了传统的间苗和定苗工序。

2. 简化整枝　中密度种植条件下简化整枝,而在高密度种植条件下可免整枝,从而节省用工,提高效益,推动农艺管理的轻简化。

3. 打顶　打顶遵循"时到不等枝,枝到不等时"的原则。黄河流域棉区打顶时间一般在 7 月 15～20 日,机采棉由于种植密度增加,单株保留果枝数可以根据目标产量调减,因此打顶时间可以适当提早到 7 月 10 日前后。化学打顶是利用植物生长调节剂抑制棉花顶尖生长,代替人工打顶的技术措施,打顶方法见第三十章。

(五) 化学脱叶催熟

1. 早熟性和脱叶剂喷施时间　脱叶剂的喷施时间要求棉田自然吐絮率在 40%～50%,日平均温度稳定在 16 ℃以上,最低温度在 12 ℃以上。黄河流域脱叶时间一般在 9 月底至 10 月初,脱叶剂喷施后 1 周内日最高气温大于 18 ℃,施药 20 d 的脱叶率达到 95%以上,吐絮率达 90%以上(表 36－7)。

表 36－7　脱叶催熟剂喷施时间对棉花脱叶催熟效果、第一次收花率及籽棉产量的影响
（董合忠，张晓洁整理，2018）

品　种	喷施时间	脱叶率（%）	吐絮率（%）	第一次收花率（%）	籽棉产量（kg/hm^2）
鲁 28	对照（清水）	71.6	78.4	75.0	4 590
	吐絮率 40%	92.2	84.4	89.3	3 120
	吐絮率 60%	98.4	92.8	96.7	4 200
	吐絮率 80%	95.7	91.7	94.9	4 395
鲁 37	对照（清水）	72.3	79.2	79.7	4 290
	吐絮率 40%	91.5	86.1	90.2	3 180
	吐絮率 60%	97.6	93.5	97.2	3 915
	吐絮率 80%	94.5	92.2	94.6	4 020

2. 剂型选择　采用 50%噻苯隆可湿性粉剂 300～600 g/hm^2 和 40%乙烯利水剂2.25～3.0 L/hm^2 混合施用效果较好，为提高药液附着性，可将表面活性剂有机硅助剂按照 0.05%～0.15%的比例添加到脱叶催熟剂中混合喷施，效果更佳（表 36－8）。

表 36－8　不同脱叶剂及助剂处理对棉花脱叶催熟效果、产量及一次花率的影响
（代建龙等，2013）

处　理			脱叶率（%）	吐絮率（%）	第一次收花率（%）	籽棉产量（kg/hm^2）
脱叶剂	催熟剂	助　剂				
清水	无	无	73.9	79.2	75.6	5 010
	无	0.1%有机硅	79.7	78.3	76.1	4 920
	乙烯利	无	81.4	85.2	86.1	4 845
	乙烯利	0.1%有机硅	82.0	87.8	87.2	4 890
噻苯隆	无	无	90.8	88.1	88.4	4 620
	无	0.1%有机硅	92.6	88.9	90.8	4 650
	乙烯利	无	96.2	93.3	93.2	4 785
	乙烯利	0.1%有机硅	97.5	94.6	95.3	4 800

3. 剂量　据试验结果，脱叶催熟剂的用量为 300～600 g/hm^2 噻苯隆＋1 500～2 250 ml/hm^2 乙烯利时效果最佳，在保证脱叶催熟效果的前提下可降低经济投入（表 36－9）。

表 36－9　脱叶剂和催熟剂喷施剂量对棉花脱叶催熟效果、一次花率及产量的影响
（山东棉花研究中心，2012～2014；董合忠，张晓洁整理，2018）

噻苯隆（g/hm^2）	乙烯利（ml/hm^2）	脱叶率（%）	吐絮率（%）	第一次收花率（%）	籽棉产量（kg/hm^2）
0	0	61.4 f	80.6 e	75.8 d	5 135 a
	3 000	82.0 e	91.7 bc	85.1 c	4 779 b
	6 000	88.0 d	93.4 ab	92.2 ab	4 413 de
300	0	91.9 c	82.7 d	76.4 d	4 764 b
	3 000	97.8 a	93.4 ab	91.9 ab	4 499 cd
	6 000	97.7 a	93.3 ab	92.6 a	4 151 f

（续表）

噻苯隆(g/hm²)	乙烯利(mL/hm²)	脱叶率(%)	吐絮率(%)	第一次收花率(%)	籽棉产量(kg/hm²)
600	0	92.3 c	81.7 de	75.5 d	4 607 c
	3 000	97.9 a	92.3 b	91.3 b	4 296 e
	6 000	96.5 b	93.8 a	91.7 ab	3 926 g

[注] 同列不同小写字母表示差异达显著水平。

正常棉田喷施脱叶剂适量偏少，过旺棉田适量偏多；早熟品种适量偏少，晚熟品种适量偏多；喷期早的棉田适量偏少，喷期晚的棉田适量偏多；密度小的棉田适量偏少，密度大的棉田适量偏多。

三、机械化采收

在脱叶催熟剂使用后的20～25 d，棉花脱叶率可达到95%、吐絮率达到90%以上即可进行机械采收，同时保证棉花植株上无塑料残物、化纤残条等杂物。采棉机为美国迪尔和凯斯两家公司生产。

黄河流域棉区植棉密度低，脱叶后枯叶落地率高，黏在吐絮棉铃上的杂质较少，因而与新疆机采棉比较，含杂率明显降低。尽管如此，与人工手采棉比较，机采棉含杂率仍较高，必须首先经过1～2道籽棉清理才能进入后续的加工环节，目前内地机采棉加工尚无需皮清工序，因此黄河流域棉区的机采棉加工生产线只是在原来的手采棉花加工生产线之前另加1～2道籽棉清理设备，对棉花品级不造成大的影响(表36-10)。

表36-10 2015年河南安阳机采棉示范点各品种纤维品质比较

(韩迎春整理，2018)

处 理	上半部平均长度(mm)	整齐度指数(%)	断裂比强度(cN/tex)	马克隆值	伸长率(%)	反射率(%)	黄度	纺纱均匀性指数
人工收中棉所60	29.7	84.8	30.4	4.9	6.1	74.4	7.6	141
刷辊式中棉所60	30.4	84.7	28.5	4.3	6.1	63.3	7.5	135
指刷式中棉所60	30.0	84.0	29.6	4.3	6.2	62.8	6.9	133
指杆式中棉所60	30.2	83.9	29.0	4.4	6.2	61.9	6.8	129
人工收中915	30.2	85.4	30.5	4.8	7.6	75.5	7.0	147
刷辊式中915	29.8	83.3	28.4	3.8	7.7	66.8	6.6	133
指刷式中915	29.7	84.3	29.5	4.2	7.4	69.1	7.0	139
指杆式中915	29.6	84.0	28.7	4.3	7.0	65.8	6.6	132
人工收中6913	29.1	85.0	29.0	5.1	6.6	75.4	7.2	135
刷辊式中6913	29.1	83.0	27.7	4.1	6.5	66.2	7.2	125
指刷式中6913	28.6	84.1	28.4	4.1	6.4	66.8	6.7	131
指杆式中6913	29.0	83.6	28.6	4.3	6.6	67.4	6.8	129
人工收鲁棉研36	30.2	85.1	30.5	4.9	6.5	78.2	7.1	145
刷辊式鲁棉研36	30.3	84.7	29.4	4.1	6.6	68.0	6.6	141
指刷式鲁棉研36	30.0	83.8	28.7	3.8	6.2	67.9	6.2	137
指杆式鲁棉研36	29.9	83.7	29.6	4.2	6.5	68.0	6.4	136

（续表）

处 理	上半部平均长度(mm)	整齐度指数(%)	断裂比强度(cN/tex)	马克隆值	伸长率(%)	反射率(%)	黄度	纺纱均匀性指数
人工收中棉所50	29.6	84.8	28.5	4.5	7.1	75.7	7.0	139
软摘锭中棉所50	29.7	83.3	27.3	3.8	6.8	67.7	6.8	127
指杆式中棉所50	30.0	83.3	28.3	4.0	6.4	67.0	6.8	132

四、问题和改进

黄河流域棉花机械化采收同样采用“以密争早”的技术路线，建立“增密壮株型”的群体结构以实现相对集中现蕾、开花和吐絮，便于集中采收，还有抬高最下部节位的功能，与西北新疆相比，密度小，机采棉的杂质含量低，优势明显。但是，从试验示范来看，机采棉品种、栽培还存在问题：一是品种熟性和农艺性状不适宜，早熟性与高产优质存在突出的矛盾，机采棉需要中早熟类型品种，产量、品质和熟性的配合性不够，农艺性状要求适合密植，吐絮相对集中；二是密度和肥水调控不配套，当密度增加，7～8月降水占黄河流域降水的60%以上，若遇到持续降雨，肥水碰头，导致旺长，形成较大的群体；秋湿年景二次生长不易控制，特别是烂铃增加还无有效解决方法；三是农艺与农机和机采融合创新不够。因此，机采棉在管理上前期需促进早发，实现集中成熟；中期管理控制好打顶时间与肥、水、化学调控，后期长势稳健，既要防止早衰，又要防止二次生长和贪青晚熟。

五、统收式采棉机

国产试验研制的统收式采棉机类型有：指杆式(梳齿式)、指刷式和刷辊式(见第四十九章)。2012～2017年先后在河南安阳、河北威县和山东滨州等地开展了试采，生产率≥90 hm^2/h，撞落棉率≤2.5%，采净率96%，籽棉含杂率3%～6%。经山东省农业机械产品质量监督检验站的检验，性能指标达到GB/T 21397—2008《棉花收获机》标准；2015年通过中国机械工业联合会组织的专家鉴定。由于结构简单，价格低，采收灵活，有望形成具有生产力的中小型采棉机。

1. 指杆式采棉机　采摘台由指杆排、耙棉装置、螺旋输送器等组成。指杆排采用侧弹性、纵刚性指杆结构，利用指杆间距与棉铃外形差实现对籽棉的一次性采收。采摘下的籽棉由耙棉装置送入螺旋输送器，再由风力输送系统送往棉桃分离装置。棉桃在分离装置内受风力与重力作用与棉花分离，棉桃落入集桃箱；带有铃壳、枝秆等杂质的籽棉在风力的作用下，被送往切线导流气棉分离装置，碎叶及一些较小杂质随气流直接排出；带有重杂的籽棉进入机载棉纤抑损清杂装置继续清理，铃壳及枝秆等重杂与籽棉分离，清杂后的籽棉被送往集棉箱。

2. 指刷式采棉机　由采摘台、气吸式棉桃分离输送、棉纤抑损高效清杂装置等组成。通过柔性刷指进行梳刷抽打，使籽棉从棉株上脱离。棉杂混合物首先进入棉桃分离输送装置，在该装置中分离出棉桃并送至集桃箱储存。分离出的籽棉在风力作用下进入切线导流气棉分离装置，碎叶及一些较小杂质随气流直接排出；带有重杂的籽棉进入机载棉纤抑损清杂装置继续清理,铃壳及枝秆等重杂与籽棉分离,清杂后的籽棉送往集棉箱。

3. 刷辊式采棉机　由安置在自走底盘上的采摘台、风力输送装置、棉桃分离装置、清杂装置和集棉箱等装置组成。工作时由分禾器将棉秆导向采摘台的一对刷辊的刷板间隙中,反向同速转动且逐渐升高的两侧刷板由下至上逐渐对棉秆上部的棉花和棉桃进行采摘,将其带到左右刷辊两侧,落入纵向螺旋输送器后输送至棉桃分离装置,将棉桃分离出去,之后在风力输送装置的辅助作用下,与棉桃分离的籽棉进入清杂装置,经过高效清杂的棉花落入集棉箱。

指杆式采棉机无需对行采收,因此对棉花的株行距配置无要求,但是要求棉秆茎粗小于1.8 cm,株高小于100 cm,抗拔起,棉田吐絮率90%以上;指刷式和刷辊式采棉机为3行机,需对行采收,要求76 cm等行距种植,株高小于120 cm,棉田吐絮率90%以上。

（撰稿:林永增,韩迎春,杨苏龙,董合忠,李维江,张晓洁;
主审:林永增,董合忠,毛树春;终审:毛树春）

参 考 文 献

[1] 毛树春.棉花规范化高产栽培技术.北京:金盾出版社,1998:187-208.
[2] 毛树春,董合林,裴建忠.棉花栽培新技术.上海:上海科学技术出版社,2002:18-21.
[3] 毛树春、董金和.优质棉花新品种及其栽培技术.北京:中国农业出版社,2003:143-151.
[4] 毛树春.棉花优质高产新技术.北京:中国农业科学技术出版社,2006:77-85.
[5] 中华人民共和国农业部.2010年农业主导品种和主推技术.北京:中国农业出版社,2010:215-216.
[6] 中华人民共和国农业部.2011年农业主导品种和主推技术.北京:中国农业出版社,2011:215-216.
[7] 毛树春,韩迎春.图说棉花基质育苗移栽.北京:金盾出版社,2009:11-40.
[8] 董合忠,郭庆正,李维江,等.棉花抗逆栽培.济南:山东科学技术出版社,1997:57-114.
[9] 中国农业科学院棉花研究所.棉花优质高产的理论与技术.北京:中国农业出版社,1999:84-92,188-198.
[10] 李文炳,潘大陆.棉花实用新技术.济南:山东科学技术出版社,1992:217-239.
[11] 李文炳.山东棉花.上海:上海科学技术出版社,2001:370-404,407-435.
[12] 孙小芳,刘友良,陈沁.棉花耐盐性研究进展.棉花学报,1998,10(3).
[13] 董合忠,李维江,张学坤.优质棉生产的理论与技术.济南:山东科学技术出版社,2002.
[14] 山西棉业编委会.山西棉业.太原:山西人民出版社,2003:25-37.
[15] 冯利平,刘德章,韩学信.特早熟棉区棉花产量形成与气候生态因子关系的研究.棉花学报,1991,3(2).
[16] 吴云康.棉花叶龄模式栽培技术.南京:江苏科学技术出版社,1987.
[17] 杨家风,崔景维,赵禹,等.冀中南地区麦棉两熟的演进与配套技术.中国棉花,1987,14(3).
[18] 王恒铨.河北棉花.石家庄:河北科学技术出版社,1992:300-337.
[19] 黄骏麒.中国棉作学.北京:中国农业科技出版社,1998:236-240.
[20] 中国农业科学院棉花研究所.中国棉花栽培学.上海:上海科学技术出版社,1983:295-296.
[21] 王黎.麦棉套种增产措施的商榷.中国棉花,1984,11(2).
[22] 陆绪华.黄淮海平原麦棉两熟制概述.中国棉花,1987,14(3).

[23] 杜心田,张根森.河南省麦棉套种的现状与演进.中国棉花,1986,13(4).
[24] 喻树迅,张存信.中国短季棉概论.北京:中国农业出版社,2003:245-264.
[25] 刘子乾,刘爱美,杨以兵,等.蒜套棉高产栽培技术.中国棉花,2008,15(5).
[26] 代建龙,李维江,辛承松,等.黄河流域棉区机采棉栽培技术.中国棉花,2013,40(1).
[27] 代建龙,李振怀,罗振,等.精量播种减免间定苗对棉花产量和产量构成因素的影响.中国农业科学,2014,40(11).
[28] 田晓莉,李召虎,段留生,等.棉花化学催熟与脱叶技术.中国棉花,2006,33(1).
[29] 王希,杜明伟,田晓莉,等.黄河流域棉区棉花脱叶催熟剂的筛选研究.中国棉花,2015,42(5).
[30] 周亚立,刘向新,闫向辉.棉花收获机械化[M].新疆:新疆科学技术出版社,2012.
[31] 董合忠,杨国正,田立文,等.棉花轻简化栽培,2016.北京:科学出版社,2016.
[32] 李亚兵,韩迎春,冯璐,等.我国棉花轻简化栽培关键技术研究进展.棉花学报,2017,29(增刊).

第三十七章　西北内陆棉区棉花规范化栽培技术

西北内陆棉区位于西北干旱农业气候大区，跨越干旱南温带和干旱中温带的农业气候地带，具有明显的温带大陆性气候特征。本区是以新疆为主的棉区，包括新疆和甘肃的河西走廊，以及内蒙古西端的黑河灌区。

本区≥10 ℃活动积温持续期为150～212 d。≥10 ℃活动积温3 000～5 400 ℃，其中南疆和东疆≥10 ℃活动积温4 000 ℃以上地区，适于种植早中熟陆地棉、中熟陆地棉和早熟海岛棉；北疆和河西走廊≥10 ℃活动积温3 500～3 800 ℃地区，适于种植早熟、特早熟陆地棉。昼夜温差大是本区域的气候特点之一，主产区7月平均气温24～30 ℃，5～9月昼夜温差13～17 ℃；年降雨量15～380 mm，年均约90 mm，北疆多、南疆极少；年干燥度>3.5。西北内陆为绿洲农业，灌溉植棉。日照丰富，年日照时数2 600～3 700 h，日照百分率60%～75%。年太阳总辐射量550～650 kJ/cm^2，高于全国同纬度地区10%以上，光热资源和生态条件整体有利于植棉。

自20世纪90年代中期以来，西北内陆棉区成为全国棉花优势产区。据统计，90年代全疆棉田面积占全国的26.6%，总产占全国的35%，单产高于全国平均水平44.5%，成为与长江、黄河两大流域并列的主产棉区之一。近几年，西北内陆棉区棉田面积占全国65%以上，产量占全国的75%以上，成为全国最大的棉区。

第一节　“密、矮、早、膜”栽培技术

一、栽培技术路线

（一）西北内陆棉区的生态环境与生产条件

西北内陆棉区独特的干旱荒漠生态环境，有利于棉花生长，但也有诸多不利生态条件。第一，无霜期短，前期易遭受冷害和终霜冻危害。播种至出苗前遇低温阴雨天气频率高，北疆易发生烂种烂芽现象。4月下旬至5月中旬常有冷空气过境，造成终霜冻天气。霜冻危害，北疆重于南疆，年际变化大。第二，后期降温快，秋季易遭受初霜冻。开花后≥15 ℃的夜间有效积温与纤维强度呈显著正相关关系，在棉铃生长期(开花至开花后45 d之内)若连续3 d平均最低气温低于7 ℃，纤维质量明显下降。秋季降温快，9月平均气温19.1 ℃，比8月气温低4.7 ℃，此时正值棉花纤维加厚期，低温不利于棉花纤维素的转化和积累，致使纤维含糖量增多，品级下降。南疆初霜冻一般出现在10月初至10月中旬，北疆一般在9月底至10月初。同一棉区不同年份初霜冻出现日期早与晚相差可达30 d。

（二）“密、矮、早、膜”栽培技术路线的提出

针对西北内陆棉区光、温、水资源特点，以及无霜期短、灾害性天气多、秋季气温下降快、适宜生长季节有限等主要障碍因素，通过实践逐步摸索形成以增加单位面积密度及增加内围铃数和总成铃的“密、矮、早、膜”技术路线，建立了在地膜覆盖保护和高密度栽培条件下的高产、早熟、优质的栽培技术体系。

20世纪80年代，在地膜覆盖和大水漫灌条件下，南疆棉花栽培密度为10.5万～12.0万株/hm^2，北疆为12.0万～15.0万株/hm^2，皮棉产量为750～900 kg/hm^2。90年代，南疆采用地膜覆盖和小畦灌溉，密度增加到13.5万～15.0万株/hm^2，产量提高到1 500～1 650 kg/hm^2；北疆采用地膜覆盖和滴灌，密度增加到16.5万～22.5万株/hm^2，产量提高到1 350～1 500 kg/hm^2。21世纪以来，在宽膜覆盖和膜下滴灌技术支持下，全疆棉花栽培密度增加到24.5万～27.5万株/hm^2，产量提高到1 875～2 250 kg/hm^2。

（三）“密、矮、早、膜”栽培技术路线的内涵

1. 密　合理密植，这是栽培路线的基础。结合新疆品种特性，培育密度较高、群体均匀、株形矮化、整齐度高的高产群体，以提高单位面积的总铃数，同时增加棉株中下部果枝的内围铃，实现高产、早熟和优质的统一。

2. 矮　针对高密度群体，采用肥水调控综合措施构建株型较为紧凑矮壮、茎粗节短，果枝上举且短，叶量适中、叶面积中等大小、叶色偏深绿且一致的高产群体。肥、水、调三者等同重要，相互作用，水肥调控和化学调控紧密结合，防止形成“高、大、空”群体。滴灌棉田注重水肥调控，适时灌头水，调节灌量；适时早追肥，控制中后期氮素化肥的用量；适时早打顶，控制无效生长。化调坚持“早、轻、勤”原则，因地制宜，分类指导。常规灌棉田全生育期化调4～5次，缩节胺一般在灌溉前使用，其他生育期看天、看地、看苗情进行化学调控。

3. 早　采取地膜覆盖，实现早播种、早出苗、早现蕾、早开花、早吐絮，生产上要求达到“4月苗、5月蕾、6月花、7月铃、8月底(北疆棉区)9月中(南疆棉区)吐絮”的管理目标，选用前期早发、后期早熟的棉花品种，适期早播，早定苗。苗蕾期适时喷施生长调节剂，早施花铃肥；早打顶，适时停水、早收获；病虫防治坚持“早查、早综合防治”原则，确保正常年份霜前花率达85%以上。

4. 膜　膜为地膜覆盖。在窄膜覆盖基础上发展的宽膜覆盖，对增温保墒、抑制盐碱、消灭杂草和膜下滴灌产生的效应更加明显，其增产和优质效应显著。

在“密、矮、早、膜”栽培体系中，“密”是高产的核心，只有合理密植才能夺得高产；“矮”是前提，植株不矮难以密植获高产；“早”是目的，只有早发、早熟才能充分地利用光、热、水资源；“膜”是密植和早发的基本保证。

二、栽 培 规 范

（一）冬前耕作

1. 储水灌溉　秋冬储水灌溉包括带茬灌和秋耕冬灌，即籽棉收获前后灌溉，在南疆灌水量1 350～2 250 m^3/hm^2。另外，对返盐重或墒情不足的稻茬田及其他茬口的棉田进行春灌，灌溉时间为地表解冻后至播种前15 d筑埂、压盐补墒，灌水量1 350～1 800 m^3/hm^2。

2. 施基肥 结合冬前犁地施入基肥。基肥包括全部有机肥、50%～70%(沟施)或20%～40%(滴灌)的氮肥(砂土地取下限、黏土地取上限),80%左右的磷肥和50%左右钾肥及其他微肥。犁地前,在犁架上安装施肥装置,将肥料倒入施肥箱内,实现犁地、施肥一体化作业。

3. 犁地 已经茬灌或冬灌农田,于冬前适墒犁地,忌抢墒犁地。所谓适墒,是指犁垡落地时自然松散。犁地深度≥25 cm,不重垡,不漏耕,犁地到边到角,无明显的犁沟、垄背。

4. 耙地、平地 除部分地下水位高、返盐重的稻茬田采用犁垡越冬外,其他农田均于播前进行切、耙、平地作业,使土壤接近待播状态。

(二)播前整地与除草剂施用

1. 播前整地 适墒整地是确保整地质量的关键,“适墒”指手捏10 cm左右的表层土壤成团,落地即散。整地要达到“齐、平、松、碎、墒、净”要求。

2. 喷施除草剂 用48%氟乐灵乳油1 200～1 800 ml/hm²(砂壤土取下限,黏土取上限),播种前7 d均匀喷雾地面,不重不漏,喷后立即混土,或喷药与混土复式作业,混土深度不宜超过8 cm。或用72%杜耳乳油1 950～2 250 ml/hm²,在待播状态均匀喷雾地面,然后耙地混土;耙地深度5～6 cm。或用90%禾耐斯(乙草胺)乳油800～1 200 ml喷施,在表层墒足的情况下,不必耙地混土;在表层欠墒的情况下,需浅耙混土作业,使用禾耐斯应即喷即播种。

(三)品种选择和种子处理

1. 品种 选择早熟性品种,具体要求如表37-1所示。要求抗枯萎病、耐黄萎病;选择纤维强力高的优质品种;耐盐碱、耐瘠薄、耐低温等抗逆性好;果枝类型Ⅱ式,果节较短、结铃性好;叶片中等偏小,斜上举,叶裂较深,皱褶较多,叶色较深。

表37-1 新疆各亚区对品种早熟性的要求

(姚源松等,2004)

亚 区	早中熟亚区	早熟亚区	特早熟亚区
生育期(d)	130～140	120～125	110～120
始絮期(月/日)	8月底至9月初	8/25～8/30	8/25～8/30

2. 种子处理 包括人工精选、药剂拌种或种子包衣。

(四)播种

1. 播种期 各亚区适宜播种期:中早熟亚区4月6～18日;早熟亚区4月8～22日;特早熟亚区4月10～25日。

2. 覆膜类型与质量要求 采用膜宽90～120 cm或205 cm,厚度0.01 mm以上地膜。膜面平整,膜边压实,膜头、接茬压严,播种孔封土一条线(覆土宽度5～7 cm,厚度0.5～1.0 cm),膜面破孔要用土封严,膜上边行外侧要留10 cm左右采光带。

3. 播种方式 采用精量播种机,实行铺管、铺膜、压膜、打孔、播种、覆土同时完成。播种穴距9.0～11.5 cm,每穴播种1粒,保苗18万～20.25万株/hm²。

4. 播后苗前管理 中耕,一种是在播种机的大梁上,对着膜间大行的部位,装上1～2根中耕杆尺,在播种同时,对露地大行进行中耕,中耕深度10～12 cm,中耕宽度根据行距确定;另一种是播种结束后,出苗前对露地大行进行中耕,中耕深度 12～14 cm,护苗带留足 10 cm 宽,并注意带好碎土器。风口棉区中耕易造成风灾危害,可适当推迟中耕时间。播后膜上及时压防风带(每 10～15 m 加一条防风带),并注意压好膜边、膜头及膜上破孔。播种后及时对田边、地头及其他漏播地段进行人工点播补种;播后遇灾害,根据灾情采用人工株间点播,或用播种机在窄行中间补一单行,或离原播种行 5～10 cm 的一侧重播 1 行。雨后及时破除板结。

(五) 苗期管理

1. 旺苗　缩节胺调控,真叶 2～3 片时喷 4.5～7.5 g/hm^2,真叶 5～7 片时喷 12.0～15.0 g/hm^2。使用剂量应根据品种的敏感程度及棉株叶龄确定。

2. 壮苗偏旺　采用中耕进行中等强度调控。中耕时间在出现壮苗转旺时,中耕深度>12 cm。

3. 弱苗　叶面肥可促进生长,可用磷酸二氢钾 2.25 kg/hm^2,加尿素 3.0 kg/hm^2 喷施。

(六) 蕾铃期管理

1. 轻施蕾肥　未深施基肥的棉田和弱苗棉田,盛蕾期施尿素 75～120 kg/hm^2。施肥深度≥8 cm,砂土田施肥需与灌溉结合。

2. 重施花铃肥　初花期施肥量为氮肥总量的 10%～20%,磷肥总量的 30%;盛花期结合二水施氮肥总量的 20%～30%。

3. 补施盖顶肥　对于肥力低、保肥力差的砂壤土棉田,在 7 月下旬结合三水补施盖顶肥,尿素施肥量为 45～75 kg/hm^2。

4. 巧施叶面肥　弱苗和缺微量元素棉田,叶面喷肥尿素 2.25～3.0 kg/hm^2,加磷酸二氢钾 2.25 kg/hm^2(浓度<2%),微肥(如硫酸锌、硫酸锰和硼酸等)喷施浓度 0.1%～0.3%。

5. 地面灌溉　包括沟灌和宽膜小畦灌等。各生育期、各种土壤的水分参数指标见表 37-2。北疆灌溉定额 5 000～7 000 m^3/hm^2,全生育期灌水次数 3～5 次。其中,播前灌水 1～2 次,灌水定额 900～1 200 m^3/hm^2。南疆灌溉定额 6 500～8 500 m^3/hm^2,其中,春灌或冬灌 1 800～2 700 m^3/hm^2。生育期灌溉,盛蕾至初花期、盛花期 1 200 m^3/hm^2,以后每隔 12～18 d 灌 1 次水,灌水量 900～1 100 kg/hm^2;停止灌溉日期,北疆 8 月 20 日,南疆 8 月底前后。

表 37-2　沟灌棉田灌水期的土壤水分参考指标

(张旺锋,田立文等整理,2010)　(单位:%)

生育时期		播种前	苗　期	蕾　期	花铃期	吐絮期
适宜田间持水量		70～80	60～70	65～70	70～80	60～70
土壤含水量	砂壤土	≥12.0	≥11.5	≥11.7	≥12.0	≥11.5
	壤土	≥14.0	≥13.5	≥13.8	≥14.0	≥13.5
	黏土	≥16.0	≥15.5	≥15.8	≥16.0	≥15.5

6. 看长势调控

(1) 蕾期调控:旺苗田,采用调控强度大的化学调控和肥水调控,现蕾初期缩节胺用量一般为15.0～22.5 g/hm^2,配合中耕。壮苗田,现蕾初期缩节胺用量7.5～15.0 g/hm^2,结合中耕轻调。弱苗田,现蕾初期喷施叶面肥1～2次,配合中耕促苗,早灌头水,增施氮肥。

(2) 花铃期调控:旺苗田,盛花期减少氮肥用量、推迟灌水,第二次灌水前喷施缩节胺45.0～75.0 g/hm^2,偏早打顶,一般在6月25日前后完成,打顶后5～7 d用缩节胺120～150 g/hm^{2}控侧枝。壮苗田,盛花前结合灌水重施花铃肥,灌溉前用缩节胺37.5～60.0 g/hm^{2}调控,在6月25日至7月5日打顶,打顶后用缩节胺90.0～120.0 g/hm^{2}控侧枝。弱苗田,提前灌第二水,灌溉前重施花铃肥,用缩节胺30～45 g/hm^{2}调控;偏晚打顶,打顶后7 d喷缩节胺75.0～90.0 g/hm^2,铃期喷施叶面肥1～2次,第二次灌水后15 d左右灌第三次水。

(七) 吐絮期管理

1. 贪青晚熟棉田催熟　在终霜期前20 d左右,最高温度大于20 ℃,并保证喷后气温18 ℃左右,用有效成分40%的乙烯利1.8～2.25 L/hm^{2}兑水50 kg,均匀喷洒。

2. 机械采收棉田脱叶　在终霜期前20 d左右,10 d内平均气温>18 ℃时,可用噻苯隆600 g/hm^2,或噻苯隆300 g/hm^2+乙烯利1 050 ml/hm^{2}兑水750 kg,均匀喷洒。

第二节 膜下滴灌棉花栽培技术

一、节水灌溉的前景

西北内陆棉区气候干燥,水资源不足长期制约着本地区的农业发展,尤其在光热资源条件较好的棉花适宜种植区,水资源更是制约其棉花生产发展的"瓶颈"。实施膜下滴灌,棉花容易实现一播全苗,棉田作业程序减少,土地利用率提高,水与肥的产投比提高,增产效果明显,经济效益好。据统计测算(尹飞虎,2010),2009年新疆生产建设兵团膜下滴灌棉田面积41.13万hm^2,平均皮棉单产2 310 kg/hm^2,比常规灌溉棉花节水45.7%,节肥31.7%,增产28.1%,劳动生产率提高2～3倍,水产比提高1.4倍,氮肥利用效率提高30%,磷肥利用效率提高18%,土地利用率提高5%～7%。

滴灌是一种新型的高效用水灌溉技术。按照作物生长的需水和需肥规律,利用专门设备或自然水头加压,再通过低压管道系统末级毛管孔口或灌水器,将有压水流变成细小的水流或水滴,直接送到作物根区附近,均匀、适量地施于作物根层土壤的灌水方法。相对于地面灌和喷灌而言,滴灌属局部灌溉、精细灌溉,水的有效利用程度高,节水、增产、增效都极为显著。但是,膜下滴灌植棉技术也出现一些问题,由常规灌转变为膜下滴灌的棉田,其增产效应随种植年数的增加而呈减少趋势,生产中已经出现连续种植的滴灌棉田增产不显著,甚至减产的现象。另外大面积滴灌棉区,由于渗入地下水大幅度减少,引起地下水位降低,导致棉区已有的生态防风林及其他自然植被衰退,甚至死亡,对此应引起棉区生态工作者的高度关注。研究开发低成本、少故障率、易维护的滴灌系统是一项长期的课题。

二、膜下滴灌技术特点

(一) 局部湿润土壤

膜下滴灌为棉田局部湿润灌溉,而传统地面灌水方法(沟、畦灌等)和喷灌为全田湿润灌溉。滴灌不是对整个灌水地段实施全面积灌溉，而是通过管道系统将水直接输送到作物根部附近，只湿润主根层所在的耕层土壤，不破坏土壤结构，湿润区土壤水、热、气、养分状况良好，减少土壤表面蒸发。所以膜下滴灌属典型的“局部灌水方法”。

（二）灌水量小，灌水周期短，属微量精细灌溉范畴

滴灌设备可以按照需要准确控制灌水量，既不存在深层渗漏，亦无喷灌条件下的飘移蒸发损失。在现有的灌水方法中，滴灌所需的灌水量最小。另外，滴灌不仅具有以补充降雨不足为目的灌水功能，同时还特别适合为作物输送液态化肥与除草药剂等，并便于实现自动控制。不过灌溉系统的运行管理、规划设计和安装调试以及对水质的要求都较为精细。一般滴头的流量为 1.8～3.0 L/h。

（三）灌水质量较高

只要选用质量合格的灌水器，合理进行工程规划设计，使灌水器出水均匀，就能获得较高的灌水质量。同时，滴灌条件下的灌溉制度具有灌水持续历时长、前后两次灌水间隔时间短、根区土壤水分变化幅度小的特点，土壤水分长期维持在作物适宜的湿度，有利于农作物均衡吸收，可使作物增产和改善品质。还可以利用含盐浓度不很高的咸水进行微灌，或者在盐碱地上通过微灌来稀释根区土壤的盐分，使作物正常生长。

（四）工作压力低，节约能源

滴灌田间灌溉水有效利用系数高，对需消耗能量的提水灌区，节水也就意味着节能。只是滴灌输水系统的水头损失较大。如何降低管道系统（含过滤设备）的输水损失，有效防止灌水器堵塞，是滴灌应用中最为突出的问题。为解决这一问题，世界各国都做出了巨大的努力，已研制出过滤效果好的过滤器和抗堵性能良好的灌水器。

三、膜下滴灌栽培规范

（一）管行配置

据研究，不同土壤质地土层内水分运动规律有很大的不同。据测定，当滴头流量为 3 L/h 时，砂壤土湿润峰的最大宽度 66 cm，壤土湿润峰的最大宽度为 100 cm。为了降低滴灌棉田的成本，滴灌系统布管方式主要为“一管二”和“一管四”两种方式。

1. “一管二”方式的行距配置　所谓“一管二”，是指一条滴灌带铺在小行中间，给 2 行棉花供水。这种方式主要用于砂壤土棉田。早期“一管二行”距配置为宽窄行（图 37－1）。

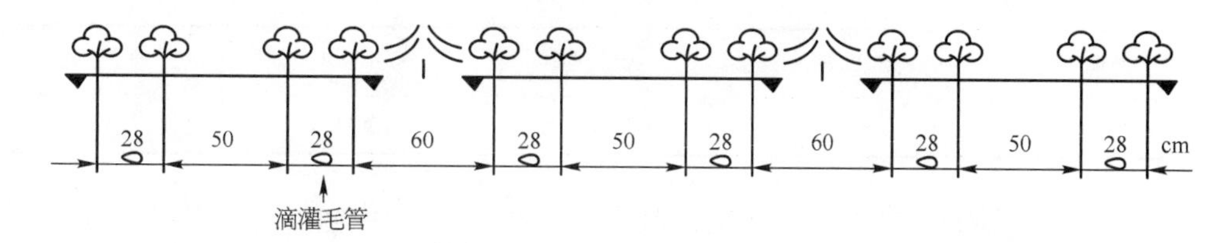

图 37－1　“一管二”方式断面图

2. “一管四”方式的行距配置　滴灌棉田不需要开沟追肥,除拖拉机行走行外,其余宽行都可缩小行距。所以,其行距配置主要为 20 cm+40 cm+20 cm+60 cm(滴灌带铺在 40 cm 行中间,给滴灌带两边共 4 行棉花供水)。它的演变型有 22 cm＋50 cm＋22 cm＋60 cm、15 cm+45 cm+15 cm+50 cm 等(图 37－2)。这种方式适用于壤土和轻黏土的滴灌棉田和高密度栽培棉田。

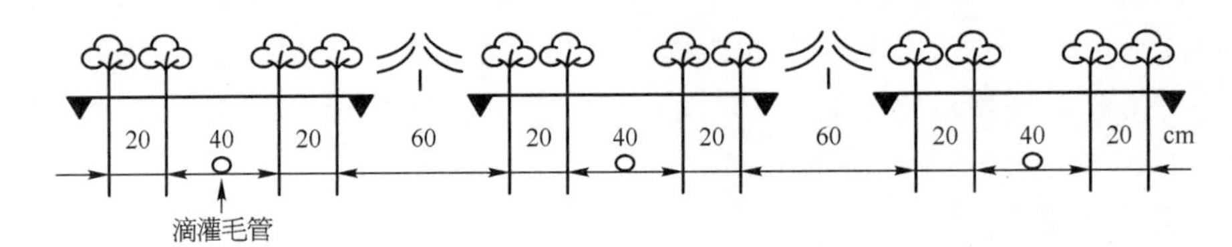

图 37－2　“一管四”方式断面图

(二) 播种时间

当膜下 5 cm 地温稳定通过 12 ℃并很快上升到 14 ℃时为适宜播种期。一般情况下,4 月上旬可大面积播种,播后立即中耕,北疆干播湿出还应及时安装启动滴灌系统,视天气情况滴出苗水。播种一定要严把质量关,播种穴距 9.5～12.5 cm,每穴播种 1 粒,要求空穴率不超过 2%,保苗 18 万～20.25 万株/hm^2,播种深度 2～2.5 cm,穴孔不错位,膜上覆土均匀细密,膜边封土严密。滴灌带流道向上,铺设在膜下所在行中央。

(三) 水分管理

1. 滴水管理　根据多年研究及实践,膜下滴灌棉花全生育期共需水 3 450～4 200 m^3/hm^2,北疆棉区一般出苗水 150～225 m^3/hm^2;在底墒较好的情况下,生育期第一次灌水一般在 6 月上中旬进行,滴水量约 225 m^3/hm^2;棉花开花后对水分的需要量加大,每次滴水量为 375～450 m^3/hm^2,灌水周期 5～7 d,最长不超过 9 d;盛铃期以后每次滴水量可逐次减少,最后停水时间一般在 8 月下旬至 9 月初,遇秋季气温较高年份,停水时间还要延后(参见第三十二章)。滴灌棉田灌水量决定于所需要的水分浸润深度,而浸润深度又决定于棉花根系的分布深度。试验表明,滴灌棉田棉株的根系主要吸水深度在 40～60 cm 以内。滴灌棉田各生育阶段的浸润深度分别为:苗期 0.2～0.3 m,蕾期 0.4 m,花铃期 0.6 m,吐絮期 0.4～0.6 m。当上述土层的土壤含水量降到表 37－3 中数据(临界指标)时,应及时滴水。

表 37－3　确定滴灌灌水期的土壤水分参考指标

(李明思等,2002)

生育期	苗　期	蕾　期	花铃期	吐絮期
土壤含水量(%)	≥12.7	≥13.0	≥14.5	≥12.0

2. 灌溉制度　北疆膜下滴灌棉田的灌溉制度见表 37－4。南疆滴灌棉田在 6 月 5 日前一般不滴灌,之后滴灌方法基本同北疆棉区。

表 37-4　北疆棉区棉花膜下滴灌的灌溉制度
(马富裕等,2002)

生育期	苗　期	蕾　期	花铃期	吐絮期
灌水定额(mm)	15.1	26.4	34.6	30.1
占总灌水量(%)	7～10	18～25	60～70	5
灌水周期(d)	13	9	7	23

(四) 施肥

膜下滴灌棉花采取“少食多餐”办法进行全程施肥。一般一水一肥,8 月上旬停止施肥。全生育期施肥量应控制在施滴灌专用肥 450～525 kg/hm^{2}或尿素 375～525 kg/hm^2,基施重过磷酸钙 150～225 kg/hm^2。早施苗肥,滴苗水时,对未施任何基肥的土壤,应将计划所施全部养分 10%～15%的氮和 8%～12%的磷随水一次施入。若施用滴灌专用肥,最好根据土壤养分测定结果确定其施入量。对中等肥力的土壤,可施总有效成分 50%以上的专用肥 45～60 kg/hm^2。施过以磷肥为主的基肥的土壤,仅施氮肥和必须补充的微量元素即可(尿素 30～45 kg/hm^2)。重施花铃肥,将全部养分的 50%在开花到盛铃期施入,每次施含有效成分 50%以上的滴灌专用肥 60～90 kg/hm^2,或施尿素 75～90 kg/hm^2,此类棉田必须是土壤基施 P_2O_5 达 75～105 kg/hm^{2}以上(折合重过磷酸钙 150～225 kg/hm^2),盛铃期以后,施肥量逐次减少,8 月上旬施肥结束。

(五) 化学调控

化学调控主要以缩节胺机力喷施为主,配合人工辅助喷施。开花前喷施缩节胺 2～3 次,施用量与常规灌溉棉田相近,即 2～3 叶龄喷施缩节胺 4.5～7.5 g/hm^2, 5～6 叶龄喷施缩节胺 7.5～12 g/hm^2,花铃期采用水控与化调相结合办法,只对点片长势较旺的棉花喷施,一般不进行大面积的机力喷施。

(六) 适时打顶

打顶坚持做到“枝不等时,时不等枝”原则,果枝 8～10 个/株,于 6 月底 7 月初结束打顶,漏打率小于 2%。根据长势和肥水供给情况,打顶后 5～7 d 用缩节胺 120～150 g/hm^{2}喷施,以控制群尖生长。

(七) 毛管和地膜回收

毛管回收大多采用毛管回收机回收,回收时间可在棉花收获时,也可在茎秆粉碎前。残膜采取重压深齿耙和人工捡拾相结合进行清理,在翻地、平整土地、播种前及收获后采用地膜回收机回收。

第三节　机采棉栽培技术

机采棉即按照机械化采收的农艺要求进行种植栽培管理的棉花。与传统的手采棉相比,机采棉增加了脱叶催熟的工序,籽棉含杂率高,在加工环节需要对籽棉和皮棉进行除杂清理,因而对纤维品质造成很大的负面影响。为此,从理论和实践上认识降低籽棉的杂质含量对提高机采棉品质具有重要意义。

综合分析，新疆机采籽棉杂质含量与早熟性和品种农艺性状、种植密度和肥水供给等有密切关系。因此，棉花机械化采收对栽培的早熟性提出了新的更高要求。换句话讲，提升机采棉质量应把早熟性放在第一位，同时机采棉对品种的纤维品质性状、抗性性状、其他农艺性状以及配置方式、收获密度和肥水调控管理等也有不同的要求。这些要求归根到底是在技术措施上最大限度地处理好产量与早熟性、一致性、清洁度等主要影响棉花纤维质量因素的关系。

一、机采棉杂质含量及清除对品质的影响

（一）机采籽棉杂质含量

新疆机采籽棉中的杂质主要包括棉株器官，如叶、铃壳、茎秆、苞叶和田间有害杂物，如残膜、石块和异性纤维等，使籽棉清洁度变差。据调查，新疆机采籽棉杂质含量变化在8%～27%之间，且多数棉田含杂率>12%，其中以叶屑杂质的含量最高，占总杂质的61%～94%；迟(晚)熟棉田的杂质含量则更高。通常手采籽棉的杂质含量在3%上下，可见机采籽棉杂质含量比手采籽棉增加了好几倍。

由于新疆棉花秸秆粉碎和耕整地受土壤封冻的影响，采收时间受到限制变短，迟(晚)熟棉田不得不按时实施脱叶，但脱叶效果变差，这些田块的籽棉杂质含量会更高。

（二）机采籽棉杂质清理

为有效降低含杂率和改善原棉颜色的等级，客观上必须通过增加清理加工工序，包括2～4道的籽棉清理工序和2～3道的皮棉清理工序。多道机采棉清理工序虽然显著改善了原棉外观品质，但对棉纤维内在品质的损害也不断加大。

籽棉清理主要是清除机采籽棉包裹的大杂质，并将团粒籽棉拆成单粒籽棉。据田景山等(2016)在北疆第七师、第八师11个点次9个品种的比较研究，籽棉清理对纤维长度和短纤指数有不利影响，纤维长度在54%的试验点呈下降趋势、短纤维指数在全部试验点都呈增加趋势。籽棉清理对纤维比强度的影响较为复杂，77%试验点呈下降趋势，而且有1/3的试验点差异性达显著水平、平均损失量1.4 cN/tex，并以第2～3道工序的损伤最大，每道损失0.65 cN/tex。籽棉清理对纤维比强度有不可避免的损伤，损失量大小主要与叶杂质的黏着性(清除难易程度)密切相关，而叶黏着性又与植株成熟度和叶片茂密程度有紧密关系。因此，选用机采棉品种时，应注重叶片特性和苞叶性状，确保脱叶能落入地面，使机采籽棉叶杂清除率>45%。

（三）机采皮棉杂质清理

经过籽棉清理机清理的籽棉被送入轧花机进行轧花，加工出的皮棉被送入皮棉清理机。皮棉清理是再次清除皮棉中的杂质，主要包括不孕籽、棉结、碎叶片、小棉秆以及轧花产生的籽屑和种皮等较小的杂质。与轧花前相比，皮棉清理后纤维比强度无显著变化，而纤维长度和短纤指数的变化最为明显，纤维长度减损>1.0 mm的试验点占全部试验点的46%、短纤指数损伤率>20%的试验点占85%。在不同的清理道数之间以第三道皮棉清理对纤维损伤较大，使纤维长度降低0.35 mm，短纤维指数的变化最为明显，机采棉比手采棉增加了1.0～1.9个百分点，试验点和品种间最大增幅分别达到90%和130%。研究结果指出机械化采收

对棉花品种选择十分重要，同时改进机采棉清花和轧花加工工艺也十分必要，推荐新疆棉花加工厂采用“一道”气流式或锯齿式皮棉清理机，或尝试不使用皮棉清理，禁止使用“三道”皮棉清理(见第五十章)。

(四) 机采棉异性纤维含量问题

异性纤维被定义为混入棉花中的非棉纤维和非本色棉纤维，如化学纤维、麻丝、塑料膜、塑料丝、线绳、布块、纸片及人畜的毛发、羽绒等。我国新疆机采籽棉中的废地膜及其碎片多，棉纺织企业难以清除，导致总体异纤维含量远高于美棉和澳棉。虽然表 37－5 的短绒率数据没有太大的差异，但据棉纺织企业反映新疆机采棉的短绒率要远高于澳棉和美棉，多在16%以上，且新疆机采棉的纤维长度较短，长度多在 27～28 mm，整齐度不够，单纤维强力偏低，从而影响中高支纱质量，使得企业配棉成本较高(表 37－5)。

表 37－5　美棉、澳棉 M 级与新疆 3 级棉的数据对比

(毛树春整理，2014)

项　目	马克隆值	成熟度	长　度(mm)	整齐度指数(%)	<12.7 mm短纤维(%)	比强度(cN/tex)	伸长率(%)	杂　质(%)
澳棉	4.39	0.88	29.97	82.70	10.48	29.18	6.48	1.64
美棉	4.26	0.87	29.17	81.70	11.66	29.83	7.91	1.76
新疆机采棉 1	3.90	0.84	28.30	81.80	18.20	27.00	5.50	2.90
新疆机采棉 2	4.03	0.85	28.19	81.70	12.70	27.70	6.60	3.00
新疆机采棉 3	4.25	0.86	27.89	81.50	11.60	28.30	7.50	1.90

(五) 新疆机采棉品质比较

据中国棉纺织行业协会调查(表 37－5)，新疆机采原棉与高品质的澳棉、美棉相比，马克隆值、成熟度和伸长率没有多少差异，但是长度短 1.67～2.08 mm，比强度低 0.89～2.83 cN/tex，短纤维含量高，可纺织性能下降。因叶屑杂质带来的粉尘含量增加，一些棉纺织企业反映纺机采原棉需增加大型除尘设备，否则对工人呼吸产生负面影响。

美国和澳大利亚机械化的采净率达到 90%即可，新疆机械化的采净率均在 90%以上，最高可达到 98%。显然，过高的采净率也是导致杂质含量异常偏高的原因之一。

二、机采棉对品种和农艺技术的要求

结合多年机械化采收的实践和试验研究，并借鉴国外经验，总结归纳适宜新疆机械化采收的棉花品种特征特性于表 37－6。

(一) 机采棉对品种综合性状的要求

1. 熟性　早熟性是评价品种和栽培措施是否适应机采棉的基础性标准。生产上，喷施脱叶剂时吐絮率达到 40%应是判断早熟性的重要指标，这时棉铃的龄期在 54～65 d 之间，或植株最上部铃的龄期平均 35 d 以上，与手采棉的生育期相比，机采棉生育期至少缩短 10 d以上。机采棉需提早实施脱叶催熟措施，棉花生长终止时间比手采棉早 15 d。因此，适宜新疆机采棉的品种熟性为特早熟、早熟和早中熟类型，生育期北疆大多在 110～120 d 之间，南疆大多在 120～130 d 之间。需要特别指出的是，北疆不宜选用生育期≥125 d、南疆不宜选用生育期≥135 d的中熟、中晚熟类型品种。同时，要求吐絮快速且集中，成熟一致性好；铃壳开裂度好，吐絮畅、含絮力中等，且不易掉絮(表37－6)。

生产上需明确，种植晚熟与贪青晚熟品种的棉田不宜采用机械化采收。

表37－6　机采棉对棉花品种性状要求的参考性指标

(张旺锋，余渝，田立文，毛树春等整理，2018)

项　目		理想品种目标特性	目前机采棉品种特性
株型特征	株高	滴灌棉花平均株高70～85 cm	株高差异较大，地面灌溉棉花株高介于60～85 cm
	果枝始节高度	果枝始节距地面20 cm以上	果枝始节位5～6节，果枝始节距地面大多<20 cm
	株型	果枝类型为相对紧凑的Ⅱ式果枝，结合肥水化学调控，大田株型达到“相对”紧凑	果枝类型多为较紧凑的Ⅱ式果枝，也有较松散的Ⅱ式果枝；再结合化学调控，棉田最终株型多为紧凑型
	叶型	叶片硬朗上举，叶片的大小和厚度适中，叶片表面绒毛少等	滴灌棉田易造成旺长，叶片有不同程度的耷拉现象，叶片偏大，叶柄长；个别品种叶表面绒毛偏多，叶片较厚
	抗逆性	抗病，抗旱，抗倒伏	抗病，生产上大多不抗倒伏
品种熟性类型		机采品种的生育期比常规手采品种平均缩短约15 d，需要特早熟110 d、早熟120 d以内和早中熟125 d以内的品种类型，并在同一机械化采摘区对不同熟性棉花品种需合理布局和搭配	早熟性问题突出。新疆特早熟棉区生育期125～129 d为主，早中熟棉区生育期132～136 d。中早熟品种类型的面积比例大，同一采摘区基本未落实品种熟性的差异化布局，成熟一致性差
纤维品质		上半部纤维长度≥31 mm，断裂比强度≥30 cN/tex，马克隆值3.5～4.5，整齐度指数85％	纤维品质指标达标品种较少
群体特性		滴灌高产棉田的理论种植密度146 000～187 800株/hm^2，采用76 cm等行距模式，最适最大的LAI为4.2～4.5	滴灌高产棉田大多理论种植密度219 000～29 200株/hm^2，采用(66＋10) cm的宽窄行模式，最适最大的LAI为4.6～5.1
吐絮要求		吐絮快而集中，含絮力中等，平均吐絮期在35～40 d，铃壳开裂度大小合适	吐絮期相对集中，吐絮通畅，铃壳开张度大，不卡壳
脱叶剂喷施时的早熟性要求		滴灌棉田的自然吐絮率达到40％ 喷施脱叶剂棉田比正常成熟的棉田减产幅度不超过7％，品质基本不受影响 明确晚熟品种与贪青晚熟棉田不宜进行机采	北疆少部分可以达到，南疆基本没有达到 喷施脱叶剂棉田比正常成熟的棉田普遍减产10％左右，且品质受明显影响
机采特性		采净率92％，杂质含量控制在10％左右	普遍采净率92％以上，杂质含量普遍在12％以上

2. 机采棉花品种对纤维品质的要求　采用摘锭式的采棉机在采收过程中本身就对纤维造成损伤，因含杂量高需对籽棉进行清理除杂，再经过轧花和皮棉清理除杂等较多工序，对纤维长度、强度和整齐度指数产生不利影响。现行加工技术和工艺流程使棉花纤维长度损失1 mm，纤维比强度至少损失1 cN/tex，纤维整齐度指数损失2～3个百分点。因此，适宜机采棉的品种纤维长度比手采棉的长1～2 mm，比强度强1～2 cN/tex，整齐度指数更高，达到85％左右。为了保证机采棉的品质，要求上半部平均长度≥31 mm，断

裂比强度≥30 cN/tex，马克隆值 3.5～4.5。对机采棉品种的衣分率则不宜要求过高，≥40%即可。

棉花杂交种第二代仍具有杂种优势，在丰产性和抗逆性方面优势明显，但纤维品质存在变异性。周关印(2015)等在南疆对 5 个抗虫杂交种的 F_1 和 F_2 进行测定发现(表 37-7)，F_2 纤维长度呈下降趋势、伸长率呈缩短趋势，但差异不显著。断裂比强度下降约 1 cN/tex 呈显著差异，整齐度指数比 F_1 显著降低 10 个百分点，差异显著。这表明 F_2 短纤维比例增多，长纤维比例减少，整齐度明显下降。这些结果指出，杂交种 F_2 可否利用需要开展正规研究，应通过国家级区域试验进行综合评价。生产上应杜绝种植杂交种第三代。

表 37-7　5 个抗虫杂交棉 F_1 和 F_2 在南疆的纤维品质变化

(周关印等，2015)

品种类型	上半部纤维平均长度(mm)	断裂比强度(cN/tex)	马克隆值	伸长率(%)	整齐度指数(%)
抗虫杂交种 F_1	28.87	29.74 a	5.32	7.70	84.35 a
抗虫杂交种 F_2	28.76	28.76 b	5.38	7.44	74.73 b

[注] 同列不同小写字母表示差异达 0.05 显著水平。

3. 机采棉品种对脱叶剂反应敏感　机械采收前棉花必须实施脱叶，脱叶的效果与品种农艺性状有很大的关系。为提高机械化采棉的采摘率和作业效率，要求棉花叶片对脱叶剂的反应比较敏感，或后期有自然落叶的特性，以提高化学脱叶效果。脱叶催熟剂最佳喷施时间一般要求棉田吐絮率>40%，最上部棉铃应有足够龄期，以保障成熟。为了延长采收期，提高采棉机的利用率，一个生产单位应形成特早熟、较早熟和早熟 3 种不同熟性棉花品种的合理搭配。

目前，南疆培育的机采棉新品种(系)J206-5、新陆中 73 号、新陆中 76 号和新陆中 88 号，北疆新陆早 64 号和新陆早 72 号等。这些品种具有早熟、丰产、株型相对紧凑、结铃部位相对集中、成熟相对一致的特性，是目前相对比较适宜机采的棉花品种。

(二) 机械化采收对棉田群体结构与肥水供给的要求

机采棉种植对行株距配置和合理密植也有新要求。滴灌高产早熟棉田采用小宽窄行(66+10) cm 的配置方式，理论种植密度高达 21.9 万～29.2 万株/hm^2，LAI 在 4.6～5.2 之间时群体严重荫蔽，因群体中的果枝和叶片相互交织密集，脱叶剂不易喷入底部，导致脱叶不彻底，使一些田块尚有绿色鲜活的叶片未被脱落，故采收的籽棉含杂率更高。

机采棉对滴灌肥水管理也有新要求。当肥水碰头极易产生短时“旺长”，叶片变得薄而大，果枝和叶柄变得细而长，LAI 大，这时群体环境变得恶化，荫蔽程度加重，通透性差，籽棉的含杂率高，早熟性无法得到保障(见第三十二章)。

采用等行距 76 cm 的配置方式，理论密度 14.62 万～20.24 万株/hm^2，如果适量肥水供给，最适最大 LAI 可控制在 4.2～4.5 之间，果枝和叶片在群体中的排列相对疏朗，脱叶剂可喷入底部，使脱叶较为彻底，含杂率降低，早熟性也有保障。

机采棉要求植株农艺性状优良。果枝始节距地面高度在 20 cm 以上，或果枝始节的节位在5～6节之间；植株茎秆粗壮，抗倒伏；叶片以中小型、叶型以上举的更为适宜；叶片绒毛少或无，赘芽少，苞叶较小，棉株清秀；群体的早熟性和熟性一致性好；群体中下部的叶片分布疏朗而不密集，脱叶剂应喷施到植株底部，并使叶片脱落干净，全面落入地面。

三、机采棉农艺、农机和初级加工融合"提质增效"途径

采棉机是现代农业的顶尖装备，棉花机械化采收是现代农业的顶尖技术，当前农业进入了"转型升级提质增效"的新时代，我国棉花实行机械化采收是植棉业现代化发展的必然要求，也是建设棉花强国的重要技术支撑。前述机械化采收棉花存在问题，在现阶段归根到底是高产与优质矛盾的集中体现，同时涉及"按质论价"和"优质优价"的市场机制问题，其中纤维色泽级别等相关标准和质量级别的定价政策也应做出相应调整。无论如何，科技进步和政策支持唯有在推进农艺、农机、初级加工和棉纺织的深度结合取得实质进展，才是破解机采棉系列问题关键所在。

从提高早熟性、成熟度和清洁度的途径来看，应实行几个层面的深度融合：一是农艺的协调和深度融合，品种中的产量性状、抗性性状与品质性状的协调，栽培中适宜的群体结构、经济最佳肥水投入和化学调控的深度结合，只有品种和栽培的深度融合才能有效解决早熟性、一致性和清洁度问题，这是提质增效的关键所在；二是农机与农艺的融合，在栽培实现早熟性的基础上，进一步推进脱叶落叶干净，采收作业规范，降低籽棉含杂率；三是籽棉初级产品与初级加工工艺的有效融合，技术途径是"柔性"加工工艺，将加工对纤维品质的损害降低到最小。

（一）适宜的品种，突出早熟性和群体熟性的一致性

棉花品种选育和推广应在丰产性基础上重视纤维品质的优质特性，强调机采品种的产量性状、农艺性状、抗性性状和品质性状的综合性和配套性，强调纤维长度、强度、细度和成熟度的协调统一，其中早熟性和成熟一致性居第一位。

就一个产区、产地而言，棉花品质的一致性是种植品种的一致性，提倡一地种植一个品种，杜绝品种布局和种植的"多、乱、杂"问题，严厉打击品种的"套牌、假冒"和"旧瓶装新酒"等违法行为。

（二）适宜的栽培技术，突出早熟性和吐絮的相对集中

优化农艺措施包括适宜的株行距配置和合理的收获密度，适宜的肥水运筹和化学调控等，集成突破早熟性和群体的整齐度，确保全部棉铃能够正常发育成熟，并能针对气温变化和田间长势的差异性，脱叶催熟要突破对症和精准技术，取得良好的脱叶效果。需明确，种植晚熟品种和贪青晚熟田块不宜使用机械化采收。

（三）减少杂质含量，特别要减少叶屑和异性纤维含量

要求脱叶催熟剂喷施均衡，叶片脱落均衡，脱叶干净彻底，脱叶全部落到地面，降低采收环节含杂率；揭净残膜，全部回收滴灌毛管；采收基本干净，以避免棉花采收时机械损伤和降低清理加工损伤。

（四）减轻品质损伤，要突出柔性加工技术和关键设备

针对机采棉加工存在的棉纤维损伤大、质量下降等难点问题，以"短流程，少打击、抗打

击和防黏缠”为技术路线，以提高加工自动化、信息化为突破口，研究加工全程自动化，异性纤维识别和清除的高效化，全流程智能化控制技术，突破机采棉加工工艺的柔性技术和关键设备，全面提升机采棉加工质量。

四、机采棉农艺和农机融合技术

机采棉农艺技术以早熟性和清洁度为主线，以适宜品种、配置方式和合理密植为基础，以肥水运筹、化学调控、脱叶催熟和机械化采收的农艺农机结合为关键技术，从而保持较高产量水平，并获得较优品质。

（一）选择适宜品种

一是按熟性要求选择特早熟、早熟和早中熟类型审定品种，合理布局，不乱引、乱种内地中熟类型品种或杂交种 F_2 代；二是选择纤维长度长、强度大、早熟性好的高产优质抗病品种，品质要求超“双三零”品质，即纤维长度超 30 mm、比强度超 30 cN/tex 且整齐度指数不低于 85%；三是对脱叶剂敏感，株型相对紧凑，第一节位高于地面 20 cm；四是推荐一地种植一个主栽品种，提升一地的纤维一致性水平。

（二）选择适宜种植模式、宽膜覆盖和合理密植

不断优化配置方式和种植模式是改进机采棉质量的重要措施。适当降低播种密度，改高密度宽窄行为等行距配置，或“1 窄 2 宽”的混合配置模式，是降低密度的主要方法。目前新疆覆盖地膜宽度基本统一为 205 cm。当一幅地膜宽 205 cm 时，根据棉田地力、水肥供给、品种熟性和株型紧凑程度，选择配置模式如下。

一是等行距模式(图 37 - 3A)。采用 76 cm 等行距 1 膜 3 行配置，其膜上行距配置为(76+76)cm，适合高肥水地力棉田，粒距 6.5～9.0 cm，理论种植密度 146 205～202 440 株/hm^2。每行铺一条共 3 条滴灌带，使供水均匀。近年各地正在试验示范推广这种 76 cm 等行距模式，该模式产量高、早熟性好、有利脱叶且落叶效果好，适合机械化采收，有大面积推广潜力。

二是宽窄行混合模式(图 37 - 3B)。采用(66+10+66)cm 的“1 窄 2 宽”的 1 膜 4 行配置，其接行为 86 cm，适合肥水地力较好棉田，粒距 8.5～10.5 cm，理论种植密度 16 万～19.77 万株/hm^2。滴灌带按“1 窄 2 宽”模式共铺 3 条。本模式产量高早熟性好，有一定种植面积，且脱叶和落叶效果也较好，是机械化采收的可选择模式。

“1 窄 2 宽”配置模式另一种方法为(60+12+66)cm 的 1 膜 4 行配置模式，其接行为 90 cm。

三是紧密的宽窄行模式(图 37 - 3C)。采用(10+66+10+66+10)cm 的 6 行宽窄行配置，适合沙壤或沙性土壤棉田，粒距 10.5～12.0 cm，理论种植密度 21.93 万～25.0 万株/hm^2。滴灌带铺设 3 条，每个窄行铺 1 条。因新疆沙壤土类型棉田面积大，且普遍存在水资源紧张，大多数不能及时灌溉，故该模式是提高单产的主要模式。但是，该模式的不足之处是：在滴灌肥水供给不足时植株高度偏矮，对于滴灌肥水供给正常和充足的棉田则容易诱发棉花旺长，叶面积指数偏大，群体荫蔽严重，导致两者的脱叶和落叶效果差。所以机械化采收应对现在大面积应用的紧密宽窄行配置进行优化改进。

收获密度一般为理论种植密度的85%上下，这样密度范围在18.6万～21.3万株/hm^2，低密度适合早中熟和后发性强的品种。

A. (76+76)cm等行距1膜3行配置

B. (66+10+66)cm"1窄2宽行"的1膜4行配置，膜宽205 cm。

C. (10+66+10+66+10)cm紧密宽窄行的1膜6行配置

图37-3　机采棉几种种植模式的配置

（三）优化运筹肥水供给

由于采用窄行带状高密度种植，因此优化灌溉和氮肥供给是防止棉花旺长和早衰，夺取早熟高产的重要技术措施（滴灌技术见第三十二章）。滴水量偏大，会引起棉花旺长；滴灌量过小，一旦受旱损失不易挽回。特别是7月花铃期滴水状况对产量影响极大，一般强调"头水早、停水早，花铃期供水足"。在掌握各次滴灌供水量时，应依据不同土壤，不同苗情加以增减优化。近几年，由于南疆降水量呈增加趋势，所以在降水量增加或太阳辐射减少时可适当减少滴灌供水量或供水次数，以防止棉花旺长，群体郁闭，从而减少烂铃。为了防止采棉机作业时陷车，盐碱地最后一次滴灌水量要适当偏小，停水时间适当提前。带状宽窄行高密度种植时植株相对密集在播种带内，其根系也高度集中在窄行及宽行两侧的土体中，棉花生育中后期容易因土壤养分不足而早衰。因此，机采棉田要更加重视花铃肥和盖顶肥的施用，氮肥可随水滴灌时施入，做到肥水适当后移。

（四）化学脱叶催熟

1. 脱叶剂脱叶效果　机械采收前棉花必须实施脱叶（见第三十章），脱叶剂要达到最佳脱叶效果，应保证施药后 1 周内的日最高气温大于 20 ℃，但过早用药可导致叶片过早脱落，造成减产。研究表明，脱叶剂对棉花有明显的催熟作用，多数药剂对叶片脱落和棉铃吐絮都有较好的脱叶催熟效果（表 37－8）。新疆机采棉田一般不能按期自然成熟，应采用化学催熟的方法实行集中吐絮。

表 37－8　脱叶剂对棉花叶片的脱叶催熟效果

（徐新洲等，2001）　　（单位：%）

品　种	喷药前吐絮率	喷药后 20 d	
		吐絮率	脱叶率
系－5	59.8	96.2	81.8
系－7	27.3	97.4	90.7
91－2	37.0	83.6	68.3
C－6253	47.3	94.5	61.6
97－145	41.4	85.7	60.0

2. 脱叶剂使用时间　棉田自然吐絮率达到 40%，上部铃的龄期 40 d 以上，这时脱叶和吐絮效果较好，对产量和品质的影响也较小。施药后 7～10 d 内要求日平均温度大于 20 ℃，施药前后 3～5 d 内最低气温不低于 12 ℃，施药后 24 h 无雨。喷施时气温越高脱叶催熟效果越好，但不宜在气温骤降前出现的高温天气时施药。故应参考当地天气预报确定具体时间。一般北疆开始时间为 9 月 5 日，结束时间 9 月 15 日；南疆开始时间为 9 月 15 日，结束时间 9 月 25 日。喷施药剂后 1 周，白天日平均温度应在 18～20 ℃，夜间最低温度应稳定在 12 ℃以上，这样脱叶效果才理想。

8 月下旬到 9 月上旬，对迟发旺长棉田或贪青晚熟棉田实行推株并垄，可增加通风透光，降低田间湿度，促进早熟，提早吐絮，从而提高脱叶效果。

3. 脱叶剂的选择与配方　噻苯隆是主要脱叶剂，使用量在 300～600 ml/hm^2，且药效随着用量增加而提高。若以噻苯隆与乙烯利配合，则既可提高药效，又可降低成本（表 37－9）。

表 37－9　几种国产脱叶剂用量及效果

产品名称	脱叶宝	真功夫	脱必施	50%噻本隆
用量（ml/hm^2）	固 50＋液 150	40	200	50
脱叶率（%）	77.4	79.8	70.4	78.0
吐絮率（%）	64.1	58.8	63.8	58.4

生产中有多种脱叶剂配方，根据使用效果与习惯，可从以下几种方案中任选一种。

(1) 54%脱吐隆 150～195 ml/hm^2 + 伴宝 450～750 ml/hm^2 + 40%乙烯利 1 200～1 800 ml/hm^2。

(2) 50%欣噻利 1 800～2 700 ml/hm^2。

(3) 50%噻苯隆 450～600 g+乙烯利 1 200～1 800 ml/hm^2。

(4) 80%瑞脱龙 300～375 g+乙烯利 1 200～1 800 ml/hm^2。

以上药剂混合后兑水配成 450～750 L/hm^2 工作液进行机械喷施。

前期气温较高、早熟性好的棉田可适当减少剂量，后期气温下降、早熟性差的棉田可适当增加剂量。具体用量可遵循棉田越旺、密度越高，喷施日期宜早。品种对脱叶催熟剂越不敏感，其用量宜大，反之则宜小。若脱叶效果不佳，推荐 5～7 d 后喷施第二次，采用脱吐隆 375 ml/hm^2 + 乙烯利 1 500 ml/hm^2 或 50%欣噻利 2 250 ml/hm^2 兑水 450～600 L/hm^2 等配方。

对于二次生长棉田使用干燥剂——脱叶亚磷和噻节因等进行控制(见第三十章)。

4. 药械选择　喷施脱叶剂要掌握“喷施早的剂量小，喷施晚的则剂量大；喷施时温度高剂量小，温度低则剂量大；叶量少剂量小，叶量大则剂量大”的原则，要上下喷匀、喷透，喷施最好在清晨相对湿度较高时进行。

为有效防止和减轻拖拉机牵引或悬挂喷雾机喷施脱叶剂时，因碾压棉株而导致撞落棉桃和增加杂质的现象，应选择使用离地间隙距离 70～80 cm 的高架喷施机械(主要指拖拉机和喷雾机)。为提高脱叶剂喷施效果，应使用吊杆式喷雾机或风幕式喷雾机，并对拖拉机行走路线进行机械分行，建议在拖拉机和牵引喷雾机的每个行走轮前安装分行器(又称分禾器)。

在喷施前，应做好吊杆式喷雾机或风幕式喷雾机检修工作，做到喷头安装可靠，间距、角度适宜，开关灵活，各连接部件畅通不漏水，喷头雾化良好。其中吊杆式喷雾机的喷杆端直且与地面平行，高度适当，喷头向下，对准窄行顶部中间位置，喷头露出吊杆外管不超过 5 mm 。喷杆既有一定刚性，又有弹性。通常吊杆下部喷头升高 l0 cm 时，弹力控制在 0.6～0.8 kg。弹力过小，吊杆易漂浮于棉株上；弹力过大，吊杆易挂损棉花，如挂掉棉枝或棉桃。风幕式喷雾机应保证其风幕无破损，出风量达到标称值，其风机叶轮应无损伤、松动和明显变形，转动平稳无异响。进风口处还应装有滤网和安全防护罩。

5. 质量要求　要求药剂喷施雾化质量好，棉株上、中、下部叶片都能喷到，叶片受药量大且较为均匀，喷后叶片受药率≥95%，且不重喷不漏喷，要喷到田头田边。

每日喷药结束后，要用清水冲洗药箱、泵、管路、喷头和过滤系统。全部喷药作业完毕，喷雾机动力输出、行走等部件也要清洗干净，然后涂油保养，防止生锈和被残留药剂腐蚀。喷雾器械长期不用时，要按照喷雾机各部件的要求保养贮存。

拖拉机和喷雾机作业时，轮胎不允许压在地膜覆盖的棉株行间，以免压破地膜，导致籽棉地膜污染。

(五) 回收滴管，揭净残膜

一是生育期揭膜。沟灌棉田在头水前用人工或机械揭膜，这个时期地膜的增温、保墒效应已基本消失。揭膜对棉花产量和纤维品质无不良影响；同时，此时地膜较完整，又未与土壤紧密粘接，揭膜的工效和回收率都较高。二是采收后揭膜。滴灌棉田和机械采收棉田，机采结束后，先回收毛管和输水管道，再进行机械碎秆，最后进行人工或机械揭膜。三是回收残膜集中处理(见第二十九章和第四十九章)。

(六) 杂草清除

在棉花收获前对棉田杂草进行一次彻底的清除。为防止下茬作物的杂草危害，在吐絮期棉田杂草危害程度达3级以上时，在机采前可喷施除草剂杀死杂草。除草剂可选择草甘膦、二甲四氯或其他除草剂单独喷施，也可选择两种除草剂混合喷施。混合喷施时常选择二甲四氯＋草甘膦或二甲四氯＋其他除草剂混合喷施使用，用量均为600～750 ml/hm^2。为提高药效，施药后7～10 d内日平均温度不低于18 ℃，施药前后3～5 d内最低气温不低于12 ℃。

(七) 机械采收

机采棉田脱叶率达90%以上、吐絮率达95%时，北疆开始采收时间为每年的9月25日，采收结束时间为10月25日；南疆开始采收时间为每年的10月10日，结束时间为11月20日，机械采收技术指标如下(见第四十九章)。

1. 机车行走路线的确定　机械采收时，机车行走路线要正确。目前多按照播种机播种时的路线行走，6行采棉机做到不错行，不隔行，行距中心线应与采摘头中心线对齐。

2. 机车行走速度的确定　要严格控制好机车作业速度，如棉株正常高度为75～80 cm时，作业速度控制5～5.5 km/h；当遇到低矮棉花(棉株高度低于50 cm)时，作业速度要放慢，行进速度不能超过3.5 km/h；若速度过快，下部棉花很容易漏采，增加损失率。

3. 采棉头仿形机构的调整　在棉花采摘过程中，遇到低矮或倒伏的棉花，应将分禾器前部调高，采摘头降低，采摘头轻微擦着地面，以保证拾起低矮、倒伏的棉花。

4. 机采棉指标　采摘结束由专人检测，采净率达到90%，籽棉含杂率＜10%，籽棉含水率＜10%，异性纤维＜0.4 g/t，损失(撞落、挂枝、遗留等)率＜5%～6%，籽棉没有油污和叶绿素等污染(见第四十九章)。

5. 机采籽棉的后处理　包括棉模压制、卸花地点的选择和贮运等，其中要求籽棉含水率＜12%，贮存期间不会导致皮棉和种子出霉变质，可延长储存时间(见第四十九章)。

6. 不适宜机械采收棉田　对于旺长棉田、贪青晚熟、栽后补种熟性整齐度差或脱叶后二次生长严重棉田则不宜实行机械化采收。

(七) 机械采棉配套条件

1. 地块选择　机采棉要选择大而平整的地块种植，以提高机械的利用效率和采收效率。棉田长度应在500～800 m，条田面积在8～13 hm^{2}为宜；不平整的棉田采棉机的作业速度会降低10%～20%，并且频繁升降采摘头，造成作业质量不稳定且易损坏采棉机的摘锭。为利于棉花集中成熟、吐絮，应选择利于出苗和保全苗的沙壤地和壤土地，同时，为了便于采棉机在棉田两端转弯、检修、卸载等，要留有10 m左右的非植棉或人工提前采收区段。

2. 种植制度　机采棉的棉田应实行单作制，不易进行间、套作。棉田应采用轮作，促进作物增产，有利于开展机械化作业，连作棉田最好3年倒茬一次。

3．采摘和运输　每330～400 hm^2 棉田配备一台采棉机。一台采棉机应配备3～4辆拉花运输车。为了提高卸花工效，拉花拖车要有自卸装置，车厢容积应在30～35 m^3。

4．机采籽棉加工厂　机采棉加工厂建设目的是完成机采棉的加工任务，以便在生产过程中能加工出优质的商品棉。每3 300 hm^2 建设一座机采籽棉加工厂，包括清花除杂设备和轧花机，以及相应的晒场、库房等设施。

五、机采棉农艺农机融合需深入研究

（一）美国、澳大利亚的机采棉

美国、澳大利亚棉花产区的无霜期长，棉花一年一熟种植，不采用地膜覆盖，行距较宽，种植密度较稀，植株田间分布均匀，棉株和纤维的成熟度好，采收前棉铃大多自然吐絮，脱叶彻底，落叶干净，籽棉含杂率低，棉田无残膜以及籽棉不进入农户，遭遇异性纤维污染危害程度低，籽棉的清洁度高，更适合机械化采收。

单产方面，美国籽棉产量大致为新疆籽棉产量的一半，澳大利亚灌溉棉田的单产则与新疆生产建设兵团的相当。

美国各植棉州和农场主都有详细的机采棉种植技术规程，大多数州的理论采收率可以达到95%，但实际采收率为85%～90%。要求最低位置棉铃距离地面的高度为10.2 cm以上，植株高度不超过91 cm，喷施脱叶剂要求吐絮率达到50%～60%（脱叶磷等脱叶剂标明吐絮率可达到60%～75%）。喷施时要求夜间气温不低于15.5 ℃，对于采收延期，可喷施干燥剂控制二次生长，早熟性好，杂质含量低，使加工品质有保障。

澳大利亚灌溉棉田采用宽行垄作模式，根据灌溉条件机采棉采用窄行距100 cm与宽行距200 cm的相间排列，这样的排列田间通风透光好。垄宽35.6 cm，2行棉花播在垄上，灌溉区，株距8～12株/m；雨养区，株距5～8株/m。施肥、灌溉、早熟性指标监测和脱叶剂喷施等依靠计算机管理，以顶端白花以上节点作为监测早熟性指标，脱叶剂喷施要求最上部成铃在3 d后需吐絮，通过肥水供给调节既要求棉铃和叶片自然成熟又要求严格控制二次生长。脱叶效果提高，残叶落入垄底，采收杂质仅为铃壳和叶柄，采用风力即可清除，对纤维不造成更多的伤害，使加工品质有所保障。

（二）机采棉农艺的深入研究

新疆位于西北内陆，棉区无霜期短，生长期和热量资源有限，采用地膜覆盖和高密度栽培，籽棉的单产更高。近几年探索提出自然吐絮率40%作为机采棉早熟性的重要指标，这样脱叶催熟的效果才能更好。实际上，新疆广泛使用的脱叶剂——噻苯隆和脱叶磷要求自然吐絮率达到50%以上的脱叶效果才更好，然而生产上南疆高产棉田自然吐絮率达到30%也有困难，全疆早熟性的差距至少有20个百分点（见第三十章）。因此，促进早熟，提高机采棉的早熟性和成熟度是解决棉花清洁度的关键技术问题。为此，需要棉花科研、生产、加工和棉纺织深入融合协同研究解决。其中，目前对农艺早熟性指标的研究还不够，认识还不到位，主要技术指标与品种、配置方式、种植密度、肥水和化学调控等连接不够紧密，与生态环境、生长生理内涵关系的细化程度不够，与机采棉的科学管理差距大。

第四节　棉田间作套种技术

一、间、套孜然

（一）周年产出

棉花产量受间作影响较小，籽棉平均产量约 4 200 kg/hm²，孜然（俗称小茴香或茴香）产量 120～180 kg/hm²。

（二）配置方式

棉田间、套孜然基本不影响棉花正常株行距配套，在棉田行距不足 55 cm 应略作调整，以确保其行距在 60 cm 左右。在棉花接行（即两膜之间的间隔）条播 2 行孜然，行距为 10 cm，少数地方在棉花宽膜膜面的宽行间也种植 1～2 行孜然。

（三）栽培要点

南疆棉区棉田套种孜然，是在棉花播种的同时或播种后，立即在棉花行间播种孜然，通常在棉花接行用改进后的棉花播种机或人工开沟条播 2 行孜然。机械播种用种量为 2.25 kg/hm²，人工播种为 4.5 kg/hm²。在机械播种时，用 1 份种子与 10 份沙子拌匀（重量比）。采用机械播种时，孜然与棉花同期播种，孜然于 6 月底收获。

在套种孜然棉田，地老虎、红蜘蛛发生危害明显增多，应注意防治，一般出苗后，喷敌杀死防治。

为防止苗期杂草危害，最后一遍条耙前喷 48%氟乐灵 1 200～1 500 ml/hm²，兑水 30 kg，喷洒后耙耱（耙深约 10 cm），使药剂与土壤均匀混合，从而提高除草效果。为防止棉花发生药害，棉田喷氟乐灵 5～7 d 后播种；也可在棉花播种前进行地表喷洒 90%的乙草胺 750～1 200 ml/hm²，兑水 30 kg，喷完即可播种。

套种孜然棉田的棉花管理与单作高产棉田基本相同。套种棉田基肥用量为腐熟农家肥 22 500 kg/hm²、尿素 225～300 kg/hm² 和磷酸二铵 300～400 kg/hm²。

二、间作果树

新疆林果地主要树种有红枣、核桃、香梨、苹果、杏子、葡萄、石榴与扁桃（巴旦杏）等。果树进入盛果期以前，其树干较小时，间作相当普遍。间作的主要作物是小麦，其次是棉花，也有各类蔬菜等。为合理安排林果地间、套作，在定植时，为间作作物设置合理的预留空间。果、棉间作田棉花品种通常选择熟性较单作棉田早 5～7 d 的偏早熟品种，种植密度增加约 20 000 株/hm²。在棉花管理过程中，为防止灌溉果树时对棉花的负面影响，在常规灌棉田，将果树所在行四周围埂，埂宽为 1.2 m；在滴灌棉田，可通过安全阀控制灌溉。

当林果地果树树干较大且种植密度较高时，应根据果树遮荫情况，因地制宜地选择是否套种棉花。

枣、杏、核桃等树种间作棉田配置如下。

(一) 枣、棉间作

大多数枣树株距1.5～2.0 m,行距3～4 m,理论密度为1 250～2 222株/hm^2,采用等行距种植,在2行枣树之间种植1幅宽膜棉花,其播种方法基本同大田,通常为2.05 m宽膜,膜上种植6行棉花。棉花播完后,确保枣树苗在两幅膜的正中。为保证长期套种棉花,枣树行距可设置为4 m以上。

(二) 杏、棉间作

杏树株行距主要配置为:株距3～5 m,行距4～6 m,理论密度为333～833株/hm^2,采用等行距种植。在2行果树间用播种机种植棉花,播种方法基本同大田,所选地膜宽度应与行距相配套,4 m行距果树田通常选幅宽2.05 m宽膜,膜上种植6行棉花。棉花播完后,确保杏树在两幅膜的正中。为保证长期套种棉花,杏树行距可设置6 m以上。

(三) 其他果、棉间作

其他可与棉花间作的果树包括核桃、香梨、苹果、石榴、扁桃、开心果等,株行距配套及播种方法可参照杏、棉间作。

葡萄地,特别是北疆葡萄地,两葡萄架接行位置套种棉花模式非常普遍。

棉田地头地角可间作玉米、油菜、苜蓿、白菜、饲用甜菜等,其中间作玉米的株距为25 cm。从宏观上,棉区粮、棉、林果的插花种植模式,有较好的生态效应。为有效地防治棉蚜与棉铃虫,有些植棉县将2/3地边种植玉米,其余1/3地边种植油菜,玉米8月下旬收获、油菜6月中旬收获。

(撰稿:张旺锋,田立文,余谕;主审:林永增,陈冠文;终审:毛树春)

参考文献

[1] 姚源松.新疆棉花区划新论.中国棉花,2001,28(2).
[2] 罗巨海,黄洪运,刘靖,等.棉花高密度优质高产高效试验研究.新疆农业大学学报,2001,24(增).
[3] 宁新柱,邓福军,李吉莲,等.棉花高密度栽培配套农艺措施的研究.新疆农业大学学报,2002,25(3).
[4] 王荣栋,尹经章.作物栽培学.乌鲁木齐:新疆科技卫生出版社,1997:475－478.
[5] 田笑明,陈冠文,李国英.宽膜植棉早熟高产理论与实践.北京:中国农业出版社,2000:84－85.
[6] 新疆生产建设兵团农业局.提高棉花质量,促进棉花出口.中国棉花,2003,30(3).
[7] 马富裕,严以绥.棉花膜下滴灌技术理论与实践.乌鲁木齐:新疆大学出版社,2002:74－83.
[8] 陈冠文,余渝,李新裕,等.机采棉田带状种植方式研究初报.新疆农垦科技,2001(2).
[9] 陈冠文,李新裕,王光强,等.南疆机采棉田化学脱叶技术试验.新疆农垦科技,2000(6).
[10] 李新裕,陈玉娟,闫志顺,等.棉花脱叶技术研究.中国棉花,2000,27(7).
[11] 顾烈烽,荣航仪,钟杰敏.兵团大田棉花膜下滴灌技术的形成与发展.新疆农垦科技,2002(5).
[12] 张志新.新疆微灌发展现状、问题与对策.节水灌溉,2000(3).
[13] 李光永.世界微灌发展态势.节水灌溉,2001(2).
[14] 甘润明,鲍柏洋,孙孝贵.膜下滴灌棉花不同施肥方式试验.新疆农垦科技,2002(5).
[15] 李明思,胡晓棠,郑旭荣.膜下滴灌条件下棉花耗水强度与土壤水分的关系//农业高效用水与水土环境保护.西安:陕西科学技术出版社,2000:179－182.

[16] 邵光成,蔡焕杰,吴磊,等.新疆大田膜下滴灌的发展前景.干旱地区农业研究,2001,19(3).
[17] 吴恩忍,郭新萍,苏安久.北疆棉花膜下滴灌高产优质栽培技术.新疆农垦科技,2001(2).
[18] 马富裕,赵志鸿,朱焕清,等.兵团棉花膜下滴灌技术综述.新疆农垦科技,2001(2).
[19] 周建伟,程鸿,郑国玉,等.棉花膜下滴灌试验初报.新疆农垦科技,2000(5).
[20] 周建伟,程鸿,郑国玉,等.棉花膜下滴灌节水技术试验与效果.新疆农业科学,2001,38(8).
[21] 马富裕,李俊华,李明思,等.棉花膜下滴灌增产机理及技术探索.新疆农垦科技,1999(3).
[22] 郑旭荣,胡晓棠,李明思,等.棉花膜下滴灌田间耗水规律的试验研究.节水灌溉,2000(5).
[23] 孙天佑,阮伯平,薛利,等.棉花膜下河水滴灌配套技术探索与应用.新疆农垦科技,2001(1).
[24] 吕殿青,王全九,邵明安,等.膜下滴灌土壤水分分布与运移规律//农业高效用水与水土环境保护.西安:陕西科学技术出版社,2000:184-188.
[25] 关新元,尹飞虎,陈云.滴灌随水施肥技术综述.新疆农垦科技,2002(3).
[26] 李明思,马富裕,郑旭荣,等.膜下滴灌棉花田间需水规律研究.灌溉排水,2002,21(1).
[27] 徐新洲,聂新富,张学辉,等.北疆机采棉化学脱叶试验初探.新疆农机化.2001(2).
[28] 夏中茂,坎杂,闫向辉.北疆棉花机械化采收配套技术.新疆农机化.2006(4).
[29] 尹飞虎,周建伟,董云社,等.兵团滴灌节水技术的研究与应用进展.新疆农垦科技,2010(1).
[30] 李生军,周亚立,闫向辉,等.棉花收获机械化.乌鲁木齐:新疆科学技术出版社,2008:8-49.
[31] 毛树春.中国棉花景气报告2014.北京:中国农业出版社,2015:107-112.
[32] 中国棉纺织行业协会.新疆机采棉须快马加鞭.中国纺织报,2015-04-13,第2版.
[33] 田景山,王文敏,王聪,等.机采方式对新疆棉品质的影响.纺织学报,2016,37(7).
[34] 周关印,刘金海,郭香墨,等.新疆南疆棉花品种试验分析.中国棉花,2015,49(9).
[35] 毛树春,李付广.当代全球棉花产业.北京:中国农业出版社,2016:724-730,769-773.
[36] GB1103.1—2012《棉花第1部分:锯齿加工细绒棉》.
[37] 中华人民共和国农业部,编赠.2016年农业主推技术.北京:中国农业出版社,2016:271-275.

第三十八章　辽河流域棉花高产规范化栽培技术

辽河流域棉区以中温带气候为主，地处东部季风农业气候大区内，为全国棉区的最北端。棉区主要分布于辽宁省的辽河下游、大凌河两岸和辽东半岛，还包括河北省的承德与吉林省的白城市。辽宁省1951年棉花面积44.78万 hm^2（671.7万亩）为历史最大，2015年则为335 hm^2（0.5万亩）。

本区≥10 ℃活动积温持续期为140～190 d，主产区无霜期短至150 d；≥10 ℃活动积温2 600～4 000 ℃，年际间变化大；年降雨量400～800 mm，主要集中在7～8月；年日照时数2 200～3 000 h，年均日照率55%～65%，年太阳总辐射量为506～573 kJ/cm^2。

本区光热资源和生态条件仅适合于种植特早熟品种及早熟品种，种植制度是以棉花为主的单作，也在发展棉田间作套种。气温前低中高、中期降雨多湿度大和后期霜冻早。栽培措施以促进早发早熟为主攻目标，注重前期增温保苗、开花期防旺长、后期防低温早临和霜冻危害。

第一节　辽河流域棉花高产栽培技术规范

一、播前准备

（一）品种选择

选择耐低温，前期生长稳健，株型紧凑，中后期长势好，不易早衰的品种。

（二）晒种和种子处理

晒种可促进种子后熟，提高发芽率10%～20%。晒种一般在播种前半个月进行。将种子摊放在苇席苫布上，不要直接放在砖地或水泥地上，避免造成硬子。铺厚6～7 cm，地面温度以30 ℃为宜。每天9:00～16:00在太阳下暴晒，总的时间不应少于30 h或多于50 h，晒时要翻动。

种子处理采用温烫浸种、药剂拌种或脱绒包衣。

（三）棉田准备

土质中等或偏黏的水浇地棉田，应争取秋冬灌溉，这样可与粮田调剂用水，且地温回升快。在必须进行春灌的地方，要争取早春灌，灌后及时耙耱，碎土保墒。砂质土则应在播前灌水，灌后浅耕耙耱保墒。要求地暖墒好，上虚下实，地面平整疏松、细碎无结块。“上虚”指表层土壤疏松，水分不过多，有利于温度上升和通气；“下实”指棉籽以下的土壤比较细密而墒足。

棉田强调底肥要足，基肥深施、多施，集中施用效果好。基肥以有机肥为主，再配合适量的氮磷钾复合肥。一般壤质土棉田将氮肥总量的60%～70%在播前或秋耕时作基肥，砂壤及轻壤质棉田则将氮肥总量的40%～60%作基肥，磷肥和钾肥宜作基肥一次性施用。

二、播种和出苗期管理

(一) 适期播种

以5 cm地温稳定通过14 ℃时为播种适期，一般在4月20日至5月1日期间播种。除考虑温度条件外，终霜期、耕作制度、墒情、栽培技术及品种特性也是决定播期的重要因素。从终霜期考虑，应掌握“冷尾暖头”抢时播种，或终霜期前播种，终霜后出苗。墒情也应考虑，若墒情过差，宜推迟播期，先行造墒，而后播种，以争取一播全苗。在适宜播期范围内，肥水条件好的高产田，选用后发性强的品种，适期早播；肥水条件差的棉田或盐碱地，选育生育期短的品种，适当晚播。

(二) 播种量和播种深度

点播每穴3～5粒种子，脱绒包衣的种子每穴2～3粒种子。土壤墒情差、土质黏、盐碱地和地下害虫严重时应酌情增加播种量。

播种深度根据土质和墒情而定，墒情好、土质黏重的土壤播深宜浅；墒情差，质地偏砂的土壤宜适当深播。播种过深，土壤温度低、顶土困难、消耗养分多，则出苗慢、棉苗长势弱；播种过浅，易落干，造成缺苗断垄。播深一般在3～4 cm为宜。

(三) 地膜覆盖

采用根区覆盖，即将地膜覆盖在播种行上，一般采用一膜2行(膜宽90～100 cm)种植。机械覆膜后应注意在膜上压土，以防大风吹揭地膜，每隔3～5 m压一堆土。人工覆膜3～5人组成一个作业小组，先开沟，沟深5～8 cm，将地膜展平、适当拉紧，然后把膜边缘埋入沟内，用土压严压实，同时膜上压土。覆膜前喷施化学除草剂，目前常用的除草剂主要是施田普、乙草胺等。

(四) 合理密植

棉田株行距的配置方式主要有两种，即等行距和宽窄行。一般中等肥力棉田多采用宽窄行，以有利于通风透光，便于后期管理；高产棉田和不易发棵的丘陵地和旱薄地棉田多采用等行距。有的地区总结出“通风透光靠行距，增加密度靠株距”的经验。辽河流域棉区地膜覆盖棉田常用密度为10.5万～12.0万株/hm^2，采取100～110 cm大垄双行种植，小行距40 cm，大行距60～70 cm；一般株距17～18.5 cm。

三、苗期管理

(一) 破膜放苗

条播按株距放苗，穴播按苗破膜。注意破膜孔不要过大，破膜放苗后要在破口处埋土封口，防止跑墒、降温、进水和大风揭膜。放苗注意放绿不放黄，即子叶展平的棉苗可放，而未展平苗易被晒死、吹干。阴天可全天放苗，晴天宜在早晨和傍晚放苗，躲开中午烈日照射。若遇高温天气，对刚出土的棉苗可先破膜，破口上压些土，不使嫩芽露出土面，让其自然拱土出苗。

(二) 查苗、补种、移栽

播种后要及时检查,发现漏播、露籽,立即补种、覆土。棉花现行后,如发现缺苗、断垄,应及时进行催芽补种或芽苗移栽。贴芽补种时,催芽长度达 1.5 cm 后挖穴贴芽,每穴 2～3 粒,2～3 d 即可出苗。芽苗移栽应就近取苗,取密补稀,简便易行,成活率高。若棉苗较大,已达到 2 片子叶以上,则应带土移栽。移栽时,土台要大,不能散台,适量浇水,避免棉苗周围出现土壤板结。为保证棉苗生长均匀一致,应在播种时于行间播种一定数量的预备苗。

(三) 间苗、定苗

间苗应在齐苗后进行,间至"叶不搭叶"为宜,穴播棉田每穴留 2～3 株棉苗,1～2 片真叶期定苗,并及早中耕松土,减轻苗病。定苗时按密度留苗,缺苗断垄处留双株。定苗时间最晚不能晚于 3 片真叶期。

(四) 虫害防治

苗期注意蚜虫、棉蓟马防治。

四、蕾 期 管 理

(一) 施肥

地力较好、基肥足、长势强的棉花,可少施或不施速效氮肥;地力差、基肥不足、棉苗长势弱的棉田,可适当追施速效氮肥,一般施入 150～300 kg/hm^2 标准氮肥。一般迟发棉田或未施苗肥、长势差的棉田,肥料应适当早施、多施;早发或苗肥足、长势强的棉花,应适当晚施、少施或不施。

(二) 浇水

高产棉田容易徒长,应适当推迟浇头水。头水控制水量,小水隔沟浇,切忌大水漫灌。

(三) 打顶

打顶时间依栽培条件而异,肥力低、密度大、长势弱、无霜期短的地区应适当提早打顶;反之,则应适当推迟打顶。打顶时间一般在 7 月中旬,最晚不迟于 7 月 20 日。棉农总结出的经验是"时到不等枝,枝到看长势"。打顶时应注意轻打,打去 1 叶 1 心,防止大把揪。同一棉田要求一次打顶,不漏打。

五、花 铃 期 管 理

(一) 施肥

一般花铃肥用量约占总追肥量的 50%以上,施标准氮肥 225～300 kg/hm^2,高产棉田可增加至 450 kg/hm^2。施肥量高的地区,分初花期和盛花期两次施用,初花期速效肥与缓效肥混合使用,盛花期只施用速效肥。化肥用量少时,在初花期追肥 1 次。在施用花铃肥的基础上,土壤瘠薄、施肥不足、棉株显衰的棉田,补施盖顶肥,一般在 7 月下旬,施尿素 75～112.5 kg/hm^2。叶面喷肥的种类和数量一般为 1%～2%的尿素、2%～3%的过磷酸钙和 0.3%～0.5%的磷酸二氢钾,喷施时间一般在 8 月中下旬至 9 月上旬,根据棉株长势,每次间隔 7 d 左右,共喷 2～3 次,每次喷溶液 1 125 kg/hm^2,在晴天下午喷于中上部叶片的背面。

（二）灌溉与排水

棉田肥力差、土壤瘠薄、保水能力差、棉株长势弱的要适当早浇，棉株长势旺的要适当迟浇。花铃期浇水一般采用沟灌。“看苗浇水”，即掌握棉花的长相和缺水表现，如顶部叶片在中午明显萎蔫、15:00～16:00仍不能恢复时应立即灌溉。雨季应注意排水，以免雨后田间积水。

（三）化学调控

对土壤肥力差、水源不足、长势弱和早衰的棉田不宜采用化学调控。肥水条件好、棉花发育正常或长势偏旺的棉田，在整个生育期一般使用缩节胺复配制剂，如棉太金、全精控等3～4次，提倡少量多次，避免一次用量过大产生药害。

（四）虫害防治

花铃期注意棉铃虫、盲椿象和蚜虫的防治。

六、吐絮期管理和收花

（一）补水补肥

在秋旱年份，高产棉田浇水时以小水沟灌为宜。如表现脱肥，可叶面喷施1%～2%的尿素和0.5%磷酸二氢钾溶液。

（二）整枝、推株并垄

及时进行整枝，要求处暑断花，剪除无效的营养枝和蕾花。生长旺盛、贪青晚熟、荫蔽较重的棉田，或秋雨较多、湿度较大的棉田，可进行推株并垄，即将相邻的两行视为一组，每组的两行棉株推并在一起呈“八”字形。隔5～7 d后，再采取同样的方法，将相邻两组的相邻两行呈“八”字形并在一起。

（三）乙烯利催熟

目前各地多采用40%乙烯利水剂催熟，用量以1 500～3 000 ml/hm^{2}为宜，兑水40～50 kg，一般在距枯霜期15～20 d时用药。乙烯利还可用在摘拾青铃和烂铃的催熟上，按40%乙烯利与水1∶3的比例配成溶液，将摘拾的青铃或烂铃放到乙烯利稀释液中浸蘸一下，然后直接在阳光下摊晾，以加快青铃吐絮。

（四）收花

收花的间隔时间一般以7～10 d为宜，要注意做到“四分”“四净”“两不收”。“四分”指不同品种分收，霜前花与霜后花分收，好花与僵瓣分收，正常成熟花与剥出的青桃花分收。“四净”指将棉株上的花收净，铃壳内的絮摘净，落在地上的花拾净，棉絮上的叶屑杂物去净。“两不收”即没有完全开絮的花不要急着收，棉絮上有露水时暂时不要收。

第二节　棉田间作套种技术

辽河流域棉田间作套种类型丰富，棉花与瓜、菜、杂粮等作物间作套种及轮作模式中，利用棉田空当在前期发展间作套种技术集成度高，资源利用效率高，经济效益显著。与单作比较，棉花减产幅度较大，也有晚熟问题，但全田效益显著增加。因此，在辽河流域棉区，棉田间作套种要选择以棉为主的配置方式。

一、棉花与花生间作

(一) 间作效果

棉花与花生同为耐瘠薄干旱的作物,喜通风排水良好的沙性或偏沙性土壤。因此,在适宜地区开展棉花与花生间作,既可以增加农民收入,又可以缓解粮棉油争地的矛盾。

两者间作条件下,棉花为优势作物。由于花生植株较矮,改善了棉花行间的通风透光条件;因此,棉花长势旺盛、茎秆粗壮、抗倒伏能力增强,黄萎病等病害明显减轻、后期蕾铃脱落少,棉花吐絮提前且集中、纤维品质好、相对产量提高明显。花生长势受到影响,产量有所降低,但其栽培管理相对简单,有效降低了用工成本。

(二) 间作模式

辽河流域棉花与花生间作采用大垄双行、地膜覆盖栽培模式。

1. “4－2 式”　3 条大垄为一个种植带,带宽 300 cm。其中 2 条大垄宽 200 cm,种植 4 行棉花;1 条大垄宽 100 cm,种植 2 行花生(图 38－1)。

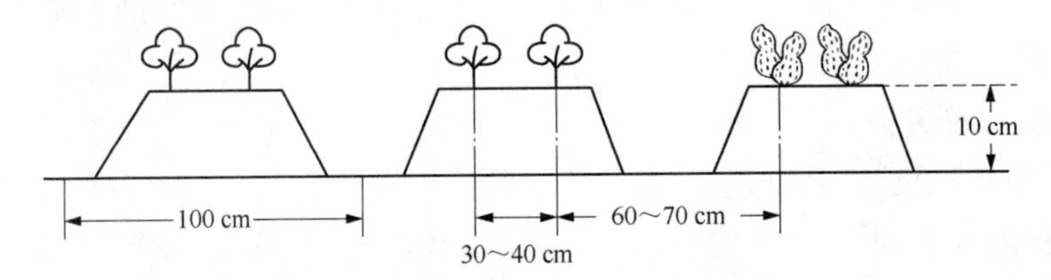

图 38－1　棉花-花生“4－2 式”间作示意

2. “2－2 式”　2 条大垄为一个种植带,带宽 200 cm。其中 1 条大垄宽 100 cm,种植 2 行棉花;1 条大垄宽 100 cm,种植 2 行花生(图 38－2)。

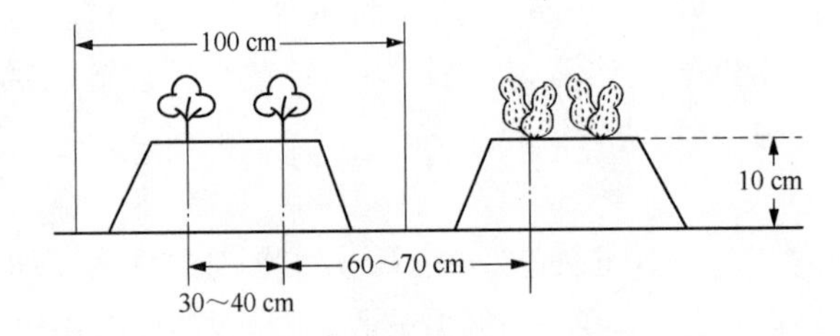

图 38－2　棉花-花生“2－2 式”间作示意

3. “2－4 式”　3 条大垄为一个种植带,带宽 300 cm。其中 1 条大垄宽 100 cm,种植 2 行棉花;2 条大垄宽 200 cm,种植 4 行花生(图 38－3)。

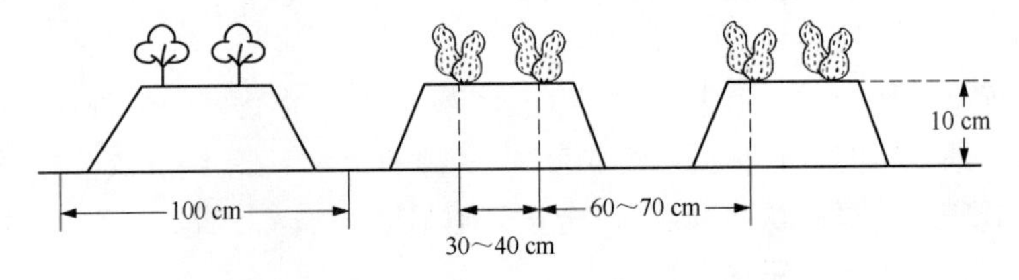

图 38－3　棉花-花生“2－4 式”间作示意

（三）效益分析

经过多年多点试验示范，结合生产实际，综合考虑不同模式的产值和效益，提倡采用4－2式、2－2式模式（表38－1）。

表38－1　棉花与花生不同间作模式产量及经济效益

棉田间作模式	产量(kg/hm²)		产值(元/hm²)			效益(元/hm²)
	棉花	花生	棉花	花生	合计	
4－2	2 745.5	1 620.7	19 218.2	8 103.4	27 321.5	19 821.5
2－2	2 030.7	2 514.3	14 214.7	12 571.7	26 786.3	20 036.3
2－4	1 422.4	3 567.9	9 956.5	17 839.6	27 796.1	21 796.1
单作棉花	3 505.7	—	24 540.2	—	24 540.2	15 540.2
单作花生	—	5 137.6	—	25 687.8	25 687.8	21 187.8

［注］产品单价为籽棉7.00元/kg，花生5.00元/kg；棉花生产成本9 000元/hm²，花生生产成本4 500元/hm²，不包含地租。

（四）关键技术

1. 品种选择　棉花选用辽棉系列的特早熟、早熟品种；花生选用阜花、鲁花系列等北方品种。

2. 大垄双行配置　垄宽100 cm，花生和棉花播种在垄上，每垄播2行，行距30～40 cm，棉花株距18～20 cm，花生株距30～35 cm。

3. 栽培管理

（1）播种和地膜覆盖：4月25日～5月1日棉花和花生同时播种，播后覆膜。

（2）施肥：冬耕或春耕时一次性施入基肥农家肥45～60 m³/hm²、氮磷钾复合肥450～600 kg/hm²，后期根据需要喷施叶面肥。棉花在初花期追施尿素225～300 kg/hm²。

（3）化调：棉花于6月下旬至7月上旬根据天气和棉花长势适度化控，掌握少量多次的原则；打顶后用量适当增加，每6～7 d结合防虫重控1次，一般化控4～6次。

（4）整枝打顶：棉花现蕾后打去果枝以下的营养枝，保留2片真叶；花铃期抹去赘芽；7月15日前结束打顶。

（5）病虫害防治：棉花注意枯萎病、黄萎病、棉蚜、棉铃虫和红蜘蛛等病虫害防治，一般防治6～8次。

4. 收获　花生于9月底收获，以免秋季温湿度偏高导致田间发芽，影响产量和品质；棉花于10月初收获。

二、棉花与马铃薯（胡萝卜）间作

（一）间作效果

棉花与马铃薯间作，马铃薯可以充分利用棉花封垄前的温光水资源。马铃薯收获时适逢棉花进入花铃期，下茬作物播种和苗期又可以为棉花提供充分的通风透光通道，有利于棉花生长发育。

（二）间作模式

辽河流域棉花与马铃薯间作采用大垄双行、地膜覆盖栽培模式。

1. “4－4 式”　4 条大垄为一个种植带，带宽 400 cm。其中 2 条大垄宽 200 cm，种植 4 行棉花，2 条大垄宽 200 cm，种植 4 行马铃薯(图 38－4)。

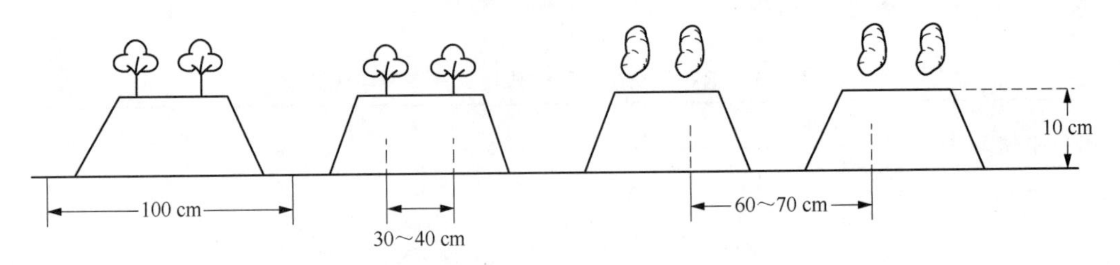

图 38－4　棉花-马铃薯“4－4 式”间作示意

2. “2－4 式”　3 条大垄为一个种植带，带宽 300 cm。其中 1 条大垄宽 100 cm，种植 2 行棉花，2 条大垄宽 200 cm，种植 4 行马铃薯(图 38－5)。

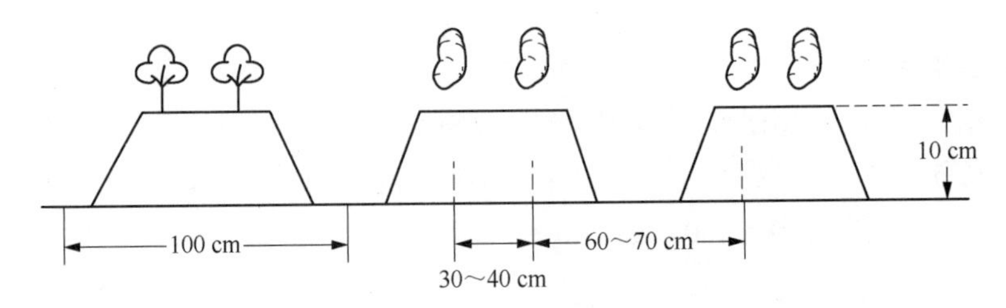

图 38－5　棉花-马铃薯“2－4 式”间作示意

马铃薯在辽河流域棉区为短季作物，于 7 月初收获后，下茬可以继续复种短季作物，如胡萝卜、红小豆、绿豆等。

(三) 效益分析

总体看，棉花与马铃薯间作能够显著提高种植效益(表 38－2)。

表 38－2　棉花与马铃薯(胡萝卜)间作经济效益分析

棉田间作模式	籽棉产量(kg/hm²)	马铃薯产量(kg/hm²)	胡萝卜产量(kg/hm²)	产值(元/hm²)	收益(元/hm²)
4－4	1 923.4	19 605.2	15 274.2	48 343.1	38 968.1
4－2	1 410.5	20 912.2	18 329.0	49 114.6	42 014.6
单作棉花	2 703.2	—	—	18 922.4	9 922.4

［注］产品单价为棉花籽棉 7.00 元/kg，马铃薯 1.00 元/kg，胡萝卜 7.00 元/kg；成本按照棉花 9 000.00 元/hm^2、马铃薯 7 500.00 元/hm^2、胡萝卜 3 750.00 元/hm^2 计算，不包含地租。

(四) 关键栽培技术

1. 品种选择　棉花选用辽棉系列的特早熟、早熟品种；马铃薯选用荷兰七、红玉等北方品种；下茬胡萝卜选用七寸参等高产优质品种。

2. 配置方式　垄宽 100 cm，花生和马铃薯播种在垄上，每垄播 2 行，行距 30～40 cm，棉花株距 18～20 cm，马铃薯株距 30～35 cm。

3. 播种　马铃薯于 4 月 10 日前后覆膜播种；棉花于 4 月 25 日前后覆膜播种；下茬作物

于7月10日前后坐水播种。

4. 栽培管理

(1) 施肥:冬耕或春耕时一次性施入基肥农家肥45～60 m^3/hm^2、氮磷钾复合肥450～600 kg/hm^2,后期根据需要喷施叶面肥。棉花在初花期追施尿素225～300 kg/hm^2,下茬胡萝卜播种时基施尿素600 kg/hm^2。

(2) 化调:棉花于6月下旬至7月上旬根据天气和棉花长势适度化控,掌握少量多次的原则;打顶后用量适当增加,每6～7 d化调1次,一般化控4～6次,也可结合蚜虫、棉铃虫等防治进行。

(3) 整枝打顶:棉花现蕾后打去果枝以下的营养枝,保留2片真叶;花铃期抹去赘芽;7月15日前结束打顶。

(4) 病虫害防治:棉花注意枯萎病、黄萎病、棉蚜、棉铃虫和红蜘蛛等病虫害防治,一般防治6～8次。

5. 接茬要点　下茬作物播种前,需要重新整地做垄,即将原有的2条大垄(4行)改成3行,行间距为30～40 cm,与棉花间距为60～70 cm,以利下茬作物获得较多的光照资源。下茬播后利用马铃薯秧进行覆盖。待下茬作物出齐苗后,可以选择去除马铃薯秧,也可以任其留在地里自然腐化。

6. 收获　马铃薯于7月10日前后收获,棉花于10月初收获,下茬胡萝卜于10月20日前后收获,红小豆、绿豆等于9月20日前后收获。

（撰稿:王子胜,徐敏,刘艳珍,金路路;主审:林永增,毛树春）

参考文献

[1] 王子胜. 辽棉新品种的发展前景及产业化研究. 2005中国棉花学会论文汇编,2005.

[2] 叶景凯,王子胜,崔再兴. 棉花种植实用技术. 北京:中国农业科学技术出版社,2006:7.

[3] 徐敏,金路路,王子胜. 辽河流域棉区"棉太金"应用试验研究. 农学学报,2013,3(2).

[4] 李瑞春,金路路,王子胜,等. 棉花化学调控剂"棉太金"与"全精控"作用效果比较研究. 中国农学通报,2016,32(33).

[5] 金路路,徐敏,王子胜,等. 辽河流域棉花-花生间作效果初探. 中国棉花,2013,40(1).

[6] 闫敏,王洪皓,王子胜,等. 不同间作模式对棉花、花生生长发育的影响. 辽宁农业科学,2014(6).

[7] 金路路,徐敏,王子胜,等. 间作模式对棉花花生产量及品质的影响. 中国农学通报,2018,34(12).

第三十九章　专用棉栽培技术

我国长绒棉(海岛棉)种植区域在新疆,且以南疆为主,东疆也有一定栽培面积。新疆独特的环境和生态条件,也适合种植有机棉。本章主要介绍长绒棉和有机棉栽培技术。

第一节　长绒棉栽培技术

一、技术关键

根据优质长绒棉新品种生长发育特点,长绒棉栽培以“增密抓匀、深沟浅水、前促后稳、保铃防衰”为技术关键,以显著增加单位面积有效总铃数和促进早熟为核心,实现优质高产目标。

二、目标产量

长绒棉在不同地力的目标产量和群体结构见表 39－1。

表 39－1　不同地力棉田长绒棉目标产量和群体结构

(田立文整理,2010,2019)

肥力水平	目标产量(kg/hm^2)	行距配置(cm)	株距(cm)	理论密度(万株/hm^2)	单株铃数(个)	总铃数(万个/hm^2)	单铃重(g)	衣分(%)
中等	1 350～1 500	55＋25 或	9.5～10.0	24.9～27.6	6～7	160～177	3.0	31
中上	1 650 左右	64＋12 及	9.5～10.0	23.7～27.6	6～8	176	3.0	31
高等	1 800 以上	其演变方式	9.5～11.0	22.7～27.6	8～10	≥213	3.0	31

三、栽培规范

(一) 播前准备

1. 土地选择　选择土壤有机质含量较高、可溶盐含量较低、排灌条件较好、地势平坦、枯萎病发病轻或不发病的地块。

2. 秋耕冬灌　秋耕(麦茬地伏耕)深度应达 25 cm 以上,耕后及时灌水。来不及秋翻的地块,可带茬灌水蓄墒。灌水应在土壤封冻前结束,灌水量 1 800～2 400 m^3/hm^2。

3. 播前灌水和整地　未冬灌棉田应播前进行春灌,灌水量 1 500～1 800 m^3/hm^2。冬灌地墒情差的要适量补灌。春灌应在 3 月 20 日以前结束。播前整地以“墒”字为中心,秋耕冬灌地早春应及时耙耱保墒。春灌地根据灌水时间和土壤质地,适墒耕翻、耙耱。适时整地,要求犁地深度 25 cm 以上，整地的同时应做好清理影响棉花播种质量和棉田保苗的残膜、残茬、杂草根茎等杂物工作，整地质量达到“墒、平、松、碎、净、齐”六字标准。

4. 化学除草　结合整地，用 48%的氟乐灵 1 500～2 100 ml/hm^2 兑水 450 kg，或 90%乙草胺 750～1 200 ml/hm^2，或 33%二甲戊灵 4 000～5 000 ml/hm^2 兑水 450 kg 喷施除草，边喷边耙(耙深 3～5 cm)，使药剂与土壤均匀混合。

5. 基肥投入　深施基肥，依据地力条件、目标产量进行配方施肥，具体施入方法见表 39－2。

表 39－2　常规灌溉棉田长绒棉不同目标产量及其配方施肥推荐方案

(田立文整理，2010)

目标产量(kg/hm^2)	肥力水平	基　肥(kg/hm^2)	第一次追肥量与种类(kg/hm^2)	第二次追肥量与种类(kg/hm^2)
1 350～1 500	中等	油渣 1 200～1 500，尿素 150，磷酸二铵 300，硫酸钾 75	尿素 120～150	尿素 75
1 650 左右	中上	油渣 1 200～1 500 或农家肥 30～45 m^3/hm^2，尿素 150，磷酸二铵 330，硫酸钾 105	尿素 120～150	尿素 105
1 800 以上	高等	油渣 1 500 或农家肥 30～45 m^3/hm^2，尿素 225，磷酸二铵 375，硫酸钾 150	尿素 150～180	尿素 75

[注] ① 全生育期可喷 2～3 次叶面肥，每次喷尿素 1 500～2 250 g/hm^2、磷酸二氢钾 3 000～3 750 g/hm^2，还可根据棉田土壤微肥供应情况，喷施硼、锰、锌、铜等微肥；② 缺锌棉田基施 21%含量的硫酸锌 15～30 kg/hm^2，棉花生长期间可叶面喷施 2～3 次，每次用量 1 200～2 250 g/hm^2。

6. 种子准备　脱绒处理后的种子质量达到净度≥95%、发芽率≥90%、纯度≥97%、健子率≥75%、含水率≤12%、毛头率≤3%、破损率≤2%。

(二) 播种

1. 播种时间　膜下 5 cm 地温稳定达到 14 ℃时为最佳播期，一般在 4 月 10～20 日。

2. 播种方式　采用幅宽 140～145 cm 或 205 cm、厚度为 0.01 mm 以上的透明薄膜，1 膜 4 行或 1 膜 2 行，宽窄行播种，株行距配置见表 39－1。

3. 播种要求　精量播种，种子用量 24～33 kg/hm^2，下种均匀，种穴不错位，空穴率小于 3%。下种深浅一致，一般以 2.6 cm 为宜；砂土地略深一些，可到 3.1 cm；黏土地略浅一些，为 2.1 cm。地膜与地面紧贴，膜边入土 5～8 cm，覆土均匀、严实。

(三) 苗期管理

1. 护膜防风　播种后，及时在膜上每隔 15～20 m 压一条土带，并将膜孔用土盖好，防大风揭膜。

2. 查苗补种，助苗出土　播种 8～12 d 出苗后，应及时查苗补种，对缺苗处进行催芽补种；遇雨后土壤板结，应立即破除硬壳；如孔穴错位，进行破膜放苗。

3. 中耕松土　播种结束后即可开始中耕，中耕要早、深。中耕机铲头距苗行 10～12 cm，深度不少于 12 cm。中耕后要求表土松碎平整，不压苗，不埋苗，不铲苗，不损伤地膜。中耕的同时注意除草。

4. 虫害防治　主要是控制棉蚜。

5. 化学调控　苗期一般不化调或少化调，只对生长偏旺的棉田进行微调，缩节胺用量为 7.5～15 g/hm²。

(四) 蕾期管理

1. 中耕松土 5 月下旬后，进行中耕除草。中耕机铲头距苗行 10～12 cm，深度 15 cm 左右，并用碎土轮碎土，注意防止压苗、伤苗。

2. 虫害防治 蕾期重点防治棉蚜、红蜘蛛、棉铃虫。

(五) 花铃期管理

1. 揭膜 通常在头水前 3～5 d 揭膜，或棉花采摘完后揭膜。

2. 追肥 常规灌溉棉田花铃期追肥 1～2 次，第一次在头水前施入，第二次于二水前追施。第一次追肥采用中耕机，距苗行 10～12 cm，深施 10～15 cm，追肥量见表 39－2。滴灌棉田追肥可参照陆地棉(见第三十七章)，但应适当增加磷肥和追肥次数。

3. 灌水 全程小畦沟灌，全生育期灌水 3～5 次。头水宜早，水量宜小不宜大，灌量一般在 600～750 m³/hm²，适宜灌溉时间一般在 6 月 20 日左右；二水紧跟，头水后 10 d 内进行，时间在 6 月底至 7 月初，灌水量在 900～1 050 m³/hm²；三水可视棉田墒情，确定灌溉时间；个别砂性较重棉田可灌四水，甚至五水。常规灌溉棉田停水时间一般在 8 月 25 日左右，砂性较重棉田可推迟到 9 月初。

4. 化调与打顶 对生长稳健棉田一般不进行缩节胺化调，但可对生长偏旺棉田喷施 75.0～90.0 g/hm²缩节胺。打顶时间宜在 7 月 18～23 日完成，坚持打 1 叶 1 心。

5. 防病虫害和涝害 花铃期以防治棉铃虫为主，兼治棉蚜、红蜘蛛，同时注意控制草害。如雨水过多或灌溉方法不当，导致棉田发生涝渍，应及时排涝。

(六) 絮期管理

1. 清除杂草 在棉花收获前对棉田杂草进行一次彻底的清除。

2. 收获 及时采摘，做到分收、分晒、分存、分售，严格区分僵瓣棉、虫口棉、剥桃花、霜前花、霜后花。在采摘和装运过程中，做好“三防”工作，即防动物家禽毛发、防异纤装载物(化纤编织物、毛毡、非棉绳索、非白棉线缝制的棉包)、防拾花人员服饰有害纤维和头发脱落。

3. 回收残膜 清除田间地头残膜，减少白色污染。

第二节 有机棉栽培技术

随着社会和经济的发展，人们的收入和生活水平不断提高，安全、无污染、健康型有机产品日益受到消费者的青睐，而作为有机产品的有机棉和有机纺织品服装也逐渐为广大消费者所接受。我国有机棉生产始于 2000 年，目前种植面积为 1 800 hm²左右，全部在西北内陆棉区。随着世界有机棉市场的不断扩大，我国有机棉也有一定发展潜力。

一、有机棉概念

(一) 有机棉定义

有机棉(Organic Cotton)，也称生态棉或生物棉，是指按照有机认证标准生产，并通过独立认证机构认证的原棉。生产过程中不使用化学合成的肥料、农药、生长调节剂等物质，也不使用基因工程生物及其产物，其核心是建立和恢复农业生态系统的生物多样性和良性循环，以维持农业的可持续发展。在有机棉生产体系中，作物秸秆、畜禽粪便、豆科作物、绿肥和有机废弃物是土壤肥力的主要来源；作物轮作以及各种物理、生物和生态措施是控制病虫害和杂草的主要手段。

有机棉生产原料必须来自于已建立或正在建立的有机农业生产体系，或采用有机方式采集的无污染的野生天然产品。产品在整个生产过程中严格遵守有机产品的加工、包装、贮藏、运输标准。有机棉在生产流通过程中，有完善的质量控制和跟踪审查体系，并有完整的生产和销售记录档案，要求在整个生产过程中对环境造成的污染和生态破坏影响最小。

（二）有机棉与其他棉花的区别

有机棉与其他概念的棉花，如常规棉花、无公害棉花、绿色棉花之间主要在三个方面存在明显的区别。一是生产标准更加严格。有机棉在生产和加工过程中绝对禁止使用农药、化肥、激素等人工合成物质和基因工程技术，而其他棉花则允许使用或有限制地使用这些物质和技术。因此，有机棉的生产比其他棉花难得多，需要建立全新的生产体系，发展替代常规农业生产的技术和方法。二是质量控制和跟踪审查体系更加严格。跟踪审查系统是有机认证不可缺少的组成部分，有机棉生产必须建立完善的质量控制和跟踪审查体系，并保存所有记录，以便能够对整个生产过程进行跟踪审查。三是证书管理更加严格。有机棉生产基地要经过 2～3 年有机转换期才能获得认证，证书有效期 1 年，每年必须接受现场检查，确定是否能继续获得认证。

二、有机棉生产基本要求

（一）农场及土地要求

1．环境要求　有机农场必须选择在大气、水、土壤未受到污染，周边无工厂或其他污染源的地区，同时要避免转基因作物的污染。

2．棉田认证范围　认证范围可以是整个农场，也可以地块为单位。如果认证范围是以地块为单位，则该农场必须承诺将所有的地块纳入正在进行的有机种植规划，规划的目标应该是在该农场某一部分被首次颁证后的最多 5 年内，使农场全部地块进入有机生产或有机转换状态。对于租赁的或种植者不能完全控制的地块，以及发生无法预料的极端情况时可以例外。对时而进行有机生产，时而进行非有机生产的地块不能颁证。

3．棉田转换期　由常规生产过渡到有机生产需要经过转换期，一般为首次申请认证的作物收获前 3 年时间。转换期内必须完全按有机生产要求操作。经 1 年有机转换后田块中生长的作物，可以获得有机转换作物的认证，其产品可以冠以有机转换期产品销售。

已经通过有机认证的农场一旦回到常规生产方式，则需要重新经过有机转换。

新开垦地、撂荒多年未予农业利用的土地，以及一直按传统农业生产方式耕种的土地，要经过至少 1 年的转换期才能获得认证机构颁证。

4．缓冲带和相邻地块　如果相邻农场种植的作物受到过禁用物质喷洒或有其他污染的可能性，则应在有机作物与喷洒过禁用物质的作物之间设置有效的物理障碍，或至少保留 8 m 的缓冲带，以保证认证地块的有机完整性。如某有机地块已经受到禁用物质污染，则要求该地块经过3年的转换期。

5. 平行生产　有机认证机构鼓励农场主将其所有土地转化成有机地块。如果一个农场同时以有机方式及非有机方式(包括常规和转换)种植同一品种的作物,则必须在满足下列条件,才允许进行平行生产,有机地块的作物产品才可作为有机产品销售:①处于转换期。同一农场内部分地块正在向有机地块转换。②生产者拥有或经营多个分场。不同的分场间存在平行生产,但各分场使用各自独立的生产设备、贮存设施和运输系统。③同一农场内平行生产。如同一农场内存在平行生产时还须达到下列标准:告知平行生产的种类,以便有机认证机构和其检查员确保认证产品的有机完整性;要有作物平行生产、收获和贮藏计划,以确保有机产品与常规产品能分隔开来,生产者可通过选择不同作物或明显不同的作物品种或通过年度检查来核实分区管理计划的有效性;需要有完整而详细的有机产品和常规产品记录系统。同时,存在平行生产的农场,其常规生产部分也不允许使用基因工程作物品种。

6. 农场历史资料　生产者必须提供最近4年(含申请认证的年度)农场所有土地的使用状况、有关的生产方法、使用物质、作物收获及采后处理、作物产量及目前的生产措施等整套资料。

7. 生产管理计划　为了保持和改善土壤肥力,减少病虫草的危害,生产者应根据当地的生产情况,制定并实施非多年生作物的轮作计划,在作物轮作计划中,应将豆科作物包括在内。

生产者应制定和实施切实可行的土壤培肥计划,以提高土壤肥力,尽可能减少对农场外肥料的依赖。制定有效的作物病虫草害防治计划,包括采用农业、生物、生态和物理防治措施。在生产中应采取保护措施,避免农事活动对土壤或作物的污染及生态破坏。制定有效的农场生态保护计划,包括种植树木和草皮,控制水土流失,建立天敌的栖息地和保护带,保护生物多样性。

8. 内部质量控制计划　有机生产者必须做好并保留完整的生产管理和销售记录,包括购买或使用本有机农场和其他有机农场的所有物质的来源和数量,以及作物种植管理、收获、加工和销售的全过程记录。

(二) 机械设备和农具要求

维护机械设备,使之保持良好状态,避免传动液、燃料、油料等对土壤或作物的污染。用于管理或收获有机作物的所有自用、雇用、租用或借用的设备,都必须充分清洁干净,以避免非有机农业残留物、非有机产品或基因工程作物及其产品的污染,并建立清洁日志,做好记录。收获前后的操作过程及包装材料必须采用符合有机认证标准的加工技术和原料,以最大限度地保证产品质量和产品的有机完整性。

(三) 品种和种子要求

如果可以买到经认证的有机种子,必须优先使用有机种子。如生产者确实无法获得有机种子,并有至少2个种子经销商证明,才可以使用常规种子。允许使用天然产生的生物防治剂处理种子,禁止使用转基因生物制剂处理种子;允许使用泥土、石膏或非合成的物质对种子进行包衣处理。种子不得使用任何有机禁用物质进行处理和加工。禁止使用任何转基因作物品种。

（四）作物轮作要求

轮作的目的是保持和改善土壤肥力，减少硝酸盐淋失及病虫草害的危害。生产者必须根据本地可接受的有机农作方式实施合理的轮作计划，轮作方式尽可能多样化，应采用包括豆科或绿肥在内的至少3种作物进行轮作，同一年内提倡复种、套种。在有机地块种植的任何作物，无论是认证产品还是倒茬作物，都必须按有机种植的要求进行管理。在一个轮作期内，禁止同一种一年生作物的连作。

（五）土壤肥力和作物营养标准

通过种植豆科作物和绿肥、施用农场内部按有机方式生产所得的有机物质沤制的堆肥、合适的轮作来维持土壤肥力。如这些措施不足以保持肥力，则可补充施用场外来源的动植物肥料和天然矿物质。

1. 允许或限制施用的物质　允许使用堆肥，要求制堆肥温度必须达到49～60 ℃，并保持约6周的时间。允许使用畜禽粪肥，施用前必须经堆制处理，或高温处理达到65 ℃以上，并保持6周以上，水分降至12%或以下。允许施用农场内部的作物秸秆、作物残茬和绿肥，有限制地施用农场外购物质。允许施用经物理方法加工的饼肥，未经化学处理的木材加工副产品、没有污染并经腐熟处理的食品加工副产品，不含有其他合成防腐剂或其他合成植物营养素强化处理过的海洋副产品，如骨粉、鱼粉，以及其他类似的天然产品。允许使用水生植物产品，如海藻粉、未加工的海藻及海藻提取液，但不允许使用含有甲醛或用合成的植物营养素强化处理的海藻提取液。可施用天然腐殖酸盐、微生物产品、天然矿物质、微量元素、植物生长调节剂和非合成的氨基酸等。

2. 禁止施用的物质　有机棉田禁止施用化学合成或加工的肥料，包括硝酸盐、磷酸盐、氯化物等营养物质；禁止使用人工合成的植物生长调节剂，如萘乙酸、赤霉素、缩节胺等；禁止施用经基因工程改组的动植物和微生物及其产品；农场内不得出现城市垃圾和下水道污泥，以及工厂、城市废水等。

（六）作物病虫草害的管理标准

1. 病害管理　选用抗病品种，采用防止病原微生物蔓延的管理措施和合理的轮作制度。允许使用抑制棉花真菌和隐球菌的钾皂（软皂）、植物制剂、醋和其他天然物质，限制使用石硫合剂、波尔多液、天然硫等含硫或铜的物质；禁止使用化学合成的杀菌剂、由基因工程技术改组的产品以及阿维菌素制剂及其复配剂。

2. 虫害管理　选用自然抗虫的棉花品种，禁止使用通过基因工程技术改组的抗虫棉花品种；提倡通过释放天敌如寄生蜂来防治害虫。允许使用杀虫皂（软皂）和植物性杀虫剂如鱼尼丁、沙巴草、茶以及由当地生长的植物制备的提取剂等；允许有限制地使用鱼藤酮、除虫菊、休眠油（最好是从植物中提取的）和硅藻土及微生物及其制剂，如苏云金杆菌（*Bt*）等。允许在诱捕器和蒸发皿中使用性诱剂，允许使用光敏性（黑光灯、高压汞灯）、视觉性（黄色黏板）、物理性捕虫设施（防虫网）防治害虫。通过种植诱集作物如玉米、油菜、油葵等和在棉田安放杨树枝把诱集害虫。禁止使用化学合成的杀虫剂和由基因工程技术改组的生物体生产或衍生的产品。

3. 草害管理　通过采用限制杂草生长发育的栽培技术组合(轮作、绿肥种植、休耕等)控制杂草。提倡使用秸秆覆盖除草,但秸秆不能含有污染物质;也可采用机械、热力和人工除草方法;允许使用以聚乙烯、聚丙烯或其他聚碳化合物为原料的塑料覆盖物,但使用后必须将其清理出土壤,禁止使用聚氯烯产品。禁止使用化学和石油类除草剂;禁止使用由基因工程技术改组的生物体或其衍生产品。

三、有机棉栽培规范

我国三大棉区中,新疆棉区是种植有机棉最适宜的地区,而黄淮海、长江中下游两大棉区目前发展有机棉有一定的困难。本节将针对新疆棉区的生态条件介绍有机棉生产技术。

(一) 棉花品种和种子

禁止使用经基因工程技术改组的棉花品种,如转 *Bt* 基因抗虫棉、抗除草剂的棉花品种等。选用抗病、丰产、后期不易早衰的棉花品种。如果生产者可以买到经认证的有机棉种子,必须使用有机种子;如生产者确实无法获得有机种子,才可以使用未经有机农业标准中禁用物质处理的常规种子。但从第二年起必须全部种植上一年生产的有机棉种子。棉花种子加工采用机械脱绒,不得使用任何有机农业标准中禁用物质进行处理和加工。

(二) 棉田土壤培肥技术

有机棉田主要通过种植绿肥和豆科作物、采用合适的轮作、施用动植物肥料和天然矿物质来保持土壤肥力。

新垦土地第一季种植油葵或草木犀、苜蓿等绿肥作物,播前基施经堆制处理的棉籽饼粕 2 250～3 750 kg/hm^2,或畜禽粪肥 7 500～12 000 kg/hm^2,当年秋季或第二年春季棉花播种前将绿肥翻入土壤,以熟化和培肥土壤;鼓励秸秆还田,棉花收获后,秸秆于犁地时粉碎并翻入土壤。棉花与草木犀或苜蓿等绿肥作物套(轮)作。每年 6～7 月份灌水前在棉田套种草木犀或苜蓿,棉花收获后草木犀或苜蓿越冬,第二年春季棉花播种前翻入土壤。棉花播前基施经堆制处理的棉籽粕 2 250～3 750 kg/hm^2或牛羊鸡粪肥 22.5～37.5 m^3/hm^2,另备用 1 500 kg/hm^2左右棉籽粕(堆制腐熟),于棉田灌第一水前开沟追施。

(三) 播种密度

新垦荒地,土壤肥力低,棉株的个体发育较小,前两年种植棉花应主要靠群体增加总铃数,因此一般采用高密度种植方式,如在新疆种植密度在 22.5 万株/hm^2左右;第二年密度为 18 万株/hm^2左右;以后随着土壤肥力的提高,密度应控制在 12 万～15 万株/hm^2,密度过高,将导致田间荫蔽,通风透光差,蕾铃脱落严重,造成减产。

(四) 虫害防治技术

1. 农业防治　农业防治是改造农业生态体系,增强天敌种类和数量,恶化害虫生活和生存条件,增强生态防御体系的重要措施。种植管理中要求铲除杂草,秋耕冬灌,作物合理布局,种植诱集作物,结合田间管理更好地消灭部分害虫的卵和幼虫。

2. 生物防治　保护、增殖和利用天敌,利用微生物杀虫剂如 *Bt* 乳剂、核多角体病毒防治害虫,利用性诱剂诱捕成虫。

3. 物理机械方法防治　棉田安装黑光灯、高压汞灯诱杀棉铃虫成虫。插杨树枝把诱集棉铃虫、糖浆瓶诱杀地老虎成虫，黄色黏板诱捕蚜虫。

4. 使用植物性杀虫剂　如果上述措施不足以控制害虫危害，棉花的生长受到直接威胁时，可使用杀虫皂(钾皂)和植物性杀虫剂如除虫菊、鱼藤酮、鱼尼丁、沙巴草、茶、苦木制剂、苦参碱等进行防治，或有限制地使用除虫菊、鱼藤酮等进行防治。

(五) 病害控制措施

种植抗病品种。不使用发病棉田生产的种子，以防止病原菌随种子带入土壤。发病较重棉田的棉秆也禁止进入有机棉田。轮作倒茬，可有效降低危害棉花的病原菌数量。施用的棉籽粕等有机肥须经过高温加工处理或高温堆制处理，以杀死其中的病原菌。在棉花播种前，进行日光晒种或温水浸种，可起到杀死病菌的作用。机械设备工具在进入有机棉田前必须进行清洁，以防病原菌的带入。在棉田中如发现病株，应拔除以病株为中心 1 m^2面积内的所有棉株。

(六) 杂草防治技术

在棉花生产中，科学合理地与其他作物轮作换茬，改变其生态和环境条件，可明显减轻杂草危害。在棉花播种前进行种子精选、脱绒，清除已混杂在种子中的杂草种子，减少杂草的发生。有机肥须经过 50～70 ℃高温堆沤处理，以杀死其中的杂草种子。合理密植，可抑制田间杂草。允许使用由聚乙烯和聚丙烯等聚碳化合物原料制成的塑料产品进行地膜覆盖除草，使用后必须将残膜清理出土壤。也可进行机械除草，对于机械作用不到的地方进行人工除草。及时除去棉田周围和路旁、沟边的杂草，防止其向棉田内扩散和蔓延。

(七) 生长调控

有机棉生产中禁止使用缩节胺等化学合成的植物生长调节剂，应主要通过采用合理密植、水肥运筹和人工整形进行生长调控。

(八) 农田保护措施

新疆棉区降雨稀少，农田一般地势平坦，不存在水土流失问题，但每年的 4～5 月会受到一定的风蚀影响。因此，应在地块四周种植宽 5～10 m 的防风林带，在防风林带未成林前采取在地块边设置芦苇栏或秸秆覆盖的措施，以抵御或减少风蚀的影响。

在地块周围及渠、路边保留红柳、芦苇等野生植物，为野兔、野鸡、斑鸠和乌鸦等野生动物及害虫的天敌提供适宜的繁殖生存环境。

(九) 有机棉质量控制体系

为确保有机地块及其产品的有机完整性，有机农场应制定完善的内部质量控制计划，并使有机棉田与常规棉田保持一定的间隔距离，员工技术培训，机械设备检修和维护，收获、贮藏、运输、轧花等过程中的一系列质量控制措施；还要建立完善的质量记录和跟踪审查系统，确保质量可追溯。

（撰稿：田立文，董合林；主审：林永增）

参考文献

[1] 毛树春. 棉花规范化高产栽培技术. 北京：金盾出版社，1998：187－208.

[2] 国际有机农业运动联合会,国家环境保护总局有机食品发展中心编译.有机生产和加工基本标准.2000:16-21.
[3] 美国农业部,OCIA中国分会编译.美国国家有机农业标准.2002:13-16.
[4] 国际有机作物改良协会,OCIA中国分会编译.OCIA国际认证标准.2006:6-11.

第四十章　棉花生长发育指标与障碍诊断

因苗管理是棉花规范管理的核心,而苗情诊断则是因苗管理的前提。苗情诊断包括正常苗情诊断和异常苗情诊断。相对于正常苗情,异常苗情是指因各种生态原因和人为原因所引起的生长发育障碍、生理活动障碍和形态畸形等不正常的苗情。棉花前期诊断主要以器官生长发育和棉株个体长相指标考量,中、后期诊断需要个体生育指标和群体长势两个方面结合;随着产量水平的增高,群体指标的重要程度也增加。

第一节　棉株形态指标与障碍诊断

一、苗 期 诊 断

(一) 子叶期诊断

1. 子叶期壮苗长相　子叶节粗壮,子叶肥厚、平展、微下垂,叶横向宽 4 cm 左右;子叶节较粗,长度 5.0 cm 左右,红茎比 0.6 左右;地下根系健壮,白根多,扎得深,分布匀。

2. 异常苗诊断

(1) 胚轴肥胖:胚轴肥胖苗是指棉花出苗或半出苗的胚轴或胚根肥胖的棉苗(图 40－1)。胚轴肥胖型棉苗包括四种类型。一类为胚根和下胚轴肥胖,根茎卷曲,不能出苗,其主要原因是播种过深或土面压有硬块,胚轴伸展顶土困难;第二类是由于播种过深,水分过多,氧气不足,而导致根芽肥胖且呈黄褐色;第三类由于出苗时土温低,再加上土壤水分过多,胚轴生长缓慢,顶土时间长,消耗养分多,地上部子叶生长瘦小,而使地下部胚轴肥胖,此类型能出苗;第四类为除草剂药害导致胚轴肥胖。

图 40－1　胚轴肥胖苗

对于胚轴肥胖型苗,应针对发生原因预防或采取相应措施加以控制,如控制播种深度,一般露地直播棉和地膜棉播种深度为 2～3 cm,移栽棉为 1～2 cm;控制地下水位,降低土壤湿度;地膜棉和露地直播棉盖土时,要用细碎土覆盖孔口;正确使用除草剂。如已出现肥胖症,要及时用 1%～2%尿素溶液喷洒棉株,促进地上部生长。

(2) 高脚苗:棉苗出土后,子叶下方的幼茎段伸长过长,幼茎细弱,子叶瘦小,子叶节离地面一般都在 7 cm 以上,称为高脚苗(图 40－2)。形成高脚苗的原因,一是播种量过大,出苗后间、定苗不及时;二是塑膜育苗阶段,膜内温度高,棉籽出苗后,没有及时通

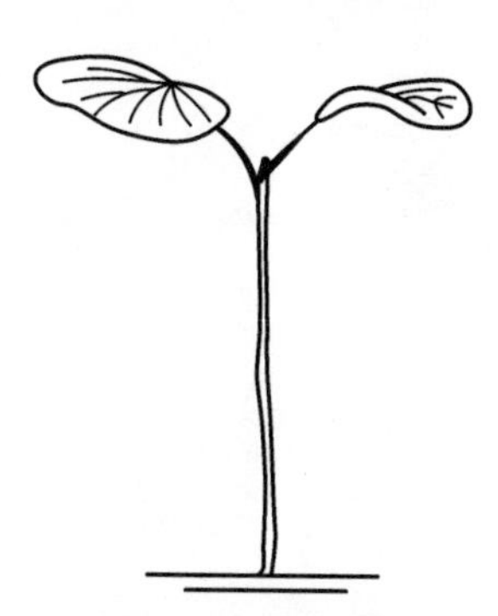

图 40－2　高脚苗

风、降温、降湿;三是地膜覆盖棉田中的错位苗未及时破膜放苗。

高脚苗的预防措施:播种量不宜过大,露地直播和地膜棉播量控制在 75～112.5 kg/hm^2(条播),育苗移栽棉播量为 15～22.5 kg/hm^2;出苗后要及时定苗,露地直播和地膜棉要求在齐苗后开始间、定苗,二叶期定苗结束,移栽棉苗在一叶期定苗结束;用助壮素 100～200 ml/L 浸种 18～20 h,子叶平展后 5～7 d,喷施壮苗素;塑膜育苗的,在齐苗后晴天晒床 1～2 d,同时降温、降湿。搬钵蹲苗可有效防止高脚苗。

图 40-3　戴帽子苗

(3) 戴帽子苗:棉籽出苗时带种壳出土面,子叶受种壳束缚不能平展,称为戴帽子苗(图 40-3)。有时种壳虽能在出土一段时间内脱落,但子叶边缘受损、焦枯破碎,影响幼苗的正常生长。

发生棉籽带壳出苗的主要原因,一是土壤过于疏松,土壤内水分含量较少,种壳干燥变硬,子叶不能突破种皮;二是播种过浅,土壤和棉籽顶土的摩擦力较小,因而种壳不能脱落,被带出土面。

戴帽子苗的防治措施:适墒播种,播种后覆土并适度镇压;间苗时将带壳棉苗去掉,留下正常苗,如每穴仅有 1 株苗,可在傍晚将种壳用水喷湿或用手轻轻剥去,以帮助子叶平展。营养钵育苗时盖籽土要达到 2～3 cm。

(4) 烂种、烂芽:烂种,种壳变软,种仁也变软、呈棕色糊状;烂芽,根尖或芽尖变褐色,失去生活力。烂种、烂芽的原因是播种后土壤温度低,湿度大,播种过深。

烂种、烂芽的防治措施:适期适墒播种,控制播种深度,用杀菌剂拌种或用含有杀菌剂的种衣剂包衣。

(二) 二叶期诊断

1. 壮苗长相　二叶平,即两片真叶的叶面与子叶的叶面大体处在同一平面上;叶片平展,中心稍凸起,边缘稍下翻,叶色浅绿;主茎节间密而粗。

2. 异常苗诊断

(1) 二叶期弱苗:棉苗叶片小、叶色浅,茎秆细长,红茎比例大于 50%,根系入土浅(图 40-4)。主要是由于播种量过多、光照不足或缺肥、缺水所致。

防治措施:以尿素 1 500 g/hm^2+磷酸二氢钾 1 500 g/hm^{2}喷施;中耕松土;及时间苗、定苗等。

(2) 二叶期旺苗:幼苗较高,真叶明显高于子叶,叶柄间夹角小,叶片肥大,叶色浓绿,幼茎细长,红茎比小(图 40-5)。主要是由于肥水过多、光照不足所致。

图 40-4　二叶期弱苗

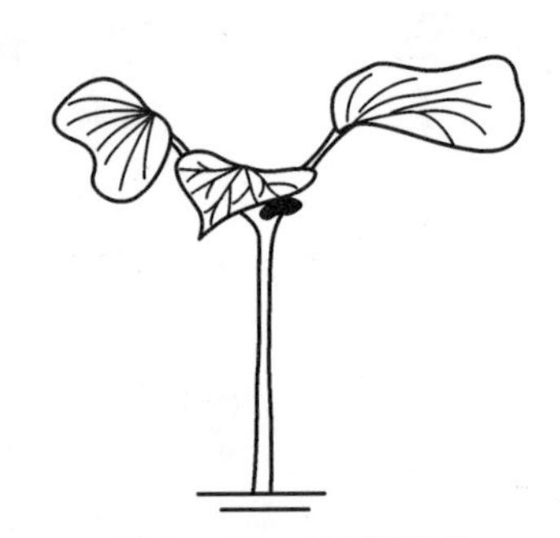

图 40-5　二叶期旺苗

防治措施:喷施缩节胺 1.5～4.5 g/hm²,控制营养生长,及时中耕。

(三) 五叶期诊断

1. 壮苗长相　四叶横,即 4 片大叶的叶面大体处在同一平面上。从上向下看,第 3、第 4 片叶的叶尖间距大于第 1、第 2 片叶的叶尖间距;从全株侧面看,棉株的宽度大于株高度,长相“矮胖”;顶 4 叶叶序为 4、3、2、1。株高 7～10 cm,出叶快,叶色油绿,顶芽凹陷,茎粗,红绿茎比约 50%。

2. 异常苗诊断

(1) 弱苗:棉株瘦高,茎秆细,株宽等于或小于株高,红茎比大于 70%,叶片小,叶肉薄,第 3、第 4 叶全缘无裂片,顶 4 叶的叶序呈 2、3、1、4,第 1、第 2 真叶叶柄与主茎夹角较大(图 40－6)。发生弱苗的主要原因是棉花出苗后养分不足,土壤板结,根系生长发育不良。薄膜育苗时,主要是营养土配制不科学,土质差,钵体坚实等。

图 40－6　五叶期弱苗

防治措施:早施苗肥预防,一般在 2～3 叶期施硫酸铵 45～75 kg/hm²;五叶期发生弱苗时,应适量喷施以氮肥为主的叶面肥,并及时中耕松土,增加土壤通透性,促进根系发育。

(2) 旺苗:棉株高大,但高宽差距不大;茎秆粗,节间长,红茎比小于 30%;叶片肥大下垂,倒 4 叶宽大于长,叶色深绿油亮,叶柄着生角度小;顶芽肥嫩,下陷较深(图 40－7);主茎的日增长量超过 0.8 cm,红茎比 30%左右。形成原因有阴雨天过多,光照不足;土壤水分足,且氮肥施得过多,引起棉苗徒长;种植密度过大,田间荫蔽,造成疯长。

防治措施:及时排水,深中耕切断棉苗根系,抑制棉苗旺长;喷施缩节胺 7.5～12.0 g/hm²。

(3) 高脚苗:幼茎段和第 1 节间伸长过长,茎秆细弱,红茎比小(图 40－8)。

形成高脚苗的主要原因是“苗荒苗”和“草荒苗”。直播棉间苗、定苗不及时,棉苗争光纵向生长过快;移栽棉主要由于育苗期间阴雨少光,定苗太迟,加上棉苗营养面积偏小,导致地

图 40－7　五叶期旺苗

图 40－8　五叶期高脚苗

下根系发育不良，地上部形成高脚苗。

防治措施：及时进行间苗、定苗；直播、地膜棉及时中耕松土除草，增加土温，改善土壤通透性；移栽前的棉苗喷施缩节胺 7.5～12.0 g/hm^2，控制节间伸长速度，促使地上部生长健壮。

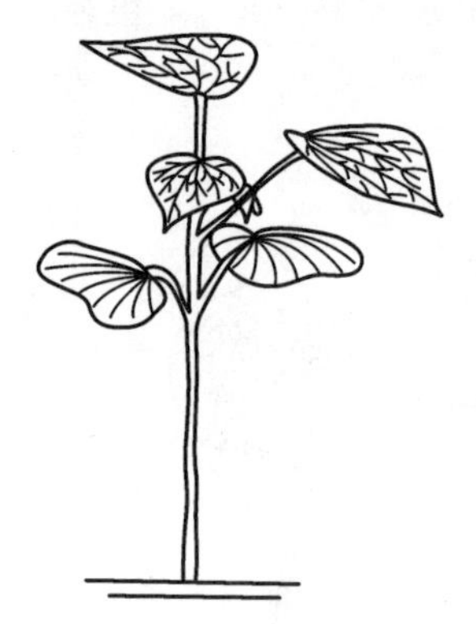

图 40－9　五叶期渍害苗

(4) 渍害苗：棉苗茎秆较细，叶小而薄，叶色淡，叶片由下而上逐渐变黄，根系生长差(图 40－9)。

形成渍害苗的主要原因，棉田排水不良，土壤长期积水导致土壤水分过多、板结、氧气不足，棉株根系生长发育受阻，棉苗受到渍害。

防治措施：开好棉田配套沟系，降低地下水位；雨后及时中耕松土，促进根系生长；适量追施肥料，促进棉苗生长，一般施尿素 45～75 kg/hm^2。

(5) 多头棉：棉苗在子叶节或主茎生长点处长出多条分枝，无明显的主茎，称为多头棉。发生多头棉有多种原因：当棉苗顶心刚刚显现时，被棉盲椿象危害枯死，而后长出 2 个以上的生长点，形成多头棉。棉盲椿象危害的叶片有刺伤的坏死点，叶片呈凹凸状，叶片生长后期可见到“破叶疯”状叶片；当棉苗出土子叶平展、真叶始露期，棉蓟马危害生长点，使生长点变褐至黑色而枯焦，以后另长出数个生长点；棉苗严重缺硼时，真叶出现后，顶心死亡，长出侧芽，形成多头棉；外来自然因素(如风、雨、冰雹等)和动物及人为活动所引起的机械损伤形成多头棉，其具有偶发性、突发性和普遍性等特点。

防治措施：及时防治害虫；缺硼棉田，及时叶面喷施硼肥；尽量避免机械作业时的机械损伤和人为损伤。

二、蕾期诊断

(一) 壮株长相

六叶“亭”，即 6 片大叶在空中构成一个中间宽、上部次之、下部最窄的“亭”字形株型。叶色亮绿，顶心舒展，顶 4 叶叶序为(4、3)、2、1。6～7 片叶时现蕾。茎粗，蕾多、蕾大。

1. 长江流域棉区　从现蕾至盛蕾期，株高日增量在 1.0～1.5 cm，盛蕾至初花期，株高日增量达 2.0～2.5 cm，至开花时，株高达最终株高的一半(50～60 cm)。红茎比由苗期的 50%上升至 60%～70%，节间长度 3～5 cm。果枝始节低(6～7 节)，叶色油绿发亮，现蕾后 2～3 d 长 1 台果枝，每 1.5～2 d 长 1 个蕾。

2. 黄河流域棉区　初蕾期，株高日增量 1.0 cm 左右，盛蕾期，株高日增量达 1.5～2.0 cm，开花时，株高达到 40～50 cm。现蕾期红茎比 60%，盛蕾期红茎比 70%。

3. 西北内陆棉区　新疆高产棉花的蕾期壮苗指标：红茎比 50%～60%，LAI 为 0.7～1.2，株高见表 40－1，蕾上叶数见表 40－2。

表 40－1　新疆棉花蕾期相对株高指标
（陈冠文等，2008、2009）

叶　龄	9	10	11	12
相对株高(%)	34.9	43.2	52.5	62.8

［注］相对株高为占最终株高的百分数。

表 40－2　新疆棉花蕾上叶数指标
（陈冠文等，2008、2009）

现蕾叶位	6	7	8	9	10	11	12
蕾上叶数	2.0	1.2	0.5	0.0	－0.4	－0.7	－1.0

［注］蕾上叶数＝主茎展平叶数－最高现蕾叶位数；蕾上叶数为负数时，表示主茎叶片展开时间晚于同位蕾的现蕾期。

（二）异常棉株诊断

1. 弱苗少蕾型　叶薄色淡，呈黄绿色；8～9 片叶不现蕾；现蕾后，植株比较矮小，株高日增量不足 1 cm，茎秆细弱；红茎比例过大，果枝出生慢，一般 3 d 以上才能长出 1 果枝；蕾小，脱落较多(图 40－10)。造成弱苗少蕾的主要原因，一是土壤肥力较低；二是土壤水分过多，排水不良，根系生长发育差；三是氮素营养不足。

防治措施：质地黏重的土壤，及时中耕松土，增加土温和土壤通透性；氮肥不足的棉田，及时追施适量速效氮肥，并配合施用有机肥或绿肥，改善土壤肥力条件；因病虫影响造成的弱苗，应及时防治病虫。

图 40－10　弱苗少蕾型棉苗

图 40－11　疯长弱蕾型棉苗

2. 疯长弱蕾型　株体高大，松散，红茎比小于 60%，叶片肥大，茎粗节长，节间长在 5 cm 以上，果枝细而果节长，与主茎夹角小；主茎日增量，现蕾至盛蕾期超过 1.5 cm，盛蕾至开花，超过 2.8 cm；现蕾晚、速度慢，蕾少而小，苞叶小，缺刻浅；下部 1～2 台果枝往往只长 1 个小蕾，且易脱落(图 40－11)。生理表现与正常棉株比较，叶柄速效氮增加、速效磷钾减少、可溶性糖减少、淀粉减少、全氮增加。

蕾期疯长苗的主要原因，棉田施氮肥过多，忽视磷钾肥和微肥；土壤水分足，在长江中下游地区正好又值梅雨季节，肥水碰头；种植密度过大，田间荫蔽。

防治措施：控制蕾期氮肥的施用量，增施磷钾肥；盛蕾期喷施缩节胺 18.0～22.5 g/hm^2；深中耕，降低土壤湿度，切断棉株的部分根系；脱裤腿，即将下部几张主茎叶去掉，以减少光合源，抑制棉苗生长；防治病虫害，防止因蕾铃损伤太多而引起疯长。

3. 水发旺苗　棉株高大，茎秆青绿，节间长，叶片大，叶肉薄，叶色浅，蕾小而少，根系发育不良，头重脚轻（图 40－12）。造成蕾期水发旺苗的主要原因是连日阴雨，光照不足；或者时晴时雨，温度高，水分足。

防治措施：及时中耕松土；增施磷钾肥，适当追施一些氮肥（雨后可能脱肥的棉田，要抢晴好天气施肥，施尿素 22.5～30.0 kg/hm^2）；严格控制灌水量。

图 40－12　蕾期水发旺苗

图 40－13　蕾期水渍弱苗

4. 水渍弱苗　地势较低或地下水位较高的棉田，棉苗长期遭受涝渍，根系浅而短，侧根停止生长；植株矮小黄瘦，心叶黄绿色，老叶呈红褐色，幼蕾脱落（图 40－13）。发生水渍弱苗的主要原因是棉田长期受到涝渍，土壤氧气不足，根系生长受到抑制；严重时，会引起根系变黑、腐烂。

防治措施：抓好棉田沟系配套，降低地下水位，雨后及时排水、中耕松土；追施适量速效氮肥，一般施尿素 30.0～37.5 kg/hm^2。

5. 受旱苗　蕾期至初花期缺水，上部叶色灰暗，下部叶色淡黄；中午叶片萎蔫（手握叶片，叶脉不易折断），傍晚不恢复；顶心深陷，心叶卷曲呈疙瘩状，2～3 个大蕾围在顶心四周，形成"蕾挤叶"现象；顶心不随太阳转；开花早而快，花上叶数少。发生原因为土壤水分不足或灌水不及时。防治措施为及时灌水。

三、花铃期诊断

（一）壮株长相

1. 长江流域棉区　开花时株高 50 cm 左右，主茎日增量 2.0～2.5 cm，红茎比 70%～80%，单株果枝 10 台，果节 25～30 个，主茎展叶 16～17 叶；盛花后保持一定的长势，主茎日增量 1.0～1.5 cm，打顶前降至 0.5～1.0 cm，红茎比逐渐增大至 90%，最终株高 100 cm 左右。7 月 30 日至 8 月 30 日集中成铃期间，单株日增铃 0.3～0.5 个，成铃占总铃数的 70%。

株型呈宝塔形，7 月底至 8 月初带大桃封行。

2. 黄河流域棉区　初花期主茎日增量 2.0～2.5 cm，盛花期回落；株高，春棉 90 cm 左右，夏棉 65 cm；7 月底带大桃封行。

3. 西北内陆棉区　红茎比初花期 60%～70%，开花期 70%～80%，盛花后至打顶前为 90%；北疆 7 月 25～28 日、南疆 8 月 1 日前后"红花上顶"。主茎日增长量 1.0～1.2 cm。倒 4 叶叶面超过顶芽不到 0.5 cm。开花期每天增加蕾 1.0～1.5 个。

(二) 异常棉株诊断

1. 弱株少铃型　植株矮小瘦弱，果枝细短，果节少，花蕾少而小，且易脱落，叶片发黄。株高日增量，初花期在 2 cm 以下，盛花期不足 1 cm；红茎比，初花期达 80%以上，盛花期红茎到顶，后期早衰，产量低；已结 1～2 个大桃仍不封行(图 40－14)。倒 4 叶叶面低于顶芽 0.5 cm 以上，且叶柄的开展角度大，茎顶外露；柄节比达 4.0 以上。发生弱苗的主要原因，棉田土质贫瘠，土壤严重缺肥；土壤盐分含量高，影响棉株根系对水分和养分的正常吸收；天气干旱，土壤水分不足，影响到根系的正常生长发育；雨水过多，使土壤含水量过高，棉株受到湿害；施肥量严重不足。

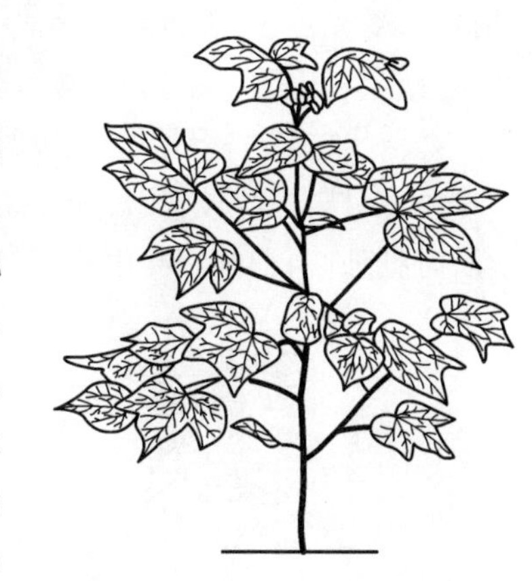

图 40－14　花铃期弱株少铃型棉株

防治措施：对土壤缺肥造成的瘦弱苗，加强肥水管理，施足花铃肥。一般分两次施用，第一次于初花期进行，施纯氮 70～100 kg/hm², 五氧化二磷 60 kg/hm², 氧化钾 120～150 kg/hm²；第二次于盛花期施用，施纯氮 120～130 kg/hm² 左右。对于天气干旱引起的弱苗，采取抗旱措施，以水调肥，在天气干旱无雨 10 d 左右时，及时灌水。雨水过多造成的弱苗应及时清沟理墒，降低水位，天晴后及时松土，促进根系恢复生长。

2. 旺株迟结铃型　植株高大、松散，枝叶繁茂，茎秆上下一般粗，节间长，红茎比小于 60%；主茎日增量大于 3.0 cm；叶片肥大，开花后叶色深绿不褪，盛花后棉株上下均呈"黑"色；花蕾小，花冠喇叭筒或碗口形，花瓣变色慢，脱落多；赘芽丛生，顶芽嫩绿；根系分布于土壤表层，田间荫蔽，通风透光不良(图 40－15)；主茎倒 4 叶宽大于 12 cm，叶面高于顶芽 0.5 cm 以上，且叶柄与主茎的夹角小；茎顶"凹陷"；柄节比为 1.0～1.6。中下部的光照强度只有 500～1 000 lx，比正常棉少 50%～80%。主茎日增量为 3.1 cm，初铃期 1.9 cm，结铃期 0.1 cm。红茎比花期为 0.7，初铃期为 0.75，盛铃期为 0.85 左右。形成旺株迟结铃的根本原因，肥料施用不当，偏施氮肥，轻施磷钾肥，忽视微肥；蕾肥或花铃肥施用过多；花铃肥施用偏早(基部未坐大桃即施肥)，再加上施后遇到阴雨，肥水碰头；土壤水分过多。

图 40－15　花铃期旺株迟结铃型棉株

防治措施：去空枝，打老叶，打边心，抹赘芽；花铃肥根据棉株长势适时适量施用,即在棉株下部平均坐大桃 1～2 个时再施用;及时清沟排水,降低地下水位,控制土壤湿度,西北内陆棉区推迟蕾花水;手捏顶,控旺苗、保桃,是山西省劳模吴吉昌的经验,其方法是从棉株顶端往下第 4、5 节,主茎黄绿交界处,用拇指和食指轻轻捏一下,暂时损伤主茎的输导组织,抑制水分、养分向生长输送,从而控制棉株旺长 7 d 左右。

3. 蕾铃稀少型 茎秆细弱,节稀,节间长,茎秆主要为绿色,中下部几乎无桃,顶部有少数花蕾(图 40－16)。形成的主要原因是生长前期棉苗大小苗不整齐,小苗受到大苗的竞争和排挤,受光不足,有机养料合成少,且为了与其他棉苗争光,养料主要供应顶部纵向营养生长,生殖生长受到严重抑制,故只有上部少量花蕾。

防治措施:对于无蕾或无桃的空身苗,应及时拔除;对已结有少量铃的受挤压苗,要进行整枝,去空枝,去叶枝,改善光照条件,促进棉铃生长;对下部未坐桃、上部果枝已有蕾的棉株应及时打顶心,抑制营养生长,促进生殖生长,争结上部桃。

图 40－16 花铃期蕾铃稀少型棉株

图 40－17 花铃期缺水受旱型棉株

4. 缺水受旱型 枝叶和顶部果枝生长缓慢,大小蕾挤在一起;红茎比例大,嫩头的绿色部分缩小,棉叶由绿转为黄绿色,上午叶片披而不挺,甚至有下垂现象,严重的下部主茎叶变黄,干枯脱落(图 40－17);棉株中、上部干铃明显增多。主要原因是出现伏旱,土壤缺水。

防治措施:花铃期遇伏旱,土壤持水量在 70%以下时,应及时灌水。

5. 花铃期早衰 叶片首先落黄,继而逐渐变褐枯萎;红茎比例高达 90%以上,生长点变尖,向心运动停滞;花位上移,顶端花芽潜伏,不再延伸新的果枝,果枝层数比正常棉花少 2～4 层;根系衰竭,根浅根少;棉铃小,纤维品质差,种子成熟度低。导致棉花早衰的原因,水分胁迫,棉田严重受旱,棉株体内的生理机能受到损伤;或因渍害导致根系浅而小;土壤贫瘠或施肥量偏少,不能满足棉花生长发育对养分的需求;病虫危害导致叶片的光合能力下降;不利的气象因素,如高温、降雨、雹灾等;土壤盐碱抑制了根系对水、肥的吸收,导致地上部分生长不良;机械作业或农药造成对棉株的损伤等。

防治措施:根据棉花的需水、需肥规律,及时灌水、施肥,同时提高灌水质量;长江流域棉区，雨后应及时排水；及时防治病虫害；加强农田排灌渠系建设，改良盐碱土壤；提高棉田机械作业和农药施用的质量，避免其对棉株的伤害。

四、吐絮期诊断

（一）壮株指标

1. 长江流域棉区　处暑看双花（下部吐絮，上部开花），青枝绿叶吐白絮，9 月底一半桃，叶绿脉黄不贪青，棉株老健清秀，顶部果枝平伸，叶色褪淡，棉铃充实，吐絮畅。一般要求顶部 3 台果枝都长 3～4 果节，果枝长 20～30 cm。

2. 黄河流域棉区　植株主茎上部 1/3 为绿色，9 月中下旬单株仍有 2～5 个蕾或幼铃，10 月中上部 1/3 叶片为淡绿色，呈现“青枝绿叶开白花（絮）”。

3. 西北内陆棉区　随吐絮铃位的上升，叶片逐渐落黄或脱落，但要“黄叶位，不过絮”（黄叶的叶位，不超过吐絮的叶位）。

（二）异常苗情诊断

1. 早衰顶空型　顶部果枝短而细小，伸展不平，上部花弱、桃瘦、脱落严重，过早停止开花；叶色褪色早，叶黄叶薄，落叶早，叶面积指数下降快；上部棉铃小，不充实，不能正常吐絮（图 40－18）。早衰的原因，土壤肥力不足；棉田缺水或水分过多，根系吸收水分和养分的能力减弱；土壤透通性差，保水、保肥能力弱；或土壤盐分含量过高。

防治措施：加强肥水管理，根据棉花一生中需水、需肥规律，平衡施肥，满足各时期对养分的需要，在花铃后期采用根外追肥的方法喷施速效氮、磷、钾肥，防止脱肥早衰；防旱防涝，促进根系生长，在棉花的整个生育期，保持土壤疏松，含水适宜；对于土质较差的棉田，注意改良土壤，增施有机肥，采取套种绿肥、秸秆还田等措施，培肥土壤。

2. 贪青迟熟型　植株高大，上部果枝伸展过长，且呈“上蹿”长势长相；茎秆青绿，红茎比小；叶色深绿，迟迟不落黄，叶面积指数在 3 以上；铃壳厚，铃期长，吐絮不畅（图 40－19）。

图 40－18　吐絮期早衰顶空型棉株

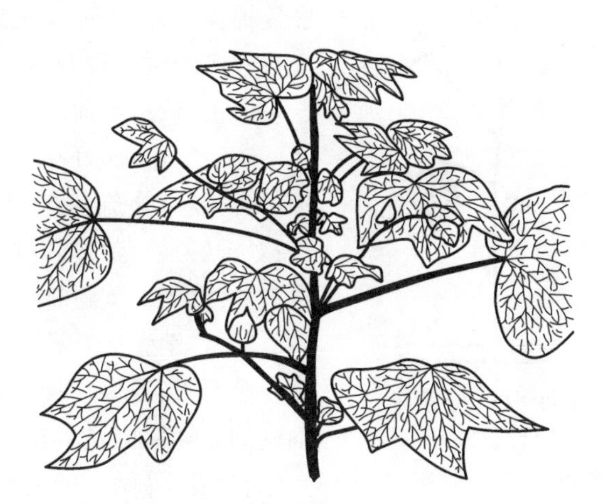

图 40－19　吐絮期贪青迟熟型棉株

形成原因,棉苗播种或出苗较晚,形成晚苗晚发;苗蕾期管理不好,蕾期才发棵,梅雨季节造成肥、水、温三碰头,营养生长过旺,导致枝叶繁茂,荫蔽严重,棉株下部叶片严重脱落,结铃部位上移,开花晚,结铃迟,霜后花比重增大,产量和品质都下降。

防治措施:适时播种;出苗后,抓好苗期管理,保持蕾期稳长,达到早发的目的;特别要注意花铃肥的施用,减少花铃期的施氮量和灌水量;进行人工整枝;适时喷乙烯利催熟。

3. 水渍弱株型　根系腐烂,吸收机能减弱,下部叶片枯黄脱落,中、下部蕾铃脱落严重,仅上部结少量棉铃,且铃小而瘦。主要原因是吐絮期连续阴雨,根系早衰(图 40-20)。

防治措施:将棉田三沟配套,使灌排通畅;雨后及时中耕松土;对于已落黄的棉株,通过根外喷施肥料,以补偿养分不足。

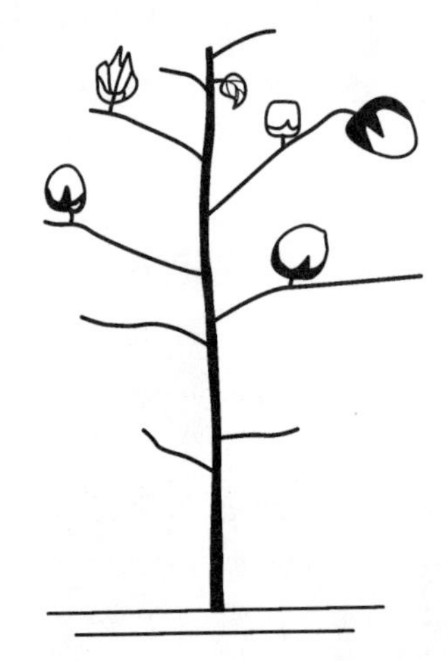

图 40-20　吐絮期水渍弱株型棉株

图 40-21　吐絮期赘芽丛生型棉株

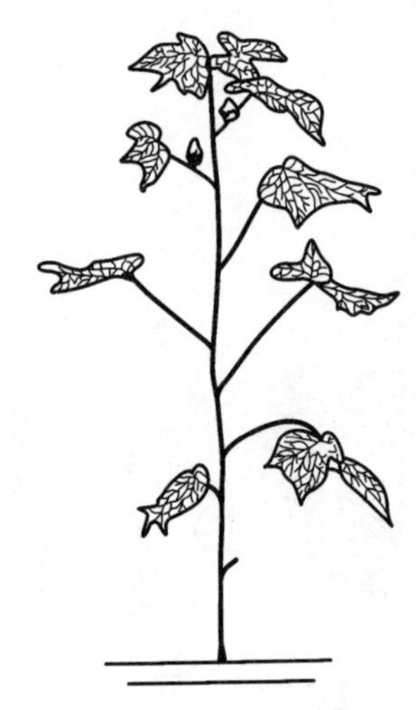

图 40-22　吐絮期空杆型棉株

4. 赘芽丛生型　吐絮期再次从茎上长出赘芽,导致田间荫蔽,通风透光不良,虫害重,脱落与烂铃增加,铃期延长,产量和品质受到严重影响(图 40-21)。发生原因,棉花生长前期肥水管理不当,导致棉株早衰,中期又过度追施肥料,到了吐絮期,由于其体内仍含有较多的氮素营养物质,当遇到气温较高或雨水较多时,茎枝上产生大量赘芽,从而形成二次生长现象。

防治措施:施好花铃肥,不能迟于 7 月底,对于有早衰趋势的棉田,需及时补施速效氮、磷、钾肥作盖顶肥,及时去掉空枝和赘芽;对于后期长势过旺、荫蔽严重棉田,可进行推株并垄;根外喷施磷肥或乙烯利,促进棉铃成熟。

5. 空秆型　主茎细弱,茎秆青绿,节稀,节间长,棉株中下部蕾铃脱落严重,成为空秆,仅上部坐几个晚桃(图 40-22)。出现空秆棉株的主要原因是棉苗生长前期不整齐,大小苗相互挤占,争光、争肥,顶芽上蹿,生殖生长受到抑制。

防治措施:精选种子,做到一播全苗、壮苗。移栽时大、小苗分栽,防止大苗夹小苗。

第二节　棉花群体指标与障碍诊断

一、群体均匀度、整齐度指标与障碍诊断

(一) 均匀度、整齐度指标

群体均匀度指棉株在田间分布的均匀程度。它包括棉田缺苗断垄面积占全田面积的比例,以及双株或多株穴数占单位面积总穴数的比例。高产棉田缺苗断垄比例和双株率≤5%。

群体整齐度指棉田内不同地段间群体长势、长相的差异程度,通常以株高的高度差表示。高产棉田群体株高的高差≤10%,株高高差≥10%的面积≤5%。

(二) 均匀度、整齐度差的原因

棉田平整度差,灌溉不均匀,造成土壤墒情不均匀;进而导致出苗期不一致,田间出苗率低。棉田土壤质地或肥力不均匀,导致棉苗生长的差异。种子质量和播种质量差异,导致棉株生长不一致。

(三) 解决措施

认真平整土地,加强土壤改良和培肥。提高贮水灌溉、播前整地质量;适期播种,提高播种质量。精选种子,提高种子质量。因地因苗施肥,弱苗多施,旺苗少施,改变施肥"一刀切"的做法。

二、封行指标

(一) 封行时期

高产田应是盛蕾期封小行,盛花期封大行。

(二) 封行程度

盛花至盛铃期大行达到"下封上不封,中间一条缝",地面可见零星光斑,光斑面积不小于3%。地面看不到光斑为旺苗;大行不封为弱苗。

三、叶面积指数指标与障碍诊断

(一) 叶面积指数指标

一般棉田全生育期的叶面积指数的变化呈单峰曲线;峰值的高低及出现的早晚与品种特性、种植密度、栽培技术等密切相关。

据扬州大学农学院研究,高产棉田初花期叶面积指数保持在1~2;盛花结铃期叶面积指数达到最大值4左右;盛花后叶面积指数开始下降,至8月底,叶面积指数保持在3.58左右;至9月20日,叶面积指数保持在最大叶面积指数的50%左右。

新疆生产建设兵团棉花超高产项目组,根据两年多点的超高产试验资料,并结合其他相关资料,提出超高产棉田各主要生育阶段的叶面积指数指标,如表40-3。

(二) 叶面积指数过小、过大的原因

造成叶面积指数过大或过小的原因很多,主要是肥水过量或不足;其次是密度过大或过小。

表 40-3　超高产棉田叶面积指数指标
(陈冠文等,2008、2009)

生育期 棉花品种	三叶期	现蕾期	盛蕾期	开花期	盛花期	盛铃期	始絮期
普通棉	0.08～0.1	0.36～0.44	0.7～1.2	2.5～3.0	3.6～4.0	3.9～4.4	1.9～2.3
杂交棉	0.1～0.15	0.39～0.42	1.1～1.4	3.2～3.4	3.8～4.5	4.5～5.0	2.9～3.3

[注] 杂交棉指标杂 A1。

(三) 解决措施

根据当地生态条件和生产条件合理密植。蕾期叶面积指数偏小棉田,加强肥水管理,加快棉苗生长;叶面积指数偏大棉田,适当控制肥水,喷施缩节胺,使棉苗稳健生长。花铃期叶面积指数过大棉田,除控制肥水和增加化调剂量外,还应于打顶后及时整枝。

(撰稿:吴云康,陈冠文;主审:林永增,毛树春)

参 考 文 献

[1] 陈奇恩,田明军,吴云康.棉花生育规律与优质高产高效栽培.北京:中国农业出版社,1997.
[2] 高璆.棉花优质高产栽培理论与实践.南京:江苏科学技术出版社,1988.
[3] 高璆.棉花优化成铃及其调控.南京:江苏科学技术出版社,1995.
[4] 中国农业科学院棉花研究所.棉花优质高产的理论与技术.北京:中国农业出版社,1999.
[5] 王荣栋,尹经章.作物栽培学(农学专业用).乌鲁木齐:新疆科技卫生出版社,1997:448-449.
[6] 洪启华,陈冠文,李彦发.棉花优质高产技术.乌鲁木齐:新疆科技卫生出版社.
[7] 田笑明,陈冠文,李国英.宽膜植棉早熟高产理论与实践.北京:中国农业出版社,2000:17-21,34-41.
[8] 纪从亮,戴敬.棉花超高产栽培新技术.南京:江苏科学技术出版社,1999:8-21.
[9] 钟祝融.新疆棉花优质高产栽培理论与实践.乌鲁木齐:新疆大学出版社,1989:161-183.
[10] 李新裕,陈玉娟.新疆垦区棉花矮、密、早栽培体系量化指标研究.中国棉花,2000,27(3).
[11] 陈玉娟,张新玲.株高日增长量化指标对棉花高产稳产的影响.塔里木农垦大学学报,2001,13(3).
[12] 韩光一,胡宗清.新疆密、矮、早栽培量化指标商榷.中国棉花,2000,27(5).
[13] 姚源松.新疆棉花高产优质高效理论与实践.乌鲁木齐:新疆科学技术出版社,2004:47-78.
[14] 陈冠文,李莉,祁亚琴,等.北疆棉花红叶早衰特征及其原因探讨.新疆农垦科技,2007,6.
[15] 陈冠文,朱彪,余渝,等.新疆陆地棉现蕾、开花及成铃特点的研究.新疆农垦科技,2004,3.
[16] 陈冠文,田笑明,杜之虎.兵团超高产棉田的基本特征和技术措施.新疆农垦科技,2006,6.
[17] 陈冠文,王锋,张旺峰,等.超高产棉花苗情诊断指标与叶龄调控技术.乌鲁木齐:新疆科学技术出版社,2008.
[18] 陈冠文,邓福军,余渝.新疆棉花苗情诊断图谱.乌鲁木齐:新疆科学技术出版社,2009.
[19] 陈冠文,陈谦,宋继军.超高产棉花苗情诊断与调控技术.乌鲁木齐,新疆科学技术出版社,2009:172-214.
[20] 杨铁钢,黄树梅,孟菊茹.光照量对棉苗生长发育影响的研究.中国棉花,2000,27(2).
[21] 刘艺多.两熟高产棉田转化期叶片叶色指标及其转化措施.中国棉花,1994,21(5).

[22] 金桂红,高璎.棉花长势看叶诊断的研究.棉花学报,1991,3(1).
[23] 胡从华,龚德平.棉花涝灾程度的分级.中国棉花,1998,25(7).
[24] 邓家喜.棉花缺素的叶色诊断.中国土壤与肥料,2007(3).
[25] 董合忠,李维江,唐薇,等.棉花生理性早衰研究进展.棉花学报,2005,17(1).
[26] 屈卫群,王绍华,陈兵林,等.棉花主茎叶SPAD值与氮素营养诊断研究.作物学报,2007,33(6).
[27] 胡晓棠,李明思,马富裕.膜下滴灌棉花的土壤干旱诊断指标与灌水决策.农业工程学报,2002,18(1).
[28] 徐邦发,杨培言,徐雅丽,等.南疆高产棉花灌溉生理指标研究.中国棉花,2000,27(3).
[29] 汤小仪,罗文华,郑泽荣.棉花钾素营养早期诊断的初步研究.中国棉花.1983.6.
[30] 陈冠文.各类雹灾棉田的救灾决策与灾后管理技术.新疆农垦科技,2005,5.
[31] 李俊义,刘荣荣.棉花平衡施肥与营养诊断.北京:中国农业科技出版社,1992:12-26.
[32] 中国农业科学院棉花研究所.中国棉花栽培学.上海:上海科学技术出版社,1983:171-176.
[33] 陈其瑛.棉花病害防治新技术.北京:金盾出版社,1992:123-140.
[34] 郑维,林修碧.新疆棉花生产与气象.乌鲁木齐:新疆科技卫生出版社,1992:24-29,40-45,70-76.
[35] 陈伦寿,李仁岗.农田施肥原理与实践.北京:中国农业出版社,1984:120-167.
[36] 陈冠文.新疆棉花两促栽培的理论依据与主要技术.中国棉花,2001,4.
[37] 林成谷.土壤学(北方本).北京:中国农业出版社,1983:273-276.

第十篇

棉花病虫草害及其防治

棉花从种到收不断受到病虫草害的困扰。抓好棉花各时期主要病虫草害综合治理,做好防治技术试验、示范和推广,努力推进棉花病虫草害专业化防治工作,确保棉花生产安全,对于促进棉花增产增收具有重要意义。

第四十一章　棉花害虫及其防治

我国棉花害虫共有300余种,其中常发性害虫有30多种。棉花从萌发、出苗到吐絮,一生要遭受多种害虫危害。按生育期划分,危害棉花的害虫可分为苗期害虫、蕾期害虫和花铃期害虫;按危害部位分可分为地下害虫和地上害虫。我国棉区幅员辽阔,气候差异较大,耕作制度多样,形成了各棉区害虫种群分布、发生时期各不相同,同一害虫不同棉区的危害程度不同、发生规律也不相同的复杂格局。近年来,随着生产条件的改善,种植水平的提高和棉花品种的更新,尤其是生物技术在棉花种植领域的广泛应用,抗虫棉田害虫种群不断演化更替,田间危害日趋多样和复杂。

棉花害虫危害造成棉花产量、纤维品质下降、生产成本上升、棉农积极性下降,一直是影响我国棉花产业健康发展的主要因素。因此,必须全面贯彻“预防为主,综合防治”的植保方针,研究可持续控制技术,科学有效地进行棉花害虫综合治理,以保障我国棉花产业的持续、健康和稳定发展。

第一节　棉花主要害虫

一、棉　铃　虫

棉铃虫[*Helicoverpa armigera* Hübner]属鳞翅目夜蛾科,是世界性害虫,全国棉区均有发生和危害。其中黄河流域棉区为常发区,危害较重;长江流域棉区为间歇性危害区,西北内陆棉区危害逐年加重。

棉铃虫食性杂、寄主多，我国已知的寄主有20多科200余种，其中主要有棉花、小麦、玉米、番茄、豌豆、高粱、麻、苜蓿、大豆和花生等。

（一）形态特征

1. 成虫　体长15～20 mm，翅展27～38 mm。雌蛾前翅赤褐色或黄褐色，雄蛾多为灰绿色或青灰色。触角丝状，内外横线均不明显，外横线外有一灰带，环状纹圆形，中有一暗斑，肾状纹暗灰色。后翅淡灰色，中央有新月形黑斑，外缘有一宽大黑带。雄蛾腹末抱握器毛丛呈“一”字形(图版10)。

2. 卵　近半球形，高0.51～0.55 mm，宽0.44～0.48 mm，顶部稍隆起。初产卵黄白色或翠绿色，近孵化时变为红褐色或紫褐色(图版10)。

3. 幼虫　5～6龄，多数为6龄。初孵幼虫体长1.8～3.2 mm，头宽0.22～0.23 mm。头纯黑，前胸背板红褐色，体表线纹不明显；臀板淡黑色，三角形。老熟幼虫体长34.38～36.67 mm，头宽2.51～2.57 mm，头淡黄色，白色网纹显著；前胸背板白色，网纹复杂；体侧3条线清晰，扭曲复杂；幼虫体色变化较大，大致可分为黄白色、橘黄色、淡红色、绿色、灰色、棕褐色和黑色等类型(图版10)。

4. 蛹　体长17～20 mm，纺锤形，第5至第7腹节前缘密布比体色略深的刻点。气门较大，围孔片呈筒状突出。尾端有臀棘两枚。初蛹为灰绿色、绿褐色或褐色，复眼淡红色。近羽化时，呈深褐色，有光泽，复眼褐红色(图版10)。

（二）生活史和习性　各棉区棉铃虫1年发生3～8代，由北向南逐渐增多。

1. 3代区　包括新疆、甘肃、辽宁、北京、河北中部与北部、山西北部，大致在40°N以北地区，1年发生3代为主，部分地区发生2代，少数地区发生4代。

2. 4代区　包括河北石家庄，河南新乡、郑州及全省中部与南部，陕西关中，山东济南及全省南部，湖北北部，江苏中部与北部，安徽中部与北部，即大致在40°N以南到长江以北，1年发生4代为主，少数地区发生3代，并可发生不完全的第5代，但多不及化蛹而死去。

3. 5代区　包括江苏南京，湖北荆州、黄冈，江西九江、南昌，浙江杭州，安徽南部，湖南长沙，四川金堂，即大致在25°N以北至长江南岸，1年发生5代为主；接近25°N的云南宾川，第六代幼虫能安全过冬。

4. 6～7代区　25°N以南，如广东曲江，广西柳州，云南开远，则以发生6代为主，湖南沅江发生7代。华南棉区的部分地方棉铃虫1年可发生到8代。

（三）发生规律

各棉区棉铃虫危害棉花比较严重的代别因年因地而异。一般情况，辽宁和新疆以第2代危害重，黄河流域棉区以第3、第4代危害较重，华南棉区第3至第5代危害较重。

各地一代棉铃虫基本不在棉花上危害。第2代开始进入棉田，少量虫源转入春玉米等植物上危害，三四代棉铃虫在玉米、高粱等寄主上逐渐增多。一般最后一代棉铃虫多以棉田外寄主为主，后期贪青晚熟的棉株上也仍会有一定数量棉铃虫危害。

（四）棉铃虫发生的适宜环境条件

1. 气象条件　温度25～28 ℃，相对湿度70%～90%最适于棉铃虫发生。

2. 与食料的关系　棉铃虫只有一定世代危害棉花，其他食料植物对其在棉田内的种群动态影响很大。扩大嗜食作物种植面积有利于棉铃虫的发生。由于各地复种增加，棉田以外寄主增多，利于棉铃虫发生；间作、套种也有利于棉铃虫的发生，如小麦、棉花或豌豆、棉花间作，则虫量显著高于单作棉田，棉田间作玉米或高粱，常可减轻棉花上的卵量。棉铃虫发生情况与棉花生长状况也有关系，棉花生长好的棉田百株卵量、百株虫量都高于生长差的棉田。

3. 与天敌的关系　棉铃虫天敌主要分为寄生性天敌和捕食性天敌，种类很多，对卵和幼虫都具有一定的控制作用(表 41－1)。

表 41－1　棉铃虫主要天敌及控害能力

(崔金杰、吴孔明整理，2005)

	种　类	控害能力
寄生性天敌	卵寄生：拟澳洲赤眼蜂、玉米螟赤眼蜂 幼虫寄生：齿唇姬蜂、侧沟绿茧蜂、螟蛉绒茧蜂和四点温寄蝇等；线虫寄生	寄生率高达 70%左右；线虫的寄生率高达 35%
捕食性天敌	草蛉类：中华草蛉、大草蛉、叶色草蛉、丽草蛉	幼虫日平均捕食棉铃虫卵 39.6～49.8 粒，捕食幼虫 48.7～65.3 头
	瓢虫类：异色瓢虫、龟纹瓢虫、七星瓢虫、黑襟毛瓢虫	日平均捕食棉铃虫卵 41～72.3 粒，捕食幼虫 62.2～71.3 头
	蜘蛛类：草间小黑蛛、三突花蛛、日本肖蛸	草间小黑蛛日捕食幼虫 38 头 三突花蛛日捕食幼虫 90.5 头 日本肖蛸日均捕食幼虫 82.7 头
	蝽类：小花蝽、华姬猎蝽等	小花蝽日捕食棉铃虫卵 2～10 粒 华姬猎蝽日捕食棉铃虫卵 8～128 粒，第 1 龄幼虫 9～64 头，第 2 至第 3 龄幼虫 3～6 头
	其他：普通长脚马蜂、隐纹长脚马蜂、纹胡蜂、斑刀螳螂、大型螳螂、蠼螋、麻雀、泽蛙等	

(五) 防治要点

根据棉铃虫发生危害特点，南北棉区防治策略不尽相同。北方棉区越冬基数高，第 2、第 3 代危害重，棉田外虫源基数大，应狠抓第 2 代，严控第 3 代。南方棉区越冬基数低，第 1、第 2 代虫口密度低，第 3 代危害上升，第 4 代危害严重，应监测第 1 代，挑治第 2 代，狠抓第 3 代，控制第 4 代，并结合农事操作压低越冬代(综合防治见本章第五节)。

1. 种植转基因抗虫棉　研究表明 1～2 龄棉铃虫幼虫在吞食抗虫棉棉叶针头般大小后 12～24 h 内就会中毒死亡；3～4 龄幼虫吞食转基因抗虫棉后，2～3 d 内即中毒死亡；5～6 龄棉铃虫吞食转基因抗虫棉后，导致活动停止、腹泻，多数幼虫也会死亡，即使少数幼虫能够化蛹，也会形成畸形蛹和坏死蛹，最终难以完成世代发育。生产上，种植转基因抗虫棉每公顷可减少棉铃虫防治投资 600～1 200 元，第 2 代棉铃虫发生期基本不用化学防治，第 3 代及第 4 代棉铃虫发生期每代结合化学农药防治 1～3 次即可有效地控制棉铃虫的危害，棉株顶尖被害率可降至 5%以下，蕾铃被害率降至 10%以下，虫害发生较轻的年份和地区基本不用施药。

导入 *Bt* 基因的转 *Bt* 基因抗虫棉自身可以合成 *Bt* 毒蛋白。*Bt* 杀虫活性源于芽孢形成时产生的杀虫结晶蛋白或苏云金杆菌毒蛋白，即 *Bt* 毒蛋白，主要是 δ-内毒素。抗虫棉杀虫过程为：当 δ-内毒素被棉铃虫取食后，在中肠内溶解为前毒素，经蛋白酶水解释放活力片段，活力片段穿过围食膜，与中肠上皮细胞刷状缘膜的受体结合，进一步插入膜内，形成孔洞或离子通道，引起离子渗漏，水随之进入中肠细胞，导致细胞膨胀解体。棉铃虫吞食棉花时，由于毒蛋白作用致使中毒死亡。

2. 农业防治　冬春深耕、灌水可以消灭土中大量越冬蛹；5 月间清除杂草可消灭部分第 1 代卵和幼虫；7 月中旬中耕，可杀死部分第 2 代蛹，减轻下代危害；种植小麦早熟品种，部分棉铃虫幼虫可断食死亡，减少第 1 代成虫数量；棉铃虫产卵盛期，结合打顶尖，摘边心消灭嫩头、小叶上的棉铃虫卵；此外，利用杨树枝把、黑光灯等成片诱集棉铃虫成虫，可明显降低田间落卵量。

3. 生物防治

(1) 生物农药治虫：在卵高峰期至幼虫孵化盛期，可喷 1 次有效含量为 8 000 IU/μl 的 *Bt* 悬浮剂，用量 3 750～6 000 ml/hm^2，兑水 750～900 kg 喷雾，药效可达 80%以上。

(2) 病毒制剂治虫：卵高峰期喷施有效含量为 20 亿 PIB/ml 的核多角体病毒(NPV)悬浮剂，用药液 750～900 ml/hm^2，兑水 750～900 kg 喷雾，每代喷 1～2 次，效果较好。此外还可通过田间释放赤眼蜂等棉铃虫天敌控制危害。

4. 药剂防治　第 2 代棉铃虫当百株卵量 100 粒或初孵幼虫 10 头时进行药剂防治。应选用对天敌安全的农药进行防治，如 1.8%阿维菌素乳油 450～600 ml/hm^2，或 2.5%功夫乳油 600～900 ml/hm^2；第 3 代棉铃虫百株累计卵量 40 粒或初孵幼虫 5 头时，可用 40%辛硫磷乳油 750～1 500 ml/hm^2，或 40%丙溴磷乳油 1 500～2 250 ml/hm^2，或 20%高氯・辛乳油 1 125～1 500 ml/hm^2，按 600～900 kg/hm^2 药液量进行喷施；第 4 代棉铃虫一般危害不大，在百株累计卵量 150 粒或初孵幼虫 10 头时即可施药防治。

二、红　铃　虫

红铃虫[*Pectinophora gossypiella* (Saunders)]属鳞翅目麦蛾科，是世界性棉花害虫，为国际植物检疫对象。红铃虫除以棉花为主要寄主外，也在秋葵、红麻、洋绿豆、木槿、蜀葵、锦葵、山麻、苘麻等植物上发生危害。据文献记载，红铃虫的寄主共有 8 科 77 种。

(一) 形态特征

1. 成虫　体长 6.5 mm，翅展 12 mm。体棕黑色，触角鞭形，下唇须棕红色，向上弯曲如镰刀状。前翅尖叶形，棕黑色。后翅菜刀状，银灰色。缘毛长，色灰白。雄蛾翅缰 1 根，雌蛾 3 根(图版 11)。

2. 卵　长椭圆形，长 0.4～0.6 mm，宽 0.2～0.3 mm。初产时乳白色，有闪光，表面有花生壳状纹，孵化前一端变红色，出现一黑点(图版 11)。

3. 幼虫　体长 11～13 mm，润红色，头部棕褐色。前胸末节的硬皮板棕黑色。前胸硬皮板中央有一淡黄色纵线，两侧各有一下凹的黄色肾脏形斑点，此为幼虫的明显特征。雄性幼虫腹部第 7、8 节间体内有 2 个肾状黑斑。腹足趾钩单序缺环，缺口向外呈马蹄形(图版 11)。

4. 蛹　长椭圆形，长 6～8 mm，宽 3 mm。黄褐色，体表披有短绒毛，尾端有向上弯曲的臀刺,周围有钩状刚毛8根。越冬幼虫外有灰白色茧,椭圆形,较柔软(图版11)。

(二) 生活史和习性

红铃虫在辽宁与河北北部,1年发生2代,各代羽化盛期为6月下旬至7月上旬和8月中下旬。黄河流域大部分棉区,1年发生2～3代,各代羽化盛期为6月下旬、8月上旬和9月中旬。长江流域棉区1年发生3～4代,各代羽化盛期为6月中下旬、7月下旬到8月上旬、9月下旬。华南棉区1年发生6～7代,各代羽化盛期分别为4月中旬、6月中旬、8月中旬、9月下旬、10月中旬和11月下旬。由于棉红铃虫越冬幼虫的化蛹羽化时期长达60 d,世代发生宽度大于世代发生历期,造成世代重叠。因此,不论哪一棉区都有少发生1代的可能。所以各世代中,辽河棉区的辽宁以第1代发生为主,黄河流域棉区以第2代发生为主,长江流域棉区以第3代发生为主,华南棉区以第4～5代发生为主。

红铃虫以老熟幼虫在仓库、棉籽和枯铃内过冬。籽棉里过冬的红铃虫随着棉花的收、晒、储、轧等工作,将大批幼虫分散到棉仓、轧花厂以及收、晒花用具等处潜伏结茧过冬,室外晒场附近虽有少量幼虫逃避到沟渠或土缝内,经过冬春低温、雨湿,一般不能存活过冬。南方棉区虽然室外枯铃也有一定数量的虫源,但主要过冬虫源仍以室内为主。

当气温上升到18 ℃以上时,越冬幼虫开始化蛹,24～25 ℃开始羽化,羽化后当天即可交配,交配后第二天开始陆续产卵。产卵可延续15 d,一头雌蛾一般产卵几十粒到百余粒,最多可产500余粒。越冬代成虫产卵盛期常与棉花现蕾期相吻合,凡是棉株现蕾早的,见卵亦早;迟现蕾的见卵亦迟。第1代卵绝大多数产在棉株嫩头及上部果枝的嫩叶、嫩芽、嫩茎及蕾上。第2代卵大多产在棉株下部最早出现的青铃上,果枝叶片上次之,嫩茎和蕾上也有少数卵粒。第3代90%以上的卵粒集中产在中、上部青铃上,其中在青铃萼片内的又占80%左右,嫩叶、幼蕾上极少。这些卵天敌不易捕食或寄生,药剂亦难接触到,是影响防治效果的主要原因。

成虫飞翔力强,可随气流作长距离迁飞。对一般灯光趋光性弱,对黑光灯的短光波趋性强,对放置在棉田的杨树枝把有趋性。

红铃虫危害棉花,除第1代危害蕾、花、直接造成脱落外,第2、第3代危害青铃,对棉花的产量和品质造成很严重的损失。第2代危害棉株下部伏前桃和伏桃,由于棉株隐蔽,温度高,湿度大,病菌即随红铃虫的羽化孔侵入铃内,造成棉铃僵烂,损失严重。而第3代红铃虫危害棉株上部秋桃和晚伏桃,随籽棉带入仓库内越冬,此时棉株上部光照充足,湿度低,病菌很难侵入铃内,故损失较轻。就单铃受害情况分析,第2代红铃虫危害重于第3代,所以必须狠治早发棉花田的第1、第2代,以压低第3代基数;但需注意第3代危害虽轻,由于发生面积大,秋桃多的棉田亦不可忽视防治工作。

红铃虫危害棉铃除引起僵烂、减轻铃重外,对纤维品质也有影响,主要表现在纤维强度降低。

(三) 发生消长与环境的关系

1. 气候条件　红铃虫发育最适宜的气候条件,温度为26～32 ℃、相对湿度在80%以上。如温度在20 ℃以下时,不利于成虫产卵,35 ℃以上成虫不交配。相对湿度在60%以下时,不能进行有效地繁殖。－15 ℃是红铃虫存活的低温界限。冬季最低温度在－11～－9 ℃

时,6～7 d内即全部死亡,－15～－13 ℃时,只要2～4 h就可全部冻死。凡冬季任何一个月平均温度在－4.8 ℃以下的地区,在自然情况下,红铃虫均不能存活过冬。辽河流域棉区的辽宁就是利用自然低温冷冻防治的方法,已经基本消灭了红铃虫的危害。黄河流域棉区,应用自然冷冻低温防治,也能起到控制危害的作用。长江流域棉区,如头年冬季气温偏低,越冬幼虫死亡率高,一般翌年第1代卵发生量便少,幼虫危害也轻。

2. 棉花长势和食料　红铃虫各代虫口密度的消长与棉花生育期的迟早有密切关系。早播棉花早现蕾,早见卵,危害重;迟播棉花迟现蕾,迟见卵,危害轻。因此,越冬代的成虫能否顺利繁殖,与发蛾期的蕾、铃食料供应关系极大。发蛾期若与现蕾期相吻合,不仅早期棉株受害重,而且因结铃早,食料充足,后期受害也加重。红铃虫因取食蕾与铃的不同,其幼虫成活率亦有差异。在自然条件下,取食蕾的幼虫成活率为10%～20%,取食青铃的成活率70%～80%。而且取食不同铃期青铃,其成活率也不同,如取食10～15 d的青铃,幼虫成活率为69%;取食26～30 d的青铃,成活率为23.9%。幼虫发育迅速,取食蕾的幼虫期平均11.4 d,取食青铃的平均16～17 d。幼虫期取食棉铃的雌蛾要比取食花蕾的产卵量高数倍以上。青铃出现是红铃虫大量繁殖的物质基础。

长江流域棉区采用营养钵育苗移栽,棉花现蕾结铃提早,延长了第1代棉红铃虫的有效发蛾期,使第1、第2代虫口显著增加,由于第3代虫源多,故迟发、秋桃多的棉花受害加重。

3. 越冬基数　红铃虫的第1代发生数量和危害轻重与越冬基数关系密切,还影响第2、第3代的幼虫密度。所以做好越冬防治,减少越冬基数,对控制第2、第3代红铃虫的发生量和危害,能起到一定的作用。

4. 天敌　红铃虫的天敌主要有红铃虫金小蜂、红铃虫黑胸茧蜂、红铃虫黄胸茧蜂、红铃虫甲腹茧蜂、中国齿腿姬蜂、齿腿姬蜂、拟澳洲赤眼蜂、小花蝽、窄姬猎蝽、中华草铃、大眼蝉长蝽、三色长蝽、草间小黑蛛、三突花蟹蛛,以及蛛形纲的谷痒螨等。以上这些天敌对红铃虫的种群都有不同程度的抑制作用,特别是红铃虫金小蜂,在棉仓内防治越冬红铃虫能起到良好的控制作用。

(四) 防治方法

1. 越冬防治　在集中收花、晒花、储花、轧花的基础上,有条件的地区,可以修建合式除虫仓库,或推行在田头地边设临时晒花场,籽棉晒干后就地包装运走,使籽棉不落仓库,这是比较彻底消灭越冬红铃虫的好办法。一般情况下,可在棉仓内墙壁上设封锁线(如水槽、纸带等),并喷洒药剂,以阻止红铃虫上爬到屋顶等处过冬。春季再投放金小蜂,或在红铃虫羽化期安装3 W黑光灯诱杀成虫,效果良好。残留棉秆、枯铃在5月中旬前要彻底烧掉。

2. 田间防治

(1) 采取农业栽培措施减轻危害。例如两熟棉田可采用麦棉复种方式,实行高密度,早打顶,促使棉花早熟,可避开第1代和第3代部分的红铃虫危害。

(2) 设置10%左右的早棉花作诱杀田,诱集成虫产卵,集中喷药防治。

(3) 根据测报进行化学农药防治。常用防治红铃虫的药剂有:2.5%溴氰菊酯乳油、

10%氯氰菊酯乳油、20%氰戊菊酯乳油、40%辛硫磷乳油等。

三、棉 叶 螨

棉叶螨属蛛形纲螨目叶螨科，俗名红蜘蛛，广泛分布在全国各大棉区，是棉花的主要害虫。危害棉花的主要有朱砂叶螨（*Tetranychus cinnabarinus* Boisduval）、截形叶螨（*Tetranychus truncatus* Ehara）和土耳其斯坦叶螨（*Tetranychus turkestani* Ugarov et Nikolski）。除土耳其斯坦叶螨只分布在新疆棉区外，朱砂叶螨、截形叶螨在南北棉区都有分布，两者有时互为优势种群。

棉叶螨的寄主主要有棉花、小麦、玉米、高粱、谷子、芝麻、蚕豆、绿豆、扁豆、大豆、花生、甘薯、向日葵、红麻、烟草、桑、榆等。

（一）形态特征

1. 朱砂叶螨（图版 11）

（1）成虫：雌成虫梨形，体长 0.42～0.52 mm，体宽 0.28～0.32 mm；体色一般呈红褐色、锈红色，越冬雌虫呈橘红色。雄虫体长 0.26～0.36 mm，体宽 0.19 mm，头胸部前端近圆形，腹部末端稍尖。

（2）卵：球形，直径 0.13 mm，初产时无色透明，渐变为淡黄至深黄，带有红色。

（3）幼螨：体近圆形，色透明，取食后体色变为暗绿色。体长 0.15 mm，宽 0.12 mm，足 3 对。

（4）若螨：幼螨蜕皮后由 3 对足变为 4 对足，即为前期若螨，体长 0.21 mm，宽 0.15 mm；取食 1～2 d 后又静止不取食，蜕皮后即变为后期若螨，体长 0.36 mm，宽 0.22 mm。雄螨无后期若螨阶段，比雌虫少蜕皮 1 次。

2. 截形叶螨、土耳其斯坦叶螨

外部形态与朱砂叶螨十分相似，肉眼或在扩大镜下很难区分，可通过玻片标本在显微镜下观察雄虫，阳具有显著差别。

（二）生活史和习性

在北方棉区，棉叶螨雌成虫于 10 月中下旬开始群集在向阳处枯叶内、杂草根际及土块、树皮缝隙内潜伏越冬。南方棉区，除以成虫和卵在上述场所越冬外，若遇气温升高天气时，可以在杂草、绿肥、蚕豆、豌豆等寄主上繁殖过冬。

棉叶螨越冬后，一般于翌年 2 月下旬至 3 月上旬开始活动取食，先在越冬寄主上繁殖 1～2 代，棉苗出土后即迁移到棉花上危害，直到棉花拔秆，危害期长达 5 个多月。每年发生代数，随各地气候而异。黄河流域棉区 1 年发生 12～15 代；长江流域棉区 1 年发生约 18 代；华南棉区 1 年发生 20 代以上。每代历期也因气温高低而不同，平均气温在 20 ℃以下时，完成 1 代需 17 d 以上，20～22 ℃时为 14～16 d，23～25 ℃时为 10～13 d，26～27 ℃时为 8～10 d，28 ℃以上时只需 7～8 d。1 头雌成虫日产卵 3～24 粒，平均 6～8 粒，一生产 113～206 粒，平均 120 粒以上。孵化率达 95%以上。

棉叶螨的繁殖方式有两种，一是孤雌生殖，不经过交配产卵繁殖，孵出的都是雄螨；雄螨与母体回交后产生的后代兼有雌雄两性；二是雌雄交配后产卵。棉叶螨的繁殖主要是靠两性生殖,雌螨一生交配 1 次,雄螨可多次交配,雌螨交配后 1～3 d 即可产卵,产卵期 10～15 d,每次产卵 6～8 粒,一生可产卵 50～150 粒,最多可达 700 多粒。雌成虫经交配后繁殖的后代,雌雄比一般为 4.5∶1。

棉叶螨在棉田的发生期及 1 年中的消长情况,因各地的气候冷暖不同而有差别。一般表现为:在西北内陆棉区的北疆和辽河流域棉区,7 月下旬至 9 月约发生 1 次高峰期;在黄河流域棉区和西北内陆棉区的南疆,6 月中下旬到 8 月下旬发生 2 次高峰期;在长江流域和华南棉区,4 月下旬至 9 月上旬发生 3～5 次高峰。

棉叶螨传播扩散的途径很多:第一,成螨、若螨作短距离爬行蔓延扩散;第二,借风力传播,长江流域棉区的小暑南洋风季节,往往是棉叶螨迅速蔓延、猖獗危害的盛期;第三,暴雨以后的流水亦能携带棉叶螨传播扩散,低洼棉田往往受害较重;第四,棉田操作时,农具、衣物、耕畜也可携带棉叶螨传播;第五,间、套作棉田,前茬寄主作物成熟收获时,棉叶螨大量向棉株扩散,也是自然传播的主要途径之一。

棉叶螨危害方式主要以刺吸式口器在棉叶背面吸食汁液,当一片棉叶背面有 1～2 头棉叶螨危害时,叶正面即显出黄、白斑点;有 4～5 头棉叶螨危害时,棉叶即出现小红点;棉叶螨越多,红斑越大。随着虫口增殖,红叶面积逐渐扩大,直至全叶焦枯脱落,严重者全株叶片脱光。

(三) 发生消长和环境的关系

1. 温度　气温对棉叶螨的世代历期、成虫寿命、产卵量和迁移活动等都有直接的影响。在南方棉区,当气温降到零下 2～3 ℃时,若螨和雄性成螨几乎全部绝迹,雌性成螨不活动,可见雌性成螨耐寒力较强。

2. 雨量　夏、秋天气干旱少雨,是棉叶螨发生猖獗的主要因素。降雨强度大时,对棉叶螨虽有抑制作用,但由于棉株高大,枝叶茂密,短期内风吹雨溅又有利于棉叶螨的传播扩散,所以在雨后如果遇到连续 10 d 以上的干旱气候,则螨量又能迅速回升,不可忽视。

3. 耕作制度　由于棉叶螨寄主植物广泛,越冬抗寒力强,所以棉田的前茬作物与棉叶螨的发生消长关系密切。南方两熟棉区前作为豌豆、蚕豆的棉田,棉叶螨发生早而重,油菜茬则次之,小麦茬较轻。棉田间作或邻近田种植玉米、豆类、瓜类、茄子、芝麻、苜蓿等作物时受害也重。秋冬未进行翻耕的套种棉田,杂草多,则翌年棉叶螨发生也早,危害重。

4. 越冬和早春寄主植物上的虫口密度　越冬和早春寄主植物上棉叶螨发生的数量和棉田初期受害有密切关系,越冬和早春寄主植物上棉叶螨密度大,则棉苗初期受害重。一般靠近村庄菜园、坟地、沟渠、道路、井台及玉米、高粱、豆类、树木(桑、槐)等的棉田,棉叶螨来源多,迁入时期早,发生也较重。

5. 棉花解剖学和生理学特性　凡棉叶下表皮厚度超过棉叶螨口器喙长度的棉花品种,棉叶单位面积内的细胞个数多、结构紧密的品种,均不适合棉叶螨的生存。当棉花细胞渗透压为 6.61 个大气压时,棉叶螨取食最为有利,而当渗透压提高到 13.61 个大气压时,棉叶螨发育便受到抑制。合理使用氮、磷、钾肥,能提高棉叶细胞渗透压,因而可减轻棉叶螨的危害。

6. 天敌　棉田棉叶螨的天敌主要有食卵赤螨、拟长刺钝绥螨、塔六点蓟马、拟小食螨瓢虫、深点食螨瓢虫、黑襟毛瓢虫、七星瓢虫、四斑毛瓢虫、食螨瘿蚊、小花蝽、三色长蝽、大眼蝉长蝽、草间小黑蛛、中华草蛉等，对棉叶螨有较好的抑制作用。

（四）防治方法

1. 农业防治　开展冬、春防治，减少棉田棉叶螨发生基数。两熟棉田在棉花拔秆后，应立即翻耕整地，播种冬麦。一熟棉田应进行秋冬深翻，结合冬灌消灭枯叶、杂草及在土块缝隙中越冬的棉叶螨。两熟棉田棉花出苗前，绝大部分棉叶螨已在蚕豆、豌豆、麦子上繁殖危害，应及早清除杂草，带出田外沤肥；对大、小麦，蚕豆、豌豆等冬作物，可进行适当防治，减轻对作物的危害和压低棉田早期叶螨基数。

2. 人工挑治，控制点片发生　采用检查与防治相结合的办法，从棉苗出土到吐絮，逐畦逐行巡回检查棉株，发现个别叶片上有少数螨或卵时，随即用手抹杀；螨多的棉叶要摘掉，带出田外处理；如多数叶片有螨或卵时就要插上标记进行喷药防治，要做到发现一株喷一圈，发现一点喷周围一片，以防止蔓延危害。

3. 药剂防治　当棉花红叶株率达到20%～30%时，应进行药剂防治。目前防治棉叶螨的药剂有：哒螨灵、炔螨特、阿维菌素、联苯菊酯、甲氰菊酯等。棉田使用可按 1.8%阿维菌素乳油 600～900 ml/hm^2，或 20%哒螨灵可湿性粉剂 225～450 g/hm^2 或 73%炔螨特乳油 450～615 ml/hm^2 进行喷雾，可有效控制棉叶螨危害。

四、棉　　蚜

棉蚜俗称腻虫、蜜虫，属同翅目蚜科，为世界性棉花害虫。我国棉花上造成危害的蚜虫共有 5 种，分别为棉蚜（*Aphis gossypii* Glover）、棉长管蚜（*Acyrthosiphom gossypii* Mordviiko）、苜蓿蚜（*Aphis medicaginis* Koch）、拐枣蚜（*Xerophilaphis plotnikovi* Nevsky）和菜豆根蚜（*Trifidaphis phaseoli* Passerini）。其中，棉蚜全世界均有分布，我国除西藏不详外，各棉区都有发生，以辽河流域、黄河流域和西北的陕西、甘肃棉区危害较重，长江流域棉区危害次之，华南棉区干旱年份发生较重，一般年份较轻。苜蓿棉蚜全国都发生，但仅在新疆严重危害棉花。棉长管蚜、菜豆根蚜和拐枣蚜仅在新疆发生(图版 12)。

棉蚜的寄主植物很多，全世界已知有 74 科 280 多种植物。我国已记载有 113 种寄主植物，大致可分为越冬寄主(第一寄主)和侨居寄主(第二寄主)两类。越冬寄主主要有鼠李、花椒、木槿、石榴、黄荆、冻绿、水芙蓉、夏枯草、蜀葵、菊花、车前草、苦菜、益母草等。侨居寄主除了棉花以外，还有木棉、瓜类、黄麻、洋麻、大豆、马铃薯、甘薯和十字花科蔬菜等。此外，棉蚜还是很多蔬菜病毒病的传毒介体。

棉蚜以刺吸式口器在棉叶背面和嫩头部分吸食汁液，使棉叶畸形生长，向背面卷缩，植株的生理代谢受到破坏。幼苗期危害的棉蚜称为苗蚜，严重危害时使棉苗不能继续发育甚至死亡；一般危害可推迟棉苗发育，使果枝和棉蕾形成较晚，造成晚熟减产。蕾铃期危害的棉蚜称为伏蚜，可使蕾铃脱落，甚至造成落叶。个别年份在吐絮期，棉蚜仍可造成危害，并诱发霉菌生长，覆盖茎叶和嫩头表面，影响光合作用，分泌的蜜露可招引蚂蚁取食，影响蚜虫天敌活动。苜蓿蚜在新疆群集棉株嫩头危害，使顶芽生长受阻，腋芽丛生，叶片卷缩。棉长管蚜在新疆主要在蕾铃期危害，且时间较长。菜豆根蚜在新疆危害棉根，造成棉叶变红，甚至死苗。拐枣蚜的危害与棉长管蚜类似。

（一）形态特征

棉蚜形态是多型性的，生活在越冬寄主和侨居寄主上，以及不同季节里的棉蚜，在形态上有明显的差异(图版12)。主要有以下几种形态。

1. *干母*　体长1.62 mm，宽约1.07 mm，体暗绿色，触角5节，约为体长的一半。

2. *无翅胎生雌蚜*　体长1.5～1.9 mm，宽0.65～0.86 mm，体有黄、青、深绿、暗绿等色。触角约为体长的1/2或稍长于1/2。前胸背板的两侧各有1个锥形的小乳突。腹管黑色或青色，长0.2～0.27 mm，粗而圆呈筒形，基部略宽，上有瓦砌纹。尾片青或黑色，长0.1～0.15 mm，两侧各有刚毛3根，尾板暗黑色，有毛。

3. *有翅胎生雌蚜*　体长1.2～1.9 mm，宽0.41～0.62 mm，体黄色、浅绿色或深绿色，胸部黑色。触角比体短，第3节上有5～8个感觉圈，排成一行，第6节的鞭部为基部长的3倍。翅透明，中脉三分岔。

4. *无翅产卵雌蚜*　体长1.28～1.4 mm，宽0.5～0.6 mm，触角5节，感觉圈生于第4、第5节。后足腿节粗大，上有排列不规则的感觉圈10个。

5. *有翅雄蚜*　体长1.28～1.4 mm，宽0.5～0.6 mm。触角6节，感觉圈生于第3～6节上。

6. *卵*　初产时橙黄色，后转为深褐色，6 d后变为漆黑色。椭圆形，长径0.49～0.69 mm，短径0.23～0.36 mm。

7. *无翅若蚜*　末龄若蚜触角为6节，夏季体色淡黄，秋季体色灰黄，腹部背面第1、第6节中侧和第2、第4节中侧及两侧各有白圆斑1个。

8. *有翅若蚜*　形状同无翅若蚜，第2龄出现翅芽，其翅芽后半部为灰黄色。

（二）生活史和习性

棉蚜在辽河流域棉区每年发生10～20代，在黄河流域、长江流域及华南棉区每年发生20～30多代。除在华南部分地区棉蚜的全年生活史是不完全生活史周期外，其余大部分棉区都是完全生活史周期。有完全生活史周期的棉蚜深秋产卵在越冬寄主上越冬，木本植物多在芽内侧及其附近或树皮裂缝中，草本植物多在根部；春天气温上升到6 ℃时开始孵化为干母，12 ℃时开始胎生无翅雌蚜，称为干雌；干雌在越冬寄主上胎生繁殖若干代后产生有翅胎生雌蚜，称为迁移蚜，向刚出土的棉苗和其他侨居寄主迁移，时间在4月下旬至5月上旬；迁移蚜胎生出无翅和有翅胎生雌蚜，俗称侨居蚜，在棉蚜和其他侨居寄主上危害和繁殖，有翅蚜在田间迁飞扩散。在棉田一般有1～3次迁飞，1次在现蕾前后，1次在开花期，1次在吐絮期。到晚秋气温降低，侨居寄主衰老，棉蚜产生有翅性母飞回越冬寄主，产出有翅雄蚜和无翅产卵雌蚜(统称性蚜)，交配后产卵。在华南有不完全生活史周期的棉蚜不经过有性世代，以有翅和无翅胎生雌蚜在越冬寄主不枯老的植物如蜀葵等上面越冬，来春棉苗出土后，有翅蚜迁入棉田繁殖危害。

棉蚜的繁殖力很强，在早春和晚秋气温较低时，10多天可繁殖1代。在气温暖和时4～5 d就繁殖1代。每头成蚜一生可产60～70头仔蚜，繁殖期10多天，一般每日可产5头，最多可产18头。

有翅蚜的产生与寄主植物营养条件恶化、蚜虫群体过分拥挤及不适宜的气候条件有密切关系。有翅蚜迁入棉田时,它的着落受风力、风向和地形等影响,形成不均匀分布,因此初期蚜害呈点片发生。早出苗的地块,有翅蚜着落机会多,苗蚜危害往往偏重。麦、棉套作田中小麦对棉苗起着屏障作用,有翅蚜着落机会少,苗蚜危害较轻。有翅蚜有趋向黄色、集中降落在黄色物体上的习性,可以利用这个习性设置黄色诱蚜器皿诱集有翅蚜进行预测预报。

苗蚜和伏蚜是棉蚜在不同环境条件下分化的适应两种环境条件的两个生态型。苗蚜发生在棉花苗期,个体较大,深绿色,适应偏低的温度。适宜繁殖温度是16～24 ℃。当5 d平均气温超过25 ℃而相对湿度超过75%,或湿温系数>3时,它的繁殖受到抑制。当平均气温达到27 ℃时,苗蚜种群显著减退。经过一定时间的较高温度,残存的零星棉蚜产出黄绿色、体形较小、在触角等形态上与苗蚜不完全相同的后代,这就是伏蚜。在偏高温度下可以正常发育繁殖。当5 d平均气温达24～27 ℃而相对湿度为55%～75%时,伏蚜日增长率达50%～100%,但是当气温升高到28.5～30 ℃,相对湿度>75%时,繁殖受阻,数量明显下降。室内试验还证明,伏蚜在偏低温度下饲养一段时间后会形成苗蚜种群。

黄河流域棉区苗蚜主要发生在5月中旬至6月中旬。6月下旬至7月上旬是棉蚜危害的间歇期。伏蚜主要发生在7月中旬到8月中旬。随着肥力水平的提高和栽培制度的改变,伏蚜大发生的频率显著增加,对棉花产量威胁较大。

(三)发生消长和环境的关系

1. 越冬基数、气候条件　有完全生活史的棉蚜,越冬卵的数量,特别是早春在越冬寄主上的蚜量与棉田蚜的发生数量有密切的关系。当性母向越冬寄主迁移期间,如气温较高、雨量适中,有利于其繁殖性蚜和性蚜产卵,则越冬卵量大。如气温较低、雨量大,越冬寄主提前落叶,影响性母和性蚜的繁殖,则越冬卵量少。早春干母孵化期间如气温偏高,有利于其存活、发育和繁殖,则4月份有翅蚜向棉田迁移较早而数量多。如温度偏低、雨量大,则迁飞的蚜量减少,初期苗蚜轻。

2. 降雨影响　棉蚜特别是有翅蚜在雨水冲刷下种群数量明显减退。一般日降雨量20 mm就有一定影响,日降雨量50 mm或旬降雨量100 mm左右,抑制作用更显著。因此,干旱气候有利于棉蚜增殖和扩散。但是高温(3 d平均温度30 ℃以上)、干旱(相对湿度50%以下)或暴雨冲刷都对伏蚜种群有显著的抑制作用,而时晴时小雨的天气对伏蚜发生最有利。

(四)防治方法

棉花苗蚜的防治以农业防治和生物控制为主,化学防治为辅。

1. 农业防治

(1) 色板诱杀:色板诱蚜广泛应用于生产实际,防治效果很好。色板制成35 cm×60 cm的长方形或正方形竹框,两面蒙上废旧塑膜,涂一层深黄色或深绿色的广告颜料,外层涂一层机油,即成色板。在棉蚜发生期,将色板接头处向下插入棉田,其高度以下端离地面30～

50 cm，每日清除色板上的死虫及杂质，每隔 2 d 加一次机油。据统计，每块色板每天可诱杀有翅成蚜 200 多头，单位棉田面积或棉田周围插色板 75～150 块/hm²，每天可诱杀有翅成蚜 500～1 500 头。

（2）种植抗虫品种：茎叶多茸毛性状对棉蚜具有一定的抗性，因此，整个生育期表现稀蚜。间作套种，可以增加棉蚜天敌种类和数量，也有控蚜虫效果。如棉、麦套种；棉花与绿豆、绿肥等间作；插花种植玉米、油菜和高粱等诱集作物。处理越冬寄主，减少早春蚜源。棉苗出土前，清除棉田内外杂草。

2. 化学防治

（1）药剂拌种：棉花播种前用 70%吡虫啉种子处理剂和 70%噻虫嗪种子处理剂按照推荐剂量进行拌种包衣。

（2）喷药防治：用吡虫啉、啶虫脒、噻虫嗪、氟啶虫胺腈等药剂进行喷雾防治。田间用量按照农药登记标签上的推荐剂量。

3. 保护与利用天敌　实行棉、麦套种，棉田中插种或地边点种春玉米、高粱、油菜等，以招引天敌，控制蚜虫。棉蚜天敌有瓢虫、草蛉、小花蝽、姬猎蝽、食蚜蝇、蜘蛛、蚜茧蜂、跳小蜂、蚜霉菌等。当天敌总数与棉蚜数的比例是 1∶40 时，可以控制棉蚜。

五、地　老　虎

地老虎属鳞翅目夜蛾科，又称地蚕、土蚕、切根虫。危害棉花的有小地老虎[*Agrotis ypsilon* (Rottemberg)]、黄地老虎[*Euxoa segetum* (Schiffermuller)]、大地老虎(*Agrotis tokionis* Butller)，以小地老虎和黄地老虎危害较重。小地老虎分布于各棉区，但在西北内陆棉区不危害棉花；黄地老虎主要分布在西北内陆棉区和黄河流域棉区；大地老虎常与小地老虎混合发生(图版 12)。

（一）形态特征

1. 小地老虎　成虫体长 16～23 mm，翅展 42～54 mm。前翅深灰褐色。后翅灰白色，翅脉褐色。卵半球形，约 0.5 mm 大小，有纵纹和横纹。初孵幼虫砂褐色，取食后转绿，入土后为灰褐色。老熟幼虫体长 37～47 mm，头部褐色，有黑褐色网纹。蛹长 18～24mm，赤褐色，尾端黑色，有刺 2 根(图版 12)。

2. 黄地老虎　成虫体长 14～19 mm，翅展 32～43 mm，前翅黄褐色，有 1 个明显黑褐色肾形斑纹和环形斑纹。后翅白色，前缘略带黄褐色。卵淡黄褐色，上有淡红晕斑，孵化前黑色。老熟幼虫体长 33～41 mm，头宽 2.8～3 mm，头部深黑褐色，有不规则深褐色网纹，体表多皱纹，臀板有 2 大黄褐色斑纹。蛹体长 16～19 mm，红褐色，腹部末端有粗刺 1 对(图版 12)。

（二）生活史和习性

小地老虎在辽河棉区 1 年发生 2～3 代，黄河流域棉区 1 年发生 3～4 代，长江流域棉区 1 年发生 4～5 代，华南棉区发生 6～7 代。黄地老虎在西北内陆棉区 1 年发生 2～3 代，黄河流域棉区发生 3～4 代。两种地老虎主要以第 1 代幼虫危害棉苗，黄河流域棉区棉、麦套作田内，常有越冬地老虎幼虫危害。小地老虎越冬代成虫出现 2～3 个高峰，长江流域和黄河流域一般出现在 3 月和 4 月。黄地老虎越冬成虫的出现较小地老虎晚 20 d 以上。成虫产卵前期 3～6 d。小地老虎的卵多产在土表及土面的残株根茬上，以及小旋花、荠菜、藜等杂草和菠菜的叶背上。黄地老虎的卵多产在棉苗和蓼、小蓟、小旋花等杂草的叶背上，有时土块和残株上也有，在新疆还常产卵于茼麻上。两种地老虎产卵量都比较大，平均千粒左右。

地老虎幼虫共 6 龄。初龄幼虫啃食叶肉，留下表皮，形成"天窗"式被害状；稍大可将叶片咬透，形成小洞或缺口，或危害生长点，致使真叶长不出，形成子叶肥大的"公棉花"或多头棉；大龄幼虫可咬断叶柄甚至主茎，形成缺苗断垅，有的年份这种情况可持续到 6 月上旬，对产量的影响较大。在地老虎大发生年，如防治失时，可造成大量缺苗，甚至毁种。幼虫一般白天潜伏土下，夜间取食危害，但是 1、2 龄幼虫有时白天（特别在阴天）也躲藏在棉苗上危害。

（三）发生消长和环境的关系

1. 虫源　小地老虎在黄河、长江流域地区没查到任何虫态的越冬虫源。虫源系数指越冬代成虫的数量。黄地老虎的虫源一般指其越冬幼虫的数量，也有指越冬代成虫数量，第 1 代卵、幼虫数量与蛾量密切相关。

2. 地势与气候　一般低洼地发生危害较丘陵地重，黏土、壤土较砂土重。杂草多的比杂草少的田块卵和幼虫数量大。秋季内涝，水淹面积大，翌年春旱，退水早、退水面积大的年份，小地老虎就大发生。春季 1 代卵盛期和初龄幼虫期降大雨对其不利。温度对其发生也有明显影响，秋季温度高，有利于黄地老虎幼虫的生长发育，幼虫龄期大，越冬成活率高。春季 3、4 月份温度高，地老虎发生早；而 5 月上中旬地表温度过高，对初龄幼虫不利。

3. 天敌　地老虎天敌有甘蓝夜蛾拟瘦姬蜂、夜蛾拟瘦姬蜂、暗黑赤眼蜂、伏虎茧蜂，以及夜蛾土蓝寄蝇、双斑撒寄蝇等多种寄蝇，此外还有多种寄生菌类寄生。

（四）防治方法

1. 农业防治　播种前和出苗前清除田内外杂草，可消灭杂草上的卵和幼虫。

2. 药剂防治　地老虎防治标准一般为定苗前新被害株率 10%，定苗后新被害株率 3%～5%。喷雾防治 3 龄前幼虫，如 2.5%敌百虫粉剂 37.5～45 kg/hm^2；用 2.5%溴氰菊酯乳油、20%氰戊菊酯乳油 1 500～2 000 倍喷雾防治；撒施毒饵防治 3 龄后的幼虫，每公顷可用 90%敌百虫 750 g，加水 15 L 喷洒到 37.5 kg 碾碎炒香的棉籽饼或麦麸里，拌匀后于傍晚按每 2 m^2 撒施 1 小堆诱杀成虫。

六、棉　盲　蝽

我国危害棉花的盲蝽主要有绿盲蝽（*Lygus lucorum* Meyer-Dür）、苜蓿盲蝽（*Adelphocoris lineolatus* Goeze）、三点盲蝽（*Adelphocoris fasciaticollis* Reuter）、中黑盲蝽（*Adelphocoris suturalis* Jakovlev）、牧草盲蝽（*Lygus pratensis* Linneaus）等。绿盲蝽全国均有分布，是危害棉花的主要种类。苜蓿盲蝽和三点盲蝽也分布全国，是黄河流域棉区和特早熟棉区危害的重要种类。中黑盲蝽除新疆和华南外，全国均有分布，以陕西和长江流域中、下游数量较大。牧草盲蝽主要发生在西北内陆棉区，黄河流域棉区也有发生。

上述种类均属半翅目盲蝽科。棉盲蝽除危害棉花外，还危害许多不同科的农作物，果树、蔬菜以及杂草等，其中主要有豆科绿肥、大麻、芝麻、蓖麻、豌豆、扁豆、向日葵、荞麦、艾蒿、碱草、石榴、苹果和桃等。

（一）形态特征

详见表41-2(图版12、图版13)。

表41-2　五种盲椿象形态识别特征

(陆宴辉，2008)

虫态	绿盲蝽	牧草盲蝽	中黑盲蝽	苜蓿盲蝽	三点盲蝽
成虫	体长5 mm左右，绿色。触角比体短。前胸背板上有黑色小刻点；前翅绿色，膜质部分暗灰色	体长5.6～6 mm，黄绿色。触角比体短。前胸背板上有橘皮刻点，侧缘黑色，后缘有2条黑纹，中部有4条纵纹。小盾片黄色，中央黑褐色下陷	体长6～7 mm，褐色。触角比体长。前胸背板中央有2个小黑圆点。小盾片和前翅爪片的大部分黑褐色	体长7.5 mm左右，黄褐色。触角比体长。前胸背板后缘有2个黑色圆点。小盾片中央有“)(”形黑纹	体长7 mm左右，黄褐色。触角与体等长。前胸背板后缘有黑色横纹，前缘有2个黑斑。小盾片和前翅的2个楔片黄绿色，呈3个明显的三角形斑
卵	长约1 mm。卵盖奶黄色，中央凹陷，两端突起，无附属物	长约1.1 mm。卵盖中央稍凹陷，边缘有1个向内弯曲的柄状物	长约1.2 mm。卵盖有黑斑，边缘有1个丝状附属物，向内弯曲	长约1.3 mm。卵盖平坦，黄褐色，边缘有1个指状突起	长约1.2 mm。卵盖上有1个杆状体
若虫	初孵时全体为绿色，复眼红色。5龄若虫体鲜绿色，复眼灰色，身上有许多黑色绒毛。翅芽尖端蓝色，达腹部第4节。腺囊口为1个黑色横纹	初孵时黄绿色。5龄若虫体绿色。前胸背板两侧、小盾片中央两侧和第3、4腹节间各有1个圆形黑斑	全体绿色。5龄若虫深绿色，复眼紫色。腹部中央色较浓	初孵时全体绿色。5龄若虫黄绿色，复眼紫色。翅芽超过腹部第3节。腺囊口为八字形	5龄若虫体黄绿色，密被黑色绒毛。翅芽尖端黑色，达腹部第4节。腺囊口横扁圆形，前缘黑色，后缘色淡

（二）生活史和习性

详见表41-3。

表41-3　几种盲椿象生活史和发生期比较

(陆宴辉，2008)

种　类	发生代数	主要越冬场所	危害代别	侵入棉田时间	危害盛期	迁出棉田时间
绿盲蝽	5～6	残茬、枯铃壳、土中	第2、3、4代	6月上中旬	7月上中旬	8月中下旬
三点盲蝽	3	刺槐、杨、柳、桃、杏等	第1、2、3代	4月下旬至5月上旬	6月上旬至7月下旬	8月上旬
中黑盲蝽	4～5	苜蓿、杂草茬内	第2、3代	5月中下旬	6月中旬至7月下旬	8月上旬
苜蓿盲蝽	4	苜蓿、棉秸、杂草茎秆内	第2、3代	5月下旬	6月下旬至7月下旬	8月上旬
牧草盲蝽	3～5	以成虫在杂草、树皮裂缝内	第2、3代	5月下旬	6月中旬至8月中旬	8月中下旬

(三)发生消长和环境的关系

1. 虫口基数　棉盲蝽危害的程度、虫口高峰期出现的时间、危害盛期的早晚与越冬基数的多少有较明显的关系。

2. 气候条件　棉盲蝽的发生与气候条件有密切关系,特别是降水量和湿度影响更为明显。例如,三点盲蝽在恒温下测得卵的发育起点为7.8±1.7 ℃时,气温达18 ℃以上开始孵化,但在湿度低的情况下,卵却不孵化。黄河流域棉区6、7月的降水量如都超过100 mm,则发生量大;如降水量都少于100 mm,则发生量小。根据降水量和降水期,棉田盲蝽的发生可出现前峰型、后峰型、中峰型和双峰型几种不同情况。

3. 棉株生长发育　棉盲蝽喜危害棉花幼蕾。因此,棉盲蝽的危害与棉花现蕾的早晚、多少和现蕾期的长短等有密切关系。现蕾早而多、时间长的棉花,棉盲蝽危害也早而重,持续期长;含氮量高的棉株及部位,受害重;反之,受害就轻。在同一时期,生长好的棉花盲蝽数量多;反之,数量少。

4. 天敌　盲蝽卵寄生蜂有3种:点脉缨小蜂(*Anagrone* sp.)、盲蝽黑卵蜂(*Telenomus* sp.)和柄缨小蜂(*Polgnema* sp.)。根据河南安阳调查,三点盲蝽越冬卵的寄生蜂,经常占20%~30%;1954年第二代苜蓿盲蝽卵寄生高达78.3%。捕食性天敌有蜘蛛、花蝽、猎蝽、草铃和瓢虫等。

(四)防治方法

1. 农业防治　合理间套轮作,减少越冬虫源;冬季清除苜蓿残茬和蒿类杂草,消灭越冬卵,压低越冬基数;春季在苜蓿、苕子及胡萝卜留种地等棉盲蝽集中场所,待越冬卵孵化结束时喷施药剂。

2. 灯光诱杀　在成虫高峰期于夜晚点灯诱杀成虫,以双色灯效果好,面积大效果更好。

3. 药剂防治　真叶期绿盲蝽百株4头,蕾期绿盲蝽或中黑盲蝽百株10~12头,蕾铃期2种盲蝽百株25头以上时应进行药剂防治,一般6月底或7月初为棉盲蝽的危害盛期。目前防治棉盲蝽效果较好的药剂有:45%马拉硫磷乳油、20%啶虫脒可湿性粉剂、40%辛硫磷乳油、40%丙溴磷乳油等。

七、烟　粉　虱

烟粉虱[*Bemisia tabaci* (Gennadius)]俗称小白蛾子,黄河流域和长江流域棉区均有发生,可危害棉花、豌豆、青椒、番茄、瓜类、十字花科蔬菜和多种花卉植物。烟粉虱成虫和若虫均能危害,以若虫危害更严重,成、若虫群集在中、上部叶背吸食汁液,棉叶受害后,出现褪绿斑点或黑红色斑点,棉株生长不良,重者引起蕾铃大量脱落,降低棉花产量和品质。烟粉虱见于我国的广东、广西、台湾、海南、福建、云南、上海、浙江、江西、湖南、湖北、四川、安徽、陕西、北京等地;日本、菲律宾、印度、泰国、孟加拉国、巴基斯坦、叙利亚、伊朗、以色列、南也门、黎巴嫩、巴布亚新几内亚、澳大利亚等国家及欧洲、非洲、北美洲、南美洲地区也有发生。

(一) 形态特征

1. 成虫　雌虫体长 0.91±0.04 mm,翅展 2.13±0.06 mm;雄虫体长 0.85±0.05 mm,翅展 1.81±0.06 mm。虫体淡黄白色到白色,复眼红色,肾形,单眼 2 个,触角发达 7 节。翅白色无斑点,被有蜡粉。前翅有两条翅脉,第一条脉不分叉,停息时左右翅合拢呈屋脊状。足 3 对,跗节 2 节,爪 2 个(图版 13)。

2. 卵　椭圆形,有小柄,与叶面垂直,卵柄通过产卵器插入叶内,卵初产时淡黄绿色,孵化前颜色加深,呈琥珀色至深褐色,但不变黑。卵散产,在叶背分布不规则。

3. 蛹　(4 龄若虫):解剖镜观察:蛹淡绿色或黄色,长 0.6～0.9 mm;蛹壳边缘扁薄或自然下陷无周缘蜡丝;胸气门和尾气门外常有蜡缘饰,在胸气门处呈左右对称;蛹背蜡丝有无常随寄主而异。制片镜检:瓶形孔长三角形舌状突长匙状;顶部三角形具 1 对刚毛;管状肛门孔后端有 5～7 个瘤状突起。

(二) 生活史和习性

烟粉虱在热带和亚热带地区 1 年可发生 11～15 代,且世代重叠。在温暖地区的杂草和花卉上越冬;在寒冷地区于温室作物和杂草上过冬。烟粉虱在温室内 1 年可发生多代。以各虫态在温室蔬菜上越冬并继续危害。

羽化时间通常在 8:00～12:00,羽化时成虫从蛹壳背裂缝口中爬出。羽化后 12～48 h 开始交配。一生可交配数次,交配后 1～3 d 即可产卵,平均每头雌虫产 150 粒。也可进行孤雌生殖,后代都是雄性。成虫比较活泼,白天活动,温暖无风的天气活动频繁,多在植物间作短距离飞翔。有趋向黄绿和黄色的习性,喜在植株顶端嫩叶上危害。卵多产于植株上、中部的叶片背面。最上部的嫩叶以成虫和初产的绿卵为最多,梢下部的叶片多为变黑的即将孵化的卵,再下部多为初龄若虫、老龄若虫,最下部则以伪蛹及新羽化的成虫为多。因此,不同的叶位可以看到不同的虫态,就是在同一片叶上也仍可见到烟粉虱的不同虫态。

卵由于有卵柄与寄主联系,可以保持水分平衡,不易脱落。若虫孵化后在叶背可作短距离游走,数小时至 3 d 找到适当的取食场所后,口器即插入叶片组织内吸食,1 龄若虫多在其孵化处活动取食。2 龄后各龄若虫以口器刺入寄主植物叶背组织内,吸食汁液,且固定不动,直至成虫羽化。在卵量密度高的叶片上,常可看到若虫分布比较均匀的现象。烟粉虱的成虫对黄色有很强的趋性,飞翔能力很弱,向外迁移扩散缓慢。

发育时间随所取食的寄主植物而异,在 25 ℃条件下,从卵发育到成虫需 18～30 d,成虫寿命为 10～22 d。每头雌虫可产卵 30～300 粒,在适合的植物上平均产卵 200 粒以上。

(三) 发生消长和环境的关系

1. 气候条件　烟粉虱属于热带和亚热带地区的主要害虫。因此,喜欢较高的温度。26～28 ℃为最佳发育温度。烟粉虱在干、热的气候条件下易暴发,适宜的温度范围宽,耐高温和低温的能力均较强,发育的适宜温度范围在 23～32 ℃,完成 1 代所需要的时间随温度、湿度和寄主有所变化。

2. 天敌　烟粉虱的天敌资源丰富,主要有膜翅目、鞘翅目、脉翅目、半翅目和捕食性螨类，以及一些寄生真菌等。在世界范围内，烟粉虱有41种寄生性天敌（恩蚜小蜂属和浆角蚜小蜂属等），62种捕食性天敌（瓢虫、草蛉和花蝽等）和7种虫生真菌（拟青霉、轮枝菌和座壳孢菌等）。对粉虱影响比较大的是丽蚜小蜂。在我国，有19种寄生性天敌［主要是匀鞭蚜小蜂属（*Encarsia*）和浆角蚜小蜂属（*Eretmocerus*）的种类］、18种捕食性天敌（瓢虫、草蛉、花蝽等）和4种虫生真菌［玫烟色拟青霉菌（*Paecilomyces fumosoroseus*）、蜡蚧轮枝菌（*Verticillium lecanii*）、粉虱座壳孢菌（*Aschersonia aleyrodis*）和白僵菌（*Beauveria bassiana*）］。在台湾东方蚜小蜂（*Eretmocerus orientalis*）对烟粉虱的抑制作用相当大。

（四）防治方法

（1）调整播种期，避开敏感作物在烟粉虱危害高峰期受害；及时清洁田园，在受烟粉虱危害的作物收获后清除残枝落叶等，并尽可能清除田间路边杂草等措施，均可减轻作物危害。

（2）针对烟粉虱在我国北方保护地越冬的特点，在保护地秋冬茬栽培烟粉虱不喜好的半耐寒性叶菜，如芹菜、生菜、韭菜等，从越冬环节上切断烟粉虱的自然生活史。

（3）冬春季加温苗床避免混栽，清除残株、杂草和熏杀残存成虫，培育无虫苗。

（4）在果、菜生长前期，当烟粉虱密度低时，施用阿维菌素、吡虫啉、啶虫脒等高效低毒低残留农药，控制其危害。

（5）人工释放引进天敌，有条件的地方可人工引进释放丽蚜小蜂、东方蚜小蜂等寄生性天敌，控制烟粉虱的危害。

八、斜纹夜蛾

斜纹夜蛾（*Prodenia litura*），又名莲纹夜蛾、斜纹夜盗虫，属鳞翅目夜蛾科（Noctuidae）。寄主植物已知有99科290多种，主要有棉花、烟草、花生、芝麻、薯类、豆类、瓜类、十字花科蔬菜等。

（一）形态特征

1. 成虫　体长16～21 mm，翅展37～42 mm。体灰褐色，头、胸部黄褐色，有黑斑，尾端鳞毛茶褐色；前翅黄褐色至淡黑褐色，中室下方淡黄褐色，翅基部前半部有白线数条，内、外横线灰色，波浪状。后翅白色，有紫色反光，翅脉、翅尖及外缘暗褐色，缘毛白色（图版13）。

2. 卵　扁半球形，高约0.4 mm，直径约0.5 mm，卵面有纵棱和横道，纵棱约30条。初产卵黄白色，后灰黄色，孵化前呈暗灰色。卵粒3～4层重叠成块。卵块椭圆形，覆有雌虫的黄褐色鳞毛。

3. 幼虫　体长38～51 mm，圆筒形。体色因虫龄、食料、季节而变化。初孵幼虫体为绿色，2～3龄时为黄绿色，老熟时多数为黑褐色，少数为灰绿色（图版13）。

4. 蛹　体长18～20 mm，圆筒形，末端细小；体赤褐至暗褐色；胸部背面及翅芽上有细横皱纹，腹部光滑，但第四节背面及第五至七节背、腹面前缘密布圆形刻点；气门椭圆形，隆起，黑褐色；腹端有粗刺一对，基部分开，尖端不呈钩状（图版13）。

（二）生活史和习性

年发生4～9代。成虫夜间羽化，交配在日落后1～2 h，且80%交配发生在午夜前。雌蛾日产卵量随蛾龄而变化，5日龄时最高达544粒。成虫趋化性强，糖醋酒混合液、发酵豆饼和胡萝卜等对成虫有引诱作用。对黑光灯灯光的趋性较强。飞翔力很强，随气流可迁飞数千公里。5日龄蛾最轻，雌蛾、雄蛾平均体长18.4～20.9 mm。雌蛾寿命9～11 d，雄蛾4～6 d。

卵产于植物叶背，卵粒成层排列成块状，每个卵块有卵数百粒。一头雌蛾一般可产3～5块卵。产卵时对蓖麻有偏好。卵刚产出时为乳白色，孵化前变为浅黑色。初孵幼虫群集于卵块附近取食，二龄分散取食，一般6～7个龄次。幼虫老熟后钻入土壤，作椭圆形土室化蛹。土室离地表一般不超过3 cm。土壤过于干燥时，多在土缝中或枯枝落叶下化蛹。

（三）发生消长与环境的关系

1. 气候　斜纹夜蛾是一种喜温喜湿性昆虫，气温28～30 ℃和相对湿度75%～85%组合最适其生长发育。耐高温，33～35 ℃时仍可正常生活。不耐低温，长期处于0 ℃条件下基本不能存活。

2. 食物　取食芋叶和白菜叶时，幼虫发育历期为13 d；取食花生叶和番薯叶时为18 d；取食老棉叶时，幼虫发育历期为21～25 d，取食嫩叶时为17～23 d；取食十字花科蔬菜和水生蔬菜时，幼虫发育快，成活率高，成虫产卵多。

3. 土壤　土壤含水量低于20%时不利于化蛹、羽化，田间积水时对羽化也不利。

4. 天敌　天敌较多，常见的有小蜂、绒茧蜂、姬蜂、寄生蝇、螳螂、步甲、蜘蛛、泽蛙、蟾蜍等，它们对斜纹夜蛾种群数量有相当显著的自然抑制作用。病原微生物是影响第四代斜纹夜蛾种群数量的因子。斜纹夜蛾的病原微生物有斜纹夜蛾核多角体病毒（Pl NPV）、斜纹夜蛾颗粒体病毒（Pl GV）、苏云金芽孢杆菌（*Bt*）和斜纹夜蛾微孢子虫（*Nosema* sp.）。

（四）防治方法

1. 农业防治　晚秋或初冬翻耕土壤，消灭越冬的蛹。春季清除田间杂草，消灭初龄幼虫。

2. 诱杀成虫　黑光灯诱杀成虫，也可利用成虫的趋化性用糖醋酒液或胡萝卜、甘薯、豆饼等发酵液加少量的杀虫剂或性诱剂诱杀成虫。

3. 药剂防治　在幼虫初孵化盛期，用氟铃脲、甲氧虫酰肼、虱螨脲、多杀菌素等在低龄幼虫时喷雾防治，用量参照农药登记推荐剂量。

第二节　其他棉花害虫

除上述几种主要害虫外，棉花还有多种次要害虫，详见表41-4、表41-5。

表 41－4 其他棉花害虫

种 类	分 布	发生与危害状况	防治方法
烟蓟马(棉蓟马)(*Thrips tabaci* Lindeman) 花蓟马(*Frankliniella intonso* Trybom)	全国各棉区 全国各棉区 长江流域各省棉田以此种为主	辽宁1年发生3～4代,黄河流域棉区1年6～10代,长江流域棉区1年10余代。以成虫越冬为主,也有以若虫或蛹在葱、蒜及杂草或土缝中越冬。新疆以伪蛹越冬为主。棉花出苗后蓟马即迁来危害,5月中旬到6月中旬是危害盛期 间、套种绿肥的棉田发生重,春季干旱的年份会大发生。成、若虫危害棉花的子叶、真叶,叶片背面呈银灰色的斑点,叶片变厚,向上翻卷,生长点受害严重时会形成“公棉花”,影响产量	(1) 农业防治:棉花收获后深翻冬灌。早春清除田内及四周杂草、枯枝落叶;在葱蒜等寄主上喷药,也可减轻棉田早期受害程度;结合间定苗,拔除“公棉花”和“多头棉”;定苗后及早对“多头棉”进行整枝,去除多余赘枝,并适当施肥,促进棉株恢复;此外,还可在田间设置蓝色黏板诱杀成虫,控制危害 (2) 种子处理:用70%吡虫啉、30%噻虫嗪、35%丁硫克百威种子处理剂等进行种子包衣处理 (3) 药剂防治:当百株蓟马数量达到30～50头时,应进行药剂防治。可选用40%辛硫磷乳油、20%抗蚜威乳油、20%甲氰菊酯2 000倍液进行喷雾防治
玉米螟(钻心虫)(*Ostrinia* sp.)属鳞翅目螟蛾科	全国各棉区均有发生	黄河流域棉区1年发生2～3代,长江流域棉区1年发生3～4代,以老熟幼虫在玉米秸秆、穗轴或高粱等茎秆内越冬。4～5月间成虫出现,第1代主要危害玉米、高粱,也有危害麦、棉套种田的棉苗顶尖部。幼虫钻蛀棉叶柄基部或棉株上中部主茎,后期危害青铃。主茎被蛀后上部萎蔫,青铃被蛀会引起僵烂。成虫喜选择高大嫩绿棉株产卵,长势好的和玉米套种的棉田受害重	(1) 农业防治:棉田种植玉米诱集带,使玉米螟集中产卵于玉米植株上,然后销毁;麦、棉套种棉田,在麦收时及时将割下的小麦运出棉田,以防止玉米螟幼虫转移到棉花上危害;结合棉田整枝,剪除被害枝顶和叶柄,防止转株危害;在成虫产卵期内,人工捏卵 (2) 药剂防治:卵高峰期用20%氰戊菊酯乳油或10%氯氰菊酯乳油500～1 000倍液喷雾防治;当卵粒出现黑点和已孵化的卵块占50%左右时,用40%丙溴磷乳油、48%毒死蜱乳油、40%辛硫磷乳油等1 000～1 500倍液喷雾防治
棉小造桥虫(*Anomis flava* Fabricius) 棉大造桥虫(*Atractomor phalata* Motschulsky)	除西北内陆棉区的新疆外,其他棉区均有分布。黄河、长江流域棉区危害较重 长江流域、黄河流域棉区均有发生。黄河流域很少造成危害	黄河流域棉区1年发生3～4代,主要在8～9月危害;长江流域棉区1年发生4～6代,在7～8月份危害;其第2代至第5代均危害棉花 初孵幼虫喜爬行,行走时似拱桥状,有吐丝下垂习性,常随风飘移转株危害。1～2龄幼虫主要危害中下部叶片,3～4龄幼虫危害棉株上部棉叶、蕾、花和幼铃。棉田内老熟幼虫常在蕾铃苞叶间吐丝化蛹。7～9月份雨水多,有利于小造桥虫发生 长江流域棉区1年发生4～5代,以蛹于土中越冬。第1代主要危害豆类,4月下旬盛发;第2代危害棉花,6月下旬盛发;第3代7月下旬发生,但由于气温炎热干燥发生不太严重;第4代在8月下旬发生,棉田发生量增加。第5代在9月下旬到10月初,一般在10月中旬开始入土化蛹 幼虫危害主要咬食棉叶,有时危害花蕊。受害严重田块,叶片常被吃光,棉花大豆间作的棉田发生较重	(1) 耕翻灭蛹:迟熟棉花、秋大豆、花生等是棉大造桥虫末代幼虫的主要寄主,应进行冬耕灭蛹,减少来年发生基数。在棉花生长期可结合中耕消灭化蛹期幼虫 (2) 诱杀成虫:在造桥虫各代成虫发生期可在田间插杨树(或柳树、槐树)枝把(每把8～10根),每666.7 m^2 10把,分散在棉行间,放置高度比棉株稍高。每天清晨捕杀成虫。或用黑光灯或频振式杀虫灯诱杀成虫 (3) 化学防治:结合防治棉铃虫和其他害虫防治造桥虫,3龄前为防治适期。防治指标为卵株率20%～30%,或百株虫量50头。选用高效氯氟氰菊酯、阿维菌素、毒死蜱等药剂1 000～1 500倍液喷雾防治

（续表）

种　类	分　布	发生与危害状况	防治方法
蜗牛（*Fruticicola ravida* Benson）	长江流域、黄河流域棉区广泛分布	每年发生1代，寿命可达2年，成、幼螺均能越冬，多在绿肥作物、蔬菜根部、草堆、石块、松土下面越冬。翌年2～3月即可开始危害蚕豆、豌豆、油菜及麦类的嫩叶，4月下旬转到棉苗上危害，取食子叶、嫩叶及真叶，一直可危害到6月。成螺每年4～5月份和9～10月份交配产卵2次，卵多产于棉株旁土下深1.5～2 cm处，卵孵化需15 d以上。土壤湿润、苗期多雨、上年虫口基数大、绿肥蔬菜等连作的年份，蜗牛多猖獗危害；干旱年份发生轻	（1）人工捕捉：清晨、傍晚或阴天人工捕捉集中消灭。幼贝大量孵化时在棉苗行间堆草诱杀，也可将大麦脱粒后的秸秆细末撒于四面，阻止蜗牛爬行危害 （2）撒毒土、毒饵：用6%四聚乙醛颗粒剂，每666.7 m^2撒施500～600 g；蜗牛敌拌和炒香的棉饼粉10 kg，于傍晚撒在棉畦地，每666.7 m^2撒5 kg；将新鲜杂草、莴笋等菜叶切碎，每50 kg拌砒酸钙2～2.5 kg，配成毒饵，于傍晚撒入棉田，每666.7 m^2撒10 kg
鼎点金刚钻（*Eariascu preoviridis* Walker）	除新疆外全国棉区均有分布，长江、黄河流域棉区发生最为普遍	黄河流域棉区每年发生2～4代，长江流域棉区每年发生5～6代，华南棉区每年7～8代。以蛹在土中越冬。黄河流域棉区每年有3～4个高峰，分别在6月上旬、7月上旬、8月上旬、9月上旬危害，其中尤以7～8月危害较重。以第2代开始迁入棉田危害，以老熟幼虫在茧内过冬	（1）农业防治：每年5月中下旬及时人工捕杀或喷雾防治蜀葵、苘麻等早春寄主上幼虫，压低虫口基数；注意促早栽培，避免后期贪青晚熟；8月底以后及时打群尖，结合农事操作，消灭虫卵 （2）化学防治：达到百株50粒卵或5头幼虫时，及时喷雾防治；可选用2.5%高效氯氟氰菊酯500～1 000倍液、40%丙溴磷等1 000～1 500倍液喷雾防治
棉叶蝉（棉叶跳虫）（*Empoasca biguttula* Shiraki）	全国各棉区均有分布，长江下游以南和西南棉区虫口密度大，危害较重，黄河以北数量较少	长江流域各地区发生代数差异很大，江苏南京1年发生8～10代，湖北武昌12～14代，以7月中旬至9月中旬为猖獗时期。黄河流域1年发生6～8代，每年迁入棉田的始见时间是6月下旬至7月上旬，危害盛期在8月上旬至9月下旬，10月上中旬数量开始下降。如遇高温干旱繁殖量增加，危害加剧 以成虫及若虫在棉叶背面吸食叶液。受害后棉叶在叶尖和边缘出现黄白斑，后变紫红，且向叶背卷缩。严重时全株叶片变红卷缩，以致枯焦脱落。受害棉株蕾铃脱落增加，衣分低纤维质量差	（1）农业防治：冬春季铲除田边地头杂草，减少越冬虫源；种植叶片多毛、毛长的抗虫品种 （2）化学防治：加强虫情监测，6～8月危害盛期，也是棉铃虫、伏蚜、棉叶螨等害虫危害的时期，喷施化学农药进行兼治，如40%丙溴磷乳油、48%毒死蜱乳油、1.8%阿维菌素乳油等
棉大卷叶螟（*Syllepte derogate* Fabricius）	除西北内陆棉区外，其他各棉区都有发生	东北地区每年发生2～3代，华北地区3～4代，长江流域4～5代，每世代历期40 d左右，共有5龄。以老熟幼虫在枯枝落叶、棉田落铃、落叶、杂草或树皮缝隙中作茧越冬；4～5月份化蛹变蛾。第一代危害苘麻、木槿等；第二代迁移到棉田，以后数代均可在棉田内危害	（1）农业防治：早春消灭越冬场所幼虫，清除和烧毁枯枝落叶，刮老树皮等；5～6月份可在苘麻、木槿、蜀葵上施药防治第一代幼虫，以减少棉田虫源；也可结合田间农事操作及时摘除卷叶虫苞，或拍杀幼虫 （2）化学防治：当百株低龄幼虫达30～50头时应进行化学防治。可在防治棉铃虫时兼治，或用1%甲维盐、40%辛硫磷或2.5%高效氯氟氰菊酯500～1 000倍液液喷雾防治

（续表）

种　类	分　布	发生与危害状况	防治方法
隆背花薪甲(*Cortinicana gibbosa* Herbst)	黄河流域棉区发生较重	一般为3～8头群居在一起，多时可达10～15头，由于其群居危害，可造成顶尖被害，形成无头棉或公棉花，严重影响棉花的生长和农事操作。多头隆背花薪甲隐藏在棉花苞叶中危害棉蕾，棉蕾因缺少营养，逐渐变黄，最后脱落 在棉花整个生长季节均可造成危害，发生高峰期为6～7月份，麦套春棉发生较重，其次为一熟棉田，麦套夏棉发生相对较轻	一般不必单独防治，常规棉田可以在防治棉铃虫等害虫时兼治，转基因抗虫棉田可以在防治棉叶螨时兼治。一般有机磷类农药如毒死蜱、丙溴磷等均有较好的防效。由于该害虫个体较小，常隐蔽危害，容易忽视。其主要天敌为龟纹瓢虫和草间小黑蛛
大黑金龟子(*Holotrichia diomphalia* Bates) 黑绒金龟子(*Serica orientalis* Matschulsky) 大绿金龟子(*Anomala cuprea* Hope)	河南、湖北有分布 东北、华北棉区有分布 河北、山西、河南、江苏等地有分布	河南、湖北每年发生1代。以成虫在土中越冬，幼虫在5月间危害棉苗根部，严重时造成缺苗。成虫5～7月发生，昼伏夜出，危害棉苗。成虫有趋光性和假死性，产卵于隐蔽、松软而湿润的土壤中，单雌产卵量为193粒。在水浇地、砂壤土，低湿地段以及前茬作物为大豆的地段受害较重 东北每年发生1代。成虫危害棉苗，幼虫危害棉根。以成虫在土中越冬，成虫傍晚出土交配最盛，有趋光性和假死性。单雌产卵131粒。近年华北地区棉田发生严重，常造成棉苗生长点被害或棉叶破损 1年发生1代，以幼虫在土下越冬。成虫出现盛期各地不同，山西为7月上旬，河南及河北为6月上旬到7月上旬，江苏在6月中旬。成虫有趋光性和假死性，平均寿命为28.1 d。单雌产卵量平均为29.5粒，喜产卵于豆地及花生地。食性杂，寄主有多种农作物、果树、林木。成虫危害棉叶，幼虫危害棉苗根部	(1) 诱杀防治：利用金龟子的趋光性，用黑光灯或频振式杀虫灯诱杀成虫 (2) 化学防治：成虫发生期选用内吸性有机磷农药如50%辛硫磷或40%丙溴磷1 000～1 500倍液喷雾防治，或用毒死蜱、辛硫磷颗粒剂田间沟施，用量按照农药登记推荐剂量
华北蝼蛄(*Gryllotalpa unispina* Saussure) 非洲蝼蛄(*Gryllotalpa africana* Palisot de Beauvois) 台湾蝼蛄(*Gryllotalpa formosana*)	主要发生于华北、西北、辽宁、内蒙古等地，全国都有分布 只分布于台湾、广东和广西	生活史较长，需3年完成1代。以成虫或若虫在土内越冬。6～7月为产卵盛期，卵多产在轻盐碱地内，集中在缺苗断垄、高燥向阳、靠近地埂、畦堰附近产卵 黄淮棉区2年完成1代，在长江以南棉区1年完成1代。产卵习性与华北蝼蛄相近，但更趋潮湿地区，多集中在沿河、池塘和沟渠附近地块产卵	(1) 农业防治：施腐熟的有机肥料；及时中耕、除草、镇压，适当调整播种期，减少危害 (2) 撒毒饵：用敌百虫0.5 kg，对水10 kg，均匀拌棉子饼或麦麸50 kg。傍晚每666.7 m^2撒毒饵4～5 kg。每隔2 m^2撒一小堆，可兼治地老虎 (3) 化学防治：用毒死蜱、辛硫磷颗粒剂田间沟施，用量按照农药登记推荐剂量，同时可兼治苗期蚜虫、蓟马和棉叶螨

［注］本表材料引自《中国棉花栽培学》(1983)。

表 41-5　烟蓟马和花蓟马形态特征比较

(崔金杰、吴孔明整理,2007)

虫态	烟　蓟　马	花　蓟　马
成虫	体长 1.0～1.3 mm,淡褐色,前胸与头等长,背板上有短而密集的鬃。翅淡黄色细长,翅脉黑色。后翅前缘有鬃毛,前后翅后缘的缨毛细长色淡。腹部圆筒形,末端较小	体长 1.3～1.5 mm,雌虫淡褐色。头胸常为黄褐色。雄虫黄色。前胸前角有 2 根长鬃,靠近中线有稍短的 1 根长鬃,后角有 2 根长鬃。前翅清晰,黄褐色,翅脉鬃连续,前脉鬃 19～23 根
卵	乳白色,侧看为肾形,长 0.3 mm	似烟蓟马,头方一端有卵帽
若虫	全体淡黄色,触角 6 节	全体橘黄色,触角 7 节

第三节　棉花害虫的主要天敌

一、七 星 瓢 虫

七星瓢虫分布广泛,尤其在黄河流域棉区发生数量大,主要捕食各类蚜虫。

(一) 形态特征

1. 成虫　体长 5.7～7.0 mm,宽 4～5.6 mm。体卵圆形,光滑。头黑色,额与复眼相连的边缘处各有一淡黄色斑。复眼黑色。触角栗褐色。唇基前缘有窄黄条,上唇、口器黑色,上颚外侧黄色。前胸背板黑色,两前角上有 1 个近于四边形的淡黄色斑。小盾片黑色。刚羽化时鞘翅黄色、质软,3 h 左右后变为红色或橙红色,同时在两个鞘翅上出现 7 个黑色斑点,非常明显。这是该虫的主要田间识别特征。其中,位于前方正中小盾片下方的黑斑称为小盾斑,被两鞘翅缝分割为两半。位于鞘翅基部小盾片两侧还各有 1 横向狭长的小三角形白斑。前胸腹板突窄而下陷,有纵隆线,后基线分支。足黑色,胫节有 2 个刺距,爪有基齿。腹面黑色,中胸后侧片白色。雌虫一般体形稍大,第 6 腹节后缘凸出,表面平整;雄虫体形稍小,第 6 腹节后缘平截,中部有横凹坑。

2. 卵　橙黄色,两端较尖,成堆竖立产在棉叶背面。

3. 幼虫　分 4 个龄期。1 龄黑色,快蜕皮时为灰黑色,从中胸至第 8 腹节每节各有 6 个毛瘤。2 龄第 1 腹节背面两侧各有 1 对橙黄色肉瘤。3～4 龄时,第 1 和第 4 节腹背两侧各有 1 对橙黄色肉瘤。老熟幼虫体灰白色,爬到叶背、卷叶及土块等处化蛹,并以尾端粘挂在附着物上,背中线开裂。

4. 蛹　初化蛹黄白色,数小时后变为橙黄色,并在背部两侧出现黑斑。

(二) 生活习性与发生规律

七星瓢虫 1 年可发生 4～5 代,其中北京等地发生 1～2 代,河北、山东、河南、陕西等地发生 3～5 代,湖北、江西、江苏、浙江等地发生 4～5 代,四川发生 5 代。以成虫在土块下、小麦分蘖和根茎间缝隙内、枯枝落叶间、树洞内、石块下,向阳的窗户缝隙内越冬。有长距离迁飞习性。越冬代成虫一般于早春 2～3 月开始活动,主要产卵于麦田繁殖;4～5 月数量大小取决于麦田麦蚜数量,一般只可繁殖 1 代或 1～2 代,麦田数量高峰在 5 月下旬,其后即随麦田成熟而向棉田转移;棉田七星瓢虫的数量在 6 月上中旬达到高峰,对苗蚜控制作用强,其后即随苗蚜的减少而下降,7～8 月田间少见。

4～5 月完成 1 代需 1 个月左右。22 ℃下饲养,全世代历期 25.5 d,卵、幼虫、预蛹和蛹的历期分别为 4 d、14.5 d、1.5 d、5.5 d。7～8 月高温对其生活和繁殖不利。

成虫具有假死性和避光性,羽化后 2～7 d 开始交配;交配后 2～5 d 产卵,卵期一般 17 d 左右,一生产卵量为 535 粒。

成虫日捕食棉蚜量 105～150 头;1～4 龄幼虫日捕食棉蚜量分别为 16～47、31～90、40～120、85～240 头,对棉蚜有较好的控制作用。田间瓢蚜比在 1∶(150～200)头以内,不需化学防治,1 周左右蚜害即可得到控制。

(三) 保护利用措施

推广麦棉套作、棉花油菜间作,利用早春麦蚜增殖七星瓢虫;麦田施用抗蚜威、伏杀磷、灭幼脲等防治麦蚜和麦田黏虫,减少对七星瓢虫的杀伤;放宽麦田害虫防治指标,保留一定麦蚜作为瓢虫的食料。棉花播种时用 70%高巧和 70%快胜包衣,对棉蚜的控制作用达 50 d 左右;棉田苗期治蚜施用吡虫啉、啶虫脒等选择性农药,减轻对天敌的杀伤作用;收割小麦时留高茬,或小麦在田间停放 24 h,有助于七星瓢虫转移到棉田。

二、龟 纹 瓢 虫

全国棉区均有分布。龟纹瓢虫主要捕食棉蚜,也取食麦蚜、玉米蚜、菜蚜及棉铃虫卵、幼虫。

(一) 形态特征

1. 成虫　体长 3.8～4.7 mm,宽 2.9～3.2 mm,长圆形略呈弧形拱起,表面光滑无毛,黄至黄褐色,具龟纹状黑色斑纹,这是田间识别的典型特征。

2. 卵　黄色,长约 1.03 mm,宽 0.5 mm,成堆竖立在棉叶背面。

3. 幼虫　体狭长,灰黑色,长 6 mm,宽 1.6 mm。1～2 龄幼虫淡灰色。

4. 蛹　黄褐色,长椭圆形,长 5 mm 左右。

(二) 生活习性与发生规律

龟纹瓢虫每年发生 7～8 代,以成虫群集在土坑、石块缝穴内越冬。翌年 3 月开始活动。繁殖 1 代后于 5 月上中旬迁入棉田,10 月以后迁到秋作和蔬菜田,11 月下旬开始越冬。4 月、5～6 月、7～8 月各世代历期分别为 19～24 d、15～17 d、12～14 d。

棉田有 3 个数量高峰,即 5 月中下旬、6 月中下旬和 7 月中下旬,其中 7 月的种群数量最大,对伏蚜及其他害虫的控制作用强,与七星瓢虫形成互补。

成虫、幼虫日捕食蚜虫数量分别为 60～100 头、80～120 头,对棉铃虫卵和 1 龄幼虫的日捕食量分别为 41 粒和 54 头。龟纹瓢虫耐高温、发生世代多,繁殖率高,整个棉花生长期均有发生,抗药性强,但食性不太专一。

(三) 保护利用措施

防治伏蚜时按照防治指标进行早期点片防治;选用生物农药如 *Bt* 制剂、棉铃虫 NPV 病毒等防治棉花害虫,保护龟纹瓢虫;施用选择性农药如卡死克、抑太保、辛硫磷、硫丹等防治棉花害虫,减轻对龟纹瓢虫的杀伤。

三、异 色 瓢 虫

广泛分布于各棉区，是仅次于七星瓢虫、龟纹瓢虫的一种主要捕食性天敌。

（一）形态特征

1. 成虫　体长 5.4～8 mm，宽 3.8～5.2 mm，卵圆形，呈半球形拱起，背面光滑无毛，在鞘翅近末端中央有一个明显隆起的横脊梁，色泽和斑纹变异很大，大致分为浅色型和深色型两类。浅色型：基色为橙黄色至橘红色，前胸背板具 2 对黑斑，1 对位于中线中央两侧，另 1 对位于中线与侧缘之间接近或达到后缘；有时除上述斑点外，在中线中央至基部处具 1 长形黑斑，或各斑互相连接成“M”“儿”“八”等形状。属于这一类型主要有 4 种，即：19 斑型、14 斑型、无斑型、暗黄斑型。深色型：基色为黑色，前胸背板上“M”斑型的基部扩大，形成黑色近梯形的大斑，两肩角部分呈浅色大斑，小盾片黑色。黑色鞘翅上各有数目不同和大小不一的斑点，斑点的颜色也不一样，有浅色、黄色、橙黄色或红色，甚至全为黑色。

2. 幼虫　共 4 个龄期。老熟幼虫体长 10 mm 左右。

3. 蛹　椭圆形，前钝后尖，橘黄色或棕红色，大小与成虫相似。

（二）生活习性与发生规律

1 年发生 6～7 代，最后一代成虫于 11 月中旬飞进岩洞、石缝内群集越冬，于翌年 3 月上旬至 4 月中旬陆续出洞飞离，在有蚜虫的苕子田、蚕豆田以及木槿等植物上活动，可见到第 1 代卵和幼虫。5 月上旬为第 1 代成虫羽化盛期，这时陆续向棉田迁移。5 月、6 月在棉田大量繁殖，由于食量大，对控制苗蚜有一定作用。食物缺乏时，有自相残杀的习性，但也有耐饥性。成虫羽化后，5 d 左右开始交配，需交配多次才能提高孵化率。交配后，一般 5 d 左右开始产卵，1 头雌虫一生产卵 10～20 块，合计 300～500 粒。

（三）保护利用措施

同七星瓢虫。

四、小 花 蝽

小花蝽广泛分布于长江流域和黄河流域棉区。食性较杂，可以取食棉蚜、棉叶螨、蓟马、盲蝽若虫及棉铃虫、红铃虫、小造桥虫的卵和初孵幼虫。

（一）形态特征

1. 成虫　体长 2～2.5 mm，黑褐色，有光泽，体背布满小刻点。

2. 卵　白色，茄子状，表面有网状纹。

3. 若虫　初孵若虫白色透明，后变为黄褐色或橙红色，腹背末端有 3 块红色斑。

（二）生活习性与发生规律

小花蝽 1 年发生 8～9 代，以成虫在枯枝烂叶下、杂草堆里、树皮缝隙等处群集越冬。3～5 月在麦田、苜蓿、油菜、杂草、绿肥田及各种蔬菜田活动，5 月下旬、6 月上旬进入棉田。在棉田可繁殖 5 代，一般 6 月份繁殖 1 代，7～10 月繁殖 4 代，其中 7～8 月发生数量最多，9 月以后渐少，10 月迁出棉田，11 月上旬开始越冬。6～7 月，卵期 5 d，1～5 龄若虫历期 11 d，成虫历期 8～12 d。取食害虫或吸食花卉蕊的枝叶均可完成发育。若虫日平均取食量为：棉铃虫卵 12～50 粒、1 龄幼虫 15 头、红铃虫卵 10～23 粒、幼虫 10 头，叶蝉若虫 41 头，叶螨 50～70 头，棉蚜 60 头。

小花蝽在棉田可有 4～5 个数量高峰，分别在 6 月下旬、7 月中旬、7 月下旬至 8 月上旬、8 月下旬至 9 月上旬、9 月中下旬。其中以 7～8 月间的两个高峰数量最大，这与蕾铃盛期棉田害虫种类较多(华北棉区此期有伏蚜、棉叶螨、2～3 代棉铃虫、小造桥虫、红铃虫、盲蝽、卷叶螟等)是一致的。早发田、一类田，小花蝽迁入早、数量多。其天敌有草间小黑蛛等。

(三) 保护利用措施

小花蝽保护利用措施见龟纹瓢虫。

五、姬　猎　蝽

姬猎蝽种类较多，棉田常见的有灰姬猎蝽(暗姬猎蝽)、华姬猎蝽、窄姬猎蝽等种类，广泛分布于各棉区，取食棉蚜、蓟马、盲蝽若虫及棉铃虫、小造桥虫等害虫的卵。这里只介绍华姬猎蝽，其他种类的姬猎蝽生活习性、发生规律等与华姬猎蝽相似。

(一) 形态特征

华姬猎蝽成虫灰白色或灰黄色，体长 8.8 mm，腹宽 2.2 mm，触角 4 节；卵长 1.2 mm，圆柱状，卵盖白色单性排列于嫩茎表面；若虫淡黄色到黄褐色。

(二) 生活习性与发生规律

华姬猎蝽 1 年可发生 5 代。以成虫在苜蓿、杂草根际及枯枝落叶下越冬，翌年 3 月开始活动，4～5 月在小麦、油菜、苜蓿、绿肥、蚕豆等植物上繁殖第 1 代，于 6 月上旬以成虫转移到棉田，在棉田繁殖 3～4 代后又迁往秋作及各种蔬菜上生活，11 月开始越冬。棉田有 3 个盛期，分别在 6 月上中旬、7 月上旬、8 月下旬，以后棉田数量渐少。适宜的温度为 24～26 ℃，相对湿度为 70%～80%。成虫平均每日取食量为：棉蚜 78 头，棉铃虫卵 34 粒、1 龄幼虫 30 头、2～3 龄幼虫 4 头。1～5 龄若虫对棉蚜的日捕食量分别为 8 头、17 头、31 头、38 头和 50 头。

(三) 保护利用措施

在田头地边点种少量春玉米，便于棉幼苗、小麦或油菜成熟前提供姬猎蝽迁飞棉田之前的栖息之处。当姬猎蝽密度下降、不得不使用化学农药防治时，应该尽量选用低毒农药，实施点片用药或局部防治措施。

六、中 华 草 蛉

中华草蛉是棉田优势捕食性天敌，不但数量多，历期长，而且成、幼虫均能捕食棉蚜、棉叶螨、棉铃虫、红铃虫、盲蝽、小造桥虫、棉叶蝉等多种害虫，控制作用十分明显。广泛分布于南北各棉区。

(一) 形态特征

成虫体长 9～10 mm，前翅长 13～14 mm，后翅长 11～12 mm，体黄绿色。胸、腹的背面两侧淡绿色，中央有黄色纵带。头部淡黄色。触角比前翅短，灰黄色，基部 2 节与头同色。足黄绿色、跗节黄褐色。翅透明，较窄，端部尖、翅脉黄绿色。越冬代虫体常为黄色或黄灰色，并出现许多红色斑纹，枯枝烂叶下多见。翌年春天气温转暖后恢复成绿色。卵单产。

（二）生活习性与发生规律

1年发生5～6代，有明显的世代重叠现象。成虫于11月下旬开始在枯枝落叶内、树皮下、屋檐、墙缝等处越冬。翌年2～3月开始活动，4～5月在小麦、苜蓿、蚕豆、油菜、豌豆、果树、林木、花卉上捕食蚜虫、叶螨及鳞翅目害虫的卵或初孵幼虫，但此期以大草蛉、叶色草蛉等种群数量发展较快，中华草蛉、丽草蛉稍微慢一些。第1代成虫于5月下旬迁入棉田，在棉田可繁殖4～5代。

中华草蛉在棉田一般有4个高峰，分别在7月上旬、7月下旬、8月中旬和9月上旬，在华北棉区尤以8～9月的两个高峰数量最多，对棉田中后期害虫控制作用较强，是典型的耐高温、后发型种类。食谱较窄，喜食蚜虫、叶螨、鳞翅目幼虫和卵。中华草蛉一生可产卵250～800粒，平均744粒，日产卵量达20～30粒。捕食量随幼虫虫龄的增加而上升，整个幼虫期可捕食棉蚜514头，棉叶螨1 368头，棉铃虫卵320粒，棉铃虫1龄幼虫523头，小造桥虫幼虫339头，斜纹夜蛾1龄幼虫560头。缺乏食料时可自相残杀和残食其他天敌的卵和幼虫。

（三）保护利用措施

草蛉饲养利用。为取卵方便，草蛉成虫饲养工具内四周均要衬垫同等大小的纸条，顶盖上也要放衬纸，成虫喜在笼顶产卵。幼虫可用空玻璃罐头瓶或根据需要加工成各种规格的饲养笼，高度以10～11 cm为宜，木板底，四周用细罗纱，上面用玻璃盖。在饲养工具内要填置约一半的纸条或3 cm左右的碎麦秸，以减少幼虫自相残杀。成虫饲料可用啤酒酵母饲料(啤酒酵母粉10 g、糖和蜜各4 g，水40 ml)，或蜜蜂雄蜂蛹的冻干粉或鲜蛹。其他草蛉可用蚜虫饲养。蜜蜂雄蜂蛹是养蜂过程中的多余物，一般在摇蜜时要割除，用来饲养中华草蛉成虫和幼虫是废物利用。雄蜂蛹还可饲养七星瓢虫成、幼虫，姬猎蝽成、若虫，并完成生活史。中华草蛉幼虫还可以用多种蚜虫、米蛾卵，鸡蛋饲料(鲜蛋40 g，啤酒酵母30 g，蜂蜜20 g，糖10 g，抗坏血酸0.1 g，水100 ml)饲养，均可完成幼虫期的发育。大量饲养成虫期主要增加光照；幼虫注意同一饲养容器中要放同一天孵化的幼虫，饲料要充足，并注意保持容器内的清洁和干燥。

提倡各种合理的间作套种耕作方式，提高农田生态系统的多样性；保护早春繁殖地，如菜田和麦田防治害虫时选用对天敌相对安全的选择性农药；加强管理、科学施肥灌水、促进棉株早发，引诱草蛉迁入；棉田药剂防治采用种子处理、包衣、土壤处理、隔行喷雾、局部施药、点心、挑治、涂茎等方法；棉田选用选择性杀虫剂，如氟啶脲、虫酰肼、虱螨脲和*Bt*等微生物制剂；棉田种植诱集作物如玉米、高粱等；人工饲养繁殖，商品化出售、释放。

七、拟宽腹螳螂

拟宽腹螳螂取食蚜虫、飞虱、叶蝉、蝇类及蛾类、蝶类的成虫和幼虫。体长4～5 cm，灰白色至绿色。

（一）生活习性与发生规律

1年发生1代，以卵在卵鞘内越冬，越冬时间长达6个月左右，于翌年4月相继孵化为若虫。若虫孵化时,从尾端分泌丝质纤维悬挂于卵鞘上,随风摇摆扩散。若虫扩散后,行动活泼,1龄若虫主要捕食蚜虫、飞虱和叶蝉等,2～3龄若虫捕食中、小型蛾及蝇类,4～5龄若虫捕食各种蛾、蝶类成虫和幼虫。从若虫到成虫历期90 d左右,共蜕皮5次,有6个龄期。成虫于7月出现,每天7:00～10:00、15:00～18:00活动,中午高温时则隐藏不出。8～9月雌雄交尾,交尾后,雄虫常常遭到雌虫的吞食。10～11月雌虫产卵于坚硬角质的卵鞘内,每个雌虫一般产卵鞘1～2个,每个卵鞘有卵约70粒,多的达100粒。卵鞘牢固地黏附于树皮、树干、树枝或墙壁上。

(二) 保护利用措施

自然利用,也可有组织地动员群众从草丛、林木上采集螳螂卵块到棉田人工散放。

八、草间小黑蛛

草间小黑蛛广泛分布于南北棉区。可取食棉蚜、棉叶螨、蓟马、叶蝉及各种鳞翅目害虫卵和初孵幼虫。

(一) 形态特征

成蛛黑褐色或赤褐色,有光泽。雄蛛体长2.5～3.2 mm,有时腹背中央有细白纵纹一条和很多斜横纹,若蛛灰褐色,螯肢胫节外侧有颗粒状突起形成摩擦脊,内侧中部有一大齿,齿端有一长毛,牙沟前缘有4个小齿,触肢的膝节末端下方有1个三角形突片。

雌蛛体长约3 mm,头胸部长卵圆形,扁平、无隆起,略有光泽,背部赤褐色,颈沟、放射沟、中窝等处色泽较深,胸板赤褐色,步足黄褐色,螯肢基节内侧不具齿状突起,牙沟的前后缘均有5齿,但前齿堤的齿较大,腹部卵圆形,灰褐或紫褐色,密布细毛,背中央有4个红棕凹瓣,背中线的两侧有时可见灰色斑纹。若蛛灰褐色,雄蛛颜色比雌体稍深。

(二) 生活习性与发生规律

草间小黑蛛食量大,捕食能力强,日捕食棉蚜28～80头,捕食棉铃虫卵9～15粒、1龄幼虫9～12头、2龄幼虫7头,捕食小造桥虫1～2龄幼虫5～9头,捕食黏虫1龄幼虫36.8头、2龄幼虫16头。

每年发生4～5代,以成、幼蛛在麦田、绿肥田、蔬菜田及田边土缝内越冬,翌年3月上中旬在早春作物上始见,5月下旬迁入棉田,6～9月在棉田一直保持较高的种群数量。棉花苗期草间小黑蛛多在叶背或嫩头内活动,蕾铃期多在蕾内、铃基苞叶内及嫩尖上活动。草间小黑蛛从棉花苗期到吐絮期一直在棉田有较高的数量,全年有4个发生高峰,分别在6月中下旬至7月中下旬、8月中下旬、9月中下旬和10月上中旬。具有抗药性强、繁殖快等特点。

(三) 保护利用措施

保护早春繁殖地及麦田;麦收时留高茬15～20 cm;浇水时顺沟渗灌,避免大面积漫灌。其他措施见七星瓢虫和龟纹瓢虫。

九、T 纹豹蛛

T纹豹蛛在南北各棉区均有分布。食性广,是蜘蛛类群中数量仅次于草间小黑蛛的棉田蜘蛛种类。

(一) 形态特征

成蛛头胸背甲中央有黄褐色近似"T"字形纹斑，通体灰褐色或灰黑色，雄蛛体长5～8 mm，雌蛛体长7～10 mm。卵囊灰白色，圆形略扁。

(二) 生活习性与发生规律

1年发生3代，以成蛛、亚成蛛在田埂、路边土缝、洞穴中越冬。抗寒能力强，早春活动早，卵盛期分别在4月、7月、8月中下旬，12月底进入越冬期。幼蛛孵出后，先群聚于雌蛛背面乳养一段时间，后渐下地分散各处觅食。属无网游猎型，成蛛多在地面游猎，活动；幼蛛多在棉株上活动。由于其体形大、活动范围广、捕食能力强，对棉田棉蚜、叶蝉、盲椿象、棉铃虫、小地老虎、小造桥虫等均有较强的捕食能力。从棉苗出土到棉花收获，在田间均能保持一定的种群数量。在棉田每年有3个数量高峰，分别在7月、8月、9月中下旬，有时5～6月也有1个小高峰。

(三) 保护利用措施

同草间小黑蛛。

十、大眼蝉长蝽

大眼蝉长蝽可取食棉蚜、棉叶螨、蓟马、叶蝉、盲蝽若虫、红铃虫、棉铃虫、小造桥虫等鳞翅目害虫的卵和低龄幼虫。

成虫体长3～3.2 mm，宽1.3～1.5 mm，全体黑褐色。头黑色，有细刻点，头顶两侧有三角形突出，头顶两侧后方各有一红色单眼。复眼暗褐色，大而突出，稍倾斜向后方延伸，触角第1、2、3节黑色，第4节褐色，唇或上下颚深褐色，腹部黑褐色。足黄褐色。

在棉田发生数量较少，其发生规律及捕食活动与姬猎蝽相似。

十一、黑带食蚜蝇

黑带食蚜蝇各棉区均有分布，是棉蚜、麦蚜等蚜虫的专性捕食性天敌，是棉田的优势捕食性天敌。

(一) 形态特征

1. 成虫　体长8～11 mm。头部除单眼三角区棕褐色外，其余为棕黄色。额毛黑色，颜毛黄色。雌成虫额正中有1条黑色纵带，纵带前粗后细。中胸背板灰绿色，有4条明亮的黑色纵带。

2. 幼虫　孵化后3 d，体淡黄绿色；5 d后，体淡黄白色，柔软，半透明，体内背中线处有两条较宽的白色纵带，腹的两侧具短刺突。

3. 蛹　壳长6.5 mm，水瓢状，淡土黄色，背面条纹变化大。

(二) 生活习性与发生规律

成虫4月中旬出现，4月中下旬在有蚜虫的早春寄主植物上产卵繁殖，5月上旬进入棉田，全年以5月发生数量最多，6月以后逐渐减少。黑带食蚜蝇从卵到成虫历期12～14 d。幼虫食量较大，平均1头幼虫每天可捕食棉蚜120头，一生可捕食棉蚜1 400头左右，是棉田优势食蚜蝇种类。

(三) 保护利用措施

麦田防治麦蚜施用康福多、抗蚜威等对天敌杀伤作用小的杀虫剂；苗蚜防治采用种子包衣、颗粒剂播施、浸种、点片挑治、涂茎等技术；提倡麦棉间作、棉油间作套种或插花式种植。

十二、塔六点蓟马

塔六点蓟马食性较专一，在棉田取食棉叶螨及其卵。分布于黄河流域棉区，长江流域棉区。

(一) 形态特征

1. 成虫　黄色至橙红色，体长 0.9 mm 左右。两翅上各有明显的黑褐色斑块 3 个，前后顺序排列，这是田间最明显的识别特征。头顶平滑，单眼区呈半球隆起，形似菜花；单眼间有 1 对长鬃，近触角窝处有 1 对短鬃。触角 8 节，约为头长的 1.5 倍，第 2 节近似圆形，末端 2 节最小。前胸长与头长相等，周缘有黑褐色长鬃 6 对。翅狭长，稍弯曲，前翅有鬃 20 根，后缘有长而密的缨毛；翅脉 2 条，上脉具黑褐色长鬃 11 根(基部 5 根、中部 5 根、先端 1 根)，下脉有长鬃 6 根。腹部第 9 节上的鬃比第 10 节上的鬃长。

2. 卵　肾形，白色具亮光，长 0.28 mm。卵多产于棉叶螨多的叶背叶肉内，外露出圆形卵盖。

3. 若虫　橘红色，3 龄若虫出现翅芽。

(二) 生活习性与发生规律

塔六点蓟马成虫一般 5 月中旬进入棉田，发生数量的消长起伏随着棉叶螨的变化而变化，跟随效应非常明显，至 9 月底数量下降。在华北棉区是棉田棉叶螨的唯一单食性优势捕食性天敌，对控制叶螨的数量消长作用显著，1～3 龄若虫每日平均捕食棉叶螨分别为 13.5 头、15.2 头、15.7 头。

(三) 保护利用措施

防治棉叶螨时使用选择性农药如炔螨特、乙唑螨腈、螺螨酯等药剂喷雾防治，对该天敌安全。

十三、胡　　蜂

胡蜂分布于黄河流域、长江流域主要棉区。在棉田捕食棉铃虫、棉小造桥虫、棉大卷叶螟、红铃虫等多种鳞翅目害虫幼虫，对中后期棉田害虫有一定控制作用。

(一) 形态特征

1. 成虫　雌蜂体长 21 mm，橙红色。头、胸、腹所有合缝处具黑线纹，从头顶后单眼至两复眼的 2 纹以及触角中间 1 纹均为黑色，中间 2 条纵纹及其侧方的 2 短纹为棕色。胸部侧板和腹板黑色，前胸背板、小盾片、后盾片、中胸侧板上 3 纹、中胸腹板 1 纹、后胸侧板 1 纹为橙黄色。并胸腹节黑色，中间 2 纵纹及其两侧的 1 纹为淡黄色，翅赤褐色，前翅前缘脉后方橙黄色。足橙黄色，基节、转节、腿节基半部、后足、胫节大半部黑色。腹部背面第 1 节前端大半部、第 2 节前缘、第 2 至第 4 节后方的弓状线中央的短纵线、第 1 至第 4 腹节前缘及两侧半环纹均黑色,第 2 至第 4 节基部赤褐色。唇基隆起形似盾牌,上具稀而粗的刻点,基部四角形,端缘三角形凸出,两侧角方形凸出。触角 16 节。额与胸部的刻点较密。并胸腹节具横纹,中央有宽纵槽。腹部纺锤形,可见第 6 腹节。雄蜂体稍小,触角 13 节,末节端部扩大,腹部可见 7 节。

2. 卵　长 4 mm,白色长茄形,前端钝、末端尖圆,黏附在巢内壁上。

3. 幼虫　初孵白色,长大后黄色,胸部为肥大的圆锥形,头小而黑褐色。

4. 蛹　长 22 mm,淡黄色,触角在前腹面短于前足跗节末端。复眼、翅芽褐色。巢口盖白色,不外突。

(二) 生活习性与发生规律

在湖南每年发生 3～4 代,其他地方不详。雌蜂于 9～11 月间在背风向阳干燥的屋檐下、墙壁、草堆、树丛、树洞中群集过冬,呈半休眠状。翌年 3 月上中旬开始活动,4 月中旬开始筑巢产卵,1 蜂 1 窝,窝吊碗式。6 月中下旬为第 1 代成虫羽化盛期,第 2 代成虫羽化盛期在 7 月上中旬,8 月上中旬为第 3 代成虫羽化盛期。1～2 代为孤雌生殖的群体,第 3 代有性生殖。成虫外出活动距离一般在 30～50 m,风雨天不外出,夏季阳光照射,高温时外出活动减少,午间在窝上展翅散热。胡蜂能捕食多种鳞翅目害虫的 3～4 龄幼虫,在棉株间低飞觅食,找到寄主幼虫之后即食之或带回蜂巢饲喂幼虫。

(三) 保护利用措施

人工助迁蜂窝于棉田;用麻秆捆成短束,制成“人造蜂房”插在棉田,每公顷 75 个左右,引诱成蜂就近捕虫养子,控制效果较好。

十四、棉铃虫齿唇姬蜂

棉铃虫齿唇姬蜂主要寄主是棉铃虫,此外还可寄生斜纹夜蛾、烟草夜蛾、苜蓿夜蛾、小地老虎、黏虫及甘蓝夜蛾等鳞翅目幼虫。在我国长江流域棉区、黄河流域棉区均有分布。

(一) 形态特征

成虫长 4～6 mm。头、胸部及触角黑色,胸部有细刻点。腹部腹面、背面基本为黑色,稍淡,节间呈黄褐色。足黄褐色。后足基节及转节的基部及胫节基部和末端,各跗节大部分均为淡黑褐色。前翅有小翅室,第二回脉有小翅室中央稍内侧处生出。唇基端缘中央有一齿状突。

(二) 生活习性与发生规律

棉铃虫齿唇姬蜂在棉铃虫 3 龄前的幼虫体内寄生。均为单寄生。幼虫老熟后即从寄主体内钻出。当日就在近处作茧,随即化蛹。茧的一端多附着于寄主残皮头壳的一边。茧灰白色或淡褐色。茧中部多有两横排并列的黑褐色长形或不规则的斑。茧呈圆柱形,长 4.5～6.5 mm,宽 2.0～2.5 mm,羽化孔圆形,切口不整齐,孔径约 1.4 mm,位于茧的一端稍偏的方向。蛹期在 8～9 月为 5～6 d,6～7 月为 4～5 d。棉铃虫幼虫寄生率 2 代为 2.2%～4.6%;3 代为 2.7%～37.1%;4 代为 5.8%～36.2%。

(三) 保护利用措施

避免在该蜂的出蜂期施用广谱性杀虫剂,化学农药应在卵孵化高峰期施用。

十五、中红侧沟茧蜂

侧沟茧蜂全国各主产棉区均有分布。是棉铃虫、小造桥虫、大卷叶螟、银纹夜蛾、小地老虎、黏虫等鳞翅目的寄生性天敌,在华北棉田的种群数量仅次于齿唇姬蜂。

(一) 形态特征

成虫体长 4～5 mm,体黑褐色,头、胸、腹、足、触角等部位有黑色斑。卵及幼虫白色。茧丝质,翠绿色,茧长 4～6 mm。

(二) 生活习性与发生规律

华北地区年发生 7～8 代。与棉铃虫 4 个世代相吻合,每代棉铃虫期内发生 2 代,其中 1、3、5、7 代对棉铃虫幼虫控制作用较强。在 22～27 ℃的适温条件下,完成 1 个世代 10.2～18.5 d。产卵适宜的寄主龄期为 1 龄末至 2 龄初期。当寄主发育到 3 龄进入暴食期之前,蜂的老熟幼虫便钻出寄主体外,就近结茧化蛹。寄主虽不很快死亡,但已失去取食危害能力。单寄生。雌蜂对寄主有很强的觅寻能力。每头雌蜂平均可寄生 28.9～40 头寄主。对棉铃虫的平均自然寄生率为 22.9%。在寄主种类比较丰富而又交错发生的区域,其自然寄生率可高达 50%以上。

(三) 保护利用措施

避免出蜂高峰期喷施广谱性农药,利用自然蜂源控制害虫;人工养蜂于田间棉铃虫幼虫 1～2 龄盛期释放。

十六、螟蛉悬茧姬蜂

螟蛉悬茧姬蜂广泛分布于南北各棉区,是棉小造桥虫幼虫的主要寄生蜂,还可寄生鼎点金刚钻、黏虫、棉铃虫、稻纵卷叶螟、稻苞虫、苎麻夜蛾等害虫。

(一) 形态特征

茧圆筒形,质地厚,长 6 mm,宽 3 mm,两端稍钝圆、灰色,除顶斑外,上下方各有 1 圈并列的黑色斑,茧端有丝悬于棉叶上,状似悬挂的灯笼,丝长 7～23 mm。

(二) 生活习性与发生规律

每年 7～9 月发生较多。气温 16.0～23.9 ℃时,卵和幼虫的历期共为 8.1～14.0 d,蛹期为 7.0～13.7 d,成虫寿命 15.2～50.2 d,完成 1 个世代需 17～30 d。主要寄生棉小造桥虫 3～4 龄幼虫,单寄生。寄主被寄生后,体色由淡绿色变为淡黄,行动迟缓。老熟幼虫从寄主前胸处钻出,先吐丝固定于棉叶背面,后引丝下垂,将茧空悬,化蛹其中。寄生率在不同月份间差异大,7 月对棉小造桥虫的寄生率一般可达 3%～6%,8 月份高达 15%～25%,9 月份下降。最大的影响因子是重寄生问题。

十七、多胚跳小蜂

多胚跳小蜂是鳞翅目幼虫的寄生性天敌。广泛分布于南北各棉区。

(一) 形态特征

成虫体长 1.07～1.15 mm。雌蜂体黑色，头部、中胸背板、小盾片上着生黄褐色毛，头、三角片、小盾片及中胸侧板微带紫色光泽。触角 9 节，柄节和梗节黑褐色，其他均为褐色。各足基节、腿节黑褐色，中足胫节末端有 1 个大的距，由于中足较粗长，故适于跳跃。翅透明，翅脉褐色。腹部黑褐色，末端毛较多。

(二) 生活习性与发生规律

多胚跳小蜂产的卵在寄主内能进行胚子分裂，由 1 个卵发育成 2 个或 2 个以上的个体，可分裂成 2 000 多个后代，使所寄生的夜蛾幼虫体内都充满了多胚跳小蜂幼虫，寄主死后变成黄褐色、膨胀、干硬尸体。幼虫在寄主体内化蛹羽化，然后咬破寄主皮壳飞出。

(三) 保护利用措施

保护利用自然种群控制害虫。

十八、棉 蚜 茧 蜂

棉蚜茧蜂广泛分布于长江流域和黄河流域棉区，是棉蚜的主要内寄生蜂，此外还可寄生麦蚜、桃蚜、菜蚜等多种蚜虫。可寄生棉蚜的棉蚜茧蜂还有短疣蚜茧蜂、菜蚜茧蜂、烟蚜茧蜂、印度三叉蚜茧蜂及黍蚜茧蜂等。

(一) 形态特征

成虫体长 1.9～2.1 mm，雌雄黄褐色。头横形，比胸稍宽，褐色，圆滑有光泽。触角长 0.9～1.1 mm，13 节，自柄节至鞭节末端由黄褐色渐变为深褐色。前胸黄褐色，中胸背板和侧板、小盾片、后胸和并胸腹节为褐色，中胸盾片、小盾片圆滑有光泽，盾纵沟仅肩部深而明显，并胸腹节具 5 边形小室。翅透明，密被细毛；翅痣长为宽的 3.5 倍，翅脉淡褐色，痣后脉为胫脉长的 2.3 倍，没有中间脉和第 1 径间脉，第 2 径间脉一般色淡，很明显；中脉仅存第 2 径间脉下一小段，长仅为第 2 径间脉的五分之二或略长，微皱，具中脊。足黄褐色，前足胫节长度为第 1 跗节的 2.6 倍，第 1 跗节为第 2 跗节长的 2 倍。雄性个体略小，触角 14～17 节。

(二) 生活习性与发生规律

棉蚜茧蜂于 10 月底至 11 月中旬以前，蛹在夏至草或花椒树上僵死的棉蚜内越冬；3 月中旬前后连续 10 d 气温稳定在 6 ℃时开始羽化；4 月上旬气温 9 ℃时，达到羽化盛期。3 月下旬越冬代成虫开始产卵繁殖，每代需 15～19 d，多以第 3 代成蜂进入棉田。5 月中下旬，此蜂占蚜茧蜂总量的 28%～41%，以后比例逐日增高；6 月下旬达到 98.7%，全年高峰多在 6 月上中旬，对棉蚜有明显的控制作用。寄主蚜虫被寄生后致死，呈僵硬鼓胀状，俗称“僵蚜”。

(三) 保护利用措施

提倡麦棉套作、棉菜(油菜)间作等耕作方式，早春增殖棉蚜茧蜂；麦田麦蚜的防治放宽防治指标，施用对天敌安全的选择性农药，保留一部分麦蚜作为食料；棉田苗期棉蚜防治采用隐蔽施药技术和针对性点片挑治，避免杀伤天敌。

第四节　防治棉花害虫的主要药剂

一、有机磷类

(一) 乙酰甲胺磷

乙酰甲胺磷(Acephate)化学名称为O,S-二甲基乙酰基硫代磷酰胺酯。纯品为白色结晶,熔点90～91 ℃。工业品为白色固体,易溶于水、甲醇、乙醇、丙酮等极性溶剂和二氯甲烷、二氯乙烷等卤代烃类。在苯、甲苯、二甲苯中溶解度较小。在碱性介质中易分解。

按我国农药毒性分级标准,乙酰甲胺磷属低毒杀虫剂。主要剂型有30%、40%乙酰甲胺磷乳油。

乙酰甲胺磷为内吸杀虫剂,具有胃毒和触杀作用,并可杀卵,有一定的熏蒸作用,是缓效型杀虫剂。在施药后初效作用缓慢,2～3 d效果显著,后效作用强,其基本杀虫原理是抑制昆虫乙酰胆碱酯酶。使用30%乙酰甲胺磷乳油防治棉蚜、小造桥虫用量为1 500～2 250 ml/hm^2(有效成分410～675 g/hm^2),防治棉铃虫、红铃虫用量为2 250～3 000 ml/hm^2(有效成分675～900 g/hm^2),兑水600～1 050 kg/hm^2常量喷雾。

(二) 辛硫磷

辛硫磷(Phoxim),化学名称O,O-二乙基-O-α-氰基苯叉胺基硫逐磷酸酯。纯品为黄色油状液体,工业品为黄棕色液体,不溶于水,而溶于有机溶剂。在酸性和中性介质中稳定,遇碱易分解。对光不稳定,叶面喷洒,残效期短。对人、畜毒性较低,雄大鼠口服LD_{50}为2 170 mg/kg体重,雌大鼠1 976 mg/kg体重,雄大鼠经皮LD_{50}为1 000 mg/kg体重。对鱼有一定毒性,对蜜蜂有接触、熏蒸毒性;对七星瓢虫的卵、幼虫、成虫均有杀伤作用。剂型主要有40%和50%乳油。

辛硫磷有良好的触杀和胃毒作用,击倒力强,但对光不稳定。可以防治蚜虫和鳞翅目害虫,也可以用于防治卫生害虫和储粮害虫。棉花上主要用于防治棉蚜、棉铃虫和红铃虫,可使用40%乳油稀释800～1 000倍液于叶背喷洒;500～800倍液用于棉铃虫防治有良好效果。辛硫磷对地老虎和棉尖象甲也有良好的防治效果。

(三) 毒死蜱

毒死蜱(Chlorpyrifos)化学名称为O,O二乙基-O-(3,5,6-三氯-2-吡啶基)硫逐磷酸酯。原药为白色颗粒状结晶,室温下稳定,有硫醇臭味。在水中的溶解度为1.2×10^{-4} g/100 g,溶于大多数有机溶剂。

按我国农药毒性分级标准,毒死蜱属中等毒性杀虫剂。原药大鼠急性经口LD_{50}为163 mg/kg体重,急性经皮$LD_{50}>2\ 000$ mg/kg体重;对试验动物眼睛有轻度刺激,对皮肤有明显刺激,长时间多次接触会产生灼伤。大鼠亚急性经口无作用剂量为0.03 mg/kg体重,慢性经口无作用剂量为0.1 mg/kg体重。狗慢性经口无作用剂量为0.03 mg/kg。在试验剂量下未见致畸、致突变、致癌作用。毒死蜱对鱼类及水生生物毒性较高,鱼LC_{50}为15×10^{-6}(96 h,72 ℃),对蜜蜂有毒。制剂有48%乐斯本(Lorsban)和40%毒死蜱乳油。

毒死蜱具有良好的触杀、胃毒和熏蒸作用。可以防治棉花上棉蚜、棉叶螨和多种鳞翅目害虫。该药剂在叶片上的残留期不长，但在土壤中的残留期则较长，因此对地下害虫的防治效果较好。防治棉铃虫、红铃虫使用剂量为每公顷有效成分 600～1 014 g，兑水叶面喷雾，同时可以兼治棉蚜、棉叶螨。

(四) 马拉硫磷

马拉硫磷(Malathion)化学名称为 O,O－二甲基－S－[1,2－二(乙氧基羰基)乙基]二硫代磷酸酯。本品(纯度＞95％)为浅黄色液体，沸点 156～157 ℃(0.7 mm 汞柱时)，蒸汽压 4×10^{-5} mm 汞柱。在室温下微溶于水，溶解度为 141 mg/L，与多种有机溶剂混溶。工业品为深褐色油状液体，具有强烈的大蒜臭味，遇碱性物质或酸性物质易分解失效。对铁有腐蚀性。

按我国农药毒性分级标准，乙酰甲胺磷属低毒杀虫剂。原药雌鼠急性经口 LD_{50} 为 1 751.5 mg/kg，雄大鼠经口 LD_{50} 为 1 634.5 mg/kg，大鼠经皮 LD_{50} 为 4 000～6 150 mg/kg。剂型主要有 41％马拉硫磷乳油。

马拉硫磷是非内吸的广谱性杀虫剂，有良好的触杀和一定的熏蒸作用。进入虫体后首先被氧化成毒性更强的马拉氧磷，从而发挥强大的毒杀作用，而当进入温血动物体内，则被在昆虫体内所没有的羧酸酯酶水解，因而失去毒性。马拉硫磷毒性低，残效期较短，对刺吸式口器和咀嚼式口器的害虫都有效。防治棉叶跳虫、棉花盲椿象，用 45％马拉硫磷乳油每公顷有效用量 469～562 g，兑水 600～900 kg 常量喷雾。

(五) 敌百虫

敌百虫(Trichlorphon)化学名称为 O,O－二甲基－(2,2,2－三氯－1－羟基乙基)磷酸酯。纯品为白色结晶粉末。在水中的溶解度为 154 g/L(25 ℃)；可溶于苯、乙醇和大多数氯化烃；不溶于石油；微溶于乙醚和四氯化碳。在室温下稳定，但高温下遇水分解，在碱性溶液中可迅速脱去氯化氢而转化为毒性更大的敌敌畏。

按我国农药毒性分级标准，敌百虫属低毒杀虫剂。原药急性口服 LD_{50} 雌大鼠为 630 mg/kg，雄大鼠为 560 mg/kg；急性经皮 LD_{50} 大鼠＞2 000 mg/kg，用含 500 mg/kg 敌百虫饲料喂大鼠 2 年无影响。

敌百虫是一种毒性低、杀虫谱广的有机磷杀虫剂。在弱碱液中可变成敌敌畏，但不稳定，很快分解失效。对害虫有很强的胃毒作用，兼有触杀作用，对植物具有渗透性，但无内吸传导作用。主要制剂有 80％敌百虫可溶性粉剂，80％敌百虫晶体。

敌百虫在棉花上使用主要是拌种防治地老虎、蝼蛄等地下害虫，具体使用方法为每公顷用有效成分 750～1 500 g，溶化后与 60～75 kg 炒香的棉仁饼或菜籽饼拌匀，亦可与切碎鲜草 300～410 kg 拌匀制成毒饵，在傍晚撒施于作物根部土表诱杀害虫。敌百虫也可以用于防治棉铃虫、棉金刚钻和棉叶蝉，每公顷用晶体或可溶性粉剂有效成分 960～1 200 g，兑水喷雾。

二、拟除虫菊酯类

(一) 氯氰菊酯

氯氰菊酯(Cypermethrin)化学名称为 α－氰基－(3－苯氧苄基)(1RS)－1R,3R－3－(2,2－

二氯乙烯基)-2,2-二甲基环丙烷羧酸酯。原药为黄棕色至深红褐色黏稠液体。在水中溶解度极低,易溶于酮类、醇类及芳烃类溶剂,在中性、酸性条件下稳定,在强碱条件下水解,热稳定性良好,常温储存稳定性2年以上。

按我国农药毒性分级标准,氯氰菊酯为中等毒杀虫剂。原药大鼠急性经口 LD_{50} 为251 mg/kg,大鼠经皮 LD_{50} 为1 600 mg/kg,兔急性经皮 LD_{50} >2 400 mg/kg,大鼠急性吸入 LC_{50} >0.048 mg/L。在试验剂量范围内,对大鼠等动物未见慢性蓄积及致畸、致畸变、致癌作用。氯氰菊酯在试验室条件下对虹鳟、棕鲢鱼、普通白鲢、赤睛鱼等鱼类耐药中浓度(TLm)多在 1×10^{-9} mg/L以下。对鸟类毒性较低,急性口服 LD_{50} >2 000 mg/kg,对蜜蜂、蚕和蚯蚓剧毒。

氯氰菊酯具有触杀和胃毒作用。杀虫谱广,药效迅速,对光、热稳定,对某些害虫的卵具有杀伤作用。用此药防治鳞翅目的低龄幼虫效果良好,但对棉蚜、螨类和盲蝽防治效果差。正确使用该药剂对作物安全。氯氰菊酯主要制剂有5%和10%氯氰菊酯乳油。

氯氰菊酯在棉花上使用主要用于防治棉铃虫和红铃虫,同时可兼治棉蚜、金刚钻、小造桥虫、棉蓟马等害虫,防治棉铃虫、红铃虫使用剂量为每公顷有效成分75～150 g,残效期为5 d左右。

(二) 高效氯氰菊酯(顺式氯氰菊酯)

高效氯氰菊酯(Alpha-cypermethrin)化学名称为含(S)-α-氰基-3-苯氧基苄基(1R)-顺-3-(2,2-二氯乙烯基)-2,2-二甲基环丙烷羧酸酯和(R)-α-氰基-3-苯氧基苄基(1S)-顺-3-(2,2二氯乙烯基)-2,2-二甲基环丙烷羧酸酯。原药为白色或奶油色结晶粉末。25 ℃时水中的溶解度为0.005～0.01 mg/L,丙酮620 g/L,环己酮515 g/L,已烷7 g/kg,二甲苯351 g/L。在高于220 ℃分解,pH 3～7时稳定,pH 12～13时水解;田间对空气和光稳定。

按我国农药毒性分级标准,高效氯氰菊酯属中等毒杀虫剂。原药大鼠急性经口 LD_{50} 为60～80 mg/kg,急性经皮 LD_{50} 5 000 mg/kg,急性吸入 LC_{50} 为480 mg/kg(雄)、570 mg/kg(雌)。对兔眼睛有轻微刺激。原药大鼠亚急性经口无作用剂量为 150×10^{-6},慢性毒性可参考氰戊菊酯。主要制剂有4.5%和5%高效氯氰菊酯乳油。

高效氯氰菊酯在棉花上使用主要用于防治棉铃虫和红铃虫,同时可兼治金刚钻、小造桥虫、棉蓟马等其他次要害虫,防治棉铃虫、红铃虫使用剂量为每公顷有效成分27～54 g,残效期为5～7 d。

(三) 氰戊菊酯

氰戊菊酯(Fenvalerate)又名速灭杀丁,中西杀灭菊酯。化学名称为α-氰基-3-苯氧苄基(R,S)-2-(4-氯苯基)-3-甲基丁酸酯。纯品为微黄色透明油状液体。原药(含氰戊菊酯92%)为黄色或棕色黏稠状液体。23 ℃时在水中溶解度为0.02 mg/kg,在二甲苯、甲醇、丙酮、氯仿中溶解度大于50%,已烷中13.4%,乙二醇中小于0.1%。耐光性较强。在酸性中稳定,碱性中不稳定,加热至150～300 ℃时逐渐分解。

按我国农药毒性分级标准,氰戊菊酯属中等毒杀虫剂。原药大鼠急性经口 LD_{50} 为411 mg/kg,大鼠急性经皮 LD_{50} >5 000 mg/kg,大鼠急性吸入 LC_{50} >101 mg/m^3(3 h)。对兔皮肤有轻度刺激性,对眼睛有中度刺激性。在动物体内吸收、代谢、排出都很快。在试验条件下未见致突变、致畸和致癌作用。2年动物饲喂试验，大鼠无作用剂量为250 mg/kg。小鼠1年半饲喂试验无作用剂量为100 mg/kg。对鱼和水生生物毒性很大，对鸟类毒性不大，在正常用量下，对蜜蜂安全无害。

氰戊菊酯杀虫谱广，对天敌无选择性，以触杀和胃毒作用为主，无内吸传导和熏蒸作用。对鳞翅目幼虫效果好。对同翅目、直翅目、半翅目等害虫也有较好的防治效果，但对螨类无效。制剂有20%氰戊菊酯乳油。

氰戊菊酯可用于防治棉铃虫和红铃虫，使用剂量为每公顷有效成分120～240 g，兑水600～900 kg均匀喷雾，同时可兼治棉蚜、小造桥虫、金刚钻、卷叶虫、蓟马、叶蝉、盲蝽等其他害虫。

（四）高效氯氟氰菊酯

高效氯氟氰菊酯(Cyhalothrin)又名功夫菊酯，化学名称为α-氰基-3-苯氧基苄基-3-(2-氯-3,3,3-三氟-1-丙烯基)-2,2-二甲基环丙烷羧酸酯，纯品为白色固体，工业品为淡黄色固体，易溶于丙酮、甲醇、醋酸乙酯、甲苯等多种有机溶剂，溶解度均大于500 g/L；不溶于水。常温下可稳定储存半年以上。

该药剂对人畜毒性中等，急性毒性：LD_{50} 79 mg/kg (雄大鼠经口)；56 mg/kg(雌大鼠经口)；LD_{50} 632 mg/kg(雄大鼠经皮)，696 mg/kg(雌大鼠经皮)。对兔皮肤无刺激作用，对眼睛有轻度刺激作用，对水生生物、蜜蜂、家蚕高毒。

高效氯氟氰菊酯具有触杀和胃毒作用，并有一定的驱避作用，无内吸和熏蒸作用，杀虫谱广，活性较高，药效迅速，喷洒后有耐雨水冲刷的优点，但长期使用害虫易产生抗性。该药剂对鳞翅目幼虫效果好。对刺吸式口器的害虫及害螨有一定防效。制剂有2.5%功夫乳油。

高效氯氟氰菊酯防治棉花棉铃虫和红铃虫，使用剂量为每公顷有效成分15～22.5 g，兑水600～900 kg均匀喷雾。该药剂对棉蚜和棉叶螨也具有一定的防效，同时还可兼治其他棉花害虫。

（五）氟氯氰菊酯

氟氯氰菊酯(Cyfluthrin)又名百树菊酯，百树得(Baythroid)。化学名称为α-氰基-3-苯氧基-4-氟苄基(1R,3R)-3-(2,2-二氯乙烯基)-2,2-二甲基环丙烷羧酸酯。原药为棕色含有结晶的黏稠液体，有效成分含量不低于90%，无特别气味。微溶于水，易溶于丙酮、甲苯和二氯甲烷，常温储存稳定2年以上。在酸性条件下稳定，但在pH＞7.5的碱性条件下易分解。

按我国毒性分级标准，氟氯氰菊酯属低毒杀虫剂。原药大鼠急性经口LD_{50}为590～1 270 mg/kg，大鼠急性经皮LD_{50}＞5 000 mg/kg，大鼠急性吸入LC_{50}(1 h)＞1 089 mg/m^3、(4 h)496～592 mg/m^3。对兔皮肤无刺激，但对眼睛有轻度刺激作用。在试验剂量条件下未发现致突变、致畸、致癌作用。对鱼、蜜蜂、蚕高毒。

氟氯氰菊酯是一种杀虫活性较高的拟除虫菊酯类杀虫剂，其作用机理及一般使用特性同其他菊酯类农药，对多种鳞翅目幼虫有良好效果，亦可有效防治某些地下害虫。对害虫以触杀、胃毒作用为主，无内吸及熏蒸作用。杀虫谱广，作用迅速，持效期长，对哺乳动物毒性低，对作物安全。氟氯氰菊酯的主要制剂有5.7%百树菊酯乳油。

氟氯氰菊酯主要用于防治棉花上棉铃虫和红铃虫,使用剂量为每公顷有效成分 22.5～37.5 g,兑水 600～900 kg 均匀喷雾。该药剂对棉蚜和棉叶螨也具有一定的防效,同时还可兼治其他棉花害虫。

(六) 联苯菊酯

联苯菊酯(Bifenthrin)化学名称为 3 -(2 -氯- 3,3,3 -三氟丙烯- 1 -基)- 2,2 -二甲基环丙烷羧酸酯- 2 -甲基-苯基苄基酯。纯化合物为固体,原药为浅褐色固体。熔点 68～70.6 ℃(纯品);57～64 ℃(原药)。溶解性:水 0.1 mg/L,丙酮 1.25 kg/L, 并可溶于氯仿、二氯甲烷、乙醚、甲苯。对光稳定,在酸性介质中也较稳定,在常温下储存 1 年仍较稳定,但在碱性介质中会分解。

联苯菊酯对人畜毒性中等,大鼠急性经口毒性 LD_{50} 为 54.5 mg/kg;兔急性经皮毒性 LD_{50}>2 000 mg/kg。对皮肤和眼睛均无致敏和刺激作用,无致畸、致癌、致突变作用。对鸟类低毒,对蜜蜂毒性中等,对家蚕、鱼类毒性很高。主要剂型有 2.5%和 10%联苯菊酯乳油。

联苯菊酯是拟除虫菊酯类杀虫、杀螨剂,具有触杀、胃毒作用,无内吸和熏蒸作用。杀虫谱广、作用迅速。在土壤中不移动,对环境较为安全,残效期较长。在棉花害虫和螨并发时使用,可达到兼治作用。防治棉花棉铃虫和红铃虫,使用剂量为每公顷有效成分 60～90 g,兑水 600～900 kg 均匀喷雾;防治棉叶螨,使用剂量为每公顷有效成分 41～60 g;同时可兼治棉蚜、造桥虫、卷叶虫、蓟马等棉花害虫。

三、氨基甲酸酯类

(一) 丁硫克百威

丁硫克百威(Carbosulfan)化学名称为 2,3 -二氢- 2,2 -二甲基苯并呋喃- 7 -基(二丁基氨基硫)甲基氨基甲酸酯。原药为棕色至棕褐色黏稠油状液体,沸点 124～128 ℃,蒸汽压 0.041 mPa。溶解性:水中 0.03 mg/L(25 ℃),能与丙酮、二氯甲烷等多种有机溶剂互溶。在中性或弱碱性条件下稳定,在酸性条件下不稳定。

丁硫克百威系克百威低毒化衍生物,雄、雌大鼠急性经口毒性 LD_{50} 分别为 250 mg/kg、185 mg/kg, 兔急性经皮毒性 LD_{50}>2 000 mg/kg。在试验剂量条件下未发现致突变、致畸、致癌作用。对鸟、鱼高毒。主要剂型有 5%颗粒剂和 20%(200 g/L)乳油。

丁硫克百威是胆碱酯酶的抑制剂,具有触杀、胃毒和内吸作用,杀虫广谱,持效期长。对蚜虫具有很高的杀灭效果,作土壤处理,可防治地下害虫和叶面害虫。20%丁硫克百威乳油防治棉蚜使用剂量为每公顷有效成分 135～180 g,同时可兼治螨、叶蝉、卷叶蛾等。

(二) 丙硫克百威

丙硫克百威(Benfuracarb)化学名称为 N -[2,3 -二氢- 2,2 -二甲基苯并呋喃- 7 -基氧羰基(甲基)氨硫基]- N -异丙基- β -丙氨酸乙酯。原药为红棕色黏稠液体,蒸汽压 0.026 7 mPa(20 ℃)。溶解性:水中 8 mg/L(20 ℃),能溶于大多数有机溶剂。

丙硫克百威为中等毒性杀虫剂。大、小鼠急性经口 LD_{50} 为 138 mg/kg、175 mg/kg, 狗急性经口 LD_{50} 为 300 mg/kg, 小鼠急性经皮 LD_{50}>288 mg/kg, 大鼠急性经皮 LD_{50}>2 000 mg/kg, 对皮肤和眼睛无刺激作用,在试验剂量条件下未发现致突变、致畸、致癌作用。

对鱼高毒。主要剂型3%、5%、10%颗粒剂,20%乳油。

丙硫克百威是克百威低毒化品种,是胆碱酯酶的抑制剂,具有触杀、胃毒和内吸作用,持效期长。使用方法:

(1) 土壤处理:每公顷用5%颗粒剂有效成分1.1～1.8 kg作土壤处理防治棉花地下害虫、蓟马及蚜虫等。

(2) 喷雾处理:每公顷用20%丙硫克百威乳油有效成分150～210 g。

(三) 硫双威

硫双威(Thiodicarb)化学名称为3,7,9,13-四甲基-5,11-二氧杂-2,8,14-三噻-4,7,9,12-四-氮杂十五烷-3,12-二烯-6,10-二酮。原药(TC)为浅棕褐色晶体。水中溶解度35 mg/L,丙酮中8 g/kg,甲醇5 g/kg,二甲苯3 g/kg;在60 ℃稳定,其水悬液因日光而分解,pH 6时稳定,pH 9时迅速水解,pH 3时缓慢水解(DT_{50}约9 d),遇酸、碱、金属盐、黄铜和铁锈而分解。

急性经口LD_{50}:大鼠66 mg(水中)/kg、66 mg(玉米油中)/kg。兔急性经皮LD_{50}>2 000 mg/kg。对鼠、兔皮肤和眼睛稍有刺激,大鼠急性吸入LC_{50}(4 h)0.001 5～0.002 2 mg/L空气。大、小鼠2年饲喂试验的无作用剂量为3 mg/kg饲料,对人的毒性为0.03 mg/kg体重。对鱼、鸟安全,无慢性中毒,无致癌、致畸、致突变作用,对作物安全,若直接喷到蜜蜂上稍有毒性,但在田间喷雾时,干后无危险。

硫双威为中等毒性氨基酸酯类杀虫剂,杀虫活性与灭多威相近,毒性较灭多威低。为胆碱酯酶抑制剂。具有一定的触杀和胃毒作用,无熏蒸和内吸作用,有较强的选择性,在土壤中残效期很短。对鳞翅目的卵和成虫有较高的活性,对部分鞘翅目和双翅目害虫有效,对棉蚜、叶蝉、蓟马和螨类无效。

主要制剂有37.5%硫双威可湿性粉剂、75%硫双威可湿性粉剂。硫双威主要用于防治棉铃虫和红铃虫,使用剂量为每公顷有效成分421.9～506.25 g,兑水600～900 kg均匀喷雾,于卵孵盛期进行施药。其高剂量处理对棉花的某些品种有轻微药害。

四、特异性昆虫生长调节剂

(一) 氟铃脲

氟铃脲(Hexaflumuron)化学名称为1-[3,5-二氯-4-(1,1,2,2-四氟氧基)苯基]-3-(2,6-二氟苯甲酰基)脲。原药为无色(或白色)固体,熔点202～205 ℃,蒸汽压为0.059 mPa(25 ℃)。溶解性(20 ℃):水中0.027 mg/L(18 ℃),甲醇中11.3 mg/L,二甲苯中5.2 g/L。

大白鼠急性经口LD_{50}>5 000 mg/kg,大白鼠急性经皮>5 000 mg/kg;大白鼠急性吸入LC_{50}(4 h)>2.5 mg/L(达到的最大浓度)。在田间条件下,仅对水虱有明显的危害。对蜜蜂的接触和经口LD_{50}均大于0.1 mg(蜜蜂)。

本品属苯甲酰脲类杀虫剂,是昆虫几丁质合成抑制剂,具有很高的杀虫和杀卵活性,用于棉花、马铃薯及果树防治多种鞘翅目、双翅目、同翅目昆虫,尤其防治棉铃虫效果较好。田间试验表明,该杀虫剂在通过抑制蜕皮而杀死害虫的同时,还能抑制害虫取食速度,故有较好防治效果。

主要剂型为5%氟铃脲乳油。防治棉铃虫使用剂量为每公顷有效成分90～120 g。

(二) 灭幼脲

又名灭幼脲三号,化学名称为1-邻氯苯甲酰基-3-(4-氯苯基)脲。原粉为白色结晶,不溶于水,在100 ml丙酮中能溶解1 g,易溶于N,N-二甲基甲酰胺和吡啶等有机溶剂。灭幼脲遇碱和较强的酸易分解,常温下贮存较稳定。

按我国农药毒性分级标准,灭幼脲属低毒杀虫剂。原粉大鼠急性经口LD_{50}>20 000 mg/kg,小鼠急性经口LD_{50}>20 000 mg/kg。对兔眼黏膜和皮肤无明显刺激作用。试验结果表明,在动物体内没有明显的蓄积毒性。在试验条件下,未见致突变、致畸作用。大鼠经口无作用剂量为125 mg/(kg·d)。

灭幼脲三号是苯甲酰基类杀虫剂,其作用特点与氟铃脲相同。该药剂主要是胃毒作用,触杀次之,残效期达15～20 d,耐雨水冲刷,在田间降解速度慢。对有益动物安全,适用于综合防治。

其主要制剂有25%灭幼脲三号悬浮剂,防治棉铃虫使用剂量为每公顷有效成分112.5～150 g。

(三) 除虫脲

除虫脲(Diflubenzuron)又名敌灭灵(Dimilin),化学名称为1-(4-氯苯基)-3-2,6-(二氟苯甲酰基)脲。除虫脲纯品为白色结晶,原药(有效成分含量95%)外观为白色至浅黄色结晶粉末。20 ℃时在水中溶解度为0.1 mg/L, 丙酮中6.5 g/L;易溶于极性溶剂如乙腈、二甲基砜,也可溶于一般极性溶剂如乙酸乙酯、二氯甲烷、乙醇。在非极性溶剂中如乙醚、苯、石油醚等很少溶解。遇碱易分解,对光较稳定,对热也较稳定。常温储存稳定期至少2年。

按我国农药毒性分级标准,除虫脲属低毒特异性杀虫剂。原药大鼠和小鼠急性经口LD_{50}均大于4 640 mg/kg。兔急性经皮LD_{50}>2 000 mg/kg, 急性吸入LC_{50}>30 mg/L。对兔眼睛有轻微刺激性,对皮肤无刺激作用。除虫脲在动物体内无明显蓄积作用,能很快地代谢。在试验条件下,未见致突变、致畸和致癌作用。对蜜蜂毒性很低,对鸟类毒性也低。

除虫脲的主要作用机理是胃毒及触杀作用,抑制昆虫几丁质合成,使幼虫在蜕皮时不能形成新表皮,虫体成畸形而死亡,对鳞翅目害虫有特效,对鞘翅目、双翅目多种害虫也有效。在有效用量下对植物无药害,对有益生物、天敌等无明显不良影响。对人畜安全,对害虫杀死缓慢。

其主要制剂有20%除虫脲悬浮剂,防治棉铃虫使用悬浮剂为每公顷有效成分112.5～150 g。

五、杀　螨　剂

(一) 哒螨酮

哒螨酮(Pyridaben)又称哒螨灵,化学名称为2-特丁基-5-(4-特丁基苄硫基)-4-氯哒嗪-3(2*H*)-酮,原药为无色晶体,在水中溶解度为0.012 mg/L, 丙酮中460 mg/L, 苯110 g/L,环己烷320 g/L,乙醇57 g/L, 正辛醇63 g/L, 已烷10 g/L, 二甲苯390 g/L。稳定性:在50 ℃稳定90 d;当pH 4、7和9时,在有机溶剂中稳定;对光不稳定,但是乳油在正常储存条件下可至少稳定 2 年。

哒螨酮属低毒杀螨剂,雄大鼠急性经口 LD_{50} 为 1 350 mg/kg, 雌大鼠为 820 mg/kg, 雄小鼠急性经口 LD_{50} 为 424 mg/kg, 雌小鼠为 383 mg/kg。大鼠和兔急性经皮 LD_{50} >2 000 mg/kg,对兔皮肤和眼睛无刺激作用,对豚鼠皮肤无过敏性。无致畸、致癌、致突变作用。

哒螨酮属哒嗪酮类杀虫、杀螨剂,无内吸性,为广谱、触杀性杀螨剂,可用于防治多种植食性害螨。对移动期的成螨同样有明显的速杀作用。该药不受温度变化的影响,无论早春或秋季使用,均可达到满意效果。

主要制剂有 20% 可湿性粉剂和 15% 乳油。

防治棉叶螨使用剂量为每公顷有效成分 30～60 g。对螨从卵、幼螨、若螨和成螨的不同生育期均有效,持效期 10～20 d,与苯丁锡、噻螨酮等常用杀螨剂无交互抗性。

(二) 炔螨特

炔螨特(Propargite)又名克螨特,化学名称为 2 -(4 -特丁基苯氧)环已基丙- 2 -炔基亚硫酸酯。原药为黑色黏性液体,25 ℃水中溶解度为 0.5×10^{-6},易燃,易溶于有机溶剂,不能与强酸、强碱相混。通常条件下贮藏至少 2 年不变质。

按我国农药毒性分级标准,炔螨特为低毒杀螨剂。原药大鼠急性经口 LD_{50} 为 2 200 mg/kg, 家兔急性经皮 LD_{50} 为 3 476 mg/kg, 大鼠急性吸入 LC_{50} 为 2.5 mg/L。对家兔眼睛、皮肤有严重刺激作用。在试验条件下,对动物未见致畸、致突变和致癌作用,对蜜蜂低毒。

炔螨特是一种低毒广谱性有机硫杀螨剂,具有触杀和胃毒作用,无内吸和渗透传导作用。对成螨、若螨有效,杀卵的效果差。该药在温度 20 ℃以上条件下药效可提高,但在 20 ℃以下随低温递降。炔螨特可用于防治棉花、蔬菜、苹果、柑橘、茶、花卉等多种作物的害螨,对多数天敌较安全,但在嫩小作物上使用时要严格控制浓度,过高易发生药害。

其主要制剂有:炔螨特 73%、57%、40%乳油,防治棉花红蜘蛛使用剂量为每公顷有效成分 435～870 g,兑水均匀喷雾。

六、其他常用农药

(一) 阿维菌素

阿维菌素(Abamectin)是一类新化合物。在对线虫寄生菌 *Nematodius dubius* 筛选时,从日本土壤微生菌 *Streptomyces avermitilis* 的发酵培养液中,经分离、净化、提取,得到由 8 个组分组成的混合物。纯品为白色至浅黄色结晶粉末。溶解性:水 0.01 mg/L,丙酮 100 g/L,正丁醇 10 g/L, 氯仿 25 g/L,环已烷 6 g/L,乙醇 20 g/L,异丙醇 70 g/L, 煤油 0.5 g/L,甲醇 19.5 g/L,甲苯 350 g/L。稳定性:在通常储藏条件下稳定;在 pH 5、7、9 和 25 ℃时,其水溶液不发生水解。

毒性:小鼠急性经口 LD_{50} 13.6 mg/kg(麻油)、29.7 mg/kg(甲基纤维素),大鼠急性经口 LD_{50} 10.0 mg/kg(麻油);兔急性经皮 LD_{50} >2 000 mg/kg,对兔眼睛有轻微刺激作用,对兔皮肤无刺激作用;Ames 试验表明,无致突变性。

阿维菌素是一种广谱杀虫杀螨剂。对害虫、害螨有触杀和胃毒作用,对作物有渗透作用,但无杀卵作用。杀虫机理主要是干扰害虫的神经生理活动。主要作用于神经与肌肉接头,增加氯离子的释放,抑制其神经肌肉接头的信息传递,从而导致害虫、害螨出现麻痹症状,不活动,不取食,经 2～4 d 即死亡。在土壤中降解快,光解迅速。对作物安全,不易产生药害。使用本品喷雾,可有效防治观赏植物上的叶螨和潜叶蝇,对几个目的农业害虫、线虫和植食性螨类有特效。其主要制剂有:0.9%、1.8%、2%和 5%乳油。

防治棉花红蜘蛛使用剂量为每公顷有效成分 8.1～16.2 g,防治棉铃虫使用剂量为每公顷有效成分 21.6～32.4 g,可兼治棉蚜、蓟马和盲椿象。

(二) 吡虫啉

吡虫啉(Imidacloprid)化学名称为 1 -(6 -氯- 3 -吡啶基甲基)- N -硝基亚咪唑烷- 2 -基胺。无色晶体,有微弱气味,熔点 143.8 ℃(晶体形式 1)、136.4 ℃(形式 2),蒸汽压 0.2 μPa (20 ℃),溶解度:水 0.51 g/L(20 ℃),二氯甲烷 50～100 g/L,异丙醇 1～2 g/L,甲苯 0.5～1 g/L,正已烷<0.1 g/L(20 ℃),pH 15～11 时稳定。

大鼠急性经口 LD_{50} 为 1 260 mg/kg,急性经皮 LD_{50}>1 000 mg/kg。对兔眼睛和皮肤无刺激作用。

吡虫啉是烟碱类超高效杀虫剂,低毒。具有广谱、高效、低毒、低残留,害虫不易产生抗性,对人、畜、植物和天敌安全等特点,并有触杀、胃毒和内吸等多重作用。害虫接触药剂后,中枢神经正常传导受阻,使其麻痹死亡。产品速效性好,药后 1 d 即有较高的防效,残留期长达 25 d 左右。药效和温度呈正相关,温度高,杀虫效果好。主要用于防治刺吸式口器害虫。

主要剂型有:70% 可分散粒剂、可湿性粉剂, 10% 可湿性粉剂, 35% (350 g/L) 可湿性粉剂, 20% 可溶性液剂。

吡虫啉主要用于防治刺吸式口器害虫,如蚜虫、叶蝉、蓟马、白粉虱等。防治棉花蚜虫使用剂量为每公顷有效成分 15～41 g,兑水 410～900 kg 药液喷雾。可以兼治蓟马和烟粉虱。

(三) 啶虫脒

啶虫脒(Acetamiprid)化学名称为 N -(N -氰基-乙亚胺基)- N -甲基- 2 -氯吡啶- 5 -甲胺。原药外观为白色晶体,熔点为 101.0～103.3 ℃,蒸汽压>1.33×10^{-6} Pa (25 ℃)。25 ℃时在水中的溶解度 4 200 ml/L, 能溶于丙酮、甲醇、乙醇、二氯甲烷、氯仿、乙腈、四氢呋喃等。在 pH 7 的水中稳定,pH 9 时,于 41 ℃逐渐水解,在日光下稳定。

低毒,大鼠急性口服 LD_{50}:雄 217 mg/kg,雌 146 mg/kg;小鼠:雄 198 mg/kg,雌 184 mg/kg;大鼠急性经皮 LD_{50}:雄、雌>2 000 mg/kg。

本品是一种新型广谱且具有一定杀螨活性的杀虫剂,不仅内吸性强、杀虫谱广、活性高,而且作用速度快、持效期长,既能防治地下害虫、又能防治地上害虫。在棉田使用主要用于防治棉花蚜虫、蓟马、烟粉虱、盲椿象等害虫。主要剂型有:3% 乳油、可湿性粉剂, 20% 可溶性粉剂、可湿性粉剂。

使用方法:防治棉蚜使用剂量为每公顷有效成分 11.25～13.5 g;防治棉花盲椿象每公顷有效用量为 20～30 g,兑水 600～900 kg 喷雾。

(四) 苏云金杆菌

苏云金杆菌(*Bacillus thuringiensis*, *Bt*)原药为黄褐色固体,是一种细菌杀虫剂,属好气性蜡状芽孢杆菌群，在芽孢囊内产生晶体，有 12 个血清型，17 个变种。

按我国毒性分级标准，苏云金杆菌属低毒杀虫剂。鼠经口按每 1 kg 体重 2×10^{22} 活芽孢给药无死亡，也无中毒症状。豚鼠皮肤局部涂抹苏云金杆菌，无副反应。将鼠暴露在苏云金杆菌的粉尘中无反常症状，体重无变化，肉眼病理检查无阳性反应。对 18 名志愿者每人每天吞服 30 亿活芽孢，连服 5 d，4～5 周后检查，一切化验结果正常，无毒性反映。亚急性和慢性毒性试验亦未见异常。对鸡、猪、鱼类和蜜蜂的急性和慢性饲料试验也未见异常。

苏云金杆菌简称 *Bt*，是包括许多变种的一类产晶体芽孢杆菌。可用于防治直翅目、鳞翅目、双翅目、膜翅目，特别是鳞翅目的多种害虫。苏云金杆菌可产生 2 大类毒素：内毒素（即伴孢晶体）和外毒素（α、β 和 γ 外毒素）。伴孢晶体是主要的毒素。在昆虫的碱性中肠中，可使肠道在几分钟内麻痹，昆虫停止取食，并很快破坏肠道内膜，造成细菌的营养细胞易于侵袭和穿透肠道底膜进入血淋巴，最后昆虫因饥饿和败血症而死亡。外毒素作用缓慢，而在蜕皮和变态时作用明显，这两个时期正是 RNA 合成的高峰期，外毒素能抑制依赖于 DNA 的 RNA 聚合酶。

其主要制剂有苏云金杆菌可湿性粉剂（100 亿活芽孢/g），*Bt* 乳剂（100 亿孢子/ml）。使用 *Bt* 100 亿孢子/g 的菌粉或 100 亿孢子/ml 乳剂，稀释 400～600 倍液在棉田喷洒，可有效防治棉铃虫、棉小造桥虫等鳞翅目害虫。

第五节　棉花害虫绿色综合防治

一、棉花害虫绿色防控技术进展

在全球主要的植棉国家中，美国和澳大利亚等在棉花害虫防控新技术的研发中一直处于领先地位。近年来在靶标害虫对转基因抗虫棉（简称“*Bt* 棉花”）的抗性治理、棉铃虫食诱剂等害虫绿色防控技术研发等应用技术领域取得了系列重要进展，同时抗盲蝽 *Bt* 棉花的研发、转基因红铃虫的培育等前沿科技领域也有多项重大突破。在中亚，乌兹别克斯坦长期采用“以虫治虫”，生物防治技术也较为先进。目前，各国采用的棉花害虫主要防控技术包括以下几种。

（一）害虫对 *Bt* 棉花抗性的治理技术

至 2017 年，美国、印度、巴基斯坦、巴西、澳大利亚等国家商业化种植了 *Bt* 棉花，而乌兹别克斯坦、土耳其、土库曼斯坦等国家仍种植常规棉花。在 *Bt* 棉花种植过程中，靶标害虫将逐步适应 *Bt* 棉花的选择压力并产生抗性，使 *Bt* 棉花丧失原先的抗虫效果，从而威胁着 *Bt* 棉花的持续有效使用。因此，提出了相应的抗性治理策略与技术体系，广泛用于管理棉铃虫、美洲棉铃虫、红铃虫等靶标害虫 *Bt* 抗性发展。

1. “高剂量/庇护所”策略　在保障 *Bt* 棉花高效表达 *Bt* 杀虫蛋白的同时，在 *Bt* 棉花周围种植一定比例的非 *Bt* 棉花，使害虫敏感个体得以存活，可以与 *Bt* 棉花上的抗性个体进行杂交，抗性基因多以隐性遗传的，那么杂交产生的杂合子后代仍然对 *Bt* 作物敏感，从而有效降低靶标害虫的抗性演变速度。这一措施在延缓红铃虫对 *Bt* 棉花的抗性中发挥了极其重要的作用。

2. “金字塔”策略　又称为基因叠加策略，是指 *Bt* 棉花同时表达两种或者多种不同作用机制的 *Bt* 杀虫蛋白，而这些不同的 *Bt* 蛋白均可以杀死同一种害虫。这样靶标害虫需要产生多种抗性位点才能对该 *Bt* 棉花产生抗性，其概率远低于单价的 *Bt* 棉花，因而可以延缓害虫对 *Bt* 棉花抗性的发展。*Cry1Ac*＋*Cry2Ab*、*Cry1Ac*＋*Cry1Fa* 等双价转基因棉花以及 *Cry1Ac*＋*Cry2Ab*＋*Vip3Aa* 三价转基因棉花先后已商业化应用，在生产上逐步替代了之前的单价 *Bt* 棉花，有效控制了棉铃虫、美洲棉铃虫、红铃虫等多种靶标害虫的抗性演化。

3. 不育昆虫释放应用技术　释放大量的不育性昆虫与抗性个体交配不能产生后代，通过减少害虫的种群数量从而减少抗性个体间交配行为的发生。昆虫不育的方法主要有辐射不育、化学不育和遗传不育。自 2006 年起，美国西南部和墨西哥北部地区在红铃虫成虫的发生季节，大量释放辐射不育的红铃虫成虫。这一措施不仅成功压制了该区域红铃虫种群的数量，而且有效防止红铃虫抗性的产生，增加对 *Bt* 棉花的敏感性。这种方法实施后，该地区的农民可以种植 100％的 *Bt* 棉花，取消非 *Bt* 棉花庇护所的种植。

（二）害虫绿色防控技术

美国等国家的植棉技术高度现代化、机械化，主要通过自然天敌保护利用、化学农药科学使用来防控棉花害虫。而乌兹别克斯坦等国家仍采用传统植棉技术模式，棉花害虫防治主要以天敌昆虫饲养和释放，并结合使用部分化学农药。此外，农业防治、物理防治、诱集防治等技术手段也有一定使用。

1. 天敌利用技术　一方面，大规模人工饲养天敌昆虫，再释放到棉田系统中控制害虫发生。例如，利用赤眼蜂、茧蜂防治棉铃虫，释放草蛉防治棉蚜等；另一方面，通过农田景观中功能植物设置、非作物生境利用等途径保育天敌自然种群，同时严格执行害虫防治指标、使用选择性农药等方式减少对棉田害虫天敌的伤害，从而提高棉田害虫天敌多样性、丰富度及其控害服务功能。

2. 农药科学使用技术　通过药剂品种的更新换代以及不同药剂的轮用、混用等科学使用，控制棉田害虫对化学农药抗性的产生与发展，同时确保棉田害虫的化学防治效果。

3. 食诱剂使用技术　澳大利亚成功研发了棉铃虫生物食诱剂产品，食诱剂在使用前加入一定量的化学农药，再通过人工或飞机在棉田进行条带喷施。食诱剂条带对四周的棉铃虫成虫具有强烈的吸引作用，成虫聚集到食诱剂条带后进行取食，从而摄入化学农药、被集中杀死，显著降低整块棉田中棉铃虫成虫数量及其落卵量。由于食诱剂喷施面积仅占防治棉田面积的 1％～4％，因此与常规化学防治相比，喷施食诱剂大幅度降低农药使用量以及劳动力成本。

二、棉田害虫天敌的保护、饲养和利用

在棉花害虫综合防治中，生物防治应用非常广泛。通过利用一种或多种生物因子，能有效地抑制棉田害虫的发生和危害。目前我国棉田常用的生物防治措施主要有：作物合理布局和诱集植物种植、害虫天敌的人工饲养和释放、微生物源与植物源农药使用等。

（一）天敌的保护利用

通过作物合理布局以及筛选适当的诱集植物，利用植物-天敌-害虫的互作关系，增强棉

田有益生态因子,增加棉田害虫自然天敌的种类和数量,从而起到控制棉花害虫的作用。

1. 麦棉合理布局　小麦是棉田害虫天敌的重要库源,棉田中种植小麦能有效地增加棉田中害虫天敌的数量,尤其是瓢虫类天敌。麦收后不同时期,小麦增益效果不同。在麦收割后7 d左右,增益效果最佳,尤其是瓢虫类和食虫蝽类害虫天敌数量,有效地提高棉田昆虫的益害比,对控制棉田早期害虫发生发挥着极强的作用。麦收后,麦-棉-麦-棉镶嵌式布局增益效果最好,主要是因为相比另外两种布局方式,此种布局方式缩短了天敌向棉田转移距离,防止天敌向棉田以外地方转移,并且能更好地使天敌向棉田均匀扩散;麦棉面积比例在1∶(1～5)时,棉田在麦收后天敌总数和食虫蝽类天敌数量差异显著,并且在麦收1个月后内,天敌数量也高于其他麦棉比例棉田,增益效果最好。Ⅰ类棉田和Ⅲ类棉田与全棉棉田的益害比分别比全棉类型高出2倍和2.7倍,控制棉蚜的效果非常明显(表41-6、表41-7,图41-1)。

表41-6　麦收后1周不同布局棉田害虫天敌发生数量

(王伟等,2009)　(单位:头/300网)

布局方式	瓢虫类	食虫蝽类	草蛉类	蜘蛛类	天敌总数
麦-棉(Ⅰ)	329.8±55.9 a	107.5±16.6 ab	5.5±1.5 a	14.0±2.3 a	456.8±64.8 a
麦-棉-麦(Ⅱ)	327.3±22.5 a	124.5±7.0 b	6.8±3.2 a	10.5±2.9 a	469.0±21.8 a
麦-棉-麦-棉(Ⅲ)	379.5±41.7 a	78.8±16.6 a	10.3±1.5 a	10.6±2.7 a	479.3±34.7 a
全棉	138.5±8.6 b	73.5±4.0 a	5.5±1.0 a	6.0±1.8 a	223.5±12.4 b

[注] 同列不同小写字母表示差异达0.05显著水平。

表41-7　麦收后不同麦棉比例棉田害虫天敌发生数量

(王伟等,2009)　(单位:头/300网)

麦棉比	瓢虫类	食虫蝽类	草蛉类	蜘蛛类	天敌总数
1∶5以上(Ⅰ)	289.0±30.5 a	89.5±14.4 ab	6.5±1.9 a	15.3±1.5 a	400.3±31.4 b
1∶(1～5)(Ⅱ)	365.0±42.8 a	127.8±9.4 b	8.5±3.6 a	9.3±2.6 a	510.5±46.5 c
1∶1以下(Ⅲ)	382.5±39.4 a	93.5±38.2 ab	7.5±1.3 a	10.8±2.8 a	494.3±21.1 bc
全棉	138.5±8.5 b	73.5±4.0 a	5.5±1.0 a	6.0±1.8 a	223.5±12.4 a

[注] 同列不同小写字母表示差异达0.05显著水平。

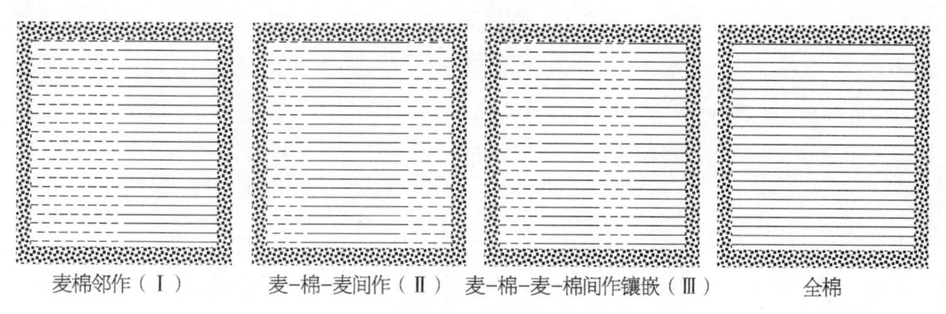

图41-1　不同麦棉空间布局

(王伟等,2009)

2. “苜蓿带+油菜带”种植模式　在地头种植苜蓿(宽约8 m左右),可明显增加棉田害虫天敌的种类和数量,且距地头越近天敌数量越多。同时,可根据需要,在不同时期收割苜蓿,以使苜蓿上天敌向棉田转移,从而起到增强棉田害虫天敌的控害能力。

棉花播种时,在棉田两侧单行种植油菜诱集带(300 m/100 g种子),由于油菜生长比较快,油菜植株上有大量对棉花不产生危害的害虫(油菜上不进行防治),可显著吸引瓢虫、草蛉、蜘蛛等自然天敌繁殖。随着油菜成熟,自然天敌就近转入棉田,正好弥补此时棉田害虫天敌数量相对较少的不足,可有效地控制棉田害虫。田边种植油菜的棉田害虫天敌数量是未种植油菜棉田天敌数量的1～2倍。

“苜蓿带+油菜带”种植模式的棉田6月节肢动物种类比常规棉田高20.01%,其中天敌(包括蜘蛛、捕食螨和捕食性昆虫)高13.64%,中性昆虫的种类比常规棉田高350%;另外节肢动物的数量比常规棉田高35.81%,其中天敌和中性昆虫的数量分别比常规棉田高23.06%、33.33%。故此模式可增加棉田害虫天敌2倍以上,对棉花苗期害虫,特别是棉蚜有明显的控制作用(表41-8)。

表41-8　“苜蓿带+油菜带”种植模式下节肢动物种类与个体数量变化情况

(姚举等,2007)

种植模式	种类数量(种)			个体数量(头/百株)		
	节肢动物	天　敌	中性昆虫	节肢动物	天　敌	中性昆虫
“苜蓿带+油菜带”	14.4	7.5	0.9	1 189.2	24.0	1.0
常规棉田	11.9	6.6	0.2	875.6	19.5	0.2
较常规棉田±(%)	21.0	13.6	350.0	35.8	23.1	333.3

(二) 天敌的饲养

目前,我国已发展了多种赤眼蜂、茧蜂等寄生性害虫天敌,草蛉、瓢虫、捕食螨等捕食性天敌等比较成熟的饲养方法,并在棉花害虫防治中有一定使用(图版14)。

1. 赤眼蜂　赤眼蜂为卵寄生蜂,在棉田主要寄生于棉铃虫、玉米螟、红铃虫、甘蓝夜蛾等鳞翅目害虫的卵。我国棉田已采集到的赤眼蜂属共11种,新疆棉田以暗黑赤眼蜂(*Trichogramma pintoi* Voegele)和广赤眼蜂(*Trichogramma evanescens* Westwood)分布广。我国赤眼蜂人工繁殖大多采用大卵(柞蚕卵等)繁殖法,因暗黑赤眼蜂和广赤眼蜂不寄生大卵,只能利用小卵(麦蛾卵、米蛾卵等)繁殖。新疆小卵繁殖赤眼蜂步骤如下:麦蛾(*Stiotroga cerealella* Olivier)在室内温度26±1 ℃、RH(75±5)%的环境下用大麦饲养繁殖;收集新鲜(白色)麦蛾卵,繁殖赤眼蜂时蜂种与麦蛾卵的比例为1∶5;寄生24 h后,移至变温条件下(模仿释放地区昼夜温差)使赤眼蜂发育,麦蛾卵有80%变黑后(5～6 d),收集寄生卵,在3～4 ℃、RH(75±5)%环境中保存,适时释放。

2. 茧蜂　我国已实现规模饲养和棉田应用的茧蜂主要有麦蛾柔茧蜂(*Habrobracon hebetor* Say)、中红侧沟茧蜂(*Microplitis mediator* Haliday)和红颈常室茧蜂(*Peristenus spretus* Chen et van Achterberg)等。

麦蛾柔茧蜂是一种幼虫外寄生蜂,寄主范围比较广泛,在农田寄生棉铃虫、玉米螟等害虫老熟幼虫。麦蛾柔茧蜂可用大蜡螟(*Galloria mellonella*)幼虫进行规模化繁殖。在30～35 ℃条件下,大蜡螟发育周期为35～40 d。低龄幼虫、大龄幼虫分别用专用饲料饲养。低龄幼虫期7～8 d,一周后更换饲料饲喂大铃幼虫至老熟幼虫期。收集老熟幼虫用于繁殖麦蛾柔茧蜂。在28±1 ℃、RH(75±5)%条件下,每头寄主幼虫可繁育几头至几十头麦蛾柔茧蜂,最高可达50多头。麦蛾柔茧蜂成虫羽化后,收集成虫,置于3～4 ℃、RH(75±5)%环境中保存,适时释放。

中红侧沟茧蜂为棉铃虫幼虫寄生蜂,适宜寄生低龄幼虫,以黏虫(*Mythimna separata* Walker)为替代寄主进行繁育。将中红侧沟茧蜂成虫按雌雄1∶1比例放入交配箱中,饲喂10%的蜂蜜水补充营养,48 h后,将完成交配的雌蜂移入接蜂箱中进行群体接蜂,在蜂箱底部均匀撒上新鲜玉米苗叶片,然后将发育整齐的2龄黏虫幼虫撒在玉米叶片上,蜂虫比例为1∶20。接蜂24 h后,将黏虫及残存玉米叶片一同取出装入养虫袋,放入温度16 ℃、RH(60±5)%、光照强度6 000 Lux、光周期14∶10(L∶D)的养虫室中饲养,每天更换饲料,及时挑除未寄生的黏虫幼虫,一般25 d左右中红侧沟茧蜂即可结茧,然后人工采集蜂茧,储放到0～5 ℃的冷藏箱中备用。

红颈常室茧蜂为绿盲蝽(*Apolygus lucorum* Meyer-Dür)若虫寄生蜂,适宜寄生低龄若虫,以绿盲蝽2龄若虫为寄主进行繁育。将红颈常室茧蜂成虫按雌雄1∶1比例放入接种箱中,饲喂10%的蜂蜜水补充营养,24 h后,在蜂箱底部均匀铺上新鲜的四季豆,并按蜂和绿盲蝽1∶25的比例轻轻扫入2龄绿盲蝽若虫。在25 ℃温度条件下,接蜂24 h后,将四季豆及绿盲蝽一同取出装入养虫盒,放入温度16 ℃、RH (60±5)%、光照强度6 000 Lux、光周期10∶14(L∶D)的养虫室中饲养,每隔5 d更换四季豆,挑除未寄生的绿盲蝽成虫。16 d左右,转入底部铺有2 cm厚、含有湿润蛭石的化蛹盒继续饲养,化蛹盒下部的蛭石与上部饲养绿盲蝽之间用孔径1.2 mm的纱网隔开,纱网高出蛭石表面约2 cm。20 d左右红颈常室茧蜂老熟幼虫钻出寄主体壁,落入蛭石中吐丝结茧化蛹。30 d后,将含有红颈常室茧蜂蛹的蛭石一同储放到4 ℃的冷藏箱中备用。

3. 草蛉　因其幼虫捕食蚜虫等小型昆虫而被称之为“蚜狮”。草蛉由于食性广、食量大、分布广、数量多而深受国内外生物防治工作者重视。我国棉田常见草蛉种类达10余种。新疆棉田普通草蛉(*Chrysoperla carnea* Stephens)分布较广,对棉蚜的控制作用较强。目前,普通草蛉以麦蛾卵为饲料进行规模化繁殖。麦蛾(*Stiotroga cerealella* Olivier)在室内温度26±1 ℃、RH(75±5)%的环境下用大麦饲养繁殖。麦蛾大量羽化开始产卵以后,放入草蛉卵,置于26±1 ℃、RH(75±5)%使其孵化发育。孵化的草蛉幼虫取食麦蛾卵完成其幼虫期并在罐内结茧、羽化,此时期需要17～19 d。等草蛉羽化后,收集成虫,补充营养使其产卵。每天收集草蛉卵,置于6±1 ℃、RH(65±5)%环境中保存,适时释放。草蛉卵保存期不宜超过13 d。

4. 瓢虫　目前,龟纹瓢虫[*Propylaea japonica* (Thunberg)]、七星瓢虫(*Coccinella septempunctata* Linnaeus)及异色瓢虫[*Harmonia axyridis* (Pallas)]等多种瓢虫可以进行人工饲养。以异色瓢虫为例,一般以豆蚜为饲料进行规模化繁殖,豆蚜在室内温度24±2 ℃、RH(65±5)%的环境下用蚕豆苗饲养繁殖。利用蚕豆饲养大豆蚜再扩繁异色瓢虫,可先将蚕豆种于塑料盆内置于阳光良好的育苗室待其发芽，当蚕豆发芽并萌发至2～3片真叶时接入大豆蚜，待其在蚕豆上繁殖到一定程度时，将收集到的七星瓢虫卵块或待其卵孵化后，用罩笼进行大量饲养。异色瓢虫的卵在常温下3 d即可孵化，而在10 ℃下则需要10 d，幼虫11 d左右即可化蛹；5 d左右即可羽化为成虫，用豆蚜饲养1周左右即可产卵，在豆蚜缺乏时可以人工饲料进行保种。每天收集异色瓢虫卵，用于种群补充和田间释放。羽化后的异色瓢虫成虫可进行冷藏处理，在保持种群的情况下进行田间释放。

5. 捕食螨　智利小植绥螨(*Phytoseiulus persimilis* Athinas-Henriot)、巴氏新小绥螨(*Neoseiulus barkeri* Hughes)在棉叶螨的防治中有较好应用效果。

(1) 智利小植绥螨生产工艺流程：植物叶片(大粒白芸豆)-叶螨(二斑叶螨或朱砂叶螨)-智利小植绥螨。饲养时，环境控制在温度25～30 ℃、RH (80±5)%。准备足够的大量不带任何病虫害的植株，转移到叶螨饲养的温室，接上叶螨，进行叶螨种群的扩繁，当植株叶片的叶螨达到每叶500头以上时，可以作为下一步捕食螨饲养的饲料。把捕食螨成螨接种到带有叶螨的植株上，捕食螨成螨与叶螨的比例在1∶(5～50)之间，在捕食螨饲养温室内进行饲养，饲养14 d后每隔3 d检查其中捕食螨密度，当捕食螨成螨密度达每叶片50头以上时，即表示智利小植绥螨的种螨已扩繁成功。

(2) 巴氏新小绥螨生产工艺流程：麦麸(或谷糠等)-腐食酪螨-巴氏新小绥螨。饲养环境控制在温度25～30 ℃, RH (80±5)%。大量繁殖腐食酪螨所用粉螨饲料为麦麸，或麦麸与谷糠、花生麸或其他粮食的下脚料等混合物。将食酪螨接种到装好粉螨饲料的饲养桶或盒中，盖好密封盖并在粉螨培养室内进行培养，10～15 d后在体视显微镜下检查，当1 g培养饲料中粉螨密度达到300头以上时按1∶(15～20)的比例进行扩大培养。将巴氏新小绥螨接入，组成混合接种种群，使其中的捕食螨成螨和粉螨成螨比例在1∶(5～50)之间，然后将混合接种种群接种到新鲜粉螨饲料的饲养桶或盒中，在保种室内进行培养，培养20 d后每隔5 d检查其中捕食螨密度，当捕食螨成螨密度达100头/g以上时，取1桶(盒)培养好的巴氏新小绥螨种螨和10～15桶(盒)培养好的腐食酪螨种螨均匀混合[即按1∶(10～15)的比例进行扩大培养]。当捕食螨成螨密度达100头/g以上时，即表示巴氏新小绥螨的种螨已扩繁成功。

(三) 天敌的释放

目前，多种茧蜂、赤眼蜂等寄生性天敌，草蛉、瓢虫、捕食螨等捕食性天敌已具有比较成熟的饲养方法，在棉花害虫防治中具有一定应用。

1. 赤眼蜂　赤眼蜂是控制棉铃虫卵的一类优势天敌，对棉铃虫的种群发展起到很强的控制作用。已实现规模化饲养的赤眼蜂种类众多，其中螟黄赤眼蜂(*Trichogramma chilonis* Ishii)对新疆南部棉区棉铃虫的控制作用优于松毛虫赤眼蜂(*Trichogramma dendrolimi* Matsumura)。在新疆棉田，赤眼蜂主要用于防治棉田第二代棉铃虫。可在6月中下旬，棉田第二代棉铃虫产卵期进行防治。从棉铃虫卵始发期开始，在田间释放赤眼蜂，田间放蜂量90万～120万头/hm^2、放蜂3～4次，放蜂点数量为90个/hm^2。每年持续放蜂可明显增加棉田自然天敌数量，而且随着连续放蜂年份增加，自然天敌数量持续增加，对防治棉田二代棉铃虫效果较明显。对棉田第二代棉铃虫卵的平均寄生率为18.67%～44.02%，棉田棉铃虫虫口减退率为25.3%～64.2%，蕾铃被害减退率为

46.8%～76.8%(表41-9)。

表41-9 赤眼蜂防治棉田二代棉铃虫田间效果调查

(许建军等,2004)

年 份	地 点	面积(hm^2)	平均寄生率(%)	虫口减退率(%)	蕾铃被害减退率(%)
1999	喀什疏勒县	175.9	18.7	—	—
	喀什莎车县	166.7	30.0	36.5	58.4
2000	喀什疏勒县	100.0	26.7	40.0	42.7
	喀什莎车县	100.0	35.6	50.0	74.4
2001	喀什疏勒县	200.0	39.7	50.6	74.5
	喀什莎车县	166.7	32.3	48.2	64.5
2002	喀什疏勒县	200.0	39.7	50.6	74.5
	喀什莎车县	166.7	32.3	48.2	64.5
2003	喀什疏勒县	666.7	44.0	64.2	76.8
	喀什莎车县	146.7	20.8	25.3	46.8
2004	喀什疏勒县	1 666.7	30.9	—	—
	喀什莎车县	1 666.7	29.0	—	—

2. 中红侧沟茧蜂 中红侧沟茧蜂(*Microplitis mediator* Haliday)属茧蜂科小腹茧蜂亚科侧沟茧蜂属,是中国新纪录种,棉铃虫幼虫的优势寄生蜂,在田间自然条件下对棉铃虫平均寄生率可达22.9%,具有寄生效率高、商品属性强、可持续控害等特点。依据该寄生蜂适宜寄生棉铃虫1龄末2龄初幼虫,所以应根据田间棉铃虫发生动态预报,在棉铃虫卵孵化盛期开始释放。滞育蜂茧在26℃条件下需8d左右才能羽化,所以应提前对滞育蜂茧进行催化处理。具体方法是将滞育蜂茧从冷藏保存条件中取出,装入玻璃管中放入温度26℃、RH 60%的光照培养箱中,注意保持箱内湿度。在成虫即将羽化前1d按释放数量要求将蜂茧分装到释放器中,准备田间释放。进行田间释放时,应根据田间害虫密度决定释放量和适宜的释放次数。按当地的卵量调查和棉铃虫生命表,从卵到幼虫的存活率为35%,折算出幼虫数量,然后按1∶20的蜂虫比例进行放蜂。根据当代棉铃虫的发生历期长短决定释放次数,第二次释放应在第一次释放后7d进行。在棉田释放中红侧沟茧蜂,释放量在7 500～15 000头/hm^2,从棉铃虫卵孵化盛期开始释放1～2次可有效地控制棉铃虫危害,减少危害损失80%以上。中红侧沟茧蜂在棉田的有效扩散距离为20 m,最远扩散距离为50 m,在棉田顺作物行方向扩散距离远,在放蜂点5～10 m范围内寄生效果最好。当天敌释放数量大(15 000头/hm^2)时,释放点数量在45～105个/hm^2之间对棉铃虫的寄生率无显著差异,但布点多其减少危害率明显高于布点少的处理。而在释放量为7 500头/hm^2时,释放点数为105个/hm^2效果最好,释放点数为75个/hm^2其寄生率明显高于45个/hm^2处理,但和105个/hm^2处理无显著差异,故在棉田释放点数以75～105个/hm^2为宜。将茧在羽化前1d装入粽子形牛皮纸释放器中,把释放器挂于棉花植株中部的果枝上,在纸袋的一侧剪一小孔,同时在棉线上涂少许凡士林,防止蚂蚁爬入孔中危害蜂茧,成蜂羽化后即可自行飞入田间进行交配和寻找寄主寄生。在棉铃虫中度发生的情况下,中红侧沟茧蜂对棉铃虫低龄幼虫的寄生率可达60%,防治效果可达到80%以上(表41-10)。

表 41-10 田间释放中红侧沟茧蜂对棉铃虫的防治效果
(李建成,2005)

年 份	释放地点	释放数量(头/hm^2)	寄生率(%)	防治效果(%)
1998	河北定州	7 500	69.8	—
1999	河北河间	7 500	65.5	—
2000	河北清苑	7 500	66.7	82.1
2001	新疆疏附	7 500	63.5	80.4
2003	新疆疏勒	15 000	65.6	88.5
2004	新疆疏勒	7 500	52.8	80.8
2004	新疆疏勒	15 000	63.3	89.4

3. 红颈常室茧蜂 红颈常室茧蜂(*Peristenus spretus* Chen et van Achterberg)是绿盲蝽等盲蝽若虫的优势寄生蜂。该寄生蜂主要寄生 2～3 龄若虫,因此选择在盲蝽卵的孵化高峰期进行释放寄生蜂蛹。释放前调查田间盲蝽密度,再决定释放量和适宜的释放次数。在单位面积均匀设置释放点 30～45 个/hm^2。按红颈常室茧蜂蛹∶绿盲蝽若虫 1∶20 左右进行释放,连续释放 2～3 次,每次间隔 5～7 d,防治效果能达到 60%左右。

4. 瓢虫和草蛉 异色瓢虫、龟纹瓢虫、大草蛉和中华草蛉等多个种类已实现规模饲养。在棉花蚜虫发生初期进行释放防治,以瓢虫卵或草蛉卵与蚜虫按 1∶50 的比例进行释放,将卵卡用回形针固定在有蚜虫的叶片上。瓢虫和草蛉对棉蚜的防治效果为 60%～70%。

5. 捕食螨 捕食螨已实现商业化生产的有智利小植绥螨(*Phytoseiulus persimilis* Athinas-Henriot)、巴氏新小绥螨(*Neoseiulus barkeri* Hughes)等种类。在棉叶螨点片发生阶段,每个中心株挂一袋捕食螨。释放时用小别针将袋子固定在棉株中部,避免阳光直射。在中心株周围可采用辐射式撒施捕食螨,一般配合撒施捕食螨 150 万只/hm^2。捕食螨对棉叶螨控制效果为 60%～70%。

(四) 乌兹别克斯坦"以虫治虫"实践

乌兹别克斯坦全国有 10 多个害虫预警监测站,800 多个生物防治站、研制害虫天敌自动化繁育系统,集中繁育生产生物害虫—天敌并提供给农场主和种植基地。繁育的赤眼蜂(*Trichogramma*)防治棉铃虫卵,繁育的草蛉(*Chrysopidae*)防治棉蓟马、棉蚜和棉红蜘蛛,繁育的印度紫螟小茧蜂(*Bracon hebetor*)控制棉铃虫幼虫。

1. 蓟马、棉蚜、棉红蜘蛛 在 3 月底至 4 月初的早春季节,田间出现杂草时,棉田释放草蛉卵 500 个/hm^2;5 月中旬棉田发现蚜虫时,第二次释放草蛉卵 1 000 个/hm^2;6 月释放草蛉卵 1 000 个/hm^2,主要控制棉红蜘蛛。

2. 棉铃虫和黏虫 棉田释放赤眼蜂 3 次以灭黏虫卵。第一次是在诱捕场所发现 2～3 头成虫时,一般在 4 月底 5 月初释放;以后每隔 5～7 d 释放 1 次,释放量 1 g/hm^2。

3. 印度紫螟小茧蜂 利用印度紫螟小茧蜂控制棉铃虫幼虫,当百株虫量在 2 头成虫时,开始释放小茧蜂,一共释放 3 次,分别释放 200 头/hm^2、400 头/hm^2 和 200 头/hm^2。

乌兹别克斯坦全国生物防治站(生物实验室或生物工厂)1970 年有 4 个,1971 年 16 个,1985 年 710 个,1990 年 774 个,2000 年 790 个,近几年达到 864 个,年均生产赤眼蜂 9 954 kg,印度紫螟小茧蜂 28.1 亿只;生物控制棉田面积 1985 年为 362 万 hm^2, 1990 年

592 万 hm^2，2000 年 757 万 hm^2，2007 年 1 089 万 hm^2，可见该国棉花生物防治面积之大，增长之快。

三、微生物杀虫剂

以害虫的病原微生物活体制成的生物农药称为微生物杀虫剂，种类繁多，包括病毒、细菌、真菌及原生动物。苏云菌芽孢杆菌 *Bt* 是我国细菌类农药研究开发最成功的一种，已实现了商品化、规范化生产，并由单一粉剂型发展为粉剂、乳剂和水剂多种剂型，已成为应用最广、产量最大的微生物制剂。*Bt* 对棉铃虫幼虫具有很好的杀虫效果，但为了控制棉铃虫 *Bt* 抗性的发展，在 *Bt* 棉花上不建议使用。在已登记的 *Bt* 产品中，有的可用于斜纹夜蛾、甜菜夜蛾等棉花害虫防治。

棉铃虫核型多角体病毒(NPV)是世界上第一个登记注册的昆虫病毒生物农药，此后陆续登记了斜纹夜蛾、甜菜夜蛾等棉花害虫的 NPV 产品。NPV 主要防治棉铃虫等害虫的低龄幼虫，一般在害虫卵高峰期至 3 龄前使用，早、晚或阴天用药。防治效果一般为 80%左右。

四、植物源杀虫剂

植物源杀虫剂是指利用植物体内的次生代谢物质，如木质素类、黄酮、生物碱、萜烯类等加工而成具有杀虫作用的农药。我国已正式登记的植物源杀虫剂中，印楝素、苦参碱、鱼藤酮等多个有效成分对棉花蚜虫、叶螨、粉虱、盲蝽等害虫有一定防治效果。但由于植物源杀虫剂产品质量稳定性较差、药效作用比较缓慢，因此在棉花生产实践中应用较少。

五、性　诱　剂

昆虫性诱剂是模拟自然界的昆虫性信息素，并通过释放器释放到田间来诱杀异性害虫的仿生高科技产品。棉花上多数害虫均有成熟的性诱剂产品。棉铃虫、红铃虫、斜纹夜蛾、甜菜夜蛾、小地老虎等性诱剂对各个种类雄性成虫的诱集效果好，在成虫种群监测预警中发挥着重要作用，比灯诱等成虫监测方法更加简便。棉铃虫等害虫的雄性成虫能多次交配，性诱剂虽能诱杀大量雄性成虫，但对整个种群的控制效果比较低，一般为 30%～40%。因此，生产中不用性诱剂防治棉铃虫、红铃虫等害虫。

盲蝽成虫寿命长、取食危害严重，是棉花主要危害虫态，所以性诱剂能压低雄性成虫种群数量及其直接危害，故在防治中有巨大利用价值。我国已成功研发了绿盲蝽、中黑盲蝽等主要盲蝽的性诱剂产品。以绿盲蝽为例，单位面积均匀悬挂诱捕器 30～45 个/hm^2，每个诱捕器里放置 1 枚性诱芯。棉花苗期至蕾期放置诱捕器时，底端距离地面高 1 m，花铃期诱捕器底端高于棉花冠层 15 cm，并及时更换性诱芯，同时清理死虫。性诱剂对绿盲蝽种群的整体防治效果为 60%左右。

六、食　诱　剂

食诱剂是模拟植物茎叶、果实等害虫食物的气味，人工合成、组配的一种生物诱捕剂，通常对害虫雌雄个体均具引诱作用。我国已成功研发了棉铃虫和盲蝽成虫食诱剂。食诱剂使用方法有 2 种，一种为诱盒法，结合诱捕器等装置进行诱杀；另一种是撒施法，将配有化学农药的食诱剂直接施用在植物叶片上诱杀害虫。

以棉铃虫食诱剂为例，生物食诱剂使用前与水按 1∶1 配比，然后以每升生物食诱剂中加入一定量化学杀虫剂(具体用量请参见产品使用说明书)，混合均匀即可。诱盒法：均匀悬挂专用诱捕箱 30～45 个/hm^2。棉花苗期至蕾期放置诱捕箱时，底端距离地面 1 m，花铃期诱捕箱底端则高于棉花冠层 15 cm。将配好的食诱剂均匀涂布在专用诱捕箱底部垫片上，形成一层薄膜。撒施法：食诱剂使用剂量为 1 050～2 250 ml/hm^2。以条带施药方式进行，施药条带间距 20～30 m；每条带施药量为配制好药液 150～300 ml，施药条带长度 10～20 m，均匀滴洒到棉花顶端叶片。在每代棉铃虫成虫发生初期，即开始第一次施用食诱剂，施药时间一般为每天 16:00 以后。每代一般施用 2～3 次，连续两次施药的间隔为 7～10 d。第二次施药后，成虫数量仍保持较高水平的，则施用第三次。食诱剂对棉铃虫雌雄成虫均有作用，且适合大面积使用。与诱盒法相比，撒施法更加简便，而且食诱剂分布集中，诱杀效果更加明显。棉铃虫食诱剂效果稳定，对棉铃虫防控效果能达到 70%～80%。

七、农业防治

农业防治是通过改善农业生态体系，增加棉花害虫天敌的种类和数量，恶化害虫生活和生存条件，增强生态防御体系，达到防治害虫的目的。如轮作可以改变农田生态条件，改善土壤理化特性，增加生物多样性，改变害虫适宜的食物结构和生活条件，抑制害虫滋生，同时还可减少作物连作所特有的虫害发生。

(一) 冬耕冬灌和麦后灭茬

冬耕冬灌和麦后灭茬是减少第一、第二代棉铃虫发生基数，控制棉铃虫危害的重要措施。研究表明，冬耕处理的棉铃虫越冬蛹死亡率较未冬耕处理增加 55.6%；冬耕冬灌处理的较未冬耕冬灌处理的增加 89.2%。麦后灭茬处理的第一代棉铃虫蛹死亡率较未灭茬处理的增加 78.1%；麦后灭茬、灌水处理的较未灭茬、灌水处理的增加 102.2%。可见冬耕冬灌和麦后灭茬可有效减少虫害发生基数，并显著降低害虫危害的发生。

(二) 作物的合理布局

棉田与小麦、高粱、水稻等邻作、套种或在地头、边行种植苜蓿、油菜等诱集植物，改变农田单一的生态结构，增加作物多样性，有利于害虫天敌栖息和繁殖，增加天敌数量，提高天敌对害虫的控制能力。

麦棉、稻棉间作套种，可发挥小麦和水稻的屏障作用，显著减轻棉蚜的发生数量和危害。如麦棉套种棉田二代棉铃虫的发生数量比单作田降低 42.5%～64.8%，自然天敌的数量明显增加，控害作用明显增强。

(三) 种植诱集作物

在棉田四周的田间地头种植玉米或高粱诱集带，或每隔 6 行棉花在行间点种玉米，每 2～3 米点 1 穴。棉铃虫成虫喜欢在玉米或高粱上产卵栖息，棉田种植玉米诱集带，平均百株玉米上有棉铃虫成虫 60～70 头、棉铃虫卵 1 240 粒，而百株棉花上棉铃虫幼虫数量则降低 24.5%、天敌数量增加 26.9%，有效减轻了棉田棉铃虫的虫量和危害。

还可在棉田周围点种苘麻和绿豆诱集带。烟粉虱和绿盲蝽分别对苘麻和绿豆具有选择嗜好性，棉田周围点种苘麻和绿豆可有效减轻棉田烟粉虱和绿盲蝽的危害。

（四）种植抗虫品种

根据当地的主要虫害情况，合理选择具有针对性的高产、稳产、优质、多抗棉花新品种。如种植茎叶光滑少毛、无蜜腺的棉花品种，棉铃虫不喜欢在这些品种棉花上产卵，从而可减轻棉铃虫的危害；种植单宁、棉酚或其他毒素含量高的棉花品种，可有效控制刺吸式口器害虫的危害；种植转 *Bt* 基因棉花品种，能有效控制棉铃虫和红铃虫的危害；种植叶片茸毛稀少或棉酚含量高的棉花品种，可减轻盲椿象的危害。

（五）科学施肥

合理施肥可促进棉花快速、健康生长，从而提升其对虫害的抗性，有效减少虫害的发生。如氮肥过量，棉株生长旺盛，棉田棉铃虫落卵量和幼虫数量分别增加 61.1%和 25.0%，对棉花危害加重。因此合理配比氮、磷、钾，增施有机肥，不仅能改善土壤营养状况，促进作物生育健壮，还可增加产量和提高植株抗性。

（六）清洁田园

清除农田四周及田埂上的杂草，可有效减少害虫越冬虫源和发生基数。如北方棉区棉盲蝽卵主要在田边枯死杂草、枯枝落叶上越冬，清除棉田四周杂草可有效压低棉盲蝽的越冬虫源基数。棉花播种至出苗期盲椿象、蓟马、棉叶螨和棉蚜等害虫主要在田边地头活动，应在播种前铲除田边杂草，减轻对棉田危害。

八、化学防治

化学防治在棉花害虫综合防治中发挥了重要的作用。由于部分化学农药毒性较高、残留污染严重，对人畜的危害较大，我国从 2007 年起全面禁止了 5 种高毒农药在国内的生产、销售和使用。随着全球化学工业和转基因技术的飞速发展以及人类对绿色环保、文明生态环境的迫切需求，棉花害虫的化学防治正逐步朝着高效、精准、绿色、环保等方向发展。

（一）棉花害虫抗药性概况

棉田常年用药水平较高，农药品种多样，害虫对化学农药的抗药性问题也日益突出。虽然转基因抗虫棉大面积推广种植后，棉田化学农药施用量和施用频次明显减少，但主要害虫的抗药性水平一直居高不下。对河北省河间、山东省滨州等地棉田害虫抗药性监测结果见表 41－11。

表 41－11　棉花主要害虫的抗药性监测结果

害虫名称	监测地区	农药品种	抗性倍数
棉铃虫	华北	氰戊菊酯	43.0～860.0
棉铃虫	华北	辛硫磷	3.0～8.9
棉铃虫	河间	氰戊菊酯	96.0
棉铃虫	华北	辛硫磷	20.0
棉铃虫	华北	高效氯氰菊酯	20.0
棉铃虫	华北	甲氨基阿维菌素苯甲酸盐	10.0
棉蚜	华北	氧乐果、高效氯氰菊酯、吡虫啉	100.0

（续表）

害虫名称	监测地区	农药品种	抗性倍数
绿盲蝽	滨州	高效氯氰菊酯	30.0
绿盲蝽	滨州	马拉硫磷、灭多威	<10.0
烟粉虱	滨州	吡虫啉	28.0～29.0
烟粉虱	滨州	噻虫嗪	29.0～120.0
烟粉虱	滨州	氯氰菊酯	22.0～61.0

应系统地跟踪监测棉花主要害虫的抗药性动态变化，制定科学的化学农药周年轮换施用方案，为害虫的抗药性治理提供科学依据。

（二）高毒替代农药品种筛选

中国农业科学院棉花研究所经过多年的试验研究，筛选出多种防治棉花害虫的高效、低毒、低残留农药品种。有机磷类农药有毒死蜱、辛硫磷、乙酰甲胺磷等，氨基甲酸酯类农药有丁硫克百威和硫双威等，拟除虫菊酯类农药有高效氯氟氰菊酯、氰戊菊酯、联苯菊酯等，烟碱类农药有吡虫啉、噻虫嗪等，抗生素类农药有阿维菌素、多杀霉素、甲氨基阿维菌素苯甲酸盐等，昆虫生长调节剂类农药有氟啶脲、氟铃脲、氟啶虫酰胺等，双酰胺类杀虫剂有溴氰虫酰胺、氯虫苯甲酰胺，杀螨剂有哒螨灵、双甲脒等，植物源农药有藜芦碱等，生物农药有 *Bt* 制剂、NPV 核多角体病毒等。这些新型环境友好型化学农药的筛选和应用，不仅有效防治了棉花害虫的危害，还减少了对天敌的杀伤，减轻了对生态环境的污染。

（三）化学防治技术

我国自 1997 年开始种植转基因抗虫棉，有效地控制了棉铃虫的危害，棉铃虫已不再是棉田主要害虫，棉蚜、棉盲蝽、棉叶螨、棉蓟马等则上升为主要害虫。棉花害虫的化学防治应注意施用选择性农药，保护害虫天敌，并制定周年害虫防治方案，采用轮用和换用农药的策略，预防和治理害虫抗药性的产生。

1. 棉蚜的防治　棉蚜是棉花上的主要害虫，黄河流域和长江流域棉区常年发生较重，在苗期和花铃期有两个危害高峰，即苗蚜和伏蚜发生期。在西北内陆棉区主要发生在蕾铃期。棉蚜可以用吡虫啉或噻虫嗪等进行种子处理，或用丁硫克百威、吡虫啉、啶虫脒或噻虫嗪等药剂进行茎叶喷雾来防治。

2. 棉盲蝽的防治　棉盲蝽是黄河流域和长江流域棉区的重要害虫，7～8 月是棉盲蝽高发期，可施用马拉硫磷、高效氯氟氰菊酯、阿维菌素、甲氨基阿维菌素苯甲酸盐、啶虫脒等药剂进行喷雾防治。

3. 棉叶螨的防治　棉叶螨是西北内陆棉区的主要害虫，坚持“点片发生、点片治理”和使用“查、摸、摘、打、追”方法，如果很快发生蔓延扩散，从 5 月下旬至 8 月中下旬可施用阿维菌素、哒螨灵、螺螨酯等药剂进行喷雾防治。

4. 棉铃虫的防治　转基因抗虫棉田，二代棉铃虫一般无需进行化学防治，但三、四代棉铃虫发生期，*Bt* 棉花抗虫性下降，应适时监控虫情，适时防治三、四代棉铃虫。三代棉铃虫可施用阿维菌素、多杀菌素、氯虫苯甲酰胺等药剂进行喷雾防治，四代棉铃虫可施用阿维菌素、甲氨基阿维菌素苯甲酸盐、茚虫威、辛硫磷等进行喷雾防治。

5. 棉蓟马的防治 棉蓟马在各大棉区均有发生，尤其在西北内陆棉区发生较重，可施用高效氯氟氰菊酯、毒死蜱、阿维菌素、啶虫脒等药剂进行喷雾防治。

九、物 理 防 治

物理防控技术是利用温、光、电、声、色、红外线辐射及放射能等物理因子和机械设备来预防病虫害的发生或是治理病虫害的大暴发，是一种环境友好、安全有效的病虫害防治方法。目前棉田害虫的物理防治措施主要包括灯光诱杀、色板诱杀和人工机械捕杀等。

（一）灯光诱杀

灯光诱杀是根据多数昆虫具有趋光的特点，利用昆虫敏感的特定光谱范围的诱虫光源，诱集昆虫并利用高压电网或诱集袋、诱集箱及水盆等杀灭害虫。它能达到压低棉田害虫虫口基数、降低田间落卵量、提高害虫防控效果。应用灯光诱杀害虫在我国具有悠久的历史，从20世纪50年代的煤油灯、白炽灯到黑光灯、高压汞灯逐步发展至现在广泛应用的频振灯、节能灯。目前，棉田生产上广泛使用的灯具种类有黑光灯、高压汞灯、频振式杀虫灯，能源利用有电能和太阳能两种类型。三种诱虫灯对于鳞翅目害虫的诱杀效果总体来说是频振式杀虫灯优于高压汞灯，高压汞灯优于黑光灯。虽然三种诱虫灯在农业生产中保益控害的效果有一定差异，但由于成本差别较大，黑光灯和高压汞灯价格较低，电能频振式杀虫灯价格适中，太阳能频振式杀虫灯价格相对较高，所以在棉田害虫防治中可根据当地害虫发生情况和经济实力综合考量，选择合适的杀虫灯开展棉田害虫防治。

1. 黑光灯 黑光灯的诱虫原理是通过发射人类肉眼看不见的波长在365 nm左右的紫外线引诱害虫，再用化学或电击方法杀灭害虫。大多数害虫对330～400 nm的紫外线特别敏感，具有较强的趋光性，可诱杀多种害虫，如棉铃虫、盲椿象、夜蛾类等。据有关报道，一盏20 W的黑光灯可管理3.3 hm^2 农作物，一夜的诱杀虫数高达4～5 kg。利用黑光灯诱杀害虫，不仅杀虫效率高，而且使用方便，没有污染，可减少农药的使用。

应用要点：黑光灯诱杀时间一般在5～9月，在害虫盛发期每3.3 hm^2 棉田安装1盏黑光灯，安装适宜高度1.5 m，诱集器以口径较大的缸盆为好，容器中盛水，加入废机油或化学农药。

2. 高压汞灯 相比黑光灯，新型高压汞灯可分为两个光段，既白光段和黑光段(紫外光)。白光段可以把远处的昆虫引诱到近灯区，起到“信号”作用，之后则由于昆虫对紫外线耐光能力差，产生了“眩目”而诱致扑灯。据安乡县植保站对棉铃虫的防治效果及效益评估显示，使用高压汞灯能显著降低田间害虫落卵量，在有效范围内(100 m)可减少化学农药用药次数2.5次左右，减少农药使用50%以上。

应用要点：安装与使用方法同黑光灯。

3. 频振式杀虫灯 频振式杀虫灯杀虫机理是运用光、波、色、味四种诱杀方式杀灭害虫。近距离用光，远距离用波，加以黄色外壳和引诱气味，引诱害虫飞蛾扑灯，外配以频振高压电网触杀。在杀虫灯下套一只袋子，内装少量挥发性农药，可对少量未被击毙的蛾子熏杀，从而达到杀灭成虫、降低田间产卵量、控制害虫危害的目的。研究表明，对于棉田鳞翅目害虫，频振式杀虫灯在诱杀种类和数量方面都优于黑光灯和高压汞灯，对棉铃虫、金刚钻、地老虎、斜纹夜蛾等都有较好的诱杀效果，但对红铃虫诱杀效果较差。对于刺吸式口器害虫，盲蝽具有成虫善飞、若虫好跳的活动特点，频振式杀虫灯(620 nm、465 nm、456 nm)可以作为不同棉区盲蝽的诱测灯具，可有效提高监测效率和准确度。

应用要点：在棉田生长前期吊挂高度为灯管下端距地面1.3～1.5 m，后期为略高于棉花植株顶部。天黑开灯，天明关灯，每2～3 d用毛刷清除一次电网上的残虫，可提高防治效果。每盏频振灯有效控制半径一般在100 m之内，有效控制面积为4～5 hm^2。

(二) 色板诱杀

色板诱杀是利用昆虫对特定颜色的趋性，将害虫吸附固定在黏虫板上而诱杀农业害虫的一种物理防治技术。其特点是绿色环保，成本低，对天敌昆虫危害小。黏虫板的颜色、大小、形状以及设置方式、方向、高度、间距、密度及黏着剂均会影响诱捕效果。具体黏虫板的颜色因害虫种类不同而各异：绿盲蝽偏好蓝色、黄色、青色或橙色诱虫板，中黑盲蝽偏好绿色，蓟马偏好蓝色，而棉蚜、粉虱、美洲斑潜蝇等小型昆虫则偏好黄色。黏虫板对于害虫天敌也会有影响，青色、黄色诱板对草蛉、瓢虫种群数量影响较大。

应用要点：根据棉田不同生育期的主要害虫种类选择色板颜色。色板大小为40 cm×25 cm，质地为塑料，双面涂有一层较厚的不干胶，黏性极强。使用方法是每公顷悬挂300片左右，并均匀分布。悬挂高度超过植株顶部15～20 cm处，并随植株生长提高色板位置，诱捕器上黏胶在自然条件下可维持1年。

(三) 人工捕杀

人工捕杀就是利用人工或简单的机械捕捉或直接杀灭害虫的方法。人工捕杀适合于具有假死性、群集性或其他目标明显、易于捕捉的害虫。对于棉田的一些地下害虫，如棉田蛴螬具有假死性，可在犁地时人工拣杀；对于一些鳞翅目害虫，如棉铃虫、斜纹夜蛾等，可在棉花整枝、打杈期间，人工清除卵块及幼虫；对于地老虎等，当发现新截断的被害植株时，可就近挖土捕捉；对于盲椿象等刺吸式害虫，可制作捕虫网及利用真空吸虫器对盲椿象进行人工捕捉。此法的特点是不污染环境、不伤害天敌、资金成本较少，便于开展群众性的防治。

(四) 机械捕杀

机械捕杀是在农业机械上安装捕虫工具对害虫进行捕捉。对于在机械化程度高的地区如新疆，则可对盲椿象进行机械捕杀。利用6月中耕开沟施肥的犁机，在中耕机或开沟追肥机上装上一些捕虫网，在施肥的同时捕捉盲椿象，可有效降低二代盲椿象基数，减少蕾铃脱落。据报道，用此法捕捉盲椿象，单网最多可捕虫数百只。机械捕杀的特点是没有增加机车作业量、降低人工捕虫的劳动强度，且投入成本少。物理防控技术是利用温、光、电、声、色、红外线辐射及放射能等物理因子和机械设备来预防病虫害的发生，或是用以治理病虫害的大暴发。这类防治措施一般较简单易行，成本也比较低，且不污染环境。

十、新型防治装备和使用方法

随着我国科技的迅猛发展，植保新型装备取得了长足的进步。如利用电动、静电喷雾器和植保无人机等新型地面及空中施药器械来喷雾防治棉花害虫，既提高了作业效率和防治效果，还避免了农药的流失和浪费。近年，作为现代植保技术的最新发展和前沿技术，植保无人机航空植保作业逐渐兴起、发展迅猛，并以其作业效率高、质量好、适用性广、成本低以及应对突发危害能力强等独特优势，为植保技术的发展开辟了一片新的天地，将是传统植保方式的替代技术和“革命性”升级。运用植保无人机针对不同作物病虫害可以做到快速、高效和精准施药，在提高防治效果的同时，可降低农药使用量和使用成本，减少农药残留。目前，许多无人机企业纷纷瞄准了新疆农业大市场，开展了一系列的示范推广工作。

在新疆石河子1膜3行等行距密植模式下，于棉花苗期棉黑蚜发生盛期，利用3WD-TY-17电动单旋翼植保无人机和MG-1多旋翼植保无人机，施用600 g/L吡虫啉悬浮剂50～85倍液，兑水量18.75～25.50 kg/hm^2，于施药后5 d最高防效达到98.8%，有效期可维持10 d左右，能有效控制棉蚜的危害。同时，利用TY-787单旋翼电动植保无人机在阿瓦提县塔木托格拉克乡棉田棉叶螨发生期进行了飞防试验，使用73%炔螨特225 g/hm^2，兑水量15 kg/hm^{2}喷施，施药后7 d防效达到89.8%，对棉叶螨防治效果显著，对棉花生长也无不良影响。

农用植保无人机性能、功能等见第四十八章。

（撰稿：崔金杰，陆宴辉，姚举，肖留斌，马艳，彭军，姜伟丽；
主审：吴孔明，张存信，崔金杰）

参 考 文 献

[1] 中国农业科学院棉花研究所. 中国棉花栽培学. 上海：上海科学技术出版社，1983:562-620.

[2] 郭予元. 棉铃虫的研究. 北京：中国农业出版社，1998:291-351.

[3] 王武刚，梁革梅，郭予元，等. 棉铃虫特大发生原因和治理对策探讨. 中国植保导刊，1993(4).

[4] 秦秋菊，李国平，杨向东，等. 转 *Bt* 基因棉对棉铃虫及其天敌发生的影响. 河北农业大学学报，2002，25(2).

[5] 崔金杰，夏敬源. 一熟转 *Bt* 基因棉田主要害虫及天敌的发生规律. 植物保护学报，2000，27(2).

[6] 崔金杰，雒珺瑜，王春义，等. 转双价基因棉对棉田主要寄生性天敌生长发育的影响. 棉花学报，2005，17(1).

[7] 束春娥，孙洪武，孙以文，等. 转基因棉 *Bt* 毒性表达的时空动态及对棉铃虫生存、繁殖的影响. 棉花学报，1998，10(3).

[8] 崔金杰，夏敬源. 一熟转 *Bt* 基因棉田主要害虫及天敌的发生规律. 植物保护学报，2000，27(2).

[9] 崔金杰，夏敬源. 转 *Bt* 基因棉对棉铃虫生长发育及繁殖的影响. 河南农业大学学报，1999，33(1).

[10] 董双林，文绍贵，王月恒. 转 *Bt* 基因棉对棉铃虫存活、生长及危害的影响. 棉花学报，1997，9(4).

[11] 赵建周，卢美光，范贤林，等. 转 *Bt* 基因棉花对棉铃虫不同龄期幼虫的杀虫活性和抑制生长作用. 棉花学报，1998，41(4).

[12] 芮昌辉，范贤林，郭三堆，等. 双价基因(*Bt*+*CpTI*)抗虫棉对棉铃虫的杀虫活性及抑制生长作用. 棉花学报，2001，13(6).

[13] 赵奎军，赵建周，卢美光，等. 转基因抗虫棉花对棉铃虫生长发育影响的系统评价. 植物保护学报，2000，27(3).

[14] 崔金杰，夏敬源. 转 *Bt* 基因棉对棉铃虫低龄幼虫取食行为的影响. 河南职业技术师范学院学报，1998，26(1).

[15] 董双林，马丽华，夏敬源. 棉铃虫幼虫对转基因棉的行为学反应研究. 植物保护学报，1997，24(4).

[16] 王武刚,姜永幸,杨雪梅,等.转基因棉花对棉铃虫抗性鉴定及利用研究学报.中国农业科学,1997,30(1).

[17] 杨雪梅,王武刚,郭予元,等.转 *Bt* 基因棉抗棉铃虫性的鉴定技术及其应用.植物保护,1997,23(4).

[18] 王武刚,吴孔明,梁革梅,等.*Bt* 棉对主要棉虫发生的影响及防治对策.植物保护,1999,25(1).

[19] 张永军,吴孔明,郭予元.转 *Bt* 基因棉花杀虫毒蛋白的含量的时空表达及对棉铃虫的毒杀效果.植物保护学报,2001,28(1).

[20] 束春娥,孙洪武,孙以文等.转基因棉 *Bt* 毒素表达的时空动态及对棉铃虫生存、繁殖的影响.棉花学报,1998,10(3).

[21] 崔金杰,夏敬源,马丽华,等.转双价基因抗虫棉对棉铃虫的抗虫性及时空动态.棉花学报,2002,14(6).

[22] 郭三堆,倪万潮,赵国忠.双价转基因抗虫棉的研制//贾士荣,郭三堆,安道昌.转基因棉花.北京:科学出版社,2001:218-222.

[23] 谭维嘉,曹煜,戴小枫,等.棉铃虫对菊酯类农药抗药性的系统监测及其机理研究.北京:中国科技出版社,1992.

[24] 黄民松,万鹏,吴孔明,等.红铃虫对 *Bt* 棉花抗性治理的研究进展.植物保护学报,2004,31(4).

[25] 崔金杰,夏敬源,马艳.转双价基因(*Cry1Ac*+*CpTI*)抗虫棉(ZGK9712)对小地老虎抗虫性研究.棉花学报,2002,14(1).

[26] 万鹏,黄民松,吴孔明,等.转 *Cry1A* 基因棉对棉蚜生长发育及种群动态的影响.中国农业科学,2003,36(12).

[27] 崔金杰,雒珺瑜,王春义,等.转双价基因(*Bt*+*CpTI*)棉对棉田主要捕食性天敌捕食功能反应的影响.南京农业大学学报,2005,28(1).

[28] 王伟,姚举,李号宾,等.新疆麦棉间作布局及麦棉比例与棉田捕食性天敌发生的关系.植物保护,2009,35(5).

[29] 姚举.新疆棉花、玉米主要害虫生态调控技术研究与示范.新疆维吾尔自治区科技成果鉴定证书,2007,新科鉴字0073号.

[30] 许建军,郭文超,姚举,等.新疆棉区利用赤眼蜂防治棉铃虫田间释放技术研究与应用.新疆农业科学,2004,41(5).

[31] 李建成.中红侧沟茧蜂生物学特性及在新疆棉田释放对棉铃虫的控制效果研究.中国农业大学博士论文,2005.

[32] 毛树春,李付广.当代全球棉花产业.北京:中国农业出版社,2016:583.

[33] 陆宴辉.*Bt* 棉花害虫综合治理研究前沿.应用昆虫学报,2012,49(4).

[34] 姜玉英,陆宴辉,李晶,等.新疆棉花病虫害演变动态及其影响因子分析.中国植保导刊,2015,35(11).

[35] 周志燕,臧英,罗锡文,等.中国农业航空植保产业技术创新发展战略.农业工程学报,2013,29(24).

[36] 蒙艳华,周国强,吴春波,等.我国农用植保无人机的应用与推广探讨.中国植保导刊,2014,34.

[37] 高圆圆,张玉涛,张宁,等.小型无人机低空喷洒在小麦田的雾滴沉积分布及对小麦吸浆虫的防治效果初探.作物杂志,2013(2).

[38] 安继军.农用植保无人机防治棉黑蚜效果.植物保护,2017(3).

[39] 张新华,雷春军,张新浩,等.植保无人机防治棉田棉叶螨试验.植物保护,2017(12).

[40] 马艳,任相亮,孟艳华,等.无人植保机在新疆棉田喷施脱叶剂测试结果评述.中国植保导刊,2016,36.

[41] 雷亚平,韩迎春,王国平,等.无人机低空数字图像诊断棉花苗期技术.中国棉花,2017,44(5).

第四十二章　棉花主要病害及其防治

病害是棉花生产的主要限制因子之一，全球侵染性棉花病害有 260 多种，我国记载有 80 多种，其中常见的约 20 种。棉花全生育期均可遭受各种病菌侵害，对生长发育造成不良影响，严重发生和危害时导致产量下降、棉纤维品质变劣。

第一节　枯萎病与黄萎病

一、发生和分布

棉花枯萎病和黄萎病是全球危害棉花最严重的两种病害，我国棉花生产上简称为"两萎病"，被棉农比喻为棉花的"癌症"。早在 1934 年，黄方仁报道在江苏省南通市发现棉花枯萎病；1935 年，种植由美国引入的斯字棉 4B 的同时，也引入了陆地棉的黄萎病；1939 年周家炽报道，在云南省蒙自县两年生的木棉上发现棉花黄萎病。20 世纪 50 年代初，"两萎病"仅在陕西、山西、江苏、湖北等 10 个省的局部地区零星发生；然而，近 50 多年以来，"两萎病"发生区域不断扩展，1997 年、2003 年、2009 年在长江流域和黄河流域棉区大暴发。据近年调查和大面积观察，"两萎病"发病面积已遍及全国棉区，辽宁、河北、河南、山东、山西、陕西、北京、天津、甘肃、新疆、四川、湖北、湖南、安徽、江苏、浙江、江西等省(自治区、自辖市)，已呈日趋加重的态势，对棉花产量和品质造成的损失也日益加重，成为制约棉花生产可持续发展的重大障碍因素。

枯萎病于 1955 年、黄萎病于 1957 年列入我国植物检疫对象，1997 年修订时删除了枯萎病，而黄萎病持续检疫至今；其目的是控制"两萎病"的病原菌通过种子进行传播。

二、病原菌及寄主范围

棉花枯萎病的病原菌是尖孢镰刀菌萎蔫专化型[*Fusarium oxysporum* f. sp. *vasinfectum* (Atk.)Snyder et Hansen]，属于真菌界子囊菌门子囊菌纲肉座菌目丛赤壳科镰孢菌属(图版 13、图版 15)。

枯萎病菌尖孢镰孢菌萎蔫专化型可造成多种植物的维管束萎蔫性病害，已知的有咖啡属(*Coffea*)、木豆属(*Cajanus*)、木槿属(*Hibiscus*)、三叶胶属(*Hevea*)、茄属(*Solanum*)、蓖麻属(*Ricinus*)及豇豆属(*Vigna*)等中的一些种的枯萎病。据报道棉花枯萎病的寄主有近 50 种植物，大部分为野生植物。

李君彦等在 1978～1979 年经过 2 年病圃和温室接种棉枯萎病病菌，对 8 科 18 种作物的 69 个品种进行了致病测定，试验结果表明，在整个棉花生育期(4～9 月)内，除棉花外，其他作物未发现有病株出现，成株期剖茎检查也没有发现茎内有变色现象。但对各种作物的再分离试验表明，虽有不少作物并不表现症状，但其组织是带菌的。18 种作物中有 15 种可分离到典型的枯萎病病菌，但各菌系在各种作物上的定植部位有差异，仅从根部分离到病菌的有笋瓜、向日葵和豌豆；可在茎基部分离到病菌的有高粱、大豆、豌豆、番茄、烟草和 3 种红麻；可从叶柄和叶鞘分离到病菌的有大麦、小麦、玉米、甘薯、黄瓜和辣椒，包括棉花。地上部按带菌率高低排列，甘薯、烟草、大麦、玉米、黄瓜的带菌量较大，小麦、大豆、番茄、茄子次之，豌豆、向日葵、笋瓜地上部分未分离到病菌。甘薯的带菌率比棉花高得多。在 1978 年的试验中，小麦、玉米、高粱和向日葵等 4 种作物未分离出可以使棉花发生枯萎病的尖孢镰孢菌。此外，棉田杂草中，香附子、野茄和刺蓟等均能被侵入而带菌。

从分离结果看，有一部分并不是典型棉花枯萎病病菌，但大部分分离得到的是该病原菌，这说明在强制接菌条件下测定的棉花枯萎病病菌的寄主范围，远比自然条件下发病的要广。

1958 年在美国发现红麻、烟草、大豆亦为棉花枯萎病病菌的寄主后，陆续报道能受枯萎病病菌侵染的植物逐年增多。例如 1975 年 D. L. Elbeles 报道，在人工接种条件下，枯萎病病菌能感染锦葵科、蝶形花科、茄科、禾本科等 12 个科的 30 种植物，其中有些植物表现为无症状的带菌者。江苏省农业科学院植物保护研究所 1978 年通过分离接种试验，也证明玉米、元麦、大麦、小麦、花生、赤豆、扁豆、乌豇豆、柽麻、牛角椒、茄子、番茄、甘薯、芝麻等作物，都是棉花枯萎病病菌的带菌植物。但是，在田间条件下，枯萎病病菌对包括小麦、玉米等禾本科作物在内的许多植物不一定能侵染发病。

棉花枯萎病病菌生理分化不大，目前全球已报道 8 个小种。美国的 Armstrong 等于 1958 年最早报道了 4 个小种，1966 年 Ibrahim 发现第 5 号小种，1978 年 Armstrong 和 JKArmstrong 又在巴西发现了 6 号小种(表 42－1)。

表 42－1　世界各国不同生理小种棉花枯萎病对不同寄主植物的侵染力

(Hillocks R J, 2002)

寄 主 植 物	生理小种编号							
	1	2	3	4	5	6	7	8
	世界各地	美国	埃及、中国	印度	苏丹	巴西	中国	中国
亚洲棉 *Gossypium arboreum* cv. Ronzi	R	R	S	S	S	R	S	R
海岛棉　阿西莫尼 *G. barbadebse* cv. Ashmouni	S	S	R	R	S	S	S	R
海岛棉　萨克耳 *G. barbadebse* cv. Sakel	S	S	S	R	S	S	S	R
陆地棉　爱字棉 44 *G. hirsutum* cv. Acala 44	S	S	R	R	R	S	S	R
金元烟 *Nicotiana tabacum* cv. Gold Dollar	R	S	R	R		R	R	R
大豆 *Glycine max* cv. Yelredo	R	S				R	R	R
羽扁豆苜蓿 *Lupinus luteus* cv. Weiko	S	S				R		

[注] S＝严重感染，发病株率 50%以上；R＝不感染，发病株率为 0。

1982年,陈其煐等用国际通用鉴别寄主方法对我国各地采集的144个菌系筛选出有代表性的17个进行全面研究,发现我国棉花枯萎病病菌致病力与当时国际上已报道的6个生理小种有区别。为此,将我国棉花枯萎病病菌分为3个生理小种,其中7、8号生理小种是首次报道,并确认7号生理小种是我国优势小种,广泛分布于全国各产棉区,对鉴别寄主中的海岛棉、陆地棉和亚洲棉均表现出高度侵染,不感染或轻度感染5个非棉属寄主;而8号生理小种则不感染或轻度感染3个棉种的7个品种,轻度感染非棉属的秋葵、金元烟和大豆,严重感染紫苜蓿和白肋烟,且仅在湖北省新洲县和麻城县及江苏省南京有所发现;3号生理小种严重感染海岛棉的Coastland、Sakel和亚洲棉的Ronzi,不感染海岛棉的Ashmouni和陆地棉,不感染非棉属寄主的秋葵、金元烟、白肋烟和大豆,极轻度感染紫苜蓿(表42-2)。

表42-2　我国不同生理小种棉花枯萎病对鉴别寄主植物的侵染力

(陈其煐,孙文姬,1986)

鉴别寄主		生理小种及分布		
		3	7	8
		新疆麦盖提和吐鲁番	全国各地	湖北新洲、麻城、江苏南京
海岛棉	Ashmouni	R	S	W-R
	Coastland	S	S	W
	Sakel	S	S	W
陆地棉	Acala	R	S	W
	Rowden	R	S	W
	Stoneville	R	S	W
亚洲棉	Rozi	S	S	W
秋葵	Clemson spinelaess	R	W-R	W
紫苜蓿	Grimm	R	W-R	S
烟草	Burley 5	R	W-R	S
	Gold dollar	R	R	W
大豆	Yelredo	R	W-R	W-R

[注] S=严重感染,发病株率50%以上;W=轻度感染,发病株率50%以下;R=不感染,发病株率为0。

棉花黄萎病病原菌为大丽轮枝菌(*Verticillium dahliae* Kleb.)。在我国,棉花黄萎病病菌一度沿用黑白轮枝菌(*Verticillium albo-atrum* Reinke et Berth.),但缺乏全面和系统的鉴定工作。1979年河北省植物保护和土壤肥料研究所等4家单位,对来自河北、河南、四川等省的棉花黄萎病病菌的若干菌系进行了初步鉴定,并在此基础上对陕西、新疆、河北等8个省、自治区9个菌种中分离到的280个单孢菌系进行种的统一鉴定,证明我国一些主要黄萎病区的单孢菌系均为大丽轮枝菌。

黄萎病病菌的寄主范围很广,已报道的寄主植物有660种,其中农作物184种(占28%),观赏植物323种(占49%),杂草153种(23%)。在作物中,黄萎病病菌除棉花外,对马铃薯、茄子、番茄、辣椒、甜瓜、西瓜、黄瓜、芝麻、向日葵、甜菜、花生、菜豆、绿豆、亚麻、草莓、烟草等许多植物都能侵染,并可相互感染;而有些植物,如禾本科的水稻、麦类、玉米、高粱、谷子等,则不受侵害。但国外也有报道,从小麦幼苗中能分离出大丽轮枝菌,并通过人工接种可侵染棉花和茄子。

我国棉花黄萎病病菌划分为强、中、弱 3 个生理型。但是,自进入 21 世纪后,落叶型菌株在不同产棉区纷纷出现,且所占比例逐年增加,并占据了主体地位。朱荷琴等于 2007～2008 年采集全国 12 个省 84 个县的 167 个菌株,采用统一的鉴别寄主和对照菌株进行致病力测定,明确我国棉花黄萎病病菌存在强、中、弱 3 个致病力类型,分别占 20.4%、57.5%和 22.2%。中等致病力菌株为我国的优势类型,黄河流域和长江流域棉区均以中等致病力菌株为优势类群,分别占该地区菌株的 64.5%和 54.0%;西北新疆菌株以弱致病力为优势类群,占该地区菌株 62.5%。但值得重视的是 91.0%的菌株为落叶型菌株,并以中等和强致病力类型菌株为主,且不同省份之间及省内不同地区之间致病力分化程度不同。新疆棉花黄萎病病菌致病力有明显增强的趋势,强致病力类型的菌株所占比例逐年增加。落叶型菌株在新疆也呈快速增加趋势,从 1999 年前的 0 到 2003～2004 年的 4.0%～5.7%,再到 2008 年的 40.0%～58.3%;黄河流域和长江流域棉花主产区落叶型菌株则占 80%以上。全国不同产区棉花黄萎病病菌致病力分化明显,病原菌与寄主协同进化是必然的,但若要进行横向或纵向比较,除非进行统一的采样并采用统一的致病力测定及评价方法,否则,由于各研究者所采用的鉴别寄主、病情调查方法和致病力评价方法的不同结果会有差别。致病力类型划分标准,强、中、弱 3 种致病力类型,平均校正病指分别为＞40.0、20.1～40.0 和≤20.0。中国农业科学院植物保护研究所和棉花研究所分别筛选确定了棉花黄萎病病菌致病力测定的鉴别寄主,棉花研究所确定的鉴别寄主全部为陆地棉,分别为陆地棉中棉所 41、豫棉 21、鲁棉研 28、中棉所 35、中棉所 8 号和冀棉 11。上述落叶型菌株的检测均采用大丽轮枝菌特异引物 PCR 方法。尽管该方法应用广泛,但判断落叶型菌株最重要的指标是能否侵染棉花并引发典型的落叶症状,且受寄主、环境及病原菌互作的影响。因此,黄萎病病菌检测应将生物测定与分子检测结合起来,并规范生物检测方法和评判标准,提高检测结果的认可度和通用性。

三、危害与损失

棉花枯萎病对棉株生育的影响很大,在苗期即引起大量死苗,造成严重的缺苗断垄,甚至毁种。幸存的棉株,大多生长衰弱或半边枯死,病株的蕾铃脱落增加,现蕾数及结铃数显著减少,铃重减轻,衣指特别是子指显著变小,直接影响种子的成熟度和发芽率,纤维的长度和强度也受到影响(表 42－3)。

表 42－3　棉花枯萎病、黄萎病对棉花产量与品质的影响

(姚耀文、何礼远等,1963)

类　别	单铃重(g)	衣　指(g)	子　指(g)	纤维长度(mm)	纤维强度(g)	单株生产力	
						单株籽棉产量(g)	比对照降低(%)
枯萎病病株	4.94	6.08	10.35	30.1	3.69	60.91	34.27
黄萎病病株	5.08	6.24	10.65	30.7	4.06	70.03	22.27
同株混生病株	4.85	6.10	10.09	—	—	58.05	37.36
健株(对照)	5.65	6.67	11.80	32.1	4.33	92.66	—

黄萎病发病症状为叶片变黄,干枯脱落,导致结铃稀少,铃重减轻,严重时使棉株叶片大量脱落,甚至全部叶片脱落,花蕾、棉铃均脱落成光秆,棉株早早枯死;轻病株则棉花减产和

品质下降。棉花枯、黄萎病混生地区,两病发生在同一地块,甚至侵染同一棉株,受害更为严重,一般减产20%～30%,严重减产达80%以上。减产主要是单株成铃数、铃重和衣分同时降低,且以单株成铃数减少为主;中国农业科学院植物保护研究所和陕西省农业科学院棉花研究所在陕西三原县考察枯、黄萎病对棉花各项品质和产量指标的影响,结果表明,以枯、黄萎病混生的危害程度最重,枯萎病危害次之,黄萎病危害影响较轻。

20世纪90年代以后,“两萎病”落叶型危害更加严重。黄萎病发病时期越早,对棉株生育和产量影响越大。据对黄萎病病株定株调查,6月中旬以前发病,棉株生育停滞,甚至死亡;6月中旬至7月中旬发病,产量损失70.9%～88.8%;7月中旬至8月初发病,产量损失41.6%～48.6%;8月上旬至9月初发病,产量损失17.5%～34.4%;9月中旬以后发病,对产量基本上没有影响。

四、症 状 识 别

(一) 棉花枯萎病

棉花枯萎病病菌能在棉花整个生长期间侵染危害。在自然条件下,枯萎病一般在播后30 d苗期即出现病株。由于受棉花的生育期、品种抗病性、病原菌致病力及环境条件的影响,棉花枯萎病呈现多种症状类型(图版13、图版15)。

1. 幼苗期　子叶期即可发病,现蕾期出现第1次发病高峰,造成大片死苗。苗期枯萎病症状复杂多样,大致可归纳为5个类型。

(1) 黄色网纹型:幼苗子叶或真叶叶脉褪绿变黄,叶肉仍保持绿色,因而叶片局部或全部呈黄色网纹状,最后叶片萎蔫而脱落。

(2) 黄化型:子叶或真叶变黄,有时叶缘呈局部枯死斑。

(3) 紫红型:子叶或真叶组织上出现红色或紫红斑,叶脉也多呈紫红色,叶片逐渐萎蔫枯死。

(4) 青枯型:子叶或真叶突然失水,色稍变深绿,叶片萎垂,猝倒死亡;有时全株青枯,有时半边萎蔫。

(5) 皱缩型:在棉株5～7片真叶时,首先从生长点嫩叶开始,叶片皱缩、畸形,叶肉呈泡状凸起,与棉蚜危害很相似,但叶片背面没有蚜虫,同时棉株节间缩短,比健康株矮小,叶色变深,一般不死亡,往往与黄色网纹型混合出现。

棉花枯萎病症状会随环境变化而出现上述不同类型。一般在适宜发病的条件下,特别是温室接种的情况下,多数为黄色网纹型;在大田,气温较低时,多数病苗表现紫红型或黄化型;在气候急剧变化时,如雨后迅速转晴,则较多发生青枯型;有时也会出现混生型。

2. 成株期　棉花现蕾前后是枯萎病的发病盛期,症状表现也是多种类型,常见的症状是矮缩型和黄色网纹型。病株的特点是:株形矮小,主茎、果枝节间及叶柄均显著缩短弯曲;叶片深绿色,皱缩不平,较正常叶片增厚,叶缘略向下卷曲,有时中、下部个别叶片局部或全部叶脉变黄呈网纹状。有的病株症状表现于棉株的半边,另半边仍保持健康状态,维管束也半边变为褐色,故有“半边枯”之称。有的病株突然失水,全株迅速凋萎,蕾铃大量脱落,整株或棉株顶端枯死,基部枝叶丛生,此症状多发生于8月底9月初暴雨之后,气温、地温下降而湿度较大的情况下,有的地方此时枯萎病可出现第二发病高峰。

诊断棉花枯萎病时，除了观察病株外部症状外，必要时应剖开茎秆检查维管束变色情况。感病严重植株，从茎秆到枝条甚至叶柄，内部维管束全部变色。一般情况下，枯萎病病株茎秆内维管束显褐色或黑褐色条纹，黄萎病较枯萎病变色稍浅。调查时剖开茎秆或掰下空枝、叶柄，检查维管束是否变色，是田间识别枯萎病的可靠方法，也是区别枯、黄萎病与红(黄)叶茎枯病，排除旱害、碱害、缺肥、蚜害、药害、植株变异等原因引起类似症状的重要依据。但是，由于枯、黄萎病维管束变色的深浅不是绝对的，有时黄萎病重病株比枯萎病轻病株维管束变色还来得深些，这就需要辅之以室内分离鉴定工作。

（二）棉花黄萎病

黄萎病病菌能在棉花整个生长期间侵染。在自然条件下，黄萎病一般在播后 30 d 以后出现病株。由于受棉花品种抗病性、病原菌致病力及环境条件的影响，黄萎病呈现不同症状类型(图版 15)。

1. 幼苗期　在温室和人工病圃里，2～4 片真叶期的棉苗即开始发病。苗期黄萎病的症状是病叶边缘开始褪绿发软，呈失水状，叶脉间出现不规则淡黄色病斑，病斑逐渐扩大，变褐色干枯，维管束明显变色，严重时叶片脱落、棉株枯死。

2. 成株期　黄萎病在自然条件下，棉花现蕾以后才逐渐发病，一般在 7～8 月份开花结铃期，黄萎病发病达到高峰。近年来，棉花黄萎病症状呈多样化的趋势，常见的有：病株由下部叶片开始发病，逐渐向上发展，病叶边缘稍向上卷曲，叶脉间产生淡黄色不规则的斑块，叶脉附近仍保持绿色，呈掌状花斑，类似花西瓜皮状；有时叶片叶脉间出现紫红色失水萎蔫不规则的斑块，斑块逐渐扩大，变成褐色枯斑，甚至整个叶片枯焦，脱落成光秆；有时在病株的茎部或落叶的叶腋里，发出赘芽和枝叶。黄萎病病株一般并不矮缩，还能结少量棉桃，但早期发病的重病株有时也变得较矮小。在棉花铃期，盛夏久旱后遇暴雨或大水漫灌时，田间有些病株常发生一种急性型黄萎症状，先是棉叶呈水烫样，继而突然萎垂，迅速脱落成光秆。

在枯、黄萎病混生地区，两病可以同时发生在一株棉花上，叫做同株混生型，有的以枯萎病症状为主，也有以黄萎病症状为主，使症状表现更为复杂。两病发病症状比较见表 42－4。

表 42－4　棉花枯萎病和黄萎病症状比较

(马存，1982)

	枯　萎　病	黄　萎　病
株型	植株茎枝节间缩短、弯曲，顶端有时枯死，导致株型矮化、丛生	一般植株不矮缩，顶端不枯死，后期可整株凋枯，严重时整株落叶成光秆，枯死
枝条	有半边枯萎，半边无病症的现象	植株下部有时发出新的枝叶
叶片	顶端叶片先显病状，下部叶片有时反而呈健态，症状多样	下部叶片先显病状，逐渐向上发展，大部分呈西瓜皮状
叶脉	叶脉常变黄，呈现明显的黄色网纹	叶脉保持绿色，脉间叶肉及叶缘变黄，多呈斑块状
叶形	常变小增厚，有时发生皱缩，呈深绿色，叶缘向下卷曲	大小、形状正常，惟叶缘稍向上卷曲
茎秆	褐色或黑褐色条纹	黄褐色条纹

五、侵染循环与传播途径

（一）侵染循环

棉花枯、黄萎病危害棉株维管束。在土壤中定植的枯、黄萎病病菌，遇上适宜的温、湿度，从病菌孢子萌发出的菌丝体，接触到棉花的根系，菌丝体即可从根毛或伤口处（虫伤、机械伤）侵入根系内部。菌丝先穿过根系的表皮细胞，在细胞间隙中生长，继而穿过细胞壁，再向木质部的导管扩展，并在导管内迅速繁殖，产生大量小孢子。这些小孢子随着输导系统的液流向上运行，依次扩散到茎、枝、叶柄、叶脉和铃柄、花、种子等棉株的各个部位。棉株感病枯死后，枯、黄萎病病菌在土壤中以腐殖质为生，或在病株残体中休眠，连作棉田土壤中不断积累菌源，就形成所谓的“病土”，从此年复一年重复侵染并加重发病。枯、黄萎病病菌在土壤里的适应性很强，当遇到干燥、高温等不利环境条件时，还能产生微菌核、厚垣孢子等休眠体以抵抗恶劣环境。所以，病菌在土中一般能存活 8～10 年，黄萎病可达 20 年以上。棉田一旦传入枯、黄萎病病菌，若不及时采取防治措施，病菌将以很快的速度蔓延危害。枯萎病的发展尤为迅速，往往“头年一个点，二年一条线，三年一大片”，几年内就能使零星发病发展到猖獗危害的局面。

（二）传播途径

棉花枯、黄萎病的扩展蔓延迅速，病原菌的传播途径繁多。为了有效地进行防治，明确其传播途径是非常重要的。

1. 棉籽传病　枯、黄萎病棉株的棉籽内部带菌问题，已为国内外研究所证实。枯萎病随棉籽调引而传播，已被生产实践所证实。追溯我国各地棉花枯萎病最初传入和逐步扩散的历史，不难发现，该病大多是由国外引种或从调进外地病区棉籽开始的。据记载，1935 年从美国引进斯字棉 4B 种子，未作消毒处理，就分发到陕西泾阳等处农场和农村种植，这些地方后来也就成为我国枯萎病发病最早和最重的病区。

不少调查资料还证明，棉花黄萎病往往是先在引种带病棉籽的科研单位或原种场、农场的试验田里发生的，然后又随棉种的推广而蔓延危害。由此可见，调引带病种子也是造成棉花黄萎病远距离传播、出现新病区的重要途径。

关于棉籽带菌部位及带菌量问题，各地报道不一，因地区、年份及品种的不同而异。试验证明，从棉籽的短绒上容易分离到黄萎病病菌。1958 年仇元采集陕西泾阳等地黄萎病病株的棉籽进行解剖分离，检查出带菌率为 5.9%～39.8%。1964～1966 年陈吉棣自病株上严格选收铃柄基部维管束显著变褐的成铃 361 个，分离了其中 11 505 粒种子，其内部带菌率小于 0.026%，认为正常情况下，黄萎病主要是由棉籽外部带菌传播。为了证实棉籽的传病作用，1958 年仇元将采自黄萎病病株上的棉籽种在灭菌土内，结果其发病率为 27.3%。一般秋雨较多的年份，黄萎病棉籽带菌率较高，曾有报道认为，是由于雨水将土面的黄萎病病菌冲溅到吐絮的棉铃上，从而造成棉籽短绒带菌。

从棉籽的短绒上容易分离到枯萎病病菌，从棉籽壳、棉籽仁上也能分离到少量的枯萎病病菌。带枯萎病病菌的棉籽，当年就能造成棉花发病。中国农业科学院棉花研究所于 1971～1972 年在未种过棉花的黄河故道上进行试验，结果表明，种枯萎病田混收的棉籽，其发病率约0.7%;种病株单收的棉籽,其发病率为2.2%;而经硫酸脱绒后,其发病率相对下降97%。这说明种子带菌主要在棉籽的外部,特别是在棉籽的短绒上;但经硫酸脱绒的棉籽,仍有0.23%的棉株发病,间接地证明了棉籽内部可能带有少量的枯萎病病菌。林征明对当时的几个主要品种的枯萎病带菌率进行测定,结果表明,枯萎病病菌带菌率在0.7%~4.6%。对带菌种子先用硫酸脱绒,再用0.3%多菌灵胶悬剂冷浸12 h,随后种植于无病田进行田间检查,结果表明灭菌效果达100%(表42-5)。

表42-5 棉花种子枯萎病带菌率测定及多菌灵冷浸消毒结果

(林征明,1990)

品种(系)	取样数量(粒)	带菌率(%)		测定株数	消毒处理后病株数	
		枯萎病病菌	黄萎病病菌		枯萎病病株	黄萎病病株
中棉所12号	1 000	3.9	0.6	4 180	0	0
中6331	1 000	4.6	0	180	0	0
冀棉8号	1 000	3.6	0	180	0	0
299-1	1 000	0.7	0	180	0	0

2. 棉籽饼和棉籽壳传病 采用冷榨方法榨油,不能杀死棉籽内、外的枯萎病病菌。这种棉籽饼作为肥料施用,常能使病害远距离传播。棉籽饼和棉籽壳是喂养耕牛常用的饲料,据黄仲生等试验证明,带菌的棉籽壳,虽通过牛的消化系统,病菌仍能存活。所以,枯萎病亦能借带菌棉籽饼和棉籽壳而传播(表42-6)。

表42-6 棉花枯萎病带菌棉籽壳传病试验

(黄仲生,陈文良等,1980)

处 理	苗期调查		劈秆检查	
	调查苗数(株)	病苗率(%)	检查株数(株)	病株率(%)
喂带菌棉籽壳的牛粪	169	3.6	169	12.8
带菌棉籽壳沤粪	179	7.2	179	16.7
带菌种子对照	168	0.8	168	4.2
无病种子对照*	138	0.6	138	2.4

[注] *因处理间没有隔离造成传染。

3. 病株残体传病 棉花枯、黄萎病病菌存在于病株的根系、茎秆、叶片、铃壳等各个部位。这些病株残体可直接落到地里或用以沤制堆肥,也成为传播病害的重要途径;病株残体也是枯、黄萎病借以传播的重要病菌来源。1975年黄仲生进行棉花枯萎病病株残体传病试验,施用病叶和病秆沤制的堆肥,枯萎病发病率为84.1%;施用病叶、病秆喂猪所积的粪肥,枯萎病发病率为14.0%;而施不带菌厩肥或粪肥的对照区,则没有发现病株。

1964~1965年中国农业科学院植物保护研究所与河北省农林科学院粮油作物研究所共同进行了大田病株落叶的传病试验,证明6~7月黄萎病株的落叶能增加土壤菌源,并传染给健康棉株,从而造成当年的再侵染,劈杆检查其发病率可达35.8%;室内分离黄萎病病株叶片,即使是干枯的病叶,包括叶柄、叶脉和叶肉都能分离到黄萎病病菌,但其含菌量有较大差异。根据苏联学者格里希京娜的研究,病株的叶、茎和根(干重)的微菌核含量分别为

82 000 ～7 000 000 个/g、2 000～827 000 个/g 和 300～172 000 个/g，而每平方米土壤只要有 0.8 个侵入体，即可造成感病品种 100%发病。

4. 带菌土壤传病　棉花枯、黄萎病病菌能潜存于土壤内 10 年左右不死。由于枯萎病病菌可在土壤中营腐生生活，其厚垣孢子的适应力又很强，故能长期存活。枯、黄萎病病菌在土壤里扩展的深度，常可达到棉花根系的深度，但大量的病菌还是分布在耕作层内。据 1959 年研究，枯萎病病菌在 1～20 cm 耕作层中数量最多，在土层中的分布深度可达 60 cm，随深度加深菌量逐渐减少。枯萎病病菌一旦在棉田定植下来，往往就不易根除。生产实践证明，同一块棉田或局部地区内的病害扩散，多半是由于病土的移动和灌溉水的流动所致。

5. 流水和农业操作传病　枯、黄萎病可借助水流扩散，雨后棉田过水或灌溉，能将病株残体和病土向四周传播，或带入无病田，造成病害蔓延。在病田从事耕作的牲畜、农机具以及人的手足等均能传带病菌，这也是导致枯、黄萎病扩展的原因之一。

六、致 病 机 理

棉花枯、黄萎病是典型的维管束病害。病菌在棉株维管束内扩展与繁殖，必然产生导管病变以及特异病状，从而引起棉株体内生理失调。其致病机理比较复杂，至今尚未有统一结论，有待深入研究。

关于枯萎病的致病原因，有人认为是由于病菌在导管内大量繁殖，引起导管堵塞，阻碍水分和养分的运输，结果造成植株萎蔫；也有人认为是病菌产生果胶酶，水解棉株细胞的中胶层和果胶物质，从而堵塞水分的输送，最终导致棉株萎蔫，同时使维管束变褐色。较多的研究则认为，病菌能产生一种专化性的毒素——镰孢菌酸。该毒素具有耐高温高压（耐 100 ℃ 10 min 或 6.8 kg高压锅蒸 30 min）、耐稀释（稀释 50 倍）、耐储藏和快速致萎的能力，并可严重破坏植株的碳、氮代谢，分解叶绿素，降低光合作用效率。测定显示，病叶叶脉中的淀粉消失，导致叶脉失绿，变黄，使外观呈黄色网纹状，叶肉组织也逐渐变黄，有时还会出现叶片半边枯焦以至死亡。

关于黄萎病的致病原因，除病菌堵塞导管致萎的解释外，有的研究认为，病菌入侵木质部后，细胞中糖苷酶水解作用活化，产生糖苷基；糖苷基能形成多种酚类物质；酚类物质氧化成单宁，使维管束变色；而过量的酚类物质和游离糖苷基均具有引致棉株萎蔫和死亡的作用。但较多的研究认为，黄萎病病菌也能产生一种致病蛋白毒素。它是一种强氧化物，可严重破坏植株代谢作用，妨碍光合作用，破坏磷酸代谢，引起植株死亡。

七、发 病 条 件

棉株被枯、黄萎病病菌侵染后，除了与病原菌的生理小种不同致病力，以及病菌在土壤中的数量等致病因素有关外，其危害程度常取决于气候条件和耕作栽培等。

（一）发病与气候条件的关系

在土温低、湿度大的情况下，棉花枯萎病菌丝体生长快；反之，在土温高而干燥的条件下，菌丝体生长就慢。当气候条件有利于病菌繁殖而不利于棉花生长时，棉株感病就严重。在棉花生育过程中，一般出现两个发病高峰。以华北地区为例：当 5 月上中旬，地温上升到

20 ℃左右时,田间开始出现病苗;到 6 月中下旬,地温上升到 25～30 ℃,大气相对湿度达 70%左右时,发病最盛,造成大量死苗,出现第一个发病高峰。待到 7 月中下旬入伏以后,土温上升到 30 ℃以上,此时病菌的生长受到抑制,而棉花长势转旺,病状即趋于隐蔽,有些病株甚至能恢复生长,抽出新的枝叶;8 月中旬以后,当土温降到 25 ℃左右时,病势再次回升,常出现第二个发病高峰。但 20 世纪 80 年代以后,由于大面积推广抗枯萎病品种,第二个发病高峰很少见。雨量和土壤湿度也是影响枯萎病发展的一个重要因素,若 5～6 月份雨水多,雨日持续 1 周以上,发病就重。地下水位高的或排水不良的低洼棉田一般发病也重。雨水还有降低土温作用,每当夏季暴雨之后,由于土温下降,往往引起病势回升,诱发急性萎蔫性枯萎病的大量发生。但若土温低于 17 ℃,湿度低于 35%或高于 95%,都不利于枯萎病的发生。

20 世纪 80 年代以后,随着我国棉花品种抗枯萎病性能的提高,棉花枯萎病在生产上已很难见到,尤其是 90 年代以后,我国种植的棉花大部分为抗枯萎病品种,除在新疆等内陆棉区以外,在华北及长江流域棉区,枯萎病已基本上被有效地控制。

黄萎病发病的最适温度为 22～25 ℃,当气温高于 30 ℃发病缓慢,极端气温高于 35 ℃时,症状暂时隐蔽。一般在 6 月间,当棉苗 4～5 片真叶时开始发病,田间出现零星病株;现蕾期进入发病适宜阶段,病情迅速发展;到 7～8 月份花铃期达到发病高峰,来势迅猛,往往造成病叶大量枯落,并加重蕾铃脱落。如遇多雨年份,湿度过高而温度偏低,则黄萎病发展尤为迅速,病株率可成倍增长。

近年来,在北方棉区大面积发生的落叶型黄萎病,对棉花生产造成巨大影响。简桂良等对其发生的诱导因素研究的结果表明,在棉花生育期内,如遇连续 4 d 以上低于 25 ℃的相对低温,则黄萎病将严重发生。1993 年、2002 年、2003 年和 2012 年北方出现大量棉株落叶的病田,主要原因即 7～8 月出现连续数天平均气温低于 25 ℃的相对低温,导致黄萎病落叶型菌系的大量繁殖侵染,使棉株短时间内严重发病,叶片、蕾铃全部脱落成光秆,最后棉株枯死。

(二) 发病与耕作栽培的关系

枯、黄萎病病菌在棉田定植以后,若连作感病品种,则随着年限的增加,土壤中病菌量积累愈多,病害就会愈严重。棉田地势低洼、排水不良,或者灌溉棉区,一般枯、黄萎病发病较重。灌溉方式和灌水量都能影响发病,大水漫灌往往起到传播病菌的作用,并造成土壤含水量过高,不利于棉株生长而有利于病害的发展。营养失调也是促成寄主感病的诱因,氮、磷是棉花不可缺少的营养,但偏施或重施氮肥,反能助长病害的发生。氮、磷、钾配合适量施用,将有助于提高棉花产量和控制病害发生。

(三) 发病与棉田线虫的关系

据调查,棉田线虫有 20 余种,其中危害棉花的有根结线虫(*Meloidogyne incognita*),还有刺线虫(*Belonolaimus longicaudatus*)和肾形线虫(*Rotylenchulus reniformis*)。这些线虫侵害棉花根系,造成伤口,诱致枯萎病的发生。据 Martin 试验,抗病品种珂字棉 100 单接枯萎病病菌的发病率为 6.8%;增加接种线虫的为 66.2%。感病品种岱字棉单接枯萎病病菌的发病率为 26.6%;增加接种线虫的发病率达 100%。据王汝贤试验,证明枯萎病病菌与线虫混接比单接枯萎病病菌,其发病率增高,而且感病品种棉株根围线虫数量较抗病品种为多。棉田线虫是枯萎病发生的诱因之一，也有研究认为枯萎病和线虫病是相互联系的复合性病害。

（四）发病与棉花生育期的关系

枯萎病发病时期与棉花生育期有密切的关系，马存进行病圃分期播种试验，设 4 个播种期，从出苗到出现发病高峰，尽管分别经历 29～55 d 时间，但都是在现蕾前后进入发病盛期；若现蕾期推后则发病高峰也顺延，发病高峰的出现不因早播而提前。但随着 20 世纪 90 年代黄萎病的逐年加重以及气候条件的变化，黄萎病在苗期也出现严重发生的情况。当棉花从营养生长转入生殖生长时，其抗病性开始下降，黄萎病开始发生严重。

（五）发病与棉花种及品种的关系

棉花不同的种或品种，对枯、黄萎病的抗病性有很大差异。一般亚洲棉对枯萎病抗病性较强，陆地棉次之，海岛棉较差。在陆地棉中各品种间对枯萎病的抗性差异显著，如陕棉 4 号、86－1 号、中棉所 12 号等品种抗病性很强，中棉所 3 号属耐病品种，而岱字棉 15、徐州 1818、鲁棉 1 号等品种则易感病。

一般海岛棉对黄萎病抗病性较强，陆地棉次之，亚洲棉较差。在陆地棉中各品种间对黄萎病的抗性差异也很显著，BD18、9456D、春矮早、辽棉 5 号等品种抗病性较强，中棉所 12 号、冀 668、33B 属耐病品种，而 86－1 号、GK19、99B 等品种则易感病。棉花品种对枯萎病和黄萎病的抗病性往往成负相关的关系，高抗枯萎病品种一般不抗黄萎病。进入 21 世纪以后，这种负相关关系正在通过分子生物学技术逐步被改变。

（六）病原菌侵染机制研究进展

黄萎病菌侵入棉株后，大丽轮枝菌通过反复形成附着枝和穿透钉以刺穿植物根细胞壁，当形成入侵菌丝后，穿透钉衍化成菌丝颈环，并与寄主形成紧密互作的穿透界面。大丽轮枝菌细胞骨架组分 Septin5 和 F-actin 以成环的形式（Septin 环）定位于菌丝颈环，分泌蛋白在此处大量分泌至 Septin 环之外；分泌蛋白在穿透界面的有效分泌依赖于 Septin5 在菌丝颈环的有序组织。试验还表明，囊泡转运因子 *VdSec22*、*VdSyn8* 和胞吐体亚基 *VdExo70* 参与分泌蛋白的传递和转运，其缺失均导致分泌蛋白滞留在附着枝及菌丝颈环之内；*VdSep5*，*VdSec22*，*VdSyn8* 及 *VdExo70* 基因的敲除突变体会显著地降低大丽轮枝菌在棉花上的致病性（图 42－1）。

A

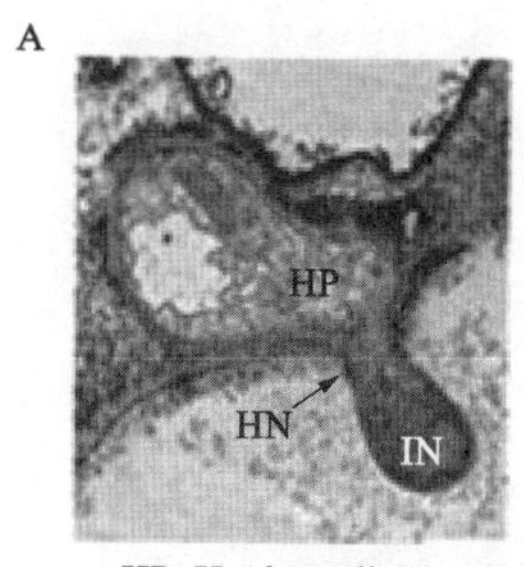

HP: Hyphopodium
HN: Hyphal Neck
IN: Invasive Hypha

B

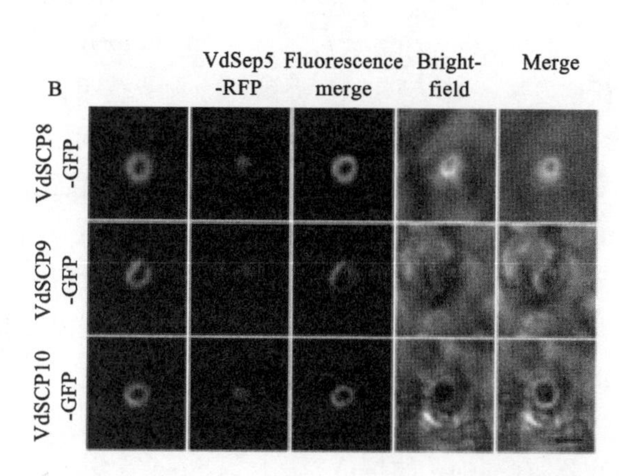

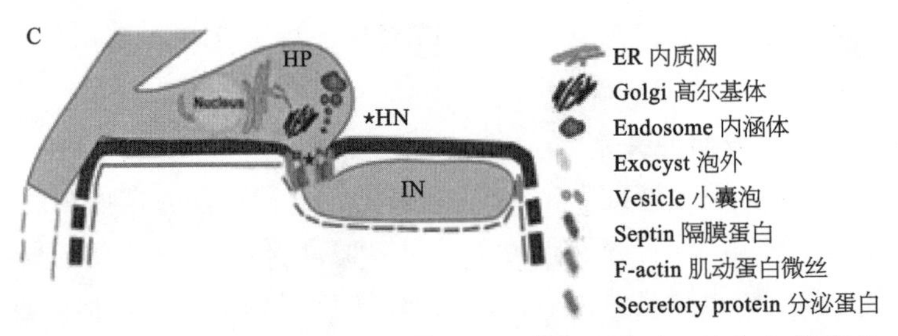

图 42-1 A. 大丽轮枝菌附着枝(HP)、菌丝颈部(HN)和入侵菌丝(IN)电镜图 B. 分泌蛋白 VdSCPs-GFP(绿色荧光)定位于 Septin5 骨架蛋白(红色荧光)组成的菌丝颈环外围 C. 多种蛋白参与分泌蛋白转运到穿透界面的示意图
(周婷婷,郭惠珊,2017)

2008 年美国 Broad 研究所释放大丽轮枝菌全基因组测序数据,为大丽轮枝菌的基因克隆、生物信息学分析和分子致病机理的研究提供了良好的平台,各国学者发现并克隆了大量与黄萎病病菌致病相关的基因。如一些研究通过构建棉花黄萎病病菌 T-DNA 插入突变体库,从落叶型强致病力菌株 Vd080 克隆到黄萎病病菌致病相关基因 *VdCYC*8、*VdPR*1、*VdPR*3, *VdCYC*8 不仅影响黄萎病病菌的致病力,还同时调控微菌核的产生和分生孢子的产量,*VdPR*1、*VdPR*3 编码的蛋白,对棉花黄萎病病菌菌丝生长、微菌核与孢子产量、纤维素酶活性和在棉花根部的定植率都有显著影响。

基于重测序技术和比较基因组学,也取得了一些阶段性进展:强致病力菌株中存在特有的基因片段 *SCF*73,缺失该片段的敲除转化子对棉花的致病力显著下降;毒力因子 *VdSSP*1 参与了对棉花致病的过程,其具有果胶酶和淀粉酶的活性,可以降解细胞壁组分,可以分泌到胞外并且能与棉花直接互作的重要毒力因子;证明了大丽轮枝菌中编码 C2H2 锌指结构的系列基因,参与了真菌的生长、微菌核的发育和对寄主的致病力;棉花黄萎病病菌硫铵素基因也是一个重要的致病基因,调控棉花黄萎病病菌的生长发育、在棉花根部的定植和对寄主的致病力。此外,大丽轮枝菌的 *CVThi*4、*VGB*、*VdUDG*、*Seg*1、*VdNRS/ER* 等基因也都参与了黄萎病病菌多项生命活动,例如调控致病力、产孢量和微菌核发育。Zhang 等研究发现,落叶型棉花黄萎病病菌(*Verticillium dahliae*)基因组中 *VdDfs* 基因片段为与其长期混生的棉花枯萎病病菌(*Fusarium oxysporum f.* sp. *vasinfectum*)基因组水平转移获得,导致其侵染能力增强;进一步研究发现,*VdDfs* 基因片段编码的功能基因直接参与了引起落叶化合物(N-酰基乙醇胺)的合成和转运。这种化合物一方面干扰棉花体内的磷脂代谢通路,使棉花对脱落酸更加敏感;另一方面使棉花的内源激素系统紊乱,脱落酸不正常的大量合成,最终导致棉花叶片脱落。

(七) 棉花黄萎病抗性基因克隆与功能研究

随着四倍体的陆地棉和二倍体的雷蒙德氏棉等基因组测序完成,大量与棉花抗黄萎病相关的候选基因被成功克隆出来。Zhang 等利用海岛棉接种大丽轮枝菌后的转录组,获得了大量的棉花抗黄萎病的防卫基因序列。Gao 等研究表明棉酚、油菜素内酯和茉莉酸在棉花抗黄萎病上发挥重要作用,*GbERF*1-like 基因能诱导抗性相关基因的上调表达,调控木质素的积累,提高棉花的抗黄萎病性。Shao 等发现 16 个与棉花抗黄萎病相关的候选基因,其中，$TGF-\beta$可能在棉花抗病过程中起到了重要作用，*GbNRX*1能够平衡植物体内活性氧暴发(ROS)的代谢，调控棉花的抗病性。Gong等利用VIGS和转基因拟南芥，表明核糖体蛋白GaRPL18通过水杨酸信号通路，调控棉花的抗黄萎病性反应，提高了棉花的抗病性。张华崇等比较分析了23个基因在不同抗感材料的表达差异，发现上调基因在高抗品种中表达量能更迅速和更高地诱导表达，而下调基因在高抗品种中受抑制的程度比在感病品种中更大。

第二节　苗 期 病 害

一、危 害 状 况

在4～5月棉花播种出苗期间，由于寒流的侵袭，每年都有若干次程度不同的降温过程。棉花幼苗抗逆力弱，在低温多雨年份，易受病菌侵害，引起大量的烂种、病苗和死苗。各地苗期病害的发生都较为普遍而严重。长江流域棉区由于春季多雨，苗病较为突出。江苏和浙江两省，在苗病流行的年份，病苗率可达90%。黄河流域棉区，一般年份发病率在50%以上，死苗率达5%～10%。1990年以后，新疆棉花生产得到很大发展，但由于受到早春寒流的影响，并由于苗病和各种其他灾害影响严重而导致毁种、重种，个别年份甚至重种4～5次。我国各主要棉区，由于担心苗病引起的缺苗断垄，在20世纪80年代以前均采用加大播种量的办法来预防，播种量达到75～150 kg/hm^2，导致棉种的大量浪费，以棉花常年播种面积500万hm^2计，每年多下种量达到6.0亿～10亿kg，以每千克棉种2元计，每年损失达12亿～20亿元人民币，数量惊人。随着棉种包衣技术和防治苗病拌种药剂的发展，以及棉种价格的提高、精量播种技术的普及，“有钱买种，没钱买苗”的观念逐渐改变，播种量逐渐减少。尤其是随着抗虫棉的推广，由于其价格高，再加上采用药剂包衣，比较有效地保证了出苗，播种量已降低至30～45 kg/hm^2(直播)，有效地降低了由于担心苗病危害而大量增加播种量导致的种子浪费。但为保证出苗，播种量仍然是实际成苗数的3～5倍。

苗期病害从三个方面影响棉花生产：第一，重病棉田的毁种，造成棉花实收面积减少；第二，造成缺苗断垄及生育延迟，影响棉田的合理密植及早熟高产；第三，重病棉田的重种或补种，造成种子的浪费和品种的混杂，影响良种繁育推广。

二、种 类 和 分 布

棉花苗期病害种类繁多，国内已发现的有20多种。苗病的危害方式可分为根病与叶病两种类型。其中由立枯病、炭疽病、红腐病和猝倒病等引起的根病最为普遍，是造成棉田缺苗断垄的重要病害；由轮纹斑病、褐斑病和角斑病等引起的叶病，在某些年份也会突发流行，造成损失。一般而言，在北方棉区，苗期根病以立枯病和炭疽病为主，在多雨年份，猝倒病也比较突出，红腐病的出现率相当高，但致病力较弱；叶病主要是轮纹斑病。在南方棉区，苗期根病以炭疽病为主，其次是立枯病，红腐病发生比北方棉区少；叶病主要是褐斑病和轮纹斑病，近年棉苗疫病和茎枯病在局部地区也曾造成严重损失。

此外，棉花苗期由于受灾害性天气的影响或某些环境条件不适宜，还会发生冻害、风沙及涝害等生理性病害。尤其是新疆棉区，为了抢墒，棉花播种较早，往往3月底即开始播种，冻害、风沙侵袭时有发生,有些年份由此造成4~5次毁种重播。

三、症状及病原

棉苗病害是由真菌或细菌的侵染引起。棉花种子带菌、棉田土壤中的大量病株残体,是苗病的侵染来源,对棉花生产造成主要危害的是各种根部病害。苗期根病和叶病的主要病原和症状见表42-7。

棉苗根病实际上是多种病原的复合性病害。根病的症状按棉苗发育时期,可分为出苗前的烂籽和烂芽,以及出苗后的烂根和死苗。

1. 烂籽 播种以后,种子和土壤中的病菌如炭疽病、立枯病和红腐病病菌,在低温高湿的条件下都会引起烂籽。

表42-7 常见棉苗病害的症状与病原菌

(沈其益,1992)

病名	病状	病原菌
立枯病(腰折病)	嫩茎处出现黄褐色病斑,逐渐环绕幼茎,形成蜂腰状和黑褐色凹陷,拔时易断,成丝状,叶部病症不常见。病症呈蛛网状,黑丝常粘附有小土块	棉立枯病菌(*Rhizoctonia solani* Kuhn.)属半知菌亚门丝核菌属。菌丝粗壮有隔,分枝与主枝成锐角,在分叉处特别缢缩,幼嫩时无色,老时呈褐色,可聚集成小菌核,不产生孢子
炭疽病(黑根病)	地面下幼茎基部有红褐色梭形条斑,稍下陷,组织硬化、开裂,严重时下部全成紫褐色、干缩,使地上部萎蔫。子叶边缘生半圆形病斑,中部褐色,边缘紫红,后期病部易干枯脱落。病症呈粉红色、黏稠状分生孢子块	棉炭疽病菌(*Colletotrichum gossypii* Southw.)属半知菌亚门刺盘孢属。分生孢子单孢,长椭圆形,一端或两端有油滴,无色,多数聚结则成粉红色,着生于分生孢子盘上;孢子盘内排列有不整齐的褐色刚毛。 主要以菌丝及分生孢子在种子外短绒内潜伏越冬,种子及土中病残体也能带菌
红腐病(烂根病)	幼芽、嫩茎变黄褐色,呈水肿状腐烂。幼苗稍大时,嫩根部分产生成段的黄褐色水浸状条斑。子叶及叶上有淡黄色近圆形至不规则形病斑,易破碎。病症呈粉红色霉层	棉红腐病菌(*Fusarium moniliforme* Shledon.)属半知菌亚门丛梗孢目,镰刀菌属。大型分生孢子镰刀型,无色,有3~5个分隔;小型分生孢子卵形或椭圆形,单孢,无色,串生或成堆聚生。 大量病菌在种子及土壤病残体内越冬,自然菌源很广
黑斑病	于1~2片真叶期在子叶及真叶上出现大量紫红色小斑或不规则形黄褐色大病斑,可环切叶柄,引起子叶脱落。病症呈黑绿色霉层	棉黑斑病菌(*Alternaria tenuis* Nees.)属半知菌亚门丛梗孢目交链孢属。分生孢子倒棒形,基部圆,嘴孢短,有横隔1~9个,纵隔0~6个,成串着生,暗褐色。种子及土壤病残体内部有大量病菌越冬,自然菌源很广
角斑病	于子叶至成株期在子叶上产生圆至不规则形病斑。真叶上病斑受叶脉限制成多角形或沿叶脉成曲折长条。病斑水浸状,迎光有透明感。病脓潮湿时为黄褐色黏稠物,干燥后呈白色干痂状	棉角斑病菌(*Xathoumonas campestris* pv. *malvacearum* Smith)属细菌黄单孢杆菌属。菌体短杆状,极生单鞭毛,常成对聚成短链状。 以种子短绒带菌为主,土中残体也可带菌
褐斑病	于子叶至成株期在子叶及叶片上产生黄褐色圆形病斑,边缘紫红色,病部中央产生细小的黑色颗粒	棉褐斑病菌(*Phyllosticta gossypina* Ell. et Maet.)属半知菌亚门球壳孢目叶点霉属。分生孢子器埋藏在叶组织内,球形,暗褐色;分生孢子卵圆形至椭圆形,单孢,无色。 以菌丝及分生孢子器在病组织内越冬
猝倒病	幼茎呈淡褐色水烫状,迅速萎倒,水烂状,很难拔出。子叶呈不规则水烂,湿度大时棉苗上出现纯白浓密菌丝。病症为浓密纯白色棉絮状菌丝	猝倒病由真菌 *Pythium aphanidermatum* (Eds.) Fitzd 寄生引起
疫病	苗期较少发病,病斑呈灰绿色或暗绿色不规则水浸斑,严重时子叶脱落。菌丝极稀少,偶见霉状物	棉苗疫病菌(*Phytophthora boehmeeiae* Saw.)为疫霉属真菌

2. 烂芽　在种子发芽到出苗以前，土壤里的立枯病、猝倒病和红腐病病菌等，会侵害幼根、下胚轴的基部，导致烂芽。

3. 烂根　立枯病、猝倒病和红腐病病菌都会引起烂根。立枯病病菌引起的黑色根腐，病斑呈缢缩状；红腐病病菌引起的烂根，起初是锈色，后叶呈黑褐色干腐；猝倒病病菌引起的烂根是水渍状淡黄色软腐。

4. 死苗　出苗后的死苗，以立枯病、炭疽病、猝倒病和红腐病病菌为主要病原，其中以立枯病引起的死苗最常见。

四、传染途径和发病条件

（一）传染途径

苗期病害的种类虽然很多，但它们的传染途径大体上都是通过种子和土壤。

1. 种子携带　炭疽病、红腐病、角斑病和茎枯病等病菌，都可以在棉花铃期危害。这些病菌可以附着在种子的外部或潜伏在种子的内部，以种外携带为主。来自种子的病原菌（一般可存活 1～3 年），能随种子播入土中侵害棉苗。它们还可以随着病铃和枯枝落叶等带病组织在土壤或土粪中越冬。炭疽病、红腐病和角斑病病菌等是以种子传带为主，而茎枯病病菌等则多附在带病组织上。在新棉区，种子是唯一的传病来源。

2. 土壤传播　立枯病和猝倒病等病菌，都存活于土壤中。它们能侵入棉花幼芽或幼茎的组织，吸取营养物质，幼苗死亡后，病菌仍然存留于土壤中。这些病菌的寄主范围相当广泛，能侵染豆科和茄科等多种作物，禾谷类作物对这些病菌具有一定的抵抗力，一般受害较小。因此，棉花与禾谷类作物轮作，在一定程度上可以减轻立枯病等危害。

（二）发病条件

1. 低温阴雨是导致苗期病害发生的主要条件　棉花种子由播种到出苗，经常受到多种病原菌的包围，当外界条件有利于棉苗的生长发育时，虽有病菌的存在，棉苗仍可正常生长；相反，当外界条件不利于棉苗生长发育而有利于病菌的侵入时，就会造成烂籽、烂芽、病苗和死苗。总的说来，低温高湿不利于棉苗的正常生长而有利于病菌的危害，所以在棉花播种出苗期间如遇低温阴雨，特别是温度先高然后骤然降低时，苗病发生一定严重。

各种病原菌对温度的要求范围大体相同，而其发病适温又各有差别。一般而言，在 10～30 ℃的范围内是多种病原菌孳生较适宜的温度，立枯病菌甚至在 5～33 ℃的温度条件下都能生长。病害发生与土壤温度关系十分密切。棉花种子发芽时遇到低于 10 ℃的土温，会增加出苗前的烂籽和烂芽；一般病菌在 15～23 ℃时最易侵害棉苗。据国外研究，温度影响到棉苗渗流出的营养物质的数量，从发芽的棉花种子中渗流出来的氨基酸和可溶性糖的总量，以 18～24 ℃时为最高。这种渗出物诱致病菌接近正在发芽的种子，从而导致侵染幼嫩组织。猝倒病通常在土温 10～17 ℃时发病较多，超过 18 ℃发病即减少。有些病菌则在温度相对较高时易于侵染棉苗，如炭疽病最适温度是 25 ℃左右，角斑病是 21～28 ℃，轮纹斑病和疫病是 20～25 ℃。各种苗病发生的轻重、早晚与当年苗期温度情况密切相关。立枯病与猝倒病发病的温度较低，所以在幼苗子叶期发病较多。猝倒病多发生在 4 月下旬至 5 月初，造成刚出土的幼苗大量死亡；立枯病的危害主要在 5 月上中旬。整个苗期，炭疽病和红腐病都会发生，前者在晚播的棉田或棉苗出真叶后仍继续危害。轮纹斑病和疫病多在棉苗后期发生，危害衰老的子叶和感染初生的真叶。

高湿有利于病菌的发展和传播，也是引起苗病的重要条件。阴雨高湿，土壤湿度大，对棉苗生长不利，却有利于病菌的蔓延。棉苗出土后，长期阴雨是引起死苗的重要因素，雨量多的年份死苗重。空气相对湿度小于 70%，炭疽病发生不会严重；相对湿度大于 85%，角斑病菌最易侵入棉苗造成危害。在涝洼棉田或多雨地区，猝倒病发生最普遍；利用塑料薄膜育苗，如床土温度控制不好，发病也严重。多雨更是苗期叶病的流行条件，轮纹斑病和疫病等都是在 5～6 月连续阴雨后大量发生的。棉田高湿不利于棉苗根系的呼吸，长期土壤积水会造成黑根苗，导致根系窒息腐烂。

2. *苗病的感染与苗龄密切相关*　棉苗刚发芽时很少感病，自种壳脱落、子叶平展开始染病，在 2 片子叶完全张开，到开始生长侧根和出真叶时染病最重。随着苗龄的增长，棉苗茎部木栓组织逐渐形成，增强了抗病能力，感病逐渐减轻，以至不再感病。在幼苗阶段，棉苗生长主要靠种子内贮存的养料，开始出真叶时，种子贮存的养料消耗殆尽，而根系尚未发育完善，此时棉苗的抗逆力最弱，因而最易感病。以后，随着侧根和真叶的生长，棉苗已能制造足够的养料，抗病能力亦随之增强。尽管炭疽病和立枯病在 10～30 ℃的范围内都可致病，但田间死苗高峰期常出现于棉苗出土后的第 15 日左右，即 1 片真叶期前后，待到出真叶后苗病便显著减少。因此，采用育苗移栽，促进幼苗生长，以加快度过抗逆力最弱的子叶期，亦不失为一种预防苗病的有效措施。

杨昭华等研究表明，自 20 世纪 70 年代后期地膜覆盖栽培技术应用于棉田后，对棉花苗期病害的影响，盖膜比不盖膜发病率高 21.8%，病情指数高 12.7。

五、苗期病害防治

苗期病害的发生和发展，决定于棉苗长势的强弱、病菌数量的多少及播种后的环境条件。防治措施的要点就是用人为的方法，减少病菌的数量，并采用各种农业技术，造成有利于棉苗生长发育而不利于病菌孳生繁殖的环境条件，从而保证苗全苗壮。由于病原菌种类多，发生情况复杂，发病的轻重与棉田土质、当年气候、茬口、耕作管理及种子质量等都有密切的关系。所以，在防治上要强调预防为主，采用农业栽培技术与化学药剂保护相结合的综合防治措施。

(一) 做好农业防治

1. *选用高质量的棉种适期播种*　高质量的种子是培育壮苗的基础，棉种质量好，出苗率高，苗壮病轻。以 5 cm 土层温度稳定达到 12 ℃(地膜棉)～14 ℃(露地棉)时播种，即平均气温在 20 ℃以上时播种为宜。早播引起棉苗根病的决定因素是温度，而晚播引起棉苗根病的决定因素则是湿度。

2. *深耕冬灌，精细整地*　北方一熟棉田，秋季进行深耕可将棉田内的枯枝落叶等连同病菌和害虫一起翻入土壤下层，对防治苗病有一定的作用。秋耕宜早。冬灌应争取在土壤封冻前完成，冬灌比春灌病情指数减少 10%～17%。进行春灌的棉田，也要尽量提早，因为播前灌水会降低地温，不利于棉苗生长。南方两熟棉田，要在麦行中深翻冬灌，播种前抓紧松土除草清行，棉田冬翻 2 次、播前翻 1 次的棉田，苗期发病比没有翻耕的棉田轻。

3. *深沟高畦耕作*　南方棉区春雨较多，棉田易受渍涝，这是引起大量死苗的重要原因。棉田深沟高畦可以排除明涝暗渍，降低土壤湿度，有利于防病保苗。

4. *轮作防病*　在相同的条件下，轮作棉田比多年连作棉田的苗病轻；而稻、棉轮作田的发病又比棉花与旱粮作物轮作的轻。据研究，前作为水稻的棉田，苗期炭疽病发病率为 4.7%～6.3%，而连作棉田为 11.7%～12.5%。棉田经 2～3 年种水稻后再种棉花，苗期防病效果在 50%以上。因此，合理轮作，有利于减轻苗病。在有水旱轮作习惯的地区，安排好稻、棉轮作，不仅可以降低苗病发病率，还有利于促进稻棉双高产。

（二）做好种子处理

苗期根病的传染途径主要是种子带菌和土壤传染，因而在防治上多采用种子处理和土壤消毒的办法来保护种子和幼苗不受病菌的侵害。进行种子处理比较简便省药，是目前防治苗期病害最常用的方法。

1. *温汤浸种、药液浸种*　这两种传统方法在种子包衣之前被广泛应用，迄今已被种子包衣剂替代。

2. *药剂拌种*　这是保护棉苗安全出土和正常生长的重要措施。至 2018 年 4 月，农药生产厂家通过农业农村部药效试验登记的拌种剂有 17 种，主要为甲基立枯磷、多菌灵、萎锈灵、福美双、五氯硝基苯、精甲霜灵、噻菌铜、敌磺钠、溴菌腈、络氨铜、拌种双、拌种灵、甲霜灵、种菌唑等药剂的不同剂型和复配制剂(表 42－8)。

表 42－8　防治棉苗根病的一些拌种药剂

药剂名称	剂　型	防治对象	有效成分用药量(g/100 kg 种子)
20%甲基立枯磷	乳油	立枯病、猝倒病	200.0～300.0
25%多菌灵	可湿性粉剂	苗期病害	500.0
40%多菌灵	可湿性粉剂	苗期病害	500.0
50%多菌灵	可湿性粉剂	苗期病害	250.0～500.0
80%多菌灵	可湿性粉剂	苗期病害	500.0
20%噻菌铜	悬浮剂	立枯病	200.0～300.0
400 g/L 萎锈・福美双	悬浮剂	立枯病	160.0～260.0
40%五氯・福美双	粉剂	苗期病害	200.0～400.0
350 g/L 精甲霜灵	种子处理乳剂	猝倒病	14.0～28.0
70%，50%敌磺钠	可溶粉剂	立枯病	210.0
45%敌磺钠	湿粉	苗期病害	500.0
45%溴菌・五硝苯	粉剂	立枯病、炭疽病	225.0～360.0
40%五氯硝基苯	粉剂	立枯病、炭疽病、猝倒病	400.0～600.0
25%络氨铜	水剂	立枯病、炭疽病	99.0～132.0
40%拌种双	可湿性粉剂	苗期病害	200.0
40%福美・拌种灵	可湿性粉剂	苗期病害	200.0
4.23%甲霜・种菌唑	微乳剂	立枯病	13.5～18.0

[注] 表中是截至 2018 年 4 月中国农药信息网公布的在有效期内的拌种剂。

3. *种衣剂应用*　随着科技的进步，一些内吸杀虫和防病药剂的出现及固着剂的发明促进了种衣剂的应用。20 世纪 80 年代初，北京农业大学和中国农业科学院棉花研究所合作，首先开展了棉花种衣剂的研究开发应用，并取得了良好的结果。首先研究成功的是呋多种衣剂，即呋喃丹与多菌灵复合种衣剂，当时对棉花各种根病的防治效果在41%～50%，说明多菌灵与杀虫剂复配，并进行包衣后对苗病的防治效果是稳定的。随后各地众多单位开展了这方面的研究，配制出多种类型的种衣剂。20世纪90年代中期以后，随着棉花种子的商品化和产业化生产，以及抗虫棉的出现，使用棉花种衣剂已成为棉花种业的必备技术。种子包衣能有效地防治棉苗病虫害和地下害虫，明显提高出苗率，而且还能促进棉苗生长和提高棉花产量，兼具功效多、价格低、使用方便等优点，已在生产上得到大面积推广应用(表42-9)。

表42-9 防治棉花苗期病害的一些种衣剂

药剂名称	剂　型	防治对象	有效成分用药量(g/100 kg种子)
25 g/L咯菌腈	悬浮种衣剂	立枯病	15.0～25.0
15%甲枯·福美双	悬浮种衣剂	立枯病、炭疽病	250.0～375.0
20%甲枯·福美双	悬浮种衣剂	立枯病、炭疽病	333.0～666.7
15%福美·拌种灵	悬浮种衣剂	立枯病	200.0～250.0
10%福美·拌种灵	悬浮种衣剂	苗期病害	200.0～250.0
40%福美·拌种灵	悬浮种衣剂	立枯病、炭疽病	200.0～250.0
20%吡·拌·福美双	悬浮种衣剂	立枯病	267.0～308.0
25%吡·拌·福美双	悬浮种衣剂	立枯病	500.0～635.0
15%多·酮·福美双	悬浮种衣剂	红腐病	200.0～250.0
400 g/L萎锈·福美双	悬浮种衣剂	立枯病	160.0～200.0
15%多·福	悬浮种衣剂	立枯病	250.0～375.0
17%多·福	悬浮种衣剂	立枯病、炭疽病	486.0～567.0
20%多·福	悬浮种衣剂	苗期病害	333.3～400.0
20%克百·多菌灵	悬浮种衣剂	立枯病	500.0～666.0
25%克百·多菌灵	悬浮种衣剂	立枯病	700.0～1 000.0
26%多·福·立枯磷	悬浮种衣剂	立枯病、猝倒病	433.0～650.0
22.7%克·酮·多菌灵	悬浮种衣剂	红腐病	378.0～454.0
63%吡·萎·福美双	悬浮种衣剂	立枯病	175.0～233.0
20%多·五·克百威	悬浮种衣剂	立枯病、炭疽病	700.0～1 000.0
3%苯醚甲环唑	悬浮种衣剂	立枯病	9.0～12.0
25%克·硝·福美双	悬浮种衣剂	立枯病	625.0～833.0
11%精甲·咯·嘧菌	悬浮种衣剂	立枯病、猝倒病	25.0～50.0
25%噻虫·咯·霜灵	悬浮种衣剂	立枯病、猝倒病	172.5～345.0
10%嘧菌酯	悬浮种衣剂	立枯病	25.0～55.0
25%噻虫·咯菌腈	悬浮种衣剂	立枯病	255.0～340.0
25%噻虫·咯·霜灵	悬浮种衣剂	立枯病、猝倒病	150.0～300.0
18%吡唑醚菌酯	悬浮种衣剂	立枯病、猝倒病	5.0～6.0
20%五氯·福美双	悬浮种衣剂	立枯病	250.0～300.0
40%唑醚·萎·噻虫	悬浮种衣剂	立枯病	300.0～400.0
41%唑醚·甲菌灵	悬浮种衣剂	立枯病	50.0～75.0
15%五氯硝基苯	悬浮种衣剂	立枯病	300.0～375.0

[注] 表中是截至2018年4月中国农药信息网公布的在有效期内的种衣剂。

（三）苗期喷药保护

棉苗出土后还会受轮纹斑病和褐斑病等苗期叶病的侵害，因此出苗后要喷药保护棉苗，预防叶病。在棉花齐苗后，遇到寒流阴雨，轮纹斑病和褐斑病等就会发生，要在寒流来临前喷药保护。防治叶病的药剂有 1∶1∶200 波尔多液、65%代森锌可湿性粉剂 250～500 倍液、50%克菌丹 200～500 倍液等。

第三节　棉铃病害

一、发生危害概况

棉铃病害是棉花的常发病害，全国各主要棉区 8～9 月间均有发生，个别年份还相当严重，特别是夏、秋多雨的年份，棉田湿度大，有利于各种棉铃病害病菌的孳生与传播，常引起棉铃腐烂，造成减产降质。估计全国棉花由于棉铃病害所造成的减产为 10%～30%。

20 世纪后期，随着转 *Bt* 抗虫棉的推广和应用，棉花病害种类和发病规律发生了一些变化，主要特点是前期和后期病害较常规棉发病重，棉铃病害有加重的趋势。如 2003 年 8～10 月，黄河流域棉区棉铃病害暴发，造成严重的产量损失。其发生特点表现为：发生面积大，持续时间长，危害损失严重，发病率之高、持续时间之长是数十年来所罕见的，一些地区棉铃病害的发病率达到 100%，烂铃率高达 50%以上。主要原因是受连续降雨和低温寡照的影响，此期黄河流域出现数十年不见的连续秋雨，导致各种棉花铃病严重发生，严重田块在 9 月初已有 1/3 到 1/2 的棉铃被害，甚至出现往年罕见的顶部棉铃也被害的现象，导致棉花严重减产。

棉铃被各种病原菌侵染后，严重影响棉花的产量和品质。腐烂程度严重的棉铃，很容易掉落或者棉瓤变成僵瓣，不能开裂，纤维品质变劣。因此，棉铃病害不仅严重影响棉花产量，影响农民植棉的经济收益，也影响到棉纤维的工业利用价值。防止棉铃病害发生，无疑是保持有效铃，提高铃重和品质，争取丰产丰收的重要环节。

二、种类和分布

我国已发现引起棉铃病害的病菌有 20 多种，各地棉铃病害病原菌的种类是大体相同的（图版 16）。

在黄河流域棉区，常见的棉铃病害病菌有：疫病病菌、红腐病病菌、印度炭疽病病菌、炭疽病病菌、角斑病病菌、红粉病病菌、丝核菌、链格孢菌、黑果病病菌、根霉菌、曲霉菌等。本棉区铃病发生的特点是：第一，疫病棉铃病害最为普遍，有时占棉铃病害总数的 90%以上，其次为红腐病、印度炭疽病和炭疽病；第二，角斑病棉铃病害除在个别雨水特多的年份外，在陆地棉推广品种上发生较少，但在小面积试验的海岛棉上发病相当严重；第三，除局部地区外，炭疽病棉铃病害比长江流域棉区发生轻。

在长江流域棉区，据 20 世纪 50 年代调查，常见的棉铃病害病菌有：炭疽病病菌、角斑病病菌、红腐病病菌、花腐病病菌、黑果病病菌、印度炭疽病病菌、根霉菌、红粉病病菌、疫病病菌、链格孢菌、青霉菌、黑霉菌、斑纹病病菌、曲霉菌、黑斑病病菌和污叶病病菌等16种，以前3种最为主要。随着棉花栽培技术及产量的提高，近年来棉铃病害的主次顺序有所变化，疫病已上升为棉铃病害的主要病害之一。但炭疽病仍属棉铃病害最主要的病害，表现出本棉区苗期炭疽病病情较重。与黄河流域棉区比较，通常红腐病棉铃病害稍轻。

西北内陆新疆棉区，常见的棉铃病害病菌有：炭疽病菌、角斑病菌、红腐病菌、花腐病菌、黑果病菌、印度炭疽病菌、根霉菌、红粉病菌、疫病菌、成团泛生菌、链格孢菌、青霉菌、黑曲菌、曲霉菌、蠕子菌、黑斑病菌和污叶病菌等20余种。

石河子大学李国英、刘雅琴、任毓忠等(2008)在北疆发现并认为由成团泛生菌(*Pantoea agglomerans*)引起的细菌性烂铃病。烂铃病的症状：吐絮不畅，纤维变色，籽粒干瘪。刘雅琴等还研究了该病的致病性，结果指出，供试17个品种(含海岛棉、非洲棉、新陆早系列的陆地棉不同品种)都有该烂铃病发生，平均发病率20.6%，田块间和品种间发病有明显差别，但不呈现规律。该病害可导致铃重减轻、衣分降低、瘪籽率增加、绒长缩短和棉花减产高达10%～20%。

最近几年在南疆阿拉尔市发现新的不明原因的棉花裂铃、僵烂铃病害，对产量和品质造成很大影响，必须引起高度重视。

与世界上各主要产棉国家比较，我国铃病的特点是：棉铃疫病普遍严重，而角斑病则相对较轻。我国棉铃疫病主要分布在黄河流域和长江流域棉区，危害陆地棉、海岛棉和亚洲棉(用人工接菌可侵染草棉)，铃疫病病菌种类不同于国外已报道的3个种[*Phytophthora parasitica* Dastur、*P. palmivora* Butler、*P. cactorum* (L. et C.) Schror]。据张绪振等以及梁平彦鉴定，河北省的铃疫病病菌为 *Phytophthora boehmeriae* Sawada。

除了种植海岛棉的局部地区外，我国种植陆地棉的区域，棉铃角斑病一般较轻。在过去角斑病危害较重的长江流域棉区，自大面积推广岱字棉系统的品种后，除个别年份因雨水特多或台风暴雨造成角斑病流行外，常年仅叶片有轻微的感染，棉铃角斑病一般很少发生。在研究防治措施及选育抗病品种时，应当考虑到我国棉铃病害的特有状况。

三、症状及病原

我国常见的主要棉铃病害病菌，按其致病方式可分两类：一类是可以直接侵害棉铃的，有角斑病、炭疽病、疫病和黑果病等病菌；另一类属于伤口被侵染，有些甚至是半腐生性的，如红腐病、红粉病和印度炭疽病等病菌，多从伤口、铃缝或病斑侵入而引起棉铃病害(表42-10)。

表42-10　常见棉铃病害的症状与病原

(沈其益，1992)

病害种类	症　状	病　　原
棉疫病	受害棉铃软腐，潮湿天气全铃表面生黄白色绵毛状霉。多在青铃期开始发病。受病铃自铃基部沿瓣缝呈水渍状，逐渐扩展及全铃，呈深绿色及黑色油光状	棉疫病病菌(*Phytophthora* sp.)属卵菌纲霜霉目疫霉属。孢囊梗无色，单孢；孢子囊无色，单孢，球形。藏卵器壁厚，呈黄色，被覆在卵孢子外面

（续表）

病害种类	症　状	病　原
棉角斑病	开始时为水渍状绿色小点，后逐渐扩大变黑色，下陷成圆形病斑，或数个相连成不规则形病斑	角斑病病菌[*Xanthomonas malvacearum* (E. F. Smitl) Dowson]是一种短杆状细菌，为黄单孢杆菌
棉炭疽病	初为暗红色小点，后扩大成褐色病斑，病部下陷，边缘暗红色，湿度大时，表面生橘红色粉状物。病菌侵入铃室后，纤维成为灰黑色的僵瓣，病菌并可侵入棉籽	棉炭疽病菌(*Colletotrichum gossypii* Southw)是一种产生分生孢子盘的真菌，长有褐色刚毛，有棍棒状无色的分生孢子梗，梗上长椭圆形无色的单孢分生孢子
棉红腐病	病斑不定型，常扩及全铃，面上满布红白色粉状物，较炭疽病的黏质物为松散，较红粉病的粉状物为紧贴。病铃不能正常开裂，纤维腐烂成为僵瓣，种子被毁	棉红腐病病菌(*Fusarium moniliforme* Sheld)属半知菌亚门丛梗孢目。大型分生孢子新月形，无色，一般3个隔膜；小型分生孢子为卵形，单孢或双孢，可连串产生。此菌是弱寄生菌，可潜伏在种子内、外，以及残体上越冬
棉红粉病	棉铃上布满粉红色的松散绒状粉，厚而紧密，天气潮湿时，变成绒毛状。棉铃不能正常开裂，纤维黏结成僵瓣	棉红粉病病菌(*Cephalothecium roseum* Corda)属半知菌亚门丛梗孢目。分生孢子梗直立，线状，有2～3个隔膜。分生孢子簇生于分生孢子梗的先端，梨形或卵形，无色或淡红色，双孢
棉黑果病	全铃受害，开始铃壳变淡褐色，全铃发软，继而成棕褐色，铃壳僵硬，多不开裂，铃壳表面密生许多突起黑点，后期外表呈煤烟状。棉絮腐烂，成黑色僵瓣	棉黑果病病菌(*Diplodia gossypina* Cooke)属半知菌亚门球壳孢目。分生孢子器黑色，球形；分生孢子椭圆形，初无色，单孢，成熟后变褐色，双孢。病菌只有在伤、病的情况下侵染棉铃
棉软腐病（黑霉病）	病铃软腐，潮湿天气全铃表面产生黄白色绵毛状的疏松霉层和黑色头状物，故又名黑霉病	棉软腐病病菌(*Rhizopus stolonifer* Vuill)属藻状菌纲毛霉目。孢囊梗近褐色，顶端膨大，形成球形的孢子囊，里面产生许多球形、单孢、浅灰色的孢囊孢子

四、发生因素

棉铃病害的发生严重程度，与棉株开花结铃期间的气候条件、生育状况、虫害及栽培管理等密切相关，其中前两个因素是棉铃病害发生的关键因子。

（一）棉铃病害发生时期及其与棉花生长的关系

1. 发病时期　棉铃病害率的高低年际间差异较大，但发病的起止时期及发病盛期在同一地区却大体一致。据各地不同年份的系统调查，棉铃病害一般开始发生于7月底，8月上旬以后迅速增加，8月下旬(有的年份是中旬)为发病盛期，9月上旬以后，发病率即陡降，但直到10月份还可以看到有零星棉铃病害发生。发病时期前后延续近3个月，但主要发生在8月上旬至9月上旬的40 d中，而尤以8月中下旬最为重要，这个时期发病率的高低常决定当年棉铃病害的轻重。在长江流域棉区，棉铃病害一般在8月中旬开始发生，主要发病期在8月中旬至9月中旬，而以8月底到9月上中旬的棉铃病害损失最重，9月下旬以后棉铃病害即减少，但延至10月仍有零星发病。一般而言，长江流域棉区棉铃病害发生的起止时期及发病盛期都比黄河流域棉区稍晚，这似与雨季迟早不同有关(前者秋季阴雨常出现于8～9月，而后者雨季主要集中于7～8月)。

2. 发病时期与棉花生育早晚的关系　每年棉铃病害发生的早晚，往往与棉花生长发育的早晚有关。开花较早的棉田，棉铃病害开始发生时期及发病盛期都较早，棉铃病害一般比较重；开花较晚的棉田，发病时期和发病盛期都相应地后延，棉铃病害也较轻。

3. 棉铃病害与着生部位的关系　在黄河流域棉区，果枝着生部位越低棉铃病害率越高,一般棉株下部第1～3果枝的棉铃病害占大多数,而果节着生部位离主茎的远近与棉铃病害率高低的关系则不明显。长江流域棉区的情况基本相同,一般上部3个果枝很少有烂铃发生。在7～9月份遇见连绵秋雨的年份,如2003年在黄河流域棉区,7～10月遇见数十年不遇的夏秋雨长时间连续不断,棉花铃病大面积发生,甚至在顶部的棉铃也被各种病原菌侵入,造成烂铃和巨大损失。

4. 棉铃病害与铃龄期的关系　棉铃病害是在棉株一定的生育时期发生的病害。不同的年份或不同的棉田,棉铃病害发生的早晚和轻重,常因棉株生育状况不同而异。一般棉铃病害主要发生于下部果枝,第一圆锥体的棉铃病害又占全株棉铃病害总数的一半或一半以上,发病棉铃的龄期主要在开花后30～50 d,发病高峰则在花后40～50 d。棉株营养生长过旺的棉田,棉铃发病龄期常可提早到花后20～30 d,发病部位也可上升到中部果枝。据此即可预测棉田棉铃病害的发生时期和发生程度,并决定采用药剂保护的适宜时期和重点田块。

(二) 棉铃病害的发生与温度和湿度的关系

棉花棉铃病害与8～9月间的降雨有密切关系,特别是在8月中旬至9月中旬的1个多月内,雨量和雨日的多少是决定全年棉铃病害轻重的重要因素。各地的调查研究都一致说明,棉铃病害率的高低与该时期降雨的多少成正相关。在同一地区,棉铃病害率的年际差异相当大,主要受降雨的影响。降雨不仅影响到棉铃病害发生的轻重,也影响到棉铃病害发生的时期。

棉铃病害病原菌的孳生及侵染棉铃,需要有一定的温度条件。棉铃疫病生长最适宜的温度为22～23.5 ℃,在15～30 ℃范围内都能侵染棉铃,致病适温在24～27 ℃。

(三) 棉铃病害的发生与虫害的关系

常见的棉铃病害病菌,如红腐病病菌、印度炭疽病病菌及红粉病病菌等,都是在棉铃受损伤的情况下侵染危害而造成棉铃病害的。炭疽病和疫病病菌虽然可以侵染没有损伤的棉铃,但棉铃受损伤却为病菌侵染提供更为有利的条件。炭疽病病菌田间接菌试验的结果表明,在同等条件下,有伤口的棉铃比没有损伤的棉铃发病提早2～4 d。由此可见,棉铃受到损伤更易导致棉铃病害的发生。

棉铃上最常见的损伤是蛀食性害虫所造成的虫伤。在红铃虫危害较普遍的长江流域棉区,红铃虫的羽化孔经常是棉铃病害病菌入侵棉铃的途径,故以往的研究报告都强调了虫伤导致棉铃病害发生的作用。

五、棉铃病害发生新变化

随着气候变化特别是雨季的北移和西移,棉铃烂铃病的发生危害也出现了新变化。黄河流域棉区烂铃时有暴发加重趋势,西北内陆棉区特别是南疆局部棉田烂铃病的发生危害也有加重趋势,对产量和品质的负面影响加大。

(一) 黄河流域棉区和长江流域棉区

进入21世纪后,长江、黄河流域棉区铃病危害呈加重趋势。如2003年、2005年、2009年、2012年、2013年、2014年、2016年、2017年全流域大发生或局部大发生;严重时,发病率达到100%,病铃率达到60%以上。据李社增2011～2013年对内地6省70县(市)200块棉田的调查和田间试验评价,结果指出:①所有被调查的棉田均有棉花烂铃病发生,其中,棉铃疫病在各地发生最为普遍而且严重,仍属于内地最主要的棉花烂铃病,其病原菌为苎麻疫霉(*Phytophthora boehmeriae*);②与春棉直播模式相比,3种套种模式均能显著减少烂铃病发生,其中"麦-棉-西瓜"(12-2-1)种植模式的防效最好,减少烂铃72.96%;③冀鲁豫3省审定的50个品种对棉花烂铃病的抗性存在显著差异,其中邯7860、邯棉103、锦科178、百棉1号和郑农棉4号5个品种对烂铃病表现抗性,单株烂铃低于3.0个;④苎麻疫霉在棉铃上的致病力存在显著分化。湖北省2008～2017年10年间,每年9～10月底出现连续阴雨天气的年份超过50%。张德才等(2013)在河北河间国欣总会4年定点调查,平均单株烂铃6.1个,占单株结铃总数的21.7%,籽棉减产750 kg/hm^{2}以上。

分析主因:①气候变化导致雨季后移,秋雨秋湿频率高,持续寡照,田间湿度大,导致当年铃病大暴发;②棉花品种更新换代,长江、黄河流域棉花品种被转基因抗虫棉代替,而抗虫棉品种前期因抗虫性好,伏前桃的成铃高,第一果枝节位低,雨水易将土壤溅到棉铃从而导致被害;③与管理水平下降有关,如不整枝打杈,群体透光性差,荫蔽重,湿度大,加重铃病发生。

(二)西北内陆棉区

西北内陆是沙漠绿洲,气候干燥,以往认为低湿度不适合棉铃病害发生,但是近年来各种棉铃病害日趋严重,据观察,2016～2017年棉铃病害呈现暴发危害的趋势。少数棉田病铃率高达50%～60%,中上部棉铃亦发生危害,损失率达到5～6个铃/株(图42-2)。

图42-2　新疆阿拉尔、阿克苏棉田烂铃病害症状

A. 上部铃裂开; B. 裂开后成僵瓣; C. 剥开后状态; D. 上部果枝的铃霉烂

(朱荷琴,毛树春提供,拍摄时间2017年8月29日)

据调查,棉铃病害已遍布新疆各棉区。如新疆生产建设兵团第八师部分棉田、部分品种僵铃和裂铃率高达20%以上。新疆生产建设兵团第一师农业科学研究所武刚等2017年的调查,几乎每块棉田都有发生,第一师全师裂铃率4.0%~54.7%,平均15.3%;病铃率从1.0%~30.2%,平均8.8%。总体上,僵铃和裂铃病害的发生南疆重于北疆。

1. 棉铃病害种类　西北内陆新疆棉铃病害与内地棉铃病害种类有巨大的差异,黄河流域发生的铃疫病引起棉铃病害在西北新疆虽然也有发生,但不是主要铃病种类。同样,在长江流域棉区发生的铃炭疽病在西北新疆发生较轻。新疆最常见的是霉菌类铃病,主要是黑霉和曲霉。近些年在南疆发生黏菌类铃病,该病以往很少见,这是国内外报道的新型病害,且有逐年扩散和加重的趋势。

南疆的裂铃与铃病发生部位在中上部,这与长江、黄河流域铃病发生在棉株下部显著不同(图42-2)。

2. 流行原因　对于新疆铃病流行危害的原因有各种说法,其证据需进一步查找,主要因素有以下几点。

(1) 病原菌的不断累积:新疆不少棉田连作时间长达30年,各地鼓励粉碎秸秆和枯枝落叶还田导致铃病等病原菌逐年积累,一旦发病条件适宜则易刺激病害的暴发流行。

(2) 高密度和高频率的肥水供给:高密度加上频繁滴灌供给足量的水分和养分引起的后果:一是群体过大,田间湿度大;二是频繁滴灌,水肥供给量大,导致个体旺长,形成更大的叶片,更长的果枝,叶片和枝条的相互叠加,群体荫蔽加重,更易诱发包括铃病在内的病害发生和流行。

(3) 降雨量明显增加:由于气候变化,绿洲降水量和阴天在增加,太阳辐射在减少(见第三十二章),像第一师阿拉尔市处于塔里木盆地中心,春夏秋都有降雨,阴天日数也在增加,从而造成气温降低,湿度和温度的结合也易诱发病害的发生和流行。气温变化可能是引起裂铃的原因,昼夜温差超过12℃有可能引起中上部不成熟棉铃的开裂,进而被病原菌侵染发病。

(4) 病虫的助长作用:近年来,一些棉田的蚜虫、盲椿象、蓟马、棉铃虫等发生危害的程度在增加,一旦害虫叮咬幼铃即可造成伤口,这为各种腐生性病原菌创造了入侵的机会。而蚜虫发生频率高,其分泌的蜜露也可成为铃病菌的天然营养基,助长各种病原菌的扩繁,从而加大病原菌含量。

(5) 品种抗性弱:从调查中可以发现,不同棉花品种对铃病发生存在差异;同时也发现所有被调查品种没有一个是抗铃病的,表明棉花品种对铃病不具有抗性。

六、防治措施

1. 棉田选择　选择地势平坦、排灌方便的地块种植棉花,最好挖有排水渠以解决棉田积水问题。入秋时,做好中耕培土,疏通沟道。棉田的残枝烂叶、病苗、烂铃等应及时清除,带出深埋、沤肥或烧毁,并实行深耕、晒土等,以减少土壤传播病菌。

2. 选育多抗良种,精育壮苗,增强抗病性　成熟、饱满、粒大的棉花种子发芽率高,生长好,产量高,质量优。棉铃病害多数以带菌种子为主要初侵染源,对于种子和土壤传播的病害,选育抗病品种是防治病害最经济、有效和安全的措施。棉毒素含量高,窄卷苞叶、小苞叶、无苞叶及早熟的品种具有良好的抗病潜力。

3. 实行轮作、间作套种　实行棉蒜、棉油轮作，棉瓜、棉麦、棉豆、棉苕、棉辣椒间作或套种，不仅可降低发病概率，而且还能提高土地利用率。

4. 加强栽培管理

(1) 合理施肥与排水：施足底肥和保蕾肥，以有机肥为主，腐熟的牲畜粪、人粪尿 22.5～30 t/hm^2。补施铃肥，做到氮、磷、钾配方施肥，增施硅硼肥，采取施肥入蔸的办法，提高肥料利用率，促进坐果率。避免单施磷肥和多施氮肥，以防棉株徒长及株间郁闭。注重深畦排水，预防水涝和病菌滋生。

(2) 合理密植、及时整枝：合理密植，采用宽窄行播种，有利于株间通风透光，降低田间湿度，减轻病害。对生长过旺的棉株，应及时打顶、剪空枝、摘老叶、抹赘芽、打边心，以降低田间郁闭，促进棉铃成熟吐絮，减少烂铃和铃病的发生。

(3) 抢摘黄熟铃、早剥病铃：及时抢摘棉株下部的黄熟铃和病铃，剥开晾晒，既能减轻产量损失，又能减少病菌再侵染。同时，清除烂铃、枯枝、烂叶等，以减少病害传播机会。

(4) 虫害防治：钻蛀性害虫于铃期危害，造成伤口，有利于病菌侵染，引起烂铃。应采取有效措施防治棉铃虫、红铃虫等钻蛀性害虫。

(5) 药剂防治：根据棉铃病害的特点，雨后喷药防病效果最佳，并应重点喷施中下部棉铃。棉田出现零星铃病时即可喷药保护。常用药剂有波尔多液(1∶1∶200)；在烂铃病原较复杂的棉区，可喷用65%代森锌等可湿性粉剂500倍液或50%多菌灵800～1 000倍液，波尔多液加入上述药剂混合施用可提高防治效果。发病重的月份、年份或地区，应定期喷药保铃。

第四节　茎　枯　病

一、分布与危害

棉花茎枯病的分布比较广，20世纪50年代以来曾先后在辽宁、陕西、山西、河北、河南和山东等地严重发生，70年代末在江苏、浙江、上海和甘肃等地区有加重危害的趋势。进入80年代以后，该病很少再有报道。而进入21世纪后，又有个别地区在转基因抗虫棉中再度出现。

茎枯病不是每年都会发生，但在某些年份，遇到适合的发病条件，就会突发流行，成为一种暴发性病害。在大流行的年份，茎枯病对棉花生产影响很大。

二、发生时期与症状

(一) 发生时期

棉花茎枯病是一种侵染性病害，棉株从幼苗到结铃各个生育时期都能受害，受害部位自胚根、子叶、真叶、茎枝、生长点直至花蕾、铃柄、苞叶、铃壳和籽棉，是典型的多时期、多部位的病害。一般情况下，发病前期主要危害子叶、真叶、茎和生长点，造成烂种、叶斑、茎枯、断头、落叶，以至全株枯死；后期主要侵害苞叶和青铃，引起过早落叶和僵棉铃病害。

(二) 发病症状

1. 叶片　棉苗一出土，茎枯病病菌就能侵害幼苗，在子叶上出现紫红色的小点，以后扩大成边缘紫红色、中间灰白色或褐色的病斑。真叶受害后,最初出现边缘红色、中间灰白色的小圆斑,以后病斑扩大、合并,在叶片正面有时出现不甚明显的同心轮纹,表面常散生小黑点状的分生孢子器,最后导致病叶干枯脱落。在长期阴雨高湿的条件下,还会出现急性型病状,起初叶片出现失水褪绿病状,随后变成像开水烫过一样的灰绿色大型病斑,大多在接近叶尖和叶缘处开始,然后沿着主脉急剧扩展,1～2 d 内可遍及大半张叶片甚或全叶都变黑;严重时,还会造成顶芽萎垂,病叶脱落,棉株变成光杆。

2. 叶柄与茎 叶柄发病多在中、下部,茎枝部受害多在靠近叶柄基部的交接处及附近的枝条。开始先出现红褐色小点,继则扩展成暗褐色的梭形溃疡斑,其边缘紫红色,中间稍呈凹陷,病斑上常生有小黑点。后期外皮纵裂,内部维管束外露,这是茎枯病的一个主要特征。叶柄受害后易使叶片脱落,受害后可使茎枝枯折,故名茎枯病。

3. 蕾铃 病菌能侵染苞叶和青铃,苞叶发病后成为侵入青铃的直接侵染源。青铃受害后,铃壳上先出现黑褐色病斑,以后病斑迅速扩大,使棉铃腐烂或开裂不全,铃壳和棉纤维上有时会产生许多小黑粒。

三、病 原 菌

茎枯病病菌属半知菌类,球壳孢科,壳二孢属的棉壳二孢(*Ascochyta gossypii* Syd.)。病株后期的病斑上产生的小黑粒,是茎枯病病菌的分生孢子器,分生孢子器近球形,黄褐色,顶端有稍为突起的圆形孔口。在显微镜下压迫孢子器,或孢子器吸水膨胀,即有大量的器孢子从孔口射出。器孢子卵形,无色,单胞或双胞,双胞约占 1/5,单胞两端各有一个小油点。在马铃薯-琼脂-蔗糖培养基上,病菌不产生孢子,菌落呈橄榄色,老菌丝现深褐色。

茎枯病病菌的菌丝在 9～25 ℃范围内都能生长,22～25 ℃为病菌生长适温,35 ℃为病菌孳生的高温上限。茎枯病病菌是一种弱寄生菌,一般在碳源较为充足的基质中均能良好生长。对 pH 的适应范围也广,但以中性到微碱性即 pH 6.8～8.6 生长最好。茎枯病病菌的寄主主要为棉花。

四、侵染途径与发病条件

(一) 侵染途径

茎枯病病菌的初次侵染菌源,在病区以土壤带菌为主。病菌以菌丝体及孢子器在病残体上越冬,能在土壤中存活 2 年以上。在新棉区,种子带菌是病害传播的另一重要途径。据陕西省试验,种子的带菌率为 12.3%,以菌丝体潜藏在棉籽短绒上为主,也能潜伏于种子内部。当棉籽发芽时或幼苗出土后,潜藏于种子内外以及病残体上的菌丝体器孢子即能侵染棉苗子叶和幼茎。在气候条件适宜情况下,病菌产生大量的器孢子,成为田间发病的菌源,并借风雨和蚜虫传播,造成再侵染。这样周而复始的多次侵染循环,就会构成茎枯病的大流行。

(二) 发病条件

茎枯病在发病过程中,受到许多外界环境条件的影响。

1. 气候条件 一般持续 4～5 d、相对湿度在 90%以上的多阴雨天气,日平均气温为

20～25 ℃，即有可能引起茎枯病大流行。在发病期间若伴有大风和暴雨，造成棉株枝叶损伤，则更有利于病菌的侵染和传播。

2. 蚜虫　棉田蚜虫的发生量常影响茎枯病的发病轻重。凡是蚜虫危害严重的田块，茎枯病就严重，由于蚜虫的危害在棉株上出现大量伤口，为病菌入侵提供了条件；同时蚜虫在棉田内迁移爬行，也会携带孢子传播病害。此外，蚜虫的排泄物含有糖类物质，可能有利于病菌的繁衍和侵染。

3. 品种　棉花不同种和品种抗茎枯病的能力不同。在相同栽培条件下，海岛棉的发病率大大高于陆地棉。不同的品种发病轻重也有很大的差别，个别品种和品系在茎枯病大发生的情况下，没有发现断头、落叶和死苗现象。

4. 前茬作物　由于大量的茎枯病病菌是随病残体在土壤中越冬，所以连作棉田的茎枯病比轮作换茬棉田严重。病菌在土中的存活年限较短，轮作的棉田，特别是水旱轮作的棉田，由于菌源减少，危害也大大减轻。据上海市调查，稻、棉轮作的棉田茎枯病发病率只有1.3%，而连作棉花2年的棉田发病率高达82.8%。

5. 栽培管理　棉田密度过大，施氮肥过多，会造成枝叶徒长，再加管理粗放，整枝措施跟不上，棉株荫蔽，通风透光不良，棉田湿度大，茎枯病危害就会加重；反之，发病就轻。

五、防治措施

防治茎枯病，应贯彻“预防为主，综合防治”的方针，采用农业栽培措施与化学保护相结合的方法，才能有效地控制其发生和危害。

（一）种子处理

播种前做好种子处理（见苗期病害的防治），可以减少病菌的初次侵染源，经硫酸脱绒的棉籽可显著减轻茎枯病危害。

（二）农业防治

1. 实行轮作换茬　棉花与禾谷类作物如稻、麦等2～3年轮作1次，可有效地减轻茎枯病的发生与危害。

2. 合理密植，及时整枝　水肥条件充足的棉田，特别要注意合理密植，不施过量的氮肥，适量配合磷钾肥，使棉株生长稳健。中后期要及时打老叶、剪空枝，改善棉田通风透光条件，以减轻茎枯病危害。

3. 清理棉田　棉花收获后，要及时将田间的残枝落叶和病铃，作燃料或就地烧毁，同时进行秋季（冬季）深翻耕，以消灭越冬菌源。

（三）喷药保护

在气候条件适合茎枯病发生的时期，要经常注意天气的变化，抢在雨前喷药保护。药剂可用1∶1∶200的波尔多液、500倍的百菌清或克菌丹、1 000倍的多菌灵、600～800倍的代森锌等，同时注意防治蚜虫。

第五节　棉花病害绿色综合防治

棉花病害综合防治包括选用抗病品种、农业防治、生物防治和化学防治等。

一、苗病绿色综合防治措施

1. 种衣剂包衣 在机械和人工精选种子、晒种基础上，商品种子采用种衣剂包衣，防治苗病效果达到80%以上。常用种衣剂有卫福、咯菌腈和适乐时悬浮种衣剂等，一般种衣剂加有杀虫剂，还可兼治苗蚜等苗期害虫。

2. 苗病防治 采用药剂有波尔多液，幼苗期用半量式，硫酸铜∶生石灰∶水的比例为1∶0.5∶100，苗期用等量式，其比例为1∶1∶100。也可用50%多菌灵可湿性粉剂500倍液，或80%代森锰锌可湿性粉剂600～800倍液，或30%多抗霉素可湿性粉剂100～200倍液等，喷雾防治。

3. 农户自留种子播种前需进行人工处理 一是毛子浓硫酸脱绒，用55～60 ℃ 2 000倍402杀菌剂浸种30 min，消毒效果好；二是种子包衣，用2.5%的咯菌腈悬浮种衣剂搅拌均匀后拌种，预防苗病的效果好。

4. 保护栽培 育苗移栽和地膜覆盖有利培育壮苗，促进植棉健壮，增强抗病能力。中耕松土、提高地温和降低田间湿度，有利培育壮苗，减轻病害发生。

5. 合理密植 高密度种植容易引起群体荫蔽、通风透光性能差、群体湿度大；等行距配置群体光分布比窄行配置的好。

二、枯萎病、黄萎病绿色综合防治措施

1. 选用抗病品种 选育和选用抗病品种是防治棉花枯萎病和黄萎病的有效措施。我国棉花品种已达到抗枯萎病水平，对黄萎病大多为耐病性，个别品种如中植棉2号、中植棉6号、冀棉958和中棉所63等对黄萎病表现抗性。邯5158、冀杂1号、中棉所41号和中棉所49号等对两萎病表现抗耐水平。抗病品种推广对控制病害的蔓延起到了防治作用。

2. 轮作倒茬 水旱轮作防病效果好于旱旱轮作，3～5年的旱旱轮作效果好于1～2年效果。苏涛指出，轮作1年减轻发病率20%，2年减轻发病率30%，3年减轻发病率45%，4年减轻发病率65%。水稻倒茬后棉花产量比轮作前增产20%，其主要原因就是病害发生很轻。水资源缺乏地区可采用棉花与玉米、高粱、谷子和小麦等作物轮作。

3. 健株栽培 一是增施有机肥和钾肥；滴灌条件下，适当限水、减少氮肥施用量有利促进植株的健康生长，黄萎病发病株率减少15%～20%。二是育苗移栽和地膜覆盖为培育壮苗和健株栽培的可行方法。重病田地面覆膜，病指降低58.9%，对枯萎病相对防治效果为23.7%～52.7%。三是早间苗，晚定苗，间除病苗和弱苗并带出田外。四是及时中耕除草，提高地温，促进根系生长，壮株早发，提高植株自身抗病能力。五是清洁田园，及时拔除病株，集中焚毁，不提倡棉秆还田。拾花结束前及时对棉田及其四周进行彻底清洁，收集残茬及枯枝，减少病源数量，发病株率可降低31.2%～50.3%。

4. 化学调控 据简桂良等研究，黄萎病发生初期用缩节胺叶面喷施，可减轻黄萎病的叶面症状，控制该病的发生扩展。7月上旬重病田喷施缩节胺1～2次，病指相对减退率为44.7%～66.7%，产量增加0.9%～9.6%。董志强等2年试验结果显示，缩节胺系统化控区感病株率分别比对照下降76.2%和52.9%。

5. 提高棉田排水能力　田间积水和渍涝灾害往往诱导病害发生。及时排除田间积水、及时中耕放墒,有利减轻病害的发生和流行。

此外,施用土壤有机改良剂,包括壳质粗粉、植物残体、绿肥和有机肥等,具有直接抑制病菌、调节土壤微生物区系、诱导抗病性、改良土壤结构,有促进植物生长等功能。

6. 生物防治　田间枯萎病、黄萎病防治药剂处理有:高剂量(有效成分 1 250 g/hm^2)咪鲜胺锰盐能显著减轻病害发生,枯草芽孢杆菌、乙蒜素、恶霉灵、克萎星也有防治效果。植物疫苗渝峰 99 植保、激活蛋白和氨基寡糖素分别与缩节胺混合,对黄萎病防效分别为 52.9%、52.2%和 47.9%。用 15% JDQ (TV-1)、45%多·福 WP、复硝酚钠、32%酮·乙蒜素 EC、壳聚糖、强生—恶霉灵等活性物质,病害抑制率达 100%。用五倍子、土元和蛇床子提取物对黄萎病病菌的抑制效果明显。

马平等提出使用“10 亿芽孢/克枯草芽孢杆菌可湿性粉剂”菌剂防治黄萎病,拌种(占种子量比例的 10%,黄河流域直播棉田)、拌种(占种子量比例的 10%,长江流域及部分黄河流域)+苗床灌施(200 倍液进行苗床灌施,长江流域及部分黄河流域)、滴灌(15 kg/hm^2,西北内陆干播湿出在滴出苗水时滴入,其他地区在第一次滴水时滴入)等,平均防效 40%～70%。注意事项:该菌剂不能与杀细菌药剂(农药链霉素和铜制剂等)同时使用。该菌剂于 2010 年获国家农药正式登记(PD20101654)。

三、铃病综合防治措施

铃病以农业防治为主,化学防治为辅。抢摘黄熟铃,推株并垄,剪空枝、打老叶增加田间通风透光,可减轻铃病的发生和危害。从 8 月开始,选用 70%的代森锰锌等药剂对棉株中下部喷施,每 7 d 喷施一次,共喷 3～4 次,防治效果达到 50%～60%。如果遭遇连续阴雨天气,可用乙烯利催熟,以减轻铃病危害。

(撰稿:简桂良,冯自力,朱荷琴,武钢,马平,张文蔚,李社增;
主审:崔金杰,张存信;终审:简桂良)

参考文献

[1] 中国农业科学院棉花研究所. 中国棉花栽培学. 上海:上海科学技术出版社,1983:637-650.
[2] 中国农业科学院棉花研究所. 棉花优质高产的理论与技术. 北京:中国农业出版社,1999:299-325.
[3] 全国棉花枯、黄萎病综合防治研究协作组. 棉花枯萎病和黄萎病(修订本). 北京:中国农业出版社,1983:5-70.
[4] 马存. 棉花枯萎病和黄萎病的研究. 北京:中国农业出版社,2007:16,86,88,49,49-51,124,134.
[5] 朱荷琴. 棉花主要病害研究概要. 棉花学报,2007,19(5).
[6] 黄芳仁. 棉作枯萎病的初步观察报告. 中华农学会报,1934:125.
[7] 夏成敏,王子民,冀雪梅. 山西省是怎样组织棉花黄、枯萎病调查的. 植物保护,1963,1(1).
[8] 周家炽. 云南棉枯病. 科学农业,1941,1(4).
[9] 李妙,徐荣旗,王校栓. 不同黄萎病级对棉花产量及纤维品质的影响. 棉花学报,1995,7(3).
[10] 杨之为,王汝贤,李君彦. 棉花枯、黄萎病混生病田损失初步研究. 中国棉花,1993,20(6).

[11] 吴征彬,杨业华,刘小丰,等.枯萎病对棉花产量和纤维品质的影响.棉花学报,2004,16(4).
[12] 蒋玉蓉,房卫平,祝水金,等.陆地棉植株组织结构和生化代谢与黄萎病抗性的关系.作物学报,2005,31(3).
[13] 马存.棉花枯萎病的症状识别.农业科技通讯,1982,11(5).
[14] 仇元,赵丹.棉花黄萎病种子带菌检查及分离方法.植物病理学报,1958,4(2).
[15] 陈吉棣,陈松生,王俊英,等.棉花黄萎病种子内部带菌的研究.植物保护学报,1980,7(3).
[16] 中国农业科学院棉花研究所.棉籽消毒.农业科技通讯,1973,2(3).
[17] 林征明.棉花种子消毒和隔离试种检验技术研究.中国棉花,1990,17(6).
[18] 黄仲生,陈文良,舒秀珍.京郊棉花枯萎病及其防治的研究.植物保护学报,1980,7(3).
[19] 中国农业科学院植物保护研究所.黄萎病棉株落叶的带菌与传播.植物保护,1965,3(5).
[20] 吕金殿,等.棉花黄萎病菌致萎毒素研究.北京:中国农业科技出版社,1990:354－361.
[21] 简桂良,邹亚飞,马存.棉花黄萎病连年流行的原因及对策.中国棉花,2003,30(3).
[22] 马存,刘洪涛,籍秀琴.豫北棉区枯萎病田间发病消长与棉株生育期关系的观察.植物保护,1980,6(3).
[23] 王汝贤,杨之为,庞惠玲.陕西省棉田主要线虫类群对棉花枯萎病发生影响的研究.植物病理学报,1989,16(4).
[24] 沈其益.棉花病害基础研究与防治.北京:科学出版社,1992:128－151.
[25] 李在民.滨海盐碱地棉花苗期根病防治技术.中国棉花,1994,21(5).
[26] 石磊岩,孙文姬,丁之铨,等.苗病净 1 号防治棉苗根病的效果.中国棉花,1995,22(1).
[27] 顾本康,夏正俊,吴蔼民,等.新型苗保安系列复配剂防治棉花苗期病害研究初报.中国棉花,1995,22(5).
[28] 左宜和.棉花苗病拌种药剂试验初报.中国棉花,1989,16(1).
[29] 钱希,高军.几种药剂处理棉种灭病效果.中国棉花,1994,21(4).
[30] 文学,马存,陈其,等.利克菌防治棉花苗期病害试验.中国棉花,1994,21(3).
[31] 胡文生,范学孔.高巧＋Moncerent 种衣剂防治棉花苗蚜与苗病研究简报.中国棉花,1997,24(2).
[32] 赵书苗.拌种双防治棉花苗病试验.中国棉花,1997,24(1).
[33] 孙君灵,宋晓轩,朱荷琴.甲基立枯磷等杀菌剂对棉花苗期病害的防治效果.中国棉花,2000,27(1).
[34] 朱荷琴,宋晓轩,冯自力.国内外杀菌剂对棉花苗病的防治效果.中国棉花,2006,33(2).
[35] 陈振声,陆景洪,王素芳.种衣剂处理棉种作为商品的重要改革.中国棉花,1987,14(6).
[36] 李洪连,袁红霞,李为.种子包衣处理的效应分析.中国棉花,1998,25(6).
[37] 刘金和,王麦玲,王玉兰.棉花种衣剂优富、希普、保苗剂药效试验.中国棉花,1999,26(11).
[38] 刘建发,张文英,李金渠.棉花种子包衣示范效果.中国棉花,1999,26(8).
[39] 李银汉,崔中银,胡梅枝,等.种衣剂包衣棉种防病壮苗效果.中国棉花,1997,24(12).
[40] 刘邦杰,宋益民,高宇人,等.种衣剂沿江 3 号防治棉苗病害及对棉花生长发育的影响.中国棉花,1997,24(2).
[41] 张广举,韩春霞,孙雪梅,等.棉花种衣剂药效对比试验.中国棉花,2000,27(10).
[42] 姚耀文,何礼远,李曼霞.棉花黄、枯萎病的症状类型及其对棉花的影响.植物保护,1963,1(1):25－28.
[43] 苏涛.减轻棉花黄萎病发生的几点建议.中国棉花,2008,35(7).
[44] 简桂良,马存.缩节胺对棉花黄萎病发生发展的影响.棉花学报,1999,11(1).
[45] 董志强,何钟佩,翟学军.缩节胺抑制棉花黄萎病效应及其作用机理研究初探.棉花学报,2000,12(2).

[46] 朱荷琴,冯自力,师勇强,等. 利用植物疫苗及生长调节剂缩节胺控制棉花黄萎病. 中国棉花,2010,37(8).

[47] 朱荷琴,冯自力,宋晓轩,等. 22 种中药提取物对棉花黄萎病菌的抑菌活性. 棉花学报,2007,19(6).

[48] 熊又升,袁家富,杨涛,等. 生物有机肥对棉花黄萎病发生及产量的影响. 湖北农业科学,2010,49(8).

[49] 李社增,马平,刘杏忠,等. 利用拮抗细菌防治棉花黄萎病. 华中农业大学学报,2001,20(5).

[50] Sener K, Dervis S, Sahinler S. Sensitivity of *Verticillium dahliae* to prochloraz and prochloraz-manganese complex and control of Verticillium wilt of cotton in the field. Crop Protetion, 2003,22(1).

[51] Oktay E, Benlioglu K. Biological control of Verticillium wilt on cotton by the use of fluorescent *Pseudomonas* spp. under field conditions. Biological Control, 2010,53(1).

[52] Zhang D D, Wang J, Wang D, et al. Population genomics demystifies the defoliation phenotype in the plant pathogen *Verticillium dahliac*. New phytologist. 2019. https://doi.org/10.1111/nph.15672.

[53] 袁媛,冯自力,李志芳,等. 棉花黄萎病菌致病力测定及评价方法研究. 植物病理学报,2018(2).

[54] 刘海洋,王伟,张仁福,等. 新疆主要棉区棉花黄萎病发生概况. 植物保护,2015,41(3).

[55] 刘海洋,王伟,张仁福,等. 新疆棉花黄萎病发生调查及病原菌系统进化分析. 新疆农业科学,2015,52(1).

[56] 李国英,张新全,宋玉萍,等. 北疆棉区棉花黄萎病发生趋势、抗性研究. 新疆农业科学,2015,52(1).

[57] 庞莉,李梅,孙青,等. 棉花黄萎病病原菌大丽轮枝菌的快速分子检测. 植物保护学报,2016,43(6).

[58] 尹志新,朱荷琴,李志芳,等. 我国棉花黄萎病菌基于 SSR 的遗传多样性分析. 棉花学报,2011,23(4).

[59] 洪波,艾尼江,赵建军,等. 棉花黄萎病菌致病力分化与 ISSR 遗传变异分析. 华北农学报,2013,28(5).

[60] 金利容,万鹏,黄薇,等. 长江流域棉花黄萎病菌的致病力多样性和遗传多样性分析. 湖北大学学报(自然科学版),2016,38(2).

[61] 林玲,章如意,张昕,等. 江苏省棉花黄萎病菌的培养特性及致病力分化监测. 棉花学报,2012,24(3).

[62] 王国宁,赵贵元,岳晓伟,等. 河北省棉花黄萎病菌致病性与 ISSR 遗传分化. 棉花学报,2012,24(4).

[63] 赵丽红,冯自力,李志芳,等. 棉花抗黄萎病鉴定与评价标准的商榷. 棉花学报,2017,29(1).

[64] Zhao P, Zhao Y L, Jin Y, et al. Colonization process of Arabidopsis thaliana roots by a green fluorescent protein-tagged isolate of *Verticillium dahliae*. Protein & Cell, 2014,5(2).

[65] Zhao Y L, Zhou T T, Guo H S (2016) Hyphopodium-specific VdNoxB/VdPls1-dependent ROS-Ca2+ signaling is required for plant infection by *Verticillium dahliae*. PLoS Pathogens 12: e1005793. pmid:27463643

[66] Zhou T T, Zhao Y L, Guo H S. Secretory proteins are delivered to the septin-organized penetration interface during root infection by *Verticillium dahliae* [J]. PLoS Pathogens, 2017,13(3):e1006275.

[67] Zhou B J, Jia P S, Gao F, et al. (2012). Molecular characterization and functional analysis of a necrosis- and ethylene-inducing, protein-encoding gene family from *Verticillium dahliae*. Molecular Plant-Microbe Interactions: MPMI 25

[68] Zhang T, Zhao Y L, Zhao J H, et al. Cotton plants export microRNAs to inhibit virulence gene expression in a fungal pathogen. Nature Plants, 2016,2(10).

[69] Gao F, Zhou B J, Li G Y, et al. (2010). A glutamic acid-rich protein identified in *Verticillium dahliae* from an insertional mutagenesis affects microsclerotial formation and pathogenicity. PloS ONE 5, e15319.

[70] Fradin E F, Thomma B P. Physiology and molecular aspects of Verticillium wilt diseases caused by

Verticillium dahliae and *V. albo-atrum*. Molecular Plant Pathology, 2006,7.

[71] Zhang W W, Wang S Z, Liu K, et al. Comparative expression analysis in susceptible and resistant *Gossypium hirsutum*, responding to *Verticillium dahliae*, infection by cDNA-AFLP. Physiological & Molecular Plant Pathology, 2012,80(5).

[72] Li Z F, Liu Y J, Feng Z L, et al. VdCYC8, Encoding CYC8 Glucose Repression Mediator Protein, Is Required for Microsclerotia Formation and Full Virulence in *Verticillium dahliae*. Plos One, 2015, 10(12): e0144020.

[73] Zhang Y L, Li Z F, Feng Z L, et al. Isolation and functional analysis of the pathogenicity-related gene VdPR3 from *Verticillium dahliae* on cotton. Current Genetics, 2015,61(4).

[74] Zhang Y L, Li Z F, Feng Z L, et al. Functional Analysis of the Pathogenicity-Related Gene VdPR1 in the Vascular Wilt Fungus *Verticillium dahliae*. Plos ONE, 2016,11(11): e0166000.

[75] Liu S Y, Chen J Y, Wang J L, et al. Molecular characterization and functional analysis of a specific secreted protein from highly virulent defoliating *Verticillium dahliae*. Gene, 2013,529(2).

[76] Xiong D, Wang Y, Deng C, et al. Phylogenic analysis revealed an expanded C2H2-homeobox subfamily and expression profiles of C2H2 zinc finger gene family in *Verticillium dahliae*. Gene, 2015,562(2).

[77] Qi X, Su X, Guo H, et al. VdThit, a thiamine transport protein, is required for pathogenicity of the vascular pathogen *Verticillium dahliae*. Molecular plant-microbe interactions: MPMI, 2016,29(7).

[78] Tzima A K, Paplomatas E J, Tsitsigiannis D I. The G protein β subunit controls virulence and multiple growth and development-related traits in *Verticillium dahliae*. Fungal Genetics and Biology, 2012,49(2).

[79] Santhanam P, Thomma B P. Sge1 *Verticillium dahliae* differentially regulates expression of candidate effector genes. Molecular Plant-Microbe Interactions, 2013,26(2).

[80] Santhanam P, Boshoven J C, Salas O, et al. Rhamnose synthase activity is required for pathogenicity of the vascular wilt fungus *Verticillium dahlia*. Molecular Plant Pathology, 2017,18(3).

[81] Lengeler K B, Davidson R C, D'souza C, et al. Signal transduction cascades regulating fungal development and virulence. Microbiology and Molecular Biology Reviews, 2000, 64(4).

[82] 简桂良,邹亚飞,马存.棉花黄萎病连年流行的原因及对策.中国棉花,2003,30(3).

[83] Jian Gui-liang, Ma Cun, Zhang Chuan-lin, et al. Advances in Cotton Breeding for Resistance to Fusarium And Verticillium wilt in the Last Fifty Years in China. Agricultural Sciences in China. 2003,2(3).

[84] 魏锋,余真真,商文静,等.土壤大丽轮枝菌微菌核的快速定量检测.植物病理学报,2013,43(5).

[85] 朱协飞,李圣华,王森.5个抗黄萎病棉花品种的抗性配合力分析.作物杂志,2016(6).

[86] Shao B X, Zhao Y L, Chen W, et al. Analysis of upland cotton (*Gossypium hirsutum*) response to inoculation *Verticillium dahlia* by transcriptome sequencing. Genetics and Molecular Research GMR, 2015,14(4).

[87] Zhao Y L, Wang H M, Chen W, et al. Genetic structure, linkage disequilibrium and association mapping of Verticillium wilt resistance in elite cotton (*Gossypium hirsutum* L.) germplasm population. PLoS ONE, 2014,9(1): e86308.

[88] Wang K B, Wang Z W, Li F G, et al. The draft genome of a diploid cotton *Gossypium raimondii*.

Nature Genetics,2012,44(10).

[89] Li F G, Fan G Y, Wang K B, et al. Genome sequence of the cultivated cotton *Gossypium arboreum*. Nature Genetics, 2014,46.

[90] Li F G, Fan G Y, Lu C R, et al. Genome sequence of cultivated upland cotton (*Gossypium hirsutum* TM-1) provides insights into genome evolution. Nature Biotechnology, 2015,33(5).

[91] Gao W, Long L, Zhu L F, et al. Proteomic and virus-induced gene silencing (VIGS) analyses reveal that gossypol, brassinosteroids, and jasmonic acid contribute to the resistance of cotton to *Verticillium dahliae*. Molecular and Cellular Proteomics MCP, 2013,12(12).

[92] Li Z F, Wang L F, Feng Z L, et al. Diversity of endo phytic fungi from different Verticillium-wilt-resistant and evaluation of antifungal activity against *Verticillium dahliae* in-vitro. Journal of Microbiology Biotechnology, 2014,24(9).

[93] Gao X Q, Wheeler T, Li Z H, et al. Silencing *GhNDR*1 and *GhMKK*2 compromises cotton resistance to Verticillium Wilt. The Plant Journal, 2011,66(2).

[94] Yuan Y, Feng H J, Wang L F, et al. Potential of endophytic fungi isolated from cotton roots for biological control against Verticillium wilt disease [J/OL]. PLoS ONE, 2017,12(1): e170557.

[95] Li Y B, Han L B, Wang H Y, et al. The thioredoxin GbNRX1 plays a crucial role in homeostasis of apoplastic reac-tive oxygen species in response to infection *Verticillium dahliae* in cotton. Plant Physiology, 2016,170(4).

[96] Gong Q, Yang Z E, Wang X Q, et al. Salicylic acid-related cotton (*Gossypium arboreum*) ribosomal protein GaRPL18 contributes to resistance to *Verticillium dahliae*. BMC Plant Biology, 2017, 17(1).

[97] Zhang H C, Zhang W W, Jian G L, et al. The genes involved in the protective effects of phytohormones in response to *Verticillium dahliae* infection in *Gossypium hirsutum*. J. Plant Biol. (2016)59.

[98] Zhang W W, Zhang H C, Qi F J, et al. Generation of transcriptome profiling and gene functional analysis in Gossypium hirsutum upon *Verticillium dahliae* infection. Biochemical and Biophysical Research Communications. 473(2016)879e885.

[99] 中国农业科学院植物保护研究所主编. 农作物病虫害. 北京:中国农业出版社. 2013.

[100] Medrano E G, Bell A A. Role of *Pantoea agglomerans* in opportunistic bacterial seed and boll rot of cotton (*Gossypium hirsutum*) grow n in the field. Journal of Applied Mi cryobiology. , 2007,102: 134 - 143.

[101] 杨春萍. 华北地区棉花烂铃病发生原因及综合防治技术. 中国棉花,2006,37(12).

[102] Hopkins J C. Notes on the soft rot of cotton bolls in the west India caused by Phytophthora. Ann Bot, 1925,39.

[103] Baker R E D. Notes on Trinidad fungi I: Phytophthora. Trop Agric Trim, 1936,13(12).

[104] Ashby S F. Oospores in culture of *Phytophthora faberi*. Kew Bull Misc Inform, 1922,9.

[105] Patil-Kulkarni B R, Aswathaiah B. Phytophthora boll rot in cotton (*Gossypium barbadenese* L.) in Mysore. Sci and Cult, 1962,28.

[106] Pinckard J A, Guidroa G F. A boll rot of cotton caused by *Phytophthora paracitica*. Phytopathology, 1973,63.

[107] Hong S B, Jee S I. Restriction fragment length polymorphism of PCR amplified ribosomal DNA among Korean isolates of Phytophthora. Plant Pathology Journal, 1999,15(4).

[108] Allen S J, West K L. Phytophthora boll rot of cotton. Australian Plant Pathology, 1986,15(2):34.

[109] C M I. Distribution maps of plant disease. No. 203, Edition 3. Wallingford, UK: CAB.

[110] Paplomatas E J, Elena K, Lascaris D. First report of *Phytophthora boehmeriae* causing boll rot of cotton. Plant Disease, 1995,78(8).

[111] 李社增,鹿秀云,郝俊杰,等.棉花烂铃病的发生、品种抗病性及主要病原菌致病力分析.植物病理学报,2017,47(06).

[112] 简桂良,卢美光,王凤行,等.转基因抗虫棉黄萎病综合防治技术体系.植物保护,2007,33(5).

[113] 李进洋,孔祥华.深翻对棉花黄萎病发病情况的影响探析.现代农业科技,2014(11).

[114] 朱荷琴,冯自力,宋晓轩,等.去早蕾对转基因抗虫棉黄萎病发生及早衰的影响.棉花学报,2008,20(6).

[115] 张芸,冯自力,冯鸿杰,等.内生球毛壳属真菌 CEF-082 对棉花黄萎病的控制作用.植物病理学报,2016,46(5).

[116] Zhu H Q, Feng Z L, Li Z F, et al. Characterization of two fungal isolates from cotton and evaluation of their potential for biocontrol of Verticillium wilt of cotton. Journal of Phytopathology, 2013,161(2).

[117] 李社增,鹿秀云,马平,等.防治棉花黄萎病的生防细菌 NCD-2 的田间效果评价及其鉴定.植物病理学报,2005,35(5):451-455.

[118] Bilodeau G J, Koike S T, Uribe P, et al. Development of an assay for rapid detection and quantification of *Verticillium dahliae* in soil. Phytopathology, 2012,102(3).

[119] Klosterman S J, Atallah Z K, Vallad G E, et al. Diversity, pathogenicity, and management of *Verticillium* species. Annual Review of Phytopathology, 2009,47.

[120] 刘雅琴,杨丽,李国英,等.成团泛菌引起的棉花烂铃病对棉花产量因子和品质的影响.植物保护,2008,34(5).

[121] 刘雅琴,任毓忠,李国英,等.新疆棉花细菌性烂铃病病原菌鉴定.植物病理学报,2008,38(3).

第四十三章　棉田草害及其防治

由于杂草的结实量特别大、种子的成熟期和出苗期参差不齐、繁殖方式多、种子寿命长、传播途径广、适应能力强，因此，棉田杂草与棉花强烈地争夺水分、养料、光照和地上、地下的生存空间，影响棉株光合作用，妨碍棉花生长，严重降低棉花的产量和品质，如防除不及时或措施不得力，就会对棉花生产造成较大损失。杂草还是棉花等多种农作物病虫害的传播媒体或中间寄主。几十年来，育种部门虽然不断培育出高产多抗的新品种，棉花生产经历了多次品种更新换代，棉花的耕作栽培管理水平已有了显著提高，然而，杂草自身也随之协同进化，不断产生出适应能力更强的新的优势种和杂草群落，对棉花生产的危害有逐年加重的趋势。因此，棉田杂草的综合治理同样是棉花高产高效栽培管理体系中的重要内容。

第一节　棉田杂草的危害、种类、分布和发生规律

一、棉田杂草的危害

（一）争地争光争养分

我国棉田遭受杂草危害十分严重，每年危害面积约占棉花种植总面积的67%。杂草的危害主要表现在与作物的营养和生长竞争上，争光、争水、争肥、争空间，影响作物的正常生长。棉田杂草多数为C_4植物，而棉花为C_3植物。与C_3植物相比，C_4植物能够更加充分地利用光能、CO_2和水进行有机物的生产；再者，杂草有发达的根系，匍匐地面的茎节也能生根，吸收能力强，幼苗阶段生长速度快，光合效率高，光合作用产物迅速向新叶传导分配，营养生长快速向生殖生长过渡，具有干扰作物的特殊性能，夺取水分、养分和日光的能力比棉花大得多。因此，杂草比棉花表现出更强的竞争能力。研究表明，在同等条件下，棉花与杂草等干重物质内，杂草含氮、磷、钾分别为3.30%、0.36%、4.28%，而棉花分别为2.06%、0.26%、3.58%，杂草吸收的养分多于棉花。田旋花、葎草等缠绕性杂草可部分或全部覆盖于棉花上，造成棉花缺少光照，影响光合作用。

由于棉花是宽行或宽窄行种植，苗期温度低、生长缓慢，封行时间迟，故杂草对棉苗危害时间长；且由于棉花生长季节多是高温多雨，杂草种类多，数量大，管理不及时极易造成草荒。据调查，棉花播种后到棉苗子叶期平均每平方米有杂草40～80株，多的超过400株，常是棉苗密度的几倍到几十倍。在地膜覆盖条件下，由于地膜内温湿度适宜，杂草密度大、生长旺盛，常会托起地膜甚至穿透地膜，严重影响棉苗生长。

（二）降低作物产量

杂草对棉花产量的危害程度与多种因素有关，包括杂草的种类、密度以及棉花与杂草共

生时间长短和共生的不同生育阶段等。田间试验结果表明,杂草密度显著影响转基因抗虫棉的果枝数和结铃数,杂草密度越高,果枝数和结铃数下降幅度越大。棉花苗期到蕾期气温高,杂草盛发,棉株矮小,杂草对棉花的危害最重。棉花蕾期,杂草丛生,棉田通风透光条件差,田间相对湿度较高,导致蕾铃大量脱落。上海市农业科学院的测定结果表明,当棉田有马唐 20 株/m^2、千金子 20 株/m^2 时,棉花减产分别高达 81.8%和 83.0%。据美国农业部统计,农业中,病、虫、杂草造成的损失,杂草占 42%,远远高于病(27%)、虫(28%)所造成的损失。我国棉田每年因杂草危害损失皮棉约 25.5 万 t,平均减产 14.8%,严重地块可达 50%。

(三) 传播病虫害

杂草的发生不仅直接影响棉花生长,同时也为许多棉花病虫害提供栖息环境,加重了病虫害的发生与传播,使棉花生产遭受损失。马唐、狗尾草、双穗雀稗、鳢肠、铁苋菜、反枝苋、龙葵、车前、香附子等 15 种杂草可作为转主寄主传播 26 种病虫害;小地老虎早春迁飞后,先在田旋花、野油菜、刺儿菜和野豌豆等杂草上产卵孵化,幼虫取食到 2～3 龄时,转而危害小麦和棉花;棉蚜先在多年生的刺儿菜、苦苣菜及越年生的荠菜、夏至草等杂草上寄生越冬,当棉花出苗后再迁移到棉苗上危害;小藜和苣荬菜是地老虎的越冬场所等。

(四) 增加生产成本

受我国棉农耕作方式的影响,长期以来棉田杂草的防除主要依靠人工,棉花从出苗到封行前一般要进行中耕除草 4～5 次,主要集中在每年的 5 月中下旬到 7 月中下旬。此时,田间温湿度条件比较适宜杂草生长,杂草发生越重,花费在防除上的用工量就越多。随着农业机械化程度的提高和高效安全除草剂的使用,棉田杂草防除的劳动强度有所下降,但每年除草剂的生产量和使用量仍相当惊人,这无疑增加了棉花的生产成本。

二、棉田杂草的种类

根据全国农田杂草考察组对全国 27 个省(自治区、直辖市)305 个县的系统调查,在棉田经常发生造成危害的杂草主要有 24 科 60 余种。在全国各地发生量大、适应性强、危害较大而又难以防除的禾本科杂草以马唐、牛筋草、千金子、旱稗、狗尾草、双穗雀稗和狗牙根等为主,双子叶杂草以反枝苋、铁苋菜、马齿苋、灰绿藜、苘麻、鳢肠、凹头苋和刺儿菜等为主,莎草科杂草以香附子和扁秆藨草为主。

苗期是棉田杂草防除的关键时期。为了有效防除棉田杂草,必须在苗期准确识别常见杂草种类,再根据优势杂草群落,正确选择除草剂和最佳施药方法,有效地防除棉田杂草。下面从形态识别和发生危害方面简要描述全国各棉区普遍发生、危害严重的 17 种优势杂草。

(一) 马唐

马唐[*Digitaria sanguinalis* (L.) Scop.],属于禾本科(Gramineae)杂草,俗名抓地草、秧子草、须草、叉子草、鸡爪草(图版 16)。

1. 形态特征　成株高 40～100 cm;秆基部倾斜,着土后节易生根或具分枝,光滑无毛;叶鞘松弛抱茎,大部短于节间;叶舌膜质,黄棕色,先端钝圆,长 1～3 mm;叶片条状披针形,长 3～17 cm,宽 3～10 mm,两端疏生软毛或无毛;总状花序 3～10 个,长 5～18 cm,上部互生或呈指状排列于茎顶，下部近于轮生；小穗披针形。

2. 识别要点　第1片真叶具有一狭窄环状且顶端齿裂的叶舌，叶缘具长睫毛；第2颖长为小穗的1/2～3/4。

3. 分布及危害　种子繁殖，一年生草本。在全国各棉区均有发生，发生数量、分布范围在旱地杂草中均具首位，以作物生长的前中期危害为主。主要危害棉花、玉米、豆类、花生、瓜类等作物；同时也是棉实夜蛾、稻飞虱的寄主，并能感染粟瘟病、麦雪腐病和菌核病等。

（二）牛筋草

牛筋草[*Eleusine indica* (L.) Gaertn.]，属于禾本科杂草，俗名蟋蟀草(图版16)。

1. 形态特征　秆丛生、斜升或偃卧，基部倾斜向四周开展，株高15～90 cm；须根较细而稠密，为深根性，不易整株拔起；叶鞘压扁且具脊，无毛或生疣毛，鞘口有柔毛；叶舌短，叶片扁平或卷折，无毛或表面常被疣基柔毛；穗状花序2～7枚，呈指状簇生于秆顶，小穗含3～6个小花；颖披针形，有脊，白色，内包1粒种子。

2. 识别要点　第1片真叶与后生叶折叠状相抱，幼苗全株扁平状，光滑无毛；穗状花序，2～7枚呈指状排列于秆顶，小穗密集于穗轴的一侧成两行排列。

3. 分布及危害　种子繁殖，一年生草本，遍布全国各地，但以黄河流域和长江流域及其以南地区发生为多。为秋熟旱作田危害较重的恶性杂草，主要危害棉花、玉米、豆类、瓜类、蔬菜和果树等作物。是稻飞虱和稻苞虫等害虫的寄主。

（三）狗尾草

狗尾草[*Setaria viridis* (L.) Beauv.]，属于禾本科杂草，俗名绿狗尾草、狗尾巴草、谷莠子、莠(图版16、图版17)。

1. 形态特征　秆疏丛生，直立或倾斜，高30～100 cm。叶舌膜质，具长1～2 mm环毛；叶片条状披针形，顶端渐尖，基部圆形；圆锥花序紧密，呈圆柱状，直立或微倾斜；小穗长2～2.5 mm，2至数枚簇生于缩短分枝上，基部有刚毛状小枝1～6条，成熟后与刚毛分离脱落。幼苗第1叶倒披针状椭圆形，先端尖锐，长8～9 mm，宽2.3～2.8 mm，绿色，无毛，叶片近地面，斜向上伸出；叶舌毛状，叶鞘无毛，被绿色粗毛；叶耳处有紫红色斑。

2. 识别要点　第1片真叶无叶舌，后生叶有毛状叶舌；第1颖几乎与小穗等长。

3. 分布及危害　种子繁殖，一年生草本。广布全国各地，为秋熟旱作田主要杂草之一，耕作粗放地尤为严重；对棉花、玉米、大豆等作物危害较重；并为水稻细菌性褐斑病及粒黑穗病的寄主，又是叶蝉、蓟马、蚜虫、小地老虎等诸多害虫的传播媒介。

（四）旱稗

旱稗[*Echinochloa crusgalli* (L.) Beauv.]，属于禾本科杂草，俗名野稗、稗草(图版17)。

1. 形态特征　成株高50～130 cm，茎基部多分蘖；条形叶，无叶舌；圆锥花序直立或下垂，呈不规则塔形，绿色或紫色主轴具棱，有10～20个穗形总状花序的分枝，并生或对生于主轴。小穗卵形，排列于穗分枝的一侧，含2花，第一外稃具长芒。

2. 识别要点　第1片真叶平展生长，在放大镜下可见有21条直出平行脉，其中5条较粗，16条较细；圆锥花序较狭窄，软弱而下垂；小穗淡绿色，长4～5 mm。

3. 分布及危害 全国各棉区均有发生,尤以水旱轮作地区发生危害严重。该草生命力极强,主要危害水稻和低洼湿地的棉花、大豆、玉米等作物。

(五) 千金子

千金子[*Leptochloa chinensis* (L.) Nees.],属禾本科杂草,俗名绣花草、畔茅(图版17)。

1. 形态特征 株高30~90 cm,秆丛生,直立,平滑无毛,基部屈曲或倾斜,着土后节上易生不定根。叶鞘无毛,多短于节间;叶舌膜质,撕裂状,有小纤毛;叶片扁平或卷折,先端渐尖。圆锥花序长10~30 mm,主轴和分枝均微粗糙;小穗多带紫色,长2~4 mm,有3~7个小花;第1颖长1~1.5 mm。

2. 识别要点 第1片真叶有7条或9条直出平行叶脉;圆锥花序,由多数穗形总状花序组成;颖具1脉,外稃具3脉。

3. 分布及危害 种子繁殖,一年生草本。分布于华东、华中、华南、西南及陕西、河南等地。为湿润秋熟旱作物和水稻田的恶性杂草,尤以水改旱时发生量大,危害严重。

(六) 狗牙根

狗牙根[*Cynodon dactylon* (L.) Pers.],属禾本科杂草,俗名绊根草、爬根草(图版17)。

1. 形态特征 根状茎或匍匐茎。茎匍匐地面,于节上生根及分枝;花序轴直立,高10~30 cm;叶鞘有脊,鞘口常有柔毛,叶舌短,有纤毛;叶片条形,互生,下部因节间短缩似对生;穗状花序,3~6枚呈指状簇生于秆顶,小穗灰绿色或带紫色,长2~2.5 mm,通常有1小花;颖在中脉处形成背脊,有膜质边缘。

2. 识别要点 第1片真叶的环状叶舌端呈细齿裂,叶片边缘有刺状齿,有5条直出平行叶脉;具根状茎或匍匐茎;叶片线形互生;穗状花序3~6枚指状排列于秆顶,小穗排列于穗轴的一侧;小穗灰绿色或带紫色,通常含1花,颖有膜质边缘。

3. 分布及危害 多年生草本,以匍匐茎繁殖为主。狗牙根喜光而不耐阴,喜湿但较耐旱。狗牙根繁殖能力很强,分布于黄河流域及其以南各省区。经营粗放的果园和农田危害尤为严重,由于其植株的根茎和匍匐茎着土即又生根复活,难以防除。

(七) 龙葵

龙葵(*Solanum nigrum* L.),属于茄科(Solanaceae)杂草,俗名野茄秧、老鸦眼子、苦葵、黑星星、黑油油(图版17)。

1. 形态特征 植株粗壮,高30~100 cm;茎直立,多分枝,绿色或紫色;叶对生,卵形,全缘或具不规则的波状粗齿,光滑或两面均被稀疏短柔毛;叶柄长1~2 cm;短蝎尾状聚伞花序腋外生,通常着生4~10朵花;花萼杯状,绿色,5浅裂;花冠白色,辐状,5裂,裂片卵状三角形;雄蕊5枚,生于花冠管口,花药黄色。

2. 识别要点 初生叶阔卵形,叶缘生混杂毛;花序短蝎尾状或近伞状,浆果球形,成熟时黑色。

3. 分布及危害 种子繁殖,一年生直立草本,分布于全国各地。为秋收作物棉花、玉米、大豆、甘薯及蔬菜田和路埂常见杂草。

(八) 反枝苋

反枝苋(*Amaranthus retroflexus* L.),属于苋科(Amaranthaceae)杂草,俗名西风谷、野

苋菜、人苋菜(图版 17)。

1. 形态特征　茎直立,有分枝,稍显钝棱,密生短柔毛,高 20～80 cm;叶互生,具短柄,菱状卵形或椭圆状卵形,先端锐尖或微凹,基部楔形,全缘或波状缘,两面及边缘具柔毛;圆锥花序较粗壮,顶生或腋生,由多数穗状花序组成;种子倒卵形至圆形,略扁,表面黑色,有光泽。

2. 识别要点　子叶披针形,背面红色;初生叶互生,上胚轴被柔毛,后生叶具睫毛;全株有短柔毛,苞片顶端针刺状;花被片及雄蕊各 5 个。

3. 分布及危害　一年生草本。适应性强,喜湿润环境,也比较耐旱。为棉花、花生、豆类和玉米等旱作物地及菜园、果园、荒地和路旁常见杂草,局部地区危害重。

(九) 藜

藜(*Chenopodium album* L.),属于藜科(Chenopodiaceae)杂草,俗名灰菜、灰条菜、落藜(图版 17)。

1. 形态特征　茎直立,多分枝,株高 60～120 cm,有棱和绿色的纵条纹;叶互生,具长柄,叶片菱状卵形至宽披针形,叶基部宽楔形,叶缘具不整齐锯齿,下面生有粉粒,灰绿色;花两性,数个花集成团伞花簇,由花簇排成密集或间断而疏散的圆锥状花序,顶生或腋生;花小,黄绿色,花被片 5 个,宽卵形至椭圆形,具纵隆脊和膜质边缘;雄蕊 5 枚,柱头 2 个;种子双凸镜形,直径 1.2～1.5 mm,黑色。

2. 识别要点　子叶披针形,具粉粒;初生叶互生,三角状卵形,叶基戟形;果皮有泡状皱纹或近平滑。

3. 分布及危害　一年生草本,除西藏外,我国各地均有分布。主要危害棉花、豆类、小麦、蔬菜、花生、玉米等作物及果树,常形成单一群落。也是地老虎和棉铃虫的寄主,有时也是棉蚜的寄主。

(十) 凹头苋

凹头苋(*Amaranthus lividus* L.),属于苋科杂草,俗名野苋菜、光苋菜、紫苋(图版 18)。

1. 形态特征　茎自基部分枝,平卧而上升,绿色或紫红色,株高 10～30 cm;叶互生,具长柄,卵形或菱状卵形,先端钝圆而有凹缺,基部宽楔形,全缘或叶缘稍呈波状;花簇生于叶腋,生在茎端或分枝端的花簇集成直立穗状或圆锥状花序;花被片 3 个,膜质,淡绿色;雄蕊 3 枚,柱头 3 个。幼苗子叶椭圆形,先端钝尖,叶基楔形,具短柄;下胚轴发达,无毛,上胚轴极短;初生叶阔卵形,先端平截,具凹缺,叶基阔楔形,具长柄;后生叶除叶缘略呈波状外,与初生叶相似。

2. 识别要点　初生叶及后生叶先端截平,具凹缺;胞果卵形,近平滑;种子周缘较薄,呈带状,带上有细颗粒状条纹。

3. 分布及危害　一年生草本,种子繁殖,全国各地均有分布。主要危害棉花、大豆、甘薯、玉米、烟草和蔬菜,在果园和苗圃也常有发生。

(十一) 小蓟

小蓟[*Cephalanoplos sedetum* (Bunge) Kitam.],属于菊科(Compositae)杂草,俗名刺儿菜(图版 18)。

1. 形态特征　具长匍匐根。茎直立,高 30～50 cm,幼茎被白色蛛丝状棱;叶互生,无柄,缘具刺状齿,基生叶早落,下部和中部叶椭圆状披针形,两面被白色蛛丝状毛,中、上部叶有时羽状浅裂;雌雄异株,雄株头状花序较小,总苞片长约 18 mm,雌株花序则较大,总苞片多层,先端具刺;雌花花冠长约 26 mm,紫红色或淡红色,全为筒状。幼苗子叶出土,阔椭圆形,长 6.5 mm,宽 5 mm,稍歪斜,全缘,基部楔形,下胚轴发达。

2. 识别要点　初生叶叶缘齿裂,齿尖有刺毛;头状花序单生枝顶,淡红白或紫红色,花冠羽毛状。

3. 分布及危害　以根芽繁殖为主,种子繁殖为辅,多年生草本。全国均有分布和危害,以北方更为普遍。为棉、麦、豆和甘薯田的主要危害性杂草,又是棉蚜、向日葵菌核病的寄主,间接危害作物。

(十二) 鳢肠

鳢肠(*Eclipta prostrata* L.),属于菊科杂草,俗名墨旱莲、旱莲草、墨草、还魂草(图版 18)。

1. 形态特征　茎直立,下部伏卧,基部多分枝,节处生根,株高 15～60 cm;茎绿色或红褐色,疏被糙毛;叶对生,无柄或基部叶有柄,叶片椭圆状披针形或条状披针形,全缘或略有细齿,基部渐狭而无柄,两面被糙毛;头状花序腋生或顶生,有梗,直径 5～10 mm;总苞片 5～6 枚,绿色,被糙毛;全株干后常变为黑褐色;瘦果黑褐色,顶端平截。

2. 识别要点　初生叶阔卵形,上胚轴密被向上依生毛;茎叶折断后,液汁很快变为蓝褐色;总苞片长椭圆形,舌状花白色。

3. 分布及危害　种子繁殖,一年生草本。喜湿耐旱、抗盐、耐瘠、耐阴,具有很强的繁殖力。分布于全国大部分地区,为棉花、大豆和甘薯地及水稻田中危害严重的杂草。在棉田和豆田中化学防除比较困难,为局部地区恶性杂草。

(十三) 铁苋菜

铁苋菜(*Acalypha australis* L.),属于大戟科(Euphorbiaceae)杂草,俗名海蚌含珠、小耳朵草(图版 18)。

1. 形态特征　茎直立,有分枝,高 30～60 cm;单叶互生,卵状披针形或长卵圆形,先端渐尖,基部楔形,基部三出脉,叶缘有钝齿,茎与叶上均被柔毛;穗状花序腋生;花单性,雌雄同序;雌花位于花序下部,花萼 3 裂,子房球形,有毛,花柱 3 裂,雄蕊 8 枚。

2. 识别要点　子叶圆形,先端微凹,初生叶卵形,叶缘锯齿状;雄花生于花序上端,穗状,雌花生于叶状苞片内,苞片开展时肾形,闭合时如蚌;蒴果钝三角形。

3. 分布及危害　一年生草本,种子繁殖。除新疆外,分布遍及全国,在黄河流域及其以南各省区发生危害普遍。为秋熟旱作物田主要杂草。在棉花、甘薯、玉米、大豆及蔬菜田危害较重,局部地区成为棉花、玉米及蔬菜田优势种群。

(十四) 苘麻

苘麻(*Abutilon theophrasti* Medic.),属于锦葵科(Malvaceae)杂草,俗名青麻、白麻(图版 18、图版 19)。

1. 形态特征　茎直立,株高 30～150 cm,上部有分枝,有柔毛;叶互生,圆心形,先端尖，基部心形，两面均有毛，叶柄长 3～12 cm。花单生于叶腋，花梗细长，花萼杯状，5 裂，花瓣 5 片，黄色，倒卵形，心皮 15～20 个，排列成轮状；种子肾形，有瘤状突起，灰褐色。

2. 识别要点　子叶心脏形，初生叶呈阔卵形，叶缘有睫毛。

3. 分布及危害　一年生草本，种子繁殖，广泛分布全国。适生于较湿润而肥沃的土壤。主要危害棉花、玉米、豆类、蔬菜等作物。

（十五）马齿苋

马齿苋（*Portulaca oleracea* L.），属于马齿苋科（Portulacaceae）杂草，俗名马齿菜、马蛇子菜、马菜（图版 19）。

1. 形态特征　肉质草本，常匍匐，无毛，茎带紫色；叶互生或假对生，楔状长圆形或倒卵形，先端钝圆、截形或微凹，有短柄，有时具膜质的托叶。花小，直径 3～5 mm，无梗，3～5 朵生枝顶端；花萼 2 片，花瓣 4～5 片，黄色，先端凹，倒卵形；雄蕊 10～12 枚，花柱顶端 4～5 裂，成线形。

2. 识别要点　初生叶对生，稍带肉质；幼苗体内多汁液，折断茎叶易于溢出；子房半下位；蒴果盖裂。

3. 分布及危害　世界恶性杂草，混生于各种作物中。主要危害棉花、豆类、薯类、花生、蔬菜等作物。在土壤肥沃的蔬菜地和大豆、棉花地危害严重，以华北地区危害程度最高。

（十六）牛繁缕

牛繁缕（*Malachium aquaticum* L.），属于石竹科（Caryophyllaceae）杂草，俗名鹅肠草、乱眼子草（图版 19）。

1. 形态特征　茎自基部分枝，茎细弱，平卧或近直立，高 10～30 cm，茎的一侧有 1 列短柔毛，其余部分无毛；茎下部及中部叶有长柄，叶片卵形，中脉较明显，上部叶较小，具短柄；二歧聚伞花序顶生，苞片小，叶状，雄蕊常 3～5 个，花柱 3～4 枚；蒴果卵形或长圆形；种子近圆形，略扁，深褐色。

2. 识别要点　子叶卵形，初生叶卵圆形，两柄基部相连合抱着茎；茎上有 1 行短柔毛，下部叶有柄，上部叶无柄；花瓣深 2 裂。

3. 分布及危害　一或二年生草本，种子和匍匐茎繁殖，广泛分布全国各地，是潮湿肥沃耕地中常见杂草，主要危害棉花、小麦、甜菜、马铃薯、蔬菜等，是蚜虫、朱砂叶螨和小地老虎的寄主。

（十七）香附子

香附子（*Cyperus rotundus* L.），属于莎草科（Cyperaceae）杂草，俗名莎草、香头草、三棱草、旱三棱、回头青（图版 19）。

1. 形态特征　具长匍匐根状茎和块根，秆三棱形，直立散生，高 20～95 cm；叶基生，比秆短；鞘棕色，老时常裂成纤维状；长侧枝聚伞花序简单或复出，有 3～6 个开展的辐射枝，叶状苞片 3～5 片，辐射枝末端穗状花序有小穗 3～10 个，小穗线形，长 1～3 cm，具花 10～30 朵，小穗轴有白色透明宽翅，鳞片卵形。

2. 识别要点　第 1 片真叶的横剖面呈“V”字形；根状茎细长，有褐色块茎。

3. 分布及危害　块茎和种子繁殖，多以块茎繁殖，其生命力顽强，为多年生草本。主要分布中南、华东、西南热带和亚热带地区，河北、山西、陕西、甘肃等地也有。秋熟旱作物，如棉花、大豆、甘薯田等苗期大量发生，严重影响作物前期生长，也是果、桑、茶园的主要杂草。

三、棉田杂草的分布

我国各棉区地域跨度大，棉田杂草种类较多。由于各棉区的地理位置、生态条件和作物栽培制度不同，杂草的种类和群落也各有不同。我国各棉区中主要杂草发生情况如下。

（一）长江流域棉区

长江流域棉区地处亚热带，气候温和，雨量充沛，土壤肥力高，日照条件稍差，棉田耕作制度较复杂，农作物一年二熟或三熟。露地直播棉田面积逐步缩小，地膜直播和营养钵移栽棉田面积达 80%以上。不论是旱粮棉区还是水旱棉区，多以麦、棉套作为主，近年来在长江中下游地区正逐步扩大麦后移栽棉。棉花苗期正遇梅雨季节，草害十分严重，以喜温喜湿性杂草占优势。出现频率较高的杂草主要有马唐 75.2%、千金子 68.7%、凹头苋 61.2%、稗草 43.8%、马齿苋 46%、鳢肠 10%～82%、铁苋菜 24%～68%、通泉草 8%～62%、酸模叶蓼 33%；此外，牛筋草、狗尾草、双穗雀稗、狗牙根、刺儿菜、苘麻、空心莲子草、泽漆、香附子和扁秆藨草等发生量也较大。以千金子、牛繁缕和空心莲子草等为主组成许多杂草群落，主要有：千金子＋牛繁缕＋马唐、马唐＋牛筋草＋香附子、马唐＋千金子＋稗、马唐＋牛筋草＋千金子、空心莲子草＋鳢肠等。长江流域棉区田间杂草大致有三个出苗高峰，第一个高峰期在 5 月中旬左右，持续 10～15 d，以马唐、旱稗、狗尾草、苍耳等为主，但出草量较少；第二个高峰期在 6 月中下旬，持续约 20 d，由于正值梅雨季节，杂草发生量大，主要为牛筋草、马唐、鳢肠、苘麻等；第三个高峰期在 7 月下旬至 8 月初，持续 10 d 左右，杂草发生量较少，以牛筋草为主。

（二）黄河流域棉区

黄河流域棉区气温比长江流域棉区低，日照较为充足，降雨量较少，土壤肥力中等。棉田耕作制度有营养钵(块)育苗移栽、露地直播和地膜直播。近年来麦、棉套作(麦套移栽和麦套直播)占较大面积，还有少部分麦后移栽棉田。棉田杂草以喜凉耐旱型杂草为主，优势杂草的出现频率为，牛筋草 72%、马唐 36%～62%、马齿苋 10%～87.5%、凹头苋 30.7%～67.3%、藜和酸模叶蓼 40%以上；此外，苍耳、扁蓄、旱稗、刺儿菜、狗尾草、反枝苋、铁苋菜、田旋花和香附子等的发生量也较大。杂草群落主要有：马唐＋绿狗尾＋马齿苋、香附子＋马唐＋田旋花、田旋花＋马唐＋绿狗尾＋牛筋草、马唐＋香附子＋反枝苋＋马齿苋、藜＋马唐＋龙葵＋马齿苋、牛筋草＋马唐＋马齿苋、香附子＋绿狗尾＋马唐、马唐＋牛筋草＋铁苋菜等。黄河流域棉区田间杂草存在二个发生高峰，第一个在 5 月中下旬，以狗尾草、马唐、藜等为主；7 月份随着雨季的到来，香附子等杂草大量出土，形成第二个杂草发生高峰。

（三）西北内陆棉区

西北内陆棉区属于大陆性气候，昼夜温差大，光照充足，降雨量少，纯属灌溉农业区，杂草以耐旱耐盐种类为主。塔里木大学植物科技学院的调查表明，新疆南部棉区共有杂草 42 种，分属 16 科，其中禾本科、莎草科、阔叶杂草各占 16.7%、2.4%、80.9%。发生量大的杂草主要有马唐、稗草、狗尾草、画眉草、金色狗尾草、芦苇、藜、灰绿藜、小藜、苍耳、田旋花、苘麻、野西瓜苗、反枝苋、凹头苋和龙葵等。据库尔勒的调查，出现频率较高的有田旋花 90%、灰绿藜 76.4%、反枝苋 70%、野西瓜苗 90%，马唐、扁蓄、苍耳、芦苇、扁秆藨草的发生频率在 10%以下。杂草群落主要有：田旋花＋野西瓜苗＋灰绿藜、灰绿藜＋稗＋芦苇、反枝苋＋野西瓜苗＋田旋花、芦苇＋灰绿藜＋稗、马唐＋田旋花＋灰绿藜等。西北内陆棉区第一个出草高峰在棉花播种后到 5 月下旬，其间出土杂草占棉花全生育期杂草总数的 55%左右；在 7 月上旬至 8 月上旬出现第二个出草高峰，杂草出土数量占总量的 30%左右。

（四）辽河流域棉区

该区降雨量少，日照充足，热量稍差，主要杂草有稗草、马唐、铁苋菜、鸭跖草、荞麦蔓、苍耳、马齿苋、反枝苋、藜、酸模叶蓼等。部分主要杂草的出现频率为马唐 100%、铁苋菜 56%、苍耳 54%、酸模叶蓼 34%、绿狗尾草 31%、葎草 28%等。

（五）华南棉区

华南棉区雨日多，温度高，无霜期长，日照不足，土壤属酸性，又较黏重，杂草种类比较复杂，危害严重。主要杂草有稗草、马唐、千金子、胜红蓟、香附子、辣子草、蓼等。

四、棉田杂草的发生规律

（一）苗床杂草的发生规律

由于苗床土一般来自于较肥沃的表层土壤，往往还掺和 1/4 左右的农家肥，所以杂草种子含量比露地直播田高 2～5 倍。另外，由于棉花苗床多用地膜覆盖，甚至用棚架双膜覆盖，膜内的高温高湿环境有利于杂草的快速萌发，因此，苗床杂草有出土早而集中的特点，一般盖膜后 5～7 d 杂草就开始出苗，10～15 d 进入出草高峰期；到苗床薄膜开口通风或揭膜后，第 1 批杂草已基本出齐，由于揭膜后苗床土壤的温度和湿度明显下降，不利于杂草萌发，后续杂草的发生量明显减轻。

（二）地膜覆盖棉田杂草的发生规律

在棉花播种覆膜后或覆膜移栽后，由于地膜的密闭增温保墒作用，膜内耕作层的墒情好、温度较高而且变化小，非常有利于杂草的萌发出土，因而导致杂草出苗早、发生期长，并且禾本科和阔叶杂草发生的优势度存在明显的时间差异。土壤墒情正常情况下，播种覆膜后 5～7 d 杂草开始出苗，在 15 d 左右杂草达到出苗高峰。即便土壤墒情较差，只要棉花能正常出苗，杂草在盖膜后的 25 d 内也会达到出苗高峰。但是地膜覆盖能显著减少棉田杂草总的发生量，并且对棉田杂草鲜重的抑制效果明显高于对杂草数量的抑制效果。由于地膜覆盖棉田杂草出苗快、时间短、出苗数量集中，有利于覆膜前一次施药即可获得理想的除草效果。

（三）露地直播棉田和移栽棉田杂草的发生规律

在长江流域棉区，随着棉花播种后气温的升高和雨量的增多，田间杂草一般有三次出土高峰期。第一个高峰期在 5 月中旬，但出草量少，且棉花播后苗前施用的除草剂正在起作用，因此，这批杂草对棉花的影响较小；第二个出草高峰在 6 月中旬到 7 月初，此时正是梅雨季节，播种时施用的除草剂药效即将消失，所以这批杂草是形成棉田草荒的主要种群，对棉花影响最大；第三个出草高峰在 7 月下旬至 8 月初，此时棉花已经封行，新生杂草受到抑制而对棉花影响较小。棉田化学除草应在播前、播后苗前，或第二次、第三次中耕后结合灌水施药,或以除草剂进行茎叶处理,把杂草消灭在萌发出苗高峰期或2～3叶期,即可有效控制棉田杂草的发生危害。

(四)影响棉田杂草消长的因素

1. 耕作制度 由于受到自然环境的影响,我国各棉区的耕作制度、轮作换茬、种植方式存在明显的差异。不同的种植方式导致棉田杂草群落结构也不相同,尤其是水旱轮作对土壤的性质、水分含量等生态因子产生较大的影响,因而对棉田杂草的发生及消长影响最大。在水田改旱田初期的棉田,由于土壤湿度大,底墒足,稗草、扁秆藨草、鳢肠、通泉草、繁缕等喜湿性杂草占优势,随着水田改旱田年数的增加,喜湿性杂草逐渐减少,旱生性杂草的优势度逐渐增加,杂草的发生量也逐年上升,杂草群落结构渐趋复杂。但总的来说,旱连作棉田杂草的危害程度略高于水旱轮作棉田。

2. 防治措施 由于不同除草剂作用方式不同,故杀草谱存在较大差别,长期在同一地区重复使用一种或少数几种除草剂防除棉田杂草时,也会引起杂草群落的变化。研究表明,随着氟乐灵、甲草胺或乙草胺等专门防治一年生禾本科杂草的除草剂在棉田的连年使用,马唐、牛筋草、旱稗等禾本科杂草的发生量逐年减少,而阔叶杂草藜、反枝苋的发生量逐年增多,成为新的严重危害棉田的杂草群落。棉田常年使用乙草胺、精喹禾灵等防除单子叶杂草,使得杂草群落中单子叶杂草的种群优势度降低,而双子叶杂草种群优势度明显上升。

3. 降雨量 在棉花封行前,降雨量是影响杂草出土的主要因素。在长江流域棉区,棉田出草高峰期出现的早晚和峰值的高低及出现时间的长短主要受降雨量的制约。一般在雨后5 d左右就会有一批杂草出土,10～15 d后为出草高峰。因此每年杂草危害的面积大小和危害程度,与5月中下旬连续阴雨及6月中下旬梅雨季节的持续时间长短和雨量密切相关。

4. 中耕管理 中耕松土对杂草发生有很大影响,因为中耕松土不仅可把已出土的杂草铲除,还能把土表下层还未萌发的杂草种子翻到表层,有利于这些杂草种子的萌发出土,所以中耕10 d后出草量反而比不中耕的棉田多。在棉花封行前中耕3～5次,杂草的出土总量比不中耕田增加20%以上。

第二节 棉田杂草的综合防治

一、农业措施

防治棉田杂草的农业措施主要有中耕除草、轮作倒茬、深翻耕作、高温堆肥、高密度栽培、秸秆还田、水源管理、精选良种等。

(一)中耕除草

中耕除草是传统的棉田除草方法,生长在作物田间的杂草通过人工或机械中耕可及时去除。中耕除草针对性强、干净彻底、技术简单,不但可以防除杂草,而且给棉花提供了良好的生长条件。在棉花的整个生长过程中,根据需要可进行2～3次中耕除草,除草时要抓住有利时机,除早、除小、除彻底,不得漏锄,留下小草会引起后患。农民在中耕除草中总结出“宁除草芽、勿除草爷”,即要把杂草消灭在萌芽时期。机械中耕除草比人工中耕除草先进,工作效率高，一般在机械化程度较高的农场均采用此法。在播种时留下机械耕作的位置，便于拖拉机进地中耕。

（二）轮作倒茬

不同作物不同耕作制度和栽培条件下，杂草的种群和发生量有所不同。轮作倒茬可以改变杂草的生态环境，创造不利于某些杂草的生长条件，从而消灭和限制部分农田杂草，是防除农田杂草的一项有效措施。通过科学的轮作倒茬，使原来生长良好的优势杂草种群处于不利的环境条件下而减少或灭绝。例如在水旱栽培地区，实行二年五熟耕作制、稻棉轮作，由于稻田长期积水，可把香附子、刺儿菜、苣荬菜和田旋花等多年生杂草的块根、根茎、根芽淹死，杂草发生量可减少80%以上，这是防除多年生旱田杂草简单易行、高效彻底的好办法。由于目前玉米田已有多种除草剂可防除多种阔叶杂草和莎草，若棉花与玉米轮作，在玉米田有效控制住多年生阔叶杂草以后再种棉花，就会显著减轻棉田草害防除的压力。

（三）深翻耕作

深耕可防除一年生杂草和多年生杂草。在草荒严重的农田和荒地，通过深耕改变杂草的生态环境，把表层杂草种子埋入深层土壤中，消灭了大部分杂草，减少了一年生和越年生杂草的数量，又把大量的根状块茎杂草翻到地面干死、冻死，破坏了根状块茎，减少杂草为害。在棉田发生的马唐、牛筋草、马齿苋、蒺藜、苋菜、灰灰菜、狗尾草、千金子等的种子集中在0～3 cm土层中，只要温湿度合适，就可出土危害，一旦深翻被埋至土壤深层，出苗率将明显降低，从而降低危害。刺儿菜、芦苇、白茅、打碗花、香附子、酸模叶蓼、地黄等，通过深翻，破坏根状块茎；或翻至地表，经过风吹日晒，失去水分严重干枯，再加上耙耱、人工拾检等，可使杂草大量减少，发生量明显降低。深耕可防除一年生杂草、越年生杂草以及根状块茎繁殖的杂草。冬耕可把多年生杂草（如香附子、田旋花和刺儿菜等）的地下根茎翻到土表，经冬季干燥、冷冻、动物取食等而丧失活力，因此，冬耕也是农民防治多年生杂草的有效办法。

（四）高温堆肥

高温堆肥是消灭有机质肥料中草籽的重要手段。有机质肥料是农田肥料的主要来源，也是杂草传播蔓延的根源。由于积肥时原料来源复杂，不但有秸秆、落叶、绿肥、垃圾等，而且还用杂草积肥，里边含有大量的杂草种子，且保持着相当高的发芽率，若不经高温腐熟，便不能杀死杂草的种子。如将这些未腐熟的有机肥料直接施入农田，将把大量的草籽带入田间，补充和增加了杂草的数量。因此，采用高温堆肥杀死杂草草籽，是防止杂草危害的重要措施之一。

（五）高密度栽培

在防除农田杂草的措施中，常利用作物的高度和密度的荫蔽作用来控制和消灭杂草，即达到“以苗欺草”“以高控草”“以密灭草”的效果。棉花为中高秆作物，近年来推广的杂交棉在稀植和简化栽培情况下高度达1.5 m左右，多数杂草的高度都比棉花低，80%的杂草生长在棉花的中下部。棉花在与杂草竞争过程中，占据了空间，棉花的光合作用占绝对优势，生长茂盛。而杂草生长在棉花的下部，占领空间少，透光差，见光少，光合作用受到抑制，使杂草得到的养分很少，产生饥饿生长而脆弱或死亡。因此，密植是一种有效的棉田杂草防治措施。

(六) 秸秆还田

在黄淮流域和长江流域棉区的6月中下旬,不管是地膜覆盖棉田还是露地直播或移栽棉田,播种或移栽时喷施的土壤处理除草剂的药效已近尾声,而此时棉花还未封行,杂草的第2次萌发出土高峰期即将开始。这时在棉田施肥、培土、封垄后,向棉行两侧覆盖30～50 cm宽、5～10 cm厚的麦糠或麦秸秆,便可控制杂草危害不再发生。随着杂交棉单行宽行稀植栽培管理措施的普及,架子车或拖拉机可把麦糠或麦秸秆拉到棉田铺盖,很容易操作。另外,在棉花枯、黄萎病重灾区,这项措施还可大量增加土壤中拮抗菌数量,对枯、黄萎病防效显著,起到保墒、灭草、防病、施肥和改良土壤的作用。

二、生 物 防 治

生物防治是利用病原真菌、细菌、病毒、线虫、昆虫、食草动物,以及植株间的相克作用等不利于杂草生长的生物天敌来控制杂草的发生、生长蔓延和危害的杂草防治方法。由于生物除草具有经济安全、效果持久、不污染环境、投资少等优点,生物除草剂的研究和开发受到了各国的广泛关注。生物除草包括植物源除草、动物源除草和微生物源除草。植物源除草主要是利用植物相克原理,采取轮作的方式,或者寻找、培育抗草除草的作物,充分利用作物本身的抗草除草特性进行草害防治。动物源除草主要是利用植食性昆虫食性的差异达到除草的目的。我国在昆虫除草方面取得了一定的成果,例如,对空心莲子草叶甲食性的一系列测试证明,空心莲子草叶甲专一性取食空心莲子草,安全性较高,可以有效地控制多年生恶性杂草空心莲子草。另外还有新疆生产建设兵团农二师三十团利用尖翅小卷蛾防治棉田扁秆藨草;新疆生产建设兵团农二师农业科学研究所利用喜食扁蓄的角胫叶甲防治扁蓄等。但是由于昆虫生活史的特殊性,大大限制了昆虫除草剂的使用和除草效果。

比昆虫源除草应用更广、效果更突出的是微生物源除草。目前,我国杂草科学工作者已筛选出了一批具有一定除草潜力的微生物菌株。山东省农业科学研究院筛选和应用一种专性寄生于菟丝子的真菌——胶孢炭疽菌制成"鲁保一号"菌剂,除草效果显著。南京农业大学从紫茎泽兰植株上分离、筛选出链格孢菌,其产生的杀草毒素AAC-Toxin对紫茎泽兰和检测的其他25种杂草都具有很强的致病性;并且成功开发了一种环保、高效的防除禾本科恶性杂草的生物除草剂敌散克(Disancu),已经获得了高达90%的田间试验效果。中国农业大学从稗草病株中分离出13个菌种,其中尖角突脐孢和弯孢菌种的除稗效果达80%左右,对水稻等大部分作物安全。当前尚未商业化但很有应用前景、应用在棉田杂草防除上的病原真菌有:炭疽菌防治刺黄花稔;凋萎病真菌防除有距单花葵;决明链格孢菌针对性地防除决明;砖红镰刀菌防除苘麻等。

三、棉花品种选择

生物技术的快速发展,尤其是转基因技术的应用,为现代农业的发展注入了新的活力。1987年美国学者将5-烯醇丙酮基草酸-3-磷酸合成酶(EPSPS)基因导入油菜细胞中,使转基因植物叶绿体中5-烯醇丙酮基草酸-3-磷酸合成酶的活性大大提高,从而具有抗草甘膦的能力。自1995年和1997年美国率先开始种植转基因抗溴苯腈和抗草甘膦棉花以来,抗除草剂棉花在美国的种植面积占棉花总种植面积，从 1995 年的 0.1%增加到 2009 年的 94.8%。目前，全世界已有 6 个抗不同除草剂的基因被成功地导入到敏感作物体内，已经培育出分别能抗草甘膦、草铵膦、磺酰脲、溴苯腈、2,4-D 的转基因棉花品种。转基因抗除草剂作物以其易管理、除草效果明显、安全性高和保护环境等优点而受到了人们的普遍关注。当前，双重复合性状的抗虫(棉铃虫)抗除草剂(草甘膦)棉花和三重复合性状的抗除草剂(草甘膦，麦草畏和草铵膦)棉花品种也已培育成功，正在试种推广当中。含抗除草剂基因的棉花品种推广开后，必要时一次施药，不论对于一年生还是多年生的禾本科杂草、阔叶杂草及莎草科杂草，都会取得理想的防治效果，给棉田杂草的化学防治带来极大方便。

目前，我国转基因抗除草剂作物研究的总体水平与发达国家还存在较大差距，但经过多年研究和努力，目前已经分离和鉴定了 3 个拥有自主知识产权的草甘膦高抗基因，并已经获得一批稳定表达的单抗除草剂和具有抗虫抗除草剂复合性状的转基因棉花新材料。中国农业科学院棉花研究所通过构建含有从高抗草甘膦的棉花突变株中克隆的 *EPSPS* 基因的植物表达载体，经农杆菌介导法转化，初步验证了该基因的功能，为进一步在棉花中转化奠定了基础；浙江大学农业与生物技术学院通过愈伤组织诱导及抗性愈伤组织再生等手段，获得了非转基因抗草甘膦的棉花突变体；中山大学生物防治国家重点实验室及河南师范大学生命科学学院等单位将抗草甘膦突变基因 *aro AM12* 导入到棉花中，获得了抗草甘膦的再生植株，并通过 Southern 及 Western 试验，验证了该基因的导入和表达状况，结果表明，转化株对草甘膦具有很高的抗性。随着我国农业现代化水平的提高，农村劳动力大量地向城市化转移，棉花生产对抗除草剂品种的需求越来越强烈。转基因抗除草剂棉花势必将成为我国继抗虫棉之后有望推广的另一类转基因棉花产业化品种。

四、化学防治

化学防治是一种应用化学除草剂有效防治杂草的方法，即综合考虑作物和杂草的生长特点和规律、化学除草剂的类型和作用机理、影响除草剂药效的环境因素和人为因素等进行杂草防除的方法。与其他方法相比，化学除草具有以下优点：第一，除草速度快、效率高。如用工农-16 型压缩喷雾器，每天可防除杂草 0.2～0.3 hm^2，是人工除草效率的 5～10 倍；用 650 型悬挂弥雾机每天可防除杂草 20～30 hm^2；航空喷雾每天可防除杂草数千公顷，人工除草效率与这些方法根本无法相比。第二，除草效果好。只要施药时间恰当，一般一次施药即可解决草害，不需再用人工拔除。据笔者试验，用 12.5%盖草能防除棉田单子叶杂草，防效可达 95%～100%。且对株间杂草的防除效果也较好。第三，增产效果显著。化学除草一般比人工除草增产 10%左右。第四，能克服因雨不能人工除草和机械除草的弊病。人工除草和机械除草在雨天不能进行，而降雨后正好满足了化学除草剂对墒情水分的要求，能够充分发挥除草剂的药效。第五，有利于病虫害的综合防治。化学除草能及时消灭草害，清除和切断一些病虫的中间寄主、越冬场所、传毒寄主、嗜好寄主，从而减轻病虫危害。第六，有利于耕作制度的改革。免耕法、少耕法、航空播种及缩小株行距提高种植密度等耕作制度，只有化学除草能彻底解决草荒、使作物免遭危害的前提下才能实施，单靠人工拔除杂草则很难实施。第七，有利于机械化种植。在种植面积较大时采用机械化施药，除草效果好，杂草少，进而有利于机械化收割。

(一) 棉田化学除草的发展历程

我国化学除草起步较晚,1956 年开始进行农田化学除草试验,主要对少数除草剂品种进行小面积多点试验和小范围示范,以筛选出适用于棉田的除草剂品种及相应的使用技术。20 世纪 70 年代中期以后,棉田化学除草进入示范推广阶段,伏草隆、敌草隆、除草剂一号、扑草净及除草醚等化学除草剂开始在棉田大面积使用。后来在棉田推广氟乐灵防除一年生禾本科杂草取得成功,化学除草面积才逐年扩大;至 20 世纪 80 年代中期,棉田化学除草面积已发展到棉田总面积的 10%左右。随后,又开始在棉田推广使用乙草胺、异丙甲草胺、地乐胺、敌草隆、二甲戊灵等土壤处理除草剂和精吡氟禾草灵、氟吡甲禾灵、精喹禾灵、烯禾啶等茎叶处理除草剂防除禾本科杂草;此外,还运用草甘膦等内吸传导型除草剂防除狗牙根、香附子、双穗雀稗、狗尾草、马齿苋、小飞蓬等单子叶与双子叶杂草,运用草铵膦等触杀型除草剂进行行间定向喷雾防除多种杂草。目前,在我国登记生产的化学除草剂达 100 多个品种,占农药总数的 20%,再加上国外进口,市面上现有的除草剂种类逐年上升。

(二) 棉田化学除草技术

由于我国棉区分布广泛,耕作制度复杂,不同地区棉田的杂草优势种和群落构成存在较大差异,但棉田杂草化学防治必须遵守以下几个原则:第一,在有较好化学除草基础的棉区,所选用的除草剂应一次施药同时能有效防治单子叶和双子叶杂草;在化学除草基础薄弱的棉区应重点防治单子叶杂草,兼治部分双子叶杂草。第二,所选用的除草剂品种一定要对棉花安全,避免直接药害、间接药害或隐性药害的产生。第三,施药方法目前以土壤处理封闭除草为主,苗后施用的茎叶处理除草剂要有较高的选择性,对杂草具有较强的灭生性,而对棉花安全。第四,除草剂应具备一定的田间持效期,在营养钵育苗的苗床和地膜覆盖棉田从盖膜后维持到杂草基本出齐,在直播棉田和移栽棉田维持到蕾花期,若能维持到棉花封行时,那么一次施药便可保证棉花整个生育期不受杂草危害,达到理想的除草效果。棉田杂草的化学防除应根据棉花的栽培方式和施药时期而采用不同的方法。

1. 苗床杂草的化学防治　由于苗床是选用肥沃的表层土育苗,因此杂草种子含量高,加之苗床地膜覆盖后,形成高温高湿的环境条件,杂草出土早且集中,这就要保证在播种后立即施药。由于棉花育苗时我国大部分地区的气温还不稳定,忽高忽低,棉苗遭受冻害的现象时有发生,选择性不强的除草剂往往加重对棉苗的伤害,加之苗床播种时盖土较浅,药剂层距离棉种很近,所以选择性差、挥发性大和水溶性大的土壤处理剂不宜使用(表 43-1)。

表 43-1　棉花苗床杂草化学防治的常用除草剂
(马奇祥,马艳整理,2008)

通用名	商品名	类　型	防除对象	使用剂量	施药适期和使用要点
异丙甲草胺	都尔、杜尔	酰胺类	马唐、牛筋草、狗尾草等一年生禾本科杂草和马齿苋、荠菜、藜等部分小粒种子的阔叶杂草	96%乳油 750～900 ml/hm^2,或 72%乳油 1 200～1 500 ml/hm^2	于棉花播种后盖膜前兑水 600 kg 均匀喷雾。土壤质地疏松、有机质含量低的用低药量;反之,用高药量

（续表）

通用名	商品名	类　型	防除对象	使用剂量	施药适期和使用要点
二甲戊灵	除草通、施田补	二硝基苯胺类	一年生禾本科杂草和部分小粒种子的阔叶杂草	33%乳油 2 250～3 000 ml/m²	于棉花播种后盖膜前兑水 600 kg 均匀喷雾
敌草胺	草萘胺、大惠利	酰胺类	一年生禾本科杂草和阔叶杂草	20%乳油 2 250～3 000 ml/hm²	于棉花播种后盖膜前兑水 600 kg 均匀喷雾。土壤水分充足是保证药效的关键
棉草宁	乙草胺＋噁草酮	酰胺类＋环状亚胺类	一年生禾本科杂草和阔叶杂草及部分莎草科杂草	33%乳油 750～900 ml/hm²	于棉花播种后盖膜前兑水 600 kg 均匀喷雾
棉草灵	丁草胺＋噁草酮	酰胺类＋环状亚胺类	一年生禾本科杂草和阔叶杂草及部分莎草科杂草	51%乳油 900～1 200 ml/hm²	于棉花播种后盖膜前兑水 600 kg 均匀喷雾
床草净	乙草胺＋多效唑	酰胺类＋植物生长调节剂	一年生禾本科杂草和部分小粒种子的阔叶杂草	23%乳油 150～180 ml/hm²	于棉花播种后盖膜前施药。应严格掌握用药量，喷雾要均匀，不能局部重喷或漏喷，以免产生药害

棉花苗床在播种后覆膜前，还可用 48%甲草胺乳油 1 800～2 400 ml/hm²，或 48%氟乐灵乳油 900～1 200 ml/hm²、90%乙草胺乳油 600～750 ml/hm²，兑水 600 kg 均匀喷雾。

若棉花播后苗前没来得及喷施除草剂，以禾本科杂草为主的苗床可选用 10.8%高效盖草能乳油（或 12.5%盖草能乳油）300～450 ml/hm²、35%吡氟禾草灵乳油（或 15%精吡氟禾草灵乳油）600～750 ml/hm²、10%喹禾灵乳油（或 5%精喹禾灵乳油）600～750 ml/hm²、12%烯草酮乳油 450～600 ml/hm²、20%喹禾灵乳油 900～1 200 ml/hm²，以上除草剂的任意一种，兑水 450 kg，均匀喷雾即可。

特别提示，苗床化学除草一定要以苗床实际面积计算用药量，要分床配药、分床使用，千万不要一次配药多床使用，以免苗床因用药量不匀而造成药害。

2．地膜覆盖棉田杂草的化学防治　棉花播种覆膜后或覆膜移栽后，由于地膜的密蔽增温保湿作用，膜内的生态条件非常有利于杂草的萌发，通常膜下杂草出土早而集中，出草高峰期比露地直播棉田早 10 d 左右，出草结束期早 50 d 左右。若不施药防治，杂草往往还能顶破地膜旺盛生长，危害更大，因此，地膜覆盖栽培必须与化学除草相结合。由于膜内的高温高湿条件有利于除草剂药效的充分发挥，因此除草剂的使用剂量可比露地直播棉田适当减少 30%左右，并且选用除草剂的杀草谱要广，但田间持效期不必很长（表 43－2）。

表 43－2　地膜覆盖棉田杂草化学防治的常用除草剂

（马奇祥，马艳整理，2008）

通用名	商品名	类　型	防除对象	使用剂量	施药适期和使用要点
乙草胺	禾耐斯	酰胺类	一年生禾本科和部分阔叶杂草	90%乳油的用药量为黄淮棉区 750～900 ml/hm²、长江流域棉区 600～750 ml/hm²、西北棉区 1 200～1 500 ml/hm²	于棉花播种前或播种后盖膜前施药。人工喷雾每公顷喷稀释液 450～600 kg，机械喷雾为 225～375 kg，喷雾要均匀周到，严防重喷和漏喷。禾耐斯在土壤墒情好时药效更稳定，因此，在西北内陆棉区表层土壤干旱情况下，为保证对棉花发芽出土的安全性，施药后应浅耙地混土，一般用钉齿耙耙地，耙深 3～5 cm，使药剂混在 1～2 cm 土层中

（续表）

通用名	商品名	类　型	防除对象	使用剂量	施药适期和使用要点
二甲戊灵	除草通、施田补	二硝基苯胺类	一年生禾本科杂草和部分小粒种子的阔叶杂草	33%乳油 2 250～3 450 ml/hm²	于棉花播种前或播种后盖膜前兑水 750 kg 均匀喷雾。除草通防除单子叶杂草比双子叶杂草效果好，在单子叶杂草和双子叶杂草都发生较重的田块，可与伏草隆混用，增加对阔叶杂草的防除效果。每公顷用 33%除草通乳油 1 200～2 100 ml 和 80%伏草隆可湿性粉剂 900～1 500 g
氟乐灵	氟利克、茄科宁	苯胺类	一年生禾本科杂草和部分小粒种子的阔叶杂草	48%乳油 1 050～1 500 ml/hm²	于棉花播种前或播种后盖膜前施药。其灭草效果与混土质量有关，应先整平耙细土地达播种状态。砂壤土及土壤有机质含量在 0.8%～1.5%时，用药量采用低剂量；黏土及有机质含量在 1.5%以上时，采用高剂量。喷药要均匀周到，喷药后立即耙地混土，以防光解。氟乐灵虽然对棉花发芽出苗无影响，但用药量不能过大
甲草胺	拉索、草不绿	酰胺类	一年生禾本科杂草和阔叶杂草	48%乳油 3 000～3 750 ml/hm²	于棉花播种前或播种后盖膜前兑水 750 kg 均匀喷雾地面。有机质含量高、质地黏的土壤用药量可适当加大，砂质土应减少用药量。拉索的杀草谱较广，对棉苗的安全性也较高，但田间持效期较短，仅 40 d 左右，在露地棉田播种时施药一次不能控制整个生育期的杂草危害，但在地膜棉田由于地膜的密闭作用，控草有效期相对长一些
扑草净	割草佳	三嗪类	一年生禾本科杂草和阔叶杂草	50%可湿性粉剂 1 500～2 250 g/hm²	于棉花播种前或播种后盖膜前兑水 750 kg 喷雾或拌细潮土 450 kg 撒施。扑草净在土壤中易移动，砂质土地不宜使用

地膜覆盖棉田也可在播种后覆膜前，选用 24%乙氧氟草醚乳油 270～360 ml/hm²、25%噁草酮乳油 1 500～1 950 ml/hm²、25%敌草隆可湿性粉剂 2 250～3 000 g/hm²、20%敌草胺乳油 3 000～3 750 ml/hm²、48%仲丁灵乳油 2 250～3 750 ml/hm²、72%异丙甲草胺乳油 1 200～1 500 ml/hm²、20%盖杰(二甲戊灵＋乙氧氟草醚)乳油 1 800～2 700 ml/hm² 的任意一种，兑水 600 kg 喷雾。另外，48%氟乐灵乳油 1 200 ml/hm² 与 50%扑草净可湿性粉剂 1 200 g/hm²，或与 25%敌草隆可湿性粉剂 1 500 g/hm² 混合使用也可收到较好的防效。在使用含有氟乐灵的配方时，需及时混土后再覆膜。

地膜覆盖棉田还可用适宜棉田应用的单面除草剂复合地膜，即地膜的一面附着有一层选择性芽前处理除草剂，除了具有一般地膜的增温保墒功能外，还具有良好的除草功能。在盖膜后 3～5 d 凝聚在地膜上的水滴落至土表，形成一定浓度的药剂处理层，进而杀死刚萌发的杂草。主要防治单子叶杂草，对双子叶杂草也有一定的兼治作用。在棉花与其他双子叶经济作物间作套种时，用除草地膜覆盖，一膜双用，能达到省工高效的目的。用除草地膜覆盖棉田，不仅节省了喷施除草剂时间，而且还有抑盐、保墒、保肥、抗风、耐侵袭等优点。

3. 露地直播棉田杂草的化学防治　在黄淮流域和长江流域棉区，从 4 月下旬播种到 7 月中下旬棉花封行的较长一段时间内，一直会有杂草出苗生长，播种期施用的除草剂只能控制第一次出草高峰和 6 月上中旬以前发生的杂草，之后可结合中耕除草或实施第二次化学除草剂，以控制 6 月中旬到 7 月初第二个出苗高峰发生的杂草(表 43-3、表 43-4)。

表 43-3　露地直播棉田杂草化学防治常用的土壤处理除草剂

(马奇祥,马艳整理,2018)

棉田类型	通用名	商品名	类　型	防除对象	使用剂量	施药适期和使用要点
以禾本科杂草为主的棉田	乙草胺	禾耐斯	酰胺类	一年生禾本科杂草和部分阔叶杂草	50%乳油在华北地区的用药量一般为1 500～2 100 ml/hm²,长江流域棉区1 200～1 800 ml/hm²,新疆棉区2 600～3 750 ml/hm²	于棉花播前、播后苗前或移栽前兑水750 kg均匀喷雾。乙草胺的活性很高,用药量不宜随意加大。在有机质含量高、气温偏低和较干旱的地区用较高剂量;反之,用低剂量。施药前后保持土壤湿润可提高除草效果。多雨地区和排水不良地块,大雨后积水会妨碍作物出苗,产生药害
	异丙甲草胺	都尔、杜尔	酰胺类	一年生禾本科杂草和小粒种子的阔叶杂草	72%乳油1 200～1 800 ml/hm²	于棉花播前、播后苗前或移栽前兑水750 kg,均匀喷雾地面。土壤干燥时,施药后可浅混土
	仲丁灵	双丁乐灵	甲苯胺类	一年生禾本科杂草和部分阔叶杂草	48%乳油3 000～4 500 ml/hm²	于棉花播前、播后苗前或移栽前兑水750 kg喷雾地面,施药后要立即浅耙混土,以免药剂大量挥发。黏质土用药量高,砂质土用药量低
	氟乐灵	氟利克、茄科宁	苯胺类	一年生禾本科杂草和部分小粒种子的阔叶杂草	48%乳油1 200～2 250 ml/hm²(砂质土用1 200～1 800 ml/hm²,黏质土用1 800～2 250 ml/hm²)	于棉花播前、播后苗前或移栽前兑水750 kg喷雾。氟乐灵见光易分解失效,施药后要在2 h内耙地浅混土,将氟乐灵混入3～5 cm土层中。对于移栽棉田,移栽时应注意将开穴挖出的药土覆盖棉苗根部周围,可取得良好的除草效果
禾本科杂草和阔叶杂草混生的棉田	乙氧氟草醚	果尔	二苯醚类	一年生禾本科杂草、阔叶杂草和部分莎草科杂草	24%乳油在直播棉田用540～720 ml/hm²,移栽棉田用600～1 200 ml/hm²	于棉花播前、播后苗前或移栽前兑水600～750 kg喷雾。砂质土用低药量,壤质土和黏土用高药量。若用药量达1 080 ml/hm²、田间积水时,棉苗可能有轻微药害,但可恢复。施药要求均匀周到,施药量准确。若已有5%棉苗出土,应停止用药
	噁草酮	噁草灵、农思它	环状亚胺类	一年生单、双子叶杂草及部分多年生杂草	北方棉区用25%乳油1 950～2 550 ml/hm²,南方棉区用1 500～2 250 ml/hm²	于棉花播前、播后苗前或移栽前兑水600～750 kg均匀喷雾。底墒充足时药效好,田间持效期60 d左右,一次施药可以有效控制棉花全生育期杂草的危害

表 43-4　露地直播棉田杂草化学防治常用的茎叶处理除草剂

(马奇祥,马艳整理,2018)

棉田类型	通用名	商品名	类　型	防除对象	使用剂量	施药适期和使用要点
以禾本科杂草为主的棉田	精噁唑禾草灵	威霸、骠马	芳氧基苯氧基丙酸类	禾本科杂草	防治一年生禾本科杂草用6.9%浓乳剂750～1 050 ml/hm²,防治多年生禾本科杂草用1 050～1 200 ml/hm²	兑水300～450 kg均匀喷雾。威霸的选择性强,可在棉花的任何生长期施药,但防除一年生禾本科杂草的最佳施药时期为杂草出苗后二叶期至分蘖期;防治多年生禾本科杂草要在杂草孕穗期。在温度高、土壤湿度合适、杂草生长茂盛时,除草效果好;低温干旱时,杂草生长慢,防除效果差

（续表）

棉田类型	通用名	商品名	类　型	防除对象	使用剂量	施药适期和使用要点
以禾本科杂草为主的棉田	精吡氟禾草灵	精稳杀得	芳氧基苯氧基丙酸类	禾本科杂草	防治一年生禾本科杂草用 15% 乳油 750～1 050 ml/hm², 防治多年生禾本科杂草用 1 200～1 500 ml/hm²	防除一年生禾本科杂草 3～5 叶期施药效果好。气温高、天气干旱、杂草生长状况不良时施药,杂草对药剂吸收差,防效就降低,可适当增加用药量。施药后 3 h 内下雨,应重新喷药。
	精喹禾灵	精禾草克	芳氧基苯氧基丙酸类	禾本科杂草	防治一年生禾本科杂草用 5%乳油 750～1 050 ml/hm², 防治多年生禾本科杂草用药量增加 40%～60%	防除一年生禾本科杂草 3～5 叶期施药效果好。兑水 450 kg 均匀喷雾。杂草叶龄小、杂草生长旺盛、水分条件好时用药量低,杂草大、环境干旱时用高剂量
	高效吡氟甲禾灵	高效盖草能	芳氧基苯氧基丙酸类	禾本科杂草	防治一年生禾本科杂草用 10.8% 乳油 600～900 ml/hm², 防治多年生禾本科杂草可用 900～1 200 ml/hm²	从杂草出苗到生长盛期均可施药,在杂草 3～5 叶期施用效果最好。遇干旱天气可适当增加药量
	稀禾定	拿捕净	环已烯酮类	禾本科杂草	防治一年生禾本科杂草用 20% 乳油或 12.5% 机油乳剂 1 200～1 800 ml/hm², 防治多年生杂草用 1 500～2 250 ml/hm²	在禾本科杂草 3～5 叶期,兑水 450 kg 均匀喷雾。天气干旱或草龄较大时可适当加大用药量
	烯草酮	收乐通、赛乐特	环已烯酮类	禾本科杂草	防治一年生禾本科杂草用 12%乳油 450～600 ml/hm², 防治多年生禾本科杂草用 660～1 200 ml/hm²	在一年生禾本科杂草 3～5 叶期,兑水 450 kg,喷头朝下对杂草均匀喷雾。天气干旱或草龄较大时,杂草的抗(耐)药性强,用药量应适当提高。收乐通施药后杂草死亡需要较长时间,施药后 3～5 d 杂草虽未死亡,叶子可能仍呈绿色,但心叶枯黄可拔出,不要急于再施除草剂。长期干旱、低温(15 ℃以下)、空气相对湿度低于 65%时不宜施药。水分适宜,空气相对湿度大,杂草生长旺盛时施药,最好在晴天上午喷洒
以阔叶杂草为主的棉田	氟磺胺草醚	虎威	二苯醚类	阔叶杂草	25%水剂 1 050～1 500 ml/hm²	当棉花株高达 30 cm 以上时,在棉花行间定向喷雾于杂草的茎叶上,且应在无风或微风时使用,并配备安全保护罩,以防喷到棉花上产生药害。虎威对禾本科杂草无效,若禾本科杂草也较重发生时,可与高效盖草能、精禾草克、威霸、精稳杀得等配合使用,以提高除草效果
	三氟羧草醚	杂草焚	二苯醚类	一年生阔叶杂草及部分禾本科杂草	21.4%水剂 900～1 500 ml/hm²	在棉花株高达 30 cm 以上时,兑水 450 kg,在棉花行间定向喷雾于杂草的茎叶上

（续表）

棉田类型	通用名	商品名	类　型	防除对象	使用剂量	施药适期和使用要点
禾本科杂草、阔叶杂草和莎草混合发生的棉田	草甘膦	农达	有机磷类	一年生及多年生禾本科杂草、阔叶杂草和莎草科杂草	防除一年生杂草在杂草4～5叶期施药，用41%农达1 800～1 950 ml/hm²；防除一年生杂草在成株期施药，用41%农达2 250～3 300 ml/hm²；防除多年生杂草，可用41%农达4 500～6 000 ml/hm²	加水300～450 L，在棉花行间对杂草进行低位定向喷雾。有条件的情况下，在喷头上加装定向防护罩，并使药液与棉株保持一定距离，严防药液喷到棉株上造成药害。用扇形喷头比圆形喷头安全。在药液中加入少量表面活性剂(洗衣粉、柴油等)有明显的增效作用。施药4 h后下雨不影响药效
	草铵膦	百速顿、保试达	有机磷类	禾本科杂草、阔叶杂草和莎草科杂草	200 g/L水剂3 000～4 500 ml/hm²	应在棉花现蕾后、株高达30 cm以上时施药，若棉苗幼小时施药易沾染药液而产生药害。草铵膦的杀草作用比草甘膦快，施药后几小时即可见效，光照越强，作用越快，除草效果也不受湿度的影响。药液一经接触土壤即被吸附钝化，不会对作物产生药害。若有少量药液雾滴飘移到棉株中下部的茎叶上，会产生小枯斑点，对棉花生长没有多大影响

4. 麦、棉套作直播或移栽棉田杂草的化学防治　随着农业的集约化经营和农作物复种指数的提高，近十多年来，棉、麦套种棉田面积不断扩大。在黄河流域棉区，棉、麦套种棉田已占棉田总面积的70%以上。麦、棉套种直播田，棉花在4月下旬至5月中旬播种，麦、棉套作移栽田在5月上旬至5月中旬移栽。麦、棉套作田棉垄的出草规律与露地直播棉田一致，而麦垄在5月底至6月初麦子收割后，随着雨季的来临，杂草大量萌发，因此，麦、棉套作棉田一般应进行两次化学除草，第一次是在棉花播种或移栽时，于播后苗前或移栽前后施药，第二次在麦收灭茬整地后进行全田施药，且时间应赶在雨季到来之前。

在麦、棉套种棉田防除杂草，一定要注意选用对棉花和小麦都安全的除草剂，如乙草胺、异丙甲草胺、扑草净、氟乐灵、甲草胺等，用药量按棉花播种行的实际喷药面积计算。以后的除草措施可采用中耕除草，或施用茎叶处理除草剂，如精噁唑禾草灵、烯草酮、精吡氟禾草灵、精喹禾灵、高效氟吡甲禾灵、稀禾啶、草甘膦等，用药量和施药方法参照露地直播棉田。

5. 麦(油菜)后直播或移栽棉田杂草的化学防治　在长江流域棉区，麦后直播或移栽棉花于5月下旬至6月初进行；在黄河流域棉区，麦后直播或移栽棉花于6月上旬至中旬进行，这时的气温较高，雨水偏多，加上栽植密度大，行距小，生长快，封行早，使杂草出土时间短而集中。因此，这类棉田一般只需一次施药便可控制棉田杂草的危害。

在麦收灭茬整地播种后出苗前或移栽前后，可用上述土壤处理除草剂等进行土壤处理。在棉花出苗后可用上述茎叶处理除草剂作茎叶处理，也可在棉花现蕾开花期或棉株封行前用草甘膦或草铵膦作定向喷雾处理。

由于麦收时是三夏大忙季节，劳动力和农业机械都很紧张，近年来长江流域棉区和黄淮棉区麦(油菜)后棉田采取免耕的面积不断扩大。免耕田的杂草化除可分为以下三种情况。

(1) 棉苗移栽前土壤和茎叶处理：油菜或小麦收割后，田间越冬杂草种类多、数量大，且草龄大,故除草剂的用量应适当加大,即在棉苗移栽前,用30%草甘膦水剂4.5 L/hm^2+90%乙草胺乳油900 ml/hm^2,兑水450 kg喷雾。可用机动喷雾器,也可以用手动喷雾器,喷药时选择晴朗无风天气,并注意保护附近的作物免受药害。这种除草方法的控草期要比单用草甘膦长30 d以上。

(2) 棉苗移栽后现蕾前茎叶处理:该时期棉苗小、茎秆嫩,杂草又是当年生的,且以禾本科杂草为主,故用药量要适当减少。喷雾时用手动喷雾器,喷头加上防护罩,采取定向喷雾,尽量压低喷头,近地面喷雾,棉株基部的杂草先用脚压倒再喷药。用30%草甘膦水剂3 L/hm^2+90%乙草胺乳油800 ml/hm^2,兑水450 kg均匀喷雾。喷药时选择晴朗无风天气,尽量避免将药液溅到棉株上。

(3) 棉花现蕾后茎叶处理:该时期棉株已封行,棉田内荫蔽较好,杂草种类和数量较少,加上棉花茎秆较为粗壮,故用药量可以适当减少。喷雾时喷头加上防护罩,采取定向喷雾。用30%草甘膦水剂3 L/hm^2+90%乙草胺乳油800 ml/hm^2,兑水450 kg均匀喷雾。喷药时选择晴朗无风天气,尽量不要让药液溅到棉株上。

目前的棉田除草剂主要为用于防除一年生禾本科杂草及部分阔叶杂草的芽前土壤处理除草剂,尚缺少既对棉花安全又能高效防除阔叶杂草的除草剂,特别缺少防除棉田多年生阔叶杂草和莎草科杂草的苗后茎叶处理除草剂,因此,棉田杂草防除还有必要采取合理轮作和冬耕与化学除草相结合的治理措施。

农田杂草防除是一项系统工程,除了以上方法外,还有不育剂除草、光化学除草、微波辐射除草、激光除草、电击除草等措施。棉田杂草的综合治理应从系统生态学角度出发,根据当时当地条件,协调运用各种防除措施,发挥各自的优点,取长补短,以最低的成本,取得尽可能大的效益,把棉田草害控制在经济允许损失水平之下。

第三节 棉田常见除草剂药害的识别和对策

棉田杂草的化学防除是利用时差选择、位差选择、形态选择,以及生理生化的选择性原理,杀死或有效控制棉田杂草而不伤害棉花,从而达到棉花高产的目的。然而,除草剂的选择性和安全系数是相对的、有条件的,如果选用除草剂的种类或使用的时间、用量、方法不当,不仅不能有效控制杂草,反而会使棉花产生不同程度的药害,造成不必要的损失。这种事件各地都常有发生。

一、药害的类型和症状

不同除草剂的作用原理及对棉花的敏感性不同,因此产生药害的表现也不一样。

(一) 药害的主要类型

1. 按药害发生的时间分类 分为直接药害和间接药害。

(1) 直接药害:指因除草剂使用不当,对当时或当季作物所造成的药害。例如:在棉花行间喷施草甘膦、百草枯等灭生性除草剂时,由于没有采取定向保护措施,而将药液喷溅到棉花上,接触药液的器官很快会枯死脱落,从而造成棉花减产。直接药害又可分成急性药害和慢性药害两种。急性药害一般在施药后数小时或几天内出现症状，而慢性药害一般在施药2周或更长时间以后才能表现出药害症状。

(2) 间接药害：指前茬作物用药时残留在土壤中的除草剂，使本茬作物造成药害，或本茬作物使用的除草剂对后茬作物产生的药害。例如，麦、棉套作或连作地区，在前茬麦田过量使用绿磺隆和甲磺隆，土壤残留量较大，造成棉花播种后出苗率降低，棉苗生长缓慢，甚至大面积枯萎死亡。

2. 按药害的性质分类　分为可见型药害和隐患型药害。

(1) 可见型药害：即通过肉眼就能分辨、作物形态上有明显异常表现的药害。这类药害又可根据除草剂的性质，分为激素型药害和触杀型药害。激素型药害主要表现为植株矮缩、茎叶扭曲变形、叶色反常等，如二甲四氯喷到棉花上，会使嫩叶和后生的新叶呈鸡爪形。近几年在黄淮流域的麦、棉套作区，不少农户在早春麦田喷施激素性除草剂2,4-D丁酯或二甲四氯后，没有认真清洗喷雾器，4～5月份棉花育苗时又用该喷雾器往苗床喷施苗床用除草剂、肥料或杀虫剂，由于棉苗对2,4-D丁酯或二甲四氯特别敏感，长出的棉苗茎叶扭曲变形，叶脉变白，新生叶呈鸡爪形。在棉花成株期，相邻玉米地(上风头)喷施2,4-D丁酯或二甲四氯时，稍不注意，药剂就会飘落到棉田，使棉株中上部新生叶片变厚、呈扭曲鸡爪畸形，花呈畸形，花瓣生长缓慢，茎基部膨大变粗，皮层裂开，铃皮变厚，吐絮不畅，大量落蕾、落花、落铃，造成严重损失。触杀型药害主要表现为作物组织出现黄、褐、白色坏死斑点，直至器官枯死脱落。例如，除草醚、杂草焚、克芜踪、草甘膦等造成棉花叶片变色、坏死的症状。

(2) 隐患型药害：这类药害在形态上没有明显的症状，难以通过肉眼直接观察，但能造成产量和品质的下降。在棉花苗床或地膜覆盖棉田过量喷施乙草胺，棉苗会枯黄瘦弱；在棉花移栽之后用乙草胺进行土壤封闭处理时，如果棉株沾布的药量过大，也会产生隐性药害，使棉花的生长受到抑制，单株结铃数和铃重下降，从而造成减产；棉花播后苗前用拉索过量时，幼茎韧皮部失水，萎缩矮化，叶片发黄，轻者苗叶产生枯斑，生长受抑制，植株矮化，重者棉苗弯曲枯死；氟乐灵用量过大后，抑制棉花生长，子叶变厚呈革质，叶色深绿，根少，根尖肿大似鸡爪，无须根，严重的停止生长。

(二) 药害症状

棉花不同部位、不同器官对各种除草剂的敏感性存在着较大的差异，因此发生药害的速度、范围和形态表现也不一样。以下就棉花地上部器官造成药害后的形态变化作简单描述。

1. 叶片　产生药害后，棉花叶片可能会出现以下几种形态反应。

(1) 畸形：叶片的形态和大小与不施药的棉花相比具有明显的变化。例如，2,4-D、二甲四氯等苯氧羧酸类除草剂喷到棉花以后，会使棉花的嫩叶和新出叶皱缩变小，呈鸡爪形，甚至呈现柳条形。

(2) 褪绿：有些除草剂喷到棉花上，会造成叶绿体崩溃，叶绿素分解，叶色褪淡、发黄或发白。褪绿症状可发生在叶缘、叶尖、叶脉间或叶脉及其近缘，也可能全叶褪绿。例如，氟草净喷到幼嫩的棉苗上，会使叶片的叶脉间出现斑点状褪绿黄化，用药量过大甚至会造成全叶发黄。

(3) 坏死：有些除草剂沾到棉花叶片后，会造成叶片部分组织或细胞坏死，坏死的部位可以在叶缘、叶脉间或叶脉及其近缘。例如，使用莠去津除草时，药液飘移到棉花叶片上，经常会出现一些不规则枯斑，严重的可造成叶片脱落；在高温强光下喷施精喹禾灵，如果喷施浓度过高，则会造成叶片出现长圆形或不规则的枯斑。

(4) 落叶：当药害发生较重时，叶片褪绿和坏死的部位会不断扩展，最终造成全叶枯死脱落。用草甘膦、草铵膦等灭生性的茎叶处理除草剂在棉花行间进行定向喷雾时，如果药液飘洒到棉花上，也往往会造成叶片发黄、枯萎，继而脱落；噁草酮、乙氧氟草醚等具有一定选择性的土壤处理除草剂，若使用的时期或方法不当，于棉花苗后喷在棉花叶片上，也会造成叶片枯死脱落。

2. 茎枝　棉花产生除草剂药害后，茎枝的形态变化主要表现为主茎变矮，果枝缩短，果枝和果节的节间距缩短，严重时甚至造成主茎或果枝的生长点坏死。例如，氟乐灵、甲草胺、乙草胺、丁草胺等除草剂，在棉花苗后喷至棉株上，通常会抑制棉花茎枝的生长，造成主茎降低，果枝缩短，植株矮小。

3. 蕾、花、铃　除草剂药害对棉花蕾、花、铃的影响主要表现在发生量减少，脱落率增加。在棉花移栽后用噁草酮或乙氧氟草醚等除草剂作行间土壤喷雾时，如果没有安装定向喷雾装置，而将药液喷到棉株上，则往往造成叶片枯死脱落，生长缓慢，生育期推迟，单株有效蕾、花、铃数减少；在棉花进入现蕾期以后，用草甘膦、草铵膦等灭生性的除草剂作行间定向喷雾时，如将药液喷到棉株上，在棉叶枯死脱落的同时，也会造成蕾、花、铃的大量脱落；2，4-D、二甲四氯等激素类除草剂喷到棉花上，不仅会造成叶片畸形，蕾、花、铃也会出现畸形，例如，苞叶狭长呈丝状，花柄变长，铃变小、形状不规则等。

二、形成药害的主要原因

(一) 除草剂选择不恰当

除草剂种类选择不当所造成的药害，是棉花发生除草剂药害最重要的原因之一，而且这种药害一般较为严重，对产量造成的损失也大。棉花不同时期和不同器官，对不同除草剂的敏感性不同。例如，在棉田苗后使用二甲四氯、2，4-D 等灭生性除草剂，或对阔叶作物敏感的除草剂，往往会造成严重的药害。敌草隆、伏草隆等除草剂在棉花播后苗前作土壤喷雾，具有较高的安全性和很好的除草效果，但如果在棉花苗后使用，就常常会因为药液沾到棉叶上而产生药害。

(二) 使用技术不合理

不合理的使用技术包括用药量不适宜、药液调和不均匀、喷雾器选用不当、喷雾不均匀，以及在使用对棉花较为敏感的除草剂时未采用保护性措施等。例如，在棉花播后苗前，用噁草酮作土壤处理时，用药量达到 2 250 ml/hm^2 以上时，出苗率将明显降低，出苗后还会发生死苗；在棉花苗后用草甘膦、草铵膦等灭生性除草剂作行间定向喷雾时，如果没有安装保护罩，或者喷头过高，药液往往会飘移到棉花上而产生药害。

(三) 环境条件不适宜

除草剂的安全性和除草效果的发挥，必须具备适宜的环境条件，否则同样会造成不同程度的药害。影响棉田除草效果和安全性的环境条件主要有水分、温度、光照和土质。一般茎叶处理除草剂在高温、干旱和强光的条件下用药容易产生药害。噁草酮、乙氧氟草醚等除草剂在直播棉田，于播后苗前进行土壤封闭处理，大雨会使药层下移，棉种与除草剂直接接触而降低出苗率；棉田地势不平，即使降雨量不很大，也会在低洼处形成积水，同样会产生药害。

三、防止药害发生的技术措施

（一）选择恰当的除草剂

棉田化学除草，必须根据棉花的种植方式、生育时期、棉株的长势、杂草的种类和大小，以及气候、土壤条件等正确选择除草剂的种类。例如，在棉花出苗或移栽之后，应使用选择性较强、对棉花较为安全的除草剂；在砂土地区、雨水较多的情况下，不宜使用淋溶性较好、对棉花比较敏感的除草剂。

（二）掌握除草剂的正确使用技术

多数除草剂对使用的条件和操作技术都有严格的要求，包括用药量、稀释倍数、施药器械、棉花长势、土壤性质、土壤温度等。例如，噁草酮的用药量一般不超过 1 500 ml/hm^2；粉剂类型的除草剂在稀释时应采取二次稀释法，即先用少量水调成糊状，然后再加足量水搅拌均匀；在棉花苗后喷施广谱型或灭生性的除草剂时，应安装保护罩，并采取低位喷雾。

使用化学除草剂的技术要点是："一平""二匀""三准""四看""五不"。

"一平"：地要平。施药的田块要精细耕作，保证地面平整，无大土块。原因有二，一是如果地不平，浇水和降雨很容易使田块高处的药剂向低洼处移动，在地面高的地方药少造成草荒；而在地面低洼处药量增多，作物易受药害；二是要精细平整土地，可提高播种质量，减少药害，保证全苗，达到前期用药杀草，后期以高密控草。

"二匀"：药在载体中要混均匀（药水、药土、药肥），喷雾或撒毒土要均匀；二匀的目的是均匀用药，以保证除草效果，减少药害。

"三准"：施药时间要准，施药量要准，施药地块面积要准；否则，就收不到应有的除草效果或使作物受药害。

"四看"：看苗情、看草情、看天气、看土质，灵活掌握施药期、施药量和施药方法。看苗情，根据苗情决定用药不用药；看草情，对杂草调查清楚，确定是禾本科杂草还是阔叶杂草，杂草长在阔叶作物还是禾本科作物田块里，根据这些情况，选准除草剂品种，对症下药，达到除草效果高，且对作物无药害；看天气，温度对除草剂的活性和对作物吸收药剂的能力影响较大，一般天气不好、气温较低时施药量应为用药的上限，而天气好、温度较高时施药量应在用药量的下限；看土质，土质不同用药量也有差异，在黏重土壤用药量高些，砂质土壤用量少点，土壤干燥不宜用药，待雨后或人工补墒后再用药。

"五不"：苗弱苗倒不施药，温度过低过高不施药，干旱情况下不施药（不论是土壤封闭或叶面喷雾），大雨时或叶上有露水、雨水时某些除草剂不施，漏水田不施药。上述五种情况施药易发生药害，且施药效果不佳，不宜施药。

棉田以前没有用过的除草剂，必须遵守试验、示范、推广的程序，了解其安全性、适宜的用量、使用方法和适宜条件后，方可大面积推广。

(三) 使用安全保护剂

有些化学物质包裹在棉花种子的表面,或者喷于棉株茎叶的表面,或者与除草剂进行混用,可以起到防止或减轻药害的作用。例如,用活性炭包裹棉种,可以防止草铵膦、乙草胺等除草剂对棉花出苗的影响;喷施生长素类保护剂可防止或减轻对棉花的伤害。

四、药害发生后的补救措施

(一) 应用解毒剂

在棉花使用除草剂产生药害以后,施用适当的解毒剂,对控制药害的发展、降低产量损失具有一定的作用。解毒剂有结合型、分解型、颉颃型和补偿型等多种类型,在使用时应根据除草剂的理化性质,以及产生的有毒物质和造成伤害的过程及原理,正确选择与应用。例如,吲哚乙酸和激动素可减轻氟乐灵对棉花次生根所产生的抑制作用;赤霉素可减轻二甲四氯、2,4-D等激素类除草剂对棉花所造成的药害。

(二) 加强棉田管理

棉花具有较强的自我调节、自我补偿能力,所以在发生药害以后,应加强田间管理,促进棉花生长的迅速转化,促进新的叶片以及蕾、花铃的生长,增加单株结铃和铃重,将药害所造成的损失降至最低。一般在棉花发生药害以后,应适当增施速效化肥,喷施一些植物生长促进剂或叶面肥,同时做好中耕松土、病虫防治等工作,以使棉花尽快恢复生长,减轻药害造成的损失。

(撰稿:马奇祥,马艳,马小艳;主审:崔金杰,张存信;终审:马奇祥)

参 考 文 献

[1] 中国农业科学院棉花研究所. 中国棉花栽培学. 上海:上海科学技术出版社,1983:503-512.

[2] 苏少泉,宋顺祖. 中国农田杂草化学防治. 北京:中国农业出版社,1996.

[3] 马奇祥,孔健. 不同棉田杂草化学防除技术. 中国棉花,1997,24(8).

[4] 马奇祥,常中先. 农田杂草化学防除新技术. 北京:金盾出版社,1998.

[5] 何循宏. 棉田草害防除新技术. 南京:江苏科学技术出版社,1999.

[6] 张朝贤. 棉田和油菜田杂草化学防除. 北京:化学工业出版社,2004.

[7] 马奇祥,赵永谦. 农田杂草识别与防除原色图谱. 北京:金盾出版社,2004.

[8] 吴建荣,唐维林,石学旭,等. 江苏淮北棉区棉田杂草发生种类分布及其消长规律研究. 江苏农业科学,1998(5).

[9] 冯宏祖,王兰. 新疆南部棉区棉田杂草调查. 安徽农业科学,2008,36(7).

[10] 强胜,沈俊明,张成群,等. 种植制度对江苏省棉田杂草群落影响的研究. 植物生态学报,2003,27(2).

[11] 楚宗艳,王坤波,宋国立,等. 棉花抗草甘膦基因表达载体的构建及其初步验证. 中国棉花,2008,35(6).

[12] 强胜,魏守辉,胡金良. 江苏省主棉区棉田杂草草害发生规律的研究. 南京农业大学学报,2000,23(2).

[13] 吴建荣,吉荣龙,崔必波,等. 除草剂对棉田杂草群落结构的影响. 江苏农业学报,2001,17(1).

[14] 高孝华,李凤云,曲耀训,等. 棉田化学除草剂主要种类特性及应用. 中国棉花,2008,35(4).

第十一篇

棉花的灾害及其预防和救治

气候异常条件下，棉花灾害发生的范围广、频率高、危害重，造成区域性或全国性产量严重损失或品质大幅下降。棉花的灾害包括气象灾害和生物灾害，并且两者交互、重叠发生。在气象灾害中先旱后涝、高温与低温的急转对农业的危害大，防御的难度加大。

全国棉花主要灾害发生见下表。除此之外，还有一种温和型灾害，即长期低温或持续阴雨天气以及由此引发的病害大发生对棉花的不利影响也较大。

全国棉花主要灾害表

（毛树春整理，2011）

灾害类型	生长前期(4～6月)	生长中期(7～8月)	生长后期(9～10月)
气象灾害	低温、强寒潮，低温与高温急转，阴雨连绵，积水和渍涝，沙尘暴和浮尘，冰雹，偶见降雪等	梅雨、大暴雨、积水和渍涝，伏期持续干旱，旱与涝急转，高温和极端高温热害，冰雹与台风等	台风，积水和渍涝，阴雨连绵，寡照，低温早临和初霜冻，冰雹
生物灾害	苗病	枯萎病和黄萎病暴发，虫害暴发	"烂场雨"，铃疫病和早衰

按国家统计局有关规定，农作物灾害面积统计分受灾面积、成灾面积和绝收面积几个类别。其中，受灾面积指导致产量比正常年景减产一成以上的面积，成灾面积指比正常年景减产三成以上的面积，包括绝收面积。生长期内，同一地块上的农作物遭受几种或几次自然灾害，只统计其中一次最重、最大的计算受灾面积，不重复计算。

第四十四章　气象灾害及其预防和救治

第一节　旱 涝 灾 害

旱涝灾害是影响我国农业的主要气象灾害，且发生频率逐渐变大，其中尤以旱灾为最。据有关方面统计，全国水灾受灾面积占总面积比例、旱灾受灾面积占总面积比例和水旱受灾面积占总面积比例,1990～1993 年分别为 32.5%、44.1%和 82.2%;1994～1997 年分别为 29.6%、53.4%和 83.1%。可见我国主要气象灾害对农业的影响程度,干旱居第一位,占 62%;洪涝居第二位,占 24%。从棉区来看,长江流域多涝灾,黄河流域多旱灾。旱灾中,黄河流域、西北内陆棉区主要为春旱和初夏旱,长江流域为伏旱,也有秋旱。长江流域涝灾主要表现为水的积存抑制根系,黄河流域主要表现为连阴雨天气影响光合作用和诱发病害。

一、旱涝气象成因

季风的变化是造成旱涝灾害的主要原因。我国冬春盛行西北风、夏季盛行东南风,雨量的变化主要受季风进退的约束。全国雨带一般出现在夏季风的前沿,雨季处于冬季向夏季过渡期,基本上随着夏季风由南向北推进;6 月初长江中下游的梅雨,正是夏季风前沿在这一带停留的结果,而华北春旱则是雨带到达前的一般情况,如果雨季偏迟则可能发展成夏旱。以后夏季风向北移动,降雨带就移到黄河流域及以北的地区,夏季风在北方控制的时间不长,大多在 8 月下旬开始南撤,棉区降雨很快减少。由于夏季风在北方棉区停留的时间短,造成的雨量比南方的雨量少 1/3～1/2,所以雨涝是长江流域棉区、干旱是黄河流域棉区的主要气候特征。

张家诚等依据《中国近 440 年旱涝图集》选取 120 个站点,计算平均旱涝等级。根据中国南北气候的差异,分成北区(黄河以北,30°N 以北地区)、中区(江淮流域,27°～35°N)和南区(南岭以南,27°N 以南)分别计算旱涝等级。从表 44－1 中可知,全国性旱涝约 100 次,平均 5 年 1 次;分区统计,数量则大得多。北区的旱涝最为频繁,合计 170 次,约 3 年 1 次。有意义的是这三个区的旱涝比例并不一样。从全国看,旱略多于涝,但北区旱显著多于涝,中区和南区涝则大大超过旱,特别在南区,涝将近是旱的 3 倍。

表 44－1　旱、涝年数及在总年数(440 年)中的次数和百分比

(林之光等,1983)

	全　国	北　区	中　区	南　区
旱	52(10%)	98(19%)	43(9%)	40(8%)
涝	43(8%)	72(14%)	84(17%)	111(21%)

降水量的相对变率指数可以反映作物生产的稳定性,年降水量低的半干旱地区更为敏感。降水量愈大的地区,降水变率则愈小;反之,变率则大。降水变率,长江以南小于 20%、东北地区南部和黄淮海平原为 20%～30%、新疆等西北内陆地区为 30%以上。

二、旱涝灾害对棉花的影响

气候旱涝与农业旱涝既紧密相连,又有显著区别。在农业生产方面,供水量小于作物需水量为旱;反之,供水量大于作物需水量为涝。而在现代气候学上,降水量小于蒸发量为旱;反之,降水量大于蒸发量为涝。两者的理论意义不同,所考虑的对象不同。

农业旱涝指数的计算式:

$$ki = \mathrm{psH}/R - r - D + (m_1 - m_2)$$

式中：R——降水量；r——地面径流；D——土壤渗漏；$(m_1 - m_2)$——始末土壤有效水分差额；psH——作物需水量。

降雨量大小与作物涝旱之间的联系受到热力、蒸发力等影响，地域性强，没有一致性的指标。韩湘玲等在1987年就黄淮海平原的旱涝指标和概率作了探讨(表44-2)，其中，初夏旱指6月各旬降水<20 mm，夏播困难；伏旱指7～8月降水<300 mm，棉花受旱；夏涝指7～8月降水>400 mm，夏重涝为降水≥440 mm，作物受涝严重。

表44-2　黄淮海平原初夏、夏季旱涝状况(1951～1980)

(韩湘玲等，1987)

项目＼地区		黄淮平原				黄河以北		
		淮阳	阜阳	阜南	宿县	石家庄	惠民	衡水
夏播可播概率(%)(旬降水≥20 mm)	6月上旬	36	45	46	32	35	25	25
	6月中旬	57		52	63	46	55	33
伏旱概率(%)(7～8月降水)	<200 mm	26			13	19	10	33
	<244 mm	37			17	35	25	38
	<300 mm	57	56	41	25	42	40	57
夏涝概率(%)(7～8月降水)	≥400 mm	33	27	25	29	19	40	16
	≥440 mm	15	20	21	17	4	4	4

干旱胁迫下棉花地上部营养体变小、营养吸收前中期比例大、发育提早。涝灾情况下田间积水或地下水位过高，影响土壤温度、空气和养分的协调，限制土壤微生物的活动，导致棉花生育推迟、烂根和徒长；3 d以上连阴雨天气，光合作用不足、蕾铃脱落和诱发病害。连阴雨是黄河流域与降雨相关的重要灾害形式；渍害是长江流域与降雨相关的重要灾害形式，造成渍害原因主要是气候因素，即降水量超过作物需水量而不能及时排出多余水量时，就易造成渍害，如长江下游常年的梅雨季节，渍害田主要集中在低平洼地，一般砂性土的渍害轻于黏壤土，上沙下黏土渍害轻于上黏下砂或砂黏互层土。最终，受灾棉花由于光合速率低和干物质积累少，棉花产量降低。

三、棉田旱涝预防与减灾

(一) 旱涝灾害的预测预报

由于旱涝灾害具有季节性和周期性，提前预报提供准备期有助于采取措施、减少损失。将天气过程与区域农田温度和土壤水分时空信息遥感反演及地理信息系统空间分析结合，对可能的旱涝和农业灾害进行监测。

(二) 兴修农田水利，提高抵御旱涝能力

一是改变我国南方以排为重和北方以灌为重，为南北排、灌并重的农田水利体系。对于棉田积水和渍涝，做到输水沟渠和田间围沟、厢沟、腰沟畅通，对低洼易涝棉田要抽取积水，达到雨停田干。二是注重旱涝减灾的工程措施。早期实施人工降雨、地上塑料管输水和地下井水利用等措施，涝期实行渠排(北方)或畦排(南方)。而旱区的洪涝利用沟、壕、坑蓄存，

对减缓地下水超采和棉花生产会产生积极的作用。三是人工干预天气。干旱季、干旱区通过人工增雨补充土壤、地表、地下水;非干旱季和非干旱区通过人工增雨补充蓄水不足或储蓄在地表、土壤、地下,再通过水利设施向邻区供水,形成统调的旱涝防御系统(具体技术措施见第三十二章)。

(三) 旱涝减灾的生物和农艺措施

生物措施主要是选择不同区域的生态适应性品种和严重灾后的改种补种。

农艺措施比较丰富。技术体系方面,多旱区采取小株体、易涝区为大株体;田间配置方面,多旱区采取密植、易涝区为中低密度;调控方面,旱区增施有机肥,涝区以缩节胺控制和轮作倒茬等都对棉花减轻灾害和稳定产量产生事半功倍的效果;耕作方面,加强轮作,实现棉花与禾本科、豆科作物轮作,通过轮作换茬改善土壤结构和理化性能,增强透水透气性、加深耕作层、降低犁底层和潜育层,改进耕作方法,棉田少耕或免耕要与定期深耕晒垡相结合,避免土壤板结,降低土壤容重、提高降渍能力。

(四) 涝害烂铃救治

持续阴雨棉田湿度加大,棉铃多种病害并发,导致成铃霉烂。主要防治措施:一是抢摘黄熟铃,风干,剥出籽棉,继续风干;二是打老叶,剪空枝,推株并垄,增加田间通风透光条件;三是化学调控,喷施缩节胺,控制生长,减轻田间密闭;四是抽排田间积水,降低渍害。

第二节　低温冷害与高温热害

低温冷害,是当温度低于棉花某生育期所需要的最低温度时给棉花生产造成的危害。按低温的程度又分为冷害、霜冻和冰冻三种。冷害,指 0 ℃以上低温对棉花种子、幼芽、幼苗和其他生育期棉株的危害;冻害,是指 0 ℃以下低温对棉花种子、幼芽、幼苗和其种生育期棉株的危害。根据低温时间的长短,分为霜冻和冰冻;时间短的称为霜冻,时间长的称为冰冻。

冷害在棉花前后生育阶段都可发生,其中以播后至出苗期发生频率最高,对棉花生产影响也最大。低温冷害是早熟、特早熟棉区最常见的气象灾害之一,常常造成这些棉区大面积补种,甚至重播;其次是苗期和吐絮期;蕾期和花铃期发生频率较低,影响较小。

一、冷害机制

(一) 低温破坏了棉花对温度的依存关系

棉花起源于热带,在长期进化过程中,形成了对特定温度的依存关系,即不同的生育阶段要求特定的、与之相适应的温度(表 44-3);当温度得不到满足时,其生长发育就会受到一定的影响,甚至造成细胞、组织或器官的伤害。一般来讲,当环境温度大于 10 ℃以上而低于某生育阶段要求的温度下限时,低温仅影响棉花的生长发育进程;但当温度低于 10 ℃以下(尤其是 0 ℃以下)时,就会在不同程度上破坏棉花的细胞、组织或器官,甚至造成棉苗死亡。

表 44-3　棉花不同生育期生物学三基点温度
(郑维等,1992)　(单位:℃)

三基点温度	发　芽	出　苗	现　蕾	开　花	吐　絮
最低温度	10～12	15	19	15	16
适宜温度	25～30	18～22	24～25	24～25	25～30
最高温度	36	37	38.5	35	—

(二)冷害对棉花生理功能产生影响

1. 对棉株根系吸收功能产生影响　0～10 ℃的低温影响根的活动和生长,根系生长缓慢,限制了对水分与养料的吸收。此时的棉株虽然吸水能力和蒸腾速率都明显下降,但蒸腾下降的程度比吸水慢得多。因此,棉株体内水分供不应求,造成植株叶片枯萎现象。

2. 对棉株光合作用产生影响　当温度降至引起冷害的临界温度时,光合作用就会受到强烈的抑制。据研究,在低温胁迫下,棉株细胞的叶绿体结构发生了较显著的变化:棉叶细胞叶绿体变成圆形或方形,而且叶绿体内外膜严重变形受损,有些叶绿体膜甚至解体形成几个变态体,或相互粘连堆叠在一起;大部分叶绿体的基质片层排列紊乱,有些片层融合而变得模糊不清或完全消失,使叶绿体功能紊乱。

3. 对棉株呼吸作用产生影响　棉株刚受到冷害时,呼吸速率会比正常时还高。这是一种加强体内代谢,增加能量供给,以抵抗寒冷的保护作用。但随着冷害时间的延长,呼吸速率迅速降低。

4. 对原生质流动性产生影响　许多研究者还证明,冷害使植物的原生质环流运动降低。因为,环流运动是依赖能量进行的,并须在膜完整的条件下才能正常进行。受冷害植物的氧化磷酸化解偶联,ATP 含量明显下降,原生质的结构遭到破坏,这些都会影响原生质的流动和正常代谢。

(三)冷害对棉株体内细胞和组织产生影响

冷害和冻害,尤其是 0 ℃以下的低温,可使植株细胞内的水分形成冰晶,伤害细胞的结构,特别是使细胞质膜和细胞器膜系统遭到破坏,导致细胞内代谢紊乱。细胞结构和组织被破坏后,常常在植物体的形态上出现伤痕。

二、播后至苗前冷害及其防治

在热量条件较差的棉区,为了充分利用有限的光热资源,"适期早播"是常采用的高产措施之一。而"适期早播"的最大威胁就是冷害。它是造成烂种、烂芽的主要原因。棉种萌动期冷害表现为烂种,已萌动种子的初生幼根和胚芽在低温条件下,发生碳水化合物和氨基酸外渗,皮层崩溃,胚根和胚芽发黄、腐烂;发芽阶段冷害表现为烂芽,已伸出种壳的幼根和幼芽在低温条件下,也会发生碳水化合物和氨基酸外渗,皮层崩溃,幼根和幼芽呈黄褐色并变软、腐烂。据研究,棉花烂芽的发生主要是在≤12 ℃的气候条件下出现,因此,日平均气温≤12 ℃是烂芽的温度指标。幼苗期低温灾害防治措施主要有 6 项:一是根据中长期天气预报,适时播种,使种子发芽到下胚轴生长时期避开低温天气;二是精选种子,选用饱满、发芽率和发芽势强的种子;三是种子物理性处理,温汤浸种等灭菌,以提高出苗率,减少烂种率;四是种子化学性处理，硫酸脱绒、杀菌剂拌种或用含有杀菌剂的种衣剂包衣；五是采用地膜覆盖栽培；六是已受害棉田，根据受害程度及时补种或重播。

三、苗期冷害及其防治

冷害在播种和苗期发生的频率高。新疆乌拉乌苏农业气象试验站郑维等的苗期冷害研究表明，在温室条件下，棉苗子叶期叶面温度在－4.1 ℃条件下，棉苗全部死亡；1片真叶期，在－2 ℃条件下大量死亡，－2.7 ℃全部死亡；2片真叶期，在－1.8 ℃时全部死亡。但在田间条件下，由于棉苗本身受到水分条件的影响，因而受冻害的温度指标与盆栽的温室条件有一定差异。实践表明，在湿润条件下，二叶龄棉苗在－1.8 ℃时，全部死亡；而在干旱条件下，在－3.2 ℃时，仅死亡56.3％。因此，霜前有降雨的天气过程时，同样低温的情况下，冻害会明显加重。研究还指出，膜下播种(先播种后覆膜)的棉苗，出苗前后抗霜能力弱，受冷害往往比较严重，一般气温降到2 ℃时，地面温度最低为－1～－2 ℃时为临界霜冻指数。而膜上点播(先覆膜后播种)棉苗，当气温降到－1 ℃，地面温度降到－4 ℃时，棉苗才受到霜冻危害。

苗期棉花遭遇短时低温造成的冷害，幼苗子叶或真叶、或幼茎呈现紫红色，当气温回升后，紫红色症状逐步消失。

苗期冷害的防治措施主要是增温，在霜冻来临前1 d，于棉田四周堆草，在夜间气温降到0 ℃前1～2 h点火熏烟，直到第2日地温上升时为止。

四、秋季霜冻及其防治

秋季霜冻是指因0 ℃以下短暂低温造成棉株上部叶片大量死亡的现象。秋季霜冻的早晚，对棉花产量和品质的影响很大。初霜期过早，轻则造成中上部叶片早枯，使中上部棉铃的铃重减轻，霜后花增多，棉花产量和纤维品质受到一定程度的影响；重则造成棉株全株枯死，严重减产，霜后花大幅度增加。在江苏，当秋季最低气温降至5 ℃以下时，便会出现霜或霜冻。棉株受冻害后，青铃冻伤，僵瓣黄花增多，纤维品质明显变差。据统计，棉花高温早熟年，霜后花只占5％左右；正常年霜后花占43％；低温迟熟年霜后花占91％。沿江和沿海棉区棉花通常迟发迟熟，因此低温迟熟年霜冻危害较大。一般10月底以前吐絮的棉花多数能避免霜冻危害；11月上旬以后吐絮的棉花受霜冻危害的概率急剧增加。在新疆，秋季早霜对棉花生产的影响更大。2004年9月29日至10月2日，新疆生产建设兵团102团遭到一次重霜冻，连续4 d最低气温均在0 ℃以下，棉花整株被冻死，棉桃被冻成水桃而不能开裂，当年棉花减产20％～30％。

霜冻灾害预防措施包括选用与当地热量条件和无霜期相适应的品种，中后期控制氮肥用量和灌溉，防贪青、促早熟，根据当地历年的初霜期和长期气象预报，科学确定打顶期。

五、延迟型冷害及其防治

西北内陆棉区和辽河流域棉区常因延迟型冷害而造成不同程度的减产。延迟型冷害具有三个特点：一是伤害的隐蔽性，即棉株形态上没有明显的伤害表现，容易被人们忽视；二是作用的长期性，即低温对棉花的影响不是短暂的1～2 d，而是具有较长时间的低温效应；三是影响的滞后性，即它对棉花的影响不是即时表现出来，而是在以后很长时间甚至生长终结才表现出来。因此，延迟型冷害对棉花的危害主要表现为前期迟发，后期晚熟，产量降低，品质变差。

延迟性冷害的防治，一是选择早熟或特早熟类型品种；二是采用促早发技术，如地膜覆盖，宽膜覆盖，实行高密度种植，以密争早；三是加强管理，如早整枝，早打顶，控施氮肥和减少灌溉水用量，防治病虫害和化学催熟等。

六、高温热害及其防治

（一）高温热害的发生特点

高温热害是指棉花遭遇气温≥35 ℃的高温和≥38 ℃以上的极端高温造成的伤害，主要发生在长江中下游、黄淮平原、南疆和东疆棉区，发生时间大多在 7～8 月。除此之外，由设施育苗和地膜覆盖保护栽培诱发的高温热害也较常见。

1. 高温热害症状　棉株干枯，叶片出现坏死斑，叶色变黄、变褐，叶尖枯死；幼嫩蕾铃变黄、干枯；出现雄性不育，花粉生活力下降或花粉不能萌发，不能授粉受精，引起蕾铃脱落，成熟棉铃内不孕籽增加等异常现象。南疆还有“干热风”致“干蕾、干铃”症状。

2. 高温危害机理　高温危害分为间接伤害和直接伤害两种类型。

(1) 间接伤害：当环境温度高于棉花生长发育最适温度要求时，可导致棉花代谢异常，光合速率降低或停止，呼吸强度增大，不利于干物质生产或者导致生产潜力降低，产生高温胁迫，棉株出现间接伤害，高温持续时间越长或温度越高，伤害程度越严重。

高温热害间接伤害的机理，一是饥饿。在高温条件下，呼吸消耗的有机物质大于光合生产的物质，棉株就会消耗贮存的有机养料，生长停止，叶片发黄；若饥饿时间过长还会导致死亡。二是氨毒害。高温抑制氮化物的合成，导致植株体内氨积累过多，毒害细胞，使棉花叶片变色，起初为水渍性烫伤状，后逐渐枯死。

(2) 直接伤害：在热致死温度点以上高温直接影响细胞质结构，在短短的几秒钟到半小时内，棉株当即或稍后迅速呈现热害症状，为高温直接伤害。

3. 高温热害的表现

(1) 苗期热害：当天气晴朗，气温达到 28 ℃时，1 h 后小拱棚覆盖薄膜苗床内温度可达到 40 ℃以上；当气温超过 30 ℃时，1 h 后苗床内温度可达到 48 ℃以上。幼苗热害先是在苗床的边缘，随后扩展至全苗床，出现热害症状初期若降温、通风措施不当，将引起大量烂种、死苗。地膜覆盖棉花在出苗至破膜放苗前遭遇高温伤害，导致棉芽、棉苗灼伤。李新文等报道，新疆奎屯当日最高气温超过 30 ℃时，膜内温度超过 50 ℃，幼苗被高温烫伤。据郑维观察，1985 年 4 月 28 日新疆石河子日最高气温达到 30.6～32.6 ℃时，膜下温度可达 50.9～52.7 ℃，7 d 后死苗率达到 13%，黄叶率达 90%。

(2) 花铃期热害：7～8 月日照充足，太阳辐射强度大，气温高，并常常伴随着干旱，持续高温天气易引起棉花的雄性发育不良，花药不开裂、不散粉，花粉数量少，花粉活力低或不能产生花粉等生殖障碍，使授粉受精过程受阻，造成蕾铃脱落。2003 年长江中游高温出现时间早，持续时间长，危害大，一些棉田几乎没有伏期成铃。南疆高温热害则以“干热风”形式出现,空气湿度小,高温和大风导致植株缺水,幼蕾、幼铃在缺水、高温和营养亏欠等多重胁迫条件下形成“干蕾、干铃”症状,其中长绒棉危害更重,表明其对水肥更为敏感。吐鲁番盆地夏季炎热,高温酷暑,7～8 月的月平均最高气温达 38 ℃,40 ℃以上极端高温日数达 40 d,加剧蕾铃脱落。Reddy 等研究指出,在昼夜温度 35 ℃/27 ℃条件下,有 10%的棉铃和花蕾脱落;在 40 ℃/32 ℃高温条件下,花芽全部脱落。我国大多数陆地棉品种在花铃期遇 40 ℃/32 ℃的高温胁迫 5～7 d,均会因热害而加重蕾铃脱落,导致产量下降。

(二) 高温热害的防治

1. 苗期热害防治　4～5 月,采用小拱棚覆膜保护育苗,当气温超过 20 ℃时,注意苗床通风;晴天气温超过 25 ℃时,要及时揭膜降温。地膜覆盖棉田遭遇高温,要注意及时破膜放苗,防止薄膜与幼苗的接触,必要时可揭开地膜。

2. 花铃期热害防治

(1) 选育或选用耐高温品种:彭华报道,岱字棉 80 较耐高温,适宜于吐鲁番盆地种植。陈金湘等发现,新棉 33B 在长江流域棉区,花铃期花粉量少或无,蕾铃大量脱落,高温伤害现象严重。因此,选育或选用耐高温的棉花品种是防治热害的有效途径之一。

(2) 灌溉降温:花铃期遇持续高温干旱天气,通过灌跑马水、喷灌和滴灌等方法可降低棉田空气温度、土壤温度和叶面温度。西北棉区要加强灌溉和营养管理,减轻高温热害。

(3) 抗虫棉加强害虫防治:高温胁迫条件下,*Bt* 转基因抗虫棉的蛋白质合成受阻,杀虫毒蛋白含量降低,抗虫性减弱,易受棉铃虫等鳞翅目害虫的危害。因此,高温期间应加强虫害预测预报,采取积极的害虫防治措施,减少高温对棉花生产的伤害。

(4) 杂交制种防御措施:高温期间杂交制种过程中,由于高温对棉花雄性器官的影响大于雌性器官,而持续高温常常使父本花粉减少、花粉生活力下降,不利于制种产量的提高,因此,高温期间给母本授以充足的有活性的花粉,是防止高温对杂交棉制种产生不利影响的有效措施。大田棉花生产中,也可以通过人工辅助授粉弥补授粉受精不良,以减轻热害的影响。

此外,据杨国正等的研究指出,早期对萌动种子进行 42 ℃的热处理,在高温条件下热激蛋白活性增强,可提高棉花对热害的耐受程度,减少高温条件下的蕾铃脱落。

第三节　台 风 灾 害

一、台风的移动和过境地区

影响我国的台风,多数在 6～10 月的夏秋季节,一般有三条移动路径:一是西移路径,台风从菲律宾以东洋面向西南移动,经我国南海,在华南沿海、海南或越南一带登陆。6 月和 10 月的台风常会走此路径。二是西北路径,台风从菲律宾以北向西北偏西方向移动,穿越我国台湾和台湾海峡,在福建、浙江一带沿海登陆;或从菲律宾以东向西北方向移动,在浙江、上海、江苏沿海登陆。台风登陆后经与陆地摩擦,风力逐渐减小、消失,有的登陆后又转向东北再入海。7～9 月的台风走此路径的最多,对长江下游、沿海棉区影响最大。三是北向路径,台风从菲律宾以东向西偏北方向或先向西后转向北,经我国东部海面向日本、韩国移动，这一路径对我国沿海棉区有一定影响。

二、台风对棉花的危害

（一）机械损伤

台风过境，风力强劲，雨水冲刷，使棉株根系松动，植株连片倒伏，茎枝折断，叶片翻转破碎。1990 年 15 号台风过境后江苏阜宁县调查，棉株全部倾斜，其中倒伏株率达37.2%。1997 年 11 号台风后江苏宝应县调查，棉株倒伏 60°～70°的占 68%，倒伏 45°～60°的占 20%，低于 45°的仅有 12%。1990 年 15 号台风后江苏连云港市调查，平均果枝折断率 2.8%，叶片破损率 17.5%。

（二）蕾铃脱落

一是台风机械损伤造成的直接脱落，据 1990 年第 15 号台风后的调查，连云港市平均每株直接损伤落蕾 1.6 个、落花 0.8 个、落小铃 1.8 个；据 1997 年第 11 号台风后的调查，宝应县每株直接脱落大铃 0.5 个、幼铃 1.2 个、蕾 1.2 个。二是台风造成环境变劣，地上倒伏、地下积水，田间通风透光和土壤供氧通气性差，生长发育严重受阻，蕾铃脱落更重。1990 年第 15 号台风后 10 d 的调查，阜宁县平均每株蕾铃脱落增加 8.2 个，脱落率高达 66.1%。

（三）烂铃增加

倒伏棉株下方果枝、铃着地，植株相互压盖，通风差，田间湿度大、病菌蔓延快，烂铃数迅速上升。据 1990 年第 15 号台风后大面积调查，阜宁县平均单株烂铃 2.7 个，比常年多 2 个，减产降质严重。

（四）早枯早衰

强台风过境后，在机械损伤和涝渍、暴晒等多重灾害的侵袭下，导致棉花早枯早衰和死亡，严重减产甚至绝收。2005 年第 9 号台风立秋前后正面袭击江苏省沿海棉区的盐城市，风大雨猛两昼夜，田间积水深，且由于客水压境排水缓慢，接着遭遇 35 ℃的高温天气，棉花叶片萎蔫，青枯死株，未死棉株的蕾、铃大量脱离。虽经千方百计补救，但由于有效蕾期已过，致 2005 年丰产的棉花仅是台风前的伏前桃和早伏桃，晚伏桃和秋桃很少，全市皮棉减产 40.1%。

三、台风的防御

（一）营造防风林带，减轻风害

农田防风林网、防风林带可明显降低风速，是减轻风害的有效措施。据测定，适当密度、林带距离的林网内平均风速可降低 20%～40%。距林带树高 5 倍的范围内风速可降低 44%～60%，10 倍范围内风速可降低 30%～40%，15 倍范围内风速可降低 25%～30%，20 倍范围内风速可降低 15%～20%。

（二）培育健壮棉苗，提高棉株抗倒能力

健壮棉苗根系分布广、下扎深，茎秆粗壮、茎秆强健，耐风性能好、抗倒能力强。培育健壮棉苗，一是适期播种，优质移栽，早培早管促早发，使棉苗在台风季节前就建成健壮的根系和强壮的植株。二是科学化调，控制地上部旺长，矮化植株、缩短节间，提高茎枝强度；促进光合产物向根系的输送，提高根冠比例。据 1997 年建湖县调查对比，健壮棉株的台风损失

比非健壮棉株减少30.8%，而且灾后健壮棉株恢复快、补偿能力强。

（三）培土壅根，提高棉株支撑能力

培土壅根可以促进根系下扎，入土深，棉株生长健壮；同时，土垄对棉株还有较好的支撑稳固作用，减轻台风对棉株的摇曳损伤。地膜覆盖直播棉、移栽棉因根系分布浅，培土防风作用更为显著。据1997年江苏省海门市的两次培土结果，台风致棉株倒伏程度明显轻于未培土壅根棉田，台风后单株成铃比未壅根棉田增加1.7个。棉田培土应从苗期开始，结合松土中耕分次进行、逐步加高，2～3次完成，培土高度10～15 cm，垄高度一致，垄沟平直与棉田沟系相通，以利排水。

（四）及早预警，提早防范

国家已有配套的台风预测预报系统，对台风的预报准确及时。棉区要注意收听预报，根据多年总结的防范经验及早采取应对措施。根据台风的路径、风力、影响程度，尽早加高圩堤，开沟抬田，降低沟河水位，培土壅根防倒伏，采摘已吐絮棉铃和进行抗台物资的配备，做好抗台措施的预案等。

四、台风灾害棉田补救措施

（一）排除田间积水

台风总伴有暴雨，尽快排除棉田积水可减轻涝渍，改善棉田水气状况，减轻灾害发展，加快灾后恢复速度，提高灾后补偿能力。据江苏省阜宁县1990年调查，台风后及时排除田间积水的棉田蕾铃脱落率为64.5%，比积水3 d的低5.1%，比积水5 d的低13.4%；实收皮棉产量816.8 kg/hm^2，比积水3 d的增产27.4%，比积水5 d的增产57.6%。

（二）突击扶理倒伏棉株

台风倒伏后扶理时间上要早。台风过后，趁田间土壤湿润时立即扶理。巧扶、轻扶、顺行扶，切忌硬拉，不宜用脚猛踩，以免伤根系和破坏土壤结构，造成枝叶和根系新的机械损伤。扶后壅土护根，及时去除空枝、老叶，恢复生长后及时抹除赘芽，以更好地改善棉田通透条件。

（三）及时补施肥

受台风灾害的棉田，营养器官和生殖器官都受到伤害，生理机能下降；棉田经暴雨浸泡冲刷，肥料流失多。补施肥以根外喷施和根际施肥相结合。风后天气好转即叶面喷施2%尿素液、0.2%磷酸二氢钾以及棉田专用营养型生长促进剂等叶面肥。在棉田积水排除、土壤湿度适宜施肥时，即在棉行间追施以氮素肥料为主的氮磷钾及微肥配套的复合肥。

（四）及时采摘黄桃

台风后棉田湿度大、通透性差，中下部桃易发病烂铃，灾后及时抢摘已变或将变色的棉铃，可有效保产减损。据江苏省阜宁县1990年调查，抢摘黄铃比采摘烂铃铃重提高0.97～1.65 g，衣分提高5.2%～6.8%，皮棉等级提高2～3级。据江苏省启东市1997年调查，台风田抢摘的黄桃铃重4.31 g，而台风后收摘烂桃铃重仅2.68 g，黄桃比烂桃铃重高60.8%。

在台风前后抢摘铃壳发黄、油点明显或铃尖开裂的棉铃，未成熟和未变色的青铃不要采摘。黄铃摊开晾晒，开裂吐絮后收摘籽棉。如黄铃采摘后遇阴雨，每44 kg黄铃喷洒40%乙烯利 200 ml，覆盖薄膜 4～5 h 后摊晾，待棉铃开裂吐絮后采收。

第四节　冰雹灾害

我国冰雹的危害范围广，主产棉区常年都遭受过不同程度的雹灾。冰雹出现的范围虽小，时间短促，但来势猛、强度大，并常伴有狂风暴雨，对棉花的危害极大，减产严重直至绝收，同时，由于作物受到机械创伤，容易发生病虫危害。

一、雹灾发生特点

据气象部门观测，我国降雹的地理分布特点为山区多于平原、内陆多于沿海、中纬度多于低纬度地区。降雹的时间特征具有明显的季节性差异，降雹天气出现的月份自南向北推移，2～3 月主要在西南、华南和江南，4～5 月主要在长江流域、淮河流域和四川盆地，6～9 月在西北、华北和东北，7～8 月内蒙古冰雹较多。从全国看，4～9 月为主要降雹时段，占总数的 84%，5 月和 6 月为高峰期，各占 22%；冬季极少降雹。降雹时间主要集中在 6～9 月，而且大部分发生在 12:00～18:00。6 月是北方雹区范围最广、雹日最多的月份，此时正值蕾期或初花期，对棉花生长发育有严重影响。

冰雹的发生区域常呈带状分布，波及范围数十公里不等，降雹密度不一，时间长短不一，雹块大小不同，棉花损伤的程度也不尽相同。

二、雹灾后棉花受灾症状

根据棉花损伤和恢复的程度，雹灾可分为以下四种类型。

1. 轻伤型　棉株断头率低于 20%以下，主茎破叶率不超过 30%，花蕾脱落不严重，生育进程处于盛花期以前，灾后可快速恢复，减产较轻。

2. 重伤型　断头率在 44%左右，果枝断枝率达到 30%以上，落叶破叶严重，多数花蕾脱落，生育进程于初花期前后，灾后若能迅速恢复生机，可以获得 44%以上产量。

3. 极重型　主茎生长点、果枝、花蕾、叶片均被打断，成为光杆，但主茎韧皮部、果枝或果节的腋芽未受伤害，仍可萌发，在有效蕾期内有希望生长出一定数量的果枝和花蕾，精心管理后仍有一定收成。

4. 毁耕型　降雹密度大、雹块大，棉株大多数被砸烂，茎皮破裂，不能恢复生长，必须毁种改种。

对毁种棉田要逐块检查，依据棉花生长发育有效日数、棉铃发育适宜气温和有效积温等因素，因地因时提出补种棉花和改种其他作物的对策措施。重播棉田要选择早熟、特早熟品种，加大播种密度，以密争早，以密争时，并在灾后尽量早播以争取农时。

长江流域棉区，5 月 20 日前受灾可考虑抢时翻种中早熟棉花品种，6 月 20 日前受灾可考虑抢时翻种短季棉品种，之后只能选种其他早熟作物。黄河流域棉区，5 月 5 日前受灾可考虑抢时翻种中早熟棉花品种，6 月 5 日前受灾可考虑抢时翻种短季棉品种，之后只能选种其他早熟作物。西北内陆的南疆棉区，5 月 20 日前受灾可改种短季棉品种；北疆与辽河流域棉区由于生长季节和热量条件有限,受灾后只能改种其他适宜的短季作物。

三、雹灾棉花的生长发育特点

(一) 具有自我调节能力

棉花主茎被打断后,由于棉株自身的再生能力与补偿作用,以及改善光照和养分条件后,棉花能较快恢复生长,上部几台果枝腋芽迅速形成叶枝,并代替主茎成为新的生长中心,而下部果枝腋芽生长较慢,成为弱势叶枝。在成铃上,不同部位叶枝成铃率不同,表现为顶部向下随节位下降成铃数明显减少。

棉株断头后,分枝数显著减少。据江苏省兴化市灾后定株调查,断头棉株平均单株分枝数为5.7个,其中叶枝 2.9 个,果枝 2.8 个,比未断头少 7.5 个,比未受灾少 11.3 个;单枝果枝成铃数为 2.9 个,比受灾未断头多 1.2 个,比未受灾棉株多 1.5 个。

(二) 成铃高峰推后,成铃数减少

受灾棉株主茎生长点未断,但部分果枝、叶片被打断打落,光合叶面积减少,光合物质不足,蕾铃脱落率比正常棉株高,棉株成铃高峰时间推迟 10 d 左右,单株成铃少 3～4 个。

(三) 主茎被打断后,成铃高峰不明显,成铃减少

受灾棉株断头后,由于植株器官受到严重损伤,引起棉株成铃高峰不明显,单株成铃少于正常生长棉株。根据江苏省兴化市 1992 年灾后实际调查,受灾断头棉株单株成铃只有 12.5 个,较正常棉株少 10.1 个,较受灾未断头棉株少 5.2 个。

四、人工防雹措施

所谓人工防雹,就是对将要降冰雹的冰雹云施加人工影响,以减少和避免降雹灾害。我国从 1958 年开始人工防雹技术的研究,从使用土炮、土火箭防雹,发展到基于冰雹云的雷达观测并指挥作业,以“三七”高炮为主,辅以防雹火箭、焰弹的防雹作业技术体系。如位于天山北坡的新疆生产建设兵团农七师和新疆维吾尔自治区乌苏市联合建立人工防雹体系,人工防雹作业取得了显著的防灾成效。

人工防雹的原理有两种,一是引晶“争食”过冷水以达到消雹的作用,二是提前降水抑制冰雹长大,以达到消雹的作用。表 44-4 是天山北坡人工防雹体系中的作业用弹量,通过增加人工雹胚数量,争食水气和过冷水滴,可抑制自然雹胚增大,达到防雹目的。

表 44-4　一块冰雹云移经一个作业点经验用弹量范围表

冰雹云类型	跃增阶段		孕育阶段		作业总量	
	炮弹(发)	火箭弹(枚)	炮弹(发)	火箭弹(枚)	炮弹(发)	火箭弹(枚)
对称雹云	＜50	1～2	＜50	1～2	＞100	＜4
超级雹云	50～100	2～3	＞50	3～4	＞150	＞6
点源雹云	＜50	1～2	50～100	2～3	＞150	＜4
传播雹云	＜50	1～2	50～100	2～3	＞150	＜4
复合雹云	＜50	1～2	50～100	2～3	＞150	＜4

[注] 资料来自新疆生产建设兵团农七师和新疆维吾尔自治区乌苏市联合建立的人工防雹体系(陈冠文提供,2012)。

人工防雹的作业设计采用“竞争胚”概念。即人工增加形成冰雹的胚胎，以期在云中有更多的雹胚增长，瓜分云内的过冷水，增加雹粒的数目，减少雹块的质量及落地时动能，以减轻冰雹灾害。

目前在防雹作业中广泛使用碘化银催化剂。将催化剂引入雹云的方法有地面燃烧炉、地面发射炮弹、火箭和从飞机上发射火箭及投掷碘化银焰弹。

近年来，我国人工防雹减灾技术研究取得重要进展，形成了包括冰雹天气预测以及冰雹云监测、识别和催化等技术的人工防雹技术系统，明显提高了防雹技术的整体性能。全国各地相继发展了冰雹短时预报和冰雹云识别方法，开发了单站降雹预报方法、天气图区域降雹预报方法及数值模拟降雹预报方法，前两项已在全国各地人工防雹技术中广泛使用，准确率达到70%左右。利用冰雹云模式计算降雹预报的试验，也收到良好的效果。雷达识别雹云，准确率达到80%～85%。

资料统计表明，采用高炮和火箭播撒成冰催化剂碘化银，在具备作业技术条件的前提下，可取得雹灾面积减少40%～80%的效果。综合2000～2005年全国人工影响天气作业情况分省统计，投入产出比大多数省、自治区、直辖市在(1∶10)～(1∶30)之间。

五、雹灾棉田的补救措施

棉花遭受雹灾后，要及时科学地作出是否毁种改种决策。一般来讲，轻伤、重伤型棉田要及时加强田间管理，争取不减产和少减产。极重型棉田则根据受灾时间，只要受灾时间不是很晚，仍能争取一定的有效花蕾，可以考虑不毁种；如果受灾时间较晚，超过了有效花蕾时期，则要及早决定改种。毁耕型棉田要及早改种生育期合适的其他作物，争取有所收获。另外同一受灾地区不同的田块可能受灾的程度不同，因而应采取不同的管理措施。雹灾棉田的补救措施如下。

(一) 中耕培土争早发

棉田遭受雹灾后，表土板结，土温下降，应迅速排水降渍。3 d和10 d后分别进行两次深中耕和细中耕，协调土壤水气，增强根系活力。雹灾后，除了棉花主茎、果枝被打断外，棉株倒伏严重，根系受到不同程度的伤害，因此，对受灾棉田还必须及早进行培土扶苗，使棉花迅速恢复正常生长。据兴化市灾后10 d调查，扶苗较未培土扶苗棉株，单株小铃、当日花蕾数、总果节数均有明显增加，脱落率显著下降。

(二) 推迟整枝留叶枝

据观察，主茎断头棉株，子叶节以上叶腋中的赘芽，经20 d左右就能长成4片叶以上的完整叶枝，形成五股六杈的多头棉，在叶枝4片叶前，无论多少嫩头，均不整枝，以利于光合作用和干物质的积累，有利早现蕾、早开花、早结桃。7月上旬，当新头长到5～6片叶后整枝，只留2～3个生长势强的枝头，留上不留下，留大不留小。主茎未断棉株整枝，在果枝头打断较少的情况下，打顶时间与正常生长棉株相似；如果果枝断头比较严重，则应适当推迟打顶时间，增加1～2台果枝，争取上部成铃，一般可视情况推迟3～5 d，而对赘芽仍应及时去除，以保持果枝优势。有头棉株在缺苗处留1～2个叶枝，以弥补由于密度不足造成的减产。

(三) 防治虫害保成铃

棉花恢复生长后,虫害对棉花成铃率影响较大,应注意伏蚜和棉铃虫等害虫的防治。

(四) 根外喷肥防早衰

灾后棉田由于根系受损,易发生早衰,在花铃期以 0.5%磷酸二氢钾和 2%尿素液等叶面营养肥料混合使用,以补充营养。

(五) 喷乙烯利促早熟

受灾棉花生长期推后,晚桃多,日平均气温 19 ℃左右时,采用 40%乙烯利 1 440~2 244 g/km^2 兑水 600 kg,进行叶面喷施催熟。

(撰稿:朱永歌,林永增,陈冠文,李维江,毛树春,陈金湘,张立祯;
主审:林永增,张存信;终审:毛树春)

参考文献

[1] 朱晓华.我国农业气象灾害减灾研究.中国生态农业学报.2003,11(2).
[2] 徐祥德,王馥棠,萧永生.农业气象灾害防灾调控工程与技术系统.北京:中国农业出版社,2002.
[3] 任国玉,郭军,徐铭志,等.近 44 年中国地面气候变化基本特征.气象学报,2005,63(6).
[4] 林之光,张家诚.中国气候.上海:上海科学技术出版社,1985.
[5] 王恒铨.河北棉花.石家庄:河北科学技术出版社,1992:176-185.
[6] 韩湘玲,曲曼丽.黄淮海地区农业气候资源开发利用.北京:北京农业大学出版社,1987:70.
[7] 苗玉芝,田淑欣.气候旱涝与农业旱涝.山西气象,2006,75(2).
[8] 崔读昌.世界农业气候与作物气候.杭州:浙江科学技术出版社,1994:36-37.
[9] 朱德垓,韩俊,林永增,等.旱地棉生育特点及栽培技术研究.中国棉花,1990(1).
[10] 张建华,李迎春.水分影响棉花发育进程的初步研究.干旱区资源与环境,1997,11(4).
[11] 黄桂林,黄爱清.涝灾棉的生育特性及管理技术.中国棉花,1992,19(3).
[12] 王记芳,朱业玉.近 44 年河南省连阴雨灾害气候特点.河南气象,2000(4).
[13] 崔淑芳,金卫平,李俊兰,等.河北省连阴雨天气对棉花的影响及管理措施.中国棉花,2005,32(1).
[14] 孙培良.夏末秋初低温连阴雨对棉花的影响及其对策.中国农业气象,1995,16(4).
[15] 罗振,董合忠,李维江,等.盐渍和涝渍对棉苗生长和叶片某些生理性状的复合效应.棉花学报,2008,20(3).
[16] 朱建强,刘会宁.多次涝渍胁迫间歇作用对棉花产量的影响.灌溉排水学报,2007,26(1).
[17] 郑维,林修碧.新疆棉花生产与气象.乌鲁木齐:新疆科技卫生出版社,1992:24-29,40-45,70-76.
[18] 陆景淮,李秉柏,赵长松.棉花的气象灾害及防御对策.上海农业科技,1997,3.
[19] 李新建,毛炜峄,杨举芳,等.以热量指数表示北疆棉区棉花延迟型冷害指标的研究.棉花学报,2005,17(2).
[20] 李新建,毛炜峄,谭艳梅.新疆棉花延迟型冷害的热量指数评估及意义.中国农业科学,2005,38(10).
[21] 纪从亮,朱永歌,陈德华.棉花高产优质高效栽培实用技术.北京:中国农业出版社,2002:331-337.
[22] 黄美元,徐华英,周玲.中国人工防雹四十年.气候与环境研究,2000,5(3).
[23] 王柏忠,王广河,高宾永.人工防雹的农业减灾效应.自然灾害学报,2009,18(2).
[24] 郑冬官,方其英,黄德祥,等.高温对棉花花器影响及对策研究.安徽农业科学,1993,21(3).

[25] 郑冬官,方其英,蔡永立,等.高温对棉花花粉生活力的影响.棉花学报,1995,7(1).
[26] 王苗苗,唐灿明.高温胁迫后的棉花花粉活力测定方法.江苏农业学报,2010,26(2).
[27] 高继光,徐京三.棉花地膜覆盖栽培高温烫苗农业气象条件的研究.气象学报,1990,48(2).
[28] 倪密,王学德,张昭伟,等.三系杂交棉花粉育性对高温和低温胁迫的反应.作物学报,2009,35(11).
[29] Reddy K R, Hodges H F and McKinion J M. A comparison of scenarios for the effect of global climate change on cotton growth and yield. Australian Journal of Plant Physiology, 1997a,24.
[30] 杨国正,张秀如,孙湘,等.棉花早期热激处理与高温期蕾铃脱落关系的初步研究.棉花学报,1997,9(1).
[31] 丁自立,杨国正,吴金平.萌动期热激处理对不同品种棉花生长发育的影响.武汉植物学研究,2006,24(6).

第四十五章　生物灾害及其预防和救治

第一节　棉花黄萎病的暴发、危害和控制

一、棉花黄萎病的暴发和危害

我国的棉花黄萎病是在1935年由美国引进斯字棉棉种传入的。当时，在引种区的河南安阳、河北正定、山东高密、山西运城和临汾、陕西泾阳等地，都陆续发现了黄萎病，之后逐年蔓延，到20世纪90年代大发生。黄萎病的发生危害可分为四个阶段：第一阶段，20世纪30年代到中华人民共和国成立为传入和缓慢发生阶段；第二阶段，50～60年代为扩展蔓延危害阶段；第三阶段，70～80年代为进一步扩展蔓延，轻度危害阶段；第四阶段，90年代以后严重危害阶段。

（一）20世纪70年代以前黄萎病的发生危害

中华人民共和国成立后，棉花黄萎病随棉种的大量调运迅速扩展蔓延，至1959年，12个产棉省(直辖市)有棉花黄萎病的局部零星发生，而1935年首先传入棉花黄萎病的5省7个县已成为黄萎病的重病区。1963年，有14个产棉省的75个县(市)发病；1965年，扩展到17个省172个县(市)发生黄萎病，并且危害程度逐年加重。

20世纪60年代中期，黄萎病发病严重的省(自治区、直辖市)主要是北方的灌溉棉区及河滩地，旱地发病较少。严重地区有陕西关中一带的泾阳、三原和高陵，河北的唐山地区及石家庄的部分县区，河南安阳，山东高密、临清，辽宁省的辽阳、营口、盖平、黑山、海城等县(市)。山西晋中南26个产棉县仅有2个县没发病。60年代中期开始，枯萎病在各主产棉区危害越来越重，由于我国大部分病区为枯、黄萎病混合发生，枯萎病的危害掩盖了黄萎病的表现。

（二）20世纪70～90年代黄萎病的扩展蔓延

1972年15个省、直辖市统计，638个产棉县发生枯、黄萎病，病田面积达30.3万hm^2，占统计棉田面积386.7万hm^2的7.8%。1973年统计，全国植棉面积528万hm^2，黄萎病的发病面积8.7万hm^2。1977年，21个植棉省(市)发生枯、黄萎病，浙江、江西为枯萎病区，甘肃、贵州为黄萎病区，其余各省均是枯、黄萎病混生区。全国枯、黄萎病发病面积52.8万hm^2，占全国植棉面积480万hm^2的11%。其中黄萎病面积9.0万hm^2，枯萎病面积10.1万hm^2，枯、黄萎病混生面积148.2万hm^2，损失皮棉0.5亿kg以上。

（三）20世纪90年代以来黄萎病的严重发生和危害

由于枯、黄萎病区大面积种植抗枯萎病品种，到80年代末枯萎病被控制；90年代初黄萎

病的危害逐年加重，特别是1993年，我国南北棉区气温比常年低，加上土壤含菌量大，造成黄萎病的大暴发，发病面积约占全国植棉面积的一半，重病田面积13.3万 hm^2，损失皮棉1亿kg以上。黄萎病的发生特点为：第一，发生早、来势猛。大田5月底6月初即出现病株，如1993年，河南安阳5月27日见黄萎病病株；1995年5月29日见病株，1999年5月28日见病株，其发生期较往年提前10～15 d。1993年冀、鲁、豫棉区大面积棉田在棉花现蕾初期即出现落叶型病株，如山东临清，河南封丘、兰考，河北成安、肥乡等县（市），2～3 d内即大量落叶成光杆，植株枯死。第二，发病面积大，经济损失重。据有关资料表明，1993年陕西省棉花黄萎病发病面积较1982年增加55.8%，80年代的零星病田和轻病田均已发展为重病田或严重病田；1996年棉花黄萎病的发病面积是20万 hm^2 以上，是1986年的5倍。1993年北方棉区棉花黄萎病的发病面积为167万 hm^2，皮棉损失5 000万kg；同年全国重病田面积达133万 hm^2，皮棉损失1亿kg以上。第三，出现大面积落叶型黄萎病田。近年在河南、河北、山东、山西等地出现落叶型棉花黄萎病，造成大面积棉田棉株落叶枯死，严重者造成绝收现象。

1995年、1996年、2002年、2003年黄萎病在北方棉区再次连续大发生，给棉花生产造成重大损失。2006年、2007年、2009年南方部分省份又发生严重危害。

二、棉花黄萎病控制技术

针对棉花黄萎病发病特点，其防治应采取以种植抗病品种为主的综合防治策略。

1. 种子处理，减少菌源　无病区或轻病区应避免使用毛籽或对毛籽进行药剂处理后使用。一是硫酸脱绒，402闷种。棉籽浓硫酸脱绒后，用55～60 ℃ 2 000倍402杀菌剂热药液浸种30 min，可使带菌棉籽彻底消毒。二是多菌灵浸种。用0.5%多菌灵盐酸盐溶液，棉籽和药液比为1∶4，冷浸24 h。具体操作：将多菌灵5 g与25 ml稀盐酸溶液混合，再加入975 ml水，加入0.3%的乳化剂平平加作为助剂，配成1 000 ml药液即可浸种。

2. 病株周围土壤处理　棉田开始出现零星黄萎病病株时，可用50%棉隆可湿性粉剂140 g混拌于以病株为中心的1 m^2 深40 cm的翻松土层内，然后加水15～25 kg助渗，再覆盖细土封闭，杀菌效果明显。

3. 种植抗病品种　2000年以来通过国家审定的双抗品种有中植棉2号、邯5158、冀杂1号，抗枯萎病耐黄萎病的品种有中棉所41、中棉所49（非抗虫）、中棉所51、中棉所52、中棉所57、中棉所58、鲁棉研16、鲁棉研24、鲁棉研27、鲁棉研28、鲁棉研29、冀棉958、邯棉802、豫杂35、南农6号等。

4. 加强棉田管理　清洁棉田，减少土壤菌源，及时清沟排水，降低棉田湿度，使其不利病菌滋生和侵染。棉田施肥原则是，增施有机肥，重施底肥。施厩肥30 000～45 000 kg/hm^2，最好为牛羊粪肥或经过堆制腐熟的玉米秸秆，磷酸二铵15 kg/hm^2，标准钾肥10～15 kg/hm^2。有机肥、磷钾肥全部底施。切忌过量使用氮肥，适当增施或叶面喷洒钾肥，另外通过增温、去早蕾（7月上旬，摘去1～2果枝上4～5个早蕾），促进早发，促进健壮生长，增强自身抗逆的能力，达到控害减灾的目的。

5. 叶面喷施诱导抗菌剂和叶面肥　从5月下旬开始，每7～10 d喷施叶面抗病诱导剂，如威棉 1 号、激活蛋白、99 植保、活力素等 300～500 倍液，连喷 4 次。在 8 月中旬以后，还应继续喷施叶面抗病诱导剂 2～3 遍，至 9 月 10 日左右，可与叶面肥如磷酸二氢钾等一同施用。

6. 实行轮作倒茬　采用与小麦、玉米、水稻等作物轮作，尤以水旱轮作最好。与水稻轮作 1 年以上，再种 3 年棉花；或与玉米、小麦轮作 2 年，再种棉花。多年的实践证明，与水稻轮作 3 年，防病效果达 99.7%～100%，但必须使用无病棉种（或用有效成分 0.3%多菌灵胶悬剂药液冷浸棉籽 14 h 消毒处理），施用无病净土，才能确保防治效果。

第二节　棉铃虫的暴发、危害与控制

20 世纪 90 年代以前棉铃虫一直在棉田害虫中占据主导地位。棉铃虫危害每年都造成棉花严重的产量损失。据统计，一般年份棉铃虫造成棉花的产量损失在 15%左右，严重发生年份可达 30%以上。1990 年河北省因棉铃虫暴发，损失皮棉 5 000 万 kg，之后几年中棉铃虫在黄河流域大范围连续暴发。

有利的气候条件加重了棉铃虫的暴发危害，如秋季和春季气温的变化直接影响棉铃虫的越冬基数和存活率，冬季气候变暖，也有利于棉铃虫的越冬。过度依赖菊酯类化学农药，棉铃虫抗药性直线上升，防治效果下降，加之农药质量参差不齐和棉农施药技术不规范，对一些害虫危害习性认识不足，常常在田间看到害虫造成危害时施药，导致防治时间偏晚，错过最佳防治时期，残虫多，“乱代”现象严重；同时，棉田施药过多或选用农药不对路，杀伤了大量天敌，失去了天敌对棉铃虫种群的自然控制，最终导致棉铃虫灾害持续暴发。

随着转基因棉花的大面积种植，棉铃虫的危害得到了控制。但是最近几年，棉铃虫在河北、山东等地种群数量呈上升趋势。据统计，2006 年，河北省抗虫棉最多百株累计二代棉铃虫落卵量达 3 000 多粒，比上年多出 1 000 多粒，三代棉铃虫也在加重发生，根据河北省邢台市监测结果，2006 年全市植棉面积 18 万 hm^2，三代棉铃虫百株落卵量为 699 粒，而上年只有 80 粒，落卵量增多意味着棉铃虫的成活率高，可使转基因抗虫棉的受害风险加重。我国在部分棉区，棉铃虫对 *Bt* 棉的抗性等位基因频率由 0.6%上升至 2%～8%；2008 年美国已经发现了抗转基因抗虫棉的棉铃虫的田间抗性个体，靶标害虫抗性演化将可能导致棉花虫害的多次猖獗危害，应当警惕。

第三节　盲椿象的暴发、危害与控制

盲椿象是一类重要的农业害虫，其种类繁多。在我国，危害农作物生产的主要种类有绿盲蝽、中黑盲蝽、苜蓿盲蝽、三点盲蝽和牧草盲蝽等。盲椿象的寄主植物范围广泛，已报道有 51 科 200 余种，包括棉花、枣、葡萄、樱桃和苹果等多种重要作物和林木。盲椿象的危害性、扩散能力强，在适宜的环境下，种群能迅速增长，常区域性暴发和成灾；同时，盲椿象常以复合种群发生危害。

20 世纪 50 年代，盲椿象曾在黄河、长江流域棉区严重暴发成灾。其中，1952 年盲椿象的发生危害面积为76万 hm^2,1953年危害面积达173万 hm^2,给棉花生产带来了严重的产量损失。而在随后的近半个世纪中,盲椿象在我国大部分地区的发生程度较轻。这期间,仅在江苏、河南等省区的局部地区有一定的发生和危害。1997年,我国开始商业化种植 *Bt* 抗虫棉花,到2007年 *Bt* 棉花种植面积达380万 hm^2,占全国棉花总种植面积的69%。种植 *Bt* 棉花有效控制了棉铃虫等主要鳞翅目害虫的危害,棉田化学农药使用量因此而大幅度减少。随之,棉田害虫群落发生了一系列演替,盲椿象种群数量剧增,危害增强,对棉花及其他作物的生产带来了严重的影响。

一、盲椿象暴发原因

(一) 种植模式改变

1. 栽培方式变化　2000年以前,盲椿象一直是我国农业生产的次要害虫,种群数量低而基本不需防治。近年来,在农业产业结构调整背景下,由于大幅度增加了果树和蔬菜的种植面积,为盲椿象提供了丰富的寄主植物和适宜的越冬场所,盲椿象种群数量急剧上升,危害增强,并向严重灾变趋势发展。

棉花栽培方式的变化导致部分区域盲椿象虫量较高且相对集中危害。麦、棉套作已成为常规模式,近年又出现了棉花与西瓜、花生、芝麻、大豆等间、套作,由于棉花与这些作物共生期较长,而这些套作的作物都是棉盲蝽的寄主,形成相对集中危害。特别是棉花与西瓜套作田,由于采取了地膜加拱膜栽培,棉花易早发,揭膜后棉盲蝽迅速转移其上危害,成为一代盲椿象的诱集带,二代直接在棉田繁殖;而常年一二代主要在棉田外寄主上繁殖,现在立体间、套种棉田棉盲蝽一代直接下棉田危害。

2. 棉田外寄主作物种类增多　随着不同栽培模式和间、套种方式的推广,多样化的田外寄主成为棉盲蝽很好的栖息繁衍场所,这使得棉盲蝽在整个世代发生期内均有较多的适宜寄主作物,而且分布又较为分散,人们容易忽视这些作物上盲椿象的防治,往往靠近这些寄主作物棉田受害就相对重得多。2005年三代棉盲蝽发生期调查,与西瓜套作的棉田百株平均混合虫量32头,蕾害率24%,而相邻纯作棉田平均百株混合虫量6头,蕾害率3%。危害棉田的盲椿象多是从早春开花的蔬菜、绿肥、杂草寄主上迁入棉田的。早春棉田周围寄主种类、数量多少、生长状况等对盲椿象的种群数量增长有着很大影响。

3. 抗虫棉规模商业化种植　1997年我国大面积推广种植转 *Bt* 基因抗虫棉以来,棉铃虫在田间危害明显减轻,棉田施药次数和用药量显著下降。抗虫棉田全年用于防治棉铃虫的施药次数,黄河流域棉区普遍在4～6次,长江流域棉区3～4次,较常规棉田均减少一半以上。棉田施药次数的减少,降低了兼治效果,有利于盲椿象种群在田间的繁殖、危害。

伴随着转 *Bt* 基因抗虫棉花的种植,一些害虫的生态地位也发生了变化,可导致一些刺吸性害虫的发生危害加重。

(二) 气候变化

棉盲蝽适宜在多阴雨天气和湿度大的环境下生存。6～7月份雨日较多,湿度大,寄主嫩绿旺盛,棉盲蝽产卵多,繁殖快,虫量增多,危害就较重。同时,近几年抗虫棉现蕾期提前,蕾花较多,也为棉盲蝽发生提供了充足的食料条件。雨水多的年份会出现三四代盲蝽在局部田块虫量偏高、危害较重的现象。2006 年二代棉盲蝽发生期间，梅雨天气明显，雨量大，雨日长，极有利于棉盲蝽的发生，特别是部分田块受淹后，植株出现疯长现象，并生出许多赘芽，一些棉农田间整枝、化控等技术跟不上，棉花生长过旺，无效花、蕾过多，植株含氮量偏高，棉盲蝽的繁殖、危害就较重。

（三）农药使用量减少及不当施药

1. *农药使用量减少*　棉铃虫防治药剂大多数以有较高兼杀效果的有机磷及其复配剂为主，对盲椿象具有兼治效果，在我国大部分棉区，盲椿象成虫一般于 6 月上中旬从早春寄主迁入棉田，此阶段为二代棉铃虫的防治期。防治棉铃虫施用的化学农药，间接地杀死了刚侵入棉田的盲椿象成虫。此后，在三四代棉铃虫连续防治下，棉田盲椿象一直被控制在较低的水平。转基因抗虫棉种植面积逐年扩大，棉田内化学农药施药次数和用药量明显减少，对棉田次要害虫的兼治作用逐渐变弱。

2. *施药方法不当*　棉田施药过多或选用农药不对路，杀伤了大量天敌，失去了天敌对棉盲蝽种群的自然控制。在用药方式上，农户不能进行联防联治，很难提高总体防治效果。

3. *害虫抗药性提高*　我国使用化学杀虫剂防治农业害虫始于 20 世纪 50 年代中后期，至 90 年代，抗药性害虫种类呈直线上升态势，并导致部分化学农药失效。

二、盲椿象的防治

1. *加强害虫发生规律研究*　近年随着种植制度的调整、气候的变化等方面的原因，棉花虫害的发生规律也发生了新的变化。加强棉花害虫发生规律和寄主变迁的研究，才能准确地进行棉花害虫的监测预警和及时防控。

2. *加强早期监测预警*　根据信息资料对棉花虫害进行监测预警与风险评估，加强防范措施与制定应急控制技术。密切关注棉田害虫发生态势，控制其扩散速度和范围，科学防治，降低害虫的危害损失。

3. *开展棉田害虫的抗性治理*　在明确害虫抗药性现状的基础上，选择代表性地区设立抗性治理点，实施抗性综合治理。在示范区，实施统防统治，采取控制施药方式、时期、农药种类、数量和频率，以及调整作物布局，诱杀成虫等技术措施进行有效治理。

4. *构建可持续控制技术体系*　针对棉花虫害，综合农业防治、生物防治、诱杀防治、转基因抗虫品种的利用及化学防治技术，发展出针对特定目标的有效的、可接受的消灭或控制棉花虫害的技术与方法，建立控制棉花虫害的综合治理技术体系，制定最佳的优选方案与组合技术，强化对棉花虫害治理的基础、技术与方法的研究，对棉花虫害进行有效的持续控制。

（撰稿：简桂良，朱荷琴，崔金杰；主审：林永增，张存信）

参考文献

[1] 眭书祥，赵国忠，等. 晋棉-26 棉花形态抗盲椿象育种实践. 河北农业科学，2007，11(5).
[2] 马晓牧，张青文，蔡青年，等. 2003 年冀南棉区绿盲蝽暴发危害. 植物保护，2004，30(3).

[3] 夏敬源.我国重大农业生物灾害暴发现状与防控成效.中国植保导刊,2008(1).

[4] 陆宴辉,梁革梅,吴孔明.棉盲蝽综合治理研究进展.植物保护,2007,33(6).

[5] 陆宴辉,吴孔明.棉花盲椿象及其防治.北京:金盾出版社,2008.

[6] 梁革梅,张永军,陆宴辉,等.防治棉盲蝽高效农药的筛选//中国植物保护学会.2006 学术年会论文集科技创新与绿色植保.北京:中国农业科学技术出版社,2006:761.

[7] 吴孔明.我国 *Bt* 棉花商业化的环境影响与风险管理策略.农业与生物技术学报,2007,15(1).

[8] 夏敬源,崔金杰.转 *Bt* 基因抗虫棉在害虫综合治理中的作用研究.棉花学报,1999,11(2).

[9] 简桂良,卢美光,王风竹,等.转基因抗虫棉黄萎病综合防治技术体系.植物保护,2007,33(5).

[10] 中国农业科学院植物保护研究所.中国农作物病虫害(上册).北京:中国农业出版社,2015.

[11] 李国荣.新疆棉花病虫害及其防治.北京:中国农业出版社,2017.

[12] 简桂良.棉花黄萎病和枯萎病及其防治.北京:金盾出版社,2009.

第十二篇

棉花生产机械化

一、概　　述

棉花生产机械化是指植棉业的综合机械化技术、装备及应用。棉花生产机械化是促进我国棉花可持续生产的重大关键技术和措施之一，亦是各项先进技术在植棉业应用的重要载体。新疆是全国棉花生产机械化水平最高的产区，多年实践证明，植棉机械化不但可提高棉田管理水平，满足适时精耕细作的要求；更重要的是可大幅度提高劳动生产率，扩大植棉规模效益，实现增产、增收的目的。同时，棉花生产机械化还不断推动棉花种植管理的规范化和标准化，推进植棉的规模化。随着农艺与农机的紧密结合，棉花机械化将显著提升科学种田水平，成为提升棉花竞争力的重要支撑和基础保障条件。

我国植棉业呈现典型的劳动密集型特征。全国大部分棉区除耕整地、播种、中耕、喷药等田间作业使用机械外，其余作业仍以人工为主，随着农村现代化建设的推进和劳动力的不断转移，这种较低的生产率急需改进和提高。植棉业用工数量在日益减少，据国家统计局资料，每公顷棉田投入的劳动工时从1978年的915个减少到2009年的270个，每年约减27个，每生产皮棉100 kg消耗的工日也从20世纪80年代的50个减少到2009年20个左右；全国每个棉农管理棉田面积，内地为0.2～0.5 hm^2，新疆生产建设兵团农场为1.7～2.0 hm^2。自2007年以来，由于劳动力价格与植棉成本的大幅度上涨，植棉机械化进程的加快，植棉规模不断扩大，植棉大户的面积增加到10～20 hm^2，新疆生产建设兵团增加到5～7 hm^2。

美国是全球植棉技术较为先进的国家，机械化水平高，早在20世纪70年代就已实现棉花生产全程机械化，每公顷用工时57个，每生产皮棉100 kg消耗工日10.6个；平均每个农场植棉面积70年代为75 hm^2，80年代增加到103 hm^2；随着转基因抗除草剂品种的应用，20世纪90年代和21世纪初提高到200 hm^2，每公顷需用工时和每生产100 kg皮棉消耗工日都进一步减少。

我国植棉机械化水平也取得长足进步，特别是新疆生产建设兵团农场，棉花机械化综合作业水平从2005年的50%左右、2010年的80.6%提高到2017年的94.0%，这主要归功于机采棉面积的扩大应用。但就全国棉花而言，植棉机械化水平还不高。据周亚立和毛树春的测算，2010年全国棉花机械化水平为38.3%，同期全国大田作物耕种管收的机械化率为52.0%，棉花偏低13.7个百分点。三大产区机械化率差异甚大，西北内陆棉区最高，为73.6%；黄河流域次之，为25.0%；长江流域最低，仅10.0%。提高植棉机械化水平已迫在眉睫。

二、棉花生产机械化的功能和效能

现代植棉机械化技术贯穿于棉花生产的产前、产中、产后各个环节，包括从棉田基本建设开始，耕整地、播种、中耕田管、植保、收获到铲拔棉柴清地等全部棉田作业的机械化和产后棉花初加工，如烘棉、籽棉清理、轧花、皮棉清理、打包、运棉、堆垛、贮存、扒棉垛喂棉或运棉垛等作业的机械化及棉秆、棉籽、短绒等副产品深加工的机械化工业化技术和相配套的现代化信息监控技术。现代化机械和设备是实现推广先进植棉农业技术的有力工具，具有改进棉田作业质量、增产优质棉、节约开支、增加收益、提高劳动生产率、改善劳动条件、保护环境的共同作用。总结我国半个多世纪的植棉机械化发展，可归纳出棉花生产机械化的主要作用如下。

（一）建立稳定的棉花生产基础

先进的机械化棉田基本建设工程技术可为棉花生产持久稳定丰产建立基础。如基建工程中的大面积土地平整作业，使用铲运机、推土机、长跨度刮板式平地机，功效高且平地质量好，地表高差很小，为棉田播种达到深浅一致、灌溉均匀省水、机器采棉平稳作业提供良好作业条件。

（二）改进作业质量，增产优质棉

棉种硫酸脱绒光籽或毛棉籽包衣光滑丸粒化技术可满足精量播种要求，提高出苗率，又可保持毛棉籽在早春气温不稳定时播后不易在土中腐烂的优点，保证出苗质量。精量播种不但省种，而且可提高出苗率，达到苗全、苗齐、苗壮的要求，为丰产打下基础。

机械化地膜覆盖播种技术20多年来在新疆大面积推广，使新疆棉花单产和总产跃居全国首位。

现代化灌溉技术如低压软管灌溉、滴灌等，可提高沟灌质量，使浇水均匀，干湿一致，棉花增产5%～15%，并有利保持土壤团粒结构，消除大量田间农、毛级渠道，使地面平整，为中耕田管、植保（药剂喷施）、机器采棉等作业创造无障碍的良好作业条件。

化学脱叶结合机器采棉，形成无大量棉叶杂质、吐絮集中、棉株较干燥等作业条件，提高机器采棉的作业质量和工效，并可增产9%～32%的优质霜前花。

机器采棉能不误季节，及时、快速、分次收摘霜前和霜后吐絮籽棉，保持成熟一致的采棉质量，并可减少延迟采棉带来的棉花落地、因气候影响污染变质的损失。另外，配套的一次摘霜后僵棉铃和棉柴的铲、拔或粉碎机械化作业在新疆等北方棉区，为赶在棉田封冻前及时完成腾地、进行秋耕深翻创造条件，为次年及时春季整地、播种、增产优质棉打下基础。

籽棉初加工中的机械化烘棉、籽棉和皮棉的清理除杂可保持棉花的天然品质，减少降级降价损失。

在播种机、植保（药剂喷施）机械、采棉机及棉花加工生产线中使用电脑信息监控系统和自动化程序可预警作业故障、自动管理生产过程、保证优质高效的作业质量。

（三）节约开支，增加收益

机器精量播种、追肥、喷药治病虫害，功效高，用种、用肥、用药量准又省，节省人工，从而增加收益。如精量播种,每穴仅播优质种子1～2粒,节约良种50%以上,并节省以后间苗、定苗的作业开支,可获得全苗、齐苗、壮苗,为丰产增收打下基础。机械喷施液态肥可增产5%～15%,每公顷降低作业成本75元。推广喷灌、微灌、滴灌及软管灌溉技术,能大量节约用水开支。如喷灌比沟畦灌溉节水42%～49.1%。地膜膜下滴灌植棉能增产20%～30%,节水30%～46%。低压软管灌溉可减少输水损失10%～15%。利用精准施肥方法也可节约大量的水,可以开发更多棉田,增加收益。

机器采棉可节约大量人工成本,增加棉农收益。新疆生产建设兵团1995～2000年引进美国4～5行作业的9965型、9970型采棉机试用结果表明,在新疆阿克苏棉区,按采棉机使用10年、收棉75万hm^2计算,包括脱叶、机采籽棉清理加工等各种费用在内,机器采棉每公顷成本为1 568元,比人工手采棉节约成本27.1%。而且由于机采工效高,不需另增大量劳动力,使一个职工由每年只能管理1.7 hm^2棉花、产值2.5万元,提高到一个职工管理6.7 hm^2棉花、产值达到10万元,可节省人工开支40%。另外,使用该兵团自己开发的4ZT－8型摘棉桃机摘僵棉桃,每公顷比手摘减少作业费202.5元,且可多收剥桃皮棉150 kg以上,从而增加净收入462.5元/hm^2。

(四)提高劳动生产率,改善劳动条件

所有机械化作业都具有提高劳动生产率、改善劳动条件,文明生产的突出优点,主要表现如下。

(1) 机械化精量播种比人、畜力播种效率高几十倍,而且可免除以后繁重的人工间、定苗作业。

(2) 低压塑料软管灌溉比人工灌溉省工50%,喷灌、滴灌可在大面积棉田实现自动化灌溉,省工更多,免除人工挖沟引水堵土等繁重的体力劳动。

(3) 机引喷雾机或飞机喷药治虫比人工喷药不但提高功效上百倍,能抓住消灭病、虫时机,而且彻底避免了植保工人受药害中毒伤亡事故。

(4) 对棉株机械化打顶整枝比人工作业提高功效30～46倍,且可使株型保持均匀一致,达到机采要求。

(5) 机采棉效率高。4行采棉机,每台2人轮流操作,1 d可采籽棉16～23 t,比2人手工1 d采80～100 kg提高劳动生产率200～290倍,1名采棉机手可代替200多人的手工采棉,可彻底免除整天弯腰采棉的艰辛劳动。又如一台8行4ZT－8型摘棉桃机可代替150多人手工摘桃,避免了北方初冬雪地摘桃冻裂手之苦。

(6) 棉花加工厂用棉花扒垛机自动扒棉垛喂棉到加工车间,每小时扒垛喂10 t籽棉,且可免除工人扒垛喂棉时受棉尘污染及跌落棉垛发生的人身工伤事故。

三、棉花生产全程机械化

根据我国现代化进程,农村劳动力转移将持续,每年转移劳动力增加,而植棉规模将越来越大,今后棉花全程机械化拟在"一前一后"和"中间集成"方面取得突破。"前"即机械化移栽,"后"即机械化采收,"中间"即整耕地、植保和施肥机械化作业等。

(一) 全自动裸苗移栽机

全自动裸苗移栽机可解决全国40%棉田育苗移栽所需的机械化,实行裸苗全自动移栽,并相应配套整耕地的机械,低成本育苗是需要突破的关键农艺技术。

(二) 多类型采棉机

适应机械化需求,研制和生产适合长江和黄河流域植棉规模不很大的中小型采棉机,适合西北内陆规模植棉所需的大中型采棉机。机械采收的关键农艺技术,一是选育机采棉品种,要求农艺性状为:株型相对紧凑,生殖期相对集中,纤维长度相对延长,吐絮相对集中、流畅。二是创建适合机采的种植模式和种植标准化,以及植保和施肥等全程机械化的配套。三是采用机采棉调控和脱叶技术,调控达到棉花生长“压两头、促中间”,实现吐絮相对集中、便于机械化采收的长势。

(三) 管理机械化

棉田管理机械化包括耕整地、植保、中耕培土、施肥和灌溉等机械化运用,应集成应用,解决棉花生产之急需。

第四十六章　棉田耕整地机械化

棉田耕整地机械化作业通常包括耕地和整地,广义来说,还包括平地、开沟筑畦等。耕地即通过机械深层耕翻疏松,恢复土壤的团粒结构,调节土壤水、肥、气、热状况,利于积蓄水分和养分,并覆盖杂草和肥料,防止和减缓病虫害发生。整地则是利用整地机具破碎、压实和平整农田的表层土壤。

棉田耕整地机械包括耕地机具和整地机具。耕地机具主要是指各种犁和深松机,整地机具包括各种耙、耢、镇压和平地机具等。

农业生产规模的产业化、社会化及大功率农业动力的使用,带动了大中型耕整地机械的更新和发展。耕整地机械产品呈多品种、系列化,向宽幅、高速、高效以及联合作业的方向发展,电子监控、液压和自动化控制技术得到进一步应用。

生态农业技术的形成和发展,促进了耕作制度的革新。保护性耕作技术少、免耕法,是正在推广的先进耕作技术。少耕法耕层只“松”不“翻”,可防止风蚀和雨水冲刷,地表的残茬可以减少水分蒸发,常用的机具是凿形或铲形松土犁;免耕法是不对土壤进行耕翻作业,采用茬地直播机具直接将种子播入地中;全方位深松法,每3年用全方位深松机具对土壤深松1次,松土深度一般为45~50 cm,可破解犁底层,改善耕层透气性。此外,少、免耕法作业程序少,节省机力费,降低生产成本。

本章主要叙述传统耕作法中几种常用机具,并介绍部分新型耕作机具。

第一节　耕地机械化

耕地作业的作用是为棉花生育创造良好的土壤环境条件。根据地区、气候、自然条件及耕地传统，耕地方法大致可分为：平翻（普通式和复式）、深耕（全深翻、上翻下松、深松）、旋耕和少、免耕。

一、耕地作业的农业技术要求

(1) 在土壤宜耕期内结合施底肥适时耕地。

(2) 耕深应均匀一致，一般为25～30 cm，根据土壤、动力、肥源及气候条件确定，平均值不得小于设定耕深1 cm；各铧耕深一致性误差不超过2 cm。耕后地表、沟底平整，土垡松碎，无明显垄台或垄沟。

(3) 土垡翻转良好，无立垡、回垡，残茬、杂草，及肥料覆盖严密。

(4) 耕幅一致，不重耕、漏耕，地头地边整齐，耕翻到边到角。

(5) 开垄、闭垄作业应交替进行。水平地上，同一地块不得连续多年重复一种耕翻方向。

(6) 耕翻坡地时应沿等高线进行。

二、耕地机具及其作业

(一) 耕地机具

我国棉区辽阔，各地气候、土壤条件、耕作制度都有很大差异，耕地机具种类较多，按用途，可分为旱地犁、水田犁、山地犁、深松犁和特种用途犁等；按部件工作原理，可分为铧式犁（包括普通犁、垂直翻转犁、水平双向犁等）、圆盘犁、旋耕犁、深松犁等；按与拖拉机挂接方式，可分为牵引犁、悬挂犁、半悬挂犁等；按犁的强度大小和所适应的土壤等级，可分为轻型犁、中型犁、重型犁等。北方棉区耕翻土壤普遍应用铧式犁；南方棉区耕地、灭茬则以旋耕犁为主要机具。

1. 按部件工作原理分类

(1) 铧式犁

① 普通铧式犁：铧式犁的主要工作部件有主犁体、小前犁、犁刀。主犁体由机组的前进运动切开、翻转、破碎土壤，同时覆盖地表残茬、杂草。小前犁又称副犁，通常配置在主犁体胫刃（沟墙）一侧，将部分表层土壤和作物残茬、肥料等提前翻到沟底，接着主犁体翻起的土垡覆盖在其上，以提高覆盖质量。犁刀有圆犁刀和直犁刀两种形式，安装在主体犁或小前犁的前方，用来垂直切开土壤和残茬，辅助主犁体犁成整齐的沟形，以减少主犁体犁胫的磨损和降低耕地阻力。

② 翻转犁：常用的翻转犁为180°全翻式。以左翻和右翻两组犁体轮番作业，耕地时土垡向同侧翻转，不形成普通犁耕地时的沟或垄，田间地表平整，地头转弯空行少，工作效率高，因而得到广泛应用。犁的翻转动作由液压油缸控制，翻转时油缸先收缩，使犁架翻转约90°，然后再伸长，犁架继续翻转，使另一侧犁到达工作位置（图46-1）。

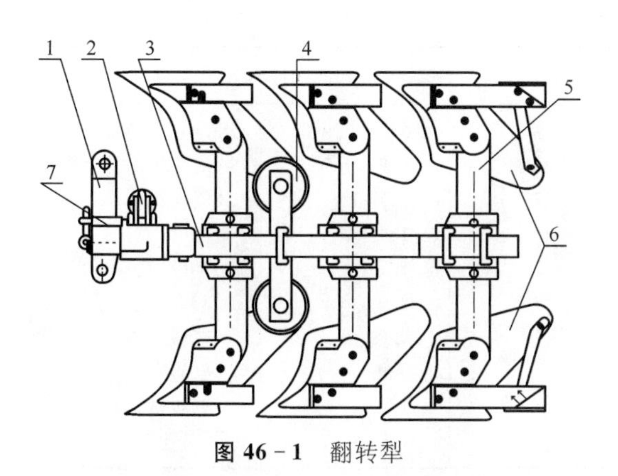

图 46-1　翻转犁

1. 悬挂架；2. 翻转油缸；3. 犁梁三脚架；4. 限深轮；5. 犁柱；6. 左右翻转犁；7. 锁定机构

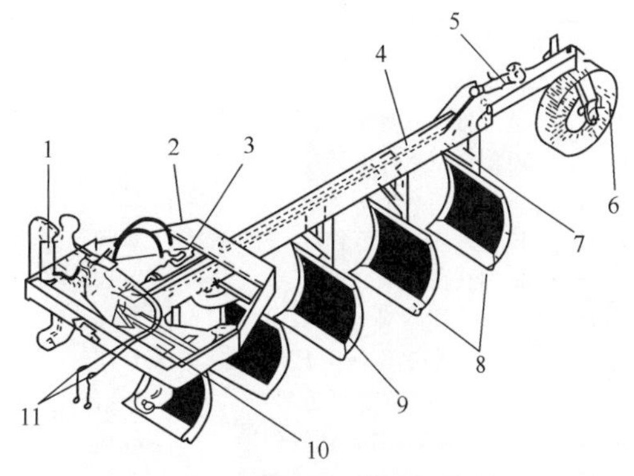

图 46-2　水平双向犁

1. 水平自动调节油缸；2. 换向装置；3. 换向油缸；4. 犁梁；5. 尾轮调节装置；6. 尾轮；7. 犁柱；8. 犁铧；9. 犁壁；10. 悬挂装置；11. 油管

③ 水平双向犁：水平双向犁与拖拉机三点悬挂，运输时犁梁与拖拉机方向一致；工作时，通过液压系统换向油缸使犁架绕回转销水平左右换向，达到左翻或右翻的工作状态。犁在工作时的横向水平位置由水平自动调节油缸限位，耕深则通过提升油缸和调节尾轮的高低位置来控制。水平双向犁犁壁曲面为对称圆柱形，结构简单，犁表面涂覆有减磨聚四氯乙烯涂层，耕地阻力较小；但受犁体曲面形状的限制，碎土和覆盖性能稍差。该犁在国外应用较普遍，国内尚处于研究阶段，其结构如图 46-2 所示。

④ 高速铧式犁：为提高犁地机组作业效率，可采取增加耕幅和提高耕速两种办法。在拖拉机功率一定的条件下，采用耕幅较窄的犁加快耕速以提高机组生产率，具有一定的优越性。高速犁在国外应用十分广泛，在新疆生产建设兵团正在加大推广力度。高速犁的主要特点是耕速高(一般为 8～10 m/s)，犁翼较长，铧刃角较小。

⑤ 换向铧式犁：普通铧式犁只能向右翻转土垡，因此每耕完一块地，就会在小区中央形成墒沟或垄台，影响小区平整度，需要另外采取平地措施。翻转犁和换向铧式犁在机组正向行进时向右翻转土垡，反向行进(回程)时则向左翻转土垡，耕后小区中央不会出现墒沟或垄台。由于需要配备左右翻垡两套犁体和相应的翻转或换向机构，增加了机具重量、结构的复杂度和生产成本。我国大中型常用铧式犁见表 46-1。

表 46-1　几种常用铧式犁性能表

(闫洪山整理，2009)

名称及型号	总耕幅(m)	最大耕深(cm)	生产率(hm^2/h)	配套动力(kW)
1LCH-546/646 型垂直换向犁	2.3/2.7	35	1.84/2.16	118～132(轮式)
1LB-542 型水平换向犁	2.1	35	1.7	96～132(轮式)
1LDJ435 型悬挂犁	1.4	30	1.1	55(履带式)
1LD535 型悬挂犁	1.75	30	1.4	58(履带式)
1L-223 型悬挂二铧犁	0.46	22	0.13～0.2	11～15(轮式)
1L-335 型悬挂三铧犁	1.05	28	0.4～0.5	37～51(轮式)
1L-435 型悬挂四铧犁	1.4	28	0.5～0.7	≥51(轮式)

（续表）

名称及型号	总耕幅(m)	最大耕深(cm)	生产率(hm^2/h)	配套动力(kW)
1L－535 型悬挂五铧犁	1.75	28	0.7～0.9	55～59(轮式)
1L－430 型中型悬挂四铧犁	1.20	26	0.5～0.7	48(轮式)
1L－435 型悬挂高架四铧犁	1.40	27	1.1	80(轮式)
1L－535 型悬挂高架五铧犁	1.75	27	1.4	100(轮式)
1L－635 型悬挂高架六铧犁	2.10	27	1.7	115(轮式)
1L－735 型悬挂高架七铧犁	2.45	27	2.0	130(轮式)
1LGY－535A 型高架液压五铧犁	1.75	27	0.9	58(履带式)
1LGY－535B 型高架液压五铧犁	1.75	27	0.9	58(履带式)
1LGY－635 型高架液压六铧犁	2.10	27	1.0	73(履带式)
1LGY－735 型高架液压七铧犁	2.45	27	1.3	132(轮式)

(2) 圆盘犁：适宜在绿肥地或杂草丛生，作物残根太多、太长的情况下工作，以解决普通犁容易堵塞、犁耕阻力增大、作业质量下降等问题。圆盘犁主要工作部件是一个球面圆盘，其周边磨刃，工作时圆盘作旋转运动，切断杂草、绿肥等根茬及地表茎叶，具有良好的通过性。该犁无犁侧板，侧向力由尾轮承受。缺点是犁出的沟底不平整。圆盘犁在国外发展较快，我国苏北沿海棉区少数农场在绿肥前茬棉田也有应用。

(3) 旋耕犁：旋耕犁有卧式和立式两种，卧式耕深度较浅，立式适于深耕。旋耕犁以动力强制刀片作旋转运动，对土壤进行铣切加工，碎土和混土性能好，耕后地表平整，无垄沟，一次耕作即可达到一般铧式犁耕耙联合作业的效果，减少了作业次数，既争农时又降低生产成本，同时还避免了因多次作业拖拉机轮胎对土壤的压实。卧式旋耕犁耕深 15 cm 左右，立式最大耕深达 32 cm。

2. 按与拖拉机挂接方式分类

(1) 牵引犁：与拖拉机间单点挂接，犁体重量由犁轮支承，其结构尺寸较大，纵向尺寸大，机动性差，转弯地头大，耗用金属材料较多。但工作稳定，可以配置较多犁体而不受犁体重量限制。牵引犁主要由牵引装置、犁架、犁轮、主犁体、小前犁、犁刀、升降机构等组成(图 46－3)。

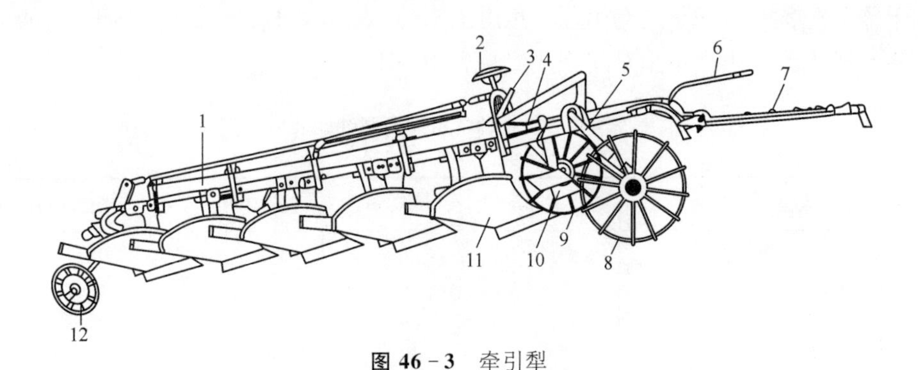

图 46－3 牵引犁

1. 犁架；2. 水平调节手轮；3. 耕深调节机构；4. 油缸；5. 沟轮弯臂；6. 油管；7. 牵引装置；8. 沟轮；9. 地轮；10. 小前犁；11. 主犁体；12. 尾轮

(2) 悬挂犁:与拖拉机以两点或三点联结,由拖拉机悬挂,全部重量由拖拉机承担。悬挂犁结构简单,机组操作灵活,转弯地头小,耗用金属材料少,重量轻,造价低。但配置的犁体数不能太多,否则会因犁体过重而影响机组的纵向稳定性和拖拉机的操作性。悬挂犁主要由悬挂架、犁架、限深轮及调节机构、主犁体、小前犁、犁刀等组成,如图46-4所示。

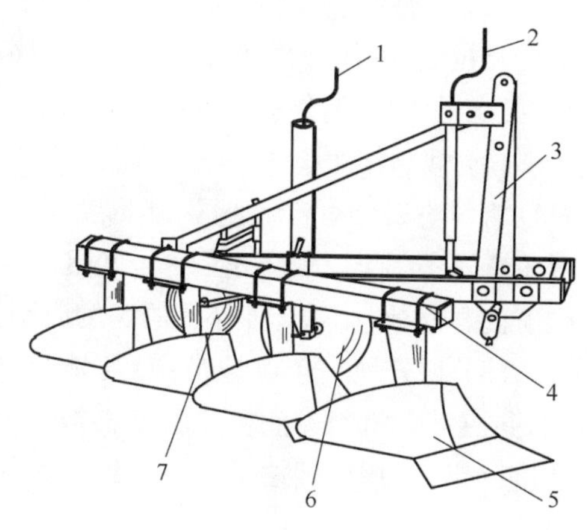

图46-4　悬挂犁

1. 限深轮调节摇把;2. 悬挂轴调节摇把;3. 悬挂架;4. 犁架;5. 犁体;6. 限深轮;7. 圆犁刀

(3) 半悬挂犁:其前端与拖拉机悬挂机构挂接,后端用尾轮支承,兼有牵引犁和悬挂犁的优点。半悬挂犁重量较牵引犁轻,犁的纵向尺寸不受限制,机动性较牵引犁好。半悬挂犁在国外应用较广,主要与大马力拖拉机配套。近年来,新疆生产建设兵团加强半悬挂犁的国产化生产,与进口大马力拖拉机配套。半悬挂犁结构如图46-5所示。

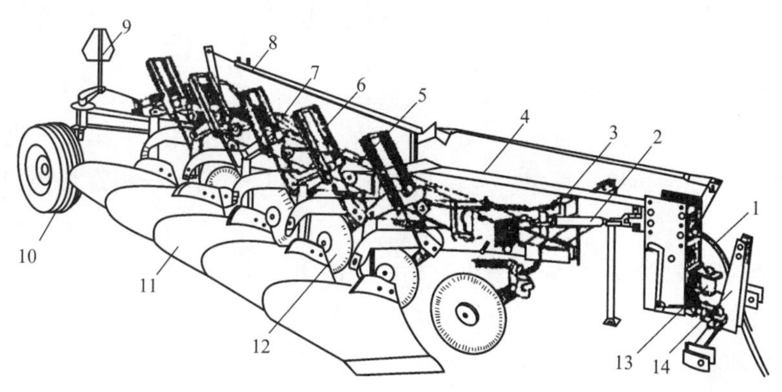

图46-5　半悬挂犁

1. 油管;2. 调节螺杆;3. 弧形板;4. 纵梁;5. 斜梁;6. 安全器;7. 限深轮;8. 尾轮操纵杆;9. 公路运输标志;10. 尾轮;11. 主犁体;12. 圆犁刀;13. 垂直转向轴;14. 悬挂刀架

3. 配合耕地的施底肥机具　为避免化肥露天造成挥发损失,施撒底肥应和耕地作业基本同步。底肥撒施应均匀,施量符合作物栽培的农艺要求,耕翻后埋入土壤深度一般为10~15 cm,地表无可见肥料颗粒。配合耕地的施底肥机具,主要分成改装型和肥料抛撒机具两类。改装型机具一般是在牵引犁和悬挂犁上加装一套排肥装置。生产中较普遍使用的肥料抛撒机具是离心式撒肥机,具有肥量调节范围大、撒肥均匀、适于撒施各种物理性状的肥料等特点。

(二) 铧式犁耕地作业

采用合理的耕地作业方法,既能保证作业质量,又能减少机组空行,提高作业效率。

1. 耕地前的田间准备

(1) 调查通向被耕地的道路、桥涵情况:必须保证机组行驶通畅;调查被耕地分布情况,了解地块的地形、地表状况，检查地块墒情，确定最佳的作业计划。

(2) 平整渠埂，填坑洼，清理障碍物：清理茎秆、石块、树根等影响机组作业的障碍物；对电杆及拉线、水井、大水坑、石堆等不可移动之障碍物，应事先作出明显标志；耕前灌溉的地块，要求灌水均匀，作业区内不得有积水，以防止机组作业时陷车打滑。

(3) 规划作业小区：作业小区的划分应有利于提高作业质量和机组作业效率。作业前可以将地块划分为若干小区，其宽度一般为 30～80 m，具体可根据地块长度确定，但小区划分不宜过多。通常长条田的作业小区宽度应大一些；反之，小些。但其宽度必须是机组工作幅宽的整倍数，相邻作业小区的宽度应相等。

(4) 划分地头转弯地带：转弯地带宽度依据机组工作幅宽、挂接方式和行走方法确定，并应等于机组作业幅宽的整倍数，一般为 8～15 m。为保证耕地时地头整齐，在转弯宽度确定后，用外翻法犁出一条深度为 8～10 cm 的地头线，以保证起落犁整齐，减少重耕或漏耕。

(5) 施肥与耕地的配合：耕前撒施基肥的地块，应提前将肥料均匀撒开。撒肥作业应与犁地机组协调配合，做到即撒即犁，以减少肥料的散失。

2. 耕地作业的机组准备

(1) 机组人员配备：大中型机组每班配驾驶员 1 名，农具手 1 名(中、小型悬挂机组可不另配农具手)，作业期间实行定人、定机、定责。

(2) 机具选型：耕地作业的机具选型应根据地块大小、地表状态、土质结构、地块坡度及农业技术要求而定，地块大、土壤黏重、地表不平的条田一般选用履带式拖拉机牵引或悬挂犁；反之，可选用轮式拖拉机悬挂犁。地块长度在 100 m 以下的地块则宜选用中小型拖拉机耕作。

(3) 机具编组：根据拖拉机标定牵引力和土壤比阻选定犁铧数，严禁拖拉机经常处于超负荷状态；机组作业速度一般选用 3～5 km/h，不宜长期在一挡状态下作业。为保墒和提高工效，通常采用耕地复合作业机组，一般为犁后带耙、耱、合墒(详见“整地机械化”部分)、镇压或施肥装置等。

(4) 开墒：开墒要准、直。牵引犁开墒时，一般将沟轮调到半耕深，使前铧耕深为尾铧耕深的一半，耕第二犁即可达到全耕深度；用悬挂犁开墒时，可将限深轮调到全耕深位置，将右升降杆调整到半耕深位置，耕第二犁时，再将机架调成水平，进行正常作业。

3. 耕地机组的作业方法　耕地机组的作业路线通常沿着长度方向行驶，耕地作业方法一般有内翻法(闭垄法)、外翻法(开垄法)以及有环节内外翻交替法和无环节套耕法、梭形翻法等。

(1) 内翻法：此法(图 46－6)机组从地块(小区)中心线左侧进入开始第一犁，耕到地头起犁，右转弯后到地头线处落犁，沿中心线右侧回犁，依次耕完整块地，耕后地块中央形成垄台。

(2) 外翻法：此法(图 46－7)机组从地块(小区)右地边进入开始耕第一犁，耕到地头起犁，左转弯后到地块左地边地头线处落犁，沿左地边回犁，依次耕完整块地。耕后地块中间处形成一个墒沟，地块两侧各有半个闭垄。

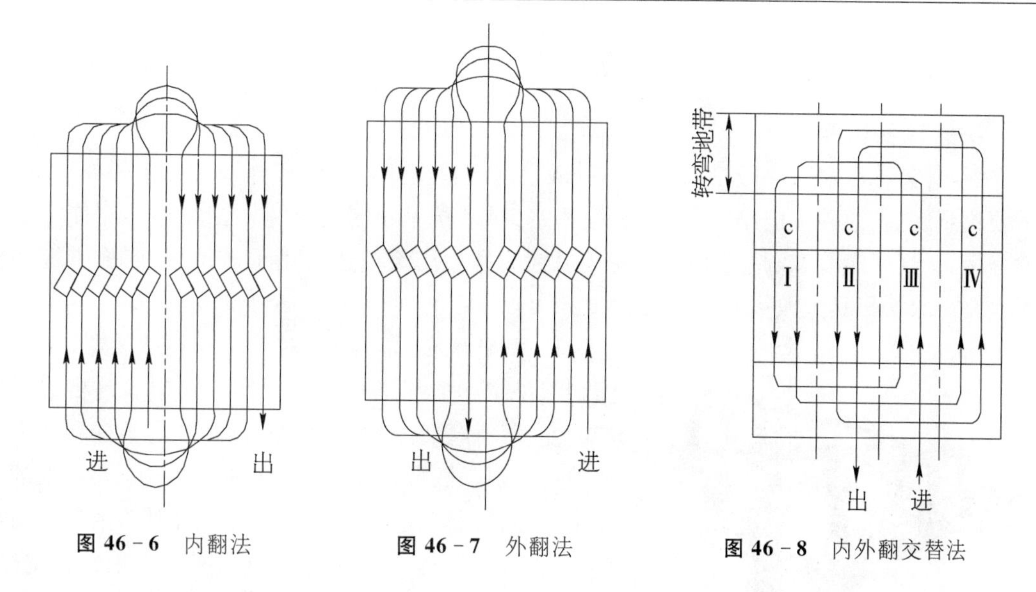

图 46-6　内翻法　　图 46-7　外翻法　　图 46-8　内外翻交替法

(3) 有环节内外翻交替法：此法（图 46-8）适宜于较大地块的作业。该方法的特点是奇数小区都采用内翻法，偶数小区都采用外翻法。耕后在奇数小区内形成闭垄，在偶数小区内形成开垄，开闭垄数目比单独采用内翻法或外翻法时少一半。在相邻几个作业小区内，依次交替采用外翻法和内翻法。机组先进入第一小区用内翻法耕作后，转移到第三小区，仍用内翻法耕作，耕完后机组返回第二小区采用外翻法耕作，而后再进入第五小区用内翻法耕作，再进入第四小区采用外翻法耕作，依次耕完整块地。

(4) 无环节套耕法：采用这种耕作法（图 46-9）时，把地块按同一宽度区划成四个小区，机组先在第一、第三小区采用外翻法套耕，而后转移到第二、第四小区，采用内翻法套耕。这种方法地头转弯简单，但小区规划要求严格。

(5) 梭形翻法：双向犁机组作业时，通常采用梭形翻法（图 46-10）。在离地边一半耕幅处进入，采用内翻法，返回时拖拉机轮胎走犁沟，采用外翻法把上一趟内翻土垡翻向原处，以后一直采用外翻梭形耕作法。

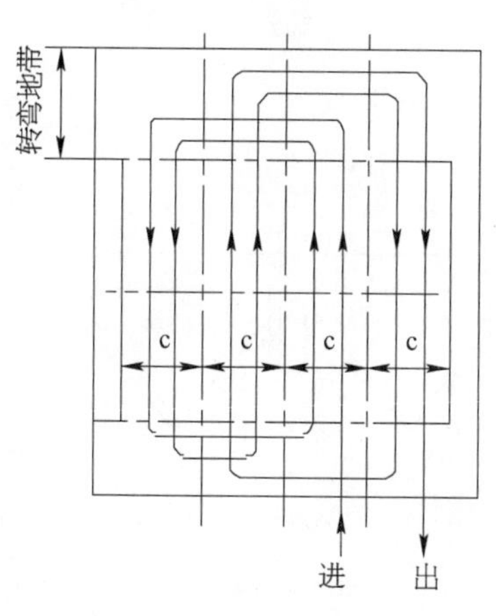

图 46-9　无环节套耕法

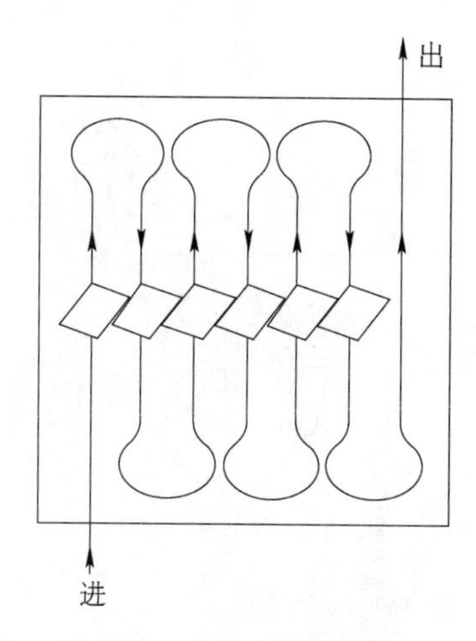

图 46-10　梭形翻法

三、深松机具及其作业

(一) 深松机具

深松(又称深耕),一般指耕深在 35 cm 以上的松土作业。深松作业加深了耕作层,破解坚硬的犁底层,改善土壤结构,提高土壤蓄水保墒、抗旱耐涝的能力。深松还具有使土壤孔隙增多,达到增温御寒、减缓水土流失及风蚀的作用。深松还可用于盐碱土、僵板土等的土质改良。深松机具大致可分为如下两类:

1. 平翻深松犁 按其对土壤作用的效果,又分为浅翻深松犁和上翻下松犁。平翻深松犁多是机引五铧犁的变型。浅翻深松犁减少犁铧数,加高犁柱和加大犁体、犁侧板尺寸,取消尾轮,最大耕深达 46 cm。上翻下松犁是在普通铧式犁犁架上加装深松部件,主犁体耕深较小,为浅翻深松。全松深耕犁又叫马尔采夫无壁犁,也是机引五铧犁的一种变型,其耕深可达 46～50 cm(图 46－11)。

图 46－11 浅翻深松犁

2. 免翻深松犁 按其对土壤作用效果可分成凿形深松犁、全方位深松机等类型。

(1) 凿形深松犁:与拖拉机悬挂式连接(图 46－12),其结构简单,工作可靠性高,操作容易,工效高,耕深在 50 cm 以上。深松犁的主要工作部件为凿形铲,直接装在机架上,其安装座上设有安全销,耕作中遇到较大障碍物时,安全销被切断,深松铲向后避让,从而使深松铲及机架免受损坏。

(2) 全方位深松机:由悬挂架、圆管横梁、左右两组深松部件及限深轮等组成(图 46－13)。采用梯形框架式工作部件进行深松,并可在松土层底部形成两条暗洞,其松土最大深度可达 50 cm,工作幅宽为 1.44 m。全方位深松机梯形框架式松土器,由水平刀、左右侧刃及左右连接板组成,其中侧刃的刃板制成上、中、下三块,使用时可根据磨损情况分别更换。

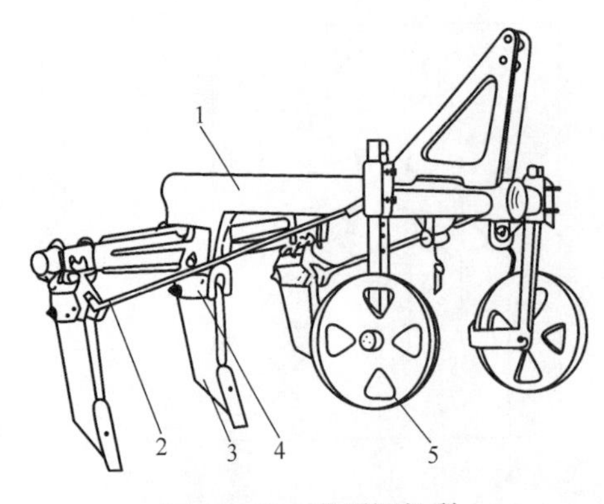

图 46－12 凿形深松犁

1. 机架; 2. 拉筋; 3. 深松铲; 4. 安全销; 5. 限深轮

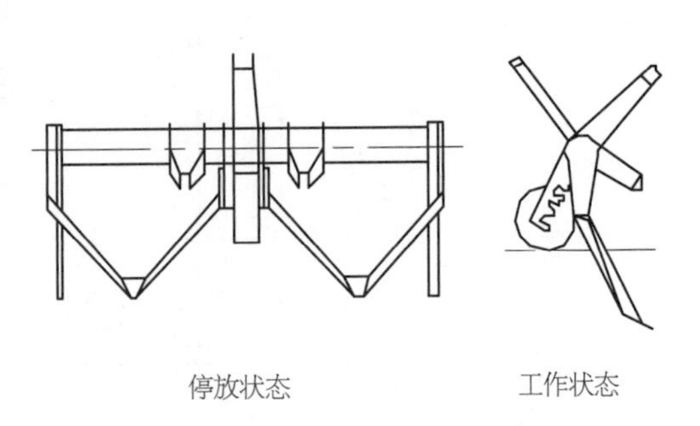

图 46－13 全方位深松机

(二) 全方位深松作业

全方位深松机作业时可与大马力履带式配套动力(如东方红-802/1002)或大马力轮式拖拉机配套使用。作业时采用中低挡(视阻力而定),在行进中逐渐入土,作业时只能直线行驶不得转弯。全方位深松后的地块,还需耙、整后才能进行播种作业;若需要翻草灭茬,应在深松前用普通铧式犁进行耕翻作业。

全方位深松机作业方法一般分为连片深松作业和间隔深松作业。

1. 连片深松作业　采用这种方法(图 46-14)时,第一趟深松后留下一条未松带,机组回程时应使拖机一侧履带走在未松带的中间,穿插作业。

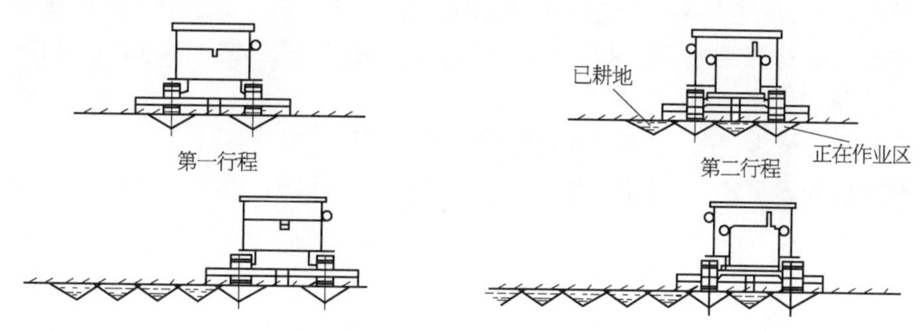

图 46-14　连片深松作业

2. 间隔深松作业　机组以一定间隔进行作业,间隔的大小由农业技术要求而定。图 46-15 所示为留有0.4 m 间隔区的作业方法。

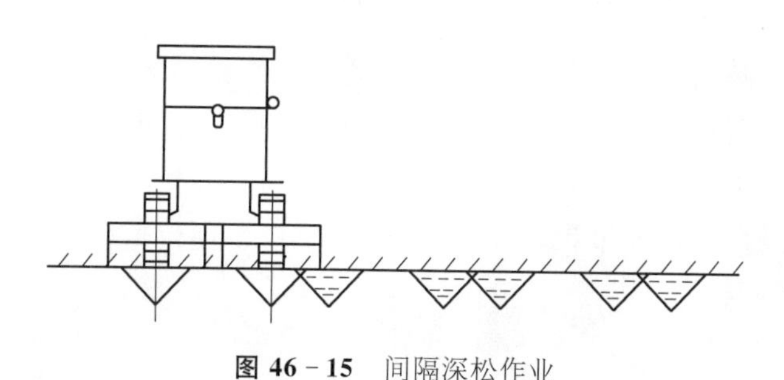

图 46-15　间隔深松作业

第二节　整地机械化

土壤经过犁耕以后,其破碎程度、紧密度及地表平整状态,远不能满足播种作业的技术要求,必须通过整地作业进一步松碎和平整土壤,以改善土壤结构,保持土壤水分,为播种和种子发芽、生长创造良好条件。通常所称的整地作业主要是指耙地、平地、耢耱和镇压等作业项目。耙地作业于播前进行,以确保播种质量,也可于春季耙地保墒和秋季平地越冬等。

一、整地作业的农业技术要求

整地作业一般要求达到如下“齐、平、墒、碎、净、松”六字标准。

(1) 齐:田边地角都要整到、整好。

(2) 平:作业后地表无起垄的土堆、土条和明显的凹坑。

(3) 墒:作业适时,保证有充足的底墒和适宜的表墒。耕作层土壤含水率为:黏土18%～21%,壤土15%～17%。地表干土层不超过2 cm。

(4) 碎:土块要耙碎,不允许有5 cm以上的土块、泥条。

(5) 净:肥料覆盖良好,地表无残茬、草根、残膜等杂物。

(6) 松:作业后土壤表层疏松,做到上虚下实,紧密度适当。

为达到土壤保墒目的,整地作业需做到以下几点:

(1) 整地及时,整地作业一般是在耕后立即进行,防止土壤中的水分大量蒸发散失。

(2) 整地深度符合要求,并保持均匀一致,一般轻耙深在8～12 cm,重耙深在12～15 cm,耙深合格率大于80%。

(3) 整地后土壤表层疏松,下层紧密度适宜(即所谓"上虚下实")。

(4) 整地后地表平整,无明显土包、沟洼,尽可能减小地块自然坡度,消除垄沟及田埂等不平处。

(5) 土壤细碎,无漏耙、漏压。

二、整 地 机 械

常用的整地机械有圆盘耙、合墒器、钉齿耙、拖板、镇压器、耱(耢)和联合整地机、动力旋转耙等。

(一) 圆盘耙

圆盘耙主要用于耕后碎土和播前松土除草,也用于收获后的浅耕灭茬作业。

按耙组的排列,圆盘耙可分为单列耙和双列耙;按配置形式可分为对置式和偏置式等(图46-16)。对置式耙组对称地配置在拖拉机后、中心线两侧,牵引平稳,调节方便,可左右转弯,但耙后地表不够平整,易漏耙;偏置式耙组则配置在拖拉机后右侧,作业质量好,耙后地表平整,但只能单向转弯。

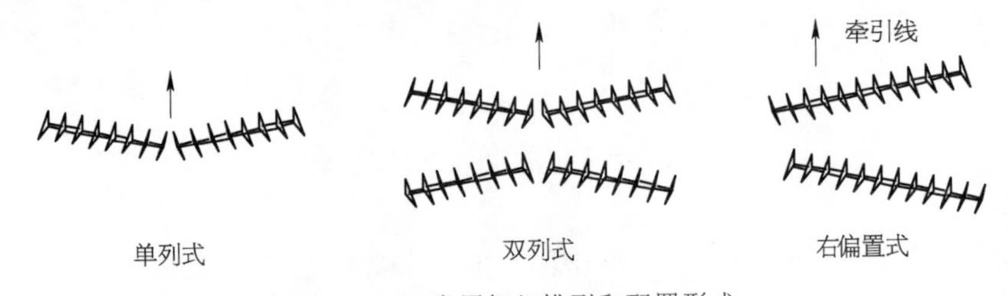

图46-16　常用耙组排列和配置形式

圆盘耙按用途可分为轻型耙、中型耙、重型耙,耙片直径分别为460 mm、560 mm、660 mm。重型耙多为缺口圆盘耙,适用于开荒地和黏重土壤的耕后耙地,有些地方也用于收完棉花后的碎杆松土作业;轻型耙适用于壤土的耙地或灭茬。

圆盘耙与拖拉机的挂结方式有牵引式、悬挂式和半悬挂式三种。重型耙多采用牵引式或半悬挂式，中、轻型耙则三种挂结方式都可采用。

圆盘耙耙片的形状有球面圆盘形和缺口球面圆盘形两种。前者碎土效果好；后者入土能力强，特别适合黏重、草多的地块作业。

常用圆盘耙如图 46－17 所示，一般由耙组、耙架、牵引或悬挂装置、偏角调整装置和运输轮等部分组成。调整圆盘耙偏角的大小可改变耙地的深浅，偏角愈大，耙地深度愈大；反之，耙深愈浅。机组作业时可根据不同土质调节工作角度。有些耙架上还设有配重箱，以便必要时加载配重，以保持耙的作业深度。轻型耙工作深度一般在 8～12 cm，重型耙工作深度一般在 12～15 cm。

偏置重耙

悬挂轻耙

悬挂轻耙

图 46－17　常用圆盘耙

（二）合墒器

这是一种与铧式犁配套使用的碎土、平土机具，由排列一线的一系列送、碎土圆盘组成，通过一个整体机架连接于犁架的右侧(对于普通的右向翻土犁而言)，并平行于各犁体的布置方向。当铧式犁向右侧耕翻土垡时，合墒器随后将一部分耕翻过的表层土壤切碎，并依次往左后侧传送回去。这样，合墒器在起着随耕随碎土的同时，又起着随耕随平地(平墒沟)的作用，在一定程度上解决了铧式犁由于单向翻土，在田间形成较大墒沟或垄台的问题。

（三）钉齿耙

钉齿耙(图 46－18)用于耕后播前松碎土壤，也可用于雨后破土、耙除杂草、覆盖种子等。钉齿耙由钉齿、耙架和牵引器等部分构成，根据耙深要求不同，钉齿有长齿、短齿之别，钉齿

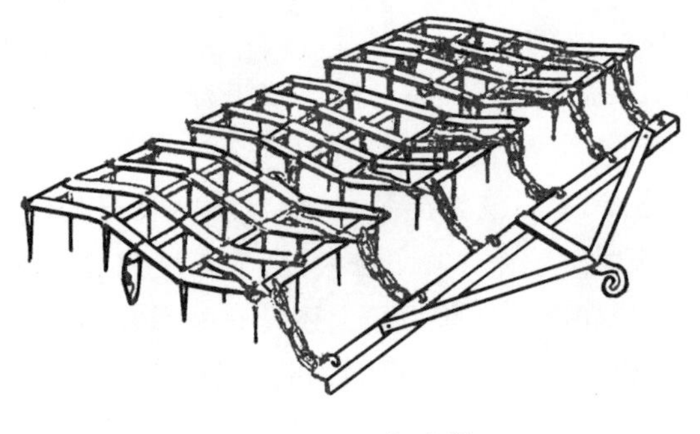

图 46-18 钉齿耙

相对于框架的角度有可调式和固定式两种，以固定式使用较普遍。耙架一般为“Z”形铁架或长方木框架。有的木耙在后排钉齿上加装适当厚度的木护板，以增强平土碎土能力。铁架耙为机引耙，木架耙多为畜力牵引。为适应地形，单个耙架的工作幅宽不宜过大，常用多组耙联结作业。耙组作业时牵引线与水平线应成10°～15°夹角，以保证耙组前、后部入土一致。

（四）镇压器

镇压器主要用于压碎土块，压实耕作层，以利于蓄水保墒；在干旱多风地区，镇压还能防止土壤风蚀。常用的镇压器有“V”形和环形（星芒形）等。

1. “V”形镇压器（图 46-19） 由若干个具有尖“V”形外缘的铸铁镇压轮组装在一根轴上组成。作业时将三组镇压器呈品字形配置，每组又有前后两列，前列镇压轮直径大于后列，利于压碎大土块。这种镇压器先碎土，后压土，碎土能力强，压后地表呈波浪状，可有效减少风蚀。

图 46-19 “V”形镇压器

图 46-20 环形镇压器

2. 环形镇压器（图 46-20） 由一组轮缘呈凸齿状的铸铁网轮组成，其特点是压透力大，对黏土破碎作用强，可使表层土壤疏松，常用于破碎黏重土壤。作业时将三组网环形镇压器呈品字形配置，每组有一列镇压轮。

（五）耱（耢）

主要用于土质较松散土壤的碎土、细平地作业。耱的结构简单，主要有树条编织式和木框式等。

（六）联合整地机

联合整地机（图 46-21）是将多种整地工作部件组合在一起，一次即可完成松土、碎土、平整和镇压四道工序，作业质量好、效率高，相当于常规耙地机具 3～4 遍的作业效果，广泛应用于棉田整地作业。

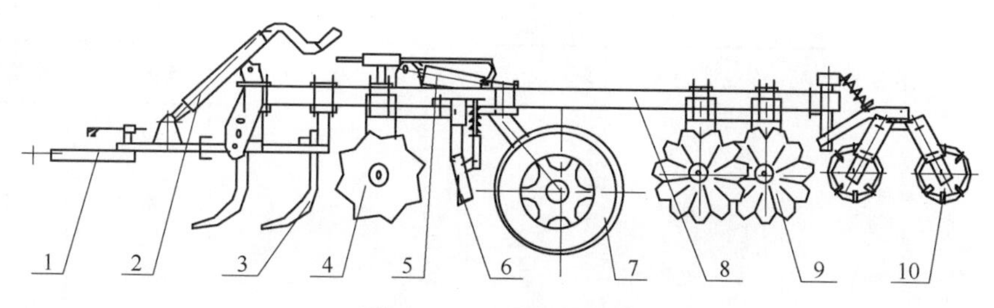

图 46－21　联合整地机

1. 牵引架；2. 拉杆；3. 松土机；4. 圆盘耙组(星盘)；5. 油缸；6. 平土板；
7. 运输轮；8. 机架；9. 波纹盘；10. 碎土辊

联合整地机一般由机架、牵引架、圆盘耙组、平地齿板、碎土辊、调平机构、行走机构等部件组成。部件横向采用对称式布置在机架上，纵向则按松土、平地、碎土、镇压的作业顺序排列。机组作业时，前面的圆盘耙组进行松、碎土作业；随后齿板平整地表，同时进一步压碎土块，疏松土壤；最后，两列交叉配置的碎土辊对土块再一次进行破碎并压实，同时被抛起的小土块和细土粒落在地表，形成上虚下实的理想种床，并利于保墒。

(七) 动力旋转耙

动力旋转耙(简称“动力耙”，图 46－22)属于驱动型复式整地机械，由触发式安全离合器、耙刀快换机构、碎土机构、变速箱、镇压辊等构成，为国内外 20 世纪末研发的整地机械。由拖拉机动力输出轴驱动工作部件旋转耙刀，一面作水平旋转运动一面前进，适用砂土、黏土和胶土在内的多种土壤类型。由于每两个相邻耙刀的作业区域有一定的重叠量(20～30 mm)，因而不会漏耙，不会出现大块土块未被切碎的现象。作业时耙刀轴线垂直于地面，耙刀做水平旋转，不会把底层湿土翻到表层，耕层不乱，有利于保墒。旋转耙刀的线速度达到 6 m/s，碎土效果好(碎土率可达 85%以上)。一次可以完成碎土、平整、镇压等作业，优于传统整地机具 2～3 遍的作业效果。作业速度：黏土类 2～6 km/h(耙深 3～15 cm)，砂土类 2～10 km/h (耙深 3～18 cm)；碎土率≥85%，配套动力通常≥80 kW。常用整地机械见表 46－2。

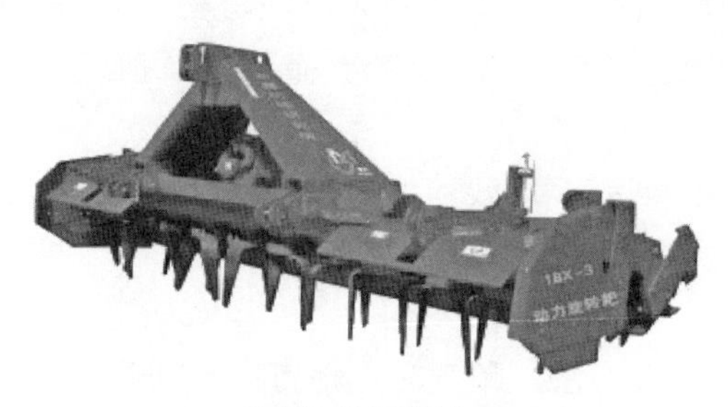

动力旋转耙前视图

动力旋转耙后视图

图 46－22　动力旋转耙

表 46-2 常用整地机械性能表

(闫洪山整理,2008)

名称及型号	工作幅宽(m)	作业深度(cm)	耙片直径(mm)	生产率(hm^2/h)	挂接形式	配套动力(kW)
1LZ-4.2 联合整地机	4.2	10	460	2.9~3.8	牵引	≥46
1LZ-5.6 联合整地机	5.6	10	460	3.9~5.0	牵引	≥55
1LZ-7.4 联合整地机	7.4	10	520	5.2~6.7	牵引	≥73
1BQD-3.6 对置式耙	3.6	12	460	2.3	牵引	≥51(履带式)
1BQD-4.5 对置式耙	4.5	12	460	3.0	牵引	≥59(履带式)
1BQD-5.4 对置式耙	5.4	12	460	3.3	牵引	≥74(履带式)
1BQDZ-6.0 对置式耙	6.0	12	460	4.0	牵引	≥118(轮式)
1BQX-1.4 偏置式耙	1.4	10	360	0.9	悬挂	11~13(轮式)
1BQX-2.0 偏置式耙	2.0	12	460	1.3	悬挂	≥46(轮式)
1BZ-2.5 偏置式耙	2.5	22	660	1.3	牵引	≥51(履带式)
1BQZ-5.0 偏置式耙	5.0	12	460	3.3	牵引	≥103(轮式)

三、整地机械化作业

(一) 整地作业准备

1. 整地作业的田间准备　通常一块条田划分为一个作业小区;当地块较大时,也可以划分为若干个小区或根据墒情分片作业。作业前应清除田间障碍物,插好第一作业行程标杆,确定分区标志。

2. 作业机组的准备　整地作业机组通常每班次配 1 名驾驶员,必要时也可以配 1 名助手。准备作业机组时,应根据土地状况和作业要求,选择不同整地机具。通常残茬及杂草较重、土质黏重、水稻茬和盐碱地采用重型缺口耙;耕地质量好或质地疏松的熟地,采用轻型圆盘耙;钉齿耙则适用于熟地碎土及平地和除杂草,常用于棉花临播前的精细整地。

3. 清杂准备　整地作业时,要及时清除机具上的杂草、残茬等夹杂物,以免发生堵塞、影响作业质量。

(二) 整地作业方法

整地作业一般有顺耙、横耙、对角斜耙三种基本方法。顺耙时耙地方向与耕地方向平行,工作阻力小,但碎土作用差,适宜于土质疏松的地块;横耙时耙地方向与耕地方向垂直,平地和碎土作用均强,但机组震动较大;与耕地方向成一定角度的耙地方法称为对角斜耙法,平地及碎土作用都较强。

机组作业路线应根据地块大小和形状等情况合理选择。地块小且土质疏松时，可采用绕行法（图 46－23），先由地边开始逐步向内绕行，最后在地块四角转弯处进行补耙。如地块狭长，可采用梭形法（图 46－24），地头作有环结或无环结回转。此法在操作上比较简单，但地头要留得较大。在地块较大或土质较黏重的地块作业时，采用对角线交叉法（图 46－25）比较有利，此法相当于两次斜耙，碎土和平土作用较好。

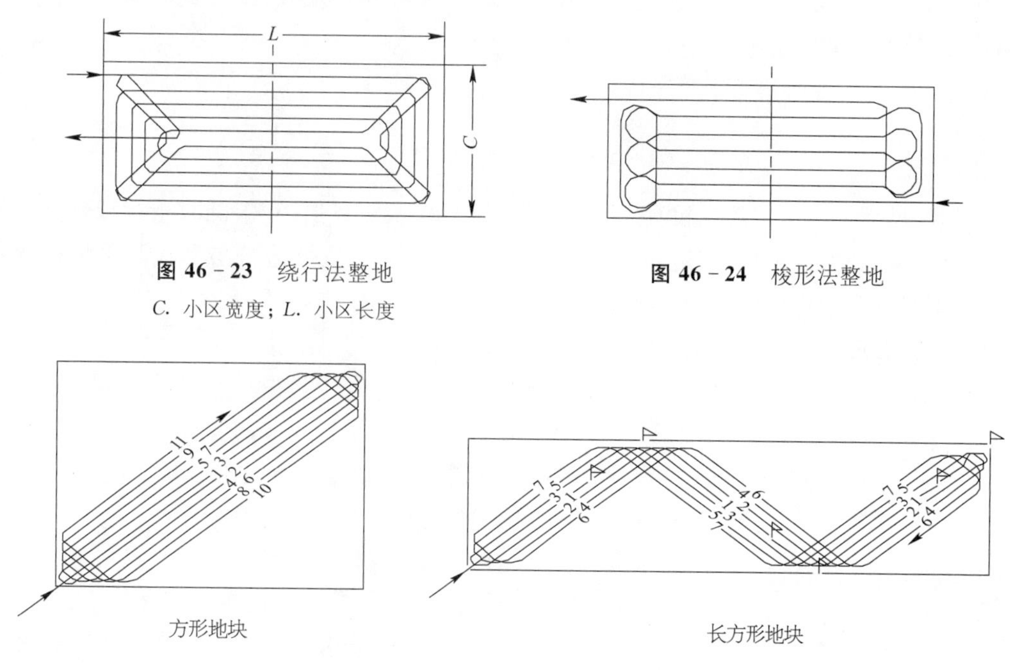

图 46－23　绕行法整地

C. 小区宽度；*L*. 小区长度

图 46－24　梭形法整地

图 46－25　对角线交叉整地法

整地作业应在最佳墒情时进行，作业第一圈时，应检查作业质量，必要时进行调整作业方法。机组作业速度一般为 6～8 km/h，相邻两个幅宽可重叠 10～20 cm，转弯处防止漏耙。

第三节　平地机械化

棉田地表的平整度对播种深度的一致性、铺膜平整度和压实性、灌水均匀性都有很大影响，对宽膜植棉和灌溉棉田更为重要。平地作业分工程性平地和常规平地作业。工程性平地每隔 3～4 年进行一次，目的是在大范围内消除因开渠、平渠、犁地漏耕等造成的地表不平。一般高差在 20 cm 以内要把高处的土方移填到低处，并在大范围拉平。

常规平地作业有两种：一种是局部平地，主要是在耕地后平整垄沟、垄台、转弯地头、地边地角等；另一种是播前全面平地，以消除整地作业时所形成的小范围不平地面，同时也起到碎土和镇压作用。

一、平地作业的农业技术要求

(1) 要及时平地,使土壤保持适当紧实度。

(2) 工程性平地应在一定范围内平整地面,并保持适宜的自然坡降。平地后地面不平度应小于 5 cm。

(3) 平后的垄沟,土壤不应超过地面 8～10 cm。平垄台作业时,刮土板边端不应在地面留有高过平面 5 cm 的土埂。

(4) 播前要求地面达到平整细碎。

二、平 地 机 械

平地机械属农田基本建设机具,用于平整土地、填沟、开荒造田、深翻改土等项作业。工程性平地机械,包括推土机、铲运机、平地机等,一般以推土机、铲运机与刮板式平地机配合作业;常规平地作业机械则以刮板平地机为主。

(一) 推土机

推土机主要由农用拖拉机前安装推土铲组成,结构简单。主要用于平整土地、填沟、开荒造田、短距离运土(50 m 内)和推土作业。东方红-75 拖拉机每台班推运土方量 300～350 m^3。在棉田作业中主要用于条田粗平。

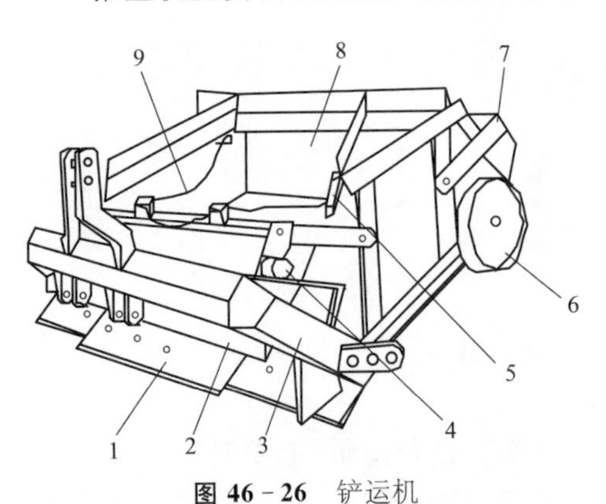

图 46-26　铲运机

1. 铲刀; 2. 前门斗; 3. 机架; 4. 滚动销; 5. 限位块; 6. 行走机构; 7. 后门斗; 8. 土斗; 9. 钢丝绳

(二) 铲运机

铲运机(图 46-26)自带铲刀及铲斗,能够连续完成铲土、装运和卸土作业,适宜在运距较远(150～300 m)的条件下工作。一般由铲刀、机架、土斗、前门斗、后门斗及行走机构组成。主要用于在高差较大的地块粗平,也可用于开沟筑坝、修建水库等工程。一般铲运机的铲土深度在 30～150 mm,生产率的高低则取决于运土距离、机具配套动力、操作性能及工作条件等因素。

(三) 平地机

平地机的主要用途是平整土地,也可用于开沟、填沟、筑埂等项作业,是一种起高垫平、细平田地和路面的机械。平地机铲刃具有较高的灵活性,可根据平地作业需要调节水平回转角、侧向倾角及切土角。机架跨度较大,工作时机身稳定,对地面反仿形好,但铲刀的强度不高,一般不适于重负荷作业。常用平地机性能见表 46-3。

表 46-3　常用平地机性能表

(闫洪山,陈发等整理,2008)

平地机型号	1PY-4.5	1PY-5.5	1PY-7
主刮土板工作幅宽(m)	3.2	3.5	5.5

（续表）

平地机型号	1PY-4.5	1PY-5.5	1PY-7
加副刮土板工作幅宽(m)	4.5	5.5	7
刮土板水平回转角	±30°	±30°	±30°
刮土板垂直转角	±10°	±10°	±10°
最大地隙(运输状态)(m)	0.5	0.6	0.6
前轮距(m)	1.17	1.8	1.8
后轮距(m)	1.68	2.4	2.4
最小转弯半径(m)	7	10	10
外行尺寸(长×宽×高)(m)	7.9×3.4×2.25	11×4.2×3	11×4.5×3
配套动力(kW)	≥45	≥58	≥75
整机重量(t)	2.4	3.8	4.2

农用平地机一般与农用拖拉机配套使用，按挂接方式可分为牵引式、悬挂式(图46-27)和半悬挂式三种。牵引式平地机机身较长，反仿形较好，受地面起伏影响较小，可根据地形调节入土深度，作业质量好，工效高，但机动性较差，适宜在较大地块作业。悬挂式平地机结构简单，重量轻，一般与轮式拖拉机配套，机动性好，适于在小块地作业，但工作幅宽小，生产率较低，对地面反仿形较差。半悬挂式平地机具有牵引式和悬挂式两者的优点。平地机结构主要由机架、平地铲、地轮机构、液压操纵装置等组成(图46-28)。在有些平地机的平地铲前还配置有松土铲，以改善平地机的入土性能，扩大平地机的作业范围。

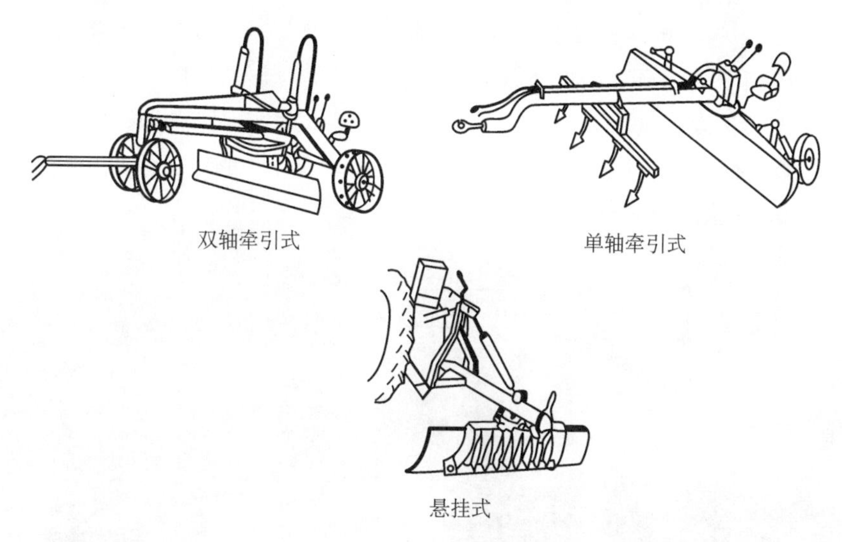

图46-27　平地机的种类

（四）激光平地系统

激光技术可用于平地、开沟、铺设管道等农田基本建设和排灌作业。激光的平行度高、稳定性强，用来作为测量水平度、垂直度、平直度和坡度的基准面，具有很高精确度。将光电、液压与平地机械一体化，应用于大块农田的精细平地作业，平地精度可达±2 cm。

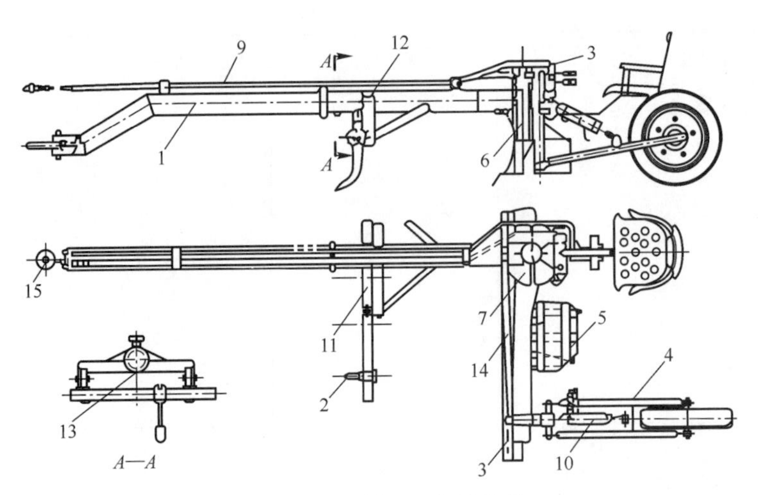

图 46 - 28　1PY - 3 型平地机

1. 主梁；2. 松土铲；3. 平地铲；4. 地轮机构；5. 配重箱；6. 回转座；
7. 上转盘；8. 操纵阀手柄；9. 油管；10. 油缸；11. 松土梁；
12. 固定臂；13. 销孔；14. 平行四杆联动机构；15. 牵引环

激光平地系统(图 46 - 29)包括激光发射装置、激光接收装置、控制装置和平地机械。作业时激光发射器发射出极细的光束，激光探头可作 360°旋转，为作业区域提供一个恒定坡度的基准面。激光接收器安装在平地铲的伸缩调整杆上，通过接收器上的三个电眼，准确地跟踪快速旋转的激光束，三个电眼自上而下排列，中间的电眼就是标定高度基准，上边的电眼可使平地铲上升，下边的电眼则使其下降。控制装置安装在驾驶室，每秒接收 5 个信号，如机组行驶的位置高于或低于基准位置，指示灯立即显示出误差，同时打开液压控制阀，自动校正平地铲的工作深度；若机组行驶位置处于标定基准的允许误差范围内，则液压控制阀处于关闭位置。激光有效工作半径 200 m，适用于高差小于 15 cm 的地块作业，精平精度±2 cm，粗平精度±4 cm，探头转速 300～600 r/min。

图 46 - 29　激光平地系统

三、平地机械化作业

1. 工程性平地行走路线　平地机以直角交叉方式平整2～5次。当地表不平度在10～12 cm时，可对角线行走平地；当不平度达20 cm时，应采用对角交叉法平地。最后一次应顺地边的平行方向平地，两次行程的接幅应重叠20～25 cm。

2. 播前平地时平地铲的调整　在土壤较紧实的地块作业，可将平地铲尖向前装成锐角，以便刮土、切土；如在土壤较疏松的地块作业时，可将平地铲尖向后，以便使平地铲能同时起到压实地表的作用。两次行程的接幅应重叠30～46 cm。

第四节　开沟筑埂机械化

开沟筑埂机械主要用于棉田的开沟筑埂作业，为棉田建设良好的灌排水系，实现植棉水利化。生产中使用的开沟筑埂机械主要有铧式开沟犁和旋转开沟机等。

1. 铧式开沟犁　铧式开沟犁(图46－30)主要由犁体、副翼板、机架、行走轮、尾轮和绞盘箱等部分组成。具有结构简单、工作可靠、单位土方功耗小、作业成本低等特点，但机体笨重，牵引阻力大，开出的沟渠还需人工辅助修整。犁体为主要工作部件，犁铧入土后，土垡随翻土板曲面上升，翼板将土推向两侧，侧压板将垄压紧，形成梯形断面的沟渠。作业时犁体入土不能太猛，以免损坏犁尖。

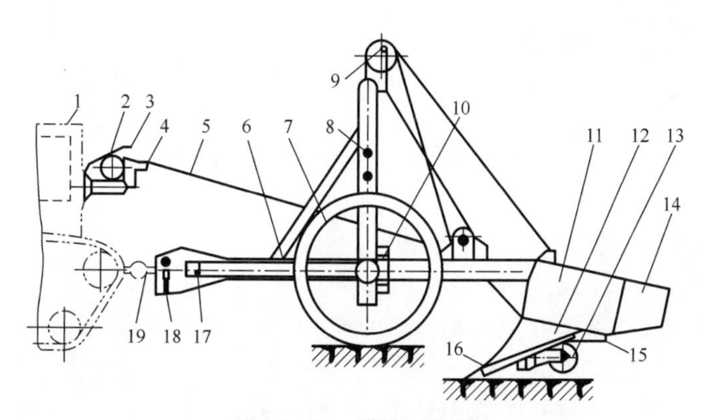

图46－30　铧式开沟犁

1. 拖拉机；2. 绞盘箱；3. 刹车；4. 手摇柄；5. 钢丝绳；6. 机架；7. 行走轮；8. 悬挂孔；9. 滑轮；10. 深浅调节孔；11. 主翼板；12. 犁体；13. 尾轮；14. 副翼板；15. 压道板；16. 侧压板；17. 连接孔；18. 牵引孔；19. 牵引销

2. 旋转式开沟机　旋转式开沟机(图46－31)有圆盘式、链齿式等类型。常见的是圆盘式开沟机，分单圆盘和双圆盘两种。双圆盘开沟机应用较普遍，可开出“V”字形的大、中、小型渠沟；在南方棉区，也有可开出垂直壁的窄小厢沟的圆盘式开沟机。其工作原理基本相同，均是以旋转刀盘铣削土壤开挖沟渠。主要由开沟圆盘、刀片、切土刀、挡土板、整形板、机架、传动箱等组成。与铧式开沟犁比较，旋转式开沟机牵引阻力小，适应性强，开出的沟形整齐，不需人工辅助修整。

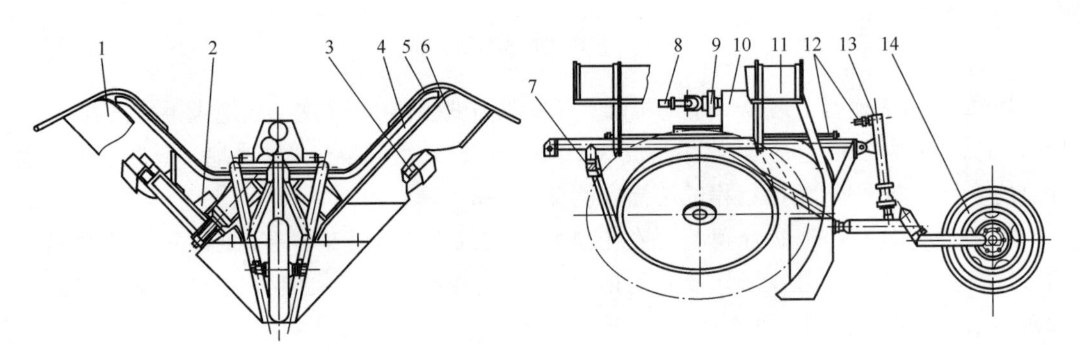

图 46－31　旋转式开沟机

1. 左后挡板；2. 左刀盘；3. 右刀盘；4. 挡土板支架；5. 挡土板；6. 右后挡板；7. 破土刀；8. 传动轴；9. 安全离合器；10. 分动减速箱；11. 机架；12. 高压油管；13. 油缸；14. 尾轮

3. 刮畦筑埂机　棉田秋、冬灌、洗盐碱、播前灌溉时或棉麦套作田筑高低垄等，时常使用刮畦筑埂机。常见的是悬挂式刮畦筑埂机，在机架上配置有倒"八"字形排列的刮土板(或系列刮土圆盘)组成的刮畦装置，尾部留有适当宽度的出土口。机组前行作业时，畦面内的表土被刮畦装置的刮土板(盘)刮取，依次向后传递到尾部出口处，即汇聚成畦埂。机组在田间按预定要求间距往复穿梭作业，即形成畦埂相间的畦田。有的机具尾部还配置有整埂开沟装置，可同时在埂面上开出灌水毛渠，并将埂体整形、压实。

（撰稿：闫洪山，陈发，林起，胡育昌；主审：周亚立，毛树春）

参 考 文 献

[1] 田中午，陈发，王桂盛，等. 新疆植棉采棉清棉机械化技术. 新疆农机化，1995(增刊 2).
[2] 刘庆发. 把握时机，狠抓落实，全面推进兵团农业机械化发展. 新疆农机化，2006(1).
[3] 毛树春. 中国棉花景气报告 2010. 北京：中国农业出版社，2011：131.
[4] 刘毓湘. 当代世界棉业. 北京：中国农业出版社，1995：426－428，238－246.
[5] 兵团赴美液氨施肥技术考察组. 对美国液氨施肥现状的考察. 新疆农垦科技，1990(1).
[6] 万素梅，王淑萍. 大力推广节水灌溉技术促进新疆农业持续发展. 新疆农机化，2000(2).
[7] 苏克诚，张鑫，张兴昌，等. 4ZT－8 型摘棉桃机. 新疆农机化，2000(2).
[8] 胡兆璋. 用机采棉技术装备兵团加速经济和社会发展步伐. 中国农机化，2000(5).
[9] 中国农业科学院棉花研究所. 中国棉花栽培学. 上海：上海科学技术出版社，1983：655－676.
[10] 李宝筏. 农业机械学. 北京：中国农业出版社，2003：15－22.
[11] 蒋恩臣. 农业生产机械化. 北京：中国农业出版社，2003：78－82.
[12] 李益农，许迪，李福祥，等. 农田土地激光平整技术应用及初步评价. 农业工程学报，1999，15(2).

第四十七章　棉花种植机械化

全国棉区因土壤、地理、气候、棉花品种及单作、间套作的差异,植棉模式因地制宜,呈多样化。播种是棉花生产的基础性工作,不仅牵动全年各项后续作业,而且也关系到所使用的播种、种植机械和其他相关机械。总的来说,各棉区植棉行株距规格过于繁多,还经常变换,致使棉机产品很难适应生产需求。为此,各棉区应参照当地棉花的主要栽培模式和丰产栽培措施,实行模式化配置和标准化种植。西北内陆棉区形成了“密、矮、早、膜、防、调”的综合栽培技术体系,近十年来,重点围绕“模式样板”做文章,先后推出宽膜、超宽膜以及机采棉三大植棉模式,创制了一系列播种机械,多为复式作业,将种床整理、施种肥与铺设滴灌带、开沟覆膜、膜上播种、苗眼封土(或封小膜)等作业环节一次性完成。

第一节　棉花播种机械化

一、机械播种的农艺要求

1. 下种均匀、播量准确　按要求的播种量和播种方式均匀下籽。一般每公顷播种量,毛子为 60～120 kg,光籽(或包衣籽)为 15～75 kg。实际播种时,根据普通播种或精密播种等特定要求执行。普通播种,在播量符合要求的情况下,断条率或空穴率小于 5%;实际播量与要求播量之间偏差不超过 2%,同一播幅内,各行下种量偏差不超过 6%,穴播的每穴粒数合格率应大于 85%。实行少量或精量播种时,另有特殊的严格要求。

2. 播种方式满足要求　按生产实际状况选择普通播种或精密播种;条播、穴播或点播;覆膜或常规裸地播;膜下播或膜上播等。

3. 深度适中　在我国多数棉区,播种深度一般为 2.5～3.0 cm,上下允许偏差 0.5 cm,砂土地可略偏深(但也不宜超过 4～4.5 cm),多雨地区或底墒充足的黏土地宜偏浅。播后要均匀覆土,干旱情况下,至少要有 1.5 cm 以上厚度的湿土层覆盖棉籽,上面再覆细碎的薄层干土。对播种深度的要求也有例外,有时也要求多层次播种,即将棉种分播在深度 3 cm 或 4 cm 以内的不同土壤层次里。

4. 播行端直一致　在 50 m 播行内,直线误差不得超过 8～10 cm。行距均匀一致,在同一播幅内,偏差不超过 1 cm;交接行偏差不大于 8 cm。地头尽可能小,且整齐一致。

5. 工作幅宽匹配　播种机行数、行距等配置,除应满足农艺要求、适应田块、道路条件和配套动力外,也应尽可能与后续使用的田管机械、收获机械等匹配(如后续作业拖拉机行走行的行距不能过小、行数与后续机械相同或成整倍数关系等)。

6. 满足铺膜等复式联合作业要求　在需要铺膜、施种肥、施洒农药、铺滴灌带等情况下,尽可能采用复式联合作业机。播种机具上同时设置相应的铺膜、施肥、施洒农药、铺滴灌带等装置。

地头覆膜整齐,起落一致。覆膜平整,严实,膜下无大空隙,地膜两侧覆土严密。膜上播种时,要求膜孔与种穴的错位率小于5%;种行上覆土后,膜孔覆土率不小于95%。膜面采光面不小于50%。

施种肥时,肥料应施放于种子一侧或下方,不与种子直接接触,埋肥深度可调,覆盖良好。施洒农药、铺滴灌带等也应满足相应的技术要求。

7. 因地制宜,满足当地当时特殊农艺要求　一般裸地机播,要求开沟、下籽、覆土、镇压一次性完成。播后种行上不能出现拖沟、露籽等现象。在特殊情况下,如连续阴雨、土壤湿度过大、盐碱地等,则不需镇压。干旱地区要严格做到适当镇压和抹土。必要时,播种机加装刮除表层干土、抗旱补水等装置。

二、棉花播种机的主要类型

(一) 按机具动力分

1. 人、畜力棉播机(器)　有手持式和牵引式两种。手持式如手持点播器;牵引式有棉播耧,单行、多行棉播机等。手持点播器多用于在前作物行间或其他不便于机具操作的条件下点播棉籽,可免去徒手点播时弯腰低头之苦。人、畜力牵引式棉播机(耧)则比人工开沟、撒籽的播种工效和质量明显提高(图47-1)。

2. 机力棉播机　机力棉播机多以轮式拖拉机为动力,有牵引式和悬挂式两种。我国早期使用的毛籽播种机一般为牵引式,由于机动性差、转弯地头大等缺陷,自20世纪60～70年代以后逐渐被悬挂式所替代。机力棉播机的工作行数,因使用动力大小、作业条件和要求而异,一般2～12行,多者甚至达20行(图47-2)。

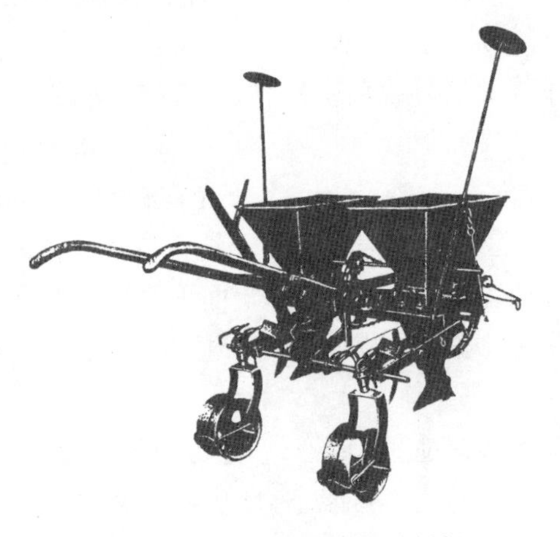

图47-1　畜力牵引双行棉播机

图47-2　机力悬挂式双行覆膜棉播机

(二) 按机具功能(用途)分

可分为棉花专用播种机、多功能及复式联合作业播种机和特殊用途播种机。

1. 棉花专用播种机

(1) 毛子棉播机：由于毛籽易粘连，流动性差，在毛籽棉播机上，一般配备由搅种器和排种轮组成的组合式排种装置。毛籽棉播机经一定调整，有时也用于播种光籽，但下籽均匀度较差，一般只有在较大播种量时才能保证全苗。20 世纪 70 年代以前，我国较普遍使用的牵引式 MB-4 型、BM-2 型棉播机等即为毛籽棉播机。

(2) 光籽(或包衣籽)精密和半精密棉播机：普通棉播机一般播种量较大，为 60～120 kg/hm^2。精密棉播机一般要求使用光籽(或包衣籽、丸粒化籽)，配备机械式、气力式等类型排种装置，可精确控制播种量(单粒或多粒)、精确播放种子位置，一般播种量为 15～45 kg/hm^2。半精密棉播机的播种量介于上述两种棉播机之间。

(3) 条播机、穴播机或条、穴兼播机：条播机、穴播机只能条播或只能穴播棉花；而条、穴兼播机则既可条播、也可穴播棉花，通过更换排种盘或在条播机上加装成穴装置达到条、穴播转换。

2. 多功能及复式联合作业播种机

(1) 多种作物通用型播种机：除播种棉花外，还能播种玉米、大豆、高粱等多种作物。

(2) 播种、中耕通用机：既可播种棉花等作物，又能在换装部分部件后进行棉花或其他作物行间中耕、除草、追肥等作业。其最大优点是机架(包括悬挂装置、地轮等)的利用率高，缺点是更换各种不同作业部件时费工较多，对部件保管要求较高(图 47-3、图 47-4)。

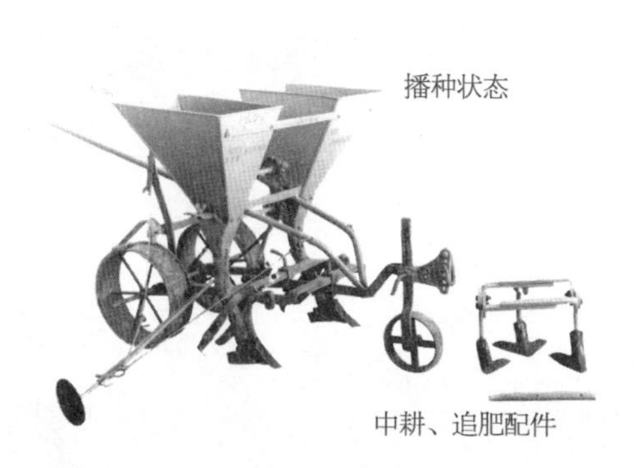

图 47-3　畜力棉花播种、中耕、追肥机

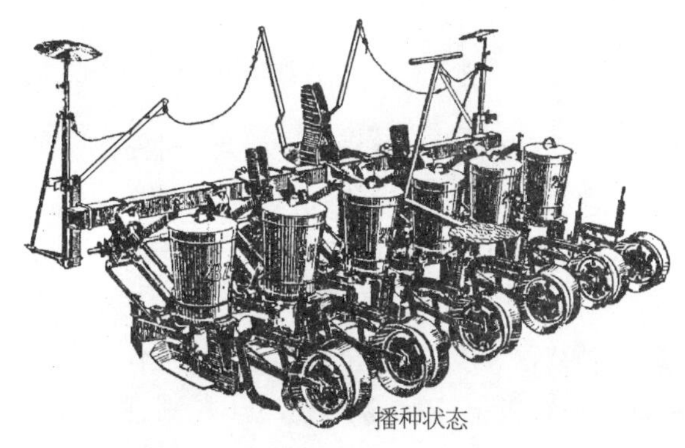

图 47-4　机力棉花播种、中耕、追肥机

(3) 播种、铺膜等复式联合作业机：播种、铺膜等联合作业的棉播机在新疆等一些棉区被普遍使用。比较完善的联合作业棉播机，可在播种棉花同时，完成铺膜、铺放滴灌带或施种肥、施撒(洒)农药、平畦筑埂等一项或多项作业，既提高作业效率又保证工作质量。

3. 特殊用途播种机

(1) 间、套作使用的棉播机：我国长江流域棉区和黄河流域的部分棉区，麦棉两熟间、套作栽培，要求棉播机能适应麦行间套播棉花的特殊条件。有的机体紧凑，轮廓光滑，便于在作物行间穿行(如人力、畜力、小动力棉播机)；有的机架较高，便于在作物行上骑行作业；有的适应前茬绿肥翻埋的土层情况，配备圆盘开沟器等。

(2) 用于科学研究、良种繁育等特殊需要的棉播机：这类播种机有株行播种机、小区播种机等类型。这些播种机在规定区段工作后,能迅速而彻底地清理掉原有种子,并换播新的种子。株行(或小区)播种机上各行(或小区)所播的种子是各不相同的科研、育种材料,不允许相互混淆。为了顺利满足上述要求,除了机具本身应具有特殊结构外,供给这些播种机播种的棉籽应该是预先处理好的光籽或包衣籽。

(三) 按整机结构分

1. 整体式棉播机 整机各行工作部件不仅依附于整体机架,而且排种部件等工作装置也依赖于整体统一驱动。

2. 组合式棉播机 各行工作部件分组组成框架联接于总机架上,各分组框架组成各自完整的工作机构,彼此相对独立。其排种部件等工作装置,或是各行独立驱动,或是依赖于分组驱动。

3. 单体式棉播机 每行工作部件自成体系地独立连接在主机架上,除了主机架、划行器等共用外,各行主要工作部件(如排种装置等)能独立运作。此类棉播机的各行单体能方便地与主机架连接,可简易地改变行距,或改造成不同行数的棉播机。也可单体拆下,简易地改造成一个能单行作业的单体播种机,如辽宁的“702 型单体播种机”等。

(四) 按排种装置结构分

1. 机械式排种棉播机 装置有单纯的机械式排种机构(包括滚筒式穴播装置)的棉播机。

2. 气力式排种棉播机 装置有气力式排种机构的棉播机。

以上两种排种装置的结构原理详见下文。

三、常用棉花播种机的主要结构和工作过程

由于结构的明显差别,本文以通用棉花播种机和播种铺膜复式联合作业机为例,对播种机的主要结构和工作过程加以简述。

(一) 通用棉花播种机的主要工作部件和工作过程

1. 部件组成和主要工作过程 通用棉花播种机主要由机架及地轮、悬挂(或牵引)装置、排种装置、开沟和覆土镇压装置、工作部件的起落装置、传动系统、划行器等组成。在一些现代播种机上,还装备一些电子控制、监视、报警等装置。

通用棉花播种机的主要工作过程为:随着机具的行进,开沟器开出播种沟,排种装置在以地轮为动力的传动系统的驱动下(气力式播种机依靠以气泵为气源的气力系统的帮助),将种子均匀排入种沟内,覆土镇压器随即向种沟内覆土,并对种行表土适当镇压。

2. 排种装置

(1) 机械式排种装置

① 毛籽排种装置:在播种机上,为了保证流动性较差的毛籽能充分松散,均匀排种,配置了组合式排种装置,由种子搅拌器和排种器组成。搅拌器有爪棍式搅拌轮、带指状撒籽齿的水平搅种轮等型式。排种器有槽轮式、棘轮式、窝眼轮式、磨盘式、掏勺式等型式。排种口大小一般可调,以控制下种量多少。穴播时,常专门(或在条播装置下方)配装叶轮式、活门式、窝眼轮式等成穴装置,为了提高成穴质量,成穴装置一般尽量安装得贴近地面。

② 水平或垂直(倾斜)排种盘:在光籽或包衣籽(或丸粒化籽)精密或半精密棉播机上,

常配置有水平或垂直(倾斜)安装的槽轮式、型孔式、窝眼式、磨盘式、掏勺式、侧充式等排种轮(盘),为了控制下种量,一般配置有各种材料(金属片、毛刷、胶刷、尼龙刷等)的弹性清种(刮种)装置。

③ 离心式排种器:一些光籽或包衣籽(或丸粒化籽)棉播机上采用离心式排种器。它利用离心力将种子均匀地分布到排种器四周的输种管中,然后经输种管进入种沟。离心式排种器由外锥体和中间锥体及输种管等组成(图 47－5)。工作时,外、中锥体固定不动,而内锥体则以 300～1 200 r/min 的转速高速旋转。种子由种箱下落到外锥体底部,由外锥孔口进入配置于四周的输种管里,未排出的多余种子就从中间锥体回到外锥体内。离心式排种器适用于播不同作物种子,而且有较大的播种量调节范围(0.9～990 kg/hm^2),播速可达 10 km/h,特别适用于高速密植。离心式排种器排种均匀,对种子损伤小,不易堵塞,只需一个排种机构,结构简单,重量轻,成本低,但播量不易调节。

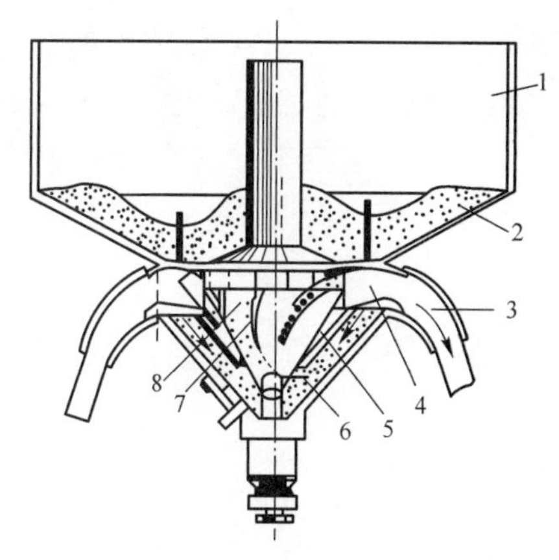

图 47－5　离心式排种器

1. 种子筒；2. 种子；3. 输种管；4. 出种口；5. 隔锥；6. 进种口；7. 叶片；8. 排种锥筒

(2) 气力式排种装置:采用气力式排种装置的精密或半精密棉播机,有气吸、气吹等型式,气力式棉播机上需要附加气泵作气源。

① 气吸式排种器:可用于条播、穴播及精密播种,但主要用于穴播和精密点播。主要由吸气管、排种盘、种子室、刮种器等组成(图 47－6)。排种盘为一垂直圆盘,采用厚度为 1～1.5 mm 薄钢板制作而成。近年来应用的气吸式排种器种类较多,工作原理基本一样:当排种盘旋转时,在吸气室负压的作用下,种子被吸附于排种盘表面的吸孔上,当种子转出吸气室后,不再受负压的作用,在其自重的作用下落到种子沟内。刮种器的作用主要是刮去吸孔上多余的种子,其位置可调。更换不同吸孔大小和不同孔数的排种盘可以适应各种种子的尺寸、形状和株距。

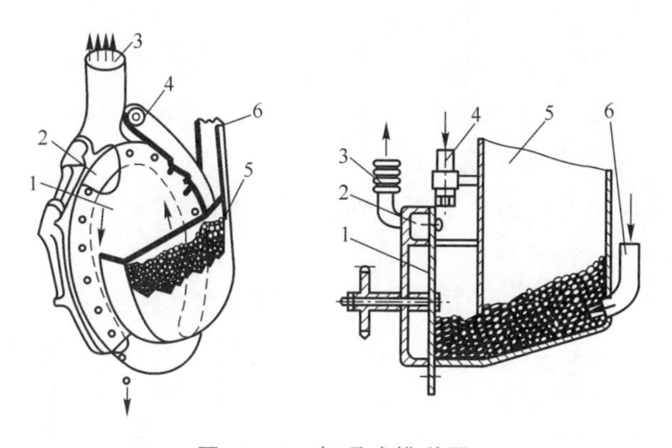

图 47－6　气吸式排种器

1. 排种室；2. 真空室；3. 吸气管；4. 刮种器及清种喷嘴；5. 种子室；6. 输送吹嘴

气吸式排种器的特点是对种子的尺寸、形状要求不严，通用性好，高速作业时，仍有良好的工作性能。但回转的排种盘与不动的真空室配合对密封要求较高，结构较复杂。

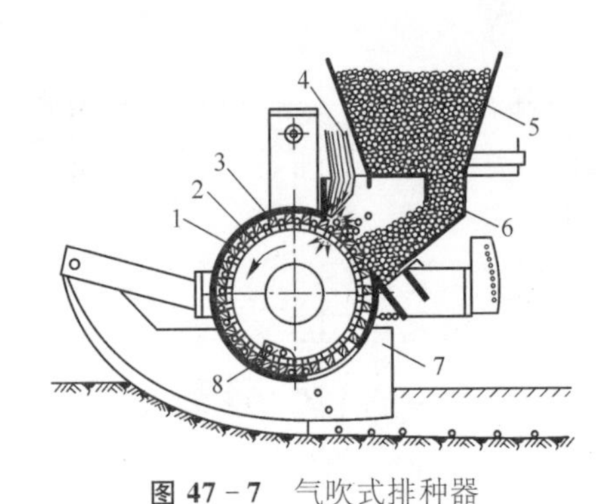

图 47－7　气吹式排种器

1. 护种板；2. 型孔；3. 窝眼式排种盘；4. 喷气嘴；5. 种子箱；6. 种子通道；7. 开沟器；8. 推种片

② 气吹式排种器(图 47－7)：气吹式排种器播种精确度高(可准确单粒播种)，近几年来在国内外都得到了应用。适应较高的播种速度(8 km/h 以上)，当更换排种盘时，可适应不同作物的播种，对种子无损伤。但由于是精密播种，对种子发芽率要求严格。气吹式排种器由锥形窝眼式排种盘、喷气嘴、种子箱等组成。工作原理：排种盘在排种室内以一定速度回转，窝眼经种子区时充满了种子，当窝眼转至对准喷气嘴时，气流从型孔底部的小孔进入轮内再排入大气。因气流通过种子与型孔缝隙时速度较高，形成压差，因而使 1 粒种子压在锥形孔的底部，而多余的种子则被高速气流吹出型孔，充有 1 粒种子的型孔进入护种器后，卸压，靠自重或推种板将种子推出型孔，排入种沟。气吹式排种器充种性能好，可更换窝眼轮来播种不同的作物种子，能改变传动比以适应不同的株距。但结构复杂，制造较困难。

3. 开沟、覆土、镇压装置　由于棉花对播种深度要求较严，所以在播机上的开沟装置，多采用带限深板的滑刀式开沟器(在一些地区，为适应土壤中翻埋有较多绿肥、厩杂肥等条件，或满足分层播种的要求，则采用带限深圈的圆盘式开沟器)。大部分多行棉播机上，一般将开沟器安装在具有弹性加压装置的平行四连杆机构上，以便开沟器能随地形上下浮动仿形，而又不改变开沟器入土角度，保证稳定的播种深度。对一些干旱地区，在干土层较厚的情况下播种时，常在开沟器前面安装“人”字形分土板，先行推除过厚的表面干土层，以保证将种子播入湿土中。

播种机在开沟、排种装置后面，多安装有覆土、镇压装置，以及时完成覆土、镇压工作。这样，在播种过程中，机械不仅对土壤扰动轻，而且盖土及时、严密，能较好地保住播层土壤水分，有利于棉花出苗。覆土器一般由一对“人”字形安装的覆土片(或复土盘)组成，镇压器一般为圆柱形滚轮，也有鼓形或凹柱形的滚轮，视不同土壤、气候条件等情况而分别采用。覆土、镇压装置一般都配有弹性加压装置。

(二) 播种铺膜联合作业机的主要工作部件和工作过程

1. 部件组成和主要工作过程

(1) 部件组成：铺膜联合作业棉播机是在一般棉播机或滚筒式穴播装置基础上，加装铺膜及其他相应装置而成。新疆等地使用的比较完善的播种铺膜联合作业机配备有平土器、压畦辊和施肥(药)、铺滴灌带等装置，在铺膜、播种的同时，完成刮压、平碎表土、施种肥(或颗粒药剂)、铺滴灌带等工作。

根据农艺要求，铺膜播种机有膜上播、膜下播等不同类型。如果播种在先，铺膜在后，则为膜下播，可直接采用一般棉播机的播种装置进行条播或穴播；反之，如果铺膜在先，播种在

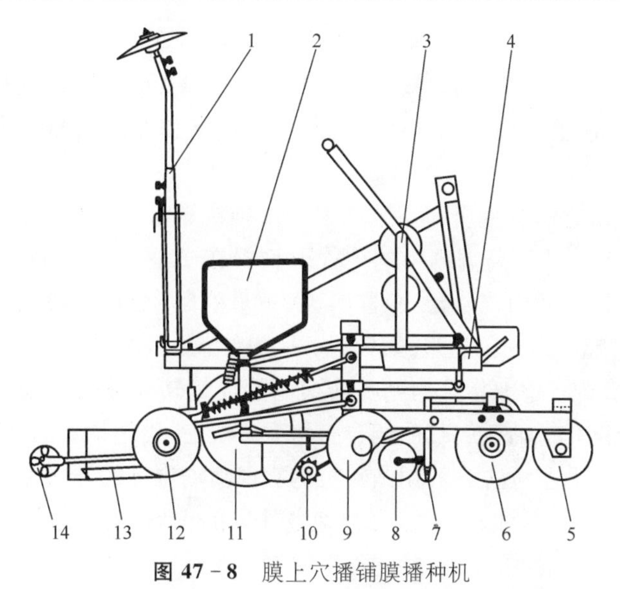

图 47-8　膜上穴播铺膜播种机

1. 划行器总成；2. 种箱；3. 卷膜架；4. 机架总成；
5. 镇压滚筒；6. 开沟圆片总成；7. 展膜辊；8. 压边轮总成；
9. 一级覆土圆片总成；10. 揭膜刺孔器；11. 穴播器总成；
12. 二级覆土圆片；13. 定额覆土器；14. 小镇压轮

后，则为膜上穴播，一般棉播机的播种装置就不能适应了。新疆等地于 20 世纪 70～80 年代创制的滚筒式穴播装置，解决了机械膜上穴播问题。

(2) 膜上穴播铺膜播种机的工作过程(图 47-8)：工作时，由拖拉机后三点全悬挂牵引，铺膜播种机由地轮支承，在地面上滚动。镇压滚筒首先对膜床进行镇压、整形。圆盘开沟器开出埋膜沟，地膜由展膜辊平铺于膜床上，压膜轮沿膜边向前滚动，将地膜边压入埋膜沟内，并同时将地膜横向绷紧，随后由第一级覆土圆盘将膜边用土覆盖严实。在膜床的膜面上设计有(有的机器没有)揭膜刺孔器，将地膜位于种行处打出纵向两道类似邮票孔的膜孔，以便灌头水前能顺利揭起边膜。接着，滚筒式穴播器在被牵引滚动的同时，在地膜上打出穴孔，并向各穴孔内播入种子。由第二级覆土圆盘将土抛向膜面，定额覆土器使覆土落于膜孔带(即播种行)上，对膜孔作定量条状覆土。对宽度大于 140 cm 的地膜播种，这道工序是由第二道覆土圆盘将土抛入覆土滚筒内，覆土滚筒通过内部的螺旋片将覆土分配到几个播种行上，最后由小镇压轮在种行覆土条上对虚土压实。

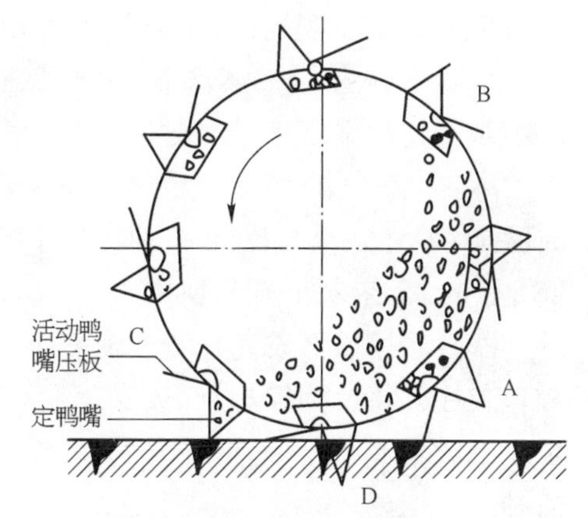

图 47-9　滚筒穴播器工作原理示意图

A. 充种；B. 清种；C. 排种；D. 点种

2. 滚筒式穴播装置的结构和工作原理　膜上穴播铺膜播种机通常安装特殊的滚筒式穴播装置。滚筒式穴播器(图 47-9)的结构是：心轴上装有自由旋转的直径约 40 cm、宽约 15 cm 的圆柱滚筒,圆柱滚筒的一个侧壁是固定在心轴上不能旋转的,其上开有一个与种子箱输种管连通的进种缺口。圆柱滚筒的筒周上,内壁按株距要求安装有勺式取种器,并在相应处开有漏种缺口;在每个漏种缺口处,位于筒周的外壁上安装有定鸭嘴和可活动的动鸭嘴,组成打孔鸭嘴总成。

随着机器的前进,滚筒被牵引而在地面滚动。种粒靠自重从种箱通过输种管自动限量进入圆柱滚筒空腔内。处于筒周内壁的勺式取种器在 A 区充填种粒;当取种器转到 B 区时,多余的种粒便落回筒腔内;当转到 C 区时,一定量的种粒通过漏种缺口漏入闭合着的鸭嘴内;当到达 D 点时鸭嘴入土已达最深,此时,活动鸭嘴压板着地,迫使活动鸭嘴打开,种粒落入鸭嘴开设的土壤种穴中。打开的鸭嘴随滚筒的连续转动拔出种穴并重新闭合,又进入 A 区,开始重复以上动作。活动鸭嘴的闭合有两类方式:一类是依靠活动鸭嘴压板的自重力(或弹簧弹力)进行关闭;另一类是利用凸轮机构实现活动鸭嘴的开关动作。前者结构简单,但鸭嘴开闭的定时性及可靠性较差,适合整地条件好的土地;后者结构复杂,但鸭嘴开闭的可靠性及定时性很好,对各种地面条件的适应性好。

滚筒式穴播器最大的优点,不仅是工作中滚筒的滚动不需另设传动机构,且能实现在膜上播种,同时由于采用勺式取种器取种,因而基本不伤种;株距一旦定下,下种后就十分准确,每穴内的种粒较为集中。缺点是,由于采用鸭嘴式开穴机构,播深和株距的调节比较困难。

四、棉花机械化播种作业

(一) 播前准备

1. 组织工作　为了保证棉花机播工作高效、高质量顺利进行,必须由相关负责人组成统一的组织指挥机构,组织农艺、机务、后勤等部门分工负责,做好农务、机务、质量检查和相关人员的定岗培训、考核、练兵以及田地和道路规划整理、物料(种子、肥料、地膜、安全清洁用具等)准备和运输装卸、机组编制和机具准备,同时做好质量掌控和检查、安全教育和措施实施等工作,并对现场出现的情况和问题及时进行调整和处置。

2. 种子、地膜等物料准备　供机械播种的毛籽,应符合国家标准。一般经机械剥绒 1～2 道(或经丸粒化处理),含绒率和破籽率要尽可能低,发芽率至少不低于 70%,并事先进行种子清杂和晒种。毛籽(丸粒化籽除外)经过浸、闷种后,萌芽不能过长,以微露白芽为宜。临播前用草木灰、炉渣灰和拌种药剂等将种子充分拌匀后,适当凉放、滤水,做到籽粒浸透湿润而松散,没有结团、成串现象。

棉花毛籽加工成光籽和包衣籽,一般在棉籽精加工车间实现(见第十三章)。光籽和包衣籽应符合国家标准,发芽率至少不低于 80%,精密播种的种子发芽率越高越好,至少不低于 85%。一般情况下,机播光籽和包衣籽事先不必浸种或闷种,即所谓"干籽播种"。

地膜覆盖用的膜卷要求两端齐整、无断头、无粘连,芯轴孔径不得太小,膜卷外径不得过大。地膜宽度根据播种行距的不同及种植模式的不同选定。

如需在播种同时施用种肥,要选用没有杂物、流动性好的颗粒状肥料。

3. 棉花播种机械的选用与准备

(1) 棉花播种机械的选用:根据地区特点和农艺要求(如当地播期天气特点,单作还是间套作、条播或穴播、铺膜与否、膜上播或膜下播等)、种子类型(毛籽、光籽或丸粒化籽)、地块大小、土壤状况和使用动力、播后田间管理使用作业机械的行数等,因地制宜选配相应的播种机械。

例如,新疆棉区已普遍实行棉花地膜覆盖播种,多数采用膜上穴播机播种,具有不必用人工破膜放苗,节省间、定苗用工,避免因放苗不及时而引起"烫苗"等优点。在北疆地区,因棉花播种期间天气变化无常、时有异常寒流和阴雨袭击,多数年份"膜上播"难于保全苗,因此,在采用膜上穴播机后,又出现改用"膜下播"播种机的趋势。又如,一般生产条件下,棉花播种量毛籽为 60～120 kg/hm^2,光籽(或包衣籽)为 45～75 kg/hm^2,可采用普通的棉播机播种。但在棉花种子质量好,发芽率高,土壤结构、墒情、整地质量、气候条件、机播技术等各种条件优越的情况下,也可采用播量为 15～30 kg/hm^2 的精密、半精密棉播机播种。

(2) 棉花播种机组的准备

① 通用棉花播种机组的准备:播前应根据地块条件、农艺要求和拖拉机、棉播机的配备情况,对机组进行适当编组,并对拖拉机和棉播机作全面检修、调试。对拖拉机悬挂装置的调整,要保证机具处于正确的连接状态,即拖拉机与播种机组的纵向中心线应重合、横向平行;根据行距要求,调整拖拉机轮距和播种机相应工作部件位置(包括开沟、排种、覆土镇压部件等位置和划行器长度等)。检查和调整各工作部件的状态,作必要的清洁、整修、润滑,使活动部件达到运转灵活自如,不应有异常的晃摆现象。清理排种、开沟部件和输种(肥)管路,调整播种量、播种深度等。在一些特定要求下,如地膜覆盖、膜上穴播、播种施种肥、播种筑畦等联合作业时,应同时配备、调整、保养好相应的装置。在北方干旱棉区,播种覆土后,棉行一般都需镇压,或压后抹土;有时还需装分土器、压土辊等,将过厚的表层干土层推开,并平碎表土,以保证顺利作业,同时将种子播入湿土中;有些时候,甚至要求播种同时在种沟内补水,在这些情况下,就要在播种机上加装必要的附件,如在镇压轮后加装拖板,在播种开沟器或铺膜装置前加装分土器,在机架上加装储水桶、引水管等。

播种机组准备完毕,应进行实地试播,检查各部件的运转状况是否正常,包括开沟深度、播种量、覆土镇压质量、联合作业机组中的铺膜、追肥等质量,以及行距(包括邻接行距)是否符合要求,必要时进行调整,直至满足要求。

"试播"应在农户、农艺和机组人员共同参与下进行,确定作业质量符合规定才开始正式播种。

② 滚筒式穴播器覆膜播种机的特殊调整:

第一,滚筒式穴播器运转灵活性的调整。滚筒应转动灵活,无卡阻、碰撞及摩擦现象;穴播器轴向的窜动量应小于 1 mm。穴播器的活动鸭嘴应开闭自如,开启程度 15～20 mm;闭合时严密。

第二,株距的调整。株距主要靠安装在滚筒式穴播器上鸭嘴的数量来确定。安装的鸭嘴多,株距就小;安装的鸭嘴少,株距就大,属有级调整。当需要较大株距时,单靠减少鸭嘴单体总成数仍无法满足需要,可关闭相应鸭嘴上勺式排种器的窗翼,使该排种器不排种(但仍打洞),即可加大株距。

第三,播量调整。主要靠调整排种器来实现。先将滚筒式穴播器侧盖打开,检查排种器的状况;若排种器已变形,应校正后再调整。增大取种器挡种舌与进种口之间的间隙,播量增大;反之,减小。一般此间隙为 7～8 mm。

第四,开沟圆片的调整。一是调整开沟圆片与前进方向的夹角,使其保持 15°～20°,保证入土深度在 5～7 cm。二是调整开沟圆片成对的两个刃口间的距离,按膜的宽度形成有足够采光面的膜床,此距离应为地膜宽度减去 10 cm 左右。

第五,覆土圆片的调整。调整时除保证夹角为 15°～20°、使深度适宜外,还有横向位置的调节。其调节原则是保证覆土均匀和适宜,并使圆片在作业中不堵塞、不壅土。

第六,定额覆土器体的调整。第一步是调整定额覆土器的左右位置,以控制膜面上覆盖土量的大小,保证所需的采光面积。调整时左右移动连接板,带动定额覆土器左右移动,使挡土板和滚筒式穴播器上的鸭嘴走在同一直线上。第二步是调整刮土板的上下位置,以控制和保证种穴孔及膜边膜面上的覆土厚度,保证种穴孔带上盖土厚 1～2 cm 即可。

③ 滚筒式穴播器覆膜播种机的安装注意事项:滚筒式穴播器旋转方向必须正确,以活动鸭嘴为记号,顺旋转方向头部在前,压板尾部方向在后。安装时左右滚筒式穴播器不得装错,左右定额覆土器体不得装错。

4. 播前田间准备　一般来说,待播棉田应该做到条田的边角、引渠田埂尽量修直取正,清除田间障碍和地表残茬、石头、废膜等,达到地表平整,土壤细碎,"上虚下实",土墒适中,表面薄盖干土层(厚度不大于 1.5 cm)。对田间作业中不易看清、不能排除的障碍物,应作出明显标志。为使播种规范,播前要规划好作业小区,每个小区的宽度应是作业幅宽的整倍数。根据播种机组组成和作业技术水平,在地头划出机组起落线,转弯地带宽度应为工作幅宽的整倍数。在地块的起播边,按要求顺着机组行进方向,标出明显的起播边线或插上标杆。

(二) 田间机播作业

棉花机播宜选择天气晴暖、无(微)风、土墒适中、地表薄层干土覆盖时进行。应尽量避免低温阴湿、大风天气、土壤黏湿等不利条件下机播。

机播作业第一行程时,应沿地边起播线(或标杆)直线行驶、匀速前进,中途不停车,地头转弯时再检查一次,核对播种量、行距、覆土情况,必要时再进行调整。

播种时,机组操作人员要集中精力,精心操作,做到播行笔直、正确接行,机组应对准划行印迹行进。机播作业中,拖拉机液压悬挂手柄应置于浮动位置,保证作业时被牵引的机组保持前后左右平衡,并能随地面起伏浮动,农具升起后应有一定的离地间隙。机组行进速度一般不超过 6 km/h,接近地头起落线前 10～15 m 时减速,先升起划印器(对非自动升降机构者而言),并及时按地头起落线起降播种机相应工作机构。作业中要匀速行进,一般不应换挡变速和随意停车,以防出现成堆下籽和断条。加种、加肥、接地膜、故障排除等尽量在地头进行。为保证作业质量,除随机操作农具员随时监视排种(肥、药)、开沟、覆土镇压、铺膜等工作情况外,还应有专人负责作业质量随机检查,如发现种子箱、排种杯、输种管、开沟器等有杂物、泥土堵塞或其他异常时,必须及时清理、调整。每作业 2～3.3 hm^2,机组应自检作业质量,核对排种量,必要时进行调整,并按规定紧固、润滑各部位。对发现的问题要随时解决,必要时在田间作出标记。穴播、铺膜播种作业时,行进速度应适当放慢,以防前进速度过快或快慢不匀,导致成穴和铺膜质量下降或地膜撕裂等现象。在加种、加肥或安放地膜时,同时要注意下种(肥)量是否正常,下种(肥)口(管)、开沟器、覆土器等有无壅堵,黏土地膜是否摆正、埋牢。在播种毛籽时,尤其要注意定时彻底检查和清理排种装置,以防下籽不匀、下种量减少,甚至发生断条。

覆膜播种机组作业时,在地头起播前,先拉出地膜铺在膜床上,将膜的端头对齐地头预划的切膜线,压好土,再降下机组工作机构,缓缓起步。行程结束前,在机组覆土装置末端超过起落线 40～50 cm 处停止作业,给膜压好土,对准切膜线切断地膜,再提升工作机构,转弯调头后,即可用土压埋好地膜末端,并开始下一个行程作业。覆膜棉播机没有设置膜上覆土压膜装置的,则要配备人力及时取土压住膜面,以防大风掀开地膜。

作业中,种子箱内种子量不得少于其容积的 1/4。为节省时间,应采用快速加种法。机组行进中若发现晚放开沟器则应作好标志,及时补种。作业中途因故障停车,排除故障后,必须将开沟器、划印器升起,倒退 2～3 m,再放下开沟器、划印器继续播种。播种机上不得超员、超重。

覆膜机组在作业中应特别注意覆膜、打孔质量检查,如检查滚筒鸭嘴开闭是否灵活、膜边覆土情况,地膜个别破损处应加盖泥土。当风力超过 4 级时,应停止播种。中途断膜时,应先升起机组,后退,将膜重新压好土,再继续作业。地头切膜、压膜应注意安全,位置放置准确、及时。膜端用土压实,防止地膜移动造成错位。

气力式精密播种机作业时,除了一般注意事项外,若空穴率增高和出现断条,要特别注意检查气压是否达到要求、气吸盘位置是否固定等问题。

全国研制生产的一些棉花铺膜播种机见表 47－1。

表 47－1　棉花铺膜播种机

(陈发,闫洪山整理,2008;王学农,2019)

序号	型号及覆膜数	名　称	适用膜宽(cm)	作业幅宽(cm)	播种行数(行)	行距(cm)	作业速度(km/h)	生产厂家	备　注
1	2BMG－10/2	超宽膜密植播种机	200	314	10	66＋10	3.5～4.5	新疆生产建设兵团农一师 12 团修造厂	机采棉模式
2	2BMKM－12/2	宽膜膜上密植穴播机	160	380	12	20＋43	5～10	新疆阿克苏新农通用机械厂	
3	2BMCK－16/2	超宽膜膜上密植穴播机	230	540	16	50＋17.5	3～5		机采棉模式
4	2BMKX－16/4	膜上机采棉宽膜穴播机	120	608	16	66＋10	4～6		
5	2BMK－20/5	膜下滴灌铺管覆膜播种机	120	760	20	66＋10	3～5	新疆科神农业装备科技开发有限公司	
6	2BMD－20/5		120	760	20	66＋10			
7	2BFM－2/4	播种施肥铺膜机	80、90、100		2 4	40～50		山西运城市施肥播种机厂	
8	2BMP－2	棉花铺膜播种机				45～55	3～7	河北省石家庄市农业机械股份有限公司	用小四轮拖拉机作动力

（续表）

序号	型号及覆膜数	名 称	适用膜宽(cm)	作业幅宽(cm)	播种行数(行)	行距(cm)	作业速度(km/h)	生产厂家	备 注
9	2BFMM-2	棉花铺膜播种机			2			石家庄市农业机械厂第一分厂	用小四轮拖拉机作动力
10	2BML-2、4、6、8	铺膜播种联合作业机			2～3			陕西省西安市农业机械厂	播棉花(光籽)、玉米、大豆等多种作物种子,为多种作业行数的系列机具
11	2BMJP-2	棉花精量穴播铺膜机	90		2	50～60		河北省衡水市矿山机械厂	用12～18 kW小四轮拖拉机作动力
12	2MBJ-3/18	精量铺膜播种机	108/205	720	18	66+10	2.5～4.0	新疆天诚农机具制造有限公司	配套动力:55～92 kW
13	2MBJ-1/6	棉花精量铺膜播种机	200	168/170	6	66+10/64+12/76	3.5～4.5	新疆阿拉尔金准机械制造有限公司	1粒率≥90%,空穴率≤2%
14	2MBJ-2/12	棉花精量铺膜播种机	200	495	12	66+10/64+12/76			1粒率≥90%,空穴率≤2%
15	2MBJ-3/18	棉花精量铺膜播种机	200	684	18	66+10/64+12/76	2～4.5		1粒率≥90%,空穴率≤2%
16	2MBJ-1/4	棉花精量铺膜播种机	125	150	4	40+20	3～4.5	阿拉尔天典农机制造有限责任公司	1粒率≥96%,空穴率≤1.2%
17	2MBJ-1/6	棉花精量铺膜播种机	200	230	6	66+10			
18	2MBJ-1/6	精量铺膜播种机	108/205	225	6	66+10	2.5～4.0	新疆天诚农机具制造有限公司	配套动力:18～48 kW
19	2MBJ-2/12	精量铺膜播种机	180/205	480	12	66+10/72+4			配套动力:49～92 kW

第二节 制钵和移栽机械化

棉花实行育苗移栽,需要制作大量的营养钵,成苗后还需将营养钵运输、栽入大田。这些繁重的工作需要消耗大量劳动力来完成,尤其是营养钵移栽工作,正值夏收、夏种、夏管大忙季节,劳动力十分紧张,所以对机械化作业要求十分迫切。

棉花育苗方式有土钵(圆柱钵、方块钵等)、纸钵、芦管和基质无土育苗等多种,目前制作营养钵仍大量依靠手工制钵器,工效较低,使用机械化作业的是机力制钵机。

一、制钵机械化

（一）制作棉花营养钵对机械作业的要求

一是制成的钵体大小、形状符合要求，外形、种子窝眼规范一致；二是钵体土壤结构内松外紧，适于棉花出苗生长；三是便于起钵、搬钵，移苗不易散塌；四是操作简便，效率高。

（二）制钵机具

我国早在20世纪50年代就开始研制棉花营养钵制钵机（器）。研制成的制钵机具主要有人力制钵器和机力制钵机。

1. 人力制钵器　人力手工制钵器（图47－10）目前仍是我国棉区重要的制钵工具，其结构简单，制作方便，操作简便、灵活。人力制钵器由焊接在带手把的左右立杆上的钵筒体和在筒体内可以上下活动、具有中央突起的推钵板组成。操作者只需将制钵器插入营养钵土土堆中，适当施压，钵土随即进入筒体内，并将推钵板推挤上移，当筒体内充满钵土时，推钵板被推挤至顶点，与推钵板一体的蹬推板被立杆上的限位挡挡住，推钵板即不再上移，此时如继续对制钵器施压，筒体内的钵土即逐渐被压紧。钵土被压紧至适当程度后，即可把制钵器从钵土堆中抽出，移至钵床处。此时，操作者手提制钵器手把，使筒体下端与地面接触，在一脚蹬推住“蹬推板”的同时，两手握住手把平稳地上提制钵器体，一个上端面具有种子窝的营养土钵随即形成，并下落在钵床地面。

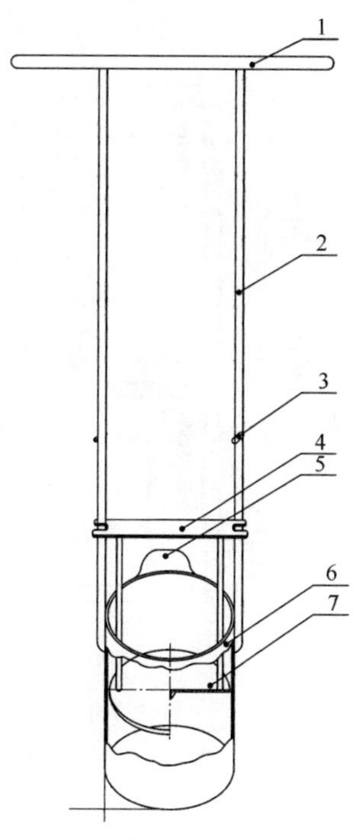

图47－10　人力制钵器

1. 手把；2. 立杆；3. 限位挡；4. 蹬推板；5. 踏板；6. 钵筒体；7. 推钵板

2. 机力制钵机　棉花营养钵机力制钵机在我国长江流域等部分棉区有一定数量研制、生产使用。多用小型动力带动，工效高。机力制钵机一般由机架，动力及传动系统，进料、盛料及制钵系统，出（送）钵系统、操作控制系统等组成。采用的动力有拖拉机、内燃机、电动机等。可机载移动或担架、推拉移动。

机力制钵机制钵方式有冲压式和对滚式成型等。目前生产上使用的多为冲压式制钵机，其基本工作部件，一般都由钵筒和在其内往复运动、头部具有中央突起的冲头组成。主要工作原理为，在搅拌器的作用下，钵土由盛土盘中被推落入钵筒内，冲头随即进入钵筒体，将钵土挤压成型后推出筒体，使之落在输送带（盘）上送走。冲压式机力制钵机的结构型式，可分卧式与立式两种。卧式的钵筒为水平安置，冲头作水平方向往复运动；而立式制钵机的钵筒则按垂直方向布置，冲头在其内作上下往复运动。有的制钵机样机还将制钵和往种穴内下种联合完成。

冲压式机力制钵机的实例如图47－11所示。该机具由农业部南京农业机械化研究所等单位研制，主要由变速箱、曲柄连杆机构、皮带传动机构、离合器、上下压杆、出料杆、模盘与出料机构等组成。工作时，动力通过皮带传动机构输入变速箱，在变速机构的带动下，通过曲柄连杆机构，使得上、下压杆沿着导向杆同时相向而行，此时，盛有营养钵土的模盘按顺时针转动一角度，将装满营养土的模孔与上、下压杆对齐，模孔中的营养土在上、下压杆的作用下被压缩成型。与此同时，出料杆在与上压杆一起向下运动的过程中，将模盘另一侧模孔内的营养钵体推出模孔，营养钵体落入下方出料机构中被运走。之后又在传动机构的带动下，上、下压杆离开模孔，重复进行下一个动作。该 ZB－2500 型机械化作物育苗制钵机，整机结构紧凑，安装调试方便，操作简便，工作性能稳定，省工节本，适应范围广，制钵效率为手工作业的 5 倍，操作人员 2～3 人，生产率≥2 500 只/h，成型率≥95％，耗用功率≤1.5 kW。

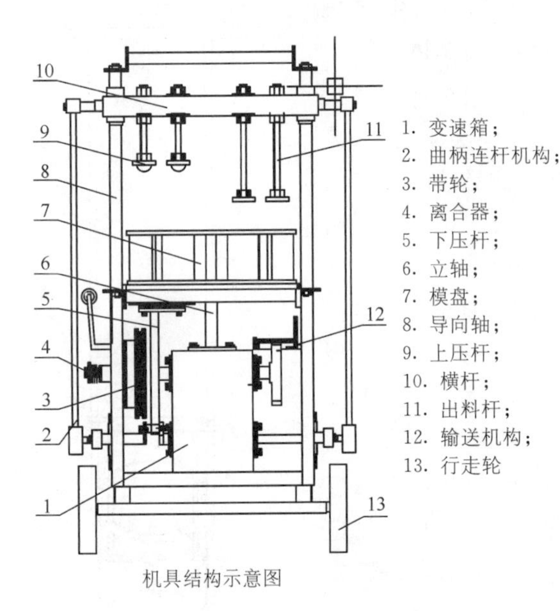

机具结构示意图

以手扶拖拉机为动力的机具

手推车式的机具

图 47－11 上、下对冲冲压式机力制钵机

（三）棉花营养钵机械制钵作业

为了保证制钵质量和提高工作效率，机械制钵首先要制备好足够的营养钵土，掌握好钵土配料和钵土水分。据有关研究，钵土宜选用轻、中壤土，并配入经粉碎、腐熟的秸秆、麦糠等疏松营养辅料，辅料与土的质量比以 1∶3(自然体积比 1∶1.2)左右为宜，含水率在 18％～23％，以"手捏成团，落地即散"为宜。水分过多，制成的钵体风干后，土壤过分紧实，成"死团"，不利于棉苗生长发育；水分过少，降低成钵率。此外，为了制作出松紧适度的营养钵，试车过程中要根据成品情况，适当调整好冲头弹簧的压力(钵土由原始状态被压制成型的压缩比值为 1.8～2.3)。由于机械制钵是一项流水作业，只有严密组织，合理分工，备土、上(添)土、操作、接钵、放钵协调一致，才能保质、高效地完成机械制钵工作。

二、移栽机械化

（一）移栽对机械作业的要求

一是栽行正直，接行准确，行株距符合农艺要求；二是开沟(或打洞)深度适中，开沟(或打洞)深度以埋钵后钵面与地表基本平齐或稍低为宜，沟(洞)底最好有一定松土层；三是移栽过程不(少)伤钵苗，移栽后钵苗直立，不歪倒；四是栽钵后覆土良好，并与钵体接触紧密；

五是移栽作业操作简便,作业效率高。

(二) 移栽机具

1. 人力移栽开沟(打洞)机具　人力打洞移苗器(图 47－12)结构简单,制作方便,操作简便、灵活。较适用于棉花出苗后、三叶期前,零散缺苗时的田间移苗补缺工作。用打洞移苗器打洞、移苗在取土量相同的情况下,比人工铲挖移苗既省力、规范,又少伤所移小苗及近旁欲保留苗的根部,成活率较高。打洞移苗器的结构与人力制钵器很相似,只是尺寸稍大些(一般直径 8 cm、高 12 cm 左右),并用推土环替代了制钵器的推钵板。操作时,先在待补苗处用移苗器打洞取走土壤、形成洞穴,再用移苗器从有多余苗的地方带土移来壮苗放入洞穴中,少许浇水,待水渗透后即可封土。有的移苗器在筒体上沿焊接有踩压板,当遇到土壤干硬,靠两臂力量难以将移苗筒插入土壤时,可借助于脚踩助力。

2. 机力营养钵移栽机　江苏等地研制的营养钵移苗开沟(或打洞)机多以手扶拖拉机或小型多用底盘为动力,将旋耕机改装成开沟刀具,或再配装专用开沟器而成。一般开出的移苗沟沟壁直,沟底有一层浮土,有利棉苗移后扎根。

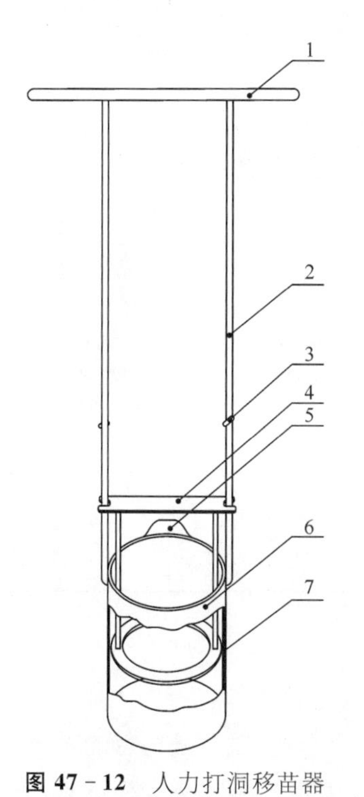

图 47－12　人力打洞移苗器

1. 手把；2. 支杆；3. 限位挡；4. 蹬推板；5. 踩压板；6. 筒体；7. 推土环

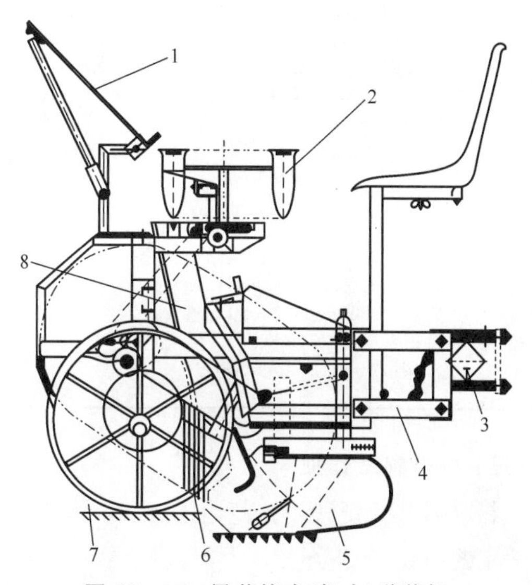

图 47－13　导苗管式(机力)移栽机

1. 苗架；2. 喂入器；3. 主机架；4. 四杆仿形机构；5. 开沟器；6. 扶苗器；7. 覆土镇压轮；8. 导苗管

目前研制的一些机力营养钵移栽机由拖拉机悬挂牵引,是由人工往机器里喂钵(苗)的半自动移栽机,一般由喂钵(苗)、输(送、导)钵、开沟、覆土镇压等工作部件组成(图 47－13),有的还配有注水装置。按输钵装置的类型分,有钳夹式、链夹式、导苗管(杯)式、吊篮式、输送带式和挠性圆盘式等。此类机械各行多自成一个栽植单体,各栽植单体间的间距可按行距不同而加以调节(表 47-2)。

表 47-2 棉花营养钵移栽机

(胡育昌整理,2008)

型号及名称	主要作业指标	配套动力	生产率	生产研制单位	备注
2ZM-2型大钵棉花移栽机	作业行数:2行 行距:600~800 mm 移栽深度:100 mm、120 mm、140 mm 株距:250 mm、300 mm、350 mm、400 mm 倒苗率:≤8%(秧苗与地面夹角≤30°)	13.2 kW小四轮拖拉机	≥1[株/(行·s)],或0.067 hm^2/h	山东泰安国泰拖拉机总厂	移栽时可注水
2ZM-2A1型小钵棉花移栽机	作业行数:2行 行距:550~750 mm 移栽深度:60 mm、80 mm、100 mm、120 mm 株距:120 mm、150 mm、200 mm、250 mm、300 mm、350 mm、400 mm 倒苗率:≤8%(秧苗与地面夹角≤30°)	13.2 kW小四轮拖拉机	≥1[株/(行·s)],或0.067 hm^2/h	山东泰安国泰拖拉机总厂	移栽时可注水
2ZDF型半自动导苗管式移栽机	作业行数:2~6行 行距:500~700 mm 株距:140~340 mm 开沟深度:40~100 mm	8.8~44.2 kW各种轮式拖拉机	3 000 ~ 3 600[株(h·行)],或0.27~0.40 hm^2/h	中国农业大学	
2ZG-2型带式喂入半自动钵苗栽植机	作业行数:2行 行距:460~900 mm 株距:200 mm、250 mm、300 mm、350 mm 株距合格率:>90% 栽直率:>90%(苗干与垂线倾角不大于±20°为栽直) 伤苗率:≤5%	8.8 kW小四轮拖拉机	纯作业效率:0.187 hm^2/h(7.5万株/hm^2)	山东工程学院	①移栽时可注水;②一人喂2行苗;③使用圆台形钵体
2Z-2型多用钵苗移栽机	立苗率:≥95% 伤苗率:≤3% 漏苗率:≤3%	8.8~13.2 kW小四轮拖拉机	棉花:0.10 ~ 0.15 hm^2/h	黑龙江农垦科学院	
2ZX-2型棉花营养钵移栽打穴机	工作行数:2行 行距:500±50 mm(可调) 穴距:290 mm、390 mm(可选) 穴口直径:80~90 mm 穴深:120~160 mm(可调)	东风-12型手扶拖拉机	0.27~0.33 hm^2/h		

(三)机械移栽作业

机械移栽作业牵涉到钵苗运送、上盘、人工喂钵、栽后质量检查等多方面工作,任务相对繁重。一定要组织、配备好各方人力,协调配合,精心操作,安全作业,尤其是每行的喂钵操作手,要选用反应灵敏的人员担任。机组行进速度一定要与喂钵人员的喂钵速度相适应,防止过快造成漏植或倒苗。一旦发现倒苗或栽植不良者,要安排人员及时采取扶正、覆土等措施。

第三节 工厂化育苗和机械化移栽

棉花工厂化育苗和机械化移栽是传统育苗移栽技术的升级换代,是现代农业的重要组成部分,是发展植棉业社会化服务,推进“代育代栽”的重要技术支撑,并且技术模式通用于旱地育苗和移栽植物,整体生产效率高。

一、工厂化育苗

工厂化育苗的主要设施为联栋大棚和日光温室等,设施内均采用穴盘或育苗盒育苗,可以设置多层育苗架,移动育苗床等装置,育苗的标准如苗龄、苗质等指标同苗床育苗技术(见第二十八章)。

采用移动苗床或苗床的育苗技术,使用穴盘作为育苗基质载体,装盘基质为无土基质或复合基质,装盘多为人工,也有采用为蔬菜育苗的机器填料;播种可采用人工点种,或采用机械播种,主要有气吸式或排种式方法;底部铺地膜,膜上放穴盘,补水采用灌溉方法,一般不补充肥料。

采用分层育苗架育苗时,在装好基质后将育苗盘或育苗盒分层摆放于育苗架,提高了育苗系数 1.5～2.5 倍。一般育苗架设计 2～3 层,每层高 70～80 cm 并可调节,顶层高度 150～170 cm,每层宽度 60 cm(图 47 - 14A),采用标准育苗盒(长×宽×高为 45 cm×36 cm×12 cm)或穴盘[长×宽×高为(55～60)cm×(28～33)cm×(4.5～5)cm],每穴盘含 100～128 孔,单孔容积21～25 cm^3。当层高大于 200 cm,顶层温度在一天中会出现骤升骤降情况,当遇到强寒潮时,不利于出苗和培育壮苗,还可能出现僵苗。

工厂化育苗水分补充采用微喷或微滴灌方法,降温采用开窗和安装排风扇方式,上部育苗层空气温度最高不宜超过 45 ℃;超过 40 ℃必须加强通风和补水,实施降温。需要注意的是,日光大棚或日光温室内生产的幼苗因缺少紫外线不发红,后期需要进行阳光或蓝紫光照射,促进幼茎发红,从而加强炼苗促壮。

工厂化育苗可实行分批分次和循环、多种作物育苗,早春棉育苗时间在每年 3 月底 4 月初,4 月底移栽。接着育晚春棉,5 月下旬移栽。分层育苗单苗成本很低,规模化育苗和多作物育苗可进一步降低育苗成本,提高育苗效益和利润。在湖南,早季烟草 3 月底离床,或早稻 4 月离床,接着育棉花苗(图 47 - 14B),在油菜收获后移栽棉花,提高了育苗装置的利用率(图 47 - 14C)。

此外,工厂化育苗可开展常年育苗,形成育苗公司或苗木基地,从而实行春夏秋冬育苗或栽植蔬菜。

A. 3 层育苗装置

B. 早稻育苗之后接着育棉花幼苗

C. 工厂化培育的棉花幼苗

图 47 - 14　工厂化育苗

二、裸苗移栽机械作业的要求

一是精细整地,要求地面平整,土爽土细,口墒好;二是作物株行距和栽植深度均匀一致,并符合农艺要求;三是保证棉花秧苗基本上垂直地面,倾斜度一般不超过 30°,无窝根现象;四是避免输苗、喂苗作业伤苗;五是栽植后覆土良好,避免根系架空(与土不接触)或裸露;六是无漏栽和重栽;七是配置浇水系统。

三、裸苗栽植机构造与工作过程

裸苗移栽方法:先开沟或开穴,然后按照设置的株行距喂苗、放苗、覆土、镇压和浇水,实行联合作业。由于裸露的幼苗分成单株尚存困难,依靠人工分苗,实为半机械移栽。

半机械移栽机主要依托栽植器,人工将秧苗放到栽植器,由栽植器将裸苗栽入沟内。移栽机工作部件为开沟器、分苗机构、栽植器、覆土镇压机构、浇水系统等,生产上常用移栽机类型如下。

(一) 半自动油菜(蔬菜)移栽机

由江苏南通富来威农业装备有限公司研制生产。采用链夹或钳夹式栽植器,可移栽油菜、蔬菜和棉花裸苗。该机具有结构简单、维修使用方便、生产效率高、不伤苗、移栽后的秧苗直立度好、成活率高等特点。可与各种中、小型拖拉机配套,一次完成开沟、移栽、覆土等复式作业,其效率是人工的 5 倍,移栽费用是人工的 30%。半自动油菜(蔬菜)移栽机结构如图 47 - 15 所示。

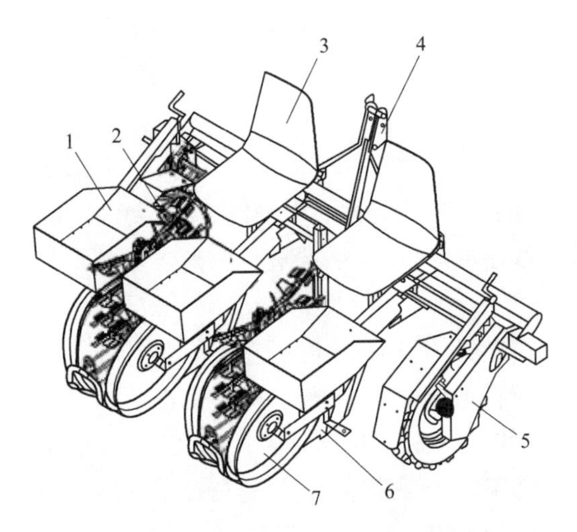

图 47 - 15　半自动油菜(蔬菜)移栽机

1. 秧箱; 2. 夹苗器; 3. 座椅; 4. 悬挂架; 5. 行走驱动机构; 6. 开沟器; 7. 覆土镇压轮

工作时,栽插机构在运转过程中收紧夹苗杠杆,随之带动夹苗橡胶块夹住秧苗,待夹苗器支架运行到栽插位置时,夹苗杠杆被释放,随之夹苗橡胶块复位释放,秧苗栽入开沟器开出的沟内,随后由覆土镇压轮完成覆土和压实动作,从而实现作物旱地裸苗移栽。此类半自动移栽机使用中仍需要较多的辅助人员,当喂苗速度超过 60 株/min 时,人工就会跟不上节奏,出现漏苗,使栽植速度、效率受到限制。

(二) 穴盘苗移栽施肥浇水一体机

由中国农业科学院棉花研究所研制,青州火绒机械制造有限公司生产。与中小型拖拉机配套,一次性完成打洞、放苗、浇水、施肥等工序一体的连续作业。打洞采用曲柄连杆机构,能够在免耕土地上打出栽苗洞,实现免耕移栽,具体结构如图 47 - 16 所示。

工作时,由拖拉机牵引,首先打洞器在曲柄连杆机构的带动下往复运动进行打洞,然后人工将穴盘苗投入到放苗器,放苗器在传动机构的带动下圆周运动,当导苗管到达打出的苗洞后放苗器自动打开将秧苗投入到苗洞中，随后浇水管对刚投入苗洞的秧苗浇水，覆土圆盘通过旋转切土对浇过水的秧苗进行覆土，最后施肥器通过导肥管在栽植苗的内侧条施肥料，从而实现打洞、栽苗、浇水、施肥等工序。该机可在免耕土地上直接移栽，有利于保墒，而且栽苗的同时进行浇水，提高了移栽后幼苗成活率。该机大面积移栽效率为 0.25 hm^2/h，成活率在 90%上下，符合生产要求。

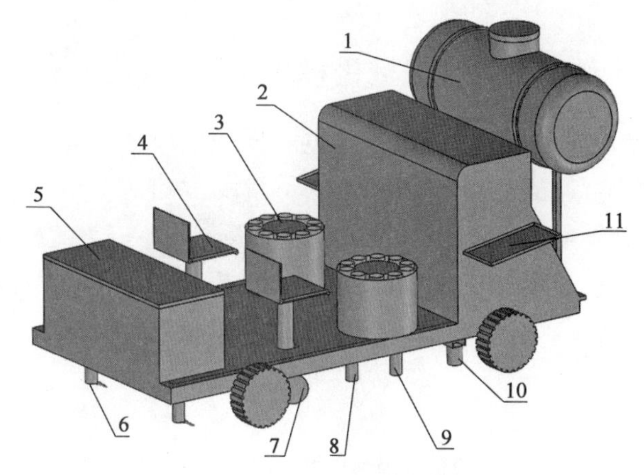

图 47－16　穴盘苗移栽施肥浇水一体机

1. 水桶；2. 曲柄连杆打洞机构；3. 放苗器；4. 座椅；5. 肥料箱；6. 导肥管；7. 覆土器；8. 浇水管；9. 导苗管；10. 打洞器；11. 苗盘架

（三）旋耕移栽机

由青州火绒机械制造有限公司生产，采用鸭嘴式栽植器移栽穴盘苗。可与中小型拖拉机配套，一次完成旋耕、移栽、浇水、覆土封埯等功能；具有使用方便，生产效率高，移栽苗成活率高等优点。具体结构如图 47－17 所示。

图 47－17　2014 年 4 月 28 日，多功能旋耕移栽机在江西省九江县江州镇移栽现场

1. 苗盘架；2. 镇压轮；3. 投苗口；4. 浇水管；5. 覆土圆盘

工作时，操作人员坐在座椅上，从苗盘架上取苗，从投苗口投入的秧苗落入鸭嘴，鸭嘴下行入土后，安装在双轮压盘的凸轮块向内挤压，促使鸭嘴两侧开口，左右分开，分土开穴，将秧苗栽入，然后鸭嘴上升过程中，复位弹簧促使鸭嘴闭合，如此往复，实现一个栽植过程。随后浇水管在驱动装置的驱动下对准秧苗进行浇水，最后覆土圆盘进行覆土，镇压轮对秧苗周围土壤进行镇压保墒。该机大面积移栽效率为 0.25 hm^2/h，成活率在 90% 上下，符合生产要求。

四、旱地机械化移栽的配套农艺

栽棉如同栽菜，栽菜需要补充口墒，棉花也一样，要求底墒足，口墒好。对春季移栽而言，栽高温苗不栽低温苗，返苗发棵生长快；栽深不栽浅，入土不浅于 7 cm，有利减轻干旱造成的成苗威胁。当遇到干旱时需灌溉补水，提高成活率。

（撰稿：胡育昌；补充：董春旺，杨北方；主审：周亚立，毛树春）

参考文献

[1] 温浩军，陈学庚，李亚雄．2BMJ 系列精量铺膜播种机的使用与调整．新疆农机化，2005(1).

[2] 温浩军，陈学庚，李亚雄．新疆生产建设兵团棉花精量播种现状及发展趋势．中国农机化，2005(5).

[3] 田中午，陈发，王桂盛，等．新疆植棉采棉清棉机械化技术．新疆农机化，1995(增刊).

[4] 朱德文，徐立华，陈永生，等．棉花机械化微钵育苗技术的试验研究．农机化研究，2009，31(6).

[5] 朱德文，朱德泉，程三六，等．棉花制营养钵工艺与机具的试验研究．农业装备技术，2005，31(5).

[6] 封俊．介绍一种适合棉花移栽的栽植机械．中国棉花，2001，28(4).

[7] 朱宁，郑伟新，张时英，等．2ZQ－2 油菜(蔬菜)移栽机的研制．农业装备技术，2008(8).

[8] 毛树春，韩迎春．图说棉花基质育苗移栽．北京：金盾出版社，2009：2－5.

[9] 毛树春，韩迎春．图说棉花基质育苗移栽(第二版)．北京：金盾出版社，2014.

[10] 郝金魁，张西群，齐新，等．工厂化育苗技术现状与发展对策．江苏农业科学，2012，40(1).

[11] 中国农业科学院棉花研究所．分层育苗装置[P]．中国专利：201020152785.1，2011－01－19.

[12] 毛树春，韩迎春，王国平，等．棉花“两无两化”栽培新技术扩大示范取得成功．中国棉花，2005，32(9).

[13] 中国农业科学院棉花研究所．棉花无土育苗无载体移栽栽培技术研究和示范．科学技术成果鉴定证书，农业部成果登记号，农科果鉴字[2004]第 056 号，2004.

[14] 中国农业科学院棉花研究所．一种移栽用打洞施肥一体机[P]．中国专利：201210074377.2，2014－02－19.

[15] 高华德．一种带有旋耕装置的多功能栽苗机[P]．中国专利：201320490945.7，2014－01－22.

第四十八章　棉田管理机械化

棉花田间管理机械化作业的项目，主要有中耕(包括松土、除草)、追肥、培土、灌溉(排)、药(肥)剂喷施、打顶整枝。另外，还有间套作棉田的行间埋青(棉花播前掩埋绿肥)、收麦、灭茬及收花末期的行间播麦等。本章就常用的主要机械作业项目作简要介绍。

第一节　中耕追肥机械化

中耕追肥机械作业主要包括行间中耕松土、除草、追肥、开沟培土等作业。行间中耕松土可促进土壤内空气流通，加速肥料分解，提高地温，减少水分蒸发；除草可减少土壤中养分和水分的无谓消耗，改善通风透光条件，减少病虫害；追肥培土可给棉花补充养分，促进作物根系发育，防止倒伏，并为沟灌和排除多余雨水、促进行间通风透气创造条件。

一、农业技术要求

(一) 行间中耕

(1) 根据田间杂草状况及土壤墒情适时进行。第一次中耕作业一般在显行后进行；覆膜植棉时，可提前于显行前进行。

(2) 中耕深度视棉花生长期而变化，一般在 10～18 cm；耕后地表应松碎、平整，不允许有拖堆、拉沟和大土块现象。

(3) 护苗带宽度为 8～12 cm，在不伤苗的前提下应尽量缩小护苗带。

(4) 不埋苗、不压苗、不铲苗。伤苗率小于 1%，地头转弯处伤苗率不超过 10%。

(5) 不错行、不漏耕，起落一致，地头地边要尽量耕到。

(二) 追肥、培土作业

(1) 追肥均匀，下肥量符合要求。

(2) 追肥深度一般为 8～15 cm，前期浅、后期深；苗、肥相距 10～15 cm；行距 50 cm 以下时，后期花铃肥可施于苗行中间。

(3) 追肥作业时，不得将肥料漏洒在地表或棉花叶片上。

(4) 行距 60 cm 以上时，后期追肥宜与培土作业同时进行。

(5) 培土作业，视不同行距，沟深 12～15 cm、宽 30～40 cm，沟垄整齐，沟深一致；培土良好，无大土块，不埋苗、伤枝、压枝。

二、中耕追肥机械

(一) 中耕追肥机械的类型、结构和工作过程

棉田中耕机械要完成中耕(包括松土、除草)、追肥、培土等作业。机具按工作部件形式，可分为锄铲式和旋转式两种。按结构形式，可分为通用型中耕追肥机和播种中耕通用机及牵引式、悬挂式等类型。锄铲式中耕机使用最为常见，旋转式中耕机配备有破除板结表土的旋转锄(器)、除草松土旋耕机，以及南方棉花间、套作地区的行间灭茬机、绿肥埋青机等。以下以使用最为普遍的通用型锄铲式中耕追肥机为例，简述中耕机的一般构造。

通用型锄铲式中耕追肥机(图 48 - 1)多为悬挂式，多与 37 kW(50 马力)以上轮式拖拉机配套。主要由机架、地轮、中耕铲、肥箱、施肥开沟器及传动机构等部分组成。能一次完成行间除草、松土、追肥、培土等项作业，适合棉花、玉米等中耕作物的中耕追肥培土作业。

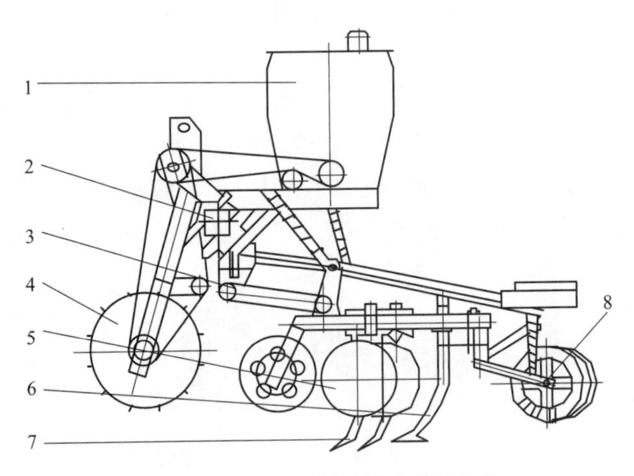

图 48 - 1　通用型锄铲式中耕施肥机

1. 肥箱；2. 机架主梁；3. 四连杆机构及顺梁；4. 地轮；5. 护苗圆盘；6. 人字铲；7. 松土杆齿；8. 碎土镇压轮

在中耕作业机组行进中，工作部件依靠机具重量自动入土，通过压力弹簧和限深轮等控制，达到要求的耕深，满足松土、除草的要求。追肥则是通过地轮和传动系统，驱动排肥器转动，将肥料均匀排出，沿输肥管导入施肥开沟器到达苗行旁侧，施肥量可通过调节装置调整。

(二) 中耕机械主要工作部件的特点和作用

通用型锄铲式中耕追肥机的工作部件有锄草铲、松土铲、施肥开沟器和培土器等，另外，还配有防止土壤或工作部件压苗、伤株的护苗装置。

1. 锄草铲　锄草铲的功用是除草和松土，又分为单翼铲、双翼铲。单翼铲由单翼铲刀和铲柄构成(图 48 - 2)，主要用于苗旁锄草和松土。中耕作业时单翼铲分别置于棉苗的两侧，有左、右翼铲两种型式，对称安装。双翼铲由双翼铲刀及铲柄构成(图 48 - 3)，又分为锄草铲和通用铲两种。锄草铲铲面较扁平，主要用于除草，松土作用较弱，不易埋草、埋苗。通用铲铲面较陡峭，兼备除草、松土作用，工作深度较深。

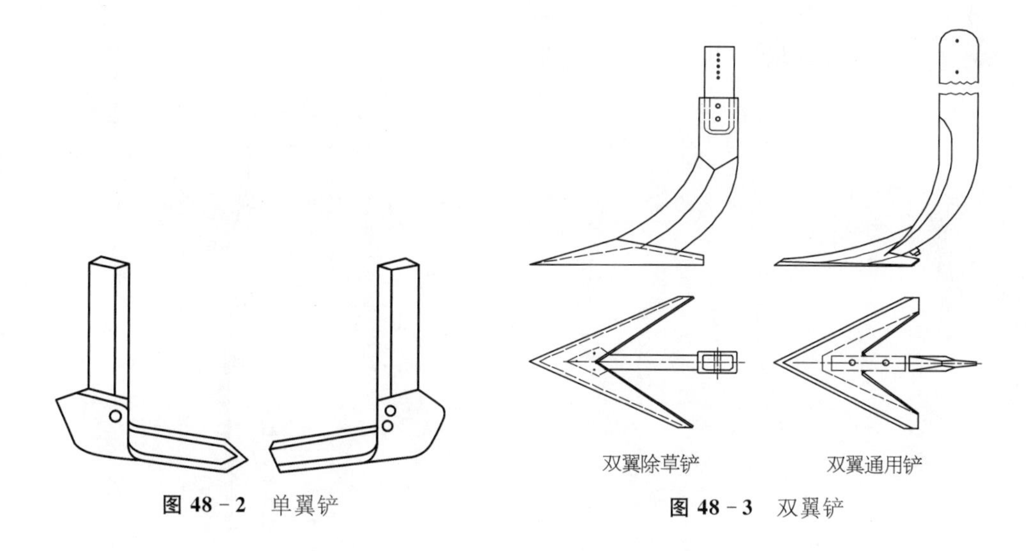

图 48 - 2　单翼铲

图 48 - 3　双翼铲

2. 松土铲　松土铲用于中耕作物的行间深层松土。它使土壤疏松但不翻转。松土铲由铲尖和铲柄两部分构成，常用的有凿形、箭形和铧式等三种(图 48 - 4)。凿形铲铲幅窄，入土能力强，用于行间深层松土，也可用于垄面深松，入土深度达 12～14 cm，但碎土能力较差。由于其结构简单，磨损后易于锻延修复，应用较为广泛。箭形铲对土壤作用范围较大，碎土性能好，用于深松耕作层以下的土壤、深松垄沟和中耕时深松行间。铧式铲多用于间作棉田行间灭茬和东北垄作地的松土作业。

3. 培土器　培土器(图 48 - 5)的用途是行间开沟、培土和起垄。由铲尖、铲胸以及左、右培土翼组成一个双向犁体工作面。铲尖和铲胸碎土能力较强；铲翼翻土能力较强，两翼张开度可调。

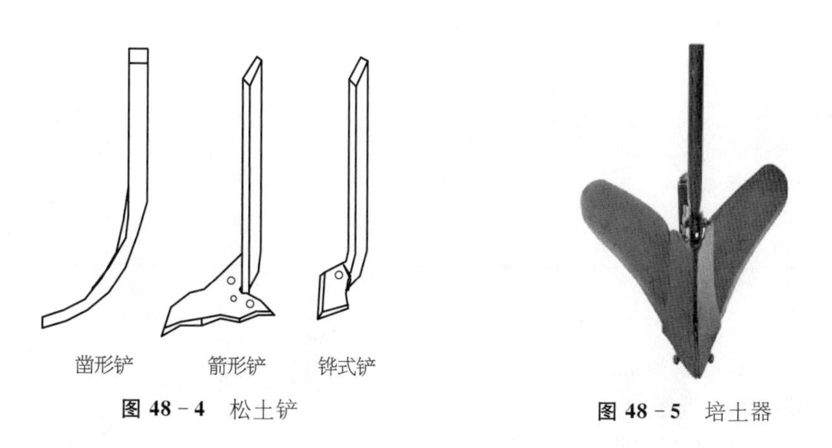

图 48 - 4　松土铲

图 48 - 5　培土器

4. 施肥开沟器　施肥开沟器(图 48 - 6)由凿形施肥刀和导肥管组成。在棉花生长期追施化肥、细碎的有机肥料时，用来开出施肥沟，并将肥料导入沟内。

5. 排肥装置　常用的有转盘式排肥装置(图 48 - 7)。排肥装置由中耕机地轮传动，驱动肥料筒底圆盘转动，左、右排肥器也同时转动；肥料筒内的肥料则随圆盘的转动，经调节活门,由分配器分配至左、右排肥器并排入左、右漏斗和输肥管。施肥量可通过调节活门开度,或改变转盘转速加以调节。常用中耕追肥机具见表 48-1。

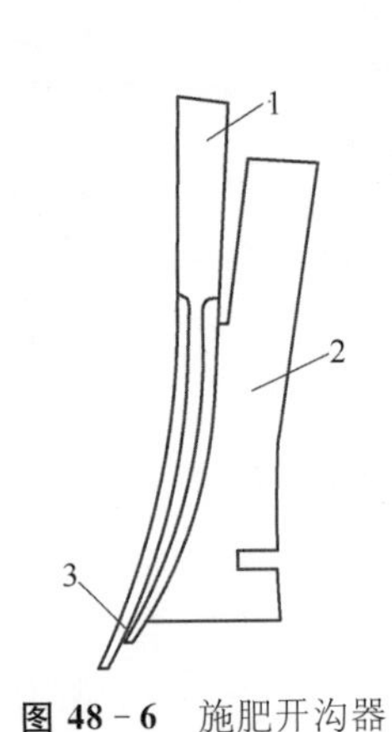

图 48-6 施肥开沟器

1. 施肥刀; 2. 导肥管; 3. 开沟器

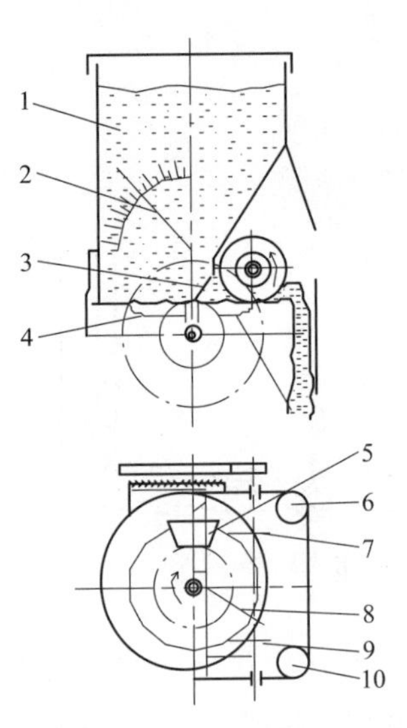

图 48-7 排肥装置

1. 肥料筒; 2. 调节手杆; 3. 调节活门; 4. 转盘; 5. 分配器; 6. 左漏斗; 7. 左排肥器; 8. 导肥管; 9. 右排肥器; 10. 右漏斗

表 48-1 常用中耕追肥机具性能

(陈发,闫洪山整理,2008)

名称及型号	工作幅宽(m)	适应行距(cm)	中耕深度(cm)	施肥深度(cm)	施肥量(kg/hm²)	配套动力(kW)	生产率(hm²/h)
3ZF-1.8 型中耕施肥机	0.85~1.8	30~70	0~18	6~8	0~600	11~13	0.4~0.7
3ZF-3.6 型中耕施肥机	3.6	30~70	4~18	7~8	0~600	≥40	1.2~2.4
3ZF-4.2 型中耕追肥机	4.2	40~70	3~18	7~8	0~600	≥40	1.4~2.1
3ZF-5.4 型中耕施肥机	5.4	40~70	4~18	7~8	0~600	≥40	3~3.7
3ZF-6B 型中耕追肥机	4.2	45~70	3~18	7~8	0~600	≥40	2.5
3ZFQ-3.6 全浮动中耕追肥机	3.6	30~70	0~18	6~8	0~600	40~48	2~3
3ZFQ-5.4 全浮动中耕追肥机	5.4	40~70	0~18	6~8	0~600	40~48	3~5

三、中耕机械作业

(一) 中耕机组的选配

中耕作业机组的选配应根据棉田地块的面积、土质以及作业要求确定。中耕行数应与播种作业行数一致,或成整倍数增减,避免横跨接合行作业。根据播种行距对拖拉机轮距进行调整,拖拉机轮缘内、外侧距棉苗均应保持至少 10 cm 间距,以避免压伤棉苗。苗期一般选配中耕、松土作业机组;蕾期中耕可选配中耕、除草复式作业机组;后期中耕可选配中耕、追肥、培土复式作业机组。

（二）中耕工作部件的配置

行间中耕锄铲的类型应根据中耕作业项目、作物行距、土壤条件、作物和杂草生长情况等因素进行选择。第一遍苗期中耕时，如果只要求除草，可选择单翼铲和双翼锄草铲；如果同时要求松土作业，可在单翼铲前或后加装松土铲。棉苗长高后可选用双翼铲。

锄铲配置时应满足不伤苗、不漏耕、不堵塞和与播种行距相符等要求。除草铲排列时，同行间的相邻两铲的除草范围要有 2～3 cm 的重叠量，避免漏锄。锄铲前后须错开一定距离。为防止伤苗、埋苗，锄铲外缘与苗行间应留出 10～15 cm 的护苗带。随着中耕作业次数的增加，中耕深度逐步加深，护苗带也应随棉苗的生长和根部的逐渐发达而加宽。培土铲应按行距、开沟深度和需要培土高度选择适当规格的铧铲和培土板张开度。锄铲配置常用的方法如图 48-8 所示。

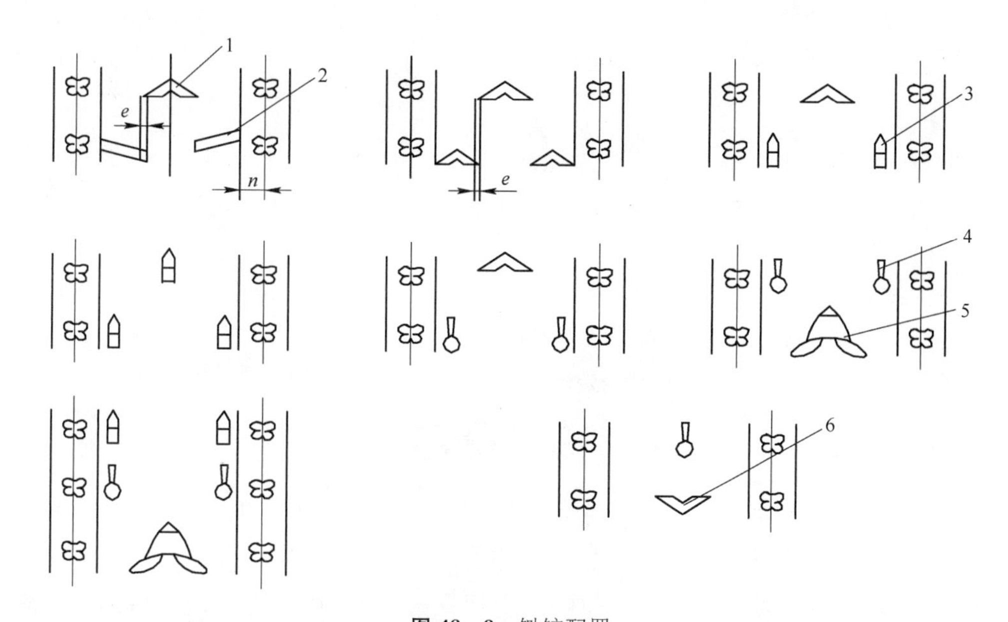

图 48-8　锄铲配置

1. 双翼铲；2. 单翼铲；3. 松土铲；4. 施肥开沟器；5. 培土器；6. 覆土器；
e. 重叠量；*n*. 护苗带

为使中耕作业不伤苗、不压苗，往返接合行的中耕范围应是正常各行的一半或稍宽，配对时，中耕机最外侧中耕接合行的锄铲数应减少，或卸去外侧培土板。

（三）中耕作业方法及注意事项

1. 作业前田间准备　排除田间障碍物，填平毛渠、沟坑；检查土壤湿度，防止因土壤过湿造成陷车，或因中耕而形成大泥团、大土块；根据播种作业路线，作出中耕机组的进地标志；根据地块长度设置加肥点，肥料应捣碎过筛，使其具有良好的流动性，且无杂质，并能送肥到位。

2. 作业前机组准备　配齐驾驶员、农具员，根据需要选择适宜的拖拉机和中耕机具，并按作物行距调整拖拉机轮距；根据行距、土质和苗情、墒情、杂草情况、追肥要求等，选配锄铲或松土铲；配置和调整部件位置、间距和工作深度；前期中耕应安装护苗器，后期中耕、开沟培土或追肥作业时，行走轮、传动部分和工作部件应装有分株器等护苗装置。

3. 作业方法及要求　悬挂式中耕机组一般可采用梭行式中耕法，行走路线应与播种时一致。作业时悬挂机构应处于浮动位置，作业速度不超过 6 km/h，草多、板结地块不超过 4 km/h，不埋苗、伤苗；作业前机组人员必须熟悉作业路线，按标志进入地块和第一行程位置；机组升降工作部件应在地头线进行调整。

4. 作业质量检查　中耕作业第一行程走过 20～30 m 后，应停车检查中耕深度、各行耕深的一致性、杂草铲除情况、护苗带宽度以及伤苗、埋苗等情况，发现问题及时排除；追肥作业时，应检查施肥开沟器与苗行的间距、排肥量及排肥通畅性，不合要求应及时调整；在草多地块作业时，应随时清除拖挂杂草，防止堵塞机具和拖堆；要经常保持铲刃锋利。

第二节　灌溉机械化

目前我国棉田采用的灌、排水方法以地面畦、沟为主，简单有效，成本较低，但水的利用率极低。通过先进节水技术的引进和研究，新的灌溉方法和设备在棉花生产中正在得到推广应用。

传统的排灌机械种类很多，性能各异，以各种类型的农用水泵机组使用较为普遍。先进有效的节水型灌溉设备则以喷灌和滴灌为主。

对棉田排灌的基本要求是：及时、按量、均匀、无长期干旱或积水渍涝片段。

一、沟灌与畦灌机械化

棉田灌溉方法应根据气候、地势、地面平整度及水源情况等条件确定。沟灌和畦灌是采用较普遍的灌水法。沟灌与畦灌机械化作业，主要是利用开沟筑埂机具和中耕机具挖渠、开沟或作畦，形成田间灌溉水系。沟灌与畦灌地面坡度一般为 0.3%～0.8%，最大不超过 1%；地面起伏不超过 10 cm；毛渠间距随地面坡度增大而减小，一般为 15～25 m；地块坡度较大时，应采用细流沟灌。水泵是棉区的主要提水设备，常用的水泵主要有离心泵、混流泵、轴流泵、深井泵、潜水泵和水轮泵等。

(一) 水泵的选用

应根据水源、需水量、扬程等条件，合理选用水泵类型和配套设备。在水源充足，所需扬程较小的平原河网区，一般多选用轴流泵或混流泵；在地下水位较深的北方井灌区，则多选用离心泵。有时需要采用多级离心泵或深井泵，以满足高扬程的需要。水泵型号应依据流量和扬程确定。

1. 水泵流量计算

$$Q = \frac{w \cdot m}{J \cdot t}(1 + \delta)$$

式中：Q——所需水泵流量（m^3/h）；w——总灌溉面积（hm^2）；m——每公顷需水量

(m^3/hm^2)；J——连续灌水天数(d)；t——每天水泵工作时间(h/d)；δ——输水渠道渗漏系数，一般δ=5%～20%。

2. 水泵扬程计算

水泵总扬程(m)=实际扬程(m)+损失扬程(m)

式中：损失扬程为水流经吸水和扬水管道时损失的扬程，与管径及管道长度有关，可从有关资料中查得。

3. 农用水泵的一般构造及工作原理　离心泵的一般构造，主要由叶轮、泵体、泵轴、轴承、填料室、皮带轮(联轴器)、托架等组成，如图 48－9 所示。叶轮是水泵的主要工作部件，有封闭式、半封闭式和敞开式三种，如图 48－10 所示。

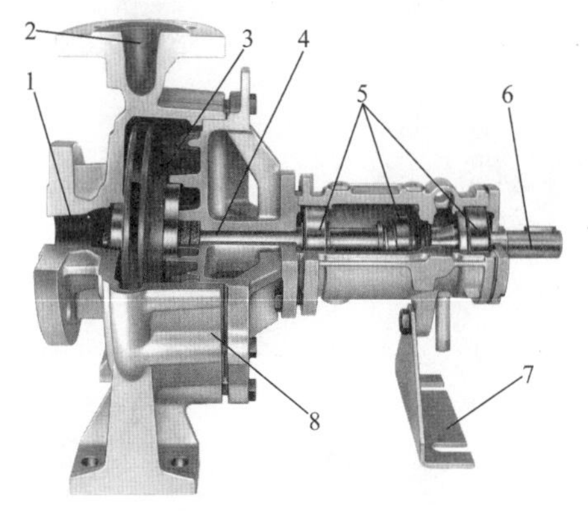

图 48－9　离心泵的构造

1. 进水口；2. 出水口；3. 叶轮；4. 填料室；5. 轴承；6. 泵轴；7. 托架；8. 泵体

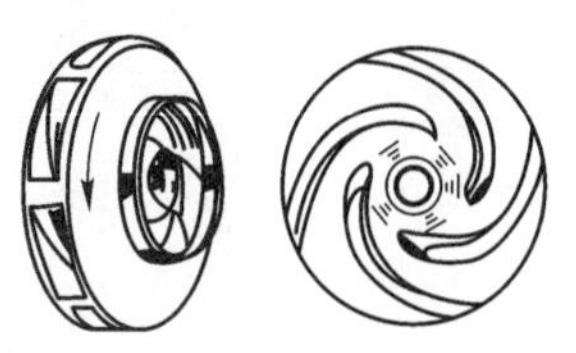

封闭式　半封闭式　敞开式

图 48－10　离心泵叶轮

水泵安装时，除了配备动力机(电动机或内燃机)之外，还需要有一定的管路及附件，如吸水管、压水管、弯头、闸阀、底阀、滤网及仪表等。离心泵管路安装如图 48－11 所示。

离心泵的工作由压水和吸水两个过程组成，如图 48－12 所示。压水过程：当动力机带

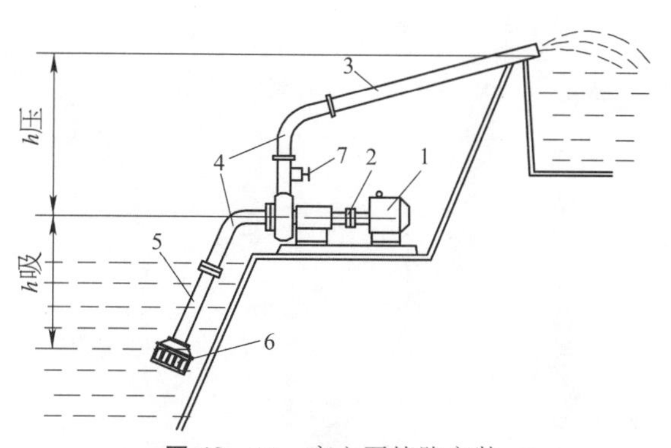

图 48－11　离心泵管路安装

1. 电动机；2. 联轴器；3. 压水管；4. 弯头；5. 吸水管；6. 底阀；7. 闸阀；h吸．吸程高度；h压．扬程高度

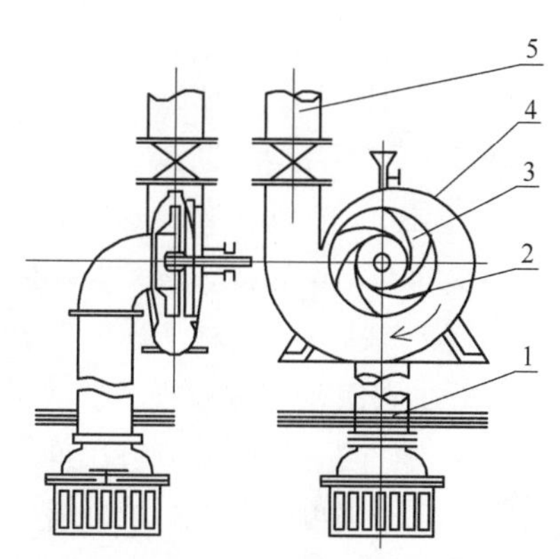

图 48－12　离心水泵的工作原理

1. 进水管；2. 叶片；3. 叶轮；4. 泵壳；5. 出水管

动叶轮高速旋转时，带动泵壳内的水作高速旋转运动产生离心力，使叶轮槽内的水甩向四周，并在叶轮外缘沿切线方向甩离叶轮，沿着泵壳内蜗旋形流道，顺出水管把水压到高处。吸水过程：在压水的同时，当叶轮内的水被甩出后，叶轮中原来被水占据的空间便形成真空，而水源水面在大气压力的作用下，通过进水管进入泵内。随着叶轮的连续转动，水泵就不断地吸水和压水，水就源源不断地从低处被送到高处。

（二）水泵的安装和使用

1. 水泵的安装　应选择地面平坦，地基坚实，便于维护和检查的位置安装水泵；尽可能地靠近水源，离水面高度要近，以降低吸水扬程。水泵和电动机直接联结时，要有共同基座，保证泵轴和电动机轴的同心度；皮带传动时，应保证两皮带轮轴线的平行度，传动带紧边在下，松边在上，皮带包角及松紧度合适，以提高传动效率。管路设计应尽量短而直，少用弯头；必须采用弯头时，曲率半径不要太小，以减少管路的扬程损失；进、出水管必须具良好的密封性能，不能漏气、漏水。

2. 水泵的使用　启动前关闭离心泵出水管上闸阀，以减轻启动负荷。有吸程的要对进水管和泵壳充水和抽真空，以排尽空气。具有可调式叶片的轴流泵，要根据扬程变化情况，调整好叶片角度。轴流泵、深井泵的橡胶轴承需注水润滑。

运转时应注意观察机组的工作状况，检查轴承的温升和润滑情况，出现异常应立即停机检查，排除故障再工作。停机前应先关闭闸阀，使水泵进入空转状态时再停机，如出水管路上没装闸阀，则应慢慢降低转速后再停机。

工作后检查各部件有无松动，基础、支座等有无歪斜、下沉等情况。冬季使用后，应放尽泵壳和管路内的水，以免冻裂泵壳及管路。

二、喷灌机械化

喷灌是一种先进的灌溉技术。喷灌时将灌溉水通过喷灌系统，形成具有一定压力的水流，由喷头喷射于空中，形成细小的水滴，近似天然降雨，均匀地洒落田间。目前，喷灌已成为棉田灌溉采用方式之一。

（一）喷灌的优缺点

1. 优点

(1) 增产：由于能适时适量进行灌溉，喷灌可有效调节土壤水分，使土壤中水、热、气、营养状态良好，并能调节田间小气候，有利于作物生长，一般可增产10%～30%。

(2) 节水：喷灌将水均匀地喷洒于田间，保留在作物的根系活动层中，避免了水、土、肥的流失，水的利用率较高，一般可节水30%～50%。

(3) 适应性强：喷灌对土地的平整性要求不高，对于地形复杂的岗地、缓坡地也可采用喷灌，可减少农田基本建设投资。

(4) 省地省工：喷灌可节省田间渠系占地，提高土地利用率7%～10%。喷灌机械化程度高，减轻劳动强度，节省劳动力；还可通过喷灌管道施肥、喷洒农药等。

2. 缺点　喷灌机械设备投资较大，运行成本较高。喷灌作业时受风的影响较大，当风力大于3级时(风速＞5.4 m/s)，喷灌均匀性就会受到影响，蒸发损失也较大。

(二) 喷灌系统

1. 喷灌系统组成　喷灌系统是由水源工程(包括水泵和动力设备)、输水系统(各级管道及田间工程)和喷灌装置(喷头等)三个部分组成,如图 48－13 所示。

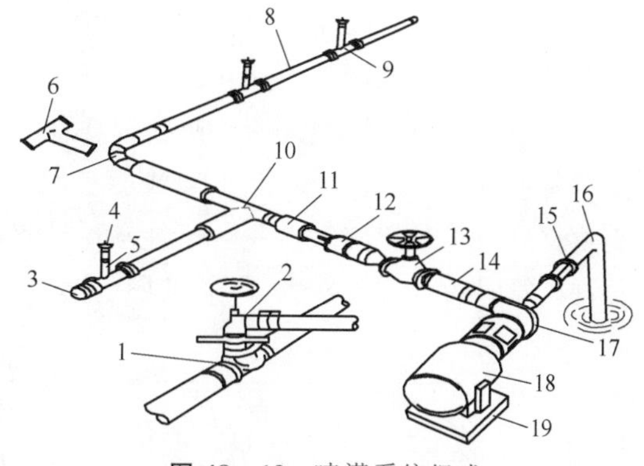

图 48－13　喷灌系统组成

1. 干管出水阀；2. 阀门及弯头；3. 堵头；4. 喷头；5. 竖管；6. 三通；7. 弯头；8. 喷灌支管；9. 带有竖管及喷头的接头；10. 干管出水三通或阀门；11. 伸缩结；12. 扩大接头；13. 阀门；14. 逆止阀；15. 接头；16. 吸水管；17. 水泵；18. 电动机；19. 基座

(1) 水源:河流、渠道、水库、湖泊、山塘、井泉等都可以作为喷灌系统的水源。喷灌水源应满足水量、水质和工作压力的要求。当喷灌水源高于灌区,并有足够的压力差时,可采用自压喷灌,否则应进行机械加压。

(2) 水泵:一般情况下,喷灌须经过水泵加压,最常用的有离心泵、自吸离心泵、长轴泵、深井潜水泵等。

(3) 动力:与水泵配套的动力,可根据具体条件和工作要求确定其类型和功率,常用的有电动机、柴油机、拖拉机、汽油机等。

(4) 田间工程:根据所选喷灌系统的要求,修建田间渠系。

(5) 管道系统:管道应能承受一定的压力,有足够的过水能力,还须配备弯头、三通、阀门、接头等管件以及肥料罐、药罐等,以连接、控制管道系统及综合利用。

(6) 喷头:喷灌系统的重要部件,其种类很多。按喷头结构形式与水流形状可分为固定式、孔管式和旋转式三种。按其工作压力及控制范围可分为低压喷头、中压喷头和高压喷头,如表 48－2 所示。

表 48－2　喷头类型

(闫洪山整理,2008)

项目＼类型	低压喷头	中压喷头	高压喷头
工作压力(kPa)	100～200	200～500	500
流量(m^3/h)	0.3	0.8～40	40
射程(m)	5～14	14～40	40

喷头的选择,应考虑喷头的水力性能和喷头的组合形式与喷灌作物及土壤条件相适应。

2. 喷灌系统类型　喷灌系统的分类方法很多,一般可分为管道式喷灌系统和机组式喷灌系统。

(1) 管道式喷灌系统:按管道可移动程度分为固定式、半固定式和移动式三种类型。

① 固定式喷灌系统:除喷头外,其他部分在整个灌溉季节、甚至常年都是固定不动的。水泵和动力机组成固定的泵站,以提供水源。干管和支管埋入地下,竖管伸出地面。喷头固定或轮流安装在竖管上,作业时根据需要作圆形或扇形旋转喷洒。固定式喷灌系统操作简

便，易于管理和保养，生产效率高，运行费用较低，工程占地少；但基础投资较大，利用率低，作业区域有一定的局限性，同时固定在田间的竖管对其他机械作业有一定的影响。

② 半固定式喷灌系统：半固定式喷灌系统的动力机、水泵和主干管是固定的，而喷头和支管是可以移动的(图 48－14)。支管在某个位置上与给水栓连接进行喷洒，喷洒完毕后将支管移至下一位置继续作业。这种方式设备利用率较高，投资也较少，使用频率高。但人工移动支管时劳动强度较大，且易破坏土壤结构和损坏作物。

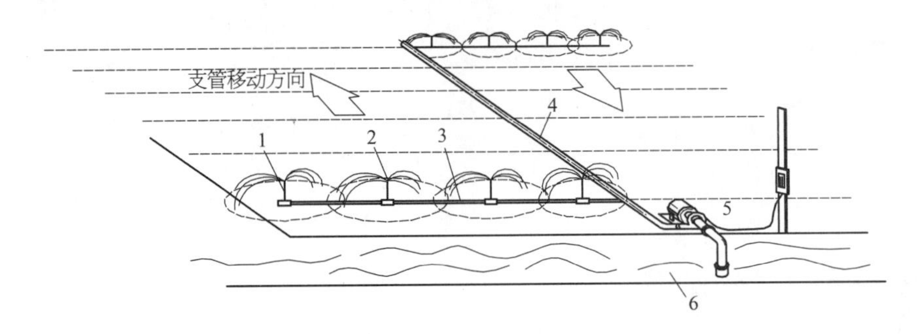

图 48－14　半固定式喷灌系统

1. 竖管；2. 喷头；3. 支管；4. 干管；5. 水泵；6. 水源

③ 移动式喷灌系统：喷灌系统的水泵、动力机、各级管道直至喷头都可以拆卸移动，轮流使用于不同的地块。这种喷灌形式设备利用率高，但设备拆装搬移工作量大，影响系统的生产效率，有时还易损伤作物，增加设备维修保养费用。

(2) 机组式喷灌系统：也称喷灌机，是把动力机、水泵、管道和喷头等以某种形式组装配套成一个整体，具有一定机动性，且操作较简便。作业时机组沿沟渠或蓄水池连续或分段地进行喷灌。喷灌机类型较多，按作业方式可分为定喷式和行喷式。定喷式机组包括手推式、拖拉机悬挂式、拖拉机牵引式、滚移式等；行喷式包括拖拉机双悬臂式、中心支轴式(圆形喷灌)、平移式、卷盘式等。

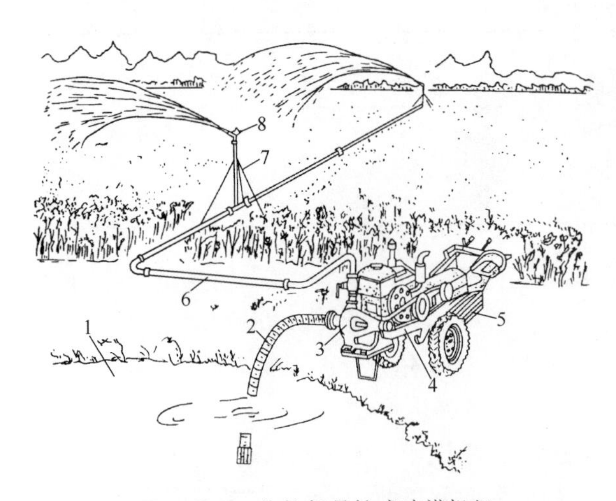

图 48－15　拖拉机悬挂式喷灌机组

1. 水源；2. 吸水管；3. 水泵；4. 拖拉机；5. 皮带传动系统；6. 输水管；7. 竖管及支架；8. 喷头

① 定喷式拖拉机悬挂式喷灌机组：借助于拖拉机动力，通过传动装置带动喷灌泵工作的喷灌机组(图 48－15)。一般由离心泵、增速箱、吸水管、输水管及喷头等组成。这种喷灌机组要求有配套的田间渠系，喷灌作业时，将水泵的吸水管置于渠水中，每喷完一个喷点后需移动机组或喷头的位置。类似的还有手推(抬)式喷灌机组等。

② 中心支轴式全自动喷灌机(圆形喷灌机)：机组结构如图 48－16 所示。在喷灌棉田的中央有供水系统(给水栓、水井或泵站)，其支管由一节一节的薄壁

金属管连接而成,在支管上按一定要求布置有若干喷头,支管被支承在若干等间距布置的塔车上,一端与中心支轴座相连。喷灌作业时,中心主控制系统及各塔车控制系统控制各塔车移动,带动支管像时针一样绕中心支座转动,进行喷灌作业。这种喷灌机自动化程度高、适应性强、喷洒均匀性好、连续工作性强、生产效率高,还可同时进行化肥和农药的喷洒。但该机作业区域为圆形,矩形地块的四角难以喷到。

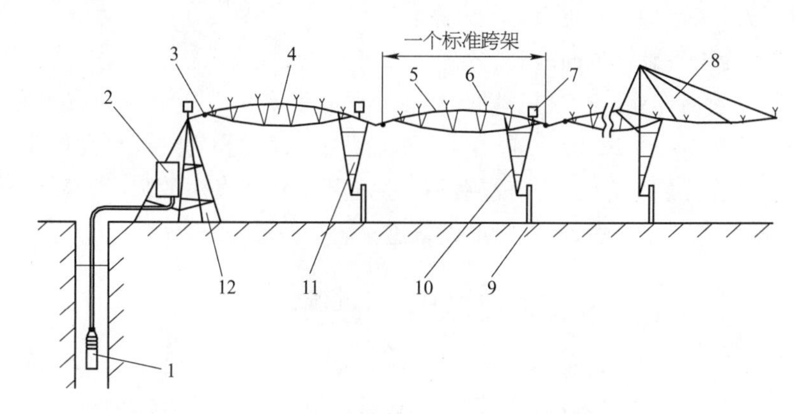

图 48 - 16　中心支轴式全自动喷灌机

1. 井泵; 2. 中心主控制箱; 3. 柔性接头; 4. 腹架; 5. 支管; 6. 喷头; 7. 塔车控制箱; 8. 末端悬臂; 9. 行走轮; 10. 塔车驱动电机; 11. 塔车; 12. 中心支轴座

③ 平移式喷灌机:又称连续直线自走式喷灌机(图 48 - 17),是以中央控制塔车沿供水线(如渠道、供水干管)取水自走,塔车轮子的运动轨迹平行于渠道中心线的多塔式喷灌机。其跨架结构与中心支轴式喷灌机基本相同,但跨度一般较大。这种喷灌机除具有中心支轴式喷灌机的优点外,且灌水均匀、效率高,适于灌溉矩形地块,土地利用率高,各塔架结构一致,通用件率高,装配、维修、保养方便。但爬坡能力较差,适宜在坡度小于 7%的地块作业。

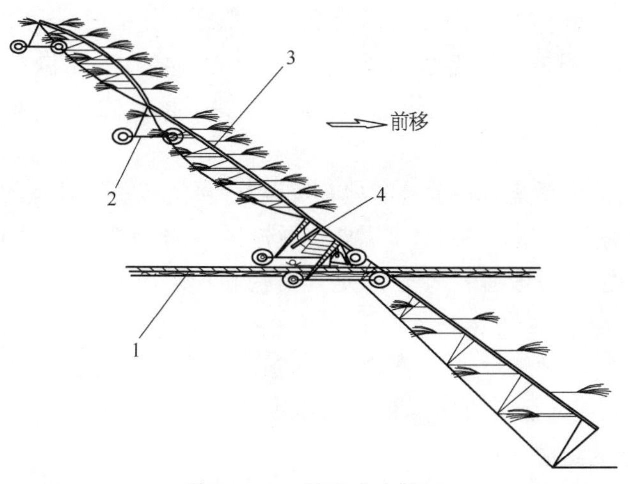

图 48 - 17　平移式喷灌机

1. 供水渠道; 2. 塔架; 3. 配置喷头的横管; 4. 活动抽水机组

3. 喷灌系统的使用和管理 根据具体要求和实际情况选择喷灌机类型，合理配套水源、动力、水泵、喷头等。喷灌系统应不影响其他田间机械的作业。采取有效措施，保证喷灌水源符合水泵及喷头的技术要求。

根据气候、土壤及棉花种植的农业技术要求，制定合理的灌溉制度，包括灌水定额、灌水次数、灌水日期和灌溉总定额，棉花花铃期喷灌应尽可能避开授粉高峰期(9:00～11:00)，以免影响正常授粉。制定相应的机组运行方案。

喷灌前对喷灌设备进行全面检查，各部件要齐全紧固，技术状态良好，试运行调整正常后，才能投入正式喷灌作业。在多风地区，应根据风速和风向改变喷头的布置方式，以保证喷灌均匀，一般应尽量在无风或风小时作业，风力超过3级时不宜进行喷灌作业。喷灌作业时，必须严密检查作业质量，不允许有漏喷和产生地表径流。发生故障时，必须停机检修，以防发生事故。喷灌作业结束后，应对喷灌设备进行全面检查，妥善保管。

三、滴(微)灌机械化

滴灌是微灌的一种形式，在新疆生产建设兵团的棉花种植中已较广泛应用。滴灌是利用低压水管道系统，将灌溉水输送、分配到田间，通过滴头或滴孔均匀、准确地直接输送到作物根层土壤，满足棉花生长发育的需要。当需要施肥时，可以通过注肥装置将化肥注入管道内，肥料被溶解到灌溉水中随灌溉水输配到作物根层土壤。这就是通常所说的灌溉施肥，也称作随水施肥。

滴灌的特点是灌水流量小，一次灌水延续时间较长，灌水周期短，需要工作压力较低，能够较精确地控制灌水量，可将水和作物所需养分直接输配到作物根层土壤。

(一) 滴灌的优缺点

1. 滴灌的优点

(1) 节水节能：滴灌全部采用管道输水，沿程渗漏和蒸发损失很小。滴灌属局部灌溉，一般只湿润作物根层土壤，直接供作物根系吸收，提高了水的利用率，比地面灌溉省水60%～80%，比喷灌省水15%～25%。同时，滴灌系统是在低压条件下运行，减少了提水能耗。

(2) 增产：滴灌可根据作物需水规律，适时适量地向作物根系供水供肥，使作物根层土壤保持最佳的水分、养分和通气状态，为作物提供了良好的生长环境，利于实现高产稳产。

(3) 适应性强：滴灌系统的滴水速度具有可调性，可适应不同类型的土壤；由于滴灌利用低压管道输水，地形适应能力较强，不需要筑埂修渠、平整土地，省工省地。

(4) 自动化程度高：可依据区域气象、地理信息和农田信息资料，通过计算机进行自动化控制灌溉和制定水肥耦合方案。

2. 滴灌的缺点 需要管材较多，造价高，投资大；对同一服务区内的田块土质一致性要求高；滴头易于堵塞，对水质清洁度要求高，需要安装可靠的过滤设施。

(二) 滴灌系统的组成

滴灌系统通常由水源工程、首部枢纽、输配水管网和滴灌带四部分组成，如图48-18所示。

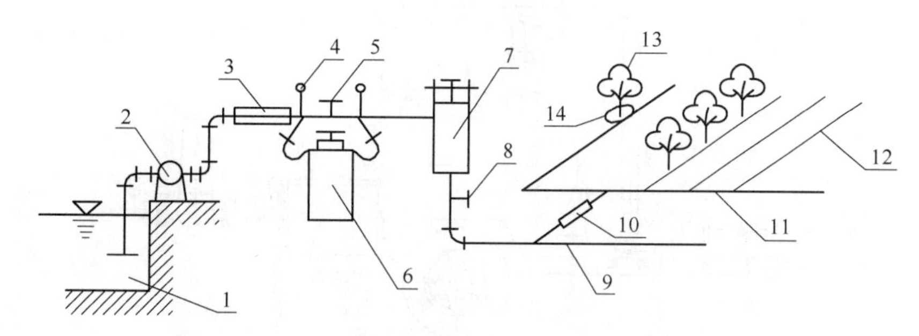

图 48－18　滴灌系统组成

1. 水源；2. 机泵；3. 流量计；4. 压力表；5、8. 阀门；6. 肥料罐；7. 过滤器；
9. 干管；10. 流量调节器；11. 支管；12. 毛管；13. 棉花；14. 滴头

1. 水源　河流、水库、机井等均可作为滴灌水源，但滴灌对水质有一定要求，杂质过多会使水质净化设备过于复杂，甚至引起滴头堵塞。

2. 首部枢纽　为滴灌系统的控制调度中心，一般由水泵及动力机、控制阀门、水质净化装置、施肥装置、计量和保护装置等组成，其作用是从水源取水增压，并将水处理成符合要求的滴灌用水，按灌溉要求输配到系统中。

3. 输配水管网　一般分为干管和支管，通常干、支管用硬质管材，埋入地下。支管是控水系统，将毛管所要求的压力水供给毛管(滴灌带)首端。

4. 滴灌带(毛管)　连接于支管，毛管内镶嵌有滴头，灌溉时通过滴头直接向作物根部滴水。滴灌带一般铺设于棉行间，主要有置于地表或膜下和埋入地下一定深度两种铺放方式。

(三) 滴灌系统的类型

按各级管道的固定程度，滴灌可分为固定式、半固定式和移动式三种类型。

1. 地面固定式滴灌　各级管道在灌溉季节是固定不变的，毛管铺设于地表或膜下，适用于较大面积的棉田灌溉。灌水效率高、效果好，操作简便，省工、省时。

2. 地下固定式滴灌　各级管道埋于地下常年固定不动，毛管用深埋布管机深埋于耕作层以下(30～35 cm)。免除了播种及收获前后铺设和回收毛管的工作，不影响其他农事作业，大大地延长了毛管的使用寿命。

3. 半固定滴灌　干、支管固定，毛管由人工移动。多用于果园和大棚蔬菜。

4. 移动式滴灌　主要由移动式供水机组和干、支、毛三级管道组成。移动式滴灌可利用农渠就近取水，水通过净化后直接压入支管并进入与支管相连的毛管，再通过毛管滴头对作物进行灌溉。节省了干、支管投资及铺设费用，具有投入少，运行成本低，灌溉效果好，供水机组移动灵活便捷等特点，特别利于分散小块地使用。

移动式滴灌供水机组，由牵引机架、地轮、电机、离心式水泵、砂石过滤器、网式过滤器、自清洗装置、排污阀、施肥装置、快换接头、计量控制系统等部分组成(图 48－19)。

(四) 常压软管微孔灌溉

常压软管微孔灌溉技术是新疆生产建设兵团农八师 148 团研究开发的一项新的节水灌

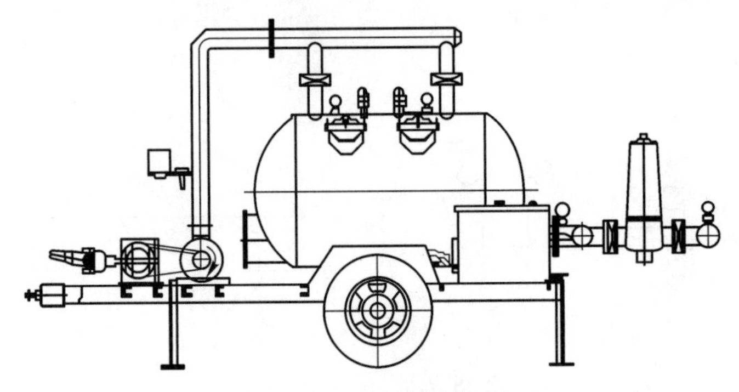

图 48-19　移动式滴灌供水机组

溉技术。该技术简化了微灌带的结构及制造工艺,对灌溉水质的要求不高,不需要复杂的水质净化系统和加肥装置。该项技术投资少、操作简便、节水、节能、灌溉效果好、实用性强、应用范围广泛,近年来在植棉生产中发展较快。

常压软管微孔灌溉系统是利用灌溉渠道与地块的水位差,自流灌溉的一种形式。主要由水源(渠水)、简易过滤纱网、节制闸、肥箱、干管、支管和软管(微灌带)等部分组成,如图 48-20 所示。灌溉系统田间布置分鱼骨型和梳型两种。

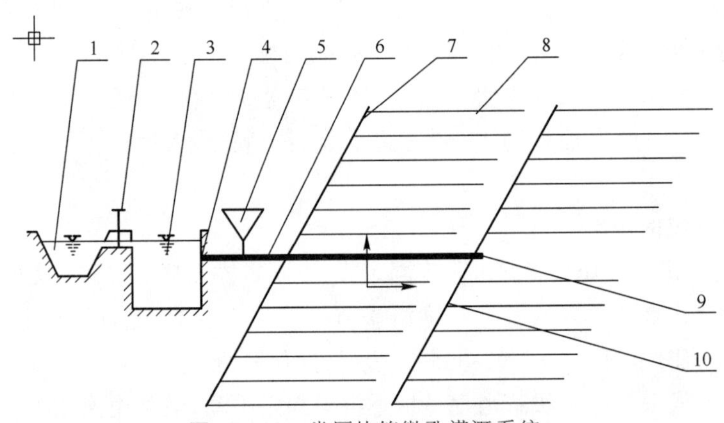

图 48-20　常压软管微孔灌溉系统

1. 引水渠; 2. 节制闸; 3. 沉淀池; 4. 过滤网; 5. 肥斗;
6. 干管; 7. 支管; 8. 毛管; 9. 四通管; 10. 软管接头
(系制图软件自带的基准符号)

1. 节制闸　是水渠和干管的连接部件,用来调节和控制灌水量。节制闸上方设有施肥箱,通过施肥箱将滴灌肥溶液注入干管,经支管和微灌带随水施入作物根系周围。施肥量可根据作物需求和灌水量由施肥箱上流量表控制。

2. 干管　一般沿地块纵向布置,其首端与节制闸相接,入水口装有过滤网和量水设备,尾部通往地块最后一个灌水地段。

3. 支管　沿地块横向布置,用四通接头垂直相接于干管两侧,根据地形平整度,支管分布间距一般为 60～80 m。

4. 软管　软管铺设于作物行间,与支管用简易接头相连。软管上的出水孔一般按 30 cm

间距分布，孔径 1～1.2 mm，呈三角状布局。渠道与地块水位差在 30 cm 以上时，软管上孔出水呈射流状；低于 30 cm 时，出水呈细流状。

（五）滴（微）灌系统的管理

滴（微）灌系统的正确使用和良好管理，是滴（微）灌系统正常运行和延长系统设备使用寿命的重要保证。其管理内容包括组织管理、用水管理、水源工程管理、设备运行管理以及维修保养等。

1. *严格运行管理*　必须严格遵守各项技术规定，正确使用和维护各种设备。水源工程必须及时清除杂草、污物，保证按时、按质、按量供水；系统运行前应进行全面检查，对损坏件应及时修复或更换；对水质净化系统应经常清洗，以保持良好的过滤效果；注意设备的运转情况，如有问题及时解决；按作物对养分的需求和病虫害情况，按所要求的配比，及时均匀地施用肥（药）。

2. *滴灌用水管理*　滴灌系统每年运行前，应根据当年的种植计划、气象信息、水源情况，编制年度和分期用水计划。每次灌水前，应根据当时作物的生长情况、土壤水分，结合气象信息，对分期用水计划加以修正，做到适时适量，充分满足棉花丰产的需水要求。

3. *建立滴灌系统运行档案*　为了提高管理水平和经济性分析，需建立滴灌系统运行档案。档案内容主要有设备开机时间、运行时间、能耗等，以及灌溉地点、灌水日期、灌溉面积、灌水量、肥（药）施用量等。根据运行记录，进行灌水有关指标的计算和分析。

（六）滴灌系统的维护、保养

（1）在停灌季节，应对水泵、动力设备、管道系统进行全面检查，应使各轴承充分用润滑剂涂盖，排干水泵及管道中的积水，以防冻损和锈蚀。

（2）塑料管道应避免日光暴晒，远离热源，存放在通风、避光的库房内。滴灌带应清洗后再存入库房。埋入地下的干管和支管，入冬前必须排除管道内的积水，以免冻坏管路，排完积水后应立即封闭管道，以防进入杂物或小动物。

（3）过滤器要定时检查和清洗保养，以保持过滤效果，防止滴头堵塞。

（4）滴灌系统运行一段时间后，对各级管道应定期进行清洗。否则水中的脏物会沉积在管道的末端，导致流量下降甚至堵塞。

第三节　药剂喷施机械化

防治病、虫、草害和生育调控，是棉花田间管理的重要内容，可采用农业技术、物理机械、生物、组织制度和化学药剂等诸多方法。其中，利用各种化学药剂防治病虫草害、调控棉花生育进程（化调、脱叶催熟等）的措施，操作简便，防治和调控效果好，生产效率高，受地域和季节的影响较小，是目前棉花生产中最普遍使用的方法。农药（肥）施用的方法有拌种、施撒颗粒剂、喷施药液（粉）等多种，而以喷施药液方式使用最为普遍。本节主要介绍棉田使用的药剂喷施机械及其应用。

一、农业技术要求

药剂喷施机械化作业通常包括机械喷施（撒）农药、除草剂、叶面肥、化学调控剂和脱叶催熟剂等;要根据不同的作业项目正确配制药液,确定施药方法,但对作业的一般要求基本相同。

(1) 保证机具技术状态良好。药箱及各接头不得有泄漏现象,喷头应有良好的雾化性能,作业时防止喷头堵塞或射流状喷药。

(2) 药液应均匀地喷洒在作物的茎秆和叶的正、背面,不漏喷、不重喷。

(3) 药液浓度及喷药量必须符合要求,既要保证喷药效果,又不能产生药害。

(4) 喷药必须在规定的时间内完成,以保证施药效果。

(5) 棉花播前喷洒化学除草剂应严格按规定作业,喷施后及时耙地混土,防止药剂光解失效。

(6) 喷施化学脱叶催熟剂应在棉花吐絮率达到 40%~60%、平均气温 20 ℃以上时进行。

(7) 在风力超过 3 级,露水很大、雨前 24 h 内及中午烈日下,禁止作业。

(8) 每次作业完成后,均应用清水彻底清洗药箱,尤其是喷洒除草剂的药械最好专用,以免造成对作物的药害。

二、药剂喷施机械

(一) 药剂喷施机械的类型

药剂喷施机械按用途和施药方式可分为喷雾机、弥雾机、超低量喷雾机、喷粉机和喷烟机等。按喷雾机所喷雾滴的大小和喷药量不同,分为常量喷雾机,其雾滴直径为 150~300 μm,喷药量为 375 L/hm^2以上;弥雾喷雾机,其雾滴在 100 μm 左右,可喷低容量半浓缩药液,喷药量 30~60 L/hm^2;超低量喷雾机,其雾滴直径为 15~75 μm,喷药量只需 5 L/hm^2。

根据动力配备情况,药剂喷施机械分为手动式、背负机动式、担架式、机引(挂)式、自走式和航空防治机械等。背负机动式和担架式多采用发动机带动机械工作,而机器本身的移动,须靠人力背负或抬架搬运;机引(挂)式由拖拉机牵引或悬挂;自走式则由自身动力驱动行进;采用航空防治机械的航空植保利用农用飞机及喷洒装置喷洒化学药剂,具有经济、及时、喷洒效率高、不损伤作物、不受地形条件限制等特点,适用于平原大面积棉田作业。

1. 机引式喷雾机 一般分自走式、牵引式和悬挂式三种类型。牵引式和悬挂式喷雾机与轮式拖拉机配套使用。三种类型喷雾机的结构、工作原理及过程基本相似(图 48 - 21)。机引式喷雾机主要由液泵、药液箱、调压分配阀、升降机构、过滤器、加水装置、喷杆及喷头等部分组成。这种类型的喷雾机排液量大、喷幅宽、喷雾速度快、生产效率高、防治效果好,适合于大面积作业,在大型农场使用普遍。

机引式喷雾机工作过程:动力机带动液泵转动,将来自液箱的溶液以一定压力排出,经调压分配阀至喷射部件,由喷头喷出,雾化成细小水滴,射向作物。

2. 手动式喷雾器 具有结构简单、制造成本低、操作及维修方便等特点,用途非常广泛,可用于棉田等多种农作物的病虫害防治,也可用于农村、城市的公共场所、医院等部门的卫生防疫。

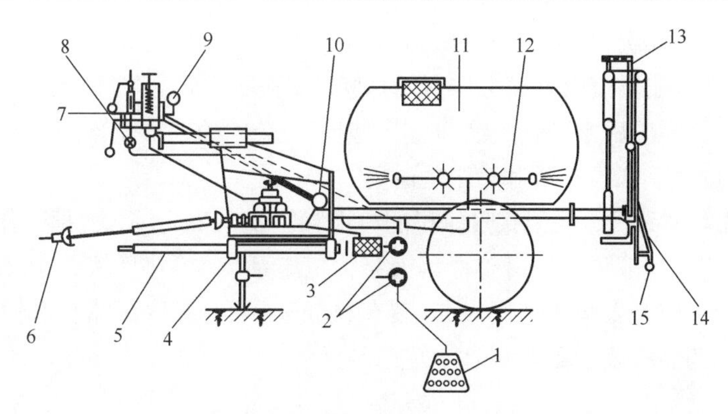

图 48-21　机引式喷雾机结构

1. 吸水头；2. 三通开关；3. 过滤器；4. 液泵；5. 牵引杆；6. 传动轴；7. 调压分配阀；8. 截止阀；9. 压力表；10. 回水管；11. 药液箱；12. 搅拌器；13. 升降机构；14. 喷杆；15. 喷头

(1) 背负手动式喷雾器:结构和工作原理如图 48-22 所示。该喷雾器主要由药液箱、液压泵、摇杆、连杆和喷射部件等组成。喷雾压力为 0.3～0.4 MPa,喷液量 0.5～1 L/min,工作效率仅为 0.033～0.066 hm^2/h。

使用中应注意各连接部分不渗漏药液,药箱加注药液不要过满,以免弯腰时药液溅出;喷雾时边行走边以每分钟 18～25 次的速度用手扳动摇杆带动液泵工作,使喷雾始终均匀保持 0.3～0.4 MPa 工作压力,以保证喷雾量和喷雾质量。

(2) 压缩式喷雾器:工作原理如图 48-23 所示。这种喷雾器的药液箱兼作空气稳压室,具有一定的密封性和强度。药液箱盖与加药液口之间有橡胶密封圈,气泵筒与药液箱连接处也有橡胶垫,以保证工作时药液箱的密封性。工作前,先在药液箱内加入额定量的药液,

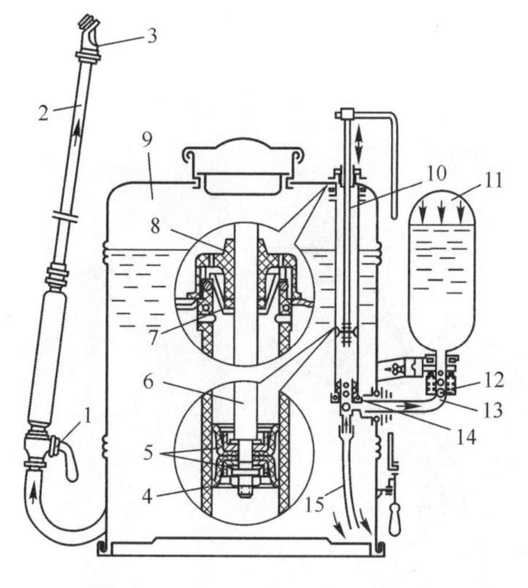

图 48-22　背负手动式喷雾器

1. 出水阀；2. 喷管；3. 喷头；4. 螺母；5. 皮碗；6. 活塞；7. 毡圈；8. 泵盖；9. 药液箱；10. 泵筒；11. 空气室；12. 出水球阀；13. 出水阀座；14. 进水球阀；15. 吸水管

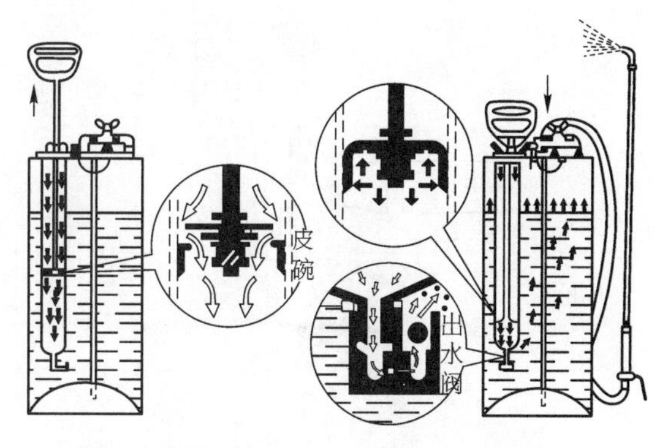

图 48-23　压缩式喷雾器工作原理

盖好箱盖，打气 30～40 次，药液箱内的压力可达 0.2～0.4 MPa。打开喷射部件上的开关，药液便以一定速度从喷头喷出。当工作一段时间后，压力逐渐下降到雾化质量明显降低时，暂停作业，再次打气加压后方可继续喷药，直到把药液箱内的药液全部喷完。压缩式喷雾器的喷射部件与背负式喷雾器的喷射部件是通用的。

3. 担架式机动喷雾机　担架式喷雾机的构造如图 48－24 所示，包括工作部件和辅助部件两部分。工作部件有液泵和喷射部件。液泵为三缸活塞泵，包括液泵主体、进水管、出水阀、空气室、调压阀、压力表和截止阀等，安装在机架上；喷射部件由喷枪和胶管组成。辅助部件包括机架、混药器和滤水器等。

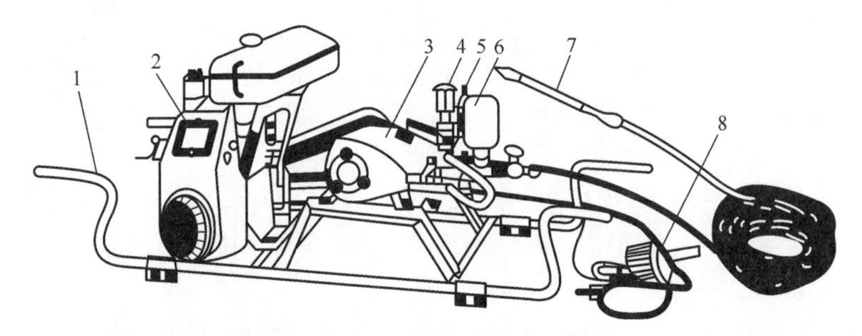

图 48－24　担架式机动喷雾机结构

1. 担架；2. 发动机；3. 泵体；4. 调压阀；5. 压力表；6. 空气室；7. 喷枪；8. 滤水器

4. 超低量喷雾机　超低量喷雾机是喷量在 35～100 mm^3/min、雾滴 30～70 μm、药液配比浓度为(10～20)∶1 的植物保护机具。有手持电动式和机动式两大类。

(1) 手持电动式超低量喷雾机：由把手、储液瓶、流量阀、喷头、微型电机和电源组成，如图 48－25 所示。

(2) 背负式超低量喷雾机：在背负式弥雾喷粉机上换装超低量喷头制成，其结构如图 48－26 所示。

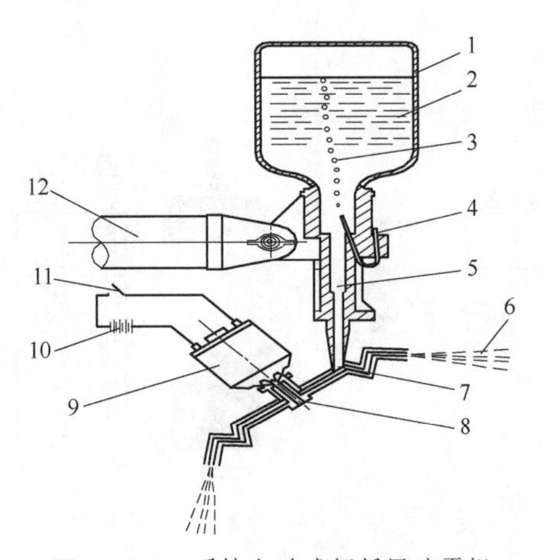

图 48－25　手持电动式超低量喷雾机

1. 药液瓶；2. 药液；3. 空气泡；4. 进气管；5. 流量计；6. 雾滴；7. 药液入口；8. 雾化盘；9. 电机；10. 电池；11. 开关；12. 把手

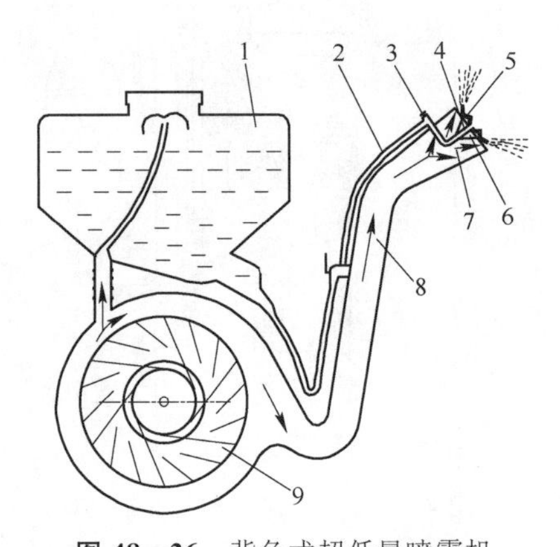

图 48－26　背负式超低量喷雾机

1. 药箱；2. 输液管；3. 调量开关；4. 空心轴；5. 齿盘；6. 喷流锥体；7. 喷口；8. 喷管；9. 风机

5. 弥雾、喷粉机　既可以喷射弥雾、又可以喷粉的多用植保机械。换装喷烟或喷油装置后，还可以用来喷烟或喷火。分为机动背负式和拖拉机两种。背负式弥雾、喷粉机主要由机架、离心风机、汽油机、药箱及喷洒装置式组成。

弥雾、喷粉机当作弥雾机使用时，药箱内装上增压装置，换上喷头，如图 48－27 所示。汽油机带动风机叶轮旋转，产生高速气流，其中大部分气流经风机出口流经喷管，而一小部分气流通过进风门和软管到达药箱液面上部，使药箱内形成一定压力，药液在风压的作用下，经输液管到达喷头，从喷嘴小孔喷出，在喷管内高速气流的冲击下，弥散成细小的雾粒，并吹送到远处。

弥雾、喷粉机当作喷粉机使用时，箱内安装吹粉管，把液管换成输粉管，如图 48－28 所示。工作时，发动机带动风机叶轮旋转，产生高速气流，大部分气流经风机出口流入喷粉管，少量气流经出风筒进入吹粉管，并从吹粉管周围的小孔吹出，将药粉带向粉门体。喷粉管内的高速气流使输粉管出口处形成局部真空，药粉被吸入喷粉管，在喷粉管内高速气流的作用下，经喷口喷出并吹向远处。

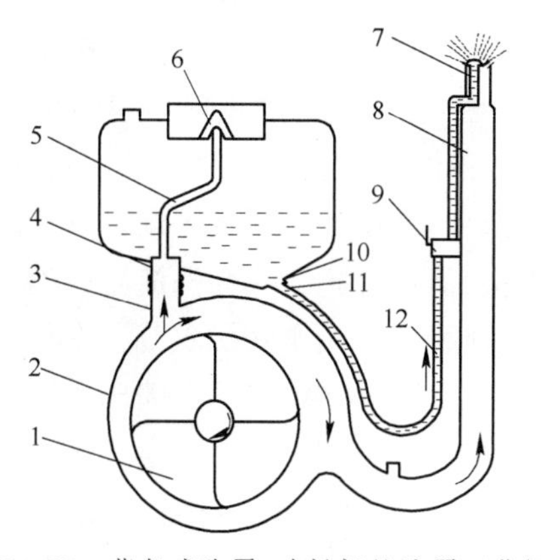

图 48－27　背负式弥雾、喷粉机的弥雾工作原理

1. 风机叶轮；2. 风机外壳；3. 进风门；4. 进气管；5. 软管；6. 滤网；7. 喷头；8. 喷管；9. 开关；10. 粉门；11. 出水塞接头；12. 输液管

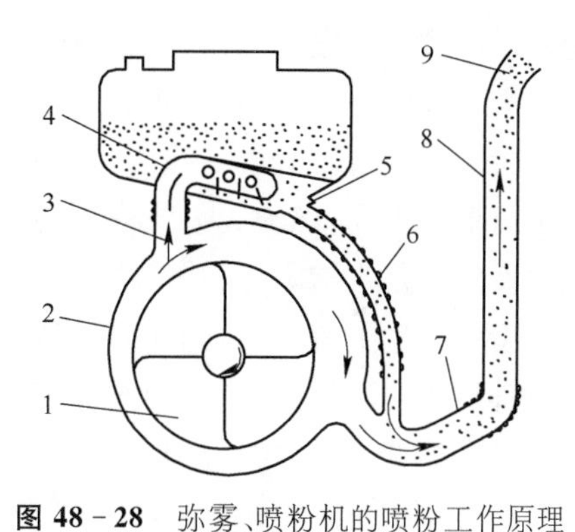

图 48－28　弥雾、喷粉机的喷粉工作原理

1. 风机叶轮；2. 风机外壳；3. 进风门；4. 吹风管；5. 粉门；6. 喷粉管；7. 弯管；8. 喷管；9. 喷口

常用喷雾机性能见表 48－3。

表 48－3　常用喷雾机性能表

（闫洪山整理，2008）

型　号	药箱容积(L)	工作幅宽(m)	生产率(hm^2/h)	配套动力(kW)	喷药机构	动力连接方式
3W－2000	2 000	8.6	2.58～3.44	40	隔膜泵	牵引
3W－1800	1 800	8.5	2.55～3.4	40	隔膜泵	牵引
3W－800	800	8.6	2.58～3.44	40	隔膜泵	悬挂
3W－800	800	4.8	0.96～1.44	12.5	隔膜泵	牵引
3W－200	200	4.8	0.96～1.44	12.5	隔膜泵	悬挂
3WQ－250	250	4.8	0.96～1.44	12.5	气压式	悬挂
3WGZ－2000	2 000	12	3.6～4.8	17.6	隔膜泵	自走
3WF－16	2 000	16	4.8～6.4	40	柱塞泵	牵引

(二) 喷雾机的主要工作部件

1. *液泵*　较多喷雾机只有在压力液流通过喷头时，才能将药液雾化，喷洒出去。液泵犹如喷雾机的“心脏”，是给药液加压，使产生压力液流的部件。常用的液泵有两大类，一类是往复式泵，另一类是旋转式泵。

(1) 往复式泵：包括活(柱)塞泵和隔膜泵。往复式活(柱)塞泵是喷雾机中使用较多的一种，有单缸、双缸和三缸等形式。单缸活塞泵如皮碗式活塞泵和皮碗式气泵，多用于手动喷雾器，双缸和三缸泵多用于机动喷雾机。活塞(柱)泵具有较高喷雾压力及良好的工作性能。

隔膜泵工作时，通过摇杆机构(或曲柄连杆机构)带动隔膜作往复运动，使泵体内的容积发生变化，在泵内外压力差的作用下，不断地将溶液通过进水管吸入泵室，加压后经出水球阀排出。

往复式活(柱)塞泵排出的液流是脉动的，必须与具有稳压作用的空气室配合使用，才能获得稳定的排液压力和排液量，保证正常的喷雾工作。

(2) 旋转式泵：包括离心泵、滚子泵、齿轮泵、叶片式泵等。旋转式泵排液压力稳定，无需配置空气室。

2. *喷头*　喷头的作用是使溶液雾化和使雾滴均匀分布。其工作质量直接影响病虫害防治的效果。按照溶液雾化原理的不同，喷头分为通用喷头、弥雾喷头和超低量喷头三类。

(1) 通用喷头(液力喷头)：常用于具有一定压力溶液的喷雾机上。分为涡流式喷头、扇形喷头和撞击式喷头。涡流式喷头：喷头内制有导向部分，高压溶液通过导向部分产生螺旋运动。按结构的不同，涡流式喷头分为切向离心式喷头、涡流片式喷头和涡流芯式喷头三种型式。因喷出的是锥状雾体，涡流式喷头又称为圆锥雾喷头，多用于喷洒农药。常用的是切向离心式喷头。扇形喷头：分为狭缝式和冲击式(反射式)两种，溶液经喷孔喷出后形成扁平扇形雾，喷射分布面积为矩形。由于雾滴较大，多用于喷洒除草剂。

按喷头在喷杆上(或相对棉株)的布置，可分为单喷头、多喷头或横杆直喷、吊杆围喷等类型。

(2) 弥雾喷头(气力喷头)：是利用较小的压力，将溶液流导入由风机产生的高速气流场；在高速气流(有时在气流通道内装有板、轮、扭转叶片等)的冲击下，药液流被雾化成细小雾滴，吹送到较远的目标。弥雾喷头种类较多，可分为扭转叶片式、网栅式、远喷射式、转轮式等，其工作原理和效果基本相同。

(3) 超低量喷头：喷头将药液输送到高速旋转的雾化元件(如圆盘等)，在离心力的作用下，药液沿着雾化元件外缘抛射出去，雾化成细小雾滴(雾滴直径为 15～75 μm)。“超低量”一词一方面指雾化后的雾滴直径极小，另一方面指单位面积的施药量极少，每公顷施药量小于 4.5 L。

超低量喷头的主要工作部件是一个旋转的圆盘。旋转圆盘有平面单圆盘、带孔凹面单圆盘和凹面双层齿盘等三种型式，以凹面双层齿盘应用最广。

3. *防滴装置*　用于防止停喷时产生后滴或未达到一定压力产生前滴现象。

4. *调压装置*　用来调节液泵的工作压力和喷雾量，并起到安全阀的作用。此外，工作中暂时停止喷雾时，可不必停机，将卸压手柄扳到卸压位置，溶液全部返回药箱，使液泵处于低压工作状态。

三、药剂喷施机械化作业

(一) 药剂喷施机械的施药方法

药剂喷施机械的施药方法主要有喷雾法、弥雾法、超低量喷雾法、喷烟法、喷粉法等。

1. 喷雾法　对药液施加一定压力,通过喷头将其雾化成100～300 μm的雾滴,喷洒于作物的茎秆及叶面。喷雾法能使雾滴喷得较远,散布较均匀,穿射和黏着性好,受气候的影响较小,在化学药剂防治中使用比例较大。但所用药液需用大量的水稀释,加水或背负费时费力,在山区和干旱缺水地区应用受到限制。由于对药液要加压,耗用功率也较大。作业时,一般要求自然风力不大于3级。

2. 弥雾法　利用高速气流将粗雾滴破碎、吹散,雾化成75～100 μm的小雾滴,并吹送到远处。弥雾法雾滴细小、均匀,覆盖面积大,药液不易流失,可提高防治效果。可采用高浓度、低喷量药液,大大减少稀释用水,特别适用于山区和干旱缺水地区。但作业时对自然风力的要求比上述喷雾法更严。

3. 超低量喷雾法　通过高速旋转的转盘将微量原药液甩出,雾化成15～75 μm的微小雾滴,沉降到作物上。超低量喷雾法是近年来用于防治病虫害的新技术,它不用或少用稀释剂,工作效率高,防治效果好,还能减轻劳动强度,节省农药。但对选用的药剂、喷洒时的自然条件和安全防护都有一定的技术要求,因此使用还不普遍。

4. 喷烟法　利用高温气流使预热后的烟剂发生热裂变,形成烟雾,再随高速气流吹送到远处,成为1～50 μm的极细雾滴,悬浮于空气中,弥散到各处。喷烟法特别适用于果树、橡胶树、森林及仓库的病虫害防治,棉田很少使用。如换装喷火装置,将烟剂换为燃油,即可喷火,进行火焰中耕、消灭杂草。

5. 喷粉法　利用高速气流将药粉喷撒到作物上。喷粉作业工效高,但粉剂四处飘浮,劳动条件差,污染环境严重,已很少使用。

(二) 作业的准备工作

1. 田间准备　一是清除障碍物,保证机组行驶路线通畅。平整田间灌水毛渠、坑和沟等。二是根据农业技术要求及机组形式,确定行走方法,划分作业小区,确定转弯地带,并做出明显标志。三是划出机组第一行程路线,并插上标杆,一般第一行程选择地块直长边开始运行。四是准备充足、洁净的水源,尽量就近取水。若取用渠道水,则应准备性能良好的过滤装置,确保水质清洁,避免造成喷头堵塞。

2. 机组准备　机组人员配备应根据不同作业项目而定。机组人员必须熟悉机械构造、使用与维护保养要求,了解农药安全使用知识。药液应由专业植保人员配制。

应根据植保作业项目及其技术要求选用合适的喷雾机和喷头类型。自走式和拖拉机牵引或悬挂机组作业速度一般为4～6 km/h。应尽量选用高架拖拉机,按作物行距调整好轮距。棉花生长后期作业时,传动轴、轮胎等部位应加装防护装置。喷头配置应根据作业要求确定,全面喷雾时,在水平喷杆上等距离安装喷头,喷杆距地面高度40～60 cm;行间喷雾时,应根据作物行距配置喷头,作物生长前期采用垂直向下喷头,中后期则加装吊杆喷头,使叶面、叶背均能附着药雾。

机组作业前,应对喷雾机进行全面检查和保养,做到开关灵活,各部件连接紧固、畅通,无堵塞、漏水现象,压力表、调节阀状态正常,各润滑部位按要求加注润滑油。压力式喷雾机在作业前,应通过试喷检查雾化压力、喷雾角、雾化效果,必要时应进行调节或更换磨损件。

3. 喷头喷量的计算和行走速度的确定

(1) 喷量的调整:通常根据农业技术的要求,规定单位面积施药的有效剂量,喷量的调整可以通过药液浓度、喷头喷量以及喷雾作业速度的改变来实现。

(2) 喷头喷量的测定:为了准确掌握药液施用量,作业前应测定喷雾机喷头的流量。测定时,在达到作业所要求的压力时,用容器盛接从喷头单位时间内喷出的药液。多行喷雾机,可测定多个喷头的喷量,再折算出整台喷雾机每分钟喷液总量。

(3) 作业速度的确定:喷头喷量和药液浓度确定以后,作业时只需调节作业速度即能满足单位面积施用的有效剂量。作业速度可按下式计算。

$$v = \frac{600q}{BQ}$$

式中:v——作业时的行走速度(km/h);q——喷雾机每分钟喷液量(kg/min);Q——每公顷规定用药量(kg/hm^2);B——喷雾机的有效喷幅(m)。

如计算的作业速度过高或过低,可适当改变药液浓度,配合调整作业速度。

(三) 喷药作业过程

(1) 田间喷雾作业适宜气温不高于 30 ℃,无风或微风,交接行重叠量不大于 3%。

(2) 机组应先进行场地试喷,主要测定喷量和喷雾均匀度。正常喷洒 3～5 m,观察药液分配的均匀度,核算喷液量与农业要求是否相符。如不符,则作必要调整,直至满意。

(3) 机组作业时,应保持作业速度平稳、一致。发动机应保持额定转速,以保证液泵压力稳定。检查机组行走路线中有无伤苗、压苗、漏喷、重喷等现象,及时纠正。作业途中,如因发生故障不得不停车时,应及时将调压装置的卸压手柄扳到卸压位置,停止喷雾。

(4) 机组应按划定的小区顺序作业,通常采用梭形行走路线。从下风向地边向上风向方向移动作业。地头转弯采用半圆形弯,最后收尾完成地头喷雾作业。

(四) 喷药作业质量的检查验收

(1) 作业中的检查主要是目测农药喷施情况,药液应均匀一致,喷射稳定;工作部件应不堵、不漏。随时观察药液在棉株上的附着状况。

(2) 应根据农业技术要求逐项检查作业质量,同时检查伤苗、压苗情况,保持总损失量不大于 1%,交接行无漏喷。

(五) 喷药作业的安全措施

(1) 施药人员必须熟悉和了解农药性能,严格按操作规程作业;喷药机械应具有良好的技术状态。

(2) 施药人员应戴口罩、手套、风镜,并穿好鞋、袜,防止药液溅入眼睛和皮肤上。如不慎将药液溅入眼内或皮肤上,应立即用清水冲洗或到附近的医院检查治疗。

(3) 施药人员在作业中如出现头晕、恶心等中毒症状,应立即停止作业,到附近的医院检查治疗。

(4) 作业中禁止吃食物、抽烟、喝水；作业后应换洗衣服，用肥皂洗净脸和手。

(5) 随时注意风向变化，以改变作业的行走方式。

(6) 混药和加药时应小心，避免药液溅出；药箱不应装得过满，以免药液外泄。

(7) 超低量喷雾机不能喷剧毒农药，以免发生中毒事故。

第四节　农用植保无人机

植保无人机，是用于农林植物保护作业的无人驾驶飞机，由飞行平台(固定翼、单旋翼、多旋翼)、GPS飞控、喷洒机构三部分组成，通过地面遥控或GPS飞控，可实行喷洒作业，可以喷洒药剂、种子、粉剂等。自2012年前后植保无人机逐渐进入我国，伴随着植保无人机的大范围推广和应用，中国农业将进入全新的智能机械化时代，大批“飞手们”组成临时团队在田间喷施农药、植物生长调节剂和脱叶剂，为农业增添了新活力。

一、植保无人机相对传统植保设备的优势

(一) 施肥施药作业效率高，质量好

作业效率可达20～45 hm^2/d。通过螺旋桨产生风压将雾滴压向作物冠层以下，进入株间，有较好的防治效果。

(二) 不受地形条件限制

在山地、丘陵和高秆作物(玉米、甘蔗和果树等)田间，机械化作业进入不便，且易对地面和作物造成伤害，而通过无人机可以有效覆盖，同时不伤作物。

(三) 施药安全，对人体损害小

飞机操控手通过遥控器操控飞机，部分品牌无人机已实现半自控操作，无接触、远距离作业，大大降低农药对农民的伤害。

(四) 提高农药利用率

超低量喷雾，且节水可达50%～90%，相较于田间喷药机械降低了能源耗损，节本增效。

(五) 场地占用少，不对土壤过度碾压

喷药无人机一般采用垂直起降，无需建设机场、导航站等设施，无需在田间为喷药车辆和喷雾机械行驶预留空间，从而减轻对作物的损伤，无需改变作物种植方式。

(六) 可实现超视距飞行、全天候作业(夜间飞行)

满足大面积病虫害暴发危害时的施药需求。

(七) 具有垂直起降、定点悬停和中慢速巡航飞行等特点

特别适合田间作物信息获取所需的多重复、定点、多尺度、高分辨率的要求，是了解作物长势、获取植物养分和病害信息的重要平台，将成为精细农业中信息获取技术的重要补充。

二、植保无人机分类及特点

(一) 单旋翼植保无人机

该机特点为旋翼大，飞行稳定，抗风条件好；耐用，性能稳定；风场稳定，雾化效果好，下

旋气流大,穿透力强;飞行操控简便易学,稳定智能的飞控系统。

(二) 多旋翼植保无人机

(1) 优点:技术门槛低,造价相对便宜,只需航模级别的国产电机和配件。

(2) 缺点:连续作业能力差,效率低,单架次需要最少2～4块电池组,若13.3 hm^2 植保作业,则需要飞行20次,携带电池40～80块,重量为80～160 kg(单块电池重量约2 kg)。

由于多旋翼无人机,旋翼较小,旋转方向两两相反,导致风场散乱,风场覆盖范围小,所以为加大喷洒面积,会把喷杆加长(喷杆总长超过旋翼直径)。由于空气动力原因,多旋翼无人机抗风性能差——作业时会左右摇摆,导致飞行不稳定,作业难度加大,增加摔机的风险。

(三) 燃油动力无人机

(1) 优点:载荷大,15～120 L都可以;航时长,单架次作业范围广;燃料易于获得,采用汽油混合物做燃料。

(2) 缺点:农业植保作业为低空低速飞行,低价发动机均为风冷,冷却问题无法解决,一个架次飞完,发动机温度太高,无法再次起飞,严重影响植保作业效率。实际飞行中,操控相对麻烦,飞行前的检验程序很多,摔机率非常高,达到50%以上。噪音大,由于采用汽油和机油混合燃料,不完全燃烧的废油会喷洒到农作物上,造成农作物污染。售价高,大功率植保无人机一般售价在30万～200万元/架。整体维护较难,因采用汽油机做动力,其故障率高于电机。使用不方便,维护保养成本高(同汽车发动机),200 h左右需更换发动机。

(四) 电动植保无人机

(1) 优点:环保,无废气,不造成农田污染;易于操作和维护,一般7 d就可操作自如;售价相对较低,普及化程度高;电机寿命可达上万小时;载荷小,载荷范围5～15 L。

(2) 缺点:航时短、单架次作业时间一般10～30 min,作业面积0.6～3.3 hm^2/架次。

采用锂电池作为动力,外场作业需要及时为电池充电,且需要携带大量电池,较重。

近年来,新疆在棉花生产中开始用无人机喷施缩节胺调节棉花生长,无人机施药防治棉叶螨、棉蚜,喷施脱叶剂,大幅提升植保效率,实现病虫害统防统治,降低了生产成本,实现棉花生产节本增效。

(五) 生产植保无人机的代表性公司

目前国内生产植保无人机的公司主要有:广州极飞科技有限公司、兴普智能科技有限公司、深圳高科新农技术有限公司、苏州嗨森无人机科技有限公司、深圳市大疆创新科技有限公司、珠海羽人农业航空有限公司、北方天途航空技术发展(北京)有限公司和无锡汉和航空技术有限公司。

(六) 植保无人机代表机型

广州极飞科技有限公司制造的P30农业植保无人机(图48-29),采用SUPERX3 RTK智能飞控系统和农业AI引擎。四旋翼,药液箱额定容量15 L,4个离心雾化喷头,电池容量18 000 mAh,空载悬停时间20.3 min,满载悬停时间10.3 min,设计飞行高度20 m,设计飞行速度8 m/s。

图 48-29　P30 农用植保无人机

P30 农用植保无人机产品性能如下：

1. 自主飞行　支持全程自主飞行，根据预先测绘的航线与设置的飞行参数，实现一键起飞，按照预定航线自动飞行以及自动降落，无需遥控器摇杆操作。

2. 一控多机　一个地面站可同时控制多台载机飞行。

3. 高精度定位　载机内搭载 GNSS RTK 模块(GNSS——Global Navigation Satellite System，全球导航卫星系统；RTK——Real Time Kinematic，实时载波相位差分技术)。在 RTK 模式下，基站采集卫星数据，并通过数据链将其观测值和站点坐标信息一起传送给移动站，而移动站通过对所采集到的卫星数据和接收到的数据链进行实时载波相位差分处理，历时不足 1 s，可得到厘米级的定位结果，飞行航线误差小于 50 cm。

4. 超级仿地飞行　可根据地形起伏仿地形飞行，毫米波雷达仿地，量程高达 30 m，适应全部地形，包括复杂多变的丘陵山地；全向 40°角地形扫描，即使在复杂地貌中作业，也能实时保持飞行高度，仿地偏差≤10 cm。

5. 超视距和夜间飞行　可实现超出人眼视距飞行，可实现夜间飞行。

6. 避障　提供基于 GNSS RTK 精准定位的航线避障功能，具有全天候避障功能，距离障碍物(直径 2.5 cm)3.2 m 处能悬停避让，保障飞行安全。

7. 精准变量喷洒　针对不同作物和作业环境，设定飞行速度、喷洒流量，单位面积用药量恒定，并支持避障停喷、悬停停喷、断点续喷等功能，确保精准喷洒。

8. 失控保护功能　当飞控估算出飞机以当前负载和飞行速度、喷头流量和流速的状态下，无法再维持 90 s 以上的飞行时间时，飞机会强制迫降。

9. 黑匣子监管　基于移动通信网络和无线数据传输电台的飞行数据传输模块，独立运行、采集、记录和传输实时飞行数据，满足作业、培训、事故分析等多种需求，并且支持第三方监管，保障飞行安全。

10. 地面站控制　通过智能手持终端(A2 地面站)进行高精度农田测绘、航线规划，设置各项飞行参数(速度、高度、流量)，并控制无人机飞行和植保作业；遇到紧急状况可通过 A2 地面站进行载机悬停、返航、迫降等操作。

三、仿地植保无人机作业规程

(1) 植保无人机作业须确保仿地飞行功能正常，采用先进的毫米雷达波进行 0～100 m

的仿地飞行。

(2) 植保无人机喷洒幅宽为3.5～4 m,不得缩小和放大。

(3) 植保无人机使用的快插型药壶不得有泄漏,过滤网应正常无堵塞物。

(4) 植保无人机使用的插拔式锂电池电量应当在30%以上。

(5) 植保无人机使用的高速离心喷头应当无堵塞,工作转速应在8 000 rpm/min以上。

(6) 植保无人起飞作业前应当进入RTK模式,确保飞行精度为厘米级,不出现漏喷等状态。

四、农用植保无人机棉田作业要求及效果

(一) 喷施棉花脱叶剂作业要求及效果

1. 品种选择　选择株型紧凑、果枝与主茎夹角小、果枝分布均匀、对脱叶剂敏感,落叶性较强,吐絮集中的棉花品种。群体层次疏朗、通风透光性能好有利于药剂雾滴均匀散落于棉株各个部位;群体叶片多、荫蔽严重,则不利于无人机喷雾雾滴向下部穿透,中下部叶片的着药量减少,导致整体脱叶效果不佳。

2. 作业时期　一般在采收前18～25 d开始喷洒脱叶剂。当棉花处于吐絮期,田间自然吐絮率达到50%以上、上部铃的铃期达到40～45 d为最佳作业时期,脱叶效果好。

3. 气象条件要求

(1) 作业后连续7～10 d日平均气温18～20 ℃以上、最低温度12 ℃以上。

(2) 田间适宜的相对湿度为10%～85%,田间湿度越大效果越佳。如果喷施脱叶剂6 h内有降水,则需要重新喷施。

(3) 应在无风或微风的条件下作业,风速较大时容易发生雾滴飘移,减少有效沉积。当环境风速≥4 m/s时应采取必要的抗飘移措施,如适量添加航空助剂及抗蒸发剂等;风速≥5 m/s时停止喷雾作业。

4. 作业高度和速度　植保无人机喷施脱叶剂时应保持飞行高度一致,距离棉花顶部的高度为0.5～2 m为宜,最佳喷幅为4～6 m。作业飞行速度一般为3～5 m/s。应根据棉花群体长势和早熟性调整无人机作业高度与速度,对于田间密度大、荫蔽重或叶片肥大、旺长、晚熟类型棉田,应适当降低飞行速度,以提高药剂沉积量,为保证脱叶催熟效果,一般需要二次施药;对于田间自然吐絮率达到50%以上这类早熟性好的群体,且对脱叶剂敏感的品种,可以适当提高飞行速度,根据脱叶效果决定是否需要二次施药。

5. 喷雾雾滴　使用植保无人机喷施脱叶剂药液要求雾滴粒径小于300 μm,作业区内的单位面积雾滴量达到15个/cm^2。作业时,雾滴越小,雾化效果越好,表面沉淀效果也越好,但雾滴越小也越容易漂移。因此,作业时要求雾滴均匀,防止有重喷、漏喷,需细致观察雾滴分布情况。

6. 试验示范效果　国家航空植保科技创新联盟于2015～2017年,在新疆多次联合组织国内无人机企业参加棉花脱叶剂的喷洒参数和施药技术的测试试验,试验田为新陆早类型品种、1膜覆盖6行、平均密度为225 000株/hm^2,喷施540 g/L噻苯隆·敌草隆(商品名称脱吐隆,见第三十章)悬浮剂180 g/hm^2,或50%噻苯隆·乙烯利(商品名称欣噻利)悬浮

剂1 800～2 250 g/hm²，兑水量22.5 kg/hm²，施药后7 d，两种脱叶剂的平均脱叶率达到70%左右，最高脱叶率达到92.8%；经过第二次（用量同第一次）施药，药后7 d的脱叶率均达到90%以上，其脱叶效果达到或接近地面机械喷雾的水平。

7. 脱叶剂应用推荐方案　采用农用植保无人机喷施脱叶剂一般需要作业2次，2次之间的间隔时间7～10 d。第一次，单位面积喷施脱吐隆180～225 g/hm²＋乙烯利1 050～12 000 g/hm²；第二次，单位面积喷施脱吐隆180 g/hm²＋乙烯利570～1 050 g/hm²（见第三十章）。脱叶剂中加入伴宝助剂450～750 g/hm²，或添加适量的航空专用助剂，每次需兑水量22.5 L/hm²喷雾。

航空助剂品种很多，需按照"飞防"要求和产品说明书适量添加。

（二）喷施农药作业要求及效果

植保无人机喷施农药作业要求，与喷施棉花脱叶剂作业要求相似，选择合适的飞行高度、速度，避开中午高温时段施药（环境温度＜37 ℃），以降低药剂蒸发影响药效，以无风或微风天气及每天早晚作业为佳。

在新疆石河子1膜3行等行距密植模式下，于棉花苗期棉黑蚜发生盛期，利用3WD－TY－17电动单旋翼植保无人机和MG－1多旋翼植保无人机，喷施600 g/L吡虫啉悬浮剂50～85倍液，兑水量18.75～25.50 kg/hm²，于药后5 d最高防效达到98.8%，药效期可维持10 d左右，防治棉蚜效果好。同时，利用单旋翼电动植保无人机（TY－787）在阿瓦提县塔木托格拉克乡棉田棉叶螨发生期进行了飞防试验，喷施73%炔螨特225 g/hm²，兑水量15 kg/hm²，喷药后7 d防效达到89.8%，对棉叶螨防治效果显著，对棉花生长也无不良影响（见第四十一章）。

第五节　棉花机械打顶

棉花整枝作业中，除了可使用机械喷洒化学调控药剂外，目前只有打顶尖可用机械作业；且机具属研制产品，仅限于新疆等部分农场使（试）用。

一、主要技术要求

（1）机具配置合理。可实现扶禾—聚拢—切顶—缓释连续作业和主、侧枝机械同步打顶，满足打顶作业农艺要求。

（2）驾驶员可根据前方棉株的长势，机动、灵活调节棉花机械打顶的高度。

（3）打顶机在地头地尾打顶均需彻底、均匀。

（4）打顶机安装在拖拉机前面工作配置为佳，不仅便于保证打顶均匀，也可为驾驶员提供较好的视野和观察条件。

（5）机具升降机构工作灵活。打顶高度可调范围大，性能稳定，能较好实现打顶机对棉株顶高度的整体仿形与浮动作业，作物顶尖漏打率小，对棉株损伤少。

（6）要求机具总体结构简单，操作方便，性能稳定，故障少，维修容易，机具作业幅宽应是原播幅的整倍数。

二、主 要 机 型

目前的棉花打顶机械主要是新疆石河子大学机电工程学院研制的3MDY-12型前悬挂液压驱动式棉花打顶机(图48-30)。拖拉机利用自身液压系统驱动打顶机的液压马达或油泵,并通过传动系统带动刀片高速旋转,高速旋转的刀片在扶禾器的配合下,将聚拢的棉株主、侧枝顶部切去,达到打顶的目的。地表的起伏不平会影响棉花打顶高度的稳定性,可通过安装在打顶机主梁上的2个仿形轮来适应。棉株打顶高度调整可通过驾驶员操纵液压升降调节机构来实现。

图48-30 3MDY-12型前悬挂液压驱动式棉花打顶机外貌

(撰稿:闫洪山,王学农,陈发;主审:周亚立,胡育昌)

参 考 文 献

[1] 高焕文.农业机械化生产学.北京:中国农业出版社,2002.
[2] 李宝筏.农业机械学.北京:中国农业出版社,2003.
[3] 李宗尧.节水灌溉技术.北京:中国水利水电出版社,2010.
[4] 邬国良,郑服丛.植保机械与施药技术简明教程.西安:西北农林科技大学出版社,2009.
[5] 邝朴生.精准农业基础.北京:中国农业大学出版社,1999.
[6] 蒋恩臣.农业生产机械化(北方本).北京:中国农业出版社,2003.
[7] 胡斌,罗昕,王维新,等.3MDY-12型棉花打顶机的研究设计.农机化研究,2003(1).
[8] 何雄奎.我国植保无人机的研究与发展应用浅析.农药科学与管理,2018,39(9).
[9] 马小艳,王志国,姜伟丽,等.无人机飞防技术现状及在我国棉田应用前景分析.中国棉花,2016,43(6).
[10] 陈鹏飞.无人机在农业中的应用现状与展望.浙江大学学报(农业与生命科学版),2018,44(4).
[11] 胡红岩,任相亮,马小艳,等.棉花脱叶剂的植保无人机喷施技术.中国棉花,2018,45(11).
[12] 兰玉彬.植保无人机在新疆棉花生产中的应用及思考.农机市场,2018(6):19.
[13] 胡红岩,任相亮,马小艳,等.无人机喷施与人工喷施棉花脱叶剂效果对比.中国棉花,2018,45(7).
[14] 胡红岩,任相亮,马小艳,等.无人机喷施噻苯隆·敌草隆对棉花的脱叶催熟效果.中国棉花,2018,

45(6).
[15] 沙帅帅,王喆,肖海兵,等. P20 植保无人机作业参数优化及其施药对棉蚜防效评价. 中国棉花,2018,45(1).
[16] 王元桃,江武,匡小红,等. 植保无人机统防统治棉花虫害的应用探讨. 棉花科学,2017,39(5).
[17] 张坤朋,邓喜军,王朝阳. 无人机喷洒不同棉花催熟、脱叶复合药剂效果研究. 农药,2017,56(8).

第四十九章　棉花收获、机采棉加工及清田机械化

棉花收获机械化也被称为机采棉技术，国际上泛指用机械化手段对棉花主产品(籽棉与青僵棉桃)进行采收作业的综合技术，本章将田间机械回收地膜和清田工作也予以纳入。机采棉技术是一项涉及农业高产、优质、高效综合技术和机械、化工、农艺、电气、烘干、棉检、标准等跨部门、多领域、高技术含量的系统工程。其技术核心是性能优良的采棉机和先进的机采棉成套清理加工设备，主要配套技术包括适宜机械采收的棉花品种、栽培模式、田间管理、化学脱叶(催熟)、籽棉储运、棉花加工和收购检测标准以及各环节的合理配置、集成组装与系统综合管理等。当前，该技术主要在新疆棉区推广应用。

第一节　棉花收获和机采棉加工机械化

一、世界机采棉及其清理加工技术发展概况

(一) 采棉机发展概况

世界上实现棉花收获机械化的国家有美国、澳大利亚、以色列以及乌兹别克斯坦等。中国、非洲的苏丹、埃及、科特迪瓦和欧洲的西班牙、南美洲的阿根廷等国也都曾引进美国、苏联的采棉机进行过试验或试用。

世界上主要有美国、苏联、以色列和中国等生产采棉机。目前仅美国迪尔公司(DEERE)与凯斯公司(CASE IH)以及中国新疆的中国收获机械总公司农机股份有限公司(乌鲁木齐)尚在生产采棉机产品。而与机采棉技术配套的机采棉清理加工成套设备的主要生产国有美国、苏联和中国等。

1. 美国采棉机技术发展概况　美国是世界上棉花生产机械化水平最高的国家。早在1970年，美国棉花生产机械化程度就达到95%以上，其中机械采棉达99%以上。

美国1850年9月研制第一台采棉机，1942年开始批量生产以水平摘锭式采棉机为主的采棉机。截至1999年已拥有采棉机5万台左右。在棉花收获机研制时期，因为棉农可以获得大量廉价的劳力，对它的承认和使用受到许多因素的限制。直到第二次世界大战期间，由于劳力缺乏，加上采棉机和轧花机的新发展，棉农使用机械采收的积极性才逐渐增加。1969年后，由于清花设备的不断完善，棉花基本实现机械采收。

美国生产的采棉机有两大类：可以分次收花的水平摘锭式采棉机和一次收花采棉机。以分次收花的采棉机为主；一次收花采棉机因适用性差，好、次花相混，含杂多等原因，仅在个别地区使用。

美国原有采棉机制造公司10多家，通过竞争只有迪尔公司和凯斯公司占优势地位，主

要生产2、4、5、6行分次采棉机，均采用水平摘锭(图49-1)式采棉部件。每套(行)水平摘锭采棉工作部件均有2个采收滚筒。20世纪80年代末之前，两家公司均采用采收滚筒左右相对、前后错开的布置方法(图49-2)，常规采棉行距为97 cm(38 in)和102 cm(40 in)。迪尔公司于90年代初新研发成功了单侧前后排列的采棉部件(图49-3)。该配置缩小了采棉部件的宽度，可实现美国新推广的窄行距(76 cm，即30 in)植棉的棉花采收；而且采棉部件可在行距76～102 cm(30～40 in)之间随意调整和组合，也可采用隔行采棉的方式，极大地提高了采棉机的通用性和适应性。

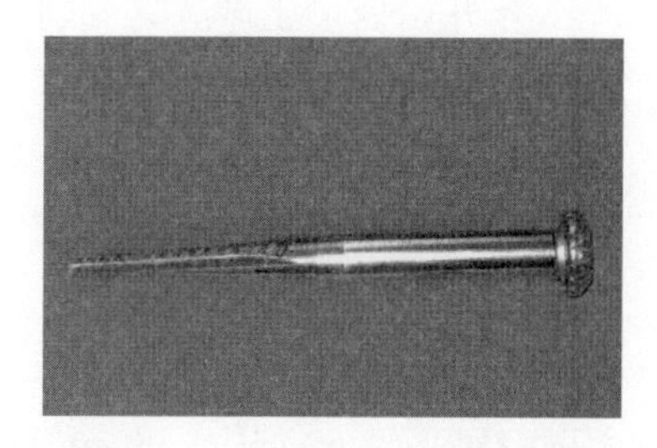

图49-1　美国采棉机上使用的水平摘锭外观图

图49-2　美国5970型5行采棉机

图49-3　美国凯斯2555型5行采棉机

近20年来，美国采棉机有了重大改进，自动化程度显著提高。采用静液压传动系统简化了传动机构，降低了噪音；摘锭的润滑和清洗实现了自动控制，操作简便，提高了工效；具有完备的电子监测系统，确保机器的正常作业，减少了故障；采棉滚筒具有良好的地面仿形功能和与采棉机前进速度同步运转的功能，提高了采棉质量和工作速度(3～6.8 km/h)，减少了落地棉损失；采棉机整体制造质量和加工精度得到提高，使用可靠，操作轻便。

美国使用的水平摘锭式采棉机结构较复杂精巧，对制造工艺、材料要求高，价格较昂贵。但由于采棉部件具有摘锭数量多(每组有288～480支，而苏联垂直摘锭式滚筒每组仅有48～60支摘锭)，布局合理，适应性强等优点，采净率提高到95%以上，对棉花分枝多、株形大、结铃较分散的棉株也能采摘干净。其高位滚筒(18～20支摘锭/座管)和低位滚筒(14支摘锭/座管)可对株高60～120 cm的棉株进行正常采摘。水平摘锭工作区较宽松(棉株压紧板与栅板间隙为80～90 mm，而苏联垂直摘锭的相对间隙为26～30 mm)，对棉株挤压力小，铃壳、棉枝和棉叶不易压碎和钩附于棉纤维上。因此，美国采棉机采棉的含杂率可降至8%～10%(而苏联采棉机作业的含杂率通常为12%～15%)。美国21世纪常用的采棉机通常为5～6行型(图49-2、图49-3)。

2. 苏联采棉机技术发展概况　苏联于1924年研制出了第一台气吸式采棉机，到1937

年曾研制试验过十多种采棉机。1939年研制成功了第一台垂直摘锭式采棉机，并经改进于1948年开始批量生产。乌兹别克斯坦共和国是苏联机械化植棉、采棉及清理加工技术设备的研究与生产中心。苏联到20世纪70年代末，拥有采棉机3.3万台，采棉机械化程度达60%～70%。苏联生产的垂直摘锭采棉机(图49-4、图49-5)整机的结构布置与美国水平摘锭式采棉机相仿，但采用的是垂直摘锭式采棉工作部件。垂直摘锭采棉机适宜采摘分枝少而短、棉铃较集中、株高低于80 cm的棉株。其前后两对采棉滚筒可对棉株连续采摘2次，且大部分机型为拖拉机整体悬装式。乌兹别克斯坦共和国等国80年代所生产的采棉机主要有可采收60 cm或90 cm等行距的两大系列机型。

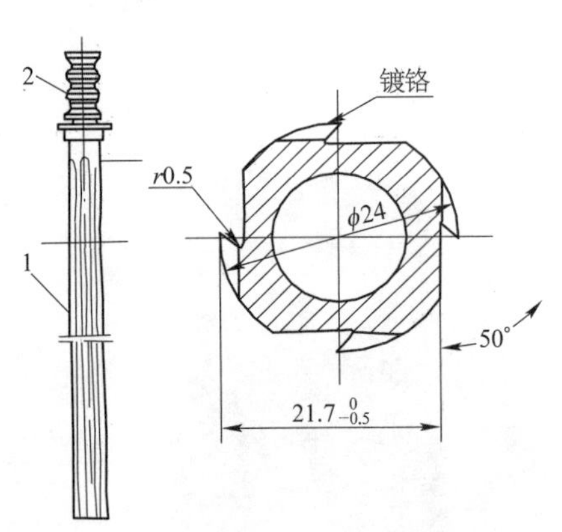

图49-4　苏联采棉机上采用的垂直摘锭

1. 垂直摘锭；2. 传动滚轮

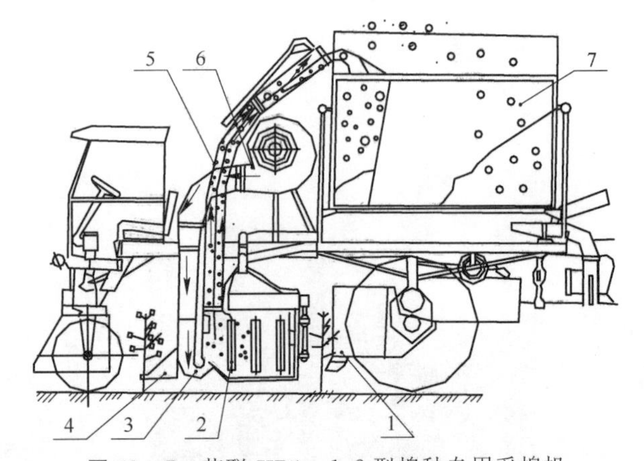

图49-5　苏联XBA-1.2型棉种专用采棉机

1. 后轮护罩；2. 脱棉辊；3. 集棉管道；4. 棉株扶导器；5. 前后输棉管；6. 输棉风机；7. 分隔式棉箱

总的来说，虽然苏联生产的垂直摘锭式采棉机结构相对简单，摘锭较少，制造较容易，价格也较低，但其采摘率稍低，落地棉较多，对棉株损伤偏大，自动化程度低下，工艺辅助时间长，致使作业班次生产率偏低。而美国生产的水平摘锭式采棉机结构复杂，制造工艺水平要求较高，价格也较昂贵；但由于电子监控及自动化控制程度较高，故采棉质量好，操作方便，作业生产率高，在生产中应用更为广泛。

(二) 机采棉清理加工技术发展概况

美国和苏联(乌兹别克斯坦共和国等国)机采棉技术发展历史表明：机采棉技术的推广，不仅需要质量和性能良好的棉花采收机具和适宜的棉花品种、机械化栽培配套技术措施，同时必须配备工艺先进、设备完善的机采棉清理加工装备。美国和苏联在20世纪70年代后，机采棉技术得到长足发展，其重要因素在于机采棉清理加工工艺得到完善发展，从而保证了籽棉和皮棉清理加工质量，在提高劳动生产率的同时提高了经济效益。

美国现有机采棉清理加工厂3 000余座。机采棉采用散装拖车或压垛运输两种方式进行储运。运到棉花加工厂的散装籽棉，直接用吸棉管输送到车间加工。籽棉垛则通过开垛机开松籽棉、送至车间加工。通过烘干、籽棉清理、轧花、皮棉清理等一系列清理加工工艺，使总清杂效率达到95%以上。美国不存在籽棉交接经营环节，棉花在打包出售前均归棉农所有，加工厂仅为棉农代加工。美国制造棉花加工设备的公司主要有拉玛斯公司(Lummus

Co.)、大陆鹰公司(Continental Co)和贸莱-卡沃公司(Murray－Carver Co.)。

乌兹别克斯坦共和国等国和我国一样,多在棉花垛场储存籽棉。不同的是其棉垛尺寸远大于我国,棉垛多装有通风换气装置。苏联的清理加工设备和美国相比,清杂能力较低。

二、我国机采棉及其清理加工技术试验研究与生产应用发展概况

(一)前期试验研究概况

20世纪50年代,新疆、江苏、北京、辽宁、河南等几个不同棉区,开始着手引进试验或研制采棉机。

1953年新疆乌兰乌苏农场首次用引进的苏联CXM－48型单行垂直摘锭式采棉机进行了机采棉田间试验。随后各地也多次利用引进的此类机型和XBC－1.2型双行垂直摘锭式采棉机进行试验试用。但由于整机笨重庞大,采摘率低、籽棉含杂量高,又无完善的清花设备来保证机采棉的质量,加之当时社会经济条件差,机具相对昂贵,故未能在生产中推广运用。

1958年开始,新疆生产建设兵团在农二师开展了双行六棱形摘辊式摘棉铃机研制工作。试验结果存在籽棉与霜后花混杂,青铃较多而难以处理等问题。

1959年新疆生产建设兵团、新疆维吾尔自治区农业科学院农业机械化研究所和八一农学院协作,研制过一种吹气流加机械震动的采棉部件。室内试验结果是:采摘率为66%～75.2%。实验表明:吹气流采棉,籽棉挂枝较严重,落地棉也多。

1959～1961年,中国农业科学院农业机械化研究所和中国农业科学院棉花研究所(以下简称中棉所)合作,先后调查测定了与机采棉相关的棉花物理机械性能,以自行设计的摘铃机、引进苏联的CXM－48型垂直摘锭式采棉机进行了采收不同类型(紧凑、一般、松散)棉花品种的田间试验;同时,还研制了小型单行间歇式水平摘锭采棉机和双行平面式水平摘锭采棉机,由于采摘效率低、落地棉多等问题而中断研究。

1960～1962年,中国农业机械化科学研究院组织全国数十个农机、棉花相关研究单位、院校和工厂,在设计以260 W(35匹马力)自走底盘为动力的棉田全套作业机具的过程中,也研制了垂直摘锭式采棉机、一次摘棉机、棉花清理机等棉花收获机械,并于河南安阳中棉所试验农场和北京等地进行机采棉(包括苏联的XBC－1.2型采棉机、YΠX－1.5 A型清棉机等)及棉花化学脱叶催熟等相关田间试验。

1963～1966年,中国农业机械化科学研究院研究了真空气吸式采棉机。该机悬挂在东方红-28G高地隙拖拉机上,带有小型清花机,4行作业,操作者手持吸棉嘴对准棉铃吸棉。试验结果是:采摘率94%～96.3%,含杂率0.32%～0.69%(但碎片小而分布广),工效仅比手摘高1～2倍,因工效低而停止研究。

1961年农垦部立项,由中国农业机械化科学研究院主持,新疆农业科学院农业机械化研究所和新疆维吾尔自治区农业机械研究所新疆生产建设兵团分所等单位参加,在新疆奎屯农七师127团场(原车排子二场)筹建机采棉清花试验车间,1965年建成,并投入试验研究和手工采棉的清理加工。后因“文化大革命”中断了试验工作。1971年新疆生产建设兵团在农七师又恢复了机采棉技术试验研究组,1972年开展了带有拨株辊的气吸机械振动采棉

部件研究。试验表明:棉株移动速度1.02 m/s时,平均采棉率达97%,落地棉0.5%~1.63%。该部件特点为:由于主要靠打击振动棉株减弱籽棉与铃壳的黏结力,可保持气流稳定地吸棉和提高采棉率;可显著降低气吸采棉的风速和功率消耗;气流可吸集下落的籽棉,可减少落地棉;采棉时由于对棉株挤压力小,碎叶杂质与籽棉黏附不紧,易清理;不需用强气流吸棉,故吸入籽棉的含杂率减少;部件结构简单,易制造,造价低。但此项试验研究仅限于部件原理性设计和试验阶段,后至1975年因新疆管理体制变革再次中断该项试验研究工作。

(二)近期研究发展概况

1. 1986~1990年("七五"后期),立项时期 随着新疆植棉面积的迅速扩大及棉花产量的提高,棉花收获季节劳力倍感短缺,棉花采收难的问题日益突出。新疆维吾尔自治区科委于1989年正式将"采棉机及清花设备引进试验研究"列为重大科研项目,并由新疆维吾尔自治区农业科学院农业机械化研究所主持承担。在山东棉花机械公司(以原山东省棉麻机械厂为主)、新疆生产建设兵团棉麻公司、新疆农垦科学院农业机械研究所等技术协作单位的通力合作下,开展了机械化植棉、采棉、清理加工等配套技术的引进试验研究工作。

1989年,先后完成国内外相关技术调研、考察(包括美国、乌兹别克斯坦共和国等),并进行了机采棉技术的交流与合作。

1990年,新疆生产建设兵团农业局与农垦科学院农机研究所合作,在石河子148团进行了自苏联引进的新型整套棉田机具的生产适应性试验。其中包括14XB-2.4型自走式垂直滚筒4行采棉机、CKO-2.4型辊式摘棉桃机、KB-3.6A型拔棉秆机、УПХ-1.5型万能净棉机和2 TC-4-793型自卸运棉拖车等机具。试验表明:引进的苏联等行距植棉及采棉机具不能完全适应新疆棉花覆膜高产栽培模式生产要求。

2. 1991~1995年("八五"期间),引进试验示范时期 国家决定在新疆建设国家级商品棉生产基地。面对新疆棉花生产的新形势,1991年在自治区农业厅的支持下,在新疆乌苏市哈图布呼国营农场进行了国产棉花生产作业成套机具的选型试验,同时还进行了不同机采棉植棉模式以及化学脱叶的对比试验;1992~1994年在新疆玛纳斯县建立了我国第一个现代高产植棉、采收及清理加工为一体的综合技术试验示范点,除继续开展不同机采棉植棉模式以及化学脱叶的对比试验研究外,并采用国产拖拉机及农具,以及苏联T-28X4M高地隙中耕型拖拉机和国内引进的第一台美国凯斯生产的2022型水平摘锭双行采棉机,同时还与山东棉花机械公司成功联合开发研制了国内第一套机采棉现代清理加工技术工艺及成套设备(含籽棉与皮棉清理),与新疆维吾尔自治区技术监督局纤维检验所、新疆维吾尔自治区棉麻公司等单位共同试验研究制定出机采籽棉检验标准(审批稿),圆满地完成了预期的机采棉配套技术试验指标,为我国全面推广机采棉技术提供了科学依据和实用技术。

3. 1996~2000年("九五"期间),关键部件和配套机具的研制时期 由新疆联合机械集团有限责任公司牵头,新疆维吾尔自治区农业科学院农业机械化研究所、新疆农垦科学院农机研究所、新疆农业大学等4家单位共同承担了国家科委"九五"科技攻关课题中的《4MZ-2/3型自走式采棉机研制》专题,先后研制成功可满足新疆当地主要植棉模式下棉花采收的双行型、三行型采棉机。该类机具采用静液压自走系统、电子液压控制系统,选装美国迪尔公司PR12型低位(14摘锭)单侧采棉滚筒工作部件,其主要技术性能指标经检测均已达到国际同类机具标准，并进行小批量生产，供应当地棉区[图 49－6(左)]。同期，项目组还与美国凯斯公司技术合作，尝试用美国传统左右相对、交错布置的水平摘锭式采棉滚筒与国产自走式采棉机配置，经试验，可满足(66＋10)cm 或(68＋8)cm 宽窄行植棉模式的机采棉作业质量要求[图 49－6(右)]。

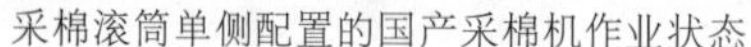
采棉滚筒单侧配置的国产采棉机作业状态

采棉滚筒左右相对、交错布置的自走式采棉机

图 49－6　国产 4MZ－3 型自走式采棉机

与此同时，新疆生产建设兵团也于 1995 年下半年正式全面启动了为期 5 年的机采棉技术生产性试验研究工作。该项声势浩大的试验工作基于新疆“八五”期间地方与兵团联合进行科研型机采棉技术试验研究初步取得技术性成功的基础上，重点对整装技术的系统技术经济性进行全面的生产应用试验研究与示范工作，取得圆满成功。该项试验研究工作分别在机采棉棉花品种选择试验、栽培模式试验、脱叶催熟剂应用试验、采棉机械应用试验、棉花清理加工技术应用试验、机采棉皮棉检测收购标准制定研究、机采棉技术配套相关技术及机具研究等 7 个方面取得了重大进展，并为下一步机采棉技术的推广应用提供了重要依据以及一批具有实用性的技术及机具。

新疆棉区经过近十几年来的科技攻关，并对引进的美国 9970 型与 2555 型等多种采棉机进行了生产试验，已成功地解决了机械化植棉、采棉、清棉的主要技术难题。实施机采棉技术，不但在技术上可通过土地平整、精耕细作、精密播种、肥料深施、药肥喷洒、合理灌溉、化学脱叶、集中吐絮、及时采收、科学加工等技术的实施，提高棉花生产的全程高科技含量覆盖率和农业科学技术的到位率，最终实现棉田籽棉和原棉产品的高品级率，带动有关涉棉生产各行业的快速发展；而且也可在经济方面降低生产成本，提高植棉规模效益，增强市场竞争能力。

4. 2001～2005 年(“十五”时期)，形成技术规程、综合配套时期　2001～2006 年，新疆生产建设兵团机采棉模式种植面积累积 115.3 万 hm^2，改造和购置(660＋100)mm 模式播种机 2 100 台，脱叶剂喷施技术基本掌握，喷施面积 26.8 万 hm^2，技术规范，脱叶成本降低了 30%。

5. 2006～2017 年(“十一五”“十二五”和“十三五”时期)，加快应用时期　由于受棉花采摘“人难招”和“工钱高”的困扰，加快了机采棉进程。新疆采棉机数量大幅增加，从 2006 年的 304 台增加到 2017 年的 3 000 台，12 年间增加了 8.9 倍；全疆机采面积从 2006 年的 5.4 万 hm^2 增加到 2017 年的 79.7 万 hm^2，增长了 13.8 倍(表 49－1)。

又据新疆生产建设兵团统计年鉴，2015 年，兵团种植业耕、种、收综合机械化率 93.1%，采棉机 1 820 台，占全疆采棉机拥有量的 75.8%；机采棉面积 43.3 万 hm^2，棉花机采率 68.9%，占全疆机采面积的 64.9%。2016 年，兵团种植业耕、种、收综合机械化率 93.2%，采棉机 2 120 台，占全疆采棉机拥有量的 78.5%；机采棉面积 43.3 万 hm^2，棉花机采率72.9%，占全疆机采面积的 81.2%。2017 年，兵团种植业耕、种、收综合机械化率 94.0%；采棉机 2 221台，占全疆采棉机拥有量的 74.0%；机采棉面积 53.0 万 hm^2，棉花机采率 80.0%，占全疆机采面积的 66.5%，可见兵团在全疆棉花生产机械化中发挥着积极的示范和引领作用。

预计 2018 年全疆棉花机采面积突破 100 万 hm^2，增长 25.5%以上；采棉机拥有量 3 600 台，增长 20%。

表 49－1　2006～2017 年新疆机采棉种植模式和采收面积发展

(毛树春，2010，2018)

年　份	机采种植模式		机采面积	
	模式面积(万 hm^2)	占播种面积的百分率(%)	机采面积(万 hm^2)	占播种面积的百分率(%)
2006	10.0	5.8	5.4	9.2
2007	14.7	8.7	6.9	4.1
2008	20.0	11.4	7.8	4.4
2009	16.7	9.3	11.6	6.5
2010	33.3	19.6	17.2	10.0
2011	33.3	20.3	25.7	15.7
2012	53.3	31.0	36.2	21.0
2013	80.0	46.6	43.7	25.4
2014	100.0	41.3	73.3	30.3
2015	80.0	28.8	66.7	24.1
2016	60.0	27.8	53.3	24.7
2017	166.7	75.2	79.7	35.9
2018			100.0	

[注] 2006～2014 年新疆棉花播种面积为国家统计局数据，分别为 172.5 万、169.0 万、176.0 万、179.1 万、169.7 万、163.8 万、172.1 万、171.8 万和 242.1 万 hm^2。2015～2017 年新疆棉花播种面积为新疆(地方)统计年鉴数据，分别为 277.3 万、215.5 万和 221.8 万 hm^2。数据来源：中国棉花生产监测预警数据，2008～2017 年数据来自国家棉花产业技术体系周亚立、刘向新等估计。

就全疆而言，北疆因采收时间极短，降雪和地面封冻早，为了抢时间灭茬、揭膜和翻耕，到 2017 年北疆地方和兵团棉花基本实现了机械化采收。

2011 年，黄河流域机械化采收始于山东省滨州市，自此之后，在山东、河北、天津、河南、湖北、江苏和湖南等省开展，虽然各地都有试验示范面积，召开观摩会议，但采收面积不足 0.7 万 hm^2，推进速度缓慢。到 2018 年，河北、山东拥有采棉机 20 台，建有机采棉加工生产线 5 条，分布在山东省滨州市、东营市和河北省河间市，山东省机采棉种植模式也有一定规模。

棉花机械化采收具有效率高、成本低等优势，推广应用势在必行。然而，机采棉也出现了新情况、新问题。据中国棉纺织行业协会于 2015 年调研，对比新疆机采棉与进口的美国机采棉、澳大利亚机采棉质量，提出新疆机采棉的一致性差、含杂率高、异性纤维多、短绒率高和绒长变短等问题，这些意见建议需要认真吸收，通过研究加以解决(见第三十七章)。

第二节　采棉机械

一、机械化采收对农艺技术的要求和采收性能指标

由于机械化收获对棉花一次性收获，采棉头结构和摘锭在高度上的布置等因素，对机采棉农艺技术提出了独特的要求。

1. 品种选择　早熟、优质、高产、抗病，果枝始节位在 20 cm 以上，株型紧凑，抗倒伏，果枝略短，吐絮整齐成熟一致性好，对脱叶剂敏感(见三十七章)。

2. 行距要求　由于受摘锭式采棉机采棉头结构限制，目前在我国使用的摘锭式采棉机最小收获行距为 76 cm，新疆机采棉种植模式基本采用(66＋10)cm、(68＋8)cm 和 76 cm 等行距种植模式。为了保证产量，在新疆理论种植密度为 22.5 万～27 万株/hm^2。播种时铺膜、播种、铺设滴灌带一次完成。

3. 适时化学脱叶催熟　合理选择脱叶催熟药剂，使用理想喷雾机械，提高药液喷施质量(见第三十章)。

4. 选择喷药时间　喷施时间过早影响棉花品级，过晚则影响脱叶效果。当田间棉花自然吐絮率达到 40%以上，上部棉桃铃期 40 d 时喷施最好。喷施脱叶催熟剂必须在采收前 18～25 d 进行。气温平均连续 7～10 d 在 20 ℃以上，最低气温不得低于 14 ℃。在这些条件下喷施脱叶剂效果最好，且用药量少，成本低。

5. 采收前田间准备　回收滴灌田里的横向支管，膜下的滴灌带暂不回收，接头处用土压好以防滴灌带进入采棉机。对棉田内的埂子、引渠头进行铲除和填平，保证采棉机行驶平稳。清除田间高大杂草，防止损坏采棉机工作部件，并降低机采籽棉的含杂率。对地头、田边机械采收困难的要进行人工采摘。部分田块机车在地头难以转弯的则要用人工清理地头。

正常情况下，在喷施脱叶催熟剂 20 d 以后，田间脱叶率达到 90%以上，吐絮率达到 95%以上时即可进行采收。

另外，国家标准也对采棉机作业条件和作业性能指标有具体要求(GB/T 21397—2008 棉花收获机)：

第一，作业条件：①棉花种植模式必须符合采棉机采收的要求，待采棉田的地表应较平坦，无沟渠和较大田埂，便于采棉机通过，无法清除的障碍物应作出明显标记。②棉花需经脱叶催熟技术处理，经喷洒脱叶剂的棉花脱叶率应在 80%以上，棉桃的吐絮率应在 80%以上，籽棉含水率不大于 12%，棉株上应无杂物，如塑料残物和化纤残条等。③棉花高度在 65 cm 以上，最低结铃离地高度应大于 18 cm，不倒伏，籽棉产量在 3 750 kg/hm^2 以上。

第二，作业性能指标：采净率≥93%；籽棉含杂率≤11%，撞落棉率≤2.5%；籽棉含水率

增加值≤3%。

二、采棉机类型、特点和工作过程

(一) 采棉机类型

采棉机按收获方法的不同分为两大类型:统收式(一次性)摘棉机和选收式(分次)采棉机。

1. 统收式摘棉机　又称摘铃机。在棉田中能一次采摘全部开裂(吐絮)棉铃、半开裂棉铃及青铃等。也可用于分次采棉后,最后一次性摘完棉株上的残花和青铃。此类机具一般配有剥铃壳,果枝、碎叶分离及预清理装置,采摘工作部件主要类型有梳齿式、梳指式、摘辊式。机具结构简单,作业成本较低。但由于不能分次采棉,采摘后的籽棉中含有大量的铃壳、断果枝、碎叶片等大小杂质,并使霜前、霜后棉花混在一起,造成籽棉等级降低。因此,此类机器仅适用于收获棉铃吐絮集中、棉株密集、棉行窄小、吐絮不畅,且抗风性较强的棉花。

20 世纪 80 年代中期以来,由于国际市场棉花价格总体呈上涨趋势,棉花等级间的差价拉大,此类机具已很少使用。现仅美国得克萨斯州的拉博克地区(多风区域)仍在大量使用该类机具。新疆生产建设兵团石河子农机科研、教学等部门在 1999 年曾研制了可采收(60+30)cm 宽窄行模式棉株的 4ZT-8 型摘棉铃机以及与之相配套的 5MJB-1.5 型剥桃净棉机,但均未得到大规模推广。

2. 选收式采棉机　一般可分为机械式、气流(吸、吹)式、电气式、机械气流复合式等类型(均指采棉原理)。应用较成功的为机械式中的摘锭式采棉机。摘锭式采棉机采用的主要采棉工作部件是摘锭,由于可按棉铃开裂吐絮的先后、基本不损伤未开裂棉铃及籽棉,因而称分次采棉机。按摘锭相对于地面的状态,一般又可分为水平摘锭式(美国、中国)与垂直摘锭式(苏联)两类。水平摘锭式采棉机又分为滚筒式、链式及平面式,生产上使用较广泛的是滚筒式,其次是链式。表 49-2 为近 20 年美国和中国主要采棉机产品及其技术参数。

表 49-2　中、美新型采棉机技术特性一览表

(陈发,2008;王学农,2018)

项目	机型								
	4MZ-2/3 采棉机	2155 采棉机	2555 采棉机	CPX610 采棉机	9965 采棉机	9970 采棉机	9976 采棉机	990 采棉机	7455 摘棉铃机
生产国别	中国	美国							
公司厂家	新疆联合机械集团有限公司①	凯斯②			约翰·迪尔				
机具形式	自走式	自走式	自走式	自走式	自走式	自走式	自走式	背负式	自走式
产品类型	普及性	过渡性	普及性	新产品	过渡性	普及性	新产品	普及性	普及性
采收部件类型	水平摘锭 PRO-12	水平摘锭 12	水平摘锭 12	水平摘锭 16	水平摘锭 PRO-12	水平摘锭 PRO-12	水平摘锭 PRO-16	水平摘锭 PRO-12	梳指型

（续表）

项　目	机　型								
	4MZ-2/3采棉机	2155采棉机	2555采棉机	CPX610采棉机	9965采棉机	9970采棉机	9976采棉机	990采棉机	7455摘棉铃机
采收部件排列方式	单侧型	对称型	对称型	对称型	单侧型	单侧型	单侧型	单侧型	对称型
适宜采收行距(cm)	30+60、76、96	30+60、76、96	76、96	96	30+60、76、96	30+60、76、96	96、76	30+60、76、96	96
适宜采收行数	2、3	4	4、5	6	4	4、5	5、6	2	4、5、6
发动机功率(kW)	121	194	194	253.5	186	186	242	85	117
工作速度(km/h)	3.5～4.5	5.7～6.9	5.7～6.9	6.3～7.7	5.9～6.9	5.8～6.4	6.4～7.2	3.5～5.3	6.0～14.2
运输速度(km/h)	0～22	27.3	27.3	24.1	25	24.6	27.4	15	29.6
传动类型	静液压	静液压	静液压	静液压	静液压	静液压	静液压	传动轴	静液压
座管轴摘锭数(个)	14	18	18	18	18	18	20	14	—
每行座管轴数(根)	12	12	12	12	12	12	16	12	2
标准棉箱容积(m^3)	20.5	24.5	32.5	39.64	30.2	32.8	33.6	10.5	22.88
参考结构重量(kg)	9 900～10 500	16 500～17 300	约17 500	20 203		14 057	18 477		7 945

［注］适宜采收行距：76 cm或96 cm均指美国采棉机作业(英制行距30 in或38 in)，新疆棉区可以带状植棉法进行机采棉作业。①1998年，新疆联合机械集团有限公司加入中国机械工业集团有限公司，与所属中国农牧业机械总公司合并重组成立的中国收获机械总公司，更名为新疆中收农牧机械公司；②1999年，凯斯与纽荷兰公司合并，公司更名为凯斯纽荷兰。

（二）水平摘锭采棉机主要结构和工作过程

1. 水平摘锭采棉机结构　该种采棉机每行采用一组采棉单体(采收一行棉花所需部件总成)，主要由2个水平摘锭滚筒、采摘室、脱棉盘、淋洗板刷、集棉室、扶导器及传动系等构成(图49-7、图49-8)。每组采棉单体的2个采棉滚筒在棉行两侧相对、前后错开排列(图49-7)或在一侧前后排列(图49-8)。摘锭(图49-1)成组安装在摘锭座管体上，每个座管体内装有一套带动相应摘锭旋转的传动主轴，各摘锭座管体总成在滚筒圆周均匀配置；每个摘锭座管上端装有带滚轮的曲拐。采棉滚筒作旋转运动时，每个摘锭座管总成相对滚筒回转中心进行“公转”；同时每组摘锭又“自转”(图49-9)。工作时，由于摘锭座管上的曲拐滚轮嵌入滚筒上方的导向槽，在滚筒旋转时，拐轴滚轮按其轨道曲线运动，而摘锭座管总成完成旋转及摆动运动，使成组摘锭均在垂直于棉行的状态下进出采摘室，并以适当的角度通过脱棉盘和淋洗板刷。在由栅板与挤压板形成的采摘室内，摘锭上下、左右均匀分布(间距一般为38 mm)包围棉铃。脱棉盘的工作面带有凸起的橡胶圆盘，并与摘锭反向旋转。淋洗板刷是长方形工程塑料软垫板，可滴水淋洗采棉摘锭。采棉机的采棉单体设在驾驶室前方，棉箱及发动机在其后部，一般行走导向轮置于机器后部，且大部分为自走型。

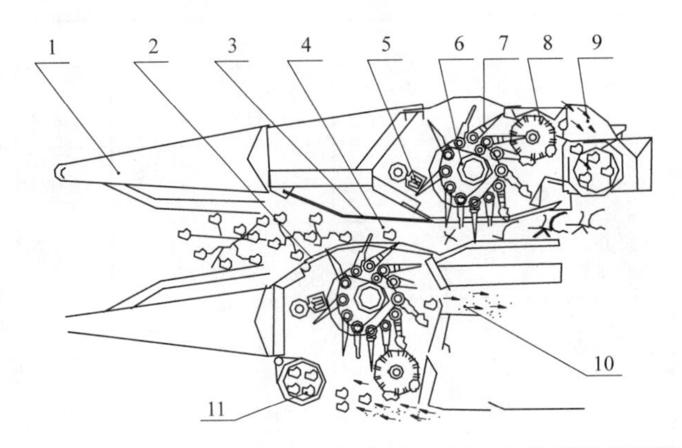

图 49-7　水平摘锭采棉机采棉滚筒左右相对、前后错开配置

1. 扶导器；2. 栅板；3. 挤压板；4. 采摘室；5. 淋洗板刷；6. 摘锭滚筒；7. 水平摘锭；8. 脱棉盘；9. 气流补给口；10. 排杂口；11. 集棉室

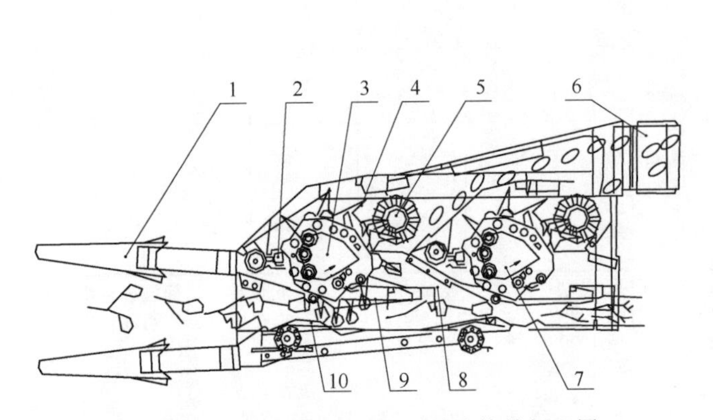

图 49-8　水平摘锭采棉机采棉滚筒单侧配置

1. 扶导器；2. 淋洗板刷；3. 前滚筒；4. 摘锭；5. 脱棉盘；6. 输棉管；7. 后滚筒；8. 排杂口；9. 栅板；10. 压紧板

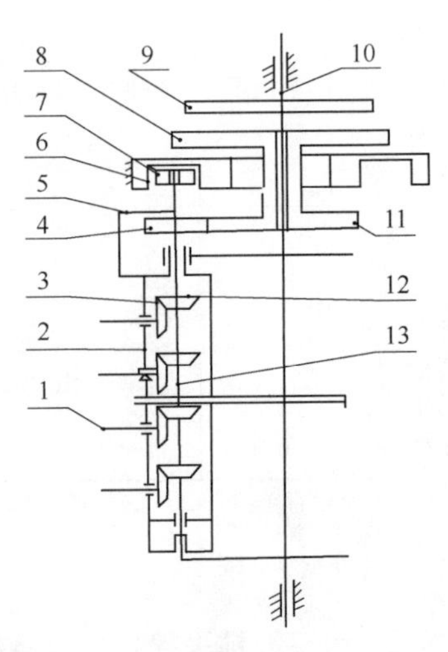

图 49-9　水平摘锭滚筒子传动系简图

1. 摘锭；2. 摘锭座管体壳；3. 摘锭从动锥齿轮；4. 摘锭座管体轴齿轮；5. 曲拐；6. 导向槽；7. 滚轮；8、11. 摘锭座管传动中间齿轮；9. 滚筒主传动齿轮；10. 滚筒体主轴；12. 摘锭主动锥齿轮；13. 摘锭座管体轴

2. 水平摘锭采棉机采棉工作过程　扶导器将棉株扶起、导入采摘室，棉株被收拢、挤压在宽度为 80～90 mm 的采摘室内，旋转着的摘锭有规律地伸出栅板，垂直插入被挤压的棉株丛中，同开裂棉铃相遇，摘锭钩齿挂住籽棉纤维，把吐絮棉瓣从开裂的棉铃中拉出并缠绕在摘锭上，然后经栅板退出采摘室并随滚筒转动进入脱棉区，高速旋转的脱棉盘将摘锭上的籽棉反旋向脱下。脱下的籽棉进入集棉室，由气流经输棉管道输送至棉箱。摘锭随滚筒转到淋洗板刷下部，淋洗去植物汁液和泥垢以利下次采棉和脱棉，随后，再重新进入采棉室进入下一个采棉过程。

水平摘锭采棉机结构较复杂，制造难度较大。20 世纪 80 年代以来，随着科学技术日新月异地飞速进步，其关键部件在美国已由自动及半自动的专用生产设备及工艺生产，从而降低了生产成本，缩短了生产周期。与此同时，科技进步亦使机器的操纵日趋简化，工作性能愈益提高；尤其是静液压技术及电控新技术促使采棉机具全面实现了自动监控、自动报警、自动工艺服务等，大幅度提高了机具作业生产率。新疆生产建设兵团农七师125团2000年分别对美国迪尔公司、凯斯公司以及中国收获集团总公司三家生产的水平摘锭式采棉机进行沟灌棉田中的不同植棉模式采棉对比试验，结果表明：采净率均≥93%(表49-3)，总损失率≤6.5%，均能满足机采棉基本技术作业指标要求，受到当地用户的大力支持。

(三)垂直摘锭式采棉机主要结构和工作过程

1. 垂直摘锭采棉机结构　垂直摘锭式采棉机的采棉部件主要由垂直摘锭滚筒、扶导器、摘锭、脱棉刷辊、清洗装置及传动机构等构成。每一个采棉工作单体有4组采棉滚筒，呈前、后成对排列(图49-10)，通常每个滚筒上有15根摘锭，摘锭为圆柱形(图49-4)，其上有数排锭齿。摘锭随滚筒绕轴心转动(公转)，每对滚筒的相邻摘锭呈交错相间排列，每对滚筒之间留有26～30 mm的工作间隙。摘锭上端有槽轮，通过固定皮带摩擦传动，可正、反方向自转。

表49-3　三种采棉机采棉对比试验结果

(陈发，2010)

对比项目	行距(cm)	水平摘锭式采棉机		
		约翰·迪尔9970型	凯斯2555型	新联4MZ-3
采净率(%)	66+10	95.50	96.71	
	30+60	93.59		94.37
总损失率(%)	66+10	4.50	3.29	
	30+60	6.41		5.63
生产率(hm^2/h)	66+10	1.26	1.49	
	30+60	0.66		0.53
油耗(kg/hm^2)		18.45	25.80	

[注]①棉田实行沟灌；②宽窄行模式采取隔行采收作业；③空格处为未进行检测。

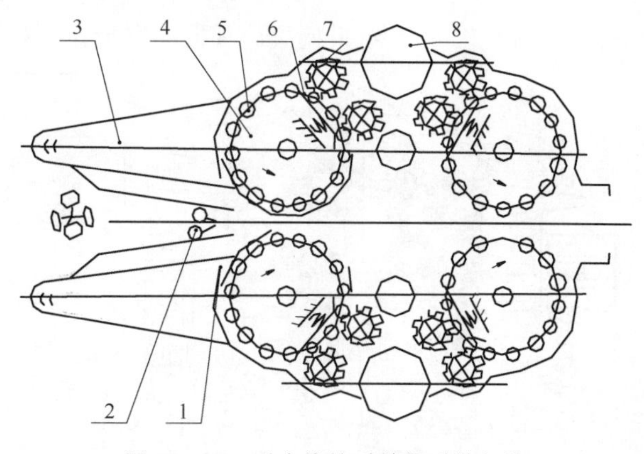

图49-10　垂直摘锭采棉机采棉部件

1. 工作区摩擦带；2. 棉行；3. 棉株扶导器；4. 采棉滚筒；5. 摘锭；6. 脱棉区摩擦带；7. 脱棉刷辊；8. 输棉风管

苏联2行采棉机XBA-1.2型(图49-5)和XBБ-1.8型主要用于采收“种籽棉”,这两种机型可将棉株下部成熟较早的籽棉与棉株上部成熟较晚的籽棉分别采集。成熟度较好的籽棉,加工后用来作棉种。该采棉机结构与一般采棉机不同,输棉管道为双道正压输棉,用调节风口大小和方向来控制棉株上、下部采摘籽棉的收集量,并输送到集棉箱分别装卸。

表49-4为20世纪80年代末苏联生产和推广的主要采棉机。

表49-4 苏联主要垂直摘锭式采棉机

(陈发,2010)

型 号	14XB-2.4A	XC-14	XBA-1.2	XBH-1.2	XC-15	XH-3.6	XHП-1.8A	XBБ-1.8
配套拖拉机	MT3-80 XM	MT3-80 XM	T-28 X4MA	T-28 X4MA	T-100 XП	MT3-80 XM	MT3-80 XA	MT3-80 XA
行距(cm)	60	60	60	60	90	90	90	90
行数	4	4	2	2	4	4	2	2
生产率(hm^2/h)	0.9~1.2	0.9~1.2	0.5~0.6	0.3~0.5	1.3~1.7	1.2~1.5	0.4~0.6	0.7~0.9
工作速度(km/h)								
1档	3.69	3.78	3.72	3.72		3.24	3.24	3.72
2档	5.10	5.00	5.05	5.05		4.18	5.49	5.05
采净率(%)	85	80~90	85	85	80~90	85	80~90	85
落地棉率(%)	≤8	5~6	≤8	≤8	5~6	≤8	5~6	≤8
含杂率(%)	≤10	≤8	≤10	≤10	≤8	≤10	≤8	≤10
整机重量(kg)								
含拖拉机	7 870	8 015					7 980	
不含拖拉机	4 850	5 600	3 807		5 600	4 600	4 190	3 730
棉箱容积(m^3)								
主棉箱	14.7		10			14.6	13.6	10
副棉箱			4.6				1.8	4.6

苏联60 cm系列4行采棉机每行配置4组采棉滚筒,前后交错排列(图49-11);而90 cm系列4行采棉机,由于行距较宽,4组采摘滚筒采取一字形排列(图49-12)。

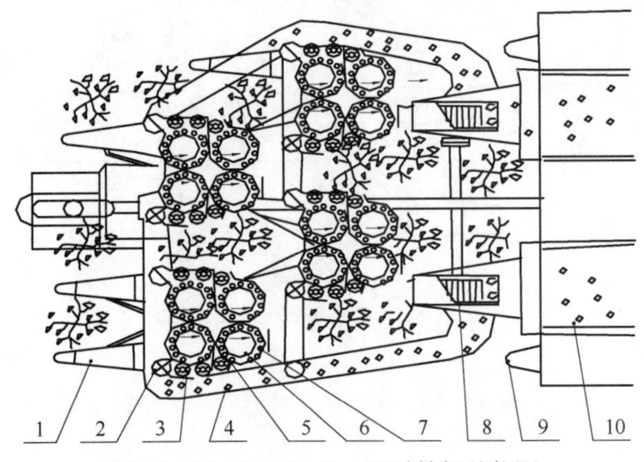

图49-11 14XB-2.4型采棉机结构图

1. 棉株扶导器;2. 集棉管;3. 脱棉辊;4. 输棉管;5. 摘锭滚筒;6. 摘锭驱动座;7. 波纹张紧套;8. 输棉风机;9. 后轮护罩;10. 集棉箱

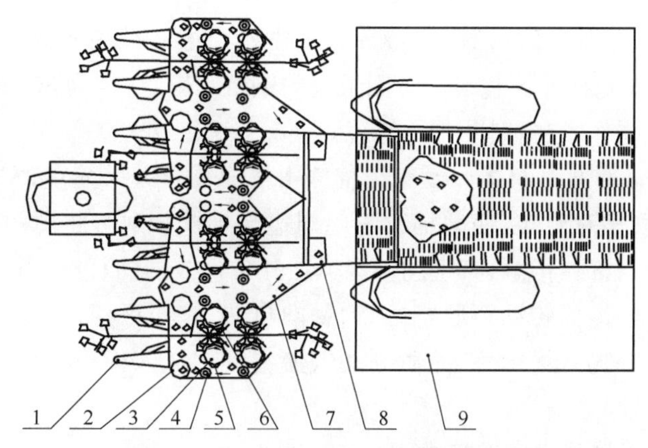

图 49－12　XH－3.6 型采棉机结构图

1. 棉株扶导器；2. 集棉管；3. 采棉滚筒；4. 脱棉辊；5. 摘锭驱动座；
6. 三角皮带；7. 输棉管；8. 输棉风机；9. 集棉箱

在苏联 XHП－1.8 型采棉机上，设有落地棉拣拾装置，通过吸棉管将采棉时落到地面的棉花拣拾起来，并经籽棉清理装置清选后分装在集棉箱中(图 49－13)。

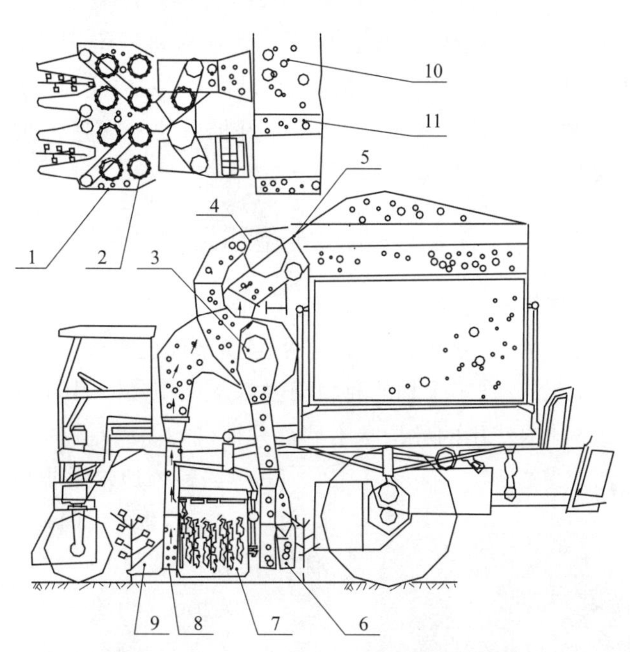

图 49－13　HП－1.8 型采棉机结构简图

1. 脱棉辊；2. 采棉滚筒；3. 输棉风机；4. 锯齿形清棉滚筒；
5. 刷棉辊；6. 落地棉拣拾器；7. 摘锭；8. 集棉管；
9. 棉株扶导器；10. 主棉箱；11. 落地棉箱

设计较完善的 XHП－1.8A、XC－14～15 系列采棉机配备有密封驾驶室，输棉管及棉箱均可清理部分籽棉中的杂质(一般输棉系统清理装置可清杂 3%，集棉箱通过风筛可清杂 1%)，棉道和棉箱等工作部位安装有自动监测系统，采棉滚筒具有自动仿形机构。

据新疆维吾尔自治区农业科学院农业机械化研究所《机采棉赴苏技术考察报告》和《新

疆兵团农垦棉花机械赴苏技术考察报告》等有关资料介绍，为解决采摘长绒棉问题，苏联已研制出在直径 24 mm 光杆外缠包一层带圆弧齿的钢带花辊，直径为 30 mm。经初步试验，具有便于冲洗、对纤维损伤小、省料易加工等优点。

2. 垂直摘锭式采棉机采棉工作过程　棉株由扶导器导入采摘室，左右两侧滚筒从两侧给棉株以挤压并向后相对旋转，使采棉时滚筒周边与棉株相对静止，保持棉株直立；在采摘室，高速自转的摘锭与棉铃接触，其上的锭齿抓住开裂棉铃内的籽棉，并从铃壳中拉出，缠绕在摘锭表面；待摘锭随滚筒转动至脱棉区时，反向自转，放松籽棉，在刷式脱棉辊的帮助下，从摘锭上脱下籽棉，并抛入集棉室，然后利用气流将籽棉送入棉箱。机器在地头转弯时，清洗喷头朝旋转的摘锭喷水清洗。

(四) 采棉机采用的现代先进技术

采棉机结构复杂，工作环境尘土多、噪声大，操作、监控、维护要求高。现代采棉机上尽量采用现代先进技术，以保证安全、可靠、高质量、高效率地工作，简便易行地操作、监控和维护。除了设置密封性好、环境舒适的驾驶室外，采棉机配备的先进技术主要有：采用静液压技术及电控新技术，简化采棉机的传动系统、实现工作及质量的自动监测、自动调控、自动报警、自动数据采集以及自动工艺服务(包括摘锭清洗、机件润滑等)等。例如，采用变量液压泵带动液压马达代替常规的机械传动；配备以光电管或光电纤维为传感器的光电监控系统等，实现工作过程中前进速度与采棉滚筒转速比自动同步、采棉滚筒高度自动仿形和障碍物自动避让、行距快速调整、机件快速集中润滑、棉箱籽棉自动压实等。此外，美国已开始尝试应用 GPS 系统于机采棉工作。

三、采棉机类型和采收

我国目前使用的采棉机有美国的约翰·迪尔和凯斯，中国的贵航平水和钵施然等公司制造的水平摘锭采棉机。由于各公司生产的水平摘锭采棉机收获行距最小为 76 cm(30 in)，所以为了适应机械化收获，我国机采棉的种植模式基本采用(66＋10)cm、(68＋8)cm 的宽窄行和 76 cm 的等行距。国内使用的各型水平摘锭采棉机均需满足这一种植模式。

(一) 约翰·迪尔采棉机械

1. 9970 型自走式(4～5 行)采棉机　主要构成和功能如下(图 49－14)：

图 49－14　约翰·迪尔 9970 型自走式采棉机

(1) 采棉头：约翰·迪尔采棉机的特点是每个采棉头有 2 个采摘滚筒，前后排列。该型采棉机采用 PRO－12 采棉头，PRO－XL 摘锭。每个采摘滚筒装有 12 根摘锭座管，每根摘锭座管装有 18 根摘锭。

(2) 发动机：约翰·迪尔 PowerTech™ 发动机，涡轮增压六缸、排气量 6.8 L，186 kW(250 马力)，符合 Tier Ⅱ 排放标准，柴油箱容量 454.2 L (120 gal)。

(3) 传动系统:行走系统采用液压无级变速,一档采摘速度 0～5.8 km/h,二档复采速度 0～6.9 km/h,三档道路运输速度 0～24.9 km/h,倒扫速度 0～12.2 km/h。

(4) 驾驶室:Sound-Gard 驾驶室,驾驶室加压器,空调,空气悬浮个人坐姿座椅,带速度和功能控制手柄的控制台。

(5) 棉箱:2 位伸缩式棉箱,容量 32.8 m^3,大扭力压实器,输送卸棉系统。

(6) 其他:清洗液箱容量 1 041 L,润滑脂箱容量 254 L,遥控操作的润滑和保养系统,润滑脂输送系统,驾驶员在位系统。

2. 9996(9976、9986)型自走式(6 行)采棉机

约翰·迪尔 9996 型自走式采棉机主要构成和功能如下(图 49-15):

(1) 采棉头:该型采棉机采用了 PRO-12 采棉头,PRO-XL 摘锭;还可以选装 PRO-16 型和 PRO-12 VRS 型采棉头。电子采棉头和棉花输送监测系统,内侧采棉头高度探测,电子采棉头高度控制和探测装置。

图 49-15　约翰·迪尔 9996 型自走式采棉机

(2) 发动机:约翰·迪尔 Power Tech™发动机,涡轮增压,排气量 8.1 L,额定功率260 kW (350 马力),符合 Tier Ⅱ排放标准。

(3) 传动系统:一档采摘速度 0～6.4 km/h,二档复采速度 0～7.9 km/h,三档运输速度 0～27.4 km/h。

(4) 驾驶室:Comfortable 型驾驶室,空调,空气过滤器,空气悬浮座椅;CommandTouch™控制手柄的控制台,采棉头遥控控制。

(5) 棉箱:PRO-Lift 棉箱,工作状态容量 39.6 m^3,3 个大扭矩搅龙式压实器,双输送卸棉统,自动压实器搅龙和棉箱满箱监测,带自行升降输棉管的棉箱顶部延伸装置。

(6) 其他:清洗液箱容量 1 306 L,带远程快速加注;采棉头润滑脂箱容量 303 L,遥控操作的润滑和保养系统,驾驶员在位系统。

3. 7660 型自走式(6 行)棉箱采棉机　主要构成和功能如下(图 49-16):

图 49-16　约翰·迪尔 7660 型棉箱式采棉机

(1) 采棉头:配备了约翰·迪尔 PRO-16 或 PRO-12 VRS 采棉头(选装)。PRO-16 采棉头的前滚筒有 16 根座管,后滚筒有 12 根座管,每根座管 20 根摘锭;PRO-12 VRS 前后滚筒各有 12 根座管,每根座管 18 根摘锭;采棉头配置有电子高度探测器。

(2) 发动机:约翰·迪尔 PowerTech™ Plus 电子控制柴油发动机,六缸涡轮增压,排气量 9 L,额定功率 278 kW,符合 Tier Ⅲ排放标准。

(3) 传动系统:配备约翰·迪尔 PRODrive™全自动换挡四速变速箱(AST),允许驾驶员在行进间仅需按动按钮,就可平稳地变速。在四轮驱动模式下,一挡采摘速度为 0～6.8 km/h ,与采棉头滚筒转速同步;二挡采摘速度 0～8.1 km/h,田间转移速度 0～14.5 km/h ,道路行驶速度 27.4 km/h。不使用刹车的情况下,转弯半径 3.96 m;使用刹车的情况下,转弯半径 2.14 m。

(4) 驾驶室:ClimaTrak™自动温度控制,自动加压驾驶室;ComfortCommand™空气悬浮座椅,并具有驾驶员在位系统;带 CommandTouch™控制手柄的控制台。

(5) 约翰·迪尔精准农业管理系统(AMS):7660 型采棉机可选装约翰·迪尔绿色之星(GreenStar™)的 StarFire™3000(或者 StarFire iTC)信号接收器,绿色之星 2630(或 2600)显示屏,配合 APEX 农场管理软件,通过安装在输棉管上的籽棉流量感应器,可以实时测定籽棉产量,显示和记录已经采摘的面积、收获日期、工作小时数、平均棉花单产量等参数,有利于对棉花生产进行精准化的管理。

(6) 双风机:7660 型采棉机配备了两个籽棉输送风机,满足棉花高效率采摘的要求,适合相对潮湿棉田条件下棉花的采摘,减少籽棉阻塞采棉头的次数。在不平坦的棉田,特别是在早晚有露水的棉田中,都能够保持理想的采摘速度。

(7) 棉箱:棉箱容积为 39.2 m^3 ,带三个压实搅龙;棉箱内有装满监视器,当棉箱装满时,压实搅龙自动启动 20 s,对籽棉进行压实;棉箱配置两级卸棉输送器,卸棉速度较快。

(8) 其他:柴油箱容积为 1 136 L,润滑脂箱容积为 303 L,清洗液箱容积为 1 363 L,可以保证机器连续在田间作业 12 h。

图 49-17 约翰·迪尔 7760 型自走式打包采棉机(6 行)

4. 7760 型自走式打包采棉机 是约翰·迪尔公司于 2007 年推出的自走式打包采棉机(图 49-17),由一台采棉机和一台机载圆形棉花打包机组成,可实现田间采棉和机载打包一次完成,该机具有以下特点:

(1) 采棉头:7760 自走式打包采棉机配置 PRO-16 采棉头(或选装 PRO-12 VRS 采棉头)。

(2) 发动机:约翰·迪尔 PowerTech™PSX 柴油发动机、六缸涡轮增压、排气量 13.5 L、额定功率 367.5 kW(500 马力),符合 TierⅢ排放标准。

(3) 变速箱:配备约翰·迪尔 ProDrive™自动换挡变速箱,行进时通过按钮就可实现平稳变速。一档采摘速度 0～6.76 km/h,二档复采速度 0～8.05 km/h,三档田间转移速度0～14.5 km/h,四档道路运输速度 0～27.4 km/h。

(4) 双风机:配备了两个籽棉输送风机,满足棉花高效率采摘的要求,适合相对潮湿的棉田条件下棉花采摘,减少籽棉阻塞采棉头的次数;在不平坦的棉田,特别是在早晚有露水的棉田中,都能够保持理想的采摘速度。

(5) 驾驶室:配置有 ClimaTrak™自动温度控制、自动加压驾驶室;ComfortCommand™

空气悬浮座椅，并具有驾驶员在位系统；带 CommandTouch™ 控制手柄和 CommandCenter™ 显示器的控制台，驾驶员通过触摸式屏幕操作搅龙压实棉花的时间、查看机器行驶速度和对行行走的状态以及各种报警信号和故障诊断信号。

(6) 棉箱：棉箱容积为 9.1 m^3，当棉箱存满棉花时，积存的棉花会自动被送到机载的圆形打包机中，进行压实成形和用保护膜打包，然后棉包被推出打包仓，放置在机器后面的平台上，等采棉机到田边时再把棉包卸载到地面或拖车上。

(7) 配套设备：需要配备一台拖拉机前置式的 CM1100 棉包叉车，将打好的圆形棉包分段运输和将棉包装上拖车，另需配备一台牵引拖车的拖拉机。减少了过去传统的 6 行采棉机采棉时所需要的田间转运车及牵引转运车的拖拉机、棉花打模机及牵引打模机的拖拉机。田间连续采摘作业，提高了采摘效率。

(8) 棉包：约翰·迪尔 7760 自走式打包采棉机的机载圆形打包机把圆形棉包包裹三层，棉包最大直径 2.29 m(直径可调范围 0.91～2.29 m)，最大宽度 2.43 m，每包籽棉重量 2 039～2 265 kg；圆形棉包改善了雨天的防水性能，棉包内部湿度和密度均匀，较好地保护了棉花纤维和棉花种子；减少了过去其他形状棉包由于刮风、易破损而造成的棉花损失；运输方便，也极大地方便了轧花厂卸载和储存。

(9) 其他：柴油箱容积 1 136 L，摘锭清洗液箱容积 1 363 L，采棉头润滑脂箱容积 303 L；加注一次液体可以在田间连续采棉作业 12 h 以上。

5. CP690 自走式打包采棉机　在 7760 基础上改进后机型(图 49 - 18)，具有籽棉水分含量适时动态监测和棉包重量显示等功能。

图 49 - 18　约翰·迪尔 CP690 自走式打包采棉机

CP690 自走式打包采棉机主要特点如下：

(1) 采棉头：CP690 自走式打包采棉机配置了 PRO - 16 采棉头，或选装 PRO - 12 VRS 采棉头；可选装配置 RowSease 对行行走系统，使驾驶员能够集中精力观察田间采摘环境，而不是控制机器转向，尤其是有利于黄昏和夜间的对行采摘作业，减轻驾驶员的压力和疲劳强度。

(2) 发动机：采用约翰·迪尔 PowerTech 柴油发动机，六缸涡轮增压，排量 13.5 L，额定功率 418 kW(560 马力)，符合 Tier Ⅲ 二级排放标准。

(3) 传动系统：配置四速 ProDrive 全自动换挡变速箱(AST)，一档采摘速度 0～

7.1 km/h，二档复采速度 0～8.5 km/h，道路运输速度 0～14.5 km/h 和 0～27.4 km/h；采摘速度比 7760 型采棉机增加了 5%，对于大面积的棉花采摘作业而言，可降低燃油费用，节省工作时间。

(4) 液体箱容积：柴油箱容积 1 400 L，摘锭清洗液箱容积 1 363 L，采棉头润滑脂箱容积 257 L，加注一次液体可以在田间连续采棉作业 12 h 以上。

(5) 棉包：棉包最大直径 2.38 m(直径可调范围 0.91～2.38 m)，最大宽度 2.43 m，每包籽棉重量 2 041～2 268 kg。

(6) 其他：CP690 采棉机采用先进的约翰·迪尔精准农业技术(选装)，例如测定棉花产量和绘制产量图功能的 Harvest Doc；在田间作业期间收集棉包生成的时间、地点等数据资料的棉包身份识别技术(Harvest Identification, Cotton)；智能通信系统 JDLink，采用无线数据传输技术，实现分散各个系统的运行状态参数信息采集的无线数据传输；Command Center 触摸显示屏等。

(二) 凯斯采棉机械

1. 凯斯 COTTON Express 620 自走式采棉机　凯斯 Cotton Express 620 采棉机(图 49-19)主要特点如下。

图 49-19　凯斯 Cotton Express 620 采棉机

(1) 采棉头：凯斯采棉机的采棉头特点是每个采棉头的前后两个滚筒分别从棉行的两侧进行采摘，尤其是针对新疆每大行棉花都是由 2 行单行组成的种植模式，从两侧对棉花进行采摘可以更好地保证采净率和采摘效率。每个滚筒有 12 根座管，每根座管有 18 根摘锭。用一个线控开关，仅 1 人就能实现采头滚筒的旋转，采棉头的分开与合拢等保养工作，节省了保养所需的时间。左右侧采头可单独控制升降。

(2) 发动机：凯斯 6TAA8304 发动机，六缸涡轮增压，8.3 L 排量，272 kW(365 马力)，外置式柴油箱 757 L。

(3) 传动系统：静液压无级变速系统；一档采摘速度 0～6.4 km/h，二档复采速度 0～8.0 km/h，三档公路运输速度 0～20 km/h；正采时采棉头的速度与地面速度完全同步。

(4) 高度控制：自动感应高度仿形，左右侧采头分别独立高度控制仿形。

(5) 驾驶室：冷暖空调，电子加热；多功能操作手柄；驾驶员在位系统，多系统故障报警系统；高低可调悬浮座椅。

(6) 棉花输送系统：采用 2 个离心风机对籽棉进行输送，前后独立风道使得输棉更通畅，不易堵塞；可适应每天不同时段因棉花含水率不同而导致的作物状况差异。

(7) 棉箱：棉箱容量 39.6 m^3，装满时可装 4 762 kg 的棉花；籽棉搅龙输送压实；垂直升降卸棉，卸载高度最高 3.65 m。

(8) 其他：清洗液箱容量 1 381 L，摘锭座管润滑脂箱 303 L，添加一次可进行 14 h 的采摘。

图 49-20　凯斯 Module Express 635 采棉机

2. 凯斯 Module Express 635 自走打包式采棉机　主要特点如下(图 49-20)。

(1) 采棉头:与凯斯 Cotton Express 620 采棉机相同,一次采收 6 行;配置棉花堵塞监视系统和地面仿形控制系统。

(2) 发动机:Iveco Cursor 9 柴油发动机,六缸涡轮增压,排量 8.7 L,额定功率 298 kW(400 马力);给采棉以及打模的各个环节提供了更加强大的动力。

(3) 传动系统:三级液压变速器;一档采摘速度 0～6.3 km/h,二档复采速度 0～7.7 km/h,三档公路运输速度 0～24.1 km/h;采棉头的速度与一档采摘速度完全同步。

(4) 双风机:棉花输送系统采用 2 个离心风机对籽棉进行输送,前后独立的风道使得输棉更通畅,不易堵塞;可适应每天不同时段因棉花含水率不同而导致的作物状况差异。

(5) 打模:Module Express 635 型采棉机用自动模式就可将采收的棉花在采棉机上直接进行打模,打出形状规则的棉垛;棉垛尺寸为 2 m×2 m×5 m,两个棉垛正好是一个标准棉模的尺寸。

(6) 其他:柴油箱容量 757 L。清洗液箱容量 1 381 L,摘锭座管润滑脂箱容量 303 L,添加一次可工作 14 h;倒车警报系统及火警卸棉系统,实现了一键即可完成卸棉所需的所有步骤。

(三) 中国贵州航空工业集团平水公司采棉机械

图 49-21　平水 4MZ-5 五行自走式采棉机

中国贵州航空工业集团平水公司与中国农业机械化科学研究院联合研制了“平水 4MZ-5 五行自走式采棉机”(图 49-21),在国内具有自主知识产权。2004 年 2 月 17 日获得农业部农业机械试验鉴定总站签发的“符合要求”的检验报告;2004 年 2 月 28 日获得国家农机具质量监督检验中心发的“有效度为 92.6%(技术要求为≥90%)”的可靠性试验报告;2004 年 3 月 10 日获得中国机械工业联合会签发的“同意鉴定、可批量生产”的科学技术成果鉴定证书;2007 年 5 月 9 日获得农业部农业机械试验鉴定总站签发的“合格”推广鉴定检验报告(可推广)。目前在国内有一定的保有量。该公司于 2014 年停产,2016 年宣告破产。

1. 主要技术参数　国产采棉机主要技术参数为:德国道依茨 1015 发动机技术(国内生产),六缸涡轮增压、水冷、功率 214 kW;作业效率:0.7～1 hm^2/h,每日采摘棉田面积 10～13.3 hm^2;棉花采净率≥94%,籽棉含杂率≤10%,机械撞落棉损失率≤10%,机械可靠性≥90%;一档采摘速度 0～5.93 km/h,二档复采速度 0～7.63 km/h,三档运输速度 0～25.5 km/h;棉箱总容积 32.8 m^3,总重量 14.5 t。

2. 结构特点 该设备主要由机械、液压、电器、水、风等部分组成，采棉头是其核心部件；设备复杂，是目前国际、国内较为先进的机电一体化产品。机械方面，采用了技术成熟、性能稳定、结构合理的德国 CLASS 公司生产的变速箱，技术精湛、动力强劲、符合欧Ⅱ排放标准且使用了更为节油的德国道依茨公司技术生产的(国内生产)发动机；液压方面，液压泵、液压马达采用了美国 Eton(伊顿公司)的产品；液压连接件采用了美国 Park(派克公司)的产品，保证了设备运行的安全性与可靠性；电器方面，显示系统采用了单片机微处理器、采棉头控制系统采用了印刷电路板集成、报警系统采用了冷光源等先进技术，使设备运行更加稳定可靠，大幅度提高了系统的使用寿命；风机叶片采用了高强度铝合金材料，航空技术的设计、加工与测试手段使系统风力更为强劲；经过多年的研究与探索，对采棉头核心部件进行了一系列优化设计与技术创新，与以色列的技术合作使采棉头核心技术得到进一步提升。

3. 工作过程 采棉机采棉时，由采棉头前部的分禾器作为引导器，由它将棉株收拢并导入采摘室，棉株宽度被挤压至 60 cm。在采棉室内，旋转的摘锭同开裂的棉铃相遇，垂直插入被挤压的棉株，摘锭上的沟齿挂住籽棉，把吐絮棉瓣从开裂的棉铃中拉出来，并缠绕在摘锭上；高速旋转的脱棉盘将摘锭上的籽棉脱下，由气力输棉系统输送至棉箱内；压实器对棉箱内的籽棉进行压实。棉箱装满后，在田间将籽棉卸到田间转运车上，再转运到田头进行打模或堆放。

(四) 钵施然采棉机械

钵施然采棉机由新疆钵施然农业机械科技有限公司生产，机型有 4MZ－3A、4MZ－5A、4MZ－6A 自走式 3、5、6 行采棉机，以 4MZ－3A(图 49－22)为例介绍如下。

1. 产品特点 大功率涡轮增压发动机，动力强劲，品优节能；大容量棉箱，减少往返卸棉时间，提高工作效率；有最先进的卸棉方式，卸棉快速可靠；全进口液压技术配置，经久耐用，故障率低；采棉头、风机采用液压马达动力传输性能可靠、运转平稳、低噪音；封闭式空调驾驶室，环境清洁舒爽。

图 49－22 钵施然 4MZ－3A 自走式棉花收获机

2. 主要技术参数

(1) 采棉头：每个采棉头 2 个采棉滚筒前后布置，每个滚筒 12 个摘锭座管，每个摘锭座管上 18 个摘锭，采棉头自动高度控制，一次采收 3 行。

(2) 发动机：东风康明斯 6CTA8.3－C260，五缸涡轮增压，排量 8.3 L，197 kW(260 马力)，符合欧Ⅰ排放标准。

(3) 传动系统:液压无级变速+三档机械变速,一档采摘速度 0～6.0 km/h,二档复采速度 0～7.5 km/h,三挡运输速度 0～26.5 km/h;倒挡无级变速控制(建议不超过 15 km/h),最小转弯半径 8.5 m;最小通过半径 9.5 m。

(4) 其他:棉箱容量 28 m^3;燃油箱容量 400 L;清洗液箱容量 600 L。

3. 工作过程　与"平水 4MZ-5 五行自走式采棉机"工作过程相同。

关于中小型采棉机见第三十六章。

四、采棉流量在线监测与火情预警

(一) 机采棉流量监测

凯斯公司与 AgLeader 公司合作开发了棉花产量监测及信息收集系统——凯斯精准农业系统。该系统由信息收集传感器、DGPS(Differential Global Positioning System,差分全球定位系统)、产量信息监测仪、数据卡等部件组成。各种传感器负责感知产量、行走速度、面积以及采棉机工作状况等信息;DGPS 差分全球定位系统对收集的产量信息的位置进行精确定位;产量监测仪负责对收集的以上信息进行处理,实施监测、储存等;数据卡可以将产量监测仪收集的信息进行转存,以进一步对数据进行分析(图 49-23)。

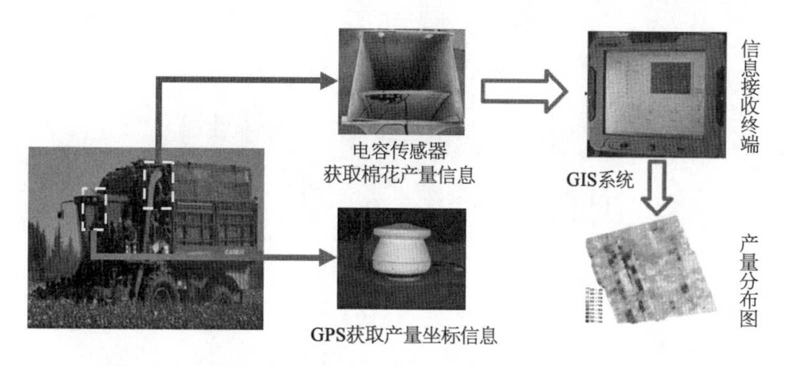

图 49-23　采棉机产量监测系统

(苑严伟,2013)

中国农业机械化科学研究院采用基于微电容检测与差分信号处理技术,设计了车载差分型电容质量流量传感装置,获取籽棉电容响应信息,建立了基于电容响应与籽棉质量流量、籽棉含水率的多元关系模型,结合获取的籽棉实时含水率信息,实现籽棉质量流量的在线测量,提高了监测系统对不同含水率籽棉的适应性,并在此基础上构建了基于 CAN (Controller Area Network,控制器局域网络)总线的棉花产量监测系统,开发了基于 Labwindows/CVI 虚拟仪器软件平台的产量测试软件,实现了基于经纬度坐标的棉花产量在线测量,解决了国外光电式传感监测无法消除由于田间振动、环境温度、散射光线、落叶及器件表面覆土对监测精度的影响。

该系统测产误差比光电式传感器提高 1.5%～3.1%。

(二) 火情预警技术

新疆棉花种植密度大和采收时籽棉水分含量高等问题使得采棉机在棉花采收过程中易

发生摩擦起火，从而造成严重的损失。而美国棉花种植密度相对较小，采收时籽棉水分含量低，因此，棉花火情发生的概率相对较小，存在的隐患相对减少。另外一方面，国内采棉机收获季节有昼夜连续作业情况，相比美国标准化作业模式，采棉机更容易因过度使用而导致部件发热，产生火情。

采棉机棉箱早期火情为棉花阴燃，无烟雾和明火出现，温度变化也不明显，一旦有烟雾或火苗出现，火势将无法控制。中国农业机械化科学研究院从采棉机棉箱阴燃火灾基本特征和燃烧产物出发，设计开发了一种高抗干扰能力的适用于棉箱火灾的基于多传感信息融合的阴燃识别方法和装备。设计的一氧化碳(CO)和一氧化氮(NO)传感模块具有低功耗、低成本、高稳定性及受温湿度影响小等特点，对CO和NO气体有很高的灵敏性和选择性，适合采棉机现场使用。通过传感器对CO和NO气体进行检测并转换成为电信号，再经过模拟信号转换为数字信号(A/D)，将现场参数变为可由微处理器处理的数字量。数字化后的电信号经过预处理，以滤除数据采集过程中现场环境下的干扰和噪声，经处理后的目标信号作特征提取，根据所提取的特征信号，进行数据融合，最终输出结果(图49-24、图49-25、图49-26)。

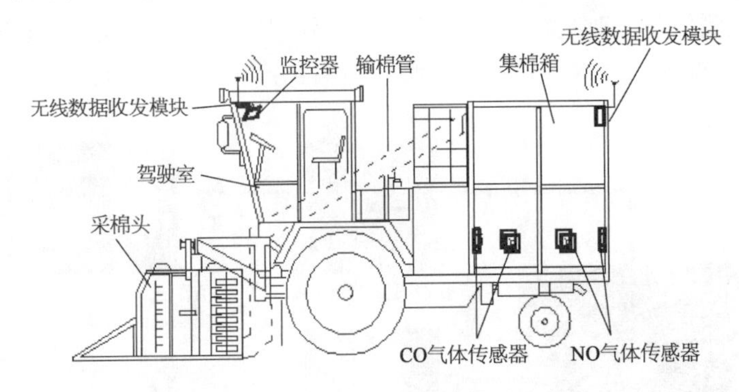

图 49-24 棉仓火灾监测预警系统布局

(苑严伟，2013)

图 49-25 CO型气体传感器

(苑严伟，2013)

图 49-26 NO型气体传感器

(苑严伟，2013)

系统中CO传感器、NO传感器各配置4个(棉箱4个侧面各安装1个)，通过连接支架安装在棉箱4个侧面中间偏上的位置，探头方向面向棉箱内部。传感数据通过棉箱顶端的无线数据收发模块将数据发送到驾驶室中的监控器，通过控制终端计算分析，做出火情预警判断,整体结构如图49-24所示。

采棉机工作时,传感器持续检测棉箱周围CO、NO浓度信息,并传送到火情预警控制终端,由控制终端进行分析,当CO、NO浓度超过预先设定的报警线,机载电脑自动发出报警信号,提醒驾驶员处理。经检测,火灾报警响应时间平均为28.4 s,报警准确率100%。经2014~2017年在新疆生产建设兵团第八师进行测试,采棉机棉箱火灾预警准确率高于98%。

第三节　机械化采收和机采棉储运

一、机械化采收作业

无论是国产采棉机还是美国采棉机,在技术性能上均较成熟,但如果采收过程中操作不当,会降低采收率,造成不必要的浪费,同时会增加机采籽棉含杂率,给加工带来一定难度,影响最终皮棉质量,同样会制约机采棉技术的有效应用。机械化采棉作业应注意以下问题。

(一) 机械采收前的准备

(1) 采收作业前必须对驾驶人员进行严格、全面的技术培训,使其熟练掌握采棉机工作原理、性能以及保养、维修技术和实际操作要领。

(2) 凡是采用沟灌的棉田要把田间横埂、引渠填平,以免影响采收质量。

(3) 对采棉机进行调整和全面技术保养,加足油、水、润滑、清洗液,并配齐必要的保养和清洗工具。

(4) 配备好拉运和存放机采籽棉的拖车和场地,规划好运棉路线预案。

(二) 机械化采收作业注意事项

(1) 机械采收时,采棉机行走路线要正确。严禁跨播种机播幅采收。做到不错行、不隔行,棉行中心线应与采摘头中心线对齐。

(2) 严格控制采收作业速度。在棉株正常高度(60~80 cm)时,作业速度5~5.5 km/h;当采收50 cm以下低棉株时,作业速度要放慢,不能超过3.5 km/h,若速度过快,下部棉花很容易漏采,增加损失率。

(3) 适度调整采棉工作部件。在保证采收籽棉含杂率不超过10%的前提下,尽量提高采净率。

(4) 及时掌握机采棉田棉花的成熟程度,合理安排采收时间。对已成熟的棉田调集采棉机集中采收,以保证采收质量,同时形成规模优势,使采棉机发挥最佳工作效率。

二、机采棉储运

棉花田间机械采收后到加工厂之间的工艺包括:采棉机卸棉——打模机打模——棉模转运至加工厂——开模机开模等4道工序。与该工艺配套的设备主要有籽棉田间打模机、棉模专用运输车或专用运输拖车、开模设备等。

主要工艺过程为:打模机由拖拉机牵引至棉田地头,接受采棉机或田间中转车卸棉;打模机上的液压压实机压实籽棉,压实完毕后,打开挡板,无底的打模机在拖拉机的牵引下,与棉模分离,棉模贮存在棉田地头;棉模长7.3~9.5 m、宽3 m、高2.44 m、重8~10 t,贮存时籽棉水分不超过 12%，用防雨布遮盖好，贮存期 5～10 d。一个大的轧花厂可以保存 1 200 个棉模，需要付轧时，用棉模运输车运至加工厂指定位置，开模设备将棉模匀速拆解、输送至加工车间。

(一) 棉模贮运技术

因为棉模装备庞大昂贵，故仅适合中等规模的植棉农场、轧花场采用。为保证投资的合理，单台打模机至少要达到能处理 800 个皮棉包的应用规模(最好 1 200 包，每包重量 227 kg)，一台 4 行采棉机(最好 6 行)应配备一个打模机，棉花产量特别高或特别低可酌情改变配备比例(图 49－27)。

图 49－27　6MDZ10 打模机

(二) 棉模的籽棉要求

为了保障棉花品质，必须控制籽棉水分。籽棉水分过高将导致棉包发热并可能产生点污棉，而绿叶类杂质含量过高可使籽棉水分增加，籽棉水分保持在 12%以下可正常贮存而不会导致皮棉和种子退化。

收获时需检查籽棉水分，如果没有专门的仪器，则可采用简便的方法：用牙轻轻地咬棉籽，如果口感干脆，说明籽棉水分较合适可安全地贮存；如果采用水分测定仪进行籽棉水分检测，则水分测定仪应该定期进行校核，并按照操作手册的要求使用以保证数据准确。使用时首先应选取有代表性的机采棉棉样，在确保仪器清洁、内部干燥的情况下使用。手持棉样(最好戴橡胶手套)使其紧密地充满测室，然后进行测试。为保证数据准确，一个棉样可测定 2～3 次，取平均值。

(三) 打模籽棉的田间运输

采棉机可以将籽棉卸在田头两端，由田间中转车将籽棉运送到打模机工作地点。棉模要建在避免采棉机急转弯或过多空行程的地方，这样可提高采棉机的工作效率。

新疆生产建设兵团使用自主研发和制造的田间中转车，配合籽棉抓斗，使用方便，作业效果好。田间打模、建模只是一个过渡过程，随着新型打模采棉机的应用，田间中转车将有可能会逐渐退出棉花全程机械化的工艺过程(图 49－28)。

图 49－28　7CBXM10 运模车

(四) 卸花地点的选择和准备

一是地势高亢以防雨水，并排水通畅；二是靠近田间道路或畅通的地方，地表无砾石、植物秸秆、杂草等；三是远离重载运输道路、火源和易遭破坏的地方；四是上空无各类输电线、电缆线等通电通信设备，并注意排水防潮，以防发生霉变。

（五）棉模的压制

压制的棉模要保证籽棉分布均匀，有较强的紧实度，外形要成面包型，且不易散落。因此，在棉模压制过程中要注意：采棉机卸棉时，应保证将收获的籽棉一次卸完。第一次和第二次卸棉时，要分别卸在棉模的两端，第三次将收获籽棉卸在棉模中部。然后由专门操作人员升起压实器来回压实籽棉，直到三次卸的籽棉全部被压实一遍再进行卸棉。棉模压实得越紧，防雨效果越好，并且在贮存、装载、运输过程中籽棉损失也越少。棉模的顶部应呈面包状，覆盖上雨布后防雨效果较好，如果顶部较平或者局部塌陷，雨天易积水，影响存放时间。

个别采棉机装有籽棉计量系统，使用这一系统可以保证卸棉时沿棉模长度均匀分布籽棉，并且卸棉过程较快，还可避免卸棉时籽棉从棉模中溢出，特别在整个棉模压制快完成的时候，方便操作人员升起压实器，均匀压实籽棉。

（六）棉模防雨布的选择

压制棉模需用高质量的防雨布覆盖籽棉垛。通常应选择标示有制造厂、电话号码、制造日期及性能详细说明的正规厂家的产品。

产品性能指标应包括以下项目：抗拉强度、抗裂强度、斯潘塞强度（抗穿刺）、水静压值、水蒸气传导速率、抗磨损强度、表面抗黏附力、抗紫外线强度和冷脆温度等；另外，对线数、用纱支数、厚度、抗氧化值也应明显标示。

评价防雨布性能的项目较多，例如双面涂层的比单面涂层要好，抗紫外强度高的可长时间地暴露在阳光下。棉垛防雨布应允许水气逸出，这样可尽量减少在棉垛中形成冷凝水。合成纤维制成的防雨布覆盖棉垛可形成冷凝水，必须予以注意。如果使用这类防雨布，其设计应允许在正常风力情况下，棉垛上部和防雨布下部的水气可逸出。

（七）棉模系绳的选择

为避免棉垛松塌，且保证防雨布与棉垛成一整体，必须使用系绳固定棉垛。在选用棉模系绳时，要考虑到系绳的材质。一是可承载最大断裂载荷和抗腐蚀老化能力，循环利用性能以及使用经济性等指标；二是应避免因系绳产生杂质而引入籽棉异性纤维，影响品质。

（八）棉模的监管和记录

在棉模压制成型后的 5～7 d 内，应每天检查棉垛内部的温度，如果温度上升很快或持续上升 8.3～11.1 ℃，应尽快将棉垛付轧。检测表明：棉垛内部温度的上升可导致皮棉变黄和产生轻度点污棉。测试内部温度已达到 43.3 ℃时，应立刻将该棉垛付轧。所有的棉垛在雨后和最初的 5～7 d 后一周检测 2 次内部温度。

在棉花收获后期气温较低时，由于收获的籽棉水分较高，压制成棉模会导致其内部温度以较低的速率在数周内持续上升。不管在什么时候，只要温度的上升量超过了 11.1 ℃，棉垛就应立刻付轧。正常收获期收获籽棉时，由于籽棉水分处于安全贮存范围，压成的棉模内部升温不会超过 5.6～8.3 ℃，而且会逐步降低。

每个棉模都需要建立档案，记录棉农信息、棉花品种、采摘打模日期、含水率、含杂等信息，以便日后追溯和质量管理。

目前，机采籽棉在没有通风设备的加工厂直接堆储，要求机采籽棉采收后必须及时加工，否则棉垛极易出现发霉、变色、变质现象，影响原棉含杂率和等级（表 49 - 5）。

表 49-5　机采棉不同储存时间品质测定
(陈发,2010)

样　号	一　组		二　组	
	1#	2#	1#	2#
加工前棉纤维含杂率(%)	16.12	21.69	21.91	13.64
储存时间	半年	1个月	半年	1个月
加工后原棉含杂率(%)	3.64	1.68	2.49	1.00
皮棉等级	四级	三级	三级	二级

未来,随着机采棉的大面积推广,必须大力改进机采棉的运输和存放系统。

第四节　机采棉配套技术

机采棉技术是一项系统工程,涉及棉田土地规划、机械化植棉技术(土地平整、精耕细作、精密播种、肥料深施、药肥喷洒、合理灌溉、化学脱叶、清田腾地、秋翻冬灌)、机械化采棉技术(机械采收、采棉机工艺服务、快速检修、短途运输、科学存储)、机收籽棉的科学检测与收购(合理扣水、杂与快速定级)、现代棉花加工技术(籽棉输送、储存、烘干、清理、轧花,皮棉加工、喷湿回潮、打包)等诸多环节。

一、土地规划及种植技术

(一) 机采棉田土地规划

1. 土质及灌溉规划　为利于棉花集中成熟、吐絮,以便于采棉机统一采收,采棉机械化对选地和整地的要求较为严格。一是土质要好,利于出苗和保全苗,一般宜选择砂壤地和壤土地;二是土地要平整,最好在播前或秋后进行整地工作,有条件的单位可使用激光平地机。棉花播种前的整地过程中还应喷洒除草剂,结合中耕作业,尽量减少棉田的杂草,这对降低机采籽棉含杂率大有好处。

在浇灌棉区,应尽量减少棉田毛渠的数量,增大毛渠间的距离,因为棉田的渠、埂、沟形成的凹凸不平,会使采棉机的作业速度大受影响,通常会降低10%~20%,并且频繁升降采摘头,会造成作业质量不稳定并损坏采棉机的摘锭。有条件的棉区,可采用软管灌溉、喷灌、滴灌等新技术,既节省用水,又避免了设置毛渠。表 49-6 数据表明,采用滴灌技术,不仅可以节水、增产,也有利于提高采棉机的作业效率。

表 49-6　采棉机在沟灌、滴灌棉田作业对比
(新疆生产建设兵团机采棉办公室,2010)

指标项目	单　位	沟灌地	滴灌地
采收作业速度	km/h	1.8~5.2	5.5~6.0
平均耗油	元/h	100.1~103.5	82.2~85.5
润滑脂、清洗液、黄油耗用	元/h	88.5~93.0	67.5~70.5

（续表）

指标项目	单　位	沟灌地	滴灌地
副油及各种滤芯等消耗	元/h	13.2	10.5
易损件及意外损耗	元/h	54.0～61.5	31.5以下
采棉机折旧、驾驶员工资、保险等费用综合每千克籽棉成本	元/kg	0.3～0.305	0.282～0.285

［注］CASE2555型采棉机在农一师667 m^2 产300 kg籽棉的棉田，于沟灌、滴灌不同条件下进行采收作业的实测数据。

2. 棉田田间规划　采棉机属于大型农业机械，尤其是当前，全世界采棉机最大的生产国和出口国——美国各种采棉机均向大型、自走、宽幅（4～6行）型发展。采棉机如按每班工作7 h计算，每天可采棉4～14 hm^2，因此，机采棉要选择大而平整、连片种植地块，可提高机械的利用率和采收效率，降低成本。其次，棉田长度一般应大于400 m，以增大机具的正常作业时间，减少地头转弯次数。棉田长度应考虑到棉箱容量的大小，一般500～800 m为宜，因棉箱容量有限，如果棉田过长，卸下籽棉耗时过多，作业效率降低。

此外，为便于机具在棉田两端地头转弯、检修、卸棉等，棉田两端应留有8～10 m的非植棉区段（在条件允许的情况下，可种植其他早熟作物）。同时还须尽量提供足够大和较平整的进地路口，因采棉机外廓尺寸较大、重心偏高，倒车观察困难，其进地条件较常规农机要严格。

（二）机采棉种植模式

要实现采棉机械化，必须做到种植模式和采棉机互相协调适应。例如，美国的采棉机适应76 cm、96 cm、102 cm棉花行距，苏联的采棉机适应60 cm、76 cm棉花行距。在新疆，采棉机必须适应新疆棉区棉花生产上行之有效的“矮、密、早”宽窄行栽培模式。近年来，各采棉机的生产企业为了适应新疆这种（30＋60）cm宽窄行植棉模式，经过潜心研究改进，推出了新的采棉机机型。但实践表明，用这些采棉机在（30＋60）cm宽窄行种植棉田采用隔行采棉方式作业，效果不理想，还存在着实际生产率降低和撞落棉增加等问题。为此，新疆从改革（30＋60）cm宽窄行种植模式着手，试验研究提出了适合水平摘锭采棉机采收的“（66＋10）cm”棉花宽窄行种植模式（图49－29），基本既保证棉花优质高产水平，又能实现机器采棉（表49－7）。

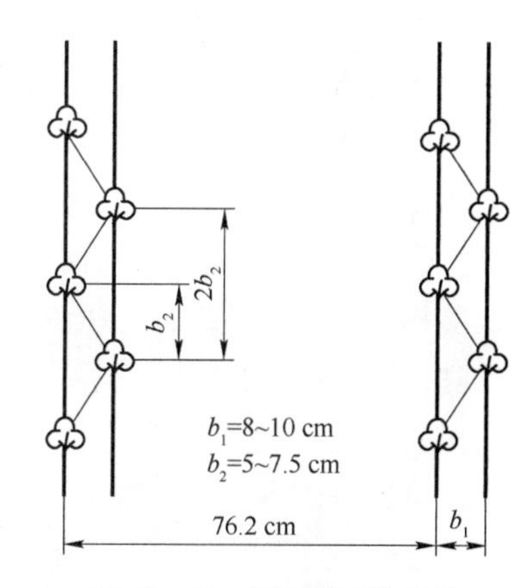

图49－29　新疆新型机采棉宽窄行植棉模式

表49－7　植棉不同行距配置机采棉效果对比

（新疆维吾尔自治区农业科学院农业机械研究所，2010）

采收项目	植　棉　行　距		
	76 cm	（30＋60）cm	（66＋10）cm
采净率（%）	94.32	93.86	95.66
损失率（%）	5.67	6.14	4.34

（续表）

采收项目	植 棉 行 距		
	76 cm	(30+60)cm	(66+10)cm
挂枝率(%)	0.76	0.51	0.36
遗留率(%)	1.83	2.84	1.74
撞落率(%)	3.08	2.79	2.24
生产率(hm^2/h)	1.24	0.7	1.24
耗油量(kg/hm^2)	20.55	45.15	20.70

由表 49 - 7 可以看出：新疆原先常规的(30+60)cm 宽窄行植棉模式，在采收过程中，采收效率低、成本高，撞落损失大。采摘效果好的行距配置是 76 cm 和(66+10)cm。

据新疆生产建设兵团农七师 123 团的试验资料，76 cm 等行距较(30+60)cm 宽窄行减产幅度为 3.2%～4.4%，地力较差的地块减产幅度更大，达 8.1%～10.2%，并且在较低密度下，集中成熟受到很大影响。而(66+10)cm 与(30+60)cm 行距相比，单产仅差 1.8%。

新疆生产建设兵团总结几年来的试验示范和 2001 年大面积推广机采棉的经验，认为适应机械采收的(66+10)cm 行距配置具有通风透光、植株密度高等优点，比常规模式(30+60)cm 不但不减产，还有增产的效果。当然，机采棉种植方式还要视不同地区和条件，不断摸索和改进。

二、化学催熟脱叶技术

化学脱叶技术是机械化采棉必不可少的技术措施。在机械采棉前两周左右(棉花自然吐絮率已 60%以上)，使用药剂喷洒机械，将化学脱叶药剂喷洒在棉花植株上，促使棉株 90%以上的棉叶快速脱落，也有利于促进棉花成熟(催熟)，棉铃吐絮相对提前和集中，为提高机收采摘率、避免机采棉被绿叶污染和降低含杂率创造条件。同时也增加了霜前花比例，改善棉花色泽和品级。化学脱叶还有利于控制棉花后期病虫害和田间杂草。当棉株高大茂盛时，可实行分次脱叶，先进行棉株底部脱叶，改善棉花行间通风透光条件，减少因过于潮湿而引起的烂铃。

具体技术见第三十章。

三、收购检验方法与标准

机采棉验收标准是机采棉在应用过程中遇到的最大问题之一。由于特殊工艺所限，机采棉不可避免地产生含杂率比常规棉高的现象。但我国目前执行的棉花质量收购验收标准，完全是建立在收购手工采棉花的基础上的，对机采棉来说明显偏严，制约了机采棉事业的发展。因此，制订既照顾到有利于机采棉发展，又符合我国国情并与国际接轨的新的棉花质量国家(行业)标准，对发展棉花机采事业来说是至关重要的一个环节。

在有条件、并迫切要求尽早实现机采棉的地区，如果没有切实可行的相应标准，将使机采棉技术无法付诸生产实际，这一高新技术也就不能转化为生产力。因此，为了摆脱每年不得不从内地大量调进劳动力集中手工采棉的困境，尽快推动机械化采棉技术的发展，新疆正在积极摸索制订和试行既符合国情、能推动机械化采棉技术的发展，又与国际接轨的机采棉检验与质量标准。

四、系统工程综合管理技术(外围配套技术)

(一) 机采棉系统技术配置

为保证机采棉技术系统工程中的各项技术最佳衔接，必须科学地进行系统的技术配置。

根据国外数十年来应用机采棉技术的经验，采棉机一般以“机群”的形式进行规模化作业。即若干台采棉机(可选不同规格的机型)、轮式拖拉机、运棉拖车(或棉垛车)、工艺服务车(加油或加水车)等构成机采棉单元，若干个机采棉单元中再配备流动检修车。简单地说，是由“采棉单元”与“服务单元”两部分构成。各种机车合理搭配，达到“车多不(或少)停，车杂不乱”的效果，以最少的机械投入，实现最大的作业量。

为满足“采棉单元”具有最充足的作业时间，与之相配套的“服务单元”总服务时间应大于“采棉单元”总作业时间(一般应控制在110%以内)。

据国外技术考察以及国内应用机采棉技术的经验，一般要求应用机采棉技术的棉花，种植最好相对集中，其植棉规模按一个作业机群至少2～3 d的作业量来计划，面积在100 hm^2以上；一个作业机群在当年采收期内总作业量不少于1 500 hm^2。这样，才能发挥出机群作业的规模效益。为保证能够提供较好的机械作业区，应做好作物规划；并设计好道路、桥梁、储棉地点(运棉距离)、作业机群的机库、加油点等。

(二) 机采棉系统的经济管理

1. 系统的现代经济管理　机采棉技术的最大优越性是“综合规模效益”。只有科学地管理好整个系统，才能为使用者带来显著的效益回报。

2. 机采棉技术应用主要技术经济参考指标　根据国外经验，机采棉技术区(总植棉规模≥2 500 hm^2)棉花机械化收获程度达到≥60%，综合植棉机械化程度≥85%；机采棉3级以上皮棉商品率应达到90%。

第五节　田间残棉回收和清田机械

田间残棉回收和清田机械主要包括回收人工或机械采棉后棉株上的残留花和棉桃、棉秆处理(包括棉株上部嫩枝、叶回收)、地膜回收清理等作业机械。

一、对农业技术要求

(1) 及时回收残留花和棉桃，以利下道工序作业。

(2) 无病虫害棉秆可直接粉碎还田，茎秆粉碎长度小于12 cm，留茬高度小于8 cm。

(3) 重病田的棉秆，则应及时铲拔，不漏铲，不埋压，铲拔后集条或成堆收集，运出田外处理。

(4) 需要回收棉株嫩枝、嫩叶时,只采集棉株上部 10～35 cm 枝叶。

(5) 回收或清除田间废弃地膜和残膜碎片。

二、田间残棉回收和清田机械种类

(一) 摘棉桃机及剥桃净棉机

1. 摘棉桃机 新疆生产建设兵团农八师研制的 4ZT－8 型摘棉桃机,适用于地膜覆盖、不等行距、密植、株形较矮等植棉特点的棉区,回收霜后棉桃和半开棉桃,还可用于清地作业。主要由机架、摘棉桃装置、升运器、集桃箱、万向传动变速器、液压装置、行走轮等部分组成(图 49－30、图 49－31)。

图 49－30 4ZT－8 型摘棉桃机作业状况

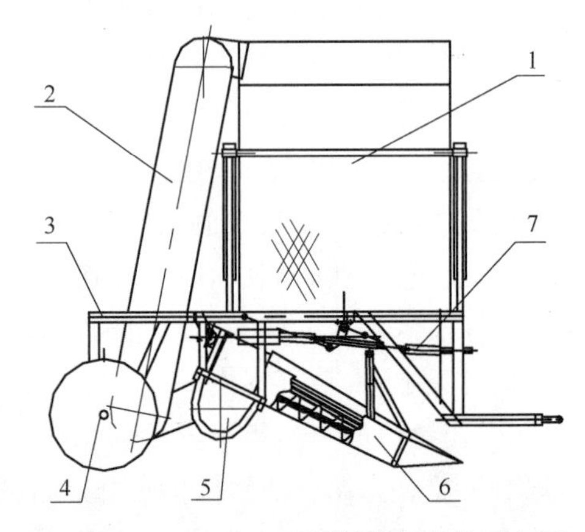

图 49－31 4ZT－8 型摘棉桃机结构示意图

1. 集桃箱；2. 升运器；3. 机架；4. 行走轮；5. 横向输送器；6. 摘桃装置；7. 传动装置

该机与 40 kW 轮式拖拉机配套使用,作业行数 8 行,适应行距(30＋60)cm(不等行距),摘净率 85%以上,生产率 1～1.5 hm^2/h。用于清田作业,可大大地提高清地效率。

2. 剥桃净棉机 剥桃净棉机与摘棉桃机配套使用,主要用于加工摘棉桃机回收的棉桃和半开棉桃,也可对清田回收的落地花和花场垛地底花进行初步清理,以利轧制皮棉。主要由喂棉机构、空气分离机构、破碎除杂机构、籽棉提净回收机构、细杂清理机构等部分组成,配套动力为≥40 kW 轮式拖拉机。

作业时由人工喂入棉桃,棉桃剥净率在 99%以上。当棉桃水分小于 20%时,一次剥棉桃含杂率小于 10%,再清理一次含杂率小于 4%。剥机摘棉桃 700～800 kg/h,剥人工摘棉桃 1 800 kg/h。清机采棉、落地花一次去杂效率 80%～90%,工效 1 500 kg/h。清棉场脏污棉一次,含杂率由 50%以上降到 7%左右;再净棉一次,含杂率降至 3%左右。清籽棉清理机排出物,清一次,含杂率由 60%降到 10%以下,再净棉一次,含杂率可降至 4%以下,工效为 1 000～1 500 kg/h。

(二) 茎秆切碎还田及收获机具

该类机具包括水平、垂直刀盘式和滚刀式、甩刀式棉秆切(粉)碎机、棉秆枝叶回收机及缺口圆盘耙等。

1. 水平刀盘茎秆切碎还田机具　目前生产中使用的主要机型为拖拉机后悬挂式机具，由机架、传动机构、切割装置等部分组成。机架采用整体式结构，滑板仿形，并配有超越离合器。切割装置是其主要工作部件，采用双刀盘水平配置，由拖拉机输出轴驱动。总体结构见图 49－32。

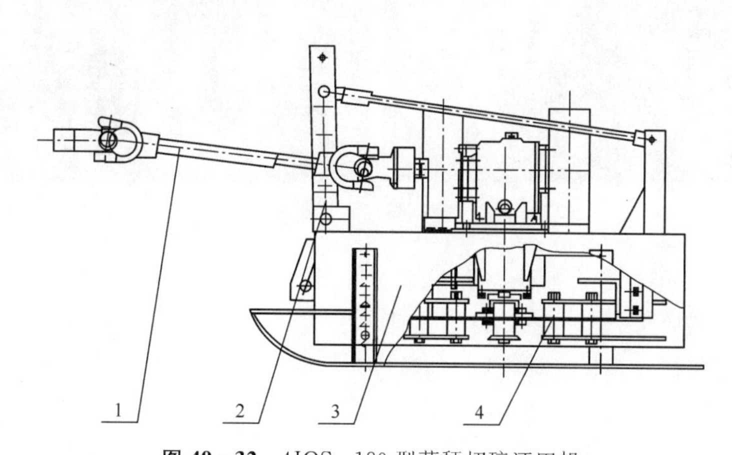

图 49－32　4JQS－180 型茎秆切碎还田机

1. 传动机构；2. 悬挂架；3. 机架总成；4. 刀盘总成

工作过程：当拖拉机前进时，茎秆喂入机壳，刀盘在动力的驱动下作水平旋转运动，在高速旋转的动刀盘与定刀的互相作用下，茎秆被不断地切割粉碎，并均匀地抛撒在机具后方。

2. 棉秆枝叶机回收机具　棉秆收获机根据收获后棉秆收集方式分为收获后装车和打捆两类。

收获后装车的代表机型有新疆机械研究院股份有限公司生产的 4SZ－3000 型自走式秸秆收获机、中国农业机械化科学研究院生产的 4MG－275 棉秆联合收获机、新疆中收农牧机械有限公司生产的 9 LRZ－2.7 青黄贮秸秆收获机。

(1) 4SZ－3000 型自走式秸秆收获机：该机采用甩刀滚筒式收获，具有两次粉碎，收获效率高，可收起已掉落在地面的秸秆，适应各类型秸秆(可收麦秆、玉米秆、高粱秆、棉秆等)的特点，延长了机器的作业时间，该机割台具有一定仿形功能，可跟随地面坡度自主浮动，揉搓粉碎机构采用锤片式。田间作业时，割台刀辊上的甩刀将直立秸秆及撒落在地上的秸秆收获粉碎后直接抛送至割台喂入搅龙，然后将秸秆集中并送入到割台后侧的输送器(过桥)，再经抛送轮送到揉搓室内将秸秆揉搓，再经抛料筒进入草箱内，草箱装满后翻转卸到运输车上(图 49－33)。

4SZ－3000 型自走式秸秆收获机主要技术参数：结构型式，自走式；作业方式，不对行收获；外形尺寸(长×宽×高)，6 840 mm×3 270 mm×3 600 mm；发动机型号，WP4.1G125E302；额定转速，2 200 r/min；额定功率(12 h 功率)，92 kW；作业幅宽，3 000 mm；理论作业速度，5～10 km/h；作业小时生产率，1～2 hm^2/h；割台形式，T 型；输送器型式，链耙式；可靠性(有效度)；≥90%。

图 49-33 4SZ-3000型自走式秸秆收获机作业状况

(2) 9QS-4.7型自走式棉秆收获机：机具主要由拨禾轮、割台、驾驶室、过桥装置、驾驶平台、底盘、揉搓粉碎室、抛送装置、行走变速轮装置、发动机及散热装置、燃油系统、液压系统及电器系统等组成。该机将棉秆收获、揉搓粉碎后直接饲喂或通过微生物发酵后作为牛羊饲料，既解决了农民棉秆收获的烦恼，也弥补了饲草短缺的问题。具体结构见图49-34。

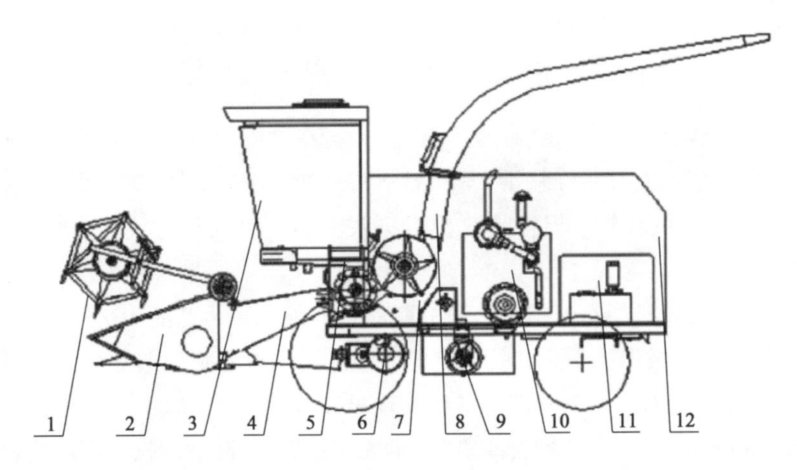

图 49-34 9QS-4.7型自走式棉秆收获机结构示意

1. 拨禾轮；2. 割台；3. 驾驶室；4. 过桥装置；5. 驾驶平台；6. 底盘；7. 揉搓粉碎室；8. 抛送装置；9. 行走变速轮装置；10. 发动机及散热装置；11. 燃油系统；12. 外围

该机采用双摆环往复式切割刀将棉秆切断后，经偏心弹齿式拨禾轮向后扶持，通过割台搅龙送进过桥装置，过桥装置对棉秆进行初步揉搓粉碎后，棉秆均匀地进入粉碎室，粉碎室结构为旋转多刀式，凹板揉搓后进入抛送装置，抛送装置自身具备揉搓功能，对棉秆进行再次揉搓后将棉秆抛送到装载车上。

该机过桥型式为多滚筒式，由过桥壳体、第一滚筒、第二滚筒、搓板组合、第三滚筒装配、第四滚筒装配等部分组成。其工作原理是，第一滚筒逆时针旋转通过滚筒上的锯齿将割台搅龙喂入的棉秆沿过桥底板输送到第二滚筒，物料经过第二滚筒时，高速旋转的甩刀和搓板产生的阻尼作用对棉秆进行初步揉搓、粉切并均匀地送入第三滚筒，再经第三滚筒的甩刀和搓板作用进行两次揉切，通过第四滚筒输送到主机内。过桥结构见图 49-35。

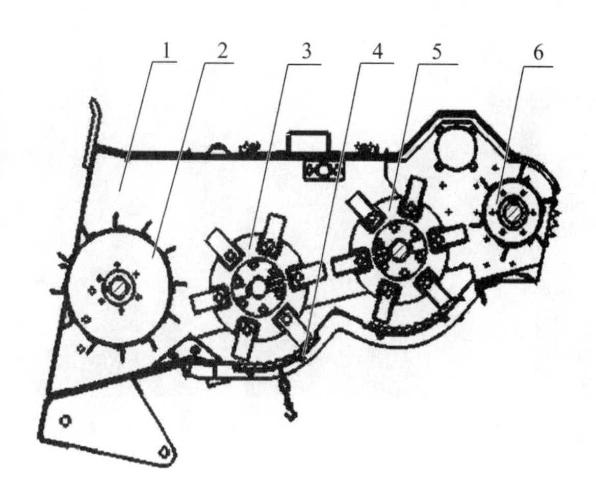

图 49-35　过桥结构

1. 过桥壳体；2. 第一滚筒；3. 第二滚筒；4. 搓板组合；
5. 第三滚筒；6. 第四滚筒

9QS-4.7 型自走式棉秆收获机主要技术参数：结构形式，自走式；发动机功率，133 kW；外形尺寸（长×宽×高），7 250 mm×3 900 mm×3 450 mm；机重，7.6 t；割幅，≤5 m；喂入量，4～5 kg/s；拨禾轮型式，偏心弹齿式；割台割刀型式，双摆环往复式；总损失率，≤5%；破碎率，≥80%；揉搓率，≥70%；生产率，2～3.3 hm^2/h。

（3）4KZ-275/300 型自走式秸秆收获打捆机：收获后打捆的代表机型有新疆机械研究院股份有限公司生产的 4KZ-275/300 型自走式秸秆收获打捆机。

机具主要由多功能割台、方捆打捆机、驾驶台、驾驶室、操纵系统、发动机、行走底盘、液压系统、电器系统、外围等组成。割台位于机器的正前方，与机体呈非对称“T”型配置，用于切割作物根茬和输送作物秸秆；割台的升降采用液压系统控制，操纵方便快捷。压捆部分可完成秸秆的喂入、压实、捆绑工作，并将草捆翻落至地，完成一次作业。

该机集成了收获及打捆作业，机具无须开道自行作业，效率高。解决了不同作物秸秆饲用机械化收获的技术难题，配套多功能不对行收获割台，通过调整割刀及工作参数，既能实现对玉米秸秆的收获、捡拾、打捆，又能实现对棉秆分类或不分类收获打捆，低成本实现棉枝秆及棉铃壳作为优质饲料的收获打捆。

该机作业时，通过收割台对棉秆进行分类收割，只将棉秆中最适宜于饲料的棉铃壳及枝秆等进行收获，也可将棉秆全部直接切割；通过输送器将其送喂到集草室内，通过集草室的拨叉将其拨入草捆压缩室，经过压缩室中活塞的往复运动将其挤压成型，形成均匀的长方形草捆，由打结装置将草捆捆绑打结后推出机外（图 49-36）。

4KZ-275 型自走式秸秆收获打捆机主要技术参数：结构形式，自走式；发动机功率，92 kW；作业幅宽，2.75 m；作业速度，2.8～7.1 km/h；规则打捆率，≥95%；总损失率，≤15%；成捆率，≥98%；草捆截面，360 mm×460 mm；打捆长度，400～1 100 mm（可调）；可靠性（有效度），≥90%；离地间隙，≥250 mm。

图 49－36 4KZ－275 型自走式秸秆收获打捆机作业状况

(三) 田间残膜回收机械

1. 棉田残膜回收概况 棉花覆膜栽培的残膜造成环境污染、严重影响后续机械正常作业和作物正常生长发育,降低作物产量、牲畜误食引起病害或死亡等弊病已日益凸现。治理残膜“白色污染”,保护农田生态环境,将是地膜覆盖种植持续发展的关键所在(见第二十九章)。

在新疆,常年种植棉花耕层土壤平均残膜量 268.7 kg/hm^2,是全国平均水平的 4～5 倍(见第二十九章)。残膜回收有人工拣拾与机械化回收两种方法,当前各棉区仍以人工拣拾为主。但人工拣拾残膜的劳动强度大、效率低,有效回收率低,易造成残膜的累积污染。由于光照、水土和机械的作用,使用过的棉田地膜老化破损严重,而且有一部分埋在土里,很难完整回收。机械回收则可以克服人工拣拾的弊端,并已成为残膜回收的有效方法。

棉田残膜回收按照农艺要求和作业时间,基本可分为三类:一是苗期地表残膜回收,二是耕前地表残膜回收,三是耕后的耕作层残膜回收(或为耕层内残膜回收与播前整地残膜回收)。耕前残膜回收普及率高,但是技术难度也最大。同时,耕前残膜回收还要求同步将棉秸秆粉碎处理,否则,无法将棉田的残膜最大限度地回收。

为了提高残膜回收效果,新疆维吾尔自治区质量技术监督局发布了《聚乙烯吹塑农用地面覆盖薄膜》(DB65/T 3189—2014)强制性地方标准,于 2014 年 12 月 1 日起实施,在新疆全面强制推广使用厚度为 0.010 mm 以上的高标准农用塑料地膜,比之前全疆农田中广泛使用的 0.008 mm 的地膜厚度增加了 0.002 mm。这一厚度的增加将促进农田废旧残膜回收,减少农田白色污染。

2017 年 10 月 14 日,中华人民共和国国家质量监督检验检疫总局和中国国家标准化管理委员会发布了强制性国家标准《聚乙烯吹塑农用地面覆盖薄膜》(GB 13735—2017),于 2018 年 5 月 1 日起实施。与 1992 年版国家标准相比,新国标从兼顾农用地膜的可回收性、农民的经济承受能力和资源节约的角度出发,参考国内外相关标准,将地膜最低厚度从 0.008 mm (极限偏差±0.003 mm)强制性地提高到了 0.010 mm(负极限偏差为 0.002 mm)。同时,按地膜厚度范围,为防止企业为提高厚度而加入过多的再生料,降低产品强度、韧性标准和可回收性,配套修改了力学性能指标。新国标将推动更高厚度、更好性能的农用地膜的推广使用,有利于农用地膜的回收再利用,对于减少农田“白色污染”,改善土壤和环境质量具有重要意义。

近年来,国内已研制出20余种各类机型的残膜回收机具,有些是联合作业;有些是将残膜搂集成条,配合人工拣拾;有些则是与其他机具配合使用或用常规机具改装而成。但从目前整体情况上看,我国残膜回收机械的推广尚不尽人意。其主要原因:一是残膜回收机械技术性能不够完善,作业性能和可靠性较差;二是人们还缺乏主动开展农田残膜回收工作的环保意识;三是尚未狠抓残膜的再生利用回收工作,致使棉农无论是在残膜回收作业环节或是回收后的残膜再生利用环节中,不仅未能产生直接的经济效益,而且还增大了生产成本,导致残膜回收工作很难被人们所接受。

2. 棉田残膜特性及残膜回收的农业技术要求

(1) 残膜特性

① 残膜虽然破损严重,但被压入土壤下面的地膜膜边还基本完整。

② 残膜耐拉力差。试验表明,秋后残膜经松土后地膜拉起需17.84 N的力,而不松土时则需29.4～35.28 N的力才能拉起;对于普通地膜(厚度为0.015 mm),则需31.85 N的力方可拉断。因此,残膜回收时,为防止地膜拉断,在垄边进行松土是关键的作业环节。

③ 残膜极易缠绕。秋后的残膜仍然具有一定的延伸率,普通地膜的延伸率为30%左右。拾起的柔性残膜在摩擦及静电吸附作用下,极易缠绕在工作部件和转动部件上。工作时,一旦发生缠绕,会越绕越多,最终导致机具无法正常连续工作。因此,在机械收膜中,卸(脱)膜环节对于保证机械的连续作业至关重要。

④ 秋后田间残膜与枯叶、茎秆、根茬等混杂,收膜时如何避开根茬或及时将根茬和杂物与残膜分离,将直接关系到后续残膜的再生利用和收膜机集膜箱有效容积的利用。

(2) 机械化收膜作业的农业技术要求

① 机械化收膜的工艺过程应包括松土、起膜、挑膜、膜杂分离、脱膜、送膜和集膜等密切联系的工艺环节。

② 膜与茎秆、叶片、杂草混杂及裹土要分离。将残膜与茎秆、叶片分离后,纯净的残膜可以回收再利用,从而提高经济效益;还可减轻机器的负荷,提高集膜箱的有效容积;但如杂物无法分离而抛弃残膜,则造成二次污染。

③ 防止残膜的缠绕与返带。无论是卷膜式机具卷膜或是挑膜齿挑膜输送残膜进膜箱,由于运动部件持续运动,残膜具粘附及静电作用,引起残膜缠绕机具,从而影响了机具的连续作业,严重时甚至还会损坏机具。研制或使用机具时应尽量保持其部件的表面光滑,设置卸膜机构,以便及时清除缠绕的残膜,并将其送入集膜箱。

④ 使用统一规格与质量的农膜。农膜非常薄(0.006～0.008 mm),且抗拉强度不高,非常不利于地膜回收。为防止地膜风吹破损,覆膜时一般要取土压膜,这将会给后期的残膜回收机械化作业带来困难。国外农膜的厚度一般为0.01 mm,利于覆膜及收膜。农膜厚度从0.008 mm增加到0.01 mm,其抗拉强度增加25%。因此,应尽量规范农膜质量与厚度,避免过多使用超薄膜,给残膜回收带来困难。

⑤ 应尽量使用残膜回收联合作业机具。一般秋后进行残膜回收时,农田中均伴有作物

茎秆或作物根茬。使用残膜回收联合作业机具，即机具在进行作物粉碎并定向输送或抛撒的同时进行收膜作业，其目的：一是减少各类机具的进地次数，降低机具作业成本和对农田的机器碾压；二是机具首先进行作物粉碎并定向输送或抛撒，可减少待收工作幅宽内残膜面上的作物量，有利于机械收膜的膜杂分离和残膜回收；三是可减少因对农田作物残茬机械处理与残膜机械回收作业各环节进行分次作业而对农膜的碾压与人为破损概率，从而促进残膜回收率的提高。

⑥ 残膜回收机械作业的主要技术指标。有关部门围绕棉花地膜、农田残膜残留量和地膜回收机具作业质量等制定了相关标准，通过质量技术监督部门向社会正式发布，以规范地膜生产、使用标准及残膜回收机具的作业规程和质量，为机械化残膜回收奠定基础(表49－8)。

表 49－8 地膜及残膜回收机具相关标准表

标准名称	标准号	标准属性	备 注
《残地膜回收机作业质量》	NY/T 1227—2006	中华人民共和国农业行业标准	规定了残地膜回收机作业的质量要求及其检验方法和检验规则
《残地膜回收机》	GB/T 25412—2010	中华人民共和国国家标准	规定了残地膜回收机产品的要求、试验方法、检验规则、标志、包装、运输和贮存
《棉花种植用地膜厚度限值及测定》	GB/T 25414—2010	中华人民共和国国家标准	规定棉花种植用地膜厚度限值应不小于 0.008 mm
《农田地膜残留限制及测定》	GB/T 25413—2010	中华人民共和国国家标准	规定待播农田耕作层内地膜残留值应不大于 75 kg/hm²
《残地膜回收机操作技术规程》	NY/T 2086—2011	中华人民共和国农业行业标准	规定了残地膜回收机操作时的安全注意事项、作业前的准备、作业操作规程、作业路线及作业方式、操作人员要求及保养与存放
《聚乙烯吹塑农用地面覆盖薄膜》	DB65/T 3189—2014	强制性地方标准	全面强制推广使用厚度为0.010 mm以上的高标准农用塑料地膜
聚乙烯吹塑农用地面覆盖薄膜	GB 13735—2017	强制性国家标准	全面强制推广使用厚度为0.010 mm以上的高标准农用塑料地膜

2010 年发布的国家标准 GB/T 25412—2010《残地膜回收机》，对农用残膜回收机械作业的主要技术指标做了规定(表 49－9)。

表 49－9 农用残膜机作业性能指标表

序号	项 目	指标	作业方式
1	表层拾净率(地表及土层深度 0～100 mm，%)	≥80	耕前及播前残地膜回收机作业
2	深层拾净率(土层深度 100～150 mm，%)	≥70	耕前及播前残地膜回收机作业
3	苗期拾净率(%)	≥85	苗期残地膜回收机作业
4	伤苗率(%)	≤2	苗期残地膜回收机作业
5	缠膜率(%)	≤2	

残地膜回收机具有捡拾土层深度 100～150 mm 残地膜功能时，方对深层拾净率进行检测和评估

3. 棉田残膜回收机具种类、产品参数及工作原理

(1) 分类:棉田残膜回收技术及机具按照农艺要求和残膜回收的时间可分为以下三类。

① 苗期残膜回收机械:苗期揭膜是在作物浇头水前,棉苗高约 40 cm,地膜老化较轻,便于揭收的有利时机,采用人机结合的办法揭去地膜;批量生产和推广的机型代表为新疆农业科学院农机化研究所研制的 MSM—1/3 型苗期残膜回收机。该机分别与小型或中型轮式拖拉机配套使用,采用卷膜辊主动收集废膜卷。装卸灵活、使用可靠。

② 耕前残膜回收机械:在干旱地区或采用膜下滴灌灌溉方式的地区不宜苗期揭膜,需要在作物收获后回收残膜。由于作物秸秆的影响和作业时间的限制,残膜回收难度很大。耕前残膜回收机,有单项残膜回收机和联合作业机之分。

③ 耕层内残膜清捡机械:耕层内残膜回收是对苗期或秋后没有回收的地膜或者历年累积的残膜进行清理回收。代表机型为弹齿式残膜回收机,该类机具使用时将残膜搂集成条,辅以人工拣拾、装运。

(2) 主要产品:新疆地方和兵团各有关单位已针对棉田残膜回收机械开展了 20 余年的研究与试验工作,部分产品在生产中得到应用并进入农业机械补贴目录,目前适用于棉田残膜回收的机具从结构和工作原理区分有以下六类(表 49－10)。

表 49－10　新疆农田残膜回收机械分类

机　型	工作方式
扒齿搂膜式或其他残膜回收机	机引式,工作方式为扒齿搂膜式或其他式
扒齿搂膜式或其他残膜回收机,具有残膜收集功能	机引式,工作方式为扒齿搂膜式或其他式,有残膜收集机构
拔杆式残膜回收机	工作方式为拔秆起膜式
拔杆式残膜回收机,具有残膜收集功能	工作方式为拔秆起膜式,有残膜收集机构
带秸秆粉碎功能残膜回收机	带秸秆粉碎功能

[注] 摘自新疆维吾尔自治区 2017 年残膜回收机补贴目录。

(3) 代表机型的工作原理和工作参数

① 苗期残膜回收机具代表机型——MSM3 型苗期收膜机(图 49－37、图 49－38),主要

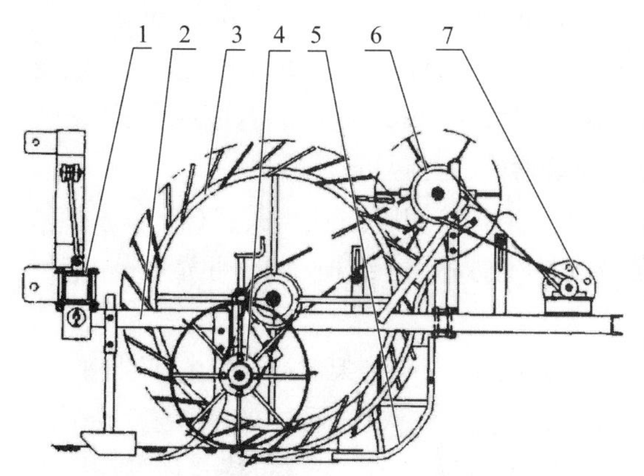

图 49－37　MSM3 型苗期收膜机结构

1. 悬挂主架;2. 机架;3. 起膜轮;4. 地轮;5. 起膜导轨;6. 送膜叶轮;7. 卷膜辊

图 49－38　MSM3 型苗期收膜机田间作业

结构及工作原理:该机由悬挂主梁、机架、起膜轮、起膜导轨、送膜叶轮、卷膜辊、行走地轮、传动链轮和收边膜装置等主要部件组成。

作业时拖拉机带动机具前进,刮土板将边膜覆土刮去,松土铲将边膜钩起;起膜导轨入土深 5～6 cm,将膜起,起膜轮齿穿透膜,在滚动前进的同时将膜挑起,并沿起膜导轨向后上方输送,送膜叶轮的叶片带动卷膜辊转动,并将整幅膜平整连续地卷到卷膜辊上,待收起的残膜卷到一定程度,停机将成卷整体膜卸下,装好卷膜辊后机具继续作业(表 49 - 11)。

表 49 - 11　不同残膜回收机械的主要规格及技术参数

机型	单幅机	三幅机
生产率(hm^2/h)	0.2～0.27	0.6～0.8
拾净率(%)	85～94	85～94
伤苗率(%)	≤1	≤1
配套动力(kW)	12.5～18.38	40～55
挂接方式	后三点悬挂	后三点悬挂
收膜幅数(幅)	1	3
机器质量(kg)	250	850

图 49 - 39　4CM - 4 残膜捡拾机外形

② 耕层内残膜清捡机代表机型——4CM - 4 残膜捡拾机(图 49 - 39),主要结构及工作原理:机具由凸轮机构、钉齿、毛刷脱膜装置、回收箱及机架组成,对田间破碎小块残膜捡拾效果好。机具工作时,钉齿随滚筒转动扎取土壤表面和耕层内的残膜,由推杆推动脱膜板脱膜,完成捡膜、脱膜过程。当残膜被捡拾钉齿扎起送到回收箱入口时,被顺向转动的脱膜辊子从钉齿和滚筒上刷落至残膜回收箱中。

主要技术参数:外形尺寸(长×宽×高),1 600 mm×4 850 mm×1 030 mm;配套动力,55.2 kW;重量,1 000 kg;工作幅宽,4 055 mm;扎膜装置型式,伸缩杆齿式;钉齿排列方式,交错排列;钉齿长度,200 mm;钉齿间距,75 mm;钉齿伸缩量,80 mm;脱膜装置脱膜方式,液压自动脱膜;油缸数量,2 个;最小离地间隙,≥365;挂结形式,三点悬挂。

③ 扒齿搂膜式残膜回收机具代表机型——4LM - 4.5 自卸膜立秆搂膜机(图 49 - 40),主要用于秋季棉秆未粉碎前回收地表残膜。优点是作业效率高,结构简单,可靠性高,液压卸膜不需人工辅助。

主要结构及工作原理:该机主要由上下悬挂架,大梁、弹齿连接架、棉株滑道、双排弹齿、卸膜梳齿,液压卸膜系统构成。工作时在地头对准棉株行距,使棉株通过棉株滑道,放下悬挂架,使双排弹齿勾住残膜,实现膜秆分离。按 5～8 km/h 速度进行收膜,待弹齿勾满残膜后利用液压驱动卸膜梳齿进行卸膜。

主要规格及技术参数:外形尺寸,1 385 mm×4 500 mm×875 mm;工作幅宽,4.5 m;配套动力，≥44 kW；挂接方式，悬挂；作业速度，5～8 km/h；作业效率，2～3.2 hm^2/h；工作深度，2～5 cm；残膜回收率，≥80%。

图 49-40　4LM-4.5 自卸膜立杆搂膜机

④ 扒齿搂膜式具有残膜收集功能的回收机具代表机型——4LM-2.0 链耙式立杆收膜机（图 49-41），主要用于秋季棉秆未粉碎前回收地表残膜。优点是残膜回收过程中残膜与棉株分离，回收的残膜掺杂率低，可集中自动卸膜。

主要结构及工作原理：该机由悬挂架、限深轮、齿轮箱、传动机构、分秆盒、链耙式残膜捡拾机构、脱膜机构、液压卸膜系统、积膜箱等组成。工作时棉株先由分秆盒进行集中，然后链耙式残膜捡拾机构开始拾膜，残膜随着链耙达到集膜箱上方的脱膜机构时进行脱膜，待残膜积满后至地头由液压卸膜系统进行集中卸膜。

主要技术参数：外形尺寸，2 950 mm×2 250 mm×1 600 mm；配套动力，≥55 kW；作业速度，4～5 km/h；工作幅宽，2.0 m；作业生产率，0.8～1 hm^2/h；工作深度，20～50 mm；地表残膜回收率，≥80%。

图 49-41　4LM-2.0 链耙式立秆收膜机

⑤ 拔秆式残膜回收机代表机型——4MBQ 系列棉花拔秆起膜机（图 49-42），主要结构及工作原理：采用全悬挂式运输，配套动力为 18.4～73.6 kW 马力拖拉机。工作时拖拉机后动力输出轴的动力驱动刀辊逆时针旋转，刀辊将作物连根拔起，同时将埋入土中的地膜起出，拔秆装置顺时针旋转，将拔出的秸秆导向机具后部，成条状铺于地表，最后由人工辅助收

集秸秆、残膜并完成清运作业。

主要技术参数(以4MBQ-3.0为例):配套动力,58～73 kW;工作幅宽,3 350 mm;生产率,0.7～1 hm^2/h;拔秆率,≥95%;起膜率,≥85%;连接方式,三点悬挂。

图 49-42　4MBQ系列棉花拔秆起膜机

图 49-43　4JMS-2.0地膜回收与秸秆粉碎还田联合作业机

⑥ 带秸秆粉碎功能残膜回收机代表机型1——4JMS-2.0地膜回收与秸秆粉碎还田联合作业机(图49-43、图49-44),主要结构及工作原理:主要由牵引架、秸秆粉碎装置、地膜捡拾装置、传动系统、压膜仓、压膜推板、膜箱、收膜限深轮、地轮等零部件组成。机具作业时,拖拉机与牵引架挂接,动力由拖拉机动力输出轴经齿轮箱分别传递至秸秆粉碎装置和地膜捡拾装置;秸秆粉碎刀轴经增速后带动甩刀在纵垂面内高速旋转,对作物秸秆进行砍切、撞击、撕裂、揉搓,将作物秸秆粉碎;粉碎后的秸秆在动刀、惯性力和气流的综合作用下抛向刀轴后方的绞龙槽内;在重力和绞龙叶片的轴向推力作用下,粉碎后的秸秆被推送至秸秆粉碎还田装置两侧的农田,如果采用风力抛送式秸秆粉碎装置,则粉碎后的秸秆被推送至风机

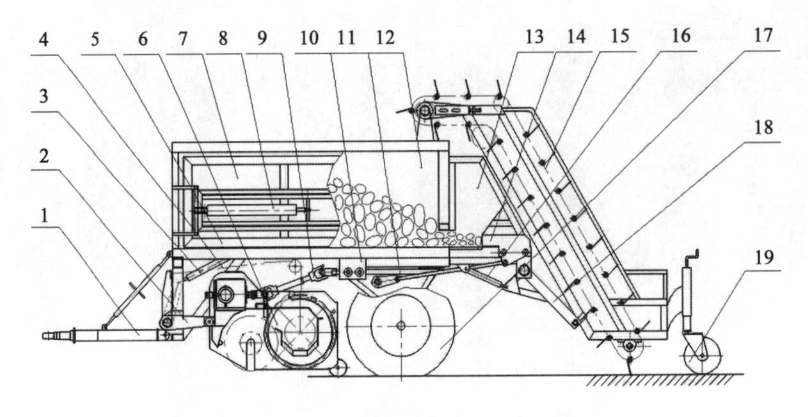

图 49-44　4JMS-2.0地膜回收与秸秆粉碎还田联合作业机结构

1.牵引架;2.秸秆粉碎装置悬挂架;3.秸秆粉碎装置升降油缸;4.吊绳;5.推膜伸缩架;6.秸秆粉碎装置;7.卸膜推板;8.伸缩架液压油缸;9.传动系统;10.后齿轮箱;11.压膜曲柄;12.膜箱;13.压膜仓;14.压膜推板;15.地膜捡拾装置;16.支撑液压油缸;17.地轮;18.支撑装置;19.收膜限深轮

吸风口，被风机抛送至相应位置；机具尾部设置的链耙式地膜捡拾装置对秸秆粉碎后的农田地表进行地膜捡拾，通过弹齿的起挑作用，地膜被挑起，并随弹齿沿托板向上运动；地膜随弹齿运动的过程中，枝叶、土块等被地膜携带的杂质经过漏杂口时，掉落至清杂绞龙内，并随绞龙叶片被输送至机具两侧；地膜运动至膜箱上部时，集膜箱上设置的脱膜机构将地膜从弹齿上刮落至压膜仓内，往复运动的压膜推板将掉落的地膜推送至膜箱内，形成比较坚实的膜堆；当膜箱收集满后，操控卸膜油缸推动卸膜推板进行卸膜，完成秸秆粉碎还田与地膜回收联合作业。

主要技术参数：作业方式，秸秆粉碎还田与地膜回收联合作业；外形尺寸，6 450 mm×2 700 mm×2 870 mm；配套动力，≥88.2 kW；工作幅宽，2 000 mm；连接方式，牵引式；刀轴转速，2 000～2 200 r/min；作业速度，4～6 km/h；作业效率，≥0.8 hm^2/h；留茬高度，≤80 mm；秸秆粉碎长度合格率，≥90%；当季地膜回收率，≥80%。

⑦ 带秸秆粉碎功能残膜回收机代表机型 2——4JSM－1800A1 型棉秸秆还田及残膜回收联合作业机(图 49－45)，主要结构及工作原理：该机主要由牵引架、传动系统、机架、升降油缸、中间传动、残膜捡拾辊筒、残膜输送辊筒、残膜收集箱、翻转油缸、松土装置、行走装置拐臂、边膜土疏松装置构成，具有秸秆粉碎后抛送还田、松土、挑膜、脱膜、集膜等功能，同时实现“膜杆分离”与“膜土分离”。一次性完成秸秆粉碎还田、残膜回收等作业，减少机具作业次数和作业费用。作业时，动力由拖拉机输出轴经中间传动系统传至残膜捡拾装置和残膜脱卸装置，机具行进时，秸秆粉碎装置在前部将秸秆粉碎后抛置机具后方，起边膜装置将覆于边膜上的土层疏松；松土装置用于将整张膜面上的土层疏松，便于残膜捡拾装置的工作；挑起残膜后至残膜脱卸装置，由残膜脱卸装置将残膜脱下并输送至残膜收集装置，待残膜收集装置满载后翻转油缸将残膜收集装置翻转，倒出残膜。

主要规格及技术参数：配套动力，66～88 kW；工作幅宽，1 800～2 280 mm；作业生产率，0.9～1.2 hm^2/h；残膜拾净率，87%；卸膜方式，液压翻转。

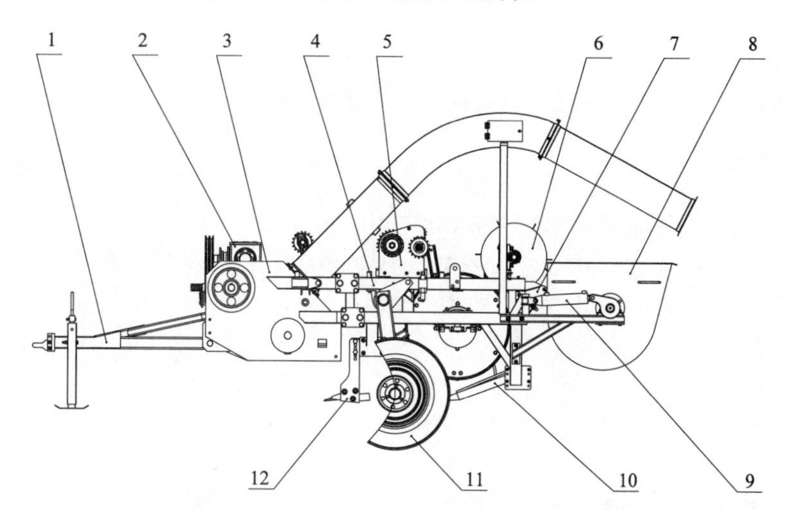

图 49－45　4JSM－1800A1 型棉秸秆还田及残膜回收联合作业机结构

1. 牵引架；2. 传动系统；3. 机架；4. 升降油缸；5. 中间传动；6. 残膜捡拾辊筒；7. 残膜输送辊筒；8. 残膜收集箱；9. 翻转油缸；10. 松土装置；11. 行走装置拐臂；12. 边膜土疏松装置

图 49-46 随动式残膜回收机

4. 地膜回收机具研制新进展 根据新国标规定的地膜强度增大的特性，陈学庚院士团队针对不同作物地块残膜回收开展试验并研制了一种随动式残膜回收机。该机可以完成起膜、上膜、清杂等全套作业程序，可以将整张地膜从土中起出，托送并清理膜上的秸秆、土等杂质，最后回收的残膜成卷状，方便集中堆放。回收后的残膜由于含杂率低，为后续资源化利用创造了条件。当覆盖地膜厚度为 0.01 mm 时，该回收方式可实现残膜的全部回收，是未来可期的发展趋势(图 49-46)。

5. 回收残膜集中处理 对于回收残膜处理方法有三种：一是集中填埋，对棉田机械化回收的残膜按一个乡镇或一个连队集中，挖沟深 10～20 m，宽 5～10 m，覆土厚度 5 m 以上；但是由于残膜不易腐烂、污染环境，此法应用越来越少。二是焚烧发电，把地膜收集起来，利用燃烧产生的热能用于发电或其他方面。三是加工处理，交售废品站或废品回收公司进行工业化处理，通过分解回收乙烯或提炼石油制品或制成塑料再生制品；处理程序包括清理、除土除杂物、造粒等，目前看此法处理效率低、成本高、企业入不敷出，如果没有政府支持企业难以为继。

（撰稿：陈发，王学农，闫洪山，刘向新，吕新；补充：周亚立，董春旺；
主审：周亚立，胡育昌，毛树春）

参 考 文 献

[1] 李生军，周亚立，闫向辉，等. 棉花收获机械化. 乌鲁木齐：新疆科学技术出版社，2008：1-8，50-56，19-24.

[2] 黄勇，付威，吴杰. 国内外机采棉技术分析比较. 新疆农机化，2005(4).

[3] 韦金生，张益忠. 机采棉发展概况及存在的问题. 中国棉花加工，2003(5).

[4] 陈发，王桂盛，等. 机械化采棉技术. 新疆农机化，1995(增刊).

[5] 王新国. 国产采棉机技术应用与发展前景展望. 新疆农机化，2003(5).

[6] 陈发，王学农，冯斌，等. 机采棉技术在新疆棉区应用的技术剖析. 新疆农机化，2001(4).

[7] 陈发，王学农. 4MZ-2(3)型自走式采棉机的研制. 新疆农机化，1999(3).

[8] 新疆生产建设兵团农机局. 兵团 2006 年机采棉工作及 2007 年工作思路. 新疆农机化，2007(1).

[9] 毛树春. 中国棉花景气报告 2010. 北京：中国农业出版社，2011：131.

[10] 苏克诚，张鑫，张兴昌，等. 4ZT-8 型摘棉桃机. 新疆农机化，2000(2).

[11] 苏克诚，张鑫，张兴昌，等. 5MJB-1.5 型剥桃净棉机. 新疆农机化，2000(2).

[12] 郭登芳，吴松明. 北疆棉区采棉机引进使用的实践与思考. 新疆农机化，2001(1).

[13] 陈发，王学农，孙颖，等. 4MZ-2(3)型自走式采棉机主传动系技术方案分析与确定. 农业工程学报，

2001(5).
[14] 美国凯斯公司新疆联络处. AFS 产量监测系统在 CASE2555 型采棉机上的试验应用. 新疆农机化, 2002(4).
[15] 西机. 提高机采棉作业效率几个问题的探讨. 新疆农机化,2002(4).
[16] 李新平,聂新富,徐新洲,等. 机采棉是棉花采收的必由之路. 新疆农机化,2001(1).
[17] 新疆生产建设兵团农业局. 采棉机作业技术规程(试行草案). 新疆农机化,2002(5).
[18] 周亚立,梅健. 机采棉棉模存储和运输技术装备. 新疆农垦科技,2001(4).
[19] 张益忠. 机采棉企业标准. 中国棉花加工,2001(2).
[20] 王秀琴. 棉花脱叶剂大田筛选试验. 农村科技,2010(5).
[21] 马艳,彭军,崔金杰,等. 几种脱叶催熟剂在棉花上的应用效果研究. 中国棉花,2009(9).
[22] 门向辉,刘向新. 棉花化学脱叶催熟技术. 新疆农机化,2004(4).
[23] 尼亚孜别克. 残膜对耕地的污染及治理对策. 现代农业科技,2010(16).
[24] 卢登明,廖应良. 棉秸秆还田及残膜回收联合作业机结构特点及推广应用. 新疆农机化,2010(1).
[25] 秦朝民,王序俭,周亚立. 农用地膜回收的现状与思考. 农机与食品机械,1999(4).
[26] 马西巴依,石江,刘春奎,等. 治理田间白色污染,改善农业生态环境. 农业机械,2000(9).
[27] 曹肆林,王序俭,沈从举. 残膜回收机械化技术的专利分析研究. 新疆农机化,2010(1).
[28] 陈发. 新疆残膜回收机械化技术研究应用与建议. 新疆农业科学,2008(2).
[29] 毛树春,李亚兵. 中国棉花景气报告 2016. 北京:中国农业出版社,2017.
[30] 周亚立,刘向新,闫向辉. 棉花收获机械化. 乌鲁木齐:新疆科学技术出版社,2012.
[31] 周利明. 基于电容法的棉花产量和播种量检测技术研究. 北京:中国农业大学,2014.
[32] 苑严伟,李树君,张俊宁,等. 一种采棉机及其实时棉花着火预警方法和系统:201310430470.7.
[33] 王剑,鱼博,刘巧,等. 采棉机火灾检测装置检测性能的分析. 石河子大学学报(自然科学版),2016, 34(5).
[34] 王进军,曾怡,袁伟,等. 棉垛早期阴燃火灾特性及棉花仓库主动吸气式复合探测研究. 安全与环境学报,2012,12(2).
[35] 朱其祥,吴国新,徐守东,等. ZigBee 技术在棉花仓库火灾自动报警系统中的应用. 中国棉花加工,2011(6).
[36] 朱其祥,吴国新,徐守东. 浅析棉花仓储安全中的火灾报警技术. 中国棉花加工,2011(5).
[37] 中华人民共和国国家质量监督检验检疫总局. 聚乙烯吹塑农用地面覆盖薄膜:GB 13735—2017. 北京:中国标准出版社,2017.
[38] 新疆维吾尔自治区质量技术监督局. 聚乙烯吹塑农用地面覆盖薄膜:DB65/T 3189—2014. 乌鲁木齐:新疆出版社,2014.
[39] 杨程,张佳喜,郭俊先,等. 残留地膜回收技术与装备的研究现状. 新疆农机化,2016(05).
[40] 刘旋峰,石鑫,郭兆峰,等. 滚筒式残膜回收机的性能试验研究. 农业工程学报,2017,33(16).
[41] 赵岩,陈学庚,温浩军,等. 农田残膜污染治理技术研究现状与展望. 农业机械学报,2017,48(6).
[42] 王坤,谢建华,曹晓冉,等. 浅谈国内外地膜应用及残膜回收机的研究现状. 新疆农机化,2016(3).
[43] 任萍. 立秆残膜回收机的设计研究. 新疆:石河子大学,2016.
[44] 王海新,张学军,张朝书,等. 基于钉刺式残膜回收机中起膜铲的设计分析. 农机化研究,2016,38(4).

第十三篇

棉花轧花、检验与副产品的综合利用

棉花轧花、纤维检验是棉花从原始产品转向商品、变成纺织原料的必要工序。为了实现“优质优价”和“优棉优用”,必须对皮棉进行品质检验。同时,检验也是科学评价棉花质量和试验研究的重要手段。我国原棉检验分科研检验和商品检验。

皮棉是棉花的主产品。棉秆、棉短绒、棉籽(棉籽油、棉籽饼粕、棉籽壳、棉酚)等副产品可以进行综合利用和深加工,增值潜力大。

第五十章　棉 花 加 工

棉花加工也称籽棉加工或棉花初加工。棉花加工工艺过程是指直接对籽棉进行加工,使之成为皮棉、短绒、棉籽的过程,包括籽棉预处理、轧花、剥绒、打包等环节。

棉花加工采用的设备可分为专用设备和通用设备两大类。专用设备是指唯棉花加工生产所需的设备,也就是本章所称的棉花加工设备,根据其在棉花加工工艺中所起作用大小,又可分为主要加工设备(轧花机、剥绒机、打包机)和辅助加工设备(烘干设备、籽棉量自动控制设备、分离设备、清理设备等)。通用设备是指非棉花加工生产特需的设备,如风机、除尘器、机械输送设备等。

第一节　棉花加工工艺流程

一、美国棉花加工工艺流程

国外的棉花加工工艺流程在工艺环节上与我国没有太大差别,但各个国家也不完全相同,以美国的棉花加工工艺最具代表性。

美国农业生产高度机械化和现代化,轧花厂加工的籽棉全部是机械采摘。其中,75%由水平纺锭式采棉机分次采摘(含杂率 4%～10%),25%由斜摘辊式采棉机一次采摘(含杂率

30%～40%)。所以,美国的棉花加工工艺也分两种。

一种是分次采摘棉花加工工艺:籽棉烘干、籽棉清理、轧花、皮棉清理、集棉和打包等工序。

另一种是一次采摘棉花加工工艺:先用剥壳、提净机清除大量铃壳和断枝后,再进入分次采摘棉花的加工工艺。

从田间机采的籽棉,或由棉模踩压机压成棉模(长×宽×高＝24 ft×10 ft×8 ft,约7 315 mm ×3 048 mm×2 438 mm,重8 000 kg左右),暂存于露天,加工时再由棉模自动装运机送往轧花厂,或由高帮拖车运往轧花厂。

棉模运到轧花厂喂棉车间,被卸在输送带上,在运送的同时由棉模开松机抓下籽棉团到外吸棉管的喂入口;高帮拖车运送籽棉到轧花厂喂棉车间,用带有万向球头可转动、升降的外吸棉管直接从拖车中吸棉。

(一) 美国大陆公司的棉花加工工艺流程

美国大陆公司的棉花加工工艺流程图如图50-1所示。

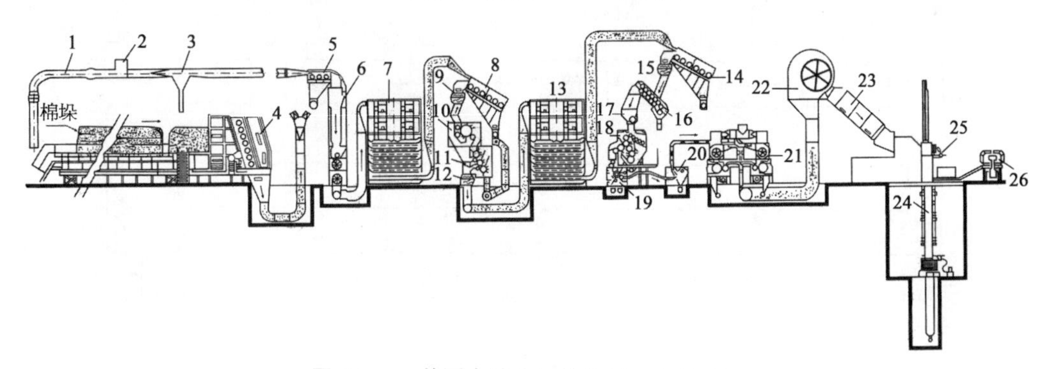

图50-1　美国大陆公司棉花加工工艺流程

1. 外吸棉管;2. 通大气阀;3. 重杂物沉积器;4. 棉模开松机;5. 三辊分离器;6. 籽棉自动控制箱;7. 烘干机;8. 倾斜式刺钉滚筒清花机;9. 闭风阀;10. 锯齿滚筒剥式清花机;11. 锯齿滚筒式清花机;12. 闭风阀;13. 烘干机;14. 倾斜式刺钉滚筒清花机;15. 闭风阀;16. 冲击式清花机;17. 配棉螺旋;18. 提净式清棉喂棉机;19. 锯齿轧花机;20. 气流式皮清机;21. 锯齿滚筒式皮清机;22. 集棉机;23. 皮棉滑道;24. 打包机;25. 自动捆包机;26. 装袋机

(二) 美国拉姆斯公司的棉花加工工艺流程

美国拉姆斯公司的棉花加工工艺流程如图50-2所示。工艺分为7个系统,按工序流

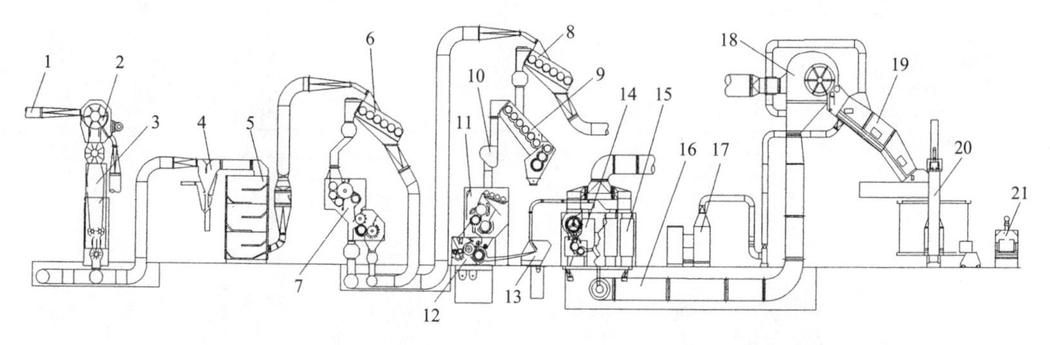

图50-2　美国拉姆斯公司机采棉清理加工工艺流程

1. 吸棉管;2. 定网籽棉分离器;3. 喂入控制箱;4. 青铃沉积器;5. 烘干塔;6. 倾斜六辊籽棉清理机;7. 提净式籽棉清理机;8. 倾斜六辊籽棉清理机;9. 回收式六辊籽棉清理机;10. 配棉绞龙;11. 提净式喂花机;12. 锯齿轧花机;13. 气流式皮棉清理机;14、15. 锯齿式皮棉清理机;16. 集棉管;17. 加湿器;18. 集棉机;19. 皮棉滑道;20. 打包机;21. 棉包输送装置

程为:籽棉喂入系统、一级籽棉烘干清理系统、二级籽棉烘干清理系统、输棉及轧花系统、皮棉清理系统、集棉和加湿系统、打包和棉包输送系统。

配套设备:伸缩吸管籽棉喂入机→转网式籽棉分离器→籽棉喂料控制箱→重杂沉积器→大容量籽棉烘干塔(间隔 27 ft,约 8.2 m)→倾斜六辊籽棉清理机→枝杆及绿叶清除机→标准籽棉烘干塔(间隔 13.5 ft,约 4.1 m)→倾斜六辊籽棉清理机→带回收装置的倾斜六辊籽棉清理机→输棉绞龙及溢流棉处理装置→喂棉机→锯齿轧花机→气流式皮棉清理机→锯齿皮棉清理机→热气发生器(燃气或燃油)→集棉机→附热气流导入装置的皮棉滑道→下压式皮棉打包机→棉包称重及输送装置。

二、中国棉花加工工艺流程

(一) 手采棉

针对我国手采棉,经过多年的探索、总结和改进,形成了适合国情的手摘棉加工工艺。手摘棉加工工艺流程如图 50-3、图 50-4 所示。

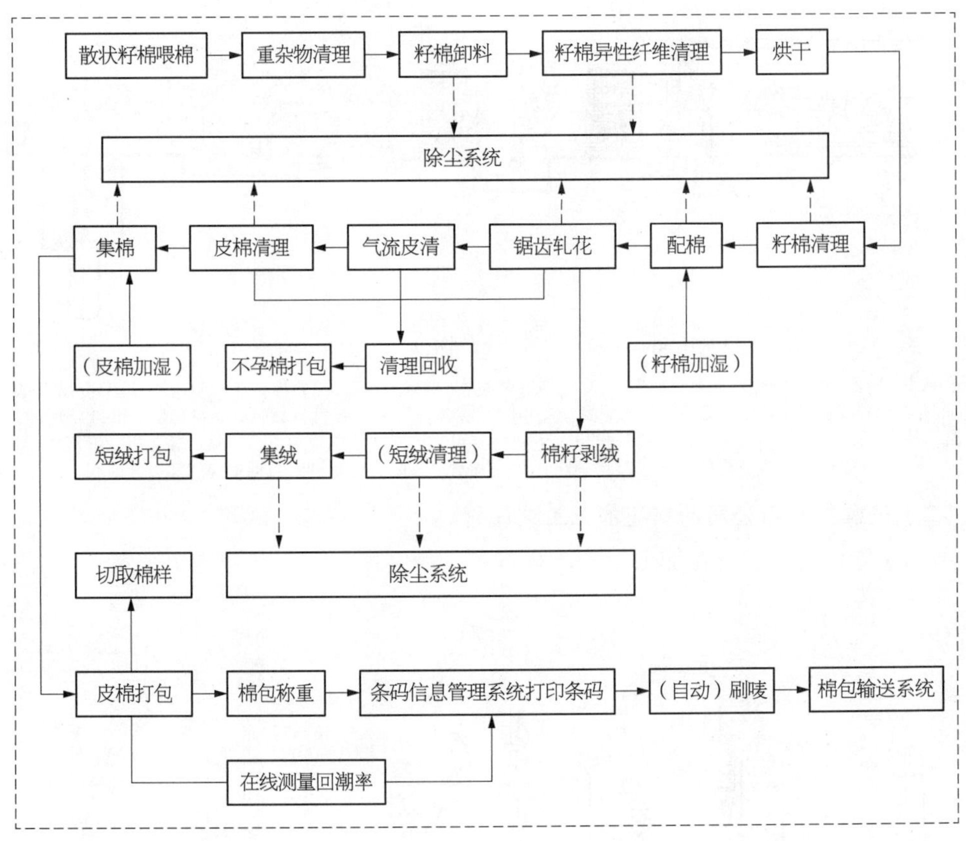

[注]括号中内容为可选项。

图 50-3　手采棉加工工艺流程方框图

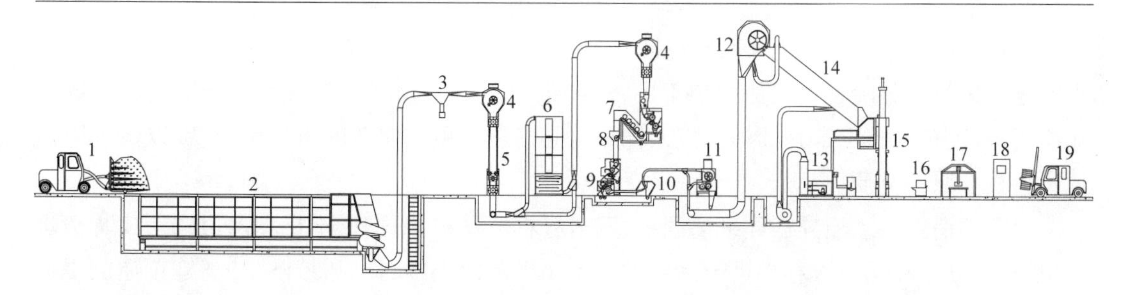

图 50-4　手采棉加工工艺流程

1. 籽棉装运器；2. 散状籽棉喂料机；3. 重杂物清理机；4. 籽棉卸料器；5. 籽棉喂料控制器；6. 籽棉烘干塔；7. 籽棉清理机；8. 配棉绞龙；9. 毛刷式锯齿轧花机；10. 气流式皮棉清理机；11. 锯齿式皮棉清理机；12. 集棉机；13. 皮棉加湿系统；14. 皮棉溜槽；15. 液压打包机；16. 运包车；17. 自动计量及输包系统；18. 数据采集及条码打印系统；19. 夹包车

籽棉由散装籽棉喂料机和籽棉输送系统经重杂物清理机送入籽棉卸料器，卸料器将籽棉与气流分离，落入棉花异性杂质清理机。籽棉进入"软特杂"清理部后，喂棉辊将棉花均匀的喂入，经过高速旋转的"软特杂"辊时籽棉被充分地进行开松打散，较大较长的异性物如绳索、毛发、编织袋丝、大片地膜等缠绕在旋转的辊上。此"软特杂"清理部含有 3 个缠绕辊，转速递增，使籽棉充分地开松同时能更加有效地缠绕籽棉中含有的异性纤维。经过充分开松，被除去大部分异性纤维的棉花从软特杂清理部出来，落入杂质分离部时受到斜向上交叉气流的作用，同时还有整个风力应用系统中的尘笼引风和沙克龙除尘的作用，由于棉花和各种杂质的物理特性不同，受风力作用的影响也不同，棉花与各种异性纤维和杂质在此处被分离开来。清理后的棉花通过中间的溜棉板由阻风阀送入下一道加工工序；较重的杂质如棉秆、不孕籽、棉叶等落入下方的排杂区域排出机外；较轻的尘土、粉末等被吹入沙克龙，毛发、地膜碎片、麻丝等异性纤维则被吸附在尘笼表面的筛网上，由剥辊刷入盛杂箱中，从而实现了对各种异性纤维和杂质的有效清理。

从棉花异性杂质清理机出来的籽棉，经过车间内籽棉输送及烘干系统风机作用，与热风炉所提供的干热空气在烘干塔内充分混合后，送入籽棉清理机上的籽棉卸料器，卸料器将籽棉与热气流分离，热气流将多余水分带走，籽棉落入籽棉清理机，经籽棉清理机清理和排僵(籽棉清理机采用了清僵换向机构，根据籽棉不同等级可方便地改变清僵与不清僵路线)后的籽棉落入锯齿轧花机上的储棉箱，籽棉经锯齿轧花机的自动喂棉装置进入轧花机进行轧花。轧出的皮棉由皮棉清理输送系统经气流式皮棉清理机进入皮棉清理机做进一步清理，加大排杂，改善皮棉外观形态，提高皮棉质量。清理后的皮棉再由集棉系统进入集棉机(当籽棉等级较高时，轧出的皮棉可不经机械皮棉清理机清理，而是在气流式皮棉清理机清理之后通过皮棉旁路进入集棉机)，进入集棉机的皮棉与气流分离后经溜棉槽进入打包机打成棉包。棉包在输送系统中经过计量、称重、打印条码、刷唛等工序后，由夹包车送入棉包仓库或露天货场。

轧花机和皮棉清理机排出的不孕籽，则由不孕籽输送系统分别送入不孕籽提净机提出不孕籽棉，提出的不孕籽棉分别送入打包机打成包。轧花机排出的棉籽由棉籽绞龙输送至棉籽仓库或剥绒系统。所有输送系统的含尘空气经过沙克龙除尘净化，然后再将干净空气排放到大气中。

(二) 机采棉

与手摘(采)棉相比，机采棉的水分与杂质含量高，地膜等异性纤维含量多。一般机采棉含杂率在8%～15%之间，最高27%；回潮率一般在12%左右，这都给籽棉的清理及加工带来困难。因机采棉除杂需增加清杂工序，对纤维长度、强度和整齐度指数等产生损害，导致品质下降(见第三十七章)。因此，机采棉加工必须使用更加完备的工艺和设备，以最大限度地保持棉花原有品质。

机采棉清杂工艺由异性纤维清理机、四道籽棉清理机、两道烘干机和两道锯齿皮棉清理机组成。其中，在第一次籽棉烘干之后增加了用于清除棉铃、铃壳、枝条、叶屑等杂质的提净式籽棉清理机，并在第一、第二次籽棉烘干之后均采用了兼有籽棉分离作用的倾斜式籽棉清理机。对加工后的皮棉，也增加了皮棉清理次数，采用一次气流式皮棉清理和二次锯筒式皮棉清理。

机采棉轧花典型工艺流程：喂棉机⟶重杂物清理机⟶籽棉分离器⟶自动喂料控制箱⟶一级烘干⟶清铃机⟶回收式(提净式)籽棉清理机⟶二级烘干⟶倾斜式籽棉清理机⟶回收式(提净式)籽棉清理机⟶配棉绞龙⟶轧花机⟶气流皮棉清理机⟶一级锯齿式皮棉清理机⟶二级锯齿式皮棉清理机⟶集棉机⟶打包机。

机采棉加工工艺流程方框图如图50-5、图50-6所示。

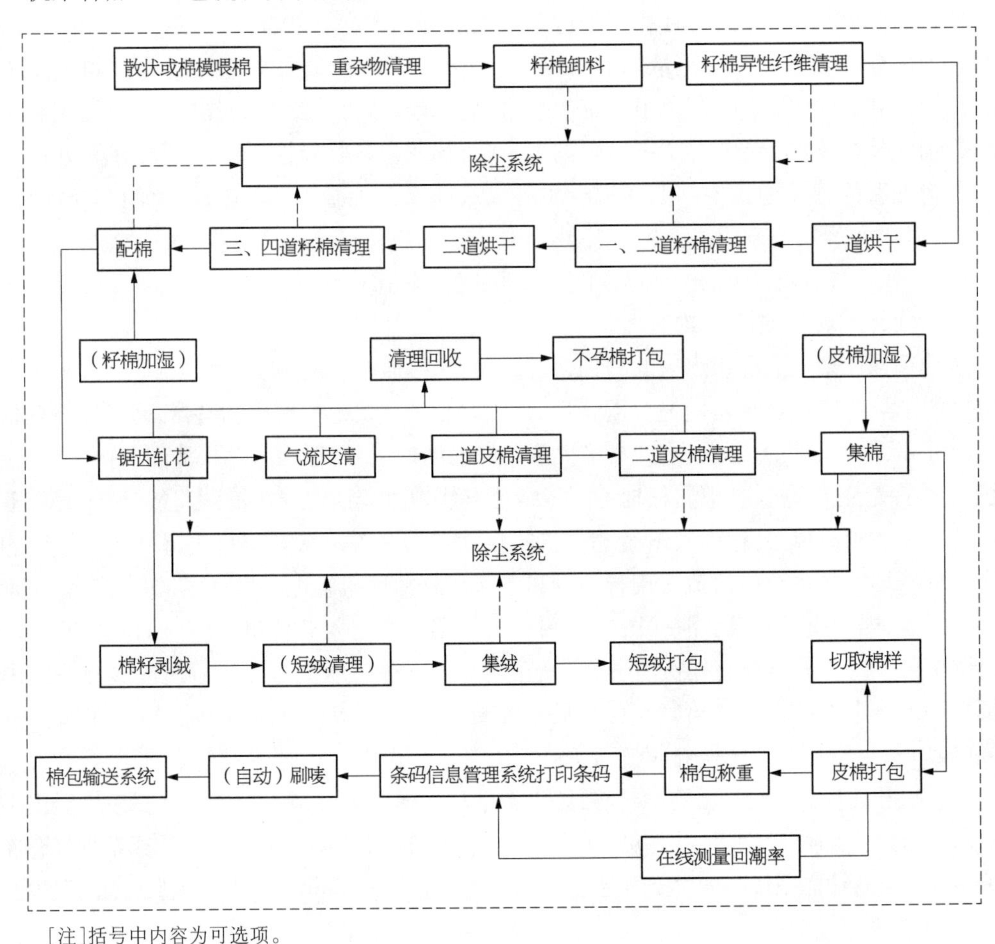

[注]括号中内容为可选项。

图50-5　机采棉加工工艺流程方框图

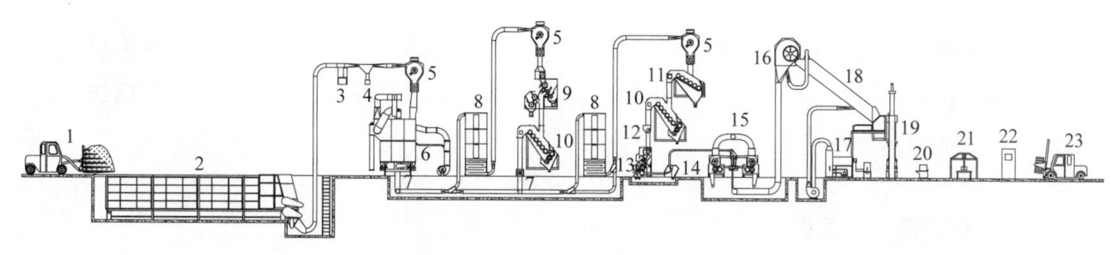

图 50-6 机采棉加工工艺流程

1. 籽棉装运器;2. 散状籽棉喂料机;3. 调风阀门;4. 重杂物清理机;5. 籽棉卸料器;6. 棉花异性纤维清理机;7. 热空气进口;8. 籽棉烘干塔;9. 籽棉清铃机;10. 回收式籽棉清理机;11. 倾斜式籽棉清理机;12. 配棉绞龙;13. 毛刷式锯齿轧花机;14. 气流式皮棉清理机;15. 锯齿式皮棉清理机;16. 集棉机;17. 皮棉加湿系统;18. 皮棉溜槽;19. 液压打包机;20. 运包车;21. 自动计量及输包系统;22. 数据采集及条码打印系统;23. 夹包车

籽棉由散装籽棉喂料机(或棉模喂棉)和籽棉输送系统经重杂物清理机送入籽棉卸料器,卸料器将籽棉与气流分离,落入棉花异性杂质清理机。籽棉进入"软特杂"清理机构后,喂棉辊将棉花均匀地喂入,经过高速旋转的"软特杂"辊时籽棉被充分开松打散,较大较长的异性物质如绳索、毛发、编织袋丝、大片地膜等缠绕在旋转的辊上。此"软特杂"清理部含有3个缠绕辊,转速递增,使籽棉充分地开松同时能更加有效地缠绕籽棉中含有的异性纤维。经过充分开松,被除去大部分异性纤维的棉花从"软特杂"清理部出来,落入杂质分离部时受到斜向上交叉气流的作用,同时还有整个风力应用系统中的尘笼引风和沙克龙除尘的作用,由于棉花和各种杂质的物理特性的不同,受风力作用的影响也不同,棉花与各种异性纤维和杂质在此处被彻底分离开来。清理后的棉花通过中间的溜棉板由阻风阀送入下一道加工工序;较重的杂质如棉秆、不孕籽、棉叶等落入下方的排杂区域排出机外;较轻的尘土、粉末等被吹入沙克龙,毛发、地膜碎片、麻丝等异性纤维则被吸附在尘笼表面的筛网上,由剥辊刷入盛杂箱中,从而实现了对各种异性纤维和杂质的有效清理。

棉花异性杂质清理机出来的籽棉,经过车间内籽棉输送系统进入第一级烘干系统,籽棉与热风炉所提供的干热空气在烘干塔内充分混合干燥后,送入清铃机上的籽棉卸料器,卸料器将籽棉与热气流分离,热气流将多余水分带走,籽棉落入清铃机。清铃机集开松、提净、回收及二次提净回收等多种功能于一体,可有效地清除籽棉中的棉铃、棉壳、棉秆、僵瓣棉、硬杂及尘杂等杂质,并在机器内部设有旁通通道,可根据籽棉实际情况,方便地选择籽棉是否经过该机清理,和经过时是一次清理还是两次清理。清铃机后的籽棉落入回收式籽棉清理机,清除部分杂质后籽棉经过车间内输送系统进入第二级烘干系统。籽棉在二级烘干塔内充分干燥后,经卸料器与热气流分离,落入倾斜式籽棉清理机和回收式籽棉清理机,大部分杂质被清除,籽棉得到充分地清理和开松。

经过两级烘干和清理后的籽棉落入锯齿轧花机上的储棉箱,籽棉经锯齿轧花机的自动喂棉装置进入轧花机进行轧花。轧出的皮棉由皮棉清理输送系统经气流式皮棉清理机进入皮棉清理机做进一步的清理,加大排杂,改善皮棉外观形态,提高皮棉质量;清理后的皮棉再由集棉系统进入集棉机(当籽棉等级较高时,轧出的皮棉可不经机械皮棉清理机清理,而是在气流皮清之后通过皮棉旁路进入集棉机),进入集棉机的皮棉与气流分离后经溜棉槽进入打包机打成棉包。棉包在输送系统中,在经过计量、称重、打印条码、刷唛等工序后,由夹包车送入棉包仓库或露天货场。

轧花机和皮棉清理机排出的不孕籽，由不孕籽输送系统分别送入不孕籽提净机提出不孕籽棉，提出的不孕籽棉分别送入打包机打成包。轧花机排出的棉籽由棉籽绞龙输送送入棉籽仓库或剥绒系统。所有输送系统含尘空气经过沙克龙除尘净化后，再将干净空气排放到大气中。

（三）皮辊棉加工工艺

皮辊棉加工工艺与设备，主要用于加工中长绒棉，最大限度地减少设备对棉花纤维的损伤，保证加工质量。皮辊棉加工工艺流程如图 50－7、图 50－8 所示。

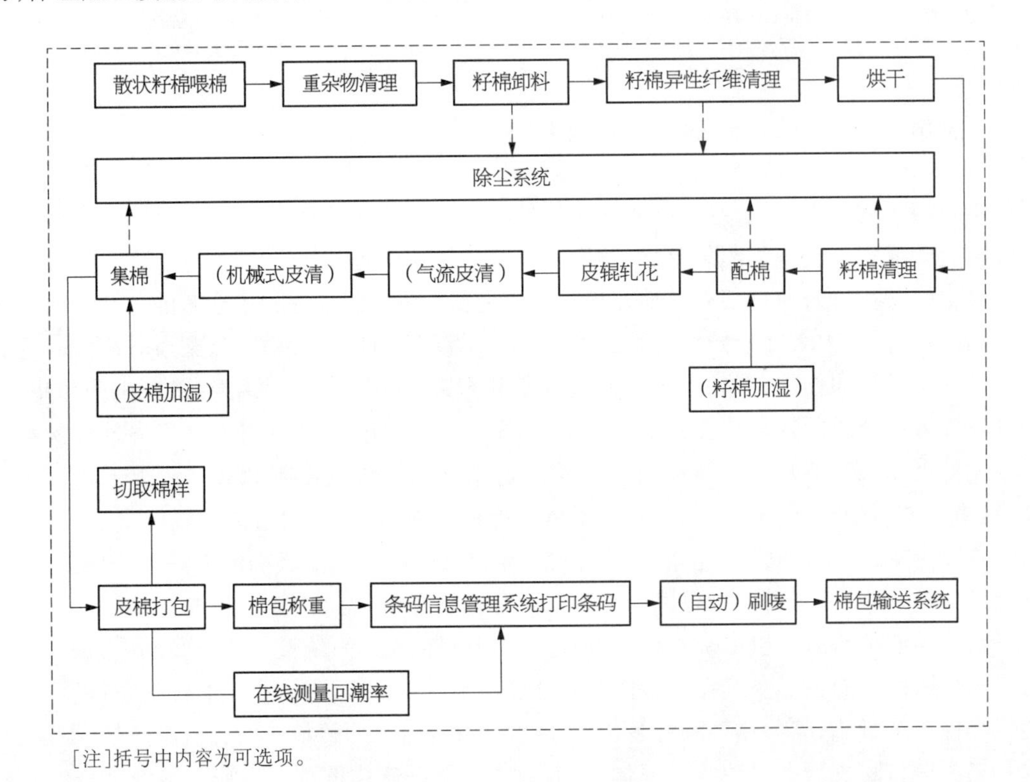

［注］括号中内容为可选项。

图 50－7　皮辊棉加工工艺流程方框图

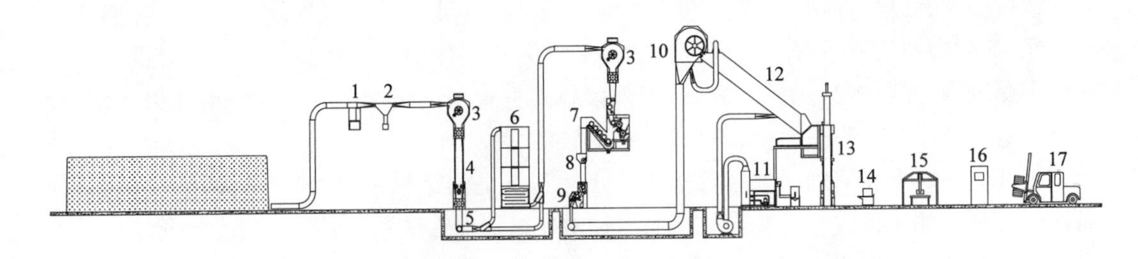

图 50－8　皮辊棉加工工艺流程

1. 调风阀门；2. 重杂物清理机；3. 籽棉卸料器；4. 籽棉喂料控制器；5. 热空气进口；6. 籽棉烘干塔；7. 籽棉清理机；8. 配棉绞龙；9. 皮辊轧花机；10. 集棉机；11. 皮棉加湿系统；12. 皮棉溜槽；13. 液压打包机；14. 运包车；15. 自动计量及输包系统；16. 数据采集及条码打印系统；17. 夹包车

籽棉由籽棉输送系统经重杂物清理机送入籽棉卸料器，卸料器将籽棉与气流分离，籽棉进入喂料控制器，经过均匀喂料后与热风汇合进入烘干机，干燥后的籽棉落入籽棉清理机，经籽棉清理机清理和排僵(籽棉清理机采用了清理僵瓣的换向机构，根据籽棉不同品级可方便地改变清僵与不清僵路线)后的籽棉由车间内籽棉输送系统送入籽棉卸料器，卸料器将籽棉与气流分离，分离后的籽棉经配棉系统落入皮辊轧花机进行轧花，多余的籽棉落入溢流箱，溢流箱排出的籽棉经溢流棉输送系统送入籽棉卸料器，卸料器将籽棉与气流分离，分离后的籽棉落入配棉系统，实现循环配棉。皮辊轧花机轧出的皮棉由集棉系统进入集棉机，进入集棉机的皮棉与气流分离后经溜棉槽进入打包机打成包。轧花机和籽棉清理机排出的杂质，由杂质绞龙输送和吸杂系统送入沙克龙集中处理。轧花机排出的棉籽由棉籽绞龙输送系统送入棉籽仓库或剥绒车间。所有输送系统含尘空气经过沙克龙除尘净化，再将干净空气排放到大气中。

第二节　籽 棉 预 处 理

一、籽棉预处理工艺要求

籽棉预处理是指对籽棉进行干燥(或加湿)和清理的过程。籽棉预处理的基本工艺要求是:第一，控制籽棉回潮率，使之适合加工要求；第二，充分松解籽棉，但不损伤纤维及棉籽；第三，最大限度地清除杂质，特别是危害较大的特殊杂质，同时尽量减少籽棉的损耗；第四，保证后道工序对籽棉量的需求。

二、籽棉预处理工艺流程

籽棉预处理工艺流程如图 50－9 所示。

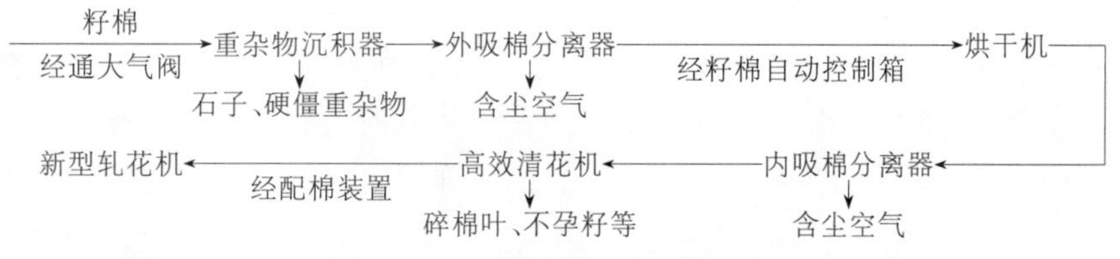

图 50－9　籽棉预处理工艺流程

其中，货场吸棉的自动控制，通过通大气阀或电动截风阀门的自动启、闭来实现。重杂物沉积器可根据排杂、落棉的情况进行调整，以达到最少的落棉、最大限度地清除重杂物。含水较高的籽棉可以选择烘干工艺路线进行处理，以使籽棉的回潮率控制在适宜的范围。高效清花机能充分开松籽棉，并清除籽棉中的碎棉叶、不孕籽、僵瓣等。

针对机采棉的清理，增加了清铃和清异性纤维等清理道次，每个清理机都设有旁路可以根据籽棉的实际情况很方便地选择加工工艺路线，既可加工机采棉也可加工手摘棉。

三、籽 棉 清 理

籽棉清理是指利用各种清理设备清除籽棉中所含杂质工序的总称。

(一) 籽棉清理的作用及方法

籽棉清理可以起到减少机械磨损、提高皮棉质量、减少落棉损失、改变籽棉组成成分比例和避免火灾事故发生的作用。

籽棉清理的方法主要有气流法和机械作用法两种:气流法是利用籽棉与杂质在颗粒大小、质量及空气动力学性质(主要是悬浮速度)上的差别,借助于气流式清理设备——重杂物沉积器将密度大于籽棉的杂质从籽棉中分离出去;机械作用法是利用籽棉与杂质颗粒大小、表面状态、密度、弹性、硬度等差别,借助于刺钉滚筒或锯齿滚筒与有关工作部件的配合,将密度大于或小于籽棉的杂质从籽棉中分离出去。

(二) 籽棉清理设备

1. 籽棉分离器　籽棉分离器也称籽棉卸料器。其主要作用是将籽棉与运送籽棉的载体——气流进行分离,以便籽棉进入下一道工序处理。它也能有效地清除籽棉中的轻小杂质,如尘土、棉叶等。籽棉分离器的结构形式主要有:重力式籽棉分离器(也称弯流向籽棉分离器、反向定网式籽棉分离器)、离心式籽棉分离器(也称转网式籽棉分离器)和三辊分离器等。

2. 重杂物沉积器　也称重杂物分离器、重杂物清理机。它对于大粒的重杂物具有较好清除效果,但难于清除细小的轻杂质。重杂物沉积器有的与水平管组合,有的与弯管组合。主要类型有:叉管式重杂物沉积器、圆锥形重杂物沉积器、圆筒形重杂物沉积器和漏斗型重杂物沉积器等。

3. 刺钉滚筒式籽棉清理机　简称刺钉式清花机。主要工作部件是刺钉滚筒和除杂筛网,适用于打松籽棉,清除籽棉中的轻小杂质,如砂土、叶屑、不孕籽、小棉秆(枝)、小僵瓣等。刺钉式清花机的工作原理是利用筛分作用实现杂质与籽棉的分离。刺钉滚筒把籽棉打松,并将籽棉送到除杂筛网表面。籽棉在除杂筛网表面滚动并与网面发生摩擦,部分截面面积小或粒径小的杂质可穿过筛网孔脱离籽棉。

4. 锯齿滚筒式籽棉清理机　简称锯齿式清花机,既可以清除籽棉中的大颗粒杂物,如铃壳、僵瓣,也可以清除籽棉中的小颗粒杂物,如棉叶、不孕籽;还能起到松棉的作用。

5. 清铃机　是为适用机采棉和手工快采棉的清理而研制的大型籽棉清理设备,可有效地清除籽棉中的棉铃、棉壳、棉秆、僵瓣棉、硬杂及尘杂等杂质。该机集开松、提净、回收及两次提净回收等多种功能于一体,并在机器内部设有旁通通道,可根据籽棉实际情况,方便地选择籽棉是否经过该机清理,以及经过时是一次清理还是两次清理。

6. 异性纤维清理机　该机主要用于清理籽棉在采摘、摊晒、贮存、运输过程中混入的各种异性纤维杂质,如编织袋丝、人畜毛发、家禽羽毛、地膜片等。主要特点是缠绕部的多根缠绕辊成“S”形曲线排列,再加上弧形缠绕托板的包覆作用,增强了缠绕清理的效果,实际应用中,用户可根据籽棉含杂情况自由选择缠绕辊的道数。该机抛射部采用叶片式抛射辊,不会损伤籽棉,抛射时籽棉与异性纤维即可产生初步分离;气流清理部分尘笼采用两侧吸风,风力分配均匀,尘笼两端的风门可自由调整吸风气流的大小。同时,尘笼内含有闭风胆,使杂质能够完全被剥杂辊剥落并由排杂绞龙排出,不会出现回杂现象;分离室内封闭,利用淌棉板的网孔补充气流,使分离室内的空气流动均匀一致,又可排除细小重杂。

四、籽棉烘干与加湿

（一）籽棉回潮率与籽棉加工质量的关系

棉花具有吸湿性，在籽棉的加工生产中，其回潮率的高低，对整个加工环节都会产生影响。

1. 籽棉回潮率过高的影响

（1）纤维的基部与棉籽的联结力增大，而棉籽的表皮变得柔软。当纤维与棉籽分离时，易撕下种皮，产生带纤维籽屑。

（2）杂质与纤维的黏附性增加，杂质难以清除。

（3）纤维的弹性和刚性降低，经不起较大的打击和摩擦，易产生棉结和索丝等疵点。

（4）棉籽毛头率增大，衣分损失高。

（5）轧花机生产效率有所降低。

（6）锯齿机加工时，增加刷棉工作困难，还易引起肋条阻塞，影响棉卷运转，不利于安全生产。

2. 籽棉回潮率过低的影响

（1）纤维强度降低，加工过程中易拉断纤维。

（2）棉籽表面脆性增大，易损伤破裂。

（3）纤维弹性和刚性显著增大，给打包带来困难。

（4）易产生静电现象，不利于安全生产。

（二）籽棉烘干原理

籽棉烘干是利用棉纤维的放湿性能和空气容纳水分的性能，以空气为介质，先对空气进行加热，使热空气与籽棉相混合，在热空气与棉纤维之间形成温度差、湿度差和压强差，迫使纤维中的吸附水分子逐渐向外移，为热空气所吸收，达到烘干籽棉的目的。

（三）籽棉烘干系统

1. 籽棉烘干系统的构成　籽棉烘干系统是由空气加热系统（或供热装置）、烘干机及烘干输送系统组成。烘干输送系统主要由供料器、输棉管、内吸棉分离器、回风管、通风机（包括送热风机）、除尘器等组成。

2. 籽棉烘干的工艺过程　籽棉由外吸棉气力输送装置输送，进入籽棉自动控制箱，并由供料器（闭风阀）均匀地喂入籽棉自动控制箱下部的热风管内。由空气加热系统送来的热空气在此与籽棉混合，并将籽棉送入烘干机。在烘干机内，籽棉与热空气产生热交换，籽棉中的水分蒸发、由热空气吸收。籽棉随热空气离开烘干机后，被送入内吸棉分离器。内吸棉分离器将热空气与籽棉分离，干燥的籽棉即可进入下一工序处理，而湿热空气经除尘处理后，排入大气。

（四）提高烘干效果应重点注意的问题

（1）烘干设备的生产率与轧花机的生产率相匹配。

（2）籽棉水分过高，可适当提高热空气温度或降低籽棉处理量。

（3）在可能的条件下，烘干机、热空气管道考虑隔热。

(4) 燃烧器或热交换器与烘干机之间的距离不能太远。

(5) 保证进入热空气管道的籽棉是松散、均匀的。

(五) 籽棉加湿的原理与方法

籽棉加湿的原理是先对水进行高压雾化,再使其汽化形成高湿空气,根据棉纤维具有天然亲水性能,使干燥的棉纤维与湿热空气接触而吸湿,使籽棉达到适宜轧花的回潮率。

籽棉加湿的方法有两种:一是利用自然条件加湿,即雾天或夜间将籽棉散开平铺,定期翻动,使其吸收空气中的湿气,或人工喷雾进行加湿;二是采用专门的设备对籽棉进行加湿,籽棉加湿分为冷加湿和热加湿。冷加湿即常温下产生的冷蒸汽进行加湿。冷加湿的风源可利用烘干塔排出的余风。湿冷空气可以采用降温使空气中水分凝结,也可以采用超声波加湿器产生的冷蒸汽。工艺应为最后一道清花机清出的籽棉,因为这时籽棉为单粒籽棉且充分蓬松,有利于湿冷空气进入。热加湿是高温下产生的湿热蒸汽进行加湿。热加湿采用高温高湿气体加湿。因为随温度升高空气中存储的水分增加,所以空气温度越高湿度会越大。当湿热的空气进入蓬松的籽棉后,与籽棉充分接触混合。等籽棉进入轧花机时,冷却放出的水分能充分进入籽棉纤维当中,达到籽棉加湿的效果。值得注意的是,对籽棉加湿,不能以液态水的形式进行,否则可能导致棉花变色等不良后果。

五、配 棉 装 置

配棉的目的就是要把足量的籽棉连续、均匀地分配给生产线上的轧花机,以保证轧花机的连续生产和皮棉轧工质量的一致性。我国棉花加工工艺采用的配棉形式主要有负压配棉、正压配棉和螺旋配棉三种。

(一) 负压配棉(三管配棉)

负压配棉是利用负压抽吸作用将籽棉输送到轧花机上部的配棉箱内。负压配棉中,以三管配棉最为普遍。三管配棉装置主要由籽棉管、三管配棉箱、回风管、配棉风机、除尘器、阻子活门、节气活门及节气活门换向机构等组成。

三管配棉的工作过程是:当第一组的节气活门换向开启时,第二组的节气活门即换向关闭。此时,第一组的配棉箱内形成负压,阻子活门开启,籽棉经籽棉管、阻子活门进入配棉箱内,含尘空气经回风管、节气活门、风机,送往除尘器净化处理;第二组的配棉箱负压消失,阻子活门关闭,配棉箱内的籽棉供给轧花机加工。经过预定的开启时间后,第一组的节气活门换向关闭,第二组的节气活门即换向开启。此时,第一组的配棉箱内负压消失,阻子活门关闭,配棉箱内的籽棉供给轧花机加工;第二组的配棉箱内形成负压,阻子活门开启,籽棉经籽棉管、阻子活门进入配棉箱内,含尘空气经回风管、节气活门、风机,送往除尘器净化处理。节气活门的启闭周期,也称配棉周期。为保证轧花机的连续生产,每组节气活门开启配棉时,从籽棉管吸入到配棉箱内存储的籽棉量应满足轧花机加工一个配棉周期籽棉量的需要。如果节气活门换向周期太大,则籽棉储量增加,配棉箱的高度就必须增加,不稳定因素增加;若节气活门换向周期太小,则节气阀门关闭、开启的频率过高,帆布套的吸合频率也增加,易损坏设备。

三管配棉装置的优点是:籽棉吸入量超过限度时,能自动停止吸花,不存在溢棉问题;对籽棉清理机的安装没有特殊要求。缺点是:配棉箱漏风率大、能耗大(配棉风机),帆布套、节气门易损坏,配棉管道布置较为复杂。

(二) 正压配棉

正压配棉是利用正压气流将籽棉吹送到轧花机上部的配棉箱内。正压配棉装置主要由配棉风机、配棉管、溢流籽棉卸料器、籽棉管、回风管等组成。

正压配棉的工作过程是:籽棉由内储棉箱的闭风阀喂入籽棉管,由配棉风机的正压吹送到配棉箱上部落料仓内。在落料仓内,由于过流断面的扩大,气流速度迅速下降。大部分籽棉不能被气流悬浮带走,在重力作用下坠落于配棉箱内。只有少量的籽棉随气流穿过落料仓,进入回风管,再由溢流籽棉卸料器卸入内储棉箱。空气经溢流籽棉卸料器的回风管进入配棉风机进行循环。

正压配棉的优点是:配棉管道的布置较为简单,对籽棉清理机的安装没有特殊要求,配棉能耗较小。缺点是:管道往往密封不好,造成循环空气污染环境;配棉不均匀,噪音增加。

(三) 螺旋配棉

螺旋配棉(也称绞龙配棉)是利用螺旋在螺旋槽内旋转,将籽棉输送到轧花机配棉箱内。螺旋配棉装置由配棉螺旋、溢流棉仓及溢流棉输送装置组成。

螺旋配棉的工作过程是:经过籽棉清理机清理后的籽棉依靠重力作用落入配棉螺旋内,再由配棉螺旋送往配棉箱。当籽棉被送到第一台轧花机配棉箱上方的出料口时,一部分籽棉坠落到配棉箱内,其余籽棉继续向前输送。当被输送到第二台轧花机配棉箱上方的出料口时,又有一部分籽棉坠落到配棉箱内,最后剩下的籽棉被输送到溢流棉仓内。

螺旋配棉装置的优点是:能耗较低、配棉均匀。缺点是:清花机需高空安装;为解决溢棉问题,螺旋配棉装置结构较复杂。

第三节　锯 齿 轧 花

一、锯齿轧花工艺要求

轧花是指棉籽上的长纤维分离下来,形成皮棉,并保留棉籽上短绒的加工过程。轧花工序除满足轧下长纤维,保留短绒这一基本要求外,工艺上还要求达到以下几点。

(1) 轧下的长纤维应保持原有天然物理性能(长度、整齐度、色泽等)。

(2) 尽可能排除籽棉、长纤维中的原有杂质(包括天然杂质和外附杂质),如砂土、碎棉叶、不孕籽、僵瓣等。

(3) 加工过程中尽可能减少新生杂质和疵点,如破籽、棉结、索丝等。

(4) 排除杂质过程中争取达到最小的落棉损失,并做好下脚料的清理回收工作,以减少衣分损失。

(5) 力求轧后的棉籽符合毛头率标准。加工过程中,尽可能不损伤棉籽。

实现以上目标的必要条件是长纤维在棉籽上的生着力大大低于纤维本身的断裂强力。而这恰恰符合籽棉本身的物理性状。不同品种的籽棉,依其成熟度、等级的不同,长纤维的断裂强力是不同的。一般地,单根纤维断裂强力在 3～6 g 范围,在棉籽上的生着力是其本身断裂强力的40%～60%。成束纤维的断裂强力是其在棉籽上生着力的12～15倍。棉纤维这一力学性质,决定了现有的轧花方式,即长纤维以原有长度与棉籽分离的必要条件。

增加机械作用是长纤维与棉籽分离的外部条件,使纤维与棉籽同时受到外力作用,且这些外力作用在棉籽表皮、纤维基部的合力应大于长纤维在棉籽表皮上的生着力。

依靠外力作用使长纤维与棉籽分离有三种方法:一是棉籽被阻挡的同时,长纤维受到外力的牵引(皮辊轧花、锯齿轧花);二是棉籽与长纤维同时受到外力作用而运动,由于外力的大小、方向及纤维、棉籽的质量不同,两者之间产生速度差,使长纤维与棉籽形成相对运动(锯齿轧花);三是长纤维受到外力牵引的同时,棉籽在另一方向上受到冲击(皮辊轧花)。

二、锯齿轧花工艺过程

目前,国内的棉花加工处于手摘棉与机采棉工艺并存时期。手摘棉工艺中普遍采用一道皮棉清理,而机采棉工艺中则必须有一道皮棉清理,大部分均设置了二道皮棉清理,故锯齿轧花工艺过程有如下两种情况。

(一) 手摘棉的轧花工艺过程

轧花机轧下的皮棉,由气流输送经过气流皮清机,在其内通过离心力作用排出部分重、大的不孕籽,进入到皮清机。在此与含尘空气分离之后,通过罗拉给棉进入皮清机清理部。齿条钩拉纤维后纤维与排杂刀撞击进行排杂及梳理棉纤维。再由气流输送到总集棉,在此与含尘空气分离之后被送往打包机进行打包。轧花机排出的棉籽是采用绞龙输送或气力输送方式送往剥绒车间。轧花机排出的上下排杂(含不孕籽等有效纤维)、气流皮清机及皮清机清理出的不孕籽、落棉等也是采用气力输送或绞龙输送方式送往回收车间清理回收,如图50-10所示。

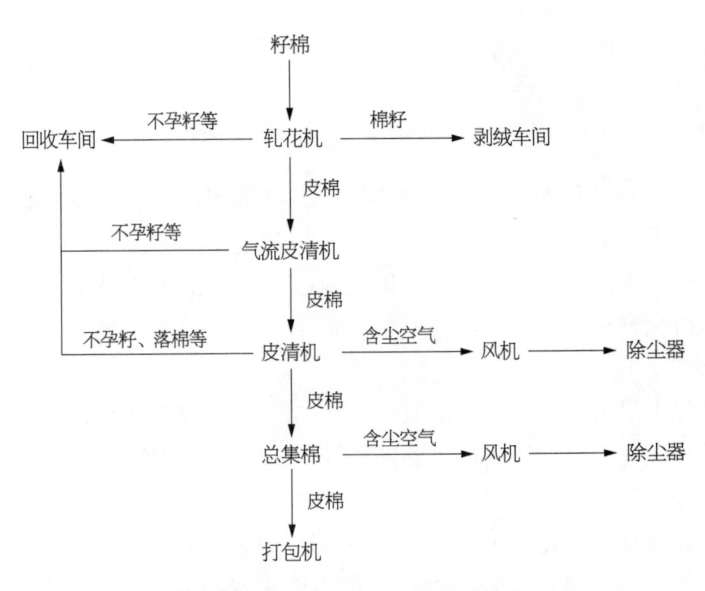

图50-10　手摘棉的轧花工艺过程

(二) 机采棉的轧花工艺过程

一般机采棉工艺设置了两台皮清机串联工作,两台皮清机之间的皮棉通道内可设置五通阀或两个四通阀形成旁路机构,以便对经过一道皮棉清理或两道皮棉清理做出选择。与手摘棉相比增加一道皮棉清理环节,除需增加皮清机、一套气力输送装置外,还要增加运行费用、衣分损失。机采棉的轧花工艺过程如图 50-11 所示。

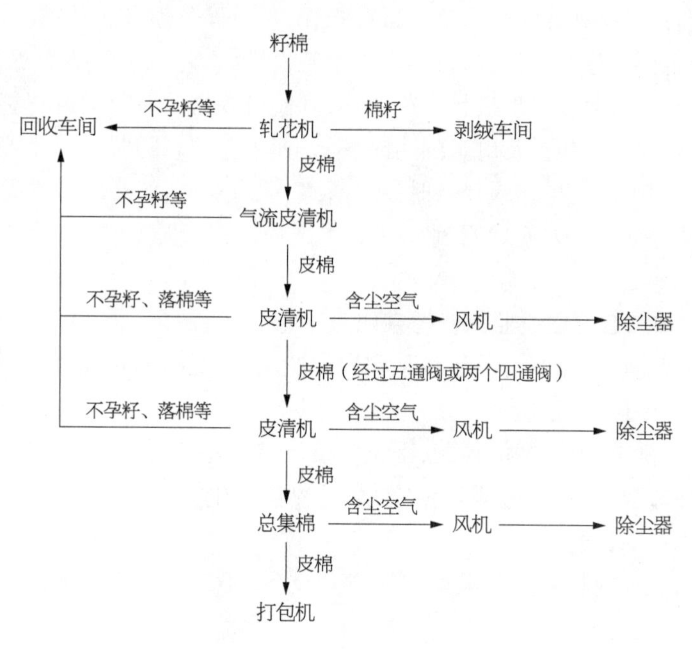

图 50-11　机采棉的轧花工艺过程

三、锯齿轧花典型工艺

目前,我国最具典型性和代表性工艺系统是邯郸金狮棉机有限公司研发的“棉花加工成套设备计算机管控系统”“机采棉加工智能在线监测管控系统”和山东天鹅棉业机械股份有限公司研发的“Uster 在线检测、智能控制、信息化管理系统”。

(一) 棉花加工成套设备计算机管控系统

该系统智能控制部分——“棉花加工过程数字化监测系统”,是国家“十一五”科技支撑计划重点项目“棉花加工产业升级关键技术研究与开发”课题的研究成果。

棉花加工成套设备计算机管控系统实现了以下四个目标:一是关键设备运行状态和关键工艺参数“透明化”,二是故障排查“高效化”,三是操作人员“安全化”,四是数据传输“网络化”。

该计算机控制系统是由监控级操作站(工控机、触摸屏)及现场 PLC 通过网络连接而成。

该系统以先进的计算机人机界面替代了以往的操作按钮,可根据籽棉的品级、回潮率和含杂率自动生成最佳加工工艺方案,并具有故障报警分析和远程故障诊断功能,通过智能控制,真正实现人机对话。该系统在技术性能指标和智能化控制方面都代表着国内棉机制造及工艺系统的最高水平。

轧花车间工艺以动画直观地显示在电脑上:依据工艺需求设置互锁关系,一钮起动、一钮停车避免人为误操作,提高设备生产率;轴承温度检测模块检测关键设备高速运转轴的轴承温度,防止关键轴的损坏造成故障的扩大;转速检测模块是检测关键设备运转轴的转速,判断设备运行状态,提前进行安全防范及自动报警,减少设备停车次数;在线火星探测装置,实时准确发现并定位火星产生位置,自动声光报警,根据工艺要求自动切断给棉通道的相关设备;料位检测装置,与散装籽棉喂料形成闭环控制,可以自动调节散装籽棉喂料频率;风机变频器控制,可节能降耗;包重及电量的实时统计,便于管理者随时了解生产情况;故障报警及故障统计功能,便于现场操作人员及时发现故障,采取措施,防止故障蔓延;强大的网络功能,便于管理者从互联网上方便地看到车间的生产情况;打印班次报表功能,则极大方便了生产管理。

(二) 机采棉加工智能在线监测管控系统

机采棉加工智能在线监测管控系统是实现因花配车、提高棉花加工质量,减少用工和提高生产效率的重要手段,也是机采棉加工工艺的发展趋势。其特点是在已有的棉花加工自动化控制系统的基础上,增设智能控制,围绕"监、测、管、控"等关键技术,实现棉花加工全方位视频监管,全环节数据采集、检测与传输,全过程信息化管理,全系统智能化管控,达到提质、节能、减员、增效的目的。

"监"即监控,通过视频监控器采集车间重点设备、关键加工区域视频,实现全方位视频监管,替代人工巡检。

"测"即检测,通过智能仪表、传感器等,实现对主要设备关键部位的轴温、电流、转速、电压、频率、功耗、料位、火星、风压、包重等参数的在线检测、显示并预警,提高设备安全运转率。通过棉花色泽检测、回潮率检测、轧工质量检测,实现棉花品质管理,为智能管控提供数据和依据。

"管"即管理,检测数据及视频图像通过互联网实现实时共享;远程诊断功能使工程师可以远程修改程序并排除故障;大功率电机变频控制,可实现节能;故障、能耗、产能统计报表使管理快捷、信息准确。

"控"即智能化控制,通过 PLC 对智能仪表、传感器、回潮率检测仪、皮棉颜色级快速检测仪、皮棉轧工质量检测仪所采集的数据进行分析、处理、反馈,自动调整热风温度,自动调整轧花机、籽清机、皮清机、自动喂料机运行速度,通过旁路系统调整工艺配置,形成棉花加工生产线在线智能管控系统,保证最佳加工质量。

(三) Uster 在线检测、智能控制、信息化管理系统

山东天鹅棉业机械股份有限公司从最早引进消化吸收以 MY121 轧花机为代表的轧花工艺及成套设备,在新疆生产建设兵团建立了国内首套机采棉生产线。以此为起点,实现兵团机采棉加工技术大范围推广。2006 通过"三模"技术的实施,实现了机采棉采摘、运输、加工全程机械化加工模式,兵团机采棉加工技术达到较高水平。

随着国内外纺织企业形势的变化,棉纺企业对原棉质量的要求越来越高,棉花市场竞争日趋激烈，给新疆支柱产业棉花种植、加工带来新的挑战。特别是机采棉的推广，迫使现有的加工工艺和设备需要升级改造。否则容易导致加工成本增加、生产效率降低、故障频发、棉纤维品质难以保障等一系列问题。针对这些客观情况，山东天鹅棉业机械股份有限公司联合山东大学、新疆石河子大学和新疆生产建设兵团 149 团等组成"产学研"合作团队，对引进美国 Uster Intelligin 籽棉、皮棉检测设备进行消化吸收式的攻关，研发了对加工过程进行全程信息化、智能化控制的 Uster 在线检测、智能控制、信息化管理系统。通过对棉花加工过程中各环节、各种因素进行实时监测，特别是对棉纤维回潮率、含杂率、反射率、黄色深度等指标进行在线检测，获得实时数据，智能调整相关参数，甚至远程控制、管理加工过程。真正实现了棉花加工的"因花配车"，做到棉花质量指标的目标控制。形成了一个能够提升棉花加工生产线加工性能和管理水平的综合系统。该系统的推广应用，实现了兵团机采棉生产线从机械化自动化到信息化、智能化的跨越升级，有多个团场加工生产线安装了 Uster 智能化系统，完成了转型升级改造。

（四）棉包条形码信息管理系统

"条码信息管理系统"，以条码作为棉花初始信息的载体，实现了棉花加工、检验数据的信息化管理。该项目的研制开发，改变了加工环节人工重复抄写报表、重复检验、手工抄写销售码单、销售时人工计算的现状，实现了自动采集初始信息，自动形成报表、码单，网上下载检验数据，即对加工、检验、销售信息实现有效管理、快速查询、统计、传输。条码信息系统提供采集棉包初始信息、生成条码、准确与检验中心检验数据对接、完成轧花厂和棉麻公司内部管理、销售结算等功能。棉花质量检验体制改革方案中要求每个棉包都有全国唯一的身份标识——32 位条码，在质量检验、内部管理和棉包物流过程中通过条码记载的信息对棉包实现全面管理。"条码信息管理系统"为我国棉花检验从抽样检验到逐包检验、从感官检验到仪器化检验的飞跃提供了重要技术基础。

系统实现的主要功能有以下几点。

(1) 自动采集包号、包重、回潮率等原始信息，自动打印条码，信息来源准确、快速，不受人为因素干扰。

(2) 自动形成报表、码单，自动计算工资、销售量、交易金额等，对销售状况进行记录。

(3) 对加工、销售状况进行查询、统计，随时监控加工、销售情况。

(4) 棉包检验数据远程下载，快速传递信息，打印公证检验证书。

(5) 可以根据检验结果挑包组批，根据每包回潮、含杂计算公定重量。

系统组成原理图如图 50－12 所示。系统的整个工作过程是：打包机在打包的同时，在线回潮测定装置测出棉包回潮率，并将该数据发送给在线回潮测定装置的接收机；取样装置(取样刀)在棉包上取两个棉样，棉包经传送装置推放至电子台秤上后，棉包的重量数据连同先前测量好的回潮率数据一并传送给 IC 卡数据采集器。数据采集器将该数据保存在 IC 卡和数据采集器中，同时发送打印命令给条码打印机打印该棉包的条码。打印的 32 位条码记载有该棉包的加工信息，同时也是该棉包的唯一"身份证"。两个较大的条码标签固定在棉包上，随棉包通行，两个较小的条码标签放在两个棉样中。当天加工结束后，一方面，把 IC 卡中的棉包加工信息通过读卡器读入计算机的数据库中；另一方面，把带有条码标签的棉样

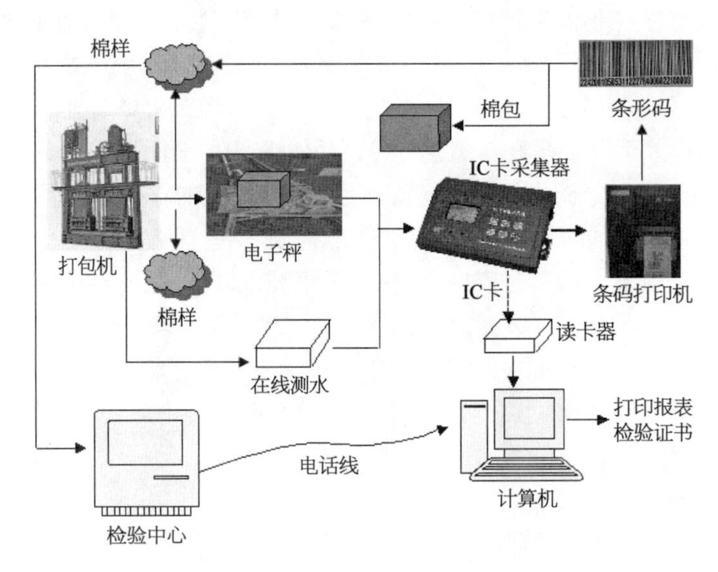

图 50－12 系统组成及工作流程

送承检机构,通过 HVI 设备检验后,检验结果保存在承检机构服务器的数据库中。加工企业通过调制解调器拨号到承检机构服务器,将检验数据下载到企业端计算机数据库中,根据条码这个唯一的"身份证"将检验数据和加工数据对应在一起,这样,用户可以方便地对棉包进行组批、销售、查询等操作,实现对企业生产、检验数据适时、全面地管理。

四、锯齿轧花机的分类及工作过程

锯齿轧花机的种类繁多,按刷棉方式的不同,有气流式和毛刷式之分。按籽棉进入轧花机的方式不同,有前厢进花和中厢进花之分(前者籽棉先进入轧花机前厢,再由锯齿带到中厢,前厢与中厢之间的阻壳肋条起到阻止大型杂质进入中厢的作用;后者籽棉直接进入轧花机中厢,籽棉中诸如僵瓣之类的大杂质的清理,应在预处理工序中完成)。按锯片数的多少,可分为 171 片、168 片、161 片、139 片、121 片、120 片、100 片、96 片、90 片、88 片、80 片等不同片型。按锯片的片距大小,可分为 19.4 mm、18 mm、17.22 mm、17 mm、16 mm 等几种。锯片的直径也有 406 mm 和 320 mm 两种规格。

尽管锯齿轧花机的种类繁多,但其工作原理都是相同的。通过锯片滚筒旋转,使锯齿相对籽棉位移并钩拉籽棉纤维,由于轧花肋条的阻隔,纤维与棉籽分离,再由刷棉部件刷下锯齿上的纤维,完成轧花工作。

(一) MY－121 型锯齿轧花机

下面以 MY－121 型锯齿轧花机为例,简要介绍锯齿轧花机工作过程。

MQW214 型提净喂花机(图 50－13)是与 MY－121 型锯齿轧花机(图 50－14)配套使用的喂花和籽棉清理设备。MY－121 的工作过程是:由直流电机带动的喂花辊相向转动,将储棉箱内的籽棉喂给刺钉滚筒。籽棉经刺钉滚筒开松后,抛落到提净滚筒上。在锯齿与钢丝刷条的共同作用下,表面蓬松的籽棉被锯齿钩住带走,硬特杂、僵瓣等因锯齿难于钩住而

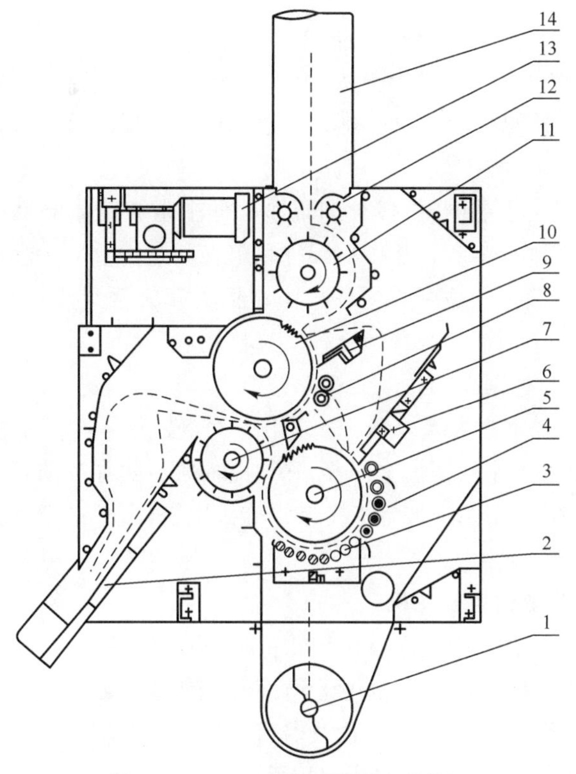

图 50－13　MQW214 型提净喂花机

1. 排杂螺旋；2. 淌棉板；3. 格条栅；4. 除杂棒；5. 下“U”形锯齿滚筒；6. 下钢丝刷条；7. 刷棉滚筒；8. 除杂棒；9. 上钢丝刷条；10. 上“U”形锯齿滚筒；11. 刺钉滚筒；12. 喂花辊；13. 变速箱；14. 储棉箱

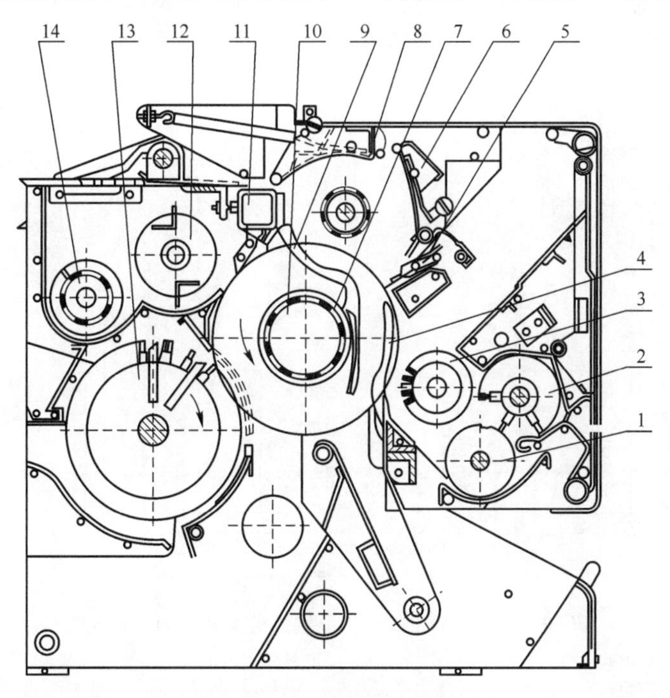

图 50－14　MY－121 型锯齿轧花机

1. 回收滚筒；2. 刷棉滚筒；3. 拨棉刺辊；4. 阻壳肋条排；5. 棉籽梳；6. 活动盖板；7. 铝格圈；8. 胸板；9. 轧花肋条；10. 锯片滚筒；11. 轧花肋条排框；12. 刮杂辊；13. 毛刷滚筒；14. 排杂螺旋

抛出。随着提净滚筒的高速旋转，籽棉内部的尘杂逐渐暴露出来，遇到除杂棒的摩擦、冲击作用就被分离出去。抛落在回收滚筒上的尘杂、落棉，经回收滚筒、钢丝刷条、除杂棒、格条栅的作用后，落棉被回收，杂质落入排杂螺旋内输出机外。提净滚筒和回收滚筒上的籽棉由刷棉辊刷下后，抛落到淌棉板上。

籽棉沿淌棉板下滑落入前厢，由拨棉刺辊抛给伸出阻壳肋条的锯齿。被锯齿钩住的籽棉通过阻壳肋条排上部进入中厢。从拨棉刺辊和阻壳肋条排上部失落的籽棉、僵瓣、棉秆等沿导流板滑落到回收滚筒上。被回收的籽棉由刷棉滚筒刷落到拨棉刺辊上；杂质、棉秆、僵瓣从回收滚筒下面的排杂网落入排杂螺旋，输出机外。

进入中厢的籽棉，通过锯齿钩拉形成籽棉卷。由于锯齿的钩拉和轧花肋条排的阻挡，纤维和棉籽分离。轧净长纤维的棉籽从排子道排出机外，皮棉纤维由锯齿带到后厢。

在后厢，皮棉纤维被毛刷从锯齿上刷落，并被刷棉气流吹往皮清机或集棉机。从皮棉纤维中分离出来的上排杂，由刮杂棍拨给上排杂螺旋排出机外，下排杂直接落入下排杂螺旋排出机外。

（二）6MY168－17 型锯齿轧花机

6MY168－17 智能轧花机由提净喂花和轧花两部分组成(图 50－15)，其工作过程是：从储棉箱落下的籽棉，经一对喂花辊定量地运送到开松辊上。通过开松辊对籽棉的打击、松解，使包在籽棉团中的砖、瓦石块等重杂物及僵瓣棉暴露在籽棉流表面。籽棉与格条栅的摩擦、抖动、冲击，一部分尘杂及不孕籽被分离出来。经开松后的籽棉又被开松辊抛至大齿条辊上。籽棉随大齿条辊一起向前运行，通过钢丝刷将籽棉均匀刷附在锯齿滚筒表面上，同时部分重杂物及僵瓣棉首先被排落。进入格条栅区，在格条栅多次冲击下，锯齿滚筒上的籽棉

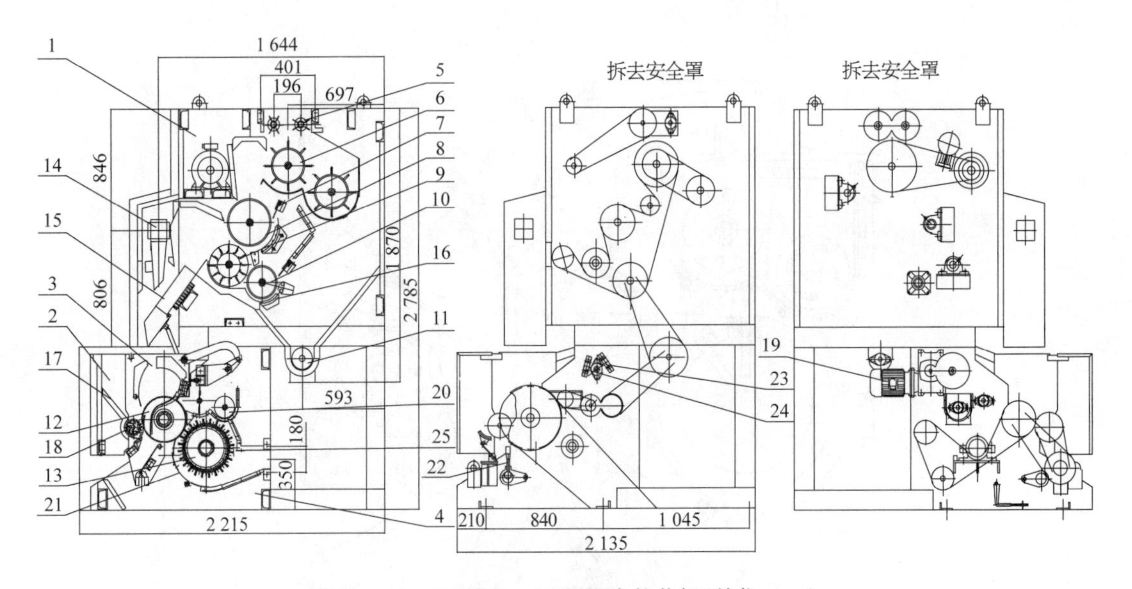

图 50－15　6MY168－17 型锯齿轧花机(单位：mm)

1. 清花喂花部；2. 前厢；3. 中厢；4. 后厢(机架部)；5. 喂花辊；6. 开松辊；7. 钢丝刷；8. 大齿条辊；9. 刷棉辊；10. 回收齿条辊；11. 排杂绞龙；12. 锯片滚筒；13. 毛刷滚筒；14. 除尘管；15. 淌棉板；16. 格条栅；17. 导流板；18. 拨棉刺辊；19. 开箱减速机构；20. 刮板绞龙组合；21. 下排杂调节板；22. 工作厢调整机构；23. 开箱行程开关；24 合箱行程开关；25 后挡风板

流受冲击而抖动，这样大量的重杂物及僵瓣棉被排落，并且部分细小杂质也被排落。籽棉仍随锯齿滚筒一起旋转，当转至与刷棉辊接触时，在刷棉辊的高速旋转下，钩拉在锯齿上的籽棉被刷送到淌棉板上。被排落的重杂物、僵瓣棉和少量的单粒籽棉落到回收齿条辊上，转经钢丝刷时，籽棉被刷附到锯齿上。因籽棉量少，远远不能将所有的重杂物及僵瓣棉所包容，因此落到回收锯齿滚筒上的杂质在离心力的作用下被排落到排杂绞龙。经清理的籽棉随回收齿条辊转至刷棉辊时，被刷棉辊刷送到淌棉板上。通过磁性淌棉板吸附籽棉中的铁性杂质，蓬松、洁净的籽棉从淌棉板上滑下进入轧花部分。在淌棉板的上方设有除尘管，可将飞绒及细小尘杂清除。

经过清花喂花部的清理，干净、膨松的籽棉进入轧花部的前厢。在前厢下部装有拨棉刺辊，当籽棉经导流板落到刺辊上时，被旋转的刺辊拨送给锯片。旋转着的锯片钩拉住籽棉上的纤维，通过阻壳肋条排的间隙进入中厢。在锯片的钩拉、牵引作用下，籽棉沿工作厢做不规则的曲线运动，由于籽棉卷有一定的压力，并和锯片有一定的转速差，所以被锯片勾拉的纤维一部分在勾拉运动中已与棉籽分离，有的运动到轧花肋条工作点与棉籽分离。带纤维的棉籽被阻留在工作厢内，继续随籽棉卷一起运动，被锯片重复勾拉，直到把长纤维全部拉完后，才从棉籽梳和轧花肋条弧面处脱离籽棉卷，从排籽道排落。被锯齿勾拉下来的纤维，通过轧花肋条排间隙进入后厢。旋转着的锯片勾拉着纤维进入后厢，由于纤维中的杂质与棉纤维的比重不同，在自身惯性力作用下和上排杂刀的冲击作用下被排除，依靠刮板绞龙组合排出机外。锯齿上纤维继续旋转，与高速旋转着的毛刷滚筒相遇时，由于毛刷鬃毛插入锯片 1～2 mm，并与锯片有线速差，再加上毛刷高速旋转产生很大的风力，故在毛刷的吹刷联合作用下，使纤维全部脱离锯片，纤维中的杂质被下排杂机构再次清排，然后进入皮棉道输送到皮清机或集棉机。

（三）MY－171 型锯齿轧花机

MY－171 轧花机结构主要分为清理和轧花两部分(图 50－16、图 50－17)。其中提清理部件由喂棉、提净、落棉回收组成。轧花部分由前厢、中厢、后厢组成。其工作过程是：由喂棉电机带动的喂花辊相向转动，将储棉箱内的籽棉喂给刺钉滚筒。籽棉经刺钉滚筒开松后，抛落到提净滚筒上。在锯齿与钢丝刷条的共同作用下，表面蓬松的籽棉被锯齿钩住带走，硬特杂、僵瓣等因锯齿难以钩住而抛出。随着提净滚筒的高速旋转，籽棉内部的尘杂逐渐暴露出来，遇到除杂棒的摩擦、冲击作用就被分离出去。抛落在回收滚筒上的尘杂、落棉，经回收滚筒、钢丝刷条、除杂棒、格条栅的作用后，落棉被回收，杂质落入排杂绞龙内输出机外。提净滚筒和回收滚筒上的籽棉，由刷棉滚筒刷下后被抛落到淌棉板上。

籽棉沿淌棉板下滑落入前厢，由拨棉刺辊抛给伸出阻壳肋条的锯齿。被锯齿钩住的籽棉通过阻壳肋条排上部进入中厢。

进入中厢的籽棉，通过锯齿钩拉形成籽棉卷。由于锯齿的钩拉和轧花肋条排的阻挡，纤维和棉籽分离。轧净长纤维的棉籽从排籽道排出机外，而皮棉纤维由锯齿带到后厢。

在后厢，皮棉纤维被毛刷从锯齿上刷落，并被刷棉气流吹往皮清机或集棉机。从皮棉纤维中分离出来的上排杂，由刮杂辊拨给上排杂螺旋输出机外，下排杂则直接落入下排杂螺旋输出机外。

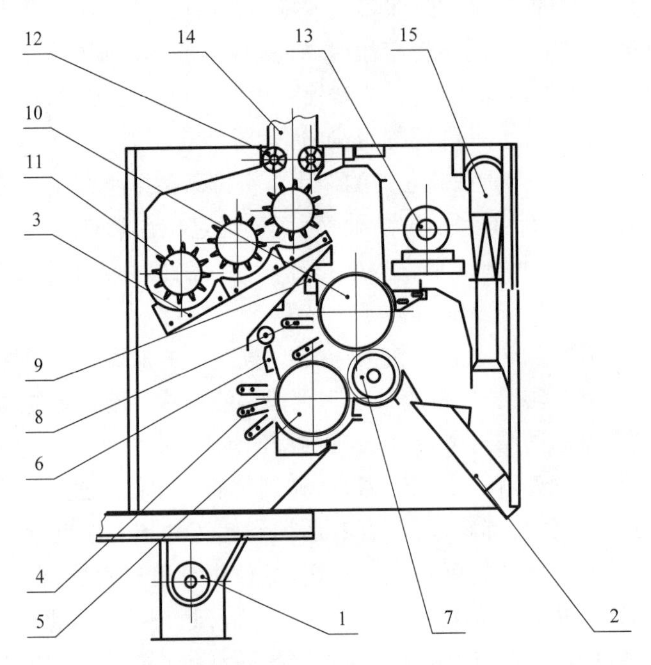

图 50－16 提净喂花部

1. 排杂绞龙；2. 淌棉板；3. 格条栅；4. 下除杂棒；5. 下“U”形锯齿滚筒；6. 下钢丝刷条；7. 刷棉滚筒；8. 上除杂棒；9. 上钢丝刷条；10. 上“U”型锯齿滚筒；11. 刺钉滚筒；12. 喂花辊；13. 变速箱；14. 储棉箱；15. 除尘管

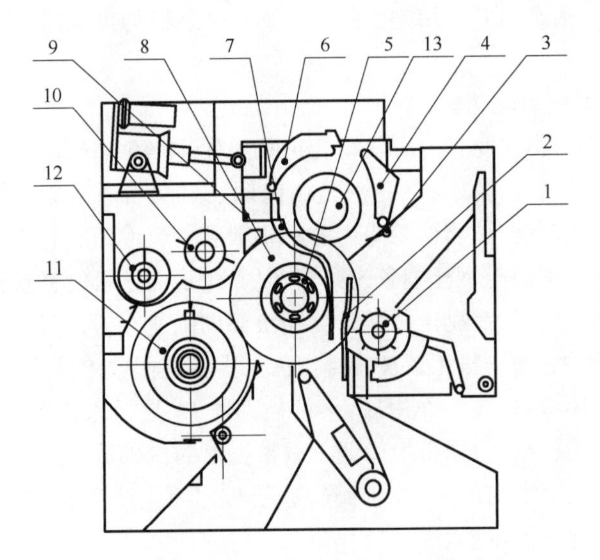

图 50－17 MY－171 型锯齿轧花机

1. 拨棉刺辊；2. 阻壳肋条排；3. 棉籽梳；4. 抱合板；5. 铝隔圈；6. 胸板；7. 轧花肋条；8. 锯片滚筒；9. 轧花肋条排框；10. 刮杂辊；11. 毛刷滚筒；12. 排杂绞龙；13. 排籽管

（四）几种新型轧花机简介

1. MY98－17 轧花机　该机是邯郸金狮棉机有限公司开发的中小型轧花设备，每台每小时处理皮棉量 980～1 150 kg。该机适用于加工纤维长度 23～33 mm，回潮率不大于 20%，并经过初步清理的籽棉。该机具有以下特点。

(1) 产量高，关键部件通用性高。该机采用与剥绒通用的直径为 320 mm 的锯片，通过合理的工作箱几何形状设计，实现每片每小时处理量 12 kg 的突破，创国内轧花机直径 320 mm 锯片的单位时间处理量最高纪录。工作箱采用了新型的全不锈钢材料，镀锌轧花肋条，使棉卷运转更好，确保该机的高产指标。

(2) 设备性能好，衣亏小，对籽棉水分的适应性强。

(3) 采用刮板绞龙式上排杂结构，保证了排杂效果，提高了皮棉的加工质量。

(4) 自动化程度高。该机具有自动喂棉装置，清杂效果好，喂料均匀；采用先进的交流电机变频调速、数字液晶显示，旋钮调节，可实现喂花连续定量控制，自动开合箱机构代替了传统的手动开箱机构，实现了按钮操作，减轻了操作者的劳动强度。

(5) 可靠性高。该机刺钉辊的刺钉与包皮采用焊接连接；毛刷辊筒用压板代替了压块来固定毛刷条，淌棉板下面增加磁铁夹来保护锯片的一系列措施，确保该机稳定可靠地工作。

2. MY－126－轧花机　该机是山东天鹅棉业机械股份有限公司开发的新型轧花机，每台每小时处理量(籽棉含水 6.5%～8%时)850 kg。该机对轧花机胸板、抱合板做了重大改进同时，对工作箱也做了彻底改进，采用其特制的锯片、肋条、隔圈后，使轧花机轧出皮棉外观形态有很大提高，籽棉破籽率低，毛头率可控性非常好。

3. MY128－19.4 轧花机　该机是邯郸金狮棉机有限公司根据市场的需求，自行研制开发的一种全新的锯齿轧花机，每台每小时处理皮棉量 1 000～1 100 kg。该机在新 MY80－19.4 金狮轧花机的基础上，吸收了国内外先进的棉花加工技术，从棉花加工质量出发，从减少加工破籽率出发，增强了设备的清理和排杂功能，特别优化了工作箱的几何形状，设计了新型的轧花肋条，使棉花在加工过程中能最大限度地保留棉纤维的原有品质，加工的皮棉色泽度好，短纤维含量低，特别适合手摘棉和种籽棉的加工。另外，该机具有自动喂料、自动开合箱、自动故障检测等功能，使用安全可靠，是轧花厂理想的棉花加工设备。该机适用于加工棉纤维长度 23～33 mm，回潮率不大于 10%，并经过初步清理的籽棉。该机具有以下特点。

(1) 加工的皮棉质量好。

(2) 更优的肋条。

(3) 采用刮板绞龙式上排杂结构，保证了排杂效果，提高了皮棉的加工质量。

(4) 设备自动化程度高。

(5) 衣亏小、对籽棉水分适应性强。该机保持较小的棉籽毛头率、不孕籽含白棉率低；加工回潮率 10%～12%的籽棉时，仍能保持较好的加工质量。

(6) 刚性好，可靠性高。

(7) 结构新颖实用，外形美观大方。

五、影响锯齿轧花产量、质量的因素

(一) 加工设备的主要零部件质量

锯齿轧花机的锯片、阻壳肋条、轧花肋条、毛刷条等都是很重要的零部件和易损件。质量好的锯片不仅材质的强度、硬度能满足要求,而且厚薄均匀程度、不平度、光洁度等都能符合标准。这种锯齿在使用过程中不但不易变形、不易断齿倒齿,而且可减少与纤维之间的摩擦作用,便于刷棉。质量好的肋条翻砂质量或锻造质量、机械加工质量、热处理质量都符合标准,使肋条排的配定隔距可以持久不变,而且可以减少对纤维的摩擦,减少疵点的产生。质量好的毛刷条鬃毛整齐致密,在使用过程中不易脱落。

(二) 机械安装技术

轧花机由锯片滚筒、阻壳肋条排、轧花肋条排、毛刷滚筒等零部件装配而成。这些工作部件的安装规格要严格按标准进行。

锯片滚筒是安装肋条排的基准部件,锯片滚筒安装的标准与否直接影响肋条排的安装精度。安装锯片滚筒时,锯片的片距、锯片滚筒的总体长度、各锯片的端面跳动等都要符合规定值。如锯片滚筒上锯片片距不等,就会影响肋条排三处间隙、特别是工作点间隙的一致。若锯片对于阻壳肋条排和轧花肋条排的间隙不居中,则当锯齿将纤维和不孕籽拖过肋条排间隙时,与肋条排碰擦加剧,可能将整粒不孕籽挤破,还容易造成锯齿变形和肋条侧面磨损加快。锯片本身不平整时,纤维与肋条侧面剧烈摩擦而发热,使轧工质量急剧下降,甚至锯片直接与肋条碰擦产生火花,引起火灾。对锯片的要求是平整、厚度一致,安装要正,不能向两侧歪斜。

安装阻壳肋条排与轧花肋条排时,轧花肋条排工作点的直线度,肋条上部、中部、下部间隙等要符合规定值。安装好的轧花肋条排应达到"三平三齐",即肋条顶端踵面、工作点弧面、肋条末端排面必须平,肋条脚踵顶端、肋条弧面顶端、肋条末端必须齐平成一条线。另外,轧花肋条顶孔向上应无三角区,即相邻肋条脚踵必须密合无缝。

安装毛刷滚筒时,尤其要注意毛刷滚筒的平衡。不平衡的毛刷滚筒在高速旋转时,使机器强烈震动,造成毛刷轴歪曲、轴承损坏等结果。故无论是穿套毛刷幅盘(即花轮)、装配镀锌薄钢板,还是装配毛刷条,都要注意毛刷滚筒的平衡。毛刷鬃毛的齐平也十分重要。

(三) 锯齿的规格及锯齿状态

锯片的规格参数包括锯片直径、锯齿齿形参数。锯齿齿形参数有齿高、齿尖厚、齿倾角、齿根角(或齿尖角)、齿根弧半径等几何参数。

一般情况下,锯片直径大,其上的锯齿数量也相应地多。同时,因棉籽梳合适的安装位置以及排子道宽度的相应变化,使排子加快,产量提高。锯片直径的选择往往要受到锯片材质的制约。

锯齿的齿高高一些,钩取纤维的能力强些。但在齿倾角、齿尖角不变的情况下,增加齿高会减少齿数,从而影响锯片对纤维总的钩取量。齿高、齿倾角、齿距及齿尖角等的选择既要考虑锯齿钩取纤维总量、锯齿穿刺作用能力,又要兼顾锯齿的强度和刚度。锯齿齿尖厚度适当小些,能大大提高皮棉质量和降低能耗,但齿尖过薄易刺破棉籽,产生破籽和带纤维籽屑。齿根应保持光滑圆弧形,以防纤维嵌塞于齿根,难于刷棉。

(四) 籽棉卷密度的控制及调整

籽棉卷应保持适当的密度,棉卷过紧或过松都不能正常运转。籽棉卷密度的控制及调节还应考虑籽棉的性状、轧花机的机型等因素。籽棉卷密度过小,被锯齿钩拉的籽棉可能随锯齿一起前进,使锯齿不易钩脱纤维;且带有部分纤维的棉籽与籽棉卷的抱合作用弱,容易从疏松的籽棉卷中排落,使毛头率增加,衣亏加大。籽棉卷密度适宜,可以提高产量,维持正常的棉籽毛头率。但籽棉卷密度过大也是不利的,主要反映在以下几个方面。

(1) 对锯片的压力大,动力消耗多。

(2) 排子不畅或排子光毛不均,且有剥下短绒的可能。

(3) 工作厢壁对籽棉卷运动的阻力大,易产生棉结、索丝。籽棉卷对锯片侧面压力大,锯片易变形甚至损坏,缩短了锯片的使用寿命,甚至造成籽棉卷停转。

(4) 锯齿齿凹的纤维易被籽棉卷带出,形成游离纤维。而游离纤维在工作厢中易成为纤维性疵点。

(5) 籽棉与锯片及工作厢壁摩擦剧烈,易发热而损坏纤维表面蜡质层,影响皮棉的色泽。

(6) 纤维易于被勒紧于齿根,不利于刷棉。

(五) 主要转动部件的速度配定

毛刷式锯齿轧花机轧花部分的主要转动部件有锯片滚筒、拨棉刺辊、毛刷滚筒等。其中,锯片滚筒的转速配定最关键。锯片滚筒的速度是决定轧花生产率的主要因素之一,也是影响皮棉质量、能耗、机器损耗等的重要因素。加快锯轴转速,即增加了单位时间内锯齿钩拉纤维的次数,能提高轧花产量。但锯轴转速过快,易产生大量的破籽、带纤维籽屑及籽皮。同时,机器振动也会加剧,轴承和锯片等转动部件的摩擦增大,易造成故障而停车,反而影响轧花产量。在产量相同的情况下,锯轴转速加快,籽棉卷就松,加工出的皮棉疵点少;锯轴转速减慢,籽棉卷就紧,加工出的皮棉棉结、索丝增加。若籽棉卷过于紧实,棉籽更易被锯齿击碎。因此,锯轴转速慢,不仅影响产量,还会引起皮棉轧工质量的下降。

锯轴转速的快慢对轧花产、质量影响很大,应根据籽棉等级、含水等级等情况配定锯轴转速,以尽可能取得较高的产量和较低的皮棉含杂量。在加工等级较低、含水较高的籽棉时,应配以较低的转速;在加工等级较高、含水较低的籽棉时,应配以较高的转速。锯片滚筒的转速确定以后,可根据工艺要求确定其余转动部件的速度。如根据毛刷刷力的连续性要求确定毛刷滚筒的转速等。

(六) 主要部件的隔距确定

轧花机各主要部件的隔距不是固定不变的,一般都有一个可调范围,以适应“因花配车”等的需要。各主要部件的隔距可调范围因轧花机机型不同而异。轧花机主要部件的隔距包括如下几个方面。

(1) 拨棉刺辊与锯片滚筒之间的隔距:该间距大小影响前厢的排杂、排僵。

(2) 阻壳肋条排与轧花肋条排之间最狭处的间距:该间距大小影响中厢的排子。

(3) 轧花肋条排工作点间距:规定为 2.8～3.2 mm。在台时产量相近的情况下,轧花肋条工作点间距大些，皮棉质量要好得多。

(4) 锯片滚筒伸出阻壳肋条排的高度：该间距的大小影响锯齿从前厢钩取籽棉的数量。

(5) 压力角：是指轧花肋条工作点圆弧切线和锯片圆周切线之间的夹角，反映锯片与轧花肋条的相对位置关系，是一个很重要的工作参数。在选择确定压力角参数时，要综合考虑籽棉等级高低、锯齿锋利程度等因素。加工高等级籽棉、锯齿较钝时，压力角取大值，以保证皮棉质量；加工低等级籽棉、锯齿较锋利时，压力角取小值，以提高轧花产量。压力角的取值范围在 55°～65°。

(6) 锯片滚筒伸入工作厢的弧长：一般可采用每张锯片在工作厢内的齿数或锯片在工作点向下 100 mm 处伸出肋条的高度来表示。该隔距大小影响籽棉卷的运转。

(7) 棉籽梳的位置：主要影响排子，其次，对皮棉质量也有影响。当棉籽梳抬得过高或过于靠近锯齿时，排子不通畅，使棉籽在工作厢中的逗留时间过长，而可能被剥下小块带纤维的棉籽皮，增加皮棉中的疵点数量和短绒含量。

六、皮棉清理与共同集棉

(一) 皮棉清理

皮棉清理机按其作用原理的不同，可分为气流式和锯齿滚筒式两种类型。

1. 气流式皮棉清理机　气流式皮棉清理机也称离心式皮棉清理机。它安装在每一台锯齿轧花机的皮棉出口处。皮棉经过清理，再随气流通过汇集管送到集棉机中。气流式皮棉清理机具有不损伤纤维长度，耗能低，结构简单等优点，但其清杂效率较低，大约是锯齿滚筒式皮棉清理机的 1/3。

2. 锯齿滚筒式皮棉清理机　简称锯齿式皮清机。按其刷棉方式不同，又可分为气流式和毛刷式两种，国产的不同型号的锯齿式皮清机都是毛刷式的，且结构组成也大同小异。

锯齿式皮清机由集棉、给棉、清棉和刷棉四大部分构件组成。影响锯齿式皮清机清杂效率的因素有：①皮棉回潮率；②皮棉输入量；③梳刷比；④给棉罗拉的压力及给棉罗拉与给棉板的间隙；⑤除杂刀的安装位置、安装角度及数量；⑥齿条滚筒锯齿的完好率；⑦皮棉清理风网的设计及制作工艺。

(二) 共同集棉

锯齿轧花机轧出的皮棉或皮棉清理机清理之后的皮棉，通常是通过共同集棉装置送往打包机打包。共同集棉装置也是较为典型的吸送式气力输送装置。它主要有皮棉吸嘴、集棉支管、集棉总管、集棉机、回风管、风机、除尘器等组成。

1. 集棉机的作用　集棉机实质上就是皮棉分离器，其作用是：①把集棉总管送来的棉纤维与气流分离，并清除棉纤维中的部分细小杂质；②使散乱的棉纤维集聚于尘笼的表面，并对棉纤维进行初步压缩，形成密度均匀的棉胎，以利于打包。

2. 集棉机的结构和工作过程　集棉机主要由尘笼、压棉辊、拨棉辊、进棉口、出风口以及罩壳等组成。

皮棉由气力输送进入集棉机，并贴附在尘笼网的表面。在压棉辊处，松散皮棉被滚压成棉胎，接着由拨棉辊从尘笼网面上拨落下来。棉胎由压、拨棉辊的相向旋转输出机外，并在重力作用下滑到皮棉滑道上，随后进入打包机。集棉过程中，部分尘杂随空气进入尘笼内部，并从出风口进入空气管排入尘室。

3. 影响集棉机正常工作的因素　集棉机不能正常工作，不仅会影响棉花加工生产的进度，还会影响打包的质量。影响集棉机正常工作的因素有：①拨棉辊与尘笼表面的间隙；②压棉辊与拨棉辊之间的间隙；③压棉辊与尘笼表面的间隙；④尘笼表面线速度；⑤压棉辊和拨棉辊与机壳间的密封情况。

第四节　皮 辊 轧 花

皮辊轧花机具有结构简单、造价低、轧花动作缓慢、不易轧断棉纤维等特点，适宜于加工长绒棉和成熟度较差的细绒棉。按皮辊轧花机主要工作部件——动刀的运动形式不同，可分为冲刀式皮辊轧花机和滚刀式皮辊轧花机两种。

一、冲刀式皮辊轧花机

（一）冲刀式皮辊轧花机的结构

冲刀式皮辊轧花机的构造如图 50－18 所示。它由机架、皮辊、定刀、动刀（也称冲刀）、动刀曲轴、推花板、棉籽栅等机件构成。

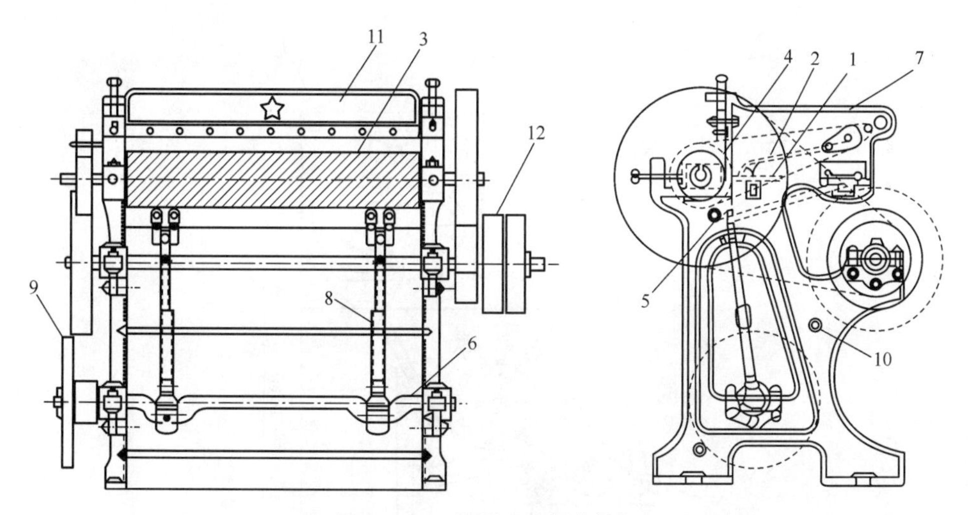

图 50－18　冲刀式皮辊轧花机

1. 棉籽栅；2. 推花板；3. 皮辊；4. 定刀；5. 动刀；6. 动刀曲轴；
7. 机架；8. 连杆；9. 飞轮；10. 撑杆；11. 前横板；12. 传动轮

（二）冲刀式皮辊轧花机的工作原理

皮辊轧花机依靠各机件的相互配合，使皮辊牵引籽棉上的纤维，定刀阻隔棉籽，同时由动刀冲击棉籽，使棉纤维与棉籽分离，实现轧花。

（三）冲刀式皮辊轧花机的工作过程

当籽棉由喂花机或人工喂入推花板前端的棉籽栅上，因为棉籽栅的倾斜及推花板的前后往复运动，籽棉被推向皮辊。当籽棉以一定的压力压向表面粗涩的皮辊后，产生足够大的摩擦力，使棉纤维跟随转动的皮辊进入定刀的刀口内。由于定刀是以一定的压力压向皮辊的，亦即定刀与皮辊表面间紧密接触，故棉籽不能通过而被阻隔在定刀口，但棉纤维对皮辊表面的摩擦系数远大于对定刀的摩擦系数，柔细的棉纤维得以继续随皮辊转动。皮辊表面对纤维牵引力还不足以克服纤维在棉籽上的生着力。此时，依靠曲柄转动而作上、下往复运动的动刀，冲击停留在定刀口的棉籽，使棉籽和纤维分别受到不同方向力的作用而分离。分离后的棉纤维仍随皮辊转动，转到拨棉装置位置时被拨下。轧后的棉籽、小僵瓣以及一些大杂质从棉籽栅的栅头及栅条间隙中下落，而一些细小杂质往往随皮辊进入定刀口而混入皮棉内。

(四) 冲刀式皮辊轧花机的工作参数

1. 三速　指动刀曲轴、推花板曲轴及皮辊这三个主要转动部件的转速。

2. 八距　指定刀位置、相切量、重合隔距、死点隔距、棉籽栅端部与定刀口间距、棉籽栅与动刀身间距、棉籽栅倾斜度、推花板与皮辊间距。

二、滚刀式皮辊轧花机

6MPY－100 滚刀式皮辊轧花机由喂花清花部分和轧花部分构成，其结构如图 50－19 所示。

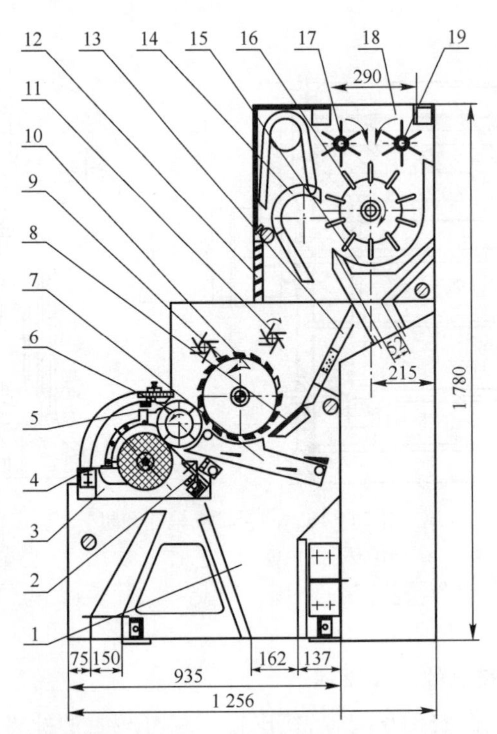

图 50－19　6MPY－100 滚刀式皮辊轧花机(单位：mm)

1. 机架；2. 定刀；3. 轧花台；4. 皮辊；5. 前弧板；6. 滚刀；7. 可调式多孔网；8. 固定筛；9. 加速辊；10. 针齿滚筒；11. 导向辊；12. 观察孔；13. 磁铁淌棉板；14. 料槽；15. 除杂筛网；16. 刺钉滚筒；17、19. 喂花辊；18. 进棉口

滚刀式皮辊轧花机的工作原理：籽棉上的纤维在皮辊摩擦牵引作用下进入定刀刀口，棉籽在定刀口受阻，旋转的滚刀刀片对棉籽进行冲击，使进入定刀口的纤维与棉籽分离。

一对喂花辊相向转动，使得从进棉口进入轧花机的籽棉喂到了位于其正下方的刺钉滚筒。刺钉滚筒配合下部的除杂筛网对籽棉进行打击、松解。从籽棉中分离出来的杂质穿过除杂筛网网孔后，由气流及时运出机外。籽棉随刺钉滚筒转动，在除杂筛网网面上向前运移，到了末端被刺钉滚筒抛给料槽。

籽棉依靠自重作用落到磁铁淌棉板上，并依靠自重作用沿磁铁淌棉板下滑。籽棉中的铁质类杂物被磁铁条吸住；而籽棉一直滑落到固定筛处，在此被转动的针齿滚筒上的针齿钩住，随针齿滚筒运动；从籽棉中分离出来的杂质从固定筛的筛孔落入下部的棉籽螺旋。当籽棉随针齿滚筒运动到导向辊工作区时，导向辊将籽棉压向针齿，以便针齿牢牢抓住籽棉，并将针齿滚筒上多余的籽棉拨落到磁铁淌棉板上。当籽棉随针齿滚筒运动到加速辊工作区时，高速旋转的加速辊把针齿滚筒钩住的籽棉刷落到滚刀上。

旋转的滚刀带着籽棉通过前弧板后，籽棉便落到皮辊表面。籽棉上的纤维在皮辊摩擦牵引力作用下进入定刀刀口。由于定刀以适当压力压在皮辊表面，故棉籽在定刀口受阻。旋转的滚刀刀片对阻留在定刀口的棉籽进行冲击，使进入定刀口的纤维与棉籽分离。与棉籽分离后的纤维继续随皮辊向前运移，直到吸棉口位置，由气流吸运进入共同集棉管道。棉籽被滚刀推动沿着可调式多孔网网面移动。如果棉籽上的长纤维已经轧净，它就能穿过可调式多孔网网孔，落入棉籽螺旋。而未轧净长纤维的棉籽能被针齿滚筒钩住，加入到从磁铁淌棉板下来的籽棉群中，再次经历加工循环，如此重复，直到棉籽上的纤维被轧净为止。

第五节　棉 籽 剥 绒

一、短绒与棉籽的分离方法

毛籽类品种的棉籽，经轧花后，短绒留在棉籽表面，可以分离出来加以利用。光籽类品种的棉籽上没有短绒。短绒与棉籽的分离方法，目前主要有化学脱绒和机械剥绒两种。

1. 化学脱绒　化学脱绒按采用的化学药品，有浓硫酸、稀硫酸、盐酸与硫酸混合液、氯化氢气体等几种处理方法。专门作为种子用的棉籽（即良种棉籽）适合采用化学脱绒的方法。

2. 机械剥绒　通过机械的作用，实现棉籽与短绒分离。

二、锯齿剥绒的工艺要求

轧花后的棉籽中往往残留一些小花头、僵瓣和纤维性落棉，还含有各种杂质。为了满足不同用途的需要，既要多剥短绒，又要剥好短绒。因此，锯齿剥绒工艺有如下要求。

(1) 回收棉籽中的小花头、僵瓣和纤维性的落棉。

(2) 清除棉籽中的大部分杂质。

(3) 提高出绒率，最大限度地把棉籽上的短绒剥下来。棉短绒生产指标规定，榨油棉籽的平均出绒率，先进指标为8%～10%，一般指标为6.5%～8%。

(4) 提高产品质量，保证各类短绒的质量符合规定的标准。

(5) 防止和减少棉籽的损伤。

(6) 棉绒比例不低于10%。所谓棉绒比例，是指生产的棉短绒数量占收购皮棉总数量的百分比。

三、锯齿剥绒的工艺过程

如图50－20所示，我国锯齿剥绒的工艺过程是：在剥绒前先对棉籽进行清理、回收，再进行分道剥绒。剥下的短绒经过清理后再进行分类分级打包(如剥下的短绒质量符合要求，也可以不清理)。在剥绒、清绒过程中产生的下脚料和共同集绒过程中产生的尘塔绒也要及时清理回收。

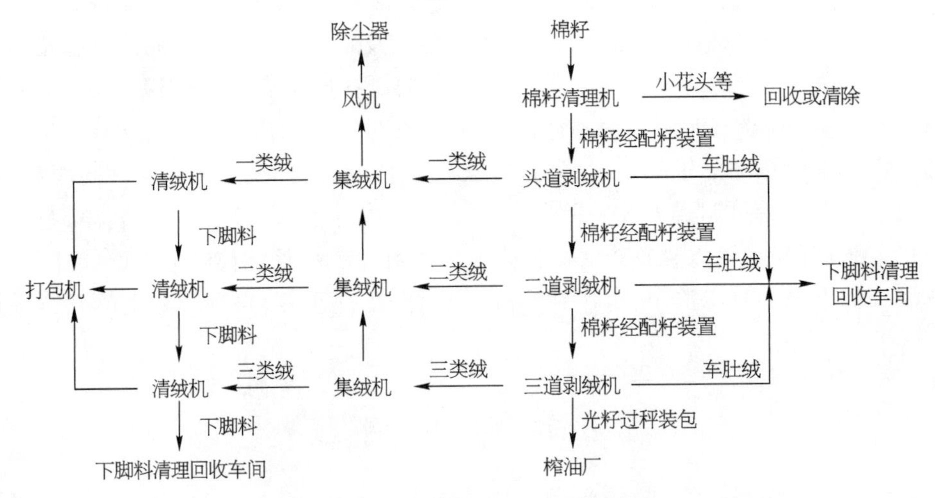

图50－20　锯齿剥绒的工艺过程

锯齿剥绒的优点是：生产效率高，适应性较好，实现分道剥绒。缺点是：棉籽上短绒难以全部剥光，棉籽易受到损坏。

四、锯齿剥绒机

(一) 锯齿剥绒机的种类

按刷绒方式分，有毛刷式、气流式两种；按锯片片数分，有141片、144片、160片、176片等；按锯片片距分，有11.11 mm、10 mm两种。

(二) 141型锯齿剥绒机的结构及工作过程

1. 141型锯齿剥绒机的结构　该机主要由喂籽、剥绒、刷绒三部分机构组成。喂籽部分是由盛籽斗、喂籽辊、喂籽控制板、淌子板、喂籽辊的自动调节装置等组成，主要作用是将棉籽自动、均匀地喂入工作厢，并除去棉籽中的部分铁质杂物。

剥绒部分由两侧墙板、抱合板、棉籽梳、拨籽辊、胸板、肋条排、锯片滚筒等组成，主要作用是实现棉短绒与棉籽的分离和排落棉籽。

刷绒机构有毛刷式和气流式两种，其作用是刷落锯齿上的短绒和清除短绒中的杂质。

2. 141型锯齿剥绒机的工作过程　毛刷式锯齿剥绒机(图50－21)的工作过程：轧花后的棉籽，经过棉籽清理设备以后，转送给剥绒机的盛子斗中，由喂籽辊使棉籽沿着淌子板进入工作箱，依靠拨籽辊的带动和锯片的牵引而形成棉籽卷，当棉籽运动到拨籽辊和锯片之间时，由于棉籽卷被挤压较紧，锯齿对棉籽就产生刮剥作用，将棉籽上的短绒刮剥下来。剥过绒的棉籽落入锯片之间的肋条上，经过棉籽梳排出机外，短绒由锯齿带过肋条，在毛刷滚筒的风力与刷力作用下被刷落，吹向集绒管道。短绒中的部分杂质因其比重大于短绒，在锯齿滚筒的惯性离心力和毛刷滚筒的共同作用下，脱离锯齿而向下排落。

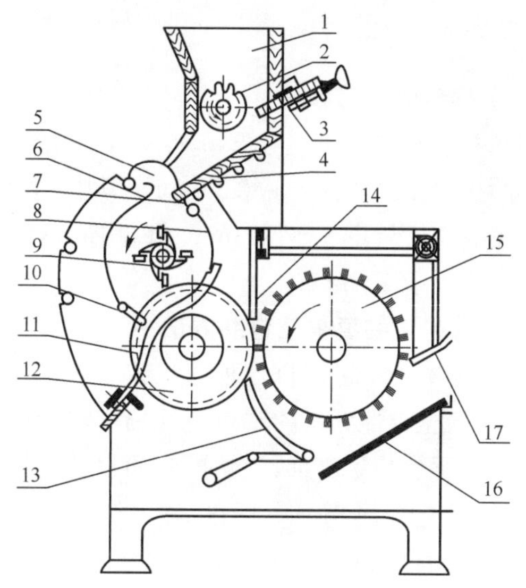

图50－21　141型毛刷式锯齿剥绒机结构示意图

1. 盛子斗；2. 喂籽辊；3. 喂籽控制板；4. 淌子板；5. 墙板；6. 抱合板；7. 密度板；8. 胸板；9. 拨籽辊；10. 棉籽梳；11. 肋条排；12. 锯片滚筒；13. 排杂调节板；14. 前挡风板；15. 毛刷滚筒；16. 托绒板；17. 后挡风板

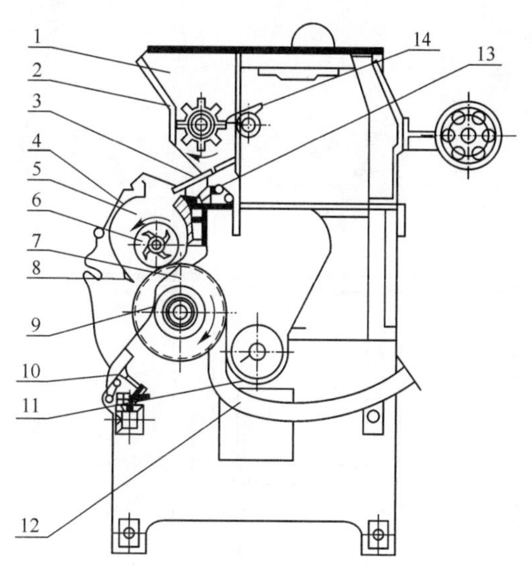

图50－22　141型气流式锯齿剥绒机结构示意图

1. 盛子斗；2. 喂籽辊；3. 淌子板；4. 抱合板；5. 工作厢；6. 拨籽辊；7. 锯片滚筒；8. 棉籽梳；9. 肋条排；10. 支持螺栓；11. 排杂螺旋；12. 吸嘴；13. 吊挂器；14. 喂籽控制板

气流式锯齿剥绒机(图50－22)的工作过程：从棉籽上刮剥下来的短绒，由锯齿带过肋条，进入空间较大的排杂罩壳内部，依赖于锯片滚筒高速运转所产生的惯性离心力的作用，使杂质抛射，落入排杂绞笼，短绒通过吸风口进入吸绒管道。

气流刷绒又可分为气流吹绒与气流吸绒两种形式。国内轧花厂对于气流吹绒应用不多，而气流吸绒应用很普遍。气流吸绒装置由上排杂罩壳、上排杂道、排杂绞笼、吸绒口、吸绒管道等部件组成。

五、棉籽分道剥绒原则

棉短绒的质量、棉籽的出绒率与棉籽品种、等级、成熟度、纤维生着力等有着密切关系。搞好“因籽配车”很有必要。

根据棉短绒国家标准规定：棉短绒的分类以长度为主，结合剥绒道次，并按其用途分为三类,即一类棉短绒、二类棉短绒及三类棉短绒。棉短绒的分级是根据合理利用资源的原则,按照国防、化纤、纺织的使用要求,每类短绒分为三个级,其中一类绒的定级依据主要是根据棉短绒的外观形态(包括颜色、剥工——棉结、白星、棉索多少),二三类绒的定级依据主要是根据成熟度、硫酸不溶物、灰分三个指标。

棉籽必须分道剥绒,短绒分类分级打包,使生产的各类短绒具有规定的长度和质量要求。棉籽分道剥绒的原则是:“头道少剥、二道多剥、三道基本剥光”。

第六节 皮棉打包

一、棉包有关规定

(一) 棉包的外形和重量

棉包外形及其规格代号见图 50－23。棉包型号、尺寸、重量及允许偏差见表 50－1。其中,Ⅰ型棉包两端的高度差不大于 50 mm,Ⅱ型棉包两端的高度差不大于 20 mm。

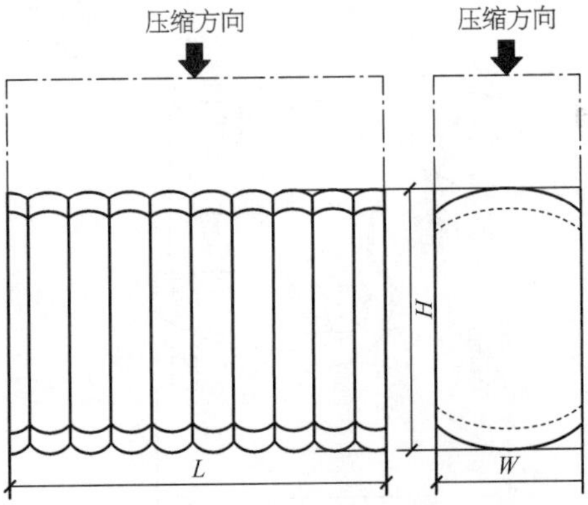

压缩方向 压缩方向

图 50－23 棉包外形及其规格代号

L—棉包长度 *W*—棉包宽度 *H*—棉包高度

(二) 棉包包装要求及包装方法

1. 包装要求 采用符合棉包包装要求、不污染棉花、不产生异性纤维的本白色纯棉布、塑料或其他材料进行包装。皮棉打包时,必须包装完整,刷明标志,各包重量相当。棉包出厂时均不得有露棉(塑料包装袋的透气孔隙除外)、包装破损及污染现象。棉包包索排列要均匀且相互平行,包索结扣应牢固、可靠,结扣处应平滑,不易划伤其他接触物。

表 50－1 棉包的包型、外形尺寸、重量及允许偏差

棉包型号	长度(mm)		宽度(mm)		高度(mm)		棉包重量(kg)	
	基本尺寸	允许偏差	基本尺寸	允许偏差	基本尺寸	允许偏差	重量	允许偏差
Ⅰ	1 400	－30	530	－10	700	＋150	227	±10
Ⅱ	800	－15	400	－10	600	＋50	85	±5

[注] 引自 GB 6975—2013《棉花包装》。

2. 包装方法 目前棉花包装方法主要有捆扎法和套包法两种。捆扎法是皮棉经压缩并用棉布包裹后再进行捆扎的方法。套包法是皮棉经压缩、捆扎后,通过套包装置把包袋套在棉包上的包装方法。

棉布包装适用于捆扎法或套包法,塑料包装袋仅适用于套包法。棉布包装的棉包捆扎好后,用棉线绳将棉包包头接缝处缝严,针距不大于 25 mm。

成包过程中切割取样的,应将切割口用同等棉布缝严,或者用不污染棉花、不产生异性纤维的其他材料将切割口覆盖。

（三）棉包标志

1. 按批检验的棉包标志　对用棉布包装的棉包，在棉包两头用黑色刷明标志，内容包括：棉花产地（省、自治区、直辖市和县）、棉花加工单位、棉花质量标识、批号、包号、毛重、异性纤维含量代号、生产日期。

塑料套包法包装的棉包，在棉包两头采取不干胶粘贴或其他方式固定载明上述内容的标签。

2. 逐包检验的棉包标志　逐包检验的棉包采用条码作为棉包标志。对用棉布包装的棉包，棉包两头用黑色刷明标志。包括棉花产地（省、自治区、直辖市和县）、棉花加工单位、包号（加工流水编号，不得重复）、毛重、异性纤维含量代号、生产日期。棉包条码也应固定在棉包两头。

对塑料套包法包装的棉包，应在棉包两头以固定条码作为标志。

二、皮棉打包工艺

皮棉打包工艺过程大致可分为集棉（绒）、喂棉预压、压缩、捆扎刷唛四个环节。

1. 集棉（绒）　把由轧花机（剥绒机）加工出来的皮棉（短绒），通过气力输送至集棉（绒）尘笼，含尘空气随气流进入除尘室，棉纤维被收集下来。

2. 喂棉预压　将集棉尘笼收集下来的皮棉（短绒）通过喂棉装置，反复多次喂入打包机的预压箱内，边喂入边踩压，直到包箱内的棉纤维达到一定数量为止。

3. 压缩　对包箱内棉纤维进行最后一次压缩，使棉包达到一定压缩密度和规定压缩高度。

4. 捆扎和刷唛　将压在包箱内的棉包套上包布，用捆扎材料进行捆扎；或者先捆扎，再进行塑料套包。卸下棉包后，在棉包两头用墨迹刷上标志，或贴上条形码标签。

三、6MDY400 打包机简介

目前，国内棉花打包机主要有 MDY－160 型、MDY－200 型、MDY－250 型、MDY－315 型、MDY－400 型和 MDY－500 型等。这里以 6MDY400 打包机为例，简要介绍打包机的结构和工作过程。

（一）6MDY400 打包机的结构

如图 50－24 所示，MDY400 打包机的主要结构由打包机主体、踩压装置、推棉器、液压系统、电气控制系统等组成；MDY400 型液压打包机由液压控制系统、电气控制系统、主机、辅机四部分组成。

液压控制系统是打包机的主要动力源，为主机各液压缸提供压力油，由两套油箱组成。液控系统以油箱为平台，电机、泵、阀等与油箱组成一个整体，方便安装接管。

电气控制系统由电气箱与操纵台两部分组成。电气箱置于油泵房内，内部装有各电机的主电路及各种保护器；操纵台安置于打包机的正面最佳观察位置处，其内部装有操纵按钮、PLC 等。主机是整台打包机的主体部分，由机架与多个执行或功能装置组成。

机架为框架结构，由底座、左右立柱、上横梁、中心柱等组成，是安装各执行装置的平台和基准。

主机部分执行(或功能)装置有喂棉与预(踩)压装置、顶压装置、脱箱油缸、棉箱与转盘、提箱机构、转箱机构、定位装置、勾棉装置、走台、出包油缸。

主机的结构特点为：主油缸和预(踩)压装置对称布置在机架横梁上，两套结构新颖的整体结构棉箱对称分布于转盘上；棉箱与转盘可绕中心柱旋转，实现预(踩)压与打包的工位互换；整机美观整齐，特别是主油缸置于机架上方，因而构筑地基与厂房时不需另行土建施工楼板，地下施工量小，土建费用低。

辅机部分有：接包小车、推包器、套包器、输送带等。

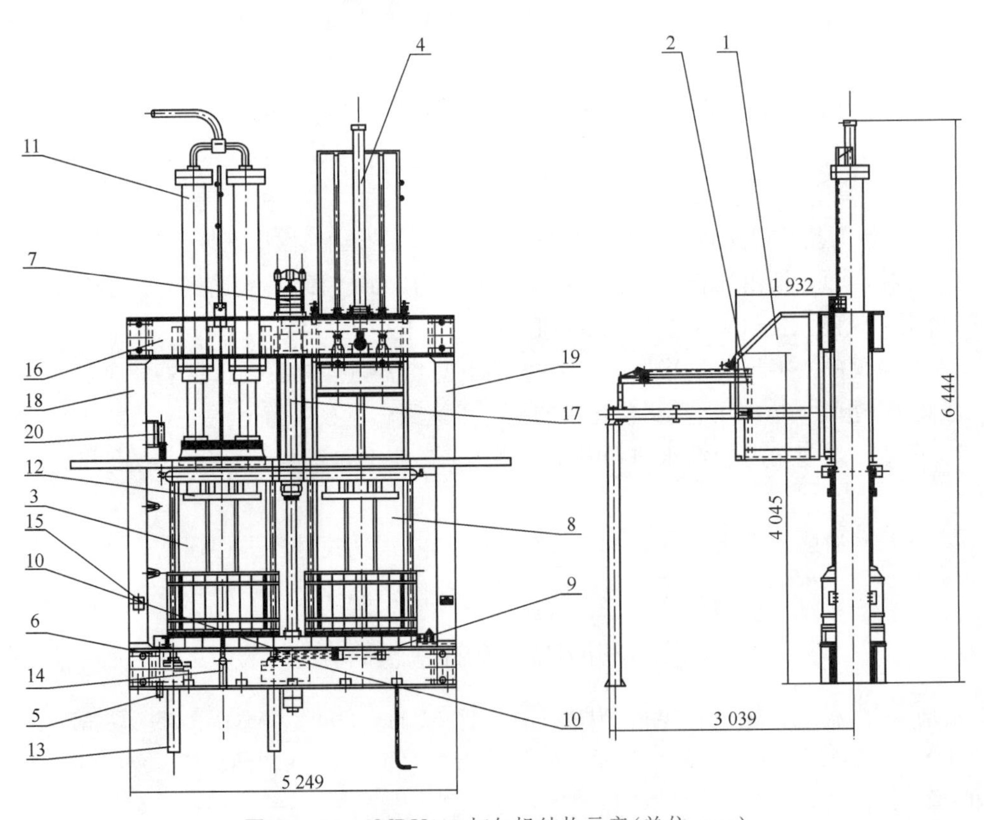

图 50－24　6MDY400 打包机结构示意(单位：mm)

1. 推棉器；2. 推棉板；3. 包箱；4. 踩压缸；5. 定位缸；6. 定位销；7. 提箱油缸；8. 包箱(8)；9. 转箱油缸；10. 齿轮(10)；11. 主压缸；12. 勾持器；13. 顶箱缸；14. 翻包缸；15. 翻包缸按钮；16. 横梁；17. 中心立柱；18. 主立柱；19. 副立柱；20. 撞块

(二) 6MDY400 打包机的工作过程

棉纤维由皮棉道进入推棉器中，推棉油缸带动推棉板将物料推入包箱中。推棉板作往复运动，使物料不断进入推棉器并送入包箱中。垂直安装的踩压缸与推棉器协调地做往复动作，将不断进入包箱的物料进行预压缩。待包箱中的物料达到预定的重量后自动停止踩压和推棉。定位缸将定位销拨下，提箱油缸将包箱总成及转盘提起，转箱油缸带动齿条驱动装在中心柱上的齿轮做180°往复转动，以带动转盘及包箱总成转动，使装满物料的包箱处在主压位置，转箱到位后定位销锁住包箱，踩压缸、推棉器自动继续工作。勾棉缸将勾持器从包箱中脱开，主压缸下行将物料压缩成包。到达成包位置后，顶箱缸上顶包箱使包箱沿导向柱上移露出物料，以便人工穿丝捆扎。捆扎完毕，按下装在立柱上的按钮，翻包缸将包自动翻出，铺好包布后，按下按钮，主油缸回程，包箱下落复位，等待下一循环。

该打包机电气系统采用PLC控制，与液压系统有机地结合起来，自动地完成打包、脱箱、喂棉、踩压、提箱转箱、定位、翻包、冷却等动作，并在国内打包机中首次使用提前脱箱设计，有效地节省了打包和脱箱作用力。

第七节　轧工质量检验

一、轧工质量要求

轧花是通过轧花设备使棉纤维和棉籽分离。在轧花过程中，不能损伤棉纤维原有的自然品质，不能将不同品级、不同长度的籽棉混合加工，应尽可能减少有效纤维的损失，减少疵点的产生，最大限度地清除杂质，合理控制棉籽毛头率、不孕籽含棉率和衣分亏损率。

轧工质量是确定棉花品级的条件之一，是棉花质量的一项重要指标。轧工质量的好坏，直接影响皮棉的品质和成纱质量，也关系到轧花厂的经营管理档次和纺织厂的用棉决策。我国现行棉花国家标准对轧工质量参考指标作了具体规定(表50－2、表50－3)。

表50－2　锯齿棉轧工质量参考指标

轧工质量分档	索丝、僵片、软籽表皮(粒/100 g)	破籽、不孕籽(粒/100 g)	带纤维籽屑(粒/100 g)	棉结(粒/100 g)	疵点总粒数(粒/100 g)
好	≤230	≤270	≤800	≤200	≤1 500
中	≤390	≤460	≤1 400	≤300	≤2 550
差	>390	>460	>1 400	>300	>2 550

[注] 疵点包括索丝、软籽表皮、僵片、破籽、不孕籽、带纤维籽屑及棉结7种；轧工质量参考指标仅作为制作轧工质量实物标准和指导棉花加工企业控制加工工艺的参考依据；疵点检验按GB/T 6103执行。引自GB 1103.1—2012《棉花　锯齿加工细绒棉》。

表50－3　皮辊棉品级条件及轧工质量参考指标

品级	成熟系数 ≥	断裂比强度(cN/tex) ≥	轧工质量		
			疵点(粒/100 g) ≤	毛头率(%) ≤	黄根率(%) ≤
一级	1.6	30	1 000	0.4	0.3
二级	1.5	28	1 200	0.4	0.3
三级	1.4	28	1 500	0.6	0.5
四级	1.2	26	2 000	0.6	0.5
五级	1.0	26	3 000	0.6	0.5

[注] 断裂比强度为3.2 mm隔距，HVI校准棉花标准(HVICC)校准水平。引自GB 1103.2—2012《棉花　皮辊加工细绒棉》。

二、轧工质量检验方法

(一) 原棉疵点试验

原棉疵点是指由于棉花生长发育不良和轧工不良而形成的对纺纱有危害的纤维性物质。锯齿棉疵点包括:破籽、不孕籽、索丝、软籽表皮、僵片、带纤维子屑及棉结 7 种。皮辊棉疵点包括不孕籽、破籽、带纤维子屑、软籽表皮、僵片、黄根等 6 种。

1. 检验方法

(1) 取样:按 GB/T 6097 的规定,锯齿棉取试样 10 g,皮辊棉取试样 10 g 和 5 g 各 1 份。取样时若发现棉籽或特殊杂质应予剔除,其重量从试验室样品中补偿。

(2) 检验:从 10 g 锯齿棉试样中,用镊子分别拣取破籽、不孕籽、索丝、软籽表皮和僵片。将拣过以上各项疵点的试样均匀混合后,随机称取 2 g,拣取带纤维子屑和棉结。

从 10 g 皮辊棉试验试样中,用镊子分别拣取破籽、不孕籽、软籽表皮和僵片。将拣过以上各项疵点的试样均匀混合后,随机称取 2 g,拣取带纤维子屑。

从 5 g 皮辊棉试验试样中,用手将试样一层一层地揭开,发现黄根及时用镊子整块取出,放在黑绒板上。

(3) 结果计算:将拣出的各项疵点分别计数和称取重量,然后分别折算 100 g 皮棉中上述各项疵点的粒数和重量百分率。再将各项疵点每百克皮棉的粒数和重量百分率分别相加,即得每百克锯齿棉或皮辊棉疵点的总粒数和总重量百分率。将拣出的黄根称取重量,计算黄根重量百分率,即黄根率。

2. 计算公式

$$\text{每百克皮棉单项疵点的粒数(粒 /100 g)} = \frac{\text{该项疵点粒数}}{\text{试样重量}} \times 100$$

$$\text{单项疵点的重量百分率(\%)} = \frac{\text{该项疵点重量}}{\text{试样重量}} \times 100$$

每百克皮棉疵点的总粒数=每百克皮棉各项疵点粒数之和;疵点总重量百分率=各项疵点的重量百分率之和。

$$\text{黄根率(\%)} = \frac{\text{黄根重量}}{\text{试样重量}} \times 100$$

疵点粒数的计数为整数。疵点总重量百分率和黄根率的计算结果修约至二位小数。

(二) 棉籽毛头率检验

籽棉经锯齿机或皮辊机轧花后,棉籽上仍残留的手扯长度在 12 mm 以上的成束纤维称为毛头。毛头纤维重量占棉籽试样重量的百分率称为毛头率。毛头率过大,轧花衣分亏损大;毛头率过小,容易剥下过多短绒,影响皮棉品质。

1. 检验方法

(1) 取样:从正常运转的锯齿轧花机或皮辊轧花机下随机抽取棉籽样品,每次不少于 200 g,平铺在工作台上,剔除小花头、僵棉及其他杂物后,混合均匀,用四分法从中称取 20 g 试样。

(2) 检验：毛头率检验时，先用手指轻轻地取下附着在棉籽上的游离纤维，然后从试样中挑出有毛头的棉籽，将棉籽上的毛头轻拉、理直、用手指拔脱。拔毛头时，一手捏住棉籽，另一手手指于离开棉籽表面 6 mm 的位置上捏住纤维。切忌用指甲剥取，以免剥掉短绒或拉断纤维。

(3) 结果计算：待试样中的棉籽毛头剥完后，将剥下的纤维和先取下的游离纤维合并称重，称准至 0.01 g。

2. 计算公式　按下式计算棉籽毛头率，结果修约至 2 位小数。

$$棉籽毛头率(\%) = \frac{毛头纤维重量}{棉籽试样重量} \times 100$$

(三) 不孕籽含棉率检验

锯齿机轧花时，排出的不孕籽中带有一部分有效纤维。不孕籽试样中的有效纤维的重量占不孕籽试样重量的百分率，称为不孕籽含棉率。不孕籽含棉率高，轧花衣分亏损就大。

(1) 取样：在正常运转的锯齿机排出的不孕籽中，随机抽取有代表性的不孕籽样品约 250 g，均匀地平铺于工作台上，剔除带纤维棉籽。机检时用四分法从中称取 50 g 试验试样；手拣时则从 10 个点称取 10 g 试样。

(2) 检验：不孕籽含棉率检验，可分为机检法和手拣法两种。机检时，将试样抖松，去掉泥沙，并剔除粗大杂质，再用原棉杂质分析机分析两次，取出回收的净纤维称重，称准至 0.01 g，计算不孕籽含棉率。手拣时，将试样抖松，去掉杂质，再用镊子从试样中拣出有效纤维并称准至 0.01 g，计算不孕籽含棉率。机检结果一般大于手拣结果。

在进行不孕籽含棉率检验时，不论机检或手拣的有效纤维中不得含有杂质；在机检或手拣后的不孕籽试样中不得含有效纤维。有的锯齿机分上、下两部分排出不孕籽，其不孕籽含棉率应分别检验，按排出数量加权平均计算。

(3) 结果计算：根据所取试样的重量和检出的有效纤维的重量，按下式计算不孕籽含棉率，结果修约至 1 位小数。

$$不孕籽含棉率(\%) = \frac{有效纤维重量}{不孕籽试样重量} \times 100$$

（撰稿：徐守东；主审：杨伟华，田立文）

参 考 文 献

[1] 徐水波，姚穆，等. 棉花质量检验. 北京：中国计量出版社，2008：63－101.
[2] 刘从九，徐守东. 棉花检验学. 合肥：安徽大学出版社，2008：206－207，253－271.
[3] 徐炳炎. 棉花加工新工艺与设备. 西安：西安地图出版社，2000：14－64，80－85，132－137，234－242.
[4] 刘从九，徐守东. 棉花检验与实务. 重庆：重庆大学出版社，2016.

第五十一章　棉花纤维检验

棉花纤维检验分科研检验和商品棉检验两大类型。检验原棉纤维的内在质量，评定其纺织使用价值，是棉花育种、新品种审定纤维品质鉴定和农艺试验处理效果评价的重要依据，也是原棉定价、使用的依据。棉花纤维品质测定包括感官鉴定、仪器测定和试纺试验三种主要方式。感观鉴定是通过手感估测棉纤维的长度、细度、强力；通过目测评估外感品质。仪器测定又分常规仪器测定和大容量快速纤维仪器(HVI)测定。

第一节　棉花科研检验

一、取　　样

棉花检验取样是从一批棉花中取出一部分具有代表性的样本供检验使用。它是检验工作的第一道工序，是检验工作的基础。

(一) 取样目的

取样的目的是从总体中取出若干个个体组成样本。样本中所包含的个体数称为样本容量，通常用符号 n 表示，总体中的个体数用符号 N 表示。根据样本容量的多少划分为大样本和小样本。样本容量(n)与总体个体数(N)之比 n/N，称为取样比例。要使得所取出的样本能代表总体性质，取样必须遵守随机原则，即完全排除主观意志的作用，保证总体中的每个个体(或群体)被抽取作为样本的个体(或群体)的概率相同，这种取样方式称为随机取样。只有这样，才能根据样本的检验结果对总体作出正确判断。

(二) 取样原则

棉花检验取样必须按随机原则进行，主要依据概率论的大数定律和中心极限定理。

(三) 取样方法

采用不同的取样方法取样误差也不同。从总体中取样有重复取样和不重复取样，不重复取样误差小于重复取样误差。棉花检验取样属于不重复取样。在棉花检验取样中常用的取样方式、方法有多种，取样误差各不相同，但目的只有一个，尽可能减小取样误差，以保证样本的代表性。

取样是测试纤维品质的基础。在棉花品种选育中，一般是从皮棉大样中随机取出具有代表品种正常吐絮的霜前花混合棉样，也可以于棉花吐絮盛期选取有代表性的棉株，随机采摘同期正常吐絮花作为棉样。取样数量一般为 1 000～1 500 g，将棉样充分混合后，均匀取出 200～300 g 作为测试大样，把测试大样充分混匀后再平铺于桌上，使成厚薄均匀、面积约为 0.5 m×0.5 m 的棉层，再从中取出试验小样。以光电长度仪测定长度、气流仪测定细度的试验小样共需3份，其中一份重5～6 g，两份各重20 g左右；一份供光电长度仪测长度用，另两份供气流测试仪测细度用。测定成熟度等的试验小样，均匀地在棉样正反两面各抽取36小丛，每丛重约30 mg，总重量2～2.5 g，以备制作测试棉条。大容量多功能快速棉纤维测试仪，取样量要在50～100 g，用于测试纤维的长度、强度、马克隆值、颜色、杂质等多项指标。

二、长 度 测 试

长度是棉花纤维品质的一项重要指标，是考核棉花品种优劣的主要内容，也是确定棉花价格的主要依据。它与棉纺织品的质量和棉纺工程的工艺选择有着密切的关系，因而是棉花育种的重要品质指标。棉纤维长度是指棉纤维伸直时两端间的距离，以毫米表示。由于棉纤维具有天然转曲，在转曲状态下纤维两端间的距离称为自然长度。当棉纤维经过手扯或仪器梳理伸直而未伸长时，纤维两端间的距离称为伸直长度。

（一）棉纤维长度指标

1. 手扯长度　手扯长度是用手扯尺量方法测得的纤维长度，接近主体长度。

2. 上半部平均长度　在纤维长度的分布中，中位数以上的纤维的平均长度，可理解为棉纤维长度分布中纤维平均长度以上的所有纤维的长度平均值，相当于手扯长度。在照影曲线图中，即从纤维数量50%处作照影曲线的切线，切线与长度坐标轴相交点所显示的长度值。

3. 平均长度　平均长度指棉束从长到短各组纤维长度的质量或根数的加权平均长度。在照影仪曲线图中，即从纤维数量100%处作照影曲线的切线，切线与长度坐标轴相交点所显示的长度值。平均长度可用来比较原棉长度集中趋势和差异情况。

（二）影响棉纤维长度的因素

1. 种和品种　棉花的长度受棉种、品种自身的遗传物质制约，不同棉种和品种的棉纤维，都有其各自固有的长度范围。例如，长绒棉长度一般在33 mm及以上，细绒棉长度一般在25～32 mm，而粗绒棉长度一般只有20 mm左右。同一棉种内的各个品种，纤维长度也不相同，一般优良品种纤维较长。

2. 生长部位　在同一棉株、同一棉铃、同一棉瓣甚至同一棉籽上，由于生长部位不同，棉纤维的长度也有差异。一般以棉株中部靠近主茎的棉铃纤维较长；下部和上部棉铃中的纤维较短。在同一棉瓣上的纤维，以棉瓣中第4、5粒棉籽上的纤维最长，上端第1粒棉籽上的纤维最短，基部棉籽上的纤维长度居中。同一棉籽上的纤维以尖端最短，圆端和中上部较长，中下部较短。

3. 气候条件　雨量、日照和温度对棉花生长和纤维长度影响较大。棉纤维在伸长阶段最需要水分，如果在伸长期水分充足、温度适宜，纤维长度则较长。如天气干旱、土壤缺水，将严重影响棉纤维的发育和伸长，同一品种有时会减短2～3 mm。但水分过多，容易引起棉株徒长，造成棉铃的养分供应不足，影响纤维长度。

4. 土质　肥沃的土壤含有机质多，能增强棉花的抗旱能力，促进纤维发育，纤维的长度较长。土壤贫瘠、水肥不足，纤维就较短。另外，土壤的酸碱度适中，纤维就较长；反之，酸碱度过高或过低，纤维就较短。当土壤含盐量超过0.3%时，纤维长度将缩短很多。

5. *病虫害* 棉花成铃阶段，如遭受病虫害的侵袭，使棉纤维不能正常发育，甚至造成僵瓣，棉纤维的长度就会受到很大影响。

6. *轧花工艺* 棉纤维长度经轧花后一般稍为减短，皮辊机轧出的棉纤维较原籽棉上纤维长度短0.2～0.5 mm，锯齿机轧出的棉纤维较皮辊棉短0.5 mm左右。两种不同的加工方式轧出的棉纤维长度上的差异不是绝对的，关键在于机械状态和配车规格。如配车不当，机械状态不良，轧出的棉纤维长度偏短。

7. *人为因素* 在采摘、交售、轧花、打包等过程中，人为地将不同长度的棉花掺混在一起，会影响整批棉花纤维的长度和长度整齐度。

（三）棉纤维长度的测量方法

检验棉纤维长度的方法有逐根测量法、分组测量法和不分组测量法三类。逐根测定法是最基本、也是最繁琐的方法，一般靠人手工逐根测量。分组测定法，是借助一定的控制手段对棉纤维试样按长短选分成若干组，再对各长度组的纤维进行称重计数，获得棉纤维长度分布数据，从而求出各项长度指标。不分组测定法，是利用特制的取样工具随机梳取纤维，制成试验须丛，从这一试验须丛上直接测得某些指标。

（四）棉纤维长度测量仪器

棉纤维长度测定仪器很多，归纳起来可分为罗拉式、梳片式、光电式、气流式、电容式等，其中，前两种为分组测定仪器，其余皆为不分组测定仪器。常规测量仪器有Y111型罗拉式长度分析仪、Y121型梳片式长度分析仪、Y146型光电式长度仪及510型数字式纤维长度照影仪。大容量快速纤维测定仪有多种型号，如瑞士USTER公司的HVI900B型、HVI SPECTRUM型、HVI USTER1000型，印度PREMIER公司的HFT9000型及中国陕西长岭纺电公司的XJ120、XJ128型等，均可快速测定纤维长度。

1. *Y111型罗拉式长度分析仪* 该分析仪是根据棉纤维的长度分布特性，利用罗拉钳口控制长、短纤维，进行等距分组称重的测量仪器。测量时，将纤维试样预先整理成为一端整齐而层次分明的棉束，然后放在分析仪的罗拉中夹紧，转动罗拉将纤维由短到长依次送出，最后分组称重，取得长度分布数据。通过计算求得主体长度、品质长度、平均长度、基数、均匀度、短纤维率等指标。

此仪器是分组测量仪器。测量时须预先将试样(30～34 mg)纤维整理成为一端整齐、层次分明(长纤维在下，短纤维在上)的棉束，然后放在分析仪中，利用罗拉分组，由短到长依次选分称重，从而取得长度分布数据。根据下列各个公式计算棉纤维各种参数。

(1) 主体长度：主体长度又称众数长度，指棉纤维长度的分布中，纤维根数最多或质量最大的一组纤维的平均长度。它与手扯长度相接近，是我国棉花收购中定级作价依据。

$$L_m = (L-1) + \frac{2(G_n - G_{n-2})}{(G_n - G_{n-2}) + (G_n - G_{n+2})} \tag{51-1}$$

式中：L_m—— 主体长度；L—— 重量最大一组的中值长度(mm)；G_n—— 最大一组的重

量；G_{n-2}——$L-2$ mm 一组的重量(mg)；G_{n+2}——$L+2$ mm 一组的重量。

(2) 品质长度：品质长度又称主体平均长度，指棉样中主体长度以上各组纤维的质量加权平均长度。一般比主体长度长 3 mm 左右，在纤维分布图上均位于图的右部，所以又称主上平均长度或右半部平均长度。这种长度是纺织工艺调整牵伸罗拉中心距离的依据，代表纤维长度的使用价值，决定原棉的可纺支数或号数。计算公式如下：

$$L_p = L + \frac{\sum iG_{n+1}}{Y + \sum G_{n+i}} \tag{51-2}$$

$$Y = \frac{(L+1) - L_m}{2} G_n \tag{51-3}$$

式中：L_p——品质长度(mm)；L——重量最大一组的中值长度(mm)；i——长于 L 的各组长度与 L 的差距($i=2$、4、6…)；G_{n+i}——长于 L_m 所在组的各组重量；Y——最大重量一组中长度长于 L_m 的纤维重量；2——选分纤维的组距 2 mm；$L+1$——L_m 组的上限长度(mm)。

(3) 基数：它是主体长度上下范围 5 mm 内的纤维重量占全部纤维重量的百分数。基数表明纤维长度整齐度，基数越大，表示纤维长度基数大(40%以上)、整齐度好。陆地棉品种的基数应达 40%。该数值是在长度分析用 1 mm 为组距进行分组时拟订，原规定以重量最大的一组及其左右相邻各两组的重量为基础。在用 2 mm 为组距进行分组时，改以三组重量为基础，为使计算结果与原规定不致发生显著差别，须将三组中(以 2 mm 为组距)重量较小的一组舍去一部分，这一部分究竟应舍去多少，原则上应以偏离主体长度较远的 1 mm 范围内的纤维为宜。这一部分纤维的重量，如果每次都要进行细算，就很麻烦。因此，通过实验，求出了一般适用的计算系数，即 0.55。基数是说明整齐度的一项重要指标，但在长短相差很大的棉纤维互相比较时，不宜引用基数，因为长度较短的棉纤维，基数总是相对较大的。以 2 mm 长度分组时，计算公式如下：

$$S = \frac{G_n + G_{na} + 0.55G_{nb}}{\sum G} \times 100\% \tag{51-4}$$

式中：S——基数(%)；$\sum G$——所有各组纤维重之和(mg)；G_n——重量最大一组的重量(mg)；G_{na}——重量居第二位一组的重量(mg)；G_{nb}——重量居第三位一组的重量(mg)。

(4) 均匀度：均匀度为主体长度与基数的乘积，是整齐度的可比性指标。它是相对指标，可用以比较各种长度棉纤维的整齐程度。因棉种不同，纤维有长有短。用均匀度可以更合理地表示不同棉纤维的整齐度。均匀度高，表示整齐度好。陆地棉的均匀度一般在 800～1 200 之间，大于 1 000 比较好，小于 1 000 的较次。均匀度计算公式如下：

$$C = L_m \times S \tag{51-5}$$

式中：C——均匀度；L_m——主体长度(mm)；S——基数(%)。

(5) 短绒率：短绒率指纤维中短于一定长度界限的短纤维质量或根数，占纤维总质量或总根数的百分率。陆地棉短纤维界限为 16 mm,海岛棉界限为 20 mm。计算公式如下：

$$S_f = \frac{G_k + \sum G_{k-i}}{\sum G} \times 100\% \qquad (51-6)$$

式中：S_f——短纤维率(%)；$\sum G$——所有各组纤维重量之和(mg)；G_k——某一指定长度组的重量(mg)；$\sum G_{k-i}$——某一指定长度组以下各组重量之和(mg)（$i = 2$、4、6…）。一般要求陆地棉短绒率应在 10%以下为好。美国把 12.7 mm 作为短纤维分界线,此时的短绒率应在 8%以下为好。

2. Y146 型光电式长度仪　此仪器是不分组测量仪器,属于快速、准确、价廉的长度测试仪器,可直接测得纤维主体长度。仪器根据光线透过纤维束光亮度的大小与纤维束的截面积呈负相关的原理而设计,内部构造主要由光源、光路与电路、梳子升降架等组成。

3. Y121 型梳片式长度分析仪　其测试原理是用一组钢针梳片将试样整理成一端平齐、伸直平行的棉束,然后由长至短按 3 mm 的组距分为若干组。分别收集、称取各组纤维重量,通过计算,求得纤维长度分布的参数。主要部件为梳片架,梳片架可在水平底座上随意旋转,其上装有两组梳片,每组有下梳片 17 片,梳片间的距离为 3 mm,上梳片 3～4 片。下梳片针尖向上,可以逐片降落;上梳片针尖向下,可以自由装卸。

4. 纤维长度照影仪　510 型纤维长度照影仪是美国思彬莱公司(SPINLAB)产品,后改进为 630 型和 730 型,其原理基本相似。

测试原理:将试样均匀地压在 192 型取样器的圆孔板上,专用梳夹随机抓取露出圆孔板表面的纤维,经梳理形成试验须丛。装有试验须丛的梳夹放入 510 仪的梳架上,在距梳夹握持线某一距离(3.81 mm)处进行光电扫描,以此处的纤维数量作为参照(100%)。装有试验须丛的梳夹在步进电机的驱动下恒速移动,试验须丛缓缓通过扫描光束,由此引发光密度(遮光量)的变化和位于扫描区纤维数量(纤维根数)的变化近似成正比,用光密度来度量从梳夹握持线上伸出不同距离的纤维数量。以梳夹握持线到指定纤维数量百分数处(如 50%、2.5%处)跨过的距离表示跨距长度,以这两个长度之比表示长度整齐度比。

近几年发展的光电式长度仪器,采用作图法求取上述指标,并打印出照影仪曲线。USTER730 型纤维长度照影仪原先测试指标为跨距长度,目前该仪器测试指标已更改为上半部平均长度。HVI SPECTRUM 型、HVIClassing 型和 HVI USTER1000 型测试指标均为上半部平均长度等。印度 PREMIER 公司产品 ART 全自动棉花测试仪和 aQura 棉结和短纤维测试仪均采用作图法求取各项长度指标。

三、长度整齐度测试

纤维长度整齐度是纤维长度的集中性指标,取决于开花后较短时间内(0～3 d)胚珠表皮细胞伸长启动的一致性。纤维长度整齐度是在测定纤维长度的同时得到的,同一样品的棉纤维,要求纤维长度的整齐度好。纤维愈整齐,短纤维含量愈低,则游动纤维愈少,纱条中露出的头就愈少,使成纱的表面光洁,纱强度提高。因长度测定方法不同,长度整齐度也有多项指标，常用的有下列几项。

1. 分梳长度整齐度　良种繁育过程中常用的整齐度指标。指分梳平均长度上下 2 mm 范围内的籽棉棉粒数占考查总籽棉粒数的百分率，即：

$$U=\frac{(L\pm 2\ \text{mm})\text{的籽棉粒数}}{\text{总粒数}}\times 100\% \tag{51-7}$$

式中：U——长度整齐度；L——分梳长度平均值。一般要求一个样本至少测定 10 粒以上，并认为整齐度超过 80%时为整齐。

2. 长度整齐度指数　由于校准方法的不同，长度整齐度有整齐度百分比和整齐度指数两种表示方法。整齐度百分比是指 50%跨距长度与 2.5%跨距长度的比值，细绒棉一般在 43%～50%之间。整齐度指数是指平均长度和上半部平均长度的比值，以百分数表示。长度整齐度指数分档范围：小于 77.0%，很低；77.0%～79.9%，低；80.0%～82.9%，中等；83.0%～85.9%，高；大于等于 86.0%，很高。现行标准 GB 1103.1—2012 将长度整齐度指数作为重要的棉花质量指标，与棉花的使用价值直接相关。测定长度整齐度的仪器一般用大容量纤维系统检测仪。

四、棉纤维成熟度检验

棉纤维成熟度是反映纤维胞壁加厚程度的重要指标。在纤维胞壁直径相似（如同为陆地棉）的情况下，胞壁愈厚，成熟度愈高。棉花纤维的细度、马克隆值、强力、强度及染色特征等都与成熟度有密切关系。正常成熟棉纤维截面大、强力高、弹性好、有丝光，并有较多的天然转曲。棉纤维的成熟差异很大，通常讲的棉纤维成熟度，是指一批棉花的平均成熟度。棉纤维成熟度高低在很大程度上还决定着纺纱工艺的设计与成品质量。现行细绒棉国家标准（GB 1103—2007）规定，棉花的成熟程度是确定棉花品级的指标之一。

（一）表示棉纤维成熟度的指标

1. 成熟系数　成熟系数是根据棉纤维中腔宽度与胞壁厚度的比值订出的相应数值。比值越小，成熟系数越大，表示纤维越成熟。

2. 成熟度比　成熟度比是纤维胞壁的增厚度与选定的 0.577 标准增厚度之比。纤维胞壁的增厚度指纤维胞壁的实际横截面积对同样周长的圆面积之比。成熟度比是一种以胞壁填充程度来定义的成熟度指标。它不是以胞壁径向填充度为衡量根据，而是以胞壁截面积填充程度即胞壁增厚度（Q）来定义的。成熟度比（M）与 Q 的关系为：

$$M=Q\times 0.577 \tag{51-8}$$

尽管成熟度比是以胞壁截面积填充率为基础定义的，但它与纤维径向壁径比例也有相应的关系。在实际测试中，当纤维经 18%氢氧化钠溶液膨胀后，在显微镜下成熟程度不同的棉纤维呈现不同的形态，以此将棉纤维分为正常纤维、死纤维和薄壁纤维三类，在测试 100 根或以上的纤维后，分别计算正常纤维百分率 N(%)和死纤维百分率 D(%)，然后按照皮尔斯（Peirce）和劳特（Lord）总结出的公式，计算成熟度比 M：

$$M=\frac{N-D}{200}+0.70 \qquad (51-9)$$

式中：M——成熟度比；N——正常纤维的平均百分率(%)；D——死纤维的平均百分率(%)。

当 $M=1.00$ 时，即为纤维成熟良好；$M<0.8$ 时，则为未成熟棉纤维。一般情况下，棉花的 M 值不低于 0.7。

目前采用成熟度比方法的主要是英国。早在 20 世纪 20～30 年代，英国就采用成熟度比指标，并提出了试验方法。段先圣(1986)认为，此法比中腔胞壁对比法更为合理，因为死纤维百分率是纺、织、染后加工需了解的指标，加之此法简便易掌握，纤维经氢氧化钠处理后，正常纤维、死纤维、薄壁纤维比较容易区别，检测速度较快。

3. 成熟纤维百分率　纤维经 18%氢氧化钠溶液膨胀后，在显微镜下观察纤维形态和中腔宽度的大小，将纤维分为成熟纤维和不成熟纤维两大类，然后计算成熟纤维百分率(成熟纤维根数占纤维总根数的百分率)。

（二）测定棉纤维成熟度的方法

棉花成熟度的测试方法很多，我国目前采用的有中腔胞壁对比法、显微镜法(经 18%氢氧化钠溶液膨胀)、偏光仪法、偏振光测定法、气流仪法(氢氧化钠测定法和两次容积法)、染色测定法、AFIS 法(纤维信息系统)、近红外法等。

1. 中腔胞壁对比法　中腔胞壁对比法是我国棉纤维成熟度测试的标准方法。试样通过手扯整理成一端平齐的棉束，梳去一定长度以下的短纤维后，均匀地排在载玻片上，用挑针将纤维整理平直，盖上盖玻片。用 400 倍显微镜沿载玻片中部同一视野横向移动逐根观察，根据棉纤维中腔宽度与胞壁厚度的比值，并结合纤维外观形态来确定成熟系数。一般要求一个试样测 180～220 根纤维，以保证其结果的代表性。

成熟系数是以双层胞壁厚度与纤维外径的比值为基础而定的。但是实际的棉纤维因干涸而瘪缩变形，其截面形态不是圆形，在实际工作中，要测纤维截面外圆直径和双层胞壁厚度是很不容易的。因此，我国试验方法标准规定，在生物显微镜下观察可测得中腔宽度 e 与相同径向处的可见胞壁厚度 b 的比值，即 e/b，该比值愈小，成熟系数愈大，表示愈成熟(表 51-1)。一般要求成熟系数在 1.6～1.8 之间；1.6 以下认为成熟不好，小于 1.0 认为成熟很差，影响纤维强度及染色均匀性等；成熟系数大于 2.0，则为过成熟纤维，该纤维捻曲少，不利于纤维间抱合，影响成纱强力，纺用价值也低。一般认为较理想的纤维成熟系数，陆地棉在 1.75 左右，海岛棉在 2.00 左右，成熟系数在 1.50 以下的纤维不能供纺织用。

表 51-1　棉花纤维腔宽壁厚比值与成熟系数对照表

(胡风玲等，1996)

腔壁比(e/b)	32～30	21～13	12～9	8～6	5	4	3	2.5	2
成熟系数	0.00	0.25	0.50	0.75	1.00	1.25	1.50	1.75	2.00
腔壁比(e/b)	1.5	1	0.75	0.5	0.33	0.2	0	不可察觉	
成熟系数	2.25	2.50	2.75	3.0	3.25	3.50	3.75	4.0	5.0

2. 显微镜法　测试时，将试样整理成一端平齐的棉束，梳去一定长度以下的短纤维后，均匀地排在载玻片上，盖上盖玻片，滴入18%氢氧化钠溶液。棉纤维经18%氢氧化钠溶液膨胀后，用400倍的显微镜逐根观察纤维形态和中腔。成熟好的纤维胞壁厚而中腔宽度小，纤维呈棒状；成熟差的纤维胞壁薄而中腔宽度大，纤维呈扁平带状。根据棉纤维中腔宽度和纤维形态来判定成熟状况，结果用成熟度比或成熟纤维百分率表示。

3. 偏振光测定法　根据棉纤维的双折射性能，应用光电方法测量棉纤维透过偏振光时的光强度，当平面偏振光进入纤维后，平行纤维的偏振光和垂直纤维的偏振光间会产生光程差、干涉色以及光强度的变化，从而可以间接测定棉纤维成熟程度。由于光强度与棉纤维的成熟系数呈正比相关，可以此求得相应的棉纤维成熟系数、棉纤维马克隆值、公制支数和成熟度，其对应数值见表51-2。

表51-2　棉纤维马克隆值、公制支数和成熟度数值对应表

（胡风玲等，1989）

马克隆值	3.5	3.6	3.7	3.8	3.9	4.0	4.1	4.2
公制支数 成熟度	6 450 1.39	6 340 1.42	6 230 1.45	6 120 1.49	6 020 1.51	5 930 1.56	5 840 1.60	5 750 1.63
马克隆值	4.3	4.4	4.5	4.6	4.7	4.8	4.9	
公制支数 成熟度	5 670 1.67	5 600 1.70	5 520 1.74	5 450 1.77	5 180 1.81	5 120 1.84	5 250 1.88	

传统的偏振光测定法是利用偏光显微镜进行的，测试程度繁琐，每个试样要求测定200～300根纤维，工作量很大。目前已改用Y147型棉纤维偏光成熟度仪。Y147型棉纤维偏光成熟度仪是根据棉纤维的双折射性质，利用光电转换方法，测量直线偏振光透过棉纤维和检振片后的光强度，从而求得棉纤维成熟系数。

4. 氢氧化钠测定法　棉纤维在18%氢氧化钠溶液中形状发生变化。根据胞壁厚度与纤维最大宽度比及形状变化判断，确定棉纤维的三种类型：死纤维、正常纤维和薄壁纤维。当纤维膨胀后，细胞壁的厚度为纤维最大宽度的1/5或以下的纤维（或者胞壁厚度等于或小于中腔的1/5）称为死纤维，这种类型的纤维细胞壁很薄，中腔很大，从转曲数看，有的较多，有的较少。若纤维膨胀后，既不属正常纤维，也不属死纤维，则称为薄壁纤维。这种类型的纤维转曲分有、无两种，细胞壁的厚度均大于纤维最大宽度的1/5。

5. 染色测定法　棉纤维被染色时，成熟好的纤维颜色深，成熟不好的颜色浅或者根本染不上颜色。因此可根据棉纤维的染色颜色深浅，在显微镜下观察并断定棉纤维的成熟程度。

五、棉纤维细度测试

（一）棉纤维细度的概念

棉纤维细度是指纤维的粗细程度，即纤维直径。由于棉纤维的直径难以直接测定，且衡量棉纱粗细的指标主要是重量细度，即单位重量的长度，因此目前较多选用重量细度来描述纤维粗细。测定纤维细度多用间接法。表示棉纤维细度有如下指标。

1. 马克隆值　该指标为量度一定质量试样的透气性。透气性由棉纤维的比表面积决定,比表面积大小与棉纤维的线密度和成熟度有关,因而马克隆值是棉纤维线密度和成熟度的综合指标。细的、不成熟的纤维对气流阻力大,马克隆值低;粗的、成熟的纤维气流阻力小,马克隆值大。国际上把马克隆值 3.7～4.2 作为优质原棉指标。

2. 特克斯　国际标准通常以特克斯(tex)表示纤维细度,系指纤维或纱线 1 000 m 长度的质量克数(g)。特克斯数愈高,表示纤维愈粗;特克斯数愈低,则纤维愈细。

3. 公制支数　用来表示棉纤维细度,指一定质量纤维的总长度,单位为 m/g。用棉纤维中段切取一束长度一定的纤维,称其质量,计数其根数,从而计算棉纤维的公制支数。纤维愈细,公制支数愈高。

$$N_m = \frac{I \times N}{M} \tag{51-10}$$

式中:N_m——公制支数;M——一束定长纤维的质量(mg);I——切取的纤维长度(mm);N——一束纤维的根数。

成熟陆地棉的细度为 5 000～6 500 m/g,海岛棉为 6 500～8 000 m/g。公制支数可用 Y145 型气流式细度测定仪进行快速测定。公制支数可与马克隆值进行相互换算,马克隆值＝25 400/公制支数。

4. 纤维直径细度　直径细度衡量的是纤维细胞的直径,与纤维强度等有密切联系。一般认为,在纤维细胞厚度、质量基本相同的情况下,细胞直径小的张力较大,抗拉伸性能好,纤维强度较高。纤维细胞直径愈小,纤维愈细。就不同棉种的纤维直径而言,海岛棉最细,一般为 12～15 μm,陆地棉为 14～19 μm,亚洲棉为 20～24 μm,非洲棉为 19～22 μm。

正常成熟的纤维,在棉铃干裂后由于失水会干瘪变形,由发育过程中的圆形截面形状变成为肾形。纤维呈圆形时才能测定细度直径,肾形纤维的实测直径只能称为细胞阔度。

成熟纤维直径不易直接测量,需将棉纤维事先用 18%的氢氧化钠处理,使纤维膨胀,再在 400 倍显微镜下目测。与成熟度测定相同,也要求在同一横向视野内进行。纤维经氢氧化钠处理后,纤维各处直径应基本相似,不同纤维间也应基本相同,由此获得的纤维理论直径结果变异性较小。未经氢氧化钠处理的纤维,细胞呈肾形且捻曲,致使同根纤维镜检时也会发现不同部位阔度值差别较大,即使要求在同一横向视野进行测量以求得细胞阔度平均值,测试结果变异性也比较大,且与纤维真实直径有一定差异。

5. 纤维重量细度　为常用的表示纤维粗细程度的指标,我国习惯以单位重量的长度(定重制)表示细度,主要单位是支(N_m);国际上通常以单位长度的质量(定长制)表示,主要单位有毫特克斯(mtex),是指 1 000 m 长的棉纤维质量的毫克数。

(二) 棉纤维细度测试方法

成熟正常的细纤维,成纱强力高。因纺同一支数的纱,纤维细则纱的截面内纤维根数多,因而强力高,同时细度细的纤维适合纺细纱。测试纤维细度的方法通常有下述几种。

1. 重量测试法　当前多采用棉纤维中段称量法测定纤维细度,所使用的仪器为 Y171 型纤维切断器。测试时可取 8～10 mg、根数在 1 500～2 000 范围内的试样,整理成平行伸直、宽5～6 mm的棉束，梳去游离纤维及短纤维，用纤维切断器切断后，置于温度20 ℃、相对湿度65%条件下1 h，分别称量中段和上下两端的重量，然后将中段纤维置于显微镜下数其根数。

2. 气流测试法　利用气流通过纤维层所产生的阻力大小来测定棉纤维的细度。此法简易、快速、可靠。我国通常采用Y145型气流式细度测定仪测试纤维细度。测试时将棉样称取两份，每份5 g，放入试样筒内，将压样筒插入、旋紧，卡在试样筒的颈圈上。根据表51－3中的数据，将流量读数换算成马克隆值。

表51－3　气流仪流量读数与纤维马克隆值对照表

(胡风玲等，1996)

读数流量	马克隆值	读数流量	马克隆值	读数流量	马克隆值	读数流量	马克隆值	读数流量	马克隆值
1.3	2.5	2.3	3.3	3.3	4.0	4.3	4.8	5.3	5.6
1.4	2.6	2.4	3.4	3.4	4.1	4.4	4.9	5.4	5.6
1.5	2.7	2.5	3.4	3.5	4.2	4.5	5.0	5.5	5.7
1.6	2.7	2.6	3.5	3.6	4.3	4.6	5.0	5.6	5.8
1.7	2.8	2.7	3.6	3.7	4.3	4.7	5.1	5.7	5.9
1.8	2.9	2.8	3.7	3.8	4.4	4.8	5.2	5.8	6.0
1.9	3.0	2.9	3.7	3.9	4.5	4.9	5.3	5.9	6.0
2.0	3.0	3.0	3.8	4.0	4.6	5.0	5.3		
2.1	3.1	3.1	3.9	4.1	4.7	5.1	5.4		
2.2	3.2	3.2	4.0	4.2	4.7	5.2	5.5		

3. 中段称重法　中段称重法也是一种测定纤维细度的方法，目前在我国仍属细度常规标准测试方法。按规定切取棉纤维中段(10 mm)，称出重量，计数其根数，通过计算求出棉纤维的线密度。从试验棉条的纵向取出适量纤维，手扯整理成一端整齐的棉束，使用1号夹子和限制器绒板将棉束整理成一端整齐、伸直平行、宽5～6 mm的棉束，用纤维切断器(两刀口间距10 mm)将棉束切成三段，称出中段纤维重量，计数纤维根数，从而计算出棉纤维线密度，单位为毫特克斯(mtex)。用中段称重法测定的棉纤维线密度为纤维中段线密度。

可根据纤维中段重量和根数算出公制支数和每毫克根数，并根据公制支数求出纤维线密度。

$$N_m = \frac{10 \times n}{G};\ N_g = n/G_f + G_e;\ \mathrm{mtex} = \frac{10^5 \times G_f}{N} = \frac{10^6}{N_m} \qquad (51-11)$$

式中：N_m——公制支数(m/g)；Ng——每毫克根数；mtex——纤维线密度；n——纤维根数；G——棉束纤维总重(mg)；G_f——棉束中段纤维重(mg)；G_e——棉束两端纤维重量之和(mg)。

4. 气流仪读数　利用气流原理测定棉纤维的细度，以纤维比表面积数值除以纤维表面积进行快速测定，由此来估测纤维细度。棉纤维比表面积与线密度和成熟度的乘积间有密切关系。

$$S_0 = \frac{k}{MH} \qquad (51-12)$$

式中：S_0——比表面积；M——纤维的成熟度；H——纤维线密度值；k——纤维比体积，为常数，取值 0.75。

不管气流仪标定的数值是马克隆值还是其他细度指标，都是纤维细度与成熟度的综合反映。对同一品种而言，纤维细度和成熟度有极为密切的关系，气流仪测定时可同时反映细度与成熟度。在收购检验时，马克隆值在 3.7～4.2 之间的棉花给以加价；在 3.5～3.7、4.2～4.9 之间的不加不扣；小于 3.5 或高于 4.9 的因太粗或成熟太差，售价要适当扣减。

六、棉纤维强度测试

棉纤维强度是指棉纤维抵抗拉伸破坏能力的强弱程度，是衡量纤维拉伸特性的重要指标之一。它与棉纤维的成熟度、细度等有着密切的关系，对成纱质量有着重要的影响。在其他条件相同的情况下，棉纤维的强度高，成纱强度高，织成的布强度也大；反之，棉纤维强度低，不仅纱布强度低，而且在加工过程中容易形成棉结、索丝，短纤维含量和落棉量也增大。棉纺生产过程中，一般都要求先对棉纤维强度（力）进行综合分析，作为选配原棉的重要指标。

（一）影响棉纤维强度的因素

棉纤维在整个拉伸过程中的具体情况是十分复杂的。从实质上来说，纤维的断裂主要是由于非结晶区中大分子的断裂和大分子间结合力的破坏而引起的。棉纤维强度受到棉纤维内在因素和外界条件的影响。

1. 内在因素　影响棉纤维强度的内因主要是棉花类别、品种、成熟程度以及纤维的内部结构。由于棉花类别、品种、成熟程度不同，棉纤维在力学性质上有明显的差别。同一类别、不同品种的棉纤维强度不同，同一品种的棉纤维单强也随着成熟程度的不同而有差异。从纤维内部结构来看，纤维素大分子的聚合度、取向度和纤维的结晶度越大，纤维的强度也越大。这是因为大分子的聚合度高，大分子链比较长，单分子从结晶区中完全抽拔出来就不大容易；大分子的取向度好，也就是大分子沿纤维轴向排列程度好，在拉伸中受力的大分子的根数就多；当纤维的结晶度高时，纤维内大分子的排列比较规整，缝隙孔洞较小且较少，大分子间的结合力较大，所以纤维的强度也较高。

2. 外界因素　影响棉纤维强度的外因主要是温、湿度。随着外界温度的提高，棉纤维大分子的热运动能提高，大分子间的结合力减弱，故纤维的强度有所下降。随着相对湿度的提高，纤维中所含水分增多，棉纤维的强度增大。这是因为棉纤维的聚合度非常高，大分子链极长，当回潮率提高后，大分子链之间的氢键有所削弱，增强了大分子之间的滑动能力，反而调整了大分子的张力均匀性，使受力大分子的数量增多，纤维强度有所提高。

（二）棉纤维强度基本指标

1. 断裂负荷　即断裂强力，是指棉纤维受外力拉伸至断裂时所需的力。

2. 断裂比强度　棉纤维的断裂比强度，是指棉纤维单位线密度（T）所承受的断裂强力（F）。单位为厘牛顿/特克斯(cN/tex)或克力/特克斯(gf/tex)。

3. 断裂长度（L_R）　是棉纤维本身重量与其断裂强力相等时的计算长度，单位为千米(km)。它可以理解为：假定纤维一端固定，当一根一根纤维首尾连接起来，一直连到其自身重量可使纤维拉断时，这个重量所包含的纤维长度就是断裂长度。棉纤维的断裂长度可用

单纤维强力 F(gf)与公制支数 N_m(m/g)的乘积除以 1 000，或单纤维强力 F(gf)与线密度 T(g/km)的比值得出。其公式为：

$$L_R = \frac{F \times N_m}{1\,000} \tag{51-13}$$

或

$$L_R = \frac{F}{T} \tag{51-14}$$

4．断裂应力　断裂应力(σ)指纤维每单位截面积(S)所承受的断裂强力(F)，其公式为：

$$\sigma = \frac{F}{S} \tag{51-15}$$

断裂应力是各种材料通用的可比性强度指标，单位为牛顿/平方毫米(N/mm^2)，即兆帕(MPa)。

5．断裂伸长率　纤维在拉伸力作用下，到断裂时所增加的长度称为断裂伸长。断裂伸长率是指纤维试样断裂伸长与未拉伸前试样长度的百分比，用 ε 表示。

$$\varepsilon = \frac{L_a - L_0}{L_0} \times 100 \tag{51-16}$$

式中：L_0——试样原长(mm)；L_a——试样拉断时的长度(mm)。

我国现行细绒棉国家标准规定：棉纤维强度采用断裂比强度指标，以 HVICC 校准棉样校准。

（三）棉纤维强度测定仪器

测定棉纤维强度，有单纤维测定法和束纤维测定法两种。因此，棉纤维强度测定仪器可分为单纤维强力仪和束纤维强力仪。若按仪器结构原理则可分为摆锤式强力仪、杠杆式强力仪和电子强力仪等。根据试样在拉伸过程中受力情况的不同，又可分为等速牵引型(CRT)、等速加负荷型(CRL)和等速伸长型(CRE)三种类型。

等速牵引型仪器，在纤维拉伸过程中，夹持试样的一只夹持器作等速移动，另一只夹持器作相应的位移，由于试样的伸长，两只夹持器的位移不完全同步，如 Y161 型单纤维强力机和 Y162 型束纤维强力机。

等速加负荷型仪器，在纤维拉伸过程中以等速增加负荷，如卜氏束纤维强力仪和斯特洛束纤维强力仪。

等速伸长型仪器，在纤维拉伸过程中，夹持试样的一只夹持器作等速移动，而另一只夹持器不移动。

1．单纤维强力测定　单纤维强力是指单根纤维拉伸断裂时所能承受的最大断裂负荷，也称断裂强力，通常以“厘牛顿”(cN)表示，我国以往长时间引用的单位则为“克力”(gf)。单纤维强力取决于纤维粗细与纤维单位面积所能承受负荷两个方面。由于纤维强力指标本身未考虑纤维细度，难以全面评价纤维拉伸性能，因而对于纤维强力材料之间无可比性。如亚洲棉，由于纤维较粗，单纤维强力一般都比较高，但决不能据此认为亚洲棉抗拉伸性能好。

单纤维测定仪器主要有：Y161 水压式单纤维强力机；YG－001、YG－002、YG－003 电子式单纤维强力机；Instron 单纤维强力机。

束纤维测定主要选用 Y162 束纤维强力机、配合 Y171 中段切断器进行分析测定。采用特定的 Y162 夹头，以恒速牵引方式给纤维束施加压力，最后拉断纤维。Y171 中段切取器取得细度支数，两者的乘积除以 0.675，即为实测单纤维强力。

2. 断裂强度测定 断裂强度是指纤维单位截面积或单位线密度所承受的断裂负荷。该指标考虑了纤维细度，可用来衡量不同类型纤维及纱线的抗拉伸性能。

断裂强度因测试方法、标准及夹头与隔距不同，有多种指标；同种指标因采用仪器不同，结果也不相同。

(1) 零隔距比强度：该指标是国际商业贸易中的通用指标，应用历史较长，是国际上确定原棉售价的主要依据，目前一般采用卜氏束纤维强度仪进行测试。由于专用夹头——卜氏夹头的两副夹片之间没有间隙，故称"零隔距"。纤维受力拉伸时，理论上因夹片无间隙，不会产生颈缩现象，以纤维受力前的截面积推断受力时的截面积是可行的，因而所测数值也称绝对强度。由于夹片无间隙，纤维断裂时，断裂伸长极小，其数值高低不受纤维纵向区段内弱环数的影响，属无缺损强度。

(2) 3.2 mm 隔距比强度：20 世纪 50 年代，美国农业部鉴于纺纱过程中棉纱的两个着力点有一定距离，以及织物穿用时的实际情况，认为单纯测定棉纤维零隔距比强度以预测成纱强度是不够科学的。在同时采用卜氏夹头的情况下，分别选择 0 mm、2 mm、4 mm、6 mm、8 mm 五组隔距方式进行试验，以了解不同隔距强度与成纱强度的关系。结果表明，以 2 mm、4 mm 两种隔距的强度指标与成纱强度相关最好，结果稳定性较好。为与英制相匹配，便选定 3.2 mm，即 1/8 英寸，作为有隔距棉纤维比强度测试的规定隔距，3.2 mm 隔距比强度与成纱强度间的相关性最高。3.2 mm 隔距比强度用 gf/tex 或 cN/tex 表示。

(3) 断裂长度：用来表示纤维或纱线断裂强度的另一种方法。断裂长度表示纤维强力与细度的综合指标，也表示纤维的相对强力，用 Y162 束纤维强力机测定的单强与细度支数的乘积，即获得纤维断裂长度值，等于单纤维强力(g)和纤维细度公制支数(m/g)的乘积，单位为千米。断裂长度(km)是相对强度指标，用单位质量的长度(km/g)和纤维强力(g)的乘积表示。断裂长度愈高，表示纤维又细又强。

纤维强力对纱质量有着重要的影响。在其他条件相同的情况下，纤维的强度高，成纱强度高，织成的布强度也大，坚牢耐穿；反之，纤维强度低，则成纱强度也低。因此，强度是棉花育种与鉴定原棉纺用价值的重要指标。国际上对于纤维强度的测定一般以束纤维测试法为主，而以断裂强度指标作为衡量纤维强度的依据，并为国际标准所采用。

七、棉纤维物理性能大容量快速测试

（一）大容量纤维测试仪的组成

USTER 公司先后生产的四种型号大容量纤维测试仪，基本组成是相同的，即由长度/强力组件、马克隆组件、颜色/杂质组件和微型计算机控制系统四大部分组成。测试指标有，长度/强力组件：上半部平均长度、平均长度、整齐度指数、短纤维指数；断裂比强度、断裂伸长率；马克隆组件：马克隆值、成熟度指数；颜色/杂质组件：反射率(Rd)、黄色深度(＋b)、色特征级，杂质面积百分率、杂质粒数、叶屑等级，回潮率指数。

用校准棉样校正检测仪器测定长度、长度整齐度、马克隆值及强力的准确性，色度板用于校准测量色泽和杂质准确性。

（二）大容量纤维测试仪在我国的应用

大容量纤维测试仪，我国于1980～1995年进口了近30台套，其中大部分为美国思彬莱公司的HVI900测试仪系列，代表着国际先进水平，自动化程度高，可同时测定16项指标，所测数据可立即在显示器上显示。1986年起主要产棉省科研单位先后也引进了数套HVI900系列大容量测试仪。国家规定，在国家科技攻关项目中棉花育种的品质指标测定，要求采用该仪器测试的指标，使HVI900在科研机构的使用效率提高。2003年，国家发布了《棉花质量检验体制改革方案》，提出了在棉花加工环节实行公证检验，采用国际通用棉包包型(包重227 kg)，采用大容量纤维测试仪逐包进行仪器化检验。“改革方案”提出了制定仪器化检验的棉花质量标准。承检的专业纤维检验机构陆续建立实验室，配备了300多台HVI测试仪。国家标准化管理委员会先后发布了《HVI棉纤维物理性能试验方法》(GB/T 20392—2006)、《棉花　细绒棉》(GB 1103—2007)、《棉花　第1部分：锯齿加工细绒棉》(GB 1103.1—2012)和《棉花　第2部分：皮辊加工细绒棉》(GB 1103.2—2012)等国家标准，为我国全面推行棉花质量仪器化检验奠定了基础。

（三）大容量纤维测试仪测试原理

1．*长度测试原理*　纤维沿其长度方向被梳夹随机夹持，排列在梳夹上，构成棉须。光学系统对棉须从根部至梢部进行扫描，根据透过棉须光通量的变化，获得精确的照影仪曲线，计算出各长度指标、整齐度指标。目前校准长度和强度的标准样品是HVICC(High Volume Instrument Calibration Cotton)校准棉样标准。

2．*强度测试原理*　一对夹持器在试验棉束的某一部位以3.2 mm隔距夹持纤维，通过测量拉断纤维的最大力值和估算断裂纤维的重量来计算纤维强度。断裂伸长直接由纤维最大断裂负荷时夹持器间的位移确定。

3．*马克隆值测试原理*　马克隆值是棉纤维线密度与成熟度的综合指标，为一定量棉纤维在规定条件下的透气阻力的量度。目前校准马克隆值的标准样品是ICC(International Calibration Cotton)国际校准棉样。

4．*颜色测试原理*　白色光束以与棉样表面法线成45°角的方向入射于棉样表面，在法线方向上测量棉样表面的反射光，分析其中光谱成分和反射率大小，获得棉样的反射率、黄色深度值以及棉花色特征代码编号。

八、棉花纤维的综合评价

对于棉花纤维的综合评价，很多单位均进行了有益的尝试，并形成各自的一套评价体系。这些评价方法大致有如下两类：

第一种是根据棉花试纺，将成纱品质与原棉的物理性能指标进行回归分析，形成回归方程式。最典型就是美国思彬莱公司提供的环锭纺缕纱强力和气流纺品质预测指标。英国和德国也进行类似的试验，并不断对方程式进行修改。这种方法评价纤维品质相当直观。

另一种是根据需要，采用模糊综合评判的方法进行评价。此方法的研究在我国开展较多，也正被有关的棉花区试所应用。模糊综合评判的方法较第一种方法灵活，适合棉花育种工作，可以通过改变不同指标权系数的方法来增加对某一指标的选择压力，以达到设定育种目标。

第二节 棉花商品检验

商品棉检验是贯彻落实国家标准，按照操作规程进行的分级检验。商检结果是棉花贸易的结算依据，也是棉纺厂合理使用原棉、正确配棉的依据。棉花检验从质的方面属于品质检验，从量的方面属于公量检验。棉花品质是棉花纤维内在质量的反映，包括品级、长度、马克隆值、水杂检验、异性纤维等，是确定棉花品级和收购、交接等环节的结价依据。可依此调节棉花生产、流通和纺织行业各方面的利益。棉花的品质检验对棉花品级的合理划分，贯彻国家的植棉政策，调节“农、商、工”利益，促进棉花品种的培育等方面都有着重要的意义。

一、抽 样

国家细绒棉标准规定，棉花商品检验样品抽取的原则要求抽样具有代表性。抽样分籽棉抽样和成包皮棉抽样。

（一）籽棉抽样

在收购籽棉时，每 500 kg 抽样数量不少于 1.5 kg，不足 500 kg 的按 500 kg 计。收购籽棉采取多点随机取样方法，在籽棉大垛的不同方位，多点、多层随机取样，取样深度不低于 30 cm。籽棉大垛以垛为单位抽样，抽样数量：10 t 及以下大垛抽样 10 kg；10 t 以上、50 t 及以下大垛抽样 20 kg；50 t 以上大垛抽样 25 kg。

（二）成包皮棉抽样

棉花交易时，要求对批量交易成包皮棉异性纤维进行定量或定性检验的，可由交易有关方面协商确定具体的抽样方法和抽样数量。

1. 按批检验抽样

（1）成包皮棉抽样：每 10 包（不足 10 包的按 10 包计）抽 1 包。从每个取样棉包的上部开包，去掉棉包表层棉花，抽取完整成块样品约 300 g，形成批样。抽完批样样品后，再往棉包内层于距棉包外层 10～15 cm 处，抽取回潮率检验样品约 100 g，装入取样筒内密封，形成回潮率检验批样。严禁在包头取样。

（2）皮棉滑道抽样：棉花加工单位可以从皮棉滑道上抽样。在整批棉花的成包过程中，每 10 包（不足 10 包的按 10 包计）抽样一次。每次随机抽取约 300 g 样品，供品级、长度、马克隆值和含杂率检验；每次随机抽取约 100 g 样品，供回潮率检验；每次随机抽取约 2 kg 样品，全部样品合并作为该批棉花异性纤维含量的检验批样。

2. 逐包检验抽样　逐包检验抽样仅适用于包重为 227（±10）kg 棉包。使用专用取样装置，在每个棉包两侧面中部分别切取长 260 mm、宽 105 mm 或 124 mm、重量不少于 125 g 的切割样品。取样时，将每个切割样品按层平均分成两半，其中一个切割样品中对应棉包外侧的一半和另一个切割样品中对应棉包内侧的一半合并，形成一个检验用样品，剩余的两半合并形成备用样品。棉花样品应保持原切取的形状、尺寸,即样品为长方形且平整不乱。检验用样品供品级、含杂率检验和上半部平均长度、长度整齐度指数、断裂比强度、马克隆值、反射率、黄色深度和色特征级检验。棉花加工单位在加工过程中,对同一籽棉大垛、同一天、同一条生产线加工的棉包,从皮棉滑道上每 10 包随机抽取一次约 2 kg 样品,全部样品合并,作为相应棉包异性纤维含量的检验批样。

二、类 别 划 分

目前,我国根据种植棉种的不同,以及所产棉纤维长度、粗细程度的不同,将棉纤维划分为细绒棉即陆地棉(*G. hirsutum* L.)、长绒棉即海岛棉(*G. barbadense* L.)、粗绒棉即中棉(*G. arboreum* L.)和草棉(*G. herbaceum* L.)三大类别,其纤维特性见表 51-4。需要指出的是,对于海岛棉与陆地棉杂交种,由于兼有海岛棉和陆地棉的品质特点,在进行类型判断时,应综合考虑纤维长度、细度及强度。对于长度达到海岛棉要求,而强度、细度不能达到要求的,从其纺织价值来看,应该判定为细绒棉。

表 51-4　棉花纤维类别综合判别表

(胡风玲等,1996)

类　别	外观形态	长度(mm)	每厘米长度转曲数	单纤维强度(gf)	断裂比强度(cN/tex)	公制支数	马克隆值	棉籽形态
细绒棉	色精白、洁白或乳白,纤维柔软有弹性且有丝光	25～33	28～40	3.0～5.0	22.0～35.0	4 700～6 400	2.5～6.0	棉籽大,一般系毛籽,附有灰白色短绒,退化籽带绿色
长绒棉	色白、乳白或淡黄,纤维细,较柔软	33 以上	35～47	4.5～6.0	35.0 以上	6 500～8 500	2.6～4.5	籽较大,光籽(黑色),有的一端或两端有毛,海陆棉杂交种籽为绿色
粗绒棉	白色、乳白或呆白色,少丝光,粗硬	17～23	28 以下	5.0～9.0		4 000 以下	6.0 以上	籽小,毛籽、光籽均有,籽色有白色和黑色两种

[注] 比强度值为 HVICC 校准水平。表中部分资料系唐淑荣增补。

(一) 棉花主要类型

同一类别的棉纤维,根据某些性状(棉花收获季节不同和受霜害等气候影响),可划分为以下类型。

1. 长绒棉类型　长绒棉根据纤维长度和经济价值,可分为超长绒棉和中长绒棉两种类型。超长绒棉指纤维长度在 35 mm 以上的长绒棉,通常用于纺织 7.5～4 号(80～120 英支)精梳纱、精梳宝塔线等高档纱线。中长绒棉指纤维长度在 33～35 mm 的长绒棉,品级较高的中长绒棉可用于纺制轮胎帘子线、10～7.5 号(60～80 英支)精梳纱、精梳缝纫线等纱线。

2. 细绒棉类型　细绒棉通常根据纤维颜色、加工方式和其他性状的不同分为多种类型。根据棉纤维颜色的不同,可将细绒棉分为白棉、黄棉和灰棉三种类型。棉铃生长正常成熟的,棉纤维呈白色或乳白色,为白棉类型;棉花生长期因受霜冻或其他原因,棉纤维呈黄白色,为黄棉类型;棉纤维因风雨、霉菌的侵袭,纤维呈灰白色,称为灰棉类型。根据籽棉加工方式,可将细绒棉分为皮辊棉和锯齿棉两种类型。用皮辊轧花机轧出的棉纤维称为皮辊棉;用锯齿轧花机轧出的棉纤维称为锯齿棉。皮辊棉和锯齿棉由于加工工艺不同,纤维的外观形态、疵点种类以及含量等都有很大差异。

3. 其他棉类型 除上述类型外,还有一些特殊原因形成的不正常棉纤维,统称为其他棉,主要有以下几种。

(1) 不孕籽回收棉:从锯齿轧花机排出的不孕籽中回收的长纤维,又称为不孕棉。

(2) 水渍棉:棉纤维被水浸泡以后,纤维表面的蜡质层被破坏,纤维呈黄褐色。

(3) 火烧棉:被火烧残损、有焦味的棉纤维。

(4) 油污棉:在轧花过程中,沾了油污的棉纤维。

(5) 地脚棉:在收购、加工、打包、运输、储存等过程中,掉落在地沾上尘土、杂草、树叶等杂质,好次相混、杂质较多的棉纤维。

(二) 棉花类型的检验

细绒棉类型检验的主要依据是棉花的色泽特征。通常可以对照白棉、黄棉的品级实物标准(或标样),通过肉眼观察棉花的颜色来判定。凡纤维大部分呈白色的定为白棉;大部分呈黄色的定为黄棉;大部分呈深或浅灰色的定为灰棉;若黄、白棉掺混,视其所占比例而定,白色棉多则定为白棉,黄色棉多则定为黄棉。由于我国棉花标准尚无定量的指标来区分细绒棉类型,对于较难判定的棉花,应该利用棉花测色仪来测定棉花的色泽特征指标,即根据反射率和黄度的具体数值进行判定。

三、颜色级检验

(一) 颜色级概念

颜色级是指依据棉花颜色的类型和级别。类型依据黄色深度确定,级别则依据明暗程度确定。

(二) 颜色级划分

依据棉花黄色深度将棉花划分为白棉、淡点污棉、淡黄染棉、黄染棉 4 种类型。依据棉花明暗程度将白棉分 5 个级别,淡点污棉分 3 个级别,淡黄染棉分 3 个级别,黄染棉 2 个级别,共 13 个颜色级。白棉三级为标准级。

颜色级用两位数字表示,第一位是级别,第二位是类型。颜色级代号见表 51-5。

表 51-5 颜色级代号

类型		白棉	淡点污棉	淡黄染棉	黄染棉
级别	一级	11	12	13	14
	二级	21	22	23	24
	三级	31	32	33	
	四级	41			
	五级	51			

棉花颜色级文字描述见表 51-6。

表 51-6　颜色级文字描述

颜色级	颜色特征	对应的籽棉形态
白棉一级	洁白或乳白,特别明亮	早、中期优质白棉,棉瓣肥大,有少量的一般白棉
白棉二级	洁白或乳白,明亮	早、中期好白棉,棉瓣大,有少量雨锈棉和部分的一般白棉
白棉三级	白或乳白,稍亮	早、中期一般白棉和晚期好白棉,棉瓣大小都有,有少量雨锈棉
白棉四级	色白略有浅灰,不亮	早、中期失去光泽的白棉
白棉五级	色灰白或灰暗	受到较重污染的一般白棉
淡点污棉一级	乳白带浅黄,稍亮	白棉中混有雨锈棉、少量僵瓣棉,或白棉变黄
淡点污棉二级	乳白带阴黄,显淡黄点	白棉中混有部分早、中期僵瓣棉或少量轻霜棉,或白棉变黄、霉变
淡点污棉三级	灰白带阴黄,有淡黄点	白棉中混有部分中、晚期僵瓣棉或轻霜棉,或白棉变黄、霉变
淡黄染棉一级	阴黄,略亮	中、晚期僵瓣棉,少量污染棉和部分霜黄棉,或淡点污棉变黄
淡黄染棉二级	灰黄,显阴黄	中、晚期僵瓣棉,部分污染棉和霜黄棉,或淡点污棉变黄、霉变
淡黄染棉三级	暗黄,显灰点	早期污染僵瓣棉,中、晚期僵瓣棉,污染棉和霜黄棉,或淡点污棉变黄、霉变
黄染棉一级	色深黄,略亮	比较黄的籽棉
黄染棉二级	色黄,不亮	较黄的各种僵瓣棉、污染棉和烂桃棉

(三) 颜色分级图

颜色级的分布和范围由颜色分级图表示,见图 51-1。

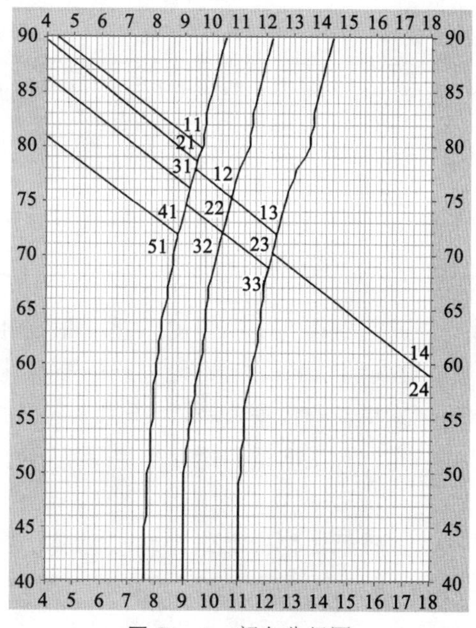

图 51-1　颜色分级图

(四) 颜色级实物标准

颜色级实物标准是感官评定棉花颜色级的依据。根据颜色级文字描述和颜色分级图,制作颜色级实物标准。颜色级文字描述对应的籽棉形态是籽棉"四分"(分摘、分晒、分存、分售)的依据。

颜色级实物标准制作白棉4个级、淡点污棉2个级、淡黄染棉2个级和黄染棉1个级，每一级均为底线标准。每个类型的最低级不制作实物标准。颜色级实物标准分保存本、副本和仿制本。保存本为副本每年更新的依据，副本为仿制本制作的依据。副本和仿制本应每年更新，并保持各级程度的稳定。副本和仿制本使用期限为1年(自当年9月1日至次年8月31日)。

(五) 颜色级检验

颜色级检验分感官检验和纤维大容量快速测试仪检验。

1. 感官检验　对照颜色级实物标准结合颜色级文字描述确定颜色级。颜色级检验应在棉花分级室进行，分级室应符合 GB/T 13786—1992 标准，逐样检验颜色级时，应正确握持棉样，使样品表面密度和标准表面密度相似，在实物标准旁进行对照确定颜色级并逐样记录检验结果。

2. 纤维大容量快速测试仪检验　按照 GB/T 20392—2006 标准，使用大容量纤维快速测试仪进行逐样检验，并出具反射率、黄色深度、颜色级检验结果。

(六) 轧工质量

1. 轧工质量的划分　根据皮棉外观形态粗糙及所含疵点种类和程度，轧工质量分为好、中、差三档，分别用P1、P2、P3表示。

2. 轧工质量的分档条件　见表51-7。

表51-7　轧工质量的分档条件

轧工质量分档	外观形态	疵点种类及程度
好，P_1	表面平滑，棉层蓬松、均匀，纤维纠结程度低	带纤维籽屑稍多，棉结少，不孕籽、破籽很少，索丝、软籽表皮、僵片极少
中，P_2	表面平整，棉层较均匀，纤维纠结程度一般	带纤维籽屑较多，棉结较少，不孕籽、破籽少，索丝、软籽表皮、僵片很少
差，P_3	表面不平整，棉层不均匀，纤维纠结程度较高	带纤维籽屑很多，棉结稍多，不孕籽、破籽较少，索丝、软籽表皮、僵片少

3. 轧工质量实物标准　是评定棉花轧工质量的依据。根据轧工质量分档条件和轧工质量参考指标制作轧工质量实物标准。每一档均为底线标准。轧工质量实物标准分保存本、副本和仿制本。保存本为副本更新的依据，副本为仿制本制作的依据。副本和仿制本应每年更新，并保持各档程度的稳定。轧工质量实物标准使用期限为1年(自当年9月1日至次年8月31日)。

4. 轧工质量确定　依据轧工质量实物标准结合轧工质量分档条件感官确定轧工质量档次。轧工质量应在棉花分级室进行，分级室应符合 GB/T 13786—1992 标准，逐样检验轧工质量时应正确握持棉样，使样品表面密度和标准表面密度相似，在实物标准旁进行对照确定轧工质量档次，逐样记录检验结果，并出具轧工质量档次检验结果。

四、长度检验

(一) 长度的规定

棉纤维长度与纺纱工艺设计、成纱质量和纱线成本有着密切的关系。纤维长度也是计算棉价的依据。美国手扯长度分级是以 1/32 in(0.79 mm)为级距。为了与国际接轨，我国棉花新标准细绒棉 GB 1103.1—2012《棉花　第 1 部分：锯齿加工细绒棉》和 GB 1103.2—2012《棉花　第 2 部分：皮辊加工细绒棉》国家标准规定，将棉花纤维长度级距由 2 mm 改为 1 mm，纤维长度范围由中值长度改为保证长度，使手扯长度更接近棉花纤维长度的真实值。标准 GB 1103—2007 的棉纤维分级如下。

25 mm，包括 25.9 mm 及以下；26 mm，包括 26.0～26.9 mm；27 mm，包括 27.0～27.9 mm；28 mm，包括 28.0～28.9 mm；29 mm，包括 29.0～29.9 mm；30 mm，包括 30.0～30.9 mm；31 mm，包括 31.0～31.9 mm；32 mm，32.0 mm 及以上。

规定 28 mm 为长度标准级。棉花手扯长度实物标准根据纤维快速测试仪测定的棉花上半部平均长度结果定值。

(二) 长度的检测方法

棉花手扯长度实物标准根据 HVI 测定的棉花上半部平均长度结果定值。长度检测方法有两种，即手扯尺量法和仪器测定法。

手扯尺量法，HVI 测定的上半部平均长度结果定值的棉花手扯长度实物标准为校准依据，手扯尺量法是一种快速检验棉纤维长度的方法，在棉花贸易中广泛采用。手扯尺量法以 HVI 原理，具有简便易行、效率高、速度快、实用性广的特点，并且在手扯长度过程中，还可以估测纤维的整齐度、强力、细度、成熟度和短绒等方面的品质情况，因此在国内外被普遍采用。该方法的缺点是对纤维的分布情况表达无具体数据。手扯尺量法又分为三种：即一头齐法、两头齐法和两头齐松散法。一头齐法：检验长度时，随机选取有代表性棉样约 10 g，双手平分，反复抽拔，直至理成无丝团、杂物和游离的平、直、一端整齐棉束，其规格是，宽窄一致(约 20 mm)，厚薄均匀(约 3 mm)，重量适度(约 60 mg)。然后放在黑绒板上尺量切线，以两端不露黑绒板为准。每个棉样一般应扯量 3～5 个棉束，计算其平均长度。

检验纤维长度的方法大致可分为逐根测定法、分组测定法和不分组测定法三大类。分组测定法是指按照一定的长度级距(如按 1 mm 或 2 mm)，将纤维分为不同组别，称取质量或数出根数，得到纤维的长度分布信息。分组测定法能得到主体长度、品质长度、短纤维率、基数等。不分组测定法就是直接测量一束纤维的长度值，能得到手扯长度、光电长度、分梳长度和跨距长度等。

(三) 长度指标间的关系

以上几项长度指标均系棉纤维代表长度，除分梳长度仅在考种时应用外，其他几项都是常用指标。由于各自的测试方法、对象、标准不同，使同一棉样采用不同长度指标得到的代表长度有一定差异，这种差异随棉样类型改变而有变化，一般情况下，大体符合下式长短差异关系：

品质长度＞分梳长度＞手扯长度与光电长度＞主体长度＞上半部平均长度＞2.5％跨距长度＞50％跨距长度

五、回潮率检测

(一) 回潮率检验标准

原棉水分含量与纺织加工和储存有着密切关系。原棉含水过多，纤维易发霉变色，失去光泽，降低品级；严重时则会使纤维霉烂，储存时会发生自燃；在纺织过程中，开清棉时易绞缠，形成棉结，杂质灰尘不宜排除。原棉含水过少也不好，在加工中易折断，飞花增多，影响成纱强力。原棉中所含水分的多少，与棉纤维的吸湿性能有关，用回潮率表示。回潮率是指在规定条件下测得的原棉水分含量，以试样的湿重于干重的差值对干重的百分率表示。GB 1103.1—2012《棉花　第1部分：锯齿加工细绒棉》和GB 1103.2—2012《棉花　第2部分：皮辊加工细绒棉》国家标准规定，棉花公定回潮率为8.5%，棉花回潮率最高限度为10.0%。国家标准规定用烘箱干燥法测定原棉回潮率。

（二）回潮率检验方法

1. 直接法　通过各种干燥方法，去除棉花中的水分，前后称重得到棉样的湿重和干重，计算棉花的回潮率。常用的干燥方法有：烘箱干燥法、红外线干燥法、高频加热干燥法、吸湿剂干燥法和真空干燥法。

2. 间接法　有电阻式测湿法、电容式测湿法、微波测湿法和红外测湿法等。

我国细绒棉国家标准规定，批样检验时，采用烘箱干燥法或电测器法测定原棉回潮率，以烘箱干燥法为准。逐包检验时，使用回潮率在线自动检测装置在线测试棉花回潮率，以烘箱干燥法为准。

六、杂质检测

（一）杂质检验规定

清除杂质消耗人力、物力和时间，有些细杂清除不净，使纱布出现疵点，降低纱布质量，且染色困难；有些杂物不仅损坏机器，还会酿成火灾，可见杂质的危害性很大。原棉中的杂质包括非纤维性杂物，如碎叶、铃片、小棉枝、虫屎、沙土等，还包括纤维性杂物，如不孕籽、棉籽、破籽、籽屑上的棉纤维以及籽棉等。国家规定棉纤维含杂率标准：皮辊棉为3%，锯齿棉为2.5%。实际含杂率不足或超过标准时，实行补扣。

（二）杂质检验仪器

杂质检测多使用Y101型杂质分析机。检测方法是：将重50 g棉样平铺在给棉板上，通过罗拉引向刺锟，棉样经高速（900 r/min，新工艺1 920 r/min）刺锟的分梳而成为单纤维。单纤维进入风扇（转速为1 500 r/min）所形成的气流层，随气流吸附到集棉尘垄上；气流进入尘垄小孔，通过风道被风扇排出机外，落入储棉箱中。在刺锟的分梳下，棉样中的杂质沿锯齿的切线方向抛向下方。重量较大的杂质落入杂质盘中，一些很轻微的杂质随气流行至流线板工作面上，在流线板斜面作用下落入杂质盘中。一些很小的杂质以及带纤维子屑，被气流带到集棉尘垄而混入净棉内。一些特细而轻的杂质被气流带入集棉尘垄，经风道排出机外。

美国、瑞士、英国、印度、中国等先后分别研制出一些新型棉纤维杂质分析机，如935杂质仪，由美国思彬莱公司20世纪80年代初研制改进，是HV1900系列大容量仪器的组成部分。英国锡莱新型杂质分离器是锡莱分析机的更新产品，其工效相当于两台旧式锡莱分析机的工效。瑞士乌斯特公司研制出一种纤维信息系统（简称AFIS），可以测定纤维成熟度、细度、含杂率和疵点的粒数等。AFIS-T是其全新产品，能直接测出上述数据。

表51-8是棉花不同加工阶段的疵点粒数和含杂率。

表 51-8　棉花不同加工阶段的疵点粒数和含杂率
(瑞士乌斯特公司,1996)

棉样名称	疵点粒数(粒/100 g)	含杂率(%)	棉样名称	疵点粒数(粒/100 g)	含杂率(%)
籽棉	5	—	梳棉、棉卷	300	—
原棉	250	1.4	梳棉、棉条	110	0.1
棉纺厂初清后原棉	450	1.25	精梳棉、棉条	27	—
棉纺厂细清后原棉	600	0.5			

七、棉短绒检验

棉短绒的经济价值随着工业生产发展和科学的进步越来越高。为了促进棉短绒生产和质量提高,我国于 1958 年制定出棉短绒质量实物标准,于 2006 年又修订了标准,并颁布了棉短绒质量规格和检验方法。棉短绒检验技术如下。

(一) 抽样

成包棉短绒一般 1～3 包抽样 1 筒(约 500 g);4～8 包抽 2 筒;10 包以上每增加 10 包增抽 1 筒,增加数不足 10 包按 10 包计;每筒样重最少为 250 g。抽样时要照顾上、中、下段,抽取深度是 10 cm。门市收购的土包要先看大样有无混类、混级、混装现象,再用手摸检测有无棉籽、籽棉和其他杂物及含水多少等,最后随机抽取样品,置于塑料袋中供检验用。

(二) 检验项目

1. 类别和品级　国家规定现行棉短绒标准为三类九级。以长度为依据,结合剥绒道次,并按其用途分为三类:一类棉短绒,一般为头道棉,棉纤维的手扯长度为 13 mm 以上;二类棉短绒,一般为二道绒,棉纤维长为 12 mm 以上的纤维重量占纤维总重量百分率不大于 25%,3 mm 以下的纤维重量占纤维总重量的比例不大于 60%;三类棉短绒,一般为三道绒,棉纤维的长为 12 mm 以上的纤维重量占纤维总重量的百分率不大于 5%,3 mm 以下的纤维重量占纤维总重量的比例不大于 80%。标准还规定,一类棉短绒手扯长度达不到 13 mm、但 12 mm 纤维重量不超过纤维总重量的 25%,作为一类三级处理。二三类棉短绒长度的测定用目测法。每类棉短绒又分为三个级。一类棉短绒根据短绒颜色、剥工,对照实物标准定级。二三类棉短绒根据成熟度、硫酸不溶物、灰分定级。铁质指标不作定级依据。

2. 成熟度　由于二三类棉短绒主要用于军工和化学工业,要求成熟度高。成熟度低的棉短绒,含黏稠胶质较多,生产出的硝化纤维素溶解度低,不安全,储存过程中易自燃爆炸。规定采用刚果红染色法测试棉短绒成熟度。将试样浸入乙醇中约 1 min,以除去纤维表层蜡质,再置于 18%氢氧化钠溶液中浸泡 5 min,后用水洗净碱液,放入 100 ml 沸腾的 1%刚果红溶液中煮沸 10 min,用清水洗去染液。用显微镜观察纤维外形和颜色确定成熟度。成熟纤维外形成圆柱状,无捻曲,呈鲜红色;未完全成熟纤维呈带状,有少量的捻曲,也呈鲜红色;未成熟纤维呈扁平形带状,为橘红或灰玫瑰色;死纤维外形也呈扁平形带状,无色。实践表明,棉短绒成熟度与籽棉品级呈正相关,如籽棉品级为 1～3、4～5、6～7 级,棉短绒成熟度分别为 80%、70%、50%。如籽棉为等外级,则棉短绒成熟度在 50%以下。故可以根据籽棉品级来判断棉短绒成熟度。

3. 硫酸不溶物　包括棉短绒中破籽、籽皮、棉叶、碎壳、泥沙和其他有机质等杂质，在浓硫酸(浓度为92％～96％)中不易溶解。在军工、化纤工业上，要求硫酸不溶物的含量低。棉短绒的纤维遇浓硫酸可生成纤维素硫酸酯，硫酸酯遇水分解为葡萄糖，最后全部溶解。而非纤维的杂质不能在浓酸中溶解，可通过抽滤即把杂质分离出去。

实践证明，机检杂质量与硫酸不溶物含量有一定相关性。一般硫酸不溶物含量为机检杂质含量的0.714。如棉短绒机检含杂较大，可乘以0.6；如含杂一般，可乘以0.5，得到硫酸不溶物含量。上述常数只适用于南方棉区。北方棉区风沙多，如外观杂质多的，可乘以0.6；一般的乘以0.5；少的可乘以0.4，得到硫酸不溶物含量。

4. 灰分　灰分为棉短绒所含的无机杂质，即钾、钙、钠、镁、铁等矿物质元素。棉短绒燃烧后的残渣(即上述矿物质元素的氧化物)重占试样的百分比，即为棉短绒的灰分含量。棉短绒灰分含量一般相当于硫酸不溶物含量的1/3。

现行棉花标准规定，原棉只检测品级、长度、水分、杂质等，上述各项指标为结价依据。其他如强度、细度、成熟度等项目指标仅作为参考，参考指标与棉花价格不挂钩。这实质上是在鼓励发展长纤维和高品级的品种，忽视了棉花内在品质。因此我国棉花标准有改革的必要，必须使棉花内在品质指标与价格挂钩，以促进生产优质棉。

八、异性纤维检验

异性纤维是指混入棉花中的对棉花及其制品质量有严重影响的非棉纤维和非本色棉纤维，如化学纤维、毛发、丝、麻、塑料膜、塑料绳、染色线(绳、布块)等。

棉花中混入的异性纤维主要来自棉花采摘、交售、加工环节。例如：棉农采摘、交售棉花时，使用化纤编织袋等非棉制品口袋盛装棉花，并用非棉线、绳扎口；晒花过程中，尤其是地面晒花造成动物毛发、塑料绳、塑料皮等异性纤维混入；收购、加工环节把关不严，在收购、上垛、加工喂花等环节未进行严格挑拣，甚至还混入毛发等异性纤维。

(一) 异性纤维的危害

1. 直接影响棉纱及其织品的质量　异性纤维对纱布质量影响很大。异性纤维混入棉花中，由于它们具有纤维的属性，不但在纺纱过程中难以清除，反而在清梳等除杂工序中可能被拉断或分梳成更短、更细的纤维，有的甚至被打碎，成为无数的纤维状细小疵点。纺纱时，这些疵点形成纱疵并极易造成细纱断头，降低生产效率。织造时，由于这些疵点多浮于纱线外表，在布机上易形成纱条互绊，大量增加了假吊经、断经、经缩等布面疵点。漂白时，由于不同纤维染色性能不同，以致混有异性纤维的棉纱、坯布染色后，出现各种色点，暴露于布面，形成色疵，严重影响外观质量。

2. 给棉纺企业带来巨大的经济损失　异性纤维严重影响棉纱、棉布的市场销售和出口，损害企业的声誉，给棉纺企业带来巨大的损失。棉纺企业为维持正常生产，尽量减少由于异性纤维带来的损失，不得不组织专门力量在棉花投料前将棉包逐个打开，逐块撕松，挑拣异性纤维。

(二) 减少异性纤维的措施

由于异性纤维是混入棉纤维之中的，而且混入后很难清除，其产生的原因主要是生产管理问题，因此要从源头抓起，加大对异性纤维危害性的宣传，让棉农和加工企业充分认识异性纤维的危害，自觉采取措施避免异性纤维的产生。生产中要做到以下几点。

在棉花采摘、交售环节，禁止使用化纤编织袋等非棉布口袋，禁止使用有色的或非棉性线、绳扎口，推广高架晒棉。

在农户储藏环节，籽棉需与人，以及鸡、鸭、鹅、猪、狗、猫等家禽家畜隔开，做到单独储藏。

在收购、加工环节，发现混有异性纤维的棉花，必须挑拣干净才能收购、加工；籽棉收购时，先倒包检验异性纤维。

加工厂在加工之前应先挑拣异性纤维，然后再加工。

加强加工环节异性纤维的检验工作。

(三) 异性纤维含量检验方法

成包皮棉异性纤维含量是指从样品中挑拣出的异性纤维重量与被挑拣样品重量之比，用 g/t 表示。我国现行细绒棉国家标准对异性纤维含量进行了分档(表 51－9)。

表 51－9　成包皮棉异性纤维含量分档及代号

分　档	代　号	成包皮棉异性纤维含量(g/t)
无	N	0
低	L	＜0.30
中	M	0.30～0.70
高	H	＞0.70

[注]本表为 GB 1103.1—2012《棉花　第 1 部分：锯齿加工细绒棉》。

检验取样时，棉花加工单位在加工过程中，对同一籽棉大垛、同一天、同一条生产线加工的棉包，从皮棉滑道上每 10 包随机一次抽取约 2 kg 样品，全部样品合并作为相应棉包异性纤维含量的检验批样。棉花交易时，要求对批量交易成包皮棉异性纤维进行定量或定性检验的，可由交易有关方面协商确定具体的抽样方法和抽样数量。

异性纤维含量检验仅适用于成包皮棉，采用手工挑拣法。棉花加工单位对从皮棉滑道上抽取的异性纤维检验批样进行检验，其结果作为该批棉样所对应棉包的异性纤维含量检验结果。对异性纤维样品进行称重，计为 G_0(保留 3 位有效数字)，然后人工挑拣异性纤维。将挑拣出的异性纤维称重，计为 G(保留 3 位有效数字)。G/G_0 即为异性纤维含量。检验结果保留两位小数。

九、原棉疵点检验

(一) 原棉疵点概念

原棉疵点是指由于棉花生长发育不良和轧工不良而形成的对纺纱有危害的纤维性物质。锯齿棉疵点包括破籽、不孕籽、索丝、软籽表皮、僵片、带纤维籽屑及棉结 7 种。皮辊棉疵点包括不孕籽、破籽、带纤维籽屑、软籽表皮、僵片、黄根等 6 种。

破籽：轧碎的棉籽壳，面积在 2 mm^2 及以上，带有或不带有纤维。

不孕籽:未受精的棉籽,色白,呈扁圆形,附有少量较短的纤维。

索丝:多根棉纤维相互纠缠呈条索状,从纵向难以扯开。

软籽表皮:未成熟棉籽上的表皮,软薄,呈黄褐色,一般带有底绒。

僵片:从受到病虫害或未成熟的带僵瓣籽棉轧下的僵棉片,或连有碎籽壳。

带纤维籽屑:带有纤维的碎小籽屑,面积在 2 mm^2 以下。

棉结:棉纤维纠缠而成的结点,一般在染色后形成深细点或浅细点。

黄根:由于轧工不良而混入皮棉中的棉籽上的黄褐色底绒,长度一般在 3～6 mm,呈斑点状,故也叫黄斑。黄根重量占试样重量的百分率,称为黄根率。

(二)原棉疵点检测方法

检验应在标准温、湿度条件下进行。从 10 g 锯齿棉试样中,用镊子分别拣取破籽、不孕籽、索丝、软籽表皮和僵片。将拣过以上各项疵点的试样均匀混合后,随机称取 2 g,拣取带纤维籽屑和棉结。从 10 g 皮辊棉试验试样中,用镊子分别拣取破籽、不孕籽、软籽表皮和僵片。将拣过以上各项疵点的试样均匀混合后,随机称取 2 g,拣取带纤维籽屑。从 5 g 皮辊棉试样中,用手将试样一层一层地揭开,发现黄根及时用镊子整块取出,放在黑绒板上。

将拣出的各项疵点分别计数和称取重量。然后分别折算 100 g 皮棉中上述各项疵点的粒数和重量百分率。再将各项疵点每百克皮棉的粒数和重量百分率分别相加,即得每百克锯齿棉或皮辊棉疵点的总粒数和总重量百分率。

十、重 量 检 验

公量检验包括含杂率、回潮率、籽棉公定衣分率的测定以及成包皮棉的公量检验。

(一)含杂率检验

由于我国基层棉花收购检验站点多,目前无法做到每个站点均配备原棉杂质分析仪。因此,GB 1103.1—2012 和 GB 1103.2—2012 规定,在收购检验中,可以机检或估验,估验结果应经常与按 GB/T 6499—2012 进行检验的结果相对照。对估验结果有异议时,以机检结果为准。对于成包皮棉的含杂率检验则应机检。GB 1103.1—2012 和 GB 1103.2—2012 规定,棉花标准含杂率,皮辊棉为 3%,锯齿棉为 2.5%。

(二)回潮率检验

棉花置于一定温、湿度条件下,它将立刻吸湿或放湿,经过一定时间后,其回潮率逐渐趋向一个稳定值,达到动态平衡。不同的棉花回潮率,对于棉花纺织以及棉花贸易有一定的影响。为了计重和核算价格,人为规定了棉花的回潮率,称为公定回潮率。国际上通常使用的公定回潮率为 8.5%。为了与国际接轨,同时也为消除国内棉花贸易中的摩擦,我国细绒棉标准已将我国棉花的公定回潮率定为 8.5%。

棉纤维的回潮率检验有直接检验法和间接检验法。直接检验法有烘箱法、红外辐射法、高频介质加热法和微波加热法。间接检验法有电阻测湿仪测定法和电容测湿仪测定法。直接测定法准确性高,但费时;间接法快速,但不够精确。

棉花回潮率的计算方法如下:

$$R = \frac{G_0 - G}{G} \times 100\% \tag{51-17}$$

式中：R——棉花实际回潮率；G_0——棉花湿重；G——棉花干重。

（三）籽棉公定衣分率检验

籽棉折合皮棉的公定重量检验，每份试样称量 1 kg。籽棉试样用锯齿衣分试轧机轧花，要求不出破籽。将轧出的皮棉称量，称量结果都精确到 1 g。按式(51-18)计算籽棉公定衣分率，一个以上试样时，以每个试样籽棉公定衣分率的算术平均值作为籽棉平均公定衣分率，精确到 0.1%，计算式如下：

$$L = \frac{G}{G_0} \times \frac{(100 - Z) \times (100 + R_0)}{(100 - Z_0) \times (100 + R)} \times 100 \tag{51-18}$$

式中：L——籽棉公定衣分率(%)；G——从籽棉试样轧出的皮棉重量(g)；G_0——籽棉试样重量(g)；Z——轧出皮棉实际含杂率(%)；Z_0——皮棉标准含杂率(%)；R_0——棉花公定回潮率(%)；R——轧出皮棉实际回潮率(%)。

籽棉折合皮棉的公定重量，精确到 0.1 kg，计算式如下：

$$W_L = L \times W_0 \tag{51-19}$$

式中：W_L——籽棉折合皮棉的公定重量(kg)；L——籽棉公定衣分率(%)；W_0——籽棉重量(kg)。

成包皮棉公定重量检验，逐包或多包称量成包皮棉毛重。称量毛重的衡器精度不低于1‰。称量时，应尽量接近衡器最大量程。根据批量大小，从中抽取有代表性的棉包 2～5 包，开包称取包装物重量，计算单个棉包包装物的平均重量，精确到 0.01 kg，计算式如下：

$$W_2 = (W_1 - N \times M)/1\,000 \tag{51-20}$$

式中：W_2——一批棉花净重(t)；W_1——一批棉花毛重(kg)；N——一批棉花棉包数量；M——单个棉包包装物平均重量(kg)。

每批棉花的公定重量，精确到 0.001 t，计算式如下：

$$W = W_2 \times \frac{(100 - \overline{Z}) \times (100 + R_0)}{(100 - Z_0) \times (100 + \overline{R})} \tag{51-21}$$

式中：W——一批棉花公定重量(t)；$\overline{Z}$——一批棉花平均含杂率(%)；$\overline{R}$——一批棉花平均回潮率(%)。

数值修约均按 GB/T 8170 标准执行。

十一、棉花公证检验

棉花公证检验是专业纤维检验机构依据国家标准和相关规范，代表国家实施棉花质量测量并出具检验证书的一项法定检验制度，是我国棉花体制改革的重要组成部分(见第一章)。

棉花公正检验是棉花质量评价和价格确定的基础。经过公证检验的棉花，每包皮棉携带“包”的编码(相当于身份证号码)和系列纤维质量指标，为棉花信息化管理提供了基础条件，有利于保证棉花流通质量，稳定市场交易秩序，也为纺织工厂配棉提供重要质量参考依据。

到2016年，全国建成棉花公证检验实验室89家，总面积达到8万 m^2，其中恒温恒湿面积近3万 m^2，拥有大容量多功能HVI仪器500多台套。

HVI检验内容：主体颜色级(反射率Rd、黄色深度+b)、主体长度及其分布比例、长度整齐度及其分布比例、断裂比强度及其分布比例、马克隆值及其比例等指标。

公证检验还采用现场检验，按照棉花国家标准GB 1103.1—2012《棉花　第1部分：锯齿加工细绒棉》对所有棉包的回潮率和杂质含量进行检验，并出具棉花重量数据。

经过检验棉包都有批号，批号按13位数设置，第1～5位为企业代码，第6～7位为棉花生产年度，第8～10位分别为生产线号、垛号、加工类型，第11～13位为流水号。

中国棉花价格指数CC Index“3128B”所包含的信息，“31”表示颜色级，为颜色类“1”白棉“3”级的记号；“28”为纤维长度第28.0～28.9 mm档的记号，“B”表示马克隆值在B1的3.5～3.6与B2的4.3～4.9范围，以此作为棉花定价与价格增减的基准级别。

经过检验的原棉每包都携带加工厂名称和公证检验机构的名称、包重、杂质和异性纤维含量、回潮率、主体颜色级、主体长度、主体马克隆值、主体断裂比强度和轧花质量等全部信息，信息量大，为棉花信息查询、现货、期货交易、工厂配棉提供服务，也为了解、研究全国棉花质量提供基础性信息。

2017～2018年度，全国棉花公证检验的产棉省(自治区、直辖市)及新疆生产建设兵团10个，参加检验的棉花加工企业1 030家，检验棉花2 337万包，重量528.7万t，其中新疆棉花公证检验重量499.0万t，占总检验量的94.5%。

(撰稿：唐淑荣，熊宗伟；主审：杨伟华；终审：杨伟华)

参 考 文 献

[1] 胡凤玲，刘从九，姜晓悦. 棉纤维检验学. 北京：中国展望出版社，1989:22-50，358.

[2] 中国农业科学院棉花研究所. 中国棉花遗传育种学. 济南：山东科学技术出版社，2003:415-423.

[3] 孙济中，陈布圣. 棉作学. 北京：中国农业出版社，1999:407-425.

[4] 国家标准局纤维检验局. 棉花纤维检验学. 北京：中国标准出版社，1984:103-110.

[5] 徐楚年，董合忠. 棉纤维发育与棉胚珠培养纤维. 北京：中国农业大学出版社，2006:60.

[6] 胡凤玲，刘从九，姜晓悦. 棉纤维检验理论与实务. 北京：中国商业出版社，1996:218.

[7] 丁静贞. 棉检仪器学(第一、二册). 北京：中国商业出版社，1991:369-408.

[8] 金运海. 棉纤维质量检验. 北京：中国商业出版社，2004:258.

[9] 全国棉花质量检验人员执业资格考试专家委员会. 棉花质量检验. 北京：中国计量出版社，2001:387-393.

[10] 范望平. HVI900系统强力测试的特点. 纤维标准与检验，1992(2).

[11] 棉花综合测试仪考察团. 棉花综合测试仪考察报告. 中国纤检，2003(3).

[12] 张保国，唐维. HVI 操作规程和校准规范说明. 中国纤检，2005(11).
[13] 张保国. HVI 测试规范介绍. 中国纤检，2004(2).
[14] 刘从九，徐守东. 棉花检验学. 合肥：安徽大学出版社，2008：77，230.
[15] 黄骏麒，等. 中国棉作学. 北京：中国农业科技出版社，1998：76－84.
[16] 徐水波. GB 1103—2007《棉花细绒棉》宣贯教材. 北京：中国计量出版社，2007：234－235.
[17] 姚穆. 纺织材料学(第二版). 北京：纺织工业出版社，1990：125－140.
[18] 中华人民共和国国家标准，GB 1103.1—2012《棉花　第 1 部分：锯齿加工细绒棉》. 北京：中国标准出版社，2012.
[19] 中国纤维检验局. 中国棉花质量报告(2017/2018 年度). 中国棉麻产业经济研究，2018(3).

第五十二章　棉花副产品的综合利用

棉花作物可谓“浑身是宝”，皮棉作为主产品，是纺织工业的重要原料，副产品棉短绒、棉籽（棉籽油、棉籽饼粕、棉籽壳、棉酚）、棉秆等均可加以利用。据资料分析，每生产 100 kg 皮棉，其相应的综合效益如表 52－1 所示。

表 52－1　棉花主、副产品的综合效益

主、副产品	相应产量(kg)	利用效益
皮棉	100	可织棉布 600 m 左右
棉短绒	14	可生产人造纤维 8～9 kg
棉籽油	26	可供食用，或做化工原料
脱毒棉仁粉	64	可供食用或饲用，蛋白质含量相当于 250 kg 谷物
棉籽壳	60	可培养鲜猴头、鲜平菇、鲜木耳等食用菌 50～60 kg
棉秆	400	可制造牛皮纸 1 令多，或工业用包装纸 150 kg 左右
棉花蜜	15	可供食用或药用
棉根皮	10	可制棉皮浸膏片 1 200 片(每片含原生药 7.5 g)
棉酚	0.9	可制复方醋酸棉酚片 45 000 片(每片含醋酸棉酚 20 mg)

［注］材料引自《中国棉花栽培学》(1983)，有修改。

可以看出，棉花是集粮、棉、油、柴等物质于一体的作物，开发利用好棉花副产品，对有效利用资源，提高植棉效益意义重大。因此，世界各国都在积极研究和开发利用棉副产品，并取得了重要进展和良好效果。

第一节　棉短绒的利用

棉短绒是轧花以后留在棉籽壳上的短纤维。棉籽在硫酸脱绒加工前或榨油前都要经过剥绒机剥绒。第一次剥下的称为一道绒（头道绒），长度在 12～16 mm 之间；第二次剥下的为二道绒，长度在 12 mm 以下；第三次剥下的为三道绒，长度不足 3 mm。每 100 kg 棉籽可剥短绒 7～10 kg，其中头道绒约占 10%，二道绒占 60%上下，三道绒占 30%左右。棉短绒是重要的工业原料，用途非常广泛。

一、头道绒的利用

（一）纺粗纱

头道绒又称一类绒，可以用来纺织 48～96 号粗纱，用来生产棉毯、绒衣、绒布、烛芯、灯芯等产品。通常 1 t 头道绒可生产约 530 条棉毯。

（二）制造高级纸

用棉短绒制成的棉浆粕是造高级纸的优质原料，可用以生产钞票纸、打字蜡纸、铜版纸以及坚固绝缘的钢纸等。每 100 kg 棉短绒，约可生产 70 kg 钢纸或 20 令高级纸。1985 年江苏全省用于造纸的棉短绒约为 1 500 万 kg，其中连云港造纸厂年用量为 750 万 kg，生产纸浆 5 000 t。山东省一家造纸厂用 1 t 短绒可生产纸浆 600 kg，再配以等量的木浆可生产高级纸 1 492 kg，工艺简单、易漂白、纤维强度高、产品质量好。

二、二道绒的利用

二道绒经浓硝酸和浓硫酸处理可制得硝化纤维（纤维素硝酸酯）。一般以产物中含氮的百分数来表示酯化程度。含氮小于 11％的称低氮硝棉，用乙醇胶化后与樟脑共热制得赛璐珞，可以制成梳子、纽扣、钢笔杆、乒乓球等产品；含氮在 11％～13％的称中氮硝棉，溶于乙醇与乙醚的混合溶剂中制成珂珞酊（又称火棉胶），用于封瓶口、作喷漆及照相底片等；含氮大于 13％的称高氮硝棉，不溶于乙醇和乙醚混合物中，俗称火药棉，用来制造无烟火药。1 t 二道绒可配制喷漆 2.5 t。100 kg 二道绒制成的无烟火药可装子弹 10 万发或炮弹 20～24 发。1.5 t 二道绒可生产 1 t 人造丝。

三、三道绒的利用

（一）制造醋酸纤维及黏胶纤维

三道绒经醋酐和硫酸处理后制成醋酸纤维；经氢氧化铜浓氨水处理后制得铜铵纤维。每 100 kg 三道绒可制各种人造纤维 60～70 kg。新乡市化纤厂利用棉短绒生产人造纤维，再用以制造人造丝和人造毛。仅从短绒原料制成人造纤维，产值即可增加 8 倍。醋酸纤维除制造人造丝、人造毛之外，还可用来制造电影胶片、X 光照相底片等。

（二）制造无纺布

用棉短绒制造无纺布（非织造织物）是近年来的新技术。无纺布是一种不需要纺纱织布而形成的织物，将纺织短纤维或者长丝进行定向或随机排列，形成纤网结构，然后采用机械、热粘或化学等方法加固而成。无纺布产品的用途非常广泛，可作工业用抛光布、绝缘材料、土建织物、人造革底布；家用装饰布，如床单、床罩、窗帘、沙发布、贴墙布、地毯等；服装用布，如衬里、衬领、尿布；卫生用布，如手术衣、色布、绷带、病员服、妇女卫生巾、病床垫等。此类产品销售量大面广，国内外都有较大的销路，经济效益也较高。据中国产业研究报告网（http://www.chinairr.org）报道，2011 年我国生产无纺布达 185 万 t，居世界首位。国外还利用三道绒制成土壤改良剂。

（三）制造葡萄糖及乙醇

由于短绒是由葡萄糖缩合而成的大分子材料，在浓酸（如浓硫酸）或生物酶的催化作用下发生水解反应即可制得葡萄糖液。葡萄糖液加入适当的酒化酶，pH 控制在 4～5 之间，在隔绝空气的情况下发酵 3 d，便可制得乙醇及少量杂醇。乙醇经精馏可提纯到 95％。副产品二氧化碳经压缩装瓶可制成干冰，作灭火剂或制冷剂。副产品杂醇油还可以分离出异戊醇，是医药和香料的原料,也可作油漆及溶剂的稀释剂。

(四)制造纤维素醚类

纤维素醚类属于精细化工产品,是近年新发展起来的一个棉花副产品加工分支。美国赫格里斯公司及其分公司现已生产该类产品达十几个品种和几十个系列,都成为畅销产品,其原料便是棉短绒。例如:用棉短绒与环氧乙烷反应,可制得羟乙基纤维素,其工艺流程如下。

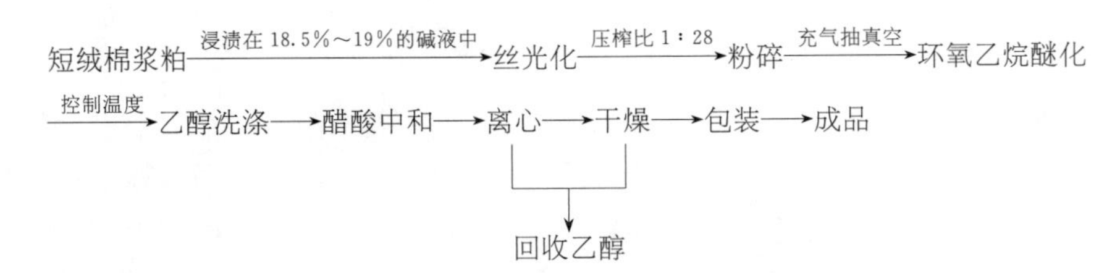

棉短绒与一氯醋酸作用,可制得甲基纤维素,其工艺流程如下。

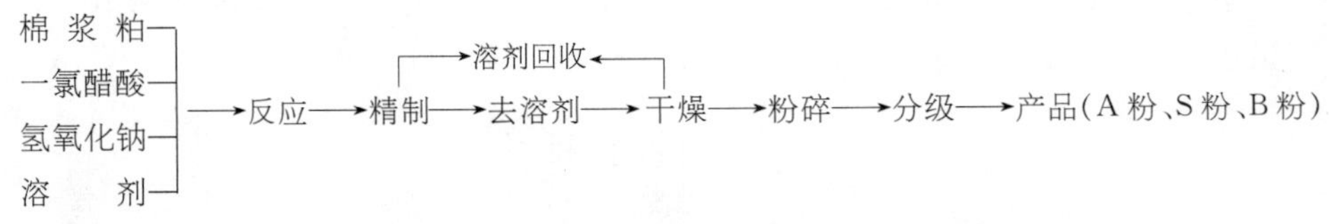

(A粉:一般作用;B粉:合成洗涤剂用;S粉:建筑用)

生产这类产品工艺过程简单,经济效益显著,用途很广。该类产品具有增稠、分散、悬浮、黏合、成膜、保护胶体、保持水分的作用,广泛用于化工、纺织、石油开采、造纸、建筑、食品、饲料、涂料、合成树脂等方面。

纤维素醚类部分产品在国内已经投产,如河北省晋县化工一厂生产羟丙基甲基纤维素和甲基纤维素,质量达到国外同类产品水平,产品的利润很高。

河北省正定县兆通化工厂利用棉短绒经机械加工、化学处理、酸化、脱水、烘干等工艺过程制成精制棉。它是加工生产醋酸纤维素、三硝基纤维素酯及纤维素醚类的原料。

山东高密化学纤维总厂每年利用棉短绒生产棉浆粕4 000多t,用于化工、医药、轻纺等方面。聊城制药厂用棉浆粕制取微晶纤维素,用于医药片剂生产,年产50 t,利润较好。制取微晶纤维素的工艺流程如下。

棉短绒→棉浆→水解→漂洗→离心分离→粉碎→烘干→粉碎→计量包装→成品

另外,轧花过程中的土废绒一般约占皮棉量的2%。山东省农业科学院土壤肥料研究所利用土废绒作食用菌培养基,每10 kg土废绒可产鲜菇8.8 kg。由于土废绒培养料的温度比棉籽壳料要高,所以培植的菌成熟也较早。

第二节 棉籽壳的利用

棉籽壳含多缩戊糖22%~25%,纤维素37%~48%,木质素29%~32%,以及少量的氮、磷、钾。在棉籽壳中还夹杂有棉籽仁的碎粒,因而还含有蛋白质、脂肪、碳水化合物、粗纤维等成分。我国从20世纪70年代就开始用棉籽壳作食用菌的培养料,现在在广大棉区仍十分普及。棉籽壳还是多种化工产品的原料。

一、作食用菌的培养料

由于食用菌生长主要靠培养料中的纤维素、木质素、碳水化合物、蛋白质、矿物质等作为养分,棉籽壳是理想的培养料。实践证明,用棉籽壳培养食用菌,栽培容易、污染率低,在菌丝生长率、杂质控制和产品产量与质量等方面都好于稻草、麦秸、玉米芯、木屑等其他培养料。用棉籽壳作培养料具有广谱性,可用来生产平菇、香菇、草菇、金针菇、双孢菇、滑菇、银耳、黑木耳、猴头菇、灵芝等。

(一) 平菇培养料

棉籽壳50 kg,尿素0.1 kg,过磷酸钙1 kg,石灰0.25 kg,多菌灵0.05～0.1 kg,水55～65 kg,pH 7～7.5。制作时,先将尿素、石灰、多菌灵放入水中,充分搅拌均匀;磷肥磨碎后撒在棉籽壳上,然后将混合液与固体料翻拌均匀。拌好后的培养料用手握紧,以指缝间有水而不滴下来为准,再用pH试纸测试酸碱度,合格后即可装袋。

(二) 香菇培养料

棉籽壳82%,麸皮16%,石膏1.5%,石灰0.5%,另加水110%～120%,pH 5～6.5。拌料时,在水泥地上将棉籽壳堆成圆锥形,均匀撒上麸皮、石膏、石灰等辅料,混合均匀。然后向干料中徐徐加水,充分搅拌均匀,用手紧握培养料,指缝有水渍为度,切忌用水过多。培养料拌好后闷堆半小时,即可装袋。用直径15 cm、长55 cm的聚乙烯塑料袋装料。装料前先把塑料袋的一端用线绳扎紧,封好口,再将配好的料装入袋内。装袋时要用力均匀,上下松紧一致,边装边压实,袋面要平,装满后将袋口用绳子扎紧,并烧熔密封。然后装入消毒锅内灭菌。以常压灭菌为好,灭菌温度为98～100 ℃,保持10～12 h。

(三) 草菇培养料

在棉籽壳中加入0.2%的尿素、0.5%的过磷酸钙、2%的石灰、0.2%的多菌灵。按料水比1∶1.5加水。培养料可装入塑料薄膜中,也可铺在地上接菌培养。

(四) 金针菇培养料

棉籽壳98%,尿素0.5%,磷酸氢二钾0.5%,石灰1%。按料水比1∶1.2加水,拌匀后分装于17 cm×38 cm聚丙烯袋中,每袋装干料0.25 kg。高压蒸汽灭菌2 h,或常压蒸汽灭菌6～8 h。

(五) 双孢菇培养料

棉籽壳99%,尿素1%,按1∶1.4加水。栽培双孢菇的培养料需堆制发酵,使之变得松软,保水、通气性能增强,还可将料内杂菌和虫卵杀灭,起到灭菌作用。

(六) 滑菇培养料

棉籽壳78%,麸皮20%,石膏1%,蔗糖1%,料水比为1∶1.4,拌匀后装箱。箱长60 cm,宽35 cm,深10 cm,每箱装湿料7 kg(折合干料重3～3.5 kg)。高压蒸汽灭菌2 h,或常压蒸汽灭菌 2～4 h。

(七) 银耳培养料

棉籽壳 100 kg,麸皮 20 kg,黄豆粉 2 kg,蔗糖 1.5 kg,石膏粉 2 kg,硫酸镁 0.5 kg,加水 120～130 kg。先将麸皮、黄豆粉、石膏粉混合,蔗糖、硫酸镁溶于水中,然后再和棉籽壳拌匀。装料使用聚丙烯塑料筒,膜厚 0.05 mm,筒宽 12～14 cm,长 50 cm,一端热合密封成袋状,将袋底两角折进袋内以防破裂。装料时,边装边压实,装至距袋口 5 cm 处,用棉线扎口或用火焰烧熔封严。将料袋轻轻拍扁,等距在袋上打 4 个接种口,孔径 2 cm,深 1.5 cm,然后用 3 cm×3 cm 的胶布将接种口封严,装进灭菌锅进行蒸汽灭菌。高压蒸汽灭菌 2 h,或常压蒸汽灭菌 6～8 h。

(八) 黑木耳培养料

棉籽壳 80%,麦皮或米糠 17%,蔗糖 1%,过磷酸钙 0.5%,石膏 1.5%,料水比 1∶(1.2～1.3)。培养料要充分搅拌,混合均匀,含水量掌握在 60%左右,pH 调到 6.5,然后闷半小时即可装袋。袋的直径 17 cm,长 33 cm,厚 0.006～0.008 cm。装料时要逐层压紧,上下松紧适中。注意轻拿轻放,防止袋子破损。装料后,在袋口套上颈圈,塞好棉塞,包扎后即可进行灭菌。采用高压锅,在 1.5 kg/cm^2 压力下灭菌 1.5～2 h。常压锅灭菌时在 100 ℃保持 6～8 h,熄火后闷置一段时间取出。

(九) 猴头菇培养料

棉籽壳 98%,蔗糖 1%,石膏粉 1%,料水比 1∶1.2,pH 自然。先将蔗糖和石膏粉溶入水中,再与棉籽壳拌匀。将拌好的培养料装袋,每袋装料折干重约 400 g,用棉线扎紧袋口。每袋打 1 个接种穴,用 3.5 cm×3.5 cm 的胶布封口,常压灭菌 8 h。

(十) 灵芝培养料

棉籽壳 73%,麦麸 25%,蔗糖 1%,石膏 1%,培养料含水 60%～65%。采用 750 ml 广口瓶或罐头瓶装料。装料时用木棒稍加捣紧,掌握上紧下松,最后用手下压,使培养料距瓶口 2～3 cm 。在瓶中央用锥形木棒扎孔,双层塑料膜封口。1.5 kg/cm^2 高压灭菌 2 h,若用常压灭菌则需 8～10 h。

二、作化工原料

(一) 制取活性炭

活性炭是医药、化工业的脱色净化剂和水处理剂,也是有机合成的催化剂或催化剂载体。棉籽壳含木质素 30%左右,可用来制取活性炭,所用设备有炭化炉、活化炉、粉碎机、淋洗桶、烘干炉及球磨机。工业用活性炭的细度一般为 100 目左右。

(二) 制取糠醛

棉籽壳含多缩戊糖 22%～25%,将其与 5%的稀硫酸混合,在一定温度下(直接蒸汽 220～230 ℃)进行蒸煮水解,经 6.5～7 h,生成戊糖,戊糖再进一步脱水,便制得一种重要的化工原料糠醛。其工艺流程如下。

棉籽壳 → 粉碎 → 加硫酸水解 → 加纯碱中和 → 蒸馏 → 冷凝 → 分离 → 精制 → 成品

糠醛是一种优良的选择性溶剂,用途广泛:可用于精制石油,成为合成醇酸树脂的原料;可制糠醛苯酚树脂;可用于合成塑料、涂料、黏合剂、合成橡胶、农药(马拉松、杀枯定、抗螟磷等);可制呋喃西林、呋喃丙胺、呋喃抗癌药等多种药物;还可用于国防工业制造火箭发射药,如四二氟胺四氢呋喃等。

糠醛加氢(采用镍催化剂)制得四氢糠醇,是多种树脂、油脂、清漆等的良好溶剂,可作塑料及合成纤维的增塑剂。

(三) 制取乙酰丙酸及植物激素

糠醛渣中含有大量纤维素及木质素,将纤维素进行二次水解,可制得葡萄糖,葡萄糖脱水,转化成乙酰丙酸。乙酰丙酸也是重要的有机化工原料,由它可以制得果酸糖钙、人造血浆、罐头壁涂料、电泳漆、耐寒增塑剂、亮光油墨、滤芯材料等 40 多种产品。

制造乙酰丙酸后的废渣,经稀硝酸处理,再用氨水中和后,可制得邻醌植物激素。施用这种激素,能促进植物的氧化还原反应,可使水稻、小麦、棉花、茶树等作物早熟增产。

(四) 制取木糖及木糖醇

棉籽壳经酸水解后生成的戊糖中有 90%的木糖,用酵母发酵除去其他糖分,浓缩后即得木糖,其工艺流程如下。

$$\text{多缩戊糖} \rightarrow \text{稀硫酸水解} \rightarrow \text{脱色} \rightarrow \text{浓缩} \xrightarrow{(200\ ^\circ\text{C},\ 1 \sim 2\ \text{h})} \text{结晶}$$

木糖醇主要用作甜味剂,是糖尿病人的营养剂和治疗剂;此外还可用于国防、皮革、塑料、涂料、日用化工等方面。

(五) 制取苯酚及苯

棉籽壳中的木质素是由碳、氢、氧三种元素组成的芳香物质,其结构很复杂,据国外报道,木质素经氧化或氢解可转化成酚类,得率可达 50%;烷基酚及多元酚经脱烃、脱羟,可制得苯酚和苯,得率分别为 20%及 14%。

(六) 制取丙烯酸、丙酮

棉籽壳中含有 37%~48%的纤维素,经酸水解或酶水解制得葡萄糖。以葡萄糖作原料,选择适当的菌种,可直接发酵制得乳酸,由乳酸进一步制得丙烯酸;或从葡萄糖直接发酵制得丙酮、丁醇、丁酸、异丙醇等。

第三节　棉籽油的加工与利用

棉籽中含有丰富的油脂,剥绒后的棉籽含油率一般在 18%~20%,脱壳后的棉籽仁含油率高达 35%以上,能与花生、油菜籽媲美。棉籽油是由几种脂肪酸的甘油酯所组成,不饱和脂肪酸占 70%以上,其中双烯脂肪酸——亚油酸占 50%以上。亚油酸是人体合成磷脂、胆固醇脂、细胞膜和前列腺素的重要营养成分。它还有降低血液中胆固醇,防止冠状动脉粥样硬化的重要作用。因此,与其他几种主要食用油相比,棉籽油堪称高品质的食用油(表 52-2)。

表 52-2　几种主要食用油脂的脂肪酸组成比较

(单位:%)

食用油种类	饱和脂肪酸			单烯脂肪酸			双烯脂肪酸	三烯脂肪酸	其他脂肪酸
	豆蔻酸	软脂酸	硬脂酸	油酸	花生烯酸	芥酸	亚油酸	亚麻酸	
棉籽油	—	24.6	2.6	16.5	—	—	55.6	—	0.7
豆油	—	10.6	4.1	20.5	—	—	52.2	10.6	2.0
芝麻油	—	8.3	4.2	40.4	—	—	43.7	2.9	0.5
花生油	—	11.4	3.0	41.2	1.3	—	37.6	—	5.5
菜籽油	—	3.0	1.5	16.6	8.9	48.5	14.2	7.3	—
猪油	2.2	25.9	14.6	43.6	0.2	—	8.3	0.2	5.0
黄油	9.0	23.6	12.5	28.1	—	—	3.6	1.3	12.9

[注] 引自《中国棉花栽培学》(1983)。

一、棉籽制油工艺

棉籽榨油前,必须先用清子机清除杂质,再用脱壳机脱去籽壳,然后将棉籽仁送入粉碎机粉碎。传统热榨法,主要靠榨油机的压力挤出棉仁中的油脂,一般出油率仅为30%左右,棉仁饼中残油量较高,损失油脂15%～20%。20世纪80年代,我国开始引进预榨—浸出制油工艺,对棉籽仁先进行预榨,然后再用轻汽油或已烷等有机溶剂浸提。这一工艺的出油率比热榨法约提高5%,棉仁饼粕中的残油量降低到1%以下。1988年,山东省供销合作社与美国的卡吉尔(Cargill)公司合资兴建的国内第一座日加工300 t棉籽的预榨—浸出油厂,即山东—卡吉尔有限公司,采用当时世界上先进的制油工艺和设备。至90年代,又发展了将油脂直接浸出的制油新工艺。1996年,山东省金乡县建立的日加工160 t棉仁油直接浸出车间投产,取得了显著的经济效益和社会效益。同年5月,山东渤海油脂工业有限公司投资8 700万元,引进比利时迪斯美De Smet集团具有20世纪90年代先进水平的全封闭连续精练成套设备,于1997年正式投产。该工艺将榨油与精炼结合为一体,可直接生产高级烹调油、色拉油、调和油等。

(一) 热榨法

热榨法的设备有动力螺旋榨油机、人力螺旋榨油机和水压机等。热榨前要对粉碎的棉仁粉进行蒸炒,温度最高达125～128 ℃。热榨法工艺流程如下。

毛棉籽→筛选→风选→脱绒→剥壳→壳仁分离→仁→软化→轧胚→蒸炒→调节蒸炒→压榨→毛油

(壳仁分离↓壳;压榨↓饼)

(二) 预榨—浸出法

先用榨油机榨出一部分油脂,然后再用浸出法提取剩余部分油脂。其工艺流程如下。

毛棉籽→筛选→风选→脱绒→剥壳→壳仁分离→仁→软化→轧胚→蒸炒→调节蒸炒→预榨→毛油

(壳仁分离↓壳;预榨↓)浸出毛油←溶剂浸提←预榨饼

(三) 直接浸出法

工艺流程如下。

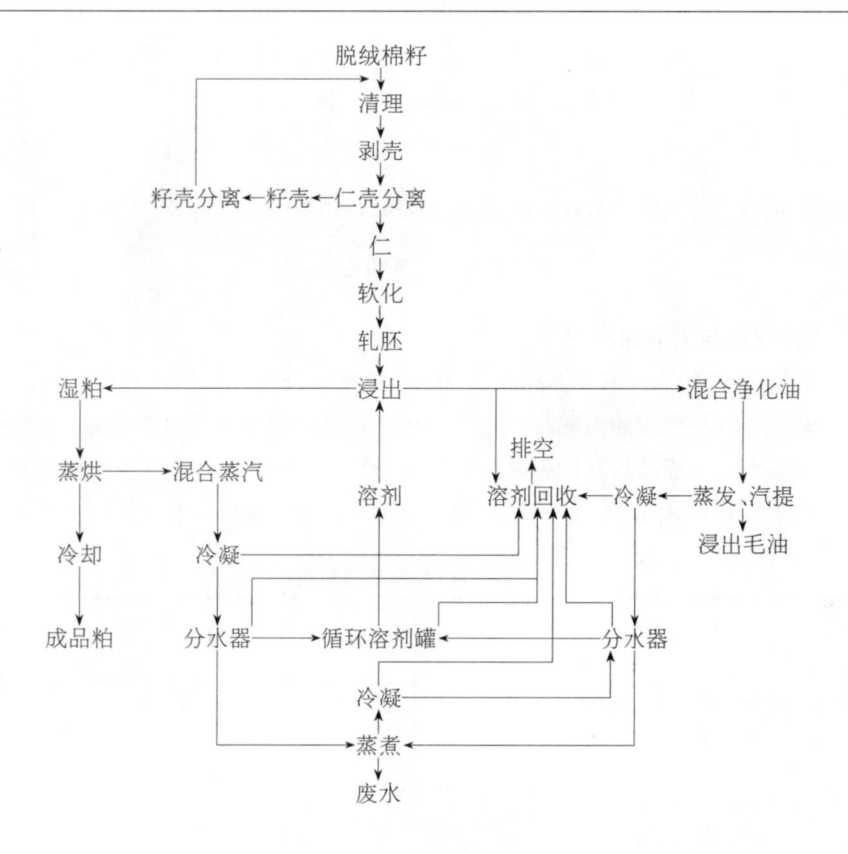

二、棉籽油的精炼

以上工艺榨出的油脂称作毛油。毛油含杂质较多,颜色较黑,味道较差(含游离脂肪酸),还含有对人体有害的成分(如棉酚)。过去,曾有不少地方的群众因食用毛棉油而发生多起中毒事件。因此,毛棉油必须经过精炼才能食用。精炼的目的在于除去油脂中的磷脂、脂肪酸、棉酚及其他杂质,以提高油脂的质量和使用价值,并有利于贮藏。根据精炼油用途的不同,可采用不同的精炼方法,其基本流程如下。

(一)普通油精炼工艺

毛油→过滤→预热→水化→加碱→沉淀→水洗→脱水→过滤→精炼棉油

↓（水洗）

皂化→盐析→静置沉淀→回收油

↓（静置沉淀）

皂脚

(二)高级烹调油精炼工艺

毛油→过滤→检测酸值→升温加水→加碱中和→静置沉淀→加水洗涤→静置分离→吸附脱色→过滤→脱臭→过滤→高级烹调油

↓（静置沉淀）

皂脚

(三)色拉油精炼工艺

在生产高级烹调油的脱臭工序之后增加脱脂(蜡)工序。

脱臭棉籽油→冷却结晶→养晶→ 过滤→含蜡软脂 / →棉籽色拉油

精炼棉籽油经加氢处理，制成固态的氢化棉油，可做人造奶油、起酥油等。

三、棉籽油的质量标准

（一）棉籽原油与成品棉籽油

按国家标准 GB 1537—2003《棉籽油》的规定，棉籽油分为棉籽原油和压榨成品棉籽油、浸出成品棉籽油三类。棉籽原油指棉籽经直接压榨制取或经浸出工艺制取的油，未经任何处理，不能直接供人类食用。成品棉籽油则是指经处理、符合标准成品油质量指标和卫生要求的、直接供人类食用的棉籽油。棉籽原油和成品油的质量指标如表 52 - 3 和表 52 - 4 所示。

表 52 - 3　棉籽原油质量指标

项　　目	质量指标
气味、滋味	具有棉籽原油固有的气味和滋味，无异味
水分及挥发物(%)　≤	0.20
不溶性杂质(%)　≤	0.20
酸值(KOH)(mg/g)　≤	4.0
过氧化值(mmol/kg)　≤	7.5
溶剂残留量(mg/kg)　≤	100

［注］材料引自 GB 1537—2003。

表 52 - 4　成品棉籽油质量指标

项　目	质量指标		
	一级	二级	三级
色泽　(罗维朋比色槽 25.4 mm)≤	—	—	黄 35　红 8.0
(罗维朋比色槽 133.4 mm)≤	黄 35　红 3.5	黄 35　红 5.0	
气味、滋味	无气味、口感好	气味、口感良好	具有棉籽油固有的气味和滋味，无异味
透明度	澄清、透明	澄清、透明	—
水分及挥发物(%)　≤	0.05	0.05	0.20
不溶性杂质(%)　≤	0.05	0.05	0.05
酸值(KOH)(mg/g)　≤	0.20	0.30	1.0
过氧化值(mmol/kg)　≤	5.0	5.0	6.0
加热试验(280 ℃)	—	—	无析出物，罗维朋比色：黄色值不变，红色值增加值小于 0.4
含皂量(%)　≤	—	—	0.03
烟点(℃)　≥	215	205	—
冷冻试验(0 ℃储藏 5.5 h)	澄清、透明	—	—
溶剂残留量(mg/kg)　浸出油	不得检出	不得检出	≤50
压榨油	不得检出	不得检出	不得检出

［注］材料引自 GB 1537—2003。划有“—”者不做检测。压榨油和一、二级浸出油的溶剂残留量检出值小于 10 mg/kg 时，视为未检出。

(二) 棉籽高级烹调油

高级烹调油是将普通食用油再加工成的精制食用油。它的外观澄清、透明、色泽淡黄，比一般食用油色浅，无一般食用油存在的油料固有气味和口味，水分、杂质、酸价、过氧化值和酸值比一般食用油低，用于烹调不起沫、油烟少，是色味俱佳、营养丰富的高档食用油。主要作烹调用油，煎、炒、炸各种菜肴，也可做人造奶油、起酥油、调和油的原料。

GB 9850.2—1988《棉籽高级烹调油》规定的质量标准如表 52－5 所示，该标准与 GB 1537—2003《棉籽油》中的二级成品油相当。

表 52－5　棉籽高级烹调油质量标准

项　目	质量指标	项　目	质量指标
透明度	澄清、透明	酸价(KOH)(mg/g)　⩽	0.50
气味、滋味	无气味、口感好	过氧化值(mmol/kg)　⩽	5.0
色泽(罗维朋比色槽 133.4 mm)　⩽	黄 35　红 5.0	不皂化物(%)　⩽	1.5
水分及挥发物(%)　⩽	0.05	烟点(℃)　⩾	210
杂质(%)　⩽	0.05		

[注] 材料引自 GB 9850.2—1988《棉籽高级烹调油》。

(三) 棉籽色拉油

色拉油俗称凉拌油，是将毛油经过精炼加工而成的精制食用油，可用于生吃，因特别适合用于西餐"色拉"凉拌菜而得名。色拉油呈淡黄色，澄清、透明、无气味、口感好，用于烹调时不起沫、烟少，在 0 ℃条件下冷藏 55 h 仍能保持澄清、透明，除作烹调、煎炸用油外，主要用于冷餐凉拌油，还可以作为人造奶油、起酥油、蛋黄酱及各种调味油的原料油。色拉油一般选用优质油料先加工成毛油，再经脱胶、脱酸、脱色、脱臭、脱蜡、脱硬脂等工序成为成品。色拉油的包装容器应专用、清洁、干燥和密封，符合食品卫生和安全要求，不得掺有其他食用油和非食用油、矿物油等。

GB 9849.2—1988《棉籽色拉油》规定的质量标准如表 52－6 所示，该标准与 GB 1537—2003《棉籽油》中的一级成品油相当。

表 52－6　棉籽色拉油质量标准

项　目	质量指标	项　目	质量指标
透明度	澄清、透明	酸价(KOH)(mg/g)　⩽	0.30
气味、滋味	无气味、口感好	过氧化值(mmol/kg)　⩽	5.0
色泽(罗维朋比色槽 133.4 mm)　⩽	黄 35　红 3.5	不皂化物(%)　⩽	1.5
水分及挥发物(%)　⩽	0.05	冷冻试验(0 ℃冷藏 5.5 h 以上)	澄清、透明
杂质(%)　⩽	0.05	烟点(℃)　⩾	220

[注] 材料引自 GB 9849.2—1988《棉籽色拉油》。

GB 2716—2005《食用植物油卫生标准》中规定，棉籽油中游离棉酚的含量应⩽0.02%。

GB 2763—2005《食品中农药最大残留限量》中规定的棉籽油中，不同农药品种的最大残留限量如表 52－7 所示。

表 52-7 棉籽油中农药最大残留限量

(单位:mg/kg)

农药种类	最大残留限量	农药种类	最大残留限量
双甲脒	0.05	草甘膦	0.05
丙硫克百威	0.05	吡氟甲禾灵	1.0
毒死蜱	0.05	久效磷	0.05
氯氟氰菊酯	0.02	对硫磷	0.1
三氯杀螨醇	0.1	甲基对硫磷	0.1
乐果	0.05	氯菊酯	0.1
敌草快	0.05	伏杀硫磷	0.1
乙硫磷	0.5	腐霉利	0.5
倍硫磷	0.01	丙溴磷	0.05
氰戊菊酯	0.1	克螨特	0.1
氟氰戊菊酯	0.2	五氯硝基苯	0.01
氟胺氰菊酯	0.2	硫双威	0.1

[注] 材料引自 GB 2763—2005《食品中农药最大残留限量》。

四、棉籽油的综合利用

棉籽油除了食用之外,还是重要的化工原料,在轻工、医药等方面有广泛的应用。

(一) 生产润滑油

将棉籽油与少量稀有金属的有机盐混合,可制成机械用润滑油。

(二) 生产生物柴油

生物柴油是以动、植物油脂为原料制成的液体燃料,是清洁的可再生能源。生物柴油于1988年诞生,由德国聂尔公司发明。它是以菜籽油为原料、提炼而成的洁净燃油。生物柴油突出的环保性和可再生性,引起了世界发达国家尤其是资源贫乏国家的高度重视。近年来,西方国家为发展生物柴油,在行业规范和政策鼓励下采取了一系列积极措施,加大生物柴油商业化投资力度,使生物柴油的投资规模增大,开工项目增多。美国、加拿大、巴西、日本、澳大利亚、印度等国都在积极发展这项产业。与常规柴油相比,生物柴油具有下述无法比拟的性能:一是具有优良的环保特性。生物柴油不含硫、铅、卤素、芳香烃类等有害物质,因而排放的废气对人体损害小。同时,由于生物柴油含氧量高,燃烧时排烟少,一氧化碳的排放也大大减少。另外,生物柴油的生物降解性高,不会对环境造成危害。二是不含石蜡,低温流动性好,具有较好的低温发动机启动性能,适用区域广泛。三是具有较好的润滑性能,使喷油泵、发动机缸体和连杆的磨损率低,使用寿命长。四是闪点较石化柴油高,不属于危险品,在运输、储存、使用方面的安全性好。五是生物柴油十六烷值高,使其燃烧性与抗爆性能好于石化柴油。六是具有较高的运动黏度,在不影响燃油雾化情况下,更容易在汽缸内壁形成一层油膜,从而提高运动机件的润滑性,降低机件磨损。七是可按一定比例与石化柴油调和使用,也可单独使用,并且无须改动柴油机和另外添设加油设备、储存设备及人员的特殊技术训练。八是可再生能源,通过农业和生物科学家的努力,可供应量永不枯竭。

在研究与开发生物柴油的过程中,主要采用菜籽油和大豆油作原料。在我国食用油生产和消费中,按数量排名依次是大豆油、菜籽油、花生油和棉籽油。以棉籽油生产生物柴油有以下几个优势。

(1) 石化柴油的碳链长度分布在 C_{15}～C_{18},而棉籽油中的脂肪酸的碳链长度99%集中在 C_{16} 和 C_{18},两者的碳链非常相近。因此,棉籽油具有生产生物柴油的良好化学基础。

(2) 在以上几种植物油中,前三种的价格都高于棉籽油。因而,用棉籽油生产生物柴油比用其他油在经济上更划算。

(3) 对棉花而言,皮棉是主产品,棉籽油是副产品。目前棉花科研和生产的主攻方向是皮棉产量和纤维品质。如果将棉花也作为一种能源作物,育种和栽培专家还可在不损失皮棉产量和纤维品质的前提下,进一步提高棉花种子的含油量,从而提高棉籽油的总产量,降低棉籽油的生产成本。同时也提高了植棉综合效益,增加农民收入。

目前生物柴油主要用化学法生产,采用植物油与甲醇或乙醇在酸或碱性催化剂和适当温度下进行酯化反应,生成相应的脂肪酸甲酯或脂肪酸乙酯生物柴油。再经洗涤干燥获得生物柴油,反应简式如下。另外,科研人员还在研究用生物酶法转化生物柴油的技术。

$$\begin{array}{l} R_1COO\text{—}CH_2 \\ \qquad\qquad | \\ R_2COO\text{—}CH \\ \qquad\qquad | \\ R_3COO\text{—}CH_2 \end{array} + HCOOH(CH_3COOH) \longrightarrow RCOOCH_3 + \begin{array}{l} CH_2OH \\ | \\ CHOH \\ | \\ CH_2OH \end{array}$$

棉籽油　　甲醇(乙醇)　　生物柴油　甘油

式中,R、R_1、R_2、R_3 代表不同的烃基,碳链为 C_{16} 或 C_{18}。反应温度为45 ℃,催化剂用量为1.1%,醇油摩尔比为6∶1,反应时间为60 min。

甘油作为制取生物柴油的副产品,经提出纯化,也有很重要的利用价值。纯净的甘油是一种无色、有甜味的黏稠液体,由于其具有许多重要的物理化学性质,是用途非常广泛的化工原料,可用于生产食品、医药、化妆品、牙膏、涂料、炸药、玻璃纸、绝缘材料等。

反应中过量的甲醇或乙醇可通过蒸馏回收,反复利用。

从棉籽油制取生物柴油的工艺流程如下。

棉籽油→预处理 $\xrightarrow[\text{甲醇}]{\text{催化剂}}$ 酯交换→上层洗涤干燥→后处理→蒸馏→生物柴油

酯交换↓

下层蒸馏→回收甲醇→釜液蒸馏→甘油

近年来我国每年植棉534万 hm^2 左右,棉籽产量在1 000万 t上下,可榨油约150万 t。棉籽油是棉花生产的副产品,也是市场上最便宜的一种食用油,利用棉籽油生产生物柴油,既可最大限度地利用宝贵资源,又可提高棉副产品利用率,还有利于保护生态环境,可谓一举多得,因而其意义重大,前景广阔。

(三) 生产肥皂

棉籽油与氢氧化钠溶液发生皂化反应,生成肥皂和甘油,反应简式如下。

$$\begin{array}{l} R_1COO\text{—}CH_2 \\ \qquad\qquad | \\ R_2COO\text{—}CH \\ \qquad\qquad | \\ R_3COO\text{—}CH_2 \end{array} + NaOH \longrightarrow RCOONa + \begin{array}{l} CH_2OH \\ | \\ CHOH \\ | \\ CH_2OH \end{array}$$

棉籽油　　氢氧化钠　　肥皂　　甘油

其工艺流程如下。

棉籽油 —30% NaOH→ 皂化 —NaCl→ 盐析 —NaOH（水、松香）→ 整理 —泡花碱→ 调和 —冷凝→ 成型 ——→ 肥皂

盐析 ↓ 甘油

（四）生产醇酸调和漆

以棉籽油、桐油、汽油、苯酐、甘油等为主要原料，可生产醇酸调和漆。

（五）制取天然维生素 E 和植物固醇

维生素 E 的机能是多种多样的，已被广泛用于医药、食品、饲料和化妆品等领域。近年来，国内外消费者对维生素 E 的保健功能十分重视，联合国粮农组织和世界卫生组织都建议人体每天补充适量的维生素 E 以满足需求。由于天然维生素 E 资源较少，目前在世界范围内，不管是食品、饲料中添加的或医药上使用的维生素 E，主要来源于化学合成。棉籽油中含有较丰富的天然维生素 E，而且 α 和 γ 两种类型平衡，有较高的开发利用价值。据报道，棉籽油中维生素 E 的含量为 600～900 μg/g，花生油为 260～360 μg/g，芝麻油在 300 μg/g 以下，猪油和牛油为 12～13 μg/g。维生素 E 在化妆品和抗衰老保健品中的应用也非常走俏。棉籽油中还含有较高的植物固醇。植物固醇可竞争性抑制胆固醇在人体内的积累，对防治心血管疾病和动脉粥样硬化有较好疗效。

从植物油制备天然维生素 E 的方法有酯化/蒸馏组合工艺、超临界流体萃取技术、分子蒸馏技术。河北医科大学中医学院和中国农业科学院棉花研究所发明了一种用乙醇和正己烷进行双萃取的工艺，其主要步骤包括：醇提、分相、回流皂化、正己烷萃取、水洗、冷冻并除去沉淀、浓缩蒸馏等。该工艺先以无水乙醇萃取，然后皂化，再以正己烷萃取的流程，不仅可大大降低原材料氢氧化钠和正己烷的消耗，而且提取物的纯度高，提取后的无酚棉油仍可食用，同时还可以得到有医用价值的植物固醇作为副产品。

（六）制取脂肪酸

棉籽油经催化水解，可制取软脂酸、油酸、亚油酸等脂肪酸，在食品、医药和化工中有重要用途。

1. 软脂酸（棕榈酸）　软脂酸是碳链为 C_{16} 的饱和脂肪酸，在工业上可用于制蜡烛、肥皂、金属皂、润滑脂、合成洗涤剂、软化剂等；在医药上可制造无味金霉素、无味氯霉素等；在食品中可用作巧克力粉的原料、合成可可脂等。

2. 油酸　油酸是碳链为 C_{18} 的单不饱和脂肪酸。油酸可降低血液总胆固醇和有害胆固醇，却不降低有益胆固醇，因而保健效果很好，对由于胆固醇浓度过高引起的动脉硬化以及动脉硬化并发症、高血压、心脏病、心力衰竭、肾衰竭、脑出血等疾病均有非常明显的防治功效。

油酸可用于制备塑料增塑剂环氧油酸丁酯或环氧油酸辛酯，毛纺工业用于制备抗静电剂和润滑柔软剂，木材工业用于制备抗水剂石蜡乳化液。经氧化制备壬二酸，是聚酰胺树脂（尼龙）的原料。也可用作农药乳化剂、印染助剂、工业溶剂、金属矿物浮选剂、脱模剂、油脂水解剂，用于制备复写纸、打字纸、圆珠笔油及各种油酸盐等。也可作为化学试剂、用作色谱对比样品及用于生化研究，核定钙、氨、铜，测定镁、硫等。

3. 亚油酸　为 C_{18}二烯酸，是人体必需但又不能在体内自行合成的不饱和脂肪酸，必须从膳食中摄取。人体如果缺少了不饱和脂肪酸会引起肝脏代谢紊乱，血液浓度加稠，导致血液流动不畅，严重时引起血管堵塞，同时胆固醇堆积，使得血管壁逐渐失去弹性，直至硬化。由此引起一系列心脑血管疾病，如高血压、脑溢血、心脏病、血稠、偏瘫、中风等。亚油酸对人体的功效主要表现在：软化心脑血管、促进血液循环、降脂降压、促进新陈代谢、调节内分泌和减缓衰老等。因此，亚油酸素有"血管清道夫"的美誉。常用的亚油酸医药制品有亚油酸丸、益寿宁、脉通、心脉乐、肝脉乐、利补舒太脾丸等。在轻工、化工中的应用，有肥皂、乳化剂、催干剂、油墨、油漆、塑料等产品。

五、棉油脚的利用

棉油脚是毛棉油经加碱精炼后的残渣，俗称油泥，其数量一般为毛棉油的15%左右。棉油脚中含有20%～25%的游离脂肪酸、12%的磷脂，是宝贵的有机化工原料。

（一）制油泥皂和农业皂

油泥皂和农业皂是低档次的肥皂，制作工艺简单，设备简陋，原料便宜。产品可做工、农业生产用品的去污剂。油泥皂的制作步骤如下。

熔化棉油脚 → 加碱皂化 → 水洗 → 盐析 → 保温静置 → 凉皂 → 切皂 → 打印 → 成品

（二）提取脂肪酸

棉油脚经过皂化、分解、蒸馏等工序，可制取脂肪酸。脂肪酸是重要的食品、医药及化工原料。脂肪酸经酯化加氢，可生产出脂肪醇，是表面活性剂的重要原料，如矿物浮选剂、破乳剂、洗涤剂、润滑剂、牙膏发泡剂、香波制剂等。由脂肪酸生产脂肪醇的工艺如下。

脂肪酸 → 加丁醇酯化 → 精制 → 高压加氢 → 氢化产物 → 蒸馏 → 粗脂肪醇 → 真空蒸馏 → 脂肪醇

（三）提取磷脂

磷脂是重要的营养物质，可做食品及饲料的添加剂，在医药、化妆品中也有用途，还可做皮革、沥青等的乳化剂。从棉油脚中提取磷脂的工艺如下。

棉油脚→浓缩→加溶剂萃取分离→精制磷脂→干燥浓缩→成品磷脂

残渣

（四）其他用处

棉油脚提取脂肪酸、磷脂后剩下的残渣，可作建筑防水材料和沥青玻璃、轮带蜡、模具油、铸造黏合剂等。

第四节　棉籽蛋白的加工与利用

棉籽中含有丰富的蛋白质。带壳的棉籽中蛋白质含量一般在20%～25%，脱壳后的纯棉籽仁中蛋白质含量在40%左右，榨油后的棉籽饼粕中的蛋白质含量为30%～50%，因榨油工艺不同而异。棉籽饼粕中的营养成分如表52-8所示。

表 52－8　棉籽饼粕的营养成分

营养物质	单位	榨油方法			营养物质	单位	榨油方法		
		螺旋压榨法	预榨溶剂浸出法	直接溶剂浸出法			螺旋压榨法	预榨溶剂浸出法	直接溶剂浸出法
干物质	%	91.4	89.9	90.4	泛酸	mg/kg	7.7	7.1	9.9
灰分	%	6.2	6.4	6.4	维生素 B_6	mg/kg	4.9	4.0	4.9
粗纤维	%	13.5	13.6	12.4	维生素 B_2	mg/kg	4.2	4.0	4.1
粗脂肪	%	3.72	0.58	1.51	赖氨酸	%	1.59	1.71	1.76
粗蛋白质	%	41.0	41.4	41.4	组氨酸	%	1.07	1.10	1.10
游离棉酚	%	0.04	0.05	0.30	精氨酸	%	4.33	4.59	4.66
总棉酚	%	1.02	1.13	1.04	天冬氨酸	%	3.76	3.72	3.68
碱溶性氮	%	36.8	52.4	69.4	苏氨酸	%	1.30	1.32	1.34
钙	%	0.16	0.15	0.15	丝氨酸	%	1.68	1.74	1.78
铁	%	0.01	0.011	0.009	谷氨酸	%	8.55	8.30	8.08
镁	%	0.42	0.40	0.04	脯氨酸	%	1.42	1.52	1.45
钾	%	1.20	1.22	1.16	甘氨酸	%	1.69	1.70	1.69
钠	%	0.04	0.04	0.04	丙氨酸	%	1.58	1.62	1.62
磷	%	0.93	0.97	0.98	缬氨酸	%	1.84	1.88	1.82
铜	%	7.6	8.1	7.4	蛋氨酸	%	0.55	0.52	0.51
锰	mg/kg	21.6	20.1	20.7	异亮氨酸	%	1.31	1.33	1.33
锌	mg/kg	57.6	62.4	57.6	亮氨酸	%	2.23	2.43	2.41
钴	mg/kg	1.5	1.3	1.5	酪氨酸	%	1.09	1.13	1.14
维生素 H	mg/kg	0.53	0.55	0.55	苯丙氨酸	%	2.20	2.22	2.23
胆碱	mg/kg	2 813.6	2 939.3	217.2	胱氨酸	%	0.59	0.64	0.62
叶酸	mg/kg	2.73	2.67	2.80	色氨酸	%	0.50	0.47	0.52

［注］资料来自“中国饲料添加剂网”。

据分析，棉籽蛋白质中的氨基酸组成齐全，8 种必需氨基酸的含量与大豆相当，并接近联合国粮农组织推荐的标准，如表 52－9 所示。因此，棉籽蛋白是一种优质蛋白质资源。

表 52－9　几种蛋白质食品中必需氨基酸含量

（单位：%）

氨基酸种类	赖氨酸	色氨酸	苯丙氨酸	蛋氨酸	亮氨酸	缬氨酸	异亮氨酸	苏氨酸
脱脂牛奶蛋白质	8.6	1.5	5.5	3.2	11.0	7.5	7.0	4.7
棉籽蛋白质	4.1	1.2	4.7	1.6	6.0	3.7	5.3	4.7
花生蛋白质	3.0	1.0	5.1	1.0	6.7	4.6	4.4	2.6
大豆蛋白质	6.8	1.4	5.3	1.7	8.0	6.0	5.3	2.6
FAO 推荐标准	4.2	1.4	2.8	2.2	4.8	4.2	4.2	2.8

［注］材料引自《棉作学》(中国农业出版社，1999)。

一、有腺体棉籽饼粕的脱毒与利用

长期以来，我国棉花生产中种植的主要是有色素腺体的品种(有酚棉、有毒棉)，其种仁内或饼粕内含有棉酚(俗称棉毒素)。根据棉种及品种的不同，种仁中的棉酚含量在 0.2%～4%之间，常见的陆地棉和海岛棉一般在 1%左右。普通机榨棉籽饼中的游离棉酚含量为 0.08%～0.1%，土榨棉籽饼中为 0.2%～0.3%。棉酚对人及单胃动物有害，食用后胃黏膜组织易受破坏，引起消化功能紊乱，严重时可导致低血钾昏迷甚至死亡，因而不能直接在食品、饲料或其他领域中使用，必须在利用前对棉籽仁或饼粕进行脱毒处理。国家标准GB 13078—2017《饲料卫生标准》中对棉酚的卫生指标要求如表52-10所示。

表52-10　饲料中游离棉酚限量指标　(单位:mg/kg)

产品名称	游离棉酚含量
猪(除仔猪外)、兔配合饲料	≤60
家禽(产蛋禽除外)配合饲料	≤100
犊牛精饲料补充料	≤100
其他牛精饲料补充料	≤500
羔羊精饲料补充料	≤60
其他养精饲料补充料	≤300
植物性、杂食性水产动物配合饲料	≤300
其他水产品配合饲料	≤150
其他畜禽配合饲料	≤20

[注] 材料引自国家标准GB 13078—2017《饲料卫生标准》。

(一) 有腺体棉籽饼(粕)的脱毒

对棉籽饼(粕)进行脱毒处理的方法有如下几种。

1. 添加硫酸亚铁法　在棉籽饼(粕)中添加硫酸亚铁，使硫酸亚铁中的铁离子与游离棉酚发生螯合反应，棉酚分子中的醛基和羟基失去活性，从而达到脱毒目的。添加硫酸亚铁的方法有好几种，可根据情况选用：一是可以直接将硫酸亚铁干粉均匀地拌和到棉籽饼(粕)或配合饲料中；二是可以在榨油车间，直接将硫酸亚铁溶液均匀喷洒到破碎的棉籽饼中或经烘干的棉籽粕中；三是用硫酸亚铁溶液浸泡棉籽饼(粕)。中国农业科学院畜牧研究所提出一种适于中小型畜牧场和农村的棉籽饼(粕)简易去毒处理方法：根据棉籽饼(粕)中游离棉酚含量(预先测定)，按游离棉酚与铁元素1∶1的重量比加入硫酸亚铁($FeSO_4 \cdot 7H_2O$)粉末，混匀，加入新鲜配制的0.5%石灰水(100 kg水加0.5 kg生石灰粉)上清液，浸泡已加铁剂的棉籽饼2～4 h[饼水比为1∶(5～7)]，然后拌入其他饲料，即可喂猪。江南大学试验表明，用2%左右的硫酸亚铁浸泡棉饼时，并不需要太长的时间，浸泡1 h效果并不比一昼夜差。对原含毒量为0.1%的浸出饼，去毒后游离酚降至0.036%。在棉籽预榨浸出粕的烘粕机出口处，喷浓硫酸亚铁水溶液(以粕重计加硫酸亚铁3.5%，水3.5%)，生产去毒棉籽粕，其棉酚含量由0.1%降低到0.013%。此法简单，加工费低廉，产品不需另行干燥。

添加硫酸亚铁法进行棉籽饼(粕)脱毒是一种效果好、成本低、操作简便的方法，但硫酸亚铁的用量不能过量；否则，不仅影响饲料的适口性，还可能引起Fe^{2+}中毒。

2. 添加尿素法　尿素可与棉酚形成席夫碱螯合物，从而使棉酚失去毒性。如将溶剂浸出后的棉籽粕粉与0.5%尿素水溶液按4∶1的比例混合，加热到37～90 ℃，持续30 min，游离棉酚含量即由处理前的0.37%降到处理后的0.04%。该方法不但能有效地解除棉酚的毒性，还因为增加了饲料中的酰胺化合物而提高了总蛋白质含量。

3. 碱—过氧化氢处理法　将棉籽饼置于有蒸汽夹层的搅拌机中，均匀喷洒2.5%氢氧化钠溶液。氢氧化钠溶液和棉籽饼的重量比为0.92∶1，反应物的pH控制在10.9，然后在搅拌机的夹层中通进蒸汽加热，维持温度在71 ℃，持续搅拌10～30 min。再将处理的棉籽饼放至另一搅拌器中,均匀喷洒过氧化氢溶液,过氧化氢和湿粕的重量比为(0.05～0.18):1,饼粕的 pH 降至 7.0～8.5,温度值维持在 71～88 ℃之间,持续搅拌 10～30 min,最后烘干。游离棉酚含量可降至 0.02%以下。

4. 膨化脱毒法 直接将棉籽饼,或将棉籽饼加尿素、硫酸亚铁等物质后置入膨化腔腔体,温度控制在 115～126 ℃之内,处理 50 s 后,其游离酚含量可大大降低。中国农业工程研究设计院以螺旋压榨棉籽饼为原料,进行了膨化脱毒试验,结果如表 52-11 所示。

表 52-11 棉籽饼膨化脱毒试验效果(%)

(李文炳,2001)

处 理	不加脱毒剂膨化脱毒	加尿素后膨化脱毒	加硫酸亚铁和生石灰膨化脱毒
游离棉酚初始含量	0.081	0.081	0.081
处理后游离棉酚含量	0.035	0.033～0.026	0.013～0.001 3
脱毒率	56.50	59～68	84～98.4

将 25%的膨化脱毒棉籽饼掺入鱼饲料,能安全用于鲢、草、鲤、鲂鱼的养殖。

5. 微生物发酵脱毒法 多位研究者先后报道了以微生物降解棉酚的研究结果,中国农业工程研究设计院还研制了以微生物法进行棉酚脱毒的成套设备。吴小月的研究表明,某些微生物菌种可降解棉籽饼(粕)中的棉酚。脱毒时,使棉仁饼(粕)的含水量为 50%,接上菌种后,保持 30 ℃左右温度,培养 4～6 d,菌丝满布料面时,即达到发酵脱毒效果。其中代号为 N_{25} 菌种脱毒效果最佳,试验样品的棉酚含量从原来的 608 mg/kg 降到了 18.9 mg/kg,脱毒率达到 96.9%。此法不仅降解了游离棉酚,同时棉仁饼经微生物分解、利用,还能合成更多的氨基酸、维生素,从而增加了棉仁饼的营养成分,提高了利用价值。如表 52-12 所示,发酵棉仁饼中 7 种必需氨基酸的总含量较未发酵的提高 10.57%,17 种氨基酸的总含量提高 8.47%。

表 52-12 发酵与不发酵的棉仁饼(粕)氨基酸含量变化

(单位:mg/100 g)

氨基酸种类	发酵棉仁饼	未发酵棉仁饼	氨基酸种类	发酵棉仁饼	未发酵棉仁饼
天门冬氨酸(Asp)	3 925.53	3 629.80	蛋氨酸(Met)	573.08	465.21
苏氨酸(Thr)	1 521.49	1 530.67	异亮氨酸(Ileu)	1 802.24	1 524.29
丝氨酸(Ser)	2 036.93	2 969.09	亮氨酸(Leu)	2 690.03	2 377.76
脯氨酸(Pro)	1 250.43	1 262.99	酪氨酸(Tyr)	861.22	1 069.83
谷氨酸(Glu)	8 431.79	7 861.49	苯丙氨酸(Phe)	2 157.75	2 163.63
甘氨酸(Gly)	1 999.74	2 397.24	赖氨酸(Lys)	1 768.86	1 319.27
丙氨酸(Ala)	2 031.58	1 886.63	组氨酸(His)	966.75	403.43
胱氨酸(Cys)	528.49	649.51	精氨酸(Arg)	3 523.52	1 613.03
缬氨酸(Val)	2 174.82	1 984.02	总量	38 357.25	35 107.89

[注] 材料引自《棉花优质高产栽培技术》(吴小月,1992)。

对用微生物发酵脱毒法生产的棉籽饼(粕)进行养鸡试验,取得了较好的效果。

6. 混合溶剂法 该方法是在浸出制油法的基础上,在原来的浸出剂中添加极性溶剂,将油与棉酚一起提取出来,使棉籽(粕)达到脱毒的目的。国内外在这方面的研究报道很多,原郑州粮食学院杨天奎研制的混合溶剂法工艺流程如下。

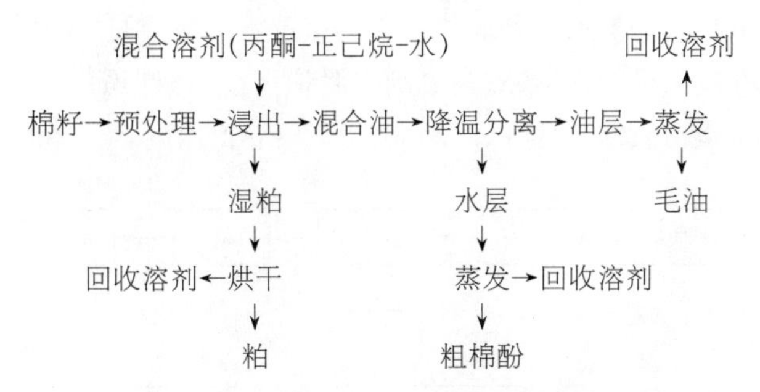

研究结果表明,影响棉粕中游离酚含量的关键因素是溶剂配比和溶剂比。丙酮∶正己烷∶水混合溶剂配比 52∶44∶5 时,粕中残留游离棉酚为 0.013%。高的溶剂比有利于脱出粕中游离棉酚,溶剂比为 1∶5 时,粕中游离棉酚残留量为 0.009%。浸出次数和浸出时间对粕中游离棉酚影响不大,但随着浸出次数增多,浸出时间延长,有利降低粕中残油,该研究条件下粕中残油均低于 1.5%。混合溶剂浸出油中的游离棉酚含量也低,平均为 0.078%,而且色泽浅,易精炼。粗棉酚经脱水、精制可生产价值昂贵的棉酚。分析证明,混合溶剂浸出粕的蛋白质分散系数较预榨浸出粕、一次浸出粕高,蛋白变性少。混合溶剂沸点低(49 ℃),回收容易,为棉籽浸出新工艺提供了可靠物质保证。混合溶剂棉籽粕浸出效果见表 52－13。

表 52－13　混合溶剂棉籽粕浸出效果

溶剂配比(丙酮∶正己烷∶水)	溶剂比	浸出时间(min)	粕中游离棉酚含量(%)
52∶44∶2	1∶3	90	0.029
52∶44∶2	1∶4	120	0.012
52∶44∶2	1∶5	150	0.015
52∶44∶0	1∶3	150	0.110
52∶44∶0	1∶4	90	0.086
52∶44∶0	1∶5	12	0.084
52∶44∶5	1∶3	120	0.015
52∶44∶5	1∶4	150	0.016
52∶44∶5	1∶5	90	0.009

[注] 材料引自孙济中、陈布圣的《棉作学》。

7. *液体旋风分级法*　色素腺体分布在整个棉仁内。腺体的直径在 50～400 μm 范围内变化,其中大部分直径为 80～120 μm,棉酚就存在于色素腺体内。色素腺体的外壳相当坚硬,如果能在加工中尽量保持腺体的完整,不使棉酚逸出,再在溶剂介质中,利用色素腺体的形状、大小及密度与其他物料间的差异达到分离。美国人首先将该原理应用于棉籽蛋白粉的生产,得来的棉籽粉蛋白质可高达 65%,游离棉酚含量少于 0.045%,符合美国食品和药物管理局及联合国的有关标准。这种棉籽粉具有令人舒适的风味和浅黄色泽,可用作肉类填充剂(牛肉馅、肉丸、肉汁、香肠、腊肠产品)、烘烤食品(面包、饼干)、油炸食品(如炸甜团、薄煎饼)和快餐的配料,其用量(按重量)可达 10%～20%。

8. *液-液-固三相萃取法*　此法为清华紫光集团的专利技术。根据溶剂萃取法“相似相溶”的原理,采用先萃取棉籽油、后萃取棉酚的分步萃取方法。它既能充分发挥6#溶剂的提油性能,又能使甲醇萃取棉酚的效果达到最佳状态。该技术的特点是:采用两种溶剂分步萃取油和棉酚,脱毒工序是在浸出提油之后,对含溶剂的湿粕直接萃取棉酚,粕不经高温烘干处理,既降低了能耗,又避免了蛋白质的热变性,产品质量好,营养价值高。具体的工艺流程如下。

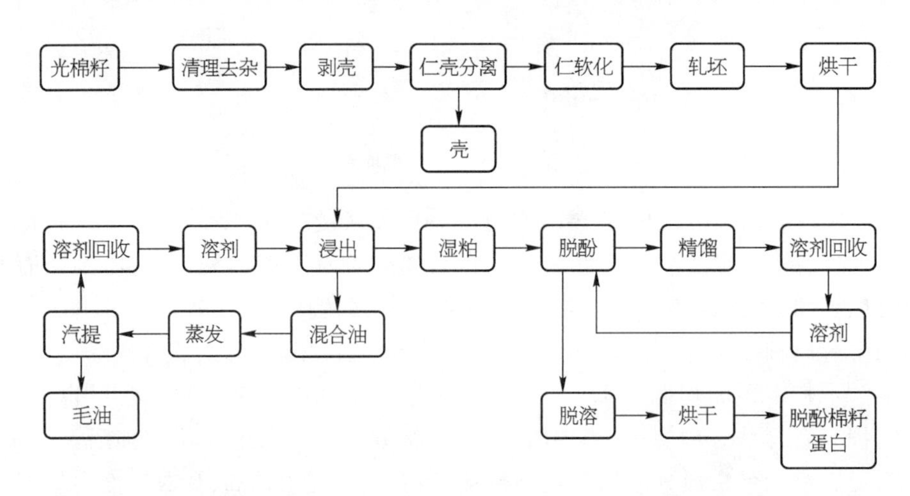

该工艺技术已获得国家发明专利(专利号 ZL 00134520.6),并且在新疆、甘肃、山东、江苏、河南等地建设的30多条生产线均实现了工业化生产,其中日处理300 t棉籽的3条,日处理200 t棉籽的1条,日处理150 t棉籽的27条。用该法生产的脱酚棉籽蛋白,不仅脱除了棉酚毒素,而且通过低温工艺,全面保护了产品中的有效营养成分,金黄的色泽以及清香可口的适口性,给饲料、养殖企业提供了新的优质的饲料蛋白,可作为豆粕、鱼粉的替代品,广泛应用于畜、禽和水产养殖。中华全国供销合作总社发布了行业标准,脱酚棉籽蛋白产品质量指标及分级规定,如表52-14所示。

表52-14　脱酚棉籽蛋白产品标准(GH/T 1042—2007)

项　目	优级	一级	二级
粗蛋白质含量(%)	≥50.0	≥50.0	≥48.0
粗纤维含量(%)	≤7.5	≤8.0	≤9.0
水分含量(%)	≤8.0	≤8.0	≤12.0
粗灰分含量(%)	≤8.0	≤8.5	≤9.0
氨基酸总量(%)	≥90.0	≥87.0	≥85.0
游离棉酚(%)　液相色谱法	≤0.006	≤0.006	≤0.010
分光光度法	≤0.040	≤0.040	≤0.055
黄曲霉毒素 B_1 允许量/(μg/kg)	≤50		
霉菌允许量(个/g)	$<50\times10^3$		
沙门氏杆菌	不得检出		

(二)脱酚棉籽饼(粕)的利用

1. 作饲料　脱毒后的棉籽饼(粕)是很好的蛋白资源,可直接与其他原料如玉米、麸皮、米糠等混合,饲喂猪、鸡、鱼、虾等畜、禽、水产动物。尽管牛、羊等反刍家畜对棉酚有较强的分解能力,但脱酚后食用更加安全,可大大提高棉籽饼(粕)在饲料中的比例。脱毒后的棉籽蛋白粉还可喂养家蚕。

2. 酿造酱油　脱毒后的棉籽饼(粕)可代替大豆饼,用作酿造酱油的原料,可降低生产成本。酿造采用无盐发酵法,原料配比为:湿棉籽饼(粕)100 kg,麸皮 100 kg,米糠 5 kg,可生产酱油 1 125 kg。产品色泽纯正,透明度好,谷氨酸含量高,味道鲜美。酿造剩下的酱油渣还可作饲料。

3. 制造味精　脱毒棉籽蛋白粉用酸法水解可生产味精。每 200 kg 含水分 15%的湿蛋白质,可生产 15 kg 味精纯品,同时还可得到 1 000 kg 母液,经中和后,可作为味素汁在饲料中使用。

二、无腺体棉籽蛋白的利用

无腺体棉籽的最大优势,在于其棉酚含量极低,一般在 0.01%以下。因此,无腺体棉籽仁或其饼粕可直接在食品或饲料中利用。我国和世界许多国家都在低酚棉籽蛋白的利用上进行过广泛深入的研究,美国和埃及将无腺体棉籽仁烘烤后直接食用,曾是一种很受欢迎的小食品;将烤好的棉籽仁以 1∶1 的体积加到干米中,可使米饭中的蛋白质含量提高 3 倍;脱脂后的棉籽粉可用于面包、饼干、蛋糕、香肠、通心粉、冰淇淋以及儿童营养食品等的加工中。

我国于 20 世纪 80 年代初期在低酚棉育种方面取得了较大的进展,低酚棉籽蛋白的综合利用研究也曾十分活跃。

(一) 在食品上的应用

1982 年和 1984 年,我国致力于低酚棉籽蛋白利用的各界人士,曾在河南省新乡市召开了两次低酚棉籽蛋白食品展示、交流与品尝会。几十种以无腺体棉籽油、棉仁作原料制成的大众化的食品在会上展出。如华东师范大学委托上海哈尔滨食品厂、东升食品厂用无腺体棉籽仁作原料试制的多种点心、蛋糕和人造奶油等;湖南省粮油科学研究所利用无腺体棉仁和棉籽蛋白试制的棉仁可乐、棉仁果露和糕点等;江苏省方强农场试制的高级饼干;河南省郸城县用低酚棉籽饼制作的酱油等,引起了广泛的重视,受到各界好评。

1. 制作冰淇淋　华东师范大学以低酚棉籽仁加水(1∶6)制成的代乳浆,其蛋白质和脂肪含量与鲜牛奶接近,如表 52-15 所示。以无腺体棉籽仁代乳浆制作的冰淇淋,其感官指标优于豆乳、接近鲜奶,见表 52-16。

表 52-15　无腺体棉籽仁代乳浆的蛋白质、脂肪含量与鲜奶及豆浆的比较

(单位:%)

品种		无腺体棉籽仁代乳浆	鲜奶	豆浆
成分	蛋白质	2.2±0.1	2.76±0.1	2.13±0.1
	脂肪	3.5±0.1	3.3	2.0±0.1

[注] 材料引自《无腺体棉仁蛋白制作冰淇淋的研究初探》(瞿伟菁,黄福麟,1988)。

表 52－16　以无腺体棉籽仁浆、鲜奶、豆乳制作的冰淇淋感官指标比较

感官指标		色　泽	味　感	组织形态
产品	鲜奶	乳白色	奶香、无异味	均匀胶体、无沉淀
	豆乳	乳白色	清醇、有豆腥味	均匀胶体、静置后有少量沉淀
	棉仁浆	乳白色	清醇、无异味	均匀胶体、静置后有少量沉淀
	鲜奶冰淇淋	乳白色或带微黄色	香甜醇厚、无异味	冰结构膨胀率 99%以上
	豆乳冰淇淋	黄色	甜醇、有豆腥味	冰结构膨胀率 80%以上
	棉仁浆冰淇淋	微黄色	甜醇浓厚、无异味	冰结构膨胀率 80%以上

[注] 材料引自《无腺体棉仁蛋白制作冰淇淋的研究初探》(瞿伟菁,黄福麟,1988)。

2. 制作面条　河南省获嘉县按 20%无毒棉仁粉、80%面粉混合后加工的龙须面,面条光滑,煮后不糊汤,吃后耐饥,适口性好,具有四不粘(不粘锅、不粘筷、不粘碗、不粘嘴)的特点。

3. 制作棉籽蛋白豆腐和腐竹　利用低酚棉籽仁代替大豆作豆腐和腐竹,其工艺如下。

低酚棉籽仁→浸泡→磨浆→加热→调浆→絮凝→静置→成形→棉仁豆腐

4. 生产棉籽蛋白发泡剂和乳化剂　中国农业科学院棉花研究所与浙江工商大学杭州商学院开展合作研究,利用生物工程对棉籽蛋白进行酶解,开发其功能特性,并研制出低酚棉籽蛋白软饮料蛋白增补剂、发泡剂、乳化剂。制作工艺如下。

低酚棉籽 —脱壳→ 棉籽仁 —脱脂→ 棉籽粕 —加酶水解→ 棉籽蛋白水解液 → { 软饮料蛋白增补剂; 浓缩、干燥 → { 发泡剂; 乳化剂 } }

(二) 在饲料上的应用

用低酚棉饼(粕)直接喂养猪、鸡、兔、虾等,效果很好。

1. 直接用作猪饲料　浙江省金华农业学校和浙江省农业厅低酚棉试验课题组用低酚棉仁饼饲养瘦肉型商品猪,在肉猪日粮中以 20%~25%配比,不仅不会引起中毒,而且适口性好,猪的生长发育正常,试验猪和对照猪的增重、耗料数、料肉比基本相似,无显著差异($P<0.05$)。试验猪肉质无变异,无病变,无异味,肉中含酚量极微,仅 0.001 5%~0.000 46%,符合食品卫生要求,品质与对照基本相同。屠宰率、眼肌面积和瘦肉率均较对照稍高。经肉质测定和氨基酸分析,试验猪和对照相似。

2. 作鸡饲料　在饲喂肉鸡试验中,以 20%~25%的低酚棉籽饼代替豆饼饲喂,肉鸡生长发育良好,成活率高。经屠宰测定,肉质无异味;肉中含酚量极微,鸡肉为 0.000 51%~0.000 10%,鸡皮为 0.001 9%~0.001 5%,符合食品卫生要求。河北省黄骅县以 15%的低酚棉籽饼饲养蛋鸡,与大豆饼喂鸡相比,产蛋率增加 5%。中国农业科学院棉花研究所进行了无毒棉仁饼对雏鸡增重效果的试验,处理组饲料中棉仁饼占 10%,对照组饲料中豆饼占 10%,其余成分相同。选用 36 日龄蛋用雏鸡每组 20 只,试验期为 40 d。结果显示,处理组比对照组平均每只鸡增重 98 g,差异达到极显著水平。

3. 作兔饲料　河北农业大学分别以 20%的低酚棉籽饼、大豆饼、花生饼饲喂肉兔,喂低酚棉籽饼组的肉兔每只每日平均增重比喂大豆饼和花生饼的高 6.3%和 18.8%。

4. 作虾饲料　河北省黄骅县在膨化虾饲料中配以15%的低酚棉籽饼，对虾的生长速度快，饲喂40 d的虾，平均体长比花生饼饲喂对照长0.68 cm。

（三）在制药工业中的应用

华东师范大学、中国农业科学院棉花研究所、河北农业大学分别与上海第三制药厂、安阳市平原制药厂、华北制药集团有限责任公司合作，用低酚棉籽饼粕取代大豆和花生饼粕，在生产青霉素、红霉素、四环素、麦白霉素等抗生素中作发酵培养基氮源，取得较好的效果。

中国农业科学院棉花研究所与安阳市平原制药厂合作，以低酚棉籽饼粉部分或全部取代黄豆饼粉，进行了麦白霉素的摇瓶和生产试验。中国农业科学院棉花研究所提供的低酚棉籽饼粉的营养组成与大豆饼粉比，蛋白质含量高，接近药用培养基的标准要求(表52－17)。

表52－17　棉籽饼粉、黄豆饼粉的营养组成比较

(毛白杨等，1992)　(单位:%)

种　类		棉籽饼粉	黄豆饼粉	药用培养基
营养组成	总氮	7.76	6.43	8.74
	蛋白质	48.40	40.20	59.60
	脂肪	6.64	0.60	4.60
	总糖	18.60	29.90	21.30
	粗纤维	4.14	无	3.84

将棉籽饼粉与大豆饼粉按一定的比例配制后，进行摇瓶发酵试验，结果如表52－18所示。

表52－18　棉籽饼粉与大豆饼粉配方摇瓶发酵试验结果

编　号	培养基组成(棉∶豆)	效价Ⅰ	效价Ⅱ	效价Ⅲ
1	0∶3	1 697	1 836	1 786
2	1∶2	1 838	1 948	1 899
3	1.5∶1.5	1 853	1 969	1 712
4	2∶1	1 928	2 199	1 969
5	3∶0	1 992	1 978	2 007

［注］材料引自《棉籽蛋白粉在抗生素发酵中的应用研究》(毛白杨，裴全敏，阎风云，1992)。

由表52－18可见，第4、5号配方发酵效果最好，中试与生产试验也都表现出较好的水平。用低酚棉籽饼粉取代或部分取代大豆饼粉，成本下降，效益提高。

值得指出的是，20多年来，我国在棉籽蛋白的综合利用研究方面确实取得了不少的成果，但在产业化利用方面却进展不大。因此，将已有成果转化为现实生产力，是今后棉籽蛋白综合利用领域的一项重要任务。

第五节　棉酚的制备与利用

棉酚(Gossypol)又叫棉籽醇或棉毒素，存在于棉株的根、茎、叶、花及种子等器官中，以种仁及根皮中含量较高。棉酚的含量在种与品种间差异很大。在有腺体棉花植株中，棉酚主要存在于色素腺体之内。棉酚是一种双萘酚类化合物，学名 2,2 -双[8 -醛基- 1,6,7 -三羟基- 5 -异丙基- 3 -甲基-萘]，化学性质活泼。因连接两个萘环的化学键不能自由旋转，使得棉酚分子具有旋光性，左旋(－)棉酚与右旋(＋)棉酚的生物活性有较大的差异。棉酚的分子结构如图 52 - 1 所示。

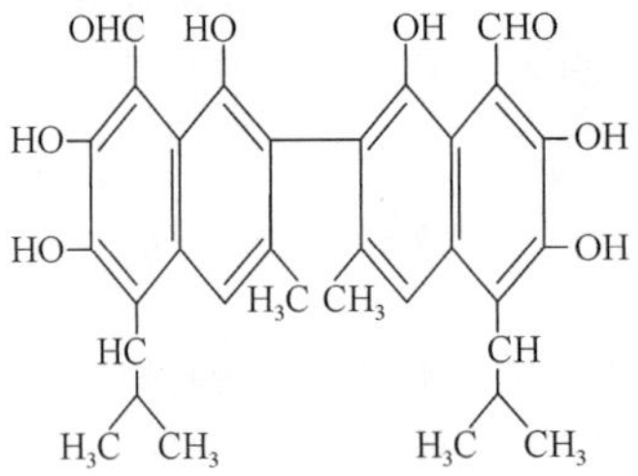

图 52 - 1　棉酚分子结构示意图

棉酚对人及单胃动物有毒害作用，食用有腺体棉籽仁、毛棉油、饼粕会引起不能生育、低血钾症、心力衰竭甚至死亡。我国不少地方都发生过因食用毛棉油而中毒的事件。但研究也发现，棉酚在医药、工业、农业上都有很高的利用价值。

一、棉 酚 的 制 备

(一) 从棉籽仁中提取棉酚

取经过脱绒、剥壳筛选、轧坯等处理的棉仁坯 75 kg，置于缸内，加入 70％～80％的丙酮溶液(比重 0.86 左右)，使棉坯全部浸没，用量约为棉坯的 1.2 倍。浸出在室温下进行，不断搅拌。浸泡 5～7 h 后，从缸底放出丙酮棉酚溶液；棉仁坯再重复以上操作浸泡一次，这次得到的丙酮棉酚溶液用来浸泡下次的棉仁坯。

将丙酮棉酚溶液置于 10 000 ml 标本瓶中，盛 1/2 体积或稍多，加入 1/3 体积的醋酸和 1％的浓硫酸，搅拌均匀。10 min 后加入 10％体积的水，搅匀后放冰箱内，冷却到 0 ℃以下。取出置于室内使温度回升，再放入冰箱冷却。如此反复，待获得明显醋酸棉酚结晶后，进行抽滤。结晶体用约 5 倍体积的 95％丙酮溶解，再加入 1/3 体积的醋酸，放冰箱进行第二次结晶、抽滤。结晶体用石油醚洗涤，再用丙酮溶解，加醋酸进行第三次结晶、抽滤。用石油醚洗涤结晶体，风干 10 h，再在 70 ℃及真空度 6 865 Pa (700 mmHg)下烘 16 h，即得醋酸棉酚。

取风干后的醋酸棉酚 50 g，溶于 600 ml 乙醚中，转入 3 000 ml 分液漏斗中，用 1 200 ml 水(含 0.4％亚硫酸氢钠)洗涤一次，弃去水相；再用 400 ml 水(含 0.1％亚硫酸氢钠)洗涤一次，弃去水相；继续用 200 ml 水洗一次，尽量分去水层。在乙醚层内加入 30～50 g 无水硫酸钠，摇动后静置 3 h，滤去固相。以热水浴加热使乙醚蒸发，将溶液浓缩至约 200 ml，加入 95％乙醇 400 ml、冰块 300 g；10 min 后加入冰水 100 g，放置 10～20 min，即有大量棉酚结晶出来。抽滤，液相另行处理。结晶体先后以体积比为 1 ∶ 1 的乙醇水溶液、1 ∶ 3 的酒精环己烷溶液及环己烷各 100 ml 洗涤，风干 10 h，在 70 ℃及真空度 6 865 Pa(700 mmHg)下烘 16 h，即得纯棉酚。

（二）从棉根皮中提取纯棉酚

将 1 000 g 棉根皮剪成 3.3 cm（1 寸）长的段，加乙醚浸没，振摇，放 48 h，过滤。将滤液浓缩到 150 ml，加冰醋酸 50 ml，放冰箱中冷却。滤取结晶，抽干。置干燥器中真空干燥。重复冰醋酸结晶一次。得 9 g 结晶体，溶于乙醚，用 0.4%硫代硫酸钠反复洗涤，除去酸性。取醚层，室温挥散至 50 ml，再加 50 ml 石油醚放置，滤取结晶，用石油醚洗涤，重复乙醚-石油醚结晶一次，得 3.7 g 棉酚。

（三）从毛棉油中提取工业棉酚

将过滤后的毛棉油同 20%的邻氨基苯甲酸油性悬浮体在 60 ℃下混合，邻氨基苯甲酸的量为棉酚的 53%。加热至 80 ℃左右，反应 0.5 h 后即出现絮状或片状的棉酚邻氨基苯甲酸盐。待冷至 20～30 ℃静置 1 h，即形成沉淀析出。用过滤或离心法分离出沉淀物，邻氨基苯甲酸盐用石油醚洗涤，以除去夹带的油脂，剩下干燥的浅橙黄色沉淀物，即棉酚邻氨基苯甲酸盐。

从棉酚邻氨基苯甲酸盐制取工业棉酚的过程是：将粉末状或浆状棉酚邻氨基苯甲酸盐在抗氧化剂存在的情况下，加入 4%氢氧化钠水溶液加热至 80 ℃，溶解。用 1%硫酸溶液酸化，离心分离除水，水溶液另行处理回收邻氨基苯甲酸。沉淀物水洗至中性，离心除去废水，沉淀物磨成均匀糊状，加石油醚洗涤、静置后过滤，滤液另行处理回收石油醚。沉淀物用石油醚洗涤，再经 60 ℃真空干燥，即得成品工业棉酚。

（四）从毛棉油水化油脚中提取纯棉酚

利用这种方法提取纯棉酚，包括 7 个主要技术环节。

1. 水解　将 180 kg 棉油脚、23 L 丙酮-水恒沸点混合溶液和 873 g 磷酸混合，装入不锈钢的蒸汽加热反应器内，并在反应器内装有搅拌和回流冷却装置。混合液在 75 ℃回流温度下，加热 2 h，然后冷却至 38 ℃。

2. 洗涤　将冷却的混合液倒进装有搅拌器和冷却盘管的不锈钢容器内，冷却至 10 ℃。再将浮于上层的丙酮倒回反应器，下层的磷脂-水溶液用 4.5 L 丙酮-水恒沸点混合溶液连续洗涤 4 次，每次洗涤后将分相后的丙酮倒入另一瓶内。

3. 浓缩　用蒸馏法将 36 L 的倒出物和洗涤物浓缩到 14 L。所得丙酮-水恒沸点蒸馏液留至下次使用。

4. 沉淀　将 14 L 丙酮浓缩液和 4.5 L 冰醋酸混合装进一个耐腐蚀容器内，继续搅拌至开始结晶时为止(10 min)，然后在 24～27 ℃下搁置 1 h。

5. 过滤　将浮于上部的丙酮-酸层倒入另一瓶，在减压条件下用粗滤纸将醋酸棉酚浆过滤。用己烷或 1 ∶ 1 的丙酮 ∶ 冰醋酸混合液将前述滤出物洗涤至无色为止。在 50 ℃下真空干燥 4 h。在含 5%棉酚的 180 kg 油脚内产粗醋酸棉酚 0.49～0.52 kg，其纯度为 92%～93%，回收率约为总棉酚的 48%。

6. 提纯　将 0.49～0.52 kg 的粗醋酸棉酚溶解于 3.4 L 的丙酮-水恒沸点混合溶液里，在室温下搅拌，将微量磷脂和其他不纯物滤去。再加入 1.1 L 的冰醋酸，然后将溶液搅拌至开始结晶时为止，再在 21～24 ℃下放置 1 h。将所得产物按前述方法进行过滤和洗涤，再在 50 ℃下真空干燥 4 h。纯醋酸棉酚的产量为 0.42～0.43 kg(得率约 87%)，纯度为 97%～98%。若需再提纯时，可按前述方法使产物再结晶。

7. 醋酸棉酚转化为棉酚 将提纯后的醋酸棉酚，在缓缓搅拌下，溶解于5.4 L含有0.1%亚硫酸氢钠的0.2 mol/L碳酸钠溶液中。为防止氧化，在加入醋酸棉酚之前，要在碳酸钠溶液表面加薄薄一层已烷。在搅拌中加入4%浓度的硫酸溶液，一直到停止产生二氧化碳和溶液变成酸性为止。将已烷层倒入另一瓶内，再用粗滤纸在减压条件下将沉淀的棉酚过滤，而后用热水将酸洗除，并在50 ℃下进行真空干燥16 h。棉酚产率约占所用醋酸棉酚重量的89.6%。

(五) 棉酚旋光体的制备

研究表明，不同的棉酚旋光体，其生物活性差异很大。有报道指出，左旋(－)棉酚的抗生育效力为消旋(±)棉酚的2倍；(－)棉酚的抗肿瘤活性为右旋(＋)棉酚的10倍。杨伟华等的研究指出，两种棉酚旋光体对棉铃虫生长发育的负面影响(＋)棉酚＞(－)棉酚；对枯萎病菌的抑制作用则是(－)棉酚＞(＋)棉酚。

以普通方法制备的棉酚，是(－)棉酚与(＋)棉酚的混合物或(±)棉酚。要获得两种纯净的棉酚旋光体，通常采取两种方法。

1. 从海岛棉籽粉提取(－)棉酚 不同棉属种的种子中两种棉酚旋光体的比例差异很大。项时康等曾对25个种的棉花种子中两种棉酚旋光体的含量进行了分析与研究，结果表明，只有海岛棉种子中(－)棉酚的含量在50%以上，陆地棉等余24个种的种子中(－)棉酚的含量都在50%以下。(±)棉酚是(－)棉酚与(＋)棉酚的等量混合体，在一般溶剂中，(±)棉酚中的(－)棉酚与(＋)棉酚是不能分离的。但(±)棉酚、(－)棉酚、(＋)棉酚在某些溶剂中的溶解度是有区别的，利用这一差别，可将种子中的(±)棉酚与富裕的(－)棉酚或(＋)棉酚分离开来。以下是周瑞华等报道的制备(－)棉酚的方法。

取1 kg海岛棉棉籽粉，用乙醚提取，过滤，残渣用乙醚洗涤。提取液经减压驱除乙醚后，残留物用等体积的石油醚稀释，加入硅胶色谱柱，先后用石油醚、三氯甲烷-石油醚(1∶3)及三氯甲烷-石油醚(1∶2)洗脱。石油醚洗脱液中，除棉油外还含有少量棉酚，可用1%硼砂水溶液提取。水层用乙酸乙酯-石油醚(1∶1)洗涤后酸化，析出的棉酚用乙醚提取。蒸去乙醚后的残渣溶于三氯甲烷，与三氯甲烷-石油醚洗脱液合并。将合并液小心浓缩，逐步沉淀，所得黄色、固体、无光学活性物质，即为(±)棉酚，重7.5～8.2 g。母液为略黏稠的红色液体，再用硅胶柱处理一次，所得(－)棉酚为淡橘黄色，重0.75～0.80 g，$[\alpha]_D^{20}$ －375°(c0.08，$CHCl_3$)，经乙醚-石油醚精制后呈亮黄色。

2. 拆分(±)棉酚 (±)棉酚是(－)棉酚与(＋)棉酚的等量混合物。(±)棉酚与L-苯基丙胺醇反应，生成(－)棉酚-L-苯基丙胺醇与(＋)棉酚-L-苯基丙胺醇，在C_{18}色谱柱上用甲醇-磷酸水溶液进行洗脱，(－)棉酚-L-苯基丙胺醇和(＋)棉酚-L-苯基丙胺醇两种生成物有不同的保留时间，从而达到分离的目的。再经脱胺反应，使(－)棉酚-L-苯基丙胺醇与(＋)棉酚-L-苯基丙胺醇还原为(－)棉酚和(＋)棉酚。

二、棉酚的利用

(一) 医药上的利用

1. 作为男性节育药 棉酚作为男性节育药是中国首次发现。山东省中医药研究所研制的用甲酸棉酚制作的男性避孕药曾用于临床。由于棉酚能损害睾丸生精上皮的线粒体，从而干扰细胞的能量代谢，导致精子畸形、死亡，直至无精子。1972～1981年先后对试用棉酚8 000余例的临床效果表明，每人每日服20 mg的剂量，连服2月的精液可达到节育标准，停药后多在3个月内精液恢复正常。服用棉酚主要副作用是可能发生低血钾(直接原因是肾性失钾)，患者感到乏力，严重者可发生麻痹，发生率较低，仅为0.75%，且经补钾治疗可短期内痊愈。据报道，部分地区有5%的服药者性欲减退，还有部分人在停药1～5年后，精液中仍只有少量精子或无精子，有可能引起绝育。后来的研究报道指出，棉酚的衍生物6-甲氧基棉酚抗生育能力与棉酚相当，而毒副作用较低。

2. *治疗男性"附睾淤积症"*　输精管结扎术后，睾丸的分泌与附睾丸的吸收机能失去协调，使附睾管腔内淤积睾丸与附睾丸的分泌物，附睾管腔压力增大，附睾胀大而引起的症状称"附睾淤积症"。山东省中医研究所试制的醋酸棉酚对治疗"附睾淤积症"的效果试验表明，86例中，近期疗效显著者17例，有效者45例，总有效率72%；服药后观察半年以上者56例，疗效显著者20例，有效者23例，远期总有效率为77%。说明服用棉酚后，可抑制睾丸的生精机能，使睾丸的分泌物减少，降低附睾管腔内的压力，因此减轻了症状与体征。

3. *治疗妇科病(子宫肌瘤、功能性出血、子宫内膜异位)*　由棉酚制作的复方醋酸棉酚片，是一种具有双醛萘类高分子非激素类药物，其药物分子直接作用于子宫内膜、子宫肌层及肌瘤中的雌、孕激素受体，能迅速抑制激素的生物作用，从而使子宫病变及异位内膜组织逐渐萎缩、消失，子宫内膜功能恢复正常，根除子宫肌瘤、子宫内膜异位症及疼痛、经血多、经期长等各种妇科病症。

据武汉医学院1978～1979年临床治疗观察，应用醋酸棉酚片可治疗子宫内膜异位症，根据病情合理用药，治疗效率可达100%。《医药经济报》2007年5月14日报道，北京大学人民医院、中国人民解放军总医院(301医院)、北京中日友好医院、第四军医大学西京医院多年临床观察该药，结果表明：复方醋酸棉酚片治疗人流后出血、上环出血有效率100%，是全世界唯一的妇科特效止血药；治疗子宫内膜异位症的有效率100%；功能性子宫出血有效率96.8%；子宫肌瘤有效率92.81%，子宫肌瘤明显缩小者占81.4%。中外著名药物专家及妇科专家，对复方醋酸棉酚片治疗妇科疾病的临床效果给予了高度的评价。另外，该产品不具激素样作用，副作用小，药物活性强，用量小，非常值得在临床中推广使用。

4. *其他用途*　棉酚对治疗泌尿科疾病、前列腺增生、肥肿症，以及初期肺癌、胃癌、前列腺癌、肝癌、乳腺癌等病也有一定疗效。还可作烧伤愈合剂、止血剂、子宫收缩剂等。

对于棉酚的副作用问题，Dr. Marrte研究认为，棉酚的三种异构体在生理活性上存在较大差异，但与其副作用无关，棉酚的用量和纯度与其副作用直接相关。在每日服用量不超过20 mg的情况下，尚未发现有严重副作用的发生。

(二) 工业上的利用

棉酚在工业上可用作石油制品抗氧化剂，金属定性分析试剂，维生素A稳定剂，合成橡胶、聚乙烯基化合物的稳定剂和防老化剂，润滑剂成分及火箭固体推进器的加工辅助剂，重氮化芳香胺偶联制棉花染料，棉酚胶脂可用作矿物用凝固促进剂。

（三）农业上的利用

棉酚本身也是天然的抗病虫活性物质。许多人的研究结果表明，棉花中的棉酚含量达一定临界值后，对烟夜蛾、棉铃虫、红铃虫具有显著抗性。据报道，山东省聊城市农业技术学校曾利用棉酚提取液喷洒棉田防治棉铃虫。杨伟华等的研究表明，含0.4%(+)棉酚的人工饲料可有效抑制棉铃虫的羽化，含0.1%(－)棉酚的培养基可显著抑制枯萎病病菌的生长。

第六节　棉秆的利用

棉秆含纤维素60%左右，木质素22%，多缩戊糖13%，其化学组成与木材类似。棉秆的皮层纤维长度3～4.5 mm；木质层纤维长度0.9～1 mm；中心髓层为蜂窝状细胞体，没有纤维。

在棉区棉秆一般作烧柴用，实际上，棉秆有多种用途，经济价值可大大提高。

（一）造纸

棉秆用作造纸原料，其造纸质量远胜于稻草、麦秆，可以制造坚实耐用的牛皮纸和工业用包装纸。大体每吨棉秆可生产牛皮纸6令，或包装纸350 kg。

棉秆造纸存在着火碱需要量大、成本较高和污染的问题，一些地区正在研究改进。河南新乡市小冀纸厂以亚硫酸铵代替火碱，用棉秆作原料生产二号牛皮纸，做成水泥袋，其质量与用木材为原料的产品不相上下，并且生产废水还可以还田作肥料，避免火碱对土壤的污染。

山东济宁造纸厂与山东省济南市造纸科学研究所合作，用棉秆生产牛皮箱板纸(原料结构：棉秆80%，木浆20%)，降低了成本，质量达到标准，已投入生产，月产500 t。阳谷县造纸厂建立了亚铵法年产5 000 t全棉秆普通箱板纸的工业生产线。河北省赵县造纸厂用棉秆浆80%作里、进口木浆20%挂面，制造牛皮箱板纸，1984年1月通过技术鉴定，质量达到并超过木浆牛皮箱板纸部颁标准，已建立了年产3 000 t的工业生产线，每吨棉秆浆用棉秆原料1.7 t，可代替木材4.7 m^3。该厂生产牛皮箱板纸工艺流程如下。

棉秆→机械压碎→半化学蒸煮→洗涤→打浆→施胶→抄片→烘干

木浆板→撕碎→打浆→施胶→抄片↗（接入烘干）

用棉秆牛皮箱板纸作商品包装箱具有挺度大、韧性好、成本低、着色性强、挺括平滑等优点，是理想的中、高档商品包装材料。因此，利用棉秆生产包装箱板纸，具有重要的经济价值，有很大的发展前途。目前，一些造纸科研单位正在研究设计适合乡镇企业经营的利用棉秆生产箱板纸的设备和工艺。

一般的包装箱，作箱板的瓦楞原纸是用麦秆制造，成本较低，但质量也差。用棉秆制作的高强瓦楞原纸质量好，可供高档包装箱用。山东临清造纸厂利用棉秆制作高强瓦楞原纸，建立了年产3 000 t的生产线，每年利润可达100多万元。

（二）制造人造板材

棉秆有与木材相似的结构，因此可用棉秆代替木材制造人造板，如刨花板、纤维板等。棉秆纤维胶合板由于质地致密，其综合性能超过同类型的锯木屑胶合板或木素纤维胶合板。每吨棉秆加工制成纤维胶合板可抵 0.3～0.4 m^3 木料加工的产品。

棉秆与不同的材料配合，可生产纤维板、刨花板、硬质纤维板和中密度纤维板等。每 800 kg 棉秆可生产 1 m^3 刨花板；1.5 t 棉秆可制成 1 t 纤维板，即 120 块(200 cm×100 cm×0.4 cm)。这些产品广泛用于包装、装饰、家具、家用电器材料等生产、生活方面，具有节省材料和加工环节无污染特点。

（三）制造建筑材料

棉秆可以用来制造建筑材料，主要作水泥制品的骨料，如制作水泥装饰板、棉秆水泥瓦等。这类建材质轻、坚固、价廉，特别适于农村建筑，在农村有广阔的市场。新乡大块、洪门两乡用棉秆制成盖房的保温板，100 cm×75 cm×5 cm 的棉秆保温板可承重 400 kg 以上，成本比混凝土预制板低 50%～80%，能起隔热、保温、防震的作用。新乡内燃机厂 1970 年用棉秆保温板盖建的高 15 m、面积 700 m^2 的大厂房，现仍保持很好的质量。

（四）制作麻袋、绳索

新鲜棉秆经脱枝、槌杆、剥皮，每 100 kg 可剥棉秆皮 6～12 kg，经吊把浸泡、发酵脱胶、敲打漂洗等工序，每 100 kg 棉秆皮可制得净棉秆皮纤维 25～30 kg，能代替部分麻纤维，用以制作麻袋、绳索等。

（五）化工用途

棉秆含有丰富的纤维素(占 60%左右)，而纤维素由许多胶束组成，一胶束包含 60 个纤维素大分子。这种大分子可以用化学分解法(酸法)或生物学分解法(酶法)将其分解成葡萄糖，而后以葡萄糖为原料，可制成若干种医药化工产品，如酒精、氨基酸、维生素 C、丙酮、丁醇、柠檬酸等。此外棉秆中还含有 22%的木质素，据有关资料介绍，棉秆造纸后的废液中的木质素磺酸钙溶液，在浓氢氧化钠水溶液中加压、加热，可有 2%～3%的木质素生成香草醛，这是一种食品香精，还可用作镍、铬、镉等金属电镀的光亮剂。

第七节　棉枝叶的利用

棉叶中含有多种有用的化合物，苏联乌兹别克斯坦科学院生物有机化学研究所从棉叶中分离出 17 种有机酸，其中包括大量的柠檬酸和缩苹果酸。柠檬酸占叶片干重的 5%～8%，缩苹果酸占 3%～4%。这些酸除可用于食品工业外，还可用于医药、化工、采矿、纺织和其他行业。

棉叶中还能提炼出一种具有独特化学成分的低成本植物生长剂。该剂含有多种维生素、有机酸、微量和常量的必需氨基酸。这种植物生长剂用于高等和低等植物，有明显的增产作用；用于猪、牛、羊的饲养，可使家畜的日增重量达 12%～20%。在钢筋混凝土生产中，棉叶片提取物可用作增塑剂以加快其硬化过程，有助于提高产品质量，降低水泥消耗量 5%～8%。

我国棉区农民直接利用无毒棉的枝叶喂猪、羊、兔。无毒棉枝叶粉中的粗蛋白、粗脂肪含量比大麦和玉米还高,如表 52 - 19 所示。

表 52 - 19　饲料中常量营养成分比较(风干物)

(单位:%)

营养成分 / 饲料种类	粗蛋白质	粗脂肪	无氮浸出物	粗纤维	粗灰分	水分
无毒棉枝叶粉	16.25	6.68	33.05	21.50	11.93	10.59
大麦	12.90	2.00	61.10	7.60	3.70	12.70
玉米	8.30	4.70	70.60	1.90	1.60	12.90

[注] 材料引自《无毒棉的枝叶制作饲料喂猪试验》(曾沧浪,1990)。

江苏省方强农场用 50%无毒棉枝叶做配合饲料喂猪,试验组猪比对照增重 3.71%,日平均增重比对照高 0.022 kg,每头猪饲养成本降低近 37%。

河北省沧州市孟村回族自治县农民用无毒棉柴喂羊,不但羊体肥壮,且发病率低,羊羔成活率高。

第八节　棉花蜜腺的利用

棉花的开花期较长,约两个月。棉花的花蕾内外和叶片背面都长有能分泌蜜汁的蜜腺,是很好的蜜源植物。棉花蜜腺所分泌的蜜汁,一般含可溶性糖高达 40%～45%。蜜蜂所采制的棉花蜜,大体含葡萄糖 39%,果糖 43%,还有少量糊精、蔗糖、蛋白质和矿物质,并富含多种维生素,含水量仅 15%左右。其含糖量在各种蜂蜜中是较高的一种。不同棉区、不同棉种和不同栽培条件的棉田,产蜜量相差甚为悬殊,通常灌溉棉区优于多雨棉区,海岛棉高于陆地棉,高产田超过低产田,采取综合防治的胜过单纯化学防治的。不少地方棉花蜜的蜂群单产仅 15～25 kg,而在新疆东部和南部一些集中种植海岛棉的长绒棉产区,蜂群单产最高可达 100 kg 左右,说明棉花蜜的增产潜力是很大的。

目前,棉田放蜂采蜜还很不普遍,这主要是由于棉田使用化学农药治虫过于频繁,极易误伤蜜蜂,而蜜蜂亦不喜到喷过农药的棉田去采蜜的缘故。随着棉花病虫害综合防治技术的逐步推广应用,棉区发展养蜂的前景将愈来愈好。在这个基础上,再注意采取一系列保护措施,如棉田施药期及根外喷磷肥时关闭蜂箱 1～2 d,尽量使用残效短的选择性农药,或在农药中兑进适量拒避剂等,这样就不致误伤蜜蜂。湖北省天门县曾在对农业害虫开展大面积综合防治时注意采取保护措施,为棉区养蜂创造了有利条件。该县新华大队 1977 年 7 月中旬至 9 月中旬,在 2 个月棉花开花期内放蜂 80 群,共采棉花蜜 3 475 kg;1978 年蜂群发展到 96 群,同期采棉花蜜 4 090 kg。连续 2 年蜂群单产均超过 42.5 kg。

另外,棉区发展养蜂,在多品种插花种植的情况下,往往与棉花良种保纯发生矛盾。今后将逐步实行棉花良种区域化,做到一地一种制,这一矛盾即可随之解决。棉区养蜂的作用,不仅在于采蜜,还可使棉花授粉更加充分,从而提高结铃率,减少不孕籽,增加单铃重。根据国内外对比试验结果,一般放蜂棉田能增产籽棉近两成,可谓一举两得。

第九节　棉根的利用

棉根入药在古代医书中早有报道。棉根皮的主要药效成分除棉酚(占干重的0.6%～1.5%)以外,尚有天门冬酰胺、水杨酸、酸性树脂和黄酮苷。这些成分具有止咳、祛痰的显著疗效,并兼有平喘和抑制流感病毒的作用。以棉根皮为原料可生产棉花根糖浆、棉根皮浸膏片、复方棉胆片、复方棉冬片、复方棉根注射液等多种治疗慢性气管炎的药物。此外,棉根皮尚有补气血的功能,可治疗体虚浮肿、小儿营养不良以及子宫脱垂等病症。

(撰稿:杨伟华;主审:田立文,别墅,徐立华;终审:杨伟华)

参考文献

[1] 中国农业科学院棉花研究所.中国棉花栽培学.上海:上海科学技术出版社,1983:20-32.

[2] 孙济中,陈布圣.棉作学.北京:中国农业出版社,1999:437-451.

[3] 李文炳.山东棉花.上海:上海科学技术出版社,2001:522-560.

[4] 杨伟华,许红霞,王延琴,等.应用棉籽油生产生物柴油的可行性分析.中国棉花,2007,34(1).

[5] 吴小月.棉花优质高产栽培技术.长沙:湖南科学技术出版社,1992:111-124.

[6] 高振川.棉籽饼去毒——猪鸡的优质饲料.中国棉花,1983,10(6).

[7] 吴小月,陈金湘.利用微生物降解棉仁饼粕中游离棉酚的研究.中国农业科学,1989,22(2).

[8] 余德植,傅得月,余婉如,等.低酚棉仁饼喂猪试验:无毒(低酚)棉专辑(一).1990:184-187.

[9] 毛白杨,裴全敏,阎风云.棉籽蛋白粉在抗生素发酵中的应用研究.平药科技,1992(2).

[10] 周瑞华,林晓东.从天然植物制取棉酚.药学学报,1987,22(8).

[11] 杨伟华,马丽华,朱荷琴,等.不同棉酚旋光体对棉铃虫与枯萎病菌生长发育的影响.棉花学报,1999,11(1).

[12] 项时康,杨伟华.棉属植物种子中棉酚及其旋光体的研究.中国农业科学,1993,26(6).

后　记

中华人民共和国成立70年以来,《中国棉花栽培学》业已编写、修订出版了四次,都由中国农业科学院棉花研究所负责组织、领导全国棉花栽培科研、教学和生产领域一线专家、教授共同编写完成,并由上海科学技术出版社出版。这是我国农业科学技术的一项基本建设工作,是集体智慧的结晶和重大基础性学术成就,对提高我国科学植棉水平、培养科技人员棉花科研能力和素养、促进棉花生产发展,提高我国棉花竞争力,加速实现棉花生产现代化,以及开展棉花国际合作交流和我国棉花"走出去"都具有极其重要意义。

《中国棉花栽培学》最初撰写于1958年,当年12月"全国第二次棉花试验研究工作会议"提出了编写任务,1959年全国农业科学研究工作会议做出决定,正式将其列为农业部和中国农业科学院的重大学术理论著作编写计划。该书的出版也是当时向中华人民共和国成立10周年献礼的重大基础性学术著作出版工程。全书由7家单位、19位专家负责撰稿,27位专家参加审稿。全书分为20章、52万字,历时1年多于1959年12月出版。这次编写按照农业"八字宪法"精神进行,系统总结了我国棉花生产发展所取得的成就,以及在棉花栽培、管理和收获上的丰富经验、理论和技术措施。此书的出版在指导当时棉花高产栽培中发挥了重要作用。

随着棉花生产的发展和科技的进步,于20世纪70年代的中后期对该书进行了第一次全面修订,也是当时向中华人民共和国成立30周年献礼的重大基础性学术著作出版计划。全书由19家单位、28位专家负责撰稿,22位专家参加审稿。全著分为8篇33章,112万字,历时10年,于1983年12月出版。第二版按照农业高产、优质、高效的要求进行,对全书的结构布局和内容进行了全新的编排,系统地提出了中国棉花种植区域划分的科学理论和方法,全面地总结并提炼形成了育苗移栽、地膜覆盖和化学调控等我国棉花高产栽培的基础性关键技术和理论体系,以及棉花营养和施肥、灌溉和排水、病虫害及防治、种管收机械化、轧花加工和副产品综合利用等技术。其中,棉花高产栽培、棉田两熟、多熟种植和看苗诊断等栽培理论、技术和经验,对指导棉花生产发挥了重要作用。

21世纪初,随着科学技术进步和现代植棉技术的发展,于2002年11月再次对本书进行了修订,但因栽培学科经费困难,此项工作被迫停止了近5年。得益于财政部、农业部于2007年同时启动和资助的公益性行业(农业)科研专项——"棉花简化种植节本增效生产技术研究与应用"和国家棉花产业技术体系项目,2008年又一次启动了本书的编写工作,并由上海科学技术出版社申报并被列为"'十二五'国家图书重点出版规划项目",使该项工作得以顺利开展。2013年的修订工作共有20多家单位、63位专家参与编写,16位专家主审、6位专家终审,前后历时12年,于2013年3月付梓出版。第三版按照农业高产、优质、高效和棉花生产可持续发展的新要求,再对全书的篇章结构布局进行了重新编排,使棉花栽培学学科结构更系统、更完整、更全面。全书分为13篇52章，系统地总结了我国棉花科技和生产发展取得成功的理论、技术和方法措施，提炼出了棉花栽培的生物学基础、我国棉花高产、优质、高效栽培的理论基础、先进的栽培技术，对我国棉花可持续发展、提高国产棉花竞争力和实施棉花“走出去”战略等都具有重要的学术价值和实践指导功能。

《中国棉花栽培学》第四版编写工作自2017年10月启动，前后历时2年多，于2019年定稿。全书保留了2013年第三版的篇章结构布局，增补、修改了150多万字内容，新增约30多万字内容，总字数约200万，此次修订也是向中华人民共和国成立70周年献礼的重大基础性学术著作出版工程。

这次增补、修订内容，按照党的第十九大提出的“乡村振兴战略”“质量兴农战略”和“绿色发展理念”的精神，紧密围绕棉花轻简化、绿色化和优质化关键技术和目标任务，紧扣2015年农业部提出的化肥、农药、灌溉水“零增长”，2018年生态环境部、农业农村部联合发布的《农业农村污染治理攻坚战行动计划》，“到2020年，主要农作物化肥农药使用量负增长”的要求进行修改、补充，力求把质量兴棉和绿色兴棉贯穿始终。

这次修订，还总结提出了主产棉区的推荐施肥方案和肥水耦合等绿色化技术，全程机械化和提高机械化采收棉花品质的技术内容；增补了害虫绿色化防控技术和农用植保无人机防治病虫害技术；增补了长江流域棉区轻简化栽培模式、黄河流域棉区盐碱旱地轻简化和抗性植棉技术，西北内陆棉区全程机械化、肥水调一体化和残膜综合治理等新理论、新技术、新装备和新经验等内容。特别是，总结提出了以早熟性为主线推进棉麦(油菜、小麦、大麦)两熟栽培模式的轻简化和机械化栽培技术思路；以早熟性为主线推进全面改善、提升机械化采收棉花品质的先进技术思想、途径和措施。

我们充分相信，2019年《中国棉花栽培学》(第四版)增补和修订的相关内容将对当前和今后一个时期我国棉花转型升级、提质增效，对质量兴棉和绿色兴棉、棉花生产的可持续生产、建设棉花强国都具有重要的理论价值和实践指导作用。

作为主编，我衷心感谢公益性行业(农业)科研专项、国家棉花产业技术体系和中国农业科学院科技创新工程等对《中国棉花栽培学》出版工作的资助，衷心感谢中国农业科学院棉花研究所前所长汪若海、夏敬源、喻树迅，现所长李付广，前副所长杨淑文、侯志勇、王坤波等的支持，衷心地感谢一批老专家的关心——我的栽培研究室前主任蒋国柱，以及已经过世的资深专家——张雄伟主任、曾祥光主任，华中农业大学陈布圣教授和扬州大学吴云康教授等。感谢一批老中青专家——董合忠、别墅、林永增、徐立华、李亚兵、田立文、陈冠文、王学农、张旺锋、董合林等所作的贡献，感谢刘刚、朱巧玲承担2013年修订时的编务工作，感谢各位的辛勤劳动和日夜煎熬。是你们凭着时不我待的责任感，承担起主笔、主审和编务重任，大家辛苦了！

真诚感谢喻树迅院士为《中国棉花栽培学》(第三版)(第四版)所作的序。

盛世修巨著，日月照华章；历经十多年，终结丰硕果。是的，毕竟我们赶上了一个全新的好时代，相信这部专著会给大家一个有益的启示和重要参考，大家的辛劳是值得的。

毛树春

2019年9月